实用五金手册

第3版

主　　编　刘太杰
副 主 编　张丽坤　刘亚敏
编写人员　于小凡　王通州　王元芳　王秋南
王　静　王小贺　王景素　蓝　英
张大来　张　五　张丽坤　刘占波
刘亚敏　刘太杰　刘　斌　刘连英
田占芳　李海燕　李春月　李小凤
董均果　刘占车　董海风　宋文英
宋小丽　马文杰　马克明　宋志明
赵志慧　杨怀旺　刘晓芳　赵可一
吴凤梅　吴海生　劳　鑫　姜志远
吴　伟　邓远桥　汪世昌　汪明泉
贺永年　杜　恒　董芙蓉　黄思远
杨家斌　赵大元　赵西平　裴明明

机 械 工 业 出 版 社

本书以图形和表格形式，详细介绍了五金产品的牌号、尺寸规格、化学成分及性能等。内容包括金属材料的基本知识、化学成分与力学性能及其型材的尺寸和理论质量，传动支承件、紧固件、焊接及喷涂器材、消防器材、润滑器、密封件、机床附件与起重器材、手工工具、钳工工具及水暖工具、土木工具、气动工具、电动工具、测量工具、刃具磨具、建筑五金等。

本书适于生产、技术、管理、销售、采购等人员和广大五金产品用户使用，也可供相关专业在校师生和科研人员参考。

图书在版编目（CIP）数据

实用五金手册/刘太杰主编. —3 版. —北京：机械工业出版社，2017.4

ISBN 978-7-111-56356-3

Ⅰ.①实… Ⅱ.①刘… Ⅲ.①五金制品-手册 Ⅳ.①TS914-62

中国版本图书馆 CIP 数据核字（2017）第 052696 号

机械工业出版社（北京市百万庄大街 22 号 邮政编码 100037）
策划编辑：张秀恩 责任编辑：张秀恩
责任校对：刘志文 肖 琳 刘雅娜
封面设计：陈 沛 责任印制：常天培
北京圣夫亚美印刷有限公司印刷
2017 年 7 月第 3 版第 1 次印刷
148mm×210mm · 45.25 印张 · 1734 千字
0001—3000 册
标准书号：ISBN 978-7-111-56356-3
定价：199.00 元

凡购本书，如有缺页、倒页、脱页，由本社发行部调换

电话服务	网络服务
服务咨询热线：010-88361066	机 工 官 网：www.cmpbook.com
读者购书热线：010-68326294	机 工 官 博：weibo.com/cmp1952
010-88379203	金 书 网：www.golden-book.com
封面无防伪标均为盗版	教育服务网：www.cmpedu.com

前　言

本书自2003年出版、2008年再版以来，深受广大读者的好评，已经重印十余次，总印数达4万余册。但是，随着我国国民经济的快速发展，新技术、新材料和相关科研成果不断涌现，五金产品快速发展更新。国家以及有关行业标准化机构对五金产品及相关材料等标准都做了大量修订，部分原有产品技术指标、数据已不符合新标准的规定，不能满足读者的需求。为此，我们及时组织有关专家对此书进行了修订。全书依据近200项新的国家标准（或行业标准)，对有关五金产品及相关材料进行了修订更新，对过时产品进行了淘汰，同时对原书中存在的问题进行了修改和完善。

本次修订仍然保持了原书内容新颖，结构合理，实用性强，方便查阅的特点。在力学性能指标方面，出于数据对应的考虑，一些旧标准中的指标仍予以保留，但在书后附录中给出了新旧指标对照，以方便读者参照。

1. 内容新颖。

在修订本书的过程中，我们及时跟踪查阅了现行国家标准及行业标准，收集了截至2017年1月以前出版的标准资料。

2. 内容结构合理实用，便于查阅。

我们尽量采用图形和表格形式来表述五金产品的牌号、尺寸规格、化学成分及性能等，以方便读者查阅。

由于时间较紧，对资料核查更新可能不够充分，使本书存在缺点和不足，恳请广大读者批评指正。

2017年3月

目　录

第一章　金属材料的基本知识

一、钢铁材料的分类

钢铁材料通常是指铁碳合金，按碳含量的大小分类，碳的质量分数大于 2%的为生铁，小于 2%的为钢，碳的质量分数小于 0.04%的为工业纯铁。

1. 生铁的分类（表 1-1）

表 1-1　生铁的分类

分类方法	分类名称	说　明
按用途分	炼钢生铁	炼钢生铁是指用于平炉、转炉炼钢的生铁，一般硅含量较低（质量分数不大于 1.75%），硫含量较高（质量分数不大于 0.07%），质硬而脆，断口呈白色，也称白口铁
	铸造生铁	铸造生铁是指用于铸造各种生铁铸件的生铁，一般硅含量较高（质量分数达 3.75%），硫含量稍低（质量分数不大于 0.06%），断口呈灰色，也称灰口铁
按化学成分分	普通生铁	普通生铁是指不含其他合金元素的生铁，如炼钢生铁、铸造生铁均属此类
	特种生铁	天然合金生铁——用含有共生金属的铁矿石或精矿，用还原剂还原而制成的一种特殊生铁，可用来炼钢及铸造 铁合金——在炼铁时特意加入其他成分的元素，炼成含有多量合金元素的特种生铁，其品种较多，如锰铁、硅铁、铬铁等，是炼钢的原料之一，也可用于铸造

2. 铸铁的分类（表 1-2）

表 1-2　铸铁的分类

分类方法	分类名称	说　明
按断口颜色分	灰铸铁	这种铸铁中的碳大部分或全部以自由状态的片状石墨形式存在，其断口呈暗灰色
	白口铸铁	白口铸铁是组织中完全没有或几乎完全没有石墨的一种铁碳合金，渗碳体为主，其断口呈白亮色，硬而脆，不能进行切削加工，很少在工业上直接用来制作机械零件。由于其具有很高的表面硬度和耐磨性，又称激冷铸铁或冷硬铸铁
	麻口铸铁	麻口铸铁是介于白口铸铁和灰铸铁之间的一种铸铁，其断口呈灰白相间的麻点状，性能不好，极少应用

（续）

分类方法	分类名称	说　明
按化学成分分	普通铸铁	是指不加入任何合金元素的铸铁,如灰铸铁、可锻铸铁、球墨铸铁等
	合金铸铁	是在普通铸铁内加入一些合金元素,用以提高某些特殊性能而配制的一种高级铸铁。如各种耐蚀、耐热、耐磨的特殊性能铸铁
按生产方法和组织性能分	普通灰铸铁	参见“灰铸铁”
	孕育铸铁	加孕育剂处理,其强度、塑性和韧性均比一般灰铸铁好得多,组织也较均匀。主要用于制造力学性能要求较高,而截面尺寸变化较大的大型铸件
	可锻铸铁	可锻铸铁是由一定成分的白口铸铁经石墨化退火而成,比灰铸铁具有较高的韧性,又称韧性铸铁。它并不可以锻造,常用来制造承受冲击载荷的铸件,如管接头等
	球墨铸铁	简称球铁。它是通过在浇铸前往铁液中加入一定量的球化剂和墨化剂,以促进呈球状石墨结晶而获得的。它和钢相比,除塑性、韧性稍低外,其他性能均接近,是兼有钢和铸铁优点的优良材料,在机械工程上应用广泛
	特殊性能铸铁	这是一种有某些特性的铸铁,根据用途的不同,可分为耐磨铸铁、耐热铸铁、耐蚀铸铁等。大都属于合金铸铁,在机械制造上应用较广泛

3. 钢的分类（表1-3）

表1-3　钢的分类

分类方法	分类名称	说　明
按化学成分分	碳素钢	碳素钢是指钢中除铁、碳外,还含有少量锰、硅、硫、磷等元素的铁碳合金,按其含碳量的不同,可分为: 1)低碳钢——$w(C) \leqslant 0.25\%$ 2)中碳钢——$w(C) > 0.25\% \sim 0.60\%$ 3)高碳钢——$w(C) > 0.60\%$
	合金钢	为了改善钢的性能,在冶炼碳素钢的基础上,加入一些合金元素而炼成的钢,如铬钢、锰钢、铬锰钢、铬镍钢等。按其合金元素的总含量,可分为: 1)低合金钢——合金元素的总含量(质量分数)≤5% 2)中合金钢——合金元素的总含量(质量分数)5%~10% 3)高合金钢——合金元素的总含量(质量分数)>10%

（续）

分类方法	分类名称	说　　明
按冶炼设备分	转炉钢	用转炉吹炼的钢,可分为底吹、侧吹、顶吹和空气吹炼、纯氧吹炼等转炉钢;根据炉衬的不同,又分酸性和碱性两种
	平炉钢	用平炉炼制的钢,按炉衬材料的不同分为酸性和碱性两种,一般平炉钢多为碱性
	电炉钢	用电炉炼制的钢,有电弧炉钢、感应炉钢及真空感应炉钢等。工业上大量生产的,是碱性电弧炉钢
按冶炼脱氧程度分	沸腾钢	属脱氧不完全的钢,浇注时在钢锭模里产生沸腾现象。其优点是冶炼损耗少、成本低、表面质量及深冲性能好;缺点是成分和质量不均匀、抗腐蚀性和力学强度较差,一般用于轧制碳素结构钢的型钢和钢板
	镇静钢	属脱氧完全的钢,浇注时在钢锭模里钢液镇静,没有沸腾现象。其优点是成分和质量均匀;缺点是金属的收得率低,成本较高。一般合金钢和优质碳素结构钢都为镇静钢
	半镇静钢	脱氧程度介于镇静钢和沸腾钢之间的钢,因生产较难控制,目前用得较少
按钢的品质分	普通钢	钢中含杂质元素较多,一般 $w(S) \leqslant 0.07\%$、$w(P) \leqslant 0.07\%$,如碳素结构钢、低合金高强度等
	优质钢	钢中含杂质元素较少,$w(S)$、$w(P)$一般均小于等于 0.04%,R_m = 290~785MPa,如优质碳素结构钢、合金结构钢、碳素工具钢和合金工具钢、弹簧钢、轴承钢等
	高级优质钢	钢中含杂质元素极少,一般 $w(S) \leqslant 0.04\%$、$w(P) \leqslant 0.04\%$,如合金结构钢和工具钢等。高级优质钢在钢号后面,通常加符号“A”或汉字“高”,以便识别
按钢的用途分	结构钢	1)建筑及工程用结构钢——简称建造用钢,它是指用于建筑、桥梁、船舶、锅炉或其他工程上制作金属结构件的钢。如碳素结构钢、低合金高强度钢等 2)机械制造用结构钢——是指用于制造机械设备上结构零件的钢。这类钢基本上都是优质钢或高级优质钢,主要有优质碳素结构钢、合金结构钢、易切结构钢、弹簧钢、滚动轴承钢等
	工具钢	非合金工具钢碳素工具钢、合金工具钢、非合金模具钢、合金模具钢高速工具钢等用于制造各种工具的钢。如按用途又可分为刃具模具用非合金钢、量具刃具钢、耐冲击工具用钢轧辊用钢、冷作模具钢、热作模具钢、塑料模具钢、特殊用途模具用钢
	特殊钢	不锈耐酸钢、耐热不起皮钢、高电阻合金、耐磨钢、磁钢等具有特殊性能的钢
	专业用钢	汽车用钢、农机用钢、航空用钢、化工机械用钢、锅炉用钢、电工用钢、焊条用钢等具有专业用途的钢

（续）

分类方法	分类名称	说明
按制造加工形式分	铸钢	铸钢是指采用铸造方法而生产出来的一种钢铸件。铸钢主要用于制造一些形状复杂、难于进行锻造或切削加工成形而又要求较高的强度和塑性的零件
	锻钢	锻钢是指采用锻造方法而生产出来的各种锻材和锻件。锻钢件的质量比铸钢件高，能承受大的冲击力作用，塑性、韧性和其他方面的力学性能也都比铸钢件高，所以凡是一些重要的机器零件都应当采用锻钢件
	热轧钢	热轧钢是指用热轧方法而生产出来的各种热轧钢材。大部分钢材都是采用热轧轧成的，热轧常用来生产型钢、钢管、钢板等大型钢材，也用于轧制线材
	冷轧钢	冷轧钢是指用冷轧方法而生产出来的各种冷轧钢材。与热轧钢相比，冷轧钢的特点是表面光洁、尺寸精确、力学性能好。冷轧常用来轧制薄板、钢带和钢管
	冷拔钢	冷拔钢是指用冷拔方法而生产出来的各种冷拔钢材。冷拔钢的特点是：精度高、表面质量好。冷拔主要用于生产钢丝，也用于生产直径在50mm以下的圆钢和六角钢，以及直径在76mm以下的钢管

二、有色金属材料的分类

钢铁以外的金属材料称为有色金属材料或非铁金属材料。

有色金属材料与钢铁材料比较，其突出的优良性能主要在物理性能和化学性能方面。钛和钛合金的耐蚀性优于不锈钢；铜和铝的导电性和导热性明显高于铁合金；镍铬合金的电阻率高，同时还有高的抗氧化性和塑性；铅具有高的抗X-射线和γ-射线穿透的能力；铅、锡基合金和某些铝基、铜基合金具有优良的减摩性能等。关于力学性能，一般地说，钢铁强度高，而多数有色金属塑性好。若考虑到铝、钛合金的相对密度低于钢，则铝或钛合金的比强度和比刚度均比钢铁成倍地提高。

1. 有色金属材料的分类方法（表1-4）

表1-4 有色金属材料的分类方法

分类方法	分类名称	说明
按金属性能分	有色轻金属	指铝、镁、钛、钾、钠、钙、锶、钡等密度不大于4.5g/cm^{3}的有色金属。这类金属的共同特点是密度较小，化学性质活泼，提取困难，开发较晚，多作轻质材料或金属热还原剂。其中铝是当代生产量和应用量最大的有色金属；钛被称为“太空金属”和“崛起的第三金属”
	有色重金属	指铜、铅、锌、镍、钴、锡、锑、汞、镉和铋等密度大于4.5g/cm^{3}的部分有色金属。这类金属的共同特点是密度较大，化学性质比较稳定，多数金属被人类发现与使用较早，如铜、锡、铅被称作金属元老

（续）

分类方法	分类名称		说　明
按金属性能分	贵金属		贵金属包括金、银和铂族元素（铂、钯、铱、锇、钌、铑）。这类金属密度大，化学性质稳定，在地壳中含量极少，开采和提取比较困难，价格比一般金属昂贵。贵金属主要应用于电气、电子、宇航、核能等现代工业。其中的金、银不仅人类发现与使用较早，而且至今仍是稳定金融的基础，国家财富的象征
	稀有金属	稀有轻金属	指锂、铍、铷、铯等金属密度小（0.53~1.9g/cm³），化学性质活泼，性能独特，如锂、铍在发展核能、航天工业中具有重要地位
		稀有高熔点金属	这类金属包括钨、钼、钽、铌、锆、铪、钒、铼等，其特点是熔点高（1700~3400℃）、硬度大、耐蚀性强，是高科技发展不可缺少的重要材料
		分散金属（稀散金属）	分散金属包括镓、铟、锗、铊等。这些金属在地壳中分布分散，通常不能形成独立的矿物和矿产，只能在提取其他金属过程中综合回收。分散金属产量低，产品纯度高，性能独特，在电子、核能等现代工业中占重要地位
		稀土金属	稀土金属包括镧系元素（镧、铈、镨、钕、钷、钐、铕、钆、铽、镝、钬、铒、铥、镱、镥）以及性质与镧系元素相近的钪和钇。这类金属原子结构相同，物理化学性质相近，化学活性很强，几乎能与所有元素作用。稀土金属提纯困难，直至今日仍有不少产品以“混合金属”生产
		稀有放射性金属	这类金属包括天然放射性元素钋、镭、锕、钍、铀、镤以及人造放射性元素锝、钫、镎、钚和人造超铀元素镅、锔、锫、锎、锿、镄、钔、锘、铹等。这些元素在矿石中往往是彼此共生，也常常与稀土矿物伴生。放射性金属具有强烈的放射性，是核能工业的主要原料
	半金属		半金属包括硅、硼、硒、碲、砷。其物理化学性质介于金属与非金属之间，其生产及应用方法与有色金属相近，故亦称有色金属。在有色金属中亦有某些金属，如锗、锑等具有半金属性质。半金属是生产半导体的主要材料，在电子通信、国防、空间技术等高技术发展中起着重要作用
按基体金属和专门用途分	按基体金属分		基体金属是构成合金的最基本物质。合金按基体金属分类，首先将名目众多的有色金属合金分为有色重金属合金、有色轻金属合金、贵金属合金和稀有金属合金等，然后再按组成合金的基体以及主添加元素的种类及组成逐一进行细分类。比如，有色重金属合金按构成合金的基体不同，可分为铜基合金、镍基合金、铅基合金、锌基合金、锡基合金等。铜基合金按其主添加元素，可分为黄铜、青铜和白铜；按组成合金的元素数目，可分为二元铜合金、三元铜合金、四元铜合金或称其为普通铜合金和复杂铜合金。铜锌二元合金称为普通黄铜，在铜锌合金中分别加入锡、镍、铝、锰、硅等第二或第三合金元素的合金，称其为特殊黄铜或复杂黄铜。复杂黄铜有锡黄铜、镍黄铜、铝黄铜、锰黄铜、硅黄铜、铅黄铜等 同理，也可将有色轻金属合金分为铝基合金、镁基合金、钛基合金等；贵金属合金分为银基合金、铂族合金等；稀有金属合金分为钨基合金、钼基合金、钽基合金等

（续）

分类方法	分类名称		说明
按基体金属和专门用途分	按专门用途分	变形合金	用于压力加工生产各种成形有色金属材料
		铸造合金	用于直接浇铸各种机器零部件
		轴承合金	用于制作滑动轴承、轴瓦
		硬质合金	用于制作机械加工刀具、模具、矿山地质钻具及耐磨零件
		焊接合金	用于焊接金属
		中间合金	用于炼制成品的合金而预先配制的过渡性合金
		金属粉末	粉状的有色金属材料，如镁粉、铝粉、铜粉等
按其他分	按生产过程		可分为有色金属矿产品、冶炼产品和加工产品
	按生产方法		可将有色金属及其合金加工产品分为压力加工产品、铸造产品和粉末制品
	按产品形状		可将有色金属矿产品分为粉状精矿和块状精矿，压力加工产品分为板、条、带、箔、管、棒、线、型材和锻件、冲压件等

2. 常用的有色金属及其合金（表1-5）

表1-5 常用有色金属及其合金

分类名称		说明
纯金属		铜（纯铜）、铝、镁、锌、铅、锡、镍等
铜合金	黄铜	普通黄铜（铜锌合金）
		特殊黄铜（含有其他合金元素的黄铜）：如铝黄铜、硅黄铜、锰铅黄铜、锡黄铜等
	青铜	锡青铜（铜锡合金，一般还含有磷或锌、铅等合金元素）
		特殊青铜（无锡青铜）：如铝青铜（铜、铝合金）、铍青铜（铜、铍合金）、硅青铜（铜、硅合金）等
	白铜	普通白铜（铜、镍合金）
		特殊白铜（含有其他合金元素的白铜）：如锰白铜、铁白铜、锌白铜等

（续）

分类名称		说明
铝合金	变形铝合金	防锈铝（铝、锰或铝、镁合金）
		硬铝（铝、铜、镁或铝、铜、锰合金）
		超硬铝（铝、铜、镁、锌合金）
		锻铝（铝、铜、镁、硅合金）
	铸造铝合金	铝硅合金、铝铜合金、铝锌合金、铝稀土合金等
钛合金	α 型钛合金	主要合金元素为钛、铝和锡
	β 型钛合金	合金中含有一定数量的 β 稳定元素，如铁、铜、镁、锰、铬等
	α+β 型钛合金	主要合金元素为钛、铝、钒、锡等
镍合金		镍硅合金、镍锰合金、镍铬合金、镍铜合金等
锌合金		锌铜合金、锌铝合金
铅合金		铅锑合金
镁合金		主要合金元素为铝、锌、锰、铈、钍以及少量锆或镉等。目前使用最多的是镁铝合金，共项是镁锰合金和镁锌锆合金
轴承合金	铅基轴承合金 锡基轴承合金	铅锡轴承合金、铅锑轴承合金 锡锑轴承合金
硬质合金		钨钴合金、钨钴钛合金、铸造碳化钨

三、钢铁产品牌号的表示方法（GB/T 221—2008）

1. 常用化学元素符号（表 1-6）

表 1-6 常用化学元素符号

元素名称	化学元素符号	元素名称	化学元素符号	元素名称	化学元素符号	元素名称	化学元素符号
铁	Fe	锂	Li	钐	Sm	铝	Al
锰	Mn	铍	Be	锕	Ac	铌	Nb
铬	Cr	镁	Mg	硼	B	钽	Ta
镍	Ni	钙	Ca	碳	C	镧	La
钴	Co	锆	Zr	硅	Si	铈	Ce
铜	Cu	锡	Sn	硒	Se	钕	Nd
钨	W	铅	Pb	碲	Te	氮	N
钼	Mo	铋	Bi	砷	As	氧	O
钒	V	铯	Cs	硫	S	氢	H
钛	Ti	钡	Ba	磷	P	—	—

注：混合稀土元素符号用“RE”表示。

2. 常用钢铁产品牌号构成及牌号示例（表 1-7）

表 1-7 常用钢铁产品牌号构成及牌号示例

产品名称	第一部分			第二部分	第三部分	第四部分	牌号示例
	汉字	汉语拼音	采用字母				
车辆车轴用钢	辆轴	LiANG ZHOU	LZ	碳含量:0.40%~0.48%	—	—	LZ45
机车车辆用钢	机轴	JI ZHOU	JZ	碳含量:0.40%~0.48%	—	—	JZ45
非调质机械结构钢	非	FEI	F	碳含量:0.32%~0.39%	钒含量:0.06%~0.13%	硫含量:0.035%~0.075%	F35VS
刃具模具用非合金钢（碳素工具钢）	碳	TAN	T	碳含量:0.80%~0.90%	锰含量:0.40%~0.60%	高级优质钢	T8MnA
量具刃具用钢（合金工具钢）	碳含量:0.85%~0.95%			硅含量:1.20%~1.60% 铬含量:0.95%~1.25%	—	—	9SiCr
高速工具钢	碳含量:0.80%~0.90%			钨含量:5.50%~6.75% 钼含量:4.50%~5.50% 铬含量:3.80%~4.40% 钒含量:1.75%~2.20%	—	—	W6Mo5Cr4V2

（续）

产品名称	第一部分			第二部分	第三部分	第四部分	牌号示例
	汉字	汉语拼音	采用字母				
高速工具钢	碳含量:0.86%～0.94%			钨含量:5.90%～6.70% 钼含量:4.70%～5.20% 铬含量:3.80%～4.50% 钒含量:1.75%～2.10%	—	—	CW6Mo5Cr4V2
高碳铬轴承钢	滚	GUN	G	铬含量:1.40%～1.65%	硅含量:0.45%～0.75% 锰含量:0.95%～1.25%	—	GCr15SiMn
钢轨钢	轨	GUI	U	碳含量:0.66%～0.74%	硅含量:0.85%～1.15% 锰含量:0.85%～1.15%	—	U70MnSi
冷镦钢	铆螺	MAO LUO	ML	碳含量:0.26%～0.34%	铬含量:0.80%～1.10% 钼含量:0.15%～0.25%	—	ML30CrMo
焊接用钢	焊	HAN	H	碳含量:≤0.10%的高级优质碳素结构钢	—	—	H08A
焊接用钢	焊	HAN	H	碳含量:≤0.10% 铬含量:0.80%～1.10% 钼含量:0.40%～0.60% 的高级优质合金结构钢	—	—	H08CrMoA
电磁纯铁	电铁	DIAN TIE	DT	按 GB/T 221—2008 规定	磁性能 A 级	—	DT4A
原料纯铁	原铁	YUAN TIE	YT	按 GB/T 221—2008 规定	—	—	YT1

注：各元素含量均指质量分数。

3. 生铁牌号表示方法

(1) 牌号构成 生铁牌号由两部分构成，见表1-8。

表1-8 生铁牌号构成

构成要素	表示内容
第一部分	表示产品用途、特性及工艺方法的大写汉语拼音字母
第二部分	表示主要元素平均含量(质量分数)以千分之几计的阿拉伯数字。炼钢用生铁、铸造用生铁、球墨铸铁用生铁、耐磨生铁为硅元素平均含量(质量分数)。脱碳低磷粒铁为碳元素平均含量(质量分数),含钒生铁为钒元素平均含量(质量分数)

(2) 牌号表示示例 生铁牌号的表示示例见表1-9。

表1-9 生铁牌号的表示示例

牌号	产品名称	第一部分			第二部分	牌号示例
		采用汉字	汉语拼音	采用字母		
1	炼钢用生铁	炼	LIAN	L	含硅量为0.85%~1.25%的炼钢用生铁,阿拉伯数字为10	L10
2	铸造用生铁	铸	ZHU	Z	含硅量为2.80%~3.20%的铸造用生铁,阿拉伯数字为30	Z30
3	球墨铸铁用生铁	球	QIU	Q	含硅量为1.00%~1.40%的球墨铸铁用生铁,阿拉伯数字为12	Q12
4	耐磨生铁	耐磨	NAI MO	NM	含硅量为1.60%~2.00%的耐磨生铁,阿拉伯数字为18	NM18
5	脱碳低磷粒铁	脱粒	TUO LI	TL	含碳量为1.20%~1.60%的炼钢用脱碳低磷粒铁,阿拉伯数字为14	TL14
6	含钒生铁	钒	FAN	F	含钒量不小于0.40%的含钒生铁,阿拉伯数字为04	F04

注：各元素含量均指质量分数。

4. 碳素结构钢和低合金高强度钢牌号表示方法

(1) 牌号表示 碳素结构钢和低合金高强度钢牌号通常由四部分构成见表1-10。

表1-10 碳素结构钢和低合金高强度钢牌号构成

构成要素	表示内容
第一部分	前缀符号+强度值(以N/mm^2或MPa为单位),其中通用结构钢前缀符号为代表屈服强度的拼音的字母"Q",专用结构钢的前缀符号见表1-11
第二部分(必要时)	钢的质量等级,用英文字母A、B、C、D、E、F……等表示

（续）

构成要素	表示内容
第三部分（必要时）	脱氧方式表示符号，即沸腾钢、半镇静钢、镇静钢、特殊镇静钢分别以"F"、"b"、"Z"、"TZ"表示。镇静钢、特殊镇静钢表示符号通常可以省略
第四部分（必要时）	（必要时）产品用途、特性和工艺方法表示符号，见"牌号表示中用途、特性和工艺方法表示符号表"

注：根据需要，低合金高强度结构钢的牌号也可以采用二位阿拉伯数字（表示平均含碳量，以万分之几计）加"常用化学元素符号"表规定的元素符号及必要时加代表产品用途、特性和工艺方法的表示符号，按顺序表示。

（2）专用结构钢的前缀符号　专用结构钢的前缀符号见表 1-11。

表 1-11　专用结构钢的前缀符号

产品名称	采用的汉字及汉语拼音或英文单词			采用字母	位置
	汉字	汉语拼音	英文单词		
热轧光圆钢筋	热轧光圆钢筋	—	Hot Rolled Plain Bars	HPB	牌号头
热轧带肋钢筋	热轧带肋钢筋	—	Hot Rolled Ribbed Bars	HRB	牌号头
细晶粒热轧带肋钢筋	热轧带肋钢筋+细	—	Hot Rolled Ribbed Bars+Fine	HRBF	牌号头
冷轧带肋钢筋	冷轧带肋钢筋	—	Cold Rolled Ribbed Bars	CRB	牌号头
预应力混凝土用螺纹钢筋	预应力、螺纹、钢筋	—	Prestressing、Screw、Bars	PSB	牌号头
焊接气瓶用钢	焊瓶	HAN PING	—	HP	牌号头
管线用钢	管线	—	Line	L	牌号头
船用锚链钢	船锚	CHUAN MAO	—	CM	牌号头
煤机用钢	煤	MEI	—	M	牌号头

（3）牌号表示中用途、特性和工艺方法表示符号　牌号中表示用途、特性和工艺方法的符号见表 1-12。

表 1-12　表示用途、特性和工艺方法的符号

产品名称	采用的汉字及汉语拼音或英文单词			采用字母	位置
	汉字	汉语拼音	英文单词		
锅炉和压力容器用钢	容	RONG	—	R	牌号尾
锅炉用钢（管）	锅	GUO	—	G	牌号尾
低温压力容器用钢	低容	DI RONG	—	DR	牌号尾
桥梁用钢	桥	QIAO	—	Q	牌号尾
耐候钢	耐候	HAI HOU	—	NH	牌号尾
高耐候钢	高耐候	GAO NAI HOU	—	GNH	牌号尾
汽车大梁用钢	梁	LIANG	—	L	牌号尾
高性能建筑结构用钢	高建	GAO JIAN	—	GJ	牌号尾

（续）

产品名称	采用的汉字及汉语拼音或英文单词			采用字母	位置
	汉字	汉语拼音	英文单词		
低焊接裂纹敏感性钢	低焊接裂纹敏感性	—	Crack Free	CF	牌号尾
保证淬透性钢	淬透性	—	Hardenability	H	牌号尾
矿用钢	矿	KUANG	—	K	牌号尾
船用钢	采用国际符号				

（4）牌号表示示例　结构钢牌号示例见表1-13。

表1-13　结构钢牌号示例

序号	产品名称	第一部分	第二部分	第三部分	第四部分	牌号示例
1	碳素结构钢	最小屈服强度235MPa	A级	沸腾钢	—	Q235AF
2	低合金高强度钢	最小屈服强度345MPa	D级	特殊镇静钢	—	Q345D
3	热轧光圆钢筋	屈服强度特征值235MPa	—	—	—	HPB235
4	热轧带肋钢筋	屈服强度特征值335MPa	—	—	—	HRB335
5	细晶粒热轧带肋钢筋	屈服强度特征值335MPa	—	—	—	HRBF335
6	冷轧带肋钢筋	最小抗拉强度550MPa	—	—	—	CRB550
7	预应力混凝土用螺纹钢筋	最小屈服强度830MPa	—	—	—	PSB830
8	焊接气瓶用钢	最小屈服强度345MPa	—	—	—	HP345
9	管线用钢	最小规定总延伸强度415MPa	—	—	—	L415
10	船用锚链钢	最小抗拉强度370MPa	—	—	—	CM370
11	煤机用钢	最小抗拉强度510MPa	—	—	—	M510
12	锅炉和压力容器用钢	最小屈服强度345MPa	—	特殊镇静钢	压力容器“容”的汉语拼音首位字母“R”	Q345R

5. 优质碳素结构钢和优质碳素弹簧钢

（1）牌号构成表示　优质碳素结构钢的牌号通常由五部分组成见表1-14。

表1-14　优质碳素结构钢牌号构成

构成要素	表示内容
第一部分	以两位阿拉伯数字表示平均碳含量（以万分之几计）
第二部分（必要时）	较高含锰量的优质碳素结构钢，加锰元素符号Mn

（续）

构成要素	表示内容
第三部分（必要时）	钢材冶金质量，即高级优质钢、特级优质钢分别以 A、E 表示，优质钢不用字母表示
第四部分（必要时）	脱氧方式表示符号，即沸腾钢、半镇静钢、镇静钢分别以“F”、“b”、“Z”、“TZ”表示，但镇静钢、特殊镇静钢表示符号可以省略
第五部分（必要时）	产品用途、特性或工艺方法表示符号，见碳素结构钢“牌号表示中用途、特性和工艺表示符号”表

注：1. 优质碳素弹簧钢的牌号表示方法与优质碳素结构钢相同。
2. 各元素含量均指质量分数。

（2）牌号表示示例　优质碳素结构钢、优质碳素弹簧钢的牌号示例见表 1-15。

表 1-15　优质碳素结构钢、优质碳素弹簧钢牌号示例

序号	产品名称	第一部分	第二部分	第三部分	第四部分	第五部分	牌号示例
1	优质碳素结构钢	碳含量：0.05%～0.11%	锰含量：0.25%～0.50%	优质钢	沸腾钢	—	08F
2	优质碳素结构钢	碳含量：0.47%～0.55%	锰含量：0.50%～0.80%	高级优质钢	镇静钢	—	50A
3	优质碳素结构钢	碳含量：0.48%～0.56%	锰含量：0.70%～1.00%	特级优质钢	镇静钢	—	50MnE
4	保证淬透性用钢	碳含量：0.42%～0.50%	锰含量：0.50%～0.85%	高级优质钢	镇静钢	保证淬透性钢表示符号“H”	45AH
5	优质碳素弹簧钢	碳含量：0.62%～0.70%	锰含量：0.90%～1.20%	优质钢	镇静钢	—	65Mn

注：表中各元素含量均指质量分数。

6. 易切削钢

（1）牌号构成　易切削钢牌号通常由 3 部分构成，见表 1-16。

表 1-16　易切削钢牌号构成

构成要素	表示内容
第一部分	易切削钢表示符号“Y”
第二部分	以二位阿拉伯数字表示平均碳含量（以万分之几计）
第三部分	易切削元素符号，如含钙、铅、锡等易切削元素的易切削钢分别以 Ca、Pb、Sn 表示。加硫和加硫、磷易切削钢，通常不加易切削元素符号 S、P。较高锰含量的加硫或加硫磷易切削钢，本部分为锰元素符号 Mn。为区分牌号，对较高硫含量的易切削，在牌号尾部加硫元素符号 S

注：表中各元素含量指质量分数。

（2）牌号示例 易切削钢牌号示例见表1-17。

表1-17 易切削钢牌号示例

元素及含量	牌 号
碳含量为0.42%~0.50%、钙含量为0.002%~0.006%的易切削钢	Y45Ca
碳含量为0.40%~0.48%、锰含量为1.35%~1.65%、硫含量为0.16%~0.24%的易切削钢	Y45Mn
碳含量为0.40%~0.48%、锰含量为1.35%~1.65%、硫含量为0.24%~0.32%的易切削钢	Y45MnS

注：表中各元素含量指质量分数。

7. 车辆车轴及机车车辆用钢

（1）牌号构成 车辆车轴及机车车辆用钢的牌号通常由两部分构成，见表1-18。

表1-18 车辆车轴及机车车辆用钢的牌号构成

构成要素	表示内容
第一部分	车辆车轴用钢表示符号“LZ”或机车车辆用钢表示符号“JZ”
第二部分	以两位阿拉伯数字表示平均碳含量（质量分数，以万分之几计）

（2）示例 车辆车轴及机车车辆用钢牌号示例见表1-7。

8. 合金结构钢和合金弹簧钢

（1）合金结构牌号构成 合金结构钢牌号通常由四部分组成，见表1-19。

表1-19 合金结构钢牌号构成

构成序号	表示内容
第一部分	以两位阿拉伯数字表示平均碳含量（以万分之几计）
第二部分	合金元素含量，以化学元素符号及阿拉伯数字表示。具体表示方法为：平均含量小于1.50%时，牌号中仅标明元素，一般不标明含量；平均含量为1.50%~2.49%、2.50%~3.49%、3.50%~4.49%、4.50%~5.49%……时，在合金元素后相应写成2、3、4、5……①
第三部分	钢材冶金质量，即高级优质钢、特级优质钢分别以A、E表示，优质钢不用字母表示
第四部分（必要时）	产品用途、特性或工艺方法表示符号，见表1-12

注：1. 合金弹簧钢的表示方法与合金结构钢相同。
2. 各元素含量均指质量分数。
① 化学元素符号的排列顺序推荐按含量值递减排列。如果两个或多个元素的含量相等时，相应符号位置按英文字母的顺序排列。

（2）示例 合金结构钢和合金弹簧钢牌号示例见表1-20。

表 1-20　合金结构钢和合金弹簧钢牌号示例

序号	产品名称	第一部分	第二部分	第三部分	第四部分	牌号示例
1	合金结构钢	碳含量：0.22%～0.29%	铬含量 1.50%～1.80%、钼含量 0.25%～0.35%、钒含量 0.15%～0.30%	高级优质钢	—	25Cr2MoVA
2	锅炉和压力容器用钢	碳含量，≤0.22%	锰含量 1.20%～1.60%、钼含量 0.45%～0.05%、铌含量 0.025%～0.050%	特级优质钢	锅炉和压力容器用钢	18MnMoNbER
3	优质弹簧钢	碳含量：0.56%～0.64%	硅含量 1.60%～2.00%　锰含量 0.70%～1.00%	优质钢	—	60Si2Mn

注：表中各元素含量均指质量分数。

9. 非调质机械结构钢

（1）牌号构成　非调质机械结构钢牌号通常由四部分组成，见表 1-21。

表 1-21　非调质机械结构钢牌号构成

构成要素	表示内容
第一部分	非调质机械结构钢表示符号“F”
第二部分	以二位阿拉伯数字表示平均碳含量(质量分数,以万分之几计)
第三部分	合金元素含量,以化学元素符号及阿拉伯数字表示,表示方法同合金结构钢第二部分
第四部分（必要时）	改善切削性能的非调质机械结构钢加硫元素符号 S

（2）示例　非调质机械结构钢牌号示例见表 1-7。

10. 工具钢

（1）分类　工具钢分类见表 1-22。

表 1-22　工具钢分类

序号	1	2	3
名称	碳素工具钢	合金工具钢	高速工具钢

（2）碳素工具钢　碳素工具钢牌号构成见表 1-23。

表 1-23　碳素工具钢牌号构成

构成要素	表示内容
第一部分	碳素工具钢表示符号“T”
第二部分	阿拉伯数字表示平均碳含量(质量分数,以千分之几计)
第三部分（必要时）	较高含锰量碳素工具钢,加锰元素符号 Mn
第四部分（必要时）	钢材冶金质量,即高级优质碳素工具钢以 A 表示,优质钢不用字母表示

（3）合金工具钢

1）合金工具钢牌号构成见表1-24。

表1-24　合金工具钢牌号构成

构成序号	表示内容
第一部分	平均碳含量小于1.00%时，采用一位数字表示碳含量（以千分之几计）。平均碳含量不小于1.00%时，不标明含碳量数字
第二部分	合金元素含量，以化学元素符号及阿拉伯数字表示，表示方法同合金结构钢第二部分 低铬（平均铬含量小于1%）合金工具钢，在铬含量（以千分之几计）前加数字“0”

注：各元素含量均指质量分数。

2）合金工具钢牌号示例见表1-7。

（4）高速工具钢

1）牌号构成。高速工具钢牌号表示方法与合金结构钢相同，但在牌号头部一般不标明表示碳含量的阿拉伯数字。为了区别牌号，在牌号头部可以加“C”表示高碳高速工具钢。

2）高速工具钢牌号示例见表1-7。

11. 轴承钢

（1）分类　轴承钢的分类见表1-25。

表1-25　轴承钢的分类

序号	1	2	3	4
名称	高碳铬轴承钢	渗碳轴承钢	高碳铬不锈轴承钢	高温轴承钢

（2）高碳铬轴承钢　高碳铬轴承钢牌号构成见表1-26。

表1-26　高碳铬轴承钢牌号构成

构成序号	表示内容
第一部分	（滚珠）轴承钢表示符号“G”，但不标明碳含量
第二部分	合金元素“Cr”符号及其含量（以千分之几计）。其他合金元素含量，以化学元素符号及阿拉伯数字表示，表示方法同合金结构钢第二部分

注：1. 示例见表1-7。

2. 合金元素含量指质量分数。

（3）渗碳轴承钢　在牌号头部加符号“G”，采用合金结构钢的牌号表示方法。高级优质渗碳轴承钢，在牌号尾部加“A”。

例如：w（C）为0.17%～0.23%，w（Cr）为0.35%～0.65%，w（Ni）为

0.40%~0.70%，w(Mo) 为 0.15%~0.30%的高级优质渗碳轴承钢，其牌号表示为“G20CrNiMoA”。

（4）高碳铬不锈轴承钢和高温轴承钢　在牌号头部加符号“G”，采用不锈钢和耐热钢的牌号表示方法。

例如：w(C) 为 0.90%~1.00%，w(Cr) 为 17.0%~19.0%的高碳铬不锈轴承钢，其牌号表示为 G95Cr18；w(C) 量为 0.75%~0.85%，w(Cr) 为 3.75%~4.25%，w(Mo) 为 4.00%~4.50%的高温轴承钢，其牌号表示为 G80Cr4Mo4V。

12. 钢轨钢、冷镦钢

钢轨钢、冷镦钢牌号通常由三部分构成，见表 1-27。

表 1-27　钢轨钢、冷镦钢牌号构成

构成要素	表示内容
第一部分	钢轨钢表示符号“U”、冷镦钢(铆螺钢)表示符号“ML”
第二部分	以阿拉伯数字表示平均碳含量，优质碳素结构钢同优质碳素结构钢第一部分；合金结构钢同合金结构钢第一部分
第三部分	合金元素含量，以化学元素符号及阿拉伯数字表示，表示方法同合金结构钢第二部分

注：钢轨钢、冷镦钢牌号示例见表 1-7。

13. 不锈钢和耐热钢（表 1-28）

表 1-28　不锈钢和耐热钢牌号构成

构成内容	表示内容(与方法)
元素符号与含量的表示	牌号采用表 1-6 规定的化学元素符号和表示各元素的阿拉伯数字表示
碳含量	用两位或三位阿拉伯数字表示碳含量最佳控制值(以万分之几或十万分之几计) 对碳含量上下限表示规定如下： 1)只规定碳含量上限者，当碳含量上限不大于 0.10%时，以其上限的 3/4 表示碳含量；当碳含量上限大于 0.10%时，以其上限的 4/5 表示碳含量 例如：碳含量上限为 0.08%，碳含量以 06 表示；碳含量上限为 0.20%，碳含量以 16 表示；碳含量上限为 0.15%，碳含量以 12 表示 对超低碳不锈钢(即碳含量不大于 0.030%)，用三位阿拉伯数字表示碳含量最佳控制值(以十万分之几计) 例如：碳含量上限为 0.030%时，其牌号中的碳含量以 022 表示；碳含量上限为 0.020%时，其牌号中的碳含量以 015 表示 2)规定上、下限者，以平均碳含量×100 表示 例如：碳含量为 0.16%~0.25%时，其牌号中的碳含量以 20 表示

（续）

构成内容	表示内容（与方法）
合金元素含量	合金元素含量以化学元素符号及阿拉伯数字表示，表示方法同合金结构钢第二部分。钢中有意加入的铌、钛、锆、氮等合金元素，虽然含量很低，也应在牌号中标出 例如：碳含量不大于0.08%，铬含量为18.00%～20.00%，镍含量为8.00%～11.00%的不锈钢，牌号为06Cr19Ni10 碳含量不大于0.030%，铬含量为16.00%～19.00%，钛含量为0.10%～1.00%的不锈钢，牌号为022Cr18Ti 碳含量为0.15%～0.25%，铬含量为14.00%～16.00%，锰含量为14.00%～16.00%，镍含量为1.50%～3.00%，氮含量为0.15%～0.30%的不锈钢，牌号为20Cr15Mn15Ni2N 碳含量为不大于0.25%，铬含量为24.00%～26.00%，镍含量为19.00%～22.00%的耐热钢，牌号为20Cr25Ni20

注：表中各元素含量均指质量分数。

14. 焊接用钢

（1）分类　焊接用钢包括焊接用碳素钢、焊接用合金钢和焊接用不锈钢等。

（2）牌号构成　焊接用钢牌号通常由两部分构成，见表1-29。

表1-29　焊接用钢牌号

构成要素	表示内容
第一部分	焊接用钢表示符号“H”
第二部分	各类焊接用钢牌号表示方法。其中优质碳素结构钢、合金结构钢和不锈钢应分别符合相应牌号构成方法规定，可参见本节相应部分，也可参见GB/T 221—2008中3.3.1、3.6.1和3.11规定

注：焊接用钢牌号示例见表1-7。

15. 冷轧电工钢

冷轧电工钢牌号通常由三部分构成，见表1-30。

表1-30　冷轧电工钢牌号构成

构成要素	表示内容
第一部分	材料公称厚度（单位：mm）100倍的数字
第二部分	普通级取向电工钢表示符号“Q”、高磁导率级取向电工钢表示符号“QG”或无取向电工钢表示符号“W”

（续）

构成要素	表示内容
第三部分	取向电工钢，磁极化强度在1.7T和频率在50Hz，以W/kg为单位及相应厚度产品的最大比总损耗值的100倍；无取向电工钢，磁极化强度在1.5T和频率在50Hz，以W/kg为单位及相应厚度产品的最大比总损耗值的100倍 例如：公称厚度为0.30mm、比总损耗*P*1.7/50为1.30W/kg的普通级取向电工钢，牌号为30Q130 公称厚度为0.30mm、比总损耗*P*1.70/50为1.10W/kg的高磁导率级取向电工钢，牌号为30QG110 公称厚度为0.50mm、比总损耗*P*1.5/50为4.0W/kg的无取向电工钢，牌号为50W400

16. 电磁纯铁

电磁纯铁牌号通常由三部分构成，见表1-31。

表1-31　电磁纯铁牌号构成

构成序号	表示内容
第一部分	电磁纯铁表示符号“DT”
第二部分	以阿拉伯数字表示不同牌号的顺序号
第三部分	根据电磁性能不同，分别采用加质量等级表示符号“A”、“C”、“E”

注：电磁纯铁牌号示例见表1-7。

17. 原料纯铁

原料纯铁牌号通常由两部分构成，见表1-32。

表1-32　原料纯铁牌号构成

构成要素	表示内容
第一部分	原料纯铁表示符号“YT”
第二部分	以阿拉伯数字表示不同牌号的顺序号

注：原料纯铁牌号示例见表1-17。

18. 高电阻电热合金

高电阻电热合金牌号采用表1-6规定的化学元素符号和阿拉伯数字表示。牌号表示方法与不锈钢和耐热钢的牌号表示方法相同（镍铬基合金不标出含碳量）。

例如：w(Cr)为18.00%~21.00%，w(Ni)为34.00%~37.00%，w(C)不大于0.08%的合金（其余为铁），其牌号表示为“06Cr20Ni35”。

四、有色金属产品牌号的表示方法

1. 有色金属及其合金牌号的表示方法

根据国家标准的规定（贵金属及其合金牌号表示方法参照 GB/T 18035—2000），有色金属及其合金牌号的表示方法如下：

1）产品牌号的命名，以代号字头或元素符号后的成分数字或顺序号结合产品类别或组别名称表示。

2）产品代号，采用标准规定的汉语拼音字母、化学元素符号及阿拉伯数字相结合的方法表示，见表1-33~表1-34。

表1-33　常用有色金属、合金名称及其汉语拼音字母的代号

名　称	采用汉字	采用符号	名　称	采用汉字	采用符号
铜	铜	T	黄铜	黄	H
铝	铝	L	青铜	青	Q
镁	镁	M	白铜	白	B
镍	镍	N	钛及钛合金	钛	T

表1-34　专用金属、合金名称及其汉语拼音字母的代号

名　称	采用符号	采用汉字
防锈铝	LF	铝、防
锻铝	LD	铝、锻
硬铝	LY	铝、硬
超硬铝	LC	铝、超
特殊铝	LT	铝、特
硬钎焊铝	LQ	铝、钎
无氧铜	TU	铜、无
金属粉末	F	粉
喷铝粉	FLP	粉、铝、喷
涂料铝粉	FLU	粉、铝、涂
细铝粉	FLX	粉、铝、细
特细铝粉	FLT	粉、铝、特
炼钢、化工用铝粉	FLG	粉、铝、钢
镁粉	FM	粉、镁
铝镁粉	FLM	粉、铝、镁
镁合金（变形加工用）	MB	镁、变
焊料合金	HI	焊、料
阳极镍	NY	镍、阳
电池锌板	XD	锌、电
印刷合金	I	印

（续）

名　　称	采用符号	采用汉字
印刷锌板	XI	锌、印
稀土	Xt[①]	稀土
钨钴硬质合金	YG	硬、钴
钨钛钴硬质合金	YT	硬、钛
铸造碳化钨	YZ	硬、铸
碳化钛—(铁)镍钼硬质合金	YN	硬、镍
多用途(万能)硬质合金	YW	硬、万
钢结硬质合金	YE	硬、结

① 稀土代号 Xt 于 1987 年 6 月 1 日起正式改用 RE 表示（单一稀土金属仍用化学元素符号表示）。

3）产品的统称（如铜材、铝材）、类别（如黄铜、青铜）以及产品标记中的品种（如板、管、带、线、箔）等，均用汉字表示。

4）产品的状态、加工方法、特性的代号，采用标准规定的汉语拼音字母表示，见表 1-35。

表 1-35　有色产品状态名称、特性及其汉语拼音字母的代号

名　　称	采用代号	名　　称		采用代号
(1)产品状态代号		硬质合金	表面涂层	U
热加工(如热轧、热挤)	R	硬质合金	添加碳化钽	A
退火	M	硬质合金	添加碳化铌	N
淬火	C	硬质合金	细颗粒	X
淬火后冷轧(冷作硬化)	CY	硬质合金	粗颗粒	C
淬火(自然时效)	CZ	硬质合金	超细颗粒	H
淬火(人工时效)	CS	(3)产品状态、特性代号组合举例		
硬	Y	不包铝(热轧)		BR
3/4 硬、1/2 硬	Y_1、Y_2	不包铝(退火)		BM
1/3 硬	Y_3	不包铝(淬火、冷作硬化)		BCY
1/4 硬	Y_4	不包铝(淬火、优质表面)		BCO
特硬	T	不包铝(淬火、冷作硬化、优质表面)		BCYO
(2)产品特性代号		优质表面(退火)		MO
优质表面	O	优质表面淬火、自然时效		CZO
涂漆蒙皮板	Q	优质表面淬火、人工时效		CSO
加厚包铝的	J	淬火后冷轧、人工时效		CYS
不包铝的	B	热加工、人工时效		RS
		淬火、自然时效、冷作硬化、优质表面		CZYO

2. 常用有色金属及其合金产品牌号（表1-36）

表1-36 常用有色金属及合金牌号

有色金属及其合金分类	牌号举例		牌号表示方法说明
	名称	代号	
铜及铜合金	纯铜 黄铜 青铜 白铜	T1、T2-M TU1、TUMn H62、HSn90-1 QSn4-3 QSn4-4-2.5 QAl10-3-1.5 B25 BMn3-12	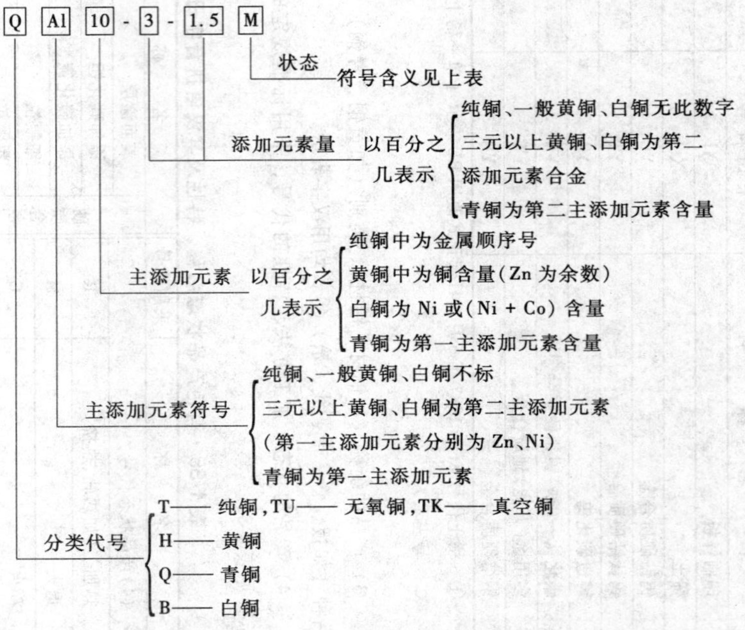 Q Al 10 - 3 - 1.5 M M：状态——符号含义见上表 3-1.5：添加元素量 以百分之几表示——纯铜、一般黄铜、白铜无此数字；三元以上黄铜、白铜为第二添加元素合金；青铜为第二主添加元素含量 10：主添加元素 以百分之几表示——纯铜中为金属顺序号；黄铜中为铜含量（Zn为余数）；白铜为Ni或（Ni+Co）含量；青铜为第一主添加元素含量 Al：主添加元素符号——纯铜、一般黄铜、白铜不标；三元以上黄铜、白铜为第二主添加元素（第一主添加元素分别为Zn、Ni）；青铜为第一主添加元素 Q：分类代号——T——纯铜，TU——无氧铜，TK——真空铜；H——黄铜；Q——青铜；B——白铜

（续）

有色金属及其合金分类	牌号举例		牌号表示方法说明
	名称	代号	
铝[①]及铝合金	纯铝 铝合金	1A99 2A50、3A21	1 A — 99 99：1×××系列（纯铝）—— 表示最低铝百分含量；2×××～8×××系列 —— 用来区分同一组中不同的铝合金 A：A—— 表示原始纯铝；B～Y的其他英文字母 —— 表示铝合金的改型情况 1：见下表

组别	牌号系列
纯铝（铝含量不小于99.00%）	1×××
以铜为主要合金元素的铝合金	2×××
以锰为主要合金元素的铝合金	3×××
以硅为主要合金元素的铝合金	4×××
以镁为主要合金元素的铝合金	5×××
以镁和硅为主要合金元素并以Mg_2Si相为强化相的铝合金	6×××
以锌为主要合金元素的铝合金	7×××
以其他合金元素为主要合金元素的铝合金	8×××
备用合金组	9×××

（续）

有色金属及其合金分类	牌号举例		牌号表示方法说明
	名称	代号	
钛及钛合金		TA1-M、TA4 TB2 TC1、TC4 TC9	TA 1 - M 状态——符号含义见上表 顺序号——金属或合金的顺序号 分类代号——表示金属或合金组织类型：TA——α 型 Ti 及合金；TB——β 型 Ti 合金；TC——（α + β）型 Ti 合金
镁及镁合金		MB1 MB8-M	MB 8 — M 状态——符号含义见上表 顺序号——金属或合金的顺序号 分类代号：M—— 纯镁；MB—— 变形镁合金

（续）

有色金属及其合金分类	牌号举例		牌号表示方法说明
	名称	代号	
镍及镍合金		N4 NY1 NSi0.19 NMn2-2-1 NCu28-2.5-1.5 NCr10	N Cu 28 -2.5 -1.5 M M：状态——符号含义见上表 1.5：添加元素含量——以百分之几表示 28：序号或主添加元素含量——纯镍中为顺序号；以百分之几表示主添加元素含量 Cu：主添加元素——用国际化学符号表示 N：分类代号——N——纯镍或镍合金；NY——阳极镍

（续）

<table>
<tr><th rowspan="2">有色金属及其合金分类</th><th colspan="2">牌号举例</th><th rowspan="2">牌号表示方法说明</th></tr>
<tr><th>名称</th><th>代号</th></tr>
<tr><td rowspan="10">专用合金</td><td>焊料</td><td>HICuZn64
HISnPb39</td><td rowspan="10">HI Ag Cu 20 - 15
15 — 含量或规格 {合金中其他添加元素含量，以百分之几表示；金属粉末之粒度规格}
20 — 含量或等级数 {合金中第二基元素含量，以百分之几表示；硬质合金中决定其特性的主元素成分；金属粉末中纯度等级}
Cu — 第二基元素—用国际化学元素符号表示
Ag — 第一基元素—用国际化学元素符号表示
HI — 分类代号 {HI——焊料合金；I——印刷合金；Ch——轴承合金；YG——钨钴合金；YT——钨钛合金；YZ——铸造碳化钨；F——金属粉末；FLP——喷铝粉；FLX——细铝粉；FLM——铝镁粉；FM——纯镁粉}</td></tr>
<tr><td>轴承合金</td><td>ChSnSb8-4
ChPbSb2-0. 2-0. 15</td></tr>
<tr><td>硬质合金</td><td>YG6
YT5
YZ2</td></tr>
<tr><td>喷铝粉</td><td>FLP2
FLXI
FMI</td></tr>
</table>

① 摘自 GB/T 16474—2011 变形铝及铝合金牌号表示方法。

3. 贵金属及其合金牌号的表示方法（GB/T 18035—2000）

（1）牌号分类　按照生产过程，并顾到某种产品的特定用途，贵金属及其合金牌号分为冶炼产品、加工产品、复合材料、粉末产品、钎焊料五类。

（2）牌号表示方法

1）冶炼产品牌号

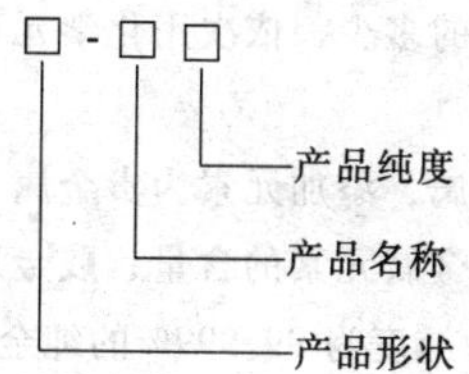

产品形状：分别用英文的第一个字母大写或其字母组合形式表示，其中 IC 表示铸锭状金属，SM 表示海绵状金属。

产品名称：用化学元素符号表示。

产品纯度：用百分含量的阿拉伯数字表示，不含百分号。

示例：IC-Au99. 99 表示纯度为 99. 99%的金锭

SM-Pt99. 999 表示纯度为 99. 999%的海绵铂

2）加工产品牌号

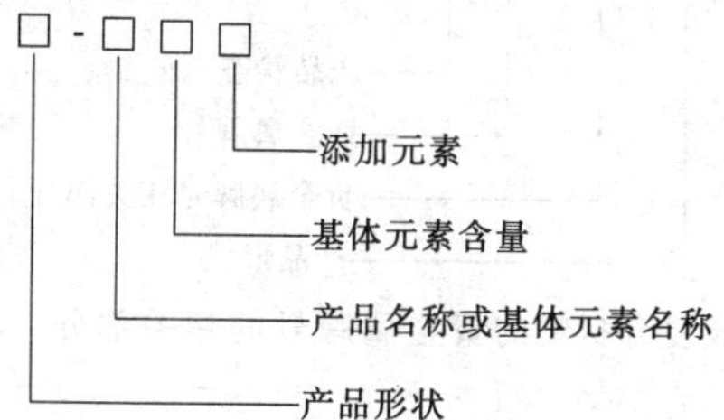

产品形状：分别用英文的第一个字母大写形式或英文第一个字母大写和第二个字母小写形式表示，其中

Pl 表示板材
Sh 表示片材
St 表示带材
F 表示箔材
T 表示管材
R 表示棒材
W 表示线材
Th 表示丝材

产品名称：若产品为纯金属，则用其化学元素符号表示名称；若为合金，则用该合金的基体的化学元素符号表示名称。

产品含量：若产品为纯金属，则用百分含量表示其含量；若为合金，则用该合金基体元素的百分含量表示其含量，均不含百分号。

添加元素：用化学元素符号表示添加元素。若产品为三元或三元以上的合金，则依据添加元素在合金中含量的多少，依次用化学元素符号表示。若产品为纯金属加工材，则无此项。

若产品的基体元素为贱金属，添加元素为贵金属，则仍将贵金属作为基体元素放在第二项，第三项表示该贵金属元素的含量，贱金属元素放在第四项。

示例：Pl-Au99.999 表示纯度为99.999%的纯金板材；

W-Pt90Rh 表示含90%铂，添加元素为铑的铂铑合金线材；

W-Au93NiFeZr 表示含93%金，添加元素为镍、铁和锆的金镍铁锆合金线材；

St-Au75Pd 表示含75%金，添加元素为钯的金钯合金带材；

St-Ag30Cu 表示含30%银，添加元素为铜的银铜合金带材。

3）复合材料牌号

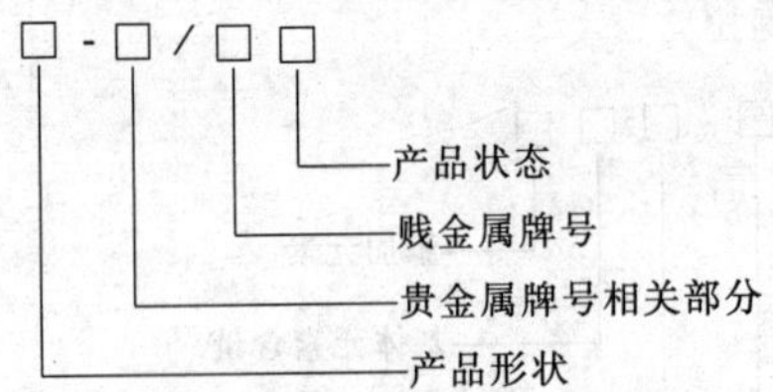

产品的形状、构成复合材料的贵金属牌号的相关部分，其表示方法同“加工产品牌号”。

构成复合材料的贱金属牌号，其表示方法参见现行相关国标。

产品状态分为软态（M）、半硬态（Y_2）和硬态（Y）。此项可根据需要选定或省略。

三层及三层以上复合材料，在第三项后面依次插入表示后面层的相关牌号，并以“/”相隔开。

示例：St-Ag99.95/QSn6.5-0.1 表示由含银99.95%银带材和含锡6.5%、含磷0.1%的锡磷青铜带复合成的复合带材；

St-Ag90Ni/H62Y_2 表示由含银90%的银镍合金和含铜62%的黄铜复合成的半硬态的复合带材；

St-Ag99.95/T2/Ag99.95 表示第一层为含银99.95%银带、第二层为2

号纯铜带、第三层为含银 99.95%银带复合成的三层复合带材。

4）粉末产品牌号

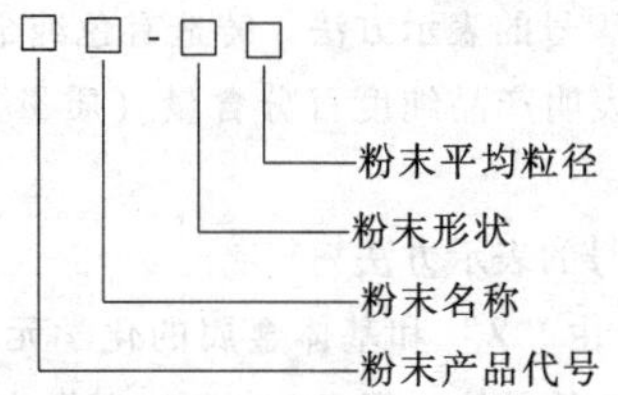

粉末产品代号用英文大写字母 P 表示。

粉末名称：若粉末是纯金属，则用其化学元素符号表示；若是金属氧化物，则用其分子式表示；若是合金，则用其基体元素符号、基体元素含量、添加元素符号依次表示。

粉末形状用英文大写字母表示，其中：S 表示片状粉末
G 表示球状粉末

若不强调粉末的形状，其形状可不表示。

粉末平均粒径用阿拉伯数字表示，单位为 μm。若平均粒径是一个范围，则取其上限值。

示例：PAg-S6.0　表示平均粒径小于 6.0μm 的片状银粉；
PPd-G0.15　表示平均粒径小于 0.15μm 的球状钯粉。

5）钎料牌号

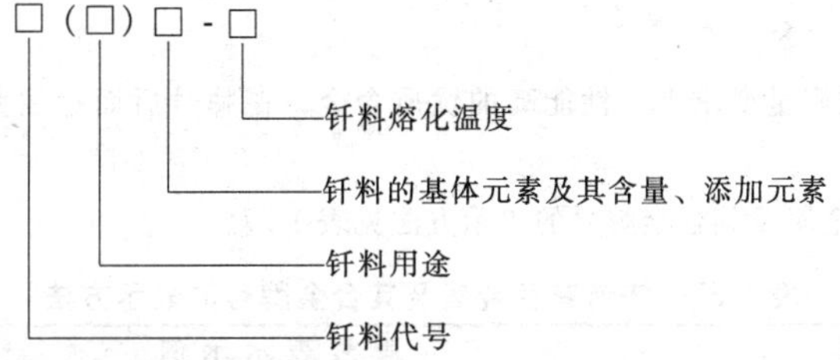

钎料代号用英文大写字母 B 表示。

钎料用途用英文大写字母表示，其中：V 表示电真空焊料。

若不强调钎料的用途，此项可不用字母表示。

钎料合金的基体元素及其含量以及添加元素，其表示方法同 3）。

钎料熔化温度：共晶合金为共晶点温度，其余合金为固相线温度/液相线温度。

示例：BVAg72Cu-780　表示含 72%的银，熔化温度为 780℃，用于电真空器件的银铜合金钎焊料；

BAg70CuZn-690/740 表示含 70%的银，固相线温度为 690℃，液相线温度为 740℃的银铜锌合金钎焊料；

4. 铸造有色金属及其合金牌号的表示方法（GB/T 8063—1994）

（1）铸造有色纯金属牌号的表示方法 铸造有色纯金属的牌号由“Z”和相应纯金属的化学元素符号及表明产品纯度百分含量（质量分数）的数字或用一短横加顺序号组成。

（2）铸造有色合金牌号的表示方法

1）铸造有色合金牌号由“Z”和基体金属的化学元素符号、主要合金化学元素符号（其中混合稀土元素符号统一用 RE 表示）以及表明合金化元素名义百分含量（质量分数，下同）的数字组成。

2）当合金化元素多于两个时，合金牌号中应列出足以表明合金主要特性的元素符号及其名义百分含量的数字。

3）合金化元素符号按其名义百分含量递减的次序排列。当名义百分含量相等时，则按元素符号字母顺序排列。当需要表明决定合金类别的合金化元素首先列出时，不论其含量多少，该元素符号均应紧置于基体元素符号之后。

4）除基体元素的名义百分含量不标注外，其他合金化元素的名义百分含量均标注于该元素符号之后。当合金化元素含量规定为大于或等于 1%的某个范围时，采用其平均含量的修约化整值。必要时也可用带一位小数的数字标注。合金化元素含量小于 1%时，一般不标注，只有对合金性能起重大影响的合金化元素，才允许用一位小数标注其平均含量。

5）对具有相同主成分，需要控制低间隙元素的合金，在牌号后的圆括弧内标注 ELI。

6）对杂质限量要求严、性能高的优质合金，在牌号后面标注大写字母“A”表示优质。

铸造有色金属及其合金牌号的表示方法见表 1-37。

表 1-37 铸造有色金属及其合金牌号的表示方法

序号	名称	牌号表示示例
1	铸造纯铝	Z Al 99.5 99.5——铝的最低名义质量分数的 100 倍 Al——铝的化学元素符号 Z——铸造代号

（续）

序号	名　称	牌号表示示例
2	铸造纯钛	Z Ti -1 -1——纯钛产品级别 Ti——钛的化学元素符号 Z——铸造代号
3	铸造优质铝合金	Z Al Si 7 Mg A A——表示优质合金 Mg——镁的化学元素符号 7——硅的名义质量分数的 100 倍 Si——硅的化学元素符号 Al——基体铝的化学元素符号 Z——铸造代号
4	铸造镁合金	Z Mg Zn 4 RE 1 Zr Zr——锆的化学元素符号 1——混合稀土的名义质量分数的 100 倍 RE——混合稀土的化学元素符号 4——锌的名义质量分数的 100 倍 Zn——锌的化学元素符号 Mg——基体镁的化学元素符号 Z——铸造代号
5	铸造锡青铜	Z Cu Sn 3 Zn 8 Pb 6 Ni 1 1——镍的名义质量分数的 100 倍 Ni——镍的化学元素符号 6——铅的名义质量分数的 100 倍 Pb——铅的化学元素符号 8——锌的名义质量分数的 100 倍 Zn——锌的化学元素符号 3——锡的名义质量分数的 100 倍 Sn——表征合金类别的锡的化学元素符号 Cu——基体铜的化学元素符号 Z——铸造代号

（续）

序号	名　称	牌号表示示例
6	铸造钛合金	Z Ti Al 5 Sn 2.5 (ELI) 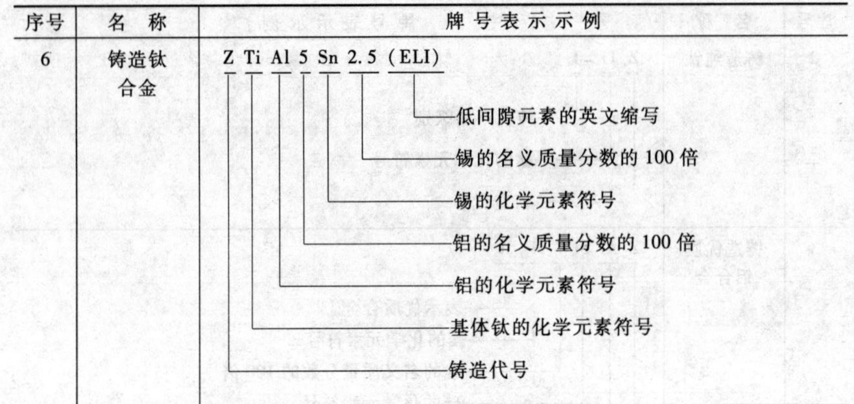

五、钢铁材料的使用性能

1. 钢铁材料的物理性能（表1-38）

表1-38　钢铁材料的物理性能

名　称		量的符号	单位符号	含　义
密度		ρ	g/cm^3	密度就是某种物质单位体积的质量
热性能	熔点		℃	金属材料由固态转变为液态时的熔化温度
热性能	比热容	c	J/(kg·K)	单位质量的某种物质，在温度升高1℃时吸收的热量或温度降低1℃时所放出的热量
热性能	热导率	λ	W/(m·K)	在单位时间内，当沿着热流方向的单位长度上温度降低1℃时，单位面积容许导过的热量
热性能	线膨胀系数	α_L	10^{-6}/K	金属温度每升高1℃所增加的长度与原来长度的比值
电性能	电阻率	ρ	Ω·m	是表示物体导电性能的一个参数。它等于1m长，横截面积为$1mm^2$的导线两端间的电阻。也可用一个单位立方体的两平行端面间的电阻表示
电性能	电阻温度系数	α_p	1/℃	温度每升降1℃，材料电阻率的改变量与原电阻率之比，称为电阻温度系数
电性能	电导率	κ	S/m或%IACS	电阻率的倒数叫电导率。在数值上它等于导体维持单位电位梯度时，流过单位面积的电流

（续）

名　称		量的符号	单位符号	含　义
密度		ρ	g/cm^3	密度就是某种物质单位体积的质量
磁性能	磁导率	μ	H/m	是衡量磁性材料磁化难易程度的性能指标，它是磁性材料中的磁感应强度（B）和磁场强度（H）的比值。磁性材料通常分为：软磁材料（μ 值甚高，可达数万）和硬磁材料（μ 值在 1 左右）两大类
	磁感应强度	B	T	在磁介质中的磁化过程，可以看作在原先的磁场强度（H）上再加上一个由磁化强度（J）所决定的，数量等于 $4\pi J$ 的新磁场，因而在磁介质中的磁场 $B=H+4\pi J$，叫作磁感应强度
	磁场强度	H	A/m	导体中通过电流，其周围就产生了磁场。磁场对原磁矩或电流产生作用力的大小为磁场强度的表征
	矫顽力	H_c	A/m	样品磁化到饱和后，由于有磁滞现象，欲使磁感应强度减为零，须施加一定的负磁场 H_c，H_c 就称为矫顽力
	铁损	P	W/kg	铁磁材料在动态磁化条件下，由于磁滞和涡流效应所消耗的能量

2. 钢铁材料的力学性能（表 1-39）

表 1-39　钢铁材料的力学性能

名称	量的符号	单位符号	含　义
1. 强度			强度指金属在外力作用下，抵抗塑性变形和断裂的能力
抗拉强度	$R_m(\sigma_b)$	MPa	金属试样拉伸时，在拉断前所承受的最大负荷与试样原横截面面积之比称为抗拉强度 $$\sigma_b=\frac{P_b}{F_0}$$ 式中　P_b——试样拉断前的最大负荷（N） F_0——试样原横截面积（mm^2）

（续）

名称	量的符号	单位符号	含　义
抗弯强度	σ_{bb}	MPa	试样在位于两支承中间的集中负荷作用下，使其折断时，折断截面所承受的最大正压力 对圆试样：$\sigma_{bb}=\dfrac{8PL}{\pi d^3}$； 对矩形试样：$\sigma_{bb}=\dfrac{3PL}{2bh^2}$ 式中　P——试样所受最大集中载荷（N） L——两支承点间的跨距（mm） d——圆试样截面之外径（mm） b——矩形截面试样之宽度（mm） h——矩形截面试样之高度（mm）
抗压强度	σ_{bc}	MPa	材料在压力作用下不发生碎、裂所能承受的最大正压力，称为抗压强度 $\sigma_{bc}=\dfrac{P_{bc}}{F_0}$ 式中　P_{bc}——试样所受最大集中载荷（N） F_0——试样原截面积（mm^2）
抗剪强度	τ、σ_{τ}	MPa	试样剪断前，所承受的最大负荷下的受剪截面具有的平均切应力 双剪：$\sigma_{\tau}=\dfrac{P}{2F_0}$；单剪：$\sigma_{\tau}=\dfrac{P}{F_0}$ 式中　P——剪切时的最大负荷（N） F_0——受剪部位的原横截面积（mm^2）
抗扭强度	τ_b	MPa	指外力是扭转力的强度极限 $\tau_b\approx\dfrac{3M_b}{4W_p}$（适用于钢材） $\tau_b\approx\dfrac{M_b}{W_p}$（适用于铸铁） 式中　M_b——转矩（N·mm） W_p——扭转时试样截面的极断面系数（mm^2）

（续）

名称	量的符号	单位符号	含　义
屈服点	σ_s	MPa	金属试样在拉伸过程中，负荷不再增加，而试样仍继续发生变形的现象称为“屈服”。发生屈服现象时的应力，称为屈服点或屈服极限 $\sigma_s=\frac{P_s}{F_0}$ 式中　P_s——屈服载荷(N) F_0——试样原横截面积(mm^2)
屈服强度	$\sigma_{0.2}$	MPa	对某些屈服现象不明显的金属材料，测定屈服点比较困难，常把产生0.2%永久变形的应力定为屈服点，称为屈服强度或条件屈服极限 $\sigma_{0.2}=\frac{P_{0.2}}{F_0}$ 式中　$P_{0.2}$——试样产生永久变形为0.2%时的载荷(N) F_0——试样原横截面积(mm^2)
持久强度	σ_b/时间(h)	MPa	金属材料在高温条件下，经过规定时间发生断裂时的应力称为持久强度。通常所指的持久强度，是在一定的温度条件下，试样经10^5h后的断裂强度
蠕变强度	$\sigma\frac{温度}{应变量/时间}$	MPa	金属材料在高于一定温度下受到应力作用，即使应力小于屈服强度，试件也会随着时间的增长而缓慢地产生塑性变形，此种现象称为蠕变。在给定温度下和规定的时间内，使试样产生一定蠕变变形量的应力称为蠕变强度，例如$\sigma\frac{500}{1/100000}=100$MPa，表示材料在500℃温度下，$10^5$h后应变量为1%的蠕变强度为100MPa。蠕变强度是材料在高温下长期负荷下对塑性变形抗力的性能指标
2. 弹性			弹性是指金属在外力作用下产生变形，当外力取消后又恢复到原来的形状和大小的一种特性
弹性模量	E	GPa	在弹性范围内，金属拉伸试验时，外力和变形成比例增长，即应力与应变成正比关系时，这个比例系数就称为弹性模量，也叫正弹性模数
切变模量	G	GPa	金属在弹性范围内，当进行扭转试验时，外力和变形成比例地增长，即应力与应变成正比例关系时，这个比例系数就称为切变模量

（续）

名称	量的符号	单位符号	含 义
弹性极限	σ_e	MPa	金属能保持弹性变形的最大应力，称为弹性极限
比例极限	σ_p	MPa	在弹性变形阶段，金属材料所承受的和应变能保持正比的最大应力，称为比例极限 $\sigma_p=\frac{P_p}{F_0}$ 式中 P_p——规定比例极限负荷（N） F_0——试样原横截面积（mm^2）
3. 塑性			所谓塑性是指金属材料在外力作用下，产生永久变形而不致破裂的能力
伸长率	δ	%	金属材料在拉伸时，试样拉断后，其标距部分所增加的长度与原标距长度的百分比。δ_5 是标距为5倍直径时的伸长率，δ_{10} 是标距为10倍直径时的伸长率
断面收缩率	ψ	%	金属试样拉断后，其缩颈处横截面积的最大缩减量与原横截面积的百分比
泊松比	μ		对于各向同性的材料，泊松比表示：试样在单相拉伸时，横向相对收缩量与轴向相对伸长量之比 $\mu=\frac{E}{2G}-1$ 式中 E——弹性模量（GPa） G——切变模量（GPa）
4. 韧性			所谓韧性是指金属材料在冲击力（动力载荷）的作用下而不破坏的能力
冲击韧度	a_{KU} 或 a_{KV}	J/cm^2	冲击韧度是评定金属材料于动载荷下受冲击抗力的力学性能指标，通常都是以大能量的一次冲击值（a_{KU} 或 a_{KV}）作为标准的。它是采用一定尺寸和形状的标准试样，在摆锤式一次冲击试验机上来进行试验。试验结果，以冲断试样上所消耗的功（A_{KU} 或 A_{KV}）与断面处横截面积（F）之比值大小来衡量

（续）

名称	量的符号	单位符号	含　义
冲击吸收功	A_{KU}或A_{KV}	J	由于a_K值的大小,不仅取决于材料本身,同时还随试样尺寸、形状的改变及试验温度的不同而变化,因而a_K值只是一个相对指标。目前国际上许多国家直接采用冲击吸收功A_K作为冲击韧度的指标 $a_{KU}=\frac{A_{KU}}{F}$;$a_{KV}=\frac{A_{KV}}{F}$ 式中　a_{KU}——夏比U形缺口试样冲击值(J/cm^2) a_{KV}——夏比V形缺口试样冲击值(J/cm^2) A_{KU}——夏比U形缺口试样冲断时所消耗的冲击功(J) A_{KV}——夏比V形缺口试样冲断时所消耗的冲击功(J) F——试样缺口处的横截面积(cm^2)
5. 疲劳			金属材料在极限强度以下,长期承受交变负荷(即大小、方向反复变化的载荷)的作用,在不发生显著塑性变形的情况下而突然断裂的现象,称为疲劳
疲劳极限	σ_{-1}	MPa	金属材料在重复或交变应力作用下,经过周次(N)的应力循环仍不发生断裂时所能承受的最大应力称为疲劳极限
疲劳强度	σ_N	MPa	金属材料在重复或交变应力作用下,循环一定周次(N)后断裂时所能承受的最大应力,叫作疲劳强度。此时,N称为材料的疲劳寿命。某些金属材料在重复或交变应力作用下,没有明显的疲劳极限,常用疲劳强度表示
6. 硬度			硬度就是指金属抵抗更硬物体压入其表面的能力。硬度不是一个单纯的物理量,而是反映弹性、强度、塑性等的一个综合性能指标
布氏硬度	HBW		用一定直径的球体以相应的试验力压入试样表面,经规定的保持时间后,卸除试验力,测表面压痕直径计算的硬度值
洛氏硬度	HRA HRB HRC HRD HRE HRF HRG HRH HRK		用金刚石圆锥或钢球压头以初始试验力和总试验力作用下,压入试样表面,经规定的保持时间后,卸除主试验力,测残余压痕深度增量计算的硬度值 洛氏硬度试验分A、B、C、D、E、F、G、H、K标尺

（续）

名称	量的符号	单位符号	含　义
维氏硬度	HV		用金刚石正四棱体压头以 49.03～980.7N 的试验力压入试样表面，经规定的保持时间后，卸除试验力，测压痕对角线长度计算的硬度值
肖氏硬度	HSC HSD		用金刚石或钢球冲头从一定高度落到试样表面，测冲头回跳高度计算硬度值。用目测型硬度计的硬度符号为 HSC，指示型硬度计的硬度符号为 HSD
7. 减摩、耐磨性			
摩擦因数	μ		相互接触的物体，当作相对移动时就会引起摩擦，引起摩擦的阻力称为摩擦力。根据摩擦定律，通常把摩擦力（F）与施加在摩擦部位上的垂直载荷（N）的比值，称为摩擦因数 $$\mu=\frac{F}{N}$$ 式中　F——摩擦力（N） N——施加在摩擦部件上的垂直载荷（N）
磨耗量	W V	g cm^3	试样在规定试验条件下经过一定时间或一定距离摩擦之后，以试样被磨去的重量（g）或体积（cm^3）之量，称为磨耗量（或磨损量），以磨去重量表示者称为重量磨耗 W，用磨去体积表示者称为体积磨耗 V
相对耐磨系数	ε		在模拟耐磨试验机上，采用 65Mn（52～53HRC）作为标准试样，在相同条件下，标准试样的绝对磨耗量与被测定材料的绝对磨耗量之比，称为被测材料的相对耐磨系数

注：虽然有些指标和量已被新标准中的量和指标更换和替代，但出于数据对应考虑，目前这些量和指标仍在大量应用，所以本版该部分内容仍保留。部分指标新旧标准对照，见附录。

3. 钢铁材料的化学性能（见表 1-40）

表 1-40　钢铁材料的化学性能

名　称	量的符号	单位符号	含　义
耐蚀性			耐蚀性是指金属材料抵抗周围介质（大气、水蒸气、有害气体、酸、碱盐等）腐蚀作用的能力。金属的耐蚀性与许多因素有关，如金属的化学成分、加工性质、热处理条件、组织状态以及介质和温度等
化学腐蚀			化学腐蚀是金属与周围介质直接起化学作用的结果。它包括气体腐蚀和金属在非电解质中的腐蚀两种形式。其特点是：腐蚀过程不产生电流；且腐蚀产物沉积在金属表面

（续）

名　称	量的符号	单位符号	含　义
电化学腐蚀			金属与酸、碱、盐等电解质溶液接触时发生作用而引起的腐蚀，称为电化学腐蚀。它的特点是腐蚀过程中有电流产生，其腐蚀产物（铁锈）不覆盖在作为阳极的金属表面上，而是在距离阳极金属的一定距离处
一般腐蚀			这种腐蚀是均匀地分布在整个金属内外表面上，使截面不断减小，最终使受力件破坏
晶间腐蚀			这种腐蚀在金属内部沿晶粒边缘进行，通常不引起金属外形的任何变化，往往使设备或机件突然破坏
点腐蚀			这种腐蚀集中在金属表面不大的区域内，并迅速向深处发展，最后穿透金属，是一种危害较大的腐蚀破坏
应力腐蚀			是指在静应力（金属的内外应力）作用下，金属在腐蚀介质中所引起的破坏。这种腐蚀一般穿过晶粒，即所谓穿晶腐蚀
腐蚀疲劳			指在交变应力作用下，金属在腐蚀介质中所引起的破坏。它也是一种穿晶腐蚀
腐蚀速度		$mg/(dm^2 \cdot d)$ 或 $g/(m^2 \cdot d)$	单位面积的金属材料在单位时间内经腐蚀之后的失重，称为腐蚀速度
腐蚀率	R	mm/a	金属材料在单位时间内腐蚀掉的材料深度称为腐蚀率
抗氧化性		$g/(cm^2 \cdot h)$ 或 mm/a	金属材料在室温或高温下抵抗氧化的能力。金属的氧化过程实际上是属于化学腐蚀的一种形式。它可直接用一定时间内，金属表面经腐蚀之后重量损失的大小，即用金属减重的速度表示
化学稳定性			系指金属材料的耐腐蚀性和抗氧化性的总称。金属材料在高温下的化学稳定性叫作热稳定性

4. 钢铁材料的工艺性能（表 1-41）

表 1-41　钢铁材料的工艺性能

名　称	含　义
铸造性	金属材料能用铸造方法获得合格铸件的能力称为铸造性。铸造性包括流动性、收缩性和偏析倾向等。流动性是指液态金属充满铸模的能力，流动性越好，越易铸造细薄精致的铸件。收缩性是指铸件凝固时体积收缩的程度，收缩越小，铸件凝固时变形越小。偏析是指化学成分不均匀，偏析越严重，铸件各部位的性能越不均匀，铸件的可靠性愈小
切削加工性	金属材料的切削加工性系指金属接受切削加工的能力，也是指金属经过切削加工而成为合乎要求的工件的难易程度。通常可以切削后工作表面的粗糙程度、切削速度和刀具磨损程度来评价金属的切削加工性

（续）

名　称	含　义
焊接性	焊接性是指金属在特定结构和工艺条件下通过常用焊接方法获得预期质量要求的焊接接头的性能。焊接性一般根据焊接时产生的裂纹敏感性和焊缝区力学性能的变化来判断
锻性	锻性是材料在承受锤锻、轧制、拉拔、挤压等加工工艺时会改变形状而不产生裂纹的性能。它实际上是金属塑性好坏的一种表现，金属材料塑性越高，变形抗力就越小，则锻性就越好。锻性好坏主要决定于金属的化学成分、显微组织、变形温度、变形速度及应力状态等因素
冲压性	冲压性是指金属经过冲压变形而不发生裂纹等缺陷的性能。许多金属产品的制造都要经过冲压工艺，如汽车壳体、搪瓷制品坯料及锅、盆、盂、壶等日用品。为保证制品的质量和工艺的顺利进行，用于冲压的金属板、带等必须具有合格的冲压性能
顶锻性	顶锻性是指金属材料承受打铆、镦头等的顶锻变形的性能。金属的顶锻性，是用顶锻试验测定的
冷弯性	金属材料在常温下能承受弯曲而不破裂的性能，称为冷弯性。出现裂纹前能承受的弯曲程度越大，则材料的冷弯性能越好
热处理工艺性	热处理是指金属或合金在固态范围内，通过一定的加热、保温和冷却方法，以改变金属或合金的内部组织，而得到所需性能的一种工艺操作。热处理工艺性就是指金属经过热处理后其组织和性能改变的能力，包括淬硬性、淬透性、回火脆性等

六、有色金属材料的使用性能

1. 常用有色金属的主要特性（表1-42）

表1-42 常用有色金属的主要特性

名　称	主　要　特　性
铜及其合金	有优良的导电、导热性，有较好的耐蚀性，有较高的强度和好的塑性，易加工成材和铸造各种零件
铝及其合金	密度小(约 $2.7g/cm^3$)，比强度大，耐蚀性好，导电，导热，无铁磁性，反光能力强，塑性大，易加工成材和铸造各种零件
钛及其合金	密度小(约 $4.5g/cm^3$)，比强度大，高、低温性能好，有优良的耐蚀性能
镁及其合金	密度小(约 $1.7g/cm^3$)，比强度和比刚度大，能承受大的冲击载荷，有良好的切削加工和抛光性能，对有机酸、碱类和液体燃料有较高的耐蚀性
镍及其合金	有高的力学性能、耐热性能，有好的耐蚀性以及特殊的电、磁、热膨胀等物理性能
锌及其合金	有较高的力学性能，熔点低，易加工成材及压力铸造
锡、铅合金	熔点低，导热性好，耐磨。铅合金耐蚀，密度大(约 $11g/cm^3$)，X射线和γ射线的穿透率低
钨、钼、钽、铌及其合金	熔点高(1700℃以上)，可在1000℃以上作结构材料使用。有高的高温强度和硬度

2. 常用有色金属的物理性能（表 1-43）

表 1-43　常用有色金属的物理性能

符号	名称	相对原子质量	室温密度/(g/cm^3)	熔点/°C	沸点/°C	室温比热容/[J/(kg·K)]	线膨胀系数/[μm/(m·K)]	电阻率/(nΩ·m)	电导率/(%IACS)	热导率/[W/(m·K)]	晶体结构
Ag	银	107.868	10.49	961.9	2163	235	19.0	14.7	108.4	428	面心立方
Al	铝	2.98154	2.6989	660.4	2494	900	23.6	26.55	64.96	247	面心立方
Au	金	196.9665	19.302	1064.43	2857	128	14.2	23.5	73.4	317.9	面心立方
Be	铍	9.0122	1.848	1283	2770	1886	11.6	40	38~43	190	密排六方
Bi	铋	208.980	9.808	271.4	1564	122	13.2	1050	—	8.2	菱方
Ce	铈	140.12	8.160	798	3443	192	6.3	828	—	11.3	密排六方
Cd	镉	112.40	8.642	321.1	767	230	31.3	72.7	25	96.8	密排六方
Co	钴	58.9332	8.832	1495	2900	414	13.8	52.5	27.6	69.04	密排六方
Cu	铜	63.54	8.93	1084.88	2595	386	16.7	16.73	103.06	398	面心立方
Hg	汞	200.59	14.193	-38.87	356.58	139.6	—	958	—	9.6	简单菱方
Mg	镁	24.312	1.738	650	1107	102.5	25.2	44.5	38.6	155.5	密排六方
Mo	钼	95.94	10.22	2610	5560	276	4.0	52	34	142	体心立方
Nb	铌	92.9064	8.57	2468	4927	270	7.31	25	13.2	53	体心立方
Ni	镍	58.71	8.902	1453	2730	471	13.3	68.44	25.2	82.9	面心立方
Pb	铅	207.19	11.34	327.4	1750	128.7	29.3	206.43	—	34	面心立方
Pd	钯	106.4	12.02	1552	3980	245	11.76	108	16	70	面心立方
Pt	铂	195.09	21.45	1769	3800	132	9.1	106	16	71.1	面心立方
Rh	铑	102.905	12.41	1963	3700	247	8.3	45.1	—	150	面心立方
Sb	锑	121.75	6.697	630.7	1587	207	8~11	370	—	25.9	菱方
Sn	锡	118.69	5.765	231.9	2770	205	23.1	110	15.6	62	正方
Ta	钽	180.949	16.6	2996	5427	139.1	6.5	135	13	54.4	体心立方
Ti	钛	47.9	4.507	1668±10	3260	522.3	10.2	420	—	11.4	密排六方
W	钨	183.85	19.254	3410±20	~5700	160	127	53	—	190	体心立方
Y	钇	88.9059	4.469	1522	3338	298.4	10.6	596	—	17.2	密排六方
Zn	锌	65.36	7.133	420	906	382	15	58.9	28.27	113	密排六方
Zr	锆	91.22	6.505	1852	4377	300	5.85	450	4.1	21.1	密排六方

3. 常用有色金属的力学性能（见表1-44）

表1-44 常用有色金属的力学性能

符号	名称	抗拉强度 R_m/MPa	屈服强度 $R_{p0.2}$/MPa	断后伸长率 A(%)	硬度 HBW 或 HV	弹性模量(拉伸) E/GPa	备注
Ag	银	125	35	50	25	71	
Al	铝	40~50	15~20	50~70	20~35	62	
Au	金	103	30~40	30~50	18	78	
Be	铍	228~352	186~262	1~3.5	75~85	275~300	
Bi	铋	20	—	—	7	32	
Ce	铈	117	28	22	22HV	30	γ相
Cd	镉	71	10	50	16~23	55	
Co	钴	255	—	5	125	211	
Cu	铜	209	33.3	60	37	128	
Mg	镁	165~205	69~105	5~8	35	44	
Mo	钼	600	450	60	300~400HV	320	
Nb	铌	275	207	30	80HV	103	退火状态
Ni	镍	317	59	30	60~80	207	
Pb	铅	15~18	5~10	50	4~6	15~18	
Pd	钯	185	32	40	32	114.8	
Pt	铂	143	37	31	30	150	
Rh	铑	951	70~100	30~35	55	293	
Sb	锑	11.4	—	—	30~58	77.759	
Sn	锡	15~27	12	40~70	5	44.3	
Ta	钽	392	362	46.5	120HV	186	粉末冶金法
Ti	钛	235	140	54	60~74	106	
W	钨	1000~1200	750	—	350~450HV	405~410	
Y	钇	186	27	17	40HV	63.6	
Zn	锌	110~150	90~100	40~60	30~42	130	
Zr	锆	300~500	200~300	15~30	120	99	

七、金属材料理论质量的计算公式

1. 钢材理论质量的计算公式（表 1-45）

表 1-45　钢材理论质量的计算公式

名　称	单　位	计　算　公　式	计　算　举　例
圆　钢 盘　条	kg/m	$W=0.006165d^2$ 式中，d 为直径（mm）	直径 80mm 的圆钢，求每米质量 每米质量 $=0.006165\times80^2$kg $=39.46$kg
螺纹钢	kg/m	$W=0.00617d^2$ 式中，d 为断面直径（mm）	断面直径为 12mm 的螺纹钢，求每米质量 每米质量 $=0.00617\times12^2$kg $=0.89$kg
方　钢	kg/m	$W=0.00785d^2$ 式中，d 为边宽（mm）	边宽 30mm 的方钢，求每米质量 每米质量 $=0.00785\times30^2$kg $=7.07$kg
扁　钢	kg/m	$W=0.00785db$ 式中，d 为边宽（mm）； b 为厚度（mm）	边宽 40mm、厚度 5mm 的扁钢，求每米质量 每米质量 $=0.00785\times40\times5$kg $=1.57$kg
六角钢	kg/m	$W=0.006798d^2$ 式中，d 为对边距离（mm）	对边距离 50mm 的六角钢，求每米质量 每米质量 $=0.006798\times50^2$kg $=17$kg
八角钢	kg/m	$W=0.0065d^2$ 式中，d 为对边距离（mm）	对边距离 80mm 的八角钢，求每米质量 每米质量 $=0.0065\times80^2$kg $=41.60$kg
等边角钢	kg/m	$W=0.00785\times[d(2b-d)+0.215(R^2-2r^2)]$ 式中，b 为边宽（mm）；d 为边厚（mm）；R 为内弧半径（mm）；r 为端弧半径（mm）	求 4mm×20mm 等边角钢的每米质量 从 GB/T 706—2008 中查出 4mm×20mm 等边角钢的 R 为 3.5mm，r 为 1.2mm 每米质量 $=0.00785\times[4(2\times20-4)+0.215(3.5^2-2\times1.2^2)]$kg $=1.15$kg

（续）

名　称	单　位	计　算　公　式	计　算　举　例
不等边角　钢	kg/m	$W=0.00785\times[d(B+b-d)+0.215(R^2-2r^2)]$ 式中，B 为长边宽（mm）；b 为短边宽（mm）；d 为边厚（mm）；R 为内弧半径（mm）；r 为端弧半径（mm）	求 30mm×20mm×4mm 不等边角钢每米质量。从 GB/T 706—2008 中查出 30mm×20mm×4mm 不等边角钢的 R 为 3.5mm，r 为 1.2mm 每米质量 $=0.00785\times[4(30+20-4)+0.215(3.5^2-2\times1.2^2)]$ kg $=1.46$kg
槽　钢	kg/m	$W=0.00785\times[hd+2t(b-d)+0.349(R^2-r^2)]$ 式中，h 为高（mm）；b 为腿长（mm）；d 为腰厚（mm）；t 为平均腿厚（mm）；R 为内弧半径（mm）；r 为端弧半径（mm）	求 80mm×43mm×5mm 的槽钢每米质量。从 GB/T 706—2008 中查出该槽钢 t 为 8mm，R 为 8mm，r 为 4mm 每米质量 $=0.00785\times[80\times5+2\times8(43-5)+0.349(8^2-4^2)]$ kg $=8.04$kg
工字钢	kg/m	$W=0.00785\times[hd+2t(b-d)+0.8584(R^2-r^2)]$ 式中，h 为高（mm）；b 为腿长（mm）；d 为腰厚（mm）；t 为平均腿厚（mm）；R 为内弧半径（mm）；r 为端弧半径（mm）	求 250mm×118mm×10mm 的工字钢每米质量。从 GB/T 706—2008 中查出该工字钢 t 为 13mm，R 为 10mm，r 为 5mm 每米质量 $=0.00785\times[250\times10+2\times13\times(118-10)+0.8584(10^2-5^2)]$ kg $=42.2$kg
钢板	kg/m²	$W=7.85b$ 式中，b 为厚度（mm）	厚度 6mm 的钢板，求每平方米的质量 每平方米质量 $=7.85\times6$kg $=47.1$kg
钢管（包括无缝钢管及焊接钢管）	kg/m	$W=0.02466S(D-S)$ 式中，D 为外径（mm）；S 为壁厚（mm）	外径 60mm，壁厚 4mm 的无缝钢管，求每米质量 每米质量 $=0.02466\times4\times(60-4)$ kg $=5.52$kg

注：用公式计算的理论质量与实际质量有一定的出入，误差一般约为 0.2%～0.7%，只能作为估算时的参考。

2. 有色金属材料理论质量的计算公式（表 1-46）

表 1-46　有色金属材料理论质量的计算公式

名称	质量单位	计算公式	计算举例
纯铜棒	kg/m	$W=0.00698\times d^2$ 式中，d 为直径(mm)	直径 100mm 的纯铜棒，每米质量 = 0.00698×100^2kg = 69.8kg
六角纯铜棒		$W=0.0077\times d^2$ 式中，d 为对边距离(mm)	对边距离为 10mm 的六角纯铜棒，每米质量 = 0.0077×10^2kg = 0.77kg
纯铜板		$W=8.89\times b$ 式中，b 为厚(mm)	厚 5mm 的纯铜板，每平方米质量 = 8.89×5kg = 44.45kg
纯铜管		$W=0.02794\times S(D-S)$ 式中，D 为外径（mm）；S 为壁厚（mm）	外径为 60mm，厚 4mm 的纯铜管，每米质量 = $0.02794\times4(60-4)$kg = 6.26kg
黄铜棒		$W=0.00668\times d^2$ 式中，d 为直径（mm）	直径为 100mm 的黄铜棒，每米质量 = 0.00668×100^2kg = 66.8kg
六角黄铜棒		$W=0.00736\times d^2$ 式中，d 为对边距离（mm）	对边距离为 10mm 的六角黄铜棒，每米质量 = 0.00736×10^2kg = 0.736kg
黄铜板		$W=8.5\times b$ 式中，b 为厚度（mm）	厚度为 5mm 的黄铜板，每平方米质量 = 8.5×5kg = 42.5kg
黄铜管		$W=0.0267\times S(D-S)$ 式中，D 为外径（mm）；S 为壁厚（mm）	外径 60mm、厚 4mm 的黄铜管，每米质量 = $0.0267\times4(60-4)$kg = 5.98kg
铝棒		$W=0.0022\times d^2$ 式中，d 为直径（mm）	直径为 10mm 的铝棒，每米质量 = 0.0022×10^2kg = 0.22kg
铝板		$W=2.71\times b$ 式中，b 为厚度（mm）	厚度为 10mm 的铝板，每平方米质量 = 2.71×10kg = 27.1kg
铝管		$W=0.008796\times S(D-S)$ 式中，D 为外径（mm）；S 为壁厚（mm）	外径为 30mm、壁厚为 5mm 的铝管，每米质量 = $0.008796\times5(30-5)$kg = 1.1kg
铅板		$W=11.37\times b$ 式中，b 为厚（mm）	厚 5mm 的铅板，每平方米质量 = 11.37×5kg = 56.85kg
铅管		$W=0.355\times S(D-S)$ 式中，D 为外径（mm）；S 为壁厚（mm）	外径 60mm 厚 4mm 的铅管，每米质量 = $0.355\times4(60-4)$kg = 7.95kg

第二章 钢铁材料的化学成分与力学性能

一、铸铁

1. 灰铸铁（GB/T 9439—2010）

(1) 牌号和力学性能（见表 2-1）

表 2-1 灰铸铁的牌号和力学性能

牌号	铸件壁厚/mm		抗拉强度 R_m（强制性值）		铸件本体预期抗拉强度 R_m /MPa≥	硬度 HBW	主要金相组织
	>	≤	单铸试棒 /MPa≥	附铸试棒或试块 /MPa≥			
HT100	5	40	100	—		≤170	铁素体
HT150	5	10	150	—	155	125~205	铁素体+珠光体
	10	20		—	130		
	20	40		120	110		
	40	80		110	95		
	80	150		100	80		
	150	300		*90*	—		
HT200	5	10	200	—	205	150~230	珠光体
	10	20		—	180		
	20	40		170	155		
	40	80		150	130		
	80	150		140	115		
	150	300		*130*	—		
HT225	*5*	*10*	225	—	230	170~240	
	10	20		—	200		
	20	40		190	170		
	40	80		170	150		
	80	150		155	135		
	150	300		*145*	—		
HT250	5	10	250	—	250	180~250	
	10	20		—	225		
	20	40		210	195		
	40	80		190	170		
	80	150		170	155		
	150	300		*160*	—		

（续）

牌号	铸件壁厚/mm		抗拉强度 R_m（强制性值）		铸件本体预期抗拉强度 R_m /MPa≥	硬度HBW	主要金相组织
	>	≤	单铸试棒/MPa≥	附铸试棒或试块/MPa≥			
HT275	10	20	275	—	250	190~260	珠光体
	20	40		230	220		
	40	80		205	190		
	80	150		190	175		
	150	300		*175*	—		
HT300	10	20	300	—	270	200~275	
	20	40		250	240		
	40	80		220	210		
	80	150		210	195		
	150	300		*190*	—		
HT350	10	20	350	—	315	220~290	
	20	40		290	280		
	40	80		260	250		
	80	150		230	225		
	150	300		*210*	—		

注：1. 当铸件壁厚超过300mm时，其力学性能由供需双方商定。

2. 当某牌号的铁液浇注壁厚均匀、形状简单的铸件时，壁厚变化引起抗拉强度的变化，可从本表查出参考数据，当铸件壁厚不均匀，或有型芯时，此表只能给出不同壁厚处大致的抗拉强度值，铸件的设计应根据关键部位的实测值进行。

3. 表中斜体字数值表示指导值，其余抗拉强度值均为强制性值，铸件本体预期抗拉强度值不作为强制性值。

4. 若需方将硬度作为验收指标时，硬度应符合GB/T 9439—2010的表2。

（2）用途（见表2-2）

表2-2 灰铸铁的应用

牌 号	应用范围	
	工作条件	用途举例
HT100	1）负荷极低 2）磨损无关重要 3）变形很小	盖、外罩、油盘、手轮、手把、支架、座板、重锤等形状简单、不甚重要的零件。这些铸件通常不经试验即被采用，一般不需加工，或者只须经过简单的机械加工
HT150	1）承受中等负荷的零件 2）摩擦面间的压力≤490kPa	1）一般机械制造中的铸件，如支柱、底座、齿轮箱、刀架、轴承座、轴承滑座、工作台，齿面不加工的齿轮和链轮，汽车拖拉机的进气管、排气管、液压泵进油管等 2）薄壁（质量不大）零件，工作压力不大的管子配件以及壁厚≤30mm的耐磨轴套等 3）圆周速度>6~12m/s的带轮，以及其他符合左列工作条件的零件

（续）

牌号	应用范围	
	工作条件	用途举例
HT200	1)承受较大负荷的零件 2)摩擦面间的压力>490kPa者(大于10t的大型铸件>1470kPa)或需经表面淬火的零件 3)要求保持气密性或要求抗胀性以及韧性的零件	1)一般机械制造中较为重要的铸件，如气缸、齿轮、链轮、棘轮、衬套、金属切削机床床身、飞轮等 2)汽车、拖拉机的气缸体、气缸盖、活塞、制动毂、联轴器盘、飞轮、齿轮、离合器外壳、分离器本体、左右半轴壳 3)承受7840kPa以下中等压力的液压缸、泵体、阀体等 4)汽油机和柴油机的活塞环 5)圆周速度>12～20m/s的带轮，以及其他符合左列工作条件的零件
HT250		
HT300	1)承受高弯曲力及高拉力的零件 2)摩擦面间的压力≥1960kPa或需进行表面淬火的零件 3)要求保持高度气密性的零件	1)机械制造中重要的铸件，如剪床、压力机、自动车床和其他重型机床的床身、机座、机架和大而厚的衬套、齿轮、凸轮；大型发动机的气缸体、缸套、气缸盖等 2)高压的液压缸、水缸、泵体、阀体等 3)圆周速度>20～25m/s的带轮，以及符合左列工作条件的其他零件
HT350		
HT400①		

① GB/T 9439—2010未作规定。

2. 球墨铸铁件（GB/T 1348—2009）

（1） 牌号和力学性能

1） 球墨铸铁件单铸试样性能

① 单铸试样力学性能见表2-3。

表2-3　球墨铸铁件单铸试样力学性能

材料牌号	抗拉强度 R_m/MPa ≥	屈服强度 $R_{p0.2}$/MPa ≥	伸长率 A(%) ≥	布氏硬度 HBW	主要基体组织
QT350-22L	350	220	22	≤160	铁素体
QT350-22R	350	220	22	≤160	铁素体
QT350-22	350	220	22	≤160	铁素体
QT400-18L	400	240	18	120～175	铁素体
QT400-18R	400	250	18	120～175	铁素体
QT400-18	400	250	18	120～175	铁素体
QT400-15	400	250	15	120～180	铁素体
QT450-10	450	310	10	160～210	铁素体
QT500-7	500	320	7	170～230	铁素体+珠光体
QT550-5	550	350	5	180～250	铁素体+珠光体

（续）

材料牌号	抗拉强度 R_m/MPa ≥	屈服强度 $R_{p0.2}$/MPa ≥	伸长率 A(%) ≥	布氏硬度 HBW	主要基体组织
QT600-3	600	370	3	190～270	珠光体+铁素体
QT700-2	700	420	2	225～305	珠光体
QT800-2	800	480	2	245～335	珠光体或索氏体
QT900-2	900	600	2	280～360	回火马氏体或托氏体+索氏体

注：1. 如需求球墨铸铁 QT500-10 时，其性能要求见 GB/T 1348—2009 中附录 A。
2. 字母“L”表示该牌号有低温（-20℃或-40℃）下的冲击性能要求；字母“R”表示该牌号有室温（23℃）下的冲击性能要求。
3. 伸长率是从原始标距 $L_0=5d$ 上测得的，d 是试样上原始标距处的直径。其他规格的标距见 GB/T 1348—2009 中 9.1 及附录 B。

② V 形缺口单铸试样的冲击吸收功（室温和低温）见表 2-4。

表 2-4　球墨铸铁件 V 形缺口单铸试样的冲击吸收功

牌　　号	最小冲击吸收功/J					
	室温(23±5)℃		低温(-20±2)℃		低温(-40±2)℃	
	三个试样平均值	个别值	三个试样平均值	个别值	三个试样平均值	个别值
QT350-22L	—	—	—	—	12	9
QT350-22R	17	14	—	—	—	—
QT400-18L	—	—	12	9	—	—
QT400-18R	14	11	—	—	—	—

注：1. 冲击吸收功是从砂型铸造的铸件或者导热性与砂型相当的铸型中铸造的铸块上测得的。用其他方法生产铸件的冲击吸收功应满足经双方协商的修正值。
2. 这些材料牌号也可用于压力容器，其断裂韧度见 GB/T 1348—2009 中附录 D。

2）球墨铸铁件附铸试样性能

① 附铸试样力学性能见表 2-5。

表 2-5　球墨铸铁件附铸试样力学性能

材料牌号	铸件壁厚 /mm	抗拉强度 R_m/MPa ≥	屈服强度 $R_{p0.2}$/MPa ≥	伸长率 A (%) ≥	布氏硬度 HBW	主要基体组织
QT350-22AL	≤30	350	220	22	≤160	铁素体
	>30～60	330	210	18		
	>60～200	320	200	15		

（续）

材料牌号	铸件壁厚/mm	抗拉强度 R_m/MPa ≥	屈服强度 $R_{p0.2}$/MPa ≥	伸长率 A(%) ≥	布氏硬度 HBW	主要基体组织
QT350-22AR	≤30	350	220	22	≤160	铁素体
	>30~60	330	220	18		
	>60~200	320	210	15		
QT350-22A	≤30	350	220	22	≤160	铁素体
	>30~60	330	210	18		
	>60~200	320	200	15		
QT400-18AL	≤30	380	240	18	120~175	铁素体
	>30~60	370	230	15		
	>60~200	360	220	12		
QT400-18AR	≤30	400	250	18	120~175	铁素体
	>30~60	390	250	15		
	>60~200	370	240	12		
QT400-18A	≤30	400	250	18	120~175	铁素体
	>30~60	390	250	15		
	>60~200	370	240	12		
QT400-15A	≤30	400	250	15	120~180	铁素体
	>30~60	390	250	14		
	>60~200	370	240	11		
QT450-10A	≤30	450	310	10	160~210	铁素体
	>30~60	420	280	9		
	>60~200	390	260	8		
QT500-7A	≤30	500	320	7	170~230	铁素体+珠光体
	>30~60	450	300	7		
	>60~200	420	290	5		
QT550-5A	≤30	550	350	5	180~250	铁素体+珠光体
	>30~60	520	330	4		
	>60~200	500	320	3		
QT600-3A	≤30	600	370	3	190~270	珠光体+铁素体
	>30~60	600	360	2		
	>60~200	550	340	1		
QT700-2A	≤30	700	420	2	225~305	珠光体
	>30~60	700	400	2		
	>60~200	650	380	1		

（续）

材料牌号	铸件壁厚/mm	抗拉强度 R_m/MPa ≥	屈服强度 $R_{p0.2}$/MPa ≥	伸长率 A (%) ≥	布氏硬度 HBW	主要基体组织
QT800-2A	≤30	800	480	2	245~335	珠光体或索氏体
	>30~60	由供需双方商定				
	>60~200					
QT900-2A	≤30	900	600	2	280~360	回火马氏体或索氏体+托氏体
	>30~60	由供需双方商定				
	>60~200					

注：1. 从附铸试样测得的力学性能并不能准确地反映铸件本体的力学性能，但与单铸试棒上测得的值相比更接近于铸件的实际性能值。

2. 伸长率在原始标距 $L_0=5d$ 上测得，d 是试样上原始标距处的直径，其他规格的标距，见 GB/T 1348—2009 中 9.1 及附录 B。

3. 如需球墨铸铁 QT500-10，其性能要求见 GB/T 1348—2009 中附录 A。

② V 形缺口附铸试样的冲击吸收功（室温和低温）见表 2-6。

表 2-6　球墨铸铁件 V 形缺口附铸试样的冲击吸收功

牌　号	铸件壁厚/mm	最小冲击吸收功/J					
		室温(23±5)℃		低温(-20±2)℃		低温(-40±2)℃	
		三个试样平均值	个别值	三个试样平均值	个别值	三个试样平均值	个别值
QT350-22AR	≤60	17	14	—	—	—	—
	>60~200	15	12	—	—	—	—
QT350-22AL	≤60	—	—	—	—	12	9
	>60~200	—	—	—	—	10	7
QT400-18AR	≤60	14	11	—	—	—	—
	>60~200	12	9	—	—	—	—
QT400-18AL	≤60	—	—	12	9	—	—
	>60~200	—	—	10	7	—	—

注：从附铸试样测得的力学性能并不能准确地反映铸件本体的力学性能，但与单铸试棒上测得的值相比更接近于铸件的实际性能值。

3）铸件本体试样性能参见表 2-7。

表 2-7　从铸件本体上切取试样的屈服强度指导值

材料牌号	不同壁厚 t 下的 0.2%时的屈服强度 $R_{p0.2}$/MPa　≥			
	t≤50mm	50mm<t≤80mm	80mm<t≤120mm	120mm<t≤200mm
QT400-15	250	240	230	230
QT500-7	290	280	270	260

（续）

材料牌号	不同壁厚 t 下的 0.2%时的屈服强度 $R_{p0.2}$/MPa　≥			
	t≤50mm	50mm<t≤80mm	80mm<t≤120mm	120mm<t≤200mm
QT550-5	320	310	300	290
QT600-3	360	340	330	320
QT700-2	400	380	370	360

4）球墨铸铁按布氏硬度分类见表 2-8。

表 2-8　球墨铸铁布氏硬度分类

材料牌号	布氏硬度范围 HBW	其他性能①	
		抗拉强度 R_m/MPa　≥	屈服强度 $R_{p0.2}$/MPa　≥
QT-130HBW	<160	350	220
QT-150HBW	130~175	400	250
QT-155HBW	135~180	400	250
QT-185HBW	160~210	450	310
QT-200HBW	170~230	500	320
QT-215HBW	180~250	550	350
QT-230HBW	190~270	600	370
QT-265HBW	225~305	700	420
QT-300HBW	245~335	800	480
QT-330HBW	270~360	900	600

注：300HBW 和 330HBW 不适用于厚壁铸件。

① 当硬度作为检验项目时，这些性能值供参考。

5）球墨铸铁 QT500-10 的性能及材料要求见 GB/T 1348—2009 的附录 A。

（2）用途　常用球墨铸铁的应用见表 2-9。

表 2-9　常用球墨铸铁的应用

牌　号	主要特性	应用举例
QT400-18 QT400-15	具有良好的焊接性和切削加工性，常温时冲击韧度高，而且脆性转变温度低，同时低温韧性也很好	农机具：重型机引五铧犁、轻型二铧犁、悬挂犁上的犁柱、犁托、犁侧板、牵引架、收割机及割草机上的导架、差速器壳、护刃器 汽车、拖拉机、手扶拖拉机：牵引框、轮毂、驱动桥壳体、离合器壳、差速器壳、离合器拨叉、弹簧吊耳、汽车底盘悬架件 通用机械：1.6~6.4MPa 阀门的阀体、阀盖、支架；压缩机上承受一定温度的高低压气缸、输气管 其他：铁路垫板、电机机壳、齿轮箱、气轮壳
QT450-10	焊接性、切削加工性均较好塑性略低于 QT400-18，而强度与小能量冲击韧度优于 QT400-18	

（续）

牌　　号	主要特性	应用举例
QT500-7	具有中等强度与塑性，被切削性尚好	内燃机的机油泵齿轮，汽轮机中温气缸隔板、水轮机的阀门体、铁路机车车辆轴瓦、机器座架、传动轴、链轮、飞轮、电动机架、千斤顶座等
QT600-3	中高强度，低塑性，耐磨性较好	内燃机：3.7~2940kW 柴油机和汽油机的曲轴、部分轻型柴油机和汽油机的凸轮轴、气缸套、连杆、进排气门座 农机具：脚踏脱粒机齿条、轻负荷齿轮、畜力犁铧 机床：部分磨床、铣床、车床的主轴 通用机械：空调机、气压机、冷冻机、制氧机及泵的曲轴、缸体、缸套 冶金、矿山、起重机械：球磨机齿轴、矿车轮、桥式起重机大小车滚轮
QT700-2 QT800-2	有较高的强度、耐磨性、低韧性（或低塑性）	
QT900-2	有高的强度、耐磨性、较高的弯曲疲劳强度、接触疲劳强度和一定的韧性	农机具：犁铧、耙片、低速农用轴承套圈 汽　车：曲线齿锥齿轮、转向节、传动轴 拖拉机：减速齿轮 内燃机：凸轮轴、曲轴

3. 蠕墨铸铁件（GB/T 26655—2011）

（1）牌号和力学性能（见表 2-10）

表 2-10　蠕墨铸铁牌号和力学性能

牌号	抗拉强度 R_m /MPa≥	0.2%屈服强度 $R_{p0.2}$ /MPa≥	伸长率 A (%)≥	典型的布氏硬度范围 HBW	主要基体组织
RuT300	300	210	2.0	140~210	铁素体
RuT350	350	245	1.5	160~220	铁素体+珠光体
RuT400	400	280	1.0	180~240	珠光体+铁素体
RuT450	450	315	1.0	200~250	珠光体
RuT500	500	350	0.5	220~260	珠光体

注：布氏硬度（指导值）仅供参考。

（2）用途　常用蠕墨铸铁应用见表 2-11。

表 2-11　常用蠕墨铸铁应用

牌　　号	主要特性	应用举例
RuT500 RuT450	强度高、硬度高，具有高的耐磨性和较高的热导率，铸件材质中需加入合金元素或经正火热处理，适用于制造要求强度或耐磨性高的零件	活塞环、气缸套、制动盘、玻璃模具、制动鼓、钢珠研磨盘、吸淤泵体等

（续）

牌号	主要特性	应用举例
RuT400	强度和硬度较高，具有较高的耐磨性和热导率，适用于制造要求较高强度、刚度及要求耐磨的零件	带导轨面的重型机床件、大型龙门铣横梁、大型齿轮箱体、盖、座、制动鼓、飞轮、玻璃模具、起重机卷筒、烧结机滑板等
RuT350	强度和硬度适中，有一定塑韧性，热导率较高，致密性较好，适于制造要求较高强度及承受热疲劳的零件	排气管、变速箱体、气缸盖、纺织机零件、液压件、钢锭模、某些小型烧结机篦条等
RuT300	强度一般，硬度较低，有较高的塑韧性和热导率，铸件一般需退火热处理，适用于制造承受冲击负荷及热疲劳的零件	增压机废气进气壳体、汽车及拖拉机的某些底盘零件等

4. 可锻铸铁（GB/T 9440—2010）

（1）牌号和力学性能（见表2-12）

表2-12 可锻铸铁牌号和力学性能

类型	牌号	试样直径[①] d/mm	抗拉强度 R_m/MPa ≥	屈服强度 $R_{p0.2}$/MPa ≥	伸长率 A(%) ($L_0=3d$) ≥	硬度HBW
黑心可锻铸铁	KTH275-05[②]	12或15	275	—	5	≤150
	KTH300-06[②]		300	—	6	
	KTH330-08		330	—	8	
	KTH350-10		350	200	10	
	KTH370-12		370	—	12	
珠光体可锻铸铁	KTZ450-06		450	270	6	150~200
	KTZ500-05		500	300	5	165~215
	KTZ550-04		550	340	4	180~230
	KTZ600-03		600	390	3	195~245
	KTZ650-02[③,④]		650	430	2	210~260
	KTZ700-02		700	530	2	240~290
	KTZ800-01[③]		800	600	1	270~320
白心可锻铸铁[⑤]	KTB350-04	6	270	—	10	≤230
		9	310	—	5	
		12	350	—	4	
		15	360	—	3	

（续）

类　型	牌　号	试样直径① d/mm	抗拉强度 R_m/MPa ≥	屈服强度 $R_{p0.2}$/MPa ≥	伸长率 A(%) ($L_0=3d$) ≥	硬度 HBW
白心可锻铸铁⑤	KTB360-12	6 9 12 15	280 320 360 370	— 170 190 200	16 15 12 7	≤200
	KTB400-05	6 9 12 15	300 360 400 420	— 200 220 230	12 8 5 4	≤220
	KTB450-07	6 9 12 15	330 400 450 480	— 230 260 280	12 10 7 4	≤220
	KTB550-04	6 9 12 15	— 490 550 570	— 310 340 350	— 6 4 3	250

① 如果需方没有明确要求，供方可以选择 $d=12$mm 或 $d=15$mm 的试样；试样直径代表同样壁厚的铸件，如果铸件为薄壁件时，供需双方协商选取直径 6mm 或 9mm 试样。

② 专门用于保证压力密封性能，而不要高强度或者高延展性的地方。

③ 油淬加回火。

④ 空冷加回火。

⑤ 所有级别的向心可锻铸铁均可焊接；对小尺的试样，很难判断其屈服强度，屈服强度的测试方法和数值由供需双方在签订订单时商定。

（2）用途　可锻铸铁应用见表 2-13。

表 2-13　可锻铸铁应用

类　型	牌　号	特性和应用
黑心可锻铸铁	KTH275-05 KTH300-06	有一定的韧性和适度的强度，气密性好；用于承受低动载荷及静载荷、要求气密性好的工作零件，如管道配件（弯头、三通、管件）、中低压阀门等
	KTH330-08	有一定的韧性和强度，用于承受中等动载荷和静载荷的工作零件，如农机上的犁刀、犁柱、车轮壳，机床用的勾形扳手、螺钉扳手、铁道扣扳，输电线路上的线夹本体及压板等
	KTH350-10 KTH370-12	有较高的韧性和强度，用于承受较高的冲击、振动及扭转负荷下工作的零件，如汽车、拖拉机上的前后轮壳、差速器壳、转向节壳，农机上的犁刀、犁柱，船用电机壳，瓷瓶铁帽等

（续）

类型	牌号	特性和应用
珠光体可锻铸铁	KTZ450-06 KTZ500-05 KTZ550-04 KTZ650-02 KTZ700-02 KTZ800-01	韧性较低，但强度大、硬度高、耐磨性好，且可加工性良好；可代替低碳、中碳、低合金钢及有色合金制造承受较高的动、静载荷，在磨损条件下工作并要求有一定韧性的重要工作零件，如曲轴、连杆、齿轮、摇臂、凸轮轴、万向接头、活塞环、轴套、犁刀、耙片等
白心可锻铸铁	KTB350-04 KTB360-12 KTB400-05 KTB450-07 KTB550-04	白心可锻铸铁的特性如下： 1）薄壁铸件仍有较好的韧性 2）有非常优良的焊接性，可与钢钎焊 3）可加工性好，但工艺复杂、生产周期长、强度及耐磨性较差，适于铸造厚度在15mm以下的薄壁铸件和焊接后不需进行热处理的铸件。在机械制造工业上很少应用这类铸铁

5. 耐热铸铁（GB/T 9437—2009）

（1）牌号和化学成分（见表2-14）

表2-14 耐热铸铁牌号和化学成分

铸铁牌号	化学成分（质量分数，%）						
	C	Si	Mn	P	S	Cr	Al
			≤				
HTRCr	3.0~3.8	1.5~2.5	1.0	0.10	0.08	0.50~1.00	—
HTRCr2	3.0~3.8	2.0~3.0	1.0	0.10	0.08	1.00~2.00	—
HTRCr16	1.6~2.4	1.5~2.2	1.0	0.10	0.05	15.00~18.00	—
HTRSi5	2.4~3.2	4.5~5.5	0.8	0.10	0.08	0.5~1.00	—
QTRSi4	2.4~3.2	3.5~4.5	0.7	0.07	0.015	—	—
QTRSi4Mo	2.7~3.5	3.5~4.5	0.5	0.07	0.015	Mo0.5~0.9	—
QTRSi4Mo1	2.7~3.5	4.0~4.5	0.3	0.05	0.015	Mo1.0~1.5	Mg0.01~0.05
QTRSi5	2.4~3.2	4.5~5.5	0.7	0.07	0.015	—	—
QTRAl4Si4	2.5~3.0	3.5~4.5	0.5	0.07	0.015	—	4.0~5.0
QTRAl5Si5	2.3~2.8	4.5~5.2	0.5	0.07	0.015	—	5.0~5.8
QTRAl22	1.6~2.2	1.0~2.0	0.7	0.07	0.015	—	20.0~24.0

（2）力学性能

1）耐热铸铁的室温力学性能见表2-15。

表 2-15　耐热铸铁的室温力学性能

铸铁牌号	最小抗拉强度 R_m/MPa	硬度 HBW	铸铁牌号	最小抗拉强度 R_m/MPa	硬度 HBW
HTRCr	200	189～288	QTRSi4Mo1	550	200～240
HTRCr2	150	207～288	QTRSi5	370	228～302
HTRCr16	340	400～450	QTRAl4Si4	250	285～341
HTRSi5	140	160～270	QTRAl5Si5	200	302～363
QTRSi4	420	143～187	QTRAl22	300	241～364
QTRSi4Mo	520	188～241			

注：允许用热处理方法达到上述性能。

2）耐热铸铁的高温短时抗拉强度见表 2-16。

表 2-16　耐热铸铁的高温短时抗拉强度

铸铁牌号	在下列温度时的最小抗拉强度 R_m/MPa				
	500℃	600℃	700℃	800℃	900℃
HTRCr	225	144	—	—	—
HTRCr2	243	166	—	—	—
HTRCr16	—	—	—	144	88
HTRSi5	—	—	41	27	—
QTRSi4	—	—	75	35	—
QTRSi4Mo	—	—	101	46	—
QTRSi4Mo1	—	—	101	46	—
QTRSi5	—	—	67	30	—
QTRAl4Si4	—	—	—	82	32
QTRAl5Si5	—	—	—	167	75
QTRAl22	—	—	—	130	77

（3）用途　耐热铸铁的用途见表 2-17。

表 2-17　耐热铸铁的用途

铸铁牌号	使用条件	应用举例
HTRCr	在空气炉气中，耐热温度到550℃。具有高的抗氧化性和体积稳定性	适用于急冷急热的薄壁细长件。用于炉条、高炉支梁式水箱、金属型、玻璃模等
HTRCr2	在空气炉气中，耐热温度到600℃。具有高的抗氧化性和体积稳定性	适用于急冷急热的薄壁细长件。用于煤气炉内灰盆、矿山烧结车挡板等
HTRCr16	在空气炉气中耐热温度到900℃。具有高的室温及高温强度，高的抗氧化性，但常温脆性较大。耐硝酸的腐蚀	可在室温及高温下作抗磨件使用。用于退火罐、煤粉烧嘴、炉栅、水泥焙烧炉零件、化工机械等零件

（续）

铸铁牌号	使用条件	应用举例
HTRSi5	在空气炉气中，耐热温度到700℃。耐热性较好，承受机械和热冲击能力较差	用于炉条、煤粉烧嘴、锅炉用梳形定位析、换热器针状管、二硫化碳反应瓶等
QTRSi4	在空气炉气中耐热温度到650℃。力学性能抗裂性较RQTSi5好	用于玻璃窑烟道闸门、玻璃引上机墙板、加热炉两端管架等
QTRSi4Mo	在空气炉气中耐热温度到680℃。高温力学性能较好	用于内燃机排气岐管、罩式退火炉导向器、烧结机中后热筛板、加热炉吊梁等
QTRSi4Mo1	在空气炉气中耐热温度到800℃。高温力学性能好	用于内燃机排气岐管、罩式退火炉导向器、烧结机中后热筛板、加热炉吊梁等
QTRSi5	在空气炉气中耐热温度到800℃。常温及高温性能显著优于RTSi5	用于煤粉烧嘴、炉条、辐射管、烟道闸门、加热炉中间管架等
QTRAl4Si4	在空气炉气中耐热温度到900℃。耐热性良好	适用于高温轻载荷下工作的耐热件。用于烧结机篦条、炉用件等
QTRAl5Si5	在空气炉气中耐热温度到1050℃。耐热性良好	
QTRAl22	在空气炉气中耐热温度到1100℃。具有优良的抗氧化能力，较高的室温和高温强度，韧性好，耐高温硫蚀性好	适用于高温（1100℃）、载荷较小、温度变化较缓的工件。用于锅炉用侧密封块、链式加热炉炉爪、黄铁矿焙烧炉零件等

6. 铬锰钨系抗磨铸铁件（GB/T 24597—2009）

（1）用途　适用于冶金、建材、电力等行业在磨料磨损条件下使用的抗磨铸铁件。

（2）化学成分（见表2-18）

表2-18　铬锰钨系抗磨铸铁的化学成分

牌　号	化学成分（质量分数，%）						
	C	Si	Cr	Mn	W	P	S
BTMCr18Mn3W2	2.8～3.5	0.3～1.0	16～22	2.5～3.5	1.5～2.5	≤0.08	≤0.06
BTMCr18Mn3W	2.8～3.5	0.3～1.0	16～22	2.5～3.5	1.0～1.5	≤0.08	≤0.06
BTMCr18Mn2W	2.8～3.5	0.3～1.0	16～22	2.0～2.5	0.3～1.0	≤0.08	≤0.06

（续）

牌　号	化学成分(质量分数,%)						
	C	Si	Cr	Mn	W	P	S
BTMCr12Mn3W2	2.0~2.8	0.3~1.0	10~16	2.5~3.5	1.5~2.5	≤0.08	≤0.06
BTMCr12Mn3W	2.0~2.8	0.3~1.0	10~16	2.5~3.5	1.0~1.5	≤0.08	≤0.06
BTMCr12Mn2W	2.0~2.8	0.3~1.0	10~16	2.0~2.5	0.3~1.0	≤0.08	≤0.06

注：铬碳比须≥5。

（3）硬度（见表 2-19）

表 2-19　铬锰钨系抗磨铸铁件的硬度

牌　号	硬度　HRC	
	软化退火态	硬化态
BTMCr18Mn3W2	≤45	≥60
BTMCr18Mn3W	≤45	≥60
BTMCr18Mn2W	≤45	≥60
BTMCr12Mn3W2	≤40	≥58
BTMCr12Mn3W	≤40	≥58
BTMCr12Mn2W	≤40	≥58

注：铸件断面深度 40%部位的硬度应不低于表面硬度值的 96%。

二、铸钢

1. 一般工程用铸造碳钢件（GB/T 11352—2009）

（1）牌号和化学成分（见表 2-20）

表 2-20　一般工程用铸造碳钢的牌号和化学成分（质量分数,%）

牌　号	C	Si	Mn	S	P	残余元素					
						Ni	Cr	Cu	Mo	V	残余元素总量
ZG 200-400	≤0.20	≤0.60	≤0.80	≤0.035	≤0.035	≤0.40	≤0.35	≤0.40	≤0.20	≤0.05	≤1.00
ZG 230-450	≤0.30		≤0.90								
ZG 270-500	≤0.40										
ZG 310-570	≤0.50										
ZG 340-640	≤0.60										

注：1. 对上限减少 0.01%（质量分数）的碳，允许增加 0.04%（质量分数）的锰，对 ZG 200-400 的锰最高至 1.00%（质量分数），其余四个牌号锰最高至 1.20%（质量分数）。

2. 除另有规定外，残余元素不作为验收依据。

(2) 力学性能(见表2-21)

表2-21 一般工程用铸造碳钢的力学性能

牌号	屈服强度 $R_{eH}(R_{p0.2})$ /MPa	抗拉强度 R_m /MPa	伸长率 A_5(%)	根据合同选择		
				断面收缩率 Z(%)	冲击吸收功 A_{KV}/J	冲击吸收功 A_{KU}/J
ZG 200-400	200	400	25	40	30	47
ZG 230-450	230	450	22	32	25	35
ZG 270-500	270	500	18	25	22	27
ZG 310-570	310	570	15	21	15	24
ZG 340-640	340	640	10	18	10	16

注:1. 表中所列的各牌号性能适应于厚度为100mm以下的铸件。当铸件厚度超过100mm时,表中规定的 $R_{eH}(R_{p0.2})$ 屈服强度仅供设计使用。
2. 表中冲击吸收功 A_{KU} 的试样缺口为2mm。

(3) 用途(见表2-22)

表2-22 一般工程用铸造碳钢的应用

牌号	主要特性	应用举例
ZG200-400	低碳铸钢,韧性及塑性均好,但强度和硬度较低,低温冲击韧度大,脆性转变温度低,导磁、导电性能良好,焊接性好,但铸造性差	机座、电气吸盘、变速箱体等受力不大,但要求韧性的零件
ZG230-450		用于负荷不大、韧性较好的零件,如轴承盖、底板、阀体、机座、侧架、轧钢机架、箱体、犁柱、砧座等
ZG270-500	中碳铸钢,有一定的韧性及塑性,强度和硬度较高,切削性良好,焊接性尚可,铸造性能比低碳钢好	应用广泛,用于制作飞轮、车辆车钩、水压机工作缸、机架、蒸汽锤气缸、轴承座、连杆、箱体、曲拐
ZG310-570		用于重负荷零件,如联轴器、大齿轮、缸体、气缸、机架、制动轮、轴及辊子
ZG340-640	高碳铸钢,具有高强度、高硬度及高耐磨性,塑性韧性低,铸造、焊接性均差,裂纹敏感性较大	起重运输机齿轮、联轴器、齿轮、车轮、阀轮、叉头

2. 工程结构用中、高强度不锈钢铸件(GB/T 6967—2009)

(1) 牌号和化学成分(见表2-23)

表 2-23　工程结构用中、高强度铸造不锈钢化学成分（质量分数,%）

铸钢牌号	C	Si	Mn	P	S	Cr	Ni	Mo	残余元素			
		≤							Cu	V	W	总量
									≤			
ZG20Cr13	0.16~0.24	0.80	0.80	0.035	0.025	11.5~13.5	—	—	0.50	0.05	0.10	0.50
ZG15Cr13	≤0.15	0.80	0.80	0.035	0.025	11.5~13.5	—	—	0.50	0.05	0.10	0.50
ZG15Cr13Ni1	≤0.15	0.80	0.80	0.035	0.025	11.5~13.5	≤1.00	≤0.50	0.50	0.05	0.10	0.50
ZG10Cr13Ni1Mo	≤0.10	0.80	0.80	0.035	0.025	11.5~13.5	0.8~1.80	0.20~0.50	0.50	0.05	0.10	0.50
ZG06Cr13Ni4Mo	≤0.06	0.80	1.00	0.035	0.025	11.5~13.5	3.5~5.0	0.40~1.00	0.50	0.05	0.10	0.50
ZG06Cr13Ni5Mo	≤0.06	0.80	1.00	0.035	0.025	11.5~13.5	4.5~6.0	0.40~1.00	0.50	0.05	0.10	0.50
ZG06Cr16Ni5Mo	≤0.06	0.80	1.00	0.035	0.025	15.5~17.0	4.5~6.0	0.40~1.00	0.50	0.05	0.10	0.50
ZG04Cr13Ni4Mo	≤0.04	0.80	1.50	0.030	0.010	11.5~13.5	3.5~5.0	0.40~1.00	0.50	0.05	0.10	0.50
ZG04Cr13Ni5Mo	≤0.04	0.80	1.50	0.030	0.010	11.5~13.5	4.5~6.0	0.40~1.00	0.50	0.05	0.10	0.50

（2）力学性能（见表2-24）

表2-24　工程结构用中、高强度铸造不锈钢力学性能

铸钢牌号		屈服强度 $R_{p0.2}$/MPa ≥	抗拉强度 R_m/MPa ≥	伸长率 A_5(%) ≥	断面收缩率 Z(%) ≥	冲击吸收功 A_{KV}/J ≥	布氏硬度 HBW
ZG15Cr13		345	540	18	40	—	163~229
ZG20Cr13		390	590	16	35	—	170~235
ZG15Cr13Ni1		450	590	16	35	20	170~241
ZG10Cr13Ni1Mo		450	620	16	35	27	170~241
ZG06Cr13Ni4Mo		550	750	15	35	50	221~294
ZG06Cr13Ni5Mo		550	750	15	35	50	221~294
ZG06Cr16Ni5Mo		550	750	15	35	50	221~294
ZG04Cr13Ni4Mo	HT1①	580	780	18	50	80	221~294
	HT2②	830	900	12	35	35	294~350
ZG04Cr13Ni5Mo	HT1①	580	780	18	50	80	221~294
	HT2②	830	900	12	35	35	294~350

① 回火温度应在600~650℃。

② 回火温度应在500~550℃。

3. 焊接结构用碳素钢铸件（GB/T 7659—2010）

（1）牌号和化学成分（见表2-25）

表2-25　焊接结构用碳素铸钢牌号和化学成分

牌　号	元素含量(质量分数,%)≤										
	主要元素					残余元素					
	C	Si	Mn	P	S	Ni	Cr	Cu	Mo	V	总和
ZG200-400H	≤0.20	≤0.60	≤0.80	≤0.025	≤0.025						
ZG230-450H	≤0.20	≤0.60	≤1.20	≤0.025	≤0.025						
ZG270-480H	0.17~0.25	≤0.60	0.80~1.20	≤0.025	≤0.025	≤0.40	≤0.35	≤0.40	≤0.15	≤0.05	≤1.0
ZG300-500H	0.17~0.25	≤0.60	1.00~1.60	≤0.025	≤0.025						
ZG340-550H	0.17~0.25	≤0.80	1.00~1.60	≤0.025	≤0.025						

注：1. 实际碳含量比表中碳上限每减少0.01%，允许实际锰含量超出表中锰上限0.04%，但总超出量不得大于0.2%。

2. 残余元素一般不做分析，如需方有要求时，可做残余元素的分析。

（2）力学性能　焊接结构用碳素铸钢的力学性能见表 2-26。

表 2-26　焊接结构用碳素铸钢的力学性能

牌　　号	拉伸性能			根据合同选择	
	上屈服强度 R_{eH} /MPa　≥	抗拉强度 R_m /MPa　≥	断后伸长率 A（%）≥	断面收缩率 Z（%）≥	冲击吸收功 A_{KV2} /J　≥
ZG200-400H	200	400	25	40	45
ZG230-450H	230	450	22	35	45
ZG270-480H	270	480	20	35	40
ZG300-500H	300	500	20	21	40
ZG340-550H	340	550	15	21	35

注：当无明显屈服时，测定规定非比例延伸强度 $R_{p0.2}$。

4. 奥氏体锰钢铸件（GB/T 5680—2010）

（1）牌号和化学成分（见表 2-27）

表 2-27　奥氏体锰钢铸件的牌号及其化学成分

牌号	化学成分（质量分数，%）								
	C	Si	Mn	P	S	Cr	Mo	Ni	W
ZG120Mn7Mo1	1.05～1.35	0.3～0.9	6～8	≤0.060	≤0.040	—	0.9～1.2	—	—
ZG110Mn13Mo1	0.75～1.35	0.3～0.9	11～14	≤0.060	≤0.040	—	0.9～1.2	—	—
ZG100Mn13	0.90～1.05	0.3～0.9	11～14	≤0.060	≤0.040	—	—	—	—
ZG120Mn13	1.05～1.35	0.3～0.9	11～14	≤0.060	≤0.040	—	—	—	—
ZG120Mn13Cr2	1.05～1.35	0.3～0.9	11～14	≤0.060	≤0.040	1.5～2.5	—	—	—
ZG120Mn13W1	1.05～1.35	0.3～0.9	11～14	≤0.060	≤0.040	—	—	—	0.9～1.2
ZG120Mn13Ni3	1.05～1.35	0.3～0.9	11～14	≤0.060	≤0.040	—	—	3～4	—
ZG90Mn14Mo1	0.70～1.00	0.3～0.6	13～15	≤0.070	≤0.040	—	1.0～1.8	—	—
ZG120Mn17	1.05～1.35	0.3～0.9	16～19	≤0.060	≤0.040	—	—	—	—
ZG120Mn17Cr2	1.05～1.35	0.3～0.9	16～19	≤0.060	≤0.040	1.5～2.5	—	—	—

注：允许加入微量 V、Ti、Nb、B 和 RE 等元素。

（2）力学性能

经水韧处理后的ZG120Mn13和ZG120Mn13Cr2试样的力学性能（下屈服强度、抗拉强度、断后伸长率、冲击吸收能）见表2-28的规定。

表2-28　奥氏体锰钢及其铸件的力学性能

牌　号	力学性能			
	下屈服强度 R_{eL} /MPa	抗拉强度 R_m /MPa	断后伸长率 A (%)	冲击吸收能 K_{U2} /J
ZG120Mn13	—	≥685	≥25	≥118
ZG120Mn13Cr2	≥390	≥735	≥20	—

三、结构钢

1. 碳素结构钢（GB/T 700—2006）

（1）牌号和化学成分　碳素结构钢的牌号和化学成分应符合表2-29的规定。

表2-29　碳素结构钢的牌号和化学成分

牌号	统一数字代号①	等级	厚度（或直径）/mm	脱氧方法	化学成分(质量分数,%) ≤				
					C	Si	Mn	P	S
Q195	U11952	—	—	F、Z	0.12	0.30	0.50	0.035	0.040
Q215	U12152	A	—	F、Z	0.15	0.35	1.20	0.045	0.050
	U12155	B							0.045
Q235	U12352	A	—	F、Z	0.22	0.35	1.40	0.045	0.050
	U12355	B			0.20②				0.045
	U12358	C		Z	0.17			0.040	0.040
	U12359	D		TZ				0.035	0.035
Q275	U12752	A	—	F、Z	0.24	0.35	1.50	0.045	0.050
	U12755	B	≤40	Z	0.21			0.045	0.045
			>40		0.22				
	U12758	C	—	Z	0.20			0.040	0.040
	U12759	D		TZ				0.035	0.035

① 表中为镇静钢、特殊镇静钢牌号的统一数字，沸腾钢牌号的统一数字代号如下：
Q195F—U11950；
Q215AF—U12150，Q215BF—U12153；
Q235AF—U12350，Q235BF—U12353；
Q275AF—U12750。

② 经需方同意，Q235B的w(C)可不大于0.22%。

（2）力学和工艺性能

1）碳素结构钢的屈服强度、抗拉强度、断后伸长率和冲击性能见表2-30。

表 2-30 碳素结构钢的屈服强度、抗拉强度、断后伸长率和冲击性能

牌号	等级	屈服强度①R_{eH}/MPa ≥						抗拉强度② R_m/MPa	断后伸长率 A(%) ≥					冲击试验（V形缺口）	
		厚度(或直径)/mm							厚度(或直径)/mm						
		≤16	>16~40	>40~60	>60~100	>100~150	>150~200		≤40	>40~60	>60~100	>100~150	>150~200	温度/℃	冲击吸收功(纵向)/J≥
Q195	—	195	185	—	—	—	—	315~430	33	—	—	—	—	—	—
Q215	A	215	205	195	185	175	165	335~450	31	30	29	27	26	—	—
	B													+20	27
Q235	A	235	225	215	215	195	185	370~500	26	25	24	22	21	—	—
	B													+20	27③
	C													0	
	D													-20	
Q275	A	275	265	255	245	225	215	410~540	22	21	20	18	17	—	—
	B													+20	27
	C													0	
	D													-20	

① Q195 的屈服强度值仅供参考，不作交货条件。

② 厚度大于 100mm 的钢材，抗拉强度下限允许降低 20MPa，宽带钢（包括剪切钢板）抗拉强度上限不作交货条件。

③ 厚度小于 25mm 的 Q235B 级钢材，如供方能保证冲击吸收功值合格，经需方同意，可不作检验。

2）碳素结构钢的冷弯性能见表2-31。

表2-31　碳素结构钢的冷弯性能

牌号	试样方向	冷弯试验180°　$B=2a$[①]	
		钢材厚度（或直径）[②]/mm	
		≤60	>60~100
		弯心直径 d	
Q195	纵	0	—
	横	0.5a	
Q215	纵	0.5a	1.5a
	横	a	2a
Q235	纵	a	2a
	横	1.5a	2.5a
Q275	纵	1.5a	2.5a
	横	2a	3a

① B 为试样宽度，a 为试样厚度（或直径）。

② 钢材厚度（或直径）大于100mm时，弯曲试验由双方协商确定。

（3）用途　碳素结构钢的应用见表2-32。

表2-32　碳素结构钢的应用

牌号	主要特性	应用举例
Q195 Q215	具有高的塑性、韧性和焊接性能，良好的压力加工性能，但强度低	用于制造地脚螺栓、犁铧、烟筒、屋面板、铆钉、低碳钢丝、薄板、焊管、拉杆、吊钩、支架、焊接结构
Q235	具有良好的塑性、韧性和焊接性能、冷冲压性能，以及一定的强度、好的冷弯性能	广泛用于一般要求的零件和焊接结构，如受力不大的拉杆、连杆、销、轴、螺钉、螺母、套圈、支架、机座、建筑结构、桥梁等
Q255	具有较好的强度、塑性和韧性，较好的焊接性能和冷、热压力加工性能	用于制造要求强度不太高的零件，如螺栓、键、摇杆、轴、拉杆和钢结构用各种型钢、钢板等
Q275	具有较高的强度、较好的塑性和切削加工性能、一定的焊接性能。小型零件可以淬火强化	用于制造要求强度较高的零件，如齿轮、轴、链轮、键、螺栓、螺母、农机用型钢、输送链和链节

2. 优质碳素结构钢（GB/T 699—2015）

（1）牌号和化学成分（见表 2-33）

表 2-33　优质碳素结构钢牌号和化学成分

统一数字代号	牌号	化学成分(质量分数,%)							
		C	Si	Mn	P	S	Cr	Ni	Cu①
					≤				
U20082	08②	0.05~0.11	0.17~0.37	0.35~0.65	0.035	0.035	0.10	0.30	0.25
U20102	10	0.07~0.13	0.17~0.37	0.35~0.65	0.035	0.035	0.15	0.30	0.25
U20152	15	0.12~0.18	0.17~0.37	0.35~0.65	0.035	0.035	0.25	0.30	0.25
U20202	20	0.17~0.23	0.17~0.37	0.35~0.65	0.035	0.035	0.25	0.30	0.25
U20252	25	0.22~0.29	0.17~0.37	0.50~0.80	0.035	0.035	0.25	0.30	0.25
U20302	30	0.27~0.34	0.17~0.37	0.50~0.80	0.035	0.035	0.25	0.30	0.25
U20352	35	0.32~0.39	0.17~0.37	0.50~0.80	0.035	0.035	0.25	0.30	0.25
U20402	40	0.37~0.44	0.17~0.37	0.50~0.80	0.035	0.035	0.25	0.30	0.25
U20452	45	0.42~0.50	0.17~0.37	0.50~0.80	0.035	0.035	0.25	0.30	0.25
U20502	50	0.47~0.55	0.17~0.37	0.50~0.80	0.035	0.035	0.25	0.30	0.25
U20552	55	0.52~0.60	0.17~0.37	0.50~0.80	0.035	0.035	0.25	0.30	0.25
U20602	60	0.57~0.65	0.17~0.37	0.50~0.80	0.035	0.035	0.25	0.30	0.25
U20652	65	0.62~0.70	0.17~0.37	0.50~0.80	0.035	0.035	0.25	0.30	0.25
U20702	70	0.67~0.75	0.17~0.37	0.50~0.80	0.035	0.035	0.25	0.30	0.25
U20702	75	0.72~0.80	0.17~0.37	0.50~0.80	0.035	0.035	0.25	0.30	0.25
U20802	80	0.77~0.85	0.17~0.37	0.50~0.80	0.035	0.035	0.25	0.30	0.25
U20852	85	0.82~0.90	0.17~0.37	0.50~0.80	0.035	0.035	0.25	0.30	0.25
U21152	15Mn	0.12~0.18	0.17~0.37	0.70~1.00	0.035	0.035	0.25	0.30	0.25
U21202	20Mn	0.17~0.23	0.17~0.37	0.70~1.00	0.035	0.035	0.25	0.30	0.25
U21252	25Mn	0.22~0.29	0.17~0.37	0.70~1.00	0.035	0.035	0.25	0.30	0.25
U21302	30Mn	0.27~0.34	0.17~0.37	0.70~1.00	0.035	0.035	0.25	0.30	0.25
U21352	35Mn	0.32~0.39	0.17~0.37	0.70~1.00	0.035	0.035	0.25	0.30	0.25
U21402	40Mn	0.37~0.44	0.17~0.37	0.70~1.00	0.035	0.035	0.25	0.30	0.25
U21452	45Mn	0.42~0.50	0.17~0.37	0.70~1.00	0.035	0.035	0.25	0.30	0.25
U21502	50Mn	0.48~0.56	0.17~0.37	0.70~1.00	0.035	0.035	0.25	0.30	0.25
U21602	60Mn	0.57~0.65	0.17~0.37	0.70~1.00	0.035	0.035	0.25	0.30	0.25
U21652	65Mn	0.62~0.70	0.17~0.37	0.90~1.20	0.035	0.035	0.25	0.30	0.25
U21702	70Mn	0.67~0.75	0.17~0.37	0.90~1.20	0.035	0.035	0.25	0.30	0.25

注：1. 经用户同意不得有意加入本表中未规定的元素。应采取措施防止从废钢或其他原料中带入影响钢性能的元素。

2. 氧气转炉冶炼的钢其氮含量应不大于 0.008%。供方能保证合格时，可不作分析。

3. 铅浴淬火（派登脱）钢丝用的 35~85 钢的锰含量为 0.30%~0.60%，65Mn 及 70Mn 的锰含量为 0.70%~1.00%，铬含量不大于 0.10%，镍含量不大于 0.15%，铜含量不大于 0.20%，磷、硫含量也应符合钢丝标准要求，但不大于表 1 规定的指标。

4. 钢棒（或坯）的成品化学成分允许偏差应符合 GB/T 222 的规定。

① 未热压力加工用钢铜含量应不大于 0.20%。

② 用铝脱氧的镇静钢，碳、锰含量下限不限，锰含量上限为 0.45%，硅含量不大于 0.03%，全铝含量为 0.020%~0.070%，此时牌号为 08Al。

（2）力学性能（见表 2-34）

表 2-34　优质碳素结构钢力学性能

牌号	试样毛坯尺寸①/mm	推荐的热处理制度③			力学性能					交货硬度 HBW	
		正火	淬火	回火	抗拉强度 R_m /MPa	下屈服强度 R_{eL}④ /MPa	断后伸长率 A（%）	断面收缩率 Z（%）	冲击吸收能量 KU_2 /J	未热处理钢	退火钢
		加热温度/℃			≥					≤	
08	25	930	—	—	325	195	33	60	—	131	—
10	25	930	—	—	335	205	31	55	—	137	—
15	25	920	—	—	375	225	27	55	—	143	—
20	25	910	—	—	410	245	25	55	—	156	—
25	25	900	870	600	450	275	23	50	71	170	—
30	25	880	860	600	490	295	21	50	63	179	—
35	25	870	850	600	530	315	20	45	55	197	—
40	25	860	840	600	570	335	19	45	47	217	187
45	25	850	840	600	600	355	16	40	39	229	197
50	25	830	830	600	630	375	14	40	31	241	207
55	25	820	—	—	645	380	13	35	—	255	217
60	25	810	—	—	675	400	12	35	—	255	229
65	25	810	—	—	695	410	10	30	—	255	229
70	25	790	—	—	715	420	9	30	—	269	229
75	试样②	—	820	480	1080	880	7	30	—	285	241
80	试样②	—	820	480	1080	930	6	30	—	285	241
85	试样②	—	820	480	1130	980	6	30	—	302	255
15Mn	25	920	—	—	410	245	26	55	—	163	—
20Mn	25	910	—	—	450	275	24	50	—	197	—
25Mn	25	900	870	600	490	295	22	50	71	207	—
30Mn	25	880	860	600	540	315	20	45	63	217	187
35Mn	25	870	850	600	560	335	18	45	55	229	197
40Mn	25	860	840	600	590	355	17	45	47	229	207
45Mn	25	850	840	600	620	375	15	40	39	241	217
50Mn	25	830	830	600	645	390	13	40	31	255	217
60Mn	25	810	—	—	690	410	11	35	—	269	229
65Mn	25	830	—	—	735	430	9	30	—	285	229
70Mn	25	790	—	—	785	450	8	30	—	285	229

注：1. 表中的力学性能适用于公称直径或厚度不大于 80mm 的钢棒。

2. 公称直径或厚度大于 80～250mm 的钢棒，允许其断后伸长率、断面收缩率比本表的规定分别降低 2%（绝对值）和 5%（绝对值）。

3. 公称直径或厚度大于 120～250mm 的钢棒允许改锻（轧）成 70～80mm 的试料取样检验，其结果应符合本表的规定。

① 钢棒尺寸小于试样毛坯尺寸时，用原尺寸钢棒进行热处理。

② 留有加工余量的试样，其性能为淬火+回火状态下的性能。

③ 热处理温度允许调整范围：正火±30℃，淬火±20℃，回火±50℃；推荐保温时间；正火不少于 30min，空冷；淬火不少于 30min，75、80 和 85 钢油冷，其他钢棒水冷；600℃回火不少于 1h。

④ 当屈服现象不明显时，可用规定塑性延伸强度 $R_{p0.2}$ 代替。

（3）用途　优质碳素结构钢的应用见表2-35。

表2-35　优质碳素结构钢的应用

牌号	主要特性	应用举例
08	极软低碳钢，强度、硬度很低，塑性、韧性极好，冷加工性好，淬透性、淬硬性极差，时效敏感性稍弱，不宜切削加工，退火后，导磁性能好	宜轧制成薄板、薄带、冷变形材、冷拉、冷冲压、焊接件、表面硬化件
10	强度低（稍高于08钢），塑性、韧性很好，焊接性优良，无回火脆性。易冷热加工成形、淬透性很差，正火或冷加工后切削性能好	宜用冷轧、冷冲、冷镦、冷弯、热轧、热挤压、热镦等工艺成形，制造要求受力不大、韧性高的零件，如摩擦片、深冲器皿、汽车车身、弹体等
15	强度、硬度、塑性与10钢相近。为改善其切削性能需进行正火或水韧处理适当提高硬度。淬透性、淬硬性低、韧性、焊接性好	制造受力不大，形状简单，但韧性要求较高或焊接性能较好的中、小结构件、螺钉、螺栓、拉杆、起重钩、焊接容器等
20	强度硬度稍高于15钢，塑性焊接性都好，热轧或正火后韧性好	制作不太重要的中、小型渗碳、碳氮共渗件、锻压件，如杠杆轴、变速器变速叉、齿轮，重型机械拉杆、钩环等
25	具有一定强度、硬度，塑性和韧性好。焊接性、冷塑性加工性较高，可加工性中等，淬透性、淬硬性差。淬火后低温回火后强韧性好，无回火脆性	焊接件、热锻、热冲压件渗碳后用作耐磨件
30	强度、硬度较高，塑性好，焊接性尚好，可在正火或调质后使用，适于热锻、热压。可加工性良好	用于受力不大，温度<150℃的低载荷零件，如丝杆、拉杆、轴键、齿轮、轴套筒等，渗碳件表面耐磨性好，可作耐磨件
35	强度适当，塑性较好，冷塑性高，焊接性尚可。冷态下可局部镦粗和拉丝。淬透性低，正火或调质后使用	适于制造小截面零件，可承受较大载荷的零件，如曲轴、杠杆、连杆、钩环等，各种标准件、紧固件
40	强度较高，可加工性良好，冷变形能力中等，焊接性差，无回火脆性，淬透性低，易生水淬裂纹，多在调质或正火态使用，两者综合性能相近，表面淬火后可用于制造承受较大应力件	适于制造曲轴心轴、传动轴、活塞杆、连杆、链轮、齿轮等，作焊接件时需先预热，焊后缓冷
45	最常用中碳调质钢，综合力学性能良好，淬透性低，水淬时易生裂纹。小型件宜采用调质处理，大型件宜采用正火处理	主要用于制造强度高的运动件，如透平机叶轮、压缩机活塞。轴、齿轮、齿条、蜗杆等。焊接件注意焊前预热，焊后去应力退火

（续）

牌号	主要特性	应用举例
50	高强度中碳结构钢，冷变形能力低，切削性中等。焊接性差，无回火脆性，淬透性较低，水淬时，易生裂纹。使用状态：正火，淬火后回火，高频表面淬火，适用于在动载荷及冲击作用不大的条件下耐磨性高的机械零件	锻造齿轮、拉杆、轧辊、轴摩擦盘、机床主轴、发动机曲轴、农业机械犁铧、重载荷心轴及各种轴类零件等，及较次要的减振弹簧、弹簧垫圈等
55	具有高强度和硬度，塑性和韧性差，可加工性中等，焊接性差，淬透性差，水淬时易淬裂。多在正火或调质处理后使用，适于制造高强度、高弹性、高耐磨性机件	齿轮、连杆、轮圈、轮缘、机车轮箍、扁弹簧、热轧轧辊等
60	具有高强度、高硬度和高弹性。冷变形时塑性差，可加工性能中等，焊接性不好，淬透性差，水淬易生裂纹，故大型件用正火处理	轧辊、轴类、轮箍、弹簧圈、减振弹簧、离合器、钢丝绳
65	适当热处理或冷作硬化后具有较高强度与弹性。焊接性不好，易形成裂纹，不宜焊接，切削性差，冷变形塑性低，淬透性不好，一般采用油淬，大截面件采用水淬油冷，或正火处理。其特点是在相同组态下其疲劳强度可与合金弹簧钢相当	宜用于制造截面、形状简单、受力小的扁形或螺旋弹簧零件。如气门弹簧、弹簧环等，也宜用于制造高耐磨性零件，如轧辊、曲轴、凸轮及钢丝绳等
70	强度和弹性比65钢稍高，其他性能与65钢近似	弹簧、钢丝、钢带、车轮圈等
75 80	性能与65、70钢相似，但强度较高而弹性略低，其淬透性亦不高。通常在淬火、回火后使用	板弹簧、螺旋弹簧、抗磨损零件、较低速车轮等
85	含碳量最高的高碳结构钢，强度、硬度比其他高碳钢高，但弹性略低，其他性能与65、70、75、80钢相近似。淬透性仍然不高	铁道车辆、扁形板弹簧、圆形螺旋弹簧、钢丝钢带等
15Mn	含锰（w_{Mn}为0.70%～1.00%）较高的低碳渗碳钢，因锰高故其强度、塑性、可切削性和淬透性均比15钢稍高，渗碳与淬火时表面形成软点较少，宜进行渗碳、碳氮共渗处理，得到表面耐磨而心部韧性好的综合性能。热轧或正火处理后韧性好	齿轮、曲柄轴。支架、铰链、螺钉、螺母。铆焊结构件。板材适于制造油罐等。寒冷地区农具，如奶油罐等

（续）

牌号	主要特性	应用举例
20Mn	其强度和淬透性比 15Mn 钢略高，其他性能与 15Mn 钢相近	与 15Mn 钢基本相同
25Mn	性能与 20Mn 及 25 钢相近，强度稍高	与 20Mn 及 25 钢相近
30Mn	与 30 钢相比具有较高的强度和淬透性，冷变形时塑性好，焊接性中等，可加工性良好。热处理时有回火脆性倾向及过热敏感性	螺栓、螺母、螺钉、拉杆、杠杆、小轴、制动机齿轮
35Mn	强度及淬透性比 30Mn 高，冷变形时的塑性中等。可加工性好，但焊接性较差。宜调质处理后使用	转轴、啮合杆、螺栓、螺母、螺钉等，心轴、齿轮等
40Mn	淬透性略高于 40 钢。热处理后，强度、硬度、韧性比 40 钢稍高，冷变形塑性中等，可加工性好，焊接性低，具有过热敏感性和回火脆性，水淬易裂	耐疲劳件、曲轴、辊子、轴、连杆。高应力下工作的螺钉、螺母等
45Mn	中碳调质结构钢，调质后具有良好的综合力学性能。淬透性、强度、韧性比 45 钢高，可加工性尚好，冷变形塑性低，焊接性差，具有回火脆性倾向	转轴、心轴、花键轴、汽车半轴、万向接头轴、曲轴、连杆、制动杠杆、啮合杆、齿轮、离合器、螺栓、螺母等
50Mn	性能与 50 钢相近，但其淬透性较高，热处理后强度、硬度、弹性均稍高于 50 钢。焊接性差，具有过热敏感性和回火脆性倾向	用作承受高应力零件，高耐磨零件，如齿轮、齿轮轴、摩擦盘、心轴、平板弹簧等
60Mn	强度、硬度、弹性和淬透性比 60 钢稍高，退火态可加工性良好、冷变形塑性和焊接性差。具有过热敏感和回火脆性倾向	大尺寸螺旋弹簧、板簧、各种圆扁弹簧，弹簧环、片，冷拉钢丝及发条
65Mn	强度、硬度、弹性和淬透性均比 65 钢高，具有过热敏感性和回火脆性倾向，水淬有形成裂纹倾向。退火态可加工性尚可，冷变形塑性低，焊接性差	受中等载荷的板弹簧，直径达 7~20mm 螺旋弹簧及弹簧垫圈、弹簧环。高耐磨性零件，如磨床主轴、弹簧卡头、精密机床丝杆、犁、切刀、螺旋辊子轴承上的套环、铁道钢轨等
70Mn	性能与 70 钢相近，但淬透性稍高，热处理后强度、硬度、弹性均比 70 钢好，具有过热敏感性和回火脆性倾向，易脱碳及水淬时形成裂纹倾向、冷塑性变形能力差，焊接性差	承受大应力、磨损条件下工作零件，如各种弹簧圈、弹簧垫圈、止推环、锁紧圈、离合器盘等

3. 合金结构钢（GB/T 3077—2015）

（1）牌号和化学成分（见表2-36）

表2-36 合金结构钢牌号和化学成分

钢组	统一数字代号	牌号	化学成分(质量分数,%)								
			C	Si	Mn	Cr	Mo	Ni	B	V	其他
Mn	A00202	20Mn2	0.17~0.24	0.17~0.37	1.40~1.80	—	—	—	—	—	—
	A00302	30Mn2	0.27~0.34	0.17~0.37	1.40~1.80	—	—	—	—	—	—
	A00352	35Mn2	0.32~0.39	0.17~0.37	1.40~1.80	—	—	—	—	—	—
	A00402	40Mn2	0.37~0.44	0.17~0.37	1.40~1.80	—	—	—	—	—	—
	A00452	45Mn2	0.42~0.49	0.17~0.37	1.40~1.80	—	—	—	—	—	—
	A00502	50Mn2	0.47~0.55	0.17~0.37	1.40~1.80	—	—	—	—	—	—
MnV	A01202	20MnV	0.17~0.24	0.17~0.37	1.30~1.60	—	—	—	—	0.07~0.12	—
SiMn	A10272	27SiMn	0.24~0.32	1.10~1.40	1.10~1.40	—	—	—	—	—	—
	A10352	35SiMn	0.32~0.40	1.10~1.40	1.10~1.40	—	—	—	—	—	—
	A10422	42SiMn	0.39~0.45	1.10~1.40	1.10~1.40	—	—	—	—	—	—
SiMn-MoV	A14202	20SiMn2MoV	0.17~0.23	0.90~1.20	2.20~2.60	—	0.30~0.40	—	—	0.05~0.12	—
	A14262	25SiMn2MoV	0.22~0.28	0.90~1.20	2.20~2.60	—	0.30~0.40	—	—	0.05~0.12	—
	A14372	37SiMn2MoV	0.33~0.39	0.60~0.90	1.60~1.90	—	0.40~0.50	—	—	0.05~0.12	—

（续）

钢组	统一数字代号	牌号	化学成分(质量分数,%)								
			C	Si	Mn	Cr	Mo	Ni	B	V	其他
B	A70402	40B	0.37~0.44	0.17~0.37	0.60~0.90	—	—	—	0.0008~0.0035	—	—
	A70452	45B	0.42~0.49	0.17~0.37	0.60~0.90	—	—	—	0.0008~0.0035	—	—
	A70502	50B	0.47~0.55	0.17~0.37	0.60~0.90	—	—	—	0.008~0.0035	—	—
MnB	A712502	25MnB	0.23~0.28	0.17~0.32	1.10~1.40	—	—	—	0.0008~0.0035	—	—
	A713502	35MnB	0.32~0.38	0.17~0.32	1.10~1.40	—	—	—	0.0008~0.0035	—	—
	A71402	40MnB	0.37~0.44	0.17~0.37	1.10~1.40	—	—	—	0.0008~0.0035	—	—
	A71452	45MnB	0.42~0.49	0.17~0.37	1.10~1.40	—	—	—	0.0008~0.0035	—	—
Mn-MoB	A72202	20MnMoB	0.16~0.22	0.17~0.37	0.90~1.20	—	0.20~0.30	—	0.0008~0.0035	—	—
MnVB	A73152	15MnVB	0.12~0.18	0.17~0.37	1.20~1.60	—	—	—	0.0008~0.0035	0.07~0.12	—
	A73202	20MnVB	0.17~0.23	0.17~0.37	1.20~1.60	—	—	—	0.0008~0.0035	0.07~0.12	—
	A73402	40MnVB	0.37~0.44	0.17~0.37	1.10~1.40	—	—	—	0.0008~0.0035	0.05~0.10	—
MnTiB	A74202	20MnTiB	0.17~0.24	0.17~0.37	1.30~1.60	—	—	—	0.0008~0.0035	—	Ti 0.04~0.10
	A74252	25MnTiBRE	0.22~0.28	0.20~0.45	1.30~1.60	—	—	—	0.0008~0.0035	—	Ti 0.04~0.10

（续）

钢组	统一数字代号	牌号	化学成分（质量分数，%）								
			C	Si	Mn	Cr	Mo	Ni	B	V	其他
Cr	A20152	15Cr	0.12~0.17	0.17~0.37	0.40~0.70	0.70~1.00	—	—	—	—	—
Cr	A20202	20Cr	0.18~0.24	0.17~0.37	0.50~0.80	0.70~1.00	—	—	—	—	—
Cr	A20302	30Cr	0.27~0.34	0.17~0.37	0.50~0.80	0.80~1.10	—	—	—	—	—
Cr	A20352	35Cr	0.32~0.39	0.17~0.37	0.50~0.80	0.80~1.10	—	—	—	—	—
Cr	A20402	40Cr	0.37~0.44	0.17~0.37	0.50~0.80	0.80~1.10	—	—	—	—	—
Cr	A20452	45Cr	0.42~0.49	0.17~0.37	0.50~0.80	0.80~1.10	—	—	—	—	—
Cr	A20502	50Cr	0.47~0.54	0.17~0.37	0.50~0.80	0.80~1.10	—	—	—	—	—
CrSi	A21382	38CrSi	0.35~0.43	1.00~1.30	0.30~0.60	1.30~1.60	—	—	—	—	—
CrMo	A30122	12CrMo	0.08~0.15	0.17~0.37	0.40~0.70	0.40~0.70	0.40~0.55	—	—	—	—
CrMo	A30152	15CrMo	0.12~0.18	0.17~0.37	0.40~0.70	0.80~1.10	0.40~0.55	—	—	—	—
CrMo	A30202	20CrMo	0.17~0.24	0.17~0.37	0.40~0.70	0.80~1.10	0.15~0.25	—	—	—	—
CrMo	A30252	25CrMo	0.22~0.29	0.17~0.37	0.40~0.90	0.90~1.20	0.15~0.30	—	—	—	—
CrMo	A30302	30CrMo	0.26~0.34	0.17~0.37	0.40~0.70	0.80~1.10	0.15~0.25	—	—	—	—

（续）

钢组	统一数字代号	牌号	化学成分(质量分数,%)								
			C	Si	Mn	Cr	Mo	Ni	B	V	其他
CrMo	A30352	35CrMo	0. 32~0. 40	0. 17~0. 37	0. 40~0. 70	0. 80~1. 10	0. 15~0. 25	—	—	—	—
	A30422	42CrMo	0. 38~0. 45	0. 17~0. 37	0. 50~0. 80	0. 90~1. 20	0. 15~0. 25	—	—	—	—
	A30502	50CrMo	0. 46~0. 54	0. 17~0. 37	0. 50~0. 80	0. 90~1. 20	0. 15~0. 30	—	—	—	—
CrMoV	A31122	12CrMoV	0. 08~0. 15	0. 17~0. 37	0. 40~0. 70	0. 30~0. 60	0. 25~0. 35	—	—	0. 15~0. 30	—
	A31352	35CrMoV	0. 30~0. 38	0. 17~0. 37	0. 40~0. 70	1. 00~1. 30	0. 20~0. 30	—	—	0. 10~0. 20	—
	A31132	12Cr1MoV	0. 08~0. 15	0. 17~0. 37	0. 40~0. 70	0. 90~1. 20	0. 25~0. 35	—	—	0. 15~0. 30	—
	A31252	25Cr2MoV	0. 22~0. 29	0. 17~0. 37	0. 40~0. 70	1. 50~1. 80	0. 25~0. 35	—	—	0. 15~0. 30	—
	A31262	25Cr2Mo1V	0. 22~0. 29	0. 17~0. 37	0. 50~0. 80	2. 10~2. 50	0. 90~1. 10	—	—	0. 30~0. 50	—
CrMoAl	A33382	38CrMoAl	0. 35~0. 42	0. 20~0. 45	0. 30~0. 60	1. 35~1. 65	0. 15~0. 25	—	—	—	Al 0. 70~1. 10
CrV	A23402	40CrV	0. 37~0. 44	0. 17~0. 37	0. 50~0. 80	0. 80~1. 10	—	—	—	0. 10~0. 20	—
	A23503	50CrVA	0. 47~0. 54	0. 17~0. 37	0. 50~0. 80	0. 80~1. 10	—	—	—	0. 10~0. 20	—

（续）

钢组	统一数字代号	牌号	化学成分（质量分数，%）								
			C	Si	Mn	Cr	Mo	Ni	B	V	其他
CrMn	A22152	15CrMn	0.12~0.18	0.17~0.37	1.10~1.40	0.40~0.70	—	—	—	—	—
	A22202	20CrMn	0.17~0.23	0.17~0.37	0.90~1.20	0.90~1.20	—	—	—	—	—
	A22402	40CrMn	0.37~0.45	0.17~0.37	0.90~1.20	0.90~1.20	—	—	—	—	—
CrMnSi	A24202	20CrMnSi	0.17~0.23	0.90~1.20	0.80~1.10	0.80~1.10	—	—	—	—	—
	A24252	25CrMnSi	0.22~0.28	0.90~1.20	0.80~1.10	0.80~1.10	—	—	—	—	—
	A24302	30CrMnSi	0.27~0.34	0.90~1.20	0.80~1.10	0.80~1.10	—	—	—	—	—
	A24352	35CrMnSi	0.32~0.39	1.10~1.40	0.80~1.10	1.10~1.40	—	—	—	—	—
CrMnMo	A34202	20CrMnMo	0.17~0.23	0.17~0.37	0.90~1.20	1.10~1.40	0.20~0.30	—	—	—	—
	A34402	40CrMnMo	0.37~0.45	0.17~0.37	0.90~1.20	0.90~1.20	0.20~0.30	—	—	—	—
CrMnTi	A26202	20CrMnTi	0.17~0.23	0.17~0.37	0.80~1.10	1.00~1.30	—	—	—	—	Ti 0.04~0.10
	A26302	30CrMnTi	0.24~0.32	0.17~0.37	0.80~1.10	1.00~1.30	—	—	—	—	Ti 0.04~0.10
CrNi	A40202	20CrNi	0.17~0.23	0.17~0.37	0.40~0.70	0.45~0.75	—	1.00~1.40	—	—	—
	A40402	40CrNi	0.37~0.44	0.17~0.37	0.50~0.80	0.45~0.75	—	1.00~1.40	—	—	—

（续）

钢组	统一数字代号	牌　号	化学成分(质量分数,%)								
			C	Si	Mn	Cr	Mo	Ni	B	V	其他
CrNi	A40452	45CrNi	0. 42~0. 49	0. 17~0. 37	0. 50~0. 80	0. 45~0. 75	—	1. 00~1. 40	—	—	—
	A40502	50CrNi	0. 47~0. 54	0. 17~0. 37	0. 50~0. 80	0. 45~0. 75	—	1. 00~1. 40	—	—	—
	A41122	12CrNi2	0. 10~0. 17	0. 17~0. 37	0. 30~0. 60	0. 60~0. 90	—	1. 50~1. 90	—	—	—
	A41342	34CrNi2	0. 30~0. 37	0. 17~0. 37	0. 60~0. 90	0. 80~1. 10	—	1. 20~1. 60	—	—	—
	A42122	12CrNi3	0. 10~0. 17	0. 17~0. 37	0. 30~0. 60	0. 60~0. 90	—	2. 75~3. 15	—	—	—
	A42202	20CrNi3	0. 17~0. 24	0. 17~0. 37	0. 30~0. 60	0. 60~0. 90	—	2. 75~3. 15	—	—	—
	A42302	30CrNi3	0. 27~0. 33	0. 17~0. 37	0. 30~0. 60	0. 60~0. 90	—	2. 75~3. 15	—	—	—
	A42372	37CrNi3	0. 34~0. 41	0. 17~0. 37	0. 30~0. 60	1. 20~1. 60	—	3. 00~3. 50	—	—	—
	A43122	12Cr2Ni4	0. 10~0. 16	0. 17~0. 37	0. 30~0. 60	1. 25~1. 65	—	3. 25~3. 65	—	—	—
	A43202	20Cr2Ni4	0. 17~0. 23	0. 17~0. 37	0. 30~0. 60	1. 25~1. 65	—	3. 25~3. 65	—	—	—

（续）

钢组	统一数字代号	牌号	化学成分（质量分数，%）								
			C	Si	Mn	Cr	Mo	Ni	B	V	其他
CrNiMo	A50152	15CrNiMo	0.13~0.18	0.17~0.37	0.70~0.90	0.45~0.65	0.45~0.60	0.70~1.00	—	—	—
	A50202	20CrNiMo	0.17~0.23	0.17~0.37	0.60~0.95	0.40~0.70	0.20~0.30	0.35~0.75	—	—	—
	A50302	30CrNiMo	0.28~0.33	0.17~0.37	0.70~0.90	0.70~1.00	0.25~0.45	0.60~0.80	—	—	—
	A50300	30Cr2Ni2Mo	0.26~0.34	0.17~0.37	0.50~0.80	1.80~2.20	0.30~0.50	1.80~2.20	—	—	—
	A50300	30Cr2Ni4Mo	0.26~0.33	0.17~0.37	0.50~0.80	1.20~1.50	0.30~0.60	3.30~4.30	—	—	—
	A50342	34Cr2Ni2Mo	0.30~0.38	0.17~0.37	0.50~0.80	1.30~1.70	0.15~0.30	1.30~1.70	—	—	—
	A50352	35Cr2Ni4Mo	0.32~0.39	0.17~0.37	0.50~0.80	1.60~2.00	0.25~0.45	3.60~4.10	—	—	—
	A50402	40CrNiMo	0.37~0.44	0.17~0.37	0.50~0.80	0.60~0.90	0.15~0.25	1.25~1.65	—	—	—
	A50400	40CrNi2Mo	0.38~0.43	0.17~0.37	0.60~0.80	0.70~0.90	0.20~0.30	1.65~2.00	—	—	—
CrMn-NiMo	A50182	18Cr2NiMnMo	0.15~0.21	0.17~0.37	1.10~1.40	1.00~1.30	0.20~0.30	1.00~1.30	—	—	—

（续）

钢组	统一数字代号	牌号	化学成分(质量分数,%)								
			C	Si	Mn	Cr	Mo	Ni	B	V	其他
CrNi-MoV	A51452	45CrNiMoV	0.42～0.49	0.17～0.37	0.50～0.80	0.80～1.10	0.20～0.30	1.30～1.80	—	0.10～0.20	—
CrNiW	A52182	18Cr2Ni4W	0.13～0.19	0.17～0.37	0.30～0.60	1.35～1.65	—	4.00～4.50	—	—	—
	A52252	25Cr2Ni4W	0.21～0.28	0.17～0.37	0.30～0.60	1.35～1.65	—	4.00～4.50	—	—	—

注：1. 未经用户同意不得有意加入本表中未规定的元素。应采取措施防止从废钢或其他原料中带入影响钢性能的元素。

2. 表中各牌号可按高级优质钢或特级优质钢订货，但应在牌号后加字母“A”或“E”。

3. 本标准牌号与国外标准相似牌号的对照参见 GB/T 3077—2015 中表 A.1。

4. 稀土成分按 0.05%（质量分数）计算量加入，成品分析结果供参考。

5. 钢中硫、磷及残余铜、铬、镍、钼含量应符合下表的规定。

钢类	化学成分(质量分数,%)					
	P	S	Cu	Cr	Ni	Mo
	≤					
优质钢	0.030	0.030	0.30	0.30	0.30	0.15
高级优质钢	0.020	0.020	0.25	0.30	0.30	0.10
特级优质钢	0.020	0.010	0.25	0.30	0.30	0.10

6. 热压力加工用钢铜的质量分数不大于 0.20%。

（2）力学性能（见表 2-37）

表 2-37 合金结构钢的力学性能

钢组	牌号	试样毛坯尺寸①/mm	推荐的热处理制度					力学性能					供货状态为退火或高温回火，钢棒布氏硬度 HBW
			淬火			回火		抗拉强度 R_m /MPa	下屈服强度 R_{eL}② /MPa	断后伸长率 A (%)	断面收缩率 Z (%)	冲击吸收能量 $KU_2$③ /J	
			加热温度/℃		冷却剂	加热温度/℃	冷却剂						
			第1次淬火	第2次淬火				≥					≤
Mn	20Mn2	15	850	—	水、油	200	水、空气	785	590	10	40	47	187
			880	—	水、油	440	水、空气						
	30Mn2	25	840	—	水	500	水	785	635	12	45	63	207
	35Mn2	25	840	—	水	500	水	835	685	12	45	55	207
	40Mn2	25	840	—	水、油	540	水	885	735	12	45	55	217
	45Mn2	25	840	—	油	550	水、油	885	735	10	45	47	217
	50Mn2	25	820	—	油	550	水、油	930	785	9	40	39	229
MnV	20MnV	15	880	—	水、油	200	水、空气	785	590	10	40	55	187
SiMn	27SiMn	25	920	—	水	450	水、油	980	835	12	40	39	217
	35SiMn	25	900	—	水	570	水、油	885	735	15	45	47	229
	42SiMn	25	880	—	水	590	水	885	735	15	40	47	229
SiMnMoV	20SiMn2MoV	试样	900	—	油	200	水、空气	1380	—	10	45	55	269
	25SiMn2MoV	试样	900	—	油	200	水、空气	1470	—	10	40	47	269
	37SiMn2MoV	25	870	—	水、油	650	水、空气	980	835	12	50	63	269

（续）

钢组	牌号	试样毛坯尺寸①/mm	推荐的热处理制度 淬火 加热温度/℃ 第1次淬火	第2次淬火	淬火 冷却剂	回火 加热温度/℃	回火 冷却剂	力学性能 抗拉强度 R_m/MPa ≥	下屈服强度 R_{eL}②/MPa ≥	断后伸长率 A(%) ≥	断面收缩率 Z(%) ≥	冲击吸收能量 $KU_2$③/J ≥	供货状态为退火或高温回火,钢棒布氏硬度HBW ≤
B	40B	25	840	—	水	550	水	785	635	12	45	55	207
	45B	25	840	—	水	550	水	835	685	12	45	47	217
	50B	20	840	—	油	600	空气	785	540	10	45	39	207
MnB	25MnB	25	850	—	油	500	水、油	835	635	10	45	47	207
	35MnB	25	850	—	油	500	水、油	930	735	10	45	47	207
	40MnB	25	850	—	油	500	水、油	980	785	10	45	47	207
	45MnB	25	840	—	油	500	水、油	1030	835	9	40	39	217
MnMoB	20MnMoB	15	880	—	油	200	油、空气	1080	885	10	50	55	207
MnVB	15MnVB	15	860	—	油	200	水、空气	885	635	10	45	55	207
	20MnVB	15	860	—	油	200	水、空气	1080	885	10	45	55	207
	40MnVB	25	850	—	油	520	水、油	980	785	10	45	47	207
MnTiB	20MnTiB	15	860	—	油	200	水、空气	1130	930	10	45	55	187
	25MnTiBRE	试样	860	—	油	200	水、空气	1380	—	10	40	47	229
	15Cr	15	880	770~820	水、油	180	油、空气	685	490	12	45	55	179
	20Cr	15	880	780~820	水、油	200	水、空气	835	540	10	40	47	179
	30Cr	25	860	—	油	500	水、油	885	685	11	45	47	187
	35Cr	25	860	—	油	500	水、油	930	735	11	45	47	207
	40Cr	25	850	—	油	520	水、油	980	785	9	45	47	207
	45Cr	25	840	—	油	520	水、油	1030	835	9	40	39	217
	50Cr	25	830	—	油	520	水、油	1080	930	9	40	39	229

（续）

钢组	牌号	试样毛坯尺寸①/mm	推荐的热处理制度					力学性能					供货状态为退火或高温回火，钢棒布氏硬度 HBW
			淬火			回火		抗拉强度 R_m /MPa	下屈服强度 R_{eL}② /MPa	断后伸长率 A (%)	断面收缩率 Z (%)	冲击吸收能量 $KU_2$③/J	
			加热温度/℃ 第1次淬火	加热温度/℃ 第2次淬火	冷却剂	加热温度/℃	冷却剂	≥					≤
CrSi	38CrSi	25	900	—	油	600	水、油	980	835	12	50	55	255
CrMo	12CrMo	30	900	—	空气	650	空气	410	265	24	60	110	179
	15CrMo	30	900	—	空气	650	空气	440	295	22	60	94	179
	20CrMo	15	880	—	水、油	500	水、油	885	685	12	50	78	197
	25CrMo	25	870	—	水、油	600	水、油	900	600	14	55	68	229
	30CrMo	15	880	—	油	540	水、油	930	735	12	50	71	229
	35CrMo	25	850	—	油	550	水、油	980	835	12	45	63	229
	42CrMo	25	850	—	油	560	水、油	1080	930	12	45	63	229
	50CrMo	25	840	—	油	560	水、油	1130	930	11	45	48	248
CrMoV	12CrMoV	30	970	—	空气	750	空气	440	225	22	50	78	241
	35CrMoV	25	900	—	油	630	水、油	1080	930	10	50	71	241
	12Cr1MoV	30	970	—	空气	750	空气	490	245	22	50	71	179
	25Cr2MoV	25	900	—	油	640	空气	930	785	14	55	63	241
	25Cr2Mo1V	25	1040	—	空气	700	空气	735	590	16	50	47	241
CrMoAl	38CrMoAl	30	940	—	水、油	640	水、油	980	835	14	50	71	229
CrV	40CrV	25	880	—	油	650	水、油	885	735	10	50	71	241
	50CrV	25	850	—	油	500	水、油	1280	1130	10	40	—	255
CrMn	15CrMn	15	880	—	油	200	水、空气	785	590	12	50	47	179
	20CrMn	15	850	—	油	200	水、空气	930	735	10	45	47	187
	40CrMn	25	840	—	油	550	水、油	980	835	9	45	47	229

（续）

钢组	牌　号	试样毛坯尺寸[1] /mm	推荐的热处理制度					力学性能					供货状态为退火或高温回火，钢棒布氏硬度 HBW
			淬火			回火		抗拉强度 R_m /MPa	下屈服强度 R_{eL}[2] /MPa	断后伸长率 A（%）	断面收缩率 Z（%）	冲击吸收能量 KU_2[3] /J	
			加热温度/℃ 第1次淬火	加热温度/℃ 第2次淬火	冷却剂	加热温度/℃	冷却剂						
								≥					≤
CrMnSi	20CrMnSi	25	880	—	油	480	水、油	785	635	12	45	55	207
	25CrMnSi	25	880	—	油	480	水、油	1080	885	10	40	39	217
	30CrMnSi	25	880	—	油	540	水、油	1080	835	10	45	39	229
	35CrMnSi	试样	加热到 880℃，于 280～310℃ 等温淬火					1620	1280	9	40	31	241
		试样	950	890	油	230	空气、油						
CrMnMo	20CrMnMo	15	850	—	油	200	水、空气	1180	885	10	45	55	217
	40CrMnMo	25	850	—	油	600	水、油	980	785	10	45	63	217
CrMnTi	20CrMnTi	15	880	870	油	200	水、空气	1080	850	10	45	55	217
	30CrMnTi	试样	880	850	油	200	水、空气	1470	—	9	40	47	229
CrNi	20CrNi	25	850	—	水、油	460	水、油	785	590	10	50	63	197
	40CrNi	25	820	—	油	500	水、油	980	785	10	45	55	241
	45CrNi	25	820	—	油	530	水、油	980	785	10	45	55	255
	50CrNi	25	820	—	油	500	水、油	1080	835	8	40	39	255
	12CrNi2	15	860	780	水、油	200	水、空气	785	590	12	50	63	207
	34CrNi2	25	840	—	水、油	530	水、油	930	735	11	45	71	241
	12CrNi3	15	860	780	油	200	水、空气	930	685	11	50	71	217
	20CrNi3	25	830	—	水、油	480	水、油	930	735	11	55	78	241
	30CrNi3	25	820	—	油	500	水、油	980	785	9	45	63	241
	37CrNi3	25	820	—	油	500	水、油	1130	980	10	50	47	269
	12Cr2Ni4	15	860	780	油	200	水、空气	1080	835	10	50	71	269
	20Cr2Ni4	15	880	780	油	200	水、空气	1180	1080	10	45	63	269

（续）

钢组	牌号	试样毛坯尺寸[①] /mm	推荐的热处理制度					力学性能					供货状态为退火或高温回火，钢棒布氏硬度 HBW
			淬火			回火		抗拉强度 R_m /MPa	下屈服强度 $R_{eL}^{②}$ /MPa	断后伸长率 A（%）	断面收缩率 Z（%）	冲击吸收能量 $KU_2^{③}$/J	
			加热温度/℃ 第1次淬火	加热温度/℃ 第2次淬火	冷却剂	加热温度/℃	冷却剂	≥					≤
CrNiMo	15CrNiMo	15	850	—	油	200	空气	930	750	10	40	46	197
	20CrNiMo	15	850	—	油	200	空气	980	785	9	40	47	197
	30CrNiMo	25	850	—	油	500	水、油	980	785	10	50	63	269
	40CrNiMo	25	850	—	油	600	水、油	980	835	12	55	78	269
	40CrNi2Mo	25	正火 890	850	油	560~580	空气	1050	980	12	45	48	
		试样	正火 890	850	油	220 两次回火	空气	1790	1500	6	25	—	269
	30Cr2Ni2Mo	25	850	—	油	520	水、油	980	835	10	50	71	269
	34Cr2Ni2Mo	25	850	—	油	540	水、油	1080	930	10	50	71	269
	30Cr2Ni4Mo	25	850		油	560	水、油	1080	930	10	50	71	269
	35Cr2Ni4Mo	25	850	—	油	560	水、油	1130	980	10	50	71	269
CrMnNiMo	18CrMnNiMo	15	830	—	油	200	空气	1180	885	10	45	71	269
CrNiMoV	45CrNiMoV	试样	860	—	油	460	油	1470	1330	7	35	31	269
CrNiW	18Cr2Ni4W	15	950	850	空气	200	水、空气	1180	835	10	45	78	269
	25Cr2Ni4W	25	850	—	油	550	水、油	1080	930	11	45	71	269

注：1. 表中所列热处理温度允许调整范围：淬火±15℃，低温回火±20℃，高温回火±50℃。

2. 硼钢在淬火前可先经正火，正火温度应不高于其淬火温度，铬锰钛钢第一次淬火可用正火代替。

① 钢棒尺寸小于试样毛坯尺寸时，用原尺寸钢棒进行热处理。

② 当屈服现象不明显时，可用规定塑性延伸强度 $R_{p0.2}$ 代替。

③ 直径小于 16mm 的圆钢和厚度小于 12mm 的方钢、扁钢、不做冲击试验。

（3）用途（见表 2-38）

表 2-38　合金结构钢的用途

牌　号	主要特性	应用举例
20Mn2	具有中等强度、较小截面尺寸的20Mn2 和 20Cr 性能相似，低温冲击韧度、焊接性能较 20Cr 好，冷变形时塑性高，切削加工性良好，淬透性比相应的碳钢要高，热处理时有过热、脱碳敏感性及回火脆性倾向	用于制造截面尺寸小于 50mm 的渗碳零件，如渗碳的小齿轮、小轴、力学性能要求不高的十字头销、活塞销、柴油机套筒、气门顶杆、变速齿轮操纵杆、钢套，热轧及正火状态下用于制造螺栓、螺钉、螺母及铆焊件等
30Mn2	30Mn2 通常经调质处理之后使用，其强度高，韧性好，并具有优良的耐磨性能，当制造截面尺寸小的零件时，具有良好的静强度和疲劳强度，拉丝、冷镦、热处理工艺性都良好，可加工性中等，焊接性尚可，一般不做焊接件，需焊接时，应将零件预热到 200℃ 以上，具有较高的淬透性，淬火变形小，但有过热、脱碳敏感性及回火脆性	用于制造汽车、拖拉机中的车架、纵横梁、变速箱齿轮、轴、冷镦螺栓、较大截面的调质件，也可制造心部强度较高的渗碳件，如起重机的后车轴等
35Mn2	比 30Mn2 的含碳量高，因而具有更高的强度和更好的耐磨性，淬透性也提高，但塑性略有下降，冷变形时塑性中等，可加工性能中等，焊接性低，且有白点敏感性、过热倾向及回火脆性倾向，水冷易产生裂纹，一般在调质或正火状态下使用	制造小于直径 20mm 的较小零件时，可代替 40Cr，用于制造直径小于 15mm 的各种冷镦螺栓、力学性能要求较高的小轴、轴套、小连杆、操纵杆、曲轴、风机配件、农机中的锄铲柄、锄铲
40Mn2	中碳调质锰钢，其强度、塑性及耐磨性均优于 40 钢，并具有良好的热处理工艺性及可加工性，焊接性差，当碳含量在下限时，需要预热至 100~425℃ 才能焊接，存在回火脆性，过热敏感性，水冷易产生裂纹，通常在调质状态下使用	用于制造重载工作的各种机械零件，如曲轴、车轴、轴、半轴、杠杆、连杆、操纵杆、蜗杆、活塞杆、承载的螺栓、螺钉、加固环、弹簧，当制造直径小于 40mm 的零件时，其静强度及疲劳性能与 40Cr 相近，因而可代替 40Cr 制作小直径的重要零件
45Mn2	中碳调质钢，具有较高的强度、耐磨性及淬透性，调质后能获得良好的综合力学性能，适宜于油冷再高温回火，常在调质状态下使用，需要时也可在正火状态下使用，可加工性尚可，但焊接性能差，冷变形时塑性低，热处理有过热敏感性和回火脆性倾向，水冷易产生裂纹	用于制造承受高应力和耐磨损的零件，如果制作直径小于 60mm 的零件，可代替 40Cr 使用，在汽车、拖拉机及通用机械中，常用于制造轴、车轴、万向接头轴、蜗杆、齿轮轴、齿轮、连杆盖、摩擦盘、车厢轴、电车和蒸汽机车轴、重负载机架、冷拉状态中的螺栓和螺母等

（续）

牌　　号	主要特性	应用举例
50Mn2	中碳调质高强度锰钢，具有高强度、高弹性及优良的耐磨性，并且淬透性亦较高，可加工性尚好，冷变形塑性低，焊接性能差，具有过热敏感、白点敏感及回火脆性，水冷易产生裂纹，采用适当的调质处理，可获得良好的综合力学性能，一般在调质后使用，也可在正火及回火后使用	用于制造高应力、高磨损工作的大型零件，如通用机械中的齿轮轴、曲轴、各种轴、连杆、蜗杆、万向接头轴、齿轮，汽车的传动轴、花键轴，承受强烈冲击负荷的心轴，重型机械中的滚动轴承支撑的主轴、轴及大型齿轮以及用于制造手卷簧、板弹簧等，如果用于制作直径小于80mm的零件，可代替45Cr使用
20MnV	20MnV性能好，可以代替20Cr、20CrNi使用，其强度、韧性及塑性均优于15Cr和20Mn2，淬透性亦好，可加工性尚可，渗碳后，可以直接淬火、不需要第二次淬火来改善心部组织，焊接性较好，但热处理时，在300~360℃时有回火脆性	用于制造高压容器、锅炉、大型高压管道等的焊接构件（工作温度不超过450~475℃），还用于制造冷轧、冷拉、冷冲压加工的零件，如齿轮、自行车链条、活塞销等，还广泛用于制造直径小于20mm的矿用链环
27SiMn	27SiMn的性能高于30Mn2，具有较高的强度和耐磨性，淬透性较高，冷变形塑性中等，可加工性良好，焊接性能尚可，热处理时，钢的韧性降低较少，水冷时仍能保持较高的韧性，但有过热敏感性、白点敏感性及回火脆性倾向，大多在调质后使用，也可在正火或热轧供货状态下使用	用于制造高韧性、高耐磨的热冲压件，不需热处理或正火状态下使用的零件，如拖拉机履带销
35SiMn	合金调质钢，性能良好，可以代替40Cr使用，还可部分代替40CrNi使用，调质处理后具有高的静强度、疲劳强度和耐磨性以及良好的韧性，淬透性良好，冷变形时塑性中等，可加工性良好，但焊接性能差，焊前应预热，且有过热敏感性、白点敏感性及回火脆性，并且容易脱碳	在调质状态下用于制造中速、中负载的零件，在淬火回火状态下用于制造高负载、小冲击震动的零件以及制作截面较大、表面淬火的零件，如汽轮机的主轴和轮毂（直径小于250mm，工作温度小于400℃）、叶轮（厚度小于170mm）以及各种重要紧固件，通用机械中的传动轴、主轴、心轴、连杆、齿轮、蜗杆、电车轴、发电机轴、曲轴、飞轮及各种锻件，农机中的锄铲柄、犁辕等耐磨件，另外还可制作薄壁无缝钢管
42SiMn	性能与35SiMn相近，其强度、耐磨性及淬透性均略高于35SiMn，在一定条件下，此钢的强度、耐磨及热加工性能优于40Cr，还可代替40CrNi使用	在高频淬火及中温回火状态下，用于制造中速、中载的齿轮传动件，在调质后高频淬火、低温回火状态下，用于制造较大截面的表面高硬度、较高耐磨性的零件，如齿轮、主轴、轴等，在淬火后低、中温回火状态下，用于制造中速、重载的零件，如主轴、齿轮、液压泵转子、滑块等

（续）

牌　　号	主要特性	应用举例
20SiMn2MoV	高强度、高韧性低碳淬火新型结构钢，有较高的淬透性，油冷变形及裂纹倾向很小，脱碳倾向低，锻造工艺性能良好，焊接性较好，复杂形状零件焊前应预热至300℃，焊后缓冷，但可加工性差，一般在淬火及低温回火状态下使用	在低温回火状态下可代替调质状态下使用的35CrMo、35CrNi3MoA、40CrNiMoA等中碳合金结构钢使用，用于制造较重载荷、应力状况复杂或低温下长期工作的零件，如石油机械中的吊卡、吊环、射孔器以及其他较大截面的连接件
25SiMn2MoV	性能与20SiMn2MoV基本相同，但强度和淬硬性稍高于20SiMn2MoV，而塑性及韧性又略有降低	用途和20SiMn2MoV基本相同，用该钢制成的石油钻机吊环等零件，使用性能良好，较之35CrNi3Mo和40CrNiMo制作的同类零件更安全可靠，且质量轻，节省材料
37SiMn2MoV	高级调质钢，具有优良的综合力学性能，热处理工艺性良好，淬透性好，淬裂敏感性小，回火稳定性高，回火脆性倾向很小，高温强度较佳，低温韧性亦好，调质处理后能得到高强度和高韧性，一般在调质状态下使用	调质处理后，用于制造重载、大截面的重要零件，如重型机器中的齿轮、轴、连杆、转子、高压无缝钢管等，石油化工用的高压容器及大螺栓，制作高温条件下的大螺栓紧固件（工作温度低于450℃），淬火低温回火后可做为超高强度钢使用，可代替35CrMo、40CrNiMo使用
40B	硬度、韧性、淬透性都比40钢高，调质后的综合力学性能良好，可代替40Cr，一般在调质状态下使用	用于制造比40钢截面大、性能要求高的零件，如轴、拉杆、齿轮、凸轮、拖拉机曲轴等，制作小截面尺寸零件，可代替40Cr使用
45B	强度、耐磨性、淬透性都比45钢好，多在调质状态下使用，可代替40Cr使用	用于制造截面较大、强度要求较高的零件，如拖拉机的连杆、曲轴及其他零件，制造小尺寸、且性能要求不高的零件，可代替40Cr使用
50B	调质后，比50钢的综合力学性能要高，淬透性好，正火时硬度偏低，可加工性尚可，一般在调质状态下使用，因抗回火性能较差，调质时应降低回火温度50℃左右	用于代替50、50Mn、50Mn2制造强度较高、淬透性较高、截面尺寸不大的各种零件，如凸轮、轴、齿轮、转向拉杆等
25MnB 35MnB 40MnB	具有高强度、高硬度，良好的塑性及韧性，高温回火后，低温冲击韧度良好，调质或淬火+低温回火后，承受动载荷能力有所提高，淬透性和40Cr相近，回火稳定性比40Cr低，有回火脆性倾向，冷热加工性良好，工作温度范围为-20～425℃，一般在调质状态下使用	用于制造拖拉机、汽车及其他通用机器设备中的中小重要调质零件，如汽车半轴、转向轴、花键轴、蜗杆和机床主轴、齿轴等，可代替40Cr制造较大截面的零件，如卷扬机中轴，制造小尺寸零件时，可代替40CrNi使用

（续）

牌　　号	主要特性	应用举例
45MnB	强度、淬透性均高于40Cr，塑性和韧性略低，热加工和可加工性良好，加热时晶粒长大、氧化脱碳、热处理变形都小，在调质状态下使用	用于代替40Cr、45Cr和45Mn2制造中、小截面的耐磨的调质件及高频淬火件，如钻床主轴、拖拉机拐轴、机床齿轮、凸轮、花键轴、曲轴、惰轮、左右分离叉、轴套等
15MnVB	低碳马氏体淬火钢可完全代替40Cr钢，经淬火低温回火后，具有较高的强度，良好的塑性及低温冲击韧性，较低的缺口敏感性，淬透性较好，焊接性能亦佳	采用淬火+低温回火，用以制造高强度的重要螺栓零件，如汽车上的气缸盖螺栓、半轴螺栓、连杆螺栓，亦可用于制造中负载的渗碳零件
20MnVB	渗碳钢，其性能与20CrMnTi及20CrNi相近，具有高强度、高耐磨性及良好的淬透性，切削加工性、渗碳及热处理工艺性能均较好，渗碳后可直接降温淬火，但淬火变形、脱碳较20CrMnTi稍大，可代替20CrMnTi、20Cr、20CrNi使用	常用于制造较大载荷的中小渗碳零件，如重型机床上的轴、大模数齿轮、汽车后桥的主、从动齿轮
40MnVB	综合力学性能优于40Cr，具有高强度、高韧性和塑性，淬透性良好，热处理的过热敏感性较小，冷拔、可加工性均好，调质状态下使用	常用于代替40Cr、45Cr及38CrSi，制造低温回火、中温回火及高温回火状态的零件，还可代替42CrMo、40CrNi制造重要调质件，如机床和汽车上的齿轮、轴等
20MnTiB	具有良好的力学性能和工艺性能，正火后可加工性良好，热处理后的疲劳强度较高	较多地用于制造汽车、拖拉机中尺寸较小、中载荷的各种齿轮及渗碳零件，可代替20CrMnTi使用
25MnTiBRE	综合力学性能比20CrMnTi好，且具有很好的工艺性能及较好的淬透性，冷热加工性良好，锻造温度范围大，正火后切削加工性较好，RE加入后，低温冲击韧度提高，缺口敏感性降低，热处理变形比铬钢稍大，但可以控制工艺条件予以调整	常用以代替20CrMnTi、20CrMo使用，用于制造中载的拖拉机齿轮（渗碳）、推土机和中、小汽车变速器齿轮和轴等渗碳、碳氮共渗零件
15Cr	低碳合金渗碳钢，比15钢的强度和淬透性均高，冷变形塑性高，焊接性良好，退火后可加工性较好，对性能要求不高且形状简单的零件，渗碳后可直接淬火，但热处理变形较大，有回火脆性，一般均做为渗碳钢使用	用于制造表面耐磨、心部强度和韧性较高、较高工作速度但断面尺寸在30mm以下的各种渗碳零件，如曲柄销、活塞销、活塞环、联轴器、小凸轮轴、小齿轮、滑阀、活塞、衬套、轴承圈、螺钉、铆钉等，还可以用作淬火钢，制造要求一定强度和韧性，但变形要求较宽的小型零件

（续）

牌　号	主要特性	应用举例
20Cr	比 15Cr 和 20 钢的强度和淬透性高，经淬火+低温回火后，能得到良好的综合力学性能和低温冲击韧度，无回火脆性，渗碳时，钢的晶粒仍有长大的倾向，因而应进行二次淬火以提高心部韧性，不宜降温淬火，冷弯形时塑性较高，可进行冷拉丝，高温正火或调质后，可加工性良好，焊接性较好（焊前一般应预热至 100～150℃），一般作为渗碳钢使用	用于制造小截面（小于 30mm），形状简单、较高转速、载荷较小、表面耐磨、心部强度较高的各种渗碳或碳氮共渗零件，如小齿轮、小轴、阀、活塞销、衬套棘轮、托盘、凸轮、蜗杆、牙形离合器等，对热处理变形小、耐磨性要求高的零件，渗碳后应进行一般淬火或高频淬火，如小模数（小于 3mm）齿轮、花键轴、轴等，也可作调质钢用于制造低速、中载（冲击）的零件
30Cr	强度和淬透性均高于 30 钢，冷弯塑性尚好，退火或高温回火后的可加工性良好，焊接性中等，一般在调质后使用，也可在正火后使用	用于制造耐磨或受冲击的各种零件，如齿轮、滚子、轴、杠杆、摇杆、连杆、螺栓、螺母等，还可用作高频表面淬火用钢，制造耐磨、表面高硬度的零件
35Cr	中碳合金调质钢，强度和韧性较高，其强度比 35 钢高，淬透性比 30Cr 略高，性能基本上与 30Cr 相近	用于制造齿轮、轴、滚子、螺栓以及其他重要调质件，用途和 30Cr 基本相同
40Cr	经调质处理后，具有良好的综合力学性能、低温冲击韧度及低的缺口敏感性，淬透性良好，油冷时可得到较高的疲劳强度，水冷时复杂形状的零件易产生裂纹，冷弯塑性中等，正火或调质后切削加工性好，但焊接性不好，易产生裂纹，焊前应预热到 100～150℃，一般在调质状态下使用，还可以进行碳氮共渗和高频表面淬火处理	使用最广泛的钢种之一，调质处理后用于制造中速、中载的零件，如机床齿轮、轴、蜗杆、花键轴、顶针套等，调质并高频表面淬火后用于制造表面高硬度、耐磨的零件，如齿轮、轴、主轴、曲轴、心轴、套筒、销子、连杆、螺钉、螺母、进气阀等，经淬火及中温回火后用于制造重载、中速冲击的零件，如油泵转子、滑块、齿轮、主轴、套环等，经淬火及低温回火后用于制造重载、低冲击、耐磨的零件，如蜗杆、主轴、轴、套环等，碳氮共渗处理后制造尺寸较大、低温冲击韧度较高的传动零件，如轴、齿轮等，40Cr 的代用钢有 40MnB、45MnB、35SiMn、42SiMn、40MnVB、42MnV、40MnMoB、40MnWB 等
45Cr	强度、耐磨性及淬透性均优于 40Cr，但韧性稍低，性能与 40Cr 相近	与 40Cr 的用途相似，主要用于制造高频表面淬火的轴、齿轮、套筒、销子等

（续）

牌　号	主要特性	应用举例
50Cr	淬透性好，在油冷及回火后，具有高强度、高硬度，水冷易产生裂纹，可加工性良好，但冷弯形时塑性低，且焊接性不好，有裂纹倾向，焊前预热到200℃，焊后热处理消除应力，一般在淬火及回火或调质状态下使用	用于制造重载、耐磨的零件，如600mm以下的热轧辊、传动轴、齿轮、止推环，支承辊的心轴、柴油机连杆、挺杆，拖拉机离合器、螺栓，重型矿山机械中耐磨、高强度的油膜轴承套、齿轮，也可用于制造高频表面淬火零件、中等弹性的弹簧等
38CrSi	具有高强度、较高的耐磨性及韧性，淬透性好，低温冲击韧度较高，回火稳定性好，可加工性尚可，焊接性差，一般在淬火加回火后使用	一般用于制造直径30~40mm，强度和耐磨性要求较高的各种零件，如拖拉机、汽车等机器设备中的小模数齿轮、拨叉轴、履带轴、小轴、起重钩、螺栓、进气阀、铆钉机压头等
12CrMo	耐热钢，具有高的热强度，且无热脆性，冷变形塑性及切削加工性良好，焊接性能尚可，一般在正火及高温回火后使用	正火回火后用于制造蒸汽温度510℃的锅炉及汽轮机的主汽管，管壁温度不超过540℃的各种导管、过热器管，淬火回火后还可制造各种高温弹性零件
15CrMo	珠光体耐热钢，强度优于12CrMo，韧性稍低，在500~550℃温度以下，持久强度较高，切削加工性及冷应变塑性良好，焊接性尚可（焊前预热至300℃，焊后热处理），一般在正火及高温回火状态下使用	正火及高温回火后用于制造蒸汽温度至510℃的锅炉过热器、中高压蒸汽导管及联箱，蒸汽温度至510℃的主汽管，淬火+回火后，可用于制造常温工作的各种重要零件
20CrMo 25CrMo	热强性较高，在500~520℃时，热强度仍高，淬透性较好，无回火脆性，冷应变塑性、可加工性及焊接性均良好，一般在调质或渗碳淬火状态下使用	用于制造化工设备中非腐蚀介质及工作温度250℃以下、氮氢介质的高压管和各种紧固件，汽轮机、锅炉中的叶片、隔板、锻件、轧制型材，一般机器中的齿轮、轴等重要渗碳零件，还可以替代12Cr13钢使用，制造中压、低压汽轮机处在过热蒸汽区压力级工作叶片
30CrMo	具有高强度、高韧性，在低于500℃温度时，具有良好的高温强度，可加工性良好，冷弯塑性中等，淬透性较高，焊接性能良好，一般在调质状态下使用	用于制造工作温度400℃以下的导管，锅炉、汽轮机中工作温度低于450℃的紧固件，工作温度低于500℃、高压用的螺母及法兰，通用机械中受载荷大的主轴、轴、齿轮、螺栓、螺柱、操纵轮，化工设备中低于250℃、氮氢介质中工作的高压导管以及焊接件

（续）

牌　　号	主要特性	应用举例
35CrMo	高温下具有高的持久强度和蠕变强度，低温冲击韧度较好，工作温度高温可达500℃，低温可至-110℃，并具有高的静强度、冲击韧度及较高的疲劳强度，淬透性良好，无过热倾向，淬火变形小，冷变形时塑性尚可，可加工性中等，但有第一类回火脆性，焊接性不好，焊前需预热至150~400℃，焊后热处理以消除应力，一般在调质处理后使用，也可在高中频表面淬火或淬火及低、中温回火后使用	用于制造承受冲击、弯扭、高载荷的各种机器中的重要零件，如轧钢机人字齿轮、曲轴、锤杆、连杆、紧固件，汽轮发动机主轴、车轴，发动机传动零件，大型电动机轴，石油机械中的穿孔器，工作温度低于400℃的锅炉用螺栓，低于510℃的螺母，化工机械中高压无缝厚壁的导管（温度450~500℃，无腐蚀性介质）等，还可代替40CrNi用于制造高载荷传动轴、汽轮发电机转子、大截面齿轮、支承轴（直径小于500mm）等
42CrMo 50CrMo	与35CrMo的性能相近，由于碳和铬含量增高，因而其强度和淬透性均优于35CrMo，调质后有较高的疲劳强度和抗多次冲击能力，低温冲击韧度良好，且无明显的回火脆性，一般在调质后使用	一般用于制造比35CrMo强度要求更高、断面尺寸较大的重要零件，如轴、齿轮、连杆、变速箱齿轮、增压器齿轮、发动机气缸、弹簧、弹簧夹、1200~2000mm石油钻杆接头、打捞工具以及代替含镍较高的调质钢使用
12CrMoV	珠光体耐热钢，具有较高的高温力学性能，冷变形时塑性高，无回火脆性倾向，可加工性较好，焊接性尚可（壁厚零件焊前应预热焊后需热处理消除应力），使用温度范围较大，高温达560℃，低温可至-40℃，一般在高温正火及高温回火状态下使用	用于制造汽轮机温度540℃的主汽管道、转向导叶环、隔板以及温度小于或等于570℃的各种过热器管、导管
35CrMoV	强度较高，淬透性良好，焊接性差，冷变形时塑性低，经调质后使用	用于制造高应力下的重要零件，如500~520℃以下工作的汽轮机叶轮、高级涡轮鼓风机和压缩机的转子、盖盘、轴盘、发电机轴、强力发动机的零件等
12Cr1MoV	此钢具有蠕变极限与持久强度数值相近的特点，在持久拉伸时，具有高的塑性，其抗氧化性及热强性均比12CrMoV更高，且工艺性与焊接性良好（焊前应预热，焊后热处理消除应力），一般在正火及高温回火后使用	用于制造工作温度不超过570~585℃的高压设备中的过热钢管、导管、散热器管及有关的锻件

（续）

牌　号	主要特性	应用举例
25Cr2MoVA	中碳耐热钢，强度和韧性均高，低于500℃时，高温性能良好，无热脆倾向，淬透性较好，可加工性尚可，冷变形塑性中等，焊接性差，一般在调质状态下使用，也可在正火及高温回火后使用	用于制造高温条件下的螺母（小于或等于550℃）螺栓、螺柱（小于530℃），长期工作温度至510℃左右的紧固件，汽轮机整体转子、套筒、主汽阀、调节阀，还可作为渗氮钢，用以制作阀杆、齿轮等
38CrMoAl	高级渗氮钢，具有很高的渗氮性能和力学性能，良好的耐热性和耐蚀性，经渗氮处理后，能得到高的表面硬度、高的疲劳强度及良好的抗过热性，无回火脆性，可加工性尚可，高温工作温度可达500℃，但冷变形时塑性低，焊接性差，淬透性低，一般在调质及渗氮后使用	用于制造高疲劳强度、高耐磨性、热处理后尺寸精确、强度较高的各种尺寸不大的渗氮零件，如气缸套、座套、底盖、活塞螺栓、检验规、精密磨床主轴、车床主轴、搪杆、精密丝杠和齿轮、蜗杆、高压阀门、阀杆、仿模、滚子、样板、汽轮机的调速器、转动套、固定套、塑料挤压机上的一些耐磨零件
40CrV	调质钢，具有高强度和高屈服点，综合力学性能比40Cr要好，冷变形塑性和可加工性均属中等，过热敏感性小，但有回火脆性倾向及白点敏感性，一般在调质状态下使用	用于制造变载、高负荷的各种重要零件，如机车连杆、曲轴、推杆、螺旋桨、横梁、轴套支架、双头螺柱、螺钉、不渗碳齿轮、经渗氮处理的各种齿轮和销子、高压锅炉水泵轴（直径小于30mm）、高压气缸、钢管以及螺栓（工作温度小于420℃，30MPa）等
50CrV	合金弹簧钢，具有良好的综合力学性能和工艺性，淬透性较好，回火稳定性良好，疲劳强度高，工作温度最高可达500℃，低温冲击韧度良好，焊接性差，通常在淬火并中温回火后使用	用于制造工作温度低于210℃的各种弹簧以及其他机械零件，如内燃机气门弹簧、喷油嘴弹簧、锅炉安全阀弹簧、轿车缓冲弹簧
15CrMn	属淬透性好的渗碳钢，表面硬度高，耐磨性好，可用于代替15CrMo	制造齿轮、蜗轮、塑料模子、汽轮机油封和汽轴套等
20CrMn 25CrMo	渗碳钢，强度、韧性均高，淬透性良好，热处理后所得到的性能优于20Cr，淬火变形小，低温韧性良好，可加工性较好，但焊接性能低，一般在渗碳淬火或调质后使用	用于制造重载大截面的调质零件及小截面的渗碳零件，还可在制造中等负载、冲击较小的中小零件时代替20CrNi使用，如齿轮、轴、摩擦轮、蜗杆调速器的套筒等

（续）

牌　　号	主要特性	应用举例
40CrMn 50CrMo	淬透性好，强度高，可替代42CrMo和40CrNi	制造在高速和高弯曲负荷工作条件下泵的轴和连杆、无强力冲击负荷的齿轮泵、水泵转子、离合器、高压容器盖板的螺栓等
20CrMnSi	具有较高的强度和韧性，冷变形加工塑性高，冲压性能较好，适于冷拔、冷轧等冷作工艺，焊接性能较好，淬透性较低，回火脆性较大，一般不用于渗碳或其他热处理，需要时，也可经淬火+回火后使用	用于制造强度较高的焊接件、韧性较好的受拉力的零件以及厚度小于16mm的薄板冲压件、冷拉零件、冷冲零件，如矿山设备中的较大截面的链条、链环、螺栓等
25CrMnSi	强度较20CrMnSi高，韧性较差，经热处理后，强度、塑性、韧性都好	制造拉杆、重要的焊接和冲压零件、高强度的焊接构件
30CrMnSi	高强度调质结构钢，具有很高的强度和韧性，淬透性较高，冷变形塑性中等，可加工性能良好，有回火脆性倾向，横向的冲击韧度差，焊接性能较好，但厚度大于3mm时，应先预热到150℃，焊后需热处理，一般调质后使用	多用于制造高负载、高速的各种重要零件，如齿轮、轴、离合器、链轮、砂轮轴、轴套、螺栓、螺母等，也用于制造耐磨、工作温度不高的零件、变载荷的焊接构件，如高压鼓风机的叶片、阀板以及非腐蚀性管道管子
35CrMnSi	低合金超高强度钢，热处理后具有良好的综合力学性能，高强度，足够的韧性，淬透性、焊接性（焊前预热）、加工成形性均较好，但耐蚀性和抗氧化性能低，使用温度通常不高于200℃，一般是低温回火或等温淬火后使用	用于制造中速、重载、高强度的零件及高强度构件，如飞机起落架等高强度零件、高压鼓风机叶片，在制造中小截面零件时，可以部分替代相应的铬镍钼合金钢使用
20CrMnMo	高强度的高级渗碳钢，强度高于15CrMnMo，塑性及韧性稍低，淬透性及力学性能比20CrMnTi较高，淬火低温回火后具有良好的综合力学性能和低温冲击韧度，渗碳淬火后具有较高的抗弯强度和耐磨性能，但磨削时易产生裂纹，焊接性不好，适于电阻焊接，焊前需预热，焊后需回火处理，可加工性和热加工性良好	常用于制造高硬度、高强度、高韧性的较大的重要渗碳件（其要求均高于15CrMnMo），如曲轴、凸轮轴、连杆、齿轮轴、齿轮、销轴，还可代替12Cr2Ni4使用
40CrMnMo	调质处理后具有良好的综合力学性能，淬透性较好，回火稳定性较高，大多在调质状态下使用	用于制造重载、截面较大的齿轮轴、齿轮、大卡车的后桥半轴、轴、偏心轴、连杆、汽轮机的类似零件，还可代替40CrNiMo使用

（续）

牌　号	主要特性	应用举例
20CrMnTi	渗碳钢,也可做为调质钢使用,淬火+低温回火后,综合力学性能和低温冲击韧度良好,渗碳后具有良好的耐磨性和抗弯强度,热处理工艺简单,热加工和冷加工性较好,但高温回火时有回火脆性倾向	是应用广泛、用量很大的一种合金结构钢,用于制造汽车拖拉机中的截面尺寸小于30mm的中载或重载、冲击耐磨且高速的各种重要零件,如齿轮轴、齿圈、齿轮、十字轴、滑动轴承支撑的主轴、蜗杆、牙形离合器,有时,还可以代替20SiMoVB、20MnTiB使用
30CrMnTi	主要用钛渗碳钢,有时也可作为调质钢使用,渗碳及淬火后具有耐磨性好、静强度高的特点,热处理工艺性好,渗碳后可直接降温淬火,且淬火变形很小,高温回火时有回火脆性	用于制造心部强度特高的渗碳零件,如齿轮轴、齿轮、蜗杆等,也可制造调质零件,如汽车、拖拉机上较大截面的主动齿轮等
20CrNi	具有高强度、高韧性、良好的淬透性,经渗碳及淬火后,心部具有韧性好,表面硬度高,切削加工性尚好,冷变形时塑性中等,焊接性差,焊前应预热到100~150℃,一般经渗碳及淬火回火后使用	用于制造重载大型重要的渗碳零件,如花键轴、轴、键、齿轮、活塞销,也可用于制造高冲击韧度的调质零件
40CrNi	中碳合金调质钢,具有高强度、高韧性以及高的淬透性,调质状态下,综合力学性能良好,低温冲击韧度良好,有回火脆性倾向,水冷易产生裂纹,可加工性良好,但焊接性差,在调质状态下使用	用于制造锻造和冷冲压且截面尺寸较大的重要调质件,如连杆、圆盘、曲轴、齿轮、轴、螺钉等
45CrNi	性能和40CrNi相近,由于含碳量高,因而其强度和淬透性均稍有提高	用于制造各种重要的调质件,与40CrNi用途相近,如制造内燃机曲轴,汽车、拖拉机主轴、连杆、气门及螺栓等
50CrNi	性能比45CrNi更好	可制造重要的轴、曲轴、传动轴等
12CrNi2 34CrNi2	低碳合金渗碳结构钢,具有高强度、高韧性及高淬透性,冷变形时塑性中等,低温韧性较好,可加工性和焊接性较好,大型锻件时有形成白点的倾向,回火脆性倾向小	适于制造心部韧性较高、强度要求不太高的受力复杂的中、小渗碳或碳氮共渗零件,如活塞销、轴套、推杆、小轴、小齿轮、齿套等
12CrNi3	高级渗碳钢,淬火加低温回火或高温回火后,均具有良好的综合力学性能,低温冲击韧度好,缺口敏感性小,可加工性及焊接性尚好,但有回火脆性,白点敏感性较高,渗碳后均需进行二次淬火,特殊情况还需要冷处理	用于制造表面硬度高、心部力学性能良好、重负荷、冲击、磨损等要求的各种渗碳或碳氮共渗零件,如传动轴、主轴、凸轮轴、心轴、连杆、齿轮、轴套、滑轮、气阀托盘、油泵转子、活塞涨圈、活塞销、万向联轴器十字头、重要螺杆、调节螺钉等

（续）

牌　　号	主要特性	应用举例
20CrNi3	钢调质或淬火低温回火后都有良好的综合力学性能，低温冲击韧性也较好，此钢有白点敏感倾向，高温回火有回火脆性倾向。淬火到半马氏体硬度，油淬时可淬透 ϕ50～ϕ70mm，可加工性良好，焊接性中等	多用于制造高载荷条件下工作的齿轮、轴、蜗杆及螺钉、双头螺栓、销钉等
30CrNi3	具有极佳的淬透性，强度和韧性较高，经淬火加低温回火或高温回火后均具有良好的综合力学性能，可加工性良好，但冷变形时塑性低，焊接性差，有白点敏感性及回火脆性倾向，一般均在调质状态下使用	用于制造大型、载荷的重要零件或热锻、热冲压负荷高的零件，如轴、蜗杆、连杆、曲轴、传动轴、方向轴、前轴、齿轮、键、螺栓、螺母等
37CrNi3	具有高韧性，淬透性很高，油冷可把 ϕ150mm 的零件完全淬透，在 450℃时抗蠕变性稳定，低温冲击韧度良好，在 450～550℃范围内回火时有第二类回火脆性，形成白点倾向较大，由于淬透性很好，必须采用正火及高温回火来降低硬度，改善加工性，一般在调质状态下使用	用于制造重载、冲击、截面较大的零件或低温、受冲击的零件或热锻、热冲压的零件，如转子轴、叶轮、重要的紧固件等
12Cr2Ni4	合金渗碳钢，具有高强度、高韧性，淬透性良好，渗碳淬火后表面硬度和耐磨性很高，可加工性尚好，冷变形时塑性中等，但有白点敏感性及回火脆性，焊接性差，焊前需预热，一般在渗碳及二次淬火，低温回火后使用	采用渗碳及二次淬火，低温回火后，用于制造高载荷的大型渗碳件，如各种齿轮、蜗轮、蜗杆、轴等，也可经淬火及低温回火后使用，制造高强度、高韧性的机械零件
20Cr2Ni4	强度、韧性及淬透性均高于 12Cr2Ni4，渗碳后不能直接淬火，而在淬火前需进行一次高温回火，以减少表层大量残留奥氏体，冷变形塑性中等，可加工性尚可，焊接性差，焊前应预热到 150℃，白点敏感性大，有回火脆性倾向	用于制造要求高于 12Cr2Ni4 性能的大型渗碳件，如大型齿轴、轴等，也可用于制造强度、韧性均高的调质件

（续）

牌　　号	主要特性	应用举例
15CrNiMo 20CrNiMo	20CrNiMo 钢原系美国 AISI、SAE 标准中的 8720 钢。淬透性能与 20CrNi 钢相近。虽然钢中 Ni 含量为 20CrNi 钢的一半，但由于加入少量 Mo 元素，使奥氏体等温转变曲线的上部往右移；又因适当提高 Mn 含量，致使此钢的淬透性仍然很好，强度也比 20CrNi 钢高	常用于制造中小型汽车、拖拉机的发动机和传动系统中的齿轮；亦可代替 12CrNi3 钢制造要求心部性能较高的渗碳件、碳氮共渗件，如石油钻探和冶金露天矿用的牙轮钻头的牙爪和牙轮体
40CrNiMo	具有高的强度、高的韧性和良好的淬透性，当淬硬到半马氏体硬度时（45HRC），水淬临界淬透直径≥100mm，油淬临界淬透直径≥75mm；当淬硬到 90%马氏体时，水淬临界直径为 ϕ80～ϕ90mm，油淬临界直径为 ϕ55～ϕ66mm。此钢又具有抗过热的稳定性，但白点敏感性高，有回火脆性，钢的焊接性很差，焊前需经高温预热，焊后要进行去应力处理	经调质后使用，用于制作要求塑性好、强度高及大尺寸的重要零件，如重型机械中高载荷的轴类、直径大于 250mm 的汽轮机轴、叶片、高载荷的传动件、紧固件、曲轴、齿轮等；也可用于操作温度超过 400℃ 的转子轴和叶片等，此外，这种钢还可以进行渗氮化处理后用来制作特殊性能要求的重要零件
45CrNiMoV	这是一种低合金超高强度钢，钢的淬透性高，油中临界淬透直径为 60mm（96%马氏体），钢在淬火回火后可获得很高的强度，并具有一定的韧性，且可加工成形；但冷变形塑性与焊接性较低。耐蚀性能较差，受回火温度的影响，使用温度不宜过高，通常均在淬火、低温（或中温）回火后使用	主要用于制作飞机发动机曲轴、大梁、起落架、压力容器和中小型火箭壳体等高强度结构零、部件。在重型机器制造中，用于制作重载荷的扭力轴、变速箱轴、摩擦离合器轴等
18Cr2Ni4W	力学性能比 12Cr2Ni4 钢还好，工艺性能与 12Cr2Ni4 钢相近	用于断面更大、性能要求比 12Cr2Ni4 钢更高的零件
25Cr2Ni4W	综合性能良好，且耐较高的工作温度	制造在动负荷下工作的重要零件，如挖掘机的轴齿轮等

4. 低合金高强度结构钢（GB/T 1591—2008）

（1）牌号和化学成分（见表 2-39）

（2）力学性能

1）低合金高强度结构钢的拉伸试验性能见表 2-40。

表 2-39 低合金高强度结构钢牌号和化学成分

牌号	质量等级	化学成分①、②(质量分数,%)														
		C	Si	Mn	P	S	Nb	V	Ti	Cr	Ni	Cu	N	Mo	B	Als
					≤											≥
Q345	A	≤0.20	≤0.50	≤1.70	0.035	0.035	0.07	0.15	0.20	0.30	0.50	0.30	0.012	0.10	—	—
	B				0.035	0.035										
	C				0.030	0.030										0.015
	D	≤0.18			0.030	0.025										
	E				0.025	0.020										
Q390	A	≤0.20	≤0.50	≤1.70	0.035	0.035	0.07	0.20	0.20	0.30	0.50	0.30	0.015	0.10	—	—
	B				0.035	0.035										
	C				0.030	0.030										0.015
	D				0.030	0.025										
	E				0.025	0.020										
Q420	A	≤0.20	≤0.50	≤1.70	0.035	0.035	0.07	0.20	0.20	0.30	0.80	0.30	0.015	0.20	—	—
	B				0.035	0.035										
	C				0.030	0.030										0.015
	D				0.030	0.025										
	E				0.025	0.020										
Q460	C	≤0.20	≤0.60	≤1.80	0.030	0.030	0.11	0.20	0.20	0.30	0.80	0.55	0.015	0.20	0.004	0.015
	D				0.030	0.025										
	E				0.025	0.020										
Q500	C	≤0.18	≤0.60	≤1.80	0.030	0.030	0.11	0.12	0.20	0.60	0.80	0.55	0.015	0.20	0.004	0.015
	D				0.030	0.025										
	E				0.025	0.020										

（续）

牌号	质量等级	化学成分①、②（质量分数，%）														
		C	Si	Mn	P	S	Nb	V	Ti	Cr	Ni	Cu	N	Mo	B	Als
					≤											≥
Q550	C	≤0.18	≤0.60	≤2.00	0.030	0.030	0.11	0.12	0.20	0.80	0.80	0.80	0.015	0.30	0.004	0.015
	D				0.030	0.025										
	E				0.025	0.020										
Q620	C	≤0.18	≤0.60	≤2.00	0.030	0.030	0.11	0.12	0.20	1.00	0.80	0.80	0.015	0.30	0.004	0.015
	D				0.030	0.025										
	E				0.025	0.020										
Q690	C	≤0.18	≤0.60	≤2.00	0.030	0.030	0.11	0.12	0.20	1.00	0.80	0.80	0.015	0.30	0.004	0.015
	D				0.030	0.025										
	E				0.025	0.020										

注：低合金高强度结构钢的化学成分其他要求见 GB/T 1591—2008 的规定。

① 型材及棒材 P、S 含量可提高 0.005%（质量分数），其中 A 级钢上限可为 0.045%（质量分数）。

② 当细化晶粒元素组合加入时，20(Nb+V+Ti)≤0.22%（质量分数），20(Mo+Cr)≤0.30%（质量分数）。

表 2-40 低合金高强度结构钢拉伸性能

牌号	质量等级	拉伸试验①,②,③																					
		以下公称厚度（直径、边长，单位 mm）下屈服强度 R_{eL}/MPa									以下公称厚度（直径、边长，单位 mm）抗拉强度 R_m/MPa							断后伸长率 A(%) 公称厚度（直径、边长）/mm					
		≤16	>16~40	>40~63	>63~80	>80~100	>100~150	>150~200	>200~250	>250~400	≤40	>40~63	>63~80	>80~100	>100~150	>150~250	>250~400	≤40	>40~63	>63~100	>100~150	>150~250	>250~400
Q345	A	≥345	≥335	≥325	≥315	≥305	≥285	≥275	≥265	—	470~630	470~630	470~630	470~630	450~600	450~600	—	≥20	≥19	≥19	≥18	≥17	—
	B																						
	C																	≥21	≥20	≥20	≥19	≥18	
	D									≥265							450~600						≥17
	E																						

（续）

牌号	质量等级	拉伸试验①,②,③																					
		以下公称厚度（直径、边长，单位 mm）下屈服强度 R_{eL}/MPa									以下公称厚度（直径、边长，单位 mm）抗拉强度 R_m/MPa							断后伸长率 A(%) 公称厚度（直径、边长）/mm					
		≤16	>16~40	>40~63	>63~80	>80~100	>100~150	>150~200	>200~250	>250~400	≤40	>40~63	>63~80	>80~100	>100~150	>150~250	>250~400	≤40	>40~63	>63~100	>100~150	>150~250	>250~400
Q390	A B C D E	≥390	≥370	≥350	≥330	≥330	≥310	—	—	—	490~650	490~650	490~650	490~650	470~620	—	—	≥20	≥19	≥19	≥18	—	—
Q420	A B C D E	≥420	≥400	≥380	≥360	≥360	≥340	—	—	—	520~680	520~680	520~680	520~680	500~650	—	—	≥19	≥18	≥18	≥18	—	—
Q460	C D E	≥460	≥440	≥420	≥400	≥400	≥380	—	—	—	550~720	550~720	550~720	550~720	530~700	—	—	≥17	≥16	≥16	≥16	—	—
Q500	C D E	≥500	≥480	≥470	≥450	≥440	—	—	—	—	610~770	600~760	590~750	540~730	—	—	—	≥17	≥17	≥17	—	—	—
Q550	C D E	≥550	≥530	≥520	≥500	≥490	—	—	—	—	670~830	620~810	600~790	590~780	—	—	—	≥16	≥16	≥16	—	—	—
Q620	C D E	≥620	≥600	≥590	≥570	—	—	—	—	—	710~880	690~880	670~860	—	—	—	—	≥15	≥15	≥15	—	—	—
Q690	C D E	≥690	≥670	≥660	≥640	—	—	—	—	—	770~940	750~920	730~900	—	—	—	—	≥14	≥14	≥14	—	—	—

① 当屈服不明显时，可测量 $R_{p0.2}$代替下屈服强度。

② 宽度不小于 600mm 扁平材，拉伸试验取横向试样；宽度小于 600mm 的扁平材、型材及棒材取纵向试样，断后伸长率最小值相应提高 1%（绝对值）。

③ 厚度>250~400mm 的数值适用于扁平材。

2）夏比（V形）冲击试验的试验温度和冲击吸收能量见表2-41。

表2-41 低合金高强度结构钢夏比（V形）冲击试验的试验温度和冲击吸收能量

<table>
<tr><th rowspan="3">牌号</th><th rowspan="3">质量等级</th><th rowspan="3">试验温度/℃</th><th colspan="3">冲击吸收能量 $KV_2$①/J</th></tr>
<tr><th colspan="3">公称厚度(直径、边长)/mm</th></tr>
<tr><th>12~150</th><th>>150~250</th><th>>250~400</th></tr>
<tr><td rowspan="4">Q345</td><td>B</td><td>20</td><td rowspan="4">≥34</td><td rowspan="4">≥27</td><td rowspan="2">—</td></tr>
<tr><td>C</td><td>0</td></tr>
<tr><td>D</td><td>-20</td><td rowspan="2">27</td></tr>
<tr><td>E</td><td>-40</td></tr>
<tr><td rowspan="4">Q390</td><td>B</td><td>20</td><td rowspan="4">≥34</td><td rowspan="4">—</td><td rowspan="4">—</td></tr>
<tr><td>C</td><td>0</td></tr>
<tr><td>D</td><td>-20</td></tr>
<tr><td>E</td><td>-40</td></tr>
<tr><td rowspan="4">Q420</td><td>B</td><td>20</td><td rowspan="4">≥34</td><td rowspan="4">—</td><td rowspan="4">—</td></tr>
<tr><td>C</td><td>0</td></tr>
<tr><td>D</td><td>-20</td></tr>
<tr><td>E</td><td>-40</td></tr>
<tr><td rowspan="3">Q460</td><td>C</td><td>0</td><td rowspan="3">≥34</td><td>—</td><td>—</td></tr>
<tr><td>D</td><td>-20</td><td>—</td><td>—</td></tr>
<tr><td>E</td><td>-40</td><td>—</td><td>—</td></tr>
<tr><td rowspan="3">Q500、Q550、Q620、Q690</td><td>C</td><td>0</td><td>≥55</td><td>—</td><td>—</td></tr>
<tr><td>D</td><td>-20</td><td>≥47</td><td>—</td><td>—</td></tr>
<tr><td>E</td><td>-40</td><td>≥31</td><td>—</td><td>—</td></tr>
</table>

① 冲击试验取纵向试样。

5. 保证淬透性结构钢（GB/T 5216—2014）

（1）牌号和化学成分

保证淬透性结构钢的牌号、统一数字代号及化学成分（熔炼分析）见表2-42。

（2）保证淬透性结构钢的硬度（退火或高温回火交货钢材的硬度，见表2-43）

表 2-42 保证淬透性结构钢的牌号及化学成分

序号	统一数字代号	牌号	化学成分(质量分数,%)						
			C	Si①	Mn	Cr	Ni	Mo	其他
1	U59455	45H	0.42~0.50	0.17~0.37	0.50~0.85	—	—	—	—
2	A20155	15CrH	0.12~0.18	0.17~0.37	0.55~0.90	0.85~1.25	—	—	—
3	A20205	20CrH	0.17~0.23	0.17~0.37	0.50~0.85	0.70~1.10	—	—	—
4	A20215	20Cr1H	0.17~0.23	0.17~0.37	0.55~0.90	0.85~1.25	—	—	—
5	A20255	25CrH	0.23~0.28	≤0.37	0.60~0.90	0.90~1.20	—	—	—
6	A20285	28CrH	0.24~0.31	≤0.37	0.60~0.90	0.90~1.20	—	—	—
7	A20405	40CrH	0.37~0.44	0.17~0.37	0.50~0.85	0.70~1.10	—	—	—
8	A20455	45CrH	0.42~0.49	0.17~0.37	0.50~0.85	0.70~1.10	—	—	—
9	A22165	16CrMnH	0.14~0.19	≤0.37	1.00~1.30	0.80~1.10	—	—	—
10	A22205	20CrMnH	0.17~0.22	≤0.37	1.10~1.40	1.00~1.30	—	—	—
11	A25155	15CrMnBH	0.13~0.18	≤0.37	1.00~1.30	0.80~1.10	—	—	
12	A25175	17CrMnBH	0.15~0.20	≤0.37	1.00~1.40	1.00~1.30	—	—	
13	A71405	40MnBH	0.37~0.44	0.17~0.37	1.00~1.40	—	—	—	B0.0008~0.0035
14	A71455	45MnBH	0.42~0.49	0.17~0.37	1.00~1.40	—	—	—	V0.07~0.12
15	A73205	20MnVBH	0.17~0.23	0.17~0.37	1.05~1.45	—	—	—	Ti0.04~0.10
16	A74205	20MnTiBH	0.17~0.23	0.17~0.37	1.20~1.55	—	—	—	
17	A30155	15CrMoH	0.12~0.18	0.17~0.37	0.55~0.90	0.85~1.25	—	0.15~0.25	—
18	A30205	20CrMoH	0.17~0.23	0.17~0.37	0.55~0.90	0.85~1.25	—	0.15~0.25	—

（续）

序号	统一数字代号	牌号	化学成分（质量分数，%）						
			C	Si①	Mn	Cr	Ni	Mo	其他
19	A30225	22CrMoH	0.19～0.25	0.17～0.37	0.55～0.90	0.85～1.25	—	0.35～0.45	—
20	A30355	35CrMoH	0.32～0.39	0.17～0.37	0.55～0.95	0.85～1.25	—	0.15～0.35	—
21	A30425	42CrMoH	0.37～0.44	0.17～0.37	0.55～0.90	0.85～1.25	—	0.15～0.25	—
22	A34205	20CrMnMoH	0.17～0.23	0.17～0.37	0.85～1.20	1.05～1.40	—	0.20～0.30	—
23	A26205	20CrMnTiH	0.17～0.23	0.17～0.37	0.80～1.20	1.00～1.45	—	—	Ti0.04～0.10
24	A42175	17Cr2Ni2H	0.14～0.20	0.17～0.37	0.50～0.90	1.40～1.70	1.40～1.70	—	—
25	A42205	20CrNi3H	0.17～0.23	0.17～0.37	0.30～0.65	0.60～0.95	2.70～3.25	—	—
26	A43125	12Cr2Ni4H	0.10～0.17	0.17～0.37	0.30～0.65	1.20～1.75	3.20～3.75	—	—
27	A50205	20CrNiMoH	0.17～0.23	0.17～0.37	0.60～0.95	0.35～0.65	0.35～0.75	0.15～0.25	—
28	A50225	22CrNiMoH	0.19～0.25	0.17～0.37	0.60～0.95	0.35～0.65	0.35～0.75	0.15～0.25	—
29	A50275	27CrNiMoH	0.24～0.30	0.17～0.37	0.60～0.95	0.35～0.65	0.35～0.75	0.15～0.25	—
30	A50215	20CrNi2MoH	0.17～0.23	0.17～0.37	0.40～0.70	0.35～0.65	1.55～2.00	0.20～0.30	—
31	A50405	40CrNi2MoH	0.37～0.44	0.17～0.37	0.55～0.90	0.65～0.95	1.55～2.00	0.20～0.30	—
32	A50185	18Cr2Ni2MoH	0.15～0.21	0.17～0.37	0.50～0.90	1.50～1.80	1.40～1.70	0.25～0.35	—

注：硫含量 $w(S)\leqslant 0.035\%$，磷含量 $w(P)\leqslant 0.030\%$。根据需方要求，钢中的硫含量（质量分数）也可以在0.015%～0.035%范围。此时，硫含量允许偏差为±0.005%。

① 根据需方要求，16CrMnH、20CrMnH、25CrH和28CrH钢中的Si含量允许不大于0.12%，但此时应考虑其对力学性能的影响。

表 2-43　保证淬透性结构钢的硬度

序号	牌号	退火或高温回火后的硬度 HBW≤
1	45H	197
2	20CrH	179
3	28CrH	217
4	40CrH	207
5	45CrH	217
6	40MnBH	207
7	45MnBH	217
8	20MnVBH	207
9	20MnTiBH	187
10	16CrMnH	207
11	20CrMnH	217
12	20CrMnMoH	217
13	20CrMnTiH	217
14	17Cr2Ni2H	229
15	20CrNi3H	241
16	12Cr2Ni4H	269
17	20CrNiMoH	197
18	18Cr2Ni2MoH	229

注：未列于本表中的牌号如果以退火或高温回火状态交货，交货状态下钢材的硬度由供需双方协商确定。

6. 耐候结构钢（高耐候结构钢、焊接结构用耐候钢、集装箱用耐腐蚀钢板及钢带）（GB/T 4171—2008）

（1）化学成分（见表 2-44）

表 2-44　耐候结构钢牌号及化学成分

牌号	化学成分（质量分数，%）								
	C	Si	Mn	P	S	Cu	Cr	Ni	其他元素
Q265GNH	≤0.12	0.10~0.40	0.20~0.50	0.07~0.12	≤0.020	0.20~0.45	0.30~0.65	0.25~0.50⑤	①、②
Q295GNH	≤0.12	0.10~0.40	0.20~0.50	0.07~0.12	≤0.020	0.25~0.45	0.30~0.65	0.25~0.50⑤	①、②

（续）

牌号	化学成分(质量分数,%)								
	C	Si	Mn	P	S	Cu	Cr	Ni	其他元素
Q310GNH	≤0.12	0.25~0.75	0.20~0.50	0.07~0.12	≤0.020	0.20~0.50	0.30~1.25	≤0.65	①、②
Q355GNH	≤0.12	0.20~0.75	≤1.00	0.07~0.15	≤0.020	0.25~0.55	0.30~1.25	≤0.65	①、②
Q235NH	≤0.13⑥	0.10~0.40	0.20~0.60	≤0.030	≤0.030	0.25~0.55	0.40~0.80	≤0.65	①、②
Q295NH	≤0.15	0.10~0.50	0.30~1.00	≤0.030	≤0.030	0.25~0.55	0.40~0.80	≤0.65	①、②
Q355NH	≤0.16	≤0.50	0.50~1.50	≤0.030	≤0.030	0.25~0.55	0.40~0.80	≤0.65	①、②
Q415NH	≤0.12	≤0.65	≤1.10	≤0.025	≤0.030④	0.20~0.55	0.30~1.25	0.12~0.65⑤	①、②、③
Q460NH	≤0.12	≤0.65	≤1.50	≤0.025	≤0.030④	0.20~0.55	0.30~1.25	0.12~0.65⑤	①、②、③
Q500NH	≤0.12	≤0.65	≤2.0	≤0.025	≤0.030④	0.20~0.55	0.30~1.25	0.12~0.65⑤	①、②、③
Q550NH	≤0.16	≤0.65	≤2.0	≤0.025	≤0.030④	0.20~0.55	0.30~1.25	0.12~0.65⑤	①、②、③

① 为了改善钢的性能，可以添加一种或一种以上的微量合金元素（质量分数）；Nb0.015%~0.060%，V0.02%~0.12%，Ti0.02%~0.10%，Al_t≥0.020%。若上述元素组合使用时，应至少保证其中一种元素含量达到上述化学成分的下限规定。

② 可以添加下列合金元素（质量分数）：Mo≤0.30%，Zr≤0.15%。

③ Nb、V、Ti等三种合金元素的添加总量不应超过0.22%（质量分数）。

④ 供需双方协商，S的含量可以不大于0.008%（质量分数）。

⑤ 供需双方协商，Ni含量的下限可不作要求。

⑥ 供需双方协商，C的含量可以不大于0.15%（质量分数）。

（2）供货尺寸（见表2-45）

表2-45 耐候结构钢供货尺寸 （单位：mm）

牌号	厚度或直径		牌号	厚度或直径	
	钢板和钢带	型钢		钢板和钢带	型钢
Q235NH	≤100	≤100	Q460NH	≤60	—
Q295NH	≤100	≤100	Q500NH	≤60	—
Q295GNH	≤20	≤40	Q550NH	≤60	—
Q355NH	≤100	≤100	Q265GNH	≤3.5	—
Q355GNH	≤20	≤40	Q310GNH	≤3.5	—
Q415NH	≤60	—			

（3）力学性能和工艺性能（见表 2-46）

表 2-46 耐候结构钢的力学性能和工艺性能

牌号	拉伸试验①									180°弯曲试验弯心直径		
	下屈服强度 R_{eL}/MPa ≥				抗拉强度 R_m/MPa	断后伸长率 A(%) ≥						
	≤16	>16~40	>40~60	>60		≤16	>16~40	>40~60	>60	≤6	>6~16	>16
Q235NH	235	225	215	215	360~510	25	25	24	23	a	a	$2a$
Q295NH	295	285	275	255	430~560	24	24	23	22	a	$2a$	$3a$
Q295GNH	295	285	—	—	430~560	24	24	—	—	a	$2a$	$3a$
Q355NH	355	345	335	325	490~630	22	22	21	20	a	$2a$	$3a$
Q355GNH	355	345	—	—	490~630	22	22	—	—	a	$2a$	$3a$
Q415NH	415	405	395	—	520~680	22	22	20	—	a	$2a$	$3a$
Q460NH	460	450	440	—	570~730	20	20	19	—	a	$2a$	$3a$
Q500NH	500	490	480	—	600~760	18	16	15	—	a	$2a$	$3a$
Q550NH	550	540	530	—	620~780	16	16	15	—	a	$2a$	$3a$
Q265GNH	265	—	—	—	≥410	27	—	—	—	a	—	—
Q310GNH	310	—	—	—	≥450	26	—	—	—	a	—	—

注：表头中的数值为公称厚度 a，单位为 mm。

① 当屈服现象不明显时，可以采用 $R_{p0.2}$。

（4）冲击性能（见表 2-47）

表 2-47 耐候结构钢的冲击性能

质量等级	V 形缺口冲击试验①		
	试样方向	温度/℃	冲击吸收能量 KV_2/J
A	纵向	—	—
B	纵向	+20	≥47
C	纵向	0	≥34
D	纵向	-20	≥34
E	纵向	-40	≥27②

① 冲击试样尺寸为 10mm×10mm×55mm。

② 经供需双方协商，平均冲击吸收功值可以≥60J。

7. 非调质机械结构钢（GB /T 15712—2008）

（1）牌号和化学成分（熔炼分析，见表 2-48）

表 2-48 非调质机械结构钢牌号和化学成分

序号	统一数字代号	牌号	化学成分(质量分数,%)									
			C	Si	Mn	S	P	V	Cr	Ni	Cu②	其他③
1	L22358	F35VS	0.32~0.39	0.20~0.40	0.60~1.00	0.035~0.075	≤0.035	0.06~0.13	≤0.30	≤0.30	≤0.30	—
2	L22408	F40VS	0.37~0.44	0.20~0.40	0.60~1.00	0.035~0.075	≤0.035	0.06~0.13	≤0.30	≤0.30	≤0.30	—
3	L22468	F45VS①	0.42~0.49	0.20~0.40	0.60~1.00	0.035~0.075	≤0.035	0.06~0.13	≤0.30	≤0.30	≤0.30	—
4	L22308	F30MnVS	0.26~0.33	≤0.80	1.20~1.60	0.035~0.075	≤0.035	0.08~0.15	≤0.30	≤0.30	≤0.30	—
5	L22378	F35MnVS	0.32~0.39	0.30~0.60	1.00~1.50	0.035~0.075	≤0.035	0.06~0.13	≤0.30	≤0.30	≤0.30	—
6	L22388	F38MnVS	0.34~0.41	≤0.80	1.20~1.60	0.035~0.075	≤0.035	0.08~0.15	≤0.30	≤0.30	≤0.30	—
7	L22428	F40MnVS①	0.37~0.44	0.30~0.60	1.00~1.50	0.035~0.075	≤0.035	0.06~0.13	≤0.30	≤0.30	≤0.30	—
8	L22478	F45MnVS	0.42~0.49	0.30~0.60	1.00~1.50	0.035~0.075	≤0.035	0.06~0.13	≤0.30	≤0.30	≤0.30	—
9	L22498	F49MnVS	0.44~0.52	0.15~0.60	0.70~1.00	0.035~0.075	≤0.035	0.08~0.15	≤0.30	≤0.30	≤0.30	—
10	L27128	F12Mn2VBS	0.09~0.16	0.30~0.60	2.20~2.65	0.035~0.075	≤0.035	0.06~0.12	≤0.30	≤0.30	≤0.30	B0.001~0.004

① 当硫含量只有上限要求时，牌号尾部不加“S”。

② 热压力加工用钢的 w（Cu）不大于 0.20%。

③ 为了保证钢材的力学性能，允许钢中添加氮，推荐 w（N）为 0.0080%~0.0200%。

（2）化学成分允许偏差（见表 2-49）

表 2-49　非调质机械结构钢化学成分允许偏差（质量分数，%）

化学成分	C	Si	Mn	S	P	V	Cr	Ni	Cu	B	Nb	Ti	N
允许偏差	±0.01	≤0.37：±0.03；>0.37：±0.04	≤1.00：±0.03；>1.00～≤2.00：±0.04；>2.00：±0.05	规定上下限时：±0.005；仅有上限时：+0.005	+0.005	≤0.10：±0.01；>0.10：±0.02	+0.03	+0.03	+0.03	±0.0005	±0.005	+0.02 -0.01	±0.0020

（3）力学性能　直接切削加工用非调质机械结构钢力学性能见表 2-50。

表 2-50　非调质机械结构钢力学性能

序号	牌号	钢材直径或边长/mm	抗拉强度 R_m/MPa	下屈服强度 R_{eL}/MPa	断后伸长率 A(%)	断面收缩率 Z(%)	冲击吸收能量[①] KU_2/J
1	F35VS	≤40	≥590	≥390	≥18	≥40	≥47
2	F40VS	≤40	≥640	≥420	≥16	≥35	≥37
3	F45VS	≤40	≥685	≥440	≥15	≥30	≥35
4	F30MnVS[①]	≤60	≥700	≥450	≥14	≥30	实测
5	F35MnVS	≤40	≥735	≥460	≥17	≥35	≥37
		>40～60	≥710	≥440	≥15	≥33	≥35
6	F38MnVS[①]	≤60	≥800	≥520	≥12	≥25	实测
7	F40MnVS	≤40	≥785	≥490	≥15	≥33	≥32
		>40～60	≥760	≥470	≥13	≥30	≥28
8	F45MnVS	≤40	≥835	≥510	≥13	≥28	≥28
		>40～60	≥810	≥490	≥12	≥28	≥25
9	F49MnVS[①]	≤60	≥780	≥450	≥8	≥20	实测

注：热压力加工用钢材，根据需方要求可检验力学性能及硬度，其试验方法和验收指标由供需双方协商，本表仅供参考。但直径不小于 60mm 的 F12Mn2VBS 钢，应先改锻成直径 30mm 圆坯，经 450～650℃ 回火，其力学性能应符合：抗拉强度 R_m≥685MPa，下屈服强度 R_{eL}≥490MPa，断后伸长率 A≥16%，断面收缩率 Z≥45%。

① F30MnVS、F38MnVS、F49MnVS 钢的冲击吸收能量报实测数据，不作判定依据。

8. 弹簧钢（GB/T 1222—2007）

（1）牌号和化学成分（熔炼分析，见表 2-51）

表 2-51 弹簧钢牌号和化学成分

序号	统一数字代号	牌号[②]	化学成分（质量分数，%）										
			C	Si	Mn	Cr	V	W	B	Ni ≤	Cu[①] ≤	P ≤	S ≤
1	U20652	65	0.62~0.70	0.17~0.37	0.50~0.80	≤0.25	—	—	—	0.25	0.25	0.035	0.035
2	U20702	70	0.62~0.75	0.17~0.37	0.50~0.80	≤0.25	—	—	—	0.25	0.25	0.035	0.035
3	U20852	85	0.82~0.90	0.17~0.37	0.50~0.80	≤0.25	—	—	—	0.25	0.25	0.035	0.035
4	U21653	65Mn	0.62~0.70	0.17~0.37	0.90~1.20	≤0.25	—	—	—	0.25	0.25	0.035	0.035
5	A77552	55SiMnVB	0.52~0.60	0.70~1.00	1.00~1.30	≤0.35	0.08~0.16	—	0.0005~0.0035	0.35	0.25	0.035	0.035
6	A11602	60Si2Mn	0.56~0.64	1.50~2.00	0.70~1.00	≤0.35	—	—	—	0.35	0.25	0.035	0.035
7	A11603	60Si2MnA	0.56~0.64	1.60~2.00	0.70~1.00	≤0.35	—	—	—	0.35	0.25	0.025	0.025
8	A21603	60Si2CrA	0.56~0.64	1.40~1.80	0.40~0.70	0.70~1.00	—	—	—	0.35	0.25	0.025	0.025
9	A28603	60Si2CrVA	0.56~0.64	1.40~1.80	0.40~0.70	0.90~1.20	0.10~0.20	—	—	0.35	0.25	0.025	0.025
10	A21553	55SiCrA	0.51~0.59	1.20~1.60	0.50~0.80	0.50~0.80	—	—	—	0.35	0.25	0.025	0.025
11	A22553	55CrMnA	0.52~0.60	0.17~0.37	0.65~0.95	0.65~0.95	—	—	—	0.35	0.25	0.025	0.025
12	A22603	60CrMnA	0.56~0.64	0.17~0.37	0.70~1.00	0.70~1.00	—	—	—	0.35	0.25	0.025	0.025

（续）

序号	统一数字代号	牌号②	化学成分（质量分数，%）										
			C	Si	Mn	Cr	V	W	B	Ni	Cu①	P	S
										≤			
13	A23503	50CrVA	0.46~0.54	0.17~0.37	0.50~0.80	0.80~1.10	0.10~0.20	—	—	0.35	0.25	0.025	0.025
14	A22613	60CrMnBA	0.56~0.64	0.17~0.37	0.70~1.00	0.70~1.00	—	—	0.0005~0.0040	0.35	0.25	0.025	0.025
15	A27303	30W4Cr2VA	0.26~0.34	0.17~0.37	≤0.40	2.00~2.50	0.50~0.80	4.00~4.50	—	0.35	0.25	0.025	0.025

① 根据需方要求，并在合同中注明，钢中残余铜质量分数应不大于0.20%。

② 28MnSiB的化学成分见GB/T 1222—2007中表B.1。

（2）力学性能及交货硬度

1）弹簧钢的力学性能见表2-52。

表2-52 弹簧钢的力学性能

序号	牌号②	热处理制度①			力学性能				
		淬火温度/℃	淬火介质	回火温度/℃	抗拉强度 R_m/MPa	屈服强度 R_{eL}/MPa	断后伸长率 A(%)	断后伸长率 $A_{11.3}$(%)	断面收缩率 Z(%)
					≤				
1	65	840	油	500	980	785	—	9	35
2	70	830	油	480	1030	835	—	8	30
3	85	820	油	480	1130	980	—	6	30
4	65Mn	830	油	540	980	785	—	8	30
5	55SiMnVB	860	油	460	1375	1225	—	5	30
6	60Si2Mn	870	油	480	1275	1180	—	5	25

（续）

序号	牌号②	热处理制度①			力学性能				
		淬火温度/℃	淬火介质	回火温度/℃	抗拉强度 R_m/MPa	屈服强度 R_{eL}/MPa	断后伸长率		断面收缩率 Z(%)
							A(%)	$A_{11.3}$(%)	
					≤				
7	60Si2MnA	870	油	440	1570	1375		5	20
8	60Si2CrA	870	油	420	1765	1570	6	—	20
9	60Si2CrVA	850	油	410	1860	1665	6	—	20
10	55SiCrA	860	油	450	1450~1750	1300($R_{p0.2}$)	6	—	25
11	55CrMnA	830~860	油	460~510	1225	1080($R_{p0.2}$)	9③	—	20
12	60CrMnA	830~860	油	460~520	1225	1080($R_{p0.2}$)	9③	—	20
13	50CrVA	850	油	500	1275	1130	10	—	40
14	60CrMnBA	830~860	油	460~520	1225	1080($R_{p0.2}$)	9③	—	20
15	30W4Cr2VA④	1050~1100	油	600	1470	1325	7	—	40

注：1. 所列力学性能适用于直径或边长不大于80mm的棒材以及厚度不大于40mm的扁钢。直径或边长大于80mm的棒材和厚度大于40mm的扁钢，允许其断后伸长率、断面收缩率较本表的规定分别降低1%（绝对值）及5%（绝对值）。

2. 直径或边长大于80mm的棒材，允许将取样用坯改锻（轧）成直径或边长为70~80mm后取样，检验结果应符合本表的规定。

3. 盘条通常不检验力学性能。如需方要求检验力学性能，则具体指标由供需双方协商确定。

① 除规定热处理温度上下限外，表中热处理温度允许偏差为：淬火，±20℃；回火，±50℃。根据需方特殊要求，回火可按±30℃进行。

② 28MnSiB的力学性能见GB/T 1222—2007中表B.2。

③ 其试样可采用下列试样中的一种。若按GB/T 228规定作拉伸试验时，所测断后伸长率值供参考。

试样一：标距为50mm，平行长度60mm，直径14mm，肩部半径大于15mm。

试样二：标距为$4\sqrt{S_0}$ [S_0表示平行长度的原始横截面积，(mm^2)]，平行长度1.2倍标距长度，肩部半径大于15mm。

④ 30W4Cr2VA除抗拉强度外，其他力学性能检验结果供参考，不作为交货依据。

2）弹簧钢交货状态的硬度见表 2-53。

表 2-53　弹簧钢交货状态的硬度

组号	牌　号	交货状态	硬度 HBW　≤
1	65、70	热轧	285
2	85、65Mn	热轧	302
3	60Si2Mn、60Si2MnA、50CrVA、55SiMnVB、55CrMnA、60CrMnA	热轧	321
4	60Si2CrA、60Si2CrVA、60CrMnBA、55SiCrA、30W4Cr2VA	热轧	供需双方协商
		热轧+热处理	321
5	所有牌号	冷拉+热处理	321
6		冷拉	供需双方协商

（3）热轧扁钢尺寸

1）扁钢的尺寸规格见表 2-54 和表 2-55。

表 2-54　平面扁钢的公称尺寸规格　（单位：mm）

宽度	厚度																
	5	6	7	8	9	10	11	12	13	14	16	18	20	25	30	35	40
45	×	×	×	×	×	×											
50	×	×	×	×	×	×	×	×									
55	×	×	×	×	×	×	×	×									
60	×	×	×	×	×	×	×	×	×								
70		×	×	×	×	×	×	×	×	×	×	×	×				
75		×	×	×	×	×	×	×	×	×	×	×	×				
80			×	×	×	×	×	×	×	×	×	×	×				
90			×	×	×	×	×	×	×	×	×	×	×	×	×	×	×
100			×	×	×	×	×	×	×	×	×	×	×	×	×	×	×
110			×	×	×	×	×	×	×	×	×	×	×	×	×	×	×
120				×	×	×	×	×	×	×	×	×	×	×	×	×	×
140						×	×	×	×	×	×	×	×	×	×	×	×
160						×	×	×	×	×	×	×	×	×	×	×	×

注：表中“×”表示为推荐规格。

表 2-55　单面双槽扁钢的公称尺寸规格　（单位：mm）

宽　度	厚　度				
	8	9	10	11	13
75	×	×	×	×	×
90				×	×

注：表中“×”表示为推荐规格。

2）扁钢的尺寸允许偏差见表 2-56 和表 2-57。

表 2-56 平面扁钢公称尺寸允许偏差 （单位：mm）

类别	截面公称尺寸	允许偏差		
		宽度≤50	宽度>50~100	宽度>100~160
厚度	<7	±0.15	±0.18	±0.30
	7~12	±0.20	±0.25	±0.35
	>12~20	±0.25	+0.25 -0.30	±0.40
	>20~30	—	±0.35	±0.40
	>30~40	—	±0.40	±0.45
宽度	≤50	±0.55		
	>50~100	±0.80		
	>100~160	±1.00		

表 2-57 单面双槽扁钢公称尺寸允许偏差 （单位：mm）

尺寸	厚度 H	宽度 B	槽深 h	槽间距 b	槽宽 b_1	侧面斜角 α/(°)
8×75	8±0.25	75±0.70	$H/2$	$25_{-1.0}^{0}$	$13_{0}^{+1.0}$	30
9×75	9±0.25	75±0.70	$H/2$	$25_{-1.0}^{0}$	$13_{0}^{+1.0}$	30
10×75	10±0.25	75±0.70	$H/2$	$25_{-1.0}^{0}$	$13_{0}^{+1.0}$	30
11×75	11±0.25	75±0.70	$H/2$	$25_{-1.0}^{0}$	$13_{0}^{+1.0}$	30
13×75	13±0.30	75±0.70	$H/2$	$25_{-1.0}^{0}$	$13_{0}^{+1.0}$	30
11×90	11±0.25	90±0.80	$H/2$	$30_{-1.0}^{0}$	$15_{0}^{+1.0}$	30
13×90	13±0.30	90±0.80	$H/2$	$30_{-1.0}^{0}$	$15_{0}^{+1.0}$	30

3）扁钢长度及允许偏差见表 2-58。

表 2-58 扁钢长度及允许偏差

序号	要求
1	扁钢的通常长度为3000~6000mm，不小于2000mm的短尺允许交货，但其质量应不超过交货质量的10%。经供需双方协商，可供应长度大于6000mm的扁钢
2	扁钢的定尺、倍尺长度应在合同中注明，其允许偏差为+50mm

（4）外形（扁钢每米弯曲度，见表 2-59）

表 2-59 扁钢每米弯曲度 （单位：mm）

扁钢厚度	弯曲方向	普通精度	较高精度
		≤	
<7	侧弯	3.0	2.5
	平弯	7.0	5.0
≥7	侧弯	3.0	2.0
	平弯	5.0	4.0

(5) 28MnSiB 钢的化学成分（见表 2-60）

表 2-60 28MnSiB 钢的化学成分

统一数字代号	牌 号	化学成分(质量分数,%)								
		C	Si	Mn	Cr	B	Ni	Cu①	P	S
							≤			
A76282	28MnSiB	0.24~0.32	0.60~1.00	1.20~1.60	≤0.25	0.0005~0.0035	0.35	0.25	0.035	0.035

注：其化学成分允许偏差，见 GB/T 222—2006 的规定。

① 根据需方要求，并在合同中注明，钢中残余铜含量（质量分数）不大于 0.20%。

(6) 28MnSiB 的力学性能（见表 2-61）

表 2-61 28MnSiB 的力学性能

牌 号	热处理制度①			力学性能			
	淬火温度/℃	淬火介质	回火温度/℃	下屈服强度 R_{eL} /MPa	抗拉强度 R_m /MPa	断后伸长率 $A_{11.3}$(%)	断面收缩率 Z(%)
				≥			
28MnSiB	900	水或油	320	1180	1275	5	25

① 表中热处理温度允许偏差为：淬火±20℃，回火±30℃。

9. 冷镦和冷挤压用钢（GB/T 6478—2015）

(1) 牌号和化学成分

1) 非热处理型冷镦和冷挤压用钢的牌号和化学成分（熔炼分析）见表 2-62。

表 2-62 非热处理型冷镦和冷挤压用钢的牌号和化学成分

序号	统一数字代号	牌号	化学成分(质量分数,%)					
			C	Si	Mn	P	S	Al_t①
1	U40048	ML04Al	≤0.06	≤0.10	0.20~0.40	≤0.035	≤0.035	≥0.020
2	U40068	ML06Al	≤0.08	≤0.10	0.30~0.60	≤0.035	≤0.035	≥0.020
3	U40088	ML08Al	0.05~0.10	≤0.10	0.30~0.60	≤0.035	≤0.035	≥0.020
4	U40108	ML10Al	0.08~0.13	≤0.10	0.30~0.60	≤0.035	≤0.035	≥0.020
5	U40102	ML10	0.08~0.13	0.10~0.30	0.30~0.60	≤0.035	≤0.035	—
6	U40128	ML12Al	0.10~0.15	≤0.10	0.30~0.60	≤0.035	≤0.035	≥0.020
7	U40122	ML12	0.10~0.15	0.10~0.30	0.30~0.60	≤0.035	≤0.035	—
8	U40158	ML15Al	0.13~0.18	≤0.10	0.30~0.60	≤0.035	≤0.035	≥0.020
9	U40152	ML15	0.13~0.18	0.10~0.30	0.30~0.60	≤0.035	≤0.035	—
10	U40208	ML20Al	0.18~0.23	≤0.10	0.30~0.60	≤0.035	≤0.035	≥0.020
11	U40202	ML20	0.18~0.23	0.10~0.30	0.30~0.60	≤0.035	≤0.035	—

① 当测定酸溶铝 Al_s 时，Al_s≥0.015%。

2）表面硬化型冷镦和冷挤压用钢的牌号和化学成分（熔炼分析）见表 2-63。

表 2-63 表面硬化型冷镦和冷挤压用钢的牌号和化学成分

序号	统一数字代号	牌号	化学成分（质量分数，%）						
			C	Si	Mn	P	S	Cr	Al_t ①
1	U41188	ML18Mn	0.15~0.20	≤0.10	0.60~0.90	≤0.030	≤0.035	—	≥0.020
2	U41208	ML20Mn	0.18~0.23	≤0.10	0.70~1.00	≤0.030	≤0.035	—	≥0.020
3	A20154	ML15Cr	0.13~0.18	0.10~0.30	0.60~0.90	≤0.035	≤0.035	0.90~1.20	≥0.020
4	A20204	ML20Cr	0.18~0.23	0.10~0.30	0.60~0.90	≤0.035	≤0.035	0.90~1.20	≥0.020

表 2-62 中序号 4~11 八个牌号也适于表面硬化型钢。

① 当测定酸溶铝 Al_s 时，Al_s≥0.015%。

3）调质型冷镦和冷挤压用钢（包括含硼钢）的牌号及化学成分（熔炼分析）见表 2-64 及表 2-65。

表 2-64 调质型冷镦和冷挤压用钢的牌号和化学成分

序号	统一数字代号	牌号	化学成分（质量分数，%）						
			C	Si	Mn	P	S	Cr	Mo
1	U40252	ML25	0.23~0.28	0.10~0.30	0.30~0.60	≤0.025	≤0.025	—	—
2	U40302	ML30	0.28~0.33	0.10~0.30	0.60~0.90	≤0.025	≤0.025	—	—
3	U40352	ML35	0.33~0.38	0.10~0.30	0.60~0.90	≤0.025	≤0.025	—	—
4	U40402	ML40	0.38~0.43	0.10~0.30	0.60~0.90	≤0.025	≤0.025	—	—
5	U40452	ML45	0.43~0.48	0.10~0.30	0.60~0.90	≤0.025	≤0.025	—	—
6	L20151	ML15Mn	0.14~0.20	0.10~0.30	1.20~1.60	≤0.025	≤0.025	—	—
7	U41252	ML25Mn	0.23~0.28	0.10~0.30	0.60~0.90	≤0.025	≤0.025	—	—
8	A20304	ML30Cr	0.28~0.33	0.10~0.30	0.60~0.90	≤0.025	≤0.025	0.90~1.20	—
9	A20354	ML35Cr	0.33~0.38	0.10~0.30	0.60~0.90	≤0.025	≤0.025	0.90~1.20	—
10	A20404	ML40Cr	0.38~0.43	0.10~0.30	0.60~0.90	≤0.025	≤0.025	0.90~1.20	—
11	A20454	ML45Cr	0.43~0.48	0.10~0.30	0.60~0.90	≤0.025	≤0.025	0.90~1.20	—
12	A30204	ML20CrMo	0.18~0.23	0.10~0.30	0.60~0.90	≤0.025	≤0.025	0.90~1.20	0.15~0.30

（续）

序号	统一数字代号	牌号	化学成分(质量分数,%)						
			C	Si	Mn	P	S	Cr	Mo
13	A30254	ML25CrMo	0.23~0.28	0.10~0.30	0.60~0.90	≤0.025	≤0.025	0.90~1.20	0.15~0.30
14	A30304	ML30CrMo	0.28~0.33	0.10~0.30	0.60~0.90	≤0.025	≤0.025	0.90~1.20	0.15~0.30
15	A30354	ML35CrMo	0.33~0.38	0.10~0.30	0.60~0.90	≤0.025	≤0.025	0.90~1.20	0.15~0.30
16	A30404	ML40CrMo	0.38~0.43	0.10~0.30	0.60~0.90	≤0.025	≤0.025	0.90~1.20	0.15~0.30
17	A30454	ML45CrMo	0.43~0.48	0.10~0.30	0.60~0.90	≤0.025	≤0.025	0.90~1.20	0.15~0.30

表 2-65 含硼调质型冷镦和冷挤压用钢的牌号和化学成分

序号	统一数字代号	牌号	化学成分(质量分数,%)							
			C	Si①	Mn	P	S	B②	Al_t③	其他
1	A70204	ML20B	0.18~0.23	0.10~0.30	0.60~0.90	≤0.025	≤0.025	0.0008~0.0035	≥0.020	—
2	A70254	ML25B	0.23~0.28	0.10~0.30	0.60~0.90					—
3	A70304	ML30B	0.28~0.33	0.10~0.30	0.60~0.90					—
4	A70354	ML35B	0.33~0.38	0.10~0.30	0.60~0.90					—
5	A71154	ML15MnB	0.14~0.20	0.10~0.30	1.20~1.60					—
6	A71204	ML20MnB	0.18~0.23	0.10~0.30	0.80~1.10					—
7	A71254	ML25MnB	0.23~0.28	0.10~0.30	0.90~1.20					—
8	A71304	ML30MnB	0.28~0.33	0.10~0.30	0.90~1.20					—
9	A71354	ML35MnB	0.33~0.38	0.10~0.30	1.10~1.40					—
10	A71404	ML40MnB	0.38~0.43	0.10~0.30	1.10~1.40					—
11	A20374	ML37CrB	0.34~0.41	0.10~0.30	0.50~0.80					Cr0.20~0.40
12	A73154	ML15MnVB	0.13~0.18	0.10~0.30	1.20~1.60					V0.07~0.12
13	A73204	ML20MnVB	0.18~0.23	0.10~0.30	1.20~1.60					
14	A74204	ML20MnTiB	0.18~0.23	0.10~0.30	1.30~1.60					Ti0.04~0.10

① 经供需双方协商，硅含量下限可低于 0.10%。

② 如果淬透性和力学性能能满足要求，硼含量下限可放宽到 0.0005%。

③ 当测定酸溶铝 Al_s 时，Al_s≥0.015%。

4）非调质型冷镦和冷挤压用钢的牌号和化学成分（熔炼分析）应符合表2-66的规定。

表2-66　非调质型冷镦和冷挤压用钢的牌号和化学成分

序号	统一数字代号	牌号	化学成分(质量分数,%)						
			C	Si	Mn	P	S	Nb	V
1	L27208	MFT8	0.16~0.26	≤0.30	1.20~1.60	≤0.025	≤0.015	≤0.10	≤0.08
2	L27228	MFT9	0.18~0.26	≤0.30	1.20~1.60	≤0.025	≤0.015	≤0.10	≤0.08
3	L27128	MFT10	0.08~0.14	0.20~0.35	1.90~2.30	≤0.025	≤0.015	≤0.20	≤0.10

注：根据不同强度级别和不同规格的需求，可添加Cr、B等其他元素。

5）其他规定。

① 钢中残余铬、镍和铜的质量分数各不大于0.20%。

② 经供需双方协议，也可供应其他牌号的冷镦和冷挤压用钢。

③ 钢材的化学成分允许偏差应符合GB/T 222的规定。

（2）力学性能

1）非热处理型冷镦和冷挤压用钢热轧状态的力学性能见表2-67。

表2-67　非热处理型冷镦和冷挤压用钢热轧状态的力学性能

统一数字代号	牌号	抗拉强度 R_m /MPa≤	断面收缩率 Z (%)≥
U40048	ML04Al	440	60
U40088	ML08Al	470	60
U40108	ML10Al	490	55
U40158	ML15Al	530	50
U40152	ML15	530	50
U40208	ML20Al	580	45
U40202	ML20	580	45

注：表中未列牌号钢材的力学性能按供需双方协议。未规定时，供方报实测值，并在质量证明书中注明。

2）退火状态交货冷镦和冷挤压钢的力学性能见表2-68。

表2-68　退火状态交货冷镦和冷挤压钢的力学性能

类型	统一数字代号	牌号	抗拉强度 R_m /MPa≤	断面收缩率 Z (%)≥
表面硬化型	U40108	ML10Al	450	65
	U40158	ML15Al	470	64
	U40152	ML15	470	64
	U40208	ML20Al	490	63

（续）

类型	统一数字代号	牌号	抗拉强度 R_m /MPa≤	断面收缩率 Z (%)≥
表面硬化型	U40202	ML20	490	63
	A20204	ML20Cr	560	60
调质型	U40302	ML30	550	59
	U40352	ML35	560	58
	U41252	ML25Mn	540	60
	A20354	ML35Cr	600	60
	A20404	ML40Cr	620	58
含硼调质型	A70204	ML20B	500	64
	A70304	ML30B	530	62
	A70354	ML35B	570	62
	A71204	ML20MnB	520	62
	A71354	ML35MnB	600	60
	A20374	ML37CrB	600	60

注：1. 表中未列牌号钢材的力学性能按供需双方协议。未规定时，供方报实测值，并在质量证明书中注明。

2. 钢材直径大于 12mm 时，断面收缩率可降低 2%（绝对值）。

3）热轧状态交货的非调质型冷镦和冷挤压用钢的力学性能见表 2-69。

表 2-69　热轧状态交货的非调质型冷镦和冷挤压用钢的力学性能

统一数字代号	牌号	抗拉强度 R_m /MPa	断后收长率 A (%)≥	断面收缩率 Z (%)≥
L27208	MFT8	630~700	20	52
L27228	MFT9	680~750	18	50
L27128	MFT10	≥800	16	48

四、轴承钢

1. 渗碳轴承钢（GB/T 3203—1982）

（1）牌号和化学成分（见表 2-70）

表 2-70　渗碳轴承钢牌号和化学成分

牌号	化学成分(质量分数,%)								
	C	Si	Mn	Cr	Ni	Mo	Cu ≤	P ≤	S ≤
G20CrMo	0.17~0.23	0.20~0.35	0.65~0.95	0.35~0.65	—	0.08~0.15	0.25	0.030	0.030

（续）

<table>
<tr><td rowspan="3">牌号</td><td colspan="9">化学成分（质量分数，%）</td></tr>
<tr><td rowspan="2">C</td><td rowspan="2">Si</td><td rowspan="2">Mn</td><td rowspan="2">Cr</td><td rowspan="2">Ni</td><td rowspan="2">Mo</td><td>Cu</td><td>P</td><td>S</td></tr>
<tr><td colspan="3">≤</td></tr>
<tr><td>G20CrNiMo</td><td rowspan="3">0.17~0.23</td><td rowspan="5">0.15~0.40</td><td>0.60~0.90</td><td rowspan="2">0.35~0.65</td><td>0.40~0.70</td><td>0.15~0.30</td><td rowspan="5">0.25</td><td rowspan="5">0.030</td><td rowspan="5">0.030</td></tr>
<tr><td>G20CrNi2Mo</td><td>0.40~0.70</td><td>1.60~2.00</td><td>0.20~0.30</td></tr>
<tr><td>G20Cr2Ni4</td><td>0.30~0.60</td><td>1.25~1.75</td><td>3.25~3.75</td><td>—</td></tr>
<tr><td>G10CrNi3Mo</td><td>0.08~0.13</td><td>0.40~0.70</td><td>1.00~1.40</td><td>3.00~3.50</td><td>0.08~0.15</td></tr>
<tr><td>G20Cr2Mn2Mo</td><td>0.17~0.23</td><td>1.30~1.60</td><td>1.70~2.00</td><td>≤0.30</td><td>0.20~0.30</td></tr>
</table>

（2）力学性能（见表2-71）

表2-71　渗碳轴承钢的力学性能

<table>
<tr><td rowspan="4">牌号</td><td rowspan="4">试样毛坯直径/mm</td><td colspan="3">淬火</td><td colspan="2">回火</td><td colspan="4">力学性能</td></tr>
<tr><td colspan="2">温度/℃</td><td rowspan="2">冷却剂</td><td rowspan="2">温度/℃</td><td rowspan="2">冷却剂</td><td rowspan="2">抗拉强度 σ_b /MPa</td><td rowspan="2">伸长率 δ_5 （%）</td><td rowspan="2">断面收缩率 ψ（%）</td><td rowspan="2">冲击韧度 a_K /（kJ/m²）</td></tr>
<tr><td>第一次淬火</td><td>第二次淬火</td></tr>
<tr><td></td><td></td><td></td><td></td><td></td><td colspan="4">≥</td></tr>
<tr><td>G20CrNiMo</td><td>15</td><td rowspan="2">880±20</td><td>790±20</td><td rowspan="5">油</td><td rowspan="3">150~200</td><td rowspan="5">空</td><td>1175</td><td>9</td><td rowspan="4">45</td><td rowspan="4">800</td></tr>
<tr><td>G20CrNi2Mo</td><td>25</td><td>800±20</td><td>980</td><td>13</td></tr>
<tr><td>G20Cr2Ni4</td><td rowspan="3">15</td><td>870±20</td><td rowspan="2">790±20</td><td>1175</td><td>10</td></tr>
<tr><td>G10CrNi3Mo</td><td rowspan="2">880±20</td><td rowspan="2">180~200</td><td>1080</td><td rowspan="2">9</td></tr>
<tr><td>G20Cr2Mn2Mo</td><td>810±20</td><td>1275</td><td>40</td><td>700</td></tr>
</table>

注：1. G20CrMo的力学性能积累数据供参考。

2. 本表所列力学性能适于截面尺寸不大于80mm的钢材。尺寸为81~100mm的钢材，允许其伸长率、收缩率及冲击韧度较本表的规定分别降低1个单位、5个单位及5%；尺寸为101~150mm的钢材，允许其伸长率、收缩率及冲击韧度较本表的规定分别降低2个单位、10个单位及10%；尺寸为151~250mm的钢材，允许其伸长率、收缩率及冲击韧度较本表的规定分别降低3个单位、15个单位及15%。

3. 用尺寸大于80mm的钢材改轧或改锻成70~80mm的试料取样检验时，其结果应符合本表的规定。

4. 交货状态：热轧或锻制钢材以热轧（锻）状态交货或以退火状态交货。冷拉钢材应以退火（或回火）状态交货。以退火状态交货的钢材，其硬度，G20Cr2Ni4（A）不大于241HBW，其余钢号不大于229HBW。

（3）用途（见表2-72）

表 2-72　渗碳轴承钢的用途

牌号	应用举例
G20CrMo	用于汽车、拖拉机等承受冲击载荷的轴承套圈和滚动体
G20CrNiMo	用于汽车、拖拉机等承受冲击载荷的轴承套圈和滚动体
G20CrNi2Mo	用于承受冲击载荷较高的轴承,如发动机主轴承等
G20Cr2Ni4	制造高冲击载荷的特大型轴承,如轧钢机、矿山机械的轴承,也用于制造承受冲击载荷大、安全性要求高的中小型轴承
G10CrNi3Mo	用于承受冲击载荷大的大中型轴承
G20Cr2Mn2Mo	制造高冲击载荷的特大型轴承,如轧钢机、矿山机械的轴承,也用于制造承受冲击载荷大、安全性要求高的中小型轴承,是适应我国资源特点创新的新钢种

2. 高碳铬不锈轴承钢（GB/T 3086—2008）

（1）尺寸、外形及允许偏差（见表 2-73）

表 2-73　高碳铬不锈轴承钢尺寸、外形及允许偏差

钢材品种	尺寸、外形、长度及允许偏差
热轧圆钢	应符合 GB/T 702—2008 的有关规定,具体要求应在合同中注明。未注明时,尺寸允许偏差和弯曲度按 GB/T 702—2008 标准 2 组执行
锻制圆钢	应符合 GB/T 908—2008 标准 1 组规定
热轧盘条	应符合 GB/T 14981—2009 的有关规定,具体要求应在合同中注明。未注明时按 GB/T 14981—2004 标准 B 级执行
冷拉圆钢	应符合 GB/T 905—1994 的有关规定,具体要求应在合同中注明。未注明时按 GB/T 905—1994 标准 11 级执行
钢丝	应符合 GB/T 342—1997 标准表 3 的规定
剥皮和磨光钢材	应符合 GB/T 3207—2008 的有关规定,具体要求应在合同中注明。未注明时按 GB/T 3207—2008 标准 11 级执行

（2）牌号和化学成分（熔炼分析，见表 2-74）

表 2-74　高碳铬不锈轴承钢牌号和化学成分

序号	统一数字代号	新牌号	旧牌号	化学成分(质量分数,%)				
				C	Si	Mn	P	S
					≤			
1	B21800	G95Cr18	9Cr18	0.90～1.00	0.80	0.80	0.035	0.030
2	B21810	G102Cr18Mo	9Cr18Mo	0.95～1.10	0.80	0.80	0.035	0.030
3	B21410	G65Cr14Mo	—	0.60～0.70	0.80	0.80	0.035	0.030

序号	统一数字代号	新牌号	旧牌号	化学成分(质量分数,%)				
				Cr	Mo	Ni	Cu	Ni+Cu
						≤		
1	B21800	G95Cr18	9Cr18	17.00～19.00	—	0.30	0.25	0.50
2	B21810	G102Cr18Mo	9Cr18Mo	16.00～18.00	0.40～0.70	0.30	0.25	0.50
3	B21410	G65Cr14Mo	—	13.00～15.00	0.50～0.80	0.30	0.25	0.50

(3) 力学性能（见表 2-75）

表 2-75 高碳铬不锈轴承钢的力学性能

类别与状态	性能要求
直径大于 16mm 的钢材 退火状态	硬度应为 197~255HBW
直径不大于 16mm 的钢材 退火状态	抗拉强度应为 590~835MPa
磨光状态钢材	力学性能允许比退火状态波动+10%

3. 高碳铬轴承钢

(1) 钢材的直径及其允许偏差（见表 2-76）

表 2-76 钢材的直径及其允许偏差

钢材种类	冶金质量	直径及其允许偏差
热轧圆钢	优质钢和高级优质钢	GB/T 702—2008 表 1 中第 2 组
	特级优质钢	GB/T 702—2008 表 1 中第 1 组
锻制圆钢	—	GB/T 908—2008 中第 1 组
冷拉圆钢	—	GB/T 905—1994 中 h11 级①
圆盘条	优质钢和高级优质钢	GB/T 14981—2009 中 B 级精度
	特级优质钢	GB/T 14981—2009 中 C 级精度

① 经供需双方协商并在合同中注明，也可按其他级别规定交货。

(2) 牌号及化学成分（见表 2-77）

表 2-77 牌号及化学成分①

统一数字代号	牌号	化学成分(质量分数,%)				
		C	Si	Mn	Cr	Mo
B00151	G8Cr15	0.75~0.85	0.15~0.35	0.20~0.40	1.30~1.65	≤0.10
B00150	GCr15	0.95~1.05	0.15~0.35	0.25~0.45	1.40~1.65	≤0.10
B01150	GCr15SiMn	0.95~1.05	0.45~0.75	0.95~1.25	1.40~1.65	≤0.10
B03150	GCr15SiMo	0.95~1.05	0.65~0.85	0.20~0.40	1.40~1.70	0.30~0.40
B02180	GCr18Mo	0.95~1.05	0.20~0.40	0.25~0.40	1.65~1.95	0.15~0.25

① 钢中残余元素含量见表 2-78。

表 2-78 钢中残余元素含量

冶金质量	化学成分(质量分数,%)										
	Ni	Cu	P	S	Ca	O①	Ti②	Al	As	As+Sn+Sb	Pb
	≤										
优质钢	0.25	0.25	0.025	0.020	—	0.0012	0.0050	0.050	0.04	0.075	0.002
高级优质钢	0.25	0.25	0.020	0.020	0.0010	0.0009	0.0030	0.050	0.04	0.075	0.002
特级优质钢	0.25	0.25	0.015	0.015	0.0010	0.0006	0.0015	0.050	0.04	0.075	0.002

① 氧含量在钢坯或钢材上测定。

② 牌号 GCr15SiMn、GCr15SiMo、GCr18Mo 允许在三个等级基础上增加 0.0005%。

（3）钢材的硬度（见表 2-79）

表 2-79　钢材硬度

统一数字代号	牌号	球化退火硬度　HBW	软化退火硬度　HBW
B00151	G8Cr15	179~207	≤245
B00150	GCr15	179~207	
B01150	GCr15SiMn	179~217	
B03150	GCr15SiMo	179~217	
B20180	GCr18Mo	179~207	

五、工具钢

1. 工模具钢

（1）牌号和化学成分（见表 2-80~表 2-88）

表 2-80　刃具模具用非合金钢的牌号及化学成分

序号	统一数字代号	牌号	化学成分(质量分数,%)		
			C	Si	Mn
1-1	T00070	T7	0.65~0.74	≤0.35	≤0.40
1-2	T00080	T8	0.75~0.84	≤0.35	≤0.40
1-3	T01080	T8Mn	0.80~0.90	≤0.35	0.40~0.60
1-4	T00090	T9	0.85~0.94	≤0.35	≤0.40
1-5	T00100	T10	0.95~1.04	≤0.35	≤0.40
1-6	T00110	T11	1.05~1.14	≤0.35	≤0.40
1-7	T00120	T12	1.15~1.24	≤0.35	≤0.40
1-8	T00130	T13	1.25~1.35	≤0.35	≤0.40

注：表中钢可供应高级优质钢，此时牌号后加“A”。

表 2-81　量具刃具用钢的牌号及化学成分

序号	统一数字代号	牌号	化学成分(质量分数,%)				
			C	Si	Mn	Cr	W
2-1	T31219	9SiCr	0.85~0.95	1.20~1.60	0.30~0.60	0.95~1.25	—
2-2	T30108	8MnSi	0.75~0.85	0.30~0.60	0.80~1.10	—	—
2-3	T30200	Cr06	1.30~1.45	≤0.40	≤0.40	0.50~0.70	—
2-4	T31200	Cr2	0.95~1.10	≤0.40	≤0.40	1.30~1.65	—
2-5	T31209	9Cr2	0.80~0.95	≤0.40	≤0.40	1.30~1.70	—
2-6	T30800	W	1.05~1.25	≤0.40	≤0.40	0.10~0.30	0.80~1.20

表 2-82 耐冲击工具用钢的牌号及化学成分

序号	统一数字代号	牌号	化学成分(质量分数,%)						
			C	Si	Mn	Cr	W	Mo	V
3-1	T40294	4CrW2Si	0.35~0.45	0.80~1.10	≤0.40	1.00~1.30	2.00~2.50	—	—
3-2	T40295	5CrW2Si	0.45~0.55	0.50~0.80	≤0.40	1.00~1.30	2.00~2.50	—	—
3-3	T40296	6CrW2Si	0.55~0.65	0.50~0.80	≤0.40	1.10~1.30	2.20~2.70	—	—
3-4	T40356	6CrMnSi2Mo1V	0.50~0.65	1.75~2.25	0.60~1.00	0.10~0.50	—	0.20~1.35	0.15~0.35
3-5	T40355	5Cr3MnSiMo1	0.45~0.55	0.20~1.00	0.20~0.90	3.00~3.50	—	1.30~1.80	≤0.35
3-6	T40376	6CrW2SiV	0.55~0.65	0.70~1.00	0.15~0.45	0.90~1.20	1.70~2.20	—	0.10~0.20

表 2-83 轧辊用钢的牌号及化学成分

序号	统一数字代号	牌号	化学成分(质量分数,%)									
			C	Si	Mn	P	S	Cr	W	Mo	Ni	V
4-1	T42239	9Cr2V	0.85~0.95	0.20~0.40	0.20~0.45	①	①	1.40~1.70	—	—	—	0.10~0.25
4-2	T42309	9Cr2Mo	0.85~0.95	0.25~0.45	0.20~0.35	①	①	1.70~2.10	—	0.20~0.40	—	—
4-3	T42319	9Cr2MoV	0.80~0.90	0.15~0.40	0.25~0.55	①	①	1.80~2.40	—	0.20~0.40	—	0.05~0.15
4-4	T42518	8Cr3NiMoV	0.82~0.90	0.30~0.50	0.20~0.45	≤0.020	≤0.015	2.80~3.20	—	0.20~0.40	0.60~0.80	0.05~0.15
4-5	T42519	9Cr5NiMoV	0.82~0.90	0.50~0.80	0.20~0.50	≤0.020	≤0.015	4.80~5.20	—	0.20~0.40	0.30~0.50	0.10~0.20

① 见表 2-88。

表 2-84 冷作模具用钢的牌号及化学成分

序号	统一数字代号	牌号	化学成分(质量分数,%)										
			C	Si	Mn	P	S	Cr	W	Mo	V	Nb	Co
5-1	T20019	9Mn2V	0.85~0.95	≤0.40	1.70~2.00	①	①	—	—	—	0.10~0.25	—	—
5-2	T20299	9CrWMn	0.85~0.95	≤0.40	0.90~1.20	①	①	0.50~0.80	0.50~0.80	—	—	—	—
5-3	T21290	CrWMn	0.90~1.05	≤0.40	0.80~1.10	①	①	0.90~1.20	1.20~1.60	—	—	—	—

（续）

序号	统一数字代号	牌号	化学成分（质量分数，%）										
			C	Si	Mn	P	S	Cr	W	Mo	V	Nb	Co
5-4	T20250	MnCrWV	0.90～1.05	0.10～0.40	1.05～1.35	①	①	0.50～0.70	0.50～0.70	—	0.05～0.15	—	—
5-5	T21347	7CrMn2Mo	0.65～0.75	0.10～0.50	1.80～2.50	①	①	0.90～1.20	—	0.90～1.40	—	—	—
5-6	T21355	5Cr8MoVSi	0.48～0.53	0.75～1.05	0.35～0.50	≤0.030	≤0.015	8.00～9.00	—	1.25～1.70	0.30～0.55	—	—
5-7	T21357	7CrSiMnMoV	0.65～0.75	0.85～1.15	0.65～1.05	①	①	0.90～1.20	—	0.20～0.50	0.15～0.30	—	—
5-8	T21350	Cr8Mo2SiV	0.95～1.03	0.80～1.20	0.20～0.50	①	①	7.80～8.30	—	2.00～2.80	0.25～0.40	—	—
5-9	T21320	Cr4W2MoV	1.12～1.25	0.40～0.70	≤0.40	①	①	3.50～4.00	1.90～2.60	0.80～1.20	0.80～1.10	—	—
5-10	T21386	6Cr4W3Mo2VNb	0.60～0.70	≤0.40	≤0.40	①	①	3.80～4.40	2.50～3.50	1.80～2.50	0.80～1.20	0.20～0.35	—
5-11	T21836	6W6Mo5Cr4V	0.55～0.65	≤0.40	≤0.50	①	①	3.70～4.30	6.00～7.00	4.50～5.50	0.70～1.10	—	—
5-12	T21830	W6Mo5Cr4V2	0.80～0.90	0.15～0.40	0.20～0.45	①	①	3.80～4.40	5.50～6.75	4.50～5.50	1.75～2.20	—	—
5-13	T21209	Cr8	1.60～1.90	0.20～0.60	0.20～0.60	①	①	7.50～8.50	—	—	—	—	—
5-14	T21200	Cr12	2.00～2.30	≤0.40	≤0.40	①	①	11.50～13.00	—	—	—	—	—
5-15	T21290	Cr12W	2.00～2.30	0.10～0.40	0.30～0.60	①	①	11.00～13.00	0.60～0.80	—	—	—	—
5-16	T21317	7Cr7Mo2V2Si	0.68～0.78	0.70～1.20	≤0.40	①	①	6.50～7.50	—	1.90～2.30	1.80～2.20	—	—

（续）

序号	统一数字代号	牌号	化学成分(质量分数,%)										
			C	Si	Mn	P	S	Cr	W	Mo	V	Nb	Co
5-17	T21318	Cr5Mo1V	0.95~1.05	≤0.50	≤1.00	①	①	4.75~5.50	—	0.90~1.40	0.15~0.50	—	—
5-18	T21319	Cr12MoV	1.45~1.70	≤0.40	≤0.40	①	①	11.00~12.50	—	0.40~0.60	0.15~0.30	—	—
5-19	T21310	Cr12Mo1V1	1.40~1.60	≤0.60	≤0.60	①	①	11.00~13.00	—	0.70~1.20	0.50~1.10	—	≤1.00

① 见表 2-88。

表 2-85 热作模具用钢的牌号及化学成分

序号	统一数字代号	牌号	化学成分(质量分数,%)											
			C	Si	Mn	P	S	Cr	W	Mo	Ni	V	Al	Co
6-1	T22345	5CrMnMo	0.50~0.60	0.25~0.60	1.20~1.60	①	①	0.60~0.90	—	0.15~0.30	—	—	—	—
6-2	T22505	5CrNiMo②	0.50~0.60	≤0.40	0.50~0.80	①	①	0.50~0.80	—	0.15~0.30	1.40~1.80	—	—	—
6-3	T23504	4CrNi4Mo	0.40~0.50	0.10~0.40	0.20~0.50	①	①	1.20~1.50	—	0.15~0.35	3.80~4.30	—	—	—
6-4	T23514	4Cr2NiMoV	0.35~0.45	≤0.40	≤0.40	①	①	1.80~2.20	—	0.45~0.60	1.10~1.50	0.10~0.30	—	—
6-5	T23515	5CrNi2MoV	0.50~0.60	0.10~0.40	0.60~0.90	①	①	0.80~1.20	—	0.35~0.55	1.50~1.80	0.05~0.15	—	—
6-6	T23535	5Cr2NiMoVSi	0.46~0.54	0.60~0.90	0.40~0.60	①	①	1.50~2.00	—	0.80~1.20	0.80~1.20	0.30~0.50	—	—
6-7	T23208	8Cr3	0.75~0.85	≤0.40	≤0.40	①	①	3.20~3.80	—	—	—	—	—	—
6-8	T23274	4Cr5W2VSi	0.32~0.42	0.80~1.20	≤0.40	①	①	4.50~5.50	1.60~2.40	—	—	0.60~1.00	—	—

（续）

序号	统一数字代号	牌号	化学成分(质量分数,%)										
			C	Si	Mn	P	S	Cr	W	Mo	Ni	V	Al	Co
6-9	T23273	3Cr2W8V	0.30~0.40	≤0.40	≤0.40	①	①	2.20~2.70	7.50~9.00	—	—	0.20~0.50	—	—
6-10	T23352	4Cr5MoSiV	0.33~0.43	0.80~1.20	0.20~0.50	①	①	4.75~5.50	—	1.10~1.60	—	0.30~0.60	—	—
6-11	T23353	4Cr5MoSiV1	0.32~0.45	0.80~1.20	0.20~0.50	①	①	4.75~5.50	—	1.10~1.75	—	0.80~1.20	—	—
6-12	T23354	4Cr3Mo3SiV	0.35~0.45	0.80~1.20	0.25~0.70	①	①	3.00~3.75	—	2.00~3.00	—	0.25~0.75	—	—
6-13	T23355	5Cr4Mo3SiMnVA1	0.47~0.57	0.80~1.10	0.80~1.10	①	①	3.80~4.30	—	2.80~3.40	—	0.80~1.20	0.30~0.70	—
6-14	T23364	4CrMnSiMoV	0.35~0.45	0.80~1.10	0.80~1.10	①	①	1.30~1.50	—	0.40~0.60	—	0.20~0.40	—	—
6-15	T23375	5Cr5WMnSi	0.50~0.60	0.75~1.10	0.20~0.50	①	①	4.75~5.50	1.00~1.50	1.15~1.65	—	—	—	—
6-16	T23324	4Cr5MoWVSi	0.32~0.40	0.80~1.20	0.20~0.50	①	①	4.75~5.50	1.10~1.60	1.25~1.60	—	0.20~0.50	—	—
6-17	T23323	3Cr3Mo3W2V	0.32~0.42	0.60~0.90	≤0.65	①	①	2.80~3.30	1.20~1.80	2.50~3.00	—	0.80~1.20	—	—
6-18	T23325	5Cr4W5Mo2V	0.40~0.50	≤0.40	≤0.40	①	①	3.40~4.40	4.50~5.30	1.50~2.10	—	0.70~1.10	—	—
6-19	T23314	4Cr5Mo2V	0.35~0.42	0.25~0.50	0.40~0.60	≤0.020	≤0.008	5.00~5.50	—	2.30~2.60	—	0.60~0.80	—	—
6-20	T23313	3Cr3Mo3V	0.28~0.35	0.10~0.40	0.15~0.45	≤0.030	≤0.020	2.70~3.20	—	2.50~3.00	—	0.40~0.70	—	—
6-21	T23314	4Cr5Mo3V	0.35~0.40	0.30~0.50	0.30~0.50	≤0.030	≤0.020	4.80~5.20	—	2.70~3.20	—	0.40~0.60	—	—
6-22	T23393	3Cr3Mo3VCo3	0.28~0.35	0.10~0.40	0.15~0.45	≤0.030	≤0.020	2.70~3.20	—	2.60~3.00	—	0.40~0.70	—	2.50~3.00

① 见表 2-88。

② 经供需双方同意允许钒含量小于 0.20%。

表 2-86 塑料模具用钢的牌号及化学成分

序号	统一数字代号	牌号	化学成分(质量分数,%)												
			C	Si	Mn	P	S	Cr	W	Mo	Ni	V	Al	Co	其他
7-1	T10450	SM45	0.42~0.48	0.17~0.37	0.50~0.80	①	①	—	—	—	—	—	—	—	—
7-2	T10500	SM50	0.47~0.53	0.17~0.37	0.50~0.80	①	①	—	—	—	—	—	—	—	—
7-3	T10550	SM55	0.52~0.58	0.17~0.37	0.50~0.80	①	①	—	—	—	—	—	—	—	—
7-4	T25303	3Cr2Mo	0.28~0.40	0.20~0.80	0.60~1.00	①	①	1.40~2.00	—	0.30~0.55	—	—	—	—	—
7-5	T25553	3Cr2MnNiMo	0.32~0.40	0.20~0.40	1.10~1.50	①	①	1.70~2.00	—	0.25~0.40	0.85~1.15	—	—	—	—
7-6	T25344	4Cr2Mn1MoS	0.35~0.45	0.30~0.50	1.40~1.60	≤0.030	0.05~0.10	1.80~2.00	—	0.15~0.25	—	—	—	—	—
7-7	T25378	8Cr2MnWMoVS	0.75~0.85	≤0.40	1.30~1.70	≤0.030	0.08~0.15	2.30~2.60	0.70~1.10	0.50~0.80	—	0.10~0.25	—	—	—
7-8	T25515	5CrNiMnMoVSCa	0.50~0.60	≤0.45	0.80~1.20	≤0.030	0.06~0.15	0.80~1.20	—	0.30~0.60	0.80~1.20	0.15~0.30	—	—	Ca0.002~0.008
7-9	T25512	2CrNiMoMnV	0.24~0.30	≤0.30	1.40~1.60	≤0.025	≤0.015	1.25~1.45	—	0.45~0.60	0.80~1.20	0.10~0.20	—	—	—
7-10	T25572	2CrNi3MoAl	0.20~0.30	0.20~0.50	0.50~0.80	①	①	1.20~1.80	—	0.20~0.40	3.00~4.00	—	1.00~1.60	—	—
7-11	T25611	1Ni3MnCuMoAl	0.10~0.20	≤0.45	1.40~2.00	≤0.030	≤0.015	—	—	0.20~0.50	2.90~3.40	—	0.70~1.20	—	Cu0.80~1.20
7-12	A64060	06Ni6CrMoVTiAl	≤0.06	≤0.50	≤0.50	①	①	1.30~1.60	—	0.90~1.20	5.50~6.50	0.08~0.16	0.50~0.90	—	Ti0.90~1.30
7-13	A64000	00Ni18Co8Mo5TiAl	≤0.03	≤0.10	≤0.15	≤0.010	≤0.010	≤0.60	—	4.50~5.00	17.5~18.5	—	0.05~0.15	8.50~10.0	Ti0.80~1.10
7-14	S42023	2Cr13	0.16~0.25	≤1.00	≤1.00	①	①	12.00~14.00	—	—	≤0.60	—	—	—	—

（续）

序号	统一数字代号	牌号	化学成分(质量分数,%)												
			C	Si	Mn	P	S	Cr	W	Mo	Ni	V	Al	Co	其他
7-15	S42043	4Cr13	0.35～0.45	≤0.60	≤0.80	①	①	12.00～14.00	—	—	≤0.60	—	—	—	—
7-16	T25444	4Cr13NiVSi	0.35～0.45	0.90～1.20	0.40～0.70	≤0.010	≤0.003	13.00～14.00	—	—	0.15～0.30	0.25～0.35	—	—	—
7-17	T25402	2Cr17Ni2	0.12～0.22	≤1.00	≤1.50	①	①	15.00～17.00	—	—	1.50～2.50	—	—	—	—
7-18	T25303	3Cr17Mo	0.33～0.45	≤1.00	≤1.50	①	①	15.50～17.50	—	0.80～1.30	≤1.00	—	—	—	—
7-19	T25513	3Cr17NiMoV	0.32～0.40	0.30～0.60	0.60～0.80	≤0.025	≤0.005	16.00～18.00	—	1.00～1.30	0.60～1.00	0.15～0.35	—	—	—
7-20	S44093	9Cr18	0.90～1.00	≤0.80	≤0.80	①	①	17.00～19.00	—	—	≤0.60	—	—	—	—
7-21	S46993	9Cr18MoV	0.85～0.95	≤0.80	≤0.80	①	①	17.00～19.00	—	1.00～1.30	≤0.60	0.07～0.12	—	—	—

① 见表 2-88。

表 2-87 特殊用途模具用钢的牌号及化学成分

序号	统一数字代号	牌号	化学成分(质量分数,%)													
			C	Si	Mn	P	S	Cr	W	Mo	Ni	V	Al	Nb	Co	其他
8-1	T26377	7Mn15Cr2Al3V2WMo	0.65～0.75	≤0.80	14.50～16.50	①	①	2.00～2.50	0.50～0.80	0.50～0.80	—	1.50～2.00	2.30～3.30	—	—	—
8-2	S31049	2Cr25Ni20Si2	≤0.25	1.50～2.50	≤1.50	①	①	24.00～27.00	—	—	18.00～21.00	—	—	—	—	—
8-3	S51740	0Cr17Ni4Cu4Nb	≤0.07	≤1.00	≤1.00	①	①	15.00～17.00	—	—	3.00～5.00	—	—	Nb0.15～0.45	—	Cu3.00～5.00

（续）

序号	统一数字代号	牌号	化学成分（质量分数，%）												
			C	Si	Mn	P	S	Cr	W	Mo	Ni	V	Al	Nb	Co	其他
8-4	H21231	Ni25Cr15Ti2MoMn	≤0.08	≤1.00	≤2.00	≤0.030	≤0.020	13.50～17.00	—	1.00～1.50	22.00～26.00	0.10～0.50	≤0.40	—	—	Ti1.80～2.50 B0.001～0.010
8-5	H07718	Ni53Cr19Mo3TiNb	≤0.08	≤0.35	≤0.35	≤0.015	≤0.015	17.00～21.00	—	2.80～3.30	50.00～55.00	—	0.20～0.80	Nb+Ta② 4.75～5.50	≤1.00	Ti0.65～1.15 B≤0.006

① 见表 2-88。
② 除非特殊要求，允许仅分析 Nb。

表 2-88 钢中残余元素含量

组别	冶炼方法	化学成分（质量分数，%）≤						
		P		S		Cu	Cr	Ni
1	电弧炉	高级优质非合金工具钢	0.030	高级优质非合金工具钢	0.020	0.25	0.25	0.25
		其他钢类	0.030	其他钢类	0.030			
2	电弧炉+真空脱气	冷作模具用钢 高级优质非合金工具钢	0.030	冷作模具用钢 高级优质非合金工具钢	0.020			
		其他钢类	0.025	其他钢类	0.025			
3	电弧炉+电渣重熔 真空电弧重熔（VAR）	0.025		0.010				

注：1. 供制造铅浴淬火非合金工具钢丝时，钢中残余铬含量不大于 0.10%，镍含量不大于 0.12%，铜含量不大于 0.20%，三者之和不大于 0.40%。

2. 经供需双方协商，可对铅、砷、锡、锑、铋、氢、氧、氮等元素进行检测，具体要求合同注明。

（2）牌号和硬度（见表 2-89～表 2-96）

表 2-89　刃具模具用非合金钢交货状态的硬度值和试样的淬火硬度值

序号	统一数字代号	牌号	退火交货状态的钢材硬度 HBW≤	试样淬火硬度		
				淬火温度/℃	冷却剂	洛氏硬度 HRC≥
1-1	T00070	T7	187	800～820	水	62
1-2	T00080	T8	187	780～800	水	62
1-3	T01080	T8Mn	187	780～800	水	62
1-4	T00090	T9	192	760～780	水	62
1-5	T00100	T10	197	760～780	水	62
1-6	T00110	T11	207	760～780	水	62
1-7	T00120	T12	207	760～780	水	62
1-8	T00130	T13	217	760～780	水	62

注：非合金工具钢材退火后冷拉交货的布氏硬度应不大于 HBW241。

表 2-90　量具刃具用钢交货状态的硬度值和试样的淬火硬度值

序号	统一数字代号	牌号	退火交货状态的钢材硬度 HBW	试样淬火硬度		
				淬火温度/℃	冷却剂	洛氏硬度 HRC≥
2-1	T31219	9SiCr	197～241①	820～860	油	62
2-2	T30108	8MnSi	≤229	800～820	油	60
2-3	T30200	Cr06	187～241	780～810	水	64
2-4	T31200	Cr2	179～229	830～860	油	62
2-5	T31209	9Cr2	179～217	820～850	油	62
2-6	T30800	W	187～229	800～830	水	62

① 根据需方要求，并在合同中注明，制造螺纹刃具用钢为 HBW187～229。

表 2-91　耐冲击工具用钢交货状态的硬度值和试样的淬火硬度值

序号	统一数字代号	牌号	退火交货状态的钢材硬度 HBW	试样淬火硬度		
				淬火温度/℃	冷却剂	洛氏硬度 HRC≥
3-1	T40294	4CrW2Si	179～217	860～900	油	53
3-2	T40295	5CrW2Si	207～255	860～900	油	55
3-3	T40296	6CrW2Si	229～285	860～900	油	57
3-4	T40356	6CrMnSi2Mo1V①	≤229	667℃±15℃预热，885℃（盐浴）或900℃（炉控气氛）±6℃加热，保温5～15min油冷，58～204℃回火		58
3-5	T40355	5Cr3MnSiMo1V①	≤235	667℃±15℃预热，941℃（盐浴）或955℃（炉控气氛）±6℃加热，保温5～15min油冷，56～204℃回火		56
3-6	T40376	6CrW2SiV	≤225	870～910	油	58

注：保温时间指试样达到加热温度后保持的时间。
① 试样在盐浴中保持时间为 5min，在炉控气氛中保持时间为 5～15min。

表 2-92 轧辊用钢交货状态的硬度值和试样的淬火硬度值

序号	统一数字代号	牌号	退火交货状态的钢材硬度 HBW	试样淬火硬度		
				淬火温度/℃	冷却剂	洛氏硬度 HRC≥
4-1	T42239	9Cr2V	≤229	830~900	空气	64
4-2	T42309	9Cr2Mo	≤229	830~900	空气	64
4-3	T42319	9Cr2MoV	≤229	880~900	空气	64
4-4	T42518	8Cr3NiMoV	≤269	900~920	空气	64
4-5	T42519	9Cr5NiMoV	≤269	930~950	空气	64

表 2-93 冷作模具用钢交货状态的硬度值和试样的淬火硬度值

序号	统一数字代号	牌号	退火交货状态的钢材硬度 HBW	试样淬火硬度		
				淬火温度/℃	冷却剂	洛氏硬度 HRC≥
5-1	T20019	9Mn2V	≤229	780~810	油	62
5-2	T20299	9CrWMn	197~241	800~830	油	62
5-3	T21290	GrWMn	207~255	800~830	油	62
5-4	T20250	MnCrMV	≤255	790~820	油	62
5-5	T21347	7CrMn2Mo	≤235	820~870	空气	61
5-6	T21355	5Cr8MoVSi	≤229	1000~1050	油	59
5-7	T21357	7CrSiMnMoV	≤235	870~900℃油冷或空冷，150℃±10℃回火空冷		60
5-8	T21350	Cr8Mo2SiV	≤255	1020~1040	油或空气	62
5-9	T21320	Cr4W2MoV	≤269	960~980或1020~1040	油	60
5-10	T21386	6Cr4W3Mo2VN①	≤255	1100~1160	油	60
5-11	T21836	6W6Mo5Cr4V	≤269	1180~1200	油	60
5-12	T21830	W6Mo5Cr4V2①	≤255	730~840℃预热，1210~1230℃（盐浴或控制气氛）加热，保温5~15min油冷，540~560℃回火两次（盐浴或控制气氛），每次2h		64（盐浴）63（炉控气氛）
5-13	T21209	Cr8	≤255	920~980	油	63
5-14	T21200	Cr12	217~269	950~1000	油	60
5-15	T21290	Cr12W	≤255	950~980	油	60
5-16	T21317	7Cr7Mo2V2Si	≤255	1100~1150	油或空气	60

（续）

序号	统一数字代号	牌号	退火交货状态的钢材硬度 HBW	试样淬火硬度		
				淬火温度/℃	冷却剂	洛氏硬度 HRC≥
5-17	T21318	Cr5Mo1V①	≤255	790℃±15℃预热，940℃（盐浴）或950℃（炉控气氛）±6℃加热，保温5~15min油冷；200℃±6℃回火一次，2h		60
5-18	T21319	Cr12MoV	207~255	950~1000	油	58
5-19	T21310	Cr12Mo1V1②	≤255	820℃±15℃预热，1000℃（盐浴）±6℃或1010℃（炉控气氛）±6℃加热，保温10~20min空冷，200℃±6℃回火一次，2h		59

注：保温时间指试样达到加热温度后保持的时间。

① 试样在盐浴中保持时间为5min，在炉控气氛中保持时间为5~15min。

② 试样在盐浴中保持时间为10min；在炉控气氛中保持时间为10~20min。

表2-94 热作模具用钢交货状态的硬度值和试样的淬火硬度值

序号	统一数字代号	牌号	退火交货状态的钢材硬度 HBW	试样淬火硬度①		
				淬火温度/℃	冷却剂	洛氏硬度 HRC
6-1	T22345	5CrMnMo	197~241	820~850	油	②
6-2	T22505	5CrNiMo	197~241	830~860	油	②
6-3	T23504	4CrNi4Mo	≤285	840~870	油或空气	②
6-4	T23514	4Cr2NiMoV	≤220	910~960	油	②
6-5	T23515	5CrNi2MoV	≤255	850~880	油	②
6-6	T23535	5Cr2NiMoVSi	≤255	960~1010	油	②
6-7	T42208	8Cr3	207~255	850~880	油	②
6-8	T23274	4Cr5W2VSi	≤229	1030~1050	油或空气	②
6-9	T23273	3Cr2W8V	≤255	1075~1125	油	②
6-10	T23352	4Cr5MoSiV①	≤229	790℃±15℃预热，1010℃（盐浴）或1020℃（炉控气氛）1020℃±6℃加热，保温5~15min油冷，550℃±6℃回火两次回火，每次2h		②
6-11	T23353	4Cr5MoSiV1①	≤229	790℃±15℃预热，1000℃（盐浴）或1010℃（炉控气氛）±6℃加热，保温5~15min油冷，550℃±6℃回火两次回火，每次2h		②

续表

序号	统一数字代号	牌号	退火交货状态的钢材硬度 HBW	试样淬火硬度①		
				淬火温度/℃	冷却剂	洛氏硬度 HRC
6-12	T23354	4Cr3Mo3SiV①	≤229	790℃±15℃预热,1010℃(盐浴)或1020℃(炉控气氛)1020℃±6℃加热,保温5~15min油冷,550℃±6℃回火两次回火,每次2h		②
6-13	T23355	5Cr4Mo3SiMnVA1	≤255	1090~1120	②	②
6-14	T23364	4CrMnSiMoV	≤255	870~930	油	②
6-15	T23375	5Cr5WMoSi	≤248	990~1020	油	②
6-16	T23324	4Cr5MoWVSi	≤235	1000~1030	油或空气	②
6-17	T23323	3Cr3Mo3W2V	≤255	1060~1130	油	②
6-18	T23325	5Cr4W5Mo2V	≤269	1100~1150	油	②
6-19	T23314	4Cr5Mo2V	≤220	1000~1030	油	②
6-20	T23313	3Cr3Mo3V	≤229	1010~1050	油	②
6-21	T23314	4Cr5Mo3V	≤229	1000~1030	油或空气	②
6-22	T23393	3Cr3Mo3VCo3	≤229	1000~1050	油	②

注：保温时间指试样达到加热温度后保持的时间。

① 试样在盐浴中保持时间为5min；在炉控气氛中保持时间为5~15min。

② 根据需方要求，并在合同中注明，可提供实测值。

表2-95 塑料模具用钢交货状态的硬度值和试样的淬火硬度值

序号	统一数字代号	牌号	交货状态的钢材硬度		试样淬火硬度		
			退火硬度 HBW≤	预硬化硬度 HRC	淬火温度/℃	冷却剂	洛氏硬度 HRC ≥
7-1	T10450	SM45	热轧交货状态硬度 155~215		—	—	—
7-2	T10500	SM50	热轧交货状态硬度 165~225		—	—	—
7-3	T10550	SM55	热轧交货状态硬度 170~230		—	—	—
7-4	T25303	3Cr2Mo	235	28~36	850~880	油	52
7-5	T25553	3Cr2MnNiMo	235	30~36	830~870	油或空气	48
7-6	T25344	4Cr2Mn1MoS	235	28~36	830~870	油	51
7-7	T25378	8Cr2MnWMoVS	235	40~48	860~900	空气	62
7-8	T25515	5CrNiMnMoVSCa	255	35~45	860~920	油	62
7-9	T25512	2CrNiMoMnV	235	30~38	850~930	油或空气	48
7-10	T25572	2CrNi3MoAl	—	38~43	—	—	—
7-11	T25611	1Ni3MnCuMoAl	—	38~42	—	—	—
7-12	A64060	06Ni6CrMoVTiAl	255	43~48	850~880℃固溶,油或空冷 500~540℃时效,空冷		实测

（续）

序号	统一数字代号	牌号	交货状态的钢材硬度		试样淬火硬度		
			退火硬度 HBW≤	预硬化硬度 HRC	淬火温度/℃	冷却剂	洛氏硬度 HRC ≥
7-13	A64000	00Ni18Co8Mo5TiAl	协议	协议	805～825℃ 固溶，空冷 460～530℃ 时效，空冷		协议
7-14	S42023	2Cr13	220	30～36	1000～1050	油	45
7-15	S42043	4Cr13	235	30～36	1050～1100	油	50
7-16	T25444	4Cr13NiVSi	235	30～36	1000～1030	油	50
7-17	T25402	2Cr17Ni2	285	28～32	1000～1050	油	49
7-18	T25303	3Cr17Mo	285	33～38	1000～1040	油	46
7-19	T25513	3Cr17NiMoV	285	33～38	1030～1070	油	50
7-20	S44093	9Cr18	255	协议	1000～1050	油	55
7-21	S46993	9Cr18MoV	269	协议	1050～1075	油	55

表 2-96　特殊用途模具用钢交货状态的硬度值和试样的淬火硬度值

序号	统一数字代号	牌号	交货状态的钢材硬度	试样淬火硬度	
			退火硬度 HBW	热处理制度	洛氏硬度 HRC ≥
8-1	T26377	7Mn15Cr2Al3V2WMo	—	1170～1190℃ 固溶，水冷 650～700℃ 时效，空冷	45
8-2	S31049	2Cr25Ni20Si2	—	1040～1150℃ 固溶，水或空冷	①
8-3	S51740	0Cr17Ni4Cu4Nb	协议	1020～1060℃ 固溶，空冷 470～630℃ 时效，空冷	①
8-4	H21231	Ni25Cr15Ti2MoMn	≤300	950～980℃ 固溶，水或空冷 720℃ +620℃ 时效，空冷	①
8-5	H07718	Ni53Cr19Mo3TiNb	≤300	980～1000℃ 固溶，水、油或空冷 710～730℃ 时效，空冷	①

① 根据需方要求，并在合同中注明，可提供实测值。

(3) 各牌号的主要特点及用途（表2-97~表2-104）

表2-97　刃具模具用钢非合金的主要特点及用途

序号	统一数字代号	牌号	主要特点及用途
1-1	T00070	T7	亚共析钢,具有较好的塑性、韧性和强度,以及一定的硬度,能承受震动和冲击负荷,但切削性能力差。用于制造承受冲击负荷不大,且要求具有适当硬度和耐磨性极较好韧性的工具
1-2	T00080	T8	淬透性、韧性均优于T10钢,耐磨性也较高,但淬火加热容易过热,变形也大,塑性和强度比较低,大、中截面模具易残存网状碳化物,适用于制作小型拉拔、拉伸、挤压模具
1-3	T01080	T8Mn	共析钢,具有较高的淬透性和硬度,但塑性和强度较低。用于制造断面较大的木工工具、手锯锯条、刻印工具、铆钉冲模、煤矿用凿等
1-4	T00090	T9	过共析钢,具有较高的强度,但塑性和强度较低。用于制造要求较高硬度且有一定韧性的各种工具,如刻印工具、铆钉冲模、冲头、木工工具、凿岩工具等
1-5	T00100	T10	性能较好的非合金工具钢,耐磨性也较高,淬火时过热敏感性小,经适当热处理可得到较高强度和一定韧性,适合制作要求耐磨性较高而受冲击载荷较小的模具
1-6	T00110	T11	过共析钢,具有较好的综合力学性能(如硬度、耐磨性和韧性等),在加热时对晶粒长大和形成碳化物网的敏感性小。用于制造在工作时切削刃口不变热的工具,如锯、丝锥、锉刀、刮刀、扩孔钻、板牙、尺寸不大和断面无急剧变化的冷冲模及木工刀具等
1-7	T00120	T12	过共析钢,由于含碳量高,淬火后仍有较多的过剩碳化物,所以硬度和耐磨性高,但韧性低,且淬火变形大。不适于制造切削速度高和受冲击负荷的工具,用于制造不受冲击负荷、切削速度不高、切削刃口不变热的工具,如车刀、铣刀、钻头、丝锥、锉刀、刮刀、扩孔钻、板牙、及断面尺寸小的冷切边模和冲孔模等
1-8	T00130	T13	过共析钢,由于含碳量高,淬火后有更多的过剩碳化物,所以硬度更高,但韧性更差,又由于碳化物数量增加且分布不均匀,故力学性能较差,不适于制造切削速度较高和受冲击负荷的工具,用于制造不受冲击负荷,但要求极高硬度的金属切削工具,如剃刀、刮刀、拉丝工具、锉刀、刻纹用工具,以及坚硬岩石加工用工具和雕刻用工具等

表2-98　量具刃具用钢的主要特点及用途

序号	统一数字代号	牌号	主要特点及用途
2-1	T31219	9SiCr	比铬钢具有更高的淬透性和淬硬性,且回火稳定性好。适宜制造形状复杂、变形小、耐磨性要求高的低速切削刃具,如钻头、螺纹工具、手动铰刀、搓丝板及滚丝轮等;也可以制作冷作模具(如冲模、打印模等),冷轧辊,矫正辊以及细长杆件

（续）

序号	统一数字代号	牌号	主要特点及用途
2-2	T30108	8MnSi	在T8钢基础上同时加入Si、Mn元素形成的低合金工具钢，具有较高的回火稳定性、较高的淬透性和耐磨性，热处理变形也较非合金工具钢小，适宜制造木工工具、冷冲模及冲头；也可制造冷加工用的模具
2-3	T30200	Cr06	在非合金工具钢基础上添加一定量的Cr，淬透性和耐磨性较非合金工具钢高，冷加工塑性变形和切削加工性能较好，适宜制造木工工具，也可制造简单冷加工模具，如冲孔模、冷压模等
2-4	T31200	Cr2	在T10的基础上添加一定量的Cr，淬透性提高，硬度、耐磨性也比非合金工具钢高，接触疲劳强度也高，淬火变形小。适宜制造木工工具、冷冲模及冲头，也用于制作中小尺寸冷作模具
2-5	T31209	9Cr2	与Cr2钢性能基本相似，但韧性好于Cr2钢。适宜制造木工工具、冷轧辊、冷冲模及冲头、钢印冲孔模等
2-6	T30800	W	在非合金工具钢基础上添加一定量的W，热处理后具有更高的硬度和耐磨性，且过热敏感性小，热处理变形小，回火稳定性好等特点。适宜制造小型麻花钻头，也可用于制造丝锥、锉刀、板牙，以及温度不高、切削速度不快的工具

表2-99　耐冲击工具用钢的主要特点及用途

序号	统一数字代号	牌号	主要特点及用途
3-1	T40294	4CrW2Si	在铬硅钢的基础上添加一定量的钨，具有一定的淬透性和高温强度，适宜制造高冲击载荷下操作的工具，如风动工具、冲裁切边复合模、冲模、冷切用的剪刀等冲剪工具，以及部分小型热作模具
3-2	T40295	5CrW2Si	在铬硅钢的基础上添加一定量的钨，具有一定的淬透性和高温强度。适宜制造冷剪金属的刀片、铲搓丝板的铲刀、冷冲裁和切边的凹模，以及长期工作的木工工具等
3-3	T40296	6CrW2Si	在铬硅钢的基础上添加一定量的钨，淬火硬度较高，有一定的高温强度。适宜制造承受冲击载荷而有要求耐磨性高的工具，如风动工具、凿子和模具，冷剪机刀片，冲裁切边用凹槽，空气锤用工具等
3-4	T40356	5CrMnSi2Mo1V	相当于ASTM A681中S5钢。具有较高的淬透性和耐磨性、回火稳定性，钢种淬火温度较低，模具使用过程很少发生崩刃和断裂，适宜制造在高冲击荷载下操作的工具、冲模、冷冲裁切边用凹模等
3-5	T40355	5Cr3MnSiMo1	相当于ASTM A681中S7钢。淬透性较好，有较高的强度和回火稳定性，综合性能良好。适宜制造在较高温度、高冲击载荷下工作的刀具、冲模，也可用于制造锤锻模具

（续）

序号	统一数字代号	牌号	主要特点及用途
3-6	T40376	6CrW2SiV	中碳油淬型耐冲击冷作工具钢，具有良好的耐冲击和耐磨损性能的配合，同时具有良好的抗疲劳性能和高的尺寸稳定性，适宜制作刀片、冷成型工具和精密冲裁模以及热冲孔工具等

表 2-100　轧辊用钢的主要特点及用途

序号	统一数字代号	牌号	主要特点及用途
4-1	T42239	9Cr2V	2%Cr系列，高碳含量保证轧辊有高硬度；加铬，可增加钢的淬透性；加钒，可提高钢的耐磨性和细化钢的晶粒。适宜制作冷轧工作辊、支承辊等
4-2	T42309	9Cr2Mo	2%Cr系列，高碳含量保证轧辊有高硬度，加铬、钼可增加钢的淬透性和耐磨性。该类钢锻造性能良好，控制较低的终锻温度与合适的变形量可细化晶粒，消除沿晶界分布的网状碳化物，并使其均匀分布，适宜制作冷轧工作辊、支承辊和矫正辊
4-3	T42319	9Cr2MoV	2%Cr系列，但综合性能优于9Cr2系列钢。若采用电渣重熔工艺生产，其辊坯的性能更优良。适宜制造冷轧工作辊、支承辊和矫正辊
4-4	T42518	8Cr3NiMoV	3%Cr系列，经淬火及冷处理后的淬硬层深度可达30mm左右。用于制作冷轧工作辊，使用寿命高于含2%铬钢
4-5	T42519	9Cr5NiMoV	即MC5钢，淬透性高，其成品轧辊单边的淬硬层可达35~40mm（≥HSD85），耐磨性好，适宜制造要求淬硬层深，轧制条件恶劣，抗事故性高的冷轧辊

表 2-101　冷作模具用钢的主要特点及用途

序号	统一数字代号	牌号	主要特点及用途
5-1	T20019	9Mn2V	具有较高的硬度和耐磨性，淬火时变形较小，淬透性好。适宜制造各种精密量具、样板，也可用于制造尺寸较小的冲模及冷压模、雕刻模、落料模等，以及机床的丝杆等结构件
5-2	T20299	9CrWMn	具有一定的淬透性和耐磨性，淬火变形较小，碳化物分布均匀且颗粒细小，适宜制作截面不大而变形复杂的冷冲模

（续）

序号	统一数字代号	牌号	主要特点及用途
5-3	T21290	CrWMn	油淬钢，由于钨形成碳化物，在淬火和低温回火后比9SiCr钢具有更多的过剩碳化物，更高的硬度和耐磨性和较好的韧性。但该钢对形成碳化物网较敏感，若有网状碳化物的存在，工模具的刃部有剥落的危险，从而降低工模具的使用寿命。有碳化物网的钢必须根据其严重程度进行锻造或正火。适宜制作丝锥、板牙、铰刀、小型冲模等
5-4	T20250	MnCrWV	国际广泛采用的高碳低合金油淬钢，具有较高的淬透性，热处理变形小，硬度高，耐磨性较好。适宜制作钢板冲裁模，剪切刀，落料模，量具和热固性塑料成型模等
5-5	T21347	7CrMn2Mo	空淬钢，热处理变形小，适宜制作需要接近尺寸公差的制品如修边模、塑料模、压弯工具、冲切模和精压模等
5-6	T21355	5Cr8MoVSi	ASTM A681 中 A8 钢的改良钢种，具有良好淬透性、韧性、热处理尺寸稳定性。适宜制作硬度在 HRC55～60 的冲头和冷锻模具。也可用于制作非金属刀具材料
5-7	T21357	7CrSiMnMoV	火焰淬火钢，淬火温度范围宽，淬透性良好，空冷即可淬硬，硬度达到 HRC62～64，具有淬火操作方便，成本低，过热敏感性小，空冷变形小等优点，适宜制作汽车冷弯模具
5-8	T21350	Cr8Mo2SiV	高韧性、高耐磨性钢，具有高的淬透性和耐磨性，淬火时尺寸变化小等特点，适宜制作冷剪切模、切边模、滚边模、量规、拉丝模、搓丝板、冷冲模等
5-9	T21320	Cr4W2MoV	具有较高的淬透性、淬硬性、耐磨性和尺寸稳定性，适宜制作各种冲模、冷镦模、落料模、冷挤凹模及搓丝板等工模具
5-10	T21386	6Cr4W3Mo2VNb	即 65Nb 钢。加入铌以提高钢的强韧性和改善工艺性。适宜制作冷挤压、厚板冷冲、冷镦等承受较大载荷的冷作模具，也可用于制作温热挤压模具
5-11	T21836	6W6Mo5Cr4V	低碳型高速钢，较 W6Mo5Cr4V2 的碳、钒含量均低，具有较高的韧性，用于冷作模具钢，主要用于制作钢铁材料冷挤压模具
5-12	T21830	W6Mo5Cr4V2	钨钼系高速钢的代表牌号。具有韧性高，热塑好，耐磨性、红硬性高等特点。用于冷作模具钢，适宜制作各种类型的工具，大型热塑成型的刀具；还可以制作高负荷下耐磨性零件，如冷挤压模具，温挤压模具等
5-13	T21209	Cr8	具有较好的淬透性和高的耐磨性，适宜制作要求耐磨性较高的各类冷作模具钢，与 Cr12 相比具有较好的韧性

（续）

序号	统一数字代号	牌号	主要特点及用途
5-14	T21200	Cr12	相当于ASTM A681中D3钢，具有良好的耐磨性，适宜制作受冲击负荷较小的要求较高耐磨的冷冲模及冲头、冷剪切刀、钻套、量规、拉丝模等
5-15	T21290	Cr12W	莱氏体钢。具有较高的耐磨性和淬透性，但塑性、韧性较低。适宜制作高强度、高耐磨性，且受热不大于300~400℃的工模具，如钢板深拉伸模、拉丝模，螺纹搓丝板、冷冲模、剪切刀、锯条等
5-16	T21317	7Cr7Mo2V2Si	比Cr12钢和W6Mo5Cr4V2钢具有更高的强度和韧性，更好地耐磨性，且冷热加工的工艺性能优良，热处理变形小，通用性强，适宜制作承受高负荷的冷挤压模具，冷镦模具、冷冲模具等
5-17	T21318	Cr5Mo1V	空淬钢，具有良好的空淬特性，耐磨性介于高碳油淬模具钢和高碳高铬耐磨型模具钢之间，但其韧性较好，通用性强，特别适宜制作既要求好的耐磨性又要求好的韧性工模具，如下料模和成型模、轧辊、冲头、压延模和滚丝模等
5-18	T21319	Cr12MoV	莱氏体钢。具有高的淬透性和耐磨性，淬火时尺寸变化小，比Cr12钢的碳化物分布均匀和较高的韧性。适宜制作形状复杂的冲孔模、冷剪切刀、拉伸模、拉丝模、搓丝板、冷挤压模、量具等
5-19	T21310	Cr12Mo1V1	莱氏体钢。具有高的淬透性、淬硬性和高的耐磨性；高温抗氧化性能好，热处理变形小；适宜制作各种高精度、长寿命的冷作模具、刃具和量具，如形状复杂的冲孔凹模、冷挤压模、滚丝轮、搓丝板、冷剪切刀和精密量具等

表2-102　热作模具用钢的主要特点及用途

序号	统一数字代号	牌号	主要特点及用途
6-1	T22345	5CrMnMo	具有与5CrNiMo相似的性能，淬透性较5CrNiMo略差，在高温下工作，耐热疲劳性逊于5CrNiMo，适宜制作要求具有较高强度和高耐磨性的各种类型的锻模
6-2	T22505	5CrNiMo	具有良好的韧性、强度和较高的耐磨性，在加热到500℃时仍能保持硬度在HBW300左右。由于含有Mo元素，钢对回火脆性不敏感，适宜制作各种大、中型锻模
6-3	T23504	4CrNi4Mo	具有良好的淬透性、韧性和抛光性能，可空冷硬化。适宜制作热作模具和塑料模具，也可用于制作部分冷作模具

（续）

序号	统一数字代号	牌号	主要特点及用途
6-4	T23514	4Cr2NiMoV	5CrMnMo 钢的改进型，具有较高的室温强度及韧性，较好的回火稳定性、淬透性及抗热疲劳性能。适宜制作热锻模具
6-5	T23515	5CrNi2MoV	与 5CrNiMo 钢类似，具有良好的淬透性和热稳定性。适宜制作大型锻压模具和热剪
6-6	T23535	5Cr2NiMoVSi	具有良好的淬透性和热稳定性。适宜制作各种大型热锻模
6-7	T23208	8Cr3	具有一定的室温、高温力学性能。适宜制作热冲孔模的冲头，热切边模的凹模镶块，热顶锻模、热弯曲模，以及工作温度低于 500℃、受冲击较小且要求耐磨的工作零件，如热剪刀片等。也可用于制作冷轧工作辊
6-8	T23274	4Cr5W2VSi	压铸模用钢，在中温下具有较高的热强度、硬度、耐磨性、韧性和较好的热疲劳性能，可空冷硬化。适宜制作热挤压用的模具和芯棒，铅、锌等轻金属的压铸模，热顶锻结构钢和耐热钢用的工具，以及成型某些零件用的高速锤锻模
6-9	T23273	3Cr2W8V	在高温下具有高的强度和硬度（650℃ 时硬度 HBW300 左右），抗冷热交变疲劳性能较好，但韧性较差。适宜制作高温下高应力、但不受冲击载荷的凸模、凹模，如平锻机上用的凸凹模、镶块、铜合金挤压模、压铸用模具；也可用来制作同时承受大压应力、弯应力、拉应力的模具，如反挤压模具等；还可以制作高温下受力的热金属切刀等
6-10	T23352	4Cr5MoSiV	具有良好的韧性、热强性和热疲劳性能，可空冷硬化。在较低的奥氏体化温度下空淬，热处理变形小，空淬时产生的氧化皮倾向较小，且可以抵抗熔融铝的冲蚀作用。适宜制作铝压铸模、热挤压模和穿孔芯棒、塑料模等
6-11	T23353	4Cr5MoSiV1	压铸模用钢，相当于 ASTM A681 中 H13 钢，具有良好的韧性和较好的热强性、热疲劳性能和一定的耐磨性。可空冷淬硬，热处理变形小。适宜制作铝、铜及其合金铸件用的压铸模，热挤压模、穿孔用的工具、芯棒、压机锻模、塑料模等
6-12	T22354	4Cr3Mo3SiV	相当于 ASTM A581 中 H10 钢，具有非常好的淬透性，很高的韧性和高温强度。适宜制作热挤压模、热冲模、热锻模、压铸模等

（续）

序号	统一数字代号	牌号	主要特点及用途
6-13	T23355	5Cr4Mo3SiMnVAl	热作、冷作兼用的模具钢。具有较高的热强性、高温硬度、抗回火稳定性，并具有较好的耐磨性、抗热疲劳性、韧性和热加工塑性。模具工作温度可达700℃，抗氧化性好。用于热作模具钢时，其高温强度和热疲劳性能优于3Cr2W8V钢。用于冷作模具钢时，比Cr12型和低合金模具钢具有较高的韧性。主要用于轴承行业的热挤压模和标准件行业的冷镦模
6-14	T23364	4CrMnSiMoV	低合金大截面热锻模用钢，具有良好的淬透性、较高的热强性、耐热疲劳性能，耐磨性和韧性，较好抗回火性能和冷热加工性能等特点。主要用于制作5CrNiMo钢不能满足要求的、大型锤锻模和机锻模
6-15	T23375	5Cr5WMoSi	具有良好淬透性和韧性、热处理尺寸稳定性好和中等的耐磨性，适宜制作硬度在HRC55~60的冲头。也适宜制作冷作模具、非金属刀具材料
6-16	T23324	4Cr5MoWVSi	具有良好的韧性和热强性。可空冷硬化，热处理变形小，空淬时产生的氧化皮倾向较小，而且可以抵抗熔融铝的冲蚀作用。适宜制作铝压铸模、锻压模、热挤压模和穿孔芯棒等
6-17	T23323	3Cr3Mo3W2V	ASTM A681中H10改进型钢种，具有高的强韧性和抗冷热疲劳性能，热稳定性好，适宜制作热挤压模、热冲模、热锻模、压铸模等
6-18	T23325	5Cr4W5Mo2V	具有较高的回火抗力和热稳定性，高的热强性、高温硬度和耐磨性，但其韧性和抗热疲劳性能低于4Cr5MoSiV1钢。适宜制作对高温强度和抗磨损性能有较高要求的热作模具，可替代3Cr2W8V
6-19	T23314	4Cr5Mo2V	4Cr5MoSiV1改进型钢，具有良好的淬透性、韧性、热强性、耐热疲劳性，热处理变形小等特点。适宜制作铝、铜及其合金的压铸模具，热挤压模、穿孔用的工具、芯棒
6-20	T23313	3Cr3Mo3V	具有较高热强性和韧性，良好的抗回火稳定性和疲劳性能。适宜制作镦锻模、热挤压模和压铸模等
6-21	T23314	4Cr5Mo3V	具有良好的高温强度、良好的抗回火稳定性和高抗热疲劳性。适宜制作热挤压模、温锻模和压铸模具和其他的热成型模具
6-22	T23393	3Cr3Mo3VCo3	具有高的热强性、良好的回火稳定性和耐抗热疲劳性等特点。适宜制作热挤压模、温锻模和压铸模具

表 2-103　塑料模具用钢的主要特点及用途

序号	统一数字代号	牌号	主要特点及用途
7-1	T10450	SM45	非合金塑料模具钢，切削加工性能好，淬火后具有较高的硬度，调质处理后具有良好的强韧性和一定的耐磨性，适宜制作中、小型的中、低档次的塑料模具
7-2	T10500	SM50	非合金塑料模具钢，切削加工性能好，适宜制作形状简单的小型塑料模具或精度要求不高、使用寿命不需要很长的塑料模具等，但焊接性能、冷变形性能差
7-3	T10550	SM55	非合金塑料模具钢，切削加工性能中等。适宜制作成形状简单的小型塑料模具或精度要求不高、使用寿命较短的塑料模具
7-4	T25303	3Cr2Mo	预硬型钢，相当于 ASTM A681 中的 P20 钢，其综合性能好，淬透性高，较大的截面钢材也可获得均匀的硬度，并且同时具有很好的抛光性能，模具表面光洁度高
7-5	T25553	3Cr2MnNiMo	预硬型钢，相当于瑞典 ASSAB 公司的 718 钢，其综合力学性能好，淬透性高，大截面钢材在调质处理后具有较均匀的硬度分布，有很好的抛光性能
7-6	T25344	4Cr2Mn1MoS	易切削预硬化型钢，其使用性能与 3Cr2MnNiMo 相似，但具有更优良的机械加工性能
7-7	T25378	8Cr2MnWMoVS	预硬化型易切削钢，适宜制作各种类型的塑料模、胶木模、陶土瓷料模以及印制板的冲孔模。由于淬火硬度高，耐磨性好，综合力学性能好，热处理变形小，也可用于制作精密的冷冲模具等
7-8	T25515	5CrNiMnMoVSCa	预硬化型易切削钢，钢中加入 S 元素改善钢的切削加工工艺性能，加入 Ca 元素主要是改善硫化物的组织形态，改善钢的力学性能，降低钢的各向异性。适宜制作各种类型的精密注塑模具、压塑模具和橡胶模具
7-9	T25512	2CrNiMoMnV	预硬化型镜面塑料模具钢，是 3Cr2MnNiMo 钢的改进型，其淬透性高、硬度均匀，并具有良好的抛光性能、电火花加工性能和蚀花（皮纹加工）性能，适用于渗氮处理，适宜制作大中型镜面塑料模具
7-10	T25572	2CrNi3MoAl	时效硬化钢。由于固溶处理工序是在切削加工制成模具之前进行的，从而避免了模具的淬火变形，因而模具的热处理变形小，综合力学性能好，适宜制作复杂、精密的塑料模具

（续）

序号	统一数字代号	牌号	主要特点及用途
7-11	T25611	1Ni3MnCuMoAl	即10Ni3MnCuAl，一种镍铜铝系时效硬化型钢，其淬透性好，热处理变形小，镜面加工性能好，适宜制作高镜面的塑料模具、高外观质量的家用电器塑料模具
7-12	A64060	06Ni6CrMoVTiAl	低合金马氏体时效钢，简称C6Ni钢，经固溶处理（也可在粗加工后进行）后，硬度为HRC25～28。在机械加工成所需要的模具形状和经钳工修整及抛光后，再进行时效处理。使硬度明显增加，模具变形小，可直接使用，保证模具有高的精度和使用寿命
7-13	A64000	00Ni18Co8Mo5TiAl	沉淀硬化型超高强度钢，简称18Ni(250)钢，具有高强韧性，低硬化指数，良好成形性和焊接性。适宜制作铝合金挤压模和铸件模、精密模具及冷冲模等工模具等
7-14	S42023	2Cr13	耐腐蚀型钢，属于Cr13型不锈钢，机械加工性能较好，经热处理后具有优良的耐腐蚀性能，较好的强韧性，适宜制作承受高负荷并在腐蚀介质作用下的塑料模具钢和透明塑料制品模具等
7-15	S42043	4Cr13	耐腐蚀型钢，属于Cr13型不锈钢，力学性能较好，经热处理（淬火及回火）后，具有优良的耐腐蚀性能、抛光性能、较高的强度和耐磨性，适宜制作承受高负荷并在腐蚀介质作用下的塑料模具钢和透明塑料制品模具等
7-16	T25444	4Cr13NiVSi	耐腐蚀预硬化型钢，属于Cr13型不锈钢，淬回火硬度高，有超镜面加工性，可预硬至HRC31～35，镜面加工性好。适宜制作要求高精度、高耐磨、高耐蚀塑料模具；也用于制作透明塑料制品模具
7-17	T25402	2Cr17Ni2	耐腐蚀预硬化型钢，具有好的抛光性能；在玻璃模具的应用中具有好的抗氧化性。适宜制作耐腐蚀塑料模具，并且不用采用Cr、Ni涂层
7-18	T25303	3Cr17Mo	耐腐蚀预硬化型钢，属于Cr17型不锈钢，具有优良的强韧性和较高的耐蚀性，适宜制作各种类型的要求高精度、高耐磨，又要求耐蚀性的塑料模具和透明塑料制品模具
7-19	T25518	3Cr17NiMoV	耐腐蚀预硬化型钢，属于Cr17型不锈钢，具有优良的强韧性和较高的耐蚀性，适宜制作各种要求高精度、高耐磨，又要求耐蚀的塑料模具和压制透明的塑料制品模具
7-20	S44093	9Cr18	耐腐蚀、耐磨型钢，属于高碳马氏体钢，淬火后具有很高的硬度和耐磨性，较Cr17型马氏体钢的耐蚀性能有所改善，在大气、水及某些酸类和盐类的水溶液中有优良的不锈耐蚀性。适宜制作要求耐蚀、高强度和耐磨损的零部件，如轴、杆类、弹簧、紧固件等

（续）

序号	统一数字代号	牌号	主要特点及用途
7-21	S46993	9Cr18MoV	耐腐蚀、耐磨型钢，属于高碳铬不锈钢，基本性能和用途与9Cr18钢相近，但热强性和抗回火性能更好。适宜制作承受摩擦并在腐蚀介质中工作的零件，如量具、不锈钢片机械刃具及剪切工具、手术刀片、高耐磨设备零件等

表 2-104 特殊用模具用钢的主要特点及用途

序号	统一数字代号	牌号	主要特点及用途
8-1	T26377	7Mn15Cr2Al3V2WMo	一种高Mn-V系无磁钢，在各种状态下都能保持稳定的奥氏体，具有非常低的磁导率，高的硬度、强度，较好的耐磨性。适宜制作无磁模具、无磁轴承及其他要求在强磁场中不产生磁感应的结构零件。也可以用来制造在700~800℃下使用的热作模具
8-2	S31049	2Cr25Ni20Si2	奥氏体型耐热钢，具有较好的抗一般耐蚀性能。最高使用温度可达1200℃。连续使用最高温度为1150℃；间歇使用最高温度为1050~1100℃。适宜制作加热炉的各种构件，也用于制造玻璃模具等
8-3	S51740	0Cr17Ni4Cu4Nb	马氏体沉淀硬化不锈钢。含碳量低，其抗腐蚀性和可焊性比一般马氏体不锈钢好。此钢耐酸性能好、切削性好、热处理工艺简单。在400℃以上长期使用时有脆化倾向，适宜制作工作温度400℃以下，要求耐酸蚀性、高强度的部件；也适宜制作在腐蚀介质作用下要求高性能、高精密的塑料模具等
8-4	H21231	Ni25Cr15Ti2MoMn	即GH2132B，Fe-25Ni-15Cr基时效强化型高温合金，加入钼、钛、铝、钒和微量硼综合强化，特点是高温耐磨性好，高温抗变形能力强，高温抗氧化性能优良，无缺口敏感性，热疲劳性能优良，适宜制作在650℃以下长期工作的高温承力部件和热作模具，如铜排模，热挤压模和内筒等
8-5	H07718	Ni53Cr19Mo3TiNb	即In718合金，以体心四方的γ''相和面心立方的γ'相沉淀强化的镍基高温合金，在合金中加入铝、钛以形成金属间化合物进行γ'(Ni3AlTi)相沉淀强化。具有高温强度高，高温稳定性好，抗氧化性好，冷热疲劳性能及冲击韧性优异等特点，适宜制作600℃以上使用的热锻模、冲头、热挤压模、压铸模等

2. 高速工具钢（GB/T 9943—2008）

（1）牌号和化学成分

1）牌号和化学成分（熔炼分析），见表2-105。

表 2-105 高速工具钢牌号和化学成分

序号	统一数字代号	牌号[①]	化学成分(质量分数,%)									
			C	Mn	Si[②]	S[③]	P	Cr	V	W	Mo	Co
1	T63342	W3Mo3Cr4V2	0.95~1.03	≤0.40	≤0.45	≤0.030	≤0.030	3.80~4.50	2.20~2.50	2.70~3.00	2.50~2.90	—
2	T64340	W4Mo3Cr4VSi	0.83~0.93	0.20~0.40	0.70~1.00	≤0.030	≤0.030	3.80~4.40	1.20~1.80	3.50~4.50	2.50~3.50	—
3	T51841	W18Cr4V	0.73~0.83	0.10~0.40	0.20~0.40	≤0.030	≤0.030	3.80~4.50	1.00~1.20	17.20~18.70	—	—
4	T62841	W2Mo8Cr4V	0.77~0.87	≤0.40	≤0.70	≤0.030	≤0.030	3.50~4.50	1.00~1.40	1.40~2.00	8.00~9.00	—
5	T62942	W2Mo9Cr4V2	0.95~1.05	0.15~0.40	≤0.70	≤0.030	≤0.030	3.50~4.50	1.75~2.20	1.50~2.10	8.20~9.20	—
6	T66541	W6Mo5Cr4V2	0.80~0.90	0.15~0.40	0.20~0.45	≤0.030	≤0.030	3.80~4.40	1.75~2.20	5.50~6.75	4.50~5.50	—
7	T66542	CW6Mo5Cr4V2	0.86~0.94	0.15~0.40	0.20~0.45	≤0.030	≤0.030	3.80~4.50	1.75~2.10	5.90~6.70	4.70~5.20	—
8	T66642	W6Mo6Cr4V2	1.00~1.10	≤0.40	≤0.45	≤0.030	≤0.030	3.80~4.50	2.30~2.60	5.90~6.70	5.50~6.50	—
9	T69341	W9Mo3Cr4V	0.77~0.87	0.20~0.40	0.20~0.40	≤0.030	≤0.030	3.80~4.40	1.30~1.70	8.50~9.50	2.70~3.30	—
10	T66543	W6Mo5Cr4V3	1.15~1.25	0.15~0.40	0.20~0.45	≤0.030	≤0.030	3.80~4.50	2.70~3.20	5.90~6.70	4.70~5.20	—
11	T66545	CW6Mo5Cr4V3	1.25~1.32	0.15~0.40	≤0.70	≤0.030	≤0.030	3.75~4.50	2.70~3.20	5.90~6.70	4.70~5.20	—

（续）

序号	统一数字代号	牌号①	化学成分(质量分数,%)									
			C	Mn	Si②	S③	P	Cr	V	W	Mo	Co
12	T66544	W6Mo5Cr4V4	1.25~1.40	≤0.40	≤0.45	≤0.030	≤0.030	3.80~4.50	3.70~4.20	5.20~6.00	4.20~5.00	—
13	T66546	W6Mo5Cr4V2Al	1.05~1.15	0.15~0.40	0.20~0.60	≤0.030	≤0.030	3.80~4.40	1.75~2.20	5.50~6.75	4.50~5.50	Al:0.80~1.20
14	T71245	W12Cr4V5Co5	1.50~1.60	0.15~0.40	0.15~0.40	≤0.030	≤0.030	3.75~5.00	4.50~5.25	11.75~13.00	—	4.75~5.25
15	T76545	W6Mo5Cr4V2Co5	0.87~0.95	0.15~0.40	0.20~0.45	≤0.030	≤0.030	3.80~4.50	1.70~2.10	5.90~6.70	4.70~5.20	4.50~5.00
16	T76438	W6Mo5Cr4V3Co8	1.23~1.33	≤0.40	≤0.70	≤0.030	≤0.030	3.80~4.50	2.70~3.20	5.90~6.70	4.70~5.30	8.00~8.80
17	T77445	W7Mo4Cr4V2Co5	1.05~1.15	0.20~0.60	0.15~0.50	≤0.030	≤0.030	3.75~4.50	1.75~2.25	6.25~7.00	3.25~4.25	4.75~5.75
18	T72948	W2Mo9Cr4VCo8	1.05~1.15	0.15~0.40	0.15~0.65	≤0.030	≤0.030	3.5~4.25	0.95~1.35	1.15~1.85	9.00~10.00	7.75~8.75
19	T71010	W10Mo4Cr4V3Co10	1.20~1.35	≤0.40	≤0.45	≤0.030	≤0.030	3.80~4.50	3.00~3.50	9.00~10.00	3.20~3.90	9.50~10.50

注：1. 钢中残余铜含量应不大于 0.25%，残余镍含量应不大于 0.30%；

2. 在钨系高速钢中，钼含量允许到 1.0%。钨钼二者关系，当钼含量超过 0.30%时，钨含量应减少，在钼含量超过 0.30%的部分，每 1%的钼代替 1.8%的钨，在这种情况下，在牌号的后面加上 “Mo”。

3. 各含量数值均为质量分数。

① 表中牌号 W18Cr4V、W12Cr4V5Co5 为钨系高速工具钢，其他牌号为钨钼系高速工具钢。

② 电渣钢的硅含量下限不限。

③ 根据需方要求，为改善钢的切削加工性能，其 $w(S)$ 可规定为 0.06%~0.15%。

2）化学成分允许偏差见表2-106。

表2-106 高速工具钢化学成分允许偏差（质量分数,%）

元素	规定化学成分上限值	允许偏差	元素	规定化学成分上限值	允许偏差
C	—	±0.01	Mo	≤6	±0.05
Cr	—	±0.05		>6	±0.10
W	≤10	±0.10	Co	—	±0.15
	>10	±0.20	Si	—	±0.05
V	≤2.5	±0.05	Mn	—	+0.04
	>2.5	±0.10			

（2）硬度（交货状态钢棒的硬度及试样淬、回火硬度，见表2-107）

表2-107 高速工具钢的硬度

序号	牌号	交货硬度①（退火态）HBW≤	试样热处理制度及淬、回火硬度					
			预热温度/℃	淬火温度/℃		淬火介质	回火温度②/℃	硬度③ HRC ≤
				盐浴炉	箱式炉			
1	W3Mo3Cr4V2	255	800~900	1180~1120	1180~1120	油或盐浴	540~560	63
2	W4Mo3Cr4VSi	255		1170~1190	1170~1190		540~560	63
3	W18Cr4V	255		1250~1270	1260~1280		550~570	63
4	W2Mo8Cr4V	255		1180~1120	1180~1120		550~570	63
5	W2Mo9Cr4V2	255		1190~1210	1200~1220		540~560	64
6	W6Mo5Cr4V2	255		1200~1220	1210~1230		540~560	64
7	CW6Mo5Cr4V2	255		1190~1210	1200~1220		540~560	64
8	W6Mo6Cr4V2	262		1190~1210	1190~1210		550~570	64
9	W9Mo3Cr4V	255		1200~1220	1220~1240		540~560	64
10	W6Mo5Cr4V3	262		1190~1210	1200~1220		540~560	64
11	CW6Mo5Cr4V3	262		1180~1200	1190~1210		540~560	64
12	W6Mo5Cr4V4	269		1200~1220	1200~1220		550~570	64
13	W6Mo5Cr4V2Al	269		1200~1220	1230~1240		550~570	65
14	W12Cr4V5Co5	277		1220~1240	1230~1250		540~560	65
15	W6Mo5Cr4V2Co5	269		1190~1210	1200~1220		540~560	64
16	W6Mo5Cr4V3Co8	285		1170~1190	1170~1190		550~570	65
17	W7Mo4Cr4V2Co5	269		1180~1200	1190~1210		540~560	66
18	W2Mo9Cr4VCo8	269		1170~1190	1180~1200		540~560	66
19	W10Mo4Cr4V3Co10	285		1220~1240	1220~1240		550~570	66

① 退火+冷拉态的硬度，允许比退火态指标增加50HBW。

② 回火温度为550~570℃时，回火2次，每次1h；回火温度为540~560℃时，回火2次，每次2h。

③ 试样淬、回火硬度供方若能保证可不检验。

六、特种钢及专用钢

1. 不锈钢（GB/T 1220—2007）

（1）牌号和化学成分

1）奥氏体型不锈钢的牌号和化学成分见表 2-108。

表 2-108　奥氏体型不锈钢牌号和化学成分

GB/T 20878—2007 中序号	统一数字代号	新牌号	旧牌号	化学成分(质量分数,%)										
				C	Si	Mn	P	S	Ni	Cr	Mo	Cu	N	其他元素
1	S35350	12Cr17Mn6Ni5N	1Cr17Mn6Ni5N	0.15	1.00	5.50~7.50	0.050	0.030	3.50~5.50	16.00~18.00	—	—	0.05~0.25	—
3	S35450	12Cr18Mn9Ni5N	1Cr18Mn8Ni5N	0.15	1.00	7.50~10.00	0.050	0.030	4.00~6.00	17.00~19.00	—	—	0.05~0.25	—
9	S30110	12Cr17Ni7	1Cr17Ni7	0.15	1.00	2.00	0.045	0.030	6.00~8.00	16.00~18.00	—	—	0.10	—
13	S30210	12Cr18Ni9	1Cr18Ni9	0.15	1.00	2.00	0.045	0.030	8.00~10.00	17.00~19.00	—	—	0.10	—
15	S30317	Y12Cr18Ni9	Y1Cr18Ni9	0.15	1.00	2.00	0.20	≥0.15	8.00~10.00	17.00~19.00	(0.60)	—	—	—
16	S30327	Y12Cr18Ni9Se	Y1Cr18Ni9Se	0.15	1.00	2.00	0.20	0.060	8.00~10.00	17.00~19.00	—	—	—	Se≥0.15
17	S30408	06Cr19Ni10	0Cr18Ni9	0.08	1.00	2.00	0.045	0.030	8.00~11.00	18.00~20.00	—	—	—	—
18	S30403	022Cr19Ni10	00Cr19Ni10	0.030	1.00	2.00	0.045	0.030	8.00~12.00	18.00~20.00	—	—	—	—
22	S30488	06Cr18Ni9Cu3	0Cr18Ni9Cu3	0.08	1.00	2.00	0.045	0.030	8.50~10.50	17.00~19.00	—	3.00~4.00	—	—

（续）

GB/T 20878—2007 中序号	统一数字代号	新牌号	旧牌号	化学成分(质量分数,%) C	Si	Mn	P	S	Ni	Cr	Mo	Cu	N	其他元素
23	S30458	06Cr19Ni10N	0Cr19Ni9N	0.08	1.00	2.00	0.045	0.030	8.00~11.00	18.00~20.00	—	—	0.10~0.16	—
24	S30478	06Cr19Ni9NbN	0Cr19Ni10NbN	0.08	1.00	2.00	0.045	0.030	7.50~10.50	18.00~20.00	—	—	0.15~0.30	Nb0.15
25	S30453	022Cr19Ni10N	00Cr18Ni10N	0.030	1.00	2.00	0.045	0.030	8.00~11.00	18.00~20.00	—	—	0.10~0.16	—
26	S30510	10Cr18Ni12	1Cr18Ni12	0.12	1.00	2.00	0.045	0.030	10.50~13.00	17.00~19.00	—	—	—	—
32	S30908	06Cr23Ni13	0Cr23Ni13	0.08	1.00	2.00	0.045	0.030	12.00~15.00	22.00~24.00	—	—	—	—
35	S31008	06Cr25Ni20	0Cr25Ni20	0.08	1.50	2.00	0.045	0.030	19.00~22.00	24.00~26.00	—	—	—	—
38	S31608	06Cr17Ni12Mo2	0Cr17Ni12Mo2	0.08	1.00	2.00	0.045	0.030	10.00~14.00	16.00~18.00	2.00~3.00	—	—	—
39	S31603	022Cr17Ni12Mo2	00Cr17Ni14Mo2	0.030	1.00	2.00	0.045	0.030	10.00~14.00	16.00~18.00	2.00~3.00	—	—	—
41	S31668	06Cr17Ni12Mo2Ti	0Cr18Ni12Mo3Ti	0.08	1.00	2.00	0.045	0.030	10.00~14.00	16.00~18.00	2.00~3.00	—	—	Ti≥5C
43	S31658	06Cr17Ni12Mo2N	0Cr17Ni12Mo2N	0.08	1.00	2.00	0.045	0.030	10.00~13.00	16.00~18.00	2.00~3.00	—	0.10~0.16	—
44	S31653	022Cr17Ni12Mo2N	00Cr17Ni13Mo2N	0.030	1.00	2.00	0.045	0.030	10.00~13.00	16.00~18.00	2.00~3.00	—	0.10~0.16	—
45	S31688	06Cr18Ni12Mo2Cu2	0Cr18Ni12Mo2Cu2	0.08	1.00	2.00	0.045	0.030	10.00~14.00	17.00~19.00	1.20~2.75	1.00~2.50	—	—

（续）

GB/T 20878—2007 中序号	统一数字代号	新牌号	旧牌号	化学成分（质量分数，%）										
				C	Si	Mn	P	S	Ni	Cr	Mo	Cu	N	其他元素
46	S31683	022Cr18Ni14Mo2Cu2	00Cr18Ni14Mo2Cu2	0.030	1.00	2.00	0.045	0.030	12.00~16.00	17.00~19.00	1.20~2.75	1.00~2.50	—	—
49	S31708	06Cr19Ni13Mo3	0Cr19Ni13Mo3	0.08	1.00	2.00	0.045	0.030	11.00~15.00	18.00~20.00	3.00~4.00	—	—	—
50	S31703	022Cr19Ni13Mo3	00Cr19Ni13Mo3	0.030	1.00	2.00	0.045	0.030	11.00~15.00	18.00~20.00	3.00~4.00	—	—	—
52	S31794	03Cr18Ni16Mo5	0Cr18Ni16Mo5	0.04	1.00	2.50	0.045	0.030	15.00~17.00	16.00~19.00	4.00~6.00	—	—	—
55	S32168	06Cr18Ni11Ti	0Cr18Ni10Ti	0.08	1.00	2.00	0.045	0.030	9.00~12.00	17.00~19.00	—	—	—	Ti5C~0.70
62	S34778	06Cr18Ni11Nb	0Cr18Ni11Nb	0.08	1.00	2.00	0.045	0.030	9.00~12.00	17.00~19.00	—	—	—	Nb10C~1.10
64	S38148	06Cr18Ni13Si4①	0Cr18Ni13Si4①	0.08	3.00~5.00	2.00	0.045	0.030	11.50~15.00	15.00~20.00	—	—	—	—

注：表中所列成分除标明范围或最小值外，其余均为最大值。括号内数值为可加入或允许含有的最大值。

① 必要时，可添加本表以外的合金元素。

2）奥氏体-铁素体型不锈钢的牌号和化学成分见表 2-109。

表 2-109　奥氏体-铁素体型不锈钢的牌号和化学成分

GB/T 20878—2007 中序号	统一数字代号	新牌号	旧牌号	化学成分（质量分数，%）										
				C	Si	Mn	P	S	Ni	Cr	Mo	Cu	N	其他元素
67	S21860	14Cr18Ni11Si4AlTi	1Cr18Ni11Si4AlTi	0.10~0.18	3.40~4.00	0.80	0.035	0.030	10.00~12.00	17.50~19.50	—	—	—	Ti0.40~0.70 Al0.10~0.30

（续）

GB/T 20878—2007 中序号	统一数字代号	新牌号	旧牌号	化学成分（质量分数，%）										
				C	Si	Mn	P	S	Ni	Cr	Mo	Cu	N	其他元素
68	S21953	022Cr19Ni5Mo3Si2N	00Cr18Ni5Mo3Si2	0.030	1.30~2.00	1.00~2.00	0.035	0.030	4.50~5.50	18.00~19.50	2.50~3.00	—	0.05~0.12	—
70	S22253	022Cr22Ni5Mo3N	—	0.030	1.00	2.00	0.030	0.020	4.50~6.50	21.00~23.00	2.50~3.50	—	0.08~0.20	—
71	S22053	022Cr23Ni5Mo3N	—	0.030	1.00	2.00	0.030	0.020	4.50~6.50	22.00~23.00	3.00~3.50	—	0.14~0.20	—
73	S22553	022Cr25Ni6Mo2N	—	0.030	1.00	2.00	0.035	0.030	5.50~6.50	24.00~26.00	1.20~2.50	—	0.10~0.20	—
75	S25554	03Cr25Ni6Mo3Cu2N	—	0.04	1.00	1.50	0.035	0.030	4.50~6.50	24.00~27.00	2.90~3.90	1.50~2.50	0.10~0.25	—

注：表中所列成分除标明范围或最小值外，其余均为最大值。

3）铁素体型不锈钢的牌号和化学成分见表2-110。

表2-110 铁素体型不锈钢的牌号和化学成分

GB/T 20878—2007 中序号	统一数字代号	新牌号	旧牌号	化学成分（质量分数，%）										
				C	Si	Mn	P	S	Ni	Cr	Mo	Cu	N	其他元素
78	S11348	06Cr13Al	0Cr13Al	0.08	1.00	1.00	0.040	0.030	(0.60)	11.50~14.50	—	—	—	Al 0.10~0.30
83	S11203	022Cr12	00Cr12	0.030	1.00	1.00	0.040	0.030	(0.60)	11.00~13.50	—	—	—	—
85	S11710	10Cr17	1Cr17	0.12	1.00	1.00	0.040	0.030	(0.60)	16.00~18.00	—	—	—	—

（续）

GB/T 20878—2007 中序号	统一数字代号	新牌号	旧牌号	化学成分(质量分数,%)										
				C	Si	Mn	P	S	Ni	Cr	Mo	Cu	N	其他元素
86	S11717	Y10Cr17	Y1Cr17	0.12	1.00	1.25	0.060	≥0.15	(0.60)	16.00~18.00	(0.60)	—	—	—
88	S11790	10Cr17Mo	1Cr17Mo	0.12	1.00	1.00	0.040	0.030	(0.60)	16.00~18.00	0.75~1.25	—	—	—
94	S12791	008Cr27Mo①	00Cr27Mo①	0.010	0.40	0.40	0.030	0.020	—	25.00~27.50	0.75~1.50	—	0.015	—
95	S13091	008Cr30Mo2①	00Cr30Mo2①	0.010	0.40	0.40	0.030	0.020	—	28.50~32.00	1.50~2.50	—	0.015	—

注：表中所列成分除标明范围或最小值外，其余均为最大值。括号内数值为可加入或允许含有的最大值。

① 允许含有小于或等于0.50%（质量分数）镍，小于或等于0.20%（质量分数）铜，而$w(Ni)+w(Cu)\leqslant 0.50\%$，必要时，可添加本表以外的合金元素。

4）马氏体型不锈钢的牌号和化学成分见表2-111。

表2-111 马氏体型不锈钢的牌号和化学成分

GB/T 20878—2007 中序号	统一数字代号	新牌号	旧牌号	化学成分(质量分数,%)										
				C	Si	Mn	P	S	Ni	Cr	Mo	Cu	N	其他元素
96	S40310	12Cr12	1Cr12	0.15	0.50	1.00	0.040	0.030	(0.60)	11.50~13.00	—	—	—	—
97	S41008	06Cr13	0Cr13	0.08	1.00	1.00	0.040	0.030	(0.60)	11.50~13.50	—	—	—	—
98	S41010	12Cr13①	1Cr13①	0.08~0.15	1.00	1.00	0.040	0.030	(0.60)	11.50~13.50	—	—	—	—

（续）

GB/T 20878—2007 中序号	统一数字代号	新牌号	旧牌号	化学成分（质量分数，%）										
				C	Si	Mn	P	S	Ni	Cr	Mo	Cu	N	其他元素
100	S41617	Y12Cr13	Y1Cr13	0.15	1.00	1.25	0.060	≥0.15	(0.60)	12.00~14.00	(0.60)	—	—	—
101	S42020	20Cr13	2Cr13	0.16~0.25	1.00	1.00	0.040	0.030	(0.60)	12.00~14.00	—	—	—	—
102	S42030	30Cr13	3Cr13	0.26~0.35	1.00	1.00	0.040	0.030	(0.60)	12.00~14.00	—	—	—	—
103	S42037	Y30Cr13	Y3Cr13	0.26~0.35	1.00	1.25	0.060	≥0.15	(0.60)	12.00~14.00	(0.60)	—	—	—
104	S42040	40Cr13	4Cr13	0.36~0.45	0.60	0.80	0.040	0.030	(0.60)	12.00~14.00	—	—	—	—
106	S43110	14Cr17Ni2	1Cr17Ni2	0.11~0.17	0.80	0.80	0.040	0.030	1.50~2.50	16.00~18.00	—	—	—	—
107	S43120	17Cr16Ni2	—	0.12~0.22	1.00	1.50	0.040	0.030	1.50~2.50	15.00~17.00	—	—	—	—
108	S44070	68Cr17	7Cr17	0.60~0.75	1.00	1.00	0.040	0.030	(0.60)	16.00~18.00	(0.75)	—	—	—
109	S44080	85Cr17	8Cr17	0.75~0.95	1.00	1.00	0.040	0.030	(0.60)	16.00~18.00	(0.75)	—	—	—
110	S44096	108Cr17	11Cr17	0.95~1.20	1.00	1.00	0.040	0.030	(0.60)	16.00~18.00	(0.75)	—	—	—
111	S44097	Y108Cr17	Y11Cr17	0.95~1.20	1.00	1.25	0.060	≥0.15	(0.60)	16.00~18.00	(0.75)	—	—	—

（续）

GB/T 20878—2007 中序号	统一数字代号	新牌号	旧牌号	化学成分（质量分数，%）										
				C	Si	Mn	P	S	Ni	Cr	Mo	Cu	N	其他元素
112	S44090	95Cr18	9Cr18	0.90~1.00	0.80	0.80	0.040	0.030	(0.60)	17.00~19.00	—	—	—	—
115	S45710	13Cr13Mo	1Cr13Mo	0.08~0.18	0.60	1.00	0.040	0.030	(0.60)	11.50~14.00	0.30~0.60	—	—	—
116	S45830	32Cr13Mo	3Cr13Mo	0.28~0.35	0.80	1.00	0.040	0.030	(0.60)	12.00~14.00	0.50~1.00	—	—	—
117	S45990	102Cr17Mo	9Cr18Mo	0.95~1.10	0.80	0.80	0.040	0.030	(0.60)	16.00~18.00	0.40~0.70	—	—	—
118	S46990	90Cr18MoV	9Cr18MoV	0.85~0.95	0.80	0.80	0.040	0.030	(0.60)	17.00~19.00	1.00~1.30	—	—	V0.07~0.12

注：表中所列成分除标明范围或最小值外，其余均为最大值。括号内数值为可加入或允许含有的最大值。

① 相对于 GB/T 20878—2007 调整成分牌号。

5）沉淀硬化型不锈钢的牌号和化学成分见表 2-112。

表 2-112　沉淀硬化型不锈钢的牌号和化学成分

GB/T 20878—2007 中序号	统一数字代号	新牌号	旧牌号	化学成分（质量分数，%）										
				C	Si	Mn	P	S	Ni	Cr	Mo	Cu	N	其他元素
136	S51550	05Cr15Ni5Cu4Nb	—	0.07	1.00	1.00	0.040	0.030	3.50~5.50	14.00~15.50	—	2.50~4.50	—	Nb 0.15~0.45
137	S51740	05Cr17Ni4Cu4Nb	0Cr17Ni4Cu4Nb	0.07	1.00	1.00	0.040	0.030	3.00~5.00	15.00~17.50	—	3.00~5.00	—	Nb 0.15~0.45

（续）

GB/T 20878—2007 中序号	统一数字代号	新牌号	旧牌号	化学成分(质量分数,%)										
				C	Si	Mn	P	S	Ni	Cr	Mo	Cu	N	其他元素
138	S51770	07Cr17Ni7Al	0Cr17Ni7Al	0.09	1.00	1.00	0.040	0.030	6.50~7.75	16.00~18.00	—	—	—	Al 0.75~1.50
139	S51570	07Cr15Ni7Mo2Al	0Cr15Ni7Mo2Al	0.09	1.00	1.00	0.040	0.030	6.50~7.75	14.00~16.00	2.00~3.00	—	—	Al 0.75~1.50

注：表中所列成分除标明范围或最小值外，其余均为最大值。

（2）力学性能（见表 2-113~表 2-117）

表 2-113　经固溶处理（见 GB/T 1220—2007 表 A.1）的奥氏体型钢棒或试样的力学性能①

GB/T 20878—2007 中序号	统一数字代号	新牌号	旧牌号	规定非比例延伸强度 $R_{p0.2}$②/MPa	抗拉强度 R_m/MPa	断后伸长率 A(%)	断面收缩率 Z③(%)	硬度②		
								HBW	HRB	HV
				≥				≤		
1	S35350	12Cr17Mn6Ni5N	1Cr17Mn6Ni5N	275	520	40	45	241	100	253
3	S35450	12Cr18Mn9Ni5N	1Cr18Mn8Ni5N	275	520	40	45	207	95	218
9	S30110	12Cr17Ni7	1Cr17Ni7	205	520	40	60	187	90	200
13	S30210	12Cr18Ni9	1Cr18Ni9	205	520	40	60	187	90	200
15	S30317	Y12Cr18Ni9	Y1Cr18Ni9	205	520	40	50	187	90	200
16	S30327	Y12Cr18Ni9Se	Y1Cr18Ni9Se	205	520	40	50	187	90	200
17	S30408	06Cr19Ni10	0Cr18Ni9	205	520	40	60	187	90	200
18	S30403	022Cr19Ni10	00Cr19Ni10	175	480	40	60	187	90	200
22	S30488	06Cr18Ni9Cu3	0Cr18Ni9Cu3	175	480	40	60	187	90	200

（续）

GB/T 20878—2007中序号	统一数字代号	新 牌 号	旧 牌 号	规定非比例延伸强度 $R_{p0.2}$②/MPa	抗拉强度 R_m/MPa	断后伸长率 A（%）	断面收缩率 Z③（%）	硬度②		
								HBW	HRB	HV
				≥				≤		
23	S30458	06Cr19Ni10N	0Cr19Ni9N	275	550	35	50	217	95	220
24	S30478	06Cr19Ni9NbN	0Cr19Ni10NbN	345	685	35	50	250	100	260
25	S30453	022Cr19Ni10N	00Cr18Ni10N	245	550	40	50	217	95	220
26	S30510	10Cr18Ni12	1Cr18Ni12	175	480	40	60	187	90	200
32	S30908	06Cr23Ni13	0Cr23Ni13	205	520	40	60	187	90	200
35	S31008	06Cr25Ni20	0Cr25Ni20	205	520	40	50	187	90	200
38	S31608	06Cr17Ni12Mo2	0Cr17Ni12Mo2	205	520	40	60	187	90	200
39	S31603	022Cr17Ni12Mo2	00Cr17Ni14Mo2	175	480	40	60	187	90	200
41	S31668	06Cr17Ni12Mo2Ti	0Cr18Ni12Mo3Ti	205	530	40	55	187	90	200
43	S31658	06Cr17Ni12Mo2N	0Cr17Ni12Mo2N	275	550	35	50	217	95	220
44	S31653	022Cr17Ni12Mo2N	00Cr17Ni13Mo2N	245	550	40	50	217	95	220
45	S31688	06Cr18Ni12Mo2Cu2	0Cr18Ni12Mo2Cu2	205	520	40	60	187	90	200
46	S31683	022Cr18Ni14Mo2Cu2	00Cr18Ni14Mo2Cu2	175	480	40	60	187	90	200
49	S31708	06Cr19Ni13Mo3	0Cr19Ni13Mo3	205	520	40	60	187	90	200
50	S31703	022Cr19Ni13Mo3	00Cr19Ni13Mo3	175	480	40	60	187	90	200
52	S31794	03Cr18Ni16Mo5	0Cr18Ni16Mo5	175	480	40	45	187	90	200
55	S32168	06Cr18Ni11Ti	0Cr18Ni10Ti	205	520	40	50	187	90	200
62	S34778	06Cr18Ni11Nb	0Cr18Ni11Nb	205	520	40	50	187	90	200
64	S38148	06Cr18Ni13Si4	0Cr18Ni13Si4	205	520	40	60	207	95	218

① 本表仅适用于直径、边长、厚度或对边距离小于或等于 180mm 的钢棒。大于 180mm 的钢棒，可改锻成 180mm 的样坯检验，或由供需双方协商，规定允许降低其力学性能的数值。

② 规定非比例延伸强度和硬度，仅当需方要求时（合同中注明）才进行测定，且供方可根据钢棒的尺寸或状态任选一种方法测定硬度。

③ 扁钢不适用，但需方要求时，由供需双方协商。

表 2-114 经固溶处理的（见 GB/T 1220—2007 中表 A.2）奥氏体-铁素体型钢棒或试样的力学性能①

GB/T 20878—2007 中序号	统一数字代号	新牌号	旧牌号	规定非比例延伸强度 $R_{p0.2}$② /MPa	抗拉强度 R_m /MPa	断后伸长率 A（%）	断面收缩率 Z③（%）	冲击吸收功 A_{ku2}④ /J	硬度② HBW	硬度② HRB	硬度② HV
				≥					≤		
67	S21860	14Cr18Ni11Si4AlTi	1Cr18Ni11Si4AlTi	440	715	25	40	63	—	—	—
68	S21953	022Cr19Ni5Mo3Si2N	00Cr18Ni5Mo3Si2	390	590	20	40	—	290	30	300
70	S22253	022Cr22Ni5Mo3N	—	450	620	25	—	—	290	—	—
71	S22053	022Cr23Ni5Mo3N	—	450	655	25	—	—	290	—	—
73	S22553	022Cr25Ni6Mo2N	—	450	620	20	—	—	260	—	—
75	S25554	03Cr25Ni6Mo3Cu2N	—	550	750	25	—	—	290	—	—

① 本表仅适用于直径、边长、厚度或对边距离小于或等于 75mm 的钢棒。大于 75mm 的钢棒，可改锻成 75mm 的样坯检验或由供需双方协商，规定允许降低其力学性能的数值。

② 规定非比例延伸强度和硬度，仅当需方要求时（合同中注明）才进行测定，且供方可根据钢棒的尺寸或状态任选一种方法测定硬度。

③ 扁钢不适用，但需方要求时，由供需双方协商确定。

④ 直径或对边距离小于等于 16mm 的圆钢、六角钢、八角钢和边长或厚度小于等于 12mm 的方钢、扁钢不做冲击试验。

表 2-115 经退火处理的（见 GB/T 1220—2007 中表 A.3）铁素体型钢棒或试样的力学性能①

GB/T 20878—2007 中序号	统一数字代号	新牌号	旧牌号	规定非比例延伸强度 $R_{p0.2}$② /MPa	抗拉强度 R_m /MPa	断后伸长率 A（%）	断面收缩率 Z③（%）	冲击吸收功 A_{ku2}④ /J	硬度② HBW
				≥					≤
78	S11348	06Cr13Al	0Cr13Al	175	410	20	60	78	183
83	S11203	022Cr12	00Cr12	195	360	22	60	—	183

（续）

GB/T 20878—2007 中序号	统一数字代号	新牌号	旧牌号	规定非比例延伸强度 $R_{p0.2}$②/MPa	抗拉强度 R_m/MPa	断后伸长率 A（%）	断面收缩率 Z③（%）	冲击吸收功 A_{ku2}④/J	硬度② HBW
				≥					≤
85	S11710	10Cr17	1Cr17	205	450	22	50	—	183
86	S11717	Y10Cr17	Y1Cr17	205	450	22	50	—	183
88	S11790	10Cr17Mo	1Cr17Mo	205	450	22	60	—	183
94	S12791	008Cr27Mo	00Cr27Mo	245	410	20	45	—	219
95	S13091	008Cr30Mo2	00Cr30Mo2	295	450	20	45	—	228

① 本表仅适用于直径、边长、厚度或对边距离小于或等于 75mm 的钢棒。大于 75mm 的钢棒，可改锻成 75mm 的样坯检验或由供需双方协商，规定允许降低其力学性能的数值。

② 规定非比例延伸强度和硬度，仅当需方要求时（合同中注明）才进行测定。

③ 扁钢不适用，但需方要求时，由供需双方协商确定。

④ 直径或对边距离小于等于 16mm 的圆钢、六角钢、八角钢和边长或厚度小于等于 12mm 的方钢、扁钢不做冲击试验。

表 2-116　经热处理的马氏体型钢棒或试样的力学性能①

GB/T 20878—2007 中序号	统一数字代号	新牌号	旧牌号	组别	经淬火回火（见 GB/T 1220—2007 中表 A.4）后试样的力学性能和硬度							退火后钢棒的硬度③ HBW
					规定非比例延伸强度 $R_{p0.2}$②/MPa	抗拉强度 R_m/MPa	断后伸长率 A（%）	断面收缩率 Z②（%）	冲击吸收功 A_{ku2}④/J	硬度 HBW	硬度 HRC	
					≥							≤
96	S40310	12Cr12	1Cr12		390	590	25	55	118	170	—	200
97	S41008	06Cr13	0Cr13		345	490	24	60	—	—	—	183
98	S41010	12Cr13	1Cr13		345	540	22	55	78	159	—	200
100	S41617	Y12Cr13	Y1Cr13		345	540	17	45	55	159	—	200

（续）

GB/T 20878—2007 中序号	统一数字代号	新 牌 号	旧 牌 号	组别	经淬火回火（见 GB/T 1220—2007 中表 A.4）后试样的力学性能和硬度							退火后钢棒的硬度③ HBW
					规定非比例延伸强度 $R_{p0.2}$② /MPa	抗拉强度 R_m /MPa	断后伸长率 A（%）	断面收缩率 Z②（%）	冲击吸收功 A_{ku2}④ /J	硬度 HBW	硬度 HRC	
					≥							≤
101	S42020	20Cr13	2Cr13		440	640	20	50	63	192	—	223
102	S42030	30Cr13	3Cr13		540	735	12	40	24	217	—	235
103	S42037	Y30Cr13	Y3Cr13		540	735	8	35	24	217	—	235
104	S42040	40Cr13	4Cr13		—	—	—	—	—	—	50	235
106	S43110	14Cr17Ni2	1Cr17Ni2		—	1080	10	—	39	—	—	285
107	S43120	17Cr16Ni2⑤	—	1	700	900~1050	12	45	25(A_{KV})	—	—	295
				2	600	800~950	14					
108	S44070	68Cr17	7Cr17		—	—	—	—	—	—	54	255
109	S44080	85Cr17	8Cr17		—	—	—	—	—	—	56	255
110	S44096	108Cr17	11Cr17		—	—	—	—	—	—	58	269
111	S44097	Y108Cr17	Y11Cr17		—	—	—	—	—	—	58	269
112	S44090	95Cr18	9Cr18		—	—	—	—	—	—	55	255
115	S45710	13Cr13Mo	1Cr13Mo		490	690	20	60	78	192	—	200
116	S45830	32Cr13Mo	3Cr13Mo		—	—	—	—	—	—	50	207
117	S45990	102Cr17Mo	9Cr18Mo		—	—	—	—	—	—	55	269
118	S46990	90Cr18MoV	9Cr18MoV		—	—	—	—	—	—	55	269

① 本表仅适用于直径、边长、厚度或对边距离≤75mm 的钢棒。大于 75mm 的钢棒，可改锻成 75mm 的样坯检验或由供需双方协商，规定允许降低其力学性能的数值。

② 扁钢不适用，但需方要求时，由供需双方协商确定。

③ 采用 750℃退火时，其硬度由供需双方协商。

④ 直径或对边距离小于等于 16mm 的圆钢、六角钢、八角钢和边长或厚度小于等于 12mm 的方钢、扁钢不做冲击试验。

⑤ 17Cr16Ni2 钢的性能组别应在合同中注明，未注明时，由供方自行选择。

表 2-117 沉淀硬化型（见表 GB/T 1220—2007 中 A.5）钢棒或试样的力学性能①

GB/T 20878—2007 中序号	统一数字代号	新牌号	旧牌号	热处理			规定非比例延伸强度 $R_{p0.2}$ /MPa	抗拉强度 R_m /MPa	断后伸长率 A (%)	断面收缩率 Z② (%)	硬度③	
				类型		组别	≥				HBW	HRC
136	S51550	05Cr15Ni5Cu4Nb		固溶处理		0	—	—	—	—	≤363	≤38
				沉淀硬化	480℃时效	1	1180	1310	10	35	≥375	≥40
					550℃时效	2	1000	1070	12	45	≥331	≥35
					580℃时效	3	865	1000	13	45	≥302	≥31
					620℃时效	4	725	930	16	50	≥277	≥28
137	S51740	05Cr17Ni4Cu4Nb	0Cr17Ni4Cu4Nb	固溶处理		0	—	—	—	—	≤363	≤38
				沉淀硬化	480℃时效	1	1180	1310	10	40	≥375	≥40
					550℃时效	2	1000	1070	12	45	≥331	≥35
					580℃时效	3	865	1000	13	45	≥302	≥31
					620℃时效	4	725	930	16	50	≥277	≥28
138	S51770	07Cr17Ni7Al	0Cr17Ni7Al	固溶处理		0	≤380	≤1030	20	—	≤229	—
				沉淀硬化	510℃时效	1	1030	1230	4	10	≥388	—
					565℃时效	2	960	1140	5	25	≥363	—
139	S51570	07Cr15Ni7Mo2Al	0Cr15Ni7Mo2Al	固溶处理		0	—	—	—	—	≤269	—
				沉淀硬化	510℃时效	1	1210	1320	6	20	≥388	—
					565℃时效	2	1100	1210	7	25	≥375	—

① 本表仅适用于直径、边长、厚度或对边距离小于或等于 75mm 的钢棒。大于 75mm 的钢棒，可改锻成 75mm 的样坯检验或由供需双方协商，规定允许降低其力学性能的数值。

② 扁钢不适用，但需方要求时，由供需双方协商确定。

③ 供方可根据钢棒的尺寸或状态任选一种方法测定硬度。

（3）热处理制度（见表2-118～表2-122）

表2-118　奥氏体型不锈钢棒或试样的典型热处理制度

GB/T 20878—2007中序号	统一数字代号	新牌号	旧牌号	固溶处理，温度/℃
1	S35350	12Cr17Mn6Ni5N	1Cr17Mn6Ni5N	1010～1120，快冷
3	S35450	12Cr18Mn9Ni5N	1Cr18Mn8Ni5N	1010～1120，快冷
9	S30110	12Cr17Ni7	1Cr17Ni7	1010～1150，快冷
13	S30210	12Cr18Ni9	1Cr18Ni9	1010～1150，快冷
15	S30317	Y12Cr18Ni9	Y1Cr18Ni9	1010～1150，快冷
16	S30327	Y12Cr18Ni9Se	Y1Cr18Ni9Se	1010～1150，快冷
17	S30408	06Cr19Ni10	0Cr18Ni9	1010～1150，快冷
18	S30403	022Cr19Ni10	00Cr19Ni10	1010～1150，快冷
22	S30488	06Cr18Ni9Cu3	0Cr18Ni9Cu3	1010～1150，快冷
23	S30458	06Cr19Ni10N	0Cr19Ni9N	1010～1150，快冷
24	S30478	06Cr19Ni9NbN	0Cr19Ni10NbN	1010～1150，快冷
25	S30453	022Cr19Ni10N	00Cr18Ni10N	1010～1150，快冷
26	S30510	10Cr18Ni12	1Cr18Ni12	1010～1150，快冷
32	S30908	06Cr23Ni13	0Cr23Ni13	1030～1150，快冷
35	S31008	06Cr25Ni20	0Cr25Ni20	1030～1180，快冷
38	S31608	06Cr17Ni12Mo2	0Cr17Ni12Mo2	1010～1150，快冷
39	S31603	022Cr17Ni12Mo2	00Cr17Ni14Mo2	1010～1150，快冷
41	S31668	06Cr17Ni12Mo2Ti①	0Cr18Ni12Mo3Ti①	1000～1100，快冷
43	S31658	06Cr17Ni12Mo2N	0Cr17Ni12Mo2N	1010～1150，快冷
44	S31653	022Cr17Ni12Mo2N	00Cr17Ni13Mo2N	1010～1150，快冷
45	S31688	06Cr18Ni12Mo2Cu2	0Cr18Ni12Mo2Cu2	1010～1150，快冷
46	S31683	022Cr18Ni14Mo2Cu2	00Cr18Ni14Mo2Cu2	1010～1150，快冷

（续）

GB/T 20878—2007 中序号	统一数字代号	新 牌 号	旧 牌 号	固溶处理，温度/℃
49	S31708	06Cr19Ni13Mo3	0Cr19Ni13Mo3	1010~1150，快冷
50	S31703	022Cr19Ni13Mo3	00Cr19Ni13Mo3	1010~1150，快冷
52	S31794	03Cr18Ni16Mo5	0Cr18Ni16Mo5	1030~1180，快冷
55	S32168	06Cr18Ni11Ti①	0Cr18Ni10Ti①	920~1150，快冷
62	S34778	06Cr18Ni11Nb①	0Cr18Ni11Nb①	980~1150，快冷
64	S38148	06Cr18Ni13Si4	0Cr18Ni13Si4	1010~1150，快冷

① 需方在合同中注明时，可进行稳定化处理，此时的热处理温度为850~930℃。

表 2-119 奥氏体-铁素体型不锈钢棒或试样的典型热处理制度

GB/T 20878—2007 中序号	统一数字代号	新 牌 号	旧 牌 号	固溶处理，温度/℃
67	S21860	14Cr18Ni11Si4AlTi	1Cr18Ni11Si4AlTi	930~1050，快冷
68	S21953	022Cr19Ni5Mo3Si2N	00Cr18Ni5Mo3Si2	920~1150，快冷
70	S22253	022Cr22Ni5Mo3N	—	950~1200，快冷
71	S22053	022Cr23Ni5Mo3N	—	950~1200，快冷
73	S22553	022Cr25Ni6Mo2N	—	950~1200，快冷
75	S25554	03Cr25Ni6Mo3Cu2N	—	1000~1200，快冷

表 2-120 铁素体型不锈钢棒或试样的典型热处理制度

GB/T 20878—2007 中序号	统一数字代号	新 牌 号	旧 牌 号	退火，温度/℃
78	S11348	06Cr13Al	0Cr13Al	780~830，空冷或缓冷
83	S11203	022Cr12	00Cr12	700~820，空冷或缓冷
85	S11710	10Cr17	1Cr17	780~850，空冷或缓冷
86	S11717	Y10Cr17	Y1Cr17	680~820，空冷或缓冷
88	S11790	10Cr17Mo	1Cr17Mo	780~850，空冷或缓冷
94	S12791	008Cr27Mo	00Cr27Mo	900~1050，快冷
95	S13091	008Cr30Mo2	00Cr30Mo2	900~1050，快冷

表 2-121 马氏体型不锈钢棒或试样的典型热处理制度

<table>
<tr><th rowspan="2">GB/T 20878—2007
中序号</th><th rowspan="2">统一数
字代号</th><th rowspan="2">新牌号</th><th rowspan="2">旧牌号</th><th colspan="2">钢棒的热处理制度</th><th colspan="2">试样的热处理制度</th></tr>
<tr><th colspan="2">退火，温度/℃</th><th>淬火，温度/℃</th><th>回火，温度，/℃</th></tr>
<tr><td>96</td><td>S40310</td><td>12Cr12</td><td>1Cr12</td><td colspan="2">800~900 缓冷或约 750 快冷</td><td>950~1000 油冷</td><td>700~750 快冷</td></tr>
<tr><td>97</td><td>S41008</td><td>06Cr13</td><td>0Cr13</td><td colspan="2">800~900 缓冷或约 750 快冷</td><td>950~1000 油冷</td><td>700~750 快冷</td></tr>
<tr><td>98</td><td>S41010</td><td>12Cr13</td><td>1Cr13</td><td colspan="2">800~900 缓冷或约 750 快冷</td><td>950~1000 油冷</td><td>700~750 快冷</td></tr>
<tr><td>100</td><td>S41617</td><td>Y12Cr13</td><td>Y1Cr13</td><td colspan="2">800~900 缓冷或约 750 快冷</td><td>950~1000 油冷</td><td>700~750 快冷</td></tr>
<tr><td>101</td><td>S42020</td><td>20Cr13</td><td>2Cr13</td><td colspan="2">800~900 缓冷或约 750 快冷</td><td>920~980 油冷</td><td>600~750 快冷</td></tr>
<tr><td>102</td><td>S42030</td><td>30Cr13</td><td>3Cr13</td><td colspan="2">800~900 缓冷或约 750 快冷</td><td>920~980 油冷</td><td>600~750 快冷</td></tr>
<tr><td>103</td><td>S42037</td><td>Y30Cr13</td><td>Y3Cr13</td><td colspan="2">800~900 缓冷或约 750 快冷</td><td>920~980 油冷</td><td>600~750 快冷</td></tr>
<tr><td>104</td><td>S42040</td><td>40Cr13</td><td>4Cr13</td><td colspan="2">800~900 缓冷或约 750 快冷</td><td>1050~1100 油冷</td><td>200~300 空冷</td></tr>
<tr><td>106</td><td>S43110</td><td>14Cr17Ni2</td><td>1Cr17Ni2</td><td colspan="2">680~700 高温回火，空冷</td><td>950~1050 油冷</td><td>275~350，空冷</td></tr>
<tr><td rowspan="2">107</td><td rowspan="2">S43120</td><td rowspan="2">17Cr16Ni2</td><td rowspan="2">—</td><td>1</td><td rowspan="2">680~800，
炉冷或空冷</td><td rowspan="2">950~1050
油冷或空冷</td><td>600~650，空冷</td></tr>
<tr><td>2</td><td>750~800+
650~700[①]，空冷</td></tr>
<tr><td>108</td><td>S44070</td><td>68Cr17</td><td>7Cr17</td><td colspan="2">800~920 缓冷</td><td>1010~1070 油冷</td><td>100~180 快冷</td></tr>
<tr><td>109</td><td>S44080</td><td>85Cr17</td><td>8Cr17</td><td colspan="2">800~920 缓冷</td><td>1010~1070 油冷</td><td>100~180 快冷</td></tr>
<tr><td>110</td><td>S44096</td><td>108Cr17</td><td>11Cr17</td><td colspan="2">800~920 缓冷</td><td>1010~1070 油冷</td><td>100~180 快冷</td></tr>
<tr><td>111</td><td>S44097</td><td>Y108Cr17</td><td>Y11Cr17</td><td colspan="2">800~920 缓冷</td><td>1010~1070 油冷</td><td>100~180 快冷</td></tr>
<tr><td>112</td><td>S44090</td><td>95Cr18</td><td>9Cr18</td><td colspan="2">800~920 缓冷</td><td>1000~1050 油冷</td><td>200~300 油、空冷</td></tr>
<tr><td>115</td><td>S45710</td><td>13Cr13Mo</td><td>1Cr13Mo</td><td colspan="2">830~900 缓冷或约 750 快冷</td><td>970~1020 油冷</td><td>650~750 快冷</td></tr>
<tr><td>116</td><td>S45830</td><td>32Cr13Mo</td><td>3Cr13Mo</td><td colspan="2">800~900 缓冷或约 750 快冷</td><td>1025~1075 油冷</td><td>200~300 油、水、空冷</td></tr>
<tr><td>117</td><td>S45990</td><td>102Cr17Mo</td><td>9Cr18Mo</td><td colspan="2">800~900 缓冷</td><td>1000~1050 油冷</td><td>200~300 空冷</td></tr>
<tr><td>118</td><td>S46990</td><td>90Cr18MoV</td><td>9Cr18MoV</td><td colspan="2">800~920 缓冷</td><td>1050~1075 油冷</td><td>100~200 空冷</td></tr>
</table>

① 当镍含量在表 2-92 规定的下限时，允许采用 620~720℃ 单回火制度。

表 2-122 沉淀硬化型不锈钢棒或试样的典型热处理制度

GB/T 20878—2007 中序号	统一数字代号	新牌号	旧牌号	热处理 种类		组别	条件
136	S51550	05Cr15Ni5Cu4Nb	—	固溶处理		0	1020~1060℃,快冷
				沉淀硬化	480℃时效	1	经固溶处理后,470~490℃空冷
					550℃时效	2	经固溶处理后,540~560℃空冷
					580℃时效	3	经固溶处理后,570~590℃空冷
					620℃时效	4	经固溶处理后,610~630℃空冷
137	S51740	05Cr17Ni4Cu4Nb	0Cr17Ni4Cu4Nb	固溶处理		0	1020~1060℃，快冷
				沉淀硬化	480℃时效	1	经固溶处理后,470~490℃空冷
					550℃时效	2	经固溶处理后,540~560℃空冷
					580℃时效	3	经固溶处理后,570~590℃空冷
					620℃时效	4	经固溶处理后,610~630℃空冷
138	S51770	07Cr17Ni7Al	0Cr17Ni7Al	固溶处理		0	1000~1100℃，快冷
				沉淀硬化	510℃时效	1	经固溶处理后，945~965℃保持 10min，空冷到室温，在 24h 内冷却到-73℃±6℃，保持 8h，再加热到 510℃±10℃，保持 1h 后，空冷
					565℃时效	2	经固溶处理后，于 745~775℃保持 90min，在 1h 内冷却到 15℃以下，保持 30min，再加热到 555~575℃保持 90min，空冷
139	S51570	07Cr15Ni7Mo2Al	0Cr15Ni7Mo2Al	固溶处理		0	1000~1100℃，快冷
				沉淀硬化	510℃时效	1	经固溶处理后，945~965℃保持 10min，空冷到室温，在 24h 内冷却到-79~-67℃，保持 8h，再加热到 500~520℃，保持 1h 后，空冷
					565℃时效	2	经固溶处理后，于 745~775℃保持 90min，在 1h 内冷却到 15℃以下，保持 30min，再加热到 555~575℃保持 90min，空冷

(4) 应用（不锈钢的特性与用途，见表2-123）

表2-123 不锈钢的特性与用途

GB/T 20878—2007 中序号	统一数字代号	新牌号	旧牌号	特性与用途
奥氏体型				
1	S35350	12Cr17Mn6Ni5N	1Cr17Mn6Ni5N	节镍钢，性能与12Cr17Ni7（1Cr17Ni7）相近，可代替12Cr17Ni7(1Cr17Ni7)使用。在固溶态无磁，冷加工后具有轻微磁性。主要用于制造旅馆装备、厨房用具、水池、交通工具等
3	S35450	12Cr18Mn9Ni5N	1Cr18Mn8Ni5N	节镍钢，是Cr-Mn-Ni-N型最典型、发展比较完善的钢。在800℃以下具有很好的抗氧化性，且保持较高的强度，可代替12Cr18Ni9(1Cr18Ni9)使用。主要用于制作800℃以下经受弱介质腐蚀和承受负荷的零件，如炊具、餐具等
9	S30110	12Cr17Ni7	1Cr17Ni7	亚稳定奥氏体不锈钢，是最易冷变形强化的钢。经冷加工有高的强度和硬度，并仍保留足够的塑韧性，在大气条件下具有较好的耐蚀性。主要用于以冷加工状态承受较高负荷，又希望减轻装备重量和不生锈的设备和部件，如铁道车辆，装饰板、传送带、紧固件等
13	S30210	12Cr18Ni9	1Cr18Ni9	历史最悠久的奥氏体不锈钢，在固溶态具有良好的塑性、韧性和冷加工性，在氧化性酸和大气、水、蒸汽等介质中耐蚀性也好。经冷加工有高的强度，但伸长率比12Cr17Ni7(1Cr17Ni7)稍差。主要用于对耐蚀性和强度要求不高的结构件和焊接件，如建筑物外表装饰材料；也可用于无磁部件和低温装置的部件。但在敏化态或焊后，具有晶间腐蚀倾向，不宜用作焊接结构材料
15	S30317	Y12Cr18Ni9	Y1Cr18Ni9	12Cr18Ni9(1Cr18Ni9)改进切削性能钢。最适用于快速切削（如自动车床）制作辊、轴、螺栓、螺母等

（续）

GB/T 20878—2007 中序号	统一数字代号	新　牌　号	旧　牌　号	特性与用途
奥氏体型				
16	S30327	Y12Cr18Ni9Se	Y1Cr18Ni9Se	除调整 12Cr18Ni9(1Cr18Ni9)钢的磷、硫含量外，还加入硒，提高 12Cr18Ni9(1Cr18Ni9)钢的切削性能。用于小切削量，也适用于热加工或冷顶锻，如螺钉、铆钉等
17	S30408	06Cr19Ni10	0Cr18Ni9	在 12Cr18Ni9(1Cr18Ni9)钢基础上发展演变的钢，性能类似于 12Cr18Ni9(1Cr18Ni9)钢，但耐蚀性优于 12Cr18Ni9(1Cr18Ni9)钢，可用作薄截面尺寸的焊接件，是应用量最大、使用范围最广的不锈钢。适用于制造深冲成型部件和输酸管道、容器、结构件等，也可以制造无磁、低温设备和部件
18	S30403	022Cr19Ni10	00Cr19Ni10	为解决因 $Cr_{23}C_6$ 析出致使 06Cr19Ni10(0Cr18Ni9)钢在一些条件下存在严重的晶间腐蚀倾向而发展的超低碳奥氏体不锈钢，其敏化态耐晶间腐蚀能力显著优于 06Cr18Ni9(0Cr18Ni9)钢。除强度稍低外，其他性能同 06Cr18Ni9Ti(0Cr18Ni9Ti)钢，主要用于需焊接且焊接后又不能进行固溶处理的耐蚀设备和部件
22	S30488	06Cr18Ni9Cu3	0Cr18Ni9Cu3	在 06Cr19Ni10(0Cr18Ni9)基础上为改进其冷成形性能而发展的不锈钢。铜的加入，使钢的冷作硬化倾向小，冷作硬化率降低，可以在较小的成形力下获得最大的冷变形。主要用于制作冷镦紧固件、深拉等冷成形的部件
23	S30458	06Cr19Ni10N	0Cr19Ni9N	在 06Cr19Ni10(0Cr18Ni9)钢基础上添加氮，不仅防止塑性降低，而且提高钢的强度和加工硬化倾向，改善钢的耐点蚀、晶腐性，使材料的厚度减少。用于有一定耐蚀性要求，并要求较高强度和减轻重量的设备或结构部件

（续）

GB/T 20878—2007 中序号	统一数字代号	新牌号	旧牌号	特性与用途
奥氏体型				
24	S30478	06Cr19Ni9NbN	0Cr19Ni10NbN	在06Cr19Ni10(0Cr18Ni9)钢基础上添加氮和铌，提高钢的耐点蚀和晶间腐蚀性能，具有与06Cr19Ni10N(0Cr19Ni9N)钢相同的特性和用途
25	S30453	022Cr19Ni10N	00Cr18Ni10N	06Cr19Ni10N(0Cr19Ni9N)的超低碳钢。因06Cr19Ni10N(0Cr19Ni9N)钢在450~900℃加热后耐晶间腐蚀性能明显下降，因此对于焊接设备构件，推荐用022Cr19Ni10N(00Cr18Ni10N)钢
26	S30510	10Cr18Ni12	1Cr18Ni12	在12Cr18Ni9(1Cr18Ni9)钢基础上，通过提高钢中镍含量而发展起来的不锈钢。加工硬化性比12Cr18Ni9(1Cr18Ni9)钢低。适宜用于旋压加工、特殊拉拔，如作冷镦钢用等
32	S30908	06Cr23Ni13	0Cr23Ni13	高铬镍奥氏体不锈钢，耐蚀性比06Cr19Ni10（0Cr18Ni9）钢好，但实际上多作为耐热钢使用
35	S31008	06Cr25Ni20	0Cr25Ni20	高铬镍奥氏体不锈钢，在氧化性介质中具有优良的耐蚀性，同时具有良好的高温力学性能，抗氧化性比06Cr23Ni13（0Cr23Ni13）钢好，耐点蚀和耐应力腐蚀能力优于18-8型不锈钢，既可用于耐蚀部件又可作为耐热钢使用
38	S31608	06Cr17Ni12Mo2	0Cr17Ni12Mo2	在10Cr18Ni12（1Cr18Ni12）钢基础上加入钼，使钢具有良好的耐还原性介质和耐点腐蚀能力。在海水和其他各种介质中，耐腐蚀性优于06Cr19Ni10（0Cr18Ni9）钢。主要用于耐点蚀材料

（续）

GB/T 20878—2007 中序号	统一数字代号	新 牌 号	旧 牌 号	特性与用途
奥氏体型				
39	S31603	022Cr17Ni12Mo2	00Cr17Ni14Mo2	06Cr17Ni12Mo2（0Cr17Ni12Mo2）的超低碳钢，具有良好的耐敏化态晶间腐蚀的性能。适用于制造厚截面尺寸的焊接部件和设备，如石油化工、化肥、造纸、印染及原子能工业用设备的耐蚀材料
41	S31668	06Cr17Ni12Mo2Ti	0Cr18Ni12Mo3Ti	为解决06Cr17Ni12Mo2（0Cr17Ni12Mo2）钢的晶间腐蚀而发展起来的钢种，有良好的耐晶间腐蚀性，其他性能与06Cr17Ni12Mo2（0Cr17Ni12Mo2）钢相近。适合于制造焊接部件
43	S31658	06Cr17Ni12Mo2N	0Cr17Ni12Mo2N	在06Cr17Ni12Mo2（0Cr17Ni12Mo2）中加入氮，提高强度，同时又不降低塑性，使材料的使用厚度减薄。用于耐蚀性好的高强度部件
44	S31653	022Cr17Ni12Mo2N	00Cr17Ni13Mo2N	在022Cr17Ni12Mo2（00Cr17Ni14Mo2）钢中加入氮，具有与022Cr17Ni12Mo2（00Cr17Ni14Mo2）钢同样特性，用途与06Cr17Ni12Mo2N（0Cr17Ni12Mo2N）相同，但耐晶间腐蚀性能更好。主要用于化肥、造纸、制药、高压设备等领域
45	S31688	06Cr18Ni12Mo2Cu2	0Cr18Ni12Mo2Cu2	在06Cr17Ni12Mo2（0Cr17Ni12Mo2）钢基础上加入约2%（质量分数）的Cu，其耐腐蚀性、耐点蚀性好。主要用于制作耐硫酸材料，也可用作焊接结构件和管道、容器等
46	S31683	022Cr18Ni14Mo2Cu2	00Cr18Ni14Mo2Cu2	06Cr18Ni12Mo2Cu2（0Cr18Ni12Mo2Cu2）的超低碳钢。比06Cr18Ni12Mo2Cu2（0Cr18Ni12Mo2Cu2）钢的耐晶间腐蚀性能好。用途同06Cr18Ni12Mo2Cu2（0Cr18Ni12Mo2Cu2）钢

（续）

GB/T 20878—2007 中序号	统一数字代号	新牌号	旧牌号	特性与用途
奥氏体型				
49	S31708	06Cr19Ni13Mo3	0Cr19Ni13Mo3	耐点蚀和抗蠕变能力优于06Cr17Ni12Mo2（0Cr17Ni12Mo2）。用于制作造纸、印染设备，石油化工及耐有机酸腐蚀的装备等
50	S31703	022Cr19Ni13Mo3	00Cr19Ni13Mo3	06Cr19Ni13Mo3（0Cr19Ni13Mo3）的超低碳钢，比06Cr19Ni13Mo3（0Cr19Ni13Mo3）钢耐晶间腐蚀性能好，在焊接整体件时抑制析出碳。用途与06Cr19Ni13Mo3（0Cr19Ni13Mo3）钢相同
52	S31794	03Cr18Ni16Mo5	0Cr18Ni16Mo5	耐点蚀性能优于022Cr17Ni12Mo2（00Cr17Ni14Mo2）和06Cr17Ni12Mo2Ti（0Cr18Ni12Mo3Ti）的一种高钼不锈钢，在硫酸、甲酸、醋酸等介质中的耐蚀性要比一般含2%～4%（质量分数）Mo的常用Cr-Ni钢更好。主要用于处理含氯离子溶液的热交换器，醋酸设备，磷酸设备，漂白装置等，以及022Cr17Ni12Mo2（00Cr17Ni14Mo2）和06Cr17Ni12Mo2Ti（0Cr18Ni12Mo3Ti）钢不适用环境中使用
55	S32168	06Cr18Ni11Ti	0Cr18Ni10Ti	钛稳定化的奥氏体不锈钢，添加钛提高耐晶间腐蚀性能，并具有良好的高温力学性能。可用超低碳奥氏体不锈钢代替。除专用（高温或抗氢腐蚀）外，一般情况不推荐使用
62	S34778	06Cr18Ni11Nb	0Cr18Ni11Nb	铌稳定化的奥氏体不锈钢，添加铌提高耐晶间腐蚀性能，在酸、碱、盐等腐蚀介质中的耐蚀性同06Cr18Ni11Ti（0Cr18Ni10Ti），焊接性能良好。既可作耐蚀材料又可作耐热钢使用，主要用于火电厂、石油化工等领域，如制作容器、管道、热交换器、轴类等；也可作为焊接材料使用
64	S38148	06Cr18Ni13Si4	0Cr18Ni13Si4	在06Cr19Ni10（0Cr18Ni9）中增加镍，添加硅，提高耐应力腐蚀断裂性能。用于含氯离子环境，如汽车排气净化装置等

（续）

GB/T 20878—2007 中序号	统一数字代号	新牌号	旧牌号	特性与用途
奥氏体-铁素体型				
67	S21860	14Cr18Ni11Si4AlTi	1Cr18Ni11Si4AlTi	含硅使钢的强度和耐浓硝酸腐蚀性能提高，可用于制作抗高温、浓硝酸介质的零件和设备，如排酸阀门等
68	S21953	022Cr19Ni5Mo3Si2N	00Cr18Ni5Mo3Si2	在瑞典 3RE60 钢基础上，加入 0.05%~0.10%（质量分数）N 形成的一种耐氯化物应力腐蚀的专用不锈钢。耐点蚀性能与 022Cr17Ni12Mo2（00Cr17Ni14Mo2）相当。适用于含氯离子的环境，用于炼油、化肥、造纸、石油、化工等工业制造热交换器、冷凝器等。也可代替 022Cr19Ni10（00Cr19Ni10）和 022Cr17Ni12Mo2（00Cr17Ni14Mo2）钢在易发生应力腐蚀破坏的环境下使用
70	S22253	022Cr22Ni5Mo3N	—	在瑞典 SAF2205 钢基础上研制的，是目前世界上双相不锈钢中应用最普遍的钢。对含硫化氢、二氧化碳、氯化物的环境具有阻抗性，可进行冷、热加工及成形，焊接性良好，适用于作结构材料，用来代替 022Cr19Ni10（00Cr19Ni10）和 022Cr17Ni12Mo2（00Cr17Ni14Mo2）奥氏体不锈钢使用。用于制作油井管，化工储罐，热交换器、冷凝冷却器等易产生点蚀和应力腐蚀的受压设备
71	S22053	022Cr23Ni5Mo3N	—	从 022Cr22Ni5Mo3N 基础上派生出来的，具有更窄的区间。特性和用途同 022Cr22Ni5Mo3N
73	S22553	022Cr25Ni6Mo2N	—	在 0Cr26Ni5Mo2 钢基础上调高钼含量、调低碳含量、添加氮，具有高强度、耐氯化物应力腐蚀、可焊接等特点，是耐点蚀最好的钢。代替 0Cr26Ni5Mo2 钢使用。主要应用于化工、化肥、石油化工等工业领域，主要制作热交换器、蒸发器等

（续）

GB/T 20878—2007 中序号	统一数字代号	新牌号	旧牌号	特性与用途
奥氏体-铁素体型				
75	S25554	03Cr25Ni6Mo3Cu2N	—	在英国 Ferralium alloy 255 合金基础上研制的，具有良好的力学性能和耐局部腐蚀性能，尤其是耐磨损性能优于一般的奥氏体不锈钢，是海水环境中的理想材料。适用作舰船用的螺旋推进器、轴、潜艇密封件等，也适用于在化工、石油化工、天然气、纸浆、造纸等领域应用
铁素体型				
78	S11348	06Cr13Al	0Cr13Al	低铬纯铁素体不锈钢，非淬硬性钢。具有相当于低铬钢的不锈性和抗氧化性，塑性、韧性和冷成形性优于铬含量更高的其他铁素体不锈钢。主要用于 12Cr13（1Cr13）或 10Cr17（1Cr17）由于空气可淬硬而不适用的地方，如石油精制装置、压力容器衬里，蒸汽透平叶片和复合钢板等
83	S11203	022Cr12	00Cr12	比 022Cr13（0Cr13）碳含量低，焊接部位弯曲性能、加工性能、耐高温氧化性能好。作汽车排气处理装置，锅炉燃烧室、喷嘴等
85	S11710	10Cr17	1Cr17	具有耐蚀性、力学性能和热导率高的特点，在大气、水蒸汽等介质中具有不锈性，但当介质中含有较高氯离子时，不锈性则不足。主要用于生产硝酸、硝铵的化工设备，如吸收塔、热交换器、贮槽等；薄板主要用于建筑内装饰、日用办公设备、厨房器具、汽车装饰、气体燃烧器等。由于它的脆性转变温度在室温以上，且对缺口敏感，不适用制作室温以下的承受载荷的设备和部件，且通常使用的钢材其截面尺寸一般不允许超过 4mm
86	S11717	Y10Cr17	Y1Cr17	10Cr17（1Cr17）改进的切削钢。主要用于大切削量自动车床机加零件，如螺栓，螺母等

（续）

GB/T 20878—2007 中序号	统一数字代号	新牌号	旧牌号	特性与用途
铁素体型				
88	S11790	10Cr17Mo	1Cr17Mo	在10Cr17(1Cr17)钢中加入钼，提高钢的耐点蚀、耐缝隙腐蚀性及强度等，比10Cr17(1Cr17)钢抗盐溶液性强。主要用作汽车轮毂、紧固件、以及汽车外装饰材料使用
94	S12791	008Cr27Mo	00Cr27Mo	高纯铁素体不锈钢中发展最早的钢，性能类似于008Cr30Mo2(00Cr30Mo2)。适用于既要求耐蚀性又要求软磁性的用途
95	S13091	008Cr30Mo2	00Cr30Mo2	高纯铁素体不锈钢。脆性转变温度低，耐卤离子应力腐蚀破坏性好，耐蚀性与纯镍相当，并具有良好的韧性、加工成形性和焊接性。主要用于化学加工工业（醋酸、乳酸等有机酸，氢氧化钠浓缩工程）成套设备，食品工业、石油精炼工业、电力工业、水处理和污染控制等用热交换器、压力容器、罐和其他设备等
马氏体型				
96	S40310	12Cr12	1Cr12	作为汽轮机叶片及高应力部件的良好的不锈耐热钢
97	S41008	06Cr13	0Cr13	作较高韧性及受冲击负荷的零件，如汽轮机叶片、结构架、衬里、螺栓、螺母等
98	S41010	12Cr13	1Cr13	半马氏体型不锈钢，经淬火回火处理后具有较高的强度、韧性，良好的耐蚀性和可加工性能。主要用于韧性要求较高且具有不锈性的受冲击载荷的部件，如刃具、叶片、紧固件、水压机阀、热裂解耐硫腐蚀设备等；也可制作在常温条件耐弱腐蚀介质的设备和部件

（续）

GB/T 20878—2007 中序号	统一数字代号	新牌号	旧牌号	特性与用途
马氏体型				
100	S41617	Y12Cr13	Y1Cr13	不锈钢中切削性能最好的钢，自动车床用
101	S42020	20Cr13	2Cr13	马氏体型不锈钢，其主要性能类似于12Cr13（1Cr13）。由于碳含量较高，其强度、硬度高于12Cr13（1Cr13），而韧性和耐蚀性略低。主要用于制造承受高应力负荷的零件，如汽轮机叶片、热油泵、轴和轴套、叶轮、水压机阀片等，也可用于造纸工业和医疗器械以及日用消费领域的刀具、餐具等
102	S42030	30Cr13	3Cr13	马氏体型不锈钢，较12Cr13（1Cr13）和20Cr13（2Cr13）钢具有更高的强度、硬度和更好的淬透性，在室温的稀硝酸和弱的有机酸中具有一定的耐蚀性，但不及12Cr13（1Cr13）和20Cr13（2Cr13）钢。主要用于高强度部件，以及承受高应力载荷并在一定腐蚀介质条件下的磨损件，如300℃以下工作的刀具、弹簧，400℃以下工作的轴、螺栓、阀门、轴承等
103	S42037	Y30Cr13	Y3Cr13	改善30Cr13（3Cr13）切削性能的钢。用途与30Cr13（3Cr13）相似，需要更好的切削性能
104	S42040	40Cr13	4Cr13	特性与用途类似于30Cr13（3Cr13）钢，其强度、硬度高于30Cr13（3Cr13）钢，而韧性和耐蚀性略低。主要用于制造外科医疗用具、轴承、阀门、弹簧等。40Cr13（4Cr13）钢可焊性差，通常不制造焊接部件
106	S43110	14Cr17Ni2	1Cr17Ni2	热处理后具有较高的力学性能，耐蚀性优于12Cr13（1Cr13）和10Cr17（1Cr17）。一般用于既要求高力学性能的可淬硬性，又要求耐硝酸、有机酸腐蚀的轴类、活塞杆、泵、阀等零部件以及弹簧和紧固件

（续）

GB/T 20878—2007 中序号	统一数字代号	新 牌 号	旧 牌 号	特性与用途
马氏体型				
107	S43120	17Cr16Ni2	—	加工性能比 14Cr17Ni2(1Cr17Ni2)明显改善，适用于制作要求较高强度、韧性、塑性和良好的耐蚀性的零部件及在潮湿介质中工作的承力件
108	S44070	68Cr17	7Cr17	高铬马氏体型不锈钢，比 20Cr13(2Cr13)有较高的淬火硬度。在淬火回火状态下，具有高强度和硬度，并兼有不锈、耐蚀性能。一般用于制造要求具有不锈性或耐稀氧化性酸、有机酸和盐类腐蚀的刀具、量具、轴类、杆件、阀门、钩件等耐磨蚀的部件
109	S44080	85Cr17	8Cr17	可淬硬性不锈钢。性能与用途类似于 68Cr17(7Cr17)，但硬化状态下，比 68Cr17(7Cr17)硬，而比 108Cr17(11Cr17)韧性高。可用于制作如刃具、阀座等
110	S44096	108Cr17	11Cr17	在可淬硬性不锈钢，不锈钢中硬度最高。性能与用途类似于 68Cr17(7Cr17)。主要用于制作喷嘴、轴承等
111	S44097	Y108Cr17	Y11Cr17	108Cr17(11Cr17)改进的切削性钢种。自动车床用
112	S44090	95Cr18	9Cr18	高碳马氏体不锈钢。较 Cr17 型马氏体型不锈钢耐蚀性有所改善，其他性能与 Cr17 型马氏体型不锈钢相似。主要用于制造耐蚀高强度耐磨损部件，如轴、泵、阀件、杆类、弹簧、紧固件等。由于钢中极易形成不均匀的碳化物而影响钢的质量和性能，需在生产时予以注意
115	S45710	13Cr13Mo	1Cr13Mo	比 12Cr13(1Cr13)钢耐蚀性高的高强度钢。用于制作汽轮机叶片，高温部件等
116	S45830	32Cr13Mo	3Cr13Mo	在 30Cr13(3Cr13)钢基础上加入钼，改善了钢的强度和硬度，并增强了二次硬化效应，且耐蚀性优于 30Cr13(3Cr13)钢。主要用途同 30Cr13(3Cr13)钢

（续）

GB/T 20878—2007 中序号	统一数字代号	新牌号	旧牌号	特性与用途
马氏体型				
117	S45990	102Cr17Mo	9Cr18Mo	性能与用途类似于95Cr18(9Cr18)钢。由于钢中加入了钼和钒，热强性和抗回火能力均优于95Cr18(9Cr18)钢。主要用来制造承受摩擦并在腐蚀介质中工作的零件，如量具、刃具等
118	S46990	90Cr18MoV	9Cr18MoV	
沉淀硬化型				
136	S51550	05Cr15Ni5Cu4Nb	—	在05Cr17Ni4Cu4Nb(0Cr17Ni4Cu4Nb)钢基础上发展的马氏体沉淀硬化不锈钢，除高强度外，还具有高的横向韧性和良好的可锻性，耐蚀性与05Cr17Ni4Cu4Nb(0Cr17Ni4Cu4Nb)钢相当。主要应用于具有高强度、良好韧性，又要求有优良耐蚀性的服役环境，如高强度锻件、高压系统阀门部件、飞机部件等
137	S51740	05Cr17Ni4Cu4Nb	0Cr17Ni4Cu4Nb	添加铜和铌的马氏体沉淀硬化不锈钢，强度可通过改变热处理工艺予以调整，耐蚀性优于Cr13型及95Cr18(9Cr18)和14Cr17Ni2(1Cr17Ni2)钢，耐腐蚀疲劳及耐水滴冲蚀能力优于12%(质量分数)Cr马氏体型不锈钢，焊接工艺简便，易于加工制造，但较难进行深度冷成形。主要用于既要求具有不锈性又要求耐弱酸、碱、盐腐蚀的高强度部件，如汽轮机末级动叶片以及在腐蚀环境下，工作温度低于300℃的结构件
138	S51770	07Cr17Ni7Al	0Cr17Ni7Al	添加铝的半奥氏体沉淀硬化不锈钢，成分接近18-8型奥氏体不锈钢，具有良好的冶金和制造加工工艺性能。可用于350℃以下长期工作的结构件、容器、管道、弹簧、垫圈、计器部件。该钢热处理工艺复杂，在全世界范围内有被马氏体时效钢取代的趋势，但目前仍具有广泛应用的领域
139	S51570	07Cr15Ni7Mo2Al	0Cr15Ni7Mo2Al	以2%(质量分数)Mo取代07Cr17Ni7Al(0Cr17Ni7Al)钢中2%(质量分数)Cr的半奥氏体沉淀硬化不锈钢，使之耐还原性介质腐蚀能力有所改善，综合性能优于07Cr17Ni7Al(0Cr17Ni7Al)。用于宇航、石油化工和能源等领域有一定耐蚀要求的高强度容器、零件及结构件

2. 耐热钢棒（GB/T 1221—2007）

（1）尺寸规格及允许偏差

1）热轧及锻制耐热钢的尺寸及允许偏差见表2-124。

表2-124　热轧及锻制耐热钢的尺寸及允许偏差

类　别	尺寸、外形及允许偏差
热轧圆钢和方钢	应符合GB/T 702—2008的规定，具体要应在合同中注明。未注明按GB/T 702—2008标准执行
热轧扁钢	应符合GB/T 702—2008中的规定，具体要求在合同中注明，未注明时按GB/T 702—2008标准执行。
热轧六角钢	应符合GB/T 702—2008中的规定，具体要求在合同中注明。未注明按GB/T 702—2008标准2组执行
锻制圆、方钢	应符合GB/T 908—2008的规定，具体要求在合同中注明。未注明时按GB/T 908—2008标准执行
锻制扁钢	应符合GB/T 908—2008的规定，具体要求应在合同中注明。未注明时按GB/T 908—2008标准执行

2）冷加工耐热钢棒的尺寸及允许偏差见表2-125。

表2-125　冷加工耐热钢棒的尺寸及允许偏差（单位：mm）

公称尺寸	允许偏差级别		
	h10	h11	h12
≥6~10	0 -0.058	0 -0.090	0 -0.15
>10~18	0 -0.070	0 -0.11	0 -0.18
>18~30	0 -0.084	0 -0.13	0 -0.21
>30~50	0 -0.100	0 -0.16	0 -0.25

（续）

公称尺寸	允许偏差级别		
	h10	h11	h12
>50~80	0 -0.12	0 -0.19	0 -0.30
>80~120	0 -0.14	0 -0.22	0 -0.35

注：允许偏差级别应在合同中注明，未注明，则按h11级执行。

3）冷加工钢棒允许偏差级别的适用范围见表2-126。

表2-126 冷加工钢棒允许偏差级别的适用范围（单位：mm）

形状及加工方法	圆钢			方钢	六角钢	扁钢
	冷拉	磨光	切削			
适用级别	h11	h10	h11	h11	h11	h11
	h12	h11	h12	h12	h12	h12

注：1. 根据供需双方协议，可规定本表以外的允许偏差级别。
2. 冷加工后进行热处理、酸洗的钢棒，其允许偏差为本表所列的较松偏差的2倍。

4）冷加工钢棒弯曲度和圆（方）度或边长差见表2-127。

表2-127 冷加工钢棒弯曲度和圆（方）度或边长差

级别	不同截面尺寸（单位，mm）的弯曲度（mm/m） ≤					总弯曲度/mm ≤	圆（方）度或边长差①/mm ≤
	≤7	>7~25	>25~50	>50~80	>80		
h10~h11	4	3	2	1	协议	总长度与每米允许弯曲度的乘积	公称尺寸公差的50%
h12		4	3	2			
供自动切削用圆钢		2	2	1			
供自动切削用六角钢		2	1	1			

① 为同一截面上的直径、边长或对边距离的最大值和最小值之间的差。

（2）牌号和化学成分（见表2-128~表2-131）

表 2-128　奥氏体型耐热钢的牌号和化学成分

GB/T 20878—2007 中序号	统一数字代号	新牌号	旧牌号	化学成分(质量分数,%)										
				C	Si	Mn	P	S	Ni	Cr	Mo	Cu	N	其他元素
6	S35650	53Cr21Mn9Ni4N	5Cr21Mn9Ni4N	0.48~0.58	0.35	8.00~10.00	0.040	0.030	3.25~4.50	20.00~22.00	—	—	0.35~0.50	—
7	S35750	26Cr18Mn12Si2N	3Cr18Mn12Si2N	0.22~0.30	1.40~2.20	10.50~12.50	0.050	0.030	—	17.00~19.00	—	—	0.22~0.33	—
8	S35850	22Cr20Mn10Ni2Si2N	2Cr20Mn9Ni2Si2N	0.17~0.26	1.80~2.70	8.50~11.00	0.050	0.030	2.00~3.00	18.00~21.00	—	—	0.20~0.30	—
17	S30408	06Cr19Ni10	0Cr18Ni9	0.08	1.00	2.00	0.045	0.030	8.00~11.00	18.00~20.00	—	—	—	—
30	S30850	22Cr21Ni12N	2Cr21Ni12N	0.15~0.28	0.75~1.25	1.00~1.60	0.040	0.030	10.50~12.50	20.00~22.00	—	—	0.15~0.30	—
31	S30920	16Cr23Ni13	2Cr23Ni13	0.20	1.00	2.00	0.040	0.030	12.00~15.00	22.00~24.00	—	—	—	—
32	S30908	06Cr23Ni13	0Cr23Ni13	0.08	1.00	2.00	0.045	0.030	12.00~15.00	22.00~24.00	—	—	—	—
34	S31020	20Cr25Ni20	2Cr25Ni20	0.25	1.50	2.00	0.040	0.030	19.00~22.00	24.00~26.00	—	—	—	—
35	S31008	06Cr25Ni20	0Cr25Ni20	0.08	1.50	2.00	0.040	0.030	19.00~22.00	24.00~26.00	—	—	—	—
38	S31608	06Cr17Ni12Mo2	0Cr17Ni12Mo2	0.08	1.00	2.00	0.045	0.030	10.00~14.00	16.00~18.00	2.00~3.00	—	—	—
49	S31708	06Cr19Ni13Mo3	0Cr19Ni13Mo3	0.08	1.00	2.00	0.045	0.030	11.00~15.00	18.00~20.00	3.00~4.00	—	—	—

（续）

GB/T 20878—2007 中序号	统一数字代号	新 牌 号	旧 牌 号	化学成分（质量分数，%）										
				C	Si	Mn	P	S	Ni	Cr	Mo	Cu	N	其他元素
55	S32168	06Cr18Ni11Ti	0Cr18Ni10Ti	0.08	1.00	2.00	0.045	0.030	9.00~12.00	17.00~19.00	—	—	—	Ti:5C~0.70
57	S32590	45Cr14Ni14W2Mo	4Cr14Ni14W2Mo	0.40~0.50	0.80	0.70	0.040	0.030	13.00~15.00	13.00~15.00	0.25~0.40	—	—	W:2.00~2.75
60	S33010	12Cr16Ni35	1Cr16Ni35	0.15	1.50	2.00	0.040	0.030	33.00~37.00	14.00~17.00	—	—	—	—
62	S34778	06Cr18Ni11Nb	0Cr18Ni11Nb	0.08	1.00	2.00	0.045	0.030	9.00~12.00	17.00~19.00	—	—	—	Nb:10C~1.10
64	S38148	06Cr18Ni13Si4①	0Cr18Ni13Si4①	0.08	3.00~5.00	2.00	0.045	0.030	11.50~15.00	15.00~20.00	—	—	—	—
65	S38240	16Cr20Ni14Si2	1Cr20Ni14Si2	0.20	1.50~2.50	1.50	0.040	0.030	12.00~15.00	19.00~22.00	—	—	—	—
66	S38340	16Cr25Ni20Si2	1Cr25Ni20Si2	0.20	1.50~2.50	1.50	0.040	0.030	18.00~21.00	24.00~27.00	—	—	—	—

注：表中所列成分除标明范围或最小值外，其余均为最大值。

① 必要时，可添加本表以外的合金元素。

表 2-129 铁素体型耐热钢的牌号和化学成分

GB/T 20878—2007 中序号	统一数字代号	新牌号	旧牌号	化学成分（质量分数，%）										
				C	Si	Mn	P	S	Ni	Cr	Mo	Cu	N	其他元素
78	S11348	06Cr13Al	0Cr13Al	0.08	1.00	1.00	0.040	0.030	—	11.50~14.50	—	—	—	Al:0.10~0.30

（续）

GB/T 20878—2007 中序号	统一数字代号	新牌号	旧牌号	化学成分（质量分数，%）										
				C	Si	Mn	P	S	Ni	Cr	Mo	Cu	N	其他元素
83	S11203	022Cr12	00Cr12	0.030	1.00	1.00	0.040	0.030	—	11.00~13.50	—	—	—	—
85	S11710	10Cr17	1Cr17	0.12	1.00	1.00	0.040	0.030	—	16.00~18.00	—	—	—	—
93	S12550	16Cr25N	2Cr25N	0.20	1.00	1.50	0.040	0.030	—	23.00~27.00	—	(0.30)	0.25	—

注：表中所列成分除标明范围或最小值外，其余均为最大值。括号内值为可加入或允许含有的最大值。

表 2-130 马氏体型耐热钢的牌号和化学成分

GB/T 20878—2007 中序号	统一数字代号	新牌号	旧牌号	化学成分（质量分数，%）										
				C	Si	Mn	P	S	Ni	Cr	Mo	Cu	N	其他元素
98	S41010	12Cr13①	1Cr13①	0.08~0.15	1.00	1.00	0.040	0.030	(0.60)	11.50~13.50	—	—	—	—
101	S42020	20Cr13	2Cr13	0.16~0.25	1.00	1.00	0.040	0.030	(0.60)	12.00~14.00	—	—	—	—
106	S43110	14Cr17Ni2	1Cr17Ni2	0.11~0.17	0.80	0.80	0.040	0.030	1.50~2.50	16.00~18.00	—	—	—	—
107	S43120	17Cr16Ni2	—	0.12~0.22	1.00	1.50	0.040	0.030	1.50~2.50	15.00~17.00	—	—	—	—

（续）

GB/T 20878—2007 中序号	统一数字代号	新牌号	旧牌号	化学成分(质量分数,%)										
				C	Si	Mn	P	S	Ni	Cr	Mo	Cu	N	其他元素
113	S45110	12Cr5Mo	1Cr5Mo	0.15	0.50	0.60	0.040	0.030	0.60	4.00~6.00	0.40~0.60	—	—	—
114	S45610	12Cr12Mo	1Cr12Mo	0.10~0.15	0.50	0.30~0.50	0.035	0.030	0.30~0.60	11.50~13.00	0.30~0.60	0.30	—	—
115	S45710	13Cr13Mo	1Cr13Mo	0.08~0.18	0.60	1.00	0.040	0.030	(0.60)	11.50~14.00	0.30~0.60	—	—	—
119	S46010	14Cr11MoV	1Cr11MoV	0.11~0.18	0.50	0.60	0.035	0.030	0.60	10.00~11.50	0.50~0.70	—	—	V:0.25~0.40
122	S46250	18Cr12MoVNbN	2Cr12MoVNbN	0.15~0.20	0.50	0.50~1.00	0.035	0.030	(0.60)	10.00~13.00	0.30~0.90	—	0.05~0.10	V:0.10~0.40 Nb:0.20~0.60
123	S47010	15Cr12WMoV	1Cr12WMoV	0.12~0.18	0.50	0.50~0.90	0.035	0.030	0.40~0.80	11.00~13.00	0.50~0.70	—	—	W:0.70~1.10 V:0.15~0.30
124	S47220	22Cr12NiWMoV	2Cr12NiMoWV	0.20~0.25	0.50	0.50~1.00	0.040	0.030	0.50~1.00	11.00~13.00	0.75~1.25	—	—	W:0.75~1.25 V:0.20~0.40
125	S47310	13Cr11Ni2W2MoV	1Cr11Ni2W2MoV	0.10~0.16	0.60	0.60	0.035	0.030	1.40~1.80	10.50~12.00	0.35~0.50	—	—	W:1.50~2.00 V:0.18~0.30
128	S47450	18Cr11NiMoNbVN①	(2Cr11NiMoNbVN)①	0.15~0.20	0.50	0.50~0.80	0.030	0.025	0.30~0.60	10.00~12.00	0.60~0.90	—	0.04~0.09	V:0.20~0.30 Al:0.30 Nb:0.20~0.60
130	S48040	42Cr9Si2	4Cr9Si2	0.35~0.50	2.00~3.00	0.70	0.035	0.030	0.60	8.00~10.00	—	—	—	—

（续）

GB/T 20878—2007 中序号	统一数字代号	新牌号	旧牌号	化学成分(质量分数,%)										
				C	Si	Mn	P	S	Ni	Cr	Mo	Cu	N	其他元素
131	S48045	45Cr9Si3	—	0.40~0.50	3.00~3.50	0.60	0.030	0.030	0.60	7.50~9.50	—	—	—	—
132	S48140	40Cr10Si2Mo	4Cr10Si2Mo	0.35~0.45	1.90~2.60	0.70	0.035	0.030	0.60	9.00~10.50	0.70~0.90	—	—	—
133	S48380	80Cr20Si2Ni	8Cr20Si2Ni	0.75~0.85	1.75~2.25	0.20~0.60	0.030	0.030	1.15~1.65	19.00~20.50	—	—	—	—

注：表中所列成分除标明范围或最小值外，其余均为最大值。括号内值为可加入或允许含有的最大值。

① 相对于 GB/T 20878—2007 调整成分牌号。

表 2-131 沉淀硬化型耐热钢的牌号和化学成分

GB/T 20878—2007 中序号	统一数字代号	新牌号	旧牌号	化学成分(质量分数,%)										
				C	Si	Mn	P	S	Ni	Cr	Mo	Cu	N	其他元素
137	S51740	05Cr17Ni4Cu4Nb	0Cr17Ni4Cu4Nb	0.07	1.00	1.00	0.040	0.030	3.00~5.00	15.00~17.50	—	3.00~5.00	—	Nb:0.15~0.45
138	S51770	07Cr17Ni7Al	0Cr17Ni7Al	0.09	1.00	1.00	0.040	0.030	6.50~7.75	16.00~18.00	—	—	—	Al:0.75~1.50
143	S51525	06Cr15Ni25Ti2MoAlVB	0Cr15Ni25Ti2MoAlVB	0.08	1.00	2.00	0.040	0.030	24.00~27.00	13.50~16.00	1.00~1.50	—	—	Al:0.35 Ti:1.90~2.35 B:0.001~0.010 V:0.10~0.50

注：表中所列成分除标明范围或最小值外，其余均为最大值。

（3）力学性能（见表 2-132~表 2-135）

表 2-132 经热处理的奥氏体型钢棒或试样（见 GB/T 1221—2007 中附表 A.1）的力学性能①

GB/T 20878—2007 中序号	统一数字代号	新牌号	旧牌号	热处理状态	规定非比例延伸强度 $R_{p0.2}$②/MPa	抗拉强度 R_m/MPa	断后伸长率 A（%）	断面收缩率 Z③（%）	硬度 HBW②
					≥				≤
6	S35650	53Cr21Mn9Ni4N	5Cr21Mn9Ni4N	固溶+时效	560	885	8	—	≥302
7	S35750	26Cr18Mn12Si2N	3Cr18Mn12Si2N	固溶处理	390	685	35	45	248
8	S35850	22Cr20Mn10Ni2Si2N	2Cr20Mn9Ni2Si2N	固溶处理	390	635	35	45	248
17	S30408	06Cr19Ni10	0Cr18Ni9	固溶处理	205	520	40	60	187
30	S30850	22Cr21Ni12N	2Cr21Ni12N	固溶+时效	430	820	26	20	269
31	S30920	16Cr23Ni13	2Cr23Ni13	固溶处理	205	560	45	50	201
32	S30908	06Cr23Ni13	0Cr23Ni13	固溶处理	205	520	40	60	187
34	S31020	20Cr25Ni20	2Cr25Ni20	固溶处理	205	590	40	50	201
35	S31008	06Cr25Ni20	0Cr25Ni20	固溶处理	205	520	40	50	187
38	S31608	06Cr17Ni12Mo2	0Cr17Ni12Mo2	固溶处理	205	520	40	60	187
49	S31708	06Cr19Ni13Mo3	0Cr19Ni13Mo3	固溶处理	205	520	40	60	187
55	S32168	06Cr18Ni11Ti	0Cr18Ni10Ti	固溶处理	205	520	40	50	187
57	S32590	45Cr14Ni14W2Mo	4Cr14Ni14W2Mo	退火	315	705	20	35	248
60	S33010	12Cr16Ni35	1Cr16Ni35	固溶处理	205	560	40	50	201
62	S34778	06Cr18Ni11Nb	0Cr18Ni11Nb	固溶处理	205	520	40	50	187
64	S38148	06Cr18Ni13Si4	0Cr18Ni13Si4	固溶处理	205	520	40	60	207

（续）

GB/T 20878—2007 中序号	统一数字代号	新牌号	旧牌号	热处理状态	规定非比例延伸强度 $R_{p0.2}$②/MPa	抗拉强度 R_m/MPa	断后伸长率 A（%）	断面收缩率 Z③（%）	硬度 HBW②
					≥				≤
65	S38240	16Cr20Ni14Si2	1Cr20Ni14Si2	固溶处理	295	590	35	50	187
66	S38340	16Cr25Ni20Si2	1Cr25Ni20Si2		295	590	35	50	187

① 53Cr21Mn9Ni4N 和 22Cr21Ni12N 仅适用于直径、边长及对边距离或厚度小于或等于 25mm 的钢棒；大于 25mm 的钢棒，可改锻成 25mm 的样坯检验或由供需双方协商确定允许降低其力学性能的数值。其余牌号仅适用于直径、边长及对边距离或厚度小于或等于 180mm 的钢棒。大于 180mm 的钢棒，可改锻成 180mm 的样坯检验或由供需双方协商确定，允许降低其力学性能数值。

② 规定非比例延伸强度和硬度，仅当需方要求时（合同中注明）才进行测定。

③ 扁钢不适用，但需方要求时，可由供需双方协商确定。

表 2-133　经退火的（见 GB/T 1221—2007 中表 A.2）铁素体型钢棒或试样的力学性能①

GB/T 20878—2007 中序号	统一数字代号	新牌号	旧牌号	热处理状态	规定非比例延伸强度 $R_{p0.2}$②/MPa	抗拉强度 R_m/MPa	断后伸长率 A（%）	断面收缩率 Z③（%）	硬度 HBW
					≥				≤
78	S11348	06Cr13Al	0Cr13Al	退火	175	410	20	60	183
83	S11203	022Cr12	00Cr12		195	360	22	60	183
85	S11710	10Cr17	1Cr17		205	450	22	50	183
93	S12550	16Cr25N	2Cr25N		275	510	20	40	201

① 本表仅适用于直径、边长、及对边距离或厚度小于或等于 75mm 的钢棒。大于 75mm 的钢棒，可改锻成 75mm 的样坯检验或由供需双方协商确定允许降低其力学性能的数值。

② 规定非比例延伸强度和硬度，仅当需方要求时（合同中注明）才进行测定。

③ 扁钢不适用，但需方要求时，由供需双方协商确定。

表 2-134 经淬火、回火的（见 GB/T 1221—2007 中表 A.3）马氏体型钢棒或试样的力学性能[①]

GB/T 20878—2007 中序号	统一数字代号	新牌号	旧牌号		热处理状态	规定非比例延伸强度 $R_{p0.2}$/MPa	抗拉强度 R_m/MPa	断后伸长率 A（%）	断面收缩率 Z[②]（%）	冲击吸收功 A_{KU2}[④]/J	经淬火、回火后的硬度 HBW	退火后的硬度[③] HBW
						≥						≤
98	S41010	12Cr13	1Cr13		淬火+回火	345	540	22	55	78	159	200
101	S42020	20Cr13	2Cr13		淬火+回火	440	640	20	50	63	192	223
106	S43110	14Cr17Ni2	1Cr17Ni2		淬火+回火	—	1080	10	—	39	—	—
107	S43120	17Cr16Ni2[⑤]	—	1	淬火+回火	700	900~1050	12	45	25(A_{KV})	—	295
				2		600	800~950	14				
113	S45110	12Cr5Mo	1Cr5Mo		淬火+回火	390	590	18	—	—	—	200
114	S45610	12Cr12Mo	1Cr12Mo		淬火+回火	550	685	18	60	78	217~248	255
115	S45710	13Cr13Mo	1Cr13Mo		淬火+回火	490	690	20	60	78	192	200
119	S46010	14Cr11MoV	1Cr11MoV		淬火+回火	490	685	16	55	47	—	200
122	S46250	18Cr12MoVNbN	2Cr12MoVNbN		淬火+回火	685	835	15	30	—	≤321	269
123	S47010	15Cr12WMoV	1Cr12WMoV		淬火+回火	585	735	15	45	47	—	—
124	S47220	22Cr12NiWMoV	2Cr12NiMoWV		淬火+回火	735	885	10	25	—	≤341	269

（续）

GB/T 20878—2007 中序号	统一数字代号	新牌号	旧牌号		热处理状态	规定非比例延伸强度 $R_{p0.2}$ /MPa	抗拉强度 R_m /MPa	断后伸长率 A（%）	断面收缩率 Z②（%）	冲击吸收功 A_{KU2}④ /J	经淬火、回火后的硬度 HBW	退火后的硬度③ HBW
						≥						≤
125	S47310	13Cr11Ni2W2MoV⑤	1Cr11Ni2W-2MoV⑤	1	淬火+回火	735	885	15	55	71	269~321	269
				2		885	1080	12	50	55	311~388	
128	S47450	18Cr11NiMoNbVN	（2Cr11NiMoNbVN）			760	930	12	32	20(A_{KV})	277~331	255
130	S48040	42Cr9Si2	4Cr9Si2			590	885	19	50	—	—	269
131	S48045	45Cr9Si3	—			685	930	15	35	—	≥269	—
132	S48140	40Cr10Si2Mo	4Cr10Si2Mo			685	885	10	35	—	—	269
133	S48380	80Cr20Si2Ni	8Cr20Si2Ni			685	885	10	15	8	≥262	321

① 本表仅适用于直径、边长及对边距离或厚度小于或等于75mm的钢棒。大于75mm的钢棒，可改锻成75mm的样坯检验或由供需双方协商规定允许降低其力学性能的数值。

② 扁钢不适用，但需方要求时，由供需双方协商确定。

③ 采用750℃退火时，其硬度由供需双方协商。

④ 直径或对边距离小于或等于16mm的圆钢、六角钢和边长或厚度小于或等于12mm的方钢、扁钢不做冲击试验。

⑤ 17Cr16Ni2和13Cr11Ni2W2MoV钢的性能组别应在合同中注明，未注明时，由供方自行选择。

表 2-135 沉淀硬化型（见表 GB/T 1221—2007 中表 A.4）钢棒或试样的力学性能[①]

GB/T 20878—2007 中序号	统一数字代号	新牌号	旧牌号	热处理			规定非比例延伸强度 $R_{p0.2}$/MPa	抗拉强度 R_m/MPa	断后伸长率 A（%）	断面收缩率 Z[②]（%）	硬度[③]	
				类型		组别	≥				HBW	HRC
137	S51740	05Cr17Ni4Cu4Nb	0Cr17Ni4Cu4Nb	固溶处理		0	—	—	—	—	≤363	≤38
				沉淀硬化	480℃时效	1	1180	1310	10	40	≥375	≥40
					550℃时效	2	1000	1070	12	45	≥331	≥35
					580℃时效	3	865	1000	13	45	≥302	≥31
					620℃时效	4	725	930	16	50	≥277	≥28
138	S51770	07Cr17Ni7Al	0Cr17Ni7Al	固溶处理		0	≤380	≤1030	20	—	≤229	—
				沉淀硬化	510℃时效	1	1030	1230	4	10	≥388	—
					565℃时效	2	960	1140	5	25	≥363	—
143	S51525	06Cr15Ni25Ti2MoAlVB	0Cr15Ni25Ti2MoAlVB	固溶+时效			590	900	15	18	≥248	—

① 本表仅适用于直径、边长、厚度或对边距离小于或等于 75mm 的钢棒。大于 75mm 的钢棒，可改锻成 75mm 的样坯检验或由供需双方协商规定允许降低其力学性能的数值。

② 扁钢不适用，但需方要求时，由供需双方协商确定。

③ 供方可根据钢棒的尺寸或状态任选一种方法测定硬度。

（4）热处理制度（耐热钢棒或试样典型的热处理制度，见表 2-136～表 2-139）

表 2-136　奥氏体型钢棒或试样典型的热处理制度

GB/T 20878—2007 中序号	统一数字代号	新牌号	旧牌号	典型的热处理制度，温度/℃
6	S35650	53Cr21Mn9Ni4N	5Cr21Mn9Ni4N	固溶 1100～1200，快冷 时效 730～780，空冷
7	S35750	26Cr18Mn12Si2N	3Cr18Mn12Si2N	固溶 1100～1150，快冷
8	S35850	22Cr20Mn10Ni2Si2N	2Cr20Mn9Ni2Si2N	固溶 1100～1150，快冷
17	S30408	06Cr19Ni10	0Cr18Ni9	固溶 1010～1150，快冷
30	S30850	22Cr21Ni12N	2Cr21Ni12N	固溶 1050～1150，快冷 时效 750～800，空冷
31	S30920	16Cr23Ni13	2Cr23Ni13	固溶 1030～1150，快冷
32	S30908	06Cr23Ni13	0Cr23Ni13	固溶 1030～1150，快冷
34	S31020	20Cr25Ni20	2Cr25Ni20	固溶 1030～1180，快冷
35	S31008	06Cr25Ni20	0Cr25Ni20	固溶 1030～1180，快冷
38	S31608	06Cr17Ni12Mo2	0Cr17Ni12Mo2	固溶 1010～1150，快冷
49	S31708	06Cr19Ni13Mo3	0Cr19Ni13Mo3	固溶 1010～1150，快冷
55	S32168	06Cr18Ni11Ti①	0Cr18Ni10Ti①	固溶 920～1150，快冷
57	S32590	45Cr14Ni14W2Mo	4Cr14Ni14W2Mo	退火 820～850，快冷
60	S33010	12Cr16Ni35	1Cr16Ni35	固溶 1030～1180，快冷
62	S34778	06Cr18Ni11Nb①	0Cr18Ni11Nb①	固溶 980～1150，快冷
64	S38148	06Cr18Ni13Si4	0Cr18Ni13Si4	固溶 1010～1150，快冷
65	S38240	16Cr20Ni14Si2	1Cr20Ni14Si2	固溶 1080～1130，快冷
66	S38340	16Cr25Ni20Si2	1Cr25Ni20Si2	固溶 1080～1130，快冷

① 需方在合同中注明时，可进行稳定化处理，此时的热处理温度为 850～930℃。

表 2-137　铁素体型钢棒或试样典型的热处理制度

GB/T 20878—2007 中序号	统一数字代号	新牌号	旧牌号	退火，温度/℃
78	S11348	06Cr13Al	0Cr13Al	780～830，空冷或缓冷
83	S11203	022Cr12	00Cr12	700～820，空冷或缓冷
85	S11710	10Cr17	1Cr17	780～850，空冷或缓冷
93	S12550	16Cr25N	2Cr25N	780～880，快冷

表 2-138　马氏体型钢棒或试样典型的热处理制度

GB/T 20878—2007 中序号	统一数字代号	新牌号	旧牌号	钢棒的热处理制度		试样的热处理制度	
					退火,温度/℃	淬火,温度/℃	回火,温度/℃
98	S41010	12Cr13	1Cr13		800~900 缓冷或约 750 快冷	950~1000 油冷	700~750,快冷
101	S42020	20Cr13	2Cr13		800~900 缓冷或约 750 快冷	920~980 油冷	600~750,快冷
106	S43110	14Cr17Ni2	1Cr17Ni2		680~700 高温回火,空冷	950~1050 油冷	275~350,空冷
107	S43120	17Cr16Ni2	—	1	680~800 炉冷或空冷	950~1050 油冷或空冷	600~650,空冷
				2			750~800+650~700①,空冷
113	S45110	12Cr5Mo	1Cr5Mo		—	900~950,油冷	600~700,空冷
114	S45610	12Cr12Mo	1Cr12Mo		800~900 缓冷或约 750 快冷	950~1000,油冷	700~750,快冷
115	S45710	13Cr13Mo	1Cr13Mo		830~900 缓冷或约 750 快冷	970~1020 油冷	650~750,快冷
119	S46010	14Cr11MoV	1Cr11MoV		—	1050~1100,空冷	720~740,空冷
122	S46250	18Cr12MoVNbN	2Cr12MoVNbN		850~950 缓冷	1100~1170,油冷或空冷	≥600,空冷
123	S47010	15Cr12WMoV	1Cr12WMoV		—	1000~1050,油冷	680~700,空冷
124	S47220	22Cr12NiWMoV	2Cr12NiMoWV		830~900 缓冷	1020~1070,油冷或空冷	≥600,空冷
125	S47310	13Cr11Ni2W2MoV	1Cr11Ni2W2MoV	1	—	1000~1020 正火,1000~1020,油冷或空冷	660~710,油冷或空冷
				2			540~600,油冷或空冷
128	S47450	18Cr11NiMoNbVN	(2Cr11NiMoNbVN)		800~900 缓冷或 700~770 快冷	≥1090,油冷	≥640,空冷
130	S48040	42Cr9Si2	4Cr9Si2		—	1020~1040,油冷	700~780,油冷
131	S48045	45Cr9Si3			800~900 缓冷	900~1080,油冷	700~850,快冷
132	S48140	40Cr10Si2Mo	4Cr10Si2Mo		—	1010~1040,油冷	720~760,空冷
133	S48380	80Cr20Si2Ni	8Cr20Si2Ni		800~900 缓冷或约 720 空冷	1030~1080,油冷	700~800,快冷

① 当镍含量在表 2-111 规定的下限时，允许采用 620~720℃ 单回火制度。

表 2-139　沉淀硬化型钢棒或试样的典型热处理制度

GB/T 20878—2007 中序号	统一数字代号	新牌号	旧牌号	热处理 种类		热处理 组别	热处理 条件
137	S51740	05Cr17Ni4Cu4Nb	0Cr17Ni4Cu4Nb	固溶处理		0	1020~1060℃,快冷
				沉淀硬化	480℃时效	1	经固溶处理后,470~490℃空冷
					550℃时效	2	经固溶处理后,540~560℃空冷
					580℃时效	3	经固溶处理后,570~590℃空冷
					620℃时效	4	经固溶处理后,610~630℃空冷
138	S51770	07Cr17Ni7Al	0Cr17Ni7Al	固溶处理		0	1000~1100℃,快冷
				沉淀硬化	510℃时效	1	经固溶处理后,945~965℃保持10min,空冷到室温,在24h内冷却到-79~-67℃,保持8h,再加热到500~520℃,保持1h后,空冷
					565℃时效	2	经固溶处理后,于745~775℃保持90min,在1h内冷却到15℃以下,保持30min,再加热到555~575℃保持90min,空冷
143	S51525	06Cr15Ni25Ti2MoAlVB	0Cr15Ni25Ti2MoAlVB	固溶+时效			固溶885~915℃或965~995℃,快冷,时效700~760℃,16h,空冷或缓冷

（5）耐热钢的特性和用途（见表 2-140）

表 2-140　耐热钢的特性和用途

GB/T 20878—2007 中序号	统一数字代号	新牌号	旧牌号	特性和用途
奥氏体型				
6	S35650	53Cr21Mn9Ni4N	5Cr21Mn9Ni4N	Cr-Mn-Ni-N型奥氏体阀门钢。用于制作以经受高温强度为主的汽油及柴油机用排气阀

（续）

GB/T 20878—2007 中序号	统一数字代号	新牌号	旧牌号	特性和用途
奥氏体型				
7	S35750	26Cr18Mn12Si2N	3Cr18Mn12Si2N	有较高的高温强度和一定的抗氧化性，并且有较好的抗硫及抗增碳性。用于吊挂支架，渗碳炉构件、加热炉传送带、料盘、炉爪
8	S35850	22Cr20Mn10Ni2Si2N	2Cr20Mn9Ni2Si2N	特性和用途同 26Cr18Mn12Si2N（3Cr18Mn12Si2N），还可用作盐浴坩埚和加热炉管道等
17	S30408	06Cr19Ni10	0Cr18Ni9	通用耐氧化钢，可承受 870℃以下反复加热
30	S30850	22Cr21Ni12N	2Cr21Ni12N	Cr-Ni-N 型耐热钢。用以制造以抗氧化为主的汽油及柴油机用排气阀
31	S30920	16Cr23Ni13	2Cr23Ni13	承受 980℃以下反复加热的抗氧化钢。加热炉部件，重油燃烧器
32	S30908	06Cr23Ni13	0Cr23Ni13	耐腐蚀性比 06Cr19Ni10（0Cr18Ni9）钢好，可承受 980℃以下反复加热。炉用材料
34	S31020	20Cr25Ni20	2Cr25Ni20	承受 1035℃以下反复加热的抗氧化钢。主要用于制作炉用部件、喷嘴、燃烧室
35	S31008	06Cr25Ni20	0Cr25Ni20	抗氧化性比 06Cr23Ni13（0Cr23Ni13）钢好，可承受 1035℃以下反复加热。炉用材料、汽车排气净化装置等
38	S31608	06Cr17Ni12Mo2	0Cr17Ni12Mo2	高温具有优良的蠕变强度，作热交换用部件，高温耐蚀螺栓
49	S31708	06Cr19Ni13Mo3	0Cr19Ni13Mo3	耐点蚀和抗蠕变能力优于 06Cr17Ni12Mo2（0Cr17Ni12Mo2）。用于制作造纸、印染设备，石油化工及耐有机酸腐蚀的装备、热交换用部件等
55	S32168	06Cr18Ni11Ti	0Cr18Ni10Ti	制作在 400~900℃腐蚀条件下使用的部件，高温用焊接结构部件

（续）

GB/T 20878—2007 中序号	统一数字代号	新牌号	旧牌号	特性和用途
奥氏体型				
57	S32590	45Cr14Ni14W2Mo	4Cr14Ni14W2Mo	中碳奥氏体型阀门钢。在700℃以下有较高的热强性，在800℃以下有良好的抗氧化性能。用于制造700℃以下工作的内燃机、柴油机重负荷进、排气阀和紧固件，500℃以下工作的航空发动机及其他产品零件。也可作为渗氮钢使用
60	S33010	12Cr16Ni35	1Cr16Ni35	抗渗碳，易渗氮，1035℃以下反复加热。炉用钢料、石油裂解装置
62	S34778	06Cr18Ni11Nb	0Cr18Ni11Nb	用于制作在400~900℃腐蚀条件下使用的部件，高温用焊接结构部件
64	S38148	06Cr18Ni13Si4	0Cr18Ni13Si4	具有与06Cr25Ni20（0Cr25Ni20）相当的抗氧化性。用于含氯离子环境，如汽车排气净化装置等
65	S38240	16Cr20Ni14Si2	1Cr20Ni14Si2	具有较高的高温强度及抗氧化性，对含硫气氛较敏感，在600~800℃有析出相的脆化倾向，适用于制作承受应力的各种炉用构件
66	S38340	16Cr25Ni20Si2	1Cr25Ni20Si2	
铁素体型				
78	S11348	06Cr13Al	0Cr13Al	冷加工硬化少，主要用于制作燃气透平压缩机叶片、退火箱、淬火台架等
83	S11203	022Cr12	00Cr12	比022Cr13（0Cr13）碳含量低，焊接部位弯曲性能、加工性能、耐高温氧化性能好。制作作汽车排气处理装置，锅炉燃烧室、喷嘴等
85	S11710	10Cr17	1Cr17	用于制作900℃以下耐氧化用部件、散热器、炉用部件、油喷嘴等
93	S12550	16Cr25N	2Cr25N	耐高温腐蚀性强，1082℃以下不产生易剥落的氧化皮。常用于抗硫气氛，如燃烧室、退火箱、玻璃模具、阀、搅拌杆等

（续）

GB/T 20878—2007 中序号	统一数字代号	新 牌 号	旧 牌 号	特性和用途
马氏体型				
98	S41010	12Cr13	1Cr13	作 800℃以下耐氧化用部件
101	S42020	20Cr13	2Cr13	淬火状态下硬度高，耐蚀性良好。用于制作汽轮机叶片
106	S43110	14Cr17Ni2	1Cr17Ni2	用于制作具有较高程度的耐硝酸、有机酸腐蚀的轴类、活塞杆、泵、阀等零部件以及弹簧、紧固件、容器和设备
107	S43120	17Cr16Ni2	—	改善 14Cr17Ni2（1Cr17Ni2）钢的加工性能，可代替 14Cr17Ni2（1Cr17Ni2）钢使用
113	S45110	12Cr5Mo	1Cr5Mo	在中高温下有好的力学性能，能耐石油裂化过程中产生的腐蚀。用于制作再热蒸汽管、石油裂解管、锅炉吊架、蒸汽轮机气缸衬套、泵的零件、阀、活塞杆、高压加氢设备部件、紧固件
114	S45610	12Cr12Mo	1Cr12Mo	铬钼马氏体耐热钢。用于制作汽轮机叶片
115	S45710	13Cr13Mo	1Cr13Mo	比 12Cr13（1Cr13）耐蚀性高的高强度钢。用于制作汽轮机叶片，高温、高压蒸汽用机械部件等
119	S46010	14Cr11MoV	1Cr11MoV	铬钼钒马氏体耐热钢。有较高的热强性，良好的减振性及组织稳定性。用于透平叶片及导向叶片
122	S46250	18Cr12MoVNbN	2Cr12MoVNbN	铬钼钒铌氮马氏体耐热钢。用于制作高温结构部件，如汽轮机叶片、盘、叶轮轴、螺栓等
123	S47010	15Cr12WMoV	1Cr12WMoV	铬钼钨钒马氏体耐热钢。有较高的热强性，良好的减震性及组织稳定性。用于透平叶片、紧固件、转子及轮盘
124	S47220	22Cr12NiWMoV	2Cr12NiMoWV	性能与用途类似于 13Cr11Ni2W2MoV（1Cr11Ni2W2MoV）。用于制作汽轮机叶片
125	S47310	13Cr11Ni2W2MoV	1Cr11Ni2W2MoV	铬镍钨钼钒马氏体耐热钢。具有良好的韧性和抗氧化性能，在淡水和湿空气中有较好的耐蚀性

（续）

GB/T 20878—2007 中序号	统一数字代号	新牌号	旧牌号	特性和用途
马氏体型				
128	S47450	18Cr11NiMoNbVN	（2Cr11NiMoNbVN）	具有良好的强韧性、抗蠕变性能和抗松弛性能，主要用于制作汽轮机高温紧固件和动叶片
130	S48040	42Cr9Si2	4Cr9Si2	铬硅马氏体阀门钢，750℃以下耐氧化。用于制作内燃机进气阀，轻负荷发动机的排气阀
131	S48045	45Cr9Si3	—	
132	S48140	40Cr10Si2Mo	4Cr10Si2Mo	铬硅钼马氏体阀门钢，经淬火回火后使用。因含有钼和硅，高温强度抗蠕变性能及抗氧化性能比40Cr13(4Cr13)高。用于制作进、排气阀门，鱼雷，火箭部件，预燃烧室等
133	S48380	80Cr20Si2Ni	8Cr20Si2Ni	铬硅镍马氏体阀门钢。用于制作以耐磨性为主的进气阀、排气阀、阀座等
沉淀硬化型				
137	S51740	05Cr17Ni4Cu4Nb	0Cr17Ni4Cu4Nb	添加铜和铌的马氏体沉淀硬化型钢，作燃气透平压缩机叶片、燃气透平发动机周围材料
138	S51770	07Cr17Ni7Al	0Cr17Ni7Al	添加铝的半奥氏体沉淀硬化型钢，作高温弹簧、膜片、固定器、波纹管
143	S51525	06Cr15Ni25Ti2MoAlVB	0Cr15Ni25Ti2MoAlVB	奥氏体沉淀硬化型钢，具有高的缺口强度，在温度低于980℃时抗氧化性能与06Cr25Ni20(0Cr25Ni20)相当。主要用于700℃以下的工作环境，要求具有高强度和优良耐蚀性的部件或设备，如汽轮机转子、叶片、骨架、燃烧室部件和螺栓等

第三章　钢型材的尺寸和理论质量

一、型材

1. 优质结构钢冷拉扁钢（YB/T 037—2005，表 3-1）

表 3-1　优质结构钢冷拉扁钢理论质量

扁钢宽度/mm	在下列厚度时扁钢的理论质量/(kg/m)														
	5	6	7	8	9	10	11	12	14	15	16	18	20	25	30
8	0.31	0.38	0.44												
10	0.39	0.47	0.55	0.63	0.71										
12	0.47	0.55	0.66	0.75	0.85	0.94	1.04								
13	0.51	0.61	0.71	0.82	0.92	1.02	1.12								
14	0.55	0.66	0.77	0.88	0.99	1.10	1.21	1.32							
15	0.59	0.71	0.82	0.94	1.06	1.18	1.29	1.41							
16	0.63	0.75	0.88	1.00	1.13	1.26	1.38	1.51	1.76						
18	0.71	0.85	0.99	1.13	1.27	1.41	1.55	1.70	1.96	2.12	2.26				
20	0.78	0.94	1.10	1.26	1.41	1.57	1.73	1.88	2.28	2.36	2.51	2.63			
22	0.86	1.04	1.21	1.38	1.55	1.73	1.90	2.07	2.42	2.69	2.76	3.11	3.45		
24	0.94	1.13	1.32	1.51	1.69	1.88	2.07	2.26	2.64	2.83	3.01	3.39	3.77		
25	0.98	1.18	1.37	1.57	1.77	1.96	2.16	2.36	2.75	2.94	3.14	3.53	3.92		
28	1.10	1.32	1.54	1.76	1.98	2.20	2.42	2.64	3.08	3.28	3.52	3.96	4.40	5.49	
30	1.18	1.41	1.65	1.88	2.12	2.36	2.59	2.83	3.30	3.53	3.77	4.24	4.71	5.59	
32		1.51	1.76	2.01	2.26	2.51	2.76	3.01	3.52	3.77	4.02	4.52	5.02	6.28	7.54
35		1.65	1.92	2.19	2.47	2.75	3.02	3.29	3.85	4.12	4.39	4.95	5.49	6.87	8.24
36		1.70	1.98	2.26	2.54	2.83	3.11	3.39	3.96	4.24	4.52	5.09	5.65	7.06	8.48
38			2.09	2.39	2.68	2.98	3.28	3.58	4.18	4.47	4.77	5.37	5.97	7.46	8.95
40			2.20	2.51	2.83	3.14	3.45	3.77	4.40	4.71	5.02	5.65	6.20	7.85	9.42
45				2.83	3.18	3.53	3.89	4.24	4.95	5.29	5.56	6.36	7.06	8.83	10.60
50					3.53	3.92	4.32	4.71	5.50	5.89	6.28	7.06	7.85	9.81	11.78

注：表中的理论质量是按密度为 7.85g/cm^3 计算的。

2. 热轧钢棒（GB/T 702—2008）

(1) 尺寸及允许偏差

1) 热轧圆钢和方钢的尺寸允许偏差见表 3-2。

表 3-2　热轧圆钢和方钢的尺寸允许偏差　（单位：mm）

截面公称尺寸（圆钢直径或方钢边长）	尺寸允许偏差		
	1 组	2 组	3 组
5.5~7	±0.20	±0.30	±0.40
>7~20	±0.25	±0.35	±0.40
>20~30	±0.30	±0.40	±0.50
>30~50	±0.40	±0.50	±0.60
>50~80	±0.60	±0.70	±0.80
>80~110	±0.90	±1.00	±1.10
>110~150	±1.20	±1.30	±1.40
>150~200	±1.60	±1.80	±2.00
>200~280	±2.00	±2.50	±3.00
>280~310	—	—	±5.00

注：尺寸允许偏差组别应在相应产品标准或合同中注明，未注明按本表第 3 组执行。

2）热轧扁钢的尺寸允许偏差见表 3-3。

表 3-3　热轧扁钢的尺寸允许偏差　（单位：mm）

宽度			厚度		
公称尺寸	允许偏差		公称尺寸	允许偏差	
	1 组	2 组		1 组	2 组
10~50	+0.3 −0.9	+0.5 −1.0	3~16	+0.3 −0.5	+0.2 −0.4
>50~75	+0.4 −1.2	+0.6 −1.3			
>75~100	+0.7 −1.7	+0.9 −1.8	>16~60	+1.5% −3.0%	+1.0% −2.5%
>100~150	+0.8% −0.8%	+1.0% −2.0%			
>150~200	供需双方协商				

注：在同一截面任意两点测量的厚度差不得大于厚度公差的 50%

3）热轧六角钢和热轧八角钢的尺寸允许偏差见表 3-4。

表 3-4　热轧六角钢和八角钢的尺寸允许偏差（单位：mm）

对边距离 s	允许偏差		
	1 组	2 组	3 组
≥8~17	±0.25	±0.35	±0.40
>17~20	±0.25	±0.35	±0.40
>20~30	±0.30	±0.40	±0.50
>30~50	±0.40	±0.50	±0.60
>50~70	±0.60	±0.70	±0.80

注：应在相应产品标准或订货合同中注明尺寸允许偏差组别，未注明时按第 3 组允许偏差执行。经供需双方协商，并在合同注明，可按正偏差轧制，此时热轧六角钢和热轧八角钢的尺寸允许偏差为本表所列该尺寸六角钢和八角钢的公差。

4）热轧工具钢的尺寸允许偏差见表3-5。

表3-5　热轧工具钢的尺寸允许偏差　（单位：mm）

宽度及允许偏差		厚度及允许偏差	
公称宽度	允许偏差　≤	公称厚度	允许偏差　≤
10	+0.70	≥4~6	+0.40
>10~18	+0.80	>6~10	+0.50
>18~30	+1.2	>10~14	+0.60
>30~50	+1.6	>14~25	+0.80
>50~80	+2.3	>25~30	+1.2
>80~160	+2.5	>30~60	+1.4
>160~200	+2.8	>60~100	+1.6
>200~250	+3.0	—	—
>250~310	+3.2	—	—

（2）长度及允许偏差

1）热轧圆钢和方钢的通常长度及短尺长度见表3-6。

表3-6　热轧圆钢和方钢的通常长度及短尺长度

钢　类		通常长度		短尺长度/m ≥
		截面公称尺寸/mm	钢棒长度/m	
普通质量钢		≤25	4~12	2.5
		>25	3~12	
优质及特殊质量钢	全部规格		2~12	1.5
	碳素和合金工具钢	≤75	2~12	1.0
		>75	1~8	0.5（包括高速工具钢全部规格）

2）热轧扁钢的通常长度及短尺长度见表3-7。

表3-7　热轧扁钢的通常长度及短尺长度

钢　类		通常长度/m	长度及允许偏差	短尺长度/m
普通质量钢	1组（理论质量≤19kg/m）	3~9	钢棒长度≤4m，+30mm；4~6m，+50mm；>6m，+70mm	≥1.5
	2组（理论质量>19kg/m）	3~7		
优质及特殊质量钢		2~6		

3）热轧六角钢和热轧八角钢的通常长度及短尺长度见表3-8。

表3-8　热轧六角钢和八角钢的通常长度及短尺长度

钢　类	通常长度/m	短尺长度/m
普通质量钢	3~8	≥2.5
优质及特殊质量钢	2~6	≥1.5

4）热轧工具钢扁钢的通常长度及短尺长度见表 3-9。

表 3-9　热轧工具钢扁钢的通常长度及短尺长度

公称宽度/mm	通常长度/m	短尺长度/m
≤50	≥2.0	≥1.5
>50~70	≥2.0	≥0.75
>70	≥1.0	—

注：1. 按定尺长度交货的热轧工具钢扁钢，其长度允许偏差为+250mm。
2. 经供需双方协商，并在合同中注明，可供应表中规定之外长度的钢棒。定尺或倍尺长度应在合同中注明，其长度允许偏差为+50mm（不包括热轧扁钢）。
3. 短尺长度钢棒交货量不得超过该批钢棒总质量的 10%。

3. 冷拉圆钢、方钢、六角钢（GB/T 905—1994）

冷拉圆钢、方钢、六角钢的截面面积和理论质量见表 3-10。

表 3-10　冷拉圆钢、方钢、六角钢的截面面积和理论质量

尺寸 /mm	圆钢		方钢		六角钢	
	截面面积 $/mm^2$	理论质量 /(kg/m)	截面面积 $/mm^2$	理论质量 /(kg/m)	截面面积 $/mm^2$	理论质量 /(kg/m)
3.0	7.069	0.0555	9.000	0.0706	7.794	0.0612
3.2	8.042	0.0631	10.24	0.0804	8.868	0.0696
3.5	9.621	0.0755	12.25	0.0962	10.61	0.0833
4.0	12.57	0.0986	16.00	0.126	13.86	0.109
4.5	15.90	0.125	20.25	0.159	17.54	0.138
5.0	19.83	0.154	25.00	0.196	21.65	0.170
5.5	23.76	0.187	30.25	0.237	26.20	0.206
6.0	28.27	0.222	36.00	0.283	31.18	0.245
6.3	31.17	0.245	39.69	0.312	34.37	0.270
7.0	38.48	0.302	49.00	0.385	42.44	0.333
7.5	44.18	0.347	56.25	0.442	—	—
8.0	50.27	0.395	64.00	0.502	55.43	0.435
8.5	56.75	0.445	72.25	0.567	—	—
9.0	63.62	0.499	81.00	0.636	70.15	0.551
9.5	70.88	0.556	90.25	0.708	—	—
10.0	78.54	0.617	100.0	0.785	86.60	0.680
10.5	86.59	0.680	110.2	0.865	—	—
11.0	95.03	0.746	121.0	0.950	104.8	0.823
11.5	103.9	0.815	132.2	1.04	—	—
12.0	113.1	0.888	144.0	1.13	124.7	0.979
13.0	132.7	1.04	169.0	1.33	146.4	1.15
14.0	153.9	1.21	196.0	1.54	169.7	1.33

（续）

尺寸 /mm	圆钢		方钢		六角钢	
	截面面积 /mm²	理论质量 /(kg/m)	截面面积 /mm²	理论质量 /(kg/m)	截面面积 /mm²	理论质量 /(kg/m)
15.0	176.7	1.39	225.0	1.77	194.9	1.53
16.0	201.1	1.58	256.0	2.01	221.7	1.74
17.0	227.0	1.78	289.0	2.27	250.3	1.96
18.0	254.5	2.00	324.0	2.54	280.6	2.20
19.0	283.5	2.23	361.0	2.83	312.6	2.45
20.0	314.2	2.47	400.0	3.14	346.4	2.72
21.0	346.4	2.72	441.0	3.46	381.9	3.00
22.0	380.1	2.98	484.0	3.80	419.2	3.29
24.0	452.4	3.55	576.0	4.52	498.8	3.92
25.0	490.9	3.85	625.0	4.91	541.3	4.25
26.0	530.9	4.17	676.0	5.31	585.4	4.60
28.0	615.8	4.83	784.0	6.15	679.0	5.33
30.0	706.9	5.55	900.0	7.06	779.4	6.12
32.0	804.2	6.31	1024	8.04	886.8	6.96
34.0	907.9	7.13	1156	9.07	1001	7.86
35.0	962.1	7.55	1225	9.62	—	—
36.0	—	—	—	—	1122	8.81
38.0	1134	8.90	1444	11.3	1251	9.82
40.0	1257	9.86	1600	12.6	1386	10.9
42.0	1385	10.9	1764	13.8	1528	12.0
45.0	1590	12.5	2025	15.9	1754	13.8
48.0	1810	14.2	2304	18.1	1995	15.7
50.0	1968	15.4	2500	19.6	2165	17.0
52.0	2206	17.3	2809	22.0	2433	19.1
55.0	—	—	—	—	2620	20.5
56.0	2463	19.3	3136	24.6	—	—
60.0	2827	22.2	3600	28.3	3118	24.5
63.0	3117	24.5	3969	31.2	—	—
65.0	—	—	—	—	3654	28.7
67.0	3526	27.7	4489	35.2	—	—
70.0	3848	30.2	4900	38.5	4244	33.3
75.0	4418	34.7	5625	44.2	4871	38.2
80.0	5027	39.5	6400	50.2	5543	43.5

注：1. 表内尺寸一栏，对圆钢表示直径，对方钢表示边长，对六角钢表示对边距离。以下各表相同。

2. 表中理论质量按密度为 7.85g/cm³ 计算。对高合金钢计算理论质量时应采用相应牌号的密度。

4. 银亮钢（GB/T 3207—2008）

（1）公称直径、截面面积及理论质量（见表 3-11～表 3-12）

表 3-11　银亮钢的公称直径（不大于 12mm）截面面积及理论质量

公称直径 d/mm	截面面积 /mm²	理论质量 /(kg/1000m)	公称直径 d/mm	截面面积 /mm²	理论质量 /(kg/1000m)
1.00	0.7854	6.17	5.00	19.63	154
1.10	0.9503	7.46	5.50	23.76	187
1.20	1.131	8.88	6.00	28.27	222
1.40	1.539	12.1	6.30	31.17	244
1.50	1.767	13.9	7.0	38.48	302
1.60	2.001	15.8	7.5	44.18	347
1.80	2.545	19.9	8.0	50.27	395
2.00	3.142	24.7	8.5	56.75	445
2.20	3.801	29.8	9.0	63.62	499
2.50	4.909	38.5	9.5	70.88	556
2.80	6.158	48.4	10.0	78.54	617
3.00	7.069	55.5	10.5	86.59	680
3.20	8.042	63.1	11.0	95.03	746
3.50	9.621	75.5	11.5	103.9	815
4.00	12.57	98.6	12.0	113.1	888
4.50	15.90	125			

注：表中的参考质量是按密度为 7.85g/cm³ 计算的。

表 3-12　银亮钢的公称直径（大于 12mm）截面面积及理论质量

公称直径 d/mm	截面面积 /mm²	理论质量 /(kg/m)	公称直径 d/mm	截面面积 /mm²	理论质量 /(kg/m)
13.0	132.7	1.04	30.0	706.9	5.55
14.0	153.9	1.21	32.0	804.2	6.31
15.0	176.7	1.39	33.0	855.3	6.71
16.0	201.1	1.58	34.0	907.9	7.13
17.0	227.0	1.78	35.0	962.1	7.55
18.0	254.5	2.00	36.0	1018	7.99
19.0	283.5	2.23	38.0	1134	8.90
20.0	314.2	2.47	40.0	1257	9.90
21.0	346.4	2.72	42.0	1385	10.9
22.0	380.1	2.98	45.0	1590	12.5
24.0	452.4	3.55	48.0	1810	14.2
25.0	490.9	3.85	50.0	1963	15.4
26.0	530.9	4.17	53.0	2206	17.3
28.0	615.8	4.83	55.0	2376	18.6

（续）

公称直径 d/mm	截面面积 /mm²	理论质量 /(kg/m)	公称直径 d/mm	截面面积 /mm²	理论质量 /(kg/m)
56.0	2463	19.3	115.0	10390	81.5
58.0	2642	20.7	120.0	11310	88.8
60.0	2827	22.2	125.0	12270	96.3
63.0	3117	24.5	130.0	13270	104
65.0	3318	26.0	135.0	14310	112
68.0	3632	28.5	140.0	15390	121
70.0	3848	30.2	145.0	16510	130
75.0	4418	34.7	150.0	17670	139
80.0	5027	39.5	155.0	18870	148
85.0	5675	44.5	160.0	20110	158
90.0	6362	45.9	165.0	21380	168
95.0	7088	55.6	170.0	22700	178
100.0	7854	61.7	175.0	24050	189
105.0	8659	68.0	180.0	25450	200
110.0	9503	74.6			

注：表中的理论质量是按密度为 $7.85g/cm^3$ 计算的。

（2）直径允许偏差（见表3-13）

表3-13 银亮钢的直径允许偏差 （单位：mm）

公称直径	允许偏差							
	6(h6)	7(h7)	8(h8)	9(h9)	10(h10)	11(h11)	12(h12)	13(h13)
1.0~3.0	0 -0.006	0 -0.010	0 -0.014	0 -0.025	0 -0.040	0 -0.060	0 -0.10	0 -0.14
>3.0~6.0	0 -0.008	0 -0.012	0 -0.018	0 -0.030	0 -0.048	0 -0.075	0 -0.12	0 -0.18
>6.0~10.0	0 -0.009	0 -0.015	0 -0.022	0 -0.036	0 -0.058	0 -0.090	0 -0.150	0 -0.22
>10.0~18.0	0 -0.011	0 -0.018	0 -0.027	0 -0.043	0 -0.070	0 -0.11	0 -0.18	0 -0.27
>18.0~30.0	0 -0.013	0 -0.021	0 -0.033	0 -0.052	0 -0.084	0 -0.13	0 -0.21	0 -0.33
>30.0~50.0	0 -0.016	0 -0.025	0 -0.039	0 -0.062	0 -0.100	0 -0.16	0 -0.25	0 -0.39
>50.0~80.0	0 -0.019	0 -0.030	0 -0.046	0 -0.074	0 -0.12	0 -0.19	0 -0.30	0 -0.46
>80.0~120.0	0 -0.022	0 -0.035	0 -0.054	0 -0.087	0 -0.14	0 -0.22	0 -0.35	0 -0.54
>120.0~180.0	0 -0.025	0 -0.040	0 -0.063	0 -0.100	0 -0.16	0 -0.25	0 -0.40	0 -0.63

（3）通常长度（见表 3-14）

表 3-14　银亮钢的通常长度

直径/mm	≤30.0	>30.00
通常长度/m	2~6	2~7

5. 热轧型钢（工字钢、槽钢、等边角钢、不等边角钢、L 型钢）（GB/T 706—2008）

（1）尺寸外形及允许偏差

1）型钢截面及标注符号如图 3-1~图 3-5 所示。

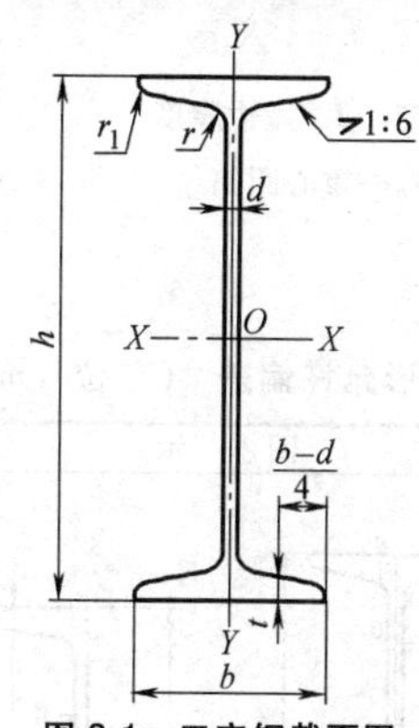

图 3-1　工字钢截面图

h—高度　b—腿宽度　d—腰厚度　t—平均腿厚度　r—内圆弧半径　r_1—腿端圆弧半径

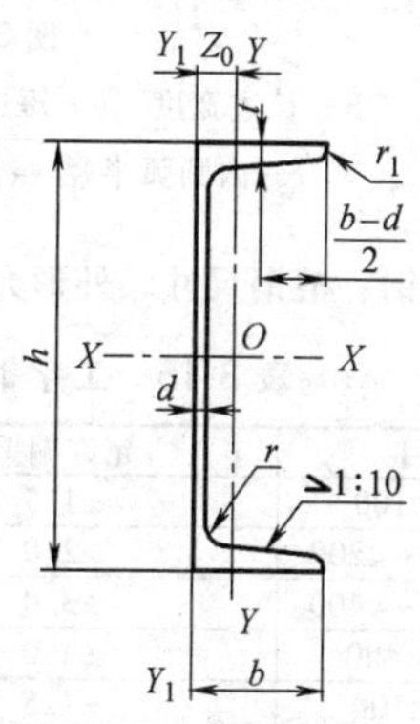

图 3-2　槽钢截面图

h—高度　b—腿宽度　d—腰厚度　t—平均腿厚度　r—内圆弧半径　r_1—腿端圆弧半径　Z_0—YY 轴与 Y_1Y_1 轴间距

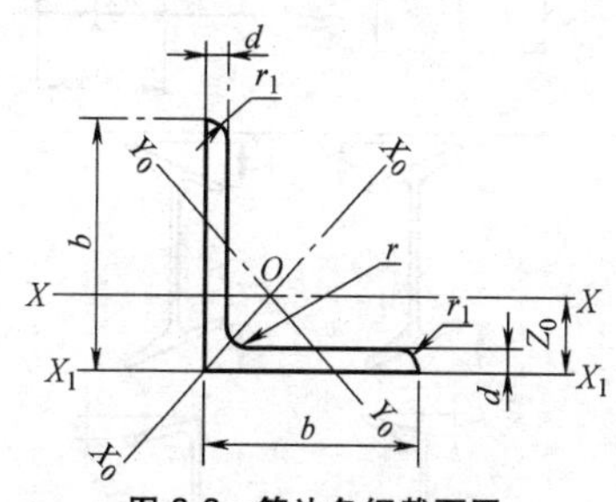

图 3-3　等边角钢截面图

b—边宽度　d—边厚度　r—内圆弧半径　r_1—边端圆弧半径　Z_0—重心距离

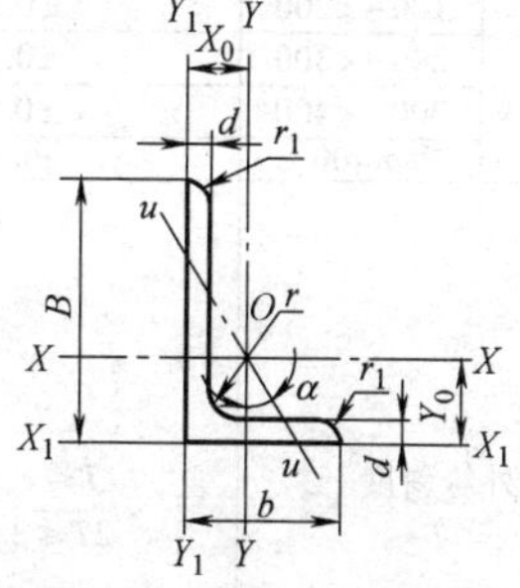

图 3-4　不等边角钢截面图

B—长边宽度　b—短边宽度　d—边厚度　r—内圆弧半径　r_1—边端圆弧半径　X_0、Y_0—重心距离

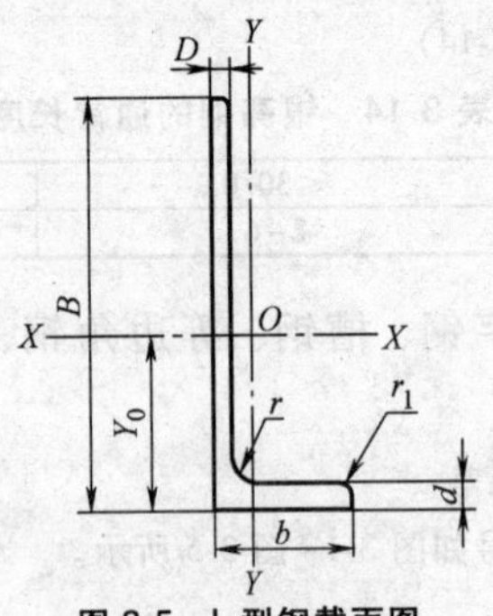

图 3-5 L 型钢截面图

B—长边宽度 b—短边宽度 D—长边厚度 d—短边厚度

r—内圆弧半径 r_1—边端圆弧半径 Y_0—重心距离

2）工字钢、槽钢尺寸、外形允许偏差见表 3-15。

表 3-15 工字钢、槽钢尺寸、外形允许偏差 （单位：mm）

项目		允许偏差	图示
高度 h	<100	±1.5	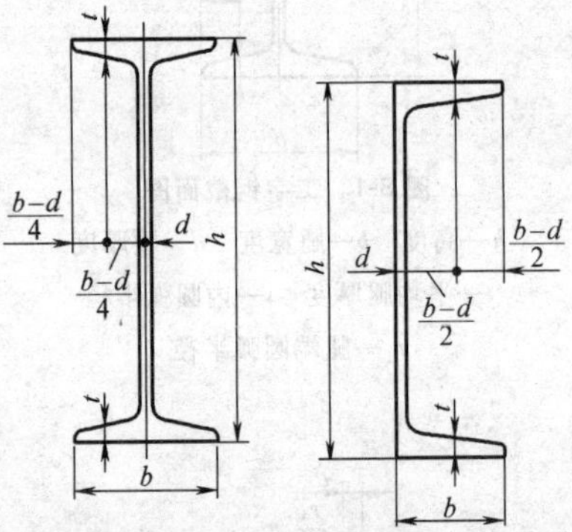
	100～<200	±2.0	
	200～<400	±3.0	
	≥400	±4.0	
腿宽度 b	<100	±1.5	
	100～<150	±2.0	
	150～<200	±2.5	
	200～<300	±3.0	
	300～<400	±3.5	
	≥400	±4.0	
腰厚度 d	<100	±0.4	
	100～<200	±0.5	
	200～<300	±0.7	
	300～<400	±0.8	
	≥400	±0.9	
外缘斜度 T		$T\leqslant1.5\%b$ $2T\leqslant2.5\%b$	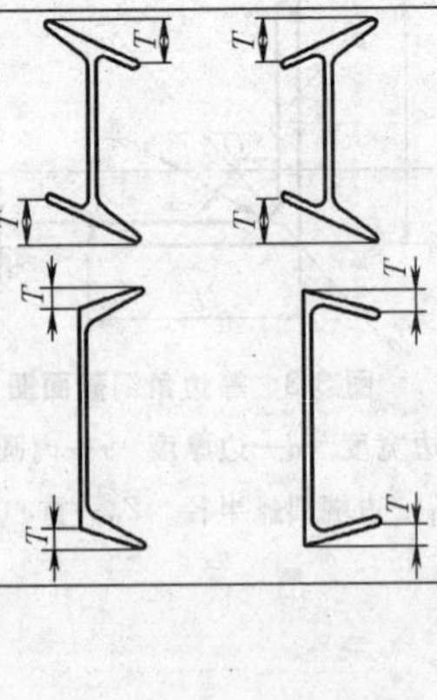

（续）

项　　目		允许偏差	图　　示
弯腰挠度 W		$W \leqslant 0.15d$	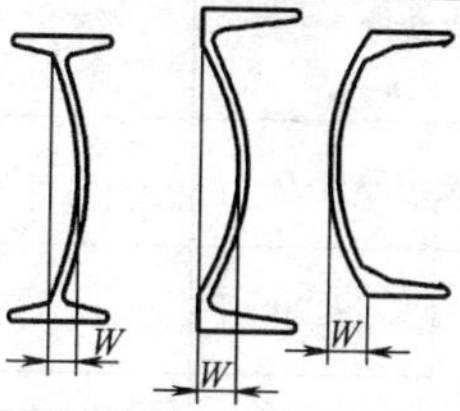
弯曲度	工字钢	每米弯曲度≤2mm 总弯曲度不大于 总长度的 0.20%	适用于上下、左右大弯曲
	槽钢	每米弯曲度≤3mm 总弯曲度不大于 总长度的 0.30%	

3）角钢尺寸、外形允许偏差见表 3-16。

表 3-16　角钢尺寸、外形允许偏差　　（单位：mm）

项　　目		允许偏差		图　　示
		等边角钢	不等边角钢	
边宽度 B、b	边宽度①≤56	±0.8	±0.8	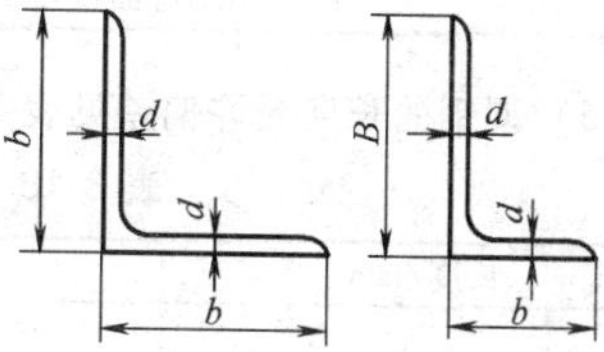
	>56~90	±1.2	±1.5	
	>90~140	±1.8	±2.0	
	>140~200	±2.5	±2.5	
	>200	±3.5	±3.5	
边厚度 d	边宽度①≤56	±0.4		
	>56~90	±0.6		
	>90~140	±0.7		
	>140~200	±1.0		
	>200	±1.4		
顶端直角		$\alpha \leqslant 50'$		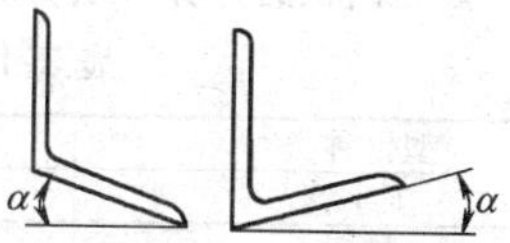
弯曲度		每米弯曲度≤3mm 总弯曲度不大于 总长度的 0.30%		适用于上下、左右大弯曲

① 不等边角钢按长边宽度 B。

4）L 型钢尺寸、外形允许偏差见表 3-17。

表 3-17　L 型钢尺寸、外形允许偏差　　（单位：mm）

项　目			允许偏差	图　示
边宽度 B、b			±4.0	
边厚度	长边厚度 D		+1.6 −0.4	
边厚度	短边厚度 d	≤20	+2.0 −0.4	
边厚度	短边厚度 d	>20~30	+2.0 −0.5	
边厚度	短边厚度 d	>30~35	+2.5 −0.6	
垂直度 T			$T \leqslant 2.5\% b$	
长边平直度 W			$W \leqslant 0.15D$	
弯曲度			每米弯曲度≤3mm 总弯曲度不大于总长度的 0.30%	适用于上下、左右大弯曲

5）型钢的长度允许偏差见表 3-18。

表 3-18　型钢的长度允许偏差

长度/mm	≤8000mm	>8000mm
允许偏差/mm	+50 0	+80 0

6）截面面积的计算方法见表 3-19。

表 3-19　截面面积的计算方法

型钢种类	计算公式
工字钢	$hd+2t(b-d)+0.615(r^2-r_1^2)$
槽钢	$hd+2t(b-d)+0.349(r^2-r_1^2)$
等边角钢	$d(2b-d)+0.215(r^2-2r_1^2)$
不等边角钢	$d(B+b-d)+0.215(r^2-2r_1^2)$
L 型钢	$BD+d(b-D)+0.215(r^2-r_1^2)$

（2）型钢截面尺寸、截面面积、理论质量及截面特性

1）工字钢截面尺寸、截面面积、理论质量及截面特性见表 3-20。

表 3-20　工字钢截面尺寸、截面面积、理论质量及截面特性

型号	截面尺寸/mm						截面面积 /cm^2	理论质量 /(kg/m)	惯性矩/cm^4		惯性半径/cm		截面模数/cm^3	
	h	b	d	t	r	r_1			I_x	I_y	i_x	i_y	W_x	W_y
10	100	68	4.5	7.6	6.5	3.3	14.345	11.261	245	33.0	4.14	1.52	49.0	9.72
12	120	74	5.0	8.4	7.0	3.5	17.818	13.987	436	46.9	4.95	1.62	72.7	12.7
12.6	126	74	5.0	8.4	7.0	3.5	18.118	14.223	488	46.9	5.20	1.61	77.5	12.7
14	140	80	5.5	9.1	7.5	3.8	21.516	16.890	712	64.4	5.76	1.73	102	16.1
16	160	88	6.0	9.9	8.0	4.0	26.131	20.513	1130	93.1	6.58	1.89	141	21.2
18	180	94	6.5	10.7	8.5	4.3	30.756	24.143	1660	122	7.36	2.00	185	26.0
20a	200	100	7.0	11.4	9.0	4.5	35.578	27.929	2370	158	8.15	2.12	237	31.5
20b		102	9.0				39.578	31.069	2500	169	7.96	2.06	250	33.1
22a	220	110	7.5	12.3	9.5	4.8	42.128	33.070	3400	225	8.99	2.31	309	40.9
22b		112	9.5				46.528	36.524	3570	239	8.78	2.27	325	42.7
24a	240	116	8.0	13.0	10.0	5.0	47.741	37.477	4570	280	9.77	2.42	381	48.4
24b		118	10.0				52.541	41.245	4800	297	9.57	2.38	400	50.4
25a	250	116	8.0				48.541	38.105	5020	280	10.2	2.40	402	48.3
25b		118	10.0				53.541	42.030	5280	309	9.94	2.40	423	52.4
27a	270	122	8.5	13.7	10.5	5.3	54.554	42.825	6550	345	10.9	2.51	485	56.6
27b		124	10.5				59.954	47.064	6870	366	10.7	2.47	509	58.9
28a	280	122	8.5				55.404	43.492	7110	345	11.3	2.50	508	56.6
28b		124	10.5				61.004	47.888	7480	379	11.1	2.49	534	61.2
30a	300	126	9.0	14.4	11.0	5.5	61.254	48.084	8950	400	12.1	2.55	597	63.5
30b		128	11.0				67.254	52.794	9400	422	11.8	2.50	627	65.9
30c		130	13.0				73.254	57.504	9850	445	11.6	2.46	657	68.5
32a	320	130	9.5	15.0	11.5	5.8	67.156	52.717	11100	460	12.8	2.62	692	70.8
32b		132	11.5				73.556	57.741	11600	502	12.6	2.61	726	76.0
32c		134	13.5				79.956	62.765	12200	544	12.3	2.61	760	81.2

（续）

型号	截面尺寸/mm						截面面积/cm^2	理论质量/(kg/m)	惯性矩/cm^4		惯性半径/cm		截面模数/cm^3	
	h	b	d	t	r	r_1			I_x	I_y	i_x	i_y	W_x	W_y
36a		136	10.0				76.480	60.037	15800	552	14.4	2.69	875	81.2
36b	360	138	12.0	15.8	12.0	6.0	83.680	65.689	16500	582	14.1	2.64	919	84.3
36c		140	14.0				90.880	71.341	17300	612	13.8	2.60	962	87.4
40a		142	10.5				86.112	67.598	21700	660	15.9	2.77	1090	93.2
40b	400	144	12.5	16.5	12.5	6.3	94.112	73.878	22800	692	15.6	2.71	1140	96.2
40c		146	14.5				102.112	80.158	23900	727	15.2	2.65	1190	99.6
45a		150	11.5				102.446	80.420	32200	855	17.7	2.89	1430	114
45b	450	152	13.5	18.0	13.5	6.8	111.446	87.485	33800	894	17.4	2.84	1500	118
45c		154	15.5				120.446	94.550	35300	938	17.1	2.79	1570	122
50a		158	12.0				119.304	93.654	46500	1120	19.7	3.07	1860	142
50b	500	160	14.0	20.0	14.0	7.0	129.304	101.504	48600	1170	19.4	3.01	1940	146
50c		162	16.0				139.304	109.354	50600	1220	19.0	2.96	2080	151
55a		166	12.5				134.185	105.335	62900	1370	21.6	3.19	2290	164
55b	550	168	14.5				145.185	113.970	65600	1420	21.2	3.14	2390	170
55c		170	16.5	21.0	14.5	7.3	156.185	122.605	68400	1480	20.9	3.08	2490	175
56a		166	12.5				135.435	106.316	65600	1370	22.0	3.18	2340	165
56b	560	168	14.5				146.635	115.108	68500	1490	21.6	3.16	2450	174
56c		170	16.5				157.835	123.900	71400	1560	21.3	3.16	2550	183
63a		176	13.0				154.658	121.407	93900	1700	24.5	3.31	2980	193
63b	630	178	15.0	22.0	15.0	7.5	167.258	131.298	98100	1810	24.2	3.29	3160	204
63c		180	17.0				179.858	141.189	102000	1920	23.8	3.27	3300	214

注：表中 r、r_1 的数据用于孔型设计，不做交货条件。

2）槽钢截面尺寸、截面面积、理论质量及截面特性见表3-21。

表 3-21 槽钢截面尺寸、截面面积、理论质量及截面特性

型号	截面尺寸 /mm						截面面积 /cm²	理论质量 /(kg/m)	惯性矩 /cm⁴			惯性半径 /cm		截面模数 /cm³		重心距离 /cm
	h	b	d	t	r	r_1			I_x	I_y	I_{y1}	i_x	i_y	W_x	W_y	Z_0
5	50	37	4.5	7.0	7.0	3.5	6.928	5.438	26.0	8.30	20.9	1.94	1.10	10.4	3.55	1.35
6.3	63	40	4.8	7.5	7.5	3.8	8.451	6.634	50.8	11.9	28.4	2.45	1.19	16.1	4.50	1.36
6.5	65	40	4.3	7.5	7.5	3.8	8.547	6.709	55.2	12.0	28.3	2.54	1.19	17.0	4.59	1.38
8	80	43	5.0	8.0	8.0	4.0	10.248	8.045	101	16.6	37.4	3.15	1.27	25.3	5.79	1.43
10	100	48	5.3	8.5	8.5	4.2	12.748	10.007	198	25.6	54.9	3.95	1.41	39.7	7.80	1.52
12	120	53	5.5	9.0	9.0	4.5	15.362	12.059	346	37.4	77.7	4.75	1.56	57.7	10.2	1.62
12.6	126	53	5.5	9.0	9.0	4.5	15.692	12.318	391	38.0	77.1	4.95	1.57	62.1	10.2	1.59
14a	140	58	6.0	9.5	9.5	4.8	18.516	14.535	564	53.2	107	5.52	1.70	80.5	13.0	1.71
14b		60	8.0				21.316	16.733	609	61.1	121	5.35	1.69	87.1	14.1	1.67
16a	160	63	6.5	10.0	10.0	5.0	21.962	17.24	866	73.3	144	6.28	1.83	108	16.3	1.80
16b		65	8.5				25.162	19.752	935	83.4	161	6.10	1.82	117	17.6	1.75
18a	180	68	7.0	10.5	10.5	5.2	25.699	20.174	1270	98.6	190	7.04	1.96	141	20.0	1.88
18b		70	9.0				29.299	23.000	1370	111	210	6.84	1.95	152	21.5	1.84
20a	200	73	7.0	11.0	11.0	5.5	28.837	22.637	1780	128	244	7.86	2.11	178	24.2	2.01
20b		75	9.0				32.837	25.777	1910	144	268	7.64	2.09	191	25.9	1.95
22a	220	77	7.0	11.5	11.5	5.8	31.846	24.999	2390	158	298	8.67	2.23	218	28.2	2.10
22b		79	9.0				36.246	28.453	2570	176	326	8.42	2.21	234	30.1	2.03
24a	240	78	7.0	12.0	12.0	6.0	34.217	26.860	3050	174	325	9.45	2.25	254	30.5	2.10
24b		80	9.0				39.017	30.628	3280	194	355	9.17	2.23	274	32.5	2.03
24c		82	11.0				43.817	34.396	3510	213	388	8.96	2.21	293	34.4	2.00
25a	250	78	7.0	12.0	12.0	6.0	34.917	27.410	3370	176	322	9.82	2.24	270	30.6	2.07
25b		80	9.0				39.917	31.335	3530	196	353	9.41	2.22	282	32.7	1.98
25c		82	11.0				44.917	35.260	3690	218	384	9.07	2.21	295	35.9	1.92

（续）

型号	截面尺寸/mm						截面面积/cm^2	理论质量/(kg/m)	惯性矩/cm^4			惯性半径/cm		截面模数/cm^3		重心距离/cm
	h	b	d	t	r	r_1			I_x	I_y	I_{y1}	i_x	i_y	W_x	W_y	Z_0
27a	270	82	7.5	12.5	12.5	6.2	39.284	30.838	4360	216	393	10.5	2.34	323	35.5	2.13
27b		84	9.5				44.684	35.077	4690	239	428	10.3	2.31	347	37.7	2.06
27c		86	11.5				50.084	39.316	5020	261	467	10.1	2.28	372	39.8	2.03
28a	280	82	7.5				40.034	31.427	4760	218	388	10.9	2.33	340	35.7	2.10
28b		84	9.5				45.634	35.823	5130	242	428	10.6	2.30	366	37.9	2.02
28c		86	11.5				51.234	40.219	5500	268	463	10.4	2.29	393	40.3	1.95
30a	300	85	7.5	13.5	13.5	6.8	43.902	34.463	6050	260	467	11.7	2.43	403	41.1	2.17
30b		87	9.5				49.902	39.173	6500	289	515	11.4	2.41	433	44.0	2.13
30c		89	11.5				55.902	43.883	6950	316	560	11.2	2.38	463	46.4	2.09
32a	320	88	8.0	14.0	14.0	7.0	48.513	38.083	7600	305	552	12.5	2.50	475	46.5	2.24
32b		90	10.0				54.913	43.107	8140	336	593	12.2	2.47	509	49.2	2.16
32c		92	12.0				61.313	48.131	8690	374	643	11.9	2.47	543	52.6	2.09
36a	360	96	9.0	16.0	16.0	8.0	60.910	47.814	11900	455	818	14.0	2.73	660	63.5	2.44
36b		98	11.0				68.110	53.466	12700	497	880	13.6	2.70	703	66.9	2.37
36c		100	13.0				75.310	59.118	13400	536	948	13.4	2.67	746	70.0	2.34
40a	400	100	10.5	18.0	18.0	9.0	75.068	58.928	17600	592	1070	15.3	2.81	879	78.8	2.49
40b		102	12.5				83.068	65.208	18600	640	114	15.0	2.78	932	82.5	2.44
40c		104	14.5				91.068	71.488	19700	688	1220	14.7	2.75	986	86.2	2.42

注：表中 r、r_1 的数据用于孔型设计，不做交货条件。

3）等边角钢截面尺寸、截面面积、理论质量及截面特性见表 3-22。

表 3-22 等边角钢截面尺寸、截面面积、理论质量及截面特性

型号	截面尺寸/mm			截面面积/cm²	理论质量/(kg/m)	外表面积/(m²/m)	惯性矩/cm⁴				惯性半径/cm			截面模数/cm³			重心距离/cm
	b	d	r				I_x	I_{x1}	I_{x0}	I_{y0}	i_x	i_{x0}	i_{y0}	W_x	W_{x0}	W_{y0}	Z_0
2	20	3	3.5	1.132	0.889	0.078	0.40	0.81	0.63	0.17	0.59	0.75	0.39	0.29	0.45	0.20	0.60
		4		1.459	1.145	0.077	0.50	1.09	0.78	0.22	0.58	0.73	0.38	0.36	0.55	0.24	0.64
2.5	25	3		1.432	1.124	0.098	0.82	1.57	1.29	0.34	0.76	0.95	0.49	0.46	0.73	0.33	0.73
		4		1.859	1.459	0.097	1.03	2.11	1.62	0.43	0.74	0.93	0.48	0.59	0.92	0.40	0.76
3.0	30	3	4.5	1.749	1.373	0.117	1.46	2.71	2.31	0.61	0.91	1.15	0.59	0.68	1.09	0.51	0.85
		4		2.276	1.786	0.117	1.84	3.63	2.92	0.77	0.90	1.13	0.58	0.87	1.37	0.62	0.89
3.6	36	3		2.109	1.656	0.141	2.58	4.68	4.09	1.07	1.11	1.39	0.71	0.99	1.61	0.76	1.00
		4		2.756	2.163	0.141	3.29	6.25	5.22	1.37	1.09	1.38	0.70	1.28	2.05	0.93	1.04
		5		3.382	2.654	0.141	3.95	7.84	6.24	1.65	1.08	1.36	0.70	1.56	2.45	1.00	1.07
4	40	3	5	2.359	1.852	0.157	3.59	6.41	5.69	1.49	1.23	1.55	0.79	1.23	2.01	0.96	1.09
		4		3.086	2.422	0.157	4.60	8.56	7.29	1.91	1.22	1.54	0.79	1.60	2.58	1.19	1.13
		5		3.791	2.976	0.156	5.53	10.74	8.76	2.30	1.21	1.52	0.78	1.96	3.10	1.39	1.17
4.5	45	3		2.659	2.088	0.177	5.17	9.12	8.20	2.14	1.40	1.76	0.89	1.58	2.58	1.24	1.22
		4		3.486	2.736	0.177	6.65	12.18	10.56	2.75	1.38	1.74	0.89	2.05	3.32	1.54	1.26
		5		4.292	3.369	0.176	8.04	15.2	12.74	3.33	1.37	1.72	0.88	2.51	4.00	1.81	1.30
		6		5.076	3.985	0.176	9.33	18.36	14.76	3.89	1.36	1.70	0.8	2.95	4.64	2.06	1.33
5	50	3	5.5	2.971	2.332	0.197	7.18	12.5	11.37	2.98	1.55	1.96	1.00	1.96	3.22	1.57	1.34
		4		3.897	3.059	0.197	9.26	16.69	14.70	3.82	1.54	1.94	0.99	2.56	4.16	1.96	1.38
		5		4.803	3.770	0.196	11.21	20.90	17.79	4.64	1.53	1.92	0.98	3.13	5.03	2.31	1.42
		6		5.688	4.465	0.196	13.05	25.14	20.68	5.42	1.52	1.91	0.98	3.68	5.85	2.63	1.46
5.6	56	3	6	3.343	2.624	0.221	10.19	17.56	16.14	4.24	1.75	2.20	1.13	2.48	4.08	2.02	1.48
		4		4.390	3.446	0.220	13.18	23.43	20.92	5.46	1.73	2.18	1.11	3.24	5.28	2.52	1.53
		5		5.415	4.251	0.220	16.02	29.33	25.42	6.61	1.72	2.17	1.10	3.97	6.42	2.98	1.57

（续）

型号	截面尺寸/mm			截面面积/cm²	理论质量/(kg/m)	外表面积/(m²/m)	惯性矩/cm⁴				惯性半径/cm			截面模数/cm³			重心距离/cm
	b	d	r				I_x	I_{x1}	I_{x0}	I_{y0}	i_x	i_{x0}	i_{y0}	W_x	W_{x0}	W_{y0}	Z_0
5.6	56	6	6	6.420	5.040	0.220	18.69	35.26	29.66	7.73	1.71	2.15	1.10	4.68	7.49	3.40	1.61
		7		7.404	5.812	0.219	21.23	41.23	33.63	8.82	1.69	2.13	1.09	5.36	8.49	3.80	1.64
		8		8.367	6.568	0.219	23.63	47.24	37.37	9.89	1.68	2.11	1.09	6.03	9.44	4.16	1.68
6	60	5	6.5	5.829	4.576	0.236	19.89	36.05	31.57	8.21	1.85	2.33	1.19	4.59	7.44	3.48	1.67
		6		6.914	5.427	0.235	23.25	43.33	36.89	9.60	1.83	2.31	1.18	5.41	8.70	3.98	1.70
		7		7.977	6.262	0.235	26.44	50.65	41.92	10.96	1.82	2.29	1.17	6.21	9.88	4.45	1.74
		8		9.020	7.081	0.235	29.47	58.02	46.66	12.28	1.81	2.27	1.17	6.98	11.00	4.88	1.78
6.3	63	4	7	4.978	3.907	0.248	19.03	33.35	30.17	7.89	1.96	2.46	1.26	4.13	6.78	3.29	1.70
		5		6.143	4.822	0.248	23.17	41.73	36.77	9.57	1.94	2.45	1.25	5.08	8.25	3.90	1.74
		6		7.288	5.721	0.247	27.12	50.14	43.03	11.20	1.93	2.43	1.24	6.00	9.66	4.46	1.78
		7		8.412	6.603	0.247	30.87	58.60	48.96	12.79	1.92	2.41	1.23	6.88	10.99	4.98	1.82
		8		9.515	7.469	0.247	34.46	67.11	54.56	14.33	1.90	2.40	1.23	7.75	12.25	5.47	1.85
		10		11.657	9.151	0.246	41.09	84.31	64.85	17.33	1.88	2.36	1.22	9.39	14.56	6.36	1.93
7	70	4	8	5.570	4.372	0.275	26.39	45.74	41.80	10.99	2.18	2.74	1.40	5.14	8.44	4.17	1.86
		5		6.875	5.397	0.275	32.21	57.21	51.08	13.31	2.16	2.73	1.39	6.32	10.32	4.95	1.91
		6		8.160	6.406	0.275	37.77	68.73	59.93	15.61	2.15	2.71	1.38	7.48	12.11	5.67	1.95
		7		9.424	7.398	0.275	43.09	80.29	68.35	17.82	2.14	2.69	1.38	8.59	13.81	6.34	1.99
		8		10.667	8.373	0.274	48.17	91.92	76.37	19.98	2.12	2.68	1.37	9.68	15.43	6.98	2.03
7.5	75	5	9	7.412	5.818	0.295	39.97	70.56	63.30	16.63	2.33	2.92	1.50	7.32	11.94	5.77	2.04
		6		8.797	6.905	0.294	46.95	84.55	74.38	19.51	2.31	2.90	1.49	8.64	14.02	6.67	2.07
		7		10.160	7.976	0.294	53.57	98.71	84.96	22.18	2.30	2.89	1.48	9.93	16.02	7.44	2.11
		8		11.503	9.030	0.294	59.96	112.97	95.07	24.86	2.28	2.88	1.47	11.20	17.93	8.19	2.15
		9		12.825	10.068	0.294	66.10	127.30	104.71	27.48	2.27	2.86	1.46	12.43	19.75	8.89	2.18
		10		14.126	11.089	0.293	71.98	141.71	113.92	30.05	2.26	2.84	1.46	13.64	21.48	9.56	2.22

（续）

型号	截面尺寸/mm			截面面积/cm^2	理论质量/(kg/m)	外表面积/(m^2/m)	惯性矩/cm^4				惯性半径/cm			截面模数/cm^3			重心距离/cm
	b	d	r				I_x	I_{x1}	I_{x0}	I_{y0}	i_x	i_{x0}	i_{y0}	W_x	W_{x0}	W_{y0}	Z_0
8	80	5	9	7.912	6.211	0.315	48.79	85.36	77.33	20.25	2.48	3.13	1.60	8.34	13.67	6.66	2.15
		6		9.397	7.376	0.314	57.35	102.50	90.98	23.72	2.47	3.11	1.59	9.87	16.08	7.65	2.19
		7		10.860	8.525	0.314	65.58	119.70	104.07	27.09	2.46	3.10	1.58	11.37	18.40	8.58	2.23
		8		12.303	9.658	0.314	73.49	136.97	116.60	30.39	2.44	3.08	1.57	12.83	20.61	9.46	2.27
		9		13.725	10.774	0.314	81.11	154.31	128.60	33.61	2.43	3.06	1.56	14.25	22.73	10.29	2.31
		10		15.126	11.874	0.313	88.43	171.74	140.09	36.77	2.42	3.04	1.56	15.64	24.76	11.08	2.35
9	90	6	10	10.637	8.350	0.354	82.77	145.87	131.26	34.28	2.79	3.51	1.80	12.61	20.63	9.95	2.44
		7		12.301	9.656	0.354	94.83	170.30	150.47	39.18	2.78	3.50	1.78	14.54	23.64	11.19	2.48
		8		13.944	10.946	0.353	106.47	194.80	168.97	43.97	2.76	3.48	1.78	16.42	26.55	12.35	2.52
		9		15.566	12.219	0.353	117.72	219.39	186.77	48.66	2.75	3.46	1.77	18.27	29.35	13.46	2.56
		10		17.167	13.476	0.353	128.58	244.07	203.90	53.26	2.74	3.45	1.76	20.07	32.04	14.52	2.59
		12		20.306	15.940	0.352	149.22	293.76	236.21	62.22	2.71	3.41	1.75	23.57	37.12	16.49	2.67
10	100	6	12	11.932	9.366	0.393	114.95	200.07	181.98	47.92	3.10	3.90	2.00	15.68	25.74	12.69	2.67
		7		13.796	10.830	0.393	131.86	233.54	208.97	54.74	3.09	3.89	1.99	18.10	29.55	14.26	2.71
		8		15.638	12.276	0.393	148.24	267.09	235.07	61.41	3.08	3.88	1.98	20.47	33.24	15.75	2.76
		9		17.462	13.708	0.392	164.12	300.73	260.30	67.95	3.07	3.86	1.97	22.79	36.81	17.18	2.80
		10		19.261	15.120	0.392	179.51	334.48	284.68	74.35	3.05	3.84	1.96	25.06	40.26	18.54	2.84
		12		22.800	17.898	0.391	208.90	402.34	330.95	86.84	3.03	3.81	1.95	29.48	46.80	21.08	2.91
		14		26.256	20.611	0.391	236.53	470.75	374.06	99.00	3.00	3.77	1.94	33.73	52.90	23.44	2.99
		16		29.627	23.257	0.390	262.53	539.80	414.16	110.89	2.98	3.74	1.94	37.82	58.57	25.63	3.06

（续）

型号	截面尺寸/mm			截面面积/cm^2	理论质量/(kg/m)	外表面积/(m^2/m)	惯性矩/cm^4				惯性半径/cm			截面模数/cm^3			重心距离/cm
	b	d	r				I_x	I_{x1}	I_{x0}	I_{y0}	i_x	i_{x0}	i_{y0}	W_x	W_{x0}	W_{y0}	Z_0
11	110	7	12	15.196	11.928	0.433	177.16	310.64	280.94	73.38	3.41	4.30	2.20	22.05	36.12	17.51	2.96
		8		17.238	13.535	0.433	199.46	355.20	316.49	82.42	3.40	4.28	2.19	24.95	40.69	19.39	3.01
		10		21.261	16.690	0.432	242.19	444.65	384.39	99.98	3.38	4.25	2.17	30.60	49.42	22.91	3.09
		12		25.200	19.782	0.431	282.55	534.60	448.17	116.93	3.35	4.22	2.15	36.05	57.62	26.15	3.16
		14		29.056	22.809	0.431	320.71	625.16	508.01	133.40	3.32	4.18	2.14	41.31	65.31	29.14	3.24
12.5	125	8	14	19.750	15.504	0.492	297.03	521.01	470.89	123.16	3.88	4.88	2.50	32.52	53.28	25.86	3.37
		10		24.373	19.133	0.491	361.67	651.93	573.89	149.46	3.85	4.85	2.48	39.97	64.93	30.62	3.45
		12		28.912	22.696	0.491	423.16	783.42	671.44	174.88	3.83	4.82	2.46	41.17	75.96	35.03	3.53
		14		33.367	26.193	0.490	481.65	915.61	763.73	199.57	3.80	4.78	2.45	54.16	86.41	39.13	3.61
		16		37.739	29.625	0.489	537.31	1048.62	850.98	223.65	3.77	4.75	2.43	60.93	96.28	42.96	3.68
14	140	10	14	27.373	21.488	0.551	514.65	915.11	817.27	212.04	4.34	5.46	2.78	50.58	82.56	39.20	3.82
		12		32.512	25.522	0.551	603.68	1099.28	958.79	248.57	4.31	5.43	2.76	59.80	96.85	45.02	3.90
		14		37.567	29.490	0.550	688.81	1284.22	1093.56	284.06	4.28	5.40	2.75	68.75	110.47	50.45	3.98
		16		42.539	33.393	0.549	770.24	1470.07	1221.81	318.67	4.26	5.36	2.74	77.46	123.42	55.55	4.06
15	150	8		23.750	18.644	0.592	521.37	899.55	827.49	215.25	4.69	5.90	3.01	47.36	78.02	38.14	3.99
		10		29.373	23.058	0.591	637.50	1125.09	1012.79	262.21	4.66	5.87	2.99	58.35	95.49	45.51	4.08
		12		34.912	27.406	0.591	748.85	1351.26	1189.97	307.73	4.63	5.84	2.97	69.04	112.19	52.38	4.15
		14		40.367	31.688	0.590	855.64	1578.25	1359.30	351.98	4.60	5.80	2.95	79.45	128.16	58.83	4.23
		15		43.063	33.804	0.590	907.39	1692.10	1441.09	373.69	4.59	5.78	2.95	84.56	135.87	61.90	4.27
		16		45.739	35.905	0.589	958.08	1806.21	1521.02	395.14	4.58	5.77	2.94	89.59	143.40	64.89	4.31
16	160	10	16	31.502	24.729	0.630	779.53	1365.33	1237.30	321.76	4.98	6.27	3.20	66.70	109.36	52.76	4.31
		12		37.441	29.391	0.630	916.58	1639.57	1455.68	377.49	4.95	6.24	3.18	78.98	128.67	60.74	4.39
		14		43.296	33.987	0.629	1048.36	1914.68	1665.02	431.70	4.92	6.20	3.16	90.95	147.17	68.24	4.47
		16		49.067	38.518	0.629	1175.08	2190.82	1865.57	484.59	4.89	6.17	3.14	102.63	164.89	75.31	4.55

（续）

型号	截面尺寸/mm			截面面积/cm²	理论质量/(kg/m)	外表面积/(m²/m)	惯性矩/cm⁴				惯性半径/cm			截面模数/cm³			重心距离/cm
	b	d	r				I_x	I_{x1}	I_{x0}	I_{y0}	i_x	i_{x0}	i_{y0}	W_x	W_{x0}	W_{y0}	Z_0
18	180	12	16	42.241	33.159	0.710	1321.35	2332.80	2100.10	542.61	5.59	7.05	3.58	100.82	165.00	78.41	4.89
		14		48.896	38.383	0.709	1514.48	2723.48	2407.42	621.53	5.56	7.02	3.56	116.25	189.14	88.38	4.97
		16		55.467	43.542	0.709	1700.99	3115.29	2703.37	698.60	5.54	6.98	3.55	131.13	212.40	97.83	5.05
		18		61.055	48.634	0.708	1875.12	3502.43	2988.24	762.01	5.50	6.94	3.51	145.64	234.78	105.14	5.13
20	200	14	18	54.642	42.894	0.788	2103.55	3734.10	3343.26	863.83	6.20	7.82	3.98	144.70	236.40	111.82	5.46
		16		62.013	48.680	0.788	2366.15	4270.39	3760.89	971.41	6.18	7.79	3.96	163.65	265.93	123.96	5.54
		18		69.301	54.401	0.787	2620.64	4808.13	4164.54	1076.74	6.15	7.75	3.94	182.22	294.48	135.52	5.62
		20		76.505	60.056	0.787	2867.30	5347.51	4554.55	1180.04	6.12	7.72	3.93	200.42	322.06	146.55	5.69
		24		90.661	71.168	0.785	3338.25	6457.16	5294.97	1381.53	6.07	7.64	3.90	236.17	374.41	166.65	5.87
22	220	16	21	68.664	53.901	0.866	3187.36	5681.62	5063.73	1310.99	6.81	8.59	4.37	199.55	325.51	153.81	6.03
		18		76.752	60.250	0.866	3534.30	6395.93	5615.32	1453.27	6.79	8.55	4.35	222.37	360.97	168.29	6.11
		20		84.756	66.533	0.865	3871.49	7112.04	6150.08	1592.90	6.76	8.52	4.34	244.77	395.34	182.16	6.18
		22		92.676	72.751	0.865	4199.23	7830.19	6668.37	1730.10	6.73	8.48	4.32	266.78	428.66	195.45	6.26
		24		100.512	78.902	0.864	4517.83	8550.57	7170.55	1865.11	6.70	8.45	4.31	288.39	460.94	208.21	6.33
		26		108.264	84.987	0.864	4827.58	9273.39	7656.98	1998.17	6.68	8.41	4.30	309.62	492.21	220.49	6.41
25	250	18	24	87.842	68.956	0.985	5268.22	9379.11	8369.04	2167.41	7.74	9.76	4.97	290.12	473.42	224.03	6.84
		20		97.045	76.180	0.984	5779.34	10426.97	9181.94	2376.74	7.72	9.73	4.95	319.66	519.41	242.85	6.92
		24		115.201	90.433	0.983	6763.93	12529.74	10742.67	2785.19	7.66	9.66	4.92	377.34	607.70	278.38	7.07
		26		124.154	97.461	0.982	7238.08	13585.18	11491.33	2984.84	7.63	9.62	4.90	405.50	650.05	295.19	7.15
		28		133.022	104.422	0.982	7700.60	14643.62	12219.39	3181.81	7.61	9.58	4.89	433.22	691.23	311.42	7.22
		30		141.807	111.318	0.981	8151.80	15705.30	12927.26	3376.34	7.58	9.55	4.88	460.51	731.28	327.12	7.30
		32		150.508	118.149	0.981	8592.01	16770.41	13615.32	3568.71	7.56	9.51	4.87	487.39	770.20	342.33	7.37
		35		163.402	128.271	0.980	9232.44	18374.95	14611.16	3853.72	7.52	9.46	4.86	526.97	826.53	364.30	7.48

注：截面图中的 $r_1=1/3d$ 及表中 r 的数据用于孔型设计，不做交货条件。

6. 热轧 H 型钢和剖分 T 型钢（GB/T 11263—2010）

（1）型钢截面图和标注符号　热轧 H 型钢和剖分 T 型钢截面图和标注符号如图 3-6 和图 3-7 所示。

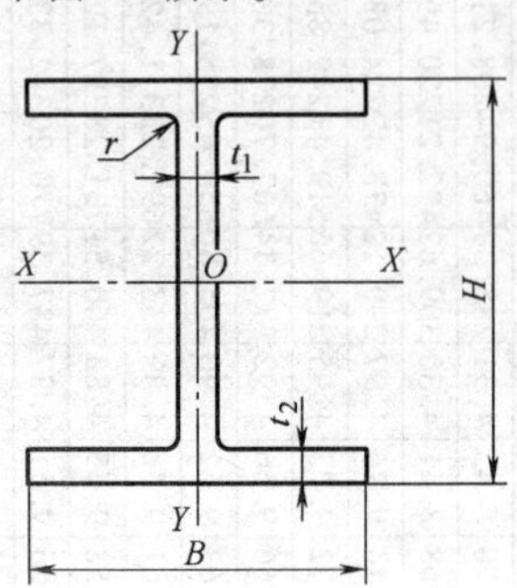

图 3-6　H 型钢截面图

H—高度　B—宽度　t_1—腹板厚度

t_2—翼缘厚度　r—圆角半径

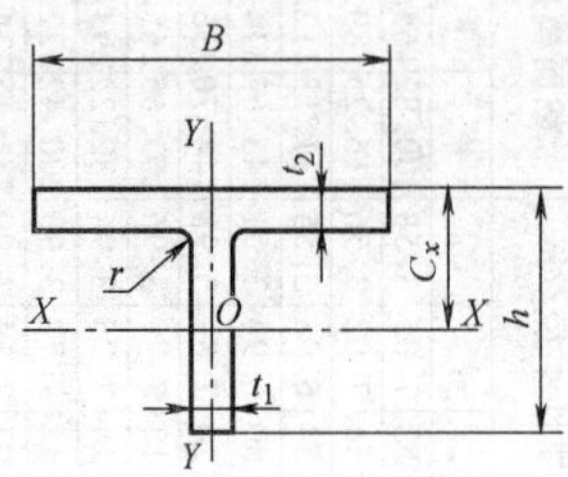

图 3-7　剖分 T 型钢截面图

h—高度　B—宽度　t_1—腹板厚度

t_2—翼缘厚度　C_x—重心　r—圆角半径

（2）型钢截面尺寸、截面面积、理论质量及截面特性（见表 3-23～表 3-24）

表 3-23　H 型钢截面尺寸、截面面积、理论质量及截面特性

类别	型号（高度×宽度）/（mm×mm）	截面尺寸/mm					截面面积/cm^2	理论质量/（kg/m）	惯性矩/cm^4		惯性半径/cm		截面模数/cm^3	
		H	B	t_1	t_2	r			I_x	I_y	i_x	i_y	W_x	W_y
HW	100×100	100	100	6	8	8	21.58	16.9	378	134	4.18	2.48	75.6	26.7
	125×125	125	125	6.5	9	8	30.00	23.6	839	293	5.28	3.12	134	46.9
	150×150	150	150	7	10	8	39.64	31.1	1620	563	6.39	3.76	216	75.1
	175×175	175	175	7.5	11	13	51.42	40.4	2900	984	7.50	4.37	331	112
	200×200	200	200	8	12	13	63.53	49.9	4720	1600	8.61	5.02	472	160
		* 200	204	12	12	13	71.53	56.2	4980	1700	8.34	4.87	498	167
	250×250	* 244	252	11	11	13	81.31	63.8	8700	2940	10.3	6.01	713	233
		250	250	9	14	13	91.43	71.8	10700	3650	10.8	6.31	860	292
		* 250	255	14	14	13	103.9	81.6	11400	3880	10.5	6.10	912	304
	300×300	* 294	302	12	12	13	106.3	83.5	16600	5510	12.5	7.20	1130	365
		300	300	10	15	13	118.5	93.0	20200	6750	13.1	7.55	1350	450
		* 300	305	15	15	13	133.5	105	21300	7100	12.6	7.29	1420	466
	350×350	* 338	351	13	13	13	133.3	105	27700	9380	14.4	8.38	1640	534
		* 344	348	10	16	13	144.0	113	32800	11200	15.1	8.83	1910	646
		* 344	354	16	16	13	164.7	129	34900	11800	14.6	8.48	2030	669
		350	350	12	19	13	171.9	135	39800	13600	15.2	8.88	2280	776
		* 350	357	19	19	13	196.4	154	42300	14400	14.7	8.57	2420	808

（续）

类别	型号(高度×宽度)/(mm×mm)	截面尺寸/mm					截面面积/cm^2	理论质量/(kg/m)	惯性矩/cm^4		惯性半径/cm		截面模数/cm^3	
		H	B	t_1	t_2	r			I_x	I_y	i_x	i_y	W_x	W_y
HW	400×400	*388	402	15	15	22	178.5	140	49000	16300	16.6	9.54	2520	809
		*394	398	11	18	22	186.8	147	56100	18900	17.3	10.1	2850	951
		*394	405	18	18	22	214.4	168	59700	20000	16.7	9.64	3030	985
		400	400	13	21	22	218.7	172	66600	22400	17.5	10.1	3330	1120
		*400	408	21	21	22	250.7	197	70900	23800	16.8	9.74	3540	1170
		*414	405	18	28	22	295.4	232	92800	31000	17.7	10.2	4480	1530
		*428	407	20	35	22	360.7	283	119000	39400	18.2	10.4	5570	1930
		*458	417	30	50	22	528.6	415	187000	60500	18.8	10.7	8170	2900
		*498	432	45	70	22	770.1	604	298000	94400	19.7	11.1	12000	4370
	500×500	*492	465	15	20	22	258.0	202	117000	33500	21.3	11.4	4770	1440
		*502	465	15	25	22	304.5	239	146000	41900	21.9	11.7	5810	1800
		*502	470	20	25	22	329.6	259	151000	43300	21.4	11.5	6020	1840
HM	150×100	148	100	6	9	8	26.34	20.7	1000	150	6.16	2.38	135	30.1
	200×150	194	150	6	9	8	38.10	29.9	2630	507	8.30	3.64	271	67.6
	250×175	244	175	7	11	13	55.49	43.6	6040	984	10.4	4.21	495	112
	300×200	294	200	8	12	13	71.05	55.8	11100	1600	12.5	4.74	756	160
		*298	201	9	14	13	82.03	64.4	13100	1900	12.6	4.80	878	189
	350×250	340	250	9	14	13	99.53	78.1	21200	3650	14.6	6.05	1250	292
	400×300	390	300	10	16	13	133.3	105	37900	7200	16.9	7.35	1940	480
	450×300	440	300	11	18	13	153.9	121	54700	8110	18.9	7.25	2490	540
	500×300	*482	300	11	15	13	141.2	111	58300	6760	20.3	6.91	2420	450
		488	300	11	18	13	159.2	125	68900	8110	20.8	7.13	2820	540
	550×300	*544	300	11	15	13	148.0	116	76400	6760	22.7	6.75	2810	450
		*550	300	11	18	13	166.0	130	89800	8110	23.3	6.98	3270	540
	600×300	*582	300	12	17	13	169.2	133	98900	7660	24.2	6.72	3400	511
		588	300	12	20	13	187.2	147	114000	9010	24.7	6.93	3890	601
		*594	302	14	23	13	217.1	170	134000	10600	24.8	6.97	4500	700
HN	*100×50	100	50	5	7	8	11.84	9.30	187	14.8	3.97	1.11	37.5	5.91
	*125×60	125	60	6	8	8	16.68	13.1	409	29.1	4.95	1.32	65.4	9.71
	150×75	150	75	5	7	8	17.84	14.0	666	49.5	6.10	1.66	88.8	13.2
	175×90	175	90	5	8	8	22.89	18.0	1210	97.5	7.25	2.06	138	21.7
	200×100	*198	99	4.5	7	8	22.68	17.8	1540	113	8.24	2.23	156	22.9
		200	100	5.5	8	8	26.66	20.9	1810	134	8.22	2.23	181	26.7
	250×125	*248	124	5	8	8	31.98	25.1	3450	255	10.4	2.82	278	41.1
		250	125	6	9	8	36.96	29.0	3960	294	10.4	2.81	317	47.0

（续）

类别	型号（高度×宽度）/（mm×mm）	截面尺寸/mm					截面面积/cm²	理论质量/(kg/m)	惯性矩/cm⁴		惯性半径/cm		截面模数/cm³	
		H	B	t_1	t_2	r			I_x	I_y	i_x	i_y	W_x	W_y
HN	300×150	* 298	149	5.5	8	13	40.80	32.0	6320	442	12.4	3.29	424	59.3
		300	150	6.5	9	13	46.78	36.7	7210	508	12.4	3.29	481	67.7
	350×175	* 346	174	6	9	13	52.45	41.2	11000	791	14.5	3.88	638	91.0
		350	175	7	11	13	62.91	49.4	13500	984	14.6	3.95	771	112
	400×150	400	150	8	13	13	70.37	55.2	18600	734	16.3	3.22	929	97.8
	400×200	* 396	199	7	11	13	71.41	56.1	19800	1450	16.6	4.50	999	145
		400	200	8	13	13	83.37	65.4	23500	1740	16.8	4.56	1170	174
	450×150	* 446	150	7	12	13	66.99	52.6	22000	677	18.1	3.17	985	90.3
		450	151	8	14	13	77.49	60.8	25700	806	18.2	3.22	1140	107
	450×200	* 446	199	8	12	13	82.97	65.1	28100	1580	18.4	4.36	1260	159
		450	200	9	14	13	95.43	74.9	32900	1870	18.6	4.42	1460	187
	475×150	* 470	150	7	13	13	71.53	56.2	26200	733	19.1	3.20	1110	97.8
		* 475	151.5	8.5	15.5	13	86.15	67.6	31700	901	19.2	3.23	1330	119
		482	153.5	10.5	19	13	106.4	83.5	39600	1150	19.3	3.28	1640	150
	500×150	* 492	150	7	12	13	70.21	55.1	27500	677	19.8	3.10	1120	90.3
		* 500	152	9	16	13	92.21	72.4	37000	940	20.0	3.19	1480	124
		504	153	10	18	13	103.3	81.1	41900	1080	20.1	3.23	1660	141
	500×200	* 496	199	9	14	13	99.29	77.9	40800	1840	20.3	4.30	1650	185
		500	200	10	16	13	112.3	88.1	46800	2140	20.4	4.36	1870	214
		* 506	201	11	19	13	129.3	102	55500	2580	20.7	4.46	2190	257
	550×200	* 546	199	9	14	13	103.8	81.5	50800	1840	22.1	4.21	1860	185
		550	200	10	16	13	117.3	92.0	58200	2140	22.3	4.27	2120	214
	600×200	* 596	199	10	15	13	117.8	92.4	66600	1980	23.8	4.09	2240	199
		600	200	11	17	13	131.7	103	75600	2270	24.0	4.15	2520	227
		* 606	201	12	20	13	149.8	118	88300	2720	24.3	4.25	2910	270
	625×200	* 625	198.5	13.5	17.5	13	150.6	118	88500	2300	24.2	3.90	2830	231
		630	200	15	20	1.3	170.0	133	101000	2690	24.4	3.97	3220	268
		* 638	202	17	24	13	198.7	156	122000	3320	24.8	4.09	3820	329
	650×300	* 646	299	10	15	13	152.8	120	110000	6690	26.9	6.61	3410	447
		* 650	300	11	17	13	171.2	134	125000	7660	27.0	6.68	3850	511
		* 656	301	12	20	1.3	195.8	154	147000	9100	27.4	6.81	4470	605
	700×300	* 692	300	13	20	18	207.5	163	168000	9020	28.5	6.59	4870	601
		700	300	13	24	18	231.5	182	197000	10800	29.2	6.83	5640	721
	750×300	* 734	299	12	16	18	182.7	143	161000	7140	29.7	6.25	4390	478
		* 742	300	13	20	18	214.0	168	197000	9020	30.4	6.49	5320	601
		* 750	300	13	24	18	238.0	187	231000	10800	31.1	6.74	6150	721
		* 758	303	16	28	18	284.8	224	276000	13000	31.1	6.75	7270	859
	800×300	* 792	300	14	22	18	239.5	188	248000	9920	32.2	6.43	6270	661
		800	300	14	26	18	263.5	207	286000	11700	33.0	6.66	7160	781

（续）

类别	型号（高度×宽度）/（mm×mm）	截面尺寸/mm					截面面积/cm^2	理论质量/（kg/m）	惯性矩/cm^4		惯性半径/cm		截面模数/cm^3	
		H	B	t_1	t_2	r			I_x	I_y	i_x	i_y	W_x	W_y
HN	850×300	* 834	298	14	19	18	227.5	179	251000	8400	33.2	6.07	6020	564
		* 842	299	15	23	18	259.7	204	298000	10300	33.9	6.28	7080	687
		* 850	300	16	27	18	292.1	229	346000	12200	34.4	6.45	8140	812
		* 858	301	17	31	18	324.7	255	395000	14100	34.9	6.59	9210	939
	900×300	* 890	299	15	23	18	266.9	210	339000	10300	35.6	6.20	7610	687
		900	300	16	28	18	305.8	240	404000	12600	36.4	6.42	8990	842
		* 912	302	18	34	18	360.1	283	491000	15700	36.9	6.59	10800	1040
	1000×300	* 970	297	16	21	18	276.0	217	393000	9210	37.8	5.77	8110	620
		* 980	298	17	26	18	315.5	248	472000	11500	38.7	6.04	9630	772
		* 990	298	17	31	18	345.3	271	544000	13700	39.7	6.30	11000	921
		* 1000	300	19	36	18	395.1	310	634000	16300	40.1	6.41	12700	1080
		* 1008	302	21	40	18	439.3	345	712000	18400	40.3	6.47	14100	1220
HT	100×50	95	48	3.2	4.5	8	7.620	5.98	115	8.39	3.88	1.04	24.2	3.49
		97	49	4	5.5	8	9.370	7.36	143	10.9	3.91	1.07	29.6	4.45
	100×100	96	99	4.5	6	8	16.20	12.7	272	97.2	4.09	2.44	56.7	19.6
	125×60	118	58	3.2	4.5	8	9.250	7.26	218	14.7	4.85	1.26	37.0	5.08
		120	59	4	5.5	8	11.39	8.94	271	19.0	4.87	1.29	45.2	6.43
	125×125	119	123	4.5	6	8	20.12	15.8	532	186	5.14	3.04	89.5	30.3
	150×75	145	73	3.2	4.5	8	11.47	9.00	416	29.3	6.01	1.59	57.3	8.02
		147	74	4	5.5	8	14.12	11.1	516	37.3	6.04	1.62	70.2	10.1
	150×100	139	97	3.2	4.5	8	13.43	10.6	476	68.6	5.94	2.25	68.4	14.1
		142	99	4.5	6	8	18.27	14.3	654	97.2	5.98	2.30	92.1	19.6
	150×150	144	148	5	7	8	27.76	21.8	1090	378	6.25	3.69	151	51.1
		147	149	6	8.5	8	33.67	26.4	1350	469	6.32	3.73	183	63.0
	175×90	168	88	3.2	4.5	8	13.55	10.6	670	51.2	7.02	1.94	79.7	11.6
		171	89	4	6	8	17.58	13.8	894	70.7	7.13	2.00	105	15.9
	175×175	167	173	5	7	13	33.32	26.2	1780	605	7.30	4.26	213	69.9
		172	175	6.5	9.5	13	44.64	35.0	2470	850	7.43	4.36	287	97.1
	200×100	193	98	3.2	4.5	8	15.25	12.0	994	70.7	8.07	2.15	103	14.4
		196	99	4	6	8	19.78	15.5	1320	97.2	8.18	2.21	135	19.6
	200×150	188	149	4.5	6	8	26.34	20.7	1730	331	8.09	3.54	184	44.4
	200×200	192	198	6	8	13	43.69	34.3	3060	1040	8.37	4.86	319	105
	250×125	244	124	4.5	6	8	25.86	20.3	2650	191	10.1	2.71	217	30.8
	250×175	238	173	4.5	8	13	39.12	30.7	4240	691	10.4	4.20	356	79.9
	300×150	294	148	4.5	6	13	31.90	25.0	4800	325	12,3	3.19	327	43.9
	300×200	286	198	6	8	13	49.33	38.7	7360	1040	12.2	4.58	515	105
	350×175	340	173	4.5	6	13	36.97	29.0	7490	518	14.2	3.74	441	59.9
	400×150	390	148	6	8	13	47.57	37.3	11700	434	15.7	3.01	602	58.6
	400×200	390	198	6	8	13	55.57	43.6	14700	1040	16.2	4.31	752	105

注：1. 表中同一型号的产品，其内侧尺寸高度一致。

2. 表中截面面积计算公式为：“t_1 $(H-2t_2)+2Bt_2+0.858r^2$”。

3. 表中“＊”表示的规格为市场非常用规格。

表 3-24 剖分 T 型钢截面尺寸、截面面积、理论重量及截面特性

类别	型号（高度×宽度）/(mm×mm)	截面尺寸/mm					截面面积/cm²	理论质量/(kg/m)	惯性矩/cm⁴		惯性半径/cm		截面模数/cm³		重心	对应 H 型钢系列型号
		H	B	t_1	t_2	r			I_x	I_y	i_x	i_y	W_x	W_y	C_x/cm	
TW	50×100	50	100	6	8	8	10.79	8.47	16.1	66.8	1.22	2.48	4.02	13.4	1.00	100×100
	62.5×125	62.5	125	6.5	9	8	15.00	11.8	35.0	147	1.52	3.12	6.91	23.5	1.19	125×125
	75×150	75	150	7	10	8	19.82	15.6	66.4	282	1.82	3.76	10.8	37.5	1.37	150×150
	87.5×175	87.5	175	7.5	11	13	25.71	20.2	115	492	2.11	4.37	15.9	56.2	1.55	175×175
	100×200	100	200	8	12	13	31.76	24.9	184	801	2.40	5.02	22.3	80.1	1.73	200×200
		100	204	12	12	13	35.76	28.1	256	851	2.67	4.87	32.4	83.4	2.09	
	125×250	125	250	9	14	13	45.71	35.9	412	1820	3.00	6.31	39.5	146	2.08	250×250
		125	255	14	14	13	51.96	40.8	589	1940	3.36	6.10	59.4	152	2.58	
	150×300	147	302	12	12	13	53.16	41.7	857	2760	4.01	7.20	72.3	183	2.85	300×300
		150	300	10	15	13	59.22	46.5	798	3380	3.67	7.55	63.7	225	2.47	
		150	305	15	15	13	66.72	52.4	1110	3550	4.07	7.29	92.5	233	3.04	
	175×350	172	348	10	16	13	72.00	56.5	1230	5620	4.13	8.83	84.7	323	2.67	350×350
		175	350	12	19	13	85.94	67.5	1520	6790	4.20	8.88	104	388	2.87	
	200×400	194	402	15	15	22	89.22	70.0	2480	8130	5.27	9.54	158	404	3.70	400×400
		197	398	11	18	22	93.40	73.3	2050	9460	4.67	10.1	123	475	3.01	
		200	400	13	21	22	109.3	85.8	2480	11200	4.75	10.1	147	560	3.21	
		200	408	21	21	22	125.3	98.4	3650	11900	5.39	9.74	229	584	4.07	
		207	405	18	28	22	147.7	116	3620	15500	4.95	10.2	213	766	3.68	
		214	407	20	35	22	180.3	142	4380	19700	4.92	10.4	250	967	3.90	
TM	75×100	74	100	6	9	8	13.17	10.3	51.7	75.2	1.98	2.38	8.84	15.0	1.56	150×100
	100×150	97	150	6	9	8	19.05	15.0	124	253	2.55	3.64	15.8	33.8	1.80	200×150
	125×175	122	175	7	11	13	27.74	21.8	288	492	3.22	4.21	29.1	56.2	2.28	250×175

（续）

类别	型号（高度×宽度）/(mm×mm)	截面尺寸/mm					截面面积/cm^2	理论质量/(kg/m)	惯性矩/cm^4		惯性半径/cm		截面模数/cm^3		重心 C_x/cm	对应H型钢系列型号
		H	B	t_1	t_2	r			I_x	I_y	i_x	i_y	W_x	W_y		
TM	150×200	147	200	8	12	13	35.52	27.9	571	801	4.00	4.74	48.2	80.1	2.85	300×200
		149	201	9	14	13	41.01	32.2	661	949	4.01	4.80	55.2	94.4	2.92	
	175×250	170	250	9	14	13	49.76	39.1	1020	1820	4.51	6.05	73.2	146	3.11	350×250
	200×300	195	300	10	16	13	66.62	52.3	1730	3600	5.09	7.35	108	240	3.43	400×300
	225×300	220	300	11	18	13	76.94	60.4	2680	4050	5.89	7.25	150	270	4.09	450×300
	250×300	241	300	11	15	13	70.58	55.4	3400	3380	6.93	6.91	178	225	5.00	500×300
		244	300	11	18	13	79.58	62.5	3610	4050	6.73	7.13	184	270	4.72	
	275×300	272	300	11	15	13	73.99	58.1	4790	3380	8.04	6.75	225	225	5.96	550×300
		275	300	11	18	13	82.99	65.2	5090	4050	7.82	6.98	232	270	5.59	
	300×300	291	300	12	17	13	84.60	66.4	6320	3830	8.64	6.72	280	255	6.51	600×300
		294	300	12	20	13	93.60	73.5	6680	4500	8.44	6.93	288	300	6.17	
		297	302	14	23	13	108.5	85.2	7890	5290	8.52	6.97	339	350	6.41	
TN	50×50	50	50	5	7	8	5.920	4.65	11.8	7.39	1.41	1.11	3.18	2.95	1.28	100×50
	62.5×60	62.5	60	6	8	8	8.340	6.55	27.5	14.6	1.81	1.32	5.96	4.85	1.64	125×60
	75×75	75	75	5	7	8	8.920	7.00	42.6	24.7	2.18	1.66	7.46	6.59	1.79	150×75
	87.5×90	85.5	89	4	6	8	8.790	6.90	53.7	35.3	2.47	2.00	8.02	7.94	1.86	175×90
		87.5	90	5	8	8	11.44	8.98	70.6	48.7	2.48	2.06	10.4	10.8	1.93	
	100×100	99	99	4.5	7	8	11.34	8.90	93.5	56.7	2.87	2.23	12.1	11.5	2.17	200×100
		100	100	5.5	8	8	13.33	10.5	114	66.9	2.92	2.23	14.8	13.4	2.31	
	125×125	124	124	5	8	8	15.99	12.6	207	127	3.59	2.82	21.3	20.5	2.66	250×125
		125	125	6	9	8	18.48	14.5	248	147	3.66	2.81	25.6	23.5	2.81	
	150×150	149	149	5.5	8	13	20.40	16.0	393	221	4.39	3.29	33.8	29.7	3.26	300×150
		150	150	6.5	9	13	23.39	18.4	464	254	4.45	3.29	40.0	33.8	3.41	

（续）

类别	型号（高度×宽度）/(mm×mm)	截面尺寸/mm					截面面积/cm^2	理论质量/(kg/m)	惯性矩/cm^4		惯性半径/cm		截面模数/cm^3		重心 C_x/cm	对应H型钢系列型号
		H	B	t_1	t_2	r			I_x	I_y	i_x	i_y	W_x	W_y		
TN	175×175	173	174	6	9	13	26.22	20.6	679	396	5.08	3.88	50.0	45.5	3.72	350×175
		175	175	7	11	13	31.45	24.7	814	492	5.08	3.95	59.3	56.2	3.76	
	200×200	198	199	7	11	13	35.70	28.0	1190	723	5.77	4.50	76.4	72.7	4.20	400×200
		200	200	8	13	13	41.68	32.7	1390	868	5.78	4.56	88.6	86.8	4.26	
	225×150	223	150	7	12	13	33.49	26.3	1570	338	6.84	3.17	93.7	45.1	5.54	450×150
		225	151	8	14	13	38.74	30.4	1830	403	6.87	3.22	108	53.4	5.62	
	225×200	223	199	8	12	13	41.48	32.6	1870	789	6.71	4.36	109	79.3	5.15	450×200
		225	200	9	14	13	47.71	37.5	2150	935	6.71	4.42	124	93.5	5.19	
	237.5×150	235	150	7	13	13	35.76	28.1	1850	367	7.18	3.20	104	48.9	7.50	475×150
		237.5	151.5	8.5	15.5	13	43.07	33.8	2270	451	7.25	3.23	128	59.5	7.57	
		241	153.5	10.5	19	13	53.20	41.8	2860	575	7.33	3.28	160	75.0	7.67	
	250×150	246	150	7	12	13	35.10	27.6	2060	339	7.66	3.10	113	45.1	6.36	500×150
		250	152	9	16	13	46.10	36.2	2750	470	7.71	3.19	149	61.9	6.53	
		252	153	10	18	13	51.66	40.6	3100	540	7.74	3.23	167	70.5	6.62	
	250×200	248	199	9	14	13	49.64	39.0	2820	921	7.54	4.30	150	92.6	5.97	500×200
		250	200	10	16	13	56.12	44.1	3200	1070	7.54	4.36	169	107	6.03	
		253	201	11	19	13	64.65	50.8	3660	1290	7.52	4.46	189	128	6.00	
	275×200	273	199	9	14	13	51.89	40.7	3690	921	8.43	4.21	180	92.6	6.85	550×200
		275	200	10	16	13	58.62	46.0	4180	1070	8.44	4.27	203	107	6.89	

（续）

类别	型号（高度×宽度）/(mm×mm)	截面尺寸/mm					截面面积/cm^2	理论质量/(kg/m)	惯性矩/cm^4		惯性半径/cm		截面模数/cm^3		重心 C_x/cm	对应H型钢系列型号
		H	B	t_1	t_2	r			I_x	I_y	i_x	i_y	W_x	W_y		
TN	300×200	298	199	10	15	13	58.87	46.2	5150	988	9.35	4.09	235	99.3	7.92	600×200
		300	200	11	17	13	65.85	51.7	5770	1140	9.35	4.14	262	114	7.95	
		303	201	12	20	13	74.88	58.8	6530	1360	9.33	4.25	291	135	7.88	
	312.5×200	312.5	198.5	13.5	17.5	13	75.28	59.1	7460	1150	9.95	3.90	338	116	9.15	625×200
		315	200	15	20	13	84.97	66.7	8470	1340	9.98	3.97	380	134	9.21	
		319	202	17	24	13	99.35	78.0	9960	1160	10.0	4.08	440	165	9.26	
	325×300	323	299	10	15	12	76.26	59.9	7220	3340	9.73	6.62	289	224	7.28	650×300
		325	300	11	17	13	85.60	67.2	8090	3830	9.71	6.68	321	255	7.29	
		328	301	12	20	13	97.88	76.8	9120	4550	9.65	6.81	356	302	7.20	
	350×300	346	300	13	20	13	103.1	80.9	1120	4510	10.4	6.61	424	300	8.12	700×300
		350	300	13	24	13	115.1	90.4	1200	5410	10.2	6.85	438	360	7.65	
	400×300	396	300	14	22	18	119.8	94.0	1760	4960	12.1	6.43	592	331	9.77	800×300
		400	300	14	26	18	131.8	103	1870	5860	11.9	6.66	610	391	9.27	
	450×300	445	299	15	23	18	133.5	105	2590	5140	13.9	6.20	789	344	11.7	900×300
		450	300	16	28	18	152.9	120	2910	6320	13.8	6.42	865	421	11.4	
		456	302	18	34	18	180.0	141	3410	7830	13.8	6.59	997	518	11.3	

（3）尺寸、外形及允许偏差（见表3-25和表3-26）

表3-25 H型钢尺寸、外形允许偏差 （单位：mm）

项目			允许偏差	图示
高度 H（按型号）		<400	±2.0	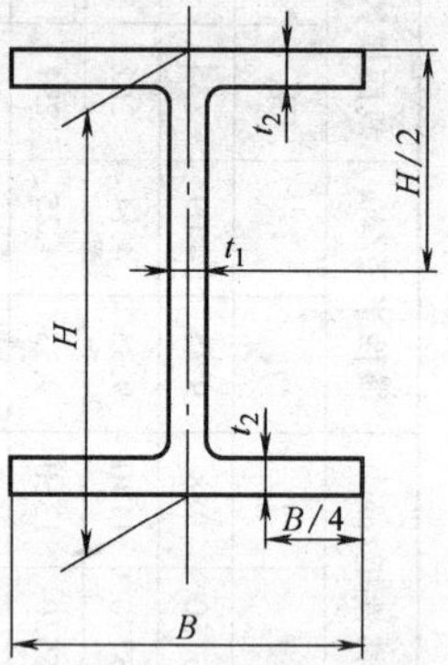
		≥400~<600	±3.0	
		≥600	±4.0	
宽度 B（按型号）		<100	±2.0	
		≥100~<200	±2.5	
		≥200	±3.0	
厚度	t_1	<5	±0.5	
		≥5~<16	±0.7	
		≥16~<25	±1.0	
		≥25~<40	±1.5	
		≥40	±2.0	
	t_2	<5	±0.7	
		≥5~<16	±1.0	
		≥16~<25	±1.5	
		≥25~<40	±1.7	
		≥40	±2.0	
长度		≤7000	+60 0	
		>7000	长度每增加1m或不足1m时，正偏差在上述基础上加5mm	
翼缘斜度 T		高度（型号）≤300	$T \leq 1.0\%B$。但允许偏差的最小值为1.5mm	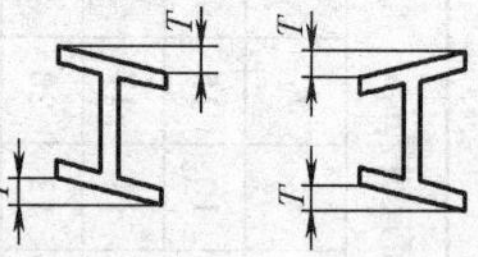
		高度（型号）>300	$T \leq 1.2\%B$。但允许偏差的最小值为1.5mm	
弯曲度（适用于上下、左右大弯曲）		高度（型号）≤300	≤长度的0.15%	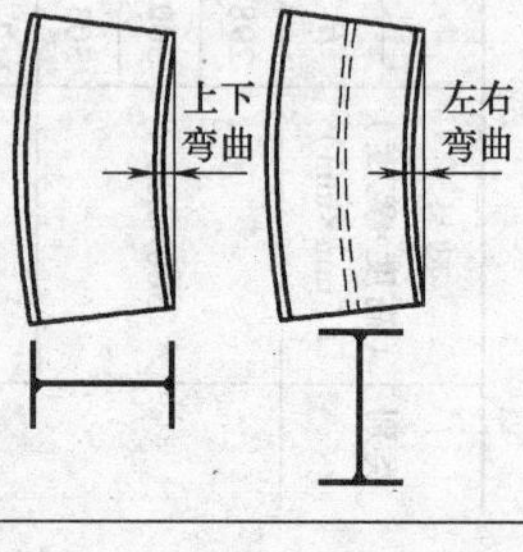 上下弯曲 左右弯曲
		高度（型号）>300	≤长度的0.10%	

（续）

项目		允许偏差	图示
中心偏差 S	高度（型号）≤300 且宽度（型号）≤200	±2.5	$S=\frac{b_1-b_2}{2}$ 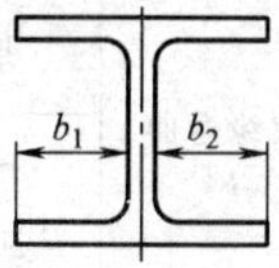
	高度（型号）>300 或宽度（型号）>200	±3.5	
腹板弯曲 W	高度（型号）<400	≤2.0	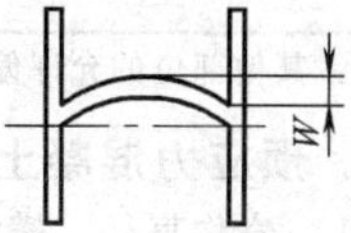
	≥400～<600	≤2.5	
	≥600	≤3.0	
翼缘弯曲 F	宽度 B≤400	≤1.5%b。但是，允许偏差值的最大值为 1.5mm	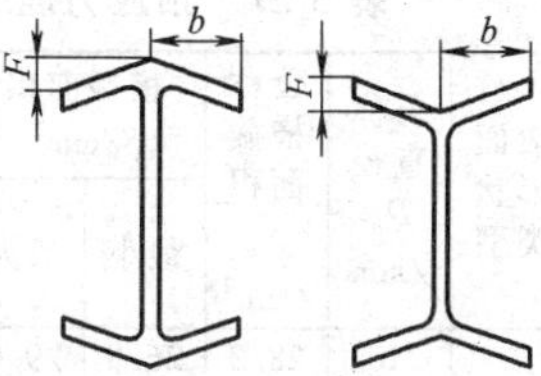
端面斜度 E		E≤1.6%（H 或 B），但允许偏差的最小值为 3.0mm	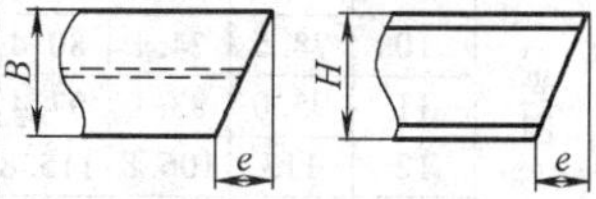
翼缘腿端外缘钝化		不得使直径等于 $0.18t_2$ 的圆棒通过	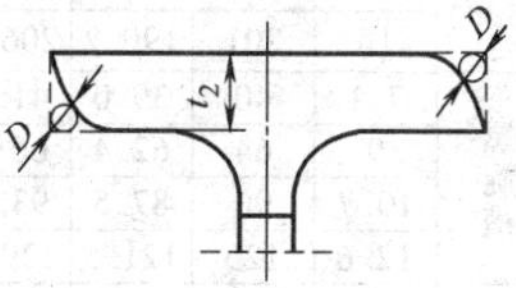

注：1. 尺寸和形状的测量部位见图示。

2. 弯曲度沿翼缘端部测量。

表 3-26 剖分 T 型钢尺寸、外形允许偏差（单位：mm）

项目		允许偏差	图示
高度 h（按型号）	<200	+4.0 −6.0	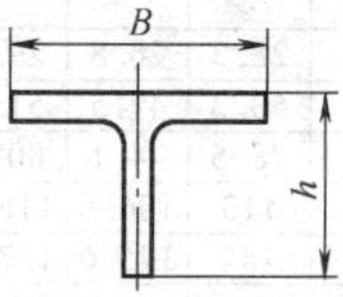
	≥200～<300	+5.0 −7.0	
	≥300	+6.0 −8.0	

（续）

项目		允许偏差	图示
翼缘弯曲 F'	连接部位	$F'\leqslant B/200$ 且 $F'\leqslant 1.5$	
	一般部位 $B\leqslant 150$ $B>150$	$F'\leqslant 2.0$ $F'\leqslant \dfrac{B}{150}$	

注：其他部位的允许偏差，按对应H型钢规格的部位允许偏差。

7. 预应力混凝土用钢棒（GB/T 5223.3—2010）

（1）公称直径、横截面积、质量及性能（见表3-27）

表3-27 预应力混凝土用钢棒公称直径、横截面积、质量及性能

表面形状类型	公称直径 D_n/mm	公称横截面积 S_n/mm^2	横截面积 S/mm^2 最小	横截面积 S/mm^2 最大	理论质量/(g/m)	抗拉强度 R_m/MPa ≥	规定非比例延伸强度 $R_{p0.2}$/MPa ≥	弯曲性能 性能要求	弯曲性能 弯曲半径/mm
光圆	6	28.3	26.8	29.0	222	对所有规格钢棒 1080 1230 1420 1570	对所有规格钢棒 930 1080 1280 1420	反复弯曲不小于4次/180°	15
	7	38.5	36.3	39.5	302				20
	8	50.3	47.5	51.5	394				20
	10	78.5	74.1	80.4	616				25
	11	95.0	93.1	97.4	746			弯曲160°~180°后弯曲处无裂纹	弯芯直径为钢棒公称直径的10倍
	12	113	106.8	115.8	887				
	13	133	130.3	136.3	1044				
	14	154	145.6	157.8	1209				
	16	201	190.2	206.0	1578				
螺旋槽	7.1	40	39.0	41.7	314			—	
	9	64	62.4	66.5	502				
	10.7	90	87.5	93.6	707				
	12.6	125	121.5	129.9	981				
螺旋肋	6	28.3	26.8	29.0	222			反复弯曲不小于4次/180°	15
	7	38.5	36.3	39.5	302				20
	8	50.3	47.5	51.5	394				20
	10	78.5	74.1	80.4	616				25
	12	113	106.8	115.8	888			弯曲160°~180°后弯曲处无裂纹	弯芯直径为钢棒公称直径的10倍
	14	154	145.6	157.8	1209				
带肋	6	28.3	26.8	29.0	222			—	
	8	50.3	47.5	51.5	394				
	10	78.5	74.1	80.4	616				
	12	113	106.8	115.8	887				
	14	154	145.6	157.8	1209				
	16	201	190.2	206.0	1578				

（2）表面形状及尺寸

1）螺旋槽钢棒的尺寸及偏差见表 3-28，外形如图 3-8 所示。

表 3-28　螺旋槽钢棒的尺寸及偏差

公称直径 D_n/mm	螺旋槽数量/条	外轮廓直径及偏差		螺旋槽尺寸				导程及偏差	
		直径 D/mm	偏差/mm	深度 a/mm	偏差/mm	宽度 b/mm	偏差/mm	导程/mm	偏差/mm
7.1	3	7.25	±0.15	0.20	±0.10	1.70	±0.10	公称直径的10倍	±10
9	6	9.15	±0.20	0.30		1.50			
10.7	6	11.10		0.30		2.00			
12.6	6	13.10		0.45	±0.15	2.20			

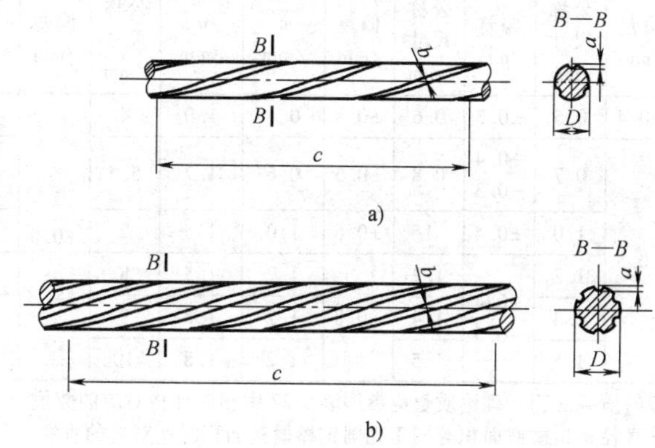

图 3-8　螺旋槽钢棒外形示意图

a）3 条螺旋槽钢棒外形示意图　b）6 条螺旋槽钢棒外形示意图

2）螺旋肋钢棒的尺寸及偏差见表 3-29，外形如图 3-9 所示。

表 3-29　螺旋肋钢棒的尺寸及偏差

公称直径 D_n/mm	螺旋肋数量/(条)	基圆尺寸		外轮廓尺寸		单肋尺寸	螺旋肋导程 c/mm
		基圆直径 D_1/mm	偏差/mm	外轮廓直径 D/mm	偏差/mm	宽度 a/mm	
6	4	5.80	±0.10	6.30	±0.15	2.20~2.60	40~50
7		6.73		7.46		2.60~3.00	50~60
8		7.75		8.45		3.00~3.40	60~70
10		9.75		10.45	±0.20	3.60~4.20	70~85
12		11.70	±0.15	12.50		4.20~5.00	85~100
14		13.75		14.40		5.00~5.80	100~115

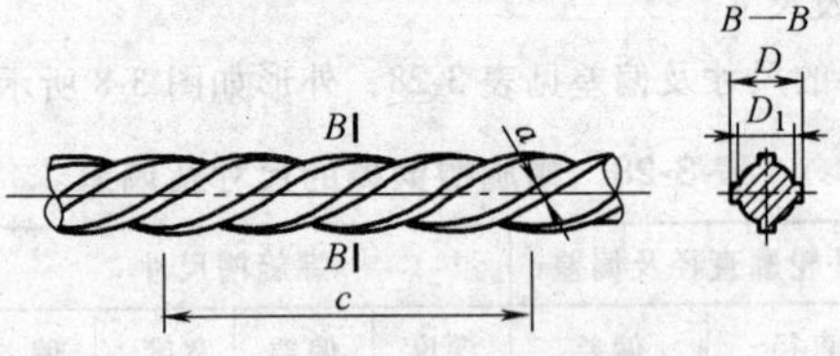

图 3-9　螺旋肋钢棒外形示意图

3）有纵肋带肋钢棒尺寸及偏差见表3-30，外形如图3-10所示。

表 3-30　有纵肋带肋钢棒尺寸及偏差

公称直径 D_n /mm	内径 d 公称尺寸/mm	内径 d 偏差/mm	横肋高 h 公称尺寸/mm	横肋高 h 偏差/mm	纵肋高 h_1 公称尺寸/mm	纵肋高 h_1 偏差/mm	横肋宽 b /mm	纵肋宽 a /mm	间距 L 公称尺寸/mm	间距 L 偏差/mm	横肋末端最大间隙(公称周长的10%弦长)/mm
6	5.8	±0.4	0.5	±0.3	0.6	±0.3	0.4	1.0	4	±0.5	1.8
8	7.7	±0.5	0.7	+0.4 −0.3	0.8	±0.5	0.6	1.2	5.5		2.5
10	9.6		1.0	±0.4	1	±0.6	1.0	1.5	7		3.1
12	11.5		1.2	+0.4 −0.5	1.2	±0.8	1.2	1.5	8		3.7
14	13.4		1.4		1.4		1.2	1.8	9		4.3
16	15.4		1.5		1.5		1.2	1.8	10		5.0

注：1. 钢棒的横截面积、理论质量应参照表3-27中相应规格对应的数值。

2. 公称直径是指横截面积等同于光圆钢棒横截面积时所对应的直径。

3. 纵肋斜角 θ 为 0°～30°。

4. 尺寸 a、b 为参考数据。

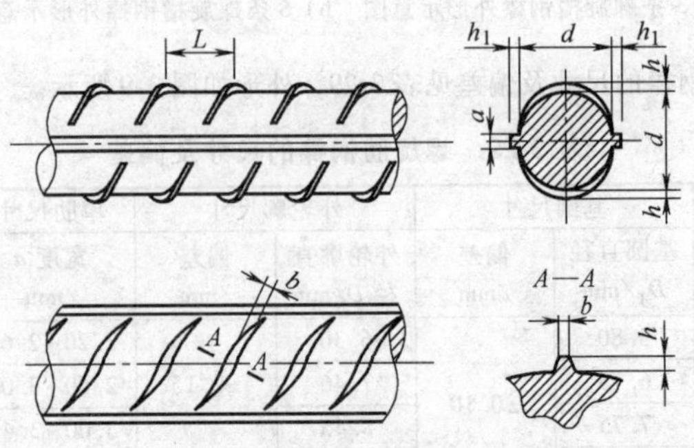

图 3-10　有纵肋带肋钢棒外形示意图

4）无纵肋带肋钢棒尺寸及偏差见表3-31，外形如图3-11所示。

表 3-31 无纵肋带肋钢棒尺寸及偏差

<table>
<tr><th rowspan="2">公称直径
D_n/mm</th><th colspan="2">垂直内径 d_1</th><th colspan="2">水平内径 d_2</th><th colspan="2">横肋高 h</th><th rowspan="2">横肋宽
b/mm</th><th colspan="2">间距 L</th></tr>
<tr><th>公称尺寸
/mm</th><th>偏差
/mm</th><th>公称尺寸
/mm</th><th>偏差
/mm</th><th>公称尺寸
/mm</th><th>偏差
/mm</th><th>公称尺寸
/mm</th><th>偏差
/mm</th></tr>
<tr><td>6</td><td>5.7</td><td>±0.4</td><td>6.2</td><td>±0.4</td><td>0.5</td><td>±0.3</td><td>0.4</td><td>4</td><td rowspan="6">±0.5</td></tr>
<tr><td>8</td><td>7.5</td><td rowspan="5">±0.5</td><td>8.3</td><td rowspan="5">±0.5</td><td>0.7</td><td>+0.4
−0.3</td><td>0.6</td><td>5.5</td></tr>
<tr><td>10</td><td>9.4</td><td>10.3</td><td>1.0</td><td>±0.4</td><td>1.0</td><td>7</td></tr>
<tr><td>12</td><td>11.3</td><td>12.3</td><td>1.2</td><td rowspan="3">+0.4
−0.5</td><td>1.2</td><td>8</td></tr>
<tr><td>14</td><td>13</td><td>14.3</td><td>1.4</td><td>1.2</td><td>9</td></tr>
<tr><td>16</td><td>15</td><td>16.3</td><td>1.5</td><td>1.2</td><td>10</td></tr>
</table>

注：1. 钢棒的横截面积、理论质量应参照表 3-27 相应规格对应的数值。
2. 公称直径是指横截面积等同于光圆钢棒横截面积时，所对应的直径。
3. 尺寸 b 为参考数据。

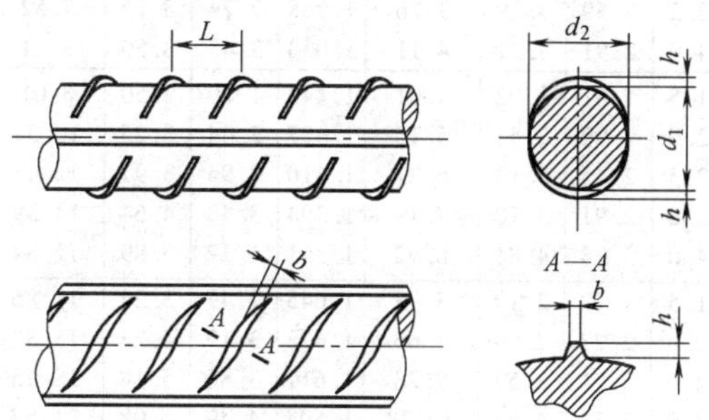

图 3-11 无纵肋带肋钢棒外形示意图

8. 结构用冷弯空心型钢（GB/T 6728—2002）

（1）圆形冷弯空心型钢 圆形冷弯空心型钢截面尺寸、允许偏差、截面面积、理论质量及截面特性见表 3-32，外形如图 3-12 所示。

表 3-32 圆形冷弯空心型钢截面尺寸、允许偏差、截面面积、理论质量及截面特性

<table>
<tr><th rowspan="2">外径
D
/mm</th><th rowspan="2">允许偏差
/mm</th><th rowspan="2">壁厚
t
/mm</th><th rowspan="2">理论质量
/(kg/m)</th><th rowspan="2">截面面积
A
/cm²</th><th rowspan="2">惯性矩
I/cm⁴</th><th rowspan="2">惯性半径
R
/cm</th><th rowspan="2">弹性模数
Z
/cm³</th><th rowspan="2">塑性模数
S
/cm³</th><th colspan="2">扭转常数</th><th rowspan="2">单位长度表面积
A_s/m²</th></tr>
<tr><th>J/cm⁴</th><th>C/cm³</th></tr>
<tr><td rowspan="6">21.3
(21.3)</td><td rowspan="6">±0.5</td><td>1.2</td><td>0.59</td><td>0.76</td><td>0.38</td><td>0.712</td><td>0.36</td><td>0.49</td><td>0.77</td><td>0.72</td><td>0.067</td></tr>
<tr><td>1.5</td><td>0.73</td><td>0.93</td><td>0.46</td><td>0.702</td><td>0.43</td><td>0.59</td><td>0.92</td><td>0.86</td><td>0.067</td></tr>
<tr><td>1.75</td><td>0.84</td><td>1.07</td><td>0.52</td><td>0.694</td><td>0.49</td><td>0.67</td><td>1.04</td><td>0.97</td><td>0.067</td></tr>
<tr><td>2.0</td><td>0.95</td><td>1.21</td><td>0.57</td><td>0.686</td><td>0.54</td><td>0.75</td><td>1.14</td><td>1.07</td><td>0.067</td></tr>
<tr><td>2.5</td><td>1.16</td><td>1.48</td><td>0.66</td><td>0.671</td><td>0.62</td><td>0.89</td><td>1.33</td><td>1.25</td><td>0.067</td></tr>
<tr><td>3.0</td><td>1.35</td><td>1.72</td><td>0.74</td><td>0.655</td><td>0.70</td><td>1.01</td><td>1.48</td><td>1.39</td><td>0.067</td></tr>
</table>

（续）

外径 D /mm	允许偏差 /mm	壁厚 t /mm	理论质量 /(kg/m)	截面面积 A /cm²	惯性矩 I/cm⁴	惯性半径 R /cm	弹性模数 Z /cm³	塑性模数 S /cm³	扭转常数 J/cm⁴	扭转常数 C/cm³	单位长度表面积 A_s/m²
26.8 (26.9)	±0.5	1.2	0.76	0.97	0.79	0.906	0.59	0.79	1.58	1.18	0.084
		1.5	0.94	1.19	0.96	0.896	0.71	0.96	1.91	1.43	0.084
		1.75	1.08	1.38	1.09	0.888	0.81	1.1	2.17	1.62	0.084
		2.0	1.22	1.56	1.21	0.879	0.90	1.23	2.41	1.80	0.084
		2.5	1.50	1.91	1.42	0.864	1.06	1.48	2.85	2.12	0.084
		3.0	1.76	2.24	1.61	0.848	1.20	1.71	3.23	2.41	0.084
33.5 (33.7)	±0.5	1.5	1.18	1.51	1.93	1.132	1.15	1.54	3.87	2.31	0.105
		2.0	1.55	1.98	2.46	1.116	1.47	1.99	4.93	2.94	0.105
		2.5	1.91	2.43	2.94	1.099	1.76	2.41	5.89	3.51	0.105
		3.0	2.26	2.87	3.37	1.084	2.01	2.80	6.75	4.03	0.105
		3.5	2.59	3.29	3.76	1.068	2.24	3.16	7.52	4.49	0.105
		4.0	2.91	3.71	4.11	1.053	2.45	3.50	8.21	4.90	0.105
42.3 (42.4)	±0.5	1.5	1.51	1.92	4.01	1.443	1.89	2.50	8.01	3.79	0.133
		2.0	1.99	2.53	5.15	1.427	2.44	3.25	10.31	4.87	0.133
		2.5	2.45	3.13	6.21	1.410	2.94	3.97	12.43	5.88	0.133
		3.0	2.91	3.70	7.19	1.394	3.40	4.64	14.39	6.80	0.133
		4.0	3.78	4.81	8.92	1.361	4.22	5.89	17.84	8.44	0.133
48 (48.3)	±0.5	1.5	1.72	2.19	5.93	1.645	2.47	3.24	11.86	4.94	0.151
		2.0	2.27	2.89	7.66	1.628	3.19	4.23	15.32	6.38	0.151
		2.5	2.81	3.57	9.28	1.611	3.86	5.18	18.55	7.73	0.151
		3.0	3.33	4.24	10.78	1.594	4.49	6.08	21.57	8.98	0.151
		4.0	4.34	5.53	13.49	1.562	5.62	7.77	26.98	11.24	0.151
		5.0	5.30	6.75	15.82	1.530	6.59	9.29	31.65	13.18	0.151
60 (60.3)	±0.6	2.0	2.86	3.64	15.34	2.052	5.11	6.73	30.68	10.23	0.188
		2.5	3.55	4.52	18.70	2.035	6.23	8.27	37.40	12.47	0.188
		3.0	4.22	5.37	21.88	2.018	7.29	9.76	43.76	14.58	0.188
		4.0	5.52	7.04	27.73	1.985	9.24	12.56	55.45	18.48	0.188
		5.0	6.78	8.64	32.94	1.953	10.98	15.17	65.88	21.96	0.188
75.5 (76.1)	±0.76	2.5	4.50	5.73	38.24	2.582	10.13	13.33	76.47	20.26	0.237
		3.0	5.36	6.83	44.97	2.565	11.91	15.78	89.94	23.82	0.237
		4.0	7.05	8.98	57.59	2.531	15.26	20.47	115.19	30.51	0.237
		5.0	8.69	11.07	69.15	2.499	18.32	24.89	138.29	36.63	0.237
88.5 (88.9)	±0.90	3.0	6.33	8.06	73.73	3.025	16.66	21.94	147.45	33.32	0.278
		4.0	8.34	10.62	94.99	2.991	21.46	28.58	189.97	42.93	0.278
		5.0	10.30	13.12	114.72	2.957	25.93	34.90	229.44	51.85	0.278
		6.0	12.21	15.55	133.00	2.925	30.06	40.91	266.01	60.11	0.278
114 (114.3)	±1.15	4.0	10.85	13.82	209.35	3.892	36.73	48.42	418.70	73.46	0.358
		5.0	13.44	17.12	254.81	3.858	44.70	59.45	509.61	89.41	0.358
		6.0	15.98	20.36	297.73	3.824	52.23	70.06	595.46	104.47	0.358

（续）

外径 D /mm	允许偏差 /mm	壁厚 t /mm	理论质量 /(kg/m)	截面面积 A /cm^2	惯性矩 I/cm^4	惯性半径 R /cm	弹性模数 Z /cm^3	塑性模数 S /cm^3	扭转常数 J/cm^4	扭转常数 C/cm^3	单位长度表面积 A_s/m^2
140 (139.7)	±1.40	4.0	13.42	17.09	395.47	4.810	56.50	74.01	790.94	112.99	0.440
		5.0	16.65	21.21	483.76	4.776	69.11	91.17	967.52	138.22	0.440
		6.0	19.83	25.26	568.03	4.742	85.15	107.81	1136.13	162.30	0.440
165 (168.3)	±1.65	4	15.88	20.23	655.94	5.69	79.51	103.71	1311.89	159.02	0.518
		5	19.73	25.13	805.04	5.66	97.58	128.04	1610.07	195.16	0.518
		6	23.53	29.97	948.47	5.63	114.97	151.76	1896.93	229.93	0.518
		8	30.97	39.46	1218.92	5.56	147.75	197.36	2437.84	295.50	0.518
219.1 (219.1)	±2.20	5	26.4	33.60	1928	7.57	176	229	3856	352	0.688
		6	31.53	40.17	2282	7.54	208	273	4564	417	0.688
		8	41.6	53.10	2960	7.47	270	357	5919	540	0.688
		10	51.6	65.70	3598	7.40	328	438	7197	657	0.688
273 (273)	±2.75	5	33.0	42.1	3781	9.48	277	359	7562	554	0.858
		6	39.5	50.3	4487	9.44	329	428	8974	657	0.858
		8	52.3	66.6	5852	9.37	429	562	11700	857	0.858
		10	64.9	82.6	7154	9.31	524	692	14310	1048	0.858
325 (323.9)	±3.25	5	39.5	50.3	6436	11.32	396	512	12871	792	1.20
		6	47.2	60.1	7651	11.28	471	611	15303	942	1.20
		8	62.5	79.7	10014	11.21	616	804	20028	1232	1.20
		10	77.7	99.0	12287	11.14	756	993	24573	1512	1.20
		12	92.6	118.0	14472	11.07	891	1176	28943	1781	1.20
355.6 (355.6)	±3.55	6	51.7	65.9	10071	12.4	566	733	20141	1133	1.12
		8	68.6	87.4	13200	12.3	742	967	26400	1485	1.12
		10	85.2	109.0	16220	12.2	912	1195	32450	1825	1.12
		12	101.7	130.0	19140	12.2	1076	1417	38279	2153	1.12
406.4 (406.4)	±4.10	8	78.6	100	19870	14.1	978	1270	39750	1956	1.28
		10	97.8	125	24480	14.0	1205	1572	48950	2409	1.28
		12	116.7	149	28937	14.0	1424	1867	57874	2848	1.28
457 (457)	±4.6	8	88.6	113	28450	15.9	1245	1613	56890	2490	1.44
		10	110.0	140	35090	15.8	1536	1998	70180	3071	1.44
		12	131.7	168	41556	15.7	1819	2377	83113	3637	1.44
508 (508)	±5.10	8	98.6	126	39280	17.7	1546	2000	78560	3093	1.60
		10	123.0	156	48520	17.6	1910	2480	97040	3621	1.60
		12	146.8	187	57536	17.5	2265	2953	115072	4530	1.60
610	±6.10	8	118.8	151	68552	21.3	2248	2899	137103	4495	1.92
		10	148.0	189	84847	21.2	2781	3600	169694	5564	1.92
		12.5	184.2	235	104755	21.1	3435	4463	209510	6869	1.92
		16	234.4	299	131782	21.0	4321	5647	263563	8641	1.92

注：括号内为 ISO 4019 所列规格。

（2）方形冷弯空心型钢　方形冷弯空心型钢截面尺寸、允许偏差、截面面积、理论质量及截面特性见表3-33，外形如图3-13所示。

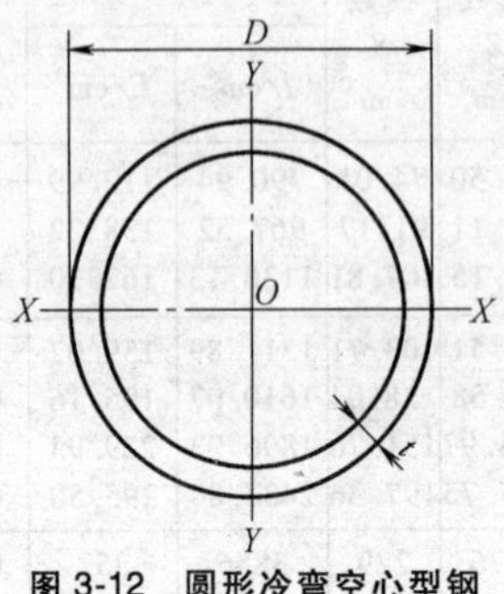

图3-12　圆形冷弯空心型钢

D—外径　t—壁厚

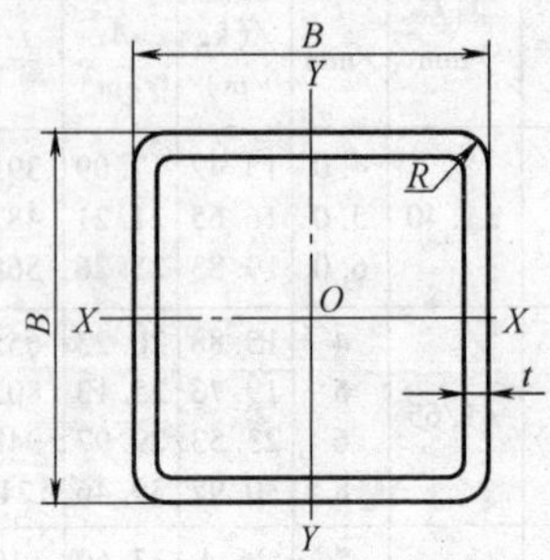

图3-13　方形冷弯空心型钢

B—边长　t—壁厚　R—外圆弧半径

表3-33　方形冷弯空心型钢截面尺寸、允许偏差、截面面积、理论质量及截面特性

边长 B /mm	允许偏差 /mm	壁厚 t /mm	理论质量 /(kg/m)	截面面积 A /cm²	惯性矩 ($I_x=I_y$) /cm⁴	惯性半径 ($r_x=r_y$) /cm	截面模数 ($W_x=W_y$) /cm³	扭转常数	
								I_t/cm⁴	C_t/cm³
20	±0.50	1.2	0.679	0.865	0.498	0.759	0.498	0.823	0.75
		1.5	0.826	1.052	0.583	0.744	0.583	0.985	0.88
		1.75	0.941	1.199	0.642	0.732	0.642	1.106	0.98
		2.0	1.050	1.340	0.692	0.720	0.692	1.215	1.06
25	±0.50	1.2	0.867	1.105	1.025	0.963	0.820	1.655	1.24
		1.5	1.061	1.352	1.216	0.948	0.973	1.998	1.47
		1.75	1.215	1.548	1.357	0.936	1.086	2.261	1.65
		2.0	1.363	1.736	1.482	0.923	1.186	2.502	1.80
30	±0.50	1.5	1.296	1.652	2.195	1.152	1.463	3.555	2.21
		1.75	1.490	1.898	2.470	1.140	1.646	4.048	2.49
		2.0	1.677	2.136	2.721	1.128	1.814	4.511	2.75
		2.5	2.032	2.589	3.154	1.103	2.102	5.347	3.20
		3.0	2.361	3.008	3.500	1.078	2.333	6.060	3.58
40	±0.50	1.5	1.767	2.525	5.489	1.561	2.744	8.728	4.13
		1.75	2.039	2.598	6.237	1.549	3.118	10.009	4.69
		2.0	2.305	2.936	6.939	1.537	3.469	11.238	5.23
		2.5	2.817	3.589	8.213	1.512	4.106	13.539	6.21
		3.0	3.303	4.208	9.320	1.488	4.660	15.628	7.07
		4.0	4.198	5.347	11.064	1.438	5.532	19.152	8.48
50	±0.50	1.5	2.238	2.852	11.065	1.969	4.426	17.395	6.65
		1.75	2.589	3.298	12.641	1.957	5.056	20.025	7.60
		2.0	2.933	3.736	14.146	1.945	5.658	22.578	8.51
		2.5	3.602	4.589	16.941	1.921	6.776	27.436	10.22
		3.0	4.245	5.408	19.463	1.897	7.785	31.972	11.77
		4.0	5.454	6.947	23.725	1.847	9.490	40.047	14.43

（续）

边长 B /mm	允许偏差 /mm	壁厚 t /mm	理论质量 /(kg/m)	截面面积 A /cm²	惯性矩 ($I_x=I_y$) /cm⁴	惯性半径 ($r_x=r_y$) /cm	截面模数 ($W_x=W_y$) /cm³	扭转常数	
								I_t/cm⁴	C_t/cm³
60	±0.60	2.0	3.560	4.540	25.120	2.350	8.380	39.810	12.60
		2.5	4.387	5.589	30.340	2.329	10.113	48.539	15.22
		3.0	5.187	6.608	35.130	2.305	11.710	56.892	17.65
		4.0	6.710	8.547	43.539	2.256	14.513	72.188	21.97
		5.0	8.129	10.356	50.468	2.207	16.822	85.560	25.61
70	±0.65	2.5	5.170	6.590	49.400	2.740	14.100	78.500	21.20
		3.0	6.129	7.808	57.522	2.714	16.434	92.188	24.74
		4.0	7.966	10.147	72.108	2.665	20.602	117.975	31.11
		5.0	9.699	12.356	84.602	2.616	24.172	141.183	36.65
80	±0.70	2.5	5.957	7.589	75.147	3.147	18.787	118.52	28.22
		3.0	7.071	9.008	87.838	3.122	21.959	139.660	33.02
		4.0	9.222	11.747	111.031	3.074	27.757	179.808	41.84
		5.0	11.269	14.356	131.414	3.025	32.853	216.628	49.68
90	±0.75	3.0	8.013	10.208	127.277	3.531	28.283	201.108	42.51
		4.0	10.478	13.347	161.907	3.482	35.979	260.088	54.17
		5.0	12.839	16.356	192.903	3.434	42.867	314.896	64.71
		6.0	15.097	19.232	220.420	3.385	48.982	365.452	74.16
100	±0.80	4.0	11.734	11.947	226.337	3.891	45.267	361.213	68.10
		5.0	14.409	18.356	271.071	3.842	54.214	438.986	81.72
		6.0	16.981	21.632	311.415	3.794	62.283	511.558	94.12
110	±0.90	4.0	12.99	16.548	305.94	4.300	55.625	486.47	83.63
		5.0	15.98	20.356	367.95	4.252	66.900	593.60	100.74
		6.0	18.866	24.033	424.57	4.203	77.194	694.85	116.47
120	±0.90	4.0	14.246	18.147	402.260	4.708	67.043	635.603	100.75
		5.0	17.549	22.356	485.441	4.659	80.906	776.632	121.75
		6.0	20.749	26.432	562.094	4.611	93.683	910.281	141.22
		8.0	26.840	34.191	696.639	4.513	116.106	1155.010	174.58
130	±1.00	4.0	15.502	19.748	516.97	5.117	79.534	814.72	119.48
		5.0	19.120	24.356	625.68	5.068	96.258	998.22	144.77
		6.0	22.634	28.833	726.64	5.020	111.79	1173.6	168.36
		8.0	28.921	36.842	882.86	4.895	135.82	1502.1	209.54
140	±1.10	4.0	16.758	21.347	651.598	5.524	53.085	1022.176	139.8
		5.0	20.689	26.356	790.523	5.476	112.931	1253.565	169.78
		6.0	24.517	31.232	920.359	5.428	131.479	1475.020	197.9
		8.0	31.864	40.591	1153.735	5.331	164.819	1887.605	247.69
150	±1.20	4.0	18.014	22.948	807.82	5.933	107.71	1264.8	161.73
		5.0	22.26	28.356	982.12	5.885	130.95	1554.1	196.79
		6.0	26.402	33.633	1145.9	5.837	152.79	1832.7	229.84
		8.0	33.945	43.242	1411.8	5.714	188.25	2364.1	289.03

（续）

边长 B /mm	允许偏差 /mm	壁厚 t /mm	理论质量 /(kg/m)	截面面积 A /cm²	惯性矩 ($I_x=I_y$) /cm⁴	惯性半径 ($r_x=r_y$) /cm	截面模数 ($W_x=W_y$) /cm³	扭转常数 I_t/cm⁴	扭转常数 C_t/cm³
160	±1.20	4.0	19.270	24.547	987.152	6.341	123.394	1540.134	185.25
		5.0	23.829	30.356	1202.317	6.293	150.289	1893.787	225.79
		6.0	28.285	36.032	1405.408	6.245	175.676	2234.573	264.18
		8.0	36.888	46.991	1776.496	6.148	222.062	2876.940	333.56
170	±1.30	4.0	20.526	26.148	1191.3	6.750	140.15	1855.8	210.37
		5.0	25.400	32.356	1453.3	6.702	170.97	2285.3	256.80
		6.0	30.170	38.433	1701.6	6.654	200.18	2701.0	300.91
		8.0	38.969	49.642	2118.2	6.532	249.2	3503.1	381.28
180	±1.40	4.0	21.800	27.70	1422	7.16	158	2210	237
		5.0	27.000	34.40	1737	7.11	193	2724	290
		6.0	32.100	40.80	2037	7.06	226	3223	340
		8.0	41.500	52.80	2546	6.94	283	4189	432
190	±1.50	4.0	23.00	29.30	1680	7.57	176	2607	265
		5.0	28.50	36.40	2055	7.52	216	3216	325
		6.0	33.90	43.20	2413	7.47	254	3807	381
		8.0	44.00	56.00	3208	7.35	319	4958	486
200	±1.60	4.0	24.30	30.90	1968	7.97	197	3049	295
		5.0	30.10	38.40	2410	7.93	241	3763	362
		6.0	35.80	45.60	2833	7.88	283	4459	426
		8.0	46.50	59.20	3566	7.76	357	5815	544
		10	57.00	72.60	4251	7.65	425	7072	651
220	±1.80	5.0	33.2	42.4	3238	8.74	294	5038	442
		6.0	39.6	50.4	3813	8.70	347	5976	521
		8.0	51.5	65.6	4828	8.58	439	7815	668
		10	63.2	80.6	5782	8.47	526	9533	804
		12	73.5	93.7	6487	8.32	590	11149	922
250	±2.00	5.0	38.0	48.4	4805	9.97	384	7443	577
		6.0	45.2	57.6	5672	9.92	454	8843	681
		8.0	59.1	75.2	7229	9.80	578	11598	878
		10	72.7	92.6	8707	9.70	697	14197	1062
		12	84.8	108	9859	9.55	789	16691	1226
280	±2.20	5.0	42.7	54.4	6810	11.2	486	10513	730
		6.0	50.9	64.8	8054	11.1	575	12504	863
		8.0	66.6	84.8	10317	11.0	737	16436	1117
		10	82.1	104.6	12479	10.9	891	20173	1356
		12	96.1	122.5	14232	10.8	1017	23804	1574
300	±2.40	6.0	54.7	69.6	9964	12.0	664	15434	997
		8.0	71.6	91.2	12801	11.8	853	20312	1293
		10	88.4	113	15519	11.7	1035	24966	1572
		12	104	132	17767	11.6	1184	29514	1829

（续）

边长 B /mm	允许偏差 /mm	壁厚 t /mm	理论质量 /(kg/m)	截面面积 A /cm^2	惯性矩 ($I_x=I_y$) /cm^4	惯性半径 ($r_x=r_y$) /cm	截面模数 ($W_x=W_y$) /cm^3	扭转常数	
								I_t/cm^4	C_t/cm^3
350	±2.80	6.0	64.1	81.6	16008	14.0	915	24683	1372
		8.0	84.2	107	20618	13.9	1182	32557	1787
		10	104	133	25189	13.8	1439	40127	2182
		12	123	156	29054	13.6	1660	47598	2552
400	±3.20	8.0	96.7	123	31269	15.9	1564	48934	2362
		10	120	153	38216	15.8	1911	60431	2892
		12	141	180	44319	15.7	2216	71843	3395
		14	163	208	50414	15.6	2521	82735	3877
450	±3.60	8.0	109	139	44966	18.0	1999	70043	3016
		10	135	173	55100	17.9	2449	86629	3702
		12	160	204	64164	17.7	2851	103150	4357
		14	185	236	73210	17.6	3254	119000	4989
500	±4.00	8.0	122	155	62172	20.0	2487	96483	3750
		10	151	193	76341	19.9	3054	119470	4612
		12	179	228	89187	19.8	3568	142420	5440
		14	207	264	102010	19.7	4080	164530	6241
		16	235	299	114260	19.6	4570	186140	7013

注：表中理论质量按密度 7.85g/cm^3 计算。

（3）矩形冷弯空心型钢　矩形冷弯空心型钢截面尺寸、允许偏差、截面面积、理论质量及截面特性见表 3-34，外形如图 3-14 所示。

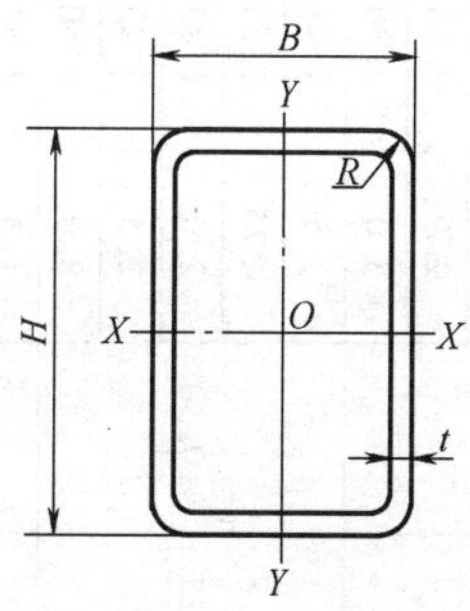

图 3-14　矩形冷弯空心型钢

H—长边　B—短边　t—壁厚　R—外圆弧半径

表 3-34 矩形冷弯空心型钢截面尺寸、允许偏差、截面面积、理论质量及截面特性

边长/mm		允许偏差/mm	壁厚 t/mm	理论质量/(kg/m)	截面面积 A/cm^2	惯性矩/cm^4		惯性半径/cm		截面模数/cm^3		扭转常数	
H	B					I_x	I_y	r_x	r_y	W_x	W_y	I_t/cm^4	C_t/cm^3
30	20	±0.50	1.5	1.06	1.35	1.59	0.84	1.08	0.788	1.06	0.84	1.83	1.40
			1.75	1.22	1.55	1.77	0.93	1.07	0.777	1.18	0.93	2.07	1.56
			2.0	1.36	1.74	1.94	1.02	1.06	0.765	1.29	1.02	2.29	1.71
			2.5	1.64	2.09	2.21	1.15	1.03	0.742	1.47	1.15	2.68	1.95
40	20	±0.50	1.5	1.30	1.65	3.27	1.10	1.41	0.815	1.63	1.10	2.74	1.91
			1.75	1.49	1.90	3.68	1.23	1.39	0.804	1.84	1.23	3.11	2.14
			2.0	1.68	2.14	4.05	1.34	1.38	0.793	2.02	1.34	3.45	2.36
			2.5	2.03	2.59	4.69	1.54	1.35	0.770	2.35	1.54	4.06	2.72
			3.0	2.36	3.01	5.21	1.68	1.32	0.748	2.60	1.68	4.57	3.00
40	25	±0.50	1.5	1.41	1.80	3.82	1.84	1.46	1.010	1.91	1.47	4.06	2.46
			1.75	1.63	2.07	4.32	2.07	1.44	0.999	2.16	1.66	4.63	2.78
			2.0	1.83	2.34	4.77	2.28	1.43	0.988	2.39	1.82	5.17	3.07
			2.5	2.23	2.84	5.57	2.64	1.40	0.965	2.79	2.11	6.15	3.59
			3.0	2.60	3.31	6.24	2.94	1.37	0.942	3.12	2.35	7.00	4.01
40	30	±0.50	1.5	1.53	1.95	4.38	2.81	1.50	1.199	2.19	1.87	5.52	3.02
			1.75	1.77	2.25	4.96	3.17	1.48	1.187	2.48	2.11	6.31	3.42
			2.0	1.99	2.54	5.49	3.51	1.47	1.176	2.75	2.34	7.07	3.79
			2.5	2.42	3.09	6.45	4.10	1.45	1.153	3.23	2.74	8.47	4.46
			3.0	2.83	3.61	7.27	4.60	1.42	1.129	3.63	3.07	9.72	5.03
50	25	±0.50	1.5	1.65	2.10	6.65	2.25	1.78	1.04	2.66	1.80	5.52	3.41
			1.75	1.90	2.42	7.55	2.54	1.76	1.024	3.02	2.03	6.32	3.54
			2.0	2.15	2.74	8.38	2.81	1.75	1.013	3.35	2.25	7.06	3.92
			2.5	2.62	2.34	9.89	3.28	1.72	0.991	3.95	2.62	8.43	4.60
			3.0	3.07	3.91	11.17	3.67	1.69	0.969	4.47	2.93	9.64	5.18

（续）

边长/mm		允许偏差 /mm	壁厚 t/mm	理论质量 /(kg/m)	截面面积	惯性矩/cm^4		惯性半径/cm		截面模数/cm^3		扭转常数	
H	B				A/cm^2	I_x	I_y	r_x	r_y	W_x	W_y	I_t/cm^4	C_t/cm^3
50	30	±0.50	1.5	1.767	2.252	7.535	3.415	1.829	1.231	3.014	2.276	7.587	3.83
			1.75	2.039	2.598	8.566	3.868	1.815	1.220	3.426	2.579	8.682	4.35
			2.0	2.305	2.936	9.535	4.291	1.801	1.208	3.814	2.861	9.727	4.84
			2.5	2.817	3.589	11.296	5.050	1.774	1.186	4.518	3.366	11.666	5.72
			3.0	3.303	4.206	12.827	5.696	1.745	1.163	5.130	3.797	13.401	6.49
			4.0	4.198	5.347	15.239	6.682	1.688	1.117	6.095	4.455	16.244	7.77
50	40	±0.50	1.5	2.003	2.552	9.300	6.602	1.908	1.608	3.720	3.301	12.238	5.24
			1.75	2.314	2.948	10.603	7.518	1.896	1.596	4.241	3.759	14.059	5.97
			2.0	2.619	3.336	11.840	8.348	1.883	1.585	4.736	4.192	15.817	6.673
			2.5	3.210	4.089	14.121	9.976	1.858	1.562	5.648	4.988	19.222	7.965
			3.0	3.775	4.808	16.149	11.382	1.833	1.539	6.460	5.691	22.336	9.123
			4.0	4.826	6.148	19.493	13.677	1.781	1.492	7.797	6.839	27.82	11.06
55	25	±0.50	1.5	1.767	2.252	8.453	2.460	1.937	1.045	3.074	1.968	6.273	3.458
			1.75	2.039	2.598	9.606	2.779	1.922	1.034	3.493	2.223	7.156	3.916
			2.0	2.305	2.936	10.689	3.073	1.907	1.023	3.886	2.459	7.992	4.342
55	40	±0.50	1.5	2.121	2.702	11.674	7.158	2.078	1.627	4.245	3.579	14.017	5.794
			1.75	2.452	3.123	13.329	8.158	2.065	1.616	4.847	4.079	16.175	6.614
			2.0	2.776	3.536	14.904	9.107	2.052	1.604	5.419	4.553	18.208	7.394
55	50	±0.60	1.75	2.726	3.473	15.811	13.660	2.133	1.983	5.749	5.464	23.173	8.415
			2.0	3.090	3.936	17.714	15.298	2.121	1.971	6.441	6.119	26.142	9.433
60	30	±0.60	2.0	2.620	3.337	15.046	5.078	2.123	1.234	5.015	3.385	12.57	5.881
			2.5	3.209	4.089	17.933	5.998	2.094	1.211	5.977	3.998	15.054	6.981
			3.0	3.774	4.808	20.496	6.794	2.064	1.188	6.832	4.529	17.335	7.950
			4.0	4.826	6.147	24.691	8.045	2.004	1.143	8.230	5.363	21.141	9.523

（续）

边长/mm		允许偏差/mm	壁厚	理论质量	截面面积	惯性矩/cm^4		惯性半径/cm		截面模数/cm^3		扭转常数	
H	B		t/mm	/(kg/m)	A/cm^2	I_x	I_y	r_x	r_y	W_x	W_y	I_t/cm^4	C_t/cm^3
60	40	±0.60	2.0	2.934	3.737	18.412	9.831	2.220	1.622	6.137	4.915	20.702	8.116
			2.5	3.602	4.589	22.069	11.734	2.192	1.595	7.356	5.867	25.045	9.722
			3.0	4.245	5.408	25.374	13.436	2.166	1.576	8.458	6.718	29.121	11.175
			4.0	5.451	6.947	30.974	16.269	2.111	1.530	10.324	8.134	36.298	13.653
70	50	±0.60	2.0	3.562	4.537	31.475	18.758	2.634	2.033	8.993	7.503	37.454	12.196
			3.0	5.187	6.608	44.046	26.099	2.581	1.987	12.584	10.439	53.426	17.06
			4.0	6.710	8.547	54.663	32.210	2.528	1.941	15.618	12.884	67.613	21.189
			5.0	8.129	10.356	63.435	37.179	2.171	1.894	18.121	14.871	79.908	24.642
80	40	±0.70	2.0	3.561	4.536	37.355	12.720	2.869	1.674	9.339	6.361	30.881	11.004
			2.5	4.387	5.589	45.103	15.255	2.840	1.652	11.275	7.627	37.467	13.283
			3.0	5.187	6.608	52.246	17.552	2.811	1.629	13.061	8.776	43.680	15.283
			4.0	6.710	8.547	64.780	21.474	2.752	1.585	16.195	10.737	54.787	18.844
			5.0	8.129	10.356	75.080	24.567	2.692	1.540	18.770	12.283	64.110	21.744
80	60	±0.70	3.0	6.129	7.808	70.042	44.886	2.995	2.397	17.510	14.962	88.111	24.143
			4.0	7.966	10.147	87.945	56.105	2.943	2.351	21.976	18.701	112.583	30.332
			5.0	9.699	12.356	103.247	65.634	2.890	2.304	25.811	21.878	134.503	35.673
90	40	±0.75	3.0	5.658	7.208	70.487	19.610	3.127	1.649	15.663	9.805	51.193	17.339
			4.0	7.338	9.347	87.894	24.077	3.066	1.604	19.532	12.038	64.320	21.441
			5.0	8.914	11.356	102.487	27.651	3.004	1.560	22.774	13.825	75.426	24.819
90	50	±0.75	2.0	4.190	5.337	57.878	23.368	3.293	2.093	12.862	9.347	53.366	15.882
			2.5	5.172	6.589	70.263	28.236	3.266	2.070	15.614	11.294	65.299	19.235
			3.0	6.129	7.808	81.845	32.735	3.237	2.047	18.187	13.094	76.433	22.316
			4.0	7.966	10.147	102.696	40.695	3.181	2.002	22.821	16.278	97.162	27.961
			5.0	9.699	12.356	120.570	47.345	3.123	1.957	26.793	18.938	115.436	36.774

（续）

边长/mm		允许偏差/mm	壁厚 t/mm	理论质量/(kg/m)	截面面积 A/cm^2	惯性矩/cm^4		惯性半径/cm		截面模数/cm^3		扭转常数	
H	B					I_x	I_y	r_x	r_y	W_x	W_y	I_t/cm^4	C_t/cm^3
90	55	±0.75	2.0	4.346	5.536	61.75	28.957	3.340	2.287	13.733	10.53	62.724	17.601
			2.5	5.368	6.839	75.049	33.065	3.313	2.264	16.678	12.751	76.877	21.357
90	60	±0.75	3.0	6.600	8.408	93.203	49.764	3.329	2.432	20.711	16.588	104.552	27.391
			4.0	8.594	10.947	117.499	62.387	3.276	2.387	26.111	20.795	133.852	34.501
			5.0	10.484	13.356	138.653	73.218	3.222	2.311	30.811	24.406	160.273	40.712
95	50	±0.75	2.0	4.347	5.537	66.084	24.521	3.455	2.104	13.912	9.808	57.458	16.804
			2.5	5.369	6.839	80.306	29.647	3.247	2.082	16.906	11.895	70.324	20.364
100	50	±0.80	3.0	6.690	8.408	106.451	36.053	3.558	2.070	21.290	14.421	88.311	25.012
			4.0	8.594	10.947	134.124	44.938	3.500	2.026	26.824	17.975	112.409	31.35
			5.0	10.484	13.356	158.155	52.429	3.441	1.981	31.631	20.971	133.758	36.804
120	50	±0.90	2.5	6.350	8.089	143.97	36.704	4.219	2.130	23.995	14.682	96.026	26.006
			3.0	7.543	9.608	168.58	42.693	4.189	2.108	28.097	17.077	112.87	30.317
120	60	±0.90	3.0	8.013	10.208	189.113	64.398	4.304	2.511	31.581	21.466	156.029	37.138
			4.0	10.478	13.347	240.724	81.235	4.246	2.466	40.120	27.078	200.407	47.048
			5.0	12.839	16.356	286.941	95.968	4.188	2.422	47.823	31.989	240.869	55.846
			6.0	15.097	19.232	327.950	108.716	4.129	2.377	54.658	36.238	277.361	63.597
120	80	±0.90	3.0	8.955	11.408	230.189	123.430	4.491	3.289	38.364	30.857	255.128	50.799
			4.0	11.734	11.947	294.569	157.281	4.439	3.243	49.094	39.320	330.438	64.927
			5.0	14.409	18.356	353.108	187.747	4.385	3.198	58.850	46.936	400.735	77.772
			6.0	16.981	21.632	105.998	214.977	4.332	3.152	67.666	53.744	165.940	83.399
140	80	±1.00	4.0	12.990	16.547	429.582	180.407	5.095	3.301	61.368	45.101	410.713	76.478
			5.0	15.979	20.356	517.023	215.914	5.039	3.256	73.860	53.978	498.815	91.834
			6.0	18.865	24.032	569.935	247.905	4.983	3.211	85.276	61.976	580.919	105.83

（续）

边长/mm		允许偏差/mm	壁厚 t/mm	理论质量/(kg/m)	截面面积 A/cm^2	惯性矩/cm^4		惯性半径/cm		截面模数/cm^3		扭转常数	
H	B					I_x	I_y	r_x	r_y	W_x	W_y	I_t/cm^4	C_t/cm^3
150	100	±1. 20	4. 0	14. 874	18. 947	594. 585	318. 551	5. 601	4. 110	79. 278	63. 710	660. 613	104. 94
			5. 0	18. 334	23. 356	719. 164	383. 988	5. 549	4. 054	95. 888	79. 797	806. 733	126. 81
			6. 0	21. 691	27. 632	834. 615	444. 135	5. 495	4. 009	111. 282	88. 827	915. 022	147. 07
			8. 0	28. 096	35. 791	1039. 101	519. 308	5. 388	3. 917	138. 546	109. 861	1147. 710	181. 85
160	60	±1. 20	3	9. 898	12. 608	389. 86	83. 915	5. 561	2. 580	48. 732	27. 972	228. 15	50. 14
			4. 5	14. 498	18. 469	552. 08	116. 66	5. 468	2. 513	69. 01	38. 886	324. 96	70. 085
160	80	±1. 20	4. 0	14. 216	18. 117	597. 691	203. 532	5. 738	3. 348	71. 711	50. 883	493. 129	88. 031
			5. 0	17. 519	22. 356	721. 650	214. 089	5. 681	3. 304	90. 206	61. 020	599. 175	105. 9
			6. 0	20. 749	26. 433	835. 936	286. 832	5. 623	3. 259	104. 192	76. 208	698. 881	122. 27
			8. 0	26. 810	33. 644	1036. 485	343. 599	5. 505	3. 170	129. 560	85. 899	876. 599	149. 54
180	65	±1. 20	3. 0	11. 075	14. 108	550. 35	111. 78	6. 246	2. 815	61. 15	34. 393	306. 75	61. 849
			4. 5	16. 264	20. 719	784. 13	156. 47	6. 152	2. 748	87. 125	48. 144	438. 91	86. 993
180	100	±1. 30	4. 0	16. 758	21. 317	926. 020	373. 879	6. 586	4. 184	102. 891	74. 755	852. 708	127. 06
			5. 0	20. 689	26. 356	1124. 156	451. 738	6. 530	4. 140	124. 906	90. 347	1012. 589	153. 88
			6. 0	24. 517	31. 232	1309. 527	523. 767	6. 475	4. 095	145. 503	104. 753	1222. 933	178. 88
			8. 0	31. 861	40. 391	1643. 149	651. 132	6. 362	4. 002	182. 572	130. 226	1554. 606	222. 49
200			4. 0	18. 014	22. 941	1199. 680	410. 261	7. 230	4. 230	119. 968	82. 152	984. 151	141. 81
			5. 0	22. 259	28. 356	1459. 270	496. 905	7. 173	4. 186	145. 920	99. 381	1203. 878	171. 94
			6. 0	26. 101	33. 632	1703. 224	576. 855	7. 116	4. 141	170. 332	115. 371	1412. 986	200. 1
			8. 0	34. 376	43. 791	2145. 993	719. 014	7. 000	4. 052	214. 599	143. 802	1798. 551	249. 6
200	120	±1. 40	4. 0	19. 3	24. 5	1353	618	7. 43	5. 02	135	103	1345	172
			5. 0	23. 8	30. 4	1649	750	7. 37	4. 97	165	125	1652	210
			6. 0	28. 3	36. 0	1929	874	7. 32	4. 93	193	146	1947	245
			8. 0	36. 5	46. 4	2386	1079	7. 17	4. 82	239	180	2507	308

（续）

边长/mm		允许偏差/mm	壁厚 t/mm	理论质量/(kg/m)	截面面积 A/cm^2	惯性矩/cm^4		惯性半径/cm		截面模数/cm^3		扭转常数	
H	B					I_x	I_y	r_x	r_y	W_x	W_y	I_t/cm^4	C_t/cm^3
200	150	±1.50	4.0	21.2	26.9	1584	1021	7.67	6.16	158	136	1942	219
			5.0	26.2	33.4	1935	1245	7.62	6.11	193	166	2391	267
			6.0	31.1	39.6	2268	1457	7.56	6.06	227	194	2826	312
			8.0	40.2	51.2	2892	1815	7.43	5.95	283	242	3664	396
220	140	±1.50	4.0	21.8	27.7	1892	948	8.26	5.84	172	135	1987	224
			5.0	27.0	34.4	2313	1155	8.21	5.80	210	165	2447	274
			6.0	32.1	40.8	2714	1352	8.15	5.75	247	193	2891	321
			8.0	41.5	52.8	3389	1685	8.01	5.65	308	241	3746	407
250	150	±1.60	4.0	24.3	30.9	2697	1234	9.34	6.32	216	165	2665	275
			5.0	30.1	38.4	3304	1508	9.28	6.27	264	201	3285	337
			6.0	35.8	45.6	3886	1768	9.23	6.23	311	236	3886	396
			8.0	46.5	59.2	4886	2219	9.08	6.12	391	296	5050	504
260	180	±1.80	5.0	33.2	42.4	4121	2350	9.86	7.45	317	261	4695	426
			6.0	39.6	50.4	4856	2763	9.81	7.40	374	307	5566	501
			8.0	51.5	65.6	6145	3493	9.68	7.29	473	388	7267	642
			10	63.2	80.6	7363	4174	9.56	7.20	566	646	8850	772
300	200	±2.00	5.0	38.0	48.4	6241	3361	11.4	8.34	416	336	6836	552
			6.0	45.2	57.6	7370	3962	11.3	8.29	491	396	8115	651
			8.0	59.1	75.2	9389	5042	11.2	8.19	626	504	10627	838
			10	72.7	92.6	11313	6058	11.1	8.09	754	606	12987	1012
350	250	±2.20	5.0	45.8	58.4	10520	6306	13.4	10.4	601	504	12234	817
			6.0	54.7	69.6	12457	7458	13.4	10.3	712	594	14554	967
			8.0	71.6	91.2	16001	9573	13.2	10.2	914	766	19136	1253
			10	88.4	113	19407	11588	13.1	10.1	1109	927	23500	1522

（续）

边长/mm		允许偏差	壁厚	理论质量	截面面积	惯性矩/cm^4		惯性半径/cm		截面模数/cm^3		扭转常数	
H	B	/mm	t/mm	/(kg/m)	A/cm^2	I_x	I_y	r_x	r_y	W_x	W_y	I_t/cm^4	C_t/cm^3
400	200	±2.40	5.0	45.8	58.4	12490	4311	14.6	8.60	624	431	10519	742
			6.0	54.7	69.6	14789	5092	14.5	8.55	739	509	12069	877
			8.0	71.6	91.2	18974	6517	14.4	8.45	949	652	15820	1133
			10	88.4	113	23003	7864	14.3	8.36	1150	786	19368	1373
			12	104	132	26248	8977	14.1	8.24	1312	898	22782	1591
400	250	±2.60	5.0	49.7	63.4	14440	7056	15.1	10.6	722	565	14773	937
			6.0	59.4	75.6	17118	8352	15.0	10.5	856	668	17580	1110
			8.0	77.9	99.2	22048	10744	14.9	10.4	1102	860	23127	1440
			10	96.2	122	26806	13029	14.8	10.3	1340	1042	28423	1753
			12	113	144	30766	14926	14.6	10.2	1538	1197	33597	2042
450	250	±2.80	6.0	64.1	81.6	22724	9245	16.7	10.6	1010	740	20687	1253
			8.0	84.2	107	29336	11916	16.5	10.5	1304	953	27222	1628
			10	104	133	35737	14470	16.4	10.4	1588	1158	33473	1983
			12	123	156	41137	16663	16.2	10.3	1828	1333	39591	2314
500	300	±3.20	6.0	73.5	93.6	33012	15151	18.8	12.7	1321	1010	32420	1688
			8.0	96.7	123	42805	19624	18.6	12.6	1712	1308	42767	2202
			10	120	153	52328	23933	18.5	12.5	2093	1596	52736	2693
			12	141	180	60604	27726	18.3	12.4	2424	1848	62581	3156
550	350	±3.60	8.0	109	139	59783	30040	20.7	14.7	2174	1717	63051	2856
			10	135	173	73276	36752	20.6	14.6	2665	2100	77901	3503
			12	160	204	85249	42769	20.4	14.5	3100	2444	92646	4118
			14	185	236	97269	48731	20.3	14.4	3537	2784	106760	4710
600	400	±4.00	8.0	122	155	80670	43564	22.8	16.8	2689	2178	88672	3591
			10	151	193	99081	53429	22.7	16.7	3303	2672	109720	4413
			12	179	228	115670	62391	22.5	16.5	3856	3120	130680	5201
			14	207	264	132310	71282	22.4	16.4	4410	3564	150850	5962
			16	235	299	148210	79760	22.3	16.3	4940	3988	170510	6694

注：表中理论质量按密度 7.85g/cm^3 计算。

9. 通用冷弯开口型钢（GB/T 6723—2008）

（1）型钢截面形状及标注符号　通用冷弯开口型钢的截面形状及标注符号如图 3-15~图 3-22 所示。

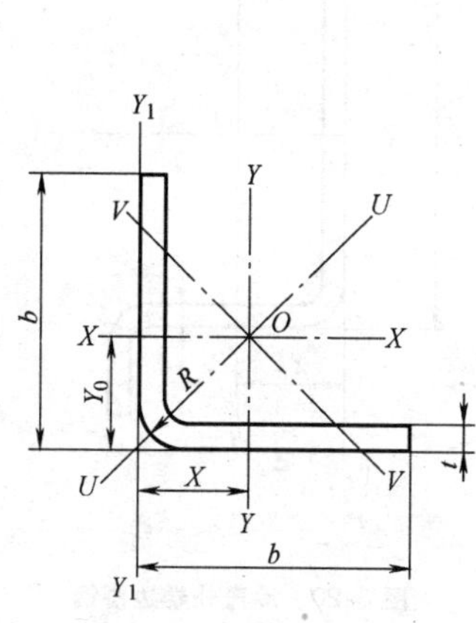

图 3-15　冷弯等边角钢

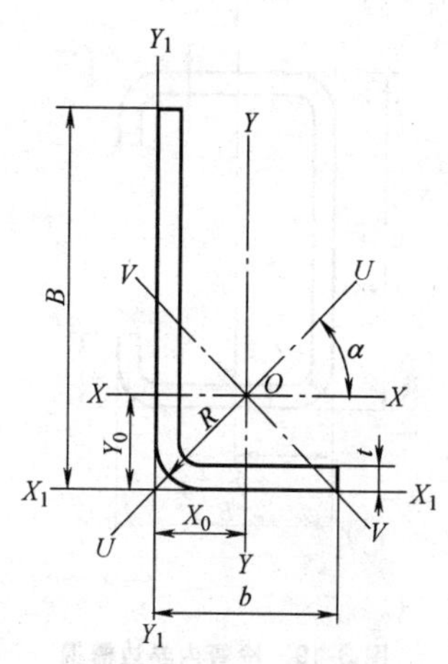

图 3-16　冷弯不等边角钢

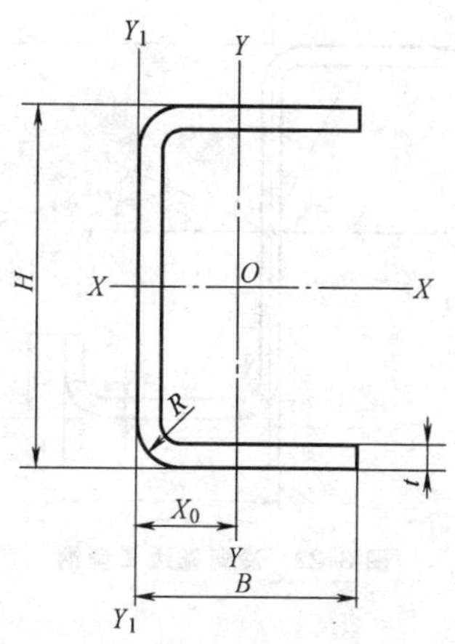

图 3-17　冷弯等边槽钢

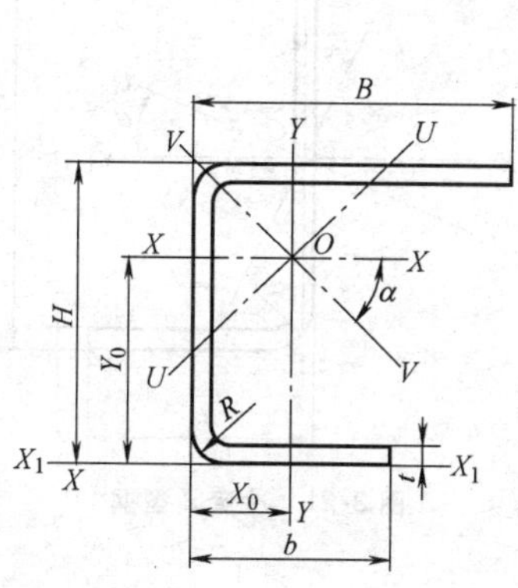

图 3-18　冷弯不等边槽钢

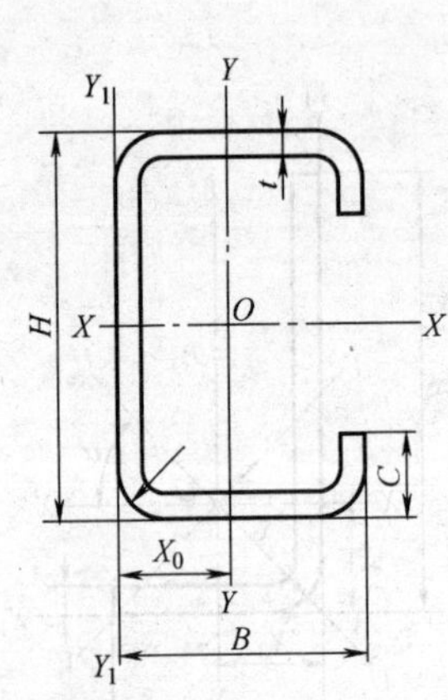

图 3-19　冷弯内卷边槽钢

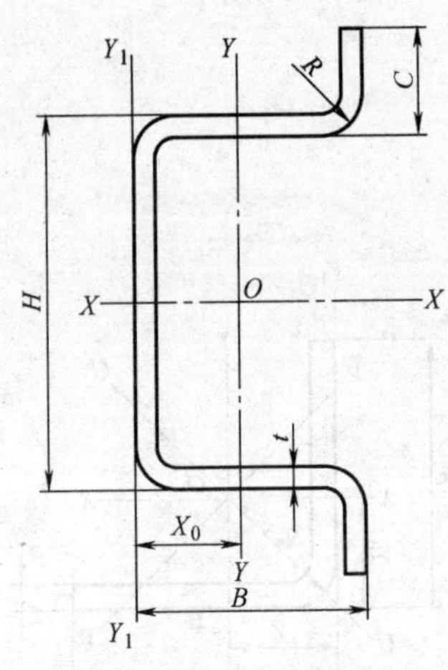

图 3-20　冷弯外卷边槽钢

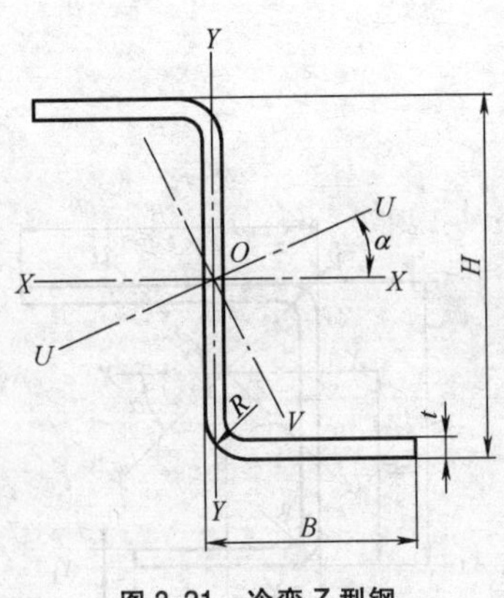

图 3-21　冷弯 Z 型钢

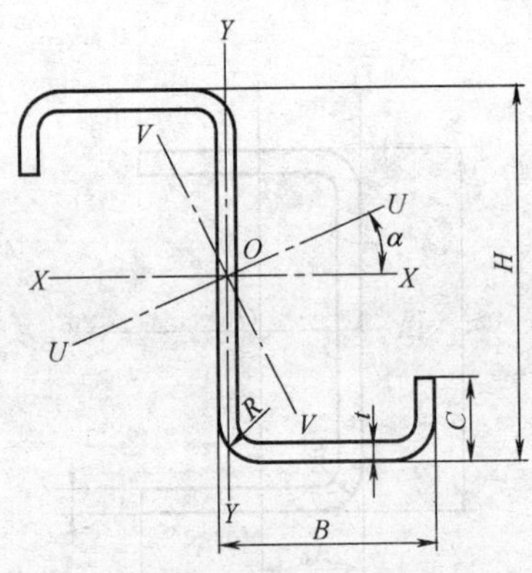

图 3-22　冷弯卷边 Z 型钢

(2) 基本尺寸与主要参数（见表 3-35~表 3-42）

表 3-35　冷弯等边角钢基本尺寸与主要参数

规格尺寸/mm			理论质量/(kg/m)	截面面积/cm^2	重心 Y_0/cm	惯性矩/cm^4			回转半径/cm			截面模数/cm^3	
$b×b×t$	b	t				$I_x=I_y$	I_u	I_v	$r_x=r_y$	r_u	r_v	$W_{ymax}=W_{xmax}$	$W_{ymin}=W_{xmin}$
20×20×1.2	20	1.2	0.354	0.451	0.559	0.179	0.292	0.066	0.630	0.804	0.385	0.321	0.124
20×20×2.0		2.0	0.566	0.721	0.599	0.278	0.457	0.099	0.621	0.796	0.371	0.464	0.198
30×30×1.6	30	1.6	0.714	0.909	0.829	0.817	1.328	0.307	0.948	1.208	0.581	0.986	0.376
30×30×2.0		2.0	0.880	1.121	0.849	0.998	1.626	0.369	0.943	1.204	0.573	1.175	0.464
30×30×3.0		3.0	1.274	1.623	0.898	1.409	2.316	0.503	0.931	1.194	0.556	1.568	0.671
40×40×1.6	40	1.6	0.965	1.229	1.079	1.985	3.213	0.758	1.270	1.616	0.785	1.839	0.679
40×40×2.0		2.0	1.194	1.521	1.099	2.438	3.956	0.919	1.265	1.612	0.777	2.218	0.840
40×40×3.0		3.0	1.745	2.223	1.148	3.496	5.710	1.282	1.253	1.602	0.759	3.043	1.226
50×50×2.0	50	2.0	1.508	1.921	1.349	4.848	7.845	1.850	1.588	2.020	0.981	3.593	1.327
50×50×3.0		3.0	2.216	2.823	1.398	7.015	11.414	2.616	1.576	2.010	0.962	5.015	1.948
50×50×4.0		4.0	2.894	3.686	1.448	9.022	14.755	3.290	1.564	2.000	0.944	6.229	2.540
60×60×2.0	60	2.0	1.822	2.321	1.599	8.478	13.694	3.262	1.910	2.428	1.185	5.302	1.926
60×60×3.0		3.0	2.687	3.423	1.648	12.342	20.028	4.657	1.898	2.418	1.166	7.486	2.836
60×60×4.0		4.0	3.522	4.486	1.698	15.970	26.030	5.911	1.886	2.408	1.147	9.403	3.712
70×70×3.0	70	3.0	3.158	4.023	1.898	19.853	32.152	7.553	2.221	2.826	1.370	10.456	3.891
70×70×4.0		4.0	4.150	5.286	1.948	25.799	41.944	9.654	2.209	2.816	1.351	13.242	5.107
80×80×4.0	80	4.0	4.778	6.086	2.198	39.009	63.299	14.719	2.531	3.224	1.555	17.745	6.723
80×80×5.0		5.0	5.895	7.510	2.247	47.677	77.622	17.731	2.519	3.214	1.536	21.209	8.288
100×100×4.0	100	4.0	6.034	7.686	2.698	77.571	125.528	29.613	3.176	4.041	1.962	28.749	10.623
100×100×5.0		5.0	7.465	9.510	2.747	95.237	154.539	35.335	3.164	4.031	1.943	34.659	13.132
150×150×6.0	150	6.0	13.458	17.254	4.062	391.442	635.468	147.415	4.763	6.069	2.923	96.367	35.787
150×150×8.0		8.0	17.685	22.673	4.169	508.593	830.207	186.979	4.736	6.051	2.872	121.994	46.957
150×150×10		10	21.783	27.927	4.277	619.211	1016.638	221.785	4.709	6.034	2.818	144.777	57.746
200×200×6.0	200	6.0	18.138	23.254	5.310	945.753	1529.328	362.177	6.377	8.110	3.947	178.108	64.381
200×200×8.0		8.0	23.925	30.673	5.416	1237.149	2008.393	465.905	6.351	8.091	3.897	228.425	84.829
200×200×10		10	29.583	37.927	5.522	1516.787	2472.471	561.104	6.324	8.074	3.846	274.681	104.765
250×250×8.0	250	8.0	30.164	38.672	6.664	2453.559	3970.580	936.538	7.965	10.133	4.921	368.181	133.811
250×250×10		10	37.383	47.927	6.770	3020.384	4903.304	1137.464	7.939	10.114	4.872	446.142	165.682
250×250×12		12	44.472	57.015	6.876	3568.836	5812.612	1325.061	7.912	10.097	4.821	519.028	196.912
300×300×10	300	10	45.183	57.927	8.018	5286.252	8559.138	2013.367	9.553	12.155	5.896	659.298	240.481
300×300×12		12	53.832	69.015	8.124	6263.059	10167.49	2358.645	9.526	12.138	5.846	770.934	286.299
300×300×14		14	62.022	79.516	8.277	7182.256	11740.00	2624.502	9.504	12.150	5.745	867.737	330.629
300×300×16		16	70.312	90.144	8.392	8095.516	13279.70	2911.336	9.477	12.137	5.683	964.671	374.654

表 3-36 冷弯不等边角钢基本尺寸与主要参数

规格尺寸/mm				理论质量/(kg/m)	截面面积/cm²	重心/cm		惯性矩/cm⁴				回转半径/cm				截面模数/cm³			
$B\times b\times t$	B	b	t			Y_0	X_0	I_x	I_y	I_u	I_v	r_x	r_y	r_u	r_v	W_{xmax}	W_{xmin}	W_{ymax}	W_{ymin}
30×20×2.0	30	20	2.0	0.723	0.921	1.011	0.490	0.860	0.318	1.014	0.164	0.966	0.587	1.049	0.421	0.850	0.432	0.648	0.210
30×20×3.0			3.0	1.039	1.323	1.068	0.536	1.201	0.441	1.421	0.220	0.952	0.577	1.036	0.408	1.123	0.621	0.823	0.301
50×30×2.5	50	30	2.5	1.473	1.877	1.706	0.674	4.962	1.419	5.597	0.783	1.625	0.869	1.726	0.645	2.907	1.506	2.103	0.610
50×30×4.0			4.0	2.266	2.886	1.794	0.741	7.419	2.104	8.395	1.128	1.603	0.853	1.705	0.625	4.134	2.314	2.838	0.931
60×40×2.5	60	40	2.5	1.866	2.377	1.939	0.913	9.078	3.376	10.665	1.790	1.954	1.191	2.117	0.867	4.682	2.235	3.694	1.094
60×40×4.0			4.0	2.894	3.686	2.023	0.981	13.774	5.091	16.239	2.625	1.932	1.175	2.098	0.843	6.807	3.463	5.184	1.686
70×40×3.0	70	40	3.0	2.452	3.123	2.402	0.861	16.301	4.142	18.092	2.351	2.284	1.151	2.406	0.867	6.785	3.545	4.810	1.319
70×40×4.0			4.0	3.208	4.086	2.461	0.905	21.038	5.317	23.381	2.973	2.268	1.140	2.391	0.853	8.546	4.635	5.872	1.718
80×50×3.0	80	50	3.0	2.923	3.723	2.631	1.096	25.450	8.086	29.092	4.444	2.614	1.473	2.795	1.092	9.670	4.740	7.371	2.071
80×50×4.0			4.0	3.836	4.886	2.688	1.141	33.025	10.449	37.810	5.664	2.599	1.462	2.781	1.076	12.281	6.218	9.151	2.708
100×60×3.0	100	60	3.0	3.629	4.623	3.297	1.259	49.787	14.347	56.038	8.096	3.281	1.761	3.481	1.323	15.100	7.427	11.389	3.026
100×60×4.0			4.0	4.778	6.086	3.354	1.304	64.939	18.640	73.177	10.402	3.266	1.749	3.467	1.307	19.356	9.772	14.289	3.969
100×60×5.0			5.0	5.895	7.510	3.412	1.349	79.395	22.707	89.566	12.536	3.251	1.738	3.453	1.291	23.263	12.053	16.830	4.882
150×120×6.0	150	120	6.0	12.054	15.454	4.500	2.962	362.949	211.071	475.645	98.375	4.846	3.696	5.548	2.532	80.655	34.567	71.260	23.354
150×120×8.0			8.0	15.813	20.273	4.615	3.064	470.343	273.077	619.416	124.003	4.817	3.670	5.528	2.473	101.916	45.291	89.124	30.559
150×120×10			10	19.443	24.927	4.732	3.167	571.010	331.066	755.971	146.105	4.786	3.644	5.507	2.421	120.670	55.611	104.536	37.481
200×160×8.0	200	160	8.0	21.429	27.473	6.000	3.950	1147.099	667.089	1503.275	310.914	6.462	4.928	7.397	3.364	191.183	81.936	168.883	55.360
200×160×10			10	24.463	33.927	6.115	4.051	1403.661	815.267	1846.212	372.716	6.432	4.902	7.377	3.314	229.544	101.092	201.251	68.229
200×160×12			12	31.368	40.215	6.231	4.154	1648.244	956.261	2176.288	428.217	6.402	4.876	7.356	3.263	264.523	119.707	230.202	80.724
250×220×10	250	220	10	35.043	44.927	7.188	5.652	2894.335	2122.346	4102.990	913.691	8.026	6.873	9.556	4.510	402.662	162.494	375.504	129.823
250×220×12			12	41.664	53.415	7.299	5.756	3417.040	2504.222	4859.116	1062.097	7.998	6.847	9.538	4.459	468.151	193.042	435.063	154.163
250×220×14			14	47.826	61.316	7.466	5.904	3895.841	2856.311	5590.119	1162.033	7.971	6.825	9.548	4.353	521.811	222.188	483.793	177.455
300×260×12	300	260	12	50.088	64.215	8.686	6.638	5970.485	4218.566	8347.648	1841.403	9.642	8.105	11.402	5.355	687.369	280.120	635.517	217.879
300×260×14			14	57.654	73.916	8.851	6.782	6835.520	4831.275	9625.709	2041.085	9.616	8.085	11.412	5.255	772.288	323.208	712.367	251.393
300×260×16			16	65.320	83.744	8.972	6.894	7697.062	5438.329	10876.951	2258.440	9.587	8.059	11.397	5.193	857.898	366.039	788.850	284.640

表 3-37 冷弯等边槽钢基本尺寸与主要参数

规格尺寸/mm				理论质量/(kg/m)	截面面积/cm²	重心 X_0/cm	惯性矩/cm⁴		回转半径/cm		截面模数/cm³		
$H\times B\times t$	H	B	t				I_x	I_y	r_x	r_y	W_x	W_{ymax}	W_{ymin}
20×10×1.5	20	10	1.5	0.401	0.511	0.324	0.281	0.047	0.741	0.305	0.281	0.146	0.070
20×10×2.0			2.0	0.505	0.643	0.349	0.330	0.058	0.716	0.300	0.330	0.165	0.089
50×30×2.0	50	30	2.0	1.604	2.043	0.922	8.093	1.872	1.990	0.957	3.237	2.029	0.901
50×30×3.0			3.0	2.314	2.947	0.975	11.119	2.632	1.942	0.994	4.447	2.699	1.299
50×50×3.0		50	3.0	3.256	4.147	1.850	17.755	10.834	2.069	1.616	7.102	5.855	3.440
100×50×3.0	100		3.0	4.433	5.647	1.398	87.275	14.030	3.931	1.576	17.455	10.031	3.896
100×50×4.0			4.0	5.788	7.373	1.448	111.051	18.045	3.880	1.564	22.210	12.458	5.081
140×60×3.0	140	60	3.0	5.846	7.447	1.527	220.977	25.929	5.447	1.865	31.568	16.970	5.798
140×60×4.0			4.0	7.672	9.773	1.575	284.429	33.601	5.394	1.854	40.632	21.324	7.594
140×60×5.0			5.0	9.436	12.021	1.623	343.066	40.823	5.342	1.842	49.009	25.145	9.327
200×80×4.0	200	80	4.0	10.812	13.773	1.966	821.120	83.686	7.721	2.464	82.112	42.564	13.869
200×80×5.0			5.0	13.361	17.021	2.013	1000.710	102.441	7.667	2.453	100.071	50.886	17.111
200×80×6.0			6.0	15.849	20.190	2.060	1170.516	120.388	7.614	2.441	117.051	58.436	20.267
250×130×6.0	250	130	6.0	22.703	29.107	3.630	2876.401	497.071	9.941	4.132	230.112	136.934	53.049
250×130×8.0			8.0	29.755	38.147	3.739	3687.729	642.760	9.832	4.105	295.018	171.907	69.405
300×150×6.0	300	150	6.0	26.915	34.507	4.062	4911.518	782.884	11.930	4.763	327.435	192.734	71.575
300×150×8.0			8.0	35.371	45.347	4.169	6337.148	1017.186	11.822	4.736	422.477	243.988	93.914
300×150×10			10	43.566	55.854	4.277	7660.498	1238.423	11.711	4.708	510.700	289.554	115.492
350×180×8.0	350	180	8.0	42.235	54.147	4.983	10488.540	1771.765	13.918	5.721	599.345	355.562	136.112
350×180×10			10	52.146	66.854	5.092	12749.074	2166.713	13.809	5.693	728.519	425.513	167.858
350×180×12			12	61.799	79.230	5.501	14869.892	2542.823	13.700	5.665	849.708	462.247	203.442

（续）

规格尺寸/mm				理论质量/(kg/m)	截面面积/cm^2	重心X_0/cm	惯性矩/cm^4		回转半径/cm		截面模数/cm^3		
$H\times B\times t$	H	B	t				I_x	I_y	r_x	r_y	W_x	W_{ymax}	W_{ymin}
400×200×10	400	200	10	59.166	75.854	5.522	18932.658	3033.575	15.799	6.324	946.633	549.362	209.530
400×200×12			12	70.223	90.030	5.630	22159.727	3569.548	15.689	6.297	1107.986	634.022	248.403
400×200×14			14	80.366	103.033	5.791	24854.034	4051.828	15.531	6.271	1242.702	699.677	285.159
450×220×10	450	220	10	66.186	84.854	5.956	26844.416	4103.714	17.787	6.954	1193.085	689.005	255.779
450×220×12			12	78.647	100.830	6.063	31506.135	4838.741	17.676	6.927	1400.273	798.077	303.617
450×220×14			14	90.194	115.633	6.219	35494.843	5510.415	17.520	6.903	1577.549	886.061	349.180
500×250×12	500	250	12	88.943	114.030	6.876	44593.265	7137.673	19.775	7.912	1783.731	1038.056	393.824
500×250×14			14	102.206	131.033	7.032	50455.689	8152.938	19.623	7.888	2018.228	1159.405	453.748
550×280×12	550	280	12	99.239	127.230	7.691	60862.568	10068.396	21.872	8.896	2213.184	1309.114	495.760
550×280×14			14	114.218	146.433	7.846	69095.642	11527.579	21.722	8.873	2512.569	1469.230	571.975
600×300×14	600	300	14	124.046	159.033	8.276	89412.972	14364.512	23.711	9.504	2980.432	1735.683	661.228
600×300×16			16	140.624	180.287	8.392	100367.430	16191.032	23.595	9.477	3345.581	1929.341	749.307

表 3-38　冷弯不等边槽钢基本尺寸与主要参数

规格尺寸/mm					理论质量	截面面积	重心/cm		惯性矩/cm^4			
$H×B×b×t$	H	B	b	t	/(kg/m)	/cm^2	X_0	Y_0	I_x	I_y	I_u	I_v
50×32×20×2.5	50	32	20	2.5	1.840	2.344	0.817	2.803	8.536	1.853	8.769	1.619
50×32×20×3.0				3.0	2.169	2.764	0.842	2.806	9.804	2.155	10.083	1.876
80×40×20×2.5	80	40	20	2.5	2.586	3.294	0.828	4.588	28.922	3.775	29.607	3.090
80×40×20×3.0				3.0	3.064	3.904	0.852	4.591	33.654	4.431	34.473	3.611
100×60×30×3.0	100	60	30	3.0	4.242	5.404	1.326	5.807	77.936	14.880	80.845	11.970
150×60×50×3.0	150		50		5.890	7.504	1.304	7.793	245.876	21.452	246.257	21.071
200×70×60×4.0	200	70	60	4.0	9.832	12.605	1.469	10.311	706.995	47.735	707.582	47.149
200×70×60×5.0				5.0	12.061	15.463	1.527	10.315	848.963	57.959	849.689	57.233
250×80×70×5.0	250	80	70	5.0	14.791	18.963	1.647	12.823	1616.200	92.101	1617.030	91.271
250×80×70×6.0				6.0	17.555	22.507	1.696	12.825	1891.478	108.125	1892.465	107.139
300×90×80×6.0	300	90	80	6.0	20.831	26.707	1.822	15.330	3222.869	161.726	3223.981	160.613
300×90×80×8.0				8.0	27.259	34.947	1.918	15.334	4115.825	207.555	4117.270	206.110
350×100×90×6.0	350	100	90	6.0	24.107	30.907	1.953	17.834	5064.502	230.463	5065.739	229.226
350×100×90×8.0				8.0	31.627	40.547	2.048	17.837	6506.423	297.082	6508.041	295.464
400×150×100×8.0	400	150	100	8.0	38.491	49.347	2.882	21.589	10787.704	763.610	10843.850	707.463
400×150×100×10				10	47.466	60.854	2.981	21.602	13071.444	931.170	13141.358	861.255
450×200×150×10	450	200	150	10	59.166	75.854	4.402	23.950	22328.149	2337.132	22430.862	2234.420
450×200×150×12				12	70.223	90.030	4.504	23.960	26133.270	2750.039	26256.075	2627.235
500×250×200×12	500	250	200	12	84.263	108.030	6.008	26.355	40821.990	5579.208	40985.443	5415.752
500×250×200×14				14	96.746	124.033	6.159	26.371	46087.838	6369.068	46277.561	6179.346
550×300×250×14	550	300	250	14	113.126	145.033	7.714	28.794	67847.216	11314.348	68086.256	11075.308
550×300×250×16				16	128.144	164.287	7.831	28.800	76016.861	12738.984	76288.341	12467.503

（续）

规格尺寸/mm					回转半径/cm				截面模数/cm^3			
$H\times B\times b\times t$	H	B	b	t	r_x	r_y	r_u	r_v	W_{xmax}	W_{xmin}	W_{ymax}	W_{ymin}
50×32×20×2.5	50	32	20	2.5	1.908	0.889	1.934	0.831	3.887	3.044	2.266	0.777
50×32×20×3.0				3.0	1.883	0.883	1.909	0.823	4.468	3.494	2.559	0.914
80×40×20×2.5	80	40	20	2.5	2.962	1.070	2.997	0.968	8.476	6.303	4.555	1.190
80×40×20×3.0				3.0	2.936	1.065	2.971	0.961	9.874	7.329	5.200	1.407
100×60×30×3.0	100	60	30	3.0	3.797	1.659	3.867	1.488	18.590	13.419	11.220	3.183
150×60×50×3.0	150		50		5.724	1.690	5.728	1.675	34.120	31.547	16.440	4.569
200×70×60×4.0	200	70	60	4.0	7.489	1.946	7.492	1.934	72.969	68.567	32.495	8.630
200×70×60×5.0				5.0	7.410	1.936	7.413	1.924	87.658	82.304	37.956	10.590
250×80×70×5.0	250	80	70	5.0	9.232	2.204	9.234	2.194	132.726	126.039	55.920	14.497
250×80×70×6.0				6.0	9.167	2.192	9.170	2.182	155.358	147.484	63.753	17.152
300×90×80×6.0	300	90	80	6.0	10.985	2.461	10.987	2.452	219.691	210.233	88.763	22.531
300×90×80×8.0				8.0	10.852	2.437	10.854	2.429	280.637	268.412	108.214	29.307
350×100×90×6.0	350	100	90	6.0	12.801	2.731	12.802	2.723	295.031	283.980	118.005	28.640
350×100×90×8.0				8.0	12.668	2.707	12.669	2.699	379.096	364.771	145.060	37.359
400×150×100×8.0	400	150	100	8.0	14.786	3.934	14.824	3.786	585.938	499.685	264.958	63.015
400×150×100×10				10	14.656	3.912	14.695	3.762	710.482	605.103	312.368	77.475
450×200×150×10	450	200	150	10	17.157	5.551	17.196	5.427	1060.720	932.282	530.925	149.835
450×200×150×12				12	17.037	5.527	17.077	5.402	1242.076	1090.704	610.577	177.468
500×250×200×12	500	250	200	12	19.439	7.186	19.478	7.080	1726.453	1548.928	928.630	293.766
500×250×200×14				14	19.276	7.166	19.306	7.058	1950.478	1747.671	1034.107	338.043
550×300×250×14	550	300	250	14	21.629	8.832	21.667	8.739	2588.995	2356.297	1466.729	507.689
550×300×250×16				16	21.511	8.806	21.549	8.711	2901.407	2639.474	1626.738	574.631

表 3-39　冷弯内卷边槽钢基本尺寸与主要参数

规格尺寸/mm					理论质量/(kg/m)	截面面积/cm^2	重心/cm	惯性矩/cm^4		回转半径/cm		截面模数/cm^3		
$H\times B\times C\times t$	H	B	C	t			X_0	I_x	I_y	r_x	r_y	W_x	W_{ymax}	W_{ymin}
60×30×10×2.5	60	30	10	2.5	2.363	3.010	1.043	16.009	3.353	2.306	1.055	5.336	3.214	1.713
60×30×10×3.0				3.0	2.743	3.495	1.036	18.077	3.688	2.274	1.027	6.025	3.559	1.878
100×50×20×2.5	100	50	20	2.5	4.325	5.510	1.853	84.932	19.889	3.925	1.899	16.986	10.730	6.321
100×50×20×3.0				3.0	5.098	6.495	1.848	98.560	22.802	3.895	1.873	19.712	12.333	7.235
140×60×20×2.5	140	60	20	2.5	5.503	7.010	1.974	212.137	34.786	5.500	2.227	30.305	17.615	8.642
140×60×20×3.0				3.0	6.511	8.295	1.969	248.006	40.132	5.467	2.199	35.429	20.379	9.956
180×60×20×3.0	180	60	20	3.0	7.453	9.495	1.739	449.695	43.611	6.881	2.143	49.966	25.073	10.235
180×70×20×3.0		70			7.924	10.095	2.106	496.693	63.712	7.014	2.512	55.188	30.248	13.019
200×60×20×30	200	60	20	3.0	7.924	10.095	1.644	578.425	45.041	7.569	2.112	57.842	27.382	10.342
200×70×20×3.0		70			8.395	10.695	1.996	636.643	65.883	7.715	2.481	63.664	32.999	13.167
250×40×15×3.0	250	40	15	3.0	7.924	10.095	0.790	773.495	14.809	8.753	1.211	61.879	18.734	4.614
300×40×15×3.0	300	40			9.102	11.595	0.707	1231.616	15.356	10.306	1.150	82.107	21.700	4.664
400×50×15×3.0	400	50			11.928	15.195	0.783	2837.843	28.888	13.666	1.378	141.892	36.879	6.851
450×70×30×6.0	450	70	30	6.0	28.092	36.015	1.421	8796.963	159.703	15.629	2.106	390.976	112.388	28.626
450×70×30×8.0				8.0	36.421	46.693	1.429	11030.645	182.734	15.370	1.978	490.251	127.875	32.801
500×100×40×6.0	500	100	40	6.0	34.176	43.815	2.297	14275.246	479.809	18.050	3.309	571.010	208.885	62.289
500×100×40×8.0				8.0	44.533	57.093	2.293	18150.796	578.026	17.830	3.182	726.032	252.083	75.000
500×100×40×10				10	54.372	69.708	2.289	21594.366	648.778	17.601	3.051	863.775	283.433	84.137
550×120×50×8.0	550	120	50	8.0	51.397	65.893	2.940	26259.069	1069.797	19.963	4.029	954.875	363.877	118.079
550×120×50×10				10	62.952	80.708	2.933	31484.498	1229.103	19.751	3.902	1144.891	419.060	135.558
550×120×50×12				12	73.990	94.859	2.926	36186.756	1349.879	19.531	3.772	1315.882	461.339	148.763
600×150×60×12	600	150	60	12	86.158	110.459	3.902	54745.539	2755.348	21.852	4.994	1824.851	706.137	248.274
600×150×60×14				14	97.395	124.865	3.840	57733.224	2867.742	21.503	4.792	1924.441	746.808	256.966
600×150×60×16				16	109.025	139.775	3.819	63178.379	3010.816	21.260	4.641	2105.946	788.378	269.280

表3-40 冷弯外卷边槽钢基本尺寸与主要参数

规格尺寸/mm					理论质量	截面面积	重心/cm	惯性矩/cm^4		回转半径/cm		截面模数/cm^3		
$H \times B \times C \times t$	H	B	C	t	/(kg/m)	/cm^2	X_0	I_x	I_y	r_x	r_y	W_x	W_{ymax}	W_{ymin}
30×30×16×2.5	30	30	16	2.5	2.009	2.560	1.526	6.010	3.126	1.532	1.105	2.109	2.047	2.122
50×20×15×3.0	50	20	15	3.0	2.272	2.895	0.823	13.863	1.539	2.188	0.729	3.746	1.869	1.309
60×25×32×2.5	60	25	32	2.5	3.030	3.860	1.279	42.431	3.959	3.315	1.012	7.131	3.095	3.243
60×25×32×3.0	60	25	32	3.0	3.544	4.515	1.279	49.003	4.438	3.294	0.991	8.305	3.469	3.635
80×40×20×4.0	80	40	20	4.0	5.296	6.746	1.573	79.594	14.537	3.434	1.467	14.213	9.241	5.900
100×30×15×3.0	100	30	15	3.0	3.921	4.995	0.932	77.669	5.575	3.943	1.056	12.527	5.979	2.696
150×40×20×4.0	150	40	20	4.0	7.497	9.611	1.176	325.197	18.311	5.817	1.380	35.736	15.571	6.484
150×40×20×5.0				5.0	8.913	11.427	1.158	370.697	19.357	5.696	1.302	41.189	16.716	6.811
200×50×30×4.0	200	50	30	4.0	10.305	13.211	1.525	834.155	44.255	7.946	1.830	66.203	29.020	12.735
200×50×30×5.0				5.0	12.423	15.927	1.511	976.969	49.376	7.832	1.761	78.158	32.678	10.999
250×60×40×5.0	250	60	40	5.0	15.933	20.427	1.856	2029.828	99.403	9.968	2.206	126.864	53.558	23.987
250×60×40×6.0				6.0	18.732	24.015	1.853	2342.687	111.005	9.877	2.150	147.339	59.906	26.768
300×70×50×6.0	300	70	50	6.0	22.944	29.415	2.195	4246.582	197.478	12.015	2.591	218.896	89.967	41.098
300×70×50×8.0				8.0	29.557	37.893	2.191	5304.784	233.118	11.832	2.480	276.291	106.398	48.475
350×80×60×6.0	350	80	60	6.0	27.156	34.815	2.533	6973.923	319.329	14.153	3.029	304.538	126.068	58.410
350×80×60×8.0				8.0	35.173	45.093	2.475	8804.763	365.038	13.973	2.845	387.875	147.490	66.070
400×90×70×8.0	400	90	70	8.0	40.789	52.293	2.773	13577.846	548.603	16.114	3.239	518.238	197.837	88.101
400×90×70×10				10	49.692	63.708	2.868	16171.507	672.619	15.932	3.249	621.981	234.525	109.690
450×100×80×8.0	450	100	80	8.0	46.405	59.493	3.206	19821.232	855.920	18.253	3.793	667.382	266.974	125.982
450×100×80×10				10	56.712	72.708	3.205	23751.957	987.987	18.074	3.686	805.151	308.264	145.399
500×150×90×10	500	150	90	10	69.972	89.708	5.003	38191.923	2907.975	20.633	5.694	1157.331	581.246	290.885
500×150×90×12				12	82.414	105.659	4.992	44274.544	3291.816	20.470	5.582	1349.834	659.418	328.918
550×200×100×12	550	200	100	12	98.326	126.059	6.564	66449.957	6427.780	22.959	7.141	1830.577	979.247	478.400
550×200×100×14				14	111.591	143.065	6.815	74080.384	7829.699	22.755	7.398	2052.088	1148.892	593.834
600×250×150×14	600	250	150	14	138.891	178.065	9.717	125436.851	17163.911	26.541	9.818	2876.992	1766.380	1123.072
600×250×150×16				16	156.449	200.575	9.700	139827.681	18879.946	26.403	9.702	3221.836	1946.386	1233.983

表 3-41 冷弯 Z 形钢基本尺寸与主要参数

规格尺寸/mm				理论质量/(kg/m)	截面面积/cm²	惯性矩/cm⁴				回转半径/cm	惯性积矩/cm⁴	截面模数/cm³		角度
$H×B×t$	H	B	t			I_x	I_y	I_u	I_v	r_v	I_{xy}	W_x	W_y	$\tan\alpha$
80×40×2.5	80	40	2.5	2.947	3.755	37.021	9.707	43.307	3.421	0.954	14.532	9.255	2.505	0.432
80×40×3.0			3.0	3.491	4.447	43.148	11.429	50.606	3.970	0.944	17.094	10.787	2.968	0.436
100×50×2.5	100	50	2.5	3.732	4.755	74.429	19.321	86.840	6.910	1.205	28.947	14.885	3.963	0.428
100×50×3.0			3.0	4.433	5.647	87.275	22.837	102.038	8.073	1.195	34.194	17.455	4.708	0.431
140×70×3.0	140	70	3.0	6.291	8.065	249.769	64.316	290.867	23.218	1.697	96.492	35.681	9.389	0.426
140×70×4.0			4.0	8.272	10.605	322.421	83.925	376.599	29.747	1.675	125.922	46.061	12.342	0.430
200×100×3.0	200	100	3.0	9.099	11.665	749.379	191.180	870.468	70.091	2.451	286.800	74.938	19.409	0.422
200×100×4.0			4.0	12.016	15.405	977.164	251.093	1137.292	90.965	2.430	376.703	97.716	25.622	0.425
300×120×4.0	300	120	4.0	16.384	21.005	2871.420	438.304	3124.579	185.144	2.969	824.655	191.428	37.144	0.307
300×120×5.0			5.0	20.251	25.963	3506.942	541.080	3823.534	224.489	2.940	1019.410	233.796	46.049	0.311
400×150×6.0	400	150	6.0	31.595	40.507	9598.705	1271.376	10321.169	548.912	3.681	2556.980	479.935	86.488	0.283
400×150×8.0			8.0	41.611	53.347	12449.116	1661.661	13404.115	706.662	3.640	3348.736	622.456	113.812	0.285

表 3-42 冷弯卷边 Z 形钢基本尺寸与主要参数

规格尺寸/mm					理论质量/(kg/m)	截面面积/cm²	惯性矩/cm⁴				回转半径/cm	惯性积矩/cm⁴	截面模数/cm³		角度
$H×B×C×t$	H	B	C	t			I_x	I_y	I_u	I_v	r_v	I_{xy}	W_x	W_y	$\tan\alpha$
100×40×20×2.0	100	40	20	2.0	3.208	4.086	60.618	17.202	71.373	6.448	1.256	24.136	12.123	4.410	0.445
100×40×20×2.5				2.5	3.933	5.010	73.047	20.324	85.730	7.641	1.234	28.802	14.609	5.245	0.440
140×50×20×2.5	140	50	20	2.5	5.110	6.510	188.502	36.358	210.140	14.720	1.503	61.321	26.928	7.458	0.352
140×50×20×3.0				3.0	6.040	7.695	219.848	41.554	244.527	16.875	1.480	70.775	31.406	8.567	0.348
180×70×20×2.5	180	70	20	2.5	6.680	8.510	422.926	88.578	476.503	35.002	2.028	144.165	46.991	12.884	0.371
180×70×20×3.0				3.0	7.924	10.095	496.693	102.345	558.511	40.527	2.003	167.926	55.188	14.940	0.368
230×75×25×3.0	230	75	25	3.0	9.573	12.195	951.373	138.928	1030.579	59.722	2.212	265.752	82.728	18.901	0.298
230×75×25×4.0				4.0	12.518	15.946	1222.685	173.031	1320.991	74.725	2.164	335.933	106.320	23.703	0.292
250×75×25×3.0	250			3.0	10.044	12.795	1160.008	138.933	1236.730	62.211	2.205	290.214	92.800	18.902	0.264
250×75×25×4.0				4.0	13.146	16.746	1492.957	173.042	1588.130	77.869	2.156	366.984	119.436	23.704	0.259
300×100×30×4.0	300	100	30	4.0	16.545	21.211	2828.642	416.757	3066.877	178.522	2.901	794.575	188.576	42.526	0.300
300×100×30×6.0				6.0	23.880	30.615	3944.956	548.081	4258.604	234.434	2.767	1078.794	262.997	56.503	0.291
400×120×40×8.0	400	120	40	8.0	40.789	52.293	11648.355	1293.651	12363.204	578.802	3.327	2813.016	582.418	111.522	0.254
400×120×40×10				10	49.692	63.708	13835.982	1463.588	14645.376	654.194	3.204	3266.384	691.799	127.269	0.248

10. 热轧圆盘条（GB/T 14981—2009）

盘条的公称直径、公称横截面积及理论质量见表3-43。

表3-43　热轧圆盘条的公称直径、公称横截面积及理论质量

公称直径/mm	允许偏差/mm			圆度/mm			横截面积/mm²	理论质量/(kg/m)
	A级精度	B级精度	C级精度	A级精度	B级精度	C级精度		
5	±0.30	±0.25	±0.15	≤0.48	≤0.40	≤0.24	19.63	0.154
5.5							23.76	0.187
6							28.27	0.222
6.5							33.18	0.260
7							38.48	0.302
7.5							44.18	0.347
8							50.26	0.395
8.5							56.74	0.445
9							63.62	0.499
9.5							70.88	0.556
10							78.54	0.617
10.5	±0.40	±0.30	±0.20	≤0.64	≤0.48	≤0.32	86.59	0.680
11							95.03	0.746
11.5							103.9	0.816
12							113.1	0.888
12.5							122.7	0.963
13							132.7	1.04
13.5							143.1	1.12
14							153.9	1.21
14.5							165.1	1.30
15							176.7	1.39
15.5	±0.50	±0.35	±0.25	≤0.80	≤0.56	≤0.40	188.7	1.48
16							201.1	1.58
17							227.0	1.78
18							254.5	2.00
19							283.5	2.23
20							314.2	2.47
21							346.3	2.72
22							380.1	2.98
23							415.5	3.26
24							452.4	3.55
25							490.9	3.85

（续）

公称直径/mm	允许偏差/mm			圆度/mm			横截面积/mm^2	理论质量/(kg/m)
	A级精度	B级精度	C级精度	A级精度	B级精度	C级精度		
26	±0.60	±0.40	±0.30	≤0.96	≤0.64	≤0.48	530.9	4.17
27							572.6	4.49
28							615.7	4.83
29							660.5	5.18
30							706.9	5.55
31							754.8	5.92
32							804.2	6.31
33							855.3	6.71
34							907.9	7.13
35							962.1	7.55
36							1018	7.99
37							1075	8.44
38							1134	8.90
39							1195	9.38
40							1257	9.87
41	±0.80	±0.50	—	≤1.28	≤0.80	—	1320	10.36
42							1385	10.88
43							1452	11.40
44							1521	11.94
45							1590	12.48
46							1662	13.05
47							1735	13.62
48							1810	14.21
49							1886	14.80
50							1964	15.41
51	±1.00	±0.60	—	≤1.60	≤0.96	—	2042	16.03
52							2123	16.66
53							2205	17.31
54							2289	17.97
55							2375	18.64
56							2462	19.32
57							2550	20.02
58							2641	20.73
59							2733	21.45
60							2826	22.18

注：钢的密度按7.85g/cm^3计算。

二、钢板和钢带

1. 热轧钢板和钢带（GB/T 709—2006）

（1）尺寸范围（见表3-44）

表3-44　热轧钢板和钢带的尺寸范围及推荐的公称尺寸

项　目	范　围	推荐公称尺寸
单轧钢板公称厚度	3~400mm	厚度小于30mm的钢板按0.5mm倍数的任何尺寸；厚度不小于30mm的钢板按1mm倍数的任何尺寸
单轧钢板公称宽度	600~4800mm	按10mm或50mm倍数的任何尺寸
钢板公称长度	2000~20000mm	按50mm或100mm倍数的任何尺寸
钢带（包括连轧钢板）公称厚度	0.8~25.4mm	按0.1mm倍数的任何尺寸
钢带（包括连轧钢板）公称宽度	600~2200mm	按10mm倍数的任何尺寸
纵切钢带公称厚度	120~900mm	按GB/T 709—2006规定

（2）尺寸允许偏差　单轧钢板厚度允许偏差应符合（N类）的规定，根据需方要求，并在合同中注明，可以供应与（N类）偏差等值的其他偏差类别的单轧钢板，如A类、B类、C类偏差；也可以供应与N类规定公差等值的限制正偏差的单轧钢板，正负偏差由供需双方商定。单轧板厚度各类允许偏差见表3-45~表3-55。

表3-45　单轧钢板的厚度允许偏差（N类）（单位：mm）

公称厚度	下列公称宽度的厚度允许偏差			
	≤1500	>1500~2500	>2500~4000	>4000~4800
3.00~5.00	±0.45	±0.55	±0.65	—
>5.00~8.00	±0.50	±0.60	±0.75	—
>8.00~15.0	±0.55	±0.65	±0.80	±0.90
>15.0~25.0	±0.65	±0.75	±0.90	±1.10
>25.0~40.0	±0.70	±0.80	±1.00	±1.20
>40.0~60.0	±0.80	±0.90	±1.10	±1.30
>60.0~100	±0.90	±1.10	±1.30	±1.50
>100~150	±1.20	±1.40	±1.60	±1.80
>150~200	±1.40	±1.60	±1.80	±1.90
>200~250	±1.60	±1.80	±2.00	±2.20
>250~300	±1.80	±2.00	±2.20	±2.40
>300~400	±2.00	±2.20	±2.40	±2.60

表 3-46　单轧钢板的厚度允许偏差（A类）（单位：mm）

公称厚度	下列公称宽度的厚度允许偏差			
	≤1500	>1500~2500	>2500~4000	>4000~4800
3.00~5.00	+0.55 −0.35	+0.70 −0.40	+0.85 −0.45	—
>5.00~8.00	+0.65 −0.35	+0.75 −0.45	+0.95 −0.55	—
>8.00~15.0	+0.70 −0.40	+0.85 −0.45	+1.05 −0.55	+1.20 −0.60
>15.0~25.0	+0.85 −0.45	+1.00 −0.50	+1.15 −0.65	+1.50 −0.70
>25.0~40.0	+0.90 −0.50	+1.05 −0.55	+1.30 −0.70	+1.60 −0.80
>40.0~60.0	+1.05 −0.55	+1.20 −0.60	+1.45 −0.75	+1.70 −0.90
>60.0~100	+1.20 −0.60	+1.50 −0.70	+1.75 −0.85	+2.00 −1.00
>100~150	+1.60 −0.80	+1.90 −0.90	+2.15 −1.05	+2.40 −1.20
>150~200	+1.90 −0.90	+2.20 −1.00	+2.45 −1.15	+2.50 −1.30
>200~250	+2.20 −1.00	+2.40 −1.20	+2.70 −1.30	+3.00 −1.40
>250~300	+2.40 −1.20	+2.70 −1.30	+2.95 −1.45	+3.20 −1.60
>300~400	+2.70 −1.30	+3.00 −1.40	+3.25 −1.55	+3.50 −1.70

表 3-47　单轧钢板的厚度允许偏差（B类）（单位：mm）

<table>
<tr><th rowspan="2">公称厚度</th><th colspan="8">下列公称宽度的厚度允许偏差</th></tr>
<tr><th colspan="2">≤1500</th><th colspan="2">>1500~2500</th><th colspan="2">>2500~4000</th><th colspan="2">>4000~4800</th></tr>
<tr><td>3.00~5.00</td><td rowspan="12">−0.30</td><td>+0.60</td><td rowspan="12">−0.30</td><td>+0.80</td><td rowspan="12">−0.30</td><td>+1.00</td><td colspan="2">—</td></tr>
<tr><td>>5.00~8.00</td><td>+0.70</td><td>+0.90</td><td>+1.20</td><td colspan="2">—</td></tr>
<tr><td>>8.00~15.0</td><td>+0.80</td><td>+1.00</td><td>+1.30</td><td rowspan="10">−0.30</td><td>+1.50</td></tr>
<tr><td>>15.0~25.0</td><td>+1.00</td><td>+1.20</td><td>+1.50</td><td>+1.90</td></tr>
<tr><td>>25.0~40.0</td><td>+1.10</td><td>+1.30</td><td>+1.70</td><td>+2.10</td></tr>
<tr><td>>40.0~60.0</td><td>+1.30</td><td>+1.50</td><td>+1.90</td><td>+2.30</td></tr>
<tr><td>>60.0~100</td><td>+1.50</td><td>+1.80</td><td>+2.30</td><td>+2.70</td></tr>
<tr><td>>100~150</td><td>+2.10</td><td>+2.50</td><td>+2.90</td><td>+3.30</td></tr>
<tr><td>>150~200</td><td>+2.50</td><td>+2.90</td><td>+3.30</td><td>+3.50</td></tr>
<tr><td>>200~250</td><td>+2.90</td><td>+3.30</td><td>+3.70</td><td>+4.10</td></tr>
<tr><td>>250~300</td><td>+3.30</td><td>+3.70</td><td>+4.10</td><td>+4.50</td></tr>
<tr><td>>300~400</td><td>+3.70</td><td>+4.10</td><td>+4.50</td><td>+4.90</td></tr>
</table>

表 3-48　单轧钢板的厚度允许偏差（C类）　（单位：mm）

公称厚度	下列公称宽度的厚度允许偏差							
	≤1500		>1500~2500		>2500~4000		>4000~4800	
3.00~5.00	0	+0.90	0	+1.10	0	+1.30	0	—
>5.00~8.00		+1.00		+1.20		+1.50		—
>8.00~15.0		+1.10		+1.30		+1.60		+1.80
>15.0~25.0		+1.30		+1.50		+1.80		+2.20
>25.0~40.0		+1.40		+1.60		+2.00		+2.40
>40.0~60.0		+1.60		+1.80		+2.20		+2.60
>60.0~100		+1.80		+2.20		+2.60		+3.00
>100~150		+2.40		+2.80		+3.20		+3.60
>150~200		+2.80		+3.20		+3.60		+3.80
>200~250		+3.20		+3.60		+4.00		+4.40
>250~300		+3.60		+4.00		+4.40		+4.80
>300~400		+4.00		+4.40		+4.80		+5.20

表 3-49　钢带（包括连轧钢板）的厚度允许偏差

（单位：mm）

公称厚度	钢带厚度允许偏差[①]							
	普通精度				较高精度			
	公称宽度				公称宽度			
	600~1200	>1200~1500	>1500~1800	>1800	600~1200	>1200~1500	>1500~1800	>1800
0.8~1.5	±0.15	±0.17	—	—	±0.10	±0.12	—	—
>1.5~2.0	±0.17	±0.19	±0.21	—	±0.13	±0.14	±0.14	—
>2.0~2.5	±0.18	±0.21	±0.23	±0.25	±0.14	±0.15	±0.17	±0.20
>2.5~3.0	±0.20	±0.22	±0.24	±0.26	±0.15	±0.17	±0.19	±0.21
>3.0~4.0	±0.22	±0.24	±0.26	±0.27	±0.17	±0.18	±0.21	±0.22
>4.0~5.0	±0.24	±0.26	±0.28	±0.29	±0.19	±0.21	±0.22	±0.23
>5.0~6.0	±0.26	±0.28	±0.29	±0.31	±0.21	±0.22	±0.23	±0.25
>6.0~8.0	±0.29	±0.30	±0.31	±0.35	±0.23	±0.24	±0.25	±0.28
>8.0~10.0	±0.32	±0.33	±0.34	±0.40	±0.26	±0.26	±0.27	±0.32
>10.0~12.5	±0.35	±0.36	±0.37	±0.43	±0.28	±0.29	±0.30	±0.36
>12.5~15.0	±0.37	±0.38	±0.40	±0.46	±0.30	±0.31	±0.33	±0.39
>15.0~25.4	±0.40	±0.42	±0.45	±0.50	±0.32	±0.34	±0.37	±0.42

注：需方要求按厚度较高精度供货时应在合同中注明，未注明时按普通精度供货。根据需要，可以在本表规定的公差范围内调整钢带的正负偏差。

① 规定最小屈服强度 $R_e(\sigma_c)\geqslant$345MPa 的钢带，厚度偏差应增加10%。

表 3-50　切边单轧钢板的宽度允许偏差　（单位：mm）

公称厚度	公称宽度	允许偏差	公称厚度	公称宽度	允许偏差
3～16	≤1500	+10 0	>16	≤2000	+20 0
				>2000～3000	+25 0
	>1500	+15 0		>3000	+30 0

表 3-51　不切边钢带（包括连轧钢板）的宽度允许偏差

（单位：mm）

公称宽度	允许偏差	公称宽度	允许偏差
≤1500	+20 0	>1500	+25 0

表 3-52　切边钢带（包括连轧钢板）的宽度允许偏差

（单位：mm）

公称宽度	允许偏差	公称宽度	允许偏差
≤1200	+3 0	>1500	+6 0
>1200～1500	+5 0		

注：经供需双方协议，可以供应较高宽度精度的钢带。

表 3-53　纵切钢带的宽度允许偏差　（单位：mm）

公称宽度	公称厚度			公称宽度	公称厚度		
	≤4.0	>4.0～8.0	>8.0		≤4.0	>4.0～8.0	>8.0
120～160	+1 0	+2 0	+2.5 0	>250～600	+2 0	+2.5 0	+3 0
>160～250	+1 0	+2 0	+2.5 0	>600～900	+2 0	+2.5 0	+3 0

表 3-54　单轧钢板的长度允许偏差　（单位：mm）

公称长度	允许偏差	公称长度	允许偏差
2000～4000	+20 0	>8000～10000	+50 0
>4000～6000	+30 0	>10000～15000	+75 0
>6000～8000	+40 0	>15000～20000	+100 0
		>20000	由供需双方协商

表 3-55 连轧钢板的长度允许偏差 （单位：mm）

公称长度	允许偏差
2000~8000	+0.5%×公称长度
>8000	+40 0

2. 冷轧钢板和钢带（GB/T 708—2006）

（1）尺寸范围（见表 3-56）

表 3-56 冷轧钢板和钢带的尺寸范围及推荐的公称尺寸

项目	范围	推荐公称尺寸
钢板和钢带（包括纵切钢带）的公称厚度	0.30~4.00mm	公称厚度小于 1mm 的钢板和钢带按 0.05mm 倍数的任何尺寸；公称厚度不小于 1mm 的钢板和钢带按 0.1mm 倍数的任何尺寸
钢板和钢带的公称宽度	600~2050mm	按 10mm 倍数的任何尺寸
钢板的公称长度	1000~6000mm	按 50mm 倍数的任何尺寸

注：公称尺寸其他规定见 GB/T 708—2006。

（2）尺寸允许偏差（见表 3-57~表 3-60）

表 3-57 规定的最小屈服强度小于 280MPa 的钢板和钢带的厚度允许偏差 （单位：mm）

公称厚度	厚度允许偏差①					
	普通精度 公称宽度			较高精度 公称宽度		
	≤1200	>1200~1500	>1500	≤1200	>1200~1500	>1500
≤0.40	±0.04	±0.05	±0.06	±0.025	±0.035	±0.045
>0.40~0.60	±0.05	±0.06	±0.07	±0.035	±0.045	±0.050
>0.60~0.80	±0.06	±0.07	±0.08	±0.040	±0.050	±0.050
>0.80~1.00	±0.07	±0.08	±0.09	±0.045	±0.060	±0.060
>1.00~1.20	±0.08	±0.09	±0.10	±0.055	±0.070	±0.070
>1.20~1.60	±0.10	±0.11	±0.11	±0.070	±0.080	±0.080
>1.60~2.00	±0.12	±0.13	±0.13	±0.080	±0.090	±0.090
>2.00~2.50	±0.14	±0.15	±0.15	±0.100	±0.110	±0.110
>2.50~3.00	±0.16	±0.17	±0.17	±0.110	±0.120	±0.120
>3.00~4.00	±0.17	±0.19	±0.19	±0.140	±0.150	±0.150

注：规定的最小屈服强度大于等于 280MPa 而小于 360MPa 的钢板和钢带的厚度允许偏差比本表规定值增加 20%；规定的最小屈服强度不小于 360MPa 的钢板和钢带的厚度允许偏差比本表规定值增加 40%。

① 距钢带焊缝处 15m 内的厚度允许偏差比本表规定值增加 60%；距钢带两端各 15m 内的厚度允许偏差比表 2 规定值增加 60%。

表 3-58　切边钢板、钢带的宽度允许偏差　（单位：mm）

公称宽度	宽度允许偏差		公称宽度	宽度允许偏差	
	普通精度	较高精度		普通精度	较高精度
≤1200	+4 0	+2 0	>1500	+6 0	+3 0
>1200~1500	+5 0	+2 0			

表 3-59　纵切钢带的宽度允许偏差　（单位：mm）

公称厚度	宽度允许偏差				
	公称宽度				
	≤125	>125~250	>250~400	>400~600	>600
≤0.40	+0.3 0	+0.6 0	+1.0 0	+1.5 0	+2.0 0
>0.40~1.0	+0.5 0	+0.8 0	+1.2 0	+1.5 0	+2.0 0
>1.0~1.8	+0.7 0	+1.0 0	+1.5 0	+2.0 0	+2.5 0
>1.8~4.0	+1.0 0	+1.3 0	+1.7 0	+2.0 0	+2.5 0

表 3-60　钢板长度允许偏差　（单位：mm）

公称长度	长度允许偏差	
	普通精度	高级精度
≤2000	+6 0	+3 0
>2000	+0.3%×公称长度 0	+0.15%×公称长度 0

3. 花纹钢板（GB/T 3277—1991）

（1）用途　用作地板、厂房扶梯、工作架踏板、船舶甲板、汽车底板等。

（2）尺寸规格　花纹钢板的基本厚度及理论质量见表 3-61，外形如图 3-23 所示。

表 3-61　花纹钢板的基本厚度及理论质量

基本厚度	理论质量/(kg/m²)			基本厚度	理论质量/(kg/m²)		
	菱形	扁豆	圆豆		菱形	扁豆	圆豆
2.5	21.6	21.3	21.1	5.0	42.3	40. 5	40.2
3.0	25.6	24.4	24.3	5.5	46.2	44.3	44.1
3.5	29.5	28.4	28.3	6.0	50.1	48.4	48.1
4.0	33.4	32.4	32.3	7.0	59.0	52.6	52.4
4.5	37.3	36.4	36.2	8.0	66.8	56.4	56.2

注：1. 钢板宽度为 600~1800mm，按 50mm 进级；长度为 2000~12000mm，按 100mm 进级。

2. 花纹纹高不小于基板厚度 0. 2 倍。图中尺寸不作为成品检查依据。

3. 钢板用钢的牌号按 GB/T 700，GB 712，GB/T 4171 规定。

4. 钢板力学性能不作保证，当需方有要求时，按有关标准规定，也可由双方协定。

5. 钢板以热轧状态交货。

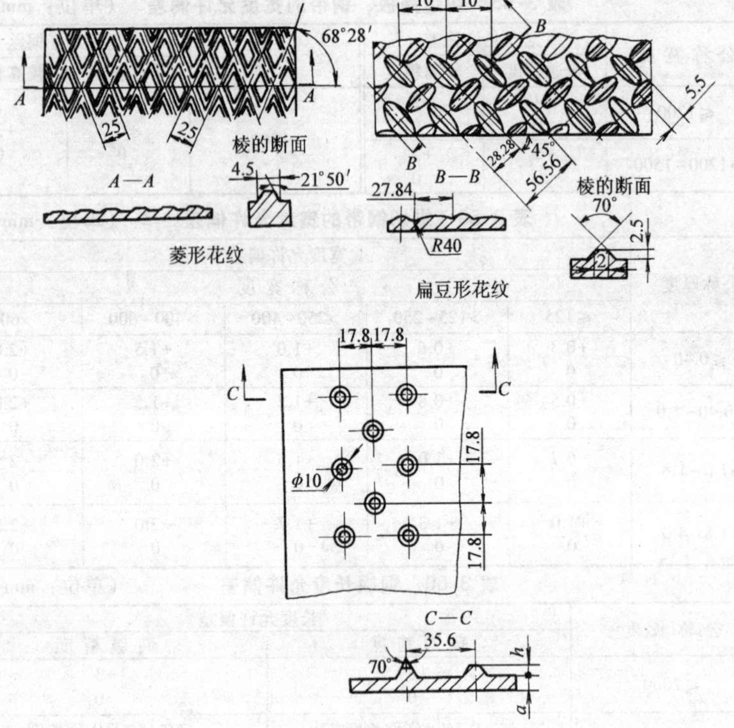

图 3-23　花纹钢板

4. 不锈钢复合钢板和钢带（GB/T 8165—2008）

（1）复合钢板（带）的分类级别及代号（见表3-62）。

表3-62　复合钢板（带）的分类级别及代号

级别	代号			用途
	爆炸法	轧制法	爆炸轧制法	
Ⅰ级	BⅠ	RⅠ	BRⅠ	适用于不允许有未结合区存在的、加工时要求严格的结构件上
Ⅱ级	BⅡ	RⅡ	BRⅡ	适用于可允许有少量未结合区存在的结构件上
Ⅲ级	BⅢ	RⅢ	BRⅢ	适用于复层材料只作为抗腐蚀层来使用的一般结构件上

（2）尺寸

1）轧制复合带及其剪切钢板总公称厚度应为0.8~6.0mm，其具体尺寸见表3-63。

表 3-63　轧制复合带及其剪切钢板厚度　（单位：mm）

轧制复合板(带)总公称厚度	复层厚度≥			表示法	
	对称型	非对称型		对称型	非对称型
	A、B 面	A 面	B 面		
0.8	0.09	0.09	0.06	总厚度(复×2+基) 例：3.0(0.25×2+2.50)	总厚度 (A 面复层+B 面复层+基层) 例：1.5(0.20+0.13+1.17)
1.0	0.12	0.12	0.06		
1.2	0.14	0.14	0.06		
1.5	0.16	0.16	0.08		
2.0	0.18	0.18	0.10		
2.5	0.22	0.22	0.12		
3.0	0.25	0.25	0.15		
3.5~6.0	0.30	0.30	0.15		

注：1. A 面为钢板较厚复层面。

2. 供需双方协商也可供 0.8~6.0mm 以外的其他公称厚度规格或其他复层厚度规格。

2）尺寸其他要求见表 3-64。

表 3-64　复合钢板（带）的其他尺寸要求

序号	要　求
1	复合中厚板公称宽度 1450~4000mm，轧制复合带及其剪切钢板公称宽度为 900~1200mm。也可根据需方需要，由供需双方协商确定
2	复合中厚板公称长度为 4000~10000mm。也可根据需方需要，由供需双方商定。轧制复合带可成卷交货，其剪切钢板公称长度为 2000mm，或其他尺寸。成卷交货的钢带内径应在合同中注明
3	单面复合中厚板的复层公称厚度 1.0~18mm，通常为 2~4mm。也可根据需方需要，由供需双方商定
4	单面复合中厚板的基层最小厚度为 5mm，也可根据需方需要，由供需双方协商确定
5	单面或双面复合板(带)用于焊接时复层最小厚度为 0.3mm，用于非焊接时复层最小厚度为 0.06mm

(3) 尺寸允许偏差

1）复合中厚板厚度允许偏差见表 3-65。

表 3-65　复合中厚板厚度允许偏差

复层厚度允许偏差		复合中厚板总厚度允许偏差		
Ⅰ级、Ⅱ级	Ⅲ级	复合中厚板总公称厚度/mm	允许偏差(%)	
			Ⅰ级、Ⅱ级	Ⅲ级
不大于复层公称尺寸的±9%，且不大于 1mm	不大于复层公称尺寸的±10%，且不大于 1mm	6~7	+10 −8	±9
		>7~15	+9 −7	±8

（续）

复层厚度允许偏差		复合中厚板总厚度允许偏差		
Ⅰ级、Ⅱ级	Ⅲ级	复合中厚板总公称厚度/mm	允许偏差(%) Ⅰ级、Ⅱ级	允许偏差(%) Ⅲ级
不大于复层公称尺寸的±9%，且不大于1mm	不大于复层公称尺寸的±10%，且不大于1mm	>15~25	+8 -6	±7
		>25~30	+7 -5	±6
		>30~60	+6 -4	±5
		>60	协商	协商

2）复合中厚板宽度允许偏差见表3-66。

表3-66 复合中厚板宽度允许偏差 （单位：mm）

公称厚度	下列宽度的宽度允许偏差			
	<1450	≥1450 Ⅰ级	≥1450 Ⅱ级	≥1450 Ⅲ级
6~7	按GB/T 709—2006	+6 0	+10 0	+15 0
>7~25		+20 0	+25 0	+30 0
>25		+25 0	+30 0	+35 0

3）长度允许偏差，按基层钢板标准相应的规定。特殊要求由供需双方协商。

4）平面度要求。每米平面度要求见表3-67。

表3-67 复合钢板平面度要求 （单位：mm）

复合钢板总公称厚度	下列宽度的允许平面度误差 1000~1450	下列宽度的允许平面度误差 >1450	复合钢板总公称厚度	下列宽度的允许平面度误差 1000~1450	下列宽度的允许平面度误差 >1450
6~8	9	10	>15~25	8	9
>8~15	8	9	>25	7	8

5）轧制复合带及其剪切的钢板厚度及允许偏差见表3-68。

表3-68 轧制复合带及其剪切的钢板厚度及允许偏差

（单位：mm）

公称厚度	复层厚度允许偏差	厚度允许偏差 A级精度	厚度允许偏差 B级精度
0.8~1.0	不大于复层公称尺寸的±10%	±0.07	±0.08
>1.0~1.2		±0.08	±0.10

（续）

公称厚度	复层厚度允许偏差	厚度允许偏差	
		A级精度	B级精度
>1.2~1.5	不大于复层公称尺寸的±10%	±0.10	±0.12
>1.5~2.0		±0.12	±0.14
>2.0~2.5		±0.13	±0.16
>2.5~3.0		±0.15	±0.17
>3.0~3.5		±0.17	±0.19
>3.5~4.0		±0.18	±0.20
>4.0~5.0		±0.20	±0.22
>5.0~6.0		±0.22	±0.25

注：1. 宽度和长度允许偏差应符合 GB/T 708—2006 的规定。成卷交货时钢卷头、尾厚度不正常的长度各不超过 6000mm。

2. 平面度应不大于 10mm/m。

（4）复合板（带）复层和基层材料要求（见表 3-69）

（5）复层与基层间面积结合率（见表 3-70）

表 3-69　复合板（带）复层和基层材料要求

复层材料		基层材料	
标准号	GB/T 3280—2007、GB/T 4237—2007	标准号	GB/T 3274—2007、GB 713—2008、GB 3531—2008、GB/T 710—2008
典型牌号	06Cr13 06Cr13Al 022Cr17Ti 06Cr19Ni10 06Cr18Ni11Ti 06Cr17Ni12Mo2 022Cr17Ni12Mo2 022Cr25Ni7Mo4N 022Cr22Ni5Mo3N 022Cr19Ni5Mo3Si2N 06Cr25Ni20 06Cr23Ni13	典型牌号	Q235-A、B、C Q345-A、B、C Q245R、Q345R、15CrMoR 09MnNiDR 08Al

注：根据需方要求也可选用本表以外的牌号，其质量应符合相应标准并有质量证明书。

表 3-70　复层与基层间面积结合率

界面结合级别	类别	结合率(%)	未结合状态	检测细则
Ⅰ级	BⅠ BRⅠ RⅠ	100	单个未结合区长度不大于 50mm，面积不大于 $900mm^2$ 以下的未结合区不计	见 GB/T 8165—2008 中附录 A

（续）

界面结合级别	类别	结合率(%)	未结合状态	检测细则
Ⅱ级	BⅡ BRⅡ RⅡ	≥99	单个未结合区长度不大于50mm，面积不大于2000mm^2	见GB/T 8165—2008中附录A
Ⅲ级	BⅢ BRⅢ RⅢ	≥95	单个未结合区长度不大于75mm，面积不大于4500mm^2	

（6）力学性能（见表3-71～表3-72）

表3-71 复合中厚板常规力学性能

级别	界面抗剪强度 τ/MPa	上屈服强度[1] R_{eH}/MPa	抗拉强度 R_m/MPa	断后伸长率 A/%	冲击吸收能量 KV_2/J
Ⅰ级 Ⅱ级	≥210	不小于基层对应厚度钢板标准值[2]	不小于基层对应厚度钢板标准下限值，且不大于上限值35MPa[3]	不小于基层对应厚度钢板标准值[4]	应符合基层对应厚度钢板的规定[5]
Ⅲ级	≥200				

① 屈服现象不明显时，按 $R_{p0.2}$。

② 复合钢板和钢带的屈服下限值亦可按下式计算：

$$R_p=\frac{t_1R_{p1}+t_2R_{p2}}{t_1+t_2}$$

式中 R_{p1}——复层钢板的屈服点下限值（MPa）；

R_{p2}——基层钢板的屈服点下限值（MPa）；

t_1——复层钢板的厚度（mm）；

t_2——基层钢板的厚度（mm）。

③ 复合钢板和钢带的抗拉强度下限值亦可按下式计算：

$$R_m=\frac{t_1R_{m1}+t_2R_{m2}}{t_1+t_2}$$

式中 R_{m1}——复层钢板的抗拉强度下限值（MPa）；

R_{m2}——基层钢板的抗拉强度下限值（MPa）；

t_1——复层钢板的厚度（mm）；

t_2——基层钢板的厚度（mm）。

④ 当复层伸长率标准值小于基层标准值、复合钢板伸长率小于基层、但又不小于复层标准值时，允许剖去复层仅对基层进行拉伸试验，其伸长率应不小于基层标准值。

⑤ 复合钢板复层不做冲击试验。

表 3-72　轧制复合带及其剪切钢板当基层选用深冲钢时，其力学性能

基层钢号	上屈服强度① R_{eH}/MPa	抗拉强度 R_m/MPa	断后伸长率 A(%)	
			复层为奥氏体不锈钢	复层为铁素体不锈钢
08Al	≤350	345~490	≥28	≥18

注：轧制复合带及其剪切钢板应符合基层材料相应标准。复层为 06Cr13 钢时，其力学性能按复层为铁素体不锈钢的规定。

① 屈服现象不明显时，按 $R_{p0.2}$。

5. 连续热镀铝硅合金钢板和钢带（YB/T 167—2000）

（1）分类（见表 3-73）

表 3-73　连续热镀铝硅合金钢板和钢带的分类

分类方法	类　别	代　号
按加工性能	普通级	01
	冲压级	02
	深冲级	03
	超深冲	04
按镀层质量/(g/m²)	200	200
	150	150
	120	120
	100	100
	80	080
	60	060
	40	040
按表面处理	铬酸钝化	L
	涂油	Y
	铬酸钝化加涂油	LY
按表面状态	光整	S

（2）尺寸规格（见表 3-74）

表 3-74　连续热镀铝硅合金钢板和钢带的规格尺寸

（单位：mm）

名　称	公称尺寸	名　称	公称尺寸
厚　度	0.4~3.0	钢板长度	1000~6000
宽　度	600~1500	钢带内卷	508,610

三、钢管

1. 无缝钢管（GB/T 17395—2008）

（1）钢管分类，尺寸及理论质量（见表 3-75~表 3-77）

表 3-75 普通钢管的外径、壁厚及理论质量

外径/mm			壁厚/mm														
系列 1	系列 2	系列 3	0.25	0.30	0.40	0.50	0.60	0.80	1.0	1.2	1.4	1.5	1.6	1.8	2.0	2.2 (2.3)	2.5 (2.6)	2.8
			理论质量①/(kg/m)														
	6		0.035	0.042	0.055	0.068	0.080	0.103	0.123	0.142	0.159	0.166	0.174	0.186	0.197			
	7		0.042	0.050	0.065	0.080	0.095	0.122	0.148	0.172	0.193	0.203	0.213	0.231	0.247	0.260	0.277	
	8		0.048	0.057	0.075	0.092	0.109	0.142	0.173	0.201	0.228	0.240	0.253	0.275	0.296	0.315	0.339	
	9		0.054	0.064	0.085	0.105	0.124	0.162	0.197	0.231	0.262	0.277	0.292	0.320	0.345	0.369	0.401	0.428
10(10.2)			0.060	0.072	0.095	0.117	0.139	0.182	0.222	0.260	0.297	0.314	0.331	0.364	0.395	0.423	0.462	0.497
	11		0.066	0.079	0.105	0.129	0.154	0.201	0.247	0.290	0.331	0.351	0.371	0.408	0.444	0.477	0.524	0.566
	12		0.072	0.087	0.114	0.142	0.169	0.221	0.271	0.320	0.366	0.388	0.410	0.453	0.493	0.532	0.586	0.635
	13(12.7)		0.079	0.094	0.124	0.154	0.183	0.241	0.296	0.349	0.401	0.425	0.450	0.497	0.543	0.586	0.647	0.704
13.5			0.082	0.098	0.129	0.160	0.191	0.251	0.308	0.364	0.418	0.444	0.470	0.519	0.567	0.613	0.678	0.739
		14	0.085	0.101	0.134	0.166	0.198	0.260	0.321	0.379	0.435	0.462	0.489	0.542	0.592	0.640	0.709	0.773
	16		0.097	0.116	0.154	0.191	0.228	0.300	0.370	0.438	0.504	0.536	0.568	0.630	0.691	0.749	0.832	0.911
17(17.2)			0.103	0.124	0.164	0.203	0.243	0.320	0.395	0.468	0.539	0.573	0.608	0.675	0.740	0.803	0.894	0.981
		18	0.109	0.131	0.174	0.216	0.257	0.339	0.419	0.497	0.573	0.610	0.647	0.719	0.789	0.857	0.956	1.05
	19		0.116	0.138	0.183	0.228	0.272	0.359	0.444	0.527	0.608	0.647	0.687	0.764	0.838	0.911	1.02	1.12
	20		0.122	0.146	0.193	0.240	0.287	0.379	0.469	0.556	0.642	0.684	0.726	0.808	0.888	0.966	1.08	1.19
21(21.3)					0.203	0.253	0.302	0.399	0.493	0.586	0.677	0.721	0.765	0.852	0.937	1.02	1.14	1.26
		22			0.213	0.265	0.317	0.418	0.518	0.616	0.711	0.758	0.805	0.897	0.986	1.07	1.20	1.33
	25				0.243	0.302	0.361	0.477	0.592	0.704	0.815	0.869	0.923	1.03	1.13	1.24	1.39	1.53
		25.4			0.247	0.307	0.367	0.485	0.602	0.716	0.829	0.884	0.939	1.05	1.15	1.26	1.41	1.56
27(26.9)					0.262	0.327	0.391	0.517	0.641	0.764	0.884	0.943	1.00	1.12	1.23	1.35	1.51	1.67
	28				0.272	0.339	0.405	0.537	0.666	0.793	0.918	0.980	1.04	1.16	1.28	1.40	1.57	1.74

（续）

外径/mm			壁厚/mm														
系列1	系列2	系列3	(2.9) 3.0	3.2	3.5 (3.6)	4.0	4.5	5.0	(5.4) 5.5	6.0	(6.3) 6.5	7.0 (7.1)	7.5	8.0	8.5	(8.8) 9.0	9.5	10
			理论质量[①]/(kg/m)															
	6																	
	7																	
	8																	
	9																	
10(10.2)			0.518	0.537	0.561													
	11		0.592	0.616	0.647													
	12		0.666	0.694	0.734	0.789												
	13(12.7)		0.740	0.773	0.820	0.888												
13.5			0.777	0.813	0.863	0.937												
		14	0.814	0.852	0.906	0.986												
	16		0.962	1.01	1.08	1.18	1.28	1.36										
17(17.2)			1.04	1.09	1.17	1.28	1.39	1.48										
		18	1.11	1.17	1.25	1.38	1.50	1.60										
	19		1.18	1.25	1.34	1.48	1.61	1.73	1.83	1.92								
	20		1.26	1.33	1.42	1.58	1.72	1.85	1.97	2.07								
21(21.3)			1.33	1.40	1.51	1.68	1.83	1.97	2.10	2.22								
		22	1.41	1.48	1.60	1.78	1.94	2.10	2.24	2.37								
	25		1.63	1.72	1.86	2.07	2.28	2.47	2.64	2.81	2.97	3.11						
		25.4	1.66	1.75	1.89	2.11	2.32	2.52	2.70	2.87	3.03	3.18						
27(26.9)			1.78	1.88	2.03	2.27	2.50	2.71	2.92	3.11	3.29	3.45						
	28		1.85	1.96	2.11	2.37	2.61	2.84	3.05	3.26	3.45	3.63						

（续）

外径/mm			壁厚/mm																
系列1	系列2	系列3	0.25	0.30	0.40	0.50	0.60	0.80	1.0	1.2	1.4	1.5	1.6	1.8	2.0	2.2 (2.3)	2.5 (2.6)	2.8
			理论质量①/(kg/m)																
		30			0.292	0.364	0.435	0.576	0.715	0.852	0.987	1.05	1.12	1.25	1.38	1.51	1.70	1.88
	32(31.8)				0.312	0.388	0.465	0.616	0.765	0.911	1.06	1.13	1.20	1.34	1.48	1.62	1.82	2.02
34(33.7)					0.331	0.413	0.494	0.655	0.814	0.971	1.13	1.20	1.28	1.43	1.58	1.73	1.94	2.15
		35			0.341	0.425	0.509	0.675	0.838	1.00	1.16	1.24	1.32	1.47	1.63	1.78	2.00	2.22
	38				0.371	0.462	0.553	0.734	0.912	1.09	1.26	1.35	1.44	1.61	1.78	1.94	2.19	2.43
	40				0.391	0.487	0.583	0.773	0.962	1.15	1.33	1.42	1.52	1.70	1.87	2.05	2.31	2.57
42(42.4)									1.01	1.21	1.40	1.50	1.59	1.78	1.97	2.16	2.44	2.71
		45(44.5)							1.09	1.30	1.51	1.61	1.71	1.92	2.12	2.32	2.62	2.91
48(48.3)									1.16	1.38	1.61	1.72	1.83	2.05	2.27	2.48	2.81	3.12
	51								1.23	1.47	1.71	1.83	1.95	2.18	2.42	2.65	2.99	3.33
		54							1.31	1.56	1.82	1.94	2.07	2.32	2.56	2.81	3.18	3.54
	57								1.38	1.65	1.92	2.05	2.19	2.45	2.71	2.97	3.36	3.74
60(60.3)									1.46	1.74	2.02	2.16	2.30	2.58	2.86	3.14	3.55	3.95
	63(63.5)								1.53	1.83	2.13	2.28	2.42	2.72	3.01	3.30	3.73	4.16
	65								1.58	1.89	2.20	2.35	2.50	2.81	3.11	3.41	3.85	4.30
	68								1.65	1.98	2.30	2.46	2.62	2.94	3.26	3.57	4.04	4.50
	70								1.70	2.04	2.37	2.53	2.70	3.03	3.35	3.68	4.16	4.64
		73							1.78	2.12	2.47	2.64	2.82	3.16	3.50	3.84	4.35	4.85
76(76.1)									1.85	2.21	2.58	2.76	2.94	3.29	3.65	4.00	4.53	5.05
	77										2.61	2.79	2.98	3.34	3.70	4.06	4.59	5.12
	80										2.71	2.90	3.09	3.47	3.85	4.22	4.78	5.33

（续）

外径/mm			壁厚/mm														
系列 1	系列 2	系列 3	(2.9) 3.0	3.2	3.5 (3.6)	4.0	4.5	5.0	(5.4) 5.5	6.0	(6.3) 6.5	7.0 (7.1)	7.5	8.0	8.5	(8.8) 9.0	9.5	10
			理论质量①/(kg/m)															
		30	2.00	2.11	2.29	2.56	2.83	3.08	3.32	3.55	3.77	3.97	4.16	4.34				
	32(31.8)		2.15	2.27	2.46	2.76	3.05	3.33	3.59	3.85	4.09	4.32	4.53	4.74				
34(33.7)			2.29	2.43	2.63	2.96	3.27	3.58	3.87	4.14	4.41	4.66	4.90	5.13				
		35	2.37	2.51	2.72	3.06	3.38	3.70	4.00	4.29	4.57	4.83	5.09	5.33	5.56	5.77		
	38		2.59	2.75	2.98	3.35	3.72	4.07	4.41	4.74	5.05	5.35	5.64	5.92	6.18	6.44	6.68	6.91
	40		2.74	2.90	3.15	3.55	3.94	4.32	4.68	5.03	5.37	5.70	6.01	6.31	6.60	6.88	7.15	7.40
42(42.4)			2.89	3.06	3.32	3.75	4.16	4.56	4.95	5.33	5.69	6.04	6.38	6.71	7.02	7.32	7.61	7.89
		45(44.5)	3.11	3.30	3.58	4.04	4.49	4.93	5.36	5.77	6.17	6.56	6.94	7.30	7.65	7.99	8.32	8.63
48(48.3)			3.33	3.54	3.84	4.34	4.83	5.30	5.76	6.21	6.65	7.08	7.49	7.89	8.28	8.66	9.02	9.37
	51		3.55	3.77	4.10	4.64	5.16	5.67	6.17	6.66	7.13	7.60	8.05	8.48	8.91	9.32	9.72	10.11
		54	3.77	4.01	4.36	4.93	5.49	6.04	6.58	7.10	7.61	8.11	8.60	9.08	9.54	9.99	10.43	10.85
	57		4.00	4.25	4.62	5.23	5.83	6.41	6.99	7.55	8.10	8.63	9.16	9.67	10.17	10.65	11.13	11.59
60(60.3)			4.22	4.48	4.88	5.52	6.16	6.78	7.39	7.99	8.58	9.15	9.71	10.26	10.80	11.32	11.83	12.33
	63(63.5)		4.44	4.72	5.14	5.82	6.49	7.15	7.80	8.43	9.06	9.67	10.27	10.85	11.42	11.99	12.53	13.07
	65		4.59	4.88	5.31	6.02	6.71	7.40	8.07	8.73	9.38	10.01	10.64	11.25	11.84	12.43	13.00	13.56
	68		4.81	5.11	5.57	6.31	7.05	7.77	8.48	9.17	9.86	10.53	11.19	11.84	12.47	13.10	13.71	14.30
	70		4.96	5.27	5.74	6.51	7.27	8.02	8.75	9.47	10.18	10.88	11.56	12.23	12.89	13.54	14.17	14.80
		73	5.18	5.51	6.00	6.81	7.60	8.38	9.16	9.91	10.66	11.39	12.11	12.82	13.52	14.21	14.88	15.54
76(76.1)			5.40	5.75	6.26	7.10	7.93	8.75	9.56	10.36	11.14	11.91	12.67	13.42	14.15	14.87	15.58	16.28
	77		5.47	5.82	6.34	7.20	8.05	8.88	9.70	10.51	11.30	12.08	12.85	13.61	14.36	15.09	15.81	16.52
	80		5.70	6.06	6.60	7.50	8.38	9.25	10.11	10.95	11.78	12.60	13.41	14.21	14.99	15.76	16.52	17.26

（续）

外径/mm			壁厚/mm														
系列1	系列2	系列3	11	12 (12.5)	13	14 (14.2)	15	16	17 (17.5)	18	19	20	22 (22.2)	24	25	26	28	30
			理论质量①/(kg/m)															
		30																
	32(31.8)																	
34(33.7)																		
		35																
	38																	
	40																	
42(42.4)																		
		45(44.5)	9.22	9.77														
48(48.3)			10.04	10.65														
	51		10.85	11.54														
		54	11.66	12.43	13.14	13.81												
	57		12.48	13.32	14.11	14.85												
60(60.3)			13.29	14.21	15.07	15.88	16.65	17.36										
	63(63.5)		14.11	15.09	16.03	16.92	17.76	18.55										
	65		14.65	15.68	16.67	17.61	18.50	19.33										
	68		15.46	16.57	17.63	18.64	19.61	20.52										
	70		16.01	17.16	18.27	19.33	20.35	21.31	22.22									
		73	16.82	18.05	19.24	20.37	21.46	22.49	23.48	24.41	25.30							
76(76.1)			17.63	18.94	20.20	21.41	22.57	23.68	24.74	25.75	26.71	27.62						
	77		17.90	19.24	20.52	21.75	22.94	24.07	25.15	26.19	27.18	28.11						
	80		18.72	20.12	21.48	22.79	24.05	25.25	26.41	27.52	28.58	29.59						

（续）

外径/mm			壁厚/mm															
系列 1	系列 2	系列 3	0.25	0.30	0.40	0.50	0.60	0.80	1.0	1.2	1.4	1.5	1.6	1.8	2.0	2.2 (2.3)	2.5 (2.6)	2.8
			理论质量[①]/(kg/m)															
		83(82.5)									2.82	3.01	3.21	3.60	4.00	4.38	4.96	5.54
	85										2.89	3.09	3.29	3.39	4.09	4.49	5.09	5.68
89(88.9)											3.02	3.24	3.45	3.87	4.29	4.71	5.33	5.95
	95										3.23	3.46	3.69	4.14	4.59	5.03	5.70	6.37
	102(101.6)										3.47	3.72	3.96	4.45	4.93	5.41	6.13	6.85
		108									3.68	3.94	4.20	4.71	5.23	5.74	6.50	7.26
114(114.3)												4.16	4.44	4.98	5.52	6.07	6.87	7.68
	121											4.42	4.71	5.29	5.87	6.45	7.31	8.16
	127													5.56	6.17	6.77	7.68	8.58
	133																8.05	8.99
140(139.7)																		
		142(141.3)																
	146																	
		152(152.4)																
		159																
168(168.3)																		
		180(177.8)																
		194(193.7)																
	203																	
219(219.1)																		
		232																
		245(244.5)																
		267(267.4)																

（续）

外径/mm			壁厚/mm															
系列 1	系列 2	系列 3	(2.9) 3.0	3.2	3.5 (3.6)	4.0	4.5	5.0	(5.4) 5.5	6.0	(6.3) 6.5	7.0 (7.1)	7.5	8.0	8.5	(8.8) 9.0	9.5	10
			理论质量[①]/(kg/m)															
		83(82.5)	5.92	6.30	6.86	7.79	8.71	9.62	10.51	11.39	12.26	13.12	13.96	14.80	15.62	16.42	17.22	18.00
	85		6.07	6.46	7.03	7.99	8.93	9.86	10.78	11.69	12.58	13.47	14.33	15.19	16.04	16.87	17.69	18.50
89(88.9)			6.36	6.77	7.38	8.38	9.38	10.36	11.33	12.28	13.22	14.16	15.07	15.98	16.87	17.76	18.63	19.48
	95		6.81	7.24	7.90	8.98	10.04	11.10	12.14	13.17	14.19	15.19	16.18	17.16	18.13	19.09	20.03	20.96
	102(101.6)		7.32	7.80	8.50	9.67	10.82	11.96	13.09	14.21	15.31	16.40	17.48	18.55	19.60	20.64	21.67	22.69
		108	7.77	8.27	9.02	10.26	11.49	12.70	13.90	15.09	16.27	17.44	18.59	19.73	20.86	21.97	23.08	24.17
114(114.3)			8.21	8.74	9.54	10.85	12.15	13.44	14.72	15.98	17.23	18.47	19.70	20.91	22.12	23.31	24.48	25.65
	121		8.73	9.30	10.14	11.54	12.93	14.30	15.67	17.02	18.35	19.68	20.99	22.29	23.58	24.86	26.12	27.37
	127		9.17	9.77	10.66	12.13	13.59	15.04	16.48	17.90	19.32	20.72	22.10	23.48	24.84	26.19	27.53	28.85
	133		9.62	10.24	11.18	12.73	14.26	15.78	17.29	18.79	20.28	21.75	23.21	24.66	26.10	27.52	28.93	30.33
140(139.7)			10.14	10.80	11.78	13.42	15.04	16.65	18.24	19.83	21.40	22.96	24.51	26.04	27.57	29.08	30.57	32.06
		142(141.3)	10.28	10.95	11.95	13.61	15.26	16.89	18.51	20.12	21.72	23.31	24.88	26.44	27.98	29.52	31.04	32.55
	146		10.58	11.27	12.30	14.01	15.70	17.39	19.06	20.72	22.36	24.00	25.62	27.23	28.82	30.41	31.98	33.54
		152(152.4)	11.02	11.74	12.82	14.60	16.37	18.13	19.87	21.60	23.32	25.03	26.73	28.41	30.08	31.74	33.39	35.02
		159			13.42	15.29	17.15	18.99	20.82	22.64	24.45	26.24	28.02	29.79	31.55	33.29	35.03	36.75
168(168.3)					14.20	16.18	18.14	20.10	22.04	23.97	25.89	27.79	29.69	31.57	33.43	35.29	37.13	38.97
		180(177.8)			15.23	17.36	19.48	21.58	23.67	25.75	27.81	29.87	31.91	33.93	35.95	37.95	39.95	41.92
		194(193.7)			16.44	18.74	21.03	23.31	25.57	27.82	30.06	32.28	34.50	36.70	38.89	41.06	43.23	45.38
	203				17.22	19.63	22.03	24.41	26.79	29.15	31.50	33.84	36.16	38.47	40.77	43.06	45.33	47.60
219(219.1)										31.52	34.06	36.60	39.12	41.63	44.13	46.61	49.08	51.54
		232								33.44	36.15	38.84	41.52	44.19	46.85	49.50	52.13	54.75
		245(244.5)								35.36	38.23	41.09	43.93	46.76	49.58	52.38	55.17	57.95
		267(267.4)								38.62	41.76	44.88	48.00	51.10	54.19	57.26	60.33	63.38

（续）

外径/mm			壁厚/mm															
系列 1	系列 2	系列 3	11	12 (12.5)	13	14 (14.2)	15	16	17 (17.5)	18	19	20	22 (22.2)	24	25	26	28	30
			理论质量①/(kg/m)															
		83(82.5)	19.53	21.01	22.44	23.82	25.15	26.44	27.67	28.85	29.99	31.07	33.10					
	85		20.07	21.60	23.08	24.51	25.89	27.23	28.51	29.74	30.93	32.06	34.18					
89(88.9)			21.16	22.79	24.37	25.89	27.37	28.80	30.19	31.52	32.80	34.03	36.35	38.47				
	95		22.79	24.56	26.29	27.97	29.59	31.17	32.70	34.18	35.61	36.99	39.61	42.02				
	102(101.6)		24.69	26.63	28.53	30.38	32.18	33.93	35.64	37.29	38.89	40.44	43.40	46.17	47.47	48.73	51.10	
		108	26.31	28.41	30.46	32.45	34.40	36.30	38.15	39.95	41.70	43.40	46.66	49.71	51.17	52.58	55.24	57.71
114(114.3)			27.94	30.19	32.38	34.53	36.62	38.67	40.67	42.62	44.51	46.36	49.91	53.27	54.87	56.43	59.39	62.15
	121		29.84	32.26	34.62	36.94	39.21	41.43	43.60	45.72	47.79	49.82	53.71	57.41	59.19	60.91	64.22	67.33
	127		31.47	34.03	36.55	39.01	41.43	43.80	46.12	48.39	50.61	52.78	56.97	60.96	62.89	64.76	68.36	71.77
	133		33.10	35.81	38.47	41.09	43.65	46.17	48.63	51.05	53.42	55.74	60.22	64.51	66.59	68.61	72.50	76.20
140(139.7)			34.99	37.88	40.72	43.50	46.24	48.93	51.57	54.16	56.70	59.19	64.02	68.66	70.90	73.10	77.34	81.38
		142(141.3)	35.54	38.47	41.36	44.19	46.98	49.72	52.41	55.04	57.63	60.17	65.11	69.84	72.14	74.38	78.72	82.86
	146		36.62	39.66	42.64	45.57	48.46	51.30	54.08	56.82	59.51	62.15	67.28	72.21	74.60	76.94	81.48	85.82
		152(152.4)	38.25	41.43	44.56	47.65	50.68	53.66	56.60	59.48	62.32	65.11	70.53	75.76	78.30	80.79	85.62	90.26
		159	40 15	43.50	46.81	50.06	53.27	56.43	59.53	62.59	65.60	68.56	74.33	79.90	82.62	85.28	90.46	95.44
168(168.3)			42.59	46.17	49.69	53.17	56.60	59.98	63.31	66.59	69.82	73.00	79.21	85.23	88.17	91.05	96.67	102.10
		180(177.8)	45.85	49.72	53.54	57.31	61.04	64.71	68.34	71.91	75.44	78.92	85.72	92.33	95.56	98.74	104.96	110.98
		194(193.7)	49.64	53.86	58.03	62.15	66.22	70.24	74.21	78.13	82.00	85.82	93.32	100.62	104.20	107.72	114.63	121.33
	203		52.09	56.52	60.91	65.25	69.55	73.79	77.98	82.13	86.22	90.26	98.20	105.95	109.74	113.49	120.84	127.99
219(219.1)			56.43	61.26	66.04	70.78	75.46	80.10	84.69	89.23	93.71	98.15	106.88	115.42	119.61	123.75	131.89	139.83
		232	59.95	65.11	70.21	75.27	80.27	85.23	90.14	95.00	99.81	104.57	113.94	123.11	127.62	132.09	140.87	149.45
		245(244.5)	63.48	68.95	74.38	79.76	85.08	90.36	95.59	100.77	105.90	110.98	120.99	130.80	135.64	140.42	149.84	159.07
		267(267.4)	69.45	75.46	81.43	87.35	93.22	99.04	104.81	110.53	116.21	121.83	132.93	143.83	149.20	154.53	165.04	175.34

（续）

外径/mm			壁厚/mm											
系列1	系列2	系列3	32	34	36	38	40	42	45	48	50	55	60	65
			理论质量①/(kg/m)											
		83(82.5)												
	85													
89(88.9)														
	95													
	102(101.6)													
		108												
114(114.3)														
	121		70.24											
	127		74.97											
	133		79.71	83.01	86.12									
140(139.7)			85.23	88.88	92.33									
		142(141.3)	86.81	90.56	94.11									
	146		89.97	93.91	97.66	101.21	104.57							
		152(152.4)	94.70	98.94	102.99	106.83	110.48							
		159	100.22	104.81	109.20	113.39	117.39	121.19	126.51					
168(168.3)			107.33	112.36	117.19	121.83	126.27	130.51	136.50					
		180(177.8)	116.80	122.42	127.85	133.07	138.10	142.94	149.82	156.26	160.30			
		194(193.7)	127.85	134.16	140.27	146.19	151.92	157.44	165.36	172.83	177.56			
	203		134.95	141.71	148.27	154.63	160.79	166.76	175.34	183.48	188.66	200.75		
219(219.1)			147.57	155.12	162.47	169.62	176.58	183.33	193.10	202.42	208.39	222.45		
		232	157.83	166.02	174.01	181.81	189.40	196.80	207.53	217.81	224.42	240.08	254.51	267.70
		245(244.5)	168.09	176.92	185.55	193.99	202.22	210.26	221.95	233.20	240.45	257.71	273.74	288.54
		267(267.4)	185.45	195.37	205.09	214.60	223.93	233.05	246.37	259.24	267.58	287.55	306.30	323.81

（续）

外径/mm			壁厚/mm														
系列 1	系列 2	系列 3	3.5（3.6）	4.0	4.5	5.0	（5.4）5.5	6.0	（6.3）6.5	7.0（7.1）	7.5	8.0	8.5	（8.8）9.0	9.5	10	11
			理论质量[①]/（kg/m）														
273									42.72	45.92	49.11	52.28	55.45	58.60	61.73	64.86	71.07
	299（298.5）										53.92	57.41	60.90	64.37	67.83	71.27	78.13
		302									54.47	58.00	61.52	65.03	68.53	72.01	78.94
		318.5									57.52	61.26	64.98	68.69	72.39	76.08	83.42
325（323.9）											58.73	62.54	66.35	70.14	73.92	77.68	85.18
	340（339.7）											65.50	69.49	73.47	77.43	81.38	89.25
	351											67.67	71.80	75.91	80.01	84.10	92.23
356（355.6）														77.02	81.18	85.33	93.59
		368												79.68	83.99	88.29	96.85
	377													81.68	86.10	90.51	99.29
	402													87.23	91.96	96.67	106.07
406（406.4）														88.12	92.89	97.66	107.15
		419												91.00	95.94	100.87	110.68
	426													92.55	97.58	102.59	112.58
	450													97.88	103.20	108.51	119.09
457														99.44	104.84	110.24	120.99
	473													102.99	108.59	114.18	125.33
	480													104.54	110.23	115.91	127.23
	500													108.98	114.92	120.84	132.65
508														110.76	116.79	122.81	134.82
	530													115.64	121.95	128.24	140.79
		560（559）												122.30	128.97	135.64	148.93
610														133.39	140.69	147.97	162.50

（续）

外径/mm			壁厚/mm														
系列1	系列2	系列3	12 (12.5)	13	14 (14.2)	15	16	17 (17.5)	18	19	20	22 (22.2)	24	25	26	28	30
			理论质量[①]/(kg/m)														
273			77.24	83.36	89.42	95.44	101.41	107.33	113.20	119.02	124.79	136.18	147.38	152.90	158.38	169.18	179.78
	299(298.5)		84.93	91.69	98.40	105.06	111.67	118.23	124.74	131.20	137.61	150.29	162.77	168.93	175.05	187.13	199.02
		302	85.82	92.65	99.44	106.17	112.85	119.49	126.07	132.61	139.09	151.92	164.54	170.78	176.97	189.20	201.24
		318.5	90.71	97.94	105.13	112.27	119.36	126.40	133.39	140.34	147.23	160.87	174.31	180.95	187.55	200.60	213.45
325(323.9)			92.63	100.03	107.38	114.68	121.93	129.13	136.28	143.38	150.44	164.39	178.16	184.96	191.72	205.09	218.25
	340(339.7)		97.07	104.84	112.56	120.23	127.85	135.42	142.94	150.41	157.83	172.53	187.03	194.21	201.34	215.44	229.35
	351		100.32	108.36	116.35	124.29	132.19	140.03	147.82	155.57	163.26	178.50	193.54	200.99	208.39	223.04	237.49
356(355.6)			101.80	109.97	118.08	126.14	134.16	142.12	150.04	157.91	165.73	181.21	196.50	204.07	211.60	226.49	241.19
		368	105.35	113.81	122.22	130.58	138.89	147.16	155.37	163.53	171.64	187.72	203.61	211.47	219.29	234.78	250.07
	377		108.02	116.70	125.33	133.91	142.45	150.93	159.36	167.75	176.08	192.61	208.93	217.02	225.06	240.99	256.73
	402		115.42	124.71	133.96	143.16	152.31	161.41	170.46	179.46	188.41	206.17	223.73	232.44	241.09	258.26	275.22
406(406.4)			116.60	126.00	135.34	144.64	153.89	163.09	172.24	181.34	190.39	208.34	226.10	234.90	243.66	261.02	278.18
		419	120.45	130.16	139.83	149.45	159.02	168.54	178.01	187.43	196.80	215.39	233.79	242.92	251.99	269.99	287.80
	426		122.52	132.41	142.25	152.04	161.78	171.47	181.11	190.71	200.25	219.19	237.93	247.23	256.48	274.83	292.98
	450		129.62	140.10	150.53	160.92	171.25	181.53	191.77	201.95	212.09	232.21	252.14	262.03	271.87	291.40	310.74
457			131.69	142.35	152.95	163.51	174.01	184.47	194.88	205.23	215.54	236.01	256.28	266.34	276.36	296.23	315.91
	473		136.43	147.48	158.48	169.42	180.33	191.18	201.98	212.73	223.43	244.69	265.75	276.21	286.62	307.28	327.75
	480		138.50	149.72	160.89	172.01	183.09	194.11	205.09	216.01	226.89	248.49	269.90	280.53	291.11	312.12	332.93
	500		144.42	156.13	167.80	179.41	190.98	202.50	213.96	225.38	236.75	259.34	281.73	292.86	303.93	325.93	347.93
508			146.79	158.70	170.56	182.37	194.14	205.85	217.51	229.13	240.70	263.68	286.47	297.79	309.06	331.45	353.65
	530		153.30	165.75	178.16	190.51	202.82	215.07	227.28	239.44	251.55	275.62	299.49	311.35	323.17	346.64	369.92
		560(559)	162.17	175.37	188.51	201.61	214.65	227.65	240.60	253.50	266.34	291.89	317.25	329.85	342.40	367.36	392.12
610			176.97	191.40	205.78	220.10	234.38	248.61	262.79	276.92	291.01	319.02	346.84	360.68	374.46	401.88	429.11

（续）

外径/mm			壁厚/mm														
系列 1	系列 2	系列 3	32	34	36	38	40	42	45	48	50	55	60	65	70	75	80
			理论质量①/（kg/m）														
273			190.19	200.40	210.41	220.23	229.85	239.27	253.03	266.34	274.98	295.69	315.17	333.42	350.44	366.22	380.77
	299（298.5）		210.71	222.20	233.50	244.59	255.49	266.20	281.88	297.12	307.04	330.96	353.65	375.10	395.32	414.31	432.07
		302	213.08	224.72	236.16	247.40	258.45	269.30	285.21	300.67	310.74	335.03	358.09	379.91	400.50	419.86	437.99
		318.5	226.10	238.55	250.81	262.87	274.73	286.39	303.52	320.21	331.08	357.41	382.50	406.36	428.99	450.38	470.54
325（323.9）			231.23	244.00	256.58	268.96	281.14	293.13	310.74	327.90	339.10	366.22	392.12	416.78	440.21	462.40	483.37
	340（339.7）		243.06	256.58	269.90	283.02	295.94	308.66	327.38	345.66	357.59	386.57	414.31	440.83	466.10	490.15	512.96
	351		251.75	265.80	279.66	293.32	306.79	320.06	339.59	358.68	371.16	401.49	430.59	458.46	485.09	510.49	534.66
356（355.6）			255.69	269.99	284.10	298.01	311.72	325.24	345.14	364.60	377.32	408.27	437.99	466.47	493.72	519.74	544.53
		368	265.16	280.06	294.75	309.26	323.56	337.67	358.46	378.80	392.12	424.55	455.75	485.71	514.44	541.94	568.20
	377		272.26	287.60	302.75	317.69	332.44	346.99	368.44	389.46	403.22	436.76	469.06	500.14	529.98	558.58	585.96
	402		291.99	308.57	324.94	341.12	357.10	372.88	396.19	419.05	434.04	470.67	506.06	540.21	573.13	604.82	635.28
406（406.4）			295.15	311.92	328.49	344.87	361.05	377.03	400.63	423.78	438.98	476.09	511.97	546.62	580.04	612.22	643.17
		419	305.41	322.82	340.03	357.05	373.87	390.49	415.05	439.17	455.01	493.72	531.21	567.46	602.48	636.27	668.82
	426		310.93	328.69	346.25	363.61	380.77	397.74	422.82	447.46	463.64	503.22	541.57	578.68	614.57	649.22	682.63
	450		329.87	348.81	367.56	386.10	404.45	422.60	449.46	475.87	493.23	535.77	577.08	617.16	656.00	693.61	729.98
457			335.40	354.68	373.77	392.66	411.35	429.85	457.23	484.16	501.86	545.27	587.44	628.38	668.08	706.55	743.79
	473		348.02	368.10	387.98	407.66	427.14	446.42	474.98	503.10	521.59	566.97	611.11	654.02	695.70	736.15	775.36
	480		353.55	373.97	394.19	414.22	434.04	453.67	482.75	511.38	530.22	576.46	621.47	665.25	707.79	749.09	789.17
	500		369.33	390.74	411.95	432.96	453.77	474.39	504.95	535.06	554.89	603.59	651.07	697.31	742.31	786.09	828.63
508			375.64	397.45	419.05	440.46	461.66	482.68	513.82	544.53	564.75	614.44	662.90	710.13	756.12	800.88	844.41
	530		393.01	415.89	438.58	461.07	483.37	505.46	538.24	570.57	591.88	644.28	695.46	745.40	794.10	841.58	887.82
		560（559）	416.68	441.06	465.22	489.19	512.96	536.54	571.53	606.08	628.87	684.97	739.85	793.49	845.89	897.06	947.00
610			456.14	482.97	509.61	536.04	562.28	588.33	627.02	665.27	690.52	752.79	813.83	873.64	932.21	989.55	1045.65

（续）

外径/mm			壁厚/mm					
系列 1	系列 2	系列 3	85	90	95	100	110	120
			理论质量[①]/(kg/m)					
273			394.09					
	299(298.5)		448.59	463.88	477.94	490.77		
		302	454.88	470.54	484.97	498.16		
		318.5	489.47	507.16	523.63	538.86		
325(323.9)			503.10	521.59	538.86	554.89		
	340(339.7)		534.54	554.89	574.00	591.88		
	351		557.60	579.30	599.77	619.01		
356(355.6)			568.08	590.40	611.48	631.34		
		368	593.23	617.03	639.60	660.93		
	377		612.10	637.01	660.68	683.13		
	402		664.51	692.50	719.25	744.78		
406(406.4)			672.89	701.37	728.63	754.64		
		419	700.14	730.23	759.08	786.70		
	426		714.82	745.77	775.48	803.97		
	450		765.12	799.03	831.71	863.15		
457			779.80	814.57	848.11	880.42		
	473		813.34	850.08	885.60	919.88		
	480		828.01	865.62	902.00	937.14		
	500		869.94	910.01	948.85	986.46	1057.98	
508			886.71	927.77	967.60	1006.19	1079.68	
	530		932.82	976.60	1019.14	1060.45	1139.36	1213.35
		560(559)	995.71	1043.18	1089.42	1134.43	1220.75	1302.13
610			1100.52	1154.16	1206.57	1257.74	1356.39	1450.10

（续）

外径/mm			壁厚/mm													
系列 1	系列 2	系列 3	9	9.5	10	11	12 (12.5)	13	14 (14.2)	15	16	17 (17.5)	18	19	20	22 (22.2)
			理论质量①/(kg/m)													
	630		137.83	145.37	152.90	167.92	182.89	197.81	212.68	227.50	242.28	257.00	271.67	286.30	300.87	329.87
		660	144.49	152.40	160.30	176.06	191.77	207.43	223.04	238.60	254.11	269.58	284.99	300.35	315.67	346.15
		699					203.31	219.93	236.50	253.03	269.50	285.93	302.30	318.63	334.90	367.31
711							206.86	223.78	240.65	257.47	274.24	290.96	307.63	324.25	340.82	373.82
	720						209.52	226.66	243.75	260.80	277.79	294.73	311.62	328.47	345.26	378.70
	762														365.98	401.49
		788.5													379.05	415.87
813															391.13	429.16
		864													416.29	456.83
914																
		965														
1016																

外径/mm			壁厚/mm												
系列 1	系列 2	系列 3	24	25	26	28	30	32	34	36	38	40	42	45	48
			理论质量①/(kg/m)												
	630		358.68	373.01	387.29	415.70	443.91	471.92	499.74	527.36	554.79	582.01	609.04	649.22	688.95
		660	376.43	391.50	406.52	436.41	466.10	495.60	524.90	554.00	582.90	611.61	640.12	682.51	724.46
		699	399.52	415.55	431.53	463.34	494.96	526.38	557.60	588.62	619.45	650.08	680.51	725.79	770.62
711			406.62	422.95	439.22	471.63	503.84	535.85	567.66	599.28	630.69	661.92	692.94	739.11	784.83
	720		411.95	428.49	444.99	477.84	510.49	542.95	575.21	607.27	639.13	670.79	702.26	749.09	795.48
	762		436.81	454.39	471.92	506.84	541.57	576.09	610.42	644.55	678.49	712.23	745.77	795.71	845.20
		788.5	452.49	470.73	488.92	525.14	561.17	597.01	632.64	668.08	703.32	738.37	773.21	825.11	876.57
813			466.99	485.83	504.62	542.06	579.30	616.34	653.18	689.83	726.28	762.54	798.59	852.30	905.57
		864	497.18	517.28	537.33	577.28	617.03	656.59	695.95	735.11	774.08	812.85	851.42	908.90	965.94
914				548.10	569.39	611.80	654.02	696.05	737.87	779.50	820.93	862.17	903.20	964.39	1025.13
		965		579.55	602.09	647.02	691.76	736.30	780.64	824.78	868.73	912.48	956.03	1020.99	1085.50
1016				610.99	634.79	682.24	729.49	776.54	823.40	870.06	916.52	962.79	1008.86	1077.59	1145.87

（续）

外径/mm			壁厚/mm												
系列1	系列2	系列3	50	55	60	65	70	75	80	85	90	95	100	110	120
			理论质量①/(kg/m)												
	630		715.19	779.92	843.43	905.70	966.73	1026.54	1085.11	1142.45	1198.55	1253.42	1307.06	1410.64	1509.29
		660	752.18	820.61	887.82	953.79	1018.52	1082.03	1144.30	1205.33	1265.14	1323.71	1381.05	1492.02	1598.07
		699	800.27	873.51	945.52	1016.30	1085.85	1154.16	1221.24	1287.09	1351.70	1415.08	1477.23	1597.82	1713.49
711			815.06	889.79	963.28	1035.54	1106.56	1176.36	1244.92	1312.24	1378.33	1443.19	1506.82	1630.38	1749.00
	720		826.16	902.00	976.60	1049.97	1122.10	1193.00	1262.67	1331.11	1398.31	1464.28	1529.02	1654.79	1775.63
	762		877.95	958.96	1038.74	1117.29	1194.61	1270.69	1345.53	1419.15	1491.53	1562.68	1632.60	1768.73	1899.93
		788.5	910.63	994.91	1077.96	1159.77	1240.35	1319.70	1397.82	1474.70	1550.35	1624.77	1697.95	1840.62	1978.35
813			940.84	1028.14	1114.21	1199.05	1282.65	1365.02	1446.15	1526.06	1604.73	1682.17	1758.37	1907.08	2050.86
		864	1003.73	1097.32	1189.67	1280.80	1370.69	1459.35	1546.77	1632.97	1717.92	1801.65	1884.14	2045.43	2201.78
914			1065.38	1165.14	1263.66	1360.95	1457.00	1551.83	1645.42	1737.78	1828.90	1918.79	2007.45	2181.07	2349.75
		965	1128.27	1234.31	1339.12	1442.70	1545.05	1646.16	1746.04	1844.68	1942.10	2038.28	2133.22	2319.42	2500.68
1016			1191.15	1303.49	1414.59	1524.45	1633.09	1740.49	1846.66	1951.59	2055.29	2157.76	2259.00	2457.77	2651.61

注：括号内尺寸为相应的 ISO 4200 的规格。

① 理论质量按下式计算，钢的密度取 7.85kg/dm³。

$$W=\pi\rho(D-S)S/1000$$

式中 W——钢管的理论质量（kg/m）；

$\pi=3.1416$；

ρ——钢的密度（kg/dm^3）；

D——钢管的公称外径（mm）；

S——钢管的公称壁厚（mm）。

表 3-76 精密钢管的外径、壁厚及理论质量

外径/mm		壁厚/mm																				
系列 2	系列 3	0.5	(0.8)	1.0	(1.2)	1.5	(1.8)	2.0	(2.2)	2.5	(2.8)	3.0	(3.5)	4	(4.5)	5	(5.5)	6	(7)	8	(9)	10
		理论质量①/(kg/m)																				
4		0.043	0.063	0.074	0.083																	
5		0.055	0.083	0.099	0.112																	
6		0.068	0.103	0.123	0.142	0.166	0.186	0.197														
8		0.092	0.142	0.173	0.201	0.240	0.275	0.296	0.315	0.339												
10		0.117	0.182	0.222	0.260	0.314	0.364	0.395	0.423	0.462												
12		0.142	0.221	0.271	0.320	0.388	0.453	0.493	0.532	0.586	0.635	0.666										
12.7		0.150	0.235	0.289	0.340	0.414	0.484	0.528	0.570	0.629	0.684	0.718										
	14	0.166	0.260	0.321	0.379	0.462	0.542	0.592	0.640	0.709	0.773	0.814	0.906									
16		0.191	0.300	0.370	0.438	0.536	0.630	0.691	0.749	0.832	0.911	0.962	1.08	1.18								
	18	0.216	0.339	0.419	0.497	0.610	0.719	0.789	0.857	0.956	1.05	1.11	1.25	1.38	1.50							
20		0.240	0.379	0.469	0.556	0.684	0.808	0.888	0.966	1.08	1.19	1.26	1.42	1.58	1.72	1.85						
	22	0.265	0.418	0.518	0.616	0.758	0.897	0.986	1.07	1.20	1.33	1.41	1.60	1.78	1.94	2.10						
25		0.302	0.477	0.592	0.704	0.869	1.03	1.13	1.24	1.39	1.53	1.63	1.86	2.07	2.28	2.47	2.64	2.81				
	28	0.339	0.537	0.666	0.793	0.980	1.16	1.28	1.40	1.57	1.74	1.85	2.11	2.37	2.61	2.84	3.05	3.26	3.63	3.95		
	30	0.364	0.576	0.715	0.852	1.05	1.25	1.38	1.51	1.70	1.88	2.00	2.29	2.56	2.83	3.08	3.32	3.55	3.97	4.34		
32		0.388	0.616	0.765	0.911	1.13	1.34	1.48	1.62	1.82	2.02	2.15	2.46	2.76	3.05	3.33	3.59	3.85	4.32	4.74		
	35	0.425	0.675	0.838	1.00	1.24	1.47	1.63	1.78	2.00	2.22	2.37	2.72	3.06	3.38	3.70	4.00	4.29	4.83	5.33		
38		0.462	0.734	0.912	1.09	1.35	1.61	1.78	1.94	2.19	2.43	2.59	2.98	3.35	3.72	4.07	4.41	4.74	5.35	5.92	6.44	6.91
40		0.487	0.773	0.962	1.15	1.42	1.70	1.87	2.05	2.31	2.57	2.74	3.15	3.55	3.94	4.32	4.68	5.03	5.70	6.31	6.88	7.40
42			0.813	1.01	1.21	1.50	1.78	1.97	2.16	2.44	2.71	2.89	3.32	3.75	4.16	4.56	4.95	5.33	6.04	6.71	7.32	7.89

（续）

外径/mm		壁厚/mm																	
系列2	系列3	(0.8)	1.0	(1.2)	1.5	(1.8)	2.0	(2.2)	2.5	(2.8)	3.0	(3.5)	4	(4.5)	5	(5.5)	6	(7)	8
		理论质量[①]/(kg/m)																	
	45	0.872	1.09	1.30	1.61	1.92	2.12	2.32	2.62	2.91	3.11	3.58	4.04	4.49	4.93	5.36	5.77	6.56	7.30
48		0.931	1.16	1.38	1.72	2.05	2.27	2.48	2.81	3.12	3.33	3.84	4.34	4.83	5.30	5.76	6.21	7.08	7.89
50		0.971	1.21	1.44	1.79	2.14	2.37	2.59	2.93	3.26	3.48	4.01	4.54	5.05	5.55	6.04	6.51	7.42	8.29
	55	1.07	1.33	1.59	1.98	2.36	2.61	2.86	3.24	3.60	3.85	4.45	5.03	5.60	6.17	6.71	7.25	8.29	9.27
60		1.17	1.46	1.74	2.16	2.58	2.86	3.14	3.55	3.95	4.22	4.88	5.52	6.16	6.78	7.39	7.99	9.15	10.26
63		1.23	1.53	1.83	2.28	2.72	3.01	3.30	3.73	4.16	4.44	5.14	5.82	6.49	7.15	7.80	8.43	9.67	10.85
70		1.37	1.70	2.04	2.53	3.03	3.35	3.68	4.16	4.64	4.96	5.74	6.51	7.27	8.02	8.75	9.47	10.88	12.23
76		1.48	1.85	2.21	2.76	3.29	3.65	4.00	4.53	5.05	5.40	6.26	7.10	7.93	8.75	9.56	10.36	11.91	13.42
80		1.56	1.95	2.33	2.90	3.47	3.85	4.22	4.78	5.33	5.70	6.60	7.50	8.38	9.25	10.11	10.95	12.60	14.21
	90			2.63	3.27	3.92	4.34	4.76	5.39	6.02	6.44	7.47	8.48	9.49	10.48	11.46	12.43	14.33	16.18
100				2.92	3.64	4.36	4.83	5.31	6.01	6.71	7.18	8.33	9.47	10.60	11.71	12.82	13.91	16.05	18.15
	110			3.22	4.01	4.80	5.33	5.85	6.63	7.40	7.92	9.19	10.46	11.71	12.95	14.17	15.39	17.78	20.12
120						5.25	5.82	6.39	7.24	8.09	8.66	10.06	11.44	12.82	14.18	15.53	16.87	19.51	22.10
130						5.69	6.31	6.93	7.86	8.78	9.40	10.92	12.43	13.93	15.41	16.89	18.35	21.23	24.07
	140					6.13	6.81	7.48	8.48	9.47	10.14	11.78	13.42	15.04	16.65	18.24	19.83	22.96	26.04
150						6.58	7.30	8.02	9.09	10.16	10.88	12.65	14.40	16.15	17.88	19.60	21.31	24.69	28.02
160						7.02	7.79	8.56	9.71	10.86	11.62	13.51	15.39	17.26	19.11	20.96	22.79	26.41	29.99
170												14.37	16.38	18.37	20.35	22.31	24.27	28.14	31.96
	180														21.58	23.67	25.75	29.87	33.93
190																25.03	27.23	31.59	35.91
200																	28.71	33.32	37.88
	220																	36.77	41.83

（续）

外径/mm		壁厚/mm									
系列 2	系列 3	(9)	10	(11)	12.5	(14)	16	(18)	20	(22)	25
		理论重量[①]/(kg/m)									
	45	7.99	8.63	9.22	10.02						
48		8.66	9.37	10.04	10.94						
50		9.10	9.86	10.58	11.56						
	55	10.21	11.10	11.94	13.10	14.16					
60		11.32	12.33	13.29	14.64	15.88	17.36				
63		11.99	13.07	14.11	15.57	16.92	18.55				
70		13.54	14.80	16.01	17.73	19.33	21.31				
76		14.87	16.28	17.63	19.58	21.41	23.68				
80		15.76	17.26	18.72	20.81	22.79	25.25	27.52			
	90	17.98	19.73	21.43	23.89	26.24	29.20	31.96	34.53	36.89	
100		20.20	22.20	24.14	26.97	29.69	33.15	36.40	39.46	42.32	46.24
	110	22.42	24.66	26.86	30.06	33.15	37.09	40.84	44.39	47.74	52.41
120		24.64	27.13	29.57	33.14	36.60	41.04	45.28	49.32	53.17	58.57
130		26.86	29.59	32.28	36.22	40.05	44.98	49.72	54.26	58.60	64.74
	140	29.08	32.06	34.99	39.30	43.50	48.93	54.16	59.19	64.02	70.90
150		31.30	34.53	37.71	42.39	46.96	52.87	58.60	64.12	69.45	77.07
160		33.52	36.99	40.42	45.47	50.41	56.82	63.03	69.05	74.87	83.23
170		35.73	39.46	43.13	48.55	53.86	60.77	67.47	73.98	80.30	89.40
	180	37.95	41.92	45.85	51.64	57.31	64.71	71.91	78.92	85.72	95.56
190		40.17	44.39	48.56	54.72	60.77	68.66	76.35	83.85	91.15	101.73
200		42.39	46.86	51.27	57.80	64.22	72.60	80.79	88.78	96.57	107.89
	220	46.83	51.79	56.70	63.97	71.12	80.50	89.67	98.65	107.43	120.23

外径/mm		壁厚/mm													
系列 2	系列 3	(5.5)	6	(7)	8	9	10	(11)	12.5	(14)	16	(18)	20	(22)	25
		理论质量[①]/(kg/m)													
	240			40.22	45.77	51.27	56.72	62.12	70.13	78.03	88.39	98.55	108.51	118.28	132.56
	260			43.68	49.72	55.71	61.65	67.55	76.30	84.93	96.28	107.43	118.38	129.13	144.89

注：括号内尺寸不推荐使用。

① 理论质量计算公式同表 3-75，钢的密度取 7.85kg/dm^3。

表 3-77 不锈钢管的外径和壁厚

外径/mm			壁厚/mm													
系列 1	系列 2	系列 3	0.5	0.6	0.7	0.8	0.9	1.0	1.2	1.4	1.5	1.6	2.0	2.2 (2.3)	2.5 (2.6)	2.8 (2.9)
	6		●	●	●	●	●	●	●							
	7		●	●	●	●	●	●	●							
	8		●	●	●	●	●	●	●							
	9		●	●	●	●	●	●	●							
10(10.2)			●	●	●	●	●	●	●	●	●	●	●			
	12		●	●	●	●	●	●	●	●	●	●	●			
	12.7		●	●	●	●	●	●	●	●	●	●	●	●	●	●
13(13.5)			●	●	●	●	●	●	●	●	●	●	●	●	●	●
		14	●	●	●	●	●	●	●	●	●	●	●	●	●	●
	16		●	●	●	●	●	●	●	●	●	●	●	●	●	●
17(17.2)			●	●	●	●	●	●	●	●	●	●	●	●	●	●
		18	●	●	●	●	●	●	●	●	●	●	●	●	●	●
	19		●	●	●	●	●	●	●	●	●	●	●	●	●	●
	20		●	●	●	●	●	●	●	●	●	●	●	●	●	●
21(21.3)			●	●	●	●	●	●	●	●	●	●	●	●	●	●
		22	●	●	●	●	●	●	●	●	●	●	●	●	●	●
	24		●	●	●	●	●	●	●	●	●	●	●	●	●	●
	25		●	●	●	●	●	●	●	●	●	●	●	●	●	●
		25.4						●	●	●	●	●	●	●	●	●
27(26.9)								●	●	●	●	●	●	●	●	●
		30						●	●	●	●	●	●	●	●	●
	32(31.8)							●	●	●	●	●	●	●	●	●

（续）

外径/mm			壁厚/mm											
系列1	系列2	系列3	3.0	3.2	3.5 (3.6)	4.0	4.5	5.0	5.5 (5.6)	6.0	(6.3) 6.5	7.0 (7.1)	7.5	8.0
	6													
	7													
	8													
	9													
10(10.2)														
	12													
	12.7		●	●										
13(13.5)			●	●										
		14	●	●	●									
	16		●	●	●	●								
17(17.2)			●	●	●	●								
		18	●	●	●	●	●							
	19		●	●	●	●	●							
	20		●	●	●	●	●							
21(21.3)			●	●	●	●	●	●						
		22	●	●	●	●	●	●						
	24		●	●	●	●	●	●						
	25		●	●	●	●	●	●	●	●				
		25.4	●	●	●	●	●	●	●	●				
27(26.9)			●	●	●	●	●	●	●	●				
		30	●	●	●	●	●	●	●	●	●			
	32(31.8)		●	●	●	●	●	●	●	●	●			

（续）

外径/mm			壁厚/mm														
系列1	系列2	系列3	1.0	1.2	1.4	1.5	1.6	2.0	2.2 (2.3)	2.5 (2.6)	2.8 (2.9)	3.0	3.2	3.5 (3.6)	4.0	4.5	5.0
34(33.7)			●	●	●	●	●	●	●	●	●	●	●	●	●	●	●
		35	●	●	●	●	●	●	●	●	●	●	●	●	●	●	●
	38		●	●	●	●	●	●	●	●	●	●	●	●	●	●	●
	40		●	●	●	●	●	●	●	●	●	●	●	●	●	●	●
42(42.4)			●	●	●	●	●	●	●	●	●	●	●	●	●	●	●
		45(44.5)	●	●	●	●	●	●	●	●	●	●	●	●	●	●	●
48(48.3)			●	●	●	●	●	●	●	●	●	●	●	●	●	●	●
	51		●	●	●	●	●	●	●	●	●	●	●	●	●	●	●
		54					●	●	●	●	●	●	●	●	●	●	●
	57						●	●	●	●	●	●	●	●	●	●	●
60(60.3)							●	●	●	●	●	●	●	●	●	●	●
	64(63.5)						●	●	●	●	●	●	●	●	●	●	●
	68						●	●	●	●	●	●	●	●	●	●	●
	70						●	●	●	●	●	●	●	●	●	●	●
	73						●	●	●	●	●	●	●	●	●	●	●
76(76.1)							●	●	●	●	●	●	●	●	●	●	●
		83(82.5)					●	●	●	●	●	●	●	●	●	●	●
89(88.9)							●	●	●	●	●	●	●	●	●	●	●
	95						●	●	●	●	●	●	●	●	●	●	●
	102(101.6)						●	●	●	●	●	●	●	●	●	●	●
	108						●	●	●	●	●	●	●	●	●	●	●
114(114.3)							●	●	●	●	●	●	●	●	●	●	●

（续）

外径/mm			壁厚/mm												
系列 1	系列 2	系列 3	5.5 (5.6)	6.0	(6.3) 6.5	7.0 (7.1)	7.5	8.0	8.5	(8.8) 9.0	9.5	10	11	12 (12.5)	14 (14.2)
34(33.7)			●	●	●										
		35	●	●	●										
	38		●	●	●										
	40		●	●	●										
42(42.4)			●	●	●	●	●								
		45(44.5)	●	●	●	●	●	●	●						
48(48.3)			●	●	●	●	●	●	●						
	51		●	●	●	●	●	●	●	●					
		54	●	●	●	●	●	●	●	●	●	●			
	57		●	●	●	●	●	●	●	●	●	●			
60(60.3)			●	●	●	●	●	●	●	●	●	●			
	64(63.5)		●	●	●	●	●	●	●	●	●	●			
	68		●	●	●	●	●	●	●	●	●	●	●	●	
	70		●	●	●	●	●	●	●	●	●	●	●	●	
	73		●	●	●	●	●	●	●	●	●	●	●	●	
76(76.1)			●	●	●	●	●	●	●	●	●	●	●	●	
		83(82.5)	●	●	●	●	●	●	●	●	●	●	●	●	●
89(88.9)			●	●	●	●	●	●	●	●	●	●	●	●	●
	95		●	●	●	●	●	●	●	●	●	●	●	●	●
	102(101.6)		●	●	●	●	●	●	●	●	●	●	●	●	●
	108		●	●	●	●	●	●	●	●	●	●	●	●	●
114(114.3)			●	●	●	●	●	●	●	●	●	●	●	●	●

（续）

外径/mm			壁厚/mm												
系列1	系列2	系列3	1.6	2.0	2.2 (2.3)	2.5 (2.6)	2.8 (2.9)	3.0	3.2	3.5 (3.6)	4.0	4.5	5.0	5.5 (5.6)	6.0
	127		●	●	●	●	●	●	●	●	●	●	●	●	●
	133		●	●	●	●	●	●	●	●	●	●	●	●	●
140(139.7)			●	●	●	●	●	●	●	●	●	●	●	●	●
	146		●	●	●	●	●	●	●	●	●	●	●	●	●
	152		●	●	●	●	●	●	●	●	●	●	●	●	●
	159		●	●	●	●	●	●	●	●	●	●	●	●	●
168(168.3)			●	●	●	●	●	●	●	●	●	●	●	●	●
	180			●	●	●	●	●	●	●	●	●	●	●	●
	194			●	●	●	●	●	●	●	●	●	●	●	
219(219.1)				●	●	●	●	●	●	●	●	●	●	●	
	245			●	●	●	●	●	●	●	●	●	●	●	
273				●	●	●	●	●	●	●	●	●	●	●	
325(323.9)						●	●	●	●	●	●	●	●	●	
	351					●	●	●	●	●	●	●	●	●	
356(355.6)						●	●	●	●	●	●	●	●	●	
	377					●	●	●	●	●	●	●	●	●	
406(406.4)						●	●	●	●	●	●	●	●	●	●
	426								●	●	●	●	●	●	●

外径/mm			壁厚/mm									
系列1	系列2	系列3	(6.3) 6.5	7.0 (7.1)	7.5	8.0	8.5	(8.8) 9.0	9.5	10	11	12 (12.5)
	127		●	●	●	●	●	●	●	●	●	●
	133		●	●	●	●	●	●	●	●	●	●
140(139.7)			●	●	●	●	●	●	●	●	●	●
	146		●	●	●	●	●	●	●	●	●	●
	152		●	●	●	●	●	●	●	●	●	●
	159		●	●	●	●	●	●	●	●	●	●
168(168.3)			●	●	●	●	●	●	●	●	●	●
	180		●	●	●	●	●	●	●	●	●	●
	194		●	●	●	●	●	●	●	●	●	●

（续）

外径/mm			壁厚/mm									
系列 1	系列 2	系列 3	(6.3) 6.5	7.0 (7.1)	7.5	8.0	8.5	(8.8) 9.0	9.5	10	11	12 (12.5)
219(219.1)			●	●	●	●	●	●	●	●	●	●
	245		●	●	●	●	●	●	●	●	●	●
273			●	●	●	●	●	●	●	●	●	●
325(323.9)			●	●	●	●	●	●	●	●	●	●
	351		●	●	●	●	●	●	●	●	●	●
356(355.6)			●	●	●	●	●	●	●	●	●	●
	377		●	●	●	●	●	●	●	●	●	●
406(406.4)			●	●	●	●	●	●	●	●	●	●
	426		●	●	●	●	●	●	●	●	●	●

外径/mm			壁厚/mm										
系列 1	系列 2	系列 3	14 (14.2)	15	16	17 (17.5)	18	20	22 (22.2)	24	25	26	28
	127		●										
	133		●										
140(139.7)			●	●	●								
	146		●	●	●								
	152		●	●	●								
	159		●	●	●								
168(168.3)			●	●	●	●	●						
	180		●	●	●	●	●						
	194		●	●	●	●	●						
219(219.1)			●	●	●	●	●	●	●	●	●	●	●
	245		●	●	●	●	●	●	●	●	●	●	●
273			●	●	●	●	●	●	●	●	●	●	●
325(323.9)			●	●	●	●	●	●	●	●	●	●	●
	351		●	●	●	●	●	●	●	●	●	●	●
356(355.6)			●	●	●	●	●	●	●	●	●	●	●
	377		●	●	●	●	●	●	●	●	●	●	●
406(406.4)			●	●	●	●	●	●	●	●	●	●	●
	426		●	●	●	●	●	●					

注：1. 括号内尺寸为相应的英制单位。
2. “●”表示常用规格。

(2) 尺寸允许偏差

1) 外径允许偏差见表3-78和表3-79。

表3-78 标准化外径允许偏差 (单位：mm)

偏差等级	标准化外径允许偏差	偏差等级	标准化外径允许偏差
D1	±1.5%D 或±0.75,取其中的较大值	D3	±0.75%D 或±0.30,取其中的较大值
D2	±1.0%D 或±0.50,取其中的较大值	D4	±0.5%D 或±0.10,取其中的较大值

注：D 为钢管的公称外径。

表3-79 非标准化外径允许偏差 (单位：mm)

偏差等级	非标准化外径允许偏差	偏差等级	非标准化外径允许偏差
ND1	+1.25%D -1.5%D	ND3	+1.25%D -1%D
ND2	±1.25%D	ND4	±0.8%D

注：1. D 为钢管的公称外径。

2. 特殊用途的钢管和冷轧（拔）钢管外径允许偏差可采用绝对偏差。

2) 壁厚允许偏差见表3-80和表3-81。

表3-80 标准化壁厚允许偏差 (单位：mm)

<table>
<tr><th colspan="2" rowspan="2">偏差等级</th><th colspan="4">壁厚允许偏差</th></tr>
<tr><th>S/D>0.1</th><th>0.05<S/D≤0.1</th><th>0.025<S/D≤0.05</th><th>S/D≤0.025</th></tr>
<tr><td colspan="2">S1</td><td colspan="4">±15.0%S 或±0.60,取其中的较大值</td></tr>
<tr><td rowspan="2">S2</td><td>A</td><td colspan="4">±12.5%S 或±0.40,取其中的较大值</td></tr>
<tr><td>B</td><td colspan="4">-12.5%S</td></tr>
<tr><td rowspan="3">S3</td><td>A</td><td colspan="4">±10.0%S 或±0.20,取其中的较大值</td></tr>
<tr><td>B</td><td>±10%S 或±0.40,取其中的较大值</td><td>±12.5%S 或±0.40,取其中的较大值</td><td colspan="2">±15.0%S 或±0.40,取其中的较大值</td></tr>
<tr><td>C</td><td colspan="4">-10%S</td></tr>
<tr><td rowspan="2">S4</td><td>A</td><td colspan="4">±7.5%S 或±0.15,取其中的较大值</td></tr>
<tr><td>B</td><td>±7.5%S 或±0.20,取其中的较大值</td><td>±10.0%S 或±0.20,取其中的较大值</td><td>±12.5%S 或±0.20,取其中的较大值</td><td>±15.0%S 或±0.20,取其中的较大值</td></tr>
<tr><td colspan="2">S5</td><td colspan="4">±5.0%S 或±0.10,取其中的较大值</td></tr>
</table>

注：S 为钢管的公称壁厚，D 为钢管的公称外径。

表3-81 非标准化壁厚允许偏差 (单位：mm)

偏差等级	非标准化壁厚允许偏差	偏差等级	非标准化壁厚允许偏差
NS1	+15.0%S -12.5%S	NS3	+12.5%S -10.0%S
NS2	+15.0%S -10.0%S	NS4	+12.5%S -7.5%S

注：1. S 为钢管的公称壁厚。

2. 特殊用途的钢管和冷轧（拔）钢管壁厚允许偏差可采用绝对偏差。

3）长度允许偏差见表 3-82。

表 3-82 长度及允许偏差 （单位：mm）

偏差等级	全长允许偏差	偏差等级	全长允许偏差
L1	+20 0	L3	+10 0
L2	+15 0	L4	+5 0

注：1. 钢管的通常长度为 3000～12500mm。
2. 定尺长度和倍尺长度应在通常长度范围内，全长允许偏差分为四级（见本表）。每个倍尺长度按以下规定留出切口余量：
外径≤159mm，留 5～10mm；
外径>159mm，留 10～15mm。

2. 结构用无缝钢管（GB/T 8162—2008）

（1）尺寸、外形与偏差

1）外径和壁厚。结构用无缝钢管的外径 D 和厚度 S 应符合 GB/T 17395—2008 的规定，其相应允许偏差见表 3-83～表 3-85。

表 3-83 钢管的外径允许偏差 （单位：mm）

钢管种类	允许偏差
热轧(挤压、扩)钢管	±1%D 或±0.50,取其中较大者
冷拔(轧)钢管	±1%D 或±0.30,取其中较大者

表 3-84 热轧（挤压、扩）钢管壁厚允许偏差

（单位：mm）

钢管种类	钢管公称外径	S/D	允许偏差
热轧(挤压)钢管	≤102	—	±12.5%S 或±0.40,取其中较大者
	>102	≤0.05	±15%S 或±0.40,取其中较大者
		>0.05～0.10	±12.5%S 或±0.40,取其中较大者
		>0.10	+12.5%S -10%S
热扩钢管	—		±15%S

表 3-85 冷拔（轧）钢管的壁厚允许偏差 （单位：mm）

钢管种类	钢管公称壁厚	允许偏差
冷拔(轧)	≤3	+15%S -10%S 或±0.15,取其中较大者
	>3	+12.5%S -10%S

2）长度应符合 GB/T 8162—2008 的规定。

3）弯曲度。钢管的每米弯曲度见表 3-86。

表 3-86　钢管的每米弯曲度

钢管公称壁厚/mm	每米弯曲度/(mm/m)
≤15	≤1.5
>15~30	≤2.0
>30 或 D≥351	≤3.0

注：钢管的全长弯曲度应不大于钢管总长度的 0.15%。

（2）化学成分（见表 3-87 和 3-88）

表 3-87　结构用无缝钢管的牌号和化学成分构成原则

钢　种	应符合的规定
优质碳素结构钢的牌号和化学成分(熔炼分析)	应符合 GB/T 699—1999 中 10、15、20、25、35、45、20Mn、25Mn 的规定
低合金高强度结构钢的牌号和化学成分(熔炼分析)	应符合 GB/T 1591—2008 的规定，其中质量等级为 A、B、C 级钢的磷、硫含量均应不大于 0.036%(质量分数)
合金结构钢和化学成分(熔炼分析)	应符合 GB/T 3077—1999 的规定

表 3-88　牌号为 Q235、Q275 的钢的化学成分（熔炼分析）

牌号	质量等级	化学成分(质量分数,%)①					
		C	Si	Mn	P	S	Alt(全铝)②
					≤		
Q235	A	≤0.22	≤0.35	≤1.40	0.030	0.030	—
	B	≤0.20					—
	C	≤0.17			0.030	0.030	—
	D				0.025	0.025	≥0.020
Q275	A	≤0.24	≤0.35	≤1.50	0.030	0.030	—
	B	≤0.21					—
	C	≤0.20			0.030	0.030	—
	D				0.025	0.025	≥0.020

① 残余元素 Cr、Ni 的含量应均不大于 0.30%（质量分数），Cu 的含量应不大于 0.20%（质量分数）。

② 当分析 Als（酸溶铝）时，Als≥0.015%（质量分数）。

（3）钢管的力学性能（见表 3-89 和表 3-90）

表 3-89　优质碳素结构钢、低合金高强度结构钢和牌号为 Q235、Q275 的钢管的力学性能

牌号	质量等级	抗拉强度 $R_m(\sigma_b)$ /MPa	下屈服强度 R_{eL}①/MPa			断后伸长率 A(%)	冲击试验	
			壁厚/mm				温度/℃	吸收能量 KV_2/J
			≤16	>16~30	>30			
			≥					≥
10	—	≥335	205	195	185	24	—	—
15	—	≥375	225	215	205	22	—	—

（续）

牌号	质量等级	抗拉强度 $R_m(\sigma_b)$ /MPa	下屈服强度 R_{eL} ① /MPa			断后伸长率 A(%)	冲击试验	
			壁厚/mm				温度/℃	吸收能量 KV_2/J
			≤16	>16~30	>30			
			≥					≥
20	—	≥410	245	235	225	20	—	—
25	—	≥450	275	265	255	18	—	—
35	—	≥510	305	295	285	17	—	—
45	—	≥590	335	325	315	14	—	—
20Mn	—	≥450	275	265	255	20	—	—
25Mn	—	≥490	295	285	275	18	—	—
Q235	A	375~500	235	225	215	25	—	—
	B						+20	27
	C						0	
	D						−20	
Q275	A	415~540	275	265	255	22	—	—
	B						+20	27
	C						0	
	D						−20	
Q295	A	390~570	295	275	255	22	—	—
	B						+20	34
Q345	A	470~630	345	325	295	20	—	—
	B						+20	34
	C					21	0	
	D						−20	
	E						−40	27
Q390	A	490~650	390	370	350	18	—	—
	B						+20	34
	C					19	0	
	D						−20	
	E						−40	27
Q420	A	520~680	420	400	380	18	—	—
	B						+20	34
	C					19	0	
	D						−20	
	E						−40	27
Q460	C	550~720	460	440	420	17	0	34
	D						−20	
	E						−40	27

① 拉伸试验时，如不能测定屈服强度，可测定规定非比例延伸强度 $R_{p0.2}$ 代替 R_{eL}。

表3-90　合金钢钢管的力学性能

序号	牌号	推荐的热处理制度[①]					拉伸性能			钢管退火或高温回火交货状态硬度HBW
		淬火(正火)			回火		抗拉强度 R_m /MPa	下屈服强度[⑥] R_{eL} /MPa	断后伸长率 A(%)	
		温度/℃		冷却剂	温度/℃	冷却剂				
		第一次	第二次				≥			≤
1	40Mn2	840	—	水、油	540	水、油	885	735	12	217
2	45Mn2	840	—	水、油	550	水、油	885	735	10	217
3	27SiMn	920	—	水	450	水、油	980	835	12	217
4	40MnB[②]	850	—	油	500	水、油	980	785	10	207
5	45MnB[②]	840	—	油	500	水、油	1030	835	9	217
6	20Mn2B[②、⑤]	880	—	油	200	水、空	980	785	10	187
7	20Cr[③、⑤]	880	800	水、油	200	水、空	835	540	10	179
							785	490	10	179
8	30Cr	860	—	油	500	水、油	885	685	11	187
9	35Cr	860	—	油	500	水、油	930	735	11	207
10	40Cr	850	—	油	520	水、油	980	785	9	207
11	45Cr	840	—	油	520	水、油	1030	835	9	217
12	50Cr	830	—	油	520	水、油	1080	930	9	229
13	38CrSi	900	—	油	600	水、油	980	835	12	255
14	12CrMo	900	—	空	650	空	410	265	24	179
15	15CrMo	900	—	空	650	空	440	295	22	179
16	20CrMo[③、⑤]	880	—	水、油	500	水、油	885	685	11	197
							845	635	12	197
17	35CrMo	850	—	油	550	水、油	980	835	12	229
18	42CrMo	850	—	油	560	水、油	1080	930	12	217
19	12CrMoV	970	—	空	750	空	440	225	22	241
20	12Cr1MoV	970	—	空	750	空	490	245	22	179
21	38CrMoAl[③]	940	—	水、油	640	水、油	980	835	12	229
							930	785	14	229
22	50CrVA	860	—	油	500	水、油	1275	1130	10	255
23	20CrMn	850	—	油	200	水、空	930	735	10	187
24	20CrMnSi[⑤]	880	—	油	480	水、油	785	635	12	207
25	30CrMnSi[③、⑤]	880	—	油	520	水、油	1080	885	8	229
							980	835	10	229
26	35CrMnSiA[⑤]	880	—	油	230	水、空	1620	—	9	229
27	20CrMnTi[④、⑤]	880	870	油	200	水、空	1080	835	10	217
28	30CrMnTi[④、⑤]	880	850	油	200	水、空	1470	—	9	229
29	12CrNi2	860	780	水、油	200	水、空	785	590	12	207

（续）

序号	牌　号	推荐的热处理制度①					拉伸性能			钢管退火或高温回火交货状态硬度 HBW
		淬火（正火）			回火		抗拉强度 R_m /MPa	下屈服强度⑥ R_{eL} /MPa	断后伸长率 A(%)	
		温度/℃		冷却剂	温度/℃	冷却剂				
		第一次	第二次				≥			≤
30	12CrNi3	860	780	油	200	水、空	930	685	11	217
31	12Cr2Ni4	860	780	油	200	水、空	1080	835	10	269
32	40CrNiMoA	850	—	油	600	水、油	980	835	12	269
33	45CrNiMoVA	860	—	油	460	油	1470	1325	7	269

① 表中所列热处理温度允许调整范围：淬火±20℃，低温回火±30℃，高温回火±50℃。
② 含硼钢在淬火前可先正火，正火温度应不高于其淬火温度。
③ 按需方指定的一组数据交货；当需方未指定时，可按其中任一组数据交货。
④ 含铬锰钛钢第一次淬火可用正火代替。
⑤ 于280~320℃等温淬火。
⑥ 拉伸试验时，如不能测定屈服强度，可测定规定非比例延伸强度 $R_{p0.2}$ 代替 R_{eL}。

3. 不锈钢小直径无缝钢管（GB/T 3090—2000）

（1）尺寸及允许偏差（见表3-91~表3-93）

表3-91　钢管的外径和壁厚　（单位：mm）

外　径	壁　厚														
	0.10	0.15	0.20	0.25	0.30	0.35	0.40	0.45	0.50	0.55	0.60	0.70	0.80	0.90	1.00
0.30	×														
0.35	×														
0.40	×	×													
0.45	×	×													
0.50	×	×													
0.55	×	×													
0.60	×	×	×												
0.70	×	×	×	×											
0.80	×	×	×	×											
0.90	×	×	×	×	×										
1.00	×	×	×	×	×	×									
1.20	×	×	×	×	×	×	×	×							
1.60	×	×	×	×	×	×	×	×	×	×					
2.00	×	×	×	×	×	×	×	×	×	×	×	×			
2.20	×	×	×	×	×	×	×	×	×	×	×	×	×		
2.50	×	×	×	×	×	×	×	×	×	×	×	×	×	×	×
2.80	×	×	×	×	×	×	×	×	×	×	×	×	×	×	×
3.00	×	×	×	×	×	×	×	×	×	×	×	×	×	×	×
3.20	×	×	×	×	×	×	×	×	×	×	×	×	×	×	×

（续）

外径	壁厚														
	0.10	0.15	0.20	0.25	0.30	0.35	0.40	0.45	0.50	0.55	0.60	0.70	0.80	0.90	1.00
3.40	×	×	×	×	×	×	×	×	×	×	×	×	×	×	×
3.60	×	×	×	×	×	×	×	×	×	×	×	×	×	×	×
3.80	×	×	×	×	×	×	×	×	×	×	×	×	×	×	×
4.00	×	×	×	×	×	×	×	×	×	×	×	×	×	×	×
4.20	×	×	×	×	×	×	×	×	×	×	×	×	×	×	×
4.50	×	×	×	×	×	×	×	×	×	×	×	×	×	×	×
4.80	×	×	×	×	×	×	×	×	×	×	×	×	×	×	×
5.00		×	×	×	×	×	×	×	×	×	×	×	×	×	×
5.50		×	×	×	×	×	×	×	×	×	×	×	×	×	×
6.00		×	×	×	×	×	×	×							

注：“×”表示常用规格。

表3-92 钢管外径和壁厚的允许偏差 （单位：mm）

尺寸		允许偏差	
		普通级	高级
外径	≤1.0	±0.03	±0.02
	>1.0~2.0	±0.04	±0.02
	>2.0	±0.05	±0.03
壁厚	<0.2	+0.03 -0.02	+0.02 -0.01
	0.2~0.5	±0.04	±0.03
	>0.5	±10%	±7.5%

注：当需方在合同中未注明钢管尺寸允许偏差时，按普通级供应。

表3-93 钢管的长度

长度	要求
通常长度	钢管的通常长度为500~4000mm。每批允许交付质量不超过该批订货钢管总质量10%的长度不小于300mm的短尺钢管
定尺长度和倍尺长度	定尺长度应在通常长度范围内，全长允许偏差为$^{+15}_{0}$mm 倍尺总长度应在通常长度范围内，全长允许偏差为$^{+20}_{0}$mm，每个倍尺长度应留0~5mm切口余量

（2）钢的牌号和化学成分（熔炼分析，见表3-94）

表3-94 不锈钢小直径无缝钢管用钢的牌号和化学成分

序号	牌号	化学成分（质量分数，%）								
		C	Si	Mn	P	S	Ni	Cr	Mo	Ti
1	06Cr18Ni10	≤0.07	≤1.00	≤2.00	≤0.035	≤0.030	8.00~11.00	17.00~19.00	—	—

（续）

序号	牌号	化学成分(质量分数,%)								
		C	Si	Mn	P	S	Ni	Cr	Mo	Ti
2	022Cr19Ni10	≤0.03	≤1.00	≤2.00	≤0.035	≤0.030	8.00~12.00	18.00~20.00	—	—
3	06Cr18Ni11Ti	≤0.08	≤1.00	≤2.00	≤0.035	≤0.030	9.00~12.00	17.00~19.00	—	>5w(C)
4	06Cr17Ni12Mo2	≤0.08	≤1.00	≤2.00	≤0.035	≤0.030	10.00~14.00	16.00~18.50	2.00~3.00	—
5	022Cr17Ni12Mo2	≤0.03	≤1.00	≤2.00	≤0.035	≤0.030	12.00~15.00	16.00~18.00	2.00~3.00	—
6	1Cr18Ni9Ti①	≤0.12	≤1.00	≤2.00	≤0.035	≤0.030	8.00~11.00	17.00~19.00	—	5(w(C)-0.02)~0.80

① 为旧牌号。

（3）钢管的力学性能（见表 3-95）

表 3-95 不锈钢小直径无缝钢管用钢的力学性能

序号	牌号	推荐热处理制度	抗拉强度 σ_b/MPa	断后伸长率 δ_5(%)	密度/(kg/dm³)
			≥		
1	06Cr18Ni10	1010~1150℃,急冷	520	35	7.93
2	022Cr19Ni10	1010~1150℃,急冷	480	35	7.93
3	06Cr18Ni11Ti	920~1150℃,急冷	520	35	7.95
4	06Cr17Ni12Mo2	1010~1150℃,急冷	520	35	7.90
5	022Cr17Ni12Mo2	1010~1150℃,急冷	480	35	7.98
6	1Cr18Ni9Ti①	1000~1100℃,急冷	520	35	7.90

注：1. 对于外径小于 3.2mm，或壁厚小于 0.30mm 的较小直径和较薄壁厚的钢管断后伸长率不小于 25%。

2. 硬态交货的钢管不作力学性能检验。软态钢管的力学性能应符合本表的规定。半冷硬态钢管的力学性能由供需双方协议。

① 为旧牌号。

4. 直缝电焊钢管（GB/T 13793—2008）

（1）尺寸及允许偏差

1）外径和壁厚应符合 GB/T 21835—2008 的规定，其相应允许偏差见表 3-96 和表 3-97。

表 3-96 钢管的外径允许偏差 （单位：mm）

外径 D	普通精度①	较高精度	高精度
5~20	±0.30	±0.20	±0.10
>20~50	±0.50	±0.30	±0.15

（续）

外径 D	普通精度①	较高精度	高精度
>50~80	±1.0%D	±0.50	±0.30
>80~114.3	±1.0%D	±0.60	±0.40
>114.3~219.1	±1.0%D	±0.80	±0.60
>219.1	±1.0%D	±0.75%D	±0.5%D

① 不适用于带式输送机托辊用钢管。

表 3-97 钢管的壁厚及允许偏差 （单位：mm）

壁厚(t)	普通精度①	较高精度	高精度	同截面壁厚允许差②
0.50~0.60	±0.10	±0.06	+0.03 −0.05	≤7.5%t
>0.60~0.80		±0.07	+0.04 −0.07	
>0.80~1.0		±0.08	+0.04 −0.07	
>1.0~1.2	±10%t	±0.09	+0.05 −0.09	
>1.2~1.4		±0.11		
>1.4~1.5		±0.12	+0.06 −0.11	
>1.5~1.6		±0.13		
>1.6~2.0		±0.14	+0.07 −0.13	
>2.0~2.2		±0.15		
>2.2~2.5		±0.16		
>2.5~2.8		±0.17	+0.08 −0.16	
>2.8~3.2		±0.18		
>3.2~3.8		±0.20	+0.10 −0.20	
>3.8~4.0		±0.22		
>4.0~5.5		±7.5%t	±5%t	
>5.5	±12.5%t	±10%t	±7.5%t	

① 不适用于带式输送机托辊用钢管。

② 不适合普通精度的钢管。同截面壁厚差指同一横截面上实测壁厚的最大值与最小值之差。

2）长度及其他。长度要求见表 3-98，其他尺寸要求见 GB/T 13793—2008。

表 3-98 钢管的长度及要求 （单位：mm）

长度	要求
通常长度	1）外径≤30，4000~6000mm 2）外径>30~70mm，4000~8000 3）外径>70mm，4000~12000 4）经供需双方协商，并在合同中注明，可提供通常长度以外长度的钢管 5）按通常长度交货时，每批钢管可交付数量不超过该批钢管交货总数量5%的，长度不小于2000的短尺钢管

（续）

长　度	要　求
定尺长度和倍尺长度	根据需方要求，经供需双方协商，并在合同中注明，钢管可按定尺长度或倍尺长度交货。定尺长度和倍尺总长度应在通常长度范围内。倍尺长度每个倍尺长度应留 5~10 的切口余量。定尺长度、倍尺总长度允许偏差应符合以下规定： 1）$D\leqslant30$，$^{+15}_{0}$ 2）$D>30\sim219.1$，$^{+20}_{0}$ 3）$D>219.1$，$^{+50}_{0}$

（2）力学性能（见表 3-99~表 3-101）

表 3-99　一般要求钢管的力学性能

牌　号	下屈服强度 R_{eL}/MPa	抗拉强度 R_m/MPa	断后伸长率 A(%)
	≥		
08、10	195	315	22
15	215	355	20
20	235	390	19
Q195	195	315	22
Q215A、Q215B	215	335	22
Q235A、Q235B、Q235C	235	375	20
Q295A、Q295B	295	390	18
Q345A、Q345B、Q345C	345	470	18

表 3-100　特殊要求的钢管力学性能

牌　号	下屈服强度 R_{eL}/MPa	抗拉强度 R_m/MPa	断后伸长率 A(%)
	≥		
08、10	205	375	13
15	225	400	11
20	245	440	9
Q195	205	335	14
Q215A、Q215B	225	355	13
Q235A、Q235B、Q235C	245	390	9
Q295A、Q295B	—	—	—
Q345A、Q345B、Q345C	—	—	—

表 3-101 焊缝抗拉强度

牌 号	焊缝抗拉强度 R_m/MPa	牌 号	焊缝抗拉强度 R_m/MPa
08、10	315	Q215A、Q215B	335
15	355	Q235A、Q235B、Q235C	375
20	390	Q295A、Q295B	390
Q195	315	Q345A、Q345B、Q345C	470

5. 不锈钢极薄壁无缝钢管（GB/T 3089—2008）

(1) 尺寸及允许偏差（见表 3-102~表 3-105）

表 3-102 公称外径和公称壁厚 （单位：mm）

公称外径×公称壁厚				
10.3×0.15	12.4×0.20	15.4×0.20	18.4×0.20	20.4×0.20
24.4×0.20	26.4×0.20	32.4×0.20	35.0×0.50	40.4×0.20
40.6×0.30	41.0×0.50	41.2×0.60	48.0×0.25	50.5×0.25
53.2×0.60	55.0×0.50	59.6×0.30	60.0×0.25	60.0×0.50
61.0×0.35	61.0×0.50	61.2×0.60	67.6×0.30	67.8×0.40
70.2×0.60	74.0×0.50	75.5×0.25	75.6×0.30	82.8×0.40
83.0×0.50	89.6×0.30	89.8×0.40	90.2×0.40	90.5×0.25
90.6×0.30	90.8×0.40	95.6×0.30	101.0×0.50	102.6×0.30
110.9×0.45	125.7×0.35	150.8×0.40	250.8×0.40	

表 3-103 公称外径允许偏差 （单位：mm）

公称外径 D	公称外径允许偏差	
	普 通 级	高 级
≤32.4	±0.15	±0.10
>32.4~60.0	±0.35	±0.25
>60.0	±1%D	±0.75%D

注：钢管的公称外径允许偏差应符合本表的规定。当合同中未注明钢管尺寸允许偏差级别时，钢管外径的允许偏差按普通级交货。

表 3-104 公称壁厚允许偏差 （单位：mm）

钢管尺寸		公称壁厚允许偏差	
公称外径 D	公称壁厚 S	普通级	高级
≤60.0	≤0.20	±0.03	+0.03 −0.01
	0.25	+0.04 −0.03	+0.03 −0.02
	0.30	±0.04	±0.03
	0.35	+0.05 −0.04	+0.04 −0.03
	0.40	±0.05	±0.04
	0.50	±0.06	+0.05 −0.04
	0.60	±0.08	±0.05
>60.0	≤0.25	±0.04	±0.03
	0.30	±0.04	+0.04 −0.03
	0.36	±0.05	±0.04
	0.40	±0.05	+0.05 −0.04
	0.46	±0.06	±0.05
	0.50	±0.06	±0.05
	0.60	±0.08	±0.05

注：钢管公称壁厚的允许偏差应符合本表的规定。当合同中未注明钢管尺寸允许偏差级别时，钢管壁厚的允许偏差按普通级交货。

表 3-105 长度及其他尺寸

长度及其他尺寸	要求
通常长度	800~6000mm
定尺长度	应在通常长度范围内，其长度允许偏差为$^{+10}_{-0}$mm
倍尺长度	应在通常范围内，每个倍尺长度应留 5mm 切口余量，全长允许偏差为$^{+10}_{-0}$mm
弯曲度	以热处理状态交货的且外径不大于 32.4mm 的钢管，其每米弯曲度应不大于 5mm。外径大于 32.4mm 的钢管或以不经热处理状态交货的钢管，其弯曲度不作要求

（2）钢的牌号和化学成分（见表 3-106）

表3-106 不锈钢极薄壁无缝钢管用钢的牌号和化学成分

GB/T 20878—2007中的序号	统一数字代号	新牌号	旧牌号	化学成分(质量分数,%)								
				C	Si	Mn	S	P	Cr	Ni	Ti	Mo
17	S30408	06Cr19Ni10	0Cr18Ni9	≤0.08	≤1.00	≤2.00	≤0.030	≤0.035	18.00~20.00	8.00~11.00	—	—
18	S30403	022Cr19Ni10	00Cr19Ni10	≤0.030	≤1.00	≤2.00	≤0.030	≤0.035	18.00~20.00	8.00~12.00	—	—
39	S31603	022Cr17Ni12Mo2	00Cr17Ni14Mo2	≤0.030	≤1.00	≤2.00	≤0.030	≤0.035	16.00~18.00	10.00~14.00	—	2.00~3.00
41	S31668	06Cr17Ni12Mo2Ti	0Cr18Ni12Mo3Ti	≤0.08	≤1.00	≤2.00	≤0.030	≤0.035	16.00~18.00	10.00~14.00	≥5C	2.0~3.00
55	S32168	06Cr18Ni11Ti	0Cr18Ni10Ti	≤0.08	≤1.00	≤2.00	≤0.030	≤0.035	17.00~19.00	9.00~12.00	5C~0.70	—

6. 高压锅炉用无缝钢管（GB 5310—2008）

（1）尺寸及允许偏差（见表 3-107~表 3-109）

表 3-107 钢管公称外径和公称壁厚允许偏差（单位：mm）

分类代号	制造方式	钢管尺寸			允许偏差	
					普通级	高级
W-H	热轧（挤压）钢管	公称外径 D	≤54		±0.40	±0.30
			>54~325	$S \leq 35$	±0.75%D	±0.5%D
				$S>35$	±1%D	±0.75%D
			>325		±1%D	±0.75%D
		公称壁厚 S	≤4.0		±0.45	±0.35
			>4.0~20		+12.5%S −10%S	±10%S
			>20	$D<219$	±10%S	±7.5%S
				$D \geq 219$	+12.5%S −10%S	±10%S
W-H	热扩钢管	公称外径 D	全部		±1%D	±0.75%D
		公称壁厚 S	全部		+20%S −10%S	+15%S −10%S
W-C	冷拔（轧）钢管	公称外径 D	≤25.4		±0.15	—
			>25.4~40		±0.20	—
			>40~50		±0.25	—
			>50~60		±0.30	—
			>60		±0.5%D	—
		公称壁厚 S	≤3.0		±0.3	±0.2
			>3.0		±10%S	±7.5%S

注：其他尺寸要求见 GB 5310—2008。

表 3-108 钢管最小壁厚允许偏差（单位：mm）

分类代号	制造方式	壁厚范围	允许偏差	
			普通级	高级
W-H	热轧（挤压）钢管	$S_{min} \leq 4.0$	+0.90 0	+0.70 0
		$S_{min}>4.0$	+25%S_{min} 0	+22%S_{min} 0

（续）

分类代号	制造方式	壁厚范围	允许偏差	
			普通级	高级
W-C	冷拔（轧）钢管	$S_{min} \leqslant 3.0$	$^{+0.6}_{0}$	$^{+0.4}_{0}$
		$S_{min} > 3.0$	$^{+20\%S_{min}}_{0}$	$^{+15\%S_{min}}_{0}$

表 3-109 长度及外形尺寸

长度及外形尺寸	要求
通常长度	钢管的通常长度为 4000~12000mm 经供需双方协商，并在合同中注明，可交付长度大于 12000mm 或短于 4000mm 但不短于 3000mm 的钢管；长度短于 4000mm 但不短于 3000mm 的钢管，其数量应不超过该批钢管交货总数量的 5%
定尺长度和倍尺长度	根据需方要求，经供需双方协商，并在合同中注明，钢管可按定尺长度或倍尺长度交货。钢管的定尺长度允许偏差为 $^{+15}_{0}$ mm。每个倍尺长度应按下述规定留出切口余量： 1）$D \leqslant 159$mm 时，切口余量为 5~10mm 2）$D > 159$mm 时，切口余量为 10~15mm
弯曲度	1. 钢管的每米弯曲度应符合如下规定： $S \leqslant 15$mm 时，弯曲度不大于 1.5mm/m $S > 15$~30mm 时，弯曲度不大于 2.0mm/m $S > 30$mm 时，弯曲度不大于 3.0mm/m 2. $D \geqslant 127$mm 的钢管，其全长弯曲度应不大于钢管长度的 0.10% 3. 根据需方要求，经供需双方协商，并在合同中注明，钢管的每米弯曲度和全长弯曲度可采用其他
圆度和壁厚不均	根据需方要求，经供需双方协商，并在合同中注明，钢管的不圆度和壁厚不均应分别不超过外径和壁厚公差的 80%

（2）钢的牌号和化学成分（见表 3-110~表 3-112）

表 3-110　高压锅炉用无缝钢管用钢的牌号和化学成分（熔炼分析）

钢类	序号	牌号	化学成分(质量分数,%)[①]															
			C	Si	Mn	Cr	Mo	V	Ti	B	Ni	Alt	Cu	Nb	N	W	P	S
																	≤	
优质碳素结构钢	1	20G	0.17~0.23	0.17~0.37	0.35~0.65	—	—	—	—	—	—	②	—	—	—	—	0.025	0.015
	2	20MnG	0.17~0.23	0.17~0.37	0.70~1.00	—	—	—	—	—	—	—	—	—	—	—	0.025	0.015
	3	25MnG	0.22~0.27	0.17~0.37	0.70~1.00	—	—	—	—	—	—	—	—	—	—	—	0.025	0.015
合金结构钢	4	15MoG	0.12~0.20	0.17~0.37	0.40~0.80	—	0.25~0.35	—	—	—	—	—	—	—	—	—	0.025	0.015
	5	20MoG	0.15~0.25	0.17~0.37	0.40~0.80	—	0.44~0.65	—	—	—	—	—	—	—		—	0.025	0.015
	6	12CrMoG	0.08~0.15	0.17~0.37	0.40~0.70	0.40~0.70	0.40~0.55	—	—	—	—	—	—	—	—	—	0.025	0.015
	7	15CrMoG	0.12~0.18	0.17~0.37	0.40~0.70	0.80~1.10	0.40~0.55	—	—	—	—	—	—	—	—	—	0.025	0.015
	8	12Cr2MoG	0.08~0.15	≤0.50	0.40~0.60	2.00~2.50	0.90~1.13	—	—	—	—	—	—	—	—	—	0.025	0.015

（续）

钢类	序号	牌号	化学成分（质量分数，%）①														P	S
			C	Si	Mn	Cr	Mo	V	Ti	B	Ni	Alt	Cu	Nb	N	W	≤	
合金结构钢	9	12Cr1MoVG	0.08~0.15	0.17~0.37	0.40~0.70	0.90~1.20	0.25~0.35	0.15~0.30	—	—	—	—	—	—	—	—	0.025	0.010
	10	12Cr2MoWVTiB	0.08~0.15	0.45~0.75	0.45~0.65	1.60~2.10	0.50~0.65	0.28~0.42	0.08~0.18	0.0020~0.0080	—	—	—	—	—	0.30~0.55	0.025	0.015
	11	07Cr2MoW2VNbB	0.04~0.10	≤0.50	0.10~0.60	1.90~2.60	0.05~0.30	0.20~0.30	—	0.0005~0.0060	—	≤0.030	—	0.02~0.08	≤0.030	1.45~1.75	0.025	0.010
	12	12Cr3MoVSiTiB	0.09~0.15	0.60~0.90	0.50~0.80	2.50~3.00	1.00~1.20	0.25~0.35	0.22~0.38	0.0050~0.0110	—	—	—	—	—	—	0.025	0.015
	13	15Ni1MnMoNbCu	0.10~0.17	0.25~0.50	0.80~1.20	—	0.25~0.50	—	—	—	1.00~1.30	≤0.050	0.50~0.80	0.015~0.045	≤0.020	—	0.025	0.015
	14	10Cr9Mo1VNbN	0.08~0.12	0.20~0.50	0.30~0.60	8.00~9.50	0.85~1.05	0.18~0.25	—	—	≤0.40	≤0.020	—	0.06~0.10	0.030~0.070	—	0.020	0.010
	15	10Cr9MoW2VNbBN	0.07~0.13	≤0.50	0.30~0.60	8.50~9.50	0.30~0.60	0.15~0.25	—	0.0010~0.0060	≤0.40	≤0.020	—	0.04~0.09	0.030~0.070	1.50~2.00	0.020	0.010
	16	10Cr11MoW2VNbCu1BN	0.07~0.14	≤0.50	≤0.70	10.00~11.50	0.25~0.60	0.15~0.30	—	0.0005~0.0050	≤0.50	≤0.020	0.30~1.70	0.04~0.10	0.040~0.100	1.50~2.50	0.020	0.010
	17	11Cr9Mo1W1VNbBN	0.09~0.13	0.10~0.50	0.30~0.60	8.50~9.50	0.90~1.10	0.18~0.25	—	0.0003~0.0060	≤0.40	≤0.020	—	0.06~0.10	0.040~0.090	0.90~1.10	0.020	0.010

（续）

钢类	序号	牌　号	化学成分(质量分数,%)①															
			C	Si	Mn	Cr	Mo	V	Ti	B	Ni	Alt	Cu	Nb	N	W	P	S
																	≤	
不锈(耐热)钢	18	07Cr19Ni10	0.04~0.10	≤0.75	≤2.00	18.00~20.00	—	—	—	—	8.00~11.00	—	—	—	—	—	0.030	0.015
	19	10Cr18Ni9NbCu3BN	0.07~0.13	≤0.30	≤1.00	17.00~19.00	—	—	—	0.0010~0.0100	7.50~10.50	0.003~0.030	2.50~3.50	0.30~0.60	0.050~0.120	—	0.030	0.010
	20	07Cr25Ni21NbN	0.04~0.10	≤0.75	≤2.00	24.00~26.00	—	—	—		19.00~22.00	—	—	0.20~0.60	0.150~0.350	—	0.030	0.015
	21	07Cr19Ni11Ti	0.04~0.10	≤0.75	≤2.00	17.00~20.00	—	—	4C~0.60		9.00~13.00	—	—	—	—	—	0.030	0.015
	22	07Cr18Ni11Nb	0.04~0.10	≤0.75	≤2.00	17.00~19.00	—	—	—	—	9.00~13.00	—	—	8C~1.10	—	—	0.030	0.015
	23	08Cr18Ni11NbFG	0.06~0.10	≤0.75	≤2.00	17.00~19.00	—	—	—	—	9.00~12.00	—	—	8C~1.10	—	—	0.030	0.015

注：1. Alt 指全铝含量。

2. 牌号 08Cr18Ni11NbFG 中的“FG”表示细晶粒。

① 除非冶炼需要，未经需方同意，不允许在钢中有意添加本表中未提及的元素。制造厂应采取所有恰当的措施，以防止废钢和生产过程中所使用的其他材料把会削弱钢材力学性能及适用性的元素带入钢中。

② 20G 钢中 Alt 不大于 0.015%（质量分数），不作交货要求，但应填入质量证明书中。

表 3-111 钢中残余元素含量

钢类	残余元素（质量分数,%）						
	Cu	Cr	Ni	Mo	V①	Ti	Zr
	不大于						
优质碳素结构钢	0.20	0.25	0.25	0.15	0.08	—	—
合金结构钢	0.20	0.30	0.30	—	0.08	②	②
不锈（耐热）钢	0.25	—	—	—	—	—	—

① 15Ni1MnMoNbCu 的残余 V 含量应不超过 0.02%（质量分数）。

② 10Cr9Mo1VNbN、10Cr9MoW2VNbBN、10Cr11MoW2VNbCu1BN 和 11Cr9Mo1W1VNbBN 的残余 Ti 含量应不超过 0.01%（质量分数），残余 Zr 含量应不超过 0.01%（质量分数）。

表 3-112 成品钢管化学成分允许偏差

元素	规定的熔炼化学成分上限值	允许偏差（%）	
		上偏差	下偏差
C	≤0.27	0.01	0.01
Si	≤0.37	0.02	0.02
	>0.37~1.00	0.04	0.04
Mn	≤1.00	0.03	0.03
	>1.00~2.00	0.04	0.04
P	≤0.030	0.005	—
S	≤0.015	0.005	—
Cr	≤1.00	0.05	0.05
	>1.00~10.00	0.10	0.10
	>10.00~15.00	0.15	0.15
	>15.00~26.00	0.20	0.20
Mo	≤0.35	0.03	0.03
	>0.35~1.20	0.04	0.04
V	≤0.10	0.01	—
	>0.10~0.42	0.03	0.03
Ti	≤0.01	0	—
	>0.01~0.38	0.01	0.01

（续）

元　素	规定的熔炼化学成分上限值	允许偏差(%)	
		上偏差	下偏差
Ni	≤1.00	0.03	0.03
	>1.00~1.30	0.05	0.05
	>1.30~10.00	0.10	0.10
	>10.00~22.00	0.15	0.15
Nb	≤0.10	0.005	0.005
	>0.10~1.10	0.05	0.05
W	≤1.00	0.04	0.04
	>1.00~2.50	0.08	0.08
Cu	≤1.00	0.05	0.05
	>1.00~3.50	0.10	0.10
Al	≤0.050	0.005	0.005
B	≤0.0050	0.0005	0.0001
	>0.0050~0.0110	0.0010	0.0003
N	≤0.100	0.005	0.005
	>0.100~0.350	0.010	0.010
Zr	≤0.01	0	—

（3）钢管的热处理制度（见表 3-113）

表 3-113　高压锅炉用无缝钢管的热处理制度

序号	牌　号	热处理制度
1	20G①	正火:正火温度 880~940℃
2	20MnG①	正火:正火温度 880~940℃
3	25MnG①	正火:正火温度 880~940℃
4	15MoG②	正火:正火温度 890~950℃
5	20MoG②	正火:正火温度 890~950℃
6	12CrMoG②	正火加回火:正火温度 900~960℃,回火温度 670~730℃
7	15CrMoG②	正火加回火:正火温度 900~960℃;回火温度 680~730℃
8	12Cr2MoG②	S≤30mm 的钢管正火加回火:正火温度 900~960℃;回火温度 700~750℃。S>30mm 的钢管淬火加回火或正火加回火;淬火温度不低于 900℃,回火温度 700~750℃;正火温度 900~960℃,回火温度 700~750℃,但正火后应进行快速冷却

（续）

序号	牌　　号	热处理制度
9	12Cr1MoVG②	$S \leqslant 30$mm 的钢管正火加回火：正火温度 980～1020℃；回火温度 720～760℃。$S>30$mm 的钢管淬火加回火或正火加回火；淬火温度 950～990℃，回火温度 720～760℃；正火温度 980～1020℃，回火温度 720～760℃，但正火后应进行快速冷却
10	12Cr2MoWVTiB	正火加回火：正火温度 1020～1060℃；回火温度 760～790℃
11	07Cr2MoW2VNbB	正火加回火：正火温度 1040～1080℃；回火温度 750～780℃
12	12Cr3MoVSiTiB	正火加回火：正火温度 1040～1090℃；回火温度 720～770℃
13	15Ni1MnMoNbCu	$S \leqslant 30$mm 的钢管正火加回火：正火温度 880～980℃；回火温度 610～680℃。$S>30$mm 的钢管淬火加回火或正火加回火：淬火温度不低于 900℃，回火温度 610～680℃；正火温度 880～980℃，回火温度 610～680℃，但正火后应进行快速冷却
14	10Cr9Mo1VNbN	正火加回火：正火温度 1040～1080℃；回火温度 750～780℃。$S>70$mm 的钢管可淬火加回火，淬火温度不低于 1040℃，回火温度 750～780℃
15	10Cr9MoW2VNbBN	正火加回火：正火温度 1040～1080℃；回火温度 760～790℃。$S>70$mm 的钢管可淬火加回火，淬火温度不低于 1040℃，回火温度 760～790℃
16	10Cr11MoW2VNbCu1BN	正火加回火：正火温度 1040～1080℃；回火温度 760～790℃。$S>70$mm 的钢管可淬火加回火，淬火温度不低于 1040℃，回火温度 760～790℃
17	11Cr9Mo1W1VNbBN	正火加回火：正火温度 1040～1080℃；回火温度 750～780℃。$S>70$mm 的钢管可淬火加回火，淬火温度不低于 1040℃，回火温度 750～780℃
18	07Cr19Ni10	固溶处理：固溶温度≥1040℃，急冷
19	10Cr18Ni9NbCu3BN	固溶处理：固溶温度≥1100℃，急冷
20	07Cr25Ni21NbN③	固溶处理：固溶温度≥1100℃，急冷
21	07Cr19Ni11Ti③	固溶处理：热轧（挤压、扩）钢管固溶温度≥1050℃，冷拔（轧）钢管固溶温度≥1100℃，急冷
22	07Cr18Ni11Nb③	固溶处理：热轧（挤压、扩）钢管固溶温度≥1050℃，冷拔（轧）钢管固溶温度≥1100℃，急冷
23	08Cr18Ni11NbFG	冷加工之前软化热处理：软化热处理温度应至少比固溶处理温度高 50℃；最终冷加工之后固溶处理：固溶温度≥1180℃，急冷

① 热轧（挤压、扩）钢管终轧温度在相变临界温度 Ar_3 至表中规定温度上限的范围内，且钢管是经过空冷时，则应认为钢管是经过正火的。

② $D \geqslant 457$mm 的热扩钢管，当钢管终轧温度在相变临界温度 Ar_3 至表中规定温度上限的范围内，且钢管是经过空冷时，则应认为钢管是经过正火的；其余钢管在需方同意的情况下，并在合同中注明，可采用符合前述规定的在线正火。

③ 根据需方要求，牌号为 07Cr25Ni21NbN、07Cr19Ni11Ti 和 07Cr18Ni11Nb 的钢管在固溶处理后可接着进行低于初始固溶处理温度的稳定化热处理，稳定化热处理的温度由供需双方协商。

（4）力学性能（见表3-114~表3-116）

表3-114 钢管的力学性能

序号	牌号	拉伸性能				冲击吸收能量 KV_2/J		硬度		
		抗拉强度 R_m/MPa	下屈服强度或规定非比例延伸强度 R_{eL}或$R_{P0.2}$ /MPa	断后伸长率 $A(\delta)$(%)		纵向	横向	HBW	HV	HRC 或 HRB
				纵向	横向					
			≥					≤		
1	20G	410~550	245	24	22	40	27	—	—	—
2	20MnG	415~560	240	22	20	40	27	—	—	—
3	25MnG	485~640	275	20	18	40	27	—	—	—
4	15MoG	450~600	270	22	20	40	27	—	—	—
5	20MoG	415~665	220	22	20	40	27	—	—	—
6	12CrMoG	410~560	205	21	19	40	27	—	—	—
7	15CrMoG	440~640	295	21	19	40	27	—	—	—
8	12Cr2MoG	450~600	280	22	20	40	27	—	—	—
9	12Cr1MoVG	470~640	255	21	19	40	27	—	—	—
10	12Cr2MoWVTiB	540~735	345	18	—	40	—	—	—	—
11	07Cr2MoW2VNbB	≥510	400	22	18	40	27	220	230	97HRB
12	12Cr3MoVSiTiB	610~805	440	16	—	40	—	—	—	—
13	15Ni1MnMoNbCu	620~780	440	19	17	40	27	—	—	—
14	10Cr9Mo1VNbN	≥585	415	20	16	40	27	250	265	25HRC
15	10Cr9MoW2VNbBN	≥620	440	20	16	40	27	250	265	25HRC
16	10Cr11MoW2VNbCu1BN	≥620	400	20	16	40	27	250	265	25HRC
17	11Cr9Mo1W1VNbBN	≥620	440	20	16	40	27	238	250	23HRC
18	07Cr19Ni10	≥515	205	35	—	—	—	192	200	90HRB
19	10Cr18Ni9NbCu3BN	≥590	235	35	—	—	—	219	230	95HRB
20	07Cr25Ni21NbN	≥655	295	30	—	—	—	256	—	100HRB
21	07Cr19Ni11Ti	≥515	205	35	—	—	—	192	200	90HRB
22	07Cr18Ni11Nb	≥520	205	35	—	—	—	192	200	90HRB
23	08Cr18Ni11NbFG	≥550	205	35	—	—	—	192	200	90HRB

表 3-115 钢管高温规定非比例延伸强度

序号	牌号	高温规定非比例延伸强度 $R_{P0.2}$/MPa ≥										
		温度/℃										
		100	150	200	250	300	350	400	450	500	550	600
1	20G	—	—	215	196	177	157	137	98	49	—	—
2	20MnG	219	214	208	197	183	175	168	156	151	—	—
3	25MnG	252	245	237	226	210	201	192	179	172	—	—
4	15MoG	—	—	225	205	180	170	160	155	150	—	—
5	20MoG	207	202	199	187	182	177	169	160	150	—	—
6	12CrMoG	193	187	181	175	170	165	159	150	140	—	—
7	15CrMoG	—	—	269	256	242	228	216	205	198	—	—
8	12Cr2MoG	192	188	186	185	185	185	185	181	173	159	—
9	12Cr1MoVG	—	—	—	—	230	225	219	211	201	187	—
10	12Cr2MoWVTiB	—	—	—	—	360	357	352	343	328	305	274
11	07Cr2MoW2VNbB	379	371	363	361	359	352	345	338	330	299	266
12	12Cr3MoVSiTiB	—	—	—	—	403	397	390	379	364	342	—
13	15Ni1MnMoNbCu	422	412	402	392	382	373	343	304	—	—	—
14	10Cr9Mo1VNbN	384	378	377	377	376	371	358	337	306	260	198
15	10Cr9MoW2VNbBN①	619	610	593	577	564	548	528	504	471	428	367
16	10Cr11MoW2VNbCu1BN①	618	603	586	574	562	550	533	511	478	433	371
17	11Cr9Mo1W1VNbBN	413	396	384	377	373	368	362	348	326	295	256
18	07Cr19Ni10	170	154	144	135	129	123	119	114	110	105	101
19	10Cr18Ni9NbCu3BN	203	189	179	170	164	159	155	150	146	142	138
20	07Cr25Ni21NbN①	573	523	490	468	451	440	429	421	410	397	374
21	07Cr19Ni11Ti	184	171	160	150	142	136	132	128	126	123	122
22	07Cr18Ni11Nb	189	177	166	158	150	145	141	139	139	133	130
23	08Cr18Ni11NbFG	185	174	166	159	153	148	144	141	138	135	132

注：本表规定仅在合同中有规定时才运用。

① 表中所列牌号 10Cr9MoW2VNbBN、10Cr11MoW2VNbCu1BN 和 07Cr25Ni21NbN 的数据为材料在该温度下的抗拉强度。

表 3-116　100000h 持久强度推荐数据

序号	牌号	100000h 持久强度推荐数据/MPa　≥																														
		温度/℃																														
		400	410	420	430	440	450	460	470	480	490	500	510	520	530	540	550	560	570	580	590	600	610	620	630	640	650	660	670	680	690	700
1	20G	128	116	104	93	83	74	65	58	51	45	39	—	—	—	—	—	—	—	—	—	—	—	—	—	—	—	—	—	—	—	—
2	20MnG	—	—	—	110	100	87	75	64	55	46	39	31	—	—	—	—	—	—	—	—	—	—	—	—	—	—	—	—	—	—	—
3	25MnG	—	—	—	120	103	88	75	64	55	46	39	31	—	—	—	—	—	—	—	—	—	—	—	—	—	—	—	—	—	—	—
4	15MoG	—	—	—	—	—	245	209	174	143	117	93	74	59	47	38	31	—	—	—	—	—	—	—	—	—	—	—	—	—	—	—
5	20MoG	—	—	—	—	—	—	—	—	145	124	105	85	71	59	50	40	—	—	—	—	—	—	—	—	—	—	—	—	—	—	—
6	12CrMoG	—	—	—	—	—	—	—	—	144	130	113	95	83	71	—	—	—	—	—	—	—	—	—	—	—	—	—	—	—	—	—
7	15CrMoG	—	—	—	—	—	—	—	—	—	168	145	124	106	91	75	61	—	—	—	—	—	—	—	—	—	—	—	—	—	—	—
8	12Cr2MoG	—	—	—	—	—	172	165	154	143	133	122	112	101	91	81	72	64	56	49	42	36	31	25	22	18	—	—	—	—	—	—
9	12Cr1MoVG	—	—	—	—	—	—	—	—	—	—	184	169	153	138	124	110	98	85	75	64	55	—	—	—	—	—	—	—	—	—	—
10	12Cr2MoWVTiB	—	—	—	—	—	—	—	—	—	—	—	—	—	—	176	162	147	132	118	105	92	80	69	59	50	—	—	—	—	—	—
11	07Cr2MoW2VNbB	—	—	—	—	—	—	—	—	—	—	—	184	171	158	145	134	122	111	101	90	80	69	58	43	28	14	—	—	—	—	—
12	12Cr3MoVSiTiB	—	—	—	—	—	—	—	—	—	—	—	—	—	—	148	135	122	110	98	88	78	69	61	54	47	—	—	—	—	—	—
13	15Ni1MnMoNbCu	373	349	325	300	273	245	210	175	139	104	69	—	—	—	—	—	—	—	—	—	—	—	—	—	—	—	—	—	—	—	—
14	10Cr9Mo1VNbN	—	—	—	—	—	—	—	—	—	—	—	—	—	—	166	153	140	128	116	103	93	83	73	63	53	44	—	—	—	—	—
15	10Cr9MoW2VNbBN	—	—	—	—	—	—	—	—	—	—	—	—	—	—	—	—	171	160	146	132	119	106	93	82	71	61	—	—	—	—	—

序号	牌号	100000h 持久强度推荐数据/MPa　≥																									
		温度/℃																									
		500	510	520	530	540	550	560	570	580	590	600	610	620	630	640	650	660	670	680	690	700	710	720	730	740	750
16	10Cr11MoW2VNbCu1BN	—	—	—	—	—	—	157	143	128	114	101	89	76	66	55	47	—	—	—	—	—	—	—	—	—	—
17	11Cr9Mo1W1VNbBN	—	—	—	187	181	170	160	148	135	122	106	89	71	—	—	—	—	—	—	—	—	—	—	—	—	—
18	07Cr19Ni10	—	—	—	—	—	—	—	—	—	—	96	88	81	74	68	63	57	52	47	44	40	37	34	31	28	26
19	10Cr18Ni9NbCu3BN	—	—	—	—	—	—	—	—	—	—	—	—	137	131	124	117	107	97	87	79	71	64	57	50	45	39
20	07Cr25Ni21NbN	—	—	—	—	—	—	—	—	—	—	160	151	142	129	116	103	94	85	76	69	62	56	51	46	—	—
21	07Cr19Ni11Ti	—	—	—	—	—	—	123	118	108	98	89	80	72	66	61	55	50	46	41	38	35	32	29	26	24	22
22	07Cr18Ni11Nb	—	—	—	—	—	—	—	—	—	—	132	121	110	100	91	82	74	66	60	54	48	43	38	34	31	28
23	08Cr18Ni11NbFG	—	—	—	—	—	—	—	—	—	—	—	—	132	122	111	99	90	81	73	66	59	53	48	43	—	—

7. 冷拔异形钢管（GB/T 3094—2012）

（1）用途　用于冷拔成形异形钢管的简单断面。

（2）尺寸规格

1）冷拔方形钢管的尺寸及理论质量见表3-117，管截面如图3-24所示。

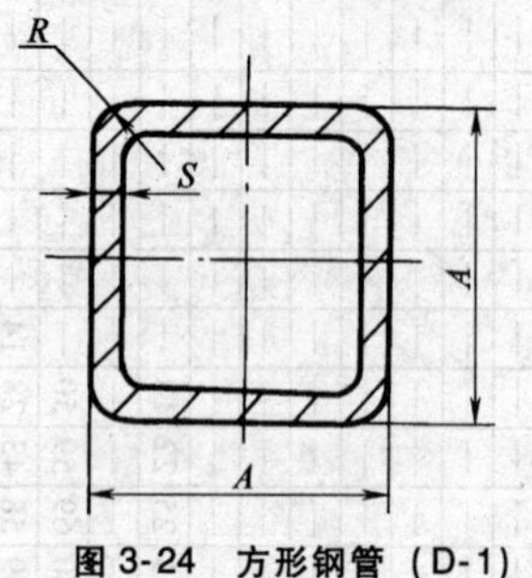

图3-24　方形钢管（D-1）

表3-117　方形钢管的尺寸及理论质量

基本尺寸		截面面积	理论质量①	基本尺寸		截面面积	理论质量①
A	*S*	*F*	*G*	*A*	*S*	*F*	*G*
mm		cm^2	kg/m	mm		cm^2	kg/m
12	0.8	0.347	0.273	32	2	2.331	1.830
	1	0.423	0.332		3	3.325	2.611
14	1	0.503	0.395		3.5	3.780	2.967
	1.5	0.711	0.558		4	4.205	3.301
16	1	0.583	0.458	35	2	2.571	2.018
	1.5	0.831	0.653		3	3.685	2.893
18	1	0.663	0.520		3.5	4.200	3.297
	1.5	0.951	0.747		4	4.685	3.678
	2	1.211	0.951	36	2	2.651	2.081
20	1	0.743	0.583		3	3.805	2.987
	1.5	1.071	0.841		4	4.845	3.804
	2	1.371	1.076		5	5.771	4.530
	2.5	1.643	1.290	40	2	2.971	2.332
22	1	0.823	0.646		3	4.285	3.364
	1.5	1.191	0.935		4	5.485	4.306
	2	1.531	1.202		5	6.571	5.158
	2.5	1.843	1.447	42	2	3.131	2.458
25	1.5	1.371	1.077		3	4.525	3.553
	2	1.771	1.390		4	5.805	4.557
	2.5	2.143	1.682		5	6.971	5.472
	3	2.485	1.951	45	2	3.371	2.646
30	2	2.171	1.704		3	4.885	3.835
	3	3.085	2.422		4	6.285	4.934
	3.5	3.500	2.747		5	7.571	5.943
	4	3.885	3.050	50	2	3.771	2.960
					3	5.485	4.306
					4	7.085	5.562
					5	8.571	6.728

（续）

基本尺寸		截面面积	理论质量[①]	基本尺寸		截面面积	理论质量[①]
A	S	F	G	A	S	F	G
mm		cm^2	kg/m	mm		cm^2	kg/m
55	2	4.171	3.274	120	10	41.42	32.52
	3	6.085	4.777		12	48.13	37.78
	4	7.885	6.190	125	6	27.94	21.93
	5	9.571	7.513		8	35.79	28.10
60	3	6.685	5.248		10	43.42	34.09
	4	8.685	6.818		12	50.53	39.67
	5	10.57	8.298	130	6	29.14	22.88
	6	12.34	9.688		8	37.39	29.35
65	3	7.285	5.719		10	45.42	35.66
	4	9.485	7.446		12	52.93	41.55
	5	11.57	9.083	140	6	31.54	24.76
	6	13.54	10.63		8	40.59	31.86
70	3	7.885	6.190		10	49.42	38.80
	4	10.29	8.074		12	57.73	45.32
	5	12.57	9.868	150	8	43.79	34.38
	6	14.74	11.57		10	53.42	41.94
75	4	11.09	8.702		12	62.53	49.09
	5	13.57	10.65		14	71.11	55.82
	6	15.94	12.51	160	8	46.99	36.89
	8	19.79	15.54		10	57.42	45.08
80	4	11.89	9.330		12	67.33	52.86
	5	14.57	11.44		14	76.71	60.22
	6	17.14	13.46	180	8	53.39	41.91
	8	21.39	16.79		10	65.42	51.36
90	4	13.49	10.59		12	76.93	60.39
	5	16.57	13.01		14	87.91	69.01
	6	19.54	15.34	200	10	73.42	57.64
	8	24.59	19.30		12	86.53	67.93
100	5	18.57	14.58		14	99.11	77.80
	6	21.94	17.22		16	111.2	87.27
	8	27.79	21.82	250	10	93.42	73.34
	10	33.42	26.24		12	110.5	86.77
108	5	20.17	15.83		14	127.1	99.78
	6	23.86	18.73		16	143.2	112.4
	8	30.35	23.83	280	10	105.4	82.76
	10	36.62	28.75		12	124.9	98.07
120	6	26.74	20.99		14	143.9	113.0
	8	34.19	26.84		16	162.4	127.5

① 当 $S \leqslant 6$mm 时，$R=1.5S$，方形钢管理论质量推荐计算公式见下式

$$G=0.0157S(2A-2.8584S)$$

当 $S>6$mm 时，$R=2S$，方形钢管理论质量推荐计算公式见下式

$$G=0.0157S(2A-3.2876S)$$

式中　G——方形钢管的理论质量（钢的密度按 7.85kg/dm^3）（kg/m）；

A——方形钢管的边长（mm）；

S——方形钢管的公称壁厚（mm）。

2）冷拔矩形钢管的尺寸及理论质量见表 3-118，管截面如图 3-25 所示。

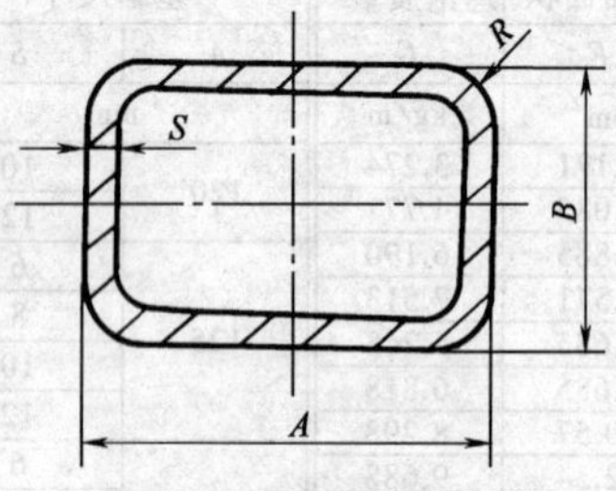

图 3-25　矩形钢管（D-2）

表 3-118　矩形钢管的尺寸及理论质量

基本尺寸			截面面积	理论质量①	基本尺寸			截面面积	理论质量①
A	*B*	*S*	*F*	*G*	*A*	*B*	*S*	*F*	*G*
mm			cm^2	kg/m	mm			cm^2	kg/m
10	5	0.8	0.203	0.160	20	12	1	0.583	0.458
		1	0.243	0.191			1.5	0.831	0.653
12	6	0.8	0.251	0.197			2	1.051	0.825
		1	0.303	0.238	25	10	1	0.643	0.505
14	7	1	0.362	0.285			1.5	0.921	0.723
		1.5	0.501	0.394			2	1.171	0.919
		2	0.611	0.480		18	1	0.803	0.630
	10	1	0.423	0.332			1.5	1.161	0.912
		1.5	0.591	0.464			2	1.491	1.171
		2	0.731	0.574	30	15	1.5	1.221	0.959
16	8	1	0.423	0.332			2	1.571	1.233
		1.5	0.591	0.464			2.5	1.893	1.486
		2	0.731	0.574		20	1.5	1.371	1.007
	12	1	0.502	0.395			2	1.771	1.390
		1.5	0.711	0.558			2.5	2.143	1.682
		2	0.891	0.700	35	15	1.5	1.371	1.077
18	9	1	0.483	0.379			2	1.771	1.390
		1.5	0.681	0.535			2.5	2.143	1.682
		2	0.851	0.668		25	1.5	1.671	1.312
	14	1	0.583	0.458			2	2.171	1.704
		1.5	0.831	0.653			2.5	2.642	2.075
		2	1.051	0.825	40	11	1.5	1.401	1.100
20	10	1	0.543	0.426		20	2	2.171	1.704
		1.5	0.771	0.606			2.5	2.642	2.075
		2	0.971	0.762			3	3.085	2.422

（续）

基本尺寸			截面面积	理论质量[①]	基本尺寸			截面面积	理论质量[①]
A	B	S	F	G	A	B	S	F	G
mm			cm²	kg/m	mm			cm²	kg/m
40	30	2	2.571	2.018	100	80	4	13.49	10.59
		2.5	3.143	2.467			5	16.57	13.01
		3	3.685	2.893			6	19.54	15.34
50	25	2	2.771	2.175	120	60	4	13.49	10.59
		3	3.985	3.129			5	16.57	13.01
		4	5.085	3.992			6	19.54	15.34
	40	2	3.371	2.646		80	4	15.09	11.84
		3	4.885	3.835			6	21.94	17.22
		4	6.285	4.934			8	27.79	21.82
60	30	2	3.371	2.646	140	70	6	23.14	18.17
		3	4.885	3.835			8	29.39	23.07
		4	6.285	4.934			10	35.43	27.81
	40	2	3.771	2.960		120	6	29.14	22.88
		3	5.485	4.306			8	37.39	29.35
		4	7.085	5.562			10	45.43	35.66
70	35	2	3.971	3.117	150	75	6	24.94	19.58
		3	5.785	4.542			8	31.79	24.96
		4	7.485	5.876			10	38.43	30.16
	50	3	6.685	5.248		100	6	27.94	21.93
		4	8.685	6.818			8	35.79	28.10
		5	10.57	8.298			10	43.43	34.09
80	40	3	6.685	5.248	160	60	6	24.34	19.11
		4	8.685	6.818			8	30.99	24.33
		5	10.57	8.298			10	37.43	29.38
	60	4	10.29	8.074		80	6	26.74	20.99
		5	12.57	9.868			8	34.19	26.84
		6	14.74	11.57			10	41.43	32.52
90	50	3	7.885	6.190	180	80	6	29.14	22.88
		4	10.29	8.074			8	37.39	29.35
		5	12.57	9.868			10	45.43	35.66
	70	4	11.89	9.330		100	8	40.59	31.87
		5	14.57	11.44			10	49.43	38.80
		6	15.94	12.51			12	57.73	45.32
100	50	3	8.485	6.661	200	80	8	40.59	31.87
		4	11.09	8.702			12	57.73	45.32
		5	13.57	10.65			14	65.51	51.43

（续）

基本尺寸			截面面积	理论质量①	基本尺寸			截面面积	理论质量①
A	B	S	F	G	A	B	S	F	G
mm			cm²	kg/m	mm			cm²	kg/m
200	120	8	46.99	36.89	250	200	10	83.43	65.49
		12	67.33	52.86			12	98.53	77.35
		14	76.71	60.22			14	113.1	88.79
220	110	8	48.59	38.15	300	150	10	83.43	65.49
		12	69.73	54.74			14	113.1	88.79
		14	79.51	62.42			16	127.2	99.83
	200	10	77.43	60.78		200	10	93.43	73.34
		12	91.33	71.70			14	127.1	99.78
		14	104.7	82.20			16	143.2	112.39
240	180	12	91.33	71.70	400	200	10	113.4	89.04
250	150	10	73.43	57.64			14	155.1	121.76
		12	86.53	67.93			16	175.2	137.51
		14	99.11	77.80					

① 当 $S \leqslant 6$mm 时，$R=1.5S$，矩型钢管理论质量推荐计算公式见下式

$$G=0.0157S(A+B-2.8584S)$$

当 $S>6$mm 时，$R=2S$，矩型钢管理论质量推荐计算公式见下式

$$G=0.0157S(A+B-3.2876S)$$

式中 G——矩形钢管的理论质量（钢的密度按 7.85kg/dm³）(kg/m)；

A、B——矩形钢管的长、宽（mm）；

S——矩形钢管的公称壁厚（mm）。

3）冷拔无缝椭圆形钢管的尺寸及理论质量见表 3-119，管截面如图 3-26 所示。

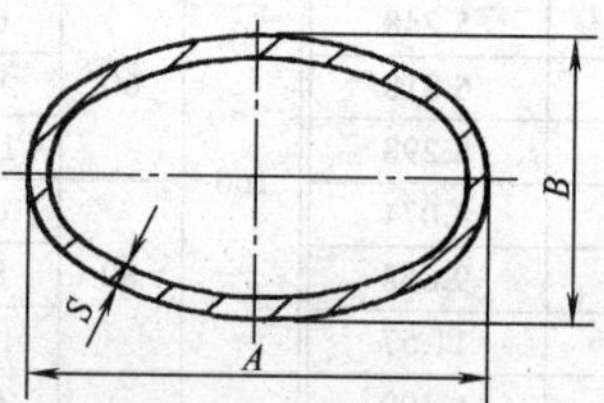

图 3-26 椭圆形钢管（D-3）

表 3-119 椭圆形钢管的尺寸及理论质量

基本尺寸			截面面积	理论质量①	基本尺寸			截面面积	理论质量①
A	B	S	F	G	A	B	S	F	G
mm			cm²	kg/m	mm			cm²	kg/m
10	5	0.5	0.110	0.086	10	7	0.5	0.126	0.099
		0.8	0.168	0.132			0.8	0.195	0.152
		1	0.204	0.160			1	0.236	0.185

（续）

基本尺寸			截面面积	理论质量①	基本尺寸			截面面积	理论质量①
A	B	S	F	G	A	B	S	F	G
mm			cm^2	kg/m	mm			cm^2	kg/m
12	6	0.5	0.134	0.105	50	25	1.5	1.696	1.332
		0.8	0.206	0.162			2	2.231	1.751
		1.2	0.294	0.231			2.5	2.749	2.158
	8	0.5	0.149	0.117	55	35	1.5	2.050	1.609
		0.8	0.231	0.182			2	2.702	2.121
		1.2	0.332	0.260			2.5	3.338	2.620
18	9	0.8	0.319	0.251	60	30	1.5	2.050	1.609
		1.2	0.464	0.364			2	2.702	2.121
		1.5	0.565	0.444			2.5	3.338	2.620
	12	0.8	0.357	0.280	65	35	1.5	2.286	1.794
		1.2	0.520	0.408			2	3.016	2.368
		1.5	0.636	0.499			2.5	3.731	2.929
24	8	0.8	0.382	0.300	70	35	1.5	2.403	1.887
		1.2	0.558	0.438			2	3.173	2.491
		1.5	0.683	0.536			2.5	3.927	3.083
	12	0.8	0.432	0.339	76	38	1.5	2.615	2.053
		1.2	0.633	0.497			2	3.456	2.713
		1.5	0.778	0.610			2.5	4.280	3.360
30	18	1	0.723	0.567	80	40	1.5	2.757	2.164
		1.5	1.060	0.832			2	3.644	2.861
		2	1.382	1.085			2.5	4.516	3.545
34	17	1.5	1.131	0.888	84	56	1.5	3.228	2.534
		2	1.477	1.159			2	4.273	3.354
		2.5	1.806	1.418			2.5	5.301	4.162
43	32	1.5	1.696	1.332	90	40	1.5	2.992	2.349
		2	2.231	1.751			2	3.958	3.107
		2.5	2.749	2.158			2.5	4.909	3.853

① 椭圆形钢管理论质量推荐计算公式见下式

$$G=0.0123S(A+B-2S)$$

式中　G——椭圆形钢管的理论质量（钢的密度按 7.85kg/dm^3）(kg/m)；

A、B——椭圆形钢管的长轴、短轴（mm）；

S——椭圆形钢管的公称壁厚（mm）。

4）冷拔平椭圆形钢管的尺寸及理论质量见表 3-120，管截面如图 3-27 所示。

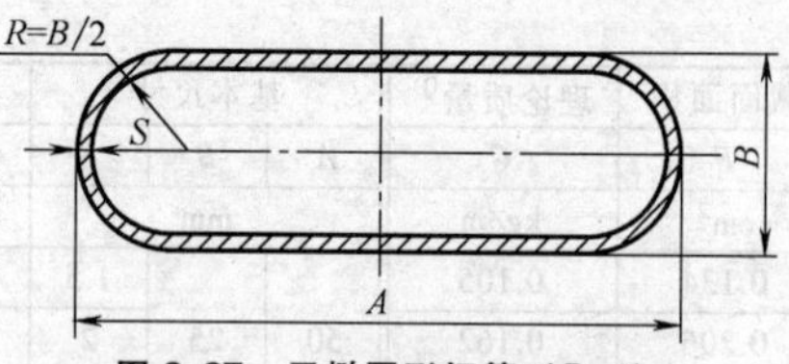

图 3-27 平椭圆形钢管（D-4）

表 3-120 平椭圆形钢管的尺寸及理论质量

基本尺寸			截面面积	理论质量①	基本尺寸			截面面积	理论质量①
A	*B*	*S*	*F*	*G*	*A*	*B*	*S*	*F*	*G*
mm			cm^2	kg/m	mm			cm^2	kg/m
10	5	0.8	0.186	0.146	55	25	1	1.354	1.063
		1	0.226	0.177			1.5	2.007	1.576
14	7	0.8	0.268	0.210			2	2.645	2.076
		1	0.328	0.258	60	30	1	1.511	1.186
18	12	1	0.466	0.365			1.5	2.243	1.761
		1.5	0.675	0.530			2	2.959	2.323
		2	0.868	0.682	63	10	1	1.343	1.054
24	12	1	0.586	0.460			1.5	1.991	1.563
		1.5	0.855	0.671			2	2.623	2.059
		2	1.108	0.870	70	35	1.5	2.629	2.063
30	15	1	0.740	0.581			2	3.473	2.727
		1.5	1.086	0.853			2.5	4.303	3.378
		2	1.417	1.112	75	35	1.5	2.779	2.181
35	25	1	0.954	0.749			2	3.673	2.884
		1.5	1.407	1.105			2.5	4.553	3.574
		2	1.845	1.448	80	30	1.5	2.843	2.232
40	25	1	1.054	0.827			2	3.759	2.951
		1.5	1.557	1.223			2.5	4.660	3.658
		2	2.045	1.605	85	25	1.5	2.907	2.282
45	15	1	1.040	0.816			2	3.845	3.018
		1.5	1.536	1.206			2.5	4.767	3.742
		2	2.017	1.583	90	30	1.5	3.143	2.467
50	25	1	1.254	0.984			2	4.159	3.265
		1.5	1.857	1.458			2.5	5.160	4.050
		2	2.445	1.919					

① 平椭圆形钢管理论质量推荐计算公式见下式

$$G=0.0157S(A+0.5708B-1.5708S)$$

式中 G——椭圆形钢管的理论质量（钢的密度按 7.85kg/dm^3）（kg/m）；

A、B——平椭圆形钢管的长、宽（mm）；

S——平椭圆形钢管的公称壁厚（mm）。

5）冷拔无缝内外六角形钢管的尺寸及理论质量见表3-121，管截面如图3-28所示。

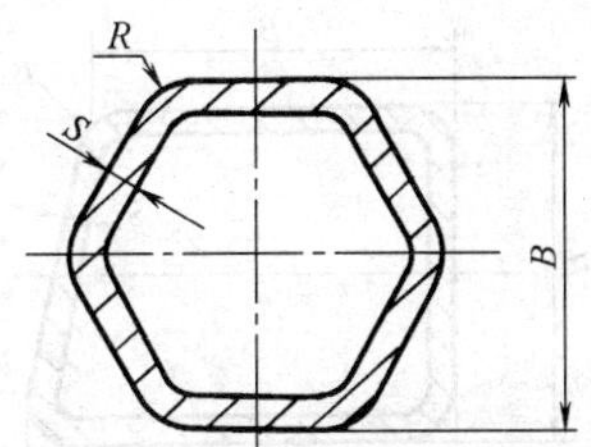

图3-28　内外六角形钢管（D-5）

表3-121　内外六角形钢管的尺寸及理论质量

基本尺寸		截面面积	理论质量①	基本尺寸		截面面积	理论质量①
B	S	F	G	B	S	F	G
mm		cm^2	kg/m	mm		cm^2	kg/m
10	1	0.305	0.240	41	3	3.891	3.054
	1.5	0.427	0.335		4	5.024	3.944
	2	0.528	0.415		5	6.074	4.768
12	1	0.375	0.294	46	3	4.411	3.462
	1.5	0.531	0.417		4	5.716	4.487
	2	0.667	0.524		5	6.940	5.448
14	1	0.444	0.348	57	3	5.554	4.360
	1.5	0.635	0.498		4	7.241	5.684
	2	0.806	0.632		5	8.845	6.944
19	1	0.617	0.484	65	3	6.385	5.012
	1.5	0.895	0.702		4	8.349	6.554
	2	1.152	0.904		5	10.23	8.031
21	1	0.686	0.539	70	3	6.904	5.420
	2	1.291	1.013		4	9.042	7.098
	3	1.813	1.423		5	11.10	8.711
27	1	0.894	0.702	85	4	11.12	8.730
	2	1.706	1.339		5	13.70	10.75
	3	2.436	1.912		6	16.19	12.71
32	2	2.053	1.611	95	4	12.51	9.817
	3	2.956	2.320		5	15.43	12.11
	4	3.777	2.965		6	18.27	14.34
36	2	2.330	1.829	105	4	13.89	10.91
	3	3.371	2.647		5	17.16	13.47
	4	4.331	3.400		6	20.35	15.97

① 内外六角形钢管理论质量推荐计算公式见下式

$$G=0.02719S(B-1.1862S)$$

式中　G——内外六角形钢管的理论质量（按$R=1.5S$，钢的密度按7.85kg/dm^3）（kg/m）；

B——内外六角形钢管的对边距离（mm）；

S——内外六角形钢管的公称壁厚（mm）。

6）冷拔直角梯形钢管的尺寸及理论质量见表3-122，管截面如图3-29所示。

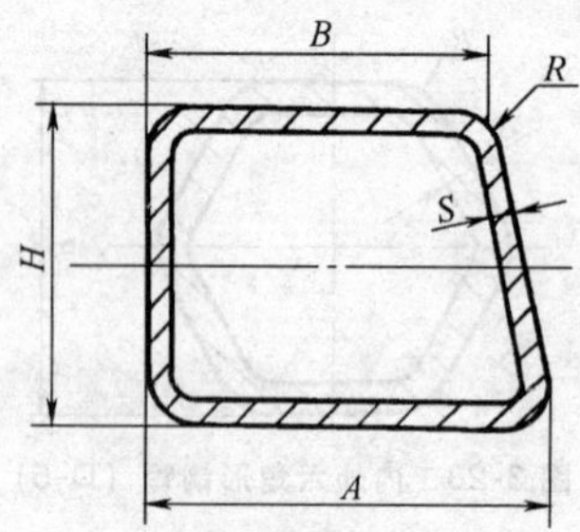

图3-29　直角梯形钢管（D-6）

表3-122　直角梯形钢管的尺寸及理论质量

基本尺寸				截面面积	理论质量①
A	B	H	S	F	G
mm				cm^2	kg/m
35	20	35	2	2.312	1.815
35	25	30	2	2.191	1.720
35	30	25	2	2.076	1.630
45	32	50	2	3.337	2.619
45	40	30	1.5	2.051	1.610
50	35	60	2.2	4.265	3.348
50	40	30	1.5	2.138	1.679
50	40	35	1.5	2.287	1.795

① $G=\left\{S\left[A+B+H+0.0283185S'+\frac{H}{\sin\alpha}-\frac{2S}{\sin\alpha}-2S\left(\tan\frac{180°-\alpha}{2}+\tan\frac{\alpha}{2}\right)\right]\right\}\times0.00785$

式中　G——直角梯形钢管的理论质量（kg/m）；

A——直角梯形钢管的下底（mm）；

B——直角梯形钢管的上底（mm）；

H——直角梯形钢管的高（mm）；

S'——直角梯形钢管的公称厚度（mm）。

表3-123　冷拉焊接钢管的力学性能

序号	牌号	质量等级	抗拉强度 R_m /MPa	下屈服强度 R_{eL} /MPa	断后伸长率 A(%)	冲击试验	
						温度/℃	吸收能量(KV_2) /J
			≥				≥
1	10	—	335	205	24	—	—
2	20	—	410	245	20	—	—
3	35	—	510	305	17	—	—

（续）

序号	牌号	质量等级	抗拉强度 R_m /MPa	下屈服强度 R_{eL} /MPa	断后伸长率 A(%)	冲击试验	
						温度/℃	吸收能量(KV_2) /J
			≥				≥
4	45	—	590	335	14	—	—
5	Q195	—	315～430	195	33	—	—
6	Q215	A	335～450	215	30	—	—
		B				+20	27
7	Q235	A	370～500	235	25	—	—
		B				+20	27
		C				0	
		D				-20	
8	Q345	A	470～630	345	20	—	—
		B				+20	34
		C			21	0	
		D				-20	27
		E				-40	
9	Q390	A	490～650	390	18	—	—
		B				+20	34
		C			19	0	
		D				-20	
		E				-40	27

8. 复杂断面异形钢管（YB/T 171—2014）

（1）钢管的截面形状和尺寸（见图 3-30～图 3-118）

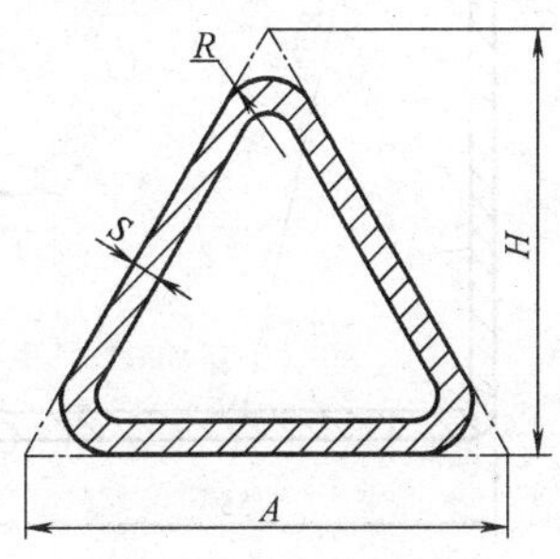

图 3-30　三角形管

代号：D-7　规格：$A \times H \times S$

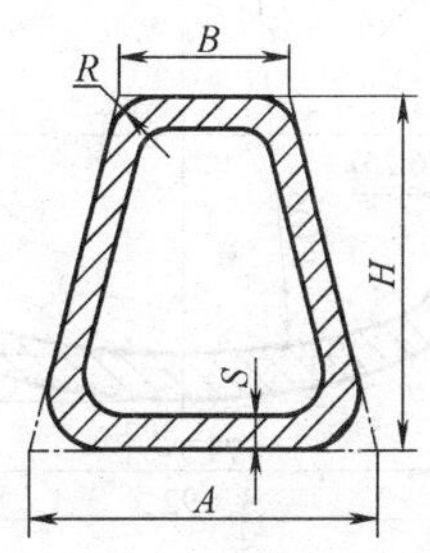

图 3-31　等腰梯形管

代号：D-8　规格：$A \times B \times H \times S$

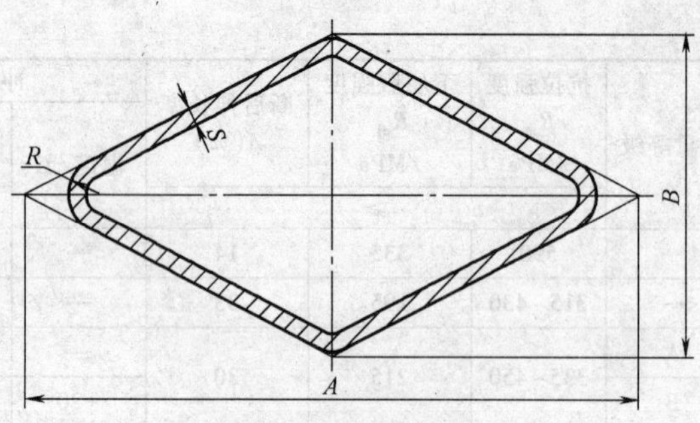

图 3-32　菱形管

代号：D-9　规格：$A×B×S$

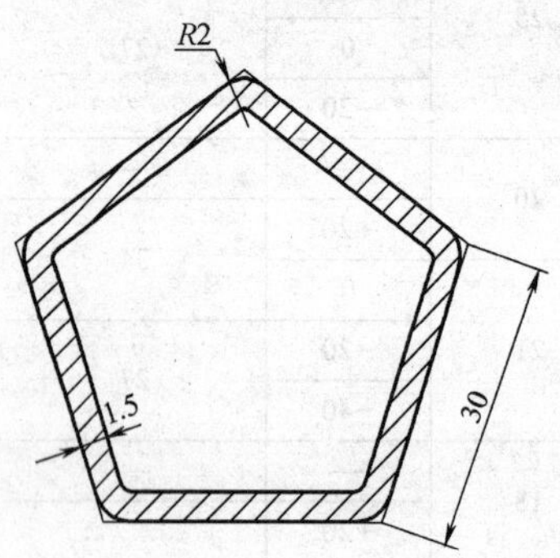

图 3-33　正五边形管

代号：D-10　规格：30mm×1.5mm

单重：1.69kg/m

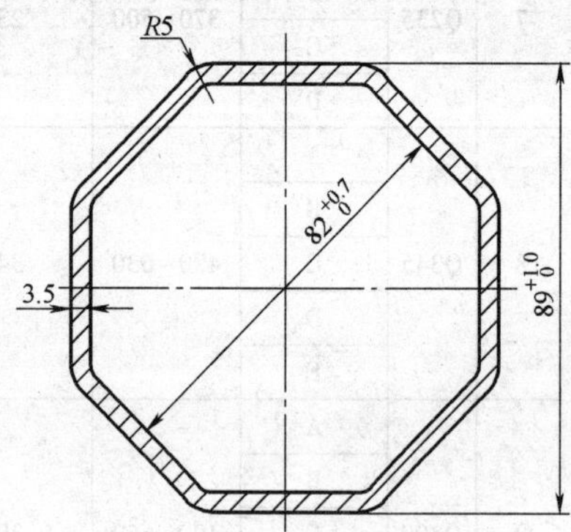

图 3-34　正八边形管

代号：D-11　规格：89mm×3.5mm

单重：7.75kg/m

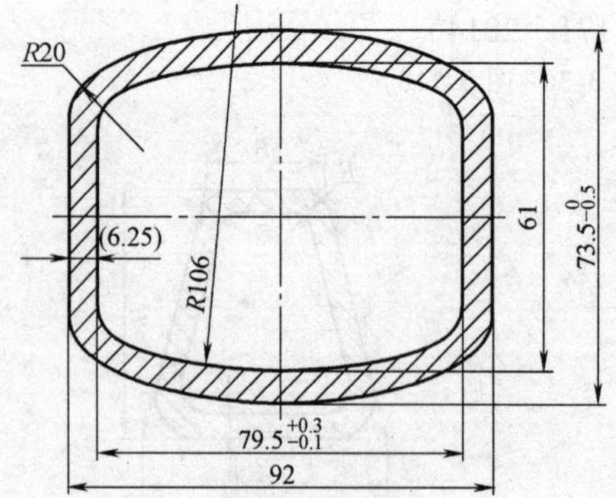

图 3-35　鼓形管

代号：DF-1　规格：92mm×73.5mm×6.25mm　单重：12.93kg/m

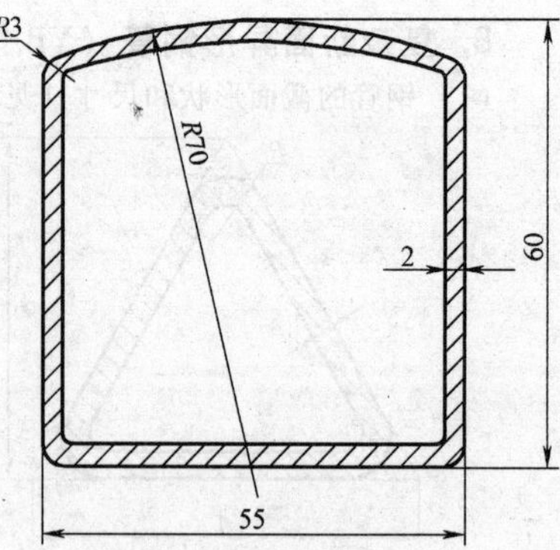

图 3-36　单拱矩形管（一）

代号：DF-2　规格：60mm×55mm×R70mm×2mm　单重：3.30kg/m

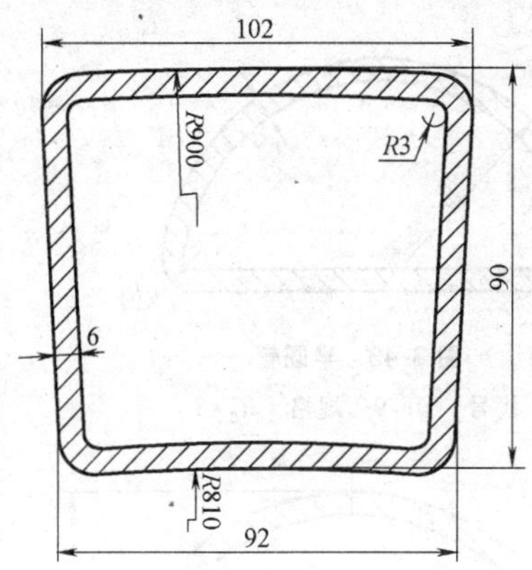

图 3-37 单拱矩形管（二）

代号：DF-3 规格：102mm×92mm×90mm×6mm 单重：16.0kg/m

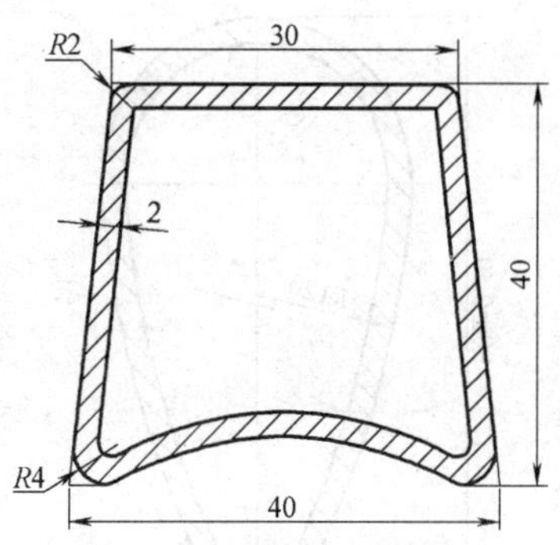

图 3-38 等腰梯形凹底管

代号：DF-4 规格：40mm×40mm×30mm×2mm 单重：2.20kg/m

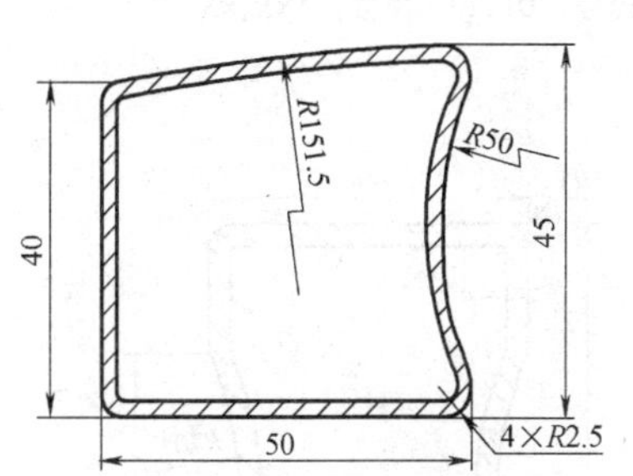

图 3-39 直角拱形管

代号：DF-5 规格：50mm×45mm×R50mm×1.5mm 单重：2.10kg/m

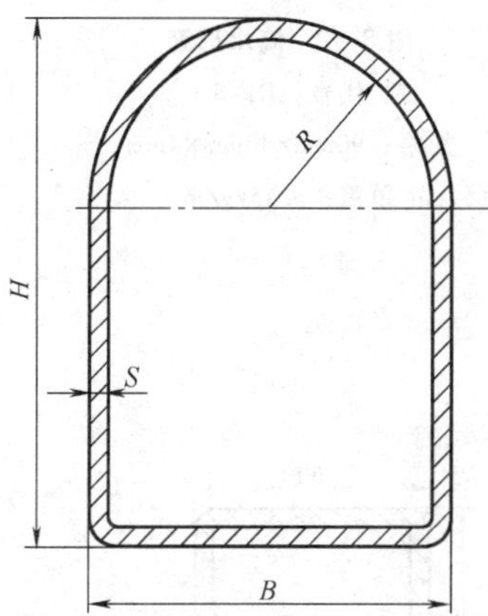

图 3-40 馒头形管（可内外互套）

代号：DF-6 规格：H×B×R×S

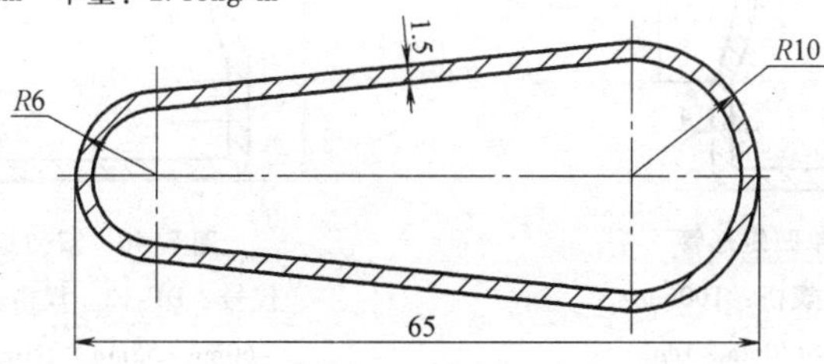

图 3-41 流线形管

代号：DF-7 规格：65mm×R10mm×R6mm×1.5mm 单重：1.69kg/m

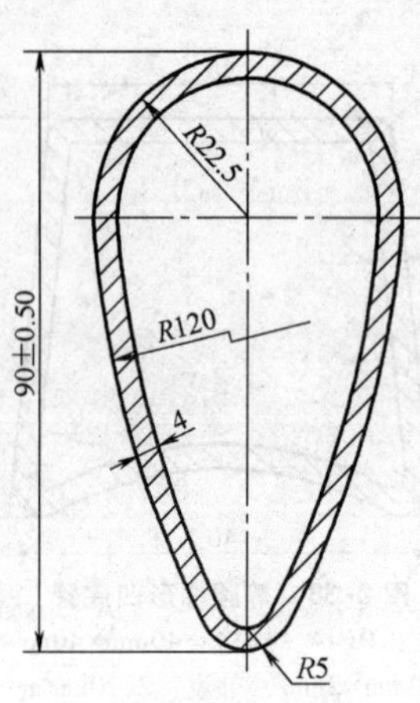

图 3-42　滴水形管

代号：DF-8

规格：90mm×45mm×4mm

单重：6.45kg/m

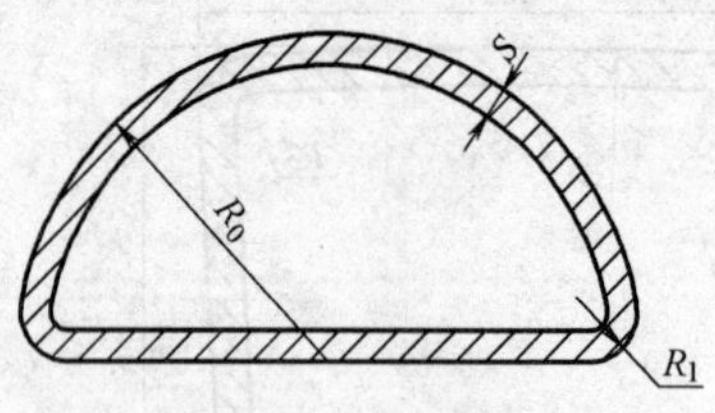

图 3-43　半圆管

代号：DF-9　规格：R_0×S

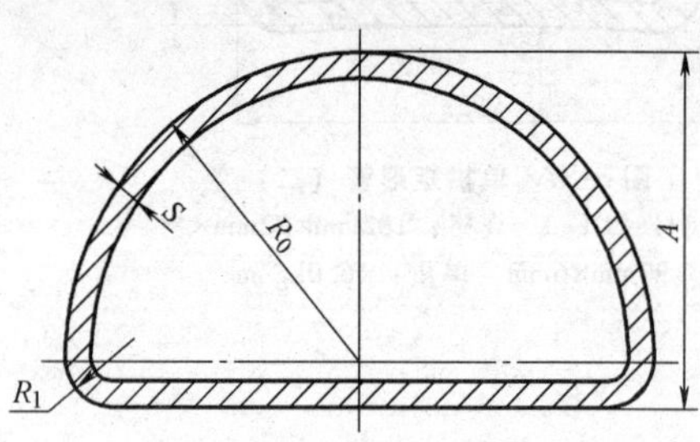

图 3-44　"D"形管

代号：DF-10　规格：A×R_0×S

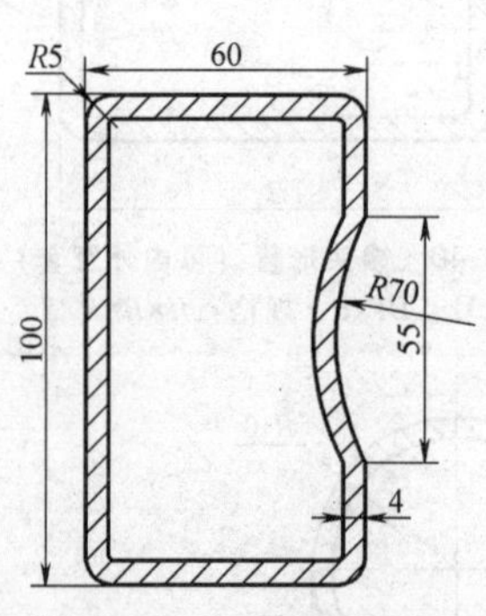

图 3-45　单凹矩形管

代号：DF-11　规格：100mm×60mm×55mm×R70mm×4mm

单重：9.43kg/m

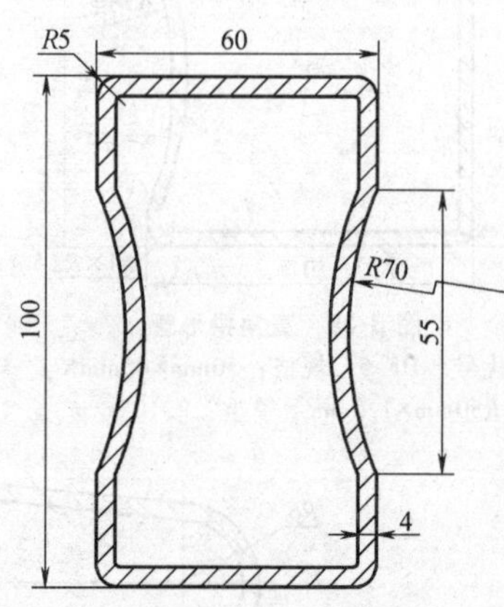

图 3-46　双凹矩形管

代号：DF-12　规格：100mm×60mm×55mm×R70mm×4mm

单重：9.48kg/m

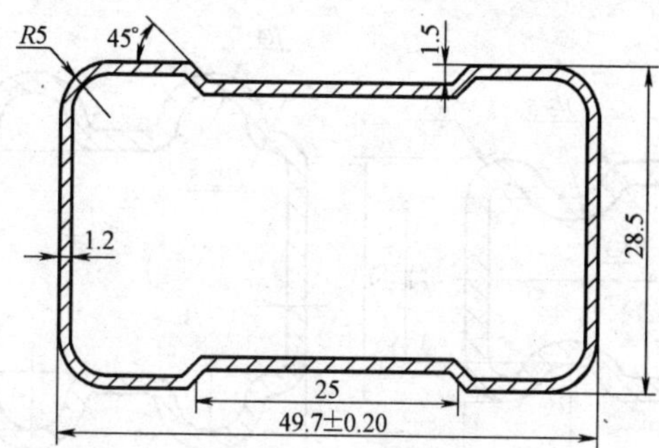

图 3-47　宽工字形管

代号：DF-13　规格：49.7mm×28.5mm×1.2mm　单重：1.38kg/m

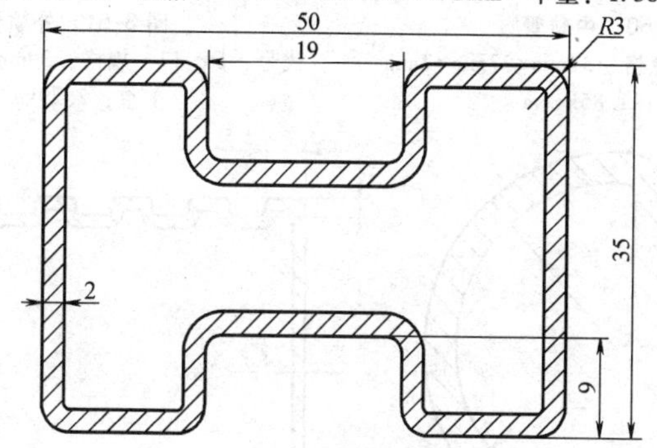

图 3-48　双凹管

代号：DF-14　规格：50mm×35mm×19mm×2mm　单重：2.92kg/m

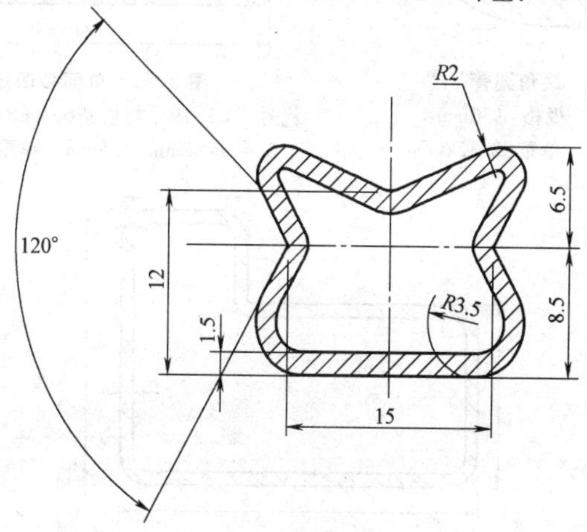

图 3-49　内轨管

代号：DF-15　规格：12mm×15mm×1.5mm　单重：0.75kg/m

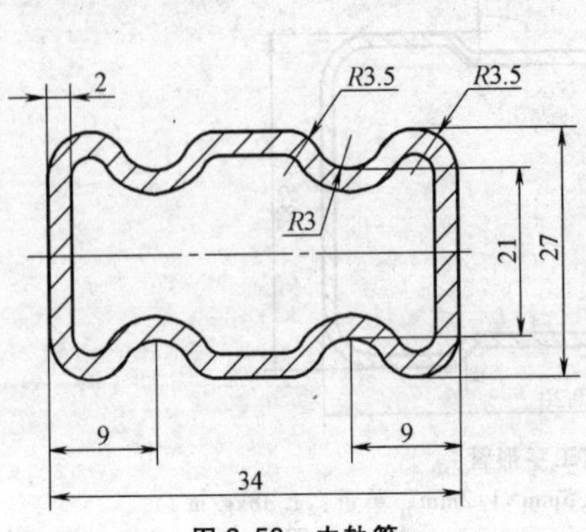

图 3-50　中轨管

代号：DF-16　规格：34mm×27mm×2mm

单重：1.85kg/m

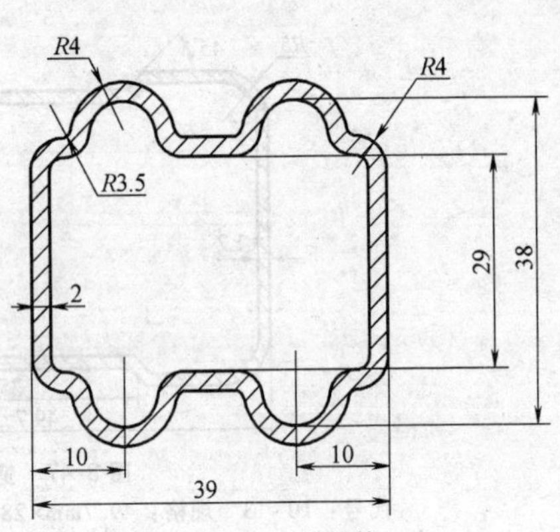

图 3-51　外轨管

代号：DF-17　规格：39mm×38mm×2mm

单重：2.29kg/m

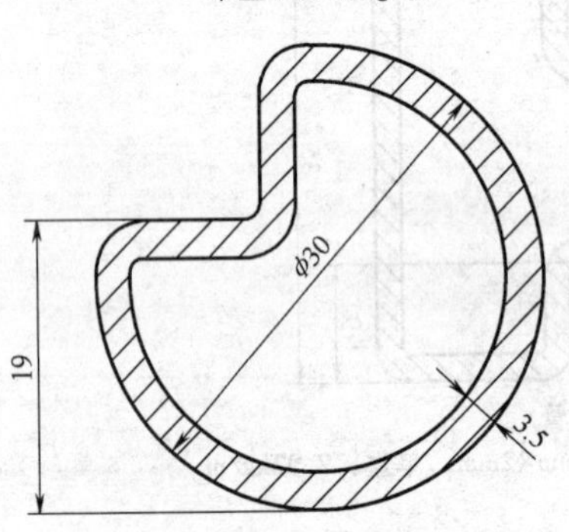

图 3-52　缺角圆管

代号：DF-18　规格：ϕ30mm×19mm×3.5mm　单重：2.32kg/m

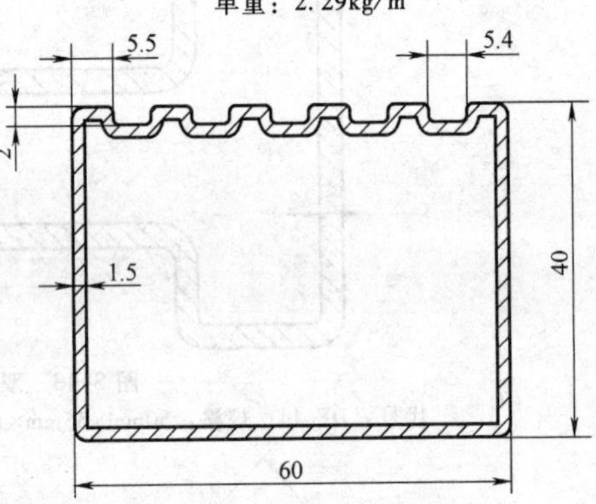

图 3-53　单面多凹矩形管

代号：DF-19　规格：60mm×40mm×5.5mm×5.4mm×2mm×1.5mm　单重：2.44kg/m

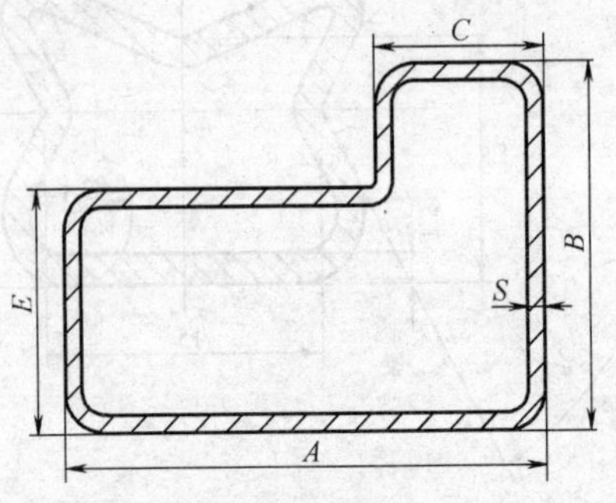

图 3-54　缺角钢窗管

代号：DF-20　规格：*A*×*B*×*C*×*E*×*S*

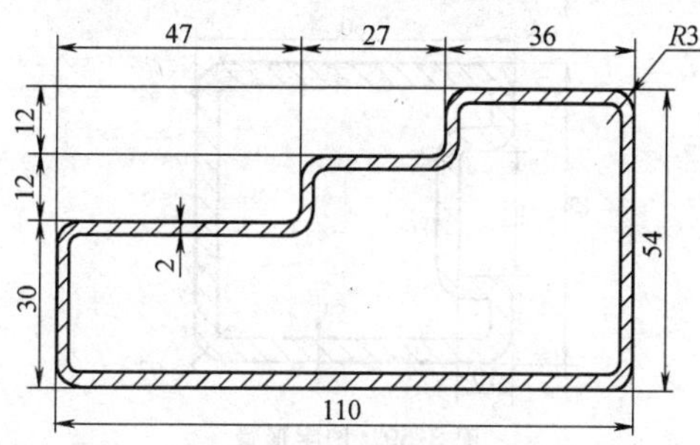

图 3-55　阶梯形管

代号：DF-21　规格：110mm×54mm×30mm×2mm　单重：4.90kg/m

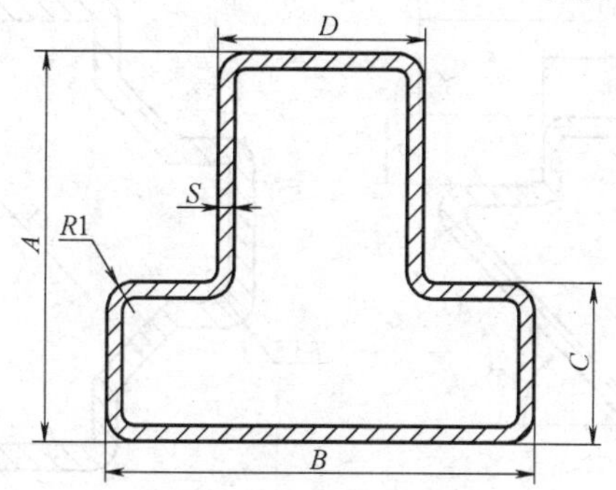

图 3-56　凸字形钢窗管

代号：DF-22　规格：*A*×*B*×*C*×*D*×*S*

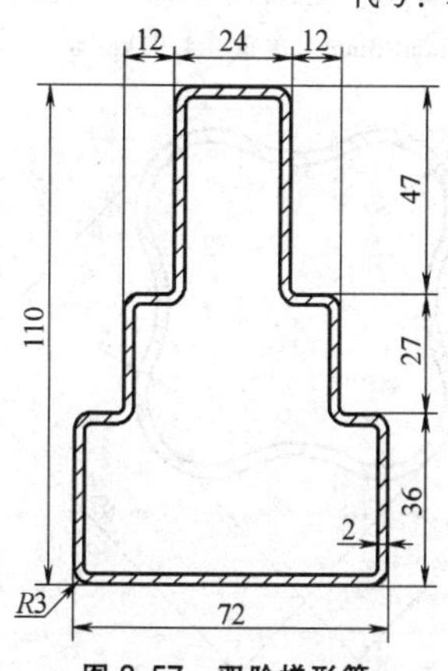

图 3-57　双阶梯形管

代号：DF-23

规格：110mm×72mm×24mm×2mm

单重：5.40kg/m

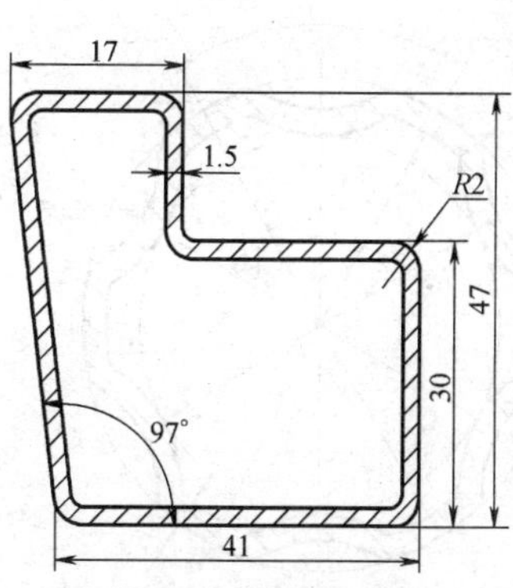

图 3-58　缺角梯形管

代号：DF-24

规格：47mm×41mm×30mm×1.5mm

单重：2.02kg/m

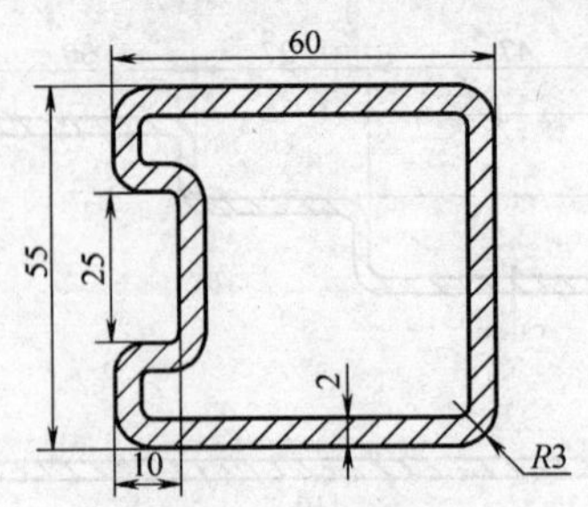

图 3-59　凹字形管

代号：DF-25　规格：60mm×55mm×25mm×10mm×2mm　单重：3.69kg/m

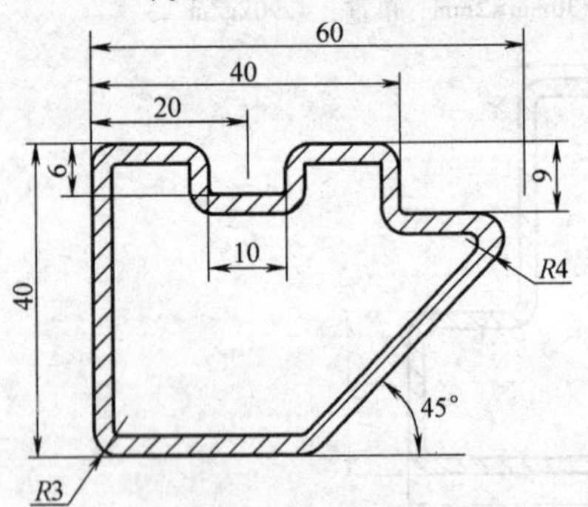

图 3-60　大象形管

代号：DF-26　规格：60mm×40mm×2.5mm　单重：3.31kg/m

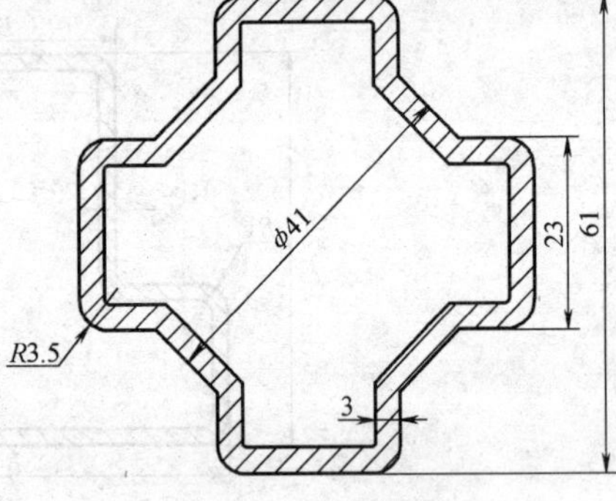

图 3-61　十字形管

代号：DF-27　规格：61mm×φ41mm×23mm×3mm　单重：4.91kg/m

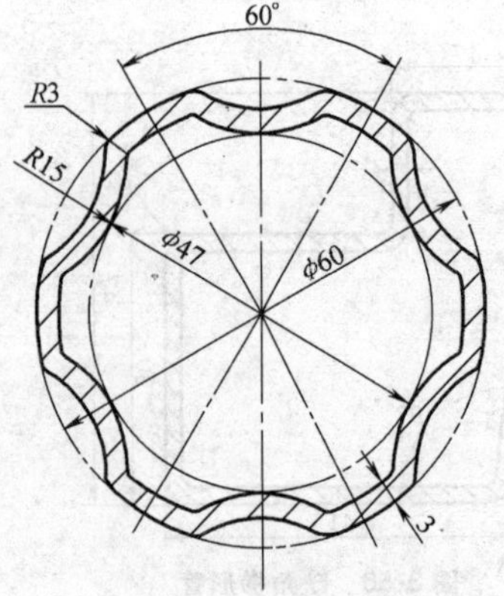

图 3-62　六角轮齿形管

代号：DF-28　规格：φ60mm×φ47mm×3mm　单重：4.31kg/m

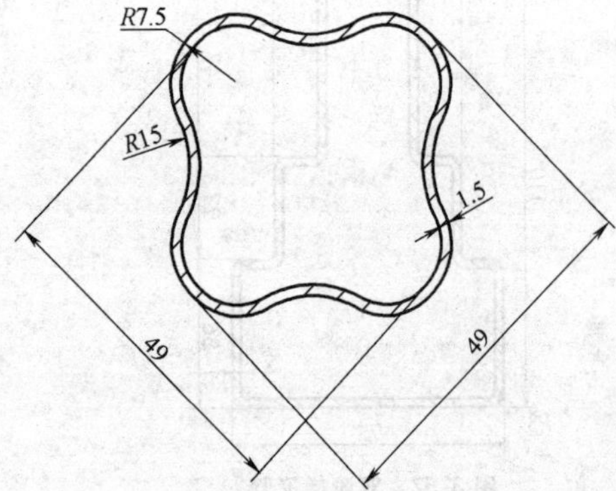

图 3-63　四头梅花形管

代号：DF-29　规格：49mm×R15mm×R7.5mm×1.5mm　单重：1.69kg/m

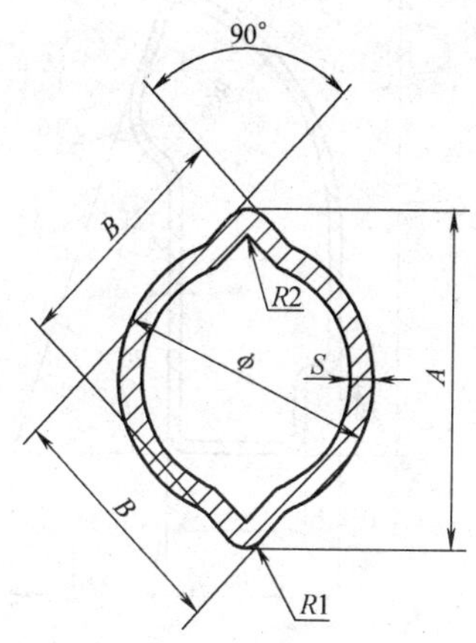

图 3-64　二耳传动轴管

代号：DF-30

规格：$\phi \times A \times B \times S$（互套）

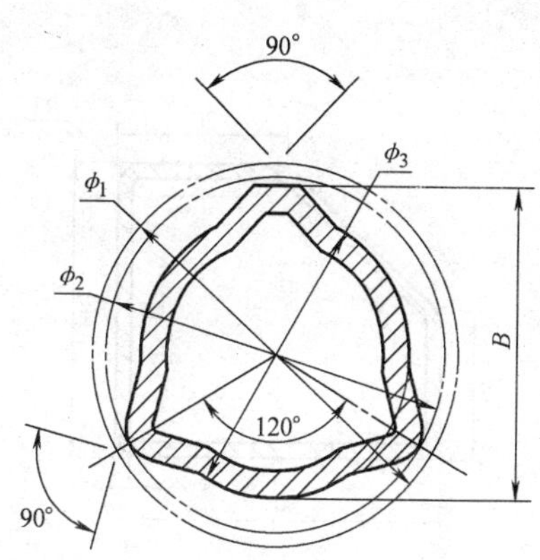

图 3-65　三耳传动轴管（猫面孔）

代号：DF-31

规格：$\phi_1 \times \phi_2 \times \phi_3 \times B$

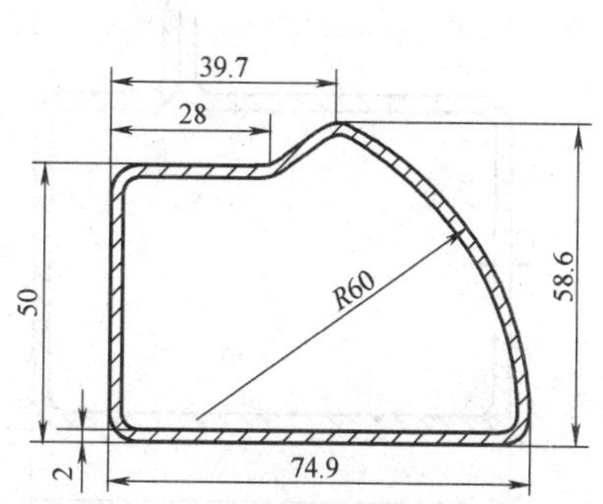

图 3-66　客车用框架管

代号：DF-32

规格：74. 9mm×50mm×R60mm×2mm

单重：3. 56kg/m

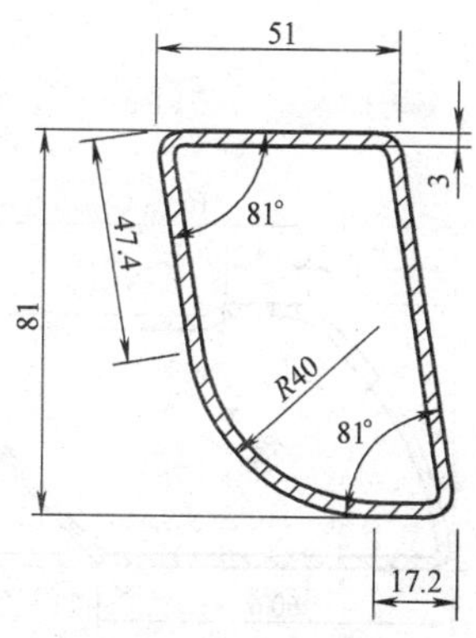

图 3-67　客车用框架管

代号：DF-33

规格：81mm×51mm×R40mm×3mm

单重：5. 59kg/m

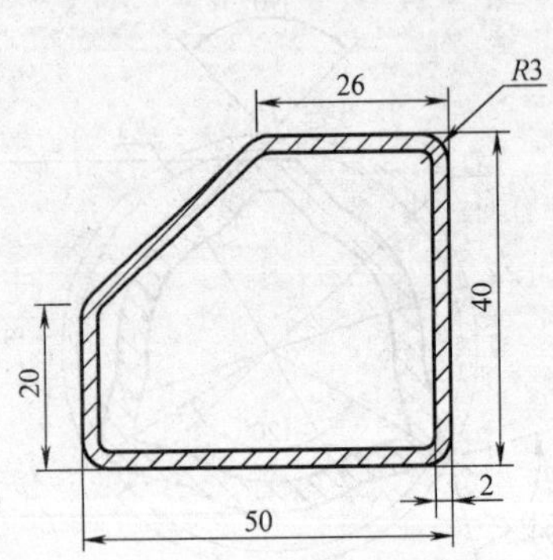

图 3-68　客车用框架管

代号：DF-34

规格：50mm×40mm×26mm×2mm

单重：2.46kg/m

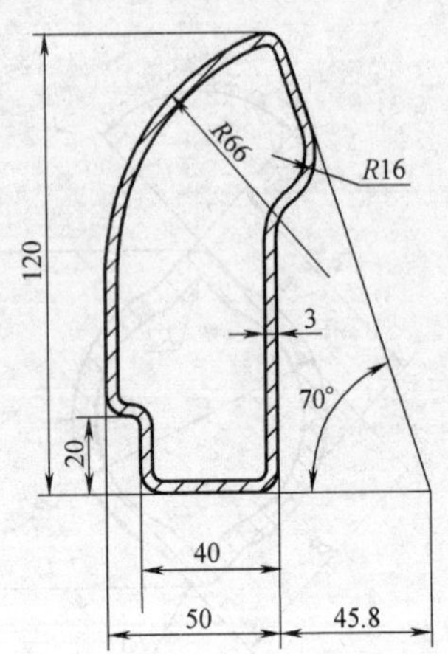

图 3-69　客车用框架管

代号：DF-35

规格：120mm×50mm×40mm×R66mm×3mm

单重：7.09kg/m

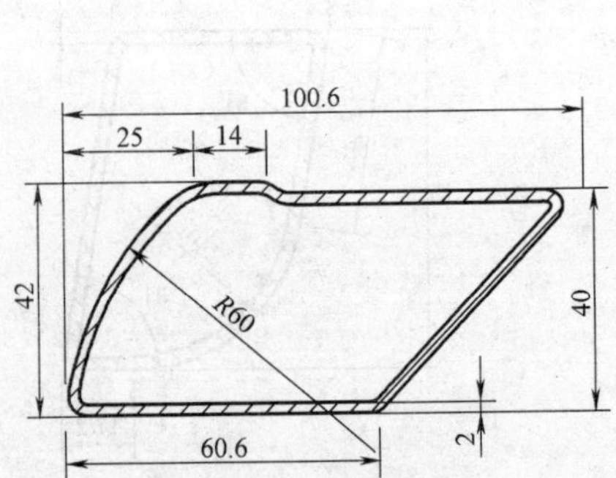

图 3-70　斜角 D 型管

代号：DF-36

规格：100.6mm×60.6mm×42mm×R60mm×2mm

单重：3.57kg/m

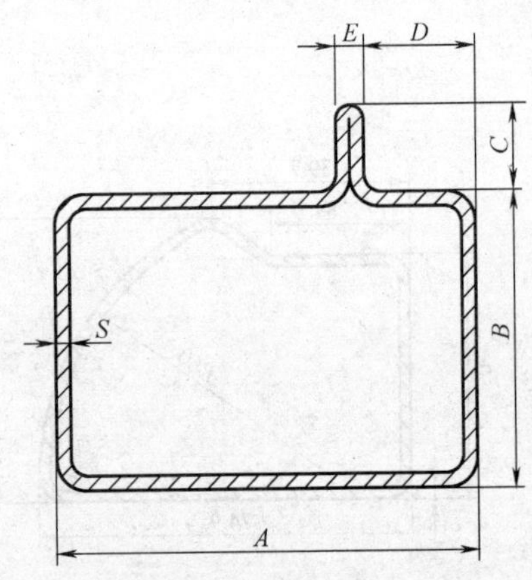

图 3-71　单耳矩形管

代号：DT-1　规格：A×B×C×D×S

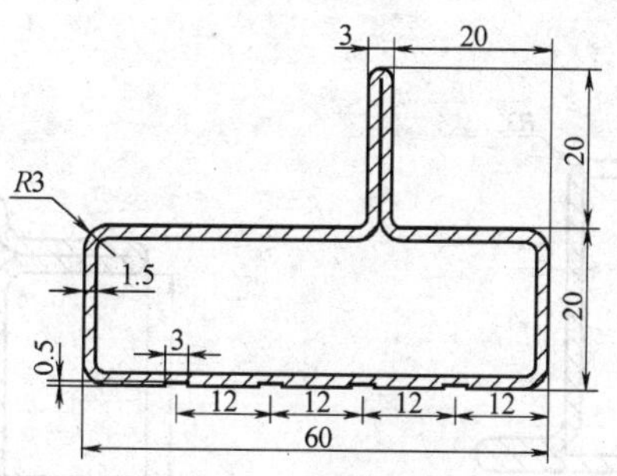

图 3-72　单翅矩形管

代号：DT-2　规格：60mm×20mm×20mm×1.5mm　单重：2.16kg/m

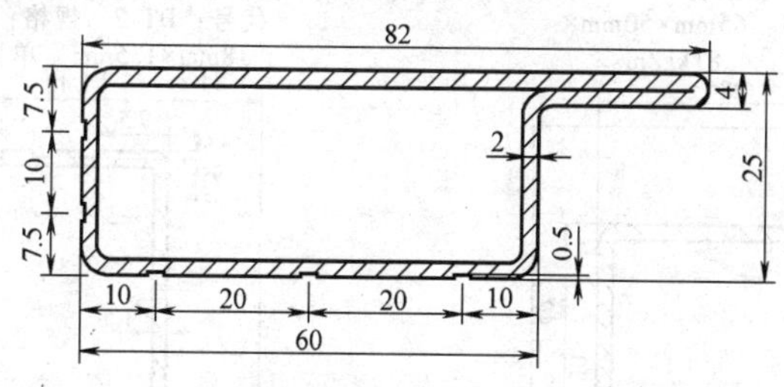

图 3-73　机架管

代号：DT-3　规格：82mm×60mm×25mm×2mm　单重：3.14kg/m

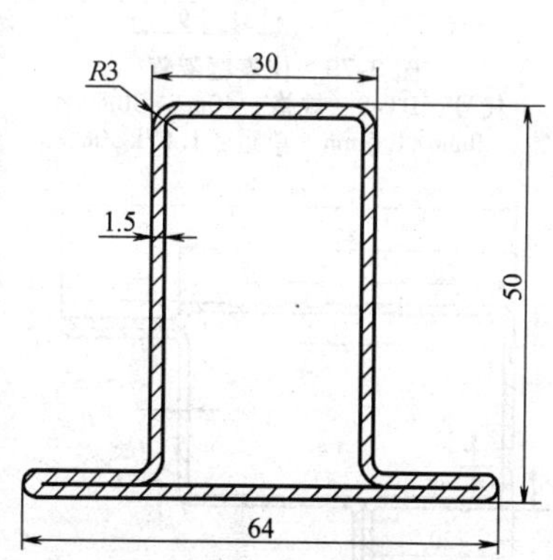

图 3-74　帽型管

代号：DT-4

规格：64mm×50mm×30mm×1.5mm

单重：3.55kg/m

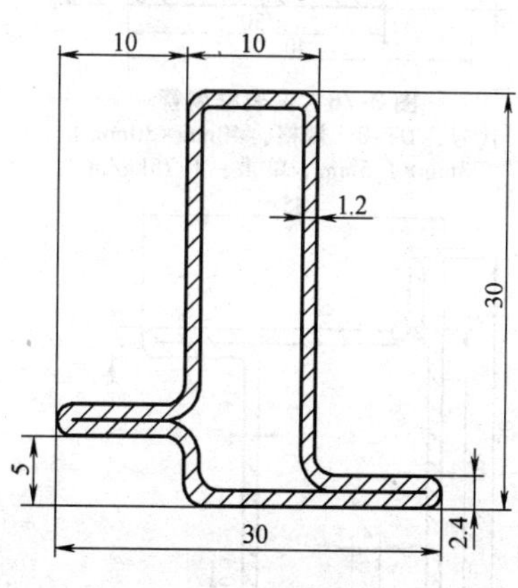

图 3-75　框架管

代号：DT-5

规格：30mm×10mm×1.2mm

单重：1.05kg/m

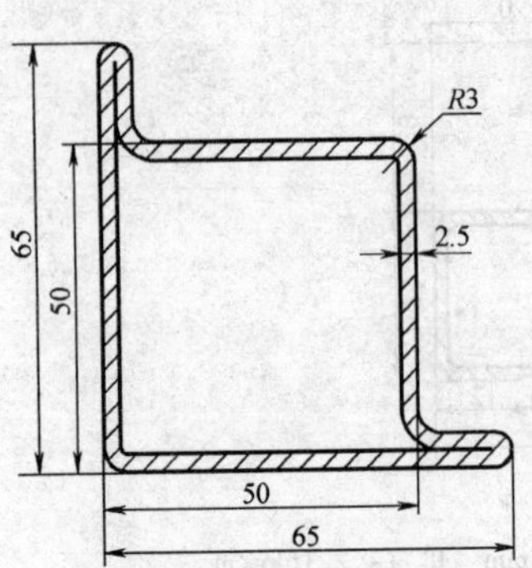

图 3-76 机架管

代号：DT-6 规格：65mm×50mm×2.5mm 单重：4.81kg/m

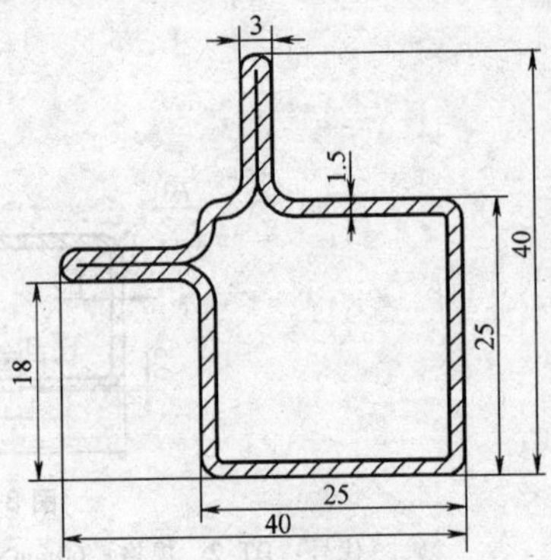

图 3-77 仪表框架管

代号：DT-7 规格：40mm×25mm×18mm×1.5mm 单重：1.74kg/m

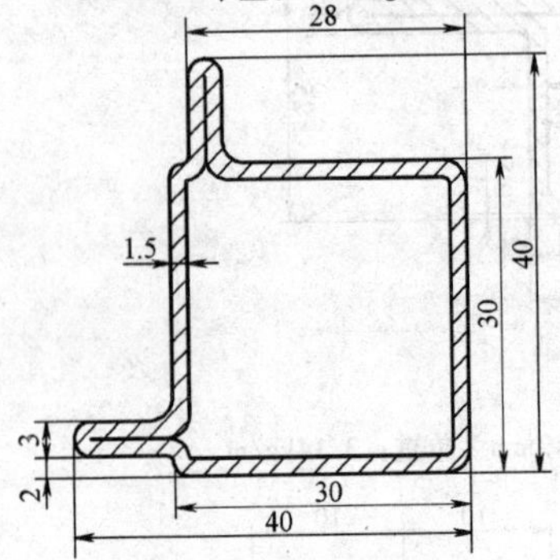

图 3-78 仪表框架管

代号：DT-8 规格：40mm×30mm×28mm×1.5mm 单重：1.75kg/m

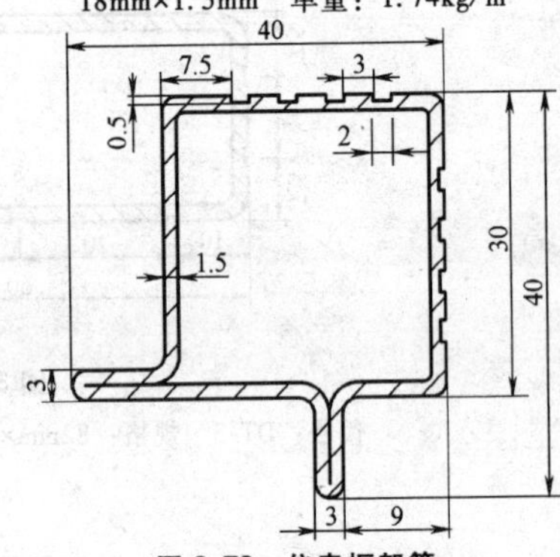

图 3-79 仪表框架管

代号：DT-9 规格：40mm×30mm×9mm×1.5mm 单重：1.67kg/m

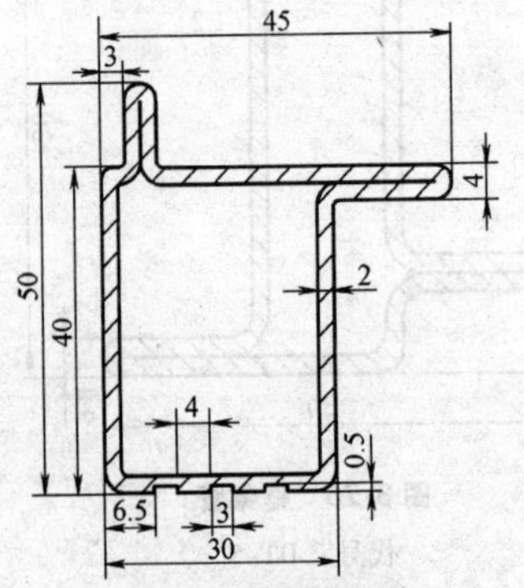

图 3-80 仪表框架管

代号：DT-10 规格：50mm×45mm×30mm×2mm 单重：2.76kg/m

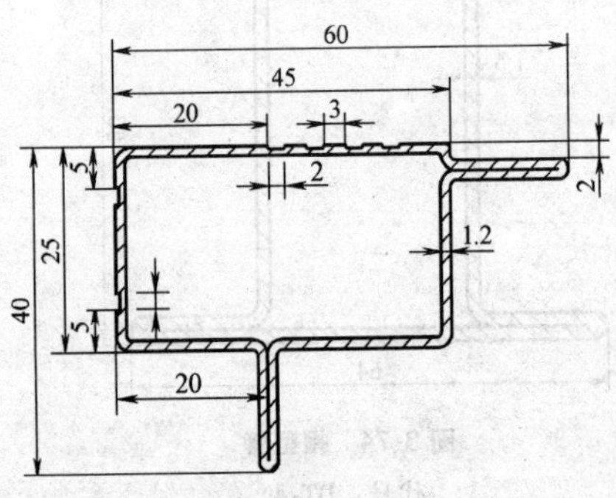

图 3-81 框架管

代号：DT-11 规格：60mm×40mm×45mm×25mm×1.2mm 单重：1.75kg/m

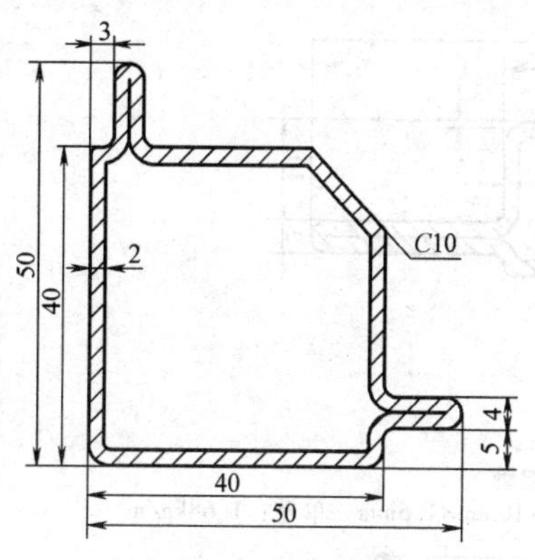

图 3-82　仪表框架管

代号：DT-12

规格：50mm×40mm×3mm×2mm

单重：2.82kg/m

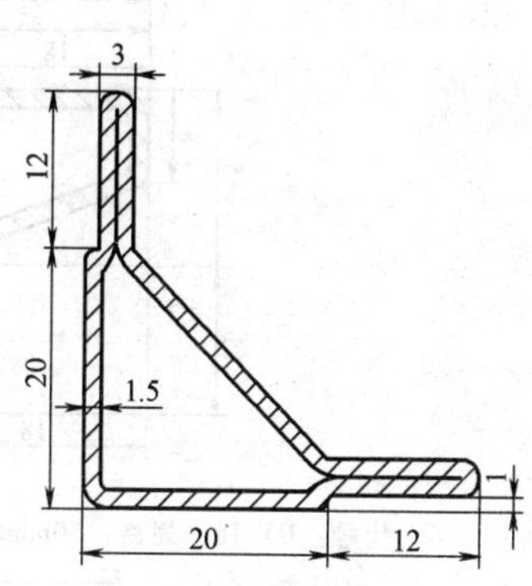

图 3-83　仪表框架管

代号：DT-13

规格：20mm×20mm×12mm×1.5mm

单重：1.30kg/m

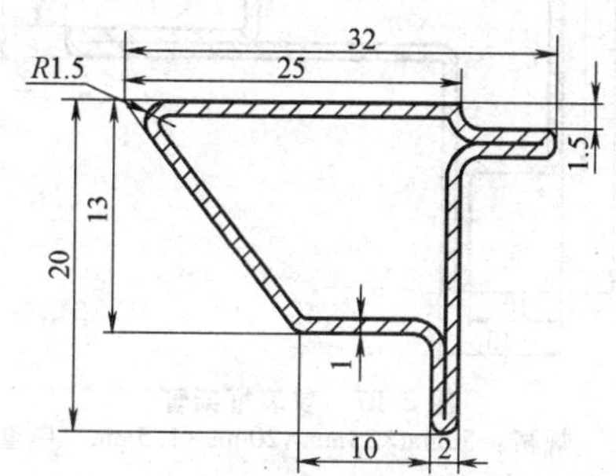

图 3-84　枪形管

代号：DT-14　规格：32mm×25mm×20mm×1mm　单重：0.68kg/m

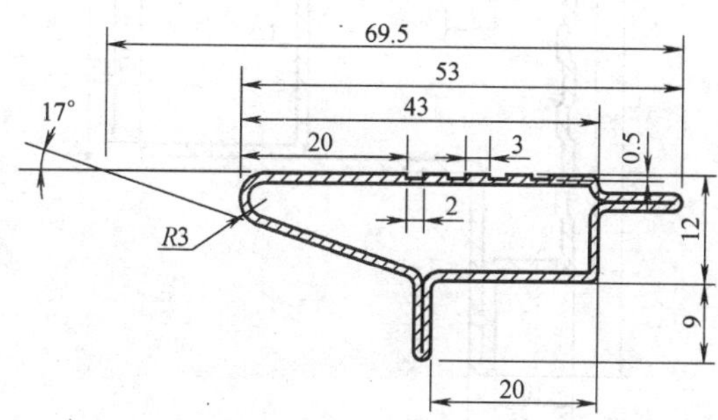

图 3-85　大刀形管

代号：DT-15　规格：53mm×43mm×21mm×1.0mm　单重：1.01kg/m

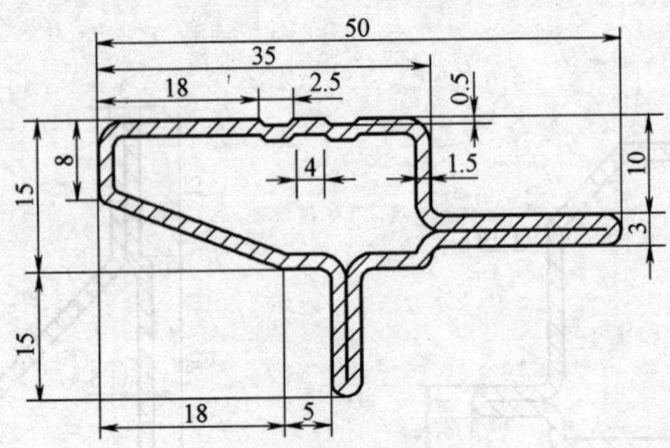

图 3-86 框架管

代号：DT-16 规格：50mm×35mm×15mm×10mm×1.5mm 单重：1.68kg/m

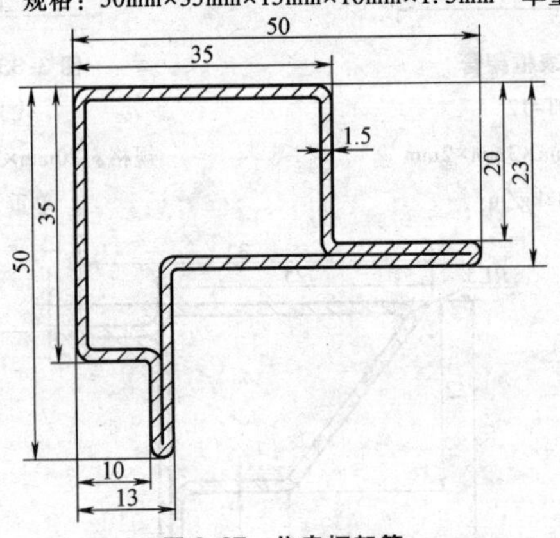

图 3-87 仪表框架管

代号：DT-17 规格：50mm×35mm×20mm×1.5mm 单重：2.23kg/m

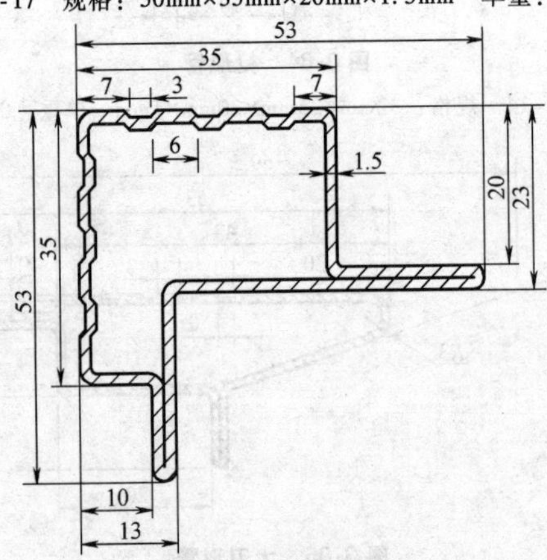

图 3-88 仪表框架管

代号：DT-18 规格：53mm×35mm×20mm×1.5mm 单重：2.37kg/m

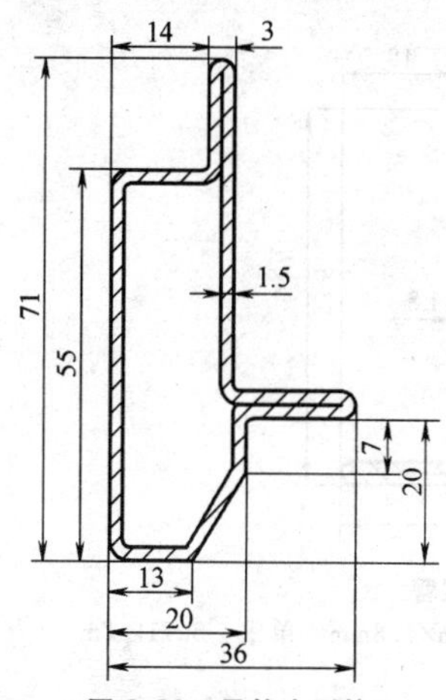

图 3-89　导轨Ⅰ型管

代号:DT-19　规格:71mm×36mm×20mm×1.5mm×1mm　单重:2.33kg/m

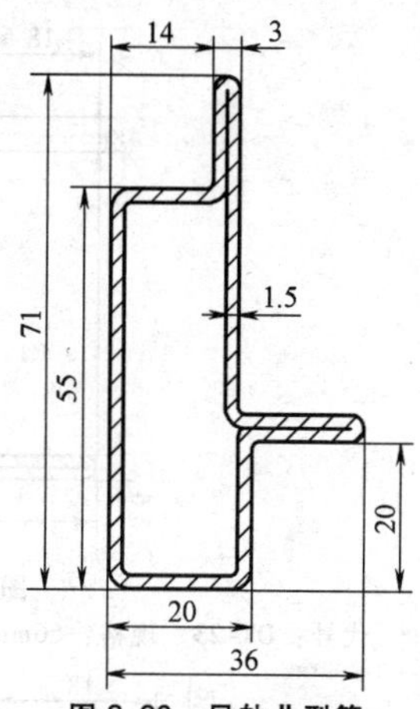

图 3-90　导轨Ⅱ型管

代号:DT-20　规格:71mm×36mm×20mm×1.5mm×1mm　单重:2.38kg/m

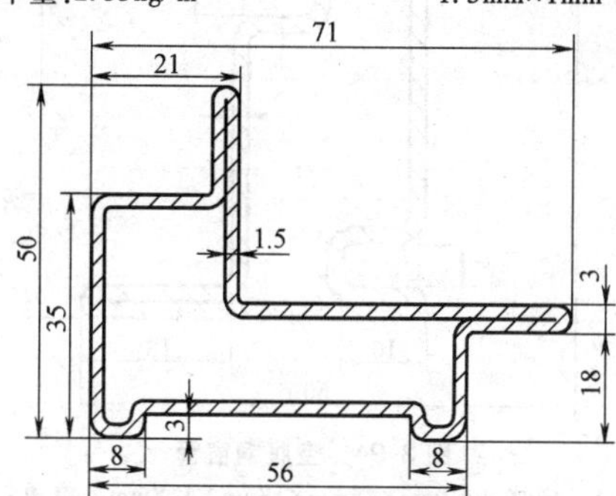

图 3-91　仪表框架管

代号：DT-21　规格：71mm×50mm×56mm×35mm×1.5mm　单重：2.77kg/m

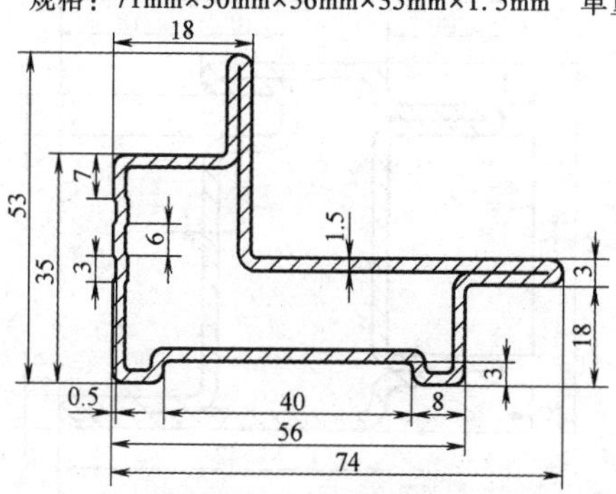

图 3-92　仪表框架管

代号：DT-22　规格：74mm×53mm×56mm×35mm×1.5mm　单重：2.91kg/m

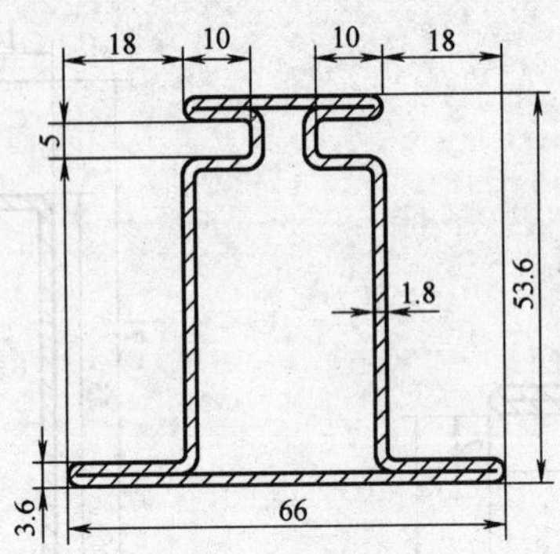

图 3-93 仪表框架管

代号：DT-23 规格：66mm×53.6mm×30mm×1.8mm 单重：3.71kg/m

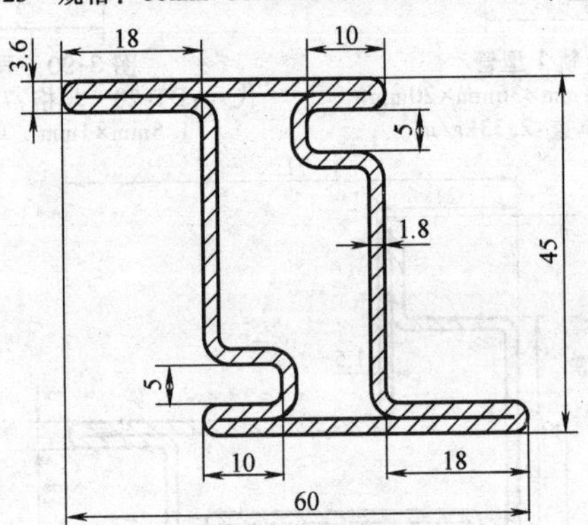

图 3-94 空腹钢窗管

代号：DT-24 规格：60mm×45mm×18mm×1.8mm 单重：3.33kg/m

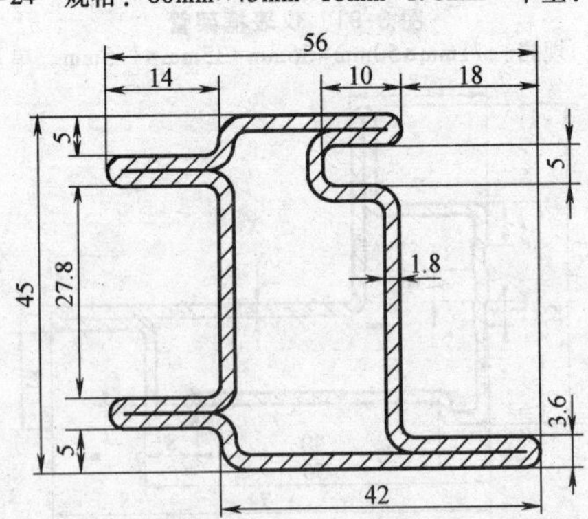

图 3-95 特殊钢窗管

代号：DT-25 规格：56mm×45mm×42mm×1.8mm 单重：3.27kg/m

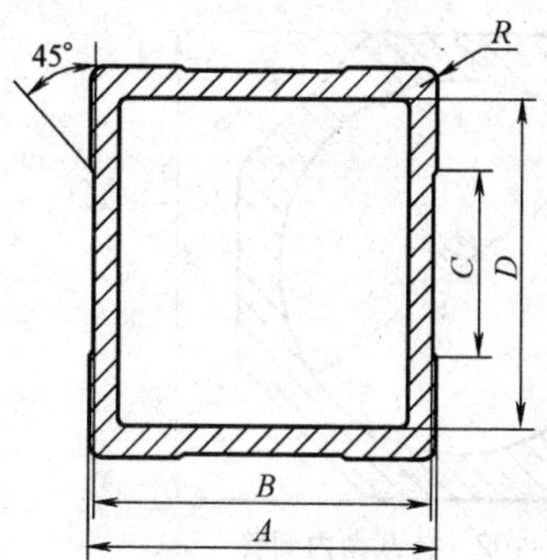

图 3-96　厚角方管

代号：BD-1　规格：$A×B×C×D$

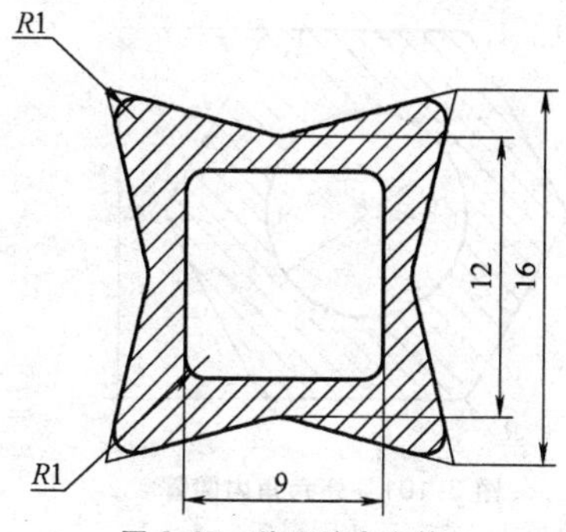

图 3-97　外四棱内方管

代号：BD-2　规格：16mm×12mm×9mm

单重：0.86kg/m

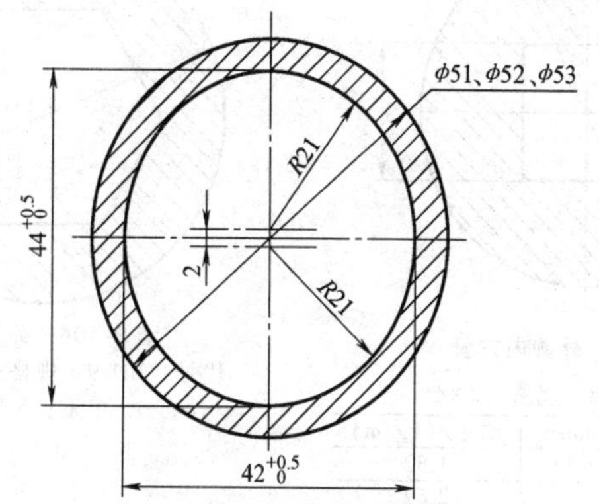

图 3-98　外圆内偏心圆管

代号：BD-3　规格：ϕ51mm×44mm×42mm　单重：4.50kg/m

ϕ52mm×44mm×42mm　5.14kg/m

ϕ53mm×44mm×42mm　5.78kg/m

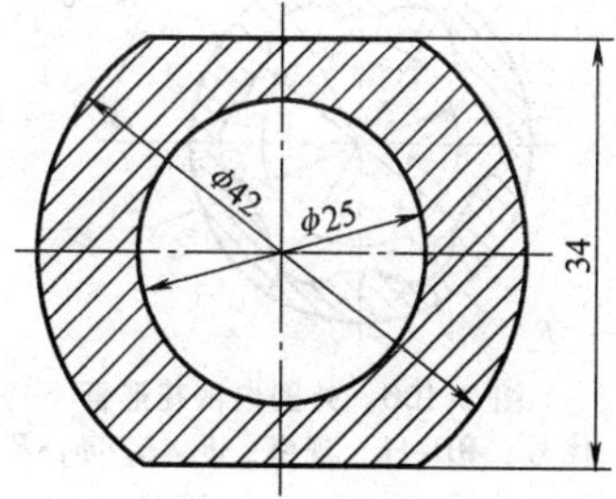

图 3-99　内圆外平椭圆管

代号：BD-4　规格：ϕ42mm×34mm×ϕ25mm

单重：5.97kg/m

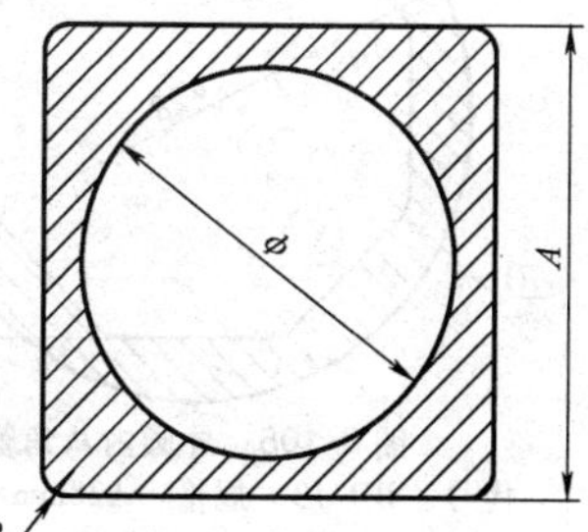

图 3-100　外方内圆管

代号：BD-5　规格：$A×ϕ$

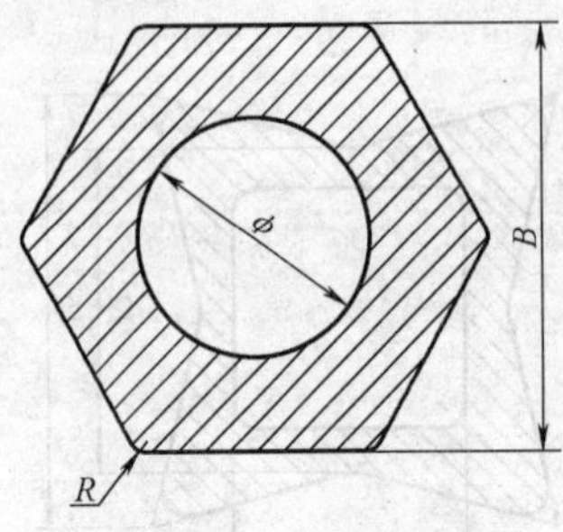

图 3-101　外六角内圆管

代号：BD-6　规格：$B×\phi$

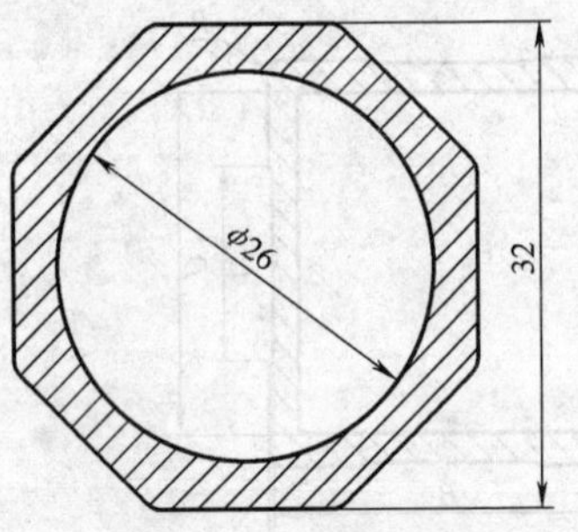

图 3-102　外八角内圆管

代号：BD-7　规格：32mm×ϕ26mm　单重：2.49kg/m

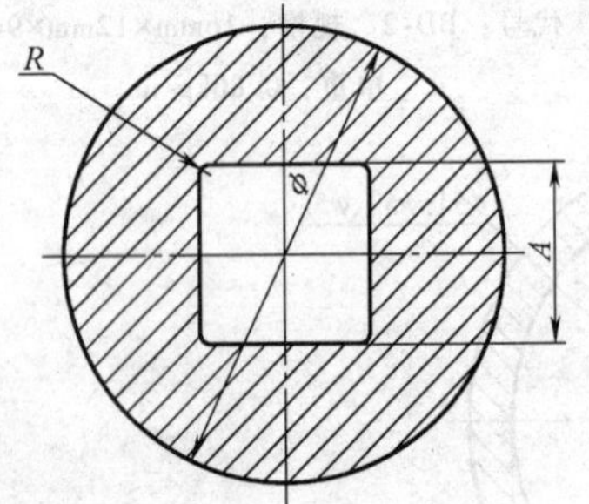

图 3-103　外圆内方管

代号：BD-8　规格：$\phi×A$

ϕ/mm	A/mm	R/mm≤	单重/(kg/m)
20	11	1.5	1.52
23	9	1.5	2.62

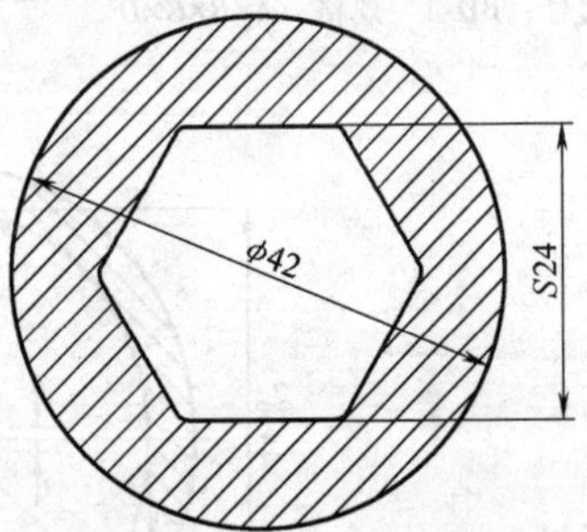

图 3-104　外圆内六角管

代号：BD-9　规格：ϕ42mm×S24mm

单重：6.96kg/m

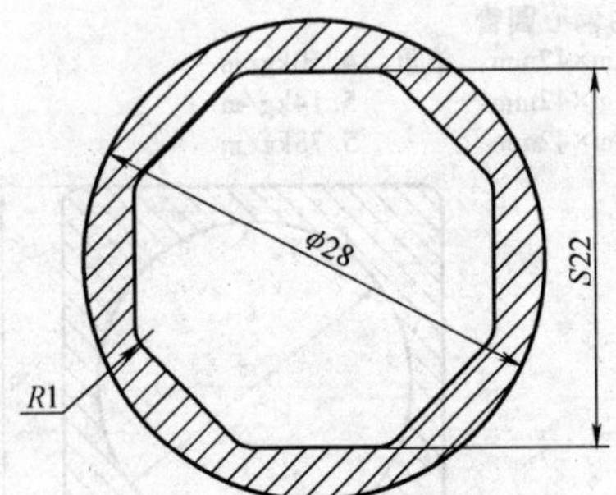

图 3-105　外圆内八角管

代号：BD-10　规格：ϕ28mm×S22mm

单重：1.69kg/m

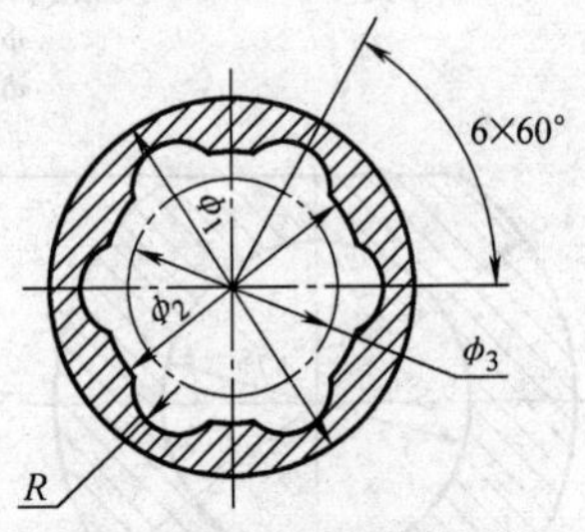

图 3-106　外圆内梅花形管

代号：BD-11　规格：$\phi_1×\phi_2×\phi_3×R$

(单位:mm)

ϕ_1	ϕ_2	ϕ_3	R
13.40	8.40	7.30	1.70
18.40	13.40	10.70	2.50

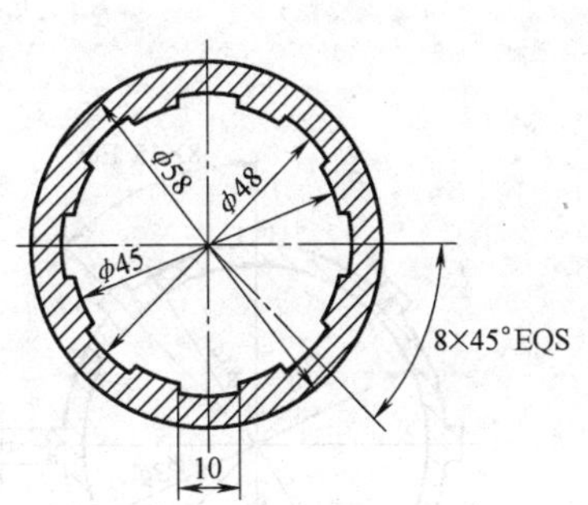

图 3-107　花键管

代号：BD-12

规格：ϕ58mm×ϕ48mm×ϕ45mm×10mm

单重：7.31kg/m

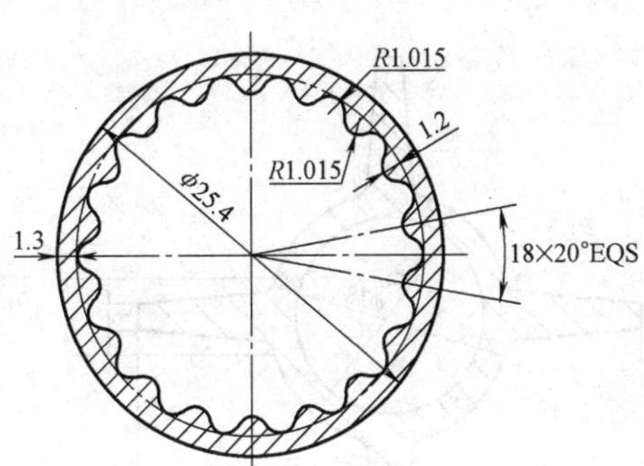

图 3-108　内十八齿管

代号：BD-13　规格：ϕ25.4×1.3×1.2　单重 1.09kg/m

（单位：mm）

序号	ϕ +0.15	δ ±0.10	h ±0.10	R	L+5
1	25.4	1.3	1.2	1.04	3320
2	19	1.3	1.2	0.66	2520

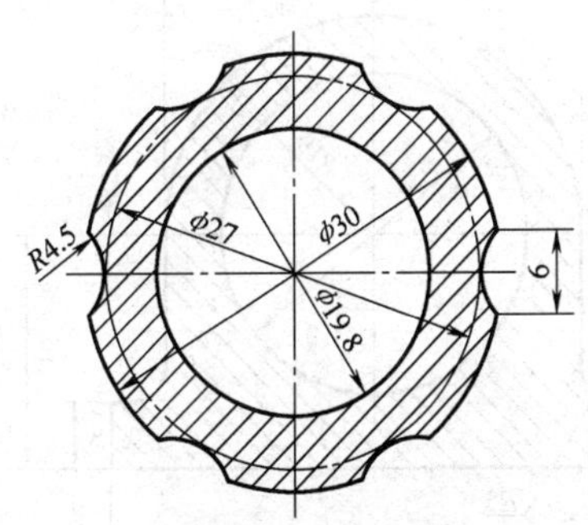

图 3-109　外六圆槽管

代号：BD-14

规格：ϕ30mm×ϕ19.8mm×R4.5mm

单重：2.90kg/m

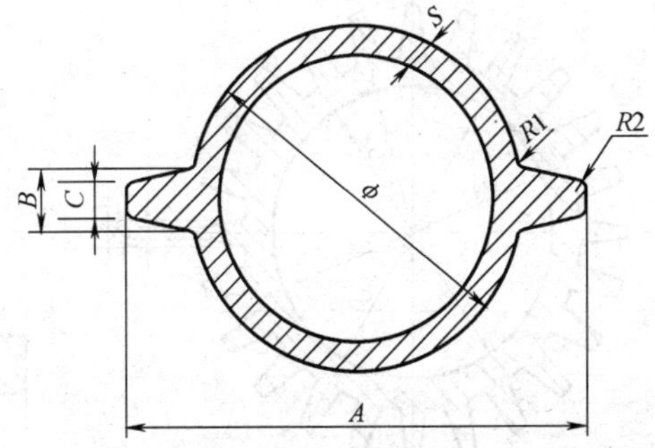

图 3-110　双叶片管

代号：BD-15　规格：ϕ×A×S×B×C×R1×R2

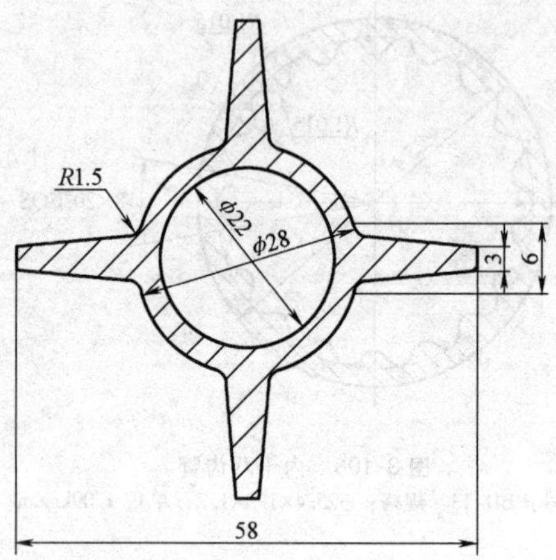

图 3-111 四齿管

代号：BD-16

规格：58mm×ϕ28mm×ϕ22mm×6mm×3mm

单重：3.99kg/m

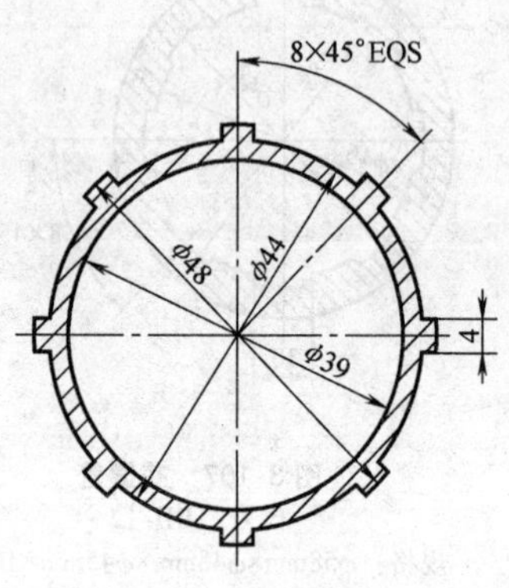

图 3-112 六齿管

代号：BD-17

规格：ϕ48mm×ϕ44mm×ϕ39mm

单重：3.06kg/m

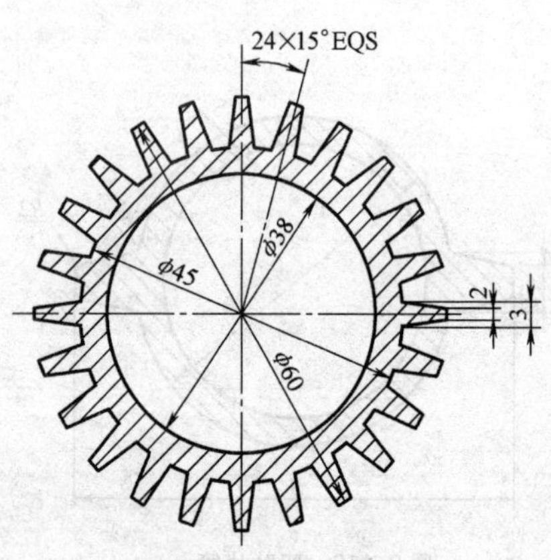

图 3-113 二十四齿管

代号：BD-18

规格：ϕ60×ϕ45×ϕ38

单重：7.11kg/m

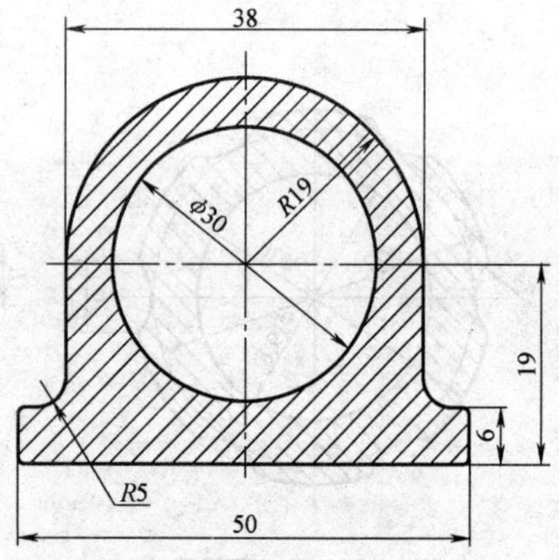

图 3-114 Ω管

代号：BD-19

规格：50×38mm×19mm×ϕ30mm×6mm

单重：5.21kg/m

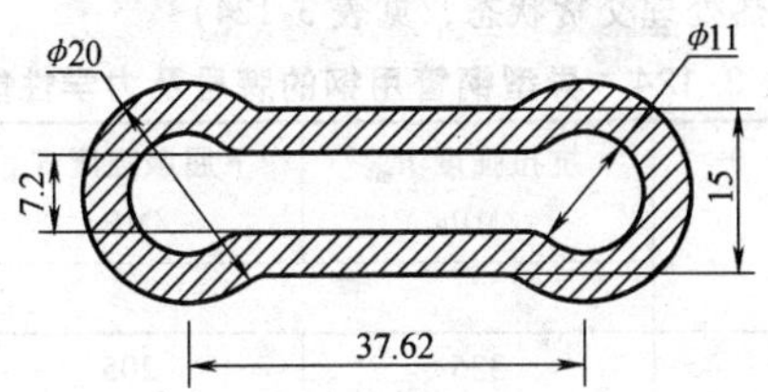

图 3-115　双孔管

代号：BD-20　规格：37.62mm×15mm×ϕ20mm×ϕ11mm　单重：4.20kg/m

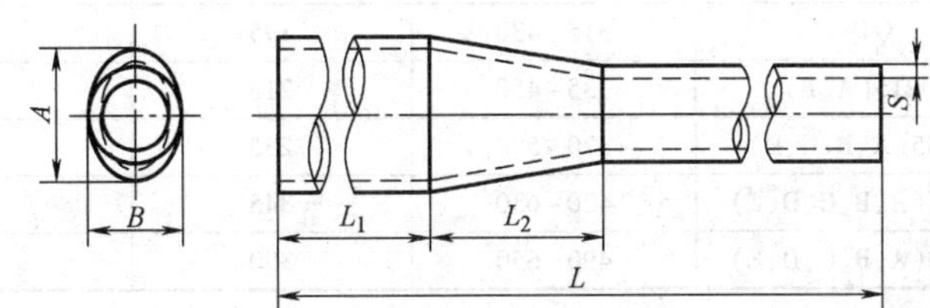

图 3-116　前叉管

代号：BJ-1　规格：$A\times B\times S\times L$

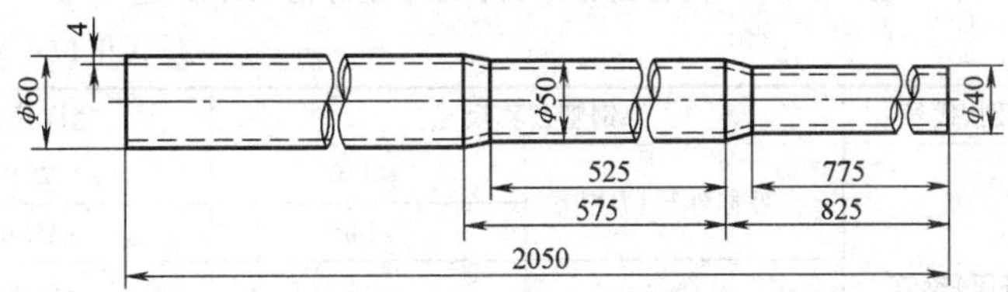

图 3-117　三节阶梯管

代号：BJ-2　规格：ϕ60mm×ϕ50mm×ϕ40mm×4mm×2050mm　单重：9.18kg/m

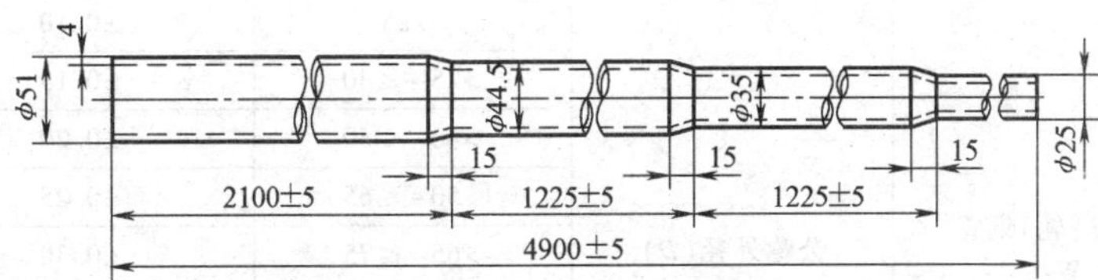

图 3-118　五节阶梯管

代号：BJ-3　规格：ϕ51mm×ϕ44.5mm×ϕ35mm×ϕ25mm×2mm×4900mm

单重：19.11kg/m

（2）力学性能（热处理交货状态，见表3-124）

表3-124　异型钢管用钢的牌号及力学性能

序号	牌　号	抗拉强度 R_m /MPa	下屈服强度 R_{eL} /MPa	断后伸长率 A (%)
		≥		
1	10	335	205	24
2	20	410	245	20
3	35	510	305	17
4	45	590	335	14
5	Q195	315~430	195	33
6	Q215(A、B)	335~450	215	30
7	Q235(A、B、C、D)	370~500	235	25
8	Q345(A、B、C、D、E)	470~630	345	20
9	Q390(A、B、C、D、E)	490~650	390	21

9. 锅炉、热交换器用不锈钢无缝钢管（GB 13296—2013）

（1）尺寸及允许偏差（见表3-125~表3-127）

表3-125　钢管公称外径和最小壁厚的允许偏差

（单位：mm）

钢管类别、代号	钢管公称尺寸		允许偏差
热轧（挤压）钢管 W-H	公称外径(D)	≤140	±1.25%D
		>140	±1%D
	最小壁厚(S_{min})	≤4.0	+0.90 0
		>4.0	+25%S 0
冷拔（轧）钢管 W-C	公称外径(D)	≤25	±0.10
		>25~≤40	±0.15
		>40~≤50	±0.20
		>50~≤65	±0.25
		>65~≤75	±0.30
		>75~≤100	±0.38
		>100~≤159	+0.38 -0.64
		>159	±0.5%D

（续）

钢管类别、代号	钢管公称尺寸		允许偏差
冷拔（轧）钢管 W-C	最小壁厚（S_{min}）	$D\leqslant38$	$^{+20\%S}_{0}$
		$D>38$	$^{+22\%S}_{0}$

表 3-126　钢管公称壁厚的允许偏差　（单位：mm）

钢管类别、代号	壁厚范围		允许偏差
热轧（挤压）钢管 W-H	公称壁厚（S）	≤4.0	±0.45
		>4.0	$^{+12.5\%S}_{-10\%S}$
冷拔（轧）钢管 W-C	公称壁厚（S）	$D\leqslant38$	±10%S
		$D>38$	±11%S

注：钢管的通常尺寸规格应符合 GB/T 17395—2008 的规定。经供需双方协商，也可供应其他外径和壁厚的钢管。

表 3-127　长度要求

长度项目	要　求	
通常长度	锅炉用钢管通常长度为 2000~12000mm 根据需求，供需双方协商，并在合同中注明，可供应长度超过 12000mm 的钢管	
定尺长度和倍尺长度	根据需方要求，经供需双方协商，并在合同中注明，可供应定尺长度和倍尺长度的钢管。钢管的规定长度允许偏差为 $^{+10}_{0}$mm。每个倍尺长度应留出切口余量 5~10mm	
热轧（挤压、扩）钢管的每米弯曲度	≤2.0mm/m	全长弯曲度不应大于钢管长度的 0.15%
冷拔（轧）钢管的每米弯曲度	≤1.5mm/m	

（2）钢的牌号和化学成分（熔炼分析，见表 3-128）

（3）热处理制度及力学性能

1）热处理制度及钢管的室温力学性能及密度见表 3-129。

表 3-128 锅炉、热交换器用不锈钢无缝钢管用钢的牌号和化学成分

组织类型	序号	GB/T 20878—2007 中序号	统一数字代号	牌号	化学成分(质量分数,%)								
					C	Si	Mn	P	S	Ni	Cr	Mo	其他
奥氏体型	1	13	S30210	12Cr18Ni9	0.15	1.00	2.00	0.035	0.030	8.00~10.00	17.00~19.00	—	N0.10
	2	17	S30408	06Cr19Ni10	0.08	1.00	2.00	0.035	0.030	8.00~11.00	18.00~20.00	—	—
	3	18	S30403	022Cr19Ni10	0.030	1.00	2.00	0.035	0.030	8.00~12.00	18.00~20.00	—	—
	4	19	S30409	07Cr19Ni10	0.04~0.10	1.00	2.00	0.035	0.030	8.00~11.00	18.00~20.00	—	—
	5	23	S30458	06Cr19Ni10N	0.08	1.00	2.00	0.035	0.030	8.00~11.00	18.00~20.00	—	N0.10~0.16
	6	25	S30453	022Cr19Ni10N	0.030	1.00	2.00	0.035	0.030	8.00~11.00	18.00~20.00	—	N0.10~0.16
	7	31	S30920	16Cr23Ni13	0.20	1.00	2.00	0.035	0.030	12.00~15.00	22.00~24.00	—	—
	8	32	S30908	06Cr23Ni13	0.08	1.00	2.00	0.035	0.030	12.00~15.00	22.00~24.00	—	—
	9	34	S31020	20Cr25Ni20	0.25	1.50	2.00	0.035	0.030	19.00~22.00	24.00~26.00	—	—
	10	35	S31008	06Cr25Ni20	0.08	1.50	2.00	0.035	0.030	19.00~22.00	24.00~26.00	—	—
	11	38	S31608	06Cr17Ni12Mo2	0.08	1.00	2.00	0.035	0.030	10.00~14.00	16.00~18.00	2.00~3.00	—
	12	39	S31603	022Cr17Ni12Mo2	0.030	1.00	2.00	0.035	0.030	10.00~14.00	16.00~18.00	2.00~3.00	—
	13	40	S31609	07Cr17Ni12Mo2	0.04~0.10	1.00	2.00	0.035	0.030	10.00~14.00	16.00~18.00	2.00~3.00	—

（续）

组织类型	序号	GB/T 20878—2007 中序号	统一数字代号	牌号	化学成分（质量分数，%）								
					C	Si	Mn	P	S	Ni	Cr	Mo	其他
奥氏体型	14	41	S31668	06Cr17Ni12Mo2Ti	0.08	1.00	2.00	0.035	0.030	10.00～14.00	16.00～18.00	2.00～3.00	Ti≥5C
	15	43	S31658	06Cr17Ni12Mo2N	0.08	1.00	2.00	0.035	0.030	10.00～13.00	16.00～18.00	2.00～3.00	N0.10～0.16
	16	44	S31653	022Cr17Ni12Mo2N	0.030	1.00	2.00	0.035	0.030	10.00～13.00	16.00～18.00	2.00～3.00	N0.10～0.16
	17	45	S31688	06Cr18Ni12Mo2Cu2	0.08	1.00	2.00	0.035	0.030	10.00～14.00	17.00～19.00	1.20～2.75	Cu1.00～2.50
	18	46	S31683	022Cr18Ni14Mo2Cu2	0.030	1.00	2.00	0.035	0.030	12.00～16.00	17.00～19.00	1.20～2.75	Cu1.00～2.50
	19	48	S39042	015Cr21Ni26Mo5Cu2	0.020	1.00	2.00	0.030	0.020	24.00～26.00	19.00～21.00	4.00～5.00	Cu1.20～2.00 N0.10
	20	49	S31708	06Cr19Ni13Mo3	0.08	1.00	2.00	0.035	0.030	11.00～15.00	18.00～20.00	3.00～4.00	—
	21	50	S31703	022Cr19Ni13Mo3	0.030	1.00	2.00	0.035	0.030	11.00～15.00	18.00～20.00	3.00～4.00	—
	22	55	S32168	06Cr18Ni11Ti	0.08	1.00	2.00	0.035	0.030	9.00～12.00	17.00～19.00	—	Ti5C～0.70
	23	56	S32169	07Cr19Ni11Ti	0.04～0.10	0.75	2.00	0.030	0.030	9.00～13.00	17.00～20.00	—	Ti4C～0.60
	24	62	S34778	06Cr18Ni11Nb	0.08	1.00	2.00	0.035	0.030	9.00～12.00	17.00～19.00	—	Nb10C～1.10
	25	63	S34779	07Cr18Ni11Nb	0.04～0.10	1.00	2.00	0.035	0.030	9.00～12.00	17.00～19.00	—	Nb8C～1.10

（续）

组织类型	序号	GB/T 20878—2007 中序号	统一数字代号	牌号	化学成分（质量分数，%）								
					C	Si	Mn	P	S	Ni	Cr	Mo	其他
奥氏体型	26	64	S38148	06Cr18Ni13Si4	0.08	3.00~5.00	2.0	0.035	0.030	11.50~15.00	15.00~20.00	—	—
铁素体型	27	85	S11710	10Cr17	0.12	1.00	1.00	0.030	0.030	0.60	16.00~18.00	—	—
铁素体型	28	94	S12791	008Cr27Mo①	0.010	0.40	0.40	0.030	0.020	—	25.00~27.50	0.75~1.50	N0.015
马氏体型	29	97	S41008	06Cr13	0.08	1.00	1.00	0.035	0.030	0.60	11.50~13.50	—	—

注：表中所列成分除标明范围或最小值外，其余均为最大值。有些牌号的化学成分与 GB/T 20878—2007 相比有变化。

① 允许含有不大于 0.50%的 Ni，不大于 0.20%的 Cu，但 Ni+Cu 的含量应不大于 0.50%。

表 3-129 钢管的热处理制度、室温力学性能及密度

组织类型	序号	GB/T 20878—2007 中序号	统一数字代号	牌号	热处理制度	室温力学性能			密度 ρ/(kg/dm³)
						抗拉强度 R_m/MPa	规定塑性延伸强度 $R_{p0.2}$/MPa	断后延长率 A(%)	
						≥			
奥氏体型	1	13	S30210	12Cr18Ni9	1010~1150℃，急冷	520	205	35	7.93
	2	17	S30408	06Cr19Ni10	1010~1150℃，急冷	520	205	35	7.93
	3	18	S30403	022Cr19Ni10	1010~1150℃，急冷	480	175	35	7.90
	4	19	S30409	07Cr19Ni10	1010~1150℃，急冷	520	205	35	7.90
	5	23	S30458	06Cr19Ni10N	1010~1150℃，急冷	550	240	35	7.93
	6	25	S30453	022Cr19Ni10N	1010~1150℃，急冷	515	205	35	7.93
	7	31	S30920	16Cr23Ni13	1030~1150℃，急冷	520	205	35	7.98
	8	32	S30908	06Cr23Ni13	1030~1150℃，急冷	520	205	35	7.98
	9	34	S31020	20Cr25Ni20	1030~1180℃，急冷	520	205	35	7.98
	10	35	S31008	06Cr25Ni20	1030~1180℃，急冷	520	205	35	7.98

（续）

组织类型	序号	GB/T 20878—2007 中序号	统一数字代号	牌　　号	热处理制度	室温力学性能			密度 ρ/ (kg/dm³)
						抗拉强度 R_m/MPa	规定塑性延伸强度 $R_{p0.2}$/MPa	断后延长率 A(%)	
						≥			
奥氏体型	11	38	S31608	06Cr17Ni12Mo2	1010~1150℃，急冷	520	205	35	8.00
	12	39	S31603	022Cr17Ni12Mo2	1010~1150℃，急冷	480	175	40	8.00
	13	40	S31609	07Cr17Ni12Mo2	≥1040℃，急冷	520	205	35	8.00
	14	41	S31668	06Cr17Ni12Mo2Ti	1000~1100℃，急冷	530	205	35	7.90
	15	43	S31658	06Cr17Ni12Mo2N	1010~1150℃，急冷	550	240	35	8.00
	16	44	S31653	022Cr17Ni12Mo2N	1010~1150℃，急冷	515	205	35	8.04
	17	45	S31688	06Cr18Ni12Mo2Cu2	1010~1150℃，急冷	520	205	35	7.96
	18	46	S31683	022Cr18Ni14Mo2Cu2	1010~1150℃，急冷	480	180	35	7.96
	19	48	S39042	015Cr21Ni26Mo5Cu2	1065~1150℃，急冷	490	220	35	8.00
	20	49	S31708	06Cr19Ni13Mo3	1010~1150℃，急冷	520	205	35	8.00
	21	50	S31703	022Cr19Ni13Mo3	1010~1150℃，急冷	480	175	35	7.98
	22	55	S32168	06Cr18Ni11Ti	920~1150℃，急冷	520	205	35	8.03
	23	56	S32169	07Cr19Ni11Ti	热轧（挤压）≥1050℃，急冷 冷拔（轧）≥1100℃，急冷	520	205	35	8.03
	24	62	S34778	06Cr18Ni11Nb	980~1150℃，急冷	520	205	35	8.03
	25	63	S34779	07Cr18Ni11Nb	热轧（挤压）≥1050℃，急冷 冷拔（轧）≥1100℃，急冷	520	205	35	8.03
	26	64	S38148	06Cr18Ni13Si4	1010~1150℃，急冷	520	205	35	7.75
铁素体型	27	85	S11710	10Cr17	780~850℃，空冷或缓冷	410	245	20	7.70
	28	94	S12791	008Cr27Mo	900~1050℃，急冷	410	245	20	7.67
马氏体型	29	97	S41008	06Cr13	750℃空冷或 800~900℃缓冷	410	210	20	7.75

注：热挤压钢管的抗拉强度可降低 20MPa。

2）壁厚≥1.7mm 的钢管可做 HBW、HRB 和 HV 中的一种硬度试验，钢管的硬度见表 3-130。

表 3-130 钢管的硬度

组织类型	钢管的牌号	硬度		
		HBW	HRB	HV
奥氏体型	06Cr19Ni10N、022Cr19Ni10N、06Cr17Ni12Mo2N、022Cr17Ni12Mo2N	≤217	≤95	≤220
	06Cr18Ni13Si4	≤207	≤95	≤218
	其他	≤187	≤90	≤200
铁素体型	10Cr17	≤183	—	—
	008Cr27Mo	≤219	—	—
马氏体型	06Cr13	≤183	—	—

3）牌号为 07Cr19Ni10、07Cr19Ni11Ti 和 07Cr18Ni11Nb 的锅炉用成品钢管的高温规定非比例延伸强度（$R_{p0.2}$）见表 3-131。其要求仅合同有规定时才适用。

表 3-131 3 种钢的高温规定非比例延伸强度

序号	牌号	高温规定非比例延伸强度 $R_{p0.2}$/MPa ≥										
		温度/℃										
		100	150	200	250	300	350	400	450	500	550	600
1	07Cr19Ni10	170	154	144	135	129	123	119	114	110	105	101
2	07Cr19Ni11Ti	184	171	160	150	142	136	132	128	126	123	122
3	07Cr18Ni11Nb	189	171	166	158	150	145	141	139	139	133	130

4）牌号为 07Cr19Ni10、07Cr19Ni11Ti 和 07Cr18Ni11Nb 的锅炉用成品钢管的 100000h 持久强度推荐数据见表 3-132。

表 3-132 3 种钢的 100000h 持久强度推荐数据

序号	牌号	100000h 持久强度推荐数据/MPa ≥															
		温度/℃															
		600	610	620	630	640	650	660	670	680	690	700	710	720	730	740	750
1	07Cr19Ni10	96	88	81	74	68	63	57	52	47	44	40	37	34	31	28	26
2	07Cr19Ni11Ti	89	80	72	66	61	55	50	46	41	38	35	32	29	26	24	22
3	07Cr18Ni11Nb	132	121	110	100	91	82	74	66	60	54	48	43	38	34	31	28

10. 流体输送用不锈钢焊接钢管（GB/T 12771—2008）

（1）尺寸及允许偏差（见表 3-133～表 3-135）

表 3-133　钢管外径允许偏差　　（单位：mm）

类　别	外径 D	允许偏差	
		较高级	普通级
焊接状态	全部尺寸	±0.5%D 或±0.20，两者取较大值	±0.75%D 或±0.30，两者取较大值
热处理状态	<40	±0.20	±0.30
	≥40～<65	±0.30	±0.40
	≥65～<90	±0.40	±0.50
	≥90～<168.3	±0.80	±1.00
	≥168.3～<325	±0.75%D	±1.0%D
	≥325～<610	±0.6%D	±1.0%D
	≥610	±0.6%D	±0.7%D 或±10，两者取较小值
冷拔（轧）状态、磨（抛）光状态	<40	±0.15	±0.20
	≥40～<60	±0.20	±0.30
	≥60～<100	±0.30	±0.40
	≥100～<200	±0.4%D	±0.5%D
	≥200	±0.5%D	±0.75%D

注：1. 根据需方的要求，经供需双方协商，并在合同中注明，可以供应本表规定以外尺寸偏差的钢管。

2. 合同中未注明偏差时按普通级交货。

表 3-134　钢管壁厚允许偏差　　（单位：mm）

壁厚 S	壁厚允许偏差	壁厚 S	壁厚允许偏差
≤0.5	±0.10	>2.0～4.0	±0.30
>0.5～1.0	±0.15	>4.0	±10%S
>1.0～2.0	±0.20		

注：1. 根据需方要求，经供需双方协商，并在合同中注明，可以供应本表规定以外尺寸偏差的钢管。

2. 合同中未注明偏差时按普通级交货。

表 3-135　钢管的弯曲度

钢管外径/mm	弯曲度/(mm/m)
≤108	≤1.5
>108～325	≤2.0
>325	≤2.5

（2）钢的密度和理论质量计算公式 该类钢管的理论质量计算公式如下：

$$W=\frac{\pi}{1000}S(D-S)\rho$$

式中 W——钢管的理论质量（kg/m）；

π——圆周率，取3.1416；

S——钢管的公称壁厚（mm）；

D——钢管的公称外径（mm）；

ρ——钢的密度（kg/dm^3），各牌号钢的密度见表3-136。

表3-136 钢管用钢的密度及其理论质量计算公式

序号	新牌号	旧牌号	密度/(kg/dm^3)	换算后的公式
1	12Cr18Ni9	1Cr18Ni9	7.93	$W=0.02491S(D-S)$
2	06Cr19Ni10	0Cr18Ni9		
3	022Cr19Ni10	00Cr19Ni10	7.90	$W=0.02482S(D-S)$
4	06Cr18Ni11Ti	0Cr18Ni10Ti	8.03	$W=0.02523S(D-S)$
5	06Cr25Ni20	0Cr25Ni20	7.98	$W=0.02507S(D-S)$
6	06Cr17Ni12Mo2	0Cr17Ni12Mo2	8.00	$W=0.02513S(D-S)$
7	022Cr17Ni12Mo2	00Cr17Ni14Mo2		
8	06Cr18Ni11Nb	0Cr18Ni11Nb	8.03	$W=0.02523S(D-S)$
9	022Cr18Ti	00Cr17	7.70	$W=0.02419S(D-S)$
10	022Cr11Ti	—	7.75	$W=0.02435S(D-S)$
11	06Cr13Al	0Cr13Al		
12	019Cr19Mo2NbTi	00Cr18Mo2		
13	022Cr12Ni	—		
14	06Cr13	0Cr13		

（3）钢的牌号和化学成分（熔炼分析，见表3-137）

表 3-137 钢管用钢的牌号和化学成分

序号	类型	统一数字代号	新牌号	旧牌号	化学成分(质量分数,%)									
					C	Si	Mn	P	S	Ni	Cr	Mo	N	其他元素
1	奥氏体型	S30210	12Cr18Ni9	1Cr18Ni9	≤0.15	≤0.75	≤2.00	≤0.040	≤0.030	8.00~10.00	17.00~19.00	—	≤0.10	—
2	奥氏体型	S30408	06Cr19Ni10	0Cr18Ni9	≤0.08	≤0.75	≤2.00	≤0.040	≤0.030	8.00~11.00	18.00~20.00	—	—	—
3	奥氏体型	S30403	022Cr19Ni10	00Cr19Ni10	≤0.030	≤0.75	≤2.00	≤0.040	≤0.030	8.00~12.00	18.00~20.00	—	—	—
4	奥氏体型	S31008	06Cr25Ni20	0Cr25Ni20	≤0.08	≤1.50	≤2.00	≤0.040	≤0.030	19.00~22.00	24.00~26.00	—	—	—
5	奥氏体型	S31608	06Cr17Ni12Mo2	0Cr17Ni12Mo2	≤0.08	≤0.75	≤2.00	≤0.040	≤0.030	10.00~14.00	16.00~18.00	2.00~3.00	—	—
6	奥氏体型	S31603	022Cr17Ni12Mo2	00Cr17Ni14Mo2	≤0.030	≤0.75	≤2.00	≤0.040	≤0.030	10.00~14.00	16.00~18.00	2.00~3.00	—	—
7	奥氏体型	S32168	06Cr18Ni11Ti	0Cr18Ni10Ti	≤0.08	≤0.75	≤2.00	≤0.040	≤0.030	9.00~12.00	17.00~19.00	—	—	Ti:5×C~0.70
8	奥氏体型	S34778	06Cr18Ni11Nb	0Cr18Ni11Nb	≤0.08	≤0.75	≤2.00	≤0.040	≤0.030	9.00~12.00	17.00~19.00	—	—	Nb:10×C~1.10

（续）

序号	类型	统一数字代号	新牌号	旧牌号	化学成分（质量分数，%）									
					C	Si	Mn	P	S	Ni	Cr	Mo	N	其他元素
9	铁素体型	S11863	022Cr18Ti	00Cr17	≤0.030	≤0.75	≤1.00	≤0.040	≤0.030	(0.60)	16.00~19.00	—	—	Ti或Nb:0.10~1.00
10	铁素体型	S11972	019Cr19Mo2NbTi	00Cr18Mo2	≤0.025	≤0.75	≤1.00	≤0.040	≤0.030	1.00	17.50~19.50	1.75~2.50	≤0.035	(Ti+Nb):[0.20+4(C+N)]~0.80
11	铁素体型	S11348	06Cr13Al	0Cr13Al	≤0.08	≤0.75	≤1.00	≤0.040	≤0.030	(0.60)	11.50~14.50	—	—	Al:0.10~0.30
12	铁素体型	S11163	022Cr11Ti	—	≤0.030	≤0.75	≤1.00	≤0.040	≤0.020	(0.60)	10.50~11.70	—	≤0.030	Ti≥8(C+N),Ti:0.15~0.50,Nb:0.10
13	铁素体型	S11213	022Cr12Ni	—	≤0.030	≤0.75	≤1.50	≤0.040	≤0.015	0.30~1.00	10.50~12.50	—	≤0.030	—
14	马氏体型	S41008	06Cr13	0Cr13	≤0.08	≤0.75	≤1.00	≤0.040	≤0.030	(0.60)	11.50~13.50	—	—	—

（4）交货状态的热处理制度（见表 3-138）

表 3-138 钢管交货状态的热处理制度

序号	类型	新牌号	旧牌号	推荐的热处理制度①	
1	奥氏体型	12Cr18Ni9	1Cr18Ni9	固溶处理	1010~1150℃快冷
2		06Cr19Ni10	0Cr18Ni9		1010~1150℃快冷
3		022Cr19Ni10	00Cr19Ni10		1010~1150℃快冷
4		06Cr25Ni20	0Cr25Ni20		1030~1180℃快冷
5		06Cr17Ni12Mo2	0Cr17Ni12Mo2		1010~1150℃快冷
6		022Cr17Ni12Mo2	00Cr17Ni14Mo2		1010~1150℃快冷
7		06Cr18Ni11Ti	0Cr18Ni10Ti		920~1150℃快冷
8		06Cr18Ni11Nb	0Cr18Ni11Nb		980~1150℃快冷
9	铁素体型	022Cr18Ti	00Cr17	退火处理	780~950℃快冷或缓冷
10		019Cr19Mo2NbTi	00Cr18Mo2		800~1050℃快冷
11		06Cr13Al	0Cr13Al		780~830℃快冷或缓冷
12		022Cr11Ti	—		830~950℃快冷
13		022Cr12Ni	—		830~950℃快冷
14	马氏体型	06Cr13	0Cr13		750℃快冷或800~900℃缓冷

① 对06Cr18Ni11Ti、06Cr18Ni11Nb，需方规定在固溶热处理后需进行稳定化热处理时，稳定化热处理制度为850~930℃快冷。

（5）钢的力学性能（见表 3-139）

表 3-139 钢管用钢的力学性能

序号	新 牌 号	旧 牌 号	规定非比例延伸强度 $R_{p0.2}$/MPa	抗拉强度 R_m/MPa	断后伸长率 A(%)	
					热处理状态	非热处理状态
			≥			
1	12Cr18Ni9	1Cr18Ni9	210	520	35	25
2	06Cr19Ni10	0Cr18Ni9	210	520		
3	022Cr19Ni10	00Cr19Ni10	180	480		
4	06Cr25Ni20	0Cr25Ni20	210	520		
5	06Cr17Ni12Mo2	0Cr17Ni12Mo2	210	520		
6	022Cr17Ni12Mo2	00Cr17Ni14Mo2	180	480		
7	06Cr18Ni11Ti	0Cr18Ni10Ti	210	520		
8	06Cr18Ni11Nb	0Cr18Ni11Nb	210	520		
9	022Cr18Ti	00Cr17	180	360	20	—
10	019Cr19Mo2NbTi	00Cr18Mo2	240	410		
11	06Cr13Al	0Cr13Al	177	410		
12	022Cr11Ti	—	275	400	18	—
13	022Cr12Ni	—	275	400	18	—
14	06Cr13	0Cr13	210	410	20	—

11. 低压流体输送用焊接钢管（GB/T 3091—2015）

(1) 直径和壁厚

1) 外径和壁厚允许偏差见表3-140。

表3-140 外径和壁厚允许偏差 （单位：mm）

<table>
<tr><th rowspan="2">外径(D)</th><th colspan="2">外径允许偏差</th><th rowspan="2">壁厚(t)允许偏差</th></tr>
<tr><th>管体</th><th>管端
(距管端100mm范围内)</th></tr>
<tr><td>D≤48.3</td><td>±0.5</td><td>—</td><td rowspan="4">±10%t</td></tr>
<tr><td>48.3<D≤273.1</td><td>±1%D</td><td>—</td></tr>
<tr><td>273.1<D≤508</td><td>±0.75%D</td><td>+2.4
−0.8</td></tr>
<tr><td>D>508</td><td>±1%D或±10.0，两者取较小值</td><td>+3.2
−0.8</td></tr>
</table>

2) 外径（D）不大于219.1mm的钢管按公称口径（DN）和公称壁厚（t）交货，其公称口径和公称壁厚度符合表3-141的规定。其中管端用螺纹或沟槽连接的钢管尺寸见表3-142。

外径大于219.1mm的钢管按公称外径和公称壁厚交货，其公称外径和公称壁厚应符合GB/T 21835的规定。

表3-141 外径不大于219.1mm的钢管公称口径、外径、公称壁厚和圆度

（单位：mm）

公称口径(DN)	外径(D)			最小公称壁厚 t	圆度 ≤
	系列1	系列2	系列3		
6	10.2	10.0	—	2.0	0.20
8	13.5	12.7	—	2.0	0.20
10	17.2	16.0	—	2.2	0.20
15	21.3	20.8	—	2.2	0.30
20	26.9	26.0	—	2.2	0.35
25	33.7	33.0	32.5	2.5	0.40
32	42.4	42.0	41.5	2.5	0.40
40	48.3	48.0	47.5	2.75	0.50
50	60.3	59.5	59.0	3.0	0.60
65	76.1	75.5	75.0	3.0	0.60
80	88.9	88.5	88.0	3.25	0.70

（续）

公称口径（DN）	外径（D）			最小公称壁厚 t	圆度 ≤
	系列1	系列2	系列3		
100	114.3	114.0	—	3.25	0.80
125	139.7	141.3	140.0	3.5	1.00
150	165.1	168.3	159.0	3.5	1.20
200	219.1	219.0	—	4.0	1.60

注：1. 表中的公称口径系近似内径的名义尺寸，不表示外径减去两倍壁厚所得的内径。
2. 系列1是通用系列，属推荐选用系列；系列2是非通用系列；系列3是少数特殊、专用系列。

表3-142 管端用螺纹和沟槽连接的钢管外径、壁厚

（单位：mm）

公称口径（DN）	外径（D）	壁厚（t）		公称口径（DN）	外径（D）	壁厚（t）	
		普通钢管	加厚钢管			普通钢管	加厚钢管
6	10.2	2.0	2.5	50	60.3	3.8	4.5
8	13.5	2.5	2.8	65	76.1	4.0	4.5
10	17.2	2.5	2.8	80	88.9	4.0	5.0
15	21.3	2.8	3.5	100	114.3	4.0	5.0
20	26.9	2.8	3.5	125	139.7	4.0	5.5
25	33.7	3.2	4.0	150	165.1	4.5	6.0
32	42.4	3.5	4.0	200	219.1	6.0	7.0
40	48.3	3.5	4.5				

注：表中的公称口径系近似内径的名义尺寸，不表示外径减去两倍壁厚所得的内径。

（2）钢管的力学性能（见表3-143）

表3-143 钢管用钢的力学性能

牌号	下屈服强度 R_{eL}/MPa ≥		抗拉强度 R_m/MPa ≥	断后伸长率 A(%) ≥	
	t≤16mm	t>16mm		D≤168.3mm	D>168.3mm
Q195①	195	185	315	15	20
Q215A、Q215B	215	205	335		
Q235A、Q235B	235	225	370		
Q275A、Q275B	275	265	410	13	18
Q345A、Q345B	345	325	470		

① Q195的屈服强度值仅供参考，不作交货条件。

12. 低中压锅炉用无缝钢管（GB 3087—2008）

（1）尺寸及允许偏差

1）外径和壁厚见GB/T 17395—2008的规定。

2）外径和壁厚的允许偏差见表3-144~表3-146。

表3-144　钢管外径的允许偏差

钢管种类	允许偏差
热轧（挤压、扩）钢管	±1.0%D或±0.50，取其中较大者
冷拔（轧）钢管	±1.0%D或±0.30，取其中较大者

表3-145　热轧（挤压、扩）钢管的壁厚允许偏差

（单位：mm）

钢管种类	钢管外径	S/D	允许偏差
热轧（挤压）钢管	≤102	—	±12.5%S或±0.40，取其中较大者
	>102	≤0.05	±15%S或±0.40，取其中较大者
		>0.05~0.10	±12.5%S或±0.40，取其中较大者
		>0.10	+12.5%S -10%S
热扩钢管	±15%S		

表3-146　冷拔（轧）钢管壁厚允许偏差　（单位：mm）

钢管种类	壁　厚	允许偏差
冷拔（轧）钢管	≤3	$^{+15}_{-10}$%S或±0.15，取其中较大者
	>3	+12.5%S -10%S

3）长度要求见表3-147。

表3-147　钢管的长度要求

长　度	要　求
通常长度	钢管的通常长度为4000~12500mm。经供需双方协商，并在合同中注明，可交付长度大于12500mm的钢管
定尺和倍尺长度	根据需方要求，并在合同中注明，钢管可按定尺长度或倍尺长度交货。钢管的定尺长度应在通常长度范围内，全长允许偏差应符合如下规定 1）定尺长度≤6000mm，0~10mm 2）定尺长度>6000mm，0~15mm 钢管的倍尺总长度应在通常长度范围内，全长允许偏差为：$^{+20}_{0}$mm，每个倍尺长度应按下述规定留出切口余量 1）外径≤159mm时，切口余量为5~10mm 2）外径>159mm时，切口余量为10~15mm

4）弯曲度要求见表3-148。

表3-148　钢管的每米弯曲度

钢管公称壁厚/mm	每米弯曲度/(mm/m)
≤15	≤1.5
>15~30	≤2.0
>30或外径≥351	≤3.0

注：钢管的全长弯曲度应不大于钢管总长度的0.15%，且全长弯曲应不大于12mm。

（2）力学性能（见表3-149和表3-150）

表3-149　交货状态钢管的力学性能

号	牌　号	抗拉强度 R_m/MPa	下屈服强度 R_{eL}/MPa		断后伸长率 A(%)
			壁厚/mm		
			≤16	>16	
			不小于		不小于
1	10	335~475	205	195	24
2	20	410~550	245	235	20

表3-150　钢管在高温下的规定非比例延伸强度最小值

牌　号	试样状态	规定非比例延伸强度最小值 $R_{p0.2}$/MPa					
		试验温度/℃					
		200	250	300	350	400	450
10	供货状态	165	145	122	111	109	107
20		188	170	149	137	134	132

四、铸铁管

1. 连续铸铁管（GB/T 3422—2008）

（1）尺寸和形状

1）连续铸铁管的形状和尺寸标注如图3-119所示，连续铸铁管插口连接部尺寸见表3-151。

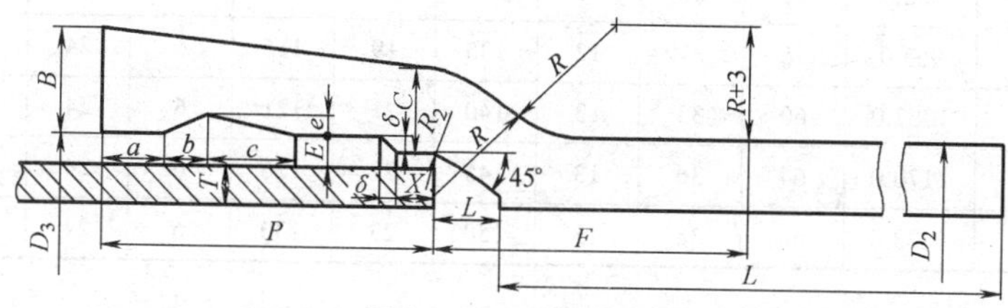

图3-119　连续铸铁管

表 3-151　连续铸铁管承插口连接部分尺寸　（单位：mm）

公称直径	各部尺寸			
DN	*a*	*b*	*c*	*e*
75~450	15	10	20	6
500~800	18	12	25	7
900~1200	20	14	30	8

注：$R=C+2E$；$R_2=E$。

2）承口尺寸见表 3-152。

表 3-152　连续铸管的承口尺寸　（单位：mm）

公称直径 DN	承口内径 D_3	B	C	E	P	l	F	δ	X	R
75	113.0	26	12	10	90	9	75	5	13	32
100	138.0	26	12	10	95	10	75	5	13	32
150	189.0	26	12	10	100	10	75	5	13	32
200	240.0	28	13	10	100	11	77	5	13	33
250	293.6	32	15	11	105	12	83	5	18	37
300	344.8	33	16	11	105	13	85	5	18	38
350	396.0	34	17	11	110	13	87	5	18	39
400	447.6	36	18	11	110	14	89	5	24	40
450	498.8	37	19	11	115	14	91	5	24	41
500	552.0	40	21	12	115	15	97	6	24	45
600	654.8	44	23	12	120	16	101	6	24	47
700	757.0	48	26	12	125	17	106	6	24	50
800	860.0	51	28	12	130	18	111	6	24	52
900	963.0	56	31	12	135	19	115	6	24	55
1000	1067.0	60	33	13	140	21	121	6	24	59
1100	1170.0	64	36	13	145	22	126	6	24	62
1200	1272.0	68	38	13	150	23	130	6	24	64

3）连续铸铁管的壁厚、理论质量及有效长度见表 3-153。

表 3-153　连续铸铁管的壁厚、理论质量及有效长度

公称直径 DN/mm	外径 D_2/mm	壁厚 T/mm			承口凸部质量/kg	直部理论质量/(kg/m)			有效长度 L/mm 4000 总质量/kg			5000			6000		
		LA级	A级	B级		LA级	A级	B级	LA级	A级	B级	LA级	A级	B级	LA级	A级	B级
75	93.0	9.0	9.0	9.0	4.8	17.1	17.0	17.1	73.2	73.2	73.2	90.3	90.3	90.3			
100	118.0	9.0	9.0	9.0	6.23	22.2	22.2	22.2	95.1	95.1	95.1	117	117	117			
150	169.0	9.0	9.2	10.0	9.09	32.6	33.3	36.0	139.5	142.3	153.1	172.1	175.6	189	205	209	225
200	220.0	9.2	10.1	11.0	12.56	43.9	48.0	52.0	188.2	204.6	220.6	232.1	252.6	273	276	301	325
250	271.6	10.0	11.0	12.0	16.54	59.2	64.8	70.5	253.3	275.7	298.5	312.5	340.5	369	372	405	440
300	322.8	10.8	11.9	13.0	21.86	76.2	83.7	91.1	326.7	356.7	386.3	402.9	440.4	477	479	524	568
350	374.0	11.7	12.8	14.0	26.96	95.9	104.6	114.0	410.6	445.4	483	506.5	550	597	602	655	711
400	425.6	12.5	13.8	15.0	32.78	116.8	128.5	139.3	500	546.8	590	616.8	675.3	729	734	804	869
450	476.8	13.3	14.7	16.0	40.14	139.4	153.7	166.8	597.7	654.9	707.3	737.1	808.6	874	877	962	1041
500	528.0	14.2	15.6	17.0	46.88	165.0	180.8	196.5	706.9	770	832.9	871.9	951	1029	1037	1132	1226
600	630.8	15.8	17.4	19.0	62.71	219.8	241.4	262.9	941.9	1028	1114	1162	1270	1377	1382	1511	1640
700	733.0	17.5	19.3	21.0	81.19	283.2	311.6	338.2	1214	1328	1434	1497	1639	1772	1780	1951	2110
800	836.0	19.2	21.1	23.0	102.63	354.7	388.9	423.0	1521	1658	1795	1876	2047	2218	2231	2436	2641
900	939.0	20.8	22.9	25.0	127.05	432.0	474.5	516.9	1855	2025	2195	2287	2499	2712	2719	2974	3228
1000	1041.0	22.5	24.8	27.0	156.46	518.4	570.0	619.3	2230	2436	2634	2748	3006	3253	3266	3576	3872
1100	1144.0	24.2	26.6	29.0	194.04	613.0	672.3	731.4	2646	2883	3120	3259	3556	3851	3872	4228	4582
1200	1246.0	25.8	28.4	31.0	223.46	712.0	782.2	852.0	3071	3352	3631	3783	4134	4483	4495	4916	5335

注：1. 计算质量时，铸铁相对密度采用 7.20kg/dm³。承口质量为近似值。

2. 总质量=直部理论质量×有效长度+承口凸部质量（计算结果，四舍五入，保留三位有效数字）。

4）连续铸铁管的有效长度与允许缩短长度见表 3-154。

表 3-154 长度及允许缩短长度 （单位：mm）

有效长度	允许缩短长度			
4000	500	1000		
5000、6000	500	1000	1500	2000

（2）力学性能 管环抗弯强度与表面硬度见表 3-155。

表 3-155 连续铸铁管的管环强度与表面硬度

公称直径 DN/mm	管环抗弯强度/MPa ≥	表面硬度 HBW ≤
≥300	3.4	210
350~700	2.8	
≥800	2.4	

2. 连续铸造球墨铸铁管（YB/T 177—2000）

（1）形状和尺寸

1）承插刚性接口球墨铸铁管的形状和尺寸见图 3-120 和表 3-156。

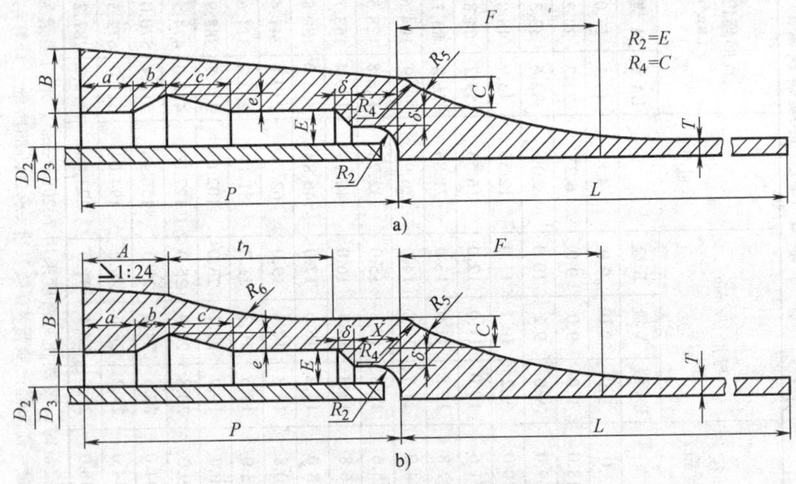

图 3-120 承插刚性接口球墨铸铁管

a）DN100~DN1000 b）DN1200~DN2600mm

2）梯唇型柔性接口球墨铸铁管的形状和尺寸见图 3-121 和表 3-157。

3）N1 型机械接口球墨铸铁管的形状和尺寸见图 3-122 和表 3-158。

表 3-156 承插刚性接口球墨铸铁管壁厚、质量和承插口尺寸

公称口径 DN /mm	各部尺寸/mm																					质量						
	T			D_2	D_3	A	B	C	P	E	R_5	R_6	t_7	F	δ	X	a	b	c	e	有效长度 L	承口凸部	直部理论质量 kg/m			总质量/kg		
	K9	K11	K12																				K9	K11	K12	K9	K11	K12
100		9.0		118	138		20	8.4	95	10	188			83	5	13	15	10	20	6	5000	6.1		21.7			115	
150		9.0		170	190		21	9.1	100	10	195			86	5	13	15	10	20	6	5000	8.9		32.1			169	
200		9.0		222	242		22	9.8	100	10	202			89	5	13	15	10	20	6	6000	12.3		42.5			267	
250		9.0		274	294		24	10.5	100	10	208			92	5	13	15	10	20	6	6000	16.2		52.8			333	
300	—	—	9.6	326	348		25	11.2	105	11	226			100	5	18	15	10	20	6	6000	21.4	—	—	67.3	—	—	425
350	—	9.4	10.2	378	400		26	11.9	110	11	233			103	5	18	15	10	20	6	6000	26.4	—	76.7	83.1	—	487	525
400	—	9.9	10.8	429	451		27	12.6	110	11	239			106	5	24	15	10	20	6	6000	32.1	—	91.9	100.0	—	584	632
500	9.0	11.0	12.0	532	556		30	14.0	115	12	264			117	6	24	18	12	25	7	6000	45.9	104.3	126.9	138.2	672	807	875
600	9.9	12.1	13.2	635	659		33	15.4	120	12	277			124	6	24	18	12	25	7	6000	61.4	137.3	166.9	181.8	885	1063	1152
700	10.8	13.2	14.4	738	762		35	16.8	125	12	291			130	6	24	18	12	25	7	6000	79.5	173.9	211.9	230.8	1123	1351	1464
800	11.7	14.6	15.6	842	866		38	18.0	130	12	304			136	6	24	18	12	25	7	6000	100.5	215.2	262.1	285.5	1392	1673	1814
900	12.6	15.4	16.8	945	969		40	19.6	135	12	318			143	6	24	18	12	25	7	6000	124.4	260.2	317.1	345.4	1686	2027	2197
1000	13.5	16.5	18.0	1048	1074		43	21.0	140	13	342			153	6	24	20	14	30	8	6000	153.2	309.3	377.0	410.6	2009	2415	2617
1200	15.3	18.7	20.4	1255	1281	50	48	23.8	150	13	369	151	76	166	6	24	20	14	30	8	6000	218.8	420.1	512.0	557.8	273.9	3291	3566
1400	17.1	20.9	22.8	1462	1488	53	53	26.6	160	13	396	170	85	179	6	24	20	14	30	8	6000	299.6	547.2	667.1	726.8	3583	4302	4660
1600	18.9	23.1	25.2	1668	1694	56	59	29.4	170	13	423	188	94	191	6	30	20	14	30	8	6000	398.3	690.3	841.6	916.9	4540	5448	5900
1800	20.7	25.3	27.6	1875	1903	60	64	32.2	182	14	461	207	103	208	7	30	23	16	35	9	6000	520.1	850.1	1036.5	1129.3	5621	6739	7296
2000	22.5	27.5	30.0	2082	2110	63	69	35.0	190	14	488	225	113	221	7	30	23	16	35	9	6000	656.9	1026.3	1251.3	1363.4	6815	8165	8837
2200	24.3	29.7	32.4	2288	2316	66	74	37.8	200	14	515	244	122	234	7	30	23	16	35	9	6000	814.8	1218.3	1485.5	1618.6	8125	9728	10526
2400	26.1	31.9	34.8	2495	2523	70	79	40.6	210	14	542	262	131	246	7	30	23	16	35	9	6000	996.0	1427.2	1740.3	1896.2	9559	11438	12373
2600	27.9	34.1	37.2	2702	2730	73	85	43.4	220	14	569	281	140	259	7	30	23	16	35	9	6000	1201.5	1652.4	2014.8	2195.6	11116	13291	14375

注：总质量=直部理论质量×有效长度+承口凸部质量。

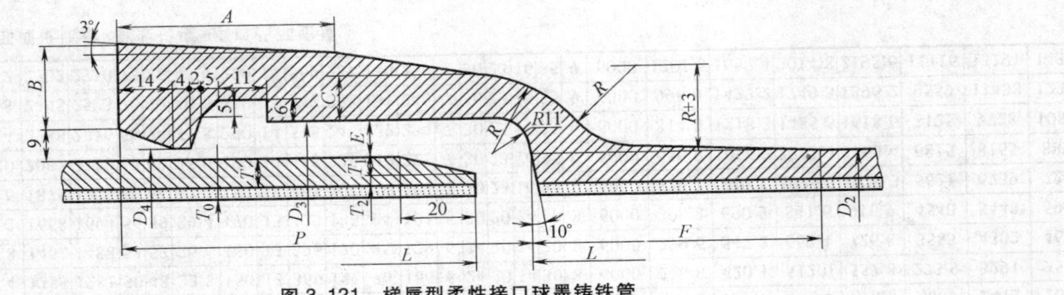

图 3-121 梯唇型柔性接口球墨铸铁管

表 3-157 梯唇型柔性接口球墨铸铁管壁厚、质量和承插口尺寸

公称口径 DN /mm	外径 D_2 /mm	壁厚 T/mm			承口尺寸/mm									质量/kg				有效长度 L/mm						橡胶圈工作直径 D_0 /mm
														承口凸部	直部理论质量/(kg/m)			5000			6000			
																		总质量/kg						
		K9	K11	K12	D_3	D_4	A	B	C	P	E	F	R		K9	K11	K12	K9	K11	K12	K9	K11	K12	
300	322.8	—	—	9.6	344.8	330.8	55	24	13	105	11	75	24	16.8	—	—	66.59	—	—	350	—	—	416	348.5
400	425.6	—	9.9	10.8	447.6	433.6	60	25	14	110	11	78	25	24.6	—	91.15	99.22	—	480	521	—	572	620	452.0
500	528.0	9.0	11.0	12.0	550.0	536.0	65	26	15	115	11	82	26	33.0	103.45	125.96	137.14	550	663	719	654	789	856	556.0
600	630.8	9.9	12.1	13.2	652.8	638.8	70	28	16	120	11	84	27	44.2	136.14	165.81	180.56	725	873	947	861	1039	1128	659.0
700	733.0	10.8	13.2	14.4	759.0	744.0	75	29	17	125	13	86	28	60.3	172.75	210.44	229.19	924	1113	1206	1097	1323	1435	767.0
800	836.0	11.7	14.3	15.6	862.0	844.0	80	30	18	130	13	89	29	75.6	213.60	260.25	283.46	1144	1377	1493	1357	1637	1776	871.0

注：1. 总质量=直部理论质量×有效长度+承口凸部质量。

2. 橡胶圈工作直径 $D_0=1.01(D_2+2E)$。

表 3-158　N1 型机械接口球墨铸铁管壁厚、质量和承插口尺寸

公称口径 DN /mm	外径 D_6 /mm	壁厚/mm			承口凸部重量 /kg	直部理论质量 /(kg/m)			有效长度 L/mm						尺寸/mm																	
									5000			6000			承口内径 D_4	承口法兰盘外径 D_1	螺孔中心圆 D_2	凸台外径 D_8	A	C	P	L	R_3	R_4	R_5	α	β	M	N	d	W	F
									总质量/kg																							
		K9	K11	K12		K9	K11	K12	K9	K11	K12	K9	K11	K12																		
100	118.0	9.0			11.5	21.73			120			142			138.0	260	210	175.0	19	11	95	15	30	65	15	10	30	45	4	23	3	75
150	169.0	9.0			15.5	31.89			175			207			189.0	310	262	227.0	19	11	100	15	30	65	15	10	30	45	6	23	3	75
200	220.0	9.0			20.6	42.06			231			273			240.0	360	312	297.0	19	12	100	20	35	65	15	10	30	45	6	23	3	75
250	271.6	9.0			26.9	52.35			289			341			293.6	415	366	340.0	22	12	100	20	35	65	15	10	30	45	6	23	3	85
300	322.8	—	—	9.6	29.2	—	—	66.59	—	—	362	—	—	429	344.8	470	420	383.0	22	14	100	25	35	75	25	10	30	45	8	23	3	85
350	374.0	—	9.4	10.2	33.0	—	75.91	82.19	—	413	444	—	488	526	396.0	524	474	434.0	22	14	100	25	35	75	25	10	30	45	10	23	3	85
400	425.6	—	9.9	10.8	37.4	—	91.15	99.22	—	493	534	—	584	633	477.6	570	526	486.0	24	15	100	30	45	75	25	10	30	45	10	23	5	90
500	528.0	9.0	11.0	12.0	51.8	103.45	125.96	137.14	569	682	737	673	808	875	552.0	674	632	589.0	24	16	100	30	45	95	30	10	30	45	14	23	5	100
600	630.8	9.9	12.1	13.2	70.6	136.14	165.81	180.56	751	900	973	887	1065	1154	664.8	792	740	693.0	26	16	110	35	50	95	30	10	30	50	16	24	5	100
700	733.0	10.8	13.2	14.4	80.7	172.75	210.44	229.19	944	1133	1227	1117	1343	1456	757.0	880	844	793.0	26	18	115	35	50	105	30	10	30	50	16	24	5	105
800	836.0	11.7	14.3	15.6	97.5	213.60	260.25	283.46	1166	1399	1515	1379	1669	1798	858.0	986	936	896.0	26	18	115	35	50	105	30	10	30	50	20	24	5	105

注：总质量=直部理论质量×有效长度+承口凸部质量。

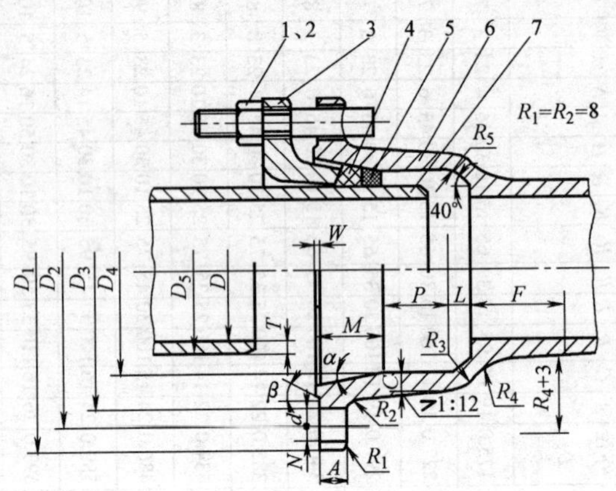

图 3-122 N1 型法兰式机械接口球墨铸铁管

1—螺栓 2—螺母 3—压兰 4—胶圈 5—支承圈

6—管体承口 7—管体插口

4）S 型机械接口球墨铸铁管的形状和尺寸 该类铁管的形状和尺寸应符合 GB/T 13295—2008 的规定，壁厚应符合 YB/T 177—2000 的规定。

（2）尺寸允许偏差

1）该类铁管的规定定尺长度允许缩短长度见表 3-159。

表 3-159 连续铸造球墨铸铁管规定定尺长度和允许缩短长度

（单位：mm）

规定定尺长度	允许缩短长度
5000	500 1000
6000	500 1000 1500 2000

2）插口外径及承口内径允许偏差见表 3-160。

表 3-160 插口外径及承口内径允许偏差 （单位：mm）

接口形式	公称口径 DN	承口内径	插口外径
承插刚性接口	≤450	+4.0 -2.0	+2.0 -4.0
	500~800	+5.0 -3.0	+3.0 -5.0
	900~1200	+6.0 -4.0	+4.0 -6.0

（续）

接口形式	公称口径 DN	承口内径	插口外径
承插刚性接口	>1200	+8.0 -5.0	+5.0 -8.0
梯唇型接口	≤600	±3.0	±3.0
	700~800	+3.0 -5.0	±3.0
N1 型机械接口	≤300	±1.5	±2.0
	350~600	±2.0	±3.0
	700~800	±2.0	±3.4

3. 柔性机械接口灰铸铁管（GB/T 6483—2008）

（1）N 型胶圈机械接口铸铁管的型式和尺寸（见图 3-123 和表 3-161）

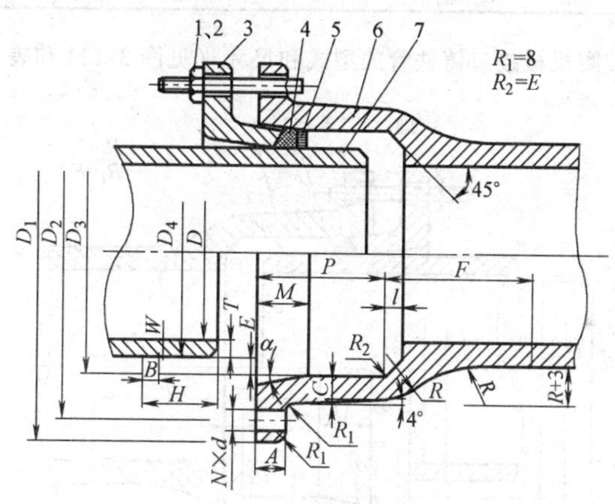

图 3-123　N 型胶圈机械接口

1—螺母　2—螺栓　3—压兰　4—胶圈　5—支承圈

6—管体承口　7—管体插口

表 3-161　N、N1 型胶圈机械接口尺寸　（单位：mm）

公称直径 DN	尺寸															
	承口内径 D_3	承口法兰盘外径 D_1	螺孔中心圆 D_2	A	C	P	l	F	R	α	M	B	W	H	螺栓孔	
															d	N(个)
100	138	250	210	19	12	95	10	75	32	10°	45	20	3	57	23	4
150	189	300	262	20	12	100	10	75	32	10°	45	20	3	57	23	6

（续）

公称直径DN	尺寸															
	承口内径 D_3	承口法兰盘外径 D_1	螺孔中心圆 D_2	A	C	P	l	F	R	α	M	B	W	H	螺栓孔	
															d	N(个)
200	240	350	312	21	13	100	11	77	33	10°	45	20	3	57	23	6
250	293.6	408	366	22	15	100	12	83	37	10°	45	20	3	57	23	6
300	344.8	466	420	23	16	100	13	85	38	10°	45	20	3	57	23	8
350	396	516	474	24	17	100	13	87	39	10°	45	20	3	57	23	10
400	447.6	570	526	25	18	100	14	89	40	10°	45	20	3	57	23	10
450	498.8	624	586	26	19	100	14	91	41	10°	45	20	3	57	23	12
500	552	674	632	27	21	100	15	97	45	10°	45	20	3	57	24	14
600	654.8	792	740	28	23	110	16	101	47	10°	45	20	3	57	24	16

（2）N1型胶圈机械接口铸铁管的型式和尺寸（见图3-124和表3-161）

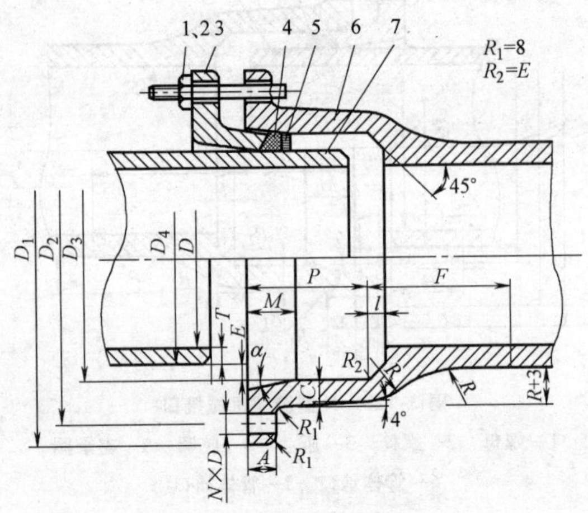

图3-124 N1型胶圈机械接口

1—螺母 2—螺栓 3—压兰 4—胶圈 5—支承圈
6—管体承口 7—管体插口

（3）X型胶圈机械接口铸铁管的型式和尺寸（见图3-125和表3-162）

（4）梯唇型胶圈接口铸铁管的型式和尺寸（见图3-126和表3-163）

（5）直管的壁厚和质量（见表3-164）

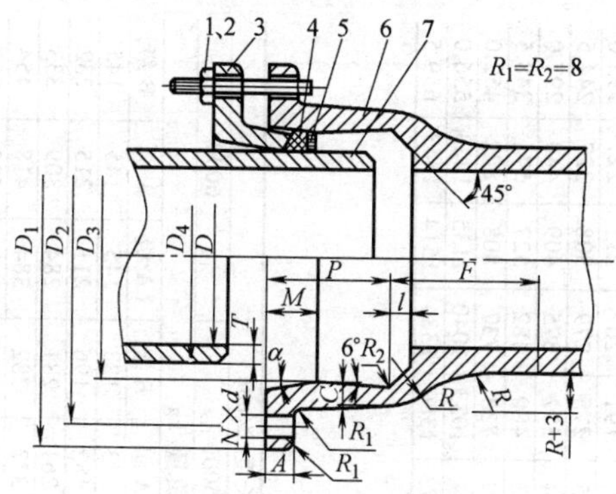

图 3-125 X 型胶圈机械接口

1—螺母 2—螺栓 3—压兰 4—胶圈 5—支承圈

6—管体承口 7—管体插口

表 3-162 X 型胶圈机械接口尺寸 （单位：mm）

公称直径 DN	承口内径 D_3	承口法兰盘外径 D_1	螺孔中心圆 D_2	A	C	P	l	F	R	α	M	螺栓孔 d	螺栓孔 N(个)
100	126	262	209	19	14	95	10	75	32	15°	50	23	4
150	177	313	260	20	14	100	10	75	32	15°	50	23	6
200	228	366	313	21	15	100	11	77	33	15°	50	23	6
250	279.6	418	365	22	15	100	12	83	37	15°	50	23	6
300	330.8	471	418	23	16	100	13	85	38	15°	50	23	8
350	382	524	471	24	17	100	13	87	39	15°	50	23	10
400	433.6	578	525	25	18	100	14	89	40	15°	50	23	12
450	484.8	638	586	26	19	100	14	91	41	15°	50	23	12
500	536	682	629	27	21	100	15	97	45	15°	55	24	14
600	638.8	792	740	28	23	110	16	101	47	15°	55	24	16

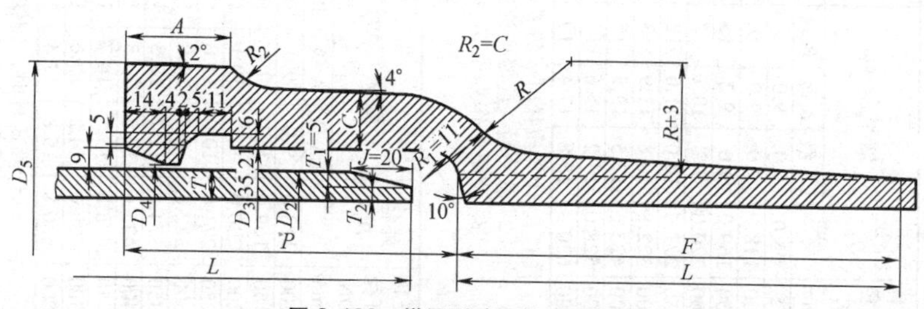

图 3-126 梯唇型胶圈接口铸铁管

表 3-163 梯唇型胶圈机械接口铸铁管尺寸和质量

公称直径 D_1 /mm	外径 D_2 /mm	壁厚 T/mm			承口尺寸/mm								质量/kg				有效长度 L/mm						橡胶圈工作直径 D_0 /mm
													承口凸部	直部理论质量/(kg/m)			5000			6000			
																	总质量/kg						
		LA 级	A 级	B 级	D_3	D_4	D_5	A	C	P	F	R		LA 级	A 级	B 级	LA 级	A 级	B 级	LA 级	A 级	B 级	
75	93.0	9.0	9.0	9	115	101	169	36	14	90	70	25	6.69	17.1	17.1	17.1	92	92	92	109	109	109	116.0
100	118.0	9.0	9.0	9	140	126	194	36	14	95	70	25	8.28	22.2	22.2	22.2	119	119	119	141	141	141	141.0
150	169.0	9.0	9.2	10	191	177	245	36	14	100	70	25	11.4	32.6	33.3	36.0	174	178	191	207	211	227	193.0
200	220.0	9.2	10.1	11	242	228	300	38	15	100	71	26	15.5	43.9	48.0	52.0	235	255	275	279	308	327	244.5
250	271.6	10.0	11.0	12	294	280	376	38	15	105	73	26	19.9	59.2	64.8	70.5	316	344	372	375	409	443	297.0
300	322.8	10.8	11.9	13	345	331	411	38	16	105	75	27	24.4	76.2	83.7	91.1	405	443	480	482	527	571	348.5
400	425.6	12.5	13.8	15	448	434	520	40	18	110	78	29	36.5	116.8	128.5	139.3	620	679	733	737	808	872	452.0
500	528.0	14.2	15.6	17	550	536	629	40	19	115	82	30	50.1	165.0	180.8	196.5	875	954	1033	1040	1135	1229	556.0
600	630.8	15.8	17.4	19	653	639	737	42	20	120	84	31	65.0	219.8	241.4	262.9	1165	1273	1380	1384	1514	1643	659.5

注：1. 计算质量时，铸铁密度取 7.20kg/dm³。承口质量为近似值。

2. 总质量=直部理论质量×有效长度+承口凸部质量（计算结果，保留整数）。

3. 胶圈工作直径 $D_0=1.01D_3$（计算结果取整到 0.5）mm。

表 3-164 直管的壁厚和质量

公称直径 DN /mm	外径 D_4 /mm	壁厚 T/mm			质量/kg				有效长度 L/mm								
					承口凸部质量	直部理论质量/(kg/m)			4000			5000			6000		
									总质量/kg								
		LA 级	A 级	B 级		LA 级	A 级	B 级	LA 级	A 级	B 级	LA 级	A 级	B 级	LA 级	A 级	B 级
100	118.0	9.0	9.0	9.0	11.5	22.2	22.2	22.2	100	100	100	123	123	123	145	145	145
150	169.0	9.0	9.2	10.0	15.5	32.6	33.3	36.0	146	149	160	179	182	196	211	215	232
200	220.0	9.2	10.1	11.0	20.6	43.9	48.0	52.0	196	213	229	240	261	281	284	309	333
250	271.6	10.0	11.0	12.0	29.2	59.2	64.8	70.5	266	288	311	325	353	382	384	418	454
300	322.8	10.8	11.9	13.0	36.2	76.2	83.7	91.1	341	371	401	417	455	492	493	538	583
350	374.0	11.7	12.8	14.0	42.7	95.9	104.6	114.0	426	461	499	522	566	613	618	670	723
400	425.6	12.5	13.8	15.0	52.5	116.8	128.5	139.3	520	567	670	637	695	809	753	824	883
450	476.8	13.3	14.7	16.0	62.1	139.4	153.7	166.8	620	677	729	759	831	896	899	984	1060
500	528.0	14.2	15.6	17.0	74.0	165.0	180.8	196.5	734	797	860	899	978	1060	1070	1160	1250
600	630.8	15.8	17.4	19.0	100.6	219.8	241.4	262.9	980	1070	1150	1200	1310	1420	1420	1550	1680

注：1. 计算质量时，铸铁密度取 7.20kg/dm³。承口质量为近似值。

2. 总质量=直部理论质量×有效长度+承口凸部质量（计算结果，四舍五入，保留三位有效数字）。

（6）压兰

1）N 型胶圈机械接口压兰的型式和尺寸见图 3-127 和表 3-165。

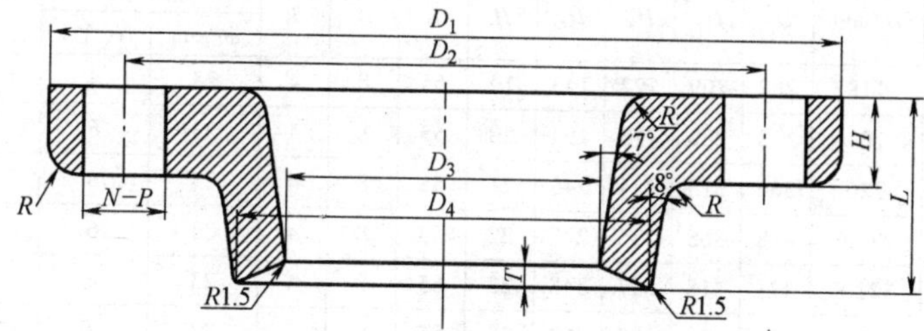

图 3-127 N 型胶圈机械接口压兰

表 3-165 N 型胶圈机械接口压兰尺寸

公称直径 DN	外径 D/mm	尺寸/mm										质量/kg
		D_1	D_2	D_3	D_4	H	L	R	T	螺栓孔		
										ϕ/mm	N(个)	
100	118	250	210	122	145	19	55	8	4	23	4	6
150	169	300	262	173	196	20	55	8	4	23	6	7
200	220	350	312	224	247	21	55	8	4	23	6	10
250	271.6	408	366	276	299	22	55	8	6	23	6	12
300	322.8	466	420	327	350	23	55	8	4	23	8	16
350	374	516	474	380	404	24	55	8	4	23	10	18
400	425.6	570	526	431	455	25	55	8	4	23	10	21
450	476.8	624	586	482	506	26	55	8	4	23	12	24
500	528	674	632	534	558	27	55	8	4	24	14	27
600	630.8	792	740	636	660	28	55	8	4	24	16	36

2）X 型胶圈机械接口压兰的型式和尺寸见图 3-128 和表 3-166。

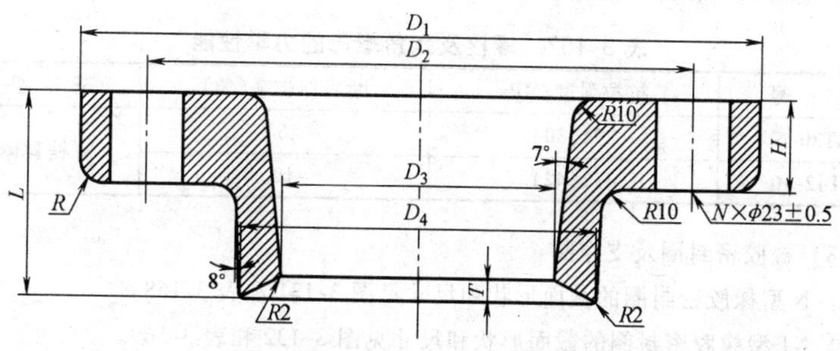

图 3-128 X 型胶圈机械接口压兰

表 3-166 X型胶圈机械接口压兰尺寸

公称直径 DN	外径 D/mm	尺寸/mm										质量/kg
		D_1	D_2	D_3	D_4	H	L	R	T	螺栓孔		
										ϕ/mm	N(个)	
100	118	262	209	122	143	19	55	8	4	23	4	6
150	169	313	260	173	194	20	55	8	4	23	6	7
200	220	366	313	224	245	21	55	8	4	23	6	10
250	271.6	418	365	276	297	22	55	8	4	23	6	12
300	322.8	471	418	327	348	23	55	8	4	23	8	16
350	374	524	471	380	402	24	55	8	4	23	10	18
400	425.6	578	525	431	453	25	55	8	4	23	10	21
450	476.8	638	586	482	504	26	55	8	4	23	12	24
500	528	682	629	534	556	27	55	8	4	24	14	27
600	630.8	792	740	636	658	28	55	8	4	24	16	36

（7）螺栓及六角螺母

1）螺栓及六角螺母尺寸应符合图 3-129 和图 3-130。

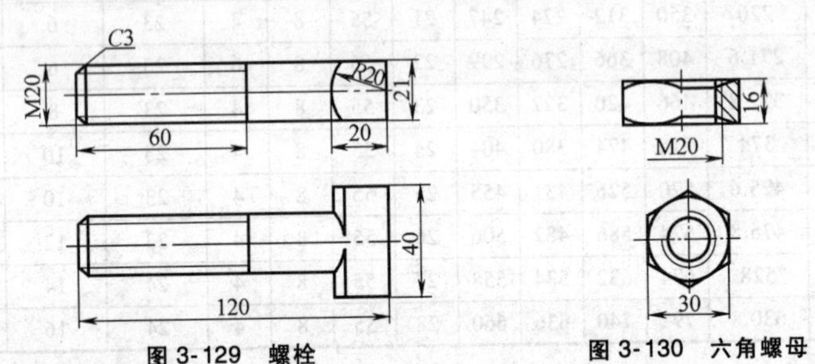

图 3-129 螺栓　　图 3-130 六角螺母

2）螺栓及六角螺母的力学性能见表 3-167。

表 3-167 螺栓及六角螺母的力学性能

牌　号	抗拉强度/MPa	断后伸长率(%)	基本组织
KT30-6	294(30)	6	铁素体
QT42-10	412(42)	10	

（8）橡胶密封圈及支撑圈

1）N型橡胶密封圈的截面形状和尺寸见图 3-131 和表 3-168。

2）N1型橡胶密封圈的截面形状和尺寸见图 3-132 和表 3-169。

3）X型橡胶密封圈的截面形状和尺寸见图 3-133 和表 3-170。

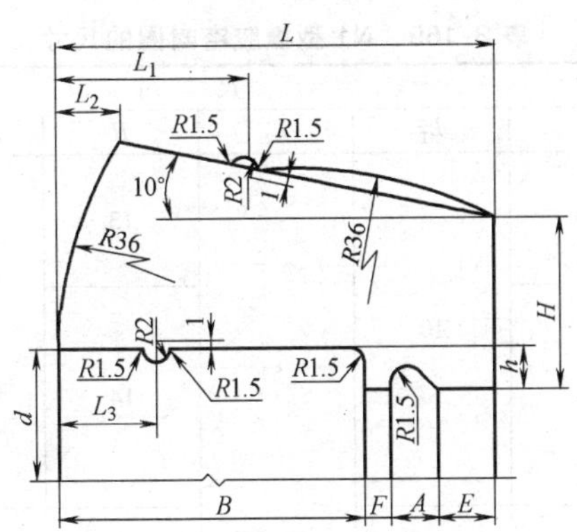

图 3-131　N 型橡胶密封圈的截面形状

表 3-168　N 型橡胶密封圈的尺寸　　　（单位：mm）

<table>
<tr><th rowspan="2">公称直径</th><th colspan="11">尺　　寸</th></tr>
<tr><th>L</th><th>L_1</th><th>L_2</th><th>L_3</th><th>H</th><th>h</th><th>E</th><th>A</th><th>F</th><th>B</th><th>d</th></tr>
<tr><td>100</td><td rowspan="3">30</td><td rowspan="3">13</td><td rowspan="11">5</td><td rowspan="11">10</td><td rowspan="3">13</td><td rowspan="3">2</td><td rowspan="11">6</td><td rowspan="11">4</td><td rowspan="11">2</td><td rowspan="3">18</td><td>114</td></tr>
<tr><td>150</td><td>164</td></tr>
<tr><td>200</td><td>213</td></tr>
<tr><td>250</td><td rowspan="6">36</td><td rowspan="8">15</td><td rowspan="6">15</td><td rowspan="8">3</td><td rowspan="8">24</td><td>263</td></tr>
<tr><td>300</td><td>313</td></tr>
<tr><td>350</td><td>362</td></tr>
<tr><td>400</td><td>412</td></tr>
<tr><td>450</td><td>462</td></tr>
<tr><td>500</td><td>512</td></tr>
<tr><td>500</td><td rowspan="2">38</td><td rowspan="2">16</td><td>512</td></tr>
<tr><td>600</td><td>612</td></tr>
</table>

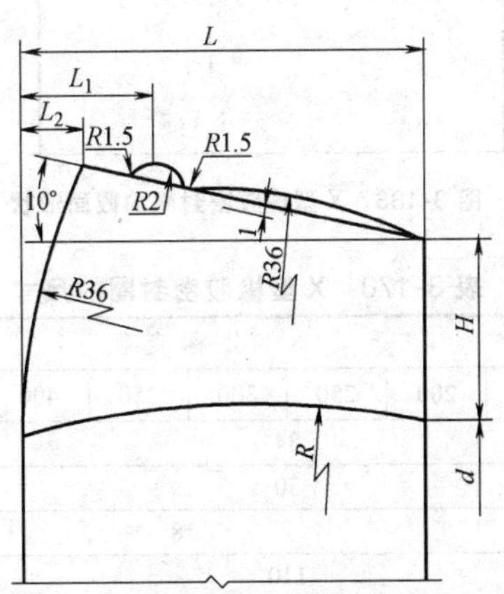

图 3-132　N1 型橡胶密封圈的截面形状

表 3-169 N1 型橡胶密封圈的尺寸 （单位：mm）

公称直径	尺寸					
	L	L_1	L_2	H	R	D
100	30	10	5	13	110	113
150						162
200						211
250	34			14		261
300						310
350						358
400						409
450						457
500	36	15		16	300	506
600						605

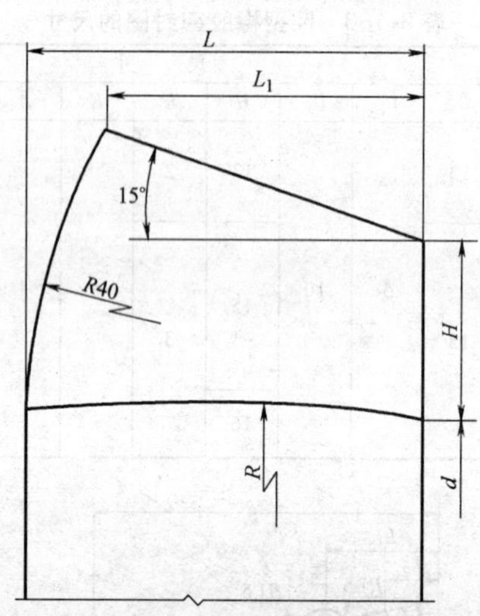

图 3-133 X 型橡胶密封圈的截面形状

表 3-170 X 型橡胶密封圈的尺寸 （单位：mm）

尺寸	公称直径									
	100	150	200	250	300	350	400	450	500	600
L	34								36	
L_1	30								32	
H	8									
R	110								300	
d	113	162	211	261	310	358	409	457	506	605

4）支撑圈截面形状和尺寸见图 3-134 和表 3-171、表 3-172。

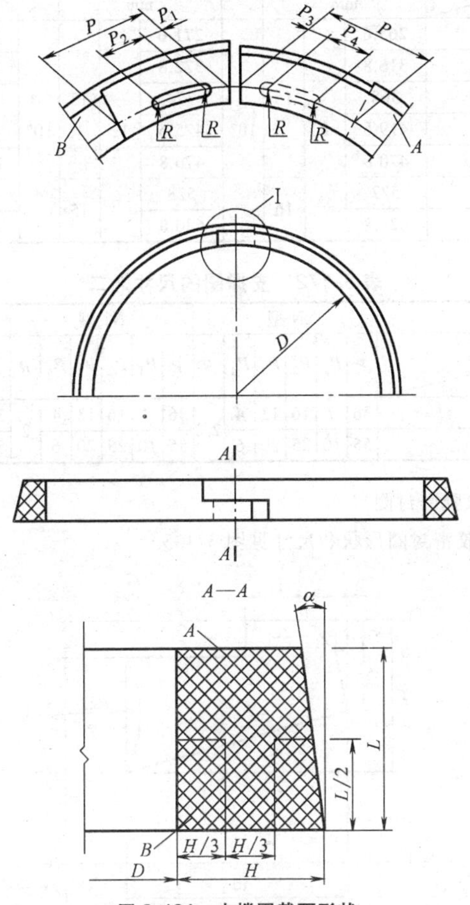

图 3-134 支撑圈截面形状

表 3-171 支撑圈的尺寸之一

型式	N型				N1型				X型			
尺寸 \ 公称直径/mm	D	L	H	α	D	L	H	α	D	L	H	α
	mm				mm				mm			
100	114	8	13	10°	118	12	12	10°	118	15	8	15°
150	165				169				169			
200	216				220				220			

（续）

型式	N型				N1型				X型			
尺寸 / 公称直径/mm	D (mm)	L (mm)	H (mm)	α	D (mm)	L (mm)	H (mm)	α	D (mm)	L (mm)	H (mm)	α
250	265.6	8	15	10°	271.6	12	13	10°	271.6	15	8	15°
300	316.8				322.8				322.8			
350	368				374				374			
400	419.6				425.6				425.6			
450	470.8				476.8				476.8			
500	522		16		528		15		528			
600	624.8				630.8				630.8			

表3-172 支撑圈的尺寸之二 （单位：mm）

型式	N型						N1型						X型					
尺寸 / 公称直径	P	P_1	P_2	P_3	P_4	R	P	P_1	P_2	P_3	P_4	R	P	P_1	P_2	P_3	P_4	R
100~300	36	7	16	13	4	2.2	36	7	16	13	4	2	36	7	16	13	4	1.3
350~600	55	10	25	20	6		55	10	25	20	6		55	10	25	20	6	

（9）梯唇型橡胶密封圈

1）梯唇型橡胶密封圈形状和尺寸见图3-135。

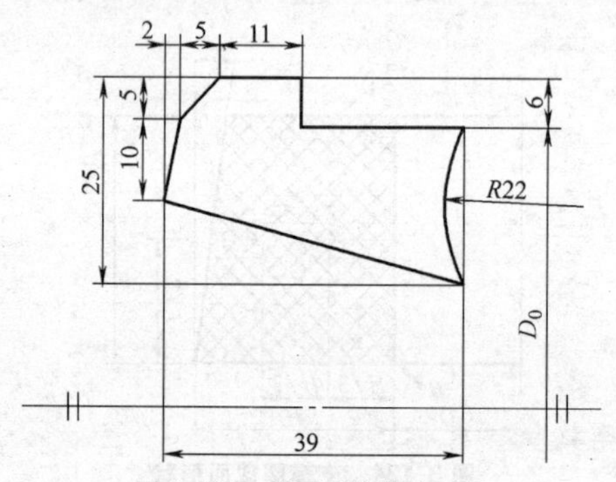

图3-135 梯唇型橡胶密封圈

2）橡胶圈的物理性能见表3-173和表3-174。

表3-173 SBR（丁苯橡胶）橡胶圈的物理性能

物理性能	胶料					
	SBR-1	SBR-2	SBR-3	SBR-4	SBR-5	SBR-6
硬度邵氏A型(°)	40±5	50±5	60±5	70±5	80±4	88±3
最小扯断强度/(N/mm²)	14	13	12	11	10	9

（续）

物理性能	胶料					
	SBR-1	SBR-2	SBR-3	SBR-4	SBR-5	SBR-6
最小扯断伸长率(%)	400	375	300	200	125	100
最大压缩永久变形(20%,空气中70℃×22h)(%)	35	30	25	25	30	35
压缩应力松弛(空气中23℃±2,168h,20%)(%)	16	16	16	16	18	18
耐老化,空气中,70℃×168h 最大硬度变化(°) 最大扯断强度变化(%) 最大扯断伸长率变化(%)	 -5~8 -20 -30~10	 -5~8 -20 -30~10	 -5~8 -20 -30~10	 -5~8 -20 -30~10	 -5~8 -20 -40~10	 ±5 -20 -40~10
耐液体,水中,70℃×168h 最大体积变化(%)	0~8	0~8	0~8	0~8	0~8	0~8
脆性温度/℃	-25	-25	-25	-25	-25	-25

表3-174 NBR（丁腈橡胶）橡胶圈的物理性能

性能	胶料				
	NBR-1	NBR-2	NBR-3	NBR-4	NBR-5
优选的公称硬度 IRHD	50	60	70	80	88
公称硬度的范围 IRHD	46~55	56~65	66~75	76~84	85~91
规定的公称硬度允许公差 IRHD	±5	±5	±5	±4	±3
最小扯断强度/MPa	9	10	10	10	10
最小扯断伸长率(%)	400	300	200	150	100
在标准实验室温度下70h后,最大压缩永久变形(%) 在70℃下22h后,最大压缩永久变形(%) 在-5℃下70h后,最大压缩永久变形(%)	10 20 —	10 20 30	10 20 30	15 20 40	15 20 40
老化:在70℃空气中老化7天后对未老化值的变化 最大硬度变化(IRHD) 最大扯断强度变化(%) 最大扯断伸长率变化(%)	 ±6 -15 -25~+10	 ±6 -15 -25~+10	 ±6 -15 -25~+10	 ±6 -15 -30~+10	 ±6 -15 -40~+10
在标准实验室温度下7天后,最大压缩应力松弛(%)	15	15	15	15	15

（续）

性能	胶料				
	NBR-1	NBR-2	NBR-3	NBR-4	NBR-5
液体B浸渍：在标准实验室温度下，7天后，					
最大体积变化(%)	+30	+30	+30	+30	+30
最大硬度变化(IRHD)	−16	−15	−15	−14	−12
液体B浸泡和接着在70℃空气中干燥4天后的最大体积变化(%)	−15	−12	−10	−10	−10

4. 水及燃气管道用球墨铸铁管、管件和附件（GB/T 13295—2013）

（1）管件名称和符号（见表3-175）

表3-175 管件名称和符号

序号	名称	图示符号	图号	表号
1	盘承		图3-137	表3-181
2	盘插		图3-138a	表3-182
3	承套		图3-138b	表3-182
4	双承90°(1/4)弯头		图3-139a	表3-183
5	双承45°(1/8)弯头		图3-139b	表3-183
6	双承22°30′(1/16)弯头		图3-140a	表3-184
7	双承11°15′(1/32)弯头		图3-140b	表3-184
8	承插90°(1/4)弯头		图3-141	表3-185
9	承插45°(1/8)弯头		图3-142	表3-186
10	承插22°30′(1/16)弯头		图3-143	表3-187
11	承插11°15′(1/32)弯头		图3-144	表3-188
12	全承三通		图3-145	表3-189

（续）

序号	名　称	图示符号	图号	表号
13	DN40-250 双承单支盘三通		图 3-146	表 3-190
14	DN300-700 双承单支盘三通		图 3-146	表 3-191
15	DN800-2600 双承单支盘三通		图 3-146	表 3-192
16	承插单支盘三通		图 3-147	表 3-193
17	承插单支承三通		图 3-148	表 3-194
18	双盘渐缩管		图 3-149	表 3-195
19	双盘 90°(1/4)弯头		图 3-150a	表 3-196
20	双盘 90°(1/4)鸭掌弯头		图 3-150b	表 3-197
21	双盘 45°(1/8)弯头		图 3-151	表 3-198
22	DN40-250 全盘三通		图 3-152	表 3-199
23	DN300-700 全盘三通		图 3-152	表 3-200
24	DN800-2600 全盘三通		图 3-152	表 3-201
25	双承渐缩管		图 3-153	表 3-202
26	PN10 法兰盲板		图 3-154a	表 3-202
27	PN16 法兰盲板		图 3-154b	表 3-202
28	PN25 法兰盲板		图 3-155a	表 3-203
29	PN40 法兰盲板		图 3-155b	表 3-203
30	PN10 减径法兰		图 3-156a	表 3-204
31	PN16 减径法兰		图 3-156b	表 3-204
32	PN25 减径法兰		图 3-157a	表 3-205
33	PN40 减径法兰		图 3-157b	表 3-205

（2）拉伸性能和承插管及法兰接口管的标准长度（表2-176~表2-178）

表3-176　球墨铸铁管、管件及附件的拉伸性能

铸件类型	最小抗拉强度 R_m /MPa	最小断后伸长率 A (%)		硬度[①] HBW
	DN40~2600	DN40~1000	DN1100~2600	
离心铸造管	120	10	7	≤230
非离心铸造管、管件、附件	120	5	5	≤250

注：1. 根据供需双方的协议，可检验规定塑性延伸强度（$R_{p0.2}$）的值。$R_{p0.2}$应符合以下要求：

当公称直径 DN40~1000，$A \geqslant 12\%$时，允许 $R_{p0.2} \geqslant 270$MPa 或当公称直径 DN>DN1000，$A \geqslant 10\%$时，允许 $R_{p0.2} \geqslant 270$MPa，其他情况下 $R_{p0.2} \geqslant 300$MPa。

2. 公称直径 DN40~1000 压力分级时离心铸造管设计最小壁厚不小于10mm时或公称直径 DN40~DN1000 壁厚分级时离心铸造管壁厚级别超过K12时，最小断后伸长率应为7%。

① 焊接制造部件的焊接热影响区的布氏硬度可高些。

表3-177　承插管的标准长度

DN	标准长度 L_u[①]/m
40和50	3
60~600	4或5或5.5或6或9
700和800	4或5.5或6或7或9
900~2600	4或5或5.5或6或7或8.15或9

① 承插管和管件的标准长度标注为 L_u（支管是 l_u）。法兰接口管和管件的标准长度标注为 L（支管是 l），见图3-137~图3-158。

表3-178　法兰接口管的标准长度

管子类型	DN	标准长度 L[①]/m
整体铸造法兰	40~2600	0.5或1或2或3或4
可调节法兰、螺纹连接或焊接法兰	40~500	2或3或4或5
	600~1000	2或3或4或5或6
	1100~2600	4或5或6或7

① 法兰接口管和管件的标准长度 L（支管是 l）等于其全部长度。承插管和管件的标准长度 L_u（支管是 l_u）等于全部长度减去制造商目录标示的承口深度。

（3）承插管、承插管件及盘接管件

1）承插管的尺寸见图3-136和表2-179、表2-180。

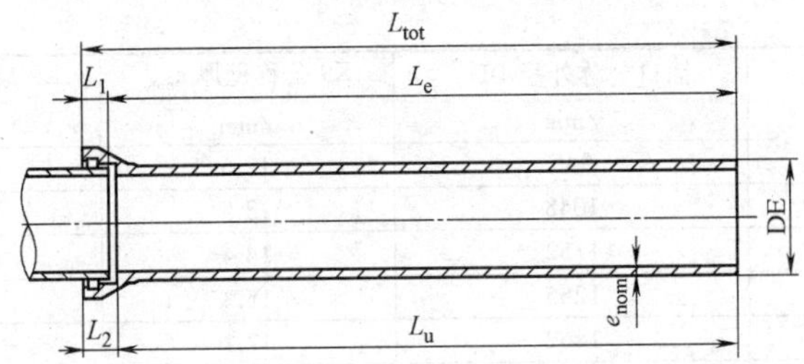

其中：

DE——插口公称外径，单位为毫米（mm）；

e_{nom}——公称壁厚，单位为毫米（mm）；

L_2——承口深度，单位为米（m）；

L_e——$L_{tot}-L_1$，铺设长度，单位为米（m）；

L_1——制造商给出的最大插入深度，单位为米（m）；

L_{tot}——总长度，单位为米（m）；

L_u——$L_{tot}-L_2$，标准长度，单位为米（m）。

图 3-136　承插管

表 3-179　壁厚等级管尺寸

DN	插口公称外径 DE[①] /mm	K9 公称壁厚 e_{nom} /mm	K9 最小壁厚 e_{nom} /mm
40	56	6.0	4.7
50	66	6.0	4.7
60	77	6.0	4.7
65	82	6.0	4.7
80	98	6.0	4.7
100	118	6.0	4.7
125	144	6.0	4.7
150	170	6.0	4.7
200	222	6.3	4.8
250	274	6.8	5.3
300	326	7.2	5.6
350	378	7.7	6.1
400	429	8.1	6.4
450	480	8.6	6.9
500	532	9.0	7.2
600	635	9.9	8.0
700	738	10.8	8.8
800	842	11.7	9.6

（续）

DN	插口公称外径 DE① /mm	K9 公称壁厚 e_{nom} /mm	K9 最小壁厚 e_{nom} /mm
900	945	12.6	10.4
1000	1048	13.5	11.2
1100	1152	14.4	12.0
1200	1255	15.3	12.8
1400	1462	17.1	14.4
1500	1565	18.0	15.2
1600	1668	18.9	16.0
1800	1875	20.7	17.6
2000	2082	22.5	19.2
2200	2288	24.3	20.8
2400	2495	26.1	22.4
2600	2702	27.9	24.0

① 公差+1mm（见 GB/T 13295—2013　4.2.2.1）。

表 3-180　首选压力等级管尺寸

DN	DE① /mm	压力等级	公称壁厚 e_{nom}/mm
40	56	C40	4.4
50	66	C40	4.4
60	77	C40	4.4
65	82	C40	4.4
80	98	C40	4.4
100	118	C40	4.4
125	144	C40	4.5
150	170	C40	4.5
200	222	C40	4.7
250	274	C40	5.5
300	326	C40	6.2
350	378	C30	6.3②
400	429	C30	6.5②
450	480	C30	6.9
500	532	C30	7.5
600	635	C30	8.7
700	738	C25	8.8②
800	842	C25	9.6
900	945	C25	10.6
1000	1048	C25	11.6

① 公差（+1mm）（见 GB/T 13295—2013　4.2.2.1）。

② 为了保证 C40 与 C30 以及 C30 与 C25 之间的平滑过渡比计算值略大。

2）承插管件的尺寸

盘承的尺寸见图 3-137 和表 3-181。

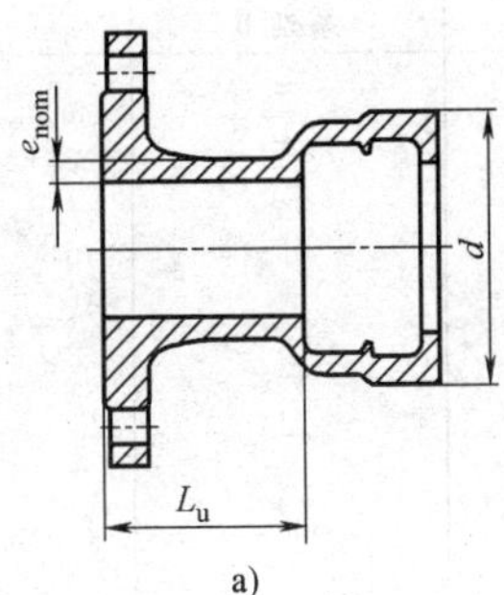

a)

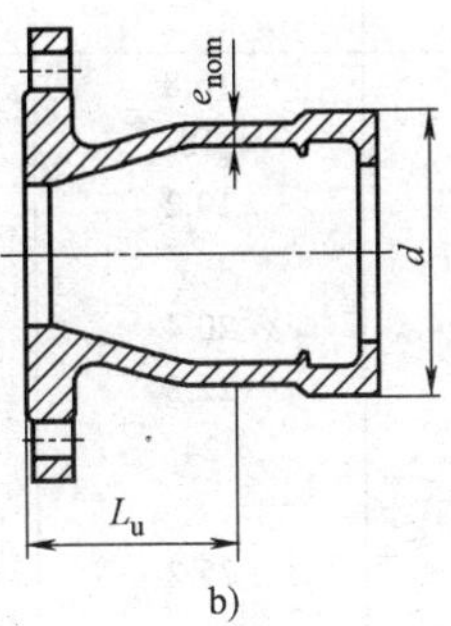

b)

图 3-137 盘承结构

a）A 系列 b）B 系列

表 3-181 盘承的尺寸 （单位：mm）

DN	e_{nom}	L_u		d
		系列 A	系列 B	
40	7	125	75	67
50	7	125	85	78
60	7	125	100	88
65	7	125	105	93
80	7	130	105	109
100	7.2	130	110	130
125	7.5	135	115	156
150	7.8	135	120	183
200	8.4	140	120	235
250	9	145	125	288
300	9.6	150	130	340
350	10.2	155	135	393
400	10.8	160	140	445
450	11.4	165	145	498
500	12	170		550
600	13.2	180		655
700	14.4	190		760
800	15.6	200		865

（续）

DN	e_{nom}	L_u		d
		系列 A	系列 B	
900	16.8	210	—	970
1000	18	220	—	1075
1100	19.2	230	—	1180
1200	20.4	240	—	1285
1400	22.8	310	—	1492
1500	24	330	—	1596
1600	25.2	330	—	1699
1800	27.6	350	—	1905
2000	30	370	—	2107
2200	32.4	390	—	2316
2400	34.8	410	—	2521
2600	37.2	480	—	2728

盘插和承套的尺寸见图 3-138 和表 3-182。

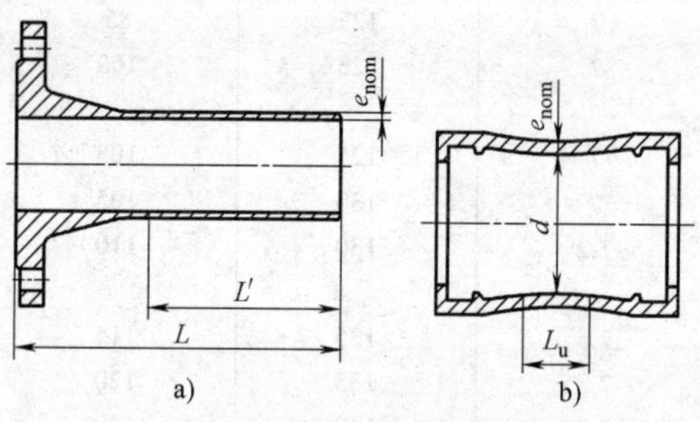

图 3-138 盘插和承套

a）盘插 b）承套

表 3-182 盘插和承套的尺寸 （单位：mm）

DN	e_{nom}	盘插			承套		
		L		L′	L_u		d
		系列 A	系列 B		系列 A	系列 B	
40	7	335	335	200	155	155	67
50	7	340	340	200	155	155	78
60	7	345	345	200	155	155	88
65	7	345	345	200	155	155	93

（续）

DN	e_{nom}	盘插			承套		
		L		L'	L_u		d
		系列 A	系列 B		系列 A	系列 B	
80	7	350	350	215	160	160	109
100	7.2	360	360	215	160	160	130
125	7.5	370	370	220	165	165	156
150	7.8	380	380	225	165	165	183
200	8.4	400	400	230	170	170	235
250	9	420	420	240	175	175	288
300	9.6	440	440	250	180	180	340
350	10.2	460	460	260	185	185	393
400	10.8	480	480	270	190	190	445
450	11.4	500	500	280	195	195	498
500	12	520		290	200		550
600	13.2	560		310	210		655
700	14.4	600		330	220		760
800	15.6	600		330	230		865
900	16.8	600		330	240		970
1000	18	600		330	250		1075
1100	19.2	600		330	260		1180
1200	20.4	600		330	270		1285
1400	22.8	710		390	340		1192
1500	24	750		410	350		1596
1600	25.2	780		430	360		1699
1800	27.6	850		470	380		1905
2000	30	920		500	400		2107
2200	32.4	990		540	420		2316
2400	34.8	1060		570	440		2521
2600	37.2	1130		610	460		2728

注：长度 L'为插口端到管外径在 DE 公差范围内处的长度，外径 DE 值见表 3-179。

双承90°（1/4）弯头和双承45°（1/8）弯头（见图3-139和表3-183）

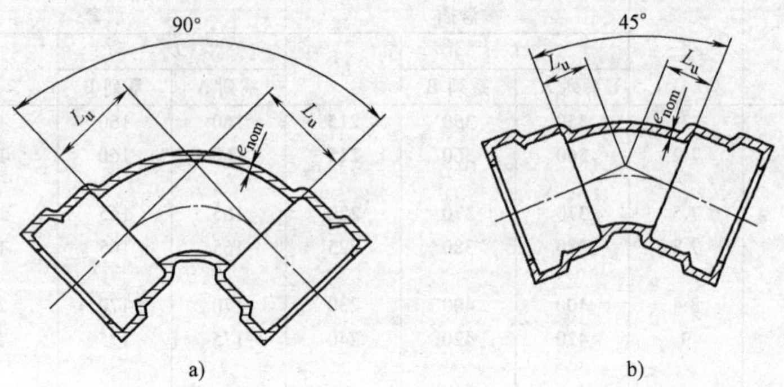

图3-139　双承90°（1/4）弯头和双承45°（1/8）弯头

a）双承90°（1/4）弯头　b）双承45°（1/8）弯头

表3-183　双承90°（1/4）弯头和双承45°（1/8）弯头的尺寸

（单位：mm）

DN	e_{nom}	90°(1/4)弯头		45°(1/8)弯头	
		L_u		L_u	
		系列A	系列B	系列A	系列B
40	7	60	85	40	85
50	7	70	85	40	85
60	7	80	90	45	90
65	7	85	90	50	90
80	7	100	85	55	50
100	7.2	120	100	65	60
125	7.5	145	115	75	65
150	7.8	170	130	85	70
200	8.4	220	160	110	80
250	9	270	240	130	135
300	9.6	320	280	150	155
350	10.2	—	—	175	170
400	10.8	—	—	195	185
450	11.1	—	—	220	200
500	12	—	—	240	—
600	13.2	—	—	285	—
700	14.1	—	—	330	—
800	15.6	—	—	370	—
900	16.8	—	—	415	—
1000	18	—	—	460	—

（续）

DN	e_{nom}	90°(1/4)弯头		45°(1/8)弯头	
		L_u		L_u	
		系列 A	系列 B	系列 A	系列 B
1100	19.2	—	—	505	—
1200	20.1	—	—	550	—
1400	22.8	—	—	515	—
1500	24	—	—	540	—
1600	25.2	—	—	565	—
1800	27.6	—	—	610	—
2000	30	—	—	660	—
2200	32.4	—	—	710	—
2400	34.8	—	—	755	—
2600	37.2	—	—	805	—

双承 22°30′（1/16）弯头和双承 11°15′（1/32）弯头的尺寸见图 3-140 和表 3-184。

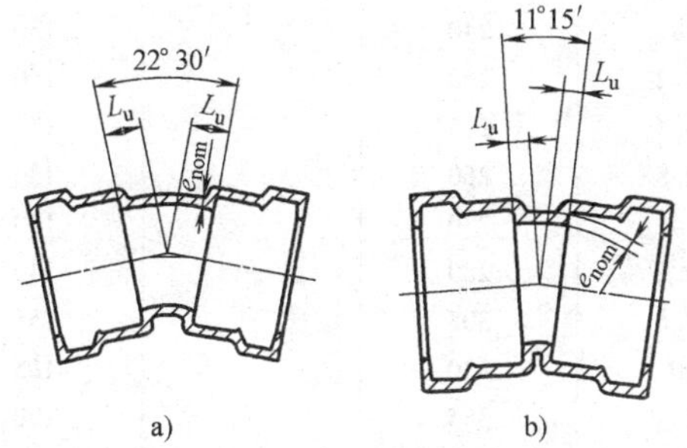

图 3-140　双承 22°31′（1/16）弯头和双承 11°15′（1/32）弯头

a）双承 22°30′（1/16）弯头　b）双承 11°15′（1/32）弯头

表 3-184　双承 22°30′（1/16）弯头和双承 11°15′（1/32）弯头的尺寸

（单位：mm）

DN	e_{nom}	22°30′(1/16)弯头		11°15′(1/32)弯头	
		L_u		L_u	
		系列 A	系列 B	系列 A	系列 B
40	7	30	30	25	25
50	7	30	30	25	25
60	7	35	35	25	25
65	7	35	35	25	25
80	7	40	40	30	30
100	7.2	40	50	30	30

（续）

DN	e_{nom}	22°30′(1/16)弯头		11°15′(1/32)弯头	
		L_u		L_u	
		系列 A	系列 B	系列 A	系列 B
125	7.5	50	55	35	35
150	7.8	55	60	35	40
200	8.4	65	70	40	45
250	9	75	80	50	55
300	9.6	85	90	55	55
350	10.2	95	100	60	60
400	10.8	110	110	65	65
450	11.4	120	120	70	70
500	12	130	—	75	—
600	13.2	150	—	85	—
700	14.4	175	—	95	—
800	15.6	195	—	110	—
900	16.8	220	—	120	—
1000	18	240	—	130	—
1100	19.2	260	—	140	—
1200	20.4	285	—	150	—
1400	22.8	260	—	130	—
1500	24	270	—	140	—
1600	25.2	280	—	140	—
1800	27.6	305	—	155	—
2000	30	330	—	165	—
2200	32.4	355	—	190	—
2400	34.8	380	—	205	—
2600	37.2	400	—	215	—

承插 90°（1/4）弯头见图 3-141 和表 3-185。

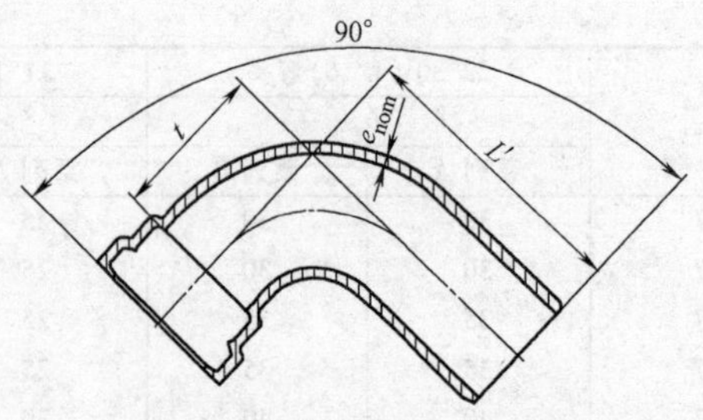

图 3-141 承插 90°（1/4）弯头

表 3-185 承插 90°（1/4）弯头的尺寸 （单位：mm）

DN	e_{nom}	t	L'
40	7	60	240
50	7	70	250
60	7	80	260
65	7	85	265
80	7	100	280
100	7.2	110	300
125	7.5	145	325
150	7.8	170	350
200	8.4	220	400
250	9	270	450
300	9.6	320	500
350	10.2	370	550
400	10.8	420	600
450	11.4	470	670
500	12	520	720
600	13.2	620	820
700	14.4	720	900
800	15.6	820	1000
900	16.8	920	1100
1000	18	1020	1200
1100	19.2	1120	1300
1200	20.4	1220	1400
1400	22.8	1220	1400
1500	24	1270	1525
1600	25.2	1290	1555
1800	27.6	1320	1560

承插 45°（1/8）弯头的尺寸见图 3-142 和表 3-186。

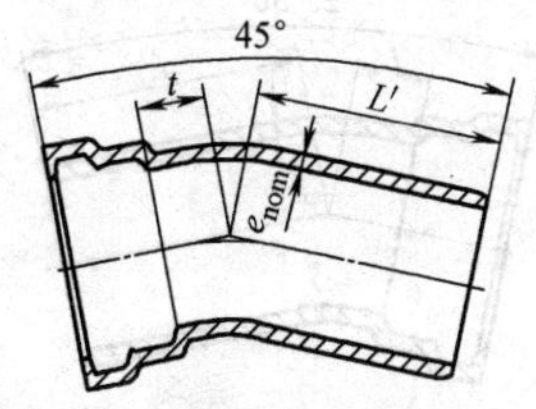

图 3-142 承插 45°（1/8）弯头

表 3-186　承插 45°（1/8）弯头的尺寸　　（单位：mm）

DN	e_{nom}	t	L'
40	7	40	220
50	7	40	220
60	7	45	225
65	7	50	230
80	7	50	235
100	7.2	60	245
125	7.5	75	255
150	7.8	85	265
200	8.4	110	290
250	9	130	310
300	9.6	150	330
350	10.2	175	355
400	10.8	195	375
450	11.4	220	420
500	12	240	440
600	13.2	285	485
700	14.4	330	580
800	15.6	370	620
900	16.8	415	665
1000	18	460	760
1100	19.2	505	805
1200	20.1	550	850
1400	22.8	515	815
1500	24	540	840
1600	25.2	565	885
1800	27.6	610	890
2000	30	660	920
2200	32.4	710	990
2400	34.8	755	1025
2600	37.2	805	1120

承插 22°30′（1/16）弯头的尺寸见图 3-143 和表 3-187。

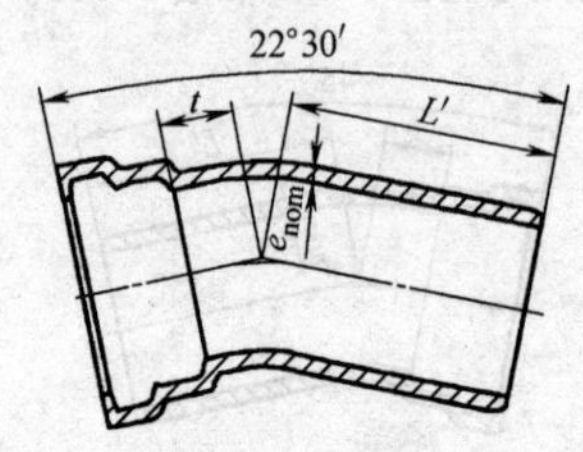

图 3-143　承插 22°30′（1/16）弯头

表 3-187　承插 22°30′（1/16）弯头的尺寸　（单位：mm）

DN	e_{nom}	t	L'
40	7	30	210
50	7	30	210
60	7	35	215
65	7	35	215
80	7	40	220
100	7.2	40	220
125	7.5	50	230
150	7.8	55	235
200	8.4	65	245
250	9	75	255
300	9.6	85	265
350	10.2	95	275
400	10.8	110	290
450	11.4	120	320
500	12	130	330
600	13.2	150	350
700	14.4	175	425
800	15.6	195	445
900	16.8	220	470
1000	18	240	540
1100	19.2	260	560
1200	20.4	285	585
1400	22.8	260	560
1500	24	270	570
1600	25.2	280	640
1800	27.6	305	665
2000	30	330	730
2200	32.4	355	755
2400	34.8	380	780
2600	37.2	400	800

承插 11°15′（1/32）弯头的尺寸见图 3-144 和表 3-188。

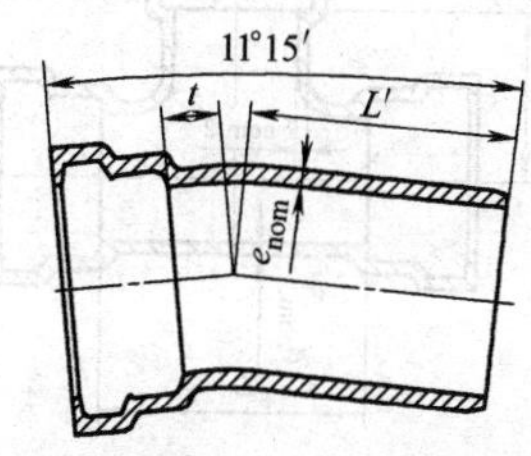

图 3-144　承插 11°15′（1/32）弯头

表 3-188 承插 11°15′（1/32）弯头的尺寸 （单位：mm）

DN	e_{nom}	t	L'
40	7	25	205
50	7	25	205
60	7	25	205
65	7	25	205
80	7	30	210
100	7.2	30	210
125	7.5	35	215
150	7.8	35	215
200	8.4	40	220
250	9	50	230
300	9.6	55	235
350	10.2	60	240
400	10.8	65	245
450	11.4	70	270
500	12	75	275
600	13.2	85	285
700	14.4	95	345
800	15.6	110	360
900	16.8	120	370
1000	18	130	430
1100	19.2	140	440
1200	20.4	150	450
1400	22.8	130	430
1500	24	140	440
1600	25.2	140	500
1800	27.6	155	515
2000	30	165	565
2200	32.4	190	590
2400	34.8	205	605
2600	37.2	215	615

全承三通的尺寸见图 3-145 和表 3-189。

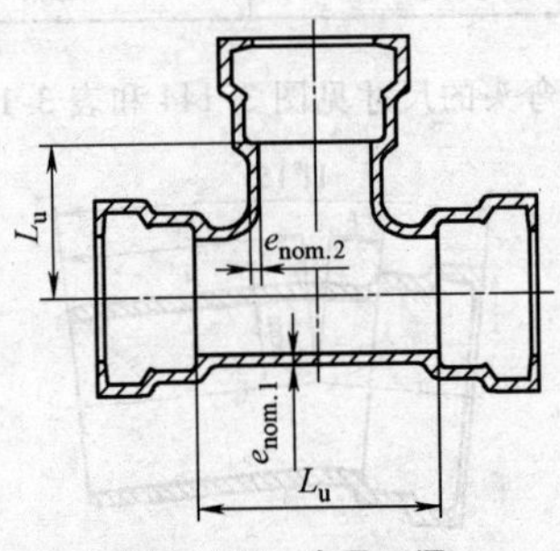

图 3-145 全承三通

表 3-189 全承三通的尺寸 (单位：mm)

DN×dn	主管			支管		
	$e_{nom,1}$	L_u		$e_{nom,2}$	L_u	
		系列 A	系列 B		系列 A	系列 B
40×40	7	120	155	7	60	75
50×50	7	130	155	7	65	75
60×60	7	145	155	7	70	80
65×65	7	150	155	7	75	80
80×40	7	120	155	7	80	80
80×80	7	170	175	7	85	85
100×40	7.2	120	155	7	90	90
100×60	7.2	145	155	7	90	90
100×80	7.2	170	165	7	95	90
100×100	7.2	190	195	7.2	95	100
125×40	7.5	125	155	7	100	105
125×80	7.5	170	175	7	105	105
125×100	7.5	195	195	7.2	110	115
125×125	7.5	225	225	7.5	110	115
150×40	7.8	125	160	7	115	115
150×80	7.8	170	180	7	120	120
150×100	7.8	195	200	7.2	120	125
150×150	7.8	255	260	7.8	125	130
200×40	8.4	130	165	7	140	140
200×80	8.4	175	180	7	145	145
200×100	8.4	200	200	7.2	145	150
200×150	8.4	255	260	7.8	150	155
200×200	8.4	315	320	8.4	155	160
250×80	9	180	185	7	170	185
250×100	9	200	205	7.2	170	190
250×150	9	260	265	7.8	175	190
250×200	9	315	320	8.4	180	190
250×250	9	375	380	9	190	190
300×100	9.6	205	210	7.2	195	220
300×150	9.6	260	265	7.8	200	220
300×200	9.6	320	325	8.4	205	220
300×250	9.6	375	380	9	210	220
300×300	9.6	435	440	9.6	220	220

注：DN 为主管公称直径，dn 为支管公称直径。

DN40～250 双承单支盘三通的尺寸见图 3-146 和表 3-190。

DN300～700 双承单支盘三通的尺寸见图 3-146 和表 3-191。

DN800～2600 双承单支盘三通的尺寸见图 3-146 和表 3-192。

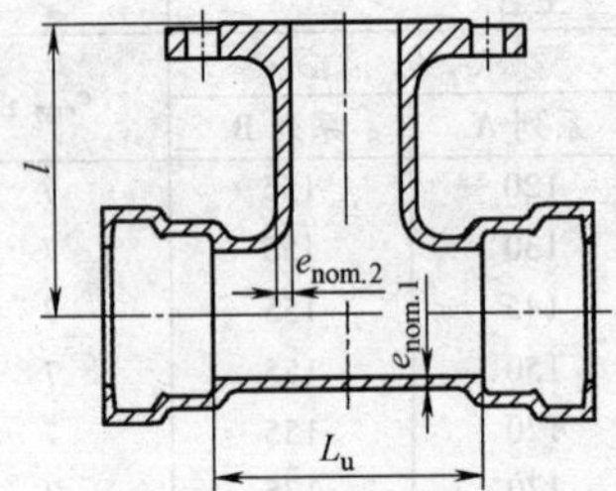

图 3-146　双承单支盘三通

表 3-190　DN40～250 双承单支盘三通的尺寸（单位：mm）

DN×dn	主管			支管		
	$e_{nom,1}$	L_u		$e_{nom,2}$	l	
		系列 A	系列 B		系列 A	系列 B
40×40	7	120	155	7	130	130
50×50	7	130	155	7	140	140
60×40	7	—	155	7	—	130
60×60	7	145	155	7	150	150
65×40	7	—	155	7	—	130
65×65	7	150	155	7	150	155
80×40	7	—	155	7	—	135
80×60	7	—	155	7	—	155
80×80	7	170	175	7	165	165
100×40	7.2	—	155	7	—	145
100×60	7.2	—	155	7	—	165
100×80	7.2	170	165	7	175	170
100×100	7.2	190	195	7.2	180	180
125×40	7.5	—	155	7	—	160
125×60	7.5	—	155	7	—	180
125×80	7.5	170	175	7	190	185
125×100	7.5	195	195	7.2	195	195
125×125	7.5	225	225	7.5	200	200
150×40	7.8	—	160	7	—	170
150×60	7.8	—	160	7	—	190
150×80	7.8	170	180	7	205	200
150×100	7.8	195	200	7.2	210	205
150×125	7.8	—	230	7.5	—	215
150×150	7.8	255	260	7.8	220	220

（续）

DN×dn	主管			支管		
	$e_{nom,1}$	L_u		$e_{nom,2}$	L_u	
		系列 A	系列 B		系列 A	系列 B
200×40	8.4	—	165	7	—	195
200×60	8.4	—	165	7	—	215
200×80	8.4	175	180	7	235	225
200×100	8.4	200	200	7.2	240	230
200×125	8.4	—	235	7.5	—	240
200×150	8.4	255	260	7.8	250	245
200×200	8.4	315	320	8.4	260	260
250×60	9		165	7	—	260
250×80	9	180	185	7	265	265
250×100	9	200	205	7.2	270	270
250×150	9	260	265	7.8	280	280
250×200	9	315	320	8.4	290	290
250×250	9	375	380	9	300	300

注：DN 为主管公称直径，dn 为支管公称直径。

表 3-191　DN300～700 双承单支盘三通的尺寸　（单位：mm）

DN×dn	主管			支管		
	$e_{nom,1}$	L_u		$e_{nom,2}$	l	
		系列 A	系列 B		系列 A	系列 B
300×60	9.6		165	7	—	290
300×80	9.6	180	185	7	295	295
300×100	9.6	205	210	7.2	300	300
300×150	9.6	260	265	7.8	310	310
300×200	9.6	320	325	8.4	320	320
300×250	9.6		380	9		330
300×300	9.6	435	440	9.6	340	340
350×60	10.2		170	7	—	320
350×80	10.2		185	7	—	325
350×100	10.2	205	210	7.2	330	330
350×150	10.2		270	7.8	—	340
350×200	10.2	325	325	8.4	350	350
350×250	10.2		385	9		360
350×350	10.2	495	500	10.2	380	380
400×80	10.8	185	190	7	355	355
400×100	10.8	210	210	7.2	360	360
400×150	10.8	270	270	7.8	370	370

（续）

DN×dn	主管			支管		
	$e_{nom,1}$	L_u		$e_{nom,2}$	l	
		系列 A	系列 B		系列 A	系列 B
400×200	10.8	325	330	8.4	380	380
400×250	10.8		385	9		390
400×300	10.8	440	445	9.6	400	400
400×400	10.8	560	560	10.8	420	420
450×100	11.4	215	215	7.2	390	390
450×150	11.4	270	270	7.8	400	400
450×200	11.4	330	330	8.4	410	410
450×250	11.4	390	390	9	420	420
450×300	11.4	445	445	9.6	430	430
450×400	11.4	560	560	10.8	450	450
450×450	11.4	620	620	11.4	460	460
500×100	12	215	—	7.2	420	—
500×200	12	330	—	8.4	440	—
500×400	12	565	—	10.8	480	—
500×500	12	680	—	12	500	—
600×200	13.2	340	—	8.4	500	—
600×400	13.2	570	—	10.8	540	—
600×600	13.2	800	—	13.2	580	—
700×200	14.4	345	—	8.4	525	—
700×400	14.4	575	—	10.8	555	—
700×700	14.4	925	—	14.4	600	—

注：DN 为主管公称直径，dn 为支管公称直径。

表 3-192　DN800～2600 双承单支盘三通的尺寸

（单位：mm）

DN×dn	主管		支管	
	$e_{nom,1}$	L_u	$e_{nom,2}$	l
		系列 A		系列 B
800×200	15. 6	350	8. 4	585
800×400	15. 6	580	10. 8	615
800×600	15. 6	1045	13. 2	645
800×800	15. 6	1045	15. 6	675
900×200	16. 8	355	8. 4	645
900×400	16. 8	590	10. 8	675
900×600	16. 8	1170	13. 2	705
900×900	16. 8	1170	16. 8	750

（续）

DN×dn	主管		支管	
	$e_{nom,1}$	L_u	$e_{nom,2}$	l
		系列 A		系列 B
1000×200	18	360	8.4	705
1000×400	18	595	10.8	735
1000×600	18	1290	13.2	765
1000×1000	18	1290	18	825
1100×400	19.2	600	10.8	795
1100×600	19.2	830	13.2	825
1200×600	20.4	840	13.2	885
1200×800	20.4	1070	15.6	915
1200×1000	20.4	1300	18	945
1400×600	22.8	1030	13.2	980
1400×800	22.8	1260	15.6	1010
1400×1000	22.8	1495	18	1040
1500×600	24	1035	13.2	1035
1500×1000	24	1500	18	1595
1600×600	25.2	1040	13.2	1090
1600×800	25.2	1275	15.6	1120
1600×1000	25.2	1505	18	1150
1600×1200	25.2	1740	20.4	1180
1800×600	27.6	1055	13.2	1200
1800×800	27.6	1285	15.6	1230
1800×1000	27.6	1520	18	1260
1800×1200	27.6	1750	20.4	1290
2000×600	30	1065	13.2	1310
2000×1000	30	1530	18	1370
2000×1400	30	1995	22.8	1430
2200×600	32.4	1080	13.2	1420
2200×1200	32.4	1775	20.4	1510
2200×1800	32.4	2470	27.6	1600
2400×600	34.8	1090	13.2	1530
2400×1200	34.8	1785	20.4	1620
2400×1800	34.8	2480	27.6	1710
2600×600	37.2	1100	13.2	1640
2600×1400	37.2	2030	22.8	1750
2600×2000	37.2	2725	30	1850

注：DN 为主管公称直径，dn 为支管公称直径。

承插单支盘三通的尺寸见图 3-147 和表 3-193。

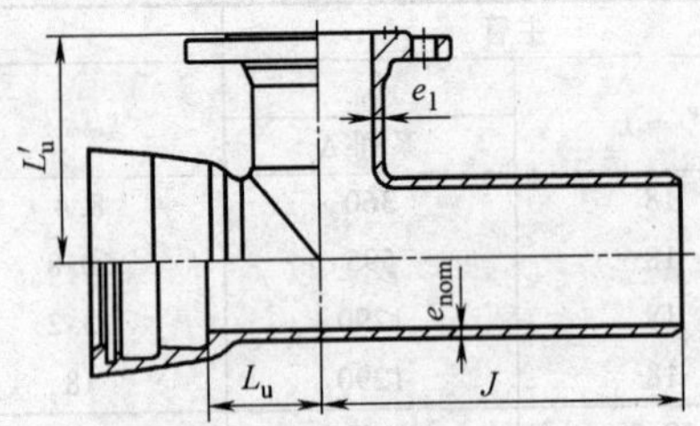

图 3-147 承插单支盘三通

表 3-193 承插单支盘三通的尺寸 （单位：mm）

主管				支管		
DN	e_{nom}	L_u	J	dn	e_1	L'_u
80	8.1	85	275	80	8.1	165
100	8.4	85	275	80	8.1	175
		95	285	100	8.4	180
125	8.7	85	275	80	8.1	190
		100	285	100	8.4	195
		110	285	125	8.7	200
150	9.1	85	275	80	8.1	205
		100	285	100	8.4	210
		110	285	125	8.7	215
		130	310	150	9.1	220
200	9.8	90	275	80	8.1	235
		100	280	100	8.4	240
		110	285	125	8.7	240
		130	310	150	9.1	250
		150	340	200	9.8	260
250	10.5	90	315	80	8.1	265
		100	325	100	8.4	270
		115	325	125	8.7	255
		130	360	150	9.1	280
		150	385	200	9.8	290
		180	445	250	10.5	300
300	11.2	90	340	80	8.1	295
		105	355	100	8.4	300
		115	360	125	8.7	285
		130	390	150	9.1	310
		160	415	200	9.8	320
		190	445	250	10.5	330
		215	475	300	11.2	340

（续）

主管				支管		
DN	e_{nom}	L_u	J	dn	e_1	L'_u
350	11.9	95	345	80	8.1	325
		100	355	100	8.4	330
		115	360	125	8.7	315
		135	390	150	9.1	340
		160	415	200	9.8	350
		190	445	250	10.5	350
		210	475	300	11.2	350
		240	500	350	11.9	380
400	12.6	95	355	80	8.1	355
		105	355	100	8.4	360
		115	360	125	8.7	345
		135	390	150	9.1	370
		160	415	200	9.8	380
		190	445	250	10.5	390
		220	475	300	11.2	400
		240	500	350	11.9	400
		280	530	400	12.6	420
450	13.3	95	355	80	8.1	370
		110	355	100	8.4	390
		115	360	125	8.7	405
		135	390	150	9.1	400
		165	415	200	9.8	410
		195	445	250	10.5	420
		220	475	300	11.2	430
		240	500	350	11.9	440
		280	530	400	12.6	450
		310	555	450	13.3	460
500	14	95	355	80	8.1	400
		110	355	100	8.4	420
		120	360	125	8.7	420
		140	390	150	9.1	425
		165	415	200	9.8	440
		190	445	250	10.5	440
		220	475	300	11.2	440
		245	500	350	11.9	450
		280	530	400	12.6	480
		300	555	450	13.3	480
		340	580	500	14	500

（续）

主管				支管		
DN	e_{nom}	L_u	J	dn	e_1	L'_u
600	15.4	100	355	80	8.1	460
		100	355	100	8.4	460
		120	360	125	8.7	465
		130	390	150	9.1	470
		170	415	200	9.8	500
		190	445	250	10.5	490
		215	475	300	11.2	500
		245	500	350	11.9	510
		285	530	400	12.6	540
		305	555	450	13.3	530
		335	580	500	14	540
		400	635	600	15.4	580
700	16.8	105	345	80	8.1	490
		115	345	100	8.4	490
		125	361	125	8.7	495
		140	370	150	9.1	500
		170	385	200	9.8	525
		195	430	250	10.5	515
		220	440	300	11.2	520
		250	475	350	11.9	530
		285	495	400	12.6	555
		305	525	450	13.3	545
		340	560	500	14	550
		385	595	600	15.4	565
		460	690	700	16.8	600
800	18.2	120	355	80	8.1	550
		130	355	100	8.4	550
		145	371	125	8.7	555
		155	381	150	9.1	560
		175	395	200	9.8	585
		210	441	250	10.5	585
		240	451	300	11.2	585
		265	485	350	11.9	590
		290	505	400	12.6	615
		320	535	450	13.3	615
		345	571	500	14	615
		405	605	600	15.4	645
		460	700	700	16.8	655
		520	760	800	18.2	675

（续）

主管				支管		
DN	e_{nom}	L_u	J	dn	e_1	L'_u
900	19.6	120	440	80	8.1	605
		130	450	100	8.4	610
		145	465	125	8.7	615
		155	485	150	9.1	620
		180	515	200	9.8	645
		210	545	250	10.5	645
		240	565	300	11.2	650
		265	600	350	11.9	660
		295	630	400	12.6	675
		320	660	450	13.3	680
		345	700	500	14	690
		440	760	600	15.4	705
		460	795	700	16.8	720
		520	855	800	18.2	735
		585	905	900	19.6	750
1000	21	120	450	80	8.1	670
		130	460	100	8.4	670
		145	475	125	8.7	675
		155	495	150	9.1	680
		180	525	200	9.8	705
		210	555	250	10.5	705
		240	575	300	11.2	710
		265	610	350	11.9	720
		295	640	400	12.6	735
		320	670	450	13.3	740
		345	710	500	14	750
		410	770	600	15.4	765
		465	805	700	16.8	780
		520	865	800	18.2	795
		580	915	900	19.6	810
		645	980	1000	21	825
1100	22.4	120	465	80	8.1	730
		130	475	100	8.4	730
		145	490	125	8.7	735
		155	510	150	9.1	740
		180	540	200	9.8	745
		210	570	250	10.5	755
		210	590	300	11.2	760
		265	625	350	11.9	770
		300	655	400	12.6	795
		325	685	450	13.3	795
		350	725	500	14	795
		415	787	600	15.4	825
		470	820	700	16.8	830
		525	880	800	18.2	835
		585	930	900	19.6	850
		640	995	1000	21	870
		695	1045	1100	22.4	880

（续）

主管				支管		
DN	e_{nom}	L_u	J	dn	e_1	L'_u
1200	23.8	120	500	80	8.1	790
		130	510	100	8.4	790
		145	525	125	8.7	795
		155	545	150	9.1	800
		180	570	200	9.8	805
		210	600	250	10.5	815
		240	630	300	11.2	820
		265	660	350	11.9	830
		295	690	400	12.6	835
		325	720	450	13.3	845
		355	760	500	14	850
		420	820	600	15.4	885
		470	855	700	16.8	885
		535	915	800	18.2	915
		595	965	900	19.6	920
		650	1030	1000	21	945
		760	1145	1200	23.8	955
1400	26.6	170	525	80	8.1	870
		210	535	100	8.4	875
		225	550	125	8.7	880
		240	570	150	9.1	880
		270	595	200	9.8	890
		280	625	250	10.5	895
		325	655	300	11.2	905
		355	685	350	11.9	910
		385	715	400	12.6	920
		415	745	450	13.3	925
		440	785	500	14	935
		515	845	600	15.4	980
		560	880	700	16.8	990
		630	940	800	18.2	1010
		675	990	900	19.6	1020
		750	1055	1000	21	1040
		790	1105	1100	22.4	1045
		850	1170	1200	23.8	1050
		965	1270	1400	26.6	1070

（续）

主管				支管		
DN	e_{nom}	L_u	J	dn	e_1	L'_u
1600	29.4	220	755	80	8.1	1015
		225	755	100	8.4	1025
		260	755	150	9.1	1025
		290	730	200	9.8	1030
		320	760	250	10.5	1040
		345	790	300	11.2	1045
		405	860	400	12.6	1060
		465	895	500	14	1080
		520	915	600	15.4	1090
		640	970	800	18.2	1120
		750	1090	1000	21	1150
		870	1210	1200	23.8	1180
		985	1315	1400	26.6	1210
		1100	1430	1600	29.4	1240
1800	32.2	300	730	200	9.8	1150
		320	760	250	10.5	1150
		350	790	300	11.2	1155
		410	860	400	12.6	1170
		470	915	500	14	1185
		525	970	600	15.4	1200
		640	1090	800	18.2	1230
		760	1210	1000	21	1260
		875	1315	1200	23.8	1290
		990	1430	1400	26.6	1320
		1110	1540	1600	29.4	1350
		1225	1615	1800	32.2	1380
2000	35	300	730	200	9.8	1250
		330	760	250	10.5	1260
		360	790	300	11.2	1265
		415	860	400	12.6	1280
		475	915	500	14	1295
		530	970	600	15.4	1310
		640	1090	800	18.2	1340
		765	1210	1000	21	1370
		880	1315	1200	23.8	1400
		1000	1430	1400	26.6	1430
		1110	1540	1600	29.4	1460
		1230	1615	1800	32.2	1490
		1345	1725	2000	35	1520

（续）

主管				支管		
DN	e_{nom}	L_u	J	dn	e_1	L'_u
2200	37.8	310	730	200	9.8	1360
		335	760	250	10.5	1370
		365	790	300	11.2	1380
		420	860	400	12.6	1395
		480	915	500	14	1410
		540	970	600	15.4	1420
		655	1090	800	18.2	1445
		770	1210	1000	21	1480
		890	1315	1200	23.8	1510
		1000	1430	1400	26.6	1540
		1120	1540	1600	29.4	1570
		1235	1615	1800	32.2	1600
		1350	1725	2000	35	1630
		1465	1830	2200	37.8	1660
2400	40.6	310	730	200	9.8	1470
		340	760	250	10.5	1480
		370	790	300	11.2	1490
		430	860	400	12.6	1505
		490	915	500	14	1520
		545	970	600	15.4	1530
		660	1090	800	18.2	1560
		780	1210	1000	21	1590
		895	1315	1200	23.8	1620
		1010	1430	1400	26.6	1650
		1125	1540	1600	29.4	1680
		1240	1615	1800	32.2	1710
		1360	1725	2000	35	1740
		1472	1830	2200	37.8	1770
		1590	1935	2400	40.6	1800
2600	43.4	320	730	200	9.8	1580
		350	760	250	10.5	1590
		380	790	300	11.2	1600
		435	860	400	12.6	1615
		495	915	500	14	1630
		550	970	600	15.4	1640
		670	1090	800	18.2	1670
		785	1210	1000	21	1700
		900	1315	1200	23.8	1730
		1015	1430	1400	26.6	1750
		1130	1540	1600	29.4	1790
		1250	1615	1800	32.2	1820
		1365	1725	2000	35	1850
		1480	1830	2200	37.8	1880
		1595	1935	2400	40.6	1910
		1710	2035	2600	43.4	1940

注：DN为主管公称直径，dn为支管公称直径。

承插单支承三通的尺寸见图 3-148 和表 3-194。

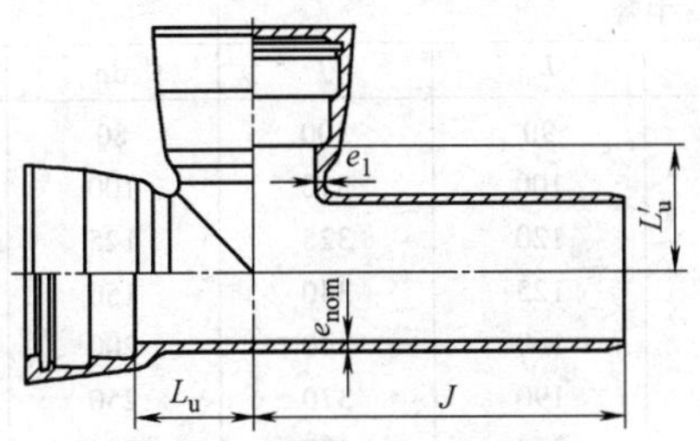

图 3-148 承插单支承三通

表 3-194 承插单支承三通的尺寸 （单位：mm）

主管				支管		
DN	e_{nom}	L_u	J	dn	e_1	L'_u
80	8.1	85	275	80	8.1	85
100	8.4	85	275	80	8.1	95
		95	275	100	8.4	95
125	8.7	85	280	80	8.1	105
		95	290	100	8.4	110
		110	295	125	8.7	110
150	9.1	85	275	80	8.1	120
		100	280	100	8.4	120
		115	305	125	8.7	125
		130	310	150	9.1	125
200	9.8	90	275	80	8.1	145
		100	280	100	8.4	145
		115	305	125	8.7	145
		130	310	150	9.1	150
		160	340	200	9.8	155
250	10.5	90	300	80	8.1	170
		100	300	100	8.4	170
		115	315	125	8.7	175
		130	310	150	9.1	175
		160	340	200	9.8	180
		190	370	250	10.5	190
300	11.2	95	300	80	8.1	195
		105	285	100	8.4	195
		120	320	125	8.7	200
		130	310	150	9.1	200
		160	340	200	9.8	205
		190	370	250	10.5	210
		220	400	300	11.2	220

（续）

主管				支管		
DN	e_{nom}	L_u	J	dn	e_1	L'_u
350	11.9	90	300	80	8.1	220
		100	310	100	8.4	220
		120	325	125	8.7	225
		125	340	150	9.1	225
		160	340	200	9.8	230
		190	370	250	10.5	235
		220	400	300	11.2	240
		250	430	350	11.9	250
400	12.6	95	300	80	8.1	240
		105	310	100	8.4	245
		120	330	125	8.7	250
		135	340	150	9.1	250
		165	345	200	9.8	255
		190	375	250	10.5	260
		220	400	300	11.2	270
		250	430	350	11.9	270
		280	460	400	12.6	280
450	13.3	95	320	80	8.1	270
		105	330	400	8.4	270
		120	345	425	8.7	270
		135	360	450	9.1	280
		165	390	200	9.8	280
		195	415	250	10.5	290
		220	445	300	11.2	290
		250	460	350	11.9	300
		280	500	400	12.6	300
		310	525	450	13.3	310
500	14	95	320	80	8.1	290
		110	330	100	8.4	295
		120	345	125	8.7	300
		135	360	150	9.1	300
		165	390	200	9.8	310
		195	395	250	10.5	310
		225	425	300	11.2	320
		255	455	350	11.9	320
		280	485	400	12.6	330
		310	525	450	13.3	335
		340	540	500	14	340

（续）

主管				支管		
DN	e_{nom}	L_u	J	dn	e_1	L'_u
600	15.4	100	325	80	8.1	340
		110	330	100	8.4	345
		125	345	125	8.7	350
		140	360	150	9.1	350
		170	390	200	9.8	360
		200	415	250	10.5	360
		225	430	300	11.2	370
		255	455	350	11.9	370
		285	485	400	12.6	380
		315	525	450	13.3	385
		345	545	500	14	390
		400	600	600	15.4	400
700	16.8	100	345	80	8.1	390
		115	345	100	8.4	400
		130	360	125	8.7	400
		145	370	150	9.1	400
		170	400	200	9.8	410
		200	430	250	10.5	410
		230	480	300	11.2	420
		260	510	350	11.9	420
		290	540	400	12.6	430
		315	525	450	13.3	435
		350	595	500	14	440
		405	655	600	15.4	450
		460	715	700	16.8	460
800	18.2	105	355	80	8.1	440
		115	355	100	8.4	445
		130	370	125	8.7	450
		145	380	150	9.1	450
		175	410	200	9.8	460
		205	440	250	10.5	460
		235	450	300	11.2	470
		260	485	350	11.9	470
		290	540	400	12.6	480
		320	535	450	13.3	485
		350	600	500	14	490
		405	660	600	15.4	500
		465	690	700	16.8	510
		520	775	800	18.2	520

（续）

主管				支管		
DN	e_{nom}	L_u	J	dn	e_1	L'_u
900	19.6	110	410	80	8.1	490
		120	425	100	8.4	500
		135	435	125	8.7	500
		150	455	150	9.1	500
		180	485	200	9.8	510
		205	515	250	10.5	510
		235	535	300	11.2	520
		265	565	350	11.9	520
		295	590	400	12.6	530
		325	610	450	13.3	535
		350	600	500	14	540
		410	660	600	15.4	550
		470	720	700	16.8	560
		525	815	800	18.2	570
		585	835	900	19.6	580
1000	21	110	420	80	8.1	540
		125	435	100	8.4	550
		140	445	125	8.7	550
		150	465	150	9.1	550
		180	495	200	9.8	560
		210	525	250	10.5	560
		240	545	300	11.2	570
		270	575	350	11.9	570
		295	600	400	12.6	580
		325	620	450	13.3	585
		355	650	500	14	590
		415	715	600	15.4	600
		470	770	700	16.8	610
		530	830	800	18.2	620
		585	880	900	19.6	630
		645	945	1000	21	645
1100	22.4	115	435	80	8.1	590
		125	450	100	8.4	600
		140	460	125	8.7	600
		155	480	150	9.1	600
		185	510	200	9.8	610
		215	540	250	10.5	610
		240	560	300	11.2	620
		270	590	350	11.9	620
		300	615	400	12.6	630
		330	635	450	13.3	635
		360	665	500	14	640
		415	725	600	15.4	650
		475	715	700	16.8	660
		530	835	800	18.2	670
		590	890	900	19.6	680
		650	1060	1000	21	695
		705	1005	1100	22.4	710

（续）

主管				支管		
DN	e_{nom}	L_u	J	dn	e_1	L'_u
1200	23.8	120	475	80	8.1	640
		130	490	100	8.4	650
		145	500	125	8.7	650
		160	515	150	9.1	650
		185	545	200	9.8	660
		215	575	250	10.5	660
		245	605	300	11.2	670
		275	630	350	11.9	670
		305	655	400	12.6	680
		330	675	450	13.3	685
		360	710	500	14	690
		420	675	600	15.4	700
		475	820	700	16.8	710
		535	835	800	18.2	720
		595	895	900	19.6	730
		650	950	1000	21	745
		765	1070	1200	23.8	770
1400	26.6	125	500	80	8.1	740
		135	515	100	8.4	750
		150	525	125	8.7	750
		165	540	150	9.1	750
		195	570	200	9.8	760
		220	600	250	10.5	760
		250	630	300	11.2	770
		280	655	350	11.9	770
		310	680	400	12.6	780
		340	700	450	13.3	785
		365	735	500	14	790
		425	790	600	15.4	800
		485	845	700	16.8	810
		540	905	800	18.2	820
		600	900	900	19.6	830
		655	960	1000	21	845
		715	1065	1100	22.4	860
		775	1075	1200	23.8	870
		890	1190	1400	26.6	890

（续）

主管				支管		
DN	e_{nom}	L_u	J	dn	e_1	L'_u
1600	29.4	200	720	200	9.8	860
		230	750	250	10.5	860
		255	780	300	11.2	870
		315	830	400	12.6	880
		385	885	500	14	890
		430	935	600	15.4	900
		545	1050	800	18.2	920
		665	1165	1000	21	945
		780	1275	1200	23.8	970
		895	1380	1400	26.6	990
		1010	1490	1600	29.4	1010
1800	32.2	205	720	200	9.8	960
		235	750	250	10.5	960
		265	780	300	11.2	970
		320	830	400	12.6	980
		380	885	500	14	990
		435	935	600	15.4	1000
		555	1050	800	18.2	1020
		670	1165	1000	21	1045
		785	1275	1200	23.8	1070
		900	1380	1400	26.6	1090
		1015	1490	1600	29.4	1110
		1135	1595	1800	32.2	1130
2000	35	210	720	200	9.8	1060
		240	750	250	10.5	1060
		270	780	300	11.2	1070
		325	830	400	12.6	1080
		385	885	500	14	1090
		445	935	600	15.4	1100
		560	1050	800	18.2	1120
		675	1165	1000	21	1115
		790	1275	1200	23.8	1170
		905	1380	1400	26.6	1190
		1025	1490	1600	29.4	1210
		1140	1595	1800	32.2	1230
		1255	1705	2000	35	1255

（续）

主管				支管		
DN	e_{nom}	L_u	J	dn	e_1	L'_u
2200	37.8	215	720	200	9.8	1160
		245	750	250	10.5	1160
		275	780	300	11.2	1170
		335	830	400	12.6	1180
		390	885	500	14	1190
		450	935	600	15.4	1200
		565	1050	800	18.2	1220
		680	1165	1000	21	1245
		795	1275	1200	23.8	1270
		915	1380	1400	26.6	1290
		1030	1490	1600	29.4	1310
		1145	1595	1800	32.2	1330
		1260	1705	2000	35	1355
		1375	1810	2200	37.8	1380
2400	40.6	225	720	200	9.8	1260
		250	750	250	10.5	1260
		280	780	300	11.2	1270
		340	830	400	12.6	1280
		395	885	500	14	1290
		455	935	600	15.4	1300
		570	1050	800	18.2	1320
		685	1165	1000	21	1345
		805	1275	1200	23.8	1370
		920	1380	1400	26.6	1390
		1035	1490	1600	29.4	1410
		1150	1595	1800	32.2	1430
		1265	1705	2000	35	1455
		1385	1810	2200	37.8	1480
		1500	1920	2400	40.6	1500
2600	43.4	230	720	200	9.8	1360
		260	750	250	10.5	1360
		285	780	300	11.2	1370
		345	830	400	12.6	1380
		405	885	500	14	1390
		460	935	600	15.4	1400
		575	1050	800	18.2	1420
		695	1165	1000	21	1445
		810	1275	1200	23.8	1470
		925	1380	1400	26.6	1490
		1040	1490	1600	29.4	1510
		1155	1595	1800	32.2	1530
		1275	1705	2000	35	1555
		1390	1810	2200	37.8	1580
		1505	1920	2400	40.6	1600
		1620	2025	2600	43.4	1620

注：DN 为主管公称直径，dn 为支管公称直径。

双承渐缩管的尺寸见图 3-149 和表 3-195。

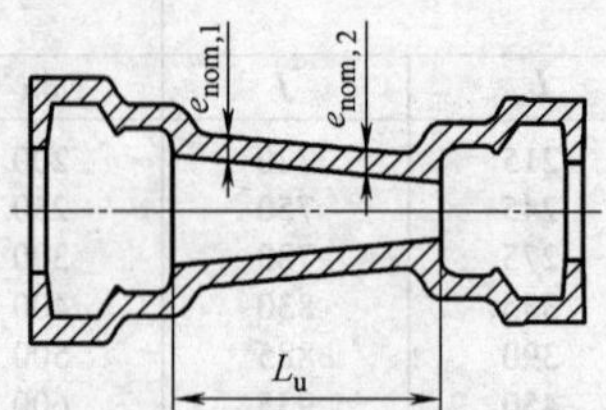

图 3-149 双承渐缩管

表 3-195 双承渐缩管的尺寸 (单位：mm)

DN×dn	$e_{nom,1}$	$e_{nom,2}$	L_u	
			系列 A	系列 B
50×40	7	7	70	75
60×50	7	7	70	75
65×50	7	7	80	75
80×40	7	7	—	80
80×60	7	7	90	80
80×65	7	7	80	80
100×60	7.2	7	—	120
100×80	7.2	7	90	85
125×60	7.5	7	—	190
125×80	7.5	7	140	135
125×100	7.5	7.2	100	120
150×80	7.8	7	190	190
150×100	7.8	7.2	150	150
150×125	7.8	7.5	100	115
200×100	8.4	7.2	250	250
200×125	8.4	7.5	200	230
200×150	8.4	7.8	150	145
250×125	9	7.5	300	335
250×150	9	7.8	250	250
250×200	9	8.4	150	150
300×150	9.6	7.8	350	370
300×200	9.6	8.4	250	250
300×250	9.6	9	150	150
350×200	10.2	8.4	360	370
350×250	10.2	9	260	260
350×300	10.2	9.6	160	160

（续）

DN×dn	$e_{nom,1}$	$e_{nom,2}$	L_u	
			系列 A	系列 B
400×250	10.8	9	360	380
400×300	10.8	9.6	260	260
400×350	10.8	10.2	460	155
450×350	11.4	10.2	260	270
450×400	11.4	10.8	160	160
500×350	12	10.2	360	—
500×400	12	10.8	260	—
600×400	13.2	10.8	460	—
600×500	13.2	12	260	—
700×500	14.4	12	480	—
700×600	14.4	13.2	280	—
800×600	15.6	13.2	180	—
800×700	15.6	14.4	280	—
900×700	16.8	14.4	480	—
900×800	16.8	15.6	280	—
1000×800	18	15.6	480	—
1000×900	18	16.8	280	—
1100×1000	19.2	18	280	—
1200×1000	20.4	18	480	—
1400×1200	22.8	20.4	360	—
1500×1400	24	22.8	260	—
1600×1400	25.2	22.8	360	—
1800×1600	27.6	25.2	360	—
2000×1800	30	27.6	360	—
2200×2000	32.4	30	360	—
2400×2200	34.8	32.4	360	—
2600×2400	37.2	34.8	360	—

注：较大公称直径为 DN，较小公称直径为 dn。

3）盘接管件

双盘 90°（1/4）弯头和双盘 90°（1/4）鸭脚弯头的尺寸（见图 3-150 和表 3-196）

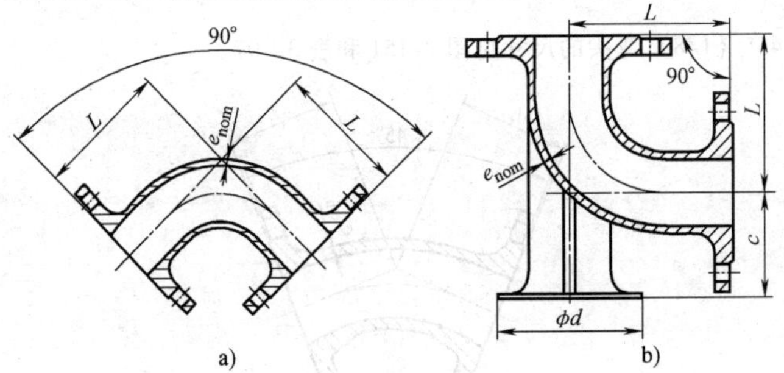

图 3-150 双盘 90°（1/4）弯头和双盘 90°（1/4）鸭脚弯头

a）双盘 90°（1/4）弯头 b）双盘 90°（1/4）鸭脚弯头

表 3-196 双盘 90°（1/4）弯头和双盘 90°（1/4）鸭脚弯头的尺寸

（单位：mm）

DN	系列 A 和 B				
	e_{nom}	90°(1/4)弯头	90°(1/4)鸭脚弯头		
		L	*L*	*c*	*d*
40	7	140	—	—	—
50	7	150	150	95	150
60	7	160	160	100	160
65	7	165	165	100	165
80	7	165	165	110	180
100	7.2	180	180	125	200
125	7.5	200	200	140	225
150	7.8	220	220	160	250
200	8.4	260	260	190	300
250	9	350	350	225	350
300	9.6	400	400	255	400
350	10.2	450	450	290	450
400	10.8	500	500	320	500
450	11.4	550	550	355	550
500	12	600	600	385	600
600	13.2	700	700	450	700
700	14.4	800	—	—	—
800	15.6	900	—	—	—
900	16.8	1000	—	—	—
1000	18	1100	—	—	—

双盘 45°（1/8）弯头的尺寸见图 3-151 和表 3-197。

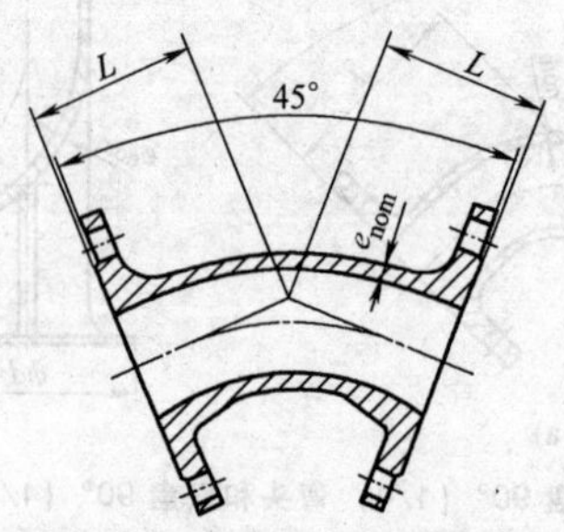

图 3-151 双盘 45°（1/8）弯头

表 3-197 双盘 45°（1/8）弯头的尺寸 （单位：mm）

DN	e_{nom}	L	
		系列 A	系列 B
40	7	140	140
50	7	150	150
60	7	160	160
65	7	165	165
80	7	130	130
100	7.2	140	140
125	7.5	150	150
150	7.8	160	160
200	8.4	180	180
250	9	350	245
300	9.6	400	275
350	10.2	300	300
400	10.8	325	325
450	11.4	350	350
500	12	375	—
600	13.2	425	
700	14.4	480	—
800	15.6	530	
900	16.8	580	—
1000	18	630	
1100	19.2	695	—
1200	20.4	750	
1400	22.8	775	—
1500	24	810	
1600	25.2	845	—
1800	27.6	910	
2000	30	980	—
2200	32.4	880	
2400	34.8	945	—
2600	37.2	1005	

DN40～250 全盘三通的尺寸见图 3-152 和表 3-198。

DN300～700 全盘三通的尺寸见图 3-152 和表 3-199。

DN800～2600 全盘三通的尺寸见图 3-152 和表 3-200。

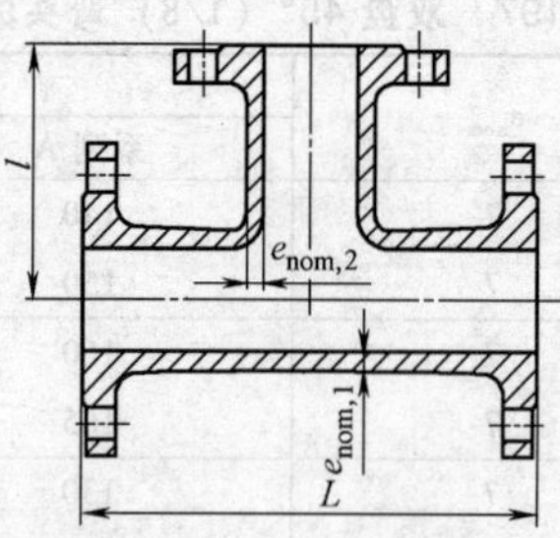

图 3-152　全盘三通

表 3-198　DN40~250 全盘三通的尺寸　　（单位：mm）

DN×dn	主管			支管		
	$e_{nom,1}$	L		$e_{nom,2}$	l	
		系列 A	系列 B		系列 A	系列 B
40×40	7	280	255	7	140	130
50×50	7	300	280	7	150	140
60×40	7	300	—	7	130	—
60×60	7	320	300	7	160	150
65×65	7	330	305	7	165	150
80×40	7	—	310	7	—	135
80×60	7	—	310	7	—	155
80×80	7	330	330	7	165	165
100×40	7.2	—	320	7	—	145
100×60	7.2	—	320	7	—	165
100×80	7.2	360	330	7	175	170
100×100	7.2	360	360	7.2	180	180
125×40	7.5	—	330	7	—	160
125×60	7.5	—	330	7	—	180
125×80	7.5	400	350	7	190	185
125×100	7.5	400	370	7.2	195	195
125×125	7.5	400	400	7.5	200	200
150×40	7.8	—	340	7	—	170
150×60	7.8	—	340	7	—	190
150×80	7.8	440	360	7	205	200
150×100	7.8	440	380	7.2	210	205
150×125	7.8	440	410	7.5	215	215
150×150	7.8	440	440	7.8	220	220

（续）

DN×dn	主管			支管		
	$e_{nom,1}$	L		$e_{nom,2}$	l	
		系列 A	系列 B		系列 A	系列 B
200×40	8.4	—	365	7	—	195
200×60	8.4	—	365	7	—	215
200×80	8.4	520	380	7	235	225
200×100	8.4	520	400	7.2	240	230
200×125	8.4	—	435	7.5	—	240
200×150	8.4	520	460	7.8	250	245
200×200	8.4	520	520	8.4	260	260
250×60	9	—	385	7	—	260
250×80	9	—	405	7	—	265
250×100	9	700	425	7.2	275	270
250×150	9	—	485	7.8	—	280
250×200	9	700	540	8.4	325	290
250×250	9	700	600	9	350	300

注：主管公称直径为 DN，支管公称直径为 dn。

表 3-199　DN300～700 全盘三通的尺寸　（单位：mm）

DN×dn	主管			支管		
	$e_{nom,1}$	L		$e_{nom,2}$	l	
		系列 A	系列 B		系列 A	系列 B
300×60	9.6	—	405	7	—	290
300×80	9.6	—	425	7	—	295
300×100	9.6	800	450	7.2	300	300
300×150	9.6	—	505	7.8	—	310
300×200	9.6	800	565	8.4	350	320
300×250	9.6	—	620	9	—	330
300×300	9.6	800	680	9.6	400	340
350×60	10.2	—	430	7	—	320
350×80	10.2	—	445	7	—	325
350×100	10.2	850	470	7.2	325	330
350×150	10.2	—	530	7.8	—	340
350×200	10.2	850	585	8.4	325	350
350×250	10.2	—	645	9	—	360
350×350	10.2	850	760	10.2	425	380
400×80	10.8	—	470	7	—	355
400×100	10.8	900	490	7.2	350	360
400×150	10.8	—	550	7.8	—	370
400×200	10.8	900	610	8.4	350	380
400×250	10.8	—	665	9	—	390
400×300	10.8	—	725	9.6	—	400
400×400	10.8	900	840	10.8	450	420

（续）

DN×dn	主管			支管		
	$e_{nom,1}$	L		$e_{nom,2}$	l	
		系列 A	系列 B		系列 A	系列 B
450×100	11.4	950	515	7.2	375	390
450×150	11.4	—	570	7.8	—	400
450×200	11.4	950	630	8.4	375	410
450×250	11.4	—	690	9	—	420
450×300	11.4	—	745	9.6	—	430
450×400	11.4	—	860	10.8	—	450
450×450	11.4	950	920	11.4	475	460
500×100	12	1000	535	7.2	400	420
500×200	12	1000	650	8.4	400	440
500×400	12	1000	885	10.8	500	480
500×500	12	1000	1000	12	500	500
600×200	13.2	1100	700	8.4	450	500
600×400	13.2	1100	930	10.8	550	540
600×600	13.2	1100	1165	13.2	550	580
700×200	14.4	650	—	8.4	525	—
700×400	14.4	870	—	10.8	555	—
700×700	14.4	1200	—	14.4	600	—

注：主管公称直径为DN，支管公称直径为dn。

表 3-200 DN800~2600 全盘三通的尺寸 （单位：mm）

DN×dn	主管		支管	
	$e_{nom,1}$	L	$e_{nom,2}$	l
		系列 A		系列 A
800×200	15.6	690	8.4	585
800×400	15.6	910	10.8	615
800×600	15.6	1350	13.2	645
800×800	15.6	1350	15.6	675
900×200	16.8	730	8.4	645
900×400	16.8	950	10.8	675
900×600	16.8	1500	13.2	705
900×900	16.8	1500	16.8	750
1000×200	18	770	8.4	705
1000×400	18	990	10.8	735
1000×600	18	1650	13.2	765
1000×1000	18	1650	18	825
1100×400	19.2	980	8.4	795
1100×600	19.2	1210	13.2	825
1200×600	20.4	1240	13.2	885
1200×800	20.4	1470	15.6	915
1200×1000	20.4	1700	18	945

（续）

DN×dn	主管		支管	
	$e_{nom,1}$	L	$e_{nom,2}$	l
		系列 A		系列 A
1400×600	22.8	1550	13.2	980
1400×800	22.8	1760	15.6	1010
1400×1000	22.8	2015	18	1040
1500×600	24	1575	13.2	1035
1500×1000	24	2040	18	1095
1600×600	25.2	1600	13.2	1090
1600×800	25.2	1835	15.6	1120
1600×1000	25.2	2065	18	1150
1600×1200	25.2	2300	20.4	1180
1800×600	27.6	1655	13.2	1200
1800×800	27.6	1885	15.6	1230
1800×1000	27.6	2120	18	1260
1800×1200	27.6	2350	20.4	1290
2000×600	30	1705	13.2	1310
2000×1000	30	2170	18	1370
2000×1400	30	2635	22.8	1430
2200×600	32.4	1560	13.2	1420
2200×1200	32.4	2220	20.4	1510
2200×1800	32.4	2880	27.6	1600
2400×600	34.8	1620	13.2	1530
2400×1200	34.8	2280	20.4	1620
2400×1800	34.8	2940	27.6	1710
2600×600	37.2	1680	13.2	1640
2600×1400	37.2	2560	22.8	1760
2600×2000	37.2	3220	30	1850

注：主管公称直径为 DN，支管公称直径为 dn。

双盘渐缩管的尺寸见图 3-153 和表 3-201。

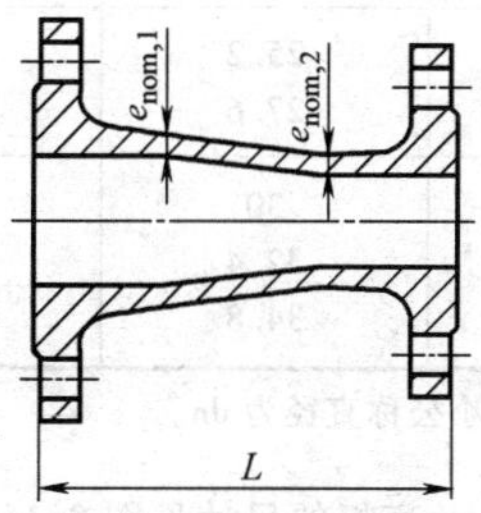

图 3-153 双盘渐缩管

表 3-201　双盘渐缩管的尺寸　　（单位：mm）

DN×dn	$e_{nom,1}$	$e_{nom,2}$	L	
			系列 A	系列 B
50×40	7	7	150	165
60×50	7	7	160	160
65×50	7	7	200	190
80×60	7	7	200	185
80×65	7	7	200	190
100×80	7.2	7	200	195
125×100	7.5	7.2	200	185
150×125	7.8	7.5	200	190
200×150	8.4	7.8	300	235
250×200	9	8.4	300	250
300×250	9.6	9	300	265
350×300	10.2	9.6	300	290
400×350	10.8	10.2	300	305
450×400	11.4	10.8	300	320
500×400	12	10.8	600	—
600×500	13.2	12	600	—
700×600	14.4	13.2	600	—
800×700	15.6	14.4	600	—
900×800	16.8	15.6	600	—
1000×900	18	16.8	600	—
1100×1000	19.2	18	600	—
1200×1000	20.4	18	790	—
1400×1200	22.8	20.4	850	—
1500×1400	24	22.8	695	—
1600×1400	25.2	22.8	910	—
1800×1600	27.6	25.2	970	—
2000×1800	30	27.6	1030	—
2200×2000	32.4	30	1090	—
2400×2200	34.8	32.4	1150	—
2600×2400	37.2	34.8	1210	—

注：较大公称直径为 DN，较小公称直径为 dn。

PN10 法兰盲板和 PN16 法兰盲板的尺寸见图 3-154 和表 3-202。

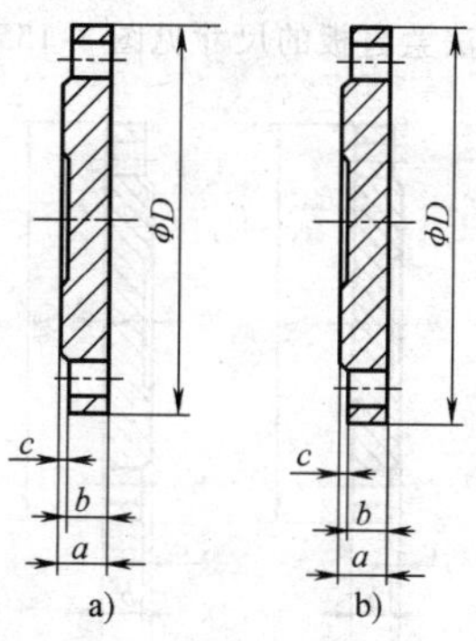

图 3-154 PN10 法兰盲板和 PN16 法兰盲板

a) PN10 法兰盲板 b) PN16 法兰盲板

表 3-202 PN10 和 PN16 法兰盲板的尺寸 (单位：mm)

DN	PN10				PN16			
	D	*a*	*b*	*c*	*D*	*a*	*b*	*c*
40	150	19	16	3	150	19	16	3
50	165	19	16	3	165	19	16	3
60	175	19	16	3	175	19	16	3
65	185	19	16	3	185	19	16	3
80	200	19	16	3	200	19	16	3
100	220	19	16	3	220	19	16	3
125	250	19	16	3	250	19	16	3
150	285	19	16	3	285	19	16	3
200	340	20	17	3	340	20	17	3
250	400	22	19	3	400	22	19	3
300	455	24.5	20.5	4	455	24.5	20.5	4
350	505	24.5	20.5	4	520	26.5	22.5	4
400	565	24.5	20.5	4	580	28	24	4
450	615	25.5	21.5	4	640	30	26	4
500	670	26.5	22.5	4	715	31.5	27.5	4
600	780	30	25	5	840	36	31	5
700	895	32.5	27.5	5	910	39.5	34.5	5
800	1015	35	30	5	1025	43	38	5
900	1115	37.5	32.5	5	1125	46.5	41.5	5
1000	1230	40	35	5	1255	50	45	5
1100	1340	42.5	37.5	5	1355	53.5	48.5	5
1200	1455	45	40	5	1485	57	52	5
1400	1675	46	41	5	1685	60	55	5
1500	1785	47.5	42.5	5	1820	62.5	57.5	5
1600	1915	49	44	5	1930	65	60	5
1800	2415	52	47	5	2130	70	65	5
2000	2325	55	50	5	2345	75	70	5

注：当盲板公称直径≥DN300 时，盲板中心成盘形。

PN25法兰盲板和PN40法兰盲板的尺寸见图3-155和表3-203。

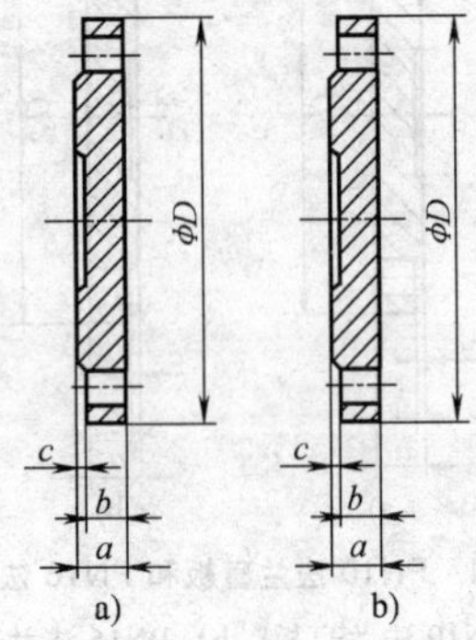

图3-155　PN25法兰盲板和PN40法兰盲板

a）PN25法兰盲板　b）PN40法兰盲板

表3-203　PN25和PN40法兰盲板的尺寸　（单位：mm）

DN	PN25				PN40			
	D	a	b	c	D	a	b	c
40	150	19	16	3	150	19	16	3
50	165	19	16	3	165	19	16	3
60	175	19	16	3	175	19	16	3
65	185	19	16	3	185	19	16	3
80	200	19	16	3	200	19	16	3
100	235	19	16	3	235	19	16	3
125	270	19	16	3	270	23.5	20.5	3
150	300	20	17	3	300	26	23	3
200	360	22	19	3	375	30	27	3
250	425	24.5	21.5	3	450	34.5	31.5	3
300	485	27.5	23.5	4	515	39.5	35.5	4
350	555	30	26	4	—	—	—	—
400	620	32	28	4	—	—	—	—
450	670	34.5	30.5	4	—	—	—	—
500	730	36.5	32.5	4	—	—	—	—
600	845	42	37	5	—	—	—	—

注：当盲板公称直径≥DN300时，盲板中心成盘形。

PN10减径法兰和PN16减径法兰的尺寸见图3-156和表3-204。

表3-204　PN10和PN16减径法兰的尺寸　（单位：mm）

DN×dn	PN10					PN16				
	D	a	b	c_1	c_2	D	a	b	c_1	c_2
200×80	340	40	17	3	3	340	40	17	3	3
200×100	340	40	17	3	3	340	40	17	3	3
200×125	340	40	17	3	3	340	40	17	3	3

（续）

DN×dn	PN10					PN16				
	D	a	b	c_1	c_2	D	a	b	c_1	c_2
350×250	505	48	20.5	4	3	520	54	22.5	4	3
400×250	565	48	20.5	4	3	580	54	24	4	3
400×300	565	49	20.5	4	4	580	55	24	4	4
700×500	895	56	27.5	5	4	910	67	34.5	5	4
900×700	1115	63	32.5	5	5	1125	73	41.5	5	5
1000×700	1230	63	35	5	5	1255	73	45	5	5
1000×800	1230	68	35	5	5	1255	77	45	5	5

注：DN 为较大直径，dn 为较小直径。

PN25 减径法兰和 PN40 减径法兰的尺寸见图 3-157 和表 3-205。

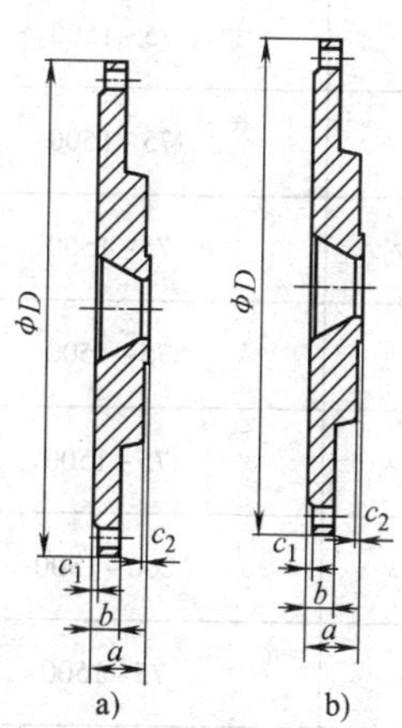

图 3-156　PN10 减径法兰和 PN16 减径法兰

a）PN10 减径法兰　b）PN16 减径法兰

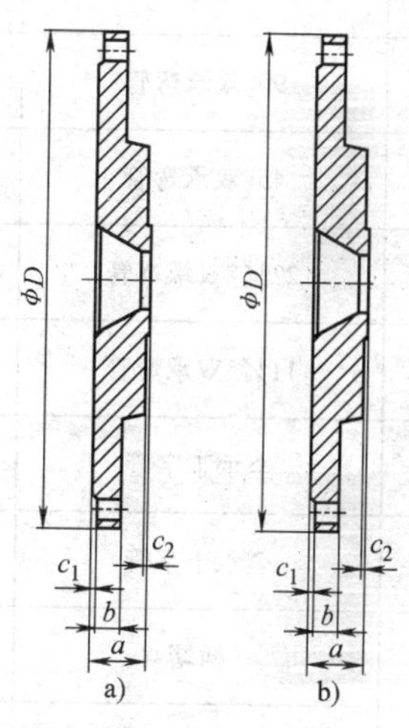

图 3-157　PN40 减径法兰和 PN25 减径法兰

a）PN25 减径法兰　b）PN40 减径法兰

表 3-205　PN25 和 PN40 减径法兰的尺寸　（单位：mm）

DN×dn	PN25					PN40				
	D	a	b	c_1	c_2	D	a	b	c_1	c_2
200×80	360	40	19	3	3	375	40	27	3	3
200×100	360	47	19	3	3	375	47	27	3	3
200×125	360	53	19	3	3	375	53	27	3	3
350×250	555	60	26	4	3	—	—	—	—	—
400×250	620	60	28	4	3	—	—	—	—	—
400×300	620	61	28	4	4	—	—	—	—	—

注：DN 为较大公称直径，dn 为较小公称直径。

5. 灰铸铁管件（GB/T 3420—2008）

(1) 尺寸和形状一般要求

1) 灰铸铁管件的名称和图形标示见表3-206。

表3-206 灰铸铁管件名称和图形标示

序号	名称	图形标示	公称直径 DN/mm
1	承盘短管		75~1500
2	插盘短管		75~1500
3	套管		75~1500
4	90°双承弯管	90°	75~1500
5	45°双承弯管	45°	75~1500
6	22½°双承弯管	22½°	75~1500
7	11¼°双承弯管	11¼°	75~1500
8	全承丁字管		75~1500
9	全承十字管		200~1500
10	插堵		75~1500
11	承堵		75~300
12	90°双盘弯管	90°	75~1000
13	45°双盘弯管	45°	75~1000
14	三盘丁字管		75~1000
15	盲法兰盘		75~1500
16	双承丁字管		75~1500
17	承插渐缩管		75~1500
18	插承渐缩管		75~1500

（续）

序号	名　　称	图形标示	公称直径 DN/mm
19	90°承插弯管	90°	75~700
20	45°承插弯管	45°	75~700
21	22½°承插弯管	22½°	75~700
22	11¼°承插弯管	11¼°	75~700
23	乙字管		75~500
24	承插单盘排气管		150~1500
25	承插泄水管		700~1500

注：承插单盘排气管可用作消火栓丁字管。

2）N（包括 N_I）型胶圈机械接口和 X 型胶圈机械接口简图如图 3-158 所示。

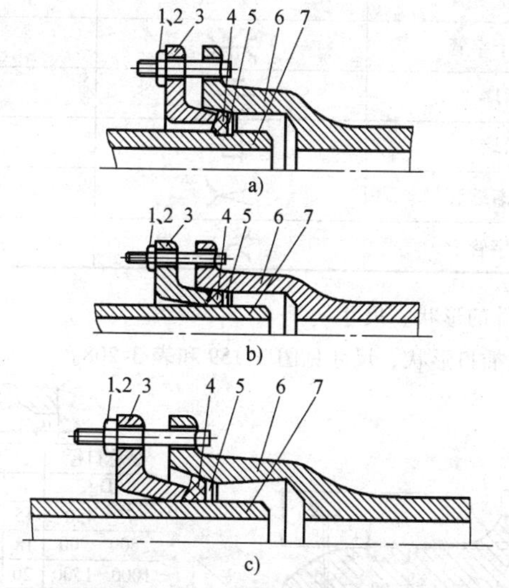

图 3-158　各类型铸铁管接口简图

a）N 型接口简图　b）N_I 型接口简图　c）X 型接口简图

1—螺栓　2—螺母　3—压兰　4—胶圈　5—支承环　6—管体承口　7—管体插口

3）柔性机械接口铸铁管件的名称和图形标示见表 3-207。

表 3-207 柔性机械接口铸铁管件的名称和图形标示

序号	名 称	图形标示	公称直径 DN/mm
1	插盘短管		100~600
2	承盘短管		100~600
3	可卸接头		100~600
4	90°双承弯管		100~600
5	90°单承弯管		100~600
6	45°双承弯管		100~600
7	45°单承弯管		100~600
8	22½°双承弯管		100~600
9	22½°单承弯管		100~600
10	11¼°双承弯管		100~600
11	11¼°单承弯管		100~600
12	双承丁字管		100~600
13	三承十字管		100~600
14	插堵		100~600
15	承堵		100~600
16	插承渐缩管		150~600
17	乙字管		100~600

（2）灰铸铁管件的形状、尺寸

1）异型管件承插口形状、尺寸见图 3-159 和表 3-208。

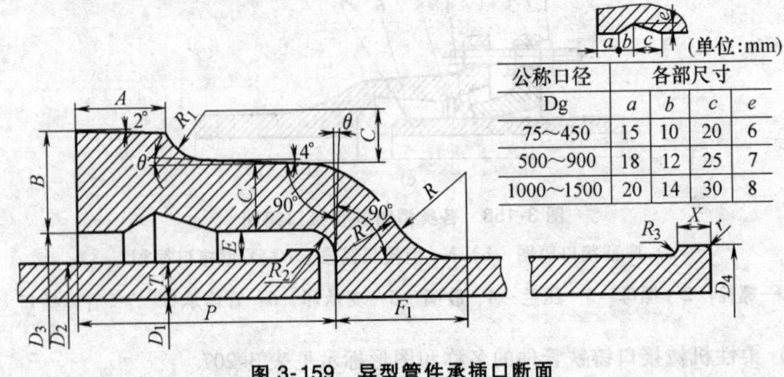

(单位:mm)

公称口径	各部尺寸			
Dg	a	b	c	e
75~450	15	10	20	6
500~900	18	12	25	7
1000~1500	20	14	30	8

图 3-159 异型管件承插口断面

表 3-208　异型管件承插口尺寸

（单位：mm）

公称直径	管厚	内径	外径	承口尺寸								插口尺寸						质量/kg	
DN	T	D_1	D_2	D_3	A	B	C	P	E	F_1	R	D_4	R_3	X	r	R_1	R_2	承口凸部	插口凸部
75	10	73	93	113	36	28	14	90	10	41.6	24	103	5	15	4	14	10	6.83	0.17
100	10	98	118	138	36	28	14	95	10	41.6	24	128	5	15	4	14	10	8.49	0.21
(125)	10.5	122	143	163	36	28	14	95	10	41.6	24	153	5	15	4	14	10	9.85	0.25
150	11	147	169	189	36	28	14	100	10	41.6	24	179	5	15	4	14	10	11.70	0.30
200	12	196	220	240	38	30	15	100	10	43.3	25	230	5	15	4	15	10	15.90	0.38
250	13	245.6	271.6	293.6	38	32	16.5	105	11	47.6	27.5	281.6	5	20	4	16.5	11	21.98	0.63
300	14	294.8	322.8	344.8	38	33	17.5	105	11	49.4	28.5	332.8	5	20	4	17.5	11	26.94	0.74
(350)	15	344	374	396	40	34	19	110	11	52	30	384	5	20	4	19	11	34.07	0.86
400	16	393.6	425.6	447.6	40	36	20	110	11	53.7	31	435.6	5	25	5	20	11	40.67	1.46
(450)	17	442.8	476.8	498.8	40	37	21	115	11	55.4	32	486.8	5	25	5	21	11	48.69	1.64
500	18	492	528	552	40	38	22.5	115	12	59.8	34.5	540	6	25	5	22.5	12	57.08	1.81
600	20	590.8	630.8	654.8	42	41	25	120	12	64.1	37	642.8	6	25	5	25	12	77.39	2.16
700	22	689	733	757	42	44.5	27.5	125	12	68.4	39.5	745	6	25	5	27.5	12	101.5	2.51
800	24	788	836	860	45	48	30	130	12	72.7	42	848	6	25	5	30	12	130.3	2.86
900	26	887	939	963	45	51.5	32.5	135	12	77.1	44.5	951	6	25	5	32.5	12	163.0	3.21
1000	28	985	1041	1067	50	55	35	140	13	83.1	48	1053	6	25	6	35	13	202.8	3.55
1200	32	1182	1246	1272	52	62	40	150	13	91.8	53	1258	6	25	6	40	13	294.5	4.25
1500	38	1478	1554	1580	57	72.5	47.5	165	13	104.8	60.5	1566	6	25	6	47.5	13	474.4	4.29

注：公称直径 DN 中不带括号为第一系列，优先采用；带括号为第二系列，不推荐使用。以下各表相同。

2）异型管件法兰盘形状、尺寸见图 3-160 和表 3-209。

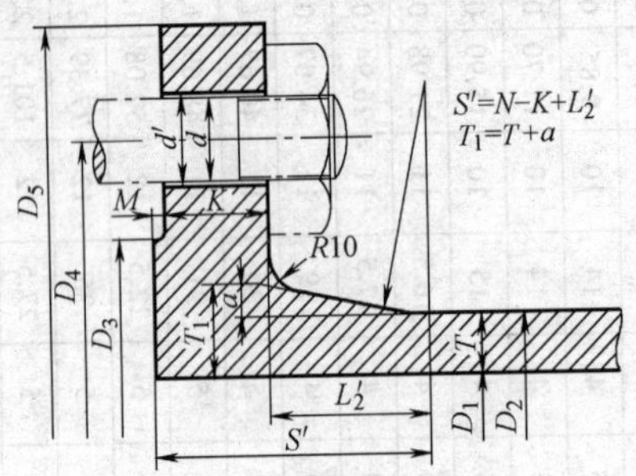

图 3-160　异型管件法兰盘断面

表 3-209　异型管件法兰盘尺寸　（单位：mm）

公称直径	管厚	内径	外径	法兰盘尺寸						螺栓 中心圆	螺栓 直径	螺栓 孔径	螺栓 数量	质量/kg
DN	T	D_1	D_2	D_5	D_3	K	M	a	L_2'	D_4	d	d'	N/个	法兰凸部
75	10	73	93	200	133	19	4	4	25	160	16	18	8	3.69
100	10	98	118	220	158	19	4.5	4	25	180	16	18	8	4.14
(125)	10.5	122	143	250	184	19	4.5	4	25	210	16	18	8	5.04
150	11	147	169	285	212	20	4.5	4	25	240	20	22	8	6.60
200	12	196	220	340	268	21	4.5	4	25	295	20	22	8	8.86
250	13	245.6	271.6	395	320	22	4.5	4	25	350	20	22	12	11.31
300	14	294.8	322.8	445	370	23	4.5	5	30	400	20	22	12	13.63
(350)	15	344	374	505	430	24	5	5	30	460	20	22	16	17.60
400	16	393.6	425.6	565	482	25	5	5	30	515	24	26	16	21.76
(450)	17	442.8	476.8	615	532	26	5	5	30	565	24	26	20	24.65
500	18	492	528	670	585	27	5	5	30	620	24	26	20	28.75
600	20	590.8	630.8	780	685	28	5	5	30	725	27	30	20	36.51
700	22	689	733	895	800	29	5	5	30	840	27	30	24	47.52
800	24	788	836	1015	905	31	5	6	35	950	30	33	24	63.61
900	26	887	939	1115	1005	33	5	6	35	1050	30	33	28	73.47
1000	28	985	1041	1230	1110	34	6	6	35	1160	33	36	28	90.26
1200	32	1182	1246	1455	1330	38	6	6	35	1380	36	39	32	131.88
1500	38	1478	1554	1785	1640	42	6	7	40	1700	39	42	36	197.80

3）承盘短管形状、尺寸见图 3-161 和表 3-210。

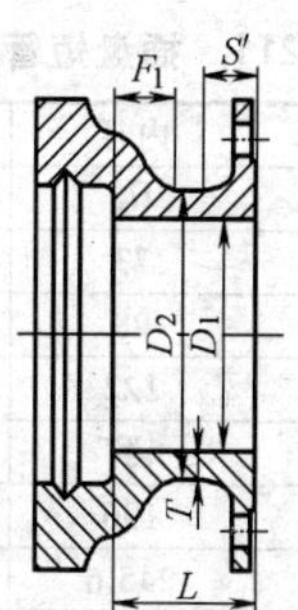

图 3-161 承盘短管

表 3-210 承盘短管尺寸 （单位：mm）

公称直径 DN	管厚 T	外径 D_2	内径 D_1	管长 L	质量/kg
75	10	93	73	120	12.78
100	10	118	98	120	16.01
（125）	10.5	143	122	120	18.67
150	11	169	147	120	23.00
200	12	220	196	120	31.53
250	13	271.6	245.6	170	46.21
300	14	322.8	294.8	170	57.18
（350）	15	374	344	170	72.36
400	16	425.6	393.6	170	87.62
（450）	17	476.8	442.8	170	103.38
500	18	528	492	170	121.11
600	20	630.8	590.8	250	182.95
700	22	733	689	250	237.42
800	24	836	788	250	304.04
900	26	939	887	250	370.65
1000	28	1041	985	250	460.89
1200	32	1246	1182	320	707.44
1500	38	1554	1478	320	1088.97

注：承口及法兰盘各部尺寸按图 3-159、表 3-208 和图 3-160、表 3-209。

4）插盘短管形状、尺寸见图 3-162 和表 3-211。

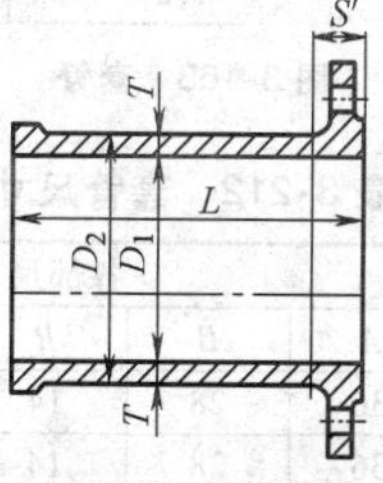

图 3-162 插盘短管

表 3-211 插盘短管尺寸 （单位：mm）

公称直径	管厚	外径	内径	管长	质量/kg
DN	T	D_2	D_1	L①	
75	10	93	73	400(700)	12.26(17.90)
100	10	118	98	400(700)	15.3(22.62)
(125)	10.5	143	122	400(700)	19.4(28.84)
150	11	169	147	400(700)	24.56(36.34)
200	12	220	196	500(700)	40.3(51.59)
250	13	271.6	245.6	500(700)	53.85(68.05)
300	14	322.8	294.8	500(700)	68.86(88.41)
(350)	15	374	344	500(700)	86.51(110.86)
400	16	425.6	393.6	500(750)	106.19(143.23)
(450)	17	476.8	442.8	500(750)	125.43(169.61)
500	18	528	492	500(750)	147.2(199.09)
600	20	630.8	590.8	600(750)	222.22(263.65)
700	22	733	689	600(750)	284.84(337.89)
800	24	836	788	600(750)	362.1(428.18)
900	26	939	887	600(800)	437.86(545.16)
1000	28	1041	985	600(800)	526.71(654.91)
1200	32	1246	1182	700(800)	820.32(908.12)
1500	38	1554	1478	700(800)	1229.4(1359.6)

注：插口及法兰盘各部尺寸按图 3-159、表 3-208 和图 3-160、表 3-209。

① 管长 L 括号内尺寸为加长管，供用户按不同接口工艺时选用。

5）套管形状、尺寸见图 3-163 和表 3-212。

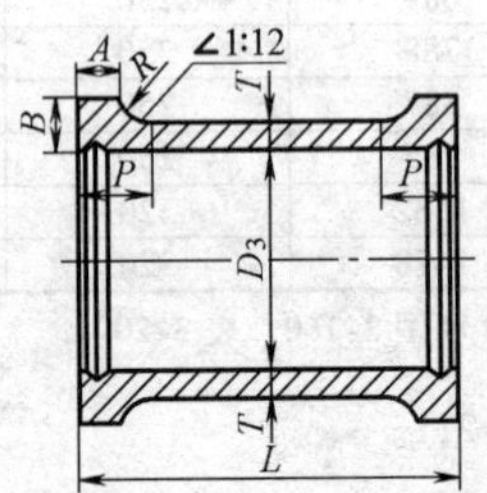

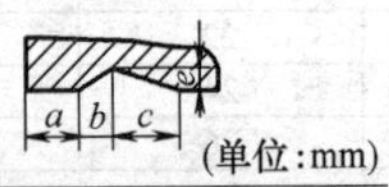

（单位：mm）

公称口径	各部尺寸			
Dg	a	b	c	e
75～450	15	10	20	6
500～900	18	12	25	7
1000～1500	20	14	30	8

图 3-163 套管

表 3-212 套管尺寸 （单位：mm）

公称直径	套管直径	管厚	各部尺寸					质量/kg
DN	D_3	T	A	B	R	P	L	
75	113	14	36	28	14	90	300	15.84
100	138	14	36	28	14	95	300	18.97

（续）

公称直径	套管直径	管厚	各部尺寸					质量/kg
DN	D_3	T	A	B	R	P	L	
(125)	163	14	36	28	14	95	300	22.00
150	189	14	36	28	14	100	300	25.38
200	240	15	38	30	15	100	300	34.19
250	294	16.5	38	32	16.5	105	300	45.27
300	345	17.5	38	33	17.5	105	350	62.43
(350)	396	19	40	34	19	110	350	76.89
400	448	20	40	36	20	110	350	91.26
(450)	499	21	40	37	21	115	350	106.15
500	552	22.5	40	38	22.5	115	350	122.71
600	655	25	42	41	25	120	400	178.33
700	757	27.5	42	44.5	27.5	125	400	228.55
800	860	30	45	48	30	130	400	284.05
900	963	32.5	45	51.5	32.5	135	400	344.62
1000	1067	35	50	55	35	140	450	454.80
1200	1272	40	52	62	40	150	450	622.18
1500	1580	47.5	57	72.5	47.5	165	500	1018.02

6）90°双承弯管形状、尺寸见图 3-164 和表 3-213。

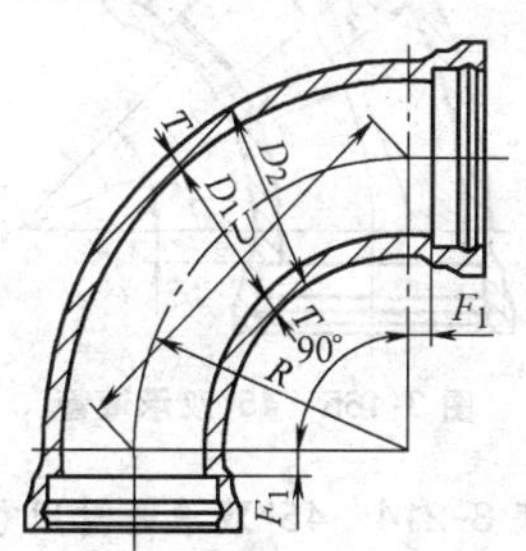

图 3-164　90°双承弯管

表 3-213　90°双承弯管尺寸　（单位：mm）

公称直径	内径	外径	管厚	各部尺寸		质量/kg
DN	D_1	D_2	T	R	U	
75	73	93	10	137	193.7	19.26
100	98	118	10	155	219.2	24.97
(125)	122	143	10.5	177.5	251	31.09
150	147	169	11	200	282.8	39.01
200	196	220	12	245	346.5	58.41
250	245.6	271.6	13	290	410.1	85.84

（续）

公称直径	内径	外径	管厚	各部尺寸		质量/kg
DN	D_1	D_2	T	R	U	
300	294.8	322.8	14	335	473.8	115.00
(350)	344	374	15	380	537.4	153.51
400	393.6	425.6	16	425	601	196.22
(450)	442.8	476.8	17	470	664.7	247.49
500	492	528	18	515	728.3	306.96
600	590.8	630.8	20	605	855.6	452.78
700	689	733	22	695	982.9	637.64
800	788	836	24	785	1110.1	868.21
900	887	939	26	875	1237.4	1146.80
1000	985	1041	28	965	1364.7	1484.72
1200	1182	1246	32	1145	1619.3	2330.63
1500	1478	1554	38	1415	2001.1	4118.09

7）45°双承弯管的形状、尺寸见图 3-165 和表 3-214。

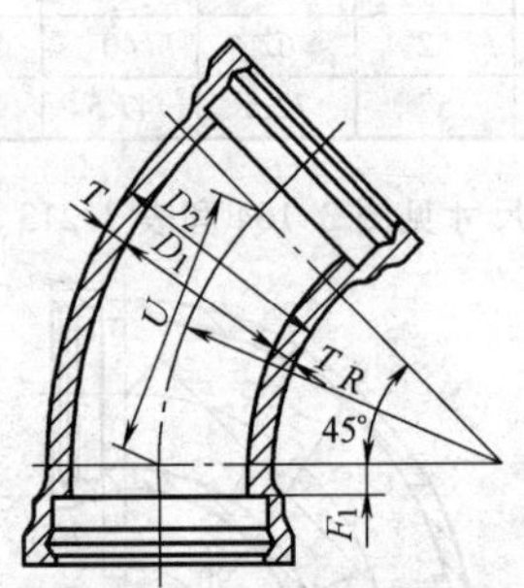

图 3-165 45°双承弯管

表 3-214 45°双承弯管尺寸 （单位：mm）

公称直径	内径	外径	管厚	各部尺寸		质量/kg
DN	D_1	D_2	T	R	U	
75	73	93	10	280	214.3	19.35
100	98	118	10	300	229.6	24.97
(125)	122	143	10.5	325	248.8	30.35
150	147	169	11	350	267.9	37.47
200	196	220	12	400	306.2	54.42
250	245.6	271.6	13	450	344.4	78.08
300	294.8	322.8	14	500	382.7	101.94
(350)	344	374	15	550	421	133.42
400	393.6	425.6	16	600	459.2	167.12

（续）

公称直径	内径	外径	管厚	各部尺寸		质量/kg
DN	D_1	D_2	T	R	U	
(450)	442.8	476.8	17	650	497.5	207.22
500	492	528	18	700	535.8	253.14
600	590.8	630.8	20	800	612.3	363.80
700	689	733	22	900	688.9	501.48
800	788	836	24	1000	765.4	670.87
900	887	939	26	1100	841.9	872.68
1000	985	1041	28	1200	918.5	1116.87
1200	1182	1246	32	1400	1071.6	1716.40
1500	1478	1554	38	1700	1301.2	2961.62

注：承口各部尺寸按图 3-159 和表 3-208。

8）22½°双承弯管的形状、尺寸见图 3-166 和表 3-215。

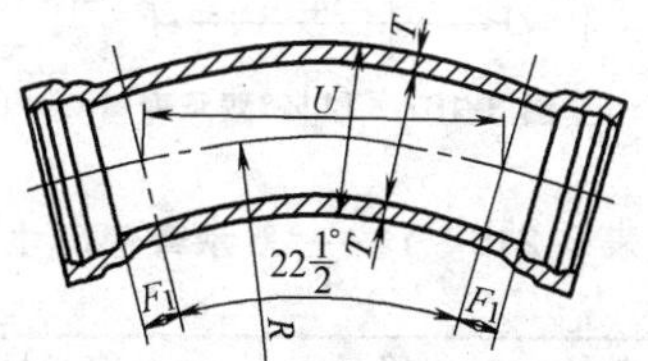

图 3-166　22½°双承弯管

表 3-215　22½°双承弯管尺寸　（单位：mm）

公称直径	内径	外径	管厚	各部尺寸		质量/kg
DN	D_1	D_2	T	R	U	
75	73	93	10	280	109.2	17.28
100	98	118	10	300	117	21.90
(125)	122	143	10.5	325	126.8	26.34
150	147	169	11	350	136.6	32.06
200	196	220	12	400	156.1	45.55
250	245.6	271.6	13	450	175.6	64.64
300	294.8	322.8	14	500	195.1	82.74
(350)	344	374	15	550	214.6	107.11
400	393.6	425.6	16	600	234.1	132.19
(450)	442.8	476.8	17	650	253.6	162.09
500	492	528	18	700	273.1	196.06
600	590.8	630.8	20	800	312.1	276.99
700	689	733	22	900	351.1	376.43
800	788	836	24	1000	390.2	497.76
900	887	939	26	1100	429.2	640.74

（续）

公称直径	内径	外径	管厚	各部尺寸		质量/kg
DN	D_1	D_2	T	R	U	
1000	985	1041	28	1200	468.2	814.54
1200	1182	1246	32	1400	546.2	1233.30
1500	1478	1554	38	1700	663.3	2091.71

注：承口各部尺寸按图 3-159 和表 3-208。

9）11¼°双承弯管的形状、尺寸见图 3-167 和表 3-216。

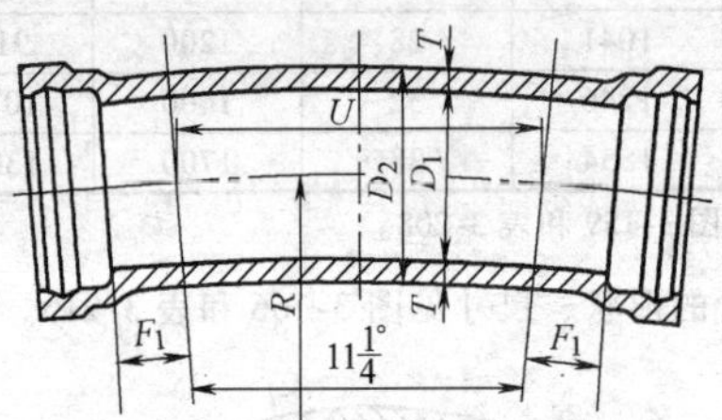

图 3-167　11¼°双承弯管

表 3-216　$11\frac{1}{4}$°双承弯管尺寸　　（单位：mm）

公称直径	内径	外径	管厚	各部尺寸		质量/kg
DN	D_1	D_2	T	R	U	
75	73	93	10	280	54.9	16.25
100	98	118	10	300	58.8	20.46
（125）	122	143	10.5	325	63.7	24.33
150	147	169	11	350	68.6	29.36
200	196	220	12	400	78.4	41.11
250	245.6	271.6	13	450	88.2	57.92
300	294.8	322.8	14	500	98	73.14
（350）	344	374	15	550	107.8	93.95
400	393.6	425.6	16	600	117.6	112.02
（450）	442.8	476.8	17	650	127.4	139.53
500	492	528	18	700	137.2	167.52
600	590.8	630.8	20	800	156.8	233.58
700	689	733	22	900	176.4	313.90
800	788	836	24	1000	196.1	411.21
900	887	939	26	1100	215.7	524.77
1000	985	1041	28	1200	235.3	663.37
1200	1182	1246	32	1400	274.5	991.75
1500	1478	1554	38	1700	333.3	1656.75

注：承口各部尺寸按图 3-159 和表 3-208。

10）全承丁字管的形状、尺寸见图 3-168 和表 3-217。

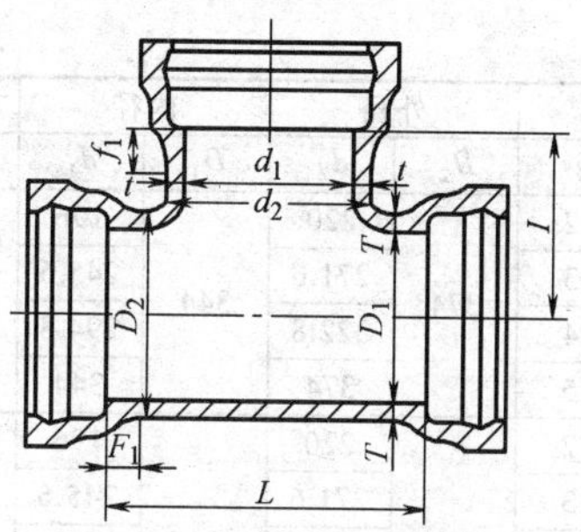

图 3-168　全承丁字管

表 3-217　全承丁字管尺寸　（单位：mm）

公称直径		管厚		外径		内径		管长		质量
DN	DN	T	t	D_2	d_2	D_1	d_1	L	I	/kg
75	75	10	10	93	93	73	73	212	106	25.47
100	75	10	10	118	93	98	73	240	116	30.58
	100		10		118		98		120	32.60
(125)	75	10.5	10	143	93	122	73	275	128.5	36.05
	100		10		118		98		132.5	38.01
	(125)		10.5		143		122		137.5	39.90
150	75	11	10	169	93	147	73	310	141	43.24
	100		10		118		98		145	45.16
	(125)		10.5		143		122		150	46.97
	150		11		169		147		155	49.46
200	75	12	10	220	93	196	73	380	166	60.84
	100		10		118		98		170	62.72
	(125)		10.5		143		122		175	64.45
	150		11		169		147		180	66.80
	200		12		220		196		190	72.17
250	75	13	10	271.6	93	245.6	73	450	191	85.71
	100		10		118		98		195	87.54
	(125)		10.5		143		122		200	89.21
	150		11		169		147		205	91.43
	200		12		220		196		215	96.80
	250		13		271.6		245.6		225	104.86
300	75	14	10	322.8	93	294.8	73	520	216	112.22
	100		10		118		98		220	114.00
	(125)		10.5		143		122		225	115.63
	150		11		169		147		230	117.75
	200		12		220		196		240	122.91
	250		13		271.6		245.6		250	130.59
	300		14		322.8		294.8		260	138.04

（续）

公称直径		管厚		外径		内径		管长		质量
DN	DN	T	t	D_2	d_2	D_1	d_1	L	l	/kg
(350)	200	15	12	374	220	344	196	590	265	157.89
	250		13		271.6		245.6		275	165.33
	300		14		322.8		294.8		285	172.20
	350		15		374		344		295	182.33
400	200	16	12	425.6	220	393.6	196	660	290	196.62
	250		13		271.6		245.6		300	203.73
	300		14		322.8		294.8		310	210.37
	(350)		15		374		344		320	220.25
	400		16		425.6		393.6		330	230.46
(450)	250	17	13	476.8	271.6	442.8	245.6	730	325	250.61
	300		14		322.8		294.8		335	256.80
	350		15		374		344		345	266.15
	400		16		425.6		393.6		355	276.15
	450		17		476.8		442.8		365	288.37
500	250	18	13	528	271.6	492	245.6	800	350	303.78
	300		14		322.8		294.8		360	309.87
	(350)		15		374		344		370	318.78
	400		16		425.6		393.6		380	327.70
	(450)		17		476.8		442.8		390	339.52
	500		18		528		492		400	353.60
600	300	20	14	630.8	322.8	590.8	294.8	940	410	442.51
	(350)		15		374		344		420	450.74
	400		16		425.6		393.6		430	459.41
	(450)		17		476.8		442.8		440	469.63
	500		18		528		492		450	482.84
	600		20		630.8		590.8		470	515.31
700	(350)	22	15	733	374	689	344	1080	470	619.45
	400		16		425.6		393.6		480	627.51
	(450)		17		476.8		442.8		490	637.08
	500		18		528		492		500	648.97
	600		20		630.8		590.8		520	679.08
	700		22		733		689		540	718.98
800	400	24	16	836	425.6	788	393.6	1220	530	838.27
	(450)		17		476.8		442.8		540	847.29
	500		18		528		492		550	857.39
	600		20		630.8		590.8		570	884.63
	700		22		733		689		590	922.42
	800		24		836		788		610	971.79
900	(450)	26	17	939	476.8	887	442.8	1360	590	1101.88
	500		18		528		492		600	1111.18
	600		20		630.8		590.8		620	1136.31

（续）

公称直径		管厚		外径		内径		管长		质量
DN	DN	T	t	D_2	d_2	D_1	d_1	L	I	/kg
900	700	26	22	939	733	887	689	1360	640	1170.17
	800		24		836		788		660	1217.32
	900		26		939		887		680	1275.12
1000	500	28	18	1041	528	985	492	1500	650	1419.46
	600		20		630.8		590.8		670	1442.61
	700		22		733		689		690	1474.07
	800		24		836		788		710	1515.41
	900		26		939		887		730	1571.26
	1000		28		1041		985		750	1641.99
1200	600	32	20	1246	630.8	1182	590.8	1780	770	2217.36
	700		22		733		689		790	2244.3
	800		24		836		788		810	2280.05
	900		26		939		887		830	2326.61
	1000		28		1041		985		850	2390.05
	1200		32		1246		1182		890	2625.90
1500	700	38	22	1554	733	1478	689	2200	940	3885.88
	800		24		836		788		960	3914.93
	900		26		939		887		980	3951.46
	1000		28		1041		985		1000	4001.45
	1200		32		1246		1182		1040	4203.77
	1500		38		1554		1478		1100	4477.26

注：承口各部尺寸按图 3-159 和表 3-208。

11）全承十字管的形状、尺寸见图 3-169 和表 3-218。

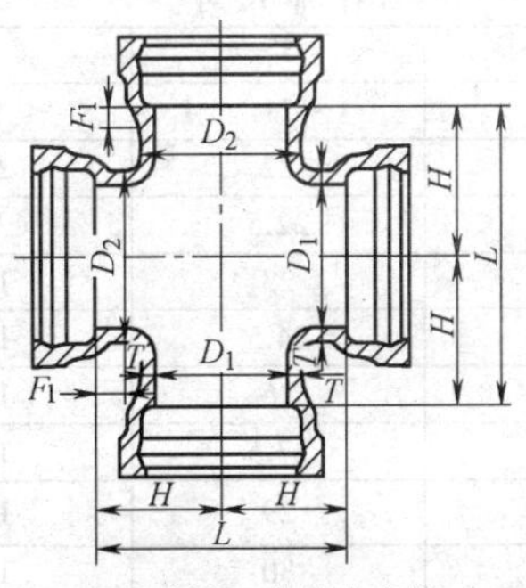

图 3-169　全承十字管

表 3-218 全承十字管尺寸 （单位：mm）

公称直径	管厚	外径	内径	管长		质量/kg
DN	T	D_2	D_1	L	H	
200	12	220	196	380	190	91.68
250	13	271.6	245.6	450	225	131.54
300	14	322.8	294.8	520	260	171.35
(350)	15	374	344	590	295	224.83
400	16	425.6	393.6	660	330	281.73
(450)	17	476.8	442.8	730	365	350.32
500	18	528	492	800	400	426.93
600	20	630.8	590.8	940	470	616.09
700	22	733	689	1080	540	852.85
800	24	836	788	1220	610	1145.19
900	26	939	887	1360	680	1692.09
1000	28	1041	985	1500	750	1916.01
1200	32	1246	1182	1780	890	2960.46

注：承口各部尺寸按图 3-159 和表 3-208。

12）插堵的形状、尺寸见图 3-170 和表 3-219。

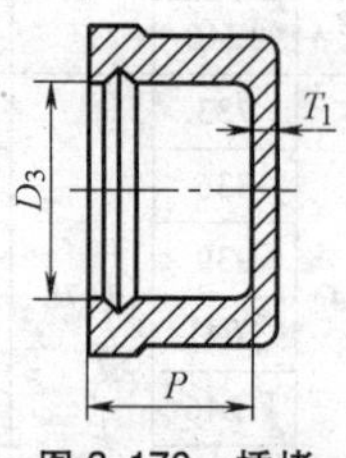

图 3-170 插堵

表 3-219 插堵尺寸 （单位：mm）

公称直径	各部尺寸			质量/kg
DN	D_3	T_1	P	
75	113	21	90	7.86
100	138	22	95	10.67
(125)	163	22.5	95	12.45
150	189	23	100	15.41
200	240	24.5	100	22.61
250	293.6	26	105	32.83
300	344.8	27.5	105	43.14
(350)	396	29	110	57.01
400	447.6	30	110	71.40

（续）

公称直径	各部尺寸			质量/kg
DN	D_3	T_1	P	
（450）	498.8	31.5	115	89.19
500	552	33	115	109.10
600	654.8	36	120	158.39
700	757	38.5	125	218.47
800	860	41.5	130	294.31
900	963	44	135	382.31
1000	1067	47	140	490.82
1200	1272	52.5	150	768.82
1500	1580	61	165	1307.42

注：1. 超过公称直径 DN300，插堵底部可以向内凸出，并加肋。
2. 承口各部尺寸按图 3-159 和表 3-208。

13）承堵的形状、尺寸见图 3-171 和表 3-220。

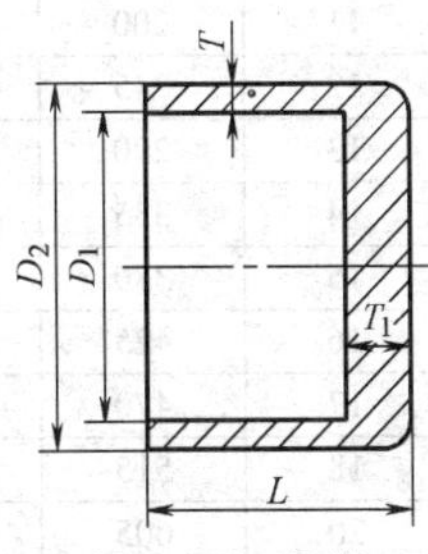

图 3-171　承堵

表 3-220　承堵尺寸　（单位：mm）

公称直径	各部尺寸					质量/kg
DN	D_2	D_1	L	T	T_1	
75	93	73	130	10	21	3.07
100	118	98	135	10	22	4.49
（125）	143	122	140	10.5	22.5	6.30
150	169	147	145	11	23	8.51
200	220	196	150	12	24.5	14.36
250	271.6	245.6	155	13	26	21.42
300	322.8	294.8	160	14	27.5	29.16

14）90°双盘弯管形状、尺寸见图 3-172 和表 3-221。

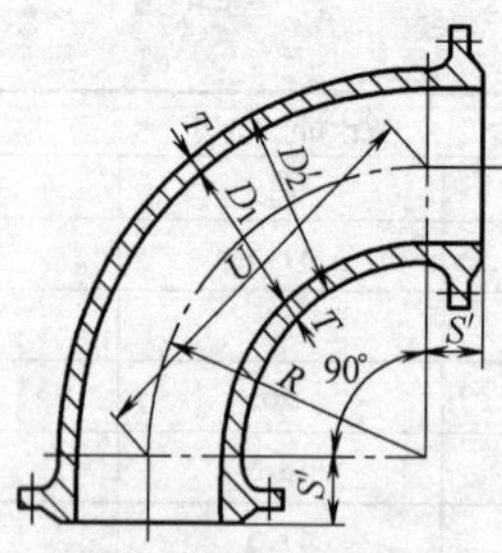

图 3-172　90°双盘弯管

表 3-221　90°双盘弯管尺寸　　（单位：mm）

公称直径	内径	外径	管厚	各部尺寸			质量/kg
DN	D_1	D_2	T	R	S'	U	
75	73	93	10	137	48	193.7	13.22
100	98	118	10	155	48.5	219.2	16.59
(125)	122	143	10.5	177.5	48.5	251	21.91
150	147	169	11	200	49.5	282.8	29.43
200	196	220	12	245	50.5	346.5	44.97
250	245.6	271.6	13	290	51.5	410.1	65.08
300	294.8	322.8	14	335	57.5	473.8	89.95
(350)	344	374	15	380	59	537.4	122.27
400	393.6	425.6	16	425	60	601	160.26
(450)	442.8	476.8	17	470	61	664.7	201.39
500	492	528	18	515	62	728.3	251.22
600	590.8	630.8	20	605	63	855.6	370.42
700	689	733	22	695	64	982.9	526.56
800	788	836	24	785	71	1110.1	733.33
900	887	939	26	875	73	1237.4	963.30
1000	985	1041	28	965	75	1364.7	1249.24

注：法兰盘各部尺寸按图 3-160 和表 3-209。

15）45°双盘弯管的形状、尺寸见图 3-173 和表 3-222。

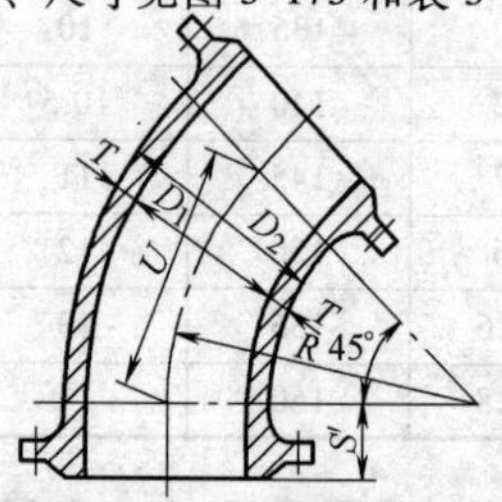

图 3-173　45°双盘弯管

表 3-222　45°双盘弯管尺寸　　（单位：mm）

公称直径	内径	外径	管厚	各部尺寸			质量/kg
DN	D_1	D_2	T	R	S'	U	
75	73	93	10	331	48	253.3	14.06
100	98	118	10	374	48.5	286.3	17.82
(125)	122	143	10.5	429	48.5	328.4	23.74
150	147	169	11	483	49.5	369.7	31.99
200	196	220	12	591	50.5	452.4	49.63
250	245.6	271.6	13	700	51.5	535.8	72.25
300	294.8	322.8	14	809	57.5	619.2	100.63
(350)	344	374	15	550	59	386.5	102.18
400	393.6	425.6	16	600	60	459.2	131.16
(450)	442.8	476.8	17	650	61	497.5	161.12
500	492	528	18	700	62	535.8	197.40
600	590.8	630.8	20	800	63	612.3	281.44
700	689	733	22	900	64	688.9	390.4
800	788	836	24	1000	71	765.4	535.99
900	887	939	26	1100	73	841.9	689.18
1000	985	1041	28	1200	75	918.5	881.39

注：法兰盘各部尺寸按图 3-160 和表 3-209。

16）三盘丁字管的形状、尺寸见图 3-174 和表 3-223。

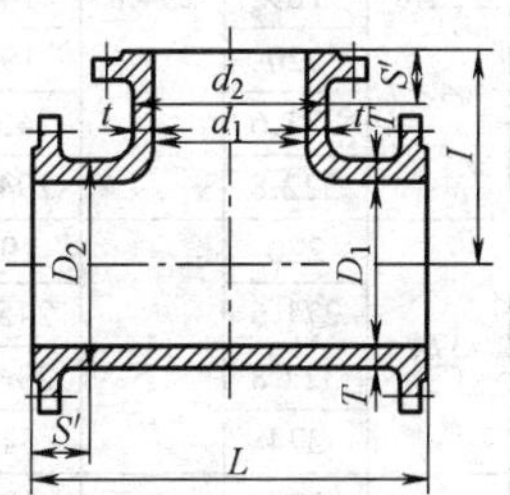

图 3-174　三盘丁字管

表 3-223　三盘丁字管尺寸　　（单位：mm）

公称直径		管厚		外径		内径		管长		质量
DN	DN	T	t	D_2	d_2	D_1	d_1	L	I	/kg
75	75	10	10	93	93	73	73	360	180	20.22
100	75	10	10	118	93	98	73	400	190	24.58
	100		10		118		98		200	25.95
(125)	75	10.5	10	143	93	122	73	450	202.5	30.19
	100		10		118		98		212.5	31.50
	(125)		10.5		143		122		225	33.73

（续）

公称直径		管厚		外径		内径		管长		质量
DN	DN	T	t	D_2	d_2	D_1	d_1	L	I	/kg
150	75	11	10	169	93	147	73	500	215	38.78
	100		10		118		98		225	40.04
	(125)		10.5		143		122		237.5	42.18
	150		11		169		147		250	45.36
200	75	12	10	220	93	196	73	600	240	57.43
	100		10		118		98		250	58.67
	(125)		10.5		143		122		262.5	60.74
	150		11		169		147		275	63.78
	200		12		220		196		300	69.98
250	75	13	10	271.6	93	245.6	73	700	265	79.63
	100		10		118		98		275	82.81
	(125)		10.5		143		122		287.5	84.82
	150		11		169		147		300	87.73
	200		12		220		196		325	93.59
	250		13		271.6		245.6		350	101.36
300	75	14	10	322.8	93	294.8	73	800	290	111.23
	100		10		118		98		300	112.37
	(125)		10.5		143		122		312.5	114.32
	150		11		169		147		325	117.18
	200		12		220		196		350	122.84
	250		13		271.6		245.6		375	130.19
	300		14		322.8		294.8		400	139.18
(350)	200	15	12	374	220	344	196	850	325	152.97
	250		13		271.6		245.6		325	157.19
	300		14		322.8		294.8		425	171.31
	350		15		374		344		425	180.51
400	200	16	12	425.6	220	393.6	196	900	350	190.72
	250		13		271.6		245.6		350	194.62
	300		14		322.8		294.8		450	208.51
	(350)		15		374		344		450	217.37
	400		16		425.6		393.6		450	227.09
(450)	250	17	13	476.8	271.6	442.8	245.6	950	375	234.56
	300		14		322.8		294.8		475	248.00
	350		15		374		344		475	256.33
	400		16		425.6		393.6		475	265.85
	450		17		476.8		442.8		475	274.61

（续）

公称直径		管厚		外径		内径		管长		质量 /kg
DN	DN	T	t	D_2	d_2	D_1	d_1	L	l	
500	250	18	13	528	271.6	492	245.6	1000	400	281.79
	300		14		322.8		294.8		500	295.12
	(350)		15		374		344		500	303.00
	400		16		425.6		393.6		500	311.45
	(450)		17		476.8		442.8		500	320.80
	500		18		528		492		500	330.91
600	300	20	14	630.8	322.8	590.8	294.8	1100	550	405.34
	(350)		15		374		344			412.56
	400		16		425.6		393.6			420.74
	(450)		17		476.8		442.8			427.49
	500		18		528		492			437.73
	600		20		630.8		590.8			458.98
700	(350)	22	15	733	374	689	344	1200	600	553.31
	400		16		425.6		393.6			560.89
	(450)		17		476.8		442.8			566.99
	500		18		528		492			575.9
	600		20		630.8		590.8			594.8
	700		22		733		689			620.73
800	400	24	16	836	425.6	788	393.6	1300	650	739.06
	(450)		17		476.8		442.8			744.38
	500		18		528		492			751.71
	600		20		630.8		590.8			767.74
	700		22		733		689			791.55
	800		24		836		788			824.59
900	(450)	26	17	939	476.8	887	442.8	1400	700	939.7
	500		18		528		492			946.03
	600		20		630.8		590.8			959.96
900	700	26	22	939	733	887	689	1400	700	979.83
	800		24		836		788			1010.68
	900		26		939		887			1038.75
1000	500	28	18	1041	528	985	492	1500	750	1186.81
	600		20		630.8		590.8			1198.75
	700		22		733		689			1216.24
	800		24		836		788			1241.27
	900		26		939		887			1267.32
	1000		28		1041		985			1304.37

注：法兰盘各部尺寸按图 3-160 和表 3-209。

17）盲法兰盘的形状、尺寸见图 3-175 和表 3-224。

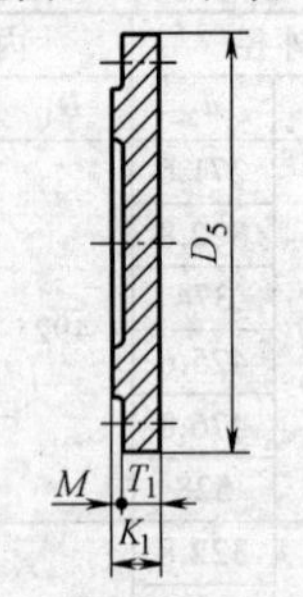

图 3-175 盲法兰盘

表 3-224 盲法兰盘尺寸 （单位：mm）

公称直径	各部尺寸				质量/kg
DN	D_5	T_1	K_1	M	
75	200	21	25	4	5.03
100	220	22	26.5	4.5	6.41
(125)	250	22.5	27	4.5	8.43
150	285	23	27.5	4.5	11.15
200	340	24.5	29	4.5	16.87
250	395	26	30.5	4.5	24.01
300	445	27.5	32	4.5	32.06
(350)	505	29	34	5	43.70
400	565	30	35	5	56.35
(450)	615	31.5	36.5	5	69.83
500	670	33	38	5	86.60
600	780	36	41	5	127.26
700	895	38.5	43.5	5	179.06
800	1015	41.5	46.5	5	247.37
900	1115	44	49	5	315.64
1000	1230	47	53	6	410.99
1200	1455	52.5	58.5	6	641.11
1500	1785	61	67	6	1116.22

注：1. 超过公称直径 DN300，则法兰盘的底部可以做成凸出的。

2. 法兰盘各部尺寸按图 3-160 和表 3-209。

18）双承丁字管的形状，尺寸见图 3-176 和表 3-225。

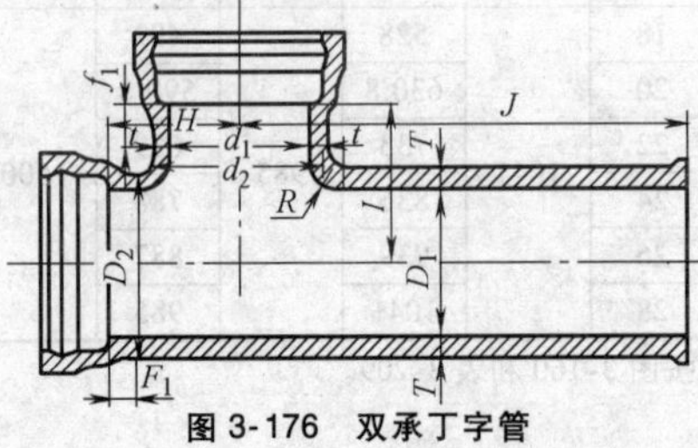

图 3-176 双承丁字管

表 3-225　双承丁字管尺寸　　（单位：mm）

公称直径		管厚		外径		内径		各部尺寸				质量
DN	DN	T	t	D_2	d_2	D_1	d_1	H	I	J	R	/kg
75	75	10	10	93	93	73	73	160	140	450	50	26.92
100	75	10	10	118	93	98	73	180	160	500	50	34.32
	100				118		98				50	36.94
125	75	10.5	10	143	93	122	73	190	180	510	50	41.42
	100				118		98				50	44.02
	125		10.5		143		122				50	45.64
150	75	11	10	169	93	147	73	190	190	570	50	50.45
	100				118		98				50	53.00
	125		10.5		143		122				50	54.52
	150		11		169		147				50	57.12
200	75	12	10	220	93	196	73	225	230	510	50	66.57
	100				118		98				50	69.16
	125		10.5		143		122				50	70.71
	150		11		169		147		250	590	60	78.59
	200		12		220		196				60	84.89
250	75	13	10	271.6	93	245.6	73	225	280	570	50	92.26
	100				118		98				50	94.95
	125		10.5		143		122				60	96.61
	150		11		169		147				60	99.26
	200		12		220		196		300	600	60	108.77
	250		13		271.6		245.6				60	117.73
300	75	14	10	322.8	93	294.8	73	240	280	570	50	115.58
	100				118		98				50	118.08
	125		10.5		143		122				60	119.50
	150		11		169		147				60	121.88
	200		12		220		196		300	600	60	131.39
	250		13		271.6		245.6	300			70	145.35
	300		14		322.8		294.8				70	152.91
350	200	15	12	374	220	344	196	270	310	610	60	162.54
	250		13		271.6		245.6	360	340	720	70	196.75
	300		14		322.8		294.8				70	204.05
	350		15		374		344				70	214.37
400	200	16	12	425.6	220	393.6	196	290	350	650	70	206.79
	250		13		271.6		245.6	410	390	780	70	249.93
	300		14		322.8		294.8				80	257.55
	350		15		374		344				80	268.13
	400		16		425.6		393.6				90	278.71

（续）

公称直径		管厚		外径		内径		各部尺寸				质量
DN	DN	T	t	D_2	d_2	D_1	d_1	H	I	J	R	/kg
450	250	17	13	476.8	271.6	442.8	245.6	330	380	680	80	257.24
	300		14		322.8		294.8	440	420	820	80	311.77
	350		15		374		344				80	322.16
	400		16		425.6		393.6				90	332.44
	450		17		476.8		442.8				90	344.76
500	250	18	13	528	271.6	492	245.6	340	410	680	80	298.75
	300		14		322.8		294.8	480	460	850	80	374.43
	350		15		374		344				80	384.51
	400		16		425.6		393.6				90	394.35
	450		17		476.8		442.8				90	406.68
	500		18		528		492				100	420.85
600	300	20	14	630.8	322.8	590.8	294.8	410	490	760	90	438.66
	350		15		374		344	550	530	920	90	535.41
	400		16		425.6		393.6				90	545.45
	450		17		476.8		442.8				100	556.82
	500		18		528		492				100	570.67
	600		20		630.8		590.8				110	603.10
700	350	22	15	733	374	689	344	620	600	980	90	720.91
	400		16		425.6		393.6				100	730.30
	450		17		476.8		442.8				100	741.52
	500		18		528		492				100	754.73
	600		20		630.8		590.8				110	786.17
	700		22		733		689				110	825.21
800	400	24	16	836	425.6	788	393.6	470	600	800	100	743.28
	450		17		476.8		442.8	690	670	1030	100	963.04
	500		18		528		492				110	975.27
	600		20		630.8		590.8				110	1004.06
	700		22		733		689				120	1043.69
	800		24		836		788				120	1091.20
900	450	26	17	939	476.8	887	442.8	600	690	940	110	1056.41
	500		18		528		492				110	1066.73
	600		20		630.8		590.8				120	1092.51
	700		22		733		689				120	1317.77
	800		24		836		788	770	750	1090	130	1365.67
	900		26		939		887				130	1421.39

（续）

公称直径		管厚		外径		内径		各部尺寸				质量
DN	DN	T	t	D_2	d_2	D_1	d_1	H	I	J	R	/kg
1000	500	28	18	1041	528	985	492	680	770	990	120	1354.19
	600		20		630.8		590.8				120	1380.06
	700		22		733		689	840	820	1140	130	1412.19
	800		24		836		788				130	1672.60
	900		26		939		887				140	1782.22
	1000		28		1041		985				140	1795.60
1200	600	32	20	1246	630.8	1182	590.8	650	850	950	130	1791.05
	700		22		733		689	810	910	1100	130	2110.74
	800		24		836		788				140	2148.12
	900		26		939		887				140	2193.61
	1000		28		1041		985	970	950	1250	150	2550.59
	1200		32		1246		1182				150	2789.44
1500	800	38	24	1554	836	1478	788	1250	1100	1500	140	4224.22
	900		26		939		887				140	4263.47
	1000		28		1041		985			1650	150	4506.65
	1200		32		1246		1182				150	4714.85
	1500		38		1554		1478				160	4920.30

注：承、插口各部尺寸按图 3-159 和表 3-208。

19）承插渐缩管和插承渐缩管的形状、尺寸见图 3-177、图 3-178 和表 3-226。

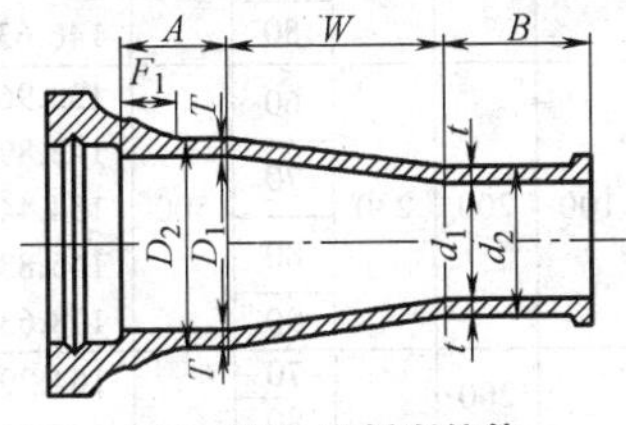

图 3-177　承插渐缩管

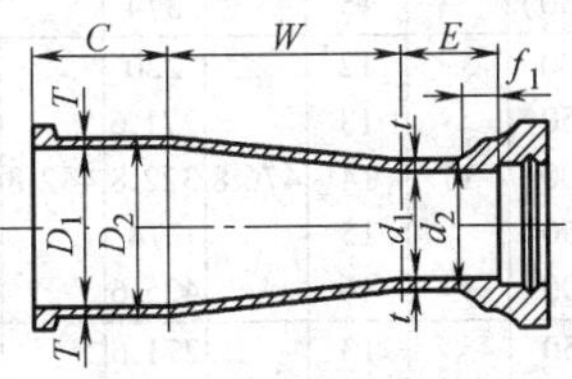

图 3-178　插承渐缩管

表 3-226　承插渐缩管、插承渐缩管尺寸　（单位：mm）

公称直径		管厚		外径		内径		各部尺寸					质量/kg	
DN	DN	T	t	D_2	d_2	D_1	d_1	A	B	C	E	W	承插	插承
100	75	10	10	118	93	98	73	50	200	200	50	300	20.57	19.35
（125）	75	10.5	10	143	93	122	73	50	200	200	50	300	22.87	21.83
	100		10		118		98						24.89	25.08
150	100	11	10	169	118	147	98	55	200	200	50	300	28.44	27.80
	（125）		10.5		143		122						31.01	30.17

（续）

公称直径		管厚		外径		内径		各部尺寸					质量/kg	
DN	DN	T	t	D_2	d_2	D_1	d_1	A	B	C	E	W	承插	插承
200	100	12	10	220	118	196	98	60	200	200	50	300	36.29	33.73
	(125)		10.5		143		122				55		38.89	36.15
	150		11		169		147						41.73	39.83
250	100	13	10	271.6	118	245.6	98	70	200	200	50	400	51.79	45.40
	(125)		10.5		143		122				55		54.86	48.29
	150		11		169		147						58.19	52.46
	200		12		220		196				60		62.42	58.58
300	100	14	10	322.8	118	294.8	98	80	200	200	50	400	63.07	53.67
	(125)		10.5		143		122				55		66.21	56.64
	150		11		169		147						69.62	60.88
	200		12		220		196				60		76.95	70.11
	250		13		271.6		245.6				70		85.26	82.27
(350)	150	15	11	374	169	344	147	80	200	200	55	400	82.96	70.07
	200		12		220		196				60		90.44	79.45
	250		13		271.6		245.6				70		98.91	91.77
	300		14		322.8		294.8				80		107.93	103.80
400	150	16	11	425.6	169	393.6	147	90	200	220	50	500	106.67	92.44
	200		12		220		196						115.32	102.99
	250		13		271.6		245.6				60		125.06	116.58
	300		14		322.8		294.8				70		135.42	129.95
	(350)		15		374		344				80		146.63	145.29
(450)	200	17	12	476.8	220	442.8	196	100	200	230	60	500	133.96	117.50
	250		13		271.6		245.6						143.89	131.28
	300		14		322.8		294.8				70		154.44	144.84
	(350)		15		374		344				80		165.83	160.36
	400		16		425.6		393.6				90		178.63	177.46
500	250	18	13	528	271.6	492	245.6	110	200	230	70	500	164.29	145.34
	300		14		322.8		294.8				80		175.03	159.14
	(350)		15		374		344		220		90		189.06	174.86
	400		16		425.6		393.6				100		202.56	192.14
	(450)		17		476.8		442.8		230				218.21	211.92
600	300	20	14	630.8	322.8	590.8	294.8	120	200	230	80	500	220.92	190.56
	(350)		15		374		344						235.32	206.66
	400		16		425.6		393.6		220		90		249.21	224.32
	(450)		17		476.8		442.8				100		265.24	244.48
	500		18		528		492		230		110		280.68	266.21
700	400	22	16	733	425.6	689	393.6	130	220	240	90	700	352.48	312.33
	(450)		17		476.8		442.8				100		372.15	336.13
	500		18		528		492				110		391.40	361.67
	600		20		630.8		590.8		230		120		433.18	417.92

（续）

公称直径		管厚		外径		内径		各部尺寸					质量/kg	
DN	DN	T	t	D_2	d_2	D_1	d_1	A	B	C	E	W	承插	插承
800	(450)	24	17	836	476.8	788	442.8	140	230	240	100	700	445.99	386.68
	500		18		528		492				110		463.69	410.67
	600		20		630.8		590.8				120		506.53	467.98
	700		22		733		689				130		562.86	533.63
900	500	26	18	939	528	887	492	150	230	260	110	700	545.15	474.76
	600		20		630.8		590.8				120		589.06	533.14
	700		22		733		689				130		640.51	599.85
	800		24		836		788				140		693.77	676.40
1000	500	28	18	1041	528	985	492	170	230	260	110	700	645.31	534.15
	600		20		630.8		590.8				120		690.28	593.59
	700		22		733		689		240		130		742.80	661.37
	800		24		836		788		260		140		797.11	738.97
	900		26		939		887				150		866.52	825.75
1200	700	32	22	1246	733	1182	689	190	240	280	130	800	1026.89	875.48
	800		24		836		788				140		1088.37	960.25
	900		26		939		887		260		150		1165.25	1054.50
	1000		28		1041		985				170		1237.67	1167.87
1500	900	38	26	1554	939	1478	887	230	260	300	150	800	1633.6	1357.10
	1000		28		1041		985				170		1706.88	1471.33
	1200		32		1246		1182		280		190		1891.32	1725.27

注：承、插口各部尺寸按图 3-159 和表 3-208。

20）90°承插弯管的形状、尺寸见图 3-179 和表 3-227。

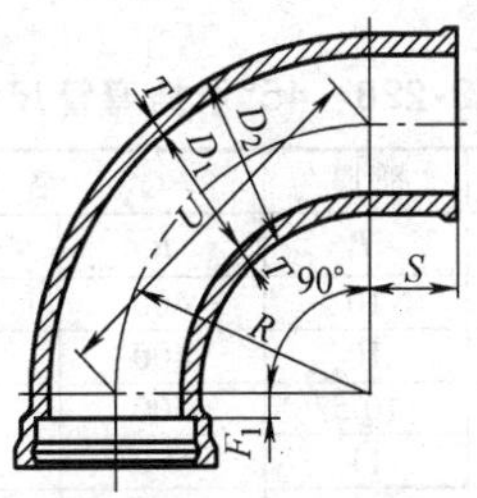

图 3-179　90°承插弯管

表 3-227　90°承插弯管尺寸　（单位：mm）

公称直径	内径	外径	管厚	各部尺寸			质量/kg
DN	D_1	D_2	T	R	S	U	
75	73	93	10	250	150	353.5	17.97
100	98	118	10	250	150	353.5	22.97
(125)	122	143	10.5	300	200	424.2	32.54

（续）

公称直径	内径	外径	管厚	各部尺寸			质量/kg
DN	D_1	D_2	T	R	S	U	
150	147	169	11	300	200	424.2	40.00
200	196	220	12	400	200	565.6	65.47
250	245.6	271.6	13	400	250	565.6	93.01
300	294.8	322.8	14	550	250	777.8	141.42
（350）	344	374	15	550	250	777.8	176.92
400	393.6	425.6	16	600	250	848.5	226.84
（450）	442.8	476.8	17	600	250	848.5	270.94
500	492	528	18	700	250	989.9	351.50
600	590.8	630.8	20	800	300	1131.3	527.34
700	689	733	22	900	300	1271.7	734.47

注：承、插口各部尺寸按图3-159和表3-208。

21）45°承插弯管的形状、尺寸见图3-180和表3-228。

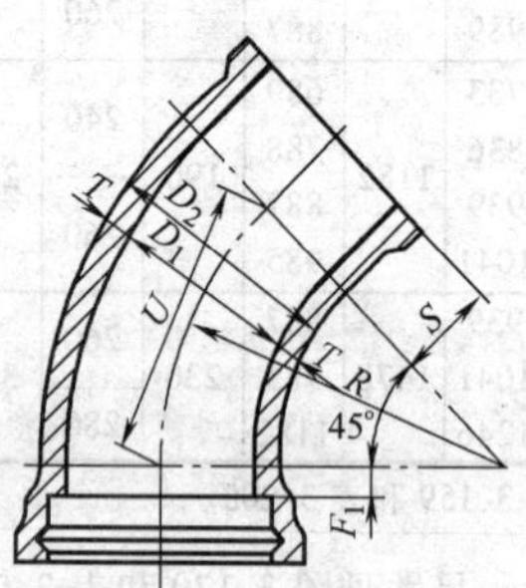

图3-180　45°承插弯管

表3-228　45°承插弯管尺寸　　（单位：mm）

公称直径	内径	外径	管厚	各部尺寸			质量/kg
DN	D_1	D_2	T	R	S	U	
75	73	93	10	400	200	306.1	17.44
100	98	118	10	400	200	306.1	22.27
（125）	122	143	10.5	500	200	382.6	30.07
150	147	169	11	500	200	382.6	36.91
200	196	220	12	600	200	459.2	55.66
250	245.6	271.6	13	600	200	459.2	77.26
300	294.8	322.8	14	700	200	535.8	105.21
（350）	344	374	15	800	200	612.3	142.13
400	393.6	425.6	16	900	200	688.8	184.51
（450）	442.8	476.8	17	1000	200	765.4	234.32
500	492	528	18	1100	200	841.9	292.19
600	590.8	630.8	20	1300	200	995.0	434.62
700	689	733	22	1500	200	1148.1	615.75

注：承、插口各部尺寸按图3-159和表3-209。

22）22½°承插弯管的形状、尺寸见图 3-181 和表 3-229。

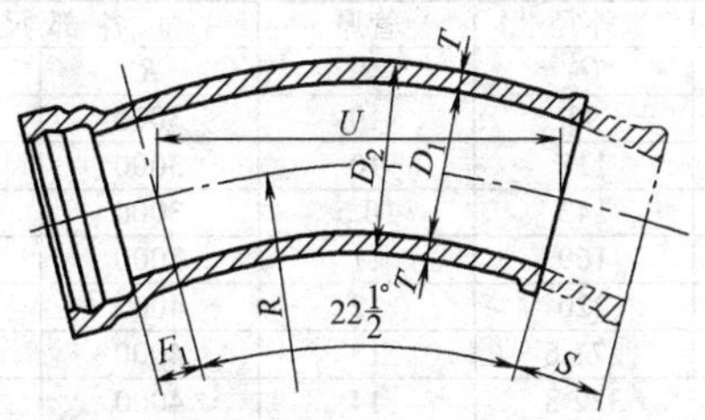

图 3-181　22½°承插弯管

表 3-229　22½°承插弯管尺寸　（单位：mm）

公称直径	内径	外径	管厚	各部尺寸			质量/kg
DN	D_1	D_2	T	R	S	U	
75	73	93	10	800	150	312.1	16.50
100	98	118	10	800	150	312.1	21.05
(125)	122	143	10.5	1000	150	390.1	28.50
150	147	169	11	1000	150	390.1	34.95
200	196	220	12	1200	150	468.2	53.79
250	245.6	271.6	13	1200	150	468.2	73.46
300	294.8	322.8	14	1400	150	546.3	100.93
(350)	344	374	15	1600		624.3	117.79
400	393.6	425.6	16	1800		702.3	154.87
(450)	442.8	476.8	17	2000		780.4	198.98
500	492	528	18	2200		858.4	250.69
600	590.8	630.8	20	2600		1041.5	379.38
700	689	733	22	3000		1170.5	545.03

注：承、插口各部尺寸按图 3-159 和表 3-208。

23）11¼°承插弯管的形状、尺寸见图 3-182 和表 3-230。

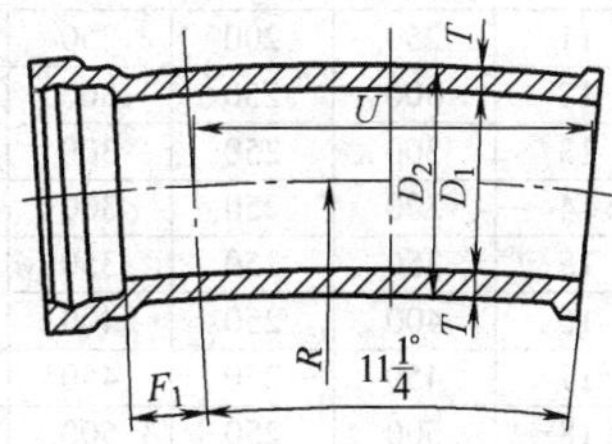

图 3-182　11¼°承插弯管

表 3-230　11¼°承插弯管尺寸　　(单位：mm)

公称直径	内径	外径	管厚	各部尺寸		质量/kg
DN	D_1	D_2	T	R	U	
75	73	93	10	3000	588.1	19.38
100	98	118	10	3000	588.1	24.11
(125)	122	143	10.5	3000	588.1	29.95
150	147	169	11	3000	588.1	36.79
200	196	220	12	4000	784.1	63.06
250	245.6	271.6	13	4000	784.1	85.95
300	294.8	322.8	14	4000	784.1	109.31
(350)	344	374	15	5000	980.2	160.84
400	393.6	425.6	16	5000	980.2	195.62
(450)	442.8	476.8	17	5000	980.2	233.70
500	492	528	18	6000	1176.2	315.93
600	590.8	630.8	20	6000	1176.2	422.78
700	689	733	22	6000	1176.2	545.03

注：承、插口各部尺寸按图 3-159 和表 3-208。

24）乙字管的形状、尺寸见图 3-183 和表 3-231。

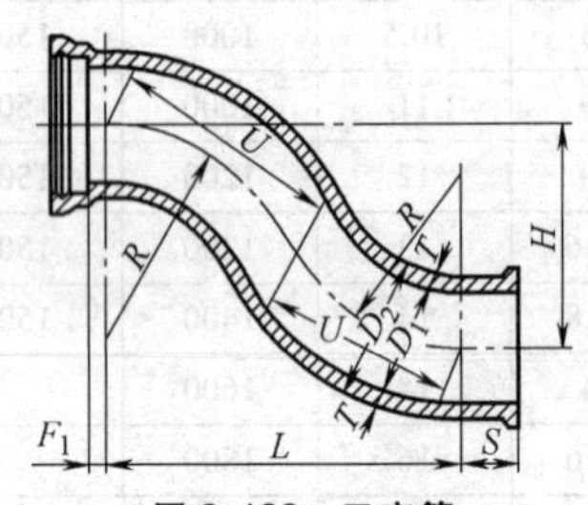

图 3-183　乙字管

表 3-231　乙字管尺寸　　(单位：mm)

公称直径	内径	外径	管厚	各部尺寸					质量/kg
DN	D_1	D_2	T	R	S	U	H	L	
75	73	93	10	200	150	200	200	346.4	18.46
100	98	118	10	200	150	200	200	346.4	24.06
(125)	122	143	10.5	225	150	225	225	389.7	30.97
150	147	169	11	250	200	250	250	433	42.05
200	196	220	12	300	250	300	300	519.6	68.29
250	245.6	271.6	13	300	250	300	300	519.6	93.01
300	294.8	322.8	14	300	250	300	300	519.6	118.38
(350)	344	374	15	350	250	350	350	606.2	160.98
400	393.6	425.6	16	400	250	400	400	692.8	211.33
(450)	442.8	476.8	17	450	250	450	450	779.4	270.94
500	492	528	18	500	250	500	500	866	340.63

注：承、插口各部尺寸按图 3-159 和表 3-208。

25）承插单盘排气管的形状、尺寸见图 3-184 和表 3-232。

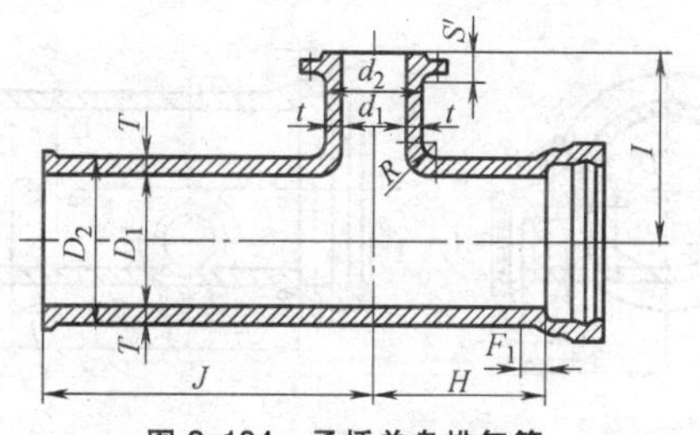

图 3-184　承插单盘排气管

表 3-232　承插单盘排气管尺寸　（单位：mm）

公称直径		管厚		外径		内径		各部尺寸				质量/kg
DN	DN	T	t	D_2	d_2	D_1	d_1	R	H	I	J	
150	100	11	10	169	118	147	98	50	160	260	520	46.77
	150		11		169		147					51.63
200	100	12	10	220	118	196	98	50	170	270	530	63.33
	150		11		169		147					67.74
250	100	13	10	271.6	118	245.6	98	50	180	280	530	83.69
	150		11		169		147					87.68
300	100	14	10	322.8	118	294.8	98	50	190	300	540	105.93
	150		11		169		147					109.72
(350)	100	15	10	374	118	344	98	50	200	310	540	131.49
	150		11		169		147					134.96
400	100	16	10	425.6	118	393.6	98	60	210	320	550	160.76
	150		11		169		147					163.93
(450)	100	17	12	476.8	118	442.8	94	60	220	340	550	192.77
	150		13		169		143					196.05
500	100	18	12	528	118	492	94	60	230	360	560	229.01
	150		13		169		143					232.10
600	100	20	12	630.8	118	590.8	94	60	240	410	570	309.3
	150		13		169		143					312.20
700	100	22	14	733	118	689	90	70	260	480	580	408.14
	150		15		169		139					411.56
800	100	24	14	836	118	788	90	70	270	520	590	518.72
	150		15		169		139					521.75
900	100	26	14	939	118	887	90	80	300	590	620	667.16
	150		15		169		139					670.43
1000	100	28	16	1041	118	985	86	80	320	640	640	829.68
	150		17		169		135					833.14
1200	100	32	16	1246	118	1182	86	90	360	750	680	1220.15
	150		17		169		135					1223.52
1500	100	38	18	1554	118	1478	82	100	420	910	720	1973.32
	150		19		169		131					1976.78

注：承、插口及法兰盘各部尺寸按图 3-159、表 3-208 和图 3-160、表 3-209。

26）承插泄水管的形状、尺寸见图3-185和表3-233。

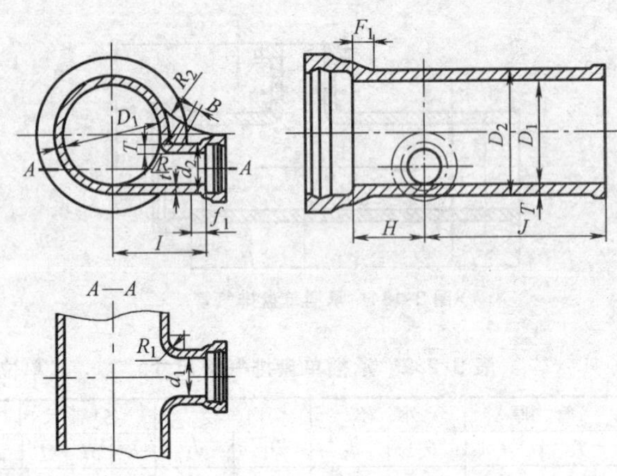

图3-185　承插泄水管

表3-233　承插泄水管尺寸　　（单位：mm）

公称直径		管厚		外径		内径		各部尺寸							质量/kg
DN	DN	T	t	D_2	d_2	D_1	d_1	R_1	R	I	H	J	B	R_2	
700	300	22	15	733	322.8	689	292.8	80	10	440	360	690	14	150	530.61
800	300	24	15	836	322.8	788	292.8	90	15	490	360	700	14	150	661.03
900	300	26	16	939	322.8	887	290.8	90	15	550	410	740	16	150	851.52
1000	400	28	18	1041	425.6	985	389.6	100	15	600	440	740	17	150	1068.53
1200	400	32	20	1246	425.6	1182	385.6	110	20	710	470	770	19	200	1513.19
1500	500	38	22	1554	528	1478	484	110	20	850	560	850	22	200	2504.49

注：承、插口各部尺寸按图3-159和表3-208。

27）各类型铸铁管承、插口形状、尺寸见图 3-186 和表 3-234、表 3-235。

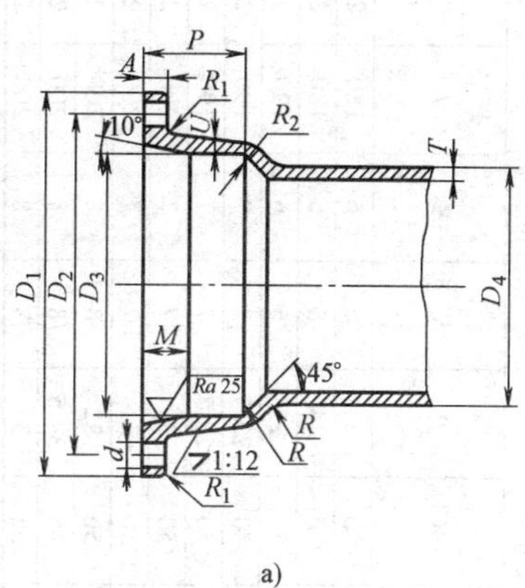

a)

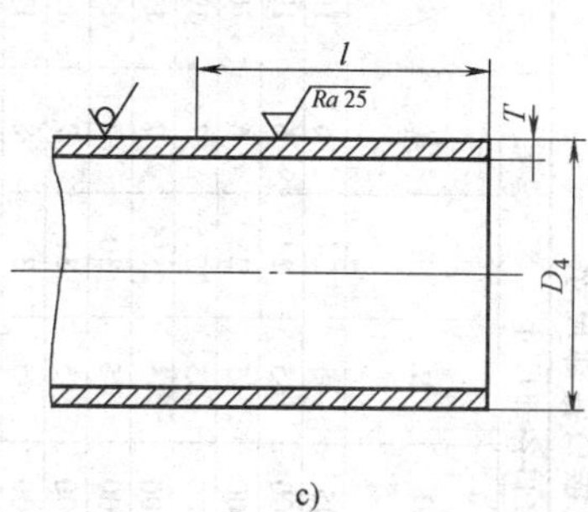

c)

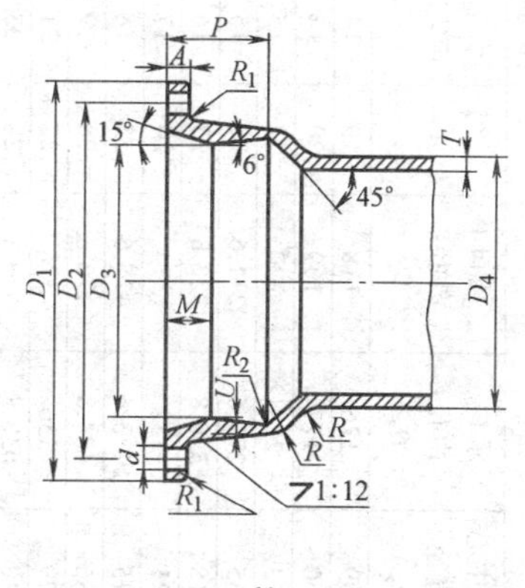

b)

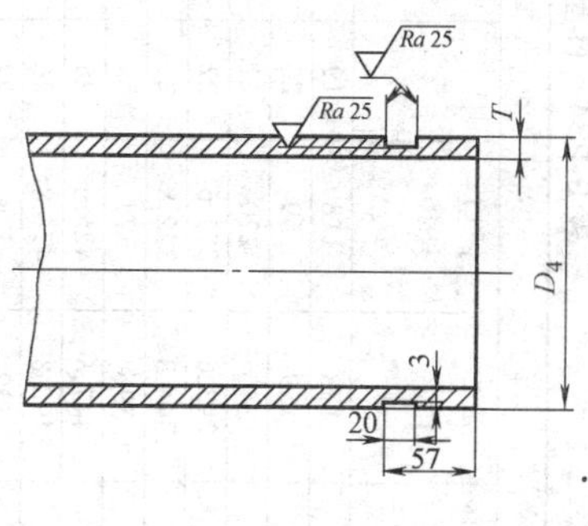

d)

图 3-186　各类型铸铁管承、插口剖面图

a）N、N_1 型承口剖面　b）X 型承口剖面

c）N_1、X 型插口剖面　d）N 型插口剖面

表 3-234 N 型和 N_1 型接口各部尺寸 （单位：mm）

公称直径 DN	N 型和 N_1 型接口各部尺寸													
	承口法兰盘的外径 D_1	螺孔中心圆直径 D_2	承口内径 D_3	插口外径 D_4	A	U	P	M	R	R_1	R_2	l	螺栓孔	
													d	N(个)
100	250	210	138	118	19	12	95	45	24	6	10	180	22	4
150	300	262	189	169	20	12	100	45	24	6	10	180	22	6
200	350	312	240	220	21	13	100	45	25	6	10	190	22	6
250	408	366	293.6	271.6	22	15	100	45	27.5	7	11	190	22	6
300	466	420	344.8	322.8	23	16	100	45	28.5	7	11	190	22	8
350	516	474	396	374	24	17	100	45	30	7	11	200	22	10
400	570	526	447.6	425.6	25	18	100	45	31	7	11	200	22	10
450	624	586	498.8	476.8	26	19	100	45	32	8	11	200	22	12
500	674	632	552	528	27	21	110	50	34.5	8	12	200	24	14
600	792	740	654.8	630.8	28	23	110	50	37	8	12	200	24	16

表 3-235 X 型接口各部尺寸 （单位：mm）

公称直径 DN	X 型接口各部尺寸													
	承口法兰盘的外径 D_1	螺孔中心圆直径 D_2	承口内径 D_3	插口外径 D_4	A	U	P	M	R	R_1	R_2	l	螺栓孔	
													d	N(个)
100	262	209	126	118	19	14	95	50	24	6	6	180	23	4
150	313	260	177	169	20	14	100	50	24	6	6	180	23	6
200	366	313	228	220	21	15	100	50	25	6	6	190	23	6
250	418	365	279.6	271.6	22	15	100	50	27.5	7	7	190	23	6
300	471	418	330.8	322.8	23	16	100	50	28.5	7	7	190	23	8
350	524	471	382	374	24	17	100	50	30	7	7	200	23	10
400	578	525	433.6	425.6	25	18	100	50	31	7	7	200	23	12
450	638	586	484.8	476.8	26	19	100	50	32	8	8	200	23	12
500	682	629	536	528	27	21	110	55	34.5	8	8	200	24	14
600	792	740	638.8	630.8	28	23	110	55	37	8	8	200	24	16

28）插盘短管（机械）形状、尺寸见图 3-187 和表 3-236。

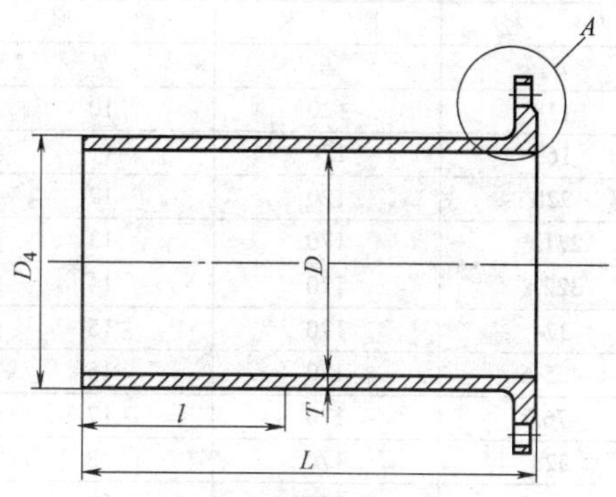

图 3-187 插盘短管（机械）

表 3-236 插盘短管（机械）尺寸 （单位：mm）

公称直径 DN	外径 D_4	管长 L	壁厚 T	质量/kg
100	118	400	10	15.1
150	169	400	11	24.3
200	220	500	12	39.9
250	271.6	500	13	53.2
300	322.8	500	14	88.1
350	374	500	15	85.7
400	425.6	500	16	104.7
450	476.8	500	17	123.8
500	528	500	18	145.7
600	630.8	600	20	220.1

注：插口各部尺寸，根据接口形式的不同，应符合图 3-186c 或图 3-186d 和表 3-235 或表 3-236 的规定。A 部尺寸应符合图 3-160 和表 3-209。

29）承盘短管（机械）的形状、尺寸见图 3-188 和表 3-237。

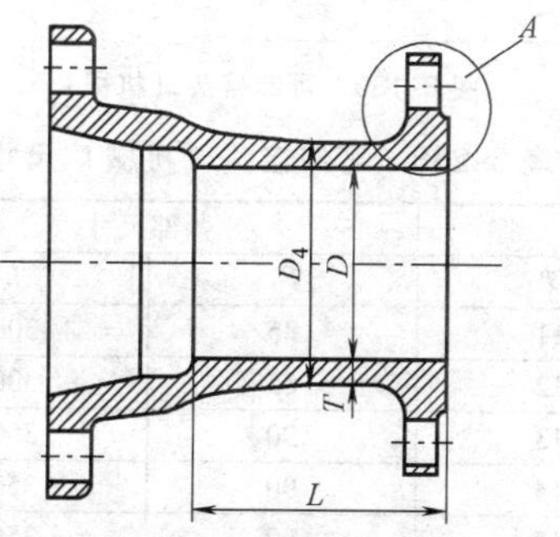

图 3-188 承盘短管（机械）

表 3-237 承盘短管（机械）尺寸 （单位：mm）

公称直径	外 径	管 长	壁 厚	质量/kg
DN	D_4	L	T	
100	118	120	10	18.8
150	169	120	11	26.5
200	220	120	12	35.9
250	271.6	170	13	52.8
300	322.8	170	14	65.7
350	374	170	15	80.1
400	425.6	170	16	88.0
450	476.8	170	17	115.2
500	528	170	18	136.2
600	630.8	250	20	204.0

注：插口各部尺寸，根据接口形式的不同，应符合图 3-186c 或图 3-186d 和表 3-234 或表 3-235 的规定。A 部尺寸应符合图 3-160 和表 3-209。

30）可卸接头（机械）的形状、尺寸见图 3-189 和表 3-238。

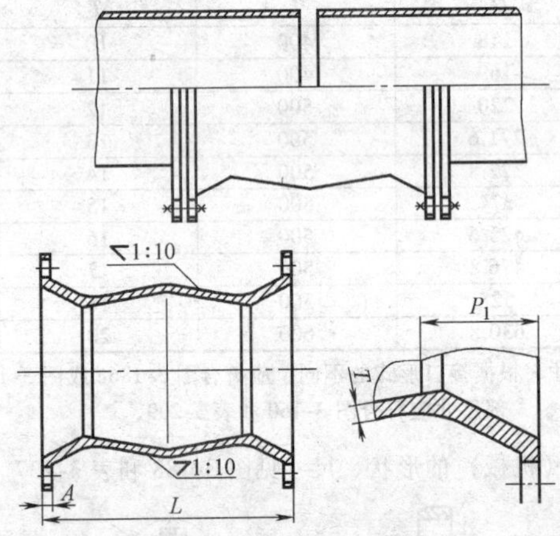

图 3-189 可卸接头（机械）

表 3-238 可卸接头（机械）尺寸 （单位：mm）

公称直径	壁 厚	各部尺寸		质量/kg
DN	T	P_1	L	
100	11	85	300	21.8
150	12	85	300	29.1
200	13	90	350	40.1
250	14	90	350	57.2
300	15	90	350	70.4

（续）

公称直径	壁　厚	各部尺寸		质量/kg
DN	T	P_1	L	
350	16	95	400	85.4
400	17	95	400	105.0
450	18	95	450	132.5
500	20	100	550	178.4
600	22	100	550	241.5

注：1. 承口其余各部尺寸，根据接口形式的不同，应符合图 3-186a 或图 3-186b。

2. 本接头作为管道修理或可卸部分使用。

31）90°双承弯管（机械）的形状、尺寸见图 3-190 和表 3-239。

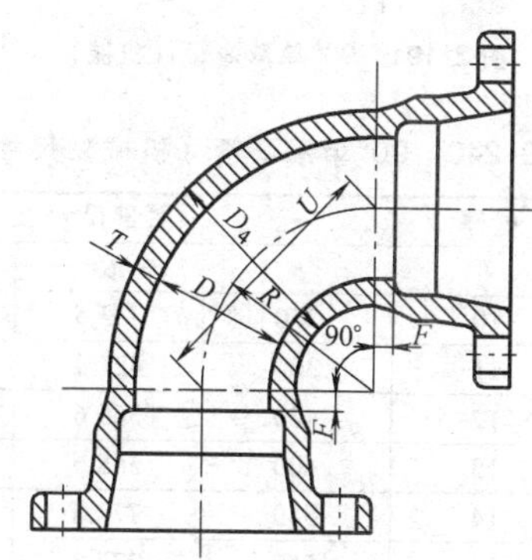

图 3-190　90°双承弯管（机械）

表 3-239　90°双承弯管（机械）尺寸　　（单位：mm）

公称直径	外径	壁厚	各部尺寸		质量/kg
DN	D_4	T	R	U	
100	118	10	155	219.2	30.6
150	169	11	200	282.8	46.1
200	220	12	245	346.5	67.1
250	271.6	13	290	410.1	99.0
300	322.8	14	335	473.8	132.0
350	374	15	380	537.4	169.1
400	425.6	16	425	601	217.0
450	476.8	17	470	664.7	271.0
500	528	18	515	728.3	337.2
600	630.8	20	605	855.6	494.9

注：承口各部尺寸，根据接口形式的不同，应符合图 3-186a 或图 3-186b 和表 3-234 或表 3-235。

32）90°单承弯管（机械）的形状、尺寸见图3-191和表3-240。

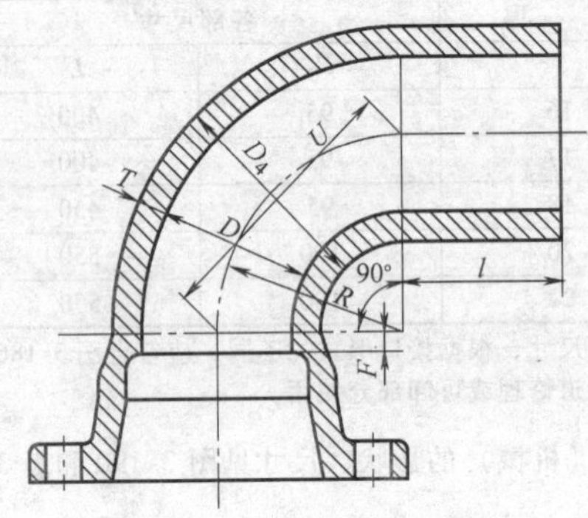

图3-191　90°单承弯管（机械）

表3-240　90°单承弯管（机械）尺寸　　（单位：mm）

公称直径	外径	壁厚	各部尺寸			质量/kg
DN	D_4	T	R	U	l	
100	118	10	250	353.5	180	25.8
150	169	11	300	424.2	180	43.5
200	220	12	400	565.6	190	69.8
250	271.6	13	400	565.6	190	99.7
300	322.8	14	550	777.8	190	149.9
350	374	15	550	777.8	200	184.7
400	425.6	16	600	848.5	200	237.2
450	476.8	17	600	848.5	200	282.7
500	528	18	700	989.3	200	366.6
600	630.8	20	800	1131.3	200	548.4

注：承、插口各部尺寸，根据接口形式的不同，应符合图3-186和表3-234或表3-235。

33）45°双承弯管（机械）的形状、尺寸见图3-192和表3-241。

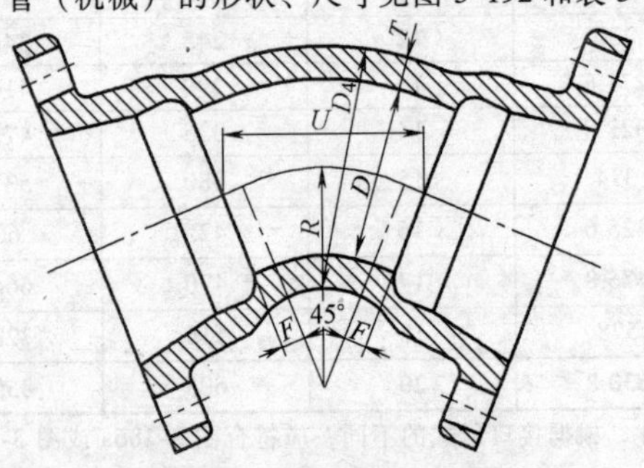

图3-192　45°双承弯管（机械）

表 3-241 45°双承弯管（机械）尺寸 （单位：mm）

公称直径	外径	壁厚	各部尺寸		质量/kg
DN	D_4	T	R	U	
100	118	10	300	229.6	30.6
150	169	11	350	267.9	44.5
200	220	12	400	306.2	63.1
250	271.6	13	450	344.4	91.3
300	322.8	14	500	382.7	119.0
350	374	15	550	421	149.0
400	425.6	16	600	459.2	187.9
450	476.8	17	650	497.5	230.8
500	528	18	700	535.8	283.4
600	630.8	20	800	612.3	405.9

注：承口各部尺寸，根据接口形式的不同，应符合图 3-186a 或图 3-186b 和表 3-234 或表 3-235。

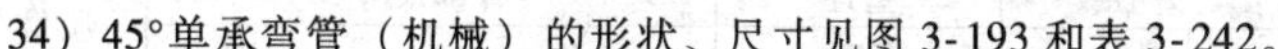

34）45°单承弯管（机械）的形状、尺寸见图 3-193 和表 3-242。

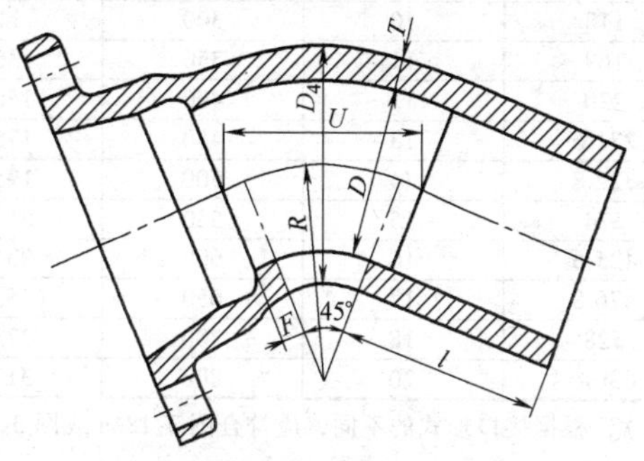

图 3-193 45°单承弯管（机械）

表 3-242 45°单承弯管（机械）尺寸 （单位：mm）

公称直径	外径	壁厚	各部尺寸			质量/kg
DN	D_4	T	R	U	l	
100	118	10	400	306.1	180	25.1
150	169	11	500	382.6	180	40.4
200	220	12	600	459.2	190	59.9
250	271.6	13	600	459.2	190	83.9
300	322.8	14	700	535.8	190	113.7
350	374	15	800	612.3	200	149.9
400	425.6	16	900	688.8	200	194.9
450	476.8	17	1000	765.4	200	246.1
500	528	18	1100	841.9	200	307.3
600	630.8	20	1300	995.0	200	455.7

注：承、插口各部尺寸，根据接口形式的不同，应符合图 3-186 和表 3-234 或表 3-235。

35）22½°双承弯管（机械）的形状、尺寸见图 3-194 和表 3-243。

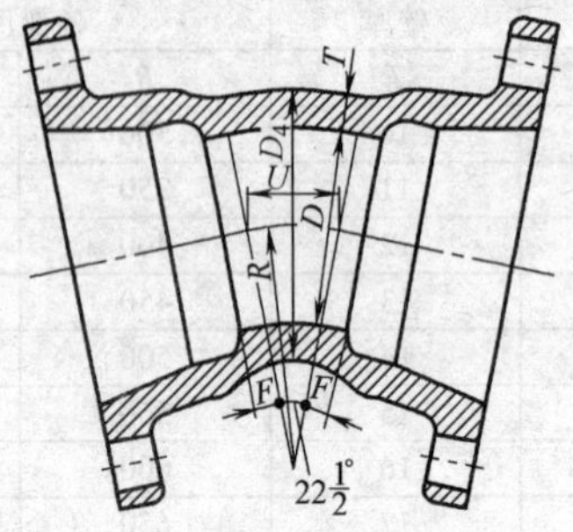

图 3-194　22½°双承弯管（机械）

表 3-243　$22\frac{1}{2}$°双承弯管（机械）尺寸　（单位：mm）

公称直径	外径	壁厚	各部尺寸		质量/kg
DN	D_4	T	R	U	
100	118	10	300	117	27.5
150	169	11	350	136.6	39.1
200	220	12	400	156.1	54.2
250	271.6	13	450	175.6	77.8
300	322.8	14	500	195.1	99.8
350	374	15	550	214.6	122.7
400	425.6	16	600	234.1	152.9
450	476.8	17	650	253.1	183.6
500	528	18	700	273.1	226.3
600	630.8	20	800	312.1	319.1

注：承口各部尺寸，根据接口形式的不同，应符合图 3-186a 或图 3-186b 和表 3-234 或表 3-235。

36）22½°单承弯管（机械）的形状、尺寸见图 3-195 和表 3-244。

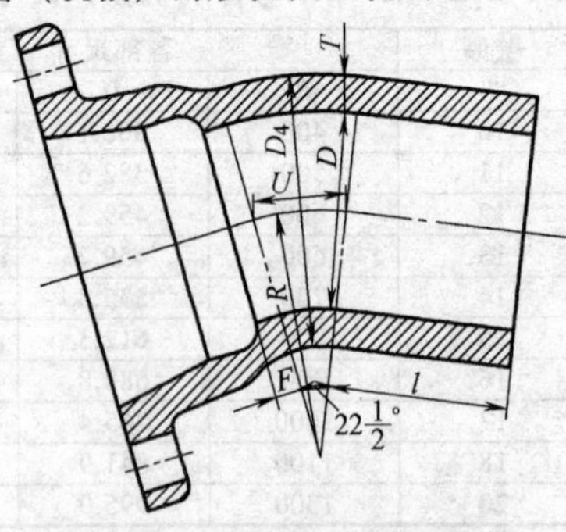

图 3-195　22½°单承弯管（机械）

表 3-244 22½°单承弯管（机械）尺寸 （单位：mm）

公称直径	外径	壁厚	各部尺寸			质量/kg
DN	D_4	T	R	U	l	
100	118	10	800	312.1	180	23.9
150	169	11	1000	390.1	180	38.5
200	220	12	1200	468.2	190	58.1
250	271.6	13	1200	468.2	190	80.1
300	322.8	14	1400	546.3	190	109.5
350	374	15	1600	624.3	200	165.6
400	425.6	16	1800	702.3	200	213.3
450	476.8	17	2000	780.4	200	266.8
500	528	18	2200	858.4	200	329.8
600	630.8	20	2600	1041.5	200	488.4

注：承、插口各部尺寸，根据接口形式的不同，应符合图 3-186 和表 3-234 或表 3-235。

37）11¼°双承弯管（机械）的形状、尺寸见图 3-196 和表 3-245。

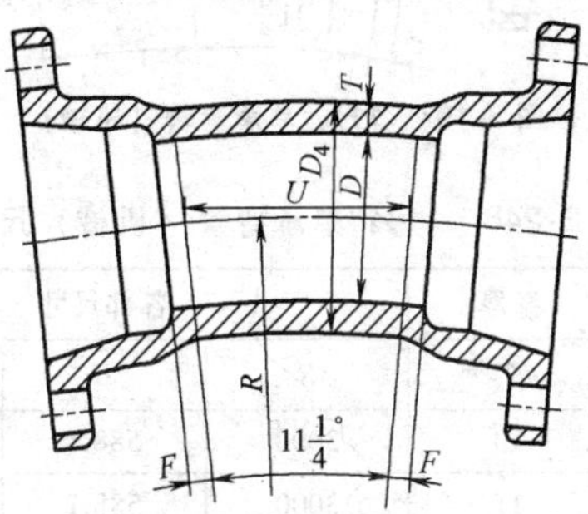

图 3-196 11¼°双承弯管（机械）

表 3-245 11¼°双承弯管（机械）尺寸 （单位：mm）

公称直径	外径	壁厚	各部尺寸		质量/kg
DN	D_4	T	R	U	
100	118	10	300	58.8	26.1
150	169	11	350	68.6	36.4
200	220	12	400	78.4	49.8
250	271.6	13	450	88.2	71.1
300	322.8	14	500	98	90.2
350	374	15	550	107.8	109.5
400	425.6	16	600	117.6	132.7

（续）

公称直径	外径	壁厚	各部尺寸		质量/kg
DN	D_4	T	R	U	
450	476.8	17	650	127.4	163.1
500	528	18	700	137.2	197.8
600	630.8	20	800	156.8	275.7

注：承口各部尺寸，根据接口形式的不同，应符合图3-186a或图3-186b和表3-234和表3-235。

38）11¼°单承弯管（机械）的形状、尺寸见图3-197和表3-246。

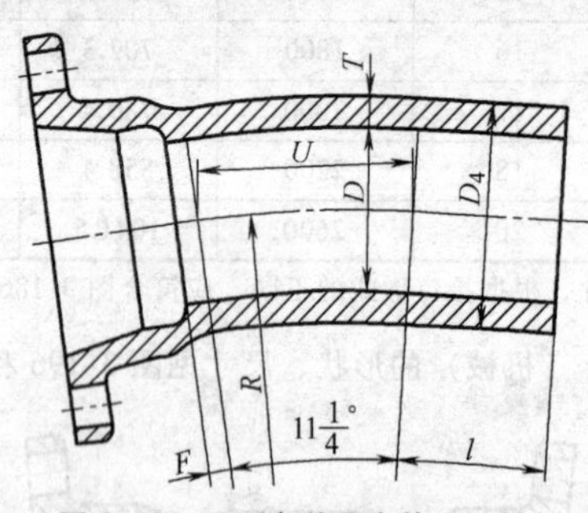

图3-197　11¼°单承弯管（机械）

表3-246　11¼°单承弯管（机械）尺寸　　（单位：mm）

公称直径	外径	壁厚	各部尺寸			质量/kg
DN	D_4	T	R	U	l	
100	118	10	3000	588.1	180	36.9
150	169	11	3000	588.1	180	52.3
200	220	12	4000	784.1	190	87.4
250	271.6	13	4000	784.1	190	117.5
300	322.8	14	4000	784.1	190	147.8
350	374	15	4000	980.2	200	208.6
400	425.6	16	5000	980.2	200	233.9
450	476.8	17	5000	980.2	200	300.5
500	528	18	6000	1176.2	200	394.8
600	630.8	20	6000	1176.2	200	531.8

注：承、插口各部尺寸，根据接口形式的不同，应符合图3-186和表3-234或表3-235。

39）双承丁字管（机械）的形状、尺寸见图3-198和表3-247。

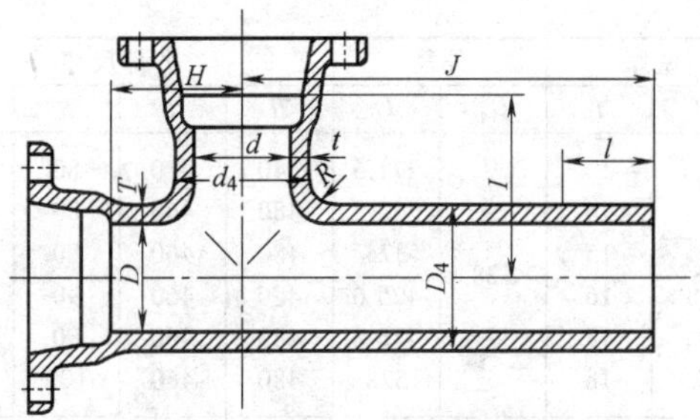

图 3-198　双承丁字管（机械）

表 3-247　双承丁字管（机械）尺寸　　（单位：mm）

公称直径		壁厚		外径		各部尺寸				质量
DN		T	t	D_4	d_4	H	I	R	J	/kg
100	100	10	10	118	118	180	160		500	51.1
150	100	11	10	169	118	190	190	50	570	70.3
	150		11		169					77.6
200	100	12	10	220	118	225	230	50	510	89.5
	150		11		169		250	60	590	102.2
	200		12		220		250	60	590	111.6
250	100	13	10	271.6	118	225	280	50	570	120.3
	150		11		169		280	60	570	127.7
	200		12		220		300	60	600	140.2
	250		13		271.6		300	60	600	154.2
300	100	14	10	322.8	118	240	280	50	570	147.4
	150		11		169	240	280	60	570	154.4
	200		12		220	240	300	60	600	167.1
	250		13		271.6	300	300	70	600	186.0
	300		14		322.8	300	300	70	600	197.9
350	200	15	12	374	220	270	310	60	610	201.6
	250		13		271.6	360	340	70	720	240.7
	300		14		322.8	360	340	70	720	252.3
	350		15		374	360	340	70	720	285.9
400	200	16	12	425.6	220	290	350	70	650	252.5
	250		13		271.6	410	390	70	780	300.6
	300		14		322.8	410	390	80	780	312.6
	350		15		374	410	390	80	780	326.3
	400		16		425.6	410	390	90	780	344.4
450	250	17	13	476.8	271.6	330	380	80	680	312.2
	300		14		322.8	440	420	80	820	371.1
	350		15		374	440	420	80	820	384.8
	400		16		425.6	440	420	90	820	402.5
	450		17		476.8	440	420	90	820	419.2

（续）

公称直径 DN		壁厚 T	壁厚 t	外径 D_4	外径 d_4	各部尺寸 H	各部尺寸 I	各部尺寸 R	各部尺寸 J	质量 /kg
500	250	18	13	528	271.6	340	410	80	680	361.1
	300		14		322.8	480	460	80	850	426.1
	350		15		374	480	460	80	850	454.6
	400		16		425.6	480	460	90	850	471.8
	450		17		476.8	480	460	90	850	488.6
	500		18		528	480	460	100	850	510.4
600	300	20	14	630.8	322.8	410	490	90	760	519.1
	350		15		374	550	530	90	920	619.2
	400		16		425.6	550	530	90	920	636.6
	450		17		476.8	550	530	100	920	652.4
	500		18		528	550	530	100	920	673.9
	600		20		630.8	550	530	100	920	720.4

注：承、插口各部尺寸，根据接口形式的不同，应符合图3-186和表3-234或表3-235。

40）三承十字管（机械）的形状、尺寸见图3-199和表3-248。

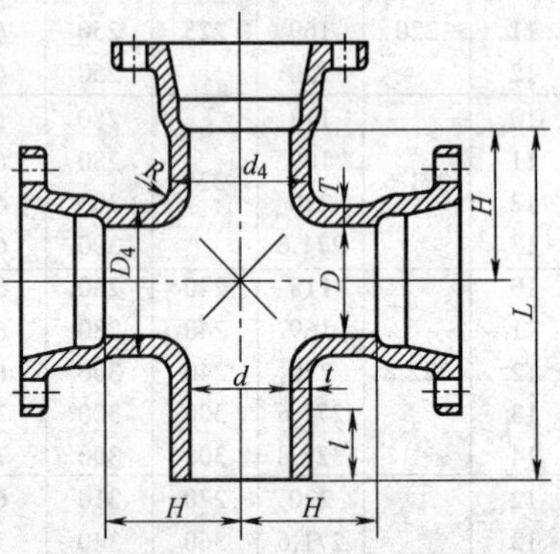

图3-199　三承十字管（机械）

表3-248　三承十字管（机械）尺寸　　（单位：mm）

公称直径 DN		壁厚 T	壁厚 t	外径 D_4	外径 d_4	各部尺寸 H	各部尺寸 L	各部尺寸 R	质量 /kg
100	100	10	10	118	118	120	620	20	51.8
150	100	11	10	169	118	145	715	20	66.9
	150		11		169	155	725		70.0
200	100	12	10	220	118	170	680	20	83.9
	150		11		169	180	770		97.6
	200		12		220	190	780		112.2

（续）

公称直径		壁厚		外径		各部尺寸			质量
DN		T	t	D_4	d_4	H	L	R	/kg
250	100	13	10	271.6	118	195	765	25	114.0
	150		11		169	205	775		125.0
	200		12		220	215	815		140.5
	250		13		271.6	225	825		159.7
300	100	14	10	322.8	118	220	790	30	143.7
	150		11		169	230	800		154.3
	200		12		220	240	840		169.1
	250		13		271.6	250	850		187.5
	300		14		322.8	260	860		206.6
350	200	15	12	374	220	265	875	35	201.6
	250		13		271.6	275	995		228.0
	300		14		322.8	285	1005		248.6
	350		15		374	295	1015		270.6
400	200	16	12	425.6	220	290	940	35	246.4
	250		13		271.6	300	1080		274.2
	300		14		322.8	310	1090		295.1
	350		15		374	320	1100		318.0
	400		16		425.6	330	1110		345.5
450	250	17	13	476.8	271.6	325	1005	40	314.2
	300		14		322.8	335	1155		345.9
	350		15		374	345	1165		368.4
	400		16		425.6	355	1175		396.1
	450		17		476.8	365	1185		426.0
500	250	18	13	528	271.6	350	1030	40	372.2
	300		14		322.8	360	1210		406.1
	350		15		374	370	1220		428.3
	400		16		425.6	380	1230		455.0
	450		17		476.8	390	1240		484.6
	500		18		528	400	1250		520.8
600	300	20	14	630.8	322.8	410	1170	45	536.6
	350		15		374	420	1340		574.4
	400		16		425.6	430	1350		601.4
	450		17		476.8	440	1360		629.9
	500		18		528	450	1370		665.9
	600		20		630.8	470	1390		746.0

注：承、插口各部尺寸，根据接口形式的不同，应符合图 3-186 和表 3-234 或表 3-235。

41）插堵（机械）的形状、尺寸见图 3-200 和表 3-249。

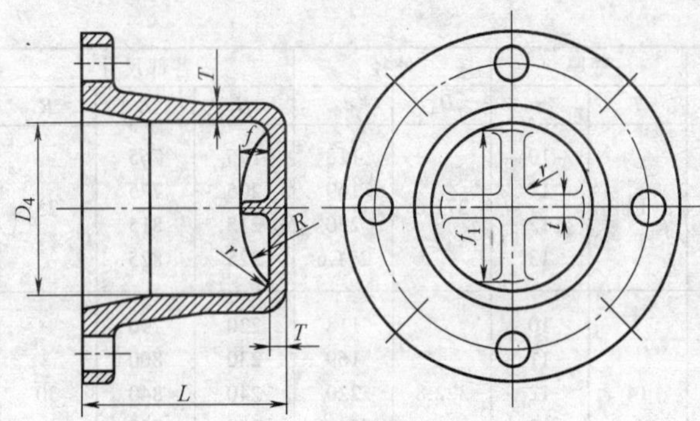

图 3-200　插堵（机械）

表 3-249　插堵（机械）尺寸　　（单位：mm）

公称直径	壁厚	各部尺寸				质量/kg
DN	T	L	f_1	f	t	
100	10	117	—	—	—	13.4
150	11	123	—	—	—	19.4
200	12	125	—	—	—	26.4
250	13	131	—	—	—	37.9
300	14	133	—	—	—	48.7
350	15	139	320	27	17	61.3
400	16	140	370	29	18	77.1
450	17	146	410	31	19	94.1
500	18	147	450	33	20	114.7
600	20	153	550	35	21	190.4

注：承口各部尺寸，根据接口形式的不同，应符合图 3-186a 或图 3-186b 和表 3-234 或表 3-235。r 值为铸造圆角。

42）承堵（机械）的形状、尺寸见图 3-201 和表 3-250。

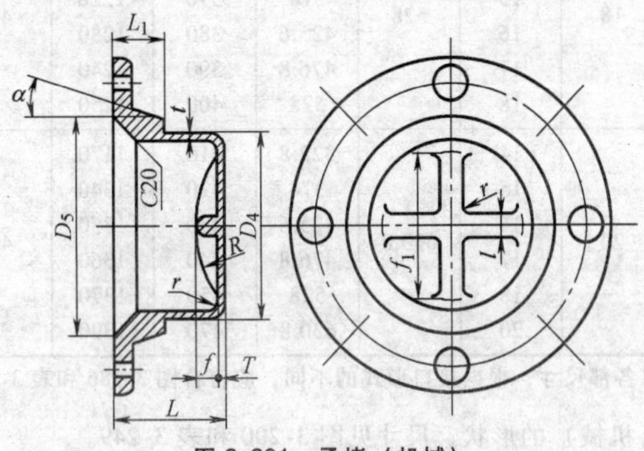

图 3-201　承堵（机械）

表 3-250　承堵（机械）尺寸　（单位：mm）

公称直径	壁厚	各部尺寸							质量
DN	T	D_4	D_5	L	L_1	f	f_1	t	/kg
100	10	118	145	105	55	—	—	—	8.9
150	11	169	196	110	55	—	—	—	11.9
200	12	220	247	110	55	—	—	—	17.7
250	13	271.6	299	115	55	—	—	—	24.8
300	14	322.8	350	120	55	—	—	—	33.2
350	15	374	404	125	55	27	320	17	49.1
400	16	425.6	455	125	55	29	370	18	62.2
450	17	476.8	506	130	55	31	410	19	76.3
500	18	528	558	130	55	33	450	20	91.0
600	20	630.8	660	130	55	35	550	21	132.8

注：法兰及孔眼尺寸，根据接口形式的不同，应符合图 3-186a 或图 3-186b 和表 3-234 或表 3-235。其 α 值：X 型接口为 15°；N 型及 N_1 型接口为 10°。r 值为铸造圆角。

43）插承渐缩管（机械）的形状、尺寸见图 3-202 和表 3-251。

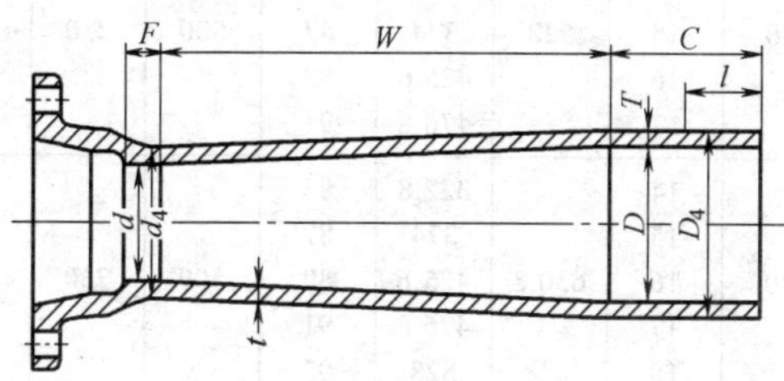

图 3-202　插承渐缩管（机械）

表 3-251　插承渐缩管（机械）尺寸　（单位：mm）

公称直径		壁厚		外径		各部尺寸				质量
DN		T	t	D_4	d_4	F	W	C	l	/kg
150	100	11	10	169	118	75	300	200	180	30.6
200	100	12	10	220	118	75	300	200	190	36.5
	150		11		169					43.3
250	100	13	10	271.6	118	75	400	200	190	48.2
	150		11		169	75				55.9
	200		12		220	77				62.9
300	100	14	10	322.8	118	75	400	200	190	56.5
	150		11		169	75				64.4
	200		12		220	77				74.4
	250		13		271.6	83				88.9

（续）

公称直径		壁厚		外径		各部尺寸				质量
DN		T	t	D_4	d_4	F	W	C	l	/kg
350	150	15	11	374	169	75	400	200	200	73.6
	200		12		220	77				83.8
	250		13		271.6	83				98.4
	300		14		322.8	85				112.3
400	150	16	11	425.6	169	75	500	220	200	95.9
	200		12		220	77				107.3
	250		13		271.6	83				123.2
	300		14		322.8	85				138.5
	350		15		374	87				153.1
450	200	17	12	476.8	220	77	500	230	200	121.8
	250		13		271.6	83				137.9
	300		14		322.8	85				153.4
	350		15		374	87				168.1
	400		16		425.6	89				187.8
500	250	18	13	528	271.6	83	500	230	200	151.9
	300		14		322.8	85				167.7
	350		15		374	87				182.6
	400		16		425.6	89				202.5
	450		17		476.8	91				223.7
600	300	20	14	630.8	322.8	85	500	230	200	199.1
	350		15		374	87				214.4
	400		16		425.6	89				234.7
	450		17		476.8	91				256.3
	500		18		528	97				281.3

注：承、插口各部尺寸，根据接口形式的不同，应符合图 3-186 和表 3-234 或表 3-235。

44）乙字管（机械）的形状、尺寸见图 3-203 和表 3-252。

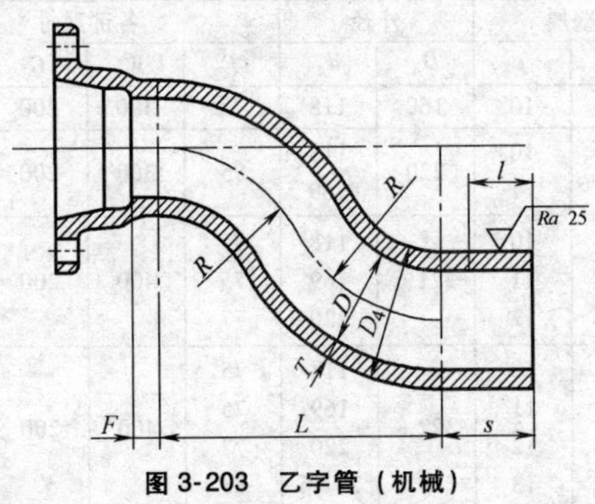

图 3-203 乙字管（机械）

表 3-252　乙字管（机械）尺寸　（单位：mm）

公称直径 DN	外径 D_4	壁厚 T	各部尺寸 R	s	F	L	质量 /kg
100	118	10	200	180	75	346.4	28.6
150	169	11	250	200	75	433	47.6
200	220	12	300	250	77	519.6	72.6
250	271.6	13	300	250	83	519.6	99.6
300	322.8	14	300	250	85	519.6	126.9
350	374	15	350	250	87	606.2	168.8
400	425.6	16	400	250	89	692.8	221.7
450	476.3	17	450	250	91	779.4	282.7
500	528	18	500	250	97	866	355.7
600	630.8	20	600	250	101	1039.2	557.7

注：承、插口各部尺寸，根据接口形式的不同，应符合图 3-186 和表 3-234 或表 3-235。

五、钢丝

1. 一般用途低碳钢丝（YB/T 5294—2009）

（1）用途　冷拉钢丝也称光面钢丝，主要用于轻工和建筑行业，如制钉、制作钢筋、焊接骨架、焊接网、水泥船织网、小五金等。退火钢丝又称黑铁丝，主要用于一般捆扎、牵拉、编织以及经镀锌制成镀锌低碳钢丝。镀锌钢丝也称铅丝，适用于需要耐腐蚀的捆绑、牵拉、编织等用途。

（2）分类（见表 3-253）

表 3-253　一般用途低碳钢丝的分类

按交货状态分	代　号	按用途分
冷拉钢丝	WCD	普通用
退火钢丝	TA	制钉用
镀锌钢丝	SZ	建筑用

（3）捆重　钢丝捆重及最低质量见表 3-254。

表 3-254　钢丝捆重及最低质量

钢丝直径 /mm	标准捆 捆重 /kg	每捆根数 不多于	单根最低 质量/kg	非标准捆 最低质量 /kg
≤0.30	5	6	0.5	0.5
>0.30~0.50	10	5	1	1
>0.50~1.00	25	4	2	2
>1.00~1.20	25	3	3	3
>1.20~3.00	50	3	4	4
>3.00~4.50	50	3	6	10
>4.50~6.00	50	2	6	12

（4）力学性能（见表3-255）

表3-255　钢丝的力学性能

<table>
<tr><th rowspan="3">公称直径
/mm</th><th colspan="5">抗拉强度 R_m/MPa</th><th colspan="2">弯曲试验
（180°/次）</th><th colspan="2">伸长率(%)
(标距100mm)</th></tr>
<tr><th colspan="3">冷拉钢丝</th><th rowspan="2">退火钢丝</th><th rowspan="2">镀锌钢丝①</th><th colspan="2">冷拉钢丝</th><th rowspan="2">冷拉建筑用钢丝</th><th rowspan="2">镀锌钢丝</th></tr>
<tr><th>普通用</th><th>制钉用</th><th>建筑用</th><th>普通用</th><th>建筑用</th></tr>
<tr><td>≤0.30</td><td>≤980</td><td>—</td><td>—</td><td rowspan="9">295~540</td><td rowspan="9">295~540</td><td rowspan="2">见YB/5294—2009中6.2.3</td><td>—</td><td>—</td><td rowspan="2">≥10</td></tr>
<tr><td>>0.30~0.80</td><td>≤980</td><td>—</td><td>—</td><td>—</td><td>—</td></tr>
<tr><td>>0.80~1.20</td><td>≤980</td><td>880~1320</td><td>—</td><td rowspan="3">≥6</td><td>—</td><td>—</td><td rowspan="7">≥12</td></tr>
<tr><td>>1.20~1.80</td><td>≤1060</td><td>785~1220</td><td>—</td><td>—</td><td>—</td></tr>
<tr><td>>1.80~2.50</td><td>≤1010</td><td>735~1170</td><td>—</td><td>—</td><td>—</td></tr>
<tr><td>>2.50~3.50</td><td>≤960</td><td>685~1120</td><td>≥550</td><td rowspan="3">≥4</td><td rowspan="3">≥4</td><td rowspan="3">≥2</td></tr>
<tr><td>>3.50~5.00</td><td>≤890</td><td>590~1030</td><td>≥550</td></tr>
<tr><td>>5.00~6.00</td><td>≤790</td><td>540~930</td><td>≥550</td></tr>
<tr><td>>6.00</td><td>≤690</td><td>—</td><td>—</td><td></td><td></td><td>—</td></tr>
</table>

① 对于先镀后拉的镀锌钢丝的力学性能按冷拉钢丝的力学性能执行。

2. 重要用途低碳钢丝（YB/T 5032—2006）

（1）用途　用于机器制造中重要零部件的制作。

（2）钢丝直径允许偏差（见表3-256）

表3-256　重要用途低碳钢丝的直径及允许偏差　（单位：mm）

<table>
<tr><th rowspan="2">公称直径</th><th colspan="2">允许偏差</th><th rowspan="2">公称直径</th><th colspan="2">允许偏差</th></tr>
<tr><th>光面钢丝</th><th>镀锌钢丝</th><th>光面钢丝</th><th>镀锌钢丝</th></tr>
<tr><td>0.30</td><td rowspan="4">±0.02</td><td rowspan="4">+0.04
−0.02</td><td>1.80
2.00</td><td rowspan="4">±0.04</td><td rowspan="4">+0.08
−0.06</td></tr>
<tr><td>0.40</td><td>2.30</td></tr>
<tr><td>0.50</td><td>2.60</td></tr>
<tr><td>0.60</td><td>3.00</td></tr>
<tr><td>0.80</td><td rowspan="5">±0.03</td><td rowspan="5">+0.06
−0.02</td><td>3.50</td><td rowspan="5">±0.05</td><td rowspan="5">+0.09
−0.07</td></tr>
<tr><td>1.00</td><td>4.00</td></tr>
<tr><td>1.20</td><td>4.50</td></tr>
<tr><td>1.40</td><td>5.00</td></tr>
<tr><td>1.60</td><td>6.00</td></tr>
</table>

注：可以供应本表所列直径之间的其他直径的钢丝。其允许偏差及性能指标按本表相邻较大直径的规定。

（3）盘重（每盘钢丝应由一根钢丝组成，见表 3-257）

表 3-257　钢丝的盘重

公称直径/mm	盘重/kg ≥	公称直径/mm	盘重/kg ≥
0.30~0.40	0.3	>1.00~1.60	5
>0.40~0.60	0.5	>1.60~3.50	10
>0.60~1.00	1	>3.50~6.00	20

（4）钢丝的力学性能（见表 3-258）

表 3-258　钢丝的力学性能

<table>
<tr><th rowspan="2">公称直径/
mm</th><th colspan="2">抗拉强度/MPa
不小于</th><th rowspan="2">扭转次数/
(次/360°)
≥</th><th rowspan="2">弯曲次数/
(次/180°)
≥</th></tr>
<tr><th>光面</th><th>镀锌</th></tr>
<tr><td>0.30</td><td rowspan="19">395</td><td rowspan="19">365</td><td>30</td><td rowspan="5">打结拉伸试验抗拉强度：
光面：
不小于 225MPa
镀锌：
不小于 185MPa</td></tr>
<tr><td>0.40</td><td>30</td></tr>
<tr><td>0.50</td><td>30</td></tr>
<tr><td>0.60</td><td>30</td></tr>
<tr><td>0.80</td><td>30</td></tr>
<tr><td>1.00</td><td>25</td><td>22</td></tr>
<tr><td>1.20</td><td>25</td><td>18</td></tr>
<tr><td>1.40</td><td>20</td><td>14</td></tr>
<tr><td>1.60</td><td>20</td><td>12</td></tr>
<tr><td>1.80</td><td>18</td><td>12</td></tr>
<tr><td>2.00</td><td>18</td><td>10</td></tr>
<tr><td>2.30</td><td>15</td><td>10</td></tr>
<tr><td>2.60</td><td>15</td><td>8</td></tr>
<tr><td>3.00</td><td>12</td><td>10</td></tr>
<tr><td>3.50</td><td>12</td><td>10</td></tr>
<tr><td>4.00</td><td>10</td><td>8</td></tr>
<tr><td>4.50</td><td>10</td><td>8</td></tr>
<tr><td>5.00</td><td>8</td><td>6</td></tr>
<tr><td>6.00</td><td>6</td><td>3</td></tr>
</table>

（5）镀锌钢丝的锌层质量（见表 3-259）

表 3-259　镀锌钢丝的锌层质量

<table>
<tr><th>公称直径
/mm</th><th>锌层质量/(g/m²)
≥</th><th>缠绕试验芯轴直径为钢丝
直径的倍数(缠绕 20 圈)</th></tr>
<tr><td>0.30</td><td rowspan="2">10</td><td rowspan="2">5</td></tr>
<tr><td>0.40</td></tr>
</table>

（续）

公称直径/mm	锌层质量/(g/m²) ≥	缠绕试验芯轴直径为钢丝直径的倍数(缠绕20圈)
0.50	12	5
0.60		
0.80	15	
1.00	25	
1.20		
1.40		
1.60	45	
1.80		
2.00		
2.30	65	
2.60		
3.00	80	
3.50		
4.00	95	
4.50		
5.00	110	
6.00		

3. 冷拔圆钢丝、方钢丝、六角钢丝（GB/T 342—1997）

冷拔圆钢丝、方钢丝和六角钢丝的截面及尺寸规格见图3-204和表3-260。

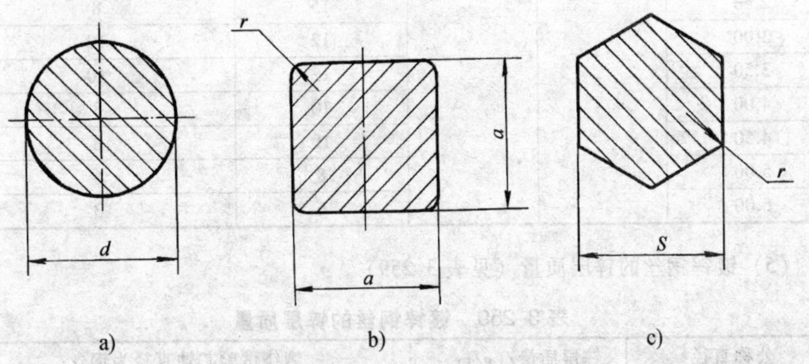

图3-204 钢丝截面图

a）冷拔圆钢丝 b）冷拔方钢丝 c）冷拔六角钢丝

d—圆钢丝直径 a—方钢丝的边长 S—六角钢丝的对边距离 r—角部圆弧半径

表 3-260　冷拔钢丝的规格尺寸

公称尺寸 /mm	圆形		方形		六角形	
	截面面积 /mm^2	理论质量 /(kg/1000m)	截面面积 /mm^2	理论质量 /(kg/1000m)	截面面积 /mm^2	理论质量 /(kg/1000m)
0.050	0.0020	0.016	—	—	—	—
0.055	0.0024	0.019	—	—	—	—
0.063	0.0031	0.024	—	—	—	—
0.070	0.0038	0.030	—	—	—	—
0.080	0.0050	0.039	—	—	—	—
0.090	0.0064	0.050	—	—	—	—
0.10	0.0079	0.062	—	—	—	—
0.11	0.0095	0.075	—	—	—	—
0.12	0.0113	0.089	—	—	—	—
0.14	0.0154	0.121	—	—	—	—
0.16	0.0201	0.158	—	—	—	—
0.18	0.0254	0.199	—	—	—	—
0.20	0.0314	0.246	—	—	—	—
0.22	0.0380	0.298	—	—	—	—
0.25	0.0491	0.385	—	—	—	—
0.28	0.0616	0.484	—	—	—	—
0.30*	0.0707	0.555	—	—	—	—
0.32	0.0804	0.631	—	—	—	—
0.35	0.096	0.754	—	—	—	—
0.40	0.126	0.989	—	—	—	—
0.45	0.159	0.248	—	—	—	—
0.50	0.196	1.539	0.250	1.962	—	—
0.55	0.238	1.868	0.302	2.371	—	—
0.60*	0.283	2.22	0.360	2.826	—	—
0.63	0.312	2.447	0.397	3.116	—	—
0.70	0.385	3.021	0.490	3.846	—	—
0.80	0.503	3.948	0.640	5.024	—	—
0.90	0.636	4.993	0.810	6.358	—	—
1.00	0.785	6.162	1.000	7.850	—	—
1.10	0.950	7.458	1.210	9.498	—	—
1.20	1.131	8.878	1.440	11.30	—	—
1.40	1.539	12.08	1.960	15.39	—	—
1.60	2.011	15.79	2.560	20.10	2.217	17.40
1.80	2.545	19.98	3.240	25.43	2.806	22.03
2.00	3.142	24.66	4.000	31.40	3.464	27.20
2.20	3.801	29.84	4.840	37.99	4.192	32.91

（续）

公称尺寸 /mm	圆形		方形		六角形	
	截面面积 /mm²	理论质量 /(kg/1000m)	截面面积 /mm²	理论质量 /(kg/1000m)	截面面积 /mm²	理论质量 /(kg/1000m)
2.50	4.909	38.54	6.250	49.06	5.413	42.49
2.80	6.158	48.34	7.840	61.54	6.790	53.30
3.00*	7.069	55.49	9.000	70.65	7.795	61.19
3.20	8.042	63.13	10.24	80.38	8.869	69.62
3.50	9.621	75.52	12.25	96.16	10.61	83.29
4.00	12.57	98.67	16.00	125.6	13.86	108.8
4.50	15.90	124.8	20.25	159.0	17.54	137.7
5.00	19.64	154.2	25.00	196.2	21.65	170.0
5.50	23.76	186.5	30.25	237.5	26.20	205.7
6.00*	28.27	221.9	36.00	282.6	31.18	244.8
6.30	31.17	244.7	39.69	311.6	34.38	269.9
7.00	38.48	302.1	49.00	384.6	42.44	333.2
8.00	50.27	394.6	64.00	502.4	55.43	435.1
9.00	63.62	499.4	81.00	635.8	70.15	550.7
10.0	78.54	616.5	100.00	785.0	86.61	679.9
11.0	95.03	746.0	—	—	—	—
12.0	113.1	887.8	—	—	—	—
14.0	153.9	1208.1	—	—	—	—
16.0	201.1	1578.6	—	—	—	—

注：1. 表中的理论质量是按密度为 $7.85g/cm^3$ 计算的，对特殊合金钢丝，在计算理论质量时应采用相应牌号的密度。

2. 表内尺寸一栏，对于圆钢丝表示直径；对于方钢丝表示边长；对于六角钢丝表示对边距离。

3. 表中的钢丝直径系列采用 R20 优先数系，其中“*”符号系列补充的 R40 优先数系中的优先数系。

4. 直条钢丝的通常长度为 2000~4000mm，允许供应长度不小于 1500mm 的短尺钢丝，但其质量不得超过该批质量的 15%。

5. 直条钢丝按定尺、倍尺交货时，其长度允许偏差为 $^{+50}_{0}$mm。

4. 优质碳素结构钢丝（YB/T 5303—2010）

（1）用途　主要用于制造各种机器结构零件、标准件等。

（2）分类（见表 3-261）

表 3-261　钢丝的分类

按力学性能分	按截面分	按表面状态分
硬状态:代号为 I 软状态:代号为 R	圆形钢丝:代号为 d 方形钢丝:代号为 a 六角钢丝:代号为 s	冷拉:代号为 WCD 银亮:代号为 ZY

（3）尺寸规格（见表3-262）

表3-262　钢丝的尺寸要求

冷拉钢丝	银亮钢丝
应符合GB/T 342—1997《冷拉圆钢丝、方钢丝、六角钢丝尺寸、外形、质量及允许偏差》中的规定	应符合GB/T 3207—2008《银亮钢丝尺寸、外形、质量及允许偏差》中的规定

（4）盘重（见表3-263）

表3-263　钢丝的盘重

钢丝直径/mm	每盘质量/kg≥	钢丝直径/mm	每盘质量/kg≥
>0.3~1.0	10	>1.0~3.0	10
		>3.0~6.0	12
		>6.0~10.0	15

（5）力学性能

1）硬状态钢丝的力学性能见表3-264。

表3-264　硬状态优质碳素结构钢钢丝的力学性能

钢丝公称直径/mm	抗拉强度 R_m/MPa ≥					反复弯曲/次 ≥				
	牌号									
	08、10	15、20	25、30、35	40、45、50	55、60	8~10	15~20	25~35	40~50	55~60
0.3~0.8	750	800	1000	1100	1200	—	—	—	—	—
>0.8~1.0	700	750	900	1000	1100	6	6	6	5	5
>1.0~3.0	650	700	800	900	1000	6	6	5	4	4
>3.0~6.0	600	650	700	800	900	5	5	5	4	4
>6.0~10.0	550	600	650	750	800	5	4	3	2	2

2）软状态钢丝的力学性能见表3-265。

表3-265　软状态优质碳素结构钢钢丝的力学性能

牌号	力学性能			牌号	力学性能		
	抗拉强度 R_m/MPa	断后伸长率 A(%)≥	断面收缩率 Z(%)		抗拉强度 R_m/MPa	断后伸长率 A(%)≥	断面收缩率 Z(%)
10	450~700	8	50	35	600~850	6.5	35
15	500~750	8	45	40	600~850	6	35
20	550~750	7.5	40	45	650~900	6	30
25	550~800	7	40	50	650~900	6	30
30	550~800	7	35				

5. 碳素工具钢丝（YB/T 5322—2010）

（1）用途　主要用于制造工具、针及耐磨零件等。

（2）规格尺寸（见表3-266）

表3-266　碳素工具钢丝的规格尺寸

分类、直径及允许偏差规定	分类及代号		冷拉、退钢丝	磨光钢丝
	冷拉钢丝:WCD 磨光钢丝:SP 退火钢丝:A		直径及允许偏差按GB/T 342—1997中11级的规定	直径及允许偏差按GB/T 3207—2008中h11级的规定
钢丝长度	公称直径/mm	通常长度/m	短尺	
			长度/m ≥	数量
	1.00~3.00	1~2	0.8	不超过每批质量15%
	>3.00~6.00	2~3.5	1.2	
	>6.00~16.00	2~4	1.5	
钢丝盘重	公称尺寸/mm	每盘质量/kg ≥	备注	
	>1.00~1.50	1.50	钢丝成盘交货时，每盘由同一根钢丝组成，其质量应符合本表规定 允许供应质量不少于表内规定盘重的50%的钢丝，其数量不得超过交货质量的10% 钢丝采用GB/T 1298—2008碳素工具钢牌号制成，牌号由需方指定	
	>1.50~3.00	5.00		
	>3.00~4.50	8.00		
	>4.50	10.00		

（3）牌号及力学性能（见表3-267）

表3-267　钢丝用钢的牌号及力学性能

牌号	试样淬火		退火状态	退火状态	冷拉状态
	淬火温度和冷却剂	硬度值HRC	硬度值HBW	抗拉强度 R_m/MPa	
T7(A)	800~820℃，水	≥62	≤187	490~685	≤1080
T8(A)、T8Mn(A)	780~800℃，水				
T9(A)	760~780℃，水		≤192		
T10(A)			≤197	540~735	
T11(A)、T12(A)			≤207		
T13(A)			≤217		

注：1. 直径小于5mm的钢丝，不做试样淬火硬度和退火硬度检验。

2. 检验退火硬度时，不检验抗拉强度。

6. 合金结构钢丝（YB/T 5301—2010）

（1）分类（见表3-268）

表 3-268　合金结构钢丝的分类

按交货状态分类	代　号
冷拉	WCD
退火	A

(2) 尺寸规格和盘重（见表 3-269）

表 3-269　钢丝的尺寸规格和盘重

尺寸、外形	允许偏差级别
分别符合 GB/T 342 的规定	符合 GB/T 342 表 3 中 11 级的规定
钢丝公称尺寸/mm	每盘质量/kg
≤3.00	≥10
>3.00	≥15
马氏体及半马氏体钢	≥10

注：本表适用于直径不大于 10mm 的合金结构钢冷拉圆钢丝以及 2~8mm 的冷拉方、六角钢丝。

(3) 力学性能（见表 3-270）

表 3-270　钢丝交货状态的力学性能

交货状态	公称尺寸，≤5.00mm	公称尺寸，≥5.00mm
	抗拉强度 R_m/MPa	硬度　HBW
冷拉	≤1080	≤302
退火	≤930	≤296

注：钢丝的交货状态应在合同中注明，未注明时按冷拉状态交货。

7. 合金工具钢丝（YB/T 095—2015）

(1) 用途　用于制造工具和零件。

(2) 规格要求（见表 3-271）

表 3-271　合金工具钢丝规格要求

项　目	指　标
尺寸及其允许偏差	1）钢丝的公称直径范围为 1.00~20.0mm，预硬化状态钢丝的公称直径范围为 3.00~13.0mm。 2）退火或预硬化状态交货的钢丝，其直径允许偏差应符合 GB/T 342—1997 的表 3 中 11 级精度的规定，直径大于 16.0mm 的钢丝，其直径允许偏差应由供需双方协商确定，并在合同中注明。 3）磨光钢丝的直径应符合 GB/T 3207—2008 的规定，直径允许偏差应符合 11 级精度的规定。经供需双方协商，并在合同中注明，可提供其他尺寸及精度的钢丝。

（续）

项目	指标
外形	退火或预硬化钢丝通常以盘卷状交货，每盘应由一根钢丝组成，钢丝盘卷应规整，不得散乱、打结，不应有明显的扭曲，根据需方要求，并在合同中注明，也可以直条交货。磨光钢丝以直条交货 退火或预硬化钢丝外形应符合 GB/T 342—1997 的规定。磨光钢丝外形应符合 GB/T 3207—2008 的规定
交货状态	钢丝以退火、预硬化或磨光状态交货

（3）牌号及化学成分

5SiMoV 和 4Cr5MoSiVS 钢丝用钢的化学成分（熔炼分析）应符合表 3-272 规定，牌号 9SiCr、5CrW2Si、5SiMoV、5Cr3MnSiMo1V、Cr12Mo1V1、Cr12MoV、Cr5Mo1V、CrWMn、9CrWMn、7CrSiMnMoV、3Cr2W8V、4Cr5MoSiV、4Cr5MoSiVS、4Cr5MoSiV1、3Cr2Mo、3Cr2MnNiMo 的化学成分（熔炼分析）应符合 GB/T 1299—2014 的规定。经供需双方协商，可生产其他牌号钢丝。

表 3-272 5SiMoV 和 4Cr5MoSiVS 的化学成分（熔炼分析）

序号	牌号	化学成分(质量分数,%)							
		C	Si	Mn	P	S	Cr	Mo	V
1	5SiMoV	0.40~0.55	0.90~1.20	0.30~0.50	≤0.030	≤0.030	—	0.30~0.60	0.15~0.50
2	4Cr5MoSiVS	0.33~0.43	0.80~1.25	0.80~1.20	≤0.030	0.08~0.16	4.75~5.50	1.20~1.60	0.30~0.80

（4）力学性能（见表 3-273 和表 3-274）

表 3-273 退火钢丝的布氏硬度值与试样淬火后的洛氏硬度值

牌号	退火交货状态钢丝硬度 HBW≤	试样淬火硬度		
		淬火温度/°C	冷却剂	淬火硬度 HRC≥
9SiCr	241	820~860	油	62
5CrW2Si	255	860~900	油	55
5SiMoV	241	840~860	盐水	60
5Cr3MnSiMo1V	235	925~955	空	59
Cr12Mo1V1	255	980~1040	油或（空）	62（59）
Cr12MoV	255	1020~1040	油或（空）	61（58）
Cr5Mo1V	255	925~985	空	62
CrWMn	255	820~840	油	62
9CrWMn	255	820~840	油	62
3Cr2W8V	255	1050~1100	油	52
4Cr5MoSiV	235	1000~1030	油	53
4Cr5MoSiVS	235	1000~1030	油	53
4Cr5MoSiV1	235	1020~1050	油	56

注：直径小于 5.0mm 的钢丝不作退火硬度检验，根据需方要求可作拉伸或其他检验，合格范围由双方协商。

表 3-274　各级别预硬钢丝的硬度和抗拉强度

级别	1	2	3	4
洛氏硬度　HRC	35~40	40~45	45~50	50~55
抗拉强度/MPa	1080~1240	1240~1450	1450~1710	1710~2050
维氏硬度①　HV	330~380	380~440	440~510	510~600

注：1. 硬度与抗拉强度按 GB/T 1172—1999 表 1 中铬硅锰钢的规定换算，四舍五入取整。
2. 钢丝直径大于 3.0mm 时检验硬度，直径不大于 3.0mm 时检验抗拉强度，其合格级别由双方协商确定。根据需方要求，经双方协商并在合同中注明，允许以其他性能指标交货。

① 维氏硬度（HV）仅供参考，不作判断依据。

8. 高速工具钢丝（YB/T 5302—2010）

（1）用途　主要用于麻花钻头、丝锥等切削工具。

（2）规格尺寸（见表 3-275）

表 3-275　高速工具钢丝规格尺寸　（单位：mm）

钢公称直径	通常长度	短尺长度≥
1.00~3.00	1000~2000	800
>3.00	2000~4000	1200

（3）盘重（见表 3-276）

表 3-276　钢丝的最小盘重

钢丝直径/mm	盘重/kg ≥
<3.00	15
≥3.00	30

（4）热处理制度及硬度（见表 3-277）

表 3-277　钢丝试样淬火-回火硬度

数字统一牌号	牌　号	试样热处理制度及硬度值			
		淬火温度/°C	冷却剂	回火温度/°C	硬度值 HRC
T51841	W18Cr4V	1270~1285	油	550~570	≥63
T66541	W6Mo5Cr4V2	1210~1230		550~570	
T69341	W9Mo3Cr4V	1220~1240		540~560	
T64340	W4Mo3Cr4VSi	1170~1190		540~560	

9. 碳素弹簧钢丝（GB/T 4357—2009）

（1）用途　用于机械工业制作弹簧和其他弹性元件。

（2）分类和尺寸规格　钢丝按照抗拉强度分类为低抗拉强度、中等抗拉强度和高抗拉强度，分别用符号 I、M 和 H 代表。按照弹簧载荷特点分类为静载荷和动载荷，分别用S和D代表。表3-278列出了不同强度等级和不同载荷类型对应的直径范围及类别代码，表中代码的首位是弹簧载荷分类代码，第二位是抗拉强度等级代码。

表3-278　强度级别、载荷类型与直径范围

强度等级	静载荷	公称直径范围/mm	动载荷	公称直径范围/mm
低抗拉强度	SL型	1.00~10.00	—	—
中等抗拉强度	SM型	0.30~13.00	DM型	0.08~13.00
高抗拉强度	SH型	0.30~13.00	DH型	0.05~13.00

（3）尺寸及允许偏差（见表3-279~表3-281）

表3-279　钢丝直径及允许偏差　　（单位：mm）

钢丝公称直径 d	SH型、DM型和DH型	SL型和SM型
$0.05 \leqslant d < 0.09$	±0.003	—
$0.09 \leqslant d < 0.17$	±0.004	—
$0.17 \leqslant d < 0.26$	±0.005	—
$0.26 \leqslant d < 0.37$	±0.006	±0.010
$0.37 \leqslant d < 0.65$	±0.008	±0.012
$0.65 \leqslant d < 0.80$	±0.010	±0.015
$0.80 \leqslant d < 1.01$	±0.015	±0.020
$1.01 \leqslant d < 1.78$	±0.020	±0.025
$1.78 \leqslant d < 2.78$	±0.025	±0.030
$2.78 \leqslant d < 4.00$	±0.030	±0.030
$4.00 \leqslant d < 5.45$	±0.035	±0.035
$5.45 \leqslant d < 7.10$	±0.040	±0.040
$7.10 \leqslant d < 9.00$	±0.045	±0.045
$9.00 \leqslant d < 10.00$	±0.050	±0.050
$10.00 \leqslant d < 11.00$	±0.060	±0.060
$11.10 \leqslant d < 12.00$	±0.060	±0.070
$12.00 \leqslant d < 13.00$	±0.060	±0.070

表3-280　直条定尺钢丝直径及允许偏差　　（单位：mm）

钢丝公称直径 d	直径允许偏差	
$0.26 \leqslant d < 0.37$	−0.010	+0.015
$0.37 \leqslant d < 0.50$	−0.012	+0.018
$0.50 \leqslant d < 0.65$	−0.012	+0.020
$0.65 \leqslant d < 0.70$	−0.015	+0.025
$0.70 \leqslant d < 0.80$	−0.015	+0.030
$0.80 \leqslant d < 1.01$	−0.020	+0.035
$1.01 \leqslant d < 1.35$	−0.025	+0.045
$1.35 \leqslant d < 1.78$	−0.025	+0.050
$1.78 \leqslant d < 2.60$	−0.030	+0.060

（续）

钢丝公称直径 d	直径允许偏差	
$2.60 \leqslant d < 2.78$	-0.030	+0.070
$2.78 \leqslant d < 3.01$	-0.030	+0.075
$3.01 \leqslant d < 3.35$	-0.030	+0.080
$3.35 \leqslant d < 4.01$	-0.030	+0.090
$4.01 \leqslant d < 4.35$	-0.035	+0.100
$4.35 \leqslant d < 5.00$	-0.035	+0.110
$5.00 \leqslant d < 5.45$	-0.035	+0.120
$5.45 \leqslant d < 6.01$	-0.040	+0.130
$6.01 \leqslant d < 7.10$	-0.040	+0.150
$7.10 \leqslant d < 7.65$	-0.045	+0.160
$7.65 \leqslant d < 9.00$	-0.045	+0.180
$9.00 \leqslant d < 10.00$	-0.050	+0.200
$10.00 \leqslant d < 11.10$	-0.070	+0.240
$11.10 \leqslant d < 12.00$	-0.080	+0.260
$12.00 \leqslant d \leqslant 13.00$	-0.080	+0.300

表 3-281 定尺长度允许偏差 （单位：mm）

公称长度 L	长度允许偏差	
	1 级	2 级
$0 < L \leqslant 300$	+1.0 0	+0.01L -0
$300 < L \leqslant 1000$	+2.0 0	
$L > 1000$	+0.002L 0	

（4）力学性能（见表 3-282 和表 3-283）

表 3-282 抗拉强度要求

钢丝公称直径[①]/mm	抗拉强度[②]/MPa				
	SL 型	SM 型	DM 型	SH 型	DH[③] 型
0.05	—	—	—	—	2800~3520
0.06					2800~3520
0.07					2800~3520
0.08			2780~3100		2800~3480
0.09			2740~3060		2800~3430
0.10			2710~3020		2800~3380
0.11			2690~3000		2800~3350
0.12			2660~2960		2800~3320

（续）

钢丝公称直径[①]/mm	抗拉强度[②]/MPa				
	SL型	SM型	DM型	SH型	DH[③]型
0.14	—	—	2620~2910	—	2800~3250
0.16			2570~2860		2800~3200
0.18			2530~2820		2800~3160
0.20			2500~2790		2800~3110
0.22			2470~2760		2770~3080
0.25			2420~2710		2720~3010
0.28			2390~2670		2680~2970
0.30		2370~2650	2370~2650	2660~2940	2660~2940
0.32		2350~2630	2350~2630	2640~2920	2640~2920
0.34		2330~2600	2330~2600	2610~2890	2610~2890
0.36		2310~2580	2310~2580	2590~2890	2590~2890
0.38		2290~2560	2290~2560	2570~2850	2570~2850
0.40		2270~2550	2270~2550	2560~2830	2570~2830
0.43		2250~2520	2250~2520	2530~2800	2570~2800
0.45		2240~2500	2240~2500	2510~2780	2570~2780
0.48		2220~2480	2240~2500	2490~2760	2570~2760
0.50		2200~2470	2200~2470	2480~2740	2480~2740
0.53		2180~2450	2180~2450	2460~2720	2460~2720
0.56		2170~2430	2170~2430	2440~2700	2440~2700
0.60		2140~2400	2140~2400	2410~2670	2410~2670
0.63		2130~2380	2130~2380	2390~2650	2390~2650
0.65		2120~2370	2120~2370	2380~2640	2380~2640
0.70		2090~2350	2090~2350	2360~2610	2360~2610
0.80		2050~2300	2050~2300	2310~2560	2310~2560
0.85		2030~2280	2030~2280	2290~2530	2290~2530
0.90		2010~2260	2010~2260	2270~2510	2270~2510
0.95		2000~2240	2000~2240	2250~2490	2250~2490
1.00	1720~1970	1980~2220	1980~2220	2230~2470	2230~2470
1.05	1710~1950	1960~2220	1960~2220	2210~2450	2210~2450
1.10	1690~1940	1950~2190	1950~2190	2200~2430	2200~2430
1.20	1670~1910	1920~2160	1920~2160	2170~2400	2170~2400
1.25	1660~1900	1910~2130	1910~2130	2140~2380	2140~2380
1.30	1640~1890	1900~2130	1900~2130	2140~2370	2140~2370
1.40	1620~1860	1870~2100	1870~2100	2110~2340	2110~2340
1.50	1600~1840	1850~2080	1850~2080	2090~2310	2090~2310
1.60	1590~1820	1830~2050	1830~2050	2060~2290	2060~2290
1.70	1570~1800	1810~2030	1810~2030	2040~2260	2040~2260

（续）

钢丝公称直径[①]/mm	抗拉强度[②]/MPa				
	SL 型	SM 型	DM 型	SH 型	DH[③] 型
1.80	1550～1780	1790～2010	1790～2010	2020～2240	2020～2240
1.90	1540～1760	1770～1990	1770～1990	2000～2220	2000～2220
2.00	1520～1750	1760～1970	1760～1970	1980～2200	1980～2200
2.10	1510～1730	1740～1960	1740～1960	1970～2180	1970～2180
2.25	1490～1710	1720～1930	1720～1930	1940～2150	1940～2150
2.40	1470～1690	1700～1910	1700～1910	1920～2130	1920～2130
2.50	1460～1680	1690～1890	1690～1890	1900～2110	1900～2110
2.60	1450～1660	1670～1880	1670～1880	1890～2100	1890～2100
2.80	1420～1640	1650～1850	1650～1850	1860～2070	1860～2070
3.00	1410～1620	1630～1830	1630～1830	1840～2040	1840～2040
3.20	1390～1600	1610～1810	1610～1810	1820～2020	1820～2020
3.40	1370～1580	1590～1780	1590～1780	1790～1990	1790～1990
3.60	1350～1560	1570～1760	1570～1760	1770～1970	1770～1970
3.80	1340～1540	1550～1740	1550～1740	1750～1950	1750～1950
4.00	1320～1520	1530～1730	1530～1730	1740～1930	1740～1930
4.25	1310～1500	1510～1700	1510～1700	1710～1900	1710～1900
4.50	1290～1490	1500～1680	1500～1680	1690～1880	1690～1880
4.75	1270～1470	1480～1670	1480～1670	1680～1840	1680～1840
5.00	1260～1450	1460～1650	1460～1650	1660～1830	1660～1830
5.30	1240～1430	1440～1630	1440～1630	1640～1820	1640～1820
5.60	1230～1420	1430～1610	1430～1610	1620～1800	1620～1800
6.00	1210～1390	1400～1580	1400～1580	1590～1770	1590～1770
6.30	1190～1380	1390～1560	1390～1560	1570～1750	1570～1750
6.50	1180～1370	1380～1550	1380～1550	1560～1740	1560～1740
7.00	1160～1340	1350～1530	1350～1530	1540～1710	1540～1710
7.50	1140～1320	1330～1500	1330～1500	1510～1680	1510～1680
8.00	1120～1300	1310～1480	1310～1480	1490～1660	1490～1660
8.50	1110～1280	1290～1460	1290～1460	1470～1630	1470～1630
9.00	1090～1260	1270～1440	1270～1440	1450～1610	1450～1610
9.50	1070～1250	1260～1420	1260～1420	1430～1590	1430～1590
10.00	1060～1230	1240～1400	1240～1400	1410～1570	1410～1570
10.50	—	1220～1380	1220～1380	1390～1550	1390～1550
11.00		1210～1370	1210～1370	1380～1530	1380～1530
12.00		1180～1340	1180～1340	1350～1500	1350～1500
12.50		1170～1320	1170～1320	1330～1480	1330～1480
13.00		1160～1310	1160～1310	1320～1470	1320～1470

注：直条定尺钢丝的极限强度最多可能低10%；校直和切断作业也会降低扭转值。

① 中间尺寸钢丝抗拉强度值按表中相邻较大钢丝的规定执行。

② 对特殊用途的钢丝，可商定其他抗拉强度。

③ 对直径为0.08～0.18mm的DH型钢丝，经供需双方协商，其抗拉强度波动值范围可规定为300MPa。

表 3-283　扭转试验要求

钢丝公称直径 d/mm	最少扭转次数	
	静载荷	动载荷
0.70≤d≤0.99	40	50
0.99<d≤1.40	20	25
1.40<d≤2.00	18	22
2.00<d≤3.50	16	20
3.50<d≤4.99	14	18
4.99<d≤6.00	7	9
6.00<d≤8.00	4①	5①
8.00<d≤10.00	3①	4①

① 该值仅作为双方协商时的参考。

10. 合金弹簧钢丝（YB/T 5318—2010）

（1）用途　用于制造承受中、高应力的机械合金弹簧。

（2）规格尺寸要求（见表 3-284）

表 3-284　合金弹簧钢丝的规格尺寸要求

项目	指　标
尺寸规格	1）钢丝的直径为 0.50~14.0mm 2）冷拉或热处理钢丝直径及直径允许偏差应符合 GB/T 342—1997 的规定 3）银亮钢丝直径及直径允许偏差应符合 GB/T 3207—2008 的规定 4）根据需方要求，经供需双方协商并在合同中注明，可供应特殊要求的钢丝
外形	1）钢丝的圆度不应大于钢丝直径公差之半 2）钢丝盘应规整，打开钢丝盘时不得散乱或呈现“∞”字形 3）按直条交货的钢丝，其长度一般为 2000~4000mm。允许有长度不小于 1500mm 的钢丝，但其数量应超过总重量的 5%。

（3）盘重（见表 3-285）

表 3-285　钢丝盘重

钢丝直径/mm	最小盘重/kg	钢丝直径/mm	最小盘重/kg
0.50~1.00	1.0	>6.00~9.00	15.0
>1.00~3.00	5.0	>9.00~14.0	30.0
>3.00~6.00	10.0		

（4）力学和工艺性能（见表 3-286）

表 3-286　钢丝的力学和工艺性能要求

项目	指　标
抗拉强度	公称直径大于 5.00mm 的冷拉钢丝其抗拉强度不大于 1030MPa。经供需双方协商，也可用布氏硬度代替抗拉强度，其硬度值不大于 302HBW 根据需方要求，公称直径不大于 5.00mm 的冷拉钢丝可检验抗拉强度，合格数值由供需双方协商。对于以其他状态交货的钢丝，其抗拉强度值由供需双方协商确定。

（续）

项目	指　标
缠绕试验	公称直径不大于5.00mm的冷拉钢丝应做缠绕试验。钢丝在棒芯上缠绕6圈后不得破裂、折断。缠绕棒芯直径规定如下： 钢丝公称直径不大于4.00mm时，缠绕芯棒直径等于钢丝公称直径 钢丝公称直径大于4.00mm时，缠绕芯棒直径等于钢丝公称直径的2倍

注：钢丝按交货状态分为三类，其代号如下：
冷拉：WCD
热处理：退火——A、正火——N
银亮：ZY

11. 重要用途碳素弹簧钢丝（YB/T 5311—2011）

（1）用途　主要用于制造具有高应力、阀门弹簧等重要用途的不经热处理或仅经低温回火的弹簧。

（2）规格尺寸（见表3-287）

表3-287　钢丝的用途和规格尺寸

序　号	组别	用　途	直径范围/mm
1	E组	主要用于制造承受中等应力的动载荷的弹簧	0.10~7.00
2	F组	主要用于制造承受较高应力的动载荷的弹簧	0.10~7.00
3	G组	主要用于制造承受振动载荷的阀门弹簧	1.00~7.00

注：1. 钢丝公称直径的允许偏差，E组和F组应符合GB/T 342—1997表2中10级的规定，G组应符合11级的规定。经供需双方协议，可供其他偏差级别钢丝。
2. 钢丝的圆度应不大于直径公差之半。

（3）钢丝和钢坯的化学成分（表3-288）。

（4）钢丝的力学性能（见表3-289）

（5）钢丝盘重（表3-290）

表3-288　钢丝和钢坯的化学成分

组别	化学成分(质量分数,%)							
	C	Mn	Si	P	S	Cr	Ni	Cu
E、F、G	0.60~0.95	0.30~1.00	≤0.37	≤0.025	≤0.020	≤0.15	≤0.15	≤0.20

注：1. 经供需双方协商，可选用其他牌号。
2. 成品钢丝和钢坯的化学成分允许偏差应符合GB/T 222的规定。

表3-289　钢丝的力学性能

直径/mm	抗拉强度 R_m/MPa			直径/mm	抗拉强度 R_m/MPa		
	E组	F组	G组		E组	F组	G组
0.10	2440~2890	2900~3380	—	0.18	2390~2770	2780~3160	—
0.12	2440~2860	2870~3320	—	0.20	2390~2750	2760~3110	—
0.14	2440~2840	2850~3250	—	0.22	2370~2720	2730~3080	—
0.16	2440~2840	2850~3200	—	0.25	2340~2690	2700~3050	—

（续）

直径/mm	抗拉强度 R_m/MPa			直径/mm	抗拉强度 R_m/MPa		
	E组	F组	G组		E组	F组	G组
0.28	2310～2660	2670～3020	—	1.60	1820～2140	2150～2450	1750～2010
0.30	2290～2640	2650～3000	—	1.80	1800～2120	2060～2360	1700～1960
0.32	2270～2620	2630～2980	—	2.00	1790～2090	1970～2250	1670～1910
0.35	2250～2600	2610～2960	—	2.20	1700～2000	1870～2150	1620～1860
0.40	2250～2580	2590～2940	—	2.50	1680～1960	1830～2110	1620～1860
0.45	2210～2560	2570～2920	—	2.80	1630～1910	1810～2070	1570～1810
0.50	2190～2540	2550～2900	—	3.00	1610～1890	1780～2040	1570～1810
0.55	2170～2520	2530～2880	—	3.20	1560～1840	1760～2020	1570～1810
0.60	2150～2500	2510～2850	—	3.50	1500～1760	1710～1970	1470～1710
0.63	2130～2480	2490～2830	—	4.00	1470～1730	1680～1930	1470～1710
0.70	2100～2460	2470～2800	—	4.50	1420～1680	1630～1880	1470～1710
0.80	2080～2430	2440～2770	—	5.00	1400～1650	1580～1830	1420～1660
0.90	2070～2400	2410～2740	—	5.50	1370～1610	1550～1800	1400～1640
1.00	2020～2350	2360～2660	1850～2110	6.00	1350～1580	1520～1770	1350～1590
1.20	1940～2270	2280～2580	1820～2080	6.50	1320～1550	1490～1740	1350～1590
1.40	1880～2200	2210～2510	1780～2040	7.00	1300～1530	1460～1710	1300～1540

注：中间尺寸钢丝的抗拉强度按相邻较大尺寸的规定执行。根据需方要求，并在合同中注明，中间尺寸钢丝的抗拉强度亦可按相邻较小尺寸的规定执行。

表3-290 钢丝盘重

钢丝直径/mm	最小盘重/kg	钢丝直径/mm	最小盘重/kg
0.10	0.1	>0.8～1.80	2.0
>0.10～0.20	0.2	>1.80～3.00	5.0
>0.20～0.30	0.5	>3.00～7.00	8.0
>0.30～0.80	1.0		

12. 焊接用不锈钢丝（YB/T 5092—2005）

（1）分类和牌号

1）钢丝按组织状态分类及牌号列于表3-291。

表3-291 分类和牌号

类别	牌号		
奥氏体型	H05Cr22Ni11Mn6Mo3VN	H12Cr24Ni13	H03Cr19Ni12Mo2Si1
	H10Cr17Ni8Mn8Si4N	H03Cr24Ni13Si	H03Cr19Ni12Mo2Cu2
	H05Cr20Ni6Mn9N	H03Cr24Ni13	H08Cr19Ni14Mo3
	H05Cr18Ni5Mn12N	H12Cr24Ni13Mo2	H03Cr19Ni14Mo3
	H10Cr21Ni10Mn6	H03Cr24Ni13Mo2	H08Cr19Ni12Mo2Nb

（续）

类　别	牌　号		
奥氏体型	H09Cr21Ni9Mn4Mo	H12Cr24Ni13Si1	H07Cr20Ni34Mo2Cu3Nb
	H08Cr21Ni10Si	H03Cr24Ni13Si1	H02Cr20Ni34Mo2Cu3Nb
	H08Cr21Ni10	H12Cr26Ni21Si	H08Cr19Ni10Ti
	H06Cr21Ni10	H12Cr26Ni21	H21Cr16Ni35
	H03Cr21Ni10Si	H08Cr26Ni21	H08Cr20Ni10Nb
	H03Cr21Ni10	H08Cr19Ni12Mo2Si	H08Cr20Ni10SiNb
	H08Cr20Ni11Mo2	H08Cr19Ni12Mo2	H02Cr27Ni32Mo3Cu
	H04Cr20Ni11Mo2	H06Cr19Ni12Mo2	H02Cr20Ni25Mo4Cu
	H08Cr21Ni10Si1	H03Cr19Ni12Mo2Si	H06Cr19Ni10TiNb
	H03Cr21Ni10Si1	H03Cr19Ni12Mo2	H10Cr16Ni8Mo2
	H12Cr24Ni13Si	H08Cr19Ni12Mo2Si1	
奥氏体+铁素体（双相钢）型	H03Cr22Ni8Mo3N	H04Cr25Ni5Mo3Cu2N	H15Cr30Ni9
马氏体型	H12Cr13	H06Cr12Ni4Mo	H31Cr13
铁素体型	H06Cr14	H01Cr26Mo	H08Cr11Nb
	H10Cr17	H08Cr11Ti	
沉淀硬化型	H05Cr17Ni4Cu4Nb		

2）钢丝按交货状态分为两类：冷拉状态，代号为WCD；软态（光亮处理或热处理后酸洗），代号为S。

（2）钢丝直径及允许偏差（表3-292）

表3-292　钢丝直径及允许偏差

钢丝公称直径/mm	直径允许偏差/mm	钢丝公称直径/mm	直径允许偏差/mm
0.6~1	0 -0.070	>3~6	0 -0.124
>1~3	0 -0.100	>6~10	0 -0.150

（3）各牌号钢丝的主要用途（见表3-293）

表3-293　各牌号钢丝的主要用途

序号	牌　号	主要用途
1	H05Cr22Ni11Mn6Mo3VN	常用于焊接同牌号的不锈钢，也可以用于不同种类合金及低碳钢与不锈钢的焊接。用作熔化极气体保护焊丝可直接在碳钢上进行堆焊，形成具有较高强韧性和良好抗晶间腐蚀能力的耐腐蚀保护层
2	H10Cr17Ni8Mn8Si4N	常用于焊接同牌号的不锈钢，也可以用于低碳钢与不锈钢等不同钢种的焊接。与08Cr19Ni9类钢比较，该种焊丝的熔敷层具有更好的强韧性和耐磨性，常用作低碳钢的堆焊材料

（续）

序号	牌　号	主要用途
3	H05Cr20Ni6Mn9N	常用于焊接同牌号的不锈钢，也可以用于低碳钢与不锈钢等不同钢种的焊接。该焊丝使用性能与前两种相似，主要用作熔化极气体保护焊丝，不适宜用作钨极气体保护焊、等离子弧焊和电子束焊的充填焊丝
4	H05Cr18Ni5Mn12N	常用于焊接同牌号的不锈钢，用途和使用性能与H05Cr20Ni6Mn9N相似，只是熔敷层的耐蚀稍差，而耐磨性能更好点
5	H10Cr21Ni10Mn6	用途同H05Cr22Ni11Mn6Mo3VN焊丝，具有良好的强韧性和优良的抗磨性能，主要用于耐磨高锰钢的焊接和碳钢的表面堆焊
6	H09Cr21Ni9Mn4Mo	主要用于不同种钢的焊接，如奥氏体锰钢与碳钢锻件或铸件的焊接。焊缝强度适中，但具有良好的抗裂性能
7	H08Cr21Ni10Si H08Cr21Ni10	用于18-8、18-12和20-10型奥氏体不锈钢的焊接，是08Cr19Ni9（304）型不锈钢最常用的焊接材料
8	H06Cr21Ni10	除碳含量控制在上限外，其他成分与H08Cr21Ni10相同。由于碳量较高，焊缝在高温条件下具有较高的抗拉强度和较好的抗蠕变性能。常用于焊接07Cr19Ni9（304H）
9	H03Cr21Ni10Si H03Cr21Ni10	除碳含量较低外，其他成分与H08Cr21Ni10相同。由于碳含量较低，不至于在晶间产生碳化物析出，其抗晶间腐蚀能力与含铌或钛等稳定化元素的钢相似，但高温强度稍低
10	H08Cr20Ni11Mo2	除钼含量较高外，其他成分与H03Cr21Ni10基本相同。常用于焊接铬、镍、钼含量相近的铸件；在希望焊缝中铁素体含量较高条件下，也可用于07Cr17Ni12Mo2（316）锻件的焊接
11	H04Cr20Ni11Mo2	除碳含量较低外，其他成分与H08Cr20Ni11Mo2相同。常用于焊接铬、镍、钼含量相近的铸件；在希望焊缝中铁素体含量较高，也可用于03Cr17Ni12Mo2（316L）锻件的焊接
12	H08Cr21Ni10Si1 H03Cr21Ni10Si1	除硅含量较高外，其他成分与H08Cr21Ni10和H03Cr21Ni10相同。在气体保护焊接过程中，硅能改善焊缝钢水的流动性和浸润性，使得焊缝光滑、平整。如果焊缝被母材稀释生成低铁素体或纯奥氏体组织，则焊缝裂纹敏感性要比用低硅焊丝高点
13	H12Cr24Ni13Si H12Cr24Ni13	用于焊接成分相似的锻件和铸件，也可以用于不同种金属的焊接，如08Cr19Ni9不锈钢与碳钢的焊接；常用于08Cr19Ni9复合钢板的复层焊接，以及碳钢壳体内衬不锈钢薄板的焊接
14	H03Cr24Ni13Si H03Cr24Ni13	除碳含量较低外，其他成分与H12Cr24Ni13Si和H12Cr24Ni13相同。由于碳含量较低，不至于在晶间产生碳化物析出，其抗晶间腐蚀能力与含铌或钛等稳定化元素的钢相似，但高温强度稍低

（续）

序号	牌　号	主要用途
15	H12Cr24Ni13Mo2	除含 2.0%～3.0%（质量分数）钼外，其他成分与 H12Cr24Ni13 相同。因为钼能提高钢在含卤化物气氛中的抗点腐蚀的能力，该焊丝主要用于钢材表面堆焊，作为 H08Cr19Ni12Mo2 或 H08Cr19Ni14Mo3 填充金属多层堆焊的第一层堆焊，以及在碳钢壳体中含钼不锈钢内衬的焊接、含钼不锈钢复合钢板与碳钢或 08Cr19Ni9 不锈钢的连接
16	H03Cr24Ni13Mo2	除碳含量较低外，其他成分与 H12Cr24Ni13Mo2 相同，其抗晶间腐蚀能力优于 H12Cr24Ni13Mo2。在表面多层的堆焊时，为保证后续堆焊层有较低的含碳量，第一层通常采用低碳的 H03Cr24Ni13Mo2 焊丝
17	H12Cr24Ni13Si1 H03Cr24Ni13Si1	除硅含量提高到 0.65%～1.00%（质量分数）外，其他成分与 H12Cr24Ni13Si 和 H03Cr24Ni13Si 相同。在气体保护焊接过程中，硅能改善焊缝钢水的流动性和浸润性，使得焊缝光滑、平整，如果焊缝被母材稀释生成低铁素体或纯奥氏体组织，则焊缝裂纹敏感性要比用低硅焊丝高点
18	H12Cr26Ni21Si H12Cr26Ni21	该牌号具有良好的耐热和耐腐蚀性能，常用于焊接 25-20(310)型不锈钢
19	H08Cr19Ni12Mo2Si H08Cr19Ni12Mo2	牌号中含有 2.0%～3.0%（质量分数）的钼，因而钢具有良好的抗点腐蚀能力，在高温下抗蠕变性能也显著提高。常用于焊接在高温下工作或在含有氯离子气氛中工作的 07Cr17Ni12Mo2 不锈钢
20	H06Cr19Ni12Mo2	除碳含量控制在上限外，其他成分与 H08Cr19Ni12Mo2 相同，但其高温抗拉强度有所提高。主要用于焊接 07Cr17Ni12Mo2(316H)不锈钢
21	H03Cr19Ni12Mo2Si H03Cr19Ni12Mo2	除碳含量较低外，其他成分与 H08Cr19Ni12Mo2 相同，主要用于焊接超低碳含钼奥氏体不锈钢及合金。因为碳含量低，在不采用钛、铌等稳定化元素的条件下，焊缝具有良好的抗晶间腐蚀性能，但高温抗拉强度低于含钛、铌的焊缝
22	H08Cr19Ni12Mo2Si1 H03Cr19Ni12Mo2Si1	除硅含量提高到 0.65%～1.00%（质量分数）外，其他成分与 H08Cr19Ni12Mo2Si1 和 H03Cr19Ni12Mo2Si1 相同。用于熔化极气体保护焊中，可改善充填金属的工艺性，如果焊缝被母材稀释生成低铁素体或纯奥氏体组织，则焊缝裂纹敏感性要比用低硅焊丝高点
23	H03Cr19Ni12Mo2Cu2	牌号中含有 1.0%～2.5%（质量分数）的铜，其耐腐蚀和耐点蚀性能优于 H03Cr19Ni12Mo2。主要用于焊接耐硫酸腐蚀的容器、管道及结构件
24	H08Cr19Ni14Mo3	该牌号耐点蚀、缝隙腐蚀和抗蠕变性能优于 H08Cr19Ni12Mo2。常用于焊接 08Cr19Ni13Mo3 不锈钢和成分相似的合金，在点腐蚀和缝隙腐蚀的比较严重的环境中工作

（续）

序号	牌　号	主要用途
25	H03Cr19Ni14Mo3	在不添加钛或铌等稳定化元素的情况下，通过降低碳含量，提高钢的抗晶间腐蚀能力
26	H08Cr19Ni12Mo2Nb	通过添加铌来稳定碳，防止晶间析出碳化铬，提高钢的抗晶间腐蚀能力。用于焊接成分相似的不锈钢
27	H07Cr20Ni34Mo2Cu3Nb	用于焊接成分相似的合金，通常焊件均用于腐蚀性较强的气氛或介质中，如含硫酸、亚硫酸及其盐类的介质中。因为含有稳定化元素铌，用该焊丝焊接的铸件和锻件，焊后可以不进行热处理
28	H02Cr20Ni34Mo2Cu3Nb	该牌号的基本成分与H07Cr20Ni34Mo2Cu3Nb相同，但磷、硅、磷、硫的含量比较低，对铌和锰含量控制也比较严，因而可以在不降低抗晶间腐蚀的前提下，大幅度减少纯奥氏体焊缝的热裂纹和刀状腐蚀裂纹。焊丝用于成分相似的合金的钨极气体保护焊、熔化极气体保护焊及埋弧焊，但采用埋弧焊时，焊缝容易产生热裂纹。焊缝抗拉强度比用H07Cr20Ni34Mo2Cu3Nb焊接时低
29	H08Cr19Ni10Ti	通过添加钛来稳定碳，防止晶间析出碳化铬，提高钢的抗晶间腐蚀能力，用于焊接成分相似的不锈钢。该焊丝宜采用惰性气体保护焊，不宜采用埋弧焊。因为埋弧焊极易造成焊缝中钛的流失
30	H21Cr16Ni35	用于焊接在980℃以上工作的耐热和抗氧化部件，因为镍含量高，不适宜焊接在高硫气氛中工作的部件。最常见的用途是焊接成分相似的铸件和锻件，或用于合金铸件缺陷的补焊
31	H08Cr20Ni10Nb	通过添加铌来稳定碳，防止晶间析出碳化铬，提高钢的抗晶间腐蚀能力，用于焊接成分相似的不锈钢。如果焊缝被母材稀释生成低铁素体或纯奥氏体组织，则焊缝裂纹敏感性明显升高
32	H08Cr20Ni10SiNb	除硅含量提高到0.65%～1.00%（质量分数）外，其他成分与H08Cr20Ni10Nb相同。用于熔化极气体保护焊中，可改善充填金属的工艺性，如果焊缝被母材稀释生成低铁素体或纯奥氏体组织，则焊缝裂纹敏感性要比用低硅焊丝高点
33	H02Cr27Ni32Mo3Cu	用于焊接铁镍基高温合金和成分相近的不锈钢，通常在硫酸和磷酸介质中使用。为减少焊缝中的热裂纹和刀状腐蚀裂纹，应将焊丝中的碳、硅、磷、硫控制在规定的较低范围内
34	H02Cr20Ni25Mo4Cu	主要用于焊接装运硫酸或装运含有氯化物介质的容器，也可用于03Cr19Ni14Mo3型不锈钢的焊接。为减少焊缝中的热裂纹和刀状腐蚀裂纹，应将焊丝中的碳、硅、磷、硫控制在规定的较低范围内

（续）

序号	牌　　号	主 要 用 途
35	H06Cr19Ni10TiNb	该焊丝成分与 H06Cr21Ni10 相似，只是对铬、钼含量加以限制，同时添加适量钛和铌，目的是控制焊缝中铁素体含量，降低在高温下长期使用过程中的 σ 相的析出，防止焊缝变脆。为保持相平衡，焊接过程中要采取相应措施，防止增铬与铬的烧损
36	H10Cr16Ni8Mo2	主要用于 08Cr16Ni8Mo2、07Cr17Ni12Mo2（316）和 08Cr18Ni12Nb(347)型高温、高压不锈钢管的焊接。因为焊缝中一般含有不高于 5%（体积分数）的铁素体，焊缝具有良好的热塑性，即使在应力作用下，也不会产生热裂纹和弧坑裂纹，焊缝可在焊态或固溶状态下使用。在某些介质中 H12Cr16Ni8Mo2 焊缝的耐蚀性能不如 07Cr17Ni12Mo2，此时应选用耐蚀性能更好的焊丝
37	H03Cr22Ni8Mo3N	主要用于焊接 03Cr22Ni6Mo3N 等含有 22%（质量分数）铬的双相不锈钢。因为焊缝为奥氏体-铁素体两相组织，具有抗拉强度高、抗应力腐蚀能力强、抗点蚀性能显著改善等优点
38	H04Cr25Ni5Mo3Cu2N	主要用于焊接含有 25%（质量分数）铬的双相不锈钢。焊缝具有奥氏体-铁素体双相不锈钢的全部优点
39	H15Cr30Ni9	常用于焊接成分相似的铸造合金，也可以用于碳钢和不锈钢（特别是高镍不锈钢）的焊接。因焊丝的铁素体形成元素含量高，即使焊缝金属被母材（高镍）稀释，焊丝中仍能保持较高的铁素体含量，焊缝仍具有很强的抗裂纹能力
40	H12Cr13	常用于焊接成分相似的合金，也可以用于碳钢表面堆焊，以获得耐腐蚀、抗点蚀的耐磨层。焊前应对焊接进行预热，焊后应进行热处理
41	H06Cr12Ni14Mo	主要用于焊接 08Cr13Ni4Mo 铸件和各种规格的 15Cr13、08Cr13 和 08Cr13Al 不锈钢。该焊丝通过降铬和加镍来限制焊缝产生铁素体。为防止显微组织中未回火马氏体重新硬化，焊后热处理温度不宜超过 620℃
42	H31Cr13	除碳含量较高外，其他成分与 H12Cr13 相似，主要用于 12%（质量分数）铬钢的表面堆焊，其熔敷层硬度更高，耐磨性更好
43	H06Cr14	用于焊接 08Cr13 型不锈钢，焊缝韧性较好，有一定的耐蚀性能，焊接前后无需预热和热处理
44	H10Cr17	用于焊接 12Cr17 型不锈钢，焊缝具有良好的抗腐蚀性能，经热处理后能保持足够的韧性。焊接过程中，通常要求预热和焊后热处理
45	H01Cr26Mo	该牌号为超纯铁素体焊丝，主要用于超纯铁素体不锈钢的惰性气体保护焊。焊接过程中应充分注意焊件的清洁和保护气体的有效使用，防止焊缝被氧和氮污染

（续）

序号	牌　号	主要用途
46	H08Cr11Ti	用于焊接同类不锈钢或不同种类的低碳钢材。焊缝中因含有稳定化元素钛，改善钢的抗晶间腐蚀性能，抗拉强度也有所提高，目前主要用于汽车尾气排放部件的焊接
47	H08Cr11Nb	以铌代铁，用途同 H08Cr11Ti。因为铌在电弧下氧化烧损很少，可以更精确地控制焊缝成分
48	H05Cr17Ni4Cu4Nb	用于焊接 07Cr17Ni4Cu4Nb 和其他类型的沉淀硬化型不锈钢。焊丝成分经调整后，可以防止焊缝中产生有害的网状铁素体组织。根据焊缝尺寸和使用条件，焊件可在焊态、焊态加沉淀硬化态或焊态加固溶处理加沉淀硬化态使用

13. 热处理型冷镦钢丝（GB/T 5953.1—2009）

（1）用途　适用于制造铆钉、螺栓、螺钉和螺柱等紧固件及冷成型件用优质碳素结构钢丝和合金结构钢丝（以下简称钢丝）。紧固件或冷成形件经冷镦或冷挤压成型后，需要进行表面渗碳、渗氮、调质等热处理。

（2）尺寸钢丝的公称直径为 1.00～45.00mm。

1）公称直径不大于 16.00mm 的钢丝直径允许偏差应符合 GB/T 342—1997 表 3 中 10 级的规定；公称直径大于 16.00～25.00mm 的钢丝直径允许偏差应符合 GB/T 905—1994 表 2 中 11 级的规定；公称直径大于 25.00mm 的钢丝精度由供需双方协商。

2）直径不大于 16.00mm 的磨光钢丝尺寸允许偏差应符合 GB/T 3207—2008 的 10 级的规定；直径大于 16.00～25.00mm 的磨光钢丝尺寸允许偏差应符合 GB/T 3207—2008 的 11 级的规定；直径大于 25.00mm 的钢丝精度由供需双方协商。

3）钢丝的圆度误差应不大于直径公差之半。

4）根据需方要求，并在合同中注明，可提供特殊精度要求的钢丝。

（3）质量

1）每盘钢丝应由一根钢丝组成，不允许任何形式的接头，最小盘重应符合表 3-294 规定。

2）经供需双方商定，并在合同中注明，可提供额定盘重的钢丝，盘重允许偏差为±15%。

表 3-294　钢丝盘重

钢丝公称直径 d/mm	最小盘重/kg	钢丝公称直径 d/mm	最小盘重/kg
1.00～2.00	10	>4.00～9.00	30
>2.00～4.00	15	>9.00	50

（4）力学性能（见表 3-295~表 3-298）

表 3-295 表面硬化型钢丝力学性能

牌号①	钢丝公称直径/mm	SALD			SA		
		抗拉强度 R_m/MPa	断面收缩率 Z(%)	洛氏硬度 HRB	抗拉强度 R_m/MPa	断面收缩率 Z(%)	硬度 HRB
ML10	≤6.00	420~620	≥55	—	300~450	≥60	≤75
	>6.00~12.00	380~560	≥55	—			
	>12.00~25.00	350~500	≥50	≤81			
ML15 ML15Mn ML18 ML18Mn ML20	≤6.00	440~640	≥55	—	350~500	≥60	≤80
	>6.00~12.00	400~580	≥55	—			
	>12.00~25.00	380~530	≥50	≤83			
ML20Mn ML16CrMn ML20MnA ML22Mn ML15Cr ML20Cr ML18CrMo	≤6.00	440~640	≥55	—	370~520	≥60	≤82
	>6.00~12.00	420~600	≥55	—			
	>12.00~25.00	400~550	≥50	≤85			
ML20CrMoA ML20CrNiMo	≤25.00	480~680	≥45	≤93	420~620	≥58	≤91

注：直径小于 3.00mm 的钢丝断面收缩率仅供参考。

① 牌号的化学成分可参考 GB/T 6478—2000。

表 3-296 调质型碳素钢丝的力学性能

牌号①	钢丝公称直径/mm	SALD			SA		
		抗拉强度 R_m/MPa	断面收缩率 Z(%)	洛氏硬度 HRB	抗拉强度 R_m/MPa	断面收缩率 Z(%)	硬度 HRB
ML25 ML25Mn ML30Mn ML30 ML35	≤6.00	490~690	≥55	—	380~560	≥60	≤86
	>6.00~12.00	470~650	≥55	—			
	>12.00~25.00	450~600	≥50	≤89			
ML40 ML35Mn	≤6.00	550~730	≥55	—	430~580	≥60	≤87
	>6.00~12.00	500~670	≥55	—			
	>12.00~25.00	450~600	≥50	≤89			
ML45 ML42Mn	≤6.00	590~760	≥55	—	450~600	≥60	≤89
	>6.00~12.00	570~720	≥55	—			
	>12.00~25.00	470~620	≥50	≤96			

① 牌号的化学成分可参考 GB/T 6478—2000。

表 3-297 调质型合金钢丝的力学性能

牌号①	钢丝公称直径/mm	SALD 抗拉强度 R_m/MPa	SALD 硬度 HRB	SALD 断面收缩率 Z(%)	SA 抗拉强度 R_m/MPa	SA 断面收缩率 Z(%)	SA 硬度 HRB
ML30CrMnSi	≤6.00	600~750	—	≥50	460~660	≥55	≤93
	>6.00~12.00	580~730	—				
	>12.00~25.00	550~700	≤95				
ML38CrA ML40Cr	≤6.00	530~730	—	≥50	430~600	≥55	≤89
	>6.00~12.00	500~650	—				
	>12.00~25.00	480~630	≤91				
ML30CrMo ML35CrMo	≤6.00	580~780	—	≥40	450~620	≥55	≤91
	>6.00~12.00	540~700	—	≥35			
	>12.00~25.00	500~650	≤92	≥35			
ML42CrMo ML40CrNiMo	≤6.00	590~790	—	≥50	480~730	≥55	≤97
	>6.00~12.00	560~760	—				
	>12.00~25.00	540~690	≤95				

注：直径小于3.00mm的钢丝断面收缩率仅供参考。

① 牌号的化学成分可参考GB/T 6478—2000。

表 3-298 含硼钢丝的力学性能

牌号①	SALD 抗拉强度 R_m/MPa	SALD 断面收缩率 Z(%)	SALD 硬度 HRB	SA 抗拉强度 R_m/MPa	SA 断面收缩率 Z(%)	SA 硬度 HRB
ML20B	≤600	≥55	≤89	≤550	≥65	≤85
ML28B	≤620	≥55	≤90	≤570	≥65	≤87
ML35B	≤630	≥55	≤91	≤580	≥65	≤88
ML20MnB	≤630	≥55	≤91	≤580	≥65	≤88
ML30MnB	≤660	≥55	≤93	≤610	≥65	≤90
ML35MnB	≤680	≥55	≤94	≤630	≥65	≤91
ML40MnB	≤680	≥55	≤94	≤630	≥65	≤91
ML15MnVB	≤660	≥55	≤93	≤610	≥65	≤90
ML20MnVB	≤630	≥55	≤91	≤580	≥65	≤88
ML20MnTiB	≤630	≥55	≤91	≤580	≥65	≤88

注：直径小于3.00mm的钢丝断面收缩率仅供参考。

① 牌号的化学成分可参考GB/T 6478—2000。

14. 非热处理型冷镦钢丝（GB/T 5953.2—2009）

（1）用途 适用于制造普通铆钉和螺钉、螺栓和螺柱等紧固件和其他冷成形件用圆钢丝，紧固件和其他冷成形件冷镦、冷挤压成形后一般不需要进行热处理。

（2）尺寸 钢丝的公称直径为1.00~45.00mm。

1）公称直径不大于16.00mm的钢丝直径允许偏差应符合GB/T 342—1997表3中10级的规定；公称直径大于16.00~25.00mm的钢丝直径允许偏差应符合GB/T

905—1994 表 2 中 11 级的规定；公称直径大于 25.00mm 的钢丝直径允许偏差由供需双方协商确定。

2）钢丝的不圆度应不大于直径公差之半。

3）根据需方要求，并在合同中注明，可提供特殊精度要求的钢丝。

（3）质量

1）每盘钢丝应由一根钢丝组成，不允许任何形式的接头，最小盘重应符合表 3-299 的规定。

2）经供需双方协商，并在合同中注明，可提供盘重为 100~2500kg 各档次的额定盘重钢丝；当双方确定盘重时，盘重允许偏差为±15%。

表 3-299 钢丝最小盘重

钢丝公称直径 d/mm	最小盘重/kg	钢丝公称直径 d/mm	最小盘重/kg
1.00~2.00	20	>5.00~6.50	50
>2.00~5.00	30	>6.50	100

（4）力学性能（见表 3-300 和表 3-301）

表 3-300 HD 工艺钢丝的力学性能

牌号①	钢丝公称直径 d/mm	抗拉强度 R_m/MPa	断面收缩率 Z(%)	硬度② HRB
ML04Al ML08Al ML10Al	≤3.00	≥460	≥50	—
	>3.00~4.00	≥360	≥50	—
	>4.00~5.00	≥330	≥50	—
	>5.00~25.00	≥280	≥50	≤85
ML15Al ML15	≤3.00	≥590	≥50	—
	>3.00~4.00	≥490	≥50	—
	>4.00~5.00	≥420	≥50	—
	>5.00~25.00	≥400	≥50	≤89
ML18MnAl ML20Al ML20 ML22MnAl	≤3.00	≥850	≥35	—
	>3.00~4.00	≥690	≥40	—
	>4.00~5.00	≥570	≥45	—
	>5.00~25.00	≥480	≥45	≤97

注：钢丝公称直径大于 20mm 时，断面收缩率可以降低 5%。

① 牌号的化学成分可参考 GB/T 6478—2000。

② 硬度值仅供参考。

表 3-301 SALD 工艺钢丝的力学性能

牌号①	抗拉强度 R_m/MPa	断面收缩率 Z(%)	硬度② HRB
ML04Al ML08Al ML10Al	300~450	≥70	≤76

（续）

牌号[①]	抗拉强度 R_m/MPa	断面收缩率 Z(%)	硬度[②] HRB
ML15Al ML15	340~500	≥65	≤81
ML18Mn ML20Al ML20 ML22Mn	450~570	≥65	≤90

注：钢丝公称直径大于20mm时，断面收缩率可以降低5%。

① 牌号的化学成分可参考GB/T 6478—2000。

② 硬度值仅供参考。

15. 高碳铬不锈钢丝（YB/T 096—2015）

（1）用途　用于制造转动轴及轴承滚动体等。

（2）规格尺寸（见表3-302）

表3-302　钢丝的规格尺寸要求

项目	指　标
尺寸规格	1）钢丝直径范围 退火和轻拉钢丝：0.90~8.50mm 磨光钢丝：1.00~8.50mm 2）退火和轻拉钢丝直径应符合GB/T 342—1997规定，其直径允许偏差应符合11级精度要求 3）磨光钢丝直径应符合GB/T 3207—2008规定，其直径允许偏差应符合11级精度要求 4）退火和轻拉钢丝以盘卷或直条供应。磨光钢丝以直条状供应，其长度及允许偏差应符合GB/T 3207规定
外形	1）钢丝的圆度应不大于直径公差之半 2）直条钢丝的平直度

公称直径	状态	平直度/（mm/m）
1.00~8.50	磨光钢丝	≤1
0.60~8.50	直条钢丝	≤2

（3）盘重（见表3-303）

表3-303　钢丝盘重

钢丝公称直径/mm	每盘质量/kg≥	
	正常质量	较轻质量
≤3.0	5	1.5
>3.0~5.0	10	4
>5.0	15	6

（4）交货状态和力学性能（见表3-304）

表 3-304 钢丝的交货状态和力学性能

项目	指标
交货状态	钢丝以退火、轻拉或磨光状态交货
力学性能	1）退火状态钢丝的抗拉强度为 600~850MPa 2）轻拉状态钢丝的抗拉强度为 850~1100MPa 3）直条和磨光状态钢丝的抗拉强度允许有 10%的波动

16. 冷顶锻用不锈钢丝（GB/T 4232—2009）

（1）用途 用于冷顶锻（包括温锻）制造螺栓、螺钉、自攻螺钉、铆钉等。

（2）分类 钢丝按组织分为三类，其类别、牌号、交货状态和状态代号见表 3-305。

表 3-305 钢丝的类别、牌号、交货状态和状态代号

类别	新牌号	交货状态
奥氏体型	ML04Cr17Mn7Ni5CuN ML04Cr16Mn8Ni2Cu3N ML06Cr19Ni9 ML06Cr18Ni9Cu2 ML022Cr18Ni9Cu3 ML03Cr18Ni12 ML06Cr17Ni12Mo2 ML022Cr17Ni13Mo3 ML03Cr16Ni18	软态(S) 轻拉(LD)
铁素体型	ML06Cr12Ti ML06Cr12Nb ML10Cr15 ML04Cr17 ML06Cr17Mo	
马氏体型	ML12Cr13 ML22Cr14NiMo ML16Cr17Ni2	

（3）尺寸、外形及允许偏差

1）钢丝的公称直径范围按交货状态划分为：软态钢丝，其公称直径为 0.80~11.0mm；轻拉钢丝，其公称直径为 0.80~20.0mm。

2）公称直径不大于 16.0mm 的钢丝允许偏差应符合 GB/T 342—1997 表 3 中 h11 级的规定，公称直径大于 16.0mm 钢丝直径允许偏差为 $^{0}_{-0.13}$mm。经双方商定，并在合同中注明，可提供其他精度的钢丝。

3）钢丝的圆度误差应不大于直径公差之半。

4）钢丝以盘卷或缠线轴交货。盘卷应规整，打开盘卷时钢丝不应散乱、扭曲或呈“∞”字形。

5）直条钢丝的长度及允许偏差应符合 GB/T 342—1997 中第 5 章的规定。磨光钢丝的尺寸、外形及直径允许偏差应符合 GB/T 3207—2008 的规定。

（4）力学性能（见表 3-306 和表 3-307）

表 3-306 软态钢丝的力学性能

牌号	公称直径/mm	抗拉强度 R_m/MPa	断面收缩率 Z①/% ≥	断后伸长率 A①/% ≥
ML04Cr17Mn7Ni5CuN	0.80~3.00 >3.00~11.0	700~900 650~850	65 65	20 30
ML04Cr16Mn8Ni2Cu3N	0.80~3.00 >3.00~11.0	650~850 620~820	65 65	20 30
ML06Cr19Ni9	0.80~3.00 >3.00~11.0	580~740 550~710	65 65	30 40
ML06Cr18Ni9Cu2	0.80~3.00 >3.00~11.0	560~720 520~680	65 65	30 40
ML022Cr18Ni9Cu3	0.80~3.00 >3.0~11.0	480~640 450~610	65 65	30 40
ML03Cr18Ni12	0.80~3.00 >3.00~11.0	480~640 450~610	65 65	30 40
ML06Cr17Ni12Mo2	0.80~3.00 >3.00~11.0	560~720 500~660	65 65	30 40
ML022Cr17Ni13Mo3	0.80~3.00 >3.00~11.0	540~700 500~660	65 65	30 40
ML03Cr16Ni18	0.80~3.00 >3.00~11.0	480~640 440~600	65 65	30 40
ML12Cr13	0.80~3.00 >3.00~11.00	440~640 400~600	55 55	— 15
ML22Cr14NiMo	0.80~3.00 >3.00~11.0	540~780 500~740	55 55	— 15
ML16Cr17Ni2	0.80~3.00 >3.00~11.0	560~800 540~780	55 55	— 15

① 直径不大于 3.0mm 的钢丝断面收缩率和断后伸长率仅供参考，不作判定依据。

表 3-307　轻拉钢丝的力学性能

牌　号	公称直径 /mm	抗拉强度 R_m/MPa	断面收缩率 Z①/%　≥	断后伸长率 A①/%　≥
ML04Cr17Mn7Ni5CuN	0.80~3.00 >3.00~20.00	800~1000 750~950	55 55	15 20
ML04Cr16Mn8Ni2Cu3N	0.80~3.00 >3.00~20.0	760~960 720~920	55 55	15 20
ML06Cr19Ni9	0.80~3.00 >3.00~20.0	640~800 590~750	55 55	20 25
ML06Cr18Ni9Cu2	0.80~3.00 >3.00~20.0	590~760 550~710	55 55	20 25
ML022Cr18Ni9Cu3	0.80~3.00 >3.00~20.0	520~680 480~640	55 55	20 25
ML03Cr18Ni12	0.80~3.00 >3.00~20.0	520~680 480~640	55 55	20 25
ML06Cr17Ni12Mo2	0.80~3.00 >3.00~20.0	600~760 550~710	55 55	20 25
ML022Cr17Ni13Mo3	0.80~3.00 >3.00~20.0	580~740 550~710	55 55	20 25
ML03Cr16Ni18	0.80~3.00 >3.0~20.0	520~680 480~640	55 55	20 25
ML06Cr12Ti	0.80~3.00 >3.00~20.0	≤650	55 55	— 10
ML06Cr12Nb	0.80~3.00 >3.00~20.0	≤650	55 55	— 10
ML10Cr15	0.80~3.00 >3.00~20.0	≤700	55 55	— 10
ML04Cr17	0.80~3.00 >3.00~20.0	≤700	55 55	— 10

（续）

牌　号	公称直径/mm	抗拉强度 R_m/MPa	断面收缩率 Z[①]/% ≥	断后伸长率 A[①]/% ≥
ML06Cr17Mo	0.80~3.00	≤720	55	—
	>3.00~20.0		55	10
ML12Cr13	0.80~3.00	≤740	50	—
	>3.00~20.0		50	10
ML22Cr14NiMo	0.80~3.00	≤780	50	—
	>3.00~20.0		50	10
ML16Cr17Ni2	0.80~3.00	≤850	50	—
	>3.00~20.0		50	10

① 直径小于3.00mm的钢丝断面收缩率和断后伸长率仅供参考，不作判定依据。

17. 预应力混凝土用钢丝（GB/T 5223—2014）

（1）用途　用作建筑构件。

（2）分类与代号（见表3-308）

表3-308　钢丝的分类与代号

按加工状态分		按外形分	
冷拉钢丝	低松弛级钢丝	光圆钢丝	P
WCD	WLR	螺旋肋钢丝	H
		刻痕钢丝	I

（3）光圆钢丝（见表3-309）

表3-309　光圆钢丝尺寸及允许偏差、每米理论质量

公称直径 d_n/mm	直径允许偏差/mm	公称横截面积 S_n/mm²	每米理论质量/(g/m)
4.00	±0.04	12.57	98.6
4.80		18.10	142
5.00	±0.05	19.63	154
6.00		28.27	222
6.25		30.68	241
7.00		38.48	302
7.50		44.18	347
8.00	±0.06	50.26	394
9.00		63.62	499
9.50		70.88	556
10.00		78.54	616
11.00		95.03	746
12.00		113.1	888

（4）螺旋肋钢丝及刻痕钢丝外形和尺寸及允许偏差（见图 3-205 和图 3-206、表 3-310 和表 3-311）

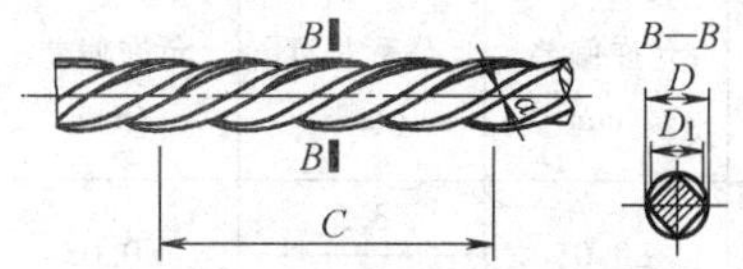

图 3-205　螺旋肋钢丝外形示意图

表 3-310　螺旋肋钢丝的尺寸及允许偏差

公称直径/d_n/mm	螺旋肋数量/条	基圆尺寸		外轮廓尺寸		单肋尺寸	螺旋肋导程 C/mm
		基圆直径 D_1/mm	允许偏差/mm	外轮廓直径 D/mm	允许偏差/mm	宽度 a/mm	
4.00	4	3.85	±0.05	4.25	±0.05	0.90~1.30	24~30
4.80	4	4.60		5.10		1.30~1.70	28~36
5.00	4	4.80		5.30			
6.00	4	5.80		6.30		1.60~2.00	30~38
6.25	4	6.00		6.70			30~40
7.00	4	6.73		7.46	±0.10	1.80~2.20	35~45
7.50	4	7.26		7.96		1.90~2.30	36~46
8.00	4	7.75		8.45		2.00~2.40	40~50
9.00	4	8.75		9.45		2.10~2.70	42~52
9.50	4	9.30		10.10		2.20~2.80	44~53
10.00	4	9.75		10.45		2.50~3.00	45~58
11.00	4	10.76		11.47		2.60~3.10	50~64
12.00	4	11.78		12.50		2.70~3.20	55~70

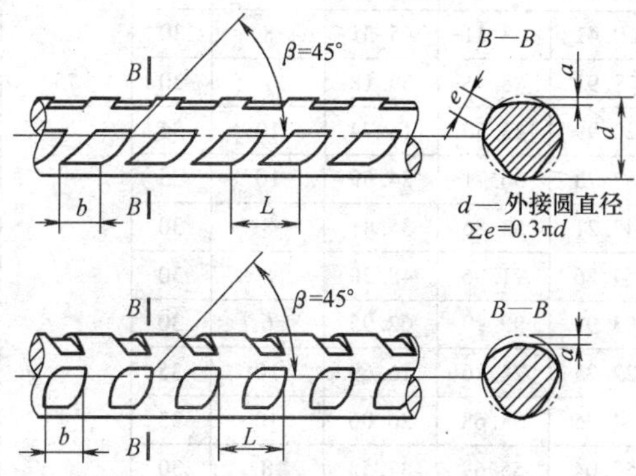

图 3-206　三面刻痕钢丝外形示意图

表 3-311 三面刻痕钢丝尺寸及允许偏差

公称直径 d_n/mm	刻痕深度		刻痕长度		节距	
	公称深度 a/mm	允许偏差 /mm	公称长度 b/mm	允许偏差 /mm	公称节距 L/mm	允许偏差 /mm
≤5.00	0.12	±0.05	3.5	±0.05	5.5	±0.05
>5.00	0.15		5.0		8.0	

注：公称直径指横截面积等同于光圆钢丝横截面积时所对应的直径。

（5）钢丝力学性能（见表 3-312 和表 3-313）

表 312 压力管道用冷拉钢丝的力学性能

公称直径 d_n/mm	公称抗拉强度 R_m/MPa	最大力的特征值 F_m /kN	最大力的最大值 $F_{m,max}$ /kN	0.2%屈服力 $F_{p0.2}$/kN ≥	每210mm扭矩的扭转次数 N ≥	断面收缩率 Z(%) ≥	氢脆敏感性能负载为70%最大力时，断裂时间 t/h≥	应力松弛性能 初始力为最大力70%时，1000h应力松弛率 r(%) ≤
4.00	1470	18.48	20.99	13.86	10	35	75	7.5
5.00		28.86	32.79	21.65	10	35		
6.00		41.56	47.21	31.17	8	30		
7.00		56.57	64.27	42.42	8	30		
8.00		73.88	83.93	55.41	7	30		
4.00	1570	19.73	22.24	14.80	10	35		
5.00		30.82	34.75	23.11	10	35		
6.00		44.38	50.03	33.29	8	30		
7.00		60.41	68.11	45.31	8	30		
8.00		78.91	88.96	59.18	7	30		
4.00	1670	20.99	23.50	15.74	10	35		
5.00		32.78	36.71	24.59	10	35		
6.00		47.21	52.86	35.41	8	30		
7.00		64.26	71.96	48.20	8	30		
8.00		83.93	93.99	62.95	6	30		
4.00	1770	22.25	24.76	16.69	10	35		
5.00		34.75	38.68	26.06	10	35		
6.00		50.04	55.69	37.53	8	30		
7.00		68.11	75.81	51.08	6	30		

表 3-313　消除应力光圆、螺旋肋钢丝及刻痕钢丝的力学性能

公称直径 d_n /mm	公称抗拉强度 R_m /MPa	最大力的特征值 F_m/kN	最大力的最大值 $F_{m,max}$ /kN	0.2%屈服力 $F_{p0.2}$/kN ≥	最大力总伸长率 (L_0 = 200mm) A_{gt}(%) ≥	反复弯曲性能		应力松弛性能	
						弯曲次数①/(次/180°) ≥	弯曲半径 R/mm	初始力相当于实际最大力的百分数 (%)	1000h 应力松弛率 τ(%) ≤
4.00		18.48	20.99	16.22		3	10		
4.80		26.61	30.23	23.35		4	15		
5.00		28.86	32.78	25.32		4	15		
6.00		41.56	47.21	36.47		4	15		
6.25		45.10	51.24	39.58		4	20		
7.00		56.57	64.26	49.64		4	20		
7.50	1470	64.94	73.78	56.99		4	20		
8.00		73.88	83.93	64.84		4	20		
9.00		93.52	106.25	82.07		4	25		
9.50		104.19	118.37	91.44		4	25		
10.00		115.45	131.16	101.32		4	25	70	2.5
11.00		139.69	158.70	122.59		—	—		
12.00		166.26	188.88	145.90		—	—		
4.00		19.73	22.24	17.37		3	10		
4.80		28.41	32.03	25.00		4	15		
5.00		30.82	34.75	27.12		4	15		
6.00		44.38	50.03	39.06		4	15		
6.25		48.17	54.31	42.39		4	20		
7.00		60.41	68.11	53.16		4	20		
7.50	1570	69.36	78.20	61.04		4	20		
8.00		78.91	88.96	69.44		4	20		
9.00		99.88	112.60	87.89	3.5	4	25		
9.50		111.28	125.46	97.93		4	25		
10.00		123.31	139.02	108.51		4	25		
11.00		149.20	168.21	131.30		—	—		
12.00		177.57	200.19	156.26		—	—		
4.00		20.99	23.50	18.47		3	10		
5.00		32.78	36.71	28.85		4	15		
6.00		47.21	52.86	41.54		4	15		
6.25	1670	51.24	57.38	45.09		4	20		
7.00		64.26	71.96	56.55		4	20		
7.50		73.78	82.62	64.93		4	20	80	4.5
8.00		83.93	93.98	73.86		4	20		
9.00		106.25	118.97	93.50		4	25		
4.00		22.25	24.76	19.58		3	10		
5.00		34.75	38.68	30.58		4	15		
6.00	1770	50.04	55.69	44.03		4	15		
7.00		68.11	75.81	59.94		4	20		
7.50		78.20	87.04	68.81		4	20		
4.00		23.38	25.89	20.57		3	10		
5.00	1860	36.51	40.44	32.13		4	15		
6.00		52.58	58.23	46.27		4	15		
7.00		71.57	79.27	62.98		4	20		

① 所有规格消除应力刻痕钢丝的弯曲数均应不小于 3 次。

18. 预应力混凝土用低合金钢丝（YB/T 038—1993）

（1）分类与用途（见表3-314）

表3-314 钢丝的分类与用途

分类	说明	用途
按强度级别分	1）YD800—抗拉强度为800MPa级的预应力混凝土用光面低合金钢丝 2）YD1000—抗拉强度为1000MPa级的预应力混凝土用光面低合金钢丝 3）YD1200—抗拉强度为1200MPa级的预应力混凝土用光面低合金钢丝	用于中、小预应力混凝土构件的主筋
按表面形状分	1）光面钢丝 2）轧痕钢丝 YZD1000—抗拉强度1000MPa级预应力混凝土用轧痕低合金钢丝	

注："Y"为预应力的"预"字汉语拼音字头，"D"为低合金的"低"字汉语拼音字头。"Z"为轧痕的"轧"字汉语拼音字头。

（2）尺寸规格（见图3-207和表3-315、表3-316）

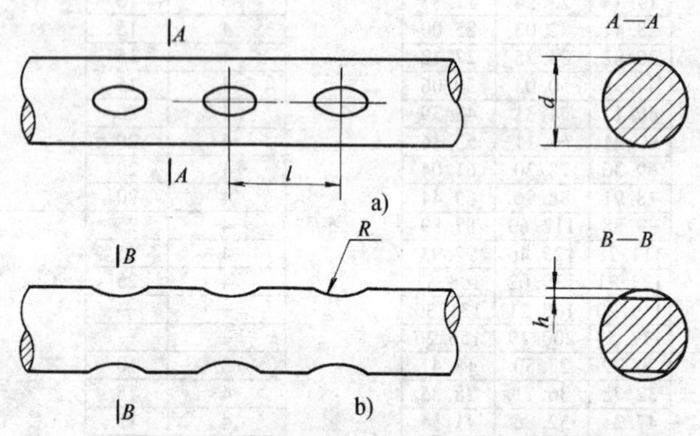

图3-207 钢丝外形图

a）光面钢丝 b）压痕钢丝

表3-315 光面钢丝的尺寸规格

公称直径/mm	允许偏差/mm	公称横截面积/mm^2	每米理论质量/(g/m)
5.0	+0.08 -0.04	19.63	154.1
7.0	+0.10 -0.10	38.48	302.1

表 3-316 轧痕钢丝的尺寸规格

尺寸/mm	直径 d	轧痕深度 h	轧痕圆柱半径 R	轧痕间距 l	每米理论质量 (g/m)
	7.0	0.30	8	7.0	302.1

注：1. 钢丝直径及偏差用质量法测定，计算钢丝理论质量时的密度为 7.85g/cm^3；
2. 同一截面上两个轧痕相对错位≤2mm。

(3) 力学和工艺性能（见表 3-317 和表 3-318）

表 3-317 盘条的力学性能和工艺性能

公称直径 /mm	级别	抗拉强度 σ_b/MPa	伸长率 δ(%)	冷 弯
6.5	YD800	≥550	$\delta_5 \geqslant 23$	180°, $d=5a$
9.0	YD1000	≥750	$\delta_5 \geqslant 15$	90°, $d=5a$
10.0	YD1200	≥900	$\delta_{10} \geqslant 27$	90°, $d=5a$

表 3-318 钢丝的力学和工艺性能

公称直径 /mm	级别	抗拉强度 σ_b/MPa	伸长率 δ_{100}(%)	反复弯曲		应力松弛	
				弯曲半径 R/mm	次数 N	张拉应力与公称强度比	应力松弛率最大值
5.0	YD800	800	4	15	4	0.70	8% 1000h 或 5% 10h
7.0	YD1000	1000	3.5	20	4		
7.0	YD1200	1200	3.5	20	4		

第四章 有色金属材料的化学成分

一、加工铜及铜合金（GB/T 5231—2012）

1. 加工铜化学成分（见表 4-1）

表 4-1 加工铜化学成分

分类	代号	牌号	化学成分(质量分数,%)												
			Cu+Ag（最小值）	P	Ag	Bi①	Sb①	As①	Fe	Ni	Pb	Sn	S	Zn	O
无氧铜	C10100	TU00	99.99②	0.0003	0.0025	0.0001	0.0004	0.0005	0.0010	0.0010	0.0005	0.0002	0.0015	0.0001	0.0005
			Te≤0.0002,Se≤0.0003,Mn≤0.00005,Cd≤0.0001												
	T10130	TU0	99.97	0.002	—	0.001	0.002	0.002	0.004	0.002	0.003	0.002	0.004	0.003	0.001
	T10150	TU1	99.97	0.002	—	0.001	0.002	0.002	0.004	0.002	0.003	0.002	0.004	0.003	0.002
	T10180	TU2③	99.95	0.002	—	0.001	0.002	0. 002	0.004	0.002	0.004	0.002	0.004	0.003	0.003
	C10200	TU3	99.95	—	—	—	—	—	—	—	—	—	—	—	0.0010
银无氧铜	T10350	TU00Ag0.06	99.99	0.002	0.05~0.08	0.0003	0.0005	0.0004	0.0025	0.0006	0.0006	0.0007	—	0.0005	0.0005
	C10500	TUAg0.03	99.95	—	≥0.034	—	—	—	—	—	—	—	—	—	0.0010
	T10510	TUAg0.05	99.96	0.002	0.02~0.06	0.001	0.002	0.002	0.004	0.002	0.004	0.002	0.004	0.003	0.003

（续）

分类	代号	牌号	化学成分（质量分数，%）												
			Cu+Ag（最小值）	P	Ag	Bi①	Sb①	As①	Fe	Ni	Pb	Sn	S	Zn	O
银无氧铜	T10530	TUAg0.1	99.96	0.002	0.06～0.12	0.001	0.002	0.002	0.004	0.002	0.004	0.002	0.004	0.003	0.003
	T10540	TUAg0.2	99.96	0.002	0.15～0.25	0.001	0.002	0.002	0.004	0.002	0.004	0.002	0.004	0.003	0.003
	T10550	TUAg0.3	99.96	0.002	0.25～0.35	0.001	0.002	0.002	0.004	0.002	0.004	0.002	0.004	0.003	0.003
锆无氧铜	T10600	TUZr0.15	99.97④	0.002	Zr0.11～0.21	0.001	0.002	0.002	0.004	0.002	0.003	0.002	0.004	0.003	0.002
纯铜	T10900	T1	99.95	0.001	—	0.001	0.002	0.002	0.005	0.002	0.003	0.002	0.005	0.005	0.02
	T11050	T2⑤⑥	99.90	—	—	0.001	0.002	0.002	0.005	—	0.005	—	0.005	—	—
	T11090	T3	99.70	—	—	0.002	—	—	—	—	0.01	—	—	—	—
银铜	T11200	TAg0.1-0.01	99.9⑦	0.004～0.012	0.08～0.12	—	—	—	—	0.05	—	—	—	—	0.05
	T11210	TAg0.1	99.5⑧	—	0.06～0.12	0.002	0.005	0.01	0.05	0.2	0.01	0.05	0.01	—	0.1
	T11220	TAg0.15	99.5	—	0.10～0.20	0.002	0.005	0.01	0.05	0.2	0.01	0.05	0.01	—	0.1
磷脱氧铜	C12000	TP1	99.90	0.004～0.012	—	—	—	—	—	—	—	—	—	—	—
	C12200	TP2	99.9	0.015～0.040	—	—	—	—	—	—	—	—	—	—	—
	T12210	TP3	99.9	0.01～0.025	—	—	—	—	—	—	—	—	—	—	0.01
	T12400	TP4	99.90	0.040～0.065	—	—	—	—	—	—	—	—	—	—	0.002

（续）

分类	代号	牌号	化学成分(质量分数,%)													
			Cu+Ag（最小值）	P	Ag	Bi①	Sb①	As①	Fe	Ni	Pb	Sn	S	Zn	O	Cd
碲铜	T14440	TTe0.3	99.9⑨	0.001	Te0.20~0.35	0.001	0.0015	0.002	0.008	0.002	0.01	0.001	0.0025	0.005	—	0.01
	T14450	TTe0.5-0.008	99.8⑩	0.004~0.012	Te0.4~0.6	0.001	0.003	0.002	0.008	0.005	0.01	0.01	0.003	0.008	—	0.01
	C14500	TTe0.5	99.90⑩	0.004~0.012	Te0.40~0.7	—	—	—	—	—	—	—	—	—	—	—
	C14510	TTe0.5-0.02	99.85⑩	0.010~0.030	Te0.30~0.7	—	—	—	—	—	0.05	—	—	—	—	—
硫铜	C14700	TS0.4	99.90⑪	0.002~0.005	—	—	—	—	—	—	—	—	0.20~0.50	—	—	—
锆铜	C15000	TZr0.15⑫	99.80	—	Zr0.10~0.20	—	—	—	—	—	—	—	—	—	—	—
	T15200	TZr0.2	99.5④	—	Zr0.15~0.30	0.002	0.005	—	0.05	0.2	0.01	0.05	0.01	—	—	—
	T15400	TZr0.4	99.5④	—	Zr0.30~0.50	0.002	0.005	—	0.05	0.2	0.01	0.05	0.01	—	—	—
弥散无氧铜	T15700	TUAl0.12	余量	0.002	Al_2O_3 0.16~0.26	0.001	0.002	0.002	0.004	0.002	0.003	0.002	0.004	0.003	—	—

① 砷、铋、锑可不分析，但供方必须保证不大于极限值。
② 此值为铜量，铜含量（质量分数）不小于99.99%时，其值应由差减法求得。
③ 电工用无氧铜 TU2 氧含量不大于 0.002%。
④ 此值为 Cu+Ag+Zr。
⑤ 经双方协商，可供应 P 不大于 0.001%的导电 T2 铜。
⑥ 电力机车接触材料用纯铜线坯：Bi≤0.0005%、Pb≤0.0050%、O≤0.035%、P≤0.001%，其他杂质总和≤0.03%。
⑦ 此值为 Cu+Ag+P。
⑧ 此值为铜量。
⑨ 此值为 Cu+Ag+Te。
⑩ 此值为 Cu+Ag+Te+P。
⑪ 此值为 Cu+Ag+S+P。
⑫ 此牌号 Cu+Ag+Zr 不小于 99.9%。

2. 加工黄铜化学成分（见表 4-2）

表 4-2 加工黄铜化学成分

分类		代号	牌号	化学成分(质量分数,%)								
				Cu	Fe①	Pb	Si	Ni	B	As	Zn	杂质总和
铜锌合金	普通黄铜	C21000	H95	94.0~96.0	0.05	0.05	—	—	—	—	余量	0.3
		C22000	H90	89.0~91.0	0.05	0.05	—	—	—	—	余量	0.3
		C23000	H85	84.0~86.0	0.05	0.05	—	—	—	—	余量	0.3
		C24000	H80②	78.5~81.5	0.05	0.05	—	—	—	—	余量	0.3
		T26100	H70②	68.5~71.5	0.10	0.03	—	—	—	—	余量	0.3
		T26300	H68	67.0~70.0	0.10	0.03	—	—	—	—	余量	0.3
		C26800	H66	64.0~68.5	0.05	0.09	—	—	—	—	余量	0.45
		C27000	H65	63.0~68.5	0.07	0.09	—	—	—	—	余量	0.45
		T27300	H63	62.0~65.0	0.15	0.08	—	—	—	—	余量	0.5
		T27600	H62	60.5~63.5	0.15	0.08	—	—	—	—	余量	0.5
		T28200	H59	57.0~60.0	0.3	0.5	—	—	—	—	余量	1.0
	硼砷黄铜	T22130	H B 90-0.1	89.0~91.0	0.02	0.02	0.5	—	0.05~0.3	—	余量	0.5
		T23030	H As 85-0.05	84.0~86.0	0.10	0.03	—	—	—	0.02~0.08	余量	0.3
		C26130	H As 70-0.05	68.5~71.5	0.05	0.05	—	—	—	0.02~0.08	余量	0.4
		T26330	H As 68-0.04	67.0~70.0	0.10	0.03	—	—	—	0.03~0.06	余量	0.3
铜锌铅合金	铅黄铜	C31400	HPb89-2	87.5~90.5	0.10	1.3~2.5	—	Ni 0.7	—	—	余量	1.2
		C33000	HPb66-0.5	65.0~68.0	0.07	0.25~0.7	—	—	—	—	余量	0.5
		T34700	HPb63-3	62.0~65.0	0.10	2.4~3.0	—	—	—	—	余量	0.75
		T34900	HPb63-0.1	61.5~63.5	0.15	0.05~0.3	—	—	—	—	余量	0.5
		T35100	HPb62-0.8	60.0~63.0	0.2	0.5~1.2	—	—	—	—	余量	0.75
		C35300	HPb62-2	60.0~63.0	0.15	1.5~2.5	—	—	—	—	余量	0.65
		C36000	HPb62-3	60.0~63.0	0.35	2.5~3.7	—	—	—	—	余量	0.85

（续）

分类		代号	牌号	化学成分(质量分数,%)								
				Cu	Fe①	Pb	Al	Mn	Sn	As	Zn	杂质总和
钢锌铅合金	铅黄铜	T36210	HPb62-2-0.1	61.0~63.0	0.1	1.7~2.8	0.05	0.1	0.1	0.02~0.15	余量	0.55
		T36220	HPb61-2-1	59.0~62.0	—	1.0~2.5	—	—	0.30~1.5	0.02~0.25	余量	0.4
		T36230	HPb61-2-0.1	59.2~62.3	0.2	1.7~2.8	—	—	0.2	0.08~0.15	余量	0.5
		C37100	HPb61-1	58.0~62.0	0.15	0.6~1.2	—	—	—	—	余量	0.55
		C37700	HPb60-2	58.0~61.0	0.30	1.5~2.5	—	—	—	—	余量	0.8
		T37900	HPb60-3	58.0~61.0	0.3	2.5~3.5	—	—	0.3	—	余量	0.8③
		T38100	HPb59-1	57.0~60.0	0.5	0.8~1.9	—	—	—	—	余量	1.0
		T38200	HPb59-2	57.0~60.0	0.5	1.5~2.5	—	—	0.5	—	余量	1.0③
		T38210	HPb58-2	57.0~59.0	0.5	1.5~2.5	—	—	0.5	—	余量	1.0③
		T38300	HPb59-3	57.5~59.5	0.50	2.0~3.0	—	—	—	—	余量	1.2
		T38310	HPb58-3	57.0~59.0	0.5	2.5~3.5	—	—	0.5	—	余量	1.0③
		T38400	HPb57-4	56.0~58.0	0.5	3.5~4.5	—	—	0.5	—	余量	1.2③

分类		代号	牌号	化学成分(质量分数,%)														
				Cu	Te	B	Si	As	Bi	Cd	Sn	P	Ni	Mn	Fe①	Pb	Zn	杂质总和
铜锌锡合金、复杂黄铜	锡黄铜	T41900	HSn90-1	88.0~91.0	—	—	—	—	—	—	0.25~0.75	—	—	—	0.10	0.03	余量	0.2
		C44300	HSn72-1	70.0~73.0	—	—	—	0.02~0.06	—	—	0.8~1.2④	—	—	—	0.06	0.07	余量	0.4
		T45000	HSn70-1	69.0~71.0	—	—	—	0.03~0.06	—	—	0.8~1.3	—	—	—	0.10	0.05	余量	0.3
		T45010	HSn70-1-0.01	69.0~71.0	—	0.0015~0.02	—	0.03~0.06	—	—	0.8~1.3	—	—	—	0.10	0.05	余量	0.3

（续）

分类		代号	牌号	化学成分（质量分数，%）														
				Cu	Te	B	Si	As	Bi	Cd	Sn	P	Ni	Mn	Fe[1]	Pb	Zn	杂质总和
铜锌锡合金、复杂黄铜	锡黄铜	T45020	HSn70-1-0.01-0.04	69.0~71.0	—	0.0015~0.02	—	0.03~0.06	—	—	0.8~1.3	—	0.05~1.00	0.02~2.00	0.10	0.05	余量	0.3
		T46100	HSn65-0.03	63.5~68.0	—	—	—	—	—	—	0.01~0.2	0.01~0.07	—	—	0.05	0.03	余量	0.3
		T46300	HSn62-1	61.0~63.0	—	—	—	—	—	—	0.7~1.1	—	—	—	0.10	0.10	余量	0.3
		T46410	HSn60-1	59.0~61.0	—	—	—	—	—	—	1.0~1.5	—	—	—	0.10	0.30	余量	1.0
	铋黄铜	T49230	HBi60-2	59.0~62.0	—	—	—	—	2.0~3.5	0.01	0.3	—	—	—	0.2	0.1	余量	0.5[3]
		T49240	HBi60-1.3	58.0~62.0	—	—	—	—	0.3~2.3	0.01	0.05~1.2[5]	—	—	—	0.1	0.2	余量	0.3[3]
		C49260	HBi60-1.0-0.05	58.0~63.0	—	—	0.10	—	0.50~1.8	0.001	0.50	0.05~0.15	—	—	0.50	0.09	余量	1.5

分类		代号	牌号	化学成分（质量分数，%）														
				Cu	Te	Al	Si	As	Bi	Cd	Sn	P	Ni	Mn	Fe[1]	Pb	Zn	杂质总和
复杂黄铜	铋黄铜	T49310	HBi60-0.5-0.01	58.5~61.5	0.010~0.015	—	—	0.01	0.45~0.65	0.01	—	—	—	—	—	0.1	余量	0.5[3]
		T49320	HBi60-0.8-0.01	58.5~61.5	0.010~0.015	—	—	0.01	0.70~0.95	0.01	—	—	—	—	—	0.1	余量	0.5[3]
		T49330	HBi60-1.1-0.01	58.5~61.5	0.010~0.015	—	—	0.01	1.00~1.25	0.01	—	—	—	—	—	0.1	余量	0.5[3]

（续）

分类		代号	牌号	化学成分（质量分数，%）														
				Cu	Te	Al	Si	As	Bi	Cd	Sn	P	Ni	Mn	Fe①	Pb	Zn	杂质总和
复杂黄铜	铋黄铜	T49360	HBi59-1	58.0～60.0	—	—	—	—	0.8～2.0	0.01	0.2	—	—	—	0.2	0.1	余量	0.5③
		C49350	HBi62-1	61.0～63.0	Sb0.02～0.10	—	0.30	—	0.50～2.5	—	1.5～3.0	0.04～0.15	—	—	—	0.09	余量	0.9
	锰黄铜	T67100	HMn64-8-5-1.5	63.0～66.0	—	4.5～6.0	1.0～2.0	—	—	—	0.5	—	0.5	7.0～8.0	0.5～1.5	0.3～0.8	余量	1.0
		T67200	HMn62-3-3-0.7	60.0～63.0	—	2.4～3.4	0.5～1.5	—	—	—	0.1	—	—	2.7～3.7	0.1	0.05	余量	1.2
		T67300	HMn62-3-3-1	59.0～65.0	—	1.7～3.7	0.5～1.3	Cr0.07～0.27		—	—	—	0.2～0.6	2.2～3.8	0.6	0.18	余量	0.8
		T67310	HMn62-13⑥	59.0～65.0	—	0.5～2.5⑦	0.05	—	—	—	—	—	0.05～0.5⑧	10～15	0.05	0.03	余量	0.15③
		T67320	HMn55-3-1⑨	53.0～58.0	—	—	—	—	—	—	—	—	—	3.0～4.0	0.5～1.5	0.5	余量	1.5

分类		代号	牌号	化学成分（质量分数，%）												
				Cu	Fe①	Pb	Al	Mn	P	Sb	Ni	Si	Cd	Sn	Zn	杂质总和
复杂黄铜	锰黄铜	T67330	HMn59-2-1.5-0.5	58.0～59.0	0.35～0.65	0.3～0.6	1.4～1.7	1.8～2.2	—	—	—	0.6～0.9	—	—	余量	0.3
		T67400	HMn58-2⑨	57.0～60.0	1.0	0.1	—	1.0～2.0	—	—	—	—	—	—	余量	1.2
		T67410	HMn57-3-1⑨	55.0～58.5	1.0	0.2	0.5～1.5	2.5～3.5	—	—	—	—	—	—	余量	1.3

（续）

分类		代号	牌号	化学成分（质量分数，%）												
				Cu	Fe①	Pb	Al	Mn	P	Sb	Ni	Si	Cd	Sn	Zn	杂质总和
复杂黄铜	锰黄铜	T67420	HMn57-2-2-0.5	56.5~58.5	0.3~0.8	0.3~0.8	1.3~2.1	1.5~2.3	—	—	0.5	0.5~0.7	—	0.5	余量	1.0
	铁黄铜	T67600	HFe59-1-1	57.0~60.0	0.6~1.2	0.20	0.1~0.5	0.5~0.8	—	—	—	—	—	0.3~0.7	余量	0.3
		T67610	HFe58-1-1	56.0~58.0	0.7~1.3	0.7~1.3	—	—	—	—	—	—	—	—	余量	0.5
	锑黄铜	T68200	HSb61-0.8-0.5	59.0~63.0	0.2	0.2	—	—	—	0.4~1.2	0.05~1.2⑩	0.3~1.0	0.01	—	余量	0.5③
		T68210	HSb60-0.9	58.0~62.0	—	0.2	—	—	—	0.3~1.5	0.05~0.9⑪	—	0.01	—	余量	0.3③
	硅黄铜	T68310	HSi80-3	79.0~81.0	0.6	0.1	—	—	—	—	—	2.5~4.0	—	—	余量	1.5
		T68320	HSi75-3	73.0~77.0	0.1	0.1	—	0.1	0.04~0.15	—	0.1	2.7~3.4	0.01	0.2	余量	0.6③
		C68350	HSi62-0.6	59.0~64.0	0.15	0.09	0.30	—	0.05~0.40	—	0.20	0.3~1.0	—	0.6	余量	2.0
		T68360	HSi61-0.6	59.0~63.0	0.15	0.2	—	—	0.03~0.12	—	0.05~1.0⑤	0.4~1.0	0.01	—	余量	0.3
	铝黄铜	C68700	HAl77-2	76.0~79.0	0.06	0.07	1.8~2.5	As0.02~0.06	—	—	—	—	—	—	余量	0.6
		T68900	HAl67-2.5	66.0~68.0	0.6	0.5	2.0~3.0	—	—	—	—	—	—	—	余量	1.5
		T69200	HAl66-6-3-2	64.0~68.0	2.0~4.0	0.5	6.0~7.0	1.5~2.5	—	—	—	—	—	—	余量	1.5
		T69210	HAl64-5-4-2	63.0~66.0	1.8~3.0	0.2~1.0	4.0~6.0	3.0~5.0	—	—	—	0.5	—	0.3	余量	1.3

（续）

分类		代号	牌号	化学成分（质量分数，%）														
				Cu	Fe①	Pb	Al	As	Bi	Mg	Cd	Mn	Ni	Si	Co	Sn	Zn	杂质总和
复杂黄铜	铝黄铜	T69220	HAl61-4-3-1.5	59.0~62.0	0.5~1.3	—	3.5~4.5	—	—	—	—	—	2.5~4.0	0.5~1.5	1.0~2.0	0.2~1.0	余量	1.3
		T69230	HAl61-4-3-1	59.0~62.0	0.3~1.3	—	3.5~4.5	—	—	—	—	—	2.5~4.0	0.5~1.5	0.5~1.0	—	余量	0.7
		T69240	HAl60-1-1	58.0~61.0	0.70~1.50	0.40	0.70~1.50	—	—	—	—	0.1~0.6	—	—	—	—	余量	0.7
		T69250	HAl59-3-2	57.0~60.0	0.50	0.10	2.5~3.5	—	—	—	—	—	2.0~3.0	—	—	—	余量	0.9
	镁黄铜	T69800	HMg60-1	59.0~61.0	0.2	0.1	—	—	0.3~0.8	0.5~2.0	0.01	—	—	—	—	0.3	余量	0.5③
	镍黄铜	T69900	HNi65-5	64.0~67.0	0.15	0.03	—	—	—	—	—	—	5.0~6.5	—	—	—	余量	0.3
		T69910	HNi56-3	54.0~58.0	0.15~0.5	0.2	0.3~0.5	—	—	—	—	—	2.0~3.0	—	—	—	余量	0.6

① 抗磁用黄铜的铁的质量分数不大于0.030%。
② 特殊用途的H70、H80的杂质最大值为：Fe0.07%、Sb0.002%、P0.005%、As0.005%、S0.002%，杂质总和为0.20%。
③ 此值为表中所列杂质元素实测值总和。
④ 此牌号为管材产品时，Sn含量最小值为0.9%。
⑤ 此值为Sb+B+Ni+Sn。
⑥ 此牌号P≤0.005%、B≤0.01%、Bi≤0.005%、Sb≤0.005%。
⑦ 此值为Ti+Al。
⑧ 此值为Ni+Co。
⑨ 供异型铸造和热锻用的HMn57-3-1、HMn58-2的磷的质量分数不大于0.03%。供特殊使用的HMn55-3-1的铝的质量分数不大于0.1%。
⑩ 此值为Ni+Sn+B。
⑪ 此值为Ni+Fe+B。

3. 加工青铜化学成分（见表 4-3）

表 4-3 加工青铜化学成分

分类		代号	牌号	化学成分(质量分数,%)												
				Cu	Sn	P	Fe	Pb	Al	B	Ti	Mn	Si	Ni	Zn	杂质总和
铜锡、铜锡磷、铜锡铅合金	锡青铜[2]	T50110	QSn0.4	余量	0.15~0.55	0.001	—	—	—	—	—	—	—	O≤ 0.035	—	0.1
		T50120	QSn0.6	余量	0.4~0.8	0.01	0.020	—	—	—	—	—	—	—	—	0.1
		T50130	QSn0.9	余量	0.85~1.05	0.03	0.05	—	—	—	—	—	—	—	—	0.1
		T50300	QSn0.5-0.025	余量	0.25~0.6	0.015~0.035	0.010	—	—	—	—	—	—	—	—	0.1
		T50400	QSn1-0.5-0.5	余量	0.9~1.2	0.09	—	0.01	0.01	S≤ 0.005	—	0.3~ 0.6	0.3~ 0.6	—	—	0.1
		C50500	QSn1.5-0.2	余量	1.0~1.7	0.03~0.35	0.10	0.05	—	—	—	—	—	—	0.30	0.95
		C50700	QSn1.8	余量	1.5~2.0	0.30	0.10	0.05	—	—	—	—	—	—	—	0.95
		T50800	QSn4-3	余量	3.5~4.5	0.03	0.05	0.02	0.002	—	—	—	—	—	2.7~ 3.3	0.2
		C51000	QSn5-0.2	余量	4.2~5.8	0.03~0.35	0.10	0.05	—	—	—	—	—	—	0.30	0.95
		T 51010	QSn5-0.3	余量	4.5~5.5	0.01~0.40	0.1	0.02	—	—	—	—	—	0.2	0.2	0.75
		C51100	QSn4-0.3	余量	3.5~4.9	0.03~0.35	0.10	0.05	—	—	—	—	—	—	0.30	0.95
		T51500	QSn6-0.05	余量	6.0~7.0	0.05	0.10	—	—	Ag0.05 ~0.12	—	—	—	—	0.05	0.2
		T51510	QSn6.5-0.1	余量	6.0~7.0	0.10~0.25	0.05	0.02	0.002	—	—	—	—	—	0.3	0.4
		T51520	QSn6.5-0.4	余量	6.0~7.0	0.26~0.40	0.02	0.02	0.002	—	—	—	—	—	0.3	0.4
		T51530	QSn7-0.2	余量	6.0~8.0	0.10~0.25	0.05	0.02	0.01	—	—	—	—	—	0.3	0.45
		C52100	QSn8-0.3	余量	7.0~9.0	0.03~0.35	0.10	0.05	—	—	—	—	—	—	0.20	0.85
		T52500	QSn15-1-1	余量	12~18	0.5	0.1~ 1.0	—	—	0.002 ~1.2	0.002	0.6	—	—	0.5~ 2.0	1.0[3]
		T53300	QSn4-4-2.5	余量	3.0~5.0	0.03	0.05	1.5~ 3.5	0.002	—	—	—	—	—	3.0~ 5.0	0.2
		T53500	QSn4-4-4	余量	3.0~5.0	0.03	0.05	3.5~ 4.5	0.002	—	—	—	—	—	3.0~ 5.0	0.2

（续）

分类		代号	牌号	化学成分（质量分数，%）															
				Cu	Al	Fe	Ni	Mn	P	Zn	Sn	Si	Pb	As[①]	Mg	Sb[①]	Bi[①]	S	杂质总和
铜铬、铜锰、铜铝合金	铬青铜	T55600	QCr4.5-2.5-0.6	余量	Cr3.5~5.5	0.05	0.2~1.0	0.5~2.0	0.005	0.05	—	—	—	Ti1.5~3.5	—	—	—	—	0.1[⑤]
	锰青铜	T56100	QMn1.5	余量	0.07	0.1	0.1	1.20~1.80	—	—	0.05	0.1	0.01	Cr≤0.1	—	0.005	0.002	0.01	0.3
		T56200	QMn2	余量	0.07	0.1	—	1.5~2.5	—	—	0.05	0.1	0.01	0.01	—	0.05	0.002	—	0.5
		T56300	QMn5	余量	—	0.35	—	4.5~5.5	0.01	0.4	0.1	0.1	0.03	—	—	0.002	—	—	0.9
	铝青铜	T60700	QAl5	余量	4.0~6.0	0.5	—	0.5	0.01	0.5	0.1	0.1	0.03	—	—	—	—	—	1.6
		C60800	QAl6	余量	5.0~6.5	0.10	—	—	—	—	—	—	0.10	0.02~0.35	—	—	—	—	0.7
		C61000	QAl7	余量	6.0~8.5	0.50	—	—	—	0.20	—	0.10	0.02	—	—	—	—	—	1.3
		T61700	QAl9-2	余量	0.8~10.0	0.5	—	1.5~2.5	0.01	1.0	0.1	0.1	0.03	—	—	—	—	—	1.7
		T61720	QAl9-4	余量	8.0~10.0	2.0~4.0	—	0.5	0.01	1.0	0.1	0.1	0.001	—	—	—	—	—	1.7
		T61740	QAl9-5-1-1	余量	8.0~10.0	0.5~1.5	4.0~6.0	0.5~1.5	0.01	0.3	0.1	0.1	0.01	0.01	—	—	—	—	0.6
		T61760	QAl10-3-1.5[③]	余量	8.5~10.0	2.0~4.0	—	1.0~2.0	0.01	0.5	0.1	0.1	0.03	—	—	—	—	—	0.75

（续）

分类		代号	牌号	化学成分（质量分数，%）															
				Cu	Al	Fe	Ni	Mn	P	Zn	Sn	Si	Pb	As①	Mg	Sb①	Bi①	S	杂质总和
铜铬、铜锰、铜铝合金	铝青铜	T61780	QAl10-4-4④	余量	9.5~11.0	3.5~5.5	3.5~5.5	0.3	0.01	0.5	0.1	0.1	0.02	—	—	—	—	—	1.0
		T61790	QAl10-4-4-1	余量	8.5~11.0	3.0~5.0	3.0~5.0	0.5~2.0	—	—	—	—	—	—	—	—	—	—	0.8
		T62100	QAl10-5-5	余量	8.0~11.0	4.0~6.0	4.0~6.0	0.5~2.5	—	0.5	0.2	0.25	0.05	—	0.10	—	—	—	1.2
		T62200	QAl11-6-6	余量	10.0~11.5	5.0~6.5	5.0~6.5	0.5	0.1	0.6	0.2	0.2	0.05	—	—	—	—	—	1.5

分类		代号	牌号	化学成分（质量分数，%）												
				Cu	Si	Fe	Ni	Zn	Pb	Mn	Sn	P	As①	Sb①	Al	杂质总和
铜硅合金	硅青铜	C64700	QSi0.6-2	余量	0.40~0.8	0.10	1.6~2.2⑥	0.50	0.09	—	—	—	—	—	—	1.2
		T64720	QSi1-3	余量	0.6~1.1	0.1	2.4~3.4	0.2	0.15	0.1~0.4	0.1	—	—	—	0.02	0.5
		T64730	QSi3-1②	余量	2.7~3.5	0.3	0.2	0.5	0.03	1.0~1.5	0.25	—	—	—	—	1.1
		T64740	QSi3.5-3-1.5	余量	3.0~4.0	1.2~1.8	0.2	2.5~3.5	0.03	0.5~0.9	0.25	0.03	0.002	0.002	—	1.1

① 砷、锑和铋可不分析，但供方必须保证不大于界限值。

② 抗磁用锡青铜铁的质量分数不大于 0.020%，QSi3-1 铁的质量分数不大于 0.030%。

③ 非耐磨材料用 QAl10-3-1.5，其锌的质量分数可达 1%，但杂质总和应不大于 1.25%。

④ 经双方协商，焊接或特殊要求的 QAl10-4-4，其锌的质量分数不大于 0.2%。

⑤ 此值为表中所列杂质元素实测值总和。

⑥ 此值为 Ni+Co。

4. 加工白铜化学成分（表 4-4）

表 4-4 加工白铜化学成分

分类		代号	牌号	化学成分(质量分数,%)													
				Cu	Ni+Co	Al	Fe	Mn	Pb	P	S	C	Mg	Si	Zn	Sn	杂质总和
铜镍合金	普通白铜	T70110	B0.6	余量	0.57~0.63	—	0.005	—	0.005	0.002	0.005	0.002	—	0.002	—	—	0.1
		T70380	B5	余量	4.4~5.0	—	0.20	—	0.01	0.01	0.01	0.03	—	—	—	—	0.5
		T71050	B19[②]	余量	18.0~20.0	—	0.5	0.5	0.005	0.01	0.01	0.05	0.05	0.15	0.3	—	1.8
		C71100	B23	余量	22.0~24.0	—	0.10	0.15	0.05	—	—	—	—	—	0.20	—	1.0
		T71200	B25	余量	24.0~26.0	—	0.5	0.5	0.005	0.01	0.01	0.05	0.05	0.15	0.3	0.03	1.8
		T71400	B30	余量	29.0~33.0	—	0.9	1.2	0.05	0.006	0.01	0.05	—	0.15	—	—	2.3
	铁白铜	C70400	BFe5-1.5-0.5	余量	4.8~6.2	—	1.3~1.7	0.30~0.8	0.05	—	—	—	—	—	1.0	—	1.55
		T70510	BFe7-0.4-0.4	余量	6.0~7.0	—	0.1~0.7	0.1~0.7	0.01	0.01	0.01	0.03	—	0.02	0.05	—	0.7
		T70590	BFe10-1-1	余量	9.0~11.0	—	1.0~1.5	0.5~1.0	0.02	0.006	0.01	0.05	—	0.15	0.3	0.03	0.7
		C70610	BFe10-1.5-1	余量	10.0~11.0	—	1.0~2.0	0.50~1.0	0.01	—	0.05	0.05	—	—	—	—	0.6
		T70620	BFe10-1.6-1	余量	9.0~11.0	—	1.5~1.8	0.5~1.0	0.03	0.02	0.01	0.05	—	—	0.20	—	0.4
		T70900	BFe16-1-1-0.5	余量	15.0~18.0	Ti≤0.03	0.50~1.00	0.2~1.0	0.05		Cr0.30~0.70		—	0.03	1.0	—	1.1
		C71500	BFe30-0.7	余量	29.0~33.0	—	0.40~1.0	1.0	0.05	—	—	—	—	—	1.0	—	2.5

（续）

分类		代号	牌号	化学成分(质量分数,%)													
				Cu	Ni+Co	Al	Fe	Mn	Pb	P	S	C	Mg	Si	Zn	Sn	杂质总和
铜镍合金	铁白铜	T71510	BFe30-1-1	余量	29.0~32.0	—	0.5~1.0	0.5~1.2	0.02	0.006	0.01	0.05	—	0.15	0.3	0.03	0.7
		T71520	BFe30-2-2	余量	29.0~32.0	—	1.7~2.3	1.5~2.5	0.01	—	0.03	0.06	—	—	—	—	0.6
	锰白铜	T71620	BMn3-12③	余量	2.0~3.5	0.2	0.20~0.50	11.5~13.5	0.020	0.005	0.020	0.05	0.003	0.1~0.3	—	—	0.5
		T71660	BMn40-1.5③	余量	39.0~41.0	—	0.50	1.0~2.0	0.005	0.005	0.02	0.10	0.05	0.10	—	—	0.9
		T71670	BMn43-0.5③	余量	42.0~44.0	—	0.15	0.10~1.0	0.002	0.002	0.01	0.10	0.05	0.10	—	—	0.6
	铝白铜	T72400	BAl6-1.5	余量	5.5~6.5	1.2~1.8	0.50	0.20	0.003	—	—	—	—	—	—	—	1.1
		T72600	BAl13-3	余量	12.0~15.0	2.3~3.0	1.0	0.50	0.003	0.01	—	—	—	—	—	—	1.9

分类		代号	牌号	化学成分(质量分数,%)															
				Cu	Ni+Co	Fe	Mn	Pb	Al	Si	P	S	C	Sn	Bi①	Ti	Sb①	Zn	杂质总和
铜镍锌合金	锌白铜	C73500	BZn18-10	70.5~73.5	16.5~19.5	0.25	0.50	0.09	—	—	—	—	—	—	—	—	—	余量	1.35
		T74600	BZn15-20	62.0~65.0	13.5~16.5	0.5	0.3	0.02	Mg≤0.05	0.15	0.005	0.01	0.03	—	0.002	As①≤0.010	0.002	余量	0.9
		C75200	BZn18-18	63.0~66.5	16.5~19.5	0.25	0.50	0.05	—	—	—	—	—	—	—	—	—	余量	1.3

（续）

分类		代号	牌号	化学成分（质量分数，%）															
				Cu	Ni+Co	Fe	Mn	Pb	Al	Si	P	S	C	Sn	Bi①	Ti	Sb①	Zn	杂质总和
铜镍锌合金	锌白铜	T75210	BZn18-17	62.0~66.0	16.5~19.5	0.25	0.50	0.03	—	—	—	—	—	—	—	—	—	余量	0.9
		T76100	BZn9-29	60.0~63.0	7.2~10.4	0.3	0.5	0.03	0.005	0.15	0.005	0.005	0.03	0.08	0.002	0.005	0.002	余量	0.8④
		T76200	BZn12-24	63.0~66.0	11.0~13.0	0.3	0.5	0.03	—	—	—	—	—	0.03	—	—	—	余量	0.8④
		T76210	BZn12-26	60.0~63.0	10.5~13.0	0.3	0.5	0.03	0.005	0.15	0.005	0.005	0.03	0.08	0.002	0.005	0.002	余量	0.8④
		T76220	BZn12-29	57.0~60.0	11.0~13.5	0.3	0.5	0.03	—	—	—	—	—	0.03	—	—	—	余量	0.8④
		T76300	BZn18-20	60.0~63.0	16.5~19.5	0.3	0.5	0.03	0.005	0.15	0.005	0.005	0.03	0.08	0.002	0.005	0.002	余量	0.8④
		T76400	BZn22-16	60.0~63.0	20.5~23.5	0.3	0.5	0.03	0.005	0.15	0.005	0.005	0.03	0.08	0.002	0.005	0.002	余量	0.8④
		T76500	BZn25-18	56.0~59.0	23.5~26.5	0.3	0.5	0.03	0.005	0.15	0.005	0.005	0.03	0.08	0.002	0.005	0.002	余量	0.8④
		C77000	BZn18-26	53.5~56.5	16.5~19.5	0.25	0.50	0.05	—	—	—	—	—	—	—	—	—	余量	0.8
		T77500	BZn40-20	38.0~42.0	38.0~41.5	0.3	0.5	0.03	0.005	0.15	0.005	0.005	0.10	0.08	0.002	0.005	0.002	余量	0.8④
		T78300	BZn15-21-1.8	60.0~63.0	14.0~16.0	0.3	0.5	1.5~2.0	—	0.15	—	—	—	—	—	—	—	余量	0.9

（续）

分类		代号	牌号	化学成分(质量分数,%)															
				Cu	Ni+Co	Fe	Mn	Pb	Al	Si	P	S	C	Sn	Bi①	Ti	Sb①	Zn	杂质总和
铜镍锌合金	锌白铜	T79500	BZn15-24-1.5	58.0~60.0	12.5~15.5	0.25	0.05~0.5	1.4~1.7	—	—	0.02	0.005	—	—	—	—	—	余量	0.75
		C79800	BZn10-41-2	45.5~48.5	9.0~11.0	0.25	1.5~2.5	1.5~2.5	—	—	—	—	—	—	—	—	—	余量	0.75
		C79860	BZn12-37-1.5	42.3~43.7	11.8~12.7	0.20	5.6~6.4	1.3~1.8	—	0.06	0.005	—	—	0.10	—	—	—	余量	0.56

① 铋、锑和砷可不分析，但供方必须保证不大于界限值。

② 特殊用途的 B19 白铜带，可供应硅的质量分数不大于 0.05%的材料。

③ 为保证电气性能，对 BMn3-12 合金、作热电偶用的 BMn40-1.5 和 BMn43-0.5 合金，其规定有最大值和最小值的成分，允许略微超出表中的规定。

④ 此值为表中所列杂质元素实测值总和。

5. 加工高铜合金化学成分（见表 4-5）

表 4-5 加工高铜合金①化学成分

分类	代号	牌号	化学成分(质量分数,%)														
			Cu	Be	Ni	Cr	Si	Fe	Al	Pb	Ti	Zn	Sn	S	P	Mn	Co	杂质总和
镉铜	C16200	TCd1	余量	—	—	—	—	0.02	—	—	—	—	—	—	—	Cd0.7~1.2	—	0.5
铍铜	C17300	TBe1.9-0.4②	余量	1.80~2.00	—	—	0.20	—	0.20	0.20~0.6	—	—	—	—	—	—	—	0.9
	T17490	TBe0.3-1.5	余量	0.25~0.50	—	—	0.20	0.10	0.20	—	—	—	—	—	—	Ag0.90~1.10	1.40~1.70	0.5

（续）

分类	代号	牌号	化学成分（质量分数，%）														
			Cu	Be	Ni	Cr	Si	Fe	Al	Pb	Ti	Zn	Sn	S	P	Mn	Co	杂质总和
铍铜	C17500	TBe0.6-2.5	余量	0.4~0.7	—	—	0.20	0.10	0.20	—	—	—	—	—	—	—	2.4~2.7	1.0
	C17510	TBe0.4-1.8	余量	0.2~0.6	1.4~2.2	—	0.20	0.10	0.20	—	—	—	—	—	—	—	0.3	1.3
	T17700	TBe1.7	余量	1.6~1.85	0.2~0.4	—	0.15	0.15	0.15	0.005	0. 10~0. 25	—	—	—	—	—	—	0.5
	T17710	TBe1.9	余量	1.85~2.1	0.2~0.4	—	0.15	0.15	0.15	0.005	0.10~0.25	—	—	—	—	—	—	0.5
	T17715	TBe1.9-0.1	余量	1.85~2.1	0.2~0.4	—	0.15	0.15	0.15	0.005	0.10~0.25	—	—	—	—	Mg0.07~0.13	—	0.5
	T17720	TBe2	余量	1.80~2.1	0.2~0.5	—	0.15	0.15	0.15	0.005	—	—	—	—	—	—	—	0.5
镍铬铜	C18000	TNi2.4-0.6-0.5	余量	—	1.8~3.0③	0.10~0.8	0.40~0.8	0.15	—	—	—	—	—	—	—	—	—	0.65
铬铜	C18135	TCr0.3-0.3	余量	—	—	0.20~0.6	—	—	—	—	—	—	—	—	—	Cd0.20~0.6	—	0.5
	T18140	TCr0.5	余量	—	0.05	0.4~1.1	—	0.1	—	—	—	—	—	—	—	—	—	0.5
	T18142	TCr0.5-0.2-0.1	余量	—	—	0.4~1.0	—	—	0.1~0.25	—	—	—	—	—	—	Mg0.1~0.25	—	0.5
	T18144	TCr0.5-0.1	余量	—	0.05	0.40~0.70	0.05	0.05	—	0.005	—	0.05~0.25	0.01	0.005	—	Ag0.08~0.13	—	0.25
	T18146	TCr0.7	余量	—	0.05	0.55~0.85	—	0.1	—	—	—	—	—	—	—	—	—	0.5

（续）

分类	代号	牌号	化学成分（质量分数，%）															
			Cu	Zr	Cr	Ni	Si	Fe	Al	Pb	Mg	Zn	Sn	S	P	B	Sb	Bi	杂质总和
铬铜	T18148	TCr0.8	余量	—	0.6~0.9	0.05	0.03	0.03	0.005	—	—	—	—	0.005	—	—	—	—	0.2
	C18150	TCr1-0.15	余量	0.05~0.25	0.50~1.5	—	—	—	—	—	—	—	—	—	—	—	—	—	0.3
	T18160	TCr1-0.18	余量	0.05~0.30	0.5~1.5	—	0.10	0.10	0.05	0.05	0.05	—	—	—	0.10	0.02	0.01	0.01	0.3④
	T18170	TCr0.6-0.4-0.05	余量	0.3~0.6	0.4~0.8	—	0.05	0.05	—	—	0.04~0.08	—	—	—	0.01	—	—	—	0.5
	C18200	TCr1	余量	—	0.6~1.2	—	0.10	0.10	—	0.05	—	—	—	—	—	—	—	—	0.75
镁铜	T18658	TMg0.2	余量	—	—	—	—	—	—	—	0.1~0.3	—	—	—	0.01	—	—	—	0.1
	C18661	TMg0.4	余量	—	—	—	—	0.10	—	—	0.10~0.7	—	0.20	—	0.001~0.02	—	—	—	0.8
	T18664	TMg0.5	余量	—	—	—	—	—	—	—	0.4~0.7	—	—	—	0.01	—	—	—	0.1
	T18667	TMg0.8	余量	—	—	0.006	—	0.005	—	0.005	0.70~0.85	0.005	0.002	0.005	—	—	0.005	0.002	0.3
铅铜	C18700	TPb1	余量	—	—	—	—	—	—	0.8~1.5	—	—	—	—	—	—	—	—	0.5
铁铜	C19200	TFe1.0	98.5	—	—	—	—	0.8~1.2	—	—	—	0.20	—	—	0.01~0.04	—	—	—	0.4

（续）

分类	代号	牌号	化学成分（质量分数，%）																
			Cu	Zr	Cr	Ni	Si	Fe	Al	Pb	Mg	Zn	Sn	S	P	B	Sb	Bi	杂质总和
铁铜	C19210	TFe0.1	余量	—	—	—	—	0.05~0.15	—	—	—	—	—	—	0.025~0.04	—	—	—	0.2
铁铜	C19400	TFe2.5	97.0	—	—	—	—	2.1~2.6	—	0.03	—	0.05~0.20	—	—	0.015~0.15	—	—	—	—
钛铜	C19910	TTi3.0-0.2	余量	—	—	—	—	0.17~0.23	—	—	—	—	—	—	—	Ti2.9~3.4	—	—	0.5

① 高铜合金，指铜含量在96.0%~99.3%之间的合金。
② 该牌号Ni+Co≥0.20%，Ni+Co+Fe≤0.6%。
③ 此值为Ni+Co。
④ 此值为表中所列杂质元素实测值总和。

二、变形铝及铝合金（GB/T 3190—2008）

1. 牌号和化学成分

（1）变表铝及铝合金的牌号和化学成分（Ⅰ）见表4-6

表4-6 变形铝及铝合金牌号和化学成分（Ⅰ）

序号	牌号	化学成分（质量分数，%）													
		Si	Fe	Cu	Mn	Mg	Cr	Ni	Zn	V等	Ti	Zr	其他		Al
													单个	合计	
1	1035	0.35	0.6	0.10	0.05	0.05	—	—	0.10	V0.05	0.03	—	0.03	—	99.35
2	1040	0.30	0.50	0.10	0.05	0.05	—	—	0.10	V0.05	0.03	—	0.03	—	99.40
3	1045	0.30	0.45	0.10	0.05	0.05	—	—	0.05	V0.05	0.03	—	0.03	—	99.45
4	1050	0.25	0.40	0.05	0.05	0.05	—	—	0.05	V0.05	0.03	—	0.03	—	99.50
5	1050A	0.25	0.40	0.05	0.05	0.05	—	—	0.07	—	0.05	—	0.03	—	99.50

（续）

序号	牌号	化学成分（质量分数，%）													
		Si	Fe	Cu	Mn	Mg	Cr	Ni	Zn	V等	Ti	Zr	其他 单个	其他 合计	Al
6	1060	0.25	0.35	0.05	0.03	0.03	—	—	0.05	V0.05	0.03	—	0.03	—	99.60
7	1065	0.25	0.30	0.05	0.03	0.03	—	—	0.05	V0.05	0.03	—	0.03	—	99.65
8	1070	0.20	0.25	0.04	0.03	0.03	—	—	0.04	V0.05	0.03	—	0.03	—	99.70
9	1070A	0.20	0.25	0.03	0.03	0.03	—	—	0.07	—	0.03	—	0.03	—	99.70
10	1080	0.15	0.15	0.03	0.02	0.02	—	—	0.03	Ga0.03，V0.05	0.03	—	0.02	—	99.80
11	1080A	0.15	0.15	0.03	0.02	0.02	—	—	0.06	Ga①0.03	0.02	—	0.02	—	99.80
12	1085	0.10	0.12	0.03	0.02	0.02	—	—	0.03	Ga0.03，V0.05	0.02	—	0.01	—	99.85
13	1100	0.95Si+Fe		0.05～0.20	0.05	—	—	—	0.10	①	—	—	0.05	0.15	99.00
14	1200	1.00Si+Fe		0.05	0.05	—	—	—	0.10	—	0.05	—	0.05	0.15	99.00
15	1200A	1.00Si+Fe		0.10	0.30	0.30	0.10	—	0.10	—	—	—	0.05	0.15	99.00
16	1120	0.10	0.40	0.05～0.35	0.01	0.20	0.01	—	0.05	Ga0.03，B0.05，(V+Ti)0.02	—	—	0.03	0.10	99.20
17	1230②	0.70Si+Fe		0.10	0.05	0.05	—	—	0.10	V0.05	0.03	—	0.03	—	99.30
18	1235	0.65Si+Fe		0.05	0.05	0.05	—	—	0.10	V0.05	0.06	—	0.03	—	99.35
19	1435	0.15	0.30～0.50	0.02	0.05	0.05	—	—	0.10	V0.05	0.03	—	0.03	—	99.35
20	1145	0.55Si+Fe		0.05	0.05	0.05	—	—	0.05	V0.05	0.03	—	0.03	—	99.45
21	1345	0.30	0.40	0.10	0.05	0.05	—	—	0.05	V0.05	0.03	—	0.03	—	99.45
22	1350	0.10	0.40	0.05	0.01	—	0.01	—	0.05	Ga0.03，B0.05，(V+Ti)0.02	—	—	0.03	0.10	99.50
23	1450	0.25	0.40	0.05	0.05	0.05	—	—	0.07	—	0.10～0.20	—	0.03	—	99.50
24	1260	0.40Si+Fe		0.04	0.01	0.03	—	—	0.05	V①0.05	0.03	—	0.03	—	99.60
25	1370	0.10	0.25	0.02	0.01	0.02	0.01	—	0.04	Ga0.03，B0.02，(V+Ti)0.02	—	—	0.02	0.10	99.70

（续）

序号	牌号	化学成分（质量分数，%）													
		Si	Fe	Cu	Mn	Mg	Cr	Ni	Zn	V 等	Ti	Zr	其他		Al
													单个	合计	
26	1275	0.08	0.12	0.05~0.10	0.02	0.02	—	—	0.03	Ga0.03，V0.03	0.02	—	0.01	—	99.75
27	1185	0.15Si+Fe		0.01	0.02	0.02	—	—	0.03	Ga0.03，V0.05	0.02	—	0.01	—	99.85
28	1285	0.08③	0.08③	0.02	0.01	0.01	—	—	0.03	Ga0.03，V0.05	0.02	—	0.01	—	99.85
29	1385	0.05	0.12	0.02	0.01	0.02	0.01	—	0.03	Ga0.03，（V+Ti④）0.03	—	—	0.01	—	99.85
30	2004	0.20	0.20	5.5~6.5	0.10	0.50	—	—	0.10	—	0.05	0.30~0.50	0.05	0.15	余量
31	2011	0.40	0.7	5.0~6.0	—	—	—	—	0.30	⑤	—	—	0.05	0.15	余量
32	2014	0.50~1.2	0.7	3.9~5.0	0.40~1.2	0.20~0.8	0.10	—	0.25	⑥	0.15	—	0.05	0.15	余量
33	2014A	0.50~0.9	0.50	3.9~5.0	0.40~1.2	0.20~0.8	0.10	0.10	0.25	—	0.15	（Zr+Ti）0.20	0.05	0.15	余量
34	2214	0.50~1.2	0.30	3.9~5.0	0.40~1.2	0.20~0.8	0.10	—	0.25	⑥	0.15	—	0.05	0.15	余量
35	2017	0.20~0.8	0.7	3.5~4.5	0.40~1.0	0.40~0.8	0.10	—	0.25	⑥	0.15	—	0.05	0.15	余量
36	2017A	0.20~0.8	0.7	3.5~4.5	0.40~1.0	0.40~1.0	0.10	—	0.25	—	—	0.25Zr+Ti	0.05	0.15	余量
37	2117	0.8	0.7	2.2~3.0	0.20	0.20~0.50	0.10	—	0.25	—	—	—	0.05	0.15	余量
38	2218	0.9	1.0	3.5~4.5	0.20	1.2~1.8	0.10	1.7~2.3	0.25	—	—	—	0.05	0.15	余量
39	2618	0.10~0.25	0.9~1.3	1.9~2.7	—	1.3~1.8	—	0.9~1.2	0.10	—	0.04~0.10	—	0.05	0.15	余量

（续）

序号	牌号	化学成分(质量分数,%)													
		Si	Fe	Cu	Mn	Mg	Cr	Ni	Zn	V 等	Ti	Zr	其他 单个	其他 合计	Al
40	2618A	0.15~0.25	0.9~1.4	1.8~2.7	0.25	1.2~1.8	—	0.8~1.4	0.15	—	0.20	0.25Zr+Ti	0.05	0.15	余量
41	2219	0.20	0.30	5.8~6.8	0.20~0.40	0.02	—	—	0.10	V0.05~0.15	0.02~0.10	0.10~0.25	0.05	0.15	余量
42	2519	0.25⑦	0.30⑦	5.3~6.4	0.10~0.50	0.05~0.40	—	—	0.10	V0.05~0.15	0.02~0.10	0.10~0.25	0.05	0.15	余量
43	2024	0.50	0.50	3.8~4.9	0.30~0.9	1.2~1.8	0.10	—	0.25	⑥	0.15	—	0.05	0.15	余量
44	2024A	0.15	0.20	3.7~4.5	0.15~0.8	1.2~1.5	0.10	—	0.25	—	0.15	—	0.05	0.15	余量
45	2124	0.20	0.30	3.8~4.9	0.30~0.9	1.2~1.8	0.10	—	0.25	⑥	0.15	—	0.05	0.15	余量
46	2324	0.10	0.12	3.8~4.4	0.30~0.9	1.2~1.8	0.10	—	0.25	—	0.15	—	0.05	0.15	余量
47	2524	0.06	0.12	4.0~4.5	0.45~0.7	1.2~1.6	0.05	—	0.15	—	0.10	—	0.05	0.15	余量
48	3002	0.08	0.10	0.15	0.05~0.25	0.05~0.20	—	—	0.05	V0.05	0.03	—	0.03	0.10	余量
49	3102	0.40	0.7	0.10	0.05~0.40	—	—	—	0.30	—	0.10	—	0.05	0.15	余量
50	3003	0.6	0.7	0.05~0.20	1.0~1.5	—	—	—	0.10	—	—	—	0.05	0.15	余量
51	3103	0.50	0.7	0.10	0.9~1.5	0.30	0.10	—	0.20	①	—	0.10Zr+Ti	0.05	0.15	余量

（续）

序号	牌号	化学成分（质量分数，%）													
		Si	Fe	Cu	Mn	Mg	Cr	Ni	Zn	V等	Ti	Zr	其他 单个	其他 合计	Al
52	3103A	0.50	0.7	0.10	0.7~1.4	0.30	0.10	—	0.20	—	0.10	0.10Zr+Ti	0.05	0.15	余量
53	3203	0.6	0.7	0.05	1.0~1.5	—	—	—	0.10	①	—	—	0.05	0.15	余量
54	3004	0.30	0.7	0.25	1.0~1.5	0.8~1.3	—	—	0.25	—	—	—	0.05	0.15	余量
55	3004A	0.40	0.7	0.25	0.8~1.5	0.8~1.5	0.10	—	0.25	Pb0.03	0.05	—	0.05	0.15	余量
56	3104	0.6	0.8	0.05~0.25	0.8~1.4	0.8~1.3	—	—	0.25	Ga0.05，V0.05	0.10	—	0.05	0.15	余量
57	3204	0.30	0.7	0.10~0.25	0.8~1.5	0.8~1.5	—	—	0.25	—	—	—	0.05	0.15	余量
58	3005	0.6	0.7	0.30	1.0~1.5	0.20~0.6	0.10	—	0.25	—	0.10	—	0.05	0.15	余量
59	3105	0.6	0.7	0.30	0.30~0.8	0.20~0.8	0.20	—	0.40	—	0.10	—	0.05	0.15	余量
60	3105A	0.6	0.7	0.30	0.30~0.8	0.20~0.8	0.20	—	0.25	—	0.10	—	0.05	0.15	余量
61	3006	0.50	0.7	0.10~0.30	0.50~0.8	0.30~0.6	0.20	—	0.15~0.40	—	0.10	—	0.05	0.15	余量
62	3007	0.50	0.7	0.05~0.30	0.30~0.8	0.6	0.20	—	0.40	—	0.10	—	0.05	0.15	余量
63	3107	0.6	0.7	0.05~0.15	0.40~0.9	—	—	—	0.20	—	0.10	—	0.05	0.15	余量

（续）

序号	牌号	化学成分（质量分数，%）													
		Si	Fe	Cu	Mn	Mg	Cr	Ni	Zn	V 等	Ti	Zr	其他		Al
													单个	合计	
64	3207	0.30	0.45	0.10	0.40~0.8	0.10	—	—	0.10	—	—	—	0.05	0.10	余量
65	3207A	0.35	0.6	0.25	0.30~0.8	0.40	0.20	—	0.25	—	—	—	0.05	0.15	余量
66	3307	0.6	0.8	0.30	0.50~0.9	0.30	0.20	—	0.40	—	0.10	—	0.05	0.15	余量
67	4004②	9.0~10.5	0.8	0.25	0.10	1.0~2.0	—	—	0.20	—	—	—	0.05	0.15	余量
68	4032	11.0~13.5	1.0	0.50~1.3	—	0.8~1.3	0.10	0.50~1.3	0.25	—	—	—	0.05	0.15	余量
69	4043	4.5~6.0	0.8	0.30	0.05	0.05	—	—	0.10	①	0.20	—	0.05	0.15	余量
70	4043A	4.5~6.0	0.6	0.30	0.15	0.20	—	—	0.10	①	0.15	—	0.05	0.15	余量
71	4343	6.8~8.2	0.8	0.25	0.10	—	—	—	0.20	—	—	—	0.05	0.15	余量
72	4045	9.0~11.0	0.8	0.30	0.05	0.05	—	—	0.10	—	0.20	—	0.05	0.15	余量
73	4047	11.0~13.0	0.8	0.30	0.15	0.10	—	—	0.20	①	—	—	0.05	0.15	余量
74	4047A	11.0~13.0	0.6	0.30	0.15	0.10	—	—	0.20	①	0.15	—	0.05	0.15	余量
75	5005	0.30	0.7	0.20	0.20	0.50~1.1	0.10	—	0.25	—	—	—	0.05	0.15	余量
76	5005A	0.30	0.45	0.05	0.15	0.7~1.1	0.10	—	0.20	—	—	—	0.05	0.15	余量
77	5205	0.15	0.7	0.03~0.10	0.10	0.6~1.0	0.10	—	0.05	—	—	—	0.05	0.15	余量
78	5006	0.40	0.8	0.10	0.40~0.8	0.8~1.3	0.10	—	0.25	—	0.10	—	0.05	0.15	余量

（续）

序号	牌号	化学成分（质量分数，%）											其他		Al
		Si	Fe	Cu	Mn	Mg	Cr	Ni	Zn	V等	Ti	Zr	单个	合计	
79	5010	0.40	0.7	0.25	0.10~0.30	0.20~0.6	0.15	—	0.30	—	0.10	—	0.05	0.15	余量
80	5019	0.40	0.50	0.10	0.10~0.6	4.5~5.6	0.20	—	0.20	(Mn+Cr)0.10~0.6	0.20	—	0.05	0.15	余量
81	5049	0.40	0.50	0.10	0.50~1.1	1.6~2.5	0.30	—	0.20	—	0.10	—	0.05	0.15	余量
82	5050	0.40	0.7	0.20	0.10	1.1~1.8	0.10	—	0.25	—	—	—	0.05	0.15	余量
83	5050A	0.40	0.7	0.20	0.30	1.1~1.8	0.10	—	0.25	—	—	—	0.05	0.15	余量
84	5150	0.08	0.10	0.10	0.03	1.3~1.7	—	—	0.10	—	0.06	—	0.03	0.10	余量
85	5250	0.08	0.10	0.10	0.04~0.15	1.3~1.8	—	—	0.05	Ga0.03，V0.05	—	—	0.03	0.10	余量
86	5051	0.40	0.7	0.25	0.20	1.7~2.2	0.10	—	0.25	—	0.10	—	0.05	0.15	余量
87	5251	0.40	0.50	0.15	0.10~0.50	1.7~2.4	0.15	—	0.15	—	0.15	—	0.05	0.15	余量
88	5052	0.25	0.40	0.10	0.10	2.2~2.8	0.15~0.35	—	0.10	—	—	—	0.05	0.15	余量
89	5154	0.25	0.40	0.10	0.10	3.1~3.9	0.15~0.35	—	0.20	①	0.20	—	0.05	0.15	余量
90	5154A	0.50	0.50	0.10	0.50	3.1~3.9	0.25	—	0.20	(Mn+Cr①)0.10~0.50	0.20	—	0.05	0.15	余量

（续）

序号	牌号	化学成分（质量分数，%）												
		Si	Fe	Cu	Mn	Mg	Cr	Ni	Zn	V 等	Ti	Zr	其他		Al
													单个	合计	
91	5454	0.25	0.40	0.10	0.50~1.0	2.4~3.0	0.05~0.20	—	0.25	—	0.20	—	0.05	0.15	余量
92	5554	0.25	0.40	0.10	0.50~1.0	2.4~3.0	0.05~0.20	—	0.25	①	0.05~0.20	—	0.05	0.15	余量
93	5754	0.40	0.40	0.10	0.50	2.6~3.6	0.30	—	0.20	（Mn+Cr）0.10~0.6	0.15	—	0.05	0.15	余量
94	5056	0.30	0.40	0.10	0.05~0.20	4.5~5.6	0.05~0.20	—	0.10	—	—	—	0.05	0.15	余量
95	5356	0.25	0.40	0.10	0.05~0.20	4.5~5.5	0.05~0.20	—	0.10	①	0.06~0.20	—	0.05	0.15	余量
96	5456	0.25	0.40	0.10	0.50~1.0	4.7~5.5	0.05~0.20	—	0.25	—	0.20	—	0.05	0.15	余量
97	5059	0.45	0.50	0.25	0.6~1.2	5.0~6.0	0.25	—	0.40~0.9	—	0.20	0.05~0.25	0.05	0.15	余量
98	5082	0.20	0.35	0.15	0.15	4.0~5.0	0.15	—	0.25	—	0.10	—	0.05	0.15	余量
99	5182	0.20	0.35	0.15	0.20~0.50	4.0~5.0	0.10	—	0.25	—	0.10	—	0.05	0.15	余量
100	5083	0.40	0.40	0.10	0.40~1.0	4.0~4.9	0.05~0.25	—	0.25	—	0.15	—	0.05	0.15	余量
101	5183	0.40	0.40	0.10	0.50~1.0	4.3~5.2	0.05~0.25	—	0.25	①	0.15	—	0.05	0.15	余量
102	5383	0.25	0.25	0.20	0.7~1.0	4.0~5.2	0.25	—	0.40	—	0.15	0.20	0.05	0.15	余量

（续）

序号	牌号	化学成分(质量分数,%)											其他		
		Si	Fe	Cu	Mn	Mg	Cr	Ni	Zn	V 等	Ti	Zr	单个	合计	Al
103	5086	0.40	0.50	0.10	0.20~0.7	3.5~4.5	0.05~0.25	—	0.25	—	0.15	—	0.05	0.15	余量
104	6101	0.30~0.7	0.50	0.10	0.03	0.35~0.8	0.03	—	0.10	B0.06	—	—	0.03	0.10	余量
105	6101A	0.30~0.7	0.40	0.05	—	0.40~0.9	—	—	—	—	—	—	0.03	0.10	余量
106	6101B	0.30~0.6	0.10~0.30	0.05	0.05	0.35~0.6	—	—	0.10	—	—	—	0.03	0.10	余量
107	6201	0.50~0.9	0.50	0.10	0.03	0.6~0.9	0.03	—	0.10	B0.06	—	—	0.03	0.10	余量
108	6005	0.6~0.9	0.35	0.10	0.10	0.40~0.6	0.10	—	0.10	—	0.10	—	0.05	0.15	余量
109	6005A	0.50~0.9	0.35	0.30	0.50	0.40~0.7	0.30	—	0.20	(Mn+Cr)0.12~0.50	0.10	—	0.05	0.15	余量
110	6105	0.6~1.0	0.35	0.10	0.15	0.45~0.8	0.10	—	0.10	—	0.10	—	0.05	0.15	余量
111	6106	0.30~0.6	0.35	0.25	0.05~0.20	0.40~0.8	0.20	—	0.10	—	—	—	0.05	0.10	余量
112	6009	0.6~1.0	0.50	0.15~0.6	0.20~0.8	0.40~0.8	0.10	—	0.25	—	0.10	—	0.05	0.15	余量
113	6010	0.8~1.2	0.50	0.15~0.6	0.20~0.8	0.6~1.0	0.10	—	0.25	—	0.10	—	0.05	0.15	余量
114	6111	0.6~1.1	0.40	0.50~0.9	0.10~0.45	0.50~1.0	0.10	—	0.15	—	0.10	—	0.05	0.15	余量

（续）

序号	牌号	化学成分（质量分数，%）													
		Si	Fe	Cu	Mn	Mg	Cr	Ni	Zn	V 等	Ti	Zr	其他		Al
													单个	合计	
115	6016	1.0～1.5	0.50	0.20	0.20	0.25～0.6	0.10	—	0.20	—	0.15	—	0.05	0.15	余量
116	6043	0.40～0.9	0.50	0.30～0.9	0.35	0.6～1.2	0.15	—	0.20	Bi0.40～0.7 Sn0.20～0.40	0.15	—	0.05	0.15	余量
117	6351	0.7～1.3	0.50	0.10	0.40～0.8	0.40～0.8	—	—	0.20	—	0.20	—	0.05	0.15	余量
118	6060	0.30～0.6	0.10～0.30	0.10	0.10	0.35～0.6	0.05	—	0.15	—	0.10	—	0.05	0.15	余量
119	6061	0.40～0.8	0.7	0.15～0.40	0.15	0.8～1.2	0.04～0.35	—	0.25	—	0.15	—	0.05	0.15	余量
120	6061A	0.40～0.8	0.7	0.15～0.40	0.15	0.8～1.2	0.04～0.35	—	0.25	⑧	0.15	—	0.05	0.15	余量
121	6262	0.40～0.8	0.7	0.15～0.40	0.15	0.8～1.2	0.04～0.14	—	0.25	⑨	0.15	—	0.05	0.15	余量
122	6063	0.20～0.6	0.35	0.10	0.10	0.45～0.9	0.10	—	0.10	—	0.10	—	0.05	0.15	余量
123	6063A	0.30～0.6	0.15～0.35	0.10	0.15	0.6～0.9	0.05	—	0.15	—	0.10	—	0.05	0.15	余量
124	6463	0.20～0.6	0.15	0.20	0.05	0.45～0.9	—	—	0.05	—	—	—	0.05	0.15	余量
125	6463A	0.20～0.6	0.15	0.25	0.05	0.30～0.9	—	—	0.05	—	—	—	0.05	0.15	余量
126	6070	1.0～1.7	0.50	0.15～0.40	0.40～1.0	0.50～1.2	0.10	—	0.25	—	0.15	—	0.05	0.15	余量

（续）

序号	牌号	化学成分（质量分数，%）													
		Si	Fe	Cu	Mn	Mg	Cr	Ni	Zn	V等	Ti	Zr	其他		Al
													单个	合计	
127	6181	0.8~1.2	0.45	0.10	0.15	0.6~1.0	0.10	—	0.20	—	0.10	—	0.05	0.15	余量
128	6181A	0.7~1.1	0.15~0.50	0.25	0.40	0.6~1.0	0.15	—	0.30	V0.10	0.25	—	0.05	0.15	余量
129	6082	0.7~1.3	0.50	0.10	0.40~1.0	0.6~1.2	0.25	—	0.20	—	0.10	—	0.05	0.15	余量
130	6082A	0.7~1.3	0.50	0.10	0.40~1.0	0.6~1.2	0.25	—	0.20	⑧	0.10	—	0.05	0.15	余量
131	7001	0.35	0.40	1.6~2.6	0.20	2.6~3.4	0.18~0.35	—	6.8~8.0	—	0.20	—	0.05	0.15	余量
132	7003	0.30	0.35	0.20	0.30	0.50~1.0	0.20	—	5.0~6.5	—	0.20	0.05~0.25	0.05	0.15	余量
133	7004	0.25	0.35	0.05	0.20~0.7	1.0~2.0	0.05	—	3.8~4.6	—	0.05	0.10~0.20	0.05	0.15	余量
134	7005	0.35	0.40	0.10	0.20~0.7	1.0~1.8	0.06~0.20	—	4.0~5.0	—	0.01~0.06	0.08~0.20	0.05	0.15	余量
135	7020	0.35	0.40	0.20	0.05~0.50	1.0~1.4	0.10~0.35	—	4.0~5.0	⑩	—	—	0.05	0.15	余量
136	7021	0.25	0.40	0.25	0.10	1.2~1.8	0.05	—	5.0~6.0	—	0.10	0.08~0.18	0.05	0.15	余量
137	7022	0.50	0.50	0.50~1.0	0.10~0.40	2.6~3.7	0.10~0.30	—	4.3~5.2	—	—	0.20Ti+Zr	0.05	0.15	余量
138	7039	0.30	0.40	0.10	0.10~0.40	2.3~3.3	0.15~0.25	—	3.5~4.5	—	0.10	—	0.05	0.15	余量

（续）

序号	牌号	化学成分（质量分数，%）											其他		
		Si	Fe	Cu	Mn	Mg	Cr	Ni	Zn	V 等	Ti	Zr	单个	合计	Al
139	7049	0.25	0.35	1.2~1.9	0.20	2.0~2.9	0.10~0.22	—	7.2~8.2	—	0.10	—	0.05	0.15	余量
140	7049A	0.40	0.50	1.2~1.9	0.50	2.1~3.1	0.05~0.25	—	7.2~8.4	—	—	0.25Zr+Ti	0.05	0.15	余量
141	7050	0.12	0.15	2.0~2.6	0.10	1.9~2.6	0.04	—	5.7~6.7	—	0.06	0.08~0.15	0.05	0.15	余量
142	7150	0.12	0.15	1.9~2.5	0.10	2.0~2.7	0.04	—	5.9~6.9	—	0.06	0.08~0.15	0.05	0.15	余量
143	7055	0.10	0.15	2.0~2.6	0.05	1.8~2.3	0.04	—	7.6~8.4	—	0.06	0.08~0.25	0.05	0.15	余量
144	7072②	0.7Si+Fe		0.10	0.10	0.10	—	—	0.8~1.3	—	—	—	0.05	0.15	余量
145	7075	0.40	0.50	1.2~2.0	0.30	2.1~2.9	0.18~0.28	—	5.1~6.1	⑪	0.20	—	0.05	0.15	余量
146	7175	0.15	0.20	1.2~2.0	0.10	2.1~2.9	0.18~0.28	—	5.1~6.1	—	0.10	—	0.05	0.15	余量
147	7475	0.10	0.12	1.2~1.9	0.06	1.9~2.6	0.18~0.25	—	5.2~6.2	—	0.06	—	0.05	0.15	余量
148	7085	0.06	0.08	1.3~2.0	0.04	1.2~1.8	0.04	—	7.0~8.0	—	0.06	0.08~0.15	0.05	0.15	余量
149	8001	0.17	0.45~0.7	0.15	—	—	—	0.9~1.3	0.05	⑫	—	—	0.05	0.15	余量
150	8006	0.40	1.2~2.0	0.30	0.30~1.0	0.10	—	—	0.10	—	—	—	0.05	0.15	余量

（续）

序号	牌号	化学成分（质量分数，%）													
		Si	Fe	Cu	Mn	Mg	Cr	Ni	Zn	V 等	Ti	Zr	其他		Al
													单个	合计	
151	8011	0.50~0.9	0.6~1.0	0.10	0.20	0.05	0.05	—	0.10	—	0.08	—	0.05	0.15	余量
152	8011A	0.40~0.8	0.50~1.0	0.10	0.10	0.10	0.10	—	0.10	—	0.05	—	0.05	0.15	余量
153	8014	0.30	1.2~1.6	0.20	0.20~0.6	0.10	—	—	0.10	—	0.10	—	0.05	0.15	余量
154	8021	0.15	1.2~1.7	0.05	—	—	—	—	—	—	—	—	0.05	0.15	余量
155	8021B	0.40	1.1~1.7	0.05	0.03	0.01	0.03	—	0.05	—	0.05	—	0.03	0.10	余量
156	8050	0.15~0.30	1.1~1.2	0.05	0.45~0.55	0.05	0.05	—	0.10	—	—	—	0.05	0.15	余量
157	8150	0.30	0.9~1.3	—	0.20~0.7	—	—	—	—	—	0.05	—	0.05	0.15	余量
158	8079	0.05~0.30	0.7~1.3	0.05	—	—	—	—	0.10	—	—	—	0.05	0.15	余量
159	8090	0.20	0.30	1.0~1.6	0.10	0.6~1.3	0.10	—	0.25	⑬	0.10	0.04~0.16	0.05	0.15	余量

注：其他一栏是指表中未列出的金属元素。
① 焊接电极及填料焊丝的 w(Be)≤0.0003%。
② 主要用作包覆材料。
③ w(Si+Fe)≤0.14%。
④ w(B)≤0.02%。
⑤ w(Bi)：0.20%~0.6%，w(Pb)：0.20%~0.6%。
⑥ 经供需双方协商并同意，挤压产品与锻件的 w(Zr+Ti)最大可达 0.20%。
⑦ w(Si+Fe)≤0.40%。
⑧ w(Pb)≤0.003%。
⑨ w(Bi)：0.40%~0.7%，w(Pb)：0.40%~0.7%。
⑩ w(Zr)：0.08%~0.20%，w(Zr+Ti)：0.08%~0.25%。
⑪ 经供需双方协商并同意，挤压产品与锻件的 w(Zr+Ti)最大可达 0.25%。
⑫ w(B)≤0.001%，w(Cd)≤0.003%，w(Co)≤0.001%，w(Li)≤0.008%。
⑬ w(Li)：2.2%~2.7%。

(2) 变形铝及铝合金的牌号和化学成分（Ⅱ）（见表 4-7）。

表 4-7 变形铝及铝合金牌号和化学成分（Ⅱ）

序号	牌号	化学成分(质量分数,%)														备注
		Si	Fe	Cu	Mn	Mg	Cr	Ni	Zn	V 等	Ti	Zr	其他③ 单个	其他③ 合计	Al	
1	1A99	0.003	0.003	0.005	—	—	—	—	0.001	—	0.002	—	0.002	—	99.99	LG5
2	1B99	0.0013	0.0015	0.0030	—	—	—	—	0.001	—	0.001	—	0.001	—	99.993	—
3	1C99	0.0010	0.0010	0.0015	—	—	—	—	0.001	—	0.001	—	0.001	—	99.995	—
4	1A97	0.015	0.015	0.005	—	—	—	—	0.001	—	0.002	—	0.005	—	99.97	LG4
5	1B97	0.015	0.030	0.005	—	—	—	—	0.001	—	0.005	—	0.005	—	99.97	—
6	1A95	0.030	0.030	0.010	—	—	—	—	0.003	—	0.008	—	0.005	—	99.95	—
7	1B95	0.030	0.040	0.010	—	—	—	—	0.003	—	0.008	—	0.005	—	99.95	—
8	1A93	0.040	0.040	0.010	—	—	—	—	0.005	—	0.010	—	0.007	—	99.93	LG3
9	1B93	0.040	0.050	0.010	—	—	—	—	0.005	—	0.010	—	0.007	—	99.93	—
10	1A90	0.060	0.060	0.010	—	—	—	—	0.008	—	0.015	—	0.01	—	99.90	LG2
11	1B90	0.060	0.060	0.010	—	—	—	—	0.008	—	0.010	—	0.01	—	99.90	—
12	1A85	0.08	0.10	0.01	—	—	—	—	0.01	—	0.01	—	0.01	—	99.85	LG1
13	1A80	0.15	0.15	0.03	0.02	0.02	—	—	0.03	Ga0.03，V0.05	0.03	—	0.02	—	99.80	—
14	1A80A	0.15	0.15	0.03	0.02	0.02	—	—	0.06	Ga0.03	0.02	—	0.02	—	99.80	—
15	1A60	0.11	0.25	0.01	—	—	—	—	—	—	0.02V+Ti+Mn+Cr	—	0.03	—	99.60	—
16	1A50	0.30	0.30	0.01	0.05	0.05	—	—	0.03	(Fe+Si)0.45	—	—	0.03	—	99.50	LB2
17	1R50	0.11	0.25	0.01	—	—	—	—	—	RE0.03～0.30	0.02V+Ti+Mn+Cr	—	0.03	—	99.50	—

（续）

序号	牌号	化学成分(质量分数,%)														备注
		Si	Fe	Cu	Mn	Mg	Cr	Ni	Zn	V 等	Ti	Zr	其他[③] 单个	其他[③] 合计	Al	
18	1R35	0.25	0.35	0.05	0.03	0.03	—	—	0.05	RE0.10～0.25,V0.05	0.03	—	0.03	—	99.35	—
19	1A30	0.10～0.20	0.15～0.30	0.05	0.01	0.01	—	0.01	0.02	—	0.02	—	0.03	—	99.30	L4-1
20	1B30	0.05～0.15	0.20～0.30	0.03	0.12～0.18	0.03	—	—	0.03	—	0.02～0.05	—	0.03	—	99.30	—
21	2A01	0.50	0.50	2.2～3.0	0.20	0.20～0.50	—	—	0.10	—	0.15	—	0.05	0.10	余量	LY1
22	2A02	0.30	0.30	2.6～3.2	0.45～0.7	2.0～2.4	—	—	0.10	—	0.15	—	0.05	0.10	余量	LY2
23	2A04	0.30	0.30	3.2～3.7	0.50～0.8	2.1～2.6	—	—	0.10	Be[①]0.001～0.01	0.05～0.40	—	0.05	0.10	余量	LY4
24	2A06	0.50	0.50	3.8～4.3	0.50～1.0	1.7～2.3	—	—	0.10	Be[①]0.001～0.005	0.03～0.15	—	0.05	0.10	余量	LY6
25	2B06	0.20	0.30	3.8～4.3	0.40～0.9	1.7～2.3	—	—	0.10	Be0.0002～0.005	0.10	—	0.05	0.10	余量	—
26	2A10	0.25	0.20	3.9～4.5	0.30～0.50	0.15～0.30	—	—	0.10	—	0.15	—	0.05	0.10	余量	LY10
27	2A11	0.7	0.7	3.8～4.8	0.40～0.8	0.40～0.8	—	0.10	0.30	(Fe+Ni)0.7	0.15	—	0.05	0.10	余量	LY11
28	2B11	0.50	0.50	3.8～4.5	0.40～0.8	0.40～0.8	—	—	0.10	—	0.15	—	0.05	0.10	余量	LY8
29	2A12	0.50	0.50	3.8～4.9	0.30～0.9	1.2～1.8	—	0.10	0.30	(Fe+Ni)0.50	0.15	—	0.05	0.10	余量	LY12

（续）

序号	牌号	化学成分(质量分数,%)													备注
		Si	Fe	Cu	Mn	Mg	Cr	Ni	Zn	V 等	Ti	Zr	其他③ 单个	其他③ 合计	Al	
30	2B12	0.50	0.50	3.8~4.5	0.30~0.7	1.2~1.6	—	—	0.10	—	0.15	—	0.05	0.10	余量	LY9
31	2D12	0.20	0.30	3.8~4.9	0.30~0.9	1.2~1.8	—	0.05	0.10	—	0.10	—	0.05	0.10	余量	—
32	2E12	0.06	0.12	4.0~4.6	0.40~0.7	1.2~1.8	—	—	0.15	Be0.0002~0.005	0.10	—	0.10	0.15	余量	—
33	2A13	0.7	0.6	4.0~5.0	—	0.30~0.50	—	—	0.6	—	0.15	—	0.05	0.10	余量	LY13
34	2A14	0.6~1.2	0.7	3.9~4.8	0.40~1.0	0.40~0.8	—	0.10	0.30	—	0.15	—	0.05	0.10	余量	LD10
35	2A16	0.30	0.30	6.0~7.0	0.40~0.8	0.05	—	—	0.10	—	0.10~0.20	0.20	0.05	0.10	余量	LY16
36	2B16	0.25	0.30	5.8~6.8	0.20~0.40	0.05	—	—	—	V0.05~0.15	0.08~0.20	0.10~0.25	0.05	0.10	余量	LY16-1
37	2A17	0.30	0.30	6.0~7.0	0.40~0.8	0.25~0.45	—	—	0.10	—	0.10~0.20	—	0.05	0.10	余量	LY17
38	2A20	0.20	0.30	5.8~6.8	—	0.02	—	—	0.10	V0.05~0.15 B0.001~0.01	0.07~0.16	0.10~0.25	0.05	0.15	余量	LY20
39	2A21	0.20	0.20~0.6	3.0~4.0	0.05	0.8~1.2	—	1.8~2.3	0.20	—	0.05	—	0.05	0.15	余量	—
40	2A23	0.05	0.06	1.8~2.8	0.20~0.6	0.6~1.2	—	—	0.15	Li0.30~0.9	0.15	0.06~0.16	0.10	0.15	余量	—
41	2A24	0.20	0.30	3.8~4.8	0.6~0.9	1.2~1.8	0.10	—	0.25	—	0.20Ti+Zr	0.08~0.12	0.05	0.15	余量	—

（续）

序号	牌号	化学成分（质量分数，%）													备注
		Si	Fe	Cu	Mn	Mg	Cr	Ni	Zn	V 等	Ti	Zr	其他③ 单个	其他③ 合计	Al	
42	2A25	0.06	0.06	3.6~4.2	0.50~0.7	1.0~1.5	—	0.06	—	—	—	—	0.05	0.10	余量	—
43	2B25	0.05	0.15	3.1~4.0	0.20~0.8	1.2~1.8	—	0.15	0.10	Be0.0003~0.0008	0.03~0.07	0.08~0.25	0.05	0.10	余量	—
44	2A39	0.05	0.06	3.4~5.0	0.30~0.8	0.30~0.8	—	—	0.30	Ag0.30~0.6	0.15	0.10~0.25	0.10	0.15	余量	—
45	2A40	0.25	0.35	4.5~5.2	0.40~0.6	0.50~1.0	0.10~0.20	—	—	—	0.04~0.12	0.10~0.25	0.05	0.15	余量	—
46	2A49	0.25	0.8~1.2	3.2~3.8	0.30~0.6	1.8~2.2	—	0.8~1.2	—	—	0.08~0.12	—	0.05	0.15	余量	—
47	2A50	0.7~1.2	0.7	1.8~2.6	0.40~0.8	0.40~0.8	—	0.10	0.30	(Fe+Ni)0.7	0.15	—	0.05	0.10	余量	LD5
48	2B50	0.7~1.2	0.7	1.8~2.6	0.40~0.8	0.40~0.8	0.01~0.20	0.10	0.30	(Fe+Ni)0.7	0.02~0.10	—	0.05	0.10	余量	LD6
49	2A70	0.35	0.9~1.5	1.9~2.5	0.20	1.4~1.8	—	0.9~1.5	0.30	—	0.02~0.10	—	0.05	0.10	余量	LD7
50	2B70	0.25	0.9~1.4	1.8~2.7	0.20	1.2~1.8	—	0.8~1.4	0.15	Pb0.05，Sn0.05	0.10	(Ti+Zr)0.20	0.05	0.15	余量	—
51	2D70	0.10~0.25	0.9~1.4	2.0~2.6	0.10	1.2~1.8	0.10	0.9~1.4	0.10	—	0.05~0.10	—	0.05	0.10	余量	—
52	2A80	0.50~1.2	1.0~1.6	1.9~2.5	0.20	1.4~1.8	—	0.9~1.5	0.30	—	0.15	—	0.05	0.10	余量	LD8
53	2A90	0.50~1.0	0.50~1.0	3.5~4.5	0.20	0.40~0.8	—	1.8~2.3	0.30	—	0.15	—	0.05	0.10	余量	LD9

（续）

序号	牌号	化学成分（质量分数，%）													备注
		Si	Fe	Cu	Mn	Mg	Cr	Ni	Zn	V 等	Ti	Zr	其他[3] 单个	其他[3] 合计	Al	
54	2A97	0.15	0.15	2.0~3.2	0.20~0.6	0.25~0.50	—	—	0.17~1.0	Be0.001~0.10 Li0.8~2.3	0.001~0.10	0.08~0.20	0.05	0.15	余量	—
55	3A21	0.6	0.7	0.20	1.0~1.6	0.05	—	—	0.10[2]	—	0.15	—	0.05	0.10	余量	LF21
56	4A01	4.5~6.0	0.6	0.20	—	—	—	—	0.10Zn+Sn	—	0.15	—	0.05	0.15	余量	LT1
57	4A11	11.5~13.5	1.0	0.50~1.3	0.20	0.8~1.3	0.10	0.50~1.3	0.25	—	0.15	—	0.05	0.15	余量	LD11
58	4A13	6.8~8.2	0.50	0.15Cu+Zn	0.50	0.05	—	—	—	Ca0.10	0.15	—	0.05	0.15	余量	LT13
59	4A17	11.0~12.5	0.50	0.15Cu+Zn	0.50	0.05	—	—	—	Ca0.10	0.15	—	0.05	0.15	余量	LT17
60	4A91	1.0~4.0	0.7	0.7	1.2	1.0	0.20	0.20	1.2	—	0.20	—	0.05	0.15	余量	—
61	5A01	0.40Si+Fe		0.10	0.30~0.7	6.0~7.0	0.10~0.20	—	0.25	—	0.15	0.10~0.20	0.05	0.15	余量	LF15
62	5A02	0.40	0.40	0.10	或 Cr 0.15~0.40	2.0~2.8	—	—	—	(Si+Fe)0.6	0.15	—	0.05	0.15	余量	LF2
63	5B02	0.40	0.40	0.10	0.20~0.6	1.8~2.6	0.05	—	0.20	—	0.10	—	0.05	0.10	余量	—
64	5A03	0.50~0.8	0.50	0.10	0.30~0.6	3.2~3.8	—	—	0.20	—	0.15	—	0.05	0.10	余量	LF3
65	5A05	0.50	0.50	0.10	0.30~0.6	4.8~5.5	—	—	0.20	—	—	—	0.05	0.10	余量	LF5

（续）

序号	牌号	化学成分（质量分数,%）														备注
		Si	Fe	Cu	Mn	Mg	Cr	Ni	Zn	V等	Ti	Zr	其他[3] 单个	其他[3] 合计	Al	
66	5B05	0.40	0.40	0.20	0.20~0.6	4.7~5.7	—	—	—	（Si+Fe）0.6	0.15	—	0.05	0.10	余量	LF10
67	5A06	0.40	0.40	0.10	0.50~0.8	5.8~6.8	—	—	0.20	Be[1]0.0001~0.005	0.02~0.10	—	0.05	0.10	余量	LF6
68	5B06	0.40	0.40	0.10	0.50~0.8	5.8~6.8	—	—	0.20	Be[1]0.0001~0.005	0.10~0.30	—	0.05	0.10	余量	LF14
69	5A12	0.30	0.30	0.05	0.40~0.8	8.3~9.6	—	0.10	0.20	Be0.005 Sb0.004~0.05	0.05~0.15	—	0.05	0.10	余量	LF12
70	5A13	0.30	0.30	0.05	0.40~0.8	9.2~10.5	—	0.10	0.20	Be0.005 Sb0.004~0.05	0.05~0.15	—	0.05	0.10	余量	LF13
71	5A25	0.20	0.30	—	0.05~0.50	5.0~6.3	—	—	—	Be0.0002~0.002 Sc0.10~0.40	0.10	0.06~0.20	0.10	0.15	余量	—
72	5A30	0.40Si+Fe		0.10	0.50~1.0	4.7~5.5	—	—	0.25	Cr0.05~0.20	0.03~0.15	—	0.05	0.10	余量	LF16
73	5A33	0.35	0.35	0.10	0.10	6.0~7.5	—	—	0.50~1.5	Be[1]0.0005~0.005	0.05~0.15	0.10~0.30	0.05	0.10	余量	LF33
74	5A41	0.40	0.40	0.10	0.30~0.6	6.0~7.0	—	—	0.20	—	0.02~0.10	—	0.05	0.10	余量	LT41
75	5A43	0.40	0.40	0.10	0.15~0.40	0.6~1.4	—	—	—	—	0.15	—	0.05	0.15	余量	LF43
76	5A56	0.15	0.20	0.10	0.30~0.40	5.5~6.5	0.10~0.20	—	0.50~1.0	—	0.10~0.18	—	0.05	0.15	余量	—

（续）

序号	牌号	化学成分（质量分数，%）														备注
		Si	Fe	Cu	Mn	Mg	Cr	Ni	Zn	V 等	Ti	Zr	其他③		Al	
													单个	合计		
77	5A66	0.005	0.01	0.005	—	1.5～2.0	—	—	—	—	—	—	0.005	0.01	余量	LT66
78	5A70	0.15	0.25	0.05	0.30～0.7	5.5～6.5	—	—	0.05	Sc0.15～0.30 Be0.0005～0.005	0.02～0.05	0.05～0.15	0.05	0.15	余量	—
79	5B70	0.10	0.20	0.05	0.15～0.40	5.5～6.5	—	—	0.05	Sc0.20～0.40 Be0.0005～0.005	0.02～0.05	0.10～0.20	0.05	0.15	余量	—
80	5A71	0.20	0.30	0.05	0.30～0.7	5.8～6.8	0.10～0.20	—	0.05	Sc0.20～0.35 Be0.0005～0.005	0.05～0.15	0.05～0.15	0.05	0.15	余量	—
81	5B71	0.20	0.30	0.10	0.30	5.8～6.8	0.30	—	0.30	Sc0.30～0.50 Be0.0005～0.005 B0.003	0.02～0.05	0.08～0.15	0.05	0.15	余量	—
82	5A90	0.15	0.20	0.05	—	4.5～6.0	—	—	—	Na0.005 Li1.9～2.3	0.10	0.08～0.15	0.05	0.15	余量	—
83	6A01	0.40～0.9	0.35	0.35	0.50	0.40～0.8	0.30	—	0.25	(Mn+Cr)0.50	—	—	0.05	0.10	余量	6N01

（续）

序号	牌号	化学成分（质量分数，%）														备注
		Si	Fe	Cu	Mn	Mg	Cr	Ni	Zn	V等	Ti	Zr	其他[3] 单个	其他[3] 合计	Al	
84	6A02	0.50~1.2	0.50	0.20~0.6	或Cr0.15~0.35	0.45~0.9	—	—	0.20	—	0.15	—	0.05	0.10	余量	LD2
85	6B02	0.7~1.1	0.40	0.10~0.40	0.10~0.30	0.40~0.8	—	—	0.15	—	0.01~0.04	—	0.05	0.10	余量	LD2-1
86	6R05	0.40~0.9	0.30~0.50	0.15~0.25	0.10	0.20~0.6	0.10	—	—	RE0.10~0.20	0.10	—	0.05	0.15	余量	—
87	6A10	0.7~1.1	0.50	0.30~0.8	0.30~0.9	0.7~1.1	0.05~0.25	—	0.20	—	0.02~0.10	0.04~0.20	0.05	0.15	余量	—
88	6A51	0.50~0.7	0.50	0.15~0.35	—	0.45~0.6	—	—	0.25	Sn0.15~0.35	0.01~0.04	—	0.05	0.15	余量	—
89	6A60	0.7~1.1	0.30	0.6~0.8	0.50~0.7	0.7~1.0	—	—	0.20~0.40	Ag0.30~0.50	0.04~0.12	0.10~0.20	0.05	0.15	余量	—
90	7A01	0.30	0.30	0.01	—	—	—	—	0.9~1.3	(Si+Fe)0.45	—	—	0.03	—	余量	LB1
91	7A03	0.20	0.20	1.8~2.4	0.10	1.2~1.6	0.05	—	6.0~6.7	—	0.02~0.08	—	0.05	0.10	余量	LC3
92	7A04	0.50	0.50	1.4~2.0	0.20~0.6	1.8~2.8	0.10~0.25	—	5.0~7.0	—	0.10	—	0.05	0.10	余量	LC4
93	7B04	0.10	0.05~0.25	1.4~2.0	0.20~0.6	1.8~2.8	0.10~0.25	0.10	5.0~6.5	—	0.05	—	0.05	0.10	余量	—
94	7C04	0.30	0.30	1.4~2.0	0.30~0.50	2.0~2.6	0.10~0.25	—	5.5~6.5	—	—	—	0.05	0.10	余量	—

（续）

序号	牌号	化学成分（质量分数，%）														备注
		Si	Fe	Cu	Mn	Mg	Cr	Ni	Zn	V 等	Ti	Zr	其他[3]		Al	
													单个	合计		
95	7D04	0.10	0.15	1.4～2.2	0.10	2.0～2.6	0.05	—	5.5～6.7	Be0.02～0.07	0.10	0.08～0.16	0.05	0.10	余量	—
96	7A05	0.25	0.25	0.20	0.15～0.40	1.1～1.7	0.05～0.15	—	4.4～5.0	—	0.02～0.06	0.10～0.25	0.05	0.15	余量	—
97	7B05	0.30	0.35	0.20	0.20～0.7	1.0～2.0	0.30	—	4.0～5.0	V0.10	0.20	0.25	0.05	0.10	余量	7N01
98	7A09	0.50	0.50	1.2～2.0	0.15	2.0～3.0	0.16～0.30	—	5.1～6.1	—	0.10	—	0.05	0.10	余量	LC9
99	7A10	0.30	0.30	0.50～1.0	0.20～0.35	3.0～4.0	0.10～0.20	—	3.2～4.2	—	0.10	—	0.05	0.10	余量	LC10
100	7A12	0.10	0.06～0.15	0.8～1.2	0.10	1.6～2.2	0.05	—	6.3～7.2	Be0.0001～0.02	0.03～0.06	0.10～0.18	0.05	0.10	余量	—
101	7A15	0.50	0.50	0.50～1.0	0.10～0.40	2.4～3.0	0.10～0.30	—	4.4～5.4	Be0.005～0.01	0.05～0.15	—	0.05	0.15	余量	LC15
102	7A19	0.30	0.40	0.08～0.30	0.30～0.50	1.3～1.9	0.10～0.20	—	4.5～5.3	Be[1]0.0001～0.004	—	0.08～0.20	0.05	0.15	余量	LC19
103	7A31	0.30	0.6	0.10～0.40	0.20～0.40	2.5～3.3	0.10～0.20	—	3.6～4.5	Be[1]0.0001～0.001	0.02～0.10	0.08～0.25	0.05	0.15	余量	—
104	7A33	0.25	0.30	0.25～0.55	0.05	2.2～2.7	0.10～0.20	—	4.6～5.4	—	0.05	—	0.05	0.10	余量	—
105	7B50	0.12	0.15	1.8～2.6	0.10	2.0～2.8	0.04	—	6.0～7.0	Be0.0002～0.002	0.10	0.08～0.16	0.10	0.15	余量	—

（续）

序号	牌号	化学成分(质量分数,%)											其他③		Al	备注
		Si	Fe	Cu	Mn	Mg	Cr	Ni	Zn	V 等	Ti	Zr	单个	合计		
106	7A52	0.25	0.30	0.05~0.20	0.20~0.50	2.0~2.8	0.15~0.25	—	4.0~4.8	—	0.05~0.18	0.05~0.15	0.05	0.15	余量	LC52
107	7A55	0.10	0.10	1.8~2.5	0.05	1.8~2.8	0.04	—	7.5~8.5	—	0.01~0.05	0.08~0.20	0.10	0.15	余量	—
108	7A68	0.15	0.35	2.0~2.6	0.15~0.40	1.6~2.5	0.10~0.20	—	6.5~7.2	Be0.005	0.05~0.20	0.05~0.20	0.05	0.15	余量	—
109	7B68	0.05	0.05	2.0~2.6	0.05	1.8~2.8	0.04	—	7.8~9.0	—	0.01~0.05	0.08~0.25	0.10	0.15	余量	—
110	7D68	0.12	0.25	2.0~2.6	0.10	2.3~3.0	0.05	—	8.0~9.0	Be0.0002~0.002	0.03	0.10~0.20	0.05	0.10	余量	7A60
111	7A85	0.05	0.08	1.2~2.0	0.10	1.2~2.0	0.05	—	7.0~8.2	—	0.05	0.08~0.16	0.05	0.15	余量	—
112	7A88	0.50	0.75	1.0~2.0	0.20~0.6	1.5~2.8	0.05~0.20	0.20	4.5~6.0	—	0.10	—	0.10	0.20	余量	—
113	8A01	0.05~0.03	0.18~0.40	0.15~0.35	0.08~0.35	—	—	—	—	—	0.01~0.03	—	0.05	0.15	余量	—
114	8A06	0.55	0.50	0.10	0.10	0.10	—	—	0.10	(Si+Fe)1.0	—	—	0.05	0.15	余量	L6

① 铍含量均按规定加入，可不作分析。

② 做铆钉线材的 3A21 合金，w(Zn)不大于 0.03%。

③ 指本表未列出金属元素。

2. 变形铝及铝合金的新旧牌号对照（表4-8）

表4-8　变形铝及铝合金的新旧牌号对照

新牌号	旧牌号	新牌号	旧牌号	新牌号	旧牌号
1A99	LG5	2A21	214	5A66	LT66
1B99	—	2A23	—	5A70	—
1C99	—	2A24	—	5B70	—
1A97	LG4	2A25	225	5A71	—
1B97	—	2B25	—	5B71	—
1A95	—	2A39	—	5A90	—
1B95	—	2A40	—	6A01	6N01
1A93	LG3	2A49	149	6A02	LD2
1B93	—	2A50	LD5	6B02	LD2-1
1A90	LG2	2B50	LD6	6R05	—
1B90	—	2A70	LD7	6A10	—
1A85	LG1	2B70	LD7-1	6A51	651
1A80	—	2D70	—	6A60	—
1A80A	—	2A80	LD8	7A01	LB1
1A60	—	2A90	LD9	7A03	LC3
1A50	LB2	2A97	—	7A04	LC4
1R50	—	3A21	LF21	7B04	—
1R35	—	4A01	LT1	7C04	—
1A30	L4-1	4A11	LD11	7D04	—
1B30	—	4A13	LT13	7A05	705
2A01	LY1	4A17	LT17	7B05	7N01
2A02	LY2	4A91	491	7A09	LC9
2A04	LY4	5A01	2102、LF15	7A10	LC10
2A06	LY6	5A02	LF2	7A12	—
2B06	—	5B02	—	7A15	LC15、157
2A10	LY10	5A03	LF3	7A19	919、LC19
2A11	LY11	5A05	LF5	7A31	183-1
2B11	LY8	5B05	LF10	7A33	LB733
2A12	LY12	5A06	LF6	7B50	—
2B12	LY9	5B06	LF14	7A52	LC52、5210
2D12	—	5A12	LF12	7A55	—
2E12	—	5A13	LF13	7A68	—
2A13	LY13	5A25	—	7B68	—
2A14	LD10	5A30	2103、LF16	7D68	7A60
2A16	LY16	5A33	LF33	7A85	—
2B16	LY16-1	5A41	LT41	7A88	—
2A17	LY17	5A43	LF43	8A01	—
2A20	LY20	5A56	—	8A06	L6

第五章　有色金属型材的尺寸与力学性能

一、型材

1. 一般工业用铝及铝合金挤压型材（GB/T 6892—2015）

（1）型材分类（见表5-1）

表5-1　型材按成分分类

分类	定　义	典型牌号
Ⅰ类	1×××系、3×××系、5×××系、6×××系及镁限量平均值小于4%的5×××系合金型材	1060、1350、1050A、1100、1200、3A21、3003、3103、5A02、5A03、5005、5005A、5051A、5251、5052、5154A、5454、5754、6A02、6101A、6101B、6005、6005A、6106、6008、6351、6060、6360、6061、6261、6063、6063A、6463、6463A、6081、6082
Ⅱ类	2×××系、7×××系及镁限量平均值不小于4%的5×××系合金型材	2A11、2A12、2014、2014A、2024、2017、2017A、5A05、5A06、5019、5083、5086、7A04、7003、7005、7020、7021、7022、7049A、7075、7178

（2）化学成分（见表5-2）

表5-2　5051A、6008、6136、6081、7178合金牌号的产品化学成分

牌号	化学成分（质量分数，%）											
	Si	Fe	Cu	Mn	Mg	Cr	Zn	V	Ti	其他杂质①单个	其他杂质①合计	Al②
5051A	≤0.30	≤0.45	≤0.05	≤0.25	1.4～2.1	≤0.30	≤0.20	—	≤0.10	≤0.05	≤0.15	余量
6008	0.50～0.9	≤0.35	≤0.30	≤0.03	0.40～0.7	≤0.30	≤0.20	0.05～0.20	≤0.10	≤0.05	≤0.15	
6360	0.35～0.8	0.10～0.30	≤0.15	0.02～0.15	0.25～0.45	≤0.05	≤0.10	—	≤0.10	≤0.05	≤0.15	
6261	0.40～0.7	≤0.40	0.15～0.40	0.20～0.35	0.7～1.0	≤0.10	≤0.20	—	≤0.10	≤0.05	≤0.15	
6081	0.7～1.1	≤0.50	≤0.10	0.10～0.45	0.6～1.0	≤0.10	≤0.20	—	≤0.15	≤0.05	≤0.15	
7178	≤0.40	≤0.50	1.6～2.4	≤0.30	2.4～3.1	0.18～0.28	6.3～7.3	—	≤0.20	≤0.05	≤0.15	

注：其他牌号的产品化学成分应符合GB/T 3190的规定。

① 其他杂质指表中未列出或未规定数值的元素。

② 铝的质量分数为100.00%与所有质量分数不小于0.010%的元素质量分数总和的差值，求和前各元素数值要表示到0.0X%。

（3）力学性能（见表 5-3）

表 5-3　型材的室温纵向拉伸力学性能

牌号	状态	壁厚/mm	室温拉伸试验结果				布氏硬度参考值 HBW
			抗拉强度 R_m/MPa	规定非比例延伸强度 $R_{p0.2}$/MPa	断后伸长率[①,②]（%）		
					A	A_{50mm}	
			≥				
1060	O	—	60~95	15	22	20	—
1060	H112	—	60	15	22	20	—
1350	H112	—	60	—	25	23	20
1050A	H112	—	60	20	25	23	20
1100	O	—	75~105	20	22	20	—
1100	H112	—	75	20	22	20	—
1200	H112	—	75	25	20	18	23
2A11	O	—	≤245	—	12	10	—
2A11	T4	≤10.00	335	190	—	10	—
2A11	T4	>10.00~20.00	335	200	10	8	—
2A11	T4	>20.00~50.00	365	210	10	—	—
2A12	O	—	≤245	—	12	10	—
2A12	T4	≤5.00	390	295	—	8	—
2A12	T4	>5.00~10.00	410	295	—	8	—
2A12	T4	>10.00~20.00	420	305	10	8	—
2A12	T4	>20.00~50.00	440	315	10	—	—
2014 2014A	O、H111	—	≤250	≤135	12	10	45
2014 2014A	T4 T4510 T4511	≤25.00	370	230	11	10	110
2014 2014A	T4 T4510 T4511	>25.00~75.00	410	270	10	—	110
2014 2014A	T6 T6510 T6511	≤25.00	415	370	7	5	140
2014 2014A	T6 T6510 T6511	>25.00~75.00	460	415	7	—	140
2024	O、H111	—	≤250	≤150	12	10	47
2024	T3 T3510 T3511	≤15.00	395	290	8	6	120
2024	T3 T3510 T3511	>15.00~50.00	420	290	8	—	120
2024	T8 T8510 T8511	≤50.00	455	380	5	4	130
2017	O	—	≤245	≤125	16	16	—
2017	T4	≤12.50	345	215	—	12	—
2017	T4	>12.50~100.00	345	195	12	—	—

（续）

牌号	状态		壁厚/mm	室温拉伸试验结果				布氏硬度参考值 HBW
				抗拉强度 R_m/MPa	规定非比例延伸强度 $R_{p0.2}$/MPa	断后伸长率[①,②]（%）		
						A	A_{50mm}	
				≥				
2017A	T4 T4510 T4511		≤30.00	380	260	10	8	105
3A21	O、H112		—	≤185	—	16	14	—
3003	H112		—	95	35	25	20	30
3103	H112		—	95	35	25	20	28
5A02	O、H112		—	≤245	—	12	10	—
5A03	O、H112		—	180	80	12	10	—
5A05	O、H112		—	255	130	15	13	—
5A06	O、H112		—	315	160	15	13	—
5005	O、H111		≤20.00	100~150	40	20	18	30
5005A	H112		—	100	40	18	16	30
5019	H112		≤30.00	250	110	14	12	65
5051A	H112		—	150	60	16	14	40
5251	H112		—	160	60	16	14	45
5052	H112		—	170	70	15	13	47
5154A	H112		≤25.00	200	85	16	14	55
5454	H112		≤25.00	200	85	16	14	60
5754	H112		≤25.00	180	80	14	12	47
5083	H112		—	270	125	12	10	70
5086	H112		—	240	95	12	10	65
6A02	T4		—	180	—	12	10	—
	T6		—	295	230	10	8	—
6101A	T6		≤50.00	200	170	10	8	70
6101B	T6		≤15.00	215	160	8	6	70
6005	T1		≤12.50	170	100	—	11	—
	T5		≤6.30	250	200	—	7	—
			>6.30~25.00	250	200	8	7	—
	T4		≤25.00	180	90	15	13	50
	T6	实心型材	≤5.00	270	225	—	6	90
			>5.00~10.00	260	215	—	6	85
			>10.00~25.00	250	200	8	6	85
		空心型材	≤5.00	255	215	—	6	85
			>5.00~15.00	250	200	8	6	85

（续）

牌号	状态	壁厚/mm		室温拉伸试验结果				布氏硬度参考值HBW
				抗拉强度 R_m/MPa	规定非比例延伸强度 $R_{p0.2}$/MPa	断后伸长率[①,②]（%）		
						A	A_{50mm}	
				≥				
6005A	T5		≤6.30	250	200	—	7	—
			>6.30~25.00	250	200	8	7	—
	T4		≤25.00	180	90	15	13	50
	T6	实心型材	≤5.00	270	225	—	6	90
			>5.00~10.00	260	215	—	6	85
			>10.00~25.00	250	200	8	6	85
		空心型材	≤5.00	255	215	—	6	85
			>5.00~15.00	250	200	8	6	85
6106	T6		≤10.00	250	200	—	6	75
6008	T4		≤10.00	180	90	15	13	50
	T6	实心型材	≤5.00	270	225	—	6	90
			>5.00~10.00	260	215	—	6	85
		空心型材	≤5.00	255	215	—	6	85
			>5.00~10.00	250	200	—	6	85
6351	O		—	≤160	≤110	14	12	35
	T4		≤25.00	205	110	14	12	67
	T5		≤5.00	270	230	—	6	90
	T6		≤5.00	290	250	—	6	95
			>5.00~25.00	300	255	10	8	95
6060	T4		≤25.00	120	60	16	14	50
	T5		≤5.00	160	120	—	6	60
			>5.00~25.00	140	100	8	6	60
	T6		≤3.00	190	150	—	6	70
			>3.00~25.00	170	140	8	6	70
	T66[③]		≤3.00	215	160	—	6	75
			>3.00~25.00	195	150	8	6	75
6360	T4		≤25.00	110	50	16	14	40
	T5		≤25.00	150	110	8	6	50
	T6		≤25.00	185	140	8	6	60
	T66[③]		≤25.00	195	150	8	6	65
6061	T4		≤25.00	180	110	15	13	65
	T5		≤16.00	240	205	9	7	—
	T6		≤5.00	260	240	—	7	95
			>5.00~25.00	260	240	10	8	95

（续）

牌号	状态	壁厚/mm	室温拉伸试验结果				布氏硬度参考值 HBW
			抗拉强度 R_m/MPa	规定非比例延伸强度 $R_{p0.2}$/MPa	断后伸长率[①,②](%)		
					A	A_{50mm}	
			≥				
6261	O	—	≤170	≤120	14	12	—
	T4	≤25.00	180	100	14	12	—
	T5	≤5.00	270	230	—	7	—
		>5.00~25.00	260	220	9	8	—
		>25.00~50.00	250	210	9	—	—
	T6	实心型材 ≤5.00	290	245	—	7	100
		实心型材 >5.00~10.00	280	235	—	7	100
		空心型材 ≤5.00	290	245	—	7	100
		空心型材 >5.00~10.00	270	230	—	8	100
6063	T4	≤25.00	130	65	14	12	50
	T5	≤3.00	175	130	—	6	65
		>3.00~25.00	160	110	7	5	65
	T6	≤10.00	215	170	—	6	75
		>10.00~25.00	195	160	8	6	75
	T66[③]	≤10.00	245	200	—	6	80
		>10.00~25.00	225	180	8	6	80
6063A	T4	≤25.00	150	90	12	10	50
	T5	≤10.00	200	160	—	5	75
		>10.00~25.00	190	150	6	4	75
	T6	≤10.00	230	190	—	5	80
		>10.00~25.00	220	180	5	4	80
6463	T4	≤50.00	125	75	14	12	46
	T5	≤50.00	150	110	8	6	60
	T6	≤50.00	195	160	10	8	74
6463A	T1	≤12.00	115	60	—	10	—
	T5	≤12.00	150	110	—	6	—
	T6	≤3.00	205	170	—	6	—
		>3.00~12.00	205	170	—	8	—
6081	T6	≤25.00	275	240	8	6	95
6082	O、H111	—	≤160	≤110	14	12	35
	T4	≤25.00	205	110	14	12	70
	T5	≤5.00	270	230	—	6	90
	T6	≤5.00	290	250	—	6	95
		>5.00~25.00	310	260	10	8	95

（续）

牌号	状态	壁厚/mm	室温拉伸试验结果				布氏硬度参考值 HBW
			抗拉强度 R_m/MPa	规定非比例延伸强度 $R_{p0.2}$/MPa	断后伸长率①,②(%)		
					A	A_{50mm}	
			≥				
7A04	O	—	≤245	—	10	8	—
	T6	≤10.00	500	430	—	4	—
		>10.00~20.00	530	440	6	4	—
		>20.00~50.00	560	460	6	—	—
7003	T5	—	310	260	10	8	—
	T6	≤10.00	350	290	—	8	110
		>10.00~25.00	340	280	10	8	110
7005	T5	≤25.00	345	305	10	8	—
	T6	≤40.00	350	290	10	8	110
7020	T6	≤40.00	350	290	10	8	110
7021	T6	≤20.00	410	350	10	8	120
7022	T6 T6510 T6511	≤30.00	490	420	7	5	133
7049A	T6 T6510 T6511	≤30.00	610	530	5	4	170
7075	T6 T6510 T6511	≤25.00	530	460	6	4	150
		>25.00~60.00	540	470	6	—	150
	T73 T73510 T73511	≤25.00	485	420	7	5	135
	T76 T76510 T76511	≤6.00	510	440	—	5	—
		>6.00~50.00	515	450	6	5	—
7178	T6 T6510 T6511	≤1.60	565	525	—	—	—
		>1.60~6.00	580	525	—	3	—
		>6.00~35.00	600	540	4	3	—
		>35.00~60.00	595	530	4	—	—
	T76 T76510 T76511	>3.00~6.00	525	455	—	5	—
		>6.00~25.00	530	460	6	5	—

① 如无特殊要求或说明，A 适用于壁厚大于 12.5mm 的型材，$A_{50\,mm}$ 适用于壁厚不大于 12.5mm 的型材。

② 壁厚不大于 1.6mm 的型材不要求伸长率，如有要求，可供需双方协商并在订货单（或合同）中注明。

③ 固溶热处理后人工时效，通过工艺控制使力学性能达到本标准要求的特殊状态。

(4) 电导率（见表 5-4）

表 5-4 7075 合金以 T73、T73510、T73511、T76、T76510、T76511 状态及 7178 合金以 T76、T76510、T76511 状态供货的型材的电导率

牌号	供应状态	电导率指标①/(MS/m)	力学性能	合格判定
7075	T73、T73510、T73511	<22.0	任何值	不合格
		22.0~23.1	符合本标准规定，且 $R_{p0.2}$>502MPa	不合格
			符合本标准规定，且 $R_{p0.2}$为420~502MPa	合格
		>23.1	符合本标准规定	合格
	T76、T76510、T76511	<22.0	任何值	不合格
		≥22.0	符合本标准规定	合格
7178	T76、T76510、T76511	<22.0	任何值	不合格
		≥22.0	符合本标准规定	合格

① 电导率指标 22.0MS/m 对应于 38.0%IACS，23.1MS/m 对应于 39.9%IACS。

2. 铝合金建筑型材的基材（GB 5237.1—2008）

(1) 牌号和供应状态（见表 5-5）

表 5-5 合金牌号和供应状态

合金牌号	供应状态
6005、6060、6063、6063A、6463、6463A	T5、T6
6061	T4、T6

注1：订购其他牌号或状态时，需供需双方协商。

2：如果同一建筑结构型材同时选用 6005、6060、6061、6063 等不同合金（或同一合金不同状态），采用同一工艺进行阳极氧化，将难以获得颜色一致的阳极氧化表面，建议选用合金牌号和供应状态时，充分考虑颜色不一致性对建筑结构的影响。

(2) 化学成分（见表 5-6）

表 5-6 6463、6463A 合金牌号的化学成分

牌号	质量分数①(%)								
	Si	Fe	Cu	Mn	Mg	Zn	其他杂质		Al
							单个	合计	
6463	0.20~0.60	≤0.15	≤0.20	≤0.05	0.45~0.90	≤0.05	≤0.05	≤0.15	余量
6463A	0.20~0.60	≤0.15	≤0.25	≤0.05	0.30~0.90	≤0.05	≤0.05	≤0.15	余量

注：其他牌号的化学成分应符合 GB/T 3190—2008 的规定。

① 含量有上下限者为合金元素；含量为单个数值者，铝为最低限。“其他杂质”一栏是指未列出或未规定数值的金属元素。铝含量应由计算确定，即由 100.00%减去所有含量不小于 0.010%的元素的质量分数总和的差值而得，求和前各元素数值要表示到 0.0×%。

(3) 尺寸及偏差

1) 壁厚尺寸（分为 A、B、C 三组）如图 5-1 所示。

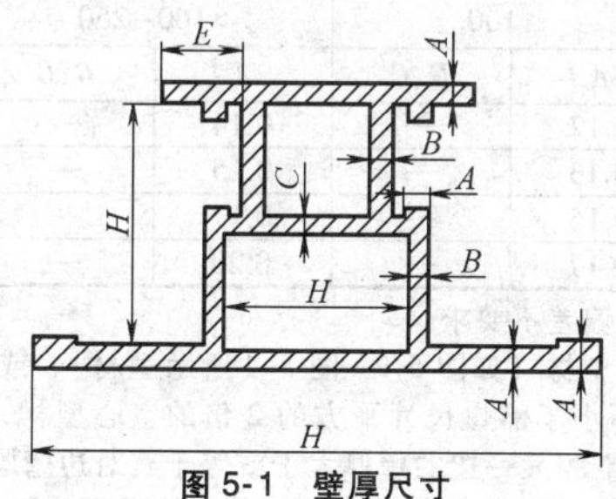

图 5-1　壁厚尺寸

A—翅壁壁厚　*B*—封闭空腔周壁壁厚　*C*—两个封闭空腔间的隔断壁厚

H—非壁厚尺寸　*E*—对开口部位的 *H* 尺寸偏差有重要影响的基准尺寸

2) 壁厚允许偏差见表 5-7。

表 5-7　型材壁厚允许偏差

级别	公称壁厚/mm	对应于下列外接圆直径的型材壁厚尺寸允许偏差/mm①、②、③、④					
		≤100		>100~250		>250~350	
		A	*B*、*C*	*A*	*B*、*C*	*A*	*B*、*C*
普通级	≤1.50	0.15	0.23	0.20	0.30	0.38	0.45
	>1.50~3.00	0.15	0.25	0.23	0.38	0.54	0.57
	>3.00~6.00	0.18	0.30	0.27	0.45	0.57	0.60
	>6.00~10.00	0.20	0.60	0.30	0.90	0.62	1.20
	>10.00~15.00	0.20	—	0.30	—	0.62	—
	>15.00~20.00	0.23	—	0.35	—	0.65	—
	>20.00~30.00	0.25	—	0.38	—	0.69	—
	>30.00~40.00	0.30	—	0.45	—	0.72	—
高精级	≤1.50	0.13	0.21	0.15	0.23	0.30	0.35
	>1.50~3.00	0.13	0.21	0.15	0.25	0.36	0.38
	>3.00~6.00	0.15	0.26	0.18	0.30	0.38	0.45
	>6.00~10.00	0.17	0.51	0.20	0.60	0.41	0.90
	>10.00~15.00	0.17	—	0.20	—	0.41	—
	>15.00~20.00	0.20	—	0.23	—	0.43	—
	>20.00~30.00	0.21	—	0.25	—	0.46	—
	>30.00~40.00	0.26	—	0.30	—	0.48	—
超高精级	≤1.50	0.09	0.10	0.10	0.12	0.15	0.25
	>1.50~3.00	0.09	0.13	0.10	0.15	0.15	0.25
	>3.00~6.00	0.10	0.21	0.12	0.25	0.18	0.35
	>6.00~10.00	0.11	0.34	0.13	0.40	0.20	0.70

（续）

级别	公称壁厚/mm	对应于下列外接圆直径的型材壁厚尺寸允许偏差/mm[①、②、③、④]					
		≤100		>100~250		>250~350	
		A	B、C	A	B、C	A	B、C
超高精级	>10.00~15.00	0.12	—	0.14	—	0.22	—
	>15.00~20.00	0.13	—	0.15	—	0.23	—
	>20.00~30.00	0.15	—	0.17	—	0.25	—
	>30.00~40.00	0.17	—	0.20	—	0.30	—

① 表中无数值处表示偏差不要求。

② 含封闭空腔的空心型材（如图5-2~图5-4所示型材），或含不完全封闭空腔、但所包围空腔截面积不小于豁口尺寸平方的2倍的空心型材（如图5-5、图5-6所示型材，$S \geqslant 2H_1^2$），当空腔某一边的壁厚大于或等于其对边壁厚的3倍时，其壁厚允许偏差由供需双方协商；当空腔对边壁厚不相等，且厚边壁厚小于其对边壁厚的3倍时，其任一边壁厚的允许偏差均应采用两对边平均壁厚对应的B组允许偏差值。

③ 图5-5、图5-6所示的型材，当型材所包围的空腔截面积（S）不小于70mm²，且大于等于豁口尺寸（H_1）平方的2倍时（如图6，$S \geqslant 2H_1^2$），未封闭的空腔周壁壁厚允许偏差采用B组壁厚允许偏差。

④ 含封闭空腔的空心型材（如图5-2~图5-4所示型材），所包围的空腔截面积（S）小于70mm²时，其空腔周壁壁厚允许偏差采用A组壁厚允许偏差。

3）非壁厚尺寸（图示、标注符号）如图5-2~图5-13。

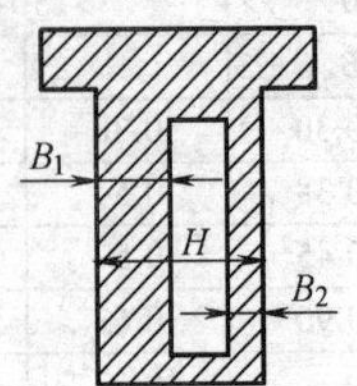

图5-2 非壁厚尺寸一

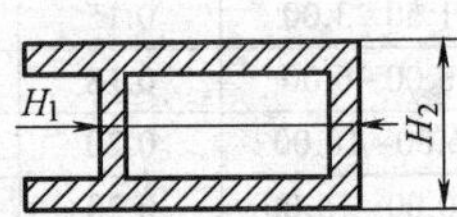

图5-3 非壁厚尺寸二

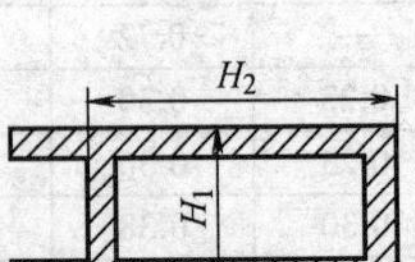

图5-4 非壁厚尺寸三

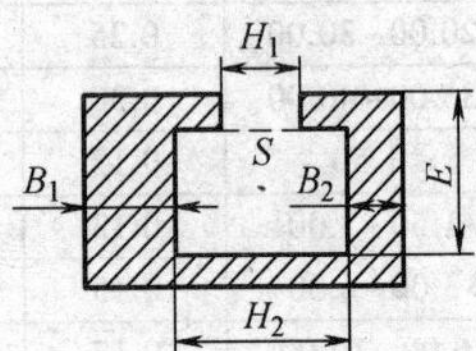

图5-5 非壁厚尺寸四

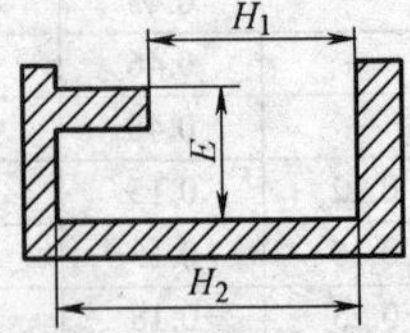

图5-6 非壁厚尺寸五

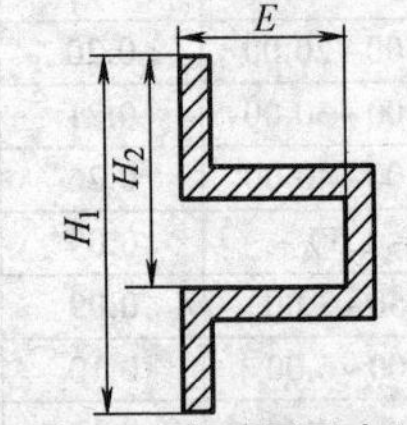

图5-7 非壁厚尺寸六

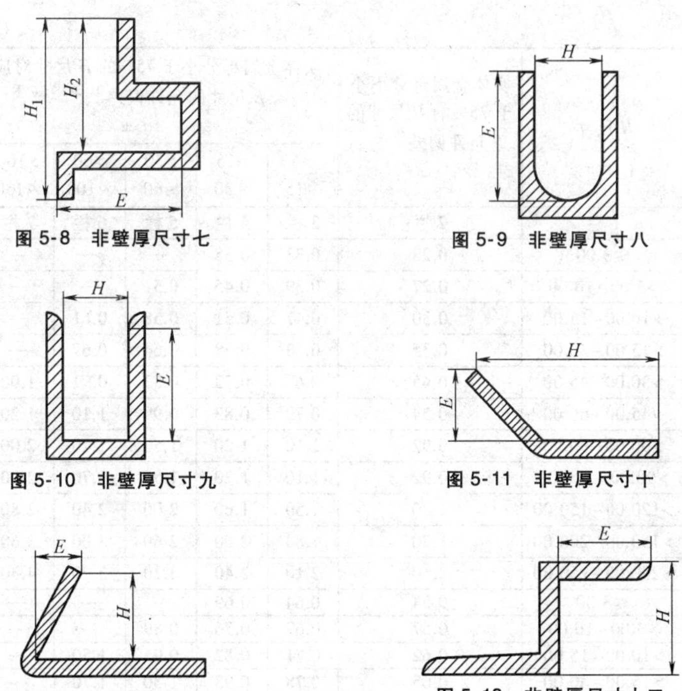

图 5-8　非壁厚尺寸七　图 5-9　非壁厚尺寸八

图 5-10　非壁厚尺寸九　图 5-11　非壁厚尺寸十

图 5-12　非壁厚尺寸十一　图 5-13　非壁厚尺寸十二

4）非壁厚尺寸（H）允许偏差（普通级）见表 5-8。

表 5-8　非壁厚尺寸（H）允许偏差（普通级）

（单位：mm）

外接圆直径	H尺寸	实体金属部分不小于 75%的 H 尺寸的允许偏差⑦、⑧ ±	实体金属部分小于 75%的 H 尺寸对应于下列 E 尺寸的允许偏差①、②、③、④、⑤、⑥ ±					
			>6~15	>15~30	>30~60	>60~100	>100~150	>150~200
	1栏	2栏	3栏	4栏	5栏	6栏	7栏	8栏
≤100	≤3.00	0.15	0.25	0.30	—	—	—	—
	>3.00~10.00	0.18	0.30	0.36	0.41	—	—	—
	>10.00~15.00	0.20	0.36	0.41	0.46	0.51	—	—
	>15.00~30.00	0.23	0.41	0.46	0.51	0.56	—	—
	>30.00~45.00	0.30	0.53	0.58	0.66	0.76	—	—
	>45.00~60.00	0.36	0.61	0.66	0.79	0.91	—	—
	>60.00~100.00	0.61	0.86	0.97	1.22	1.45	—	—

（续）

外接圆直径	H尺寸	实体金属部分不小于75%的H尺寸的允许偏差[⑦、⑧] ±	实体金属部分小于75%的H尺寸对应于下列E尺寸的允许偏差[①、②、③、④、⑤、⑥] ±					
			>6~15	>15~30	>30~60	>60~100	>100~150	>150~200
	1栏	2栏	3栏	4栏	5栏	6栏	7栏	8栏
>100~250	≤3.00	0.23	0.33	0.38	—	—	—	—
	>3.00~10.00	0.27	0.39	0.45	0.51	—	—	—
	>10.00~15.00	0.30	0.47	0.51	0.58	0.61	—	—
	>15.00~30.00	0.35	0.53	0.58	0.64	0.67	—	—
	>30.00~45.00	0.45	0.69	0.73	0.83	0.91	1.00	—
	>45.00~60.00	0.54	0.79	0.83	0.99	1.10	1.20	1.40
	>60.00~90.00	0.92	1.10	1.20	1.50	1.70	2.00	2.30
	>90.00~120.00	0.92	1.10	1.20	1.50	1.70	2.00	2.30
	>120.00~150.00	1.30	1.50	1.60	2.00	2.40	2.80	3.20
	>150.00~200.00	1.70	1.80	2.00	2.60	3.00	3.60	4.10
	>200.00~250.00	2.10	2.10	2.40	3.20	3.70	4.30	4.90
>250~350	≤3.00	0.54	0.64	0.69	—	—	—	—
	>3.00~10.00	0.57	0.67	0.76	0.89	—	—	—
	>10.00~15.00	0.62	0.71	0.82	0.95	1.50	—	—
	>15.00~30.00	0.65	0.78	0.93	1.30	1.70	—	—
	>30.00~45.00	0.72	0.85	1.20	1.90	2.30	3.00	—
	>45.00~60.00	0.92	1.20	1.50	2.20	2.60	3.30	4.60
	>60.00~90.00	1.30	1.60	1.80	2.50	2.90	3.60	4.90
	>90.00~120.00	1.30	1.60	1.80	2.50	2.90	3.60	4.90
	>120.00~150.00	1.70	1.90	2.20	2.90	3.20	3.80	5.20
	>150.00~200.00	2.10	2.30	2.50	3.20	3.50	4.10	5.40
	>200.00~250.00	2.40	2.60	2.90	3.50	3.80	4.40	5.70
	>250.00~300.00	2.80	3.00	3.20	3.80	4.10	4.70	6.00
	>300.00~350.00	3.20	3.30	3.60	4.10	4.40	5.00	6.20

① 当偏差不采用对称的“±”偏差时，则正、负偏差的绝对值之和应为表中对应数值的两倍。
② 表中无数值处表示偏差不要求。
③ 图5-7~图5-13所示型材，尺寸H（或H_1、或H_2）采用其对应E尺寸的允许偏差（3栏~8栏）。
④ 图5-5、图5-6所示型材，尺寸H_1，采用以尺寸H_2作为H尺寸，对应E尺寸的允许偏差值（3栏~8栏）。
⑤ 图5-2所示型材，H尺寸的实体金属部分小于H的75%时，采用其对应3栏的允许偏差值。
⑥ 图5-3、图5-4所示型材，尺寸H_1，采用尺寸H_2对应3栏的允许偏差值，若此偏差值小于H_1对应2栏的偏差值时，则采用H_1对应2栏的允许偏差值。
⑦ 图5-2所示型材，H尺寸的实体金属部分不小于H的75%时，采用其对应2栏的允许偏差值。
⑧ 图5-7、图5-9所示型材，即使尺寸H_1、H_2包含的实体金属部分不小于75%，也不采用其对应2栏的允许偏差，而是采用其对应E尺寸的允许偏差（3栏~8栏）。

5）非壁厚尺寸（H）允许偏差（高精级）见表5-9。

表 5-9　非壁厚尺寸（H）允许偏差（高精级）（单位：mm）

外接圆直径	H 尺寸	实体金属部分不小于 75% 的 H 尺寸的允许偏差⑦、⑧ ±	实体金属部分小于 75% 的 H 尺寸对应于下列 E 尺寸的允许偏差①、②、③、④、⑤、⑥ ±					
			>6~15	>15~30	>30~60	>60~100	>100~150	>150~200
	1栏	2栏	3栏	4栏	5栏	6栏	7栏	8栏
≤100	≤3.00	0.13	0.21	0.25	—	—	—	—
	>3.00~10.00	0.15	0.26	0.31	0.35	—	—	—
	>10.00~15.00	0.17	0.31	0.35	0.39	0.43	—	—
	>15.00~30.00	0.21	0.35	0.39	0.43	0.48	—	—
	>30.00~45.00	0.26	0.45	0.49	0.56	0.65	—	—
	>45.00~60.00	0.31	0.52	0.56	0.67	0.77	—	—
	>60.00~100.00	0.52	0.73	0.82	1.04	1.23	—	—
>100~250	≤3.00	0.15	0.25	0.30	—	—	—	—
	>3.00~10.00	0.18	0.30	0.36	0.41	—	—	—
	>10.00~15.00	0.20	0.36	0.41	0.46	0.51	—	—
	>15.00~30.00	0.23	0.41	0.46	0.51	0.56	—	—
	>30.00~45.00	0.30	0.53	0.58	0.66	0.76	0.89	—
	>45.00~60.00	0.36	0.61	0.66	0.79	0.91	1.07	1.27
	>60.00~90.00	0.61	0.86	0.97	1.22	1.45	1.73	2.03
	>90.00~120.00	0.61	0.86	0.97	1.22	1.45	1.73	2.03
	>120.00~150.00	0.86	1.12	1.27	1.63	1.98	2.39	2.79
	>150.00~200.00	1.12	1.37	1.57	2.08	2.51	3.05	3.56
	>200.00~250.00	1.37	1.63	1.88	2.54	3.05	3.68	4.32
>250~350	≤3.00	0.36	0.46	0.51	—	—	—	—
	>3.00~10.00	0.38	0.48	0.56	0.71	—	—	—
	>10.00~15.00	0.41	0.51	0.61	0.76	1.27	—	—
	>15.00~30.00	0.43	0.56	0.69	1.02	1.52	—	—
	>30.00~45.00	0.48	0.61	0.86	1.52	2.03	2.54	—
	>45.00~60.00	0.61	0.86	1.12	1.78	2.29	2.79	4.32
	>60.00~90.00	0.86	1.12	1.37	2.03	2.54	3.05	4.57
	>90.00~120.00	0.86	1.12	1.37	2.03	2.54	3.05	4.57
	>120.00~150.00	1.12	1.37	1.63	2.29	2.79	3.30	4.83
	>150.00~200.00	1.37	1.63	1.88	2.54	3.05	3.56	5.08
	>200.00~250.00	1.63	1.88	2.13	2.79	3.30	3.81	5.33
	>250.00~300.00	1.88	2.13	2.39	3.05	3.56	4.06	5.59
	>300.00~350.00	2.13	2.39	2.64	3.30	3.81	4.32	5.84

① 当偏差不采用对称的“±”偏差时，则正、负偏差的绝对值之和应为表中对应数值的两倍。

② 表中无数值处表示偏差不要求。

③ 图 5-7~图 5-13 所示型材，尺寸 H（或 H_1、或 H_2）采用其对应 E 尺寸的允许偏差（3 栏~8 栏）。

④ 图 5-5、图 5-6 所示型材，尺寸 H_1，采用以尺寸 H_2 作为 H 尺寸，对应 E 尺寸的允许偏差值（3 栏~8 栏）。

⑤ 图 5-2 所示型材，H 尺寸的实体金属部分小于 H 的 75%时，采用其对应 3 栏的允许偏差值。

⑥ 图 5-3、图 5-4 所示型材，尺寸 H_1，采用尺寸 H_2 对应 3 栏的允许偏差值，若此偏差值小于 H_1 对应 2 栏的偏差值时，则采用 H_1 对应 2 栏的允许偏差值。

⑦ 图 5-2 所示型材，H 尺寸的实体金属部分不小于 H 的 75%时，采用其对应 2 栏的允许偏差值。

⑧ 图 5-7、图 5-9 所示型材，即使尺寸 H_1、H_2 包含的实体金属部分不小于 75%，也不采用其对应 2 栏的允许偏差，而是采用其对应 E 尺寸的允许偏差（3 栏~8 栏）。

6）非壁厚尺寸（H）允许偏差（超高精级）见表 5-10。

表 5-10 非壁厚尺寸（H）允许偏差（超高精级）

（单位：mm）

外接圆直径	H尺寸	实体金属部分不小于75%的H尺寸的允许偏差[⑦、⑧] ±	实体金属部分小于75%的H尺寸对应于下列E尺寸的允许偏差[①、②、③、④、⑤、⑥] ±		
			>6~15	>15~60	>60~120
	1栏	2栏	3栏	4栏	5栏
≤100	≤3.00	0.11	0.14	0.14	—
	>3.00~10.00	0.11	0.14	0.14	—
	>10.00~15.00	0.14	0.18	0.18	—
	>15.00~30.00	0.15	0.22	0.22	—
	>30.00~45.00	0.18	0.27	0.27	0.41
	>45.00~60.00	0.27	0.36	0.36	0.50
	>60.00~100.00	0.37	0.41	0.41	0.59
>100~350	≤3.00	0.12	0.15	0.15	—
	>3.00~10.00	0.12	0.15	0.15	—
	>10.00~15.00	0.15	0.20	0.20	—
	>15.00~30.00	0.17	0.25	0.25	—
	>30.00~45.00	0.20	0.30	0.30	0.45
	>45.00~60.00	0.30	0.40	0.40	0.55
	>60.00~90.00	0.41	0.45	0.45	0.65
	>90.00~120.00	0.45	0.60	0.60	0.80
	>120.00~150.00	0.57	0.80	0.80	1.00
	>150.00~200.00	0.75	1.00	1.00	1.30
	>200.00~250.00	0.91	1.20	1.20	1.50
	>250.00~300.00	1.30	1.50	1.50	1.80
	>300.00~350.00	1.56	1.73	1.73	2.16

① 当偏差不采用对称的“±”偏差时，则正、负偏差的绝对值之和应为表中对应数值的两倍。

② 表中无数值处表示偏差不要求。

③ 图 5-7~图 5-14 所示型材，尺寸 H（或 H_1、或 H_2）采用其对应 E 尺寸的允许偏差（3 栏~5 栏）。

④ 图 5-5、图 5-6 所示型材，尺寸 H_1，采用以尺寸 H_2 作为 H 尺寸，对应 E 尺寸的允许偏差值（3 栏~5 栏）。

⑤ 图 5-2 所示型材，H 尺寸的实体金属部分小于 H 的 75%时，采用其对应 3 栏的允许偏差值。

⑥ 图 5-3、图 5-4 所示型材，尺寸 H_1，采用尺寸 H_2 对应 3 栏的允许偏差值，若此偏差值小于 H_1 对应 2 栏的偏差值时，则采用 H_1 对应 2 栏的允许偏差值。

⑦ 图 5-2 所示型材，H 尺寸的实体金属部分不小于 H 的 75%时，采用其对应 2 栏的允许偏差值。

⑧ 图 5-7、图 5-8 所示型材，即使尺寸 H_1、H_2 包含的实体金属部分不小于 75%，也不采用其对应 2 栏的允许偏差，而是采用其对应 E 尺寸的允许偏差（3 栏~5 栏）。

（4）力学性能（见表 5-11）

表 5-11　室温力学性能

合金牌号	供应状态		壁厚/mm	拉伸性能				硬度①		
				抗拉强度（R_m）/MPa	规定非比例延伸强度（$R_{p0.2}$）/MPa	断后伸长率（%）		试样厚度/mm	硬度HV	硬度HW
						A	A_{50mm}			
				不小于						
6005	T5		≤6.3	260	240	—	8	—	—	—
	T6	实心型材	≤5	270	225	—	6	—	—	—
			>5~10	260	215	—	6	—	—	—
			>10~25	250	200	8	6	—	—	—
		空心型材	≤5	255	215	—	6	—	—	—
			>5~15	250	200	8	6	—	—	—
6060	T5		≤5	160	120	—	6	—	—	—
			>5~25	140	100	8	6	—	—	—
	T6		≤3	190	150	—	6	—	—	—
			>3~25	170	140	8	6	—	—	—
6061	T4		所有	180	110	16	16	—	—	—
	T6		所有	265	245	8	8	—	—	—
6063	T5		所有	160	110	8	8	0.8	58	8
	T6		所有	205	180	8	8	—	—	—
6063A	T5		≤10	200	160	—	5	0.8	65	10
			>10	190	150	5	5	0.8	65	40
	T6		≤10	230	190	—	5	—	—	—
			>10	220	180	4	4	—	—	—
6463	T5		≤50	150	110	8	6	—	—	—
	T6		≤50	195	160	10	8	—	—	—
6463A	T5		≤12	150	110	—	6	—	—	—
	T6		≤3	205	170	—	6	—	—	—
			>3~12	205	170	—	8	—	—	—

① 硬度仅作参考。

3. 铝合金建筑型材的阳极氧化型材（GB 5237.2—2008）

（1）阳极氧化膜膜厚级别、典型用途及表面处理方式（见表 5-12）

表 5-12　型材阳极氧化膜膜厚级、典型用途及表面处理方式

膜厚级别	典型用途	表面处理方式
AA10	室内、外建筑或车辆部件	阳极氧化 阳极氧化加电解着色 阳极氧化加有机着色
AA15	室外建筑或车辆部件	
AA20	室外苛刻环境下使用的建筑部件	
AA25		

(2) 化学成分、力学性能、尺寸偏差（见表5-13）

表5-13 型材的化学成分、力学性能和尺寸偏差要求

项目	要 求
化学成分	化学成分仲裁分析按 GB/T 20975.1～GB/T 20975.25 规定的方法进行
力学性能	力学性能仲裁试验按 GB/T 228—2002 规定的方法进行，断后伸长率按 GB/T 228—2002 中 11.1 仲裁
尺寸偏差	尺寸偏差按 GB 5237.1—2008 规定的方法测量

4. 铝合金建筑型材的电泳涂漆型材（GB 5237.3—2008）

(1) 阳极氧化复合膜膜厚级别、漆膜类型及典型用途（见表5-14）

表5-14 型材阳极氧化复合膜膜厚级别、漆膜类型及典型用途

膜厚级别	表面漆膜类型	典型用途
A	有光或亚光透明漆	室外苛刻环境下使用的建筑部件
B		室外建筑或车辆部件
S	有光或亚光有色漆	室外建筑或车辆部件

注：合同中未注明膜厚级别时，按B级供货。

(2) 化学成分、力学性能、尺寸偏差 按 GB 5237.1—2008 的规定。

5. 铝合金建筑型材的粉末喷涂型材（GB 5237.4—2008）

(1) 化学成分、力学性能 按 GB 5237.1—2008 的规定。

(2) 尺寸偏差 按 GB 5237.1—2008 的规定。

(3) 其他技术要求按 GB 5237.4—2008 的规定。

6. 铝合金建筑型材的氟碳漆涂型材（GB 5237.5—2008）

(1) 牌号、状态、规格和涂层种类 型材的牌号、状态和规格按 GB 5237.1—2008 规定，涂层种类见表5-15。

表5-15 涂层种类

二涂层	三涂层	四涂层
底漆加面漆	底漆、面漆加清漆	底漆、阻挡漆、面漆加清漆

(2) 涂层厚度（见表5-16）

表5-16 装饰面上涂层厚度

涂层种类	平均膜厚/μm	最小局部膜厚/μm
二涂	≥30	≥25
三涂	≥40	≥34
四涂	≥65	≥55

注：由于挤压型材横截面形状的复杂性，在型材某些表面（如内角、横沟等）的漆膜厚度允许低于本表的规定值，但不允许出现露底现象。

二、板材

1. 一般用途加工铜及铜合金板带材（GB/T 17793—2010）

（1）用途　用于供一般用途的加工铜及铜合金板带材。

（2）牌号和规格（见表5-17）

表5-17　一般用途加工铜及铜合金板带材的牌号和规格

	牌　号	状态	规格/mm 厚度	规格/mm 宽度	规格/mm 长度
板材	T2、T3、TP1、TP2、TU1、TU2、H96、H90、H85、H80、H70、H68、H65、H63、H62、H59、HPb59-1、HPb60-2、HSn62-1、HMn58-2	热轧	4.0~60.0	≤3000	≤6000
		冷轧	0.20~12.00		
	HMn55-3-1、HMn57-3-1、HAl60-1-1、HAl67-2.5、HAl66-6-3-2、HNi65-5	热轧	4.0~40.0	≤1000	≤2000
	QSn6.5-0.1、QSn6.5-0.4、QSn4-3、QSn4-0.3、QSn7-0.2、QSn8-0.3	热轧	9.0~50.0	≤600	≤2000
		冷轧	0.20~12.00		
	QAl5、QAl7、QAl9-2、QAl9-4	冷轧	0.40~12.00	≤1000	≤2000
	QCd1	冷轧	0.50~10.00	200~300	800~1500
	QCr0.5、QCr0.5-0.2-0.1	冷轧	0.50~15.00	100~600	≥300
	QMn1.5、QMn5	冷轧	0.50~5.00	100~600	≤1500
	QSi3-1	冷轧	0.50~10.00	100~1000	≥500
	QSn4-4-2.5、QSn4-4-4	冷轧	0.80~5.00	200~600	800~2000
	B5、B19、BFe10-1-1、BFe30-1-1、BZn15-20、BZn18-17	热轧	7.0~60.0	≤2000	≤4000
		冷轧	0.50~10.00	≤600	≤1500
	BAl6-1.5、BAl13-3	冷轧	0.50~12.00	≤600	≤1500
	BMn3-12、BMn40-1.5	冷轧	0.50~10.00	100~600	800~1500

	牌　号	厚度/mm	宽度/mm
带材	T2、T3、TU1、TU2、TP1、TP2、H96、H90、H85、H80、H70、H68、H65、H63、H62、H59	>0.15~<0.5	≤600
		0.5~3	≤1200
	HPb59-1、HSn62-1、HMn58-2	>0.15~0.2	≤300
		>0.2~2	≤550
	QAl5、QAl7、QAl9-2、QAl9-4	>0.15~1.2	≤300
	QSn7-0.2、QSn6.5-0.4、QSn6.5-0.1、QSn4-3、QSn4-0.3	>0.15~2	≤610
	QSn8-0.3	>0.15~2.6	≤610
	QSn4-4-4、QSn4-4-2.5	0.8~1.2	≤200
	QCd1、QMn1.5、QMn5、QSi3-1	>0.15~1.2	≤300
	BZn18-17	>0.15~1.2	≤610
	B5、B19、BZn15-20、BFe10-1-1、BFe30-1-1、BMn40-1.5、BMn3-12、BAl13-3、BAl6-1.5	>0.15~1.2	≤400

2. 铜及铜合金板材（GB/T 2040—2008）

（1）牌号、状态、规格（见表5-18）

表5-18　铜及铜合金板材的牌号、状态、规格

牌　号	状　态	规格尺寸/mm		
		厚　度	宽　度	长　度
T2、T3、TP1 TP2、TU1、TU2	R	4~60	≤3000	≤6000
	M、Y_4、Y_2、Y、T	0.2~12	≤3000	≤6000
H96、H80	M、Y	0.2~10	≤3000	≤6000
H90、H85	M、Y_2、Y			
H65	M、Y_1、Y_2 Y、T、TY			
H70、H68	R	4~60		
	M、Y_4、Y_2 Y、T、TY	0.2~10		
H63、H62	R	4~60		
	M、Y_2 Y、T	0.2~10		
H59	R	4~60		
	M、Y	0.2~10		
HPb59-1	R	4~60		
	M、Y_2、Y	0.2~10		
HPb60-2	Y、T	0.5~10		
HMn58-2	M、Y_2、Y	0.2~10		
HSn62-1	R	4~60		
	M、Y_2、Y	0.2~10		
HMn55-3-1、HMn57-3-1 HAl60-1-1、HAl67-2.5 HAl66-6-3-2、HNi65-5	R	4~40	≤1000	≤2000
QSn6.5-0.1	R	9~50	≤600	≤2000
	M、Y_4、Y_2 Y、T、TY	0.2~12		
QSn6.5-0.4、QSn4-3 QSn4-0.3、QSn7-0.2	M、Y、T	0.2~12	≤600	≤2000
QSn8-0.3	M、Y_4、Y_2 Y、T	0.2~5	≤600	≤2000
BAl6-1.5	Y	0.5~12	≤600	≤1500
BAl13-3	CYS			

（续）

牌　号	状　态	规格尺寸/mm		
		厚　度	宽　度	长　度
BZn15-20	M、Y_2、Y、T	0.5~10	≤600	≤1500
BZn18-17	M、Y_2、Y	0.5~5	≤600	≤1500
B5、B19 BFe10-1-1、 BFe30-1-1	R	7~60	≤2000	≤4000
	M、Y	0.5~10	≤600	≤1500
QAl5	M、Y	0.4~12	≤1000	≤2000
QAl7	Y_2、Y			
QAl9-2	M、Y			
QAl9-4	Y			
QCd1	Y	0.5~10	200~300	800~1500
QCr0.5、 QCr0.5-0.2-0.1	Y	0.5~15	100~600	≥300
QMn1.5	M	0.5~5	100~600	≤1500
QMn5	M、Y			
QSi3-1	M、Y、T	0.5~10	100~1000	≥500
QSn4-4-2.5、 QSn4-4-4	M、Y_3、Y_2、Y	0.8~5	200~600	800~2000
BMn40-1.5	M、Y	0.5~10	100~600	800~1500
BMn3-12	M			

注：经供需双方协商，可以供应其他规格的板材。

（2）化学成分（见表5-19）

表5-19　BZn18-17的化学成分

牌　号	化学成分(质量分数,%)					
	Cu	Ni(含Co)	Fe	Mn	Pb	Zn
BZn18-17	62.0~66.0	16.5~19.5	≤0.25	≤0.50	≤0.03	余量

注：BZn18-17牌号的化学成分应符合本表的规定，其他牌号的化学成分应符合GB/T 5231—2001中相应牌号的规定。

（3）板材室温横向力学性能（见表5-20）

表5-20　板材的力学性能

牌　号	状态	拉伸试验			硬度试验		
		厚度/mm	抗拉强度 R_m/MPa	断后伸长率 $A_{11.3}$(%)	厚度/mm	硬度 HV	硬度 HRB
T2、T3 TP1、TP2 TU1、TU2	R	4~14	≥195	≥30	—	—	—
	M	0.3~10	≥205	≥30	≥0.3	≤70	—
	Y_1		215~275	≥25		60~90	—
	Y_2		245~345	≥8		80~110	—
	Y		295~380	—		90~120	—
	T		≥350	—		≥110	—

（续）

牌号	状态	拉伸试验			硬度试验		
		厚度/mm	抗拉强度 R_m/MPa	断后伸长率 $A_{11.3}$(%)	厚度/mm	硬度 HV	硬度 HRB
H96	M Y	0.3~10	≥215 ≥320	≥30 ≥3	—	—	—
H90	M Y_2 Y	0.3~10	≥245 330~440 ≥390	≥35 ≥5 ≥3	—	—	—
H85	M Y_2 Y	0.3~10	≥260 305~380 ≥350	≥35 ≥15 ≥3	≥0.3	≤85 80~115 ≥105	—
H80	M Y	0.3~10	≥265 ≥390	≥50 ≥3	—	—	—
H70、H68	R	4~14	≥290	≥40	—	—	—
H70 H68 H65	M Y_1 Y_2 Y T TY	0.3~10	≥290 325~410 355~440 410~540 520~620 ≥570	≥40 ≥35 ≥25 ≥10 ≥3	≥0.3	≤90 85~115 100~130 120~160 150~190 ≥180	—
H63 H62	R	4~14	≥290	≥30	—	—	—
	M Y_2 Y T	0.3~10	≥290 350~470 410~630 ≥585	≥35 ≥20 ≥10 ≥2.5	≥0.3	≤95 90~130 125~165 ≥155	— — — —
H59	R	4~14	≥290	≥25	—	—	—
	M Y	0.3~10	≥290 ≥410	≥10 ≥5	≥0.3	≥130	—
HPb59-1	R	4~14	≥370	≥18	—	—	—
	M Y_2 Y	0.3~10	≥340 390~490 ≥440	≥25 ≥12 ≥5	—	—	—
HPb60-2	Y	—	—	—	0.5~2.5	165~190	—
					2.6~10	—	75~92
	T	—	—	—	0.5~1.0	≥180	—
HMn58-2	M Y_2 Y	0.3~10	≥380 440~610 ≥585	≥30 ≥25 ≥3	—	—	—

（续）

牌　号	状态	拉伸试验			硬度试验		
		厚度/mm	抗拉强度 R_m/MPa	断后伸长率 $A_{11.3}$(%)	厚度/mm	硬度 HV	硬度 HRB
HSn62-1	R	4~14	≥340	≥20	—	—	—
	M	0.3~10	≥295	≥35	—	—	—
	Y_2		350~400	≥15			
	Y		≥390	≥5			
HMn57-3-1	R	4~8	≥440	≥10	—	—	—
HMn55-3-1	R	4~15	≥490	≥15	—	—	—
HAl60-1-1	R	4~15	≥440	≥15	—	—	—
HAl67-2.5	R	4~15	≥390	≥15	—	—	—
HAl66-6-3-2	R	4~8	≥685	≥3	—	—	—
HNi65-5	R	4~15	≥290	≥35	—	—	—
QAl5	M	0.4~12	≥275	≥33	—	—	—
	Y		≥585	≥2.5			
QAl7	Y_2	0.4~12	585~740	≥10	—	—	—
	Y		≥635	≥5			
QAl9-2	M	0.4~12	≥440	≥18	—	—	—
	Y		≥585	≥5			
QAl9-4	Y	0.4~12	≥585	—	—	—	—
QSn6.5-0.1	R	9~14	≥290	≥38	—	—	—
	M	0.2~12	≥315	≥40	≥0.2	≤120	—
	Y_4	0.2~12	390~510	≥35		110~155	—
	Y_2	0.2~12	490~610	≥8	≥0.2	150~190	—
	Y	0.2~3	590~690	≥5		180~230	—
		>3~12	540~690	≥5		180~230	
	T	0.2~5	635~720	≥1		200~240	—
	TY		≥690	—		≥210	—
QSn6.5-0.4 QSn7-0.2	M	0.2~12	≥295	≥40	—	—	—
	Y		540~690	≥8			
	T		≥665	≥2			
QSn4-3 QSn4-0.3	M	0.2~12	≥290	≥40	—	—	—
	Y		540~690	≥3			
	T		≥635	≥2			
QSn8-0.3	M	0.2~5	≥345	≥40	≥0.2	≤120	—
	Y_4		390~510	≥35		100~160	—
	Y_2		490~610	≥20		150~205	—
	Y		590~705	≥5		180~235	—
	T		≥685	—		≥210	—

（续）

牌　号	状态	拉伸试验			硬度试验		
		厚度/mm	抗拉强度 R_m/MPa	断后伸长率 $A_{11.3}$(%)	厚度/mm	硬度 HV	硬度 HRB
QCd1	Y	0.5~10	≥390	—	—	—	—
QCr0.5 QCr0.5-0.2-0.1	Y	—	—	—	0.5~15	≥110	—
QMn1.5	M	0.5~5	≥205	≥30	—	—	—
QMn5	M Y	0.5~5	≥290 ≥440	≥30 ≥3	—	—	—
QSi3-1	M Y T	0.5~10	≥340 585~735 ≥685	≥40 ≥3 ≥1	—	—	—
QSn4-4-2.5 QSn4-4-4	M Y_3 Y_2 Y	0.8~5	≥290 390~490 420~510 ≥510	≥35 ≥10 ≥9 ≥5	≥0.8	—	65~85 70~90 —
BZn15-20	M Y_2 Y T	0.5~10	≥340 440~570 540~690 ≥640	≥35 ≥5 ≥1.5 ≥1	—	—	—
BZn18-17	M Y_2 Y	0.5~5	≥375 440~570 ≥540	≥20 ≥5 ≥3	≥0.5	— 120~180 ≥150	—
B5	R	7~14	≥215	≥20	—	—	—
	M Y	0.5~10	≥215 ≥370	≥30 ≥10	—	—	—
B19	R	7~14	≥295	≥20	—	—	—
	M Y	0.5~10	≥290 ≥390	≥25 ≥3	—	—	—
BFe10-1-1	R	7~14	≥275	≥20	—	—	—
	M Y	0.5~10	≥275 ≥370	≥28 ≥3	—	—	—
BFe30-1-1	R	7~14	≥345	≥15	—	—	—
	M Y	0.5~10	≥370 ≥530	≥20 ≥3	—	—	—
BAl6-1.5	Y	0.5~12	≥535	≥3	—	—	—
BAl13-3	CYS		≥635	≥5	—	—	—
BMn40-1.5	M Y	0.5~10	390~590 ≥590	实测 实测	—	—	—
BMn3-12	M	0.5~10	≥350	≥25	—	—	—

注：厚度超出规定范围的板材，其性能由供需双方商定。

（4）板材的电性能（见表 5-21）

表 5-21　板材的电性能

牌　号	电阻率 ρ(20℃±1℃)/(Ω·mm²/m)	电阻温度系数 α (0~100℃)/(1/℃)	与铜的热电动势率 Q(0~100℃)/(μV/℃)
BMn3-12	0.42~0.52	$\pm 6\times10^{-5}$	≤1
BMn40-1.5	0.43~0.53	—	—
QMn1.5	≤0.087	$\leqslant 0.9\times10^{-3}$	—

注：需方如有要求，并在合同中注明时，可对 BMn3-12、BMn40-1.5、QMn1.5 牌号的板材进行电性能试验。板材的电性能应符合本表的规定。

3. 一般工业铝及铝合金轧制板、带材（GB/T 3880.1、2—2012）

（1）牌号和规格（见表 5-22）

表 5-22　牌号、铝或铝合金类别、状态及厚度

牌号	铝或铝合金类别	状　态	板材厚度/mm	带材厚度/mm
1A97、1A93、1A90、1A85	A	F	>4.50~150.00	—
		H112	>4.50~80.00	—
1080A	A	Q、H111	>0.20~12.50	—
		H12、H22、H14、H24	>0.20~6.00	—
		H16、H26	>0.20~4.00	>0.20~4.00
		H18	>0.20~3.00	>0.20~3.00
		H112	>6.00~25.00	—
		F	>2.50~6.00	—
1070	A	O	>0.20~50.00	>0.20~6.00
		H12、H22、H14、H24	>0.20~6.00	>0.20~6.00
		H16、H26	>0.20~4.00	>0.20~4.00
		H18	>0.20~3.00	>0.20~3.00
		H112	>4.50~75.00	—
		F	>4.50~150.00	>2.50~8.00
1070A	A	O、H111	>0.20~25.00	—
		H12、H22、H14、H24	>0.20~6.00	—
		H16、H26	>0.20~4.00	—
		H18	>0.20~3.00	—
		H112	>6.00~25.00	—
		F	>4.50~150.00	>2.50~8.00
1060	A	O	>0.20~80.00	>0.20~6.00
		H12、H22	>0.50~6.00	>0.50~6.00
		H14、H24	>0.20~6.00	>0.20~6.00
		H16、H26	>0.20~4.00	>0.20~4.00
		H18	>0.20~3.00	>0.20~3.00
		H112	>4.50~80.00	—
		F	>4.50~150.00	>2.50~8.00

（续）

牌号	铝或铝合金类别	状　　态	板材厚度/mm	带材厚度/mm
1050	A	O	>0.20~50.00	>0.20~6.00
		H12、H22、H14、H24	>0.20~6.00	>0.20~6.00
		H16、H26	>0.20~4.00	>0.20~4.00
		H18	>0.20~3.00	>0.20~3.00
		H112	>4.50~75.00	—
		F	>4.50~150.00	>2.50~8.00
1050A	A	O	>0.20~80.00	>0.20~6.00
		H111	>0.20~80.00	—
		H12、H22、H14、H24	>0.20~6.00	>0.20~6.00
		H16、H26	>0.20~4.00	>0.20~4.00
		H18、H28、H19	>0.20~3.00	>0.20~3.00
		H112	>6.00~80.00	—
		F	>4.50~150.00	>2.50~8.00
1145	A	O	>0.20~10.00	>0.20~6.00
		H12、H22、H14、H24、H16、H26、H18	>0.20~4.50	>0.20~4.50
		H112	>4.50~25.00	—
		F	>4.50~150.00	>2.50~8.00
1235	A	O	>0.20~1.00	>0.20~1.00
		H12、H22	>0.20~4.50	>0.20~4.50
		H14、H24	>0.20~3.00	>0.20~3.00
		H16、H26	>0.20~4.00	>0.20~4.00
		H18	>0.20~3.00	>0.20~3.00
1100	A	O	>0.20~80.00	>0.20~6.00
		H12、H22、H14、H24	>0.20~6.00	>0.20~6.00
		H16、H26	>0.20~4.00	>0.20~4.00
		H18、H28	>0.20~3.20	>0.20~3.20
		H112	>6.00~80.00	—
		F	>4.50~150.00	>2.50~8.00
1200	A	O	>0.20~80.00	>0.20~6.00
		H111	>0.20~80.00	—
		H12、H22、H14、H24	>0.20~6.00	>0.20~6.00
		H16、H26	>0.20~4.00	>0.20~4.00
		H18、H19	>0.20~3.00	>0.20~3.00
		H112	>6.00~80.00	—
		F	>4.50~150.00	>2.50~8.00

（续）

牌号	铝或铝合金类别	状态	板材厚度/mm	带材厚度/mm
2A11、包铝 2A11	B	O	>0.50~10.00	>0.50~6.00
		T1	>4.50~80.00	—
		T3、T4	>0.50~10.00	—
		F	>4.50~150.00	—
2A12、包铝 2A12	B	O	>0.50~10.00	—
		T1	>4.50~80.00	—
		T3、T4	>0.50~10.00	—
		F	>4.50~150.00	—
2A14	B	O	0.50~10.00	—
		T1	>4.50~40.00	—
		T6	0.50~10.00	—
		F	>4.50~150.00	—
2E12、包铝 2E12	B	T3	0.80~6.00	—
2014	B	O	>0.40~25.00	—
		T3	>0.40~6.00	—
		T4	>0.40~100.00	—
		T6	>0.40~160.00	—
		F	>4.50~150.00	—
包铝 2014	B	O	>0.50~25.00	—
		T3	>0.50~6.30	—
		T4	>0.50~6.30	—
		T6	>0.50~6.30	—
		F	>4.50~150.00	—
2014A、包铝 2014A	B	O	>0.20~6.00	—
		T4	>0.20~80.00	—
		T6	>0.20~140.00	—
2024	B	O	>0.40~25.00	>0.50~6.00
		T3	>0.40~150.00	—
		T4	>0.40~6.00	—
		T8	>0.40~40.00	—
		F	>4.50~80.00	—
包铝 2024	B	O	>0.20~45.50	—
		T3	>0.20~6.00	—
		T4	>0.20~3.20	—
		F	>4.50~80.00	—
2017、包铝 2017	B	O	>0.40~25.00	>0.50~6.00
		T3、T4	>0.40~6.00	—
		F	>4.50~150.00	—

（续）

牌号	铝或铝合金类别	状　态	板材厚度/mm	带材厚度/mm
2017A、包铝 2017A	B	O	0.40～25.00	—
		T4	0.40～200.00	—
2219、包铝 2219	B	O	>0.50～50.00	—
		T81	>0.50～6.30	—
		T87	>1.00～12.50	—
3A21	A	O	>0.20～10.00	—
		H14	>0.80～4.50	—
		H24、H18	>0.20～4.50	—
		H112	>4.50～80.00	—
		F	>4.50～150.00	—
3102	A	H18	>0.20～3.00	>0.20～3.00
3003	A	O	>0.20～50.00	>0.20～6.00
		H111	>0.20～50.00	—
		H12、H22、H14、H24	>0.20～6.00	>0.20～6.00
		H16、H26	>0.20～4.00	>0.20～4.00
		H18、H28、H19	>0.20～3.00	>0.20～3.00
		H112	>4.50～80.00	—
		F	>4.50～150.00	>2.50～8.00
3103	A	O、H111	>0.20～50.00	—
		H12、H22、H14、H24、H16	>0.20～6.00	—
		H26	>0.20～4.00	—
		H18、H28、H19	>0.20～3.00	—
		H112	>4.50～80.00	—
		F	>20.00～80.00	—
3004	B	O	>0.20～50.00	>0.20～6.00
		H111	>0.20～50.00	—
		H12、H22、H32、H14	>0.20～6.00	>0.20～6.00
		H24、H34、H26、H36、H18	>0.20～3.00	>0.20～3.00
		H16	>0.20～4.00	>0.20～4.00
		H28、H38、H19	>0.20～1.50	>0.20～1.50
		H112	>4.50～80.00	—
		F	>6.00～80.00	>2.50～8.00

（续）

牌号	铝或铝合金类别	状　态	板材厚度/mm	带材厚度/mm
3104	B	O	>0.20~3.00	>0.20~3.00
		H111	>0.20~3.00	—
		H12、H22、H32	>0.50~3.00	>0.50~3.00
		H14、H24、H34、H16、H26、H36	>0.20~3.00	>0.20~3.00
		H18、H28、H38、H19、H29、H39	>0.20~0.50	>0.20~0.50
		F	>6.00~80.00	>2.50~8.00
3005	A	O	>0.20~6.00	>0.20~6.00
		H111	>0.20~6.00	—
		H12、H22、H14	>0.20~6.00	>0.20~6.00
		H24	>0.20~3.00	>0.20~3.00
		H16	>0.20~4.00	>0.20~4.00
		H26、H18、H28	>0.20~3.00	>0.20~3.00
		H19	>0.20~1.50	>0.20~1.50
		F	>6.00~80.00	>2.50~8.00
3105	A	O、H12、H22、H14、H24、H16、H26、H18	>0.20~3.00	>0.20~3.00
		H111	>0.20~3.00	—
		H28、H19	>0.20~1.50	>0.20~1.50
		F	>6.00~80.00	>2.50~8.00
4006	A	O	>0.20~6.00	—
		H12、H14	>0.20~3.00	—
		F	2.50~6.00	—
4007	A	O、H111	>0.20~12.50	—
		H12	>0.20~3.00	—
		F	2.50~6.00	—
4015	B	O、H111	>0.20~3.00	—
		H12、H14、H16、H18	>0.20~3.00	—
5A02	B	O	>0.50~10.00	—
		H14、H24、H34、H18	>0.50~4.50	—
		H112	>4.50~80.00	—
		F	>4.50~150.00	—
5A03	B	O、H14、H24、H34	>0.50~4.50	>0.50~4.50
		H112	>4.50~50.00	—
		F	>4.50~150.00	—

（续）

牌号	铝或铝合金类别	状态	板材厚度/mm	带材厚度/mm
5A05	B	O	>0.50~4.50	>0.50~4.50
		H112	>4.50~50.00	—
		F	>4.50~150.00	—
5A06	B	O	0.50~4.50	>0.50~4.50
		H112	>4.50~50.00	—
		F	>4.50~150.00	—
5005、5005A	A	O	>0.20~50.00	>0.20~6.00
		H111	>0.20~50.00	—
		H12、H22、H32、H14、H24、H34	>0.20~6.00	>0.20~6.00
		H16、H26、H36	>0.20~4.00	>0.20~4.00
		H18、H28、H38、H19	>0.20~3.00	>0.20~3.00
		H112	>6.00~80.00	—
		F	4.50~150.00	>2.50~8.00
5040	B	H24、H34	0.80~1.80	—
		H26、H36	1.00~2.00	—
5049	B	O、H111	>0.20~100.00	—
		H12、H22、H32、H14、H24、H34、H16、H26、H36	>0.20~6.00	—
		H18、H28、H38	>0.20~3.00	—
		H112	6.00~80.00	—
5449	B	O、H111、H22、H24、H26、H28	>0.50~3.00	—
5050	A	O、H111	>0.20~50.00	—
		H12	>0.20~3.00	—
		H22、H32、H14、H24、H34	>0.20~6.00	—
		H16、H26、H36	>0.20~4.00	—
		H18、H28、H38	>0.20~3.00	—
		H112	6.00~80.00	—
		F	2.50~80.00	—
5251	B	O、H111	>0.20~50.00	—
		H12、H22、H32、H14、H24、H34	>0.20~6.00	—
		H16、H26、H36	>0.20~4.00	—
		H18、H28、H38	>0.20~3.00	—
		F	2.50~80.00	—
5052	B	O	>0.20~80.00	>0.20~6.00
		H111	>0.20~80.00	—

（续）

牌号	铝或铝合金类别	状　　态	板材厚度/mm	带材厚度/mm
5052	B	H12、H22、H32、H14、H24、H34、H16、H26、H36	>0.20~6.00	>0.20~6.00
		H18、H28、H38	>0.20~3.00	>0.20~3.00
		H112	>6.00~80.00	—
		F	>2.50~150.00	>2.50~8.00
5154A	B	O、H111	>0.20~50.00	—
		H12、H22、H32、H14、H24、H34、H26、H36	>0.20~6.00	>0.20~6.00
		H18、H28、H38	>0.20~3.00	>0.20~3.00
		H19	>0.20~1.50	>0.20~1.50
		H112	6.00~80.00	—
		F	>2.50~80.00	—
5454	B	O、H111	>0.20~80.00	—
		H12、H22、H32、H14、H24、H34、H26、H36	>0.20~6.00	—
		H28、H38	>0.20~3.00	—
		H112	6.00~120.00	—
		F	>4.50~150.00	—
5754	B	O、H111	>0.20~100.00	—
		H12、H22、H32、H14、H24、H34、H16、H26、H36	>0.20~6.00	—
		H18、H28、H38	>0.20~3.00	—
		H112	6.00~80.00	—
		F	>4.50~150.00	—
5082	B	H18、H38、H19、H39	>0.20~0.50	>0.20~0.50
		F	>4.50~150.00	—
5182	B	O	>0.20~3.00	>0.20~3.00
		H111	>0.20~3.00	—
		H19	>0.20~1.50	>0.20~1.50
5083	B	O	>0.20~200.00	>0.20~4.00
		H111	>0.20~200.00	—
		H12、H22、H32、H14、H24、H34	>0.20~6.00	>0.20~6.00
		H16、H26、H36	>0.20~4.00	—
		H116、H321	>1.50~80.00	—
		H112	>6.00~120.00	—
		F	>4.50~150.00	—

（续）

牌号	铝或铝合金类别	状 态	板材厚度/mm	带材厚度/mm
5383	B	O、H111	>0.20~150.00	—
		H22、H32、H24、H34	>0.20~6.00	—
		H116、H321	>1.50~80.00	—
		H112	>6.00~80.00	—
5086	B	O、H111	>0.20~150.00	—
		H12、H22、H32、H14、H24、H34	>0.20~6.00	—
		H16、H26、H36	>0.20~4.00	—
		H18	>0.20~3.00	—
		H116、H321	>1.50~50.00	—
		H112	>6.00~80.00	—
		F	>4.50~150.00	—
6A02	B	O、T4、T6	>0.50~10.00	—
		T1	>4.50~80.00	—
		F	>4.50~150.00	—
6061	B	O	0.40~25.00	0.40~6.00
		T4	0.40~80.00	—
		T6	0.40~100.00	—
		F	>4.50~150.00	>2.50~8.00
6016	B	T4、T6	0.40~3.00	—
6063	B	O	0.50~20.00	—
		T4、T6	0.50~10.00	—
6082	B	O	0.40~25.00	—
		T4	0.40~80.00	—
		T6	0.40~12.50	—
		F	>4.50~150.00	—
7A04、包铝 7A04 7A09、包铝 7A09	B	O、T6	>0.50~10.00	—
		T1	>4.50~40.00	—
		F	>4.50~150.00	—
7020	B	O、T4	0.40~12.50	—
		T6	0.40~200.00	—
7021	B	T6	1.50~6.00	—
7022	B	T6	3.00~200.00	—
7075	B	O	>0.40~75.00	—
		T6	>0.40~60.00	—
		T76	>1.50~12.50	—
		T73	>1.50~100.00	—
		F	>6.00~50.00	—

（续）

牌号	铝或铝合金类别	状　态	板材厚度/mm	带材厚度/mm
包铝 7075	B	O	>0.39~50.00	—
		T6	>0.39~6.30	—
		T76	>3.10~6.30	—
		F	>6.00~100.00	—
7475	B	T6	>0.35~6.00	—
		T76、T761	1.00~6.50	—
包铝 7475	B	O、T761	1.00~6.50	—
8A06	A	O	>0.20~10.00	—
		H14、H24、H18	>0.20~4.50	—
		H112	>4.50~80.00	—
		F	>4.50~150.00	>2.50~8.00
8011	—	H14、H24、H16、H26	>0.20~0.50	>0.20~0.50
		H18	0.20~0.50	0.20~0.50
8011A	A	O	>0.20~12.50	>0.20~6.00
		H111	>0.20~12.50	—
		H22	>0.20~3.00	>0.20~3.00
		H14、H24	>0.20~6.00	>0.20~6.00
		H16、H26	>0.20~4.00	>0.20~4.00
		H18	>0.20~3.00	>0.20~3.00
8079	A	H14	>0.20~0.50	>0.20~0.50

（2）厚度对应的宽度及长度规格（见表 5-23）

表 5-23　板、带材厚度对应的宽度、长度及内径

（单位：mm）

板、带材厚度	板材的宽度和长度		带材的宽度和内径	
	板材的宽度	板材的长度	带材的宽度	带材的内径
>0.20~0.50	500.0~1660.0	500~4000	≤1800.0	ϕ75、ϕ150、ϕ200、ϕ300、ϕ405、ϕ505、ϕ605、ϕ650、ϕ750
>0.50~0.80	500.0~2000.0	500~10000	≤2400	
>0.80~1.20	500.0~2200.0	1000~10000	≤2400	
>1.20~3.00	500.0~2500.0	1000~15000	2400	
>3.00~8.00	500.0~2400.0	1000~15000	—	
>8.00~15.00	500.0~3500.0	1000~20000	—	—
15.00~250.00	500.0~3500.0	1000~20000	—	—

注：1. 带材是否带套筒及套筒材质，由供需双方商定后在合同中注明。

2. A 类合金最大宽度为 2000.0mm。

（3）包覆材料及包覆层厚度（见表 5-24）

表 5-24 包覆材料及包覆层厚度

牌　　号	包铝类别	包覆材料牌号	板材厚度/mm	每面包覆层厚度占板材厚度的百分比
2A11、2A12	工艺包铝	1230 或 1A50	所有	≤1.5%
包铝 2A11、包铝 2A12	正常包铝		0.50~1.60	≥4%
			其他	≥2%
2A14	工艺包铝		所有	≤1.5%
2E12	工艺包铝		所有	≤1.5%
包铝 2E12	正常包铝		0.80~1.60	≥4%
	正常包铝		其他	≥2%
2014、2014A 2017、2017A	工艺包铝	6003 或 1230、1A50	所有	≤1.5%
包铝 2014、包铝 2014A 包铝 2017、包铝 2017A	正常包铝		≤0.63	≥8%
			>0.63~1.00	≥6%
			>1.00~2.50	≥4%
			>2.50	≥2%
2024	工艺包铝	1230 或 1A50	所有	≤1.5%
包铝 2024	正常包铝		≤1.60	≥4%
			>1.60	≥2%
2219	工艺包铝	7072 或 1A50	所有	≤1.5%
包铝 2219	正常包铝		≤1.00	≥8%
			>1.00~2.50	≥4%
			>2.50	≥2%
5A06	工艺包铝	1230 或 1A50	所有	≤1.5%
7A04、7A09	工艺包铝	7202 或 7A01	所有	≤1.5%
包铝 7A04、包铝 7A09	正常包铝		0.50~1.60	≥4%
			>1.60	≥2%
7075	工艺包铝	7072 或 7A01	≤1.60	≤1.5%
		7008 或 7A01	>1.60	≤1.5%
包铝 7075	正常包铝	7072 或 7A01	0.50~1.60	≥4%
		7008 或 7A01	>1.60	≥2%
7475	工艺包铝	7072 或 7A01	所有	≤1.5%
包铝 7475	正常包铝		<1.60	≥4%
			≥1.60~4.80	≥2.5%
			≥4.80	≥1.5%

（4）力学性能（见表 5-25）

表 5-25　板、带材室温力学性能

牌号	包铝分类	供应状态	试样状态	厚度/mm	室温拉伸试验结果				弯曲半径[2]	
					抗拉强度 R_m/MPa	规定非比例延伸强度 $R_{p0.2}$/MPa	断后伸长率[1] (%) A_{50mm}	断后伸长率[1] (%) A	90°	180°
					≥					
1A97 1A93	—	H112	H112	>4.50~80.00	附实测值				—	—
		F	—	>4.50~150.00	—				—	—
1A90 1A85	—	H112	H112	>4.50~12.50	60	—	21	—	—	—
				>12.50~20.00			—	19	—	—
				>20.00~80.00	附实测值				—	—
		F	—	>4.50~150.00	—				—	—
1080A	—	O H111	O H111	>0.20~0.50	60~90	15	26	—	0t	0t
				>0.50~1.50			28	—	0t	0t
				>1.50~3.00			31	—	0t	0t
				>3.00~6.00			35	—	0.5t	0.5t
				>6.00~12.50			35	—	0.5t	0.5t
		H12	H12	>0.20~0.50	8~120	55	5	—	0t	0.5t
				>0.50~1.50			6	—	0t	0.5t
				>1.50~3.00			7	—	0.5t	0.5t
				>3.00~6.00			9	—	1.0t	—
		H22	H22	>0.20~0.50	80~120	50	8	—	0t	0.5t
				>0.50~1.50			9	—	0t	0.5t
				>1.50~3.00			11	—	0.5t	0.5t
				>3.00~6.00			13	—	1.0t	—
		H14	H14	>0.20~0.50	100~140	70	4	—	0t	0.5t
				>0.50~1.50			4	—	0.5t	0.5t
				>1.50~3.00			5	—	1.0t	1.0t
				>3.00~6.00			6	—	1.5t	—
		H24	H24	>0.20~0.50	100~140	60	5	—	0t	0.5t
				>0.50~1.50			6	—	0.5t	0.5t
				>1.50~3.00			7	—	1.0t	1.0t
				>3.00~6.00			9	—	1.5t	—
		H16	H16	>0.20~0.50	110~150	90	2	—	0.5t	1.0t
				>0.50~1.50			2	—	1.0t	1.0t
				>1.50~4.00			3	—	1.0t	1.0t
		H26	H26	>0.20~0.50	110~150	80	3	—	0.5t	—
				>0.50~1.50			3	—	1.0t	—
				>1.50~4.00			4	—	1.0t	—

（续）

牌号	包铝分类	供应状态	试样状态	厚度/mm	室温拉伸试验结果 抗拉强度 R_m/MPa	规定非比例延伸强度 $R_{p0.2}$/MPa	断后伸长率①(%) A_{50mm}	A	弯曲半径② 90°	180°
						≥				
1080A	—	H18	H18	>0.20~0.50	125	105	2	—	1.0*t*	—
				>0.50~1.50			2	—	2.0*t*	—
				>1.50~3.00			2	—	2.5*t*	—
		H112	H112	>6.00~12.50	70	—	20	—	—	—
				>12.50~25.00	70	—	—	20	—	—
		F	—	2.50~25.00	—	—	—	—	—	—
1070	—	O	O	>0.20~0.30	55~95	—	15	—	0*t*	—
				>0.30~0.50			20	—	0*t*	—
				>0.50~0.80			25	—	0*t*	—
				>0.80~1.50		15	30	—	0*t*	—
				>1.50~6.00			35	—	0*t*	—
				>6.00~12.50			35	—	—	—
				>12.50~50.00			—	30	—	—
		H12	H12	>0.20~0.30	70~100	—	2	—	0*t*	—
				>0.30~0.50			3	—	0*t*	—
				>0.50~0.80			4	—	0*t*	—
				>0.80~1.50		55	6	—	0*t*	—
				>1.50~3.00			8	—	0*t*	—
				>3.00~6.00			9	—	0*t*	—
		H22	H22	>0.20~0.30	70	—	2	—	0*t*	—
				>0.30~0.50			3	—	0*t*	—
				>0.50~0.80			4	—	0*t*	—
				>0.80~1.50		55	6	—	0*t*	—
				>1.50~3.00			8	—	0*t*	—
				>3.00~6.00			9	—	0*t*	—
		H14	H14	>0.20~0.30	85~120	—	1	—	0.5*t*	—
				>0.30~0.50			2	—	0.5*t*	—
				>0.50~0.80			3	—	0.5*t*	—
				>0.80~1.50		65	4	—	1.0*t*	—
				>1.50~3.00			5	—	1.0*t*	—
				>3.00~6.00			6	—	1.0*t*	—
		H24	H24	>0.20~0.30	85	—	1	—	0.5*t*	—
				>0.30~0.50			2	—	0.5*t*	—
				>0.50~0.80			3	—	0.5*t*	—

（续）

牌号	包铝分类	供应状态	试样状态	厚度/mm	室温拉伸试验结果				弯曲半径②	
					抗拉强度 R_m/MPa	规定非比例延伸强度 $R_{p0.2}$/MPa	断后伸长率①（%） A_{50mm}	断后伸长率①（%） A	90°	180°
					≥					
1070	—	H24	H24	>0.80~1.50	85	65	4	—	1.0t	—
				>1.50~3.00			5	—	1.0t	—
				>3.00~6.00			6	—	1.0t	—
		H16	H16	>0.20~0.50	100~135	—	1	—	1.0t	—
				>0.50~0.80			2	—	1.0t	—
				>0.80~1.50		75	3	—	1.5t	—
				>1.50~4.00			4	—	1.5t	—
		H26	H26	>0.20~0.50	100	—	1	—	1.0t	—
				>0.50~0.80			2	—	1.0t	—
				>0.80~1.50		75	3	—	1.5t	—
				>1.50~4.00			4	—	1.5t	—
		H18	H18	>0.20~0.50	120	—	1	—	—	—
				>0.50~0.80			2	—	—	—
				>0.80~1.50			3	—	—	—
				>1.50~3.00			4	—	—	—
		H112	H112	>4.50~6.00	75	35	13	—	—	—
				>6.00~12.50	70	35	15		—	—
				>12.50~25.00	60	25	—	20	—	—
				>25.00~75.00	55	15	—	25	—	—
		F	—	>2.50~150.00	—				—	—
1070A	—	O H111	O H111	>0.20~0.50	60~90	15	23	—	0t	0t
				>0.50~1.50			25	—	0t	0t
				>1.50~3.00			29	—	0t	0t
				>3.00~6.00			32	—	0.5t	0.5t
				>6.00~12.50			35	—	0.5t	0.5t
				>12.50~25.00			—	32	—	—
		H12	H12	>0.20~0.50	80~120	55	5	—	0t	0.5t
				>0.50~1.50			6	—	0t	0.5t
				>1.50~3.00			7	—	0.5t	0.5t
				>3.00~6.00			9	—	1.0t	—
		H22	H22	>0.20~0.50	80~120	50	7	—	0t	0.5t
				>0.50~1.50			8	—	0t	0.5t
				>1.50~3.00			10	—	0.5t	0.5t
				>3.00~6.00			12	—	1.0t	—

（续）

牌号	包铝分类	供应状态	试样状态	厚度/mm	室温拉伸试验结果 抗拉强度 R_m/MPa	规定非比例延伸强度 $R_{p0.2}$/MPa	断后伸长率[1]（%） A_{50mm}	A	弯曲半径[2] 90°	180°
					≥					
1070A	—	H14	H14	>0.20~0.50	100~140	70	4	—	0t	0.5t
				>0.50~1.50			4	—	0.5t	0.5t
				>1.50~3.00			5	—	1.0t	1.0t
				>3.00~6.00			6	—	1.5t	—
		H24	H24	>0.20~0.50	100~140	60	5	—	0t	0.5t
				>0.50~1.50			6	—	0.5t	0.5t
				>1.50~3.00			7	—	1.0t	1.0t
				>3.00~6.00			9	—	1.5t	—
		H16	H16	>0.20~0.50	110~150	90	2	—	0.5t	1.0t
				>0.50~1.50			2	—	1.0t	1.0t
				>1.50~4.00			3	—	1.0t	1.0t
		H26	H26	>0.20~0.50	110~150	80	3	—	0.5t	—
				>0.50~1.50			3	—	1.0t	—
				>1.50~4.00			4	—	1.0t	—
		H18	H18	>0.20~0.50	125	105	2	—	1.0t	—
				>0.50~1.50			2	—	2.0t	—
				>1.50~3.00			2	—	2.5t	—
		H112	H112	>6.00~12.50	70	20	20	—	—	—
				>12.50~25.00		—	—	20	—	—
		F	—	2.50~150.00	—				—	—
1060	—	O	O	>0.20~0.30	60~100	15	15	—	—	—
				>0.30~0.50			18	—	—	—
				>0.50~1.50			23	—	—	—
				>1.50~6.00			25	—	—	—
				>6.00~80.00			25	22	—	—
		H12	H12	>0.50~1.50	80~120	60	6	—	—	—
				>1.50~6.00			12	—	—	—
		H22	H22	>0.50~1.50	80	60	6	—	—	—
				>1.50~6.00			12	—	—	—
		H14	H14	>0.20~0.30	95~135	70	1	—	—	—
				>0.30~0.50			2	—	—	—
				>0.50~0.80			2	—	—	—
				>0.80~1.50			4	—	—	—
				>1.50~3.00			6	—	—	—
				>3.00~6.00			10	—	—	—

（续）

牌号	包铝分类	供应状态	试样状态	厚度/mm	室温拉伸试验结果 抗拉强度 R_m/MPa	室温拉伸试验结果 规定非比例延伸强度 $R_{p0.2}$/MPa	室温拉伸试验结果 断后伸长率[①]（%） A_{50mm}	室温拉伸试验结果 断后伸长率[①]（%） A	弯曲半径[②] 90°	弯曲半径[②] 180°
					≥					
1060	—	H24	H24	>0.20~0.30	95	70	1	—	—	—
				>0.30~0.50			2	—	—	—
				>0.50~0.80			2	—	—	—
				>0.80~1.50			4	—	—	—
				>1.50~3.00			6	—	—	—
				>3.00~6.00			10	—	—	—
		H16	H16	>0.20~0.30	110~155	75	1	—	—	—
				>0.30~0.50			2	—	—	—
				>0.50~0.80			2	—	—	—
				>0.80~1.50			3	—	—	—
				>1.50~4.00			5	—	—	—
		H26	H26	>0.20~0.30	110	75	1	—	—	—
				>0.30~0.50			2	—	—	—
				>0.50~0.80			2	—	—	—
				>0.80~1.50			3	—	—	—
				>1.50~4.00			5	—	—	—
		H18	H18	>0.20~0.30	125	85	1	—	—	—
				>0.30~0.50			2	—	—	—
				>0.50~1.50			3	—	—	—
				>1.50~3.00			4	—	—	—
		H112	H112	>4.50~6.00	75	—	10	—	—	—
				>6.00~12.50	75		10	—	—	—
				>12.50~40.00	70		—	18	—	—
				>40.00~80.00	60		—	22	—	—
		F	—	>2.50~150.00	—				—	—
1050	—	O	O	>0.20~0.50	60~100	—	15	—	0*t*	—
				>0.50~0.80			20	—	0*t*	—
				>0.50~1.50		20	25	—	0*t*	—
				>1.50~6.00			30	—	0*t*	—
				>6.00~50.00			28	28	—	—
		H12	H12	>0.20~0.30	80~120	—	2	—	0*t*	—
				>0.30~0.50			3	—	0*t*	—
				>0.50~0.80			4	—	0*t*	—
				>0.80~1.50		65	6	—	0.5*t*	—
				>1.50~3.00			8	—	0.5*t*	—
				>3.00~6.00			9	—	0.5*t*	—

（续）

牌号	包铝分类	供应状态	试样状态	厚度/mm	室温拉伸试验结果				弯曲半径[2]	
					抗拉强度 R_m/MPa	规定非比例延伸强度 $R_{p0.2}$/MPa	断后伸长率[1]（%）			
							A_{50mm}	A	90°	180°
						≥				
1050	—	H22	H22	>0.20~0.30	80	—	2	—	0t	—
				>0.30~0.50			3	—	0t	—
				>0.50~0.80			4	—	0t	—
				>0.80~1.50		65	6	—	0.5t	—
				>1.50~3.00			8	—	0.5t	—
				>3.00~6.00			9	—	0.5t	—
		H14	H14	>0.20~0.30	95~130	—	1	—	0.5t	—
				>0.30~0.50			2	—	0.5t	—
				>0.50~0.80			3	—	0.5t	—
				>0.80~1.50		75	4	—	1.0t	—
				>1.50~3.00			5	—	1.0t	—
				>3.00~6.00			6	—	1.0t	—
		H24	H24	>0.20~0.30	95	—	1	—	0.5t	—
				>0.30~0.50			2	—	0.5t	—
				>0.50~0.80			3	—	0.5t	—
				>0.80~1.50		75	4	—	1.0t	—
				>1.50~3.00			5	—	1.0t	—
				>3.00~6.00			6	—	1.0t	—
		H16	H16	>0.20~0.50	120~150	—	1	—	2.0t	—
				>0.50~0.80		85	2	—	2.0t	—
				>0.80~1.50			3	—	2.0t	—
				>1.50~4.00			4	—	2.0t	—
		H26	H26	>0.20~0.50	120	—	1	—	2.0t	—
				>0.50~0.80		85	2	—	2.0t	—
				>0.80~1.50			3	—	2.0t	—
				>1.50~4.00			4	—	2.0t	—
		H18	H18	>0.20~0.50	130	—	1	—	—	—
				>0.50~0.80			2	—	—	—
				>0.80~1.50			3	—	—	—
				>1.50~3.00			4	—	—	—
		H112	H112	>4.50~6.00	85	45	10	—	—	—
				>6.00~12.50	80	45	10	—	—	—
				>12.50~25.00	70	35	—	16	—	—
				>25.00~50.00	65	30	—	22	—	—
				>50.00~75.00	65	30	—	22	—	—
		F	—	>2.50~150.00		—			—	—

（续）

牌号	包铝分类	供应状态	试样状态	厚度/mm	室温拉伸试验结果 抗拉强度 R_m/MPa	规定非比例延伸强度 $R_{p0.2}$/MPa	断后伸长率[①]（%） A_{50mm}	A	弯曲半径[②] 90°	180°
					≥					
1050A	—	O H111	O H111	>0.20~0.50	>65~95	20	20	—	0t	0t
				>0.50~1.50			22	—	0t	0t
				>1.50~3.00			26	—	0t	0t
				>3.00~6.00			29	—	0.5t	0.5t
				>6.00~12.50			35	—	1.0t	1.0t
				>12.50~80.00			—	32	—	—
		H12	H12	>0.20~0.50	>85~125	65	2	—	0t	0.5t
				>0.50~1.50			4	—	0t	0.5t
				>1.50~3.00			5	—	0.5t	0.5t
				>3.00~6.00			7	—	1.0t	1.0t
		H22	H22	>0.20~0.50	>85~125	55	4	—	0t	0.5t
				>0.50~1.50			5	—	0t	0.5t
				>1.50~3.00			6	—	0.5t	0.5t
				>3.00~6.00			11	—	1.0t	1.0t
		H14	H14	>0.20~0.50	>105~145	85	2	—	0t	1.0t
				>0.50~1.50			2	—	0.5t	1.0t
				>1.50~3.00			4	—	1.0t	1.0t
				>3.00~6.00			5	—	1.5t	—
		H24	H24	>0.20~0.50	>105~145	75	3	—	0t	1.0t
				>0.50~1.50			4	—	0.5t	1.0t
				>1.50~3.00			5	—	1.0t	1.0t
				>3.00~6.00			8	—	1.5t	1.5t
		H16	H16	>0.20~0.50	>120~160	100	1	—	0.5t	—
				>0.50~1.50			2	—	1.0t	—
				>1.50~4.00			3	—	1.5t	—
		H26	H26	>0.20~0.50	>120~160	90	2	—	0.5t	—
				>0.50~1.50			3	—	1.0t	—
				>1.50~4.00			4	—	1.5t	—
		H18	H18	>0.20~0.50	135	120	1	—	1.0t	—
				>0.50~1.50	140		2	—	2.0t	—
				>1.50~3.00			2	—	3.0t	—
		H28	H28	>0.20~0.50	140	110	2	—	1.0t	—
				>0.50~1.50			2	—	2.0t	—
				>1.50~3.00			3	—	3.0t	—

（续）

牌号	包铝分类	供应状态	试样状态	厚度/mm	室温拉伸试验结果				弯曲半径[2]	
					抗拉强度 R_m/MPa	规定非比例延伸强度 $R_{p0.2}$/MPa	断后伸长率[1]（%） A_{50mm}	A	90°	180°
					≥					
1050A	—	H19	H19	>0.20~0.50	155	140	1	—	—	—
				>0.50~1.50	150	130		—	—	—
				>1.50~3.00				—	—	—
		H112	H112	>6.00~12.50	75	30	20	—	—	—
				>12.50~80.00	70	25	—	20	—	—
		F	—	2.50~150.00		—			—	—
1145	—	O	O	>0.20~0.50	60~100	—	15	—	—	—
				>0.50~0.80			20	—	—	—
				>0.80~1.50		20	25	—	—	—
				>1.50~6.00			30	—	—	—
				>6.00~10.00			28	—	—	—
		H12	H12	>0.20~0.30	80~120	—	2	—	—	—
				>0.30~0.50			3	—	—	—
				>0.50~0.80		65	4	—	—	—
				>0.80~1.50			6	—	—	—
				>1.50~3.00			8	—	—	—
				>3.00~4.50			9	—	—	—
		H22	H22	>0.20~0.30	80	—	2	—	—	—
				>0.30~0.50			3	—	—	—
				>0.50~0.80			4	—	—	—
				>0.80~1.50			6	—	—	—
				>1.50~3.00			8	—	—	—
				>3.00~4.50			9	—	—	—
		H14	H14	>0.20~0.30	95~125	—	1	—	—	—
				>0.30~0.50			2	—	—	—
				>0.50~0.80			3	—	—	—
				>0.80~1.50		75	4	—	—	—
				>1.50~3.00			5	—	—	—
				>3.00~4.50			6	—	—	—
		H24	H24	>0.20~0.30	95	—	1	—	—	—
				>0.30~0.50			2	—	—	—
				>0.50~0.80			3	—	—	—
				>0.80~1.50			4	—	—	—
				>1.50~3.00			5	—	—	—
				>3.00~4.50			6	—	—	—

（续）

牌号	包铝分类	供应状态	试样状态	厚度/mm	室温拉伸试验结果				弯曲半径[2]	
					抗拉强度 R_m/MPa	规定非比例延伸强度 $R_{p0.2}$/MPa	断后伸长率[1]（%）			
							A_{50mm}	A	90°	180°
					≥					
1145	—	H16	H16	>0.20~0.50	120~145	—	1	—	—	—
				>0.50~0.80			2	—	—	—
				>0.80~1.50		85	3	—	—	—
				>1.50~4.50			4	—	—	—
		H26	H26	>0.20~0.50	120	—	1	—	—	—
				>0.50~0.80			2	—	—	—
				>0.80~1.50			3	—	—	—
				>1.50~4.50			4	—	—	—
		H18	H18	>0.20~0.50	125	—	1	—	—	—
				>0.50~0.80			2	—	—	—
				>0.80~1.50			3	—	—	—
				>1.50~4.50			4	—	—	—
		H112	H112	>4.5~6.50	85	45	10	—	—	—
				>6.50~12.50	80	45	10	—	—	—
				>12.50~25.00	70	35	—	16	—	—
		F	—	>2.50~150.00	—				—	—
1235	—	O	O	>0.20~1.00	65~105	—	15	—	—	—
		H12	H12	>0.20~0.30	95~130	—	2	—	—	—
				>0.30~0.50			3	—	—	—
				>0.50~1.50			6	—	—	—
				>1.50~3.00			8	—	—	—
				>3.00~4.50			9	—	—	—
		H22	H22	>0.20~0.30	95	—	2	—	—	—
				>0.30~0.50			3	—	—	—
				>0.50~1.50			6	—	—	—
				>1.50~3.00			8	—	—	—
				>3.00~4.50			9	—	—	—
		H14	H14	>0.20~0.30	115~150	—	1	—	—	—
				>0.30~0.50			2	—	—	—
				>0.50~1.50			3	—	—	—
				>1.50~3.00			4	—	—	—
		H24	H24	>0.20~0.30	115	—	1	—	—	—
				>0.30~0.50			2	—	—	—
				>0.50~1.50			3	—	—	—
				>1.50~3.00			4	—	—	—

（续）

牌号	包铝分类	供应状态	试样状态	厚度/mm	室温拉伸试验结果 抗拉强度 R_m/MPa	规定非比例延伸强度 $R_{p0.2}$/MPa	断后伸长率[①]（%） A_{50mm}	A	弯曲半径[②] 90°	180°
					≥					
1235	—	H16	H16	>0.20~0.50	130~165	—	1	—	—	—
				>0.50~1.50			2	—	—	—
				>1.50~4.00			3	—	—	—
		H26	H26	>0.20~0.50	130	—	1	—	—	—
				>0.50~1.50			2	—	—	—
				>1.50~4.00			3	—	—	—
		H18	H18	>0.20~0.50	145	—	1	—	—	—
				>0.50~1.50			2	—	—	—
				>1.50~3.00			3	—	—	—
1200	—	O H111	O H111	>0.20~0.50	75~105	25	19	—	0t	0t
				>0.50~1.50			21	—	0t	0t
				>1.50~3.00			24	—	0t	0t
				>3.00~6.00			28	—	0.5t	0.5t
				>6.00~12.50			33	—	1.0t	1.0t
				>12.50~80.00			—	30	—	—
		H12	H12	>0.20~0.50	95~135	75	2	—	0t	0.5t
				>0.50~1.50			4	—	0t	0.5t
				>1.50~3.00			5	—	0.5t	0.5t
				>3.00~6.00			6	—	1.0t	1.0t
		H22	H22	>0.20~0.50	95~135	65	4	—	0t	0.5t
				>0.50~1.50			5	—	0t	0.5t
				>1.50~3.00			6	—	0.5t	0.5t
				>3.00~6.00			10	—	1.0t	1.0t
		H14	H14	>0.20~0.50	105~155	95	1	—	0t	1.0t
				>0.50~1.50	115~155		3	—	0.5t	1.0t
				>1.50~3.00			4	—	1.0t	1.0t
				>3.00~6.00			5	—	1.5t	1.5t
		H24	H24	>0.20~0.50	115~155	90	3	—	0t	1.0t
				>0.50~1.50			4	—	0.5t	1.0t
				>1.50~3.00			5	—	1.0t	1.0t
				>3.00~6.00			7	—	1.5t	—
		H16	H16	>0.20~0.50	120~170	110	1	—	0.5t	—
				>0.50~1.50	130~170	115	2	—	1.0t	—
				>1.50~4.00			3	—	1.5t	—

（续）

牌号	包铝分类	供应状态	试样状态	厚度/mm	室温拉伸试验结果				弯曲半径[2]	
					抗拉强度 R_m/MPa	规定非比例延伸强度 $R_{p0.2}$/MPa	断后伸长率[1]（%）		90°	180°
							A_{50mm}	A		
					≥					
1200	—	H26	H26	>0.20~0.50	130~170	105	2	—	0.5t	—
				>0.50~1.50			3	—	1.0t	—
				>1.50~4.00			4	—	1.5t	—
		H18	H18	>0.20~0.50	150	130	1	—	1.0t	—
				>0.50~1.50			2	—	2.0t	—
				>1.50~3.00			2	—	3.0t	—
		H19	H19	>0.20~0.50	160	140	1	—	—	—
				>0.50~1.50			1	—	—	—
				>1.50~3.00			1	—	—	—
		H112	H112	>6.00~12.50	85	35	16	—	—	—
				>12.50~80.00	80	30	—	16	—	—
		F	—	>2.50~150.00	—				—	—
包铝2A11 2A11	正常包铝或工艺包铝	O	O	>0.50~3.00	≤225	—	12	—	—	—
				>3.00~10.00	≤235	—	12	—	—	—
			T42[3]	>0.50~3.00	350	185	15	—	—	—
				>3.00~10.00	355	195	15	—	—	—
		T1	T42	>4.50~10.00	355	195	15	—	—	—
				>10.00~12.50	370	215	11	—	—	—
				>12.50~25.00	370	215	—	11	—	—
				>25.00~40.00	330	195	—	8	—	—
				>40.00~70.00	310	195	—	6	—	—
				>70.00~80.00	285	195	—	4	—	—
		T3	T3	>0.50~1.50	375	215	15	—	—	—
				>1.50~3.00			17	—	—	—
				>3.00~10.00			15	—	—	—
		T4	T4	>0.50~3.00	360	185	15	—	—	—
				>3.00~10.00	370	195	15	—	—	—
		F	—	>4.50~150.00	—				—	—
		O	O	>0.50~4.50	≤215	—	14	—	—	—
				>4.50~10.00	≤235	—	12	—	—	—
			T42[3]	>0.50~3.00	390	245	15	—	—	—
				>3.00~10.00	410	265	12	—	—	—
		T1	T42	>4.50~10.00	410	265	12	—	—	—
				>10.00~12.50	420	275	7	—	—	—
				>12.50~25.00	420	275	—	7	—	—

（续）

牌号	包铝分类	供应状态	试样状态	厚度/mm	室温拉伸试验结果				弯曲半径[2]	
					抗拉强度 R_m/MPa	规定非比例延伸强度 $R_{p0.2}$/MPa	断后伸长率[1]（%）			
							A_{50mm}	A	90°	180°
					≥					
包铝2A12 2A12	正常包铝或工艺包铝	T1	T42	>25.00~40.00	390	255	—	5	—	—
				>40.00~70.00	370	245	—	4	—	—
				>70.00~80.00	345	245	—	3	—	—
		T3	T3	>0.50~1.60	405	270	15	—	—	—
				>1.60~10.00	420	275	15	—	—	—
		T4	T4	>0.50~3.00	405	270	13	—	—	—
				>3.00~4.50	425	275	12	—	—	—
				>4.50~10.00	425	275	12	—	—	—
		F	—	>4.50~150.00	—				—	—
2A14	工艺包铝	O	O	0.50~10.00	≤245	—	10	—	—	—
		T6	T6	0.50~10.00	430	340	5	—	—	—
		T1	T62	>4.50~12.50	430	340	5	—	—	—
				>12.50~40.00	430	340	—	5	—	—
		F	—	>4.50~150.00	—				—	—
包铝2E12 2E12	正常包铝或工艺包铝	T3	T3	0.80~1.50	405	270	—	15	—	5.0t
				>1.50~3.00	≥420	275	—	15	—	5.0t
				>3.00~6.00	425	275	—	15	—	8.0t
2014	工艺包铝或不包铝	O	O	>0.40~1.50	≤220	≤140	12	—	0t	0.5t
				>1.50~3.00			13	—	1.0t	1.0t
				>3.00~6.00			16	—	1.5t	—
				>6.00~9.00			16	—	2.5t	—
				>9.00~12.50			16	—	4.0t	—
				>12.50~25.00			—	10	—	—
		T3	T3	>0.40~1.50	395	245	14	—	—	—
				>1.50~6.00	400	245	14	—	—	—
		T4	T4	>0.40~1.50	395	240	14	—	3.0t	3.0t
				>1.50~6.00	395	240	14	—	5.0t	5.0t
				>6.00~12.50	400	250	14	—	8.0t	—
				>12.50~40.00	400	250		10	—	—
				>40.00~100.00	395	250		7	—	—
		T6	T6	>0.40~1.50	440	390	6	—	—	—
				>1.50~6.00	440	390	7	—	—	—
				>6.00~12.50	450	395	7	—	—	—
				>12.50~40.00	460	400		6	5.0t	

（续）

牌号	包铝分类	供应状态	试样状态	厚度/mm	室温拉伸试验结果				弯曲半径[2]	
					抗拉强度 R_m/MPa	规定非比例延伸强度 $R_{p0.2}$/MPa	断后伸长率[1]（%） A_{50mm}	断后伸长率[1]（%） A	90°	180°
					≥					
2014	工艺包铝或不包铝	T6	T6	>40.00～60.00	450	390		5	7.0t	
				>60.00～80.00	435	380		4	10.0t	
				>80.00～100.00	420	360		4		
				>100.00～125.00	410	350		4		
				>125.00～160.00	390	340		2		
		F	—	>4.50～150.00	—			—	—	—
包铝2014	正常包铝	O	O	>0.50～0.63	≤205	≤95	16	—	—	—
				>0.63～1.00	≤220			—	—	—
				>1.00～2.50	≤205			—	—	—
				>2.50～12.50	≤205			9	—	—
				>12.50～25.00	≤220[4]	—	—	5	—	—
		T3	T3	>0.50～0.63	370	230	14	—	—	—
				>0.63～1.00	380	235	14	—	—	—
				>1.00～2.50	395	240	15	—	—	—
				>2.50～6.30	395	240	15	—	—	—
		T4	T4	>0.50～0.63	370	215	14	—	—	—
				>0.63～1.00	380	220	14	—	—	—
				>1.00～2.50	395	235	15	—	—	—
				>2.50～6.30	395	235	15	—	—	—
		T6	T6	>0.50～0.63	425	370	7	—	—	—
				>0.63～1.00	435	380	7	—	—	—
				>1.00～2.50	440	395	8	—	—	—
				>2.50～6.30	440	395	8	—	—	—
		F	—	>4.50～150.00	—				—	—
包铝2014A 2014A	正常包铝、工艺包铝或不包铝	O	O	>0.20～0.50	≤235	≤110		—	1.0t	—
				>0.50～1.50			14	—	2.0t	—
				>1.50～3.00			16	—	2.0t	—
				>3.00～6.00			16	—	2.0t	—
		T4	T4	>0.20～0.50	400	225	—	—	3.0t	—
				>0.50～1.50			13	—	3.0t	—
				>1.50～6.00			14	—	5.0t	—
				>6.00～12.50		250	14	—		—
				>12.50～25.00			—	12		—
				>25.00～40.00			—	10		—
				>40.00～80.00	395		—	7		—

（续）

牌号	包铝分类	供应状态	试样状态	厚度/mm	室温拉伸试验结果				弯曲半径[2]	
					抗拉强度 R_m/MPa	规定非比例延伸强度 $R_{p0.2}$/MPa	断后伸长率[1]（%）		90°	180°
							A_{50mm}	A		
					≥					
包铝2014A 2014A	正常包铝、工艺包铝或不包铝	T6	T6	>0.20~0.50	440	380	—	—	5.0t	—
				>0.50~1.50			6	—	5.0t	—
				>1.50~3.00			7	—	6.0t	—
				>3.00~6.00			8	—	5.0t	—
				>6.00~12.50	460	410	8	—	—	—
				>12.50~25.00	460	410	—	6	—	—
				>25.00~40.00	450	400	—	5	—	—
				>40.00~60.00	430	390	—	5	—	—
				>60.00~90.00	430	390	—	4	—	—
				>90.00~115.00	420	370	—	4	—	—
				>115.00~140.00	410	350	—	4	—	—
2024	工艺包铝或不包铝	O	O	>0.40~1.50	≤220	≤140	12	—	0t	0.5t
				>1.50~3.00			13		1.0t	2.0t
				>3.00~6.00					1.5t	3.0t
				>6.00~9.00					2.5t	—
				>9.00~12.50					4.0t	—
				>12.50~25.00		—	—	11	—	—
		T3	T3	>0.40~1.50	435	290	12	11	4.0t	4.0t
				>1.50~3.00	435	290	14	—	4.0t	4.0t
				>3.00~6.00	440	290	14		5.0t	5.0t
				>6.00~12.50	440	290	13		8.0t	—
				>12.50~40.00	430	290		11	—	—
				>40.00~80.00	420	290		8	—	—
				>80.00~100.00	400	285		7	—	—
				>100.00~120.00	380	270		5	—	—
				>120.00~150.00	360	250		5	—	—
		T4	T4	>0.40~1.50	425	275	12	—	—	4.0t
				>1.50~6.00	425	275	14	—	—	5.0t
		T8	T8	>0.40~1.50	460	400	5	—	—	—
				>1.50~6.00	460	400	6	—	—	—
				>6.00~12.50	460	400	5	—	—	—
				>12.50~25.00	455	400	—	4	—	—
				>25.00~40.00	455	395	—	4	—	—
		F	—	>4.50~80.00		—			—	—

（续）

牌号	包铝分类	供应状态	试样状态	厚度/mm	室温拉伸试验结果				弯曲半径[2]	
					抗拉强度 R_m/MPa	规定非比例延伸强度 $R_{p0.2}$/MPa	断后伸长率[1]（%）			
							A_{50mm}	A	90°	180°
					≥					
包铝2024	正常包铝	O	O	>0.20~0.25	≤205	≤95	10	—	—	—
				>0.25~1.60	≤205	≤95	12	—	—	—
				>1.60~12.50	≤220	≤95	12	—	—	—
				>12.50~45.50	≤220[4]	—	—	10	—	—
		T3	T3	>0.20~0.25	400	270	10	—	—	—
				>0.25~0.50	405	270	12	—	—	—
				>0.50~1.60	405	270	15	—	—	—
				>1.60~3.20	420	275	15	—	—	—
				>3.20~6.00	420	275	15	—	—	—
		T4	T4	>0.20~0.50	400	245	12	—	—	—
				>0.50~1.60	400	245	15	—	—	—
				>1.60~3.20	420	260	15	—	—	—
		F	—	>4.50~80.00	—				—	—
包铝2017 2017	正常包铝、工艺包铝或不包铝	O	O	>0.40~1.60	≤215	—	12	—	0.5t	—
				>1.60~2.90		≤110			1.0t	—
				>2.90~6.00					1.5t	—
				>6.00~25.00					—	—
			T42[3]	>0.40~0.50	355	—	12	—	—	—
				>0.50~1.60		195	15	—	—	—
				>1.60~2.90			17	—	—	—
				>2.90~6.50			15	—	—	—
				>6.50~25.00		185	12	—	—	—
		T3	T3	>0.40~0.50	375	—	12	—	1.5t	—
				>0.50~1.60		215	15	—	2.5t	—
				>1.60~2.90			17	—	3t	—
				>2.90~6.00			15	—	3.5t	—
		T4	T4	>0.40~0.50	355	—	12	—	1.5t	—
				>0.50~1.60		195	15	—	2.5t	—
				>1.60~2.90			17	—	3t	—
				>2.90~6.00			15	—	3.5t	—
		F	—	>4.50~150.00	—				—	—
包铝2017A 2017A	正常包铝、工艺包铝或不包铝	O	O	0.40~1.50	≤225	≤145	12	—	5t	0.5t
				>1.50~3.00			14		1.0t	1.0t
				>3.00~6.00			13		1.5t	—
				>6.00~9.00					2.5t	—
				>9.00~12.50					4.0t	—
				>12.50~25.00			—	12	—	—

（续）

牌号	包铝分类	供应状态	试样状态	厚度/mm	室温拉伸试验结果				弯曲半径②	
					抗拉强度 R_m/MPa	规定非比例延伸强度 $R_{p0.2}$/MPa	断后伸长率①(%)			
							A_{50mm}	A	90°	180°
					≥					
包铝2017A 2017A	正常包铝、工艺包铝或不包铝	T4	T4	0.40~1.50	390	245	14	—	3.0t	3.0t
				>1.50~6.00		245	15	—	5.0t	5.0t
				>6.00~12.50		260	13	—	8.0t	—
				>12.50~40.00		250	—	12	—	—
				>40.00~60.00	385	245	—	12	—	—
				>60.00~80.00	370	240	—	7	—	—
				>80.00~120.00	360		—	6	—	—
				>120.00~150.00	350		—	4	—	—
				>150.00~180.00	330	220	—	2	—	—
				>180.00~200.00	300	200	—	2	—	—
包铝2219 2219	正常包铝、工艺包铝或不包铝	O	O	>0.50~12.50	≤220	≤110	12	—	—	—
				>12.50~50.00	≤220④	≤110④	—	10	—	—
		T81	T81	>0.50~1.00	340	255	6	—	—	—
				>1.00~2.50	380	285	7	—	—	—
				>2.50~6.30	400	295	7	—	—	—
		T87	T87	>1.00~2.50	395	315	6	—	—	—
				>2.50~6.30	415	330	6	—	—	—
				>6.30~12.50	415	330	7	—	—	—
3A21	—	O	O	>0.20~0.80	100~150	—	19	—	—	—
				>0.80~4.50			23	—	—	—
				>4.50~10.00			21	—	—	—
		H14	H14	>0.80~1.30	145~215		6	—	—	—
				>1.30~4.50			6	—	—	—
		H24	H24	>0.20~1.30	145	—	6	—	—	—
				>1.30~4.50			6	—	—	—
		H18	H18	>0.20~0.50	185	—	1	—	—	—
				>0.50~0.80			2	—	—	—
				>0.80~1.30			3	—	—	—
				>1.30~4.50			4	—	—	—
		H112	H112	>4.50~10.00	110	—	16	—	—	—
				>10.00~12.50	120		16	—	—	—
				>12.50~25.00	120		—	16	—	—
				>25.00~80.00	110		—	16	—	—
		F	—	>4.50~150.00		—			—	—

（续）

牌号	包铝分类	供应状态	试样状态	厚度/mm	室温拉伸试验结果				弯曲半径②	
					抗拉强度 R_m/MPa	规定非比例延伸强度 $R_{p0.2}$/MPa	断后伸长率①(%)			
							A_{50mm}	A	90°	180°
					≥					
3102	—	H18	H18	>0.20~0.50	160	—	3	—	—	—
				>0.50~3.00			2	—	—	—
3003	—	O H111	O H111	>0.20~0.50	95~135	35	15	—	0t	0t
				>0.50~1.50			17	—	0t	0t
				>1.50~3.00			20	—	0t	0t
				>3.00~6.00			23	—	1.0t	1.0t
				>6.00~12.50			24	—	1.5t	—
				>12.50~50.00			—	23	—	—
		H12	H12	>0.20~0.50	120~160	90	3	—	0t	1.5t
				>0.50~1.50			4	—	0.5t	1.5t
				>1.50~3.00			5	—	1.0t	1.5t
				>3.00~6.00			6	—	1.0t	—
		H22	H22	>0.20~0.50	120~160	80	6	—	0t	1.0t
				>0.50~1.50			7	—	0.5t	1.0t
				>1.50~3.00			8	—	1.0t	1.0t
				>3.00~6.00			9	—	1.0t	—
		H14	H14	>0.20~0.50	145~195	125	2	—	0.5t	2.0t
				>0.50~1.50			2	—	1.0t	2.0t
				>1.50~3.00			3	—	1.0t	2.0t
				>3.00~6.00			4	—	2.0t	—
		H24	H24	>0.20~0.50	145~195	115	4	—	0.5t	1.5t
				>0.50~1.50			4	—	1.0t	1.5t
				>1.50~3.00			5	—	1.0t	1.5t
				>3.00~6.00			6	—	2.0t	—
		H16	H16	>0.20~0.50	170~210	150	1	—	1.0t	2.5t
				>0.50~1.50			2	—	1.5t	2.5t
				>1.50~4.00			2	—	2.0t	2.5t
		H26	H26	>0.20~0.50	170~210	140	2	—	1.0t	2.0t
				>0.50~1.50			3	—	1.5t	2.0t
				>1.50~4.00			3	—	2.0t	2.0t
		H18	H18	>0.20~0.50	190	170	1	—	1.5t	—
				>0.50~1.50			2	—	2.5t	—
				>1.50~3.00			2	—	3.0t	—

（续）

牌号	包铝分类	供应状态	试样状态	厚度/mm	室温拉伸试验结果 抗拉强度 R_m/MPa	规定非比例延伸强度 $R_{p0.2}$/MPa	断后伸长率[①]（%） A_{50mm}	A	弯曲半径[②] 90°	180°
					≥					
3003	—	H28	H28	>0.20~0.50	190	160	2	—	1.5t	—
				>0.50~1.50			2	—	2.5t	—
				>1.50~3.00			3	—	3.0t	—
		H19	H19	>0.20~0.50	210	180	1	—	—	—
				>0.50~1.50			2	—	—	—
				>1.50~3.00			2	—	—	—
		H112	H112	>4.50~12.50	115	70	10	—	—	—
				>12.50~80.00	100	40	—	18	—	—
		F	—	>2.50~150.00		—			—	—
3103	—	O H111	O H111	>0.20~0.50	90~130	35	17	—	0t	0t
				>0.50~1.50			19	—	0t	0t
				>1.50~3.00			21	—	0t	0t
				>3.00~6.00			24	—	1.0t	1.0t
				>6.00~12.50			28	—	1.5t	—
				>12.50~50.00			—	25	—	—
		H12	H12	>0.20~0.50	115~155	85	3	—	0t	1.5t
				>0.50~1.50			4	—	0.5t	1.5t
				>1.50~3.00			5	—	1.0t	1.5t
				>3.00~6.00			6	—	1.0t	—
		H22	H22	>0.20~0.50	115~155	75	6	—	0t	1.0t
				>0.50~1.50			7	—	0.5t	1.0t
				>1.50~3.00			8	—	1.0t	1.0t
				>3.00~6.00			9	—	1.0t	—
		H14	H14	>0.20~0.50	140~180	120	2	—	0.5t	2.0t
				>0.50~1.50			2	—	1.0t	2.0t
				>1.50~3.00			3	—	1.0t	2.0t
				>3.00~6.00			4	—	2.0t	—
		H24	H24	>0.20~0.50	140~180	110	4	—	0.5t	1.5t
				>0.50~1.50			4	—	1.0t	1.5t
				>1.50~3.00			5	—	1.0t	1.5t
				>3.00~6.00			6	—	2.0t	—
		H16	H16	>0.20~0.50	160~200	145	1	—	1.0t	2.5t
				>0.50~1.50			2	—	1.5t	2.5t
				>1.50~4.00			2	—	2.0t	2.5t
				>4.00~6.00			2	—	1.5t	2.0t

（续）

牌号	包铝分类	供应状态	试样状态	厚度/mm	室温拉伸试验结果 抗拉强度 R_m/MPa	规定非比例延伸强度 $R_{p0.2}$/MPa	断后伸长率①(%) A_{50mm}	A	弯曲半径② 90°	180°
					≥					
3103	—	H26	H26	>0.20~0.50	160~200	135	2	—	1.0t	2.0t
				>0.50~1.50			3	—	1.5t	2.0t
				>1.50~4.00			3	—	2.0t	2.0t
		H18	H18	>0.20~0.50	185	165	1	—	1.5t	—
				>0.50~1.50			2	—	2.5t	—
				>1.50~3.00			2	—	3.0t	—
		H28	H28	>0.20~0.50	185	155	2	—	1.5t	—
				>0.50~1.50			2	—	2.5t	—
				>1.50~3.00			3	—	3.0t	—
		H19	H19	>0.20~0.50	200	175	1	—	—	—
				>0.50~1.50			2	—	—	—
				>1.50~3.00			2	—	—	—
		H112	H112	>4.50~12.50	110	70	10	—	—	—
				>12.50~80.00	95	40	—	18	—	—
		F	—	>20.00~80.00	—				—	—
3004	—	O H111	O H111	>0.20~0.50	155~200	60	13	—	0t	0t
				>0.50~1.50			14	—	0t	0t
				>1.50~3.00			15	—	0t	0.5t
				>3.00~6.00			16	—	1.0t	1.0t
				>6.00~12.50			16	—	2.0t	—
				>12.50~50.00			—	14	—	—
		H12	H12	>0.20~0.50	190~240	155	2	—	0t	1.5t
				>0.50~1.50			3	—	0.5t	1.5t
				>1.50~3.00			4	—	1.0t	2.0t
				>3.00~6.00			5	—	1.5t	—
		H22 H32	H22 H32	>0.20~0.50	190~240	145	4	—	0t	1.0t
				>0.50~1.50			5	—	0.5t	1.0t
				>1.50~3.00			6	—	1.0t	1.5t
				>3.00~6.00			7	—	1.5t	—
		H14	H14	>0.20~0.50	220~265	180	1	—	0.5t	2.5t
				>0.50~1.50			2	—	1.0t	2.5t
				>1.50~3.00			2	—	1.5t	2.5t
				>3.00~6.00			3	—	2.0t	—
		H24 H34	H24 H34	>0.20~0.50	220~265	170	3	—	0.5t	2.0t
				>0.50~1.50			4	—	1.0t	2.0t
				>1.50~3.00			4	—	1.5t	2.0t

（续）

牌号	包铝分类	供应状态	试样状态	厚度/mm	室温拉伸试验结果				弯曲半径②	
					抗拉强度 R_m/MPa	规定非比例延伸强度 $R_{p0.2}$/MPa	断后伸长率①（%）			
							A_{50mm}	A	90°	180°
					≥					
3004	—	H16	H16	>0.20~0.50	240~285	200	1	—	1.0t	3.5t
				>0.50~1.50			1	—	1.5t	3.5t
				>1.50~4.00			2	—	2.5t	—
		H26 H36	H26 H36	>0.20~0.50	240~285	190	3	—	1.0t	3.0t
				>0.50~1.50			3	—	1.5t	3.0t
				>1.50~3.00			3	—	2.5t	—
		H18	H18	>0.20~0.50	260	230	1	—	1.5t	—
				>0.50~1.50			1	—	2.5t	—
				>1.50~3.00			2	—	—	—
		H28 H38	H28 H38	>0.20~0.50	260	220	2	—	1.5t	—
				>0.50~1.50			3	—	2.5t	—
		H19	H19	>0.20~0.50	270	240	1	—	—	—
				>0.50~1.50			1	—	—	—
		H112	H112	>4.50~12.50	160	60	7	—	—	—
				>12.50~40.00			—	6	—	—
				>40.00~80.00			—	6	—	—
		F	—	>2.50~80.00	—				—	
3104	—	O H111	O H111	>0.20~0.50	155~195	—	10	—	0t	0t
				>0.50~0.80			14	—	0t	0t
				>0.80~1.30		60	16	—	0.5t	0.5t
				>1.30~3.00			18	—	0.5t	0.5t
		H12 H32	H12 H32	>0.50~0.80	195~245	—	3	—	0.5t	0.5t
				>0.80~1.30		145	4	—	1.0t	1.0t
				>1.30~3.00			5	—	1.0t	1.0t
		H22	H22	>0.50~0.80	195	—	3	—	0.5t	0.5t
				>0.80~1.30			4	—	1.0t	1.0t
				>1.30~3.00			5	—	1.0t	1.0t
		H14 H34	H14 H34	>0.20~0.50	225~265	—	1	—	1.0t	1.0t
				>0.50~0.80			3	—	1.5t	1.5t
				>0.80~1.30		175	3	—	1.5t	1.5t
				>1.30~3.00			4	—	1.5t	1.5t
		H24	H24	>0.20~0.50	225	—	1	—	1.0t	1.0t
				>0.50~0.80			3	—	1.5t	1.5t
				>0.80~1.30			3	—	1.5t	1.5t
				>1.30~3.00			4	—	1.5t	1.5t

（续）

牌号	包铝分类	供应状态	试样状态	厚度/mm	室温拉伸试验结果				弯曲半径②	
					抗拉强度 R_m/MPa	规定非比例延伸强度 $R_{p0.2}$/MPa	断后伸长率①（%）			
							A_{50mm}	A	90°	180°
					≥					
3104	—	H16 H36	H16 H36	>0.20~0.50	245~285	—	1	—	2.0t	2.0t
				>0.50~0.80			2	—	2.0t	2.0t
				>0.80~1.30		195	3	—	2.5t	2.5t
				>1.30~3.00			4	—	2.5t	2.5t
		H26	H26	>0.20~0.50	245	—	1	—	2.0t	2.0t
				>0.50~0.80			2	—	2.0t	2.0t
				>0.80~1.30			3	—	2.5t	2.5t
				>1.30~3.00			4	—	2.5t	2.5t
		H18 H38	H18 H38	>0.20~0.50	265	215	—	1	—	—
		H28	H28	>0.20~0.50	265	—	1	—	—	—
		H19 H29 H39	H19 H29 H39	>0.20~0.50	275	—	1	—	—	—
		F	—	>2.50~80.00	—				—	—
3005	—	O H111	O H111	>0.20~0.50	115~165	45	12	—	0t	0t
				>0.50~1.50			14	—	0t	0t
				>1.50~3.00			16	—	0.5t	1.0t
				>3.00~6.00			19	—	1.0t	—
		H12	H12	>0.20~0.50	145~195	125	3	—	0t	1.5t
				>0.50~1.50			4	—	0.5t	1.5t
				>1.50~3.00			4	—	1.0t	2.0t
				>3.00~6.00			5	—	1.5t	—
		H22	H22	>0.20~0.50	145~195	110	5	—	0t	1.0t
				>0.50~1.50			5	—	0.5t	1.0t
				>1.50~3.00			6	—	1.0t	1.5t
				>3.00~6.00			7	—	1.5t	—
		H14	H14	>0.20~0.50	170~215	150	1	—	0.5t	2.5t
				>0.50~1.50			2	—	1.0t	2.5t
				>1.50~3.00			2	—	1.5t	—
				>3.00~6.00			3	—	2.0t	—
		H24	H24	>0.20~0.50	170~215	130	4	—	0.5t	1.5t
				>0.50~1.50			4	—	1.0t	1.5t
				>1.50~3.00			4	—	1.5t	—

（续）

牌号	包铝分类	供应状态	试样状态	厚度/mm	室温拉伸试验结果				弯曲半径②	
					抗拉强度 R_m/MPa	规定非比例延伸强度 $R_{p0.2}$/MPa	断后伸长率①（%）			
							A_{50mm}	A	90°	180°
					≥					
3005	—	H16	H16	>0.20～0.50	195～240	175	1	—	1.0t	—
				>0.50～1.50			2	—	1.5t	—
				>1.50～4.00			2	—	2.5t	—
		H26	H26	>0.20～0.50	195～240	160	3	—	1.0t	—
				>0.50～1.50			3	—	1.5t	—
				>1.50～3.00			3	—	2.5t	—
		H18	H18	>0.20～0.50	220	200	1	—	1.5t	—
				>0.50～1.50			2	—	2.5t	—
				>1.50～3.00			2	—	—	—
		H28	H28	>0.20～0.50	220	190	2	—	1.5t	—
				>0.50～1.50			2	—	2.5t	—
				>1.50～3.00			3	—	—	—
		H19	H19	>0.20～0.50	235	210	1	—	—	—
				>0.50～1.50	235	210	1	—	—	—
		F	—	>2.50～80.00		—			—	—
4007	—	H12	H12	>0.20～0.50	140～180	110	4	—	—	—
				>0.50～1.50			4	—	—	—
				>1.50～3.00			5	—	—	—
		F	—	2.50～6.00	110	—	—	—	—	—
4015	—	O H111	O H111	>0.20～3.00	≤150	45	20	—	—	—
		H12	H12	>0.20～0.50	120～175	90	4	—	—	—
				>0.50～3.00			4	—	—	—
		H14	H14	>0.20～0.50	150～200	120	2	—	—	—
				>0.50～3.00			3	—	—	—
		H16	H16	>0.20～0.50	170～220	150	1	—	—	—
				>0.50～3.00			2	—	—	—
		H18	H18	>0.20～3.00	200～250	180	1	—	—	—
5A02	—	O	O	>0.50～1.00	165～225	—	17	—	—	—
				>1.00～10.00			19	—	—	—
		H14 H24 H34	H14 H24 H34	>0.50～1.00	235	—	4	—	—	—
				>1.00～4.50			6	—	—	—
		H18	H18	>0.50～1.00	265	—	3	—	—	—
				>1.00～4.50			4	—	—	—

（续）

牌号	包铝分类	供应状态	试样状态	厚度/mm	室温拉伸试验结果				弯曲半径②	
					抗拉强度 R_m/MPa	规定非比例延伸强度 $R_{p0.2}$/MPa	断后伸长率①（%）			
							A_{50mm}	A	90°	180°
					≥					
5A02	—	H112	H112	>4.50~12.50	175	—	7	—	—	—
				>12.50~25.00	175		—	7	—	—
				>25.00~80.00	155		—	6	—	—
		F	—	>4.50~150.00	—			—	—	—
5A03	—	O	O	>0.50~4.50	195	100	16	—	—	—
		H14 H24 H34	H14 H24 H34	>0.50~4.50	225	195	8	—	—	—
		H112	H112	>4.50~10.00	185	80	16	—	—	—
				>10.00~12.50	175	70	13	—	—	—
				>12.50~25.00	175	70	—	13	—	—
				>25.00~50.00	165	60	—	12	—	—
		F	—	>4.50~150.00	—			—	—	—
5A05	—	O	O	0.50~4.50	275	145	16	—	—	—
		H112	H112	>4.50~10.00	275	125	16	—	—	—
				>10.00~12.50	265	115	14	—	—	—
				>12.50~25.00	265	115	—	14	—	—
				>25.00~50.00	255	105	—	13	—	—
		F	—	>4.50~150.00	—			—	—	—
3150	—	O H111	O H111	>0.20~0.50	100~155	40	14	—	—	0t
				>0.50~1.50			15	—	—	0t
				>1.50~3.00			17	—	—	0.5t
		H12	H12	>0.20~0.50	130~180	105	3	—	—	1.5t
				>0.50~1.50			4	—	—	1.5t
				>1.50~3.00			4	—	—	1.5t
		H22	H22	>0.20~0.50	130~180	105	6	—	—	—
				>0.50~1.50			6	—	—	—
				>1.50~3.00			7	—	—	—
		H14	H14	>0.20~0.50	150~200	130	2	—	—	2.5t
				>0.50~1.50			2	—	—	2.5t
				>1.50~3.00			2	—	—	2.5t
		H24	H24	>0.20~0.50	150~200	120	4	—	—	2.5t
				>0.50~1.50			4	—	—	2.5t
				>1.50~3.00			5	—	—	2.5t

（续）

牌号	包铝分类	供应状态	试样状态	厚度/mm	室温拉伸试验结果				弯曲半径②	
					抗拉强度 R_m/MPa	规定非比例延伸强度 $R_{p0.2}$/MPa	断后伸长率①（%）			
							A_{50mm}	A	90°	180°
						≥				
3105	—	H16	H16	>0.20~0.50	175~225	160	1	—	—	—
				>0.50~1.50			2	—	—	—
				>1.50~3.00			2	—	—	—
		H26	H26	>0.20~0.50	175~225	150	3	—	—	—
				>0.50~1.50			3	—	—	—
				>1.50~3.00			3	—	—	—
		H18	H18	>0.20~3.00	195	180	1	—	—	—
		H28	H28	>0.20~1.50	195	170	2	—	—	—
		H19	H19	>0.20~1.50	215	190	1	—	—	—
		F	—	>2.50~80.00		—			—	—
4006	—	O	O	>0.20~0.50	95~130	40	17	—	—	0t
				>0.50~1.50			19	—	—	0t
				>1.50~3.00			22	—	—	0t
				>3.00~6.00			25	—	—	1.0t
		H12	H12	>0.20~0.50	120~160	90	4	—	—	1.5t
				>0.50~1.50			4	—	—	1.5t
				>1.50~3.00			5	—	—	1.5t
		H14	H14	>0.20~0.50	140~180	120	3	—	—	2.0t
				>0.50~1.50			3	—	—	2.0t
				>1.50~3.00			3	—	—	2.0t
		F	—	2.50~6.00	—	—	—	—	—	—
4007	—	O H111	O H111	>0.20~0.50	110~150	45	15	—	—	—
				>0.50~1.50			16	—	—	—
				>1.50~3.00			19	—	—	—
				>3.00~6.00			21	—	—	—
				>6.00~12.50			25	—	—	—
5A06	工艺包铝或不包铝	O	O	0.50~4.50	315	155	16	—	—	—
		H112	H112	>4.50~10.00	315	155	16	—	—	—
				>10.00~12.50	305	145	12	—	—	—
				>12.50~25.00	305	145	—	12	—	—
				>25.00~50.00	295	135	—	6	—	—
		F	—	>4.50~150.00		—			—	—
5005 5005A	—	O H111	O H111	>0.20~0.50	100~145	35	15	—	0t	0t
				>0.50~1.50			19	—	0t	0t
				>1.50~3.00			20	—	0t	0.5t
				>3.00~6.00			22	—	1.0t	1.0t
				>6.00~12.50			24	—	1.5t	—
				>12.50~50.00			—	20	—	—

（续）

牌号	包铝分类	供应状态	试样状态	厚度/mm	室温拉伸试验结果				弯曲半径[2]	
					抗拉强度 R_m/MPa	规定非比例延伸强度 $R_{p0.2}$/MPa	断后伸长率[1]（%）			
							A_{50mm}	A	90°	180°
					≥					
5005 5005A	—	H12	H12	>0.20~0.50	125~165	95	2	—	0t	1.0t
				>0.50~1.50			2	—	0.5t	1.0t
				>1.50~3.00			4	—	1.0t	1.5t
				>3.00~6.00			5	—	1.0t	—
		H22 H32	H22 H32	>0.20~0.50	125~165	80	4	—	0t	1.0t
				>0.50~1.50			5	—	0.5t	1.0t
				>1.50~3.00			6	—	1.0t	1.5t
				>3.00~6.00			8	—	1.0t	—
		H14	H14	>0.20~0.50	145~185	120	2	—	0.5t	2.0t
				>0.50~1.50			2	—	1.0t	2.0t
				>1.50~3.00			3	—	1.0t	2.5t
				>3.00~6.00			4	—	2.0t	—
		H24 H34	H24 H34	>0.20~0.50	145~185	110	3	—	0.5t	1.5t
				>0.50~1.50			4	—	1.0t	1.5t
				>1.50~3.00			5	—	1.0t	2.0t
				>3.00~6.00			6	—	2.0t	—
		H16	H16	>0.20~0.50	165~205	145	1	—	1.0t	—
				>0.50~1.50			2	—	1.5t	—
				>1.50~3.00			3	—	2.0t	—
				>3.00~4.00			3	—	2.5t	—
		H26 H36	H26 H36	>0.20~0.50	165~205	135	2	—	1.0t	—
				>0.50~1.50			3	—	1.5t	—
				>1.50~3.00			4	—	2.0t	—
				>3.00~4.00			4	—	2.5t	—
		H18	H18	>0.20~0.50	185	165	1	—	1.5t	—
				>0.50~1.50			2	—	2.5t	—
				>1.50~3.00			2	—	3.0t	—
		H28 H38	H28 H38	>0.20~0.50	185	160	1	—	1.5t	—
				>0.50~1.50			2	—	2.5t	—
				>1.50~3.00			3	—	3.0t	—
		H19	H19	>0.20~0.50	205	185	1	—	—	—
				>0.50~1.50			2	—	—	—
				>1.50~3.00			2	—	—	—
		H112	H112	>6.00~12.50	115	—	8	—	—	—
				>12.50~40.00	105		—	10	—	—
				>40.00~80.00	100		—	16	—	—
		F	—	>2.5~150.00	—				—	—

（续）

牌号	包铝分类	供应状态	试样状态	厚度/mm	室温拉伸试验结果 抗拉强度 R_m/MPa	规定非比例延伸强度 $R_{p0.2}$/MPa	断后伸长率①（%） A_{50mm}	A	弯曲半径② 90°	180°
						≥				
5040	—	H24 H34	H24 H34	0.80~1.80	220~260	170	6	—	—	—
		H26 H36	H26 H36	1.00~2.00	240~280	205	5	—	—	—
5049	—	O H111	O H111	>0.20~0.50	190~240	80	12	—	0t	0.5t
				>0.50~1.50			14	—	0.5t	0.5t
				>1.50~3.00			16	—	1.0t	1.0t
				>3.00~6.00			18	—	1.0t	1.0t
				>6.00~12.50			18	—	2.0t	—
				>12.50~100.00			—	17	—	—
		H12	H12	>0.20~0.50	220~270	170	4	—	—	—
				>0.50~1.50			5	—	—	—
				>1.50~3.00			6	—	—	—
				>3.00~6.00			7	—	—	—
		H22 H32	H22 H32	>0.20~0.50	220~270	130	7	—	0.5t	1.5t
				>0.50~1.50			8	—	1.0t	1.5t
				>1.50~3.00			10	—	1.5t	2.0t
				>3.00~6.00			11	—	1.5t	—
		H14	H14	>0.20~0.50	240~280	190	3	—	—	—
				>0.50~1.50			3	—	—	—
				>1.50~3.00			4	—	—	—
				>3.00~6.00			4	—	—	—
		H24 H34	H24 H34	>0.20~0.50	240~280	160	6	—	1.0t	2.5t
				>0.50~1.50			6	—	1.5t	2.5t
				>1.50~3.00			7	—	2.0t	2.5t
				>3.00~6.00			8	—	2.5t	—
		H16	H16	>0.20~0.50	265~305	220	2	—	—	—
				>0.50~1.50			3	—	—	—
				>1.50~3.00			3	—	—	—
				>3.00~6.00			3	—	—	—
		H26 H36	H26 H36	>0.20~0.50	265~305	190	4	—	1.5t	—
				>0.50~1.50			4	—	2.0t	—
				>1.50~3.00			5	—	3.0t	—
				>3.00~6.00			6	—	3.5t	—
		H18	H18	>0.20~0.50	290	250	1	—	—	—
				>0.50~1.50			2	—	—	—
				>1.50~3.00			2	—	—	—
		H28 H38	H28 H38	>0.20~0.50	290	230	3	—	—	—
				>0.50~1.50			3	—	—	—
				>1.50~3.00			4	—	—	—
		H112	H112	6.00~12.50	210	100	12	—	—	—
				>12.50~25.00	200	90	—	10	—	—
				>25.00~40.00	190	80	—	12	—	—
				>40.00~80.00	190	80	—	14	—	—

（续）

牌号	包铝分类	供应状态	试样状态	厚度/mm	室温拉伸试验结果 抗拉强度 R_m/MPa	规定非比例延伸强度 $R_{p0.2}$/MPa	断后伸长率[①]（%） A_{50mm}	A	弯曲半径[②] 90°	180°
					≥					
5449	—	O H111	O H111	>0.50~1.50	190~240	80	14	—	—	—
				>1.50~3.00			16	—	—	—
		H22	H22	>0.50~1.50	220~270	130	8	—	—	—
				>1.50~3.00			10	—	—	—
		H24	H24	>0.50~1.50	240~280	160	6	—	—	—
				>1.50~3.00			7	—	—	—
		H26	H26	>0.50~1.50	265~305	190	4	—	—	—
				>1.50~3.00			5	—	—	—
		H28	H28	>0.50~1.50	290	230	3	—	—	—
				>1.50~3.00			4	—	—	—
5050	—	O H111	O H111	>0.20~0.50	130~170	45	16	—	0t	0t
				>0.50~1.50			17	—	0t	0t
				>1.50~3.00			19	—	0t	0.5t
				>3.00~6.00			21	—	1.0t	—
				>6.00~12.50			20	—	2.0t	—
				>12.50~50.00			—	20	—	—
		H12	H12	>0.20~0.50	155~195	130	2	—	0t	—
				>0.50~1.50			2	—	0.5t	—
				>1.50~3.00			4	—	1.0t	—
		H22 H32	H22 H32	>0.20~0.50	155~195	100	4	—	0t	1.0t
				>0.50~1.50			5	—	0.5t	1.0t
				>1.50~3.00			7	—	1.0t	1.5t
				>3.00~6.00			10	—	1.5t	—
		H14	H14	>0.20~0.50	175~215	150	2	—	0.5t	—
				>0.50~1.50			2	—	1.0t	—
				>1.50~3.00			3	—	1.5t	—
				>3.00~6.00			4	—	2.0t	—
		H24 H34	H24 H34	>0.20~0.50	175~215	135	3	—	0.5t	1.5t
				>0.50~1.50			4	—	1.0t	1.5t
				>1.50~3.00			5	—	1.5t	2.0t
				>3.00~6.00			8	—	2.0t	—
		H16	H16	>0.20~0.50	195~235	170	1	—	1.0t	—
				>0.50~1.50			2	—	1.5t	—
				>1.50~3.00			2	—	2.5t	—
				>3.00~4.00			3	—	3.0t	—

（续）

牌号	包铝分类	供应状态	试样状态	厚度/mm	室温拉伸试验结果 抗拉强度 R_m/MPa	规定非比例延伸强度 $R_{p0.2}$/MPa	断后伸长率①(%) A_{50mm}	A	弯曲半径② 90°	180°
					≥					
5050	—	H26 H36	H26 H36	>0.20~0.50	195~235	160	2	—	1.0t	—
				>0.50~1.50			3	—	1.5t	—
				>1.50~3.00			4	—	2.5t	—
				>3.00~4.00			6	—	3.0t	—
		H18	H18	>0.20~0.50	220	190	1	—	1.5t	—
				>0.50~1.50			2	—	2.5t	—
				>1.50~3.00			2	—	—	—
		H28 H38	H28 H38	>0.20~0.50	220	180	1	—	1.5t	—
				>0.50~1.50			2	—	2.5t	—
				>1.50~3.00			3	—	—	—
		H112	H112	6.00~12.50	140	55	12	—	—	—
				>12.50~40.00			—	10	—	—
				>40.00~80.00			—	10	—	—
		F	—	2.50~80.00	—				—	—
5251	—	O H111	O H111	>0.20~0.50	160~200	60	13	—	0t	0t
				>0.50~1.50			14	—	0t	0t
				>1.50~3.00			16	—	0.5t	0.5t
				>3.00~6.00			18	—	1.0t	—
				>6.00~12.50			18	—	2.0t	—
				>12.50~50.00			—	18	—	—
		H12	H12	>0.20~0.50	190~230	150	3	—	0t	2.0t
				>0.50~1.50			4	—	1.0t	2.0t
				>1.50~3.00			5	—	1.0t	2.0t
				>3.00~6.00			8	—	1.5t	—
		H22 H32	H22 H32	>0.20~0.50	190~230	120	4	—	0t	1.5t
				>0.50~1.50			6	—	1.0t	1.5t
				>1.50~3.00			8	—	1.0t	1.5t
				>3.00~6.00			10	—	1.5t	—
		H14	H14	>0.20~0.50	210~250	170	2	—	0.5t	2.5t
				>0.50~1.50			2	—	1.5t	2.5t
				>1.50~3.00			3	—	1.5t	2.5t
				>3.00~6.00			4	—	2.5t	—
		H24 H34	H24 H34	>0.20~0.50	210~250	140	3	—	0.5t	2.0t
				>0.50~1.50			5	—	1.5t	2.0t
				>1.50~3.00			6	—	1.5t	2.0t
				>3.00~6.00			8	—	2.5t	—

（续）

牌号	包铝分类	供应状态	试样状态	厚度/mm	室温拉伸试验结果				弯曲半径②	
					抗拉强度 R_m/MPa	规定非比例延伸强度 $R_{p0.2}$/MPa	断后伸长率①(%) A_{50mm}	A	90°	180°
					≥					
5251	—	H16	H16	>0.20~0.50	230~270	200	1	—	1.0t	3.5t
				>0.50~1.50			2	—	1.5t	3.5t
				>1.50~3.00			3	—	2.0t	3.5t
				>3.00~4.00			3	—	3.0t	—
		H26 H36	H26 H36	>0.20~0.50	230~270	170	3	—	1.0t	3.0t
				>0.50~1.50			4	—	1.5t	3.0t
				>1.50~3.00			5	—	2.0t	3.0t
				>3.00~4.00			7	—	3.0t	—
		H18	H18	>0.20~0.50	255	230	1	—	—	—
				>0.50~1.50			2	—	—	—
				>1.50~3.00			2	—	—	—
		H28 H38	H28 H38	>0.20~0.50	255	200	2	—	—	—
				>0.50~1.50			3	—	—	—
				>1.50~3.00			3	—	—	—
		F	—	2.50~80.00	—				—	—
5052	—	O H111	O H111	>0.20~0.50	170~215	65	12	—	0t	0t
				>0.50~1.50			14	—	0t	0t
				>1.50~3.00			16		0.5t	0.5t
				>3.00~6.00			18	—	1.0t	—
				>6.00~12.50	165~215		19	—	2.0t	—
				>12.50~80.00			—	18	—	—
		H12	H12	>0.20~0.50	210~260	160	4	—	—	—
				>0.50~1.50			5	—	—	—
				>1.50~3.00			6	—	—	—
				>3.00~6.00			8	—	—	—
		H22 H32	H22 H32	>0.20~0.50	210~260	130	5	—	0.5t	1.5t
				>0.50~1.50			6	—	1.0t	1.5t
				>1.50~3.00			7	—	1.5t	1.5t
				>3.00~6.00			10	—	1.5t	—
		H14	H14	>0.20~0.50	230~280	180	3	—	—	—
				>0.50~1.50			3	—	—	—
				>1.50~3.00			4	—	—	—
				>3.00~6.00			4	—	—	—

（续）

牌号	包铝分类	供应状态	试样状态	厚度/mm	室温拉伸试验结果				弯曲半径②	
					抗拉强度 R_m/MPa	规定非比例延伸强度 $R_{p0.2}$/MPa	断后伸长率①（%）			
							A_{50mm}	A	90°	180°
						≥				
5052	—	H24 H34	H24 H34	>0.20~0.50	230~280	150	4	—	0.5t	2.0t
				>0.50~1.50			5	—	1.5t	2.0t
				>1.50~3.00			6	—	2.0t	2.0t
				>3.00~6.00			7	—	2.5t	—
		H16	H16	>0.20~0.50	250~300	210	2	—	—	—
				>0.50~1.50			3	—	—	—
				>1.50~3.00			3	—	—	—
				>3.00~6.00			3	—	—	—
		H26 H36	H26 H36	>0.20~0.50	250~300	180	3	—	1.5t	—
				>0.50~1.50			4	—	2.0t	—
				>1.50~3.00			5	—	3.0t	—
				>3.00~6.00			6	—	3.5t	—
		H18	H18	>0.20~0.50	270	240	1	—	—	—
				>0.50~1.50			2	—	—	—
				>1.50~3.00			2	—	—	—
		H28 H38	H28 H38	>0.20~0.50	270	210	3	—	—	—
				>0.50~1.50			3	—	—	—
				>1.50~3.00			4	—	—	—
		H112	H112	>6.00~12.50	190	80	7	—	—	—
				>12.50~40.00	170	70	—	10	—	—
				>40.00~80.00	170	70	—	14	—	—
		F	—	>2.50~150.00	—				—	—
5154A	—	O H111	O H111	>0.20~0.50	215~275	85	12	—	0.5t	0.5t
				>0.50~1.50			13	—	0.5t	0.5t
				>1.50~3.00			15	—	1.0t	1.0t
				>3.00~6.00			17	—	1.5t	—
				>6.00~12.50			18	—	2.5t	—
				>12.50~50.00			—	16	—	—
		H12	H12	>0.20~0.50	250~305	190	3	—	—	—
				>0.50~1.50			4	—	—	—
				>1.50~3.00			5	—	—	—
				>3.00~6.00			6	—	—	—
		H22 H32	H22 H32	>0.20~0.50	250~305	180	5	—	0.5t	1.5t
				>0.50~1.50			6	—	1.0t	1.5t
				>1.50~3.00			7	—	2.0t	2.0t
				>3.00~6.00			8	—	2.5t	—

（续）

牌号	包铝分类	供应状态	试样状态	厚度/mm	室温拉伸试验结果 抗拉强度 R_m/MPa	规定非比例延伸强度 $R_{p0.2}$/MPa	断后伸长率[①]（%） A_{50mm}	A	弯曲半径[②] 90°	180°
						≥				
5154A	—	H14	H14	>0.20~0.50	270~325	220	2	—	—	—
				>0.50~1.50			3	—	—	—
				>1.50~3.00			3	—	—	—
				>3.00~6.00			4	—	—	—
		H24 H34	H24 H34	>0.20~0.50	270~325	200	4	—	1.0t	2.5t
				>0.50~1.50			5	—	2.0t	2.5t
				>1.50~3.00			6	—	2.5t	3.0t
				>3.00~6.00			7	—	3.0t	—
		H26 H36	H26 H36	>0.20~0.50	290~345	230	3	—	—	—
				>0.50~1.50			3	—	—	—
				>1.50~3.00			4	—	—	—
				>3.00~6.00			5	—	—	—
		H18	H18	>0.20~0.50	310	270	1	—	—	—
				>0.50~1.50			1	—	—	—
				>1.50~3.00			1	—	—	—
		H28 H38	H28 H38	>0.20~0.50	310	250	3	—	—	—
				>0.50~1.50			3	—	—	—
				>1.50~3.00			3	—	—	—
		H19	H19	>0.20~0.50	330	285	1	—	—	—
				>0.50~1.50			1	—	—	—
		H112	H112	6.00~12.50	220	125	8	—	—	—
				>12.50~40.00	215	90	—	9	—	—
				>40.00~80.00	215	90	—	13	—	—
		F	—	2.50~80.00	—				—	—
5454	—	O H111	O H111	>0.20~0.50	215~275	85	12	—	0.5t	0.5t
				>0.50~1.50			13	—	0.5t	0.5t
				>1.50~3.00			15	—	1.0t	1.0t
				>3.00~6.00			17	—	1.5t	—
				>6.00~12.50			18	—	2.5t	—
				>12.50~80.00			—	16	—	—
		H12	H12	>0.20~0.50	250~305	190	3	—	—	—
				>0.50~1.50			4	—	—	—
				>1.50~3.00			5	—	—	—
				>3.00~6.00			6	—	—	—

（续）

牌号	包铝分类	供应状态	试样状态	厚度/mm	室温拉伸试验结果				弯曲半径[2]	
					抗拉强度 R_m/MPa	规定非比例延伸强度 $R_{p0.2}$/MPa	断后伸长率[1]（%）			
							A_{50mm}	A	90°	180°
					≥					
5454	—	H22 H32	H22 H32	>0.20～0.50	250～305	180	5	—	0.5t	1.5t
				>0.50～1.50			6	—	1.0t	1.5t
				>1.50～3.00			7	—	2.0t	2.0t
				>3.00～6.00			8	—	2.5t	—
		H14	H14	>0.20～0.50	270～325	220	2	—	—	—
				>0.50～1.50			3	—	—	—
				>1.50～3.00			3	—	—	—
				>3.00～6.00			4	—	—	—
		H24 H34	H24 H34	>0.20～0.50	270～325	200	4	—	1.0t	2.5t
				>0.50～1.50			5	—	2.0t	2.5t
				>1.50～3.00			6	—	2.5t	3.0t
				>3.00～6.00			7	—	3.0t	—
		H26 H36	H26 H36	>0.20～1.50	290～345	230	3	—	—	—
				>1.50～3.00			4	—	—	—
				>3.00～6.00			5	—	—	—
		H28 H38	H28 H38	>0.20～3.00	310	250	3	—	—	—
		H112	H112	6.00～12.50	220	125	8	—	—	—
				>12.50～40.00	215	90	—	9	—	—
				>40.00～120.00			—	13	—	—
		F	—	>4.50～150.00	—				—	—
5754	—	O H111	O H111	>0.20～0.50	190～240	80	12	—	0t	0.5t
				>0.50～1.50			14	—	0.5t	0.5t
				>1.50～3.00			16	—	1.0t	1.0t
				>3.00～6.00			18	—	1.0t	1.0t
				>6.00～12.50			18	—	2.0t	—
				>12.50～100.00			—	17	—	—
		H12	H12	>0.20～0.50	220～270	170	4	—	—	—
				>0.50～1.50			5	—	—	—
				>1.50～3.00			6	—	—	—
				>3.00～6.00			7	—	—	—
		H22 H32	H22 H32	>0.20～0.50	220～270	130	7	—	0.5t	1.5t
				>0.50～1.50			8	—	1.0t	1.5t
				>1.50～3.00			10	—	1.5t	2.0t
				>3.00～6.00			11	—	1.5t	—

（续）

牌号	包铝分类	供应状态	试样状态	厚度/mm	室温拉伸试验结果				弯曲半径[2]	
					抗拉强度 R_m/MPa	规定非比例延伸强度 $R_{p0.2}$/MPa	断后伸长率[1]（%）			
							A_{50mm}	A	90°	180°
					≥					
5754	—	H14	H14	>0.20~0.50	240~280	190	3	—	—	—
				>0.50~1.50			3	—	—	—
				>1.50~3.00			4	—	—	—
				>3.00~6.00			4	—	—	—
		H24 H34	H24 H34	>0.20~0.50	240~280	160	6	—	1.0t	2.5t
				>0.50~1.50			6	—	1.5t	2.5t
				>1.50~3.00			7	—	2.0t	2.5t
				>3.00~6.00			8	—	2.5t	—
		H16	H16	>0.20~0.50	265~305	220	2	—	—	—
				>0.50~1.50			3	—	—	—
				>1.50~3.00			3	—	—	—
				>3.00~6.00			3	—	—	—
		H26 H36	H26 H36	>0.20~0.50	265~305	190	4	—	1.5t	—
				>0.50~1.50			4	—	2.0t	—
				>1.50~3.00			5	—	3.0t	—
				>3.00~6.00			6	—	3.5t	—
		H18	H18	>0.20~0.50	290	250	1	—	—	
				>0.50~1.50			2	—	—	
				>1.50~3.00			2	—	—	
		H28 H38	H28 H38	>0.20~0.50	290	290	3	—	—	—
				>0.50~1.50			3	—	—	—
				>1.50~3.00			4	—	—	—
		H112	H112	6.00~12.50	190	100	12	—	—	—
				>12.50~25.00		90	—	10	—	—
				>25.00~40.00		80	—	12	—	—
				>40.00~80.00			—	14	—	—
		F	—	>4.50~150.00	—				—	—
5082	—	H18 H38	H18 H38	>0.20~0.50	335	—	1	—	—	—
		H19 H39	H19 H39	>0.20~0.50	355	—	1	—	—	—
		F	—	>4.50~150.00	—				—	—
5182	—	O H111	O H111	>0.2~0.50	255~315	110	11	—	—	1.0t
				>0.50~1.50			12	—	—	1.0t
				>1.50~3.00			13	—	—	1.0t
		H19	H19	>0.20~1.50	380	320	1	—	—	—

（续）

牌号	包铝分类	供应状态	试样状态	厚度/mm	室温拉伸试验结果				弯曲半径②	
					抗拉强度 R_m/MPa	规定非比例延伸强度 $R_{p0.2}$/MPa	断后伸长率①（%）			
							A_{50mm}	A	90°	180°
					≥					
5083	—	O H111	O H111	>0.20~0.50	275~350	125	11	—	0.5t	1.0t
				>0.50~1.50			12	—	1.0t	1.0t
				>1.50~3.00			13	—	1.0t	1.5t
				>3.00~6.30			15	—	1.5t	—
				>6.30~12.50	270~345	115	16	—	2.5t	—
				>12.50~50.00			—	15	—	—
				>50.00~80.00			—	14	—	—
				>80.00~120.00	260	110		12		
				>120.00~200.00	255	105		12		
		H12	H12	>0.20~0.50	315~375	250	3	—	—	—
				>0.50~1.50			4	—	—	—
				>1.50~3.00			5	—	—	—
				>3.00~6.00			6	—	—	—
		H22 H32	H22 H32	>0.20~0.50	305~380	215	5	—	0.5t	2.0t
				>0.50~1.50			6	—	1.5t	2.0t
				>1.50~3.00			7	—	2.0t	3.0t
				>3.00~6.00			8	—	2.5t	—
		H14	H14	>0.20~0.50	340~400	280	2	—	—	—
				>0.50~1.50			3	—	—	—
				>1.50~3.00			3	—	—	—
				>3.00~6.00			3	—	—	—
		H24 H34	H24 H34	>0.20~0.50	340~400	250	4	—	1.0t	—
				>0.50~1.50			5	—	2.0t	—
				>1.50~3.00			6	—	2.5t	—
				>3.00~6.00			7	—	3.5t	—
		H16	H16	>0.20~0.50	360~420	300	1	—	—	—
				>0.50~1.50			2	—	—	—
				>1.50~3.00			2	—	—	—
				>3.00~4.00			2	—	—	—
		H26 H36	H26 H36	>0.20~0.50	360~420	280	2	—	—	—
				>0.50~1.50			3	—	—	—
				>1.50~3.00			3	—	—	—
				>3.00~4.00			3	—	—	—

（续）

牌号	包铝分类	供应状态	试样状态	厚度/mm	室温拉伸试验结果				弯曲半径②	
					抗拉强度 R_m/MPa	规定非比例延伸强度 $R_{p0.2}$/MPa	断后伸长率①(%)			
							A_{50mm}	A	90°	180°
					≥					
5083	—	H116 H321	H116 H321	1.50~3.00	305	215	8	—	2.0t	—
				>3.00~6.00			10	—	2.5t	—
				>6.00~12.50			12	—	4.0t	—
				>12.50~40.00			—	10	—	—
				>40.00~80.00	285	200	—	10	—	—
		H112	H112	>6.00~12.50	275	125	12	—	—	—
				>12.50~40.00	275	125	—	10	—	—
				>40.00~80.00	270	115	—	10	—	—
				>40.00~120.00	260	110	—	10	—	—
		F	—	>4.50~150.00	—				—	—
5383	—	O H111	O H111	>0.20~0.50	290~360	145	11	—	0.5t	1.0t
				>0.50~1.50			12	—	1.0t	1.0t
				>1.50~3.00			13	—	1.0t	1.5t
				>3.00~6.00			15	—	1.5t	—
				>6.00~12.50			16	—	2.5t	—
				>12.50~50.00			—	15	—	—
				>50.00~80.00	285~355	135	—	14	—	—
				>80.00~120.00	275	130	—	12	—	—
				>120.00~150.00	270	125	—	12	—	—
		H22 H32	H22 H32	>0.20~0.50	305~380	220	5	—	0.5t	2.0t
				>0.50~1.50			6	—	1.5t	2.0t
				>1.50~3.00			7	—	2.0t	3.0t
				>3.00~6.00			8	—	2.5t	—
		H24 H34	H24 H34	>0.20~0.50	340~400	270	4	—	1.0t	—
				>0.50~1.50			5	—	2.0t	—
				>1.50~3.00			6	—	2.5t	—
				>3.00~6.00			7	—	3.5t	—
		H116 H321	H116 H321	1.50~3.00	305	220	8	—	2.0t	3.0t
				>3.00~6.00			10	—	2.5t	—
				>6.00~12.50			12	—	4.0t	—
				>12.50~40.00			—	10	—	—
				>40.00~80.00	285	205	—	10	—	—
		H112	H112	6.00~12.50	290	145	12	—	—	—
				>12.50~40.00			—	10	—	—
				>40.00~80.00	285	135	—	10	—	—

（续）

牌号	包铝分类	供应状态	试样状态	厚度/mm	室温拉伸试验结果 抗拉强度 R_m/MPa	规定非比例延伸强度 $R_{p0.2}$/MPa	断后伸长率[①]（%） A_{50mm}	A	弯曲半径[②] 90°	180°
						≥				
5086	—	O H111	O H111	>0.20~0.50	240~310	100	11	—	0.5t	1.0t
				>0.50~1.50			12	—	1.0t	1.0t
				>1.50~3.00			13	—	1.0t	1.0t
				>3.00~6.00			15	—	1.5t	1.5t
				>6.00~12.50			17	—	2.5t	—
				>12.50~150.00			—	16	—	—
		H12	H12	>0.20~0.50	275~335	200	3	—	—	—
				>0.50~1.50			4	—	—	—
				>1.50~3.00			5	—	—	—
				>3.00~6.00			6	—	—	—
		H22 H32	H22 H32	>0.20~0.50	275~335	185	5	—	0.5t	2.0t
				>0.50~1.50			6	—	1.5t	2.0t
				>1.50~3.00			7	—	2.0t	2.0t
				>3.00~6.00			8	—	2.5t	—
		H14	H14	>0.20~0.50	300~360	240	2	—	—	—
				>0.50~1.50			3	—	—	—
				>1.50~3.00			3	—	—	—
				>3.00~6.00			3	—	—	—
		H24 H34	H24 H34	>0.20~0.50	300~360	220	4	—	1.0t	2.5t
				>0.50~1.50			5	—	2.0t	2.5t
				>1.50~3.00			6	—	2.5t	2.5t
				>3.00~6.00			7	—	3.5t	—
		H16	H16	>0.20~0.50	325~385	270	1	—	—	—
				>0.50~1.50			2	—	—	—
				>1.50~3.00			2	—	—	—
				>3.00~4.00			2	—	—	—
		H26 H36	H26 H36	>0.20~0.50	325~385	250	2	—	—	—
				>0.50~1.50			3	—	—	—
				>1.50~3.00			3	—	—	—
				>3.00~4.00			3	—	—	—
		H18	H18	>0.20~0.50	345	290	1	—	—	—
				>0.50~1.50			1	—	—	—
				>1.50~3.00			1	—	—	—

（续）

牌号	包铝分类	供应状态	试样状态	厚度/mm	室温拉伸试验结果				弯曲半径②	
					抗拉强度 R_m/MPa	规定非比例延伸强度 $R_{p0.2}$/MPa	断后伸长率①（%） A_{50mm}	A	90°	180°
					≥					
5086	—	H116 H321	H116 H321	1.50~3.00	275	195	8	—	2.0t	2.0t
				>3.00~6.00			9	—	2.5t	—
				>6.00~12.50			10	—	3.5t	—
				>12.50~50.00			—	9	—	—
		H112	H112	>6.00~12.50	250	105	8	—	—	—
				>12.50~40.00	240	105	—	9	—	—
				>40.00~80.00	240	100	—	12	—	—
		F	—	>4.50~150.00	—	—	—	—	—	—
6A02	—	O	O	>0.50~4.50	≤145	—	21	—	—	—
				>4.50~10.00			16	—	—	—
			T62⑤	>0.50~4.50	295	—	11	—	—	—
				>4.50~10.00			8	—	—	—
		T4	T4	>0.50~0.80	195	—	19	—	—	—
				>0.80~2.90			21	—	—	—
				>2.90~4.50			19	—	—	—
				>4.50~10.00	175		17	—	—	—
		T6	T6	>0.50~4.50	295	—	11	—	—	—
				>4.50~10.00			8	—	—	—
		T1	T62⑥	>4.50~12.50			8	—	—	—
				>12.50~25.00			—	7	—	—
				>25.00~40.00	285		—	6	—	—
				>40.00~80.00	275		—	6	—	—
			T42⑥	>4.50~12.50	175	—	17	—	—	—
				>12.50~25.00			—	14	—	—
				>25.00~40.00	165		—	12	—	—
				>40.00~80.00			—	10	—	—
		F	—	>4.50~150.00	—	—	—	—	—	—
6061	—	O	O	0.40~1.50	≤150	≤85	14	—	0.5t	1.0t
				>1.50~3.00			16	—	1.0t	1.0t
				>3.00~6.00			19	—	1.0t	—
				>6.00~12.50			16	—	2.0t	—
				>12.50~25.00			—	16	—	—
		T4	T4	0.40~1.50	205	110	12	—	1.0t	1.5t
				>1.50~3.00			14	—	1.5t	2.0t
				>3.00~6.00			16	—	3.0t	—

（续）

牌号	包铝分类	供应状态	试样状态	厚度/mm	室温拉伸试验结果 抗拉强度 R_m/MPa	规定非比例延伸强度 $R_{p0.2}$/MPa	断后伸长率[1]（%） A_{50mm}	A	弯曲半径[2] 90°	180°
					≥					
6061	—	T4	T4	>6.00～12.50	205	110	18	—	4.0t	—
				>12.50～40.00			—	15	—	—
				>40.00～80.00			—	14	—	—
		T6	T6	0.40～1.50	290	240	6	—	2.5t	—
				>1.50～3.00			7	—	3.5t	—
				>3.00～6.00			10	—	4.0t	—
				>6.00～12.50			9	—	5.0t	—
				>12.50～40.00			—	8	—	—
				>40.00～80.00			—	6	—	—
				>80.00～100.00			—	5	—	—
		F	—	>2.50～150.0	—				—	—
6016	—	T4	T4	0.40～3.00	170～250	80～140	24	—	0.5t	0.5t
		T6	T6	0.40～3.00	260～300	180～260	10	—	—	—
6063	—	O	O	0.50～5.00	≤130	—	20	—	—	—
				>5.00～12.50			15	—	—	—
				>12.50～20.00			—	15	—	—
			T62[5]	0.50～5.00	230	180	—	8	—	—
				>5.00～12.50	220	170	—	6	—	—
				>12.50～20.00	220	170	6	—	—	—
		T4	T4	0.50～5.00	150	—	10	—	—	—
				5.00～10.00	130		10	—	—	—
		T6	T6	0.50～5.00	240	190	8	—	—	—
				>5.00～10.00	230	180	8	—	—	—
6082	—	O	O	0.40～1.50	≤150	≤85	14	—	0.5t	1.0t
				>1.50～3.00			16	—	1.0t	1.0t
				>3.00～6.00			18	—	1.5t	—
				>6.00～12.50			17	—	2.5t	—
				>12.50～25.00	≤155	—	—	16	—	—
		T4	T4	0.40～1.50	205	110	12	—	1.5t	3.0t
				>1.50～3.00			14	—	2.0t	3.0t
				>3.00～6.00			15	—	3.0t	—
				>6.00～12.50			14	—	4.0t	—
				>12.50～40.00			—	13	—	—
				>40.00～80.00			—	12	—	—

（续）

牌号	包铝分类	供应状态	试样状态	厚度/mm	室温拉伸试验结果				弯曲半径②	
					抗拉强度 R_m/MPa	规定非比例延伸强度 $R_{p0.2}$/MPa	断后伸长率①（%） A_{50mm}	断后伸长率①（%） A	90°	180°
					≥					
6082	—	T6	T6	0.40~1.50	310	260	6	—	2.5t	—
				>1.50~3.00			7	—	3.5t	—
				>3.00~6.00			10	—	4.5t	—
				>6.00~12.50	300	255	9	—	6.0t	—
		F	—	>4.50~150.00	—				—	—
包铝7A04 包铝7A09 7A04 7A09	正常包铝或工艺包铝	O	O	0.50~10.00	≤245	—	11	—	—	—
			T62⑤	0.50~2.90	470	390	7	—	—	—
				>2.90~10.00	490	410		—	—	—
		T6	T6	0.50~2.90	480	400		—	—	—
				>2.90~10.00	490	410		—	—	—
		T1	T62	>4.50~10.00	490	410		—	—	—
				>10.00~12.50			4	—	—	—
				>12.50~25.00	490	410		—	—	—
				>25.50~40.00			3	—	—	—
		F	—	>4.50~150.00	—				—	—
7020	—	O	O	0.40~1.50	≤220	≤140	12	—	2.0t	—
				>1.50~3.00			13	—	2.5t	—
				>3.00~6.00			15	—	3.5t	—
				>6.00~12.50			12	—	5.0t	—
		T4⑦	T4⑦	0.40~1.50	320	210	11	—	—	—
				>1.50~3.00			12	—	—	—
				>3.00~6.00			13	—	—	—
				>6.00~12.50			14	—	—	—
		T6	T6	0.40~1.50	350	280	7	—	3.5t	—
				>1.50~3.00			8	—	4.0t	—
				>3.00~6.00			10	—	5.5t	—
				>6.00~12.50			10	—	8.0t	—
				>12.50~40.00	340	270	—	9	—	—
				>40.00~100.00			—	8	—	—
				>100.00~150.00	330	260	—	7	—	—
				>150.00~175.00			—	6	—	—
				>175.00~200.00			—	5	—	—
7021	—	T6	T6	1.50~3.00	400	350	7	—	—	—
				>3.00~6.00			6	—	—	—

（续）

牌号	包铝分类	供应状态	试样状态	厚度/mm	室温拉伸试验结果				弯曲半径②	
					抗拉强度 R_m/MPa	规定非比例延伸强度 $R_{p0.2}$/MPa	断后伸长率①（%）			
							A_{50mm}	A	90°	180°
					≥					
7022	—	T6	T6	3.00~12.50			8	—	—	—
				>12.50~25.00	450	370	—	8	—	—
				>25.00~50.00			—	7	—	—
				>50.00~100.00	430	350	—	5	—	—
				>100.00~200.00	410	330	—	3	—	—
7075	工艺包铝或不包铝	O	O	0.40~0.80	≤275	≤145	10	—	0.5t	1.0t
				>0.80~1.50				—	1.0t	2.0t
				>1.50~3.00				—	1.0t	3.0t
				>3.00~6.00				—	2.5t	—
				>6.00~12.50				—	4.0t	—
				>12.50~75.00		—	—	9	—	—
			T62⑤	0.40~0.80	525	460	6	—	—	—
				>0.80~1.50	540	460	6	—	—	—
				>1.50~3.00	540	470	7	—	—	—
				>3.00~6.00	545	475	8	—	—	—
				>6.00~12.50	540	460	8	—	—	—
				>12.50~25.00	540	470	—	6	—	—
				>25.00~50.00	530	460	—	5	—	—
				>50.00~60.00	525	440	—	4	—	—
				>60.00~75.00	495	420	—	4	—	—
		T6	T6	0.40~0.80	525	460	6	—	4.5t	—
				>0.80~1.50	540	460	6	—	5.5t	—
				>1.50~3.00	540	470	7	—	6.5t	—
				>3.00~6.00	545	475	8	—	8.0t	—
				>6.00~12.50	540	460	8	—	12.0t	—
				>12.50~25.00	540	470	—	6	—	—
				>25.00~50.00	530	460	—	5	—	—
				>50.00~60.00	525	440	—	4	—	—
		T76	T76	>1.50~3.00	500	425	7	—	—	—
				>3.00~6.00	500	425	8	—	—	—
				>6.00~12.50	490	415	7	—	—	—
		T73	T73	>1.50~3.00	460	385	7	—	—	—
				>3.00~6.00	460	385	8	—	—	—
				>6.00~12.50	475	390	7	—	—	—
				>12.50~25.00	475	390	—	6	—	—

（续）

牌号	包铝分类	供应状态	试样状态	厚度/mm	室温拉伸试验结果				弯曲半径[2]	
					抗拉强度 R_m/MPa	规定非比例延伸强度 $R_{p0.2}$/MPa	断后伸长率[1]（%） A_{50mm}	A	90°	180°
					≥					
7075	工艺包铝或不包铝	T73	T73	>25.00~50.00	475	390	—	5	—	—
7075	工艺包铝或不包铝	T73	T73	>50.00~60.00	455	360	—	5	—	—
7075	工艺包铝或不包铝	T73	T73	>60.00~80.00	440	340	—	5	—	—
7075	工艺包铝或不包铝	T73	T73	>80.00~100.00	430	340	—	5	—	—
7075	工艺包铝或不包铝	F	—	>6.00~50.00	—				—	—
包铝7075	正常包铝	O	O	>0.39~1.60	≤275	≤145	10	—	—	—
包铝7075	正常包铝	O	O	>1.60~4.00	≤275	≤145	10	—	—	—
包铝7075	正常包铝	O	O	>4.00~12.50	≤275	≤145	10	—	—	—
包铝7075	正常包铝	O	O	>12.50~50.00	≤275	—	—	9	—	—
包铝7075	正常包铝	O	T62[5]	>0.39~1.00	505	435	7	—	—	—
包铝7075	正常包铝	O	T62[5]	>1.00~1.60	515	445	8	—	—	—
包铝7075	正常包铝	O	T62[5]	>1.60~3.20	515	445	8	—	—	—
包铝7075	正常包铝	O	T62[5]	>3.20~4.00	515	445	8	—	—	—
包铝7075	正常包铝	O	T62[5]	>4.00~6.30	525	455	8	—	—	—
包铝7075	正常包铝	O	T62[5]	>6.30~12.50	525	455	9	—	—	—
包铝7075	正常包铝	O	T62[5]	>12.50~25.00	540	470	—	6	—	—
包铝7075	正常包铝	O	T62[5]	>25.00~50.00	530	460	—	5	—	—
包铝7075	正常包铝	O	T62[5]	>50.00~60.00	525	440	—	4	—	—
包铝7075	正常包铝	T6	T6	>0.39~1.00	505	435	7	—	—	—
包铝7075	正常包铝	T6	T6	>1.00~1.60	515	445	8	—	—	—
包铝7075	正常包铝	T6	T6	>1.60~3.20	515	445	8	—	—	—
包铝7075	正常包铝	T6	T6	>3.20~4.00	515	445	8	—	—	—
包铝7075	正常包铝	T6	T6	>4.00~6.30	525	455	8	—	—	—
包铝7075	正常包铝	T76	T76	>3.10~4.00	470	390	8	—	—	—
包铝7075	正常包铝	T76	T76	>4.00~6.30	485	405	8	—	—	—
包铝7075	正常包铝	F	—	>6.00~100.00	—				—	—
包铝7475	正常包铝	O	O	1.00~1.60	≤250	≤140	10	—	—	2.0t
包铝7475	正常包铝	O	O	>1.60~3.20	≤260	≤140	10	—	—	3.0t
包铝7475	正常包铝	O	O	>3.20~4.80	≤260	≤140	10	—	—	4.0t
包铝7475	正常包铝	O	O	>4.80~6.50	≤270	≤145	10	—	—	4.0t
包铝7475	正常包铝	T761[8]	T761[8]	1.00~1.60	455	379	9	—	—	6.0t
包铝7475	正常包铝	T761[8]	T761[8]	>1.60~2.30	469	393	9	—	—	7.0t
包铝7475	正常包铝	T761[8]	T761[8]	>2.30~3.20	469	393	9	—	—	8.0t
包铝7475	正常包铝	T761[8]	T761[8]	>3.20~4.80	469	393	9	—	—	9.0t
包铝7475	正常包铝	T761[8]	T761[8]	>4.80~6.50	483	414	9	—	—	9.0t

（续）

牌号	包铝分类	供应状态	试样状态	厚度/mm		抗拉强度 R_m/MPa	规定非比例延伸强度 $R_{p0.2}$/MPa	断后伸长率[1]（%）A_{50mm}	断后伸长率[1]（%）A	弯曲半径[2] 90°	弯曲半径[2] 180°
						≥					
7475	工艺包铝或不包铝	T6	T6	>0.35~6.00		515	440	9	—	—	—
		T76 T761[8]	T76 T761[8]	1.00~1.60	纵向	490	420	9	—	—	6.0t
					横向	490	415	9			
				>1.60~2.30	纵向	490	420	9	—	—	7.0t
					横向	490	415	9			
				>2.30~3.20	纵向	490	420	9	—	—	8.0t
					横向	490	415	9			
				>3.20~4.80	纵向	490	420	9	—	—	9.0t
					横向	490	415	9			
				>4.80~6.50	纵向	490	420	9	—	—	9.0t
					横向	490	415	9			
8A06	—	O	O	>0.20~0.30		≤110	—	16	—	—	—
				>0.30~0.50				21	—	—	—
				>0.50~0.80				26	—	—	—
				>0.80~10.00				30	—	—	—
		H14 H24	H14 H24	>0.20~0.30		100	—	1	—	—	—
				>0.30~0.50				3	—	—	—
				>0.50~0.80				4	—	—	—
				>0.80~1.00				5	—	—	—
				>1.00~4.50				6	—	—	—
		H18	H18	>0.20~0.30		135	—	1	—	—	—
				>0.30~0.80				2	—	—	—
				>0.80~4.50				3	—	—	—
		H112	H112	>4.50~10.00		70	—	19	—	—	—
				>10.00~12.50		80		19	—	—	—
				>12.50~25.00		80		—	19	—	—
				>25.00~80.00		65		—	16	—	—
		F	—	>2.50~150		—				—	—
8011	—	H14	H14	>0.20~0.50		125~165	—	2	—	—	—
		H24	H24	>0.20~0.50		125~165	—	3	—	—	—
		H16	H16	>0.20~0.50		130~185	—	1	—	—	—
		H26	H26	>0.20~0.50		130~185	—	2	—	—	—
		H18	H18	0.20~0.50		165	—	1	—	—	—

（续）

牌号	包铝分类	供应状态	试样状态	厚度/mm	室温拉伸试验结果 抗拉强度 R_m/MPa	规定非比例延伸强度 $R_{p0.2}$/MPa	断后伸长率①（%） A_{50mm}	A	弯曲半径② 90°	180°
					≥					
8011A	—	O H111	O H111	>0.20~0.50	85~130	30	19	—	—	—
				>0.50~1.50			21	—	—	—
				>1.50~3.00			24	—	—	—
				>3.00~6.00			25	—	—	—
				>6.00~12.50			30	—	—	—
		H22	H22	>0.20~0.50	105~145	90	4	—	—	—
				>0.50~1.50			5	—	—	—
				>1.50~3.00			6	—	—	—
		H14	H14	>0.20~0.50	120~170	110	1	—	—	—
				>0.50~1.50	125~165		3	—	—	—
				>1.50~3.00			3	—	—	—
				>3.00~6.00			4	—	—	—
		H24	H24	>0.20~0.50	125~165	100	3	—	—	—
				>0.50~1.50			4	—	—	—
				>1.50~3.00			5	—	—	—
				>3.00~6.00			6	—	—	—
		H16	H16	>0.20~0.50	140~190	130	1	—	—	—
				>0.50~1.50	145~185		2	—	—	—
				>1.50~4.00			3	—	—	—
		H26	H26	>0.20~0.50	145~185	120	2	—	—	—
				>0.50~1.50			3	—	—	—
				>1.50~4.00			4	—	—	—
		H18	H18	>0.20~0.50	160	145	1	—	—	—
				>0.50~1.50	165		2	—	—	—
				>1.50~3.00			2	—	—	—
8079	—	H14	H14	>0.20~0.50	125~175	—	2	—	—	—

① 当 A_{50mm} 和 A 两栏均有数值时，A_{50mm} 适用于厚度≤12.5mm 的板材，A 适用于厚度>12.5mm 的板材。

② 弯曲半径中的 t 表示板材的厚度，对表中既有 90°弯曲也有 180°弯曲的产品，当需方未指定采用 90°弯曲或 180°弯曲时，弯曲半径由供方任选一种。

③ 对于 2A11、2A12、2017 合金的 O 状态板材，需要 T42 状态的性能值时，应在订货单（或合同）中注明，未注明时，不检测该性能。

④ 厚度为>12.5~25.00mm 的 2014、2024、2219 合金 O 状态的板材，其拉伸试样由芯材机加工得到，不得有包铝层。

⑤ 对于 6A02、6063、7A04、7A09 和 7075 合金的 O 状态板材，需要 T62 状态的性能值时，应在订货单（或合同）中注明，未注明时，不检测该性能。

⑥ 对于 6A02 合金 T1 状态的板材，当需方未注明需要 T62 或 T42 状态的性能时，由供方任选一种。

⑦ 应尽量避免订购 7020 合金 T4 状态的产品。T4 状态产品的性能是在室温下自然时效 3 个月后才能达到规定的稳定的力学性能，将淬火后的试样在 60~65℃ 的条件下持续 60h 后也可以得到近似的自然时效性能值。

⑧ T761 状态专用于 7475 合金薄板和带材，与 T76 状态的定义相同，是在固溶热处理后进行人工过时效以获得良好的抗剥落腐蚀性能的状态。

4. 铝及铝合金波纹板（GB/T 4438—2006）

（1）产品合金牌号、供应状态、波型代号及规格（见表5-26）

表5-26　合金牌号、供应状态、波型代号及规格

牌　号	状态	波型代号	规格尺寸/mm				
			坯料厚度	长度	宽度	波高	波距
1050A、1050、1060、1070A、1100、1200、3003	H18	波20-106（波型见图5-14）	0.60~1.00	2000~10000	1115	20	106
		波33-131（波型见图5-15）			1008	33	131

注：需方需要其他波型时，可供需双方协商并在合同中注明。

（2）波纹形状与规格（见图5-14和图5-15）

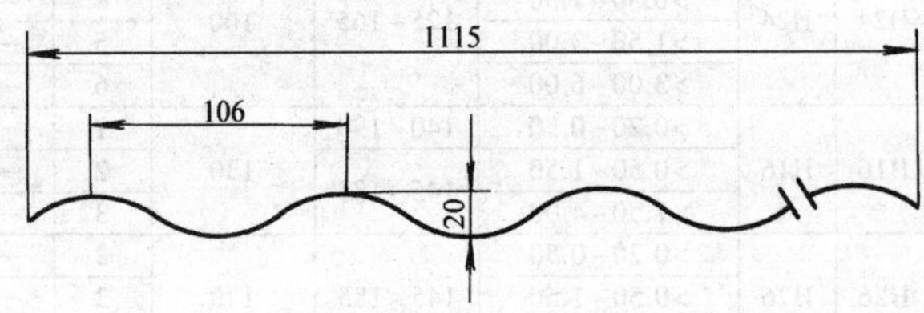

图5-14　波纹形状一

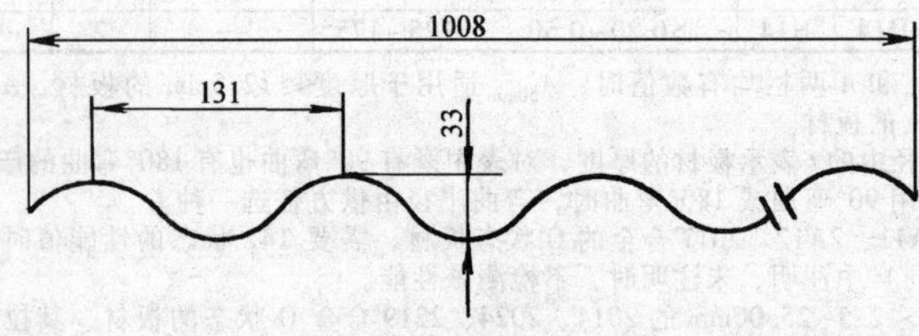

图5-15　波纹形状二

（3）尺寸及允许偏差

1）波纹板坯料的厚度偏差应符合GB/T 3880—2006的规定。

2）波纹板长度允许偏差为：$^{+25}_{-10}$mm。

3）波纹板宽度及波型偏差见表5-27。

表 5-27　波纹板宽度及波型偏差

波型代号	宽度及允许偏差		波高及允许偏差		波距及允许偏差	
	宽度/mm	允许偏差/mm	波高/mm	允许偏差/mm	波距/mm	允许偏差/mm
波 20-106	1115	+25 −10	20	±2	106	±2
波 33-131	1008	+25 −10	25	±2.5	131	±3

注：波高和波距偏差为 5 个波的平均尺寸与其公称尺寸的差。

（4）新、旧牌号与状态对照（见表 5-28 和表 5-29）

表 5-28　新、旧牌号对照

新牌号	旧牌号	新牌号	旧牌号
1050A	L3	1100	L5-1
1060	L2	1200	L5
1070A	L1		

表 5-29　新、旧状态代号对照

新状态代号	旧状态代号
H18	Y

5. 铝及铝合金花纹板（GB/T 3618—2006）

（1）产品的花纹代号、花纹图案、牌号、状态、规格（见表 5-30 和图 5-16～图 5-24）。

表 5-30　花纹板的花纹代号、花纹图案名称、牌号、状态、规格

花纹代号	花纹图案名称	牌号	状态	底板厚度	筋高	宽度	长度
				mm			
1号	方格形	2A12	T4	1.0～3.0	1.0	1000～1600	2000～10000
2号	扁豆形	2A11、5A02、5052	H234	2.0～4.0	1.0		
		3105、3003	H194				
3号	五条形	1×××、3003	H194	1.5～4.5	1.0		
		5A02、5052、3105、5A43、3003	O、H114				
4号	三条形	1×××、3003	H194	1.5～4.5	1.0		
		2A11、5A02、5052	H234				
5号	指针形	1×××	H194	1.5～4.5	1.0		
		5A02、5052、5A43	O、H114				

（续）

花纹代号	花纹图案名称	牌号	状态	底板厚度	筋高	宽度	长度
				mm			
6号	菱形	2A11	H234	3.0~8.0	0.9	1000~1600	2000~10000
7号	四条形	6061	O	2.0~4.0	1.0		
		5A02、5052	O、H234				
8号	三条形	1×××	H114、H234、H194	1.0~4.5	0.3		
		3003	H114、H194				
		5A02、5052	O、H114、H194				
9号	星月形	1×××	H114、H234、H194	1.0~4.0	0.7		
		2A11	H194				
		2A12	T4	1.0~3.0			
		3003	H114、H234、H194	1.0~4.0			
		5A02、5052	H114、H234、H194				

注：1. 要求其他合金、状态及规格时，应由供需双方协商并在合同中注明。

2. 2A11、2A12合金花纹板双面可带有1A50合金包覆层，其每面包覆层平均厚度应不小于底板公称厚度的4%。

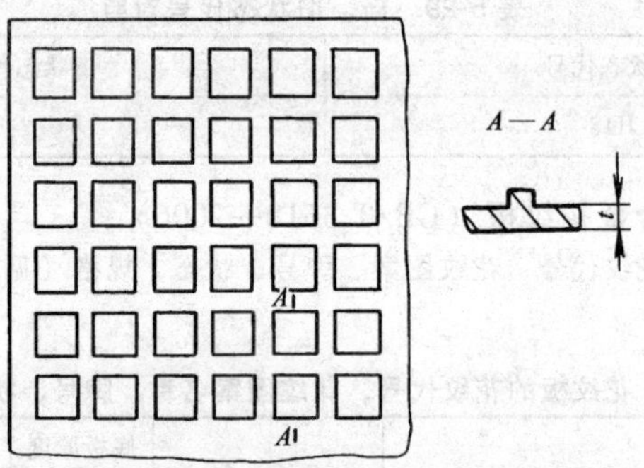

图5-16 1号花纹板

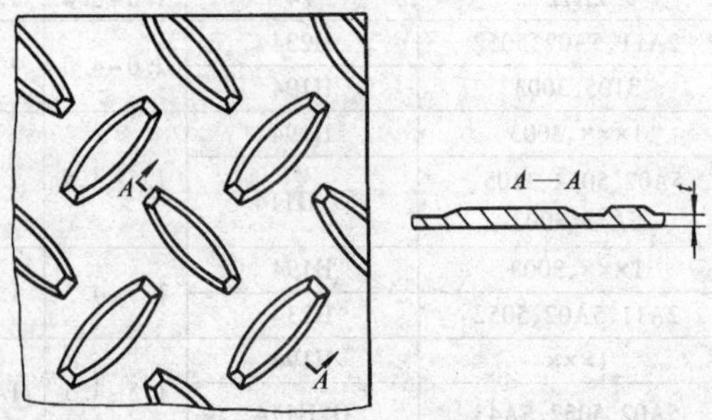

图5-17 2号花纹板

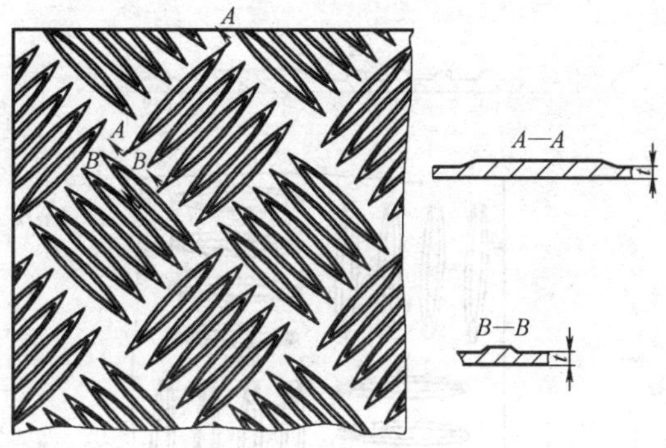

图 5-18　3 号花纹板

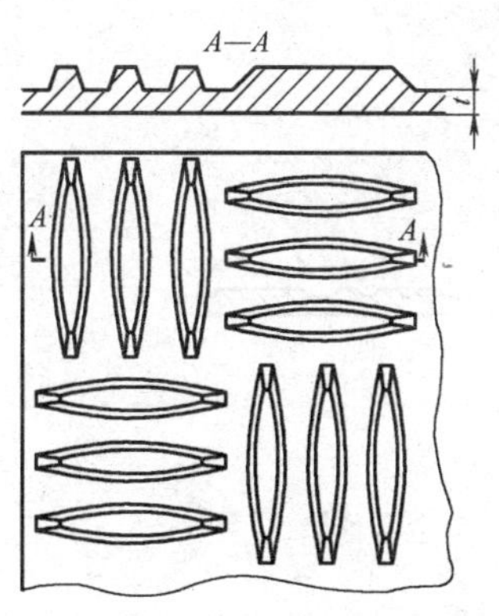

图 5-19　4 号花纹板

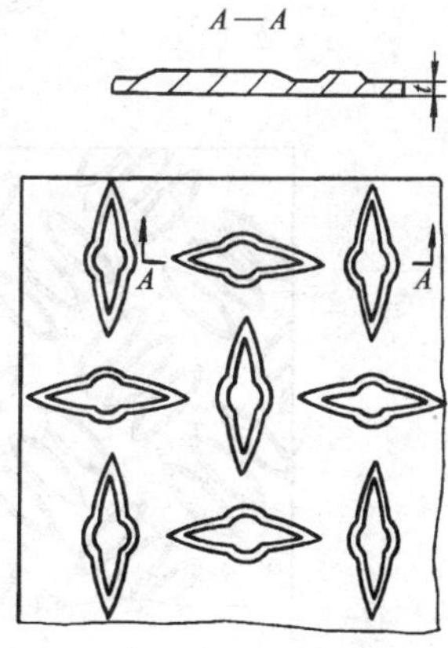

图 5-20　5 号花纹板

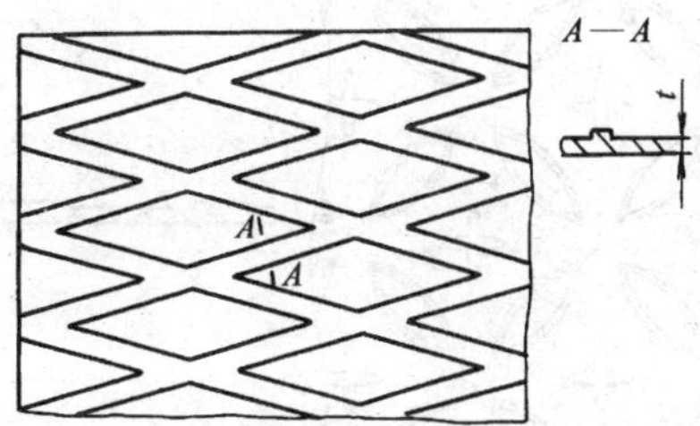

图 5-21　6 号花纹板

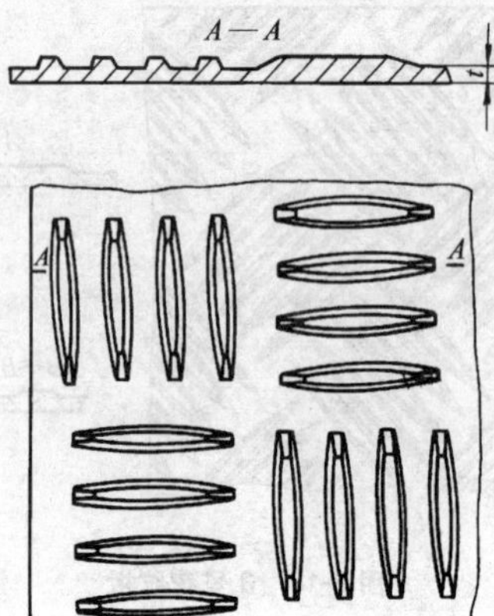

图 5-22　7 号花纹板

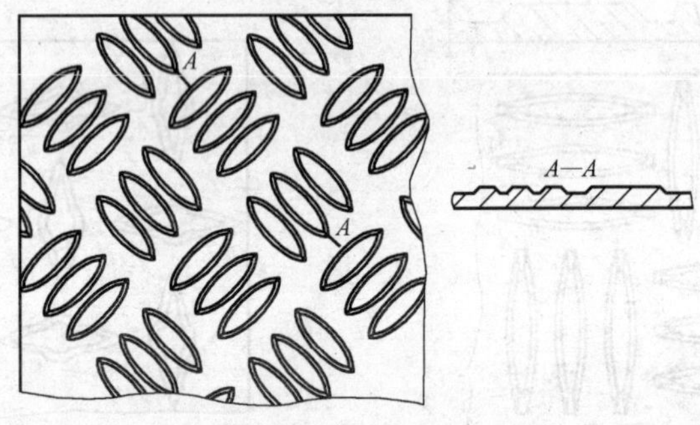

图 5-23　8 号花纹板

图 5-24　9 号花纹板

（2）尺寸允许偏差（见表 5-31～表 5-34）

表 5-31　底板厚度、切边供应的花纹板的宽度及花纹板长度的尺寸偏差

（单位：mm）

底板厚度	底板厚度允许偏差	宽度允许偏差	长度允许偏差
1.00～1.20	0 -0.18	±5	±5
>1.20～1.60	0 -0.22		
>1.60～2.00	0 -0.26		
>2.00～2.50	0 -0.30		
>2.50～3.20	0 -0.36		
>3.20～4.00	0 -0.42		
>4.00～5.00	0 -0.47	—	
>5.00～8.00	0 -0.52		

注：1. 要求底板厚度偏差为正值时，需供需双方协商并在合同中注明。
2. 厚度>4.5～8.0mm 的花纹板不切边供货。但经双方协商并在合同中注明，也可切边供货。

表 5-32　供方应以工艺保证花纹板的肋高偏差

花纹板代号	筋高允许偏差/mm
1号、2号、3号、4号、5号、6号	±0.4
7号	±0.5
8号、9号	±0.1

表 5-33　花纹板的平面度

状　　态	平面度/mm	
	长度方向	宽度方向
O、H114、H234、H194	≤15	≤20
T4	≤20	≤25

表 5-34　当需方对切边供应的花纹板对角线偏差有要求时的对角线偏差

（单位：mm）

公称长度	两对角线长度差
≤4000	≤10
>4000～6000	≤11
>6000	≤12

(3) 力学性能（表5-35）

表5-35 花纹板的力学性能

花纹代号	牌号	状态	抗拉强度 R_m/MPa	规定非比例延伸强度 $R_{p0.2}$/MPa	断后伸长率 A_{50}(%)	弯曲系数
			≥			
1号、9号	2A12	T4	405	255	10	—
2号、4号、6号、9号	2A11	H234、H194	215	—	3	—
4号、8号、9号	3003	H114、H234	120	—	4	4
		H194	140	—	3	8
3号、4号、5号、8号、9号	1×××	H114	80	—	4	2
		H194	100	—	3	6
3号、7号	5A02、5052	O	≤150	—	14	3
2号、3号		H114	180	—	3	3
2号、4号、7号、8号、9号		H194	195	—	3	8
3号	5A43	O	≤100	—	15	2
		H114	120	—	4	4
7号	6061	O	≤150	—	12	—

注：1. 计算截面积所用的厚度为底板厚度。

2. 1号花纹板的室温拉伸试验结果应符合本表的规定，当需方对其他代号的花纹板的室温拉伸试验性能或任意代号的花纹板的弯曲系数有要求时，供需双方应参考本表中的规定具体协商，并在合同中注明。

(4) 新、旧牌号对照及新状态代号说明（见表5-36和表5-37）

表5-36 新、旧牌号对照

新牌号	旧牌号	新牌号	旧牌号
1070A	代L1	3A21	原LF21
1060	代L2	3105	—
1050A	代L3	3003	—
1100	代L5-1	5A02	原LF2
1200	代L5	5A43	原LF43
1A50	代LB2	6061	原LD30
2A11	原LY11	8A06	代L6
2A12	原LY12	—	—

表 5-37　新状态代号说明

新状态代号	状态代号含义
T4	花纹板淬火自然时效
O	花纹板成品完全退火
H114	用完全退火(O)状态的平板,经过一个道次的冷轧得到的花纹板材
H234	用不完全退火(H22)状态的平板,经过一个道次的冷轧得到的花纹板材
H194	用硬状态(H18)的平板,经过一个道次的冷轧得到的花纹板材

(5) 花纹板单位面积的理论质量

1) 2A11 合金花纹板单位面积的理论质量见表 5-38。

表 5-38　2A11 合金花纹板单位面积的理论质量

底板厚度/mm	单位面积的理论质量/(kg/m²) 花纹代号				
	2号	3号	4号	6号	7号
1.80	6.340	5.719	5.500	—	5.668
2.00	6.900	6.279	6.060	—	6.228
2.50	8.300	7.679	7.460	—	7.628
3.00	9.700	9.079	8.860	—	9.028
3.50	11.100	10.479	10.260	—	10.428
4.00	12.500	11.879	11.660	12.343	11.828
4.50	—	—	—	13.743	—
5.00	—	—	—	15.143	—
6.00	—	—	—	17.943	—
7.00	—	—	—	20.743	—

2) 2A12 合金 1 号花纹板单位面积的理论质量见表 5-39。

表 5-39　2A12 合金 1 号花纹板单位面积的理论质量

底板厚度/mm	1号花纹板单位面积的理论质量/(kg/m²)	底板厚度/mm	1号花纹板单位面积的理论质量/(kg/m²)
1.00	3.452	2.00	6.232
1.20	4.008	2.50	7.622
1.50	4.842	3.00	9.012
1.80	5.676		

3) 当花纹板花型不变，只改变牌号时，按该牌号的密度及密度换算系数（见表 5-40），换算该牌号花纹板单位面积的理论质量。

表 5-40　密度换算系数

牌　　号	密度/(g/cm³)	密度换算系数
2A11	2.80	1.000
纯铝	2.71	0.968
2A12	2.78	0.993
3A21	2.73	0.975
3105	2.72	0.971
5A02、5A43、5052	2.68	0.957
6061	2.70	0.964

6. 铝及铝合金压型板（GB/T 6891—2006）

（1）产品型号、牌号、状态及规格（见表 5-41）。

表 5-41　压型板产品型号、牌号、状态及规格

型　号	牌　号	状　态	规格尺寸/mm				
			波高	波距	坯料厚度	宽度	长度
V25-150 Ⅰ	1050A、1050、1060、1070A、1100、1200、3003、5005	H18	25	150	0.6~1.0	635	1700~6200
V25-150 Ⅱ						935	
V25-150 Ⅲ						970	
V25-150 Ⅳ						1170	
V60-187.5		H16、H18	60	187.5	0.9~1.2	826	1700~6200
V25-300		H16	25	300	0.6~1.0	985	1700~5000
V35-115 Ⅰ		H16、H18	35	115	0.7~1.2	720	≥1700
V35-115 Ⅱ						710	
V35-125		H16、H18	35	125	0.7~1.2	807	≥1700
V130-550		H16、H18	130	550	1.0~1.2	625	≥6000
V173		H16、H18	173	—	0.9~1.2	387	≥1700
Z295		H18	—	—	0.6~1.0	295	1200~2500

注：需方需要其他规格或板型的压型板时，供需双方协商。

（2）板型　图示及尺寸如图 5-25~图 5-36 所示。

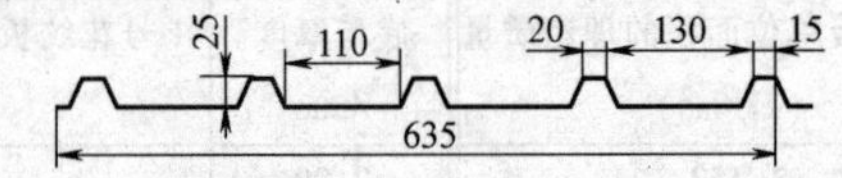

图 5-25　V25-150 Ⅰ 型压型板

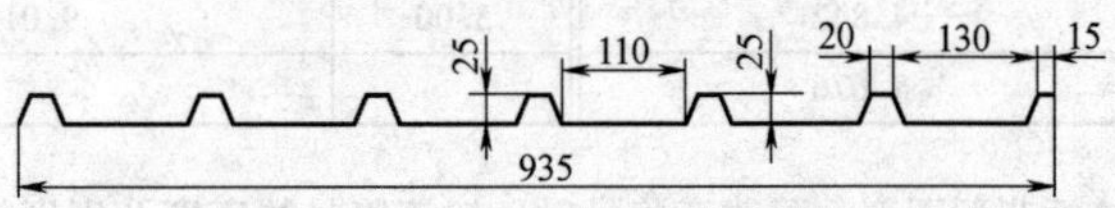

图 5-26　V25-150 Ⅱ 型压型板

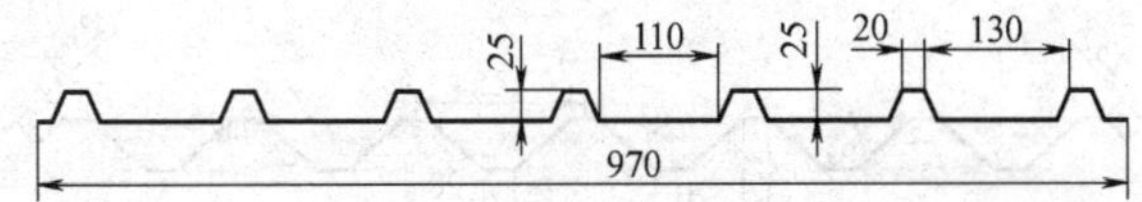

图 5-27　V25-150Ⅲ型压型板

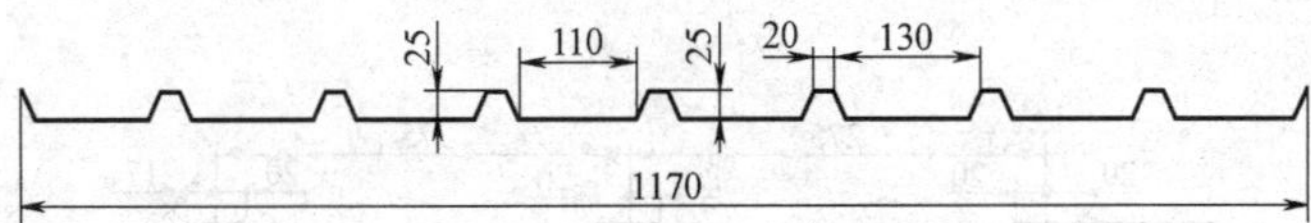

图 5-28　V25-150Ⅳ型压型板

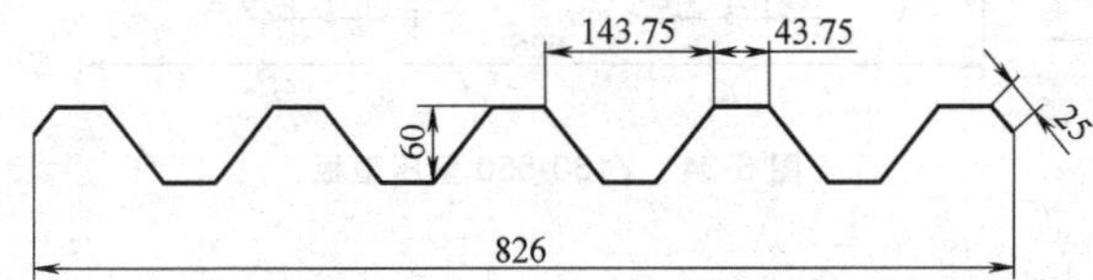

图 5-29　V60-187.5 型压型板

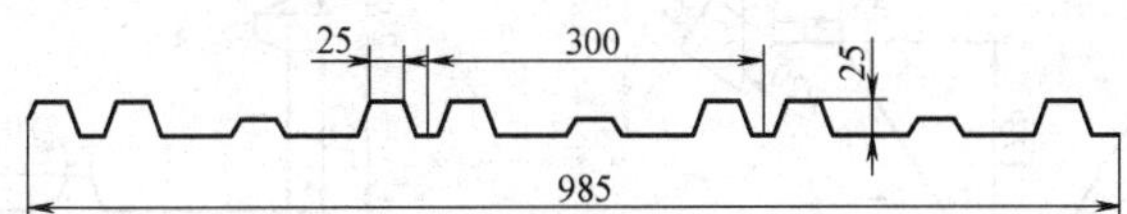

图 5-30　V25-300 型压型板

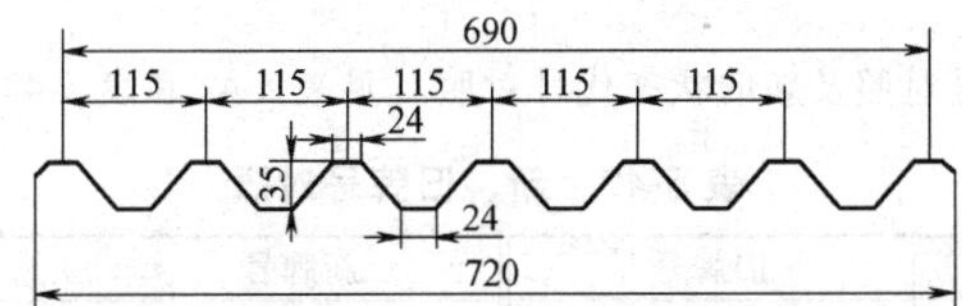

图 5-31　V35-150Ⅰ型压型板

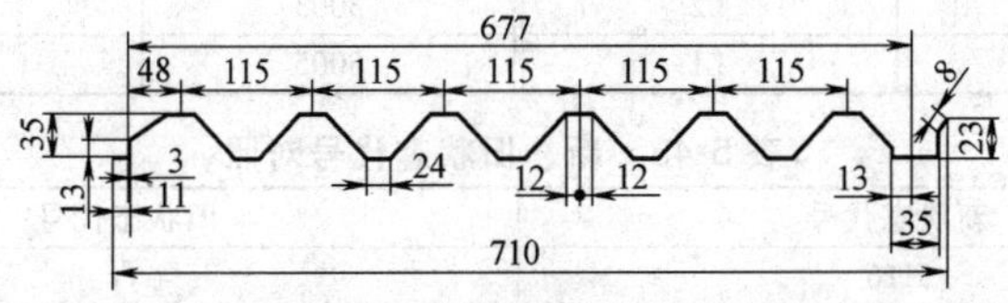

图 5-32　V35-115Ⅱ型压型板

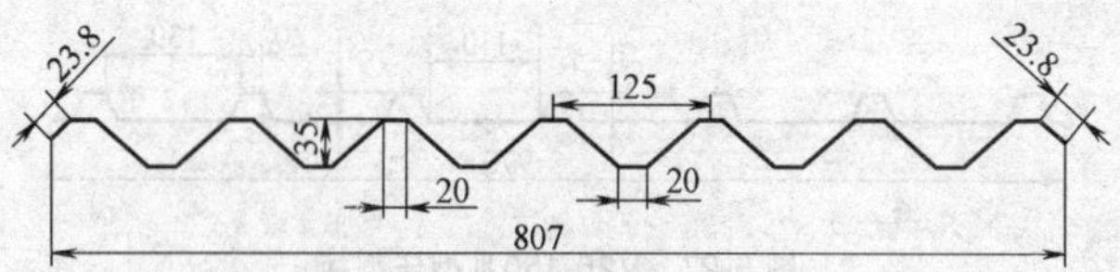

图 5-33 V35-125 型压型板

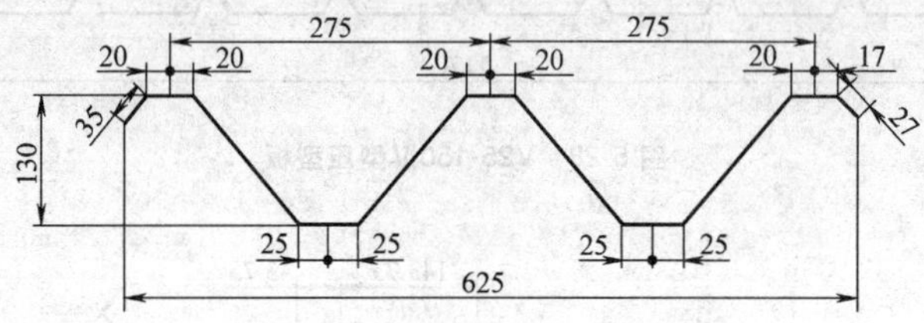

图 5-34 V130-550 型压型板

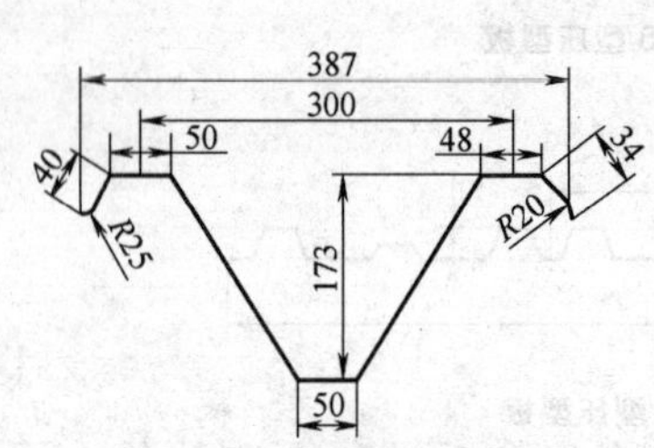

图 5-35 Y173 型压型板

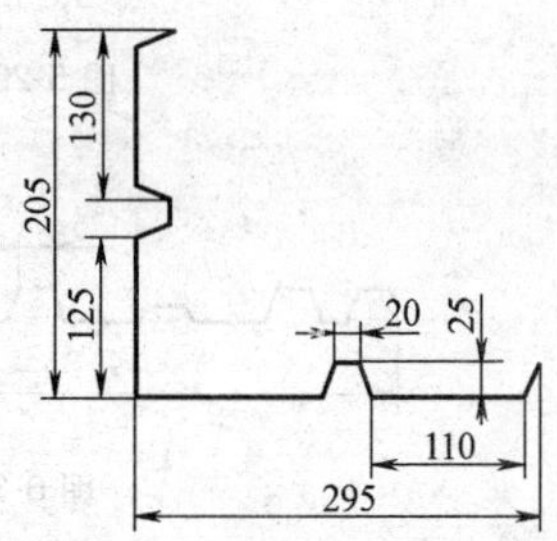

图 5-36 Z295 型压型板

（3）新旧牌号对照及新旧状态代号对照（见表 5-42 和表 5-43）

表 5-42 新、旧牌号对照

新牌号	旧牌号	新牌号	旧牌号
1050	—	1100	L5-1
1050A	L3	1200	L5
1060	L2	3003	LF21
1070A	L1	5005	—

表 5-43 新、旧状态代号对照

新状态代号	旧状态代号
H16	Y_1
H18	Y

7. 钎焊用铝合金复合板（YS/T 69—2012）

（1）用途　用于制造板式换热器及其他工业钎焊。

（2）牌号和规格（见表5-44）

表5-44　产品的牌号、状态、规格及包覆率

复合板牌号	状态	规格/mm			包覆率(%)
		厚度	宽度	长度	
4004/3003、4004/3005、4004/3003/4004、4004/3A11/4004、4004/3003/7072、4004/6063、4004/6060、4004/6A02、4104/3003、4104/3003/4104、4104/7A11/4104、4104/6063、4104/6063/4104、4104/6060、4104/6A02、4A13/3003、4A13/3003/4A13、4A13/3A11/4A13、4A13/7A11/4A13、4A17/3003/4A17、4A17/3A11/4A17、4A17/7A11/4A17、4343/3003、4343/7A11、4343/7A11/4343、4343/3003/7072、4343/3003/4343、4343/3003/1100、4343/3A11/4343、4343/7A11/7072、4343/7A11/1100、4343/6951/4343、4A43/3003、4A43/3003/7072、4A43/3003/4A43、4A43/3A11/4A43、4045/3003、4045/3003/7072、4045/7A11/4045/3003/4045、4045/7A11/7072，4045/3A11/4045、4045/6951/4045，4A45/3A11/4A45、4A45/3003/4A45、4047/3003	O H12 H22 H14 H24 H16 H26 H18	0.21~5.00	≤1600	≤10000	5~18

（3）厚度偏差（见表5-45）

表5-45　厚度偏差　（单位：mm）

厚　度	宽度		
	≤1000	>1000~1320	>1320~1600
	厚度允许偏差		
>0.21~0.40	±0.03	±0.04	±0.05
>0.40~0.70	±0.04	±0.04	±0.05
>0.70~1.10	±0.08	±0.09	±0.10
>1.10~2.40	±0.10	±0.13	±0.15
>2.40~3.60	±0.13	±0.13	±0.18
>3.60~5.00	±0.20	±0.20	±0.23

（4）室温拉伸力学性能（见表5-46）

表 5-46　室温拉伸力学性能

复合板牌号	状态	厚度/mm	抗拉强度 R_m/MPa	断后伸长率 A_{50mm}(%)≥
4A13/3003、4A13/3003/4A13、4A13/3A11/4A13、4A13/7A11/4A13、4A17/3003/4A17、4A17/3A11/4A17、4A17/7A11/4A17、4343/3003、4343/7A11/4343、4343/3003/7072、4343/7A11、4343/3003/4343、4343/7A11/7072、4343/3003/1100、4343/7A11/1100、4343/3A11/4343、4A43/3003、4A43/3003/7072、4A43/3003/4A43、4A43/3A11/4A43、4045/3003、4045/3003/7072、4045/7A11、4045/3003/4045、4045/3A11/4045、4045/7A11/7072、4A45/3A11/4A45、4A45/3003/4A45、4047/3003	O	>0.20~1.30	95~150	18
		>1.30~5.00		20
	H12	>0.20~1.30	120~170	4
		>1.30~5.00		5
	H22	>0.20~1.30	120~170	6
		>1.30~5.00		7
	H14	>0.20~1.30	150~200	2
		>1.30~5.00		5
	H24	>0.20~1.30	150~200	3
		>1.30~5.00		5
	H16	>0.20~1.30	170~230	1
		>1.30~5.00		2
	H26	>0.20~1.30	170~230	2
		>1.30~5.00		3
	H18	>0.20~5.00	≥200	1
4004/3003、4004/3005、4004/3003/4004、4004/3A11/4004、4004/3003/7072、4104/3003、4104/3003/4104、4104/7A11/4A04	O	>0.20~1.30	95~165	18
		>1.30~5.00		20
	H12	>0.20~1.30	125~205	3
		>1.30~5.00		6
	H22	>0.20~1.30	125~205	3
		>1.30~5.00		7
	H14	>0.20~1.30	145~225	2
		>1.30~5.00		4
	H24	>0.20~1.30	145~225	3
		>1.30~5.00		5
4004/6063、4004/6060、4004/6A02、4104/6063、4104/6063/4104、4104/6060、4104/6A02、4343/6951/4343、4045/6951/4045	O	0.20~5.00	≤140	16

三、带材

1. 一般工业铝及铝合金轧制带材（GB/T 3880.1、2—2012）

（1）牌号和规格　见表 5-22。

（2）力学性能　见表 5-25。

2. 铜及铜合金带材（GB/T 2059—2008）

（1）带材的牌号、状态和规格（见表 5-47）

表 5-47　牌号、状态和规格

牌　号	状　态	厚度/mm	宽度/mm
T2、T3、TU1、TU2、TP1、TP2	软(M)、1/4 硬(Y_4)、半硬(Y_2)、硬(Y)、特硬(T)	>0.15～<0.50	≤600
		0.50～3.0	≤1200
H96、H80、H59	软(M)、硬(Y)	>0.15～<0.50	≤600
		0.50～3.0	≤1200
H85、H90	软(M)、半硬(Y_2)、硬(Y)	>0.15～<0.50	≤600
		0.50～3.0	≤1200
H70、H68、H65	软(M)、1/4 硬(Y_4)、半硬(Y_2)、硬(Y)、特硬(T)、弹硬(TY)	>0.15～<0.50	≤600
		0.50～3.0	≤1200
H63、H62	软(M)、半硬(Y_2)硬(Y)、特硬(T)	>0.15～<0.50	≤600
		0.50～3.0	≤1200
HPb59-1、HMn58-2	软(M)、半硬(Y_2)、硬(Y)	>0.15～0.20	≤300
		>0.20～2.0	≤550
HPb59-1	特硬(T)	0.32～1.5	≤200
HSn62-1	硬(Y)	>0.15～0.20	≤300
		>0.20～2.0	≤550
QAl5	软(M)、硬(Y)	>0.15～1.2	≤300
QAl7	半硬(Y_2)、硬(Y)		
QAl9-2	软(M)、硬(Y)、特硬(T)		
QAl9-4	硬(Y)		
QSn6.5-0.1	软(M)、1/4 硬(Y_4)、半硬(Y_2)、硬(Y)、特硬(T)、弹硬(TY)	>0.15～2.0	≤610
QSn7-0.2、QSn6.5-0.4、QSn4-3、QSn4-0.3	软(M)、硬(Y)、特硬(T)	>0.15～2.0	≤610
QSn8-0.3	软(M)、1/4 硬(Y_4)、半硬(Y_2)、硬(Y)、特硬(T)	>0.15～2.6	≤610
QSn4-4-4、QSn4-4-2.5	软(M)、1/3 硬(Y_3)、半硬(Y_2)、硬(Y)	0.80～1.2	≤200
QCd1	硬(Y)	>0.15～1.2	≤300
QMn1.5	软(M)	>0.15～1.2	
QMn5	软(M)、硬(Y)		

（续）

牌　号	状　态	厚度/mm	宽度/mm
QSi3-1	软(M)、硬(Y)、特硬(T)	>0.15~1.2	≤300
BZn18-17	软(M)、半硬(Y_2)、硬(Y)	>0.15~1.2	≤610
BZn15-20	软(M)、半硬(Y_2)硬(Y)、特硬(T)	>0.15~1.2	≤400
B5、B19、BFe10-1-1、BFe30-1-1、BMn40-1.5、BMn3-12	软(M)、硬(Y)		
BAl13-3	淬火+冷加工+人工时效(CYS)	>0.15~1.2	≤300
BAl6-1.5	硬(Y)		

注：经供需双方协商，也可供应其他规格的带材。

(2) 化学成分（见表5-48）

表5-48 BZn18-17牌号的化学成分

牌号	化学成分(质量分数,%)					
	Cu	Ni(含Co)	Fe	Mn	Pb	Zn
BZn18-17	62.0~66.0	16.5~19.5	≤0.25	≤0.50	≤0.03	余量

注：其他牌号的化学成分应符合GB/T 5231—2001的相应规定。

(3) 带材室温力学性能（见表5-49）

表5-49 铜及铜合金带材的室温力学性能

牌　号	状态	拉伸试验			硬度试验	
		厚度/mm	抗拉强度 R_m/MPa	断后伸长率 $A_{11.3}$(%)	硬度HV	硬度HRB
T2、T3 TU1、TU2 TP1、TP2	M	≥0.2	≥195	≥30	≤70	—
	Y_4		215~275	≥25	60~90	
	Y_2		245~345	≥8	80~110	
	Y		295~380	≥3	90~120	
	T		≥350	—	≥110	
H96	M	≥0.2	≥215	≥30	—	—
	Y		≥320	≥3		
H90	M	≥0.2	≥245	≥35	—	—
	Y_2		330~440	≥5		
	Y		≥390	≥3		

（续）

牌号	状态	拉伸试验			硬度试验	
		厚度 /mm	抗拉强度 R_m/MPa	断后伸长率 $A_{11.3}$(%)	硬度 HV	硬度 HRB
H85	M	≥0.2	≥260	≥40	≤85	—
	Y_2		305~380	≥15	80~115	
	Y		≥350	—	≥105	
H80	M	≥0.2	≥265	≥50	—	—
	Y		≥390	≥3		
H70 H68 H65	M	≥0.2	≥290	≥40	≤90	—
	Y_4		325~410	≥35	85~115	
	Y_2		355~460	≥25	100~130	
	Y		410~540	≥13	120~160	
	T		520~620	≥4	150~190	
	TY		≥570	—	≥180	
H63、H62	M	≥0.2	≥290	≥35	≤95	—
	Y_2		350~470	≥20	90~130	
	Y		410~630	≥10	125~165	
	T		≥585	≥2.5	≥155	
H59	M	≥0.2	≥290	≥10	—	—
	Y		≥410	≥5	≥130	
HPb59-1	M	≥0.2	≥340	≥25	—	—
	Y_2		390~490	≥12		
	Y		≥440	≥5		
	T	≥0.32	≥590	≥3		
HMn58-2	M	≥0.2	≥380	≥30	—	—
	Y_2		440~610	≥25		
	Y		≥585	≥3		
HSn62-1	Y	≥0.2	390	≥5	—	—
QAl5	M	≥0.2	≥275	≥33	—	—
	Y		≥585	≥2.5		
QAl7	Y_2	≥0.2	585~740	≥10	—	—
	Y		≥635	≥5		
QAl9-2	M	≥0.2	≥440	≥18	—	—
	Y		≥585	≥5		
	T		≥880	—		
QAl9-4	Y	≥0.2	≥635	—	—	—
QSn4-3 QSn4-0.3	M	>0.15	≥290	≥40	—	—
	Y		540~690	≥3		
	T		≥635	≥2		

（续）

牌号	状态	拉伸试验			硬度试验	
		厚度/mm	抗拉强度 R_m/MPa	断后伸长率 $A_{11.3}$(%)	硬度 HV	硬度 HRB
QSn6.5-0.1	M	>0.15	≥315	≥40	≤120	—
	Y_4		390~510	≥35	110~155	
	Y_2		490~610	≥10	150~190	
	Y		590~690	≥8	180~230	
	T		635~720	≥5	200~240	
	TY		≥690	—	≥210	
QSn7-0.2 QSn6.5-0.4	M	>0.15	≥295	≥40	—	—
	Y		540~690	≥8		
	T		≥665	≥2		
QSn8-0.3	M	≥0.2	≥345	≥45	≤120	—
	Y_4		390~510	≥40	100~160	
	Y_2		490~610	≥30	150~205	
	Y		590~705	≥12	180~235	
	T		≥685	≥5	≥210	
QSn4-4-4 QSn4-4-2.5	M	≥0.8	≥290	≥35	—	—
	Y_3		390~490	≥10	—	65~85
	Y_2		420~510	≥9	—	70~90
	Y		≥490	≥5	—	—
QCd1	Y	≥0.2	≥390	—	—	—
QMn1.5	M	≥0.2	≥205	≥30	—	—
QMn5	M	≥0.2	≥290	≥30	—	—
	Y	≥0.2	≥440	≥3	—	—
QSi3-1	M	≥0.15	≥370	≥45	—	—
	Y	≥0.15	635~785	≥5		
	T	≥0.15	735	≥2		
BZn15-20	M	≥0.2	≥340	≥35	—	—
	Y_2		440~570	≥5		
	Y		540~690	≥1.5		
	T		≥640	≥1		
BZn18-17	M	≥0.2	≥375	≥20	—	—
	Y_2		440~570	≥5	120~180	
	Y		≥540	≥3	≥150	
B5	M	≥0.2	≥215	≥32	—	—
	Y		≥370	≥10		

（续）

牌　号	状态	拉伸试验			硬度试验	
		厚度/mm	抗拉强度 R_m/MPa	断后伸长率 $A_{11.3}$(%)	硬度 HV	硬度 HRB
B19	M	≥0.2	≥290	≥25	—	—
	Y		≥390	≥3		
BFe10-1-1	M	≥0.2	≥275	≥28	—	—
	Y		≥370	≥3		
BFe30-1-1	M	≥0.2	≥370	≥23	—	—
	Y		≥540	≥3		
BMn3-12	M	≥0.2	≥350	≥25	—	—
BMn40-1.5	M	≥0.2	390~590	实测数据	—	—
	Y		≥635			
BAl13-3	CYS	≥0.2	供实测值		—	—
BAl6-1.5	Y		≥600	≥5	—	—

注：厚度超出规定范围的带材，其性能由供需双方商定。

（4）电性能（见表 5-50）

表 5-50　BMn3-12、BMn40-1.5、QMn1.5 牌号带材的电性能

牌号	电阻率 ρ(20℃±1℃)/10^{-6}(Ω·m)	电阻温度系数 α(0℃~100℃)/(1/℃)	与铜的热电动势率 Q(0℃~100℃)/(μV/℃)
BMn3-12	0.42~0.52	$\pm6\times10^{-5}$	≤1
BMn40-1.5	0.43~0.53	—	—
QMn1.5	≤0.087	$\le0.9\times10^{-3}$	—

3. 散热器冷却管专用黄铜带（GB/T 11087—2012）

（1）用途　用于农业机械和汽车等工业制造散热器冷却管。

（2）牌号和规格（见表 5-51）

表 5-51　带材的牌号、状态和规格

牌　号	供应状态	规格尺寸/mm	
		厚度	宽度
H90,H85,H70,HAs70-0.05,H68,HAs68-0.4	1/4 硬(H01),1/2 硬(H02),硬(H04)	0.01~0.20	20~100

注：1. 经供需双方协商，可以供应其他牌号、规格的带材。
2. 带材的化学成分应符合 GB/T 5231—2001 中相应牌号的规定。

（3）尺寸及偏差（见表 5-52）

表 5-52　带材的厚度、宽度及允许偏差　　（单位：mm）

厚度	厚度允许偏差	宽度	宽度允许偏差	
			宽度<45	宽度≥45
0.10~0.15	±0.005	20~100	±0.08	±0.13
>0.15~0.20	±0.008			

注：1. 当需方要求单向偏差时，应在合同（或订货单）中注明，其允许偏差值为表中数值的 2 倍。

2. 经供需双方协议，可提供其他允许偏差的带材。

（4）力学性能（见表 5-53）

表 5-53　带材的力学性能

牌号	状态	抗拉强度 R_m /MPa	断后伸长率 A_{50mm} (%) ≥	维氏硬度 HV①
H90	H01	285~365	10	90~125
	H02	345~435	5	110~145
	H04	415~515	—	130~165
H85	H01	305~370	18	85~115
	H02	350~420	8	105~135
	H04	410~490	—	125~155
H70 HAs70-0.05	H01	340~405	12	95~125
	H02	400~470	10	120~165
	H04	450~560	—	140~180
H68 HAs68-0.04	H01	340~400	16	95~125
	H02	380~460	10	120~165
	H04	440~550	—	140~180

注：经供需双方协议，可提供本表以外的其他性能的带材。

① 表示最小负荷≥0.98N。

4. 散热器散热片专用铜及铜合金箔材（GB/T 2061—2013）

（1）带箔材的牌号、状态、规格（见表 5-54）

表 5-54　牌号、状态和规格

牌　　号	代号	状态	规格/mm	
			厚度	宽度
TSn0.08-0.01	T14405	特硬（H06） 弹性（H08）	0.03~0.15	15~200
TSn0.12	C14415			
TSn0.1-0.03	C14420			
TTe0.02-0.02	C14530			
H90	T22000	硬（H04）；特硬（H06）		
H70	T26100	1/2 硬（H02） 硬（H04） 特硬（H06）	0.04~0.15	
H66	T26800			
H65	T27000			
H62	T27600			

注：经供需双方协议，可供应其他牌号、状态或规格的箔材。

（2）箔材的厚度、宽度及允许偏差（见表 5-55）

表 5-55　箔材的厚度、宽度及允许偏差　（单位：mm）

厚度及允许偏差		宽度及允许偏差	
厚度	允许偏差	宽度	允许偏差
0.03～0.05	±0.003	15～200	±0.08
>0.05～0.10	±0.005		
>0.10～0.15	±0.008		

注：1. 当需方要求单向偏差时，应在合同（或订货单）中注明，其允许偏差值为表中数值的 2 倍。
2. 经供需双方协议，可提供其他允许偏差的箔材。

（3）化学成分（见表 5-56）

TSn0.08-0.01、TSn0.12、TSn0.1-0.03、TTe0.02-0.02 的化学成分应符合表 5-56的规定，其他牌号化学成分应符合 GB/T 5231 的规定。

表 5-56　TSn0.08-0.01、TSn0.12、TSn0.1-0.03、TTe0.02-0.02 的化学成分

牌号	化学成分(质量分数,%)			
	Cu	Sn	Te	P
TSn0.08-0.01	≥99.90①	0.04～0.10	—	0.003～0.015
TSn0.12	≥99.96①	0.10～0.15	—	—
TSn0.1-0.03	≥99.90②	0.04～0.15	0.005～0.05	—
TTe0.02-0.02	≥99.90③	0.003～0.023	0.003～0.023	0.001～0.010

① 该值包括（Cu+Ag+Sn）。
② 该值包括（Cu+Sn+Te）。
③ 该值包括（Cu+Ag+Sn+Te+Se）。

（4）箔材的室温力学性能（见表 5-57）

表 5-57　箔材的室温力学性能

牌　号	状　态	抗拉强度 R_m/MPa	维氏硬度 HV
TSn0.08-0.01、TSn0.12、TSn0.1-0.03、TTe0.02-0.02	H06	350～420	100～130
	H08	380～480	110～140
H90	H04	360～430	110～145
	H06	440～500	130～160
H70、H66、H65、H62	H02	380～460	115～160
	H04	440～540	135～185
	H06	≥560	≥180

四、管材

1. 铝及铝合金管材（GB/T 4436—2012）

1）挤压圆管的截面及截面典型规格见图 5-37 和表 5-58。

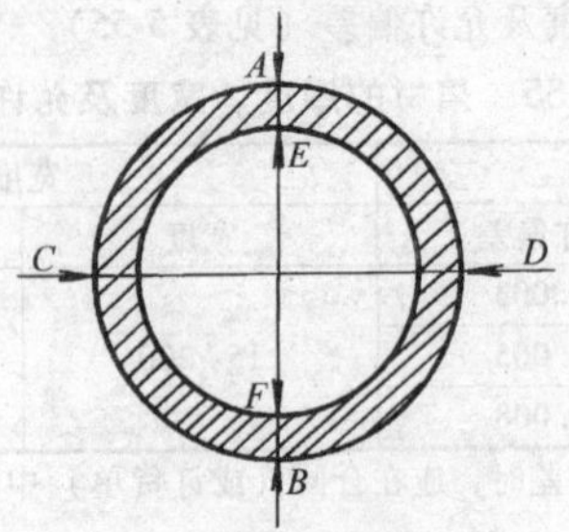

图 5-37 挤压圆管截面图

表 5-58 挤压圆管的截面典型规格 （单位：mm）

外 径	壁 厚
25.00	5.00
28.00	5.00、6.00
30.00、32.00	5.00、6.00、7.00、7.50、8.00
34.00、36.00、38.00	5.00、6.00、7.00、7.50、8.00、9.00、10.00
40.00、42.00	5.00、6.00、7.00、7.50、8.00、9.00、10.00、12.50
45.00、48.00、50.00、52.00、55.00、58.00	5.00、6.00、7.00、7.50、8.00、9.00、10.00、12.50、15.00
60.00、62.00	5.00、6.00、7.00、7.50、8.00、9.00、10.00、12.50、15.00、17.50
65.00、70.00	5.00、6.00、7.00、7.50、8.00、9.00、10.00、12.50、15.00、17.50、20.00
75.00、80.00	5.00、6.00、7.00、7.50、8.00、9.00、10.00、12.50、15.00、17.50、20.00、22.50
85.00、90.00	5.00、7.50、10.00、12.50、15.00、17.50、20.00、22.50、25.00
95.00	5.00、7.50、10.00、12.50、15.00、17.50、20.00、22.50、25.00、27.50
100.00	5.00、7.50、10.00、12.50、15.00、17.50、20.00、22.50、25.00、27.50、30.00、32.50
105.00、110.00、115.00	5.00、7.50、10.00、12.50、15.00、17.50、20.00、22.50、25.00、27.50、30.00、32.50
120.00、125.00、130.00	7.50、10.00、12.50、15.00、17.50、20.00、22.50、25.00、27.50、30.00、32.50
135.00、140.00、145.00	10.00、12.50、15.00、17.50、20.00、22.50、25.00、27.50、30.00、32.50

（续）

外　　径	壁　　厚
150.00、155.00	10.00、12.50、15.00、17.50、20.00、22.50、25.00、27.50、30.00、32.50、35.00
160.00、165.00、170.00、175.00、180.00、185.00、190.00、195.00、200.00	10.00、12.50、15.00、17.50、20.00、22.50、25.00、27.50、30.00、32.50、35.00、37.00、40.00
205.00、210.00、215.00、220.00、225.00、230.00、235.00、240.00、245.00、250.00、260.00	15.00、17.50、20.00、22.50、25.00、27.50、30.00、32.50、35.00、37.50、40.00、42.50、45.00、47.00、50.00
270.00、280.00、290.00、300.00、310.00、320.00、330.00、340.00、350.00、360.00、370.00、380.00、390.00、400.00、450.00	5.00、6.00、7.00、7.50、8.00、9.00、10.00、12.50、15.00、17.50、20.00、22.50、25.00、27.50、30.00、32.50、35.00、37.50、40.00、42.50、45.00、47.50、50.00

2）冷拉、冷轧圆管的截面及截面典型规格见图 5-37 和表 5-59。

表 5-59　冷拉、冷轧圆管的截面典型规格　（单位：mm）

外　　径	壁　　厚
6.00	0.50、0.75、1.00
8.00	0.50、0.75、1.00、1.50、2.00
10.00	0.50、0.75、1.00、1.50、2.00、2.50
12.00、14.00、15.00	0.50、0.75、1.00、1.50、2.00、2.50、3.00
16.00、18.00	0.50、0.75、1.00、1.50、2.00、2.50、3.00、3.50
20.00	0.50、0.75、1.00、1.50、2.00、2.50、3.00、3.50、4.00
22.00、24.00、25.00	0.50、0.75、1.00、1.50、2.00、2.50、3.00、3.50、4.00、4.50、5.00
26.00、28.00、30.00、32.00、34.00、35.00、36.00、38.00、40.00、42.00、45.00、48.00、50.00、52.00、55.00、58.00、60.00	0.75、1.00、1.50、2.00、2.50、3.00、3.50、4.00、4.50、5.00
65.00、70.00、75.00	1.50、2.00、2.50、3.00、3.50、4.00、4.50、5.00
80.00、85.00、90.00、95.00	2.00、2.50、3.00、3.50、4.00、4.50、5.00
100.00、105.00、110.00	2.50、3.00、3.50、4.00、4.50、5.00
115.00	3.00、3.50、4.00、4.50、5.00
120.00	3.50、4.00、4.50、5.00

3）冷拉正方形管的截面及截面典型规格见图 5-38 和表 5-60。

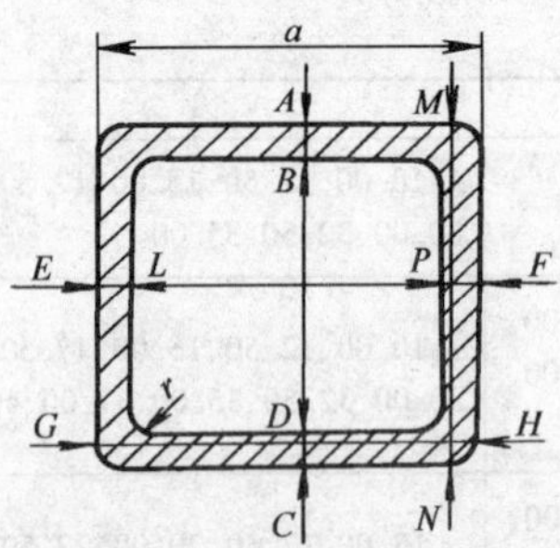

图5-38 冷拉正方形管截面图

表5-60 冷拉正方形管的截面典型规格 （单位：mm）

公称边长 a	壁厚
10.00、12.00	1.00、1.50
14.00、16.00	1.00、1.50、2.00
18.00、20.00	1.00、1.50、2.00、2.50
22.00、25.00	1.50、2.00、2.50、3.00
28.00、32.00、36.00、40.00	1.50、2.00、2.50、3.00、4.50
42.00、45.00、50.00	1.50、2.00、2.50、3.00、4.50、5.00
55.00、60.00、65.00、70.00	2.50、3.00、4.50、5.00

4）冷拉矩形管的截面及规格见图5-39和表5-61。

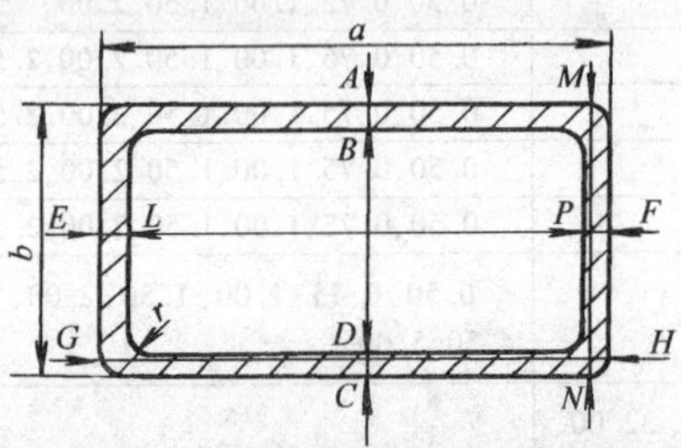

图5-39 冷拉矩形管截面图

表5-61 冷拉矩形管的截面典型规格 （单位：mm）

公称尺寸(a×b)	壁厚
14.00×10.00、16.00×12.00、18.00×10.00	1.00、1.50、2.00
18.00×14.00、20.00×12.00、22.00×14.00	1.00、1.50、2.00、2.50
25.00×15.00、28.00×16.00	1.00、1.50、2.00、2.50、3.00
28.00×22.00、32.00×18.00	1.00、1.50、2.00、2.50、3.00、4.00
32.00×25.00、36.00×20.00、36.00×28.00	1.00、1.50、2.00、2.50、3.00、4.50、5.00
40.00×25.00、40.00×30.00、45.00×30.00、50.00×30.00、55.00×40.00	1.50、2.00、2.50、3.00、4.50、5.00
60.00×40.00、70.00×50.00	2.00、2.50、3.00、4.50、5.00

5）冷拉椭圆形管的截面及截面典型规格见图 5-40 和表 5-62。

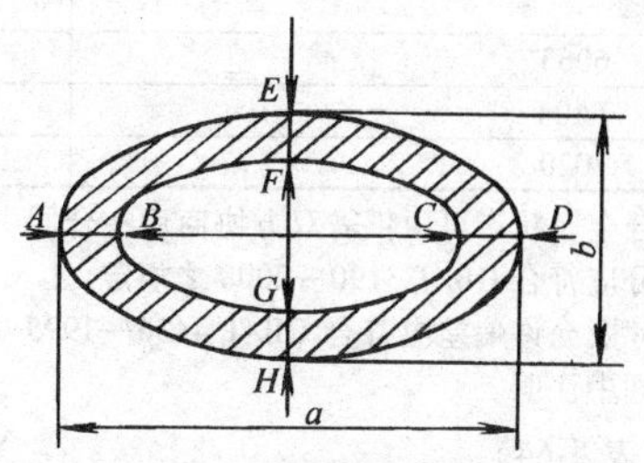

图 5-40　冷拉椭圆形管截面图

表 5-62　冷拉椭圆形管的截面典型规格　（单位：mm）

长轴 a	短轴 b	壁厚	长轴 a	短轴 b	壁厚
27.00	11.50	1.00	67.50	28.50	2.00
33.50	14.50	1.00	74.00	31.50	1.50
40.50	17.00	1.00	74.00	31.50	2.00
40.50	17.00	1.50	81.00	34.00	2.00
47.00	20.00	1.00	81.00	34.00	2.50
47.00	20.00	1.50	87.50	37.00	2.00
54.00	23.00	1.50	87.50	40.00	2.50
54.00	23.00	2.00	94.50	40.00	2.50
60.50	25.50	1.50	101.00	43.00	2.50
60.50	25.50	2.00	108.00	45.50	2.50
67.50	28.50	1.50	114.50	48.50	2.50

2. 铝及铝合金拉（轧）制无缝管（GB/T 6893—2010）

（1）用途　适用于一般工业用。

（2）牌号和状态（见表 5-63）

表 5-63　管材的牌号和状态

牌　号	状　态
1035、1050、1050A、1060、1070、1070A、1100、1200、8A06	O、H14
2017、2024、2A11、2A12	O、T4
2A14	T4
3003	O、H14
3A21	O、H14、H18、H24
5052、5A02	O、H14
5A03	O、H34
5A05、5056、5083	O、H32
5A06、5754	O
6061、6A02	O、T4、T6

（续）

牌　　号	状　　态
6063	O、T6
7A04	O
7020	T6

注：1. 表中未列入的合金、状态可由供需双方协商后在合同中注明。

2. 管材的化学成分应符合 GB/T 3190—2008 之规定。

3. 管材的外形尺寸及允许偏差应符合 GB/T 4436—1995 中普通级的规定。需要高精级时，应在合同中注明。

（3）力学性能（见表 5-64）

表 5-64　管材的力学性能

<table>
<tr><th rowspan="4">牌号</th><th rowspan="4">状态</th><th rowspan="4" colspan="2">壁厚/mm</th><th colspan="5">室温纵向拉伸力学性能</th></tr>
<tr><th rowspan="3">抗拉强度
R_m
/MPa</th><th rowspan="3">规定非比例
延伸强度 $R_{p0.2}$
/MPa</th><th colspan="3">断后伸长率(%)</th></tr>
<tr><th>全截面
试样</th><th colspan="2">其他
试样</th></tr>
<tr><th>A_{50mm}</th><th>A_{50mm}</th><th>A①</th></tr>
<tr><th colspan="4"></th><th colspan="5">≥</th></tr>
<tr><td rowspan="2">1035
1050A
1050</td><td>O</td><td colspan="2">所有</td><td>60~95</td><td>—</td><td>—</td><td>22</td><td>25</td></tr>
<tr><td>H14</td><td colspan="2">所有</td><td>100~135</td><td>70</td><td>—</td><td>5</td><td>6</td></tr>
<tr><td rowspan="2">1060
1070A
1070</td><td>O</td><td colspan="2">所有</td><td>60~95</td><td>—</td><td colspan="3">—</td></tr>
<tr><td>H14</td><td colspan="2">所有</td><td>85</td><td>70</td><td colspan="3">—</td></tr>
<tr><td rowspan="2">1100
1200</td><td>O</td><td colspan="2">所有</td><td>70~105</td><td></td><td>—</td><td>16</td><td>20</td></tr>
<tr><td>H14</td><td colspan="2">所有</td><td>110~145</td><td>80</td><td>—</td><td>4</td><td>5</td></tr>
<tr><td rowspan="7">2A11</td><td>O</td><td colspan="2">所有</td><td colspan="2">≤245</td><td colspan="3">10</td></tr>
<tr><td rowspan="6">T4</td><td rowspan="3">外径
≤22</td><td>≤1.5</td><td rowspan="3">375</td><td rowspan="3">195</td><td colspan="3">13</td></tr>
<tr><td>>1.5~2.0</td><td colspan="3">14</td></tr>
<tr><td>>2.0~5.0</td><td colspan="3">—</td></tr>
<tr><td rowspan="2">外径
>22~50</td><td>≤1.5</td><td rowspan="2">390</td><td rowspan="2">225</td><td colspan="3">12</td></tr>
<tr><td>>1.5~5.0</td><td colspan="3">13</td></tr>
<tr><td>>50</td><td>所有</td><td>390</td><td>225</td><td colspan="3">11</td></tr>
<tr><td rowspan="2">2017</td><td>O</td><td colspan="2">所有</td><td>≤245</td><td>≤125</td><td>17</td><td>16</td><td>16</td></tr>
<tr><td>T4</td><td colspan="2">所有</td><td>375</td><td>215</td><td>13</td><td>12</td><td>12</td></tr>
<tr><td rowspan="5">2A12</td><td>O</td><td colspan="2">所有</td><td>≤245</td><td>—</td><td colspan="3">10</td></tr>
<tr><td rowspan="4">T4</td><td rowspan="2">外径
≤22</td><td>≤2.0</td><td rowspan="2">410</td><td rowspan="2">225</td><td colspan="3">13</td></tr>
<tr><td>>2.0~5.0</td><td colspan="3">—</td></tr>
<tr><td>外径
>22~50</td><td>所有</td><td>420</td><td>275</td><td colspan="3">12</td></tr>
<tr><td>>50</td><td>所有</td><td>420</td><td>275</td><td colspan="3">10</td></tr>
</table>

（续）

牌号	状态	壁厚/mm		室温纵向拉伸力学性能				
				抗拉强度 R_m /MPa	规定非比例延伸强度 $R_{p0.2}$ /MPa	断后伸长率(%)		
						全截面试样	其他试样	
						A_{50mm}	A_{50mm}	A①
				≥				
2A14	T4	外径≤22	1.0~2.0	360	205		10	
			>2.0~5.0	360	205		—	
		外径>22	所有	360	205		10	
2024	O	所有		≤240	≤140	—	10	12
	T4	0.63~1.2		440	290	12	10	—
		>1.2~5.0		440	290	14	10	—
3003	O	所有		95~130	35	—	20	25
	H14	所有		130~165	110	—	4	6
3A21	O	所有		≤135	—		—	
	H14	所有		135	—		—	
	H18	外径<60,壁厚0.5~5.0		185	—		—	
		外径≥60,壁厚2.0~5.0		175	—		—	
	H24	外径<60,壁厚0.5~5.0		145	—		8	
		外径≥60,壁厚2.0~5.0		135	—		8	
5A02	O	所有		≤225	—		—	
	H14	外径≤55,壁厚≤2.5		225	—		—	
		其他所有		195	—		—	
5A03	O	所有		175	80		15	
	H34	所有		215	125		8	
5A05	O	所有		215	90		15	
	H32	所有		245	145		8	
5A06	O	所有		315	145		15	
5052	O	所有		170~230	65	—	17	20
	H14	所有		230~270	180	—	4	5
5056	O	所有		≤315	100		16	
	H32	所有		305	—		—	
5083	O	所有		270~350	110	—	14	16
	H32	所有		280	200	—	4	6
5754	O	所有		180~250	80	—	14	16
6A02	O	所有		≤155	—		14	
	T4	所有		205	—		14	
	T6	所有		305	—		8	

（续）

牌号	状态	壁厚/mm	室温纵向拉伸力学性能				
			抗拉强度 R_m /MPa	规定非比例延伸强度 $R_{p0.2}$ /MPa	断后伸长率(%)		
					全截面试样	其他试样	
					A_{50mm}	A_{50mm}	A①
			≥				
6061	O	所有	≤150	≤110	—	14	16
	T4	所有	205	110	—	14	16
	T6	所有	290	240	—	8	10
6063	O	所有	≤130	—	—	15	20
	T6	所有	220	190	—	8	10
7A04	O	所有	≤265	—		8	
7020	T6	所有	350	280	—	8	10
8A06	O	所有	≤120	—		20	
	H14	所有	100	—		5	

注：管材的抗拉强度、断后伸长率应符合表中的规定。5A03、5A05、5A06 管材的规定非比例延伸强度参见本表，其他管材的规定非比例延伸强度应符合本表的规定。

① A 表示原始标距（L_0）为 $5.65\sqrt{S_0}$ 的断后伸长率。

3. 铝及铝合金热挤压无缝圆管（GB/T 4437.1—2015）

（1）用途　适用于一般工业用。

（2）牌号和供应状态（见表 5-65）

表 5-65　牌号及供应状态

牌　号	供　应　状　态
1100、1200	O、H112、F
1035	O
1050A	O、H111、H112、F
1060、1070A	O、H112
2014	O、T1、T4、T4510、T4511、T6、T6510、T6511
2017、2A12	O、T1、T4
2024	O、T1、T3、T3510、T3511、T4、T81、T8510、T8511
2219	O、T1、T3、T3510、T3511、T81、T8510、T8511
2A11	O、T1
2A14、2A50	T6
3003、包铝 3003	O、H112、F
3A21	H112
5051A、5083、5086	O、H111、H112、F
5052	O、H112、F

（续）

牌 号	供 应 状 态
5154、5A06	O、H112
5454、5456	O、H111、H112
5A02、5A03、5A05	H112
6005、6105	T1、T5
6005A	T1、T5、T61①
6041	T5、T6511
6042	T5、T5511
6061	O、T1、T4、T4510、T4511、T51、T6、T6510、T6511、F
6351、6082	O、H111、T4、T6
6162	T5、T5510、T5511、T6、T6510、T6511
6262、6064	T6、T6511
6063	O、T1、T4、T5、T52、T6、T66②、F
6066	O、T1、T4、T4510、T4511、T6、T6510、T6511
6A02	O、T1、T4、T6
7050	T6510、T73511、T74511
7075	O、H111、T1、T6、T6510、T6511、T73、T73510、T73511
7178	O、T1、T6、T6510、T6511
7A04、7A09、7A15	T1、T6
7B05	O、T4、T6
8A06	H112

注：需方需要其他牌号、供应状态时，由供需双方商定后在订货单（或合同）中注明。

① 固溶热处理后进行欠时效以提高变形性能的状态。

② 固溶热处理后人工时效，通过工艺控制使力学性能达到本部分要求的特殊状态。

（3）化学成分

部分牌号的化学成分见表5-66的规定，其他牌号的化学成分应符合GB/T 3190的规定。

表5-66 部分牌号的化学成分

牌号	化学成分(质量分数,%)											
	Si	Fe	Cu	Mn	Mg	Cr	Zn	—	Ti	其他杂质①		Al②
										单个	合计	
5051A	≤0.30	≤0.45	≤0.05	≤0.25	1.4~2.1	≤0.30	≤0.20	—	≤0.10	≤0.05	≤0.15	余量
6041	0.50~0.9	0.15~0.7	0.15~0.6	0.05~0.20	0.8~1.2	0.05~0.15	≤0.25	0.30~0.9Bi 0.35~1.2Sn	≤0.15	≤0.05	≤0.15	余量

（续）

牌号	化学成分(质量分数,%)											
	Si	Fe	Cu	Mn	Mg	Cr	Zn	—	Ti	其他杂质①单个	其他杂质①合计	Al②
6042	0.5~1.2	≤0.7	0.20~0.6	≤0.40	0.7~1.2	0.04~0.35	≤0.25	0.20~0.8Bi 0.15~0.40Pb	≤0.15	≤0.05	≤0.15	余量
6162	0.40~0.80	≤0.50	≤0.20	≤0.10	0.7~1.1	≤0.10	≤0.25	—	≤0.10	≤0.05	≤0.15	余量
6064	0.40~0.8	≤0.7	0.15~0.40	≤0.15	0.8~1.2	0.05~0.14	≤0.25	0.50~0.7Bi 0.20~0.40Pb	≤0.15	≤0.05	≤0.15	余量
6066	0.9~1.8	≤0.50	0.7~1.2	0.6~1.1	0.8~1.4	≤0.40	≤0.25	—	≤0.20	≤0.05	≤0.15	余量
7178	≤0.40	≤0.50	1.6~2.4	≤0.30	2.4~3.1	0.18~0.28	6.3~7.3	—	≤0.20	≤0.05	≤0.15	余量

① 其他杂质指表中未列出或未规定数值的元素。

② 铝的质量分数为100.00%与所有质量分数不小于0.010%的元素质量分数总和的差值，求和前各元素数值要表示到0.0X%。

（4）室温拉伸性能（见表5-67）

表5-67 管材的室温拉伸力学性能

牌号	供应状态	试样状态	壁厚/mm	室温拉伸试验结果			
				抗拉强度 R_m/MPa	规定非比例延伸强度 $R_{p0.2}$/MPa	断后伸长率(%) A_{50mm}	断后伸长率(%) A
				≥			
1100 1200	O	O	所有	75~105	20	25	22
	H112	H112	所有	75	25	25	22
	F	—	所有	—	—	—	—
1035	O	O	所有	60~100	—	25	23
1050A	O、H111	O、H111	所有	60~100	20	25	23
	H112	H112	所有	60	20	25	23
	F	—	所有	—	—	—	—
1060	O	O	所有	60~95	15	25	22
	H112	H112	所有	60	—	25	22

（续）

牌号	供应状态	试样状态	壁厚/mm	室温拉伸试验结果			
				抗拉强度 R_m /MPa	规定非比例延伸强度 $R_{p0.2}$ /MPa	断后伸长率(%)	
						A_{50mm}	A
				≥			
1070A	O	O	所有	60~95	—	25	22
1070A	H112	H112	所有	60	20	25	22
2014	O	O	所有	≤205	≤125	12	10
2014	T4、T4510、T4511	T4、T4510、T4511	所有	345	240	12	10
2014	T4、T4510、T4511	T4、T4510、T4511	所有	345	240	12	10
2014	T1[①]	T42	所有	345	200	12	10
2014	T1[①]	T62	≤18.00	415	365	7	6
2014	T1[①]	T62	>18	415	365	—	6
2014	T6、T6510、T6511	T6、T6510、T6511	≤12.50	415	365	7	6
2014	T6、T6510、T6511	T6、T6510、T6511	12.50~18.00	440	400	—	6
2014	T6、T6510、T6511	T6、T6510、T6511	>18.00	470	400	—	6
2017	O	O	所有	≤245	≤125	16	16
2017	T4	T4	所有	345	215	12	12
2017	T1	T42	所有	335	195	12	—
2024	O	O	全部	≤240	≤130	12	10
2024	T3、T3510、T3511	T3、T3510、T3511	≤6.30	395	290	10	—
2024	T3、T3510、T3511	T3、T3510、T3511	>6.30~18.00	415	305	10	9
2024	T3、T3510、T3511	T3、T3510、T3511	>18.00~35.00	450	315	—	9
2024	T3、T3510、T3511	T3、T3510、T3511	>35.00	470	330	—	7
2024	T4	T4	≤18.00	395	260	12	10
2024	T4	T4	>18.00	395	260	—	9
2024	T1	T42	≤18.00	395	260	12	10
2024	T1	T42	>18.00~35.00	395	260	—	9
2024	T1	T42	>35.00	395	260	—	7
2024	T81、T8510、T8511	T81、T8510、T8511	>1.20~6.30	440	385	4	—
2024	T81、T8510、T8511	T81、T8510、T8511	>6.30~35.00	455	400	5	4
2024	T81、T8510、T8511	T81、T8510、T8511	>35.00	455	400	—	4

（续）

牌号	供应状态	试样状态	壁厚/mm	室温拉伸试验结果			
				抗拉强度 R_m /MPa	规定非比例延伸强度 $R_{p0.2}$ /MPa	断后伸长率(%)	
						A_{50mm}	A
				≥			
2219	O	O	所有	≤220	≤125	12	10
	T31、T3510、T3511	T31、T3510、T3511	≤12.50	290	180	14	12
			>12.50~80.00	310	185	—	12
	T1	T62	≤25.00	370	250	6	5
			>25.00	370	250	—	5
	T81、T8510、T8511	T81、T8510、T8511	≤80.00	440	290	6	5
2A11	O	O	所有	≤245	—	—	10
	T1	T1	所有	350	195	—	10
2A12	O	O	所有	≤245	—	—	10
	T1	T42	所有	390	255	—	10
	T4	T4	所有	390	255	—	10
2A14	T6	T6	所有	430	350	6	—
2A50	T6	T6	所有	380	250	—	10
3003	O	O	所有	95~130	35	25	22
	H112	H112	≤1.60	95	35	—	—
			>1.60	95	35	25	22
	F	F	所有	—	—	—	—
包铝3003	O	O	所有	90~125	30	25	22
	H112	H112	所有	90	30	25	22
	F	F	所有	—	—	—	—
3A21	H112	H112	所有	≤165	—	—	—
5051A	O、H111	O、H111	所有	150~200	60	16	18
	H112	H112	所有	150	60	14	16
	F	—	所有	—	—	—	—
5052	O	O	所有	170~240	70	15	17
	H112	H112	所有	170	70	13	15
	F	—	所有	—	—	—	—
5083	O	O	所有	270~350	110	14	12
	H111	H111	所有	275	165	12	10
	H112	H112	所有	270	110	12	10
	F	—	所有	—	—	—	—

（续）

牌号	供应状态	试样状态	壁厚/mm	室温拉伸试验结果			
				抗拉强度 R_m /MPa	规定非比例延伸强度 $R_{p0.2}$ /MPa	断后伸长率(%)	
						A_{50mm}	A
				≥			
5154	O	O	所有	205~285	75	—	—
	H112	H112	所有	205	75	—	—
5454	O	O	所有	215~285	85	14	12
	H111	H111	所有	230	130	12	10
	H112	H112	所有	215	85	12	10
5456	O	O	所有	285~365	130	14	12
	H111	H111	所有	290	180	12	10
	H112	H112	所有	285	130	12	10
5086	O	O	所有	240~315	95	14	12
	H111	H111	所有	250	145	12	10
	H112	H112	所有	240	95	12	10
	F	—	所有	—	—	—	—
5A02	H112	H112	所有	225	—	—	—
5A03	H112	H112	所有	175	70	—	15
5A05	H112	H112	所有	225	110	—	15
5A06	H112、O	H112、O	所有	315	145	—	15
6005	T1	T1	≤12.50	170	105	16	14
	T5	T5	≤3.20	260	240	8	—
			3.20~25.00	260	240	10	9
6005A	T1	T1	≤6.30	170	100	15	—
	T5	T5	≤6.30	260	215	7	—
			6.30~25.00	260	215	9	8
	T61	T61	≤6.30	260	240	8	—
			6.30~25.00	260	240	10	9
6105	T1	T1	≤12.50	170	105	16	14
	T5	T5	≤12.50	260	240	8	7
6041	T5、T6511	T5、T6511	10.00~50.00	310	275	10	9
6042	T5、T5511	T5、T5511	10~12.50	260	240	10	—
			12.50~50.00	290	240	—	9

（续）

牌号	供应状态	试样状态	壁厚/mm	室温拉伸试验结果 抗拉强度 R_m/MPa	规定非比例延伸强度 $R_{p0.2}$/MPa	断后伸长率(%) A_{50mm}	A
				≥			
6061	O	O	所有	≤150	≤110	16	14
	T1②	T1	≤16.00	180	95	16	14
		T42	所有	180	85	16	14
		T62	≤6.30	260	240	8	—
			>6.30	260	240	10	9
	T4、T4510、T4511	T4、T4510、T4511	所有	180	110	16	14
	T51	T51	≤16.00	240	205	8	7
	T6、T6510、T6511	T6、T6510、T6511	≤6.30	260	240	8	—
			>6.30	260	240	10	9
	F	—	所有	—	—	—	—
6351	O、H111	O、H111	≤25.00	≤160	≤110	12	14
	T4	T4	≤19.00	220	130	16	14
	T6	T6	≤3.20	290	255	8	—
			>3.20~25.00	290	255	10	9
6162	T5、T5510、T5511	T5、T5510、T5511	≤25.00	255	235	7	6
	T6、T6510、T6511	T6、T6510、T6511	≤6.30	260	240	8	—
			>6.30~12.50	260	240	10	9
6262	T6、T6511	T6、T6511	所有	260	240	10	9
6063	O	O	所有	≤130	—	18	16
	T1③	T1	≤12.50	115	60	12	10
			>12.50~25.00	110	55	—	10
		T42	≤12.50	130	70	14	12
			>12.50~25.00	125	60	—	12
	T4	T4	≤12.50	130	70	14	12
			>12.50~25.00	125	60	—	12
	T5	T5	≤25.00	175	130	6	8
	T52	T52	≤25.00	150~205	110~170	8	7
	T6	T6	所有	205	170	10	9

（续）

牌号	供应状态	试样状态	壁厚/mm	室温拉伸试验结果			
				抗拉强度 R_m /MPa	规定非比例延伸强度 $R_{p0.2}$ /MPa	断后伸长率(%)	
						A_{50mm}	A
				≥			
6063	T66	T66	≤25.00	245	200	8	10
	F	—	所有	—	—	—	—
6064	T6、T6511	T6、T6511	10.00~50.00	260	240	10	9
6066	O	O	所有	≤200	≤125	16	14
	T4、T4510、T4511	T4、T4510、T4511	所有	275	170	14	12
	T1[①]	T42	所有	275	165	14	12
		T62	所有	345	290	8	7
	T6、T6510、T6511	T6、T6510、T6511	所有	345	310	8	7
6082	O、H111	O、H111	≤25.00	≤160	≤110	12	14
	T4	T4	≤25.00	205	110	12	14
	T6	T6	≤5.00	290	250	6	8
			>5.00~25.00	310	260	8	10
6A02	O	O	所有	≤145	—	—	17
	T4	T4	所有	205	—	—	14
	T1	T62	所有	295	—	—	8
	T6	T6	所有	295	—	—	8
7050	T76510	T76510	所有	545	475	7	—
	T73511	T73511	所有	485	415	8	7
	T74511	T74511	所有	505	435	7	—
7075	O、H111	O、H111	≤10.00	≤275	≤165	10	10
	T1	T62	≤6.30	540	485	7	—
			>6.30~12.50	560	505	7	6
			>12.50~70.00	560	495	—	6
	T6、T6510、T6511	T6、T6510、T6511	≤6.30	540	485	7	—
			>6.30~12.50	560	505	7	6
			>12.50~70.00	560	495	—	6

（续）

牌号	供应状态	试样状态	壁厚/mm	室温拉伸试验结果			
				抗拉强度 R_m /MPa	规定非比例延伸强度 $R_{p0.2}$ /MPa	断后伸长率(%)	
						A_{50mm}	A
				≥			
7075	T73、T73510、T73511	T73、T73510、T73511	1.60~6.30	470	400	5	7
			>6.30~35.00	485	420	6	8
			>35.00~70.00	475	405	—	8
7178	O	O	所有	≤275	≤165	10	9
	T6、T6510、T65111	T6、T6510、T65111	≤1.60	565	525	—	—
			>1.60~6.30	580	525	5	—
			>6.30~35.00	600	540	5	4
			>35.00~60.00	580	515	—	4
			>60.00~80.00	565	490	—	4
	T1	T62	≤1.60	545	505	—	—
			>1.60~6.30	565	510	5	—
			>6.30~35.00	595	530	5	4
			>35.00~60.00	580	515	—	4
			>60.00~80.00	565	490	—	4
7A04 7A09	T1	T62	≤80	530	400	—	5
	T6	T6	≤80	530	400	—	5
7B05	O	O	≤12.00	245	145	12	—
	T4	T4	≤12.00	305	195	11	—
	T6	T6	≤6.00	325	235	10	—
			>6.00~12.00	335	225	10	—

（续）

牌号	供应状态	试样状态	壁厚/mm	室温拉伸试验结果			
				抗拉强度 R_m /MPa	规定非比例延伸强度 $R_{p0.2}$ /MPa	断后伸长率(%)	
						A_{50mm}	A
				≥			
7A15	T1	T62	≤80	470	420	—	6
	T6	T6	≤80	470	420	—	6
8A06	H112	H112	所有	≤120	—	—	20

① T1 状态供货的管材，由供需双方商定提供 T42 或 T62 试样状态的性能，并在订货单（或合同）中注明，未注明时提供 T42 试样状态的性能。

② T1 状态供货的管材，由供需双方商定提供 T1 或 T42、T62 试样状态的性能，并在订货单（或合同）中注明，未注明时提供 T1 试样状态的性能。

③ T1 状态供货的管材，由供需双方商定提供 T1 或 T42 试样状态的性能，并在订货单（或合同）中注明，未注明时提供 T1 试样状态的性能。

4. 铝及铝合金有缝管（GB/T 4437.2—2003）

（1）用途　适用于各工业部门。

（2）牌号和状态（见表 5-68）

表 5-68　管材的牌号和状态

牌　　号	状　　态	牌　　号	状　　态
1070A、1060、1050A、1035、1100、1200	O、H112、F	5A06、5083、5454、5086	O、H112、F
2A11、2017、2A12、2024	O、H112、T4、F	6A02	O、H112、T4、T6、F
3003	O、H112、F	6005A、6005	T5、F
5A02	H112、F	6061	T4、T6、F
5052	O、F	6063	T4、T5、T6、F
5A03、5A05	H112、F	6063A	T5、T6、F

注：1. 用户如果需要其他合金或状态，可经双方协商确定。

2. 牌号的化学成分应符合 GB/T 3190 的规定。

（3）尺寸允许偏差

1）横截面尺寸允许偏差见表 5-69～表 5-72。

表 5-69　圆管的直径（外径或内径）允许偏差（单位：mm）

直径(外径或内径)	直径允许偏差			
	平均直径与公称直径间的偏差	任一点直径与公称直径间的偏差		
		F、H112 状态	T4、T5、T6、T64、T66、T×51 状态	O、H111、T×510 状态
≥8.00~18.00	±0.25	±0.40	±0.60	±1.50
>18.00~30.00	±0.30	±0.50	±0.70	±1.80
>30.00~50.00	±0.35	±0.60	±0.90	±2.20
>50.00~80.00	±0.40	±0.70	±1.10	±2.60
>80.00~120.00	±0.60	±0.90	±1.40	±3.60
>120.00~200.00	±0.90	±1.40	±2.00	±5.00
>200.00~350.00	±1.40	±1.90	±3.00	±7.60

注：1. 平均直径是指在管材横截面上测量任意两个互为直角的直径所得的平均值。

2. 对 F、H112 状态的管材和直径不大于 18.00mm 的管材，表中数值只适用于管材外径的允许偏差。

3. 表中偏差值不适用于壁厚小于外径 2.5%的管材。壁厚小于外径 2.5%管材的偏差按下列方法确定：

壁厚大于外径的 2.0%~2.5%时：表中偏差值×1.5；

壁厚大于外径的 1.5%~2.0%时：表中偏差值×2.0；

壁厚大于外径的 1.0%~1.5%时：表中偏差值×3.0；

壁厚大于外径的 0.5%~1.0%时：表中偏差值×4.0。

表 5-70　圆管的壁厚允许偏差

级　别	任意点壁厚允许偏差
普通级	名义壁厚的±15%
高精级	名义壁厚的±10%
超高精级	名义壁厚的±7%

表 5-71　正方形、矩形、正多边形的边长或面间距的允许偏差

（单位：mm）

边长或面间距	外接圆直径为下列各栏数值时，边长或面间距的允许偏差							
	≤100.00		>100.00~200.00		>200.00~300.00		>300.00~350.00	
	1栏	2栏	1栏	2栏	1栏	2栏	1栏	2栏
≤10.00	±0.25	±0.40	±0.30	±0.50	±0.35	±0.55	±0.40	±0.60
>10.00~25.00	±0.30	±0.50	±0.40	±0.70	±0.50	±0.80	±0.60	±0.90
>25.00~50.00	±0.50	±0.80	±0.60	±0.90	±0.80	±1.00	±0.90	±1.20

（续）

边长或面间距	外接圆直径为下列各栏数值时，边长或面间距的允许偏差							
	≤100.00		>100.00~200.00		>200.00~300.00		>300.00~350.00	
	1栏	2栏	1栏	2栏	1栏	2栏	1栏	2栏
>50.00~100.00	±0.70	±1.00	±0.90	±1.20	±1.10	±1.30	±1.30	±1.60
>100.00~150.00	—	—	±1.10	±1.50	±1.30	±1.70	±1.50	±1.80
>150.00~200.00	—	—	±1.30	±1.90	±1.50	±2.20	±1.80	±2.40
>200.00~300.00	—	—	—	—	±1.70	±2.50	±2.10	±2.80
>300.00~350.00	—	—	—	—	±2.80	±3.5	±2.80	±3.50

注：1. 本表偏差值不适用于 O 和 T×510 状态，这些状态的管材尺寸偏差由供需双方协商。

2. 1栏适用于 1×××、3×××系列牌号和 6005、6005A、6063、6063A 牌号的管材；2栏适用于 2×××、5×××、7×××系列牌号及 6005、6005A、6063、6063A 之外的其他 6×××牌号的管材。

3. 本表允许偏差不适用于壁厚小于面间距 2.5%的管材。壁厚小于边长或面间距的 2.5%的管材的偏差按下述给定：

壁厚大于外径的 2.0%~2.5%时：表中偏差值×1.5；

壁厚大于外径的 1.5%~2.0%时：表中偏差值×2.0；

壁厚大于外径的 1.0%~1.5%时：表中偏差值×3.0；

壁厚大于外径的 0.5%~1.0%时：表中偏差值×4.0。

表 5-72　正方形、矩形、正多边形管的壁厚允许偏差

（单位：mm）

名义壁厚	外接圆直径为下列各栏数值时，壁厚的允许偏差					
	≤100.00		>100.00~300.00		>300.00~350.00	
	1栏	2栏	1栏	2栏	1栏	2栏
≥0.50~1.50	±0.20	±0.30	±0.30	±0.40	—	—
>1.50~3.00	±0.25	±0.35	±0.40	±0.50	±0.60	±0.70
>3.00~6.00	±0.40	±0.55	±0.60	±0.70	±0.80	±0.90
>6.00~10.00	±0.60	±0.75	±0.80	±1.00	±1.00	±1.20
>10.00~15.00	±0.80	±1.00	±1.00	±1.30	±1.20	±1.50
>15.00~20.00	±1.20	±1.50	±1.50	±1.80	±1.70	±2.00
>20.00~30.00	±1.50	±1.80	±1.80	±2.20	±2.00	±2.50
>30.00~40.00	—	—	±2.00	±2.50	±2.00	±3.00

注：1. 1栏适用于 1×××、3×××系列牌号和 6005、6005A、6063、6063A 牌号的管材。

2. 2栏适用于 2×××、5×××系列牌号及 6005、6005A、6063、6063A 之外的其他 6×××牌号的管材。

2）长度允许偏差见表 5-73。

表 5-73　定尺管材的长度允许偏差　　（单位：mm）

外径或外接圆直径	长度允许偏差							
	≤2000		>2000~5000		>5000~10000		>10000~15000	
	普通级	高精级	普通级	高精级	普通级	高精级	普通级	高精级
≥8.00~100.00	+9	+5	+10	+7	+12	+10	+16	—
>100.00~200.00	+11	+7	+12	+9	+14	+12	+18	—
>200.00~350.00	+12	+8	+14	+11	+16	+14	+20	—

（4）力学性能（见表 5-74）

表 5-74　管材的室温纵向力学性能

牌号	供应状态	试样状态	壁厚/mm	抗拉强度 R_a /MPa	规定非比例延伸强度 $R_{p0.2}$/MPa	断后伸长率（%） 标距 50mm	断后伸长率（%） A_s
				≥			
1070A、1060	0	0	所有	60~95	—	25	22
	H112	H112	所有	60	—	25	22
1050A、1035	0	0	所有	60~100	—	25	23
	H112	H112	所有	60	—	25	23
1100、1200	0	0	所有	75~105	—	25	22
	H112	H112	所有	75	—	25	22
2A11	0	0	所有	≤245	—	—	10
	H112、T4	T4	所有	350	195	—	10
2017	0	0	所有	≤245	≤125	—	16
	H112、T4	T4	所有	345	215	—	12
2A12	0	0	所有	≤245	—	—	10
	H112、T4	T4	所有	390	255	—	10
2024	0	0	所有	≤245	≤130	12	10
	H112、T4	T4	≤18	395	260	12	10
			>18	395	260	—	9
3003	0	0	所有	95~130	—	25	22
	H112	H112	所有	95	—	25	22
5A02	H112	H112	所有	≤225	—	—	—
5052	0	0	所有	170~240	70	—	—

（续）

牌号	供应状态	试样状态	壁厚/mm	抗拉强度 R_a /MPa	规定非比例延伸强度 $R_{p0.2}$/MPa	断后伸长率(%)	
						标距 50mm	A_s
				≥			
5A03	H112	H112	所有	175	70	—	15
5A05	H112	H112	所有	225	—	—	15
5A06	O、H112	O、H112	所有	315	145	—	15
5083	O	O	所有	270~350	110	14	12
	H112	H112	所有	270	110	12	10
5454	O	O	所有	215~285	85	14	12
	H112	H112	所有	215	85	12	10
5086	O	O	所有	240~315	95	14	12
	H112	H112	所有	240	95	12	10
6A02	O	O	所有	≤145	—	—	17
	T4	T4	所有	205	—	—	14
	H112、T6	T6	所有	295	—	—	8
6005A	T5	T5	≤6.30	260	215	7	—
			>6.30	260	215	9	8
6005	T5	T5	≤3.20	260	240	8	—
			>3.21~25.00	260	240	10	9
6061	T4	T4	所有	180	110	16	14
	T6	T6	≤6.30	265	245	8	—
			>6.30	265	245	10	9
6063	T4	T4	≤12.50	130	70	14	12
			>12.50~25.00	125	60	—	12
	T6	T6	所有	205	180	10	8
	T5	T5	所有	160	110	—	8
6063A	T5	T5	≤10.00	200	160	—	5
			>10.00	190	150	—	5
	T6	T6	≤10.00	230	190	—	5
			>10.00	220	180	—	4

注：超出表中范围的管材，性能指标双方协商或提供性能指标实测值的范围。

5. 铜及铜合金无缝管材外形尺寸及允许偏差（GB/T 16866—2006）

（1）管材的规格

1）挤制铜及铜合金圆形管的规格见表 5-75。

2）拉制铜及铜合金圆形管规格见表 5-76。

表 5-75 挤制铜及铜合金圆形管规格尺寸 （单位：mm）

公称外径	公称壁厚																										
	1.5	2.0	2.5	3.0	3.5	4.0	4.5	5.0	6.0	7.5	9.0	10.0	12.5	15.0	17.5	20.0	22.5	25.0	27.5	30.0	32.5	35.0	37.5	40.0	42.5	45.0	50.0
20、21、22	○	○	○	○		○																					
23、24、25、26	○	○	○	○	○	○																					
27、28、29			○	○	○	○	○	○	○																		
30、32			○	○	○	○	○	○	○																		
34、35、36			○	○	○	○	○	○	○																		
38、40、42、44			○	○	○	○	○	○	○	○	○	○															
45、46、48			○	○	○	○	○	○	○	○	○	○															
50、52、54、55			○	○	○	○	○	○	○	○	○	○	○	○	○												
56、58、60						○	○	○	○	○	○	○	○	○	○												
62、64、65、68、70						○	○	○	○	○	○	○	○	○	○	○											
72、74、75、78、80						○	○	○	○	○	○	○	○	○	○	○	○	○									
85、90										○		○	○	○	○	○	○	○	○	○							
95、100										○		○	○	○	○	○	○	○	○	○							
105、110												○	○	○	○	○	○	○	○	○							
115、120												○	○	○	○	○	○	○	○	○	○	○	○				
125、130												○	○	○	○	○	○	○	○	○	○	○					
135、140												○	○	○	○	○	○	○	○	○	○	○	○				
145、150												○	○	○	○	○	○	○	○	○	○	○					
155、160												○	○	○	○	○	○	○	○	○	○	○	○	○	○		
165、170												○	○	○	○	○	○	○	○	○	○	○	○	○	○		
175、180												○	○	○	○	○	○	○	○	○	○	○	○	○	○		
185、190、195、200												○	○	○	○	○	○	○	○	○	○	○	○	○	○	○	
210、220												○	○	○	○	○	○	○	○	○	○	○	○	○	○	○	
230、240、250												○	○	○		○		○	○	○	○	○	○	○	○	○	○
260、280												○	○	○		○		○		○							
290、300																○		○		○							

注：“○”表示推荐规格，需要其他规格的产品应由供需双方商定。

表 5-76　拉制铜及铜合金圆形管规格尺寸　（单位：mm）

公称外径	公称壁厚																									
	0.2	0.3	0.4	0.5	0.6	0.75	1.0	1.25	1.5	2.0	2.5	3.0	3.5	4.0	4.5	5.0	6.0	7.0	8.0	9.0	10.0	11.0	12.0	13.0	14.0	15.0
3、4	○	○	○	○	○	○	○	○																		
5、6、7	○	○	○	○	○	○	○	○	○																	
8、9、10、11、12、13、14、15	○	○	○	○	○	○	○	○	○	○	○	○														
16、17、18、19、20		○	○	○	○	○	○	○	○	○	○	○	○	○	○											
21、22、23、24、25、26、27、28、29、30			○	○	○	○	○	○	○	○	○	○	○	○	○	○										
31、32、33、34、35、36、37、38、39、40			○	○	○	○	○	○	○	○	○	○	○	○	○	○										
42、44、45、46、48、49、50						○	○	○	○	○	○	○	○	○	○	○	○									
52、54、55、56、58、60						○	○	○	○	○	○	○	○	○	○	○	○	○	○							
62、64、65、66、68、70							○	○	○	○	○	○	○	○	○	○	○	○	○	○	○	○				
72、74、75、76、78、80										○	○	○	○	○	○	○	○	○	○	○	○	○	○	○		
82、84、85、86、88、90、92、94、96、100										○	○	○	○	○	○	○	○	○	○	○	○	○	○	○	○	○
105、110、115、120、125、130、135、140、145、150										○	○	○	○	○	○	○	○	○	○	○	○	○	○	○	○	○
155、160、165、170、175、180、185、190、195、200												○	○	○	○	○	○	○	○	○	○	○	○	○	○	○
210、220、230、240、250												○	○	○	○	○	○	○	○	○	○	○	○	○	○	○
260、270、280、290、300、310、320、330、340、350、360														○	○	○										

注：“○”表示推荐规格，需要其他规格的产品应由供需双方商定。

（2）圆形管材外径允许偏差

1）挤制圆形管材的外径允许偏差见表5-77。

表5-77　挤制圆形管材的外径允许偏差　（单位：mm）

公称外径	外径允许偏差(±)		公称外径	外径允许偏差(±)	
	纯铜管、青铜管	黄铜管		纯铜管、青铜管	黄铜管
20~22	0.22	0.25	101~120	1.2	1.3
23~26	0.25	0.25	121~130	1.3	1.5
27~29	0.25	0.25	131~140	1.4	1.6
30~33	0.30	0.30	141~150	1.5	1.7
34~37	0.30	0.35	151~160	1.6	1.9
38~44	0.35	0.40	161~170	1.7	2.0
45~49	0.35	0.45	171~180	1.8	2.1
50~55	0.45	0.50	181~190	1.9	2.2
56~60	0.60	0.60	191~200	2.0	2.2
61~70	0.70	0.70	201~220	2.2	2.3
71~80	0.80	0.82	221~250	2.5	2.5
81~90	0.90	0.92	251~280	2.8	2.8
91~100	1.0	1.1	281~300	3.0	—

注：1. 当要求外径偏差全为正（+）或全为负（-）时，其允许偏差为表中对应数值的2倍。

2. 当外径和壁厚之比不小于10时，挤制黄铜管的短轴尺寸不应小于公称外径的95%。此时，外径允许偏差应为平均外径允许偏差。

3. 当外径和壁厚之比不小于15时，挤制纯铜管和青铜管的短轴尺寸不应小于公称外径的95%。此时，外径允许偏差应为平均外径允许偏差。

2）拉制圆形管材的平均外径允许偏差见表5-78。

表5-78　拉制圆形管材的平均外径允许偏差　（单位：mm）

公称外径	平均外径允许偏差(±)　≤		公称外径	平均外径允许偏差(±)　≤	
	普通级	高精级		普通级	高精级
3~15	0.06	0.05	>100~125	0.28	0.15
>15~25	0.08	0.06	>125~150	0.35	0.18
>25~50	0.12	0.08	>150~200	0.50	—
>50~75	0.15	0.10	>200~250	0.65	—
>75~100	0.20	0.13	>250~360	0.40	—

注：当要求外径偏差全为正（+）或全为负（-）时，其允许偏差为表中对应数值的2倍。

（3）拉制矩（方）形管材两平行外表面间距允许偏差（见表 5-79）

表 5-79　拉制矩（方）形管材的两平行外表面间距允许偏差

（单位：mm）

尺寸 *a* 和 *b*	允许偏差(±)　≤		示意图
	普通级	高精级	
≤3.0	0.12	0.08	
>3.0~16	0.15	0.10	
>16~25	0.18	0.12	
>25~50	0.25	0.15	
>50~100	0.35	0.20	

注：1. 当两平行外表面间距的允许偏差要求全为正或全为负时，其允许偏差为表中对应数值的 2 倍。

2. 公称尺寸 *a* 对应的公差也适用 *a′*，公称尺寸 *b* 对应的公差也适用 *b′*。

（4）壁厚允许偏差（见表 5-80~表 5-82）

表 5-80　挤制圆形管材的壁厚允许偏差　　（单位：mm）

材料名称	公称外径	公称壁厚≤												
		1.5	2.0	2.5	3.0	3.5	4.0	4.5	5.0	6.0	7.5	9.0	10.0	12.5
		壁厚允许偏差(±)												
纯铜管	20~300	—	—	—	—	—	—	—	0.5	0.6	0.75	0.9	1.0	1.2
黄、青铜管	20~280	0.25	0.30	0.40	0.45	0.5	0.5	0.6	0.6	0.7	0.75	0.9	1.0	1.3

材料名称	公称外径	公称壁厚													
		15.0	17.5	20.0	22.5	25.0	27.5	30.0	32.5	35.0	37.5	40.0	42.5	45.0	50.0
		壁厚允许偏差(±)													
纯铜管	20~300	1.4	1.6	1.8	1.8	2.0	2.2	2.4	—	—	—	—	—	—	—
黄、青铜管	20~280	1.5	1.8	2.0	2.3	2.5	2.8	3.0	3.3	3.5	3.8	4.0	4.3	4.4	4.5

注：当要求壁厚偏差全为正（+）或全为负（-）时，其允许偏差为表中对应数值的 2 倍。

表 5-81　拉制圆形管材的壁厚允许偏差　　（单位：mm）

公称外径	公称壁厚									
	0.20~0.40		>0.40~0.60		>0.60~0.90		>0.90~1.5		>1.5~2.0	
	壁厚允许偏差(%)(±)									
	普通级	高精级	普通级	高精级	普通级	高精级	普通级	高精级	普通级	高精级
3~15	12	10	12	10	12	9	12	7	10	5
>15~25	—	—	12	10	12	9	12	7	10	6
>25~50	—	—	12	10	12	10	12	8	10	6
>50~100	—	—	—	—	12	10	12	9	10	8
>100~175	—	—	—	—	—	—	—	—	11	10
>175~250	—	—	—	—	—	—	—	—	—	—
>250~360	供需双方协商									

（续）

公称外径	公称壁厚											
	>2.0~3.0		>3.0~4.0		>4.0~5.5		>5.5~7.0		>7.0~10.0		>10.0	
	壁厚允许偏差(%)(±)											
	普通级	高精级	普通级	高精级	普通级	高精级	普通级	高精级	普通级	高精级	普通级	高精级
3~15	10	5	—	—	—	—	—	—	—	—	—	—
>15~25	10	5	10	5	10	5	—	—	—	—	—	—
>25~50	10	6	10	5	10	5	10	5	—	—	—	—
>50~100	10	8	10	6	10	5	10	5	10	5	10	5
>100~175	11	9	10	7	10	7	10	6	10	6	10	5
>175~250	12	10	11	9	10	8	10	7	10	6	10	6
>250~360	供需双方协商											

注：当要求壁厚偏差全为正（+）或全为负（-）时，其允许偏差为表中对应数值的2倍。

表5-82 矩（方）形管材的壁厚允许偏差 （单位：mm）

壁厚	两平行外表面间的距离									
	0.80~3.0		>3.0~16		>16~25		>25~50		>50~100	
	壁厚允许偏差(±)									
	普通级	高精级	普通级	高精级	普通级	高精级	普通级	高精级	普通级	高精级
≤0.4	0.06	0.05	0.08	0.05	0.11	0.06	0.12	0.08	—	—
>0.4~0.6	0.10	0.08	0.10	0.06	0.12	0.08	0.15	0.09	—	—
>0.6~0.9	0.11	0.09	0.13	0.09	0.15	0.09	0.18	0.10	0.20	0.15
>0.9~1.5	0.12	0.10	0.15	0.10	0.18	0.12	0.25	0.12	0.28	0.20
>1.5~2.0	—	—	0.18	0.12	0.23	0.15	0.28	0.20	0.30	0.20
>2.0~3.0	—	—	0.25	0.20	0.30	0.20	0.35	0.25	0.40	0.25
>3.0~4.0	—	—	0.30	0.25	0.35	0.25	0.40	0.28	0.45	0.30
>4.0~5.5	—	—	0.50	0.28	0.55	0.30	0.60	0.33	0.65	0.38
>5.5~7.0	—	—	—	—	0.65	0.38	0.75	0.40	0.85	0.45

注：1. 当壁厚偏差要求全为正或全为负时，应将此值加倍。

2. 对于矩形管，由较大尺寸来确定壁厚允许偏差，适用于所有管壁。

（5）长度允许偏差（见表5-83~表5-85）

表5-83 拉制直管的长度允许偏差 （单位：mm）

长　　度	长度允许偏差≤		
	外径≤25	外径>25~100	外径>100
≤600	2	3	4
>600~2000	4	4	6
>2000~4000	6	6	6
>4000	12	12	12

注：1. 表中偏差为正偏差。如果要求负偏差，可采用相同的值；如果要求正和负偏差，则应为所列值的一半。

2. 倍尺长度应加入锯切分段时的锯切量。每一锯切量为5mm。

表 5-84　盘管的长度允许偏差　（单位：mm）

长　度	长度允许偏差≤
≤12000	300
>12000~30000	600
>30000	长度的 3%

注：表中偏差为正偏差。如果要求负偏差，可采用相同的值；如果要求正和负偏差，则应为所列值的一半。

表 5-85　矩（方）形管材的长度允许偏差　（单位：mm）

长度	最大对边距		长度	最大对边距	
	≤25	>25~100		≤25	>25~100
	长度允许偏差≤			长度允许偏差≤	
≤150	0.8	1.5	>2000~4000	6.0	6.0
>150~600	1.5	2.5	>4000~12000	12	12
>600~2000	2.5	3.0	>12000	盘状供货，+0.2%	

注：1. 表中的偏差全为正；如果要求偏差全为负，可采用相同的值；如果偏差采用正和负，则应为表中值的一半。
2. 长度在 12000mm 以下的管材，一般采用直条状供货。
3. 倍尺长度应加入锯切分段时的锯切量，每一锯切量为 5mm。

6. 铜及铜合金拉制管（GB/T 1527—2006）

（1）牌号、状态和规格（见表 5-86）

表 5-86　管材的牌号、状态和规格

牌　号	状　态	规格尺寸/mm			
		圆形		矩(方)形	
		外径	壁厚	对边距	壁厚
T2、T3、TU1、TU2、TP1、TP2	软(M)、轻软(M_2) 硬(Y)、特硬(T)	3~360	0.5~15	3~100	1~10
	半硬(Y_2)	3~100			
H96、H90	软(M)、轻软(M_2) 半硬(Y_2)、硬(Y)	3~200	0.2~10		0.2~7
H85、H80、H85A					
H70、H68、H59、HPb59-1、HSn62-1、HSn70-1、H70A、H68A		3~100			
H65、H63、H62、HPb66-0.5、H65A		3~200			
HPb63-0.1	半硬(Y_2)	18~31	6.5~13	—	—
	1/3 硬(Y_3)	8~31	3.0~13		
BZn15-20	硬(Y)、半硬(Y_2)、软(M)	4~40	0.5~8	—	—
BFe10-1-1	硬(Y)、半硬(Y_2)、软(M)	8~160			
BFe30-1-1	半硬(Y_2)、软(M)	8~80			

注：1. 外径≤100mm 的圆形直管，供应长度为 1000~7000mm；其他规格的圆形直管供应长度为 500~6000mm。
2. 矩（方）形直管的供应长度为 1000~5000mm。
3. 外径≤30mm、壁厚<3mm 的圆形管材和圆周长≤100mm 或圆周长与壁厚之比≤15 的矩（方）形管材，可供应长度≥6000mm 的盘管。

（2）力学性能（见表5-87和表5-88）

表5-87　纯铜圆形管材的室温纵向力学性能

牌号	状态	壁厚/mm	拉伸试验		硬度试验	
			抗拉强度 R_m /MPa ≥	伸长率 A(%) ≥	硬度[②] HV	硬度[③] HB
T2、T3、TU1、TU2、TP1、TP2	软(M)	所有	200	40	40~65	35~60
	轻软(M_2)	所有	220	40	45~75	40~70
	半硬(Y_2)	所有	250	20	70~100	65~95
	硬(Y)	≤6	290	—	95~120	90~115
		>6~10	265	—	75~110	70~105
		>10~15	250	—	70~100	65~95
	特硬[①](T)	所有	360	—	≥110	≥150

注：矩（方）形管材的室温力学性能由供需双方商定。

① 特硬（T）状态的抗拉强度仅适用于壁厚≤3mm的管材；壁厚>3mm的管材，其性能由供需双方协商确定。

② 维氏硬度试验负荷由供需双方协商确定。软（M）状态的维氏硬度试验仅适用于壁厚≥1mm的管材。

③ 布氏硬度试验仅适用于壁厚≥3mm的管材。

表5-88　黄铜、白铜管材的室温纵向力学性能

牌　号	状态	拉伸试验		硬度试验	
		抗拉强度 R_m/MPa ≥	伸长率 A(%) ≥	硬度[①] HV	硬度[②] HBW
H96	M	205	42	45~70	40~65
	M_2	220	35	50~75	45~70
	Y_2	260	18	75~105	70~100
	Y	320	—	≥95	≥90
H90	M	220	42	45~75	40~70
	M_2	240	35	50~80	45~75
	Y_2	300	18	75~105	70~100
	Y	360	—	≥100	≥95
H85、H85A	M	240	43	45~75	40~70
	M_2	260	35	50~80	45~75
	Y_2	310	18	80~110	75~105
	Y	370	—	≥105	≥100
H80	M	240	43	45~75	40~70
	M_2	260	40	55~85	50~80
	Y_2	320	25	85~120	80~115
	Y	390	—	≥115	≥110

（续）

牌　号	状态	拉伸试验		硬度试验	
		抗拉强度 R_m/MPa ≥	伸长率 A(%) ≥	硬度[1] HV	硬度[2] HBW
H70、H68、H70A、H68A	M	280	43	55~85	50~80
	M_2	350	25	85~120	80~115
	Y_2	370	18	95~125	90~120
	Y	420	—	≥115	≥110
H65、HPb66-0.5、H65A	M	290	43	55~85	50~80
	M_2	360	25	80~115	75~110
	Y_2	370	18	90~120	85~115
	Y	430	—	≥110	≥105
H63、H62	M	300	43	60~90	55~85
	M_2	360	25	75~110	70~105
	Y_2	370	18	85~120	80~115
	Y	440	—	≥115	≥110
H59、HPb59-1	M	340	35	75~105	70~100
	M_2	370	20	85~115	80~110
	Y_2	410	15	100~130	95~125
	Y	470	—	≥125	≥120
HSn70-1	M	295	40	60~90	55~85
	M_2	320	35	70~100	65~95
	Y_2	370	20	85~110	80~105
	Y	455	—	≥110	≥105
HSn62-1	M	295	35	60~90	55~85
	M_2	335	30	75~105	70~100
	Y_2	370	20	85~110	80~105
	Y	455	—	≥110	≥105
HPb63-0.1	半硬(Y_2)	353	20	—	110~165
	1/3 硬(Y_3)	—	—	—	70~125
BZn15-20	软(M)	295	35	—	—
	半硬(Y_2)	390	20	—	—
	硬(Y)	490	8	—	—
BFe10-1-1	软(M)	290	30	75~110	70~105
	半硬(Y_2)	310	12	105	100
	硬(Y)	480	8	150	145
BFe30-1-1	软(M)	370	35	135	130
	半硬(Y_2)	480	12	85~120	80~115

① 维氏硬度试验负荷由供需双方协商确定。软（M）状态的维氏硬度试验仅适用于壁厚≥0.5mm 的管材。

② 布氏硬度试验仅适用于壁厚≥3mm 的管材。

7. 铜及铜合金挤制管（YB/T 622—2007）

（1）用途 用于各工业。

（2）牌号、状态和规格（见表5-89）

表5-89 牌号、状态和规格

牌号	状态	规格/mm		
		外径	壁厚	长度
TU1、TU2、T2、T3、TP1、TP2	挤制(R)	30~300	5~65	300~6000
H96、H62、HPb59-1、HFe59-1-1		20~300	1.5~42.5	
H80、H65、H68、HSn62-1、HSi80-3、HMn58-2、HMn57-3-1		60~220	7.5~30	
QAl9-2、QAl9-4、QAl10-3-1.5、QAl10-4-4		20~250	3~50	500~6000
QSi3.5-3-1.5		80~200	10~30	
QCr0.5		100~220	17.5~37.5	500~3000
BFe10-1-1		70~250	10~25	300~3000
BFe30-1-1		80~120	10~25	

注：1. 管材的化学成分应符合GB/T 5231中相应牌号的规定。
2. 管材的尺寸及其允许偏差应符合GB/T 16866的规定。

（3）力学性能（见表5-90）

表5-90 管材的纵向室温力学性能

牌号	壁厚/mm	抗拉强度 R_m/MPa	断后伸长率 A(%)	布氏硬度HBW
T2、T3、TU1、TU2、TP1、TP2	≤65	≥185	≥42	—
H96	≤42.5	≥185	≥42	—
H80	≤30	≥275	≥40	—
H68	≤30	≥295	≥45	—
H65、H62	≤42.5	≥295	≥43	—
HPb59-1	≤42.5	≥390	≥24	—
HFe59-1-1	≤42.5	≥430	≥31	—
HSn62-1	≤30	≥320	≥25	—
HSi80-3	≤30	≥295	≥28	—
HMn58-2	≤30	≥395	≥29	—
HMn57-3-1	≤30	≥490	≥16	—
QAl9-2	≤50	≥470	≥16	—
QAl9-4	≤50	≥450	≥17	—
QAl10-3-1.5	<16	≥590	≥14	140~200
	≥16	≥540	≥15	135~200
QAl10-4-4	≤50	≥635	≥6	170~230
QSi3.5-3-1.5	≤30	≥360	≥35	—
QCr0.5	≤37.5	≥220	≥35	—
BFe10-1-1	≤25	≥280	≥28	—
BFe30-1-1	≤25	≥345	≥25	—

注：需方有要求并在合同中注明时，可选择进行拉伸试验或布氏硬度试验。外径大于200mm的管材，可不做拉伸试验，但必须保证。

8. 铜及铜合金毛细管（GB/T 1531—2009）

（1）牌号、状态和规格（见表 5-91）

表 5-91　管材牌号、状态和规格

牌　　号	供应状态	规格尺寸（外径×内径）/mm	长度/mm	
			盘管	直管
T2、TP1、TP2、H85、H80、H70、H68、H65、H63、H62	硬(Y)、半硬(Y_2)、软(M)	(ϕ0.5~ϕ6.10)×(ϕ0.3~ϕ4.45)	≥3000	50~6000
H96、H90 QSn4-0.3、QSn6.5-0.1	硬(Y)、软(M)			

注：根据用户需要，可供应其他牌号、状态和规格的管材。

（2）尺寸及允许偏差

1）高精级管材的外径、内径及其允许偏差见表 5-92。

表 5-92　高精级管材的外径、内径及其允许偏差

（单位：mm）

外　径		内　径	
公称尺寸	允许偏差	公称尺寸	允许偏差
<1.60	±0.02	<0.60①	±0.015①
≥1.60	±0.03	≥0.60	±0.02

① 内径小于 0.60mm 的毛细管，内径及其允许偏差可以不测，但必须用流量或压力差试验来保证。

2）普通级管材的外径、内径及其允许偏差见表 5-93。

表 5-93　普通级管材外径、内径及其允许偏差（单位：mm）

外　径		内　径
公称尺寸	允许偏差	允许偏差
≤3.0	±0.03	±0.05
>3.0	±0.05	

3）直管长度允许偏差见表 5-94。

表 5-94　直管长度允许偏差　（单位：mm）

长　度	允许偏差	长　度	允许偏差
50~150	±1.0	>1000~2000	±5.0
>150~500	±2.0		
>500~1000	±3.0	>2000~6000	±7.0

4）定尺墩台（限位）毛细管（见图 5-41）长度允许偏差见表 5-93。

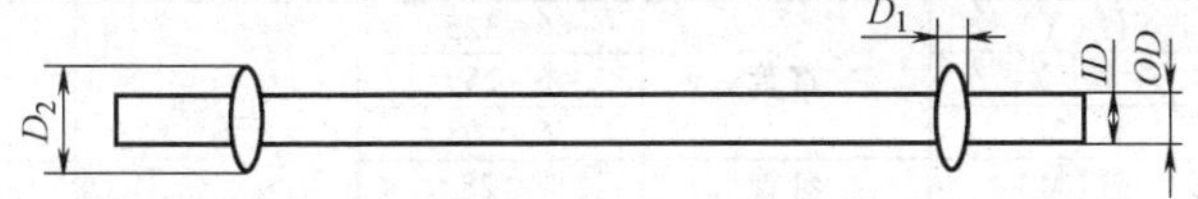

图 5-41　定尺墩台（限位）毛细管

表 5-95 定尺墩台（限位）毛细管尺寸允许偏差 （单位：mm）

外径 *OD*	内径 *ID*	墩台外径 D_2	墩台宽度 D_1
±0.05	±0.03	(*OD*+0.3~0.8)±0.4	(1.5~3.0)±0.5

注：墩台外径、宽度值可根据用户要求具体确定。

（3）力学性能（见表 5-96）

表 5-96 室温纵向力学性能

牌号	状态	拉伸试验		硬度试验
		抗拉强度 R_m/MPa	断后伸长率 *A*(%)	硬度 HV
TP2、T2、TP1	M	≥205	≥40	—
	Y_2	245~370	—	—
	Y	≥345	—	—
H96	M	≥205	≥42	45~70
	Y	≥320	—	≥90
H90	M	≥220	≥42	40~70
	Y	≥360	—	≥95
H85	M	≥240	≥43	40~70
	Y_2	≥310	≥18	75~105
	Y	≥370	—	≥100
H80	M	≥240	≥43	40~70
	Y_2	≥320	≥25	80~115
	Y	≥390	—	≥110
H70、H68	M	≥280	≥43	50~80
	Y_2	≥370	≥18	90~120
	Y	≥420	—	≥110
H65	M	≥290	≥43	50~80
	Y_2	≥370	≥18	85~115
	Y	≥430	—	≥105
H63、H62	M	≥300	≥43	55~85
	Y_2	≥370	≥18	70~105
	Y	≥440	—	≥110
QSn4-0.3	M	≥325	≥30	≥90
QSn6.5-0.1	Y	≥490	—	≥120

注：外径与内径之差小于 0.30mm 的毛细管不作拉伸试验。有特殊要求者，由供需双方协商解决。

9. 无缝铜水管和铜气管（GB/T 18033—2007）

（1）牌号、状态和规格（见表 5-97）

表 5-97 管材的牌号、状态和规格

牌号	状态	种类	规格尺寸/mm		
			外径	壁厚	长度
TP2 TU2	硬(Y)	直管	6~325	0.6~8	≤6000
	半硬(Y_2)		6~159		
	软(M)		6~108		
	软(M)	盘管	≤28		≥15000

（2）尺寸及允许偏差（见表 5-98 和表 5-99）

表 5-98 管材的外形尺寸系列

公称尺寸 DN /mm	公称外径 /mm	壁厚/mm			理论质量/(kg/m)			最大工作压力 p/MPa								
								硬态(Y)			半硬态(Y_2)			软态(M)		
		A 型	B 型	C 型	A 型	B 型	C 型	A 型	B 型	C 型	A 型	B 型	C 型	A 型	B 型	C 型
4	6	1.0	0.8	0.6	0.140	0.117	0.091	24.00	18.80	13.7	19.23	14.9	10.9	15.8	12.3	8.95
6	8	1.0	0.8	0.6	0.197	0.162	0.125	17.50	13.70	10.0	13.89	10.9	7.98	11.4	8.95	6.57
8	10	1.0	0.8	0.6	0.253	0.207	0.158	13.70	10.70	7.94	10.87	8.55	6.30	8.95	7.04	5.19
10	12	1.2	0.8	0.6	0.364	0.252	0.192	13.67	8.87	6.65	1.87	7.04	5.21	8.96	5.80	4.29
15	15	1.2	1.0	0.7	0.465	0.393	0.281	10.79	8.87	6.11	8.55	7.04	4.85	7.04	5.80	3.99
—	18	1.2	1.0	0.8	0.566	0.477	0.386	8.87	7.31	5.81	7.04	5.81	4.61	5.80	4.79	3.80
20	22	1.5	1.2	0.9	0.864	0.701	0.535	9.08	7.19	5.32	7.21	5.70	4.22	6.18	4.70	3.48
25	28	1.5	1.2	0.9	1.116	0.903	0.685	7.05	5.59	4.62	5.60	4.44	3.30	4.61	3.65	2.72
32	35	2.0	1.5	1.2	1.854	1.411	1.140	7.54	5.54	4.44	5.98	4.44	3.52	4.93	3.65	2.90
40	42	2.0	1.5	1.2	2.247	1.706	1.375	6.23	4.63	3.68	4.95	3.68	2.92	4.08	3.03	2.41
50	54	2.5	2.0	1.2	3.616	2.921	1.780	6.06	4.81	2.85	4.81	3.77	2.26	3.96	3.14	1.86
65	67	2.5	2.0	1.5	4.529	3.652	2.759	4.85	3.85	2.87	3.85	3.06	2.27	3.17	3.05	1.88
—	76	2.5	2.0	1.5	5.161	4.157	3.140	4.26	3.38	2.52	3.38	2.69	2.00	2.80	2.68	1.65
80	89	2.5	2.0	1.5	6.074	4.887	3.696	3.62	2.88	2.15	2.87	2.29	1.71	2.36	2.28	1.41
100	108	3.5	2.5	1.5	10.274	7.408	4.487	4.19	2.97	1.77	3.33	2.36	1.40	2.74	1.94	1.16
125	133	3.5	2.5	1.5	12.731	9.164	5.540	3.38	2.40	1.43	2.68	1.91	1.14	—	—	—
150	159	4.0	3.5	2.0	17.415	15.287	8.820	3.23	2.82	1.60	2.56	2.24	1.27	—	—	—
200	219	6.0	5.0	4.0	35.898	30.055	24.156	3.53	2.93	2.33	—	—	—	—	—	—
250	267	7.0	5.5	4.5	51.122	40.399	33.180	3.37	2.64	2.15	—	—	—	—	—	—
—	273	7.5	5.8	5.0	55.932	43.531	37.640	3.54	2.16	1.53	—	—	—	—	—	—
300	325	8.0	6.5	5.5	71.234	58.151	49.359	3.16	2.56	2.16	—	—	—	—	—	—

注：1. 最大计算工作压力 p，是指工作条件为 65℃时，硬态（Y）允许应力为 63MPa；半硬态（Y_2）允许应力为 50MPa；软态（M）允许应力为 41.2MPa。

2. 加工铜的密度值取 8.94g/cm^3，作为计算每米铜管质量的依据。

3. 客户需要其他规格尺寸的管材，供需双方协商解决。

表 5-99 管材的外径允许偏差 （单位：mm）

外径	外径允许偏差		
	适用于平均外径	适用任意外径①	
	所有状态②	硬态(Y)	半硬态(Y_2)
6~18	±0.04	±0.04	±0.09
>18~28	±0.05	±0.06	±0.10
>28~54	±0.06	±0.07	±0.11
>54~76	±0.07	±0.10	±0.15
>76~89	±0.07	±0.15	±0.20
>89~108	±0.07	±0.20	±0.30
>108~133	±0.20	±0.70	±0.40
>133~159	±0.20	±0.70	±0.40
>159~219	±0.40	±1.50	—
>219~325	±0.60	±1.50	—

① 包括圆度偏差。

② 软态管材外径公差仅适用平均外径公差。

（3）力学性能（见表 5-100）

表 5-100 管材的室温纵向力学性能

牌号	状态	公称外径/mm	抗拉强度 R_m/MPa	伸长率 A (%)	硬度 HV5
			≥		
TP2 TU2	Y	≤100	315	—	>100
		>100	295		
	Y_2	≤67	250	30	75~100
		>67~159	250	20	
	M	≤108	205	40	40~75

注：维氏硬度仅供选择性试验。

10. 铜及铜合金散热管（GB/T 8891—2013）

（1）用途 用于坦克、汽车、机车、拖拉机等动力机械的散热器。

（2）牌号、状态和规格（见表 5-101）。

表 5-101 管材的牌号、状态和规格

牌号	代号	状态	规格/mm			
			圆管 直径 D×壁厚 S	扁管 宽度 A×高度 B×壁厚 S	矩形管 长边 A×短边 B×壁厚 S	长度
TU0	T10130	拉拔硬(H80)、轻拉(H55)	(4~25)×(0.20~2.00)	—	—	250~4000

（续）

牌　号	代号	状态	规格/mm			
			圆管 直径 D×壁厚 S	扁管 宽度 A×高度 B×壁厚 S	矩形管 长边 A×短边 B×壁厚 S	长度
T2 H95	T11050 T21000	拉拔硬（H80）	(10~50)×(0.20~0.80)	(15~25)×(1.9~6.0)×(0.20~0.80)	(15~25)×(5~12)×(0.20~0.80)	250~4000
H90 H85 H80	T22000 T23000 T24000	轻拉（H55）				
H68 HAs68-0.04 H65 H63	T26300 T26330 T27000 T27300	轻软退火（O50）				
HSn70-1	T45000	软化退火（O60）				

注：1. 经供需双方协商可供应其他牌号或规格的管材。

2. 管材的化学成分应符合 GB/T 5231—2012 中相应牌号的规定。

（3）尺寸规格（见图 5-42 和表 5-102~表 5-104）

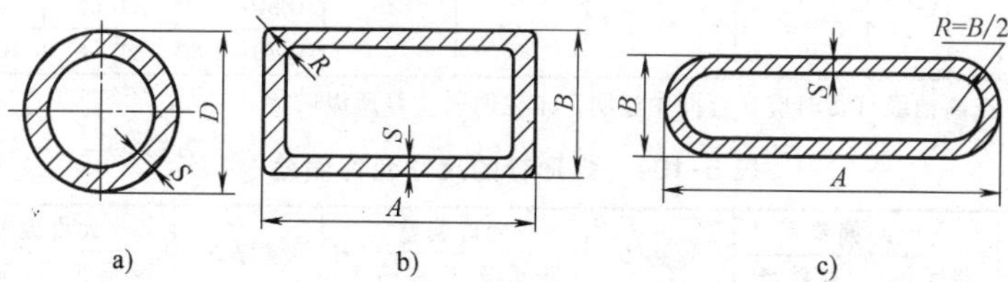

图 5-42　管材的截面示意图

a）圆管　b）矩形管　c）扁管

表 5-102　圆管的尺寸允许偏差

外径 D	允许偏差		壁厚	允许偏差	
	普通级	高精级		普通级	高精级
4~15	±0.06	±0.05	0.20~0.30	±0.03	±0.02
			>0.30~0.50	±0.04	±0.02
			>0.50~0.70	±0.05	±0.03
			>0.70~0.90	±0.06	±0.04
			>0.90~1.50	±0.07	±0.05
			>1.50~2.00	±0.08	±0.06

（续）

外径 D	允许偏差		壁厚	允许偏差	
	普通级	高精级		普通级	高精级
>15~25	±0.08	±0.06	0.20~0.30	±0.05	±0.03
			>0.30~0.50	±0.06	±0.04
			>0.50~0.70	±0.08	±0.06
			>0.70~0.90	±0.09	±0.07
			>0.90~1.50	±0.10	±0.08
			>1.50~2.00	±0.12	±0.10
>25~50	±0.12	±0.08	0.20~0.30	±0.06	±0.04
			>0.30~0.50	±0.08	±0.06
			>0.50~0.70	±0.09	±0.07
			>0.70~0.80	±0.10	±0.08

注：1. 按高精级订货时应在合同中注明，未注明时按普通级供货。

2. 外径允许偏差包括圆度允许偏差。

表5-103　扁管的尺寸允许偏差

宽度 A	允许偏差		高度 B	允许偏差		壁厚 S	允许偏差	
	普通级	高精级		普通级	高精级		普通级	高精级
15~25	±0.12	±0.08	1.9~6.0	±0.12	±0.08	0.20~0.30	±0.03	±0.02
						>0.30~0.50	±0.04	±0.02
						>0.50~0.70	±0.05	±0.03
						>0.70~0.80	±0.06	±0.04

注：按高精级订货时应在合同中注明，未注明时按普通级供货。

表5-104　矩形管的尺寸允许偏差

长边 A	允许偏差		短边 B	允许偏差		壁厚 S	允许偏差	
	普通级	高精级		普通级	高精级		普通级	高精级
15~25	±0.12	±0.08	5~12	±0.12	±0.08	0.20~0.30	±0.03	±0.02
						>0.30~0.50	±0.04	±0.02
						>0.50~0.70	±0.05	±0.03
						>0.70~0.80	±0.06	±0.04

注：按高精级订货时应在合同中注明，未注明时按普通级供货。

（4）力学性能（见表5-105）

表5-105　管材的室温力学性能

牌　号	状　态	抗拉强度 R_m MPa　≥	断后伸长率 A (%)
T2	拉拔硬(H80)	295	—
TU0	轻拉(H55)	250	20
	拉拔硬(H80)	295	—

（续）

牌　　号	状　　态	抗拉强度 R_m MPa ≥	断后伸长率 A (%)
H95	拉拔硬(H80)	320	—
H90	轻拉(H55)	300	18
H85	轻拉(H55)	310	18
H80	轻拉(H55)	320	25
H68、HAs68-0.01、H65、H63	轻软退火(O50)	350	25
HSn70-1	软化退火(O60)	295	40

11. 热交换器用铜合金无缝管（GB/T 8890—2015）

（1）用途　适用于火力发电、舰艇船舶、海上石油、机械、化工等工业部门制造热交换器及冷凝器。

（2）牌号、状态和规格（见表 5-106）

表 5-106　管材牌号、状态和规格

牌　　号	代号	供应状态	种类	规格/mm		
				外径	壁厚	长度
BFe10-1-1 BFe10-1.4-1	T70590 C70600	软化退火(O60) 硬(H80)	盘管	3~20	0.3~1.5	—
BFe10-1-1	T70590	软化退火(O60)	直管	4~160	0.5~4.5	<6000
		退火至1/2硬(O82)、硬(H80)		6~76	0.5~4.5	<18000
BFe30-0.7 BFe30-1-1	C71500 T71510	软化退火(O60) 退火至1/2硬(O82)	直管	6~76	0.5~4.5	<18000
HAl77-2 HSn72-1 HSn70-1 HSn70-1-0.01 HSn70-1-0.01-0.04 HAs68-0.04 HAs70-0.05 HAs85-0.05	C68700 C44300 T45000 T45010 T45020 T26330 C26130 T23030	软化退火(O60) 退火至1/2硬(O82)	直管	6~76	0.5~4.5	<18000

（3）化学成分（见表 5-107）

表 5-107　BFe10-1.4-1（C70600）牌号的化学成分

牌号	(质量分数,%)					
	Cu+Ag	Ni+Co	Fe	Zn	Pb	Mn
BFe10-1.4-1	余量	9.0~11.0	1.0~1.8	≤1.0	≤0.05	≤1.0

注：1. Cu+所列元素≥99.5%。

2. 其他牌号的化学成分见 GB/T 5231 中相应规定。

(4) 尺寸及允许偏差 见 GB/T 8890—2015 中 3.3 节的规定。

(5) 力学性能（见表 5-108）

表 5-108 管材的室温力学性能

牌号	状态	抗拉强度 R_m/MPa	断后伸长率 A(%)
		≥	
BFe30-1-1、BFe30-0.7	O60	370	30
	O82	490	10
BFe10-1-1、BFe10-1.4-1	O60	290	30
	O82	345	10
	H80	480	—
HAL77-2	O60	345	50
	O82	370	45
HSn72-1、HSn70-1、HSn70-1-0.01、HSn70-1-0.01-0.04	O60	295	42
	O82	320	38
HAs68-0.04、HAs70-0.05	O60	295	42
	O82	320	38
HAs85-0.05	O60	245	28
	O82	295	22

12. 铜及铜合金波导管（GB/T 8894—2014）

(1) 用途 用于制造无线电设备及电信器材。

(2) 牌号、状态和规格（见表 5-109）

表 5-109 牌号、状态和规格

牌号	代号	供应状态	规格/mm					
				矩形和方形				
			圆形 d	矩形 $a/b≈2$	中等扁矩形 $a/b≈4$	扁矩形 $a/b≈8$	方形 $a/b≈1$	长度
TU00 TU0 TU1 T2 H96	C10100 C10130 T10150 T11050 —	拉拔(H50)	3.581~149	2.540×1.270~165.10×82.55	22.85×5.00~195.58×48.90	22.86×5.00~109.22×13.10	15.00×15.00~50.00×50.00	500~4000
H62	T27600	拉拔+应力消除(HR50)						
BMn40-1.5	T71660	拉拔(H50)	—	22.86×10.16~40.40×20.20	—	—	—	

注：经双方协商，可供其他规格的管材，具体要求应在合同中注明。

(3) 化学成分

H96 牌号管材的化学成分应符合表 5-110 的规定，其他牌号管材的化学成分应符合 GB/T 5231 的规定。

表 5-110　H96 牌号管材的化学成分

牌号	化学成分(质量分数,%)				
	Cu	Fe	Pb	Zn	杂质总和
H96	95.0~97.0	0.10	0.03	余量	0.2

（4）圆形波导管的尺寸及允许偏差（见图 5-43 和表 5-111）

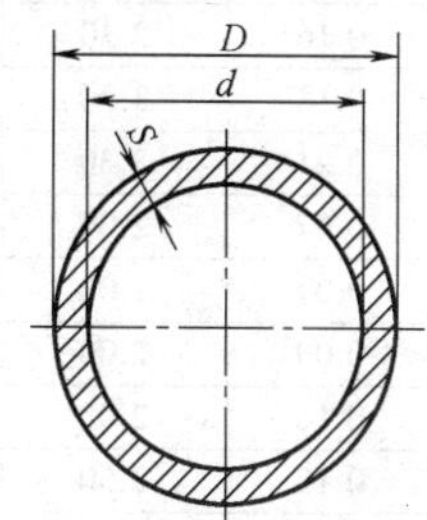

图 5-43　圆形波导管截面示意图

表 5-111　圆形波导管截面尺寸及其允许偏差（单位：mm）

型号	内径尺寸			名义壁厚 S	外径尺寸		
	d	允许偏差(±)			D	允许偏差(±)	
		Ⅰ级	Ⅱ级			Ⅰ级	Ⅱ级
C580	3.581	0.008	0.020	0.510	4.601	0.050	0.060
C495	4.369	0.008	0.020	0.510	5.389	0.050	0.060
C430	4.775	0.008	0.020	0.510	5.795	0.050	0.060
C380	5.563	0.008	0.020	0.510	6.583	0.050	0.060
C330	6.350	0.008	0.020	0.510	7.370	0.050	0.060
C290	7.137	0.008	0.030	0.760	8.657	0.050	0.070
C255	8.331	0.008	0.030	0.760	9.851	0.050	0.070
C220	9.525	0.010	0.030	0.760	11.045	0.050	0.070
C190	11.13	0.010	0.04	1.015	13.16	0.050	0.08
C165	12.70	0.013	0.04	1.015	14.73	0.055	0.08
C140	15.09	0.015	0.05	1.015	17.12	0.055	0.08
C120	17.48	0.017	0.05	1.270	20.02	0.065	0.09
C104	20.24	0.020	0.05	1.270	22.78	0.065	0.09
C89	23.83	0.024	0.06	1.650	27.13	0.065	0.10
C76	27.79	0.028	0.06	1.650	31.09	0.065	0.10
C65	32.54	0.033	0.07	2.030	36.60	0.080	0.12
C56	38.10	0.038	0.07	2.030	42.16	0.080	0.12
C48	44.45	0.044	0.08	2.540	49.53	0.080	0.14
C40	51.99	0.050	0.08	2.540	57.07	0.095	0.15
C35	61.04	0.06	0.09	3.30	67.64	0.095	0.16

（续）

型号	内径尺寸			名义壁厚 S	外径尺寸		
	d	允许偏差(±)			D	允许偏差(±)	
		Ⅰ级	Ⅱ级			Ⅰ级	Ⅱ级
C30	71.42	0.07	0.11	3.30	78.02	0.095	0.16
C25	83.62	0.08	0.14	3.30	90.22	0.11	0.18
C22	97.87	0.10	0.16	3.30	104.47	0.11	0.18
C18	114.58	0.11	0.18	3.30	121.18	0.13	0.20
C16	134.11	0.11	0.21	3.30	140.71	0.15	0.23
—	32.00	0.033	0.07	2.00	36.00	0.080	0.12
	35.50	0.038	0.07	2.00	39.50	0.080	0.12
	41.00	0.044	0.09	2.00	45.00	0.080	0.16
	54.00	0.050	0.10	2.00	58.00	0.095	0.16
	65.00	0.06	0.12	2.50	70.00	0.095	0.17
	69.00	0.06	0.12	2.50	74.00	0.095	0.17
	73.00	0.07	0.13	2.50	78.00	0.095	0.17
	100.00	0.10	0.16	3.00	106.00	0.11	0.18
	149.00	0.16	0.26	4.00	157.00	0.18	0.30

(5) 矩（方）形波导管的尺寸及允许偏差

1) 矩形波导管的截面、尺寸及允许偏差见图5-44和表5-112~表5-114。

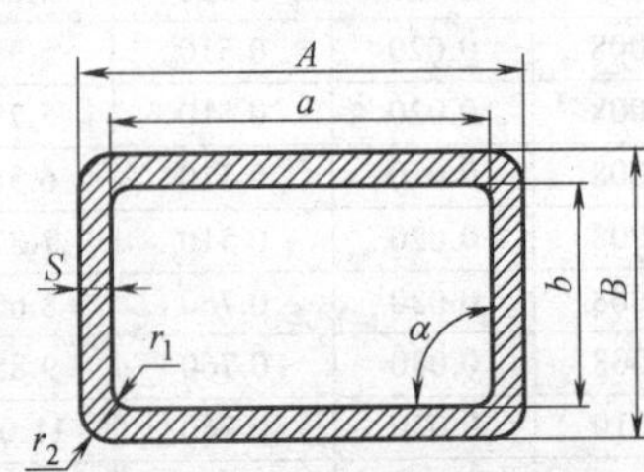

图5-44 矩形波导管截面示意图

表5-112 矩形波导管截面尺寸及其允许偏差（单位：mm）

型号	内孔尺寸				壁厚 S	外缘尺寸					
	基本尺寸		允许偏差	r_1		基本尺寸		允许偏差(±)		r_2	
	a	b	±	≤		A	B	Ⅰ级	Ⅱ级	≥	≤
R900	2.540	1.270	0.013	0.15	1.015	4.57	3.30	0.05	—	0.5	1.0
R740	3.099	1.549	0.013	0.15	1.015	5.13	3.58	0.05	—	0.5	1.0
R620	3.759	1.880	0.020	0.2	1.015	5.79	3.91	0.05	—	0.5	1.0
R500	4.775	2.388	0.020	0.3	1.015	6.81	4.42	0.05	0.08	0.5	1.0
R400	5.690	2.845	0.020	0.3	1.015	7.72	4.88	0.05	0.08	0.5	1.0

（续）

型号	内孔尺寸				壁厚 S	外缘尺寸					
	基本尺寸		允许偏差	r_1		基本尺寸		允许偏差(±)		r_2	
	a	b	±	≤		A	B	Ⅰ级	Ⅱ级	≥	≤
R320	7.112	3.556	0.020	0.4	1.015	9.14	5.59	0.05	0.08	0.5	1.0
R260	8.636	4.318	0.020	0.4	1.015	10.67	6.35	0.05	0.08	0.5	1.0
R220	10.67	4.318	0.021	0.4	1.015	12.70	6.35	0.05	0.08	0.5	1.0
R180	12.95	6.477	0.026	0.4	1.015	14.99	8.51	0.05	0.08	0.5	1.0
R140	15.80	7.899	0.031	0.4	1.015	17.83	9.93	0.05	0.08	0.5	1.0
R120	19.05	9.526	0.038	0.6	1.270	21.59	12.07	0.05	0.08	0.65	1.15
R100	22.86	10.16	0.046	0.6	1.270	25.40	12.70	0.05	0.08	0.65	1.15
R84	28.50	12.62	0.057	0.6	1.625	31.75	15.87	0.05	0.10	0.8	1.3
R70	34.85	15.80	0.070	0.6	1.625	38.10	19.05	0.08	0.14	0.8	1.3
R58	40.39	20.19	0.081	0.6	1.625	43.64	23.44	0.08	0.14	0.8	1.3
R48	47.55	22.15	0.09	0.6	1.625	50.80	25.40	0.10	0.15	0.8	1.3
R40	58.17	29.08	0.12	1.2	1.625	61.42	32.33	0.12	0.18	0.8	1.3
R32	72.14	34.04	0.14	1.2	2.030	76.20	38.10	0.14	0.20	1.0	1.5
R26	86.36	43.18	0.17	1.2	2.030	90.42	47.24	0.17	0.25	1.0	1.5
R22	109.22	54.61	0.22	1.2	2.030	113.28	58.67	0.20	0.32	1.0	1.5
R16	129.54	64.77	0.26	1.2	2.030	133.6	68.83	0.20	0.35	1.0	1.5
R14	165.10	82.55	0.33	1.2	2.030	169.16	86.61	0.20	0.40	1.0	1.5
R40-1	58.00	25.00	0.12	0.8	2.000	62.00	29.00	0.12	0.18	1.0	1.5
R100-1	22.86	10.16	0.046	0.4	1.000	24.86	12.16	0.05	0.08	0.5	1.0
R84-1	28.50	12.60	0.057	0.6	1.500	31.50	15.60	0.08	0.10	0.75	1.25
R58-1	40.40	20.20	0.081	0.6	1.500	46.40	26.40	0.08	0.14	0.75	1.25
R32-1	72.14	34.04	0.14	1.2	3.00	78.14	40.04	0.15	0.20	1.5	2.0
R32-2	72.14	34.04	0.14	1.2	4.00	80.14	42.04	0.16	0.20	2.0	2.0
R32-3	72.14	34.04	0.14	1.5	5.00	82.14	44.04	0.17	0.20	2.5	2.5
R32-4	72.14	34.04	0.14	1.5	6.00	84.14	46.04	0.18	0.20	3.0	2.5

表 5-113　中等扁矩形波导管截面尺寸及其允许偏差

（单位：mm）

型号	内孔尺寸					壁厚 S	外缘尺寸					
	基本尺寸		允许偏差(±)		r_1		基本尺寸		允许偏差(±)		r_2	
	a	b	Ⅰ级	Ⅱ级	≤		A	B	Ⅰ级	Ⅱ级	≥	≤
M100	22.85	5.00	0.023	0.030	0.8	1.270	25.39	7.54	0.050	0.08	0.65	1.15
M84	28.50	5.00	0.028	0.040	0.8	1.625	31.75	8.25	0.057	0.10	0.8	1.3
M70	34.85	8.70	0.035	0.060	0.8	1.625	38.10	11.95	0.07	0.14	0.8	1.3
M58	40.39	10.10	0.04	0.06	0.8	1.625	43.64	13.35	0.08	0.14	0.8	1.3
M48	47.55	11.90	0.048	0.07	0.8	1.625	50.80	15.15	0.10	0.15	0.8	1.3

（续）

型号	内孔尺寸					壁厚 S	外缘尺寸					
	基本尺寸		允许偏差(±)		r_1		基本尺寸		允许偏差(±)		r_2	
	a	b	Ⅰ级	Ⅱ级	≤		A	B	Ⅰ级	Ⅱ级	≥	≤
M40	58.17	14.50	0.058	0.09	1.2	1.625	61.42	17.75	0.12	0.18	0.8	1.3
M32	72.14	18.00	0.072	0.11	1.2	2.030	76.20	22.06	0.14	0.20	1.0	1.5
M26	86.36	21.60	0.086	0.12	1.2	2.030	90.42	25.66	0.17	0.25	1.0	1.5
M22	109.22	27.30	0.11	0.17	1.2	2.030	113.28	31.36	0.22	0.33	1.0	1.5
M18	129.54	32.40	0.13	0.20	1.2	2.030	133.60	36.46	0.26	0.38	1.0	1.5
M14	165.10	41.30	0.17	0.26	1.2	2.030	169.16	45.36	0.34	0.47	1.0	1.5
M12	195.58	48.90	0.18	0.30	1.2	3.20	201.98	55.30	0.38	0.52	1.6	2.1

表 5-114 扁矩形波导管截面尺寸及其允许偏差 （单位：mm）

型号	内孔尺寸					壁厚 S	外缘尺寸					
	基本尺寸		允许偏差(±)		r_1		基本尺寸		允许偏差(±)		r_2	
	a	b	Ⅰ级	Ⅱ级	≤		A	B	Ⅰ级	Ⅱ级	≥	≤
F100	22.86	5.00	0.02	0.04	0.8	1.000	24.86	7.00	0.05	0.10	0.65	1.15
F84	28.50	5.00	0.03	0.06	0.8	1.500	31.50	8.00	0.06	0.12	0.8	1.3
F70	34.85	5.00	0.035	0.06	0.8	1.625	38.10	8.25	0.07	0.14	0.8	1.3
F58	40.39	5.00	0.04	0.06	0.8	1.625	43.64	8.25	0.08	0.14	0.8	1.3
F48	47.55	5.70	0.05	0.08	0.8	1.625	50.80	8.95	0.10	0.15	0.8	1.3
F40	58.17	7.00	0.06	0.09	1.2	1.625	61.42	10.95	0.12	0.18	0.8	1.3
F32	72.14	8.60	0.07	0.11	1.2	2.030	76.20	12.66	0.14	0.20	1.0	1.5
F26	86.36	10.40	0.09	0.14	1.2	2.030	90.42	14.46	0.17	0.25	1.0	1.5
F22	109.22	13.10	0.11	0.16	1.2	2.030	113.28	17.16	0.22	0.33	1.0	1.5
F40-1	58.00	10.00	0.06	0.09	1.2	2.000	62.00	14.00	0.12	0.18	1.0	1.5

2）方形波导管的尺寸及其允许偏差见图 5-45 和表 5-115。

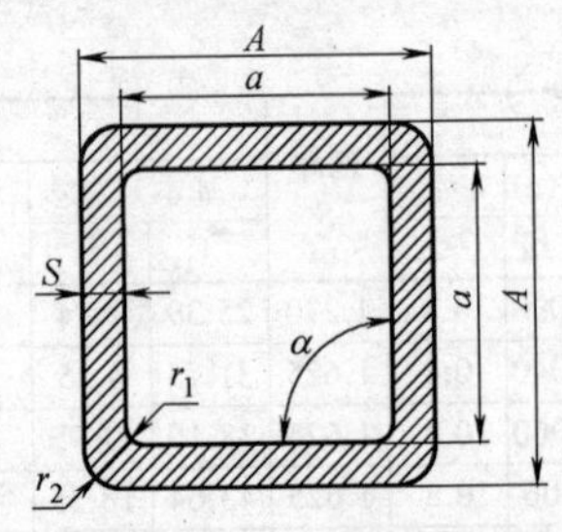

图 5-45 方形波导管截面示意图

表 5-115　方形波导管截面尺寸及其允许偏差　（单位：mm）

型号	内孔尺寸				壁厚 S	外缘尺寸				
	基本尺寸	允许偏差(±)		r_1		基本尺寸	允许偏差(±)		r_2	
	a	Ⅰ级	Ⅱ级	≤		A	Ⅰ级	Ⅱ级	≥	≤
Q130	15.00	0.030	0.05	0.4	1.270	17.54	0.050	0.08	0.5	1.0
Q115	17.00	0.034	0.06	0.4	1.270	19.54	0.050	0.08	0.65	1.15
Q100	19.50	0.039	0.06	0.8	1.625	22.75	0.050	0.08	0.8	1.3
Q23	23.00	0.046	0.07	0.8	1.625	26.25	0.050	0.08	0.8	1.3
Q70	26.00	0.052	0.08	0.8	1.625	29.25	0.050	0.08	0.8	1.3
Q70	28.00	0.056	0.08	0.8	1.625	31.25	0.056	0.09	0.8	1.3
Q65	30.00	0.060	0.09	0.8	2.030	34.06	0.060	0.09	1.0	1.5
Q61	32.00	0.064	0.10	0.8	2.030	36.06	0.064	0.10	1.0	1.5
Q54	36.00	0.072	0.11	0.8	2.030	40.06	0.072	0.10	1.0	1.5
Q49	40.00	0.080	0.12	0.8	2.030	44.06	0.080	0.12	1.0	1.5
Q41	48.00	0.096	0.15	0.8	2.030	52.06	0.096	0.15	1.0	1.5
Q40	50.00	0.10	0.15	0.8	2.030	54.06	0.10	0.15	1.0	1.5

五、箔材

1. 铝及铝合金箔（GB/T 3198—2010）

（1）用途　适用于卷烟、食品、啤酒、饮料、装饰、医药、电容器、电声元件、电暖、电缆等行业。

（2）状态和规格（见表 5-116）

表 5-116　铝箔的牌号、状态及规格

牌　号	状　态	规格/mm			
		厚度(T)	宽度	管芯内径	卷外径
1050、1060、1070、1100、1145、1200、1235	O	0.0045~0.2000	50.0~1820.0	75.0、76.2、150.0、152.4、300.0、400.0、406.0	150~1200
	H22	>0.0045~0.2000			
	H14、H24	0.0045~0.0060			
	H16、H26	0.0045~0.2000			
	H18	0.0045~0.2000			
	H19	>0.0060~0.2000			
2A11、2A12	O、H18	0.0030~0.2000			100~1500
3003	O	0.0090~0.0200			
	H22	0.0200~0.2000			
	H14、H24	0.0300~0.2000			
	H16、H26	0.1000~0.2000			
	H18	0.0100~0.2000			
	H19	0.0180~0.1000			

（续）

牌号	状态	规格/mm			
		厚度(T)	宽度	管芯内径	卷外径
3A21	O	0.0300~0.0400	50.0~1820.0	75.0、76.2、150.0、152.4、300.0、400.0、406.0	100~1500
	H22	>0.0400~0.2000			
	H24	0.1000~0.2000			
	H18	0.0300~0.2000			
4A13	O、H18	0.0300~0.2000			
5A02	O	0.0300~0.2000			
	H16、H26	0.1000~0.2000			
	H18	0.0200~0.2000			
5052	O	0.0300~0.2000			
	H14、H24	0.0500~0.2000			
	H16、H26	0.1000~0.2000			
	H18	0.0500~0.2000			
	H19	>0.1000~0.2000			
5082、5083	O、H18、H38	0.1000~0.2000			
8006	O	0.0060~0.2000			250~1200
	H22	0.0350~0.2000			
	H24	0.0350~0.2000			
	H26	0.0350~0.2000			
	H18	0.0180~0.2000			
8011、8011A、8079	O	0.0060~0.2000			
	H22	0.0350~0.2000			
	H24	0.0350~0.2000			
	H26	0.0350~0.2000			
	H18	0.0180~0.2000			
	H19	0.0350~0.2000			

（3）尺寸偏差

1）2A11、2A12、5A02、5052合金箔的局部厚度允许偏差为±10%T，其他铝箔的局部厚度偏差应符合表5-117的规定。需要高精级时，应在合同（或订货单）中注明，未注明时按普通级供货。

表5-117 铝箔的局部厚度偏差 （单位：mm）

厚度 T	高精级	普通级
0.0045~0.0090	±5%T	±6%T
>0.0090~0.2000	±4%T	±5%T

2）铝箔的平均厚度偏差见表5-118。

3）铝箔的宽度偏差见表5-119。

表 5-118　铝箔的平均厚度允许偏差

卷批量/t	平均厚度允许偏差/mm
≤3	±5%T
>3~10	±4%T
>10	±3%T

表 5-119　铝箔的宽度偏差　（单位：mm）

宽　度	高精级	普通级
≤200.0	±0.5	±1.0
>200.0~1200.0	±1.0	
>1200.0	±2.0	

注：如合同规定为单项偏差时，偏差为表中数值的 2 倍。

4）非定尺交货的铝箔长度（L）或卷外径的偏差见表 5-120。其他铝箔要求定尺交货时长度，偏差由供需双方协商，并在合同中注明。

表 5-120　非定尺交货的铝箔长度（L）或卷外径的偏差

（单位：mm）

卷外径/mm	长度(L)的允许偏差①		卷外径的允许偏差/mm	
	每批中个数不少于 80% 的箔卷	每批中个数不超过 20% 的箔卷	每批中个数不少于 80% 的箔卷	每批中个数不超过 20% 的箔卷
≤450	±2%L	±5%L	—	
>450	—		±10	±20

① 当合同（或订货单）中要求单向偏差时，其允许偏差值应为表中对应数值的 2 倍。

（4）力学性能（见表 5-121 和表 5-122）

表 5-121　铝箔的室温拉伸性能

牌号	状态	厚度(T)/mm	室温拉伸试验结果		
			抗拉强度 R_m/MPa	伸长率(%)≥	
				A_{50mm}	A_{100mm}
1050、1060、1070、1100、1145、1200、1235	O	0.0045~<0.0060	40~95	—	—
		0.0060~0.0090	40~100	—	—
		>0.0090~0.0250	40~105	—	1.5
		>0.0250~0.0400	50~105	—	2.0
		>0.0400~0.0900	55~105	—	2.0
		>0.0900~0.1400	60~115	12	—
		>0.1400~0.2000	60~115	15	—
	H22	0.0045~0.0250	—	—	—
		>0.0250~0.0400	90~135	—	2
		>0.0400~0.0900	90~135	—	3
		>0.0900~0.1400	90~135	4	—
		>0.1400~0.2000	90~135	6	—

（续）

牌号	状态	厚度(T)/mm	室温拉伸试验结果		
			抗拉强度 R_m/MPa	伸长率(%)≥	
				A_{50mm}	A_{100mm}
1050、1060、1070、1100、1145、1200、1235	H14、H24	0.0045~0.0250	—	—	—
		>0.0250~0.0400	110~160	—	2
		>0.0400~0.0900	110~160	—	3
		>0.0900~0.1400	110~160	4	—
		>0.1400~0.2000	110~160	6	—
	H16、H26	0.0045~0.0250	—	—	—
		>0.0250~0.0900	125~180	—	1
		>0.0900~0.2000	125~180	2	—
	H18	0.0045~0.0060	≥115	—	—
		>0.0060~0.2000	≥140	—	—
	H19	>0.0060~0.2000	≥150	—	—
2A11	O	0.0300~0.0490	≤195	1.5	—
		>0.0490~0.2000	≤195	3.0	—
	H18	0.0300~0.0490	≥205	—	—
		>0.0490~0.2000	≥215	—	—
2A12	O	0.0300~0.0490	≤195	1.5	—
		>0.0490~0.2000	≤205	3.0	—
	H18	0.0300~0.0490	≥225	—	—
		>0.04900~0.2000	≥245	—	—
3003	O	0.0090~0.0120	80~135	—	—
		>0.0180~0.2000	80~140	—	—
	H22	0.0200~0.0500	90~130	—	3.0
		>0.0500~0.2000	90~130	10.0	—
	H14	0.0300~0.2000	140~170	—	—
	H24	0.0300~0.2000	140~170	1.0	—
	H16	0.1000~0.2000	≥180	—	—
	H26	0.1000~0.2000	≥180	1.0	—
	H18	0.0100~0.2000	≥190	1.0	—
	H19	0.0180~0.1000	≥200	—	—
3A21	O	0.0300~0.0400	85~140	—	3.0
	H22	>0.0400~0.2000	85~140	8.0	—
	H24	0.1000~0.2000	130~180	1.0	—
	H18	0.0300~0.2000	≥190	0.5	—
5A02	O	0.0300~0.0490	≤195	—	—
		0.0500~0.2000	≤195	4.0	—
	H16	0.0500~0.2000	≥195	4.0	—

（续）

牌号	状态	厚度(T)/mm	室温拉伸试验结果		
			抗拉强度 R_m/MPa	伸长率(%)≥	
				A_{50mm}	A_{100mm}
5A02	H16、H26	0.1000~0.2000	≥255	—	—
	H18	0.0200~0.2000	≥265	—	—
5052	O	0.0300~0.2000	175~225	4	—
	H14、H24	0.0500~0.2000	250~300	—	—
	H16、H26	0.1000~0.2000	≥270	—	—
	H18	0.0500~0.2000	≥275	—	—
	H19	0.1000~0.2000	≥285	1	—
8006	O	0.0060~0.0090	80~135	—	1
		>0.0090~0.0250	85~140	—	2
		>0.0250~0.040	85~140	—	3
		>0.040~0.0900	90~140	—	4
		>0.0900~0.1400	110~140	15	—
		>0.140~0.200	110~140	20	—
	H22	0.0350~0.0900	120~150	5.0	—
		>0.0900~0.1400	120~150	15	—
		>0.1400~0.2000	120~150	20	—
	H24	0.0350~0.0900	125~150	5.0	—
		>0.0900~0.1400	125~155	15	—
		>0.140~0.2000	125~155	18	—
	H26	0.0900~0.1400	130~160	10	—
		0.1400~0.2000	130~160	12	—
	H18	0.0060~0.0250	≥140	—	—
		>0.0250~0.0400	≥150	—	—
		>0.0400~0.0900	≥160	—	1
		>0.0900~0.2000	≥160	0.5	—
8011 8011A 8079	O	0.0060~0.0090	50~100	—	0.5
		>0.0090~0.0250	55~100	—	1
		>0.0250~0.0400	55~110	—	4
		>0.0400~0.0900	60~120	—	4
		>0.0900~0.1400	60~120	13	—
		>0.1400~0.2000	60~120	15	—
	H22	0.0350~0.0400	90~150	—	1.0
		>0.0400~0.0900	90~150	—	2.0
		>0.0900~0.1400	90~150	5	—
		>0.1400~0.2000	90~150	6	—

（续）

牌号	状态	厚度(T)/mm	室温拉伸试验结果		
			抗拉强度 R_m/MPa	伸长率(%)≥	
				A_{50mm}	A_{100mm}
8011 8011A 8079	H24	0.0350~0.0400	120~170	2	—
		>0.0400~0.090	120~170	3	—
		>0.0900~0.1400	120~170	4	—
		>0.1400~0.2000	120~170	5	—
	H26	0.0350~0.0090	140~190	1	—
		>0.0900~0.2000	140~190	2	—
	H18	0.0350~0.2000	≥160	—	—
	H19	0.0350~0.2000	≥170	—	—

表 5-122　电缆用铝箔的纵向室温力学性能

牌号	状态	厚度/mm	拉伸试验结果	
			抗拉强度 R_m/MPa	伸长率 A(%)≥
1145、1235、1060、 1050A、1200、1100	O	0.100~0.150	60~95	15
		>0.150~0.200	70~110	20
8011	O	>0.150~0.200	80~110	23

（5）电性能见表 5-123

表 5-123　1145、1235 牌号的直流电阻

标定厚度/mm	直流电阻/(Ω/m)(宽度10.0mm)最大	标定厚度/mm	直流电阻/(Ω/m)(宽度10.0mm)最大
0.0060	0.55	0.010	0.32
0.0065~0.0070	0.51		
0.0080	0.43	0.011	0.28
0.0090	0.36	0.016	0.25

注：纯度越高的纯铝，其电阻值越小。

2. 空调器散热片用铝箔（YS/T 95.1 2015—2015，YS/T 95.2—2016）

（1）用途　素铝箔用于表面无涂层的空调散热片用铝箔，亲水铝箔用于表面覆有耐腐蚀性和亲水性涂层的铝箔。

（2）牌号与规格（见表 5-124）。

（3）化学成分

铝箔的化学成分应符合 GB/T 3190 的规定。$w(Pb) \leqslant 0.1\%$、$w(Cd) \leqslant 0.01\%$、$w(Hg) \leqslant 0.1\%$、$w(Cr^{6+}) \leqslant 0.1\%$。

（4）力学性能和杯突性能（见表 5-125）

表 5-124 铝箔的牌号、状态和尺寸规格

牌号	状态	尺寸规格/mm			
		厚度	宽度	管芯内径	卷外径
1050	O、H18	0.080~0.200	≤1700.0	150.0、152.4、200.0、250.0、300.0、405.0、505.0、605.0	供需双方协商
1100、1200	O、H22、H24、H18				
3102	H24、H26				
7072	O、H22				
8011	O、H22、H24、H26、H18				

注：需方需要其他牌号、状态、尺寸规格时，由供需双方协商确定后在订货单（或合同）中具体注明。

表 5-125 铝箔的室温纵向拉伸力学性能和杯突性能

牌号	状态	室温拉伸力学性能				杯突性能
		厚度/mm	抗拉强度 R_m /MPa	规定非比例延伸强度 $R_{p0.2}$/MPa	断后伸长率 A_{50mm}(%)	杯突值 IE /mm
1050	O	0.080~0.100	50~100	—	≥10	≥5.0
		>0.100~0.200	50~100	—	≥15	≥5.5
	H18	0.080~0.200	≥135	—	≥1	—
1100、1200	O	0.080~0.100	80~110	≥40	≥18	≥6.0
		>0.100~0.200	80~110	≥40	≥20	≥6.5
	H22	0.080~0.100	100~130	≥50	≥18	≥5.5
		>0.100~0.200	100~130	≥50	≥20	≥6.0
	H24	0.080~0.100	120~145	≥60	≥15	≥5.0
		>0.100~0.200	120~145	≥60	≥18	≥5.5
	H18	0.080~0.200	≥160	—	≥1	—
3102	H24	0.080~0.115	120~145	≥100	≥10	≥4.5
		>0.115~0.20	120~145	≥100	≥12	≥5.0
	H26	0.080~0.115	120~150	≥100	≥8	≥4.0
		>0.115~0.200	125~150	≥100	≥10	≥4.5
7072	O	0.080~0.100	70~100	≥35	≥10	≥5.0
		>0.100~0.200	70~100	≥35	≥12	≥5.5
	H22	0.080~0.100	90~120	≥50	≥8	≥4.5
		>0.100~0.200	90~120	≥50	≥10	≥5.0
8011	O	0.080~0.100	80~110	≥50	≥20	≥6.0
		>0.100~0.200	80~110	≥50	≥20	≥6.5
	H22	0.080~0.115	100~130	≥60	≥18	≥5.5
		>0.115~0.200	110~135	≥60	≥12	≥5.5
	H24	0.080~0.115	120~145	≥80	≥15	≥5.0
		>0.115~0.200	120~145	≥80	≥20	≥6.0
	H26	0.080~0.115	130~160	≥100	≥6	≥4.0
		>0.115~0.200	130~160	≥100	≥8	≥4.5
	H18	0.080~0.200	≥160	—	≥1	—

3. 电解电容器用铝箔（GB/T 3615—2007）

（1）用途　适用于电解电容器的制作。

（2）牌号、状态及规格（见表5-126）

表5-126　产品的牌号、状态及规格

产品类别	牌号	状态	规格尺寸/mm		
			厚度	宽度	卷内径
中高压阳极箔	1A99	O、H19	0.08~0.15	200~1000	75
低压阳极箔	1A85、1A90、1A93、1A95、1A97		0.05~0.15		76.2
阴极箔	1070A、3003		0.02~0.08		150

注：1. 需要其他牌号、状态、规格时，供需双方另行协商，并在合同中注明。

2. O状态为空气气氛退火，需方要求采用真空气氛退火时，应在合同中注明。

（3）铝箔的厚度及宽度偏差（见表5-127）

表5-127　铝箔的厚度及宽度偏差　（单位：mm）

厚　度	厚度允许偏差	宽　度	宽度允许偏差
0.02~0.05	厚度的±8%	<500.0	±0.5
>0.05~0.15	厚度的±5%	≥500.0~1000.0	±1.0

（4）阴极箔的力学性能（见表5-128）

表5-128　阴极箔的力学性能

牌号	供应及试样状态	厚度/mm	抗拉强度 R_m/MPa	断后伸长率 A_{100mm}①(%)
1070A	O	0.02~0.04	40~100	≥1
		>0.04~0.08	45~100	≥4
	H19	0.02~0.08	≥130	—
3003	O	0.02~0.08	100~140	≥10
	H19	0.02~0.08	≥185	—

① A_{100mm}表示原始标距（L_0）为100mm的断后伸长率。

4. 铜及铜合金箔（GB/T 5187—2008）

（1）用途　适用电子、仪表等工业。

（2）牌号、状态和规格（见表5-129）

表5-129　箔材的牌号、状态和规格

牌　号	状　态	规格尺寸(厚度×宽度)/mm
T1、T2、T3、TU1、TU2	软(M)、1/4硬(Y_4)、半硬(Y_2)、硬(Y)	(0.012~<0.025)×≤300 (0.025~0.15)×≤600
H62、H65、H68	软(M)、1/4硬(Y_4)、半硬(Y_2)、硬(Y)、特硬(T)、弹硬(TY)	
QSn6.5-0.1、QSn7-0.2	硬(Y)、特硬(T)	
QSi3-1	硬(Y)	
QSn8-0.3	特硬(T)、弹硬(TY)	
BMn40-1.5	软(M)、硬(Y)	
BZn15-20	软(M)、半硬(Y_2)、硬(Y)	
BZn18-18、BZn18-26	半硬(Y_2)、硬(Y)、特硬(T)	

（3）尺寸偏差（见表 5-130）

表 5-130　箔材的厚度、宽度允许偏差　（单位：mm）

厚　度	厚度允许偏差(±)		宽度允许偏差(±)	
	普通级	高精级	普通级	高精级
<0.030	0.003	0.0025	0.15	0.10
0.030～<0.050	0.005	0.004		
0.050～0.15	0.007	0.005		

注：按高精级订货时应在合同中注明，未注明时按普通级供货。

（4）力学性能（见表 5-131）

表 5-131　箔材的室温力学性能

牌号	状态	抗拉强度 R_m/MPa	伸长率 $A_{11.3}$(%)	硬度 HV
T1、T2、T3 TU1、TU2	M	≥205	≥30	≤70
	Y_4	215～275	≥25	60～90
	Y_2	245～345	≥8	80～110
	Y	≥295	—	≥90
H68、H65、H62	M	≥290	≥40	≤90
	Y_4	325～410	≥35	85～115
	Y_2	340～460	≥25	100～130
	Y	400～530	≥13	120～160
	T	450～600	—	150～190
	TY	≥500	—	≥180
QSn6.5-0.1 QSn7-0.2	Y	540～690	≥6	170～200
	T	≥650	—	≥190
QSn8-0.3	T	700～780	≥11	210～240
	TY	735～835	—	230～270
QSi3-1	Y	≥635	≥5	—
BZn15-20	M	≥340	≥35	—
	Y_2	440～570	≥5	
	Y	≥540	≥1.5	
BZn18-18 BZn18-26	Y_2	≥525	≥8	180～210
	Y	610～720	≥4	190～220
	T	≥700	—	210～240
BMn40-1.5	M	390～590	—	—
	Y	≥635		

注：厚度不大于 0.05mm 的黄铜、白铜箔材的力学性能仅供参考。

5. 电解铜箔（GB/T 5230—1995）

（1）用途　用于印制电路。

（2）类别和规格（见表 5-132）。

表 5-132 电解铜箔的类别和规格

单位面积质量 /(g/m²)	名义厚度 /μm	单位面积质量 /(g/m²)	名义厚度 /μm
44.6	5.0	610.0	69.0
80.3	9.0	916.0	103.0
107.0	12.0	1221.0	137.0
153.0	18.0	1526.0	172.0
230.0	25.0	1831.0	206.0
305.0	35.0		

注：1. 铜箔规格以单位面积质量供货，名义厚度只作规格的代称。
2. 铜箔的规格允许偏差精度须在合同中注明，否则按普通精度供货。
3. 经供需双方协议，可供应其他规格及允许偏差的铜箔。单位面积质量小于153g/m² 的铜箔可带有载体。

（3）力学性能（见表 5-133）

表 5-133 箔材的力学性能

单位面积质量 /(g/m²)	抗拉强度 R_m/MPa		伸长率 A(%)	
	标准箔	高延箔	标准箔	高延箔
	≥			
<153	—	—	—	—
153	205	103	2	5
230	235	156	2.5	7.5
305	275	205	3	10
≥610	275	205	3	15

（4）电气性能（表面未处理铜箔，见表 5-134）

表 5-134 表面未处理铜箔的电气性能

单位面积质量 /(g/m²)	质量电阻率/(Ω·g/m²) ≤	单位面积质量 /(g/m²)	质量电阻率/(Ω·g/m²) ≤
44.6	0.181	153.0	0.166
80.3	0.171	230.0	0.164
107.0	0.170	≥305.0	0.162

注：单位面积质量小于 153g/m² 的铜箔可不作电性能，由供方保证。

6. 镍箔（YS/T 522—2010）

（1）用途 用于仪表、电子工业。

（2）牌号、状态和规格（见表 5-135）

表 5-135 箔材的牌号、状态和规格硬度

牌号	化学成分	供应状态	规格尺寸/mm		HV
			厚度	宽度	
N2、N4、N5、N6、N7、N8	应符合 GB/T 5235—2007 的规定	硬(Y)	0.01~0.02	≤200	≥150
			0.002~0.015	≤300	
		软(M)	0.002~0.15	≤300	≤120

（3）箔材的厚度、宽度及允许偏差（见表5-136）

表5-136　箔材的厚度、宽度及允许偏差　（单位：mm）

厚度	厚度允许偏差		宽度	宽度允许偏差
	普通级	高精级		
0.01～<0.03	±0.003	±0.002	≤300	±0.15
0.03～0.05	±0.005	±0.003		
>0.05～0.07	±0.007	±0.005		
>0.07～0.15	±0.01	±0.007		

注：1. 经双方协议，可供应其他规格和允许偏差的箔材。
　　2. 合同中未注明精度等级时，按普通级供货。

六、棒材

1. 铜及铜合金拉制棒（GB/T 4423—2007）

（1）牌号、状态和规格

1）牌号、状态和规格见表5-137。

表5-137　棒材的牌号、状态和规格

牌　号	状态	直径(或对边距离)/mm	
		圆形棒、方形棒、六角形棒	矩形棒
T2、T3、TP2、H96、TU1、TU2	Y(硬) M(软)	3～80	3～80
H90	Y(硬)	3～40	—
H80、H65	Y(硬) M(软)	3～40	—
H68	Y_2(半硬) M(软)	3～80 13～35	—
H62	Y_2(半硬)	3～80	3～80
HPb59-1	Y_2(半硬)	3～80	3～80
H63、HPb63-0.1	Y_2(半硬)	3～40	—
HPb63-3	Y(硬) Y_2(半硬)	3～30 3～60	3～80
HPb61-1	Y_2(半硬)	3～20	—
HFe59-1-1、HFe58-1-1、HSn62-1、HMn58-2	Y(硬)	4～60	—
QSn6.5-0.1、QSn6.5-0.4、QSn4-3、QSn4-0.3、QSi3-1、QAl9-2、QAl9-4、QAl10-3-1.5、QZr0.2、QZr0.4	Y(硬)	4～40	—
QSn7-0.2	Y(硬) T(特硬)	4～40	—

（续）

牌　　号	状态	直径(或对边距离)/mm	
		圆形棒、方形棒、六角形棒	矩形棒
QCd1	Y(硬) M(软)	4~60	—
QCr0.5	Y(硬) M(软)	4~40	—
QSi1.8	Y(硬)	4~15	—
BZn15-20	Y(硬) M(软)	4~40	—
BZn15-24-1.5	T(特硬) Y(硬) M(软)	3~18	—
BFe30-1-1	Y(硬) M(软)	16~50	—
BMn40-1.5	Y(硬)	7~40	—

注：经双方协商，可供其他规格棒材，具体要求应在合同中注明。

2）矩形棒截面的宽高比见表5-138。

表5-138　矩形棒截面的宽高比

高度/mm	宽度/高度
≤10	≤2.0
>10~≤20	≤3.0
>20	≤3.5

注：经双方协商，可供其他规格棒材，具体要求应在合同中注明。

（2）尺寸及允许偏差

1）圆形棒、方形棒和六角形棒材的尺寸及其允许偏差见表5-139。

表5-139　圆形棒、方形棒和六角形棒材的尺寸及其允许偏差

（单位：mm）

直径(或对边距)	圆形棒				方形棒或六角形棒			
	纯铜、黄铜类		青、白铜类		纯铜、黄铜类		青、白铜类	
	高精级	普通级	高精级	普通级	高精级	普通级	高精级	普通级
≥3~≤6	±0.02	±0.04	±0.03	±0.06	±0.04	±0.07	±0.06	±0.10
>6~≤10	±0.03	±0.05	±0.04	±0.06	±0.04	±0.08	±0.08	±0.11
>10~≤18	±0.03	±0.06	±0.05	±0.08	±0.05	±0.10	±0.10	±0.13
>18~≤30	±0.04	±0.07	±0.06	±0.10	±0.06	±0.10	±0.10	±0.15
>30~≤50	±0.08	±0.10	±0.09	±0.10	±0.12	±0.13	±0.13	±0.16
>50~≤80	±0.10	±0.12	±0.12	±0.15	±0.15	±0.24	±0.24	±0.30

注：1. 单向偏差为表中数值的2倍。

2. 棒材直径或对边距允许偏差等级应在合同中注明，否则按普通级精度供货。

2）矩形棒材的尺寸及其允许偏差见表5-140。

表5-140 矩形棒材的尺寸及其允许偏差 （单位：mm）

宽度或高度	纯铜、黄铜类		青铜类	
	高精级	普通级	高精级	普通级
3	±0.08	±0.10	±0.12	±0.15
>3~≤6	±0.08	±0.10	±0.12	±0.15
>6~≤10	±0.08	±0.10	±0.12	±0.15
>10~≤18	±0.11	±0.14	±0.15	±0.18
>18~≤30	±0.18	±0.21	±0.20	±0.24
>30~≤50	±0.25	±0.30	±0.30	±0.38
>50~≤80	±0.30	±0.35	±0.40	±0.50

注：1. 单向偏差为表中数值的2倍。

2. 矩形棒的宽度或高度允许偏差等级应在合同中注明，否则按普通级精度供货。

（3）力学性能（见表5-141和表5-142）

表5-141 圆形棒、方形棒和六角形棒材的力学性能

牌　号	状态	直径、对边距 /mm	抗拉强度 R_m /MPa	断后伸长率 A (%)	硬度 HBW
			≥		
T2 T3	Y	3~40	275	10	—
		40~60	245	12	—
		60~80	210	16	—
	M	3~80	200	40	—
TU1 TU2 TP2	Y	3~80	—	—	—
H96	Y	3~40	275	8	—
		40~60	245	10	—
		60~80	205	14	—
	M	3~80	200	40	—
H90	Y	3~40	330	—	—
H80	Y	3~40	390	—	—
	M	3~40	275	50	—
H68	Y_2	3~12	370	18	—
		12~40	315	30	—
		40~80	295	34	—
	M	13~35	295	50	—
H65	Y	3~40	390	—	—
	M	3~40	295	44	—

（续）

牌　号	状态	直径、对边距 /mm	抗拉强度 R_m /MPa	断后伸长率 A (%)	硬度 HBW
			≥		
H62	Y_2	3~40	370	18	—
		40~80	335	24	—
HPb61-1	Y_2	3~20	390	11	—
HPb59-1	Y_2	3~20	420	12	—
		20~40	390	14	—
		40~80	370	19	—
HPb63-0.1 H63	Y_2	3~20	370	18	—
		20~40	340	21	—
HPb63-3	Y	3~15	490	4	—
		15~20	450	9	—
		20~30	410	12	—
HPb63-3	Y_2	3~20	390	12	—
		20~60	360	16	—
HMn58-2	Y	4~12	440	24	—
		12~40	410	24	—
		40~60	390	29	—
HFe58-1-1	Y	4~40	440	11	—
		40~60	390	13	—
HFe59-1-1	Y	4~12	490	17	—
		12~40	440	19	—
		40~60	410	22	—
QAl9-2	Y	4~40	540	16	—
QAl9-4	Y	4~40	580	13	—
QAl10-3-1.5	Y	4~40	630	8	—
QSi3-1	Y	4~12	490	13	—
		12~40	470	19	—
QSi1.8	Y	3~15	500	15	—
QSn6.5-0.1 QSn6.5-0.4	Y	3~12	470	13	—
		12~25	440	15	—
		25~40	410	18	—
QSn7-0.2	Y	4~40	440	19	130~200
	T	4~40	—	—	≥180
QSn4-0.3	Y	4~12	410	10	—
		12~25	390	13	—
		25~40	355	15	—
QSn4-3	Y	4~12	430	14	—
		12~25	370	21	—
		25~35	335	23	—
		35~40	315	23	—

（续）

牌　号	状态	直径、对边距 /mm	抗拉强度 R_m /MPa	断后伸长率 A (%)	硬度 HBW
			≥		
QCd1	Y	4~60	370	5	≥100
	M	4~60	215	36	≤75
QCr0.5	Y	4~40	390	6	—
	M	4~40	230	40	—
QZr0.2 QZr0.4	Y	3~40	294	6	130①
BZn15-20	Y	4~12	440	6	—
		12~25	390	8	—
HSn62-1	Y	4~40	390	17	—
		40~60	360	23	—
BZn15-20	Y	25~40	345	13	—
	M	3~40	295	33	—
BZn15-24-1.5	T	3~18	590	3	—
	Y	3~18	440	5	—
	M	3~18	295	30	—
BFe30-1-1	Y	16~50	490	—	—
	M	16~50	345	25	—
BMn40-1.5	Y	7~20	540	6	—
		20~30	490	8	—
		30~40	440	11	—

注：直径或对边距离小于 10mm 的棒材不做硬度试验。

① 此硬度值为经淬火处理及冷加工时效后的性能参考值。

表 5-142　矩形棒材的力学性能

牌　号	状　态	高度 /mm	抗拉强度 R_m/MPa	断后伸长率 A(%)
			≥	
T2	M	3~80	196	36
	Y	3~80	245	9
H62	Y_2	3~20	335	17
		20~80	335	23
HPb59-1	Y_2	5~20	390	12
		20~80	375	18
HPb63-3	Y_2	3~20	380	14
		20~80	365	19

2. 铜及铜合金挤制棒（YS/T 649—2007）

（1）用途　用于圆形、方形和六角形铜及铜合金挤制棒。

（2）牌号和规格（见表 5-143）

表 5-143 棒材的牌号、状态、规格

牌号	状态	直径或长边对边距/mm		
		圆形棒	矩形棒①	方形、六角形棒
T2、T3	挤制（R）	30~300	20~120	20~120
TU1、TU2、TP2		16~300	—	16~120
H96、HFe58-1-1、HAl60-1-1		10~160	—	10~120
HSn62-1、HMn58-2、HFe59-1-1		10~220	—	10~120
H80、H68、H59		16~120	—	16~120
H62、HPb59-1		10~220	5~50	10~120
HSn70-1、HAl77-2		10~160	—	10~120
HMn55-3-1、HMn57-3-1、HAl66-6-3-2、HAl67-2.5		10~160	—	10~120
QAl9-2		10~200	—	30~60
QAl9-4、QAl10-3-1.5、QAl10-4-4、QAl10-5-5		10~200	—	—
QAl11-6-6、HSi80-3、HNi56-3		10~160	—	—
QSi1-3		20~100	—	—
QSi3-1		20~160	—	—
QSi3.5-3-1.5、BFe10-1-1、BFe30-1-1、BAl13-3、BMn40-1.5		40~120	—	—
QCd1		20~120	—	—
QSn4-0.3		60~180	—	—
QSn4-3、QSn7-0.2		40~180	—	40~120
QSn6.5-0.1、QSn6.5-0.4		40~180	—	30~120
QCr0.5		18~160	—	—
BZn15-20		25~120	—	—

注：1. 直径（或对边距）为10~50mm的棒材，供应长度为1000~5000mm；直径（或对边距）大于50~75mm的棒材，供应长度为500~5000mm；直径（或对边距）大于75~120mm的棒材，供应长度为500~4000mm；直径（或对边距）大于120mm的棒材，供应长度为300~4000mm。

2. 棒材的化学成分应符合GB/T 5231中相应牌号的规定。

① 矩形棒的对边距指两短边的距离。

（3）尺寸及尺寸允许偏差

1）棒材的直径、对边距的允许偏差应符合表5-144的规定。

表 5-144 棒材的直径、对边距允许偏差 （单位：mm）

牌号(种类)①	直径、对边距的允许偏差	
	普通级	高精级
纯铜、无氧铜、磷脱氧铜	±2.0%直径或对边距	±1.8%直径或对边距
普通黄铜、铅黄铜	±1.2%直径或对边距	±1.0%直径或对边距
复杂黄铜(除铅黄铜外)、青铜	±1.5%直径或对边距	±1.2%直径或对边距
白铜	±2.2%直径或对边距	±2.0%直径或对边距

注：1. 允许偏差的最小值应不小于±0.3mm。

2. 精度等级应在合同中注明，否则按普通级供货。

3. 如要求正偏差或负偏差，其值应为表中数值的2倍。

① 铜及铜合金牌号和种类的定义见GB/T 5231及GB/T 11086。

2）圆棒的圆度误差允许偏差应不超过表 5-145 规定的直径、对边距允许偏差。

3）棒材的定尺或倍尺长度的允许偏差为+20mm。倍尺长度应加入锯切分段时的锯切量，每一段锯切量为 5mm。

4）棒材的端部应锯切平整。端部切口允许有不大于 3mm 的切斜度。检验断口的端面允许保留。

5）直条棒材的直度应符合表 5-145 的规定。全长直度不应超过每米直度与总长度的乘积。

6）方棒、矩形棒和六角棒不应有明显的扭拧。如有具体要求，可由供需双方协商确定。

表 5-145　棒材的直度　（单位：mm）

类　型	直径、对边距			
	<20	20~40	>40~120	>120
	每米直度　不大于			
圆形棒	7	5	8	15
方形棒、矩形棒、六角棒	8	6	10	—

（4）力学性能　棒材的室温纵向力学性能应符合表 5-146 的规定。需方有要求并在合同中注明时，可选择布氏硬度试验。当选择硬度试验时，则不进行拉伸试验。

表 5-146　棒材的力学性能

牌　号	直径（对边距）/mm	抗拉强度 R_m/MPa	断后伸长率 A(%)	硬度 HBW
T2、T3、TU1、TU2、TP2	≤120	≥186	≥40	—
H96	≤80	≥196	≥35	—
H80	≤120	≥275	≥45	—
H68	≤80	≥295	≥45	—
H62	≤160	≥295	≥35	—
H59	≤120	≥295	≥30	—
HPb59-1	≤160	≥340	≥17	—
HSn62-1	≤120	≥365	≥22	—
HSn70-1	≤75	≥245	≥45	—
HMn58-2	≤120	≥395	≥29	—
HMn55-3-1	≤75	≥490	≥17	—
HMn57-3-1	≤70	≥490	≥16	—
HFe58-1-1	≤120	≥295	≥22	—
HFe59-1-1	≤120	≥430	≥31	—
HAl60-1-1	≤120	≥440	≥20	—

（续）

牌　　号	直径（对边距）/mm	抗拉强度 R_m/MPa	断后伸长率 A（%）	硬度 HBW
HAl66-6-3-2	≤75	≥735	≥8	—
HAl67-2.5	≤75	≥395	≥17	—
HAl77-2	≤75	≥245	≥45	—
HNi56-3	≤75	≥440	≥28	—
HSi80-3	≤75	≥295	≥28	—
QAl9-2	≤45	≥490	≥18	110～190
	>45～160	≥470	≥24	—
QAl9-4	≤120	≥540	≥17	110～190
	>120	≥450	≥13	
QAl10-3-1.5	≤16	≥610	≥9	130～190
	>16	≥590	≥13	
QAl10-4-4 QAl10-5-5	≤29	≥690	≥5	170～260
	>29～120	≥635	≥6	
	>120	≥590	≥6	
QAl11-6-6	≤28	≥690	≥4	—
	>28～50	≥635	≥5	—
QSi1-3	≤80	≥490	≥11	—
QSi3-1	≤100	≥345	≥23	—
QSi3.5-3-1.5	40～120	≥380	≥35	—
QSn4-0.3	60～120	≥280	≥30	—
QSn4-3	40～120	≥275	≥30	—
QSn6.5-0.1、 QSn6.5-0.4	≤40	≥355	≥55	—
	>40～100	≥345	≥60	—
	>100	≥315	≥64	—
QSn7-0.2	40～120	≥355	≥64	≥70
QCd1	20～120	≥196	≥38	≤75
QCr0.5	20～160	≥230	≥35	—
BZn15-20	≤80	≥295	≥33	—
BFe10-1-1	≤80	≥280	≥30	—
BFe30-1-1	≤80	≥345	≥28	—
BAl13-3	≤80	≥685	≥7	—
BMn40-1.5	≤80	≥345	≥28	—

注：直径大于50mm的QAl10-3-1.5棒材，当断后伸长率 A≥16%时，其抗拉强度可≥540MPa。

3. 铍青铜棒（YS/T 334—2009）

（1）用途 用于航天、航空、电子等工业。

（2）牌号和规格（见表 5-147）

表 5-147 棒材的牌号和规格尺寸

牌　号	制造方法	材料状态	直径/mm	长度/mm
QBe2	拉制	软(M)	5~10	1500~4000
			>10~15	1000~4000
QBe1.9		半硬(Y_2)	>15~20	1000~4000
			>20~30	500~3000
QBe1.9-0.1		硬(Y)	>30~40	500~3000
QBe1.7		软时效(TF00) 硬时效(TH04)	5~40	300~2000
QBe0.6-2.5 QBe0.4-1.8 QBe0.3-1.5	挤制	挤制(R)	20~30	500~3000
			>30~50	500~3000
			>50~80	500~2500
			>80~120	500~2500
	锻造	锻造(D)	≥35~100	>300

注：1. TF00——固溶热处理+沉淀热处理；
TH04——固溶热处理+冷加工+沉淀热处理。
2. 定尺或倍尺长度在不定尺长度范围内，订货时，应在合同中注明，否则按不定尺长度供货。
3. 经双方协商，可供其他规格的棒材。

（3）力学性能（见表 5-148 和表 5-149）

表 5-148 时效热处理前的力学性能

合金牌号	材料状态	直径/mm	抗拉强度 σ_b /MPa ≥	伸长率 δ_5 (%) ≥	硬度≥	
					HRB	HBW
QBe2 QBe1.9 QBe1.9-0.1 QBe1.7	(软)M	5~40	400	30	—	100
	(拉制)R	20~120	400	20	—	—
	(锻造)D	35~100	500~660	8	78	—
	(半硬)Y_2	5~40	500~600	8	78	—
QBe2 QBe1.9 QBe1.9-0.1 QBe1.7	(硬)Y	5~10	660~900	2	—	150
		>10~25	620~860	2		
		>25	590~830	2		
QBe0.6-2.5 QBe0.4-1.0 QBe0.3-1.5	(软)M	5~40	240	20	≤50	—
	(硬)Y		450	2	60	—

4. 铅黄铜拉花棒（YS/T 76—2010）

（1）用途　适用于五金器件、建筑装饰等用铅黄铜拉伸棒。

表5-149　时效热处理后的力学性能

合金牌号	材料状态	直径/mm	抗拉强度 σ_b/MPa	伸长率 δ_5(%) ≥	硬度 HRC	硬度 HRB	时效工艺
QBe2	TF00	5~40	1000~1380	2	30~40	—	(320±5)℃×3h
QBe1.9 QBe1.9-0.1 QBe1.7	TH04	5~10	1200~1500	1	35~45	—	(320±5)℃×2h
		>10~25	1150~1450	1	35~44	—	(320±5)℃×3h
		>25	1100~1400	1	34~44	—	(320±5)℃×3h
QBe0.6-2.5 QBe0.4-1.8 QBe0.3-1.5	TF00	5~40	690~895	6	—	92~100	(480±5)℃×3h
	TH04		760~965	3	—	95~102	(480±5)℃×2h

注：1. 直径小于16mm的棒材不作硬度试验。
2. 硬度试验须在合同中注明方可进行。

（2）产品牌号、状态及规格（见表5-150）

表5-150　产品牌号、状态及规格

牌号	状态	直径/mm	长度/mm	花形 直纹	花形 网纹
HPb59-1 HPb59-3 RHPb58-2[①]	Z、Y_2	3~45	1000~5000 (直条供应)		
		≤8	≥4000 (可成卷供应)		

注：经供需双方协议，可供应其他牌号和规格的棒材。
① 此牌号为再生铜合金牌号。

（3）化学成分

HPb59-1、HPb59-3拉花棒材的化学成分应符合GB/T 5231的规定；RHPb58-2的化学成分见表5-151。

表5-151　棒材的化学成分

牌号	化学成分(%) Cu	Pb	As	Fe	Su	Fe+Sn	Ni	Zn	其他杂质总和
RHPb58-2	56.5~59.5	1.0~3.0	—	≤0.8	—	<1.8	≤0.5	余量	≤1.2

注：1. 经供需双方协议，可供应其他牌号的棒材。
2. 其他杂质包括Al、Si、Mn、As、Cr、Cd等。

（4）棒材的外形结构、尺寸及其允许偏差（见图5-46和表5-152）

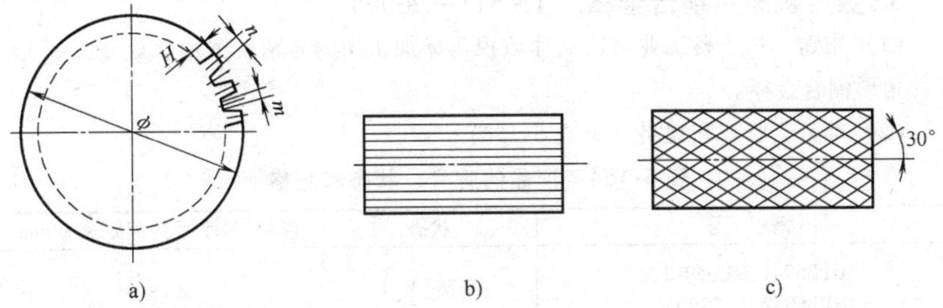

图 5-46　拉花棒材截面齿形示意图

a）拉花棒材齿形截面示意图　b）直纹展开简图　c）网纹展开简图

表 5-152　棒材齿形尺寸及其允许偏差

直径 D/mm		齿数 Z		齿高 H/mm		齿顶宽 n、齿根宽 m/mm	
公称尺寸	允许偏差	范围	优选齿数	公称尺寸	允许偏差	公称尺寸	允许偏差
3~6	±0.06	15~50	15、20、25、28、30、32、35、38、40、45、50	0.20、0.30	±0.05	0.2、0.3、0.4	±0.05
>6~10	±0.80	20~60	20、25、28、30、32、35、38、40、42、45、50、60	0.20、0.30、0.40			
>10~18	±0.10	25~90	25、28、30、32、38、40、42、45、48、50、52、55、58、60、62、65、70、80、90	0.30、0.40、0.50			
>18~30	±0.12	45~120	45、48、50、55、58、60、62、65、70、75、80、85、90、95、100、105、110、120	0.30、0.40、0.50		0.2、0.3、0.4、0.5	±0.05
>30~45	±0.15	60~160	60、62、65、70、75、80、85、90、95、100、105、110、120、130、140、150、160				

注：拉花棒的其他齿数、齿高、齿顶宽、齿根宽由供需双方协商确定。

（5）力学性能（见表 5-153）

表 5-153　棒材的力学性能

牌　号	状　态	抗拉强度 R_m/MPa≥	伸长率 A(%)≥
HPb59-1	Z	340	8
	Y_2	390	12
HPb59-3	Z	—	—
	Y_2	360	12
RHPb58-2	Z	250	—
	Y_2	350	6

5. 数控机床用铜合金棒（YS 511—2009）

（1）用途　用于各工业部门高速数控车床加工用的高精度圆形、矩（方）形、正六角形铜合金棒。

（2）牌号、状态和规格（见表5-154）

表5-154　产品的牌号、状态和规格

牌　　号	状态	直径(最小平行面距离)/mm
HPb59-1、HPb59-3、HPb60-2(C37700)、HPb62-3(C36000)、HPb63-3	半硬(Y_2) 硬(Y)	4～80 4～40
HSb60-0.9、HSb61-0.8-0.5、HBi60-1.3	半硬(Y_2) 硬(Y)	4～80 4～40
QTe0.5(C14500)、QS0.4(C14700)	半硬(Y_2) 硬(Y)	4～80 4～40
QSn4-4-4	半硬(Y_2) 硬(Y)	4～20

注：经双方协商，可供其他规格的棒材，也可成盘供货。

（3）化学成分

棒材牌号 HPb59-1、HPb59-3、HPb60-2、HPb62-3、HPb63-3、QSn4-4-4、QTe0.5 的化学成分应符合 GB/T 5231 中相应牌号的规定，其余牌号的化学成分应符合表5-155和表5-156的规定。

表5-155　锑黄铜和铋黄铜棒材化学成分

合金牌号	(质量分数,%)									
	Cu	Sb	Ni、Fe、B、Sn等	Si	Fe	Bi	Cd	Pb	Zn	杂质总和
HSb60-0.9	58～62	0.3～1.5	0.05<Ni+Fe+B<0.9	—	—	—	0.01	0.2	余量	0.2
HSb61-0.8-0.5	59～63	0.4～1.2	0.05<Ni+Sn+B<1.2	0.3～1.0	0.2	—	0.01	0.2	余量	0.4
HSi60-1.3	58～62	0.05<Sb+B+Ni+Sn<1.2		—	0.1	0.3～2.3	0.01	0.2	余量	0.3

注：1. 元素含量为上下限者为合金元素，元素含量为单个数值者为杂质元素，单个数值表示最高限量。

2. 杂质总和为表中所列杂质元素实测值总和。

3. 表中用“余量”表示的元素含量为100%减去表中所列元素实测值所得。

表 5-156　硫铜棒材化学成分

合金牌号	（质量分数,%）		
	Cu+Ag,≥	P	S
QS0.4 （C14700）	99.90[①]	0.002~0.005	0.20~0.50

注：合金牌号包括无氧或不同脱氧程度的铜（脱氧剂如 P、B 、Li 等）。

① 表中“99.90”包括 S 和 P。

（4）力学性能（表 5-157）

表 5-157　棒材的室温纵向力学性能

牌号	状态	直径（最小平行面距离）/mm	抗拉强度 R_m/MPa ≥	断后伸长率 A(%) ≥
HPb59-1 HPb60-2	Y_2	4~20	420	12
		>20~40	390	14
		>40~80	370	19
	Y	4~12	480	5
		>20~25	460	7
		>25~40	440	10
HPb59-3 HPb62-3	Y_2	4~12	400	7
		>20~25	380	10
		>25~50	345	15
		>50~80	310	20
	Y	4~12	480	4
		>20~25	450	6
		>25~40	410	12
HPb63-3	Y_2	4~20	390	12
		>20~80	360	16
	Y	4~15	490	4
		>15~20	450	9
		>20~40	410	12
HSb60-0.9	Y_2	4~12	390	8
		>12~25	370	10
		>25~50	335	16
		>50~80	300	18
	Y	4~12	480	4
		>12~25	450	6
		>25~40	420	10

（续）

牌号	状态	直径（最小平行面距离）/mm	抗拉强度 R_m/MPa ≥	断后伸长率 A(%) ≥
HSb61-0.8-0.5	Y_2	4~12	420	7
		>12~25	400	9
		>25~50	370	14
		>50~80	350	16
	Y	4~12	490	3
		>12~25	450	5
		>25~40	410	8
HBi60-1.3	Y_2	4~12	400	6
		>12~25	380	8
		>25~50	350	13
		>50~80	330	15
	Y	4~12	460	3
		>12~25	440	6
		>25~40	410	8
QSn4-4-4	Y_2	4~12	430	15
		>12~20	400	15
	Y	4~12	450	7
		>12~20	420	7
QTe0.5 QS0.4	Y_2	4~80	260	8
	Y	4~40	330	4

七、线材

1. 铝及铝合金拉制圆线材（GB/T 3195—2008）

（1）牌号、状态及规格（见表5-158）

表5-158　线材的牌号、状态、直径、典型用途

牌　号[①]	状　态[①]	直径[①]/mm	典型用途
1035	O	0.8~20.0	焊条用线材
	H18	0.8~1.6	焊条用线材
		>1.6~3.0	焊条用线材、铆钉用线材
		>3.0~20.0	焊条用线材
	H14	3.0~20.0	焊条用线材、铆钉用线材

（续）

牌　号[①]	状　态[①]	直径[①]/mm	典型用途
1350	O	9.5~25.0	导体用线材
	H12[①]、H22[②]		
	H14、H24		
	H16、H26		
	H19	1.2~6.5	
1A50	O、H19	0.8~20.0	
1050A、1060、1070A、1200	O、H18	0.8~20.0	焊条用线材
	H14	3.0~20.0	
1100	O	0.8~1.6	焊条用线材
		>1.6~20.0	焊条用线材、铆钉用铝线
		>20.0~25.0	铆钉用铝线
	H18	0.8~20.0	焊条用线材
	H14	3.0~20.0	
2A01、2A04、2B11、2B12、2A10	H14、T4	1.6~20.0	铆钉用线材
2A14、2A16、2A20	O、H18	0.8~20.0	焊条用线材
	H14		
	H12	7.0~20.0	
3003	O、H14	1.6~25.0	铆钉用线材
3A21	O、H18	0.8~20.0	焊条用线材
	H14	0.8~1.6	
		>1.6~20.0	焊条用线材、铆钉用线材
	H12	7.0~20.0	
4A01、4043、4047	O、H18	0.8~20.0	焊条用线材
	H14		
	H12	7.0~20.0	
5A02	O、H18	0.8~20.0	焊条用线材
	H14	0.8~1.6	
		>1.6~20.0	焊条用线材、铆钉用线材
	H12	7.0~20.0	
5A03	O、H18	0.8~20.0	焊条用线材
	H14		
	H12	7.0~20.0	

（续）

牌　　号①	状　　态①	直径①/mm	典型用途
5A05	H18	0.8~7.0	焊条用线材、铆钉用线材
	O、H14	0.8~1.6	焊条用线材
		>1.6~7.0	焊条用线材、铆钉用线材
		>7.0~20.0	铆钉用线材
	H12	>7.0~20.0	
5B05、5A06	O	0.8~20.0	焊条用线材
	H18	0.8~7.0	
	H14	0.8~7.0	
	H12	1.6~7.0	铆钉用线材
		>7.0~20.0	焊条用线材、铆钉用线材
5005、5052、5056	O	1.6~25.0	铆钉用线材
5B06、5A33、5183、5356、5554、5A56	O	0.8~20.0	焊条用线材
	H18	0.8~7.0	
	H14		
	H12	>7.0~20.0	
6061	O	0.8~1.6	焊条用线材、铆钉用线材
		>1.6~20.0	
		>20.0~25.0	铆钉用线材
	H18	0.8~1.6	焊条用线材
		>1.6~20.0	焊条用线材、铆钉用线材
	H14	3.0~20.0	焊条用线材
	T6	1.6~20.0	焊条用线材、铆钉用线材
6A02	O、H18	0.8~20.0	焊条用线材
	H14	3.0~20.0	
7A03	H14、T6	1.6~20.0	铆钉用线材
8A06	O、H18	0.8~20.0	焊条用线材
	H14	3.0~20.0	

① 需要其他合金、规格、状态的线材时，供需双方协商并在合同中注明。

② 供方可以1350-H22线材替代需方订购的1350-H12线材；或以1350-H12线材替代需方订购的1350-H22线材，但同一份合同，只能供应同一个状态的线材。

（2）线材的直径偏差（见表5-159）

表5-159　线材的直径偏差　（单位：mm）

直径/mm	直径允许偏差			
	铆钉用线材		其他线材	
	普通级	高精级	普通级	高精级
≤1.0	—	—	±0.03	±0.02
>1.0~3.0	0 −0.05	0 −0.04	±0.04	±0.03

（续）

直径/mm	直径允许偏差			
	铆钉用线材		其他线材	
	普通级	高精级	普通级	高精级
>3.0~6.0	0 −0.08	0 −0.05	±0.05	±0.04
>6.0~10.0	0 −0.12	0 −0.06	±0.07	±0.05
>10.0~15.0	0 −0.16	0 −0.08	±0.09	±0.07
>15.0~20.0	0 −0.20	0 −0.12	±0.13	±0.11
>20.0~25.0	0 −0.24	0 −0.16	±0.17	±0.15

（3）拉伸性能　（见表5-160）

表5-160　直径不大于5.0mm的、导体用1A50合金线材的拉伸性能

牌号	状　态	直径/mm	拉伸性能	
			抗拉强度 R_m /MPa	断后伸长率 A_{200mm} (%)
1A50	O	0.8~1.0	≥75	≥10
		>1.0~1.5		≥12
		>1.5~2.0		
		>2.0~3.0		≥15
		>3.0~4.0		≥18
		>4.0~4.5		
		>4.5~5.0		
	H19	0.8~1.0	≥160	≥1.0
		>1.0~1.5	≥155	≥1.2
		>1.5~2.0		≥1.5
		>2.0~3.0		
		>3.0~4.0	≥135	
		>4.0~4.5		≥2.0
		>4.5~5.0		
1350[①]	O	9.5~12.7	60~100	—
	H12、H22	9.5~12.7	80~120	—
	H14、H24		100~140	
	H16、H26		115~155	
	H19	1.2~2.0	≥160	≥1.2
		>2.0~2.5	≥175	≥1.5
		>2.5~3.5	≥160	
		>3.5~5.3	≥160	≥1.8
		>5.3~6.5	≥155	≥2.2

（续）

牌号	状　态	直径/mm	拉伸性能	
			抗拉强度 R_m /MPa	断后伸长率 A_{200mm} (%)
1100	O	1.6~25.0	≤110	—
	H14		110~145	—
3003	O		≤130	—
	H14		140~180	—
5052	O	1.6~25.0	≤220	—
5056	O		≤320	—
6061	O		≤155	—

注：其他线材拉伸性能或参考本表，或由供需双方具体协商。

① 1350线材允许焊接，但O状态线材接头处力学性能不小于60MPa，其他状态线材接头处力学性能不小于75MPa。

（4）抗弯曲性能（见表5-161）

表5-161　直径不大于5.0mm的、导体用1A50-H19线材抗弯曲性能

牌　号	状　态	直径/mm	弯曲次数　≥
1A50	H19	1.5~4.0	7
		>4.0~5.0	6

注：其他线材要求抗弯曲性能时，由供需双方协商，并在合同中注明。

（5）电阻率、体积电导率（见表5-162）

表5-162　线材的电阻率和体积电导率

牌号	状态	20℃时的电阻率 ρ /(Ω·μm) ≤	体积电导率 /(%IACS) ≥	20℃时的电阻率 ρ /(Ω·μm) ≤	体积电导率 /(%IACS) ≥
		普通级		高精级	
1A50	H19	0.0295	58.4	0.0282	61.1
1350	O	—	—	0.027899	61.8
	H12、H22	—	—	0.028035	61.5
	H14、H24	—	—	0.028080	61.4
	H16、H26	—	—	0.028126	61.3
	H19	—	—	0.028265	61.0

（6）抗剪强度（见表5-163）

表5-163　铆钉用线材的抗剪强度

牌　号	状　态	直径/mm	抗剪强度 τ/MPa　≥
1035	H14	所有	60
2A01	T4		185

（续）

牌号	状态	直径/mm	抗剪强度 τ/MPa ≥
2A04	T4	≤6.0	275
		>6.0	265
2A10		≤8.0	245
		>8.0	235
2B11[①]	T4	所有	235
2B12[①]			265
3A21	H14		80
5A02			115
5A06	H12		165
5A05	H18		
5B05	H12		155
6061	T6		170
7A03			285

① 因为2B11、2B12合金铆钉在变形时会破坏其时效过程，所以设计使用时，2B11抗剪强度指标按215MPa计算；2B12按245MPa计算。

（7）铆接性能（见表5-164铆钉用线材）

表5-164 铆钉用线材的铆接性能

牌号	状态	直径/mm	铆接性能	
			试样突出高度与直径之比	铆接试验时间
2A01	T4或T6	1.6~4.5	1.5	淬火96h以后
		>4.5~10.0	1.4	
2A04	H1X	1.6~5.5	1.5	—
		>5.5~10.0	1.4	
	T4或T6	1.6~5.0	1.3	淬火后6h以内
		>5.0~6.0		淬火后4h以内
		>6.0~8.0	1.2	淬火后2h以内
		>8.0~10.0	—	—
2A10	T4或T6	1.6~4.5	1.5	淬火时效后
		>4.5~8.0	1.4	
		>8.0~10.0	1.3	
2B11		1.6~4.5	1.5	淬火后1h以内
		>4.5~10.0	1.4	
2B12		1.6~4.5	1.4	淬火后20min以内
		>4.5~8.0	1.3	
		>8.0~10.0	1.2	

（续）

牌号	状态	直径/mm	铆接性能	
			试样突出高度与直径之比	铆接试验时间
7A03	H1X	1.6~8.0	1.4	—
		>8.0~10.0	1.3	
	T4 或 T6	1.6~4.5	1.4	淬火人工时效后
		>4.5~8.0	1.3	
		>8.0~10.0	1.2	
其他	H1X	1.6~10.0	1.5	—

2. 电工圆铝线（GB/T 3955—2009）

（1）型号、代号及名称（见表 5-165）

表 5-165　圆铝线型号、状态代号及名称

型　号	状态代号	名　称
LR	O	软圆铝线
LY4	H4	H4 状态硬圆铝线
LY6	H6	H6 状态硬圆铝线
LY8	H8	H8 状态硬圆铝线
LY9	H9	H9 状态硬圆铝线

（2）规格　圆铝线的规格用标称直径表示，其范围见表 5-166。

（3）尺寸偏差（见表 5-167）

表 5-166　圆铝线的直径范围

型　号	直径范围/mm
LR	0.30~10.00
LY4	0.30~6.00
LY6	0.30~10.00
LY8	0.30~5.00
LY9	1.25~5.00

表 5-167　圆铝线标称直径的偏差

（单位：mm）

标称直径 d	偏差
0.300~0.900	±0.013
0.910~2.490	±0.025
2.50 及以上	±1%d

注：1. 标称直径 2.50mm 及以上，计算时保留两位小数，标称直径 2.50mm 以下，计算时保留三位小数。
2. 圆铝线在垂直于轴线的同一截面上测得的最大和最小直径之差（f 值）应不超过标称直径偏差的绝对值。

（4）圆铝线的力学性能（见表 5-168）

表 5-168　圆铝线的力学性能

型号	直径/mm	抗拉强度/MPa		断裂伸长率（最小值,%）	卷　绕
		最小	最大		
LR	0.30~1.00	—	98	15	—
	1.01~10.00	—	98	20	—

（续）

型号	直径/mm	抗拉强度/MPa		断裂伸长率（最小值,%）	卷　绕
		最小	最大		
LY4	0.30~6.00	95	125	—	①
LY6	0.30~6.00	125	165	—	①
	6.01~10.00	125	165	3	—
LY8	0.30~5.00	160	205	—	①
LY9	1.25 及以下	200	—	—	①
	1.26~1.50	195			
	1.51~1.75	190			
	1.76~2.00	185			
	2.01~2.25	180			
	2.26~2.50	175			
	2.51~3.00	170			
	3.01~3.50	165			
	3.51~5.00	160			

① 卷绕试验依据 GB/T 4909.7—2009 规定进行，试样在等于自身直径的圆棒上紧密卷绕 8 圈，退绕 6 圈之后重新紧密卷绕，用正常目力检查，铝线应不裂断，但允许铝线表面有轻微裂纹。

（5）圆铝线的电性能（见表 5-169）

表 5-169　圆铝线的电性能

型　　号	20℃时直流电阻率(最大值)/$10^{-6}\Omega\cdot m$
LR	0.02759
LY4 LY6 LY8 LY9	0.028264

注：计算时，20℃时物理数据应取下列数值：密度为 2.703g/cm^3；线膨胀系数为 0.000023℃$^{-1}$；电阻温度系数，LR 型为 0.00413℃$^{-1}$，其余型号为 0.00403℃$^{-1}$。

3. 铜及铜合金线材（GB/T 21652—2008）

（1）用途　用于各工业部门用的圆形、正方形、正六角形的铜及铜合金线材。

（2）牌号、状态和规格（见表 5-170）

表 5-170　产品的牌号、状态、规格尺寸

类别	牌　　号	状　　态	直径(对边距)/mm
纯铜线	T2、T3	软(M),半硬(Y_2)、硬(Y)	0.05~8.0
	TU1、TU2	软(M),硬(Y)	0.05~8.0

（续）

类别	牌号	状态	直径（对边距）/mm
黄铜线	H62、H63、H65	软（M），1/8 硬（Y_8），1/4 硬（Y_4），半硬（Y_2），3/4 硬（Y_1），硬（Y）	0.05~13.0
		特硬（T）	0.05~4.0
	H68、H70	软（M），1/8 硬（Y_8），1/4 硬（Y_4），半硬（Y_2），3/4 硬（Y_1），硬（Y）	0.05~8.5
		特硬（T）	0.1~6.0
	H80、H85、H90、H96	软（M），半硬（Y_2），硬（Y）	0.05~12.0
	HSn60-1、HSn62-1	软（M），硬（Y）	0.5~6.0
	HPb63-3、HPb59-1	软（M），半硬（Y_2），硬（Y）	
	HPb59-3	半硬（Y_2），硬（Y）	1.0~8.5
	HPb61-1	半硬（Y_2），硬（Y）	0.5~8.5
	HPb62-0.8	半硬（Y_2），硬（Y）	0.5~6.0
	HSb60-0.9、HSb61-0.8-0.5、HBi60-1.3	半硬（Y_2），硬（Y）	0.8~12.0
	HMn62-13	软（M），1/4 硬（Y_4），半硬（Y_2），3/4 硬（Y_1），硬（Y）	0.5~6.0
青铜线	QSn6.5-0.1、QSn6.5-0.4、QSn7-0.2、QSn5-0.2、QSi3-1	软（M），1/4 硬（Y_4），半硬（Y_2），3/4 硬（Y_1），硬（Y）	0.1~8.5
	QSn4-3	软（M），1/4 硬（Y_4），半硬（Y_2），3/4 硬（Y_1）	0.1~8.5
		硬（Y）	0.1~6.0
	QSn4-4-4	半硬（Y_2），硬（Y）	0.1~8.5
	QSn15-1-1	软（M），1/4 硬（Y_4），半硬（Y_2），3/4 硬（Y_1），硬（Y）	0.5~6.0
	QAl7	半硬（Y_2），硬（Y）	1.0~6.0
	QAl9-2	硬（Y）	0.6~6.0
	QCr1、QCr1-0.18	固溶+冷加工+时效（CYS），固溶+时效+冷加工（CSY）	1.0~12.0
	QCr4.5-2.5-0.6	软（M），固溶+冷加工+时效（CYS），固溶+时效+冷加工（CSY）	0.5~6.0
	QCd1	软（M），硬（Y）	0.1~6.0

（续）

类别	牌　号	状　态	直径(对边距)/mm
白铜线	B19 BFe10-1-1,BFe30-1-1	软(M),硬(Y)	0.1~6.0
	BMn3-12 BMn40-1.5	软(M),硬(Y)	0.05~6.0
	BZn9-29,BZn12-26,BZn15-20 BZn18-20	软(M),1/8 硬(Y_8),1/4 硬(Y_4),半硬(Y_2),3/4 硬(Y_1),硬(Y)	0.1~8.0
		特硬(T)	0.5~4.0
	BZn22-16,BZn25-18	软(M),1/8 硬(Y_8),1/4 硬(Y_4),半硬(Y_2),3/4 硬(Y_1),硬(Y)	0.1~8.0
		特硬(T)	0.1~4.0
	BZn40-20	软(M),1/4 硬(Y_4),半硬(Y_2),3/4 硬(Y_1),硬(Y)	1.0~6.0

（3）化学成分（见表 5-171~表 5-176）

表 5-171　锰黄铜线材化学成分

牌号	质量分数(%)												
	Cu	Mn	Ni+Co	Ti+Al	Pb	Fe	Si	B	P	Sb	Bi	Zn	杂质总和
HMn62-13	59~65	10~15	0.05~0.5	0.5~2.5	0.03	0.05	0.05	0.01	0.005	0.005	0.005	余量	0.15

注：1. 元素含量为上下限者为合金元素，元素含量为单个数值者为杂质元素，单个数值表示最高限量。
2. 杂质总和为表中所列杂质元素实测值总和。
3. 表中用“余量”表示的元素含量为100%减去表中所列元素实测值所得。

表 5-172　锑黄铜和铋黄铜线材化学成分

牌号	质量分数(%)									
	Cu	Sb	B、Ni、Fe、Sn 等	Si	Fe	Bi	Pb	Cd	Zn	杂质总和
HSb60-0.9	58~62	0.3~1.5	0.05<Ni+Fe+B<0.9	—	—	—	0.2	0.01	余量	0.2
HSb61-0.8-0.5	59~63	0.4~1.2	0.05<Ni+Sn+B<1.2	0.3~1.0	0.2	—	0.2	0.01	余量	0.3
HBi60-1.3	58~62	0.05<Sb+B+Ni+Sn<1.2		—	0.1	0.3~2.3	0.2	0.01	余量	0.3

注：1. 元素含量为上下限者为合金元素，元素含量为单个数值者为杂质元素，单个数值表示最高限量。
2. 杂质总和为表中所列杂质元素实测值总和。
3. 表中用“余量”表示的元素含量为100%减去表中所列元素实测值所得。

表5-173　青铜线材化学成分

牌号	质量分数(%)												
	Cr	Zr	Pb	Mg	Fe	Si	P	Sb	Bi	Al	B	Cu	杂质总和
QCr1-0.18	0.5~1.5	0.05~0.30	0.05	0.05	0.10	0.10	0.10	0.01	0.01	0.05	0.02	余量	0.3

注：1. 元素含量为上下限者为合金元素，元素含量为单个数值者为杂质元素，单个数值表示最高限量。

2. 杂质总和为表中所列杂质元素实测值总和。

3. 表中用“余量”表示的元素含量为100%减去表中所列元素实测值所得。

表5-174　青铜线材化学成分

牌　号	质量分数(%)					
	Sn	P	Pb	Fe	Zn	Cu
QSn5-0.2(C51000)	4.2~5.8	0.03~0.35	0.05	0.10	0.30	余量

注：1. Cu+所列出元素总和≥99.5%。

2. 元素含量为上下限者为合金元素，元素含量为单个数值者为杂质元素，单个数值表示最高限量。

3. 表中用“余量”表示的元素含量为100%减去表中所列元素实测值所得。

表5-175　青铜线材化学成分

牌　号	质量分数(%)										
	Sn	B	Zn	Fe	Cr	Ti	Ni+Co	Mn	P	Cu	杂质总和
QSn15-1-1	12~18	0.002~1.2	0.5~2	0.1~1	—	0.002	—	0.6	0.5	余量	1.0
QCr4.5-2.5-0.6	—	—	0.05	0.05	3.5~5.5	1.5~3.5	0.2~1.0	0.5~2	0.005	余量	0.1

注：1. 元素含量为上下限者为合金元素，元素含量为单个数值者为杂质元素，单个数值表示最高限量。

2. 杂质总和为表中所列杂质元素实测值总和。

3. 表中用“余量”表示的元素含量为100%减去表中所列元素实测值所得。

表5-176　白铜线材化学成分

牌号	质量分数(%)														
	Cu	Ni+Co	Fe	Mn	Pb	Si	Sn	P	Al	Ti	C	S	Sb	Bi	Zn	杂质总和
BZn9-29	60.0~63.0	7.2~10.4	0.3	0.5	0.03	0.15	0.08	0.005	0.005	0.005	0.03	0.005	0.002	0.002	余量	0.8
BZn12-26	60.0~63.0	10.5~13.0	0.3	0.5	0.03	0.15	0.08	0.005	0.005	0.005	0.03	0.005	0.002	0.002	余量	0.8

（续）

牌号	质量分数(%)															
	Cu	Ni+Co	Fe	Mn	Pb	Si	Sn	P	Al	Ti	C	S	Sb	Bi	Zn	杂质总和
BZn18-20	60.0~63.0	16.5~19.5	0.3	0.5	0.03	0.15	0.08	0.005	0.005	0.005	0.03	0.005	0.002	0.002	余量	0.8
BZn22-16	60.0~63.0	20.5~23.5	0.3	0.5	0.03	0.15	0.08	0.005	0.005	0.005	0.03	0.005	0.002	0.002	余量	0.8
BZn25-18	56.0~59.0	23.5~26.5	0.3	0.5	0.03	0.15	0.08	0.005	0.005	0.005	0.03	0.005	0.002	0.002	余量	0.8
BZn40-20	38.0~42.0	38.0~41.5	0.3	0.5	0.03	0.15	0.08	0.005	0.005	0.005	0.10	0.005	0.002	0.002	余量	0.8

注：1. 元素含量为上下限者为合金元素，元素含量为单个数值者为杂质元素，单个数值表示最高限量。
2. 杂质总和为表中所列杂质元素实测值总和。
3. 表中用“余量”表示的元素含量为100%减去表中所列元素实测值所得。
4. 不在上述各表中的牌号的合金应符合 GB/T 5231—2001 的规定。

(4) 尺寸及尺寸允许偏差

1）圆形线材直径及其允许偏差见表 5-177

表 5-177　圆形线材的直径及其允许偏差　（单位：mm）

公称直径	允许偏差 ≤	
	较高级	普通级
0.05~0.1	±0.003	±0.005
>0.1~0.2	±0.005	±0.010
>0.2~0.5	±0.008	±0.015
>0.5~1.0	±0.010	±0.020
>1.0~3.0	±0.020	±0.030
>3.0~6.0	±0.030	±0.040
>6.0~13.0	±0.040	±0.050

注：1. 经供需双方协商，可供应其他规格和允许偏差的线材，具体要求应在合同中注明。
2. 线材偏差等级须在订货合同中注明，否则按普通级供货。
3. 需方要求单向偏差时，其值为本表中数值的 2 倍。

2）正方形、正六角形等异型线材的对边距及其允许偏差见表 5-178。

表 5-178　正方形、正六角形线材的对边距及其允许偏差

（单位：mm）

对边距	允许偏差 ≤		截面形状
	较高级	普通级	
≤3.0	±0.030	±0.040	
>3.0~6.0	±0.040	±0.050	
>6.0~13.0	±0.050	±0.060	

注：1. 经供需双方协商，可供应其他规格和允许偏差的线材，具体要求应在合同中注明。

2. 线材偏差等级须在订货合同中注明，否则按普通级供货。

3. 需方要求单向偏差时，其值为本表中数值的2倍。

3）正方形、正六角形等异型线材的圆角半径 r 见表 5-179。

表 5-179　正方形、正六角形线材的圆角半径（单位：mm）

对边距	≤2	>2~4	>4~6	>6~10	>10~13
圆角半径 r	≤0.4	≤0.5	≤0.6	≤0.8	≤1.2

4）直径不大于3.0mm的线材，其圆度应不大于直径允许偏差之半；直径大于3.0mm的线材，其圆度应不大于直径允许偏差。

5）需方有要求时，应检测正方形、正六角形线材的扭拧度，其要求由供需双方商定。

（5）线材卷（轴）质量（见表 5-180）

表 5-180　线材卷（轴）质量

线材直径/mm	每卷(轴)质量/kg ≥	
	标准卷	较轻卷
0.05~0.5	3	1
>0.5~1.0	10	8
>1.0~2.0	22	20
>2.0~4.0	25	22
>4.0~6.0	30	25
>6.0~13.0	70	50

注：1. 每批许可交付质量不大于10%的较轻线卷（轴）。

2. 用户对线材卷（轴）质量有特殊要求时，可协商进行。

（6）力学性能　线材的室温纵向力学性能见表 5-181。

表 5-181　线材的室温纵向力学性能

牌号	状态	直径(对边距)/mm	抗拉强度 R_m /MPa	伸长率 A_{100mm} (%)
TU1 TU2	M	0.05~8.0	≤255	≥25
	Y	0.05~4.0	≥345	—
		>4.0~8.0	≥310	≥10

（续）

牌号	状态	直径（对边距）/mm	抗拉强度 R_m /MPa	伸长率 A_{100mm} （%）
T2 T3	M	0.05～0.3	≥195	≥15
		>0.3～1.0	≥195	≥20
		>1.0～2.5	≥205	≥25
		>2.5～8.0	≥205	≥30
	Y_2	0.05～8.0	255～365	—
	Y	0.05～2.5	≥380	—
		>2.5～8.0	≥365	—
H62 H63	M	0.05～0.25	≥345	≥18
		>0.25～1.0	≥335	≥22
		>1.0～2.0	≥325	≥26
		>2.0～4.0	≥315	≥30
		>4.0～6.0	≥315	≥34
		>6.0～13.0	≥305	≥36
	Y_8	0.05～0.25	≥360	≥8
		>0.25～1.0	≥350	≥12
		>1.0～2.0	≥340	≥18
		>2.0～4.0	≥330	≥22
		>4.0～6.0	≥320	≥26
		>6.0～13.0	≥310	≥30
	Y_4	0.05～0.25	≥380	≥5
		>0.25～1.0	≥370	≥8
		>1.0～2.0	≥360	≥10
		>2.0～4.0	≥350	≥15
		>4.0～6.0	≥340	≥20
		>6.0～13.0	≥330	≥25
	Y_2	0.05～0.25	≥430	—
		>0.25～1.0	≥410	≥4
		>1.0～2.0	≥390	≥7
		>2.0～4.0	≥375	≥10
		>4.0～6.0	≥355	≥12
		>6.0～13.0	≥350	≥14

（续）

牌号	状态	直径(对边距)/mm	抗拉强度 R_m /MPa	伸长率 A_{100mm} (%)
H62 H63	Y_1	0.05~0.25	590~785	—
		>0.25~1.0	540~735	—
		>1.0~2.0	490~685	—
		>2.0~4.0	440~635	—
		>4.0~6.0	390~590	—
		>6.0~13.0	360~560	—
	Y	0.05~0.25	785~980	—
		>0.25~1.0	685~885	—
		>1.0~2.0	635~835	—
		>2.0~4.0	590~785	—
		>4.0~6.0	540~735	—
		>6.0~13.0	490~685	—
	T	0.05~0.25	≥850	—
		>0.25~1.0	≥830	—
		>1.0~2.0	≥800	—
		>2.0~4.0	≥770	—
H65	M	0.05~0.25	≥335	≥18
		>0.25~1.0	≥325	≥24
		>1.0~2.0	≥315	≥28
		>2.0~4.0	≥305	≥32
		>4.0~6.0	≥295	≥35
		>6.0~13.0	≥285	≥40
	Y_2	0.05~0.25	≥350	≥10
		>0.25~1.0	≥340	≥15
		>1.0~2.0	≥330	≥20
		>2.0~4.0	≥320	≥25
		>4.0~6.0	≥310	≥28
		>6.0~13.0	≥300	≥32
	Y_4	0.05~0.25	≥370	≥6
		>0.25~1.0	≥360	≥10
		>1.0~2.0	≥350	≥12
		>2.0~4.0	≥340	≥18
		>4.0~6.0	≥330	≥22
		>6.0~13.0	≥320	≥28
	Y_2	0.05~0.25	≥410	—
		>0.25~1.0	≥400	≥4
		>1.0~2.0	≥390	≥7
		>2.0~4.0	≥380	≥10
		>4.0~6.0	≥375	≥13
		>6.0~13.0	≥360	≥15

（续）

牌号	状态	直径（对边距）/mm	抗拉强度 R_m /MPa	伸长率 A_{100mm}（%）
H65	Y_1	0.05~0.25	540~735	—
		>0.25~1.0	490~685	—
		>1.0~2.0	440~635	—
		>2.0~4.0	390~590	—
		>4.0~6.0	375~570	—
		>6.0~13.0	370~550	—
	Y	0.05~0.25	685~885	—
		>0.25~1.0	635~835	—
		>1.0~2.0	590~785	—
		>2.0~4.0	540~735	—
		>4.0~6.0	490~685	—
		>6.0~13.0	440~635	—
	T	0.05~0.25	≥830	—
		>0.25~1.0	≥810	—
		>1.0~2.0	≥800	—
		>2.0~4.0	≥780	—
H68 H70	M	0.05~0.25	≥375	≥18
		>0.25~1.0	≥355	≥25
		>1.0~2.0	≥335	≥30
		>2.0~4.0	≥315	≥35
		>4.0~6.0	≥295	≥40
		>6.0~8.5	≥275	≥45
	Y_8	0.05~0.25	≥385	≥18
		>0.25~1.0	≥365	≥20
		>1.0~2.0	≥350	≥24
		>2.0~4.0	≥340	≥28
		>4.0~6.0	≥330	≥33
		>6.0~8.5	≥320	≥35
	Y_4	0.05~0.25	≥400	≥10
		>0.25~1.0	≥380	≥15
		>1.0~2.0	≥370	≥20
		>2.0~4.0	≥350	≥25
		>4.0~6.0	≥340	≥30
		>6.0~8.5	≥330	≥32
	Y_2	0.05~0.25	≥410	—
		>0.25~1.0	≥390	≥5
		>1.0~2.0	≥375	≥10
		>2.0~4.0	≥355	≥12
		>4.0~6.0	≥345	≥14
		>6.0~8.5	≥340	≥16
	Y_1	0.05~0.25	540~735	—
		>0.25~1.0	490~685	—
		>1.0~2.0	440~635	—

（续）

牌号	状态	直径（对边距）/mm	抗拉强度 R_m /MPa	伸长率 A_{100mm} (%)
H68 H70	Y_1	>2.0~4.0	390~590	—
		>4.0~6.0	345~540	—
		>6.0~8.5	340~520	—
	Y	0.05~0.25	735~930	—
		>0.25~1.0	685~885	—
		>1.0~2.0	635~835	—
		>2.0~4.0	590~785	—
		>4.0~6.0	540~735	—
		>6.0~8.5	490~685	—
	T	0.1~0.25	≥800	—
		>0.25~1.0	≥780	—
		>1.0~2.0	≥750	—
		>2.0~4.0	≥720	—
		>4.0~6.0	≥690	—
H80	M	0.05~12.0	≥320	≥20
	Y_2	0.05~12.0	≥540	—
	Y	0.05~12.0	≥690	—
H85	M	0.05~12.0	≥280	≥20
	Y_2	0.05~12.0	≥455	—
	Y	0.05~12.0	≥570	—
H90	M	0.05~12.0	≥240	≥20
	Y_2	0.05~12.0	≥385	—
	Y	0.05~12.0	≥485	—
H96	M	0.05~12.0	≥220	≥20
	Y_2	0.05~12.0	≥340	—
	Y	0.05~12.0	≥420	—
HPb59-1	M	0.5~2.0	≥345	≥25
		>2.0~4.0	≥335	≥28
		>4.0~6.0	≥325	≥30
	Y_2	0.5~2.0	390~590	—
		>2.0~4.0	390~590	—
		>4.0~6.0	375~570	—
	Y	0.5~2.0	490~735	—
		>2.0~4.0	490~685	—
		>4.0~6.0	440~635	—

（续）

牌号	状态	直径（对边距）/mm	抗拉强度 R_m /MPa	伸长率 A_{100mm} (%)
HPb59-3	Y_2	1.0~2.0	≥385	—
		>2.0~4.0	≥380	—
		>4.0~6.0	≥370	—
		>6.0~8.5	≥360	—
	Y	1.0~2.0	≥480	—
		>2.0~4.0	≥460	—
		>4.0~6.0	≥435	—
		>6.0~8.5	≥430	—
HPb61-1	Y_2	0.5~2.0	≥390	≥10
		>2.0~4.0	≥380	≥10
		>4.0~6.0	≥375	≥15
		>6.0~8.5	≥365	≥15
	Y	0.5~2.0	≥520	—
		>2.0~4.0	≥490	—
		>4.0~6.0	≥465	—
		>6.0~8.5	≥440	—
HPb62-0.8	Y_2	0.5~6.0	410~540	≥12
	Y	0.5~6.0	450~560	—
HPb63-3	M	0.5~2.0	≥305	≥32
		>2.0~4.0	≥295	≥35
		>4.0~6.0	≥285	≥35
	Y_2	0.5~2.0	390~610	≥3
		>2.0~4.0	390~600	≥4
		>4.0~6.0	390~590	≥4
	Y	0.5~6.0	570~735	—
HSn60-1 HSn62-1	M	0.5~2.0	≥315	≥15
		>2.0~4.0	≥305	≥20
		>4.0~6.0	≥295	≥25
	Y	0.5~2.0	590~835	—
		>2.0~4.0	540~785	—
		>4.0~6.0	490~735	—
HSb60-0.9	Y_2	0.8~12.0	≥330	≥10
	Y	0.8~12.0	≥380	≥5
HSb61-0.8-0.5	Y_2	0.8~12.0	≥380	≥8
	Y	0.8~12.0	≥400	≥5
HBi60-1.3	Y_2	0.8~12.0	≥350	≥8
	Y	0.8~12.0	≥400	≥5

（续）

牌号	状态	直径（对边距）/mm	抗拉强度 R_m /MPa	伸长率 A_{100mm} (%)
HMn62-13	M	0.5~6.0	400~550	≥25
	Y_4	0.5~6.0	450~600	≥18
	Y_2	0.5~6.0	500~650	≥12
	Y_1	0.5~6.0	550~700	—
	Y	0.5~6.0	≥650	—
QSn6.5-0.1 QSn6.5-0.4 QSn7-0.2 QSn5-0.2 QSi3-1	M	0.1~1.0	≥350	≥35
		>1.0~8.5		≥45
	Y_4	0.1~1.0	480~680	—
		>1.0~2.0	450~650	≥10
		>2.0~4.0	420~620	≥15
		>4.0~6.0	400~600	≥20
		>6.0~8.5	380~580	≥22
	Y_2	0.1~1.0	540~740	—
		>1.0~2.0	520~720	—
		>2.0~4.0	500~700	≥4
		>4.0~6.0	480~680	≥8
		>6.0~8.5	460~660	≥10
	Y_1	0.1~1.0	750~950	—
		>1.0~2.0	730~920	—
		>2.0~4.0	710~900	—
		>4.0~6.0	690~880	—
		>6.0~8.5	640~860	—
	Y	0.1~1.0	880~1130	—
		>1.0~2.0	860~1060	—
		>2.0~4.0	830~1030	—
		>4.0~6.0	780~980	—
		>6.0~8.5	690~950	—
QSn4-3	M	0.1~1.0	≥350	≥35
		>1.0~8.5		≥45
	Y_4	0.1~1.0	460~580	≥5
		>1.0~2.0	420~540	≥10
		>2.0~4.0	400~520	≥20
		>4.0~6.0	380~480	≥25
		>6.0~8.5	360~450	—
	Y_2	0.1~1.0	500~700	—
		>1.0~2.0	480~680	—
		>2.0~4.0	450~650	—
		>4.0~6.0	430~630	—
		>6.0~8.5	410~610	—

（续）

牌号	状态	直径(对边距)/mm	抗拉强度 R_m/MPa	伸长率 A_{100mm}(%)
QSn4-3	Y_1	0.1~1.0	620~820	—
		>1.0~2.0	600~800	—
		>2.0~4.0	560~760	—
		>4.0~6.0	540~740	—
		>6.0~8.5	520~720	—
	Y	0.1~1.0	880~1130	—
		>1.0~2.0	860~1060	—
		>2.0~4.0	830~1030	—
		>4.0~6.0	780~980	—
QSn4-4-4	Y_2	0.1~8.5	≥360	≥12
	Y	0.1~8.5	≥420	≥10
QSn15-1-1	M	0.5~1.0	≥365	≥28
		>1.0~2.0	≥360	≥32
		>2.0~4.0	≥350	≥35
		>4.0~6.0	≥345	≥36
	Y_4	0.5~1.0	630~780	≥25
		>1.0~2.0	600~750	≥30
		>2.0~4.0	580~730	≥32
		>4.0~6.0	550~700	≥35
	Y_2	0.5~1.0	770~910	≥3
		>1.0~2.0	740~880	≥6
		>2.0~4.0	720~850	≥8
		>4.0~6.0	680~810	≥10
	Y_1	0.5~1.0	800~930	≥1
		>1.0~2.0	780~910	≥2
		>2.0~4.0	750~880	≥2
		>4.0~6.0	720~850	≥3
	Y	0.5~1.0	850~1080	—
		>1.0~2.0	840~980	—
		>2.0~4.0	830~960	—
		>4.0~6.0	820~950	—
QAl7	Y_2	1.0~6.0	≥550	≥8
	Y	1.0~6.0	≥600	≥4
QAl9-2	Y	0.6~1.0	≥580	—
		>1.0~2.0		≥1
		>2.0~5.0		≥2
		>5.0~6.0	≥530	≥3

（续）

牌号	状态	直径(对边距)/mm	抗拉强度 R_m /MPa	伸长率 A_{100mm} (%)
QCr1、QCr1-0.18	CYS	1.0~6.0	≥420	≥9
	CSY	>6.0~12.0	≥400	≥10
QCr4.5-2.5-0.6	M	0.5~6.0	400~600	≥25
	CYS、CSY	0.5~6.0	550~850	—
QCd1	M	0.1~6.0	≥275	≥20
	Y	0.1~0.5	590~880	—
		>0.5~4.0	490~735	—
		>4.0~6.0	470~685	—
B19	M	0.1~0.5	≥295	≥20
		>0.5~6.0		≥25
	Y	0.1~0.5	590~880	—
		>0.5~6.0	490~785	—
BFe10-1-1	M	0.1~1.0	≥450	≥15
		>1.0~6.0	≥400	≥18
	Y	0.1~1.0	≥780	—
		>1.0~6.0	≥650	—
BFe30-1-1	M	0.1~0.5	≥345	≥20
		>0.5~6.0		≥25
	Y	0.1~0.5	685~980	—
		>0.5~6.0	590~880	—
BMn3-12	M	0.05~1.0	≥440	≥12
		>1.0~6.0	≥390	≥20
	Y	0.05~1.0	≥785	—
		>1.0~6.0	≥685	—
BMn40-1.5	M	0.05~0.20	≥390	≥15
		>0.20~0.50		≥20
		>0.50~6.0		≥25
	Y	0.05~0.20	685~980	—
		>0.20~0.50	685~880	—
		>0.50~6.0	635~835	—
BZn9-29、BZn12-26	M	0.1~0.2	≥320	≥15
		>0.2~0.5		≥20
		>0.5~2.0		≥25
		>2.0~8.0		≥30
	Y_8	0.1~0.2	400~570	≥12
		>0.2~0.5	380~550	≥16
		>0.5~2.0	360~540	≥22
		>2.0~8.0	340~520	≥25

（续）

牌号	状态	直径(对边距)/mm	抗拉强度 R_m /MPa	伸长率 A_{100mm} (%)
BZn9-29 BZn12-26	Y_4	0.1~0.2	420~620	≥6
		>0.2~0.5	400~600	≥8
		>0.5~2.0	380~590	≥12
		>2.0~8.0	360~570	≥18
	Y_2	0.1~0.2	480~680	—
		>0.2~0.5	460~640	≥6
		>0.5~2.0	440~630	≥9
		>2.0~8.0	420~600	≥12
	Y_1	0.1~0.2	550~800	—
		>0.2~0.5	530~750	—
		>0.5~2.0	510~730	—
		>2.0~8.0	490~630	—
	Y	0.1~0.2	680~880	—
		>0.2~0.5	630~820	—
		>0.5~2.0	600~800	—
		>2.0~8.0	580~700	—
	T	0.5~4.0	≥720	—
BZn15-20 BZn18-20	M	0.1~0.2	≥345	≥15
		>0.2~0.5		≥20
		>0.5~2.0		≥25
		>2.0~8.0		≥30
	Y_8	0.1~0.2	450~600	≥12
		>0.2~0.5	435~570	≥15
		>0.5~2.0	420~550	≥20
		>2.0~8.0	410~520	≥24
	Y_4	0.1~0.2	470~660	≥10
		>0.2~0.5	460~620	≥12
		>0.5~2.0	440~600	≥14
		>2.0~8.0	420~570	≥16
	Y_2	0.1~0.2	510~780	—
		>0.2~0.5	490~735	—
		>0.5~2.0	440~685	—
		>2.0~8.0	440~635	—
	Y_1	0.1~0.2	620~860	—
		>0.2~0.5	610~810	—
		>0.5~2.0	595~760	—
		>2.0~8.0	580~700	—
	Y	0.1~0.2	735~980	—
		0.2~0.5	735~930	—
		>0.5~2.0	635~880	—
		>2.0~8.0	540~785	—

（续）

牌号	状态	直径（对边距）/mm	抗拉强度 R_m /MPa	伸长率 A_{100mm} (%)
BZn15-20 BZn18-20	T	0.5~1.0	≥750	—
		>1.0~2.0	≥740	—
		>2.0~4.0	≥730	—
BZn22-16 BZn25-18	M	0.1~0.2	≥440	≥12
		0.2~0.5		≥16
		>0.5~2.0		≥23
		>2.0~8.0		≥28
	Y_8	0.1~0.2	500~680	≥10
		>0.2~0.5	490~650	≥12
		>0.5~2.0	470~630	≥15
		>2.0~8.0	460~600	≥18
	Y_4	0.1~0.2	540~720	—
		>0.2~0.5	520~690	≥6
		>0.5~2.0	500~670	≥8
		>0.2~8.0	480~650	≥10
	Y_2	0.1~0.2	640~830	—
		>0.2~0.5	620~800	—
		>0.5~2.0	600~780	—
		>2.0~8.0	580~760	—
	Y_1	0.1~0.2	660~880	—
		>0.2~0.5	640~850	—
		>0.5~2.0	620~830	—
		>2.0~8.0	600~810	—
	Y	0.1~0.2	750~990	—
		>0.2~0.5	740~950	—
		>0.5~2.0	650~900	—
		>2.0~8.0	630~860	—
	T	0.1~1.0	≥820	—
		>1.0~2.0	≥810	—
		>2.0~4.0	≥800	—
BZn40-20	M	1.0~6.0	500~650	≥20
	Y_4	1.0~6.0	550~700	≥8
	Y_2	1.0~6.0	600~850	—
	Y_1	1.0~6.0	750~900	—
	Y	1.0~6.0	800~1000	—

注：1. 伸长率指标均指拉伸试样在标距内断裂值。

2. 经供需双方协商可供应其余规格、状态和性能的线材，具体要求应在合同中注明。

4. 铜及铜合金扁线（GB/T 3114—2010）

（1）用途　用于各工业。

（2）牌号和规格（见表 5-182）

表 5-182　线材的牌号、状态、规格　　（单位：mm）

牌号	状态	规格(厚度×宽度)/mm
T2、TU1、TP2	软(M),硬(Y)	(0.5~6.0)×(0.5~15.0)
H62、H65、H68、H70、H80、H85、H90B	软(M)、半硬(Y_2),硬(Y)	(0.5~6.0)×(0.5~15.0)
HPb59-3、HPb62-3	半硬(Y_2)	(0.5~6.0)×(0.5~15.0)
HBi60-1.3、HSb60-0.9、HSb61-0.8-0.5	半硬(Y_2)	(0.5~6.0)×(0.5~12.0)
QSn6.5-0.1、QSn6.5-0.4、QSn7-0.2、QSn5-0.2	软(M),半硬(Y_2),硬(Y)	(0.5~6.0)×(0.5~12.0)
QSn4-3、QSi3-1	硬(Y)	(0.5~6.0)×(0.5~12.0)
BZn15-20、BZn18-20、BZn22-16	软(M),半硬(Y_2)	(0.5~6.0)×(0.5~15.0)
QCr1-0.18、QCr1	固溶+冷加工+时效(CYS),固溶+时效+冷加工(CSY)	(0.5~6.0)×(0.5~15.0)

注：扁线的厚度与宽度之比应在 1∶1~1∶7 的范围，其他范围的扁线由供需双方协商确定。

（3）化学成分

H90B 牌号的化学成分应符合表 5-183 的规定，其他牌号的化学成分应符合 GB/T 5231、GB/T 21652 的规定。

表 5-183　H90B 牌号的化学成分

合金牌号	化学成分(%)							
	主成分			杂质成分　≤				
	Cu	B	Zn	Ni	Fe	Si	Pb	杂质总和
H90B	89~91	0.05~0.3	余量	0.5	0.02	0.5	0.02	0.5

注：1. 杂质总和为表中所列杂质元素实测值总和。

2. 表中用“余量”表示的元素含量为100%减去表中所列元素实测值所得。

（4）力学性能（见表 5-184）

表 5-184　扁线的室温纵向力学性能

牌号	状态	对边距/mm	抗拉强度 R_m/MPa	伸长率 A_{100mm}(%)
			≥	
T2、TU1、TP2	M	0.5~15.0	175	25
	Y	0.5~15.0	325	—
H62	M	0.5~15.0	295	25
	Y_2	0.5~15.0	345	10
	Y	0.5~15.0	460	—

（续）

牌号	状态	对边距/mm	抗拉强度 R_m/(N/mm²)	伸长率 A_{100mm}(%)
			不小于	
H68、H65	M	0.5~15.0	245	28
	Y_2	0.5~15.0	340	10
	Y	0.5~15.0	440	—
H70	M	0.5~15.0	275	32
	Y_1	0.5~15.0	340	15
H80、H85、H90B	M	0.5~15.0	240	28
	Y_2	0.5~15.0	330	6
	Y	0.5~15.0	485	—
HPb59-3	Y_2	0.5~15.0	380	15
HPb62-3	Y_1	0.5~15.0	420	8
PSb60-0.9	Y_1	0.5~12.0	330	10
HSb61-0.8-0.5	Y_1	0.5~12.0	380	8
HBi60-1.3	Y_2	0.5~12.0	350	8
QSn6.5-0.1、QSn6.5-0.4、QSn7-0.2、QSn5-0.2	M	0.5~12.0	370	30
	Y_1	0.5~12.0	390	10
	Y	0.5~12.0	540	—
QSn4-3、QSi3-1	Y	0.5~12.0	735	—
BZn15-20、BZn18-20、BZn22-18	M	0.5~15.0	345	25
	Y_2	0.5~15.0	550	—
QCr1-0.18、QCr1	CYS CSY	0.5~15.0	400	10

注：经双方协商可供其他力学性能的扁线，具体要求应在合同中注明。

（5）线卷质量（见表5-185）

表5-185　成品的线卷质量

扁线宽度/mm	每卷质量/kg　≥	
	标准卷	较轻卷
0.5~1.0	10±1	8±1
>1.0~3.0	22±2	20±2
3.0~5.0	25±3,40±4	22±3,30±3
>5.0	75±5	50±5

注：每批许可交付质量不大于10%的较轻线卷（轴）。

第六章 传动支撑件

一、轴承代号

1. 滚动轴承代号表示方法（GB/T 272—1993）

（1）滚动轴承代号构成（见表6-1）

表6-1 滚动轴承代号构成

<table>
<tr><td rowspan="2">代号构成</td><td colspan="5">轴 承 代 号</td></tr>
<tr><td>前置代号</td><td colspan="2">基 本 代 号</td><td colspan="2">后 置 代 号</td></tr>
<tr><td>表示方法</td><td>字母</td><td>数字或字母</td><td>数字</td><td>数字</td><td>字母或字母和数字</td></tr>
<tr><td>表示意义</td><td>成套轴承分部件</td><td>轴承类型</td><td>尺寸系列—直径和宽度系列</td><td>轴承内径</td><td>轴承在结构、形状、尺寸、公差、技术要求等方面有所改变</td></tr>
</table>

（2）通用轴承类型代号表示法（见表6-2）

表6-2 通用轴承类型代号表示法

新类型代号左边第一数	轴承类型	旧类型代号右边第四数
0	双列角接触球轴承	6
1	调心球轴承	1
2	调心滚子轴承	3
2	推力调心滚子轴承	9
3	单列圆锥滚子轴承	7
35	双列圆锥滚子轴承	7
37	双列圆锥滚子轴承	7
38	四列圆锥滚子轴承	7
4	双列深沟球轴承	0
5	推力球轴承	8
56	推力角接触球轴承	8

（续）

新类型代号左边第一数	轴承类型	旧类型代号右边第四数
6	深沟球轴承	0
7	角接触球轴承	6
8	推力圆柱滚子轴承	9
9	推力圆锥滚子轴承	
N	单列圆柱滚子轴承	2
NN	双列或多列圆柱滚子轴承	2
U	外球面球轴承	0
QJ	四点接触球轴承	6

注：代号前、后加字母或数字表示该类轴承结构不同。

（3）向心轴承尺寸系列代号表示方法及新旧代号对照（见表6-3）

表6-3 向心轴承尺寸系列代号表示方法及新旧代号对照

直径系列			宽度系列			直径系列			宽度系列		
新代号	旧代号 名称	旧代号 代号	新代号	旧代号 名称	旧代号 代号	新代号	旧代号 名称	旧代号 代号	新代号	旧代号 名称	旧代号 代号
7	超特轻	7	1	正常	1	1	特轻	7	2	宽	2
			3	特宽	3				3、4	特宽	3、4
8	超轻	8	0	窄	7				5、6	特宽	5、6
			1	正常	1	2	轻	2	8	特窄	8
			2	宽	2			2	0	窄	0
			3、4、5、6	特宽	3、4、5、6			2	1	正常	1
9	超轻	9	0	窄	7			5	2	宽	0
			1	正常	1			2	3、4	特宽	3、4
			2	宽	2			—	5、6	—	—
			3、4、5、6	特宽	3、4、5、6	3	中	3	8	特窄	8
0	特轻	1	0	窄	7			3	0	窄	0
			1	正常	0			3	1	正常	1
			2	宽	2			6	2	宽	2
			3、4、5、6	特宽	3、4、5、6			3	3	特宽	3
1	特轻	7	0	窄	7	4	重	4	0	窄	0
			1	正常	1				2	宽	2

注：尺寸系列代号由宽度（在推力轴承中为高度）系列代号和直径系列代号组合而成。

例：19、02，其中1、0分别为宽度系列代号，9、2分别为直径系列代号。

（4）推力轴承尺寸系列代号表示方法及新旧代号对照（见表 6-4）

表 6-4　推力轴承尺寸系列代号表示方法及新旧代号对照

直径系列			高度系列			直径系列			高度系列		
新代号	旧代号		新代号	旧代号		新代号	旧代号		新代号	旧代号	
	名称	代号		名称	代号		名称	代号		名称	代号
0	超轻	0	7	特低	7	3	中	3	7	特低	7
			9	低	9				9	低	9
			1	正常	1				1	正常	0
1	特轻	1	7	特低	7				2	正常	0*
			9	低	9	4	重	4	7	特低	7
			1	正常	1				9	低	9
2	轻	2	7	特低	7				1	正常	0
			9	低	9				2	正常	0*
			1	正常	0	5	特重	5	9	低	9
			2	正常	0*						

注：带 * 符号的为双向推力轴承高度系列。

（5）轴承内径代号表示方法（见表 6-5）

表 6-5　轴承内径代号表示方法

轴承公称内径/mm	内径代号表示方法及举例
0.6～10（非整数）	用内径 mm 数值直接表示，尺寸系列代号与内径代号之间用“/”分开。例：深沟球轴承 618/2.5
1～9（整数）	用内径 mm 数值直接表示，对 7、8、9 直径系列的深沟球轴承及角接触球轴承，尺寸系列代号与内径代号之间须用“/”分开。例：深沟球轴承 625，618/5
10、12、15、17	分别用 00、01、02、03 表示。例：深沟球轴承 6203
20～480（22、28、32 除外）	用 5 除内径 mm 数值的商数表示，商数为个位数时，尚须在商数左边加“0”。例：调心滚子轴承 23208
≥500，以及 22、28、32	用内径 mm 数值直接表示，尺寸系列代号与内径代号之间用“/”分开。例：深沟球轴承 62/22，调心滚子轴承 230/500

注：轴承内径旧代号的表示方法与新代号的表示方法相同。

（6）滚针轴承基本代号表示方法（见表 6-6）

表 6-6 滚针轴承基本代号表示方法

轴承类型及标准号	简 图	类型代号	代号用轴承配合安装特征的尺寸表示	轴承基本代号表示方法
滚针和保持架组件（GB/T 20056—2006）	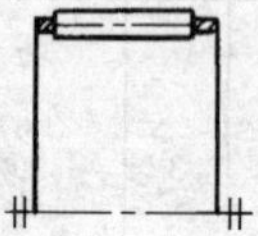	K （K）	$F_W \times E_W \times B_C$ $(F_W E_W B_C)$	$KF_W \times E_W \times B_C$ $(KF_W E_W B_C)$
推力滚针和保持架组件（GB/T 4605—2003）	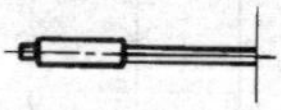	AXK （889）	$D_{C1}D_C^*$ （用尺寸系列和内径代号表示）	$AXKD_{C1}D_C$ （889100）
滚针轴承（GB/T 5801—2006）	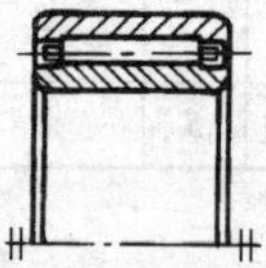	NA （544）	新旧代号均用尺寸系列代号（48、49、69）和内径代号（按（5）规定）表示	NA4800 NA4900 （4544800 4544900）
穿孔型冲压外圈滚针轴承（GB/T 290—1998）	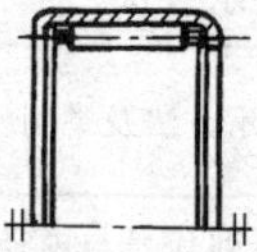	HK （HK）	$F_W B^*$ $(F_W DB)$	$HKF_W B$ $(HKF_W DB)$
封口型冲压外圈滚针轴承（GB/T 290—1998）	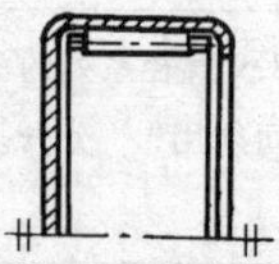	BK （BK）	$F_W B^*$ $(F_W DB)$	$BKF_W B$ $(BKF_W DB)$

注：1. 各代号栏中，括号内的代号为相应的旧代号。

2. 表中：F_W——无内圈滚针轴承滚针总体内径，滚针保持架组件内径；E_W——滚针保持架组件外径；B——轴承公称宽度；B_C——滚针保持架组件宽度；D_{C1}——推力滚针保持架组件内径；D_C——推力滚针保持架组件外径；D——冲压外圈公称外径。

3. 带*符号尺寸直接用 mm 数值表示时，如是个位数，应在其左边加“0”。例如，8mm，即用 08 表示。

(7) 前置代号 (见表 6-7)

表 6-7 轴承的前置代号

前置代号	内容说明	举例
L	可分离轴承的可分离内圈或外圈	LNU 207
R	不带可分离内圈或外圈的轴承 无内圈滚针轴承(NK、NKS、NKH 滚针轴承、冲压外圈滚针轴承、滚针组合轴承除外)	RNU 207 RNA 6904 RNA 22/8-2RS
K	滚动轴承、滚子和保持架组件	K 81107
WS	推力圆柱滚子轴承轴圈	WS 81107
GS	推力圆柱滚子轴承座圈	GS 81107
F	凸缘外圈的向心球轴承(仅适用于 $d\leqslant 10$mm)	F 618/4
KOW-	无轴圈推力轴承	KOW-51108
KIW-	无座圈推力轴承	KIW-51108
LR	带可分离的内圈或外圈与滚动体组件轴承	

(8) 后置代号表示方法 (见表 6-8)

表 6-8 轴承的后置代号表示方法

代号	表示意义及代号举例(括号内为相应的旧代号)
	1) 内部结构组代号表示方法
A、B、C、D、E	①表示轴承内部结构改变,②表示标准设计轴承,其含义随不同类型、结构而异。例: 7210B(66210),公称接触角 $\alpha=40°$ 的角接触球轴承 33210B 接触角加大的圆锥滚子轴承 7210C(36210),公称接触角 $\alpha=15°$ 的角接触球轴承 23122C(3053722),C 型调心滚子轴承 NU207E(32207E),加强型内圈无挡边圆柱滚子轴承
AC D ZW	7210AC(46210),公称接触角 $\alpha=25°$ 的角接触球轴承 K50×55×20D(KS505520),剖分式滚针和保持架组件 K20×25×40ZW(KK202540),剖分式双列滚针和保持架组件 注:旧代号中无此项,用轴承结构特点代号表示
	2) 密封、防尘与外部形状变化组代号表示方法
K K30 R	圆锥孔轴承,锥度 1 : 12(外球面轴承除外)。例:1210K(111210) 圆锥孔轴承,锥度 1 : 30。例:24122K30(4453722) 轴承外圈有止动挡边(凸缘外圈)(不适用于内径<10mm 向心球轴承)。例:30307R(67307)

（续）

代号	表示意义及代号举例（括号内为相应的旧代号）
	2）密封、防尘与外部形状变化组代号表示方法
N	轴承外圈上有止动槽。例:6210N(50210)
NR	轴承外圈上有止动槽,并带止动环。例:6210NR
-RS	轴承一面带骨架式橡胶密封圈(接触式)。例:6210-RS(160210)
-2RS	轴承两面带骨架式橡胶密封圈(接触式)。例:6210-2RS(180210)
-RZ	轴承一面带骨架式橡胶密封圈(非接触式)。例:6210-RZ(160210K)
-2RZ	轴承两面带骨架式橡胶密封圈(非接触式)。例:6210-2RZ(180210K)
-Z	轴承一面带防尘盖。例:6210-Z(60210)
-2Z	轴承两面带防尘盖。例:6210-2Z(80210)
-RSZ	轴承一面带骨架式橡胶密封圈(接触式),一面带防尘盖。例:6210-RSZ
-RZZ	轴承一面带骨架式橡胶密封圈(非接触式),一面带防尘盖。例:6210-RZZ
-ZN	轴承一面带防尘盖,另一面外圈有止动槽。例:6210-ZN(150210)
-2ZN	轴承两面带防尘盖,外圈有止动槽。例:6210-2ZN(250210)
-ZNR	轴承一面带防尘盖,另一面外圈有止动槽,并带止动环。例:6210-ZNR
-ZNB	轴承一面带防尘盖,同一面外圈有止动槽。例:6210-ZNB
U	推力球轴承,带球面座圈。例:53210U(18210) 注:1. 密封圈代号与防尘盖代号同样可以与止动槽代号进行多种组合 2. 旧代号无此项,用轴承结构特点代号表示
	3）公差等级组代号表示方法
/P0	公差等级符合标准规定的0级,代号中省略,不表示出;旧代号为G级(普通级)。例:6203(203)
/P6	公差等级符合标准规定的6级,旧代号为E级(高级)。例:6203/P6(E203)
/P6X	公差等级符合标准规定的6X级,旧代号为EX级。例:30210/P6X(EX7210)
/P5	公差等级符合标准规定的5级,旧代号为D级(精密级)。例:6203/P5(D203)
/P4	公差等级符合标准规定的4级,旧代号为C级(超精级)。例:6203/P4(C203)
/P2	公差等级符合标准规定的2级,旧代号为B级(超精密)。例:6203/P2(B203)
	4）游隙组代号表示方法
/C1	游隙符合标准规定的1组。例:NN3006K/C1(1G3182106)

（续）

代号	表示意义及代号举例(括号内为相应的旧代号)
	4) 游隙组代号表示方法
/C2	游隙符合标准规定的2组。例:6210/C2(2G210)
—	游隙符合标准规定的0组。例:6210(210)
/C3	游隙符合标准规定的3组。例:6210/C3(3G210)
/C4	游隙符合标准规定的4组。例:NN3006K/C4(4G3182106)
/C5	游隙符合标准规定的5组。例:NNU4920K/C5(5G4382920)
	注:1. 公差等级代号与游隙代号同时表示时,可简化,取公差等级代号加上游隙组合号(0组不表示)组合表示。例:/P63,/P52 2. 旧代号无字母C,而且代号位置位于最左边
	5) 配置组代号表示方法
/DB	成对背对背安装的轴承。例:7210C/DB(326210)
/DF	成对面对面安装的轴承。例:7210C/DF(336210)
/DT	成对串联安装的轴承。例:7210C/DT(436210) 注:旧代号无此项,用轴承结构特点代号表示
6) 保持架的结构、材料(改变)组、轴承材料(改变)组以及其他组(如在轴承振动、噪声、摩擦力矩、工作温度、润滑等方面有特殊要求)的代号,按JB/T 2974—2004的规定,此处从略	

2. 常用轴承类型、结构、尺寸系列代号及轴承代号的新旧对照(表6-9)

表6-9 常用轴承类型、结构、尺寸系列代号及轴承代号的新旧对照

轴承名称	简图	新代号			旧代号				
		类型代号	尺寸系列代号	轴承代号	宽度系列代号	结构特点代号	类型代号	直径系列代号	轴承代号
双列角接触球轴承(GB/T 296—2015)		0 0	32 33	3200 3300	3 3	05 05	6 6	2 3	3056200 3056300

（续）

轴承名称	简图	新代号 类型代号	尺寸系列代号	轴承代号	旧代号 宽度系列代号	结构特点代号	类型代号	直径系列代号	轴承代号
调心球轴承（GB/T 281—2013）		1	39	13940					
		1	10	110108					
		1	30	13030					
		1	02	1200	0	00	1	2	1200
		(1)	22	2200	0	00	1	5	1500
		1	03	1300	0	00	1	3	1300
		(1)	23	2300	0	00	1	6	1600
调心滚子轴承（GB/T 288—2013）		2	03	21300	0	05	3	3	53300
		2	22	22200	0	05	3	5	53500
		2	23	22300	0	05	3	6	53600
		2	30	23000	3	05	3	1	3053100
		2	31	23100	3	05	3	7	3053700
		2	32	23200	3	05	3	2	3053200
		2	40	24000	4	05	3	1	4053100
		2	41	24100	5	05	3	7	5053700
推力调心滚子轴承（GB/T 5859—2008）		2	92	29200	9	03	9	2	9039200
		2	93	29300	9	03	9	3	9039300
		2	94	29400	9	03	9	4	9039400
圆锥滚子轴承（GB/T 297—2015）		3	29	32900	2	00	7	9	2007900
		3	20	32000	2	00	7	1	2007100
		3	30	33000	3	00	7	1	3007100
		3	31	33100	3	00	7	7	3007700
		3	02	30200	0	00	7	2	7200
		3	22	32200	0	00	7	5	7500
		3	32	33200	3	00	7	2	3007200
		3	23	32300	0	00	7	6	7600
		3	13	31300	0	02	7	3	27300
		3	23	32300	0	00	7	6	7600

（续）

轴承名称	简图	新代号			旧代号				
		类型代号	尺寸系列代号	轴承代号	宽度系列代号	结构特点代号	类型代号	直径系列代号	轴承代号
双列深沟球轴承		4 4	(2)2 (2)3	4200 4300	0 0	81 81	0 0	5 6	810500 810600
推力球轴承（GB/T 301—2015）		5 5 5 5	11 12 13 14	51100 51200 51300 51400	0 0 0 0	00 00 00 00	8 8 8 8	1 2 3 4	8100 8200 8300 8400
双向推力球轴承（GB/T 301—2015）		5 5 5	22 23 24	52200 52300 52400	0 0 0	03 03 03	8 8 8	2 3 4	38200 38300 38400
带球面座圈推力球轴承		5 5 5	12* 13* 14*	53200 53300 53400	0 0 0	02 02 02	8 8 8	2 3 4	28200 28300 28400
带球面座圈双向推力球轴承		5 5 5	22* 23* 24*	54200 54300 54400	0 0 0	05 05 05	8 8 8	2 3 4	58200 58300 58400
深沟球轴承（GB/T 276—2013）		6 6 6 6 16 6 6 6 6	17 37 18 19 00 10 02 03 04	61700 63700 61800 61900 16000 6000 6200 6300 6400	1 3 1 1 7 0 0 0 0	00 00 00 00 00 00 00 00 00	0 0 0 0 0 0 0 0 0	7 7 8 9 1 1 2 3 4	1000700 3000700 1000800 1000900 7000100 100 200 300 400

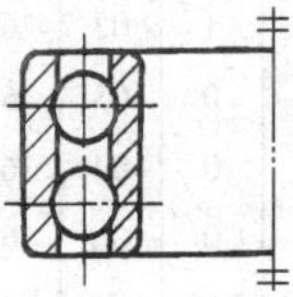

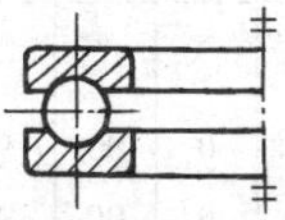

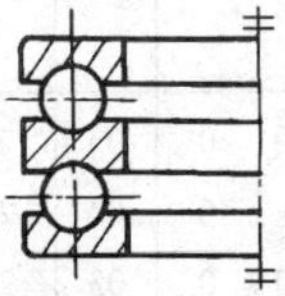

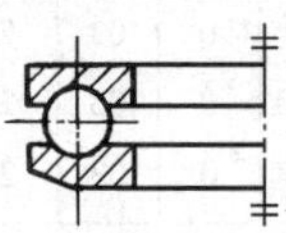

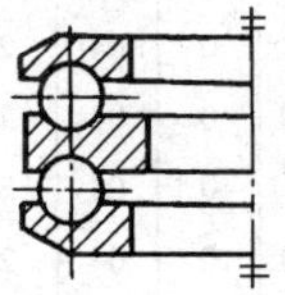

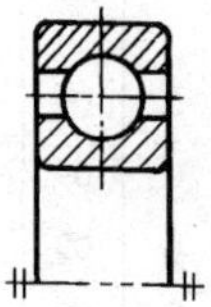

（续）

轴承名称	简图	新代号			旧代号				
		类型代号	尺寸系列代号	轴承代号	宽度系列代号	结构特点代号	类型代号	直径系列代号	轴承代号
角接触球轴承（GB/T 292—2007）		7	19	71900	1	03	6	9	1036900
		7	(1)0	7000	0	03	6	1	3 6100
		7	(0)2	7200	0	04	6	2	4 6200
		7	(0)3	7300	0	06	6	3	6 6300
		7	(0)4	7400	0		6	4	6400
推力圆柱滚子轴承（GB/T 4663—1994）		8	11	81100	0	00	9	1	9100
		8	12	81200	0	00	9	2	9200
圆柱滚子轴承　内圈无挡边圆柱滚子轴承（GB/T 283—2007）		NU	10	NU1000	0	03	2	1	32100
		NU	(0)2	NU200	0	03	2	2	32200
		NU	22	NU2200	0	03	2	5	32500
		NU	(0)3	NU300	0	03	2	3	32300
		NU	23	NU2300	0	03	2	6	32600
		NU	(0)4	NU400	0	03	2	4	32400
圆柱滚子轴承　内圈单挡边圆柱滚子轴承（GB/T 283—2007）		NJ	(0)2	NJ200	0	04	2	2	42200
		NJ	22	NJ2200	0	04	2	5	42500
		NJ	(0)3	NJ300	0	04	2	3	42300
		NJ	23	NJ2300	0	04	2	6	42600
		NJ	(0)4	NJ400	0	04	2	4	42400
圆柱滚子轴承　内圈单挡边并带平挡圈圆柱滚子轴承（GB/T 283—2007）		NUP	(0)2	NUP200	0	09	2	2	92200
		NUP	22	NUP2200	0	09	2	5	92500
		NUP	(0)3	NUP300	0	09	2	3	92300
		NUP	23	NUP2300	0	09	2	6	92600

（续）

轴承名称		简图	新代号 类型代号	尺寸系列代号	轴承代号	旧代号 宽度系列代号	结构特点代号	类型代号	直径系列代号	轴承代号
圆柱滚子轴承	外圈无挡边圆柱滚子轴承（GB/T 283—2007）		N	10	N1000	0	00	2	1	2100
			N	(0)2	N200	0	00	2	2	2200
			N	22	N2200	0	00	2	5	2500
			N	(0)3	N300	0	00	2	3	2300
			N	23	N2300	0	00	2	6	2600
			N	(0)4	N400	0	00	2	4	2400
	外圈单挡边圆柱滚子轴承		NF	(0)2	NF200	0	01	2	3	12200
			NF	(0)3	NF300	0	01	2	3	12300
			NF	23	NF2300	0	01	2	6	12600
	双列圆柱滚子轴承（GB/T 285—2013）		NN	30	NN3000	3	28	2	1	3282100
	内圈无挡边双列圆柱滚子轴承（GB/T 285—2013）		NNU	49	NNU4900	4	48	2	9	4482900
外球面球轴承	带顶丝外球面球轴承（GB/T 3882—1995）		UC	2	UC200	0	09	0	5	90500
			UC	3	UC300	0	09	0	6	90600
	带偏心套外球面球轴承		UEL	2	UEL200	0	39	0	5	390500
			UEL	3	UEL300	0	39	0	6	390600

（续）

轴承名称		简图	新代号			旧代号				
			类型代号	尺寸系列代号	轴承代号	宽度系列代号	结构特点代号	类型代号	直径系列代号	轴承代号
外球面球轴承	圆锥孔外球面球轴承		UK UK	2 3	UK200 UK300	0 0	19 19	0 0	5 6	190500 190600
	四点接触球轴承		QJ QJ	(0)2 (0)3	QJ200 QJ300	0 0	17 17	6 6	2 3	176200 176300
滚针轴承			NA	48 49 69	NA4800 NA4900 NA6900	4 4 6	54 54 24	4 4 4	8 9 9	4544800 4544900 6244900

注：1. 新代号的类型和尺寸系列代号栏内，带括号的数字在轴承代号中可省略。

2. 新代号中，带 * 符号的尺寸系列代号：12、13、14 在轴承代号中分别写成 32、33、34；22、23、24 在轴承代号中分别写成 42、43、44。

二、滚动轴承

1. 深沟球轴承（GB/T 276—2013）

（1）用途　用于承受径向负荷或径向与轴向联合负荷，也可用于承受较低的轴向负荷。

（2）外形规格（见图 6-1 和表 6-10～表 6-18）

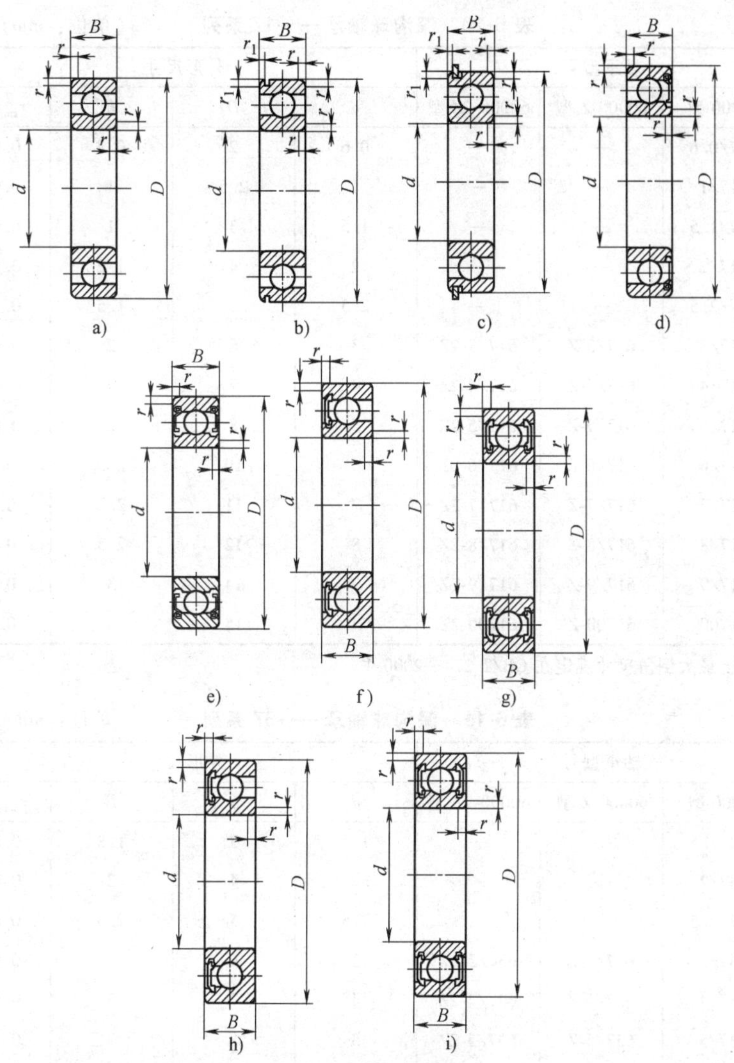

图 6-1 深沟球轴承

a）深沟球轴承 60000 型 b）外圈有止动槽的深沟球轴承 60000N 型 c）外圈有止动槽并带止动环的深沟球轴承 60000NR 型 d）一面带防尘盖的深沟球轴承 60000-Z 型 e）两面带防尘盖的深沟球轴承 60000-2Z 型 f）一面带密封圈（接触式）的深沟球轴承 60000-RS 型 g）两面带密封圈（接触式）的深沟球轴承 60000-2RS 型 h）一面带密封圈（非接触式）的深沟球轴承 60000-RZ 型 i）两面带密封圈（非接触式）的深沟球轴承 60000-2RZ 型

表 6-10 深沟球轴承——17 系列 （单位：mm）

轴承型号			外形尺寸			
60000 型	60000-Z 型	60000-2Z 型	d	D	B	r_{smin} ①
617/0.6	—	—	0.6	2	0.8	0.05
617/1	—	—	1	2.5	1	0.05
617/1.5	—	—	1.5	3	1	0.05
617/2	—	—	2	4	1.2	0.05
617/2.5	—	—	2.5	5	1.5	0.08
617/3	617/3-Z	617/3-2Z	3	6	2	0.08
617/4	617/4-Z	617/4-2Z	4	7	2	0.08
617/5	617/5-Z	617/5-2Z	5	8	2	0.08
617/6	617/6-Z	617/6-2Z	6	10	2.5	0.1
617/7	617/7-Z	617/7-2Z	7	11	2.5	0.1
617/8	617/8-Z	617/8-2Z	8	12	2.5	0.1
617/9	617/9-Z	617/9-2Z	9	14	3	0.1
61700	61700-Z	61700-2Z	10	15	3	0.1

① 最大倒角尺寸规定在 GB/T 274—2000 中。

表 6-11 深沟球轴承——37 系列 （单位：mm）

轴承型号			外形尺寸			
60000 型	60000-Z 型	60000-2Z 型	d	D	B	r_{smin} ①
637/1.5	—	—	1.5	3	1.8	0.05
637/2	—	—	2	4	2	0.05
637/2.5	—	—	2.5	5	2.3	0.08
637/3	637/3-Z	637/3-2Z	3	6	3	0.08
637/4	637/4-Z	637/4-2Z	4	7	3	0.08
637/5	637/5-Z	637/5-2Z	5	8	3	0.08
637/6	637/6-Z	637/6-2Z	6	10	3.5	0.1
637/7	637/7-Z	637/7-2Z	7	11	3.5	0.1
637/8	637/8-Z	637/8-2Z	8	12	3.5	0.1
637/9	637/9-Z	637/9-2Z	9	14	4.5	0.1
63700	63700-Z	63700-2Z	10	15	4.5	0.1

① 最大倒角尺寸规定在 GB/T 274—2000 中。

表 6-12 深沟球轴承——18 系列 （单位：mm）

轴承型号									外形尺寸				
60000型	60000N型	60000NR型	60000-Z型	60000-2Z型	60000-RS型	60000-2RS型	60000-RZ型	60000-2RZ型	d	D	B	r_{smin} ①	r_{1smin} ①
618/0.6	—	—	—	—	—	—	—	—	0.6	2.5	1	0.05	—
618/1	—	—	—	—	—	—	—	—	1	3	1	0.05	—
618/1.5	—	—	—	—	—	—	—	—	1.5	4	1.2	0.05	—
618/2	—	—	—	—	—	—	—	—	2	5	1.5	0.08	—
618/2.5	—	—	—	—	—	—	—	—	2.5	6	1.8	0.08	—
618/3	—	—	—	—	—	—	—	—	3	7	2	0.1	—
618/4	—	—	—	—	—	—	—	—	4	9	2.5	0.1	—
618/5	—	—	—	—	—	—	—	—	5	11	3	0.15	—
618/6	—	—	—	—	—	—	—	—	6	13	3.5	0.15	—
618/7	—	—	—	—	—	—	—	—	7	14	3.5	0.15	—
618/8	—	—	—	—	—	—	—	—	8	16	4	0.2	—
618/9	—	—	—	—	—	—	—	—	9	17	4	0.2	—
61800	—	—	61800-Z	61800-2Z	61800-RS	61800-2RS	61800-RZ	61800-2RZ	10	19	5	0.3	—
61801	—	—	61801-Z	61801-2Z	61801-RS	61801-2RS	61801-RZ	61801-2RZ	12	21	5	0.3	—
61802	—	—	61802-Z	61802-2Z	61802-RS	61802-2RS	61802-RZ	61802-2RZ	15	24	5	0.3	—
61803	—	—	61803-Z	61803-2Z	61803-RS	61803-2RS	61803-RZ	61803-2RZ	17	26	5	0.3	—
61804	61804N	61804NR	61804-Z	61804-2Z	61804-RS	61804-2RS	61804-RZ	61804-2RZ	20	32	7	0.3	0.3
61805	61805N	61805NR	61805-Z	61805-2Z	61805-RS	61805-2RS	61805-RZ	61805-2RZ	25	37	7	0.3	0.3
61806	61806N	61806NR	61806-Z	61806-2Z	61806-RS	61806-2RS	61806-RZ	61806-2RZ	30	42	7	0.3	0.3
61807	61807N	61807NR	61807-Z	61807-2Z	61807-RS	61807-2RS	61807-RZ	61807-2RZ	35	47	7	0.3	0.3
61808	61808N	61808NR	61808-Z	61808-2Z	61808-RS	61808-2RS	61808-RZ	61808-2RZ	40	52	7	0.3	0.3
61809	61809N	61809NR	61809-Z	61809-2Z	61809-RS	61809-2RS	61809-RZ	61809-2RZ	45	58	7	0.3	0.3
61810	61810N	61810NR	61810-Z	61810-2Z	61810-RS	61810-2RS	61810-RZ	61810-2RZ	50	65	7	0.3	0.3
61811	61811N	61811NR	61811-Z	61811-2Z	61811-RS	61811-2RS	61811-RZ	61811-2RZ	55	72	9	0.3	0.3
61812	61812N	61812NR	61812-Z	61812-2Z	61812-RS	61812-2RS	61812-RZ	61812-2RZ	60	78	10	0.3	0.3

（续）

轴承型号									外形尺寸				
60000型	60000N型	60000NR型	60000-Z型	60000-2Z型	60000-RS型	60000-2RS型	60000-RZ型	60000-2RZ型	d	D	B	r_{smin} ①	r_{1smin} ①
61813	61813N	61813NR	61813-Z	61813-2Z	61813-RS	61813-2RS	61813-RZ	61813-2RZ	65	85	10	0.6	0.5
61814	61814N	61814NR	61814-Z	61814-2Z	61814-RS	61814-2RS	61814-RZ	61814-2RZ	70	90	10	0.6	0.5
61815	61815N	61815NR	61815-Z	61815-2Z	61815-RS	61815-2RS	61815-RZ	61815-2RZ	75	95	10	0.6	0.5
61816	61816N	61816NR	61816-Z	61816-2Z	61816-RS	61816-2RS	61816-RZ	61816-2RZ	80	100	10	0.6	0.5
61817	61817N	61817NR	61817-Z	61817-2Z	61817-RS	61817-2RS	61817-RZ	61817-2RZ	85	110	13	1	0.5
61818	61818N	61818NR	61818-Z	61818-2Z	61818-RS	61818-2RS	61818-RZ	61818-2RZ	90	115	13	1	0.5
61819	61819N	61819NR	61819-Z	61819-2Z	61819-RS	61819-2RS	61819-RZ	61819-2RZ	95	120	13	1	0.5
61820	61820N	61820NR	61820-Z	61820-2Z	61820-RS	61820-2RS	61820-RZ	61820-2RZ	100	125	13	1	0.5
61821	61821N	61821NR	61821-Z	61821-2Z	61821-RS	61821-2RS	61821-RZ	61821-2RZ	105	130	13	1	0.5
61822	61822N	61822NR	61822-Z	61822-2Z	61822-RS	61822-2RS	61822-RZ	61822-2RZ	110	140	16	1	0.5
61824	61824N	61824NR	61824-Z	61824-2Z	61824-RS	61824-2RS	61824-RZ	61824-2RZ	120	150	16	1	0.5
61826	61826N	61826NR	61826-Z	61826-2Z	61826-RS	61826-2RS	61826-RZ	61826-2RZ	130	165	18	1.1	0.5
61828	61828N	61828NR	61828-Z	61828-2Z	61828-RS	61828-2RS	61828-RZ	61828-2RZ	140	175	18	1.1	0.5
61830	61830N	61830NR	—	—	—	—	—	—	150	190	20	1.1	0.5
61832	61832N	61832NR	—	—	—	—	—	—	160	200	20	1.1	0.5
61834	—	—	—	—	—	—	—	—	170	215	22	1.1	—
61836	—	—	—	—	—	—	—	—	180	225	22	1.1	—
61838	—	—	—	—	—	—	—	—	190	240	24	1.5	—
61840	—	—	—	—	—	—	—	—	200	250	24	1.5	—
61844	—	—	—	—	—	—	—	—	220	270	24	1.5	—
61848	—	—	—	—	—	—	—	—	240	300	28	2	—
61852	—	—	—	—	—	—	—	—	260	320	28	2	—
61856	—	—	—	—	—	—	—	—	280	350	33	2	—
61860	—	—	—	—	—	—	—	—	300	380	38	2.1	—
61864	—	—	—	—	—	—	—	—	320	400	38	2.1	—
61868	—	—	—	—	—	—	—	—	340	420	38	2.1	—

（续）

轴承型号									外形尺寸				
60000型	60000N型	60000NR型	60000-Z型	60000-2Z型	60000-RS型	60000-2RS型	60000-RZ型	60000-2RZ型	d	D	B	r_{smin} ①	r_{1smin} ①
61872	—	—	—	—	—	—	—	—	360	440	38	2.1	—
61876	—	—	—	—	—	—	—	—	380	480	46	2.1	—
61880	—	—	—	—	—	—	—	—	400	500	46	2.1	—
61884	—	—	—	—	—	—	—	—	420	520	46	2.1	—
61888	—	—	—	—	—	—	—	—	440	540	46	2.1	—
61892	—	—	—	—	—	—	—	—	460	580	56	3	—
61896	—	—	—	—	—	—	—	—	480	600	56	3	—
618/500	—	—	—	—	—	—	—	—	500	620	56	3	—
618/530	—	—	—	—	—	—	—	—	530	650	56	3	—
618/560	—	—	—	—	—	—	—	—	560	680	56	3	—
618/600	—	—	—	—	—	—	—	—	600	730	60	3	—
618/630	—	—	—	—	—	—	—	—	630	780	69	4	—
618/670	—	—	—	—	—	—	—	—	670	820	69	4	—
618/710	—	—	—	—	—	—	—	—	710	870	74	4	—
618/750	—	—	—	—	—	—	—	—	750	920	78	5	—
618/800	—	—	—	—	—	—	—	—	800	980	82	5	—
618/850	—	—	—	—	—	—	—	—	850	1030	82	5	—
618/900	—	—	—	—	—	—	—	—	900	1090	85	5	—
618/950	—	—	—	—	—	—	—	—	950	1150	90	5	—
618/1000	—	—	—	—	—	—	—	—	1000	1220	100	6	—
618/1060	—	—	—	—	—	—	—	—	1060	1280	100	6	—
618/1120	—	—	—	—	—	—	—	—	1120	1360	106	6	—
618/1180	—	—	—	—	—	—	—	—	1180	1420	106	6	—
618/1250	—	—	—	—	—	—	—	—	1250	1500	112	6	—
618/1320	—	—	—	—	—	—	—	—	1320	1600	122	6	—
618/1400	—	—	—	—	—	—	—	—	1400	1700	132	7.5	—
618/1500	—	—	—	—	—	—	—	—	1500	1820	140	7.5	—

① 最大倒角尺寸规定在 GB/T 274—2000 中。

表 6-13 深沟球轴承——19 系列 （单位：mm）

轴承型号									外形尺寸				
60000型	60000N型	60000NR型	60000-Z型	60000-2Z型	60000-RS型	60000-2RS型	60000-RZ型	60000-2RZ型	d	D	B	r_{smin} ①	r_{1smin} ①
619/1	—	—	619/1-Z	619/1-2Z	—	—	—	—	1	4	1.6	0.1	—
619/1.5	—	—	619/1.5-Z	619/1.5-2Z	—	—	—	—	1.5	5	2	0.15	—
619/2	—	—	619/2-Z	619/2-2Z	—	—	—	—	2	6	2.3	0.15	—
619/2.5	—	—	619/2.5-Z	619/2.5-2Z	—	—	—	—	2.5	7	2.5	0.15	—
619/3	—	—	619/3-Z	619/3-2Z	—	—	619/3-RZ	619/3-2RZ	3	8	3	0.15	—
619/4	—	—	619/4-Z	619/4-2Z	619/4-RS	619/4-2RS	619/4-RZ	619/4-2RZ	4	11	4	0.15	—
619/5	—	—	619/5-Z	619/5-2Z	619/5-RS	619/5-2RS	619/5-RZ	619/5-2RZ	5	13	4	0.2	—
619/6	—	—	619/6-Z	619/6-2Z	619/6-RS	619/6-2RS	619/6-RZ	619/6-2RZ	6	15	5	0.2	—
619/7	—	—	619/7-Z	619/7-2Z	619/7-RS	619/7-2RS	619/7-RZ	619/7-2RZ	7	17	5	0.3	—
619/8	—	—	619/8-Z	619/8-2Z	619/8-RS	619/8-2RS	619/8-RZ	619/8-2RZ	8	19	6	0.3	—
619/9	—	—	619/9-Z	619/9-2Z	619/9-RS	619/9-2RS	619/9-RZ	619/9-2RZ	9	20	6	0.3	—
61900	61900N	61900NR	61900-Z	61900-2Z	61900-RS	61900-2RS	61900-RZ	61900-2RZ	10	22	6	0.3	0.3
61901	61901N	61901NR	61901-Z	61901-2Z	61901-RS	61901-2RS	61901-RZ	61901-2RZ	12	24	6	0.3	0.3
61902	61902N	61902NR	61902-Z	61902-2Z	61902-RS	61902-2RS	61902-RZ	61902-2RZ	15	28	7	0.3	0.3
61903	61903N	61903NR	61903-Z	61903-2Z	61903-RS	61903-2RS	61903-RZ	61903-2RZ	17	30	7	0.3	0.3
61904	61904N	61904NR	61904-Z	61904-2Z	61904-RS	61904-2RS	61904-RZ	61904-2RZ	20	37	9	0.3	0.3
61905	61905N	61905NR	61905-Z	61905-2Z	61905-RS	61905-2RS	61905-RZ	61905-2RZ	25	42	9	0.3	0.3
61906	61906N	61906NR	61906-Z	61906-2Z	61906-RS	61906-2RS	61906-RZ	61906-2RZ	30	47	9	0.3	0.3
61907	61907N	61907NR	61907-Z	61907-2Z	61907-RS	61907-2RS	61907-RZ	61907-2RZ	35	55	10	0.6	0.5
61908	61908N	61908NR	61908-Z	61908-2Z	61908-RS	61908-2RS	61908-RZ	61908-2RZ	40	62	12	0.6	0.5
61909	61909N	61909NR	61909-Z	61909-2Z	61909-RS	61909-2RS	61909-RZ	61909-2RZ	45	68	12	0.6	0.5
61910	61910N	61910NR	61910-Z	61910-2Z	61910-RS	61910-2RS	61910-RZ	61910-2RZ	50	72	12	0.6	0.5
61911	61911N	61911NR	61911-Z	61911-2Z	61911-RS	61911-2RS	61911-RZ	61911-2RZ	55	80	13	1	0.5

（续）

轴承型号									外形尺寸				
60000型	60000N型	60000NR型	60000-Z型	60000-2Z型	60000-RS型	60000-2RS型	60000-RZ型	60000-2RZ型	d	D	B	r_{smin} ①	r_{1smin} ①
61912	61912N	61912NR	61912-Z	61912-2Z	61912-RS	61912-2RS	61912-RZ	61912-2RZ	60	85	13	1	0.5
61913	61913N	61913NR	61913-Z	61913-2Z	61913-RS	61913-2RS	61913-RZ	61913-2RZ	65	90	13	1	0.5
61914	61914N	51914NR	61914-Z	61914-2Z	61914-RS	61914-2RS	61914-RZ	61914-2RZ	70	100	16	1	0.5
61915	61915N	61915NR	61915-Z	61915-2Z	61915-RS	61915-2RS	61915-RZ	61915-2RZ	75	105	16	1	0.5
61916	61916N	61916NR	61916-Z	61916-2Z	61916-RS	61916-2RS	61916-RZ	61916-2RZ	80	110	16	1	0.5
61917	61917N	61917NR	61917-Z	61917-2Z	61917-RS	61917-2RS	61917-RZ	61917-2RZ	85	120	18	1.1	0.5
61918	61918N	61918NR	61918-Z	61918-2Z	61918-RS	61918-2RS	61918-RZ	61918-2RZ	90	125	18	1.1	0.5
61919	61919N	61919NR	61919-Z	61919-2Z	61919-RS	61919-2RS	61919-RZ	61919-2RZ	95	130	18	1.1	0.5
61920	61920N	61920NR	61920-Z	61920-2Z	61920-RS	61920-2RS	61920-RZ	61920-2RZ	100	140	20	1.1	0.5
61921	61921N	61921NR	61921-Z	61921-2Z	61921-RS	61921-2RS	61921-RZ	61921-2RZ	105	145	20	1.1	0.5
61922	61922N	61922NR	61922-Z	61922-2Z	61922-RS	61922-2RS	61922-RZ	61922-2RZ	110	150	20	1.1	0.5
61924	61924N	61924NR	61924-Z	61924-2Z	61924-RS	61924-2RS	61924-RZ	61924-2RZ	120	165	22	1.1	0.5
61926	61926N	61926NR	61926-Z	61926-2Z	61926-RS	61926-2RS	61926-RZ	61926-2RZ	130	180	24	1.5	0.5
61928	61928N	61928NR	—	—	61928-RS	61928-2RS	—	—	140	190	24	1.5	0.5
61930	—	—	—	—	61930-RS	61930-2RS	—	—	150	210	28	2	—
61932	—	—	—	—	61932-RS	61932-2RS	—	—	160	220	28	2	—
61934	—	—	—	—	61934-RS	61934-2RS	—	—	170	230	28	2	—
61936	—	—	—	—	61936-RS	61936-2RS	—	—	180	250	33	2	—
61938	—	—	—	—	61938-RS	61938-2RS	—	—	190	260	33	2	—
61940	—	—	—	—	61940-RS	61940-2RS	—	—	200	280	38	2.1	—
61944	—	—	—	—	61944-RS	61944-2RS	—	—	220	300	38	2.1	—
61948	—	—	—	—	—	—	—	—	240	320	38	2.1	—

（续）

轴承型号									外形尺寸				
60000型	60000N型	60000NR型	60000-Z型	60000-2Z型	60000-RS型	60000-2RS型	60000-RZ型	60000-2RZ型	d	D	B	r_{smin} ①	r_{1smin} ①
61952	—	—	—	—	—	—	—	—	260	360	46	2.1	—
61956	—	—	—	—	—	—	—	—	280	380	46	2.1	—
61960	—	—	—	—	—	—	—	—	300	420	56	3	—
61964	—	—	—	—	—	—	—	—	320	440	56	3	—
61968	—	—	—	—	—	—	—	—	340	460	56	3	—
61972	—	—	—	—	—	—	—	—	360	480	56	3	—
61976	—	—	—	—	—	—	—	—	380	520	65	4	—
61980	—	—	—	—	—	—	—	—	400	540	65	4	—
61984	—	—	—	—	—	—	—	—	420	560	65	4	—
61988	—	—	—	—	—	—	—	—	440	600	74	4	—
61992	—	—	—	—	—	—	—	—	460	620	74	4	—
61996	—	—	—	—	—	—	—	—	480	650	78	5	—
619/500	—	—	—	—	—	—	—	—	500	670	78	5	—
619/530	—	—	—	—	—	—	—	—	530	710	82	5	—
619/560	—	—	—	—	—	—	—	—	560	750	85	5	—
619/600	—	—	—	—	—	—	—	—	600	800	90	5	—
619/630	—	—	—	—	—	—	—	—	630	850	100	6	—
619/670	—	—	—	—	—	—	—	—	670	900	103	6	—
619/710	—	—	—	—	—	—	—	—	710	950	106	6	—
619/750	—	—	—	—	—	—	—	—	750	1000	112	6	—
619/800	—	—	—	—	—	—	—	—	800	1060	115	6	—

① 最大倒角尺寸规定在 GB/T 274—2000 中。

表 6-14　深沟球轴承——00 系列　（单位：mm）

轴承型号					外形尺寸			
60000 型	60000-Z 型	60000-2Z 型	60000-RS 型	60000-2RS 型	d	D	B	r_{smin} ①
16001	16001-Z	16001-2Z	16001-RS	16001-2RS	12	28	7	0.3
16002	16002-Z	16002-2Z	16002-RS	16002-2RS	15	32	8	0.3
16003	16003-Z	16003-2Z	16003-RS	16003-2RS	17	35	8	0.3
16004	16004-Z	16004-2Z	16004-RS	16004-2RS	20	42	8	0.3
16005	16005-Z	16005-2Z	16005-RS	16005-2RS	25	47	8	0.3
16006	16006-Z	16006-2Z	16006-RS	16006-2RS	30	55	9	0.3
16007	16007-Z	16007-2Z	16007-RS	16007-2RS	35	62	9	0.3
16008	16008-Z	16008-2Z	16008-RS	16008-2RS	40	68	9	0.3
16009	16009-Z	16009-2Z	16009-RS	16009-2RS	45	75	10	0.6
16010	16010-Z	16010-2Z	16010-RS	16010-2RS	50	80	10	0.6
16011	16011-Z	16011-2Z	16011-RS	16011-2RS	55	90	11	0.6
16012	16012-Z	16012-2Z	16012-RS	16012-2RS	60	95	11	0.6
16013	—	—	—	—	65	100	11	0.6
16014	—	—	—	—	70	110	13	0.6
16015	—	—	—	—	75	115	13	0.6
16016	—	—	—	—	80	125	14	0.6
16017	—	—	—	—	85	130	14	0.6
16018	—	—	—	—	90	140	16	1
16019	—	—	—	—	95	145	16	1
16020	—	—	—	—	100	150	16	1
16021	—	—	—	—	105	160	18	1
16022	—	—	—	—	110	170	19	1
16024	—	—	—	—	120	180	19	1
16026	—	—	—	—	130	200	22	1.1
16028	—	—	—	—	140	210	22	1.1
16030	—	—	—	—	150	225	24	1.1
16032	—	—	—	—	160	240	25	1.5
16034	—	—	—	—	170	260	28	1.5
16036	—	—	—	—	180	280	31	2
16038	—	—	—	—	190	290	31	2
16040	—	—	—	—	200	310	34	2
16044	—	—	—	—	220	340	37	2.1
16048	—	—	—	—	240	360	37	2.1
16052	—	—	—	—	260	400	44	3
16056	—	—	—	—	280	420	44	3
16060	—	—	—	—	300	460	50	4
16064	—	—	—	—	320	480	50	4
16068	—	—	—	—	340	520	57	4
16072	—	—	—	—	360	540	57	4
16076	—	—	—	—	380	560	57	4

① 最大倒角尺寸规定在 GB/T 274—2000 中。

表 6-15　深沟球轴承——10 系列　　（单位：mm）

轴承型号									外形尺寸				
60000型	60000N型	60000NR型	60000-Z型	60000-2Z型	60000-RS型	60000-2RS型	60000-RZ型	60000-2RZ型	d	D	B	r_{smin} ①	r_{1smin} ①
604	—	—	604-Z	604-2Z	—	—	—	—	4	12	4	0.2	—
605	—	—	605-Z	605-2Z	—	—	—	—	5	14	5	0.2	—
606	—	—	606-Z	606-2Z	—	—	—	—	6	17	6	0.3	—
607	—	—	607-Z	607-2Z	607-RS	607-2RS	607-RZ	607-2RZ	7	19	6	0.3	—
608	—	—	608-Z	608-2Z	608-RS	608-2RS	608-RZ	608-2RZ	8	22	7	0.3	—
609	—	—	609-Z	609-2Z	609-RS	609-2RS	609-RZ	609-2RZ	9	24	7	0.3	—
6000	—	—	6000-Z	6000-2Z	6000-RS	6000-2RS	6000-RZ	6000-2RZ	10	26	8	0.3	—
6001	—	—	6001-Z	6001-2Z	6001-RS	6001-2RS	6001-RZ	6001-2RZ	12	28	8	0.3	—
6002	6002N	6002NR	6002-Z	6002-2Z	6002-RS	6002-2RS	6002-RZ	6002-2RZ	15	32	9	0.3	0.3
6003	6003N	6003NR	6003-Z	6003-2Z	6003-RS	6003-2RS	6003-RZ	6003-2RZ	17	35	10	0.3	0.3
6004	6004N	6004NR	6004-Z	6004-2Z	6004-RS	6004-2RS	6004-RZ	6004-2RZ	20	42	12	0.6	0.5
60/22	60/22N	60/22NR	60/22-Z	60/22-2Z	—	—	—	60/22-2RZ	22	44	12	0.6	0.5
6005	6005N	6005NR	6005-Z	6005-2Z	6005-RS	6005-2RS	6005-RZ	6005-2RZ	25	47	12	0.6	0.5
60/28	60/28N	60/28NR	60/28-Z	60/28-2Z	—	—	—	60/28-2RZ	28	52	12	0.6	0.5
6006	6006N	6006NR	6006-Z	6006-2Z	6006-RS	6006-2RS	6006-RZ	6006-2RZ	30	55	13	1	0.5
60/32	60/32N	60/32NR	60/32-Z	60/32-2Z	—	—	—	60/32-2RZ	32	58	13	1	0.5
6007	6007N	6007NR	6007-Z	6007-2Z	6007-RS	6007-2RS	6007-RZ	6007-2RZ	35	62	14	1	0.5
6008	6008N	6008NR	6008-Z	6008-2Z	6008-RS	6008-2RS	6008-RZ	6008-2RZ	40	68	15	1	0.5
6009	6009N	6009NR	6009-Z	6009-2Z	6009-RS	6009-2RS	6009-RZ	6009-2RZ	45	75	16	1	0.5
6010	6010N	6010NR	6010-Z	6010-2Z	6010-RS	6010-2RS	6010-RZ	6010-2RZ	50	80	16	1	0.5
6011	6011N	6011NR	6011-Z	6011-2Z	6011-RS	6011-2RS	6011-RZ	6011-2RZ	55	90	18	1.1	0.5
6012	6012N	6012NR	6012-Z	6012-2Z	6012-RS	6012-2RS	6012-RZ	6012-2RZ	60	95	18	1.1	0.5
6013	6013N	6013NR	6013-Z	6013-2Z	6013-RS	6013-2RS	6013-RZ	6013-2RZ	65	100	18	1.1	0.5
6014	6014N	6014NR	6014-Z	6014-2Z	6014-RS	6014-2RS	6014-RZ	6014-2RZ	70	110	20	1.1	0.5
6015	6015N	6015NR	6015-Z	6015-2Z	6015-RS	6015-2RS	6015-RZ	6015-2RZ	75	115	20	1.1	0.5
6016	6016N	6016NR	6016-Z	6016-2Z	6016-RS	6016-2RS	6016-RZ	6016-2RZ	80	125	22	1.1	0.5
6017	6017N	6017NR	6017-Z	6017-2Z	6017-RS	6017-2RS	6017-RZ	6017-2RZ	85	130	22	1.1	0.5
6018	6018N	6018NR	6018-Z	6018-2Z	6018-RS	6018-2RS	6018-RZ	6018-2RZ	90	140	24	1.5	0.5

（续）

轴承型号									外形尺寸				
60000型	60000N型	60000NR型	60000-Z型	60000-2Z型	60000-RS型	60000-2RS型	60000-RZ型	60000-2RZ型	d	D	B	r_{smin} ①	r_{1smin} ①
6019	6019N	6019NR	6019-Z	6019-2Z	6019-RS	6019-2RS	6019-RZ	6019-2RZ	95	145	24	1.5	0.5
6020	6020N	6020NR	6020-Z	6020-2Z	6020-RS	6020-2RS	6020-RZ	6020-2RZ	100	150	24	1.5	0.5
6021	6021N	6021NR	6021-Z	6021-2Z	6021-RS	6021-2RS	6021-RZ	6021-2RZ	105	160	26	2	0.5
6022	6022N	6022NR	6022-Z	6022-2Z	6022-RS	6022-2RS	6022-RZ	6022-2RZ	110	170	28	2	0.5
6024	6024N	6024NR	6024-Z	6024-2Z	6024-RS	6024-2RS	6024-RZ	6024-2RZ	120	180	28	2	0.5
6026	6026N	6026NR	6026-Z	6026-2Z	6026-RS	6026-2RS	6026-RZ	6026-2RZ	130	200	33	2	0.5
6028	6028N	6028NR	6028-Z	6028-2Z	6028-RS	6028-2RS	6028-RZ	6028-2RZ	140	210	33	2	0.5
6030	6030N	6030NR	6030-Z	6030-2Z	6030-RS	6030-2RS	6030-RZ	6030-2RZ	150	225	35	2.1	0.5
6032	6032N	6032NR	6032-Z	6032-2Z	6032-RS	6032-2RS	6032-RZ	6032-2RZ	160	240	38	2.1	0.5
6034	—	—	—	—	—	—	—	—	170	260	42	2.1	—
6036	—	—	—	—	—	—	—	—	180	280	46	2.1	—
6038	—	—	—	—	—	—	—	—	190	290	46	2.1	—
6040	—	—	—	—	—	—	—	—	200	310	51	2.1	—
6044	—	—	—	—	—	—	—	—	220	340	56	3	—
6048	—	—	—	—	—	—	—	—	240	360	56	3	—
6052	—	—	—	—	—	—	—	—	260	400	65	4	—
6056	—	—	—	—	—	—	—	—	280	420	65	4	—
6060	—	—	—	—	—	—	—	—	300	460	74	4	—
6064	—	—	—	—	—	—	—	—	320	480	74	4	—
6068	—	—	—	—	—	—	—	—	340	520	82	5	—
6072	—	—	—	—	—	—	—	—	360	540	82	5	—
6076	—	—	—	—	—	—	—	—	380	560	82	5	—
6080	—	—	—	—	—	—	—	—	400	600	90	5	—
6084	—	—	—	—	—	—	—	—	420	620	90	5	—
6088	—	—	—	—	—	—	—	—	440	650	94	6	—
6092	—	—	—	—	—	—	—	—	460	680	100	6	—
6096	—	—	—	—	—	—	—	—	480	700	100	6	—
60/500	—	—	—	—	—	—	—	—	500	720	100	6	—

① 最大倒角尺寸规定在 GB/T 274—2000 中。

表 6-16 深沟球轴承——02 系列

（单位：mm）

轴承型号									外形尺寸				
60000型	60000N型	60000NR型	60000-Z型	60000-2Z型	60000-RS型	60000-2RS型	60000-RZ型	60000-2RZ型	d	D	B	r_{smin} ①	r_{1smin} ①
623	—	—	623-Z	623-2Z	623-RS	623-2RS	623-RZ	623-2RZ	3	10	4	0.15	—
624	—	—	624-Z	624-2Z	624-RS	624-2RS	624-RZ	624-2RZ	4	13	5	0.2	—
625	—	—	625-Z	625-2Z	625-RS	625-2RS	625-RZ	625-2RZ	5	16	5	0.3	—
626	626N	626NR	626-Z	626-2Z	626-RS	626-2RS	626-RZ	626-2RZ	6	19	6	0.3	0.3
627	627N	627NR	627-Z	627-2Z	627-RS	627-2RS	627-RZ	627-2RZ	7	22	7	0.3	0.3
628	628N	628NR	628-Z	628-2Z	628-RS	628-2RS	628-RZ	628-2RZ	8	24	8	0.3	0.3
629	629N	629NR	629-Z	629-2Z	629-RS	629-2RS	629-RZ	629-2RZ	9	26	8	0.3	0.3
6200	6200N	6200NR	6200-Z	6200-2Z	6200-RS	6200-2RS	6200-RZ	6200-2RZ	10	30	9	0.6	0.5
6201	6201N	6201NR	6201-Z	6201-2Z	6201-RS	6201-2RS	6201-RZ	6201-2RZ	12	32	10	0.6	0.5
6202	6202N	6202NR	6202-Z	6202-2Z	6202-RS	6202-2RS	6202-RZ	6202-2RZ	15	35	11	0.6	0.5
6203	6203N	6203NR	6203-Z	6203-2Z	6203-RS	6203-2RS	6203-RZ	6203-2RZ	17	40	12	0.6	0.5
6204	6204N	6204NR	6204-Z	6204-2Z	6204-RS	6204-2RS	6204-RZ	6204-2RZ	20	47	14	1	0.5
62/22	62/22N	62/22NR	62/22-Z	62/22-2Z	—	—	—	62/22-2RZ	22	50	14	1	0.5
6205	6205N	6205NR	6205-Z	6205-2Z	6205-RS	6205-2RS	6205-RZ	6205-2RZ	25	52	15	1	0.5
62/28	62/28N	62/28NR	62/28-Z	62/28-2Z	—	—	—	62/28-2RZ	28	58	16	1	0.5
6206	6206N	6206NR	6206-Z	6206-2Z	6206-RS	6206-2RS	6206-RZ	6206-2RZ	30	62	16	1	0.5
62/32	62/32N	62/32NR	62/32-Z	62/32-2Z	—	—	—	62/32-2RZ	32	65	17	1	0.5
6207	6207N	6207NR	6207-Z	6207-2Z	6207-RS	6207-2RS	6207-RZ	6207-2RZ	35	72	17	1.1	0.5
6208	6208N	6208NR	6208-Z	6208-2Z	6208-RS	6208-2RS	6208-RZ	6208-2RZ	40	80	18	1.1	0.5
6209	6209N	6209NR	6209-Z	6209-2Z	6209-RS	6209-2RS	6209-RZ	6209-2RZ	45	85	19	1.1	0.5
6210	6210N	6210NR	6210-Z	6210-2Z	6210-RS	6210-2RS	6210-RZ	6210-2RZ	50	90	20	1.1	0.5
6211	6211N	6211NR	6211-Z	6211-2Z	6211-RS	6211-2RS	6211-RZ	6211-2RZ	55	100	21	1.5	0.5
6212	6212N	6212NR	6212-Z	6212-2Z	6212-RS	6212-2RS	6212-RZ	6212-2RZ	60	110	22	1.5	0.5
6213	6213N	6213NR	6213-Z	6213-2Z	6213-RS	6213-2RS	6213-RZ	6213-2RZ	65	120	23	1.5	0.5
6214	6214N	6214NR	6214-Z	6214-2Z	6214-RS	6214-2RS	6214-RZ	6214-2RZ	70	125	24	1.5	0.5

（续）

轴承型号									外形尺寸				
60000型	60000N型	60000NR型	60000-Z型	60000-2Z型	60000-RS型	60000-2RS型	60000-RZ型	60000-2RZ型	d	D	B	r_{smin} ①	r_{1smin} ①
6215	6215N	6215NR	6215-Z	6215-2Z	6215-RS	6215-2RS	6215-RZ	6215-2RZ	75	130	25	1.5	0.5
6216	6216N	6216NR	6216-Z	6216-2Z	6216-RS	6216-2RS	6216-RZ	6216-2RZ	80	140	26	2	0.5
6217	6217N	6217NR	6217-Z	6217-2Z	6217-RS	6217-2RS	6217-RZ	6217-2RZ	85	150	28	2	0.5
6218	6218N	6218NR	6218-Z	6218-2Z	6218-RS	6218-2RS	6218-RZ	6218-2RZ	90	160	30	2	0.5
6219	6219N	6219NR	6219-Z	6219-2Z	6219-RS	6219-2RS	6219-RZ	6219-2RZ	95	170	32	2.1	0.5
6220	6220N	6220NR	6220-Z	6220-2Z	6220-RS	6220-2RS	6220-RZ	6220-2RZ	100	180	34	2.1	0.5
6221	6221N	6221NR	6221-Z	6221-2Z	6221-RS	6221-2RS	6221-RZ	6221-2RZ	105	190	36	2.1	0.5
6222	6222N	6222NR	6222-Z	6222-2Z	6222-RS	6222-2RS	6222-RZ	6222-2RZ	110	200	38	2.1	0.5
6224	6224N	6224NR	6224-Z	6224-2Z	6224-RS	6224-2RS	6224-RZ	6224-2RZ	120	215	40	2.1	0.5
6226	6226N	6226NR	6226-Z	6226-2Z	6226-RS	6226-2RS	6226-RZ	6226-2RZ	130	230	40	3	0.5
6228	6228N	6228NR	6228-Z	6228-2Z	6228-RS	6228-2RS	6228-RZ	6228-2RZ	140	250	42	3	0.5
6230	—	—	—	—	—	—	—	—	150	270	45	3	—
6232	—	—	—	—	—	—	—	—	160	290	48	3	—
6234	—	—	—	—	—	—	—	—	170	310	52	4	—
6236	—	—	—	—	—	—	—	—	180	320	52	4	—
6238	—	—	—	—	—	—	—	—	190	340	55	4	—
6240	—	—	—	—	—	—	—	—	200	360	58	4	—
6244	—	—	—	—	—	—	—	—	220	400	65	4	—
6248	—	—	—	—	—	—	—	—	240	440	72	4	—
6252	—	—	—	—	—	—	—	—	260	480	80	5	—
6256	—	—	—	—	—	—	—	—	280	500	80	5	—
6260	—	—	—	—	—	—	—	—	300	540	85	5	—
6264	—	—	—	—	—	—	—	—	320	580	92	5	—

① 最大倒角尺寸规定在 GB/T 274—2000 中。

表 6-17 深沟球轴承——03 系列 （单位：mm）

轴承型号									外形尺寸				
60000型	60000N型	60000NR型	60000-Z型	60000-2Z型	60000-RS型	60000-2RS型	60000-RZ型	60000-2RZ型	d	D	B	r_{smin} ①	r_{1smin} ①
633	—	—	633-Z	633-2Z	633-RS	633-2RS	633-RZ	633-2RZ	3	13	5	0.2	—
634	—	—	634-Z	634-2Z	634-RS	634-2RS	634-RZ	634-2RZ	4	16	5	0.3	—
635	635N	635NR	635-Z	635-2Z	635-RS	635-2RS	635-RZ	635-2RZ	5	19	6	0.3	0.3
6300	6300N	6300NR	6300-Z	6300-2Z	6300-RS	6300-2RS	6300-RZ	6300-2RZ	10	35	11	0.6	0.5
6301	6301N	6301NR	6301-Z	6301-2Z	6301-RS	6301-2RS	6301-RZ	6301-2RZ	12	37	12	1	0.5
6302	6302N	6302NR	6302-Z	6302-2Z	6302-RS	6302-2RS	6302-RZ	6302-2RZ	15	42	13	1	0.5
6303	6303N	6303NR	6303-Z	6303-2Z	6303-RS	6303-2RS	6303-RZ	6303-2RZ	17	47	14	1	0.5
6304	6304N	6304NR	6304-Z	6304-2Z	6304-RS	6304-2RS	6304-RZ	6304-2RZ	20	52	15	1.1	0.5
63/22	63/22N	63/22NR	63/22-Z	63/22-2Z	—	—	—	63/22-2RZ	22	56	16	1.1	0.5
6305	6305N	6305NR	6305-Z	6305-2Z	6305-RS	6305-2RS	6305-RZ	6305-2RZ	25	62	17	1.1	0.5
63/28	63/28N	63/28NR	63/28-Z	63/28-2Z	—	—	—	63/28-2RZ	28	68	18	1.1	0.5
6306	6306N	6306NR	6306-Z	6306-2Z	6306-RS	6306-2RS	6306-RZ	6306-2RZ	30	72	19	1.1	0.5
63/32	63/32N	63/32NR	63/32-Z	63/32-2Z	—	—	—	63/32-2RZ	32	75	20	1.1	0.5
6307	6307N	6307NR	6307-Z	6307-2Z	6307-RS	6307-2RS	6307-RZ	6307-2RZ	35	80	21	1.5	0.5
6308	6308N	6308NR	6308-Z	6308-2Z	6308-RS	6308-2RS	6308-RZ	6308-2RZ	40	90	23	1.5	0.5
6309	6309N	6309NR	6309-Z	6309-2Z	6309-RS	6309-2RS	6309-RZ	6309-2RZ	45	100	25	1.5	0.5
6310	6310N	6310NR	6310-Z	6310-2Z	6310-RS	6310-2RS	6310-RZ	6310-2RZ	50	110	27	2	0.5
6311	6311N	6311NR	6311-Z	6311-2Z	6311-RS	6311-2RS	6311-RZ	6311-2RZ	55	120	29	2	0.5
6312	6312N	6312NR	6312-Z	6312-2Z	6312-RS	6312-2RS	6312-RZ	6312-2RZ	60	130	31	2.1	0.5
6313	6313N	6313NR	6313-Z	6313-2Z	6313-RS	6313-2RS	6313-RZ	6313-2RZ	65	140	33	2.1	0.5
6314	6314N	6314NR	6314-Z	6314-2Z	6314-RS	6314-2RS	6314-RZ	6314-2RZ	70	150	35	2.1	0.5
6315	6315N	6315NR	6315-Z	6315-2Z	6315-RS	6315-2RS	6315-RZ	6315-2RZ	75	160	37	2.1	0.5

（续）

轴承型号									外形尺寸				
60000型	60000N型	60000NR型	60000-Z型	60000-2Z型	60000-RS型	60000-2RS型	60000-RZ型	60000-2RZ型	d	D	B	r_{smin} ①	r_{1smin} ①
6316	6316N	6316NR	6316-Z	6316-2Z	6316-RS	6316-2RS	6316-RZ	6316-2RZ	80	170	39	2.1	0.5
6317	6317N	6317NR	6317-Z	6317-2Z	6317-RS	6317-2RS	6317-RZ	6317-2RZ	85	180	41	3	0.5
6318	6318N	6318NR	6318-Z	6318-2Z	6318-RS	6318-2RS	6318-RZ	6318-2RZ	90	190	43	3	0.5
6319	6319N	6319NR	6319-Z	6319-2Z	6319-RS	6319-2RS	6319-RZ	6319-2RZ	95	200	45	3	0.5
6320	6320N	6320NR	6320-Z	6320-2Z	6320-RS	6320-2RS	6320-RZ	6320-2RZ	100	215	47	3	0.5
6321	6321N	6321NR	6321-Z	6321-2Z	6321-RS	6321-2RS	6321-RZ	6321-2RZ	105	225	49	3	0.5
6322	6322N	6322NR	6322-Z	6322-2Z	6322-RS	6322-2RS	6322-RZ	6322-2RZ	110	240	50	3	0.5
6324	—	—	6324-Z	6324-2Z	6324-RS	6324-2RS	6324-RZ	6324-2RZ	120	260	55	3	—
6326	—	—	6326-Z	6326-2Z	—	—	—	—	130	280	58	4	—
6328	—	—	—	—	—	—	—	—	140	300	52	4	—
6330	—	—	—	—	—	—	—	—	150	320	65	4	—
6332	—	—	—	—	—	—	—	—	160	340	68	4	—
6334	—	—	—	—	—	—	—	—	170	360	72	4	—
6336	—	—	—	—	—	—	—	—	180	380	75	4	—
6338	—	—	—	—	—	—	—	—	190	400	78	5	—
6340	—	—	—	—	—	—	—	—	200	420	80	5	—
6344	—	—	—	—	—	—	—	—	220	460	88	5	—
6348	—	—	—	—	—	—	—	—	240	500	95	5	—
6352	—	—	—	—	—	—	—	—	260	540	102	6	—
6356	—	—	—	—	—	—	—	—	280	580	108	6	—

① 最大倒角尺寸规定在 GB/T 274—2000 中。

表 6-18 深沟球轴承——04 系列 （单位：mm）

轴承型号									外形尺寸				
60000型	60000N型	60000NR型	60000-Z型	60000-2Z型	60000-RS型	60000-2RS型	60000-RZ型	60000-2RZ型	d	D	B	r_{smin} ①	r_{1smin} ①
6403	6403N	6403NR	6403-Z	6403-2Z	6403-RS	6403-2RS	6403-RZ	6403-2RZ	17	62	17	1.1	0.5
6404	6404N	6404NR	6404-Z	6404-2Z	6404-RS	6404-2RS	6404-RZ	6404-2RZ	20	72	19	1.1	0.5
6405	6405N	6405NR	6405-Z	6405-2Z	6405-RS	6405-2RS	6405-RZ	6405-2RZ	25	80	21	1.5	0.5
6406	6406N	6406NR	6406-Z	6406-2Z	6406-RS	6406-2RS	6406-RZ	6406-2RZ	30	90	23	1.5	0.5
6407	6407N	6407NR	6407-Z	6407-2Z	6407-RS	6407-2RS	6407-RZ	6407-2RZ	35	100	25	1.5	0.5
6408	6408N	6408NR	6408-Z	6408-2Z	6408-RS	6408-2RS	6408-RZ	6408-2RZ	40	110	27	2	0.5
6409	6409N	6409NR	6409-Z	6409-2Z	6409-RS	6409-2RS	6409-RZ	6409-2RZ	45	120	29	2	0.5
6410	6410N	6410NR	6410-Z	6410-2Z	6410-RS	6410-2RS	6410-RZ	6410-2RZ	50	130	31	2.1	0.5
6411	6411N	6411NR	6411-Z	6411-2Z	6411-RS	6411-2RS	6411-RZ	6411-2RZ	55	140	33	2.1	0.5
6412	6412N	6412NR	6412-Z	6412-2Z	6412-RS	6412-2RS	6412-RZ	6412-2RZ	60	150	35	2.1	0.5
6413	6413N	6413NR	6413-Z	6413-2Z	6413-RS	6413-2RS	6413-RZ	6413-2RZ	65	160	37	2.1	0.5
6414	6414N	6414NR	6414-Z	6414-2Z	6414-RS	6414-2RS	6414-RZ	6414-2RZ	70	180	42	3	0.5
6415	6415N	6415NR	6415-Z	6415-2Z	6415-RS	6415-2RS	6415-RZ	6415-2RZ	75	190	45	3	0.5
6416	6416N	6416NR	6416-Z	6416-2Z	6416-RS	6416-2RS	6416-RZ	6416-2RZ	80	200	48	3	0.5
6417	6417N	6417NR	6417-Z	6417-2Z	6417-RS	6417-2RS	6417-RZ	6417-2RZ	85	210	52	4	0.5
6418	6418N	6418NR	6418-Z	6418-2Z	6418-RS	6418-2RS	6418-RZ	6418-2RZ	90	225	54	4	0.5
6419	6419N	6419NR	6419-Z	6419-2Z	6419-RS	6419-2RS	6419-RZ	6419-2RZ	95	240	55	4	0.5
6420	6420N	6420NR	6420-Z	6420-2Z	6420-RS	6420-2RS	6420-RZ	6420-2RZ	100	250	58	4	0.5
6422	—	—	6422-Z	6422-2Z	6422-RS	6422-2RS	6422-RZ	6422-2RZ	110	280	65	4	—

① 最大倒角尺寸规定在 GB/T 274—2000 中。

2. 调心球轴承（GB/T 281—2013）

（1）用途　可自动调心的、适应承受的径向负荷。也可承受径向与较低的轴向负荷。

（2）外形规格（见图 6-2 和表 6-19~表 6-25）

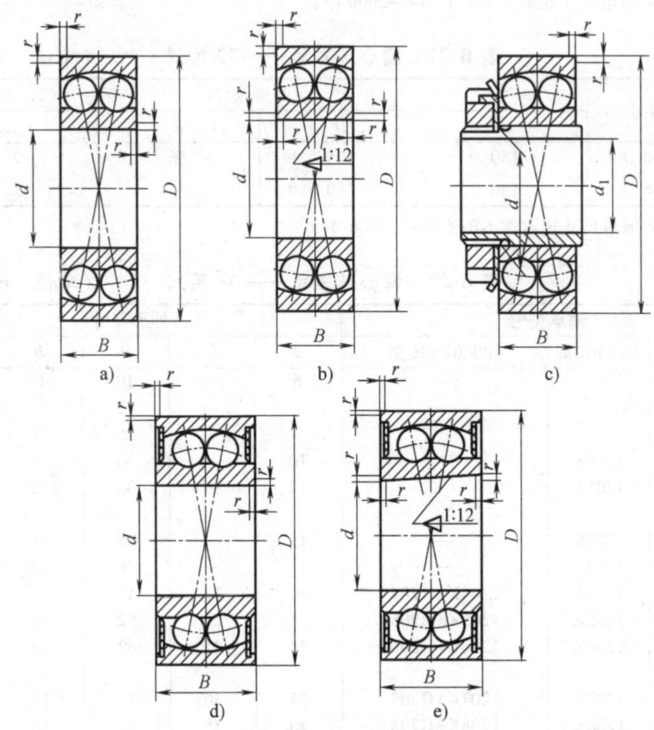

图 6-2　调心球轴承

a）圆柱孔调心球轴承 10000 型　b）圆锥孔调心球轴承 10000K 型　c）带紧定套的调心球轴承 10000K+H 型　d）两面带密封圈的圆柱孔调心球轴承 10000-2RS 型　e）两面带密封圈的圆锥孔调心球轴承 10000K-2RS 型

表 6-19　调心球轴承——39 系列　（单位：mm）

轴承型号	外形尺寸			
	d	D	B	r_{smin} ①
13940	200	280	60	2. 1
13944	220	300	60	2. 1
13948	240	320	60	2. 1

① 最大倒角尺寸规定在 GB/T 274—2000 中。

表 6-20 调心球轴承——10 系列 （单位：mm）

轴承型号	外形尺寸			
	d	D	B	r_{smin} ①
108	8	22	7	0.3

① 最大倒角尺寸规定在 GB/T 274—2000 中。

表 6-21 调心球轴承——30 系列 （单位：mm）

轴承型号	外形尺寸			
	d	D	B	r_{smin} ①
13030	150	225	56	2.1
13036	180	280	74	2.1

① 最大倒角尺寸规定在 GB/T 274—2000 中。

表 6-22 调心球轴承——02 系列 （单位：mm）

轴承型号			外形尺寸				
10000 型	10000K 型	10000K+H 型	d	d_1	D	B	r_{smin} ①
126	—	—	6	—	19	6	0.3
127	—	—	7	—	22	7	0.3
129	—	—	9	—	26	8	0.3
1200	1200K	—	10	—	30	9	0.6
1201	1201K	—	12	—	32	10	0.6
1202	1202K	—	15	—	35	11	0.6
1203	1203K	—	17	—	40	12	0.6
1204	1204K	1204K+H204	20	17	47	14	1
1205	1205K	1205K+H205	25	20	52	15	1
1206	1206K	1206K+H206	30	25	62	16	1
1207	1207K	1207K+H207	35	30	72	17	1.1
1208	1208K	1208K+H208	40	35	80	18	1.1
1209	1209K	1209K+H209	45	40	85	19	1.1
1210	1210K	1210K+H210	50	45	90	20	1.1
1211	1211K	1211K+H211	55	50	100	21	1.5
1212	1212K	1212K+H212	60	55	110	22	1.5
1213	1213K	1213K+H213	65	60	120	23	1.5
1214	1214K	1214K+H214	70	60	125	24	1.5
1215	1215K	1215K+H215	75	65	130	25	1.5
1216	1216K	1216K+H216	80	70	140	26	2
1217	1217K	1217K+H217	85	75	150	28	2
1218	1218K	1218K+H218	90	80	160	30	2
1219	1219K	1219K+H219	95	85	170	32	2.1
1220	1220K	1220K+H220	100	90	180	34	2.1
1221	1221K	1221K+H221	105	95	190	36	2.1

（续）

轴承型号			外形尺寸				
10000 型	10000K 型	10000K+H 型	d	d_1	D	B	r_{smin} ①
1222	1222K	1222K+H222	110	100	200	38	2.1
1224	1224K	1224K+H3024	120	110	215	42	2.1
1226	—	—	130	—	230	46	3
1228	—	—	140	—	250	50	3

① 最大倒角尺寸规定在 GB/T 274—2000 中。

表 6-23　调心球轴承——22 系列　（单位：mm）

轴承型号①					外形尺寸				
10000 型	10000-2RS 型	10000K 型	10000K-2RS 型	10000K+H 型	d	d_1	D	B	r_{smin} ②
2200	2200-2RS	—	—	—	10	—	30	14	0.6
2201	2201-2RS	—	—	—	12	—	32	14	0.6
2202	2202-2RS	2202K	—	—	15	—	35	14	0.6
2203	2203-2RS	2203K	—	—	17	—	40	16	0.6
2204	2204-2RS	2204K	—	2204K+H304	20	17	47	18	1
2205	2205-2RS	2205K	2205K-2RS	2205K+H305	25	20	52	18	1
2206	2206-2RS	2206K	2206K-2RS	2206K+H306	30	25	62	20	1
2207	2207-2RS	2207K	2207K-2RS	2207K+H307	35	30	72	23	1.1
2208	2208-2RS	2208K	2208K-2RS	2208K+H308	40	35	80	23	1.1
2209	2209-2RS	2209K	2209K-2RS	2209K+H309	45	40	85	23	1.1
2210	2210-2RS	2210K	2210K-2RS	2210K+H310	50	45	90	23	1.1
2212	2212-2RS	2212K	2212K-2RS	2212K+H312	60	55	110	28	1.5
2213	2213-2RS	2213K	2213K-2RS	2213K+H313	65	60	120	31	1.5
2214	2214-2RS	2214K	2214K-2RS	2214K+H314	70	60	125	31	1.5
2215	—	2215K	—	2215K+H315	75	65	130	31	1.5
2216	—	2216K	—	2216K+H316	80	70	140	33	2
2217	—	2217K	—	2217K+H317	85	75	150	36	2
2218	—	2218K	—	2218K+H318	90	80	160	40	2
2219	—	2219K	—	2219K+H319	95	85	170	43	2.1
2220	—	2220K	—	2220K+H320	100	90	180	46	2.1
2221	—	2221K	—	2221K+H321	105	95	190	50	2.1
2222	—	2222K	—	2222K+H322	110	100	200	53	2.1

① 类型代号“1”按 GB/T 272—1993 的规定省略。

② 最大倒角尺寸规定在 GB/T 274—2000 中。

表6-24　调心球轴承——03系列　　（单位：mm）

轴承承号			外形尺寸				
10000型	10000K型	10000K+H型	d	d_1	D	B	r_{smin}[①]
135	—	—	5	—	19	6	0.3
1300	1300K	—	10	—	35	11	0.6
1301	1301K	—	12	—	37	12	1
1302	1302K	—	15	—	42	13	1
1303	1303K	—	17	—	47	14	1
1304	1304K	1304K+H304	20	17	52	15	1.1
1305	1305K	1305K+H305	25	20	62	17	1.1
1306	1306K	1306K+H306	30	25	72	19	1.1
1307	1307K	1307K+H307	35	30	80	21	1.5
1308	1308K	1308K+H308	40	35	90	23	1.5
1309	1309K	1309K+H309	45	40	100	25	1.5
1310	1310K	1310K+H310	50	45	110	27	2
1311	1311K	1311K+H311	55	50	120	29	2
1312	1312K	1312K+H312	60	55	130	31	2.1
1313	1313K	1313K+H313	65	60	140	33	2.1
1314	1314K	1314K+H314	70	60	150	35	2.1
1315	1315K	1315K+H315	75	65	160	37	2.1
1316	1316K	1316K+H316	80	70	170	39	2.1
1317	1317K	1317K+H317	85	75	180	41	3
1318	1318K	1318K+H318	90	80	190	43	3
1319	1319K	1319K+H319	95	85	200	45	3
1320	1320K	1320K+H320	100	90	215	47	3
1321	1321K	1321K+H321	105	95	225	49	3
1322	1322K	1322K+H322	110	100	240	50	3

① 最大倒角尺寸规定在GB/T 274—2000中。

表6-25　调心球轴承——23系列　　（单位：mm）

轴承型号[①]				外形尺寸				
10000型	10000-2RS型	10000K型	10000K+H型	d	d_1	D	B	r_{smin}[②]
2300	—	—	—	10	—	35	17	0.6
2301	—	—	—	12	—	37	17	1
2302	2302-2RS	—	—	15	—	42	17	1
2303	2303-2RS	—	—	17	—	47	19	1
2304	2304-2RS	2304K	2304K+H2304	20	17	52	21	1.1

（续）

轴承型号①				外形尺寸				
10000 型	10000-2RS 型	10000K 型	10000K+H 型	d	d_1	D	B	r_{smin}②
2305	2305-2RS	2305K	2305K+H2305	25	20	62	24	1.1
2306	2306-2RS	2306K	2306K+H2306	30	25	72	27	1.1
2307	2307-2RS	2307K	2307K+H2307	35	30	80	31	1.5
2308	2308-2RS	2308K	2308K+H2308	40	35	90	33	1.5
2309	2309-2RS	2309K	2309K+H2309	45	40	100	36	1.5
2310	2310-2RS	2310K	2310K+H2310	50	45	110	40	2
2311	—	2311K	2311K+H2311	55	50	120	43	2
2312	—	2312K	2312K+H2312	60	55	130	46	2.1
2313	—	2313K	2313K+H2313	65	60	140	48	2.1
2314	—	2314K	2314K+H2314	70	60	150	51	2.1
2315	—	2315K	2315K+H2315	75	65	160	55	2.1
2316	—	2316K	2316K+H2316	80	70	170	58	2.1
2317	—	2317K	2317K+H2317	85	75	180	60	3
2318	—	2318K	2318K+H2318	90	80	190	64	3
2319	—	2319K	2319K+H2319	95	85	200	67	3
2320	—	2320K	2320K+H2320	100	90	215	73	3
2321	—	2321K	2321K+H2321	105	95	225	77	3
2322	—	2322K	2322K+H2322	110	100	240	80	3

① 类型代号“1”按 GB/T 272—1993 的规定省略。

② 最大倒角尺寸规定在 GB/T 274—2000 中。

3. 圆锥滚子轴承（GB/T 297—2015）

（1）用途　用于以径向为主并与轴向同时受载荷的联载荷。

（2）外形及规格（见图 6-3 和表 6-26~表 6-34）

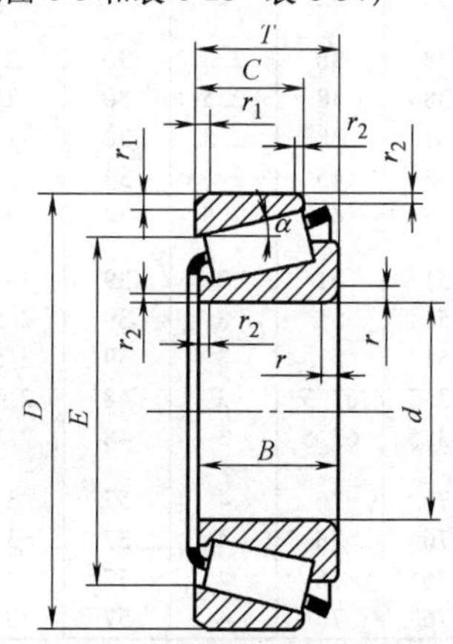

图 6-3　圆锥滚子轴承 30000 型

表 6-26　圆锥滚子轴承——29 系列　　　（单位：mm）

轴承型号	d	D	T	B	r_{smin} ①	C	r_{1smin} ①	α	E	ISO 尺寸系列
32904	20	37	12	12	0.3	9	0.2	12°	29.621	2BD
329/22	22	40	12	12	0.3	9	0.3	12°	32.665	2BC
32905	25	42	12	12	0.3	9	0.3	12°	34.608	2BD
329/28	28	45	12	12	0.3	9	0.3	12°	37.639	2BD
32906	30	47	12	12	0.3	9	0.3	12°	39.617	2BD
329/32	32	52	14	14	0.6	10	0.6	12°	44.261	2BD
32907	35	55	14	14	0.6	11.5	0.6	11°	47.220	2BD
32908	40	62	15	15	0.6	12	0.6	10°55′	53.388	2BC
32909	45	68	15	15	0.6	12	0.6	12°	58.852	2BC
32910	50	72	15	15	0.6	12	0.6	12°50′	62.748	2BC
32911	55	80	17	17	1	14	1	11°39′	69.503	2BC
32912	60	85	17	17	1	14	1	12°27′	74.185	2BC
32913	65	90	17	17	1	14	1	13°15′	78.849	2BC
32914	70	100	20	20	1	16	1	11°53′	88.590	2BC
32915	75	105	20	20	1	16	1	12°31′	93.223	2BC
32916	80	110	20	20	1	16	1	13°10′	97.974	2BC
32917	85	120	23	23	1.5	18	1.5	12°18′	106.599	2BC
32918	90	125	23	23	1.5	18	1.5	12°51′	111.282	2BC
32919	95	130	23	23	1.5	18	1.5	13°25′	116.082	2BC
32920	100	140	25	25	1.5	20	1.5	12°23′	125.717	2CC
32921	105	145	25	25	1.5	20	1.5	12°51′	130.359	2CC
32922	110	150	25	25	1.5	20	1.5	13°20′	135.182	2CC
32924	120	165	29	29	1.5	23	1.5	13°05′	143.464	2CC
32926	130	180	32	32	2	25	1.5	12°45′	161.652	2CC
32928	140	190	32	32	2	25	1.5	13°30′	171.032	2CC
32930	150	210	38	38	2.5	30	2	12°20′	187.926	2DC
32932	160	220	38	38	2.5	30	2	13°	197.962	2DC
32934	170	230	38	38	2.5	30	2	14°20′	206.564	3DC
32936	180	250	45	45	2.5	34	2	17°45′	218.571	4DC
32938	190	260	45	45	2.5	34	2	17°39′	228.578	4DC
32940	200	280	51	51	3	39	2.5	14°45′	249.698	3EC
32944	220	300	51	51	3	39	2.5	15°50′	267.685	3EC
32948	240	320	51	51	3	39	2.5	17°	286.852	4EC
32952	260	360	63.5	63.5	3	48	2.5	15°10′	320.783	3EC
32956	280	380	63.5	63.5	3	48	2.5	16°05′	339.778	4EC
32960	300	420	76	76	4	57	3	14°45′	374.706	3FD
32964	320	440	76	76	4	57	3	15°30′	393.406	3FD
32968	340	460	76	76	4	57	3	16°15′	412.043	4FD
32972	360	480	76	76	4	57	3	17°	430.612	4FD

① 对应的最大倒角尺寸规定在 GB/T 274—2000 中。

表 6-27　圆锥滚子轴承——20 系列　（单位：mm）

轴承型号	d	D	T	B	r_{smin} ①	C	r_{1smin} ①	α	E	ISO 尺寸系列
32004	20	42	15	15	0.6	12	0.6	14°	32.781	3CC
320/22	22	44	15	15	0.6	11.5	0.6	14°50′	34.708	3CC
32005	25	47	15	15	0.6	11.5	0.6	16°	37.393	4CC
320/28	28	52	16	16	1	12	1	16°	41.991	4CC
32006	30	55	17	17	1	13	1	16°	44.438	4CC
320/32	32	58	17	17	1	13	1	16°50′	46.708	4CC
32007	35	62	18	18	1	14	1	16°50′	50.510	4CC
32008	40	68	19	19	1	14.5	1	14°10′	56.897	3CD
32009	45	75	20	20	1	15.5	1	14°40′	63.248	3CC
32010	50	80	20	20	1	15.5	1	15°45′	67.841	3CC
32011	55	90	23	23	1.5	17.5	1.5	15°10′	76.505	3CC
32012	60	95	23	23	1.5	17.5	1.5	16°	80.634	4CC
32013	65	100	23	23	1.5	17.5	1.5	17°	85.567	4CC
32014	70	110	25	25	1.5	19	1.5	16°10′	93.633	4CC
32015	75	115	25	25	1.5	19	1.5	17°	98.358	4CC
32016	80	125	29	29	1.5	22	1.5	15°45′	107.334	3CC
32017	85	130	29	29	1.5	22	1.5	16°25′	111.788	4CC
32018	90	140	32	32	2	24	1.5	15°45′	119.948	3CC
32019	95	145	32	32	2	24	1.5	16°25′	124.927	4CC
32020	100	150	32	32	2	24	1.5	17°	129.269	4CC
32021	105	160	35	35	2.5	26	2	16°30′	137.685	4DC
32022	110	170	38	38	2.5	29	2	16°	146.290	4DC
32024	120	180	38	38	2.5	29	2	17°	155.239	4DC
32026	130	200	45	45	2.5	34	2	16°10′	172.043	4EC
32028	140	210	45	45	2.5	34	2	17°	180.720	4DC
32030	150	225	48	48	3	36	2.5	17°	193.674	4EC
32032	160	240	51	51	3	38	2.5	17°	207.209	4EC
32034	170	260	57	57	3	43	2.5	16°30′	223.031	4EC
32036	180	280	64	64	3	48	2.5	15°45′	239.898	3FD
32038	190	290	64	64	3	48	2.5	16°25′	249.853	4FD
32040	200	310	70	70	3	53	2.5	16°	266.039	4FD
32044	220	340	76	76	4	57	3	16°	292.464	4FD
32048	240	360	76	76	4	57	3	17°	310.356	4FD
32052	260	400	87	87	5	65	4	16°10′	344.432	4FC
32056	280	420	87	87	5	65	4	17°	361.811	4FC
32060	300	460	100	100	5	74	4	16°10′	395.676	4GD
32064	320	480	100	100	5	74	4	17°	415.640	4GD

① 对应的最大倒角尺寸规定在 GB/T 274—2000 中。

表 6-28 圆锥滚子轴承——30 系列 （单位：mm）

轴承型号	d	D	T	B	r_{smin} ①	C	r_{1smin} ①	α	E	ISO 尺寸系列
33005	25	47	17	17	0.6	14	0.6	10°55′	38.278	2CE
33006	30	55	20	20	1	16	1	11°	45.283	2CE
33007	35	62	21	21	1	17	1	11°30′	51.320	2CE
33008	40	68	22	22	1	18	1	10°40′	57.290	2BE
33009	45	75	24	24	1	19	1	11°05′	63.116	2CE
33010	50	80	24	24	1	19	1	11°55′	67.775	2CE
33011	55	90	27	27	1.5	21	1.5	11°45′	76.656	2CE
33012	60	95	27	27	1.5	21	1.5	12°20′	80.422	2CE
33013	65	100	27	27	1.5	21	1.5	13°05′	85.257	2CE
33014	70	110	31	31	1.5	25.5	1.5	10°45′	95.021	2CE
33015	75	115	31	31	1.5	25.5	1.5	11°15′	99.400	2CE
33016	80	125	36	36	1.5	29.5	1.5	10°30′	107.750	2CE
33017	85	130	36	36	1.5	29.5	1.5	11°	112.838	2CE
33018	90	140	39	39	2	32.5	1.5	10°10′	122.363	2CE
33019	95	145	39	39	2	32.5	1.5	10°30′	126.346	2CE
33020	100	150	39	39	2	32.5	1.5	10°50′	130.323	2CE
33021	105	160	43	43	2.5	34	2	10°40′	139.304	2DE
33022	110	170	47	47	2.5	37	2	10°50′	146.265	2DE
33024	120	180	48	48	2.5	38	2	11°30′	154.777	2DE
33026	130	200	55	55	2.5	43	2	12°50′	172.017	2EE
33028	140	210	56	56	2.5	44	2	13°30′	180.353	2DE
33030	150	225	59	59	3	46	2.5	13°40′	194.260	2EE

① 对应的最大倒角尺寸规定在 GB/T 274—2000 中。

表 6-29 圆锥滚子轴承——31 系列 （单位：mm）

轴承型号	d	D	T	B	r_{smin} ①	C	r_{1smin} ①	α	E	ISO 尺寸系列
33108	40	75	26	26	1.5	20.5	1.5	13°20′	61.169	2CE
33109	45	80	26	26	1.5	20.5	1.5	14°20′	65.700	3CE
33110	50	85	26	26	1.5	20	1.5	15°20′	70.214	3CE
33111	55	95	30	30	1.5	23	1.5	14°	78.893	3CE
33112	60	100	30	30	1.5	23	1.5	14°50′	83.522	3CE
33113	65	110	34	34	1.5	26.5	1.5	14°30′	91.653	3DE
33114	70	120	37	37	2	29	1.5	14°10′	99.733	3DE
33115	75	125	37	37	2	29	1.5	14°50′	104.358	3DE
33116	80	130	37	37	2	29	1.5	15°30′	108.970	3DE
33117	85	140	41	41	2.5	32	2	15°10′	117.097	3DE

（续）

轴承型号	d	D	T	B	r_{smin} ①	C	r_{1smin} ①	α	E	ISO 尺寸系列
33118	90	150	45	45	2.5	35	2	14°50′	125.283	3DE
33119	95	160	49	49	2.5	38	2	14°35′	133.240	3EE
33120	100	165	52	52	2.5	40	2	15°10′	137.129	3EE
33121	105	175	56	56	2.5	44	2	15°05′	144.427	3EE
33122	110	180	56	56	2.5	43	2	15°35′	149.127	3EE
33124	120	200	62	62	2.5	48	2	14°50′	166.144	3FE

① 对应的最大倒角尺寸规定在 GB/T 274—2000 中。

表 6-30　圆锥滚子轴承——02 系列　　（单位：mm）

轴承型号	d	D	T	B	r_{smin} ①	C	r_{1smin} ①	α	E	ISO 尺寸系列
30202	15	35	11.75	11	0.6	10	0.6	—	—	—
30203	17	40	13.25	12	1	11	1	12°57′10″	31.408	2DB
30204	20	47	15.25	14	1	12	1	12°57′10″	37.304	2DB
30205	25	52	16.25	15	1	13	1	14°02′10″	41.135	3CC
30206	30	62	17.25	16	1	14	1	14°02′10″	49.990	3DB
302/32	32	65	18.25	17	1	15	1	14°	52.500	3DB
30207	35	72	18.25	17	1.5	15	1.5	14°02′10″	58.844	3DB
30208	40	80	19.75	18	1.5	16	1.5	14°02′10″	65.730	3DB
30209	45	85	20.75	19	1.5	16	1.5	15°06′34″	70.440	3DB
30210	50	90	21.75	20	1.5	17	1.5	15°38′32″	75.078	3DB
30211	55	100	22.75	21	2	18	1.5	15°06′34″	84.197	3DB
30212	60	110	23.75	22	2	19	1.5	15°06′34″	91.876	3EB
30213	65	120	24.75	23	2	20	1.5	15°06′34″	101.934	3EB
30214	70	125	26.25	24	2	21	1.5	15°38′32″	105.748	3EB
30215	75	130	27.25	25	2	22	1.5	16°10′20″	110.408	4DB
30216	80	140	28.25	26	2.5	22	2	15°38′32″	119.169	3EB
30217	85	150	30.5	28	2.5	24	2	15°38′32″	126.685	3EB
30218	90	160	32.5	30	2.5	26	2	15°38′32″	134.901	3FB
30219	95	170	34.5	32	3	27	2.5	15°38′32″	143.385	3FB
30220	100	180	37	34	3	29	2.5	15°38′32″	151.310	3FB
30221	105	190	39	36	3	30	2.5	15°38′32″	159.795	3FB
30222	110	200	41	38	3	32	2.5	15°38′32″	168.548	3FB
30224	120	215	43.5	40	3	34	2.5	16°10′20″	181.257	4FB
30226	130	230	43.75	40	4	34	3	16°10′20″	196.420	4FB
30228	140	250	45.75	42	4	36	3	16°10′20″	212.270	4FB

（续）

轴承型号	d	D	T	B	r_{smin}①	C	r_{1smin}①	α	E	ISO 尺寸系列
30230	150	270	49	45	4	38	3	16°10′20″	227.408	4GB
30232	160	290	52	48	4	40	3	16°10′20″	244.958	4GB
30234	170	310	57	52	5	43	4	16°10′20″	262.483	4GB
30236	180	320	57	52	5	43	4	16°41′57″	270.928	4GB
30238	190	340	60	55	5	46	4	16°10′20″	291.083	4GB
30240	200	360	64	58	5	48	4	16°10′20″	307.196	4GB
30244	220	400	72	65	5	54	4	15°38′32″②	339.941②	3GB②
30248	240	440	79	72	5	60	4	15°38′32″②	374.976②	3GB②
30252	260	480	89	80	6	67	5	16°25′56″②	410.444②	4GB②
30256	280	500	89	80	6	67	5	17°03′②	423.879②	4GB②

① 对应的最大倒角尺寸规定在 GB/T 274—2000 中。

② 参考尺寸。

表 6-31 圆锥滚子轴承——22 系列 （单位：mm）

轴承型号	d	D	T	B	r_{smin}①	C	r_{1smin}①	α	E	ISO 尺寸系列
32203	17	40	17.25	16	1	14	1	11°45′	31.170	2DD
32204	20	47	19.25	18	1	15	1	12°28′	35.810	2DD
32205	25	52	19.25	18	1	16	1	13°30′	41.331	2CD
32206	30	62	21.25	20	1	17	1	14°02′10″	48.982	3DC
32207	35	72	24.25	23	1.5	19	1.5	14°02′10″	57.087	3DC
32208	40	80	24.75	23	1.5	19	1.5	14°02′10″	64.715	3DC
32209	45	85	24.75	23	1.5	19	1.5	15°06′34″	69.610	3DC
32210	50	90	24.75	23	1.5	19	1.5	15°38′32″	74.226	3DC
32211	55	100	26.75	25	2	21	1.5	15°06′34″	82.837	3DC
32212	60	110	29.75	28	2	24	1.5	15°06′34″	90.236	3EC
32213	65	120	32.75	31	2	27	1.5	15°06′34″	99.484	3EC
32214	70	125	33.25	31	2	27	1.5	15°38′32″	103.765	3EC
32215	75	130	33.25	31	2	27	1.5	16°10′20″	108.932	4DC
32216	80	140	35.25	33	2.5	28	2	15°38′32″	117.466	3EC
32217	85	150	38.5	36	2.5	30	2	15°38′32″	124.970	3EC
32218	90	160	42.5	40	2.5	34	2	15°38′32″	132.615	3FC
32219	95	170	45.5	43	3	37	2.5	15°38′32″	140.259	3FC
32220	100	180	49	46	3	39	2.5	15°38′32″	148.184	3FC
32221	105	190	53	50	3	43	2.5	15°38′32″	155.269	3FC
32222	110	200	56	53	3	46	2.5	15°38′32″	164.022	3FC

（续）

轴承型号	d	D	T	B	r_{smin} ①	C	r_{1smin} ①	α	E	ISO尺寸系列
32224	120	215	61.5	58	3	50	2.5	16°10′20″	174.825	4FD
32226	130	230	67.75	64	4	54	3	16°10′20″	187.088	4FD
32228	140	250	71.75	68	4	58	3	16°10′20″	204.046	4FD
32230	150	270	77	73	4	60	3	16°10′20″	219.157	4GD
32232	160	290	84	80	4	67	3	16°10′20″	234.942	4GD
32234	170	310	91	86	5	71	4	16°10′20″	251.873	4GD
32236	180	320	91	86	5	71	4	16°41′57″	259.938	4GD
32238	190	340	97	92	5	75	4	16°10′20″	279.024	4GD
32240	200	360	104	98	5	82	4	15°10′	294.880	3GD
32244	220	400	114	108	5	90	4	16°10′20″②	326.455②	4GD②
32248	240	440	127	120	5	100	4	16°10′20″②	356.929②	4GD②
32252	260	480	137	130	6	105	5	16°②	393.025②	4GD②
32256	280	500	137	130	6	105	5	16°②	409.128②	4GD②
32260	300	540	149	140	6	115	5	16°10′②	443.659②	4GD②

① 对应的最大倒角尺寸规定在 GB/T 274—2000 中。

② 参考尺寸。

表 6-32　圆锥滚子轴承——32 系列　（单位：mm）

轴承型号	d	D	T	B	r_{smin} ①	C	r_{1smin} ①	α	E	ISO尺寸系列
33205	25	52	22	22	1	18	1	13°10′	40.441	2DE
332/28	23	58	24	24	1	19	1	12°45′	45.846	2DE
33206	30	62	25	25	1	19.5	1	12°50′	49.524	2DE
332/32	32	65	26	26	1	20.5	1	13°	51.791	2DE
33207	35	72	28	28	1.5	22	1.5	13°15′	57.186	2DE
33208	40	80	32	32	1.5	25	1.5	13°25′	63.405	2DE
33209	45	85	32	32	1.5	25	1.5	14°25′	68.075	3DE
33210	50	90	32	32	1.5	24.5	1.5	15°25′	72.727	3DE
33211	55	100	35	35	2	27	1.5	14°55′	81.240	3DE
33212	60	110	38	38	2	29	1.5	15°05′	89.032	3EE
33213	65	120	41	41	2	32	1.5	14°35′	97.863	3EE
33214	70	125	41	41	2	32	1.5	15°15′	102.275	3EE
33215	75	130	41	41	2	31	1.5	15°55′	106.675	3EE
33216	80	140	46	46	2.5	35	2	15°50′	114.582	3EE
33217	85	150	49	49	2.5	37	2	15°35′	122.894	3EE
33218	90	160	55	55	2.5	42	2	15°40′	129.820	3FE
33219	95	170	58	58	3	44	2.5	15°15′	138.642	3FE
33220	100	180	63	63	3	48	2.5	15°05′	145.949	3FE
33221	105	190	68	68	3	52	2.5	15°	153.622	3FE

① 对应的最大倒角尺寸规定在 GB/T 274—2000 中。

表 6-33　圆锥滚子轴承——03 系列　　（单位：mm）

轴承型号	d	D	T	B	r_{smin}①	C	r_{1smin}①	α	E	ISO 尺寸系列
30302	15	42	14.25	13	1	11	1	10°45′29″	33.272	2FB
30303	17	47	15.25	14	1	12	1	10°45′29″	37.420	2FB
30304	20	52	16.25	15	1.5	13	1.5	11°18′36″	41.318	2FB
30305	25	62	18.25	17	1.5	15	1.5	11°18′36″	50.637	2FB
30306	30	72	20.75	19	1.5	16	1.5	11°51′35″	58.287	2FB
30307	35	80	22.75	21	2	18	1.5	11°51′35″	65.769	2FB
30308	40	90	25.25	23	2	20	1.5	12°57′10″	72.703	2FB
30309	45	100	27.25	25	2	22	1.5	12°57′10″	81.780	2FB
30310	50	110	29.25	27	2.5	23	2	12°57′10″	90.633	2FB
30311	55	120	31.5	29	2.5	25	2	12°57′10″	99.146	2FB
30312	60	130	33.5	31	3	26	2.5	12°57′10″	107.769	2FB
30313	65	140	36	33	3	28	2.5	12°57′10″	116.846	2GB
30314	70	150	38	35	3	30	2.5	12°57′10″	125.244	2GB
30315	75	160	40	37	3	31	2.5	12°57′10″	134.097	2GB
30316	80	170	42.5	39	3	33	2.5	12°57′10″	143.174	2GB
30317	85	180	44.5	41	4	34	3	12°57′10″	150.433	2GB
30318	90	190	46.5	43	4	36	3	12°57′10″	159.061	2GB
30319	95	200	49.5	45	4	38	3	12°57′10″	165.861	2GB
30320	100	215	51.5	47	4	39	3	12°57′10″	178.578	2GB
30321	105	225	53.5	49	4	41	3	12°57′10″	186.752	2GB
30322	110	240	54.5	50	4	42	3	12°57′10″	199.925	2GB
30324	120	260	59.5	55	4	46	3	12°57′10″	214.892	2GB
30326	130	280	63.75	58	5	49	4	12°57′10″	232.028	2GB
30328	140	300	67.75	62	5	53	4	12°57′10″	247.910	2GB
30330	150	320	72	65	5	55	4	12°57′10″	265.955	2GB
30332	160	340	75	68	5	58	4	12°57′10″	282.751	2GB
30334	170	360	80	72	5	62	4	12°57′10″	299.991	2GB
30336	180	380	83	75	5	64	4	12°57′10″	319.070	2GB
30338	190	400	86	78	6	65	5	12°57′10″②	333.507②	2GB②
30340	200	420	89	80	6	67	5	12°57′10″②	352.209②	2GB②
30344	220	460	97	88	6	73	5	12°57′10″②	383.498②	2GB②
30348	240	500	105	95	6	80	5	12°57′10″②	416.303②	2GB②
30352	260	540	113	102	6	85	6	13°29′32″②	451.991②	2GB②

① 对应的最大倒角尺寸规定在 GB/T 274—2000 中。

② 参考尺寸。

表 6-34　圆锥滚子轴承——13 系列　（单位：mm）

轴承型号	d	D	T	B	r_{smin}①	C	r_{1smin}①	α	E	ISO 尺寸系列
31305	25	62	18.25	17	1.5	13	1.5	28°48′39″	44.130	7FB
31306	30	72	20.75	19	1.5	14	1.5	28°48′39″	51.771	7FB
31307	35	80	22.75	21	2	15	1.5	28°48′39″	58.861	7FB
31308	40	90	25.25	23	2	17	1.5	28°48′39″	66.984	7FB
31309	45	100	27.25	25	2	18	1.5	28°48′39″	75.107	7FB
31310	50	110	29.25	27	2.5	19	2	28°48′39″	82.747	7FB
31311	55	120	31.5	29	2.5	21	2	28°48′39″	89.563	7FB
31312	60	130	33.5	31	3	22	2.5	28°48′39″	93.236	7FB
31313	65	140	36	33	3	23	2.5	28°48′39″	106.359	7GB
31314	70	150	38	35	3	25	2.5	28°48′39″	113.449	7GB
31315	75	160	40	37	3	26	2.5	28°48′39″	122.122	7GB
31316	80	170	42.5	39	3	27	2.5	28°48′39″	129.213	7GB
31317	85	180	44.5	41	4	28	3	28°48′39″	137.403	7GB
31318	90	190	46.5	43	4	30	3	28°48′39″	145.527	7GB
31319	95	200	49.5	45	4	32	3	28°48′39″	151.584	7GB
31320	100	215	56.5	51	4	35	3	28°48′39″	162.780	7GB
31321	105	225	58	53	4	36	3	28°48′39″	170.724	7GB
31322	110	240	63	57	4	38	3	28°48′39″	182.914	7GB
31324	120	260	68	62	4	42	3	28°48′39″	197.022	7GB
31326	130	280	72	66	5	44	4	28°48′39″	211.758	7GB
31328	140	300	77	70	5	47	4	28°48′39″	227.999	7GB
31330	150	320	82	75	5	50	4	28°48′39″	244.244	7GB

① 对应的最大倒角尺寸规定在 GB/T 274—2000 中。

表 6-35　圆锥滚子轴承——23 系列　（单位：mm）

轴承型号	d	D	T	B	r_{smin}①	C	r_{1smin}①	α	E	ISO 尺寸系列
32303	17	47	20.25	19	1	16	1	10°45′29″	36.090	2FD
32304	20	52	22.25	21	1.5	18	1.5	11°18′36″	39.518	2FD
32305	25	62	25.25	24	1.5	20	1.5	11°18′36″	48.637	2FD
32306	30	72	28.75	27	1.5	23	1.5	11°51′35″	55.767	2FD
32307	35	80	32.75	31	2	25	1.5	11°51′35″	62.829	2FE

（续）

轴承型号	d	D	T	B	r_{smin} ①	C	r_{1smin} ①	α	E	ISO 尺寸系列
32308	40	90	35.25	33	2	27	1.5	12°57′10″	69.253	2FD
32309	45	100	38.25	36	2	30	1.5	12°57′10″	78.330	2FD
32310	50	110	42.25	40	2.5	33	2	12°57′10″	86.263	2FD
32311	55	120	45.5	43	2.5	35	2	12°57′10″	94.316	2FD
32312	60	130	48.5	46	3	37	2.5	12°57′10″	102.939	2FD
32313	65	140	51	48	3	39	2.5	12°57′10″	111.786	2GD
32314	70	150	54	51	3	42	2.5	12°57′10″	119.724	2GD
32315	75	160	58	55	3	45	2.5	12°57′10″	127.887	2GD
32316	80	170	61.5	58	3	48	2.5	12°57′10″	136.504	2GD
32317	85	180	63.5	60	4	49	3	12°57′10″	144.223	2GD
32318	90	190	67.5	64	4	53	3	12°57′10″	151.701	2GD
32319	95	200	71.5	67	4	55	3	12°57′10″	160.318	2GD
32320	100	215	77.5	73	4	60	3	12°57′10″	171.650	2GD
32321	105	225	81.5	77	4	63	3	12°57′10″	179.359	2GD
32322	110	240	84.5	80	4	65	3	12°57′10″	192.071	2GD
32324	120	260	90.5	86	4	69	3	12°57′10″	207.039	2GD
32326	130	280	98.75	93	5	78	4	12°57′10″	223.692	2GD
32328	140	300	107.75	102	5	85	4	13°08′03″	240.000	2GD
32330	150	320	114	108	5	90	4	13°08′03″	256.671	2GD
32332	160	340	121	114	5	95	4	—	—	—
32334	170	360	127	120	5	100	4	13°29′32″②	286.222②	2GD②
32336	180	380	134	126	5	106	4	13°29′32″②	303.693②	2GD②
32338	190	400	140	132	6	109	5	13°29′32″②	321.711②	2GD②
32340	200	420	146	138	6	115	5	13°29′32″②	335.821②	2GD②
32344	220	460	154	145	6	122	5	12°57′10″②	368.132②	2GD②
32348	240	500	165	155	6	132	5	12°57′10″②	401.268②	2GD②

① 对应的最大倒角尺寸规定在 GB/T 274—2000 中。

② 参考尺寸。

4. 推力球轴承（GB/T 301—2015）

（1）用途　适用于单向和双向轴向负荷、转速较低的机件。

（2）外形及规格（见图 6-4 和表 6-36~表 6-42）。

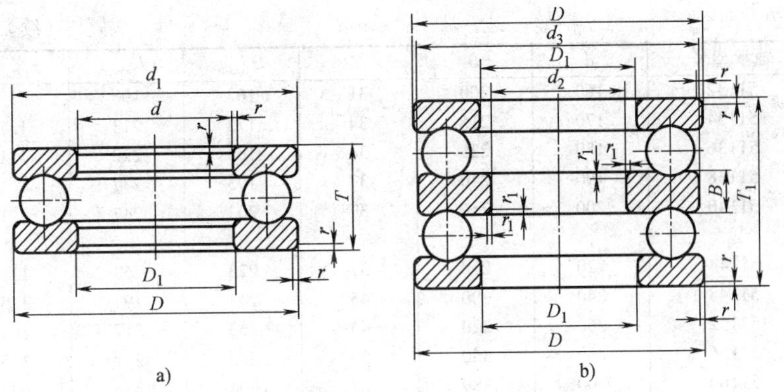

图 6-4　推力球轴承

a）单向推力球轴承 51000 型　b）双向推力球轴承 52000 型

表 6-36　单向推力球轴承——11 系列　（单位：mm）

轴承型号	d	D	T	D_{1smin}	d_{1smax}	r_{smin} ①
51100	10	24	9	11	24	0.3
51101	12	26	9	13	26	0.3
51102	15	28	9	16	28	0.3
51103	17	30	9	18	30	0.3
51104	20	35	10	21	35	0.3
51105	25	42	11	26	42	0.6
51106	30	47	11	32	47	0.6
51107	35	52	12	37	52	0.6
51108	40	60	13	42	60	0.6
51109	45	65	14	47	65	0.6
51110	50	70	14	52	70	0.6
51111	55	78	16	57	78	0.6
51112	60	85	17	62	85	1
51113	65	90	18	67	90	1
51114	70	95	18	72	95	1
51115	75	100	19	77	100	1
51116	80	105	19	82	105	1
51117	85	110	19	87	110	1
51118	90	120	22	92	120	1
51120	100	135	25	102	135	1
51122	110	145	25	112	145	1
51124	120	155	25	122	155	1
51126	130	170	30	132	170	1
51128	140	180	31	142	178	1
51130	150	190	31	152	188	1

（续）

轴承型号	d	D	T	D_{1smin}	d_{1smax}	r_{smin} ①
51132	160	200	31	162	198	1
51134	170	215	34	172	213	1.1
51136	180	225	34	183	222	1.1
51138	190	240	37	193	237	1.1
51140	200	250	37	203	247	1.1
51144	220	270	37	223	267	1.1
51148	240	300	45	243	297	1.5
51152	260	320	45	263	317	1.5
51156	280	350	53	283	347	1.5
51160	300	380	62	304	376	2
51164	320	400	63	324	396	2
51168	340	420	64	344	416	2
51172	360	440	65	364	436	2
51176	380	460	65	384	456	2
51180	400	480	65	404	476	2
51184	420	500	65	424	495	2
51188	440	540	80	444	535	2.1
51192	460	560	80	464	555	2.1
51196	480	580	80	484	575	2.1
511/500	500	600	80	504	595	2.1
511/530	530	640	85	534	635	3
511/560	560	670	85	564	665	3
511/600	600	710	85	604	705	3
511/630	630	750	95	634	745	3
511/670	670	800	105	674	795	4

① 对应的最大倒角尺寸在 GB/T 274 中规定。

表 6-37　单向推力球轴承——12 系列　（单位：mm）

轴承型号	d	D	T	D_{1smin}	d_{1smax}	r_{smin} ①
51200	10	26	11	12	26	0.6
51201	12	28	11	14	28	0.6
51202	15	32	12	17	32	0.6
51203	17	35	12	19	35	0.6
51204	20	40	14	22	40	0.6
51205	25	47	15	27	47	0.6
51206	30	52	16	32	52	0.6

（续）

轴承型号	d	D	T	D_{1smin}	d_{1smax}	r_{smin} ①
51207	35	62	18	37	62	1
51208	40	68	19	42	68	1
51209	45	73	20	47	73	1
51210	50	78	22	52	78	1
51211	55	90	25	57	90	1
51212	60	95	26	62	95	1
51213	65	100	27	67	100	1
51214	70	105	27	72	105	1
51215	75	110	27	77	110	1
51216	80	115	28	82	115	1
51217	85	125	31	88	125	1
51218	90	135	35	93	135	1. 1
51220	100	150	38	103	150	1. 1
51222	110	160	38	113	160	1. 1
51224	120	170	39	123	170	1. 1
51226	130	190	45	133	187	1. 5
51228	140	200	46	143	197	1. 5
51230	150	215	50	153	212	1. 5
51232	160	225	51	163	222	1. 5
51234	170	240	55	173	237	1. 5
51236	180	250	56	183	247	1. 5
51238	190	270	62	194	267	2
51240	200	280	62	204	277	2
51244	220	300	63	224	297	2
51248	240	340	78	244	335	2. 1
51252	260	360	79	264	355	2. 1
51256	280	380	80	284	375	2. 1
51260	300	420	95	304	415	3
51264	320	440	95	325	435	3
51268	340	460	96	345	455	3
51272	360	500	110	365	495	4
51276	380	520	112	385	515	4

① 对应的最大倒角尺寸在 GB/T 274 中规定。

表 6-38 单向推力球轴承——13 系列 （单位：mm）

轴承型号	d	D	T	D_{1smin}	d_{1smax}	r_{smin} ①
51304	20	47	18	22	47	1
51305	25	52	18	27	52	1
51306	30	60	21	32	60	1
51307	35	68	24	37	68	1
51308	40	78	26	42	78	1
51309	45	85	28	47	85	1
51310	50	95	31	52	95	1.1
51311	55	105	35	57	105	1.1
51312	60	110	35	62	110	1.1
51313	65	115	36	67	115	1.1
51314	70	125	40	72	125	1.1
51315	75	135	44	77	135	1.5
51316	80	140	44	82	140	1.5
51317	85	150	49	88	150	1.5
51318	90	155	50	93	155	1.5
51320	100	170	55	103	170	1.5
51322	110	190	63	113	187	2
51324	120	210	70	123	205	2.1
51326	130	225	75	134	220	2.1
51328	140	240	80	144	235	2.1
51330	150	250	80	154	245	2.1
51332	160	270	87	164	265	3
51334	170	280	87	174	275	3
51336	180	300	95	184	295	3
51338	190	320	105	195	315	4
51340	200	340	110	205	335	4
51344	220	360	112	225	355	4
51348	240	380	112	245	375	4

① 对应的最大倒角尺寸在 GB/T 274 中规定。

表 6-39 单向推力球轴承——14 系列 （单位：mm）

轴承型号	d	D	T	D_{1smin}	d_{1smax}	r_{smin} ①
51405	25	60	24	27	60	1
51406	30	70	28	32	70	1
51407	35	80	32	37	80	1.1
51408	40	90	36	42	90	1.1
51409	45	100	39	47	100	1.1

（续）

轴承型号	d	D	T	D_{1smin}	d_{1smax}	r_{smin} ①
51410	50	110	43	52	110	1.5
51411	55	120	48	57	120	1.5
51412	60	130	51	62	130	1.5
51413	65	140	56	68	140	2
51414	70	150	60	73	150	2
51415	75	160	65	78	160	2
51416	80	170	68	83	170	2.1
51417	85	180	72	88	177	2.1
51418	90	190	77	93	187	2.1
51420	100	210	85	103	205	3
51422	110	230	95	113	225	3
51424	120	250	102	123	245	4
51426	130	270	110	134	265	4
51428	140	280	112	144	275	4
51430	150	300	120	154	295	4
51432	160	320	130	164	315	5
51434	170	340	135	174	335	5
51436	180	360	140	184	355	5

① 对应的最大倒角尺寸在 GB/T 274 中规定。

表 6-40　双向推力球轴承——22 系列　（单位：mm）

轴承型号	d_2	D	T_1	d ①	B	d_{3smax}	D_{1smin}	r_{smin} ②	r_{1smin} ②
52202	10	32	22	15	5	32	17	0.6	0.3
52204	15	40	26	20	6	40	22	0.6	0.3
52205	20	47	28	25	7	47	27	0.6	0.3
52206	25	52	29	30	7	52	32	0.6	0.3
52207	30	62	34	35	8	62	37	1	0.3
52208	30	68	36	40	9	68	42	1	0.6
52209	35	73	37	45	9	73	47	1	0.6
52210	40	78	39	50	9	78	52	1	0.6
52211	45	90	45	55	10	90	57	1	0.6
52212	50	95	46	60	10	95	62	1	0.6
52213	55	100	47	65	10	100	67	1	0.6
52214	55	105	47	70	10	105	72	1	1
52215	60	110	47	75	10	110	77	1	1
52216	65	115	48	80	10	115	82	1	1
52217	70	125	55	85	12	125	88	1	1

（续）

轴承型号	d_2	D	T_1	d①	B	d_{3smax}	D_{1smin}	r_{smin}②	r_{1smin}②
52218	75	135	62	90	14	135	93	1.1	1
52220	85	150	67	100	15	150	103	1.1	1
52222	95	160	67	110	15	160	113	1.1	1
52224	100	170	68	120	15	170	123	1.1	1.1
52226	110	190	80	130	18	189.5	133	1.5	1.1
52228	120	200	81	140	18	199.5	143	1.5	1.1
52230	130	215	89	150	20	214.5	153	1.5	1.1
52232	140	225	90	160	20	224.5	163	1.5	1.1
52234	150	240	97	170	21	239.5	173	1.5	1.1
52236	150	250	98	180	21	249	183	1.5	2
52238	160	270	109	190	24	269	194	2	2
52240	170	280	109	200	24	279	204	2	2
52244	190	300	110	220	24	299	224	2	2

① d 对应于表 6-36 的单向轴承轴圈内径。

② 对应的最大倒角尺寸在 GB/T 274 中规定。

表 6-41　双向推力球轴承——23系列　（单位：mm）

轴承型号	d_2	D	T_1	d①	B	d_{3smax}	D_{1smin}	r_{smin}②	r_{1smin}②
52305	20	52	34	25	8	52	27	1	0.3
52306	25	60	38	30	9	60	32	1	0.3
52307	30	68	44	35	10	68	37	1	0.3
52308	30	78	49	40	12	78	42	1	0.6
52309	35	85	52	45	12	85	47	1	0.6
52310	40	95	58	50	14	95	52	1.1	0.6
52311	45	105	64	55	15	105	57	1.1	0.6
52312	50	110	64	60	15	110	62	1.1	0.6
52313	55	115	65	65	15	115	67	1.1	0.6
52314	55	125	72	70	16	125	72	1.1	1
52315	60	135	79	75	18	135	77	1.5	1
52316	65	140	79	80	18	140	82	1.5	1
52317	70	150	87	85	19	150	88	1.5	1
52318	75	155	88	90	19	155	93	1.5	1
52320	85	170	97	100	21	170	103	1.5	1
52322	95	190	110	110	24	189.5	113	2	1
52324	100	210	123	120	27	209.5	123	2.1	1.1
52326	110	225	130	130	30	224	134	2.1	1.1
52328	120	240	140	140	31	239	144	2.1	1.1
52330	130	250	140	150	31	249	154	2.1	1.1

（续）

轴承型号	d_2	D	T_1	d①	B	d_{3smax}	D_{1smin}	r_{smin}②	r_{1smin}②
52332	140	270	153	160	33	269	164	3	1.1
52334	150	280	153	170	33	279	174	3	1.1
52336	150	300	165	180	37	299	184	3	2
52338	160	320	183	190	40	319	195	4	2
52340	170	340	192	200	42	339	205	4	2

① d 对应于表 6-37 的单向轴承轴圈内径。

② 对应的最大倒角尺寸在 GB/T 274 中规定。

表 6-42　双向推力球轴承——24 系列　（单位：mm）

轴承型号	d_2	D	T_1	d①	B	d_{3smax}	D_{1smin}	r_{smin}②	r_{1smin}②
52405	15	60	45	25	11	27	60	1	0.6
52406	20	70	52	30	12	32	70	1	0.6
52407	25	80	59	35	14	37	80	1.1	0.6
52408	30	90	65	40	15	42	90	1.1	0.6
52409	35	100	72	45	17	47	100	1.1	0.6
52410	40	110	78	50	18	52	110	1.5	0.6
52411	45	120	87	55	20	57	120	1.5	0.6
52412	50	130	93	60	21	62	130	1.5	0.6
52413	50	140	101	65	23	68	140	2	1
52414	55	150	107	70	24	73	150	2	1
52415	60	160	115	75	26	78	160	2	1
52416	65	170	120	80	27	83	170	2.1	1
52417	65	180	128	85	29	88	179.5	2.1	1.1
52418	70	190	135	90	30	93	189.5	2.1	1.1
52420	80	210	150	100	33	103	209.5	3	1.1
52422	90	230	166	110	37	113	229	3	1.1
52424	95	250	177	120	40	123	249	4	1.5
52426	100	270	192	130	42	134	269	4	2
52428	110	280	196	140	44	144	279	4	2
52430	120	300	209	150	46	154	299	4	2
52432	130	320	226	160	50	164	319	5	2
52434	135	340	236	170	50	174	339	5	2.1
52436	140	360	245	180	52	184	359	5	3

① d 对应于表 6-38 的单向轴承轴圈内径。

② 对应的最大倒角尺寸在 GB/T 274 中规定。

三、传动带

1. 普通V带和窄V带（GB/T 11544—2012）

（1）用途　用于轴距短，传动力大，振动力小的V带轮上。

（2）截面与规格（见图6-5和表6-43）

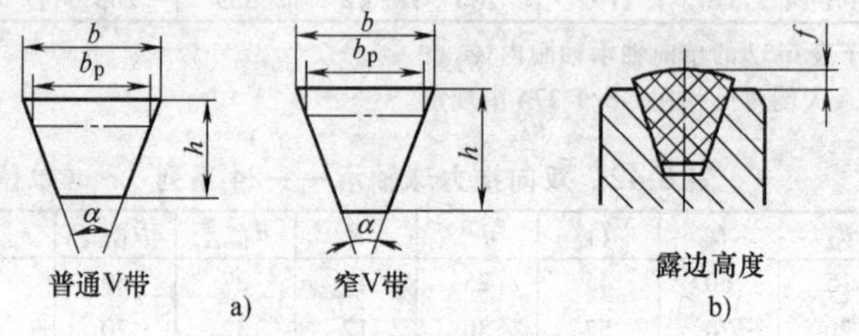

图6-5　V带截面尺寸

a）V带截面示意图　b）露出高度示意图

表6-43　普通V带和窄V带尺寸　　　（单位：mm）

V带截型		截面基本尺寸						基准长度 L_d
		节宽 b_p	顶宽 b	高度 h		露出高度 f_t		
						最大	最小	
普通V带	Y	5.3	6.0	4.0	40	+0.8	−0.8	200~500
	Z	8.5	10.0	6.0		+1.6	−1.6	406~1540
	A	11.0	13.0	8.0		+1.6	−1.6	630~2700
	B	14.0	17.0	11.0		+1.6	−1.6	930~6070
	C	19.0	22.0	14.0		+1.5	−2.0	1565~10700
	D	27.0	32.0	19.0		+1.6	−3.2	2740~15200
	E	32.0	38.0	25.0		+1.6	−3.2	4660~16800
窄V带	SPZ	8.5	10.0	8.0		+1.1	−0.4	630~3550
	SPA	11.0	13.0	10.0		+1.3	−0.6	800~4500
	SPB	14.0	17.0	14.0		+1.4	−0.7	1250~8000
	SPC	19.0	22.0	18.0		+1.5	−1.0	2000~12500
基准长度系列 L_d	普通V带	Y型：200、224、250、280、315、355、400、450、500 Z型：406、475、530、625、700、780、920、1080、1330、1420、1540 A型：630、700、790、890、990、1100、1250、1430、1550、1640、1750、1940、2050、2200、2300、2480、2700 B型：930、1000、1100、1210、1370、1560、1760、1950、2180、2300、2500、2700、2870、3200、3600、4060、4430、4820、5370、6070 C型：1565、1760、1950、2195、2420、2715、2880、3080、3520、4060、4600、5380、6100、6815、7600、9100、10700 D型：2740、3100、3330、3730、4080、4620、5400、6100、6840、7620、9140、10700、12200、13700、15200 E型：4660、5040、5420、6100、6850、7650、9150、12230、13750、15280、16800						

（续）

<table>
<tr><td colspan="2" rowspan="3">V 带截型</td><td colspan="6">截面基本尺寸</td><td rowspan="3">基准长度 L_d</td></tr>
<tr><td>节宽</td><td>顶宽</td><td>高度</td><td rowspan="2"></td><td colspan="2">露出高度 f_t</td></tr>
<tr><td>b_p</td><td>b</td><td>h</td><td>最大</td><td>最小</td></tr>
<tr><td>基准长度系列 L_d</td><td>窄 V 带</td><td colspan="7">SPZ：630、710、800、900、1000、1120、1250、1400、1600、1800、2000、2240、2500、2800、3150、3550
SPA：800、900、1000、1120、1250、1400、1600、1800、2000、2240、2500、2800、3150、3550、4000、4500
SPB：1250、1400、1600、1800、2000、2240、2500、2800、3150、3550、4000、4500、5000、5600、6300、7100、8000
SPC：2000、2240、2500、2800、3150、3550、4000、4500、5000、5600、6300、7100、8000、9000、10000、11200、12500</td></tr>
</table>

注：型号 Y、Z、A、B、C、D、E、SPZ、SPA、SPB、SPC 分别和型号 YX、ZX、AX、BX、CX、DX、EX、XPZ、XPA、XPB、XPC 对应露出高度 f 相同。

2. 机用带扣（QB/T 2291—1997）

（1）用途　连接平带。

（2）型式和规格尺寸（见图 6-6 和表 6-44）

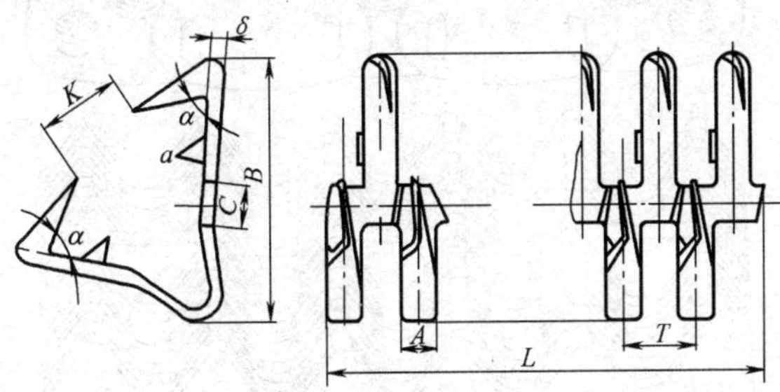

图 6-6　机用带扣

注：1. 15 号机用带扣无 a 齿。

2. 大齿角度 α 为 74°±2°。

表 6-44　基本尺寸

规格(号数)		15	20	25	27	35	45	55	65	75
L	基本尺寸/mm	190	290	290	290	290	290	290	290	290
	极限偏差/mm	±1.45	±1.60	±1.60	±1.60	±1.60	±1.60	±1.60	±1.60	±1.60
B	基本尺寸/mm	15	20	22	25	30	34	40	47	60
A	基本尺寸/mm	2.30	2.60	3.30	3.30	3.90	5.00	6.70	6.90	8.50
T	基本尺寸/mm	5.59	6.44	8.06	8.06	9.67	12.08	16.11	16.11	20.71
C	基本尺寸/mm	3.00	3.00	3.30	3.30	4.70	5.50	6.50	7.20	9.00
K	基本尺寸/mm	5	6	7	8	9	10	12	14	18
	极限偏差/mm	$^{+3.00}_{0}$	$^{+3.00}_{0}$	$^{+3.00}_{0}$	$^{+3.00}_{0}$	$^{+4.00}_{0}$	$^{+4.00}_{0}$	$^{+6.00}_{0}$	$^{+6.00}_{0}$	$^{+6.00}_{0}$

（续）

规格(号数)		15	20	25	27	35	45	55	65	75
δ	基本尺寸/mm	1.10	1.20	1.30	1.30	1.50	1.80	2.30	2.50	3.00
	极限偏差/mm	0 −0.09	0 −0.09	0 −0.09	0 −0.09	0 −0.09	0 −0.12	0 −0.12	0 −0.12	0 −0.15
每支齿数		34	45	36	36	30	24	18	18	14
每盒齿数		16	10	16	16	8	8	8	8	8

四、传动链

1. 齿形链和链轮（GB/T 10855—2016）

(1) 链条

1）齿形链导向型式见图6-7。

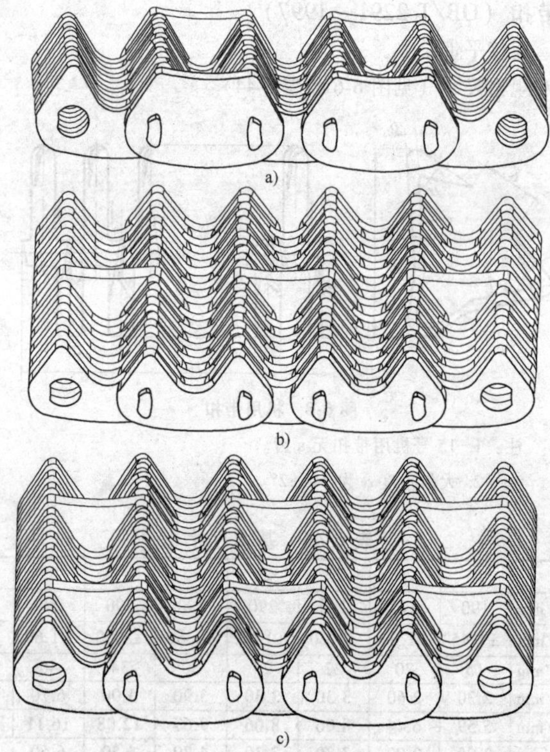

图6-7 齿形链导向型式

a）外导式齿形链 b）内导式齿形链 c）双内导式齿形链

注：图示不定义链条的实际结构和零件的实际形状。

2）9.525mm 及以上节距链条链宽和链轮齿廓尺寸（链节参数）见图 6-8 和表 6-45。

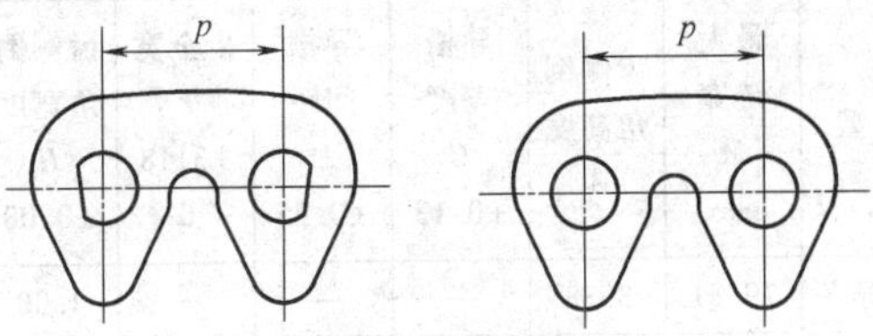

图 6-8 典型链板结构

表 6-45 链节参数 （单位：mm）

链号	节距 p	标志	最小分叉口高度
SC3	9.525	SC3 或 3	0.590
SC4	12.70	SC4 或 4	0.787
SC5	15.875	SC5 或 5	0.985
SC6	19.05	SC6 或 6	1.181
SC8	25.40	SC8 或 8	1.575
SC10	31.75	SC10 或 10	1.969
SC12	38.10	SC12 或 12	2.362
SC16	50.80	SC16 或 16	3.150

3）9.525mm 及以上节距链条的链宽和链轮齿廓尺寸见图 6-9 和表 6-46。

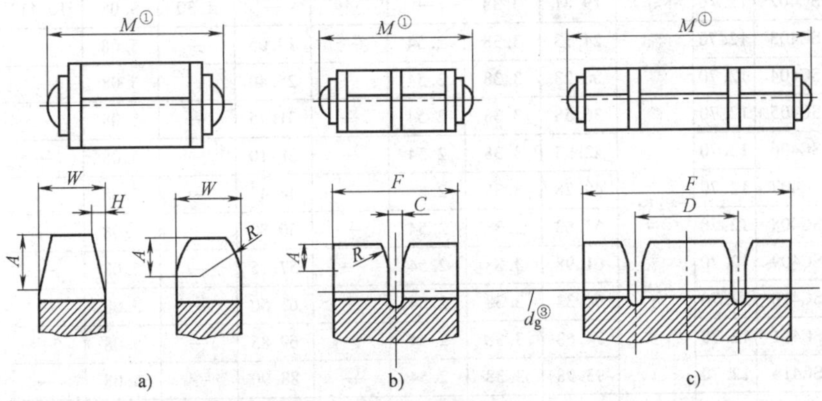

图 6-9 链条宽度和链轮齿廓尺寸

a）外导式[②] b）内导式 c）双内导式

① M 等于链条最大全宽。

② 外导式的导板厚度与齿链板的厚度相同。

③ 切槽刀的端头可以是圆弧形或矩形，d_g 值见表 6-52。

表 6-46 9.525mm 及以上节距链条链宽和链轮齿廓尺寸

（单位：mm）

链号	链条节距 p	类型	最大链宽 M max	齿侧倒角高度 A	导槽宽度 C ±0.13	导槽间距 D ±0.25	齿全宽 F $^{+3.18}_{0}$	齿侧倒角宽度 H ±0.08	齿侧圆角半径 R ±0.08	齿宽 W $^{+0.25}_{0}$
SC302	9.525	外导①	19.81	3.38	—	—	—	1.30	5.08	10.41
SC303	9.525	内导	22.99	3.38	2.54	—	19.05	—	5.08	—
SC304	9.525	内导	29.46	3.38	2.54	—	25.40	—	5.08	—
SC305	9.525	内导	35.81	3.38	2.54	—	31.75	—	5.08	—
SC306	9.525	内导	42.29	3.38	2.54	—	38.10	—	5.08	—
SC307	9.525	内导	48.64	3.38	2.54	—	44.45	—	5.08	—
SC308	9.525	内导	54.99	3.38	2.54	—	50.80	—	5.08	—
SC309	9.525	内导	61.47	3.38	2.54	—	57.15	—	5.08	—
SC310	9.525	内导	67.69	3.38	2.54	—	63.50	—	5.08	—
SC312	9.525	双内导	80.39	3.38	2.54	25.40	76.20	—	5.08	—
SC316	9.525	双内导	105.79	3.38	2.54	25.40	101.60	—	5.08	—
SC320	9.525	双内导	131.19	3.38	2.54	25.40	127.00	—	5.08	—
SC324	9.525	双内导	156.59	3.38	2.54	25.40	152.40	—	5.08	—
SC402	12.70	外导①	19.81	3.38	—	—	—	1.30	5.08	10.41
SC403	12.70	内导	24.13	3.38	2.54	—	19.05	—	5.08	—
SC404	12.70	内导	30.23	3.38	2.54	—	25.40	—	5.08	—
SC405	12.70	内导	36.58	3.38	2.54	—	31.75	—	5.08	—
SC406	12.70	内导	42.93	3.38	2.54	—	38.10	—	5.08	—
SC407	12.70	内导	49.28	3.38	2.54	—	44.45	—	5.08	—
SC408	12.70	内导	55.63	3.38	2.54	—	50.80	—	5.08	—
SC409	12.70	内导	61.98	3.38	2.54	—	57.15	—	5.08	—
SC410	12.70	内导	68.33	3.38	2.54	—	63.50	—	5.08	—
SC411	12.70	内导	74.68	3.38	2.54	—	69.85	—	5.08	—
SC414	12.70	内导	93.98	3.38	2.54	—	88.90	—	5.08	—
SC416	12.70	双内导	106.68	3.38	2.54	25.40	101.60	—	5.08	—
SC420	12.70	双内导	132.33	3.38	2.54	25.40	127.00	—	5.08	—
SC424	12.70	双内导	157.73	3.38	2.54	25.40	152.40	—	5.08	—
SC428	12.70	双内导	188.13	3.38	2.54	25.40	177.80	—	5.08	—

（续）

链号	链条节距 p	类型	最大链宽 M max	齿侧倒角高度 A	导槽宽度 C ±0.13	导槽间距 D ±0.25	齿全宽 F +3.18 0	齿侧倒角宽度 H ±0.08	齿侧圆角半径 R ±0.08	齿宽 W +0.25 0
SC504	15.875	内导	33.78	4.50	3.18	—	25.40	—	6.35	—
SC505	15.875		37.85	4.50	3.18	—	31.75	—	6.35	—
SC506	15.875		46.48	4.50	3.18	—	38.10	—	6.35	—
SC507	15.875		50.55	4.50	3.18	—	44.45	—	6.35	—
SC508	15.875		58.67	4.50	3.18	—	50.80	—	6.35	—
SC510	15.875		70.36	4.50	3.18	—	63.50	—	6.35	—
SC512	15.875		82.80	4.50	3.18	—	76.20	—	6.35	—
SC516	15.875		107.44	4.50	3.18	—	101.60	—	6.35	—
SC520	15.875	双内导	131.83	4.50	3.18	50.80	127.00	—	6.35	—
SC524	15.875		157.23	4.50	3.18	50.80	152.40	—	6.35	—
SC528	15.875		182.63	4.50	3.18	50.80	177.80	—	6.35	—
SC532	15.875		208.03	4.50	3.18	50.80	203.20	—	6.35	—
SC540	15.875		257.96	4.50	3.18	50.80	254.00	—	6.35	—
SC604	19.05	内导	33.78	6.96	4.57	—	25.40	—	9.14	—
SC605	19.05		39.12	6.96	4.57	—	31.75	—	9.14	—
SC606	19.05		46.48	6.96	4.57	—	38.10	—	9.14	—
SC608	19.05		58.67	6.96	4.57	—	50.80	—	9.14	—
SC610	19.05		71.37	6.96	4.57	—	63.50	—	9.14	—
SC612	19.05		81.53	6.96	4.57	—	76.20	—	9.14	—
SC614	19.05		94.23	6.96	4.57	—	88.90	—	9.14	—
SC616	19.05		106.93	6.96	4.57	—	101.60	—	9.14	—
SC620	19.05		132.33	6.96	4.57	—	127.00	—	9.14	—
SC624	19.05		159.26	6.96	4.57	—	152.40	—	9.14	—
SC628	19.05	双内导	184.66	6.96	4.57	101.60	177.80	—	9.14	—
SC632	19.05		208.53	6.96	4.57	101.60	203.20	—	9.14	—
SC636	19.05		233.93	6.96	4.57	101.60	228.60	—	9.14	—
SC640	19.05		259.33	6.96	4.57	101.60	254.00	—	9.14	—
SC648	19.05		310.13	6.96	4.57	101.60	304.80	—	9.14	—
SC808	25.40	内导	57.66	6.96	4.57	—	50.80	—	9.14	—
SC810	25.40		70.10	6.96	4.57	—	63.50	—	9.14	—

（续）

链号	链条节距 p	类型	最大链宽 M max	齿侧倒角高度 A	导槽宽度 C ±0.13	导槽间距 D ±0.25	齿全宽 F +3.18 0	齿侧倒角宽度 H ±0.08	齿侧圆角半径 R ±0.08	齿宽 W +0.25 0
SC812	25.40	内导	82.42	6.96	4.57	—	76.20	—	9.14	—
SC816	25.40	内导	107.82	6.96	4.57	—	101.60	—	9.14	—
SC820	25.40	内导	133.22	6.96	4.57	—	127.00	—	9.14	—
SC824	25.40	内导	158.62	6.96	4.57	—	152.40	—	9.14	—
SC828	25.40	双内导	188.98	6.96	4.57	101.60	177.80	—	9.14	—
SC832	25.40	双内导	213.87	6.96	4.57	101.60	203.20	—	9.14	—
SC836	25.40	双内导	234.95	6.96	4.57	101.60	228.60	—	9.14	—
SC840	25.40	双内导	263.91	6.96	4.57	101.60	254.00	—	9.14	—
SC848	25.40	双内导	316.23	6.96	4.57	101.60	304.80	—	9.14	—
SC856	25.40	双内导	361.95	6.96	4.57	101.60	355.60	—	9.14	—
SC864	25.40	双内导	412.75	6.96	4.57	101.60	406.40	—	9.14	—
SC1010	31.75	内导	71.42	6.96	4.57	—	63.50	—	9.14	—
SC1012	31.75	内导	84.12	6.96	4.57	—	76.20	—	9.14	—
SC1016	31.75	内导	109.52	6.96	4.57	—	101.60	—	9.14	—
SC1020	31.75	内导	134.92	6.96	4.57	—	127.00	—	9.14	—
SC1024	31.75	内导	160.32	6.96	4.57	—	152.40	—	9.14	—
SC1028	31.75	内导	185.72	6.96	4.57	—	177.80	—	9.14	—
SC1032	31.75	双内导	211.12	6.96	4.57	101.60	203.20	—	9.14	—
SC1036	31.75	双内导	236.52	6.96	4.57	101.60	228.60	—	9.14	—
SC1040	31.75	双内导	261.92	6.96	4.57	101.60	254.00	—	9.14	—
SC1048	31.75	双内导	312.72	6.96	4.57	101.60	304.80	—	9.14	—
SC1056	31.75	双内导	363.52	6.96	4.57	101.60	355.60	—	9.14	—
SC1064	31.75	双内导	414.32	6.96	4.57	101.60	406.40	—	9.14	—
SC1072	31.75	双内导	465.12	6.96	4.57	101.60	457.20	—	9.14	—
SC1080	31.75	双内导	515.92	6.96	4.57	101.60	508.00	—	9.14	—
SC1212	38.10	内导	85.98	6.96	4.57	—	76.20	—	9.14	—
SC1216	38.10	内导	111.38	6.96	4.57	—	101.60	—	9.14	—
SC1220	38.10	内导	136.78	6.96	4.57	—	127.00	—	9.14	—
SC1224	38.10	内导	162.18	6.96	4.57	—	152.40	—	9.14	—
SC1228	38.10	内导	187.58	6.96	4.57	—	177.80	—	9.14	—
SC1232	38.10	双内导	212.98	6.96	4.57	101.60	203.20	—	9.14	—
SC1236	38.10	双内导	238.38	6.96	4.57	101.60	228.60	—	9.14	—
SC1240	38.10	双内导	264.92	6.96	4.57	101.60	254.00	—	9.14	—
SC1248	38.10	双内导	315.72	6.96	4.57	101.60	304.80	—	9.14	—
SC1256	38.10	双内导	366.52	6.96	4.57	101.60	355.60	—	9.14	—

（续）

链号	链条节距 p	类型	最大链宽 M max	齿侧倒角高度 A	导槽宽度 C ±0.13	导槽间距 D ±0.25	齿全宽 F +3.18 0	齿侧倒角宽度 H ±0.08	齿侧圆角半径 R ±0.08	齿宽 W +0.25 0
SC1264	38.10	双内导	417.32	6.96	4.57	101.60	406.40	—	9.14	—
SC1272	38.10		468.12	6.96	4.57	101.60	457.20	—	9.14	—
SC1280	38.10		518.92	6.96	4.57	101.60	508.00	—	9.14	—
SC1288	38.10		569.72	6.96	4.57	101.60	558.80	—	9.14	—
SC1296	38.10		620.52	6.96	4.57	101.60	609.60	—	9.14	—
SC1616	50.80	内导	110.74	6.96	5.54	—	101.60	—	9.14	—
SC1620	50.80		136.14	6.96	5.54	—	127.00	—	9.14	—
SC1624	50.80		161.54	6.96	5.54	—	152.40	—	9.14	—
SC1628	50.80		186.94	6.96	5.54	—	177.80	—	9.14	—
SC1632	50.80	双内导	212.34	6.96	5.54	101.60	203.20	—	9.14	—
SC1640	50.80		263.14	6.96	5.54	101.60	254.00	—	9.14	—
SC1648	50.80		313.94	6.96	5.54	101.60	304.80	—	9.14	—
SC1656	50.80		371.09	6.96	5.54	101.60	355.60	—	9.14	—
SC1688	50.80		574.29	6.96	5.54	101.60	558.80	—	9.14	—
SC1696	50.80		571.50	6.96	5.54	101.60	609.60	—	9.14	—
SC1620	50.80		571.50	6.96	5.54	101.60	762.00	—	9.14	—

注：选用链宽可查阅制造厂产品目录。

① 外导式的导板厚度与齿链板的厚度相同。

4）4.762mm 节距链条的链宽和链轮齿廓尺寸见图 6-10 和表 6-47。

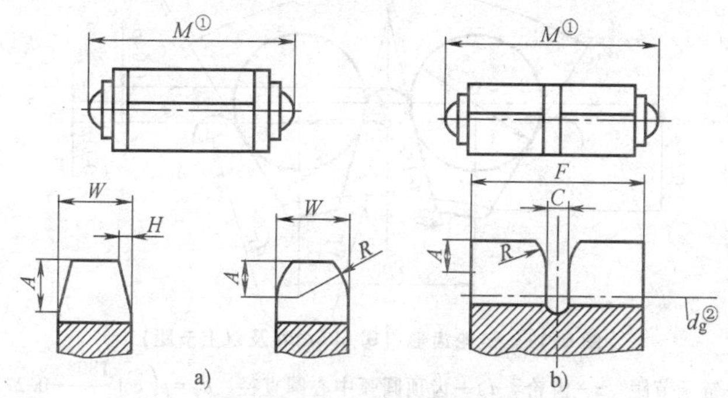

图 6-10　链条宽度和链轮齿廓尺寸

a）外导式　b）内导式

① M 等于链条最大全宽。

② 切槽刀的端头可以是圆弧形或矩形，d_g 值见表 6-52。

表 6-47　4.762mm 节距链条链宽和链轮齿廓尺寸

（单位：mm）

链号	链条节距 p	类型	最大链宽 M max	齿侧倒角高度 A	导槽宽度 C max	齿全宽 F min	齿侧倒角宽度 H	齿侧圆角半径 R	齿宽 W
SC0305	4.762	外导	5.49	1.5	—	—	0.64	2.3	1.91
SC0307	4.762	外导	7.06	1.5	—	—	0.64	2.3	3.51
SC0309	4.762	外导	8.66	1.5	—	—	0.64	2.3	5.11
SC0311[①]	4.762	外导/内导	10.24	1.5	1.27	8.48	0.64	2.3	6.71
SC0313[①]	4.762	外导/内导	11.84	1.5	1.27	10.06	0.64	2.3	8.31
SC0315[①]	4.762	外导/内导	13.41	1.5	1.27	11.66	0.64	2.3	9.91
SC0317	4.762	内导	15.01	1.5	1.27	13.23	—	2.3	—
SC0319	4.762	内导	16.59	1.5	1.27	14.83	—	2.3	—
SC0321	4.762	内导	18.19	1.5	1.27	16.41	—	2.3	—
SC0323	4.762	内导	19.76	1.5	1.27	18.01	—	2.3	—
SC0325	4.762	内导	21.59	1.5	1.27	19.58	—	2.3	—
SC0327	4.762	内导	22.94	1.5	1.27	21.18	—	2.3	—
SC0329	4.762	内导	24.54	1.5	1.27	22.76	—	2.3	—
SC0331	4.762	内导	26.11	1.5	1.27	24.36	—	2.3	—

① 应指明内导还是外导。

（2）链轮

1）9.525mm 及以上节距链轮的齿形尺寸见图 6-11 和表 6-51。

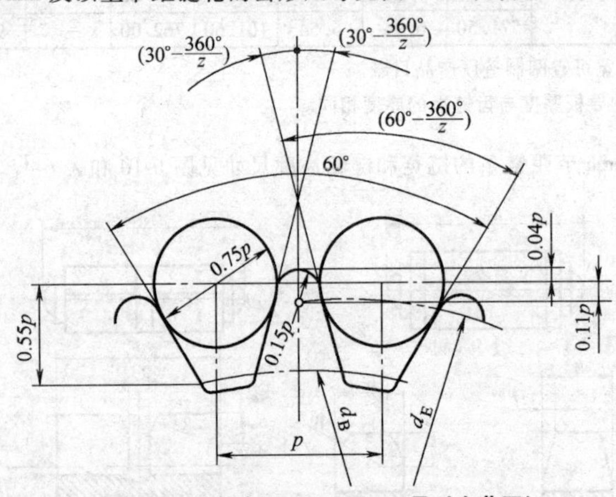

图 6-11　链轮齿形（9.525mm 及以上节距）

p—链条节距　z—齿轮　d_E—齿顶圆弧中心圆直径，$d_E=p\left(\cot\frac{180°}{z}-0.22\right)$

d_B—工作面的基圆直径，$d_B=p\sqrt{1.515213+\left(\cot\frac{180°}{z}-1.1\right)^2}$

注：1. 链轮齿顶可以是圆弧形或者是矩形（车制）。
2. 工作面以下的齿根部形状可随刀具形状有所不同。

2）4.762mm 节距链轮的齿形尺寸及跨距测量距分类见图 6-12 和表 6-52。

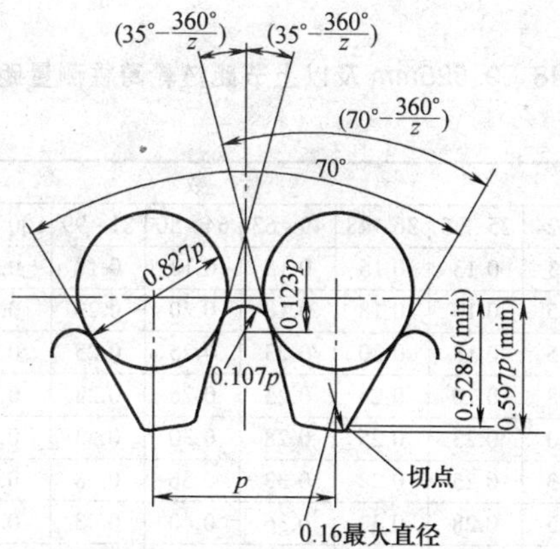

图 6-12　链轮齿形（4.762mm 节距）

p—链条节距　z—齿数

3）9.525mm 及以上节距链轮的直径尺寸及测量尺寸见图 6-13 和表 6-51。

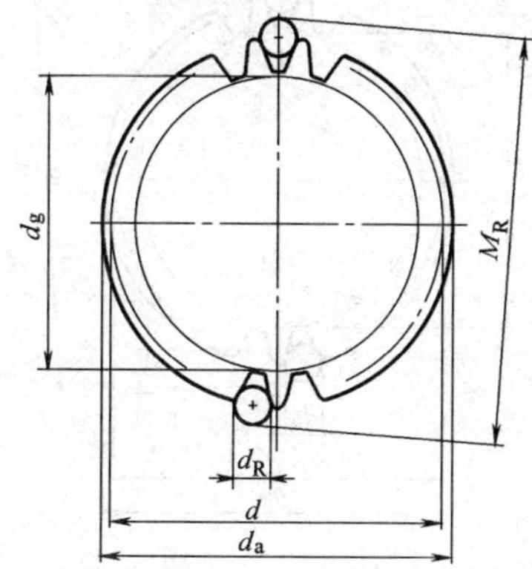

图 6-13　链轮尺寸（9.525mm 及以上节距）

d—分度圆直径　d_a—齿顶圆直径　d_R—距柱直径

M_R—距柱测量距　d_g—导槽圆的最大直径

$$d=\frac{p}{\sin\frac{180°}{z}}\quad d_R=0.625p\quad M_R\text{（偶数齿）}=d-0.125p\csc\left(30°-\frac{180°}{z}\right)+0.625p$$

$$M_R\text{（奇数齿）}=\cos\frac{90°}{z}\left[d-0.125p\csc\left(30°-\frac{180°}{z}\right)\right]+0.625p\quad d_a\text{（圆弧齿）}=p\left(\cos\frac{90°}{z}+0.08\right)$$

$$d_a\text{（矩形齿）}=2\sqrt{X^2+L^2+2XL\cos\alpha}\quad \text{其中：}X=Y\cos\alpha-\sqrt{(0.15p)^2-(Y\sin\alpha)^2}$$

$$Y=P(0.500-0.375\sec\alpha)\cot\alpha+0.11p\quad L=Y\frac{d_E}{2}\ (d_E\text{ 见图 6-11})$$

$$\alpha=30°-\frac{360°}{z}\quad d_g(\max)=p\left(\cot\frac{180°}{z}-1.16\right)$$

4）9.525mm 及以上节距链轮的直径尺寸、跨柱测量距和径向圆跳动公差见表 6-48 和表 6-51。

表 6-48 9.525mm 及以上节距链轮跨柱测量距公差

（单位：mm）

节距	齿数									
	≤15	16~24	25~35	36~48	49~63	64~80	81~99	100~120	121~143	144 以上
9.525	0.13	0.13	0.13	0.15	0.15	0.18	0.18	0.18	0.20	0.20
12.70	0.13	0.15	0.15	0.18	0.18	0.20	0.20	0.23	0.23	0.25
15.875	0.15	0.15	0.18	0.20	0.23	0.25	0.25	0.25	0.28	0.30
19.05	0.15	0.18	0.20	0.23	0.25	0.28	0.28	0.30	0.33	0.36
25.40	0.18	0.20	0.23	0.25	0.28	0.30	0.33	0.36	0.38	0.40
31.75	0.20	0.23	0.25	0.28	0.33	0.36	0.38	0.43	0.46	0.48
38.10	0.20	0.25	0.28	0.33	0.36	0.40	0.43	0.48	0.51	0.56
50.80	0.25	0.30	0.36	0.40	0.46	0.51	0.56	0.61	0.66	0.71

5）4.762mm 节距链轮的直径尺寸及测量尺寸见图 6-14 和表 6-52。

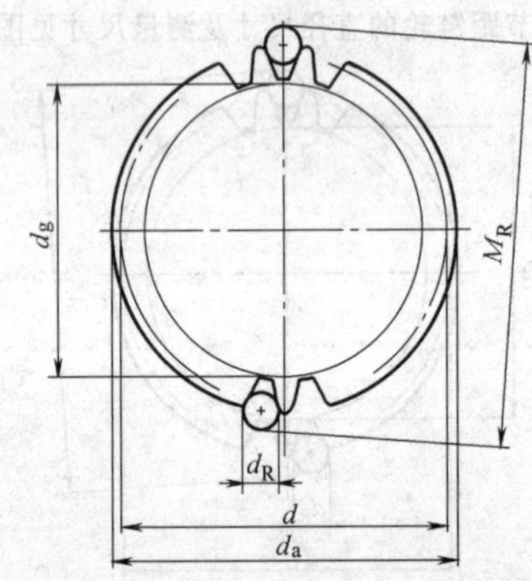

图 6-14 链轮尺寸（4.762mm 节距）

d—分度圆直径 d_a—齿顶圆直径 d_R—跨柱直径

M_R—跨柱测量距 d_g—导槽的最大直径

$$d_R = 0.667p$$

$$M_R（偶数齿）= d - 0.160p\csc\left(35° - \frac{180°}{z}\right) + 0.667p$$

$$M_R（奇数齿）= \cos\frac{90°}{z}\left[d - 0.160p\csc\left(35° - \frac{180°}{z}\right)\right] + 0.667p$$

$$d_a（齿顶圆）= p\left(\cot\frac{180°}{z} - 0.032\right)$$

$$d_g（最大）= p\left(\cot\frac{180°}{z} - 1.20\right)$$

6）4.762mm 节距链轮的直径尺寸、跨柱测量距和径向圆跳动公差见表 6-49 和表 6-52。

表 6-49　4.762mm 节距链轮跨柱测量距公差（单位：mm）

节距	齿数									
	≤15	16～24	25～35	36～48	49～63	64～80	81～99	100～120	121～143	144 以上
4.762	0.1	0.1	0.1	0.1	0.1	0.13	0.13	0.13	0.13	0.13

7）9.525mm 及以上节距链轮的轮毂直径见表 6-50 的规定。

表 6-50　单位节距链轮的最大轮毂直径

齿数	滚刀加工 /mm	铣刀加工 /mm	齿数	滚刀加工 /mm	铣刀加工 /mm
17	4.019	4.099	25	6.586	6.666
18	4.341	4.421	26	6.905	6.985
19	4.662	4.742	27	7.226	7.306
20	4.983	5.063	28	7.546	7.626
21	5.304	5.384	29	7.865	7.945
22	5.626	5.706	30	8.185	8.265
23	5.946	6.026	31	8.503	8.583
24	6.265	6.345	—	—	—

注：其他节距（9.525mm 及以上节距）的链轮为实际节距乘以表列值。

8）9.525mm 及以上节距链轮单位节距链轮的分度圆直径、齿顶圆直径、跨柱测量距和导槽最大直径的数值应符合表 6-51 的规定。

表 6-51　9.525mm 及以上节距链轮的单位节距数值表

（单位：mm）

齿数 z	分度圆直径 d	齿顶圆直径 d_a		跨柱测量距[①] M_R	导槽最大直径[①] d_g	量柱直径 d_R
		圆弧齿顶	矩形齿顶[①]			
17	5.442	5.429	5.298	5.669	4.189	0.625
18	5.759	5.751	5.623	6.018	4.511	0.625
19	6.076	6.072	5.947	6.324	4.832	0.625
20	6.393	6.393	6.271	6.669	5.153	0.625
21	6.710	6.714	6.595	6.974	5.474	0.625
22	7.027	7.036	6.919	7.315	5.796	0.625
23	7.344	7.356	7.243	7.621	6.116	0.625
24	7.661	7.675	7.568	7.960	6.435	0.625
25	7.979	7.996	7.890	8.266	6.756	0.625
26	8.296	8.315	8.213	8.602	7.075	0.625

（续）

齿数 z	分度圆直径 d	齿顶圆直径		跨柱测量距[①] M_R	导槽最大直径[①] d_g	量柱直径 d_R
		圆弧齿顶	矩形齿顶[①]			
		d_a				
27	8.614	8.636	8.536	8.909	7.396	0.625
28	8.932	8.956	8.859	9.244	7.716	0.625
29	9.249	9.275	9.181	9.551	8.035	0.625
30	9.567	9.595	9.504	9.884	8.355	0.625
31	9.885	9.913	9.828	10.192	8.673	0.625
32	10.202	10.233	10.150	10.524	8.993	0.625
33	10.520	10.553	10.471	10.833	9.313	0.625
34	10.838	10.872	10.793	11.164	9.632	0.625
35	11.156	11.191	11.115	11.472	9.951	0.625
36	11.474	11.510	11.437	11.803	10.270	0.625
37	11.792	11.829	11.757	12.112	10.589	0.625
38	12.110	12.149	12.077	12.442	10.909	0.625
39	12.428	12.468	12.397	12.751	11.228	0.625
40	12.746	12.787	12.717	13.080	11.547	0.625
41	13.064	13.106	13.037	13.390	11.866	0.625
42	13.382	13.425	13.357	13.718	12.185	0.625
43	13.700	13.743	13.677	14.028	12.503	0.625
44	14.018	14.062	13.997	14.356	12.822	0.625
45	14.336	14.381	14.317	14.667	13.141	0.625
46	14.654	14.700	14.637	14.994	13.460	0.625
47	14.972	15.018	14.957	15.305	13.778	0.625
48	15.290	15.337	15.277	15.632	14.097	0.625
49	15.608	15.656	15.597	15.943	14.416	0.625
50	15.926	15.975	15.917	16.270	14.735	0.625
51	16.244	16.293	16.236	16.581	15.053	0.625
52	16.562	16.612	16.556	16.907	15.372	0.625
53	16.880	16.930	16.876	17.218	15.690	0.625
54	17.198	17.249	17.196	17.544	16.009	0.625
55	17.517	17.568	17.515	17.857	16.328	0.625
56	17.835	17.887	17.834	18.183	16.647	0.625
57	18.153	18.205	18.154	18.494	16.965	0.625
58	18.471	18.524	18.473	18.820	17.284	0.625
59	18.789	18.842	18.793	19.131	17.602	0.625

（续）

齿数 z	分度圆直径 d	齿顶圆直径		跨柱测量距① M_R	导槽最大直径① d_g	量柱直径 d_R
		圆弧齿顶	矩形齿顶①			
		d_a				
60	19.107	19.161	19.112	19.457	17.921	0.625
61	19.426	19.480	19.431	19.769	18.240	0.625
62	19.744	19.799	19.750	20.095	18.559	0.625
63	20.062	20.117	20.070	20.407	18.877	0.625
64	20.380	20.435	20.388	20.731	19.195	0.625
65	20.698	20.754	20.708	21.044	19.514	0.625
66	21.016	21.072	21.027	21.368	19.832	0.625
67	21.335	21.391	21.346	21.682	20.151	0.625
68	21.653	21.710	21.665	22.006	20.470	0.625
69	21.971	22.028	21.984	22.319	20.788	0.625
70	22.289	22.347	22.303	22.643	21.107	0.625
71	22.607	22.665	22.622	22.955	21.425	0.625
72	22.926	22.984	22.941	23.280	21.744	0.625
73	23.244	23.302	23.259	23.593	22.062	0.625
74	23.562	23.621	23.578	23.917	22.381	0.625
75	23.880	23.939	23.897	24.230	22.699	0.625
76	24.198	24.257	24.216	24.553	23.017	0.625
77	24.517	24.577	24.535	24.868	23.337	0.625
78	24.835	24.895	24.853	25.191	23.655	0.625
79	25.153	25.213	25.172	25.504	23.973	0.625
80	25.471	25.531	25.491	25.828	24.291	0.625
81	25.790	25.851	25.809	26.141	24.611	0.625
82	26.108	26.169	26.128	26.465	24.929	0.625
83	26.426	26.487	26.447	26.778	25.247	0.625
84	26.744	26.805	26.766	27.101	25.565	0.625
85	27.063	27.125	27.084	27.415	25.885	0.625
86	27.381	27.443	27.403	27.739	26.203	0.625
87	27.699	27.761	27.722	28.052	26.521	0.625
88	28.017	28.079	28.040	28.375	26.839	0.625
89	28.335	28.397	28.359	28.689	27.157	0.625
90	28.654	28.716	28.678	29.013	27.476	0.625
91	28.972	29.035	58.997	29.327	27.795	0.625
92	29.290	29.353	29.315	29.649	28.113	0.625
93	29.608	29.671	29.634	29.963	28.431	0.625
94	29.926	29.989	29.953	30.285	28.749	0.625

（续）

齿数 z	分度圆直径 d	齿顶圆直径		跨柱测量距① M_R	导槽最大直径① d_g	量柱直径 d_R
		圆弧齿顶 d_a	矩形齿顶①			
95	30.245	30.308	30.271	30.601	29.068	0.625
96	30.563	30.627	30.900	30.923	29.387	0.625
97	30.881	30.945	30.909	31.237	29.705	0.625
98	31.199	31.263	31.228	31.559	30.023	0.625
99	31.518	31.582	31.546	31.874	30.342	0.625
100	31.836	31.900	31.865	32.196	30.660	0.625
101	32.154	32.218	32.183	32.511	30.978	0.625
102	32.473	32.537	32.502	32.834	31.297	0.265
103	32.791	32.856	32.820	33.148	31.616	0.625
104	33.109	33.174	33.139	33.470	31.934	0.625
105	33.427	33.492	33.457	33.784	32.252	0.625
106	33.746	33.811	33.776	34.107	32.571	0.625
107	34.064	34.129	34.094	34.422	32.889	0.625
108	34.382	34.447	34.413	34.744	33.207	0.625
109	34.701	34.767	34.731	35.059	33.527	0.625
110	35.019	35.084	35.050	35.381	33.844	0.625
111	35.237	35.403	35.368	35.695	34.163	0.625
112	35.655	35.721	35.687	36.017	34.481	0.625
113	35.974	36.040	36.005	36.333	34.800	0.625
114	35.292	36.358	36.324	36.654	35.118	0.625
115	36.610	36.676	36.642	36.969	35.436	0.625
116	36.929	36.995	36.961	37.292	35.755	0.625
117	37.247	37.313	37.279	37.606	36.073	0.625
118	37.565	37.632	37.598	37.928	36.392	0.625
119	37.883	37.950	37.916	38.243	36.710	0.625
120	38.201	38.268	38.235	38.564	37.028	0.625
121	38.519	38.586	38.553	38.879	37.346	0.625
122	38.837	38.904	38.872	39.200	37.664	0.625
123	39.156	39.223	39.190	39.516	37.983	0.625
124	39.475	39.542	39.508	39.839	38.302	0.625
125	39.794	39.861	39.827	40.154	38.621	0.625
126	40.112	40.180	40.145	40.476	38.940	0.625
127	40.430	40.497	40.464	40.790	39.257	0.625
128	40.748	40.816	40.782	41.112	39.576	0.625
129	41.066	41.134	41.100	41.427	39.894	0.625

（续）

齿数 z	分度圆直径 d	齿顶圆直径 d_a 圆弧齿顶	矩形齿顶①	跨柱测量距① M_R	导槽最大直径① d_g	量柱直径 d_R
130	41.384	41.452	41.419	41.748	40.212	0.625
131	41.702	41.770	41.738	42.063	40.530	0.625
132	42.020	42.088	42.056	42.384	40.848	0.625
133	42.338	42.406	42.374	42.699	41.166	0.625
134	42.656	42.724	42.693	43.020	41.484	0.625
135	42.975	43.043	43.011	43.336	41.803	0.625
136	43.293	43.362	43.329	43.657	42.122	0.625
137	43.611	43.679	43.647	43.972	42.439	0.625
138	43.930	43.998	43.966	44.295	42.758	0.625
139	44.249	44.317	44.284	44.611	43.077	0.625
140	44.567	44.636	44.603	44.932	43.396	0.625
141	44.885	44.954	44.922	45.247	43.714	0.625
142	45.203	45.271	45.240	45.568	44.031	0.625
143	45.521	45.590	45.558	45.883	44.350	0.625
144	45.840	45.909	45.877	46.205	44.669	0.625
145	46.158	46.227	46.195	46.520	44.987	0.625
146	45.477	46.546	46.514	46.842	45.306	0.625
147	46.796	46.865	46.832	47.159	45.625	0.625
148	47.114	47.183	47.151	47.479	45.943	0.625
149	47.432	47.501	47.469	47.795	46.261	0.625
150	47.750	47.819	47.787	48.116	46.579	0.625

① 表列均为最大直径值，所有公差带上偏差为 0，下偏差为负值，相关公差见表 6-48。

9）4.762mm 节距链轮单位节距链轮的分度圆直径、齿顶圆直径、跨柱测量距和导槽最大直径的数值应符合表 6-52 的规定。

表 6-52 4.762mm 节距链轮数值表 （单位：mm）

齿数 z	分度圆直径 d	齿顶圆直径 $d_a^{①,②}$	跨柱测量距 $M_R^{①,③}$	导槽最大直径 $d_g^{①}$	齿数 z	分度圆直径 d	齿顶圆直径 $d_a^{①,②}$	跨柱测量距 $M_R^{①,③}$	导槽最大直径 $d_g^{①}$
11	16.89	16.05	17.55	10.50	16	24.41	23.80	25.70	18.23
12	18.39	17.63	19.33	10.89	17	25.91	25.30	27.15	19.76
13	19.89	19.18	20.85	13.61	18	27.43	26.85	28.80	21.29
14	21.41	20.70	22.56	15.15	19	28.93	28.35	30.25	22.82
15	22.91	22.25	24.03	16.69	20	30.45	29.90	31.90	24.35

（续）

齿数 z	分度圆直径 d	齿顶圆直径 $d^{①,②}$	跨柱测量距 $M_R^{①,③}$	导槽最大直径 $d_g^{①}$	齿数 z	分度圆直径 d	齿顶圆直径 $d^{①,②}$	跨柱测量距 $M_R^{①,③}$	导槽最大直径 $d_g^{①}$
21	31.95	31.42	33.32	25.88	56	84.94	84.63	86.66	79.10
22	33.48	32.97	34.98	27.41	57	86.46	86.16	88.16	80.59
23	34.98	34.47	36.40	28.94	58	87.96	87.66	89.69	82.12
24	36.47	35.99	38.02	30.36	59	89.48	89.18	91.19	83.64
25	38.00	37.52	39.47	31.98	60	91.01	90.70	92.74	85.17
26	39.52	39.07	41.07	33.50	61	92.51	92.20	94.21	86.69
27	41.02	40.56	42.52	35.03	62	94.03	93.73	95.78	88.19
28	42.54	42.09	44.12	36.55	63	95.55	95.25	97.28	89.71
29	44.04	43.61	45.59	38.01	64	97.05	96.75	98.81	91.24
30	45.57	45.14	47.17	39.60	65	98.58	98.27	100.30	92.74
31	47.07	46.63	48.62	41.12	66	100.10	99.82	101.85	94.26
32	48.59	48.18	50.22	42.56	67	101.60	101.32	103.33	95.78
33	50.11	49.71	51.69	44.17	68	103.12	102.84	104.88	97.31
34	51.61	51.21	53.24	45.69	69	104.65	104.37	106.38	98.81
35	53.14	52.76	54.74	47.19	70	106.15	105.87	107.90	100.33
36	54.64	54.25	56.29	48.72	71	107.67	107.39	109.40	101.85
37	56.16	55.78	57.76	50.24	72	109.19	108.92	110.95	103.38
38	57.68	57.30	59.33	51.77	73	110.69	110.41	112.42	104.88
39	59.18	58.80	60.81	53.29	74	112.22	111.94	113.97	106.40
40	60.71	60.35	62.38	54.81	75	113.74	113.46	115.47	107.92
41	62.20	61.85	63.83	56.31	76	115.24	114.96	116.99	109.42
42	63.73	63.37	65.40	57.84	77	116.76	116.48	118.49	110.95
43	65.25	64.90	66.88	59.36	78	118.29	118.01	120.04	112.47
44	66.75	66.40	68.45	60.88	79	119.79	119.51	121.54	113.97
45	68.28	67.92	69.93	62.38	80	121.31	121.03	123.09	115.49
46	69.80	69.47	71.50	63.91	81	122.83	122.56	124.59	117.02
47	71.30	70.97	72.95	65.43	82	124.33	124.05	126.11	118.54
48	72.82	72.49	74.52	66.95	83	125.86	125.58	127.61	120.04
49	74.32	73.99	76.00	68.48	84	127.38	127.10	129.16	121.56
50	75.84	75.51	77.55	69.98	85	128.88	128.60	130.63	123.09
51	77.37	77.04	79.02	71.50	86	130.40	130.15	132.18	124.61
52	78.87	78.54	80.59	73.03	87	131.93	131.67	133.68	126.11
53	80.39	80.06	82.07	74.52	88	133.43	133.17	135.20	128.14
54	81.92	81.61	83.64	76.02	89	134.95	134.70	136.70	129.13
55	83.41	83.11	85.12	77.57	90	136.47	136.22	138.25	130.66

（续）

齿数 z	分度圆直径 d	齿顶圆直径 $d^{①,②}$	跨柱测量距 $M_R^{①,③}$	导槽最大直径 $d_g^{①}$	齿数 z	分度圆直径 d	齿顶圆直径 $d^{①,②}$	跨柱测量距 $M_R^{①,③}$	导槽最大直径 $d_g^{①}$
91	137.97	137.72	139.73	132.18	106	160.73	160.48	162.51	154.94
92	139.50	139.24	141.27	133.71	107	162.26	162.00	164.01	156.44
93	141.02	140.77	142.77	135.20	108	163.75	163.50	165.56	157.96
94	142.52	142.27	144.30	136.73	109	165.30	165.05	167.03	159.49
95	144.04	143.79	145.80	138.25	110	166.78	166.52	168.58	160.99
96	145.57	145.31	147.35	139.78	111	168.28	168.02	170.05	162.50
97	147.07	146.81	148.82	141.27	112	169.80	169.54	171.58	164.03
98	148.59	148.34	150.37	142.80	113	171.32	171.07	173.10	165.56
99	150.11	149.86	151.87	144.32	114	172.85	172.59	174.65	167.06
100	151.61	151.36	153.39	145.82	115	174.40	174.14	176.15	168.58
101	153.14	152.88	154.89	147.35	116	175.87	175.62	177.67	170.10
102	154.66	154.41	156.44	148.87	117	177.39	177.14	179.17	171.60
103	156.15	155.91	157.91	150.39	118	178.92	178.66	180.70	173.13
104	157.66	157.40	159.44	151.89	119	180.42	180.19	182.22	174.65
105	159.21	158.95	160.96	153.42	120	181.91	181.69	183.72	176.15

① 表列均为最大直径值；所有公差带上偏差为 0，下偏差为负值。

② 为圆弧顶齿。

③ 量柱直径 = 3. 175mm。

2. 方框链

（1）用途　用于低速传动链轮，结构简单，装配便利。

（2）外形与规格尺寸（见图 6-15 和表 6-53）

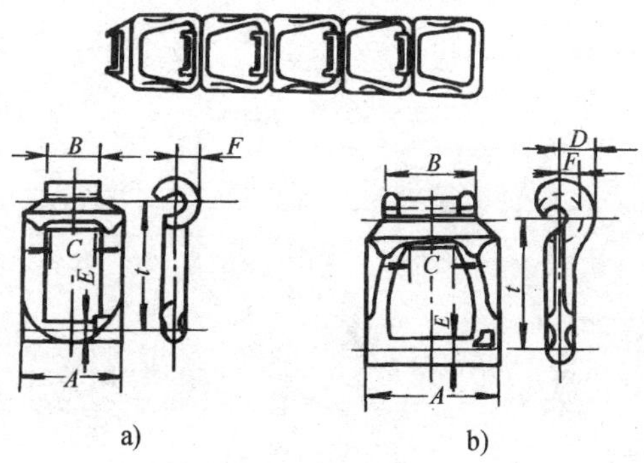

图 6-15　方框链

a）标准链　b）加强链

表 6-53　方框链基本尺寸　　（单位：mm）

链号	节距 p	每10m的近似只数	尺寸					
			A	B	C	D	E	F
25	22.911	436	19.84	10.32	9.53	—	3.57	5.16
32	29.312	314	24.61	14.68	12.70	—	4.37	6.35
33	35.408	282	26.19	15.48	12.70	—	4.37	6.35
34	35.509	282	29.37	17.46	12.70	—	4.76	6.75
42	34.925	289	32.54	19.05	15.88	—	5.56	7.14
45	41.402	243	33.34	19.84	17.46	—	5.56	7.54
50	35.052	285	34.13	19.05	15.88	—	6.75	7.94
51	29.337	314	31.75	16.67	14.29	—	6.75	9.13
52	38.252	262	38.89	20.64	15.88	—	6.75	8.37
55	41.427	243	35.72	19.84	17.46	—	6.75	9.13
57	58.623	171	46.04	27.78	17.46	—	6.75	10.32
62	42.012	239	42.07	24.61	20.64	—	7.94	10.72
66	51.130	197	46.04	27.78	23.81	—	7.94	10.72
67	58.623	171	51.59	34.93	17.46	13.49	7.94	10.32
75	66.269	151	53.18	25.58	23.81	—	9.92	12.30
77	58.344	171	56.36	36.51	17.46	15.48	9.53	9.13

第七章 紧 固 件

一、紧固件基础

1. 紧固件分类（表 7-1）

表 7-1 紧固件分类

名称	简 图	说 明
螺栓		由头部和螺杆（带有外螺纹的圆柱体）两部分构成的一类紧固件，需与螺母配合，用于紧固连接两个带有通孔的零件。这种连接形式称为螺栓连接
螺柱		没有头部，仅有两端均带外螺纹的一类紧固件。连接时，它的一端须旋入带有内螺纹孔的零件中，另一端穿过带有通孔的零件中，然后旋上螺母，即使这两个零件紧固连接成为一件整体。这种连接形式称为螺柱连接，也属可拆卸连接。主要用于被连接零件之一厚度较大、要求结构紧凑，或因拆卸频繁，不宜采用螺栓连接的场合
螺钉		由头部和螺杆两部分构成的一类紧固件，按用途可以分为三类——机器螺钉、紧定螺钉和特殊用途螺钉。机器螺钉主要用于一个带有内螺纹孔的零件，与一个带有通孔的零件之间的紧固连接，不需要螺母配合（这种连接形式称为螺钉连接，也属可拆卸连接；也可以与螺母配合，用于两个带有通孔的零件之间的紧固连接。紧定螺钉主要用于固定两个零件之间的相对位置。特殊用途螺钉有吊环螺钉，供吊装零件用
螺母		带有内螺纹孔，形状一般呈扁六角柱形，也有呈扁方柱形或扁圆柱形，配合螺栓、螺柱或机器螺钉，用于紧固连接两个零件，使之成为一件整体

(续)

名称	简图	说明
自攻螺钉		与机器螺钉相似,但螺杆上的螺纹为专用的自攻螺钉用螺纹。用于紧固连接两个薄的金属构件,使之成为一件整体,构件上需要事先制出小孔,由于这种螺钉具有较高的硬度,可以直接旋入构件的孔中,使构件孔中形成相应的内螺纹。这种连接形式也属可拆卸连接
本螺钉	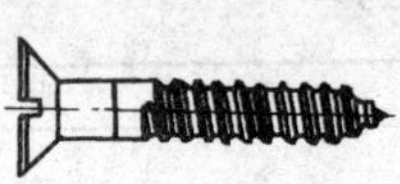	也与机器螺钉相似,但螺杆上的螺纹为专用的木螺钉用螺纹,可以直接旋入木质构件(或零件)中,用于把一个带通孔的金属(或非金属)零件与一个木质构件紧固连接在一起。这种连接形式也属可拆卸连接
垫圈	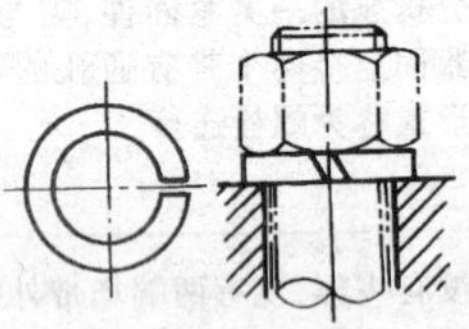	形状呈扁圆环形的一类紧固件,置于螺栓、螺钉或螺母的支承面与被连接零件表面之间,起着增大被连接零件接触表面面积,降低单位面积压力和保护被连接零件表面不被损坏的作用;另一类弹性垫圈,还起着阻止螺母回松的作用
挡圈	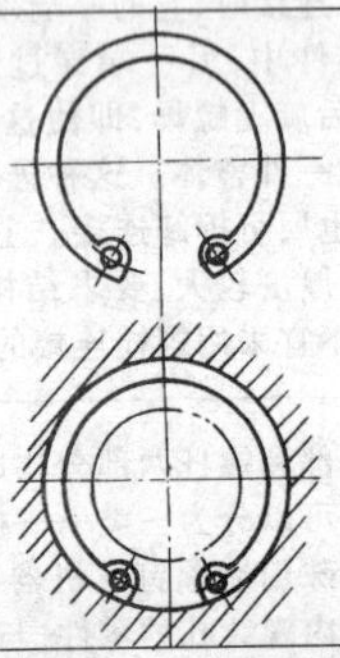	供装在机器、设备的轴槽或孔槽中,起着阻止轴上或孔中的零件左右移动的作用
销	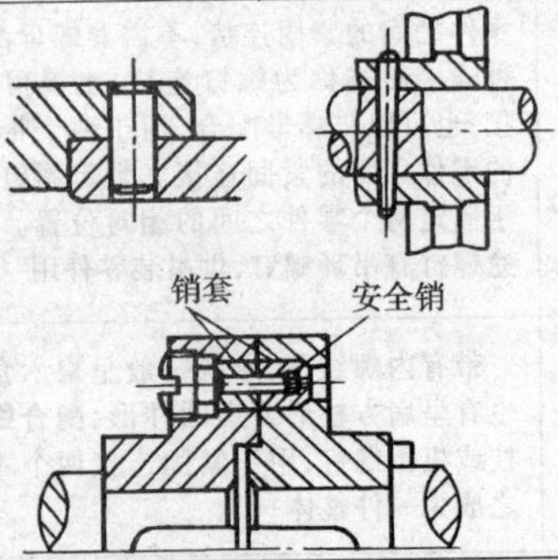 销套 安全销	主要供零件定位用,有的也可供零件连接、固定零件、传递动力或锁定其他紧固件之用

（续）

名称	简　图	说　明
铆钉		由头部和钉杆两部分构成的一类紧固件，用于紧固连接两个带通孔的零件（或构件），使之成为一件整体。这种连接形式称为铆钉连接，简称铆接。属不可拆卸连接。因为要使连接在一起的两个零件分开，必须破坏零件上的铆钉
组合件		指组合供应的一类紧固件，如将机器螺钉（或自攻螺钉）与平垫圈（或弹簧垫圈、锁紧垫圈）组合供应

2. 紧固件标记（GB/T 1237—2000）

（1）完整标记

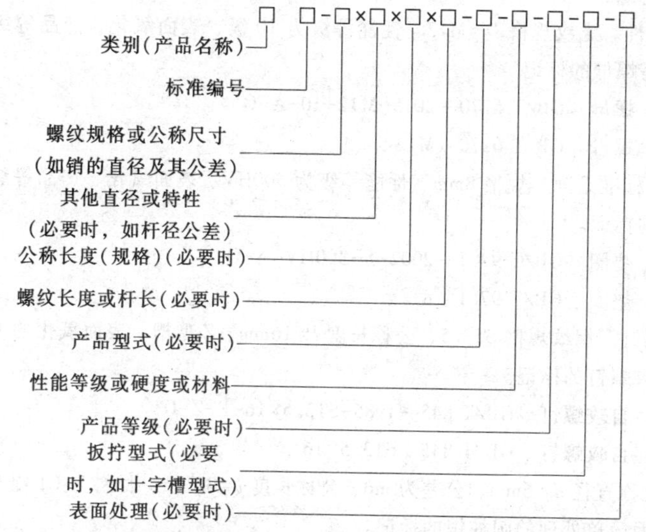

（2）标记的简化原则

1）类别（名称）、标准年代号及其前面的“-”，允许全部或部分省略。省略年代号的标准应以现行标准为准。

2）标记中的“-”允许全部或部分省略；标记中“其他直径或特性”前面的“×”允许省略。但省略后不应导致对标记的误解，一般以空格代替。

3）当产品标准中只规定一种产品型式、性能等级或硬度或材料、产品等级、扳拧型式及表面处理时，允许全部或部分省略。

4）当产品标准中规定两种及其以上的产品型式、性能等级或硬度或材料、产品等级、扳拧型式及表面处理时，应规定可以省略其中的一种，并在产品标准的标记示例中给出省略后的简化标记。

（3）标记示例

1）外螺纹件

a. 螺纹规格 d=M12、公称长度 l=80mm、性能等级为10.9级、表面氧化、产品等级为A级的六角头螺栓的标记。

完整标记：螺栓　GB/T 5782—2016-M12×80-10.9-A-O

简化标记：螺栓　GB/T 5782 M12×80

b. 螺纹规格 d=M6、公称长度 l=6mm、长度 z=4mm、性能等级为33H级、表面氧化的开槽盘头定位螺钉的标记。

完整标记：螺钉　GB/T 828—1988-M6×6×4-33H-O

简化标记：螺钉　GB/T 828 M6×6×4

2）内螺纹件。螺纹规格 D=M12、性能等级为10级、表面氧化、产品等级为A级的1型六角螺母的标记。

完整标记：螺母　GB/T 6170—2015-M12-10-A-O

简化标记：螺母　GB/T 6170　M12

3）垫圈。标准系列、规格8mm、性能等级为300HV、表面氧化、产品等级为A级的平垫圈的标记。

完整标记：垫圈　GB/T 97.1—2002-8-300HV-A-O

简化标记：垫圈　GB/T 97.1　8

4）自攻螺钉。螺纹规格ST3.5、公称长度 l=16mm、Z型槽、表面氧化的F型十字槽盘头自攻螺钉的标记。

完整标记：自攻螺钉　GB/T 845—1985-ST3.5×16-F-Z-O

简化标记：自攻螺钉　GB/T 845　ST3.5×16

5）销。公称直径 d=6mm、公差为m6、公称长度 l=30mm、材料为C1组马氏体不锈钢、表面简单处理的圆柱销的标记。

完整标记：销　GB/T 119.2—2000-6m6×30-C1-简单处理

简化标记：销　GB/T 119.2　6×30

6）铆钉。公称直径 d=5mm、公称长度 l=10mm、性能等级为10级的开口型扁圆头抽芯铆钉的标记。

完整标记：抽芯铆钉 GB/T 12618.1—1990-5×10-10

简化标记：抽芯铆钉 GB/T 12618.1　5×10

7）挡圈。公称直径 d=30mm、外径 D=40mm、材料为35钢、热处理硬度25~

35HRC、表面氧化的轴肩挡圈的标记。

完整标记：挡圈　GB/T 886—1986-30×40-35 钢、热处理 25~35HRC-O

简化标记：挡圈　GB/T 886　30×40

二、螺栓与螺柱

1. 六角头螺栓

（1）用途　六角头螺栓使用广泛，产品等级分为 A、B、C 级。A 级最精确，C 级最不精确。C 级螺栓主要用于表面粗糙、精度要求不高的连接处。A 级和 B 级螺栓主要用于表面光洁、精度要求高的部位。细牙螺栓自锁性好，用于受较大冲击、振动或交变载荷的部位，也可用于微调机构的调整。

（2）规格　六角头螺栓—C 级、六角头螺栓—全螺纹—C 级（GB/T 5780、5781—2016）的外形和主要尺寸见图 7-1 和表 7-2；六角头螺栓—A 和 B 级、六角头螺栓—全螺纹—A 和 B 级与六角头螺栓—细杆—B 级（GB/T 5782、5783、5784—2016）的外形和主要尺寸见图 7-1 和表 7-3；六角头螺栓—细牙—A 和 B 级、六角头螺栓—细牙—全螺纹—A 和 B 级（GB/T 5784—2016 GB/T 5785、5786—2016）的外形和主要尺寸见图 7-1 和表 7-4。

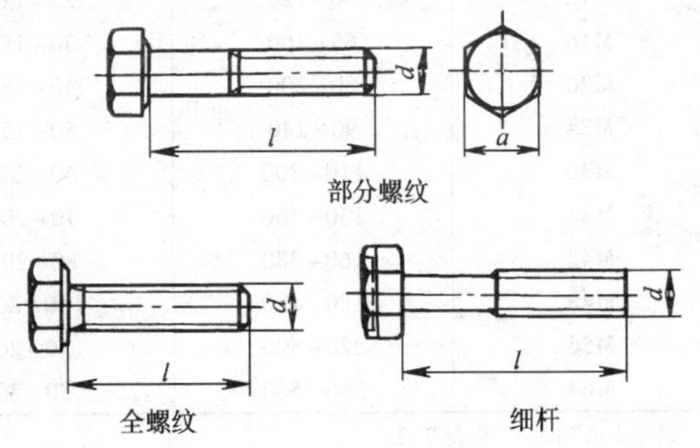

图 7-1　六角头螺栓

表 7-2　C 级六角头螺栓的主要尺寸　（单位：mm）

螺纹规格 d	螺杆长度 l		螺纹规格 d	螺杆长度 l	
	GB/T 5780 部分螺纹	GB/T 5781 全螺纹		GB/T 5780 部分螺纹	GB/T 5781 全螺纹
M5	25~50	10~50	M24	100~240	50~240
M6	30~60	12~60	M30	120~300	60~300
M8	40~80	16~80	M36	140~360	70~360
M10	45~100	20~100	M42	180~420	80~420
M12	55~120	25~120	M48	200~480	100~480
M16	65~160	30~160	M56	240~500	110~500
M20	80~200	40~200	M64	260~500	120~500

l 系列尺寸：10、12、16、20、25、30、35、40、45、50、60、70、80、90、100、110、120、130、140、150、160、180、200、220、240、260、280、300、320、340、360、380、400、420、440、460、480、500

表 7-3　A 和 B 级六角头螺栓的主要尺寸　　（单位：mm）

螺纹规格 d	螺杆长度 l		
	GB/T 5782 部分螺纹	GB/T 5783 全螺纹	GB/T 5784 细杆
M1.6	12~16	2~16	—
M2	16~20	4~20	—
M2.5	16~30	5~25	—
M3	20~30	6~30	20~30
M4	25~40	8~40	20~40
M5	25~50	10~50	25~50
M6	30~60	12~60	25~60
M8	34~80	16~80	30~80
M10	45~100	20~100	40~100
M12	50~120	25~120	45~120
M16	65~160	30~150	55~150
M20	80~200	40~150	65~150
M24	90~240	50~150	
M30	110~300	60~200	
M36	130~360	70~200	
M42	160~380	80~200	
M48	180~480	100~200	
M56	220~500	110~200	
M64	260~500	120~200	

注：l 系列尺寸见表 7-2。

表 7-4　细牙六角头螺栓的主要尺寸　　（单位：mm）

螺纹规格 D×P	螺杆长度 l		螺纹规格 D×P	螺杆长度 l	
	GB/T 5785 部分螺纹	GB/T 5786 全螺纹		GB/T 5785 部分螺纹	GB/T 5786 全螺纹
M8×1	40~80	16~80	M30×2	120~300	40~200
M10×1	45~100	20~100	M36×3	140~360	40~200
M12×1	50~120	25~120	M42×3	160~440	90~420
M16×1.5	65~160	35~160	M48×3	200~480	100~480
M20×2	80~200	40~200	M56×4	220~500	120~500
M24×2	100~240	40~200	M64×4	260~500	130~500

注：l 系列尺寸见表 7-2。

2. 方头螺栓—C 级（GB/T 8—1988）

（1）用途　与六角头螺栓相同，由于方头尺寸更大些，扳手更易于卡住。也用于 T 型槽内，可调位置。常用于较粗糙的结构上。

（2）规格 外形和主要尺寸见图 7-2 和表 7-5。

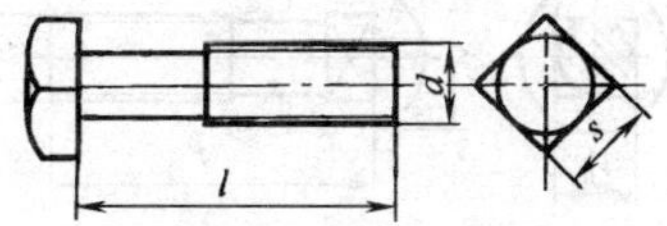

图 7-2 方头螺栓—C 级

表 7-5 方头螺栓—C 级的主要尺寸 （单位：mm）

螺纹规格 d	方头边宽 s	螺杆长度 l	螺纹规格 d	方头边宽 s	螺杆长度 l
M10	16	20～100	M30	46	60～300
M12	18	25～120	M36	55	80～300
M16	24	30～160	M42	65	80～300
M20	30	35～200	M48	75	110～300
M24	36	55～240			
l 系列尺寸:20、25、30、35、40、45、50、60、70、80、90、100、110、120、130、140、150、160、180、200、220、240、260、280、300					

3. 沉头方颈螺栓（GB/T 10—2013）

（1）用途 多用于零件表面要求平坦或光滑不阻挂东西的地方。

（2）规格 外形和主要尺寸见图 7-3 和表 7-6。

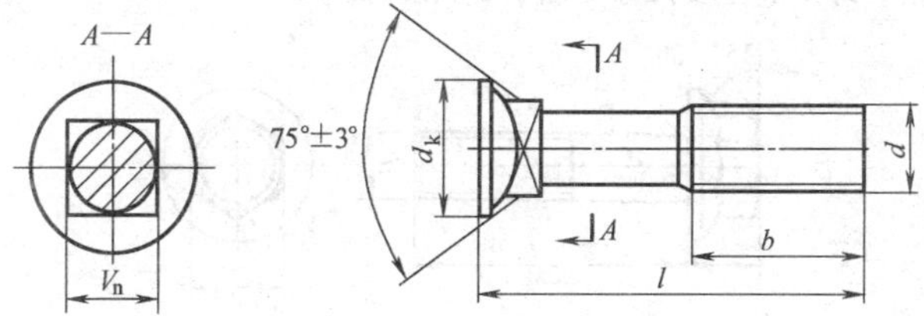

图 7-3 沉头方颈螺栓

表 7-6 沉头方颈螺栓的主要尺寸 （单位：mm）

螺纹规格 d		M6	M8	M10	M12	M16	M20	M24
沉头直径 d_k		11.05	14.55	17.55	21.65	28.65	36.80	—
方颈边长 V_n		6.36	8.36	10.36	12.43	16.43	20.52	—
螺杆 l	GB 10	25～60	25～80	30～100	30～120	45～160	55～200	—
l 系列尺寸		25～65(5 进级)、70～160(10 进级)、180、200						

4. 圆头螺栓（GB/T 12、13、15—2013）

（1）用途 多用于结构受限制或零件表面要求较光滑的地方，多用于金属零件。

（2）规格 外形和主要尺寸见图 7-4 和表 7-7。

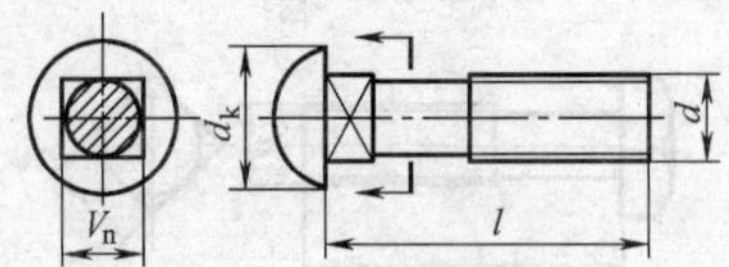

图 7-4 圆头螺栓

表 7-7 圆头螺栓的主要尺寸 （单位：mm）

螺纹规格 d		M6	M8	M10	M12	M16	M20	M24
头部直径 d_k	GB/T 12	13.1	17.1	21.3	25.3	33.6	41.6	—
	GB/T 13	12.1	15.1	18.1	22.3	29.3	35.6	43.6
	GB/T 15	15.1	19.1	24.3	29.3	36.6	45.6	53.9
V_n	GB/T 12	6.3	8.36	10.36	12.43	16.43	20.82	—
	（GB/T 13、15）	2.7	2.7	3.8	3.8	4.8	4.8	6.3
螺杆长度 l	GB/T 12	16~60	16~80	25~100	30~120	45~160	60~200	—
	GB/T 13、15	20~60	20~80	30~100	35~120	50~160	60~200	80~200
l 系列尺寸		20~50(5进级)、60~80(10进级)、180、200						

5. 六角法兰面螺栓

（1）用途 六角螺栓的特点是防松性能好，多用汽车起重机等。

（2）规格 外形和主要尺寸见图 7-5 和表 7-8。

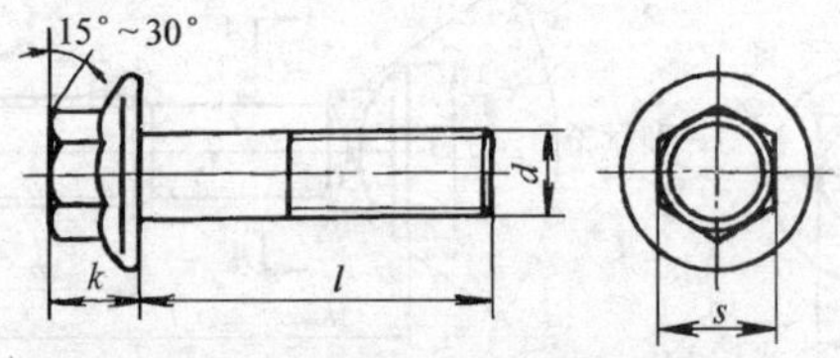

图 7-5 六角法兰面螺栓

表 7-8 六角法兰面螺栓的主要尺寸 （单位：mm）

六角法兰面螺栓小系列（GB/T 16674.1—2016）

六角法兰面螺栓—加大系列—B级（GB/T 5789—1986）

六角法兰面螺栓—加大系列—细杆—B级（GB/T 5790—1986）

螺纹规格 d	GB/T 16674.1 (mm)≤			GB/T 5789、5790 (mm)≤			GB/T 16674.1 GB/T 5790	GB/T 5789
	s	k	d_c	s	k	d_c	l	
M5	7.00	5.6	11.4	8	5.4	11.8	25~50	10~50
M6	8.00	6.9	13.6	10	6.6	14.2	30~60	12~60

（续）

螺纹规格 d	GB/T 16674.1 (mm)≤			GB/T 5789、5790 (mm)≤			GB/T 16674.1 GB/T 5790	GB/T 5789
	s	k	d_c	s	k	d_c	l	
M8	10.00	8.5	17	13	8.1	18	35~80	16~80
M10	13.00	9.7	20.8	15	9.2	22.3	40~100	20~100
M12	15.00	12.1	24.7	18	10.4	26.6	45~120	25~120
(M14)	18.00	12.9	28.6	21	12.4	30.5	50~140	30~140
M16	21.00	15.2	32.8	24	14.1	35	55~160	35~160
M20	—	—	—	30	17.7	43	70~200	40~200

注：1. s——对边宽度，k——头部高度，d_c——法兰面直径。

2. l——公称长度系列（mm）：10、12、16、20、25、30、35、40、45、50、(55)、60、(65)、70、80、90、100、110、120、130、140、150、160、180、200。带括号的螺纹规格和公称长度尽可能不采用。

3. 螺纹公差：6g。

4. 性能等级：钢 8.8、10.9，不锈钢 A2-70。

5. 表面处理：钢—氧化、镀锌钝化，不锈钢—不经处理。

6. T 形槽用螺栓

(1) 用途　多用于螺栓只能从被连接件一边进行连接的地方，也用于结构要求紧凑的地方。

(2) 规格　外形和主要尺寸见图 7-6 和表 7-9。

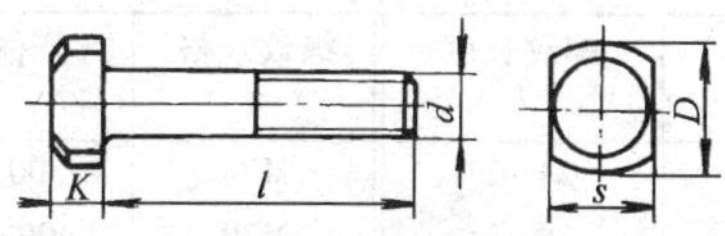

图 7-6　T 形槽用螺栓

表 7-9　T 形槽用螺栓的主要尺寸　（单位：mm）

螺纹规格 d	T 形槽宽（参考）	头部尺寸 对边宽度 s	高度 K	直径 D	公称长度 l
M5	6	9	4	12	25~50
M6	8	12	5	16	30~60
M8	10	14	6	20	35~80
M10	12	18	7	25	40~100
M12	14	22	9	30	45~120
M16	18	28	12	38	55~160
M20	22	34	14	46	65~200
M24	28	44	16	58	80~240
M30	36	57	20	75	90~300

（续）

螺纹规格 d	T形槽宽（参考）	头部尺寸			公称长度 l
		对边宽度 s	高度 K	直径 D	
M36	42	67	24	85	110~300
M42	48	76	28	95	130~300
M48	54	86	32	105	140~300

注：1. 公称长度系列（mm）：25、30、35、40、45、50、（55）、60、（65）、70、80、90、100、110、120、130、140、150、160、180、200、220、240、260、280、300。带括号的长度尽可能不采用。
2. 螺纹公差：6g。公差产品等级：B级。
3. 性能等级：8.8。
4. 表面处理：氧化、镀锌钝化。

7. 地脚螺栓（GB/T 799—1988）

（1）用途　用于水泥基础中固定机架。

（2）规格　外形和主要尺寸见图7-7和表7-10。

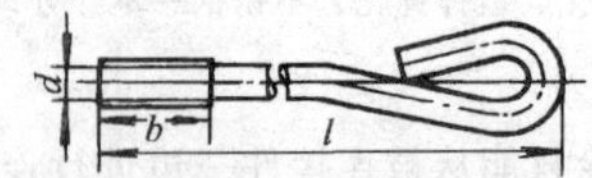

图7-7　地脚螺栓

表7-10　地脚螺栓的主要尺寸　（单位：mm）

螺纹规格 d	公称长度 l	螺纹长度 b	螺纹规格 d	公称长度 l	螺纹长度 b
M6	80~160	24~27	M24	300~800	60~68
M8	120~220	28~31	M30	400~1000	72~80
M10	160~300	32~36	M36	500~1000	84~94
M12	160~400	36~40	M42	600~1250	96~106
M16	220~500	44~50	M48	630~1500	108~118
M20	300~600	52~58			
l系列尺寸：80、120、160、220、300、400、500、600、800、1000、1250、1500					

8. 双头螺柱（GB/T 897~900—1988）

（1）用途　多用于被联接件太厚而不便使用螺栓连接或因拆卸频繁不宜使用螺钉连接的地方，或使用在结构复杂要求较紧凑的地方。

（2）规格　按螺柱的螺纹长度 b_m（螺柱与被连接件螺纹孔相连接的一端螺纹）分以下四种。

① $b_m=1d$，M5~M48（GB/T 897—1988），一般用于钢、铜质被连接件。

② $b_m=1.25d$，M5~M48（GB/T 898—1988），一般用于铜质被连接件。

③ $b_m=1.5d$，M2～M48（GB/T 899—1988），一般用于铸铁质被连接件。

④ $b_m=2d$，M2～M48（GB/T 900—1988），一般用于铝质被连接件。

其中 d——螺纹规格。

螺栓的另一端螺纹长度，按标准螺纹长度 b 制造。

双头螺柱的外形和主要尺寸见图 7-8 和表 7-11。

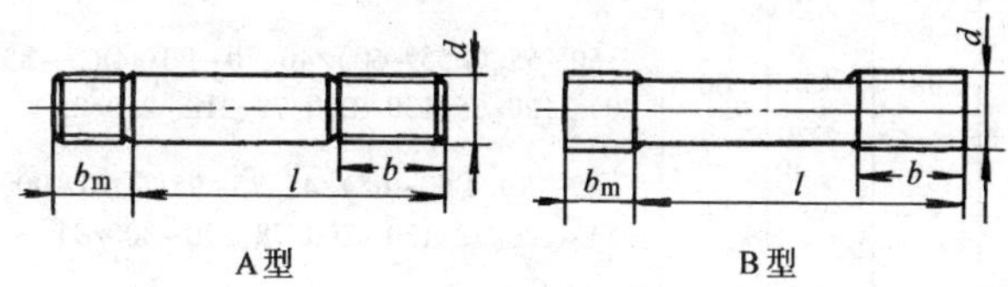

图 7-8　双头螺栓

表 7-11　双头螺栓的主要尺寸　（单位：mm）

螺纹规格 d	螺纹长度 b_m = ① 1d	② 1.25d	③ 1.5d	④ 2d	公称长度 l/标准螺纹长度 b(mm)(表列 l 数值是按品种③$b_m=1.5d$ 的规定,其他品种的 l 数值与③的 l 数值不同时,另在括号内注明)
M2	—	—	3	4	12～16/6、18～25/10
M2.5	—	—	3.5	5	14～18/8、20～30/11
M3	—	—	4.5	6	16～20/6、22～40(④38)/12
M4	—	—	6	8	16～22/8、25～40(④38)/14
M5	5	6	8	10	16～22/10、25～40(④38)/16
M6	6	8	10	12	20(④18)～22/10、25～30(④25)/14、32(④28)～75/18
M8	8	10	12	16	20(④18)～22/12、25～30(④25)/16、32～90(④28～75)/22
M10	10	12	15	20	25～28(④22～25)/14、30～38(④28～30)/16、40(④32)～120/26、130/32
M12	12	15	18	22	25～30(④22～25)/16、32～40(④28～35)/20、45(④38)～120/30、130～180(②、④170)/36
(M14)	14	18	21	24	30～35(④28)/18、38～45(④30～38)/25、50(④40)～120/34、130～180(④170)/40
M16	16	20	24	32	30～38(④28～30)/20、40～55(②50、④32～40)/30、60(②55、④45)～120/38、130～200/44
(M18)	18	22	27	36	35～40/22、45～60/35、65～120/42、130～200/48
M20	20	25	30	40	35～40/25、45～65(②60)/35、70(②65)～120/46、130～200/52
(M22)	22	28	33	44	40～45/30、50～70/40、75～120/50、130～200/56
M24	24	30	36	48	45～50/30、55～75/45、80～120/54、130～200/60

（续）

螺纹规格 d	螺纹长度 b_m =				公称长度 l/标准螺纹长度 b(mm)(表列 l 数值是按品种③$b_m=1.5d$ 的规定,其他品种的 l 数值与③的 l 数值不同时,另在括号内注明)
	① 1d	② 1.25d	③ 1.5d	④ 2d	
(M27)	27	35	40	54	50~60(④55)/35、65~85(④60~80)/50、90(④85)~120/60、130~200/66
M30	30	38	45	60	60~65(④55~60)/40、70~90(④65~85)/50、95(④90)~120/66、130~200/72、210~250/85
(M33)	33	41	49	66	65~70(④60~65)/45、75~95(④70~90)/60、100(④95)~120/72、130~200/78、210~300/91
M36	36	45	54	72	65~75(④60~70)/45、80(④75)~110/60、120/78、130~200/84、210~300/97
(M39)	39	49	58	78	70~80(④65~75)/50、85(④80)~110/65、120/84、130~200/90、210~300/103
M42	42	52	63	84	70~80(④65~75)/50、85(④80)~110/70、120/90、130~200/96、210~300/109
M48	48	60	72	96	80(④75)~90/60、95~110/80、120/102、130~200/108、210~300/121

注：1. 公称长度 l（包括螺纹长度 b、不包括螺纹长度 b_m）系列（mm）：12、(14)、16、(18)、20、(22)、25、(28)、30、(32)、35、(38)、40、45、50、(55)、60、(65)、70、(75)、80、(85)、90、(95)、100、110、120、130、140、150、160、170、180、190、200、220、240、260、280、300。带括号的螺纹规格和公称长度，尽可能不采用。

2. 公差产品等级：B级。

3. 普通螺纹公差：6g；过渡配合螺纹代号：GM，G2M。

4. 性能等级：钢4.8、5.8、6.8、8.8、10.9、12.9；不锈钢A2-50、A2-70。

5. 表面处理：钢——不经处理、镀锌钝化、氧化；不锈钢——不经处理。

9. 等长双头螺柱—C级（GB/T 953—1988）

(1) 用途　用于被连接的一端不能用带头螺栓、螺钉并要经常拆卸处。其两端都配带螺母来连接零件。

(2) 规格　外形和主要尺寸见图7-9和表7-12。

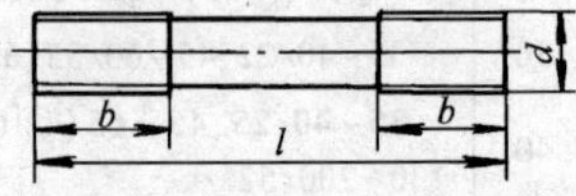

图7-9　等长双头螺柱—C级

表 7-12　等长双头螺柱—C 级的主要尺寸　（单位：mm）

螺纹规格 d	螺纹长度 b		螺杆长度 l
	标　准	加　长	
M8	22	41	100~600
M10	26	45	100~800
M12	30	49	150~1200
M16	38	57	200~1500
M20	46	65	260~1500
M24	54	73	300~1800
M30	66	85	3500~2500
M36	78	97	3500~2500
M42	90	109	500~2500
M48	102	121	500~2500
l 系列尺寸	100~200(10 进位)、220~320(20 进位)、350、380、400、420、450、480、500~1000(50 进位)、1100~2500(100 进位)		

三、螺钉

1. 开槽螺钉（GB/T 65、67、68、69—2016）

（1）用途　用于两个构件的联接，与六角螺栓的区别是头部用平头旋具拧动。多用较小零件的联接。

（2）规格　外形和主要尺寸见图 7-10 和表 7-13。

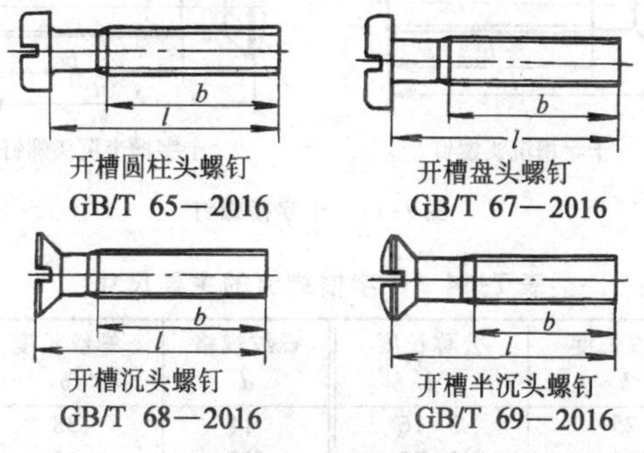

图 7-10　开槽螺钉

表 7-13　开槽螺钉优选系列的主要尺寸　（单位：mm）

螺纹规格 d	螺纹长度 b				公称长度 l
	圆柱头	盘　头	沉　头	半沉头	
M1.6	25	25	25	25	2~16
M2	25	25	25	25	3~20

（续）

螺纹规格 d	螺纹长度 b				公称长度 l
	圆柱头	盘　头	沉　头	半沉头	
M2.5	25	25	25	25	4~25
M3	25	25	25	25	5~30
M4	38	38	38	38	6~40
M5	38	38	38	38	8~50
M6	38	38	38	38	8~60
M8	38	38	38	38	10~80
M10	38	38	38	38	12~80
① l 系列尺寸:2、2.5、3、4、5、6、8、10、12、16、20、25、30、35、40、45、50、60、70、80					

① 圆柱头半沉头无2.5，沉头无2。

2. 十字槽螺钉（GB/T 818、819—2016，GB/T 820—2015）

（1）用途　用于两构件的连接，与六角头螺栓的区别是头部用十字旋具拧动。其特点是旋拧时对中性好，易实现自动化装配。

（2）规格　外形和主要尺寸见图7-11和表7-14。

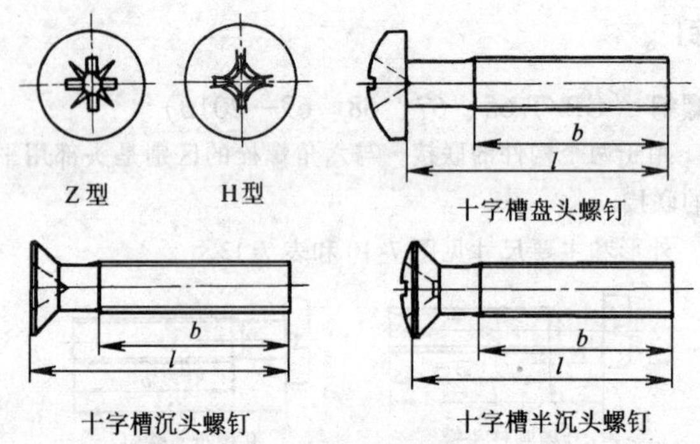

图7-11　十字槽螺钉

表7-14　十字槽螺钉的主要尺寸　　（单位：mm）

螺纹规格 d	螺纹长度 b	公称长度 l	螺纹规格 d	螺纹长度 b	公称长度 l
M1.6①	25	3~16	M4	38	5~40
M2	25	3~20	M5	38	6~50②
M2.5	25	3~25	M6	38	8~60
M3	25	4~30	M8	38	10~60
（M3.5）	38	5~35	M10	38	12~60
l 系列尺寸:3、4、5、6、8、10、12、(14)16、20、25、30、35、40、45、50、(55)60					

注：尽可能不采用括号内的规格。

① 半沉头无此规格。

② 沉头为6~45。

3. 内六角圆柱头螺钉（GB/T 70.1—2008）

(1) 用途 钉头可埋入构件内，连接强度大，头部用内六角扳手拧动。用于结构要求紧凑、外形平滑的连接处。

(2) 规格 外形和主要尺寸见图 7-12 和表 7-15。

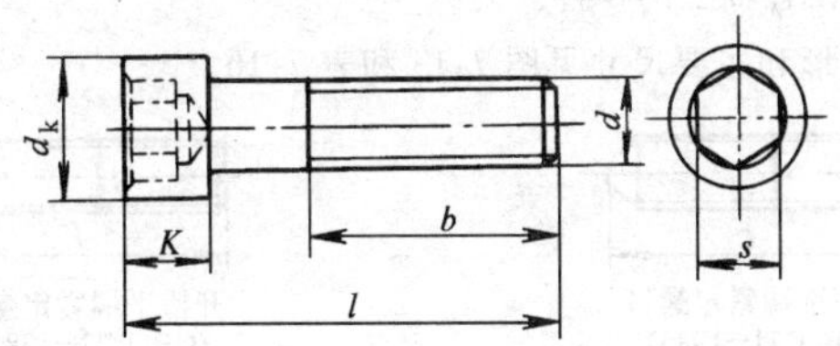

图 7-12 内六角圆柱头螺钉

表 7-15 内六角圆柱头螺钉的主要尺寸 （单位：mm）

螺纹规格	头部尺寸		内六角尺寸	公称长度
d	直径 d_k	高度 *K*	*s*	*l*
M1.6	3.00	1.60	1.5	2.5~16
M2	3.80	2.00	1.5	3~20
M2.5	4.50	2.50	2	4~25
M3	5.50	3.00	2.5	5~30
M4	7.00	4.00	3	6~40
M5	8.50	5.00	4	8~50
M6	10.00	6.00	5	10~60
M8	13.00	8.00	6	12~80
M10	16.00	10.00	8	16~100
M12	18.00	12.00	10	20~120
(M14)	21.00	14.00	12	25~140
M16	24.00	16.00	14	25~160
M20	30.00	20.00	17	30~200
M24	36.00	24.00	19	40~200
M30	45.00	30.00	22	45~200
M36	54.00	36.00	27	55~200
M42	63.00	42.00	32	55~300
M48	73.00	48.00	36	70~300
M56	84.00	56.00	41	80~300
M64	96.00	64.00	46	90~300
l 系列尺寸：2.5、3、4、5、6、8、10、12、16、20、25、30、35、40、45、50、55、60、65、70、80、90、100、110、120、130、140、150、160、180、200、220、240、260、280、300				

注：尽量不采用括号内规格。

4. 开槽紧定螺钉

(1) 用途 通过构件上的螺孔拧入紧定螺钉来固定另一构件的相对位置，头部用一字旋具拧动。锥端：一般用于安装后不常拆卸处，或顶紧硬度小的零件；平端：可用于顶紧硬度大的零件；凹端：适用硬度较大的零件；长圆柱端：用于经常调节位置或固定装在管轴上的零件。

(2) 规格 外形和主要尺寸见图7-13和表7-16。

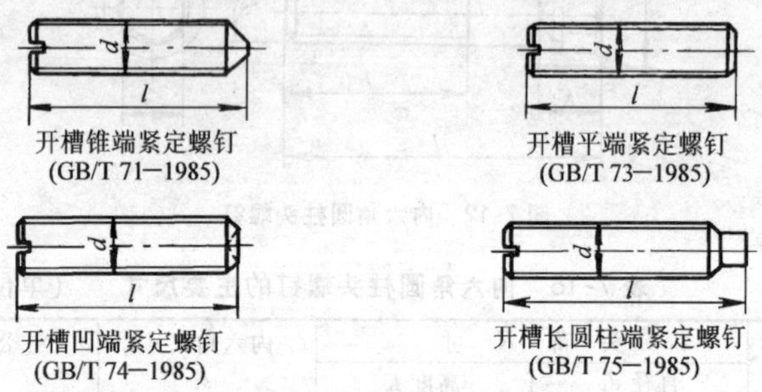

图7-13 开槽紧定螺钉

表7-16 开槽紧定螺钉的主要尺寸 (单位：mm)

螺纹规格 d	公称长度 l			
	锥端	平端	凹端	长圆柱端
M1.6	2~8	2~8	2~8	2.5~8
M2	3~10	2~10	2.5~10	3~10
M2.5	3~12	2.5~12	3~12	4~12
M3	4~16	3~16	3~16	5~16
M4	6~20	4~20	4~20	6~20
M5	8~25	5~25	5~25	8~25
M6	8~30	6~30	6~30	8~30
M8	10~40	8~40	8~40	10~40
M10	12~50	10~50	10~50	12~50
M12	14~60	12~60	12~60	14~60
l系列尺寸：2、2.5、3、4、5、6、8、10、12、16、20、25、30、35、40、45、50、60				

5. 内六角紧定螺钉

(1) 用途 同开槽紧定螺钉，头部用六角扳手拧动。

(2) 规格 外形和主要尺寸见图7-14和表7-17。

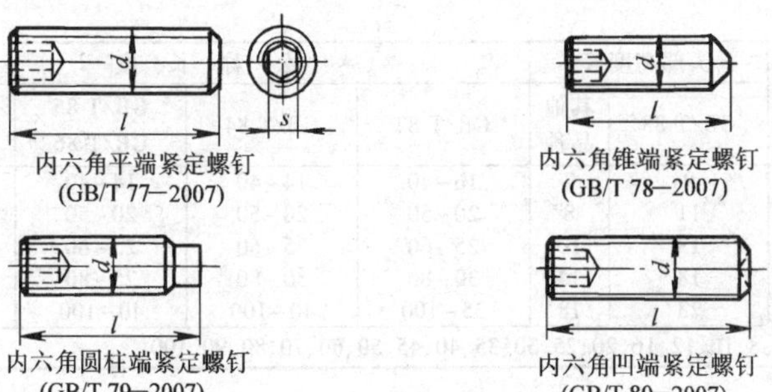

图 7-14　内六角紧定螺钉

表 7-17　内六角紧定螺钉的主要尺寸　　（单位：mm）

螺纹规格 *d*	内六角对边宽度 *s*	公称长度 *l*			
		平　端	锥　端	圆柱端	凹　端
M1.6	0.7	2~8	2~8	2~8	2~8
M2	0.9	2~10	2~10	2.5~10	2.5~10
M2.5	1.3	2.5~12	2.5~12	3~12	3~16
M3	1.5	3~16	3~16	4~16	3~16
M4	2	4~20	4~20	5~20	4~20
M5	2.5	5~25	5~25	6~25	5~25
M6	3	6~30	6~30	8~30	6~30
M8	4	8~40	8~40	8~40	8~40
M10	5	10~50	10~50	10~50	10~50
M12	6	12~60	12~60	12~60	10~60
M16	8	16~60	16~60	16~60	16~60
M20	10	20~60	20~60	20~60	20~60
M24	12	25~60	25~60	25~60	25~60
l 系列尺寸：2、2.5、3、4、5、6、8、10、12、16、20、25、30、35、40、45、50、60					

6. 方头紧定螺钉

（1）用途　方头可施加较大拧紧力矩，顶紧力大，不易拧秃。但头部尺寸大，不便埋入零件，不安全，不宜用于运动部位。

（2）规格　外形和主要尺寸见图 7-15 和表 7-18。

表 7-18　方头紧定螺钉的主要尺寸　　（单位：mm）

公称直径 *d*	方头边宽 *s*	头部高度 *K*		公称长度 *l*			
		GB/T 83	其他品种	GB/T 83	GB/T 84	GB/T 85 GB/T 86	GB/T 821
5	5	—	5	—	10~30	12~30	8~30
6	6	—	6	—	12~30	12~30	8~30

（续）

公称直径 d	方头边宽 s	头部高度 K		公称长度 l			
		GB/T 83	其他品种	GB/T 83	GB/T 84	GB/T 85 GB/T 86	GB/T 821
8	8	9	7	16～40	14～40	14～40	10～40
10	10	11	8	20～50	20～50	20～50	12～50
12	12	13	10	25～60	25～60	25～60	14～60
16	17	18	14	30～80	30～80	25～80	20～80
20	22	23	18	35～100	40～100	40～100	40～100
l系列尺寸：8、10、12、16、20、25、30、35、40、45、50、60、70、80、90、100							

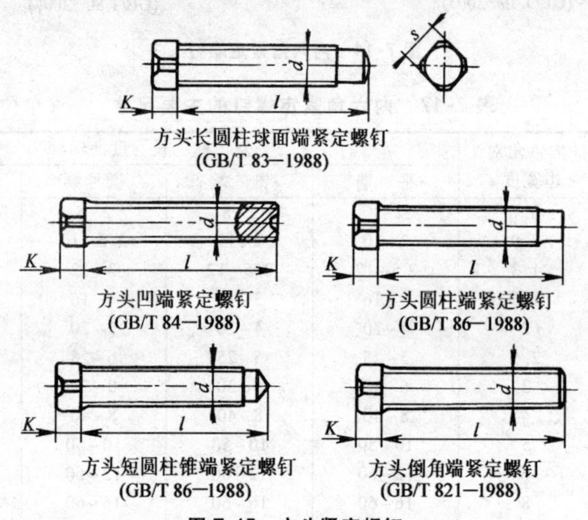

图7-15 方头紧定螺钉

7. 自攻螺钉

（1）用途 用于薄金属（铝、铜、低碳钢等）制件与较厚金属制件（主体）之间的螺纹连接件，如汽车车厢的装配等。

（2）规格 外形和主要尺寸见图7-16和表7-19。

表7-19 自攻螺钉的主要尺寸 （单位：mm）

自攻螺钉用螺纹规格	螺纹外径 $d_1 \leqslant$	螺距 P	头部直径 $d_k \leqslant$		对边宽度 s	头部高度 $K \leqslant$			
			盘头	沉头 半沉头		盘头		沉头 半沉头	六角头
						十字槽	开槽		
ST2.2	2.24	0.8	4	3.8	3.2	1.6	1.3	1.1	1.6
ST2.9	2.90	1.1	5.6	5.5	5	2.4	1.8	1.7	2.3
ST3.5	3.53	1.3	7	7.3	5.5	2.6	2.1	2.35	2.6
ST4.2	4.22	1.4	8	8.4	7	3.1	2.4	2.6	3

（续）

自攻螺钉用螺纹规格	螺纹外径 $d_1 \leqslant$	螺距 P	头部直径 $d_k \leqslant$		对边宽度 s	头部高度 $K \leqslant$			
			盘头	沉头 半沉头		盘头		沉头 半沉头	六角头
						十字槽	开槽		
ST4.8	4.80	1.6	9.5	9.3	8	3.7	3	2.8	3.8
ST5.5	5.46	1.8	11	10.3	8	4	3.2	3	4.1
ST6.3	6.25	1.8	12	11.3	10	4.6	3.6	3.15	4.7
ST8	8.00	2.1	16	15.8	13	6	4.8	4.65	6
ST9.5	9.65	2.1	20	18.3	16	7.5	6	5.25	7.5

自攻螺钉用螺纹规格	号码（参考）	十字槽号	公称长度 l				
			十字槽自攻螺钉		开槽自攻螺钉		六角头自攻螺钉
			盘头	沉头 半沉头	盘头	沉头 半沉头	
ST2.2	2	0	4.5~16	4.5~16	4.5~16	4.5~16	4.5~16
ST2.9	4	1	6.5~19	6.5~19	6.5~19	6.5~19	6.5~19
ST3.5	6	2	9.5~25	9.5~25	6.5~22	9.5~25/22	6.5~22
ST4.2	8	2	9.5~32	9.5~32	9.5~25	9.5~32/25	9.5~25
ST4.8	10	2	9.5~38	9.5~32	9.5~32	9.5~32	9.5~32
ST5.5	12	3	13~38	13~38	13~32	13~38/32	13~32
ST6.3	14	3	13~38	13~38	13~38	13~38	13~38
ST8	16	4	16~50	16~50	16~50	16~50	13~50
ST9.5	20	4	16~50	16~50	16~50	19~50	16~50

注：1. 金属薄板自攻螺钉用螺纹按 GB/T 5280—2002 规定。螺纹规格相当于螺纹外径基本尺寸。自攻螺钉机械性能按 GB 3098.5—2000 规定。

2. 公称长度 l 系列（mm）：4.5、6.5、9.5、13、16、19、22、25、32、38、45、50。分数的分子为沉头螺钉长度，分母为半沉头螺钉长度。

3. 公差产品等级：A 级。表面处理：镀锌钝化。

4. 表面硬度应不小于 45HRC 或 450HV，芯部硬度应为 26~40HRC 或 270~390HV。

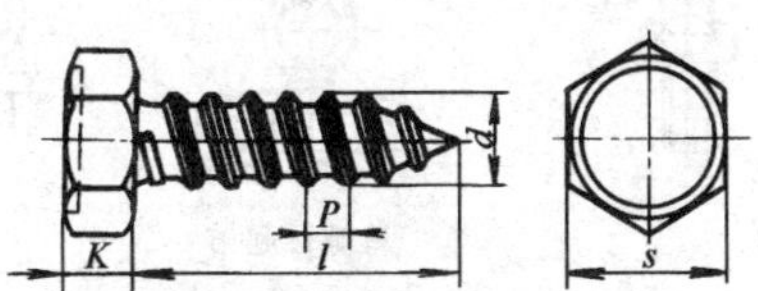

六角头自攻螺钉(GB/T 5285—1985)

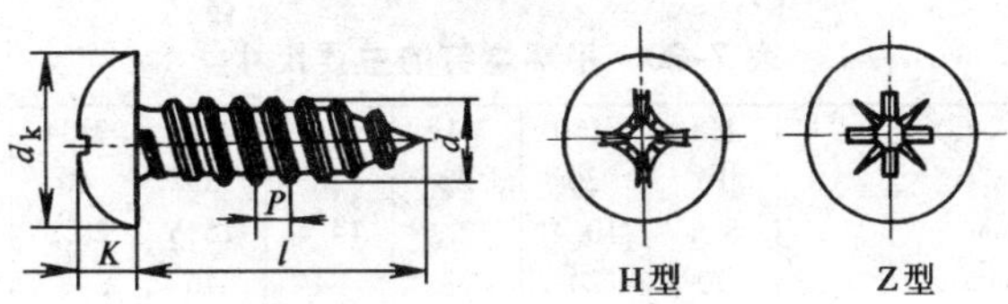

十字槽盘头自攻螺钉(GB/T 845—1985)

图 7-16 自攻螺钉

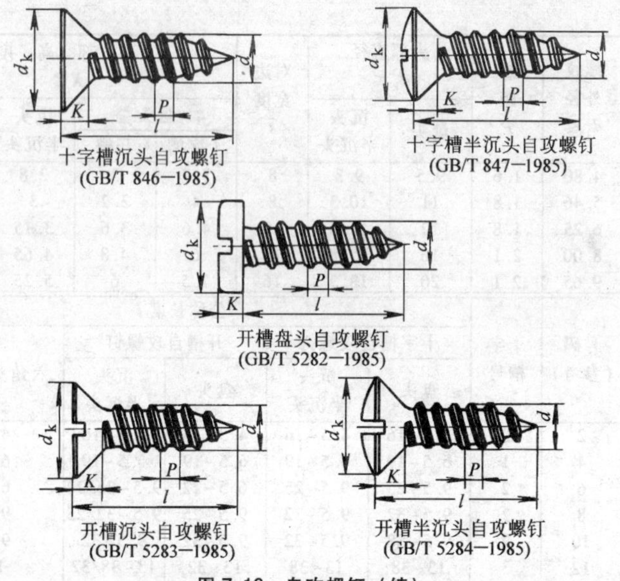

十字槽沉头自攻螺钉
(GB/T 846—1985)

十字槽半沉头自攻螺钉
(GB/T 847—1985)

开槽盘头自攻螺钉
(GB/T 5282—1985)

开槽沉头自攻螺钉
(GB/T 5283—1985)

开槽半沉头自攻螺钉
(GB/T 5284—1985)

图 7-16　自攻螺钉（续）

8. 吊环螺钉（GB/T 825—1988）

（1）用途　安装和运输时起重用。

（2）规格　外形和主要尺寸见图 7-17 和表 7-20。

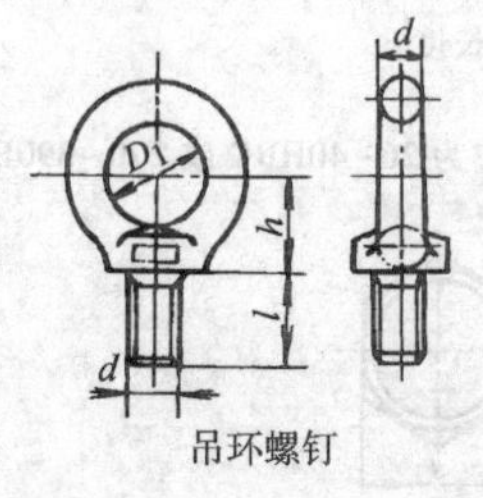

吊环螺钉

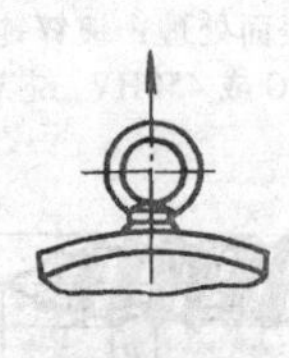

单螺钉起吊

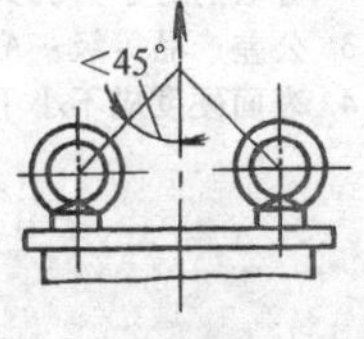

双螺钉起吊

图 7-17　吊环螺钉

表 7-20　吊环螺钉的主要尺寸

螺纹规格 d		M8	M10	M12	M16	M20	M24	M30	M36
公称长度 l/mm		16	20	22	28	35	40	45	55
环顶直径 d_1/mm		8.4	10.4	12.4	14.4	16.5	20.5	24.6	28.8
环孔内径 D_1/mm		20	24	28	34	40	48	56	67
环中心距 h/mm		18	22	26	31	36	44	53	63
起吊重量	单螺钉起吊	0.16	0.25	0.4	0.63	1	1.6	25	4
/t≤	双螺钉起吊	0.08	0.125	0.2	0.32	0.5	0.8	1.25	2

（续）

螺纹规格 d		M42	M48	M56	M64	M72×6	M80×6	M100×6
公称长度 l/mm		65	70	80	90	100	115	140
环顶直径 d_1/mm		32.8	38.9	42.9	49.2	61.3	69.3	76.4
环孔内径 D_1/mm		80	95	112	125	140	160	200
环中心距 h/mm		74	87	100	115	130	150	175
起吊重量 /t≤	单螺钉起吊	6.3	8	10	16	20	25	40
	双螺钉起吊	3.2	4	5	8	10	12.5	20

注：1. M8～M36 螺钉为商品规格，其余为通用规格。

2. 螺钉采用 20 或 25 钢，经整体锻造，并进行正火处理。成品的晶粒度不低于 5 级。硬度为 67～95HRB。

3. 螺纹公差：8g。

四、螺母

1. 六角螺母

（1）用途　与螺栓、螺柱、螺钉配合使用，连接紧固构件。

C 级用于表面粗糙、对精度要求不高的连接。

A 级用于螺纹直径≤16mm；B 级用于螺纹直径>16mm，表面光洁，对精度要求较高的连接。

开槽螺母用于螺杆末端带孔的螺栓，用开口销插入固定锁紧。

（2）规格　外形和品种及主要尺寸见图 7-18 和表 7-21～表 7-23。

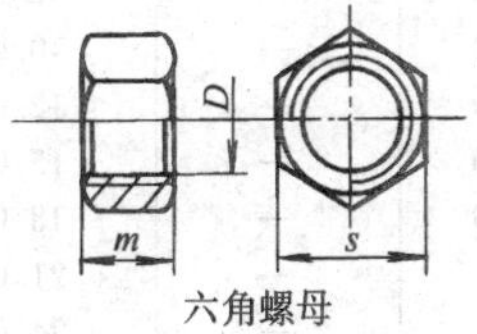

六角螺母

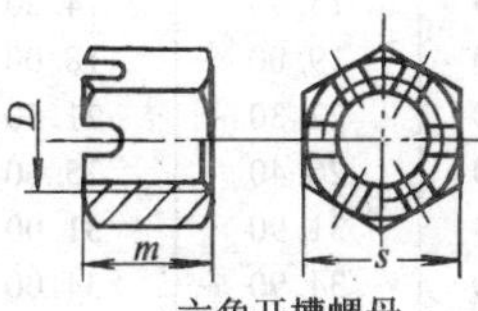

六角开槽螺母

图 7-18　六角螺母

表 7-21　常见六角螺母的品种

螺母品种	国家标准	螺纹规格范围
六角螺母—C 级	GB/T 41—2016	M5～M60
1 型六角螺母	GB/T 6170—2015	M1.6～M64
1 型六角螺母—细牙	GB/T 6171—2016	M8×1～M64×4
2 型六角螺母—A 和 B 级	GB/T 6175—2016	M5～M36
2 型六角螺母—细牙	GB/T 6176—2016	M8×1～M36×3
六角薄螺母—倒角	GB/T 6172.1—2016	M1.6～M60
六角薄螺母—无倒角	GB/T 6174—2016	M1.6～M10

（续）

螺母品种	国家标准	螺纹规格范围
六角薄螺母—细牙	GB/T 6173—2015	M8×1～M64×4
1型六角开槽螺母—C级	GB/T 6179—1986	M5～M36
1型六角开槽螺母—A和B级	GB/T 6178—1986	M4～M36
2型六角开槽螺母—A和B级	GB/T 6180—1986	M4～M36
六角开槽薄螺母—A和B级	GB/T 6181—1986	M5～M36

表7-22 常见六角螺母、六角薄螺母的主要尺寸

（单位：mm）

螺纹规格 D	对边宽度 s	螺母最大厚度 m				
		六角螺母			六角薄螺母	
		1型C级	1型	2型	B级	A和B级
			A和B级		无倒角	倒角
M1.6	3.20	—	1.30	—	1.00	1.00
M2	4.00	—	1.60	—	1.20	1.20
M2.5	5.00	—	2.00	—	1.60	1.60
M3	5.50	—	2.40	—	1.80	1.80
M4	7.00	—	3.20	—	2.20	2.20
M5	8.00	5.60	4.70	5.10	2.70	2.70
M6	10.00	6.40	5.20	5.70	3.20	3.20
M8	13.00	7.90	6.80	7.50	4.00	4.00
M10	16.00	9.50	8.40	9.30	5.00	5.00
M12	18.00	12.20	10.80	12.00	—	6.00
M16	24.00	15.90	14.80	16.40	—	8.00
M20	30.00	19.00	18.00	20.30	—	10.00
M24	36.00	22.30	21.50	23.90	—	12.00
M30	46.00	26.40	25.60	28.60	—	15.00
M36	55.00	31.90	31.00	34.70	—	18.00
M42	65.00	34.90	34.00	—	—	21.00
M48	75.00	38.90	38.00	—	—	24.00
M56	85.00	45.90	45.00	—	—	28.00
M64	95.00	52.40	51.00	—	—	32.00

表7-23 常见六角开槽螺母的主要尺寸

螺纹规格 D	对边宽度 s	螺母最大厚度 m			
		1型C级	薄型	1型	2型
			A和B级		
M4	7	—	—	5	—
M5	8	6.7	5.1	6.7	6.9
M6	10	7.7	5.7	7.7	8.3
M8	13	9.8	7.5	9.8	10.0
M10	16	12.4	9.3	12.4	12.3

（续）

螺纹规格 D	对边宽度 s	螺母最大厚度 m			
		1型C级	薄型	1型	2型
			A和B级		
M12	18	15.8	12.0	15.8	16.0
M16	24	20.8	16.4	20.8	21.1
M20	30	24.0	20.3	24.0	26.3
M24	36	29.5	23.9	29.5	31.9
M30	46	34.6	28.9	34.6	37.6
M36	55	40	33.1	40	43.7

2. 方螺母—C级（GB/T 39—1988）

（1）用途　与半圆头方颈螺栓配合使用，用于简单、表面粗糙的构件。

（2）规格　外形和主要尺寸见图7-19和表7-24。

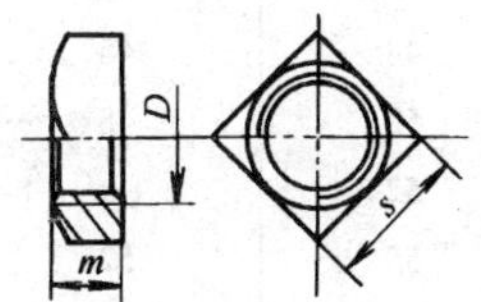

图7-19　方螺母—C级

表7-24　方螺母—C级的主要尺寸　（单位：mm）

螺纹规格 D	对边宽度 s	高度 m	螺纹规格 D	对边宽度 s	高度 m
M3	5.5	2.4	M10	14	8
M4	7	3.2	M12	18	10
M5	8	4	M16	24	13
M6	10	5	M20	30	16
M8	13	6	M24	36	19

3. 圆螺母

（1）用途　成对地用于轴类件上，防止轴向位移，也配合止动垫圈锁紧轴承内圈。常与滚动轴承配套使用。

（2）规格　有圆螺母（GB/T 812—1988）和小圆螺母（GB/T 810—1988）两种。外形和主要尺寸见图7-20和表7-25。

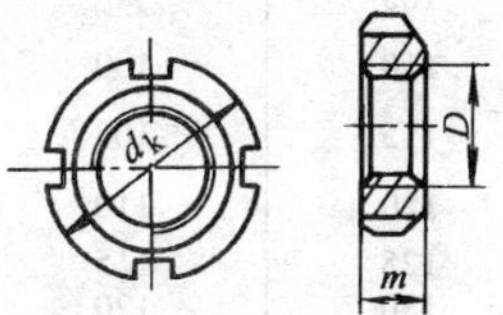

图7-20　圆螺母

表 7-25　圆螺母的主要尺寸　　（单位：mm）

<table>
<tr><th rowspan="2">螺纹规格
$D \times P$</th><th colspan="2">外　径　d_k</th><th colspan="2">高　度　m</th></tr>
<tr><th>普　通</th><th>小　型</th><th>普　通</th><th>小　型</th></tr>
<tr><td>M10×1</td><td>22</td><td>20</td><td rowspan="6">8</td><td rowspan="6">6</td></tr>
<tr><td>M12×1.25</td><td>25</td><td>22</td></tr>
<tr><td>M14×1.5</td><td>28</td><td>25</td></tr>
<tr><td>M16×1.5</td><td>30</td><td>28</td></tr>
<tr><td>M18×1.5</td><td>32</td><td>30</td></tr>
<tr><td>M20×1.5</td><td>35</td><td>32</td></tr>
<tr><td>M22×1.5</td><td>38</td><td>35</td><td rowspan="12">10</td><td rowspan="12">8</td></tr>
<tr><td>M24×1.5</td><td>42</td><td>38</td></tr>
<tr><td>M25×1.5*</td><td>42</td><td>—</td></tr>
<tr><td>M27×1.5</td><td>45</td><td>42</td></tr>
<tr><td>M30×1.5</td><td>48</td><td>45</td></tr>
<tr><td>M33×1.5</td><td>52</td><td>48</td></tr>
<tr><td>M35×1.5*</td><td>52</td><td>—</td></tr>
<tr><td>M36×1.5</td><td>55</td><td>52</td></tr>
<tr><td>M39×1.5</td><td>58</td><td>55</td></tr>
<tr><td>M40×1.5*</td><td>58</td><td>—</td></tr>
<tr><td>M42×1.5</td><td>62</td><td>58</td></tr>
<tr><td>M45×1.5</td><td>68</td><td>62</td></tr>
<tr><td>M48×1.5</td><td>72</td><td>68</td><td rowspan="8">12</td><td rowspan="4">10</td></tr>
<tr><td>M50×1.5*</td><td>72</td><td>—</td></tr>
<tr><td>M52×1.5</td><td>78</td><td>72</td></tr>
<tr><td>M55×2*</td><td>78</td><td>—</td></tr>
<tr><td>M56×2</td><td>85</td><td>78</td><td rowspan="4">18</td></tr>
<tr><td>M60×2</td><td>90</td><td>80</td></tr>
<tr><td>M64×2</td><td>95</td><td>85</td></tr>
<tr><td>M65×2*</td><td>95</td><td>—</td></tr>
<tr><td>M68×2</td><td>100</td><td>90</td><td rowspan="6">15</td><td rowspan="9">12</td></tr>
<tr><td>M72×2</td><td>105</td><td>95</td></tr>
<tr><td>M75×2*</td><td>105</td><td>—</td></tr>
<tr><td>M76×2</td><td>110</td><td>100</td></tr>
<tr><td>M80×2</td><td>115</td><td>105</td></tr>
<tr><td>M85×2</td><td>120</td><td>110</td></tr>
<tr><td>M90×2</td><td>125</td><td>115</td><td rowspan="3">18</td></tr>
<tr><td>M95×2</td><td>130</td><td>120</td></tr>
<tr><td>M100×2</td><td>135</td><td>125</td></tr>
</table>

（续）

<table>
<tr><th rowspan="2">螺纹规格
D×P</th><th colspan="2">外　径 d_k</th><th colspan="2">高　度 m</th></tr>
<tr><th>普　通</th><th>小　型</th><th>普　通</th><th>小　型</th></tr>
<tr><td>M105×2</td><td>140</td><td>130</td><td rowspan="2">18</td><td rowspan="6">15</td></tr>
<tr><td>M110×2</td><td>150</td><td>135</td></tr>
<tr><td>M115×2</td><td>155</td><td>140</td><td rowspan="4">22</td></tr>
<tr><td>M120×2</td><td>160</td><td>145</td></tr>
<tr><td>M125×2</td><td>165</td><td>150</td></tr>
<tr><td>M130×2</td><td>170</td><td>160</td></tr>
<tr><td>M140×2</td><td>180</td><td>170</td><td rowspan="4">26</td><td rowspan="4">18</td></tr>
<tr><td>M150×2</td><td>200</td><td>180</td></tr>
<tr><td>M160×3</td><td>210</td><td>195</td></tr>
<tr><td>M170×3</td><td>220</td><td>205</td></tr>
<tr><td>M180×3</td><td>230</td><td>220</td><td rowspan="3">30</td><td rowspan="3">22</td></tr>
<tr><td>M190×3</td><td>240</td><td>230</td></tr>
<tr><td>M200×3</td><td>250</td><td>240</td></tr>
</table>

注：带＊符号的圆螺母，仅用于滚动轴承锁紧装置。

4. 蝶形螺母（GB/T 62.1—2004）

（1）用途　用于连接强度不高，可用手拧动螺母的紧固。

（2）规格　外形和主要尺寸见图 7-21 和表 7-26。

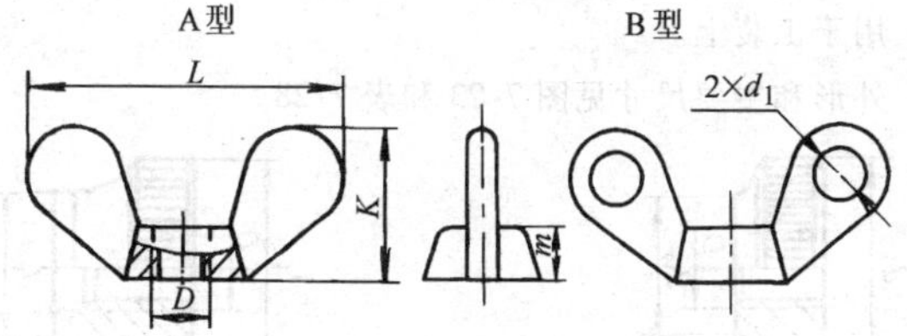

图 7-21　蝶形螺母

表 7-26　蝶形螺母的主要尺寸　（单位：mm）

<table>
<tr><th>螺纹规格 D</th><th>L</th><th>K</th><th>m</th><th>d_1</th></tr>
<tr><td>M3</td><td>16</td><td>8</td><td>3</td><td>3</td></tr>
<tr><td>M4</td><td>20</td><td>10</td><td>4</td><td rowspan="2">4</td></tr>
<tr><td>M5</td><td>28</td><td>12</td><td>5</td></tr>
<tr><td>M6</td><td>32</td><td>16</td><td>6</td><td>5</td></tr>
<tr><td>M8</td><td>40</td><td>20</td><td>8</td><td>6</td></tr>
<tr><td>M10</td><td>50</td><td>25</td><td>10</td><td>7</td></tr>
<tr><td>M12</td><td>60</td><td>30</td><td>12</td><td>8</td></tr>
<tr><td>M16</td><td>70</td><td>35</td><td>14</td><td>10</td></tr>
</table>

5. 环形螺母（GB/T 63—1988）

（1）用途 用于需经常拆开和受力不大的场合。

（2）规格 外形和主要尺寸见图7-22和表7-27。

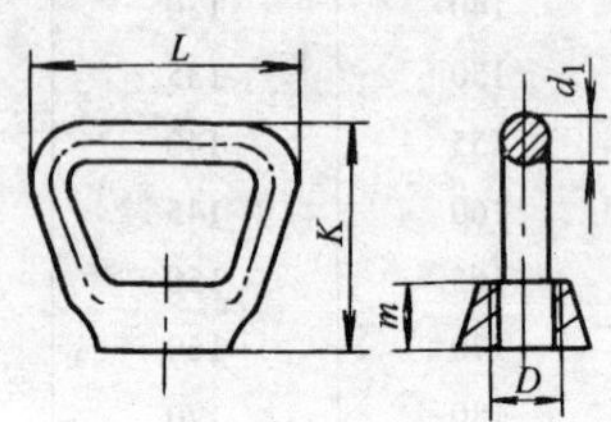

图7-22 环形螺母

表7-27 环形螺母的主要尺寸 （单位：mm）

螺纹规格 D	d_1	L	K	m	每1000个铜螺母的重量/kg
M12	10	66	52	15	111.9
M16	12	76	60	18	193.9
M20	13	86	72	22	281.3
M24	14	98	84	26	443.8

注：材料：ZHMn58-2。

6. 滚花螺母（GB/T 806、807—1988）

（1）用途 用于工装上。

（2）规格 外形和主要尺寸见图7-23和表7-28。

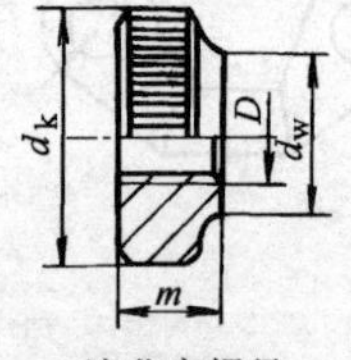

滚花高螺母

（GB/T 806—1988）

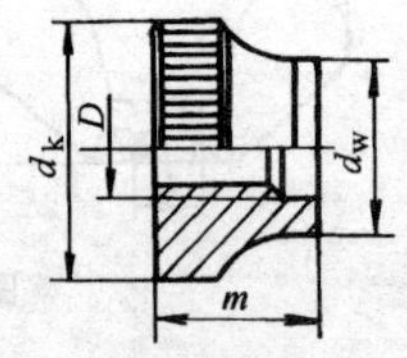

滚花薄螺母

（GB/T 807—1988）

图7-23 滚花螺母

表7-28 滚花螺母的主要尺寸 （单位：mm）

螺纹规格 D		M1.4	M1.6	M2	M2.5	M3	M4	M5	M6	M8	M10
d_{kmax}（滚花前）		6	7	8	9	11	12	16	20	24	30
d_{wmax}		3.5	4	4.5	5	6	8	10	12	16	20
m	GB/T 806—1988	—	4.7	5	5.5	7	8	10	12	16	20
	GB/T 807—1988	2	2.5	2.5	2.5	3	3	4	5	6	8

7. 盖形螺母（GB/T 923—2009）

（1）用途 用在端部螺扣需要罩盖的地方。

（2）规格 外形和主要尺寸见图 7-24 和表 7-29。

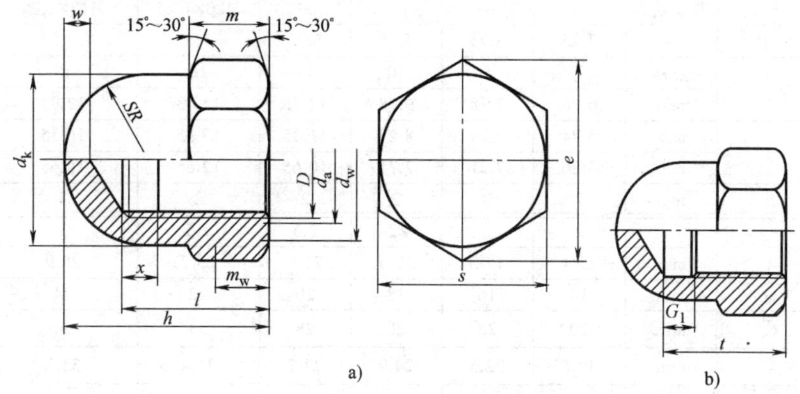

图 7-24 盖形螺母

a）$D \leqslant 10$mm b）$D \geqslant 12$mm（其余尺寸见图 a）

表 7-29 盖形螺母的主要尺寸 （单位：mm）

螺纹规格 D		M4	M5	M6	M8	M10	M12
	第 1 系列	M4	M5	M6	M8	M10	M12
	第 2 系列	—	—	—	M8×1	M10×1	M12×1.5
	第 3 系列	—	—	—	—	M10×1.25	M12×1.25
P[1]		0.7	0.8	1	1.25	1.5	1.75
d_a	max	4.6	5.75	6.75	8.75	10.8	13
	min	4	5	6	8	10	12
d_k	max	6.5	7.5	9.5	12.5	15	17
d_w	min	5.9	6.9	8.9	11.6	14.6	16.6
e	min	7.66	8.79	11.05	14.38	17.77	20.03
x_{max}[2]	第 1 系列	1.4	1.6	2	2.5	3	—
	第 2 系列	—	—	—	2	2	—
	第 3 系列	—	—	—	—	2.5	—
G_{1max}[3]	第 1 系列	—	—	—	—	—	6.4
	第 2 系列	—	—	—	—	—	5.6
	第 3 系列	—	—	—	—	—	4.9
h	max=公称	8	10	12	15	18	22
	min	7.64	9.64	11.57	14.57	17.57	21.48
m	max	3.2	4	5	6.5	8	10
	min	2.9	3.7	4.7	6.14	7.64	9.64
m_w	min	2.32	2.96	3.76	4.91	6.11	7.71

（续）

螺纹规格 D		M4	M5	M6	M8	M10	M12
螺纹规格 D	第1系列	M4	M5	M6	M8	M10	M12
	第2系列	—	—	—	M8×1	M10×1	M12×1.5
	第3系列	—	—	—	—	M10×1.25	M12×1.25
SR	≈	3.25	3.75	4.75	6.25	7.5	8.5
s	公称	7	8	10	13	16	18
	min	6.78	7.78	9.78	12.73	15.73	17.73
t	max	5.74	7.79	8.29	11.35	13.35	16.35
	min	5.26	7.21	7.71	10.65	12.65	15.65
w	min	2	2	2	2	2	3
P①		2	2	2.5	2.5	2.5	3
d_a	max	15.1	17.3	19.5	21.6	23.7	25.9
	min	14	16	18	20	22	24
d_k	max	20	23	26	28	33	34
d_w	min	19.6	22.5	24.9	27.7	31.4	33.3
e	min	23.35	26.75	29.56	32.95	37.29	39.55
x_{max}②	第1系列	—	—	—	—	—	—
	第2系列	—	—	—	—	—	—
	第3系列	—	—	—	—	—	—
G_{1max}③	第1系列	7.3	7.3	9.3	9.3	9.3	10.7
	第2系列	5.6	5.6	5.6	7.3	5.6	7.3
	第3系列	—	—	7.3	5.6	7.3	—
h	max=公称	25	28	32	34	39	42
	min	24.48	27.48	31	33	38	41
m	max	11	13	15	16	18	19
	min	10.3	12.3	14.3	14.9	16.9	17.7
m_w	min	8.24	9.84	11.44	11.92	13.52	14.16
SR	≈	10	11.5	13	14	16.5	17
s	公称	21	24	27	30	34	36
	min	20.67	23.67	26.16	29.16	33	35
t	max	18.35	21.42	25.42	26.42	29.42	31.5
	min	17.65	20.58	24.58	25.58	28.58	30.5
w	min	4	4	5	5	5	6

注：尽可能不采用括号内的规格；按螺纹规格第1~3系列，依次优先选用。

① P—粗牙螺纹螺距，按GB/T 197。

② 内螺纹的收尾 $x_{max}=2P$，适用于 $D\leqslant$ M10。

③ 内螺纹的退刀槽 G_{1max}，适用于 $D>$M10。

五、垫圈

1. 平垫圈

(1) 用途　置于螺母与构件之间，保护构件表面避免在紧固时被螺母擦伤。

(2) 规格　外形和常见平垫圈的品种及主要尺寸见图 7-25 和表 7-30、表 7-31。

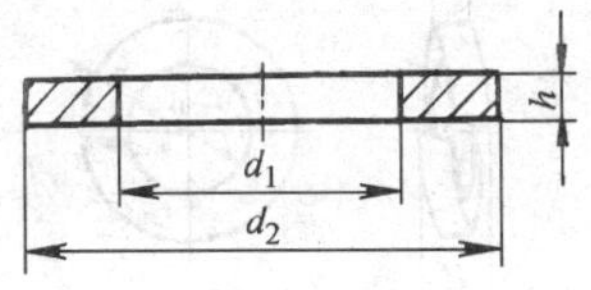

图 7-25　平垫圈

表 7-30　常见平垫圈的品种

垫圈名称	国家标准	规格范围/mm
小垫圈—A 级	GB/T 848—2002	1.6~36
平垫圈—A 级	GB/T 97.1—2002	1.6~64
平垫圈—倒角型—A 级	GB/T 97.2—2002	5~64
平垫圈—C 级	GB/T 95—2002	5~36
大垫圈—A 和 C 级	GB/T 96.1—2002	A 级:3~36
	GB/T 96.2—2002	C 级:3~36
特大垫圈—C 级	GB/T 5287—2002	5~36

表 7-31　平垫圈的规格及主要尺寸　（单位：mm）

公称尺寸（螺纹规格/d）	内径 d_1		外径 d_2				厚度 h			
	产品等级		小垫圈	平垫圈	大垫圈	特大垫圈	小垫圈	平垫圈	大垫圈	特大垫圈
	A 级	C 级								
1.6	1.7	—	3.5	4	—	—	0.3	0.3	—	—
2	2.2	—	4.5	5	—	—	0.3	0.3	—	—
2.5	2.7	—	6	6	—	—	0.5	0.5	—	—
3	3.2	—	5	7	9	—	0.5	0.5	0.8	—
4	4.3	—	8		12	—	0.5	0.8	1	—
5	5.3	5.5	9	10	15	18	1	1	1.2	2
6	6.4	6.6	11	12	18	22	1.6	1.6	1.6	2
8	8.4	9	15	16	24	28	1.6	1.6	2	3
10	10.5	11	18	20	30	34	1.6	2	2.5	3
12	13	13.5	20	24	37	44	2	2.5	3	4
14	15	15.5	24	28	44	50	2.5	2.5	3	4
16	17	17.5	28	30	50	56	2.5	3	3	5
20	21	22	34	37	60	72	3	3	4	6
24	25	26	39	44	72	85	4	4	5	6
30	31	33	50	56	92	105	4	4	6	6
36	37	39	60	66	110	125	5	5	8	8

2. 弹簧垫圈

（1）用途 装在螺母和构件之间，防止螺母松动。

（2）规格 有标准型弹簧垫圈（GB/T 93—1987）、轻型弹簧垫圈（GB/T 859—1987）和重型弹簧垫圈（GB/T 7244—1987），外形和主要尺寸见图 7-26 和表 7-32。

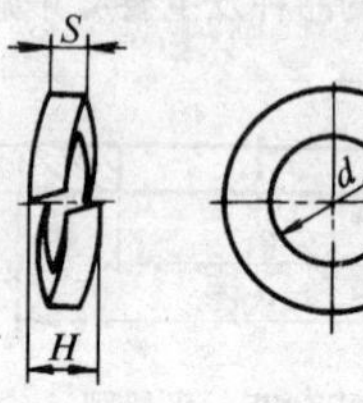

图 7-26 弹簧垫圈

表 7-32 弹簧垫圈的主要尺寸 （单位：mm）

规格（螺纹大径）	内径 d	厚度 S			宽度 b		
	最小	标准	轻型	重型	标准	轻型	重型
2	2.1	0.5	—	—	0.5	—	—
2.5	2.6	0.65	—	—	0.65	—	—
3	3.1	0.8	0.6	—	0.8	1	—
4	4.1	1.1	0.8	—	1.1	1.2	—
5	5.1	1.3	1.1	—	1.3	1.5	—
6	6.1	1.6	1.3	1.8	1.6	2	2.6
8	8.1	2.1	1.6	2.4	2.1	2.5	3.2
10	10.2	2.6	2	3	2.6	3	3.8
12	12.2	3.1	2.5	3.5	3.1	3.5	4.3
16	16.2	4.1	3.2	4.8	4.1	4.5	5.3
20	20.2	5	4	6	5	5.5	6.4
24	24.5	6	5	7.1	6	7	7.5
30	30.5	7.5	6	9	7.5	9	9.3
36	36.5	9	—	10.8	9	—	11
42	42.5	10.5	—	—	10.5	—	—
48	48.5	12	—	—	12	—	—

3. 止动垫圈

（1）用途 用于对螺母的锁定。

（2）规格 外形和主要尺寸见图 7-27 和表 7-33。

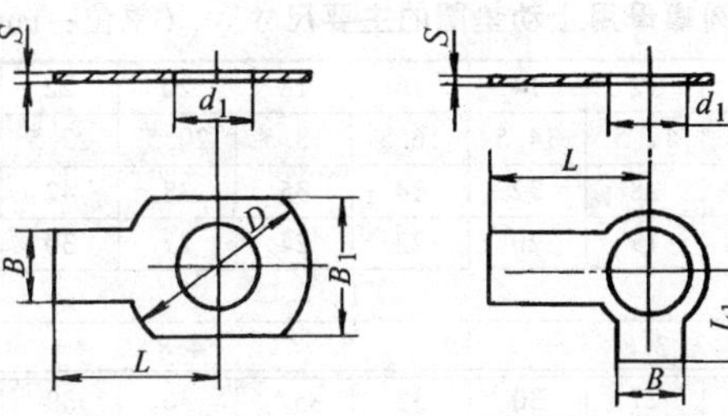

单耳止动垫圈
（GB/T 854—1988）

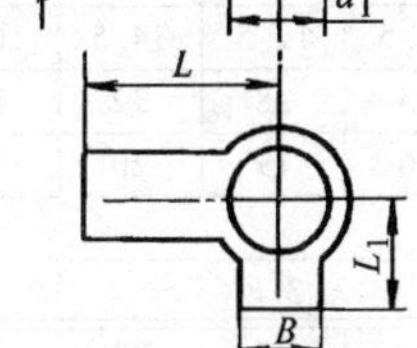

双耳止动垫圈
（GB/T 855—1988）

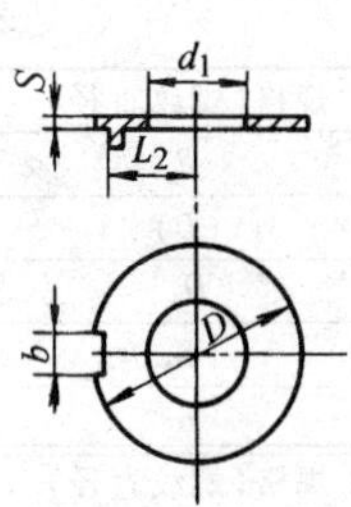

外舌止动垫圈
（GB/T 856—1988）

图 7-27　止动垫圈

表 7-33　止动垫圈的主要尺寸　　　　（单位：mm）

规格（螺纹大径）		2.5	3	4	5	6	8	10	12	16	20	24	30	36	42	48
d_1		2.7	3.2	4.2	5.3	6.4	8.4	10.5	13	17	21	25	31	37	43	50
L		10	12	14	16	18	20	22	28	32	36	42	52	62	70	80
L_1		4	5	7	8	9	11	13	16	20	22	25	32	38	44	50
L_2		3.5	4.5	5.5	7	7.5	8.5	10	12	15	18	20	25	31	36	40
B		3	4	5	6	7	8	10	12	15	18	20	26	30	35	40
B_1		6	7	9	11	12	16	19	21	32	38	42	55	65	78	90
b		2	2.5		3.5			4.5		5.5	6	7	8	11		13
S		0.4			0.5				1				1.5			
D_{max}	GB/T 854—1988	8	10	14	17	19	22	26	32	40	45	50	63	75	88	100
	GB/T 855—1988	5	5	8	9	11	14	17	22	27	32	36	46	55	65	75
	GB/T 856—1988	10	12	14	17	19	22	26	32	40	45	50	63	75	88	100

4. 圆螺母用止动垫圈（GB/T 858—1988）

（1）用途　主要用于滚动轴承的固定。

（2）规格　外形和主要尺寸见图 7-28 和表 7-34。

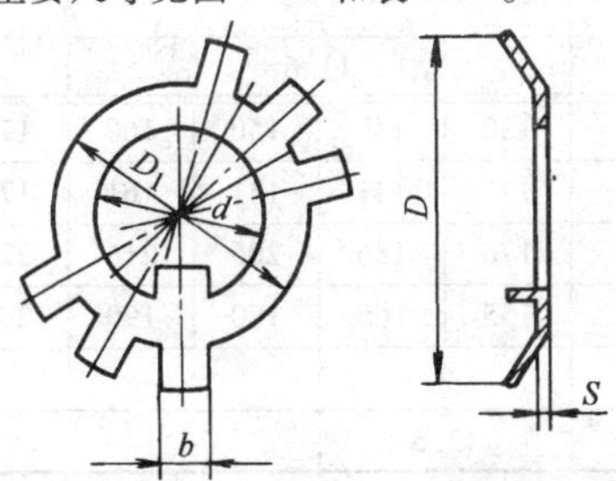

图 7-28　圆螺母用止动垫圈

表 7-34 圆螺母用止动垫圈的主要尺寸 （单位：mm）

<table>
<tr><td>规格(螺纹直径)</td><td>10</td><td>12</td><td>14</td><td>16</td><td>18</td><td>20</td><td>22</td><td>24</td></tr>
<tr><td>d</td><td>10.5</td><td>12.5</td><td>14.5</td><td>16.5</td><td>18.5</td><td>20.5</td><td>22.5</td><td>24.5</td></tr>
<tr><td>(D)</td><td>25</td><td>28</td><td>32</td><td>34</td><td>35</td><td>38</td><td>42</td><td>45</td></tr>
<tr><td>D_1</td><td>16</td><td>19</td><td>20</td><td>22</td><td>24</td><td>27</td><td>30</td><td>34</td></tr>
<tr><td>S</td><td colspan="8">1</td></tr>
<tr><td>b</td><td colspan="3">3.8</td><td colspan="5">4.8</td></tr>
<tr><td>规格(螺纹直径)</td><td>25*</td><td>27</td><td>30</td><td>33</td><td>35*</td><td>36</td><td>39</td><td>40*</td></tr>
<tr><td>d</td><td>25.5</td><td>27.5</td><td>30.5</td><td>33.5</td><td>35.5</td><td>36.5</td><td>39.5</td><td>40.5</td></tr>
<tr><td>(D)</td><td>45</td><td>48</td><td>52</td><td colspan="2">56</td><td>60</td><td colspan="2">62</td></tr>
<tr><td>D_1</td><td>34</td><td>37</td><td>40</td><td colspan="2">43</td><td>46</td><td colspan="2">49</td></tr>
<tr><td>S</td><td colspan="3">1</td><td colspan="5">1.5</td></tr>
<tr><td>b</td><td colspan="3">4.8</td><td colspan="5">5.7</td></tr>
<tr><td>规格(螺纹直径)</td><td>42</td><td>45</td><td>48</td><td>50*</td><td>52</td><td>55*</td><td>56</td><td>60</td></tr>
<tr><td>d</td><td>42.5</td><td>45.5</td><td>48.5</td><td>50.5</td><td>52.5</td><td>56</td><td>57</td><td>61</td></tr>
<tr><td>(D)</td><td>66</td><td>72</td><td colspan="2">76</td><td colspan="2">82</td><td>90</td><td>94</td></tr>
<tr><td>D_1</td><td>53</td><td>59</td><td colspan="2">61</td><td colspan="2">67</td><td>74</td><td>79</td></tr>
<tr><td>S</td><td colspan="8">1.5</td></tr>
<tr><td>b</td><td colspan="2">5.7</td><td colspan="6">7.7</td></tr>
<tr><td>规格(螺纹直径)</td><td>64</td><td>65*</td><td>68</td><td>72</td><td>75*</td><td>76</td><td>80</td><td>85</td></tr>
<tr><td>d</td><td>65</td><td>66</td><td>69</td><td>73</td><td>76</td><td>77</td><td>81</td><td>86</td></tr>
<tr><td>(D)</td><td colspan="2">100</td><td>105</td><td colspan="2">110</td><td>115</td><td>120</td><td>125</td></tr>
<tr><td>D_1</td><td colspan="2">84</td><td>88</td><td colspan="2">93</td><td>98</td><td>103</td><td>108</td></tr>
<tr><td>S</td><td colspan="8">1.5</td></tr>
<tr><td>b</td><td colspan="2">7.7</td><td colspan="6">9.6</td></tr>
<tr><td>规格(螺纹直径)</td><td>90</td><td>95</td><td>100</td><td>105</td><td>110</td><td>115</td><td>120</td><td>125</td></tr>
<tr><td>d</td><td>91</td><td>96</td><td>101</td><td>106</td><td>111</td><td>116</td><td>121</td><td>126</td></tr>
<tr><td>(D)</td><td>130</td><td>135</td><td>140</td><td>145</td><td>156</td><td>160</td><td>166</td><td>170</td></tr>
<tr><td>D_1</td><td>112</td><td>117</td><td>122</td><td>127</td><td>135</td><td>140</td><td>145</td><td>150</td></tr>
<tr><td>S</td><td colspan="8">2</td></tr>
<tr><td>b</td><td colspan="4">11.6</td><td colspan="4">13.5</td></tr>
<tr><td>规格(螺纹直径)</td><td>130</td><td>140</td><td>150</td><td>160</td><td>170</td><td>180</td><td>190</td><td>200</td></tr>
<tr><td>d</td><td>131</td><td>141</td><td>151</td><td>161</td><td>171</td><td>181</td><td>191</td><td>201</td></tr>
<tr><td>(D)</td><td>176</td><td>186</td><td>206</td><td>216</td><td>226</td><td>236</td><td>246</td><td>256</td></tr>
<tr><td>D_1</td><td>155</td><td>165</td><td>180</td><td>190</td><td>200</td><td>210</td><td>220</td><td>230</td></tr>
<tr><td>S</td><td colspan="2">2</td><td colspan="6">2.5</td></tr>
<tr><td>b</td><td colspan="2">13.5</td><td colspan="6">15.5</td></tr>
</table>

注：＊仅用于滚动轴承装置。

六、挡圈

1. 孔用弹性挡圈

（1）用途 固定装在孔内的零件，以防止零件退出孔外。A 型用板材冲压制成，B 型用线材冲切制成。

（2）规格 有孔用弹性挡圈—A 型（GB/T 893.1—1986）和孔用弹性挡圈—B 型（GB/T 893.2—1986）两种，外形和主要尺寸见图 7-29 和表 7-35。

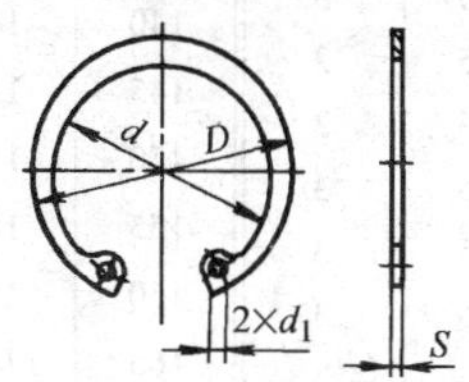

图 7-29 孔用弹性挡圈

表 7-35 孔用弹性挡圈的主要尺寸 （单位：mm）

孔径 d_0	外径 D	内径 d	厚度 S	钳孔 d_1	孔径 d_0	外径 D	内径 d	厚度 S	钳孔 d_1
8	8.7	7	0.6	1	31	33.4	28.6	1.2	2.5
9	9.8	8	0.6	1	32	34.4	29.6	1.2	2.5
10	10.8	8.3	0.8	1.5	34	36.5	31.1	1.5	2.5
11	11.8	9.2	0.8	1.5	35	37.8	32.4	1.5	2.5
12	13	10.4	0.8	1.5	36	38.8	33.4	1.5	2.5
13	14.1	11.5	0.8	1.7	37	39.8	34.4	1.5	2.5
14	15.1	11.9	1	1.7	38	40.8	35.4	1.5	2.5
15	16.2	13	1	1.7	40	43.5	37.3	1.5	2.5
16	17.3	14.1	1	1.7	42	45.5	39.3	1.5	3
17	18.3	15.1	1	1.7	45	48.5	41.5	1.5	3
18	19.5	16.3	1	1.7	(47)①	50.5	43.5	1.5	3
19	20.5	16.7	1	2	48	51.5	44.5	1.5	3
20	21.5	17.7	1	2	50	54.2	47.5	2	3
21	22.5	18.7	1	2	52	56.2	49.5	2	3
22	23.5	19.7	1	2	55	59.2	52.2	2	3
24	25.9	21.7	1.2	2	56	60.2	52.4	2	3
25	26.9	22.1	1.2	2	58	62.2	54.4	2	3
26	27.9	23.7	1.2	2	60	64.2	56.4	2	3
28	30.1	25.7	1.2	2	62	66.2	58.4	2	3
30	32.1	27.3	1.2	2					

（续）

孔径 d_0	外径 D	内径 d	厚度 S	钳孔 d_1	孔径 d_0	外径 D	内径 d	厚度 S	钳孔 d_1
63	67.2	59.4	2	3	112	119	105.1	3	4
65	69.2	61.4	2.5	3	115	122	108	3	4
68	72.5	63.9	2.5	3	120	127	113	3	4
70	74.5	65.9	2.5	3	125	132	117	3	4
72	76.5	67.9	2.5	3	130	137	121	3	4
75	79.5	70.1	2.5	3	135	142	126	3	4
78	82.5	73.1	2.5	3	140	147	131	3	4
80	85.5	75.3	2.5	3	145	152	135.7	3	4
82	87.5	77.3	2.5	3	150	158	141.2	3	4
85	90.5	80.3	2.5	3	155	164	146.6	3	4
88	93.5	82.6	2.5	3	160	169	151.6	3	4
90	95.5	84.5	2.5	3	165	174.5	156.8	3	4
92	97.5	86.0	2.5	3	170	179.5	161	3	4
95	100.5	88.9	2.5	3	175	184.5	165.5	3	4
98	103.5	92	2.5	3	180	189.5	170.2	3	4
100	105.5	93.9	2.5	3	185	194.5	175.3	3	4
102	108	95.9	3	4	190	199.5	180	3	4
105	112	99.6	3	4	195	204.5	184.9	3	4
108	115	101.8	3	4	200	209.5	189.7	3	4
110	117	103.8	3	4					

注：A 型孔径 d_0 为 8~200mm；B 型孔径 d_0 为 20~200mm。

① 尽量不选用。

2. 轴用弹性挡圈

（1）用途　用于固定安装在轴上的零件的位置，防止零件退出轴外。A 型用板材冲压制造，B 型用线材冲切制造。

（2）规格　有轴用弹性挡圈—A 型（GB/T 894.1—1986）和轴用弹性挡圈—B 型（GB/T 894.2—1986）两种外形和主要尺寸见图 7-30 和表 7-36。

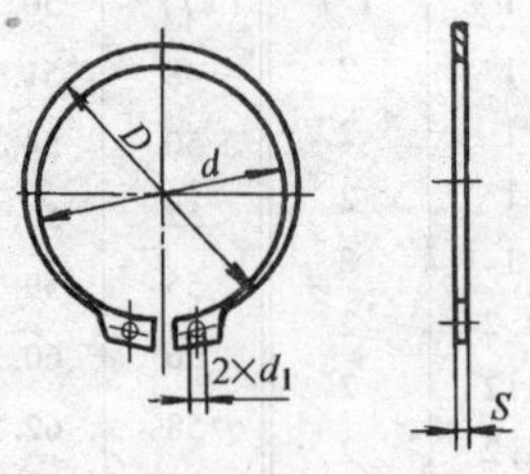

图 7-30　轴用弹性挡圈

表 7-36 轴用弹性挡圈的主要尺寸 （单位：mm）

轴径 d_0	内径 d	外径 D	厚度 S	钳孔 d_1	轴径 d_0	内径 d	外径 D	厚度 S	钳孔 d_1
3	2.7	3.9	0.4	1	56	51.8	61	2	3
4	3.7	5	0.4	1	58	53.8	63	2	3
5	4.7	6.4	0.6	1	60	55.8	65	2	3
6	5.6	7.6	0.6	1.2	62	57.8	67	2	3
7	6.5	8.48	0.6	1.2	63	58.8	68	2.5	3
8	7.4	9.38	0.8	1.2	65	60.8	70	2.5	3
9	8.4	10.56	0.8	1.2	68	63.5	73	2.5	3
10	9.3	11.5	1	1.5	70	66.5	75	2.5	3
11	10.2	12.5	1	1.5	72	67.5	77	2.5	3
12	11	13.6	1	1.5	75	70.5	80	2.5	3
13	11.9	14.7	1	1.7	78	73.5	83	2.5	3
14	12.9	15.7	1	1.7	80	74.5	85	2.5	3
15	13.8	16.8	1	1.7	82	76.5	87	2.5	3
16	14.7	18.2	1	1.7	85	79.5	90	2.5	3
17	15.7	19.4	1	1.7	88	82.5	93	2.5	3
18	16.5	20.2	1	1.7	90	84.5	96	2.5	3
19	17.5	21.2	1	2	95	89.5	103.3	2.5	3
20	18.5	22.5	1	2	100	94.5	108.5	2.5	3
21	19.5	23.5	1	2	105	98	114	3	3
22	20.5	24.5	1	2	110	103	120	3	4
24	22.2	27.2	1.2	2	115	108	126	3	4
25	23.2	28.2	1.2	2	120	113	131	3	4
26	24.2	29.2	1.2	2	125	118	137	3	4
28	25.9	31.3	1.2	2	130	123	142	3	4
29	26.9	32.5	1.2	2	135	128	148	3	4
30	27.9	33.5	1.2	2	140	133	153	3	4
32	29.6	35.5	1.2	2.5	145	138	158	3	4
34	31.5	38	1.5	2.5	150	142	162	3	4
35	32.2	39	1.5	2.5	155	146	167	3	4
36	33.2	40	1.5	2.5	160	151	172	3	4
37	34.2	41	1.5	2.5	165	155.5	177.1	3	4
38	35.2	42.7	1.5	2.5	170	160.5	182	3	4
40	36.5	44	1.5	2.5	175	165.5	187.5	3	4
42	38.5	46	1.5	3	180	170.5	193	3	4
45	41.5	49	1.5	3	185	175.5	198.3	3	4
48	44.5	52	1.5	3	190	180.5	203.3	3	4
50	45.8	54	2	3	195	185.5	209	3	4
52	47.8	56	2	3	200	190.5	214	3	4
55	50.8	59	2	3					

注：A 型轴径 d_0 为 3~200mm；B 型轴径 d_0 为 20~200mm。

3. 锁紧挡圈

（1）用途　用于在轴上固定螺钉和销钉。

（2）规格　外形和主要尺寸见图7-31和表7-37。

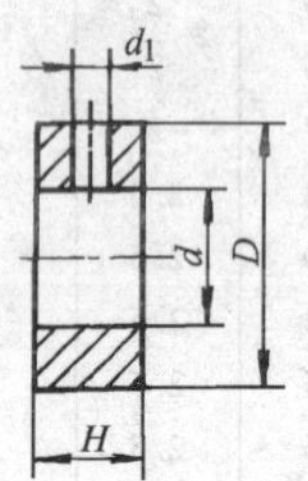

锥销锁紧挡圈
GB/T 883—1986

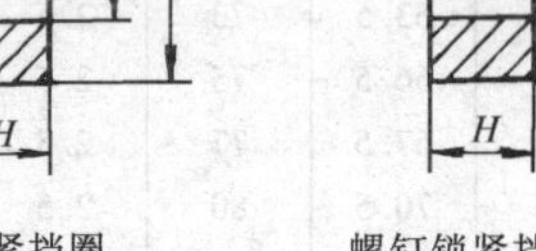

螺钉锁紧挡圈
GB/T 884—1986

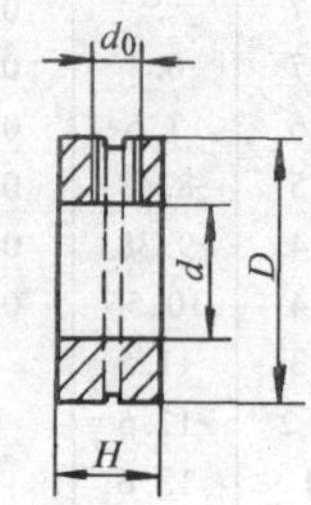

带锁圈的螺钉锁紧挡圈
GB/T 885—1986

图7-31　锁紧挡圈

表7-37　锁紧挡圈的主要尺寸　　（单位：mm）

<table>
<tr><td>公称直径 d</td><td>8</td><td>10</td><td>12</td><td>14</td><td>15</td><td>16</td><td>17</td><td>18</td><td>20</td><td>22</td><td>25</td><td>28</td><td>30</td><td>32</td><td>35</td><td>40</td><td>45</td><td>50</td><td>55</td><td>60</td><td>65</td><td>70</td></tr>
<tr><td>H</td><td colspan="3">10</td><td colspan="7">12</td><td colspan="4">14</td><td colspan="2">16</td><td colspan="3">18</td><td colspan="3">20</td></tr>
<tr><td>D</td><td>20</td><td>22</td><td>25</td><td>28</td><td colspan="2">30</td><td colspan="2">32</td><td>35</td><td>38</td><td>42</td><td>45</td><td>48</td><td>52</td><td>56</td><td>62</td><td>70</td><td>80</td><td>85</td><td>90</td><td>95</td><td>100</td></tr>
<tr><td>d_1</td><td colspan="3">3</td><td colspan="6">4</td><td colspan="3">5</td><td colspan="5">6</td><td colspan="3">8</td><td colspan="2">10</td></tr>
<tr><td>d_0</td><td colspan="3">M5</td><td colspan="7">M6</td><td colspan="4">M8</td><td colspan="8">M10</td></tr>
<tr><td>圆锥销尺寸
GB/T 117—2000</td><td colspan="2">3×22</td><td>3×25</td><td>4×28</td><td colspan="4">4×32</td><td>4×35</td><td>5×40</td><td colspan="2">5×45</td><td>6×50</td><td colspan="2">6×55</td><td>6×60</td><td>6×70</td><td>6×80</td><td colspan="2">8×90</td><td colspan="2">10×100</td></tr>
<tr><td>螺钉尺寸
GB/T 71—1985</td><td colspan="3">M5×8</td><td colspan="7">M6×10</td><td colspan="4">M8×12</td><td colspan="3">M10×16</td><td colspan="5">M10×20</td></tr>
<tr><td>锁圈尺寸
GB/T 921—1986</td><td>15</td><td>17</td><td>20</td><td>23</td><td colspan="2">25</td><td colspan="2">27</td><td>30</td><td>32</td><td>35</td><td>38</td><td>41</td><td>44</td><td>47</td><td>54</td><td>62</td><td>71</td><td>76</td><td>81</td><td>86</td><td>91</td></tr>
</table>

<table>
<tr><td>公称直径 d</td><td>75</td><td>80</td><td>85</td><td>90</td><td>95</td><td>100</td><td>105</td><td>110</td><td>115</td><td>120</td><td>130</td><td>140</td><td>150</td><td>160</td><td>170</td><td>180</td><td>190</td><td>200</td></tr>
<tr><td>H</td><td colspan="4">22</td><td colspan="3">25</td><td colspan="11">30</td></tr>
<tr><td>D</td><td>110</td><td>115</td><td>120</td><td>125</td><td>130</td><td>135</td><td>140</td><td>150</td><td>155</td><td>160</td><td>170</td><td>180</td><td>200</td><td>210</td><td>220</td><td>230</td><td>240</td><td>250</td></tr>
<tr><td>d_1</td><td colspan="7">10</td><td colspan="4">12</td><td colspan="7"></td></tr>
<tr><td>d_0</td><td colspan="18">M12</td></tr>
<tr><td>圆锥销尺寸
GB/T 117—2000</td><td colspan="4">10×120</td><td>10×130</td><td colspan="2">10×140</td><td colspan="2">12×150</td><td>12×160</td><td>12×180</td><td colspan="7"></td></tr>
<tr><td>螺钉尺寸
GB/T 71—1985</td><td colspan="12">M12×25</td><td colspan="6">M12×30</td></tr>
<tr><td>锁圈尺寸
GB/T 921—1986</td><td>100</td><td>105</td><td>110</td><td>115</td><td>120</td><td>124</td><td>129</td><td>136</td><td>142</td><td>147</td><td>156</td><td>166</td><td>186</td><td>196</td><td>206</td><td>216</td><td>226</td><td>236</td></tr>
</table>

七、销

1. 圆柱销（GB/T 119.1、2—2000）

（1）用途　用于轴上固定零件，传递力。用于工模具定位。

（2）规格　外形和主要尺寸见图 7-32 和表 7-38。

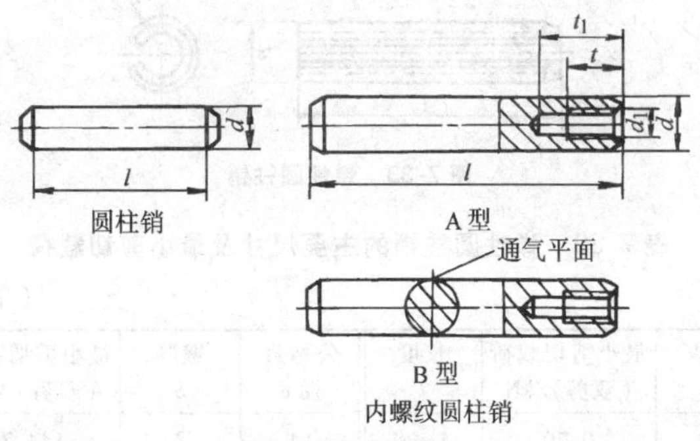

图 7-32　圆柱销

表 7-38　圆柱销的主要尺寸　（单位：mm）

1）圆柱销商品规格（GB/T 119.1～119.2—2000）

公称直径 d①	长 度 l	公称直径 d①	长 度 l	公称直径 d①	长 度 l
0.6	2～6	3	8～28	16	26～180
0.8	2～8	4	8～40	20	35～200
1	4～10	5	10～15	25	50～200
1.2	4～12	6	12～60	30	60～200
1.5	4～16	8	14～80	40	80～200
2	6～20	10	18～95	50	95～200
2.5	6～24	12	22～140		

2）内螺纹圆柱销商品规格（GB/T 120.1～120.2—2000）

公称直径 d②	螺纹规格 d_1	螺纹长度 $t \geqslant$	螺孔深度 t_1	长 度 l	公称直径 d②	螺纹规格 d_1	螺纹长度 $t \geqslant$	螺孔深度 t_1	长 度 l
6	M4	6	10	16～60	20	M10	18	28	40～200
8	M5	8	12	18～80	25	M16	24	35	50～200
10	M6	10	16	22～100	30	M20	30	40	60～200
12	M6	12	20	26～120	40	M20	30	40	80～200
16	M8	16	25	32～160	50	M24	36	50	100～200

注：长度系列（mm）：2、3、4、5、6、8、10、12、14、16、18、20、22、24、26、28、30、32、35、40、45、50、55、60、65、70、75、80、85、90、95、100、120、140、160、180、200。

① 不淬硬钢和奥氏体不锈钢 d=0.6～50mm；淬硬钢和马氏体不锈钢 d=1～50mm。

② 不淬硬钢和奥氏体不锈钢、淬硬钢和马氏体不锈钢 d=6～50mm。

2. 弹性圆柱销（GB/T 879.1～5—2000）

（1）用途 装入销孔后不易松动，用于冲击、振动场合，精度不高。

（2）规格 外形和主要尺寸及最小剪切载荷见图7-33和表7-39。

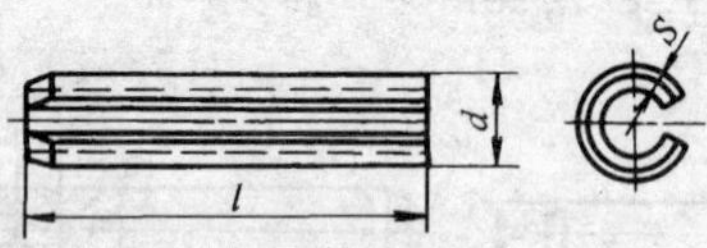

图7-33 弹性圆柱销

表7-39 弹性圆柱销的主要尺寸及最小剪切载荷

（单位：mm）

公称直径 d	壁厚 S	最小剪切载荷（双剪）/kN	长度 l	公称直径 d	壁厚 S	最小剪切载荷（双剪）/kN	长度 l
1	0.2	0.70	4～20	14	3	144.7	10～200
1.5	0.3	1.58	4～20	16	3	171.0	10～200
2	0.4	2.80	4～30	18	3.5	222.5	10～200
2.5	0.5	4.38	4～30	20	4	280.6	10～200
3	0.5	6.32	4～40	21	4	298.2	14～200
3.5	0.75	9.06	4～40	25	5	438.5	14～200
4	0.8	11.24	4～50	28	5.5	542.6	14～200
4.5	1	15.36	5～80	30	6	631.4	14～200
5	1	17.54	5～80	32	6	684	20～200
6	1.2	26.04	10～100	35	7	859	20～200
8	1.5	42.7	10～120	38	7.5	1003	20～200
10	2	70.16	10～160	40	7.5	1068	20～200
12	2.5	104.1	10～180	45	8.5	1360	20～200
13	2.5	115.1	10～180	50	9.5	1685	20～200
l系列尺寸：4、5、6、8、10、12、14、16、18、20、22、24、26、28、30、32、35、40、45、50、55、60、65、70、75、80、85、90、95、100、120、140、160、180、200							

3. 圆锥销（GB/T 117、118—2000）

（1）用途 用于定位，固定零件，传递动力，销与销孔之间连接紧密，容易对准，可自锁。

（2）规格 外形和主要尺寸见图7-34和表7-40。

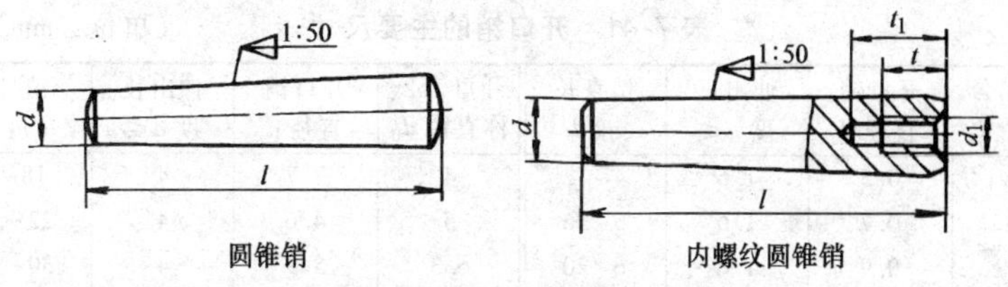

（GB/T 117—2000）　　（GB/T 118—2000）

图 7-34　圆锥销

表 7-40　圆锥销的主要尺寸　（单位：mm）

1）圆锥销商品规格（GB/T 117—2000）

公称直径 d	长 度 l	公称直径 d	长 度 l	公称直径 d	长 度 l
0.6	2~8	3	12~45	16	40~200
0.8	5~12	4	14~55	20	45~200
1	6~16	5	18~60	25	50~200
1.2	6~20	6	22~90	30	55~200
1.5	8~24	8	22~120	40	60~200
2	10~35	10	26~160	50	65~200
2.5	10~35	12	32~180		

2）内螺纹圆锥销商品规格（GB/T 118—2000）

公称直径 d	螺纹规格 d_1	螺纹长度 t	螺孔深度 t_1	长　度 l	公称直径 d	螺纹规格 d_1	螺纹长度 t	螺孔深度 t_1	长　度 l
6	M4	6	10	16~60	20	M12	18	28	40~200
8	M5	8	12	18~80	25	M16	24	35	50~200
10	M6	10	16	22~100	30	M20	30	40	60~200
12	M8	12	20	24~120	40	M20	30	40	80~200
16	M10	16	25	32~160	50	M24	36	50	100~200

注：长度系列（mm）：2、3、4、5、6、8、10、12、14、16、18、20、22、24、26、28、30、32、35、40、45、50、55、60、65、70、75、80、85、90、95、100、120、140、160、180、200。

4. 开口销（GB/T 91—2000）

（1）用途　用于经常拆卸的轴或螺杆带孔的螺栓上，使轴或螺栓上的机件不转动。

（2）规格　外形和主要尺寸见图 7-35 和表 7-41。

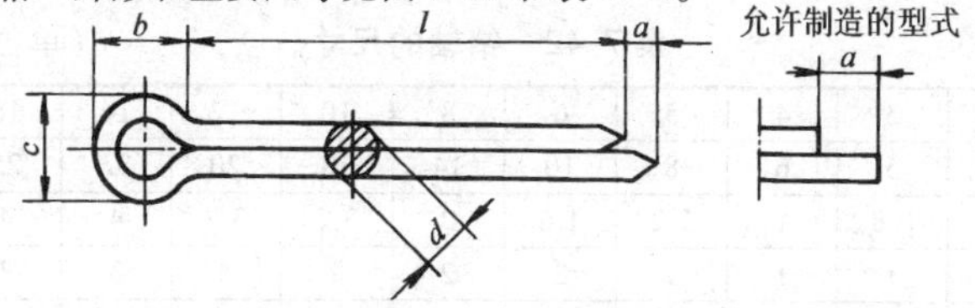

图 7-35　开口销

表 7-41 开口销的主要尺寸 （单位：mm）

开口销公称直径 d_0	开口销直径 d	伸出长度 $a\leqslant$	销身长度 l	开口销公称直径 d_0	开口销直径 d	伸出长度 $a\leqslant$	销身长度 l
0.6	0.5	1.6	4~12	4	3.7	4	18~80
0.8	0.7	1.6	5~16	5	4.6	4	22~100
1	0.9	1.6	6~20	6.3	5.9	4	30~120
1.2	1	2.5	8~26	8	7.5	4	40~160
1.6	1.4	2.5	8~32	10	9.5	6.3	45~200
2	1.8	2.5	10~40	13	12.4	6.3	71~250
2.5	2.3	2.5	12~50	16	15.4	6.3	112~280
3.2	2.9	3.2	14~65	20	19.3	6.3	160~280
l 系列尺寸：4、5、6、8、10、12、14、16、18、20、22、24、26、28、30、32、36、40、45、50、55、60、65、70、75、80、85、90、95、100、120、140、160、180、200							

注：开口销公称直径 d_0 指被销零件（轴、螺栓）上的销孔直径。

5. 销轴（GB/T 882—2008）

（1）用途 用于铁路和开口销承受交变横向力的场合，推荐采用表 7-42 规定的下一档较大的开口销及相应的孔径。

（2）规格 型式和尺寸见图 7-36 和表 7-42。

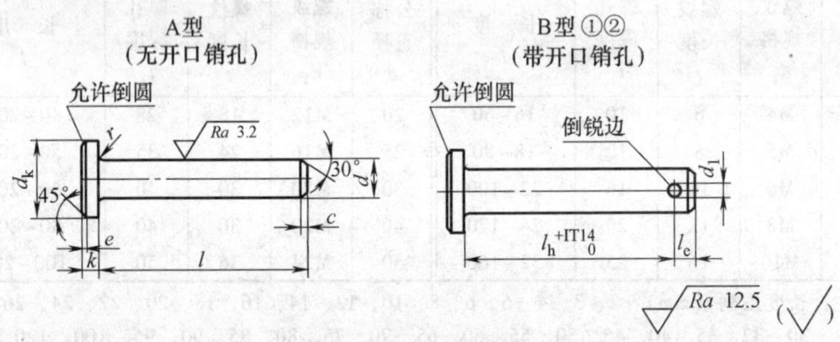

图 7-36 销轴型式

① 其余尺寸、角度和表面粗糙度值见 A 型。

② 某些情况下，不能按 $l-l_e$ 计算 l_h 尺寸，所需要的尺寸应在标记中注明，但不允许 l_h 尺寸小于表 7-39 规定的数值。

表 7-42 销轴的尺寸 （单位：mm）

d h11①	3	4	5	6	8	10	12	14	16	18
d_k h14	5	6	8	10	14	18	20	22	25	28
d_1 H13②	0.8	1	1.2	1.6	2	3.2	3.2	4	4	5
c_{max}	1	1	2	2	2	2	3	3	3	3
e ≈	0.5	0.5	1	1	1	1	1.6	1.6	1.6	1.6

（续）

k　js14	1	1	1.6	2	3	4	4	4	4.5	5
l_{emin}	1.6	2.2	2.9	3.2	3.5	4.5	5.5	6	6	7
r	0.6	0.6	0.6	0.6	0.6	0.6	0.6	0.6	0.6	1
l[3]长度系列	6~30	8~40	10~50	12~60	16~80	20~100	22~120	26~140	32~160	35~180

d　h11[1]	20	22	24	27	30	33	36	40
d_k　h14	30	33	36	40	44	47	50	55
d_1　H13[2]	5	5	6.3	6.3	8	8	8	8
c_{max}	4	4	4	4	4	4	4	4
e　≈	2	2	2	2	2	2	2	2
k　js14	5	5.5	6	6	8	8	8	8
l_{emin}	8	8	9	9	10	10	10	10
r	1	1	1	1	1	1	1	1
l[3]长度系列	40~200	45~200	50~200	55~200	60~200	65~200	70~200	80~200

d　h11[1]	45	50	55	60	70	80	90	100
d_k　h14	60	66	72	78	90	100	110	120
d_1　H13[2]	10	10	10	10	13	13	13	13
c_{max}	4	4	6	6	6	6	6	6
e　≈	2	2	3	3	3	3	3	3
k　js14	9	9	11	12	13	13	13	13
l_{emin}	12	12	14	14	16	16	16	16
r	1	1	1	1	1	1	1	1
l[3]长度系列	90~200	100~200	120~200	120~200	140~200	150~200	180~200	200

① 其他公差，如 a11、c11、f8 应由供需双方协议。

② 孔径 d_1 等于开口销的公称规格（见 GB/T 91）。

③ 6~32mm，按 2mm 递增；35~100mm，按 5mm 递增；100mm 以上按 20mm 递增。

八、铆钉

1. 半圆头铆钉

（1）用途　用于锅炉、桥梁、容器等钢结构上铆接用。

（2）规格　有半圆头铆钉（GB/T 867—1986）和半圆头铆钉（粗制）（GB/T 863.1—1986）两种，外形和主要尺寸见图 7-37 和表 7-43。

表 7-43　半圆头铆钉的主要尺寸　　　（单位：mm）

公称直径 d	头部尺寸		公称长度 l	公称直径 d	头部尺寸		公称长度 l	
	直径 d_k	高度 K	精制		直径 d_k	高度 K	精制	粗制
0.6	1.1	0.4	1~6	6	11	3.6	8~60	—
0.8	1.4	0.5	1.5~8	8	14	4.8	16~65	—
1	1.8	0.6	2~8	10	17	6	16~85	—
1.4	2.5	0.8	3~12	12	21	8	20~90	20~90
2	3.5	1.2	3~16	16	29	10	26~110	26~110
2.5	4.6	1.6	5~20	20	35	14	—	32~150
3	5.3	1.8	5~26	24	43	17	—	52~180
4	7.1	2.4	7~50	30	53	21	—	55~180
5	8.8	3	7~55	36	62	25	—	58~200
l系列尺寸：1、1.5、2、2.5、3、3.5、4、5、6、7、8、9、10、11、12、13、14、15、16、17、18、19、20、22、24、26、28、30、32、34、36、38、40、42、44、46、48、50、52、54、56、58、60、62、65、68、70、75、80、85、90、95、100、110、120、130、140、150、160、170、180、190、200								

2. 沉头铆钉

（1）用途　用于表面不允许露出头部的铆接。

（2）规格　有沉头铆钉（GB/T 869—1986）和沉头铆钉（粗制）两种。外形和主要尺寸见图 7-38 和表 7-44。

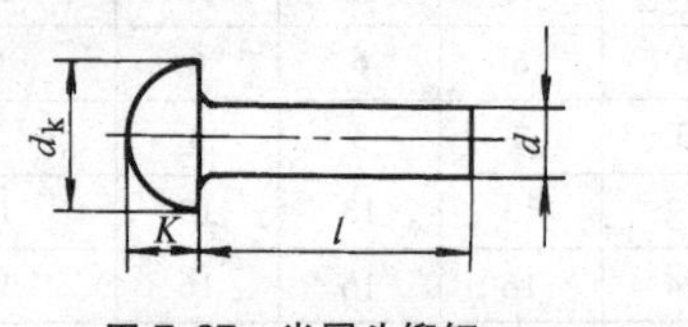

图 7-37　半圆头铆钉

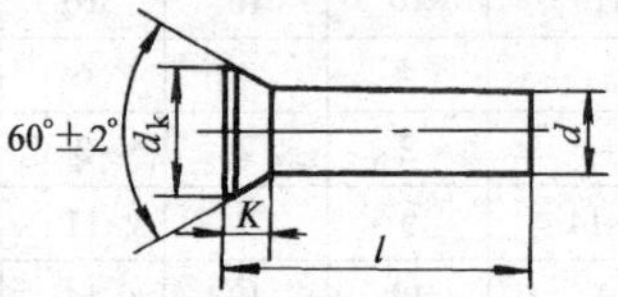

图 7-38　沉头铆钉

表 7-44　沉头铆钉的主要尺寸

公称直径 d	头部尺寸		公称长度 l	公称直径 d	头部尺寸		公称长度 l	
	直径 d_k	高度 K	精制		直径 d_k	高度 K	精制	粗制
1	1.9	0.5	2~8	8	14	3.2	12~60	—
1.4	2.7	0.7	3~12	10	17.6	4	16~75	—
2	3.9	1	3.5~16	12	18.6	6	18~75	20~75
2.5	4.6	1.1	5~18	16	24.7	8	24~100	24~100
3	5.2	1.2	5~22	20	32	11	—	30~150
4	7	1.6	6~30	24	39	13	—	50~180
5	8.8	2	6~50	30	50	17	—	60~200
6	10.4	2.4	6~50	36	58	19	—	65~200

注：l系列尺寸见表 7-40。

3. 平头铆钉（GB/T 109—1986）

（1）用途 用于打包钢带及箍圈等扁薄件的铆接。

（2）规格 外形和主要尺寸见图 7-39 和表 7-45。

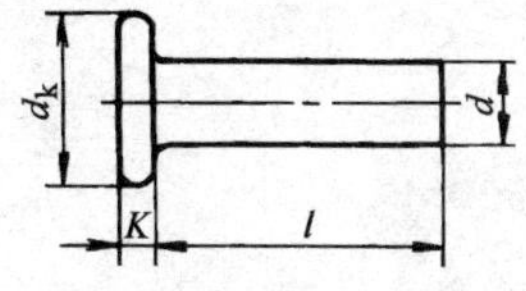

图 7-39 平头铆钉

表 7-45 平头铆钉的主要尺寸 （单位：mm）

公称直径 d	2	2.5	3	4	5	6	8	10
头部直径 d_k	4	5	6	8	10	12	16	20
头部高度 K	1	1.2	1.4	1.8	2	2.4	2.8	3.2
公称长度 l	4~8	5~10	6~14	8~22	10~26	12~30	16~30	20~30
l 系列尺寸	4、5、6、7、8、9、10、11、12、13、14、15、16、17、18、19、20、22、24、26、28、30							

第八章 焊接材料与设备

一、焊接基础

1. 焊接材料分类（表 8-1）

表 8-1 焊接材料分类

焊接工艺	焊接材料类型
焊条电弧焊	焊条（普通焊条、专用焊条）
气体保护焊	焊丝（实心焊丝、药芯焊丝）+保护气体（活性气体、惰性气体、混合气体）
埋弧焊、电渣焊	焊丝+焊剂（熔炼焊剂、非熔炼焊剂）
钎焊	钎剂、钎料

2. 常用焊接方法的适用范围（表 8-2）

表 8-2 常用焊接方法的适用范围

焊接方法		材料		接头形式			板厚			焊件种类										费用	
		钢铁	有色金属	对接	T形接头	搭接	薄板	厚板	超厚板	建筑	机械	车辆	桥梁	船舶	压力容器	核反应堆	汽车	飞机	家用电器	设备费用	焊接费用
熔焊	焊条电弧焊	A	B	A	A	A	B	A	B	A	A	A	A	A	A	A	B	B	B	少	少
	螺柱焊	A	C	C	A	D	C	A	B	A	A	A	B	A	B	B	B	C	B	中	少
	CO_2 气体保护焊	A	D	A	A	A	C	A	B	A	A	A	A	A	A	B	B	C	B	中	少
	MIG 焊	B	A	A	A	A	C	A	A	B	B	B	C	B	B	A	B	B	B	中	中
	TIG 焊	B	A	A	A	A	A	B	C	B	B	B	C	B	B	A	A	A	A	少	中
	气焊	A	B	A	A	A	A	B	D	C	C	C	C	C	D	D	B	B	B	少	中
	铝热焊	A	D	A	A	B	D	C	A	C	B	C	C	D	C	D	D	D	D	少	中
	电子束焊	A	A	A	A	B	A	B	B	D	D	D	D	B	B	B	C	B	C	大	中
	电渣焊	A	D	A	A	B	D	C	A	C	B	C	C	B	B	B	D	D	D	大	少
	埋弧焊	A	B	A	A	A	C	A	A	A	A	A	A	A	A	A	B	C	C	中	少
压焊	点焊	A	A	D	C	A	A	C	D	C	C	B	C	C	C	C	A	A	A	大	中
	缝焊	A	B	D	D	A	A	C	D	D	C	B	C	C	D	C	A	A	A	大	中
	凸焊	A	B	C	C	A	A	C	D	D	D	C	D	D	D	D	B	B	A	大	中
	锻焊	A	C	A	C	D	C	A	C	C	C	C	D	C	D	C	B	C	C	中	少
	闪光对焊	A	B	A	C	D	C	A	C	B	B	B	C	B	C	B	A	A	B	大	少
	冷压焊	B	B	C	C	A	A	C	D	D	C	D	D	C	D	C	C	C	B	中	少
	超声波焊	A	A	D	C	A	A	C	D	D	C	D	D	D	D	C	B	B	B	中	少
	气压焊	A	D	A	B	C	C	A	C	B	C	C	C	C	C	D	C	C	D	中	少
钎焊		A	B	C	C	A	A	B	D	D	C	D	D	C	D	B	B	B	B	少	中

注：A—最佳；B—佳；C—差；D—极差。

二、焊条

1. 焊条分类（表 8-3）

表 8-3 焊条分类

焊条型号				焊条牌号		
序号	焊条分类	代号	国家标准	序号	焊条分类（按用途分类）	代号 汉字(字母)
1	非合金钢及细晶粒钢焊条	E	GB/T5117—2012	1	结构钢焊条	结（J）
2	热强钢焊条	E	GB/T5118—2012	2	钼及铬钼耐热钢焊条	热（R）
				3	低温钢焊条	温（W）
3	不锈钢焊条	E	GB/T 983—2012	4	不锈钢焊条 ①铬不锈钢焊条 ②铬镍不锈钢焊条	 铬（G） 奥（A）
4	堆焊焊条	ED	GB/T 984—2001	5	堆焊焊条	堆（D）
5	铸铁焊条	EZ	GB/T 10044—2006	6	铸铁焊条	铸（Z）
6	镍及镍合金焊条	ENi	GB/T13814—2008	7	镍及镍合金焊条	镍（Ni）
7	铜及铜合金焊条	ECu	GB/T 3670—1995	8	铜及铜合金焊条	铜（T）
8	铝及铝合金焊条	E	GB/T 3669—2001	9	铝及铝合金焊条	铝（L）
	—	—		10	特殊用途焊条	特（TS）

2. 焊条牌号

（1）焊条牌号表示形式

| 代号 | 1 | 2 | 3 | 补充代号 |

牌号中各单元表示方法：

代号 ——用字母（旧用汉字）表示焊条的大类（主要用途）

第 1、2 位——用数学表示焊条的强度等级、具体用途或焊缝金属主要化学成分组成等级。

第 3 位——用数字表示焊条的药皮类型和适用电源。

补充代号 ——用字母（旧用汉字）和数字表示焊条的性能补充说明。

注：在各种焊条的国家标准中，规定了焊条的型号。但焊条行业在焊条产品样本、目录或说明书中，仍习惯采用牌号表示，另用“符合国标型号××××”表示。

【例】 J422 低碳钢焊条，符合国标型号 E4303。

（2）焊条牌号中代号表示意义（见表 8-4）

表 8-4　焊条牌号中代号表示意义

代号	焊条大类名称	代号	焊条大类名称
J(结)	结构钢焊条	Z(铸)	铸铁焊条
R(热)	钼和铬钼耐热钢焊条	Ni(镍)	镍及镍合金焊条
G(铬)	铬不锈钢焊条	T或Cu(铜)	铜及铜合金焊条
A(奥)	奥氏体不锈钢焊条	L或Al(铝)	铝及铝合金焊条
W(温)	低温钢焊条	TS(特殊)	特殊用途焊条
D(堆)	堆焊焊条		

注：括号内是旧牌号用的汉字代号，以下同。

（3）焊条牌号中第1、2位数字表示意义（表8-5）

表 8-5　焊条牌号中第1、2位数字表示意义

焊条大类	第1、2位数字表示意义
结构钢焊条	表示焊缝金属抗拉强度等级，各牌号表示的抗拉强度等级/屈服强度等级如下，单位为MPa J42—420/330　J75—740/640 J50—490/410　J80—780/— J55—540/440　J85—830/740 J60—590/530　J10—980/— J70—690/590
钼和铬钼耐热钢焊条	第1位数字表示焊缝金属主要化学成分组成等级，第2位数字表示同一焊缝金属主要化学成分组成，各牌号表示意义如下，单位为%（质量分数）： R1×—Mo≈0.5　R5×—Cr≈5、Mo≈0.5 R2×—Cr≈0.5、Mo≈0.5　R6×—Cr≈7、Mo≈1 R3×—Cr≈1.2、Mo≈0.5~1.0　R7×—Cr≈9、Mo≈1 R4×—Cr≈2.5、Mo≈1　R8×—Cr≈11、Mo≈1
不锈钢焊条	表示方法与耐热钢焊条相同，各牌号表示意义如下，单位为%（质量分数）： G2×—Cr≈13　A4×—Cr≈26、Ni≈21 G3×—Cr≈17　A5×—Cr≈16、Ni≈25 A0×—C≤0.04　A6×—Cr≈16、Ni≈35 A1×—Cr≈19、Ni≈10　A7×—Cr≈15、Ni≈2 A2×—Cr≈18、Ni≈12　A8×—Cr≈19、Ni≈18 A3×—Cr≈23、Ni≈13　A9×—待发展
低温钢焊条	表示焊条工作温度等级，各牌号表示的工作温度如下： 牌号　W70　W90　W10　W19　W25 工作温度/℃　-70　-90　-100　-190　-250
堆焊焊条	前2位数字表示焊条的用途、组织或焊缝金属主要化学成分组成等级，各牌号表示意义如下： D00×~09×—不规定　D50×—阀门用 D10×—常温不同硬度用　D60×—合金铸铁型 D25×—常温高锰钢用　D70×—碳化钨型 D30×—刀具及工具用　D80×—钴基合金型 D90×—待发展

(续)

焊条大类	第1、2位数字表示意义
铸铁焊条	表示方法与耐热钢焊条相同,各牌号表示意义如下: Z1×—碳钢或高钒钢型　Z5×—镍铜型 Z2×—铸铁(包括球墨铸铁)型　Z6×—铜铁型 Z3×—纯镍型　Z7×—待发展 Z4×—镍铁型
镍及镍合金焊条 铜及铜合金焊条 铝及铝合金焊条	表示方法与耐热钢焊条相同,各牌号表示意义如下: Ni1×—纯镍型　Ni2×—镍铜型 Ni3×—镍铬型　Ni4×—待发展 T1×—纯铜型　T3×—白铜型 T2×—青铜型　T4×—待发展 L1×—纯铝型　L3×—铝锰型 L2×—铝硅型　L4×—铝镁型
特殊用途焊条	第1位数字表示焊条的用途,第2位数字表示同一用途中的不同牌号,各牌号表示意义如下: TS2×—水下焊接用　TS6×—铁锰铝焊条 TS3×—水下切割用　TSX×—特细焊条 TS4×—铸铁件补焊前开坡口用 TS5×—电渣焊用管状焊条

(4) 焊条牌号中第3位数字表示意义(表8-6)

表8-6 焊条牌号中第3位数字表示意义

序号	药皮类型	电源种类	药皮性能及用途
0	不属已规定的类型	不规定	在某些焊条中采用氧化锆、金红石碱性型等,这些新渣系目前尚未形成系列
1	氧化钛型	DC(直流) AC(交流)	含多量氧化钛,焊条工艺性能良好,电弧稳定,再引弧方便,飞溅很小,熔深较浅,熔渣覆盖性良好,脱渣容易,焊缝波纹特别美观,可全位置焊接,尤宜于薄板焊接。但焊缝塑性和抗裂性稍差。随药皮中钾、钠及铁粉等用量的变化,分为高钛钾型、高钛钠型及铁粉钛型等
2	钛钙型	DC,AC	药皮中含氧化钛30%(质量分数)以上,钙、镁的碳酸盐20%(质量分数)以下,焊条工艺性能良好,熔渣流动性好,熔深一般,电弧稳定,焊缝成形美观,脱渣方便,适用于全位置焊接,如J422即属此类型,是目前碳钢焊条中使用最广泛的一种焊条
3	钛铁矿型	DC,AC	药皮中含钛铁矿不小于30%(质量分数),焊条熔化速度快,熔渣流动性好,熔深较深,脱渣容易,焊波整齐,电弧稳定,平焊、平角焊工艺性能较好,立焊稍差,焊缝有较好的抗裂性
4	氧化铁型	DC,AC	药皮中含多量氧化铁和较多的锰铁脱氧剂,熔深大,熔化速度快,焊接生产率较高,电弧稳定,再引弧方便,立焊、仰焊较困难,飞溅稍大,焊缝抗热裂性能较好,适用于中厚板焊接。由于电弧吹力大,适于野外操作。若药皮中加入一定量的铁粉,则为铁粉氧化铁型

（续）

序号	药皮类型	电源种类	药皮性能及用途
5	纤维素型	DC,AC	药皮中含15%(质量分数)以上的有机物,30%(质量分数)左右的氧化钛,焊接工艺性能良好,电弧稳定,电弧吹力大,熔深大,熔渣少,脱渣容易。可作立向下焊、深熔焊或单面焊双面成形焊接。立、仰焊工艺性好,适用于薄板结构、油箱、管道、车辆壳体等焊接。随药皮中稳弧剂、粘合剂含量变化,分为高纤维素钠型(采用直流反接)、高纤维素钾型两类
6	低氢钾型	DC,AC	药皮组分以碳酸盐和萤石为主。焊条使用前须经300~400℃烘焙。短弧操作,焊接工艺性一般,可全位置焊接。焊缝有良好的抗裂性和综合力学性能。适用于焊接重要的焊接结构。按照药皮中稳弧剂量、铁粉量和粘合剂不同,分为低氢钠型、低氢钾型和铁粉低氢型等
7	低氢钠型	DC	
8	石墨型	DC,AC	药皮中含有多量石墨,通常用于铸铁或堆焊焊条。采用低碳钢焊芯时,焊接工艺性能较差,飞溅较多,烟雾较大,熔渣少,适用于平焊。采用有色金属焊芯时,能改善其工艺性能,但电流不宜过大
9	盐基型	DC	药皮中含多量氯化物和氟化物,主要用于铝及铝合金焊条。吸潮性强,焊前要烘干。药皮熔点低,熔化速度快。采用直流电源,焊接工艺性较差,短弧操作,熔渣有腐蚀性,焊后需用热水清洗

3. 常用非合金及细晶粒钢焊条牌号与用途（表8-7）

表8-7 常用非合金及细晶粒钢焊条牌号与用途

序号	牌号	型号	相当于AWS牌号	特征和用途
1	J421	E4313	E4013	交直流两用,可全位置焊,工艺性能好,再引弧容易。用于焊接低碳钢结构,尤适于薄板小件及短焊缝的间断焊和要求表面光洁的盖面焊
2	J421X	E4313	E4013	立向下专用焊条,交直流两用,工艺性能好、焊缝成形美观、易脱渣,引弧和再引弧容易。用于一般船用碳钢及镀锌钢板焊接,尤适于薄板及间断焊
3	J421Fe	E4313	E4013	高效铁粉焊条,交直流两用,可全位置焊,工艺性能好,飞溅小,焊缝成形美观,再引弧容易。焊接一般船用碳钢结构,尤适于薄板及短焊缝的间断焊和要求表面光洁的盖面焊
4	J421Fe13	E4324	—	熔敷效率125%~135%的铁粉焊条,交直流两用,适于平焊、平角焊,再引弧容易,工艺性能好,飞溅小,焊缝成形美观。焊接一般低碳钢结构,尤适于薄板及短焊缝的间断焊和要求表面光洁的盖面焊

（续）

序号	牌　号	型　号	相当于AWS牌　号	特　征　和　用　途
5	J421Fe16	E4324	—	熔敷效率155%~165%的钛型药皮铁粉焊条，交直流两用，适于平焊、平角焊，再引弧容易、飞溅小、焊缝成形美观。用于一般低碳钢结构和要求表面光洁的盖面焊
6	J421Fe18	E4324	—	熔敷效率180%的钛型药皮高效铁粉焊条，工艺性能好，电弧稳定，飞溅小，脱渣容易，焊缝成形美观，引弧性能好，焊接速度快，烟尘小。适于船体结构低碳钢和相应等级的普通低碳钢的平焊、平角焊
7	J421Z	E4324	—	钛型铁粉药皮的重力焊碳钢焊条，交直流两用，焊道厚度可通过选择焊条的直径和改变焊缝的长度来控制
8	J422	E4303	—	钛钙型药皮的碳钢焊条，焊接工艺性能好，电弧稳定，焊缝成形美观，飞溅小，交直流两用，可全位置焊。用于焊接较重要的低碳钢结构和强度等级低的低合金钢
9	J422Y	E4303	—	钛钙型药皮的碳钢焊条，主要用于空载电压36V电源，交直流两用，焊接工艺性好。在低电压下焊接低碳钢薄板和强度等级低的低合金钢薄板
10	J422GM	E4303	—	钛钙型药皮的盖面焊专用焊条，良好的焊接工艺性能和力学性能，再引弧、脱渣容易，焊缝表面光洁，交直流两用，可全位置焊。适用于海上平台、船舶、车辆、工程机械等盖面焊缝的焊接
11	J422Fe	E4303	—	钛钙型药皮的铁粉焊条，交直流两用，可全位置焊。适用于较重要的低碳钢结构的焊接
12	J424	E4320	E4020	氧化铁型药皮的碳钢焊条，交直流两用，熔深大，熔化速度快，由于焊条中含锰量较高，抗热裂性能较好。适于平焊和平角焊，可焊接较重要的碳钢结构
13	J424Fe14	E4327	E4027	铁粉氧化铁型药皮的低碳钢高效焊条，熔敷效率为140%左右，交直流两用，电弧稳定，熔深大，熔化速度快，由于焊条中含锰量较高，抗热裂性能较好，适于平焊和平角焊。可焊接较重要的碳钢结构
14	J424Fe16	E4327	E4027	铁粉氧化铁型药皮高效焊条，熔敷效率为155%~165%，交直流两用，电弧吹力大，熔深大，熔化速度快，由于焊条中含锰量较高，抗热裂性能较好，适于平焊和平角焊。可焊接较重要的碳钢结构

（续）

序号	牌 号	型 号	相当于AWS牌 号	特 征 和 用 途
15	J424Fe18	E4327	E4027	铁粉氧化铁型药皮高效焊条，熔敷效率达180%，交直流两用，电弧稳定，熔深大，熔化速度快，由于焊条中含锰量较高，抗热裂性能较好，适于平焊和平角焊。可焊接较重要的碳钢结构
16	J425	E4311	E4311	纤维素钾型药皮的向下立焊专用碳钢焊条，交直流两用，向下立焊时焊缝成形美观，焊接效率高，焊条摆动不宜过宽，电弧长度要适宜。适用于薄板结构的对接、角接及搭接焊，如电站烟道、风道、变压器的油箱、船体和车辆外板的低碳钢结构
17	J425G	E4310	E4010	高纤维素钠型药皮的向下立焊条，适用于管线现场环焊缝全位置向下立焊接，采用直流反极性，底层焊时可单面焊双面成形，焊接速度快。用于各种碳钢钢管的环缝对接
18	J426	E4316	—	低氢钾型碱性药皮的碳钢焊条，具有良好的力学性能和抗裂性能，交直流两用，可全位置焊，交流施焊时，在性能稳定性方面稍次于直流焊接。用于焊接重要的低碳钢和低合金钢的结构，如Q295(09Mn2)等
19	J426X	E4316	—	低氢钾型碱性药皮交直流两用向下立角焊缝专用焊条，具有良好的焊接工艺性能，在施焊过程中从上向下进行焊接，波纹均匀，焊缝成形美观。用于碳钢和低合金钢结构的向下立角焊缝的焊接
20	J426H	E4316	—	低氢钾型碱性药皮的碳钢焊条，扩散氢含量极低，塑性、低温韧性、抗裂性良好，交直流两用，可全位置焊。用于重要的碳钢和低合金钢结构的焊接
21	J426DF	E4316	—	低氢钾型碱性药皮的低尘碳钢焊条，具有良好的力学性能和抗裂性能，交直流两用，可全位置焊，焊接时的烟尘发生量及烟尘中可溶性氟化物含量较低。用于密闭容器及通风不良工作场地的焊接；焊接重要的低碳钢和低合金钢，如Q295(09Mn2)等
22	J426Fe13	E4328	—	铁粉低氢钾型药皮的碳钢焊条，熔敷效率130%左右，交直流两用，可全位置焊，药皮含有铁粉。焊接重要的低碳钢和低合金钢，如Q295(09Mn2)等
23	J427	E4315	—	低氢钠型碱性药皮的碳钢焊条，采用直流反接，可全位置焊，具有优良的塑性、韧性及抗裂性能。焊接重要的低碳钢和低合金钢，如Q295(09Mn2)等

（续）

序号	牌　号	型　号	相当于AWS牌　号	特　征　和　用　途
24	J427X	E4315	—	低氢钠型碱性药皮立向下角焊缝专用焊条，具有良好的焊接工艺性能，在施焊过程中从上向下进行焊接。焊缝波纹均匀，焊缝成形美观。适用于碳钢和低合金钢结构的向下立角焊缝的焊接
25	J427Ni	E4315	—	低氢钠型碱性药皮的碳钢焊条，采用直流反接，可全位置焊，焊缝金属具有优良的低温冲击韧度。适用于低碳钢的焊接，如船舶用钢、锅炉、桥梁、压力容器及其他低温下承受动载荷的结构等
26	J501Fe	E5014	E4914	铁粉氧化钛型药皮焊条，交直流两用，熔敷效率为110%，可进行全位置焊。用于碳钢和低合金钢，如Q345(16Mn)等船舶、车辆及机械结构的焊接
27	J501Fe15	E5024	E4924	铁粉钛型药皮的高效焊条，熔敷效率为150%左右，交直流两用，电弧稳定，飞溅小，焊缝成形美观，适于平焊、平角焊。用于机车车辆、船舶、锅炉等结构的焊接
28	J501Fe18	E5024	E4924	氧化钛型高效率铁粉碳钢焊条，熔敷效率达180%，适合于平焊、平角焊位置的焊接。适用于低碳钢以及普通船用A级、D级钢的焊接
29	J501Z	E5024	E4924	钛型药皮铁粉重力焊碳钢焊条，性能与J501Fe一样，熔敷效率达150%以上，施焊时焊道厚度可通过选择焊条直径和改变焊缝的长度来控制。适用于碳钢和某些低合金钢的平角焊
30	J502	E5003	—	钛钙型药皮的碳钢焊条，交直流两用，可全位置焊。主要用于16Mn等低合金钢结构的焊接
31	J502Fe	E5003	—	钛钙型药皮的铁粉碳钢焊条，交直流两用，可全位置焊。适用于碳钢及相应强度等级钢结构的焊条
32	J502Fe16	E5023	—	钛钙型药皮的高效铁粉碳钢焊条，交直流两用，适用于平焊和平角焊，熔敷效率达160%左右，效率高，工艺性能好。适用于碳钢等相应强度等级钢的焊接
33	J504Fe	E5027	—	氧化铁型药皮铁粉碳钢焊条，交直流两用，电弧稳定，飞溅小，焊缝成形美观，适用于平焊和平角焊。适用于低碳钢及低合金钢，如船用钢ZCⅠ、ZCⅡ及Q345(16Mn)等

（续）

序号	牌 号	型 号	相当于AWS牌号	特 征 和 用 途
34	J504Fe14	E5027	E4927	氧化铁型药皮高效铁粉碳钢焊条，交直流两用，熔敷效率为140%左右，电弧稳定，熔深大，熔化速度快，由于焊缝中含锰量较高，抗热裂性较好，是平焊和平角焊专用焊条。可焊接重要的碳钢及低合金钢结构
35	J505	E5011	—	高纤维素钾型药皮向下立焊专用焊条，交直流两用，下行焊时，钢液及熔渣不下淌，电弧吹力大，熔深大，底层焊可单面焊双面成形，焊接效率高。用于碳钢及低合金高强度钢Q345(16Mn)、Q420(15MnVN)等管道的焊接
36	J505MoD	E5011	—	纤维素钾型药皮底层焊焊条，交直流两用，具有电弧穿透力大，不易产生气孔、夹渣等焊接缺陷，不宜多层焊和封面焊。作底层焊时，应挑弧焊以免钢液下淌。专用于厚壁容器及管道的底层打底焊接，提高工效和改善焊工工作条件
37	J506	E5016	E4916	低氢钾型碱性药皮焊条，具有良好的力学性能和抗裂性能，交直流两用，可全位置焊。交流施焊时，在工艺性能方面次于直流焊接。用于中碳钢和低合金高强度钢的焊接，如Q345(16Mn)等
38	J506X	E5016	E4916	低氢钾型碱性药皮交直流两用向下立角焊缝专用焊条，具有良好的焊接工艺性能，在施焊过程中从上向下进行焊接，焊缝波纹均匀、美观。适用于船体结构的向下立角焊缝的焊接
39	J506H	E5016-1	—	低氢钾型碱性药皮的超低氢焊条，扩散氢含量极低，塑性、低温韧性、抗裂性良好，交直流两用，可全位置焊。用于重要的碳钢和低合金钢结构的焊接
40	J506D	E5016	E4916	低氢钾型碱性药皮底层焊条，交直流两用，可全位置焊，打底焊时单面焊双面成形，电弧稳定，焊缝成形美观。专用于底层打底焊接，提高工效和改善焊工工作条件，但不宜作多层焊
41	J506DF	E5016	—	低氢钾型碱性药皮的低尘焊条，交直流两用，可全位置焊，具有良好的力学性能和抗裂性能，焊接时的烟尘发生量及烟尘中可溶性氟化物含量较低。适用于密闭容器及通风不良工作场所的焊接，用于中碳钢和低合金钢的焊接

(续)

序号	牌 号	型 号	相当于AWS牌 号	特 征 和 用 途
42	J506GM	E5016	E4916	低氢钾型碱性药皮的盖面焊条,交直流两用,具有良好的焊接工艺性和力学性能,脱渣容易,焊缝成形美观。用于碳钢、低合金钢的压力容器、石油管道、造船等盖面焊缝的焊接
43	J506LMA	E5018	E4918	低氢钾型碱性药皮低吸潮焊条,交直流两用,可全位置焊,飞溅小,脱渣容易,焊缝成形美观,工艺性能良好。药皮具有耐吸潮性能,焊条使用前经350℃×2h烘干后,在相对湿度较高(80%)的环境中使用,8h内药皮含水量仍满足使用要求,焊缝的抗裂性能较好,熔敷效率为120%左右。用于焊接较重要的碳钢、低合金钢及刚性较大的船舶结构
44	J506Fe	E5018	E4918	低氢钾型碱性药皮铁粉焊条,交直流两用,可全位置焊,药皮含有铁粉。用于碳钢及低合金高强度钢的焊接,如Q345(16Mn)等
45	J506Fe-1	E5018-1	—	低氢钾型碱性药皮铁粉焊条,交直流两用,可全位置焊,药皮含有铁粉,工艺性能良好,具有良好的塑性和韧性。用于碳钢及低合金高强度钢的焊接,如Q345(16Mn)等
46	J506Fe16	E5028	E4928	低氢钾型碱性药皮铁粉焊条,交直流两用,适用于平焊和平角焊,熔敷效率可达160%左右。用于碳钢及低合金高强度钢的平焊和平角焊接,如Q345(16Mn)等
47	J506Fe18	E5028	E4928	低氢钾型高效铁粉焊条,交直流两用,熔敷效率达180%左右。用于碳钢及低合金钢的平焊和平角焊接
48	J507	E5015	E4915	低氢钠型碱性药皮焊条,采用直流反接,可全位置焊,具有良好的塑性、韧性及抗裂性能。可焊接中碳钢和某些低合金高强度钢,如Q345(16Mn)、Q295(09Mn2V)等
49	J507H	E5015	E4915	低氢钠型碱性药皮的超低氢焊条,具有良好的塑性、韧性及抗裂性能,扩散氢含量很低,电弧稳定,脱渣容易,飞溅小,焊缝成形良好,采用直流反接,可全位置焊。用于重要的低合金高强度钢焊接结构
50	J507X	E5015	E4915	低氢钠型碱性药皮的向下立焊专用焊条,采用直流反接,由上向下立焊时熔渣不下淌,焊缝成形美观,脱渣好,可提高焊接效率,焊条直拖而下,一般不要摆动。用于造船、建筑、车辆、电站、机械结构等角接和搭接焊缝

（续）

序号	牌　号	型　号	相当于AWS牌　号	特　征　和　用　途
51	J507D	E5015	E4915	低氢钠型碱性药皮的底层焊专用焊条，采用直流反接，可全位置焊，单面焊双面成形，采用适当工艺操作，可避免产生气孔和夹渣等缺陷。专用于管道及厚壁容器的打底焊
52	J507DF	E5015	E4915	低氢钠型碱性药皮的低尘焊条，采用直流反接，可全位置焊，具有良好的力学性能和抗裂性能，焊接时烟尘量≤10g/kg，烟尘中可溶性氟化物含量≤10%，比一般低氢焊条低，适于密闭容器及通风不良场所焊接。可焊接中碳钢和低合金钢，如Q345（16Mn）、Q295（09Mn2V）等
53	J507XG	E5015	—	低氢钠型碱性药皮管道向下立焊条，采用直流反接，具有良好的力学性能和抗裂性能，焊接效率高，适于壁厚≤9mm管道向下立焊及向下立角焊，也可用于厚度>9mm管道向下立打底焊。可焊接中碳钢和相应强度等级的低合金钢等
54	J507Fe	E5018	E4918	低氢钠型碱性药皮铁粉焊条，采用直流反接，可全位置焊，焊缝成形美观，飞溅少，熔深适中。用于焊接重要的低碳钢和相应强度等级的低合金钢结构，如Q345（16Mn）等
55	J507Fe16	E5028	E4928	低氢钠型碱性药皮铁粉焊条，采用直流反接，当空载电压大于70V时，也可采用交流电源施焊，熔敷效率达160%，具有良好的塑性，适于平焊和平角焊。适用于碳钢及低合金钢结构的焊接，如Q345（16Mn）等

4. 常用耐热强钢焊条牌号与用途（表8-8）

表8-8　常用耐热强钢焊条牌号与用途

序号	牌　号	型　号	相当于AWS牌　号	特　征　和　用　途
1	R106Fe	E50××-A1	—	低氢型含钼0.5%的珠光体耐热钢铁粉焊条，交直流两用，全位置焊，焊前预热至90~110℃。用于工作温度在510℃以下的锅炉管道，也用于一般的低合金钢
2	R107	E50××-A1	—	低氢型含钼0.5%的珠光体耐热钢焊条，直流反接，全位置焊，焊前预热至90~110℃。用于工作温度在510℃以下的锅炉管道，也用于一般的低合金钢高强度钢

（续）

序号	牌　号	型　号	相当于 AWS 牌　号	特　征　和　用　途
3	R200	E5540-CM	—	特殊型含铬、钼分别为 0.5%的珠光体耐热钢焊条，交直流两用，全位置焊，具有良好的抗气孔及冷弯塑性，可满足高压管道焊接的各种技术要求，焊前预热至 160~200℃。用于工作温度在 510℃以下的珠光体耐热钢和蒸汽及过热器管道等
4	R202	E5503-CM	—	钛钙型含铬、钼分别为 0.5%的珠光体耐热钢焊条，交直流两用，全位置焊，焊前预热至 160~200℃。用于工作温度在 510℃以下的珠光体耐热钢和蒸汽及过热器管道等
5	R207	E5515-CM	E8015-B1	低氢型含铬、钼分别为 0.5%的珠光体耐热钢焊条，直流反接，全位置焊，焊前预热至 90~110℃。用于工作温度在 510℃以下的铬钼珠光体耐热钢和高温、高压管道、化工容器等相应的钢种
6	R302	E5503-CM	—	钛钙型含铬 1.0%、钼 0.5%的珠光体耐热钢焊条，交直流两用，全位置焊，焊缝成形美观，焊前预热至 150~250℃。用于工作温度在 520℃以下的含铬 1.0%、钼 0.5%的珠光体耐热钢的锅炉受热而管子氩弧焊打底焊后的盖面焊
7	R306Fe	E5518-1CM	E8018-B2	低氢钾型含铬 1.2%、钼 0.5%的珠光体耐热钢铁粉焊条，交直流两用，短弧操作，全位置焊，焊接时预热和层间温度为 160~250℃。用于铬 1%、钼 0.5%的珠光体耐热钢，如工作温度在 550℃以下的锅炉受热面管子和工作温度在 520℃以下的蒸汽管道、高压容器等
8	R307	E5515-1CM	—	低氢钾型含铬 1.2%、钼 0.5%的珠光体耐热钢焊条，直流反接，全位置焊，焊前预热温度为 160~250℃。用于工作温度在 520℃以下的铬 1%、钼 0.5%的珠光体耐热钢（如 15CrMo），如锅炉管道、高压容器、石化设备等，也用于 30CrMnSi 铸钢件的焊接
9	R307H	E5515-1CM	—	超低氢低合金耐热钢焊条，熔敷金属具有高韧性、优异抗裂性等特点，直流反接，短弧操作，全位置焊，工艺性好。用于工作温度在 520℃以下的低合金耐热钢，如加氢反应器、换热器等高压容器及锅炉管道的焊接

（续）

序号	牌 号	型 号	相当于AWS牌 号	特征和用途
10	R310	E5500-1CMV	—	特殊型含铬1%、钼0.5%、钒的珠光体耐热钢焊条，交直流两用，全位置焊，具有良好的抗气孔及冷弯塑性，焊前预热至250~300℃。用于工作温度在540℃以下的珠光体耐热钢，如高温高压锅炉管道、石油裂化设备、高温合成化工机械设备等
11	R317	E5515-1CMV	—	低氢钠型含铬1%、钼0.5%、钒的珠光体耐热钢焊条，直流反接，全位置焊，焊前预热至250~300℃。用于工作温度在510℃以下的珠光体耐热钢，如高温高压锅炉管道、石油裂化设备、高温合成化工机械等
12	R327	E5515-1CMWV	—	低氢钠型含铬、钼、钒的珠光体耐热钢焊条，直流反接，全位置焊，焊前预热至250~300℃。用于工作温度在570℃以下的珠光体耐热钢
13	R337	E5515-1CMVNb	—	低氢钠型含铬、钼、钒、铌的珠光体耐热钢焊条，直流反接，全位置焊，焊前预热至250~300℃。用于工作温度在570℃以下的珠光体耐热钢
14	R340	E5500-2CMWVB	—	特殊型含铬、钼、钒、钨、硼的珠光体耐热钢焊条，直流反接，全位置焊，焊前预热至250~300℃。用于工作温度在570℃以下的珠光体耐热钢
15	R347	E5515-2CMWVB	—	低氢钠型含铬、钼、钒、钨、硼的珠光体耐热钢焊条，直流反接，全位置焊，焊前预热至320~360℃。用于工作温度在620℃以下的珠光体耐热钢结构，如高温高压汽轮发电机组、锅炉管道等
16	R100	E6240-2C1M	—	特殊型含铬2.5%、钼1%的珠光体耐热钢焊条，交直流两用，全位置焊，焊前预热至160~200℃。用于珠光体耐热钢结构，如550℃以下工作的高温高压管道、石油裂化设备、合成化工机械设备等
17	R402	E6240-2C1M	—	钛钙型含铬2.5%、钼1%的珠光体耐热钢焊条，交直流两用，全位置焊，焊前预热至160~200℃。用于工作温度在550℃以下的高温高压管道氩弧焊打底后的盖面焊
18	R406Fe	E6218-2C1M	E6218-B3	低氢钾型含铬2.5%、钼1%的珠光体耐热钢铁粉焊条，交直流两用，全位置焊，焊前预热至160~200℃。用于珠光体耐热钢结构，如550℃以下工作的高温高压管道、石油裂化设备、合成化工机械设备等

（续）

序号	牌　号	型　号	相当于AWS牌　号	特　征　和　用　途
19	R407	E6215-2C1M	E6215-B3	低氢钠型含铬2.5%、钼1%的珠光体耐热钢焊条，直流反接，全位置焊，焊前预热至200～300℃。用于珠光体耐热钢结构，如550℃以下工作的高温高压管道、石油裂化设备、合成化工机械设备等
20	R417	E5515-B3-VNb	—	低氢钾型含铬2.5%、钼1%的珠光体耐热钢铁粉焊条，交直流两用，全位置焊，焊前预热至160～200℃。用于珠光体耐热钢结构，如550℃以下工作的高温高压管道、石油裂化设备、合成化工机械设备等
21	R427	E5515-2CM-VNb	—	低氢钠型含铬、钼、钨、铌的耐热钢焊条，直流反接，短弧操作，全位置焊，焊前预热和层间温度为300～400℃。用于工作温度在620℃以下的耐热钢结构，如高温高压锅炉中的蒸汽管道、过热蒸汽管等
22	R507	E5MoV-15	—	低氢钠型含铬5%、钼的珠光体耐热钢焊条，具有高温耐氢侵蚀性，直流反接，短弧操作，全位置焊，焊前预热至300～400℃（整个焊接过程中必须保持此温度）。用于珠光体耐热钢结构，如400℃的高温耐氢腐蚀管道
23	R517A	—	—	低氢钠型含铬、钼、钨、钒、铌的珠光体耐热钢焊条，直流反接，短弧操作，全位置焊，焊前预热至250～350℃。用于工作温度在650℃以下的耐热钢，如高温高压锅炉再热器管道等
24	R707	—	—	低氢钠型耐热钢焊条，直流反接，短弧操作，全位置焊，焊前预热至300～400℃。用于耐热钢及过热蒸汽管道等
25	R717	—	—	低氢钠型含铬9%、钼1%、镍0.8%、钒的贝氏体和马氏体耐热钢焊条，直流反接，短弧操作，全位置焊，焊接时焊件预热和层间温度为300～400℃，焊后须经730～750℃去应力退火处理。用于工作温度在600～650℃的耐热钢，如蒸汽管道和过热蒸汽管等
26	R717A	—	E505-15	低氢钠型耐热钢焊条，直流反接，短弧操作，全位置焊，焊前焊件须预热至250～350℃。用于Cr9Mo1类耐热钢，如高温高压锅炉过热蒸汽管及石油精炼设备的加热器管等
27	R802	—	—	钛钙型耐热钢焊条，交直流两用，全位置焊，焊前焊件须预热至350～400℃。用于工作温度在565℃以下的耐热钢

（续）

序号	牌号	型号	相当于AWS牌号	特征和用途
28	R807	—	—	低氢钠型耐热钢焊条，直流反接，全位置焊，焊前焊件须预热至350～400℃。用于工作温度在565℃以下的耐热钢，如高压汽轮机的变速级叶片等
29	R817	—	—	低氢钠型耐热钢焊条，直流反接，全位置焊，焊前焊件须预热至350～450℃。用于工作温度在580℃以下的热强钢过热器及蒸汽管道等
30	R827	—	—	低氢钠型耐热钢焊条，直流反接，全位置焊，焊前焊件须预热至350～400℃。用于工作温度在565℃以下的热强钢结构，如过热器及蒸汽管道、高压汽轮机的变速级叶片等

5. 常用不锈钢焊条牌号与用途（表8-9）

表8-9 常用不锈钢焊条牌号与用途①

序号	牌号	型号	相当于AWS牌号	特征和用途
1	G202	E410-16	E410-16	钛钙型药皮的Cr13不锈钢焊条，交直流两用。用于06Cr13及12Cr13不锈钢，也用于耐蚀、耐磨的表面堆焊
2	G207	E410-15	E410-15	低氢型的Cr13不锈钢焊条，采用直流反接，可全位置焊。用于06Cr13及12Cr13不锈钢，也用于耐蚀、耐磨的表面堆焊
3	G217	E410-15	E410-15	低氢型的Cr13不锈钢焊条，采用直流反接，短弧操作，可全位置焊，焊前焊件需预热至300～350℃，焊后经680～760℃去应力退火处理，焊缝金属退火温度即使在相变温度以下也能得到良好的力学性能。用于焊接06Cr13、12Cr13、20Cr13不锈钢，如汽轮机叶片的补焊及对接，也用于耐蚀、耐磨的表面堆焊
4	G302	E430-16	E430-16	钛钙型的Cr17不锈钢焊条，交直流两用。用于耐硝酸腐蚀、耐热的10Cr17等不锈钢结构
5	G307	E430-16	E430-16	低氢型的Cr17不锈钢焊条，交直流两用。用于耐硝酸腐蚀、耐热的10Cr17等不锈钢结构
6	A001G15	E308L-15	E308L-15	氧化钛耐发红高效率不锈钢焊条，熔敷效率为150%，具有飞溅小、脱渣容易、焊缝成形美观、高效节能等特点，直流反接。用于同类型不锈钢平焊或平角焊

（续）

序号	牌号	型号	相当于AWS牌号	特征和用途
7	A002	E308L-16	E308L-16	钛钙型的超低碳022Cr19Ni10不锈钢焊条，熔敷金属含碳量≤0.04%，有很好的抗晶间腐蚀性能，可交直流两用，工艺性能好。用于超低碳022Cr19Ni10不锈钢和工作温度低于300℃耐腐蚀的不锈钢，主要用于合成纤维、化肥、石油等设备的焊接
8	A002A	E308L-17	E308L-17	氧化钛酸性超低碳耐发红高效率不锈钢焊条，具有耐发红、飞溅小、引弧及再引弧性好，脱渣容易、焊缝成形美观等特点，交直流两用。用于含钛稳定性奥氏体不锈钢和同类型不锈钢，焊条直径≤3.2mm时可全位置焊，其他规格仅用于平焊
9	A012Si	—	—	钛钙型超低碳不锈钢焊条，有很好的抗浓硝酸蚀性能，可交直流两用，工艺性能好。用于抗浓硝酸腐蚀的超低碳不锈钢
10	A002Mo	E308Mo-16	E308Mo-16	钛钙型超低碳不锈钢焊条，具有良好的耐蚀性及抗裂性，可交直流两用，工艺性能好。用于焊接超低碳不锈钢，也用于碳素钢，如合成纤维、化肥、石油化工等设备
11	A022	E316L-16	E316L-16	钛钙型超低碳不锈钢焊条，具有良好的耐热、耐腐蚀及抗裂性，可交直流两用，工艺性能好。用于尿素、合成纤维等设备及相同类型的不锈钢，也用于焊后不热处理的铬不锈钢、复合钢和异种钢等
12	A022Si	E316L-16	—	钛钙型超低碳不锈钢焊条，具有良好的抗应力腐蚀和点腐蚀性，可交直流两用，工艺性能极佳。焊接冶金设备中的衬板或管材
13	A022L	E316L-16	E316L-16	钛钙型超低碳不锈钢焊条，具有良好的耐热、耐蚀、抗裂性，工艺性能好，可交直流两用。用于核安全一级铬镍奥氏体不锈钢管道和容器构件及尿素、合成纤维等设备和焊后不热处理的铬不锈钢、异种钢等
14	A032	E317MoCuL-16	—	钛钙型超低碳不锈钢焊条，交直流两用；焊缝中含有钼和铜，在硫酸介质中具有较高的抗腐蚀性。用于在稀、中浓度硫酸介质中工作的同类型超低碳不锈钢，如合成纤维等设备，也可焊接Cr13Si3耐酸钢

（续）

序号	牌号	型号	相当于AWS牌号	特征和用途
15	A042	E309LMo-16	E309LMo-16	钛钙型超低碳不锈钢焊条，交直流两用，焊缝中加入适量的钼，提高了焊缝金属的抗裂性及耐蚀性。用于相同类型的超低碳不锈钢及异种钢等
16	A042Si	—	—	相当于瑞典 AVESTAP5 超低碳不锈钢焊条，交直流两用，具有良好的焊接工艺性能，加入适量的钼，提高了焊缝金属的抗裂性及耐蚀性。用于相同类型的超低碳不锈钢及异种钢等
17	A042Mn	—	—	相当于荷兰 PHILIPS BM310MoL 超低碳不锈钢焊条，交直流两用，具有良好的耐蚀性。用于尿素设备
18	A052	—	—	钛钙型超低碳不锈钢焊条，焊缝金属具有耐含甲酸、醋酸介质点蚀及耐氯离子腐蚀性能，比 A017、A022 等焊条耐蚀性好，交直流两用，工艺性能好。用于化学耐硫酸、醋酸、磷酸腐蚀的反应器、分离器，也用于耐海水腐蚀的不锈钢及异种钢
19	A062	E309L-16	E309L-16	钛钙型超低碳不锈钢焊条，可交直流两用，在不含铌、钛等稳定化元素时也能抵抗因碳化物析出而产生的晶间腐蚀。用于不锈钢、复合钢和异种钢等，如合成纤维、石油化工等设备，也用于核反应堆压力容器内壁过渡层堆焊和塔内构件
20	A072	—	—	钛钙型超低碳不锈钢焊条，可交直流两用，焊缝在65%硝酸沸腾介质中有良好的耐蚀性。用于不锈钢的焊接，如核燃料设备等
21	A082	—	—	钛酸型耐浓硝酸腐蚀用超低碳不锈钢焊条，焊接工艺性好，焊条药皮具有良好的抗发红开裂性能，交直流两用。用于耐浓硝酸腐蚀的不锈钢焊接和补焊
22	A101	E308-16	E308-16	钛型不锈钢焊条，施焊时药皮具有不发红、不开裂的特点，具有良好的力学性能及抗晶间腐蚀性，特别适于薄板平焊。用于工作温度低于300℃耐蚀的不锈钢结构
23	A102	E308-16	E308-16	钛钙型不锈钢焊条，具有良好的力学性能及抗晶间腐蚀性，交直流两用，工艺性能极好。用于工作温度低于300℃耐蚀的不锈钢结构

（续）

序号	牌号	型号	相当于 AWS 牌号	特征和用途
24	A102A	E308-17	E308-17	钛钙型超低碳不锈钢焊条，具有良好的力学性能及抗晶间腐蚀性，具有耐发红、熔化速度快等特点，工艺性能好，交直流两用。用于工作温度低于300℃耐蚀的不锈钢结构
25	A102T	E308-16	E308-16	用低碳钢焊芯、药皮过渡铬镍等合金元素而获得高效率的不锈钢焊条，熔敷效率可达130%～150%，具有良好的力学性能和抗晶间腐蚀性，工艺性能优异，交直流两用，交流稳弧性好，药皮无发红开裂现象，适于平焊和平角焊。用于工作温度低于300℃耐腐蚀的不锈钢焊接及表面层堆焊
26	A107	E308-15	E308-15	低氢型不锈钢焊条，具有良好的力学性能及抗晶间腐蚀性，采用直流反接，可全位置焊。用于工作温度低于300℃耐腐蚀的不锈钢焊接及表面层堆焊
27	A112	—	—	钛钙型不锈钢焊条，由于焊缝含碳量较高，晶间腐蚀敏感性大，焊后经1050～1100℃水淬处理可获得较好的抗晶间腐蚀性，交直流两用，工艺性能优异，特别适于薄板平焊。用于焊接一般耐蚀性要求不高的不锈钢
28	A117	—	—	低氢型不锈钢焊条，由于焊缝合碳量较高，晶间腐蚀敏感性大，焊后经1050～1100℃水淬处理，可获得较好的抗晶间腐蚀性，采用直流正接，可全位置焊。用于焊接一般耐蚀性要求不高的不锈钢
29	A122	—	—	钛钙型双相不锈钢焊条，交直流两用，由于焊缝中含有较多的铁素体，故具有优良的抗裂性及抗晶间腐蚀性。用于工作温度低于300℃、要求抗裂性及耐蚀性较高的不锈钢
30	A132	E347-16	E347-16	钛钙型含铌不锈钢焊条，具有优良的抗晶间腐蚀性，交直流两用，工艺性能优异。用于重要的耐腐蚀含钛稳定化元素的不锈钢

（续）

序号	牌号	型号	相当于AWS牌号	特征和用途
31	A132A	E347-17	E347-17	钛钙型含铌不锈钢焊条，具有优良的抗晶间腐蚀性，药皮耐发红，熔化速度快，交直流两用，工艺性能优异。用于焊接重要的耐腐蚀含钛稳定化元素的不锈钢
32	A137	E347-15	E347-16	低氢型含铌不锈钢焊条，具有优良的抗晶间腐蚀性，采用直流反接，可全位置焊。用于焊接重要的耐腐蚀含钛稳定化元素的不锈钢
33	A146	—	—	低氢型不锈钢焊条，交直流两用，可全位置焊，熔敷金属具有良好的力学性能。用于焊接重要的不锈钢
34	A172	E307-16	E307-16	钛钙型不锈钢焊条，交直流两用，具有优良的抗裂性。用于ASTM307钢及其他异种钢焊接，也用于耐冲击腐蚀钢和过渡层的堆焊，如高锰钢、淬硬钢
35	A201	E316-16	E316-16	钛型不锈钢焊条，施焊时药皮不发红不开裂，由于焊缝金属添加钼，具有良好的耐蚀、耐热及抗裂性，特别对抗氯离子点蚀有好处，可交直流两用，工艺性能优异，适宜薄板的平焊和角焊。用于在有机酸和无机酸介质中工作的不锈钢，也用于焊后不能热处理的高铬钢或异种钢焊接

① 表中表示元素含量的百分数（%）均为质量分数。

三、焊丝

1. 焊丝分类

- 焊丝
  - 实心焊丝
    - 埋弧焊、电渣焊
    - 气体保护焊
      - 惰性气体保护焊（TIG、MIG）
      - 活性气体保护焊（MAG）（CO_2、CO_2+O_2、CO_2+Ar）
    - 自保护焊
  - 药芯焊丝
    - 埋弧焊
    - 气体保护焊（CO_2焊、$Ar+CO_2$焊）
    - 自保护焊

2. 实心焊丝

（1）实心焊丝牌号表示形式　牌号第一个字母“H”表示焊接用实心焊丝。H后面的一位或二位数字表示含碳量。接下来的化学元素符号及其后面的数字表示该元素大致含量的百分数值。合金元素含量小于1%（质量分数）时，该合金元素化学符号后面的数字省略。在结构钢焊丝牌号尾部标有“A”或“E”时，A表示硫、磷含量要求低的高级优质钢。E为硫、磷含量要求特别低的焊丝。

举例：

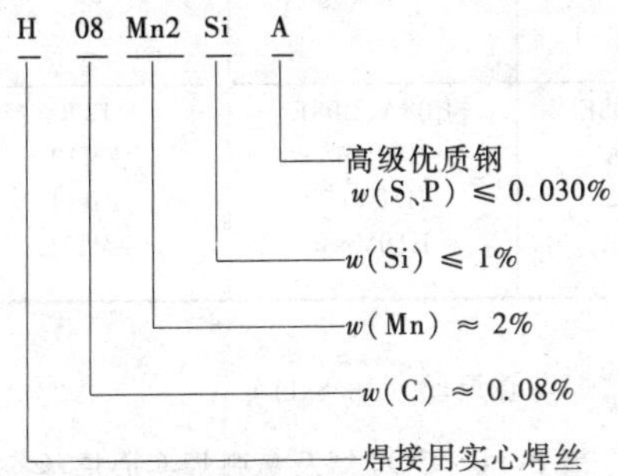

（2）实心焊丝的型号与牌号对照（表8-10）

表8-10　实心焊丝的型号与牌号对照

类型	牌号	符合(相当)标准的焊丝型号		
		GB	AWS	JIS
CO_2气体保护焊丝	MG49-1	ER49-1		
	MG49-Ni			
	MG49-G	ER49-G	ER70S-G	YGW-11
	MG50-3	ER50-3	ER70S-3	
	MG50-4	ER50-4	ER70S-4	
	MG50-6	ER50-6	ER70S-6	
	MG50-G	ER50-G	ER70S-G	YGW-16
	MG59-G			
氩弧焊填充焊丝	TG50Re	ER50-4	ER70S-4	
	TG50			
	TGR50M			
	TGR50ML			
	TGR55CM	ER55-B2		
	TGR55CML	ER55-B2L		
	TGR55V	ER55B2MnV		

（续）

类型	牌号	符合(相当)标准的焊丝型号		
		GB	AWS	JIS
氩弧焊填充焊丝	TGR55VL TGR55WB TGR55WBL TGR59C2M TGR59C2ML	 ER62-B3 ER62-B3L		
埋弧焊丝	H08A、H08E H08MnA H10Mn2 H10MnSi	H08A、H08E H08MnA H10Mn2 H10MnSi	EL8 EM12 EH14 EM13K	W11 W21 W41

（3）CO_2 焊及氩弧焊实心焊丝（表 8-11）

表 8-11 CO_2 焊及氩弧焊实心焊丝

焊丝牌号	直径/mm	特点和用途
MG49-1	0.8~3.2	采用 H08Mn2SiA 盘条钢丝拉拔和表面镀铜处理而成，用做 CO_2 气体保护焊丝，飞溅较少，具有良好的抗气孔性能；用于焊接低碳钢及某些低合金结构钢
MG49-Ni	1.0~1.6	可用于抗拉强度 500MPa 级高强度钢、耐热钢的焊接。用 CO_2 气体保护，可全位置焊，电弧稳定。使用的焊接规范较宽，熔敷金属具有良好的低温冲击韧度和耐大气腐蚀性能。用于焊接耐热钢和某些低合金钢
MG49-G	1.2、1.6	CO_2 气体保护焊丝，含有适量的 Ti，具有细化熔滴、稳弧作用，同时可细化晶粒，提高熔敷金属的低温冲击韧度。适用于大电流厚板焊接，如船舶、桥梁等钢结构的焊接
MG50-3	0.8~0.6	CO_2 气体保护焊丝，具有优良的焊接工艺性能，适用于碳素钢和低合金钢的焊接
MG50-4	0.8~1.6	采用 CO_2 或 Ar+5%~20%CO_2(体积分数)作为保护气体，焊接时电弧稳定，飞溅较少，可用于薄板的高速焊接。在小电流规范下，电流仍很稳定，并可进行立向下焊，采用混合气体保护焊，焊缝金属强度略有提高。适用于碳素钢的焊接，也可用于薄板、钢管的高速焊接
MG50-6	—	焊丝熔化速度快，熔敷效率高，电弧稳定，焊接飞溅极小，焊缝成形美观，并且耐氧化锈蚀能力强，焊缝金属气孔敏感性小，全位置焊工艺性好，保护气体采用 CO_2 或 Ar+5%~20%CO_2(体积分数)。适用于碳钢及抗拉强度 500MPa 级高强度钢的车辆、建筑、造船、桥梁等结构钢的焊接，也可用于薄板、管的高速焊接

（续）

焊丝牌号	直径/mm	特　点　和　用　途
MG50-G	0.8~1.6	Ar+CO_2气体保护焊丝，焊接时，熔敷金属流动性及抗裂性优异，飞溅小，熔渣少且易剥落；用于高速焊接，尤其适用于薄板焊接
MG59-G	0.8~1.6	采用H05MnSiNiMo盘条经拉拔加工和表面镀铜除锈处理而成，用做CO_2气体保护焊焊丝，焊缝成形良好，飞溅小，送丝稳定，适用于抗拉强度590MPa级低合金高强度钢，如HQ60、HQ60H等焊接结构，如大型液压起重机、工程机械和桥梁的焊接
TG50Re	1.0~2.5	碳钢钨极氩弧焊丝，塑性、韧性和抗裂性好，用于各种位置的管子钨极氩弧焊打底焊，除了焊接Q235、20g之外，还可焊接某些低合金钢，如9Mn2Si、16Mn、09Mn2V等
TGR50M	1.0~2.5	含w(Mo)0.5%的珠光体耐热钢钨极氩弧焊丝，用于焊接工作温度为510℃以下的锅炉受热面管子及450℃以下的蒸汽管道，也可用来焊接一般的低合金高强度钢
TGR55CM	1.0~2.5	含w(Cr)1.2%-w(Mo)0.5%的珠光体耐热钢钨极氩弧焊丝，全位置焊性能良好，用于焊接工作温度为550℃以下的锅炉受热面管子及520℃以下的蒸汽管道、高压容器、石油精炼设备，也可用于30CrMnSi铸钢件的修补和打底焊
TGR55V	1.0~2.5	含w(Cr)1.2%-w(Mo)0.5%-V的珠光体耐热钢钨极氩弧焊丝，用于焊接工作温度为580℃以下的锅炉受热面管子及540℃以下的蒸汽管道、石油裂化设备、高温合成化工机械的打底焊
TGR55WB	1.0~2.5	含CrMoVWB的耐热钢钨极氩弧焊丝，全位置焊性能良好，用于焊接工作温度为620℃以下的（钢102）耐热钢结构，如高温高压锅炉中的蒸汽管道，过热器管的手工钨极氩弧焊打底焊
TGR59C2M	1.0~2.5	含w(Cr)2.25%-w(Mo)1%的珠光体耐热钢钨极氩弧焊丝，全位置焊性能良好，用于焊接Cr2.5-Mo5类珠光体耐热钢结构。如工作温度为580℃以下的锅炉受热面管子及550℃以下的蒸汽管道、石油裂化设备、高温合成化工机械等

（4）埋弧焊实心焊丝（表8-12）

表8-12　埋弧焊实心焊丝

焊丝牌号	直径/mm	特　点　和　用　途
H08A	2.0~5.0	低碳结构钢焊丝，在埋弧焊中用量最大，配合焊剂HJ430、HJ431、HJ433等焊接低碳钢及某些低合金钢，如Q345(16Mn)结构
H08MnA	2.0~5.8	碳素钢焊丝，配合焊剂进行埋弧焊，焊缝金属具有优良的力学性能。用于碳钢和相应强度级别的低合金钢，如Q345(16Mn)等锅炉、压力容器的埋弧焊
H10Mn2	2.0~5.8	镀铜的埋弧焊焊丝，配合焊剂HJ130、HJ330、HJ350焊接，焊缝金属具有优良的力学性能。用于碳钢及低合金钢，如Q345(16Mn)等焊接结构的埋弧焊

（续）

焊丝牌号	直径/mm	特　点　和　用　途
H10MnSi	2.0~5.0	镀铜焊丝，配用相应的焊剂可获得力学性能良好的焊缝金属，焊接效率高，焊接质量稳定可靠。用于焊接重要的低碳钢和低合金钢结构
HYD047	3.0~5.0	配用焊剂HJ107的堆焊焊丝，熔敷金属具有良好的抗挤压磨粒磨损能力，抗裂性能优良，冷焊无裂纹。焊丝表面无缝，可镀铜处理，焊接操作简单，电弧稳定，抗电网电压波动能力强、工艺性能良好，常用于辊压机挤压辊表面的堆焊

3. 药芯焊丝

（1）药芯焊丝牌号表示形式　牌号第一个字母“Y”表示药芯焊丝，第二个字母及第一、二、三位数字与焊条编制方法相同。药芯焊丝牌号“-”后面数字的含义见表8-13。

表8-13　药芯焊丝牌号“-”后面数字的含义

牌　　号	焊接时保护方法	牌　　号	焊接时保护方法
YJ×××-1	气体保护	YJ×××-3	气体保护、自保护两用
YJ×××-2	自保护	YJ×××-4	其他保护形式

药芯焊丝牌号举例：

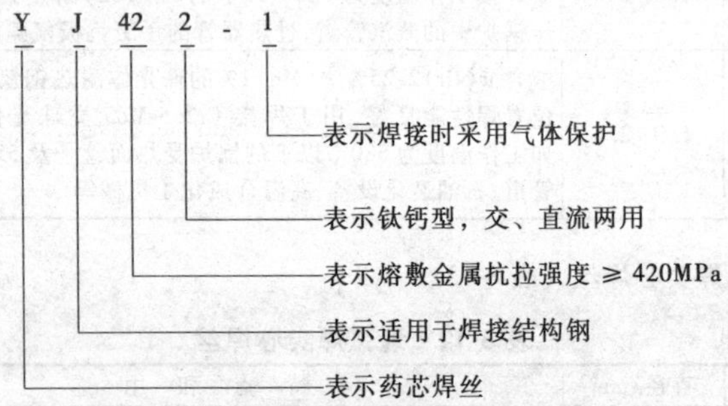

（2）国产药芯焊丝的型号与牌号对照（表8-14）

表8-14　国产药芯焊丝的型号与牌号对照

牌　号	符合（相当）标准的焊丝型号		
	GB	AWS	JIS
YJ501-1		E71T-1	YFW24
YJ501Ni-1		E71T-5	YFW24
YJ502-1	EF01-5020	ET70-1	
YJ502R-1	EF01-5005		

（续）

牌　号	符合（相当）标准的焊丝型号		
	GB	AWS	JIS
YJ507-2	EF04-5020	E70T-4	YFW13
YJ507G-2	EF04-5042	E70T-8	
YJ507R-2		E71T-8	YFW14
YJ507D-2	EF0GS-5000	E70T-GS	
YJ707-1		E80T5-Ni1	
YR307-1		E80T5-B2	
YG207-2			
YG317-1			
YA002-2		E308LT-3	
YA102-1		E308T-1	
YA107-1	ER62-B3	E308T-1	
YA132-1	ER62-B3L	E347T-1	
YJ502R-2	EF01-5005		
YJ507-1	EF03-5040	E70T-5	
YJ507Ni-1	EF03-5004		
YJ507TiB-1	EF03-5005	E70T-5	
YD176Mn-2	H08A、H08E		
YD212-1	H08MnA		
YD247-1	H10Mn2		
YD256Ni-2	H10MnSi		
YD337-1			
YD386-2			
YD397-1			
YD502-2			
YD507-2			
YD517-2			
YD616-2			
YD646Mo-2			

（3）常用药芯焊丝（表 8-15）

表 8-15　常用药芯焊丝

牌　号	直径/mm	特　征　和　用　途
YJ502	1.6~3.8	CO_2 气体保护焊用，钛钙型渣系，可焊接较重要的低碳钢和普低钢结构，如船舶、压力容器等
YJ507	1.6~3.8	CO_2 气体保护焊用，低氢型渣系，可焊接较重要的低碳钢和普低钢结构，如船舶、压力容器等
YJ607	1.6 2.0	CO_2 气体保护焊用，低氢型渣系，可焊接低合金钢、中碳钢等，如 15MnV、15MnVN 钢结构
YJ707	1.6 2.0	CO_2 气体保护焊用，低氢型渣系，可焊接低合金高强度钢结构，如大型起重机、推土机等

（续）

牌　号	直径/mm	特　征　和　用　途
YJ502CuCr	1.6 2.0	CO_2 气体保护焊用，钛钙型渣系，用于焊接耐大气腐蚀的低合金结构钢，如铁轨、车辆、集装箱等
YR307	1.6 2.0	CO_2 气体保护焊用，低氢型渣系，用于焊接 w(Cr) 1%-w(Mo) 0.5%耐热钢，如锅炉管道、石油精炼设备
YZ-J502	1.6 2.0	CO_2 气体保护焊用，低氢型渣系，用于焊接低碳钢及普低钢结构，如油罐、冶金炉等
YZ-J506	1.6 2.0 2.8	自保护焊用，低氢型渣系，用于自动焊或半自动焊的野外施工，焊接低碳钢、普通低碳钢等
YZ-J507	1.6 2.0	自保护焊用，低氢型渣系，用于焊接低碳钢及普通低碳钢结构，特别适于多道焊及盖面焊
YZ-G207	1.6 2.0	自保护焊用，低氢型渣系，用于自动焊接 06Cr13、12Cr13 不锈钢结构，也可用于耐磨堆焊
YB102	1.6 2.0	焊接工作温度低于 300℃ 的 0Cr19Ni9、0Cr19Ni11Ti 不锈钢结构，也可堆焊不锈钢表面
YB107	1.6 2.0	CO_2 气体保护焊用，低氢型渣系，其用途和特征同 YB102
YB132	1.6 2.0	CO_2 气体保护焊丝，钛钙型渣系，用于焊接重要的耐腐蚀含钛不锈钢结构
YM-B102	1.6 2.0	埋弧焊接用钛钙型渣系的不锈钢焊丝，配合相应焊剂使用，用途同 YB102
YM-B132	1.6 2.0	埋弧焊用钛钙型渣系的不锈钢焊丝，配合相应焊剂使用，用途同 YB132
YD212	1.6~3.8	CO_2 气体焊用堆焊焊丝，钛钙型渣系，用于堆焊磨损的机件表面，如齿轮、铲斗等
YDCr2W8	1.6~3.8	堆焊焊丝，用于在铸钢或锻钢上堆焊锻模，也可用于修复锻模
YD5Cr8Si3	1.6~3.8	堆焊焊丝，用于单层或多层堆焊磨损的机件表面
YD5Cr6MnMo	1.6~3.8	堆焊焊丝，用于制造或修复冷轧辊、冷锻模等高硬度高耐磨部件
YL-J507	1.6 2.0	CO_2 气体保护焊，气电立焊用药芯焊丝，低氢型渣系，用于船舶及油罐的垂直立焊焊缝等
YL-J607	1.6 2.0	特征和用途同 YL-J507，但焊缝强度更高

4. 有色金属及铸铁焊丝

有色金属及铸铁焊丝牌号表示形式　牌号前两个字母“HS”表示有色金属及铸铁焊丝；牌号中第一位数字表示焊丝的化学组成类型，牌号中第二、三位数字表示同一类型焊丝的不同牌号。有色金属及铸铁焊丝的类型及化学成分与用途见表 8-16~表 8-20。

表 8-16　有色金属及铸铁焊丝的类型

牌　号	焊　丝　类　型	牌　号	焊　丝　类　型
HS 1××	堆焊硬质合金焊丝	HS 3××	铝及铝合金焊丝
HS 2××	铜及铜合金焊丝	HS 4××	铸铁焊丝

表 8-17　常用硬质合金堆焊焊丝的化学成分与用途

牌号	名称	化学成分(%)(质量分数)	用　途
HS101	高铬铸铁堆焊焊丝	C3、Cr28、Ni4、Si3.5、Fe余量	用于堆焊要求耐磨损、耐氧化或耐汽蚀的场合，如铲斗齿、泵套、柴油机的气门、排气叶片等
HS103	高铬铸铁堆焊焊丝	C3.5、Cr28、Co5、B0.8、Fe余量	用于要求强烈耐磨损的场合，如牙轮钻头小轴、煤孔挖掘机、破碎机辊、泵框筒、混合叶片等堆焊
HS111	钴基堆焊焊丝	C1、Cr29、W5、Si1.0、Co余量	要求高温工作时能保持良好的耐磨性及耐蚀性的场合，例如堆焊高温高压阀门、热剪切刀刃、热锻模等冲击和加热交错的地方
HS112	钴基堆焊焊丝	C1.5、Cr29、W8、Si1.0、Co余量	用于高温高压阀门、内燃机阀、化纤剪刀刃口、高压泵的轴套和内衬筒套、热轧辊孔型等堆焊
HS113	钴基堆焊焊丝	C3、Cr30、W17、Si1.0、Co余量	用于牙轮钻头轴承、锅炉的旋转叶片、粉碎机刃口、螺旋送料机等磨损部件的堆焊
HS114	钴基堆焊焊丝	C0.8、Cr28、W20、V1、Co余量	用于高温工作的燃气轮机，飞机发动机涡轮叶片堆焊

表 8-18　常用铜及铜合金焊丝的化学成分与用途

牌号	名称	化学成分(%)(质量分数)	熔点/℃	用　途
HS201	特制纯铜焊丝	Sn1.1、Si0.4、Mn0.4、余为 Cu	1050	用于纯铜氩弧焊及氧乙炔焊时作为填充材料
HS202	低磷铜焊丝	P0.3、余为 Cu	1060	用于纯铜氧乙炔焊及碳弧焊时作为填充材料
HS220	锡黄铜焊丝	Cu59、Sn1、余为 Zn	860	适用于黄铜的氧乙炔焊和惰性气体保护焊时作填充材料，也适用于钎焊铜、铜合金、铜镍合金
HS221	锡黄铜焊丝	Cu60、Sn1、Si0.3、余为 Zn	890	黄铜氧乙炔焊及碳弧焊时作填充材料。也广泛应用于钎焊铜、钢、铜镍合金、灰铸铁以及镶嵌硬质合金刀片等

（续）

牌号	名称	化学成分(%)(质量分数)	熔点/℃	用途
HS222	铁黄铜焊丝	Cu58、Sn0.9、Si0.1、Fe0.8、余为Zn	860	黄铜氧乙炔焊及碳弧焊时作填充材料。也可用于钎焊铜、钢、铜镍合金、灰铸铁以及镶嵌硬质合金刀片等
HS224	硅黄铜焊丝	Cu62、Si0.5、余为Zn	905	黄铜氧乙炔焊及碳弧焊时作填充材料。也可用于钎焊铜、铜镍、灰铸铁等

表 8-19 常用铝及铝合金焊丝的化学成分与用途

牌号	化学成分(%)(质量分数)	熔点/℃	用途
HS301 (丝301)	Al≥99.5、Si≤0.3、Fe≤0.3	660	焊接纯铝及对焊接性要求不高的铝合金
HS311 (丝311)	Si 4.5~6.0、Fe≤0.6、Al余量	580~610	焊接除铝镁合金以外的铝合金，特别是易产生热裂纹的热处理强化铝合金
HS321 (丝321)	Mn 1.0~1.6、Si≤0.6、Fe≤0.7、Al余量	643~654	焊接铝锰及其他铝合金
HS331 (丝331)	Mg 4.7~5.7、Mn0.2~0.6、Si≤0.4、Fe≤0.4、Ti 0.05~0.2、Al余量	638~660	焊接铝镁合金和铝锌镁合金，补焊铝镁合金铸件

表 8-20 常用铸铁填充焊丝的化学成分与用途

牌号	型号	化学成分(%)(质量分数)	用途
HS401	RZC-2	C3.0~4.5、Si3.0~3.8、Mn0.30~0.80	焊补灰铸铁铸件，如某些灰铸铁机件的修复和农机具的补焊、堆焊，价格低廉
HS402	RZCQ-2	C3.5~4.2、Si3.5~4.2、Mn0.50~0.80	用于球墨铸铁件补焊及堆焊

四、焊接熔剂

1. 焊剂牌号编制

我国埋弧焊和电渣焊用焊剂主要分为熔炼焊剂和烧结焊剂两大类。

(1) 熔炼焊剂　牌号前“HJ”表示埋弧焊及电渣焊用熔炼焊剂。牌号第一、二位数字表示的含义见表8-21和表8-22。

表 8-21 牌号第一位数字表示的含义

牌号	焊剂类型	氧化锰含量(质量分数)(%)
HJ1××	无锰	<2
HJ2××	低锰	2~15
HJ3××	中锰	15~30
HJ4××	高锰	>30

表 8-22　牌号第二位数字表示的含义

牌　　号	焊　剂　类　型	二氧化硅及氟化钙含量(质量分数)(%)	
HJ×1×	低硅低氟	<10	<10
HJ×2×	中硅低氟	10~30	<10
HJ×3×	高硅低氟	>30	<10
HJ×4×	低硅中氟	<10	10~30
HJ×5×	中硅中氟	10~30	10~30
HJ×6×	高硅中氟	>30	10~30
HJ×7×	低硅高氟	<10	>30
HJ×8×	中硅高氟	10~30	>30
HJ×9×	其　　他		

牌号第三位数字表示同一类型焊剂的不同牌号，按 0、1、2、…9 顺序排列。对同一牌号焊剂生产两种颗粒度时，在细颗粒焊剂牌号后面加“X”字。

举例：

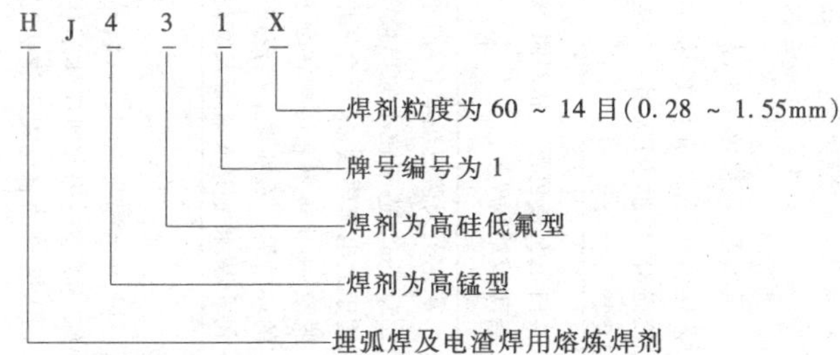

（2）烧结焊剂　牌号前“SJ”表示埋弧焊用烧结焊剂。牌号第一位数字表示焊剂熔渣渣系，其系列按表 8-23 规定编排。牌号第二位、第三位数字表示同一渣系类型焊剂中的不同牌号的焊剂。按 01、02、…09 顺序编排。

表 8-23　焊剂熔渣渣系

焊剂牌号	熔渣渣系类型	主要组分范围(质量分数)
SJ1××	氟碱型	$CaF_2 \geqslant 15\%$, $CaO+MgO+MnO+CaF_2 \geqslant 50\%$, $SiO_2 \leqslant 20\%$
SJ2××	高铝型	$Al_2O_3 \geqslant 20\%$, $Al_2O_3+CaO+MgO>45\%$
SJ3××	硅钙型	$CaO+MgO+SiO_2 \geqslant 60\%$
SJ4××	硅锰型	$MnO+SiO_2 \geqslant 50\%$
SJ5××	铝钛型	$Al_2O_3+TiO_2 \geqslant 45\%$
SJ6××	其他型	

举例：

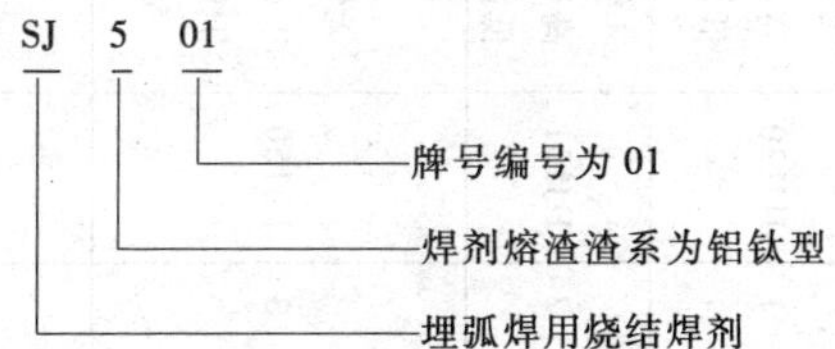

2. 常用熔炼焊剂（表 8-24）

表 8-24 常用熔炼焊剂

序号	焊剂牌号	焊剂类型	配用焊丝/母材	适用电源种类	焊剂粒度/mm	特征及用途	烘干条件
1	HJ130	无锰高硅低氟	H10Mn2/Q345(16Mn) H10Mn2/低碳钢 其他低合金焊丝	交、直流	2.5~0.45	呈黑色、灰黑色及半浮石状颗粒，由于含一定数量的 TiO_2，焊接工艺性能好、抗气孔性好、抗热裂纹性能好；焊剂为半浮石状时焊缝表面光滑，易脱渣；采用直流电源时焊丝接正极。常用于焊接低碳钢及其低合金钢	250℃ 2h
2	HJ131	无锰高硅低氟	镍基焊丝	交、直流	2.0~0.28	白色至灰色浮石状颗粒，焊接工艺性能良好。常用于焊接镍基合金薄板结构	250℃ 2h
3	HJ150	无锰中硅中氟	H2Cr13、H3Cr2W8 等	直流	2.0~0.28	灰色至天蓝色玻璃状或白色浮石状颗粒，玻璃状时堆密度为 1.3~1.5g/cm³，适于较小的焊接电流；浮石状时堆密度为 0.8~1.0g/cm³，适于大电流焊接；采用直流电源，焊丝接正极；焊接工艺性能良好，易脱渣；由于焊剂在熔融状态下流动性好，不适于直径小于 120mm 工件的环向焊接及堆焊。广泛用于合金钢、高合金钢的自动、半自动焊接和堆焊，特别适于轧辊及高炉料钟等易磨件的修复堆焊	300~450℃ 2h
4	HJ151	无锰中硅中氟	H0Cr21Ni10 H0Cr20Ni10Ti H00Cr24Ni12Nb H00Cr21Ni10Nb H00Cr26Ni12 H00Cr21Ni10 等 奥氏体不锈钢焊丝或焊带	直流	2.0~0.28	蓝色至深灰色浮石状颗粒，焊丝或焊带接正极；焊接工艺性能良好，易脱渣；焊接奥氏体不锈钢时，具有增碳少和铬烧损少等特点；加入适量的氧化铌还能达到含铌不锈钢焊后易脱渣的目的。用于核容器及石油化工设备耐磨层堆焊和构件的焊接，配合 H0Cr16Mn16 焊丝可用于高锰钢的焊接	250~300℃ 2h

（续）

序号	焊剂牌号	焊剂类型	配用焊丝/母材	适用电源种类	焊剂粒度/mm	特征及用途	烘干条件
5	HJ152	无锰	高碳高铬合金管状焊丝	直流	2.0~0.3	深灰色玻璃状颗粒，具有良好的焊接工艺性能，焊缝成形美观，高温脱渣性能极佳。可用于高铬铸铁耐磨辊堆焊，堆焊层硬度55~65HRC；适用于RP磨煤机磨辊堆焊，并可专用于高碳高铬耐磨合金的堆焊	350℃ 2h
6	HJ172	无锰低硅高氟	适当焊丝	直流电源	2.0~0.28	白色至深灰色半透明玉石状颗粒，焊丝接正极，焊接工艺性能良好，焊接含铌或含钛的铬镍不锈钢时不粘渣；其熔渣氧化性很弱，合金元素不宜烧损，焊缝含氧量低，故具有较高的塑性和韧性。由于焊剂碱度高、抗气孔能力较差，故焊缝成形不太理想。配合适当的焊丝，可焊接高铬马氏体热强钢，如15Cr12WMoV，也可焊接含铌的铬镍不锈钢	350~400℃ 2h
7	HJ107	无锰中硅中氟	适当焊丝	直流电源	—	灰黑色浮石状颗粒，松装比小，约0.9g/cm^3，为普通焊剂的65%左右，使用直流电源在较高的电弧电压下焊接时，熔深较浅、电弧稳定、焊缝成形美观；焊剂消耗量低，易脱渣。由于焊剂中含有较多的CaF_2，又加入了Na_3AlF_6（冰晶石），抗气孔和抗裂纹能力均有提高。在焊剂中加入Cr_2O_3，既可起到浮石化作用，又可减少不锈钢焊接过程中Cr的损失。常用于不锈钢埋弧焊焊接和不锈钢复合层的堆焊，配合适当的焊丝或焊带，可获得优质的堆焊层，如配合H0Cr16Mn16焊丝用于高锰钢（Mn13）道岔的埋弧焊，也可用于焊接含铌不锈钢等	—
8	HJ230	低锰高硅低氟	H10Mn2/16Mn H08MnA/低碳钢 某些低合金钢焊丝	交、直流	2.5~0.45	青灰色玻璃状颗粒，直流焊接时焊丝接正极，焊接工艺性能良好，焊缝成形美观。用于焊接低碳钢及低合金结构钢，如Q345（16Mn）等	250℃ 2h

（续）

序号	焊剂牌号	焊剂类型	配用焊丝/母材	适用电源种类	焊剂粒度/mm	特征及用途	烘干条件
9	HJ211	低锰中硅含钛硼	H10Mn2A 等	交、直流	1.4～0.25	灰黑色颗粒，直流焊接时焊丝接正极，焊接工艺性能良好，扩散氢含量低。配用 US-36，国产 EH14、H10Mn2A 焊丝，用于海上采油平台、船舶、压力容器等重要结构的焊接	350℃ 1h
10	HJ250	低锰中硅中氟	H08Mn2MoA /18MnMoNb H08Mn2MoA /14MnMoVb H06MnNi2CrMoA /12Ni4CrMoV H08MnMoA 等	直流	2.0～0.28	淡绿色至浅绿色玉石状颗粒，由于焊剂的活度较小，焊缝含氧量较低，低温冲击韧性较高；但焊缝的含氢量较高，对冷裂纹敏感性较大，焊接时应采取相应的预热措施；焊丝接正极，焊接工艺性能良好，易脱渣，焊缝成形美观。配合适当的焊丝可焊接低合金高强度钢，如 15MnV、14MnMoV 等，也可焊接低温钢 9Mn2V；配合 Cr-Mo-V 低合金钢焊丝可焊接 12CrMoV 等低合金耐热钢	300～350℃ 2h
11	HJ251	低锰中硅中氟	铬钼焊丝	直流	2.0～0.28	淡绿色至浅绿色玉石状颗粒，该焊剂的冶金性能与 HJ250 相似，焊丝接正极，焊接工艺性能良好。配合铬钼焊丝可焊接珠光体耐热钢，如焊接汽轮机转子等，也可用于焊接其他低合金钢	300～350℃ 2h
12	HJ252	低锰中硅中氟	H08Mn2MoA H10Mn2 H06Mn2NiMoA 等	直流	2.0～0.28	淡绿色至浅绿色玉石状颗粒，焊丝接正极，焊接工艺性能良好，在较窄的深坡口内多层焊接时也具有良好的脱渣性能；与高活度焊剂（如 HJ431、HJ350）相比，焊缝中的非金属夹杂物及 S、P 含量较少；焊剂在熔化时具有良好的导电作用，故也适用于电渣焊。配合适当焊丝可焊接 Q345（16Mn）等低合金高强度钢；焊缝具有良好的抗裂性能和较好的低温韧性。可用于核容器、石油化工等压力容器的焊接	350℃ 2h

（续）

序号	焊剂牌号	焊剂类型	配用焊丝/母材	适用电源种类	焊剂粒度/mm	特征及用途	烘干条件
13	HJ260	低锰高硅中氟	H0Cr21Ni10、H0Cr21Ni10Ti等奥氏体不锈钢焊丝	直流	2.0~0.28	灰色玻璃状颗粒，焊丝接正极，电弧稳定，焊缝成形美观。配合奥氏体钢焊丝可焊接相应的耐酸不锈钢结构，也可用于轧辊堆焊	300~400℃ 2h
14	HJ330	中锰高硅低氟	H08MnA、H08Mn2SiA、H10MnSi等	交、直流	2.5~0.45	棕红色玻璃状颗粒，直流焊接时焊丝接正极，电弧稳定性好，易脱渣，深坡口施焊时的工艺性能良好。焊缝金属的抗裂性能好，低温冲击韧度较高。配合相应的焊丝可焊接低碳钢和某些低合金高强度钢Q345(16Mn)、Q390(15MnTi、15MnV)等结构，如锅炉、压力容器等	250℃ 2h
15	HJ331	中锰高硅低氟	H08A H10Mn2G H10Mn2G	交、直流	1.6~0.25	褐绿色玻璃状颗粒，坡口内易脱渣，适用于大电流、较快焊速(约60m/h)焊接；低温韧性和抗裂性良好。用于低碳钢及国产STE355钢的焊接，如船舶、压力容器、桥梁等；也可管道式多层多道焊接	250℃ 2h
16	HJ350	中锰中硅中氟	H10Mn2MoA/15MnV H10Mn2	交、直流	2.5~0.45、1.18~0.18	棕色至浅黄色的玻璃状颗粒，自动焊时粒度采用2.5~0.45mm，半自动或细丝焊接时粒度为1.18~0.18mm；直流焊接时焊丝接正极，焊接工艺性能良好，易脱渣，焊缝成形美观；焊缝中扩散氢含量低，焊接低合金高强度钢时抗冷裂纹性能良好。配合适当焊丝可焊接低合金钢和中合金钢重要结构，主要用于船舶、锅炉、高压容器焊接；细粒度焊剂可用于细丝埋弧焊，焊接薄板结构	300~400℃ 2h
17	HJ351	中锰中硅中氟	H10Mn2 适当焊丝	交、直流	2.5~0.45、1.18~0.18	棕色至浅黄色的玻璃状颗粒，直流焊接时焊丝接正极，焊接工艺性能良好，易脱渣，焊缝成形美观。用于埋弧焊，配合适当焊丝可焊接锰-钼、锰-硅及含镍的低合金钢重要结构，如船舶、锅炉、高压容器等，细粒度焊剂可用于焊接薄板结构	300~400℃ 2h

（续）

序号	焊剂牌号	焊剂类型	配用焊丝/母材	适用电源种类	焊剂粒度/mm	特征及用途	烘干条件
18	HJ360	中锰 高硅 中氟	H10MnSi H10Mn2 H08Mn2MoVA 等焊丝	交、直流	2.0~0.28	棕红色至浅黄色的玻璃状颗粒，熔融状态下熔渣具有良好的导电性能，电渣焊接时可保证电渣过程稳定，并有一定的脱硫能力；直流焊接时焊丝接正极。主要用于电渣焊接，配合 H10MnSi 等焊丝可焊接低碳钢及某些低合金钢大型结构如 Q235、20g、Q345（16Mn）、Q390（15MnV、14MnMoV 及 18MnMoNb），如轧钢机架、大型立柱或轴等	250℃ 2h
19	HJ380	中锰 中硅 高氟	H10MnNiA	直流	2.0~0.25	棕红色至浅黄色的玻璃状颗粒，适宜直流反接，焊接线能量 22~29kJ/cm，焊接接头和焊缝金属具有良好的抗裂性、塑韧性，焊接工艺性能良好，易脱渣。配合 H10MnNiA 焊丝焊接（单道或多道）核Ⅱ级容器用钢 15MnNi，也可用于其他 Mn-Ni 系列钢的焊接	300~350℃ 2h
20	HJ430	高锰 高硅 低氟	H08A/16Mn H08A/15MnTi H08MnMoA/14MnVTiRe H08A/低碳钢 H10mMnSi 等	交、直流	2.5~0.45、1.18~0.18	棕色到褐绿色的玻璃状颗粒，直流施焊时焊丝接正极，交流焊接时空载电压不宜大于 70V，否则电弧稳定性不良，焊剂抗气孔性能优良，抗锈能力较强。因焊剂的碱度低，焊缝中氧含量高，非金属夹杂物及 S、P 含量也高，故焊缝金属的冲击韧性不高，韧脆性转变温度为-20~-30℃；焊剂不适于焊接较高强度级别的钢种，也不适于焊接低温下使用的结构。焊接工艺性能良好。配合适当的焊丝焊接低碳钢及某些低合金钢 Q345（16Mn）、Q390（15MnV），用于制造锅炉、船舶、压力容器、管道，细颗粒度焊剂用于细焊丝埋弧焊，焊接薄板结构	250℃ 2h
21	HJ431	高锰 高硅 低氟	H08A H08MnA/16Mn H10MnSi 等焊丝	交、直流	2.5~0.45	红棕色至浅黄色玻璃状颗粒，直流施焊时焊丝接正极，焊接工艺性能良好，易脱渣，成形美观。与 HJ430 相比，电弧稳定性改善，施焊时有害气体减少，但抗锈和抗气孔能力下降；交流施焊时空载电压应不低于 60V。配合相应的焊丝可焊接低碳钢及低合金钢，如 Q345（16Mn）、Q390（15MnV）等结构，如锅炉、船舶、压力容器等；也可用于电渣焊及铜的焊接，是一种多用途焊剂	250℃ 2h

（续）

序号	焊剂牌号	焊剂类型	配用焊丝/母材	适用电源种类	焊剂粒度/mm	特征及用途	烘干条件
22	HJ433	高锰高硅低氟	H08A H10MnSi等焊丝	交、直流	2.5~0.45	棕色至褐绿色颗粒，直流施焊时焊丝接正极，电弧稳定性好，易脱渣，有利于多层连续焊接；因有较高的熔化温度及粘度，焊缝成形好，在环形焊缝施焊时可防止熔渣流淌，故宜快速焊接，尤其是焊薄板。配合相应的焊丝，常用于焊接低碳钢及低合金钢的环缝，如焊接锅炉、压力容器等；也可以用于低碳钢及350MPa级低合金钢钢管螺旋焊缝的高速焊接，输油、输气管道	250℃ 2h
23	HJ434	高锰高硅低氟	H08A H08MnA H10MnSi 等焊丝	交、直流	2.5~0.45	棕色至褐绿色颗粒，直流施焊时焊丝接正极，焊接工艺性能良好、易脱渣、抗锈能力较强。配合H08A等焊丝，焊接低碳钢及某些低合金钢，如管道、锅炉、压力容器、桥梁等；可用于高速焊接；当焊剂呈浮石状结构时适于双丝及三丝埋弧焊，也可用于纯铜的埋弧焊接	300℃ 2h
24	772	无硅无锰高氟	相应焊丝	—	—	氧化性很小，中性熔渣，有一定脱硫作用，焊接不锈钢时有较好的抗热裂纹能力；焊接超低碳不锈钢时焊缝增碳倾向比HJ260小。配合相应焊丝，既可用于焊接奥氏体-铁素体型不锈钢，也可用于焊接纯奥氏体不锈钢	—
25	804	无锰低硅高氟	H08Mn2Ni3CrMoA等	直流	2.5~0.45	属强氧化性焊剂，黑色玻璃状颗粒，焊剂中含有2%~4%（质量分数）的FeO，使焊剂具有高的氧化性，来降低熔融液态金属中氢的溶解度，减少焊缝中的扩散氢含量，提高焊缝的抗冷裂纹能力；焊丝接正极，焊缝成形美观，易脱渣；由于焊剂氧化性高，为保证焊接熔池充分脱氧，所采用的焊丝中要含有一定数量的脱氧元素，如Si、Mn、Ti等。配合相应低合金钢焊丝可焊接各种低合金高强度钢	—

3. 常用烧结焊剂（表 8-25）

表 8-25 常用烧结焊剂

序号	焊剂牌号	匹配焊丝	适用电源	焊剂粒度/mm	特征及用途	烘干条件
1	SJ101	H08MnA H10Mn2 H08MnMoA H08Mn2MoA	交、直流	2.0~0.28	氟碱型焊剂，碱度值为1.8，灰色圆形颗粒，直流施焊时焊丝接正极，最大焊接电流可达1200A，电弧燃烧稳定、脱渣容易，焊缝成形美观；所焊焊缝金属具有较高的低温冲击韧性；抗吸潮性好，颗粒强度高，堆密度小，焊接过程中焊剂消耗量少。配合相应的焊丝，采用多层焊、双面单道焊、多丝焊和窄间隙埋弧焊等，可焊接普通结构钢、较高强度船用钢、锅炉用钢、压力容器用钢、管线钢及细晶粒结构钢，用于重要的焊接产品	300~350℃ 2h
2	SJ102	H08MnA H10Mn2 H08MnMoA	直流	2.0~0.28	氟碱型高碱度焊剂，碱度约3.5，球形颗粒；由于氟化物含量高，只可采用直流施焊，焊丝接正极。焊接工艺性能优良，电弧稳定，焊缝成形美观，易脱渣。抗吸潮性好，颗粒强度高，堆密度小，焊接过程中焊剂消耗量少。配合适当的焊丝，可用于低合金结构钢、较高强度的船用钢、压力容器用钢的多道焊、双面单道焊、窄间隙焊和多丝埋弧焊等；配合相应焊丝也可用于窄间隙埋弧焊接Cr-Mo耐热钢	300~350℃ 2h
3	SJ103	2.25Cr-1MoA等相应焊丝	直流	2.0~0.15	高碱度焊剂，呈灰色无杂质椭圆形颗粒，采用直流反接，电弧稳定，高温脱渣容易。配合2.25Cr-1MoA焊丝可焊接热壁加氢反应器用2.25Cr-1Mo钢；焊缝金属具有不增硅，不增磷和低扩散氢等特点。用于2.25Cr-1Mo热壁加氢反应器的焊接	350℃ 2h
4	SJ104	H08Cr2.25Mo1A等相应焊丝	直流	2.0~0.15	高碱度焊剂，呈灰色无杂质椭圆形颗粒，采用直流反接，电弧稳定，脱渣容易。配合H08Cr2.25Mo1A焊丝可焊接热壁加氢反应器用2.25Cr-1Mo钢；焊缝金属具有不增硅，不增磷和低扩散氢（扩散氢含量≤4.0mL/100g）等特点。用于2.25Cr-1Mo热壁加氢反应器等厚壁容器的焊接	400℃ 2h
5	SJ105	WM-210药芯耐磨合金焊丝	直流	2.0~0.28	氟碱型焊剂，碱度约为2.2，焊剂呈棕色圆形颗粒。用于直流焊接，焊丝接负极；电弧燃烧稳定，脱渣容易，焊缝成形美观。焊剂的抗潮性良好、颗粒强度高，堆密度小；焊缝金属具有良好的抗裂性。配合适当焊丝可用于轧辊的表面堆焊	300~400℃ 1h

（续）

序号	焊剂牌号	匹配焊丝	适用电源	焊剂粒度/mm	特征及用途	烘干条件
6	SJ107	H10Mn2 H08MnA H08MnMoA H08Mn2MoA 等	交、直流	2.0~0.28	氟碱型高碱度，灰色圆形颗粒，直流焊时焊丝接正极，最大焊接电流可达800A。电弧燃烧稳定，脱渣容易，焊缝成形美观，焊缝金属具有较高的低温冲击韧度。配合适当的焊丝，可焊接多种低合金结构钢、较高强度船用钢、锅炉压力容器用钢，常用于多道焊、双面单道焊、多丝焊和窄间隙埋弧焊	300~350℃ 2h
7	SJ201	H10Mn2 H08MnA H08Mn2MoA 等	直流	2.0~0.28	铝碱型焊剂，为深灰色球形颗粒，直流焊接时，焊丝接正极。最大焊接电流为700A，电弧稳定，焊缝成形美观，具有优良的脱渣性，焊缝金属具有较高的冲击韧度。配合适当的焊丝可焊接多种低合金钢结构，特别适合焊接厚板窄坡口，窄间隙等结构	300~350℃ 2h
8	SJ202	H3Cr2W8 H3Cr2W8V H30CrMnSi	直流	2.0~0.28	高铝型焊剂，灰色颗粒，焊接工艺性能优良，脱渣容易，焊缝成形美观；堆焊金属具有较高的耐冷热疲劳、抗高温氧化和耐磨性能。配合适当焊丝，适用于工作温度低于600℃的各种耐磨、耐冲击工作面的堆焊，如高炉料钟、轧辊等。焊接时应预热，焊后进行去应力处理	300~350℃ 1~2h
9	SJ203	H1Cr13 焊带	直流	2.0~0.28	堆焊用高铝型焊剂，其碱度约为1.3，红褐色或灰褐色圆形颗粒，焊接工艺性能优良，配合相应的焊带进行堆焊，堆焊层具有较好的综合性能，热处理后硬度约为32HRC。用于堆焊连铸辊等耐磨产品	250℃ 2h
10	SJ301	H08A H08MnA H08MnMoA	交、直流	2.0~0.28	是一种钙硅型中性焊剂，碱度值为1.0，黑色圆形颗粒，直流施焊时焊丝接正极，最大电流可达1200A，电弧燃烧稳定，脱渣容易，焊缝成形美观。配合H10Mn2等相应焊丝可焊接普通结构钢、锅炉用钢、管线用钢等，多用于多丝快速焊，特别适用于双面单道焊；焊接大直径管时，焊道平滑过渡；由于熔渣属“短渣”性质，焊接小直径的环缝时，也无熔渣下淌现象，特别适合焊环缝	300~350℃ 2h
11	SJ302	H08A H08MnA H08MnMoA	交、直流	2.0~0.28	是一种钙硅型中性焊剂，碱度值为1.0，黑色圆形颗粒，直流施焊时焊丝接正极，焊接工艺性能良好，电弧稳定，焊缝成形美观，脱渣性优于SJ301，焊缝韧性良好；熔渣属“短渣”性质，可焊接各种直径的环缝。焊剂具有较好的抗潮性，抗裂性比SJ301更好；焊剂颗粒强度高，堆密度小，焊接时耗用量少。可焊接普通结构钢、锅炉压力容器用钢、管道用钢等，适于环缝和角焊缝的焊接，也可用于高速焊	300~350℃ 2h

（续）

序号	焊剂牌号	匹配焊丝	适用电源	焊剂粒度/mm	特征及用途	烘干条件
12	SJ303	H00Cr25Ni12 H00Cr21Ni10 等焊带（宽度≤75mm）	直流	2.0~0.28	硅钙型带极埋弧堆焊用焊剂，碱度为1.0，焊带接正极，电弧燃烧稳定，易脱渣，焊道平整光滑。该焊剂的显著特点是铬烧损少（ΔCr≤1.2%，质量分数），增碳少（ΔC≤0.008%，质量分数），特别适于堆焊超低碳不锈钢，常用于堆焊耐腐蚀奥氏体不锈钢	300~350℃ 2h
13	SJ401	H08A	交、直流	2.0~0.28	硅锰型酸性焊剂，灰褐色到黑色圆形颗粒，直流施焊时焊丝接正极，焊接工艺性能良好，具有较强的抗气孔能力。可焊接低碳钢及某些低合金钢，用于机车车辆、矿山机械等金属结构的焊接	250℃ 2h
14	SJ402	H08A	交、直流	2.0~0.28	锰硅型酸性焊剂，碱度为0.7，圆形颗粒，焊接工艺性能优良，电弧稳定，脱渣容易，成形美观。对焊接处的铁锈、氧化皮、油迹等污物不敏感，是一种抗锈焊剂。焊剂具有良好的抗潮性，颗粒强度高，堆密度小，焊接时耗用量少。适合焊接薄板及中等厚度钢板，尤其适于薄板的高速焊接。配合H08A焊丝可焊接低碳钢及某些低合金钢结构，如机车构件、金属梁柱、管线等	300~350℃ 2h
15	SJ403	H08A YD137 等	交、直流	2.0~0.28	硅锰型酸性耐磨堆焊专用焊剂，黑灰色球形颗粒，焊接工艺性能良好，电弧稳定，脱渣容易，焊缝成形美观，具有较强的抗锈性能，对铁锈、氧化皮等杂质不敏感，颗粒强度好、均匀。配合YD137焊丝可焊接修复大型推土机的引导轮、支重轮；也可配合H08A焊丝焊接普通结构钢和某些低合金钢	300~350℃ 2h
16	SJ501	H08A H08MnA 等	交、直流	2.0~0.28	铝钛型酸性焊剂，碱度为0.5~0.8，褐色颗粒，直流施焊时焊丝接正极，最大焊接电流可达1000A；电弧燃烧稳定，脱渣性好，焊缝成形美观；焊剂有较强的抗气孔能力，对少量的铁锈及高温氧化皮不敏感。可焊接低碳钢及某些低合金钢，Q345（16Mn）、15MnV结构，如锅炉、压力容器、船舶等；可用于多丝快速焊，焊速可达70m/h，特别适用于双面单道焊	300~350℃ 2h
17	SJ502 SJ504	H08A	交、直流	2.0~0.28（SJ504为1.45~0.28）	铝钛型酸性焊剂，灰褐色圆形颗粒，直流焊接时焊丝接正极，焊接工艺性能良好，电弧稳定，脱渣容易，焊缝成形美观；焊接速度大于70m/h时，焊件须预热至100℃左右。配合H08A焊丝，可焊接重要的低碳钢及某些低合金钢结构，如锅炉、压力容器等；焊接锅炉膜式水冷壁时，焊接速度可达70m/h以上，效果良好	300℃ 1h

（续）

序号	焊剂牌号	匹配焊丝	适用电源	焊剂粒度/mm	特征及用途	烘干条件
18	SJ503	H08MnA H08A 等	交、直流	2.0～0.28	铝钛型酸性焊剂，黑色圆形颗粒，直流焊接时焊丝接正极，最大焊接电流可达 1200A，焊接工艺性能优良，电弧稳定，焊缝成形美观，抗气孔能力强，对少量铁锈、氧化皮等不敏感，脱渣性优异；其抗潮性良好，颗粒强度高，堆密度小，抗裂性优于 SJ501；焊缝金属具有良好的低温韧性。配合适当焊丝，可用于焊接碳素结构钢、船用钢等，用于船舶、桥梁、压力容器等产品，尤其适于中、厚板的焊接	300～350℃ 2h
19	SJ521	3Cr2W8V	—	—	是一种供丝极埋弧堆焊用的陶质型焊剂，电弧稳定，脱渣性好，堆焊金属成形美观，即使在刚性较大的工件上堆焊，也可获得硬度 50～62HRC 的无裂纹的堆焊层。用于工作温度低于 600℃ 的各种要求耐磨、耐冲击工作面的堆焊，如高炉料钟、轧辊等	—
20	SJ522	H08A 3Cr2W8V 等	—	—	陶质型中性偏碱低温焊剂，呈灰黑色粉粒状，电弧稳定，脱渣良好，在 250～300℃ 条件下堆焊，渣壳可以自动脱落，并具有优良的抗热裂纹性能。焊缝成形整齐，适于丝极埋弧堆焊，由于焊剂具有增碳和渗合金能力，容易获得从 30～62HRC 系列的碳化物弥散分布的堆焊层。配合 H08Mn 焊丝可获得 30～45HRC 系列的堆焊层，例如 45 钢轮（大直径）；配合 3Cr2W8V 焊丝可获得 50～62HRC 系列的堆焊层，适于武钢 1700 助卷轧辊（锻、铸钢件）或高炉料钟堆焊，在高温 500～600℃ 工作时，堆焊层硬度可达 400HV。焊接时应预热，焊后经去应力处理	300～350℃ 2h
21	SJ523	H08A H08MnA	交、直流	—	用于低碳钢或普通低合金钢的陶质焊剂，在一般场合可代替熔炼焊剂 HJ431 和 HJ430，电弧稳定，脱渣性好，焊缝成形美观，具有较好的抗锈性能。用于低碳钢及低合金钢的埋弧焊	—
22	SJ524	H00Cr20Ni10 焊带	直流	—	用于超低碳不锈钢带极埋弧堆焊的陶质焊剂，配合 H00Cr20Ni10 焊带，进行过渡层和不锈层的堆焊，电弧稳定，渣壳可自动脱落，焊缝成形美观，当焊带含碳量为 0.02%～0.025%时，堆焊金属可达到基本不增碳，因此堆焊金属具有优良的抗晶间腐蚀性能和脆化性能。用于石油化工容器、反应堆压力容器等内壁要求耐腐蚀的衬里带极堆焊。采用直流反接，层间温度控制在 150℃ 以下	350～400℃ 1～2h

（续）

序号	焊剂牌号	匹配焊丝	适用电源	焊剂粒度/mm	特征及用途	烘干条件
23	SJ570	无氧铜焊丝	直流	—	低硅高氟低温烧结焊剂，呈灰黑色颗粒状，碱度较高，脱氧、硫性能好，焊缝金属含氧量低，焊渣密度小，熔点较低以及焊缝金属扩散氢含量≤4mL/100g（色谱法）；直流反接，适于大输入热量的铜板材埋弧焊。可用于20mm以下无氧铜板材埋弧自动焊，例如直线加速器腔体焊接	300~350℃ 2h
24	SJ601	H0Cr21Ni10 H00Cr21Ni10 H00Cr19Ni12Mo2 等	直流	2.0~0.28	是一种焊接不锈钢和高合金耐热钢专用碱性焊剂，碱度约为1.8，为细颗粒焊剂，焊丝接正极。焊缝金属纯净，有害元素含量低，焊接工艺性能优良，坡口内脱渣容易，焊缝成形美观，焊接不锈钢时，几乎不增碳、具有铬烧损少的特性。可焊接不锈钢及高合金耐热钢，特别适用于低碳和超低碳不锈钢的焊接，焊接接头具有良好的抗晶间腐蚀性能	300~350℃ 2h
25	SJ602	H00Cr24Ni12 H00Cr20Ni10Nb H00Cr19Ni12Mo2 等	直流	—	带极电渣堆焊用焊剂，为细粉状颗粒，采用平特性直流电源堆焊，电渣过程稳定，快速脱渣，焊缝成形美观，焊道间搭接处熔合良好，具有不增碳铬烧损少的特点。适用于30~75mm宽的焊带进行电渣堆焊，可用于核容器、加氢反应器及压力容器等耐腐蚀不锈钢的堆焊	300~350℃ 2h
26	SJ603	3Cr2W8、30CrMnSi	—	1.6~0.25	丝极埋弧堆焊用焊剂，呈灰白色颗粒，电弧稳定，脱渣性好，堆焊金属成形美观。可获得硬度为50~60HRC的无裂纹堆焊层。适用于工作温度低于600℃的各种要求耐磨、耐冲击的工作表面堆焊，如高炉料钟、轧辊等	—
27	SJ604	H08A、H08MnA 等	交、直流	根据用户要求	快速烧结焊剂，呈浅褐色颗粒，焊接工艺性能良好，易脱渣，焊缝成形美观。配合相应焊丝对低碳钢薄板焊接，焊速可达70m/h左右，适用于受压钢瓶及薄壁管道	—
28	SJ605	H10MnNiMoA H10MnNiA	直流	1.6~0.25	高碱度焊剂，碱度为3.5，为灰白色颗粒，采用直流反接，电弧稳定，脱渣容易，有较好的低温韧性。配合相应焊丝可在核二级15MnNi钢、核电A5083、S271钢厚壁容器和锅炉压力容器制造上使用	350~400℃ 2h

（续）

序号	焊剂牌号	匹配焊丝	适用电源	焊剂粒度/mm	特征及用途	烘干条件
29	SJ606	308L、309L 焊带	直流	1.6~0.25	用于超低碳不锈钢带极埋弧堆焊的焊剂，呈灰白色颗粒，电弧稳定，渣壳可自动脱落，焊缝成形美观，堆焊金属具有优良抗晶间腐蚀性能和脆化性能。用于石油化工容器、300MW、600MW 核电机组高压加热器 20MnMo 管板锻件上堆焊，也可用于核电蒸发器、稳压器、压力壳内壁要求耐腐蚀的衬里带极堆焊。采用直流反接，层间温度控制在 150℃以下	350~400℃ 2h
30	SJ607	适当焊丝	交、直流	2.0~0.28	碱性焊剂，灰黄色圆形颗粒，直流焊接时，焊丝接正极，具有良好的工艺性能。配合适当的药芯焊带可堆焊各种水泥破碎辊等耐磨产品	300~350℃ 2h
31	SJ608 SJ608A	H0Cr21Ni10 H0Cr21Ni10Ti 等	交、直流（SJ608A 采用直流）	2.0~0.28	是焊接奥氏体不锈钢的专用碱性焊剂，为淡绿色圆形颗粒，直流焊时焊丝接正极，具有良好的焊接工艺性能，电弧燃烧稳定，易脱渣，焊缝成形美观。焊接接头具有良好的抗晶间腐蚀性能和低温冲击韧度。可焊接奥氏体不锈钢及相应级别的低温船用钢，配合超低碳焊丝也可焊接超低碳不锈钢结构	300~350℃ 2h
32	SJ671	含 Ti、B 无氧铜焊丝	直流	—	低硅高氟高温烧结焊剂，焊剂在 650~850℃烧结成形，呈白色颗粒，碱度高，抗裂性好，脱氧、硫性能好，焊缝金属含氧量低（与母材无氧铜相同），焊缝金属扩散氢含量≤0.5mL/100g（甘油法）。焊剂熔点低，焊渣密度小，配合含 Ti、B 无氧铜焊丝，用于 20~40mm 无氧铜中厚板直线加速器腔体埋弧焊。焊丝接正极	400℃ 2h
33	SJ701	H0Cr21Ni10Ti H0Cr21Ni10 等 奥氏体不锈钢焊丝	交、直流	2.0~0.28	钛碱型焊剂，碱度值约为 1.3，焊剂为深灰色颗粒，直流焊时焊丝接正极。用于含钛不锈钢焊接时易脱渣，焊剂具有较强的抗气孔能力和合金化能力，焊接时钛等有益元素烧损少，特别适于 H1Cr19Ni9Ti 含钛不锈钢的焊接	300~400℃ 2h

五、钎剂与钎料

1. 气焊熔剂

（1）牌号、性能和用途（表8-26）

表8-26　气焊熔剂的牌号、性能和用途

牌号	名称	性　能	用　途
CJ101	不锈钢及耐热钢气焊熔剂	熔点约900℃，焊时有良好的润湿作用，能防止熔化金属被氧化，除渣容易	不锈钢及耐热钢件气焊的熔剂
CJ201	铸铁气焊熔剂	熔点约650℃，易潮解，能有效地驱除铸铁在气焊过程中所产生的硅酸盐和氧化物，有加速金属熔化作用	铸铁件气焊的熔剂
CJ301	铜气焊熔剂	熔点约650℃，呈酸性反应，能有效地熔解氧化铜和氧化亚铜，焊时呈液态熔渣覆盖于焊缝表面，防止金属氧化	铜及铜合金件气焊的熔剂
CJ401	铝气焊熔剂	熔点约650℃，呈碱性反应，能有效地破坏氧化铝膜，因富有潮解性，能在空气中引起铝的腐蚀，焊后必须将残渣从金属表面洗刷干净	铝、铝合金及铝青铜件气焊的熔剂

（2）规格　熔剂呈粉末状，用密封瓶装，每瓶净重500g。

2. 钎焊熔剂

（1）钎焊熔剂牌号表示形式　钎焊熔剂牌号前加字母“QJ”表示钎焊熔剂；牌号第一位数字表示钎剂的用途，其中：1为银焊料钎焊用，2为钎焊铝及铝合金用；牌号第二、三位数字表示同一类型钎剂的不同牌号。钎剂牌号举例：

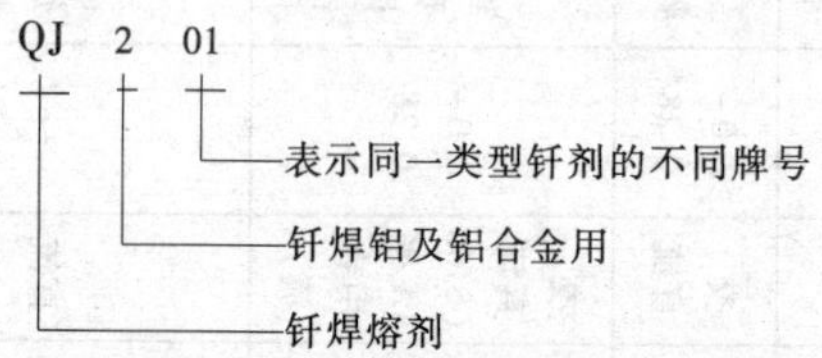

（2）牌号、性能和用途（表8-27）

表8-27　钎焊熔剂的牌号、性能和用途

牌号	名称	性　能	用　途
银钎焊熔剂			
QJ101	银钎焊熔剂	熔点约500℃，吸潮性强，能有效地清除各种金属的氧化物，助长焊料的漫流	在550~850℃范围内，配合银焊料钎焊铜、铜合金、钢及不锈钢等
QJ102	银钎焊熔剂	熔点约550℃，极易吸潮，能有效地清除各种金属的氧化物，助长焊料的漫流，活性极强	在600~850℃范围内，配合银焊料钎焊铜、铜合金、钢及不锈钢等

（续）

牌号	名称	性能	用途
银钎焊熔剂			
QJ103	特制银钎焊熔剂	熔点约530℃，易吸潮，能有效地清除各种金属的氧化物，助长焊料的漫流	在550~750℃范围内，配合银焊料钎焊铜、铜合金、钢及不锈钢等
QJ104	银钎焊熔剂	熔点约600℃，吸潮性极强，能有效地清除各种金属的氧化物，助长焊料的漫流	在650~850℃范围内，配合银焊料炉中钎焊或盐浴浸沾钎焊铜、铜合金、钢及不锈钢等
QJ105	低温银钎焊熔剂	熔点约350℃，吸潮性极强，能有效地清除氧化铜及氧化亚铜，助长焊料在铜合金上的漫流	在450~600℃范围内，钎焊铜及铜合金
QJ202	铝钎焊熔剂	熔点约为350℃，极易吸潮，活性强，能有效地除去氧化铝膜，助长焊料在铝合金上的漫流	在420~620℃范围内，火焰钎焊铝及铝合金
铝钎焊熔剂			
QJ203	铝电缆钎焊熔剂	铝的软钎焊熔剂，熔点约160℃，极易吸潮，在270℃以上能有效地破坏铝的氧化铝膜和借助于重金属锡和锌的沉淀作用，助长焊料在铝合金上的漫流	在270~380℃范围内，钎焊铝及铝合金，也可用于铜及铜合金、钢等；常用于铝芯电缆接头的软钎焊
QJ204	铝钎焊有机熔剂	铝的软钎焊用有机熔剂，对铝及铝合金的腐蚀性很小，能在180~275℃下破坏氧化铝膜，但活性较差	在180~275℃范围内，钎焊铝及铝合金，也可用于钎焊铝青铜、铝黄铜
QJ205	铝黄铜钎焊熔剂	通用性软钎焊熔剂，熔点约230℃，极易吸潮，能有效地清除各种金属的氧化物，助长焊料的漫流	在300~400℃范围内，钎焊铝及铝合金、钢、铝黄铜及铝青铜等
QJ206	铝钎焊熔剂	高温铝钎焊熔剂，熔点约540℃，极易吸潮，活性强，能有效地去除氧化铝膜，助长焊料在铝合金上的漫流	在550~620℃范围内，火焰钎焊或炉中钎焊铝及铝合金

（3）规格　熔剂用密封瓶装，每瓶500g。

3. 钎料

（1）钎料牌号表示方法　钎料俗称焊料，以牌号“HL×××”或“料×××”表示，其后第一位数字代表不同合金类型（见表8-28）；第二、三位数字代表该类钎料合金的不同编号。

表8-28　钎料牌号第一位数字的含意

牌号	合金类型	牌号	合金类型
HL1××（料1××）	CuZn合金	HL5××（料5××）	Zn基、Cd基合金
HL2××（料2××）	CuP合金	HL6××（料6××）	SnPb合金
HL3××（料3××）	Ag基合金	HL7××（料7××）	Ni基合金
HL4××（料4××）	Al基合金		

（2）铜基钎料 牌号与用途见表 8-29，规格见表 8-30。

表 8-29 铜基钎料的牌号与用途

牌号	名称	主要成分①（%）	熔化温度/℃	性能及用途
HL101	36%铜锌钎料	铜 34~38，锌余量	800~823	性脆、钎焊接头强度低，塑性差，用于钎焊黄铜、铜及其他铜合金
HL102	48%铜锌钎料	铜 46~50，锌余量	860~870	性能与 HL101 相近，用于钎焊不承受冲击和弯曲的工件
HL103	54%铜锌钎料	铜 52~56，锌余量	885~888	强度及塑性比上两种好，用于钎焊铜、青铜和钢等不承受冲击和弯曲的工件
HL201	1号铜磷钎料	磷 6.8~7.5，铜余量	710~800	工艺性能良好，但焊缝塑性差，处于冲击和弯曲工作状态的接头不宜采用，广泛用于电机制造和仪表工业
HL202	2号铜磷钎料	磷 5~7，铜余量	710~890	与 HL201 相比，熔点稍高，塑性略有改善。应用范围与 HL201 相同
HL203	铜磷锑钎料	磷 5.8~6.7，锑 1.5~2.5，铜余量	690~800	熔点低。用途与 HL201 相同
HL204	1号银磷钎料	磷 4~6 银 14.5~15.5，铜余量	640~815	接头强度、塑性、导电性是铜磷钎料中最好的一种，适用于钎焊铜及铜合金、钼等金属。多用于钎焊冲击、振动负荷较低的工件，以电机工业使用最广
HL205	2号银磷钎料	磷 5.8~6.7，银 4.5~5.2，铜余量	640~800	性能比 HL204 稍差，但比 HL201 有所改善，用途与 HL201 相同
HL207	铜基中温钎料	磷 4.8~5.8，银 4.5~5.5，锡9.5~10.5，铜余量	560~650	磷铜钎料中熔点最低的一种，具有良好的流动性和填满间隙的能力，电阻率约 0.39Ω·m。广泛用于电器、电机、汽车、仪表等行业火焰钎焊、电阻钎焊和某些炉中钎焊铜及铜合金

① 成分均为质量分数，后均同。

表 8-30 铜基钎料的规格 （单位：mm）

牌号	产品形状	边长或直径	长度
HL101、HL102	铸条	5×20	400~700
HL201~HL207	铸条	4×5	350
HL103	圈形	3、4、5	≥5000
HL207	箔片	0.02~0.05×10~20	

（3）银基钎料（表 8-31）

表 8-31　银基钎料的牌号与用途

牌号	名　称	主要成分①（%）	熔化温度	钎焊接头抗拉强度 σ_b		性　能　及　用　途
			℃	母材	MPa	
L301	10%银钎料	银 10，铜 53，锌余量	815~850	碳钢	386	含银最低，价格也低，但熔点高，漫流性差，接头塑性也差，电阻率约 0.065Ω·mm，应用不广，主要用于铜、铜合金、钢及硬质合金等
L302	25%银钎料	银 25，铜 40，锌余量	745~775	不锈钢	343	与 L301 相比，含银稍高，熔点降低，漫流性改善，钎缝表面较光洁，电阻率约 0.069Ω·mm；用于钎焊铜、铜合金、钢及不锈钢
L303	45%银钎料	银 45，铜 30，锌余量	660~725	不锈钢	396	一种最常用的银钎料，熔点较低，漫流性和填满间隙能力良好，钎缝表面光洁，接头强度高和耐冲击性能好，电阻率约 0.097Ω·mm；用于钎焊铜、铜合金、钢及不锈钢
L304	50%银钎料	银 50，铜 34，锌余量	690~775	碳钢	376	一种较常用的箔片状银钎料，漫流性及填满间隙能力良好，接头能承受多次振动载荷，电阻率约 0.076Ω·mm；用于钎焊铜、铜合金及钢等，常用于钎焊带锯
L306	65%银钎料	银 65，铜 20，锌余量	685~720	不锈钢	382	含银较高，熔点较低，漫流性良好，钎缝表面光洁，接头的强度和塑性良好，电阻率约 0.086Ω·mm；用于钎焊铜、铜合金、钢及不锈钢等，常用于食品用器、带锯、仪表及波导等的钎焊
L308	72%银钎料	银 72，铜 28	779	纯铜	178	银铜共晶型钎料，在铜及镍上的漫流性良好，在钢上则很差，导电性是银基钎料中最好的，电阻率约 0.022Ω·mm；用于真空或还原气氛保护钎焊铜和镍，主要用于电子管、真空器件及电子元件等
L322	45%无镉银钎料	银 40，铜 25，镍 1.5，锌 30.5，锡 3	630~640	不锈钢	333	熔点是银基钎料中最低的，漫流性和填满间隙能力良好，钎缝表面光洁，接头强度高，电阻率约 0.015Ω·mm；用于钎焊铜、铜合金、钢及不锈钢等，常用于钎焊温度较低的材料，如调质钢、可伐合金等
L324	50%无镉银钎料	银 50，铜 21.5，镍 0.5，锌 27，锡 1	650~670	不锈钢	392	熔点也比较低，漫流性和填满间隙能力优良，钎缝表面光洁，接头强度较一般银基钎料高，电阻率约 0.013Ω·mm；用于钎焊铜、铜合金、钢、不锈钢、硬质合金、金刚石等，常用于要求钎焊温度较低的材料，如调质钢、可伐合金等

钎料尺寸(mm)：常见的，L301、L302、L303、L307、L308 的直径为 1、1.5、2、2.5、3、4、5；L304 为 0.08×20 片状；L322 为直径 2、2.5、3 丝状和 40~650 目/25.4mm 粉状；L324 为直径 1、2、3 丝状和 0.08~0.12×20 片状。

① 质量分数。

(4) 铝基钎料 牌号和用途见表8-32，规格见表8-33。

表8-32 铝基钎料牌号和用途

牌号	名 称	主要成分①(%)	熔化温度/℃	用 途
HL400	铝钎料	硅 11~13 铝余量	577~582	用于纯铝及铝合金的炉钎焊及火焰钎焊
HL401	铝钎料	硅 4~7 铜 25~30 铝余量	525~535	用于各种铝及铝合金的火焰钎焊
HL402	铝钎料	硅 9~11 铜 3.3~4.7 铝余量	521~585	用于6A02锻铝的炉钎焊及盐浴浸沾钎焊,也用于1050A纯铝及3A21、5A03防锈铝的火焰钎焊
HL403	铝钎料	硅 9~11 铜 3.3~4.7 锌 9~11 铝余量	516~560	用于6A02锻铝及ZL104、ZL105A铸铝合金的炉钎焊及盐浴浸沾钎焊,也可用于1050A、5A03、3A21等铝及铝合金的钎焊

① 质量分数。

表8-33 铝基钎料的规格

牌 号	产品形状	尺寸/mm
HL401	铸 条	4×5×350或5×20×350
HL400、HL402、HL403	铸 条	4×5×350
	箔 片	0.15×20

(5) 锌基钎料

1) 牌号与用途见表8-34。

表8-34 锌基钎料的牌号与用途

牌号	钎料名称	主要化学成分①(%)	熔化温度/℃	钎焊接头抗拉强度 σ_b 母材	钎焊接头抗拉强度 σ_b MPa
HL501	锌锡钎料	锌58,锡40,铜2	200~350	铝-铜	63
HL505	锌铝钎料	锌72.5,铝27.5	430~500	2A12	138

牌号	性 能 及 用 途
HL501	由于结晶间隙大,特别适用于铝及铝合金的刮擦钎焊,也可用于铝-铜、铝-钢等异种金属的钎焊
HL505	漫流性及填满间隙能力良好,耐蚀性也较好,但钎缝在阳极氧化处理时发黑;用于铝及铝合金的火焰钎焊

① 质量分数。

2) 规格。钎料尺寸(mm)：HL501为5×20×350铸条，HL505为4×5×350铸条。

（6）锡铅钎料

1）牌号和用途见表 8-35。

表 8-35　锡铅钎料的牌号和用途

牌号	名　称	主要成分[①]（%）	熔化温度/℃	用　途
HL600	60% 锡铅钎料	锡 59~61 锑≤0.8 铅余量	183~185	用于无线电零件、电器开关零件、计算机零件、易熔金属制品以及热处理(淬火)件的钎焊。熔点低,适宜于钎焊低温工作的工件
HL602	30% 锡铅钎料	锡 29~31 锑 1.5~2.0 铅余量	183~256	用于钎焊铜、黄铜、镀锌薄钢板,如散热器、仪表、无线电零件、电缆护套及电动机的扎线等,应用较广
HL603	40% 锡铅钎料	锡 39~41 锑 1.5~2.0 铅余量	183~235	用于钎焊铜、铜合金、钢、锌制零件,如散热器、无线电零件、电器开关设备、仪表、镀锌薄钢板等,应用最广
HL604	90% 锡铅钎料	锡 89~91 锑≤0.15 铅余量	183~222	用于钎焊大多数钢材、铜材及其他金属,特别是食品、医疗器材的内部钎缝

① 质量分数。

2）规格。钎料丝的直径（mm）：3、4、5。

六、焊割工具

1. 射吸式焊炬（JB/T 6969—1993）

（1）用途　利用氧气和低压（或中压）乙炔作热源，进行焊接或预热被焊金属。

（2）外形和规格（图 8-1、表 8-36）

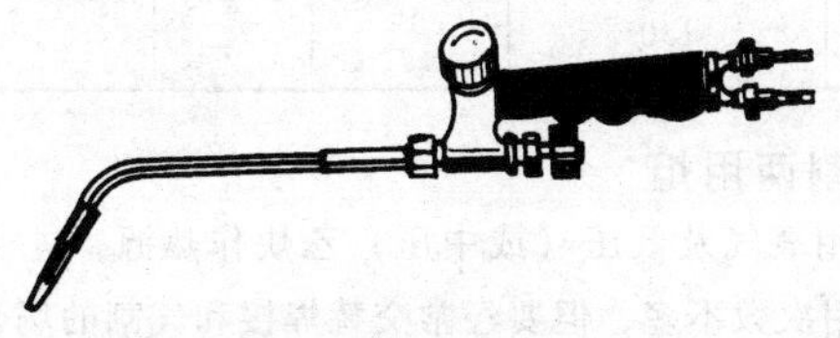

图 8-1　射吸式焊炬

表 8-36　射吸式焊炬的规格

型　号	焊接低碳钢厚度/mm	氧气工作压力/MPa	乙炔使用压力/MPa	可换焊嘴个数	焊嘴孔径/mm	焊炬总长度/mm
H01-2	0.5~2	0.1、0.125、0.15、0.2、0.25	0.001~0.100	5	0.5、0.6、0.7、0.8、0.9	300
H01-6	2~6	0.2、0.25、0.3、0.35、0.4			0.9、1.0、1.1、1.2、1.3	400
H01-12	6~12	0.4、0.45、0.5、0.6、0.7			1.4、1.6、1.8、2.0、2.2	500
H01-20	12~20	0.6、0.65、0.7、0.75、0.8			2.4、2.6、2.8、3.0、3.2	600

2. 射吸式割炬（JB/T 6970—1993）

（1）用途　利用氧气及低压（或中压）乙炔作热源，以高压氧气作切割气流，对低碳钢进行切割。

（2）外形和规格（图 8-2、表 8-37）

图 8-2　射吸式割炬

表 8-37　射吸式割炬的规格

型号	切割低碳钢厚度/mm	氧气工作压力/MPa	乙炔使用压力/MPa	可换焊嘴个数	割嘴切割氧孔径/mm	焊炬总长度/mm
C01-30	3~30	0.2、0.25、0.3	0.001~0.100	3	0.7、0.9、1.1	500
G01-100	10~100	0.3、0.4、0.5			1.0、1.3、1.6	550
G01-300	100~300	0.5、0.65、0.8、1.0		4	1.8、2.2、2.6、3.0	650

3. 射吸式焊割两用炬

（1）用途　利用氧气及低压（或中压）乙炔作热源，进行焊接、预热或切割低碳钢，适用于使用次数不多，但要经常交替焊接和气割的场合。

（2）外形和规格（图 8-3、表 8-38）

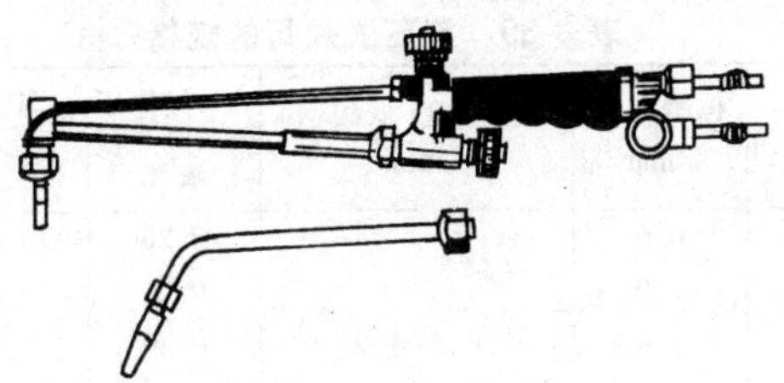

图 8-3　射吸式焊割两用炬

表 8-38　射吸式焊割两用炬的规格

型　　号	应用方式	适用低碳钢厚度/mm	气体压力/MPa		可换焊割嘴数/个	焊割嘴孔径范围/mm	焊割炬总长度/mm
			氧气	乙炔			
HG01-3/50A	焊接	0.5~3	0.2~0.4	0.001~0.100	5	0.6~1.0	400
	切割	3~50	0.2~0.6	0.001~0.100	2	0.6~1.0	
HG01-6/60	焊接	1~6	0.2~0.4	0.001~0.100	5	0.9~1.3	500
	切割	3~60	0.2~0.4	0.001~0.100	4	0.7~1.3	
HG01-12/200	焊接	6~12	0.4~0.7	0.001~0.100	5	1.4~2.2	550
	切割	10~200	0.3~0.7	0.001~0.100	4	1.0~2.3	

4. 等压式焊炬（JB/T 7947—1999）

（1）用途　利用氧气和中压乙炔作热源，焊接或预热金属。

（2）外形和规格（图 8-4、表 8-39）

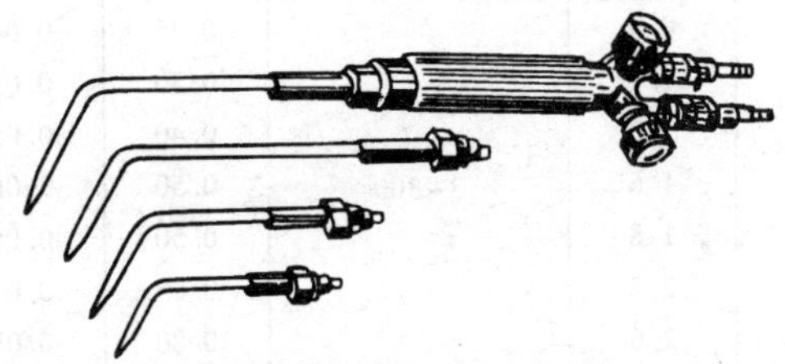

图 8-4　等压式焊炬

表 8-39 等压式焊炬的规格

型号	焊嘴号	焊嘴孔径/mm	焊接厚度(低碳钢)/mm	气体压力/MPa		焊炬总长度/mm
				氧气	乙炔	
H02-12	1#	0.6	0.5~1.2	0.20	0.02	500
	2#	1.0		0.25	0.03	
	3#	1.4		0.30	0.04	
	4#	1.8		0.35	0.05	
	5#	2.2		0.40	0.06	
H02-20	1#	0.6	0.5~20	0.20	0.02	600
	2#	1.0		0.25	0.03	
	3#	1.4		0.30	0.04	
	4#	1.8		0.35	0.05	
	5#	2.2		0.40	0.06	
	6#	2.6		0.50	0.07	
	7#	3.0		0.60	0.08	

5. 等压式割炬（JB/T 7947—1999）

（1）用途 利用氧气和中压乙炔作热源，以高压氧气作切割气流切割低碳钢。

（2）外形和规格（图 8-5、表 8-40）

表 8-40 等压式割炬的规格

型号	割嘴号	割嘴孔径/mm	切割厚度(低碳钢)/mm	气体压力/MPa		割炬总长度/mm
				氧气	乙炔	
G02-100	1	0.7	3~100	0.20	0.04	550
	2	0.9		0.25	0.04	
	3	1.1		0.30	0.05	
	4	1.3		0.40	0.05	
	5	1.6		0.50	0.06	
G02-300	1	0.7	3~300	0.20	0.04	650
	2	0.9		0.25	0.04	
	3	1.1		0.30	0.05	
	4	1.3		0.40	0.05	
	5	1.6		0.50	0.06	
	6	1.8		0.50	0.06	
	7	2.2		0.65	0.07	
	8	2.6		0.80	0.08	
	9	3.0		1.00	0.09	

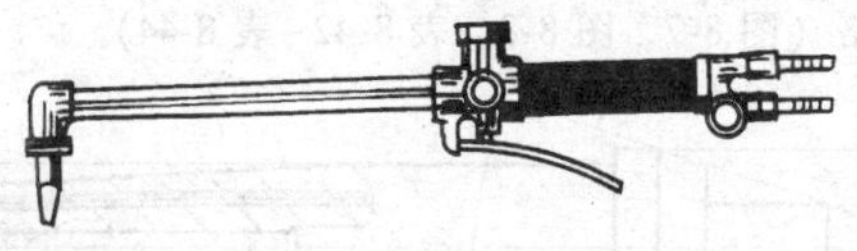

图 8-5 等压式割炬

6. 等压式焊割两用炬（JB/T 7947—1999）

（1）用途 利用氧气和中压乙炔作热源，进行焊接、预热或切割低碳钢，适用于焊接切割任务不多的场合。

（2）外形和规格（图 8-6、表 8-41）

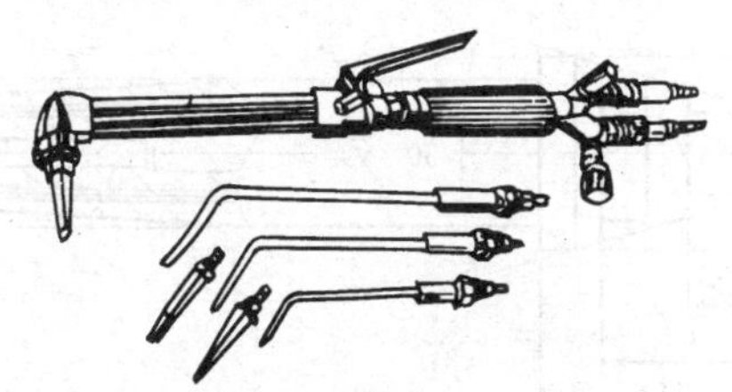

图 8-6 等压式焊割两用炬

表 8-41 等压式焊割两用炬的规格

型号	应用方式	焊割嘴号	焊割嘴孔径/mm	适用低碳钢厚度/mm	气体压力/MPa		焊割炬总长度/mm
					氧气	乙炔	
HG02-12/100	焊接	1 2 3	0.6 1.4 2.2	0.5~12	0.2 0.3 0.4	0.02 0.04 0.06	550
	切割	1 2 3	0.7 1.1 1.6	3~100	0.2 0.3 0.5	0.04 0.05 0.06	
HG02-20/200	焊接	1 2 3 4	0.6 1.4 2.2 3.0	0.5~20	0.2 0.3 0.4 0.6	0.02 0.04 0.06 0.08	600
	切割	1 2 3 4 5	0.7 1.1 1.6 1.8 2.2	3~200	0.2 0.3 0.5 0.5 0.65	0.04 0.05 0.06 0.06 0.07	

7. 射吸式和等压式普通割嘴

（1）用途 用于液化石油气或乙炔手工割矩和火焰切割机械。

（2）外形和规格（图8-7、图8-8、表8-42～表8-44）

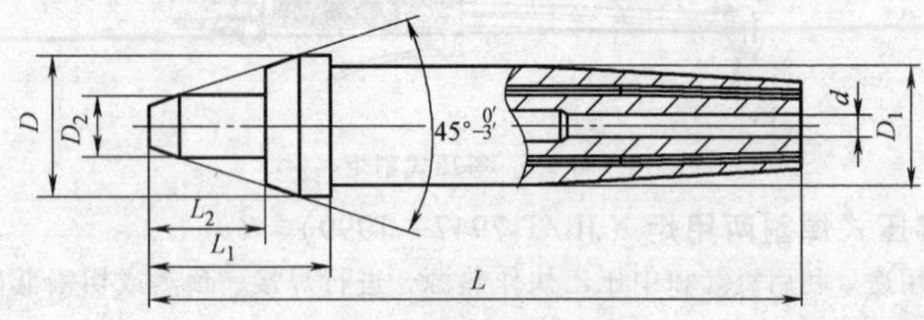

图8-7　射吸式普通割嘴

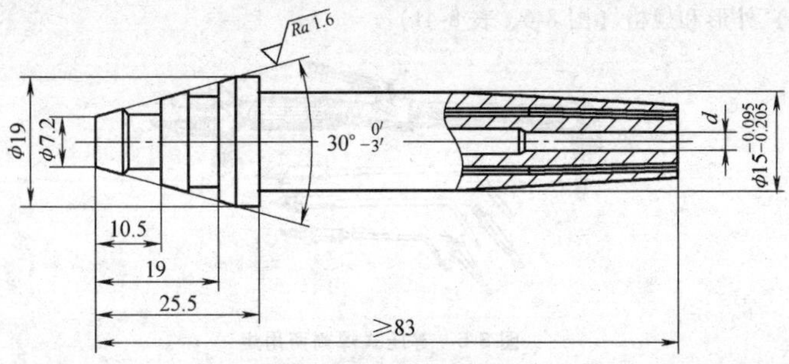

图8-8　等压式普通割嘴

表8-42　射吸式普通割嘴外形结构主要尺寸　（单位：mm）

割嘴型号	规格号	L	L_1	L_2	D	D_1	D_2
G01-30 G03-30	1	≥55	16	10	16	$13^{-0.150}_{-0.260}$	7
	2						
	3						
G01-100 G03-100	1	≥65	18	11.5	18	$15^{-0.150}_{-0.260}$	8
	2						
	3						
G01-300 G03-300	1	≥75	19	12	19	$16.5^{-0.150}_{-0.260}$	8
	2						
	3						
	4						

表8-43　射吸式普通割嘴切割氧孔径及主要技术参数

割嘴型号	规格号	切割氧孔径 d /mm	切割厚度 /mm	切割氧压力 /MPa	可见切割氧流长度 /mm	切口宽度 /mm
G01-30 G03-30	1	0.7	4～10	0.2	≥60	≤1.7
	2	0.9	10～20	0.25	≥70	≤2.3
	3	1.1	20～30	0.3	≥80	≤2.7

（续）

割嘴型号	规格号	切割氧孔径 d /mm	切割厚度 /mm	切割氧压力 /MPa	可见切割氧流长度 /mm	切口宽度 /mm
G01-100 G03-100	1	1.0	10~25	0.3	≥80	≤2.7
	2	1.3	25~50	0.4	≥90	≤2.9
	3	1.6	50~100	0.5	≥100	≤3.9
G01-300 G03-300	1	1.8	100~150	0.5	≥100	≤4.5
	2	2.2	150~200	0.65	≥120	≤4.8
	3	2.6	200~250	0.8	≥130	≤5.3
	4	3.0	250~300	1.0	≥150	≤5.8

表 8-44　等压式普通割嘴切割氧孔径及主要技术参数

规格号	切割氧孔径 d /mm	切割厚度 /mm	切割速度 /(mm/min)	切割氧压力 /MPa	可见切割氧流长度 /mm	切口宽度 /mm
00	0.8	5~10	450~600	0.20~0.30	≥50	≤1.2
0	1.0	10~20	380~480	0.20~0.30	≥60	≤1.5
1	1.2	20~30	320~400	0.25~0.35	≥70	≤2.2
2	1.4	30~50	280~350	0.25~0.35	≥80	≤2.6
3	1.6	50~70	240~300	0.30~0.40	≥90	≤3.2
4	1.8	70~90	200~260	0.30~0.40	≥100	≤3.8
5	2.0	90~120	170~210	0.40~0.46	≥120	≤4.2
6	2.4	120~160	140~180	0.50~0.80	≥130	≤4.5
7	2.8	160~200	110~150	0.60~0.90	≥150	≤4.8
8	3.2	200~270	90~120	0.60~1.0	≥180	≤5.2

8. 射吸式和等压式快速割嘴（JB/T 7950—2014）

（1）用途　用于火焰切割机及普通手工割炬，可与 GB/T 5108、GB/T 5110 规定的割炬配套使用。

（2）外形、型号和规格（图 8-9、图 8-10、表 8-45）

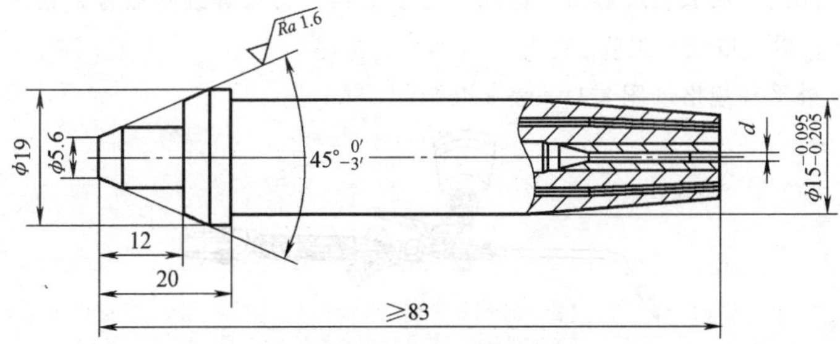

图 8-9　射吸式快速割嘴

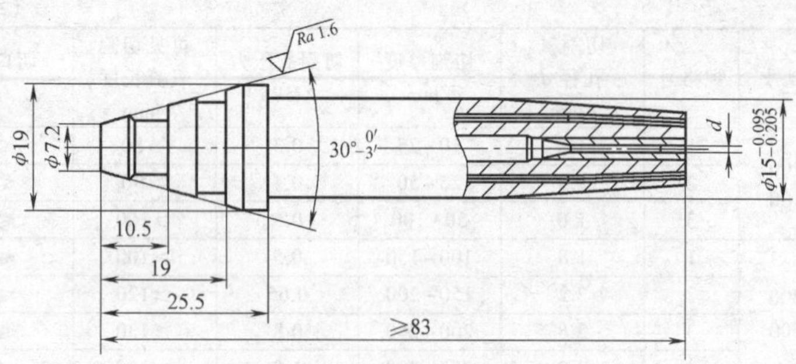

图 8-10 等压式快速割嘴

表 8-45 快速割嘴切割氧孔径及主要技术参数

规格号	切割氧孔径 d /mm	切割厚度 /mm	切割速度 /(mm/min)	切割氧压力 /MPa	可见切割氧流长度 /mm	切口宽度 /mm
1	0.6	5~10	600~750		≥60	≤1
2	0.8	10~20	450~600		≥70	≤1.5
3	1.0	20~40	380~450		≥80	≤2
4	1.25	40~60	320~380	0.7	≥90	≤2.3
5	1.5	60~100	250~320		≥100	≤3.4
6	1.75	100~150	160~250		≥120	≤4
7	2.0	150~180	130~160		≥130	≤4.5
1A	0.6	5~10	450~560		≥60	≤1
2A	0.8	10~20	340~450		≥70	≤1.5
3A	1.0	20~40	250~340	0.5	≥80	≤2
4A	1.25	40~60	210~250		≥90	≤2.3
5A	1.5	60~100	180~210		≥100	≤3.4

9. 金属粉末喷焊炬

(1) 用途 用氧乙炔焰和一特殊的送粉机构，将喷焊或喷涂合金粉末喷射在工件表面，以完成喷涂工艺。

(2) 外形和规格（图 8-11、表 8-46）

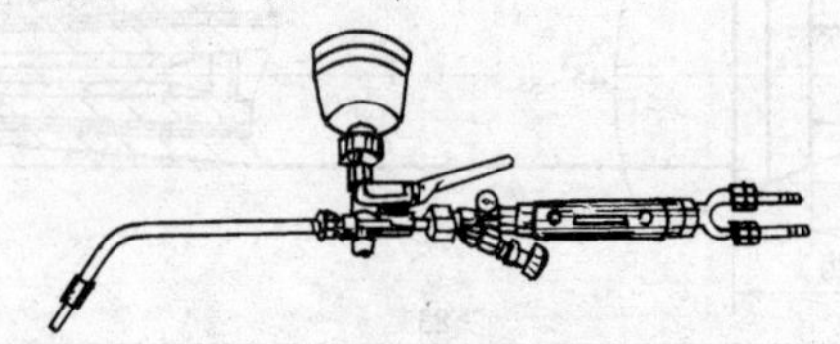

图 8-11 金属粉末喷焊炬

表 8-46　金属粉末喷焊炬的规格

型号	喷焊嘴		气体压力/MPa		送粉量/(kg/h)	总长度/mm
	号	孔径/mm	氧	乙炔		
SPH-1/h	1	0.9	0.20	≥0.05	0.4~1.0	430
	2	1.1	0.25			
	3	1.3	0.30			
SPH-2/h	1	1.6	0.3	>0.5	1.0~2.0	470
	2	1.9	0.35			
	3	2.2	0.40			
SPH-4/h	1	2.6	0.4	>0.5	2.0~4.0	630
	2	2.8	0.45			
	3	3.0	0.5			
SPH-C	1	1.5×5	0.5	>0.5	4.5~6	730
	2	1.5×7	0.6			
	3	1.5×9	0.7			
SPH-D	1	1×10	0.5	>0.5	8~12	730
	2	1.2×10	0.6			780

注：合金粉末粒度≤150 目。

10. 金属粉末喷焊喷涂两用炬

（1）用途　利用氧乙炔焰和特殊的送粉机构，将一种喷焊或喷涂用合金粉末喷射在工件表面上。

（2）外形和规格（图 8-12、表 8-47）

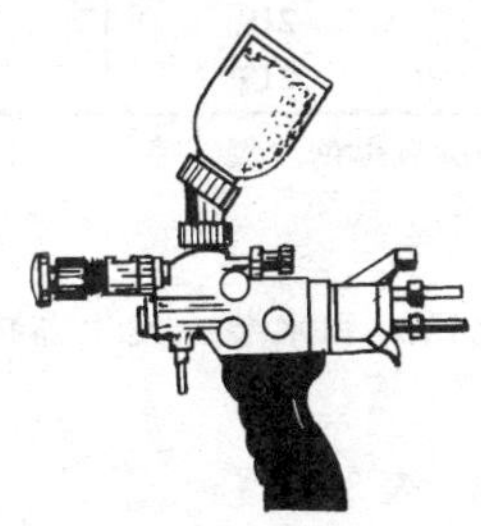

图 8-12　SPH-E 型金属粉末喷焊喷涂两用炬

表 8-47　金属粉末喷焊喷涂两用炬的规格

型号	喷嘴号	喷嘴形式	预热式孔径(mm)/孔数(个)	喷粉孔径/mm	气体压力/MPa		送粉量/(kg/h)
					氧	乙炔	
QT-7/h	1	环形	—	2.8	0.45	≥0.04	5~7
	2	梅花	0.7/12	3.0	0.50		
	3	梅花	0.8/12	3.2	0.55		
QT-3/h	1	梅花	0.6/12	3.0	0.7	≥0.04	3
	2		0.7/12	3.2	0.8		
SPH-E	1	环形	—	3.5	0.5~0.6	≥0.05	≤7
	2	梅花	1.0/8				

七、焊、割器具及用具

1. 氧气瓶

（1）用途 贮存压缩氧气，供气焊和气割使用。

（2）外形和规格（图8-13、表8-48）

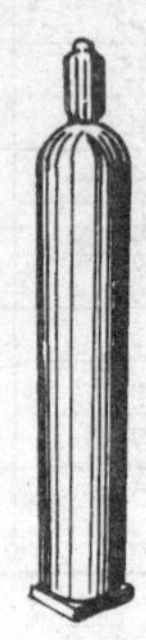

图8-13 氧气瓶

表8-48 焊、割器具及用具的规格

容积/m^3	工作压力/MPa	尺寸/mm		质量/kg
		外径	高度	
40	14.71	219	1370	55
45	14.71	219	1490	47

注：瓶外表漆色为天蓝色，并标有黑色“氧”字。

2. 乙炔发生器

（1）用途 将电石（碳化钙）和水装入发生器内，使其产生乙炔气，供焊、割用。

（2）外形和规格（图8-14、表8-49）

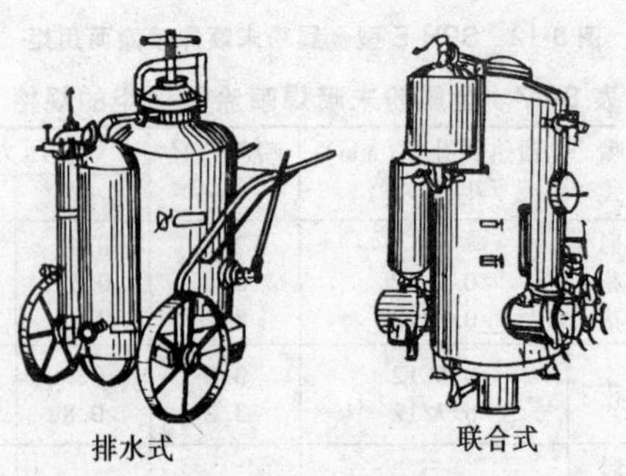

图8-14 乙炔发生器

表 8-49　乙炔发生器的规格

型　　号	Q3-0.5	Q3-1	Q3-3	Q4-5	Q4-10
结　　构	移动中压排水式		固定中压排水式	固定联合式	
正常生产率/(m^3/h)	0.5	1	3	5	10
乙炔工作压力/MPa	0.045~0.100				

3. 氧、乙炔减压器

（1）用途　氧气减压器接在氧气瓶出口处，将氧气瓶内的高压氧气调节到所需的低压氧气。乙炔减压器接在乙炔发生器出口处，将乙炔压力调到所需的低压。

（2）外形和规格（图 8-15、表 8-50）

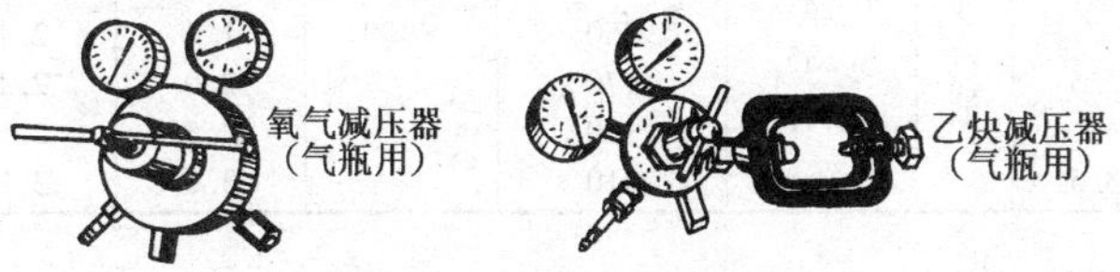

图 8-15　氧、乙炔减压器

表 8-50　氧、乙炔减压器的规格

型　　号	工作压力/MPa		压力表规格/MPa		公称流量/(m^3/h)	质量/kg
	输入≤	输出压力调节范围	高压表（输入）	低压表（输出）		
氧气减压器(气瓶用)						
YQY-1 YQY-12 YQY-6 YQY-352	15	0.1~2.5 0.1~1.6 0.02~0.25 0.1~1	0~25	0~4 0~2.5 0~0.4 0~1.6	250 160 10 30	3.0 2.0 1.9 2.0
乙炔减压器(气瓶用)						
YQY-222	2	0.01~0.15	0~4	0~0.025	6	2.6

4. 喷灯

（1）用途　利用喷射火焰对工件进行加热。

（2）外形和规格（图 8-16、表 8-51）

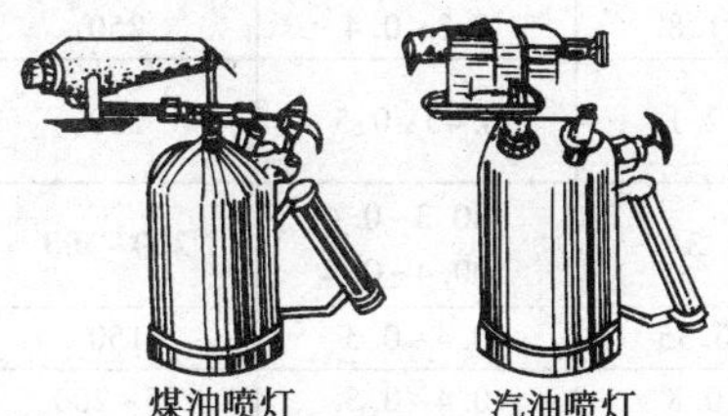

图 8-16　喷灯

表 8-51　喷灯的规格

品种	型号	燃料	工作压力 /MPa	火焰有效长度 /mm	火焰温度 /℃	贮油量 /kg	耗油量 /(kg/h)	灯净重 /kg
煤油喷灯	MD-1	灯用煤油	0.25～0.35	60	>900	0.8	0.5	1.20
	MD-1.5			90		1.2	1.0	1.65
	MD-2			110		1.6	1.5	2.40
	MD-2.5			110		2.0	1.5	2.45
	MD-3			160		2.5	1.4	3.75
	MD-3.5			180		3.0	1.6	4.00
汽油喷灯	QD-0.5	工业汽油	0.25～0.35	70	>900	0.4	0.45	1.10
	QD-1			85		0.7	0.9	1.60
	QD-1.5			100		1.05	0.6	1.45
	QD-2			150		1.4	2.1	2.38
	QD-2.5			170		2.0	2.1	3.20
	QD-3			190		2.5	2.5	3.40
	QD-3.5			210		3.0	3.0	3.75

5. 喷漆枪

（1）用途　以压缩空气为动力，将油漆等涂料喷涂在各种机械、设备、车辆、船舶、器具、仪表等物体表面上。

（2）外形和规格（图 8-17、表 8-52）

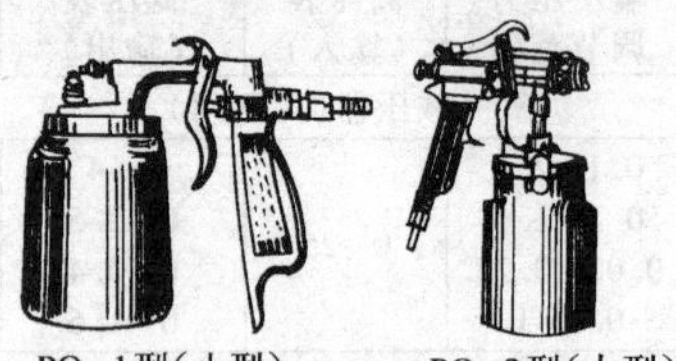
PQ-1型(小型)　PQ-2型(大型)

图 8-17　喷漆枪

表 8-52　喷漆枪的规格

型号	贮漆罐容量 /L	出漆嘴孔径 /mm	空气工作压力 /MPa	喷涂有效距离 /mm	喷涂表面 形状	喷涂表面 直径或长度/mm
PQ-1	0.6	1.8	0.25～0.4	50～250	圆形	≥35
PQ-1B	0.6	1.8	0.3～0.4	250	圆形	38
PQ-2	1	2.1	0.45～0.5	260	圆形 扁形	35 ≥140
PQ-2Y	1	3	①0.3～0.4 ②0.4～0.5	200～300	扁形	150～160
PQ-11	0.15	0.35	0.4～0.5	150	圆形	3～30
1	0.15	0.8	0.4～0.5	75～200	圆形	6～75
2A	0.15	0.4	0.4～0.5	75～200	圆形	5～40

（续）

型号	贮漆罐容量/L	出漆嘴孔径/mm	空气工作压力/MPa	喷涂有效距离/mm	喷涂表面	
					形状	直径或长度/mm
2B	0.15	1.1	0.5~0.6	50~250	圆形 椭圆	5~30 长轴 100
3	0.9	2	0.5~0.6	50~200	圆形 椭圆	10~80 长轴 150
F75	0.6	1.8	0.3~0.35	150~200	圆形 扇形	35 120

注：PQ-2Y 型的工作压力：

① 适用于彩色花纹涂料。

② 适用于其他涂料（清洁剂、粘合剂、密封剂）。

6. 气焊眼镜

（1）用途　保护气焊工人的眼睛，不致受强光照射和避免熔渣溅入眼内。

（2）规格　深绿色镜片和深绿色镜片。

（3）外形（图 8-18）

图 8-18　气焊眼镜

7. 焊接防护具（GB/T 3609.1—2008）

（1）用途　用于保护电焊工人的头部及眼睛，不受电弧紫外线及飞溅熔渣的灼伤。

（2）外形和规格（图 8-19、表 8-53）

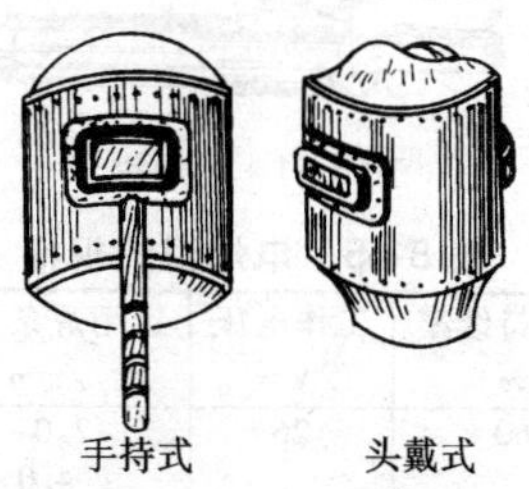

手持式　　头戴式

图 8-19　焊接面罩

表 8-53　焊接面罩的规格

品种	型号	外形尺寸/mm≥			观察窗尺寸/mm≥	质量/g≤
		长度	宽度	深度		
手持式	HM-1	320	210	100	40×90	500
头戴式	MH-2-A	340	210	120	40×90	500

注：通常不连焊接滤光片供应，故质量不含滤光片。

8. 焊接滤光片（GB/T 3609.2—2009）

（1）用途　装在焊接面罩上以保护眼睛。

（2）外形和规格（图8-20、表8-54）

图8-20　焊接滤光片

表8-54　焊接滤光片的规格

<table>
<tr><td colspan="5">外形尺寸(mm):长×宽≥180×50,厚度≤3.8</td></tr>
<tr><td>颜　色</td><td colspan="4">不能用单纯色,最好为黄色、绿色、茶色和灰色等混合色。左右眼滤光片的颜色差,光密度(d)应≤0.4</td></tr>
<tr><td>滤光片遮光号</td><td>1.2、1.4、1.7、
2、2.5</td><td>3
4</td><td>5
6</td><td>7
8</td></tr>
<tr><td>适用电弧范围</td><td>防侧光
与杂散光</td><td>辅助工</td><td>≤30A</td><td>30~50A</td></tr>
<tr><td>滤光片遮光号</td><td>9、10
11</td><td>12
13</td><td>14</td><td>15
16</td></tr>
<tr><td>适用电弧范围</td><td>75~200A</td><td>200~400A</td><td>≥400A</td><td>—</td></tr>
</table>

9. 电焊钳（QB/T 1518—1992）

（1）用途　夹持焊条进行焊条电弧焊。

（2）外形和规格（图8-21、表8-55）

图8-21　电焊钳

表8-55　电焊钳的规格

规格/A	额定焊接电流/A	负载持续率(%)	工作电压/V≈	适用焊条直径/mm	能接电缆截面积/mm²	温升/℃≤
160(150)	160(150)	60	26	2.0~4.0	≥25	35
250	250	60	30	2.5~5.0	≥35	40
315(300)	315(300)	60	32	3.2~5.0	≥35	40
400	400	60	36	3.2~6.0	≥50	45
500	500	60	40	4.0~(8.0)	≥70	45

注：括号中的数值为非推荐数值。

10. 电焊手套及脚套

（1）用途　保护电焊工人的手及脚，避免熔渣灼伤。

（2）规格　分大、中、小三号，由牛皮、猪皮及帆布制成。

（3）外形（图 8-22）

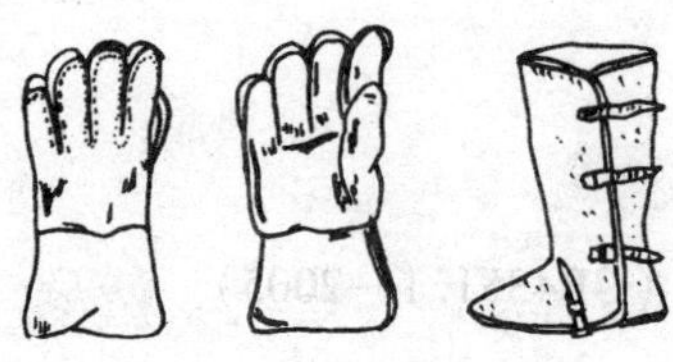

图 8-22　电焊手套及脚套

第九章　消 防 器 材

一、灭火器

1. 手提式灭火器（GB4351.1—2005）

（1）分类

1）灭火器按充装的灭火剂分类

① 水基型灭火器（水型包括清洁水或带添加剂的水，如湿润剂、增稠剂、阻燃剂或发泡剂等）。

② 干粉型灭火器（干粉有“BC”或“ABC”型或可以为D类火特别配制的）。

③ 二氧化碳灭火器。

④ 洁净气体灭火器。

2）灭火器按驱动灭火器的压力型式分类

贮气瓶式灭火器。

贮压式灭火器。

（2）规格与型号

1）灭火器的规格，按其充装的灭火剂量来划分。

a）水基型灭火器为2L、3L、6L、9L。

b）干粉灭火器为1kg、2kg、3kg、4kg、5kg、6kg、8kg、9kg、12kg。

c）二氧化碳灭火器为2kg、3kg、5kg、7kg。

d）洁净气体灭火器为1kg、2kg、4kg、6kg。

2）灭火器的型号编制方法如下：

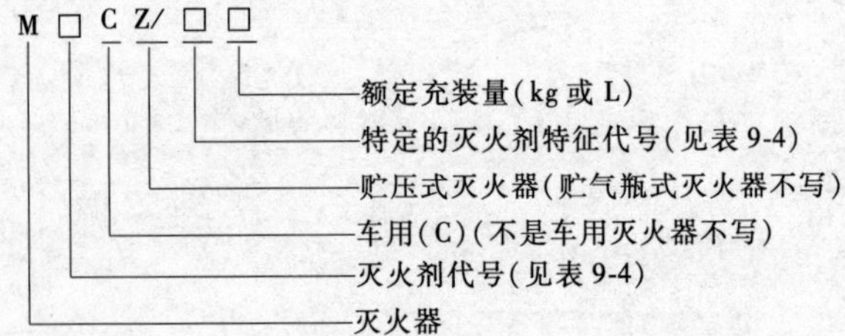

注：如产品结构有改变时，其改进代号可加在原型号的尾部，以示区别。

（3）技术要求（表9-1~表9-4）

表 9-1 手提式灭火器的最小有效喷射时间（灭火器在 20℃时）

	灭火剂量/L	灭火级别	最小有效喷射时间/s
水基型灭火器	2~3		15
	>3~6		30
	>6		40
其他[①]A 类灭火器		1A	8
		≥2A	13
其他[①]B 类灭火器		21B~34B	8
		55B~89B	9
		(113B)	12
		≥144B	15

① 其他是指除水基型灭火器外的灭火器。

表 9-2 手提式灭火器的最小有效喷射距离（灭火器在 20℃时）

A 类灭火器		B 类灭火器		
灭火级别	最小喷射距离/m	灭火器类型	灭火剂量	最小喷射距离/m
1A~2A	3.0	水基型	2L	3.0
			3L	3.0
			6L	3.5
			9L	4.0
3A	3.5	洁净气体	1kg	2.0
			2kg	2.0
			4kg	2.5
			6kg	3.0
4A	4.5	二氧化碳	2kg	2.0
			3kg	2.0
			5kg	2.5
			7kg	2.5
6A	5.0	干粉	1kg	3.0
			2kg	3.0
			3kg	3.5
			4kg	3.5
			5kg	3.5
			6kg	4.0
			8kg	4.5
			≥9kg	5.0

表 9-3 灭 A 类、B 类火的性能

级别代号	干粉/kg	水基型/L	洁净气体/kg	二氧化碳/kg
1A	≤2	≤6	≥6	
2A	3~4	>6~≤9		
3A	5~6	>9		
4A	>6~≤9			
6A	>9			
21B	1~2		1~2	2~3
34B	3		4	5
55B	4	≤6	6	7
89B	5~6	>6~9	>6	
144B	>6	>9		

注：1. 灭 A 类火的性能不应小于表中规定。

2. 灭火器 20℃灭 B 类火的性能不应小于表中规定。灭火器在最低使用温度时灭 B 类火的性能可比 20℃时的性能降低两个级别。

表 9-4 灭火剂代号和特定的灭火剂特征代号

分类	灭火剂代号	灭火剂代号含义	特定的灭火剂特征代号	特征代号含义
水基型灭火器	S	清水或带添加剂的水，但不具有发泡倍数和 25% 析液时间要求	AR（不具有此性能不写）	具有扑灭水溶性液体燃料火灾的能力
	P	泡沫灭火剂，具有发泡倍数和 25% 析液时间要求。包括：P、FP、S、AR、AFFF 和 FFFP 等灭火剂	AR（不具有此性能不写）	具有扑灭水溶性液体燃料火灾的能力
干粉灭火器	F	干粉灭火剂。包括：BC 型和 ABC 型干粉灭火剂	ABC（BC 干粉灭火剂不写）	具有扑灭 A 类火灾的能力
二氧化碳灭火器	T	二氧化碳灭火剂	—	
洁净气体灭火器	J	洁净气体灭火剂。包括：卤代烷烃类气体灭火剂、惰性气体灭火剂和混合气体灭火剂等	—	

2. 推车式灭火器（GB 8109—2005）

（1）分类

1）按充装的灭火剂分类

①推车式水基型灭火器（水型包括清水或带添加剂的水，如润湿剂、增稠剂、阻燃剂或发泡剂等）。

②推车式干粉灭火器（干粉可以是 BC 型或 ABC 型）。

③推车式二氧化碳灭火器。

④推车式洁净气体灭火器洁净气体灭火剂的生产和使用受蒙特利尔协定或国家法律和法规的控制。

2）按驱动灭火剂的型式分类

①推车贮气瓶式灭火器。

②推车贮压式灭火器。

（2）额定充装量（即规格）

1）推车式水基型灭火器：20L、45L、60L 和 125L。

2）推车式干粉灭火器：20kg、50kg、100kg 和 125kg。

3）推车式二氧化碳灭火器和推车式洁净气体灭火器：10kg、20kg、30kg 和 50kg。

（3）型号

推车式灭火器的型号编制方法如下：

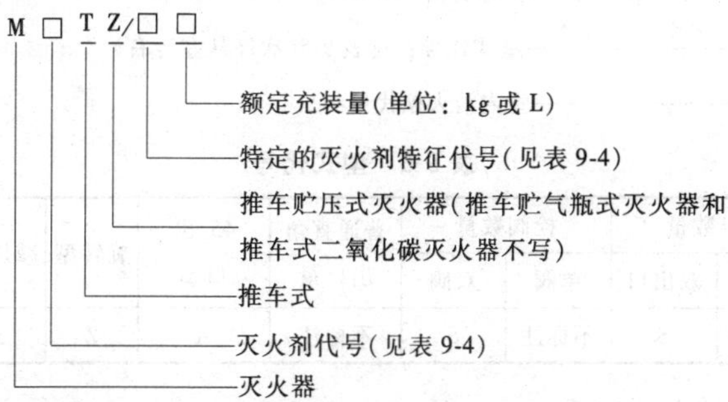

注：如产品结构有改变时，其改进代号可加在原型号的尾部，以示区别。

二、其他消防器材

1. 室内消火栓

（1）型式

1）按出水口型式分类

① 单出口室内消火栓。

② 双出口室内消火栓。

2）按栓阀数量分类

① 单栓阀（以下称单阀）室内消火栓。

② 双栓阀（以下称双阀）室内消火栓。

3）按结构型式分类

① 直角出口型室内消火栓。

② 45°出口型室内消火栓。

③ 旋转型室内消火栓。

④ 减压型室内消火栓。

⑤ 旋转减压型室内消火栓。

⑥ 减压稳压型室内消火栓。

⑦ 旋转减压稳压型室内消火栓。

（2）型号

室内消火栓型号按下列规定编制。

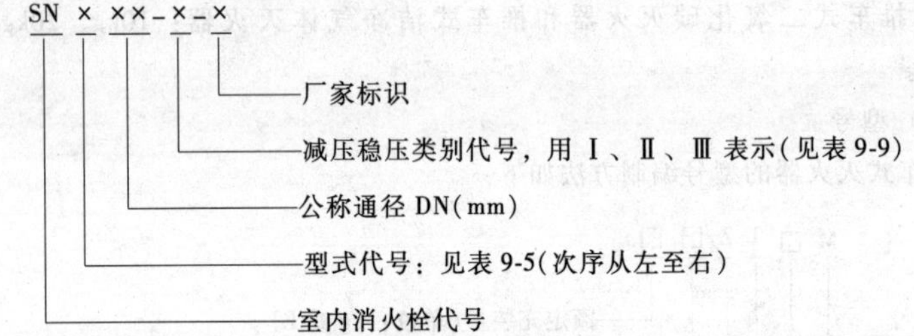

表 9-5　型式代号

型式	出口数量		栓阀数量		普通直角出口量	45°出口型	旋转型	减压型	减压稳压型
	单出口	双出口	单阀	双阀					
代号	不标注	S	不标注	S	不标注	A	Z	J	W

（3）基本参数（表9-6）

表 9-6　室内消防栓的基本参数

公称通径 DN/mm	公称压力 PN/MPa	适用介质
25、50、65、80	1.6	水、泡沫混合液

（4）基本尺寸（表9-7）

表 9-7 室内消防栓的基本尺寸

公称通径 DN/mm	型号	进水口		基本尺寸/mm		
		管螺纹	螺纹深度	关闭后高度 ≤	出水口中心高度	阀杆中心距接口外沿距离 ≤
25	SN25	Rp1	18	135	48	82
50	SN50	Rp2	22	185	65	110
	SNZ50			205	65~71	
	SNS50	Rp2½	25	205	71	120
	SNSS50			230	100	112
65	SN65	Rp2½	25	205	71	120
	SNZ65			225	71~100	
	SNZJ65 SNZW65					126
	SNJ65 SNW65					
	SNS65	Rp3			75	
	SNSS65			270	110	
80	SN80	Rp3	25	225	80	126

（5）手轮直径（表 9-8）

表 9-8 手轮直径

公称通径 DN/mm	型号	手轮直径/mm
25	SN25	80
50	SN50、SNZ50、SNS50、SNSS50	120
65	SN65、SNZ65、SNJ65、SNZJ65、SNW65、SNZW65、SNSS65	120
	SNS65	140
80	SN80	140

（6）减压稳压性能及流量（表 9-9）

表 9-9 减压稳压性能及流量

减压稳压类别	进水口压力 p_1/MPa	出水口压力 p_2/MPa	流量 Q/(L/s)
Ⅰ	0.4~0.8	0.25~0.35	$Q \geqslant 5.0$
Ⅱ	0.4~1.2		
Ⅲ	0.4~1.6		

2. 室外消火栓（GB 4452—2011）（表9-10）

表9-10　室外消防栓的规格

进水口公称通径/mm	连接形式	公称压力/MPa	出水口径/mm	适用介质
100	法兰式 承插式	1.6 1.0	65×65	水、泡沫混合液
			100	
150			80×80	
			150	

注：1. 公称通径为100mm、公称压力为1.6MPa、出水口径为65×65的消火栓连接器，其型号表示为：SL 65-1.6。

2. 公称通径为100mm、公称压力为1.6MPa、出水口径为100的消火栓连接器，其型号表示为：SL 100-1.6。

表9-11　减压稳压性能和调压性能

性能参数名称	进水口压力/MPa	出水口压力/MPa	流量/(L/s)
减压稳压性能	0.4~1.2	0.25~0.35	≥5.0
调压性能	1.2	0.3~1.0	—

3. 消防水枪（GB 8181—2005）

（1）用途　装在水带出水口处，起射水作用。直流水枪射出水流为实心水柱。开关水枪可控制水流大小。开花水枪可射出实心水柱或伞状开花水帘。喷雾水枪可射出实心水柱或雾状水流。

（2）规格　外形和型号、代号见图9-1和表9-12。

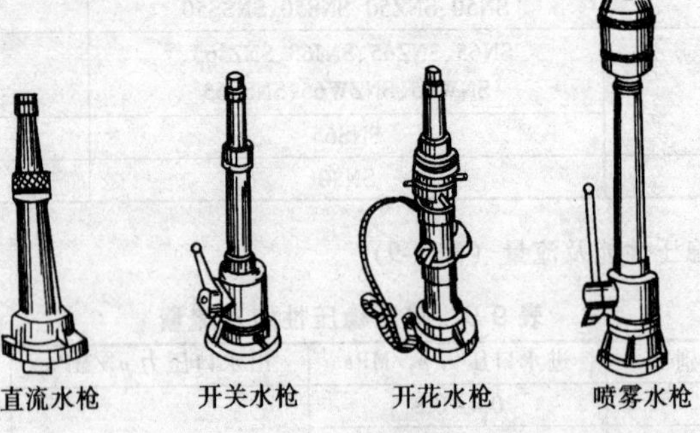

图9-1　消防水枪

表 9-12 消防水枪的型号、代号

<table>
<tr><td>型号的构成</td><td colspan="5">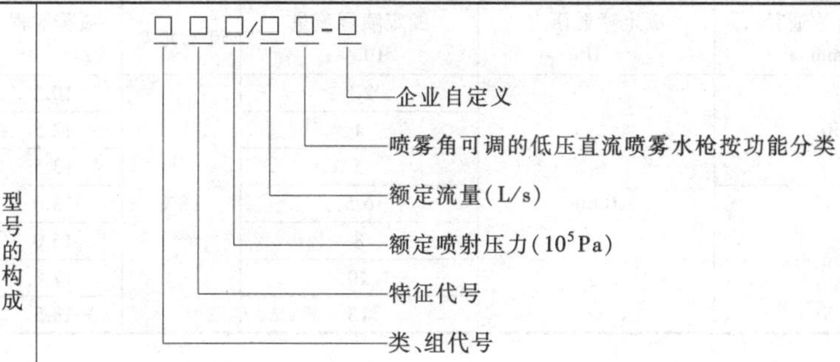

型号中的额定流量除了喷雾水枪为喷雾流量外,其余均为直流流量。对于第Ⅲ类低压直流喷雾水枪,最大流量刻度值示为额定流量;对于第Ⅳ类低压直流喷雾水枪,最大直流流量示为额定流量</td></tr>
<tr><td rowspan="10">代号</td><td>类</td><td>组</td><td>特征</td><td>水枪代号</td><td>代号含义</td></tr>
<tr><td rowspan="9">枪 Q</td><td rowspan="3">直流水枪
Z(直)</td><td>—</td><td>QZ</td><td>直流水枪</td></tr>
<tr><td>开关 G(关)</td><td>QZG</td><td>直流开关水枪</td></tr>
<tr><td>开花 K(开)</td><td>QZK</td><td>直流开花水枪</td></tr>
<tr><td rowspan="3">喷雾水枪
W(雾)</td><td>撞击式 J(击)</td><td>QWJ</td><td>撞击式喷雾水枪</td></tr>
<tr><td>离心式 L(离)</td><td>QWL</td><td>离心式喷雾水枪</td></tr>
<tr><td>簧片式 P(片)</td><td>QWP</td><td>簧片式喷雾水枪</td></tr>
<tr><td rowspan="2">直流喷雾水枪
L(直流喷雾)</td><td>球阀转换式 H(换)</td><td>QLH</td><td>球阀转换式直流喷雾水枪</td></tr>
<tr><td>导流式 D(导)</td><td>QLD</td><td>导流式直流喷雾水枪</td></tr>
<tr><td>多用水枪 D(多)</td><td>球阀转换式 H(换)</td><td>QDH</td><td>球阀转换式多用水枪</td></tr>
</table>

注：1. 额定喷射压力 0.35MPa，额定直流流量 7.5L/s 的直流开关水枪型号为 QZG3.5/7.5。

2. 额定喷射压力 0.60MPa，额定直流流量 6.5L/s 的球阀转换式多用水枪型号为 QDH6.0/6.5。

3. 额定喷射压力 0.60MPa，额定直流流量 6.5L/s 的第Ⅰ类导流式直流喷雾水枪型号为 QLD6.0/6.5Ⅰ。

4. 额定喷射压力 2.0MPa，额定直流流量 3L/s 的中压导流式直流喷雾水枪型号为 QLD20/3。

(3) 水枪的参数（表 9-13~表 9-18）

表 9-13 直流水在额定喷射压力时的额定流量和射程

<table>
<tr><td>接口公称通径
/mm</td><td>当量喷嘴直径
/mm</td><td>额定喷射压力
/MPa</td><td>额定流量
/(L/s)</td><td>流量允差</td><td>射程/m≥</td></tr>
<tr><td rowspan="2">50</td><td>13</td><td rowspan="3">0.35</td><td>3.5</td><td rowspan="4">±8%</td><td>22</td></tr>
<tr><td>16</td><td>5</td><td>25</td></tr>
<tr><td rowspan="2">65</td><td>19</td><td>7.5</td><td>28</td></tr>
<tr><td>22</td><td>0.20</td><td>7.5</td><td>20</td></tr>
</table>

表 9-14　喷雾水枪在额定喷射压力时的额定流量和射程

接口公称通径 /mm	额定喷射压力 /MPa	额定喷雾流量 /(L/s)	流量允差	喷雾射程 /m ≥
50	0.60	2.5	±8%	10.5
		4		12.5
		5		13.5
65		6.5		15.0
		8		16.0
		10		17.0
		13		18.5

表 9-15　直流喷雾水的流量和射程及喷射压力

接口公称通径 /mm	额定喷射压力 /MPa	额定直流流量 /(L/s)	流量允差	直流射程 /m ≥
50	0.60	2.5	±8%	21
		4		25
		5		27
65		6.5		30
		8		32
		10		34
		13		37

注：1. 在额定喷射压力时，其额定流量（对于第Ⅲ类直流喷雾水枪调整到最大流量刻度值，对于第Ⅳ类直流喷雾水枪调整到最大直流流量）和直流射程应符合本表的要求。

2. 第Ⅰ类直流喷雾水枪在额定喷射压力时，其最大喷雾角时的流量应在本表额定直流流量的100%～150%的范围内，流量允差为±8%。

3. 第Ⅱ类直流喷雾水枪在额定喷射压力时，其喷雾角在30°、70°及最大喷雾角时的流量均应在本表额定直流流量的92%～108%的范围内，流量允差为±8%。

4. 第Ⅲ类直流喷雾水枪在额定喷射压力时，调整到最大流量刻度，其喷雾角在30°、70°及最大喷雾角时的流量均应在本表额定直流流量的92%～108%的范围内；然后依次调整到其余流量刻度，其喷雾角在30°时的流量均应符合其标称值，流量允差为±8%。

5. 第Ⅳ类直流喷雾水枪在最小流量和最大流量时，分别在喷雾角为30°、70°及最大喷雾角的喷射压力应符合本表额定喷射压力，其允差为±0.1MPa。

表 9-16　多用水枪在额定喷射压力时的额定直流流量和直流射程

接口公称通径 /mm	额定喷射压力 /MPa	额定直流流量 /(L/s)	流量允差	直流射程 /m ≥
50	0.60	2.5	±8%	21
		4		25
		5		27

（续）

接口公称通径/mm	额定喷射压力/MPa	额定直流流量/(L/s)	流量允差	直流射程/m ≥
65	0.60	6.5	±8%	30
		8		32
		10		34
		13		37

注：额定喷雾流量应在本表额定直流流量的92%~108%范围内，流量允差为±8%。

表 9-17 中压水枪在额定喷射压力时的额定直流流量和直流射程

进口连接(两者取一)		额定喷射压力/MPa	额定直流流量/(L/s)	流量允差	直流射程/m
接口公称通径/mm	进口外螺纹				
40	M39×2	2.0	3	±8%	≥17

注：最大喷雾角时的流量应在本表额定直流流量100%~150%的范围内，流量允差为±8%。

表 9-18 高压水枪在额定喷射压力时的额定直流流量和直流射程

进口外螺纹	额定喷射压力/MPa	额定直流流量/(L/s)	流量允差	直流射程/m
M39×2	3.5	3	±8%	≥17

注：最大喷雾角时的流量应在本表额定直流流量100%~150%的范围内，流量允差为±8%。

4. 消防水带

(1) 用途 供灭火时输水用。水带两端须装上接口，以便连接。

(2) 消防水带（GB 6246—2011）（表 9-19）

表 9-19 消防水带的规格

规格	水带内径的公称尺寸/mm	弯曲半径（水带外侧）/mm	单位长度质量/(g/m)	水带长度/m	设计压力工作/MPa	最小爆破压力/MPa
25	25.0	250	180	15,20,25,30,40,60,200	0.8	2.4
40	38.0	500	280			
50	51.0	750	380		1.0	3.0
65	63.5	1000	480			
80	76.0		600		1.3	3.9
100	102.0	1500	1100			
125	127.0		1600		1.6	4.8
150	152.0	2000	2200			
200	203.5	2500	3400		2.0	6.0
250	254.0	3000	4600			
300	305.0	3500	5800		2.5	7.5

5. 火灾探测器

（1）用途　用于火灾发生时引起的烟雾、温度变化达到预定值时，探测器便发出报警信号。适合各类大型建筑物火灾探测与报警。

（2）规格　外形和基本参数见图9-2和表9-20。

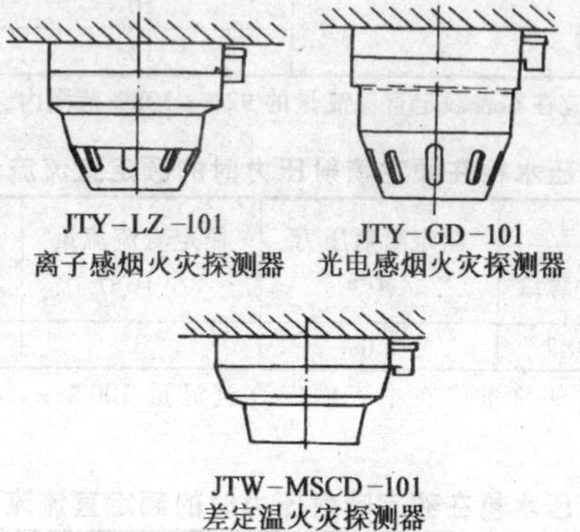

图9-2　火灾探测器

表9-20　火灾探测器的基本参数

<table>
<tr><th>名　称</th><th>型　号</th><th>使用环境</th><th>灵　敏　度</th><th>工作电压</th></tr>
<tr><td>离子感烟火灾探测器</td><td>JTY-LZ-101</td><td rowspan="3">温度：-20～+50℃
湿　度：40℃　时达95%
风速：<5m/s</td><td rowspan="3">Ⅰ级：用于禁烟场所
Ⅱ级：用于卧室等少烟场所
Ⅲ级：用于会议室等场所</td><td rowspan="3">直流24V</td></tr>
<tr><td>光电感烟火灾探测器</td><td>JTY-GD-101</td></tr>
<tr><td>差定温火灾探测器</td><td>JTW-MSCD-101</td></tr>
<tr><td>离子感烟火灾探测器</td><td>JTY-LZ-D</td><td colspan="3">报警电压（V）19
24</td></tr>
<tr><td>光电感烟火灾探测器</td><td>JTY-GD</td><td colspan="3">报警电压（V）19</td></tr>
<tr><td>电子感温火灾探测器</td><td>JTW-Z(CD)</td><td colspan="3">报警电压（V）14</td></tr>
<tr><td>红外光感探测器</td><td>JTY HS</td><td colspan="3">工作电压（V）24</td></tr>
</table>

6. 封闭式玻璃球吊顶型喷头

（1）用途　用于高层、地下建筑物，连接湿式自动喷水灭火系统，起探测、启动水流、喷水灭火作用。

（2）规格　外形和基本参数见图9-3和表9-21。

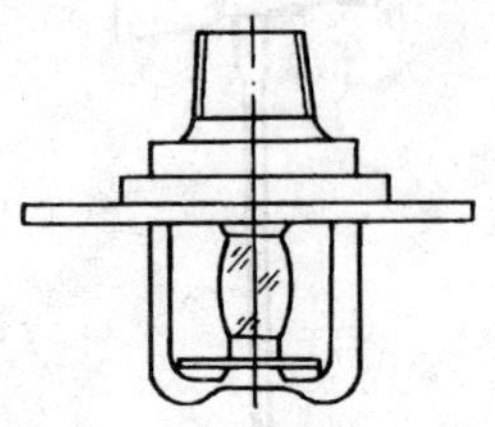

图 9-3 封闭式玻璃球吊顶型喷头

表 9-21 封闭式玻璃球吊顶喷头的基本参数

型 号	喷口直径 /mm	喷头指标		使用环境温度 /℃
		温度级别	玻璃球颜色	
BBd15	11	57 68 79 93	橙 红 黄 绿	38 49 60 74

7. 开关喷头（图 9-4）

(1) 用途　用于高层、地下建筑物，连接湿式自动喷水灭火系统，当雨淋阀开启后，喷头洒出密集粒状水珠进行灭火。

(2) 规格　喷孔直径（mm）：11。

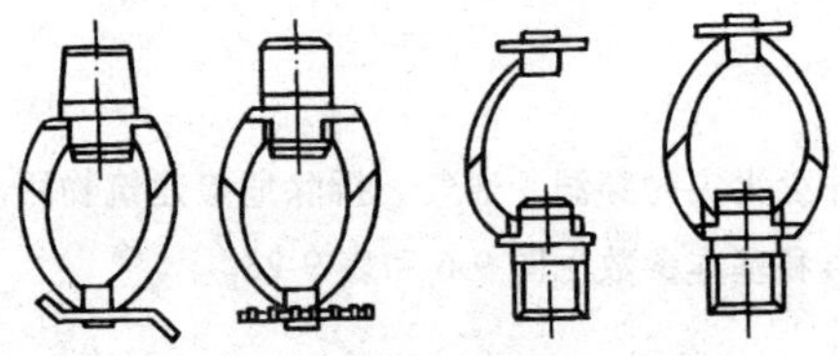

图 9-4 开关喷头

8. 消防斧

(1) 用途　扑灭火灾时，拆除障碍物用。

(2) 规格　外形和基本参数见图 9-5 和表 9-22。

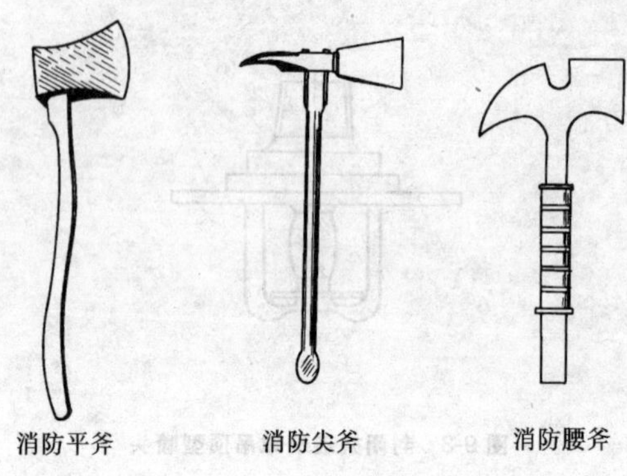

图 9-5 消防斧

表 9-22 消防斧的基本参数

品　种	型　号	外形尺寸/mm	斧重/kg
消防平斧（GA138—2010）	GFP610	610×164×24	1.1～1.8
	GFP710	710×172×25	1.1～1.8
	GFP810	810×180×26	1.1～1.8
	GFP910	910×188×27	2.5～3.5
消防尖斧（GA138—2010）	GFJ715	715×300×44	1.8～2.0
	GFJ815	815×330×53	2.5～3.5
消防腰斧	GF285	285×160×25	0.8～1.0
	GF325	325×120×25	0.9～1.1

9. 消防杆钩

（1）用途　供扑灭火灾时穿洞、通气、拆除危险建筑物用。

（2）规格　外形和基本参数见图 9-6 和表 9-23。

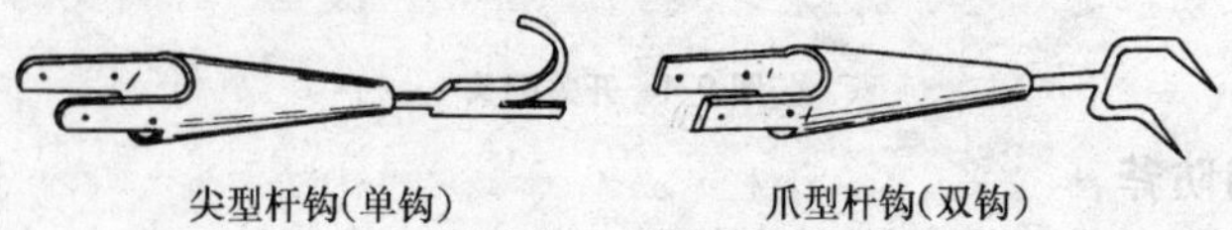

图 9-6 消防杆钩

表 9-23 消防杆钩的基本参数

型号	品种	外形尺寸（连柄/mm）	质量/kg
GG378	尖型杆钩	3780×217×60	4.5
	爪型杆钩	3630×160×90	5.5

10. 消防用防坠落装备（GA 494—2004）

（1）型号

消防用防坠落装备的产品型号由类组代号、类别代号、类型代号和主参数等组成，其形式如下：

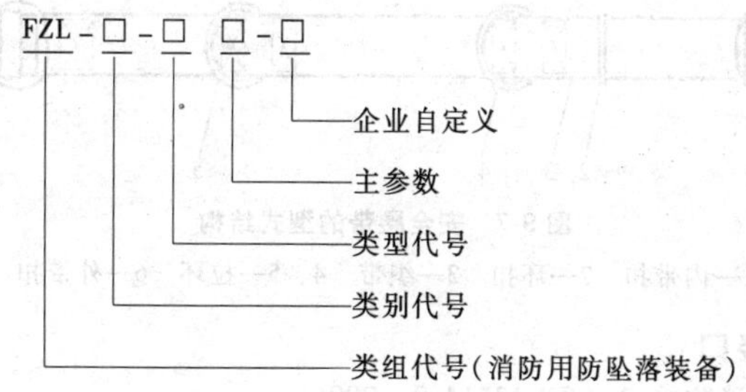

（2）类别代号、类型代号和主参数（表 9-24）

表 9-24 消防用防坠落装备的类别代号、类型代号和主参数

装备名称	类别代号	类型代号	主参数	设计负荷/kN≥	断裂强度/kN≥
安全绳	S	Q:轻型 T:通用型	直径,mm		20 40
安全腰带	YD			1.33	
安全吊带	DD	Ⅰ:Ⅰ型 Ⅱ:Ⅱ型 Ⅲ:Ⅲ型		1.33 2.67 2.67	
安全钩	G	Q:轻型 T:通用型		1.33 2.67	

(续)

装备名称	类别代号	类型代号	主参数	设计负荷/kN≥	断裂强度/kN≥
上升器	SS	Q:轻型 T:通用型	适用的安全绳直径或直径范围(用"/"间隔),mm	1.33 2.67	
抓绳器	Z				
下降器	X				
滑轮装置	H				
便携式固定装置	B	Q:轻型 T:通用型		1.33 2.67	

(3) 安全腰带的型式结构(图9-7)

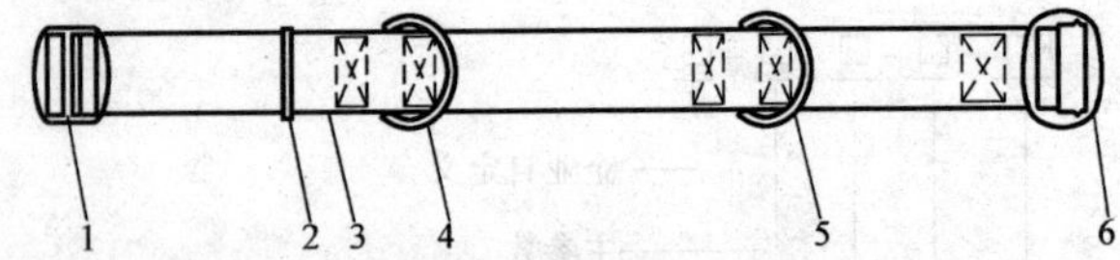

图9-7 安全腰带的型式结构

1—内带扣 2—环扣 3—织带 4、5—拉环 6—外带扣

11. 消防接口

(1) 内扣式消防接口(GB 12514.2—2006)

1) 接口的型式和规格见表9-25。

表9-25 内卡式消防接口的型式和规格

接口型式		规格		适用介质
名称	代号	公称通径/mm	公称压力/MPa	
水带接口	KD	25、40、50、65、80、100、125、135、150	1.6 2.5	水、泡沫混合液
	KDN			
管牙接口	KY			
闷盖	KM			
内螺纹固定接口	KN			
外螺纹固定接口	KWS			
	KWA			
异径接口	KJ	两端通径可在通径系列内组合		

注:KD表示外箍式连接的水带接口。KDN表示内扩张式连接的水带接口。KWS表示地上消火栓用外螺纹固定接口。KWA表示地下消火栓用外螺纹固定接口。

2）接口的结构和基本尺寸见图 9-8 和表 9-26。

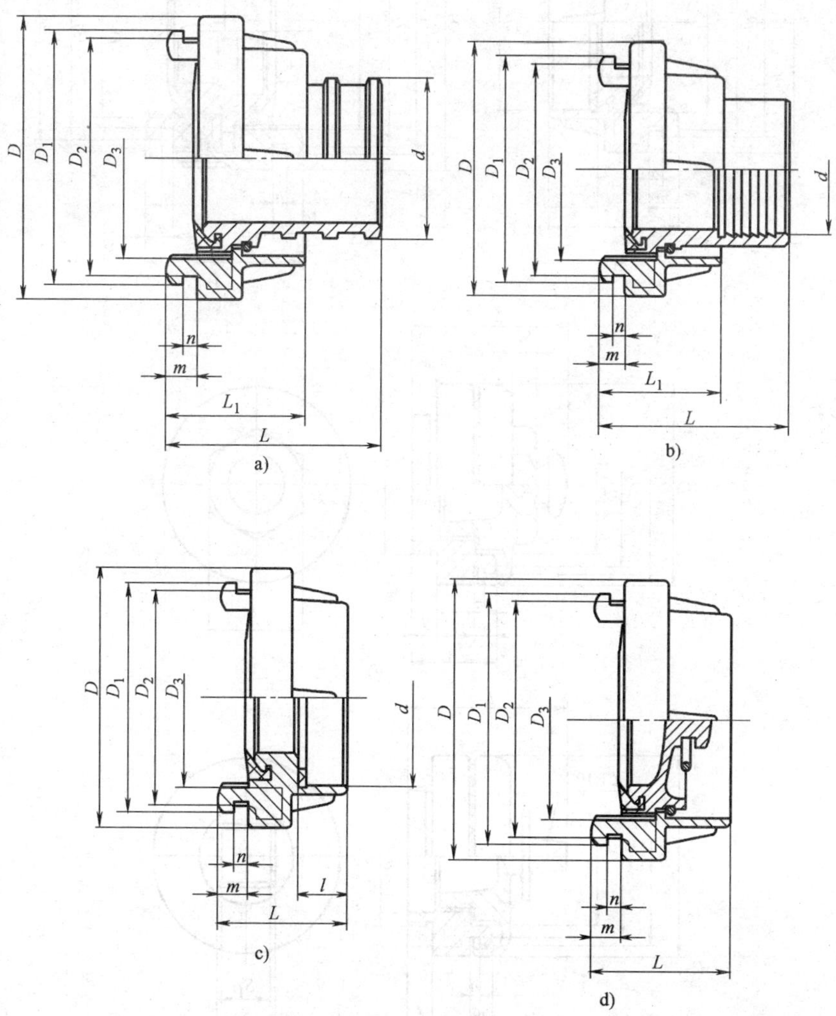

图 9-8　接口的结构

a）KD 型水带接口　b）KDN 型水带接口

c）KY 型管牙接口　d）KM 型闷盖

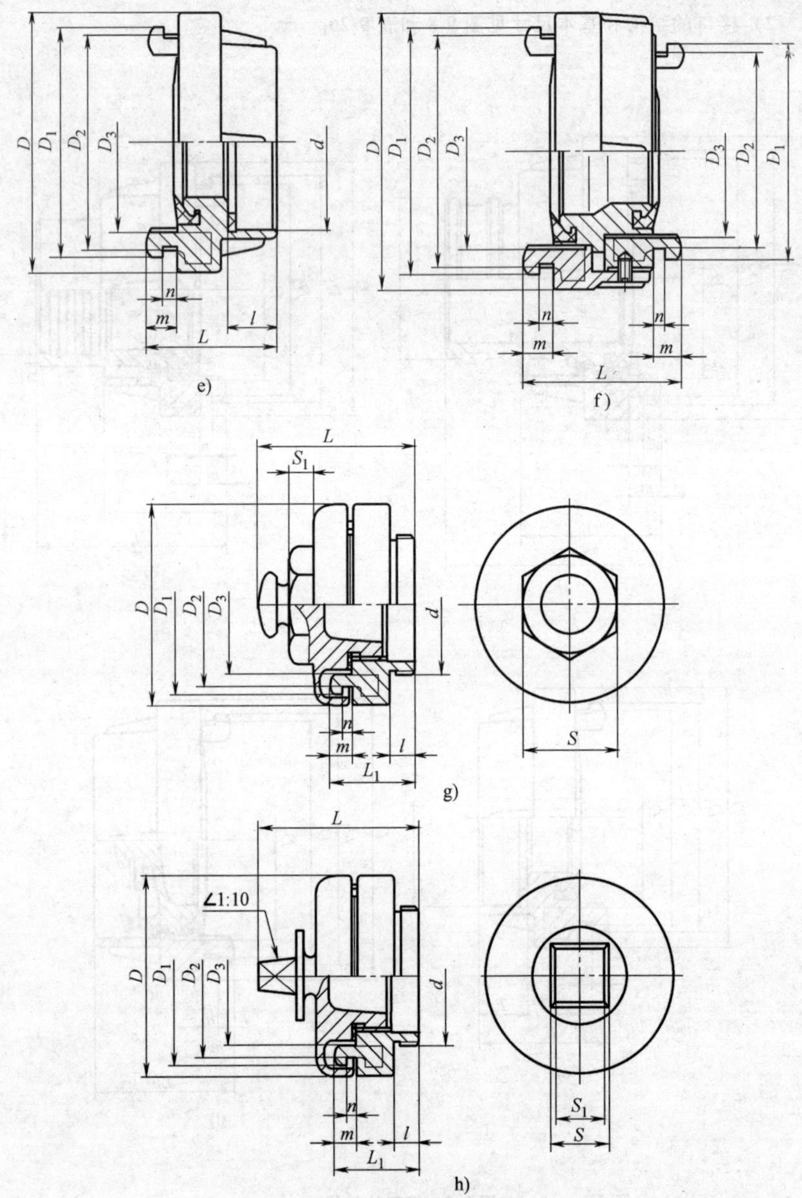

图 9-8 接口的结构（续）
e）KN 型内螺纹固定接口 f）KJ 型异径接口
g）KWS 型外螺纹固定接口 h）KWA 型外螺纹固定接口

表 9-26 消防接口的基本尺寸 (单位：mm)

公称通径		25	40	50	65	80
d	KD、KDN	25	38	51	63.5	76
	KY、KN	G1	G1 $\frac{1}{2}$	G2	G2 $\frac{1}{2}$	G3
	KWS、KWA	G1	G1 $\frac{1}{2}$	G2	G2 $\frac{1}{2}$	G3
D		55	83	98	111	126
D_1		45.2	72	85	98	111
D_2		39	65	78	90	103
D_3		31	53	66	76	89
m		8.7	12	12	12	12
n		4.5±0.09	5±0.09	5±0.09	5.5±0.09	5.5±0.09
L	KD、KDN	≥59	≥67.5	≥67.5	≥82.5	≥82.5
	KY、KN	≥39	≥50	≥52	≥52	≥55
	KM	37	54	54	55	55
	KWS	≥62	≥71	≥78	≥80	≥89
	KWA	≥82	≥92	≥99	≥101	≥101
L_1	KD、KDN	36.7	54	54	55	55
	KWS、KWA	35.7	50	50	52	52
l	KY、KN	14	20	20	22	22
	KWS、KWA	14	20	20	22	22
S	KWS	24	36	36	55	55
	KWA	20	30	30	30	30
S_1	KWS	≥10	≥10	≥10	≥10	≥10
	KWA	17	27	27	27	27

公称通径		100	125	135	150
d	KD、KDN	110	122.5	137	150
	KY、KN	G4	G5	G5 $\frac{1}{2}$	G6
D		182	196	207	240
D_1		161	176	187	240
D_2		153	165	176	220
D_3		133	148	159	188
m		15.3	15.3	15.3	16.3
n		7±0.11	7.5±0.11	7.5±0.11	8±0.11
L	KD、KDN	≥170	≥205	≥245	≥270
	KY、KN	≥63	≥67	≥67	≥80
	KM	63	70	70	80
L_1	KD、KDN	63	69	69	80
l	KY、KN	26	26	26	34

(2) 卡式消防接口（GB 12514.3—2006）

1) 接口的型式和规格见表9-27。

表9-27　卡式消防接口的型式和规格

接口型式		规格		适用介质
名称	代号	公称通径/mm	公称压力/MPa	
水带接口	KDK	40、50、65、80	1.6 2.5	水,水和泡沫混合液
闷盖	KMK			
管牙雌接口	KYK			
管牙雄接口	KYKA			
异径接口	KJK	两端通径可在通径系列内组合		

2) 接口的结构和基本尺寸见图9-9和表9-28。

表9-28　卡式消防接口基本尺寸　　（单位：mm）

公称通径		40	50	65	80
d	KDK	38	51	63.5	76
	KYK(KYKA)	$G1\frac{1}{2}$	G2	$G2\frac{1}{2}$	G3
D		70	94	114	129
D_1		39	51	63.5	76.2
D_2		43.6	55.6	68.5	81.5
m		12.2	15	16	19
n		11.7	14.5	15.5	18
L	KDK	≥126	≥160	≥196	≥227
	KYK	37	41	64	71
	KYKA	74	81	95	102
	KMK	55	65	73.5	83
l	KYK(KYKA)	20	20	20	22

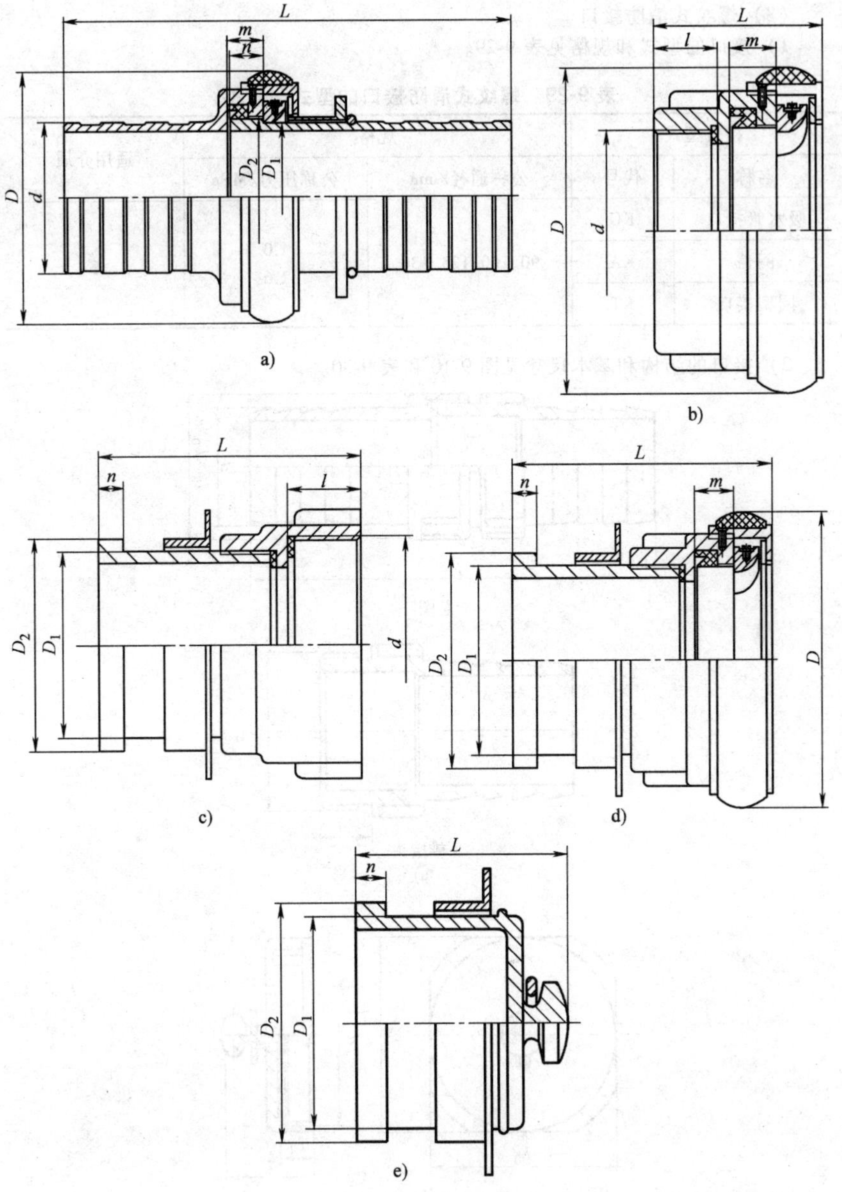

图 9-9　接口的结构

a）KDK 型水带接口　b）KYK 型管牙雌接口　c）KYKA 型管牙雄接口

d）KJK 型异径接口　e）KMK 型闷盖

（3）螺纹式消防接口

1）接口的型式和规格见表9-29。

表9-29　螺纹式消防接口的型式和规格

接口型式		规格		适用介质
名称	代号	公称通径/mm	公称压力/MPa	
吸水管接口	KG	90、100、125、130	1.0 1.6	水
闷盖	KA			
同型接口	KT			

2）接口的结构和基本尺寸见图9-10和表9-30。

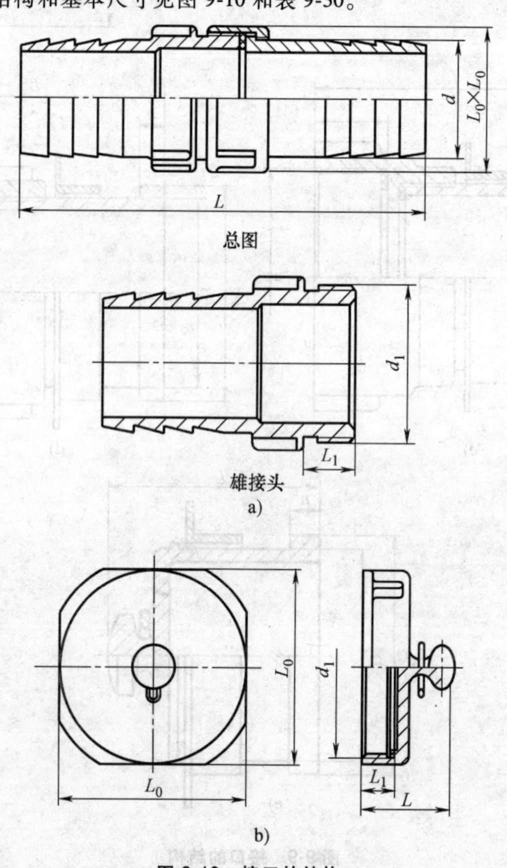

图9-10　接口的结构

a）KG型吸水管接口　b）KA型闷盖

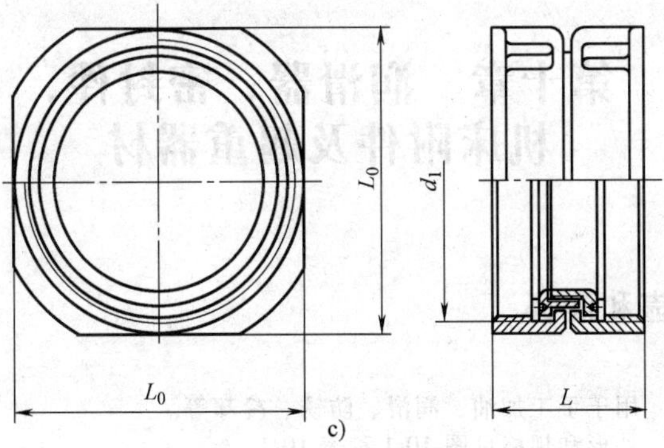

图 9-10 接口的结构（续）

c）KT 型同型接口

表 9-30 接口的基本尺寸

<table>
<tr><td colspan="2">公称通径</td><td>90</td><td>100</td><td>125</td><td>150</td></tr>
<tr><td>d</td><td>KG</td><td>103</td><td>113</td><td>122.5</td><td>163</td></tr>
<tr><td>d_1</td><td>KA KG KT</td><td colspan="2">M125×6</td><td>M150×6</td><td>M170×6</td></tr>
<tr><td rowspan="3">L</td><td>KG</td><td>≥310</td><td>≥315</td><td>≥320</td><td>≥360</td></tr>
<tr><td>KA</td><td>≥59</td><td>≥59</td><td>≥59</td><td>≥59</td></tr>
<tr><td>KT</td><td>≥113</td><td>≥113</td><td>≥113</td><td>≥113</td></tr>
<tr><td>L_1</td><td rowspan="2">KA KG KT</td><td colspan="4">24</td></tr>
<tr><td>L_0</td><td colspan="2">140×140</td><td>166×166</td><td>190×190</td></tr>
</table>

第十章　润滑器、密封件、机床附件及起重器材

一、油壶和油杯

1. 油壶

(1) 用途　用于手工加油、润滑、防锈、冷却等。

(2) 规格　外形和规格见图 10-1 和表 10-1。

图 10-1　油壶

表 10-1　油壶的规格

品种	鼠形油壶	压力油壶	塑料油壶	喇叭油壶
规格	容量/kg	容积/cm^3	容积/cm^3	全高/mm
	0.25、0.5 0.75、1	180	180	100、200

2. 压杆式油枪（JB/T 7942.1—1995）

(1) 用途　用于压注润滑脂，其中 A 型油嘴仅用于直通式或接头式压注油杯。

(2) 规格　外形和规格见图 10-2 和表 10-2。

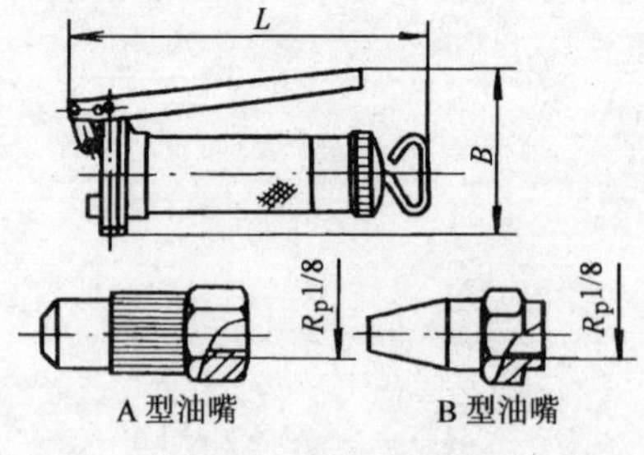

图 10-2　压杆式油枪

表 10-2　压杆式油枪的规格

储油量 /cm³	公称压力 /MPa	出油量 /cm³	油枪内径/mm	L/mm	B/mm
100	16	0.6	35	255	90
200		0.7	42	310	96
400		0.8	53	385	125

3. 手推式油枪（JB/T 7942.2—1995）

（1）用途　用于压注润滑油或润滑脂，A 型油嘴仅用于压注润滑脂。

（2）规格　外形和规格见图 10-3 和表 10-3。

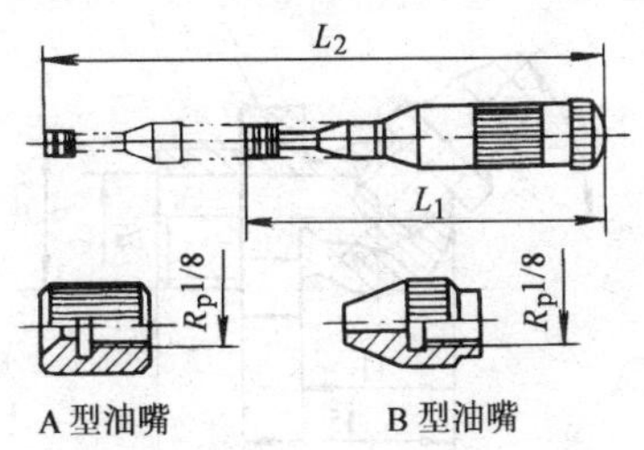

图 10-3　手推式油枪

表 10-3　手推式油枪的规格

储油量 /cm³	公称压力 /MPa	出油量 /cm³	最大外径/mm	L_1/mm	L_2/mm	内径/mm
50	6.3	0.3	33	230	330	5
100	6.3	0.5	33	230	330	6

4. 直通式压注油杯（JB/T 7940.1—1995）

（1）用途　利用油枪将油压入摩擦副。

（2）规格　外形和规格见图 10-4 和表 10-4。

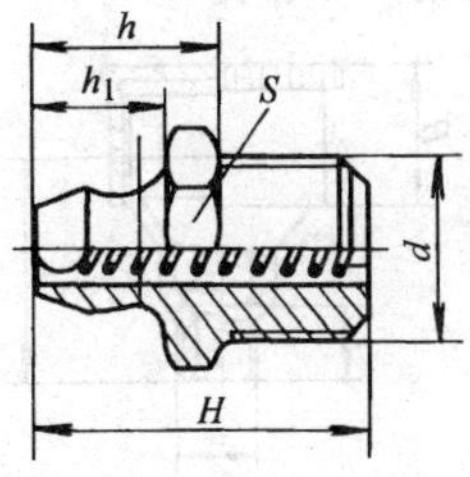

图 10-4　直通式压注油杯

表 10-4 直通式压注油杯的规格 （单位：mm）

d	H	h	h_1	S
M6	13	8	6	8
M8×1	16	9	6.5	10
M10×1	18	10	7	11

注：S 为六方对边长度。

5. 接头式压注油杯（JB/T 7940.2—1995）

（1）用途 用油枪将油压入摩擦副。

（2）规格 外形和规格见图 10-5 和表 10-5。

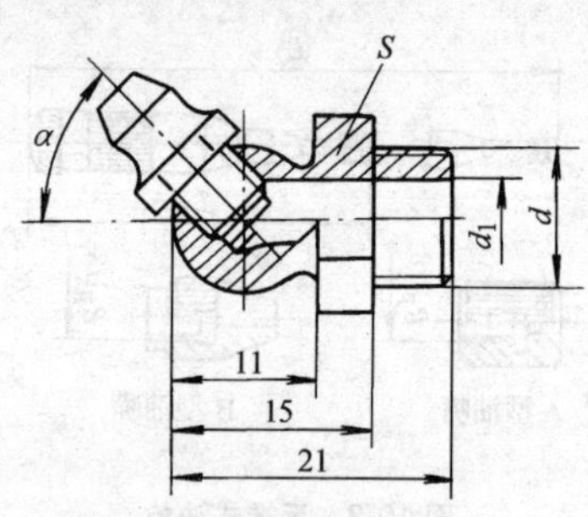

图 10-5 接头式压注油杯

表 10-5 接头式压注油杯的规格 （单位：mm）

d	d_1	α	S①
M6	3		
M8×1	4	45°、90°	11
M10×1	5		

① S 为六方对边长度。

6. 旋盖式油杯（JB/T 7940.3—1995）

（1）用途 依靠旋紧杯盖产生的压力将润滑油脂压注到摩擦副。

（2）规格 外形和规格见图 10-6 和表 10-6。

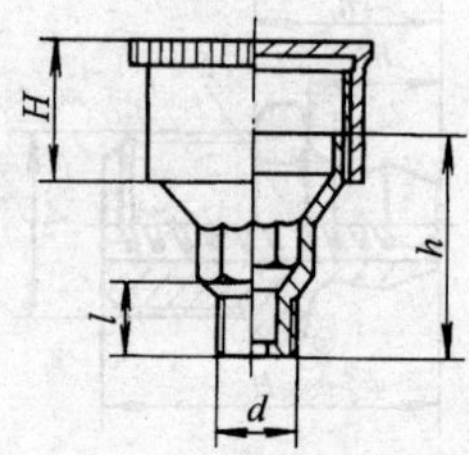

图 10-6 旋盖式油杯

表 10-6　旋盖式油杯的规格　　　（单位：mm）

最小容量/cm^3	d	l	H	h
1.5	M8×1	8	14	22
3	M10×1		15	23
6			17	26
12	M14×1.5	12	20	30
18			22	32
25			24	34
50	M16×1.5		30	44
100			38	52
200	M24×1.5	16	48	64

7. 压配式压注油杯（JB/T 7940.4—1995）

（1）用途　压配在机壳的油孔处，用油壶压下钢球来加油。用于轻负荷、低速、间歇工作的摩擦副。

（2）规格　外形和规格见图 10-7 和表 10-7。

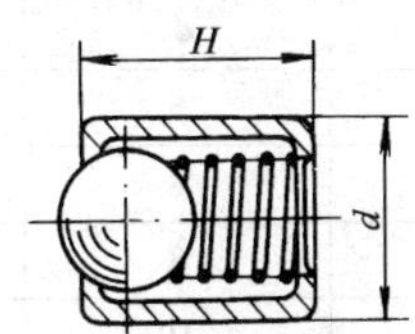

图 10-7　压配式压注油杯

表 10-7　压配式压注油杯的规格　　　（单位：mm）

d	H	d	H
$6^{+0.040}_{+0.028}$	6	$16^{+0.063}_{+0.045}$	3
$8^{+0.049}_{+0.034}$	10	$25^{+0.085}_{+0.064}$	30
$10^{+0.058}_{+0.040}$	12		

8. 弹簧油杯（JB/T 7940.5—1995）

（1）用途　旋装于机壳上，利用油绳的毛细管作用或自流作用向摩擦面供油。适合于轻负荷、低速运动的摩擦副。

（2）规格　外形和规格见图 10-8 和表 10-8。

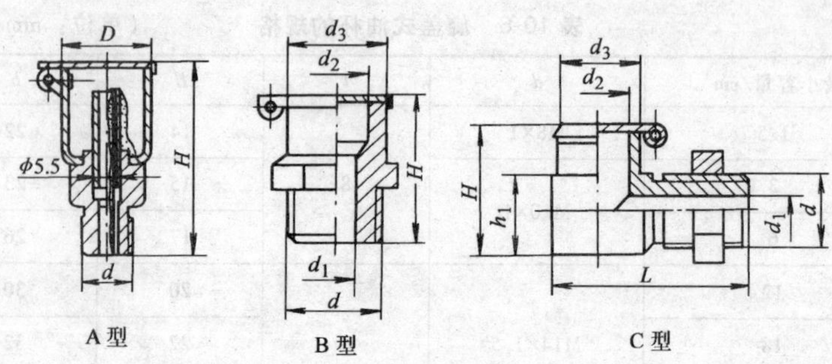

图 10-8　弹簧油杯

表 10-8　弹簧油杯的规格　　　　（单位：mm）

1）A型弹簧油杯

最小容量/cm³	d	H	D	最小容量/cm³	d	H	D
		≤				≤	
1	M8×1	38	16	12	M14×15	55	30
2		40	18	18		60	32
3	M10×1	42	20	25		65	35
6		45	25	50		68	45

2）B型弹簧油杯

d	d_1	d_2	d_3	H
M6	3	6	10	18
M8×1	4	8	12	24
M10×1	5	8	12	24
M12×1.5	6	10	14	26
M16×1.5	8	12	18	28

3）C型弹簧油杯

d	d_1	d_2	d_3	H	h_1	L
M6	3	6	10	13	9	25
M8×1	4	8	12	24	12	28
M10×1	5	8	12	24	12	30
M12×1.5	6	10	14	26	14	34
M16×1.5	8	12	18	30	18	37

9. 针阀式油杯（JB/T 7940.6—1995）

（1）用途　利用油的自重滴落到摩擦副上。调节针阀，可控制滴油量。

（2）规格　外形和规格见图 10-9 和表 10-9。

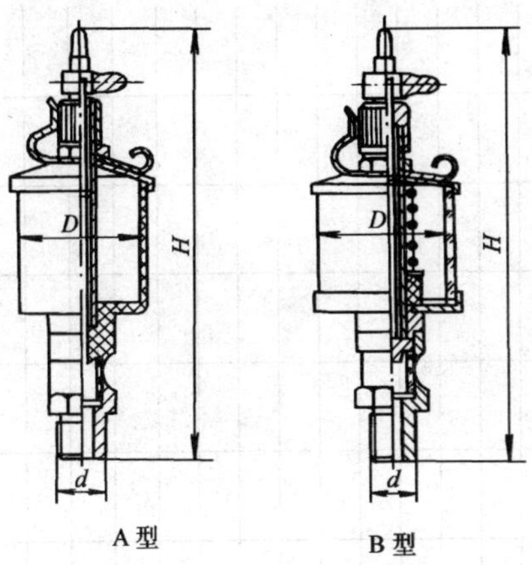

图 10-9 针阀式油杯

表 10-9 针阀式油杯的规格 （单位：mm）

最小容量/cm^3	d	$H\leqslant$	$D\leqslant$
16	M10×1	105	32
25	M14×1.5	115	36
50		130	45
100		140	55
200	M16×1.5	170	70
400		190	85

二、密封件

1. 机械密封用 O 形橡胶圈（JB/T 7757.2—2006）

(1) 用途 用于机械密封。

(2) 规格 外形和规格见图 10-10 和表 10-10。

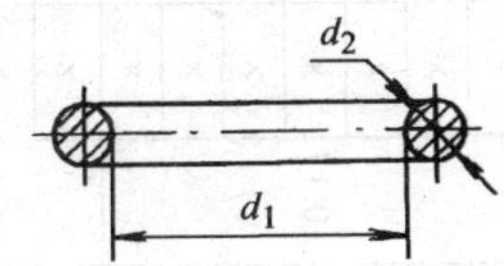

图 10-10 机械密封用 O 形橡胶圈

表 10-10 机械密封用 O 形橡胶圈的规格

d_1		d_2（截面直径及其极限偏差）																
内径	极限偏差	1.60±0.08	1.80±0.08	2.10±0.08	2.65±0.09	3.10±0.10	3.55±0.10	4.10±0.10	4.30±0.10	4.50±0.10	4.70±0.10	5.00±0.10	5.30±0.10	5.70±0.10	6.40±0.15	7.00±0.15	8.40±0.15	10.0±0.30
6.00	±0.13	×	×	×														
6.90		×	×															
8.00	±0.14	×	×	×														
9.00		×	×															
10.0		×	×	×														
10.6		×	×		×													
11.8		×	×	×	×													
13.2		×	×	×	×													
15.0	±0.17	×	×	×	×													
16.0		×	×		×													
17.0		×	×		×	×												
18.0		×	×	×	×	×	×											
19.0		×	×		×	×	×											
20.0		×	×	×	×	×	×											
21.2		×	×		×	×	×											
22.4		×	×	×	×	×	×											
23.6	±0.22	×	×		×	×	×											
25.0		×	×	×	×	×	×											
25.8		×	×		×	×	×											
26.5		×	×		×	×	×											
28.0		×	×	×	×	×	×					×						
30.0		×	×	×	×	×	×		×			×	×					

（续）

d_1		d_2（截面直径及其极限偏差）																
内径	极限偏差	1.60±0.08	1.80±0.08	2.10±0.08	2.65±0.09	3.10±0.10	3.55±0.10	4.10±0.10	4.30±0.10	4.50±0.10	4.70±0.10	5.00±0.10	5.30±0.10	5.70±0.10	6.40±0.15	7.00±0.15	8.40±0.15	10.0±0.30
31.5	±0.30	×	×		×	×	×		×				×					
32.5		×	×	×	×	×	×		×			×	×					
34.5		×	×	×	×	×	×		×			×	×					
37.5		×	×	×	×	×	×		×			×	×					
38.7			×	×	×	×	×		×				×					
40.0			×	×	×	×	×		×			×	×					
42.5	±0.36		×		×	×	×		×				×					
43.7			×		×	×	×		×				×					
45.0			×		×	×	×		×	×	×	×	×		×			
47.5			×		×	×	×	×	×	×	×		×		×			
48.7			×		×	×	×	×	×	×	×		×		×			
50.0			×		×	×	×	×	×	×	×	×	×		×			
53.0	±0.44				×	×	×	×	×	×	×		×		×			
54.5					×	×	×	×	×	×	×	×	×		×			
56					×	×	×	×	×	×	×		×		×			
58.0					×		×	×	×	×	×		×		×			
60.0					×	×	×	×	×	×	×	×	×		×			
61.5					×		×	×	×	×	×		×		×			
63.0					×		×	×	×	×	×		×		×			
65.0	±0.53				×	×	×	×	×	×	×	×	×		×			
67.0					×		×	×	×	×	×		×		×			
70.0					×	×	×	×	×	×	×	×	×		×			
71.0							×		×	×	×		×		×			

（续）

d_1		d_2（截面直径及其极限偏差）																
内径	极限偏差	1.60±0.08	1.80±0.08	2.10±0.08	2.65±0.09	3.10±0.10	3.55±0.10	4.10±0.10	4.30±0.10	4.50±0.10	4.70±0.10	5.00±0.10	5.30±0.10	5.70±0.10	6.40±0.15	7.00±0.15	8.40±0.15	10.0±0.30
75.0					×	×	×	×	×	×	×	×	×		×			
77.5	±0.53						×		×	×	×		×		×			
80.0					×	×	×	×	×	×	×	×	×		×			
82.5							×		×	×	×		×		×			
85.0					×	×	×	×	×	×	×		×		×			
87.5							×		×	×	×		×		×			
90.0					×	×	×	×	×	×	×		×	×	×			
92.5							×		×	×	×		×	×	×			
95.0					×	×	×	×	×	×	×		×	×	×			
97.5	±0.65						×		×	×	×		×	×	×			
100					×	×	×	×	×	×	×		×	×	×			
103							×		×	×	×		×	×	×			
105					×	×	×	×	×	×	×		×	×	×			
110					×	×	×	×	×	×	×		×	×	×	×		
115					×	×	×	×	×	×	×		×	×	×	×		
120					×	×	×	×	×	×	×		×	×	×	×		
125					×	×	×		×				×	×	×	×		
130					×	×	×		×				×	×	×	×		
135					×	×	×						×	×	×	×		
140	±0.90				×	×	×						×	×	×	×		
145					×	×	×						×	×	×	×	×	
150					×		×						×	×	×	×	×	
155							×						×	×	×	×	×	

（续）

d_1		d_2（截面直径及其极限偏差）																
内径	极限偏差	1.60±0.08	1.80±0.08	2.10±0.08	2.65±0.09	3.10±0.10	3.55±0.10	4.10±0.10	4.30±0.10	4.50±0.10	4.70±0.10	5.00±0.10	5.30±0.10	5.70±0.10	6.40±0.15	7.00±0.15	8.40±0.15	10.0±0.30
160	±0.90						×						×	×	×	×	×	
165							×						×	×	×	×	×	
170							×						×	×	×	×	×	
175							×						×	×	×	×	×	
180							×						×	×	×	×	×	
185	±1.20						×						×	×	×	×	×	
190							×						×	×	×	×	×	
195							×						×	×	×	×	×	
200							×						×	×	×	×	×	
205							×						×	×	×	×	×	
210							×						×	×	×	×	×	
215							×						×	×	×	×	×	
220							×						×	×	×	×	×	
225							×						×	×	×	×	×	
230							×						×	×	×	×	×	
235							×						×	×	×	×	×	
240							×						×	×	×	×	×	
245							×						×	×	×	×	×	
250							×						×	×	×	×	×	
258	±1.60						×						×	×	×	×	×	
265							×						×		×	×	×	
272							×						×		×	×	×	
280							×						×		×	×	×	

（续）

d_1		d_2（截面直径及其极限偏差）																
内径	极限偏差	1.60±0.08	1.80±0.08	2.10±0.08	2.65±0.09	3.10±0.10	3.55±0.10	4.10±0.10	4.30±0.10	4.50±0.10	4.70±0.10	5.00±0.10	5.30±0.10	5.70±0.10	6.40±0.15	7.00±0.15	8.40±0.15	10.0±0.30
290	±1.60						×						×		×	×	×	
300							×						×		×	×	×	
307							×						×			×	×	
315							×						×			×	×	
325	±2.10						×						×			×	×	
335													×			×	×	
345													×			×	×	
355													×			×	×	
375													×			×	×	
387													×			×	×	
400													×			×	×	
412	±2.60															×		×
425																×		×
437																×		×
450																×		×
462																×		×
475																×		×
487																×		×
500																×		×
515	±3.20															×		×
530																×		×
545																×		×
560																×		×

注：“×” 表示优先选用规格。

2. U 形内骨架橡胶密封圈（JB/T 6997—2007）

（1）密封圈的型式参数和主要尺寸（图 10-11、表 10-11）

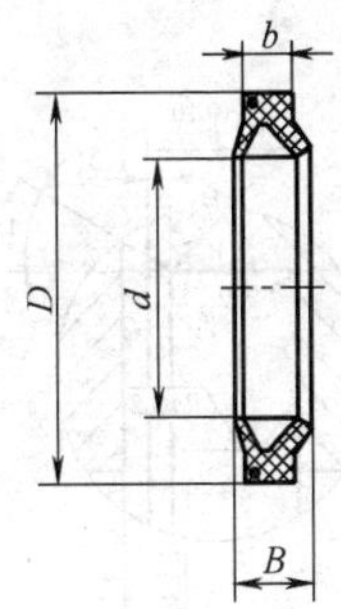

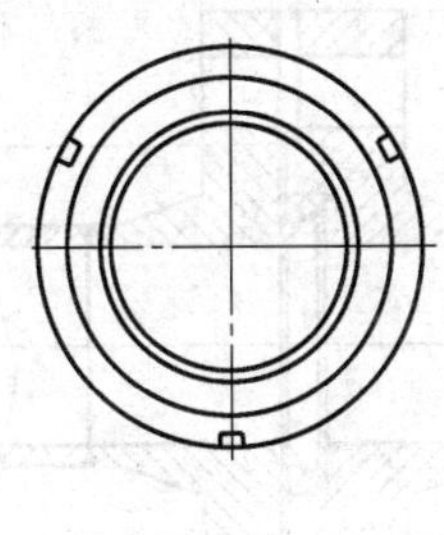

图 10-11 U 形内骨架橡胶密封圈的型式

表 10-11 U 形内骨架橡胶密封圈主要尺寸（单位：mm）

型式代号	公称通径	*d* 基本尺寸	*d* 极限偏差	*D* 基本尺寸	*D* 极限偏差	*b* 基本尺寸	*b* 极限偏差	*B* 基本尺寸	*B* 极限偏差	质量 kg/100 件
UN25	25	25	+0.30 −0.10	50	+0.30 +0.15	9.5	0 −0.20	14.5	0 −0.30	2.7
UN32	32	32		57	+0.35 +0.20					3.0
UN40	40	40		65						3.5
UN50	50	50		75						4.1
UN65	65	65		90						4.9
UN80	80	80	+0.40 +0.15	105	+0.30 +0.15	9.5	0 −0.20	14.5	0 −0.30	7.6
UN100	100	100		125	+0.45 +0.25					9.2
UN125	125	125		150						11.1
UN150	150	150		175						13.1
UN175	175	175		200						15.0
UN200	200	200	+0.50 +0.20	225						17.0
UN225	225	225		250						18.9
UN250	250	250		275	+0.55 +0.30					20.9
UN300	300	300		325						24.8

（2）U形内骨架橡胶密封圈的安装及沟槽尺寸（图10-12、图10-13、表10-12、表10-13）

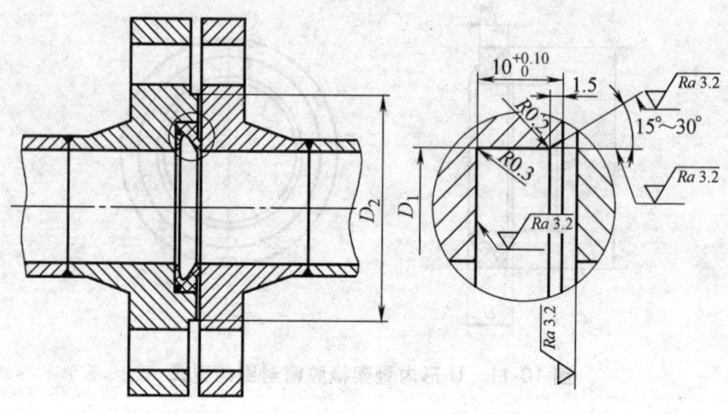

图10-12 U形内骨架橡胶密封圈在对焊法兰中的安装示例

表10-12 对焊法兰安装的沟槽尺寸 （单位：mm）

型式代号	公称通径	D_1(H8)		D_2
		基本尺寸	极限偏差	
UN25	25	50	+0.039 0	65
UN32	32	57	+0.046 0	76
UN40	40	65		84
UN50	50	75		99
UN65	65	90	+0.054 0	118
UN80	80	105		132
UN100	100	125	+0.063 0	156
UN125	125	150		184
UN150	150	175		211
UN200	200	225	+0.072 0	284
UN250	250	275		345
UN300	300	325	+0.089 0	409

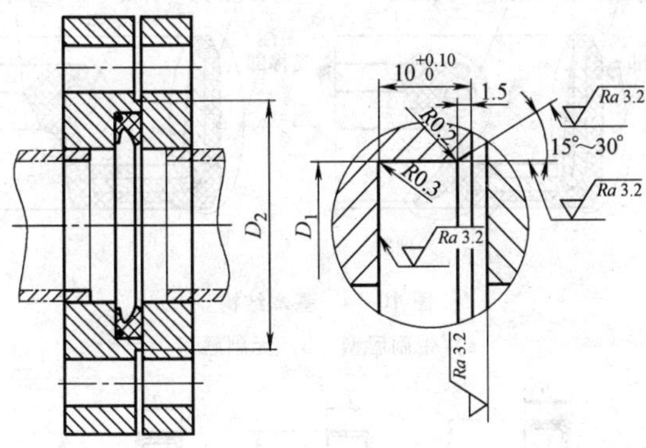

图 10-13　U 形内骨架橡胶密封圈在平焊法兰中的安装示例

（根据法兰通径和凸台 D_2 尺寸选择大一档的密封圈）

表 10-13　平焊法兰安装的沟槽尺寸　　（单位：mm）

型式代号	公称通径	D_1(H8)		D_2
		基本尺寸	极限偏差	
UN50	40	65	+0.046 0	84
UN65	50	75		99
UN80	65	90	+0.054 0	118
UN100	80	105		132
UN125	100	125	+0.063 0	156
UN150	125	150		184
UN175	150	175		211
UN225	200	225	+0.072 0	284
UN300	250	275		345

3. 旋转轴唇形密封圈（GB/T 9877—2008）

（1）用途　用于安装在压差不超过 0.05MPa 的设备中的旋转轴端。

（2）规格　基本结构和基本类型见图 10-14 和图 10-15，基本尺寸见表 10-14。

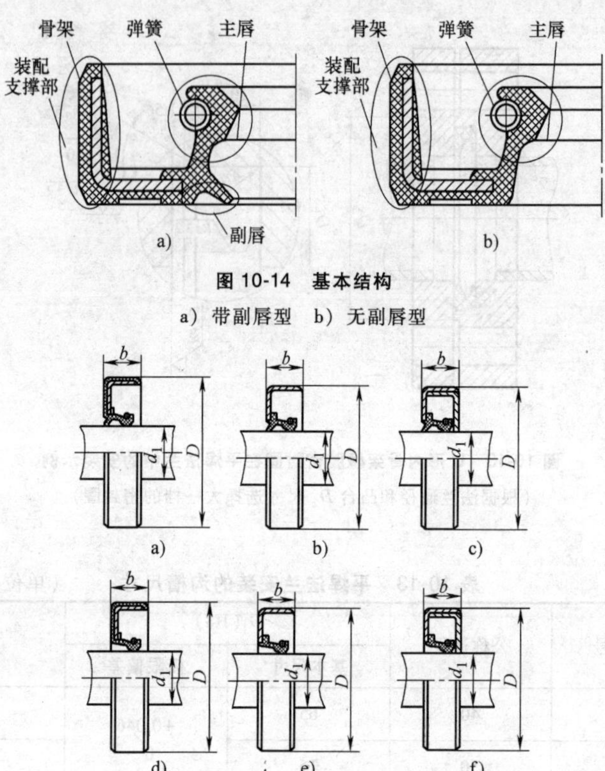

图 10-14　基本结构

a）带副唇型　b）无副唇型

图 10-15　旋转轴唇形密封圈的基本类型

a）带副唇内包骨架型　b）带副唇外露骨架型　c）带副唇装配型

d）无副唇内包骨架型　e）无副唇外露骨架型　f）无副唇装配型

表 10-14　旋转轴唇形密封圈的基本尺寸　　（单位：mm）

d_1	D	b	d_1	D	b	d_1	D	b
6	16	7	12	30	7	20①	45	7
6	22	7	15	26	7	22	35	7
7	22	7	15	30	7	22	40	7
8	22	7	15	35	7	22	47	7
8	24	7	16	30	7	25	40	7
9	22	7	16①	35	7	25	47	7
10	22	7	18	30	7	25	52	7
10	25	7	18	35	7	28	40	7
12	24	7	20	35	7	28	47	7
12	25	7	20	40	7	28	52	7

（续）

d_1	D	b	d_1	D	b	d_1	D	b
30	42	7	50	72	8	120	150	12
30	47	7	55	72	8	130	160	12
30①	50	7	55①	75	8	140	170	15
30	52	7	55	80	8	150	180	15
32	45	8	60	80	8	160	190	15
32	47	8	60	85	8	170	200	15
32	52	8	65	85	10	180	210	15
35	50	8	65	90	10	190	220	15
35	52	8	70	90	10	200	230	15
35	55	8	70	95	10	220	250	15
38	55	8	75	95	10	240	270	15
38	58	8	75	100	10	250①	290	15
38	62	8	80	100	10	260	300	20
40	55	8	80	110	10	280	320	20
40①	60	8	85	110	12	300	340	20
40	62	8	85	120	12	320	360	20
42	55	8	90①	115	12	340	380	20
42	62	8	90	120	12	360	400	20
45	62	8	95	120	12	380	420	20
45	65	8	100	125	12	400	440	20
50	68	8	105①	130	12			
50①	70	8	110	140	12			

① 为国内用而 ISO 6194/1：1982 中没有的规格，亦即 GB/T 13871.1 中增加的规格。

三、机床附件

1. 机床手动自定心卡盘（GB/T 4346—2008）

（1）型式　卡盘按其与机床主轴的连接型式分短圆柱型和短圆锥型（图 10-16）。短圆锥型的型式（按 GB/T 5900.1—2008～5900.2、5900.3—1997）共有 A_1、A_2、C、D 四种。短圆锥卡盘的连接型式代号（用字母和数字表示）与卡盘直径的配置关系见表 10-15。

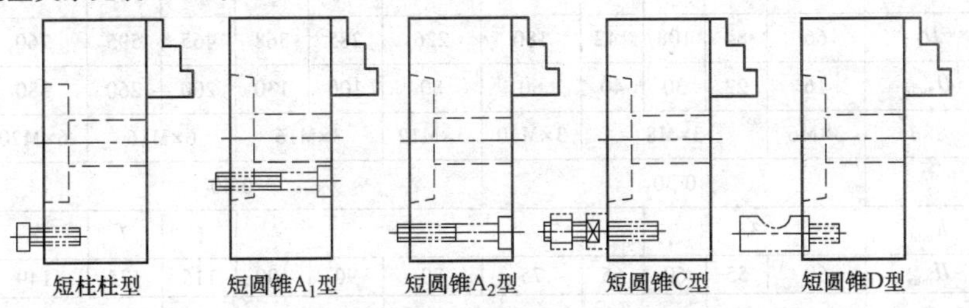

图 10-16　卡盘的型式

表 10-15 短圆锥卡盘的连接型式代号与卡盘直径的配置关系

<table>
<tr><th rowspan="3">系列</th><th rowspan="3">连接型式</th><th colspan="9">卡盘直径 D/mm</th></tr>
<tr><th>125</th><th>160</th><th>200</th><th>250</th><th>315</th><th>400</th><th>500</th><th>630</th><th>800</th></tr>
<tr><th colspan="9">代号</th></tr>
<tr><td rowspan="3">Ⅰ</td><td>A_1</td><td>—</td><td>—</td><td>5</td><td>6</td><td>8</td><td>11</td><td>15</td><td rowspan="3">15</td><td>—</td></tr>
<tr><td>A_2</td><td>—</td><td>—</td><td>—</td><td>—</td><td>—</td><td>—</td><td>—</td><td rowspan="2">15</td></tr>
<tr><td>C、D</td><td>3</td><td>4</td><td>5</td><td>6</td><td>8</td><td>11</td><td>15</td></tr>
<tr><td rowspan="2">Ⅱ</td><td>A_1</td><td>—</td><td>—</td><td rowspan="2">6</td><td rowspan="2">8</td><td>—</td><td>—</td><td rowspan="2">—</td><td>—</td><td>—</td></tr>
<tr><td>C、D</td><td>4</td><td>5</td><td>11</td><td>15</td><td>20</td><td>20</td></tr>
<tr><td rowspan="3">Ⅲ</td><td>A_1</td><td>—</td><td>—</td><td>—</td><td rowspan="3">5</td><td rowspan="3">6</td><td rowspan="3">8</td><td rowspan="3">11</td><td>—</td><td>—</td></tr>
<tr><td>A_2</td><td>—</td><td>—</td><td rowspan="2">4</td><td rowspan="2">11</td><td>20</td></tr>
<tr><td>C、D</td><td>—</td><td>3</td><td>—</td></tr>
</table>

注：优先选用Ⅰ系列。

（2）参数

1）短圆柱型卡盘参数见图 10-17 和表 10-16。

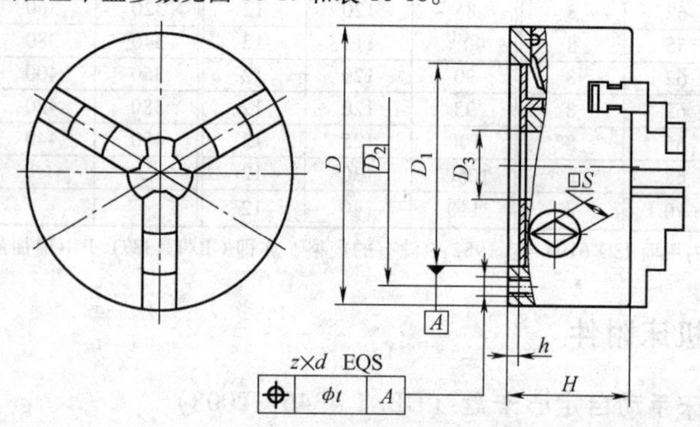

图 10-17 短圆柱型卡盘

表 10-16 短圆柱卡盘的参数 （单位：mm）

<table>
<tr><td>卡盘直径 D</td><td>80</td><td>100</td><td>125</td><td>160</td><td>200</td><td>250</td><td>315</td><td>400</td><td>500</td><td>630</td><td>800</td></tr>
<tr><td>D_1</td><td>55</td><td>72</td><td>95</td><td>130</td><td>165</td><td>206</td><td>260</td><td>340</td><td>440</td><td>560</td><td>710</td></tr>
<tr><td>D_2</td><td>66</td><td>84</td><td>108</td><td>142</td><td>180</td><td>226</td><td>285</td><td>368</td><td>465</td><td>595</td><td>760</td></tr>
<tr><td>$D_{3\min}$</td><td>16</td><td>22</td><td>30</td><td>40</td><td>60</td><td>80</td><td>100</td><td>130</td><td>200</td><td>260</td><td>380</td></tr>
<tr><td>z×d</td><td>3×M6</td><td colspan="3">3×M8</td><td>3×M10</td><td>3×M12</td><td colspan="2">3×M16</td><td colspan="2">6×M16</td><td>6×M20</td></tr>
<tr><td>t</td><td colspan="5">0.30</td><td colspan="6">0.40</td></tr>
<tr><td>$h_{\min}$</td><td colspan="3">3</td><td colspan="5">5</td><td>6</td><td>7</td><td>8</td></tr>
<tr><td>$H_{\max}$</td><td>50</td><td>55</td><td>60</td><td>65</td><td>75</td><td>80</td><td>90</td><td>100</td><td>115</td><td>135</td><td>149</td></tr>
<tr><td>S</td><td colspan="2">8</td><td colspan="2">10</td><td colspan="2">12</td><td>14</td><td colspan="2">17</td><td colspan="2">19</td></tr>
</table>

2）短圆锥形卡盘参数。125~250mm 短圆锥型卡盘参数见图 10-18 和表 10-17；315~800mm 短圆锥型卡盘参数见图 10-18 和表 10-18。

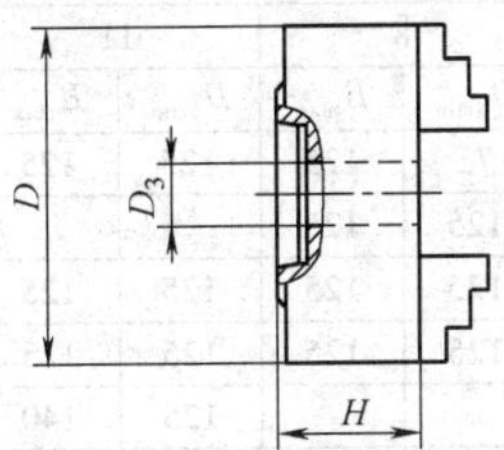

图 10-18　短圆锥型卡盘

表 10-17　125~250mm 短圆锥型卡盘的参数（单位：mm）

卡盘直径 D	连接型式	代号 3		代号 4		代号 5		代号 6		代号 8	
		D_{3min}	H_{max}	D_{3min}	H_{max}	D_{3min}	H_{max}	D_{3min}	H_{max}	D_{3min}	H_{max}
125	A_1										
	A_2										
	C	25	65	25	65						
	D	25	65	25	65						
160	A_1										
	A_2										
	C	40	80	40	75	40	75				
	D	40	80	40	75	40	75				
200	A_1					40	85	55	85		
	A_2			50	90						
	C			50	90	50	90	50	90		
	D			50	90	50	90	50	90		
250	A_1					40	95	55	95	75	95
	A_2										
	C					70	100	70	100	70	100
	D					70	100	70	100	70	100

注：1. A_1 型、A_2 型、C 型、D 型短圆锥型卡盘连接，参数分别见图 10-16、表 10-16。
2. 扳手方孔尺寸见表 10-16。

表 10-18　315~800mm 短圆锥型卡盘的参数（单位：mm）

卡盘直径 D	连接型式	代号 6		代号 8		代号 11		代号 15		代号 20	
		D_{3min}	H_{max}	D_{3min}	H_{max}	D_{3min}	H_{max}	D_{3min}	H_{max}	D_{3min}	H_{max}
315	A_1	55	110	75	110						
	A_2	100	110								
	C	100	110	100	110	100	110				
	D	100	115	100	115	100	115				

（续）

卡盘直径 D	连接型式	代号 6 $D_{3\min}$	6 $H_{\max}$	8 $D_{3\min}$	8 $H_{\max}$	11 $D_{3\min}$	11 $H_{\max}$	15 $D_{3\min}$	15 $H_{\max}$	20 $D_{3\min}$	20 $H_{\max}$
400	A_1			75	125	125	125				
	A_2			125	125						
	C			125	125	125	125	125	140		
	D			125	125	125	125	125	155		
500	A_1					125	140	190	140		
	A_2					190	140				
	C					190	140	200	140		
	D					190	145	200	145		
630	A_1							240	160		
	A_2					190	160	240	160		
	C					190	160	240	160	350	200
	D					190	160	240	160	350	200
800	A_1										
	A_2							240	180	350	200
	C							240	180	350	200
	D							240	180	350	200

注：1. A_1 型、A_2 型、C 型、D 型短圆锥型卡盘连接参数分别见图 10-16、表 10-16。
2. 扳手方孔尺寸见表 10-16。

2. 四爪单动卡盘（JB/T 6566—2005）

（1）型式　短圆柱型和 A_2、C、D 三种短圆锥型卡盘的型式见图 10-19。短圆锥型卡盘的连接型式代号与卡盘直径的搭配关系见表 10-19。

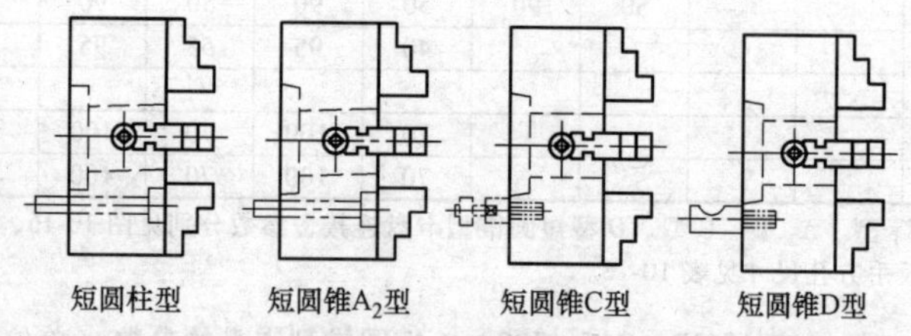

图 10-19　卡盘的型式

表 10-19　短圆锥型卡盘的连接型式代号与卡盘直径的搭配关系

卡盘直径 /mm	160	200	250	315	400	500	630	800	1000
连接型式	A_2、C、D								
连接代号	3①、4	4、5、6	4、5、6、8	5、6、8	6、8、11	8、11	11、15	11、15、20	11、15、20

① 只有 C 型和 D 型。

（2）参数

1）短圆柱型卡盘的参数见图 10-20 和表 10-20。

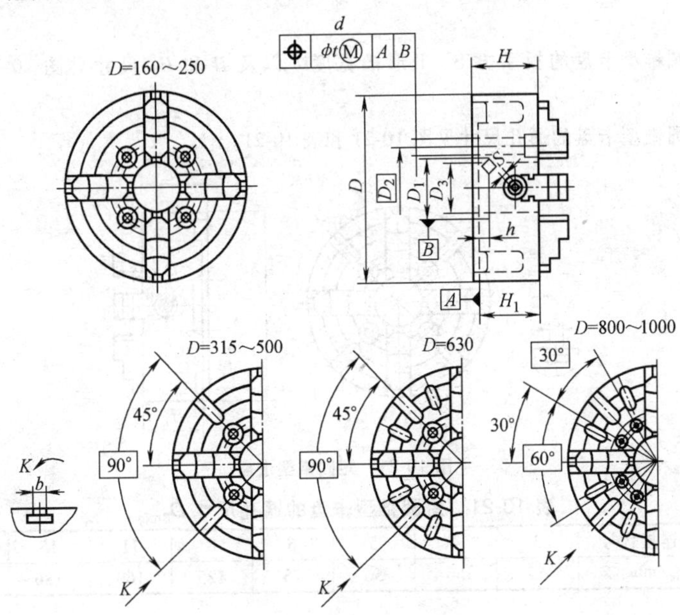

图 10-20　短圆柱型卡盘

表 10-20　短圆柱卡盘的参数　（单位：mm）

<table>
<tr><td colspan="2">卡盘直径 D</td><td>160</td><td>200</td><td>250</td><td>315</td><td>400</td><td>500</td><td>630</td><td>800</td><td>1000</td></tr>
<tr><td rowspan="3">D_1</td><td rowspan="2">基本尺寸</td><td>53</td><td>75</td><td rowspan="2">110</td><td rowspan="2">140</td><td rowspan="2">160</td><td rowspan="2">200</td><td rowspan="2">220</td><td rowspan="2">250</td><td rowspan="2">320</td></tr>
<tr><td>（65）</td><td>（80）</td></tr>
<tr><td>极限偏差</td><td colspan="2">$^{+0.030}_{0}$</td><td>$^{+0.035}_{0}$</td><td colspan="2">$^{+0.040}_{0}$</td><td colspan="3">$^{+0.046}_{0}$</td><td>$^{+0.057}_{0}$</td></tr>
<tr><td colspan="2" rowspan="2">D_2</td><td>71</td><td>95</td><td rowspan="2">130</td><td rowspan="2">165</td><td rowspan="2">185</td><td rowspan="2">236</td><td rowspan="2">258</td><td rowspan="2">300</td><td rowspan="2">370</td></tr>
<tr><td>（95）</td><td>（112）</td></tr>
<tr><td colspan="2">$D_{3\min}$</td><td>45</td><td>56</td><td>75</td><td>95</td><td>125</td><td>160</td><td>180</td><td>210</td><td>260</td></tr>
<tr><td colspan="2">$H_{\max}$</td><td rowspan="2">67</td><td rowspan="2">75</td><td rowspan="2">80</td><td rowspan="2">90</td><td rowspan="2">95</td><td rowspan="2">106</td><td rowspan="2">118</td><td rowspan="2">132</td><td rowspan="2">150</td></tr>
<tr><td colspan="2">$H_{1\max}$</td></tr>
<tr><td colspan="2">$h_{\min}$</td><td>4</td><td colspan="3">6</td><td colspan="2">8</td><td>10</td><td>12</td><td>15</td></tr>
<tr><td colspan="2">d</td><td colspan="2">11</td><td>14</td><td colspan="2">18</td><td colspan="4">22</td></tr>
<tr><td colspan="2">t</td><td colspan="2">0.3</td><td colspan="4">0.4</td><td colspan="3">0.5</td></tr>
<tr><td colspan="2">S①</td><td colspan="2">10</td><td>12</td><td colspan="3">14</td><td>17</td><td>19①</td><td>22①</td></tr>
<tr><td colspan="2">b</td><td colspan="3">—</td><td colspan="2">14</td><td colspan="2">18</td><td colspan="2">22</td></tr>
</table>

注：括号内尺寸尽量不采用。

① 该 S 值为外方尺寸，其余为内方尺寸。

2）短圆锥型卡盘的参数

短圆锥型卡盘的连接参数按 GB/T 5900.1—2008 ~ 5900.2、5900.3—1997 的有关规定。

短圆锥型卡盘的扳手方 S、T 形槽宽度 b 以及 H 和 H_1 尺寸见图 10-20 和表 10-20。

短圆锥型卡盘的通孔尺寸见图 10-21 和表 10-21。

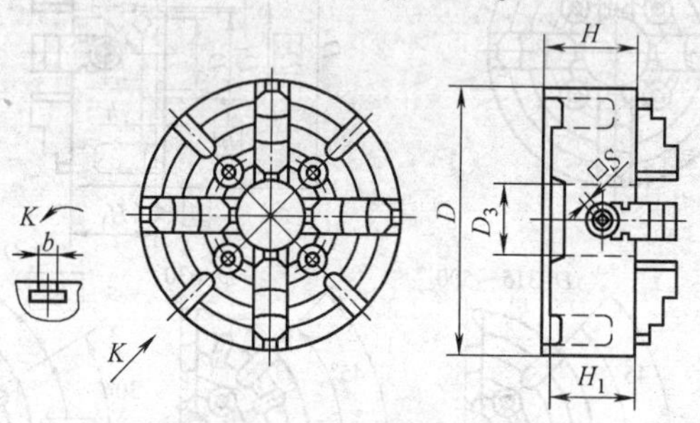

图 10-21 短圆锥型卡盘

表 10-21 短圆锥型卡盘的通孔尺寸 D_{3min}

卡盘的连接代号	3	4	5	6	8	11	15	20
D_{3min}/mm	45	56	56	75	125	160	180	210

3. 扳手三爪钻夹头（GB/T 6087—2003）

（1）分类（型式、代号及用途）（表 10-22）

表 10-22 扳手三爪钻夹头的分类

形式代号	型 式	用 途
H	重型钻夹头	用于机床和重负荷加工
M	中型钻夹头	主要用于轻负荷加工和便携式工具
L	轻型钻夹头	用于轻负荷加工和家用钻具

（2）尺寸与连接

1）锥孔连接型式的钻夹头尺寸见图 10-22 和表 10-23。

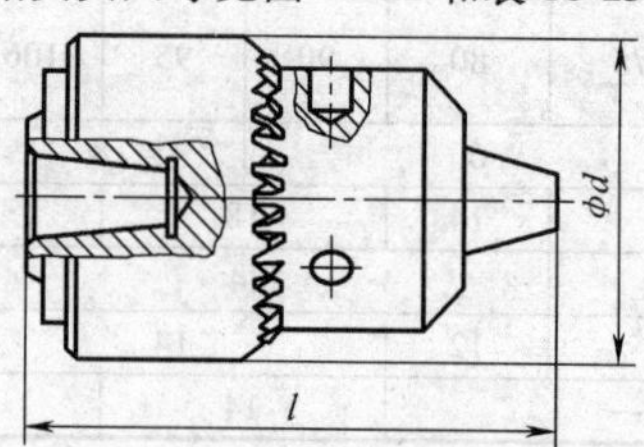

图 10-22 锥孔连接型式的钻夹头

表 10-23 锥孔连接型式的钻夹头尺寸 (单位：mm)

	型式	4H	6.5H	8H	10H	13H	16H	20H	26H
H 型	夹持范围	0.5~4	0.8~6.5	0.8~8	1~10	1~13	1~16 (3~16)②	5~20	5~26
	l_{max}①	50	60	62	80	93	106	120	148
	d_{max}	26	38	38	46	55	60	65	93
M 型	型式	—	6.5M	8M	10M	13M	16M	—	—
	夹持范围	—	0.8~6.5	0.8~8	1~10	1.5~13	3~16	—	—
	l_{max}①	—	58	58	65	82	93	—	—
	d_{max}		35	35	42.9	47	52		
L 型	型式	—	6.5L	8L	10L	13L	16L	—	—
	夹持范围	—	0.8~6.5	1~8	1.5~10	2.5~13	3~16	—	—
	l_{max}①	—	56	56	65	82	88	—	—
	d_{max}		30	30	34	42.9	51		

① 钻夹头夹爪闭合后尺寸。

② 尽可能不采用。

2）螺纹孔连接型式的钻头尺寸见图 10-23 和表 10-24。

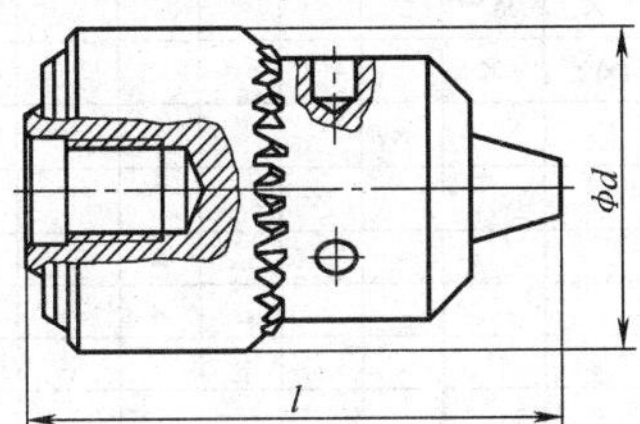

图 10-23 螺纹孔连接型式的钻头

表 10-24 螺纹孔连接型式的钻夹头尺寸 (单位：mm)

	型式	4H	6.5H	8H	10H	13H	16H	20H
H 型	夹持范围	0.5~4	0.8~6.5	0.8~8	1~10	1~13	1~16 (3~16)②	5~20
	l_{max}①	50	60	62	80	90	100	110
	d_{max}	26	34	38	46	55	60	65
M 型	型式	—	6.5M	8M	10M	13M	16M	—
	夹持范围	—	0.8~6.5	0.8~8	1~10	1.5~13	3~16	—
	l_{max}①	—	56	56	65	82	90	—
	d_{max}		35	35	42.9	46	52	
L 型	型式	—	6.5L	8L	10L	13L	—	—
	夹持范围	—	0.8~6.5	1~8	1.5~10	2.5~13	—	—
	l_{max}①	—	56	56	65	82	—	—
	d_{max}		30	30	34	42.9		

① 钻夹头夹爪闭合后尺寸。

② 尽可能不采用。

3）锥孔连接型式见图 10-24 和表 10-25。

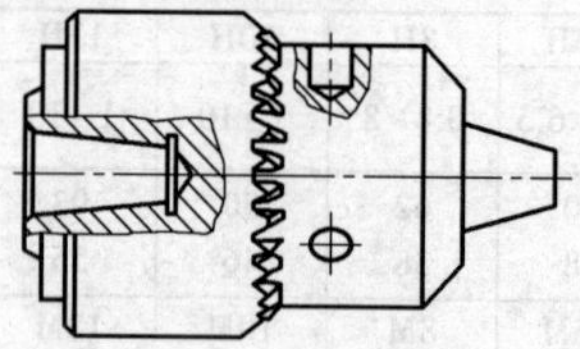

图 10-24　锥孔连接型式

表 10-25　锥孔连接型式

型式		最大夹持直径 /mm	莫氏锥孔						贾格锥孔								
			B10	B12	B16	B18	B22	B24	0	1	2s①	2	33	6	(3)	(4)	(5)
H 型	4H	4	×						×								
	6.5H	6.5	(×)②	×						×							
	8H	8	(×)②	×							×	(×)②					
	10H	10		(×)②	×						×	×	×				
	13H	13			×	(×)②							×	×			
	16H	16			(×)②	×								(×)②	×		
	20H	20					×								×		
	26H	26						×								×	×
M 型	6.5M	6.5	×							×							
	8M	8		×						×							
	10M	10		×							×	×	×				
	13M	13			×							×	×	×			
	16M	16			×									×			
L 型	6.5L	6.5	×							×							
	8L	8	×							×							
	10L	10		×							×	×	×				
	13L	13		×	×							×	×	×			
	16L	16			×								×	×			

注：锥孔的详细尺寸见 GB/T 6090。

① 短贾格圆锥。

② 尽可能不采用。

4）螺纹孔连接型式（见图 10-25 和表 10-26）。

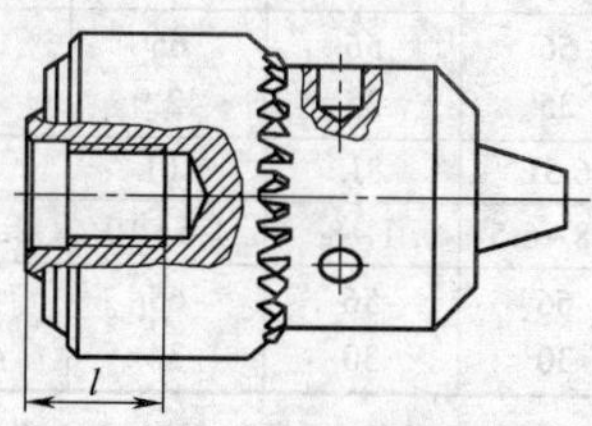

图 10-25　螺纹孔连接型式

表 10-26　螺纹孔连接型式

型式		最大夹持直径/mm	英制螺纹					米制普通螺纹		
			5/16×24	3/8×24	1/2×20	5/8×16	3/4×16	M10×1	M12×1.25	M16×1.5
			螺纹深度 l_{min}/mm							
			12	14.5	16	19	20	14	16	18
H 型	4H	4	×							
	6.5H	6.5		×	×			×	×	
	8H	8		×	×			×	×	
	10H	10			×			×	×	
	13H	13			×	×			×	
	16H	16			×	×			×	×
	20H	20					×			×
M 型	6.5M	6.5	×	×				×		
	8M	8		×	×			×	×	
	10M	10		×	×			×	×	
	13M	13			×			×	×	
	16M	16			×	×			×	×
L 型	6.5L	6.5		×				×		
	8L	8		×	×			×	×	
	10L	10		×	×			×	×	
	13L	13		×	×			×	×	
	16L	16			×	×			×	×

注：英制螺纹按 ISO 263、ISO 725 和 ISO 5864；米制普通螺纹按 GB/T 196、GB/T 197。

5）钻夹头扳手型式、外形尺寸和适用范围见图 10-26 和表 10-27。

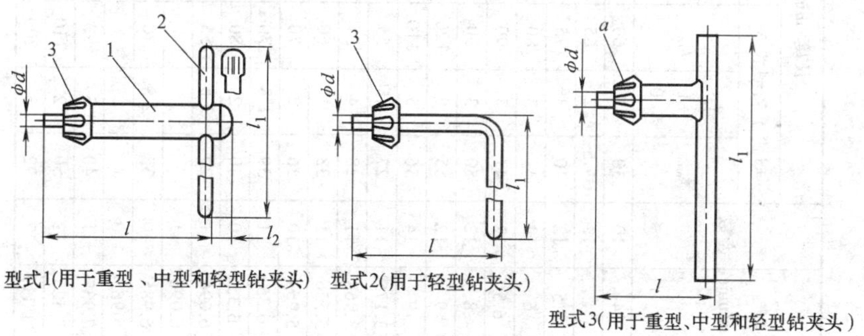

图 10-26　钻夹头扳手型式

1—扳手体　2—扳手杆　3—扳手齿

表 10-27 外形尺寸和适用范围

扳手号	d/mm	齿数	长度/mm					适用下列型式钻夹头																	
			型式 1 和型式 3			型式 2		H 型								M 型					L 型				
			l_{min}	l_2 $^{+1}_{0}$	l_{1min}	l_{min}	l_{1min}	4	6.5	8	10	13	16	20	26	6.5	8	10	13	16	6.5	8	10	13	16
1	4	10	30	2	60			×	×							×	×				×	×			
2	4	12	37.5	2	65											×					×				
3	5.5	12	40	3	75				×									×					×		
4	6	12	41	3	80					×	×							×	×				×	×	
5	6.5	12	47	3	90						×								×					×	
6	8	12	50	3	90							×	×							×					×
7	9	12	55	5	120								×												
8	9	14	56	5	110									×	×										
9	3.175	11	27	1.5	55			×																	
10	3.968	11	28	4	55											×									
11	5.556	11	33	1	60				×																
12	5.953	10	36	2	70					×								×							
13	6.35	11	39	1.8	70													×							
14	6.35	10	40	2	80						×								×						
15	6.096	11	29	3.8	55																×	×	×		
16	6.096	11				33	39.7														×	×	×		
17	6.985	10	35	2.8	70																		×	×	
18	6.985	10				38	55																×	×	
19	7.937	11	40	3	90							×	×												
20	9.525	12	50	2	110									×											
21	11.112	12	92	3	200										×										

4. 回转顶尖（JB/T 3580—2011）

（1）用途　车床的附件，在切削长工件时，用来顶住工件中心孔，使工件与主轴保持同一轴线。

（2）规格　普通型（图 10-27 和表 10-28）、伞型（图 10-28 和表 10-29）和插入型（图 10-29 和表 10-30）。

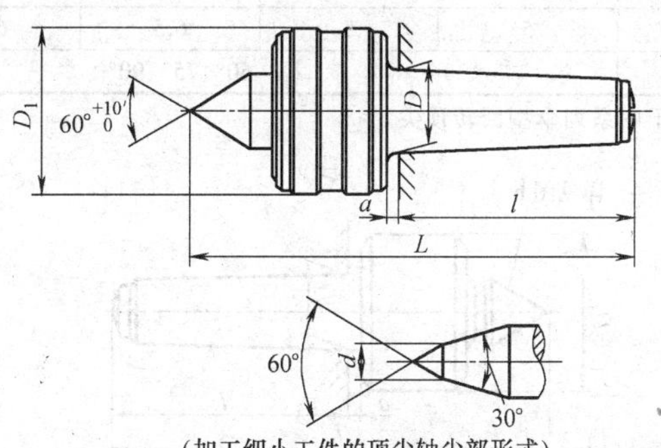

（加工细小工件的顶尖轴尖部形式）

图 10-27　普通型回转顶尖

表 10-28　普通型回转顶尖的参数　（单位：mm）

圆锥号	莫氏						米制			
	1	2	3	4	5	6	80	100	120	160
D	12.065	17.780	23.825	31.267	44.399	63.348	80	100	120	160
D_1 max	40	50	60	70	100	140	160	180	200	280
L max	115	145	170	210	275	370	390	440	500	680
l	53.5	64	81	102.5	129.5	182	196	232	268	340
a	3.5	5	5	6.5	6.5	8	8	10	12	16
d	—	—	10	12	18	—	—	—	—	—

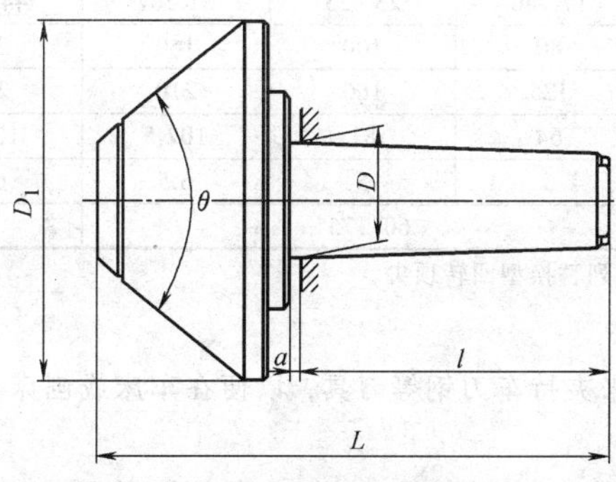

图 10-28　伞型回转顶尖

表10-29　伞型回转顶尖的参数　　（单位：mm）

莫氏圆锥号	2	3	4	5	6
D	17.780	23.825	31.267	44.399	63.348
D_1　max	80	100	160	200	250
L　max	125	160	210	255	325
l	64	81	102.5	129.5	182
a	5	5	6.5	6.5	8
θ	60°、75°、90°				

注：仅适用于中系列伞型回转顶尖。

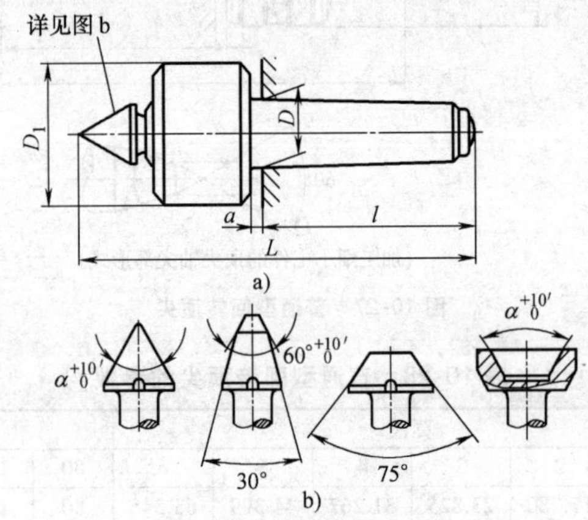

图10-29　插入型回转顶尖

注：可根据需要增加其他形式。

表10-30　插入型回转顶尖的参数　　（单位：mm）

莫氏圆锥号	2	3	4	5	6
D	17.780	23.825	31.267	44.399	63.348
D_1　max	80	100	160	200	250
L　max	125	160	210	255	325
l	64	81	102.5	129.5	182
a	5	5	6.5	6.5	8
α	60°、75°		60°、75°、90°		

注：仅适用于中系列替换型回转顶尖。

5. 车刀排

（1）用途　用来夹持车刀钢等刀具，以便在车床或刨床上对工件进行切削加工。

（2）规格　有直式、左弯式（图10-30）和右弯式三种型式。公称尺寸见表10-31。

图 10-30　车刀排型式

表 10-31　车刀柄公称尺寸　（单位：mm）

公称尺寸	6.35	7.94	9.53	12.70	15.87	19.05
柄　阔	11.8	13.7	15.7	20.0	24.7	29.8
柄　高	22	26	30	38	46	54
全　长	123.0	134.5	147.5	178.0	214.5	257.0

6. 锥柄工具过渡套（JB/T 3411.67—1999）（图 10-31 和表 10-32、表 10-33）

表 10-32　锥柄工具过渡套的尺寸　（单位：mm）

外圆锥号		内圆锥号		d	d_1	a	L
莫氏	米制	莫氏	米制				
2	—	1	—	17.780	12.065	17	92
3	—	1	—	23.825	12.065	5	99
3	—	2	—	23.825	17.780	18	112
4	—	2	—	31.267	17.780	6.5	124
4	—	3	—	31.267	23.825	22.5	140
5	—	3	—	44.399	23.825	6.5	156
5	—	4	—	44.399	31.267	21.5	171
6	—	3	—	63.348	23.825	8	218
6	—	4	—	63.348	31.267	8	218
6	—	5	—	63.348	44.399	8	218
—	80	5	—	80	44.399	8	228
—	80	6	—	80	63.348	60	280
—	100	6	—	100	63.348	36	296
—	100	—	80	100	80	50	310
—	120	—	80	120	80	21	321
—	120	—	100	120	100	65	365

注：莫氏圆锥与米制圆锥的尺寸和偏差按 GB/T 1443 的规定。

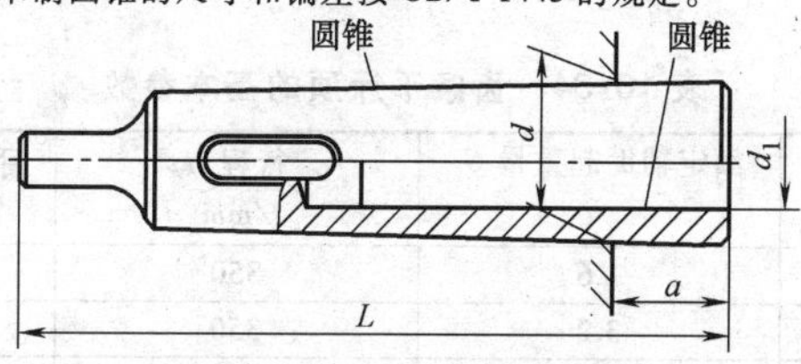

图 10-31　锥柄工具过渡套

表 10-33　径向动负荷 P 值　　　　（单位：N）

圆锥号		莫氏						米制		
		1	2	3	4	5	6	80	100	120
普通型	轻系列	320	400	800	1250	—	—	—	—	—
	中系列	—	—	2000	3200	6300	10000	—	—	—
	重系列	—	—	—	—	8000	12500	20000	25000	32000
伞型	中系列	—	630	1250	1600	2500	3200	—	—	—
插入型	中系列	—	1600	2500	3200	6300	8000	—	—	—

四、千斤顶

1. 齿条千斤顶（JB/T 11101—2011）

（1）用途　用齿条传动顶举物体，并可用钩脚起重较低位置的重物。常用于铁道、桥梁、建筑、运输及机械安装等场合。

（2）规格　外形和基本参数见图 10-32 和表 10-34。

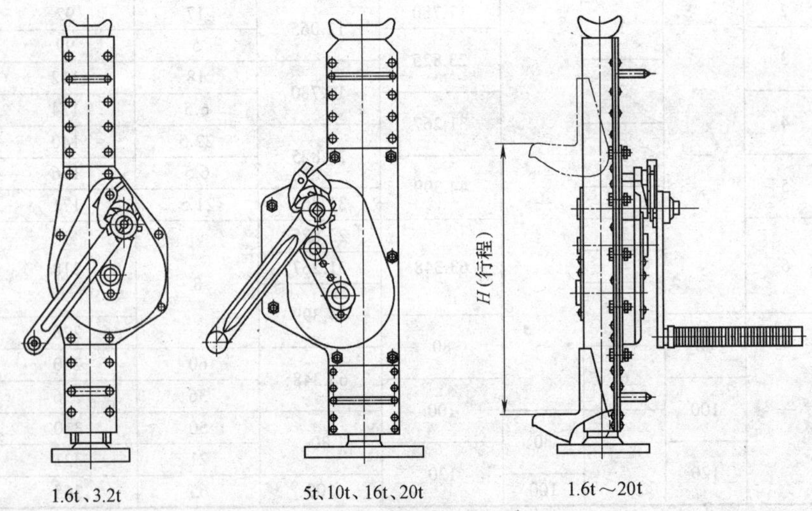

图 10-32　齿条千斤顶

表 10-34　齿条千斤顶的基本参数

额定起重量 G_n /t	额定辅助起重量 G_f /t	行程 H /mm	手柄（扳手）力（max）/N
1.6	1.6	350	280
3.2	3.2	350	280
5	5	300	280

（续）

额定起重量 G_n /t	额定辅助起重量 G_f /t	行程 H /mm	手柄(扳手)力(max) /N
10	10	300	560
16	11.2	320	640
20	14	320	640

注：基本参数超出表中规定时，由供需双方协商在订货合同中约定。

2. 螺旋千斤顶（JB/T 2592—2008）（图 10-33）

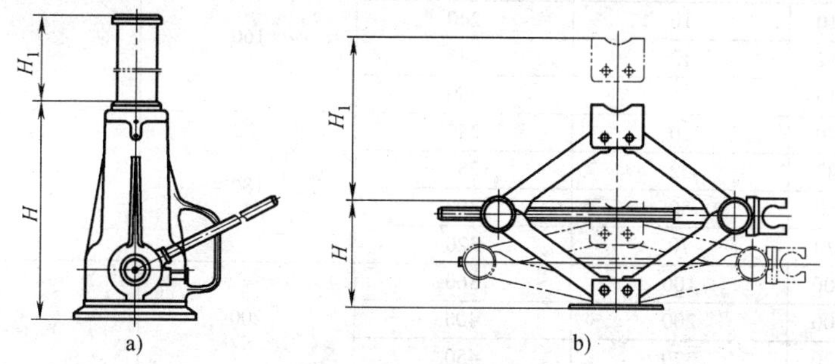

图 10-33　螺旋千斤顶

a）普通型螺旋千斤顶　b）剪式螺旋千斤顶

（图中 H 为最低高度，H_1 为起升高度）

千斤顶参数如下：

千斤顶的基本参数应包括额定起重量（G_n）、最低高度（H）、起升高度（H_1）等。

优先选用的额定起重量（G_n）参数推荐如下（单位为 t）：0.5、1、1.6、2、3.2、5、8、10、16、20、32、50、100。

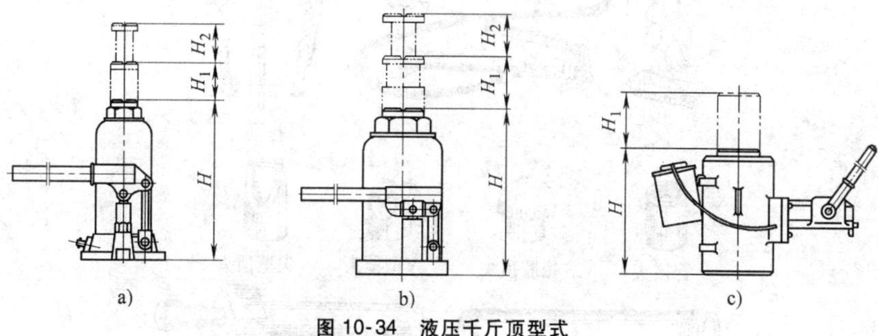

图 10-34　液压千斤顶型式

a）单级式　b）多级式　c）立卧两用式

H—最低高度　H_1—起重高度　H_2—调整高度

3. 液压千斤顶(JB/T 2104—2002)(图10-34和表10-35)

表10-35　普通型液压千斤顶的基本参数

型号	额定起重量 G_n/t	最低高度 H/mm≤	起重高度 H_1/mm≥	调整高度 H_2/mm≥
QYL2	2	158	90	60
QYL3	3	195	125	
QYL5	5	232	160	
		200	125	
QYL8	8	236	160	
QYL10	10	240		
QYL12	12	245		
QYL16	16	250		
QYL20	20	280	180	—
QYL32	32	285		
QYL50	50	300		
QYL70	70	320		
QW100	100	360	200	—
QW200	200	400		
QW320	320	450		

4. 分离式液压起顶机及附件

（1）用途　除一般起重外，配上附件，可以进行侧顶、横顶、倒顶以及拉、压、扩张和夹紧等。广泛用于机械、车辆、建筑等的维修及安装。

（2）规格　外形和参数见图10-35和表10-36。

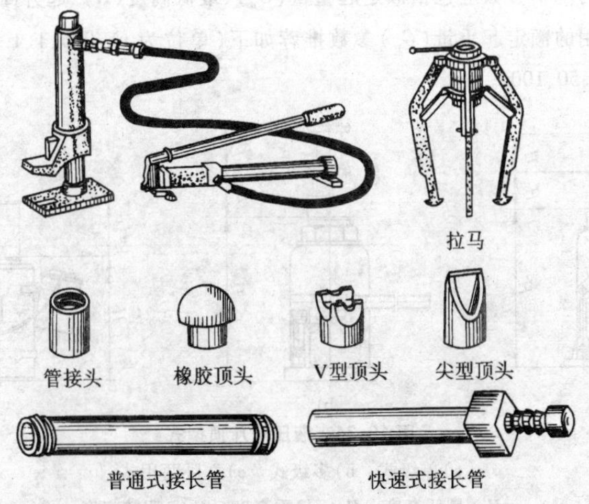

图10-35　分离式液压起顶机及附件

表 10-36　分离式液压起顶机及附件的参数

起顶机型号	额定起重量/t	起重板最大受力/kN	活塞最大行程/mm	最低高度/mm	质量/kg
LQD-3	3	—	60	120	5
LQD-5	5	24.5	50、100	290	12
LQD-10	10	49	60、125、150	315	22
LQD-20	20	—	100、160、200	160、220、260	30
LQD-30	30	—	60、125、160	200、265、287	23
LQD-50	50	—	80、160	140、220	35

附件：拉马

规格/t	三爪受力/kN≤	调节范围/mm	外形尺寸/mm		质量/kg
			高	外径	
5	50	50~250	385	333	7
10	100	50~300	470	420	11

附件：接长管及顶头

附件名称及主要尺寸/mm

附件名称		长　度	外径	附件名称	总长	外径
接长管	普通式	136、260、380、600	42	橡胶顶头	81	82
	快速式	330	42	V 型顶头	60	56
管接头		60	55	尖型顶头	106	52

注：各种附件上的连接螺纹均为 M42×1.5。

5. 车库用液压千斤顶（JB/T 5315—2008）

（1）用途　用于汽车、拖拉机等车辆的维修或各种机械设备制造、安装时作为起重或顶升工具。

（2）规格　外形和参数见图 10-36 和表 10-37。

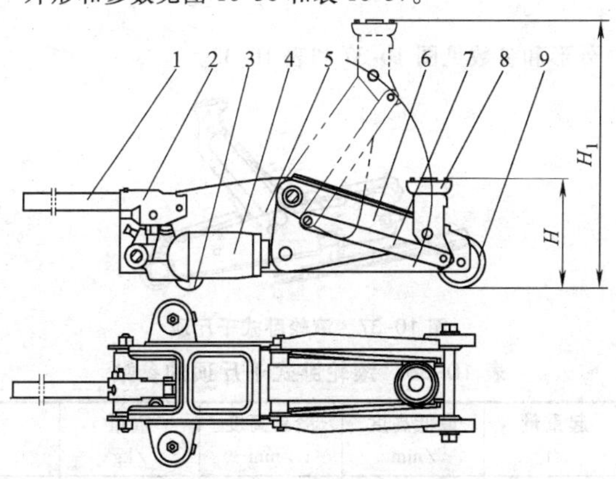

图 10-36　千斤顶典型结构

1—手柄　2—撤手　3—后轮　4—液压缸部件　5—墙板　6—起重臂　7—连杆　8—托盘　9—前轮

表 10-37　车库用液压千斤顶的参数

型号	额定起重量 G_n /t	最低高度 H_1 /mm≤	起升高度 H /mm≥
QK1-20	1	140	200
QK1.25-25	1.25		250
QK1.6-22	1.6		220
QK1.6-26			260
QK2-27.5	2		275
QK2-35			350
QK2.5-28.5	2.5		285
QK2.5-35			350
QK3.2-35	3.2	160	350
QK3.2-40			400
QK4-40	4		400
QK5-40	5		400
QK6.3-40	6.3	170	400
QK8-40	8		400
QK10-40	10		400
QK10-45			450
QK12.5-40	12.5	210	400
QK16-43	16		430
QK20-43	20		430

6. 滚轮卧式千斤顶

（1）用途　用于起重或顶升工具，为可移动式液压起重工具，千斤顶上装有万向轮。

（2）规格　外形和参数见图 10-37 和表 10-38。

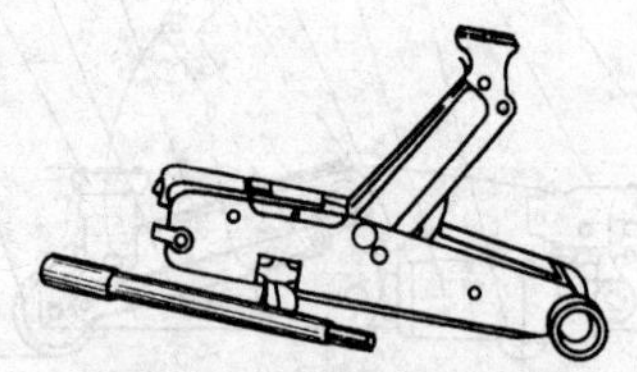

图 10-37　滚轮卧式千斤顶

表 10-38　滚轮卧式千斤顶的参数

型号	起重量 /t	最低高度 /mm	最高高度 /mm	重量 /kg	外形尺寸 /mm
QLZ2-A	2 1/4	145	480	29	643×335×170
QLZ2-B	2 1/4	130	510	35	682×432×165

（续）

型号	起重量/t	最低高度/mm	最高高度/mm	重量/kg	外形尺寸/mm
QLZ2-C	2 1/4	130	490	40	725×350×160
QLQ-2	2	130	390	19	660×250×150
QL1.8	1.8	135	365	11	470×225×140
LYQ2	2	144	385	13.8	535×225×160
LZD3	3	140	540	48	697×350×280
LZ5	5	160	560	105	1418×379×307
LZ10	10	170	570	155	1559×471×371

五、葫芦

1. 手拉葫芦（JB/T 7334—2007）（图 10-38 和表 10-39）

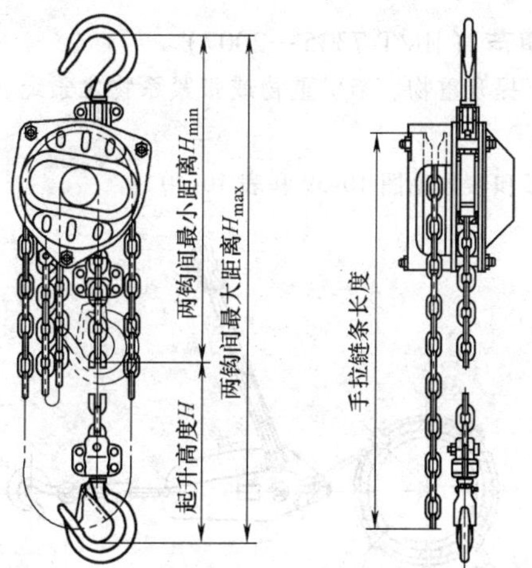

图 10-38　手拉葫芦

注：1. 起升高度 H 是指下吊钩下极限工作位置与上极限工作位置之间的距离；

2. 两钩间最小距离 H_{min} 是指下吊钩上升至上极限工作位置时，上、下吊钩钩腔内缘的距离；

3. 两钩间最大距离 H_{max} 是指下吊钩下降至下极限工作位置时，上、下吊钩钩腔内缘的距离；

4. 手拉链条长度是指手链轮外圆上顶点到手拉链条下垂点的距离。

表 10-39　手拉葫芦的参数

额定起重量/t	工作级别	标准起升高度/m	两钩间最小距离 H_{min}/mm≤		标准手拉链条长度/m	自重/kg≤	
			Z级	Q级		Z级	Q级
0.5			330	350		11	14
1			360	400		14	17
1.6		2.5	430	460	2.5	19	23
2			500	530		25	30
2.5	Z级		530	600		33	37
3.2	Q级		580	700		38	45
5			700	850		50	70
8			850	1000		70	90
10		3	950	1200	3	95	130
16			1200	—		150	—
20			1350	—		250	—
32	Z级		1600	—		400	—
40			2000	—		550	—

2. 环链手扳葫芦（JB/T 7335—2007）

（1）用途　用于提升重物、牵引重物或张紧系物之索绳，适合于无电源场所及流动性作业。

（2）规格　外形和参数见图 10-39 和表 10-40。

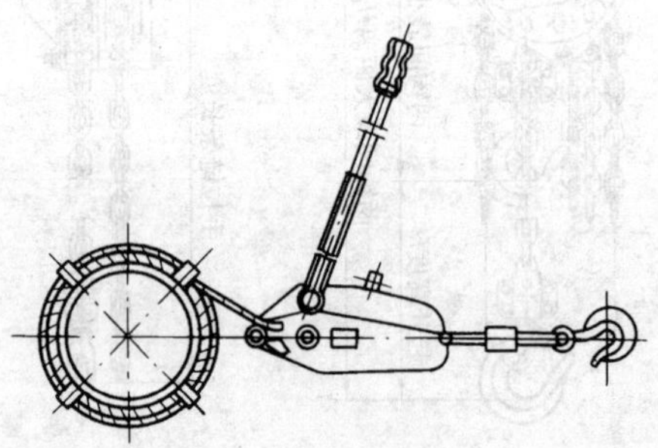

图 10-39　环链手扳葫芦

表 10-40　环链手扳葫芦的参数

型号	额定起重量/t	起重高度/m	机体最大质量/kg
HSH0.8	0.8	1.5	—
HSH1.6	1.6	1.5	—
HSH3.2	3.2	1.5	—
HSH6.3	6.3	1.5	—

六、滑车

1. 吊滑车（图 10-40）

（1）用途　用于吊放或牵引比较轻便的物体。

（2）规格　滑轮直径（mm）：19、25、32、38、50、63、75。

2. 起重滑车（JB/T 9007.1—1999）

（1）用途　用于吊放笨重物体，一般均与绞车配套使用。

（2）规格　外形和基本参数见图 10-41 和表 10-41～表 10-43。

图 10-40　吊滑车

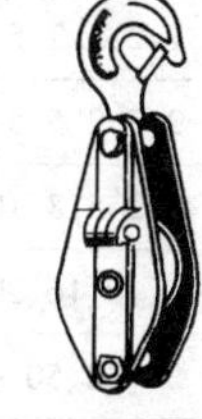

开口吊钩型

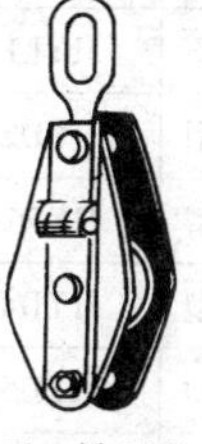

开口链环型

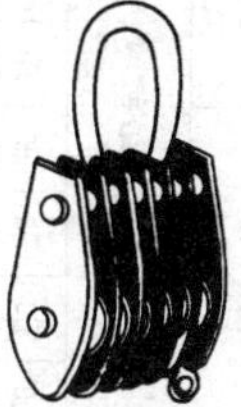

闭口吊环型

图 10-41　起重滑车

表 10-41　通用起重滑车（HQ）系列的基本参数

品种	型式			型式代号	额定起重量/t
单轮	开口	滚针轴承	吊钩型	HQGZK1-	0.32、0.5、1、2、3.2、5、8、10
			链环型	HQLZK1-	0.32、0.5、1、2、3.2、5、8、10
		滑动轴承	吊钩型	HQGK1-	0.32、0.5、1、2、3.2、5、8、10、16、20
			链环型	HQLK1-	0.32、0.5、1、2、3.2、5、8、10、16、20
	闭口	滚针轴承	吊钩型	HQGZ1-	0.32、0.5、1、2、3.2、5、8、10
			链环型	HQLZ1-	0.32、0.5、1、2、3.2、5、8、10
		滑动轴承	吊钩型	HQG1-	0.32、0.5、1、2、3.2、5、8、10、16、20
			链环型	HQL1-	0.32、0.5、1、2、3.2、5、8、10、16、20
			吊环型	HQD1-	1、2、3.2、5、8、10
双轮	开口	滑动轴承	吊钩型	HQGK2-	1、2、3.2、5、8、10
			链环型	HQLK2-	1、2、3.2、5、8、10
	闭口		吊钩型	HQG2-	1、2、3.2、5、8、10、16、20
			链环型	HQL2-	1、2、3.2、5、8、10、16、20
			吊钩型	LQD2-	1、2、3.2、5、8、10、16、20、32
三轮	闭口	滑动轴承	吊钩型	HQG3-	3.2、5、8、10、16、20
			链环型	HQL3-	3.2、5、8、10、16、20
			吊环型	HQD3-	3.2、5、8、10、16、20、32、50
四轮	闭环	滑动轴承	吊环型	HQD4-	8、10、16、20、32、50
五轮			吊环型	HQD5-	20、32、50、80
六轮			吊环型	HQD6-	32、50、80、100
八轮			吊环型	HQD8-	80、100、160、200
十轮			吊环型	HQD10-	200、250、320

表 10-42　林业起重滑车（HY）系列的基本参数

品种	型式			型号	
				型式代号	额定起重量/t
单轮	开口	滚动轴承	吊钩型	HYGK1-	1、2、3.2、5、8、10、16、20
			链环型	HYLK1-	1、2、3.2、5、8、10、16、20
			吊钩型	HYGKa1-	1、2、3.2、5、8、10、16、20
			链环型	HYLKa1-	1、2、3.2、5、8、10、16、20
	闭口		吊钩型	HYG1-	1、2、3.2、5、8、10、16、20
			链环型	HYL1-	1、2、3.2、5、8、10、16、20
双轮	闭口		吊环型	HYD2-	2、3.2、5、8、10、16、20、32
三轮			吊环型	HYD3-	3.2、5、8、10、16、20、32、50
四轮			吊环型	HYD4-	8、10、16、20、32、50
五轮			吊环型	HYD5-	20、32、50
六轮			吊环型	HYD6-	32、50

注：1. 林业滑车全部采用滚动轴承，其结构较紧凑，重量也较轻。

2. 开口型分普通式（又称挑式，代号 K）和钩式（代号 Ka）两种。

表 10-43　起重滑车的主要参数

滑轮直径/mm	额定起重量/t																		钢丝绳直径范围/mm
	0.32	0.5	1	2	3.2	5	8	10	16	20	32	50	80	100	160	200	250	320	
	滑轮数量																		
63	1																		6.2
71		1	2																6.2~7.7
85			1	2	3														7.7~11
112				1	2	3	4												11~11
132					1	2	3	4											12.5~15.5
160						1	2	3	4	5									15.5~18.5
180								2	3	4	6								17~20
210							1			3	5								20~23
240								1	2		4	6							23~24.5
280										2	3	5	6						26~28
315									1			4	6	8					28~31
355										1	2	3	5	6	8	10			31~35
400																8	10		34~38
455																		10	40~43

注：起重滑车分通用滑车和林业滑车两大类；本表所列全部为通用滑车的规格，而粗线框内仅为林业滑车规格。

七、绳索及其附件

1. 常用起重用钢丝绳（表 10-44、表 10-45）

表 10-44　常用起重用钢丝绳的用途与型号　（单位：mm）

<table>
<tr><th colspan="4">用　途</th><th>钢丝绳结构</th><th>钢丝绳型号</th></tr>
<tr><td rowspan="4">起升、变幅</td><td colspan="3">手动绞车</td><td>圆股、点接触钢丝绳</td><td>6×7、6×19</td></tr>
<tr><td colspan="3">手扳葫芦</td><td>圆股点接触钢芯钢丝绳
圆股线接触钢芯钢丝绳</td><td>7×7+IWR
7×19+IWR
6×19W+IWR</td></tr>
<tr><td colspan="3">电梯</td><td>圆股点接触钢丝绳
圆股线接触钢丝绳</td><td>6×19
6×19S、6×19W、
6×25Fi、8×19S、
8×19W、8×25Fi</td></tr>
<tr><td colspan="3">港口装卸起重机</td><td>圆股多层股不扭转钢丝绳</td><td>18×7　34×7</td></tr>
<tr><td rowspan="3">起升、变幅</td><td rowspan="3">其他起重机械</td><td rowspan="2">单层卷绕</td><td>e①<20</td><td>圆股点接触钢丝绳
圆股线接触钢丝绳</td><td>6×24、6×37
6×24S、6×24W</td></tr>
<tr><td>$e \geq 20$</td><td>圆股点接触钢丝绳
圆股线接触钢丝绳
三角股钢丝绳</td><td>6×19
6×19S、6×19W、
8×19S、8×19W
6V×21</td></tr>
<tr><td colspan="2">多层卷绕</td><td>圆股线接触钢丝绳</td><td>6×19S、6×19W</td></tr>
<tr><td rowspan="2">牵引</td><td colspan="3">牵引绳不绕过滑轮时</td><td>普通钢丝绳</td><td>6×19、6×37</td></tr>
<tr><td colspan="3">牵引绳须绕过滑轮时</td><td>同起升、变幅用的钢丝绳</td><td></td></tr>
<tr><td colspan="4" rowspan="2">横向承载
（缆索起重机）</td><td>小承载量时用圆股线接触单股螺旋绳</td><td>1×7、1×19、1×37</td></tr>
<tr><td>大承载量时用密封面接触钢丝绳</td><td></td></tr>
<tr><td colspan="4">拉紧、固定</td><td>圆股点接触单股螺旋绳</td><td>1×7、1×19、1×37</td></tr>
</table>

① $e=\frac{D}{d}$，为卷筒（或滑轮）的名义直径与钢丝绳直径的比值，称为轮绳直径比。

表 10-45　常用起重用钢丝绳的标记代号

名　称	代号	名　称	代号
钢丝表面状态：		Z 形钢丝	Z
光面钢丝	NAT	股的横截面：	
A 级镀锌钢丝	ZAA	圆形股	无代号
AB 级镀锌钢丝	ZAB	三角形股	V
B 级镀锌钢丝	ZBB	扁形股	R
钢丝绳芯：		椭圆形股	Q
纤维芯（天然或合成的）	FC	钢丝绳横截面：	
天然纤维芯	NF	圆形钢丝绳	无代号
合成纤维芯	SF	编织钢丝绳	Y
金属丝绳芯	IWR	扁形钢丝绳	P
金属丝股芯	IWS	捻向：	
钢丝横截面：		左向捻、西鲁式钢丝绳	S
圆形钢丝	无代号	瓦林吞式钢丝绳	W
三角形钢丝	V	右同向捻	ZZ
矩形或扁形钢丝	R	左同向捻	SS
梯形钢丝	T	右交互捻	ZS
椭圆形钢丝	Q	左交互捻	SZ
半密封钢丝（或钢轨形钢丝）与圆形钢丝搭配	H		

注：本表内容取自 GB/T 8707—1988，此标准已作费，仅供参考。

2. 钢丝绳用普通套环（GB/T 5974.1—2006）（图 10-42 和表 10-46）

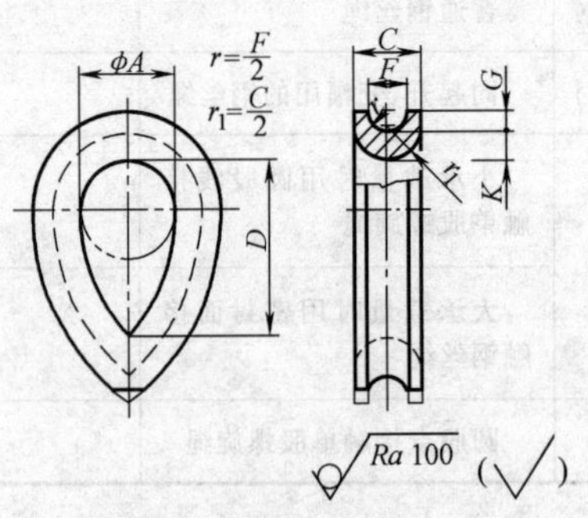

图 10-42　钢丝绳用普通套环

表 10-46　钢丝绳用普通套环的参数

套环规格（钢丝绳公称直径）d/mm	尺寸/mm										单件质量/kg
	F	C		A		D		G min	K		
		基本尺寸	极限偏差	基本尺寸	极限偏差	基本尺寸	极限偏差		基本尺寸	极限偏差	
6	6.7±0.2	10.5	0 −1.0	15	+1.5 0	27	+2.7 0	3.3	4.2	0 −0.1	0.032
8	8.9±0.3	14.0	0 −1.4	20	+2.0 0	36	+3.6 0	4.4	5.6	0 −0.2	0.075
10	11.2±0.3	17.5		25		45		5.5	7.0		0.150
12	13.4±0.4	21.0		30		54		6.6	8.4		0.250
14	15.6±0.5	24.5		35		63		7.7	9.8		0.393
16	17.8±0.6	28.0	0 −2.8	40	+4.0 0	72	+7.2 0	8.8	11.2	0 −0.4	0.605
18	20.1±0.6	31.5		45		81		9.9	12.6		0.867
20	22.3±0.7	35.0		50		90		11.0	14.0		1.205
22	24.5±0.8	38.5		55		99		12.1	15.4		1.563
24	26.7±0.9	42.0	0 −3.4	60	+4.8 0	108	+8.6 0	13.2	16.8	0 −0.6	2.045
26	29.0±0.9	45.5		65		117		14.3	18.2		2.620
28	31.2±1.0	49.0		70		126		15.4	19.6		3.290
32	35.6±1.2	56.0		80		144		17.6	22.4		4.854
36	40.1±1.3	63.0	0 −4.4	90	+6.0 0	162	+11.3 0	19.8	25.2	0 −0.8	6.972
40	44.5±1.5	70.0		100		180		22.0	28.0		9.624
44	49.0±1.6	77.0		110		198		24.2	30.8		12.808
48	53.4±1.8	84.0		120		216		26.4	33.6		16.595
52	57.9±1.9	91.0	0 −5.5	130	+7.8 0	234	+14.0 0	28.6	36.4	0 −1.1	20.945
56	62.3±2.1	98.0		140		252		30.8	39.2		26.310
60	66.8±2.2	105.0		150		270		33.0	42.0		31.396

3. 钢丝绳用重型套环型式和尺寸（GB/T 5974.2—2006）（图10-43和表 10-47）

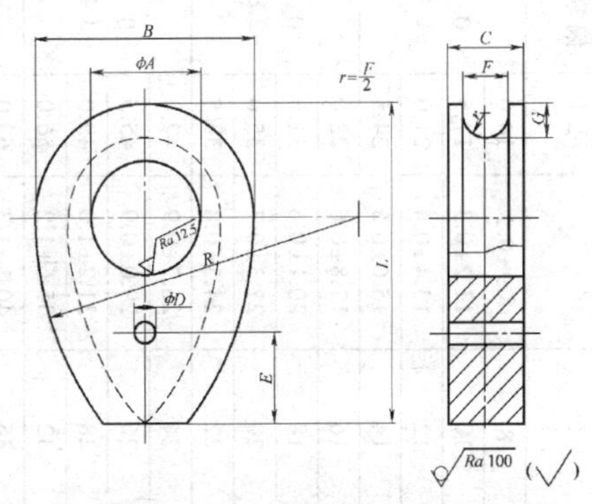

图 10-43　钢丝绳用重型套环型式

表10-47 钢丝绳用重型套环的尺寸

套环规格（钢丝绳公称直径）d/mm	尺寸/mm														单件质量/kg
	F	C		A		B		L		R		G min	D	E	
		基本尺寸	极限偏差	基本尺寸	极限偏差	基本尺寸	极限偏差	基本尺寸	极限偏差	基本尺寸	极限偏差				
8	8.9±0.3	14.0	0 −1.4	20	+0.149 +0.065	40	±2	56	±3	59	+3 0	6.0	5	20	0.08
10	11.2±0.3	17.5		25		50		70		74		7.5			0.17
12	13.4±0.4	21.0		30		60		84		89		9.0			0.32
14	15.6±0.5	24.5		35	+0.180 +0.080	70		98		104		10.5			0.50
16	17.8±0.6	28.0	0 −2.8	40		80	±4	112	±6	118	+6 0	12.0			0.78
18	20.1±0.6	31.5		45		90		126		133		13.5			1.14
20	22.3±0.7	35.0		50		100		140		148		15.0	10	30	1.41
22	24.5±0.8	38.5		55	+0.220 +0.100	110		154		163		16.5			1.96
24	26.7±0.9	42.0	0 −3.4	60		120	±6	168	±9	178	+9 0	18.0			2.41
26	29.0±0.9	45.5		65		130		182		193		19.5			3.46
28	31.2±1.0	49.0		70		140		196		207		21.0			4.30
32	35.6±1.2	56.0		80		160		224		237		24.0			6.46
36	40.1±1.3	63.0	0 −4.4	90	+0.260 +0.120	180	±9	252	±13	267	+13 0	27.0			9.77
40	44.5±1.5	70.0		100		200		280		296		30.0			12.94
44	49.0±1.6	77.0		110		220		308		326		33.0	15	45	17.02
48	53.4±1.8	84.0		120		240		336		356		36.0			22.75
52	57.9±1.9	91.0	0 −5.5	130	+0.305 +0.145	260	±13	364	±18	385	+19 0	39.0			28.41
56	62.3±2.1	98.0		140		280		392		415		42.0			35.56
60	66.8±2.2	105.0		150		300		420		445		45.0			48.35

4. 索具卸扣（JB/T 8112—1999）

（1）用途　D形卸扣用于连接钢丝绳或链条，装卸方便，适用于冲击性不大的场合；弓形卸扣开档较大，适用于连接麻绳、白棕绳等。

（2）规格　外形和参数见图10-44和表10-48。

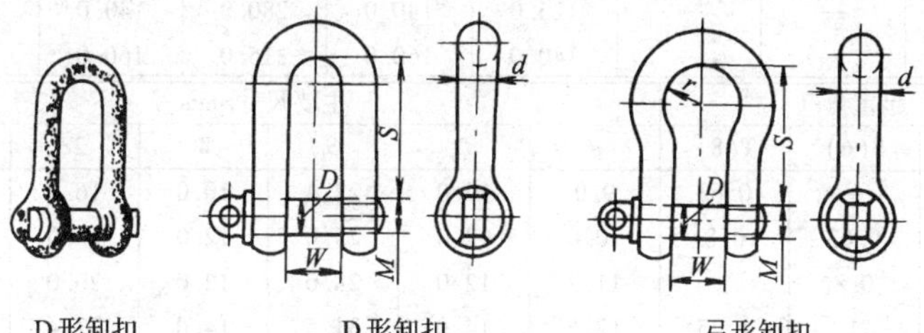

图10-44　索具卸扣

表10-48　索具卸扣的参数

起重量/t			主要尺寸/mm				
M(4)	S(6)	T(8)	*d*	*D*	*S*	*W*	*M*
—	—	0.63	8.0	9.0	18.0	9.0	M8
—	0.63	0.80	9.0	10.0	20.0	10.0	M10
—	0.8	1	10.0	12.0	22.4	12.0	M12
0.63	1	1.25	11.2	12.0	25.0	12.0	M12
0.8	1.25	1.6	12.5	14.0	28.0	14.0	M14
1	1.6	2	14.0	16.0	31.5	16.0	M16
1.25	2	2.5	16.0	18.0	35.5	18.0	M18
1.6	2.5	3.2	18.0	20.0	40.0	20.0	M20
2	3.2	4	20.0	22.0	45.0	22.0	M22
2.5	4	5	22.4	24.0	50.0	24.0	M24
3.2	5	6.3	25.0	30.0	56.0	30.0	M30
4	6.3	8	28.0	33.0	63.0	33.0	M33
5	8	10	31.5	36.0	71.0	36.0	M36
6.3	10	12.5	35.5	39.0	80.0	39.0	M39
8	12.5	16	40.0	45.0	90.0	45.0	M45
10	16	20	45.0	52.0	100.0	52.0	M52
12.5	20	25	50.0	56.0	112.0	56.0	M56
16	25	32	56.0	64.0	125.0	64.0	M64
20	32	40	63.0	72.0	140.0	72.0	M72
25	40	50	71.0	80.0	160.0	80.0	M80
32	50	63	80.0	90.0	180.0	90.0	M90
40	63	—	90.0	100.0	200.0	100.0	M100

（续）

起重量/t			主要尺寸/mm				
M(4)	S(6)	T(8)	*d*	*D*	*S*	*W*	*M*
50	80	—	100.0	115.0	224.0	115.0	M115
63	100	—	112.0	125.0	250.0	125.0	M125
80	—	—	125.0	140.0	280.0	140.0	M140
100	—	—	140.0	160.0	315.0	160.0	M160

起重量/t			主要尺寸/mm					
M(4)	S(6)	T(8)	*d*	*D*	*S*	*W*	2*r*	*M*
—	—	0.63	9.0	10.0	22.4	10.0	16.0	M10
—	0.63	0.8	10.0	12.0	25.0	12.0	18.0	M12
—	0.8	1	11.2	12.0	28.0	12.0	20.0	M12
0.63	1	1.25	12.5	14.0	31.5	14.0	22.4	M14
0.8	1.25	1.6	14.0	16.0	35.5	16.0	25.0	M16
1	1.6	2	16.0	18.0	40.0	18.0	28.0	M18
1.25	2	2.5	18.0	20.0	45.0	20.0	31.5	M20
1.6	2.5	3.2	20.0	22.0	50.0	22.0	35.5	M22
2	3.2	4	22.4	24.0	56.0	24.0	40.0	M24
2.5	4	5	25.0	27.0	63.0	27.0	45.0	M27
3.2	5	6.3	28.0	33.0	71.0	33.0	50.0	M33
4	6.3	8	31.5	36.0	80.0	36.0	56.0	M36
5	8	10	35.5	39.0	90.0	39.0	63.0	M39
6.3	10	12.5	40.0	45.0	100.0	45.0	71.0	M45
8	12.5	16	45.0	52.0	112.0	52.0	80.0	M52
10	16	20	50.0	56.0	125.0	56.0	90.0	M56
12.5	20	25	56.0	64.0	140.0	64.0	100.0	M64
16	25	32	63.0	72.0	160.0	72.0	112.0	M72
20	32	40	71.0	80.0	180.0	80.0	125.0	M80
25	40	50	80.0	90.0	200.0	90.0	140.0	M90
32	50	63	90.0	100.0	224.0	100.0	160.0	M100
40	63	—	100.0	115.0	250.0	115.0	180.0	M115
50	80	—	112.0	125.0	280.0	125.0	200.0	M125
63	100	—	125.0	140.0	315.0	140.0	224.0	M140
80	—	—	140.0	160.0	355.0	160.0	250.0	M160
100	—	—	160.0	180.0	400.0	180.0	280.0	M180

注：M（4）、S（6）、T（8）为卸扣强度级别，在标记中可用M、S、T或4、6、8表示。

5. 索具螺旋扣

（1）用途　用于拉紧钢丝绳，并起调节松紧作用。其中OO型用于不经常拆卸的场合；CC型用于经常拆卸的场合；CO型用于一端常拆卸另一端不经常拆卸的场合。

（2）规格　外形和参数见图 10-45 和表 10-49。

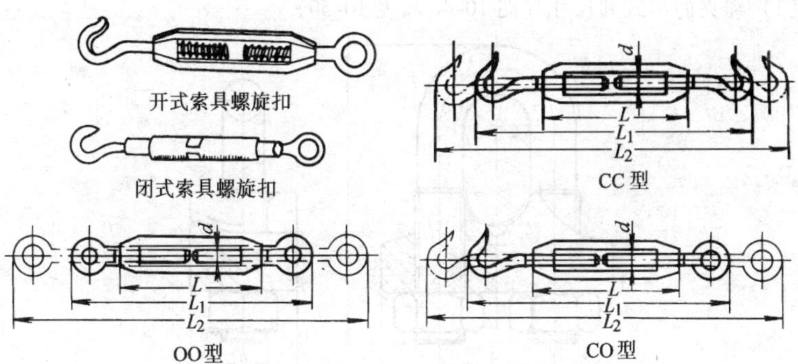

图 10-45　索具螺旋扣

表 10-49　索具螺旋扣的参数　（单位：mm）

型式	号码	许用负荷 /kN	适用钢丝绳最大直径	螺纹直径 d	全长	
					开式	闭式
OO 型	0.1	1	6.5	M6	164~242	
	0.2	2	8	M8	199~291	199~291
	0.3	3	9.5	M10	246~358	246~354
	0.4	4.3	11.5	M12	314~456	314~456
	0.8	8	15	M16	386~586	386~572
	1.3	13	19	M20	470~690	470~680
	1.7	17	21.5	M22	540~806	540~806
	1.9	19	22.5	M24	610~922	610~914
	2.4	24	28	M27	680~1030	—
	3.0	30	31	M30	700~1050	—
	3.8	38	34	M33	770~1158	—
	4.5	45	37	M36	840~1270	—
CC 型	0.07	0.7	2.2	M6	180~258	—
	0.1	1	3.3	M8	225~317	225~317
	0.2	2.3	4.5	M10	266~378	266~374
	0.3	3.2	5.5	M12	334~476	334~476
	0.6	6.3	8.5	M16	442~638	442~628
	0.9	9.8	9.5	M20	520~740	520~730
OC 型	0.07	0.7	2.2	M6	172~250	—
	0.1	1	3.3	M8	212~304	212~304
	0.2	2.3	4.5	M10	256~368	256~366
	0.3	3.2	5.5	M12	324~466	324~466
	0.6	6.3	8.5	M16	414~610	414~605
	0.9	9.8	9.5	M20	495~715	495~710

6. 钢丝绳夹（GB/T 5976—2006）

（1）绳夹的型式和尺寸（图10-46和表10-50）

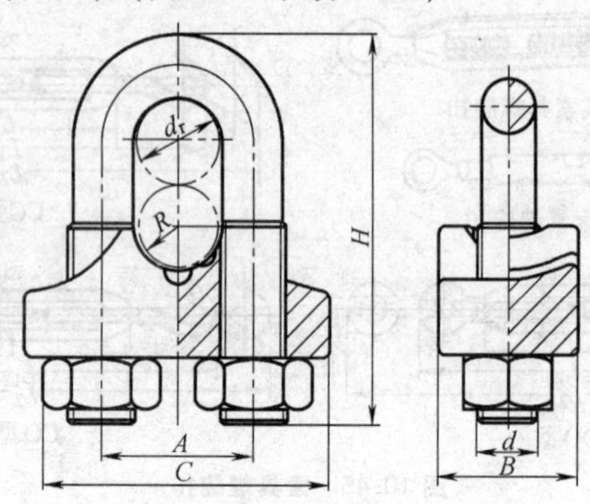

图10-46 绳夹的型式

表10-50 绳夹的尺寸

绳夹规格（钢丝绳公称直径）d_r/mm	尺寸/mm						螺母 GB/T 41—2000 d	单组质量/kg
	适用钢丝绳公称直径 d_r	A	B	C	R	H		
6	6	13.0	14	27	3.5	31	M6	0.034
8	>6~8	17.0	19	36	4.5	41	M8	0.073
10	>8~10	21.0	23	44	5.5	51	M10	0.140
12	>10~12	25.0	28	53	6.5	62	M12	0.243
14	>12~14	29.0	32	61	7.5	72	M14	0.372
16	>14~16	31.0	32	63	8.5	77	M14	0.402
18	>16~18	35.0	37	72	9.5	87	M16	0.601
20	>18~20	37.0	37	74	10.5	92	M16	0.624
22	>20~22	43.0	46	89	12.0	108	M20	1.122
24	>22~24	45.5	46	91	13.0	113	M20	1.205
26	>24~26	47.5	46	93	14.0	117	M20	1.244
28	>26~28	51.5	51	102	15.0	127	M22	1.605
32	>28~32	55.5	51	106	17.0	136	M22	1.727
36	>32~36	61.5	55	116	19.5	151	M24	2.286
40	>36~40	69.0	62	131	21.5	168	M27	3.133
44	>40~44	73.0	62	135	23.5	178	M27	3.470
48	>44~48	80.0	69	149	25.5	196	M30	4.701
52	>48~52	84.5	69	153	28.0	205	M30	4.897
56	>52~56	88.5	69	157	30.0	214	M30	5.075
60	>56~60	98.5	83	181	32.0	237	M36	7.921

（2）夹座的型式和尺寸（图 10-47 和表 10-51）

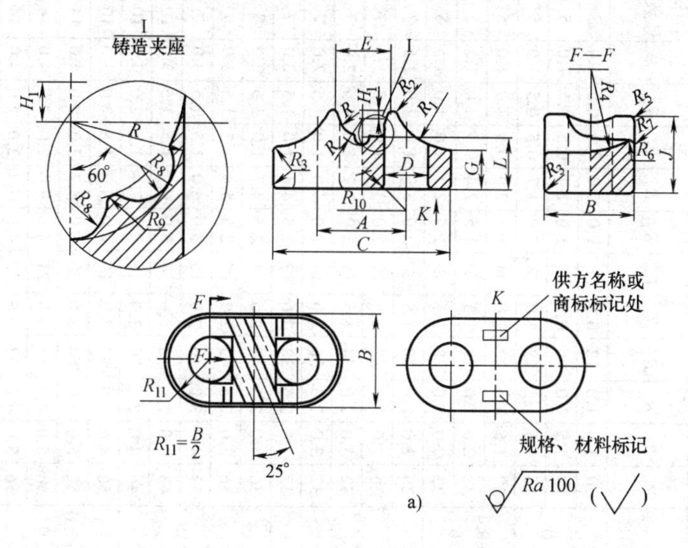

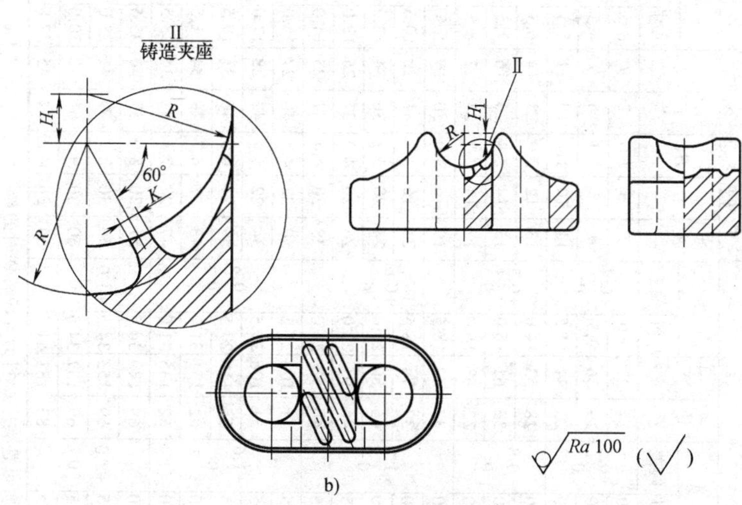

图 10-47　夹座型式

a) 铸造夹座　b) 锻造夹座

注：未注出的尺寸同于铸造夹座

表 10-51 夹座的尺寸

绳夹规格（钢丝绳公称直径）d_r/mm	基本尺寸/mm														参考尺寸/mm											字体号数	单件质量/kg
	A		B	C	D		E	G	H_1	J	L	R															
	尺寸	偏差			尺寸	偏差						尺寸	偏差	R_1	R_2	R_3	R_4	R_5	R_6	R_7	R_8	R_9	R_{10}	k		
6	13.0	+0.5 0	14	27	7.0	+0.4 0	7	6	1.0	12	7	3.5	+0.3 0	10	1.0	1.0	12	0.5	3	1.0	1.0	0.5	0.5	1.0	5	0.015
8	17.0		19	36	9.5		9	8	1.4	15	9	4.5		13	1.5	1.0	16	0.5	4	1.0	1.4	0.5	0.5	1.0	5	0.034
10	21.0		23	44	11.5		11	10	1.7	19	11	5.5		16	1.5	1.5	19	1.0	5	1.0	1.7	0.5	0.5	1.0	5	0.066
12	25.0	+0.8 0	28	53	14.0	+0.5 0	13	12	2.0	23	14	6.5	+0.4 0	20	1.5	1.5	22	1.0	6	1.5	2.0	0.5	1.0	1.0	5	0.119
14	29.0		32	61	16.0		15	14	2.4	26	16	7.5		22	2.0	2.0	25	1.5	7	1.5	2.4	0.5	1.0	1.5	5	0.177
16	31.0		32	63	16.0		17	14	2.7	27	17	8.5		22	2.0	2.0	28	1.5	8	1.5	2.7	1.0	1.0	1.5	5	0.196
18	35.0	+1.2 0	37	42	18.5	+0.6 0	19	16	3.0	30	19	9.5	+0.6 0	26	2.0	2.0	30	1.5	9	2.0	3.0	1.0	1.0	1.5	7	0.285
20	37.0		37	74	18.5		21	16	3.4	31	20	10.5		26	2.0	2.0	32	1.5	10	2.0	3.4	1.0	1.0	1.5	7	0.296
22	43.0		46	89	23.0		24	20	3.7	36	24	12.0		32	3.0	2.0	34	1.5	11	2.0	3.7	1.0	1.5	2.0	7	0.541
24	45.5		46	91	23.0		26	20	4.0	37	25	13.0		32	3.0	2.5	36	2.0	12	2.0	4.0	1.0	1.5	2.0	7	0.561
26	47.5		46	93	23.0		28	20	4.4	37	25	14.0		32	3.0	2.5	38	2.0	13	2.5	4.4	1.0	1.5	2.0	7	0.580
28	51.5	+1.6 0	51	102	25.5	+0.8 0	30	22	4.7	40	27	15.0	+0.8 0	36	3.0	2.5	40	2.0	14	2.5	4.7	1.0	1.5	2.0	7	0.783
32	55.5		51	106	25.5		34	22	5.4	42	28	17.0		36	3.0	2.5	43	2.0	15	2.5	5.4	1.5	1.5	3.0	7	0.855
36	61.5		55	116	27.5		39	24	6.0	46	31	19.5		39	4.0	3.0	46	2.0	16	3.0	6.0	1.5	1.5	3.0	7	1.116
40	69.0		62	131	31.0		43	27	6.7	49	34	21.5		43	4.0	3.0	48	2.0	17	3.0	6.7	1.5	1.5	3.0	10	1.456
44	73.0		62	135	31.0		47	27	7.4	52	36	23.5		46	4.0	3.0	50	3.0	18	3.0	7.4	1.5	2.0	3.0	10	1.697
48	80.0	+2.0 0	69	149	34.5	+1.0 0	51	30	8.0	57	40	25.5	+1.0 0	50	4.0	4.0	52	3.0	19	4.0	8.0	1.5	2.0	3.0	10	2.296
52	84.5		69	153	34.5		56	30	8.7	59	41	28.0		52	5.0	4.0	54	3.0	20	4.0	8.7	2.0	2.0	4.0	14	2.393
56	88.5		69	157	34.5		60	30	9.4	61	42	30.0		54	5.0	4.0	56	3.0	21	4.0	9.4	2.0	2.0	4.0	14	2.477
60	98.5		83	181	41.5		64	36	10.0	64	45	32.0		56	5.0	4.0	58	3.0	22	4.0	10.0	2.0	2.0	4.0	14	3.704

注：1. 表中质量是夹座材料为可锻铸铁时的参考值。

2. 表中 R_4、R_6、R_7、R_8、R_9 为铸造夹座、锻造夹座图示中绳槽法面上的尺寸。

（3）U 形螺栓的型式和尺寸（图 10-48、表 10-52）

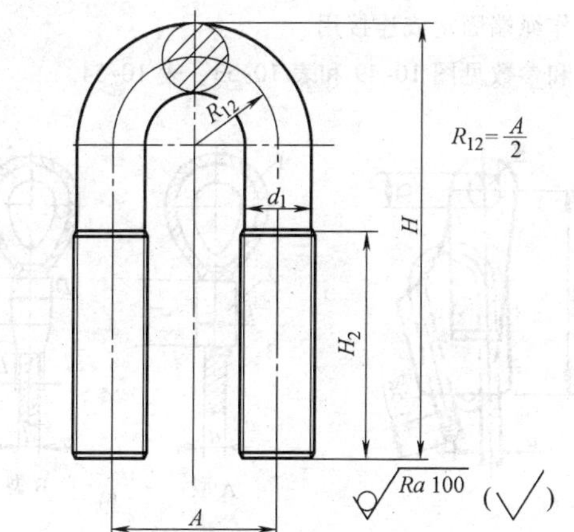

图 10-48　U 形螺栓的型式

表 10-52　U 形螺栓的尺寸

绳夹规格（钢丝绳公称直径）d_r/mm	尺寸/mm						单件质量/kg
	d	$d_1$①	A 基本尺寸	A 极限偏差	H	H_2	
6	M6	5.28	13.0	+0.5 0	31	17	0.014
8	M8	7.13	17.0		41	22	0.027
10	M10	8.94	21.0		51	27	0.052
12	M12	10.77	25.0	+0.8 0	62	33	0.092
14	M14	12.62	29.0		72	39	0.145
16	M14	12.62	31.0		77	41	0.156
18	M16	14.62	35.0	+1.2 0	87	46	0.248
20	M16	14.62	37.0		92	48	0.260
22	M20	18.28	43.0		108	57	0.457
24	M20	18.28	45.5		113	60	0.520
26	M20	18.28	47.5		117	61	0.540
28	M22	20.32	51.5	+1.6 0	127	66	0.670
32	M22	20.32	55.5		136	70	0.720
36	M24	22.00	61.5		151	77	0.946
40	M27	25.00	69.0		168	85	1.341
44	M27	25.00	73.0		178	90	1.437
48	M30	27.68	80.0	+2.0 0	196	99	1.937
52	M30	27.68	84.5		205	103	2.036
56	M30	27.68	88.5		214	106	2.130
60	M36	33.68	98.5		237	117	3.475

① d_1 供选择合适直径的材料时参考，允许制成 $d_1=d$。

7. 钢丝绳用接头

（1）用途　接头作绳端固定或连接用。

（2）规格　型式和参数见图10-49和表10-53、表10-54。

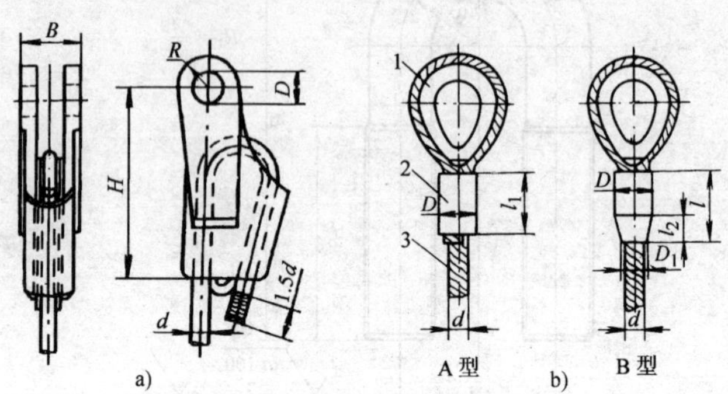

图10-49　钢丝绳用接头型式

a）楔形接头　b）铝合金压制接头

1—套环　2—接头　3—钢丝绳

表10-53　钢丝绳用楔形接头的参数

楔形接头公称尺寸（钢丝绳公称直径）d/mm	尺寸/mm				断裂载荷/kN	许用载荷/kN	开口销/mm	单组重量/kg
	B	D	H	R				
6	29	16	90	16	43	10	2×20	0.56
8	31	18	100	25	51	10		0.77
10	38	20	120	25	71	15	2×25	1.01
12	44	25	155	30	100	20		1.70
14	51	30	185	35	118.5	25		2.34
16	60	34	195	42	161.3	30	3×30	3.27
18	64	36	195	44	184	35		4.00
20	72	38	220	50	249.6	50		5.45
22	76	40	240	52	285.3	55	4×50	6.37
24	83	50	260	60	327	65		8.32
26	92	55	280	65	373.6	75		10.16
28	94	55	305	70	487.6	95		13.94
32	110	65	360	77	600	120	5×60	17.94
36	122	70	390	85	780	155		23.03
40	145	75	470	90	984	200		32.35

表 10-54 钢丝绳用铝合金压制接头

钢丝绳直径 d/mm	钢丝总断面积/mm^2		D	D_1	$l \geqslant$	$l_1 \geqslant$	$l_2 \approx$	压制力值（参考值）/kN
	min	max	mm					
6.2	14.2	15.1	13	—	—	31	—	150
7.7	21.9	23.3	16	—	—	38	—	200
9.3	31.9	34.0	19	—	—	46	—	300
11.0	44.8	47.2	23	18	58	55	22	400
12.5	57.2	61.4	26	20	66	62	25	500
14.0	72.4	77.0	29	22	74	70	28	650
15.5	88.7	94.4	32	24	82	77	31	800
17.5	113.1	120.3	36	27	92	87	35	1000
20.0	147.7	157.1	41	31	105	99	40	1300
21.5	170.6	181.2	44	34	114	106	43	1550
24.0	212.6	226.2	49	38	127	119	48	1850
26.0	249.5	265.5	54	41	137	129	52	2250
28.0	289.4	307.9	58	44	147	138	56	2550
32.5	389.9	414.8	67	50	171	162	65	3400
36.5	491.8	523.2	75	57	192	182	73	4300
40.0	590.6	628.3	82	62	211	198	80	5150
43.0	682.5	726.1	89	67	227	213	86	6150
47.5	832.9	886.0	98	74	250	235	95	7250
52.0	998.2	1061.9	107	81	275	258	104	8600
56.0	1157.6	1231.5	115	87	295	277	112	10000
60.5	1351.1	1437.4	125	94	320	300	121	12000

注：1. 表中接头尺寸只适用公称抗拉强度为 1770MPa 以下的钢丝绳。

2. 接头所用的铝合金材料牌号为 5A02 或 3A21。

第十一章　手工工具

一、钳类

1. 钢丝钳（图 11-1）（GB/T 2442.1—2007）

（1）用途　用于夹持或弯折薄片形、圆柱形金属零件及切断金属丝，其旁刃口也可用于切断细金属丝。

（2）规格　柄部分不带塑料管（表面发黑或镀铬）和带塑料管两种。长度（mm）：140±8、160±9、180±10、200±11、220±12、250±14。

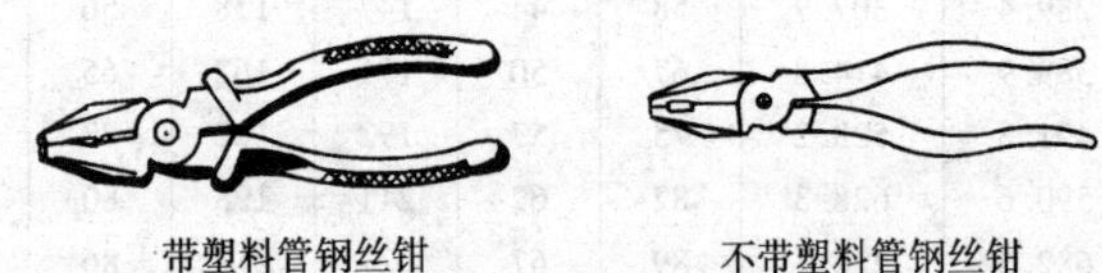

图 11-1　钢丝钳

2. 鲤鱼钳（图 11-2、表 11-1）（QB/T 2442.4—2007）

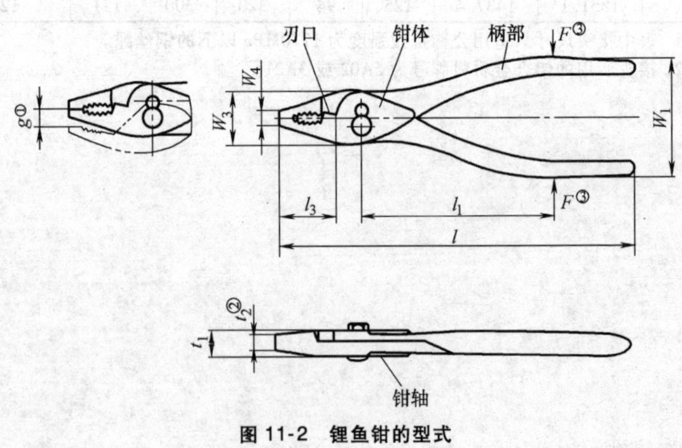

图 11-2　鲤鱼钳的型式

① 两钳口平行。

② $t_2 \leqslant t_1$。

③ F 为抗弯强度试验中施加的载荷。

表 11-1 鲤鱼钳的参数

公称长度 l/mm	W_1 /mm	W_{3max} /mm	W_{4max} /mm	t_{1max} /mm	l_1 /mm	l_3 /mm	g_{min} /mm	抗弯强度	
								载荷 F/N	永久变形量 $S_{max}^{①}$/mm
125±8	40_{-5}^{+15}	23	8	9	70	25±5	7	900	1
160±8	48_{-5}^{+15}	32	8	10	80	30±5	7	1000	1
180±9	49_{-5}^{+15}	35	10	11	90	35±5	8	1120	1
200±10	50_{-5}^{+15}	40	12.5	12.5	100	35±5	9	1250	1
250±10	50_{-5}^{+15}	45	12.5	12.5	125	40±5	10	1400	1.5

① $S=W_1-W_2$，见 GB/T 6291—1999。

3. 电工钳（图 11-3）（QB/T 2442.2—2007）

（1）用途　用来夹持或弯折薄片形、细圆柱形金属零件及切断金属丝。

（2）规格　柄部分不带塑料套（表面发黑或镀铬）和带塑料套两种。

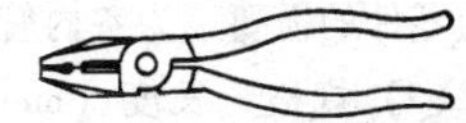

图 11-3　不带塑料套电工钳

电工钳无钢丝钳那样的旁刃口和前凹圆钳口。长度（mm）：165±14、190±14、215±14、250±14。

4. 尖嘴钳（图 11-4）（QB/T 2440.1—2007）

（1）用途　适合于在比较狭小的工作空间夹持小零件，带刃尖嘴钳还可切断细金属丝。主要用于仪表、电信器材、电器等的安装及其他维修工作。

（2）规格　柄部分不带塑料管（表面发黑或镀铬）和带塑料管两种。长度（mm）：140±7、160±8、180±10、200±10、280±14。

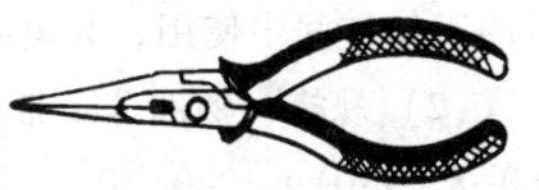

图 11-4　尖嘴钳

5. 扁嘴钳（图 11-5）（QB/T 2440.2—2007）

（1）用途　适于在狭窄或凹下的工作空间使用。主要用于装拔销子、弹簧等小零件及弯曲金属薄片及细金属丝。

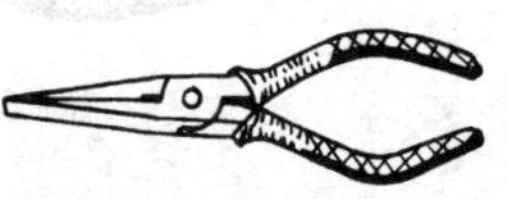

图 11-5　扁嘴钳

（2）规格　柄部分不带塑料管和带塑料管两种（表 11-2）。

表 11-2　扁嘴钳的尺寸

全长/mm		125±6	140±7	160±8	180±9
钳头长度/mm	短嘴式	25	32	40	—
	长嘴式	—	40	50	63

6. 圆嘴钳（图11-6）（QB/T 2440.3—2007）

（1）用途　用于将金属薄片或细丝弯曲成圆形，为仪表、电信器材、家用电器等的装配、维修工作中常用的工具。

（2）规格　柄部分不带塑料管和带塑料管两种。

长度（mm）：同表11-2。

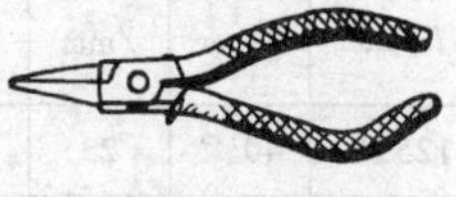

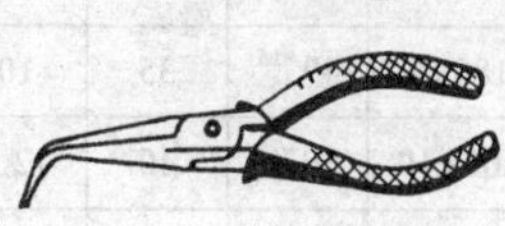

图11-6　圆嘴钳

7. 弯嘴钳（图11-7）

（1）用途　与尖嘴钳相似，主要用于在狭窄或凹下的工作空间夹持零件。

（2）规格　柄部分不带塑料管和带塑料管两种。长度（mm）：140、160、180、200。

图11-7　弯嘴钳

8. 水泵钳（图11-8）（QB/T 2440.4—2007）

（1）用途　用于夹持、旋拧扁形或圆柱形金属零件，其特点是钳口的开口宽度有多档（3~10档）调节位置，以适应夹持不同尺寸的零件的需要，为室内管道等安装、维修工作中常用的工具。

（2）规格　长度（mm）：100±10、125±15、160±15、200±15、250±15、315±20、350±20、400±30、500±30。

图11-8　水泵钳

9. 斜嘴钳（图11-9）

（1）用途　用于切断金属丝，平口斜嘴适宜在凹下的工作空间中使用，为电线安装、电器装配和维修工作中常用的工具。

（2）规格　柄部分不带塑料管和带塑料管两种。长度（mm）：125±6、140±7、160±8、180±9、200±10。

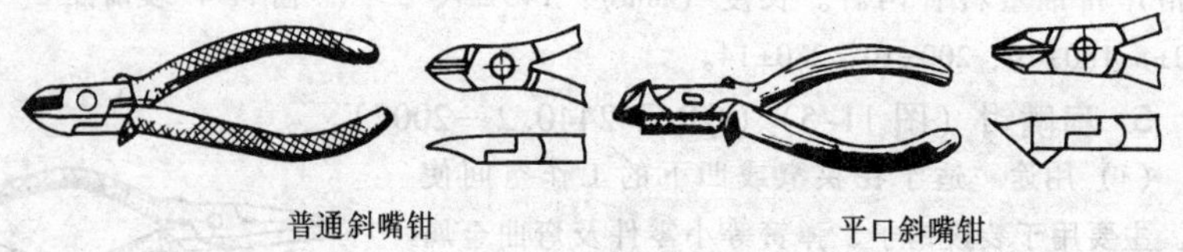

普通斜嘴钳　　平口斜嘴钳

图11-9　斜嘴钳

10. 铅印钳（图11-10）

（1）用途　用于在仪表、包裹、文件、设备等物件上轧封铅印。

（2）规格　长度（mm）：150、175、200、250、240（拖板式），轧封铅印直径（mm）：9、10、11、12、15。

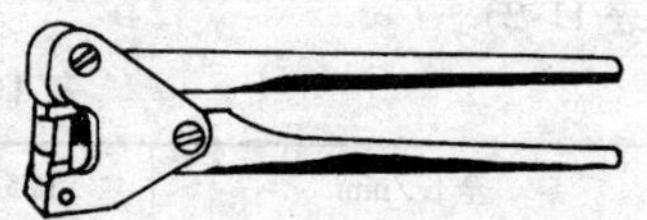

图11-10　铅印钳

11. 挡圈钳（图 11-11）

（1）用途 专用于拆装弹簧挡圈。钳子分轴用挡圈钳和孔用挡圈钳。为适应安装在各种位置中挡圈的拆装，这两种挡圈钳又有直嘴式和弯嘴式两种结构。弯嘴式一般是 90°的角度，也有 45°和 30°的。

（2）规格 长度（mm）：125、175、250。

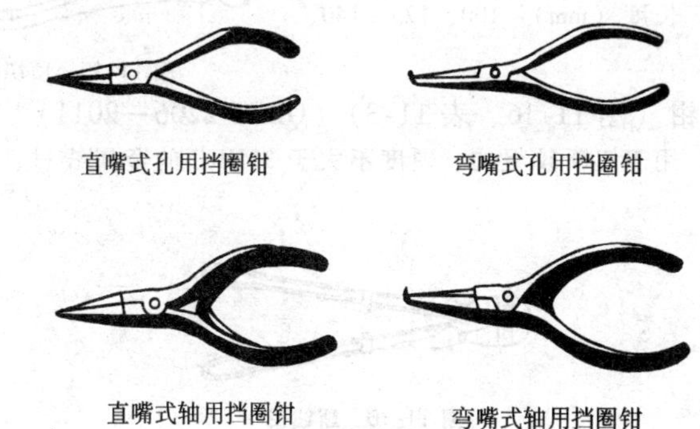

图 11-11 挡圈钳

12. 胡桃钳（图 11-12）（QB/T 1737—2011）

（1）用途 主要用于鞋工、木工拔鞋钉或起钉，也可剪切钉子及其他金属丝。

（2）规格 胡桃钳有圆肩式（A 型）和方肩式（B 型）两种。长度（mm）：160±8、180±9、200±10、224±10、250±10。

图 11-12 圆肩式胡桃钳

13. 鸭嘴钳（图 11-13）

（1）用途 与扁嘴钳相似，由于其钳口部分通常不制出齿纹，不会损伤被夹持零件表面，多用于纺织厂修理钢筘。

（2）规格 柄部分不带塑料套和带塑料套两种。长度（mm）：125、140、160、180、200。

图 11-13 鸭嘴钳

14. 大力钳（图 11-14）（QB/T 4062—2010）

（1）用途 用以夹紧零件进行铆接、焊接、磨削等加工。其特点是钳口可以锁紧并产生很大的夹紧力，使被夹紧零件不会松脱；而且钳口有多档调节位置，供夹紧不同厚度零件使用。另外，也可作扳手使用根据钳口型式，分为直口型、曲口型、尖嘴型。

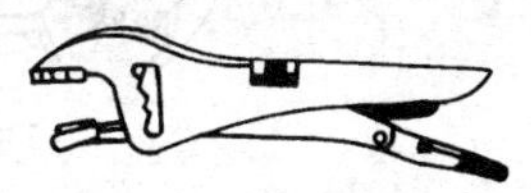

图 11-14 大力钳

（2）规格 长度（mm）直口型：140、180、220；曲口型：100、140、180、220，尖嘴型：135、165、220。

15. 顶切钳（图 11-15）（QB/T 2441.2—2007）

（1）用途 它是剪切金属丝的工具，常用于机械、电器的装配及维修。

（2）规格 长度（mm）：100、125、140、160、180、200。

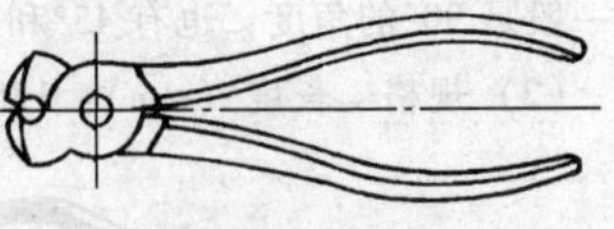

图 11-15 顶切钳

16. 断线钳（图 11-16、表 11-3）（QB/T 2206—2011）

（1）用途 用于切断较粗的、硬度不大于 30HRC 的金属线材、刺铁丝及电线等。

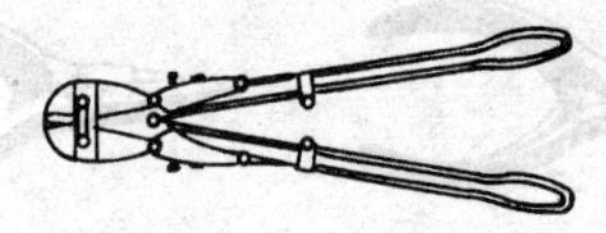

图 11-16 断线钳

（2）规格 型式有双连臂、单连臂、无连臂等三种。

表 11-3 断线钳的尺寸

规格尺寸/mm	200	300	350	450	600	750	900	1050	1200
长度/mm	203	305	360	460	615	765	915	1070	1220
剪切直径/mm	5	6	6(8)	8	10	10	12	14	16

注：1. 试验材质用 GB/T 699 规定的 45 钢，硬度为 28~30HRC。
2. 括号内尺寸为可选尺寸。

17. 鹰嘴断线钳（图 11-17、表 11-4）

（1）用途 用于切断较粗的、硬度不大于 30HRC 的金属线材等，特别适用于高空等露天作业。

（2）规格 市场产品（YQ 型）。

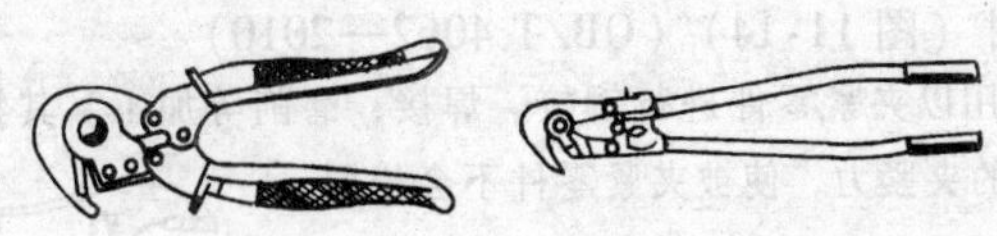

图 11-17 鹰嘴断线钳

表 11-4 鹰嘴断线钳的尺寸

长度/mm		230	450	600	750	900
剪切直径/mm	黑色金属	≤4/≤2.5	2~5	2~6	2~8	2~10
	有色金属	≤5	2~6	2~8	2~10	2~12

注：长度 230mm 的剪切黑色金属直径，分子为剪切抗拉强度≤490MPa 的低碳钢丝值，分母为剪切抗拉强度≤1265MPa 的碳素弹簧钢丝值。

18. 轧线钳（图 11-18）（QB/T 4266—2011）

（1）用途 其特点是钳轴的一端有凹形槽，除具有一般钢丝钳的用途外，还可以利用轧线结构部分轧接电话线、小型导线的接头或封端。

图 11-18 轧线钳

（2）规格 A 型长度（mm）：200±10，224±10，250±10，280±10；B 型长度（mm）：200±13，250±13，315±13，355±13。轧接导线断面积范围：2.5~6mm^2。

19. 剥线钳（QB/T 2207—1996）

（1）用途 供电工用于不带电的条件下，剥离线芯直径 0.5~2.5mm 的各类电信导线外部绝缘层。多功能剥线钳还能剥离带状电缆。

（2）规格 外形和型式、尺寸见图 11-19 和表 11-5。

表 11-5 剥线钳的型式、尺寸

型式	可调式端面剥线钳	自动剥线钳	多功能剥线钳	压接剥线钳
长度/mm	160	170	170	200

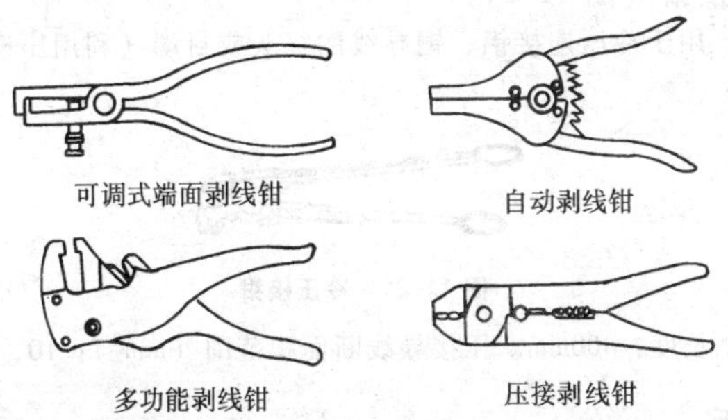

图 11-19 剥线钳

20. 紧线钳

（1）用途 专供外线电工架设和维修各种类型的电线、电话线和广播线等空中线路，或用低碳钢丝包扎时收紧两线端，以便绞接或加置索具之用。

（2）规格（图11-20、表11-6）

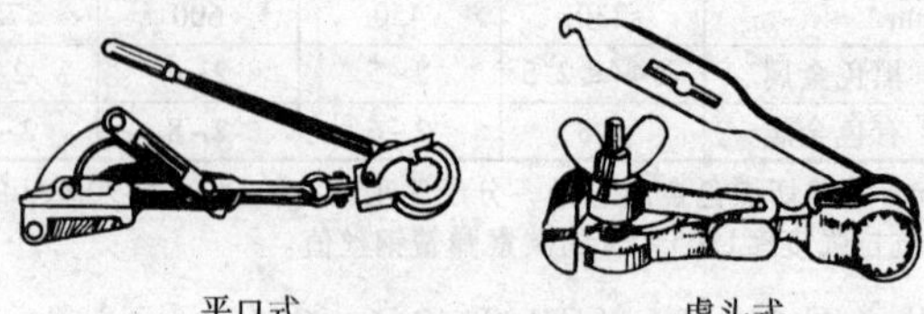

平口式　　　虎头式

图11-20　紧线钳

表11-6　紧线钳的规格参数

平口式紧线钳						
规格（号数）	钳口弹开尺寸/mm	额定拉力/kN	夹线直径范围/mm			
			单股钢、铜线	钢绞线	无芯铝绞线	钢芯铝绞线
1	≥21.5	15	10~20	—	12.4~17.5	13.7~19
2	≥10.5	8	5~10	5.1~9.6	5.1~9	5.4~9.9
3	≥5.5	3	1.5~5	1.5~4.8	—	—

虎头式紧线钳								
长度/mm	150	200	250	300	350	400	450	500
额定拉力/kN	2	2.5	3.5	6	8	10	12	15
夹线直径范围/mm	1~3	1.5~3.5	2~5.5	2~7	3~8.5	3~10.5	3~12	4~13.5

21. 冷压接钳（图11-21）

（1）用途　用于冷压连接铝、铜导线的接头或封端（利用压模使线端紧密连接）。

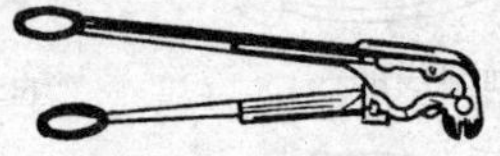

图11-21　冷压接钳

（2）规格　长度：400mm。压接导线断面积范围（mm^2）：10、16、25、35。

二、扳手

1. 呆扳手（GB/T 4388—2008）

（1）呆扳手的型式（图11-22）

（2）双头呆扳手和双头梅花扳手的对边尺寸组配及基本尺寸（表11-7）

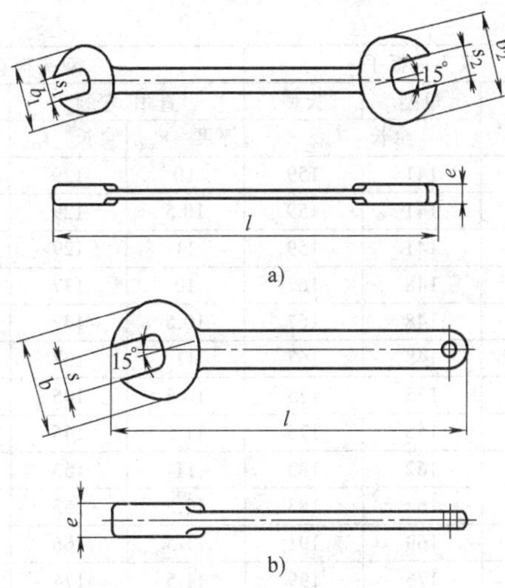

图 11-22　呆扳手型式

a) 双头呆扳手　b) 单头呆扳手

表 11-7　双头呆扳手和双头梅花扳手的对边尺寸组配及基本尺寸

（单位：mm）

规格[①]（对边尺寸组配）$s_1 \times s_2$	双头呆扳手			双头梅花扳手			
	厚度 e_{max}	短型	长型	直颈、弯颈		矮颈、高颈	
		全长 l_{min}		厚度 e_{max}	全长 l_{min}	厚度 e_{max}	全长 l_{min}
3.2×4	3	72	81	—	—	—	—
4×5	3.5	78	87	—	—	—	—
5×5.5	3.5	85	95	—	—	—	—
5.5×7	4.5	89	99	—	—	—	—
(6×7)	4.5	92	103	6.5	73	7	134
7×8	4.5	99	111	7	81	7.5	143
(8×9)	5	106	119	7.5	89	8.5	152
8×10	5.5	106	119	8	89	9	152
(9×11)	6	113	127	8.5	97	9.5	161
10×11	6	120	135	8.5	105	9.5	170
(10×12)	6.5	120	135	9	105	10	170
10×13	7	120	135	9.5	105	11	170
11×13	7	127	143	9.5	113	11	179
(12×13)	7	134	151	9.5	121	11	188
(12×14)	7	134	159	9.5	121	11	188
(13×14)	7	141	159	9.5	129	11	197

（续）

规格[①]（对边尺寸组配）$s_1 \times s_2$	双头呆扳手			双头梅花扳手			
	厚度 e_{max}	短型	长型	直颈、弯颈		矮颈、高颈	
		全长 l_{min}		厚度 e_{max}	全长 l_{min}	厚度 e_{max}	全长 l_{min}
13×15	7.5	141	159	10	129	12	197
13×16	8	141	159	10.5	129	12	197
（13×17）	8.5	141	159	11	129	13	197
（14×15）	7.5	148	167	10	137	12	206
（14×16）	8	148	167	10.5	137	12	206
（14×17）	8.5	148	167	11	137	13	206
15×16	8	155	175	10.5	145	12	215
（15×18）	8.5	155	175	11.5	145	13	215
（16×17）	8.5	162	183	11	153	13	224
16×18	8.5	162	183	11.5	153	13	224
（17×19）	9	169	191	11.5	166	14	233
（18×19）	9	176	199	11.5	174	14	242
18×21	10	176	199	12.5	174	14	242
（19×22）	10.5	183	207	13	182	15	251
（19×24）	11	183	207	13.5	182	16	251
（20×22）	10	190	215	13	190	15	260
（21×22）	10	202	223	13	198	15	269
（21×23）	10.5	202	223	13	198	15	269
21×24	11	202	223	13.5	198	16	269
（22×24）	11	209	231	13.5	206	16	278
（24×26）	11.5	223	247	15.5	222	16.5	296
24×27	12	223	247	14.5	222	17	296
（24×30）	13	223	247	15.5	222	18	296
（25×28）	12	230	255	15	230	17.5	305
（27×29）	12.5	244	271	15	246	18	323
27×30	13	244	271	15.5	246	18	323
（27×32）	13.5	244	271	16	246	19	323
（30×32）	13.5	265	295	16	275	19	330
30×34	14	265	295	16.5	275	20	330
（30×36）	14.5	265	295	17	275	21	330
（32×34）	14	284	311	16.5	291	20	348
（32×36）	14.5	284	311	17	291	21	348
34×36	14.5	298	327	17	307	21	366
36×41	16	312	343	18.5	323	22	384
41×46	17.5	357	383	20	363	24	429
46×50	19	392	423	21	403	25	474

（续）

规格①(对边尺寸组配) $s_1 \times s_2$	双头呆扳手			双头梅花扳手			
	厚度 e_{max}	短型	长型	直颈、弯颈		矮颈、高颈	
		全长 l_{min}		厚度 e_{max}	全长 l_{min}	厚度 e_{max}	全长 l_{min}
50×55	20.5	420	455	22	435	27	510
55×60	22	455	495	23.5	475	28.5	555
60×65	23	490					
65×70	24	525					
70×75	25.5	560					
75×80	27	600					

① 括号内的对边尺寸组配为非优先组配。

（3）单头呆扳手、单头梅花扳手、两用扳手的规格及其基本尺寸（表 11-8）

表 11-8 单头呆扳手、单头梅花扳手、两用扳手的规格及其基本尺寸

（单位：mm）

规格 s	单头呆扳手		单头梅花扳手		两用扳手		
	厚度 e_{max}	全长 l_{min}	厚度 e_{max}	全长 l_{min}	厚度 e_{1max}	厚度 e_{2max}	全长 l_{min}
3.2					5	3.3	55
4					5.5	3.5	55
5					6	4	65
5.5	4.5	80			6.3	4.2	70
6	4.5	85			6.5	4.5	75
7	5	90			7	5	80
8	5	95			8	5	90
9	5.5	100			8.5	5.5	100
10	6	105	9	105	9	6	110
11	6.5	110	9.5	110	9.5	6.5	115
12	7	115	10.5	115	10	7	125
13	7	120	11	120	11	7	135
14	7.5	125	11.5	125	11.5	7.5	145
15	8	130	12	130	12	8	150
16	8	135	12.5	135	12.5	8	160
17	8.5	140	13	140	13	8.5	170
18	9	150	14	150	14	9	180
19	9	155	14.5	155	14.5	9	185
20	9.5	160	15	160	15	9.5	200
21	10	170	15.5	170	15.5	10	205
22	10.5	180	16	180	16	10.5	215
23	10.5	190	16.5	190	16.5	10.5	220
24	11	200	17.5	200	17.5	11	230

（续）

规格 s	单头呆扳手		单头梅花扳手		两用扳手		
	厚度 e_{max}	全长 l_{min}	厚度 e_{max}	全长 l_{min}	厚度 e_{1max}	厚度 e_{2max}	全长 l_{min}
25	11.5	205	18	205	18	11.5	240
26	12	215	18.5	215	18.5	12	245
27	12.5	225	19	225	19	12.5	255
28	12.5	235	19.5	235	19.5	12.5	270
29	13	245	20	245	20	13	280
30	13.5	255	20	255	20	13.5	285
31	14	265	20.5	265	20.5	14	290
32	14.5	275	21	275	21	14.5	300
34	15	285	22.5	285	22.5	15	320
36	15.5	300	23.5	300	23.5	15.5	335
41	17.5	330	26.5	330	26.5	17.5	380
46	19.5	350	28.5	350	29.5	19.5	425
50	21	370	32	370	32	21	460
55	22	390	33.5	390			
60	24	420	36.5	420			
65	26	450	39.5	450			
70	28	480	42.5	480			
75	30	510	46	510			
80	32	540	49	540			

2. 梅花扳手（GB/T 4388—2008）

1）矮颈型和高颈型双头梅花扳手见图 11-23 和表 11-7。

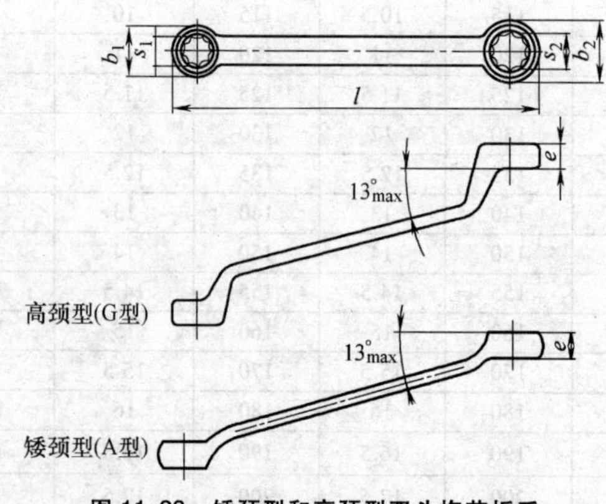

图 11-23　矮颈型和高颈型双头梅花扳手

2）直颈型和弯颈型双头梅花扳手（图 11-24、表 11-7）。

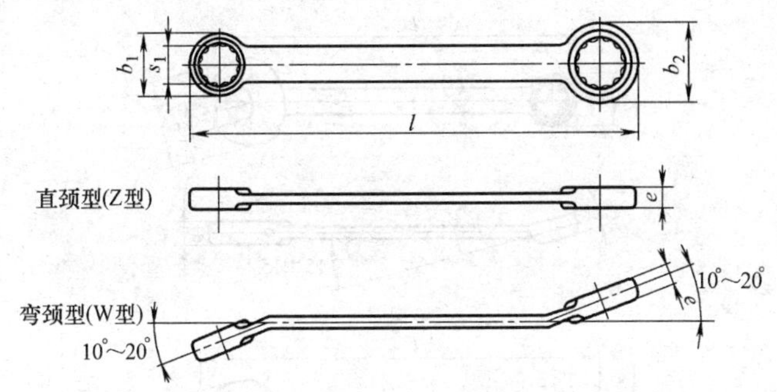

图 11-24　直颈型和弯颈型双头梅花扳手

3）矮颈型和高颈型单头梅花扳手见图 11-25 和表 11-8。

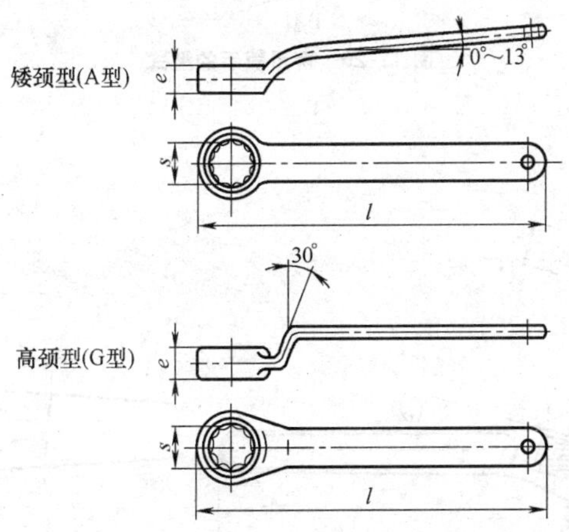

图 11-25　矮颈型和高颈型单头梅花扳手

3. 两用扳手（GB/T 4388—2008）

两用扳手的型式和尺寸见图 11-26、表 11-8。

4. 活扳手（图 11-27、表 11-9）（GB/T 4440—2008）

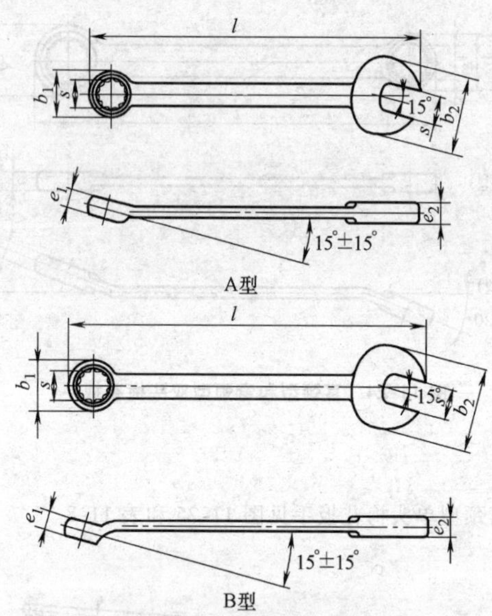

图 11-26　两用扳手的型式

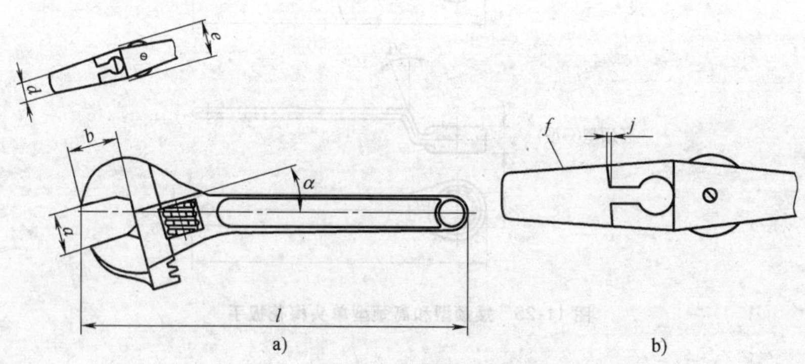

图 11-27　活扳手

a）活扳手的型式　b）活动扳口与扳体之间的小肩离缝 j

f—施加压力

表 11-9 活扳手的尺寸

长度 l/mm		开口尺寸	开口深度	扳口前端厚度	头部厚度	夹角 α/(°)		小肩离缝
规格	公差	a/mm≥	b_{min}/mm	d_{max}/mm	e_{max}/mm	A 型	B 型	j_{max}/mm
100		13	12	6	10	15	22.5	0.25
150	+15 0	19	17.5	7	13			0.25
200		24	22	8.5	15			0.28
250		28	26	11	17			0.28
300	+30 0	34	31	13.5	20			0.30
375		43	40	16	26			0.30
450	+45 0	52	48	19	32			0.36
600		62	57	28	36			0.50

5. 内六角扳手（图 11-28、表 11-10）（GB/T 5356—2008）

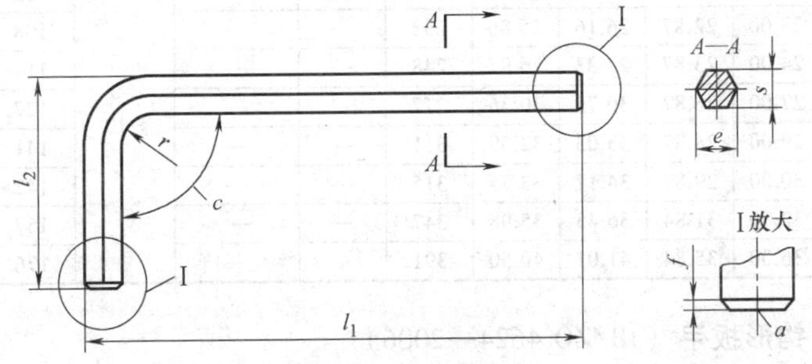

图 11-28 内六角扳手

表 11-10 内六角扳手的尺寸 （单位：mm）

对边尺寸 s			对角宽度 e		长度 l_1				长度 l_2	
标准	max	min	max	min	标准长	长型 M	加长型 L	偏差	长度	偏差
0.7	0.71	0.70	0.79	0.76	33	—	—	0 −2	7	0 −2
0.9	0.89	0.88	0.99	0.96	33	—	—		11	
1.3	1.27	1.24	1.42	1.37	41	63.5	81		13	
1.5	1.50	1.48	1.68	1.63	46.5	63.5	91.5		15. 5	
2	2.00	1.96	2.25	2.18	52	77	102		18	
2.5	2.50	2.46	2.82	2.75	58.5	87.5	114.5	0 −4	20.5	0 −2
3	3.00	2.96	3.39	3.31	66	93	129		23	
3.5	3.50	3.45	3.96	3.91	69.5	98.5	140		25.5	
4	4.00	3.95	4.53	4.44	74	104	144		29	
4.5	4.50	4.45	5.10	5.04	80	114.5	156		30.5	
5	5.00	4.95	5.67	5.58	85	120	165		33	
6	6.00	5.95	6.81	6.71	96	141	186		38	
7	7.00	6.94	7.94	7.85	102	147	197	0 −6	41	
8	8.00	7.94	9.09	8.97	108	158	208		44	
9	9.00	8.94	10.23	10.10	114	169	219		47	
10	10.00	9.94	11.37	11.23	122	180	234		50	
11	11.00	10.89	12.51	12.31	129	191	247		53	
12	12.00	11.89	13.65	13.44	137	202	262		57	

（续）

对边尺寸 s			对角宽度 e		长度 l_1				长度 l_2	
标准	max	min	max	min	标准长	长型 M	加长型 L	偏差	长度	偏差
13	13.00	12.89	14.79	14.56	145	213	277	0 −7	63	0 −3
14	14.00	13.89	15.93	15.70	154	229	294		70	
15	15.00	14.89	17.07	16.83	161	240	307		73	
16	16.00	15.89	18.21	17.97	168	240	307		76	
17	17.00	16.89	19.35	19.09	177	262	337		80	
18	18.00	17.89	20.49	20.21	188	262	358		84	
19	19.00	18.87	21.63	21.32	199	—	—		89	
21	21.00	20.87	23.91	23.58	211	—	—	0 −12	96	0 −5
22	22.00	21.87	25.05	24.71	222	—	—		102	
23	23.00	22.87	26.16	25.86	233	—	—		108	
24	24.00	23.87	27.33	26.97	248	—	—		114	
27	27.00	26.87	30.75	30.36	277	—	—		127	
29	29.00	28.87	33.03	32.59	311	—	—		141	
30	30.00	29.87	34.17	33.75	315	—	—		142	
32	32.00	31.84	36.45	35.98	347	—	—		157	
36	36.00	35.84	41.01	40.50	391	—	—		176	

6. 钩形扳手（JB/ZQ 4624—2006）

（1）用途　用于紧固或拆卸机床、车辆、机械设备上的圆螺母。

（2）外形和规格（图 11-29、表 11-11）

图 11-29　钩形扳手

表 11-11　钩形扳手的尺寸　（单位：mm）

螺母外径	12~14	16~18	16~20	20~22	25~28	30~32
长度	100				120	
螺母外径	34~36	40~42	45~50	52~55	58~62	68~75
长度	150		180		210	
螺母外径	80~90	95~100	110~115	120~130		
长度	240		280			
螺母外径	135~145	155~165	180~195	205~220	230~245	260~270
长度	320		380		460	
螺母外径	280~300	300~320	320~345	350~375	380~400	480~500
长度	550			585	620	800

7. 内六角花形扳手

（1）用途　与内六角扳手相似。

（2）规格（图 11-30、表 11-12）

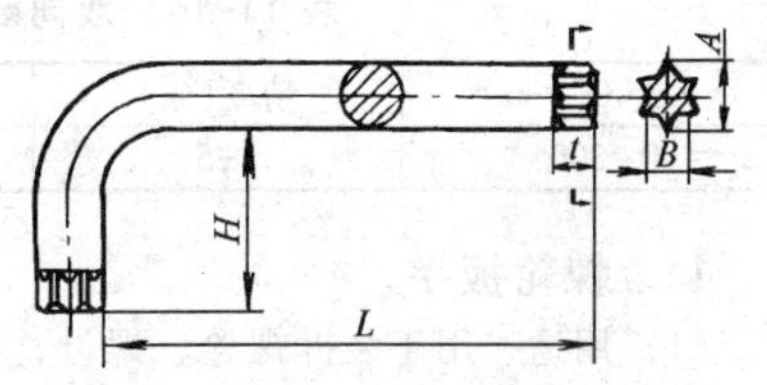

图 11-30　内六角花形扳手

8. 敲击梅花扳手

（1）用途　用于紧固或拆卸一种规格的螺栓、螺母和螺钉，其松紧力可以通过锤子敲击。

表 11-12　内六角花形扳手的尺寸　　（单位：mm）

代号	适应的螺钉	L	H	t	A	B
T30	M6	70	24	3.30	5.575	3.990
T40	M8	76	26	4.57	6.705	4.798
T50	M10	96	32	6.05	8.890	6.398
T55	M12~M14	108	35	7.65	11.277	7.962
T60	M16	120	38	9.07	13.360	9.547
T80	M20	145	46	10.62	17.678	12.705

（2）规格　以六角头头部对边距离表示。对边距离（mm）：50、55、60、65、70、75、80、85、90、95、100、105、110、115。

9. 阀门扳手

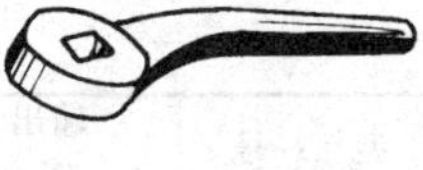

（1）用途　松紧阀门。

（2）规格　外形和尺寸见图 11-31 和表 11-13。

图 11-31　阀门扳手

表 11-13　阀门扳手的尺寸　　（单位：mm）

方孔对边尺寸	8	9	11	12	14	17	19	22	24
全长	120	140	160	200	250	300	350	400	450

10. 双向棘轮扭力扳手

（1）用途　用于检测紧固件拧紧力矩。

（2）规格　头部为棘轮，拨动旋向扳可选择正向或反向操作，力矩值由指针指示。外形和参数见图 11-32 和表 11-14。

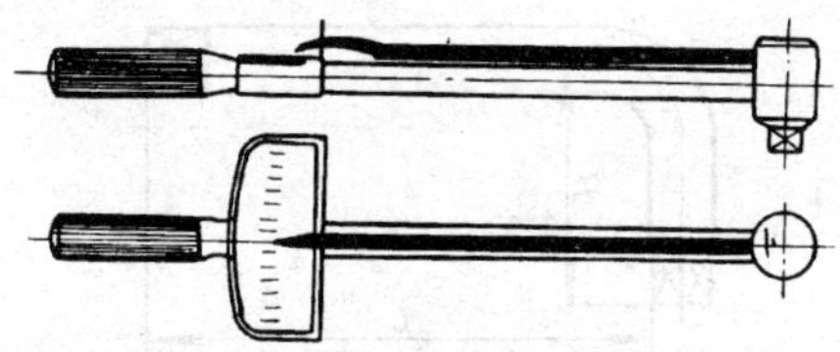

图 11-32　双向棘轮扭力扳手

表 11-14 双向棘轮扭力扳手的参数

力矩/N·m	精度(%)	方榫/mm	总长/mm
0~300	±5	12.7×12.7、14×14	400~478

11. 棘轮扳手

(1) 用途 用于装拆螺栓、螺母，特别适合在回转空间很小的场合使用，并可提高工效。

(2) 规格 相应对边尺寸（mm）：5.5×7、8×10、12×14、17×19、22×24。外形如图 11-33 所示。

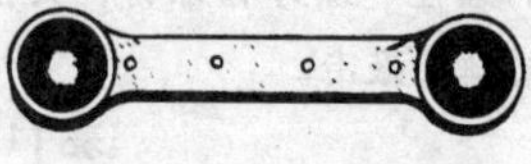

图 11-33 棘轮扳手

12. 增力扳手

(1) 用途 配合扭力扳手或棘轮扳手、套筒扳手套筒，紧固或拆卸六角头螺栓、螺母。增力扳手通过减速机构可输出数倍到数十倍的力矩。用于扭紧、卸下重型机械的螺栓、螺母等需要很大扭矩的场合。

(2) 规格 外形和参数见图 11-34 和表 11-15。

图 11-34 增力扳手

表 11-15 增力扳手的参数

型 号	输出力矩 /N·m≤	减速比	输入端方孔 /mm	输出端方榫 /mm
Z120	1200	5.1	12.5	120
Z180	1800	6.0	12.5	25
Z300	3000	12.4	12.5	25
Z400	4000	16.0	12.5	六方 32
Z500	5000	18.4	12.5	六方 32
Z750	7500	68.6	12.5	六方 36
Z1200	12000	82.3	12.5	六方 46

13. 内四方扳手（JB/T 3411.35—1999）

(1) 用途 用于扳拧内方形螺钉。

(2) 规格 外形和尺寸见图 11-35 和表 11-16。

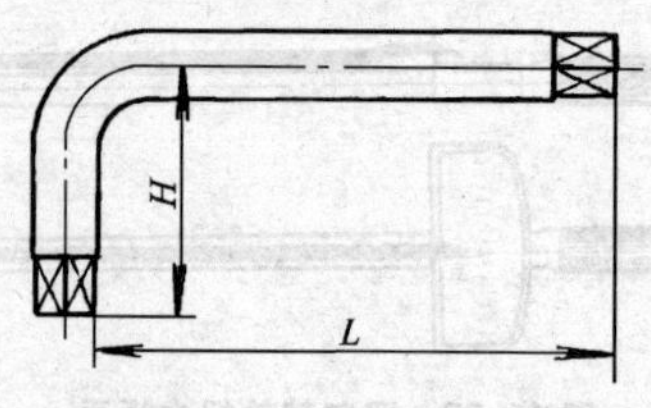

图 11-35 内四方扳手

表 11-16 内四方扳手的尺寸 （单位：mm）

四方头对边距离	2	2.5	3	4	5	6	8	10	12	14
长臂长度 L	56		63	70	80	90	100	112	115	140
短臂长度 H	8				12		15		18	

14. 手动套筒扳手

（1）用途 除具有一般扳手的功能外，还特别适合于位置特殊、空间狭窄、深凹、活扳手或呆扳手均不能使用的场合。

（2）规格 有单件和成套（盒）两种型式。套筒扳手成套（盒）型式如图 11-36 所示。

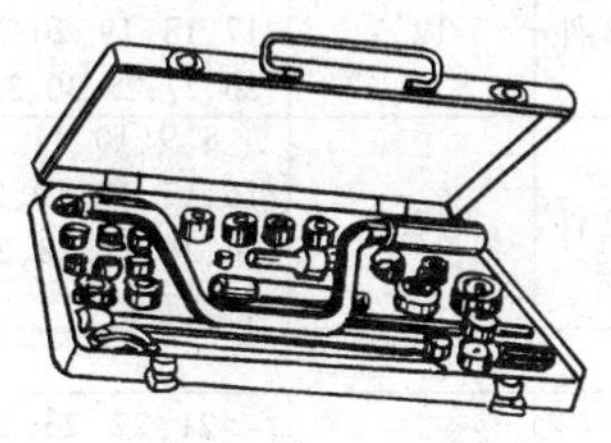

图 11-36 成套（盒）型式示例

1）套筒扳手传动方孔（方榫）的基本尺寸（GB/T 3390.2—2013）见表 11-17。

表 11-17 套筒扳手传动方孔（方榫）的基本尺寸（GB/T 3390.2—2013）

公称尺寸/mm		6.3	10	12.5	20	25
基本尺寸/mm	方榫	6.35	9.53	12.7	19.05	25.40
	方孔	6.63	9.80	13.03	19.44	25.79

2）成套套筒扳手的品种、规格见表 11-18。

表 11-18 成套套筒扳手的品种、规格

品种	传动方孔或方榫尺寸/mm	每盒配套件具体规格尺寸/mm	
		套筒	附件
小型套筒扳手			
20 件	6.3×10	4、4.5、5、5.5、6、7、8(以上 6.3 方孔)、10、11、12、13、14、17、19、20.6 火花塞套筒(以上 10 方孔)	200 棘轮扳手,75 旋柄,75、150 接杆(以上 10 方孔、方榫),10×6.3 接头
10 件	10	10、11、12、13、14、17、19、20.6 火花塞套筒	200 棘轮扳手,75 接杆
普通套筒扳手			
9 件	12.5	10、11、12、14、17、19、22、24	230 弯柄
13 件	12.5	10、11、12、14、17、19、22、24、27	250 棘轮扳手,直接头,250 转向手柄,257 通用手柄
17 件	12.5	10、11、12、14、17、19、22、24、27、30、32	250 棘轮扳手,直接头,250 滑行头手柄,420 快速摇柄,125、250 接杆
24 件	12.5	10、11、12、13、14、15、16、17、18、19、20、21、22、23、24、27、30、32	250 棘轮扳手,250 滑行头手柄,420 快速摇柄,125、250 接杆,75 万向接头

（续）

品种	传动方孔或方榫尺寸/mm	每盒配套件具体规格尺寸/mm	
		套筒	附件
普通套筒扳手			
28件	12.5	10、11、12、13、14、15、16、17、18、19、20、21、22、23、24、26、27、28、30、32	250 棘轮扳手，直接头，250 滑行头手柄，420 快速摇柄，125、250 接杆，75 万向接头，52 旋具接头
32件	12.5	8、9、10、11、12、13、14、15、16、17、18、19、20、21、22、23、24、26、27、28、30、32、20.6 火花塞套筒	250 棘轮扳手，250 滑行头手柄，420 快速摇柄，230、300 弯柄，75 万向接头，52 旋具接头，125、250 接杆
重型套筒扳手			
26件	20×25	21、22、23、24、26、27、28、29、30、31、32、34、36、38、41、46、50(以上 20 方孔)，55，60，65(以上 25 方孔)	125 棘轮扳手，525 滑行头手柄，525 加力杆，200 接杆(以上 20 方孔、方榫)，83 大滑行头(20×25 方榫)，万向接头
21件	25	30、31、32、34、36、38、41、46、50、55、60、65、70、75、80	125 棘轮扳手，525 滑行头手柄，220 接杆，525 加力杆，滑行头，135 万向接头

15. 套筒扳手套筒

（1）用途　用于紧固或拆卸螺栓、螺母。

（2）规格　套筒有手动和机动两种。

1）手动套筒扳手套筒（GB/T 3390.1—2013）（见图 11-37、表 11-19）。

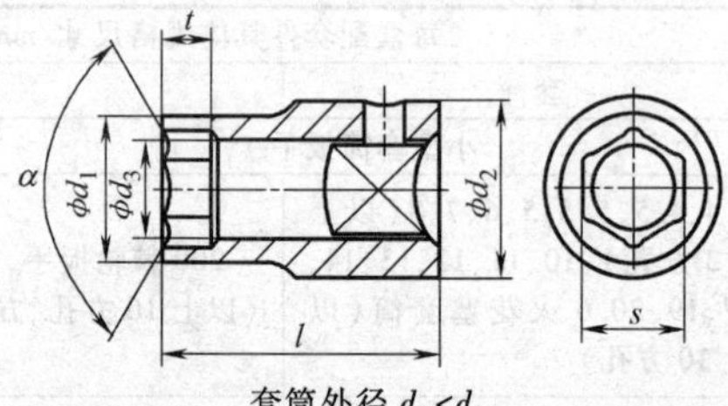

套筒外径 $d_1<d_2$

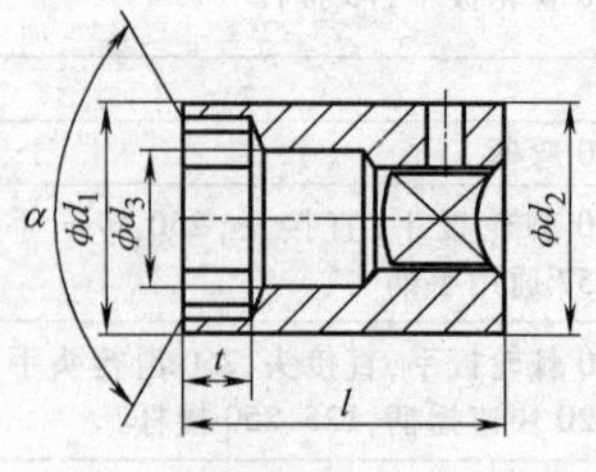

套筒外径 $d_1=d_2$

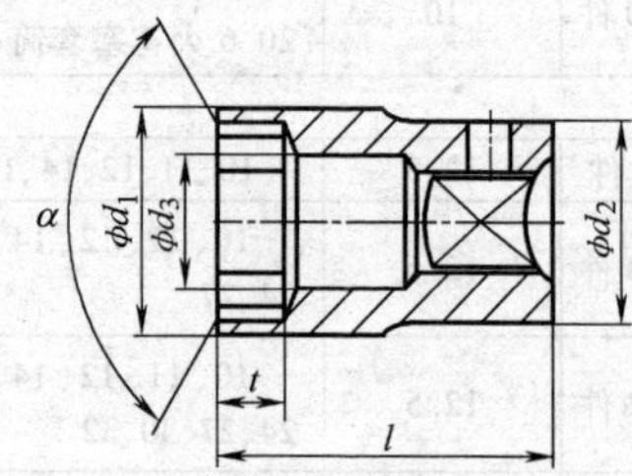

套筒外径 $d_1>d_2$

图 11-37　手动套筒扳手套筒（$115°\leqslant\alpha\leqslant150°$）

表 11-19　手动套筒扳手套筒的尺寸　（单位：mm）

6.3 系列

<table>
<tr><th rowspan="2">s</th><th rowspan="2">t_{min}</th><th rowspan="2">d_{1max}</th><th rowspan="2">d_{2max}</th><th rowspan="2">d_{3max}</th><th colspan="2">l</th></tr>
<tr><th>A 型 max</th><th>B 型 min</th></tr>
<tr><td>3.2</td><td>1.8</td><td>5.9</td><td>12.5</td><td>1.9</td><td rowspan="16">26</td><td rowspan="16">45</td></tr>
<tr><td>4</td><td>2.1</td><td>6.9</td><td>12.5</td><td>2.4</td></tr>
<tr><td>4.5</td><td>2.3</td><td>7.9</td><td>12.5</td><td>2.4</td></tr>
<tr><td>5</td><td>2.4</td><td>8.2</td><td>12.5</td><td>3</td></tr>
<tr><td>5.5</td><td>2.7</td><td>8.8</td><td>12.5</td><td>3.6</td></tr>
<tr><td>6</td><td>3.1</td><td>9.4</td><td>12.5</td><td>4</td></tr>
<tr><td>7</td><td>3.5</td><td>11</td><td>12.5</td><td>4.8</td></tr>
<tr><td>8</td><td>4.24</td><td>12.2</td><td>12.5</td><td>6</td></tr>
<tr><td>9</td><td>4.51</td><td>13.5</td><td>13.5</td><td>6.5</td></tr>
<tr><td>10</td><td>4.74</td><td>14.7</td><td>14.7</td><td>7.2</td></tr>
<tr><td>11</td><td>5.54</td><td>16</td><td>16</td><td>8.4</td></tr>
<tr><td>12</td><td>5.74</td><td>17.2</td><td>17.2</td><td>9</td></tr>
<tr><td>13</td><td>6.04</td><td>18.5</td><td>18.5</td><td>9.6</td></tr>
<tr><td>14</td><td>6.74</td><td>19.7</td><td>19.7</td><td>10.5</td></tr>
<tr><td>15</td><td>7.0</td><td>21.5</td><td>21.5</td><td>11.3</td></tr>
<tr><td>16</td><td>7.19</td><td>22</td><td>22</td><td>12.3</td></tr>
</table>

10 系列

<table>
<tr><th rowspan="2">s</th><th rowspan="2">t_{min}</th><th rowspan="2">d_{1max}</th><th rowspan="2">d_{2max}</th><th rowspan="2">d_{3max}</th><th colspan="2">l</th></tr>
<tr><th>A 型 max</th><th>B 型 min</th></tr>
<tr><td>7</td><td>3.5</td><td>11</td><td rowspan="7">20</td><td>4.8</td><td rowspan="9">32</td><td rowspan="7">44</td></tr>
<tr><td>8</td><td>4.24</td><td>12.2</td><td>6</td></tr>
<tr><td>9</td><td>4.51</td><td>13.5</td><td>6.5</td></tr>
<tr><td>10</td><td>4.74</td><td>14.7</td><td>7.2</td></tr>
<tr><td>11</td><td>5.54</td><td>16</td><td>8.4</td></tr>
<tr><td>12</td><td>5.74</td><td>17.2</td><td>9</td></tr>
<tr><td>13</td><td>6.04</td><td>18.5</td><td>9.6</td></tr>
<tr><td>14</td><td>6.74</td><td>19.7</td><td rowspan="4">24</td><td>10.5</td><td rowspan="2">45</td></tr>
<tr><td>15</td><td>7.0</td><td>21.0</td><td>11.3</td></tr>
<tr><td>16</td><td>7.19</td><td>22.2</td><td>12.3</td><td rowspan="4">35</td><td>50</td></tr>
<tr><td>17</td><td>7.73</td><td>23.5</td><td>13</td><td rowspan="2">54</td></tr>
<tr><td>18</td><td>8.29</td><td>24.7</td><td>24.7</td><td>14.4</td></tr>
<tr><td>19</td><td>8.72</td><td>26</td><td>26</td><td>15</td><td rowspan="3">60</td></tr>
<tr><td>21</td><td>9.59</td><td>28.5</td><td>28.8</td><td>16.8</td><td rowspan="3">38</td></tr>
<tr><td>22</td><td>9.98</td><td>29.7</td><td>29.7</td><td>17</td></tr>
<tr><td>24</td><td>10.79</td><td>32.5</td><td>32.5</td><td>19.2</td><td>65</td></tr>
</table>

（续）

12.5 系列

s	t_{min}	d_{1max}	d_{2max}	d_{3max}	l A 型 max	l B 型 min
8	4.24	14		6		
10	4.74	15.5		7.2		
11	5.54	16.7		8.4		
12	5.74	18	24	9		
13	6.04	19.2		9.6	40	
14	9.74	20.5		10.5		
15	7.0	21.7		11.3		
16	7.19	23		12.3		
17	7.73	24.2	26.5	13		75
18	8.29	25.5		14.4	42	
19	8.72	26.7	26.7	15		
21	9.59	29.2	29.2	16.8	44	
22	9.98	30.5	30.5	17		
24	10.79	33	33	19.2	46	
27	12.35	36.7	36.7	21.6	48	
30	13.35	40.5	40.5	24	50	
32	14.11	43	43	26		
34	14.85	46.5	46.5	26.4	52	

20 系列

s	t_{min}	d_{1max}	d_{2max}	d_{3max}	l A 型 max	l B 型 min
21	9.59	32.1		16.8		
22	9.98	33.3		17	55	
24	10.79	35.8	40	19.2		
27	12.35	39.6		21.6		
30	13.35	43.3	43.3	24	60	85
32	14.11	45.8	45.8	26		
34	14.85	48.3	48.3	26.4	65	
36	15.85	50.8	50.8	28.8	67	
41	17.85	57.1	57.1	32.4	70	
46	19.62	63.3	63.3	36	83	
50	21.92	68.3	68.3	39.6	89	100
55	23.42	74.6	74.6	43.2	95	
60	25.92	84.5	84.5	45.6	100	

25 系列

s	t_{min}	d_{1max}	d_{2max}	d_{3max}	l A 型 max
41	17.85	61	59.7	32.4	83
46	19.62	66.4	55	36	80
50	21.92	71.4	55	39.6	85
55	23.42	77.6	57	43.2	95
60	25.92	83.9	61	45.6	103
65	26.92	90.1	78	50.4	110
70	28.92	96.5	84	55.2	116
75	30.92	110	90	60	120
80	34	115	95	65	125

2）机动四方传动套筒（GB/T 3228—2009）（图 11-38、表 11-20）

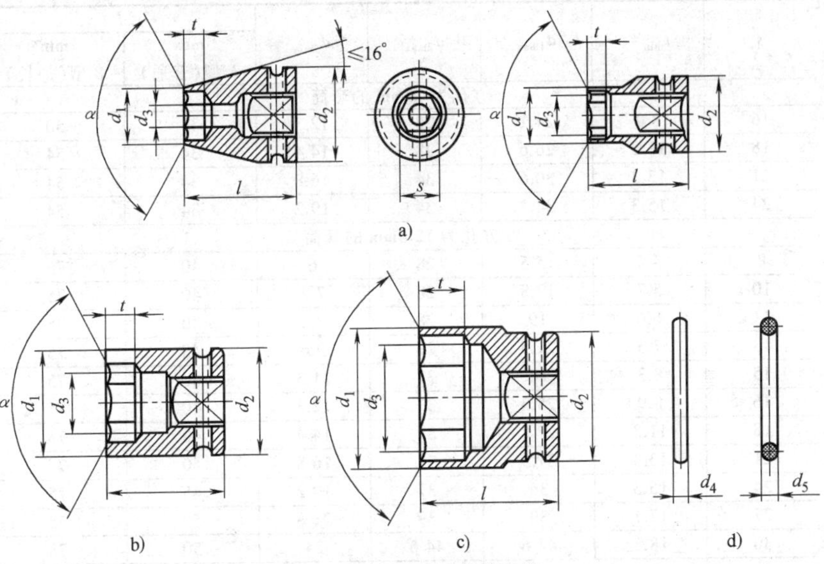

图 11-38 机动四方传动套筒

a）$d_1<d_2$ b）$d_1=d_2$ c）$d_1>d_2$ d）定位销和胀圈

表 11-20 机动四方传动套筒的尺寸 （单位：mm）

s	t_{min} ①	d_{1max}	d_{2max}	d_{3min}	l max A型(普通)	l min B型(加长)
方孔为 6.3mm 的套筒						
3.2	1.8	6.8	14	1.9	25	45
4	2.1	7.8	14	2.4	25	45
5	2.5	9.1	14	3	25	45
5.5	2.9	9.7	14	3.6	25	45
7	3.7	11.6	14	4.8	25	45
8	5.2	12.8	14	6	25	45
10	5.7	15.3	16	7.2	25	45
11	6.6	16.6	16.6	8.4	25	45
13	7.3	19.1	19.1	9.6	25	45
15	8.3	21.6	22	11.3	30	45
16	8.9	22	22	12.3	35	45
方孔为 10mm 的套筒						
7	3.7	12.8	20	4.8	34	44
8	5.2	14.1	20	6	34	44
10	5.7	16.6	20	7.2	34	44
11	6.6	17.8	20	8.4	34	44
13	7.3	20.3	28	9.6	34	44
15	8.3	22.8	28	11.3	34	45

（续）

s	t_{min} ①	d_{1max}	d_{2max}	d_{3min}	l max A型(普通)	l min B型(加长)
方孔为10mm的套筒						
16	8.9	24.1	28	12.3	34	50
18	11.3	26.6	28	14.4	34	54
21	13.3	30.6	34	16.8	34	54
24	15.3	34.3	34	19.2	34	54
方孔为12.5mm的套筒						
8	5.2	15.5	28	6	40	75
10	5.7	17.8	28	7.2	40	75
11	6.6	19	28	8.4	40	75
13	7.3	21.5	28	9.6	40	75
15	8.3	24	37	11.3	40	75
16	8.9	25.3	37	12.3	40	75
18	11.3	27.8	37	14.4	40	75
21	13.3	31.5	37	16.8	40	75
24	15.3	36	37	19.2	45	75
27	17.1	39	39	21.6	50	75
30	18.5	44.6	44.6	24	50	75
34	20.2	49.5	49.5	26.4	50	75
方孔为16mm的套筒						
15	8.3	26.3	35	11.3	48	85
16	8.9	27.5	35	12.3	48	85
18	11.3	30	35	14.4	48	85
21	13.3	33.8	35	16.8	48	85
24	15.3	37.5	37.5	19.2	51	85
27	17.1	41.3	41.3	21.6	51	85
30	18.5	45	45	24	51	85
34	20.2	50	50	26.4	55	85
36	22	52.5	52.5	28.8	55	85
方孔为20mm的套筒						
18	11.3	32.4	48	14.4	51	85
21	13.3	36.1	48	16.8	51	85
24	15.3	39.9	48	19.2	51	85
27	17.1	43.6	48	21.6	54	85
30	18.5	47.4	48	24	54	85
34	20.2	52.4	58	26.4	58	85
36	22	54.9	58	28.8	58	85
41	24.7	61.1	61.1	32.4	63	85
46	26.1	67.4	67.4	36	63	100
50	28.6	74	74	39.6	89	100
55	31.5	80	80	43.2	95	100
60	33.9	86	86	45.6	100	100

（续）

s	t_{min} ①	d_{1max}	d_{2max}	d_{3min}	l max A型（普通）	l min B型（加长）
方孔为25mm的套筒						
27	17.1	46.7	58	21.6	60	—
30	18.5	50.4	58	24	62	
34	20.2	55.4	58	26.4	63	
36	22	57.9	58	28.8	67	
41	24.7	64.2	68	32.4	70	
46	26.1	70.4	68	36	76	
50	28.6	75.4	68	39.6	82	
55	31.5	81.7	68	43.2	87	
60	33.9	87.9	68	45.6	91	
65	34.5	95.9	70.6	50.4	110	
70	36.5	98	70.6	55.2	116	

方孔为40mm的套筒

s	t_{min} ①	d_{1max}	d_{2max}	d_{3min}	l max A型（普通）
36	22	64.2	86	28.8	84
41	24.7	70.4	86	32.4	84
46	26.1	76.7	86	36	87
50	28.6	81.7	86	39.6	90
55	31.5	87.9	86	43.2	90
60	33.9	94.2	86	45.6	95

定位销和胀圈

传动四方	d_4 min	d_4 max	d_5
6.3	1.4	2.0	2.5
10	2.4	2.9	3.5
12.5	2.9	4	4
16	2.9	4	4.5
20	3.8	4.8	5
25	4.8	6.0	7
40	5.8	7.0	10

① $t_{min}=k_{max}+0.5$（k_{max}为GB/T 5782规定的六角头高度）。

16. 手动套筒扳手附件

规格　按用途分有传动附件和连接附件两类。据传动方榫对边尺寸（mm）分为6.3、10、12.5、20、25五个系列。传动附件的规格、用途见表11-21、连接附件的规格、用途见表11-22。

表 11-21 传动附件（GB/T 3390.3—2013）的基本尺寸、编号及用途 （单位：mm）

编号	图例	名称	传动方榫系列	基本尺寸				特点及用途
				d_{max}	l_{1min}	l_{1max}	l_{2max}	
6100040		滑行头手柄	6.3	14	100	160	24	特点是滑行头的位置可以移动，以便根据需要调整旋动时力臂的大小；另外，它还特别适用于180°范围内的操作场合
			10	23	150	250	35	
			12.5	27	220	320	50	
			20	40	430	510	62	
			25	52	500	760	80	
				b_{min}	l_{1max}	l_{2min}	l_{2max}	
6100060 6100061		快速摇柄	6.3	30	420	60	115	特点是操作时利用弓形柄部可以快速、连续旋转，比较方便
			10	40	470	70	125	
			12.5	50	510	85	145	
				d_{max}	l_{1min}	l_{1max}	l_{2max}	
6100090		棘轮扳手	6.3	25	110	150	27	特点是利用棘轮机构可在旋转角度较小的工作场合进行操作。普通式须与方榫尺寸相应的直接头配合使用
			10	35	140	220	36	
			12.5	50	230	300	45	
			20	70	430	630	62	
				d_{max}	l_{1min}	l_{1max}	l_{2max}	
6100100 6100101		可逆式棘轮扳手	6.3	25	110	150	27	特点是利用棘轮机构可在旋转角度较小的工作场合进行操作。旋转方向可正向或反向
			10	35	140	220	36	
			12.5	50	230	300	45	
			20	70	430	630	62	
			25	90	500	900	80	

（续）

编号	图例	名称	传动方榫系列	基本尺寸		特点及用途
				b_{min}	l_{1max}	
6100010 6100011		旋柄	6.3 10	30 40	165 190	特别适用于旋动位于深凹部位的螺栓、螺母
				l_{1max}		
6100030		转向手柄	6.3 10 12.5 20 25	165 270 490 600 850		特点是手柄可围绕方榫轴线旋转，以便在不同角度范围内旋动螺栓、螺母
				l_{1max}	l_{2max}	
6100050 6100051		弯柄	6.3 10 12.5 20	110 210 250 500	35 45 60 120	主要配用于件数较少的套筒扳手中

表 11-22 连接附件的基本尺寸、编号及用途 （单位：mm）

编号	图例	名称	传动方榫和传动方孔		基本尺寸		特点及用途
			方孔	方榫	l_{max}	d_{max}	
5100030		接头	10	6.3	32	20	用作传动附件、接杆、套筒之间的一种连接附件
			12.5	10	44	25	
			20	12.5	58	38	
			25	20	85	52	
			6.3	10	27	16	用作传动附件、接杆、套筒之间的一种连接附件
			10	12.5	38	23	
			12.5	20	50	30	
			20	25	68	40	
5100040 5100041		接杆	方榫和方孔		l_{max}	d_{max}	用作传动附件与套筒之间的一种连接附件，以便旋动位于深凹部位的螺栓、螺母
			6.3		55±3	12.5	
					100±5		
					150±8		
			10		75±4	20	
					125±6		
					250±12		
			12.5		75±4	25	
					125±6		
					250±12		
			20		200±10	38	
					400±20		
			25		200±10	52	
					400±20		
5100050		万向接头	方榫和方孔		l_{max}	d_{max}	用作传动附件与套筒之间的一种连接附件，其作用与转向手柄相似
			6.3		45	14	
			10		68	23	
			12.5		80	28	
			20		110	42	

17. 十字柄套筒扳手（图 11-39、表 11-23）（GB/T 14765—2008）

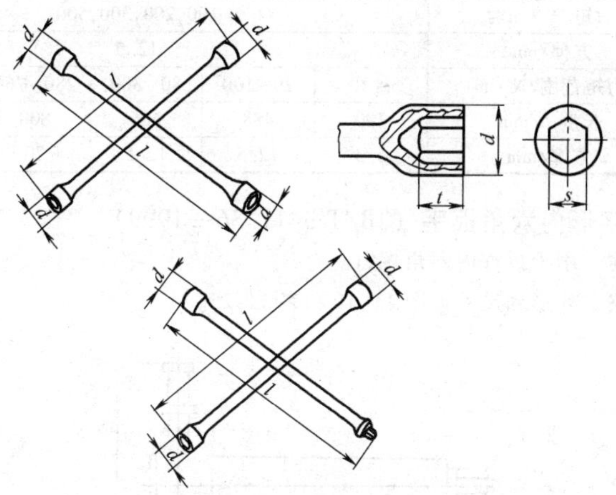

图 11-39 十字柄套筒扳手的型式

注：十字柄套筒扳手有四个不同规格的套筒，也可用一个传动方榫代替其中的一个套筒。

表 11-23 十字柄套筒扳手的尺寸 （单位：mm）

型号	套筒对边尺寸①s_{max}	传动方榫对边尺寸	套筒外径 d_{max}	柄长 l_{min}	套筒孔深 t_{min}
1	24	12.5	38	355	0.8s
2	27	12.5	42.5	450	0.8s
3	34	20	49.5	630	0.8s
4	41	20	63	700	0.8s

① 根据 GB/T 3104 规定的对边尺寸。

18. 扭力扳手

（1）用途　与套筒扳手套筒配合，用于紧固六角头螺栓、螺母，在扭紧时可以显示出力矩数值。用于对螺栓、螺母的力矩有明确规定的装配工作中。预调式可事先设定力矩值。

（2）规格　外形和参数见图 11-40 和表 11-24。

普通式（表盘式）

预调式（AC 型）

图 11-40 扭力扳手

表 11-24　扭力扳手的参数

普通式	力矩/N·m≤	100,200,300,500				
	方榫/mm	12.5				
预调式	力矩范围/N·m	≤20	20~100	80~300	280~760	750~2000
	长度 L/mm	300	488	606	800	920
	方榫/mm	6.3	12.5	12.5	20	25

19. 丁字形内六角扳手（JB/T 3411.36—1999）

（1）用途　用于扳拧内六角螺钉。

（2）规格　外形和尺寸见图 11-41 和表 11-25。

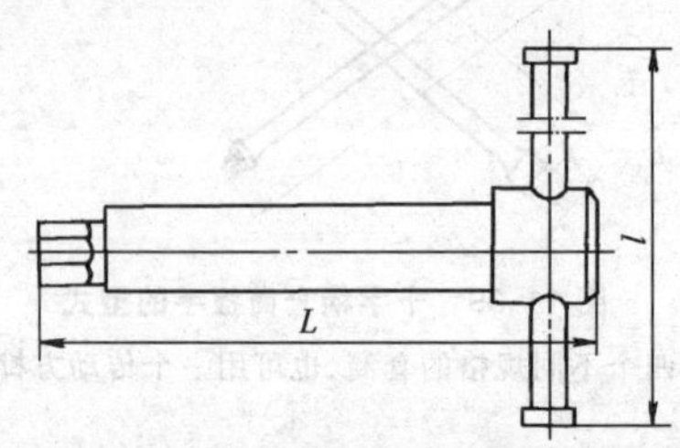

图 11-41　丁字形内六角扳手

表 11-25　丁字形内六角扳手尺寸　　（单位：mm）

六角对边距离	3		4		5		6		8		10		12	
全长 L	100	150	100	200	200	300	200	300	250	350	250	350	300	400
手柄长 l	60				100				120		120		120	

六角对边距离	14		17		19		22		24		27	
全长 L	300	400	300	450	300	450	350	500	350	500	350	500
手柄长 l	160		200				250					

三、旋具

1. 一字槽螺钉旋具（QB/T 2564.4—2012）

（1）用途　用于紧固或拆卸一字槽螺钉、木螺钉。

（2）规格　外形和尺寸见图 11-42 和表 11-26。

表 11-26　一字槽螺钉旋具的尺寸　　（单位：mm）

规格 $a×b$	旋杆长度 l^{+5}_{10}				六角加力部分对边宽度 s
	A 系列	B 系列	C 系列	D 系列	
0.4×2	—	40	—	—	4
0.4×2.5	—	50	75	100	5

（续）

规格 $a \times b$	旋杆长度 l^{+5}_{10}				六角加力部分对边宽度 s
	A 系列	B 系列	C 系列	D 系列	
0.5×3	—	50	75	100	5.5
0.6×3	—	75	100	125	5.5
0.6×3.5	25	75	100	125	6.0
0.8×4	25	75	100	125	7
1×4.5	25	100	125	150	7.5
1×5.5	25	100	125	150	9
1.2×6.5	25	100	125	150	—
1.2×8	25	125	150	175	
1.6×8	—	125	150	175	
1.6×10	—	150	175	200	
2×12	—	150	200	250	
2.5×14	—	200	250	300	

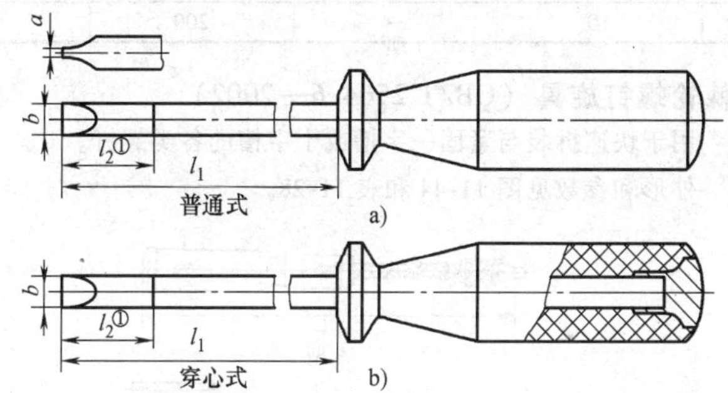

① B型杆的尺寸b在l_2的范围内应保持一致，应符合QB/T 2564.2的规定，$l_{2\max}=3b$。

图 11-42 一字槽螺钉旋具

a）产品型式代号 P　b）产品型式代号 C

2. 十字槽螺钉旋具（QB/T 2564.3—2012）

（1）用途　用于紧固或拆卸十字槽螺钉、木螺钉。

（2）规格　外形和尺寸见图 11-43 和表 11-27。

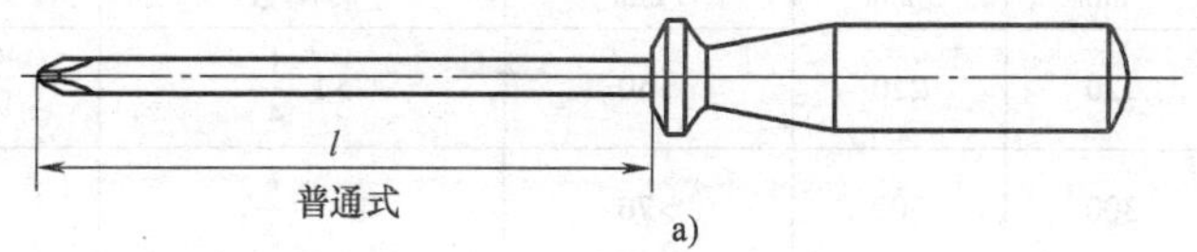

图 11-43 十字槽螺钉旋具

a）产品型式代号 P

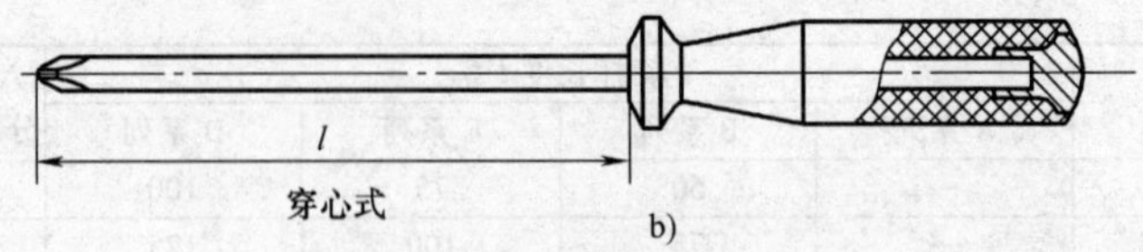

图 11-43　十字槽螺钉旋具（续）

b）产品型式代号 C

表 11-27　十字槽螺钉旋具的尺寸　　（单位：mm）

工作端部槽号 PH 和 PZ	旋杆直径 D	旋杆长度 l_{0}^{+5}		六角加力部分对边宽度 S
		A 系列	B 系列	
0	3	25	60	5.5
1	4.5	25	75	7.5
2	6	25	100	10
3	8	—	150	—
4	10	—	200	—

3. 螺旋棘轮螺钉旋具（QB/T 2564.6—2002）

（1）用途　用于快速拆装与紧固一字槽或十字槽的各类螺钉。

（2）规格　外形和参数见图 11-44 和表 11-28。

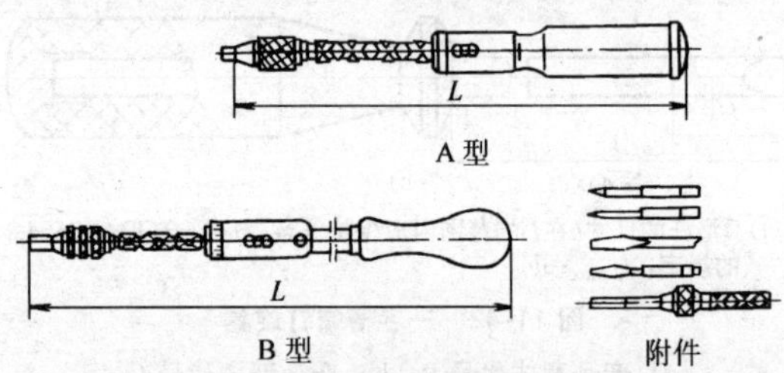

图 11-44　螺旋棘轮螺钉旋具

表 11-28　螺旋棘轮螺钉旋具的参数

型式	规格尺寸 /mm	L /mm	工作行程 /mm	全行程旋转圈数	力矩 /N·m
A 型	220	220	>50	$>1\frac{1}{4}$	3.5
A 型 B 型	300	300	>70	$>1\frac{1}{2}$	6.0
B 型	450	450	>140	$>2\frac{1}{2}$	8

（续）

型式	旋具附件及其数量			
	一字槽旋杆	十字槽旋杆(槽号)	木钻	三棱锥
A型	2	2(1号、2号各1)	1	1
	2		1	1
B型	3	2(1号、2号各1)	—	—

4. 多用螺钉旋具

（1）用途　用于紧固或拆卸多种型式的带槽机螺钉、木螺钉和自攻螺钉，并可钻木螺钉孔眼以及兼作测电笔用。

（2）规格　外形和尺寸见图 11-45 和表 11-29。

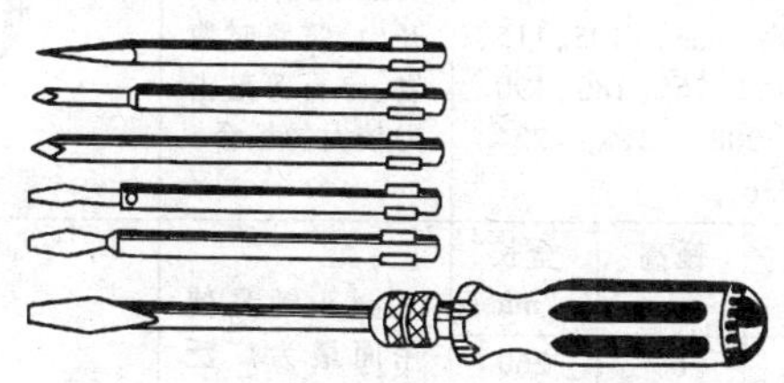

图 11-45　多用螺钉旋具

表 11-29　多用螺钉旋具的尺寸

全长/mm（手柄加旋杆）	附　件		
	一字形旋杆	十字形旋杆	钢钻
230	3只	2只(1号、2号)	1只

5. 内六角花形螺钉旋具（图 11-46）

（1）用途　用于扳拧性能等级为 4.8 级的内六角花形螺钉

（2）规格　塑柄长度（mm）：215、240、290（适于 M6），210、260、310、360（适于 M8）。

木柄长度（mm）：235、240、310（适于 M6），235、285、335、385（适于 M8）。

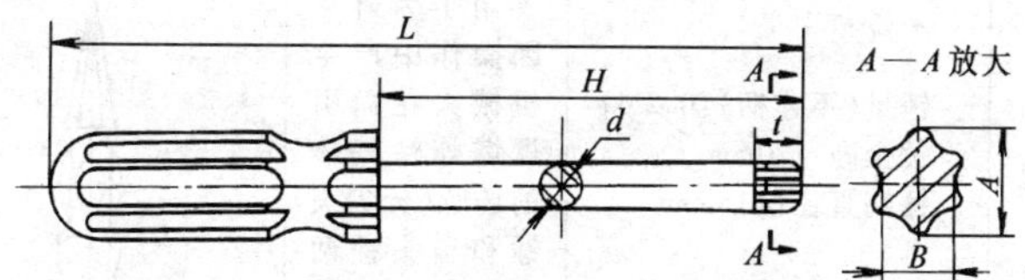

图 11-46　内六角花形螺钉旋具

四、锤斧冲类

1. 锤子

(1) 用途 各行业。

(2) 规格 一般以锤头部重量表示（表11-30）。

表11-30 锤子的规格及用途

<table>
<tr><th>名称</th><th colspan="3">规格</th><th>特点及用途</th><th>简图</th></tr>
<tr><td>八角锤
(QB/T 1290.1—2010)</td><td colspan="3">锤重(kg)：0.9、1.4、1.8、2.7、3.6、4.5、5.4、6.3、7.2、8.1、9.0、10.0、11.0
锤高(mm)：105、115、130、152、165、180、190、198、208、216、224、230、236</td><td>用于锤锻钢件、敲击工件、安装机器以及开山、筑路时凿岩、碎石等敲击力较大的场合</td><td></td></tr>
<tr><td rowspan="9">圆头锤
(QB/T 1290.2—2010)</td><td>锤重/kg</td><td>锤高/mm</td><td>全长/mm</td><td rowspan="9">圆头锤是使用面最为广泛的一种敲击用手工具，主要用于钳工、冷作、装配、维修等工种（市场供应分连柄和不连柄两种）</td><td rowspan="9"></td></tr>
<tr><td>0.11</td><td>66</td><td>260</td></tr>
<tr><td>0.22</td><td>80</td><td>285</td></tr>
<tr><td>0.34</td><td>90</td><td>315</td></tr>
<tr><td>0.45</td><td>101</td><td>335</td></tr>
<tr><td>0.68</td><td>116</td><td>355</td></tr>
<tr><td>0.91</td><td>127</td><td>375</td></tr>
<tr><td>1.13</td><td>137</td><td>400</td></tr>
<tr><td>1.36</td><td>147</td><td>400</td></tr>
<tr><td>钳工锤
(QB/T 1290.3—2010)</td><td colspan="3">A型锤重(kg)：0.1、0.2、0.3、0.4、0.5、0.6、0.8、1.0、1.5、2.0
B型锤重(kg)：0.28、0.40、0.67、1.50</td><td>供钳工、锻工、安装工、冷作工、维修装配工作敲击或整形用</td><td></td></tr>
<tr><td>检查锤
(QB/T 1290.5—2010)</td><td colspan="3">锤重(不连柄)：0.25kg
锤全高：120mm
锤端直径：ϕ18mm</td><td>用于为避免因操作中产生机械火花而引爆爆炸性气体的场所（分尖头锤和扁头锤两种）</td><td></td></tr>
</table>

（续）

名称	规格			特点及用途	简图
敲锈锤（QB/T 1290.8—2010）	锤重/kg	锤高/mm	全长/mm	用于船舶、锅炉等行业及电焊加工中除锈、除焊渣	
	0.2	115	285		
	0.3	126	300		
	0.4	134	310		
	0.5	140	320		
焊工锤（QB/T 1290.7—2010）	锤重(kg)：0.25、0.30、0.50、0.75			用于电焊加工中除锈、除焊渣（分A型、B型和C型三种）	
羊角锤（QB/T 1290.8—2010）	锤重/kg	锤高/mm	全长/mm	羊角锤是一种常用的手工具，主要用于敲钉、起钉及敲击物件	
	0.25	105	305	锤头部为圆柱形	圆柱形
	0.35	120	320		
	0.45	130	340	锤头部为圆锥形有钢柄、玻璃钢柄	圆锥形
	0.50	130	340		
	0.55	135	340		
	0.65	140	350	锤头部有正四棱柱形和正八棱柱形	正棱形
	0.75	140	350		
木工锤（QB/T 1290.9—2010）	锤重/kg	锤高/mm	全长/mm	为木工使用之锤，有钢柄及木柄两种	
	0.20	90	280		
	0.25	97	285		
	0.33	104	295		
	0.42	111	308		
	0.50	118	320		

（续）

<table>
<tr><th>名　　称</th><th colspan="3">规　　格</th><th>特点及用途</th><th>简　　图</th></tr>
<tr><td rowspan="6">石工锤
（QB/T 1290.10—2010）</td><td>锤重/kg</td><td>锤高/mm</td><td>全长/mm</td><td rowspan="6">为石工使用之锤，用于采石、敲碎小石块等</td><td rowspan="6"></td></tr>
<tr><td>0.80</td><td>90</td><td>240</td></tr>
<tr><td>1.00</td><td>95</td><td>260</td></tr>
<tr><td>1.25</td><td>100</td><td>260</td></tr>
<tr><td>1.50</td><td>110</td><td>280</td></tr>
<tr><td>2.00</td><td>120</td><td>300</td></tr>
<tr><td>安装锤</td><td colspan="3">锤直径（mm）：20、25、30、35、40、45、50
锤重（kg）：0.11、0.19、0.31、0.45、0.65、0.80、1.05</td><td>锤头两端用塑料或橡胶制成，被敲击面不留痕迹、伤疤，适用于薄板的敲击、整形</td><td></td></tr>
<tr><td>橡胶锤</td><td colspan="3">锤重（kg）：0.22、0.45、0.67、0.90</td><td>用于精密零件的装配作业</td><td></td></tr>
<tr><td>什锦锤
（QB/T 2209—1996）</td><td colspan="3">全长：162mm
附件：
螺钉旋具
木凿
锥子
三角锉</td><td>除作锤击或起钉使用外，如将锤头取下，换上装在手柄内的一项附件，即可分别作三角锉、锥子、木凿或螺钉旋具使用。主要用于仪器、仪表、量具等检修工作中</td><td></td></tr>
</table>

2. 斧头

（1）用途　斧刃用于砍剁，斧背用于敲击，多用斧还具有起钉、开箱、旋具等功能。

（2）规格（表11-31）

表11-31　斧头的规格和适用范围

名称	简　　图	适用范围	斧头重量/kg	全长/mm
采伐斧		采伐树木木材加工	0.7、0.9、1.1、1.3、1.6、1.8、2.0、2.2、2.4	380、430、510、710~910

（续）

名称	简　图	适用范围	斧头重量/kg	全长/mm
劈柴斧	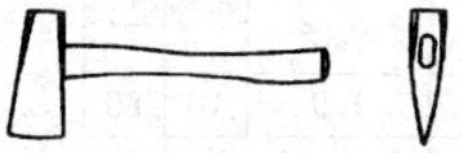	劈木材	5.5、7.0	810~910
厨房斧	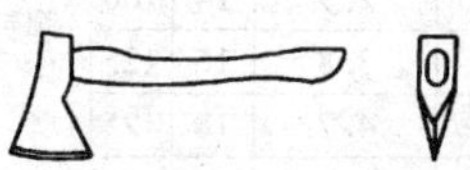	厨房砍、剁	0.6、0.8、1.0、1.2、1.4、1.6、1.8、2.0	360、380、400、610~810、710~901
多用斧	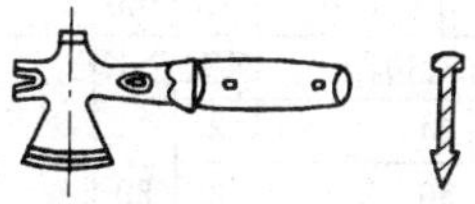	锤击、砍削、起钉、开箱	—	260、280、300、340
消防斧	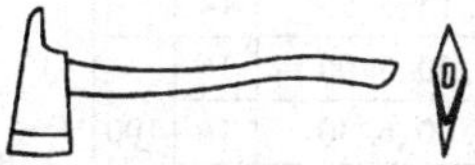	消防破拆作业用(斧把绝缘)	—	380、390
木工斧	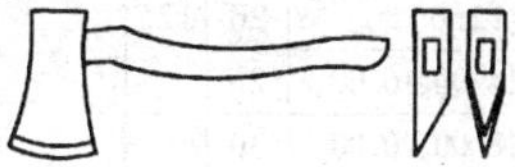	木工作业、敲击、砍劈木材。分偏刃(单刃)和中刃(双刃)两种	1.0、1.25、1.5	斧体长：120、135、160

3. 冲子（表 11-32）

表 11-32　冲子的规格及用途

名　称	简　图	规格尺寸/mm			用　途
尖冲子（JB/T 3411.29—1999）	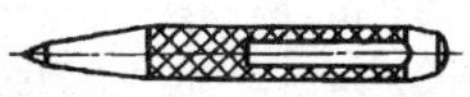	冲头直径	外径	全长	用于在金属材料上冲凹坑
		2	8	80	
		3	8	80	
		4	10	80	
		6	14	100	
圆冲子（JB/T 3411.30—1999）	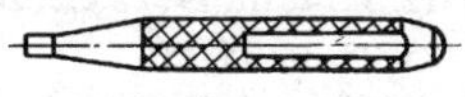	圆冲直径	外径	全长	用作装配中的冲击工具
		3	8	80	
		4	10	80	
		5	12	100	
		6	14	100	
		8	16	125	
		10	18	125	

（续）

名　称	简　图	规格尺寸/mm				用　途
		铆钉直径	凹球半径	外径	全长	
半圆头铆钉冲子（JB/T 3411.31—1999）		2.0	1.9	10	80	用于冲击铆钉头
		2.5	2.5	12	100	
		3.0	2.9	14	100	
		4.0	3.8	16	125	
		5.0	4.7	18	125	
		6.0	6.0	20	140	
		8.0	8.0	22	140	

名　称	简　图	四方对边距	外径	全长	用　途
四方冲子（JB/T 3411.33—1999）		2.00、2.24	8		用于冲内四方孔
		2.50、2.80	8	80	
		3.00、3.15、3.55	14		
		4.00、4.50、5.00	16		
		5.60、6.00、6.30	16	100	
		7.10、8.00	18		
		9.00、10.00	20		
		11.20、12.00	20	125	
		12.50、14.00、16.00	25		
		17.00、18.00、20.00	30		
		22.00、22.40	35	150	
		25.00	40		

名　称	简　图	六方对边距	外径	全长	用　途
六方冲子（JB/T 3411.34—1999）		3、4	14	80	用于冲内六方孔
		5、6	16	100	
		8、10	18	100	
		12、14	20	125	
		17、19	25	125	
		22、24	30	150	
		27	35	150	

名　称	简　图	规格尺寸/mm	用　途
皮带冲		单支冲头直径：1.5、2.5、3、4、5、5.5、6.5、8、9.5、11、12.5、14、16、19、21、22、24、25、28、32、35、38 组套：8支套，10支套，12支套，15支套，16支套	用于在皮革及其他非金属材料（如纸、橡胶板、石棉制品等）上冲制圆形孔

4. 斩口锤（图 11-47）

图 11-47 斩口锤

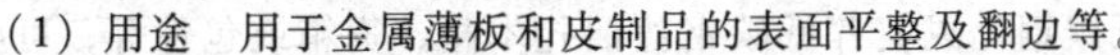

（1）用途 用于金属薄板和皮制品的表面平整及翻边等。

（2）规格 质量（不连柄，kg）：0.0625、0.125、0.25、0.5。

五、其他专用工具

1. 纸塑带打包机

（1）用途 该机由收紧机和轧钳两部分组成，通过收紧带子，并将带子接头与钢皮搭扣轧牢连接在一起。主要用于纸带、塑料带、玻璃纤维带捆扎纸箱、软性包装、轻便木箱等。

（2）规格 适用带子宽度：12～16mm，塑料带厚度应≥0.7mm，以保证带的捆扎强度。外形如图 11-48 所示。

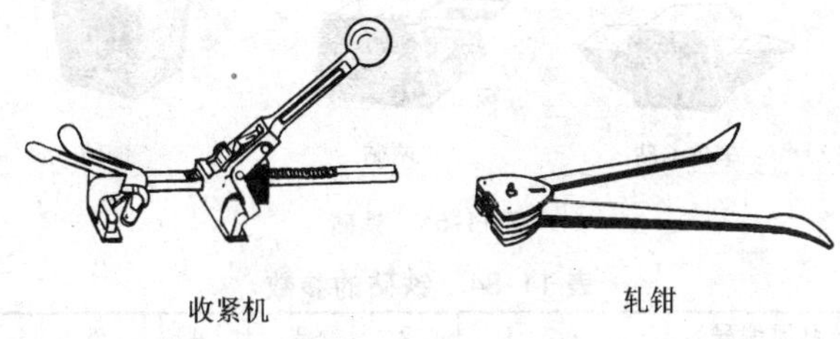

图 11-48 纸塑带打包机

2. 钢带打包机

（1）用途 该机由收紧机和轧钳两部分组成，用于钢带捆扎木箱、货箱及各类包裹物件。收紧机用来收紧钢带，轧钳用来将钢带两端接头与接头搭扣轧牢，并连接在一起。

（2）规格 外形和适用钢带宽度见图 11-49、表 11-33。

图 11-49 钢带打包机

表 11-33 钢带打包机的规格

型　　式	普通式	重型式
适用钢带宽度/mm	12～16	20

3. 钢丝打包机（图 11-50）

（1）用途　使用低碳钢丝或镀锌低碳钢丝捆扎木箱、货箱或包件等，可收紧钢丝，并使接头绕缠打结。

（2）规格　适用钢丝直径：1.2~1.6mm、1.6~2.2mm。

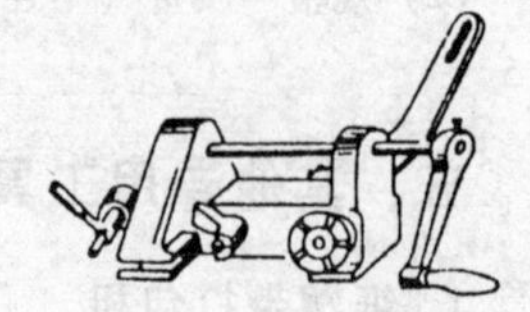

图 11-50　钢丝打包机

4. 铁砧

（1）用途　供锻工锻制工件用。

（2）规格　外形和参数见图 11-51 和表 11-34。

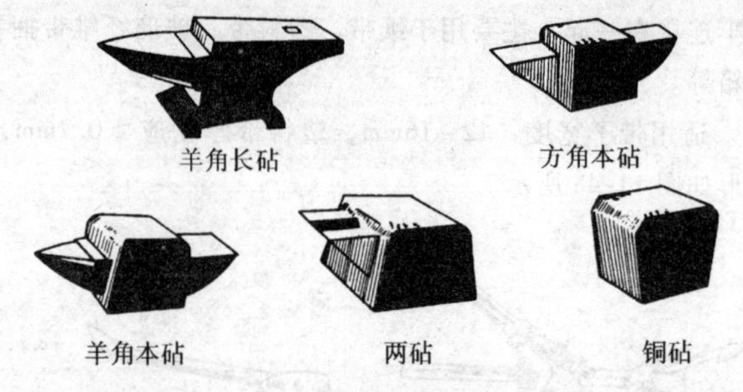

图 11-51　铁砧

表 11-34　铁砧的参数

规格(习惯编号)			1	2	3	4	5	6	7
质量/kg	铸钢	羊角长砧	300	200	150	100	75	50	25
	白口铸铁	羊角长砧	250	200	150	100	75	50	30
		方角本砧	100	85	65	50	40	28	20
		羊角本砧							
		两砧	30	18	—	—	—	—	—
		铜砧	25	16	—	—	—	—	—

5. 石墨坩埚

（1）用途　熔炼纯铜、黄铜、金、银、锌、铅等，但不宜熔炼钢、镍及磁钢等。

（2）规格　外形和主要尺寸见图 11-52 和表 11-35。

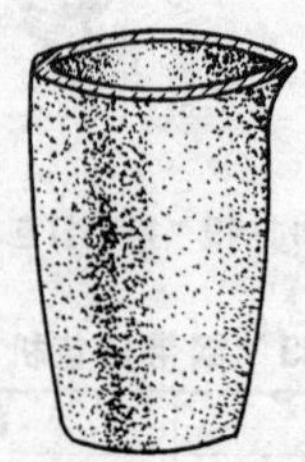

图 11-52　石墨坩埚

表 11-35　石墨坩埚的主要尺寸　（单位：mm）

编号	主要尺寸			
	口部外径	中部外径	底部外径	高　度
1	70	63	46	78
2	87	79	60	108
3	102	96	71	120
4	112	106	80	131
5	121	113	83	141
6	122	116	83	154
8	137	129	94	169
10	148	141	100	182
12	156	146	107	192
16	164	158	111	212
20	183	175	120	232
25	186	196	128	250
30	208	199	146	269
35	227	216	159	284
40	234	227	162	292
50	252	243	176	314
60	265	251	180	328
70	267	253	183	355
80	291	271	186	356
100	312	293	213	391
120	335	305	223	400
150	352	337	244	442
200	384	359	276	497

6. 皮风箱

（1）用途　手拿式通常用来吹去各种机械、电动机等狭窄部分的灰尘，以及铸工用以吹除砂模中的散砂。脚踏式供化验室、锡焊工作及制造玻璃器具等方面作煤气、酒精等燃料增压助燃用。

（2）规格　外形和尺寸见图 11-53 和表 11-36。

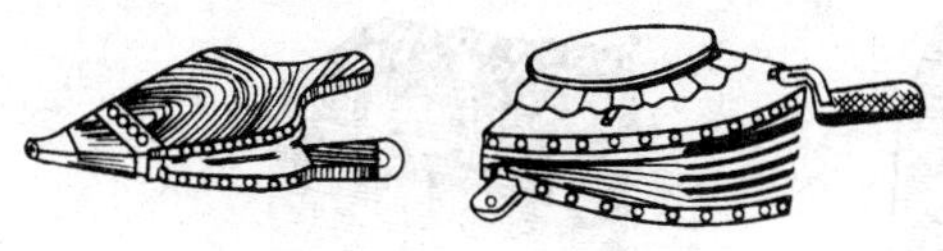

手拿式　　脚踏式

图 11-53　皮风箱

表 11-36　皮风箱的尺寸

最大宽度/mm	手拿式	200、250、300、350
	脚踏式	200、250

7. 汽灯

（1）用途　用于无电源等场所的照明。

（2）规格　外形和参数见图 11-54 和表 11-37。

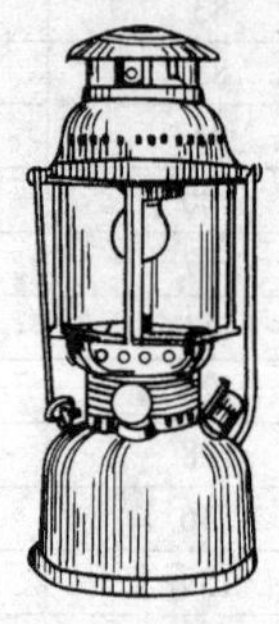

图 11-54　汽灯

表 11-37　汽灯的参数

规格 C. P.	光照度/lx	耗油量/(kg/h)
350	180	≤0.1
500	250	≤0.14

8. 钢号码（图 11-55）

（1）用途　用于在金属产品或其他硬性物品上压印字母。

（2）规格　每副 9 只，包括 1~10，其中 6 和 9 共用。字身高度（mm）：1.6、3.2、4、4.8、6.4、8、9.5、12.7。

9. 钢字码（图 11-56）

（1）用途　用于在金属产品上或其他硬性物品上压印字母。

（2）规格　英文字母（汉语拼音字母可通用）——每副 27 只，包括 A~Z 及 &；俄文字母——每副 33 只，包括 A~я 及 Ë。

字身高度（mm）：1.6、3.2、4、4.8、6.4、8、9.5、12.7。

10. 羊角起钉钳（图 11-57）

（1）用途　开木箱、拆旧木结构件时起拔钉子。

（2）规格　长度×直径：250mm×ϕ16mm。

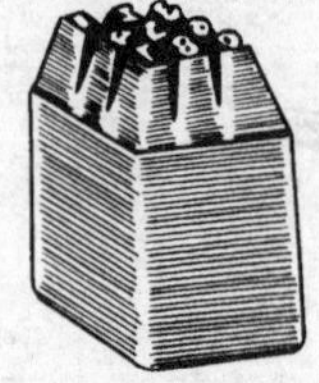

图 11-55　钢号码

图 11-56　钢字码

图 11-57　羊角起钉钳

11. 开箱钳（图 11-58）

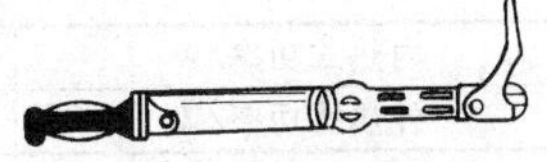

图 11-58　开箱钳

(1) 用途　开木箱、拆旧木结构件时起拔钉子。

(2) 规格　总长：450mm。

12. 电工刀

(1) 用途　用于电工装修工作中割削电线绝缘层、绳索、木桩及软性金属。

(2) 规格　外形和型式及附件见图 11-59 和表 11-38。

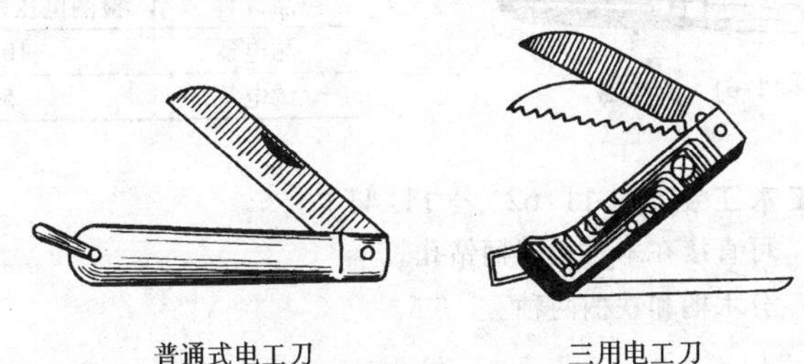

普通式电工刀　三用电工刀

图 11-59　电工刀

表 11-38　电工刀的型式及附件

型　　式	普通式(单用)			二用	三用	四用
	大号	中号	小号			
刀片长度/mm	115	105	95	115	115	115
附　　件	—	—	—	锥子	锥子、锯片	锥子、锯片、旋具

13. 电烙铁（图 11-60、表 11-39）

(1) 用途　用于电器元件、线路接头的锡焊。

(2) 规格　分内热式和外热式两种。

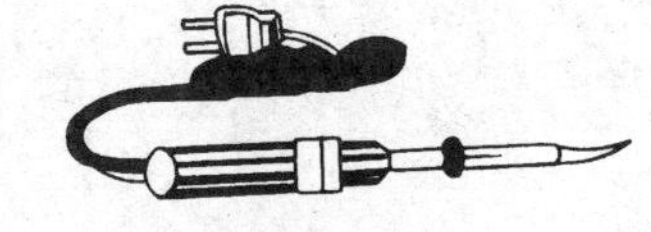

内热式电烙铁

外热式电烙铁

图 11-60　电烙铁

表 11-39　电烙铁的功率数据

内热式功率/W	20、35、50、70、100、150、200、300
外热式功率/W	30、50、70、100、150、200、300、500

14. 测电器（图 11-61、表 11-40）

（1）用途　用来检查线路上是否有电。

（2）规格　分高压（测电器）和低压（试电笔）两种。

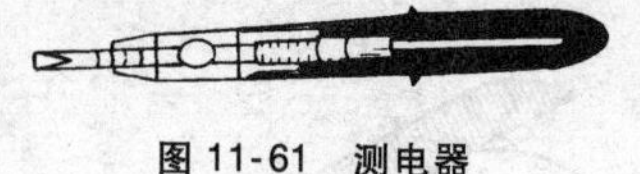

图 11-61　测电器

表 11-40　测电器的检测电压范围

品　种	检测电压范围/V　≤
测电器	10000
试电笔	500

15. 电工木工钻(图 11-62、表 11-41)

(1)用途　可直接在木材上握柄钻孔。

(2)规格　分木柄和铁柄两种。

图 11-62　电工木工钻(铁柄)

表 11-41　电工木工钻的钻头直径与全长

钻头直径/mm	4、5	6、8	10、12
全长/mm	120	130	150

第十二章　钳工工具及水暖工具

一、虎钳

1. 普通台虎钳（QB/T 1558.2—1992）

（1）用途　安装在工作台上，用以夹持工件，使钳工便于进行各种操作。回转式的钳体可以旋转，使工件旋转到合适的工作位置。

（2）规格　外形和规格参数见图 12-1 和表 12-1。

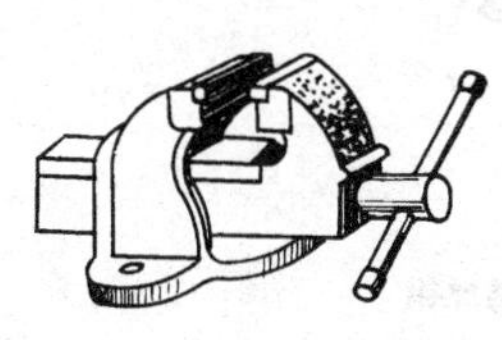

固定式　　转盘式

图 12-1　普通台虎钳

表 12-1　普通台虎钳的规格参数

规　格		75	90	100	115	125	150	200
钳口宽度/mm		75	90	100	115	125	150	200
开口度/mm		75	90	100	115	125	150	200
外形尺寸/mm	长度	300	340	370	400	430	510	610
	宽度	200	220	230	260	280	330	390
	高度	160	180	200	220	230	260	310
夹紧力/kN	轻级	7.5	9.0	10.0	11.0	12.0	15.0	20.0
	重级	15.0	18.0	20.0	22.0	25.0	30.0	40.0

2. 多用台虎钳（QB/T 1558.3—1995）

（1）用途　与一般台虎钳相同，但其平钳口下部设有一对带圆弧装置的管钳口及 V 形钳口，专门用来夹持小直径的钢管、水管等圆柱形工件，以使加工时工件不转动，并在其固定钳体上端铸有铁砧面，便于对小工件进行锤击加工。

（2）规格　外形和规格参数见图 12-2 和表 12-2。

图 12-2　多用台虎钳

表 12-2 多用台虎钳的规格参数

规格		75	100	120	125	150
钳口宽度/mm		75	100	120	125	150
开口度/mm		60	80	100		120
管钳口夹持范围/mm		7~40	10~50	15~60		15~65
夹紧力/kN	轻级	15	20	25		30
	重级	9	20	16		18

3. 方孔桌虎钳（QB/T 2096.3—1995）

（1）用途　与台虎钳相似，但钳体安装方便，只适用于夹持小型工件。

（2）规格　外形和规格参数见图 12-3 和表 12-3。

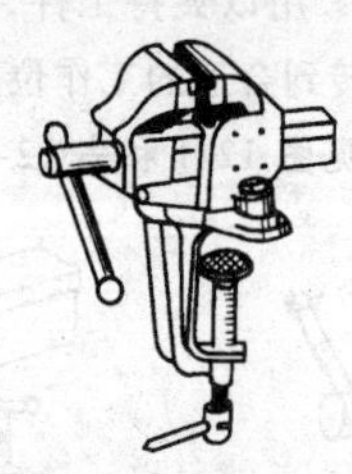

图 12-3 方孔桌虎钳

表 12-3 方孔桌虎钳的规格参数

规格	40	50	60	65
钳口宽度/mm	40	50	60	65
开口度/mm	35	45	55	55
最小紧固范围/mm	15~45			
最小夹紧力/kN	4.0	5.0	6.0	6.0

4. 手虎钳

（1）用途　是一种手持工具，用来夹持轻巧小型工件。

（2）规格　外形和规格尺寸见图 12-4 和表 12-4。

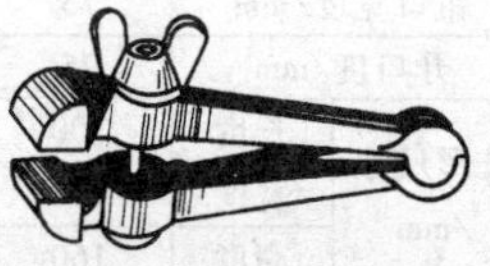

图 12-4 手虎钳

表 12-4 手虎钳的规格尺寸

规格尺寸(钳口宽度)/mm	25	30	40	50
钳口弹开尺寸/mm	15	20	30	36

二、钢锯

1. 钢锯架（QB/T 1108—2015）

（1）用途　安装手用锯条后，用于手工锯割金属等材料。

（2）规格　外形和基本尺寸见图 12-5 和表 12-5。

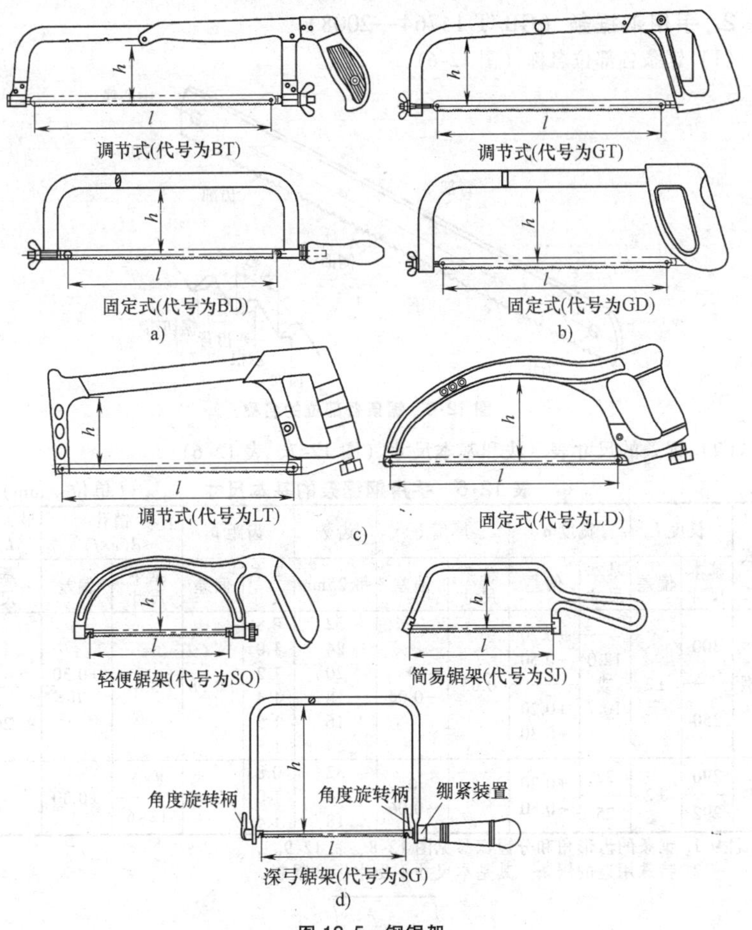

图 12-5　钢锯架

a）钢板锯架　b）钢管锯架　c）铝合金锯架　d）小型锯架

表 12-5　钢锯架的基本尺寸　（单位：mm）

产品分类	结构型式	长度 l[①]		弓深 h
钢板锯架	调节式	300(250)		≥64
	固定式	250	300	
钢管锯架	调节式	300(250)		≥74
	固定式	250	300	
铝合金锯架	调节式	300(250)		≥64
	固定式	250	300	
小型锯架	固定式	150	180	—

注：小型锯架的弓深和特殊规格产品可不受本表限制。

① l 为适用钢锯条长度，括号内数值为可调节使用钢锯条长度。

2. 手用钢锯条（GB/T 14764—2008）

（1）锯条各部位名称（图12-6）

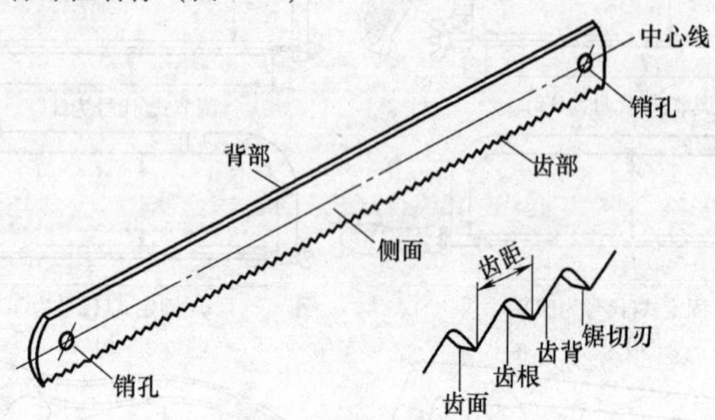

图12-6 锯条各部位的名称

（2）锯条的尺寸表示法和基本尺寸（图12-7、表12-6）

表12-6 手用钢锯条的基本尺寸 （单位：mm）

<table>
<tr><th rowspan="2">型式</th><th colspan="2">长度 l</th><th colspan="2">宽度 a</th><th colspan="2">厚度 b</th><th>齿数</th><th colspan="2">齿距 p</th><th colspan="2">销孔 $d(e\times f)$</th><th>最大全长 L_{max}</th></tr>
<tr><th>基本尺寸</th><th>偏差</th><th>基本尺寸</th><th>偏差</th><th>基本尺寸</th><th>偏差</th><th>每25mm</th><th>基本尺寸</th><th>偏差</th><th>基本尺寸</th><th>偏差</th><th>基本尺寸</th></tr>
<tr><td rowspan="2">A型</td><td>300</td><td rowspan="2">±2</td><td rowspan="2">12.0
或
10.7</td><td>+0.20
−0.50</td><td rowspan="2">0.65</td><td rowspan="2">0
−0.06</td><td rowspan="2">32
24
20
18
16
14</td><td rowspan="2">0.8
1.0
1.2
1.4
1.5
1.8</td><td rowspan="2">±0.08</td><td rowspan="2">3.8</td><td rowspan="2">+0.30
0</td><td>315</td></tr>
<tr><td>250</td><td>+0.20
−0.30</td><td>265</td></tr>
<tr><td rowspan="2">B型</td><td>296</td><td rowspan="2">±2</td><td>22</td><td rowspan="2">+0.20
−0.80</td><td rowspan="2">0.65</td><td rowspan="2">0
−0.06</td><td rowspan="2">32
24
18</td><td rowspan="2">0.8
1.0
1.4</td><td rowspan="2">±0.08</td><td>8×5</td><td rowspan="2">±0.30</td><td rowspan="2">315</td></tr>
<tr><td>292</td><td>25</td><td>12×6</td></tr>
</table>

注：1. 锯条的齿形角和分齿宽参见图12-8、表12-9。
2. 特殊用途的锯条，其基本尺寸不受本标准限制。

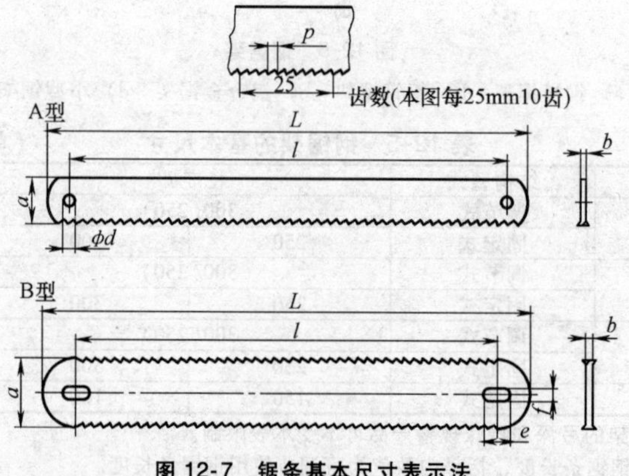

图12-7 锯条基本尺寸表示法

（3）锯条的锯切性能（表 12-7）

表 12-7　锯条的锯切性能

规格		碳素结构钢、碳素工具钢、合金工具钢		高速工具钢、双金属复合钢	
（长度 l/mm）×（宽度 a/mm）	齿距 p/mm	最大锯切时间/min		最大锯切时间/min	
		第一片	第五片	第一片	第五片
300×12.0 250×12.0 300×10.7 250×10.7	0.8	5.5	7.5	4.5	5.5
	1.0				
	1.2				
	1.4	5.5	8		
	1.5				
	1.8	6	9		

（4）锯条的几何参数

1）齿形角形状及齿形角参数（图 12-8、表 12-8）

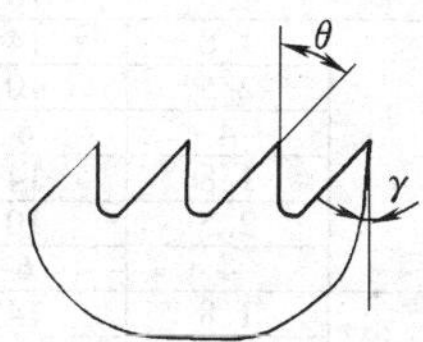

图 12-8　齿形角形状

表 12-8　齿形角参数

齿距/mm	θ/(°)	γ/(°)
0.8、1.0、1.2	46~53	−2~2
1.4、1.5、1.8	50~58	

2）锯条的分齿型式及分齿宽 h（图 12-9、表 12-9）

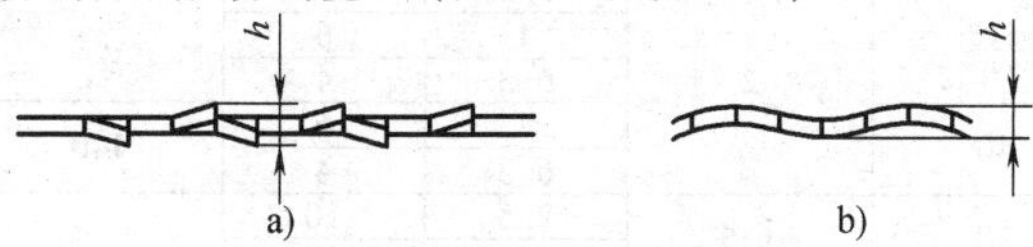

图 12-9　锯条的分齿型式

a）交叉形分齿　b）波浪形分齿

表 12-9　锯条的分齿宽　（单位：mm）

齿距 p	分齿宽 h	偏差（除两端 35mm 外）	齿距 p	分齿宽 h	偏差（除两端 35mm 外）
0.8	0.90	+0.10 −0.07	1.4	1.00	±0.10
1.0			1.5		
1.2	0.95		1.8		

3. 机用钢锯条（GB/T 6080.1—2010）

（1）用途　装在机锯床上，用于锯割金属等材料。

（2）规格　尺寸见图 12-10 和表 12-10。

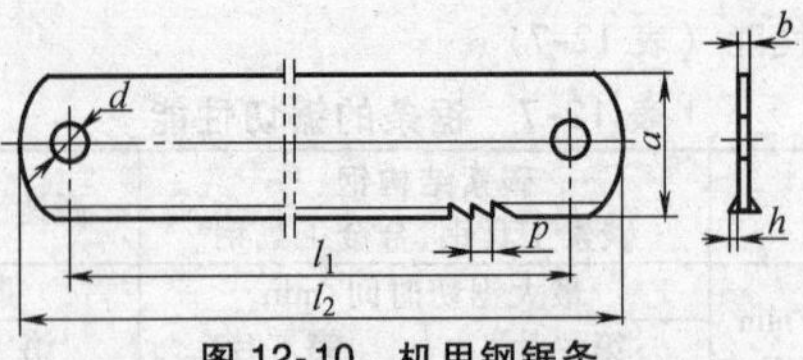

图 12-10　机用钢锯条

表 12-10　机用钢锯条的尺寸　　（单位：mm）

$l_1 \pm 2$	$a_{-1}^{\ 0}$	b	齿距① p	齿距① N	l_2 max	d H14
300	25	1.25	1.8	14	330	8.4
			2.5	10		
		1.5	1.8	14		
			2.5	10		
			4	6		
350	25	1.25	1.8	14	380	
			2.5	10		
		1.5	1.8	14		
			2.5	10		
			4	6		
	30		1.8	14		
			2.5	10		
			4	6		
		2	1.8	14		
			2.5	10		
			4	6		
400	25	1.5	1.8	14	430	
			2.5	10		
			4	6		
	30		1.8	14		
			2.5	10		
			4	6		
		2	2.5	10		
			4	6		
			6.3	4		
	40		4	6	440	10.4
			6.3	4		
450	30	1.5	2.5	10	490	8.4
			4	6		
	40	2	2.5	10		8.4/10.4
			4	6		
			6.3	4		
500			2.5	10	540	10.4
			4	6		
			6.3	4		
575	50	2.5	4	6	615	
			6.3	4		
			8.5	3		
600			4	6	640	10.4/12.9
			6.3	4		
700			4	6	745	
			6.3	4		
			8.5	3		

①　有齿距 p，25mm 长度上的齿数为 N。

三、锉刀

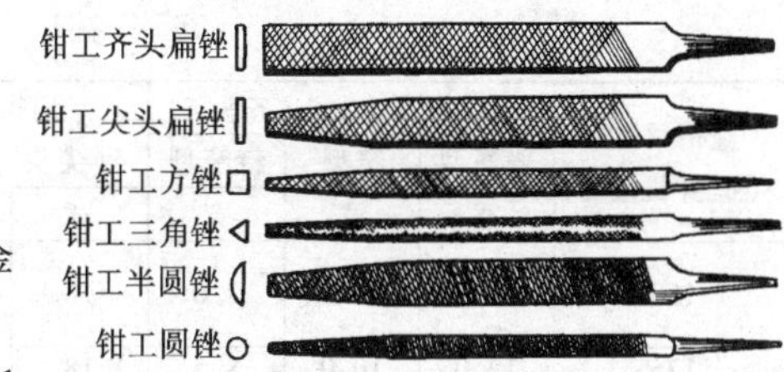

图 12-11　钳工锉

1. 钳工锉

（1）用途　用于锉削或修整金属工件的表面、凹槽及内孔。

（2）规格　外形和尺寸见图 12-11 和表 12-11。

表 12-11　钳工锉的尺寸　（单位：mm）

锉身长度	扁锉（齐头、尖头）		半圆锉			三角锉	方锉	圆锉
	宽	厚	宽	厚（薄型）	厚（厚型）	宽	宽	直径
100	12	2.5	12	3.5	4.0	8.0	3.5	3.5
125	14	3	14	4.0	4.5	9.5	4.5	4.5
150	16	3.5	16	5.0	5.5	11.0	5.5	5.5
200	20	4.5	20	5.5	6.5	13.0	7.0	7.0
250	24	5.5	24	7.0	8.0	16.0	9.0	9.0
300	28	6.5	28	8.0	9.0	19.0	11.0	11.0
350	32	7.5	32	9.0	10.0	22.0	14.0	14.0
400	36	8.5	36	10.0	11.5	26.0	18.0	18.0
450	40	9.5	—	—	—	—	22.0	—

2. 锯锉

（1）用途　用于锉修各种木工锯和手用锯的锯齿。

（2）规格　外形和尺寸见图 12-12 和表 12-12。

图 12-12　锯锉

表 12-12　锯锉的尺寸　（单位：mm）

规格尺寸（锉身长度）	三角锯锉（尖头、齐头）			扁锯锉（尖头、齐头）		菱形锯锉		
	普通型	窄型	特窄型					
	宽	宽	宽	宽	厚	宽	厚	刃厚
60	—	—	—	—	—	16	2.1	0.40
80	6.0	5.0	4.0	—	—	19	2.3	0.45
100	8.0	6.0	5.0	12	1.8	22	3.2	0.50
125	9.5	7.0	6.0	14	2.0	25	3.5 (4.0)	0.55 (0.70)

（续）

规格尺寸（锉身长度）	三角锯锉（尖头、齐头）			扁锯锉（尖头、齐头）		菱形锯锉		
	普通型	窄型	特窄型					
	宽	宽	宽	宽	厚	宽	厚	刃厚
150	11.0	8.5	7.0	16	2.5	28	4.0 (5.0)	0.70 (1.00)
175	12.0	10.0	8.5	18	3.0	—	—	—
200	13.0	12.0	10.0	20	3.5	32	5.0	1.00
250	16.0	14.0	—	24	4.5	—	—	—
300	—	—	—	28	5.0	—	—	—
350	—	—	—	32	6.0	—	—	—

规格尺寸（锉身长度）	每10mm 轴向长度内的锉纹条数					
	三角锯锉			扁锯锉		菱形锯锉
				锉纹号		
	普通型	窄型	特窄型	1号	2号	
60	—	—	—	—	—	32
80	22	25	28	—	—	28
100	22	25	28	25	28	25
125	20	22	25	22	25	22
150	18	20	22	20	22	20(18)
175	18	20	22	20	22	—
200	16	18	20	18	20	18
250	14	16	18	16	18	—
300	—	—	—	14	16	—
350	—	—	—	12	14	—

注：三角锯锉按断面三角形边长尺寸分普通型、窄型和特窄型3种；扁锯锉分1号和2号锉纹号；菱形锉括号内为厚型。

3. 整形锉

（1）用途　用于锉削小而精细的金属零件，为制造模具、电器、仪表等的必需工具。

（2）规格　外形和尺寸见图12-13和表12-13。

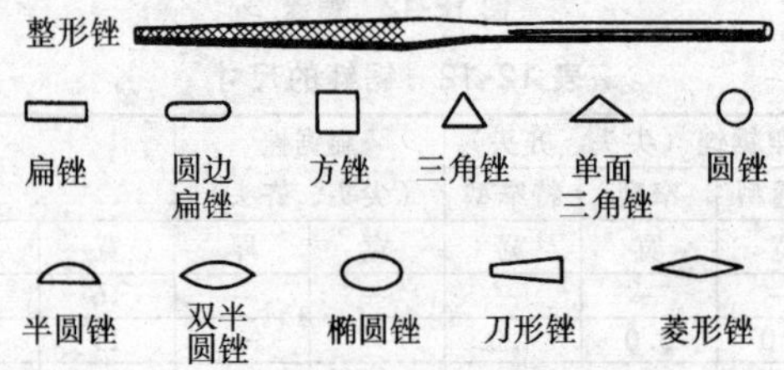

图12-13　整形锉

表 12-13　整形锉的尺寸　（单位：mm）

全长		100	120	140	160	180
扁锉（齐头、尖头）	宽	2.8	3.4	5.4	7.3	9.2
	厚	0.6	0.8	1.2	1.6	2.0
半圆锉	宽	2.9	3.8	5.2	6.9	8.5
	厚	0.9	1.2	1.7	2.2	2.9
三角锉	宽	1.9	2.4	3.6	4.8	6.0
方锉	宽	1.2	1.6	2.6	3.4	4.2
圆锉	直径	1.4	1.9	2.9	3.9	4.9
单面三角锉	宽	3.4	3.8	5.5	7.1	8.7
	厚	1.0	1.4	1.9	2.7	3.4
刀形锉	宽	3.0	3.4	5.4	7.0	8.7
	厚	0.9	1.1	1.7	2.3	3.0
	刃厚	0.3	0.4	0.6	0.8	1.0
双半圆锉	宽	2.6	3.2	5	6.3	7.8
	厚	1.0	1.2	1.8	2.5	3.4
椭圆锉	宽	1.8	2.2	3.4	4.4	5.4
	厚	1.2	1.5	2.4	3.4	4.3
圆边扁锉	宽	2.8	3.4	5.4	7.3	9.2
	厚	0.6	0.8	1.2	1.6	2.1
菱形锉	宽	3.0	4.0	5.2	6.8	8.6
	厚	1.0	1.3	2.1	2.7	3.5

4. 锡锉

（1）用途　用于锉削或修整锡制品或其他软性金属制品的表面。

（2）规格　外形和尺寸见图 12-14 和表 12-14。

图 12-14　锡锉

表 12-14　锡锉的尺寸

品种	扁锉	半圆锉
规格尺寸（锉身长度）/mm	200、250、300、350	200、250、300、350

5. 铝锉

（1）用途　用于锉削、修整铝、铜等软性金属制品或塑料制品的表面。

（2）规格　外形和尺寸见图 12-15 和表 12-15。

图 12-15　铝锉

表 12-15　铝锉的尺寸　　（单位：mm）

规格尺寸(锉身长度)		200	250	300	350	400
宽		20	24	28	32	36
厚		4.5	5.5	6.5	7.5	8.5
齿距	Ⅰ	2	2.5	3	3	3
	Ⅱ	1.5	2	2.5	2.5	2.5

6. 刀锉（图 12-16）

图 12-16　刀锉

（1）用途　用于锉削或修整金属工件上的凹槽和缺口，小规格锉刀也可用于修整木工锯条、横锯等的锯齿。

（2）规格　锉身长度（mm）(不连柄)：100、125、150、200、250、300、350。

7. 电镀金刚石整形锉（图 12-17、表 12-16）（JB/T 7991.3—2001）

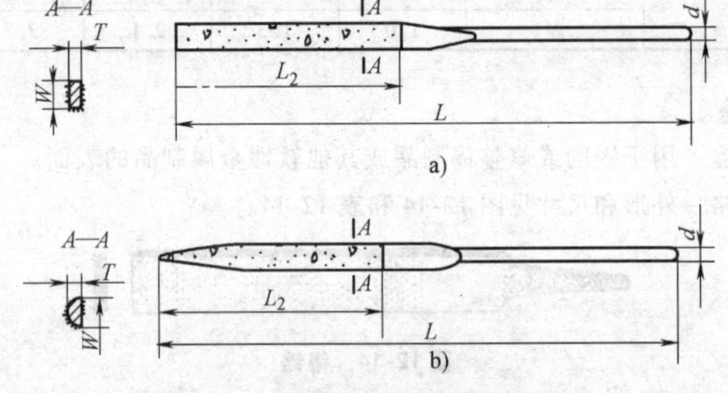

图 12-17　电镀金刚石整形锉

a）平头型　b）尖头型

表 12-16　电镀金刚石整形锉的尺寸　　（单位：mm）

名称	代号	断面形状	宽度 W	厚度 T	工作面直径 D	柄径 d	工作面长 L_2	总长 L
尖头扁锉	NF1		5.4	1.2	—	3	50	140
			7.3	1.6		4	70	160
			9.2	2.0		5		180
尖头半圆锉	NF2		5.2	1.7	—	3	50	140
			6.9	2.2		4	70	160
			8.5	2.9		5		180

（续）

名称	代号	断面形状	宽度 W	厚度 T	工作面 直径 D	柄径 d	工作面 长 L_2	总长 L
尖头 方锉	NF3		2.6	2.6	—	3	50 70	140
			3.4	3.4		4		160
			4.2	4.2		5		180
尖头等边 三角锉	NF4		3.6	—	—	3	50 70	140
			4.8			4		160
			6.0			5		180
尖头 圆锉	NF5		—	—	2.9	3	50 70	140
					3.9	4		160
					4.9	5		180
尖头双边 圆扁锉	NF6		5.4	1.2	—	3	50 70	140
			7.3	1.6		4		160
			9.2	2.0		5		180
尖头 刀形锉	NF7		5.4	1.7 0.6	—	3	50 70	140
			7.0	2.3 0.8		4		160
			8.7	3.0 1.0		5		180
尖头 三角锉	NF8		5.5	1.9	—	3	50 70	140
			7.1	2.7		4		160
			8.7	3.4		5		180
尖头双 半圆锉	NF9		5.0	1.8	—	3	50 70	140
			6.3	2.5		4		160
			7.8	3.4		5		180
尖头 椭圆锉	NF10		3.4	2.4	—	3	50 70	140
			4.4	3.4		4		160
			5.4	4.3		5		180
平头 扁锉	PF1		5.4	1.2	—	3	50 70	140
			7.3	1.6		4		160
			9.2	2.0		5		180
平头等边 三角锉	PF2		2.0	—	—	3	15 25	50
			3.5					60
			4.5					100
平头 圆锉	PF3		—	—	2	3	15 25	50
					3			60
					4			100

注：本表未列尺寸规格，由供需双方商定。

8. 异形锉

（1）用途 用于机械、电器、仪表等行业中修整、加工普通形锉刀难以锉削且其几何形状又较复杂的金属表面。

（2）规格 外形和尺寸见图 12-18 和表 12-17。

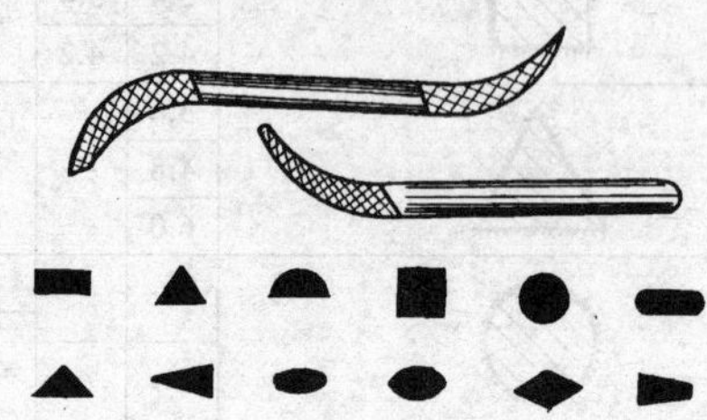

图 12-18 异形锉

表 12-17 异形锉的尺寸 （单位：mm）

规格尺寸（全长）	齐头扁锉		尖头扁锉		半圆锉		三角锉	方锉	圆锉
	宽	厚	宽	厚	宽	厚	宽	宽	直径
170	5.4	1.2	5.2	1.1	4.9	1.6	3.3	2.4	3.0
170	5.2	1.9	5.0	1.6	0.5	4.7	1.6	3.3	2.3

四、手钻

1. 手扳钻

（1）用途 在各种大型钢铁工件上，当无法使用钻床或电钻时，就用手扳钻来进行钻孔或攻制内螺纹或铰制圆（锥）孔。

（2）规格 外形和尺寸见图 12-19 和表 12-18。

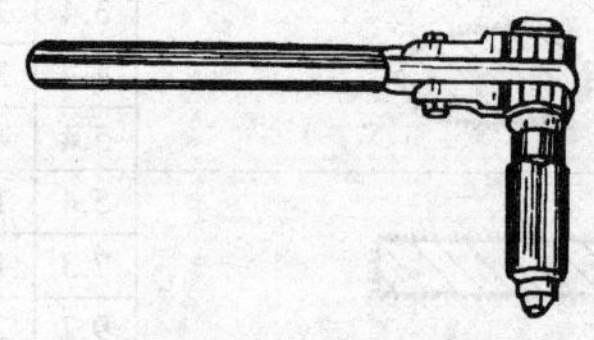

图 12-19 手扳钻

表 12-18 手扳钻的尺寸 （单位：mm）

手柄长度	250	300	350	400	450	500	550	600
最大钻孔直径	25				40			

2. 手摇钻（QB/T 2210—1996）

（1）用途 装夹圆柱柄钻头后，在金属或其他材料上手摇钻孔。

（2）规格　有手持式和胸压式两种。外形和尺寸见图 12-20 和表 12-19。

表 12-19　手摇钻的尺寸　（单位：mm）

型式	夹持钻头直径	总长	夹头长度	夹头直径
手持式	6	187	42	25
	9	234	50	32
胸压式	9	367	50	32
	12	408	60	36

3. 手摇台钻

（1）用途　用于在金属工件或其他材料上手摇钻孔，对无电源或缺乏电动设备的机械工场、修配场所及流动工地等尤为适宜。

（2）规格　有开启式和封闭式两种。外形和尺寸及转速比见图 12-21 和表 12-20。

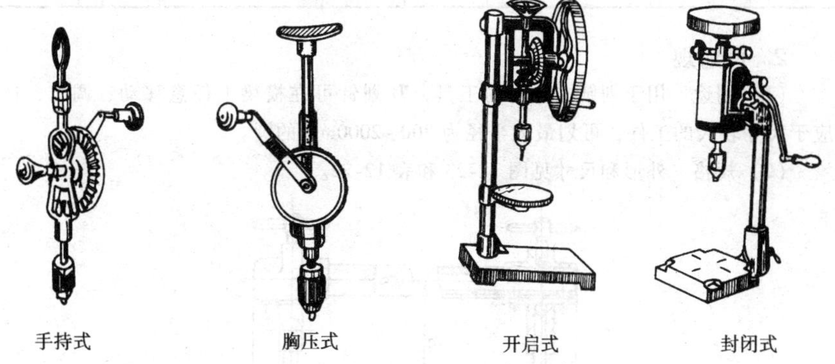

手持式　胸压式　开启式　封闭式

图 12-20　手摇钻　图 12-21　手摇台钻

表 12-20　尺寸及转速比

型　式	钻孔直径/mm	钻孔深度/mm	转速比
开启式	1~12	80	1∶1、1∶2.5
封闭式	1.5~13	50	1∶2.6、1∶7

五、划线工具

1. 划规

（1）用途　用于在工件上划圆或圆弧、分角度、排眼子等。

（2）规格　分普通式和弹簧式两种。外形和尺寸见图 12-22 和表 12-21。

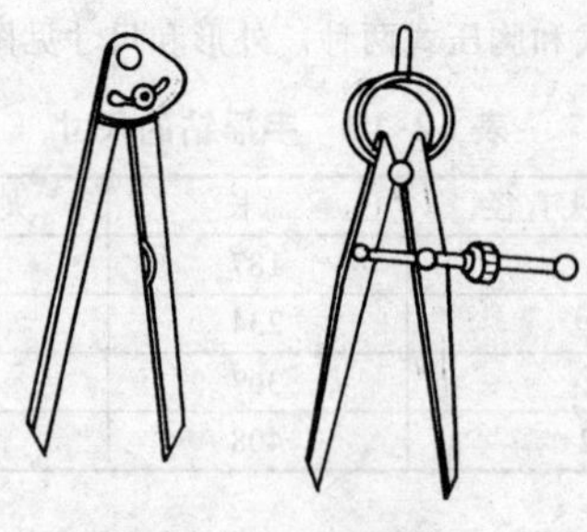

图 12-22 划规

表 12-21 划规的尺寸

品种	规格尺寸（脚杆长度）/mm							
普通式	100	150	200	250	300	350	400	450
弹簧式	—	150	200	250	300	350	—	—

2. 长划规

（1）用途 用于划圆、分度的工具，其划针可在横梁上任意移动、调节，适应于尺寸较大的工件，可划最大半径为 800~2000mm 的圆。

（2）规格 外形和尺寸见图 12-23 和表 12-22。

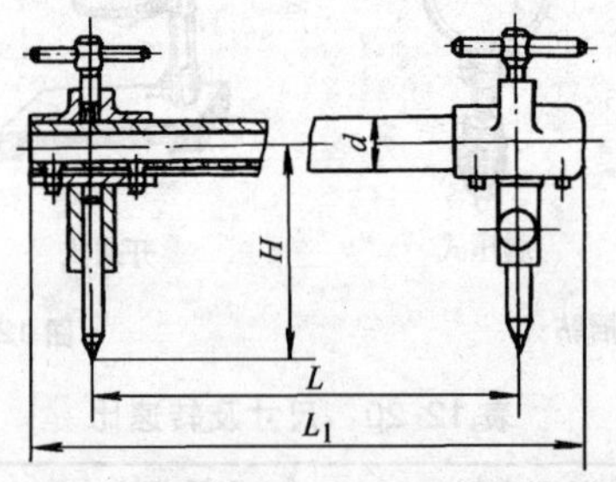

图 12-23 长划规

表 12-22 长划规尺寸

两划脚中心距 L_{max}	总长度 L_1	横梁直径 d	脚深 $H\approx$
800	850	20	70
1250	1315	32	90
2000	2065		

3. 钩头划规

（1）用途 用于在工件上划圆或圆弧，并可用来找工件外圆端面的圆心。

（2）规格　外形和尺寸见图 12-24 和表 12-23。

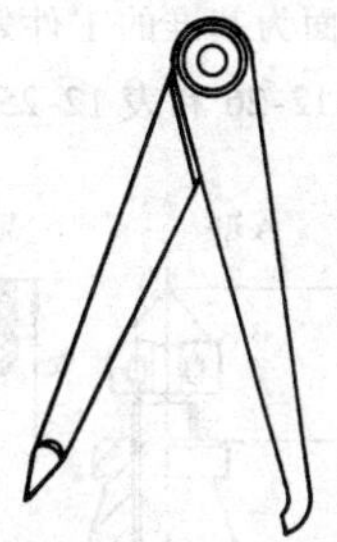

图 12-24　钩头划规

表 12-23　钩头划规的尺寸　（单位：mm）

代　　号	总长	头部直径	销轴直径
JB/ZQ7001. P5. 42. 1. 00	100	16	8
JB/ZQ7001. P5. 42. 2. 00	200	20	10
JB/ZQ7001. P5. 42. 3. 00	300	30	15
JB/ZQ7001. P5. 42. 4. 00	400	35	15

4. 划针盘

（1）用途　供钳工划平行线、垂直线、水平线，以及在平板上定位和校准工件等用。

（2）规格　有活络式和固定式两种。外形和尺寸见图 12-25 和表 12-24。

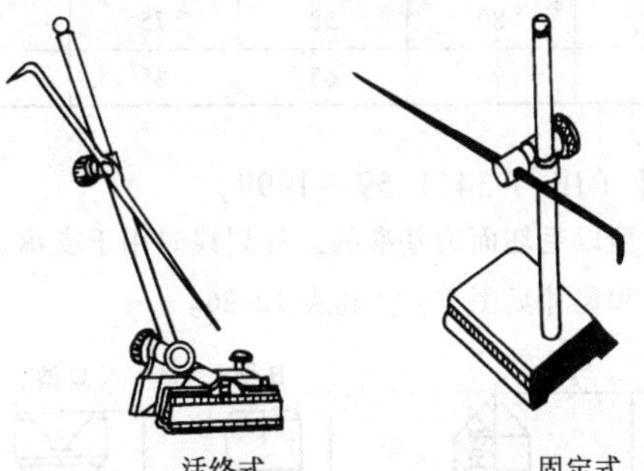

图 12-25　划针盘

表 12-24　划针盘的尺寸

型　　式	主杆长度/mm				
活络式	200	250	300	400	450
固定式	355	450	560	710	900

5. 呆头千斤顶

（1）用途　对中小型以毛坯面为基准的工件划线时用以支承及找平。

（2）规格　外形和尺寸见图12-26和表12-25。

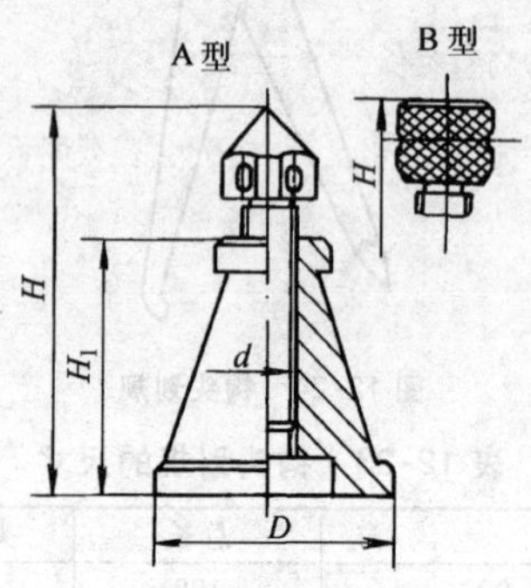

图12-26　呆头千斤顶

表12-25　呆头千斤顶的尺寸　（单位：mm）

d	A型		B型		H_1	D
	H_{min}	H_{max}	H_{min}	H_{max}		
M6	36	50	36	48	25	30
M8	47	60	42	55	30	35
M10	56	70	50	65	35	40
M12	67	80	58	75	40	45
M16	76	95	65	85	45	50

6. 活头千斤顶（JB/T 3411.59—1999）

（1）用途　对大型以毛坯面为基准的工件划线时用于支承、找平。

（2）规格　外形和尺寸见图12-27和表12-26。

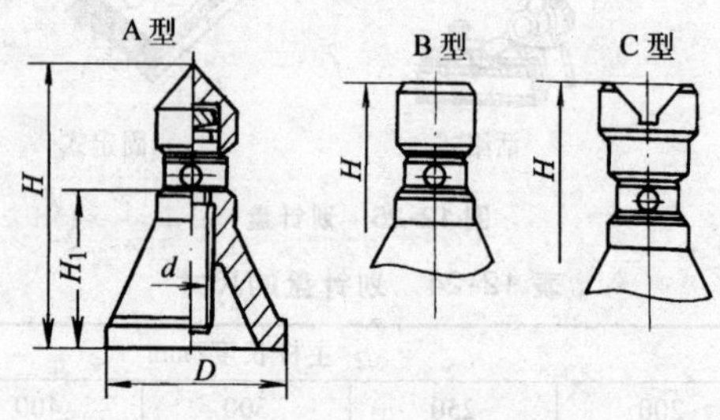

图12-27　活头千斤顶

表 12-26 活头千斤顶的尺寸 （单位：mm）

d	D	A 型		B 型		C 型		H_1
		H_{min}	H_{max}	H_{min}	H_{max}	H_{min}	H_{max}	
M6	30	45	55	42	52	50	60	25
M8	35	54	65	52	62	60	72	30
M10	40	62	75	60	72	70	85	35
M12	45	72	90	68	85	80	95	40
M16	50	85	105	80	100	92	110	45
M20	60	98	120	94	115	108	130	50
Tr26×5	80	125	150	118	145	134	160	65
Tr32×6	100	150	180	142	170	162	190	80
Tr40×7	120	182	230	172	220	194	240	100
Tr55×9	160	232	300	222	290	252	310	130

7. 划线用 V 形铁

（1）用途 用于钳工划线时支承工件。

（2）规格 外形和尺寸见图 12-28 和表 12-27。

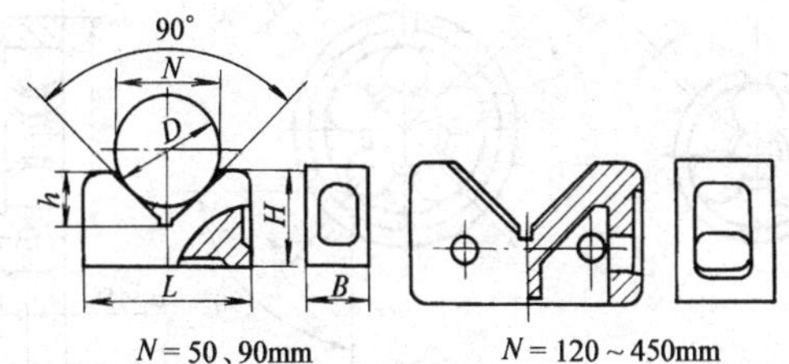

图 12-28 划线用 V 形铁

表 12-27 划线用 V 形铁的尺寸 （单位：mm）

N	D	L	B	H	h
50	15 ~ 60	100	50	50	26
90	40 ~ 100	150	60	80	46
120	60 ~ 140	200	80	120	61
150	80 ~ 180	250	90	130	75
200	100 ~ 240	300	120	180	100
300	120 ~ 350	400	160	250	150
350	150 ~ 450	500	200	300	175
450	180 ~ 550	500	250	400	200

六、攻螺纹工具与套螺纹工具

1. 铰杠

（1）用途 装夹丝锥或手用铰刀，用手工铰制工件上的内螺纹或铰制工件上的圆孔。

（2）规格　外形和尺寸见图 12-29 和表 12-28。

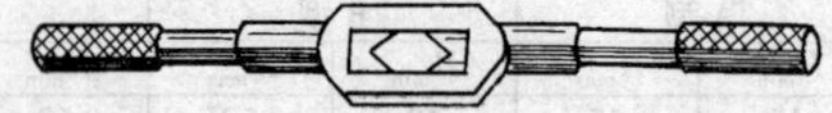

图 12-29　铰杠

表 12-28　铰杠的尺寸　　（单位：mm）

扳手长度	130	180	230	280	380	480	600
适用丝锥公称直径	2~4	3~6	3~10	6~14	8~18	12~24	16~27

2. 圆板牙和圆板牙架（GB/T 970.1—2008）

（1）圆板牙的型式（图 12-30）

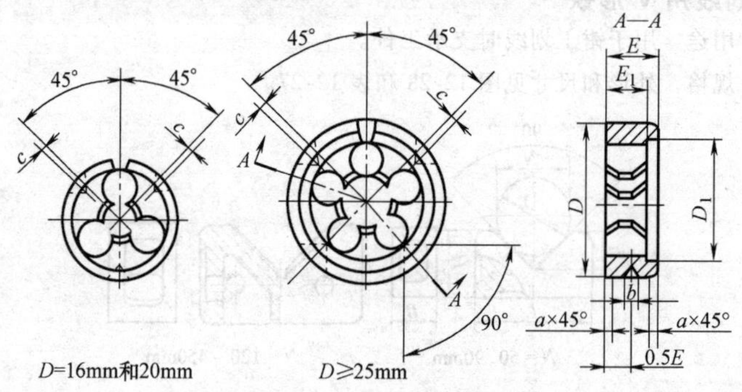

图 12-30　圆板牙的型式

注：1. 容屑孔数不作规定。

2. 切削锥由制造厂自定，但至少有一端切削锥长度应符合螺纹收尾（GB/T 3）的规定。

（2）圆板牙的尺寸（表 12-29、表 12-30）

表 12-29　粗牙普通螺纹用圆板牙的尺寸　　（单位：mm）

<table>
<tr><th>代号</th><th>公称直径
d</th><th>螺距
P</th><th>D</th><th>D_1</th><th>E</th><th>E_1</th><th>c</th><th>b</th><th>a</th></tr>
<tr><td>M1</td><td>1</td><td rowspan="3">0.25</td><td rowspan="9">16</td><td rowspan="9">11</td><td rowspan="9">5</td><td rowspan="3">2</td><td rowspan="9">0.5</td><td rowspan="9">3</td><td rowspan="9">0.2</td></tr>
<tr><td>M1.1</td><td>1.1</td></tr>
<tr><td>M1.2</td><td>1.2</td></tr>
<tr><td>M1.4</td><td>1.4</td><td>0.3</td><td rowspan="3">2.5</td></tr>
<tr><td>M1.6</td><td>1.6</td><td rowspan="2">0.35</td></tr>
<tr><td>M1.8</td><td>1.8</td></tr>
<tr><td>M2</td><td>2</td><td>0.4</td><td rowspan="3">3</td></tr>
<tr><td>M2.2</td><td>2.2</td><td rowspan="2">0.45</td></tr>
<tr><td>M2.5</td><td>2.5</td></tr>
</table>

（续）

代号	公称直径 d	螺距 P	D	D_1	E	E_1	c	b	a
M3	3	0.5	20	—	5	—	0.5	4	0.2
M3.5	3.5	0.6							
M4	4	0.7							
M4.5	4.5	0.75			7		0.6		0.5
M5	5	0.8							
M6	6	1							
M7	7		25		9		0.8	5	
M8	8	1.25							
M9	9								
M10	10	1.5	30		11		1.0		1
M11	11								
M12	12	1.75	38		14		1.2	6	
M14	14	2							
M16	16		45		18[①]				
M18	18	2.5							
M20	20								
M22	22		55		22		1.5	8	2
M24	24	3							
M27	27				25		1.8		
M30	30	3.5	65						
M33	33								
M36	36	4							
M39	39		75		30				
M42	42	4.5							
M45	45		90		36		2		
M48	48	5							
M52	52								
M56	56	5.5	105				2.5	10	
M60	60								
M64	64	6	120						
M68	68								

① 根据用户需要，M16 圆板牙的厚度 E 尺寸可按 14mm 制造。

表 12-30　细牙普通螺纹用圆板牙的尺寸　（单位：mm）

代号	公称直径 d	螺距 P	D	D_1	E	E_1	c	b	a
M1×0.2	1								
M1.1×0.2	1.1								
M1.2×0.2	1.2	0.2							
M1.4×0.2	1.4					2			
M1.6×0.2	1.6		16	11				3	
M1.8×0.2	1.8								
M2×0.25	2	0.25							0.2
M2.2×0.25	2.2				5		0.5		
M2.5×0.35	2.5					2.5			
M3×0.35	3	0.35		15		3			
M3.5×0.35	3.5								
M4×0.5	4								
M4.5×0.5	4.5		20					4	
M5×0.5	5	0.5							
M5.5×0.5	5.5								
M6×0.75	6			—	7	—	0.6		
M7×0.75	7	0.75							
M8×0.75	8								0.5
M8×1		1	25		9		0.8		
M9×0.75	9	0.75							
M9×1		1						5	
M10×0.75	10	0.75		24		8			
M10×1		1		—		—			
M10×1.25		1.25	30		11		1		
M11×0.75	11	0.75		24		8			
M11×1		1							
M12×1	12								
M12×1.25		1.25							
M12×1.5		1.5							
M14×1	14	1	38	—	10	—			1
M14×1.25		1.25							
M14×1.5		1.5					1.2	6	
M15×1.5	15								
M16×1	16	1		36		10			
M16×1.5		1.5	45	—	14	—			
M17×1.5	17								
M18×1	18	1		36		10			

（续）

代号	公称直径 d	螺距 P	D	D_1	E	E_1	c	b	a
M18×1.5	18	1.5	45	—	14	—	1.2	6	1
M18×2		2							
M20×1	20	1		36		10			
M20×1.5		1.5		—		—			
M20×2		2							
M22×1	22	1	55	45	16	12	1.5	8	
M22×1.5		1.5		—					
M22×2		2							
M24×1	24	1		45		12			
M24×1.5		1.5		—		—			
M24×2		2							
M25×1.5	25	1.5							
M25×2		2							
M27×1	27	1	65	54	18	12	1.8		
M27×1.5		1.5		—		—			
M27×2		2							
M28×1	28	1		54		12			
M28×1.5		1.5		—		—			
M28×2		2							
M30×1	30	1		54		12			
M30×1.5		1.5		—		—			
M30×2		2							
M30×3		3			25				2
M32×1.5	32	1.5			18				
M32×2		2							
M33×1.5	33	1.5							
M33×2		2							
M33×3	33	3	65	—	25	—	1.8	8	2
M35×1.5	35	1.5			18				
M36×1.5	36								
M36×2		2							
M36×3		3			25				
M39×1.5	39	1.5	75	63	20	16			
M39×2		2		—		—			
M39×3		3			30				
M40×1.5	40	1.5		63	20	16			
M40×2		2		—		—			
M40×3		3			30				

（续）

代号	公称直径 d	螺距 P	D	D_1	E	E_1	c	b	a
M42×1.5	42	1.5	75	63	20	16	1.8	8	2
M42×2		2		—		—			
M42×3		3			30				
M42×4		4							
M45×1.5	45	1.5	90	75	22	18	2		
M45×2		2		—		—			
M45×3		3			36				
M45×4		4							
M48×1.5	48	1.5		75	22	18			
M48×2		2		—		—			
M48×3		3			36				
M48×4		4							
M50×1.5	50	1.5		75	22	18			
M50×2		2		—		—			
M50×3		3			36				
M52×1.5	52	1.5		75	22	18			
M52×2		2		—		—			
M52×3		3			36				
M52×4		4							
M55×1.5	55	1.5	105	90	22	18	2.5	10	
M55×2		2		—		—			
M55×3		3			36				
M55×4		4							
M56×1.5	56	1.5		90	22	18			
M56×2		2		—		—			
M56×3		3			36				
M56×4		4							

注：根据需要，本表中部分规格圆板牙的厚度 E 可按表12-32生产。

（3）圆板牙架的互换尺寸和型式（表12-31、图12-31）

表12-31 圆板牙架的互换尺寸 （单位：mm）

D D10	E_2	E_3	$E_4(^{0}_{-0.2})$	D_3	d_1
16	5	4.8	2.4	11	M3
20	7	6.5	3.4	15	M4

（续）

<table>
<tr><th>D
D10</th><th>E_2</th><th>E_3</th><th>$E_4(^{0}_{-0.2})$</th><th>D_3</th><th>d_1</th></tr>
<tr><td>25</td><td>9</td><td>8.5</td><td>4.4</td><td>20</td><td rowspan="2">M5</td></tr>
<tr><td>30</td><td>11</td><td>10</td><td>5.3</td><td>25</td></tr>
<tr><td rowspan="2">38</td><td>10</td><td>9</td><td>4.8</td><td rowspan="2">32</td><td rowspan="4">M6</td></tr>
<tr><td rowspan="2">14</td><td rowspan="2">13</td><td rowspan="2">6.8</td></tr>
<tr><td rowspan="2">45</td><td rowspan="2">38</td></tr>
<tr><td>18</td><td>17</td><td>8.8</td></tr>
<tr><td rowspan="2">55</td><td>16</td><td>15</td><td>7.8</td><td rowspan="2">48</td><td rowspan="8">M8</td></tr>
<tr><td>22</td><td>20</td><td>10.7</td></tr>
<tr><td rowspan="2">65</td><td>18</td><td>17</td><td>8.8</td><td rowspan="2">58</td></tr>
<tr><td>25</td><td>23</td><td>12.2</td></tr>
<tr><td rowspan="2">75</td><td>20</td><td>18</td><td>9.7</td><td rowspan="2">68</td></tr>
<tr><td>30</td><td>28</td><td>14.7</td></tr>
<tr><td rowspan="2">90</td><td>22</td><td>20</td><td>10.7</td><td rowspan="2">82</td></tr>
<tr><td>36</td><td>34</td><td>17.7</td></tr>
<tr><td rowspan="2">105</td><td>22</td><td>20</td><td>10.7</td><td rowspan="2">95</td><td rowspan="4">M10</td></tr>
<tr><td>36</td><td>34</td><td>17.7</td></tr>
<tr><td rowspan="2">120</td><td>22</td><td>20</td><td>10.7</td><td rowspan="2">107</td></tr>
<tr><td>36</td><td>34</td><td>17.7</td></tr>
</table>

注：根据需要，可按表 12-33 生产圆板牙架。

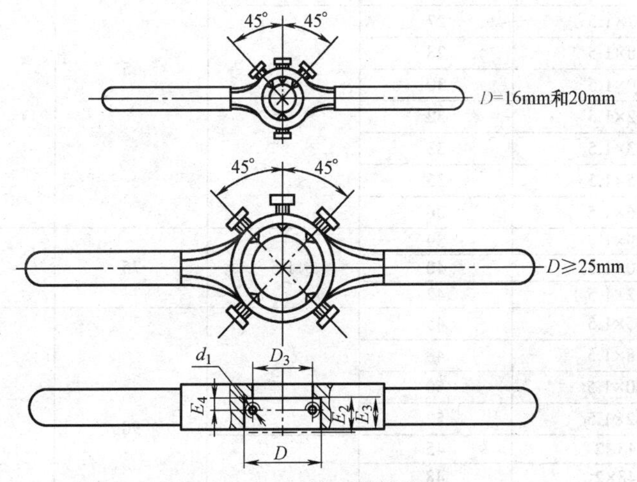

图 12-31　圆板牙架的型式

（4）细牙普通螺纹用圆板牙厚度 E 的补充尺寸（表 12-32）

表 12-32　细牙普通螺纹用圆板牙厚度 E 的补充尺寸

（单位：mm）

代号	公称直径 d	螺距 P	D	E
M7×0.75	7	0.75	25	7
M8×0.75	8			
M9×0.75	9			
M8×1	8	1		
M9×1	9			
M10×0.75	10	0.75	30	8
M11×0.75	11			
M10×1	10	1		
M11×1	11			
M12×1.5	12	1.5	38	14
M14×1.5	14			
M15×1.5	15			
M16×1	16	1	45	10
M18×1	18			
M20×1	20			
M22×1	22	1	55	12
M24×1	24			
M27×1	27	1	65	14
M28×1	28			
M30×1	30			
M27×1.5	27	1.5		
M28×1.5	28			
M30×1.5	30			
M32×1.5	32			
M33×1.5	33			
M35×1.5	35			
M36×1.5	36			
M39×1.5	39	1.5	75	16
M40×1.5	40			
M42×1.5	42			
M45×1.5	45	1.5	90	18
M48×1.5	48			
M50×1.5	50			
M52×1.5	52			
M45×2	45	2		
M48×2	48			
M50×2	50			
M52×2	52			

（续）

代号	公称直径 d	螺距 P	D	E
M45×3	45	3	90	22
M48×3	48			
M50×3	50			
M52×3	52			
M55×3	55	3	105	22
M56×3	56			

（5）圆板牙架的补充尺寸（表 12-33）

表 12-33　圆板牙架的补充尺寸　（单位：mm）

D D10	E_2	E_3	$E_4(^{0}_{-0.2})$	D_3	d_1
25	7	6.5	3.4	20	M4
30	8	7.5	3.9	25	M5
45	10	9	4.8	38	M6
55	12	11	5.8	48	M8
65	14	13	6.8	58	
75	16	15	7.8	68	
90	18	17	8.8	82	

七、其他钳工工具

1. 弓形夹（JB/T 3411.49—1999）

（1）用途　弓形夹是钳工、钣金工在加工过程中使用的紧固器材，它可将几个工件夹在一起以便进行加工，其最大夹装厚度 32～320mm。

（2）规格　型式和尺寸见图 12-32 和表 12-34。

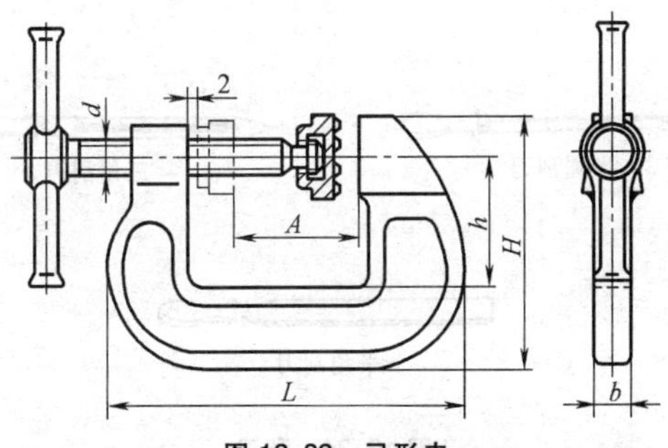

图 12-32　弓形夹

表 12-34　弓形夹的尺寸　　（单位：mm）

d	A	h	H	L	b
M12	32	50	95	130	14
M16	50	60	120	165	18
M20	80	70	140	215	22
M24	125	85	170	285	28
	200	100	190	360	32
	320	120	215	505	36

2. 拔销器

（1）用途　用于从销孔中拔出螺纹销。

（2）规格　外形和尺寸见图 12-33 和表 12-35。

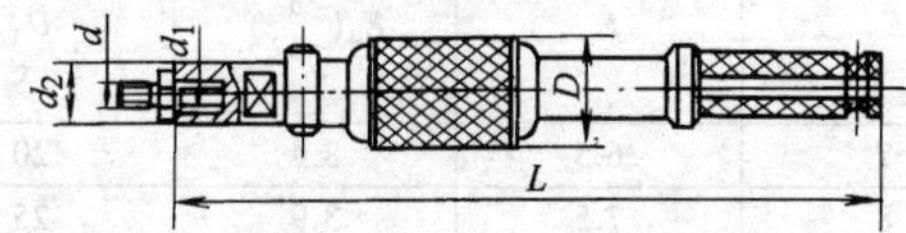

图 12-33　拔销器

表 12-35　拔销器的尺寸　　（单位：mm）

适用拔头 d	d_1	d_2	D	L
M4~M10	M16	22	52	430
M12~M20	M20	28	62	550

3. 刮刀（图 12-34）

（1）用途　刮刀是进行修整与刮光用的一种钳工刃具。半圆刮刀用于刮削圆孔和弧形面的工件（如轴瓦和衬套）；三角刮刀用于刮削工件上的油槽与孔的边沿；平角刮刀用于刮削工件的平面或铲花纹等。

（2）规格　长度（不连柄，mm）：50、75、100、125、150、175、200、250、300、350、400。

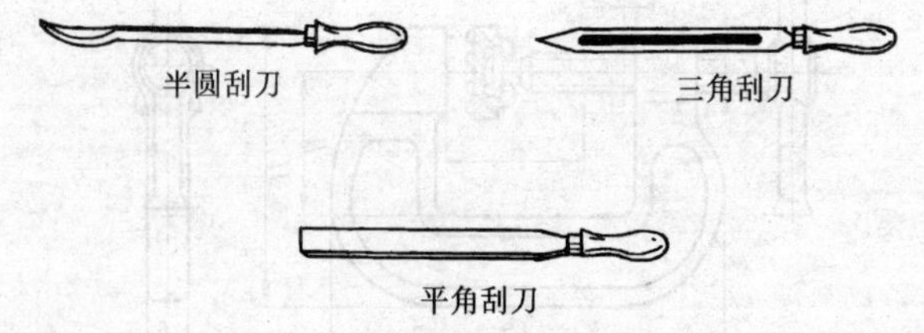

图 12-34　刮刀

4. 顶拔器

(1) 用途　顶拔器俗称拉马，顶拔器通常有两爪和三爪两种。三爪顶拔器是适用于拆卸轴承、更换带轮以及拆卸各种齿轮、连接器等机械零件的一种工具。两爪顶拔器还可以拆卸非圆形的零件。

(2) 规格　外形和最大拉力见图 12-35 和表 12-36。

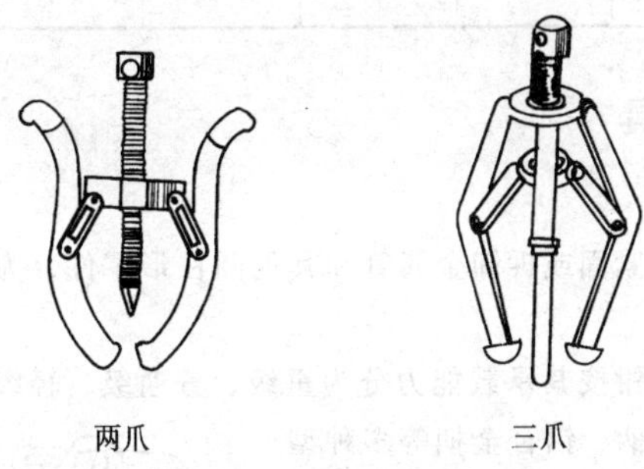

图 12-35　顶拔器

表 12-36　顶拔器的最大拉力

规格尺寸(最佳受力处直径)/mm	100	150	200	250	300	350
两爪顶拔器最大拉力/kN	10	18	28	40	54	72
三爪顶拔器最大拉力/kN	15	27	42	60	81	108

5. 錾子（GB/T 2613.2—2007）

(1) 用途　用于錾切、凿、铲等作业，常用于錾切薄金属板材或其他硬脆性的材料。

(2) 规格　有六角形（A 型）和圆形（B 型）两种。型式和基本尺寸见图 12-36和表 12-37。

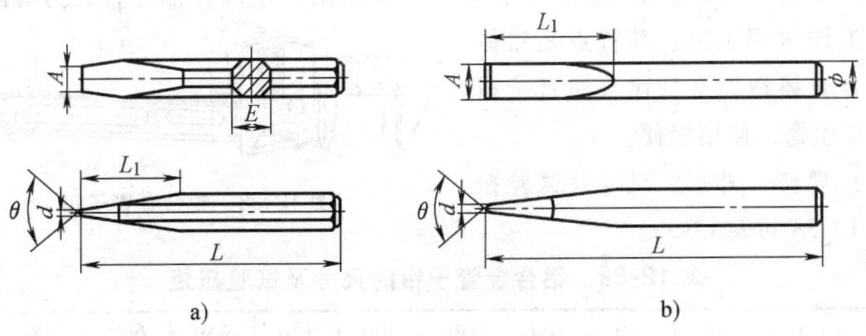

图 12-36　錾子型式

a) A 型錾子　b) B 型錾子

表 12-37 錾子的基本尺寸 （单位：mm）

规格尺寸	L_{min}	L_1	A	d	E	ϕ	θ
16×180	180	70	18	4	19	16	75°
18×180					25	18	
20×180	200		20		19	20	
27×200			27	4.5	25	27	
27×250	250						

八、水暖工具

1. 管子钳

（1）用途 用于紧固或拆卸金属管和其他圆柱形零件，为管路安装和修理工作常用工具。

（2）规格 管子钳按其承载能力分为重级、普通级、轻级三个等级，按其结构型式分为铸柄、锻柄、铝合金柄等多种型式。型式有Ⅰ型、Ⅱ型、Ⅲ型、Ⅳ型和Ⅴ型。外形、尺寸及试验扭矩见图 12-37 和表 12-38。

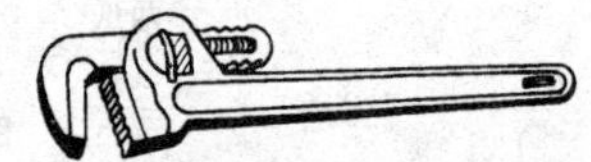

图 12-37 管子钳

表 12-38 管子钳的尺寸及试验扭矩

规格		150	200	250	300	350	450	600	900	1200
全长/mm		150	200	250	300	350	450	600	900	1200
最大夹持管径/mm		20	25	30	40	50	60	75	85	110
试验扭矩/N·m	轻级	98	196	324	490	—	—	—	—	—
	普通级	105	203	340	540	650	920	1300	2260	3200
	重级	165	330	550	830	990	1440	1980	3300	4400

2. 铝合金管子钳

（1）用途 用于紧固或拆卸各种管子、管路附件或圆柱形零件，为管路安装和修理工作常用工具。其特点是钳体柄用铝合金铸造，重量比普通管子钳轻，不易生锈，使用轻便。

（2）规格 外形、尺寸及试验扭矩见图 12-38 和表 12-39。

图 12-38 铝合金管子钳

表 12-39 铝合金管子钳的尺寸及试验扭矩

规格尺寸(全长)/mm	150	200	250	300	350	450	600	900	1200
夹持管子外径/mm	20	25	30	40	50	60	75	85	110
试验扭矩/N·m	98	196	324	490	588	833	1176	1960	2646

3. 水泵钳（QB/T 2440.4—2007）（图 12-39）

（1）用途 用以夹持扁形或圆柱形金属附件。其特点是钳口的开口宽度有多档（3~4 档）调节位置，以适应夹持不同尺寸零件的需要，为汽车、内燃机、农业机械及室内管路等安装、维修工作中的常用工具。

（2）规格 长度（mm）：100±10、125±15、160±15、200±15、250±15、300±20、350±20、400±3、500±3。

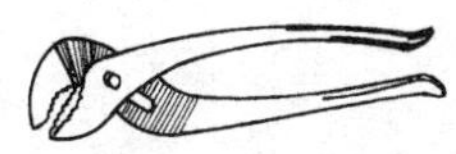

图 12-39 水泵钳

4. 链条管子钳（QB/T 1200—1991）

（1）用途 用于紧固和拆卸较大金属管和圆柱形零件。

（2）规格 外形、尺寸及试验扭矩见图 12-40 和表 12-40。

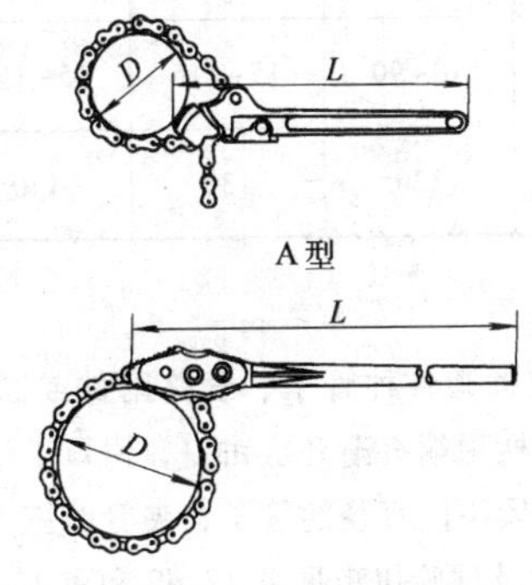

图 12-40 链条管子钳

表 12-40 链条管子钳的尺寸及试验扭矩

型 号	A 型	B 型			
公称尺寸 L/mm	300	900	1000	1200	1300
夹持管子外径 D/mm	50	100	150	200	250
试验扭矩/N · m	300	830	1230	1480	1670

5. 管子台虎钳

（1）用途 安装在工作台上，用于夹紧管子进行铰制螺纹或切断及连接管子等，为管工必备工具。

（2）规格 按工作范围（夹紧管子外径）分为 1~6 号共 6 种。外形和夹持管子直径及加于试验棒力的力矩见图 12-41 和表 12-41。

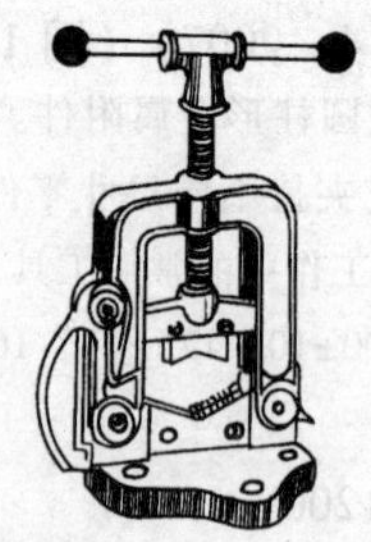

图 12-41　管子台虎钳

表 12-41　管子台虎钳的夹持管子直径及加于试验棒的力矩

型号（号数）	1	2	3	4	5	6
夹持管子直径/mm	10~60	10~90	15~115	15~165	30~220	30~300
加于试验棒力矩/N·m	90	120	130	140	170	200

6. 自紧式管子钳

（1）用途　用于紧固或拆卸各种管子、管路附件或圆柱形零件，为管路安装和修理工作常用工具。其钳柄顶端有渐开线钳口，钳口工作面均为锯齿形，以利夹紧管子。工作时可以自动夹紧不同直径的管子，夹管时三点受力，不作任何调节。

（2）规格　外形、尺寸及试验扭矩见图 12-42 和表 12-42。

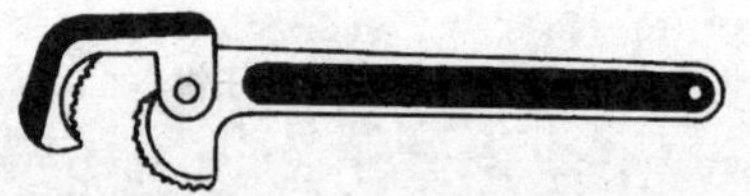

图 12-42　自紧式管子钳

表 12-42　自紧式管子钳尺寸及试验扭矩

公称尺寸/mm	可夹持管子外径/mm	钳柄长度/mm	活动钳口宽度/mm	试验扭矩	
				试棒直径/mm	承受扭矩/N·m
300	20~34	233	14	28	450
400	34~48	305	16	40	750
500	48~66	400	18	48	1050

7. 手动弯管机

（1）用途　用于手动冷弯金属管。

（2）规格　SWG 型弯管机的外形和参数见图 12-43 和表 12-43。

图 12-43　手动弯管机

表 12-43　手动弯管机的参数

钢管规格尺寸 /mm	外径	8	10	12	14	16	19	22
	壁厚	2.25				2.75		
冷弯角度		180°						
弯曲半径/mm　≥		40	50	60	70	80	90	110

8. 液压弯管机

(1) 用途　用于把管子弯成一定弧度。多用于水、蒸汽、煤气、油等管路的安装和维修。

(2) 规格　三脚架式的零部件可以拆开，携带方便；小车式移动方便。外形和参数见图 12-44 和表 12-44。

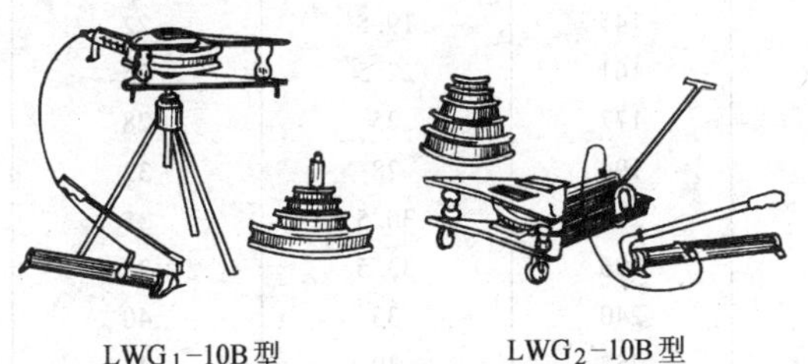

图 12-44　液压弯管机

表 12-44　液压弯管机的参数

型　式	型　号	最大推力 /kN	弯管直径 /mm	弯曲角度 (°)	弯曲半径 /mm	质量 /kg
组合小车	YW2A	90	12~50	90~180	65~295	—
分离三脚架	LWG_1 -10B	100	10~50	90	60~300	75
分离小车	LWG_2 -10B	100	12~38	120	36~120	75

9. 扩管器

(1) 用途　扩管器是以轧制方式扩张管端的工具，用来扩大管子端部的内、外径，以便与其他管子及管路连接部位紧密联合。

(2) 规格　有直通式和翻边式两种。外形和尺寸见图 12-45 和表 12-45。

图 12-45 扩管器

表 12-45 扩管器的尺寸 （单位：mm）

公称规格尺寸	全长	适用管子范围		
		内径		胀管长度
		最小	最大	
01 型直通式胀管器				
10	114	9	10	20
13	195	11.5	13	20
14	122	12.5	14	20
16	150	14	16	20
18	133	16.2	18	20
02 型直通式胀管器				
19	128	17	19	20
22	145	19.5	22	20
25	161	22.5	25	25
28	177	25	28	20
32	194	28	32	20
35	210	30.5	35	25
38	226	33.5	38	25
40	240	35	40	25
44	257	39	44	25
48	265	43	48	27
51	274	45	51	28
57	292	51	57	30
64	309	57	64	32
70	326	63	70	32
76	345	68.5	76	36
82	379	74.5	82.5	38
88	413	80	88.5	40
102	477	91	102	44
03 型特长直通式胀管器				
25	170	20	23	38
28	180	22	25	50
32	194	27	31	48
38	201	33	36	52
04 型翻边式胀管器				
38	240	33.5	38	40

（续）

公称规格尺寸	全长	适用管子范围		
		内径		胀管长度
		最小	最大	
04 型翻边式胀管器				
51	290	42.5	48	54
57	380	48.5	55	50
64	360	54	61	55
70	380	61	69	50
76	340	65	72	61

10. 管螺纹铰板

（1）用途 装夹管螺纹板牙后，用于铰制低压流体输送用钢管的管螺纹。

（2）规格 外形和铰螺纹范围及结构特性见图 12-46 和表 12-46。

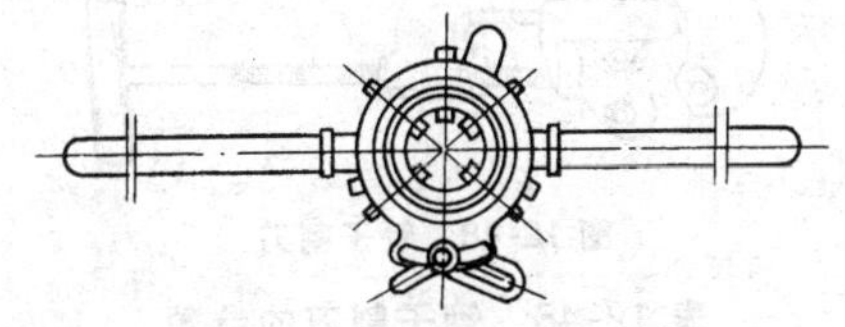

图 12-46 管螺纹铰板

表 12-46 管螺纹铰板的铰螺纹范围及结构特性

型号	铰螺纹范围/mm		结构特性
	管子外径	管子内径	
GJB-60	21.3~26.8	12.70~19.05	无间歇机构
GJB-60	33.5~42.3	25.40~31.75	有间歇机构,使用具有万能性
GJB-60W	48.0~60.0	38.10~50.80	有间歇机构,使用具有万能性
GJB-114W	66.5~88.5	57.15~76.20	有间歇机构,使用具有万能性
GJB-114W	101.0~114.0	88.90~101.60	有间歇机构,使用具有万能性

11. 轻、小型管螺纹铰板及板牙

（1）用途 轻、小型管螺纹铰板及板牙是手工铰制水管、煤气管等管子外螺纹用的手动工具，主要用在维修或安装工程中。

（2）规格 外形和参数见图 12-47 和表 12-47。

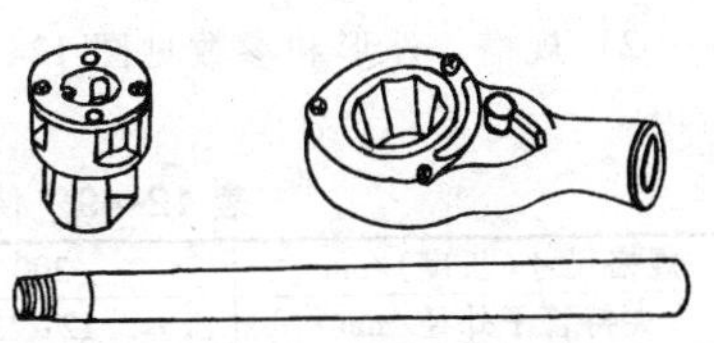

图 12-47 轻、小型管螺纹铰板及板牙

表 12-47　轻、小型管螺纹铰板及板牙的参数

型　号		铰制管子外螺纹范围/in	板牙规格/in	结构特性
轻型	Q74-1	1/4~1	1/4、3/8、1/2、3/4、1	单板杆
	Q71-1A	1/2~1	1/2、3/4、1	
	SH-76	$1/2 \sim 1\frac{1}{2}$	1/2、3/4、1、$1\frac{1}{4}$、$1\frac{1}{2}$	
小型管螺纹铰板及板牙		$1/2 \sim 1\frac{1}{4}$	1/2、3/4、1、$1\frac{1}{4}$	盒式

注：1in = 25.4mm。

12. 管子割刀（QB/T 2350—1997）

（1）用途　用于切割各种金属管、软金属管及硬塑管。

（2）规格　分通用型和轻型两种。外形和参数见图 12-48 和表 12-48。

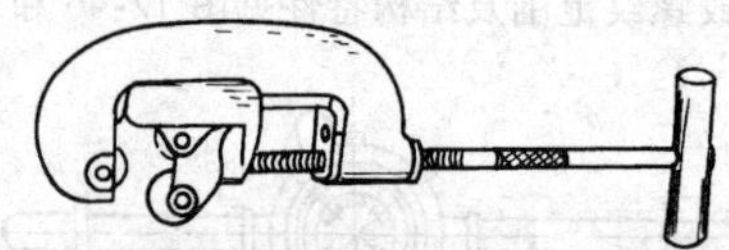

图 12-48　管子割刀

表 12-48　管子割刀的参数

规格	全长/mm	割管范围/mm	最大割管壁厚/mm	质量/kg
1	130	5~25	1.5~2（钢管）	0.3
	310		5	0.75、1
2	380~420	12~50	5	2.5
3	520~570	25~75	6	5
4	630	50~100		4
	1000			8.5、10

13. 快速管子扳手

（1）用途　用于紧固或拆卸小型金属和其他圆柱形零件，也可作扳手使用。

（2）规格　外形和参数见图 12-49 和表 12-49。

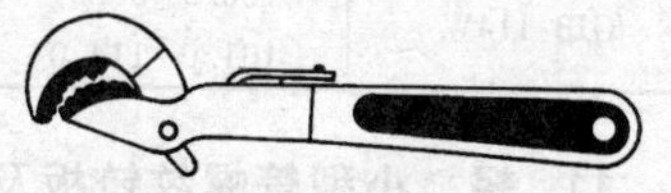

图 12-49　快速管子扳手

表 12-49　快速管子扳手的参数

规格尺寸(长度)/mm	200	250	300
夹持管子外径/mm	12~25	14~30	16~40
适用螺栓规格尺寸/mm	M6~M14	M8~M18	M10~M24
试验扭矩/N·m	196	323	490

第十三章　土木工具

一、土石方工具

1. 钢锹（QB/T 2095—1995）

（1）用途　农用锹适用于田间铲土、兴修水利、开河挖沟等。尖锹主要用于挖土、搅拌灰土等。方锹多用于铲水泥、黄砂、石子等。煤锹用于铲煤块、砂土、垃圾等。深翻锹用于深翻、掘泥、开沟等。

（2）规格　外形和尺寸见图 13-1 和表 13-1。

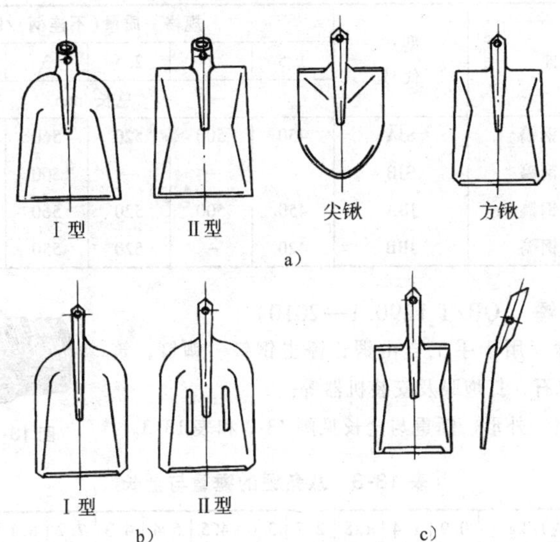

图 13-1　钢锹

a）农用锹　b）煤锹　c）深翻锹

表 13-1　钢锹的尺寸　（单位：mm）

品　种	全　长			身　长			锹裤外径	厚度
	1号	2号	3号	1号	2号	3号		
农用锹	345（不分号）			290（不分号）			37	1.7
尖锹	460	425	380	320	295	265	37	1.6
方锹	420	380	340	295	280	235	37	1.6
煤锹	550	510	490	400	380	360	42	4.6
深翻锹	450	400	350	300	265	225	37	1.7

2. 钢镐（QB/T 2290—1997）

（1）用途　用于掘土，开山，垦荒，造林，修建公路、铁道，挖井，开矿和兴修水利等。双尖型多用于开凿岩山、混凝土等硬性土质；尖扁型多用于挖掘黏、韧性土质。

（2）规格　外形和规格　质量见图13-2和表13-2。

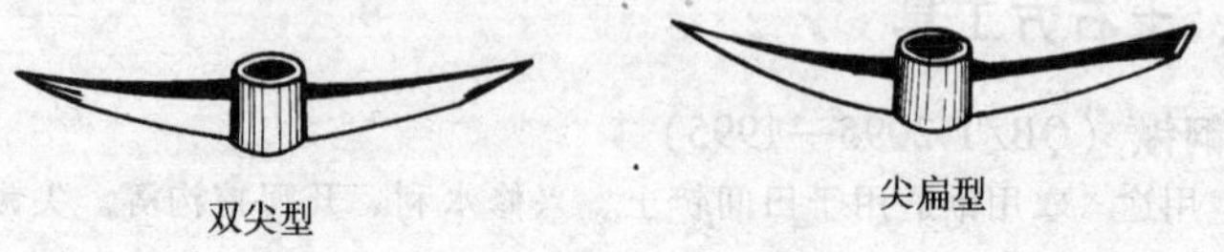

图13-2　钢镐

表13-2　钢镐的规格—质量

品　　种	型式代号	规格—质量（不连柄）/kg					
		1.5	2	2.5	3	3.5	4
		总长/mm					
双尖A型钢镐	SJA	450	500	520	560	580	600
双尖B型钢镐	SJB	—	—	—	500	520	540
尖扁A型钢镐	JBA	450	500	520	560	600	620
尖扁B型钢镐	JBB	420	—	520	550	570	—

3. 八角锤（QB/T 1290.1—2010）

（1）用途　用于手工自由锻，锤击钢钎、铆钉，筑路时凿岩、碎石、打炮眼及安装机器等。

（2）规格　外形、锤重与全长见图13-3和表13-3。

图13-3　八角锤

表13-3　八角锤的锤重与全长

锤重（不连柄）/kg	0.9	1.4	1.8	2.7	3.6	4.5	5.4	6.3	7.2	8.1	9	10	11
全长/mm	105	115	130	152	165	180	190	198	208	216	224	230	236

4. 钢钎

（1）用途　用于开山、筑路、打井、勘探中凿钻岩层。

（2）规格　外形和尺寸见图13-4和表13-4。

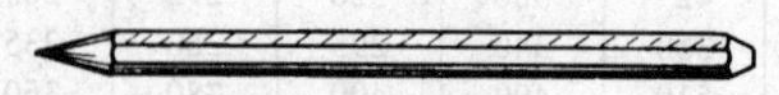

图13-4　钢钎

表 13-4　钢钎的尺寸

六角形对边距离/mm	25、30、32
长度/mm	1200、1400、1600、1800

5. 撬棍

(1) 用途　用于开山、筑路、搬运笨重物体等时撬挪重物。

图 13-5　撬棍

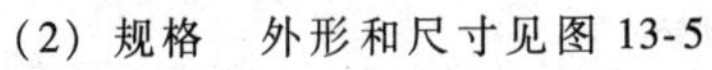

(2) 规格　外形和尺寸见图 13-5 和表 13-5。

表 13-5　撬棍的尺寸

直径/mm	20、25、32、38
长度/mm	500、1000、1200、1500

二、泥瓦工具

1. 砌铲 (QB/T 2212.4—2011)

(1) 用途　用于砌砖和铲灰等。

(2) 规格　外形和尺寸见图 13-6 和表 13-6。

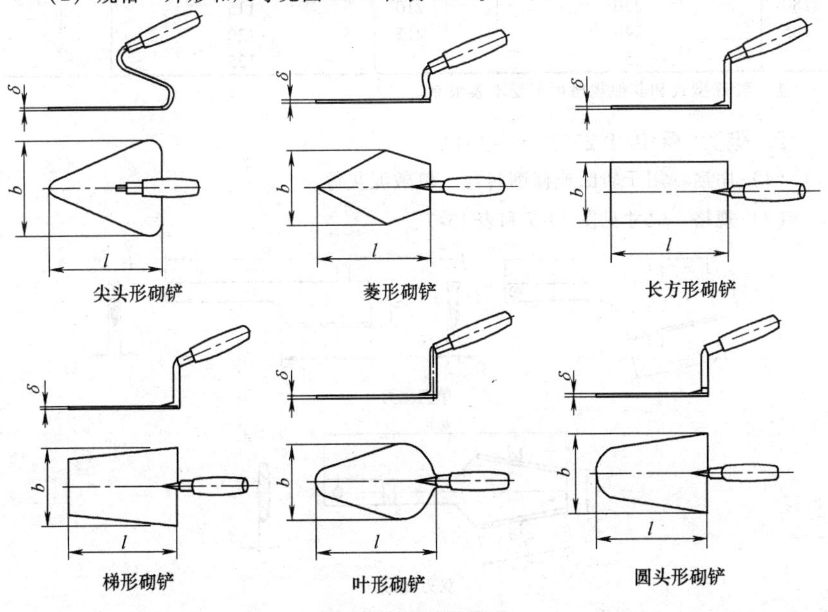

图 13-6　砌铲的型式

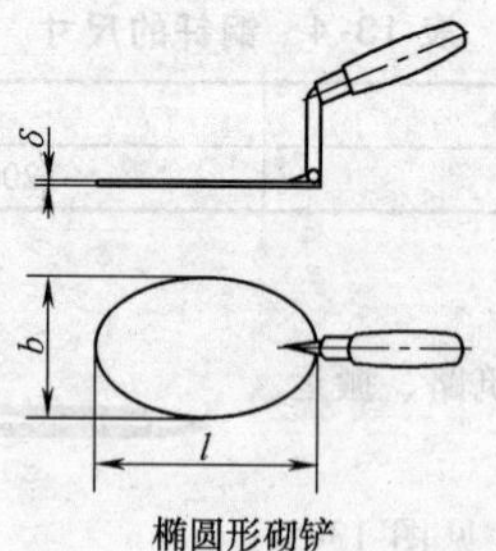

椭圆形砌铲

图 13-6　砌铲的型式（续）

表 13-6　砌铲的尺寸　　（单位：mm）

铲板长 l			铲板宽 b			铲板厚 δ
尖头形	长方形、梯形、叶形、圆头形、椭圆形	菱形	尖头形	长方形、梯形、叶形、圆头形、椭圆形	菱形	
140	125	180	170	60	125	≥1.0
145	140	200	175	70	140	
150	150	230	180	75	160	
155	165	250	185	80	175	
160	180		190	90		
165	190		195	95		
170	200		200	100		
175	215		205	105		
180	230		210	115		
185	240		215	120		
	250			125		

注：特殊型式和其他规格可不受本表限制。

2. 砌刀（QB/T 2212.5—2011）

（1）用途　用于斩断或修削砖瓦、填敷泥灰等。

（2）规格　尺寸见图 13-7 和表 13-7。

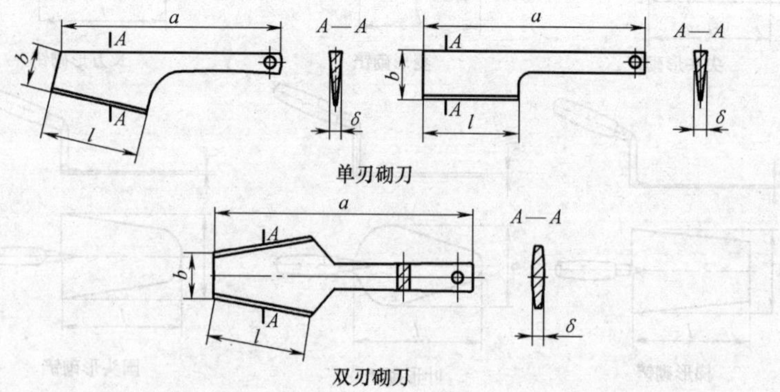

图 13-7　砌刀

表 13-7 砌刀的基本尺寸 (单位：mm)

刀体刃长 l	135	140	145	150	155	160	165	170	175	180
刀体前宽 b	50				55			60		
刀长 a	335	340	345	350	355	360	365	370	375	380
刀厚 δ	≥4.0					≥6.0				

注：1. 刃口厚度不小于 1.0mm。
2. 特殊型式和其他规格可不受本表限制。

3. 打砖刀和打砖斧（QB/T 2212.6—2011）

（1）用途 用于斩断或修削砖瓦

（2）规格 尺寸见图 13-8 和表 13-8。

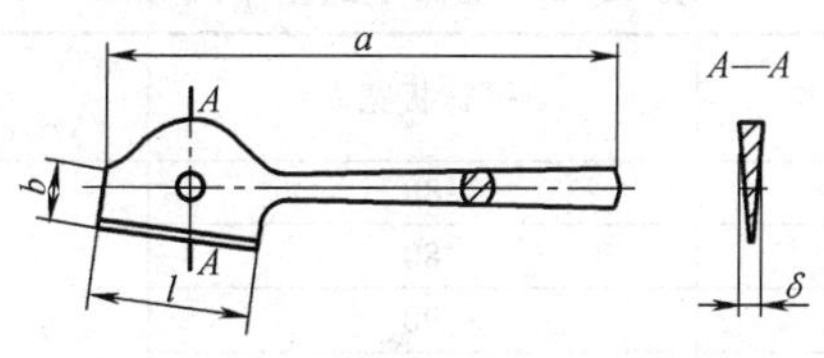

打砖刀

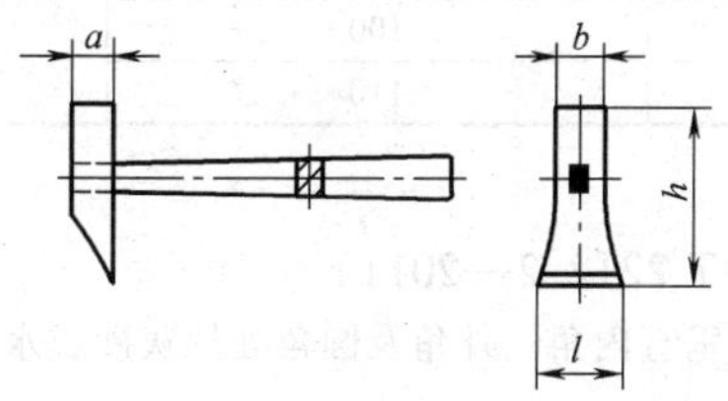

打砖斧

图 13-8 打砖刀和打砖斧

表 13-8 打砖刀和打砖斧的基本尺寸 (单位：mm)

打砖刀	刀体刃长 l(规格)	刀体头宽 b	刀体厚 δ	刀长 a
	110	75	≥6.0	300
打砖斧	斧头边长 a	斧体高 h	斧体刃宽 l(规格)	斧体边长 b
	20	110	50	25
	25	120	55	30

注：特殊型式和其他规格可不受本表限制。

4. 平抹子（QB/T 2212.2—2011）

（1）用途 用于在砌墙或做水泥平面时刮平、抹平灰砂或水泥砂浆。

（2）规格 尺寸见图 13-9 和表 13-9。

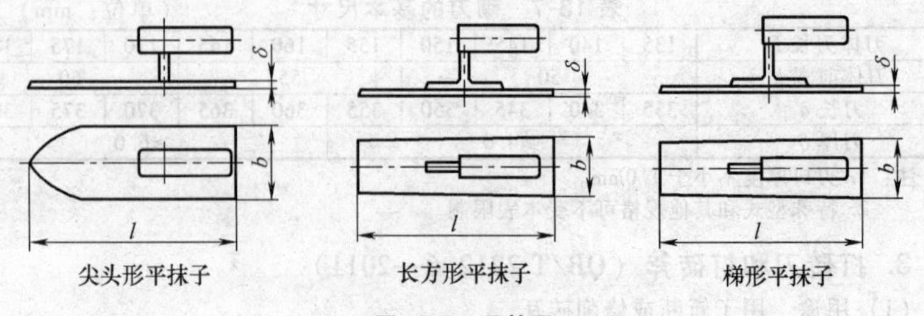

图 13-9　平抹子

表 13-9　平抹子的基本尺寸　（单位：mm）

规格 l	平抹板宽 b	平抹板厚 δ
220	80	≥0.7
230	80	
240	90	
250	90	
260	95	
280	100	
300	100	
320	110	

注：同表 13-8。

5. 角抹子（QB/T 2212.2—2011）

（1）用途　用于在垂直内角、外角及圆角处抹灰砂或水泥砂浆。

（2）规格　尺寸见图 13-10 和表 13-10。

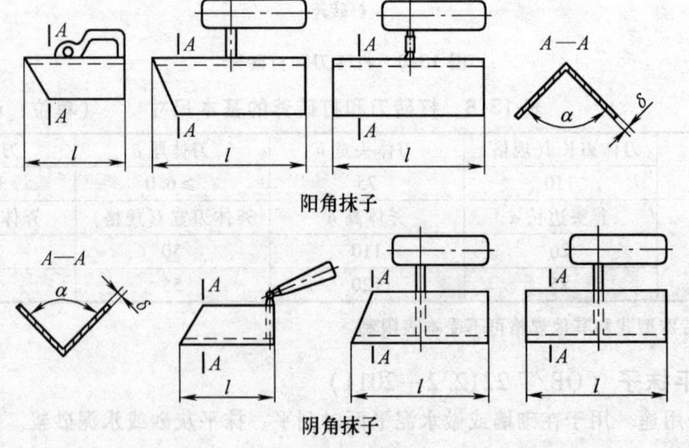

图 13-10　角抹子

表 13-10 角抹子的基本尺寸 （单位：mm）

规格 l	δ	角抹板角度 α	
		阳角抹子	阴角抹子
100、110、120、130、140、150、160、170、180	≥1.0	92°±1°	88°±1°

注：角抹板厚 $\delta \leqslant 2.0$mm。

6. 泥压子（QB/T 2212.3—2011）

（1）用途 用于对灰砂、水泥砂浆作业面的整平和压光。

（2）规格 尺寸见图 13-11 和表 13-11。

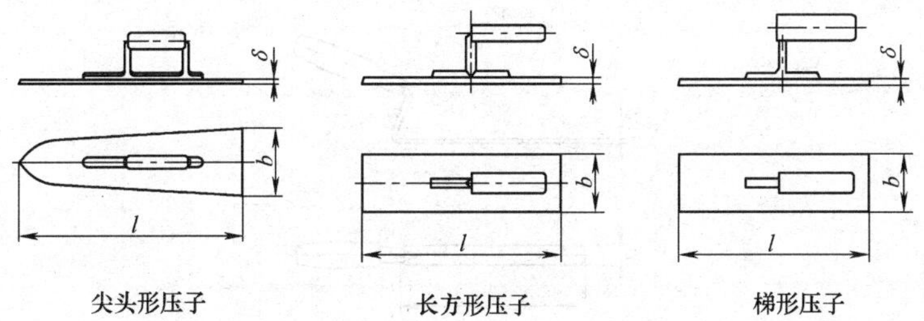

图 13-11 泥压子

表 13-11 泥压子的基本尺寸 （单位：mm）

规格 l（压板宽 b）	压板厚 δ
190(50)、195(50)、200(55)、205(55)、210(60)	≥1.0

注：同表 13-8。

7. 分格器（QB/T 2212.7—2011）

（1）用途 用在地面、墙面抹灰时分格。

（2）规格 尺寸见图 13-12 和表 13-12。

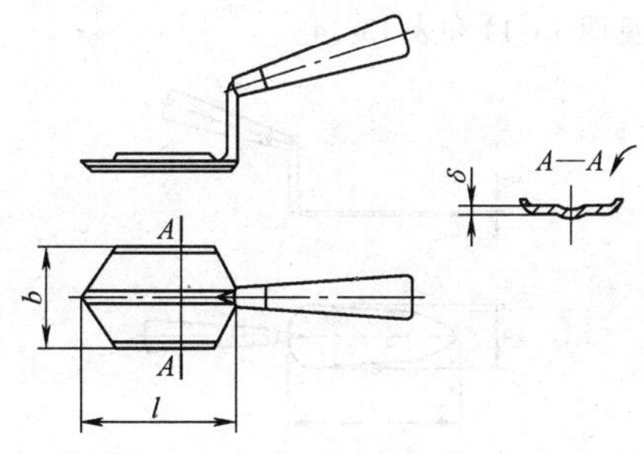

图 13-12 分格器

表 13-12　分格器的尺寸　　（单位：mm）

规格（抿板长 l）	抿板宽 b	抿板厚 δ
80	45	≥1.5
100	60	
110	65	

8. 缝溜子（QB/T 2212.7—2011）

（1）用途　用于溜光外砖墙灰缝。

（2）规格　尺寸见图 13-13 和表 13-13。

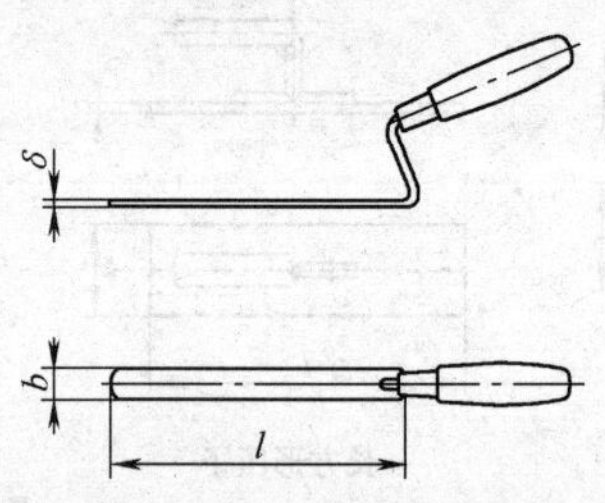

图 13-13　缝溜子

表 13-13　缝溜子的尺寸　　（单位：mm）

规格（溜板长 l）	溜板宽 b	溜板厚 δ
		δ
100、110、120、130、140、150、160	10	≥2.5

9. 缝扎子（QB/T 2212.7—2011）

（1）用途　用于墙体勾缝。

（2）规格　尺寸见图 13-14 和表 13-14。

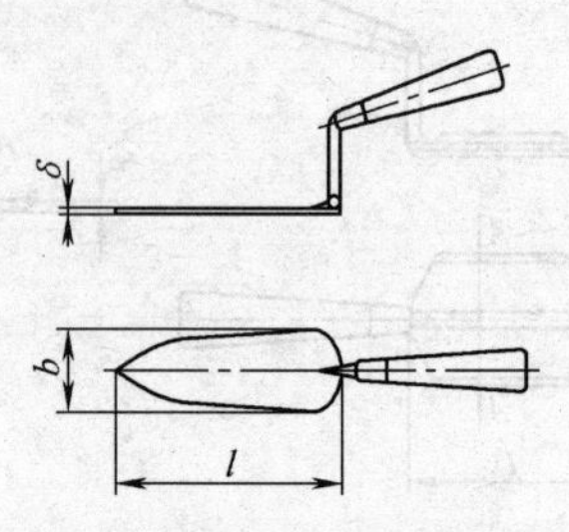

图 13-14　缝扎子

表 13-14 缝扎子的尺寸 (单位：mm)

规格（扎板长 l）	50	80	90	100	110	120	130	140	150
扎板宽 b	20	25	30	35	40	45	50	55	60
扎板厚 δ	≥1.0								

10. 线锤

(1) 用途　在建筑测量工作时，作垂直基准线用，也用于机械安装中。

(2) 规格　外形和线锤质量见图 13-15 和表 13-15。

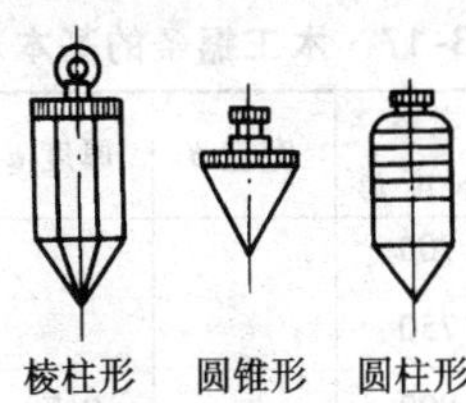

图 13-15　线锤

表 13-15　线锤的质量

材料	质　量/kg
铜质	0.0125、0.025、0.05、0.1、0.15、0.2、0.25、0.3、0.4、0.5、0.6、0.75、1、1.5
钢质	0.1、0.15、0.2、0.25、0.3、0.4、0.5、0.75、1、1.25、2、2.5

11. 铁水平尺

(1) 用途　用在土木建筑中检查建筑物或在机械安装中检查普通设备的水平位置误差。

(2) 规格　外形和尺寸见图 13-16 和表 13-16。

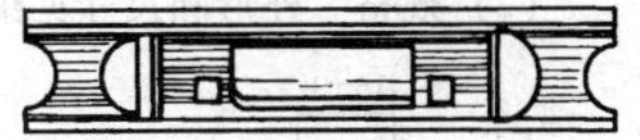

图 13-16　铁水平尺

表 13-16　铁水平尺的尺寸

长度/mm	150	200、250、300、350、400、450、500、550、600
主水准刻度值/(mm/m)	0.5	2

三、木工工具

1. 木工锯条（QB/T 2094.1—2015）

(1) 用途　装在木制工字形锯架上，用于锯切木材。

(2) 规格　外形和尺寸见图 13-17 和表 13-17。

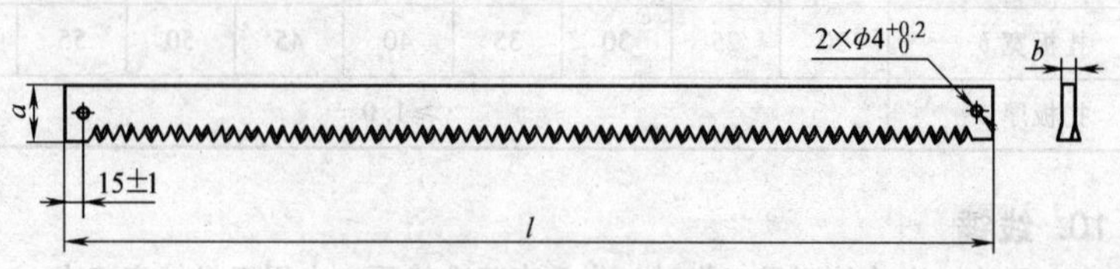

图 13-17　木工锯条

表 13-17　木工锯条的基本尺寸　　(单位：mm)

规格（长度 l）	宽度 b	厚度 a	规格（长度 l）	宽度 b	厚度 a	规格（长度 l）	宽度 b	厚度 a
400	22、	0.50	700	38、44	0.70	950	44、50	0.80、0.90
450	25		750			1000		
500	25、		800			1050		
550	32		850			1100		
600	32、	0.60	900			1150		
650	38							

注：1. 锯条的分齿参见 QB/T 2094.1—2015 附录 A。

2. 特殊规格锯条的基本尺寸可不受本表的限制。

2. 木工绕锯条（QB/T 2094.4—2015）

(1) 用途　因其锯条狭窄，是用来锯切木制品的圆弧、曲线、凹凸面的专用工具。

(2) 规格　外形和尺寸见图 13-18 和表 13-18。

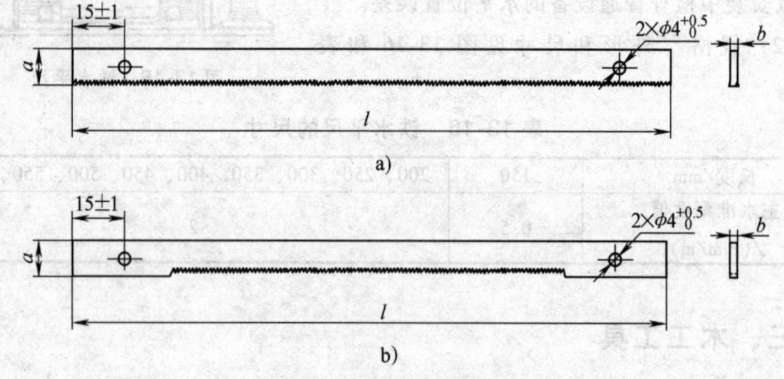

图 13-18　木工绕锯条

a) A型　b) B型

表 13-18　木工绕锯条的基本尺寸　　（单位：mm）

长度 l	400、450、500	550、600、650、700、750、800
宽度 b	10	
厚度 a	0.50	0.60、0.70

注：1. 锯条的参齿参见 QB/T 2094.4—2015 附录 A。

2. 特殊锯条的基本尺寸不受本表的限制。

3. 手扳锯（QB/T 2094.3—2015）

（1）用途　用于锯割一般木材或较宽的板材，如三合板等。

（2）规格　外形和尺寸见图 13-19 和表 13-19。

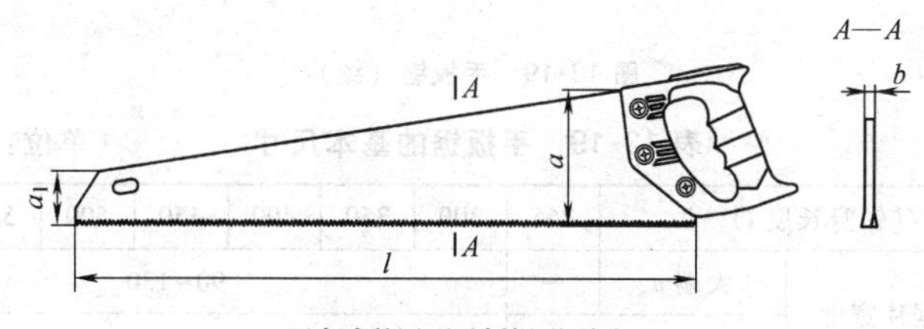

固定式普通型手扳锯(代号为G)

固定式直柄型手扳锯(代号为GZ)

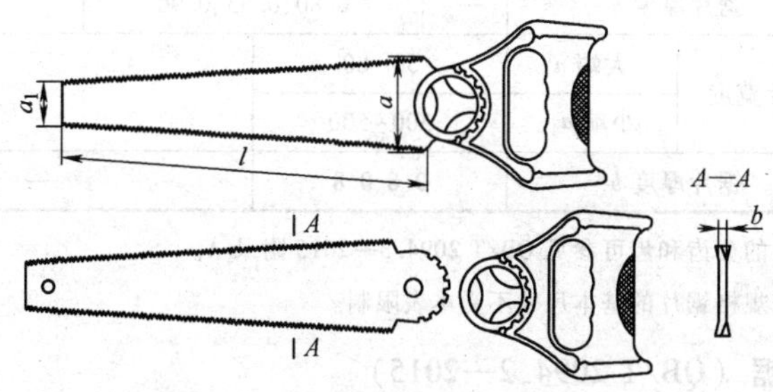

分解式普通型手扳锯(代号为F)

图 13-19　手扳锯

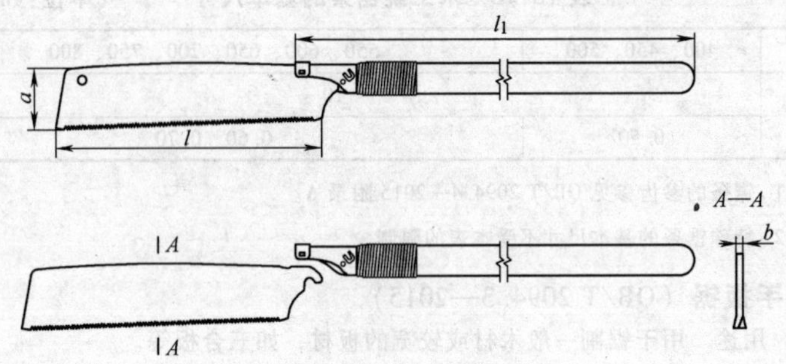

分解式直柄型手扳锯(代号为FZ)

图 13-19 手扳锯（续）

表 13-19 手扳锯的基本尺寸 （单位：mm）

规格/(锯身长度 l)			265	300	350	400	450	500	550	600
固定式普通型	锯片宽度	大端 a	—	90~130						
		小端 a_1	—	25~50						
	锯片厚度 b		—	0.80、0.85、0.90			0.85、0.90、0.95、1.00			
固定式直柄型	锯片宽度	大端 a	—	80~100				—		
		直柄长度 l_1	—	100~500				—		
	锯片厚度 b		—	0.8、0.9				—		
分解式普通型	锯片宽度	大端 a	—	50~100				—		
		小端 a_1	—	25~50				—		
	锯片厚度 b		—	0.80、0.85、0.90				—		
分解式直柄型	锯片宽度	大端 a	50~80		—					
		小端 a_1	300~500							
	锯片厚度 b		0.6、0.8		—					

注：1. 锯片的分齿和齿可参见 QB/T 2094.3—2015 附录 A。

2. 特殊规格锯片的基本尺寸不受本表限制。

4. 伐木锯（QB/T 2094.2—2015）

(1) 用途 装上木柄，由两人推、拉对原木、圆木或成材等木材大料进行锯截。

(2) 规格 外形和基本尺寸见图 13-20 和表 13-20。

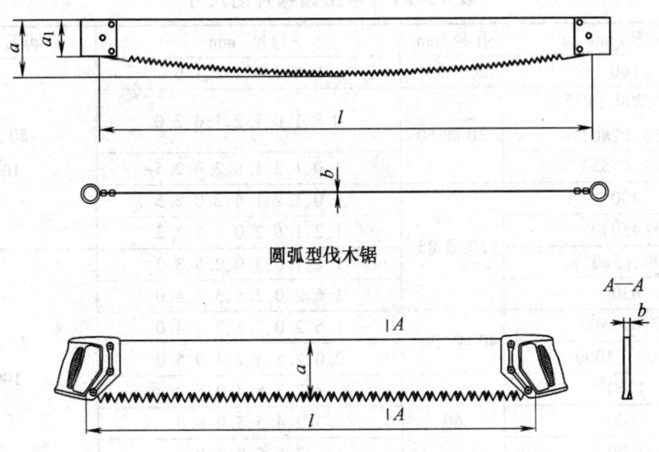

圆弧型伐木锯

直线型伐木锯

图 13-20 伐木锯

表 13-20 伐木锯的基本尺寸 （单位：mm）

规格(长度 l)		1000	1200	1400	1600	1800
圆弧型锯片	锯片大端宽 a	110	120	130	140	150
	锯片小端宽 a_1	70				
	厚度 b	1.0	1.2		1.4	1.4、1.6
直线型锯片	锯片宽度 a	110		140		—
	锯片厚度 b	1.0		1.2		—

注：1. 锯片的齿形参见 QB/T 2094.2—2015 附录 A。

2. 特殊规格锯片的基本尺寸可不受本表的限制。

5. 木工圆锯片（GB/T 13573—1992）

(1) 用途 装在木工锯床或手持电锯上，纵切或横切各种木板、木条。

(2) 规格 外形和尺寸见图 13-21 和表 13-21。

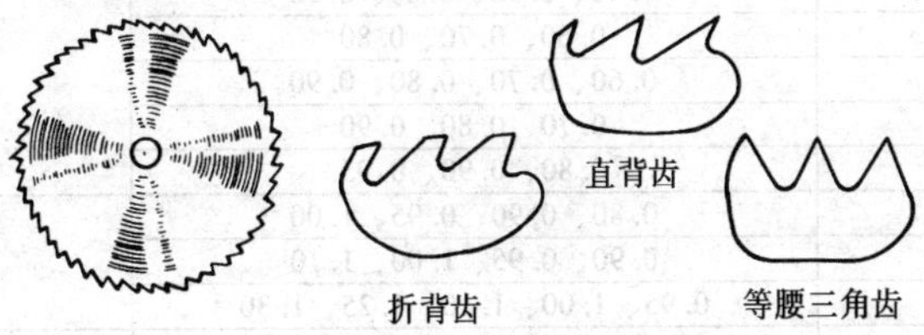

图 13-21 木工圆锯片

表 13-21　木工圆锯片的尺寸

外径/mm	孔径/mm	厚度/mm	齿数/个
160	20、(30)	0.8、1.0、1.2、1.6	80或100
(180)、200、(225)、250、(280)	30或60	0.8、1.0、1.2、1.6、2.0	
315、(355)		1.0、1.2、1.6、2.0、2.5	
400	30或85	1.0、1.2、1.6、2.0、2.5	
(450)		1.2、1.6、2.0、2.5、3.2	
500、(560)		1.2、1.6、2.0、2.5、3.2	72或100
630		1.6、2.0、2.5、3.2、4.0	
(710)、800	40或(50)	1.6、2.0、2.5、3.2、4.0	
(900)、1000		2.0、2.5、3.2、4.0、5.0	
1250	60	3.2、3.6、4.0、5.0	
1600		3.2、4.5、5.0、6.0	
2000		3.6、5.0、7.0	

注：括号内尺寸尽可能不采用。

6. 木工带锯条（JB/T 8087—1995）

（1）用途　装在带锯机上，锯切大型木材。

（2）规格　外形和尺寸见图 13-22 和表 13-22。

图 13-22　木工带锯条

表 13-22　木工带锯条的尺寸　（单位：mm）

宽　度	厚　度	最小长度
6.3	0.40、0.50	7500
10、12.5、16	0.40、0.50、0.60	
20、25、32	0.40、0.50、0.60、0.70	
40	0.60、0.70、0.80	
50、63	0.60、0.70、0.80、0.90	
75	0.70、0.80、0.90	
90	0.80、0.90、0.95	
100	0.80、0.90、0.95、1.00	8500
125	0.90、0.95、1.00、1.10	
150	0.95、1.00、1.10、1.25、1.30	
180	1.25、1.30、1.40	12500
200	1.30、1.40	

7. 鸡尾锯（QB/T 2094.5—2015）

（1）用途　鸡尾锯锯身细狭，锯的前端可以插入较小的狭缝，操作灵活、携带方便，适宜于锯割狭小的孔槽及体积较小的工件和高空作业。

（2）规格　尺寸见图 13-23 和表 13-23。

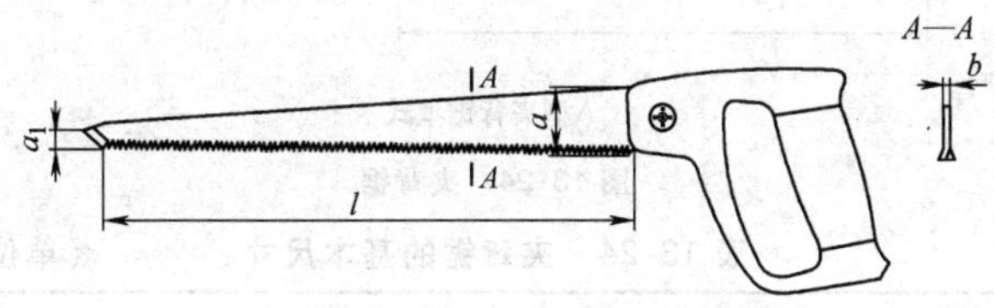

A型鸡尾锯

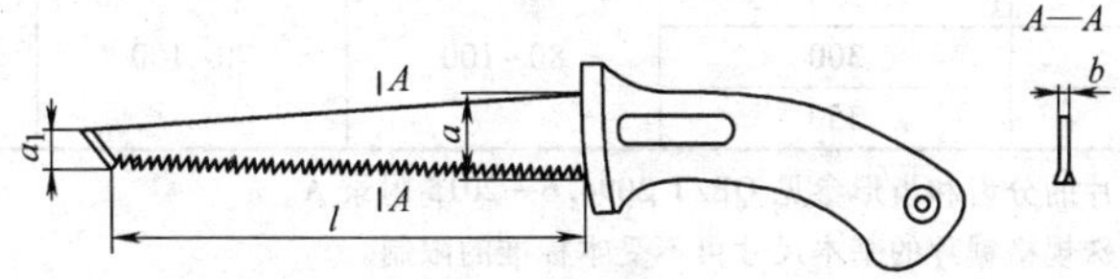

B型鸡尾锯

图 13-23　鸡尾锯

表 13-23　鸡尾锯的基本尺寸　（单位：mm）

规格		长度 l	厚度 b	大端宽 a	小端宽 a_1
A 型	250	250	0.85 0.90 1.00 1.20	25~40	5~10
	300	300			
	350	350			
	400	400			
B 型	125	125	1.2 1.5 2.0 2.5	20~30	6~12
	150	150			
	175	175			
	200	200			

注：1. 锯片的分齿和齿形参见 QB/T 2094.5—2015 附录 A。

2. 特殊规格锯片的基本尺寸可不受本表限制。

8. 夹背锯（QB/T 2094.6—2015）

（1）用途　用于贵重木材的锯割或在精细工件上锯割凹槽。

（2）规格　尺寸见图 13-24 和表 13-24。

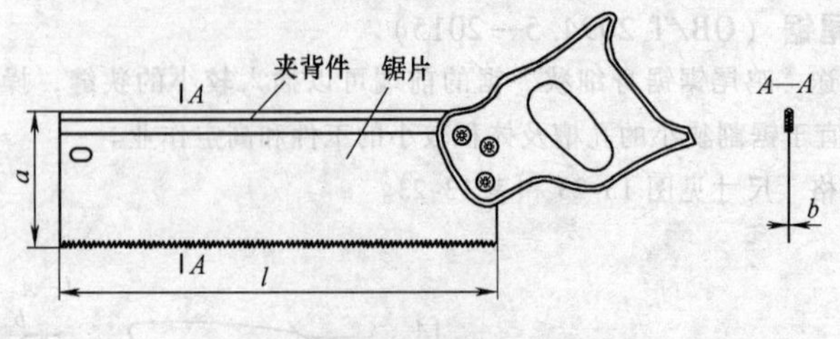

A型夹背锯型式

图 13-24　夹背锯

表 13-24　夹背锯的基本尺寸　　　　(单位：mm)

规格	长度 l	宽度 a		厚度 b
		A 型	B 型	
250	250	80～100	70～100	0.8
300	300			
350	350			

注：1. 锯片的分齿和齿形参见 QB/T 2094.6—2015 附录 A。

2. 特殊规格锯片的基本尺寸可不受本标准的限制。

9. 异形刨刀

(1) 用途　拉刨刀、斜刃刨刀、板刨刀用于拉、刨各种木材的斜、平面；槽刨刀用于刨削木材的槽沟；圆线刨刀、套刨刀用于刨削木材的弧形面；铁柄刨刀用于刨削木材的曲面、圆形、棱角及修光竹制品。

(2) 规格　外形尺寸见表 13-25。

表 13-25　异形刨刀的外形尺寸　　　　(单位：mm)

名称	外　形	宽度 B (规格)	长度 L	厚度 H	镶钢长度
木工手用拉刨刀		38	80	—	50
		44	100		60
		51	105		65
		57	110		70
		62	115		70
		64	120		70
		68	125		70
		70	130		70
斜刃刨刀		38	96	$\theta=20°$	50
		44	108		55
		51	115		60
		57	120		60
		62	125		65
		64	125		65
		68	130		65
		70	130		65

（续）

名称	外　形	宽度 *B*（规格）	长度 *L*	厚度 *H*	镶钢长度
板刨刀		13 16 19 22 25 32	—	—	—
		宽度 *B*（规格）	A 型长	B 型长	镶钢长度
槽刨刀		3.2	124	150	60
		5	124	150	60
		6.5	124	150	60
		8	124	150	60
		9.5	124	150	60
		13	124	150	60
		16	124	150	60
		19	124	150	60
铁柄刨刀		40	40	2	7
		42	42	2	7
		44	43	2	7
		45	45	2	7
		50	50	2	7
		52	52	2	7
		54	58	2	7

10. 机用直刃刨刀

(1) 用途　用于木工刨床上刨削各种木材。

(2) 规格　木工机用直刃刨刀有三种型式：Ⅰ型——整体薄刨刀；Ⅱ型——双金属薄刨刀；Ⅲ型——带紧固槽的双金属厚刨刀。基本尺寸见图 13-25 和表 13-26。

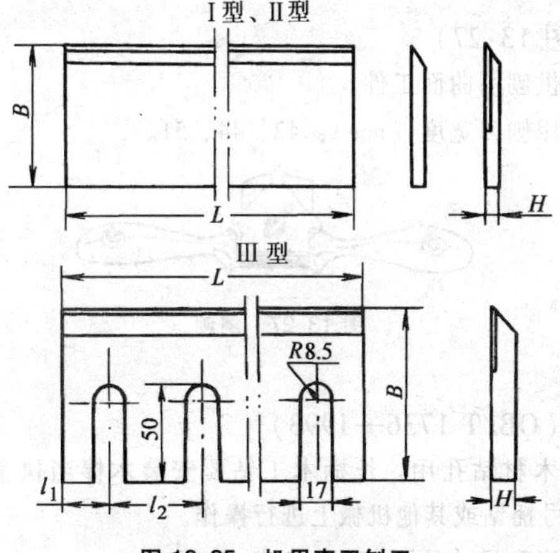

图 13-25　机用直刃刨刀

表 13-26　机用直刃刨刀的基本尺寸　　(单位：mm)

型式	基本尺寸												
Ⅰ、Ⅱ型	长度 L	110	135	170	210	260	325	410	510	640	810	1010	1260
	宽度 B	25、30						30、35、40					
	厚度 H	3、4											
Ⅲ型	长度 L	40	60	80	110	135	170	210	260	325			
	宽度 B	90、100											
	厚度 H	8、10											
	边槽距 l_1	20	30	20	25	30	25	35	25	35			
	槽间距 l_2	—	—	40	60	75	60	70		85			
	槽数	1		2			3		4				

11. 刨刀（QB/T 2082—1995）

（1）用途　用于手工刨削各种木材的平面。

（2）规格　外形和尺寸见图 13-26 和表 13-27。

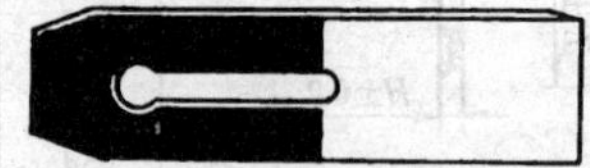

图 13-26　刨刀

表 13-27　刨刀的尺寸　　(单位：mm)

刨刀宽度	25、32、38、44、51、57、64		
刨刀长度	≥175	刨刀厚度	3

12. 绕刨（图 13-27）

（1）用途　专供刨削曲面工件。

（2）规格　适用刨刀宽度（mm）：42、44、51。

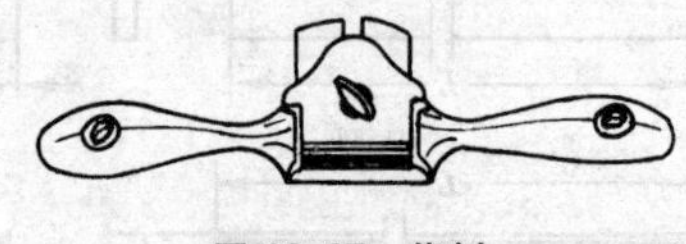

图 13-27　绕刨

13. 木工钻（QB/T 1736—1993）

（1）用途　对木材钻孔用。长柄木工钻要安装木棒当执手，用于手工操作；短柄木工钻安装在弓摇钻或其他机械上进行操作。

（2）规格　外形和尺寸见图 13-28 和表 13-28。

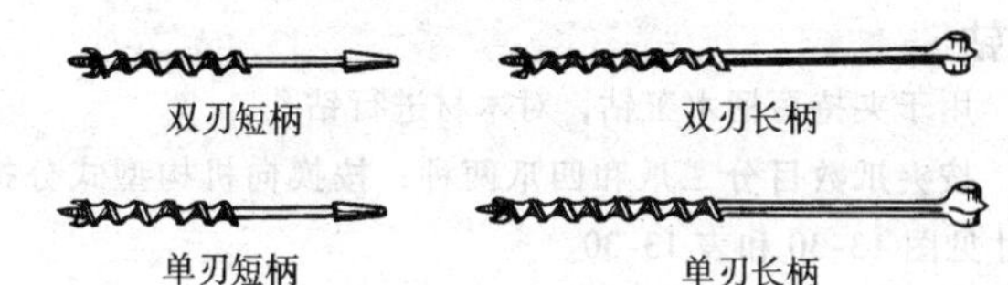

图 13-28 木工钻

表 13-28 木工钻的尺寸 （单位：mm）

<table>
<tr><th rowspan="2">钻头直径</th><th colspan="2">全 长</th><th rowspan="2">钻头直径</th><th colspan="2">全 长</th></tr>
<tr><th>短柄</th><th>长柄</th><th>短柄</th><th>长柄</th></tr>
<tr><td>5</td><td>150</td><td>250</td><td>14、16、19、20</td><td>230</td><td>500</td></tr>
<tr><td>6、6.5、8</td><td>170</td><td>380</td><td>22、24、25、28、30</td><td>250</td><td>560</td></tr>
<tr><td>9.5、10、11、12、13</td><td>200</td><td>420</td><td>32、38</td><td>280</td><td>610</td></tr>
</table>

14. 木工方凿钻

（1）用途 装在木工机床上，用于机加工钻凿木制品的榫槽（方孔）。

（2）规格 木工方凿钻由钻头和空心凿刀组合而成。钻头工作部分采用蜗旋式（Ⅰ型）或螺旋式（Ⅱ型）。外形和尺寸见图 13-29 和表 13-29。

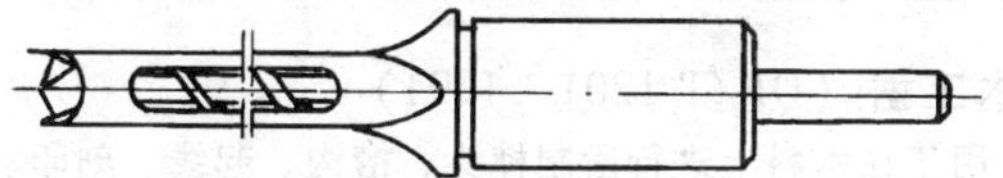

图 13-29 木工方凿钻

表 13-29 木工方凿钻的尺寸 （单位：mm）

<table>
<tr><th colspan="4">空心凿刀</th><th colspan="4">钻头</th></tr>
<tr><th>方凿边长</th><th>柄部直径</th><th>长度</th><th>柄部长度</th><th>钻头直径</th><th>柄部直径</th><th>长度</th><th>刃长</th></tr>
<tr><td>(6.3)</td><td rowspan="2">12</td><td rowspan="4">120</td><td rowspan="9">40</td><td>(6.3)</td><td>4.8</td><td rowspan="4">160</td><td rowspan="2">55</td></tr>
<tr><td>8</td><td>8</td><td>6</td></tr>
<tr><td>(9.5)</td><td rowspan="7">19</td><td>(9.5)</td><td rowspan="2">7</td><td rowspan="2">60</td></tr>
<tr><td>10</td><td>10</td></tr>
<tr><td>11</td><td rowspan="3">135</td><td>11</td><td>8.5</td><td rowspan="3">180</td><td>70</td></tr>
<tr><td>12</td><td>12</td><td rowspan="2">9.4</td><td rowspan="3">80</td></tr>
<tr><td>(12.5)</td><td>(12.5)</td></tr>
<tr><td>14</td><td rowspan="2">145</td><td>14</td><td>11</td><td rowspan="2">200</td></tr>
<tr><td>16</td><td>16</td><td>12.5</td><td>90</td></tr>
<tr><td>20</td><td rowspan="3">28.5</td><td rowspan="3">205</td><td rowspan="3">50</td><td>20</td><td>16</td><td rowspan="3">255</td><td rowspan="3">130</td></tr>
<tr><td>22</td><td>22</td><td>18.5</td></tr>
<tr><td>25</td><td>25</td><td>22</td></tr>
</table>

注：括号内尺寸尽量不采用。

15. 弓摇钻

(1) 用途 用于夹持短柄木工钻，对木材进行钻孔。

(2) 规格 按夹爪数目分二爪和四爪两种；按换向机构型式分持式、推式和按式三种。尺寸见图 13-30 和表 13-30。

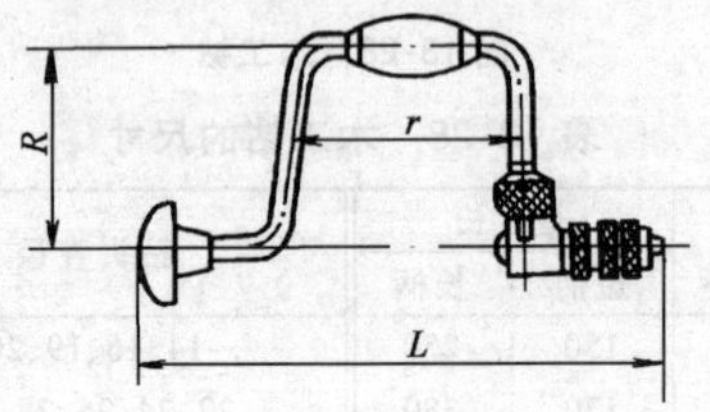

图 13-30 弓摇钻

表 13-30 尺寸 (单位：mm)

型号	最大夹持木工钻规格	全长 L	回转半径 R	弓架距 r
GZ25	22	320~360	125	150
GZ30	28.5	340~380	150	150
GZ35	38	360~400	175	160

16. 手用木工凿（QB/T 1201—1991）

(1) 用途 用于在木料上进行凿制榫头、槽沟、起线、刻印、打眼等工作。

(2) 规格 外形和尺寸见图 13-31 和表 13-31。

图 13-31 手用木工凿

表 13-31 手用木工凿的尺寸 (单位：mm)

品　种	宽　度	长度	品　种	宽　度	长度
圆凿、平凿	6、4、8、10	≥150	扁凿	13、16、19	≥180
	13、16、19、22、25	≥160		22、25、32、38	≥200

17. 木工夹

(1) 用途 用于夹持两板料及待粘接的构架。F 型夹专用于夹持胶合板；G 型夹是多功能夹，可夹持各种工件。

(2) 规格　外形和参数见图 13-32 和表 13-32。

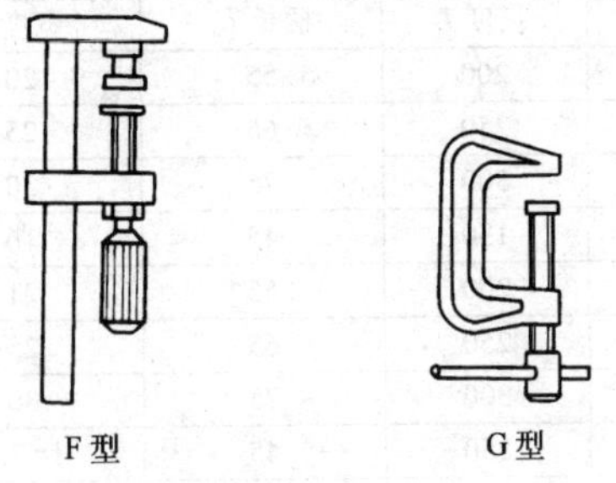

图 13-32　木工夹

表 13-32　木工夹的参数

型式	型号	夹持范围 /mm	负荷界限 /kg	型式	型号	夹持范围 /mm	负荷界限 /kg
F型	FS150	150	180	G型	GQ8175	75	350
	FS200	200	160		GQ81100	100	350
	FS250	250	140		GQ81125	125	450
	FS300	300	100		GQ81150	150	500
G型	GQ8150	50	300		GQ81200	200	1000

18. 木水平尺（图 13-33）

(1) 用途　常用在建筑、安装、维修、装饰工程中，检查建筑物或设备的水平位置偏差。

(2) 规格　长度（mm）：150、200、250、300、350、400、450、500、550、600。

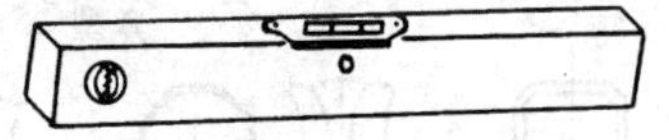

图 13-33　木水平尺

19. 木锉

(1) 用途　用于锉削或修整木制品的圆孔、槽眼及不规则的内、外表面等。

(2) 规格　外形和尺寸见图 13-34 和表 13-33。

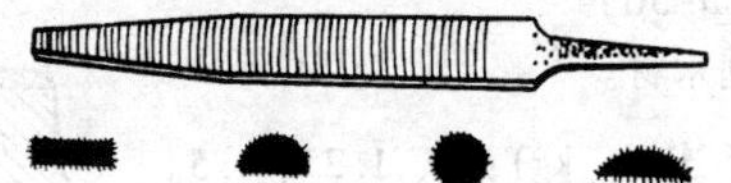

扁木锉　半圆木锉　圆木锉　家具半圆木锉

图 13-34　木锉

表 13-33　木锉的尺寸　（单位：mm）

名称	代号	长度 L	柄长 L_1	宽度 b	厚度 δ
扁木锉	M-01-200	200	55	20	6.5
	M-01-250	250	65	25	7.5
	M-01-300	300	75	30	8.5
半圆木锉	M-02-150	150	45	16	6
	M-02-200	200	55	21	7.5
	M-02-250	250	65	25	8.5
	M-02-300	300	75	30	10
圆木锉	M-03-150	150	45	$d=7.5$	$d_1 \leqslant d80\%$
	M-03-200	200	55	$d=9.5$	
	M-03-250	250	65	$d=11.5$	
	M-03-300	300	75	$d=13.5$	
家具半圆木锉	M-04-150	150	45	18	4
	M-04-200	200	55	25	6
	M-04-250	250	65	29	7
	M-04-300	300	75	34	8

20. 羊角锤（QB/T 1290.8—2010）（图 13-35）

（1）用途　木工作业时敲打或起钉用，也可用来敲击其他物品。

（2）规格　按锤击端的截面形状分为 A、B、C、D、E 型五种。锤重（不连柄，kg）：0.25、0.35、0.45、0.50、0.55、0.65、0.75。

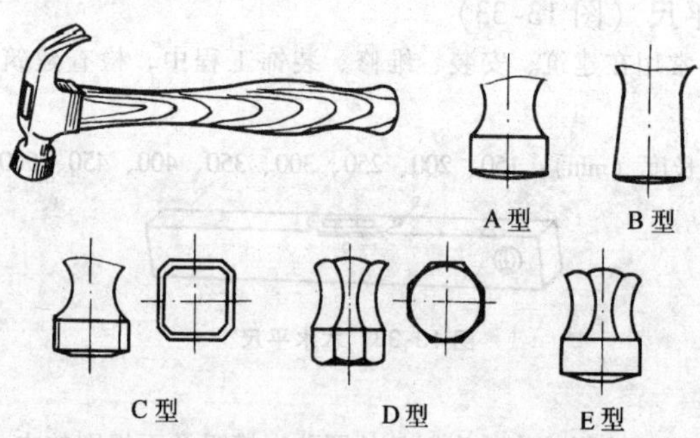

图 13-35　羊角锤

21. 木工斧（图 13-36）

（1）用途　用于劈削木材。

（2）规格　质量（不连柄，kg）：1、1.25、1.5。

图 13-36　木工斧

22. 木工台虎钳（图 13-37）

（1）用途　装在工作台上，用以夹稳木制工件，进行锯、刨、锉等操作。钳口除可通过丝杆旋动移动外，还具有快速移动机构。

（2）规格 钳口长度（mm）：150。夹持工件最大尺寸（mm）：250。

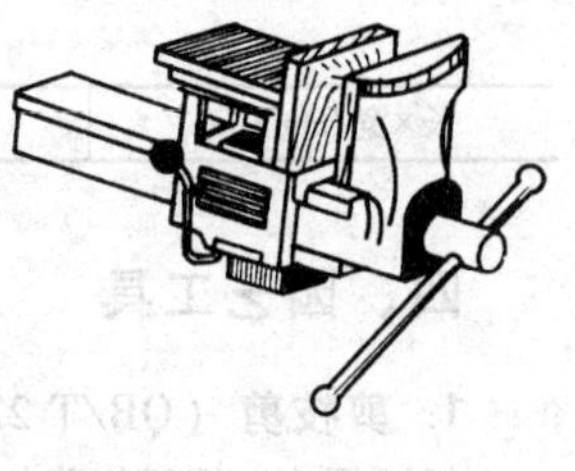

图 13-37 木工台虎钳

23. 锯锉

（1）用途 专用于锉修各种木工锯的锯齿。

（2）规格 外形和尺寸见图 13-38 和表 13-34。

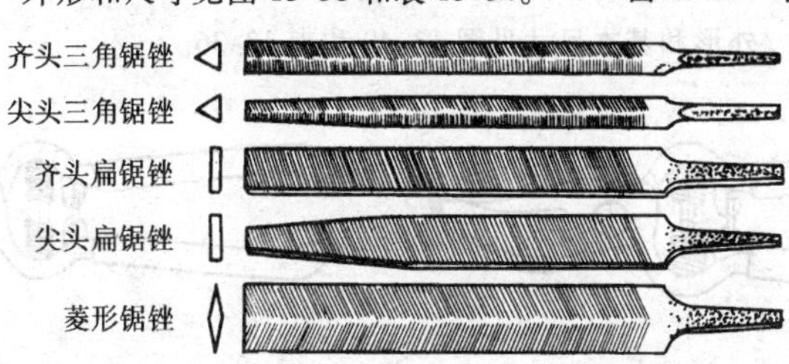

图 13-38 锯锉

表 13-34 锯锉的尺寸 （单位：mm）

规格（锉身长度）	三角锯锉（尖头、齐头）			扁锯锉（尖头、齐头）		菱形锯锉		
	普通型	窄型	特窄型					
L	宽	宽	宽	宽	厚	宽	厚	刃厚
60	—	—	—	—	—	16	2.1	0.40
80	6.0	5.0	4.0	—	—	19	2.3	0.45
100	8.0	6.0	5.0	12	1.8	22	3.2	0.50
125	9.5	7.0	6.0	14	2.0	25	3.5 (4.0)	0.55 (0.70)
150	11.0	8.5	7.0	16	2.5	28	4.0 (5.0)	0.70 (1.00)
175	12.0	10.0	8.5	18	3.0	—	—	—
200	13.0	12.0	10.0	20	3.5	32	5.0	1.00
250	16.0	14.0	—	24	4.5	—	—	—
300	—	—	—	28	5.0	—	—	—
350	—	—	—	32	6.0	—	—	—

24. 整锯器

（1）用途 校正锯齿，使齿朝两侧倾斜形成锯路。

（2）规格 外形和尺寸见图 13-39 和表 13-35。

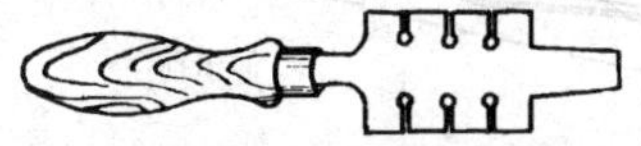

图 13-39 整锯器

表 13-35　整锯器的尺寸

长×宽/mm×mm	105×33	适用锯条厚度/mm	1～5

四、园艺工具

1. 剪枝剪（QB/T 2289.4—2012）

（1）用途　用于修剪各种园艺花卉、树枝、藤条。

（2）规格　外形和基本尺寸见图 13-40 和表 13-36。

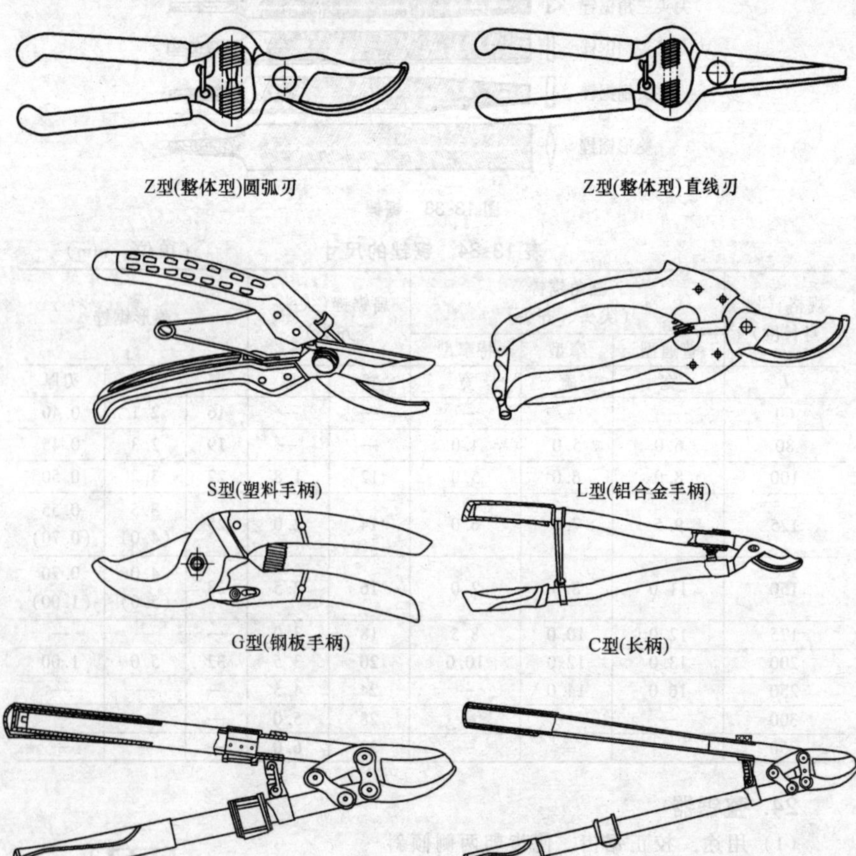

图 13-40　剪枝剪

表 13-36　剪枝剪的基本尺寸　（单位：mm）

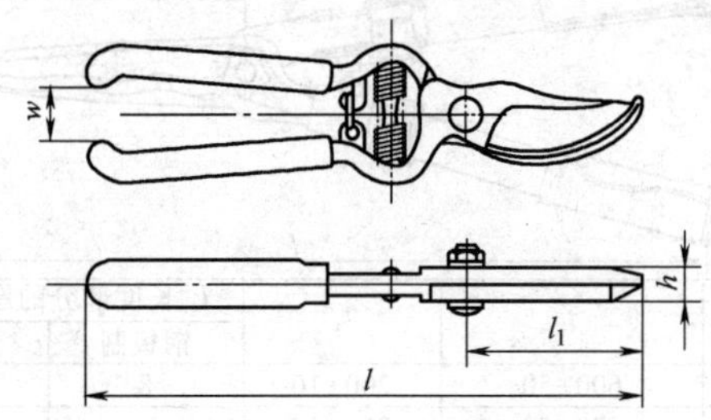

产品型式	规格	l	l_1	h	w_{min}
Z 型、S 型、L 型、G 型	150	150±5	45±4	8_{-2}^{0}	15
Z 型、S 型、L 型、G 型	180	180±5	60±4		
Z 型、S 型、L 型、G 型	200	200±10	68±5	12_{-3}^{+1}	15
Z 型、S 型、L 型、G 型	230	230±10	72±5		
Z 型、S 型、L 型、G 型	250	250±10	75±8	13_{-3}^{+1}	15
C 型	550	550±100	90±10	15_{-3}^{+1}	150
	800	800±100	90±10	15_{-3}^{+1}	150
T 型	900	900(600)±100	90±10	15_{-3}^{+1}	150

注：1. T 型 l 括号内 600 和 w 是伸长前的尺寸。

2. 特殊规格的基本尺寸可不受本表限制。

2. 整篱剪（QB/T 2289. 5—2012）

（1）用途　用于修剪各种园艺花卉、篱墙树、各种灌木。

（2）规格　按剪刀形状分为直线刃（Z 型）、曲线刃（Q 型）、锯齿刃（J 型）。按柄部型式分为 Z 型（整体型）和 T 型（伸缩型）和尺寸见图 13-41 和表 13-37。

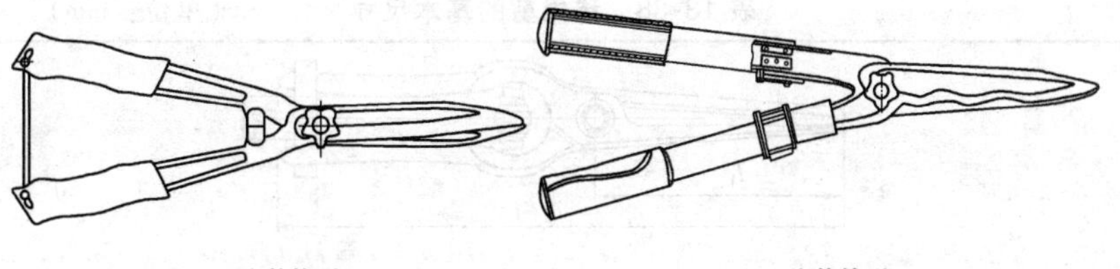

Z型(整体型)　T型(伸缩型)

图 13-41　整篱剪

表 13-37　整篱剪的基本尺寸　　　　（单位：mm）

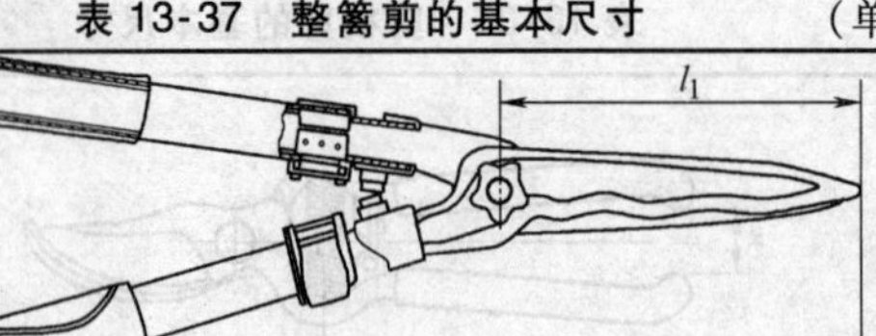

产品型式	规格	l	l_1	l_1 长度部分的厚度 h_{max}		w_{min}
				钢板制	锻制	
Z 型	600	600±50	200±10	8	10	150
	700	700±50	250±10	10	13	150
T 型	800	800(650)±50	200±10	10	—	150
	1100	1100(750)±50	250±10	10	—	150

注：1. T 型：l 括号内（650）和（750）是伸长前的尺寸。
2. 特殊规格的基本尺寸可不受本表限制。

3. 稀果剪（QB/T 2289.1—2012）

（1）用途　用于各种果树稀果修剪、葡萄采摘、棉花整枝等。

（2）规格　型式和基本尺寸见图 13-42 和表 13-38。

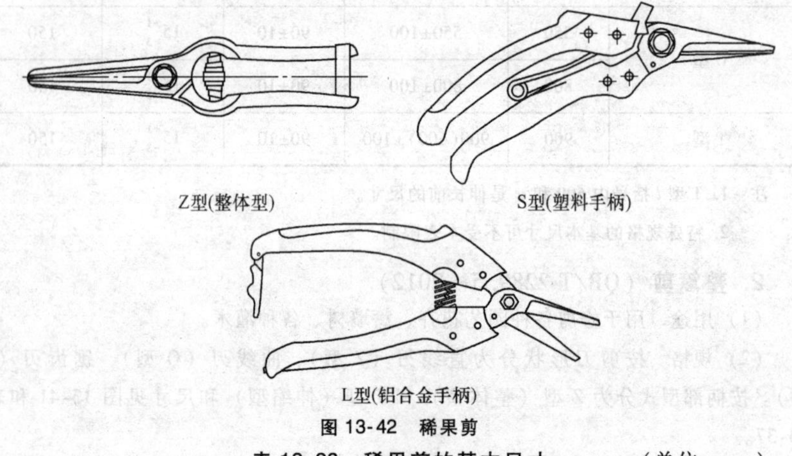

图 13-42　稀果剪

表 13-38　稀果剪的基本尺寸　　　　（单位：mm）

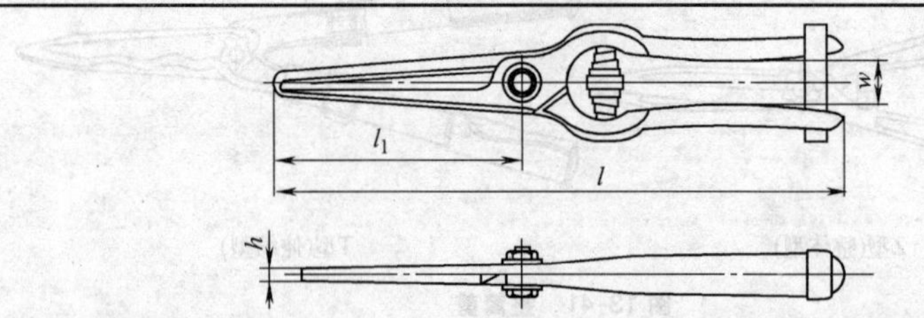

（续）

规格	l	l_1	h	$w_{\min}$
150	150±5	45±5	6±1	15
200	200±5	65±5	8±1	15

注：特殊规格的基本尺寸可不受本表限制。

4. 桑剪（QB/T 2292.2—2012）

（1）用途 修剪桑树枝、采摘桑叶等。

（2）规格 型式和基本尺寸见图 13-43 和表 13-39。

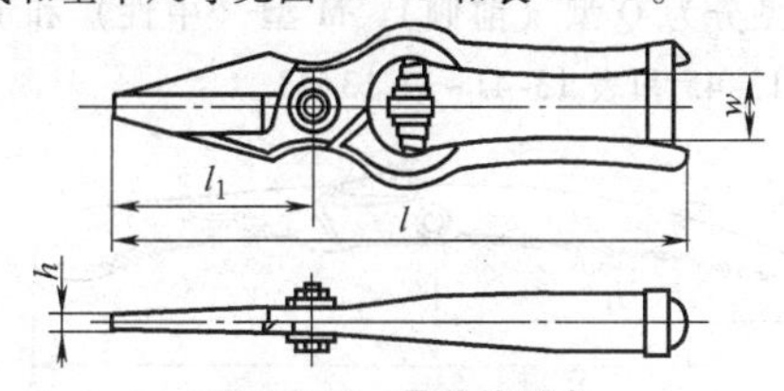

图 13-43 桑剪的型式

表 13-39 桑剪的基本尺寸 （单位：mm）

规格	l	l_1	h	$w_{\min}$
200	200±5	72±5	8±1	15

注：特殊规格的基本尺寸可不受本表限制。

5. 高枝剪（QB/T 2289.3—2012）

（1）用途 用于修剪离地面较高的各种树枝、采集树种等。

（2）规格 型式和基本尺寸见图 13-44 和表 13-40。

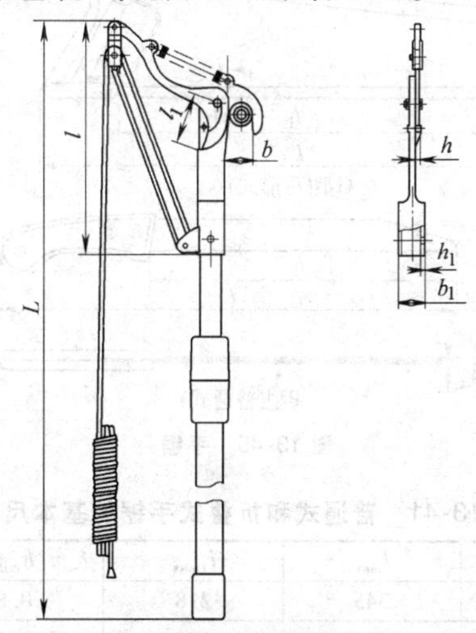

图 13-44 高枝剪的型式

表 13-40 高枝剪的基本尺寸 (单位：mm)

规格	l	l_1	b	b_1	h	h_1	L
300	300±10	60±5	45±5	Φ(30±5)	8±1	2±0.5	3500~5500

注：1. L为伸长后的尺寸。

2. 特殊规格的基本尺寸可不受本表限制。

6. 手锯（QB/T 2289.6—2012）

（1）用途 用于锯截各种果树、绿化乔木等。

（2）规格 按齿型分为Q型（前倾）、M型（中性）和H型（后倾）三种。型式和基本尺寸见图13-45和表13-41~表13-43。

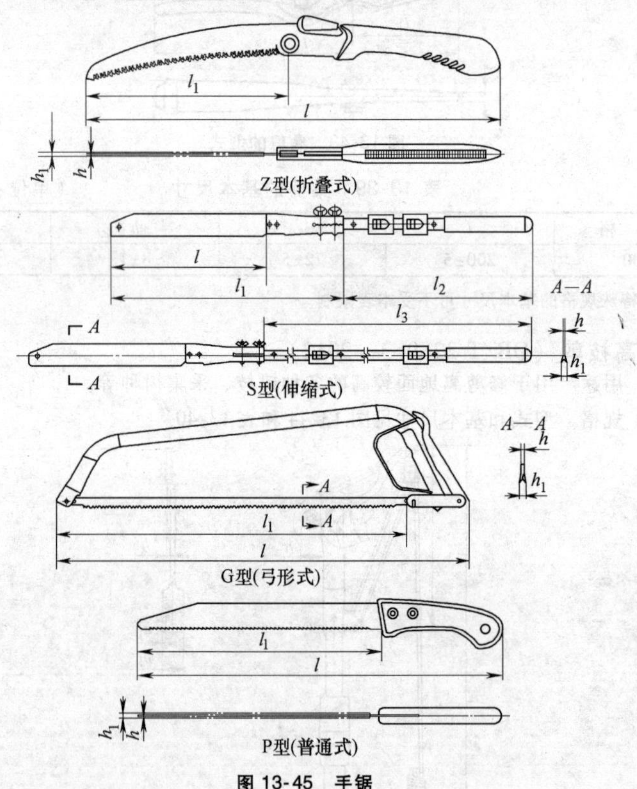

图 13-45 手锯

表 13-41 普通式和折叠式手锯的基本尺寸 (单位：mm)

规格		l_{max}	l_{1max}	h_{min}	h_{1min}
P型	210	345	218	0.8	1.5×h
	260	405	265	0.9	1.5×h

（续）

规格		l_{max}	l_{1max}	h_{min}	h_{1min}
Z型	120	195	125	0.8	1.5×h
	230	395	235	1.1	2×h

注：特殊规格的基本尺寸可不受本表的限制。

表 13-42 伸缩式手锯的基本尺寸 （单位：mm）

规格	l_{max}	l_{1max}	l_{2max}	l_{3max}	h_{min}	h_{1min}
1500	380	570	600	1100	1.5	2.8
2500	380	570	1000	2100	1.5	2.8
4500	380	570	1750	4100	1.5	2.8

注：特殊规格的基本尺寸可不受本表的限制。

表 13-43 弓形式手锯的基本尺寸 （单位：mm）

规格	l_{max}	l_{1max}	h_{min}	h_{1min}
300	425	305	0.7	1.4
450	555	458	0.7	1.4
530	630	534	0.7	1.4
610	705	610	0.7	1.4
760	855	762	0.7	1.4
810	905	813	0.7	1.4
910	1005	915	0.7	1.4

注：特殊规格的基本尺寸可不受本表的限制。

第十四章 气 动 工 具

一、金属切削气动工具

1. 气钻（JB/T 9847—2010）

（1）用途 用于对金属、木材、塑料等材质的工件钻孔。

（2）规格 外形和基本参数见图 14-1 和表 14-1。

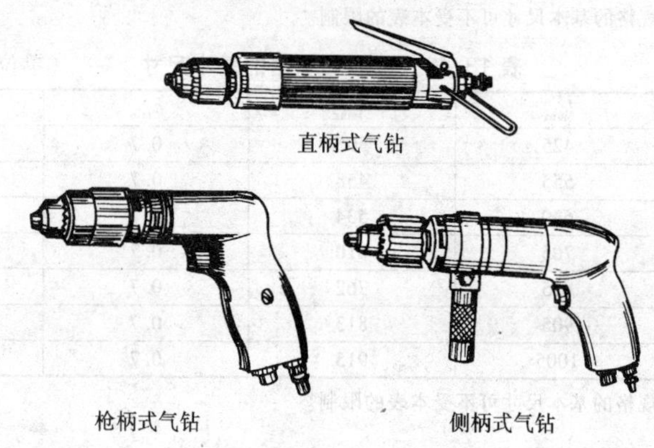

图 14-1 气钻

表 14-1 气钻的基本参数

基本参数	产品系列								
	6	8	10	13	16	22	32	50	80
功率/kW	≥0.200		≥0.290		≥0.660	≥1.07	≥1.24	≥2.87	
空转转速/(r/min)	≥900	≥700	≥600	≥400	≥360	≥260	≥180	≥110	≥70
单位功率耗气量/[L/(s·kW)]	≤44.0		≤36.0		≤35.0	≤33.0	≤27.0	≤26.0	
噪声(声功率级)/dB(A)	≤100		≤105			≤120			
机重/kg	≤0.9	≤1.3	≤1.7	≤2.6	≤6.0	≤9.0	≤13.0	≤23.0	≤35.0
气管内径/mm	10		12.5		16			20	

注：1. 验收气压为 0.63MPa。

2. 噪声在空运转下测量。

3. 机重不包括钻卡；角式气钻重量可增加 25%。

2. 气剪刀

(1) 用途　用于机械、电器等各行业剪切金属薄板，可以剪裁直线或曲线零件。

(2) 规格　外形和基本参数见图 14-2 和表 14-2。

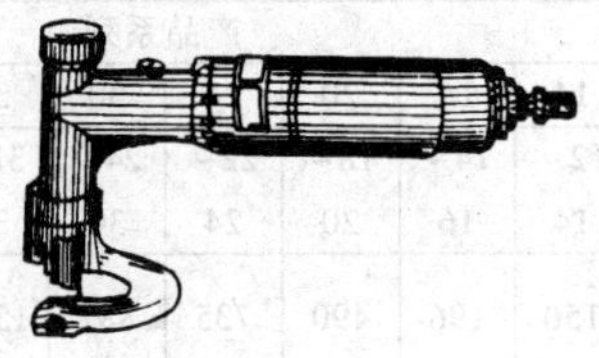

图 14-2　气剪刀

表 14-2　气剪刀的基本参数

型　　号	工作气压 /MPa	剪切厚度 /mm	剪切频率 /Hz	气管内径 /mm	质量 /kg
JD2	0.63	≤2.0	30	10	1.6
JD3	0.63	≤2.5	30	10	1.5

注：剪切厚度指标系指剪切退火低碳钢板。

3. 气动攻丝机

(1) 用途　用于在工件上攻内螺纹孔。适用于汽车、车辆、船舶、飞机等大型机械制造及维修业。

(2) 规格　外形和基本参数见图 14-3 和表 14-3。

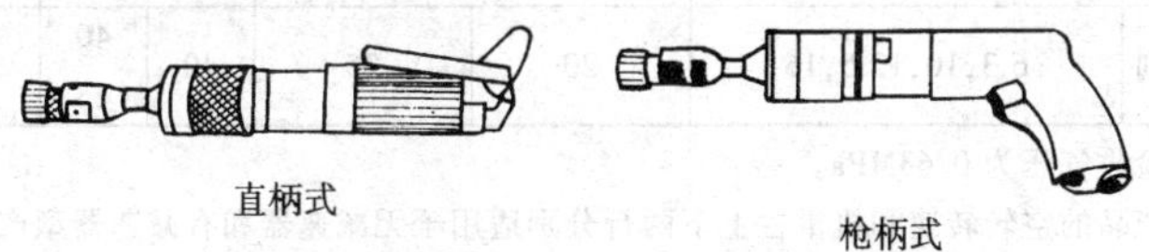

图 14-3　气动攻丝机

表 14-3　气动攻丝机的基本参数

型　　号	攻螺纹直径 /mm≤		空载转速 /(r/min)		功率 /W	质量 /kg	结构型式
	铝	钢	正转	反转			
2G8-2	M8	—	300	300	—	1.5	枪柄
GS6Z10	M6	M5	1000	1000	170	1.1	直柄
GS6Q10	M6	M5	1000	1000	170	1.2	枪柄
GS8Z09	M8	M6	900	1800	190	1.55	直柄
GS8Q09	M8	M6	900	1800	190	1.7	枪柄
GS10Z06	M10	M8	550	1100	190	1.55	直柄
GS10Q06	M10	M8	550	1100	190	1.7	枪柄

二、装配作业气动工具

1. 冲击式气扳机（JB/T 8411—2006）（表 14-4）

表 14-4 冲击式气扳机的基本参数

基本参数	产品系列											
	6	10	14	16	20	24	30	36	42	56	76	100
拧紧螺纹范围/mm	5~6	8~10	12~14	14~16	18~20	22~24	24~30	32~36	38~42	45~56	58~76	78~100
最小拧紧力矩/N·m	20	70	150	196	490	735	882	1350	1960	6370	14700	34300
最大拧紧时间/s	2					3		5		10	20	30
最大负荷耗气量/(L/s)	10	16		18	30		40	25	50	60	75	90
最小空转转速/(r/min)	8000 3000	6500 2500	6000 1500	5000 1400	5000 1000	4800	4800 800	—	2800	—		
最大噪声（声功率级）/dB(A)	113				118				123			
最大机重/kg	1.0 1.5	2.0 2.2	2.5 3.0	3.0 3.5	5.0 8.0	6.0 9.5	9.5 13.0	12 12.7	16.0 20.0	30.0 40.0	36.0 56.0	76.0 96.0
气管内径/mm	8	13				16		13	19		25	
传动四方系列	6.3,10,12.5,16				20		25		40	40 (63)	63	

注：1. 验收气压为 0.63MPa。

2. 产品的空转转速和机重栏上下两行分别适用于无减速器和有减速器型产品。

3. 机重不包括机动套筒扳手、进气接头、辅助手柄、吊环等。

4. 括号内数字尽可能不用。

2. 纯扭式气动螺钉旋具（JB/T 5129—2014）（表 14-5）

表 14-5 纯扭式气动螺钉旋具

产品系列	拧紧螺纹规格/mm	扭矩范围/N·m	空转耗气量/(L/s)≤	空转转速/(r/min)≥	空转噪声（声功率级）/dB(A)≤	气管内径/mm	机重/kg ≤	
							直柄式	枪柄式
2	M1.6~M2	0.128~0.264	4.00	1000	93	6.3	0.50	0.55
3	M2~M3	0.264~0.935	5.00				0.70	0.77

（续）

<table>
<tr><th rowspan="2">产品系列</th><th rowspan="2">拧紧螺纹规格/mm</th><th rowspan="2">扭矩范围/N · m</th><th rowspan="2">空转耗气量/(L/s)≤</th><th rowspan="2">空转转速/(r/min)≥</th><th rowspan="2">空转噪声(声功率级)/dB(A)≤</th><th rowspan="2">气管内径/mm</th><th colspan="2">机重/kg ≤</th></tr>
<tr><th>直柄式</th><th>枪柄式</th></tr>
<tr><td>4</td><td>M3~M4</td><td>0.935~2.300</td><td>7.00</td><td>1000</td><td>98</td><td rowspan="3">6.3</td><td>0.80</td><td>0.88</td></tr>
<tr><td>5</td><td>M4~M5</td><td>2.300~4.200</td><td>8.50</td><td>800</td><td>103</td><td rowspan="2">1.00</td><td rowspan="2">1.10</td></tr>
<tr><td>6</td><td>M5~M6</td><td>4.200~7.220</td><td>10.50</td><td>600</td><td>105</td></tr>
</table>

注：验收气压为0.63MPa。

三、砂磨气动工具

1. 直柄式气动砂轮机（JB/T 7172—2016）（表14-6）

表14-6 直柄式气动砂轮机的基本参数

<table>
<tr><th colspan="2">产品系列</th><th>40</th><th>50</th><th>60</th><th>80</th><th>100</th><th>150</th></tr>
<tr><td colspan="2">空转转速/(r/min)</td><td colspan="2">≥17500</td><td>≤16000</td><td>≤12000</td><td>≤9500</td><td>≤6600</td></tr>
<tr><td rowspan="2">负荷性能</td><td>主轴功率/kW</td><td colspan="2">—</td><td>≥0.36</td><td>≥0.44</td><td>≥0.73</td><td>≥1.14</td></tr>
<tr><td>单位功率耗气量/[L/(s · kW)]</td><td colspan="2">—</td><td>≤36.27</td><td colspan="2">≤36.95</td><td>≤32.87</td></tr>
<tr><td colspan="2">噪声(声功率级)/dB(A)</td><td colspan="2">≤108</td><td>≤110</td><td colspan="2">≤112</td><td>≤114</td></tr>
<tr><td colspan="2">机重(不包括砂轮重量)/kg</td><td>≤1.0</td><td>≤1.2</td><td>≤2.1</td><td>≤3.0</td><td>≤4.2</td><td>≤6.0</td></tr>
<tr><td colspan="2">气管内径/mm</td><td>6</td><td>10</td><td colspan="2">13</td><td colspan="2">16</td></tr>
</table>

注：验收气压为0.63MPa。

2. 端面气动砂轮机（JB/T 5128—2015）

（1）用途　配用纤维增强钹形砂轮，用于修磨焊接坡口、焊缝及其他金属表面，切割金属薄板及小型钢。如配用钢丝轮，可进行除锈及清除旧漆层；配用布轮，可进行金属表面抛光；配用砂布轮，可进行金属表面砂光。

图14-4 端面气动砂轮机

（2）规格　外形和基本参数见图14-4和表14-7。

表14-7 端面气动砂轮机的基本参数

<table>
<tr><th rowspan="2">产品系列</th><th colspan="2">配装砂轮直径/mm</th><th rowspan="2">空转转速/(r/min)</th><th rowspan="2">功率/kW</th><th rowspan="2">单位功率耗气量/[L/(s · kW)]</th><th rowspan="2">空转噪声(声功率级)/dB(A)</th><th rowspan="2">气管内径/mm</th><th rowspan="2">机重/kg</th></tr>
<tr><th>钹形</th><th>碗形</th></tr>
<tr><td>100</td><td>100</td><td>—</td><td>≤13000</td><td>≥0.5</td><td>≤50</td><td rowspan="2">≤102</td><td rowspan="2">13</td><td>≤2.0</td></tr>
<tr><td>125</td><td>125</td><td rowspan="2">100</td><td>≤11000</td><td>≥0.6</td><td rowspan="2">≤48</td><td>≤2.5</td></tr>
<tr><td>150</td><td>150</td><td>≤10000</td><td>≥0.7</td><td>≤106</td><td rowspan="3">16</td><td>≤3.5</td></tr>
<tr><td>180</td><td>180</td><td rowspan="2">150</td><td>≤7500</td><td>≥1.0</td><td>≤46</td><td rowspan="2">≤113</td><td rowspan="2">≤4.5</td></tr>
<tr><td>200</td><td>205</td><td>≤7000</td><td>≥1.5</td><td>≤44</td></tr>
</table>

注：1. 配装砂轮的允许线速度，钹形砂轮应不低于80m/s；碗形砂轮应不低于60m/s。

2. 验收气压为0.63MPa。

3. 机重不包括砂轮。

四、铲锤气动工具

1. 气铲（JB/T 8412—2016）

（1）型式（产品按手柄型式分）（表14-8）

表14-8 气铲的型式

序号	气铲型式
1	直柄式气铲
2	弯柄式气铲
3	环柄式气铲

（2）基本参数（表14-9）

表14-9 气铲的基本参数

产品规格	机重[①] /kg	验收气压0.63MPa				气管内径 /mm	气铲尾柄 /mm
		冲击能量 /J ≥	耗气量 /(L/s) ≤	冲击频率 /Hz ≥	噪声（声功率级）/dB(A) ≤		
2	2	2	7	50		10	φ10×41
		0.7		65	103		□12.7
3	3	5	9	50			φ17×48
5	5	8	19	35	116	13	φ17×60
6	6	14	15	20			
		15	21	32	120		
7	7	17	16	13	116		

① 机重的误差不应超过表中参数的±10%。

2. 气镐（JB/T 9848—2011）

（1）用途 用于软岩石开凿、煤炭开采、混凝土破碎、冻土与冰层破碎、机械设备中销钉的装卸等。

（2）规格 外形和基本参数见图14-5和表14-10。

图14-5 气镐

表14-10 气镐的基本参数

产品规格	机重[①] /kg	验收气压为0.63MPa				气管内径 /mm	镐钎尾柄规格/mm
		冲击能量 /J	耗气量 /(L/s)	冲击频率 /Hz	噪声（声功率级）dB(A)		
8	8	≥30	≤20	≥18	≤116	16	φ25×75
10	10	≥43	≤26	≥16	≤118		
20	20	≥55	≤28	≥16	≤120	16	φ30×87

① 机重的误差不应超过表中参数的±10%。

3. 气动捣固机（JB/T 9849—2011）

（1）用途 用于捣固铸件砂型、混凝土、砖坯及修补炉衬等。

（2）规格 外形和基本参数见图 14-6 和表 14-11。

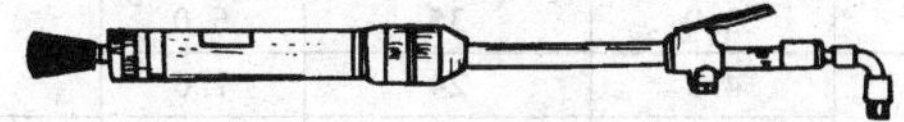

图 14-6 气动捣固机

表 14-11 气动捣固机的基本参数

产品规格	机重/kg	验收气压为 0.63MPa			气管内径/mm
		耗气量/(L/s)	冲击频率/Hz	噪声(声功率级)/dB(A)	
2	≤3	≤7.0	≥18	≤105	10
		≤9.5	≥16		
4	≤5	≤10.0	≥15	≤109	13
6	≤7	≤13.0	≥14		
9	≤10	≤15.0	≥10	≤110	
18	≤19	≤19.0	≥8		

4. 气动铆钉机（JB/T 9850—2010）

（1）用途 用于在建筑、航空、车辆、造船和电信器材等行业的金属结构件上铆接钢铆钉（如 20 钢）或硬铝铆钉（如 2A10 硬铝）。

（2）规格 外形和基本参数见图 14-7 和表 14-12。

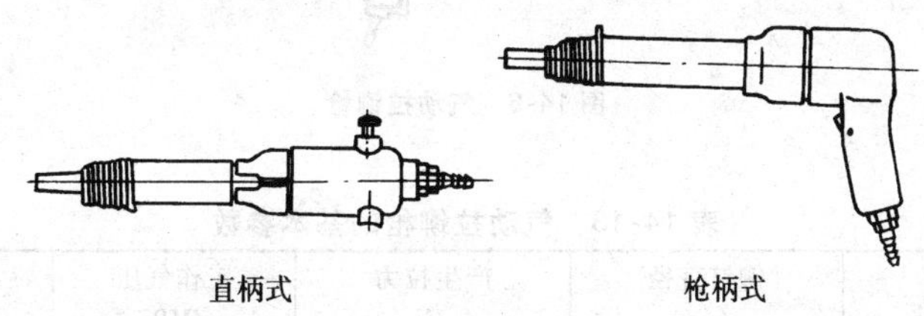

直柄式　枪柄式

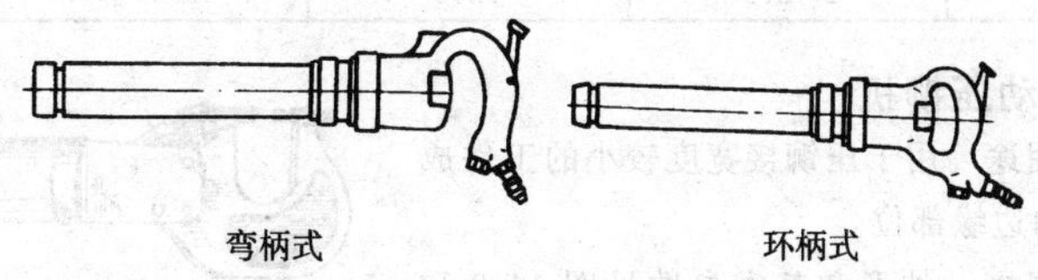

弯柄式　环柄式

图 14-7 气动铆钉机

表 14-12　气动铆钉机的基本参数

铆钉直径/mm		冲击能/J ≥	冲击频率 /Hz ≥	耗气量 /(L/s) ≤	缸径 /mm	气管内径 /mm	机重 /kg
硬铝铆钉 (冷铆)2A10	钢铆钉 (热铆)20						
4	—	2.9	35	6.0	14	10	1.2
5	—	4.3	24	7.0			1.5
		4.3	28	7.0	18	13	1.8
6	—	9.0	13	9.0			2.3
		9.0	20	10	22		2.5
8	12	16	15	12			4.5
—	16	22	20	18	27	16	7.5
—	19	26	18	18			8.5
—	22	32	15	19			9.5
—	28	40	14	19			10.5
—	36	60	10	22	30		13.0

5. 气动拉铆枪

（1）用途　用于抽芯铆钉，对结构件进行拉铆作业。

（2）规格　外形和基本参数见图 14-8 和表 14-13。

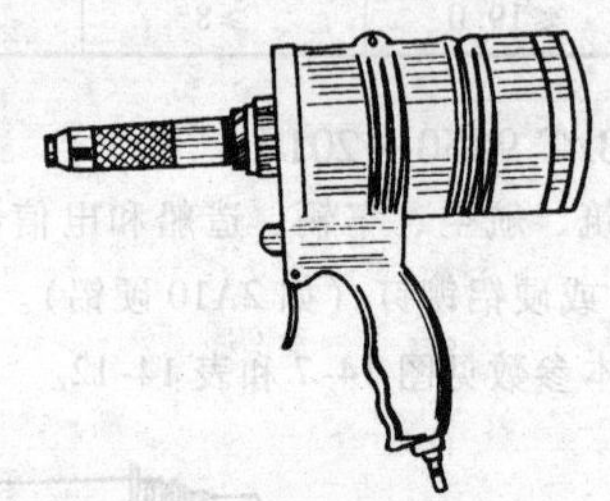

图 14-8　气动拉铆枪

表 14-13　气动拉铆枪的基本参数

型号	铆钉直径 /mm	产生拉力 /N	工作气压 /MPa	质量 /kg
MLQ-1	3~5.5	7200	0.49	2.25

6. 气动压铆机

（1）用途　用于压铆接宽度较小的工件成大型工件的边缘部位。

（2）规格　外形和基本参数见图 14-9 和表 14-14。

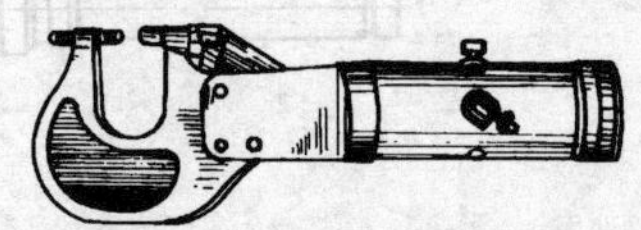

图 14-9　气动压铆机

表 14-14　气动压铆机的基本参数

型号	铆钉直径/mm	最大压铆力/kN	工作气压/MPa	机重/kg
MY5	5	40	0.49	3.3

7. 气动射钉枪

（1）用途　气动圆盘、圆头钉射钉枪均适用于将射钉钉于混凝土、砖砌体、岩石和钢铁上以及紧固建造构件、水电线路和某些金属结构件等；气动码钉、T 型钉射钉枪可把□形钉射在建筑构件、包装箱上，或将 T 型钉射钉在被紧固物上。

（2）规格　外形基本参数见图 14-10 和表 14-15。

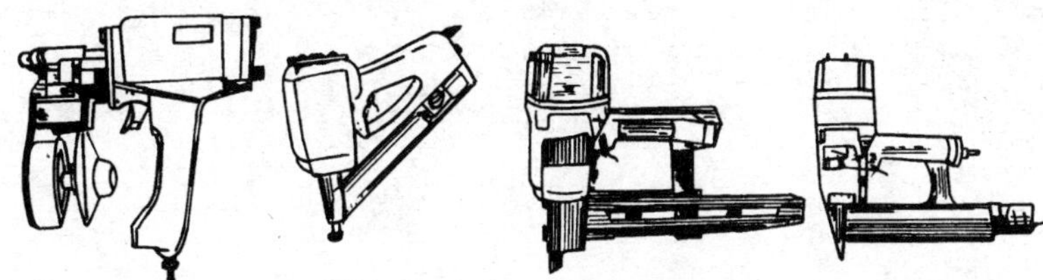

气动圆盘射钉枪　气动圆头钉射钉枪　气动码钉射钉枪　气动 T 型钉射钉枪

图 14-10　气动射钉枪

表 14-15　气动射钉枪的基本参数

种　类	空气压力/MPa	射钉频率/(枚/s)	盛钉容量/枚	质量/kg
气动圆盘射钉枪	0.4~0.7	4	385	2.5
	0.45~0.75	4	300	3.7
	0.4~0.7	4	285/300	3.2
	0.4~0.7	3	300/250	3.5
气动圆头钉射钉枪	0.45~0.7	3	64/70	5.5
	0.4~0.7	3	64/70	3.6
气动码钉射钉枪	0.4~0.7	6	110	1.2
	0.45~0.85	5	165	2.8
气动 T 型钉射钉枪	0.4~0.7	4	120/104	3.2

8. 手持式凿岩机（JB/T 7301—2006）

（1）用途　用于在岩石、砖墙、混凝土等构件上凿孔。

（2）规格　外形和基本参数见图 14-11和表 14-16。

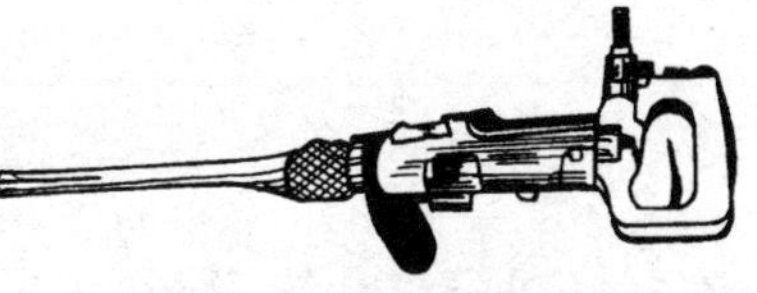

图 14-11　手持式凿岩机

表 14-16 手持式凿岩机的基本参数

产品系列	质量/kg	无负荷转速/(r/min)	冲击频率/Hz	冲击能/J	耗气量/(L/s)	凿孔深度/m
轻	<10		45~60	2.5~15	≤20	0.3~1
中	10~22	≥200	25~45	15~35	≤38	1~3
重	>22		22~40	30~35	≤50	3~5

第十五章　电　动　工　具

一、电动工具型号标记方法（GB/T 9088—2008）

1. 电动工具型号组成

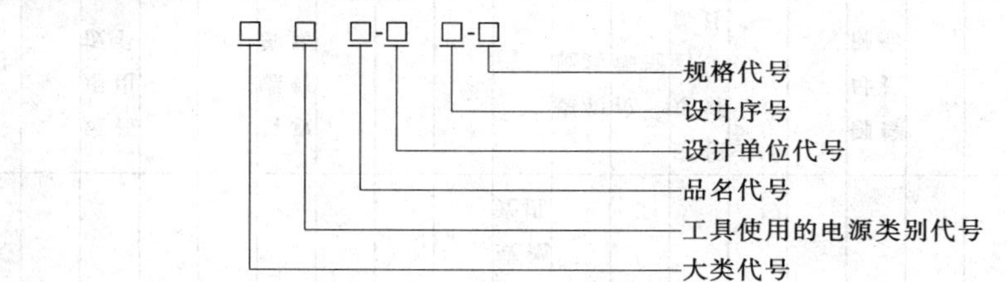

2. 电动工具的大类和名称（表 15-1）

表 15-1　电动工具的大类和名称

大类		品名代号																									
名称	代号	A	B	C	D	E	F	G	H	I	J	K	L	M	N	O	P	Q	R	S	T	U	V	W	X	Y	Z
金属切削	J	电铰刀		磁座钻	多用工具		刀锯	型材切割机	电冲剪		电剪刀	电刮刀	往复锯	坡口机			焊缝坡口机	套丝机	双刃剪	攻丝机	带锯	锯管机			斜切割机	斜切割组合锯	电钻

（续）

大类		品名代号																									
名称	代号	A	B	C	D	E	F	G	H	I	J	K	L	M	N	O	P	Q	R	S	T	U	V	W	X	Y	Z
砂磨类	S	盘式砂光机	摆动式砂光机	车床电磨		台式砂轮机	直向盘式砂光机	立式盘式砂轮机	往复砂光机或抛光机		模具电磨	无轨道不规则作圆周运动砂光机或抛光机		角向磨光机			抛光机	气门座电磨		砂轮机	带式砂光机						
装配类	P		电扳手		定扭矩电扳手			自攻螺钉旋具					螺钉旋具	拉铆枪	定扭矩螺钉旋具			铆螺母拉铆枪			钉钉机	墙板螺钉旋具					胀管机
林木类	M	木工带锯	电刨	电插	木工多用工具	修枝机	碎枝机	木工铲刮机			木工车床	木工开槽机	电链锯		厚度刨		修边机	曲线锯	电木铣	木工刃磨机	木工钉钉机	摇臂锯	平刨		木工斜切机	电圆锯	木钻
农牧类	N	采茶剪									剪毛机		粮食扦样机				喷洒机				修蹄机						

（续）

大类		品名代号																									
名称	代号	A	B	C	D	E	F	G	H	I	J	K	L	M	N	O	P	Q	R	S	T	U	V	W	X	Y	Z
园艺类	Y	草剪	剪刀型草剪		修枝剪	草坪修整机	草坪修边机		草坪松砂机		草坪割草机	遮覆式割草机	步行控制的割草机	转盘式割草机	镰刀杆式割草机		连枷式割草机	悬浮式割草机	手持式园艺用吹屑机	手持式园艺用吹吸两用机	手持式园艺用吸屑机	滚筒式割草机		草坪松土机			
建筑道路类	Z	锤钻	地板抛光机	电锤	混凝土振动器	石材切割机	金刚石锯	电镐	夯实机	金刚石钻	冲击电钻		铆胀螺栓扳手	混式磨光机	插入式混凝土振动器		枕木电镐	钢筋切断机	开槽机	地板砂光机	套丝机	附着式混凝土振动器		弯管机		铲刮机	混凝土钻机
矿山类	K																							煤钻		岩石电钻	凿岩机
其他类	Q	塑料电焊枪	热风枪	裁布机	家用水泵	气泵	吹风机	管道清洗机	卷花机	捆扎机	石膏剪	雕刻机	打蜡机	千斤顶	往复式雕刻机	除锈机	电喷枪	水池清洗机	碎纸机	石膏锯	地毯剪	胸骨锯		清洗机	吸枝机	牙钻	骨钻

注：本表所列基本上属一般手持式工具，对某些特殊结构及功能的产品可增加第四个字母以示区别。即：可移式工具加“T”、软轴式工具加“R”，电子调速工具则加“E”。

3. 电动工具使用的电源类别代号（表15-2）

表15-2 电源类别代号

工具使用的电源类别	代号	工具使用的电源类别	代号
直流	0	三相交流 400Hz	4
单相交流 50Hz	1	三相交流 150Hz	5
三相交流 200Hz	2	三相交流 300Hz	6
三相交流 50Hz	3		

4. 电动工具组件型号编制方法

（1）组件型号组成

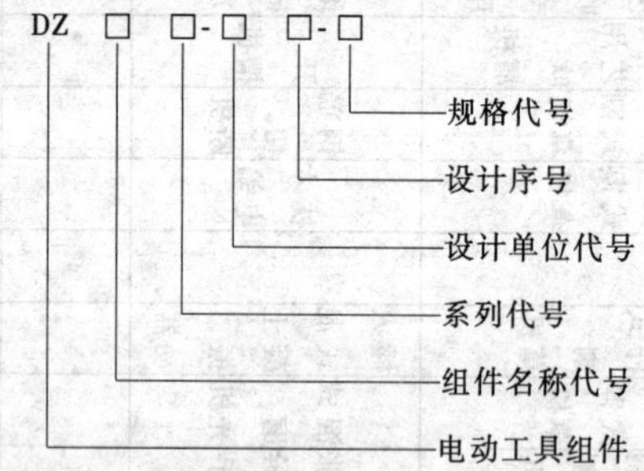

（2）组件名称及系列代号（表15-3）

表15-3 组件名称及系列代号

组件		系列代号						
名称	代号	A	B	C	D	E	F	G
电动机	J	单相串励	三相工频异步	三相中频异步（200Hz）	三相中频异步（300Hz）	三相中频异步（400Hz）	单相工频异步（电容分组）	直流永磁
开关	K	普通	耐振	组合正反转	分离正反转	电子调速	—	—
换向器	Q	半塑（不带加强环）	半塑（带加强环）	钩形升高片(不带加强环)	钩形升高片（带加强环）	全塑	—	—
刷握总成	S	隐盒	管式	涡形弹簧加压片	—	—	—	—
与电缆组成一体的不可拆线插头	L	二极	二极（带接地极）	三极（不带接地板）	四极	—	—	—

（续）

组件		系列代号						
名称	代号	A	B	C	D	E	F	G
辅助手柄	B	螺纹连接式（带护手）	螺纹连接式（不带护手）	卡箍夹持式	—	—	—	—
钻夹头	T	锥面连接	螺纹连接	—	—	—	—	—

（3）组件主参数规格代号及表示（表 15-4）

表 15-4 组件主参数规格代号及表示

组件名称	主参数项目
电动机	定子冲片外径×额定功率×转速
开关	额定电流
换向器	工作直径×换向片工作长度×内径×片数
刷握	电刷的长×宽×高
与软电缆或软线组成一体的不可拆线插头	导电芯线的公称截面
辅助手柄	连接螺纹的公称直径夹持孔内径
钻夹头	能夹持的最大钻头公称直径
接插件	额定电流

二、金属切削电动工具

1. 电钻（GB/T 5580—2007）

（1）基本系列电钻的型号

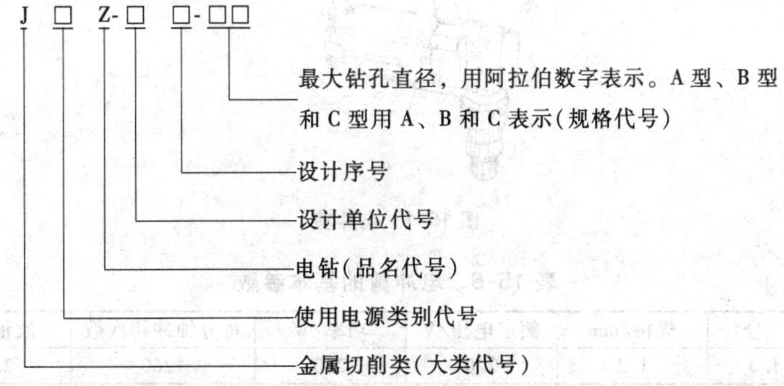

（2）电钻的基本参数（表 15-5）

表 15-5 电钻的基本参数

电钻规格/mm		额定输出功率/W ≥	额定转矩/N·m ≥
4	A	80	0.35
6	C	90	0.50
	A	120	0.85
	B	160	1.20
8	C	120	1.00
	A	160	1.60
	B	200	2.20
10	C	140	1.50
	A	180	2.20
	B	230	3.00
13	C	200	2.50
	A	230	4.00
	B	320	6.00
16	A	320	7.00
	B	400	9.00
19	A	400	12.00
23	A	400	16.00
32	A	500	32.00

注：电钻规格指电钻钻削抗拉强度为390MPa钢材时所允许使用的最大钻头直径。

2. 电冲剪

（1）用途　用于冲剪金属板材以及塑料板、布层压板、纤维板等非金属板材，尤其适宜于冲剪各种几何形状的内孔。

（2）规格　外形和基本参数见图15-1和表15-6。

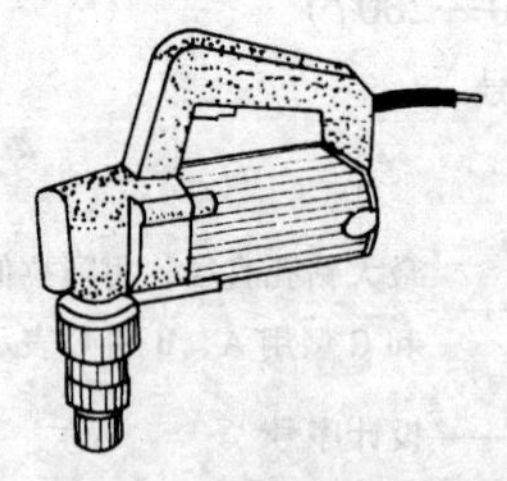

图 15-1 电冲剪

表 15-6 电冲剪的基本参数

型　　号	规格/mm	额定电压/V	功率/W	每分钟冲切次数	质量/kg
J1H-1.3	1.3	220	230	1260	2.2
J1H-1.5	1.5	220	370	1500	2.5

（续）

型 号	规格/mm	额定电压/V	功率/W	每分钟冲切次数	质量/kg
J1H-2.5	2.5	220	430	700	4
J1H-3.2	3.2	220	650	900	5.5

注：电冲剪的规格是指冲切抗拉强度为 390MPa 热轧钢板的最大厚度。

3. 磁座钻（JB/T 9609—2013）

（1）用途　应用于大型工程现场施工及高空作业。

（2）规格　外形和基本参数见图 15-2 和表 15-7。

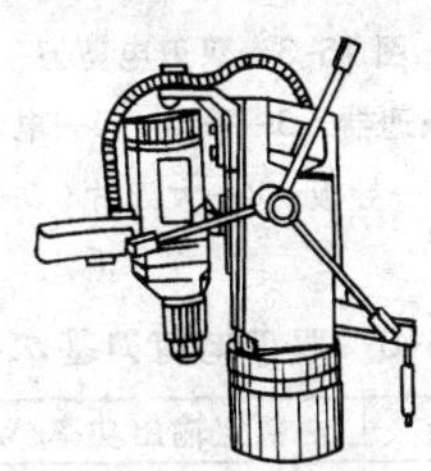

图 15-2　磁座钻

表 15-7　磁座钻的基本参数

规格代号	钻孔直径 φ /mm	电钻		钻架		导板架		电磁铁吸力 /kN
		额定输出功率 /W	额定转矩 /N·m	回转角度 /(°)	水平位移 /mm	最大行程 /mm	移动偏差 /mm	
13	13(32)	≥320	≥6	—	—	≥140	1	≥8.5
19	19(50)	≥400	≥12	—	—	≥160	1.2	≥10.0
23	23(60)	≥450	≥16	≥60	≥15	≥180	1.2	≥11.0
32	32(80)	≥500	≥32	≥60	≥20	≥260	1.5	≥13.5
38	38(100)	≥700	≥45	≥60	≥20	≥260	1.5	≥14.5
49	49(130)	≥900	≥75	≥60	≥20	≥260	1.5	≥15.5

注：1. 规格指电钻钻削抗拉强度为 390MPa 钢材时所允许使用的麻花钻头最大直径。

2. 表中括号内数值系指用空心钻切削的最大直径。

3. 电子调速电钻是以电子装置调节到给定转速范围的最高值时的基本参数、机械装置调速电钻是低速挡时的基本参数。

4. 电磁铁吸力值系指在材料为 Q235A、厚度 25mm、面积 200mm×300mm、表面粗糙度 *Ra*6.3μm 的标准试验样板上测得的数值。

4. 双刃电剪刀（JB/T 6208—2013）

（1）用途　用于剪切各种薄壁金属异型材。

（2）规格　外形和基本参数见图 15-3 和表 15-8。

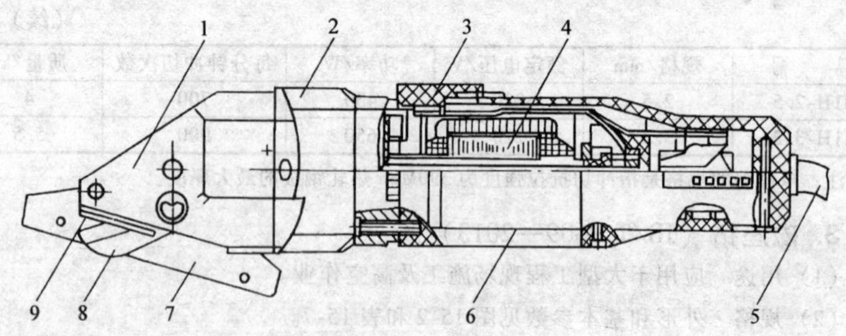

图 15-3　双刃电剪刀

1—工作头　2—减速器　3—开关　4—电动机　5—电缆线
6—机壳　7—导板　8—大刀片　9—左右刀片

表 15-8　双刃电剪刀基本参数

规格/mm	最大剪切厚度/mm	额定输出功率/W	额定往复次数/(次/min)
1.5	1.5	≥130	≥1850
2	2	≥180	≥1500

注：1. 最大切割厚度是指双刃剪剪切抗拉强度 R_m = 390MPa 的金属（相当于 GB/T 700—2006 中 Q235 热轧钢板）板材的最大厚度。

2. 额定输出功率是指电动机额定输出功率。

5. 手持式电剪刀（GB/T 22681—2008）

（1）用途　用于剪切薄钢板、钢带、有色金属板材、带材及橡胶板、塑料板等。尤其适宜修剪工件边角，切边平整。

（2）规格　外形和基本参数见图 15-4 和表 15-9。

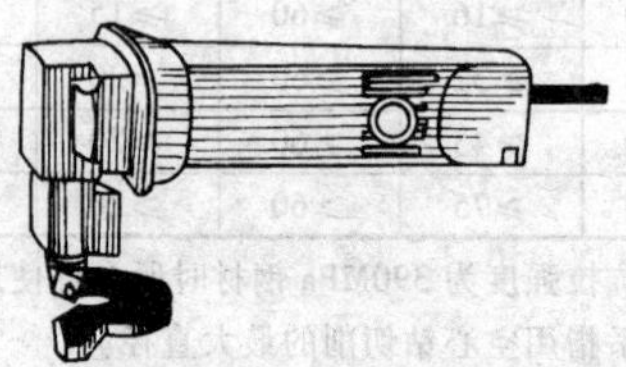

图 15-4　手持式电剪刀

表 15-9　手持式电剪刀的基本参数

规格 /mm	额定输出功率 /W	刀杆额定往复次数 /(次/min)	剪切进给速度 /(m/min)	剪切余料宽度 /mm	每次剪切长度 /mm
1.6	≥120	≥2000	2~2.5	45±3	560±10
2	≥140	≥1100			

（续）

规格/mm	额定输出功率/W	刀杆额定往复次数/(次/min)	剪切进给速度/(m/min)	剪切余料宽度/mm	每次剪切长度/mm
2.5	≥180	≥800	1.5~2	35±3	500±10
3.2	≥250	≥650	1~1.5	40±3	470±10
4.5	≥540	≥400	0.5~1	30±3	400±10

注：规格是指电剪刀剪切抗拉强度为390MPa热轧钢板的最大厚度。

6. 电动刀锯（GB/T 22678—2008）

（1）用途　用于锯割金属板、管、棒等材料以及合成材料、木材。

（2）规格　外形和基本参数见图15-5和表15-10。

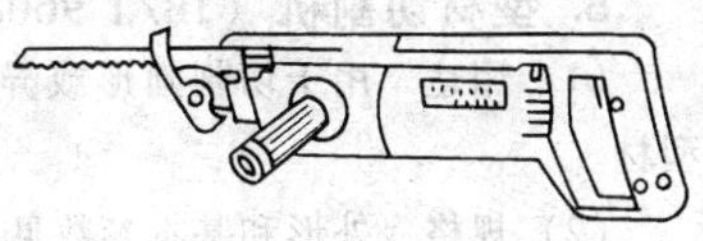

图15-5　电动刀锯

表15-10　电动刀锯基本参数

规格/mm	额定输出功率/W	额定转矩/N·m	空载往复次数/(次/min)
24	≥430	≥2.3	≥2400
26			
28	≥570	≥2.6	≥2700
30			

注：1. 额定输出功率指刀锯拆除往复机构后的额定输出功率。

2. 电子调速刀锯的基本参数基于电子装置调节到最大值时的参数。

7. 电动攻丝机

（1）用途　用于在钢、铸铁和铜、铝合金等有色金属工件上加工内螺纹。

（2）规格　外形和基本参数见图15-6和表15-11。

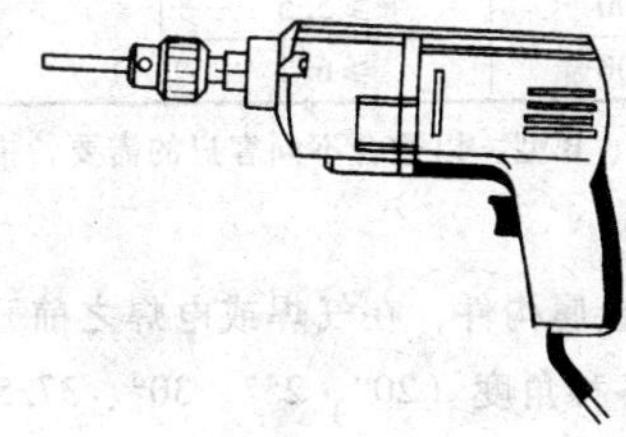

图15-6　电动攻丝机

表 15-11　电动攻丝机的基本参数

型　　号	攻螺纹范围 /mm	额定电流 /A	额定转速 /(r/min)	输入功率 /W	质量 /kg
J1S-8	M4～M8	1.39	310/650	288	1.8
J1SS-8(固定式)	M4～M8	1.1	270	230	1.6
J1SH-8(活动式)	M4～M8	1.1	270	230	1.6
J1S-12	M6～M12	—	250/560	567	3.7

8. 型材切割机（JB/T 9608—2013）

（1）用途　用于切割圆形或异型钢管、铸铁管、圆钢、角钢、槽钢、扁钢等型材。

（2）规格　外形和基本参数见图 15-7 和表 15-12。

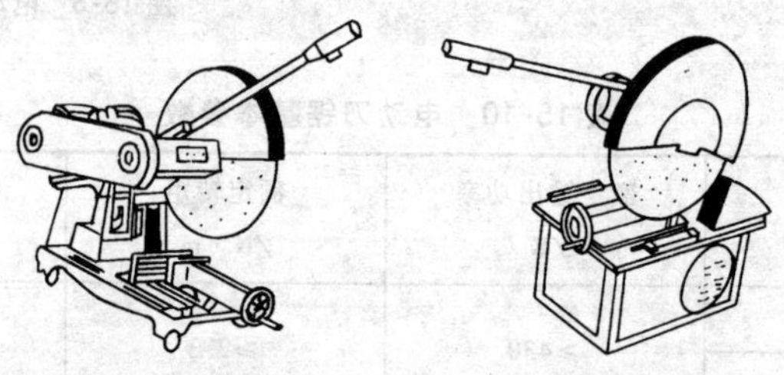

可移式型材切割机　　　　箱座式型材切割机

图 15-7　型材切割机

表 15-12　型材切割机的基本参数

规格代号	额定输出功率 /W	额定输出转矩 /N·m	最大切割直径 /mm	说　明
类型	A/B	A/B	A/B	—
300	≥800/1100	≥3.5/4.2	30	—
350	≥900/1250	≥4.2/5.6	35	—
400	≥1100	≥5.5	50	单相电容切割机
	≥2000	≥6.7		三相切割机

注：基本参数分为：A 型、B 型，以适合不同客户的需要，推荐 B 型。

9. 电动焊缝坡口机

（1）用途　用于各种金属构件，在气焊或电焊之前开各种形状（如 V 形、双 V 形、K 形、Y 形等）及各种角度（20°、25°、30°、37.5°、45°、50°、55°、60°）的坡口。

（2）规格　外形和基本参数见图 15-8 和表 15-13。

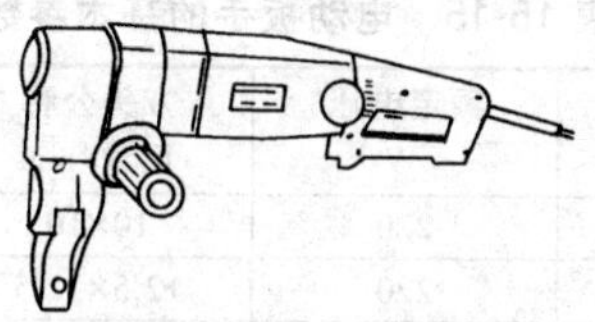

图 15-8　电动焊缝坡口机

表 15-14　电动焊缝坡口机的基本参数

型　　号	切口斜边最大宽度/mm	输入功率/W	加工速度/(m/min)	加工材料厚度/mm	质量/kg
J1P1-10	10	2000	≤2.4	4~25	14

10. 电动自爬式锯管机

(1) 用途　用于锯割大口径钢管、铸铁管等金属管材。

(2) 规格　外形和基本参数见图 15-9 和表 15-14。

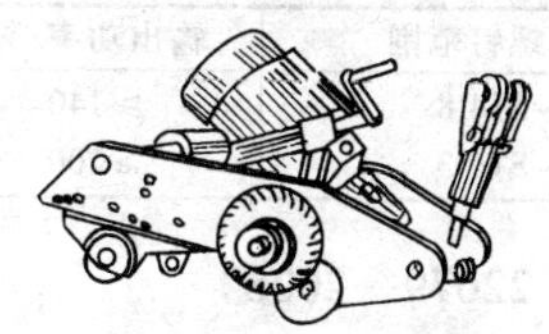

图 15-9　电动自爬式锯管机

表 15-14　电动自爬式锯管机的基本参数

型　　号	切割管径/mm	切割壁厚/mm	额定电压/V	输出功率/W	铣刀轴转速/(r/min)	爬行进给速度/(mm/min)	质量/kg
J3UP-35	133~1000	≤35	380	1500	35	40	80
J3UP-70	200~1000	≤20	380	1000	70	85	60

三、装配作业电动工具

1. 电动扳手（GB/T 22677—2008）

(1) 用途　配用六角套筒头，用于装拆六角头螺栓及螺母。

(2) 规格　按其离合器结构分成安全离合器式(A) 和冲击式 (B)。外形和基本参数见图 15-10 和表 15-15。

图 15-10　电动扳手

表 15-15 电动扳手的基本参数

规格/mm	适用范围/mm	额定电压/V	方头公称尺寸/mm	边心距/mm	力矩范围/N·m
8	M6~M8	220	10×10	≤26	4~15
12	M10~M12	220	12.5×12.5	≤36	15~60
16	M14~M16	220	12.5×12.5	≤45	50~150
20	M18~M20	220	20×20	≤50	120~220
24	M22~M24	220	20×20	≤50	220~400
30	M27~M30	220	20×20	≤56	380~800
42	M36~M42	220	25×25	≤66	750~2000

注：电动扳手的规格是指拆装六角头螺栓、螺母的最大螺纹直径。

2. 电动自攻旋具（JB/T 5343—2013）

（1）用途 用于拧紧或拆卸机自攻螺钉。

（2）规格 基本参数见表 15-16。

表 15-16 电动自攻旋具的基本参数

规格代号	适用自攻螺钉范围	输出功率/W	负载转速/(r/min)
5	ST2.9~ST4.8	≥140	≥1600
6	ST3.9~ST6.3	≥200	≥1500

3. 电动旋具（GB/T 22679—2008）

（1）用途 用于一般环境下，拧紧或拆卸机螺钉、螺母和木螺钉、自攻螺钉。

（2）规格 外形和基本参数见图 15-11 和表 15-17。

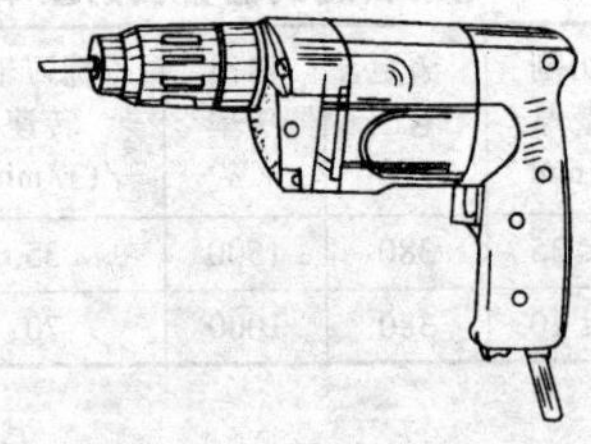

图 15-11 电动旋具

表 15-17 电动旋具基本参数

规格/mm	适用范围/mm	额定输出功率/W	拧紧力矩/N·m
M6	机螺钉 M4~M6 木螺钉≤4 自攻螺钉 ST3.9~ST4.8	≥85	2.45~8.0

注：木螺钉 4 是指在拧入一般木材中的木螺钉规格。

4. 充电式电钻旋具

（1）用途　配用麻花钻头或一字、十字旋具头，进行钻孔和装拆机器螺钉、木螺钉等作业。对于野外、高空、管道、无电源及特殊要求的场合尤为适用。

（2）规格　外形和基本参数见图15-12和表15-18。

表15-18　充电式电钻旋具的基本参数

型　　号	钻孔直径 /mm	适用螺钉规格 /mm　≤	额定输出功率 /W	空载转速 /(r/min)	额定转矩 /N·m
J0ZS-6	钢板≤6 硬木≤10	机器螺钉 M6 木螺钉 5×25	55	慢挡 ≥250 快挡 ≥900	慢挡 >2 快挡 >0.5

注：1. 所配用的镍镉电池容量为1.2A·h，电压为9.6V。

2. 带有专用快速充电器，使用电源为交流220V，频率为50Hz，充电电流为1~1.2A，充电时间为1~1.5h。

5. 电动胀管机

（1）用途　用于锅炉、热交换器等压力容器紧固管子和管板。

（2）规格　外形和基本参数见图15-13和表15-19。

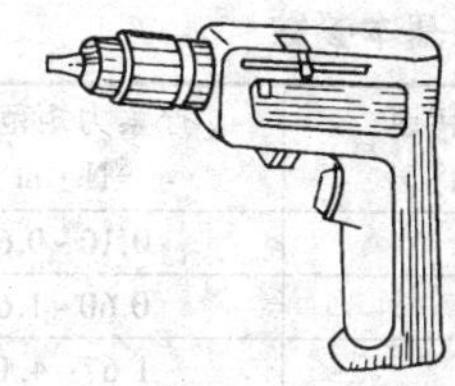

图15-12　充电式电钻旋具

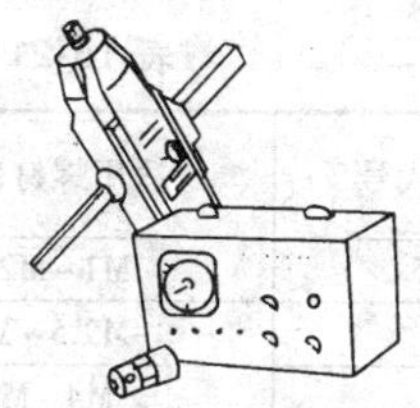

图15-13　电动胀管机

表15-19　电动胀管机的基本参数

型　　号	适用范围 钢管内径 /mm	额定电压 /V	主轴额定转矩 /N·m	主轴额定转速 /(r/min)	质量 /kg
P3Z2-13	8~13	380	5.6	500	13
P3Z2-19	13~19	380	9	310	13
P3Z2-25	19~25	380	17	240	13
P3Z-38	25~38	380	39	180	9.2
P3Z2-51	38~51	380	45	90	13
P3Z-51	38~51	380	140	72	14.5
P3Z-76	51~76	380	200	42	14.5

6. 电动拉铆枪

（1）用途　用于各种结构件的铆接，尤其适用于对封闭结构、不通孔的铆接。

（2）规格 外形和基本参数见图15-14和表15-20。

表15-20 电动拉铆枪的基本参数

型号	最大拉铆钉直径/mm	额定电压/V	额定电流/A	输入功率/W	最大拉力/kN
P1M-5	$\phi5$	220	1.4	280~350	7.5~8.0

7. 微型永磁直流旋具（JB/T 2703—2013）

（1）用途 用于拧紧或拆卸M6及以下螺钉和螺母，适合于手表、无线电、仪器仪表、电器、电子、照相机、电视机等行业。

（2）规格 外形和基本参数见图15-15和表15-21。

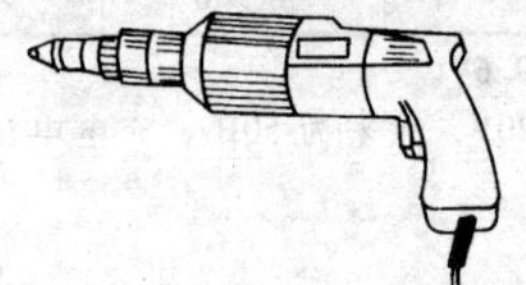

图15-14 电动拉铆枪

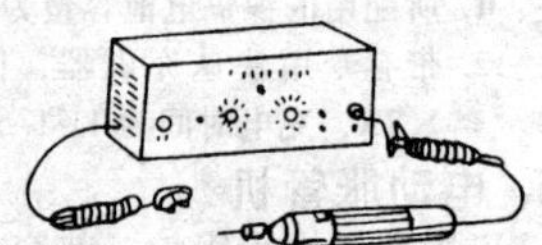

图15-15 微型永磁直流旋具

表15-21 微型永磁直流旋具的基本参数

规格代号	适用螺钉范围	额定空载转速/(r/min)	拧紧力矩范围/N·m
2.5	M1~M2.5	≥800	0.10~0.60
4	M2.5~M4	≥600	0.60~1.67
6	M4~M6	≥600	1.67~4.00

四、砂磨电动工具

1. 台式砂轮机（JB/T 4143—2013）

（1）用途 固定在工作台上，用于修磨刀具、刃具，也可对小型机件和铸件的表面进行去毛刺、磨光、除锈等。

（2）规格 外形和基本参数见图15-16和表15-22。

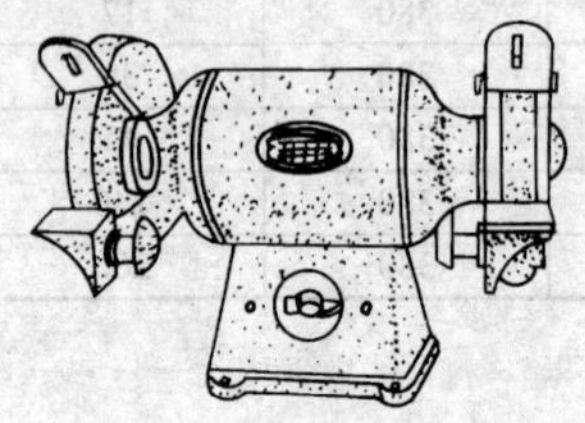

图15-16 台式砂轮机

表 15-22 台式砂轮机的基本参数

型号	砂轮外径×厚度×孔径 /mm×mm×mm	输入功率 /W	电压 /V	转速 /(r/min)	质量 /kg
MD3215	150×20×32	250	220	2800	18
MD3220	200×25×32	500	220	2800	35
M3215	150×20×32	250	380	2800	18
M3220	200×25×32	500	380	2850	35
M3225	250×25×32	750	380	2850	40

2. 轻型台式砂轮机（JB/T 6092—2007）

（1）轻型砂轮机的一般结构（图 15-17）

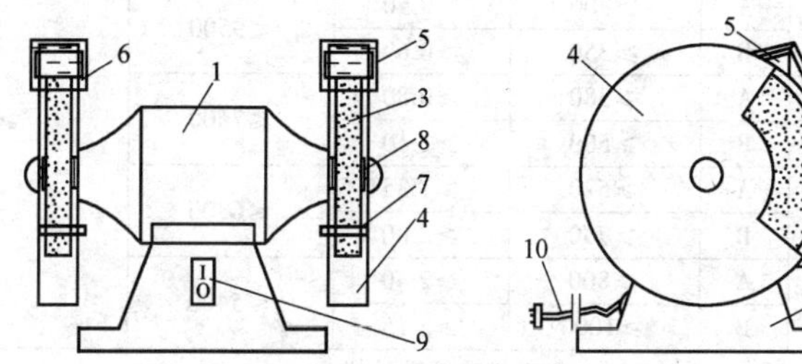

图 15-17 轻型台式砂轮机的一般结构

1—电动机 2—底座 3—砂轮 4—防护罩 5—可调护板 6—护目镜 7—工件托架 8—卡盘 9—开关 10—电源线

（2）轻型台式砂轮机的参数（表 15-23）

表 15-23 轻型台式砂轮机的参数

最大砂轮直径/mm	100	125	150	175	200	250
砂轮厚度/mm	16	16	16	20	20	25
额定输出功率/W	90	120	150	180	250	400
电动机同步转速/(r/min)	3000					
最大砂轮直径/mm	100、125、150、175、200、250			150、175、200、250		
使用电动机种类	单相感应电动机			三相感应电动机		
额定电压/V	220			380		
额定频率/Hz	50			50		

3. 直向砂轮机（GB/T 22682—2008）

（1）用途 配用平形砂轮，以其圆周面对大型不易搬动的钢铁件、铸件进行磨削加工，清理飞边、毛刺和金属焊缝、割口。换上抛轮，可用于抛光、除锈等。

（2）规格 外形和基本参数见图 15-18 和表 15-24。

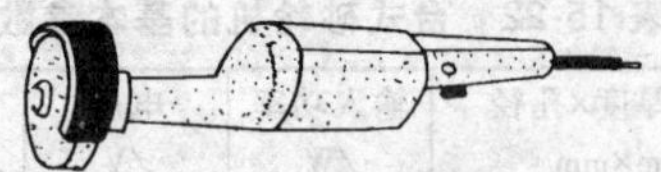

图 15-18　直向砂轮机

表 15-24　直向砂轮机的基本参数

<table>
<tr><th colspan="2">规格
/mm×mm×mm</th><th>额定输出功率
/W</th><th>额定转矩
/N · m</th><th>空载转速
/(r/min)</th><th>许用砂轮安全线速度
/(m/s)</th></tr>
<tr><td colspan="6">1.单向串励和三相中频砂轮机</td></tr>
<tr><td rowspan="2">ϕ80×20×20(13)</td><td>A</td><td>≥200</td><td>≥0.36</td><td rowspan="2">≤11900</td><td rowspan="10">≥50</td></tr>
<tr><td>B</td><td>≥280</td><td>≥0.40</td></tr>
<tr><td rowspan="2">ϕ100×20×20(16)</td><td>A</td><td>≥300</td><td>≥0.50</td><td rowspan="2">≤9500</td></tr>
<tr><td>B</td><td>≥350</td><td>≥0.60</td></tr>
<tr><td rowspan="2">ϕ125×20×20(16)</td><td>A</td><td>≥380</td><td>≥0.80</td><td rowspan="2">≤7600</td></tr>
<tr><td>B</td><td>≥500</td><td>≥1.10</td></tr>
<tr><td rowspan="2">ϕ150×20×32(16)</td><td>A</td><td>≥520</td><td>≥1.35</td><td rowspan="2">≤6300</td></tr>
<tr><td>B</td><td>≥750</td><td>≥2.00</td></tr>
<tr><td rowspan="2">ϕ175×20×32(20)</td><td>A</td><td>≥800</td><td>≥2.40</td><td rowspan="2">≤5400</td></tr>
<tr><td>B</td><td>≥1000</td><td>≥3.15</td></tr>
<tr><td colspan="6">2.三相工频砂轮机</td></tr>
<tr><td rowspan="2">ϕ125×20×20(16)</td><td>A</td><td>≥250</td><td>≥0.85</td><td rowspan="6"><3000</td><td rowspan="6">≥35</td></tr>
<tr><td>B</td><td rowspan="2">≥350</td><td rowspan="2">≥1.20</td></tr>
<tr><td rowspan="2">ϕ150×20×32(16)</td><td>A</td></tr>
<tr><td>B</td><td rowspan="2">≥500</td><td rowspan="2">≥1.70</td></tr>
<tr><td rowspan="2">ϕ175×20×32(20)</td><td>A</td></tr>
<tr><td>B</td><td>≥750</td><td>≥2.40</td></tr>
</table>

注：括号内数值为 ISO 603 的内孔值。

4. 软轴砂轮机

（1）用途　用于对大型笨重及不易搬动的机件或铸件进行磨削，去除毛刺，清理飞边。

（2）规格　外形和基本参数见图 15-19 和表 15-25。

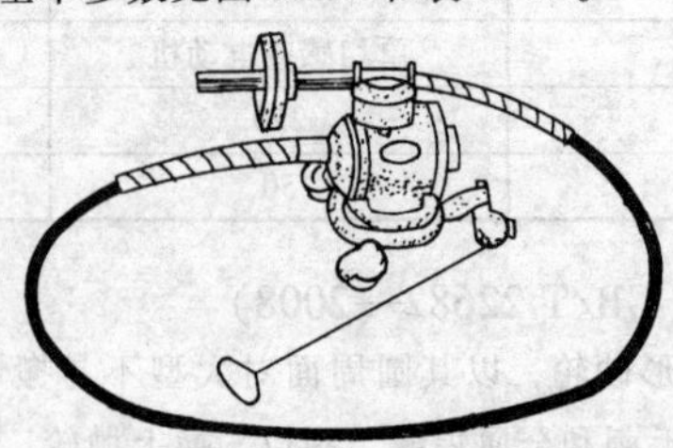

图 15-19　软轴砂轮机

表 15-25 软轴砂轮机的基本参数

型号	砂轮外径×厚度×孔径 /mm×mm×mm	功率 /W	转速 /(r/min)	软轴/mm		质量 /kg
				直径	长度	
M3415	150×20×32	1000	2820	13	2500	45
M3420	200×25×32	1500	2850	16	3000	50

5. 模具电磨（JB/T 8643—2013）

（1）用途 配用安全线速度不低于 35m/s 的各种型式的磨头或各种成形铣刀，对金属表面进行磨削或铣削。特别适用于金属模、压铸模及塑料模中复杂零件和型腔的磨削，是以磨代粗刮的工具。

（2）规格 外形和基本参数见图 15-20 和表 15-26。

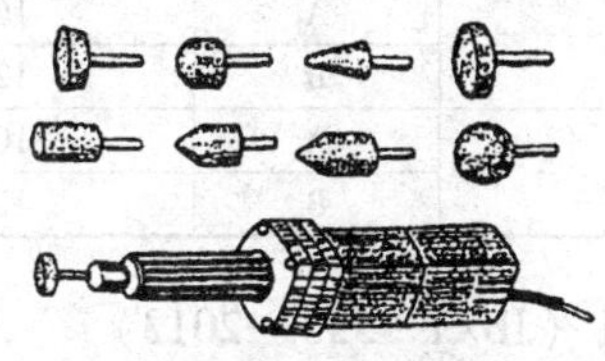

图 15-20 模具电磨

表 15-26 模具电磨的基本参数

磨头最大尺寸 /mm×mm	额定输出功率 /W	额定转矩 /(N·m)	最高额定转速 /(r/min)
ϕ10×16	≥40	≥0.02	≤55000
ϕ25×32	≥110	≥0.08	≤27000
ϕ30×32	≥150	≥0.12	≤22000

6. 角向磨光机（GB/T 7442—2007）

（1）角向磨光机的型号构成

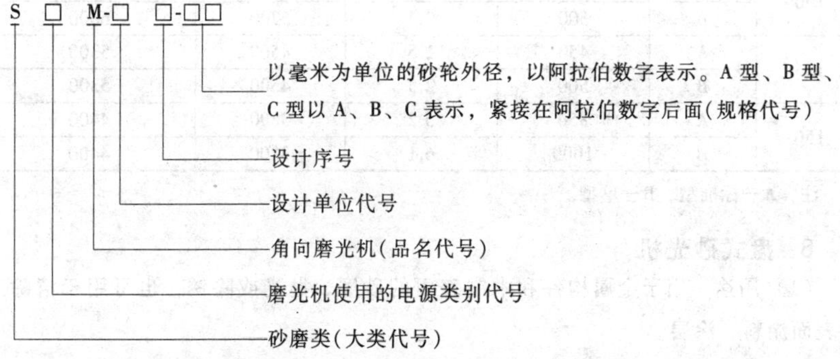

（2）角向磨光机的基本参数（表 15-27）

表 15-27 角向磨光机的基本参数

规格		额定输出功率/W≥	额定转矩/(N·m)≥
砂轮直径/mm×mm(外径×内径)	类型		
100×16	A	200	0.30
	B	250	0.38
115×22	A	250	0.38
	B	320	0.50
125×22	A	320	0.50
	B	400	0.63
150×22	A	500	0.80
180×22	C	710	1.25
	A	1000	2.00
	B	1250	2.50
230×22	A	1000	2.80
	B	1250	3.55

7. 电动湿式磨光机（JB/T 5333—2013）

(1) 用途　用于一般环境条件下工作线速大于等于30m/s(陶瓷结合剂)或35m/s(树脂结合剂)的杯形系砂轮,对水磨石板、混凝土等注水磨削。

(2) 规格　基本参数见表15-28。

表 15-28 电动湿式磨光机的基本参数

规格/mm		额定输出功率/W≥	额定转矩/N·m≥	最高空载转速/(r/min)≤	
				陶瓷结合剂	树脂结合剂
80	A	200	0.4	7150	8350
	B	250	1.1	7150	8350
100	A	340	1	5700	6600
	B	500	2.4	5700	6600
125	A	450	1.5	4500	5300
	B	500	2.5	4500	5300
150	A	850	5.2	3800	4400
	B	1000	6.1	3800	4400

注：A—标准型，B—重型。

8. 盘式砂光机

(1) 用途　用于金属构件和木制表面的砂磨、抛光或除锈，也可用于清除工件表面涂料、涂层。

(2) 规格　外形和基本参数见图15-21和表15-29。

表 15-29 盘式砂光机的基本参数

型　　号	规格/mm（砂盘直径）	额定电压/V	输入功率/W	转速/(r/min)	质量/kg
S1A-180	180	220	570	4000	2.3

9. 摆动式平板砂光机（GB/T 22675—2008）

（1）用途　用于金属构件和木制品及建筑装潢等表面为平面的砂磨、抛光或除锈，也可用作清除涂料。

（2）规格　外形和额定输入功率见图 15-22 和表 15-30。

图 15-21　盘式砂光机

图 15-22　摆动式平板砂光机

表 15-30　摆动式平板砂光机的额定输入功率

型　　号	额定输入功率/W	型　　号	额定输入功率/W
S1B-100	100	S1B-200	200
S1B-140	140	S1B-250	250
S1B-160	160	S1B-300	300
S1B-180	180	S1B-350	350

注：型号中，S—砂岩类，1—电源代号，B—摆动式平板砂光机（品名代号）。

10. 木工多用机（JB/T 6546. 1—2015）

（1）用途　用于对木材及木制品进行锯、刨及其他加工。

（2）规格　外形和基本参数见图 15-23 和表 15-31。

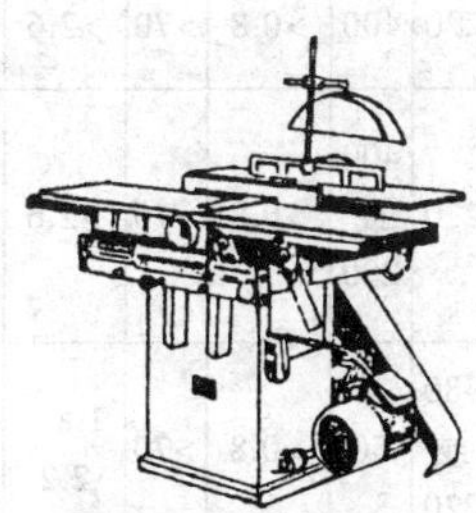

图 15-23　木工多用机

表 15-31　木工多用机的基本参数

型　号	刀轴转速/(r/min)	刨削宽度	锯割厚度≤	锯片直径	工作台升降范围 刨削	工作台升降范围 锯割	电动机功率/W	质量/kg
		mm						
MQ421	3000	160	50	200	5	65	1100	60
MQ422	3000	200	90	300	5	95	1500	125
MQ422A	3160	250	100	300	5	100	2200	300
MQ433A/1	3960	320	—	350	5~120	140	3000	350
MQ472	3960	200	—	350	5~100	90	2200	270
MJB180	5500	180	60	200	—	—	1100	80
MDJB180-2	5500	180	60	200	—	—	1100	80

11. 电链锯（LY/T 1121—2010）

（1）用途　用回转的链状锯条锯截木料，伐木造材。

（2）规格　外形和基本参数见图 15-24 和表 15-32。

图 15-24　电链锯

表 15-32　电链锯的基本参数

<table>
<tr><th rowspan="2">类型代号</th><th rowspan="2">手把类型</th><th rowspan="2">型号</th><th colspan="7">电动机基本参数</th><th colspan="3">锯切机构参数</th><th rowspan="2">电锯质量（不含导板、锯链）/kg</th></tr>
<tr><th>额定功率/kW</th><th>转速/(r/min)</th><th>电压/V</th><th>频率/Hz</th><th>功率因数</th><th>效率(%)</th><th>最大转矩与额定转矩之比</th><th>导板有效长度/mm</th><th>锯链节距/mm</th><th>链速/(m/s)</th></tr>
<tr><td rowspan="2">A</td><td rowspan="6">高矮把</td><td>DJ-40</td><td>4.0</td><td rowspan="2">2000</td><td rowspan="2">220</td><td rowspan="2">400</td><td rowspan="2">>0.8</td><td rowspan="2">>70</td><td rowspan="2">>2.6</td><td rowspan="2">400~700</td><td rowspan="2">10.26</td><td rowspan="2">10~15</td><td rowspan="2"><9.75</td></tr>
<tr><td>DJ-37</td><td>3.7</td></tr>
<tr><td rowspan="4">B</td><td>DJ-30</td><td>3.0</td><td rowspan="4">2000</td><td rowspan="4">220</td><td rowspan="4">400或200</td><td rowspan="4">>0.8</td><td rowspan="4">>70</td><td rowspan="4">>2.6</td><td rowspan="4">300~500</td><td rowspan="3">10.26
9.52</td><td rowspan="3">10~15</td><td rowspan="4"><9.25</td></tr>
<tr><td>DJ-32</td><td>2.2</td></tr>
<tr><td>DJ-18</td><td>1.8</td></tr>
<tr><td>DJ-15</td><td>1.5</td><td>(15)</td><td>(5.5)</td></tr>
<tr><td rowspan="2">C</td><td rowspan="2">矮把</td><td>DJ-11</td><td>1.1</td><td rowspan="2">3000</td><td rowspan="2">380或220</td><td rowspan="2">50</td><td rowspan="2">>0.8</td><td rowspan="2">>70</td><td rowspan="2">1.8~2.2</td><td rowspan="2">300~400</td><td rowspan="2">9.52
8.25
6.35</td><td rowspan="2">15~22</td><td rowspan="2"><10.25</td></tr>
<tr><td>DJ-10</td><td>(1.0)</td></tr>
</table>

注：括号中参数为暂时保留参数。

五、林业电动工具

1. 电刨（JB/T 7843—2013）

（1）用途 适合刨削各种木材平面、倒棱和裁口。广泛用于各种装修及移动性强的工作场所。

（2）规格 外形和基本参数见图 15-25 和表 15-34。

表 15-34 电刨的基本参数

刨削宽度×刨削深度/mm×mm	额定输出功率/W	额定转矩/N·m
60×1	≥250	≥0.23
82(80)×1	≥300	≥0.28
82(80)×2	≥350	≥0.33
82(80)×3	≥400	≥0.38
90×2	≥450	≥0.44
100×2	≥500	≥0.50

2. 电圆锯（GB/T 22761—2008）

（1）用途 用于锯割木材、纤维板、塑料以及其他类似材料。

（2）规格 外形和基本参数见图 15-26 和表 15-35。

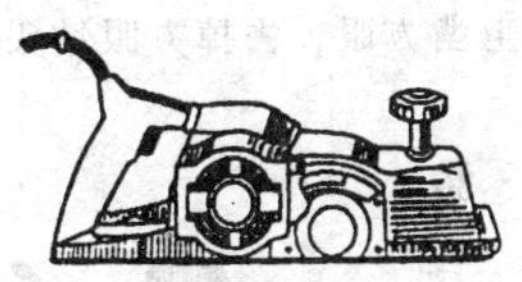

图 15-25 电刨

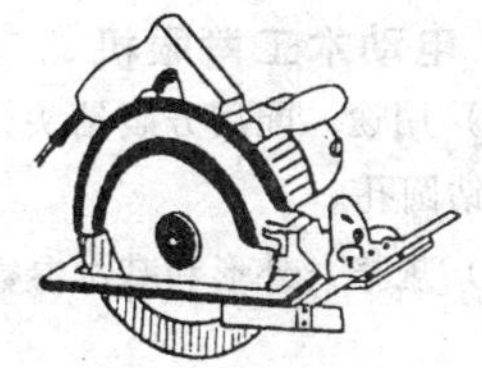

图 15-26 电圆锯

表 15-35 电圆锯的基本参数

规格 /mm×mm	额定输出功率 /W	额定转矩/ N·m	最大锯割深度 /mm	最大调节角度 /(°)
160×30	≥550	≥1.70	≥55	≥45
180×30	≥600	≥1.90	≥60	≥45
200×30	≥700	≥2.30	≥65	≥45
235×30	≥850	≥3.00	≥84	≥45
270×30	≥1000	≥4.20	≥98	≥45

注：表中规格指可使用的最大锯片外径×孔径。

3. 手持式木工电钻

（1）用途 用于在木质工件及大型木构件上钻削大直径孔、深孔。

（2）规格　外形和基本参数见图15-27和表15-35。

表15-35　手持式木工电钻的基本参数

型　　号	钻孔直径/mm	钻孔深度/mm	钻轴转速/(r/min)	额定电压/V	输出功率/W	质量/kg
M2Z-26	≤26	800	480	380	600	10.5

类型代号	手把类型	型号	电动机基本参数							锯切机构参数			电锯质量（不含导板、锯链）/kg
			额定功率/kW	转速/(r/min)	电压/V	频率/Hz	功率因数	效率(%)	最大转矩与额定转矩之比	导板有效长度/mm	锯链节距/mm	链速/(m/s)	
A	高矮把	DJ-40	4.0	2000	220	400	>0.8	>70	>2.6	400~700	10.26	10~15	<9.75
		DJ-37	3.7										
B		DJ-30	3.0	2000	220	400或200	>0.8	>70	>2.6	300~500	10.26 9.52	10~15	<9.25
		DJ-32	2.2										
		DJ-18	1.8										
		DJ-15	1.5								(15)	(5.5)	
C	矮把	DJ-11	1.1	3000	380或220	50	>0.8	>70	1.8~2.2	300~400	9.52 8.25 6.35	15~22	<10.25
		DJ-10	(1.0)										

注：括号中参数为暂时保留参数。

4. 电动木工凿眼机

（1）用途　配用方眼钻头，用于在木质工件上凿方眼，去掉方眼钻头的方壳后也可钻圆孔。

（2）规格　外形和基本参数见图15-28和表15-36。

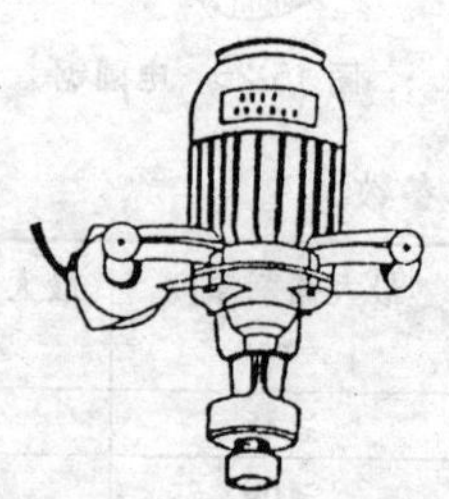

图15-27　手持式木工电钻

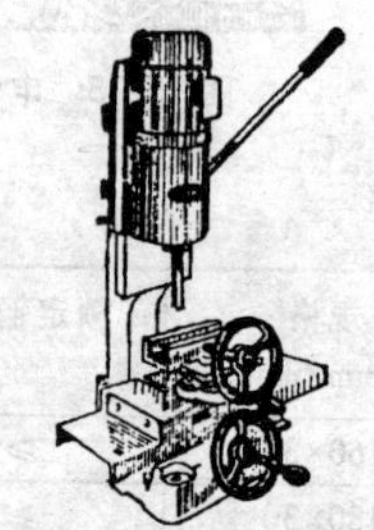

图15-28　电动木工凿眼机

表15-36　电动木工凿眼机的基本参数

型　　号	凿眼宽度/mm	凿孔深度/mm	夹持工件尺寸/mm×mm　≤	电动机功率/W	质量/kg
ZMK-16	8~16	≤100	100×100	550	74

注：该机有两种款式：一种为单相异步电动机驱动，电源电压为220V；另一种为三相异步电动机驱动，电源电压为380V；频率均为50Hz。

六、建筑电动工具

1. 电锤（GB/T 7443—2007）

（1）电锤型号构成

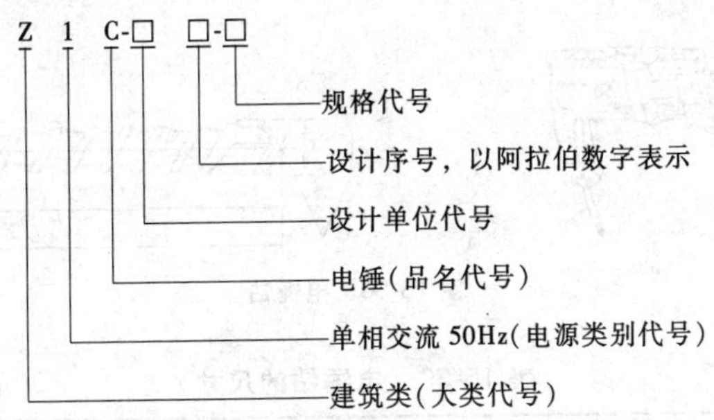

（2）电锤的基本参数（表 15-37）

表 15-37　电锤的基本参数

电锤规格/mm	16	18	20	22	26	32	38	50
钻削率/(cm^3/min)≥	15	18	21	24	30	40	50	70

注：电锤规格指在 C30 号混凝土（抗压强度 30~35MPa）上作业时的最大钻孔直径。

2. 冲击电钻（GB/T 22676—2008）

（1）用途　冲击电钻具有两种运动形式。当调节至第一旋转状态时，配用麻花钻头，与电钻一样，适用于在金属、木材、塑料等材料上钻孔；当调节至旋转带冲击状态时，配用硬质合金冲击钻头，适用于在砖石、轻质混凝土、陶瓷等脆性材料上钻孔。

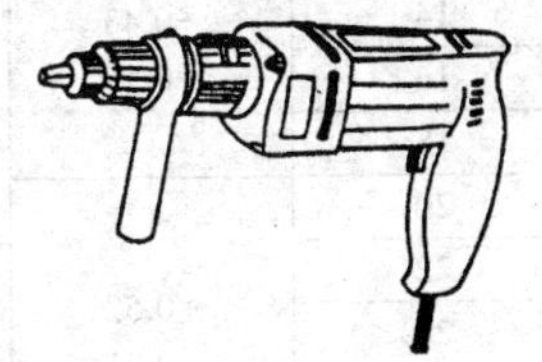

图 15-29　冲击电钻

（2）规格　外形和基本参数见图 15-29 和表 15-38。

表 15-38　冲击电钻的基本参数

型　号	Z1J-10	Z1J-12	Z1J-16	Z1J-20
规格/mm	10	12	16	20
额定输出功率/W	≥160	≥200	≥240	≥280
额定转矩/N · m	≥1.4	≥2.2	≥3.2	≥4.5
每分钟额定冲击次数	≥17600	≥13600	≥11200	≥9600

3. 电锤钻（GB/T 25672—2010）

（1）用途　电锤钻具有两种运动功能：其一，当冲击带旋转时，配用电锤钻头，可在混凝土、岩石、砖墙等脆性材料上进行钻孔、开槽、凿毛等作业；其二，当有旋转而无冲击时，配用麻花钻头或机用木工钻头，可对金属等韧性材料及塑料、木材等进行钻孔作业。

（2）规格　外形和基本参数见图 15-30 和表 15-39。

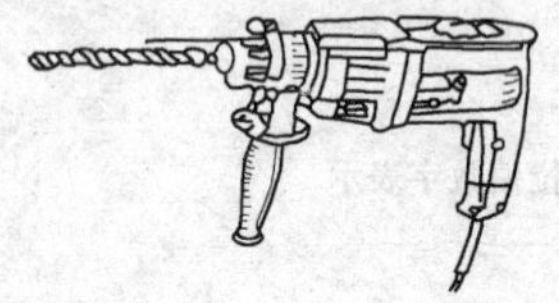

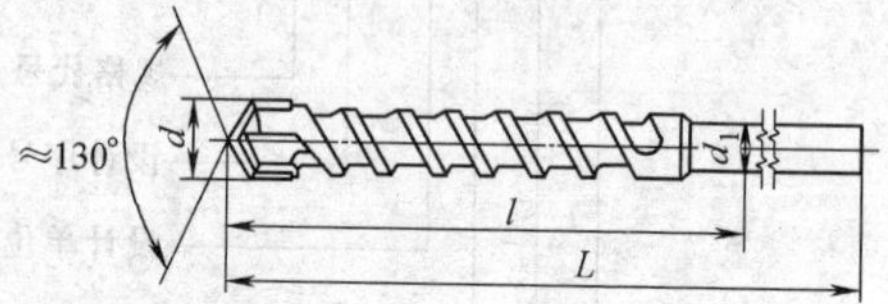

图 15-30　电锤钻

表 15-39　电锤钻的尺寸　（单位：mm）

<table>
<tr><th colspan="2">直径 d</th><th colspan="4">悬伸于电锤钻机夹头外长度 l</th></tr>
<tr><th>基本尺寸</th><th>极限偏差</th><th>短系列</th><th>长系列</th><th>加长系列</th><th>超长系列</th></tr>
<tr><td>5</td><td rowspan="2">+0.30
+0.12</td><td rowspan="5">60</td><td rowspan="7">110</td><td rowspan="9">150</td><td rowspan="5">—</td></tr>
<tr><td>6</td></tr>
<tr><td>7</td><td rowspan="3">+0.36
+0.15</td></tr>
<tr><td>8</td></tr>
<tr><td>10</td></tr>
<tr><td>12</td><td rowspan="4">+0.43
+0.18</td><td rowspan="5">110</td><td rowspan="5">250</td></tr>
<tr><td>14</td></tr>
<tr><td>16</td><td rowspan="3">150</td></tr>
<tr><td>18</td></tr>
<tr><td>20</td><td rowspan="5">+0.52
+0.21</td><td rowspan="4">300</td></tr>
<tr><td>22</td><td rowspan="3">150</td><td rowspan="7">250</td><td rowspan="3">400</td></tr>
<tr><td>24</td></tr>
<tr><td>26</td></tr>
<tr><td>28</td><td rowspan="8">200</td><td rowspan="8">400</td><td rowspan="8">550</td></tr>
<tr><td>32</td><td rowspan="7">+0.62
+0.25</td></tr>
<tr><td>35</td></tr>
<tr><td>38</td></tr>
<tr><td>40</td><td rowspan="4">300</td></tr>
<tr><td>42</td></tr>
<tr><td>45</td></tr>
<tr><td>50</td></tr>
</table>

4. 套式电锤钻（图 15-31）（GB/T 25676—2010）

（1）用途　适用于在砖、砌块、轻质墙等材料上钻孔。

(2) 规格 尺寸见表 15-40。

表 15-40 套式电锤钻的尺寸 (单位：mm)

基本尺寸 d	l_1	悬伸于电锤钻机夹头外的长度 l_2			
		短系列	长系列	加长系列	超长系列
25、30、35、40、45、50、55、65、70、80、85、90、100、105、125、130、150	70、80、100、120、150	200	300	400	550

5. 手持电动石材切割机（GB/T 22664—2008）

(1) 用途 配用金刚石切割片，用于切割花岗石、大理石、云石、瓷砖等脆性材料。

(2) 规格 外形和基本参数见图 15-32 和表 15-41。

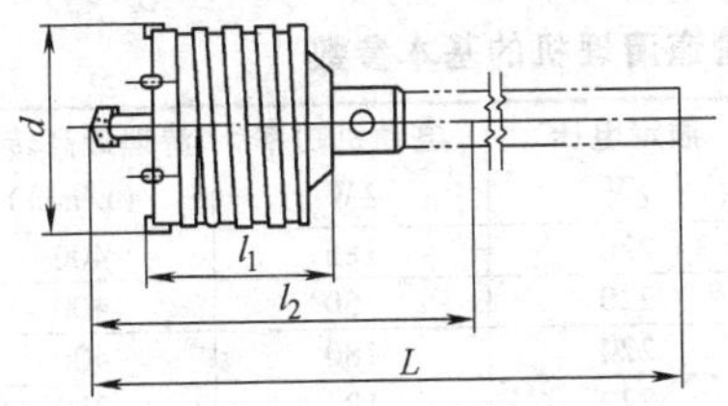

图 15-31 套式电锤钻

图 15-32 手持电动石材切割机

表 15-41 手持电动石材切割机的基本参数

规格	切割片尺寸/mm×mm 外径×内径	额定输出功率/W	额定转矩/N·m	最大切割深度/mm
110C	110×20	≥200	≥0.3	≥20
110	110×20	≥450	≥0.5	≥30
125	125×20	≥450	≥0.7	≥40
150	125×20	≥550	≥1.0	≥50
180	180×25	≥550	≥1.6	≥60
200	200×25	≥650	≥2.0	≥70

七、其他电动工具

1. 电动管道清理机

(1) 用途 配用各种切削刀，用于清理管道污垢，疏通管道淤塞。

(2) 规格 外形和基本参数见图 15-33 和表 15-42、表 15-43。

图 15-33 电动管道清理机

表 15-42　手持式电动管道清理机的基本参数

型　号	疏管直径 /mm	软轴长度 /m	额定功率 /W	额定转速 /(r/min)	质量 /kg	特　征
QIGRES-19~76	19~76	8	300	0~500	6.75	倒、顺、无级调速
QIG-SC-10~50	12.7~50	4	130	300	3	倒、顺,恒速
GT-2	50~200	2	350	700		管道疏通和钻孔两用
GT-15	50~200	15	430	500		
T15-841	50~200	2、4 6、8 15	431	500	14	下水道用
T15-842	25~75	2			3.3	大便器用

表 15-43　移动式电动管道清理机的基本参数

型　号	清理管道直径 /mm	清理管道长度 /m	额定电压 /V	电动机功率 /W	清理最高转速 /(r/min)
Z-50	12.7~50	12	220	185	400
Z-500	50~250	16	220	750	400
GQ-75	20~100	30	220	180	400
GQ-100	20~100	30	220	180	380
GQ-200	38~200	50	200	180	700

2. 电动套丝机（JB/T 5334—2013）

(1) 用途　用于在钢、铸铁、铜、铝合金等管材上铰制圆锥或圆柱管螺纹、切断钢管、管子内口倒角等作业，为多功能电动工具，适用于水暖、建筑等行业流动性大的管道现场施工。

(2) 规格　外形和基本参数见图 15-34 和表 15-44。

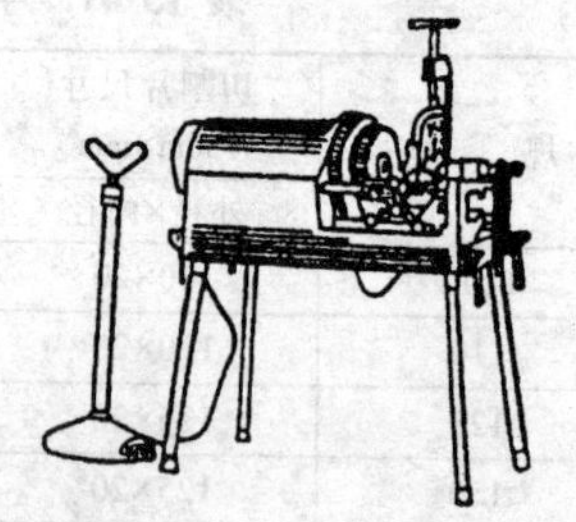

图 15-34　电动套丝机

表 15-44　电动套丝机的基本参数

规格代号	套制圆锥外螺纹范围（尺寸代号）	电动机额定功率 /W	主轴额定转速 /(r/min)
50	$\frac{1}{2}$~2	≥600	≥16
80	$\frac{1}{2}$~3	≥750	≥10
100	$\frac{1}{2}$~4	≥750	≥8
150	$2\frac{1}{2}$~6	≥750	≥5

注：规格是指能套制符合 GB/T 3091 规定的水、煤气管等的最大公称口径。

第十六章　测 量 工 具

一、量尺

1. 金属直尺（GB/T 9056—2004）

（1）金属直尺的型式（图 16-1）

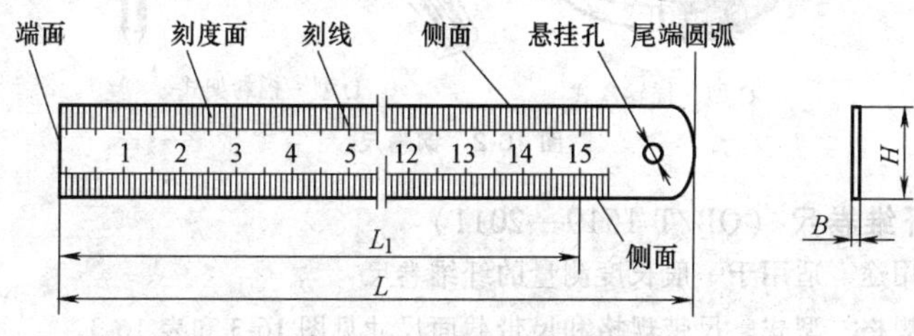

图 16-1　金属直尺的型式

（2）金属直尺的基本参数（表 16-1）

表 16-1　金属直尺的基本参数　　　　（单位：mm）

标称长度 L_1	全长 L		厚度 B		宽度 H		孔径 ϕ
	尺寸	偏差	尺寸	偏差	尺寸	偏差	
150	175	±5	0.5	±0.05	15 或 20	±0.3 或±0.4	5
300	335		1.0	±0.10	25	±0.5	
500	540		1.2	±0.12	30	±0.6	
600	640		1.2	±0.12	30	±0.6	
1000	1050		1.5	±0.15	35	±0.7	7
1500	1565		2.0	±0.20	40	±0.8	
2000	2065		2.0	±0.20	40	±0.8	

2. 钢卷尺（QB/T 2243—2011）

（1）用途　测量较长尺寸的工件或丈量距离。

（2）规格　型式和标称长度见图 16-2 和表 16-2。

表 16-2　钢卷尺的标称长度

型　　式	自卷式、制动式	摇卷盒式、摇卷架式
标称长度/m	1、2、3、3.5、5、10	5、10、15、20、30、50、100

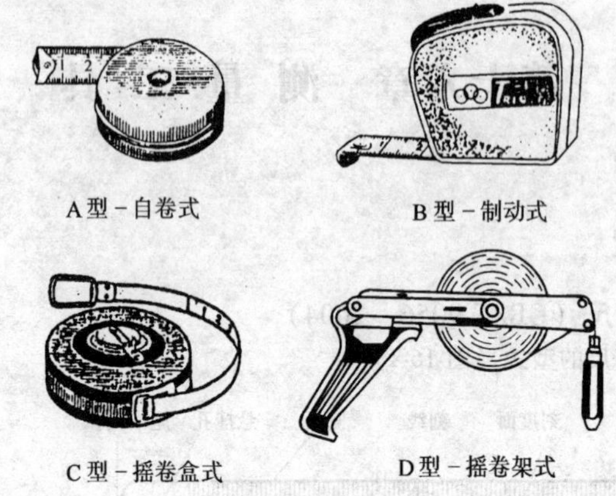

A型－自卷式　B型－制动式

C型－摇卷盒式　D型－摇卷架式

图 16-2　钢卷尺

3. 纤维卷尺（QB/T 1519—2011）

（1）用途　适用于一般长度测量的纤维卷尺

（2）规格　型式、尺带规格和尺带截面尺寸见图 16-3 和表 16-3。

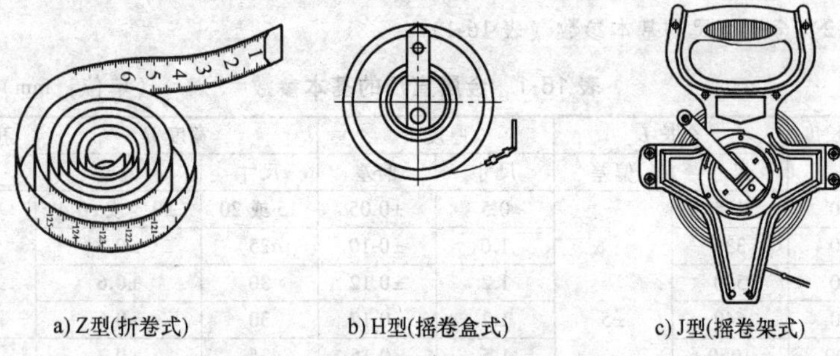

a) Z型(折卷式)　b) H型(摇卷盒式)　c) J型(摇卷架式)

图 16-3　纤维卷尺型式

表 16-3　尺带规格和尺带截面尺寸

型式	尺带规格 g/m	尺带截面尺寸/mm			
		宽度 k		厚度 h	
		基本尺寸	允许偏差	基本尺寸	允许偏差
Z型	0.5的整数倍（5m以下）	4~40	±4%	0.45	±0.18
H型					
Z型	5的整数倍				
H型					
J型					

注：有特殊要求的尺带不受本表限制。

4. 内、外卡钳（图 16-4）

（1）用途　与钢直尺配合使用，内卡钳测量工件的内尺寸（如内径、槽宽），外卡钳测量工件的外尺寸（如外径、厚度）。

（2）规格　全长（mm）：100、125、150、200、250、300、350、400、450、500、600。

5. 弹簧卡钳（图 16-5）

（1）用途　与普通内外卡钳相同、但便于调节、测得的尺寸不易走动、尤其适用于连续生产中。

（2）规格　全长（mm）：100、125、150、200、250、300、350、400、450、500、600。

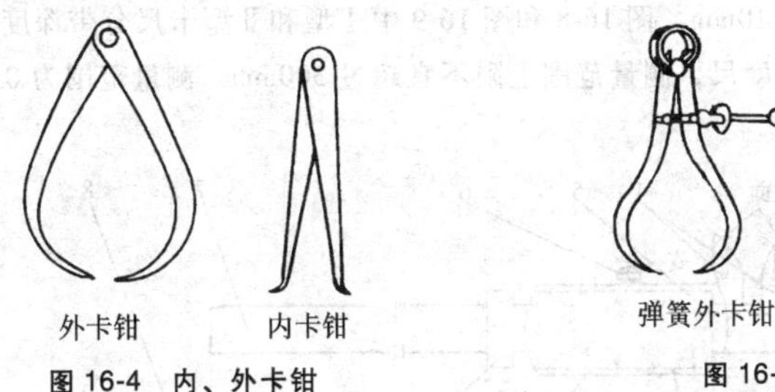

图 16-4　内、外卡钳　　图 16-5　弹簧卡钳

6. 木折尺

（1）用途　测量较长工件的尺寸、常被木工、土建工、装饰工所采用。

（2）规格　外形和各品种的标称长度见图 16-6 和表 16-4。

表 16-4　木折尺各品种的标称长度

品　　种	四折木尺	六折木尺	八折木尺
标称长度/cm	50	100	100

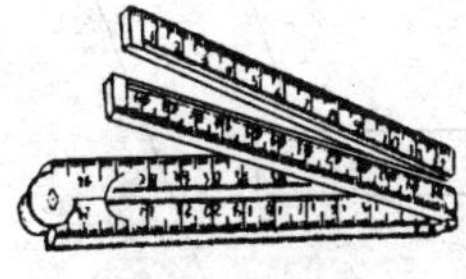

图 16-6　木折尺

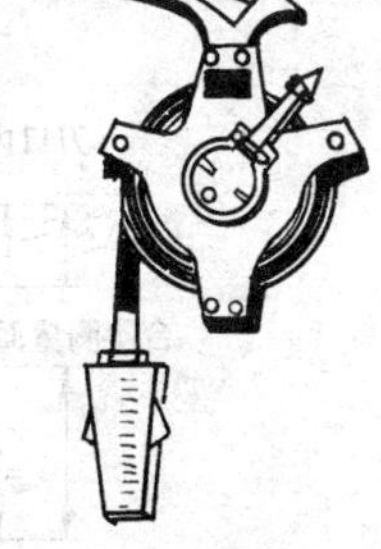

图 16-7　量油尺

7. 量油尺（图 16-7）

（1）用途　用于测量油库（舱、池）或其他液体库的深度、从而推算储存量。

（2）规格　标称长度（m）：5、10、15、20、30、50、100。

二、卡尺

1. 游标、带表和数显卡尺（GB/T 21389—2008）

（1）用途　游标卡尺用于测量工件的内径和外径尺寸，带深度尺的还可以用于测量工件的深度尺寸。利用游标可以读出毫米小数值，测量精度比钢直尺高，使用也方便。带表卡尺的用途与普通游标卡尺相同，但用表盘指针直接读数代替游标读数，零位可任意调整，使用方便醒目。显示卡尺的测量精度比一般游标卡尺更高，且具有读数清晰、准确、直观、迅速、使用方便的优点。

（2）型式与基本参数　卡尺的型式见图16-8～图16-11，指示装置见图16-12；卡尺的测量范围和基本参数推荐值见表16-5。卡尺的分度值/分辨力为0.01mm、0.02mm、0.05mm和0.10mm，图16-8和图16-9中Ⅰ型和Ⅱ型卡尺分带深度尺和不带深度尺两种。如带深度尺，测量范围上限不宜超过300mm。测量范围为0～70mm和0～4000mm。

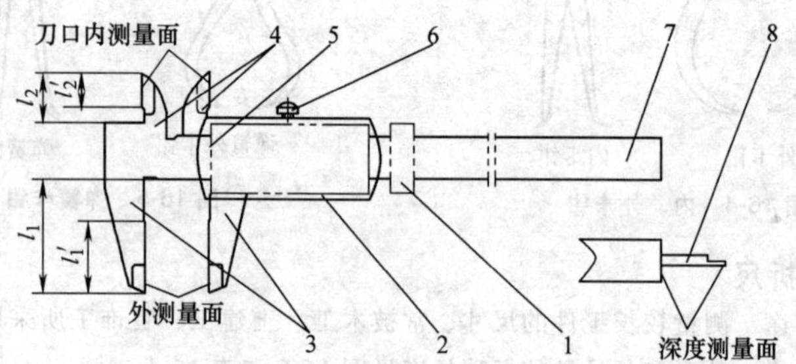

图16-8　Ⅰ型卡尺（不带台阶测量面）

1—微动装置　2—指示装置　3—外测量爪　4—刀口内测量爪
5—尺框　6—制动螺钉　7—尺身　8—深度尺

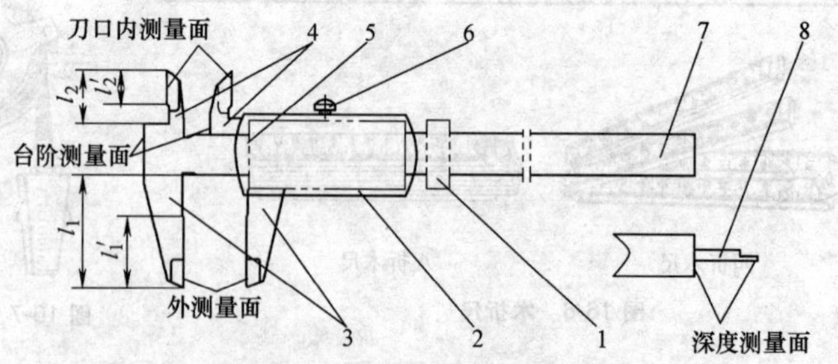

图16-9　Ⅱ型卡尺（带台阶测量面）

1—微动装置　2—指示装置　3—外测量爪　4—刀口内测量爪
5—尺框　6—制动螺钉　7—尺身　8—深度尺

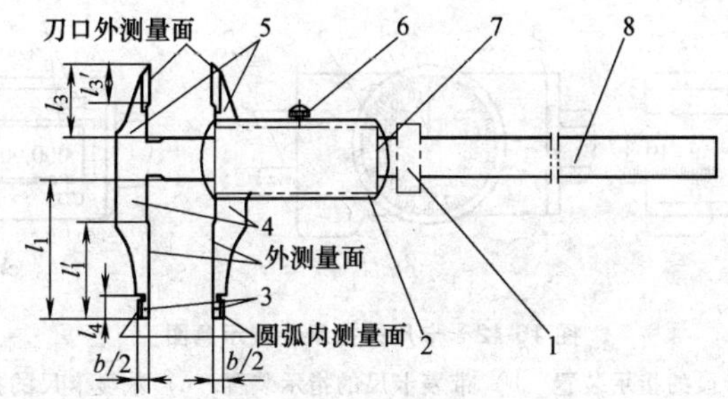

图 16-10 Ⅲ型卡尺

1—微动装置 2—指示装置 3—圆弧内测量爪 4—外测量爪

5—刀口外测量爪 6—制动螺钉 7—尺框 8—尺身

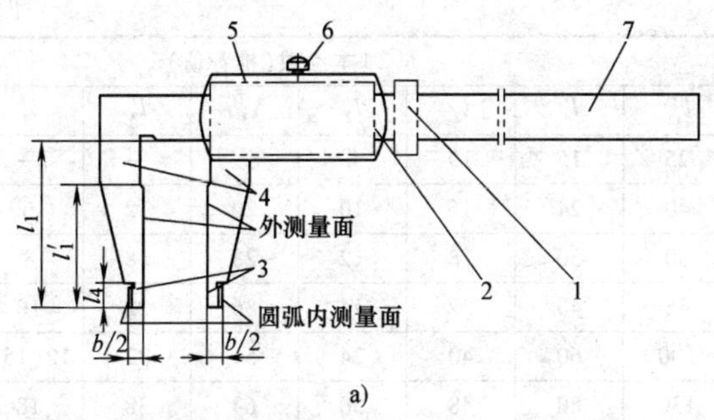

a)

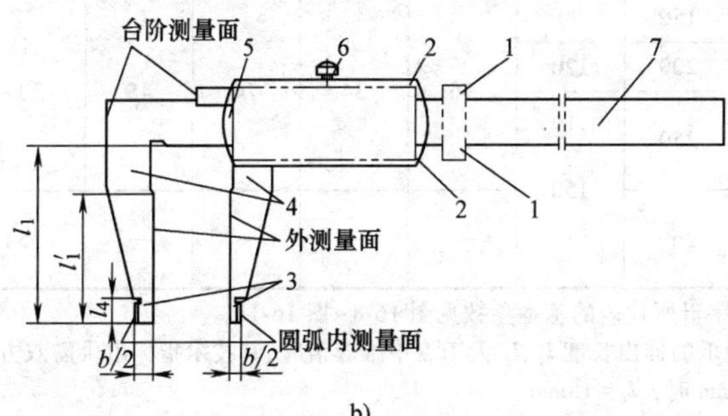

b)

图 16-11 Ⅳ、Ⅴ型卡尺

1—微动装置 2—指示装置 3—圆弧内测量爪 4—外测量爪

5—尺框 6—制动螺钉 7—尺身

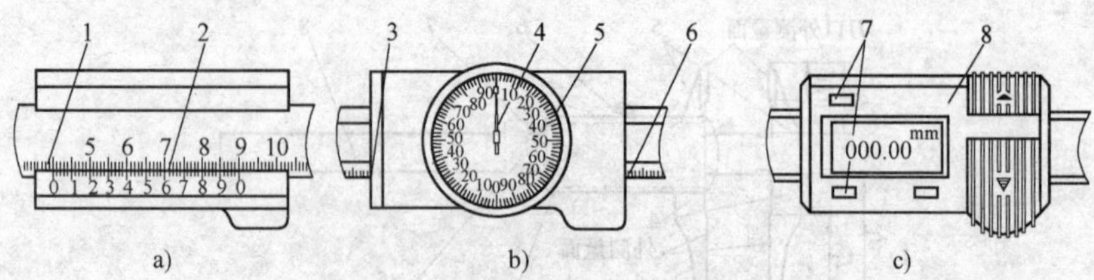

图 16-12　卡尺的指示装置示意图

a）游标卡尺的指示装置　b）带表卡尺的指示装置　c）数显卡尺的指示装置

1、6—主标尺　2—游标尺　3—毫米读数部位　4—指针

5—圆标尺　7—功能按钮　8—电子数显器

表 16-5　卡尺的测量范围和基本参数的推荐值

（单位：mm）

<table>
<tr><th rowspan="2">测量范围</th><th colspan="8">基本参数(推荐值)</th></tr>
<tr><th>$l_1$①</th><th>l'_1</th><th>l_2</th><th>l'_2</th><th>$l_3$①</th><th>l'_3</th><th>l_4</th><th>b②</th></tr>
<tr><td>0~70</td><td>25</td><td>15</td><td>10</td><td>6</td><td>—</td><td>—</td><td>—</td><td>—</td></tr>
<tr><td>0~150</td><td>40</td><td>24</td><td>16</td><td>10</td><td>20</td><td>12</td><td>6</td><td rowspan="3">10</td></tr>
<tr><td>0~200</td><td>50</td><td>30</td><td>18</td><td>12</td><td>28</td><td>18</td><td>8</td></tr>
<tr><td>0~300</td><td>65</td><td>40</td><td>22</td><td>14</td><td>36</td><td>22</td><td>10</td></tr>
<tr><td>0~500</td><td>100</td><td>60</td><td>40</td><td>24</td><td>54</td><td>32</td><td>12(15)</td><td>10(20)</td></tr>
<tr><td>0~1000</td><td>130</td><td>80</td><td>48</td><td>30</td><td>64</td><td>38</td><td>18</td><td rowspan="5">20(30)</td></tr>
<tr><td>0~1500</td><td>150</td><td>90</td><td rowspan="4">56</td><td rowspan="4">34</td><td rowspan="4">74</td><td rowspan="4">45</td><td rowspan="4">20</td></tr>
<tr><td>0~2000</td><td>200</td><td>120</td></tr>
<tr><td>0~2500</td><td rowspan="2">250</td><td rowspan="4">150</td></tr>
<tr><td>0~3000</td></tr>
<tr><td>0~3500</td><td rowspan="2">260</td><td rowspan="2">—</td><td rowspan="2">—</td><td rowspan="2">—</td><td rowspan="2">—</td><td rowspan="2">35</td><td rowspan="2">40</td></tr>
<tr><td>0~4000</td></tr>
</table>

注：表中各字母所代表的基本参数见图 16-8~图 16-11。

① 当外测量爪的伸出长度 l_1、l_3 大于表中推荐值时，其技术指标由供需双方技术协议确定。

② 当 $b=20$mm 时，$l_4=15$mm。

2. 游标、带表和数显高度卡尺（GB/T 21390—2008）

（1）用途　用于测量工件的高度及精密画线。

（2）型式与基本参数　高度卡尺的型式见图 16-13~图 16-15。测量范围及基本参数见表 16-6。分度值/分辨力为 0.01mm、0.02mm、0.05mm 和 0.10mm，测量范围为 0~150mm 至 0~1000mm。

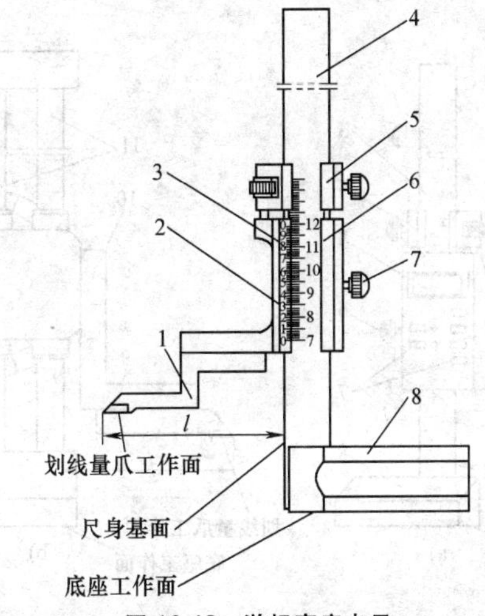

图 16-13 游标高度卡尺

1—划线量爪 2—游标尺 3—主标尺 4—尺身
5—微动装置 6—尺框 7—制动螺钉 8—底座

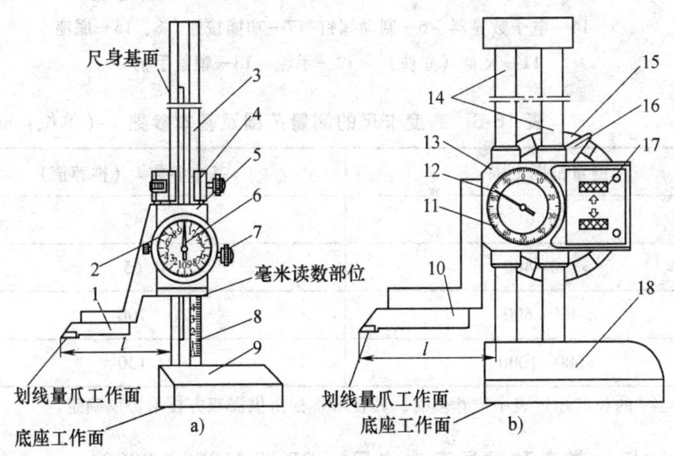

图 16-14 带表高度卡尺

a) Ⅰ型带表高度卡尺（由主标尺读毫米读数）

b) Ⅱ型带表高度卡尺（由计数器读毫米读数）

1、10—划线量爪 2、11—圆标尺 3—尺身 4—微动装置 5、13—尺框
6、12—指针 7—制动螺钉 8—主标尺 9、18—底座
14—尺身（立柱） 15—手轮 16—锁紧手柄 17—计数器

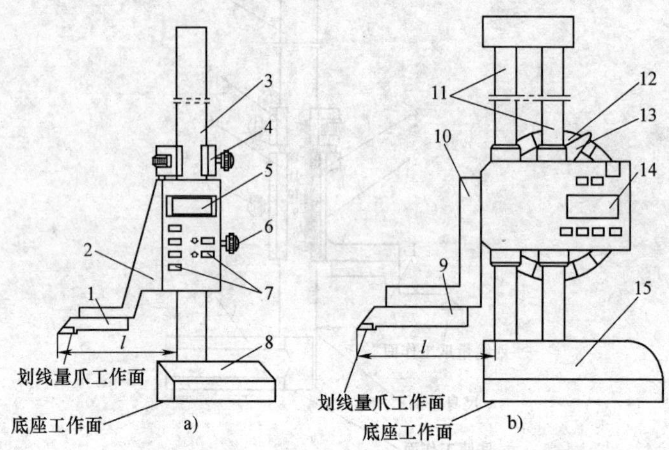

图 16-15 数显高度卡尺

a) Ⅰ型数显高度卡尺 b) Ⅱ型数显高度卡尺

1、9—划线量爪 2、10—尺框 3—尺身 4—微动装置

5、14—电子数显器 6—制动螺钉 7—功能按钮 8、15—底座

11—尺身（立柱） 12—手轮 13—锁紧手柄

表 16-6 高度卡尺的测量范围及基本参数 （单位：mm）

测量范围上限	基本参数 l①(推荐值)
~150	45
>150~400	65
>400~600	100
>600~1000	130

① 当 l 的长度超过表中推荐值时，其技术指标由供需双方技术协议确定。

3. 游标、带表和数显深度卡尺（GB/T 21388—2008）

（1）用途 用于测量工件上阶梯形、沟槽和不通孔的深度。

（2）型式与基本参数 深度卡尺的型式见图 16-16~图 16-18，图 16-19 为深度卡尺的指示装置示意图。分度值/分辨力为 0.01mm、0.02mm、0.05mm 和 0.10mm。测量范围为 0~100mm 至 0~1000mm。深度卡尺的测量范围及基本参数的推荐值见表 16-7。

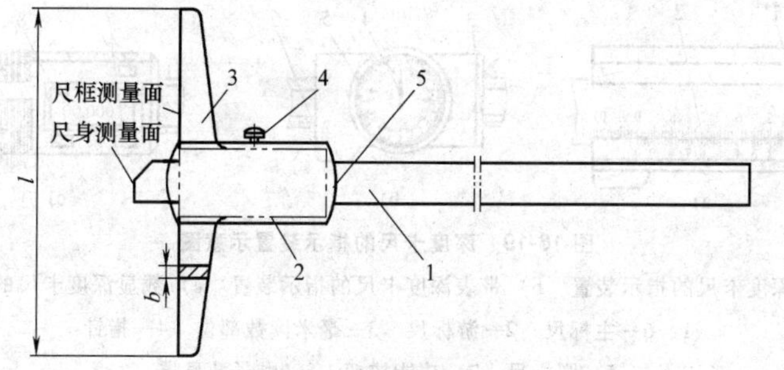

图 16-16　Ⅰ型深度卡尺

1—尺身　2—尺框　3—尺框测量爪　4—制动螺钉

5—指示装置（图 16-19）

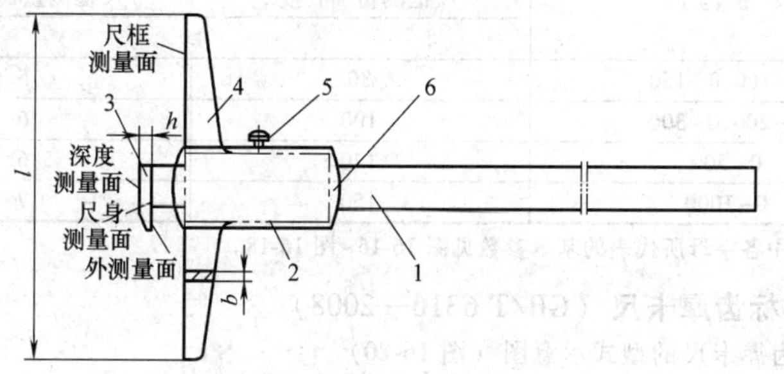

图 16-17　Ⅱ型深度卡尺（单钩型）

1—尺身　2—尺框　3—测量爪　4—尺框测量爪

5—制动螺钉　6—指示装置（图 16-19）

注：本形式测量爪和尺身可做成一体式、拆卸式和可旋转式。

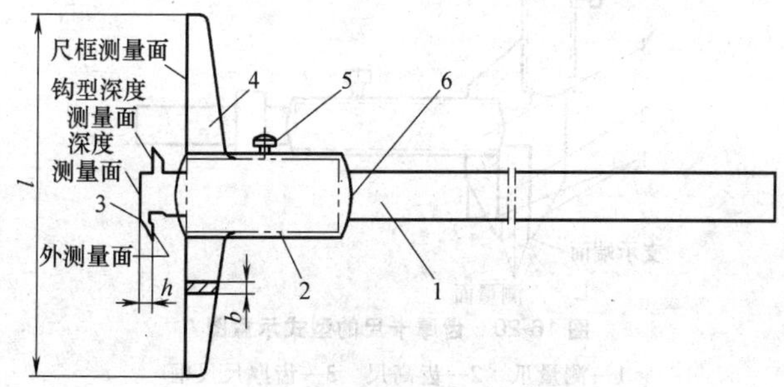

图 16-18　Ⅲ型深度卡尺（双钩型）

注：本形式测量爪和尺身做成一体。

（图注见图 16-17）

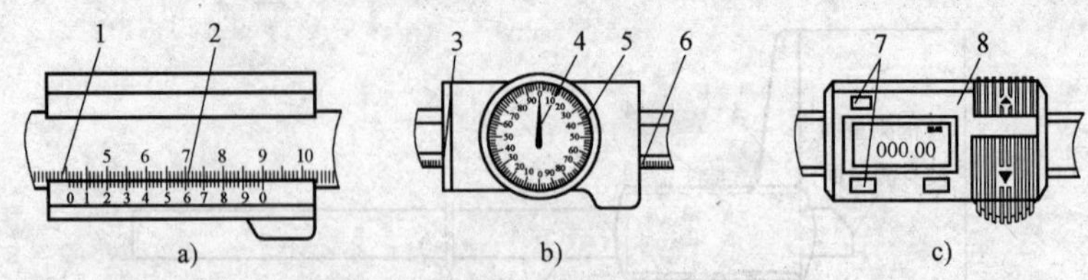

图 16-19 深度卡尺的指示装置示意图

a）游标深度卡尺的指示装置 b）带表深度卡尺的指示装置 c）数显深度卡尺的指示装置

1、6—主标尺 2—游标尺 3—毫米读数部位 4—指针

5—圆标尺 7—功能按钮 8—电子数显器

表 16-7 深度卡尺的测量范围及基本参数的推荐值 （单位：mm）

测量范围	基本参数(推荐值)	
	尺框测量面长度 l	尺框测量面宽度 b
	≥	
0~100、0~150	80	5
0~200、0~300	100	6
0~500	120	6
0~1000	150	7

注：表中各字母所代表的基本参数见图 16-16~图 16-18。

4. 游标齿厚卡尺（GB/T 6316—2008）

（1）齿厚卡尺的型式示意图（图 16-20）

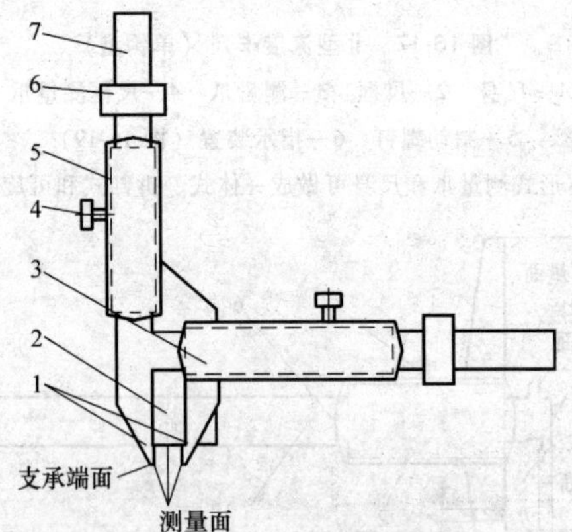

图 16-20 齿厚卡尺的型式示意图

1—测量爪 2—齿高尺 3—齿厚尺尺框

4—紧固螺钉 5—齿高尺尺框 6—微动装置 7—主尺

（2）齿厚卡尺的指示装置示意图（图 16-21）

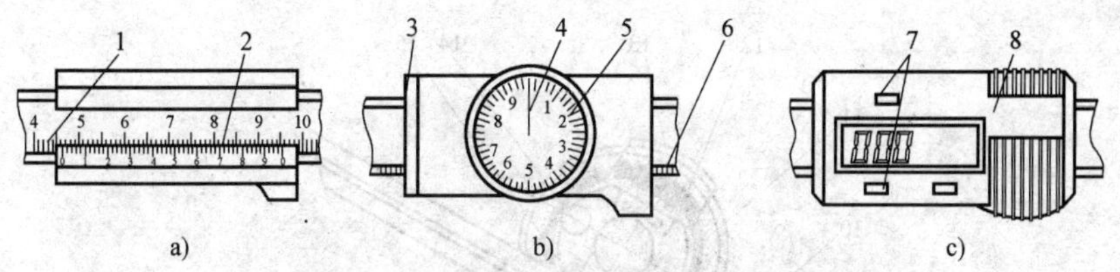

图 16-21 厚度卡尺指示装置的示意图

a）游标齿厚卡尺 b）带表齿厚卡尺 c）数显齿厚卡尺

1、6—主标尺 2—游标尺 3—毫米读数部位 4—指针

5—圆标尺 7—功能按钮 8—电子数显器

（3）测量范围 测量齿轮模数范围为 1~16mm、1~26mm、5~32mm、15~55mm。分度值/分辨力为 0.01mm 和 0.02mm。

5. 万能角尺

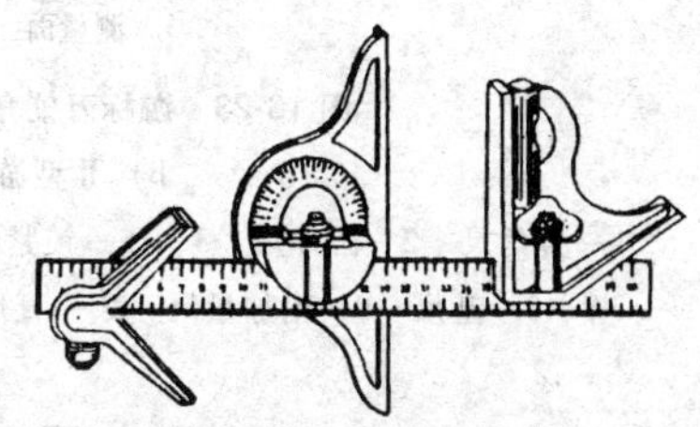

图 16-22 万能角尺

（1）用途 用于测量一般的角度、长度、深度、水平度以及在圆形工件上定中心等，也可进行角度划线。

（2）规格 外形和参数见图 16-22 和表 16-8。

表 16-8 万能角尺的参数

公称长度/mm	角度测量范围
300	0°~180°

6. 游标、带表和数显万能角度尺（GB/T 6315—2008）（图 16-23~图 16-25、表 16-9）

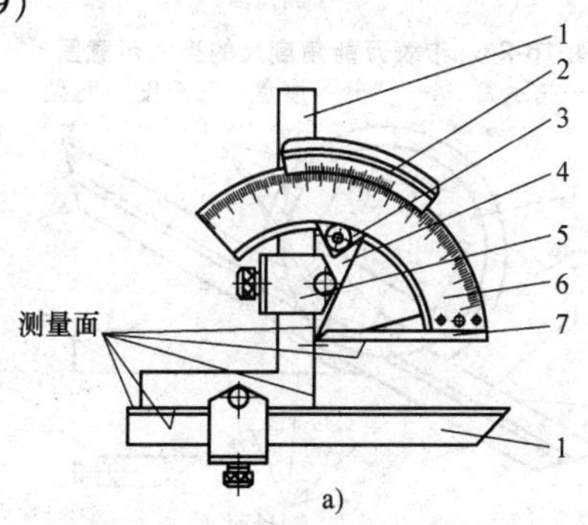

图 16-23 游标万能角度尺的型式示意图

a）Ⅰ型游标万能角度尺

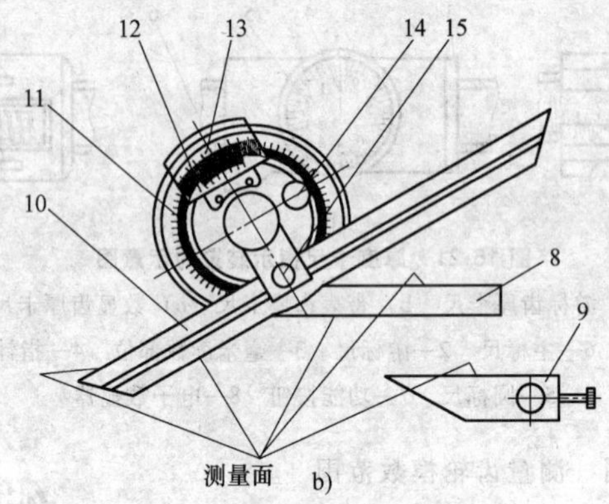

图 16-23 游标万能角度尺的型式示意图（续）

b）Ⅱ型游标万能角度尺

1—直角尺 2—游标尺 3、15—锁紧装置 4—扇形板 5—卡块 6、11—主尺 7、8—基尺 9—附加量尺 10—直尺 12—游标 13—放大镜 14—微动轮

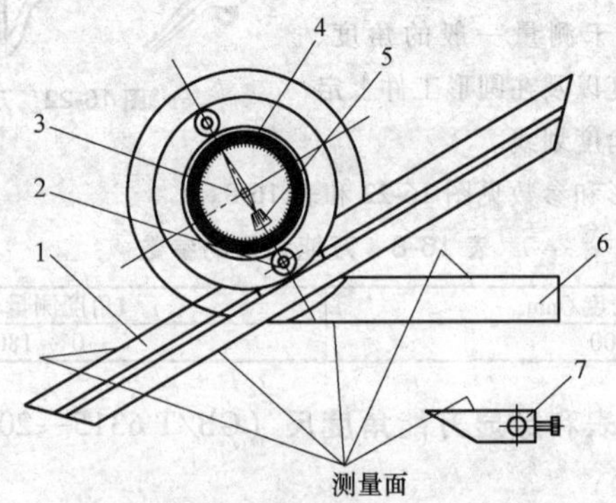

图 16-24 带表万能角度尺的型式示意图

1—直尺 2—锁紧装置 3—指示表 4—“分”度盘 5—“度”度盘 6—基尺 7—附加量尺

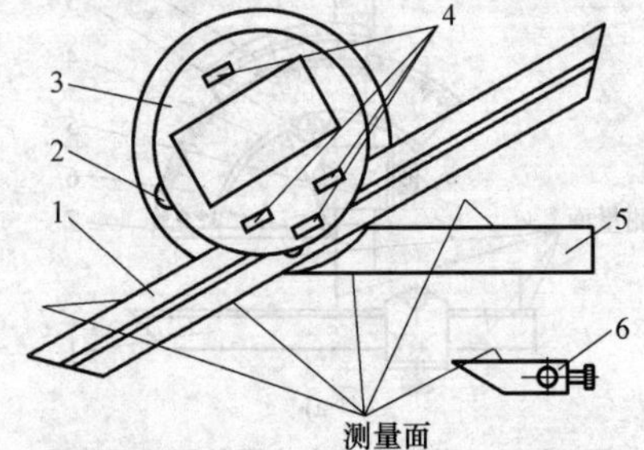

图 16-25 数显万能角度尺的型式示意图

1—直尺 2—锁紧装置 3—数显器 4—功能键 5—基尺 6—附加量尺

表 16-9 游标、带表和数显万能角度尺的测量范围与测量面标称长度

<table>
<tr><th rowspan="2">型 式</th><th rowspan="2">测量范围</th><th>直尺测量面标称长度</th><th>基尺测量面标称长度</th><th>附加量尺测量面标称长度</th></tr>
<tr><th colspan="3">mm</th></tr>
<tr><td>Ⅰ型游标万能角度尺</td><td>0°~320°</td><td>≥150</td><td rowspan="4">≥50</td><td>—</td></tr>
<tr><td>Ⅱ型游标万能角度尺</td><td rowspan="3">0°~360°</td><td rowspan="3">150 或 200 或 300</td><td rowspan="3">≥70</td></tr>
<tr><td>带表万能角度尺</td></tr>
<tr><td>数显万能角度尺</td></tr>
</table>

三、千分尺

1. 外径千分尺（GB/T 1216—2004）

（1）型式（图 16-26）

（2）测量范围（表 16-10）

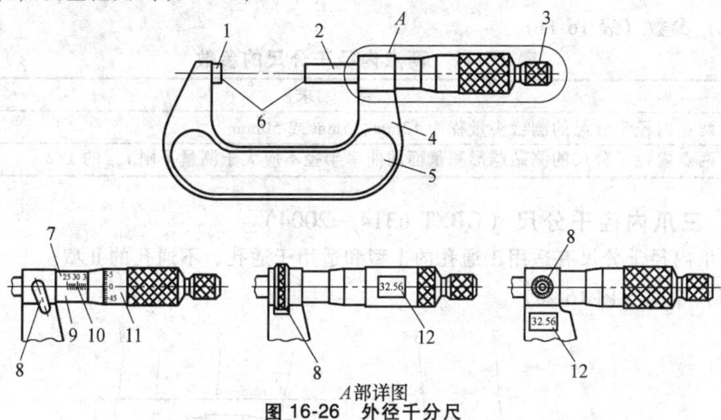

图 16-26 外径千分尺

1—测砧 2—测微螺杆 3—棘轮 4—尺架 5—隔热装置 6—测量面 7—模拟显示 8—测微螺杆锁紧装置 9—固定套管 10—基准线 11—微分筒 12—数值显示

注：1. 图示仅供图解说明。外径千分尺可制成可调式或可换式测砧。

2. 外径千分尺应附有调零位的工具，测量范围下限大于或等于 25mm 的外径千分尺应附有校对量杠。

表 16-10 外径千分尺的测量范围

测量范围/mm
0~25、25~50、50~75、75~100、100~125、125~150、150~175、175~200、200~225、225~250、250~275、275~300、300~325、325~350、350~375、375~400、400~425、425~450、450~475、475~500、500~600、600~700、700~800、800~900、900~1000

注：外径千分尺的量程为 25mm，测微螺杆螺距为 0. 5mm，测量范围见本表规定。

2. 两点内径千分尺（GB/T 8177—2004）

（1）型式（图16-27）

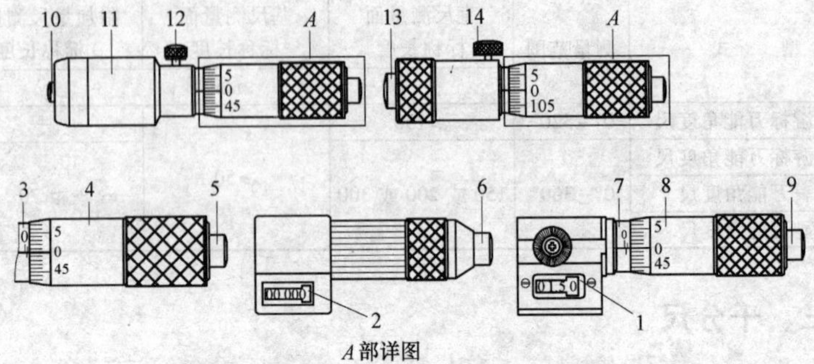

A部详图

图16-27　两点内径千分尺

1、2—数字显示装置　3、7—固定套管　4、8—微分筒　5、6、9—可调测头　10、13—固定测头　11—接长杆　12、14—锁紧装置

（2）参数（表16-11）

表16-11　两点内径千分尺的参数

序号	要　求
1	两点内径千分尺的测微头量程为13mm、25mm或50mm
2	两点内径千分尺的测砧球形测量面的曲率半径不应大于测量下限 l_{min} 的1/2

3. 三爪内径千分尺（GB/T 6314—2004）

三爪内径千分尺有适用于通孔的Ⅰ型和适用于通孔、不通孔的Ⅱ型。

（1）型式（图16-28）

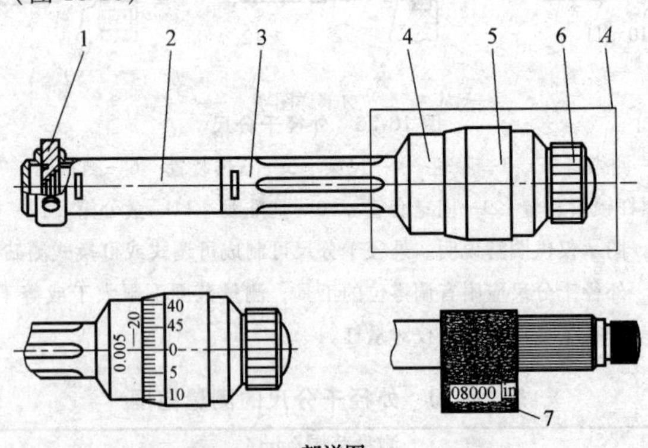

A部详图

a)

图16-28　三爪内径千分尺

a）Ⅰ型

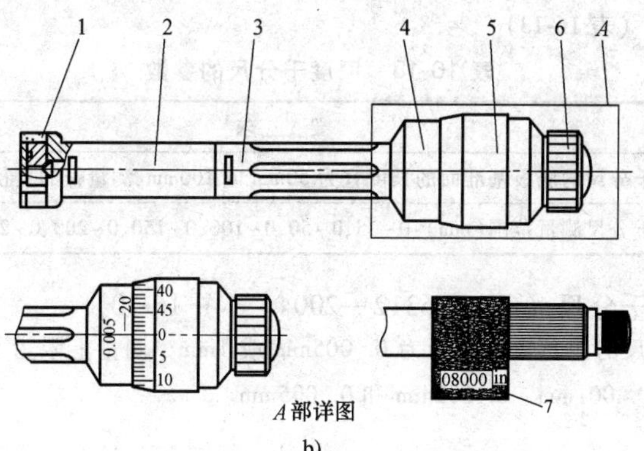

图 16-28　三爪内径千分尺（续）

b）Ⅱ型

1—测量爪　2—测量头　3—套筒　4—固定套筒

5—微分筒　6—测力装置　7—数字显示装置

（2）基本参数（表 16-12）

表 16-12　三爪内径千分尺的基本参数

型式	测量范围/mm
Ⅰ型	6~8、8~10、10~12、12~14、14~17、17~20、20~25、25~30、30~35、35~40、40~50、50~60、60~70、70~80、80~90、90~100
Ⅱ型	3.5~4.5、4.5~5.5、5.5~6.5、8~10、10~12、12~14、14~17、17~20、20~25、25~30、30~35、35~40、40~50、50~60、60~70、70~80、80~90、90~100、100~125、125~150、150~175、175~200、200~225、225~250、250~275、275~300

4. 深度千分尺（GB/T 1218—2004）

（1）型式（图 16-29）

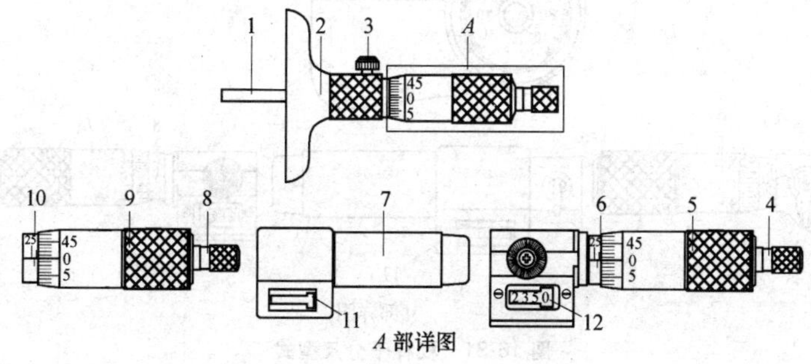

图 16-29　深度千分尺型式

1—测量杆　2—底板　3—锁紧装置　4、7、8—测力装置　5、9—微分筒

6、10—固定套　11、12—数字显示装置

（2）参数（表16-13）

表16-13 深度千分尺的参数

序号	要 求
1	深度千分尺的底板基准面的长度宜为50mm或100mm、测量杆的直径宜为3.5～6mm
2	深度千分尺测量范围(mm)：0～25、0～50、0～100、0～150、0～200、0～250、0～300

5. 壁厚千分尺（GB/T 6312—2004）（图16-30）

壁厚千分尺的测微螺杆螺距为0.005mm或1mm，测量上限为50mm，分度值为0.01mm、0.001mm、0.002mm和0.005mm。

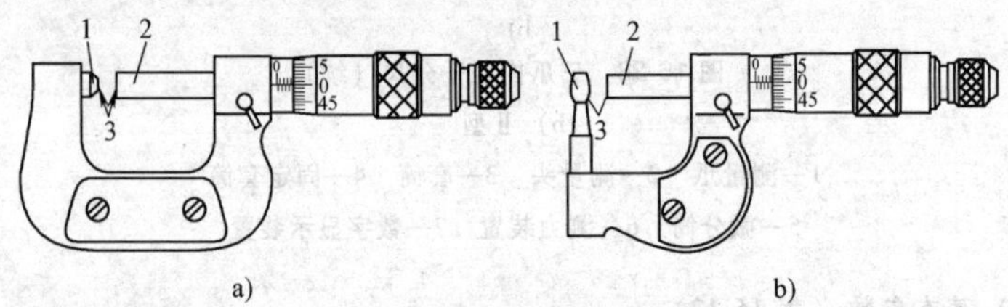

图16-30 壁厚千分尺

a）Ⅰ型壁厚千分尺 b）Ⅱ型壁厚千分尺

1—测砧 2—测微螺杆 3—测量面

6. 杠杆千分尺（GB/T 8061—2004）

（1）型式（图16-31）

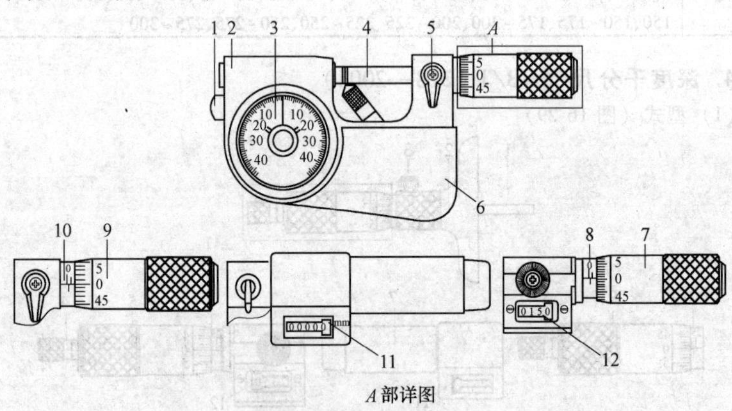

图16-31 杠杆千分尺型式

1—推柄 2—尺架 3—指示表 4—测微螺杆 5—锁紧装置 6—隔热装置 7、9—微分筒 8、10—固定套管 11、12—数字显示装置

（2）参数

1）测量范围（mm）：0~25、25~50、50~75、75~100。

2）适用测微头的分度值为0.01mm、0.001mm、0.002mm、0.005mm，量程为25mm，指示表的分度值为0.001mm或0.002mm，测量上限 l_{max}≤100mm的杠杆千分尺。

7. 螺纹千分尺（GB/T 10932—2004）

（1）型式

1）螺纹千分尺的型式（图16-32）。

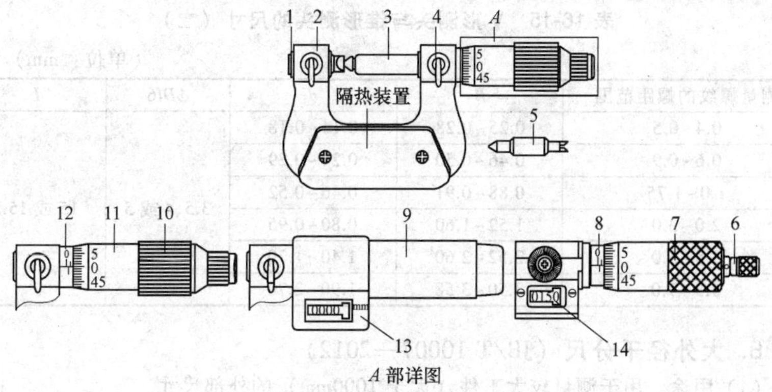

图16-32　螺纹千分尺的型式

1—调零装置　2—尺架　3—测微螺杆　4—锁紧装置　5—校对量杆　6、9、10—测力装置　7、11—微分筒　8、12—固定套管　13、14—数字显示装置

2）V形测头和锥形测头的型式（图16-33）。

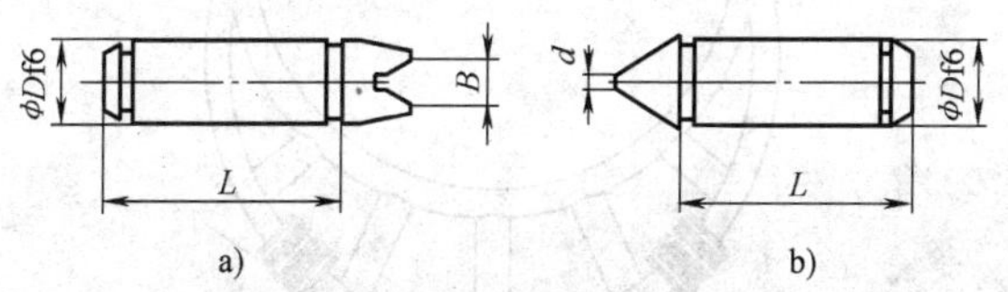

图16-33　V形测头和锥形测头型式

a）V形测头　b）锥形测头

（2）参数

1）螺纹千分尺的测量范围（mm）：0~25、25~50、50~75、75~100、100~125、125~150、150~175、175~200。

2）V形测头与锥形测头的尺寸（表16-14、表16-15）。

表 16-14　V 形测头与锥形测头的尺寸（一）

（单位：mm）

测量螺纹的螺距范围	B	d	φDf6	L
0.4~0.5	0.26~0.29	0.14~0.18	3.5、4 或 5	15 或 15.5
0.6~0.8	0.41~0.44	0.22~0.28		
1.0~1.25	0.66~0.72	0.34~0.48		
1.5~2.0	1.02~1.10	0.55~0.70		
2.5~3.5	1.77~1.85	1.00~1.20		
4.0~6.0	2.90~2.98	1.70~1.90		

表 16-15　V 形测头与锥形测头的尺寸（二）

（单位：mm）

测量螺纹的螺距范围	B	d	φDf6	L
0.4~0.5	0.25~0.28	0.14~0.18	3.5、4 或 5	15 或 15.5
0.6~0.9	0.46~0.50	0.24~0.29		
1.0~1.75	0.88~0.91	0.46~0.52		
2.0~3.0	1.52~1.60	0.80~0.95		
3.5~5.0	2.52~2.60	1.40~1.70		
5.5~7.0	3.50~3.58	1.90~2.70		

8. 大外径千分尺（JB/T 10007—2012）

（1）用途　用于测量较大工件（大于 1000mm）的外部尺寸。

（2）规格　大外径千分尺外形和测量范围见图 16-34、图 16-35 和表 16-16。

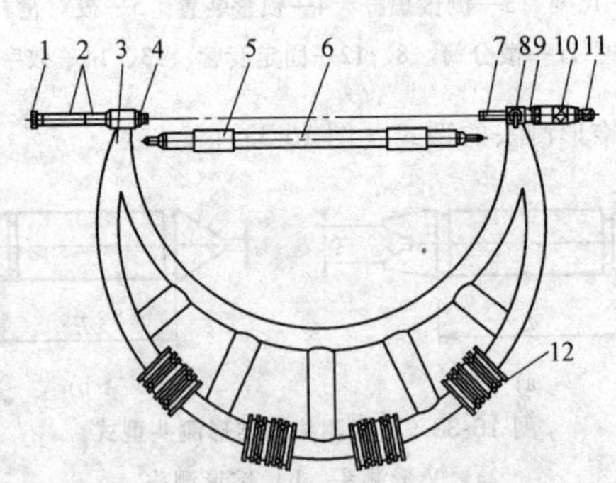

图 16-34　可调测砧大外径千分尺

1—紧固螺母　2—可换标准套　3—尺架　4—可调测砧　5—隔热套　6—校对量杆　7—测微螺杆　8—锁紧装置　9—固定套管　10—微分筒　11—测力装置（可选）　12—隔热装置

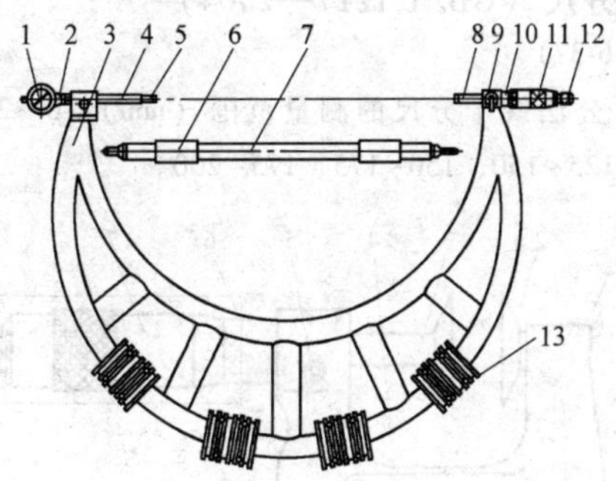

图 16-35 带表大外径千分尺

1—指示表 2—防护表罩 3—尺架 4—测砧导套 5—活动测砧
6—隔热套 7—校对量杆 8—测微螺杆 9—锁紧装置 10—固定套管
11—微分筒 12—测力装置（可选） 13—隔热装置

表 16-16 大外径千分尺的测量范围

结构型式	测量范围/mm
测砧为可调式	1000~1100、1100~1200、1000~1200、1200~1300、1300~1400、1200~1400、1400~1500、1500~1600、1400~1600、1600~1700、1700~1800、1600~1800、1800~1900、1900~2000、1800~2000、2000~2200、2200~2400、2400~2600、2600~2800、2800~3000
测砧带表式	1000~1500、1500~2000、2000~2500、2500~3000

9. 尖头千分尺（GB/T 6313—2004）

（1）型式（图 16-36）

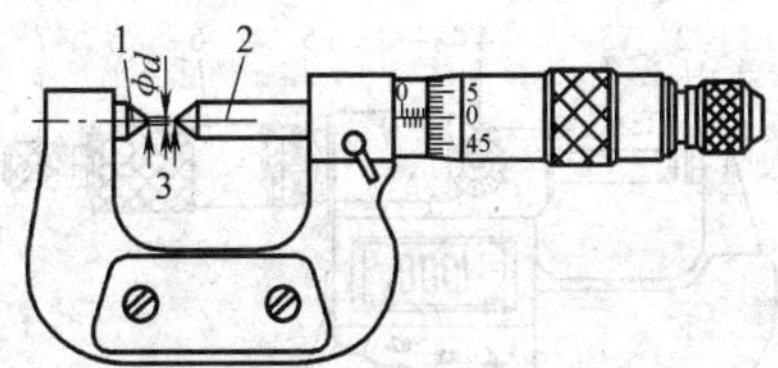

图 16-36 尖头千分尺

1—测砧 2—测微螺杆 3—测量面

注：尖头千分尺应附有调零位的工具，测量范围下限大于或等于 25mm 的尖头千分尺应附有校对量杆。

（2）基本参数 尖头千分尺应附有调零位的工具。测量范围（mm）：0~25，25~50，50~75，75~100。

10. 公法线千分尺（GB/T 1217—2004）

（1）型式（图16-37）

（2）基本参数　公法线千分尺的测量范围（mm）：0～25、25～50、50～75、75～100、100～125、125～150、150～175、175～200。

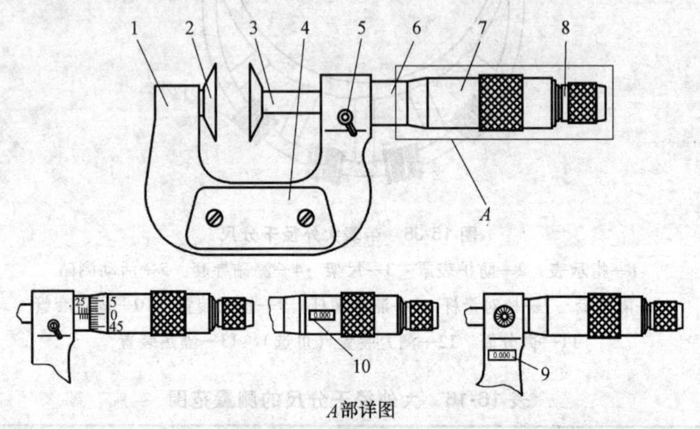

图16-37　公法线千分尺型式

1—尺架　2—固定测砧　3—测微螺杆　4—隔热装置　5—锁紧装置　6—固定套管　7—微分筒　8—测力装置　9、10—数字显示装置

11. 电子数显外径千分尺（图16-40）（GB/T 20919—2007）

（1）用途　用于测量精密外尺寸。

（2）规格　测量范围的下限为0或25mm的整数倍，测量上限为500mm；分辨力≥0.001mm。

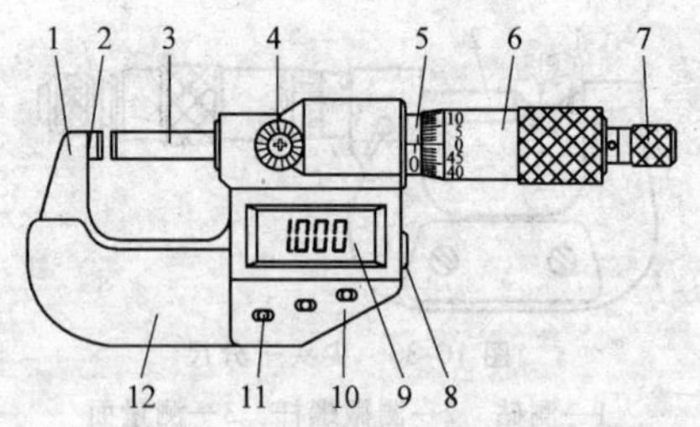

图16-38　电子数显外径千分尺的型式

1—尺架　2—测砧　3—测微螺杆　4—锁紧装置　5—固定套管　6—微分筒　7—测力装置　8—通讯接口　9—显示屏　10—电子数显装置　11—功能键　12—隔热装置

四、指示表

指示表的型式和标尺排列示意图见图 16-39。

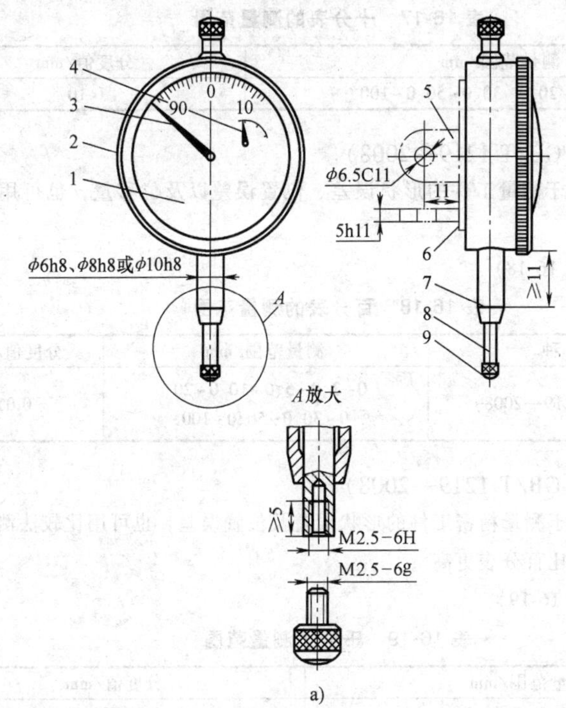

a)

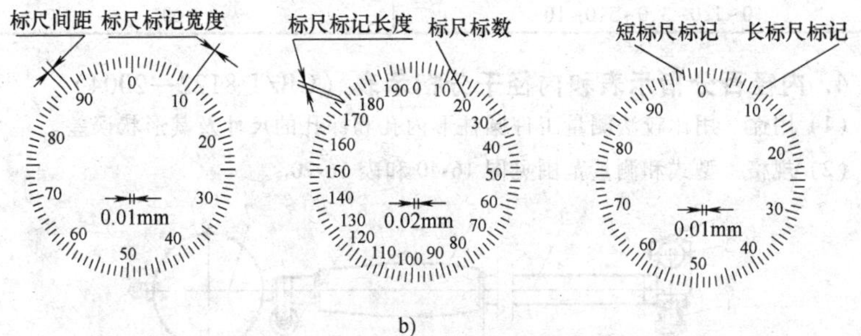

b)

图 16-39　指示表的型式和标尺排列示意图

a）指示表的型式示意图　b）标尺排列示意图

1—度盘　2—表圈　3—指针　4—转数指针　5—凸耳（不是必需的）

6—后盖　7—轴套　8—测杆　9—测头

1. 十分表（GB/T 1219—2008）

（1）用途 同百分表，精度比百分表低。

（2）规格（表16-17）

表16-17 十分表的测量范围

测量范围/mm	分度值/mm
0~10、0~20、0~30、0~50、0~100	0.10

2. 百分表（GB/T 1219—2008）

（1）用途 用于测量工件的形状误差、位置误差以及位移量，也可用比较法测量工件的长度。

（2）规格（表16-18）

表16-18 百分表的测量范围

品种	测量范围/mm	分度值/mm
百分表(GB/T 1219—2008)	0~3、0~5、0~10、0~20、0~30、0~50、0~100	0.01

3. 千分表（GB/T 1219—2008）

（1）用途 用于测量精密工件的形状误差及位置误差，也可用比较法测量工件的长度。测量精度比百分表更高。

（2）规格（表16-19）

表16-19 千分表测量范围

测量范围/mm	分度值/mm
0~1、0~3、0~5	0.001
0~1、0~3、0~5、0~10	0.002

4. 内径百分指示表和内径千分指示表（GB/T 8122—2004）

（1）用途 用比较法测量工件圆柱形内孔和深孔的尺寸及其形状误差。

（2）规格 型式和测量范围见图16-40和表16-20。

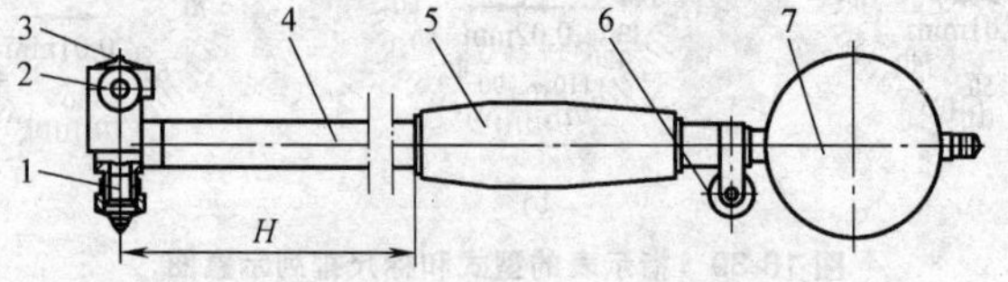

图16-40 内径百分指示表和内径千分指示表型式

1—可换测头 2—定位护桥 3—活动测头 4—直管

5—手柄 6—锁紧装置 7—指示表

表 16-20 内径百分指示表和内径千分指示表的测量范围

品 种	测量范围/mm	分度值/mm
内径百分指示表 (GB/T 8122—2004)	6~10、10~18、18~35、35~50、50~100、 100~160、160~250、250~450	0.01
内径千分指示表 (GB/T 8122—2004)	6~10、18~35、35~50,50~100, 100~160、160~250、250~450	0.001

5. 杠杆百分指示表和杠杆千分指示表（GB/T 8123—2007）

(1) 用途 用于测量工件的形状误差和位置误差，并可用比较法测量长度，尤其适宜在受空间限制而使用百分表难以测量的小孔、凹槽、键槽、孔距及坐标尺寸等。

(2) 规格 型式、标尺排列示意见图 16-41~图 16-43，测量范围见表 16-21。

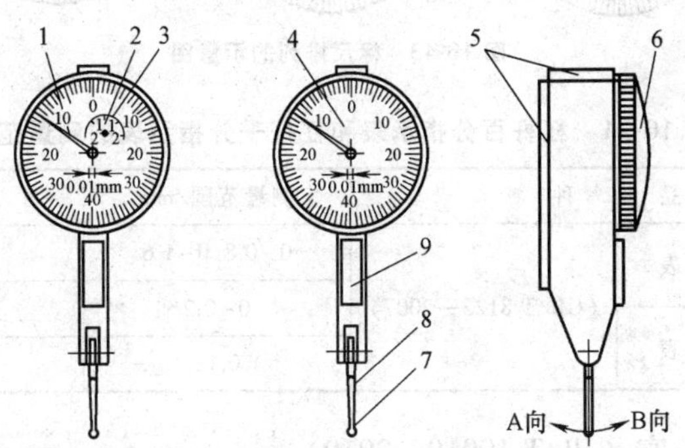

图 16-41 指针式杠杆指示表的型式示意图

1—指针 2—转数指针 3—转数指示盘 4—度盘
5、9—燕尾 6—表蒙 7—杠杆测头 8—测杆

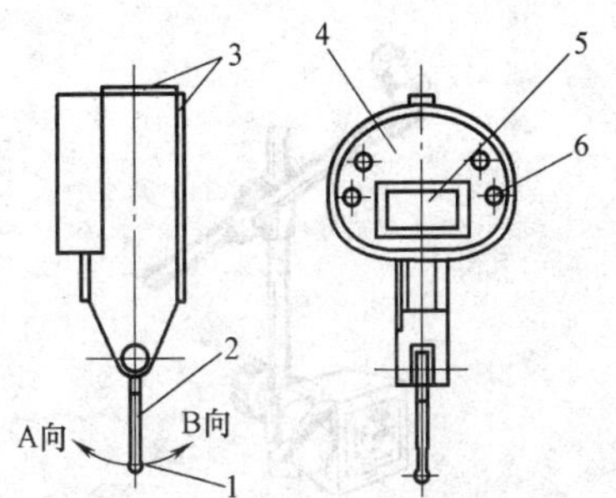

图 16-42 电子数显杠杆指示表的型式示意图

1—杠杆测头 2—测杆 3—燕尾 4—电子显示器 5—显示屏 6—功能键

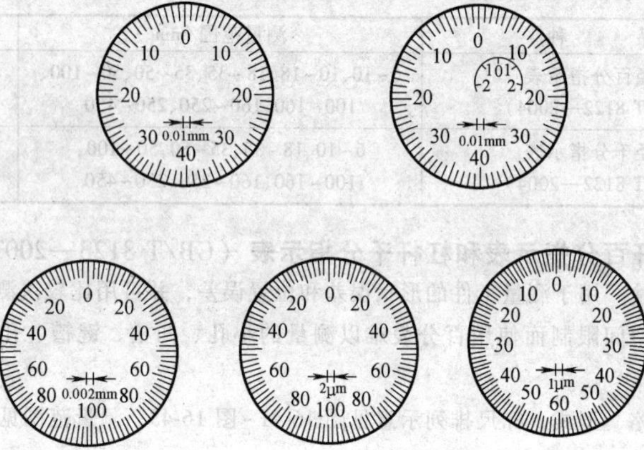

图 16-43　标尺排列的示意图

表 16-21　杠杆百分指示表和杠杆千分指示表的测量范围

品　　种		测量范围/mm	分度值/mm
杠杆百分指示表	（GB/T 8123—2007）	0～0.8、0～1.6	0.01
杠杆千分指示表		0～0.2	0.002
		0.12	0.001

6. 磁性表座（JB/T 10010—2010）

（1）用途　支持百分表、千分表，利用磁性使其处于任何空间位置的平面及圆柱体上作任意方向的转换，来适应各种不同用途和性质的测量。

（2）规格　型式和参数见图 16-44 和表 16-22。

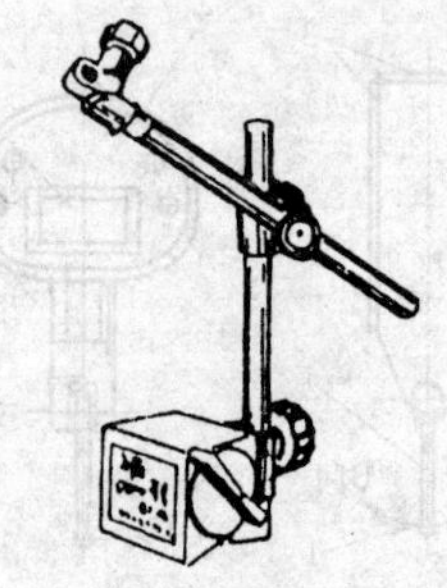

图 16-44　CZ-6A 型磁性表座

表 16-22　磁性表座的参数

表座型式	规格/kg	基本尺寸(推荐值)			夹表孔直径/mm
		立柱高度/mm	横杆长度/mm	座体 V 形工作面角度	
Ⅰ型 Ⅱ型 Ⅲ型	40	>160	>140	120°、135°、150°	ϕ8H8 或 ϕ4H8、ϕ6H8、ϕ10H8
	60	>190	>170		
	80	>224	>200		
	100	>280	>250		
Ⅳ型	60	270~360	—		

7. 万能表座（JB/T 10011—2010）

（1）用途　用于支持百分表、千分表，并使其处于任意位置，从而测量工件尺寸、形状误差及位置误差。

（2）规格　型式和参数见图 16-45 和表 16-23。

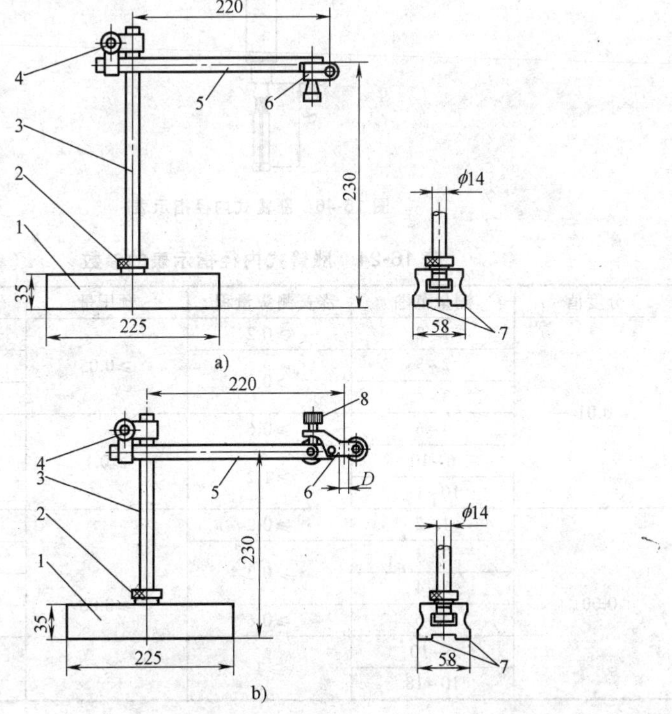

图 16-45　万能表座

a）Ⅰ型万能表座（不带微调）　b）Ⅱ型万能表座（带微调）

1—座体　2—紧固螺母　3—立柱　4—紧固螺母　5—横杆　6—表夹　7—座体工作面　8—微调机构

表 16-23　表夹的夹表孔直径 D　　(单位：mm)

ϕ8H8	ϕ4H8	ϕ6H8	ϕ10H8

8. 涨簧式内径指示表（JB/T 8791—2012）

(1) 用途　用于内尺寸测量。

(2) 规格　外形和参数见图 16-46 和表 16-24。

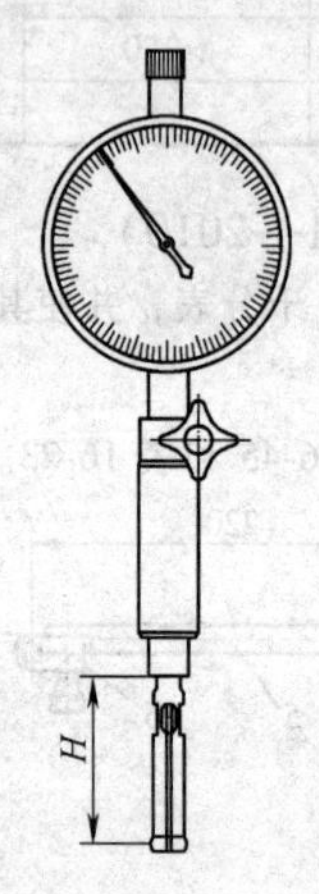

图 16-46　涨簧式内径指示表

表 16-24　涨簧式内径指示表的参数　　(单位：mm)

分度值	测量范围	涨簧测头量程 t	预压量	测量深度 H
0.01	1~2	≥0.2	≥0.05	≥10
	2~3	≥0.3		≥15
	3~4			≥25
	4~6	≥0.6	≥0.1	≥35
	6~10	≥1.2		≥45
	10~18			
0.001	1~2	≥0.2	≥0.05	≥10
	2~3	≥0.3		≥15
	3~4			≥25
	4~6	≥0.6		≥35
	6~10	≥1		≥45
	10~18			

9. 扭簧比较仪（GB/T 4755—2004）

(1) 型式（图 16-47）

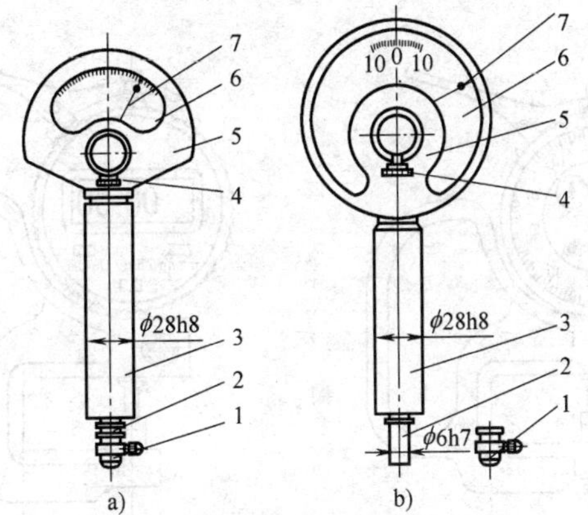

图 16-47 扭簧比较仪型式

1—测量头 2—测量杆 3—套筒 4—调零装置

5—表壳 6—度盘 7—指针

(2) 基本参数（表 16-25）

表 16-25 扭簧比较仪的基本参数 (单位：mm)

分度值	示 值 范 围		
	±30 标尺分度	±60 标尺分度	±100 标尺分度
0.1	±3	±6	±10
0.2	±6	±12	±20
0.5	±15	±30	±50
1	±30	±60	±100
2	±60	—	—
5	±150		
10	±300		

10. 厚度指示表

(1) 用途 用于测量工件厚度。

(2) 型式和测量范围及基本参数 分Ⅰ型～Ⅳ型厚度指示表，有指针式和电子数显式。外形示例见图 16-48，测量范围及基本参数见表 16-26。

表 16-26 厚度指示表的测量范围及基本参数 (单位：mm)

测量范围	基本参数(推荐值)			分度值/分辨力
	测量测度	圆柱测头直径	球形测量直径	
0～1、0～5、0～10、0～12.5、0～20、0～25、0～30	10、16、20、25、30、65、120、125、150	ϕ1、ϕ2、ϕ3、ϕ5、ϕ6、ϕ6.35、ϕ8.4、ϕ10、ϕ20、ϕ30	0.5、1、2、2.5、3、3.5、4、5、6	0.1、0.01、0.002、0.001

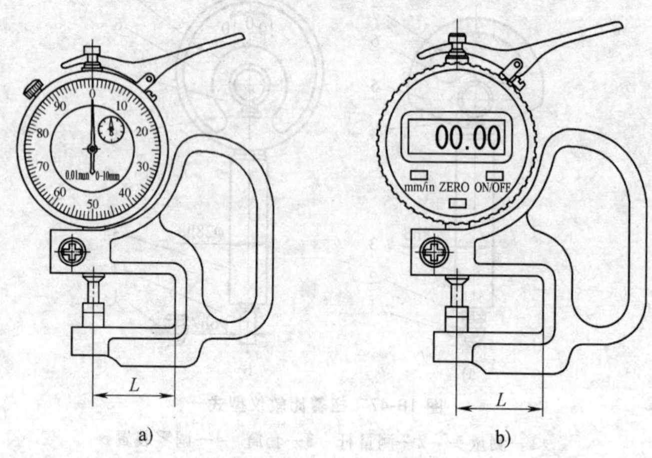

图 16-48 Ⅰ型厚度指示表

a）指针式厚度指示表 b）电子数显式厚度指示表

11. 带表卡规（JB/T 10017—2012）

（1）用途 带表内卡规用于测量内尺寸，带表外卡规用于测量外尺寸。

（2）规格 外形和参数见图 16-49 和表 16-27。

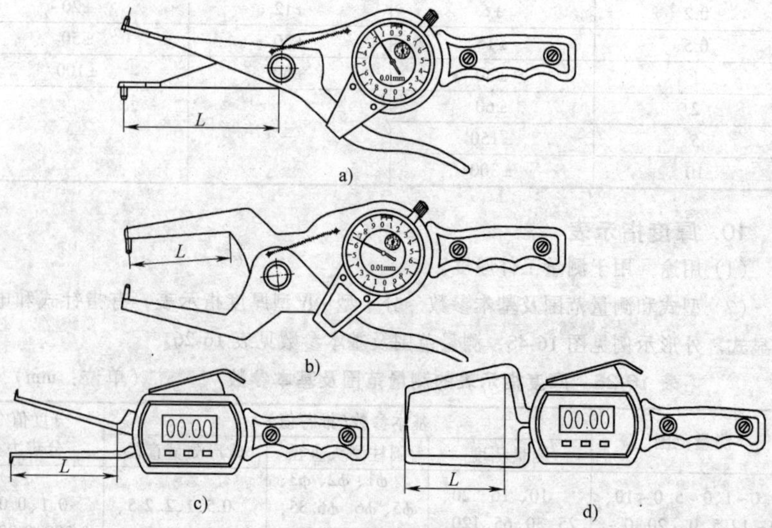

图 16-49 带表卡规

a）指针式带表内卡规 b）指针式带表外卡规 c）数显带表内卡规 d）数显带表外卡规

表 16-27　带表卡规的参数　　（单位：mm）

名称	分度值/分辨力	量程	测量范围区间	最大测量臂长度 L	重复性
带表内卡规	0.005	5	[2.5,5]	10、20、30、40	0.010
		10			
	0.01	10	[5,160]	10、20、25、30、35、50、55、60、80、90、100、120、150、160、175、200、250	
		20			
	0.02	40	[10,175]	25、30、40、55、60、70、80、115、170	0.010(0.020)
	0.05	50	[15,230]	125、150、175	0.025
	0.10	100	[30,320]	380、540	0.050
带表外卡规	0.005	5	[0,10]	10、20、30、40	0.010
		10	[0,50]		
	0.01	10	[0,100]	25、30、40、55、60、70、80	
		20			
	0.02	20	[0,100]	25、30、40、55、60、70、80、115、170	0.010(0.020)
		40			
		50			
	0.05	50	[0,150]	125、150、175	0.025
	0.10	50	[0,400]	200、230、300、360、400、530	0.050
		100			

五、量规

1. 直角尺（GB/T 6092—2004）

(1) 圆柱直角尺（图 16-50 和表 16-28）

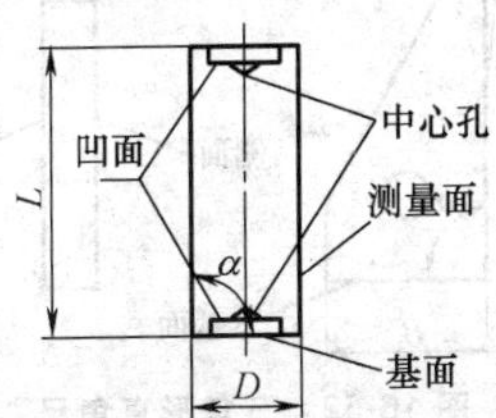

图 16-50　圆柱直角尺

注：图中 α 角为直角尺的工作角。

表 16-28　圆柱直角尺的基本尺寸　　（单位：mm）

精度等级		00 级、0 级				
基本尺寸	D	200	315	500	800	1250
	L	80	100	125	160	200

（2）矩形直角尺（图 16-51、表 16-29）

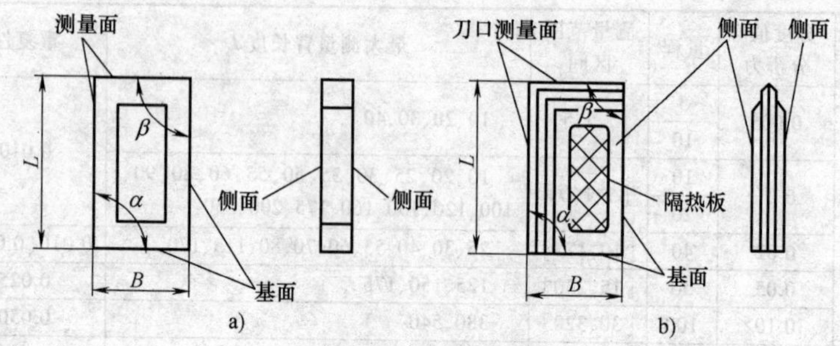

图 16-51 矩形直角尺

a）矩形直角尺 b）刀口矩形直角尺

注：图中 α、β 角为直角尺的工作角。

表 16-29 矩形直角尺的参数 （单位：mm）

<table>
<tr><td rowspan="3">矩形直角尺</td><td colspan="2">精度等级</td><td colspan="5">00 级、0 级、1 级</td></tr>
<tr><td rowspan="2">基本尺寸</td><td>L</td><td>125</td><td>200</td><td>315</td><td>500</td><td>800</td></tr>
<tr><td>B</td><td>80</td><td>125</td><td>200</td><td>315</td><td>500</td></tr>
<tr><td rowspan="3">刀口矩形直角尺</td><td colspan="2">精度等级</td><td colspan="5">00 级、0 级</td></tr>
<tr><td rowspan="2">基本尺寸</td><td>L</td><td>63</td><td colspan="2">125</td><td colspan="2">200</td></tr>
<tr><td>B</td><td>40</td><td colspan="2">80</td><td colspan="2">125</td></tr>
</table>

（3）三角形直角尺（图 16-52、表 16-30）

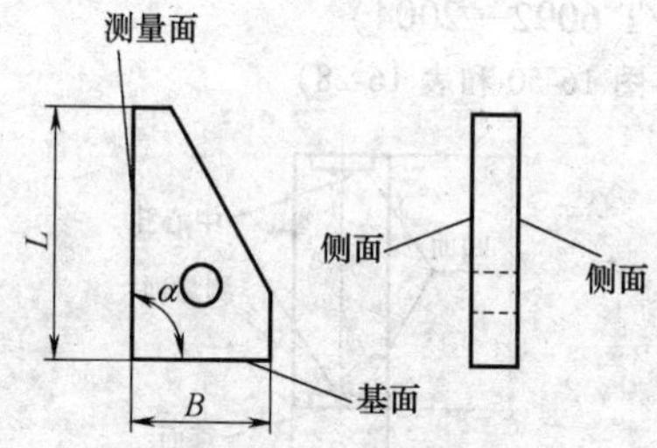

图 16-52 三角形直角尺

注：图中 α 角为直角尺的工作角。

表 16-30 三角形直角尺的基本尺寸 （单位：mm）

<table>
<tr><td colspan="2">精 度 等 级</td><td colspan="6">00 级、0 级</td></tr>
<tr><td rowspan="2">基本尺寸</td><td>L</td><td>125</td><td>200</td><td>315</td><td>500</td><td>800</td><td>1250</td></tr>
<tr><td>B</td><td>80</td><td>125</td><td>200</td><td>315</td><td>500</td><td>800</td></tr>
</table>

（4）刀口形直角尺（图 16-53、表 16-31）

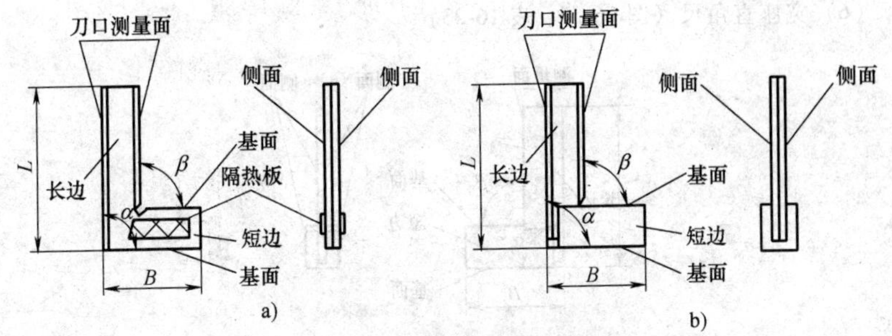

图 16-53　刀口形直角尺

a）刀口形直角尺　b）宽座刀口形直角尺

注：图中 α、β 角为直角尺的工作角。

表 16-31　刀口形直角尺的基本尺寸　（单位：mm）

刀口形直角尺	精度等级		0 级、1 级						
	基本尺寸	L	50	63	80	100	125	160	200
		B	32	40	50	63	80	100	125

宽座刀口形直角尺	精度等级		0 级、1 级									
	基本尺寸	L	50	75	100	150	200	250	300	500	750	1000
		B	40	50	70	100	130	165	200	300	400	550

（5）平面形直角尺（图 16-54、表 16-32）

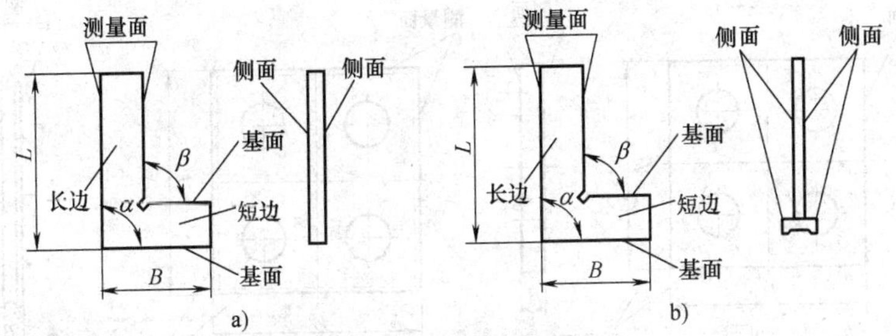

图 16-54　平面形直角尺

a）平面形直角尺　b）带座平面形直角尺

注：图中 α、β 角为直角尺的工作角。

表 16-32　平面形直角尺的基本尺寸　（单位：mm）

平面形直角尺和带座平面形直角尺	精度等级		0 级、1 级和 2 级									
	基本尺寸	L	50	75	100	150	200	250	300	500	750	1000
		B	40	50	70	100	130	165	200	300	400	550

（6）宽座直角尺（图16-55、表16-33）

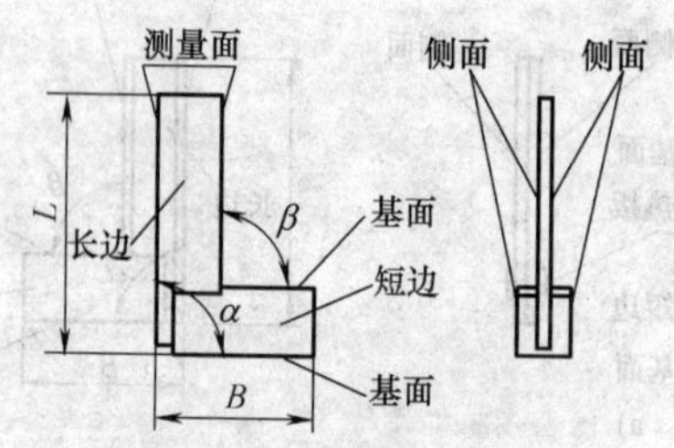

图16-55　宽座直角尺

注：图中α、β角为直角尺的工作角。

表16-33　宽座直角尺的基本尺寸　　（单位：mm）

精度等级		0级、1级和2级														
基本尺寸	L	63	80	100	125	160	200	250	315	400	500	630	800	1000	1250	1600
	B	40	50	63	80	100	125	160	200	250	315	400	500	630	800	1000

2. 方形角尺（JB/T 10027—2010）

（1）用途　用于检验金属切削机床及其他机械的位置误差和形状误差。

（2）规格　外形和参数见图16-56和表16-34。

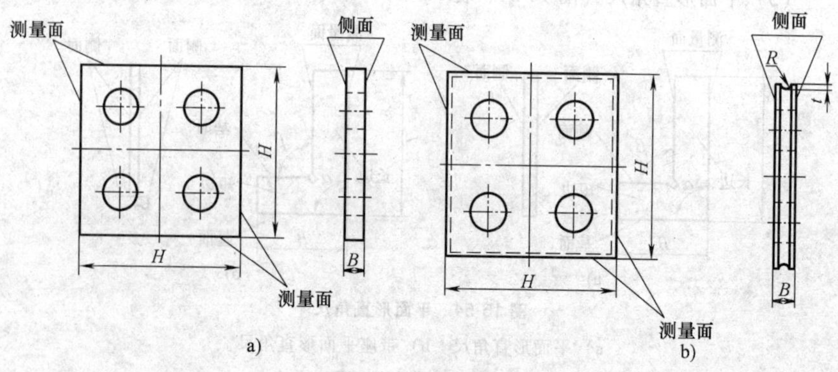

图16-56　方形角尺

a）Ⅰ型方形角尺　b）Ⅱ型方形角尺

3. 铸铁平尺（GB/T 24760—2009）

（1）用途　用于测量工件的直线度和平面度。

（2）规格　外形和尺寸见图16-57和表16-35。

表 16-34 方形角尺的参数 (单位：mm)

<table>
<tr><th>H</th><th>B</th><th>R</th><th>t</th><th>精度等级</th></tr>
<tr><td>100</td><td>16</td><td>3</td><td>2</td><td rowspan="10">00 级、
0 级、
1 级</td></tr>
<tr><td>150</td><td>30</td><td>4</td><td>2</td></tr>
<tr><td>160</td><td>30</td><td>4</td><td>2</td></tr>
<tr><td>200</td><td>35</td><td>5</td><td>3</td></tr>
<tr><td>250</td><td>35</td><td>6</td><td>4</td></tr>
<tr><td>300</td><td>40</td><td>6</td><td>4</td></tr>
<tr><td>315</td><td>40</td><td>6</td><td>4</td></tr>
<tr><td>400</td><td>45</td><td>8</td><td>4</td></tr>
<tr><td>500</td><td>55</td><td>10</td><td>5</td></tr>
<tr><td>630</td><td>65</td><td>10</td><td>5</td></tr>
</table>

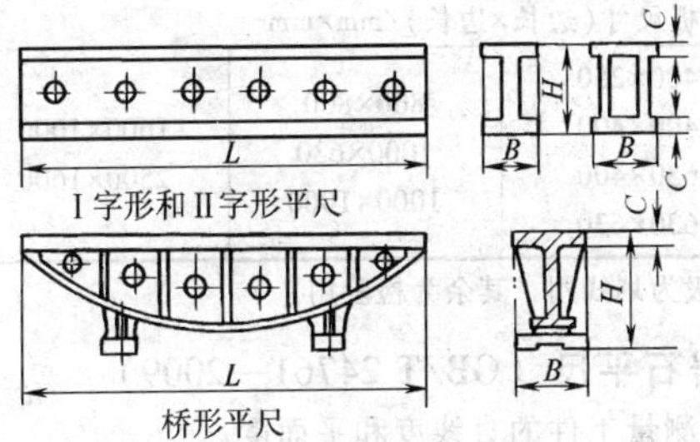

图 16-57 铸铁平尺

表 16-35 铸铁平尺的尺寸 (单位：mm)

<table>
<tr><th rowspan="2">规格</th><th colspan="4">Ⅰ字形、Ⅱ字形平尺</th><th colspan="4">桥形平尺</th></tr>
<tr><th>L</th><th>B</th><th>C
(≥)</th><th>H
(≥)</th><th>L</th><th>B</th><th>C
(≥)</th><th>H
(≥)</th></tr>
<tr><td>400</td><td>400</td><td rowspan="2">30</td><td rowspan="2">8</td><td rowspan="2">75</td><td rowspan="4">—</td><td rowspan="4">—</td><td rowspan="4">—</td><td rowspan="4">—</td></tr>
<tr><td>500</td><td>500</td></tr>
<tr><td>630</td><td>630</td><td rowspan="2">35</td><td rowspan="2">10</td><td rowspan="2">80</td></tr>
<tr><td>800</td><td>800</td></tr>
<tr><td>1000</td><td>1000</td><td rowspan="2">40</td><td rowspan="2">12</td><td rowspan="2">100</td><td>1000</td><td rowspan="2">50</td><td rowspan="2">16</td><td rowspan="2">180</td></tr>
<tr><td>1250</td><td>1250</td><td>1250</td></tr>
<tr><td>1600</td><td>(1600)</td><td rowspan="2">45</td><td rowspan="2">14</td><td rowspan="2">150</td><td>1600</td><td>60</td><td>24</td><td>300</td></tr>
<tr><td>2000</td><td>(2000)</td><td>2000</td><td>80</td><td>26</td><td>350</td></tr>
<tr><td>2500</td><td>(2500)</td><td>50</td><td>16</td><td>200</td><td>2500</td><td>90</td><td rowspan="2">32</td><td rowspan="2">400</td></tr>
<tr><td>3000</td><td>(3000)</td><td>55</td><td rowspan="2">20</td><td>250</td><td>3000</td><td rowspan="2">100</td></tr>
<tr><td>4000</td><td>(4000)</td><td>60</td><td>280</td><td>4000</td><td>38</td><td>500</td></tr>
<tr><td>5000</td><td rowspan="2">—</td><td rowspan="2">—</td><td rowspan="2">—</td><td rowspan="2">—</td><td>5000</td><td>110</td><td>40</td><td>550</td></tr>
<tr><td>6300</td><td>6300</td><td>120</td><td>50</td><td>600</td></tr>
</table>

注：括号（ ）内的长度 L 尺寸，表示其型式建议制成Ⅱ字形截面的结构。

4. 铸铁平板（GB/T 22095—2008）

（1）用途 用于工件的检验和划线。

（2）规格 外形和参数见图 16-58 和表 16-36。

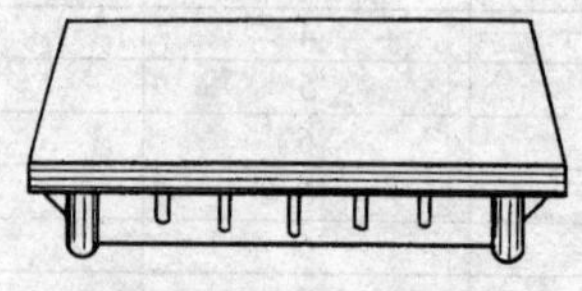

图 16-58 铸铁平板

表 16-36 铸铁平板的参数

平板尺寸(边长×边长)/mm×mm				准确度等级
160×100 250×160 250×250	400×250 400×400 630×400 630×630	800×800 1000×630 1000×1000	1600×1000 2500×1600	0、1、2、3

注：精度等级：3 级为划线用，其余为检验用。

5. 钢平尺和岩石平尺（GB/T 24761—2009）

（1）用途 用于测量工件的直线度和平面度。

（2）规格 外形和尺寸见图 16-59 和表 16-37。

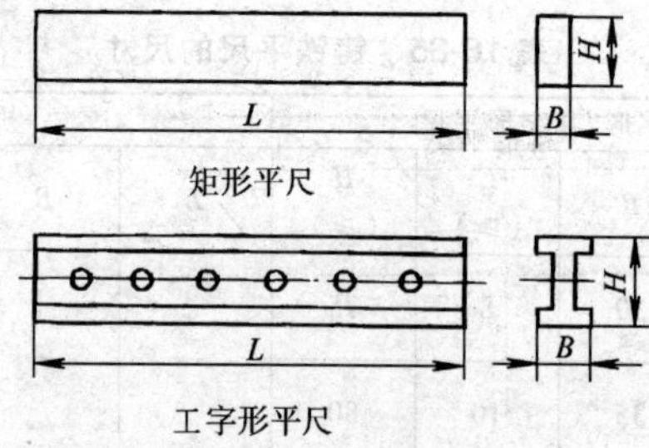

图 16-59 钢平尺和岩石平尺

表 16-37 钢平尺和岩石平尺的尺寸 （单位：mm）

<table>
<tr><th rowspan="3">规格</th><th rowspan="3">L</th><th colspan="2" rowspan="2">岩石平尺</th><th colspan="4">钢 平 尺</th></tr>
<tr><th colspan="2">00 级和 0 级</th><th colspan="2">1 级和 2 级</th></tr>
<tr><th>H</th><th>B</th><th>H</th><th>B</th><th>H</th><th>B</th></tr>
<tr><td>400</td><td>400</td><td>60</td><td>25</td><td>45</td><td>8</td><td>40</td><td>6</td></tr>
<tr><td>500</td><td>500</td><td>80</td><td>30</td><td>50</td><td rowspan="3">10</td><td>45</td><td>8</td></tr>
<tr><td>630</td><td>630</td><td>100</td><td>35</td><td>60</td><td>50</td><td rowspan="2">10</td></tr>
<tr><td>800</td><td>800</td><td>120</td><td>40</td><td>70</td><td>60</td></tr>
</table>

（续）

规格	L	岩石平尺		钢平尺			
				00 级和 0 级		1 级和 2 级	
		H	B	H	B	H	B
1000	1000	160	50	75	10	70	10
1250	1250	200	60	85		75	
1600	1600	250	80	100	12	80	
2000	2000	300	100	125		100	12
2500	2500	360	120	150	14	120	

6. 塞尺（GB/T 22523—2008）

（1）用途　用于测量或检验工件两平行面间的空隙大小。

（2）规格　外形和参数见图 16-60 和表 16-38。

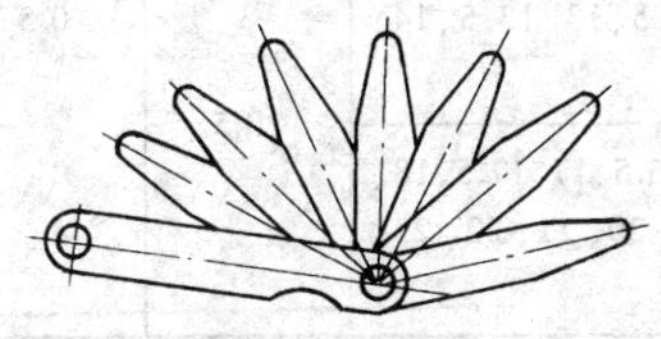

图 16-60　塞尺

表 16-38　塞尺的厚度尺寸系列

厚度尺寸系列/mm	间隔/mm	数量
0.02、0.03、0.04、…、0.10	0.01	9
0.15、0.20、0.25、…、1.00	0.05	18

表 16-39　成组塞尺的片数、塞尺长度及组装顺序

成组塞尺的片数	塞尺的长度/mm	塞尺厚度尺寸及组装顺序/mm
13	100、150、200、300	0.10、0.02、0.02、0.03、0.03、0.04、0.04、0.05、0.05、0.06、0.07、0.08、0.09
14		1.00、0.05，0.06、0.07、0.08、0.09、0.10、0.15、0.20、0.25、0.30、0.40、0.50、0.75
17		0.50、0.02、0.03、0.04、0.05、0.06、0.07、0.08、0.09、0.10、0.15、0.20、0.25、0.30、0.35、0.40、0.45
20		1.00、0.05、0.10、0.15、0.20、0.25、0.30、0.35、0.40、0.45、0.50、0.55、0.60、0.65、0.70、0.75、0.80、0.85、0.90、0.95
21		0.50、0.02、0.02、0.03、0.03、0.04、0.04、0.05、0.05、0.06、0.07、0.08、0.09、0.10、0.15、0.20、0.25、0.30、0.35、0.40、0.45

7. 半径样板（JB/T 7980—2010）

（1）用途　用以与被测圆弧作比较来确定被检圆弧的半径。凸形样板用于检测凹表面圆弧，凹形样板用于检测凸表面圆弧。

（2）规格　外形和参数见图16-61和表16-40。

表16-40　半径样板的参数

半径尺寸范围/mm	半径尺寸系列/mm	样板宽度/mm	样板厚度/mm	样板数	
				凸形	凹形
1~6.5	1、1.25、1.5、1.75、2、2.25、2.5、2.75、3、3.5、4、4.5、5、5.5、6、6.5	13.5	0.5	16	16
7~14.5	7、7.5、8、8.5、9、9.5、10、10.5、11、11.5、12、12.5、13、13.5、14、14.5	20.5			
15~25	15、15.5、16、16.5、17、17.5、18、18.5、19、19.5、20、21、22、23、24、25				

8. 螺纹样板（JB/T 7981—2010）

（1）用途　用以与被测螺纹比较来确定被检螺纹的螺距（或英制55°螺纹的每25.4mm牙数）。

（2）规格　外形和参数见图16-62和表16-41。

图16-61　半径样板

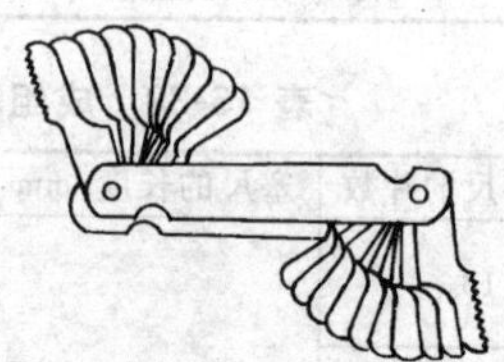

图16-62　螺纹样板

表16-41　螺纹样板的参数

螺距种类	普通螺纹螺距/mm	英制螺纹螺距(牙/in)
螺距尺寸系列	0.40、0.45、0.50、0.60、0.70、0.75、0.80、1.00、1.25、1.50、1.75、2.00、2.50、3.00、3.50、4.00、4.50、5.00、5.50、6.00	28、24、22、20、19、18、16、14、12、11、10、9、8、7、6、5、4.5、4
样板数	20	18
厚度/mm	0.5	

9. 表面粗糙度比较样块

（1）用途　以样块工作面的表面粗糙度为标准，通过视觉和触觉与待测工件表面进行比较，从而判断其表面粗糙度值。比较时，所用样块须与被测件的加工方法相同。

（2）规格　外形和参数见图 16-63 和表 16-42～表 16-45。

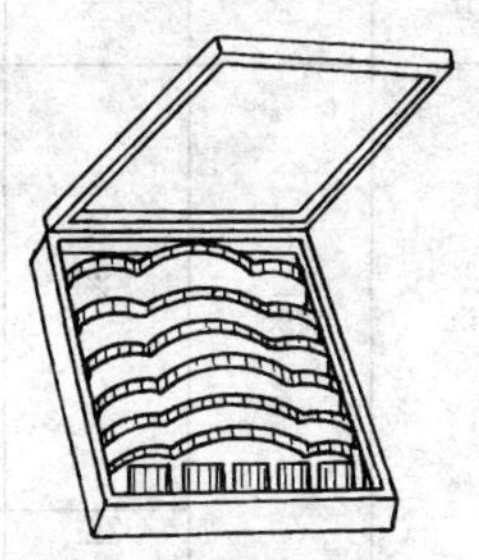

图 16-63　表面粗糙度比较样块

表 16-42　铸造表面粗糙度比较样块的参数公称值

加工表面方式及标准号	每套数量	表面粗糙度参数公称值/μm	
		Ra	*Rz*
铸造表面 GB/T 6060.1—1997	12	0.2、0.4、0.8、1.6、3.2、6.3、12.5、25、50、100、200、400	800、1600

表 16-43　研磨、抛光、锉和电火花表面比较样块的分类及表面粗糙度参数公称值（GB/T 6060. 3—2008）

比较样块的分类	研磨	抛光	锉	电火花
	金属或非金属			
表面粗糙度参数 *Rz* 公称值/μm	0.012	0.012	—	—
	0.025	0.025	—	—
	0.05	0.05	—	—
	0.1	0.1	—	—
	—	0.2	—	—
	—	0.4	—	0.4
	—	—	0.8	0.8
	—	—	1.6	1.6
	—	—	3.2	3.2
	—	—	6.3	6.3
	—	—	—	12.5

表 16-44　抛（喷）丸、喷砂表面比较样块的分类及表面粗糙度参数公称值（GB/T 6060. 3—2008）

<table>
<tr><td rowspan="2">表面粗糙度参数
Ra 公称值/μm</td><td colspan="3">抛(喷)丸表面比较样块的分类</td><td colspan="3">喷砂表面比较样块的分类</td><td rowspan="2">覆盖率</td></tr>
<tr><td>钢、铁</td><td>铜</td><td>铝、镁、锌</td><td>钢、铁</td><td>铜</td><td>铝、镁、锌</td></tr>
<tr><td>0.2</td><td rowspan="2">☆</td><td rowspan="2">☆</td><td rowspan="2">☆</td><td rowspan="2">—</td><td rowspan="2">—</td><td rowspan="2">—</td><td rowspan="12">98%</td></tr>
<tr><td>0.4</td></tr>
<tr><td>0.8</td><td rowspan="10">※</td><td rowspan="10">※</td><td rowspan="10">※</td><td rowspan="9">※</td><td rowspan="9">※</td><td rowspan="9">※</td></tr>
<tr><td>1.6</td></tr>
<tr><td>3.2</td></tr>
<tr><td>6.3</td></tr>
<tr><td>12.5</td></tr>
<tr><td>25</td></tr>
<tr><td>50</td></tr>
<tr><td>100</td><td>—</td><td>—</td><td>—</td></tr>
</table>

注：1. "☆" 表示采取特殊措施方能达到的表面粗糙度。

2. "※" 表示采取一般工艺措施可以达到的表面粗糙度。

表 16-45　磨、车、镗、铣、插、刨样块的分类及对应的表面粗糙度参数（以表面轮廓算术平均偏差 *Ra* 表示）**公称值**（GB/T 6060. 2—2006）

样块加工方法	磨	车、镗	铣	插、刨
表面粗糙度参数 *Ra* 公称值/μm	0.025	—	—	—
	0.05	—	—	—
	0.1	—	—	—
	0.2	—	—	—
	0.4	0.4	0.4	—
	0.8	0.8	0.8	0.8
	1.6	1.6	1.6	1.6
	3.2	3.2	3.2	3.2
	—	6.3	6.3	6.3
	—	12.5	12.5	12.5
	—	—	—	25.0

注：表中表面粗糙度参数 *Ra* 值较小（如 0. 025μm、0. 05μm 和 0. 1μm）的样块主要适用于为设计人员提供较小表面粗糙度差异的概念。

10. 量块（GB/T 6093—2001）

（1）表面名称（图 16-64）

（2）基本尺寸

1）截面的尺寸（表 16-46）。

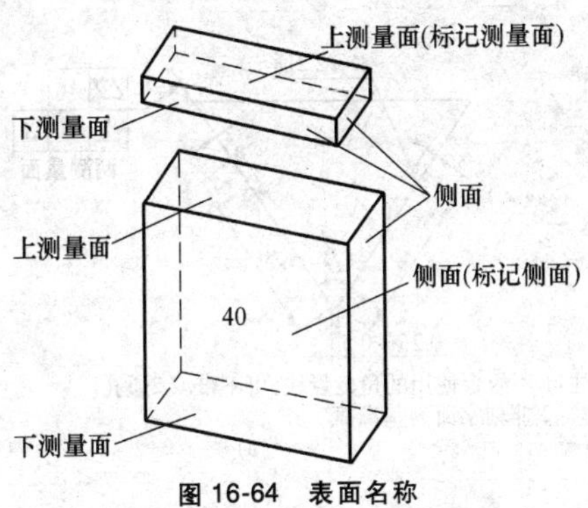

图 16-64 表面名称

表 16-46 量块矩形截面的尺寸 （单位：mm）

矩形截面	标称长度 ln	矩形截面长度 a	矩形截面宽度 b
	$0.5 \leqslant ln \leqslant 10$	$30_{-0.3}^{\ 0}$	$9_{-0.20}^{-0.05}$
	$10 < ln \leqslant 1000$	$35_{-0.3}^{\ 0}$	

2）连接孔的尺寸和位置（图 16-65）。

若标称长度大于 100mm 的量块具有连接孔，其孔的尺寸和位置见图 16-68 所示。K 级量块不能用连接装置组合。

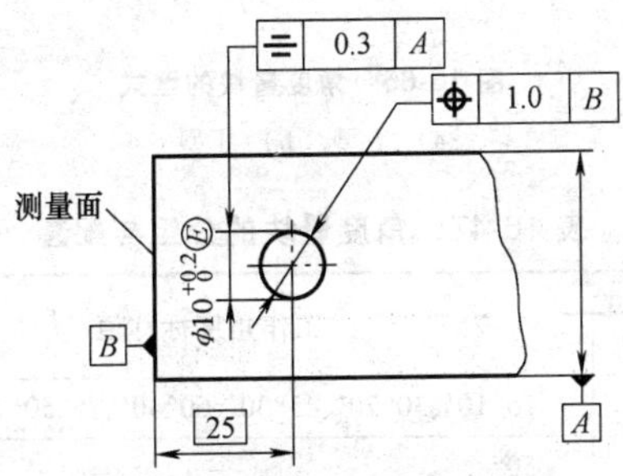

图 16-65 连接孔的尺寸和位置

（3）其他规定，见 GB/T 6093—2001。

11. 角度量块（GB/T 22521—2008）

（1）用途 用于对万能角度尺和角度样板的检定，也可用于检查零件的内、外角，以及精密机床在加工过程或机械设备安装中的角度调整。

（2）规格 结构型式有三角形（1 个工作角）和四边形（4 个工作角）两种。型式、分组与配套见图 16-66 和表 16-47。

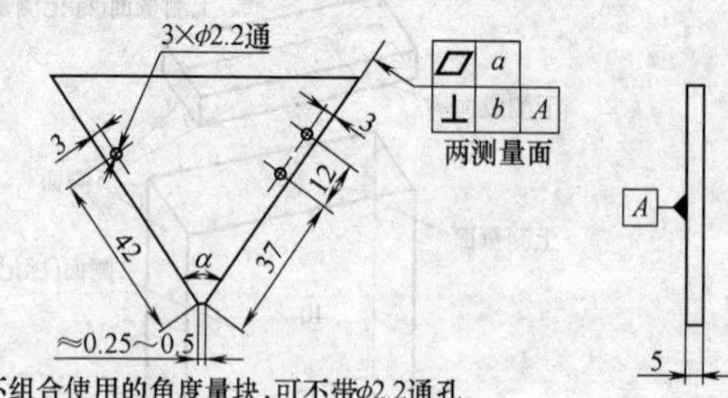

注：1.不组合使用的角度量块，可不带φ2.2通孔。
2.非刻字面为基准面。

a)

注：1.Ⅱ型角度量块可带有减重孔。不组合使用的角度量块，可不带φ2.2通孔。
2.非刻字面为基准面。

b)

图 16-66 角度量块的型式

a）Ⅰ型 b）Ⅱ型

表 16-47 角度量块的分组与配套

组别	角度量块型式	工作角度递增值	工作角度标称值	块数	准确度级别
第1组（7块）	Ⅰ型	15°10′	15°10′、30°20′、45°30′、60°40′、75°50′	5	1、2
		—	50°	1	
	Ⅱ型	—	90°-90°-90°-90°	1	
第2组（36块）	Ⅰ型	1°	10°、11°…、19°、20°	11	0、1
		1′	15°1′、15°2′、…、15°8′、15°9′	9	
		10′	15°10′、15°20′、15°30′、15°40′、15°50′	5	
		10°	30°、40°、50°、60°、70°	5	
		—	45°	1	
		—	75°50′	1	

（续）

组别	角度量块型式	工作角度递增值	工作角度标称值	块数	准确度级别
第 2 组（36 块）	Ⅱ型	—	80°-99°-81°-100° 90°-90°-90°-90° 89°10′-90°40′-89°20′-90°50′ 89°30′-90°20′-89°40′-90°30′	4	0、1
第 3 组（94 块）	Ⅰ型	1°	10°、11°、…、78°、79°	70	
		—	10°0′30″	1	
		1′	15°1′、15°2′、…、15°8′、15°9′	9	
		10′	15°10′,15°20′,15°30′,15°40′,15°50′	5	
	Ⅱ型	—	80°-99°-81°-100°、 82°-97°-83°-98° 84°-95°-85°-96°、86°-93°-87°-94° 88°-91°-89°-92°、 90°-90°-90°-90° 89°10′-90°40′-89°20′-90°50′ 89°30′-90°20′-89°40′-90°30′ 89°50′-90°0′30″-89°59′30″-90°10′	9	
第 4 组（7 块）	Ⅰ型	15″	15°、15°0′15″、15°0′30″、15°0′45″、15°1′	5	0
	Ⅱ型	—	89°59′30″-90°0′15″-89°59′45″-90°0′30″ 90°-90°-90°-90°	2	

注：角度量块附件见 GB/T 22521—2008 附录 A 和附录 B。

12. 螺纹测量用三针（GB/T 22522—2008）

(1) 用途　与千分尺、比较仪等联合使用，用于测量外螺纹的中径。

(2) 规格　型式有三种：Ⅰ型、Ⅱ型、Ⅲ型，型式见图 16-67。量针的选用见表 16-48。

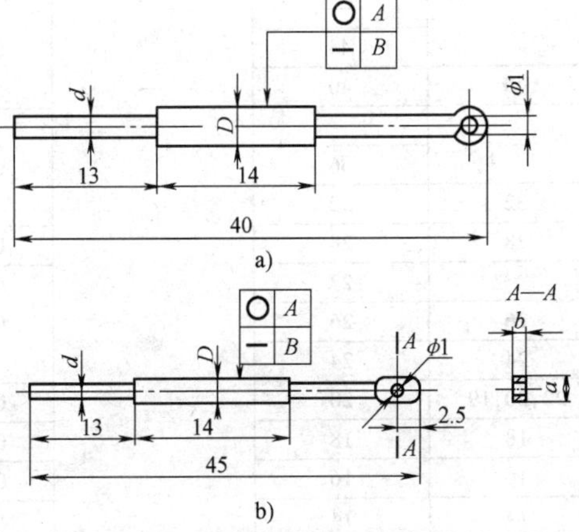

图 16-67　螺纹测量用三针的型式

a) Ⅰ型量针的型式示意图（公称直径 D 为 0.118~0.572mm）

b) Ⅱ型量针的型式示意图（公称直径 D 为 0.724~1.553mm）

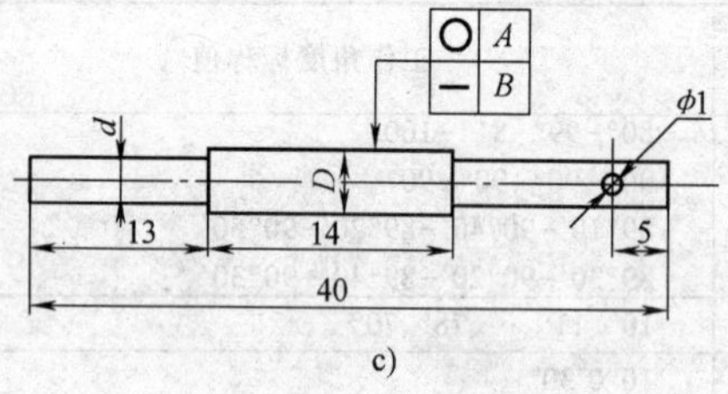

c)

图 16-67 螺纹测量用三针的型式（续）

c）Ⅲ型量针的型式示意图（公称直径 D 为 1.732~6.212mm）

表 16-48 量针的选用

被测螺纹的螺距				量针公称直径 D/mm	量针型式
米制螺纹（螺距）/mm	英制螺纹（每英吋上的牙数） 55°	英制螺纹（每英吋上的牙数） 60°	梯形螺纹（导程）/mm		
0.2	—	—	—	0.118	Ⅰ型量针
(0.225)					
0.25				0.142	
0.3				0.185	
—		80			
0.35		72			
0.4		64		0.250	
0.45		56			
0.5		48		0.291	
0.6		—		0.343	
—		44			
	40	40			
0.7	—	—		0.433	
0.75		36			
0.8	32	32			
—	28	28		0.511	
1.0	—	27			
—	26	26		0.572	
	24	24			
1.25	22,20,19	20		0.724	Ⅱ型量针
—	18	18		0.796	
1.5	16	16		0.866	
1.75	14	14		1.008	
—	—	—	2		
2.0	12	13	—	1.157	

（续）

<table>
<tr><th colspan="4">被测螺纹的螺距</th><th rowspan="3">量针公称直径 D/mm</th><th rowspan="3">量针型式</th></tr>
<tr><th rowspan="2">米制螺纹（螺距）/mm</th><th colspan="2">英制螺纹（每英吋上的牙数）</th><th rowspan="2">梯形螺纹（导程）/mm</th></tr>
<tr><th>55°</th><th>60°</th></tr>
<tr><td rowspan="3">—</td><td>—</td><td>12</td><td>—</td><td>1.157</td><td rowspan="5">Ⅱ型量针</td></tr>
<tr><td>11</td><td>11½</td><td>2※</td><td rowspan="2">1.302</td></tr>
<tr><td>—</td><td>11</td><td>—</td></tr>
<tr><td>2.5</td><td>10</td><td>10</td><td>—</td><td>1.441</td></tr>
<tr><td>—</td><td>9</td><td>9</td><td>3</td><td>1.553</td></tr>
<tr><td>3.0</td><td>—</td><td>—</td><td>3※</td><td>1.732</td><td rowspan="15">Ⅲ型量针</td></tr>
<tr><td>—</td><td>8</td><td>8</td><td>—</td><td>1.833</td></tr>
<tr><td>3.5</td><td>7</td><td>7½</td><td>4</td><td rowspan="2">2.050</td></tr>
<tr><td>—</td><td>—</td><td>7</td><td>—</td></tr>
<tr><td>4.0</td><td>6</td><td>6</td><td>4※</td><td>2.311</td></tr>
<tr><td>4.5</td><td>—</td><td>5½</td><td>5</td><td>2.595</td></tr>
<tr><td>5.0</td><td>5</td><td>5</td><td>5※</td><td>2.886</td></tr>
<tr><td>—</td><td>—</td><td>—</td><td>6</td><td>3.106</td></tr>
<tr><td>5.5</td><td>4½</td><td>4½</td><td>6※</td><td>3.177</td></tr>
<tr><td>6.0</td><td>4</td><td>4</td><td>—</td><td>3.550</td></tr>
<tr><td rowspan="5">—</td><td>3½</td><td rowspan="5">—</td><td>8</td><td>4.120</td></tr>
<tr><td>3¼</td><td>8※</td><td>4.400</td></tr>
<tr><td>3</td><td>—</td><td>4.773</td></tr>
<tr><td>2⅞、2¾</td><td>10</td><td>5.150</td></tr>
<tr><td>2⅝、2½</td><td>12</td><td>6.212</td></tr>
</table>

注：1. 选择量针的公称直径测量单头螺纹中径时，除标有“※”符号的螺距外，由于螺纹牙形半角偏差而产生的测量误差甚小可忽略不计。

2. 当用量针测量梯形螺纹中径出现量针表面低于螺纹外径和测量通端梯形螺纹塞规中径时，按带“※”号的相应螺距来选择量针；此时应计入牙形半角偏差对测量结果的影响。

13. 正弦规（GB/T 22526—2008）

（1）用途　用于测量或检验精密工件、量规、样板等内、外锥体的锥度、角度、孔中心线与平面之间的夹角以及检定水平仪的水泡精度等。也可用作机床上加工带角度（或锥度）工件的精密定位。

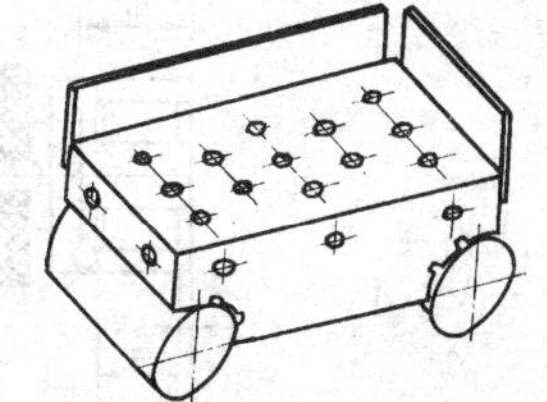

图 16-68　正弦规

（2）规格　外形和参数见图 16-68 和表 16-49。

表 16-49　正弦规的参数

<table>
<tr><th rowspan="2">两圆柱中心距/mm</th><th rowspan="2">圆柱直径/mm</th><th colspan="2">工作台宽度/mm</th><th rowspan="2">准确度等级</th></tr>
<tr><th>Ⅰ型</th><th>Ⅱ型</th></tr>
<tr><td>100</td><td>20</td><td>25</td><td>80</td><td rowspan="2">0、1</td></tr>
<tr><td>200</td><td>30</td><td>40</td><td>80</td></tr>
</table>

14. 莫氏与米制圆锥量规（GB/T 11853—2003）

（1）型式（图16-69）

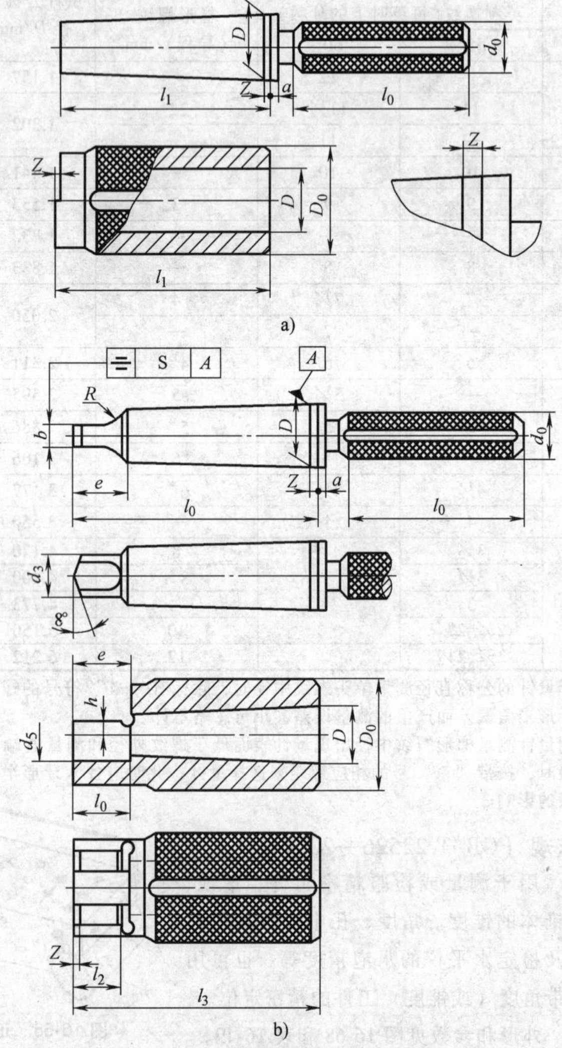

图16-69　莫氏与米制圆锥量规

a）A型圆锥量规（不带扁尾）　b）B型圆锥量规（带扁尾）

（2）尺寸

1）莫氏与米制圆锥塞规的尺寸（表16-50）。

2）莫氏与米制圆锥环规的尺寸（表16-51）。

表 16-50 莫氏与米制圆锥塞规的尺寸

圆锥规格		锥度 C	锥角 α	基本尺寸/mm										参考尺寸/mm	
				D ±IT5/2	a 不小于	b h8	e 不大于	d_3	l_1 ±IT10/2	l_3	R 不大于	ΔS	Z ±0.05	d_0	l_0
米制圆锥	4	1 : 20 = 0.05	2°51′51.1″	4	2	—	—	—	23	—	—	—	0.5	7	60
米制圆锥	6	1 : 20 = 0.05	2°51′51.1″	6	3	—	—	—	32	—	—	—	0.5	7	60
莫氏圆锥	0	0.6246 : 12 = 1 : 19.215 = 0.05205	2°58′53.8″	9.045	3	4.05	10.5	6	50	56.5	4	0.012	1	10	60
莫氏圆锥	1	0.59858 : 12 = 1 : 20.047 = 0.04988	2°51′26.7″	12.065	3.5	5.35	13.5	8.7	53.5	62	5	0.012	1	12	65
莫氏圆锥	2	0.59941 : 12 = 1 : 20.020 = 0.04995	2°51′41.0″	17.780	5	6.46	16	13.5	64	75	6	0.015	1	16	70
莫氏圆锥	3	0.60235 : 12 = 1 : 19.922 = 0.05020	2°52′31.5″	23.825	5	8.06	20	18.5	81	94	7	0.015	1	20	80
莫氏圆锥	4	0.62326 : 12 = 1 : 19.254 = 0.05194	2°58′30.6″	31.267	6.5	12.07	24	24.5	102.5	117.5	8	0.020	1.5	25	90
莫氏圆锥	5	0.63151 : 12 = 1 : 19.002 = 0.05263	3°0′52.4″	44.399	6.5	16.07	29	35.7	129.5	149.5	10	0.020	1.5	32	100
莫氏圆锥	6	0.62565 : 12 = 1 : 19.180 = 0.05214	2°59′11.7″	63.348	8	19.18	40	51	182	210	13	0.025	2	35	110
米制圆锥	80	1 : 20 = 0.05	2°51′51.1″	80	8	26.18	48	67	196	220	24	0.025	2	40	115
米制圆锥	100	1 : 20 = 0.05	2°51′51.1″	100	10	32.19	58	85	232	260	30	0.030	2	40	115
米制圆锥	120	1 : 20 = 0.05	2°51′51.1″	12	12	38.19	68	102	268	300	36	0.030	2	40	115
米制圆锥	160	1 : 20 = 0.05	2°51′51.1″	160	16	50.20	88	138	340	380	48	0.040	3	40	120
米制圆锥	200	1 : 20 = 0.05	2°51′51.1″	200	20	62.22	108	174	412	460	60	0.040	3	40	120

表 16-51 莫氏与米制圆锥环规的尺寸

圆锥规格		锥度 C	锥角 α	基本尺寸/mm								参考尺寸/mm	
				D ±IT5/2	h	l_2	l_0	e 不大于	l_1 ±IT11/2	l_3 -IT10	Z ±0.05	D_0	d_5
米制圆锥	4	1∶20=0.05	2°51′51.1″	4	—	—	—	—	23	—	0.5	12	—
	6			6	—	—	—	—	32	—	0.5	16	—
莫氏圆锥	0	0.6246∶12= 1∶19.212=0.05205	2°58′53.8″	9.045	2.01	6.5	10.5	10.5	50	56.5	1	20	6.7
	1	0.59858∶12= 1∶20.047=0.04988	2°51′26.7″	12.065	2.66	8.5	13.5	13.5	53.5	62	1	25	9.7
	2	0.59941∶12= 1∶20.020=0.04995	2°51′41.0″	17.780	3.21	10	16	16	64	75	1	35	14.7
	3	0.60235∶12= 1∶190922=0.05020	2°52′31.5″	23.825	4.01	13	20	20	81	94	1	40	20.2
	4	0.62326∶12= 1∶190254=0.05194	2°58″30.6″	31.267	6.01	16	24	24	102.5	117.5	1.5	20	26.5
	5	0.63151∶12= 1∶19.002=0.05263	3°0′52.4″	44.399	8.01	19	29	29	129.5	149.5	1.5	70	38.2
	6	0.62565∶12= 1∶19.180=0.05214	2°59′11.7″	63.348	9.56	27	40	40	182	210	2	92	54.6
米制圆锥	80	1∶20=0.05	2°51′51.1″	80	13.06	24	48	48	196	220	2	120	71.5
	100			100	16.06	28	58	58	232	260	2	150	90
	120			120	19.06	32	68	68	268	300	2	180	108.5
	160			160	25.06	40	88	88	340	380	3	240	145.5
	200			200	31.06	48	108	108	412	460	3	300	182.5

15. 条式和框式水平仪（GB/T 16455—2008）

（1）型式

1）水平仪的型式（图 16-70）。

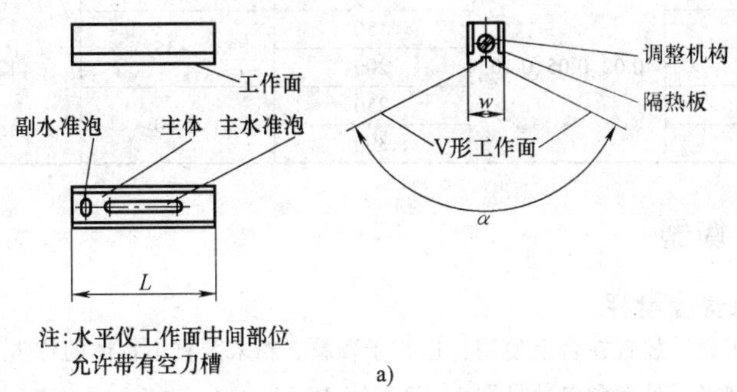

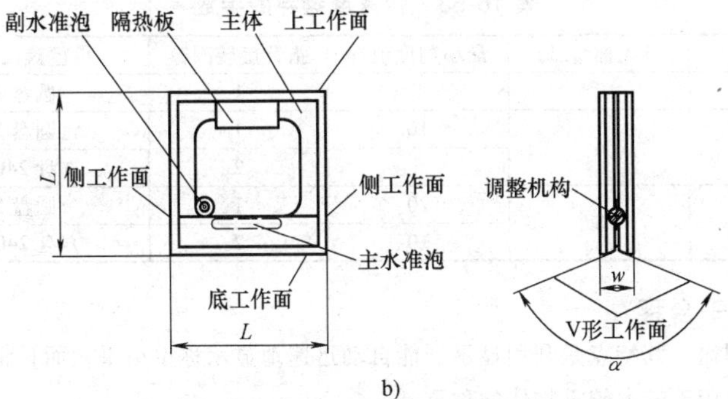

注:1.水平仪工作面中间部位允许带有空刀槽

2.水平仪至少在底工作面与一侧工作面上附有V形工作面

图 16-70 水平仪的型式

a）条式水平仪的型式示意图 b）框式水平仪的型式示意图

2）水平仪主水准泡（图 16-71）。

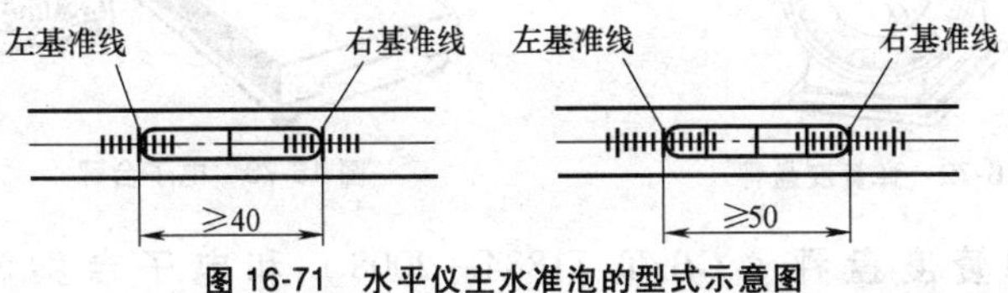

图 16-71 水平仪主水准泡的型式示意图

（2）基本参数（表 16-52）

表 16-52 条式和框式水平仪的基本参数

规格 /mm	分度值 /(mm/m)	工作面长度 L/min	工作面宽度 w/min	V形工作面夹角 α/(°)
100	0.02、0.05、0.10	100	≥30	120～140
150		150	≥35	
200		200		
250		250	≥40	
300		300		

六、衡器

1. 弹簧度盘秤

(1) 用途 放置在台上使用，适宜于颗粒、粉末及较小物体的称重。

(2) 规格 外形和参数见图 16-72 和表 16-53。

表 16-53 弹簧度盘秤的参数

型 号	最大称量/kg	最小刻度值/g	指针旋转圈数	承重盘尺寸/mm
ATZ-2 、	2	5	1	圆盘 250
ATZ-4	4	10	1	圆盘 250
		5	2	方盘 240×240
ATZ-8	8	20	1	圆盘 250
		10	2	方盘 240×240

2. 电子台秤

(1) 用途 其特点是利用显示器能自动迅速地显示称重结果，而且精度高，使用方便。适用于较大较重物体的称重。

(2) 规格 外形和参数见图 16-73 和表 16-54。

图 16-72 弹簧度盘秤

图 16-73 电子台秤

3. 弹簧度盘秤（GB/T 11884—2008）和电子台案秤（GB/T 7722—2005）的型号、计量要求及最大允许误差

(1) 型号

表 16-54 电子台案秤的参数

型 号	最大称量/kg	最小显示值/g	电压/V	承重台尺寸/mm×mm
TCS-30	30	5、10、20	220	350×550
TCS-60	60	10、20、50	220	
TCS-150	150	50、100、200	220	350×550 500×750
TCS-300	300	100、200、500	220	500×750
TCS-600	600	100、200、500	220	800×1000
TCS-1000	1000	200、500、1000	220	

1）弹簧度盘秤的型号。

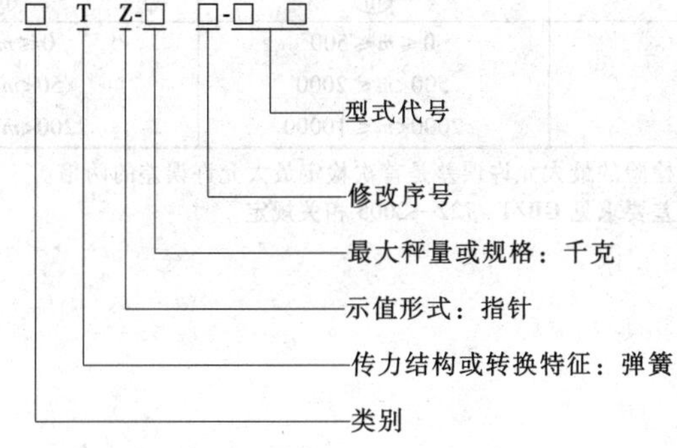

2）电子台案秤的型号。

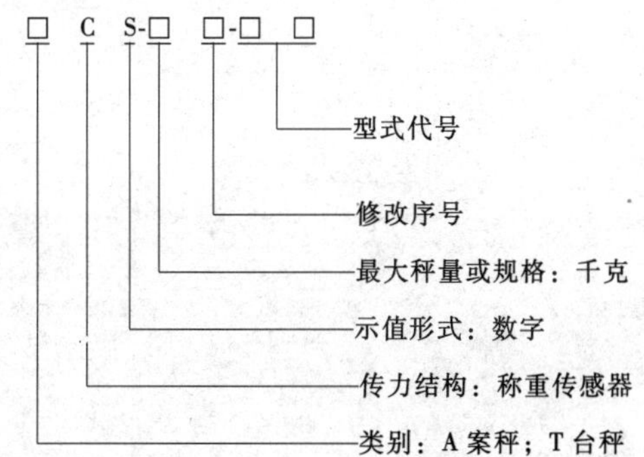

（2）计量要求

1）电子台案秤的准确度等级（表 16-55）。

2）首次检定、周期检定的最大允许误差（表 16-56）。

表 16-55 电子台案秤的准确度等级

准确度等级	检定分度值 e/g	检定分度数 $n=\max/e$ 最小	检定分度数 $n=\max/e$ 最大	最小秤量 min
中准确度等级 Ⅲ	$0.1\leqslant e\leqslant 2$	100	10000	$20e$
	$e\geqslant 5$	500	10000	$20e$
普通准确度等级 Ⅲ Ⅰ	$e\geqslant 5$	100	1000	$10e$

注：1. 用于贸易结算的秤，其最小检定分度数作如下规定：Ⅲ秤：$n=1000$；ⅢⅠ秤：$n=400$。

2. 检定分度值 e 应等于实际分度值 d。

3. 最大秤量为 max，最小秤量为 min。

表 16-56 首次检定、周期检定的最大允许误差

最大允许误差	砝码 m 以检定分度值 e 表示 Ⅲ	砝码 m 以检定分度值 e 表示 ⅢⅠ
$\pm 0.5e$	$0\leqslant m\leqslant 500$	$0\leqslant m\leqslant 50$
$\pm 1.0e$	$500<m\leqslant 2000$	$50<m\leqslant 200$
$\pm 1.5e$	$2000<m\leqslant 10000$	$200<m\leqslant 1000$

注：1. 使用中检验的最大允许误差是首次检定最大允许误差的两倍。

2. 其他误差要求见 GB/T 7722—2005 相关规定。

第十七章　刃 具 磨 具

一、车刀

1. 高速钢车刀条（GB/T 4211.1—2004）

（1）圆形截面车刀条　外形和基本尺寸见图 17-1 和表 17-1。

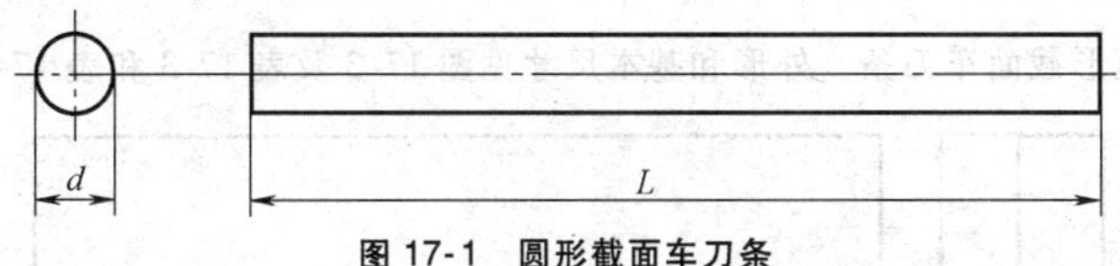

图 17-1　圆形截面车刀条

表 17-1　圆形截面车刀条基本尺寸　（单位：mm）

d	L±2				
	63	80	100	160	200
4	×	×	×		
5	×	×	×		
6	×	×	×	×	
8		×	×	×	
10		×	×	×	×
12			×	×	×
16			×	×	×
20					×

（2）正方形截面车刀条　外形和基本尺寸见图 17-2 和表 17-2。

图 17-2　正方形截面车刀条

表 17-2　正方形截面车刀条基本尺寸　（单位：mm）

h	b	L±2				
		63	80	100	160	200
4	4	×				
5	5	×				
6	6	×	×	×	×	×

（续）

h	b	L±2				
		63	80	100	160	200
8	8	×	×	×	×	×
10	10	×	×	×	×	×
12	12	×	×	×	×	×
16	16			×	×	×
20	20				×	×
25	25					×

注：经供需双方协议，车刀条两端可制成带斜度的，但在这种情况下，总长 L 仍应符合本表规定。

（3）矩形截面车刀条　外形和基本尺寸见图 17-3 及表 17-3 和表 17-4。

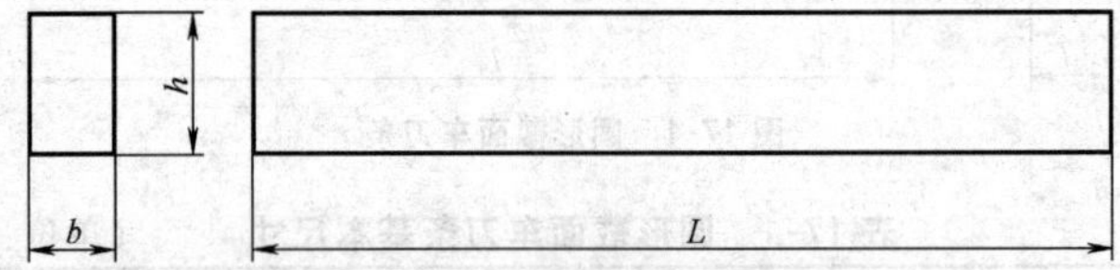

图 17-3　矩形截面车刀条

表 17-3　矩形截面车刀条基本尺寸　（单位：mm）

比例 $h/b\approx$	h	b	L±2		
			100	160	200
1.6	6	4	×		
	8	5	×		
	10	6		×	×
	12	8		×	×
	16	10		×	×
	20	12		×	×
	25	16		×	×
2	8	4	×		
	10	5	×		
	12	6		×	×
	16	8		×	×
	20	10		×	×
	25	12			×

表 17-4　矩形截面车刀条第二种选择尺寸　（单位：mm）

比例 $h/b\approx$	h	b	L±2
2.33	14	6	140
2.5	10	4	120

(4) 不规则四边形截面车刀条（带侧后角但无纵向后角的切断刀条） 外形和基本尺寸见图 17-4 和表 17-5。

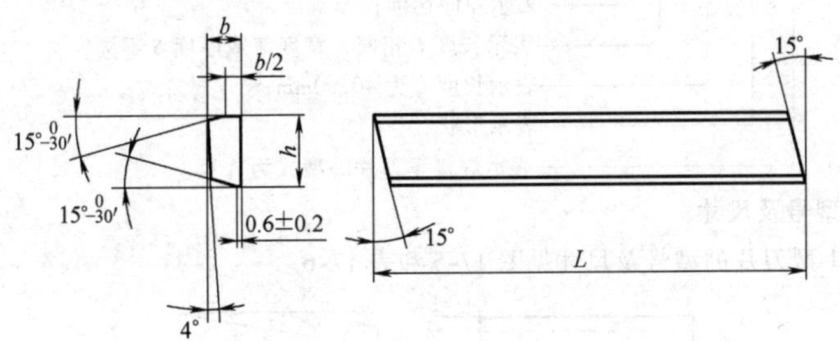

图 17-4 不规则四边形截面车刀条

表 17-5 不规则四边形截面车刀条基本尺寸 （单位：mm）

h	b	L±2				
		85	120	140	200	250
12	3	×	×			
12	5	×	×			
16	3			×	×	
16	4			×		
16	6			×		
18	4			×		
20	3			×		
20	4			×		×
25	4					×
25	6					×

注：经供需双方协议，这种车刀条的一端可制成直角的。

2. 硬质合金焊接刀片（YS/T 79—2006）

(1) 型号表示规则及示例 焊接刀片型号由表示焊接刀片型式的大写英文字母 A（或 B、C、D、E）和形状的数字代号 1（或 2、3、4、5），加长度参数的两位整数（不足两位整数时前面加“0”填位）组成。

当焊接刀片长度参数相同，其他参数如宽度、厚度不同时，则在型号后面分别加 A、B 以示区别；当刀片分左、右向切削时，在型号后面有 Z 则表示左向切削，没有 Z 则表示右向切削。

示例：

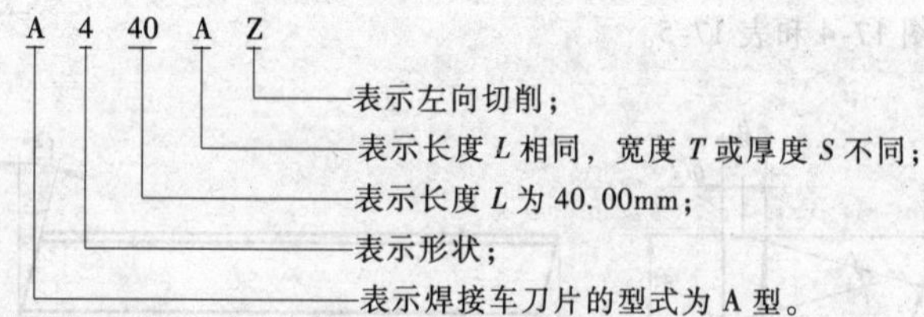

（2）型号及尺寸

1）A1 型刀片的型号及尺寸见图 17-5 和表 17-6。

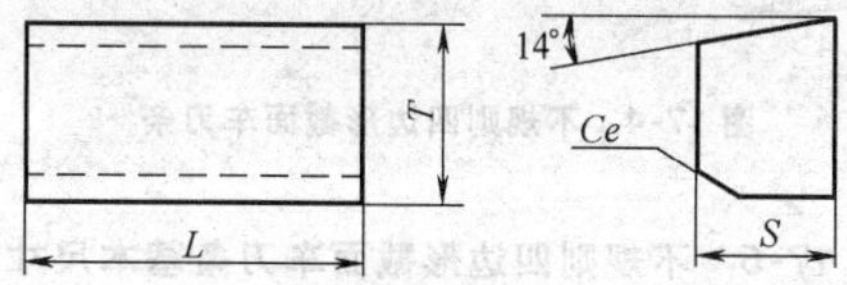

图 17-5　A1 型刀片

表 17-6　A1 型刀片的型号及尺寸　　（单位：mm）

型号	基本尺寸			参考尺寸
	L	*T*	*S*	*e*
A106	6.00	5.00	2.50	
A108	8.00	7.00	3.00	—
A110	10.00	6.00	3.50	
A112	12.00	10.00	4.00	
A114	14.00	12.00	4.50	
A116	16.00	10.00	5.50	
A118	18.00	12.00	7.00	
A118A	18.00	16.00	6.00	
A120	20.00	12.00	7.00	0.8
A122	22.00	15.00	8.50	
A122A	22.00	18.00	7.00	
A125	25.00	15.00	8.50	
A125A	25.00	20.00	10.00	
A130	30.00	16.00	10.00	
A136	36.00	20.00	10.00	
A140	40.00	18.00	10.50	
A1450	50.00	20.00	10.50	
A160	60.00	22.00	10.50	1.2
A170	70.00	25.00	12.00	

2）A2 型刀片的型号及尺寸见图 17-6 和表 17-7。

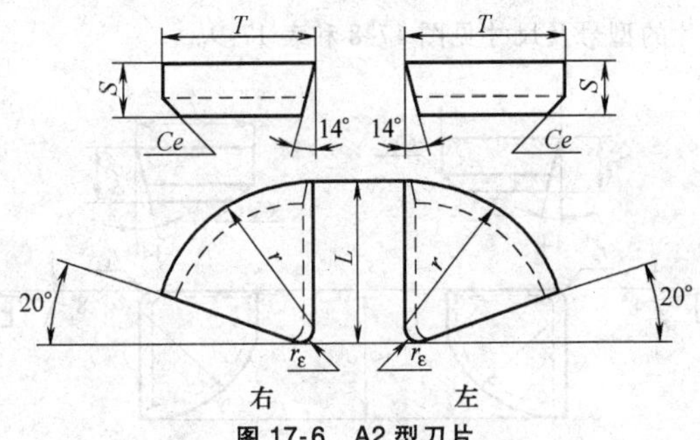

图 17-6 A2 型刀片

表 17-7 A2 型刀片型号及尺寸 （单位：mm）

型号		基本尺寸				参考尺寸	
		L	T	S	r	$r_ε$	e
A208	—	8.00	7.00	2.50	7.00	0.5	—
A210	—	10.00	8.00	3.00	8.00	1.0	—
A212	A212Z	12.00	10.00	4.50	10.00	1.0	0.8
A216	A216Z	16.00	14.00	6.00	14.00	1.0	0.8
A220	A220Z	20.00	18.00	7.00	18.00	1.0	0.8
A225	A225Z	25.00	20.00	8.00	20.00	1.0	0.8

3）A3 型刀片的型号及尺寸见图 17-7 和表 17-8。

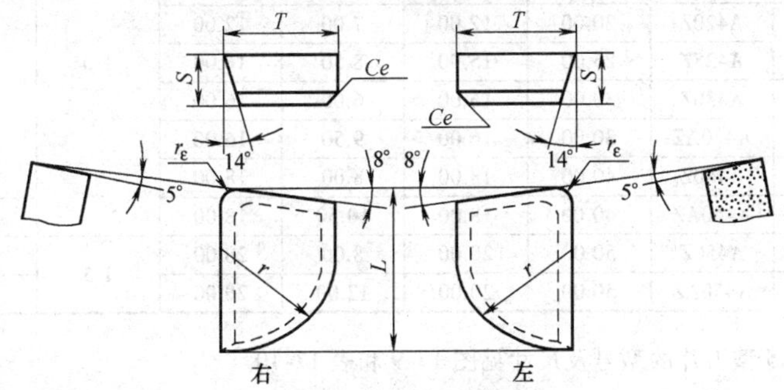

图 17-7 A3 型刀片示意图

表 17-8 A3 型刀片型号及尺寸 （单位：mm）

型号		基本尺寸				参考尺寸	
		L	T	S	r	$r_ε$	e
A310	—	10.00	6.00	3.00	6.00	1.0	—
A312	A312Z	12.00	7.00	4.00	7.00	1.0	0.8
A315	A315Z	15.00	9.00	6.00	9.00	1.0	0.8
A320	A320Z	20.00	11.00	7.00	11.00	1.0	0.8
A325	A325Z	25.00	14.00	8.00	14.00	1.0	0.8
A330	A330Z	30.00	16.00	9.50	16.00	1.0	0.8
A340	A340Z	40.00	18.00	10.50	18.00	1.0	1.2

4）A4 型刀片的型号及尺寸见图 17-8 和表 17-9。

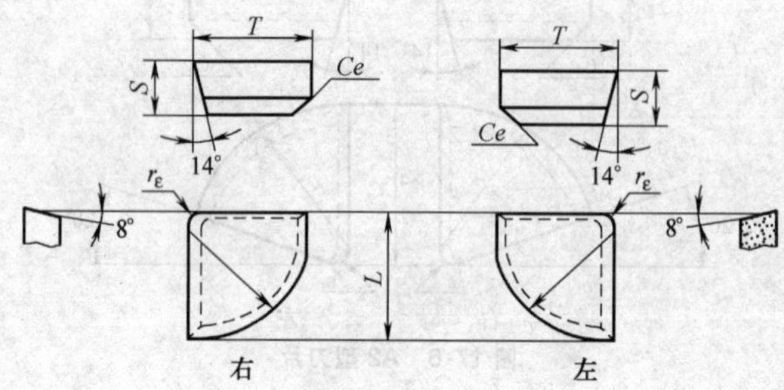

图 17-8　A4 型刀片

表 17-9　A4 型刀片型号及尺寸　　（单位：mm）

型号		基本尺寸				参考尺寸	
		L	T	S	r	$r_ε$	e
A406	—	6.00	5.00	2.50	5.00	0.5	—
A408	—	8.00	6.00	3.00	6.00		
A410	A410Z	10.00	6.00	3.50	6.00		
A412	A412Z	12.00	8.00	4.50	8.00	1.0	0.8
A416	A416Z	16.00	10.00	5.50	10.00		
A420	A420Z	20.00	12.00	7.00	12.00		
A425	A425Z	25.00	15.00	8.50	16.00		
A430	A430Z	30.00	16.00	6.00	16.00		
A430A	A430AZ	30.00	16.00	9.50	16.00		
A440	A440Z	40.00	18.00	8.00	18.00		
A440A	A440AZ	40.00	18.00	10.50	18.00		1.2
A450	A450Z	50.00	20.00	8.00	20.00	1.5	0.8
A450A	A450AZ	50.00	20.00	12.00	20.00		1.2

5）A5 型刀片的型号及尺寸见图 17-9 和表 17-10。

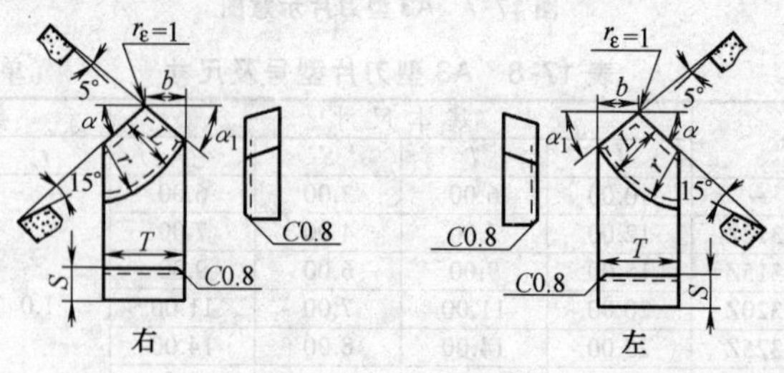

图 17-9　A5 型刀片

表 17-10　A5 型刀片型号及尺寸　（单位：mm）

型号		基本尺寸						
		L	T	S	b	r	α	α_1
A515	A515Z	15.00	10.00	4.50	5.00	10.00	45°	40°
A518	A518Z	18.00	12.00	5.50	4.00	12.00	45°	50°

6）A6 型刀片的型号及尺寸见图 17-10 和表 17-11。

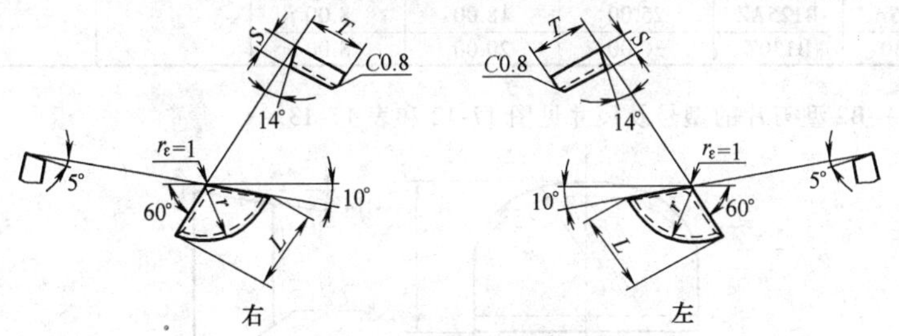

图 17-10　A6 型刀片

表 17-11　A6 型刀片型号及尺寸　（单位：mm）

型号		基本尺寸			
		L	T	S	r
A612	A612Z	12.00	8.00	3.00	8.00
A615	A615Z	15.00	10.00	4.00	1.00
A618	A618Z	18.00	12.00	4.50	12.00

7）B1 型刀片的型号及尺寸见图 17-11 和表 17-12。

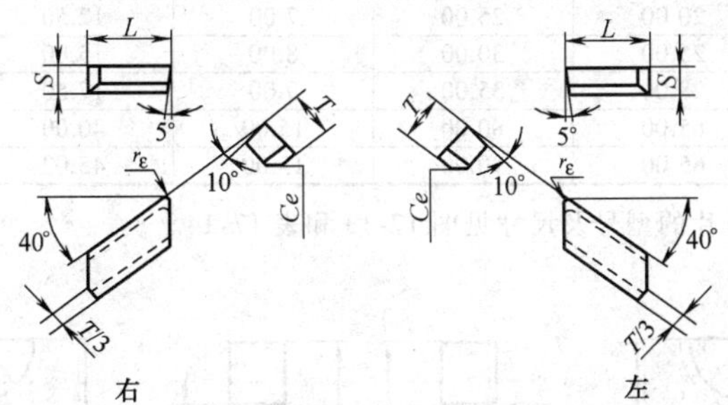

图 17-11　B1 型刀片

表 17-12　B1 型刀片的型号及尺寸　（单位：mm）

型号		基本尺寸			参考尺寸	
		L	T	S	r_ε	e
B108	—	8.00	6.00	3.00	1.5	—

（续）

型号		基本尺寸			参考尺寸	
		L	T	S	r_{ε}	e
B112	B112Z	12.00	8.00	4.00	1.5	1.0
B116	B116Z	16.00	10.00	5.00		
B120	B120Z	20.00	14.00	5.00		1.5
B120A	B120AZ	20.00	16.00	7.00		
B125	B125Z	25.00	14.00	5.00		
B125A	B125AZ	25.00	18.00	8.00		
B130	B130Z	30.00	20.00	8.00		

8）B2型刀片的型号及尺寸见图17-12和表17-13。

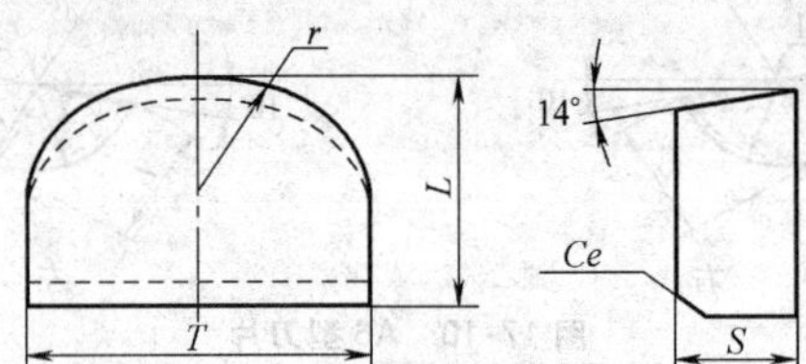

图17-12 B2型刀片示意图

表17-13 B2型刀片型号及尺寸 （单位：mm）

型号	基本尺寸				参考尺寸
	L	T	S	r	e
B208	8.00	8.00	3.00	4.00	—
B210	10.00	10.00	3.50	5.00	0.8
B212	12.00	12.00	4.50	6.00	
B214	14.00	16.00	5.00	8.00	
B216	16.00	20.00	6.00	10.00	
B220	20.00	25.00	7.00	12.50	
B225	25.00	30.00	8.00	15.00	
B228	28.00	35.00	9.00	17.50	
B265	65.00	80.00	15.00	40.00	—
B265A	65.00	90.00	15.00	45.00	

9）B3型刀片的型号及尺寸见图17-13和表17-14。

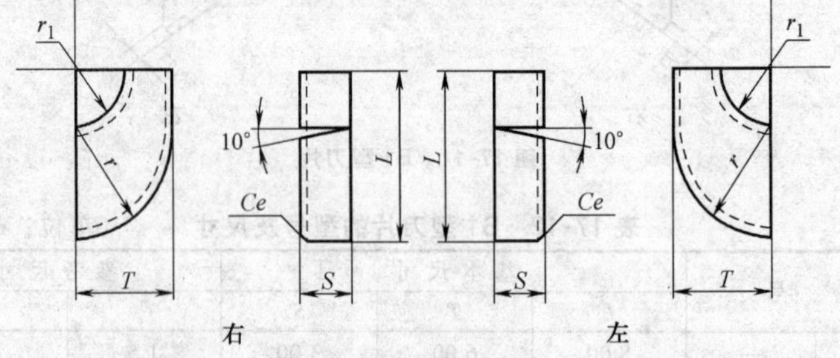

图17-13 B3型刀片

表 17-14　B3 型刀片型号及尺寸　　（单位：mm）

型号		基本尺寸					参考尺寸
		L	T	S	r	r_1	e
B312	B312Z	12.00	8.00	4.00	8.00	3.00	0.8
B315	B315Z	15.00	10.00	5.00	10.00	5.00	
B318	B318Z	18.00	12.00	6.00	12.00	6.00	
B322	B322Z	22.00	16.00	7.00	16.00	10.00	

10）C1 型刀片的型号及尺寸见图 17-14 和表 17-15。

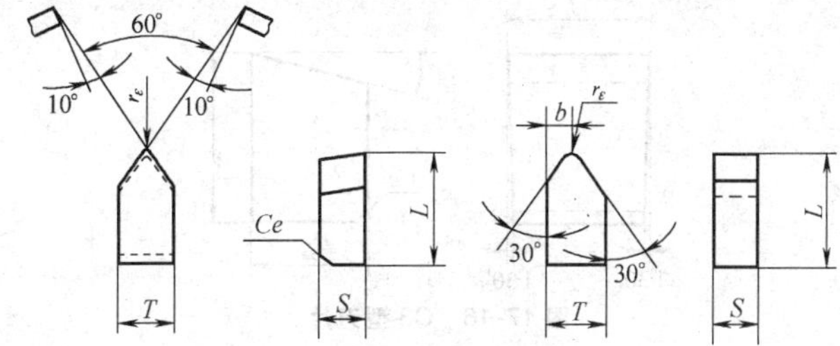

图 17-14　C1 型刀片

表 17-15　C1 型刀片型号及尺寸　　（单位：mm）

型号		基本尺寸				参考尺寸	
		L	T	S	b	r_ε	e
左图	C110	10.00	4.00	3.00	—	0.5	—
	C116	16.00	6.00	4.00			0.8
	C120	20.00	8.00	5.00			
	C122	22.00	10.00	6.00			
	C125	25.00	12.00	7.00			
右图	C110A	10.00	6.50	2.50	1.60	0.5	—
	C116A	16.00	8.00	3.00	2.50		
	C120A	20.00	10.00	4.00	3.50		

11）C2 型刀片的型号及尺寸见图 17-15 和表 17-16。

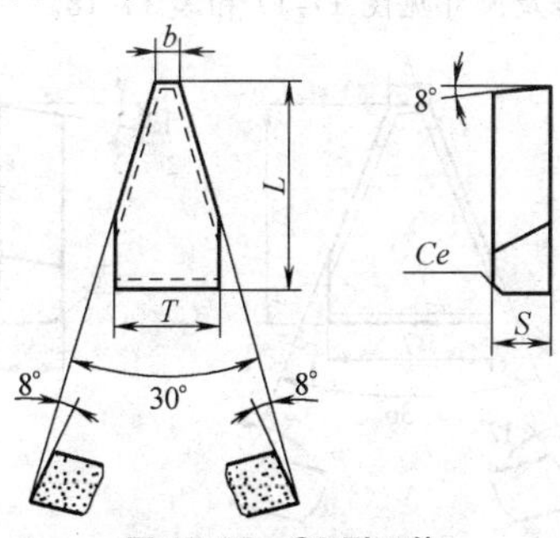

图 17-15　C2 型刀片

表 17-16　C2 型刀片型号及尺寸　　（单位：mm）

型　号	基本尺寸				参考尺寸
	L	T	S	b	e
C215	15.00	7.00	4.00	1.80	0.8
C218	18.00	10.00	5.00	3.10	
C223	23.00	14.00	5.00	4.90	
C228	28.00	18.00	6.00	7.70	
C236	36.00	28.00	7.00	13.10	

12）C3 型刀片的型号及尺寸见图 17-16 和表 17-17。

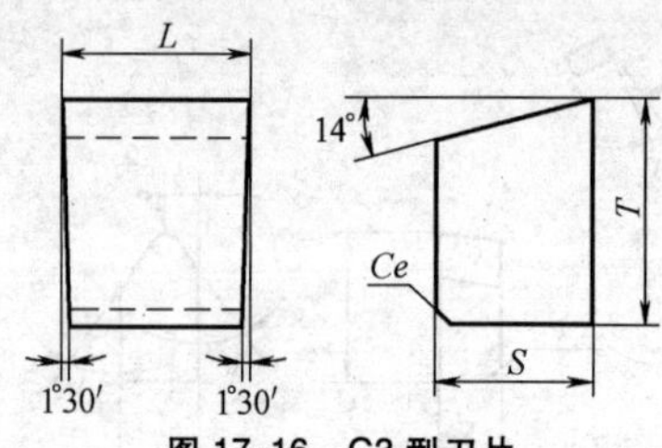

图 17-16　C3 型刀片

表 17-17　C3 型刀片型号及尺寸　　（单位：mm）

型　号	基本尺寸			参考尺寸
	L	T	S	e
C303	3.50	12.00	3.00	—
C304	4.50	14.00	4.00	0.8
C305	5.50	17.00	5.00	
C306	6.50	17.00	6.00	
C308	8.50	20.00	7.00	
C310	10.50	22.00	8.00	
C312	12.50	22.00	10.00	
C316	16.50	25.00	11.00	1.2

13）C4 型刀片的型号及尺寸见图 17-17 和表 17-18。

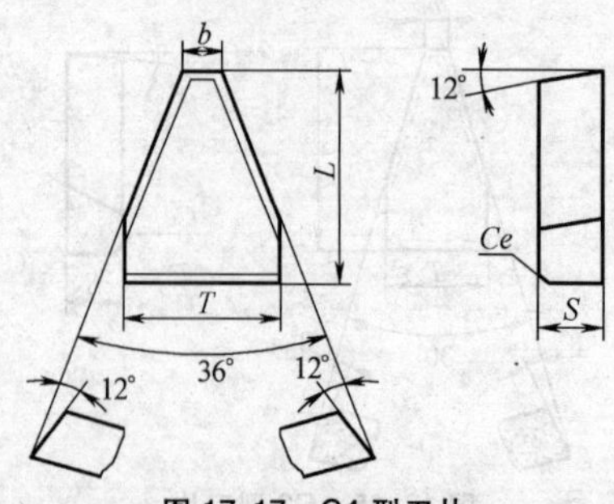

图 17-17　C4 型刀片

表 17-18 C4 型刀片型号及尺寸 （单位：mm）

型号	基本尺寸				参考尺寸
	L	T	S	b	e
C420	20.00	12.00	5.00	3.00	0.8
C425	25.00	16.00	5.00	4.00	
C430	30.00	20.00	6.00	5.50	
C435	35.00	25.00	6.00	7.50	
C442	42.00	35.00	8.00	12.50	
C450	50.00	42.00	8.00	15.00	

14）C5 型刀片的型号及尺寸见图 17-18 和表 17-19。

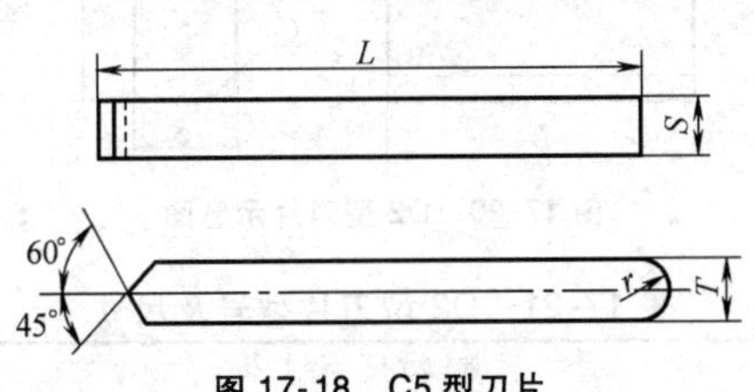

图 17-18 C5 型刀片

表 17-19 C5 型刀片型号及尺寸 （单位：mm）

型号	基本尺寸			
	L	T	S	r
C539	39.00	4.00	4.00	2.00
C545	45.00	6.00	4.00	3.00

15）D1 型刀片的型号及尺寸见图 17-19 和表 17-20。

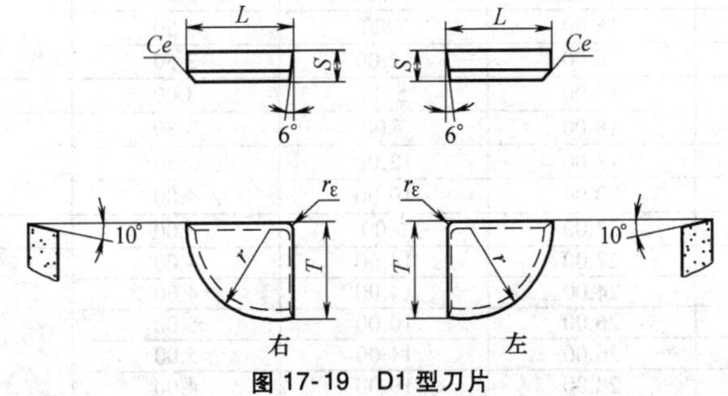

图 17-19 D1 型刀片

表 17-20 D1 型刀片型号及尺寸 （单位：mm）

型号		基本尺寸				参考尺寸	
		L	T	S	r	r_ε	e
D110	—	10.00	8.00	2.50	8.00	0.5	—
D112	—	12.00	10.00	3.00	10.00		
D115	D115Z	15.00	12.00	3.50	12.50	1.0	0.8
D120	D120Z	20.00	16.00	4.00	16.00		

（续）

型　　号		基本尺寸				参考尺寸	
		L	T	S	r	r_ε	e
D125	D125Z	25.00	20.00	5.00	20.00	1.0	0.8
D130	D130Z	30.00	20.00	6.00	20.00		

16）D2型刀片的型号及尺寸见图17-20和表17-21。

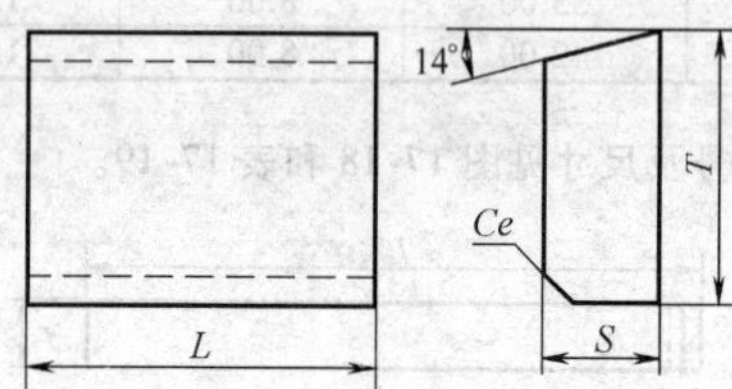

图17-20　D2型刀片示意图

表17-21　D2型刀片型号及尺寸　　（单位：mm）

型　　号	基本尺寸			参考尺寸
	L	T	S	e
D206	6.00	7.00	3.00	—
D208	8.00	4.00	3.00	
D210	10.00	5.00	3.00	
D210A	10.00	10.00	3.00	
D212	12.00	6.00	3.00	
D212A	12.00	12.00	3.50	0.8
D214	14.00	7.00	3.50	
D214A	14.00	12.00	3.50	
D216	16.00	7.00	3.50	
D216A	16.00	12.00	3.50	
D218	18.00	5.00	3.00	—
D218A	18.00	7.00	3.50	0.8
D218B	18.00	12.00	3.50	
D220	20.00	10.00	4.00	
D222	22.00	6.00	3.00	—
D222A	22.00	14.00	4.00	0.8
D224	24.00	14.00	4.00	
D226	26.00	10.00	5.00	
D226A	26.00	14.00	5.00	
D228	28.00	10.00	4.00	
D228A	28.00	14.00	4.00	
D230	30.00	14.00	5.00	
D232	32.00	12.00	5.00	
D232A	32.00	14.00	4.00	
D236	36.00	14.00	4.00	
D238	38.00	12.00	5.00	
D240	40.00	14.00	5.00	
D246	46.00	14.00	5.00	

17）E1 型刀片的型号及尺寸见图 17-21 和表 17-22。

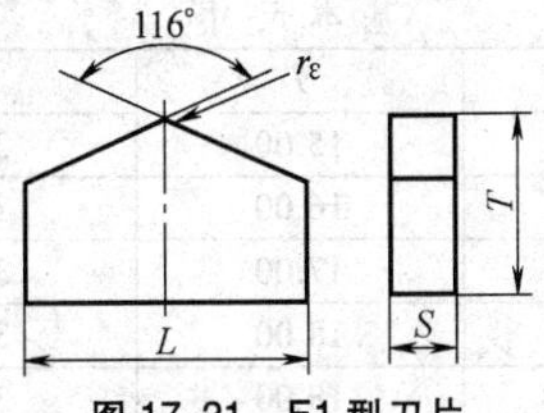

图 17-21　E1 型刀片

表 17-22　E1 型刀片型号及尺寸　（单位：mm）

型　号	基本尺寸			参考尺寸
	L	T	S	$r_ε$
E105	5.00	5.00	1.50	1.0
E106	6.00	6.00	1.50	
E107	7.00	6.00	1.50	
E108	8.00	7.00	1.80	
E109	9.00	8.00	2.00	
E110	10.00	9.00	2.00	

18）E2 型刀片的型号及尺寸见图 17-22 和表 17-23。

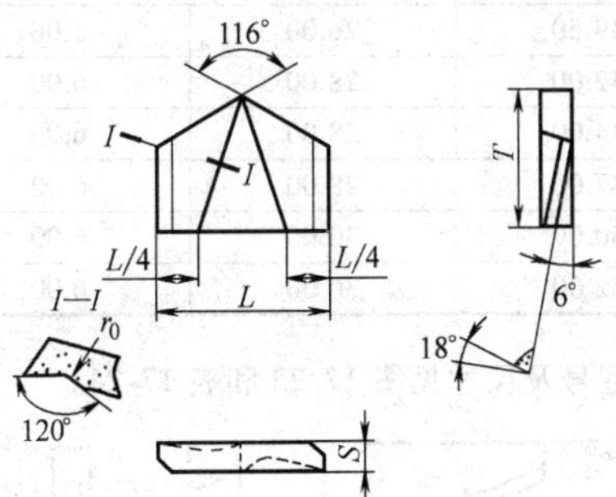

图 17-22　E2 型刀片

表 17-23　E2 型刀片型号及尺寸　（单位：mm）

型　号	基本尺寸			参考尺寸
	L	T	S	r_0
E210	10.80	9.00	2.00	1.0
E211	11.80	10.00	2.50	
E213	13.00	11.00	2.50	
E214	14.00	12.00	2.50	
E215	15.00	13.00	2.50	
E216	16.00	14.00	3.00	

（续）

型　号	基本尺寸			参考尺寸
	L	T	S	r_0
E217	17.00	15.00	3.00	1.5
E218	18.00	16.00	3.00	
E219	19.00	17.00	3.00	
E220	20.00	18.00	3.50	
E221	21.00	18.00	3.50	
E222	22.00	18.00	3.50	1.5
E223	23.00	18.00	4.00	
E224	24.00	18.00	4.00	
E225	25.00	22.00	4.50	
E226	26.00	22.00	4.50	
E227	27.50	22.00	4.50	
E228	28.50	22.00	4.50	
E229	29.50	24.00	5.00	
E230	30.50	24.00	5.00	
E231	31.50	24.00	5.00	
E233	33.50	26.00	5.00	2.0
E236	36.50	26.00	5.00	
E239	39.50	26.00	5.00	
E242	42.00	28.00	6.00	
E244	44.00	28.00	6.00	
E247	47.00	28.00	6.00	
E250	50.00	30.00	6.00	
E252	52.00	30.00	6.00	

19）E3 型刀片的型号及尺寸见图 17-23 和表 17-24。

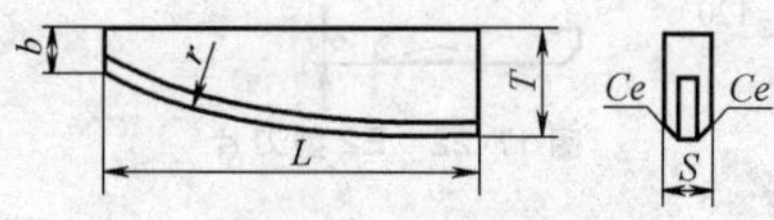

图 17-23　E3 型刀片

表 17-24　E3 型刀片型号及尺寸　（单位：mm）

型　号	基本尺寸					参考尺寸
	L	T	S	r	b	e
E312	12.00	6.00	1.50	20	1.50	—
E315	15.00	3.50	2.00	20		
E315A	15.00	7.00	2.00	20	2.50	
E320	20.00	4.50	2.50	25		
E320A	20.00	6.00	3.50	25		0.5

（续）

型　号	基本尺寸					参考尺寸
	L	T	S	r	b	e
E320B	20.00	9.00	2.50	25	3.50	—
E325	25.00	8.00	3.00	30		0.5
E325A	25.00	15.00	3.00	30		0.5
E330	30.00	10.00	4.00	30		0.5
E330A	30.00	21.00	4.00	30		0.5
E335	35.00	10.00	5.00	30		0.8
E340	40.00	12.00	5.00	30		0.8
E345	45.00	12.00	6.00	30		0.8

20）E4 型刀片的型号及尺寸见图 17-24 和表 17-25。

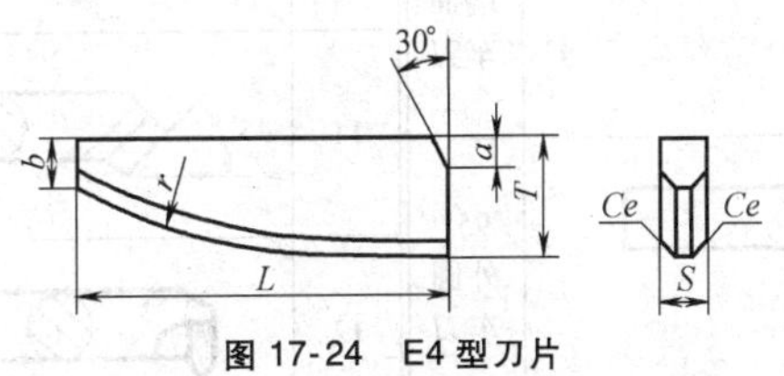

图 17-24　E4 型刀片

表 17-25　E4 型刀片型号及尺寸　（单位：mm）

型　号	基本尺寸						参考尺寸
	L	T	S	r	a	b	e
E415	15.00	4.00	2.00	15.00	2.50	1.50	—
E418	18.00	5.00	2.50	20.00	3.50		
E420	20.00	6.00	3.00	25.00	5.00		
E425	25.00	8.00	3.50	25.00	6.00	2.00	0.5
E430	30.00	10.00	4.00	30.00	8.00		

21）E5 型刀片的型号及尺寸见图 17-25 和表 17-26。

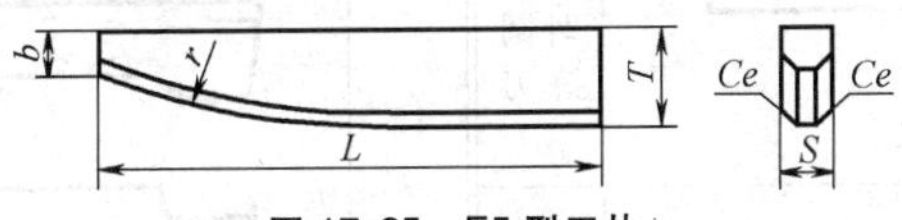

图 17-25　E5 型刀片

表 17-26　E5 型刀片型号及尺寸　（单位：mm）

型　号	基本尺寸					参考尺寸
	L	T	S	r	b	e
E515	15.00	2.50	1.30	20.00	1.50	—
E518	18.00	3.00	1.50	25.00		
E522	22.00	3.50	2.00	25.00		
E525	25.00	4.00	2.50	30.00	2.00	
E530	30.00	5.00	3.00	30.00		0.5
E540	40.00	6.00	3.50	30.00		

3. 硬质合金车刀（GB/T 17985.1~3—2000）

（1）车刀型式和符号（见表17-27）

表17-27　硬质合金车刀型式和符号

符号	车刀型式	名称	符号	车刀型式	名称
01	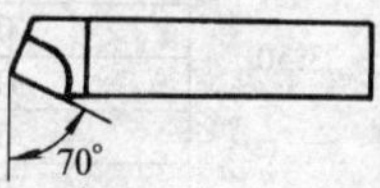 70°	70°外圆车刀	09	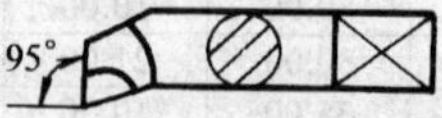 95°	95°内孔车刀
02	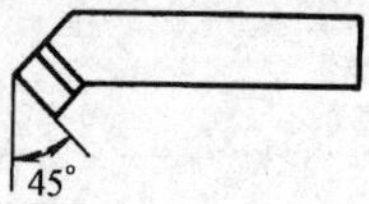 45°	45°端面车刀	10	 90°	90°内孔车刀
03	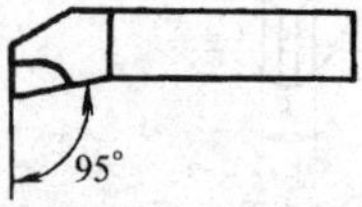 95°	95°外圆车刀	11	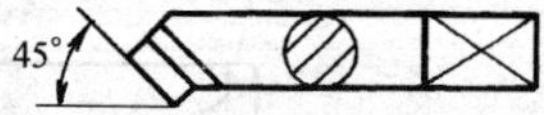 45°	45°内孔车刀
04		切槽车刀	12	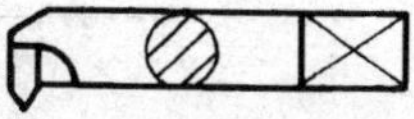	内螺纹车刀
05	 90°	90°端面车刀	13	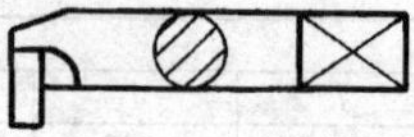	内切槽车刀
06	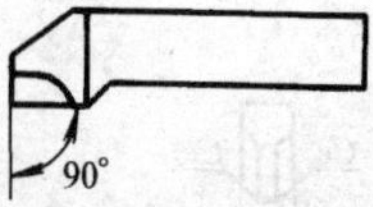 90°	90°外圆车刀	14	 75°	75°外圆车刀
07	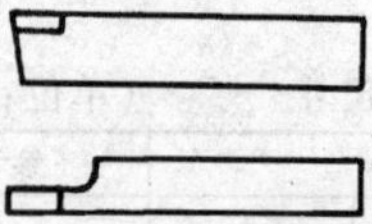	A型切断车刀	15	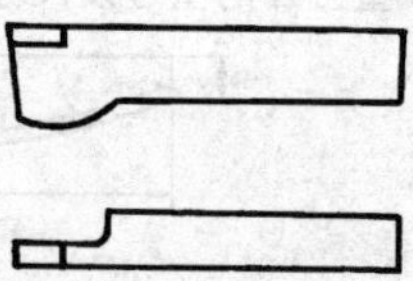	B型切断车刀
			16	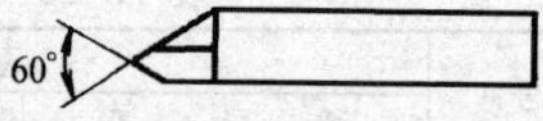 60°	外螺纹车刀
08	75°	75°内孔车刀	17	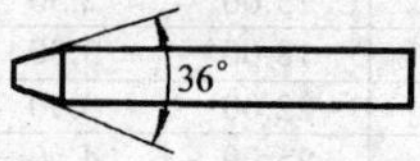 36°	V带轮车刀

（2）外表面车刀代号及主要尺寸（见表17-28~表17-38）

表 17-28 70°外表面车刀代号及主要尺寸 （单位：mm）

车刀代号		主要尺寸			
		刀杆长度	刀杆高度	刀杆宽度	刀刃高度
01R1010	01L1010	90	10	10	10
01R1212	01L1212	100	12	12	12
01R1616	01L1616	110	16	16	16
01R2020	01L2020	125	20	20	20
01R2525	01L2525	140	25	25	25
01R3232	01L3232	170	32	32	32
01R4040	01L4040	200	40	40	40
01R5050	01L5050	240	50	50	50

表 17-29 45°端面车刀代号及主要尺寸 （单位：mm）

车刀代号		主要尺寸			
		刀杆长度	刀杆高度	刀杆宽度	刀刃高度
02R1010	02L1010	90	10	10	10
02R1212	02L1212	100	12	12	12
02R1616	02L1616	110	16	16	16
02R2020	02L2020	125	20	20	20
02R2525	02L2525	140	25	25	25
02R3232	02L3232	170	32	32	32
02R4040	02L4040	200	40	40	40
02R5050	02L5050	240	50	50	50

表 17-30 95°外圆车刀代号及主要尺寸 （单位：mm）

车刀代号		主要尺寸			
		刀杆长度	刀杆高度	刀杆宽度	刀刃高度
03R1610	03L1610	110	16	10	16
03R2012	03L2012	125	20	12	20
03R2516	03L2516	140	25	16	25
03R3220	03L3220	170	32	20	32
03R4025	03L4025	200	40	25	40
03R5032	03L5032	240	50	32	50

表 17-31 切槽车刀代号及主要尺寸 （单位：mm）

车刀代号	主要尺寸			
	刀杆长度	刀杆高度	刀杆宽度	刀刃高度
04R2012	125	20	12	20
04R2516	140	25	16	25
04R3220	170	32	20	32
04R4025	200	40	25	40
04R5032	240	50	32	50

表 17-32 90°端面车刀代号及主要尺寸 （单位：mm）

车刀代号		主要尺寸			
		刀杆长度	刀杆高度	刀杆宽度	刀刃高度
05R2020	05L2020	125	20	20	20
05R2525	05L2525	140	25	25	25
05R3232	05L3232	170	32	32	32
05R4040	05L4040	200	40	40	40
05R5050	05L5050	240	50	50	50

表 17-33　90°外圆车刀代号及主要尺寸　　（单位：mm）

车刀代号		主要尺寸			
		刀杆长度	刀杆高度	刀杆宽度	刀刃高度
06R1010	06L1010	90	10	10	10
06R1212	06L1212	100	12	12	12
06R1616	06L1616	110	16	16	16
06R2020	06L2020	125	20	20	20
06R2525	06L2525	140	25	25	25
06R3232	06L3232	170	32	32	32
06R4040	06L4040	200	40	40	40
06R5050	06L5050	240	50	50	50

表 17-34　A型切断车刀代号及主要尺寸　　（单位：mm）

车刀代号		主要尺寸			
		刀杆长度	刀杆高度	刀杆宽度	刀刃高度
07R1208	07L1208	100	12	8	12
07R1610	07L1610	110	16	10	16
07R2012	07L2012	125	20	12	20
07R2516	07L2516	140	25	16	25
07R3220	07L3220	170	32	20	32
07R4025	07L4025	200	40	25	40
07R5032	07L5032	240	50	32	50

表 17-35　B型切断车刀代号及主要尺寸　　（单位：mm）

车刀代号		主要尺寸			
		刀杆长度	刀杆高度	刀杆宽度	刀刃高度
15R1208	15L1208	100	12	8	12
15R1610	15L1610	110	16	10	16
15R2012	15L2012	125	20	12	20
15R2516	15L2516	140	25	16	25
15R3220	15L3220	170	32	20	32
15R4025	15L4025	200	40	25	40

表 17-36　75°外圆车刀代号及主要尺寸　　（单位：mm）

车刀代号		主要尺寸			
		刀杆长度	刀杆高度	刀杆宽度	刀刃高度
14R1010	14L1010	90	10	10	10
14R1212	14L1212	100	12	12	12
14R1616	14L1616	110	16	16	16
14R2020	14L2020	125	20	20	20
14R2525	14L2525	140	25	25	25
14R3232	14L3232	170	32	32	32
14R4040	14L4040	200	40	40	40
14R5050	14L5050	240	50	50	50

表 17-37 外螺纹车刀代号及主要尺寸 （单位：mm）

车刀代号	主要尺寸			
	刀杆长度	刀杆高度	刀杆宽度	刀刃高度
16R1208	100	12	8	12
16R1610	110	16	10	16
16R2012	125	20	12	20
16R2516	140	25	16	25
16R3220	170	32	20	32

表 17-38 V带轮车刀代号及主要尺寸 （单位：mm）

车刀代号	主要尺寸			
	刀杆长度	刀杆高度	刀杆宽度	刀刃高度
17R1212	100	12	12	12
17R1610	110	16	10	16
17R2012	125	20	12	20
17R2516	140	25	16	25
17R3220	170	32	20	32

（3）内表面车刀代号及主要尺寸（见表 17-39~表 17-44）

表 17-39 75°内孔车刀代号及主要尺寸 （单位：mm）

车刀代号	主要尺寸			
	车刀总长度	刀杆高度	刀杆宽度	刀杆伸出长度
08R0808	125	8	8	40
08R1010	150	10	10	50
08R1212	180	12	12	63
08R1616	210	16	16	80
08R2020	250	20	20	100
08R2525	300	25	25	125
08R3232	355	32	32	160

表 17-40 95°内孔车刀代号及主要尺寸 （单位：mm）

车刀代号	主要尺寸			
	车刀总长度	刀杆高度	刀杆宽度	刀杆伸出长度
09R0808	125	8	8	40
09R1010	150	10	10	50
09R1212	180	12	12	63
09R1616	210	16	16	80
09R2020	250	20	20	100
09R2525	300	25	25	125
09R3232	355	32	32	160

表17-41　90°内孔车刀代号及主要尺寸　　(单位：mm)

车刀代号	主要尺寸			
	车刀总长度	刀杆高度	刀杆宽度	刀杆伸出长度
10R0808	125	8	8	40
10R1010	150	10	10	50
10R1212	180	12	12	63
10R1616	210	16	16	80
10R2020	250	20	20	100
10R2525	300	25	25	125
10R3232	355	32	32	160

表17-42　45°内孔车刀代号及主要尺寸　　(单位：mm)

车刀代号	主要尺寸			
	车刀总长度	刀杆高度	刀杆宽度	刀杆伸出长度
11R0808	125	8	8	40
11R1010	150	10	10	50
11R1212	180	12	12	63
11R1616	210	16	16	80
11R2020	250	20	20	100
11R2525	300	25	25	125
11R3232	355	32	32	160

表17-43　内螺纹车刀代号及主要尺寸　　(单位：mm)

车刀代号	主要尺寸			
	车刀总长度	刀杆高度	刀杆宽度	刀杆伸出长度
12R0808	125	8	8	40
12R1010	150	10	10	50
12R1212	180	12	12	63
12R1616	210	16	16	80
12R2020	250	20	20	100
12R2525	300	25	25	125
12R3232	355	32	32	160

表17-44　内切槽车刀代号及主要尺寸　　(单位：mm)

车刀代号	主要尺寸			
	车刀总长度	刀杆高度	刀杆宽度	刀杆伸出长度
13R0808	125	8	8	40
13R1010	150	10	10	50
13R1212	180	12	12	63
13R1616	210	16	16	80
13R2020	250	20	20	100
13R2525	300	25	25	125
13R3232	355	32	32	160

4. 可转位车刀（GB/T 5343.2—2007）

（1）柄部型式和主要尺寸（见图 17-26 和表 17-45）

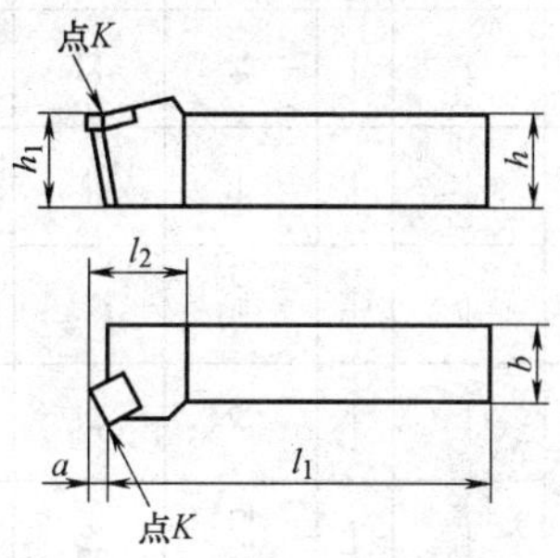

图 17-26 可转位车刀柄部型式

表 17-45 可转位车刀主要尺寸 （单位：mm）

h		8	10	12	16	20	25	32	40	50
b	$b=h$	8	10	12	16	20	25	32	40	50
	$b=0.8h$		8	10	12	16	20	25	32	40
l_1	长刀杆	60	70	80	100	125	150	170	200	250
	短刀杆	40	50	60	70	80	100	125	150	—
h_1		$h_1=h$								

（2）刀头长度尺寸 l_2（见图 17-26 和表 17-46）

表 17-46 刀头长度 （单位：mm）

刀片的内切圆直径	l_{2max}	刀片的内切圆直径	l_{2max}
6.35	25	15.875	40
9.525	32	19.05	45
12.7	36	25.4	50

注：表中的刀头长度尺寸不适用于安装形状为 D 和 V 的菱形刀片（GB/T 5343.1—2007）可转位车刀。

（3）刀头尺寸 f 刀头尺寸和型式见表 17-47。

表 17-47 刀头尺寸 f （单位：mm）

b	f				
	系列 1	系列 2	系列 3	系列 4	系列 5
8	4	7	8.5	9	10
10	5	9	10.5	11	12
12	6	11	12.5	13	16
16	8	13	16.5	17	20
20	10	17	20.5	22	25
25	12.5	22	25.5	27	32
32	16	27	33	35	40
40	20	35	41	43	50
50	25	43	51	53	60
刀头型式	D、N、V	B、T	A	R	F、G、H、J、K、L、S

（4）优先采用的推荐刀杆（见表 17-48）

表 17-48 优先采用的推荐刀杆型式及尺寸 （单位：mm）

代号		0808	1010	1212	1616	2020	2525	3225	3232	4032	4032	4040	5050
代号	$h \times b$	0808	1010	1212	1616	2020	2525	3225	3232	4032	4032	4040	5050
	l_1	60	70	80	100	125	150	170	170	150	200	200	250
	h_1	8	10	12	16	20	25	32	32	40	40	40	50
A	f 系列 3	8.5	10.5	—	—	—	—	—	—	—	—	—	—
	l（代号）	06	06	—	—	—	—	—	—	—	—	—	—
	l_{2max}	25	25	—	—	—	—	—	—	—	—	—	—
	f 系列 3	—	—	12.5	16.5	20.5	25.5	25.5	33	—	—	41	—
	l（代号）	—	—	11	11	16	16	16	22	—	—	22	—
	l_{2max}	—	—	25	25	32	32	32	36	—	—	36	—
B	f 系列 2	7	9	11	—	—	—	—	—	—	—	—	—
	l（代号）	06	06	06	—	—	—	—	—	—	—	—	—
	l_{2max}	25	25	25	—	—	—	—	—	—	—	—	—
	a[①]	1.6	1.6	1.6	—	—	—	—	—	—	—	—	—

（续）

代号														
代号		$h \times b$	0808	1010	1212	1616	2020	2525	3225	3232	4032	4032	4040	5050
		l_1	60	70	80	100	125	150	170	170	150	200	200	250
		h_1	8	10	12	16	20	25	32	32	40	40	40	50
B		f 系列 2	—	—	—	13	17	22	22	27	—	—	35	43
		l（代号）	—	—	—	09	12	12	12	19	—	—	19	25
		l_{2max}	—	—	—	32	36	36	36	45	—	—	45	50
		a①	—	—	—	2.2	3.1	3.1	3.1	4.6	—	—	4.6	5.9
		f 系列 1	—	—	6	8	10	12.5	12.5	16	—	—	—	—
		l（代号）	—	—	09	09	12	12	12	19	—	—	—	—
		l_{2max}	—	—	32	32	36	36	36	45	—	—	—	—
D②		f 系列 1	4	5	6	8	10	12.5	12.5	16	—	—	20	—
	$l_{2min}=1.5d$	d（代号）	06	06/08	06/08	06/08/10	06/08/10/12	06/08/10/12/16	12/16	20	—	—	25	—

（续）

代号		$h \times b$	0808	1010	1212	1616	2020	2525	3225	3232	4032	4032	4040	5050
		l_1	60	70	80	100	125	150	170	170	150	200	200	250
		h_1	8	10	12	16	20	25	32	32	40	40	40	50
F		f 系列 5	10	12	—	—	—	—	—	—	—	—	—	—
		l（代号）	06	06	—	—	—	—	—	—	—	—	—	—
		l_{2max}	25	25	—	—	—	—	—	—	—	—	—	—
		f 系列 5	—	—	16	20	25	32	32	40	—	—	50	—
		l（代号）	—	—	11	11/16	16	16/22	16/22	22	—	—	22/27	—
		l_{2max}	—	—	25	25/32	32	32/36	32/36	36	—	—	36/40	—
G		f 系列 5	10	12	—	—	—	—	—	—	—	—	—	—
		l（代号）	05	06	—	—	—	—	—	—	—	—	—	—
		l_{2max}	25	25	—	—	—	—	—	—	—	—	—	—

（续）

代号	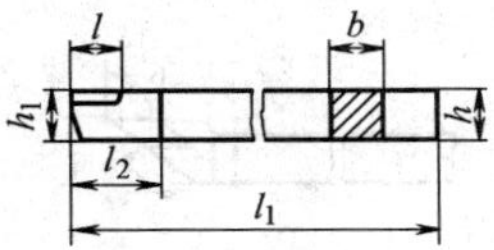	$h \times b$	0808	1010	1212	1616	2020	2525	3225	3232	4032	4032	4040	5050
		l_1	60	70	80	100	125	150	170	170	150	200	200	250
		h_1	8	10	12	16	20	25	32	32	40	40	40	50
G	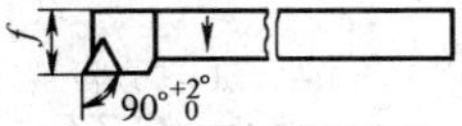 $90^{\circ}{}^{+2^{\circ}}_{0}$	f 系列 5	—	—	16	20	25	32	32	40	—	—	50	60
		l（代号）	—	—	11	11/16	16	16/22	16/22	22	—	—	22/27	27
		l_{2max}	—	—	25	25/32	32	32/36	32/36	36	—	—	36/40	40
H	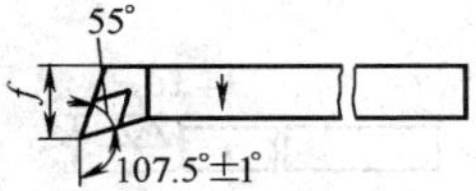 55°，107.5°±1°	f 系列 5	—	12	16	20	25	32	32	—	—	—	—	—
		l（代号）	—	07	07/11	11	11/15	15	15	—	—	—	—	—
		l_{2max}	—	25	25/32	32	32/40	40	40	—	—	—	—	—
	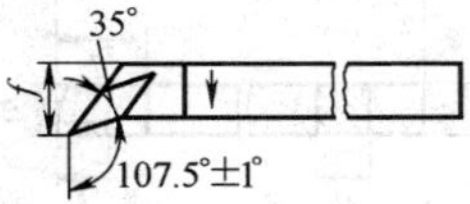 35°，107.5°±1°	f 系列 5	—	—	16	20	25	32	32	—	—	—	—	—
		l（代号）	—	—	11/13	11/13	13/16	16	16	—	—	—	—	—
		l_{2max}	—	—	25/32	25/32	32/40	40	40	—	—	—	—	—

（续）

代号	图示	$h \times b$	0808	1010	1212	1616	2020	2525	3225	3232	4032	4032	4040	5050
		l_1	60	70	80	100	125	150	170	170	150	200	200	250
		h_1	8	10	12	16	20	25	32	32	40	40	40	50
	55° 93°±1°	f 系列 5	10	12	16	20	25	32	32	—	—	40	—	—
		l（代号）	07	07	11	11	15	15	15	—	—	15	—	—
		l_{2max}	25	25	32	32	40	40	40			40		
J	93°±1°	f 系列 5	—	—	—	—	25	32	32	—	—	40	—	—
		l（代号）	—	—	—	—	16	16/22	16/22	—	—	22/27	—	—
		l_{2max}	—	—	—	—	32	32/36	32/36	—	—	36/40	—	—
	35° 93°±1°	f 系列 5	—	—	16	20	25	32	32	—	—	—	—	—
		l（代号）	—	—	11/13	11/13	13/16	16	16	—	—	—	—	—
		l_{2max}	—	—	25/32	25/32	32/40	40	40	—	—	—	—	—

（续）

代号	图		0808	1010	1212	1616	2020	2525	3225	3232	4032	4032	4040	5050
代号		$h \times b$	0808	1010	1212	1616	2020	2525	3225	3232	4032	4032	4040	5050
		l_1	60	70	80	100	125	150	170	170	150	200	200	250
		h_1	8	10	12	16	20	25	32	32	40	40	40	50
K	75°±1° 100°	f 系列 5	10	12	—	—	—	—	—	—	—	—	—	—
		l（代号）	06	06	—	—	—	—	—	—	—	—	—	—
		l_{2max}	25	25	—	—	—	—	—	—	—	—	—	—
		a①	1.6	1.6	—	—	—	—	—	—	—	—	—	—
	75°±1° 90°	f 系列 5	—	—	16	20	25	32	32	40	—	—	50	—
		l（代号）	—	—	09	09/12	12	12/19	12/19	19	—	—	19/25	—
		l_{2max}	—	—	32	32/36	36	36/45	36/45	45	—	—	45/50	—
		a①	—	—	2.2	2.2/3.1	3.1	3.1/4.6	3.1/4.6	4.6	—	—	4.6/5.9	—
L	95°±1° 80° 95°±1°	f 系列 5	10	12	16	20	25	32	32	40	—	—	50	—
		l（代号）	06	06	09	09/19	12	12/19	12/19	19	—	—	19	—
		l_{2max}	25	25	32	32/36	36	36/45	36/45	40	—	—	45	—

（续）

代号		0808	1010	1212	1616	2020	2525	3225	3232	4032	4032	4040	5050
代号	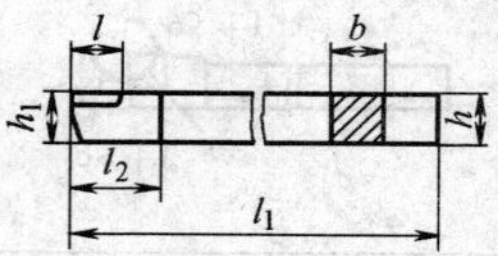 $h \times b$	0808	1010	1212	1616	2020	2525	3225	3232	4032	4032	4040	5050
	l_1	60	70	80	100	125	150	170	170	150	200	200	250
	h_1	8	10	12	16	20	25	32	32	40	40	40	50
L	 f 系列 5	10	12	16	20	25	32	32	40	—	—	—	—
	l（代号）	04	04	04	06	06/08	06/08	06/08	08	—	—	—	—
	l_{2max}	25	25	25	36	36/45	36/45	36/45	45	—	—	—	—
N	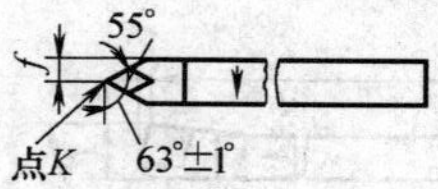 f 系列 1	4	5	6	8	10	12.5	12.5	—	16	—	—	—
	l（代号）	07	07	11	11	11/15	15	15	—	15	—	—	—
	l_{2max}	25	25	32	32	32/36	45	45	—	45	—	—	—
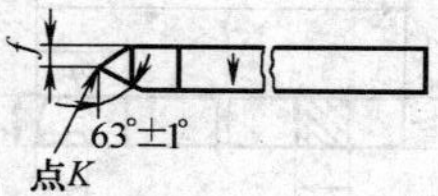	f 系列 1	—	—	—	—	—	12.5	12.5	—	16	—	—	—
	l（代号）	—	—	—	—	—	16/22	16/22	—	16/22	—	—	—
	l_{2max}	—	—	—	—	—	32/36	32/36	—	32/36	—	—	—

（续）

代号		$h \times b$	0808	1010	1212	1616	2020	2525	3225	3232	4032	4032	4040	5050
	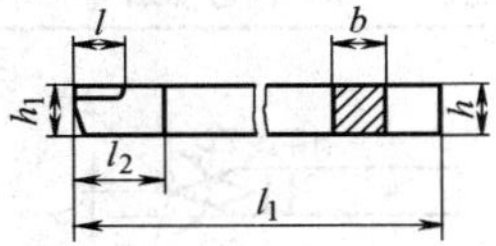	l_1	60	70	80	100	125	150	170	170	150	200	200	250
		h_1	8	10	12	16	20	25	32	32	40	40	40	50
R	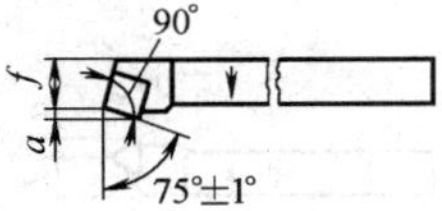	f 系列 4	—	—	13	17	22	27	27	35	—	—	43	53
		l（代号）	—	—	09	09/12	12	12/19	12/19	19	—	—	19/25	25
		l_{2max}	—	—	32	32/36	36	36/45	36/45	45	—	—	45/50	50
		a[①]	—	—	2.2	2.2/3.1	3.1	3.1/4.6	3.1/4.6	4.6	—	—	4.6/5.9	5.9
S[②]	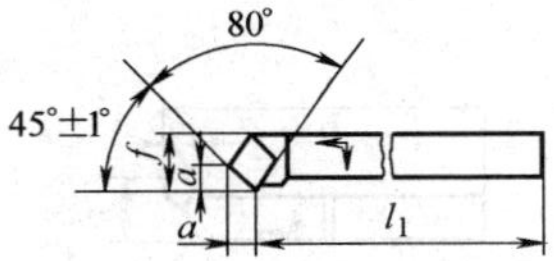	f 系列 5	10	12	—	—	—	—	—	—	—	—	—	—
		l（代号）	06	06	—	—	—	—	—	—	—	—	—	—
		l_{2max}	25	25	—	—	—	—	—	—	—	—	—	—
		a[①]	4.2	4.2	—	—	—	—	—	—	—	—	—	—
	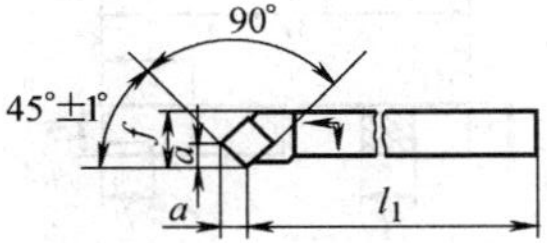	f 系列 5	—	—	16	20	25	32	32	40	—	—	50	50
		l（代号）	—	—	09	09/12	12	12/19	12/19	19	—	—	19/25	25
		l_{2max}	—	—	32	32/36	36	36/45	36/45	45	—	—	45/50	50
		a[①]	—	—	6.1	6.1/8.3	8.3	8.3/12.5	8.3/12.5	12.5	—	—	12.5/16	16

（续）

代号	简图	$h \times b$	0808	1010	1212	1616	2020	2525	3225	3232	4032	4032	4040	5050
		l_1	60	70	80	100	125	150	170	170	150	200	200	250
		h_1	8	10	12	16	20	25	32	32	40	40	40	50
S②		f 系列 5	10	12	16	20	25	32	32	40	—	—	50	—
		l（代号）	06	06/08	06/08	06/08/10	06/08/10/12	06/08/10/12/16	12/16	20	—	—	25	—
		l_{2max}	25	25	32	32	36	40	40	45	—	—	50	—
T		f 系列 2	—	—	11	13	17	22	22	27	—	—	35	—
		l（代号）	—	—	11	11	16	16	16	22	—	—	27	—
		l_{2max}	—	—	25	25	32	32	32	36	—	—	40	—
		a①	—	—	5	5	7.2	7.2	7.2	10	—	—	12.2	—
V		f 系列 1	—	—	6	8	10	12.5	12.5	—	—	—	—	—
		l（代号）	—	—	11/13	11/13	13/16	16	16	—	—	—	—	—
		l_{2max}	—	—	25/32	25/32	32/40	40	40	—	—	—	—	—

① 尺寸 a 是按前角 $\gamma_0=0°$，切削刃倾角 $\lambda_s=0$ 及刀片刀尖圆弧半径 r_ε 按相应基准刀片刀尖圆弧半径 r_ε 的计算值计算出来。

② 带圆刀片的刀具，没有给出主偏角。

二、铣刀

1. 圆柱形铣刀（GB/T 1115.1—2002）

型式及主要尺寸见图 17-27 和表 17-49。

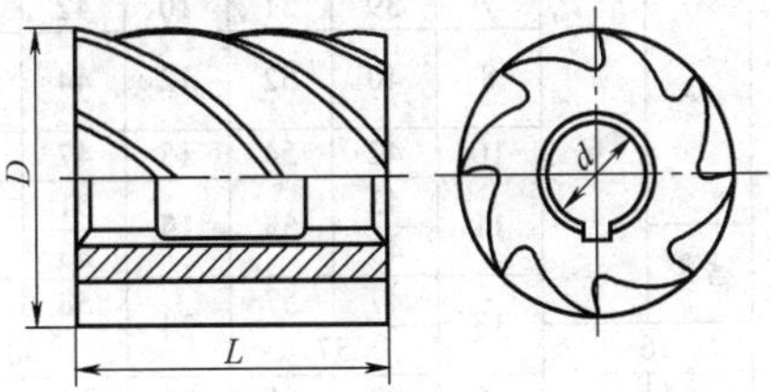

图 17-27　圆柱形铣刀

表 17-49　圆柱形铣刀主要尺寸　（单位：mm）

D	d	L						
		40	50	63	70	80	100	125
50	22	×		×		×		
63	27		×		×			
80	32			×			×	
100	40				×			×

注：1. ×表示有此规格。

2. 键槽尺寸按 GB/T 6132—2006 的规定。

2. 直柄立铣刀（GB/T 6117.1—2010）

（1）用途　装夹在铣床上，用于铣削工件上的垂直台阶面、较小的端面、沟槽和凹槽。细齿、中齿、粗齿的立铣刀分别用于精加工、半精加工和粗加工。

（2）规格　外形如图 17-28 所示，主要尺寸见表 17-50。

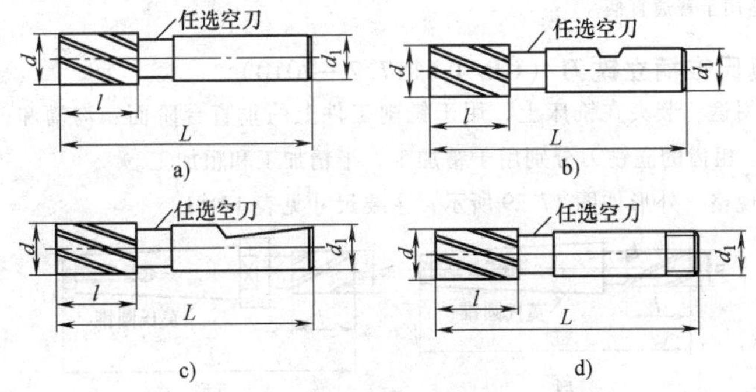

图 17-28　直柄立铣刀

a）普通直柄立铣刀　b）削平直柄立铣刀　c）2°斜削平直柄立铣刀　d）螺纹柄立铣刀

表 17-50　直柄立铣刀主要尺寸　　（单位：mm）

<table>
<tr><th colspan="2" rowspan="2">直径范围
d</th><th colspan="2" rowspan="3">推荐直径
d</th><th colspan="2" rowspan="2">$d_1$①</th><th colspan="3">标准系列</th><th colspan="3">长系列</th><th colspan="3">齿数</th></tr>
<tr><th rowspan="2">l</th><th colspan="2">L②</th><th rowspan="2">l</th><th colspan="2">L②</th><th rowspan="2">粗齿</th><th rowspan="2">中齿</th><th rowspan="2">细齿</th></tr>
<tr><th>></th><th>≤</th><th>Ⅰ组</th><th>Ⅱ组</th><th>Ⅰ组</th><th>Ⅱ组</th><th>Ⅰ组</th><th>Ⅱ组</th></tr>
<tr><td>1.9</td><td>2.36</td><td>2</td><td rowspan="3">—</td><td rowspan="5">4③</td><td rowspan="7">6</td><td>7</td><td>39</td><td>51</td><td>10</td><td>42</td><td>54</td><td rowspan="18">3</td><td rowspan="18">4</td><td rowspan="10">—</td></tr>
<tr><td rowspan="2">2.36</td><td rowspan="2">3</td><td>2.5</td><td rowspan="2">8</td><td rowspan="2">40</td><td rowspan="2">52</td><td rowspan="2">12</td><td rowspan="2">44</td><td rowspan="2">56</td></tr>
<tr><td>3</td></tr>
<tr><td>3</td><td>3.75</td><td>—</td><td>3.5</td><td>10</td><td>42</td><td>54</td><td>15</td><td>47</td><td>59</td></tr>
<tr><td>3.75</td><td>4</td><td>4</td><td rowspan="4">—</td><td rowspan="2">11</td><td>43</td><td rowspan="2">55</td><td rowspan="2">19</td><td>51</td><td rowspan="2">63</td></tr>
<tr><td>4</td><td>4.75</td><td>—</td><td rowspan="2">5③</td><td>45</td><td>53</td></tr>
<tr><td>4.75</td><td>5</td><td>5</td><td rowspan="2">13</td><td>47</td><td>57</td><td rowspan="2">24</td><td>58</td><td>68</td></tr>
<tr><td>5</td><td>6</td><td>6</td><td colspan="2">6</td><td colspan="2">57</td><td colspan="2">68</td></tr>
<tr><td>6</td><td>7.5</td><td>—</td><td>7</td><td rowspan="2">8</td><td rowspan="2">10</td><td>16</td><td>60</td><td>66</td><td>30</td><td>74</td><td>80</td></tr>
<tr><td>7.5</td><td>8</td><td>8</td><td>—</td><td rowspan="2">19</td><td>63</td><td>69</td><td rowspan="2">38</td><td>82</td><td>88</td></tr>
<tr><td>8</td><td>9.5</td><td>—</td><td>9</td><td colspan="2" rowspan="2">10</td><td colspan="2">69</td><td colspan="2">88</td><td rowspan="4">5</td></tr>
<tr><td>9.5</td><td>10</td><td>10</td><td>—</td><td rowspan="2">22</td><td colspan="2">72</td><td rowspan="2">45</td><td colspan="2">95</td></tr>
<tr><td>10</td><td>11.8</td><td>—</td><td>11</td><td colspan="2" rowspan="2">12</td><td colspan="2">79</td><td colspan="2">102</td></tr>
<tr><td>11.8</td><td>15</td><td>12</td><td>14</td><td>26</td><td colspan="2">83</td><td>53</td><td colspan="2">110</td></tr>
<tr><td>15</td><td>19</td><td>16</td><td>18</td><td colspan="2">16</td><td>32</td><td colspan="2">92</td><td>63</td><td colspan="2">123</td><td rowspan="4">6</td></tr>
<tr><td>19</td><td>23.6</td><td>20</td><td>22</td><td colspan="2">20</td><td>38</td><td colspan="2">104</td><td>75</td><td colspan="2">141</td></tr>
<tr><td rowspan="2">23.6</td><td rowspan="2">30</td><td>24</td><td rowspan="2">28</td><td colspan="2" rowspan="2">25</td><td rowspan="2">45</td><td colspan="2" rowspan="2">121</td><td rowspan="2">90</td><td colspan="2" rowspan="2">166</td></tr>
<tr><td>25</td></tr>
<tr><td>30</td><td>37.5</td><td>32</td><td>36</td><td colspan="2">32</td><td>53</td><td colspan="2">133</td><td>106</td><td colspan="2">186</td><td rowspan="4">4</td><td rowspan="4">6</td><td rowspan="4">8</td></tr>
<tr><td>37.5</td><td>47.5</td><td>40</td><td>45</td><td colspan="2">40</td><td>63</td><td colspan="2">155</td><td>125</td><td colspan="2">217</td></tr>
<tr><td rowspan="2">47.5</td><td rowspan="2">60</td><td>50</td><td>—</td><td colspan="2" rowspan="2">50</td><td rowspan="2">75</td><td colspan="2" rowspan="2">177</td><td rowspan="2">150</td><td colspan="2" rowspan="2">252</td></tr>
<tr><td>—</td><td>56</td></tr>
<tr><td>60</td><td>67</td><td>63</td><td>—</td><td>50</td><td>63</td><td rowspan="2">90</td><td>192</td><td>202</td><td rowspan="2">180</td><td>282</td><td>292</td><td rowspan="2">6</td><td rowspan="2">8</td><td rowspan="2">10</td></tr>
<tr><td>67</td><td>75</td><td>—</td><td>71</td><td colspan="2">63</td><td colspan="2">202</td><td colspan="2">292</td></tr>
</table>

① 柄部尺寸 d_1 和公差分别按 GB/T 6131.1、GB/T 6131.2、GB/T 6131.3 和 GB/T 6131.4 的规定。

② 总长尺寸 L 的Ⅰ组和Ⅱ组分别与柄部直径的Ⅰ组和Ⅱ组相对应。

③ 只适用于普通直柄。

3. 莫氏锥柄立铣刀（GB/T 6117.2—2010）

（1）用途　装夹在铣床上，用于铣削工件上的垂直台阶面、沟槽和凹槽。细齿、中齿、粗齿的立铣刀分别用于精加工、半精加工和粗加工。

（2）规格　外形如图 17-29 所示，主要尺寸见表 17-51。

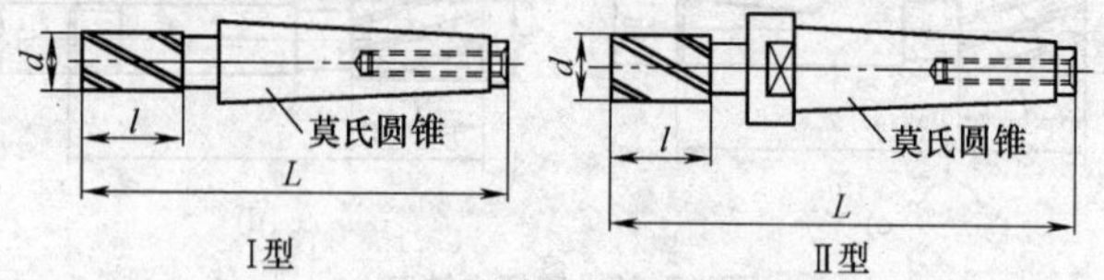

图 17-29　莫氏锥柄立铣刀

表 17-51　莫氏锥柄立铣刀主要尺寸　（单位：mm）

直径范围 d		推荐直径 d		l		L				莫氏圆锥号	齿数		
				标准系列	长系列	标准系列		长系列			粗齿	中齿	细齿
>	≤					Ⅰ型	Ⅱ型	Ⅰ型	Ⅱ型				
5	6	6	—	13	24	83	—	94	—	1	3	4	—
6	7.5	—	7	16	30	86		100					
7.5	9.5	8	—	19	38	89		108					5
		—	9										
9.5	11.8	10	11	22	45	92		115					
11.8	15	12	14	26	53	96		123					
						111		138		2			
15	19	16	18	32	63	117		148					6
19	23.6	20	22	38	75	123		160					
						140		177		3			
23.6	30	24	28	45	90	147		192					
		25											
30	37.5	32	36	53	106	155		208			4	6	8
						178	201	231	254	4			
37.5	47.5	40	45	63	125	188	211	250	273				
						221	249	283	311	5			
47.5	60	50	—	75	150	200	223	275	298	4			
						233	261	308	336	5			
		—	56			200	223	275	298	4	6	8	10
						233	261	308	336	5			
60	75	63	71	90	180	248	276	338	366				

4. 直柄键槽铣刀（GB/T 1112—2012）

（1）用途　装夹在铣床上，专用于铣削轴类零件上的键槽。

（2）规格　外形如图 17-30 所示，主要尺寸见表 17-52。

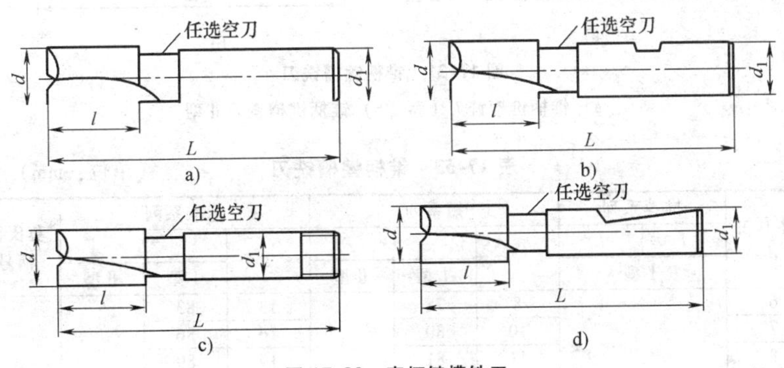

图 17-30　直柄键槽铣刀

a）普通直柄键槽铣刀　b）削平直柄键槽铣刀

c）螺纹柄键槽铣刀　d）2°斜削平直柄键槽铣刀

表17-52　直柄键槽铣刀尺寸　　（单位：mm）

基本尺寸 d	d_1		推荐系列 l	推荐系列 L	短系列 l	短系列 L	标准系列 l	标准系列 L
2	3①	4	4	30	4	36	7	39
3			5	32	5	37	8	40
4	4		7	36	7	39	11	43
5	5		8	40	8	42	13	47
6	6		10	45		52		57
7	8		14	50	10	54	16	60
8					11	55	19	63
10	10		18	60	13	63	22	72
12	12		22	65	16	73	26	83
14	12	14①	24	70				
16	16		28	75	19	79	32	92
18	16	18①	32	80				
20	20		36	85	22	88	38	104

① 此尺寸不推荐采用；如采用，应与相同规格的键槽铣刀相区别。

5. 锥柄键槽铣刀（GB/T 1112—2012）

（1）用途　装夹在铣床上，专用于铣削轴类零件上的键槽。

（2）规格　外形如图17-31所示，主要尺寸见表17-53。

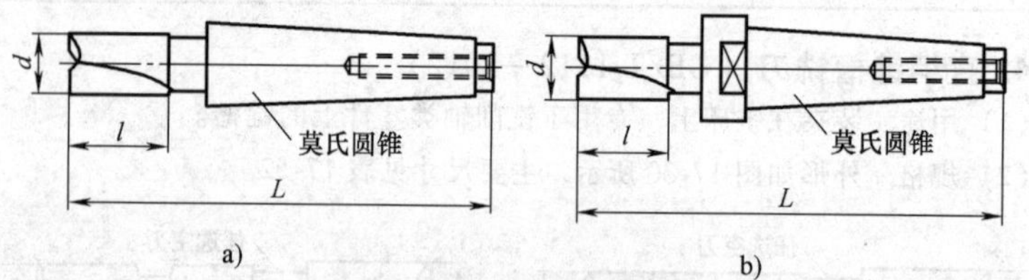

图17-31　锥柄键槽铣刀

a）锥柄键槽铣刀Ⅰ型　b）锥柄键槽铣刀Ⅱ型

表17-53　锥柄键槽铣刀　　（单位：mm）

基本尺寸 d	推荐系列 l	推荐系列 L Ⅰ型	短系列 l	短系列 L Ⅰ型	短系列 L Ⅱ型	标准系列 l	标准系列 L Ⅰ型	标准系列 L Ⅱ型	莫氏锥柄号
6	—	—	8	78	—	13	83	—	1
7			10	80		16	86		
8			11	81		19	89		
10			13	83		22	92		
12			16	86		26	96		
				101			111		2

（续）

基本尺寸 d	推荐系列		短系列			标准系列			莫氏锥柄号
	l	L	l	L		l	L		
	Ⅰ型			Ⅰ型	Ⅱ型		Ⅰ型	Ⅱ型	
14	24	110	16	86	—	26	96	—	1
14	24	110	16	101	—	26	111	—	2
16	28	115	19	104	—	32	117	—	2
18	32	120	19	104	—	32	117	—	2
20	36	125	22	107	—	38	123	—	2
20	36	125	22	124	—	38	140	—	3
22	36	125	22	107	—	38	123	—	2
22	36	125	22	124	—	38	140	—	3
24	40	145	26	128	—	45	147	—	3
25	40	145	26	128	—	45	147	—	3
28	45	150	26	128	—	45	147	—	3
32	50	155	32	134	—	53	155	—	3
32	—	—	32	157	180	53	178	201	4
36	—	—	32	134	—	53	155	—	3
36	55	185	32	157	180	53	178	201	4
38	60	190	38	163	186	63	188	211	4
40	—	—	38	196	224	63	221	249	5
45	65	195	38	163	186	63	188	211	4
45	—	—	38	196	224	63	221	249	5
50	65	195	45	170	193	75	200	223	4
50	—	—	45	203	231	75	233	261	5
56	—	—	45	170	193	75	200	223	4
56	—	—	45	203	231	75	233	261	5
63	—	—	53	211	239	90	248	276	5

6. 三面刃铣刀（GB/T 6119—2012）

（1）用途　装夹在铣床上，用于铣削工件上一定宽度的凹槽、台阶及端面。直齿三面刃铣刀用于加工较浅的沟槽，错齿的加工较深的沟槽。

（2）规格　外形如图 17-32 所示，主要尺寸见表 17-54。

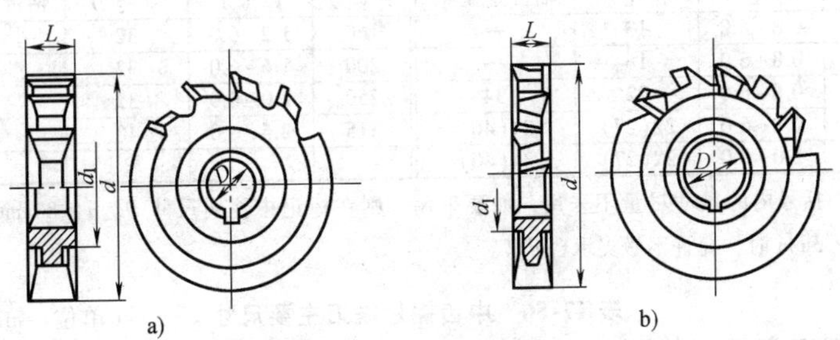

图 17-32　三面刃铣刀

a）直齿三面刃铣刀　b）错齿三面刃铣刀

表 17-54　三面刃铣刀主要尺寸　　(单位：mm)

d js16	D H7	$d_{1\min}$	L k11															
			4	5	6	8	10	12	14	16	18	20	22	25	28	32	36	40
50	16	27	×	×	×	×	×	—	—	—	—	—	—	—	—	—	—	—
63	22	34	×	×	×	×	×	×	×	×								
80	27	41	—	×	×	×	×	×	×	×	×	×						
100	32	47		—	×	×	×	×	×	×	×	×	×	×				
125					—	×	×	×	×	×	×	×	×	×	×			
160	40	55				—	×	×	×	×	×	×	×	×	×	×		
200							—	×	×	×	×	×	×	×	×	×	×	×

注：×表示有此规格。

7. 锯片铣刀（GB/T 6120—2012）

（1）用途　用于锯切金属材料或加工零件上的窄槽。粗齿一般加工铝及铝合金等软金属；细齿一般加工钢、铸铁等硬金属；中齿介于两者之间。

（2）规格　外形如图 17-33 所示，主要尺寸见表 17-55～表 17-57。

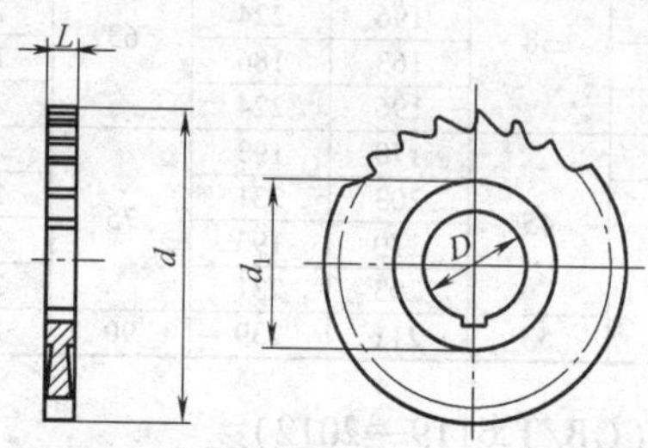

图 17-33　锯片铣刀

表 17-55　粗齿锯片铣刀主要尺寸　　(单位：mm)

外径 d	厚度 L	孔径 D	轴台直径 d_1	外径 d	厚度 L	孔径 D	轴台直径 d_1
50	0.8～5.0	13	—	160	1.2～6.0	32	32
63	0.8～6.0	16	—	200	1.6～6.0	32	32
80	0.8～6.0	22	34	250	2.0～6.0	32	32
100	0.8～6.0	22(27)	34(40)	315	2.5～6.0	40	40
125	1.0～6.0	22(27)	34(40)				

注：括号内的尺寸尽量不采用，如要采用，则在标记中注明尺寸 D。$d \geqslant 80$mm，且 $L<3$mm 时，允许不做支承台 d_1。

表 17-56　中齿锯片铣刀主要尺寸　　(单位：mm)

外径 d	厚度 L	孔径 D	轴台直径 d_1	外径 d	厚度 L	孔径 D	轴台直径 d_1
32	0.3～3.0	8	—	40	0.3～4.0	10(13)	34(40)

（续）

外径 d	厚度 L	孔径 D	轴台直径 d_1	外径 d	厚度 L	孔径 D	轴台直径 d_1
50	0.3～5.0	13	—	160	1.2～6.0	32	47
63	0.3～6.0	16		200	1.6～6.0	32	63
80	0.6～6.0	22(27)	34	250	2.0～6.0	32	
100	0.8～6.0	22	34(40)	315	2.5～6.0	40	80
125	1.0～6.0	22					

注：同表 17-55。

表 17-57　细齿锯片铣刀主要尺寸　（单位：mm）

外径 d	厚度 L	孔径 D	轴台直径 d_1	外径 d	厚度 L	孔径 D	轴台直径 d_1
20	0.2～2.0	5		100	0.6～6.0	22	34(40)
25	0.2～2.5	8		125	0.8～6.0	22	
32	0.2～3.0	8		160	1.2～6.0	32	47
40	0.2～4.0	10(13)		200	1.6～6.0	32	63
50	0.25～5.0	13		250	2.0～6.0	32	
63	0.3～6.0	16		315	2.5～6.0	40	80
80	0.5～6.0	22	34				

注：同表 17-55。

8. 普通直柄、削平直柄和螺纹柄 T 形槽铣刀（GB/T 6124—2007）

外形如图 17-34 所示，主要尺寸见表 17-58。

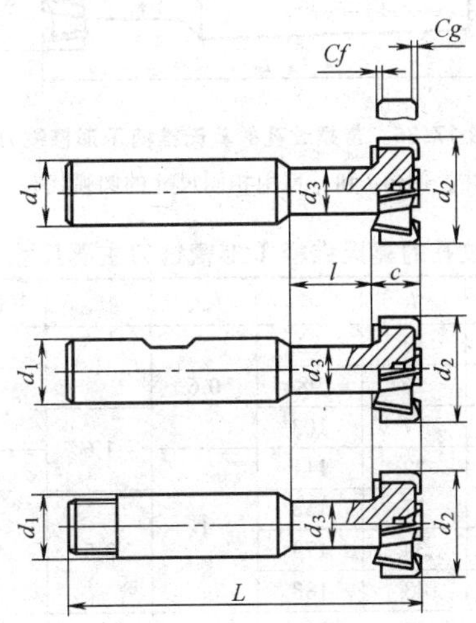

图 17-34　普通直柄、削平直柄和螺纹柄 T 形槽铣刀

注：倒角 f 和 g 可用相同尺寸的圆弧代替。

表 17-58 普通直柄、削平直柄和螺纹柄 T 形槽铣刀主要尺寸

(单位：mm)

d_2	c	d_3	l	d_1	L	f_{max}	g_{max}	T 形槽宽度
11	3.5	4	6.5	10	53.5	0.6	1	5
12.5	6	5	7		57			6
16	8	7	10	12	62			8
18		8	13		70			10
21	9	10	16		74			12
25	11	12	17	16	82		1.6	14
32	14	15	22		90			18
40	18	19	27	25	108	1	2.5	22
50	22	25	34	32	124			28
60	28	30	43		139			36

9. 带螺纹孔的莫氏锥柄 T 形槽铣刀（GB/T 6124—2007）

外形如图 17-35 所示，主要尺寸见表 17-59。

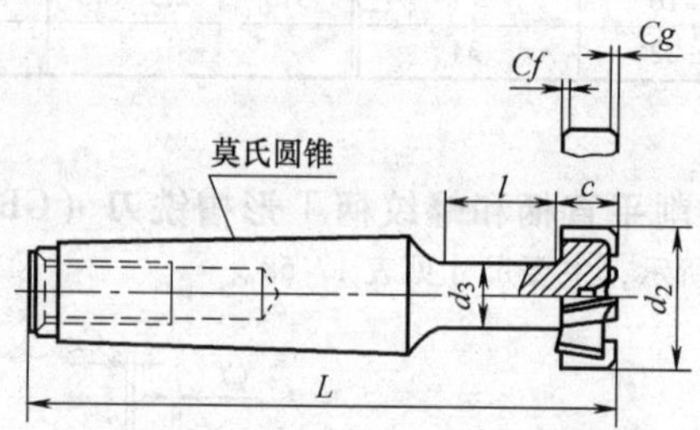

图 17-35 带螺纹孔的莫氏锥柄 T 形槽铣刀

注：倒角 f 和 g 可用相同尺寸的圆弧代替。

表 17-59 带螺纹孔的莫氏锥柄 T 形槽铣刀主要尺寸 (单位：mm)

d_2	c	d_{3max}	l	L	f_{max}	g_{max}	莫氏圆锥号	T 形槽宽度
18	8	8	13	82	0.6	1	1	10
21	9	10	16	98			2	12
25	11	12	17	103		1.6		14
32	14	15	22	111	1		3	18
40	18	19	27	138		2.5	4	22
50	22	25	34	173				28
60	28	30	43	188				36
72	35	36	50	229	1.6	4	5	42
85	40	42	55	240	2	6		48
95	44	44	62	251				54

10. 硬质合金T形槽铣刀（GB/T 10948—2006）

（1）用途 用于在高速下铣削T形槽，或铣削坚硬的金属工件。

（2）规格 外形如图17-36所示，主要尺寸见表17-60和表17-61。

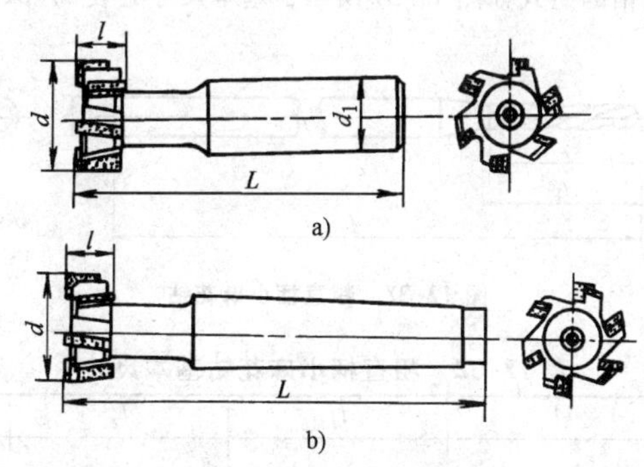

图17-36 硬质合金T形槽铣刀

a）硬质合金直柄T形槽铣刀 b）硬质合金锥柄T形槽铣刀

表17-60 硬质合金直柄T形槽铣刀主要尺寸（单位：mm）

T形槽宽度	刀头直径 d	刀头宽度 l	全长 L	柄部直径 d_1	齿数	硬质合金刀片型号
12	21	9	74	12	4	A106
14	25	11	82	16	6	D208
18	32	14	90	16	6	D212
22	40	18	108	25	6	D214
28	50	22	124	32	6	D218A
36	60	28	189	32	8	D220

表17-61 硬质合金锥柄T形槽铣刀主要尺寸（单位：mm）

T形槽宽度	刀头直径 d	刀头宽度 l	全长 L	齿数	莫氏圆锥号	硬质合金刀片型号
12	21	9	100	4	2	A106
14	25	11	105	6	2	D208
18	32	14	110	6	2	D212
22	40	18	140	6	3	D214
28	50	22	175	6	4	D218A
36	60	28	190	8	4	D220
42	72	35	230	8	5	D228A
48	85	40	240	8	5	D236
54	95	44	250	8	5	D236

三、钻头

1. 粗直柄小麻花钻（GB/T 6135.1—2008）

粗直柄小麻花钻的型式如图17-37所示，基本尺寸见表17-62。

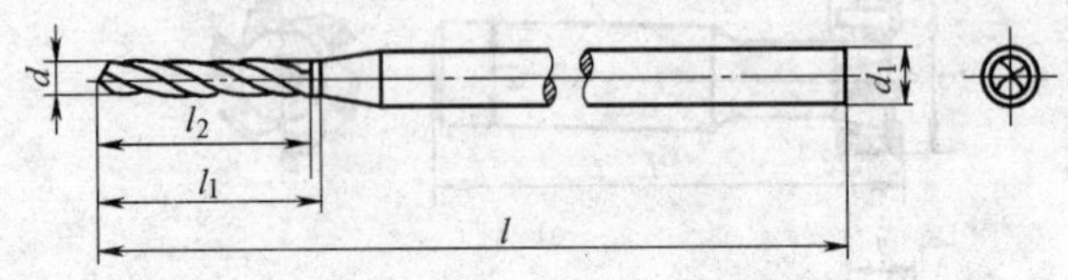

图17-37　粗直柄小麻花钻

表17-62　粗直柄小麻花钻基本尺寸　　（单位：mm）

d	l	l_1	l_2	d_1
0.10	20	1.2	0.7	1
0.11				
0.12				
0.13		1.5	1.0	
0.14				
0.15				
0.16		2.2	1.4	
0.17				
0.18				
0.19				
0.20		2.5	1.8	
0.21				
0.22				
0.23				
0.24				
0.25		3.2	2.2	
0.26				
0.27				
0.28				
0.29				
0.30				
0.31		3.5	2.8	
0.32				
0.33				
0.34				
0.35				

2. 直柄短麻花钻和直柄麻花钻（GB/T 6135.2—2008）

1）直柄短麻花钻的型式如图 17-38 所示，基本尺寸见表 17-63 和表 17-64。

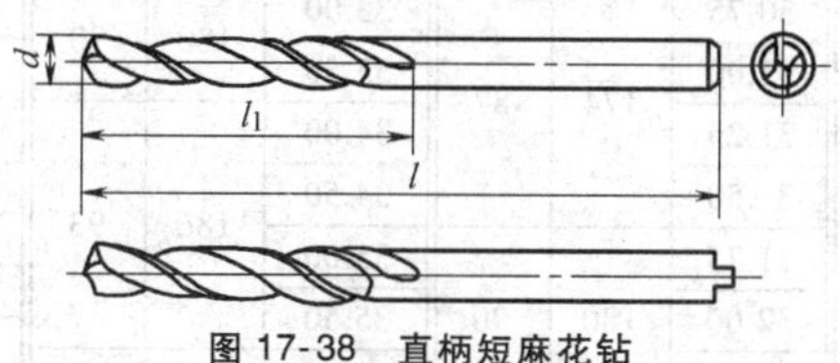

图 17-38　直柄短麻花钻

表 17-63　直柄短麻花钻基本尺寸　（单位：mm）

d	l	l_1
0.50	20	3
0.80	24	5
1.00	26	6
1.20	30	8
1.50	32	9
1.80	36	11
2.00	38	12
2.20	40	13
2.50	43	14
2.80	46	16
3.00		
3.20	49	18
3.50	52	20
3.80	55	22
4.00		
4.20		
4.50	58	24
4.80	62	26
5.00		
5.20		
5.50	66	28
5.80		
6.00		
6.20	70	31
6.50		
6.80	74	34
7.00		
7.20		
7.50		

d	l	l_1
7.80	79	37
8.00		
8.20		
8.50		
8.80	84	40
9.00		
9.20		
9.50		
9.80		
10.00	89	43
10.20		
10.50		
10.80	95	47
11.00		
11.20		
11.50		
11.80		
12.00	102	51
12.20		
12.50		
12.80		
13.00		
13.20		
13.50	107	54
13.80		
14.00		
14.25	111	56
14.50		
14.75		

d	l	l_1
15.00	111	56
15.25	115	58
15.50		
15.75		
16.00		
16.25	119	60
16.50		
16.75		
17.00		
17.25	123	62
17.50		
17.75		
18.00		
18.25	127	64
18.50		
18.75		
19.00		
19.25	131	66
19.50		
19.75		
20.00		
20.25	136	68
20.50		
20.75		
21.00		
21.25	141	70
21.50		
21.75		
22.00		

d	l	l_1
22.25	141	70
22.50	146	72
22.75		
23.00		
23.25		
23.50		
23.75	151	75
24.00		
24.25		
24.50		
24.75		
25.00		
25.25	156	78
25.50		
25.75		
26.00		
26.25		
26.50		
26.75	162	81
27.00		
27.25		
27.50		
27.75		
28.00		
28.25	168	84
28.50		
28.75		

（续）

d	l	l_1	d	l	l_1	d	l	l_1	d	l	l_1
29.00	168	84	30.75	174	87	33.00	180	90	36.50	193	96
29.25			31.00			33.50			37.00		
29.50			31.25			34.00	186	93	37.50		
29.75			31.50			34.50			38.00	200	100
30.00			31.75	180	90	35.00			38.50		
30.25	174	87	32.00			35.50			39.00		
30.50			32.50			36.00	193	96	39.50		
									40.00		

表 17-64 总长和沟槽长度 （单位：mm）

直径范围 d	总长 l	沟槽长度 l_1	直径范围 d	总长 l	沟槽长度 l_1
≥0.50~0.53	20	3.0	>7.50~8.50	79	37
>0.53~0.60	21	3.5	>8.50~9.50	84	40
>0.60~0.67	22	4.0	>9.50~10.60	89	43
>0.67~0.75	23	4.5	>10.60~11.80	95	47
>0.75~0.85	24	5.0	>11.80~13.20	102	51
>0.85~0.95	25	5.5	>13.20~14.00	107	54
>0.95~1.06	26	6.0	>14.00~15.00	111	56
>1.06~1.18	28	7.0	>15.00~16.00	115	58
>1.18~1.32	30	8.0	>16.00~17.00	119	60
>1.32~1.50	32	9.0	>17.00~18.00	123	62
>1.50~1.70	34	10	>18.00~19.00	127	64
>1.70~1.90	36	11	>19.00~20.00	131	66
>1.90~2.12	38	12	>20.00~21.20	136	68
>2.12~2.36	40	13	>21.20~22.40	141	70
>2.36~2.65	43	14	>22.40~23.60	146	72
>2.65~3.00	46	16	>23.60~25.00	151	75
>3.00~3.35	49	18	>25.00~26.50	156	78
>3.35~3.75	52	20	>26.50~28.00	162	81
>3.75~4.25	55	22	>28.00~30.00	168	84
>4.25~4.75	58	24	>30.00~31.50	174	87
>4.75~5.30	62	26	>31.50~33.50	180	90
>5.30~6.00	66	28	>33.50~35.50	186	93
>6.00~6.70	70	31	>35.50~37.50	193	96
>6.70~7.50	74	34	>37.50~40.00	200	100

2）直柄麻花钻的型式如图 17-39 所示，基本尺寸见表 17-65 和表 17-66。

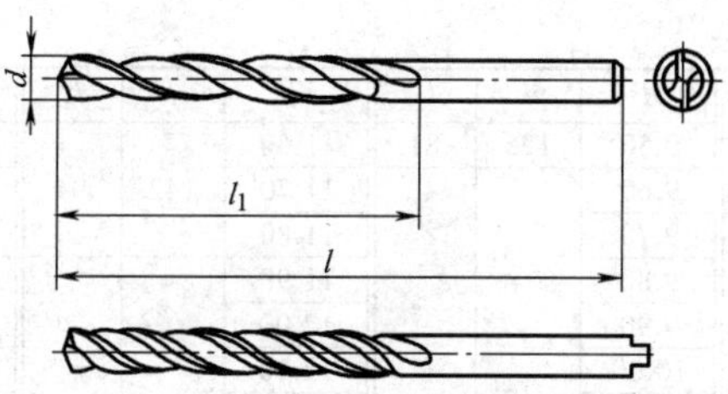

图 17-39 直柄麻花钻

表 17-65 直柄麻花钻基本尺寸 （单位：mm）

<table>
<tr><th>d</th><th>l</th><th>l_1</th><th>d</th><th>l</th><th>l_1</th><th>d</th><th>l</th><th>l_1</th><th>d</th><th>l</th><th>l_1</th></tr>
<tr><td>0.20</td><td rowspan="8">19</td><td rowspan="2">2.5</td><td>0.92</td><td rowspan="2">32</td><td rowspan="2">11</td><td>2.30</td><td rowspan="2">53</td><td rowspan="2">27</td><td>4.50</td><td rowspan="3">80</td><td rowspan="3">47</td></tr>
<tr><td>0.22</td><td>0.95</td><td>2.35</td><td>4.60</td></tr>
<tr><td>0.25</td><td rowspan="3">3</td><td>0.98</td><td rowspan="3">34</td><td rowspan="3">12</td><td>2.40</td><td rowspan="6">57</td><td rowspan="6">30</td><td>4.70</td></tr>
<tr><td>0.28</td><td>1.00</td><td>2.45</td><td>4.80</td><td rowspan="6">86</td><td rowspan="6">52</td></tr>
<tr><td>0.30</td><td>1.05</td><td>2.50</td><td>4.90</td></tr>
<tr><td>0.32</td><td rowspan="3">4</td><td>1.10</td><td rowspan="2">36</td><td rowspan="2">14</td><td>2.55</td><td>5.00</td></tr>
<tr><td>0.35</td><td>1.15</td><td>2.60</td><td>5.10</td></tr>
<tr><td>0.38</td><td>1.20</td><td rowspan="3">38</td><td rowspan="3">16</td><td>2.65</td><td>5.20</td></tr>
<tr><td>0.40</td><td rowspan="4">20</td><td rowspan="4">5</td><td>1.25</td><td>2.70</td><td rowspan="7">61</td><td rowspan="7">33</td><td>5.30</td></tr>
<tr><td>0.42</td><td>1.30</td><td>2.75</td><td>5.40</td><td rowspan="7">93</td><td rowspan="7">57</td></tr>
<tr><td>0.45</td><td>1.35</td><td rowspan="4">40</td><td rowspan="4">18</td><td>2.80</td><td>5.50</td></tr>
<tr><td>0.48</td><td>1.40</td><td>2.85</td><td>5.60</td></tr>
<tr><td>0.50</td><td rowspan="2">22</td><td rowspan="2">6</td><td>1.45</td><td>2.90</td><td>5.70</td></tr>
<tr><td>0.52</td><td>1.50</td><td>2.95</td><td>5.80</td></tr>
<tr><td>0.55</td><td rowspan="3">24</td><td rowspan="3">7</td><td>1.55</td><td rowspan="4">43</td><td rowspan="4">20</td><td>3.00</td><td>5.90</td></tr>
<tr><td>0.58</td><td>1.60</td><td>3.10</td><td rowspan="3">65</td><td rowspan="3">36</td><td>6.00</td></tr>
<tr><td>0.60</td><td>1.65</td><td>3.20</td><td>6.10</td><td rowspan="7">101</td><td rowspan="7">63</td></tr>
<tr><td>0.62</td><td rowspan="2">26</td><td rowspan="2">8</td><td>1.70</td><td>3.30</td><td>6.20</td></tr>
<tr><td>0.65</td><td>1.75</td><td rowspan="4">46</td><td rowspan="4">22</td><td>3.40</td><td rowspan="4">70</td><td rowspan="4">39</td><td>6.30</td></tr>
<tr><td>0.68</td><td rowspan="4">28</td><td rowspan="4">9</td><td>1.80</td><td>3.50</td><td>6.40</td></tr>
<tr><td>0.70</td><td>1.85</td><td>3.60</td><td>6.50</td></tr>
<tr><td>0.72</td><td>1.90</td><td>3.70</td><td>6.60</td></tr>
<tr><td>0.75</td><td>1.95</td><td rowspan="4">49</td><td rowspan="4">24</td><td>3.80</td><td rowspan="5">75</td><td rowspan="5">43</td><td>6.70</td></tr>
<tr><td>0.78</td><td rowspan="4">30</td><td rowspan="4">10</td><td>2.00</td><td>3.90</td><td>6.80</td><td rowspan="6">109</td><td rowspan="6">69</td></tr>
<tr><td>0.80</td><td>2.05</td><td>4.00</td><td>6.90</td></tr>
<tr><td>0.82</td><td>2.10</td><td>4.10</td><td>7.00</td></tr>
<tr><td>0.85</td><td>2.15</td><td rowspan="3">53</td><td rowspan="3">27</td><td>4.20</td><td>7.10</td></tr>
<tr><td>0.88</td><td rowspan="2">32</td><td rowspan="2">11</td><td>2.20</td><td>4.30</td><td rowspan="2">80</td><td rowspan="2">47</td><td>7.20</td></tr>
<tr><td>0.90</td><td>2.25</td><td>4.40</td><td>7.30</td></tr>
</table>

（续）

d	l	l_1	d	l	l_1	d	l	l_1	d	l	l_1
7.40	109	69	9.50	125	81	11.60			13.70		
7.50			9.60			11.70	142	94	13.80	160	108
7.60			9.70			11.80			13.90		
7.70			9.80			11.90			14.00		
7.80			9.90			12.00			14.25		
7.90			10.00			12.10			14.50	169	114
8.00	117	75	10.10	133	87	12.20			14.75		
8.10			10.20			12.30			15.00		
8.20			10.30			12.40			15.25		
8.30			10.40			12.50	151	101	15.50	178	120
8.40			10.50			12.60			15.75		
8.50			10.60			12.70			16.00		
8.60			10.70			12.80			16.50	184	125
8.70			10.80			12.90			17.00		
8.80			10.90			13.00			17.50	191	130
8.90			11.00			13.10			18.00		
9.00	125	81	11.10	142	94	13.20			18.50	198	135
9.10			11.20			13.30			19.00		
9.20			11.30			13.40	160	108	19.50	205	140
9.30			11.40			13.50			20.00		
9.40			11.50			13.60					

表 17-66　总长和沟槽长度　　（单位：mm）

直径范围 d	总长 l	沟槽长度 l_1	直径范围 d	总长 l	沟槽长度 l_1
≥0.20～0.24		2.5	>3.00～3.35	65	36
>0.24～0.30	19	3	>3.35～3.75	70	39
>0.30～0.38		4	>3.75～4.25	75	43
>0.38～0.48	20	5	>4.25～4.75	80	47
>0.48～0.53	22	6	>4.75～5.30	86	52
>0.53～0.60	24	7	>5.30～6.00	93	57
>0.60～0.67	26	8	>6.00～6.70	101	63
>0.67～0.75	28	9	>6.70～7.50	109	69
>0.75～0.85	30	10	>7.50～8.50	117	75
>0.85～0.95	32	11	>8.50～9.50	125	81
>0.95～1.06	34	12	>9.50～10.60	133	87
>1.06～1.18	36	14	>10.60～11.80	142	94
>1.18～1.32	38	16	>11.80～13.20	151	101
>1.32～1.50	40	18	>13.20～14.00	160	108
>1.50～1.70	43	20	>14.00～15.00	169	114
>1.70～1.90	46	22	>15.00～16.00	178	120
>1.90～2.12	49	24	>16.00～17.00	184	125
>2.12～2.36	53	27	>17.00～18.00	191	130
>2.36～2.65	57	30	>18.00～19.00	198	135
>2.65～3.00	61	33	>19.00～20.00	205	140

3. 直柄长麻花钻（GB/T 6135.3—2008）

直柄长麻花钻的型式如图 17-40 所示，基本尺寸见表 17-67 和表 17-68。

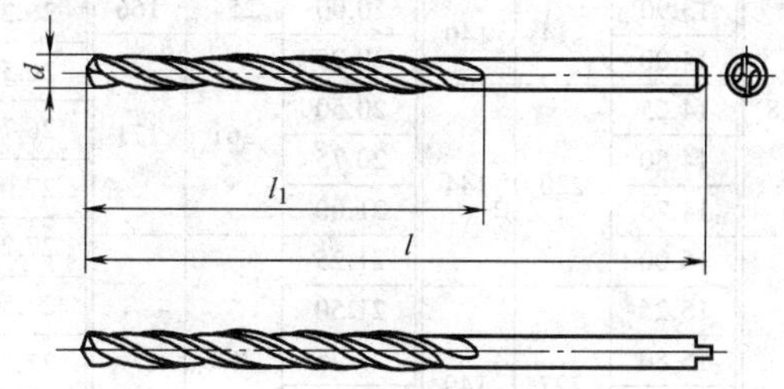

图 17-40 直柄长麻花钻

表 17-67 直柄长麻花钻基本尺寸 （单位：mm）

d	l	l_1	d	l	l_1	d	l	l_1	d	l	l_1
1.00	56	33	3.60	112	73	6.20	148	97	8.80	175	115
1.10	60	37	3.70			6.30			8.90		
1.20	65	41	3.80	119	78	6.40			9.00		
1.30			3.90			6.50			9.10		
1.40	70	45	4.00			6.60			9.20		
1.50			4.10			6.70			9.30		
1.60	76	50	4.20			6.80	156	102	9.40		
1.70			4.30	126	82	6.90			9.50		
1.80	80	53	4.40			7.00			9.60	184	121
1.90			4.50			7.10			9.70		
2.00	85	56	4.60			7.20			9.80		
2.10			4.70			7.30			9.90		
2.20	90	59	4.80	132	87	7.40			10.00		
2.30			4.90			7.50			10.10		
2.40	95	62	5.00			7.60	165	109	10.20		
2.50			5.10			7.70			10.30		
2.60			5.20			7.80			10.40		
2.70	100	66	5.30			7.90			10.50		
2.80			5.40	139	91	8.00			10.60		
2.90			5.50			8.10			10.70	195	128
3.00			5.60			8.20			10.80		
3.10	106	69	5.70			8.30			10.90		
3.20			5.80			8.40			11.00		
3.30			5.90			8.50			11.10		
3.40	112	73	6.00			8.60	175	115	11.20		
3.50			6.10	148	97	8.70			11.30		

（续）

d	l	l_1	d	l	l_1	d	l	l_1	d	l	l_1
11.40	195	128	13.90	214	140	20.00	254	166	26.25	290	190
11.50			14.00			20.25	261	171	26.50		
11.60			14.25	220	144	20.50			26.75	298	195
11.70			14.50			20.75			27.00		
11.80			14.75			21.00			27.25		
11.90	205	134	15.00			21.25	268	176	27.50		
12.00			15.25	227	149	21.50			27.75		
12.10			15.50			21.75			28.00		
12.20			15.75			22.00			28.25	307	201
12.30			16.00			22.25			28. 50		
12.40			16.25	235	154	22.50	275	180	28.75		
12.50			16.50			22.75			29.00		
12.60			16.75			23.00			29.25		
12.70			17.00			23.25			29.50		
12.80			17.25	241	158	23.50			29.75		
12.90			17.50			23.75	282	185	30.00		
13.00			17.75			24.00			30.25	316	207
13.10			18.00			24.25			30.50		
13.20			18.25	247	162	24.50			30.75		
13.30	214	140	18.50			24.75			31.00		
13.40			18.75			25.00			31.25		
13.50			19.00			25.25	290	190	31.50		
13.60			19.25	254	166	25.50					
13.70			19.50			25.75					
13.80			19.75			26.00					

表 17-68 总长和沟槽长度 （单位：mm）

直径范围 d	总长 l	沟槽长度 l_1	直径范围 d	总长 l	沟槽长度 l_1
≥1.00~1.06	56	33	>3.00~3.35	106	69
>1.06~1.18	60	37	>3.35~3.75	112	73
>1.18~1.32	65	41	>3.75~4.25	119	78
>1.32~1.50	70	45	>4.25~4.75	126	82
>1.50~1.70	76	50	>4.75~5.30	132	87
>1.70~1.90	80	53	>5.30~6.00	139	91
>1.90~2.12	85	56	>6.00~6.70	148	97
>2.12~2.36	90	59	>6.70~7.50	156	102
>2.36~2.65	95	62	>7.50~8.50	165	109
>2.65~3.00	100	66	>8.50~9.50	175	115

（续）

直径范围 d	总长 l	沟槽长度 l_1	直径范围 d	总长 l	沟槽长度 l_1
>9.50~10.60	184	121	>19.00~20.00	254	166
>10.60~11.80	195	128	>20.00~21.20	261	171
>11.80~13.20	205	134	>21.20~22.40	268	176
>13.20~14.00	214	140	>22.40~23.60	275	180
>14.00~15.00	220	144	>23.60~25.00	282	185
>15.00~16.00	227	149	>25.00~26.50	290	190
>16.00~17.00	235	154	>26.50~28.00	298	195
>17.00~18.00	241	158	>28.00~30.00	307	201
>18.00~19.00	247	162	>30.00~31.50	316	207

4. 直柄超长麻花钻（GB/T 6135.4—2008）

直柄超长麻花钻的型式如图 17-41 所示，基本尺寸见表 17-69 和表 17-70。

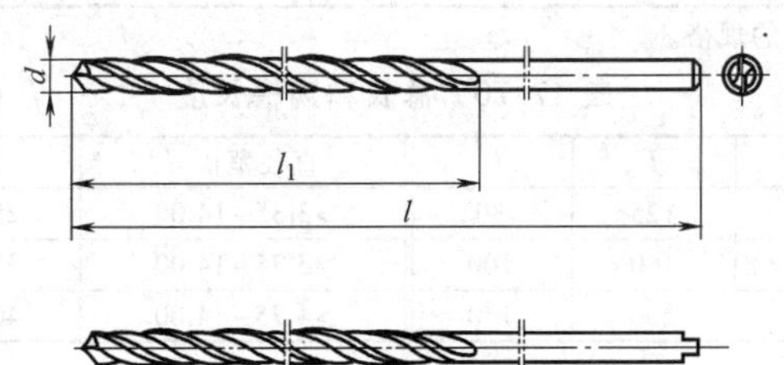

图 17-41 直柄超长麻花钻

表 17-69 直柄超长麻花钻基本尺寸 （单位：mm）

<table>
<tr><th>d
h8</th><th>l=125
l₁=80</th><th>l=160
l₁=100</th><th>l=200
l₁=150</th><th>l=250
l₁=200</th><th>l=315
l₁=250</th><th>l=400
l₁=300</th></tr>
<tr><td>2.0</td><td>×</td><td>×</td><td rowspan="2">—</td><td rowspan="3">—</td><td rowspan="4">—</td><td rowspan="6">—</td></tr>
<tr><td>2.5</td><td>×</td><td>×</td></tr>
<tr><td>3.0</td><td rowspan="11">—</td><td>×</td><td>×</td></tr>
<tr><td>3.5</td><td>×</td><td>×</td><td>×</td></tr>
<tr><td>4.0</td><td>×</td><td>×</td><td>×</td><td>×</td></tr>
<tr><td>4.5</td><td>×</td><td>×</td><td>×</td><td>×</td></tr>
<tr><td>5.0</td><td rowspan="7">—</td><td>×</td><td>×</td><td>×</td><td>×</td></tr>
<tr><td>5.5</td><td>×</td><td>×</td><td>×</td><td>×</td></tr>
<tr><td>6.0</td><td>×</td><td>×</td><td>×</td><td>×</td></tr>
<tr><td>6.5</td><td>×</td><td>×</td><td>×</td><td>×</td></tr>
<tr><td>7.0</td><td>×</td><td>×</td><td>×</td><td>×</td></tr>
<tr><td>7.5</td><td>×</td><td>×</td><td>×</td><td>×</td></tr>
<tr><td>8.0</td><td>—</td><td>×</td><td>×</td><td>×</td></tr>
</table>

（续）

d h8	l=125 l_1=80	l=160 l_1=100	l=200 l_1=150	l=250 l_1=200	l=315 l_1=250	l=400 l_1=300
8.5	—	—	—	×	×	×
9.0				×	×	×
9.5				×	×	×
10.0				×	×	×
10.5				×	×	×
11.0				×	×	×
11.5				×	×	×
12.0				×	×	×
12.5				×	×	×
13.0				×	×	×
13.5				×	×	×
14.0				×	×	×

注：×—表示有的规格。

表 17-70　总长和沟槽长度　　（单位：mm）

直径范围 d	l	l_1	直径范围 d	l	l_1
≥2.00～2.65	125	80	>3.35～14.00	250	200
≥2.00～4.75	160	100	>3.75～14.00	315	250
>2.65～7.50	200	150	>4.75～14.00	400	300

5. 莫氏锥柄麻花钻（GB/T 1438.1—2008）

型式如图 17-42 所示，基本尺寸见表 17-71。

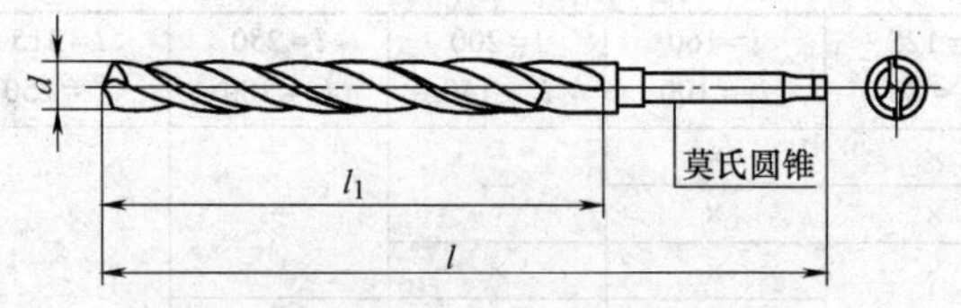

图 17-42　莫氏锥柄麻花钻

表 17-71　莫氏锥柄麻花钻基本尺寸　　（单位：mm）

d	l_1	标准柄 l	标准柄 莫氏圆锥号	粗柄 l	粗柄 莫氏圆锥号	d	l_1	标准柄 l	标准柄 莫氏圆锥号	粗柄 l	粗柄 莫氏圆锥号
3.00	33	114	1	—	—	3.50	39	120	1	—	—
3.20	36	117				3.80	43	124			

（续）

d	l_1	标准柄		粗柄	
		l	莫氏圆锥号	l	莫氏圆锥号
4.00	43	124			
4.20					
4.50	47	128			
4.80					
5.00	52	133			
5.20					
5.50					
5.80	57	138			
6.00					
6.20	63	144			
6.50					
6.80					
7.00	69	150			
7.20					
7.50					
7.80					
8.00	75	156		—	—
8.20					
8.50			1		
8.80					
9.00	81	162			
9.20					
9.50					
9.80					
10.00	87	168			
10.20					
10.50					
10.80					
11.00					
11.20	94	175			
11.50					
11.80					
12.00					
12.20					
12.50	101	182		199	2
12.80					
13.00					

d	l_1	标准柄		粗柄	
		l	莫氏圆锥号	l	莫氏圆锥号
13.20	101	182		199	
13.50			1		2
13.80	108	189		206	
14.00					
14.25					
14.50	114	212			
14.75					
15.00					
15.25					
15.50	120	218			
15.75					
16.00				—	—
16.25					
16.50	25	223			
16.75					
17.00					
17.25					
17.50	130	228			
17.75					
18.00					
18.25			2		
18.50	135	233		256	
18.75					
19.00					
19.25					
19.50	140	238		261	
19.75					
20.00					
20.25					3
20.50	145	243		266	
20.75					
21.00					
21.25					
21.50					
21.75	150	248		271	
22.00					
22.25					

（续）

d	l_1	标准柄		粗柄	
		l	莫氏圆锥号	l	莫氏圆锥号
22.50	155	253	2	276	3
22.75					
23.00					
23.25		276	3	—	—
23.50					
23.75	160	281			
24.00					
24.25					
24.50					
24.75					
25.00					
25.25	165	286			
25.50					
25.75					
26.00					
26.25					
26.50					
26.75	170	291		319	4
27.00					
27.25					
27.50					
27.75					
28.00					
28.25	175	296		324	
28.50					
28.75					
29.00					
29.25					
29.50					
29.75					
30.00					
30.25	180	301		329	
30.50					
30.75					
31.00					
31.25					
31.50					

d	l_1	标准柄		粗柄	
		l	莫氏圆锥号	l	莫氏圆锥号
31.75	185	306	3	334	4
32.00		334	4	—	—
32.50					
33.00					
33.50					
34.00	190	339			
34.50					
35.00					
35.50					
36.00	195	344			
36.50					
37.00					
37.50					
38.00	200	349			
38.50					
39.00					
39.50					
40.00					
40.50	205	354		392	5
41.00					
41.50					
42.00					
42.50					
43.00	210	359		397	
43.50					
44.00					
44.50					
45.00					
45.50	215	364		402	
46.00					
46.50					
47.00					
47.50					
48.00	220	369		407	
48.50					
49.00					
49.50					

（续）

d	l_1	标准柄		粗柄		d	l_1	标准柄		粗柄	
		l	莫氏圆锥号	l	莫氏圆锥号			l	莫氏圆锥号	l	莫氏圆锥号
50.00	220	369	4	407	5	75.00	255	442	5	509	6
50.50		374		412		76.00		447		514	
51.00	225	412	5	—	—	77.00	260	514	6	—	—
52.00						78.00					
53.00						79.00					
54.00	230	417				80.00					
55.00						81.00	265	519			
56.00						82.00					
57.00	235	422				83.00					
58.00						84.00					
59.00						85.00					
60.00						86.00	270	524			
61.00	240	427				87.00					
62.00						88.00					
63.00						89.00					
64.00	245	432		499	6	90.00					
65.00						91.00	275	529			
66.00						92.00					
67.00						93.00					
68.00	250	427		504		94.00					
69.00						95.00					
70.00						96.00	280	534			
71.00						97.00					
72.00	255	442		509		98.00					
73.00						99.00					
74.00						100.00					

6. 莫氏锥柄长麻花钻（GB/T 1438.2—2008）

外形如图 17-43 所示，基本尺寸见表 17-72。

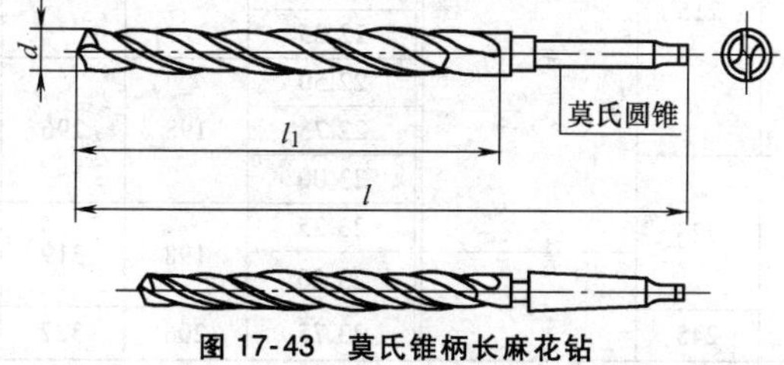

图 17-43 莫氏锥柄长麻花钻

表 17-72　莫氏锥柄长麻花钻基本尺寸　　（单位：mm）

d	l_1	l	莫氏圆锥号
5.00	74	155	1
5.20			
5.50	80	161	
5.80			
6.00			
6.20	86	167	
6.50			
6.80	93	174	
7.00			
7.20			
7.50			
7.80	100	181	
8.00			
8.20			
8.50			
8.80	107	188	
9.00			
9.20			
9.50			
9.80	116	197	
10.00			
10.20			
10.50			
10.80	125	206	
11.00			
11.20			
11.50			
11.80			
12.00	134	215	
12.20			
12.50			
12.80			
13.00			
13.20			
13.50	142	223	
13.80			
14.00			2
14.25	147	245	
14.50	147	245	
14.75			
15.00			
15.25	153	251	
15.50			
15.75			
16.00			
16.25	159	257	
16.50			
16.75			
17.00			
17.25	165	263	
17.50			
17.75			
18.00			
18.25	171	269	
18.50			
18.75			
19.00			
19.25	177	275	
19.50			
19.75			
20.00			
20.25	184	282	
20.50			
20.75			
21.00			
21.25	191	289	
21.50			
21.75			
22.00			
22.25			
22.50	198	296	
22.75			
23.00			
23.25	198	319	3
23.50			
23.75	206	327	

（续）

<table>
<tr><th>d</th><th>l_1</th><th>l</th><th>莫氏圆锥号</th></tr>
<tr><td>24.00</td><td rowspan="5">206</td><td rowspan="5">327</td><td rowspan="32">3</td></tr>
<tr><td>24.25</td></tr>
<tr><td>24.50</td></tr>
<tr><td>24.75</td></tr>
<tr><td>25.00</td></tr>
<tr><td>25.25</td><td rowspan="6">214</td><td rowspan="6">335</td></tr>
<tr><td>25.50</td></tr>
<tr><td>25.75</td></tr>
<tr><td>26.00</td></tr>
<tr><td>26.25</td></tr>
<tr><td>26.50</td></tr>
<tr><td>26.75</td><td rowspan="6">222</td><td rowspan="6">343</td></tr>
<tr><td>27.00</td></tr>
<tr><td>27.25</td></tr>
<tr><td>27.50</td></tr>
<tr><td>27.75</td></tr>
<tr><td>28.00</td></tr>
<tr><td>28.25</td><td rowspan="8">230</td><td rowspan="8">351</td></tr>
<tr><td>28.50</td></tr>
<tr><td>28.75</td></tr>
<tr><td>29.00</td></tr>
<tr><td>29.25</td></tr>
<tr><td>29.50</td></tr>
<tr><td>29.75</td></tr>
<tr><td>30.00</td></tr>
<tr><td>30.25</td><td rowspan="6">239</td><td rowspan="6">360</td></tr>
<tr><td>30.50</td></tr>
<tr><td>30.75</td></tr>
<tr><td>31.00</td></tr>
<tr><td>31.25</td></tr>
<tr><td>31.50</td></tr>
<tr><td>31.75</td><td>248</td><td>369</td></tr>
<tr><td>32.00</td><td rowspan="3">248</td><td rowspan="3">397</td><td rowspan="3">4</td></tr>
<tr><td>32.50</td></tr>
<tr><td>33.00</td></tr>
</table>

<table>
<tr><th>d</th><th>l_1</th><th>l</th><th>莫氏圆锥号</th></tr>
<tr><td>33.50</td><td>248</td><td>397</td><td rowspan="34">4</td></tr>
<tr><td>34.00</td><td rowspan="4">257</td><td rowspan="4">406</td></tr>
<tr><td>34.50</td></tr>
<tr><td>35.00</td></tr>
<tr><td>35.50</td></tr>
<tr><td>36.00</td><td rowspan="4">267</td><td rowspan="4">416</td></tr>
<tr><td>36.50</td></tr>
<tr><td>37.00</td></tr>
<tr><td>37.50</td></tr>
<tr><td>38.00</td><td rowspan="5">277</td><td rowspan="5">426</td></tr>
<tr><td>38.50</td></tr>
<tr><td>39.00</td></tr>
<tr><td>39.50</td></tr>
<tr><td>40.00</td></tr>
<tr><td>40.50</td><td rowspan="5">287</td><td rowspan="5">436</td></tr>
<tr><td>41.00</td></tr>
<tr><td>41.50</td></tr>
<tr><td>42.00</td></tr>
<tr><td>42.50</td></tr>
<tr><td>43.00</td><td rowspan="5">298</td><td rowspan="5">447</td></tr>
<tr><td>43.50</td></tr>
<tr><td>44.00</td></tr>
<tr><td>44.50</td></tr>
<tr><td>45.00</td></tr>
<tr><td>45.50</td><td rowspan="5">310</td><td rowspan="5">459</td></tr>
<tr><td>46.00</td></tr>
<tr><td>46.50</td></tr>
<tr><td>47.00</td></tr>
<tr><td>47.50</td></tr>
<tr><td>48.00</td><td rowspan="5">321</td><td rowspan="5">470</td></tr>
<tr><td>48.50</td></tr>
<tr><td>49.00</td></tr>
<tr><td>49.50</td></tr>
<tr><td>50.00</td></tr>
</table>

7. 莫氏锥柄加长麻花钻（GB/T 1438.3—2008）

型式如图 17-44 所示，基本尺寸见表 17-73。

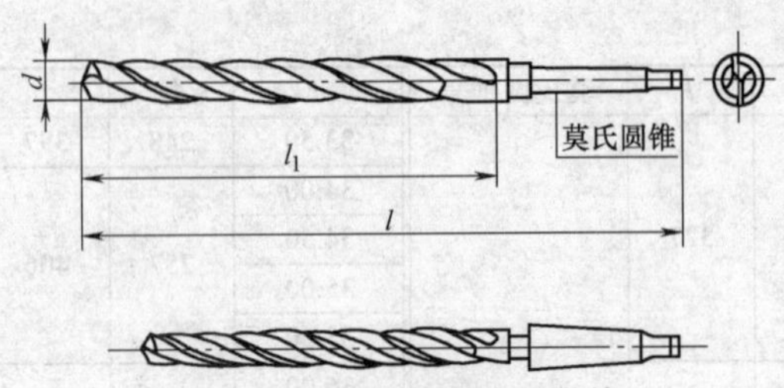

图 17-44 莫氏锥柄加长麻花钻

表 17-73 莫氏锥柄加长麻花钻基本尺寸 （单位：mm）

d	l_1	l	莫氏圆锥号	d	l_1	l	莫氏圆锥号
6.00	145	225	1	13.20	180	260	1
6.20	150	230		13.50	185	265	
6.50				13.80			
6.80	155	235		14.00			
7.00				14.25	190	290	2
7.20				14.50			
7.50				14.75			
7.80	160	240		15.00			
8.00				15.25	195	295	
8.20				15.50			
8.50				15.75			
8.80	165	245		16.00			
9.00				16.25	200	300	
9.20				16.50			
9.50				16.75			
9.80	170	250		17.00			
10.00				17.25	205	305	
10.20				17.50			
10.50				17.75			
10.80	175	255		18.00			
11.00				18.25	210	310	
11.20				18.50			
11.50				18.75			
11.80				19.00			
12.00	180	260		19.25	220	320	
12.20				19.50			
12.50				19.75			
12.80				20.00			
13.00				20.25	230	330	

（续）

d	l_1	l	莫氏圆锥号
20.50	230	330	2
20.75			
21.00			
21.25	235	335	
21.50			
21.75			
22.00			
22.25			
22.50	240	340	
22.75			
23.00			
23.25	240	360	3
23.50			
23.75	245	365	
24.00			
24.25			
24.50			
24.75			
25.00			
25.25	255	375	
25.50	255	375	3
25.75			
26.00			
26.25			
26.50			
26.75	265	385	
27.00			
27.25			
27.50			
27.75			
28.00			
28.25	275	395	
28.50			
28.75			
29.00			
29.25			
29.50			
29.75			
30.00			

8. 莫氏锥柄超长麻花钻（GB/T 1438.4—2008）

型式如图 17-45 所示，基本尺寸见表 17-74。

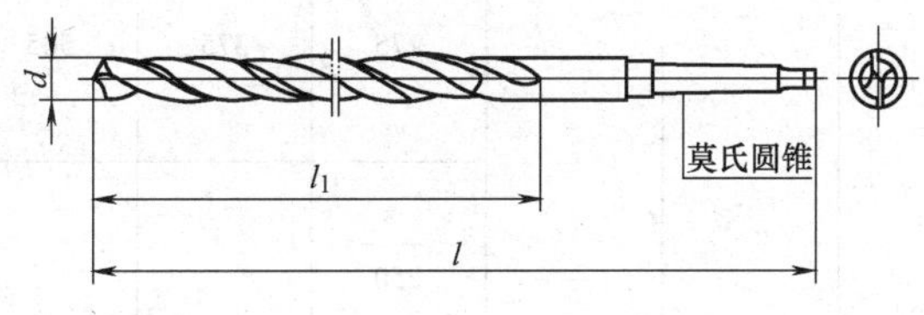

图 17-45 莫氏锥柄超长麻花钻

表 17-74 莫氏锥柄超长麻花钻基本尺寸 （单位：mm）

d	l=200	l=250	l=315	l=400	l=500	l=630	莫氏圆锥号
	l_1						
6.00	110	160	225	—	—	—	1
6.50							

（续）

<table>
<tr><th rowspan="2">d</th><th>$l=200$</th><th>$l=250$</th><th>$l=315$</th><th>$l=400$</th><th>$l=500$</th><th>$l=630$</th><th rowspan="2">莫氏圆锥号</th></tr>
<tr><th colspan="6">l_1</th></tr>
<tr><td>7.00</td><td rowspan="6">110</td><td rowspan="11">160</td><td rowspan="11">225</td><td rowspan="6">—</td><td rowspan="11">—</td><td rowspan="20">—</td><td rowspan="11">1</td></tr>
<tr><td>7.50</td></tr>
<tr><td>8.00</td></tr>
<tr><td>8.50</td></tr>
<tr><td>9.00</td></tr>
<tr><td>9.50</td></tr>
<tr><td>10.00</td><td rowspan="26">—</td><td rowspan="5">310</td></tr>
<tr><td>11.00</td></tr>
<tr><td>12.00</td></tr>
<tr><td>13.00</td></tr>
<tr><td>14.00</td></tr>
<tr><td>15.00</td><td rowspan="21">—</td><td rowspan="9">215</td><td rowspan="9">300</td><td rowspan="9">400</td><td rowspan="9">2</td></tr>
<tr><td>16.00</td></tr>
<tr><td>17.00</td></tr>
<tr><td>18.00</td></tr>
<tr><td>19.00</td></tr>
<tr><td>20.00</td></tr>
<tr><td>21.00</td></tr>
<tr><td>22.00</td></tr>
<tr><td>23.00</td></tr>
<tr><td>24.00</td><td rowspan="12">—</td><td rowspan="4">275</td><td rowspan="4">375</td><td rowspan="4">505</td><td rowspan="4">3</td></tr>
<tr><td>25.00</td></tr>
<tr><td>28.00</td></tr>
<tr><td>30.00</td></tr>
<tr><td>32.00</td><td rowspan="4">250</td><td rowspan="8">350</td><td rowspan="8">480</td><td rowspan="8">4</td></tr>
<tr><td>35.00</td></tr>
<tr><td>38.00</td></tr>
<tr><td>40.00</td></tr>
<tr><td>42.00</td><td rowspan="4">—</td></tr>
<tr><td>45.00</td></tr>
<tr><td>48.00</td></tr>
<tr><td>50.00</td></tr>
<tr><td>直径范围</td><td>$6 \leqslant d \leqslant 9.5$</td><td>$6 \leqslant d \leqslant 14$</td><td>$6 \leqslant d \leqslant 23$</td><td>$9.5 < d \leqslant 40$</td><td>$14 < d \leqslant 50$</td><td>$23 < d \leqslant 50$</td><td>—</td></tr>
</table>

9. 手用铰刀（GB/T 1131.1—2004）

外形如图 17-46 所示，基本尺寸见表 17-75~表 17-77。

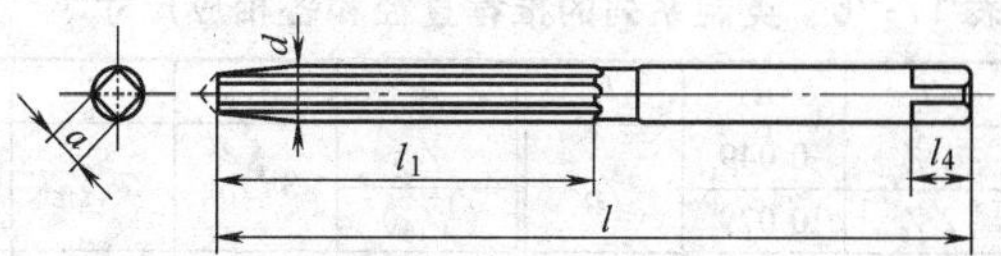

图 17-46 手用铰刀

表 17-75 米制系列的推荐直径和各相应尺寸（单位：mm）

<table>
<tr><th>d</th><th>l_1</th><th>l</th><th>a</th><th>l_4</th><th>d</th><th>l_1</th><th>l</th><th>a</th><th>l_4</th></tr>
<tr><td>(1.5)</td><td>20</td><td>41</td><td>1.12</td><td rowspan="6">4</td><td>22</td><td rowspan="2">107</td><td rowspan="2">215</td><td rowspan="2">18.00</td><td rowspan="2">22</td></tr>
<tr><td>1.6</td><td>21</td><td>44</td><td>1.25</td><td>(23)</td></tr>
<tr><td>1.8</td><td>23</td><td>47</td><td>1.40</td><td>(24)</td><td rowspan="3">115</td><td rowspan="3">231</td><td rowspan="3">20.00</td><td rowspan="3">24</td></tr>
<tr><td>2.0</td><td>25</td><td>50</td><td>1.60</td><td>25</td></tr>
<tr><td>2.2</td><td>27</td><td>54</td><td>1.80</td><td>(26)</td></tr>
<tr><td>2.5</td><td>29</td><td>58</td><td>2.00</td><td>(27)</td><td rowspan="3">124</td><td rowspan="3">247</td><td rowspan="3">22.40</td><td rowspan="3">26</td></tr>
<tr><td>2.8</td><td rowspan="2">31</td><td rowspan="2">62</td><td rowspan="2">2.24</td><td rowspan="3">5</td><td>28</td></tr>
<tr><td>3.0</td><td>(30)</td></tr>
<tr><td>3.5</td><td>35</td><td>71</td><td>2.80</td><td>32</td><td>133</td><td>265</td><td>25.00</td><td>28</td></tr>
<tr><td>4.0</td><td>38</td><td>76</td><td>3.15</td><td rowspan="2">6</td><td>(34)</td><td rowspan="3">142</td><td rowspan="3">284</td><td rowspan="3">28.00</td><td rowspan="3">31</td></tr>
<tr><td>4.5</td><td>41</td><td>81</td><td>3.55</td><td>(35)</td></tr>
<tr><td>5.0</td><td>44</td><td>87</td><td>4.00</td><td rowspan="3">7</td><td>36</td></tr>
<tr><td>5.5</td><td rowspan="2">47</td><td rowspan="2">93</td><td rowspan="2">4.50</td><td>(38)</td><td rowspan="3">152</td><td rowspan="3">305</td><td rowspan="3">31.5</td><td rowspan="3">34</td></tr>
<tr><td>6.0</td><td>40</td></tr>
<tr><td>7.0</td><td>54</td><td>107</td><td>5.60</td><td>8</td><td>(42)</td></tr>
<tr><td>8.0</td><td>58</td><td>115</td><td>6.30</td><td>9</td><td>(44)</td><td rowspan="3">163</td><td rowspan="3">326</td><td rowspan="3">35.50</td><td rowspan="3">38</td></tr>
<tr><td>9.0</td><td>62</td><td>124</td><td>7.10</td><td>10</td><td>45</td></tr>
<tr><td>10.0</td><td>66</td><td>133</td><td>8.00</td><td>11</td><td>(46)</td></tr>
<tr><td>11.0</td><td>71</td><td>142</td><td>9.00</td><td>12</td><td>(48)</td><td rowspan="3">174</td><td rowspan="3">347</td><td rowspan="3">40.00</td><td rowspan="3">42</td></tr>
<tr><td>12.0</td><td rowspan="2">76</td><td rowspan="2">152</td><td rowspan="2">10.00</td><td rowspan="2">13</td><td>50</td></tr>
<tr><td>(13.0)</td><td>(52)</td></tr>
<tr><td>14.0</td><td rowspan="2">81</td><td rowspan="2">163</td><td rowspan="2">11.20</td><td rowspan="2">14</td><td>(55)</td><td rowspan="4">184</td><td rowspan="4">367</td><td rowspan="4">45.00</td><td rowspan="4">46</td></tr>
<tr><td>(15.0)</td><td>56</td></tr>
<tr><td>16.0</td><td rowspan="2">87</td><td rowspan="2">175</td><td rowspan="2">12.50</td><td rowspan="2">16</td><td>(58)</td></tr>
<tr><td>(17.0)</td><td>(60)</td></tr>
<tr><td>18.0</td><td rowspan="2">93</td><td rowspan="2">188</td><td rowspan="2">14.00</td><td rowspan="2">18</td><td>(62)</td><td rowspan="3">194</td><td rowspan="3">387</td><td rowspan="3">50.00</td><td rowspan="3">51</td></tr>
<tr><td>(19.0)</td><td>63</td></tr>
<tr><td>20.0</td><td rowspan="2">100</td><td rowspan="2">201</td><td rowspan="2">16.00</td><td rowspan="2">20</td><td>67</td></tr>
<tr><td>(21.0)</td><td>71</td><td>203</td><td>406</td><td>56.00</td><td>56</td></tr>
</table>

注：括号内的尺寸尽量不采用。

表 17-76　英制系列的推荐直径和各相应尺寸　　（单位：in）

d	l_1	l	a	l_4
1/16	13/16	1 3/4	0.049	5/32
3/32	1 1/8	2 1/4	0.079	
1/8	1 5/16	2 5/8	0.098	3/16
5/32	1 1/2	3	0.124	1/4
3/16	1 3/4	3 7/16	0.157	9/32
7/32	1 7/8	3 11/16	0.177	
1/4	2	3 15/16	0.197	5/16
9/32	2 1/8	4 3/16	0.220	
5/16	2 1/4	4 1/2	0.248	11/32
11/32	2 7/16	4 7/8	0.280	13/32
3/8	2 5/8	5 1/4	0.315	7/16
(13/32)				
7/16	2 13/16	5 5/8	0.354	15/32
(15/32)	3	6	0.394	1/2
1/2				
9/16	3 3/16	6 7/16	0.441	9/16
5/8	3 7/16	6 7/8	0.492	5/8
11/16	3 11/16	7 7/16	0.551	23/32

d	l_1	l	a	l_4
3/4	3 15/16	7 15/16	0.630	25/32
(13/16)				
7/8	4 3/16	8 1/2	0.709	7/8
1	4 1/2	9 1/16	0.787	15/16
(1 1/16)	4 7/8	9 3/4	0.882	1 1/32
1 1/8				
1 1/4	5 1/4	10 7/16	0.984	1 3/32
(1 5/16)				
1 3/8	5 5/8	11 3/16	1.102	1 7/32
(1 7/16)				
1 1/2	6	12	1.240	1 11/32
(1 5/8)				
1 3/4	6 7/16	12 13/16	1.398	1 1/2
(1 7/8)	6 7/8	13 11/16	1.575	1 21/32
2				
2 1/4	7 1/4	14 7/16	1.772	1 13/16
2 1/2	7 5/8	15 1/4	1.968	2
3	8 3/8	16 11/16	2.480	2 7/16

注：1. 括号内的尺寸尽量不采用。

2. 1in = 25. 4mm。

表 17-77　以直径分段的尺寸

直径分段 d		长度			
		l_1	l	l_1	l
mm	in	mm		in	
>1.32～1.50	>0.0520～0.0591	20	41	25/32	1 5/8
>1.50～1.70	>0.0591～0.0669	21	44	13/16	1 3/4
>1.70～1.90	>0.0669～0.0748	23	47	29/32	1 7/8
>1.90～2.12	>0.0748～0.0835	25	50	1	2
>2.12～2.36	>0.0835～0.0929	27	54	1 1/16	2 1/8
>2.36～2.65	>0.0929～0.1043	29	58	1 1/8	2 1/4
>2.65～3.00	>0.1043～0.1181	31	62	1 7/32	2 7/16
>3.00～3.35	>0.1181～0.1319	33	66	1 5/16	2 5/8
>3.35～3.75	>0.1319～0.1476	35	71	1 3/8	2 13/16
>3.75～4.25	>0.1476～0.1673	38	76	1 1/2	3
>4.25～4.75	>0.1673～0.1870	41	81	1 5/8	3 3/16
>4.75～5.30	>0.1870～0.2087	44	87	1 3/4	3 7/16
>5.30～6.00	>0.2087～0.2362	47	93	1 7/8	3 11/16
>6.00～6.70	>0.2362～0.2638	50	100	2	3 15/16

（续）

直径分段 d		长度			
		l_1	l	l_1	l
mm	in	mm		in	
>6.70~7.50	>0.2638~0.2953	54	107	2 1/8	4 3/16
>7.50~8.50	>0.2953~0.3346	58	115	2 1/4	4 1/2
>8.50~9.50	>0.3346~0.3740	62	124	2 7/16	4 7/8
>9.50~10.60	>0.3740~0.4173	66	133	2 5/8	5 1/4
>10.60~11.80	>0.4173~0.4646	71	142	2 13/16	5 5/8
>11.80~13.20	>0.4646~0.5197	76	152	3	6
>13.20~15.00	>0.5197~0.5906	81	163	3 3/16	6 7/16
>15.00~17.00	>0.5906~0.6693	87	175	3 7/16	6 7/8
>17.00~19.00	>0.6693~0.7480	93	188	3 11/16	7 7/16
>19.00~21.20	>0.7480~0.8346	100	201	3 15/16	7 15/16
>21.20~23.60	>0.8346~0.9291	107	215	4 3/16	8 1/2
>23.60~26.50	>0.9291~1.0433	115	231	4 1/2	9 1/16
>26.50~30.00	>1.0433~1.1811	124	247	4 7/8	9 3/4
>30.00~33.50	>1.1811~1.3189	133	265	5 1/4	10 7/16
>33.50~37.50	>1.3189~1.4764	142	284	5 5/8	11 3/16
>37.50~42.50	>1.4764~1.6732	152	305	6	12
>42.50~47.50	>1.6732~1.8701	163	326	6 7/16	12 13/16
>47.50~53.00	>1.8701~2.0866	174	347	6 7/8	13 11/16
>53.00~60.00	>2.0866~2.3622	184	367	7 1/4	14 7/16
>60.00~67.00	>2.3622~2.6378	194	387	7 5/8	15 1/4
>67.00~75.00	>2.6378~2.9528	203	406	8	16
>75.00~85.00	>2.9528~3.3465	212	424	8 3/8	16 11/16

10. 可调节手用铰刀（JB/T 3869—1999）

（1）用途　铰刀直径可在相应范围内调节，用于修理、装配工作。

（2）规格　外形如图 17-47 所示，基本尺寸见表 17-78。

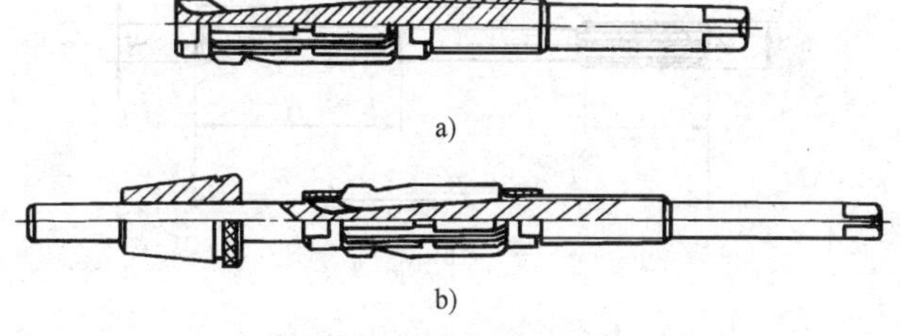

图 17-47　可调节手用铰刀

a）普通型　b）带导向套型

表 17-78　可调节手用铰刀基本尺寸　　（单位：mm）

铰刀型式	调节范围	刀片长度	全长	铰刀型式	调节范围	刀片长度	全长
普通型	≥6.5~7.0	35	85	普通型	>33.5~38	95	310
	>7.0~7.75		90		>38~44	105	350
	>7.75~8.5	38	100		>44~54	120	400
	>8.5~9.25		105		>54~68	120	460
	>9.25~10		115		>68~84	135	510
	>10~10.75		125		>84~100	140	570
	>10.75~11.75		130	带导向套型	≥15.25~17	55	245
	>11.75~12.75	44	135		>17~19	60	260
	>12.75~13.75	48	145		>19~21		300
	>13.75~15.25	52	150		>21~23	65	340
	>15.25~17	55	165		>23~26	72	370
	>17~19	60	170		>26~29.5	80	400
	>19~21	60	180		>29.5~33.5	85	420
	>21~23	65	195		>33.5~38	95	440
	>23~26	72	215		>38~44	105	490
	>26~29.5	80	240		>44~54	120	540
	>29.5~33.5	85	270		>54~68		550

11. 直柄和英氏锥柄机用铰刀（GB/T 1132—2004）

（1）直柄机用铰刀　外形如图 17-48 所示，基本尺寸见表 17-79 和表 17-80。

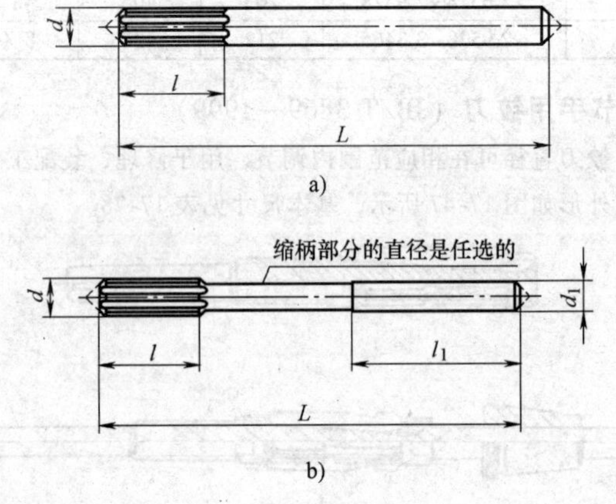

图 17-48　直柄机用铰刀

a）直径 d 小于或等于 3.75mm 铰刀　b）直径 d 大于 3.75mm 铰刀

表 17-79　直柄机用铰刀优先采用的尺寸　（单位：mm）

d	d_1	L	l	l_1
1.4	1.4	40	8	—
(1.5)	1.5			
1.6	1.6	43	9	
1.8	1.8	46	10	
2.0	2.0	49	11	
2.2	2.2	53	12	
2.5	2.5	57	14	
2.8	2.8	61	15	
3.0	3.0			
3.2	3.2	65	16	
3.5	3.5	70	18	
4.0	4.0	75	19	32
4.5	4.5	80	21	33
5.0	5.0	86	23	34
5.5	5.6	93	26	36
6	5.6			
7	7.1	109	31	40
8	8.0	117	33	42
9	9.0	125	36	44
10	10.0	133	38	46
11		142	41	
12		151	44	
(13)				
14	12.5	160	47	50
(15)		162	50	
16		170	52	
(17)	14.0	175	54	52
18		182	56	
(19)	16.0	189	58	58
20		195	60	

注：括号内的尺寸尽量不采用。

表 17-80　直柄机用铰刀以直径分段的尺寸　（单位：mm）

直径 d	d_1	L	l	l_1
>1.32～1.50	$d_1=d$	40	8	—
>1.50～1.70		43	9	
>1.70～1.90		46	10	
>1.90～2.12		49	11	
>2.12～2.36		53	12	

（续）

直径 d	d_1	L	l	l_1
>2.36~2.65	$d_1=d$	57	14	—
>2.65~3.00		61	15	
>3.00~3.35		65	16	
>3.35~3.75		70	18	
>3.75~4.25	4.0	75	19	32
>4.25~4.75	4.5	80	21	33
>4.75~5.30	5.0	86	23	34
>5.30~6.00	5.6	93	26	36
>6.00~6.70	6.3	101	28	38
>6.70~7.50	7.1	109	31	40
>7.50~8.50	8.0	117	33	42
>8.50~9.50	9.0	125	36	44
>9.50~10.60	10.0	133	38	46
>10.60~11.80		142	41	
>11.80~13.20		151	44	
>13.20~14.00	12.5	160	47	50
>14.00~15.00		162	50	
>15.00~16.00		170	52	
>16.00~17.00	14.0	175	54	52
>17.00~18.00		182	56	
>18.00~19.00	16.0	189	58	58
>19.00~20.00		195	60	

（2）莫氏锥柄机用铰刀　外形如图17-49所示，基本尺寸见表17-81和表17-82。

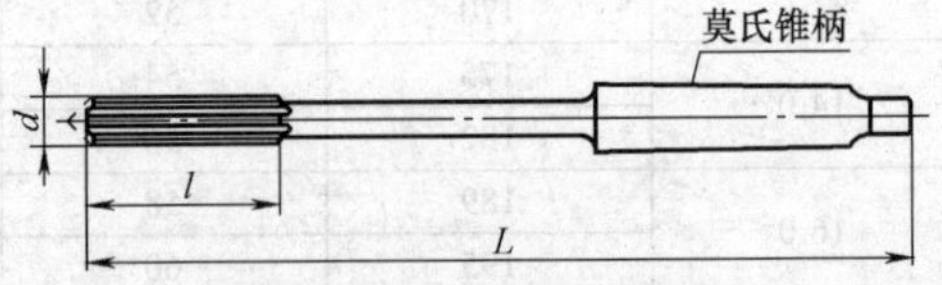

图17-49　莫氏锥柄机用铰刀

表17-81　莫氏锥柄机用铰刀优先采用的尺寸（单位：mm）

d	L	l	莫氏锥柄号
5.5	138	26	1
6			
7	150	31	
8	156	33	
9	162	36	

（续）

<table>
<tr><th>d</th><th>L</th><th>l</th><th>莫氏锥柄号</th></tr>
<tr><td>10</td><td>168</td><td>38</td><td rowspan="6">1</td></tr>
<tr><td>11</td><td>175</td><td>41</td></tr>
<tr><td>12</td><td>182</td><td>44</td></tr>
<tr><td>(13)</td><td>182</td><td>44</td></tr>
<tr><td>14</td><td>189</td><td>47</td></tr>
<tr><td>15</td><td>204</td><td>50</td></tr>
<tr><td>16</td><td>210</td><td>52</td><td rowspan="7">2</td></tr>
<tr><td>(17)</td><td>214</td><td>54</td></tr>
<tr><td>18</td><td>219</td><td>56</td></tr>
<tr><td>(19)</td><td>223</td><td>58</td></tr>
<tr><td>20</td><td>228</td><td>60</td></tr>
<tr><td>22</td><td>237</td><td>64</td></tr>
<tr><td>(24)</td><td rowspan="2">268</td><td rowspan="2">68</td></tr>
<tr><td>25</td><td rowspan="5">3</td></tr>
<tr><td>(26)</td><td>273</td><td>70</td></tr>
<tr><td>28</td><td>277</td><td>71</td></tr>
<tr><td>(30)</td><td>281</td><td>73</td></tr>
<tr><td>32</td><td>317</td><td>77</td></tr>
<tr><td>(34)</td><td rowspan="2">321</td><td rowspan="2">78</td><td rowspan="12">4</td></tr>
<tr><td>(35)</td></tr>
<tr><td>36</td><td>325</td><td>79</td></tr>
<tr><td>(38)</td><td rowspan="2">329</td><td rowspan="2">81</td></tr>
<tr><td>40</td></tr>
<tr><td>(42)</td><td>333</td><td>82</td></tr>
<tr><td>(44)</td><td rowspan="2">336</td><td rowspan="2">83</td></tr>
<tr><td>(45)</td></tr>
<tr><td>(46)</td><td>340</td><td>84</td></tr>
<tr><td>(48)</td><td rowspan="2">344</td><td rowspan="2">86</td></tr>
<tr><td>50</td></tr>
</table>

注：括号内的尺寸尽量不采用。

表 17-82　莫氏锥柄机用铰刀以直径分段的尺寸　（单位：mm）

<table>
<tr><th>直径 d</th><th>L</th><th>l</th><th>莫氏锥柄号</th></tr>
<tr><td>>5.30~6.00</td><td>138</td><td>26</td><td rowspan="6">1</td></tr>
<tr><td>>6.00~6.70</td><td>144</td><td>28</td></tr>
<tr><td>>6.70~7.50</td><td>150</td><td>31</td></tr>
<tr><td>>7.50~8.50</td><td>156</td><td>33</td></tr>
<tr><td>>8.50~9.50</td><td>162</td><td>36</td></tr>
<tr><td>>9.50~10.60</td><td>168</td><td>38</td></tr>
</table>

（续）

直径 *d*	*L*	*l*	莫氏锥柄号
>10.60~11.80	175	41	1
>11.80~13.20	182	44	
>13.20~14.00	189	47	
>14.00~15.00	204	50	2
>15.00~16.00	210	52	
>16.00~17.00	214	54	
>17.00~18.00	219	56	
>18.00~19.00	223	58	
>19.00~20.00	228	60	
>20.00~21.20	232	62	
>21.20~22.40	237	64	
>22.40~23.02	241	66	
>23.02~23.60	264	66	3
>23.60~25.00	268	68	
>25.00~26.50	273	70	
>26.50~28.00	277	71	
>28.00~30.00	281	73	
>30.00~31.50	285	75	
>31.50~31.75	290	77	
>31.75~33.50	317	77	4
>33.50~35.50	321	78	
>35.50~37.50	325	79	
>37.50~40.00	329	81	
>40.00~42.50	333	82	
>42.50~45.00	336	83	
>45.00~47.50	340	84	
>47.50~50.00	344	86	

12. 硬质合金机用铰刀（GB/T 4251—2008）

（1）直柄硬质合金机用铰刀　型式如图17-50所示，基本尺寸见表17-83和表17-84。

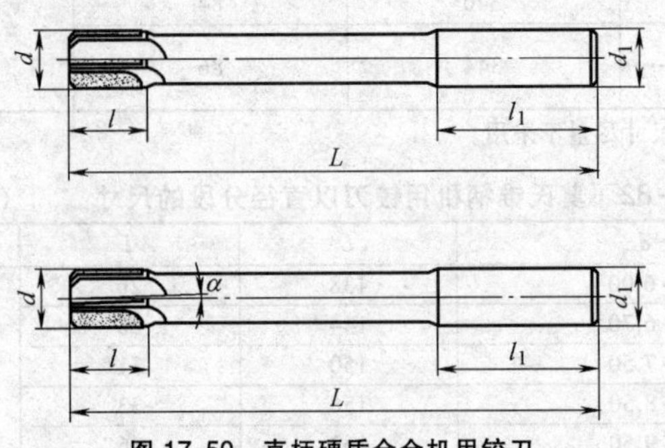

图17-50　直柄硬质合金机用铰刀

注：α根据被加工情况确定。

表 17-83　优先采用的尺寸　（单位：mm）

<table>
<tr><th>d</th><th>d₁</th><th>L</th><th>l</th><th>l₁</th></tr>
<tr><td>6</td><td>5.6</td><td>93</td><td rowspan="6">17</td><td>36</td></tr>
<tr><td>7</td><td>7.1</td><td>109</td><td>40</td></tr>
<tr><td>8</td><td>8.0</td><td>117</td><td>42</td></tr>
<tr><td>9</td><td>9.0</td><td>125</td><td>44</td></tr>
<tr><td>10</td><td rowspan="4">10.0</td><td>133</td><td rowspan="4">46</td></tr>
<tr><td>11</td><td>142</td></tr>
<tr><td>12</td><td rowspan="2">151</td><td rowspan="4">20</td></tr>
<tr><td>（13）</td></tr>
<tr><td>14</td><td rowspan="3">12.5</td><td>160</td><td rowspan="3">50</td></tr>
<tr><td>（15）</td><td>162</td></tr>
<tr><td>16</td><td>170</td><td rowspan="5">25</td></tr>
<tr><td>（17）</td><td rowspan="2">14.0</td><td>175</td><td rowspan="2">52</td></tr>
<tr><td>18</td><td>182</td></tr>
<tr><td>（19）</td><td rowspan="2">16.0</td><td>189</td><td rowspan="2">58</td></tr>
<tr><td>20</td><td>195</td></tr>
</table>

注：括号内的尺寸尽量不采用。

表 17-84　以直径分段的尺寸　（单位：mm）

<table>
<tr><th>直径 d</th><th>d₁</th><th>L</th><th>l</th><th>l₁</th></tr>
<tr><td>>5.3~6.0</td><td>5.6</td><td>93</td><td rowspan="7">17</td><td>36</td></tr>
<tr><td>>6.0~6.7</td><td>6.3</td><td>101</td><td>38</td></tr>
<tr><td>>6.7~7.5</td><td>7.1</td><td>109</td><td>40</td></tr>
<tr><td>>7.5~8.5</td><td>8.0</td><td>117</td><td>42</td></tr>
<tr><td>>8.5~9.5</td><td>9.0</td><td>125</td><td>44</td></tr>
<tr><td>>9.5~10.6</td><td rowspan="3">10.0</td><td>133</td><td rowspan="3">46</td></tr>
<tr><td>>10.6~11.8</td><td>142</td></tr>
<tr><td>>11.8~13.2</td><td>151</td><td rowspan="3">20</td></tr>
<tr><td>>13.2~14.0</td><td rowspan="3">12.5</td><td>160</td><td rowspan="3">50</td></tr>
<tr><td>>14.0~15.0</td><td>162</td></tr>
<tr><td>>15.0~16.0</td><td>170</td><td rowspan="5">25</td></tr>
<tr><td>>16.0~17.0</td><td rowspan="2">14.0</td><td>175</td><td rowspan="2">52</td></tr>
<tr><td>>17.0~18.0</td><td>182</td></tr>
<tr><td>>18.0~19.0</td><td rowspan="2">16.0</td><td>189</td><td rowspan="2">58</td></tr>
<tr><td>>19.0~20.0</td><td>195</td></tr>
</table>

（2）莫氏锥柄硬质合金机用铰刀　型式如图 17-51 所示，基本尺寸见表 17-85 和表 17-86。

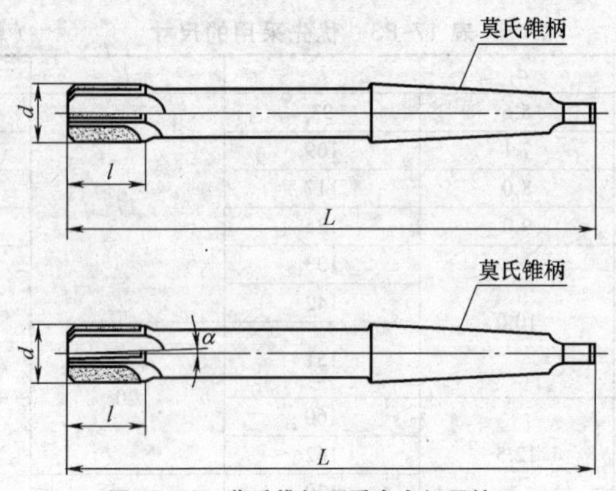

图 17-51　莫氏锥柄硬质合金机用铰刀

注：α 根据使用情况确定。

表 17-85　优先采用的尺寸　　（单位：mm）

d	L	l	莫氏锥度号
8	156	17	1
9	162		
10	168		
11	175		
12	182	20	1
(13)			
14	189		
(15)	204	25	2
16	210		
(17)	214		
18	219		
(19)	223		
20	228		
21	232	28	
22	237		
23	241		
24	268		3
25			
(26)	273		
28	277		
(30)	281	34	
32	317		4
(34)	321		
(35)			
36	325		
(38)	329		
40			

注：括号内尺寸尽量不采用。

表 17-86 以直径分段的尺寸 （单位：mm）

<table>
<tr><th>直径 d</th><th>L</th><th>l</th><th>莫氏锥柄号</th></tr>
<tr><td>>7.5~8.5</td><td>156</td><td rowspan="5">17</td><td rowspan="7">1</td></tr>
<tr><td>>8.5~9.5</td><td>162</td></tr>
<tr><td>>9.5~10.0</td><td rowspan="2">168</td></tr>
<tr><td>>10.0~10.6</td></tr>
<tr><td>>10.6~11.8</td><td>175</td></tr>
<tr><td>>11.8~13.2</td><td>182</td><td rowspan="3">20</td></tr>
<tr><td>>13.2~14.0</td><td>189</td></tr>
<tr><td>>14.0~15.0</td><td>204</td><td rowspan="9">2</td></tr>
<tr><td>>15.0~16.0</td><td>210</td><td rowspan="5">25</td></tr>
<tr><td>>16.0~17.0</td><td>214</td></tr>
<tr><td>>17.0~18.0</td><td>219</td></tr>
<tr><td>>18.0~19.0</td><td>223</td></tr>
<tr><td>>19.0~20.0</td><td>228</td></tr>
<tr><td>>20.0~21.2</td><td>232</td><td rowspan="5">28</td></tr>
<tr><td>>21.2~22.4</td><td>237</td></tr>
<tr><td>>22.4~23.02</td><td rowspan="2">241</td></tr>
<tr><td>>23.02~23.6</td><td rowspan="6">3</td></tr>
<tr><td>>23.6~25.0</td><td>268</td><td rowspan="9">34</td></tr>
<tr><td>>25.0~26.5</td><td>273</td></tr>
<tr><td>>26.5~28.0</td><td>277</td></tr>
<tr><td>>28.0~30.0</td><td>281</td></tr>
<tr><td>>30.0~31.5</td><td>285</td></tr>
<tr><td>>31.5~33.5</td><td>317</td><td rowspan="4">4</td></tr>
<tr><td>>33.5~35.5</td><td>321</td></tr>
<tr><td>>35.5~37.5</td><td>325</td></tr>
<tr><td>>37.5~40.0</td><td>329</td></tr>
</table>

13. 手用 1∶50 锥度销子铰刀（GB/T 20774—2006）

手用 1∶50 锥度销子铰刀型式如图 17-52 所示，基本尺寸见表 17-87。

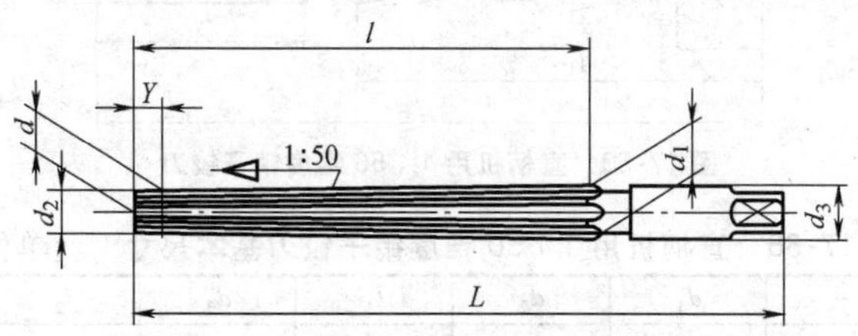

图 17-52 手用 1∶50 锥度销子铰刀

表 17-87　手用 1∶50 锥度销子铰刀基本尺寸（单位：mm）

d	Y	d_1		d_2	l		d_3	L	
		短刃型	普通型		短刃型	普通型		短刃型	普通型
0.6	5	0.70	0.90	0.5	10	20	3.15	35	38
0.8		0.94	1.18	0.7	12	24			42
1.0		1.22	1.46	0.9	16	28		40	46
1.2		1.50	1.74	1.1	20	32		45	50
1.5		1.90	2.14	1.4	25	37		50	57
2.0		2.54	2.86	1.9	32	48		60	68
2.5		3.12	3.36	2.4	36			65	
3.0		3.70	4.06	2.9	40	58	4.0		80
4.0		4.90	5.26	3.9	50	68	5.0	75	93
5.0		6.10	6.36	4.9	60	73	6.3	85	100
6.0		7.30	8.00	5.9	70	105	8.0	95	135
8.0		9.80	10.80	7.9	95	145	10.0	125	180
10.0		12.30	13.40	9.9	120	175	12.5	155	215
12.0	10	14.60	16.00	11.8	140	210	14.0	180	255
16.0		19.00	20.40	15.8	160	230	18.0	200	280
20.0		23.40	24.80	19.8	180	250	22.4	225	310
25.0	15	28.50	30.70	24.7	190	300	28.0	245	370
30.0		33.50	36.10	29.7		320	31.5	250	400
40.0		44.00	46.50	39.7	215	340	40.0	285	430
50.0		54.10	56.90	49.7	220	360	50.0	300	460

注：1. 除另有说明外，这种铰刀都制成右切削的。
2. 容屑槽可以制成直槽或左螺旋槽，由制造厂自行决定。
3. 直径 $d \leqslant 6$mm 的铰刀可制成反顶尖。

14. 直柄机用 1∶50 锥度销子铰刀（GB/T 20331—2006）

外形如图 17-53 所示，基本尺寸见表 17-88。

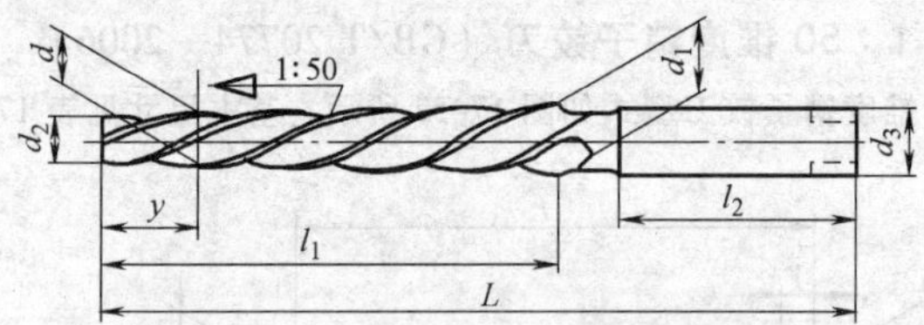

图 17-53　直柄机用 1∶50 锥度销子铰刀

表 17-88　直柄机用 1∶50 锥度销子铰刀基本尺寸　（单位：mm）

d	y	d_1	d_2	l_1	d_3	l_2	L
2	5	2.86	1.9	48	3.15	29	86
2.5		3.36	2.4				

（续）

d	γ	d_1	d_2	l_1	d_3	l_2	L
3	5	4.06	2.9	58	4.0	32	100
4		5.26	3.9	68	5.0	34	112
5		6.36	4.9	73	6.3	38	122
6		8.00	5.9	105	8.0	42	160
8		10.80	7.9	145	10.0	46	207
10		13.40	9.9	175	12.5	50	245
12	10	16.00	11.8	210	16.0	58	290

15. 锥柄机用 1∶50 锥度销子铰刀（GB/T 20332—2006）

外形如图 17-54 所示，基本尺寸见表 17-89。

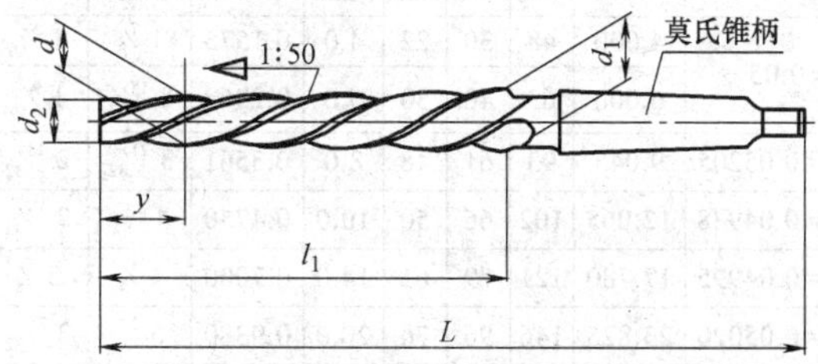

图 17-54 锥柄机用 1∶50 锥度销子铰刀

表 17-89 锥柄机用 1∶50 锥度销子铰刀基本尺寸 （单位：mm）

d	γ	d_1	d_2	l_1	L	莫氏锥柄号
5	5	6.36	4.9	73	155	1
6		8.00	5.9	105	187	
8		10.80	7.9	145	227	
10		13.40	9.9	175	257	
12	10	16.00	11.8	210	315	2
16		20.40	15.8	230	335	
20		24.80	19.8	250	377	3
25	15	30.70	24.7	300	427	
30		36.10	29.7	320	475	4
40		46.50	39.7	340	495	
50		56.90	49.7	360	550	5

16. 莫氏圆锥铰刀及米制圆锥铰刀（GB/T 1139—2004）

（1）直柄圆锥铰刀 外形如图 17-55 所示，基本尺寸见表 17-90。

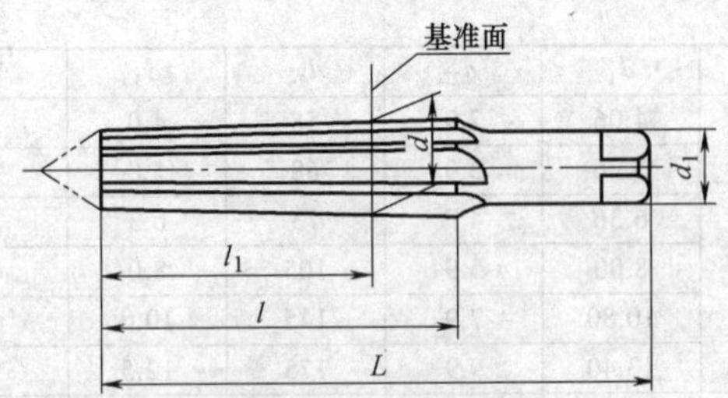

图 17-55　直柄圆锥铰刀

表 17-90　直柄圆锥铰刀基本尺寸

圆锥 代号		圆锥 锥度	d /mm	L /mm	l /mm	l_1 /mm	d_1 /mm	d /in	L /in	l /in	l_1 /in	d_1 /in
米制	4	1 : 20 = 0.05	4.000	48	30	22	4.0	0.1575	$1\frac{7}{8}$	$1\frac{3}{16}$	$\frac{7}{8}$	0.1575
	6		6.000	63	40	30	5.0	0.2362	$2\frac{15}{32}$	$1\frac{9}{16}$	$1\frac{3}{16}$	0.1969
莫氏	0	1 : 19.212 = 0.05205	9.045	93	61	48	8.0	0.3561	$3\frac{21}{32}$	$2\frac{13}{32}$	$1\frac{7}{8}$	0.3150
	1	1 : 20.047 = 0.04988	12.065	102	66	50	10.0	0.4750	$4\frac{1}{32}$	$2\frac{19}{32}$	$1\frac{31}{32}$	0.3937
	2	1 : 20.020 = 0.04995	17.780	121	79	61	14.0	0.7000	$4\frac{3}{4}$	$3\frac{1}{8}$	$2\frac{13}{32}$	0.5512
	3	1 : 19.922 = 0.05020	23.825	146	96	76	20.0	0.9380	$5\frac{3}{4}$	$3\frac{25}{32}$	3	0.7874
	4	1 : 19.254 = 0.05194	31.267	179	119	97	25.0	1.2310	$7\frac{1}{16}$	$4\frac{11}{16}$	$3\frac{13}{16}$	0.9843
	5	1 : 19.002 = 0.05263	44.399	222	150	124	31.5	1.7480	$8\frac{3}{4}$	$5\frac{29}{32}$	$4\frac{7}{8}$	1.2402
	6	1 : 19.180 = 0.05214	63.348	300	208	176	45.0	2.4940	$11\frac{13}{16}$	$8\frac{3}{16}$	$6\frac{15}{16}$	1.7717

（2）锥柄圆锥铰刀　外形如图 17-56 所示，基本尺寸见表 17-91。

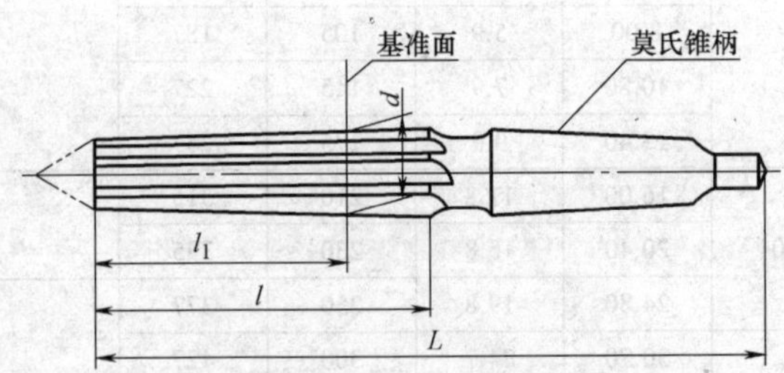

图 17-56　锥柄圆锥铰刀

表 17-91　锥柄圆锥铰刀尺寸

圆锥 代号		圆锥 锥度	d /mm	L /mm	l /mm	l_1 /mm	d /in	L /in	l /in	l_1 /in	莫氏锥柄号
米制	4	1 : 20 = 0.05	4.000	106	30	22	0.1575	$4\frac{3}{16}$	$1\frac{3}{16}$	$\frac{7}{8}$	1
	6		6.000	116	40	30	0.2362	$4\frac{9}{16}$	$1\frac{9}{16}$	$1\frac{3}{16}$	

（续）

圆锥			d /mm	L /mm	l /mm	l_1 /mm	d /in	L /in	l /in	l_1 /in	莫氏锥柄号
代号		锥度									
莫氏	0	1∶19.212＝0.05205	9.045	137	61	48	0.3561	$5\frac{13}{32}$	$2\frac{13}{32}$	$1\frac{7}{8}$	1
	1	1∶20.047＝0.04988	12.065	142	66	50	0.4750	$5\frac{19}{32}$	$2\frac{19}{32}$	$1\frac{31}{32}$	
	2	1∶20.020＝0.04995	17.780	173	79	61	0.7000	$6\frac{13}{16}$	$3\frac{1}{8}$	$2\frac{13}{32}$	2
	3	1∶19.922＝0.05020	23.825	212	96	76	0.9380	$8\frac{11}{32}$	$3\frac{25}{32}$	3	3
	4	1∶19.254＝0.05194	31.267	263	119	97	1.2310	$10\frac{11}{32}$	$4\frac{11}{16}$	$3\frac{13}{16}$	4
	5	1∶19.002＝0.05263	44.399	331	150	124	1.7480	$13\frac{1}{32}$	$5\frac{29}{32}$	$4\frac{7}{8}$	5
	6	1∶19.180＝0.05214	63.348	389	208	176	2.4940	$15\frac{5}{16}$	$8\frac{3}{16}$	$6\frac{15}{16}$	

17. 硬质合金可调节浮动铰刀（JB/T 7426—2006）

（1）类型与用途　硬质合金可调节浮动铰刀的类型与用途见表 17-92。

表 17-92　硬质合金可调节浮动铰刀的类型与用途

类型	用途
A 型	加工通孔铸铁件
B 型	加工不通孔铸铁件
AC 型	加工通孔钢件
BC 型	加工不通孔钢件

（2）型式及尺寸　型式如图 17-57 所示，尺寸见表 17-93。

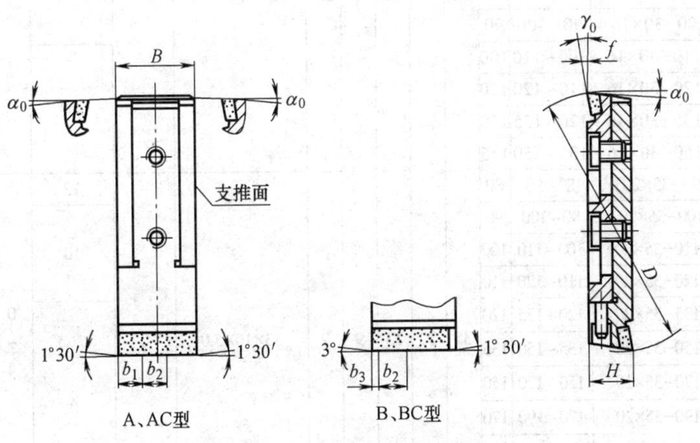

图 17-57　硬质合金可调节浮动铰刀

注：图中角度值仅供参考。

表 17-93 硬质合金可调节浮动铰刀尺寸 （单位：mm）

铰刀代号	调节范围	D	B	H	参考							
					b_1	b_2	b_3	硬质合金刀片尺寸（长×宽×厚）	γ_0(°) A、B型	γ_0(°) AC、BC型	α_0(°)	f
20~22-20×8	20~22	20										
22~24-20×8	22~24	22						18×2.5×2.0		15		
24~27-20×8	24~27	24	20	8	7							
27~30-20×8	27~30	27										
30~33-20×8	30~33	30						18×3.0×2.0		12		
33~36-20×8	33~36	33										
36~40-25×12	36~40	36										
40~45-25×12	40~45	40				6	1.5			15		
45~50-25×12	45~50	45										
50~55-25×12	50~55	50								12		
55~60-25×12	55~60	55	25	12	9.5			23×5.0×3.0				
(60~65-25×12)	60~65	60										
(65~70-25×12)	65~70	65							0	10	0~4	0.10~0.15
(70~80-25×12)	70~80	70										
(50~55-30×16)	50~55	50								15		
(55~60-30×16)	55~60	55										
60~65-30×16	60~65	60										
65~70-30×16	65~70	65								12		
70~80-30×16	70~80	70										
80~90-30×16	80~90	80	30	16	11	8	1.8	28×8.0×4.0				
90~100-30×16	90~100	90										
100~110-30×16	100~110	100										
110~120-30×16	110~120	110										
120~135-30×16	120~135	120								6		
135~150-30×16	135~150	135										
(80~90-35×20)	80~90	80								12		
(90~100-35×20)	90~100	90										
(100~110-35×20)	100~110	100								10		
(110~120-35×20)	110~120	110										
(120~135-35×20)	120~135	120										
(135~150-35×20)	135~150	135	35	20	13	9	2	33×10×5.0	0		0~4	0.10~0.15
150~170-35×20	150~170	150										
170~190-35×20	170~190	170								6		
(190~210-35×20)	190~210	190										
(210~230-35×20)	210~230	210										

（续）

<table>
<tr><th rowspan="3">铰刀代号</th><th rowspan="3">调节
范围</th><th rowspan="3">D</th><th rowspan="3">B</th><th rowspan="3">H</th><th colspan="8">参 考</th></tr>
<tr><th rowspan="2">b_1</th><th rowspan="2">b_2</th><th rowspan="2">b_3</th><th rowspan="2">硬质合金
刀片尺寸
（长×宽×厚）</th><th colspan="2">γ_0(°)</th><th rowspan="2">α_0
(°)</th><th rowspan="2">f</th></tr>
<tr><th>A、
B 型</th><th>AC、
BC 型</th></tr>
<tr><td>(150~170-40×25)</td><td>150~170</td><td>150</td><td rowspan="4">40</td><td rowspan="4">25</td><td rowspan="4">15</td><td rowspan="4">10</td><td rowspan="4">2</td><td rowspan="4">38×14×5.0</td><td rowspan="4">0</td><td rowspan="2">6</td><td rowspan="4">0
~
4</td><td rowspan="4">0.10
~
0.15</td></tr>
<tr><td>(170~190-40×25)</td><td>170~190</td><td>170</td></tr>
<tr><td>190~210-40×25</td><td>190~210</td><td>190</td><td rowspan="2">4</td></tr>
<tr><td>210~230-40×25</td><td>210~230</td><td>210</td></tr>
</table>

18. 细长柄机用丝锥（GB/T 3464.2—2003）

型式如图 17-58 所示，尺寸见表 17-94 和表 17-95。

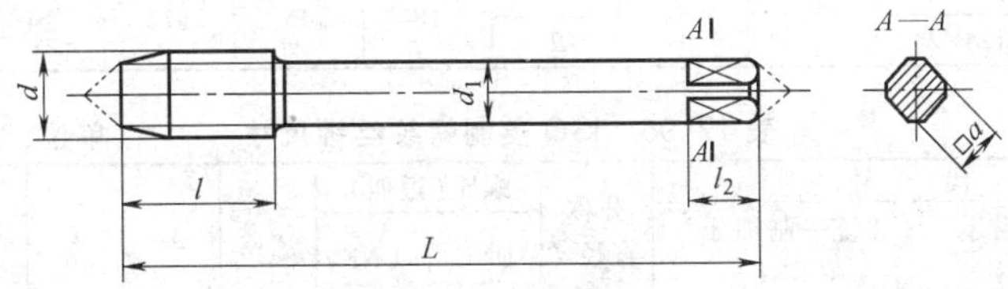

图 17-58 细长柄机用丝锥

表 17-94 ISO 米制螺纹丝锥尺寸 （单位：mm）

<table>
<tr><th colspan="2">代号</th><th rowspan="2">公称
直径 d</th><th colspan="2">螺距</th><th rowspan="2">d_1</th><th rowspan="2">l_{max}</th><th rowspan="2">L</th><th colspan="2">方头</th></tr>
<tr><th>粗牙</th><th>细牙</th><th>粗牙</th><th>细牙</th><th>a</th><th>l_2</th></tr>
<tr><td>M3</td><td>M3×0.35</td><td>3</td><td>0.5</td><td rowspan="2">0.35</td><td>2.24</td><td rowspan="2">11</td><td>66</td><td>1.8</td><td rowspan="2">4</td></tr>
<tr><td>M3.5</td><td>M3.5×0.35</td><td>3.5</td><td>0.6</td><td>2.5</td><td>68</td><td>2</td></tr>
<tr><td>M4</td><td>M4×0.5</td><td>4</td><td>0.7</td><td rowspan="4">0.5</td><td>3.15</td><td rowspan="2">13</td><td rowspan="2">73</td><td>2.5</td><td rowspan="2">5</td></tr>
<tr><td>M4.5</td><td>M4.5×0.5</td><td>4.5</td><td>0.75</td><td>3.55</td><td>2.8</td></tr>
<tr><td>M5</td><td>M5×0.5</td><td>5</td><td>0.8</td><td rowspan="2">4</td><td>16</td><td>79</td><td rowspan="2">3.15</td><td rowspan="3">6</td></tr>
<tr><td>—</td><td>M5.5×0.5</td><td>5.5</td><td>—</td><td>17</td><td>84</td></tr>
<tr><td>M6</td><td>M6×0.75</td><td>6</td><td rowspan="2">1</td><td rowspan="2">0.75</td><td>4.50</td><td rowspan="2">19</td><td rowspan="2">89</td><td>3.55</td></tr>
<tr><td>M7</td><td>M7×0.75</td><td>7</td><td>5.60</td><td>4.5</td><td>7</td></tr>
<tr><td>M8</td><td>M8×1</td><td>8</td><td rowspan="2">1.25</td><td rowspan="3">1</td><td>6.30</td><td rowspan="2">22</td><td rowspan="2">97</td><td>5.0</td><td rowspan="2">8</td></tr>
<tr><td>M9</td><td>M9×1</td><td>9</td><td>7.1</td><td>5.6</td></tr>
<tr><td rowspan="2">M10</td><td>M10×1</td><td rowspan="2">10</td><td rowspan="3">1.5</td><td rowspan="3">8</td><td rowspan="2">24</td><td rowspan="2">108</td><td rowspan="3">6.3</td><td rowspan="3">9</td></tr>
<tr><td>M10×1.25</td><td>1.25</td></tr>
<tr><td>M11</td><td>—</td><td>11</td><td>—</td><td>25</td><td>115</td></tr>
<tr><td rowspan="2">M12</td><td>M12×1.25</td><td rowspan="2">12</td><td rowspan="2">1.75</td><td>1.25</td><td rowspan="2">9</td><td rowspan="2">29</td><td rowspan="2">119</td><td rowspan="2">7.1</td><td rowspan="2">10</td></tr>
<tr><td>M12×1.5</td><td>1.5</td></tr>
<tr><td rowspan="2">M14</td><td>M14×1.25</td><td rowspan="2">14</td><td rowspan="2">2</td><td>1.25</td><td rowspan="2">11.2</td><td rowspan="2">30</td><td rowspan="2">127</td><td rowspan="2">9</td><td rowspan="2">12</td></tr>
<tr><td>M14×1.5</td><td>1.5</td></tr>
</table>

（续）

代号		公称	螺距		d_1	l_{max}	L	方头	
粗牙	细牙	直径 d	粗牙	细牙				a	l_2
—	M15×1.5	15	—	1.5	11.2	30	127	9	12
M16	M16×1.5	16	2		12.5	32	137	10	13
—	M17×1.5	17	—						
M18	M18×1.5	18	2.5		14	37	149	11.2	14
	M18×2			2					
M20	M20×1.5	20		1.5					
	M20×2			2					
M22	M22×1.5	22		1.5	16	38	158	12.5	16
	M22×2			2					
M24	M24×1.5	24	3	1.5	18	45	172	14	18
	M24×2			2					

表 17-95　ISO 英制螺纹丝锥尺寸　　（单位：mm）

代号		公称	螺距（近似）		d_1	l_{max}	L	方头	
"统一制粗牙"（UNC）	"统一制细牙"（UNF）	直径 d	UNC	UNF				a	l_2
No. 5—40—UNC	No. 5—44—UNF	3.175	0.635	0.577	2.24	11	66	1.80	4
No. 6—32—UNC	No. 6—40—UNF	3.505	0.794	0.635	2.50	13	68	2.00	
No. 8—32—UNC	No. 8—36—UNF	4.166		0.706	3.15		73	2.50	5
No. 10—24—UNC	No. 10—32—UNF	4.826	1.058	0.794	3.55	16	79	2.8	5
No. 12—24—UNC	No. 12—28—UNF	5.486		0.907	4.00	17	84	3.15	6
1/4—20—UNC	1/4—28—UNF	6.350	1.270		4.50	19	89	3.55	
5/16—18—UNC	5/16—24—UNF	7.938	1.411	1.058	6.30	22	97	5.00	8
3/8—16—UNC	3/8—24—UNF	9.525	1.588		7.10	24	108	5.60	8
7/16—14—UNC	7/16—20—UNF	11.112	1.814	1.270	8.00	25	115	6.30	9
1/2—13—UNC	1/2—20—UNF	12.700	1.954		9.00	29	119	7.10	10
9/16—12—UNC	9/16—18—UNF	14.288	2.117	1.411	11.20	30	127	9.00	12
5/8—11—UNC	5/8—18—UNF	15.875	2.309		12.50	32	137	10.00	13
3/4—10—UNC	3/4—16—UNF	19.050	2.540	1.588	14	37	149	11.20	14
7/8—9—UNC	7/8—14—UNF	22.225	2.822	1.814	16	38	158	12.50	16
1—8—UNC	1—12—UNF	25.400	3.175	2.117	18	45	172	14	18

19. 螺母丝锥（GB/T 967—2008）

（1）直径 $d \leqslant 5$mm 的螺母丝锥　型式如图 17-59 所示，基本尺寸见表 17-96 和表 17-97。

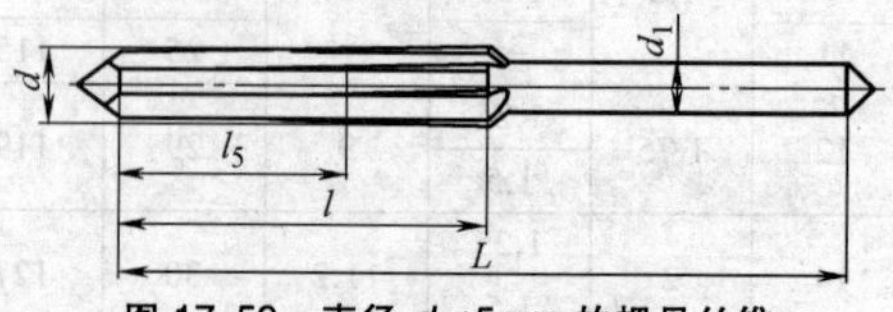

图 17-59　直径 $d \leqslant 5$mm 的螺母丝锥

表 17-96　$d \leqslant 5\mathrm{mm}$ 的粗牙普通螺纹用螺母丝锥基本尺寸　（单位：mm）

代号	公称直径 d	螺距 P	L	l	l_5	d_1
M2	2	0.4	36	12	8	1.4
M2.2	2.2	0.45		14	10	1.6
M2.5	2.5					1.8
M3	3	0.5	40	15	12	2.24
M3.5	3.5	0.6	45	18	14	2.5
M4	4	0.7	50	21	16	3.15
M5	5	0.8	55	24	19	4

注：表中切削锥长度 l_5 为推荐尺寸。

表 17-97　$d \leqslant 5\mathrm{mm}$ 的细牙普通螺纹用螺母丝锥基本尺寸

（单位：mm）

代号	公称直径 d	螺距 P	L	l	l_5	d_1
M3×0.35	3	0.35	40	11	8	2.24
M3.5×0.35	3.5		45			2.5
M4×0.5	4	0.5	50	15	11	3.15
M5×0.5	5		55			4

注：表中切削锥长度 l_5 为推荐尺寸。

（2）$5\mathrm{mm} < d \leqslant 30\mathrm{mm}$ 圆柄（无方头）的螺母丝锥　型式如图 17-60 所示，基本尺寸见表 17-98 和表 17-99。

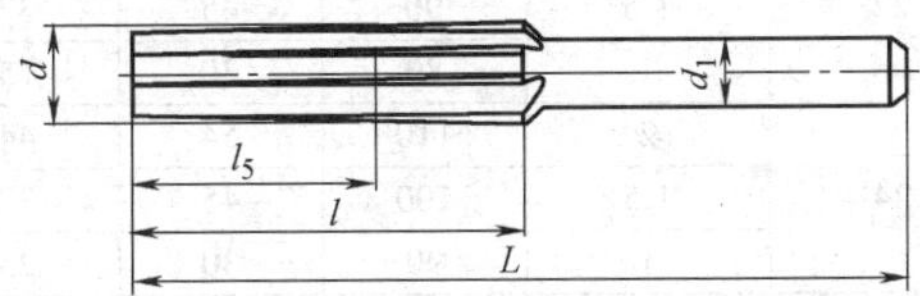

图 17-60　$5\mathrm{mm} < d \leqslant 30\mathrm{mm}$ 圆柄（无方头）的螺母丝锥

表 17-98　$5\mathrm{mm} < d \leqslant 30\mathrm{mm}$ 圆柄粗牙普通螺纹用螺母丝锥尺寸　（单位：mm）

代号	公称直径 d	螺距 P	L	l	l_5	d_1
M6	6	1	60	30	24	4.5
M8	8	1.25	65	36	31	6.3
M10	10	1.5	70	40	34	8
M12	12	1.75	80	47	40	9
M14	14	2	90	54	46	11.2
M16	16		95	58	50	12.5
M18	18	2.5	110	62	52	14
M20	20					16
M22	22					18
M24	24	3	130	72	60	
M27	27					22.4
M30	30	3.5	150	84	70	25

注：表中切削锥长度 l_5 为推荐尺寸。

表 17-99　5mm<d≤30mm 圆柄细牙普通螺纹用螺母丝锥尺寸　（单位：mm）

代号	公称直径 d	螺距 P	L	l	l_5	d_1
M6×0.75	6	0.75	55	22	17	4.5
M8×1	8	1	60	30	25	6.3
M8×0.75		0.75	55	22	17	
M10×1.25	10	1.25	65	36	30	8
M10×1		1	60	30	25	
M10×0.75		0.75	55	22	17	
M12×1.5	12	1.5	80	45	37	9
M12×1.25		1.25	70	36	30	
M12×1		1	65	30	25	
M14×1.5	14	1.5	80	45	37	11.2
M14×1		1	70	30	25	
M16×1.5	16	1.5	85	45	37	12.5
M16×1		1	70	30	25	
M18×2	18	2	100	54	44	14
M18×1.5		1.5	90	45	37	
M18×1		1	80	30	25	
M20×2	20	2	100	54	44	16
M20×1.5		1.5	90	45	37	
M20×1		1	80	30	25	
M22×2	22	2	100	54	44	18
M22×1.5		1.5	90	45	37	
M22×1		1	80	30	25	
M24×2	24	2	110	54	44	
M24×1.5		1.5	100	45	37	
M24×1		1	90	30	25	
M27×2	27	2	110	54	44	22.4
M27×1.5		1.5	100	45	37	
M27×1		1	90	30	25	
M30×2	30	2	120	54	44	25
M30×1.5		1.5	110	45	37	
M30×1		1	100	30	25	

注：表中切削锥长度 l_5 为推荐尺寸。

（3）直径 d>5mm 圆柄（带方头）的螺母丝锥　型式如图 17-61 所示，基本尺寸见表 17-100 和表 17-101。

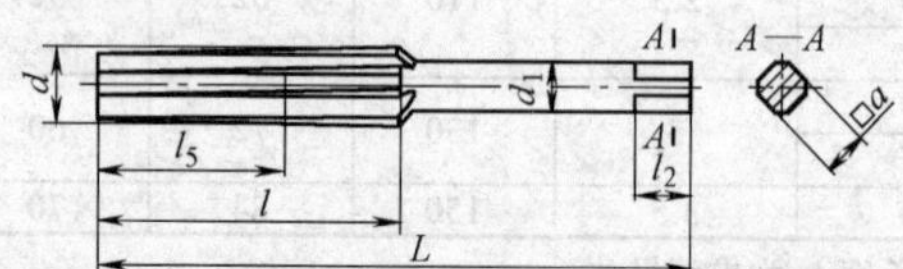

图 17-61　直径 d>5mm 的圆柄（带方头）的螺母丝锥

表 17-100 d>5mm 粗牙普通螺纹用螺母丝锥的基本尺寸 （单位：mm）

代号	公称直径 d	螺距 P	L	l	l_5	d_1	方头	
							a	l_2
M6	8	1	60	30	24	4.5	3.55	6
M8	8	1.25	65	36	31	6.3	5	8
M10	10	1.5	70	40	34	8	6.3	9
M12	12	1.75	80	47	70	9	7.1	10
M14	14	2	90	54	46	11.2	9	12
M16	16		95	58	50	12.5	10	13
M18	18	2.5	110	62	52	14	11.2	14
M20	20					16	12.5	16
M22	22					18	14	18
M24	24	3	130	72	60			
M27	27					22.4	18	22
M30	30	3.5	150	84	70	25	20	24
M33	33							
M36	36	4	175	96	80	28	22.4	26
M39	39					31.5	25	28
M42	42	4.5	195	108	90			
M45	45					35.5	28	31
M48	48	5	220	120	100			
M52	52					40	31.5	34

注：表中切削锥长度 l_5 为推荐尺寸。

表 17-101 d>5mm 细牙普通螺纹用螺母丝锥的基本尺寸 （单位：mm）

代 号	公称直径 d	螺距 P	L	l	l_5	d_1	方头	
							a	l_2
M6×0.75	6	0.75	55	22	17	4.5	3.55	6
M8×1	8	1	60	30	25	6.3	5	8
M8×0.75		0.75	55	22	17			
M10×1.25	10	1.25	65	36	30	8	6.3	9
M10×1		1	60	30	25			
M10×0.75		0.75	55	22	17			
M12×1.5	12	1.5	80	45	37	9	7.1	10
M12×1.25		1.25	70	36	30			
M12×1		1	65	30	25			
M14×1.5	14	1.5	80	45	37	11.2	9	12
M14×1		1	70	30	25			
M16×1.5	16	1.5	85	45	37	12.5	10	13
M16×1		1	70	30	25			

（续）

代　号	公称直径 d	螺距 P	L	l	l_5	d_1	方头	
							a	l_2
M18×2	18	2	100	54	44	14	11.2	14
M18×1.5		1.5	90	45	37			
M18×1		1	80	30	25			
M20×2	20	2	100	54	44	16	12.5	16
M20×1.5		1.5	90	45	37			
M20×1		1	80	30	25			
M22×2	22	2	100	54	44	18	14	18
M22×1.5		1.5	90	45	37			
M22×1		1	80	30	25			
M24×2	24	2	110	54	44	18	14	18
M24×1.5		1.5	100	45	37			
M24×1		1	90	30	25			
M27×2	27	2	110	54	44	22.4	18	22
M27×1.5		1.5	100	45	37			
M27×1		1	90	30	25			
M30×2	30	2	120	54	44	25	20	24
M30×1.5		1.5	110	45	37			
M30×1		1	100	30	25			
M33×2	33	2	120	55	44	25	20	24
M33×1.5		1.5	110	45	37			
M36×3	36	3	160	80	68	28	22.4	26
M36×2		2	135	55	46			
M36×1.5		1.5	125	45	37			
M39×3	39	3	160	80	68	31.5	25	28
M39×2		2	135	55	46			
M39×1.5		1.5	125	45	37			
M42×3	42	3	170	80	68			
M42×2		2	145	55	46			
M42×1.5		1.5	135	45	37			
M45×3	45	3	170	80	68	35.5	28	31
M45×2		2	145	55	46			
M45×1.5		1.5	135	45	37			
M48×3	48	3	180	80	68			
M48×2		2	155	55	46			
M48×1.5		1.5	145	45	37			
M52×3	52	3	180	80	68	40	31.5	34
M52×2		2	155	55	46			
M52×1.5		1.5	145	45	37			

注：表中切削锥长度 l_5 为推荐尺寸。

20. 螺旋槽丝锥（GB/T 3506—2008）

型式如图 17-62 所示，基本尺寸见表 17-102 和表 17-103。

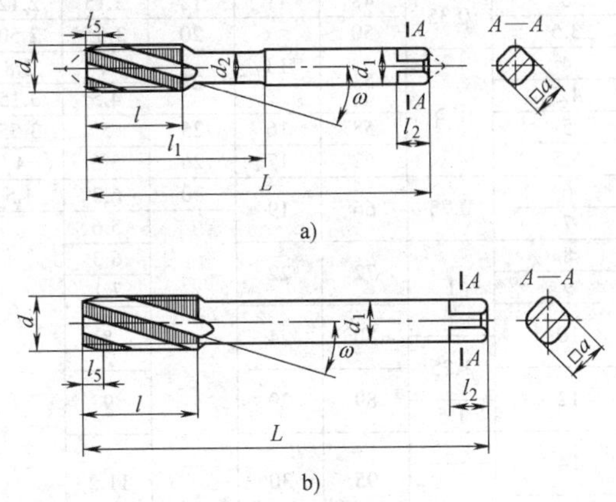

图 17-62 螺旋槽丝锥

a）适用于 M3 ~ M6 b）适用于 M7 ~ M33

表 17-102 粗牙普通螺纹用螺旋槽丝锥的基本尺寸 （单位：mm）

<table>
<tr><th>代号</th><th>公称直径 d</th><th>螺距 P</th><th>L</th><th>l</th><th>l_1</th><th>d_1</th><th>$d_2 \geqslant$</th><th>a</th><th>l_2</th></tr>
<tr><td>M3</td><td>3</td><td>0.5</td><td>48</td><td>11</td><td>18</td><td>3.15</td><td>2.12</td><td>2.5</td><td rowspan="2">5</td></tr>
<tr><td>M3.5</td><td>3.5</td><td>0.6</td><td>50</td><td rowspan="3">13</td><td>20</td><td>3.55</td><td>2.5</td><td>2.8</td></tr>
<tr><td>M4</td><td>4</td><td>0.7</td><td rowspan="2">53</td><td rowspan="2">21</td><td>4</td><td>2.8</td><td>3.15</td><td rowspan="2">6</td></tr>
<tr><td>M4.5</td><td>4.5</td><td>0.75</td><td>4.5</td><td>3.15</td><td>3.55</td></tr>
<tr><td>M5</td><td>5</td><td>0.8</td><td>58</td><td>16</td><td>25</td><td>5</td><td>3.55</td><td>4</td><td>7</td></tr>
<tr><td>M6</td><td>6</td><td rowspan="2">1</td><td rowspan="2">66</td><td rowspan="2">19</td><td>30</td><td>6.3</td><td>4.5</td><td>5</td><td>8</td></tr>
<tr><td>M7</td><td>7</td><td rowspan="15">—</td><td>5.6</td><td rowspan="15">—</td><td>4.5</td><td>7</td></tr>
<tr><td>M8</td><td>8</td><td rowspan="2">1.25</td><td rowspan="2">72</td><td rowspan="2">22</td><td>6.3</td><td>5</td><td rowspan="2">8</td></tr>
<tr><td>M9</td><td>9</td><td>7.1</td><td>5.6</td></tr>
<tr><td>M10</td><td>10</td><td rowspan="2">1.5</td><td>80</td><td>24</td><td rowspan="2">8</td><td rowspan="2">6.3</td><td rowspan="2">9</td></tr>
<tr><td>M11</td><td>11</td><td>85</td><td>25</td></tr>
<tr><td>M12</td><td>12</td><td>1.75</td><td>89</td><td>29</td><td>9</td><td>7.1</td><td>10</td></tr>
<tr><td>M14</td><td>14</td><td rowspan="2">2</td><td>95</td><td>30</td><td>11.2</td><td>9</td><td>12</td></tr>
<tr><td>M16</td><td>16</td><td>102</td><td>32</td><td>12.5</td><td>10</td><td>13</td></tr>
<tr><td>M18</td><td>18</td><td rowspan="3">2.5</td><td rowspan="2">112</td><td rowspan="2">37</td><td rowspan="2">14</td><td rowspan="2">11.2</td><td rowspan="2">14</td></tr>
<tr><td>M20</td><td>20</td></tr>
<tr><td>M22</td><td>22</td><td>118</td><td>38</td><td>16</td><td>12.5</td><td>16</td></tr>
<tr><td>M24</td><td>24</td><td rowspan="2">3</td><td>130</td><td rowspan="2">45</td><td>18</td><td>14</td><td>18</td></tr>
<tr><td>M27</td><td>27</td><td>135</td><td>20</td><td>16</td><td>20</td></tr>
</table>

注：允许无空刀槽，无空刀槽时螺纹部分长度尺寸应为 $l+(l_1-l)/2$。

表 17-103 细牙普通螺纹用螺旋槽丝锥的基本尺寸 （单位：mm）

代号	公称直径 d	螺距 P	L	l	l_1	d_1	$d_2 \geqslant$	a	l_2
M3×0.35	3	0.35	48	11	18	3.15	2.12	2.50	5
M3.5×0.35	3.5		50	13	20	3.55	2.50	2.80	
M4×0.5	4	0.5	53		21	4	2.8	3.15	6
M4.5×0.5	4.5					4.5	3.15	3.55	
M5×0.5	5		58	16	25	5	3.55	4	7
M5.5×0.5	5.5		62	17	26	5.6	4	4.5	
M6×0.75	6	0.75	66	19	30	6.3	4.5	5	8
M7×0.75	7					5.6		4.5	7
M8×1	8	1	72	22		6.3		5	8
M9×1	9					7.1		5.6	
M10×1	10		80	24		8		6.3	9
M10×1.25		1.25							
M12×1.25	12		89	29		9		7.1	10
M12×1.5		1.5							
M14×1.25	14	1.25	95	30		11.2		9	12
M14×1.5		1.5			—		—		
M15×1.5	15								
M16×1.5	16		102	32		12.5		10	13
M17×1.5	17								
M18×1.5	18		112	37		14		11.2	14
M18×2		2							
M20×1.5	20	1.5							
M20×2		2							
M22×1.5	22	1.5	118	38		16		12.5	16
M22×2		2							
M24×1.5	24	1.5	130	45		18		14	18
M24×2		2							
M25×1.5	25	1.5							
M25×2		2							
M27×1.5	27	1.5	127	37		20		16	20
M27×2		2							
M28×1.5	28	1.5							
M28×2		2			—		—		
M30×1.5	30	1.5							
M30×2		2							
M30×3		3	138	48					
M32×1.5	32	1.5	137	37		22.4		18	22
M32×2		2							
M33×1.5	33	1.5							
M33×2		2							
M33×3		3	151	51					

注：允许无空刀槽，无空刀槽时螺纹部分长度尺寸应为 $l+(l_1-l)/2$。

21. 圆柱和圆锥管螺纹丝锥（GB/T 20333—2006）

（1）G系列和Rp系列圆柱管螺纹丝锥　型式如图17-63所示，尺寸见表17-104。

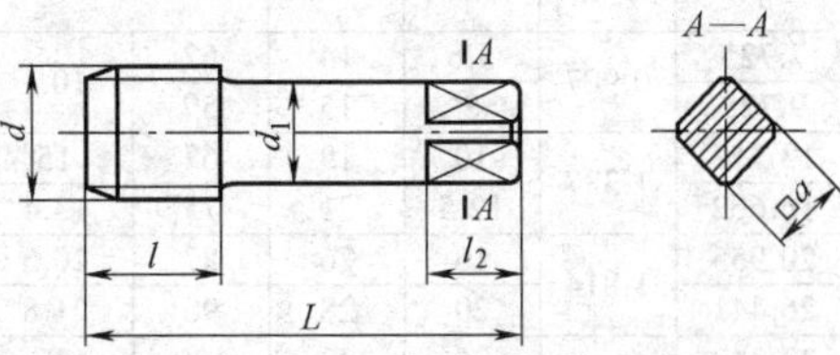

图17-63　G系列和Rp系列圆柱管螺纹丝锥

表17-104　G系列和Rp系列圆柱管螺纹丝锥尺寸　（单位：mm）

螺纹代号	每英寸牙数	基本直径 d	螺距 $P\approx$	d_1	l	L	方头	
							a	l_2
1/16	28	7.723	0.907	5.6	14	52	4.5	7
1/8	28	9.728		8	15	59	6.3	9
1/4	19	13.157	1.337	10	19	67	8	11
3/8	19	19.662		12.5	21	75	10	13
1/2	14	20.955	1.814	16	26	87	12.5	16
(5/8)	14	22.911		18		91	14	18
3/4	14	26.441		20	28	96	16	20
(7/8)	14	30.201		22.4	29	102	18	22
1	11	23.249	2.309	25	33	109	20	24
1 1/4	11	41.910		31.5	36	119	25	28
1 1/2	11	47.803		35.5	37	125	28	31
(1 3/4)	11	53.746			39	132		
2	11	59.614		40	41	140	31.5	34
(2 1/4)	11	65.710			42	142		
2 1/2	11	75.184		45	45	153	35.5	38
3	11	87.884		50	48	164	40	42
3 1/2	11	100.330		63	50	173	50	51
4	11	113.03		71	53	185	56	56

注：表内括号内的尺寸应尽可能避免使用。

（2）Rc系列圆锥管螺纹丝锥　外形如图17-64所示，尺寸见表17-105。

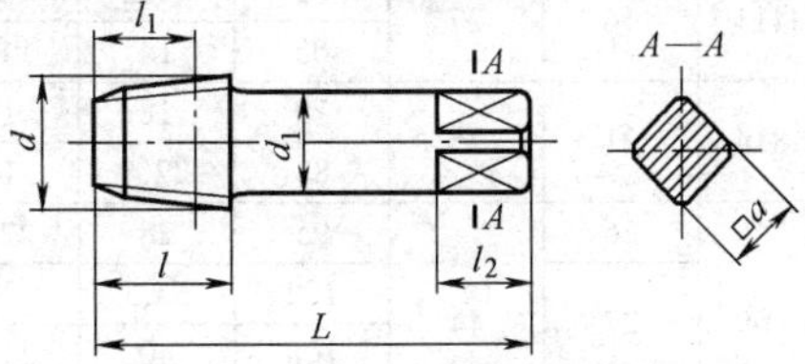

图17-64　Rc系列圆锥管螺纹丝锥

表 17-105 Rc 系列圆锥管螺纹丝锥尺寸 （单位：mm）

螺纹代号	每英寸牙数	基本直径 d	螺距 $P\approx$	d_1	l	L	l_1 ≤	方头	
								a	l_2
1/16	28	7.723	0.907	5.6	14	52	10.1	4.5	7
1/8	28	9.728		8	15	59		6.3	9
1/4	19	13.157	1.337	10	19	67	15	8	11
3/8	19	16.662		12.5	21	75	15.4	10	13
1/2	14	20.955	1.814	16	26	87	20.5	12.5	16
3/4	14	26.441		20	28	96	21.8	16	20
1	11	33.249	2.309	25	33	109	26	20	24
1 1/4	11	41.910		31.5	36	119	28.3	25	28
1 1/2	11	47.803		35.5	37	125	28.3	28	31
2	11	59.614		40	41	140	32.7	31.5	34
2 1/2	11	75.184		45	45	153	37.1	35.5	38
3	11	87.384		50	48	164	40.2	40	42
3 1/2	11	100.33		63	50	173	41.9	50	51
4	11	113.030		71	53	185	46.2	56	56

（3）60°圆锥管螺纹丝锥（JB/T 8364.2—2010）

型式如图 17-65 所示，基本尺寸见表 7-106。

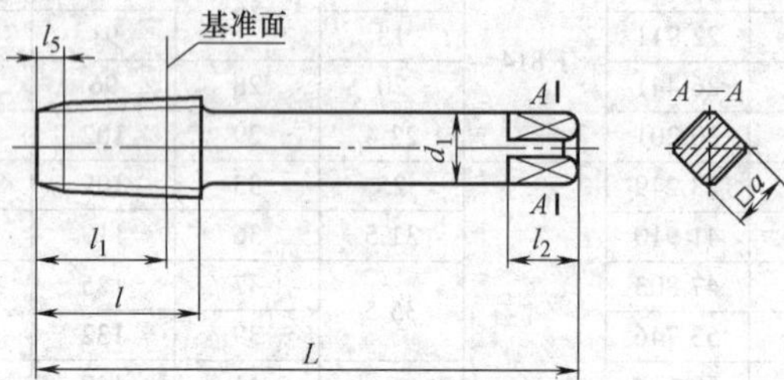

图 17-65 60°圆锥管螺纹丝锥

表 17-106 60°圆锥管螺纹丝锥的基本尺寸 （单位：mm）

代号	每 25.4mm 内的牙数	螺距 P	l_1	l	L	d_1	a	l_2	(l_5)
NPT1/16	27	0.941	11	17	54	8.0	6.3	9	2.8
NPT1/8				19					
NPT1/4	18	1.411	16	27	62	11.2	9	12	4.3
NPT3/8					65	14	11.2	14	
NPT1/2	14	1.814	21	35	79	18	14	18	5.5
NPT3/4					83	22.4	18	22	
NPT1	11.5	2.209	26	44	95	28	22.4	26	6.7
NPT1 1/4			27		102	35.5	28	31	
NPT1 1/2					108	40	31.5	34	
NPT2			28		108	50	40	42	

22. 圆板牙（GB/T 970.1—2008）

型式如图 17-66 所示，基本尺寸见表 17-107 和表 17-108。

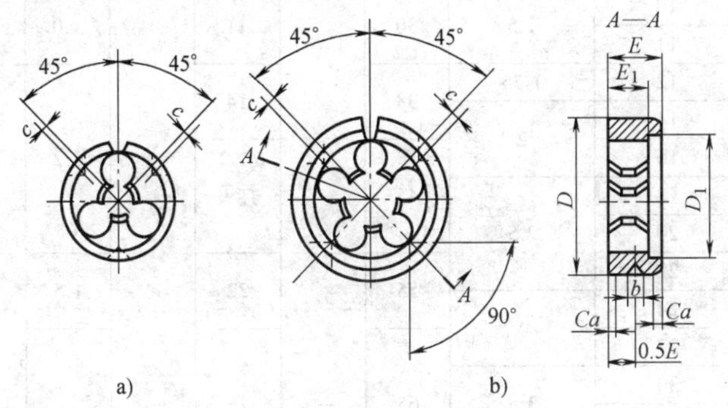

图 17-66 圆板牙

a）D=16mm 和 20mm b）$D \geqslant$25mm

注：1. 容屑孔数不作规定。

2. 切削锥由制造厂自定，但至少有一端切削锥长度应符合螺纹收尾（GB/T 3—1997）的规定。

表 17-107 粗牙普通螺纹用圆板牙的基本尺寸

（单位：mm）

<table>
<tr><th>代号</th><th>公称直径 d</th><th>螺距 P</th><th>D</th><th>D_1</th><th>E</th><th>E_1</th><th>c</th><th>b</th><th>a</th></tr>
<tr><td>M1</td><td>1</td><td rowspan="3">0.25</td><td rowspan="9">16</td><td rowspan="9">11</td><td rowspan="12">5</td><td rowspan="3">2</td><td rowspan="12">0.5</td><td rowspan="9">3</td><td rowspan="12">0.2</td></tr>
<tr><td>M1.1</td><td>1.1</td></tr>
<tr><td>M1.2</td><td>1.2</td></tr>
<tr><td>M1.4</td><td>1.4</td><td>0.3</td><td rowspan="3">2.5</td></tr>
<tr><td>M1.6</td><td>1.6</td><td rowspan="2">0.35</td></tr>
<tr><td>M1.8</td><td>1.8</td></tr>
<tr><td>M2</td><td>2</td><td>0.4</td><td rowspan="3">3</td></tr>
<tr><td>M2.2</td><td>2.2</td><td rowspan="2">0.45</td></tr>
<tr><td>M2.5</td><td>2.5</td></tr>
<tr><td>M3</td><td>3</td><td>0.5</td><td rowspan="6">20</td><td rowspan="9">—</td><td rowspan="9">—</td><td rowspan="6">4</td></tr>
<tr><td>M3.5</td><td>3.5</td><td>0.6</td></tr>
<tr><td>M4</td><td>4</td><td>0.7</td></tr>
<tr><td>M4.5</td><td>4.5</td><td>0.75</td><td rowspan="3">7</td><td rowspan="3">0.6</td><td rowspan="6">0.5</td></tr>
<tr><td>M5</td><td>5</td><td>0.8</td></tr>
<tr><td>M6</td><td>6</td><td rowspan="2">1</td></tr>
<tr><td>M7</td><td>7</td><td rowspan="3">25</td><td rowspan="3">9</td><td rowspan="3">0.8</td><td rowspan="3">5</td></tr>
<tr><td>M8</td><td>8</td><td rowspan="2">1.25</td></tr>
<tr><td>M9</td><td>9</td></tr>
</table>

（续）

<table>
<tr><th>代号</th><th>公称直径 d</th><th>螺距 P</th><th>D</th><th>D_1</th><th>E</th><th>E_1</th><th>c</th><th>b</th><th>a</th></tr>
<tr><td>M10</td><td>10</td><td rowspan="2">1.5</td><td rowspan="2">30</td><td rowspan="22">—</td><td rowspan="2">11</td><td rowspan="22">—</td><td rowspan="2">1.0</td><td rowspan="2">5</td><td rowspan="7">1</td></tr>
<tr><td>M11</td><td>11</td></tr>
<tr><td>M12</td><td>12</td><td>1.75</td><td rowspan="2">38</td><td rowspan="2">14</td><td rowspan="5">1.2</td><td rowspan="5">6</td></tr>
<tr><td>M14</td><td>14</td><td rowspan="2">2</td></tr>
<tr><td>M16</td><td>16</td><td rowspan="3">45</td><td rowspan="3">18①</td></tr>
<tr><td>M18</td><td>18</td><td rowspan="3">2.5</td></tr>
<tr><td>M20</td><td>20</td></tr>
<tr><td>M22</td><td>22</td><td rowspan="2">55</td><td rowspan="2">22</td><td rowspan="2">1.5</td><td rowspan="11">8</td><td rowspan="15">2</td></tr>
<tr><td>M24</td><td>24</td><td rowspan="2">4</td></tr>
<tr><td>M27</td><td>27</td><td rowspan="4">65</td><td rowspan="4">25</td><td rowspan="6">1.8</td></tr>
<tr><td>M30</td><td>30</td><td rowspan="2">3.5</td></tr>
<tr><td>M33</td><td>33</td></tr>
<tr><td>M36</td><td>36</td><td rowspan="2">4</td></tr>
<tr><td>M39</td><td>39</td><td rowspan="2">75</td><td rowspan="2">30</td></tr>
<tr><td>M42</td><td>42</td><td rowspan="2">4.5</td></tr>
<tr><td>M45</td><td>45</td><td rowspan="3">90</td><td rowspan="7">36</td><td rowspan="3">2</td></tr>
<tr><td>M48</td><td>48</td><td rowspan="2">5</td></tr>
<tr><td>M52</td><td>52</td></tr>
<tr><td>M56</td><td>56</td><td rowspan="2">5.5</td><td rowspan="2">105</td><td rowspan="4">2.5</td><td rowspan="4">10</td></tr>
<tr><td>M60</td><td>60</td></tr>
<tr><td>M64</td><td>64</td><td rowspan="2">6</td><td rowspan="2">120</td></tr>
<tr><td>M68</td><td>68</td></tr>
</table>

① 根据用户需要，M16 圆板牙的厚度 E 尺寸可按 14mm 制造。

表 17-108 细牙普通螺纹用圆板牙尺寸 （单位：mm）

<table>
<tr><th>代号</th><th>公称直径 d</th><th>螺距 P</th><th>D</th><th>D_1</th><th>E</th><th>E_1</th><th>c</th><th>b</th><th>a</th></tr>
<tr><td>M1×0.2</td><td>1</td><td rowspan="6">0.2</td><td rowspan="9">16</td><td rowspan="9">11</td><td rowspan="11">5</td><td rowspan="8">2</td><td rowspan="11">0.5</td><td rowspan="9">3</td><td rowspan="11">0.2</td></tr>
<tr><td>M1.1×0.2</td><td>1.1</td></tr>
<tr><td>M1.2×0.2</td><td>1.2</td></tr>
<tr><td>M1.4×0.2</td><td>1.4</td></tr>
<tr><td>M1.6×0.2</td><td>1.6</td></tr>
<tr><td>M1.8×0.2</td><td>1.8</td></tr>
<tr><td>M2×0.25</td><td>2</td><td rowspan="2">0.25</td></tr>
<tr><td>M2.2×0.25</td><td>2.2</td></tr>
<tr><td>M2.5×0.35</td><td>2.5</td><td rowspan="3">0.35</td><td>2.5</td></tr>
<tr><td>M3×0.35</td><td>3</td><td rowspan="2">20</td><td rowspan="2">15</td><td rowspan="2">3</td><td rowspan="2">4</td></tr>
<tr><td>M3.5×0.35</td><td>3.5</td></tr>
</table>

（续）

代号	公称直径 d	螺距 P	D	D_1	E	E_1	c	b	a
M4×0.5	4								
M4.5×0.5	4.5	0.5			5		0.5		0.2
M5×0.5	5		20					4	
M5.5×0.5	5.5								
M6×0.75	6				7		0.6		
M7×0.75	7	0.75		—		—			
M8×0.75	8								
M8×1		1	25		9		0.8		0.5
M9×0.75	9	0.75							
M9×1		1							
M10×0.75	10	0.75		24		8		5	
M10×1		1		—		—			
M10×1.25		1.25	30		11		1		
M11×0.75	11	0.75		24		8			
M11×1		1							
M12×1	12								
M12×1.25		1.25							
M12×1.5		1.5		—		—			
M14×1	14	1	38		10				
M14×1.25		1.25							
M14×1.5		1.5							
M15×1.5	15								
M16×1	16	1		36		10	1.2	6	
M16×1.5		1.5		—		—			1
M17×1.5	17								
M18×1	18	1		36		10			
M18×1.5		1.5	45	—	14	—			
M18×2		2							
M20×1	20	1		36		10			
M20×1.5		1.5		—		—			
M20×2		2							
M22×1	22	1		45		12			
M22×1.5		1.5		—		—			
M22×2		2							
M24×1	24	1	55	45	16	12	1.5	8	
M24×1.5		1.5							
M24×2		2		—		—			
M25×1.5	25	1.5							

（续）

代号	公称直径 d	螺距 P	D	D_1	E	E_1	c	b	a
M25×2	25	2	55	—	16	—	1.5		
M27×1		1		54		12			
M27×1.5	27	1.5							
M27×2		2		—		—			
M28×1		1		54		12			
M28×1.5	28	1.5			18				1
M28×2		2		—		—			
M30×1		1		54		12			
M30×1.5	30	1.5							
M30×2		2							
M30×3		3	65		25				
M32×1.5	32	1.5							
M32×2		2			18				
M33×1.5		1.5							
M33×2	33	2		—		—			
M33×3		3			25		1.8		
M35×1.5	35	1.5							
M36×1.5					18				
M36×2	36	2							
M36×3		3			25			8	
M39×1.5		1.5		63	20	16			
M39×2	39	2							
M39×3		3		—	30	—			
M40×1.5		1.5		63	20	16			2
M40×2	40	2		—		—			
M40×3		3	75		30				
M42×1.5		1.5		63	20	16			
M42×2	42	2							
M42×3		3		—	30	—			
M42×4		4							
M45×1.5		1.5		75	22	18			
M45×2	45	2							
M45×3		3		—	36	—			
M45×4		4							
M48×1.5		1.5	90	75	22	18	2		
M48×2	48	2							
M48×3		3		—	36	—			
M48×4		4							

（续）

代号	公称直径 d	螺距 P	D	D_1	E	E_1	c	b	a
M50×1.5	50	1.5	90	75	22	18	2	8	2
M50×2		2		—		—			
M50×3		3			36				
M52×1.5	52	1.5		75	22	18			
M52×2		2		—		—			
M52×3		3			36				
M52×4		4							
M55×1.5	55	1.5	105	90	22	18	2.5	10	
M55×2		2		—		—			
M55×3		3			36				
M55×4		4							
M56×1.5	56	1.5		90	22	18			
M56×2		2		—		—			
M56×3		3			36				
M56×4		4							

注：根据需要本表中部分规格圆板牙的厚度 E 可按 GB/T 970.1—2008 的附录 A 生产。

23. 管螺纹圆板牙

（1）R 系列圆锥管螺纹圆板牙（GB/T 20328—2006） 型式如图 17-67 所示，基本尺寸见表 17-109。

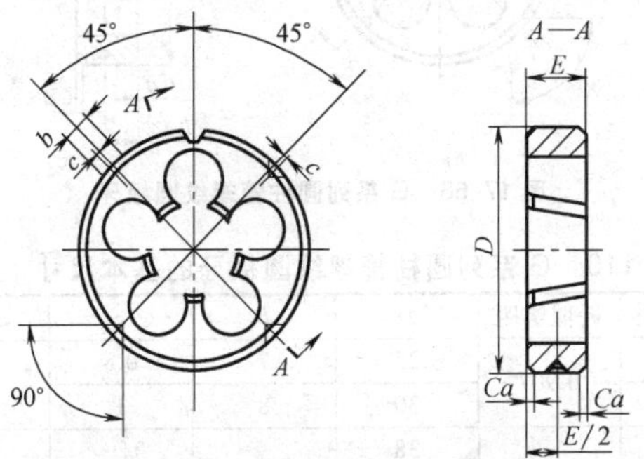

图 17-67 R 系列圆锥管螺纹圆板牙

表 17-109 R 系列圆锥管螺纹圆板牙的基本尺寸 （单位：mm）

代号	基本直径	近似螺距	D	E	c	b	a	最少完整螺纹牙数	最小完整牙的长度	基面距
1/16	7.723	0.907	25	11	1	5	1	6⅛	5.6	4
1/8	9.728		30							

（续）

代号	基本直径	近似螺距	D	E	c	b	a	最少完整螺纹牙数	最小完整牙的长度	基面距
1/4	13.157	1.337	38	14	1.2	6	1	6¼	8.4	6
3/8	16.662		45	18				6½	8.8	6.4
1/2	20.955	1.814		22	1.5	8	2	6¼	11.4	8.2
3/4	26.441		55					7	12.7	9.5
1	33.249	2.309	65	25	1.8			6¼	14.5	10.4
1¼	41.910		75	30				7¼	16.8	12.7
1½	47.803		90		2					
2	59.614		105	36	2.5	10		9⅛	21.1	15.9

注：最少完整螺纹牙数，最小完整牙的长度，基面距均为螺纹尺寸。仅供板牙设计时参考。

（2）G系列圆柱管螺纹圆板牙（GB/T 20324—2006）　型式如图17-68所示，基本尺寸见表17-110。

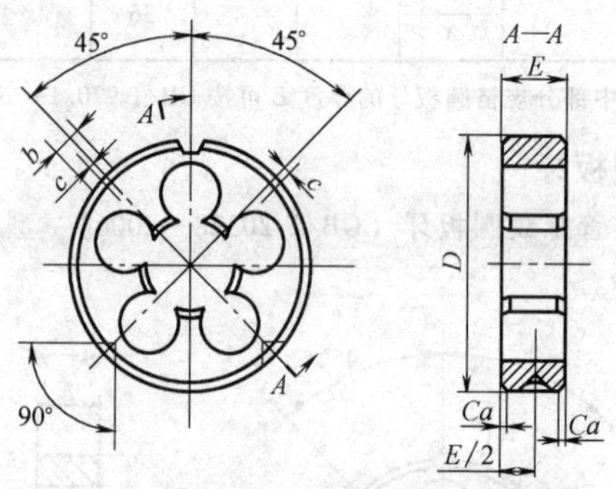

图17-68　G系列圆柱管螺纹圆板牙

表17-110　G系列圆柱管螺纹圆板牙的基本尺寸　（单位：mm）

代号	基本直径	近似螺距	D	E	c	b	a
1/16	7.723	0.907	25	7	0.8	5	0.5
1/8	9.728		30	8	1		1
1/4	13.157	1.337	38	10	1.2	6	
3/8	16.662		45(38)				
1/2	20.955	1.814	45	14			
5/8	22.911		55(45)	16(14)	1.5	8	
3/4	26.441		55	16			
7/8	30.201		65				
1	33.249	2.309		18	1.8		
1¼	41.910		75	20			2

（续）

代号	基本直径	近似螺距	D	E	c	b	a
1½	47.803	2.309	90	22	2	8	2
1¾	53.746				2.5	10	
2	59.614		105				
2¼	65.710		120				

注：括号内尺寸尽量不采用，如果采用，应作标识。

（3）60°圆锥管螺纹圆板牙（JB/T 8364.1—2010）　型式如图17-69所示，基本尺寸见表17-111。

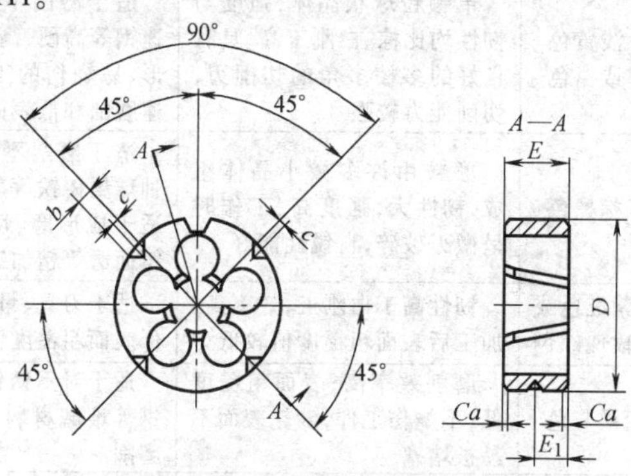

图17-69　60°圆锥管螺纹圆板牙

表17-111　60°圆锥管螺纹圆板牙的基本尺寸（单位：mm）

代号	每25.4mm内的牙数	螺距 P	D	E	E_1	c	b	a
NPT1/16	27	0.941	30	11	5.5	1.0	5	1.0
NPT1/8								
NPT1/4	18	1.411	38	16	7.0	1.2	6	
NPT3/8			45	18	9.0			
NPT1/2	14	1.814	45	22	11.0	1.5	8	2.0
NPT3/4			55					
NPT1	11.5	2.209	65	26	12.5	1.8		
NPT1¼			75	28	15			
NPT1½			90		18	2.0		
NPT2			105	30		2.5	10	

四、普通磨料磨具

1. 普通磨料（GB/T 2476—2016）

（1）种类及用途（见表17-112）

表 17-112　普通磨料的种类及用途

磨料种类	名称及代号	色泽	特性	适用范围
刚玉系列	棕刚玉 A(GZ)	棕褐色	硬度较高，韧性较大	适于磨削抗拉强度较高的金属材料。如碳钢、合金钢、可锻铸铁、硬青铜等
	白刚玉 WA(GB)	白色	硬度比棕刚玉高，韧性较棕刚玉低，易破碎，棱角锋利	适于磨削淬火钢、合金钢、高碳钢、高速钢以及加工螺纹及薄壁件等
	单晶刚玉 SA(GD)	浅黄色或白色	单颗粒球状晶体，强度与韧性均比棕、白刚玉高，具有良好的多棱多角的切削刃，切削能力较强	适于磨削不锈钢、高钒钢、高速钢等高硬、高韧性材料及易变形、易烧伤的工件，也适用于高速磨削和低表面粗糙度磨削
	微晶刚玉 MA(GW)	棕黑色	磨粒由许多微小晶体组成，韧性大，强度高，工作时呈微刃破碎，自锐性能好	适于磨削不锈钢、轴承钢、特种球墨铸铁等较难磨削材料，也适于成形磨、切入磨、高速磨及镜面磨等精加工
	铬刚玉 PA(GG)	紫红色或玫瑰红色	韧性高于白刚玉，效率高，加工后表面粗糙度值较低	适于刀具、量具、仪表、螺纹等低表面粗糙度值表面的磨削
	锆刚玉 ZA(GA)	褐灰色	磨削效率高，表面粗糙度低，不烧伤工件，砂轮表面不易被堵塞	适于对不锈钢、高钼钢和耐热钢等难磨材料的磨削和重负荷磨削
	黑刚玉 BA(GH)	黑色	又名人造金刚砂，硬度低，但韧性好，自锐性、亲水性能好	多用于研磨与抛光，并可用来制作树脂砂轮及砂布、砂纸等
碳化物系列	黑碳化硅 C(TH)	黑色	有光泽，硬度高，但性脆，导热性能好，棱角锋利，自锐性优于刚玉	适于磨削铸铁、黄铜、铅、锌等抗拉强度较低的金属材料，也适于加工各类非金属材料，如橡胶、塑料、矿石、耐火材料及热敏性材料的干磨等，也可用于珠宝、玉器的自由磨粒研磨等
	绿碳化硅 GC	绿色	硬度和脆性均较黑碳化硅为高，导热性好，棱角锋利，自锐性能好	主要用于硬质合金刀具和工件、螺纹和其他工具的精磨，适于加工宝石、玉石、钟表宝石轴承及贵重金属、半导体的切割、磨削和自由磨粒的研磨等
	立方碳化硅 SC	黄绿色	晶体呈立方形，强度高于黑碳化硅，脆性高于绿碳化硅，棱角锋锐	适于磨削韧而粘的材料，如不锈钢、轴承钢等，尤适于微型轴承沟槽的超精加工等
	碳化硼 BC(TP)	灰黑色	在普通磨料中硬度最高，磨粒棱角锐利，耐磨性能好	适于硬质合金、宝石、玉石、陶瓷等材料做的刀具、模具，精密元件的钻孔、研磨和抛光

注：括号内为磨料旧代号。

（2）粒度、基本尺寸及使有范围（见表 17-113）

表 17-113 普通磨料的粒度、基本尺寸及使用范围

磨料种类	粒度	基本尺寸/μm	使用范围
磨粒	F4	>4750	粗磨、荒磨毛坯等
	F5	4750~4000	
	F6	4000~3350	
	F7	3350~2800	
	F8	2800~2360	
	F10	2360~2000	
	F12	2000~1700	
	F14	1700~1400	磨钢锭，铸件去毛刺，切断钢坯等
	F16	1400~1180	
	F20	1180~1000	
	F22	1000~850	
	F24	850~710	
	F30	710~600	
	F36	600~500	一般平磨、外圆磨和无心磨
	F40	500~425	
	F46	425~355	
	F54	355~300	精磨和刀具刃磨
	F60	300~250	
	F70	250~212	
	F80	212~180	
	F90	180~150	
	F100	150~125	
	F120	125~106	精磨，珩磨，磨螺纹
	F150	106~75	
	F180	75~63	
	F220	63~53	
微粉	F230	56~50	精磨，珩磨，磨螺纹
	F240	46.5~42.5	
	F280	38~35	
	F320	30.7~27.7	
	F360	24.3~21.3	
	F400	18.3~16.3	
	F500	13.8~11.8	
	F600	10.3~8.3	精细研磨，镜面磨削
	F800	7.5~5.5	
	F1000	5.3~3.7	
	F1200	3.5~2.5	
	F1500	2.4~1.6	研磨、抛光
	F2000	1.5~0.9	

2. 固结磨具的符号及特征值的标记（GB/T 2484—2006）

（1）符号（见表17-114）

表17-114 固结磨具相关符号及其含义

符 号	含 义
A	砂瓦小底的宽度
B	砂瓦、磨石的宽度
C	砂瓦、磨石的厚度
D	磨具的外径
E	杯形、碟形、钹形砂轮孔处的厚度
F	第一凹面的深度
G	第二凹面的深度
H	磨具孔径
J	碗形、碟形、斜边形和凸形砂轮的最小直径
K	碗形和碟形砂轮的内底径
L	砂瓦、磨石的长度、磨头孔深度和带柄磨头柄的长度
N	锥面深度
P	凹槽直径
R	凹形砂轮、砂瓦、磨头和带柄磨头的弧形半径
S	带柄磨头柄的直径
T	总厚度
U	斜边形、凸形和钹形砂轮的最小厚度，如4型和38型砂轮
W	杯形、碗形、筒形和碟形砂轮的环端面宽度
V	圆周型面角度
X	圆周型面其他尺寸
⬇	表示固结磨具磨削面的符号

（2）形状代号和特征值的标记（见表17-115）

表17-115 固结磨具的示意图及特征值的标记

型号	示意图	特征值的标记
1	T H D	平形砂轮 1型-圆周型面-$D \times T \times H$
2	T W D	粘结或夹紧用筒形砂轮 2型-$D \times T \times W$

（续）

型号	示意图	特征值的标记
3	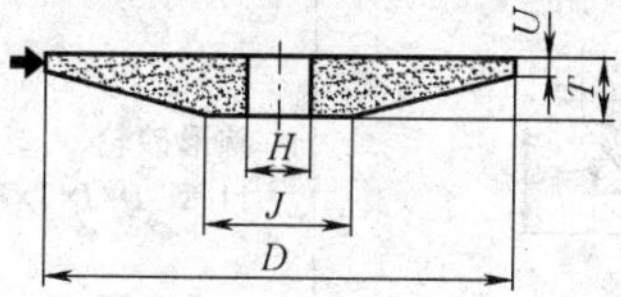	单斜边砂轮 3 型-$D/J \times T \times H$
4	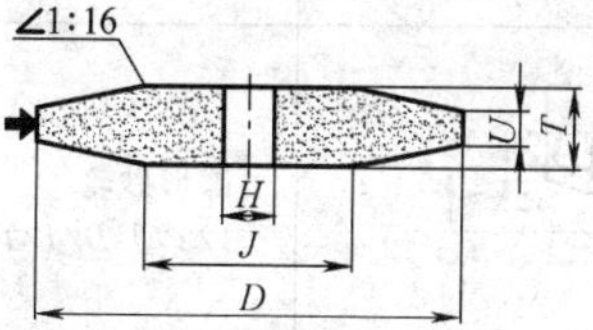	双斜边砂轮 4 型-$D \times T \times H$
5	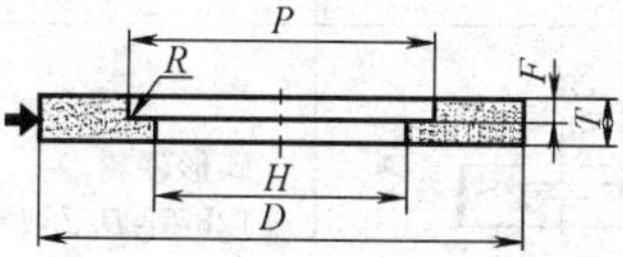	单面凹砂轮 5 型-圆周型面-$D \times T \times H$-$P \times F$
6	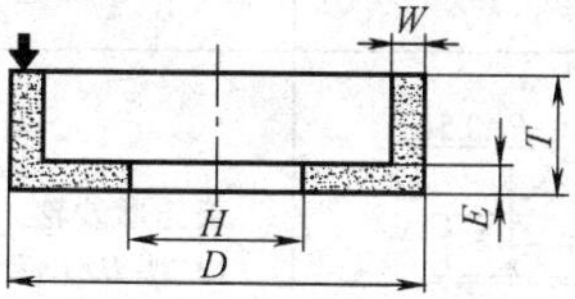	杯形砂轮 6 型-$D \times T \times H$-$W \times E$
7	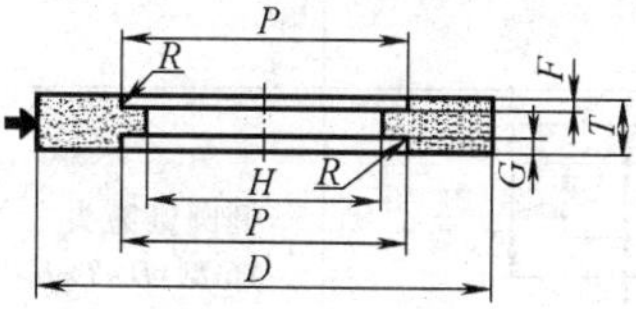	双面凹一号砂轮 7 型-圆周型面-$D \times T \times H$-$P \times F/G$
8	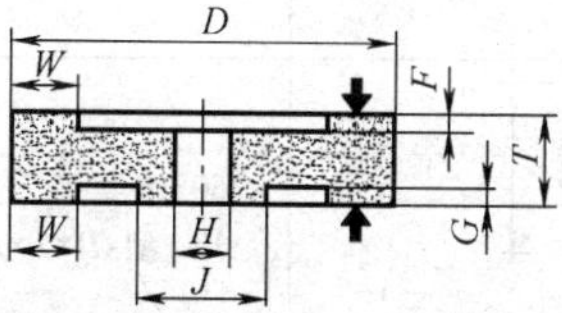	双面凹二号砂轮 8 型-$D \times T \times H$-$W \times J \times F/G$
9	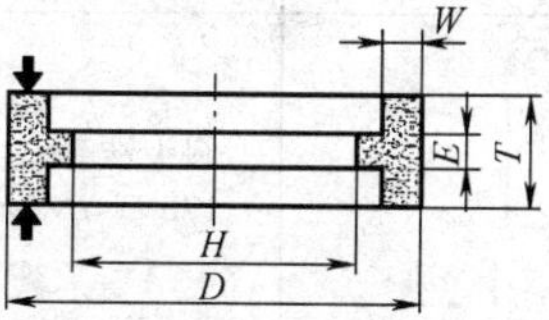	双杯形砂轮 9 型-$D \times T \times H$-$W \times E$

（续）

型号	示意图	特征值的标记
11	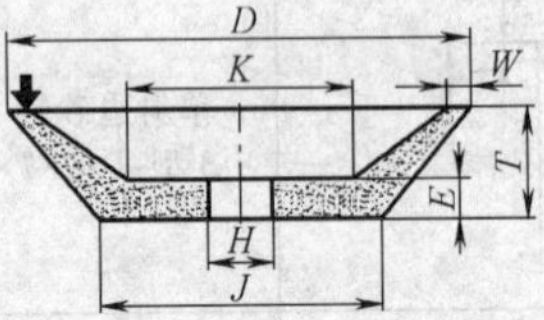	碗形砂轮 11 型-$D/J\times T\times H$-$W\times E$
12a	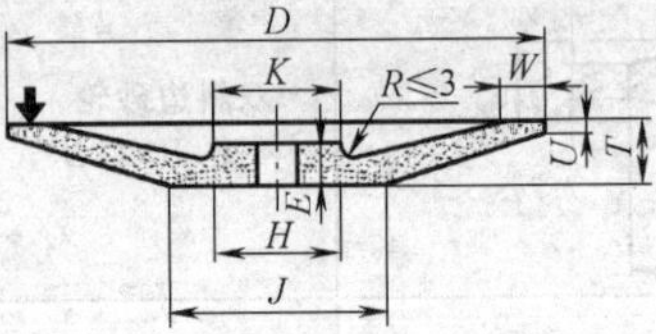	碟形砂轮 12a 型-$D/J\times T\times H$
12b	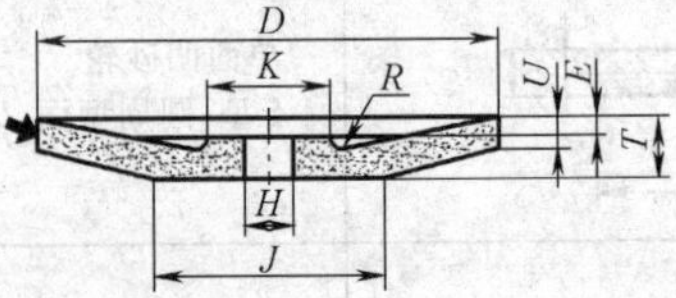	碟形砂轮 12b 型-$D/J\times T\times H$-U
13	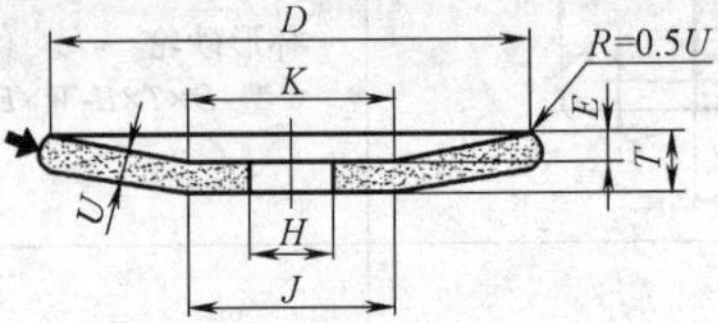	茶托形砂轮 13 型-$D/J\times T/U\times H$-K
16	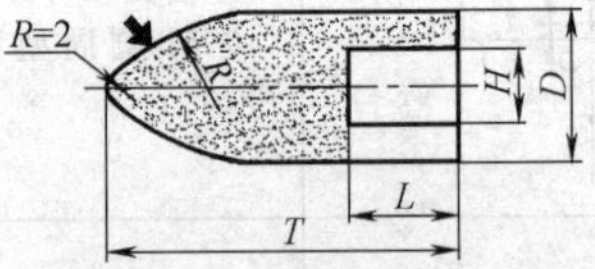	椭圆锥磨头 16 型-$D\times T\times H$
17a	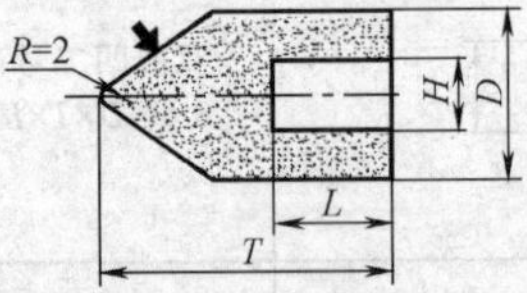	60°锥磨头 17a 型-$D\times T\times H$
17b	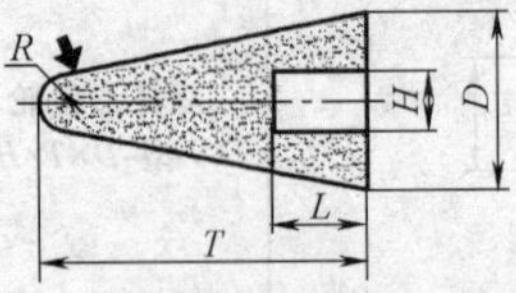	圆头锥磨头 17b 型-$D\times T\times H$

（续）

型号	示意图	特征值的标记
17c		截锥磨头 17c 型-$D×T×H$
18a		圆柱形磨头 18a 型-$D×T×H$
18b		半球形磨头 18b 型-$D×T×H$
19		球形磨头 19 型-$D×T×H$
20		单面锥砂轮 20 型-$D/K×T/N×H$
21		双面锥砂轮 21 型-$D/K×T/N×H$
22		单面凹单面锥砂轮 22 型-$D/K×T/N×H\text{-}P×F$

（续）

型号	示意图	特征值的标记
23	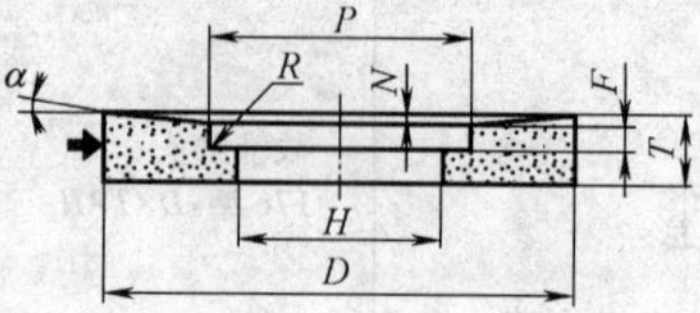	单面凹锥砂轮 23 型-$D\times T/N\times H-P\times F$
24	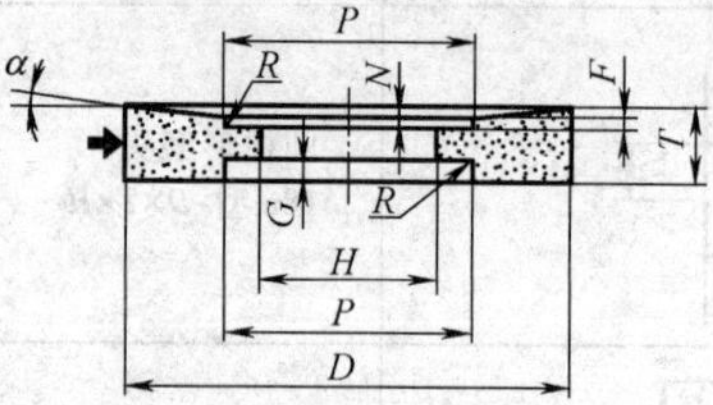	双面凹单面锥砂轮 24 型-$D\times T/N\times H-P\times F/G$
25	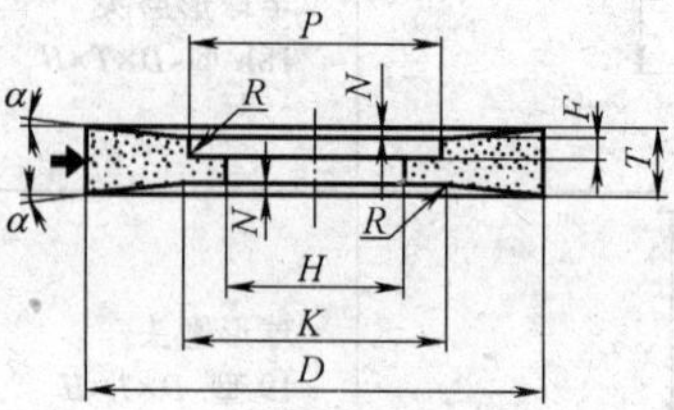	单面凹双面锥砂轮 25 型-$D/K\times T/N\times H-P\times F$
26	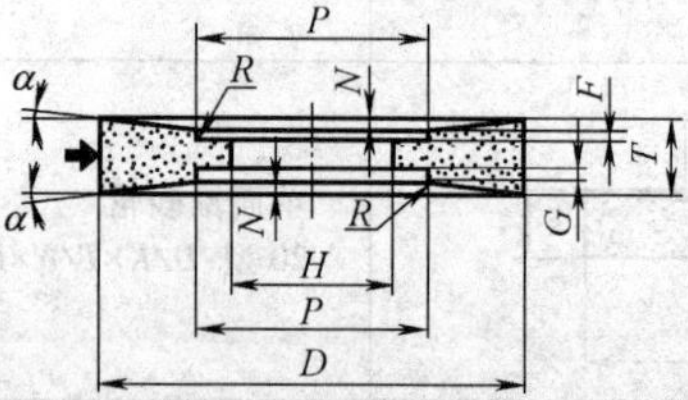	双面凹双面锥砂轮 26 型-$D\times T/N\times H-P\times F/G$
27	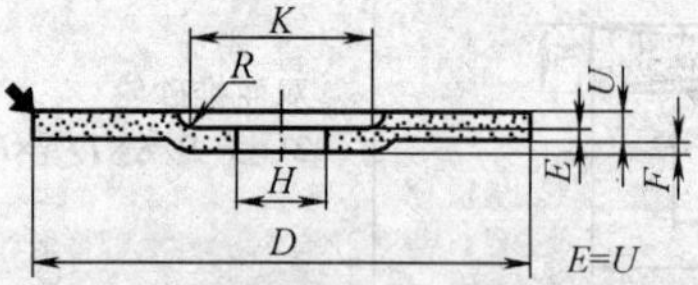	钹形砂轮 27 型-$D\times U\times H$
28	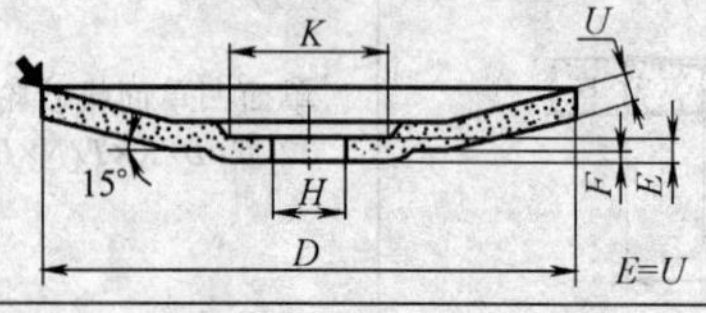	锥面钹形砂轮 28 型-$D\times U\times H$

（续）

型号	示意图	特征值的标记
31	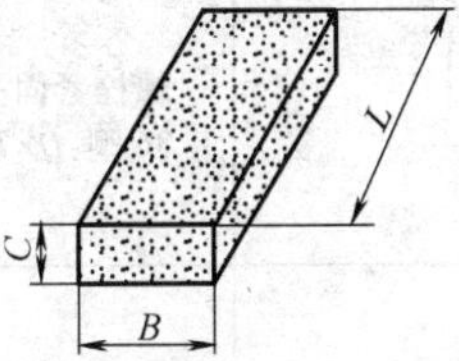	平形砂瓦 3101 型-$B \times C \times L$
	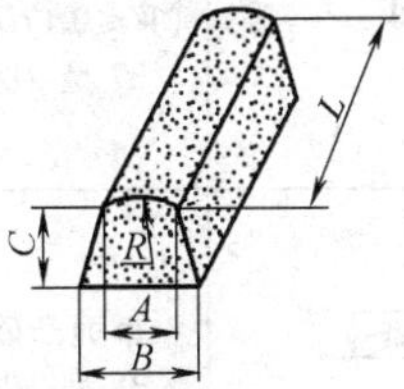	平凸形砂瓦 3102 型-$B \times A \times R \times L$
	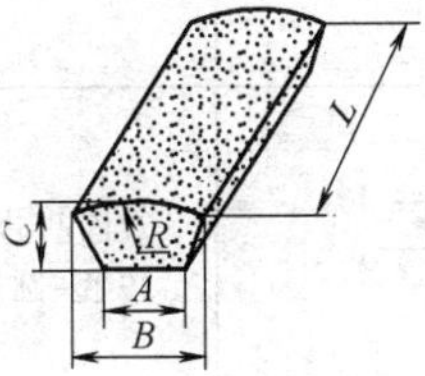	凸平形砂瓦 3103 型-$B \times A \times R \times L$
	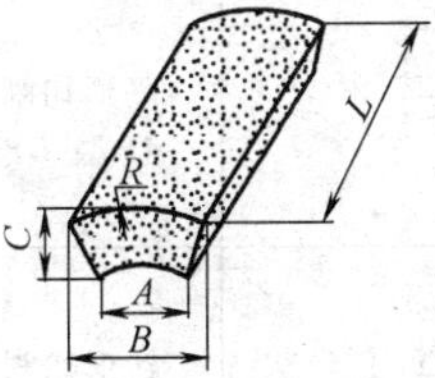	扇形砂瓦 3104 型-$B \times A \times R \times L$
	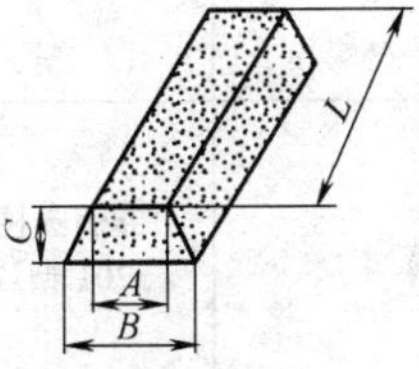	梯形砂瓦 3109 型-$B \times A \times C \times L$
35	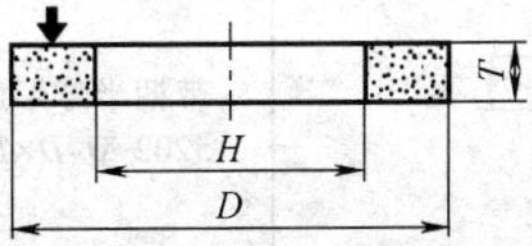	粘结或夹紧用圆盘砂轮 35 型-$D \times T \times H$

（续）

型号	示意图	特征值的标记
36	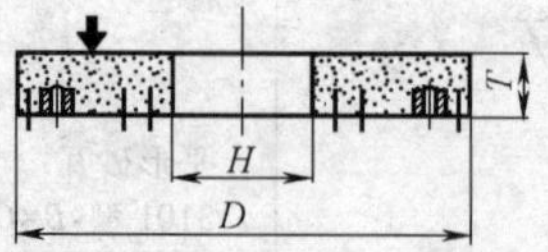	螺栓紧固平形砂轮 36 型-$D \times T \times H$-嵌装螺母
37	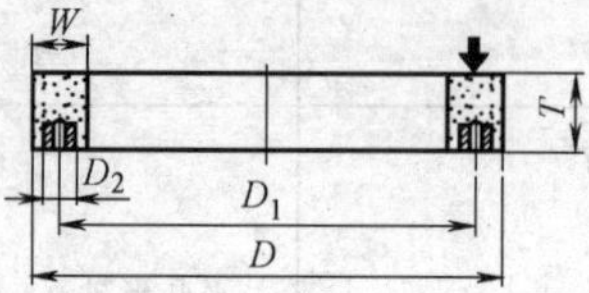	螺栓紧固筒形砂轮 （$W \leqslant 0.17D$） 37 型-$D \times T \times W$-嵌装螺母
38	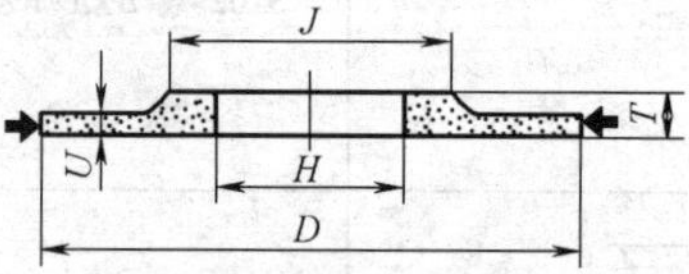	单面凸砂轮 38 型-圆周型面-$D/J \times T/U \times H$
39	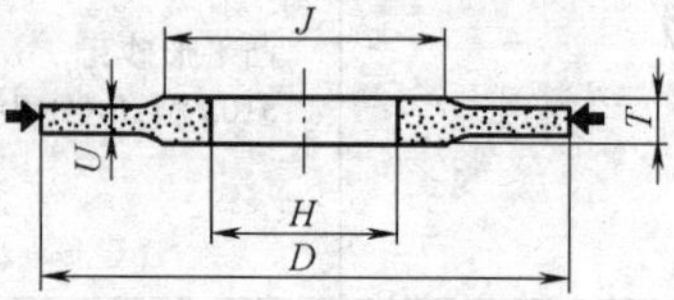	双面凸砂轮 39 型-圆周型面-$D/J \times T/U \times H$
41	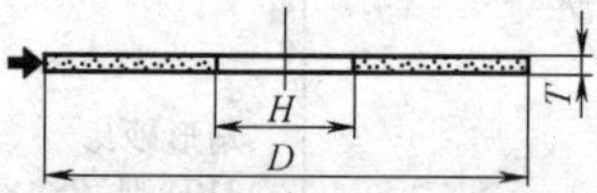	平形切割砂轮 41 型-$D \times T \times H$
42	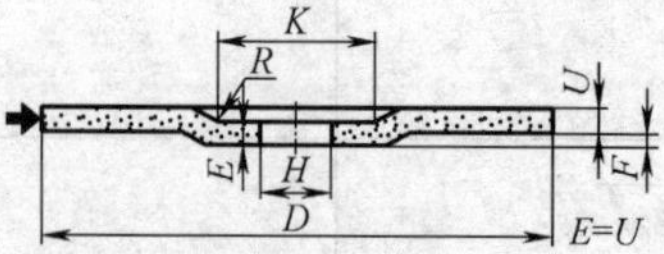 $E=U$	钹形切割砂轮 42 型-$D \times U \times H$
52	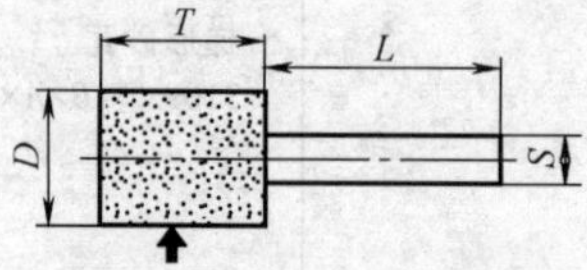	带柄圆柱磨头 5201 型-$D \times T \times S\text{-}L$
	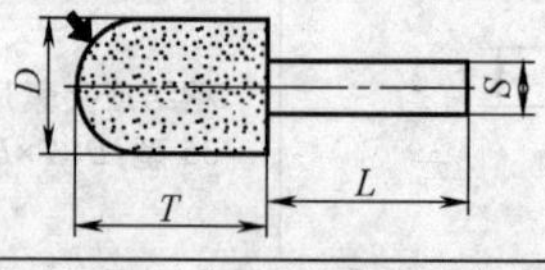	带柄半球形磨头 5202 型-$D \times T \times S\text{-}L$

（续）

型号	示 意 图	特征值的标记
52	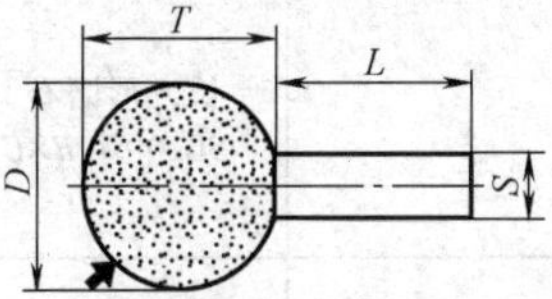	带柄球形磨头 5203 型-$D \times T \times S\text{-}L$
	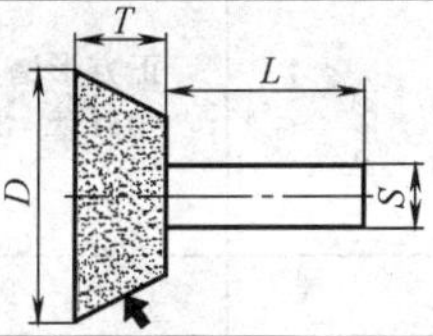	带柄截锥磨头 5204 型-$D \times T \times S\text{-}L$
	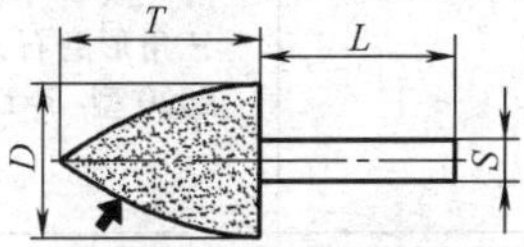	带柄椭圆锥磨头 5205 型-$D \times T \times S\text{-}L$
	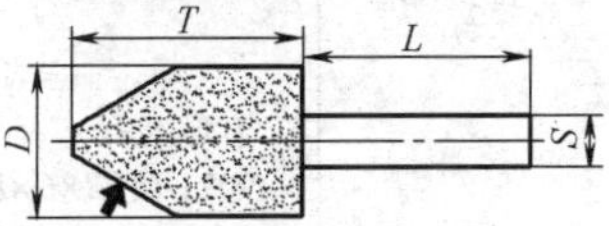	带柄 60°锥磨头 5206 型-$D \times T \times S\text{-}L$
	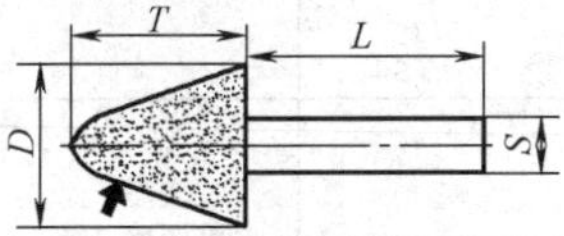	带柄圆头锥磨头 5207 型-$D \times T \times S\text{-}L$
54	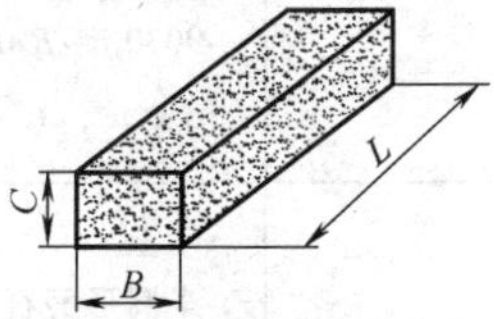	长方形珩磨磨石 5410 型-$B \times C\text{-}L$
	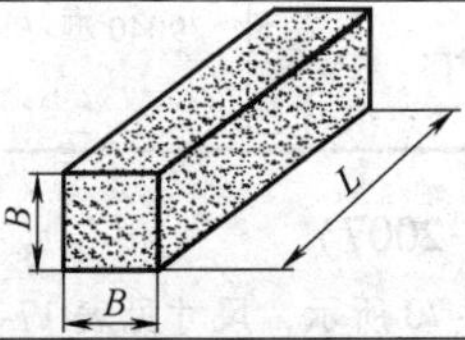	正方形珩磨磨石 5411 型-$B \times L$
	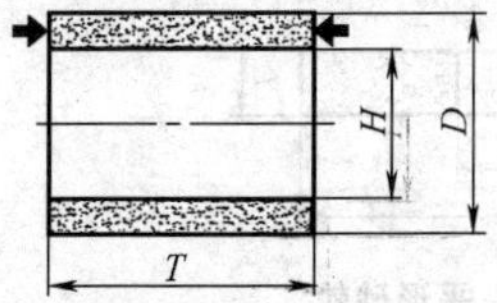	珩磨磨石 5420 型-$D \times T \times H$

（续）

型号	示意图	特征值的标记
90	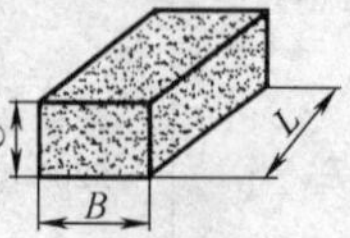	长方形磨石 9010 型-$B \times C \times L$
	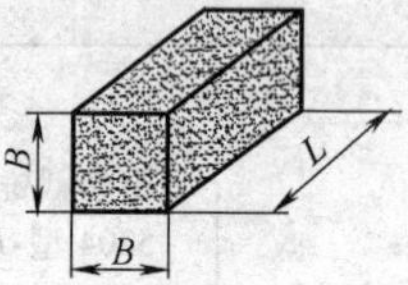	正方形磨石 9011 型-$B \times L$
	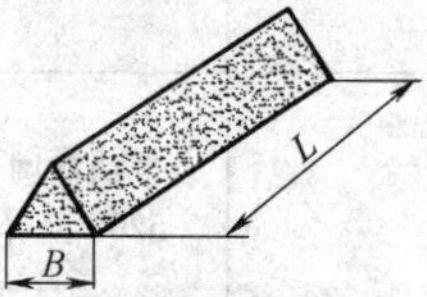	三角形磨石 9020 型-$B \times L$
	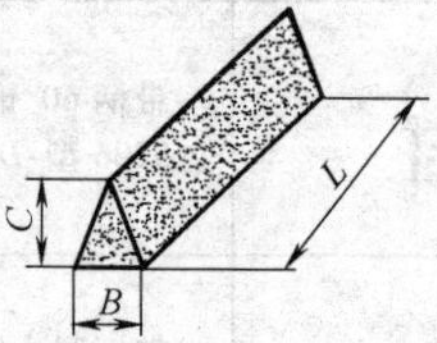	刀形磨石 9021 型-$B \times C \times L$
	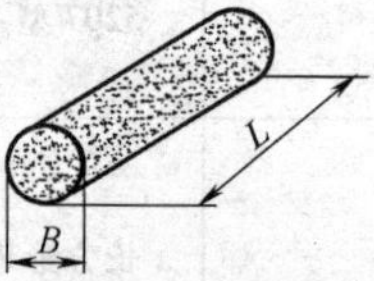	圆形磨石 9030 型-$B \times L$
	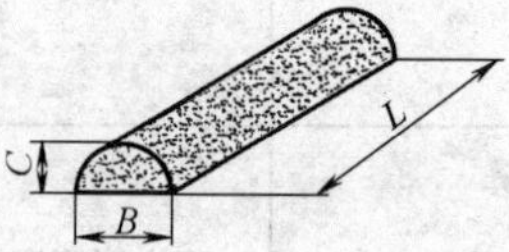	半圆形磨石 9040 型-$B \times C \times L$

3. 外圆磨砂轮（GB/T 4127.1—2007）

（1）1 型——平形砂轮　外形如图 17-70 所示，尺寸见表 17-116 和表 17-117。

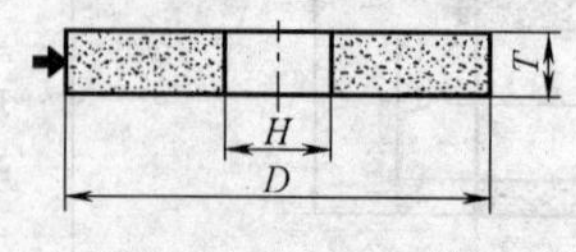

图 17-70　平形砂轮

表 17-116 1 型砂轮的尺寸（A 系列） （单位：mm）

D	T										H
	20	25	32	40	50	63	80	100	125	150	
250	×	×	×	×	—	—	—	—	—	—	76.2 127
300	×	×	×	×	×	—	—	—	—	—	76.2 127
350/356	—	×	×	×	×	×	—	—	—	—	127
400/406	—	—	×	×	×	×	×	—	—	—	127
450/457	—	—	×	×	×	×	×	—	—	—	127 203.2
500/508	—	—	×	×	×	×	×	—	—	—	203.2 304.8
600/610	×①	×①	×①	×	×	×	×	×	—	—	203.2 304.8
750/762	×①	×①	×①	×①	×	×	×	×	×	—	304.8
800/813	×①	×①	×①	×①	×	×	×	×	×	—	304.8
900/914	×①	×①	×①	×①	—	×	×	×	×	×	304.8 406.4
1060/1067	×①	×①	×①	×①	×①	×	×	×	×	×	304.8 406.4
1250	—	—	—	—	—	×	×	×	×	×	508

① 主要用于凸轮轴或曲轴磨削。

表 17-117 1 型砂轮的尺寸（B 系列） （单位：mm）

D	T															H
	19	25	32	35	40	47	50	63	75	80	100	120	125	150	220	
300	—	—	×	—	×	—	×	—	—	—	—	—	—	—	—	75、127
350	—	—	×	—	×	—	×	—	—	—	—	—	—	—	—	75、127、203
400	—	—	×	—	×	—	×	×	—	—	—	—	—	—	—	50、127、203
450	—	—	×	—	×	—	×	×	×	—	—	—	—	—	—	127、203
500	—	—	×	—	×	—	×	×	×	—	×	—	—	—	—	203、254、305
600	—	—	×	—	×	—	×	×	×	—	×	—	×	—	—	203、254、305
700	×	×	—	—	—	—	—	—	—	—	—	—	—	—	—	203
750	×	—	—	—	—	—	—	—	—	—	—	—	—	—	—	203
			×①	—	×①	—	×①	×①	×	—	×	—	×	×	×	305
760	—	—	—	—	×	—	—	—	—	—	—	—	—	—	—	203.2
900	×①	—	—	—	—	×①	—	—	—	—	—	—	—	—	—	304.8
	—	—	×①	—	×①	—	×①	×①	×①	×①	×	—	×	×	×	305、406.4
915	—	—	—	—	—	—	—	—	—	×	×	—	—	—	—	508
1060	—	—	—	×①	—	—	—	—	—	—	—	—	—	—	—	304.8

（续）

D	T															H
	19	25	32	35	40	47	50	63	75	80	100	120	125	150	220	
1100	—	—	—	—	—	×①	—	—	—	—	×	×	—	—	—	304.8、508
	—	—	×①	—	×①	×①	×①	×①	×①	×①	—	—	—	—	—	305
1200	—	—	—	—	—	—	—	—	—	—	—	×①	—	×①	—	
1250	—	—	—	—	—	—	—	—	×①	×①	—	—	—	—	—	
1400	—	—	—	—	×	—	×	×	×①	×①	×①	—	×①	×	×	305
1600	—	—	—	—	×	—	×	×	×①	×①	×①	—	×①	×	×	305、900

① 主要用于凸轮轴或曲轴磨削。

（2）5型——单面凹砂轮　外形如图17-71所示，尺寸见表17-118和表17-119。

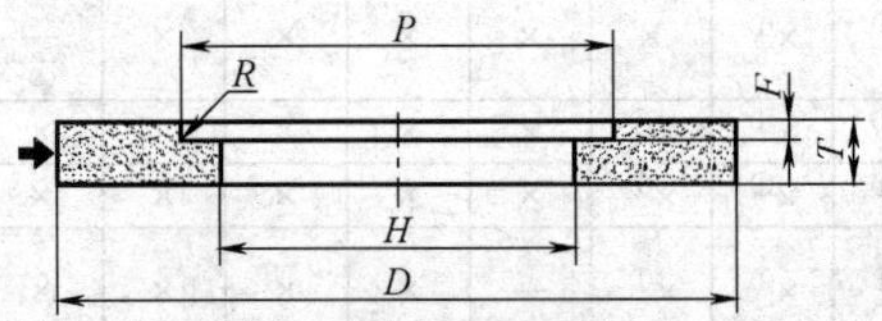

图17-71　单面凹砂轮

表17-118　5型砂轮的尺寸（A系列）　　（单位：mm）

D	T	H	P	F	R≤
300	40	76.2	150	13	3.2
	50				
300	40	127	190		5
	50				
350/356	40	127	215	13	
	50				
400/406	40			13	
	50				
450/457	63				
	80			25	
450/457	40	203.2	280	13	
	50				
	63				
	80			25	
500/508	40	203.2	400	13	8
	50				
	63				
	80			25	

（续）

D	T	H	P	F	R≤
500/508	40	304.8	400	13	
	50				
	63				
	80			25	
600/610	63	203.2	400	13	
	80			25	
	100			50	
600/610	63	304.8	400	13	8
	80			25	
	100			50	
750/762	63	304.8	400	13	
	80			25	
	100			50	
800/813	63	304.8	450	13	
	80			25	
	100			50	
900/914	63	304.8	450	13	
	80			25	
	100			50	
1060/1067	63	304.8	455	13	
	80			25	
	100			50	
	125			60	
	150			70	
1060/1067	63	508	720	13	
	80			25	
	100			50	
	125			60	
	150			70	

表 17-119 5 型砂轮的尺寸（B 系列） （单位：mm）

D	T	H	P	F	R≤
300	40	127	200	13	5
	50			20	
350	40			13	
	63			20	
400	50	203	265	20	
500	63			20	

（续）

D	T	H	P	F	R≤
500	75	305	375	25	5
	75、100、150			30	
600	75、100			25	
	150	250			
1050	100	305	460	31	
1200	82、152		470	22	
	110、120		850	25	
	150		500	60	

（3）7型——双面凹砂轮　外形如图17-72所示，尺寸见表17-120和表17-121。

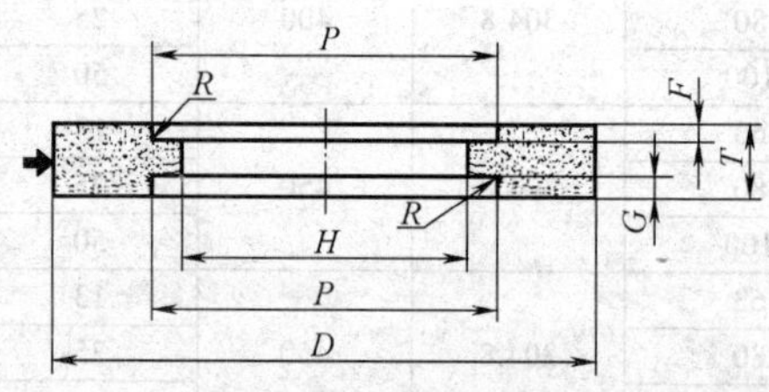

图17-72　双面凹砂轮

表17-120　7型砂轮的尺寸（A系列）　（单位：mm）

D	T	H	P	F	G	R≤
300	40	76.2	150	6	6	3.2
	50			10	10	
300	40	127	190	6	6	5
	50			10	10	
350/356	40	127	215	10	10	
	50					
400/406	40			10	10	
	50					
450/457	63			13	13	
	80					
450/457	50	203.2	280	10	10	8
	63			13	13	
	80					
500/508	40	203.2	400	10	10	
	50					
	63			13	13	
	80					

（续）

<table>
<tr><th>D</th><th>T</th><th>H</th><th>P</th><th>F</th><th>G</th><th>R≤</th></tr>
<tr><td rowspan="4">500/508</td><td>40</td><td rowspan="4">304.8</td><td rowspan="4">400</td><td rowspan="2">10</td><td rowspan="2">10</td><td rowspan="35">8</td></tr>
<tr><td>50</td></tr>
<tr><td>63</td><td rowspan="2">13</td><td rowspan="2">13</td></tr>
<tr><td>80</td></tr>
<tr><td rowspan="4">600/610</td><td>50</td><td rowspan="4">203.2</td><td rowspan="8">400</td><td>10</td><td>10</td></tr>
<tr><td>63</td><td rowspan="3">13</td><td rowspan="2">13</td></tr>
<tr><td>80</td></tr>
<tr><td>100</td><td>25</td></tr>
<tr><td rowspan="4">600/610</td><td>50</td><td rowspan="4">304.8</td><td>10</td><td>10</td></tr>
<tr><td>63</td><td rowspan="3">13</td><td rowspan="2">13</td></tr>
<tr><td>80</td></tr>
<tr><td>100</td><td>25</td></tr>
<tr><td rowspan="2">750/762</td><td>80</td><td rowspan="2">304.8</td><td rowspan="2">400</td><td rowspan="2">13</td><td>13</td></tr>
<tr><td>100</td><td>25</td></tr>
<tr><td rowspan="3">800/813</td><td>63</td><td rowspan="3">304.8</td><td rowspan="3">450</td><td rowspan="3">13</td><td rowspan="2">13</td></tr>
<tr><td>80</td></tr>
<tr><td>100</td><td>25</td></tr>
<tr><td rowspan="2">900/914</td><td>80</td><td rowspan="2">304.8</td><td rowspan="2">450</td><td rowspan="2">13</td><td>13</td></tr>
<tr><td>100</td><td>25</td></tr>
<tr><td rowspan="5">1060/1067</td><td>63</td><td rowspan="5">304.8</td><td rowspan="5">455</td><td rowspan="2">13</td><td rowspan="2">13</td></tr>
<tr><td>80</td></tr>
<tr><td>100</td><td>25</td><td>25</td></tr>
<tr><td>125</td><td rowspan="2">30</td><td rowspan="2">30</td></tr>
<tr><td>150</td></tr>
<tr><td rowspan="5">1060/1067</td><td>63</td><td rowspan="5">508</td><td rowspan="5">720</td><td rowspan="2">13</td><td rowspan="2">13</td></tr>
<tr><td>80</td></tr>
<tr><td>100</td><td>25</td><td>25</td></tr>
<tr><td>125</td><td rowspan="2">30</td><td rowspan="2">30</td></tr>
<tr><td>150</td></tr>
</table>

表 17-121　7 型砂轮的尺寸（B 系列）　（单位：mm）

<table>
<tr><th>D</th><th>T</th><th>H</th><th>P</th><th>F、G</th><th>R≤</th></tr>
<tr><td>300</td><td>50</td><td rowspan="2">127</td><td rowspan="2">200</td><td>10</td><td rowspan="5">5</td></tr>
<tr><td>350</td><td>63</td><td>16</td></tr>
<tr><td>400</td><td>50</td><td>203</td><td>265</td><td rowspan="2">10</td></tr>
<tr><td rowspan="2">500</td><td>50</td><td>305</td><td>375</td></tr>
<tr><td>50、63、75、100</td><td>203</td><td>265</td><td>16</td></tr>
</table>

（续）

D	T	H	P	F、G	R≤
600	50	305	375	10	5
	63、75			16	
	100、150			25	
750	63、75			16	
900	63、75				
	100			25	
1200	122	305	480	16	
	150		850	25	
	152		500	28	
1250	150	305	490	28	
1320	75、76	457	525	12	
			528	10	
				15	
1400	75	450	530	16	
1600	105	900	1055	22.5	
			1300		

（4）20型——单面锥砂轮　外形如图17-73所示，尺寸见表17-122。

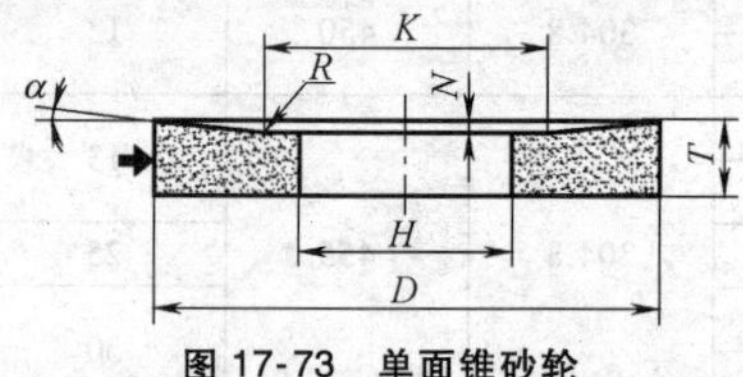

图17-73　单面锥砂轮

（5）21型——双面锥砂轮　外形如图17-74所示，尺寸见表17-122。

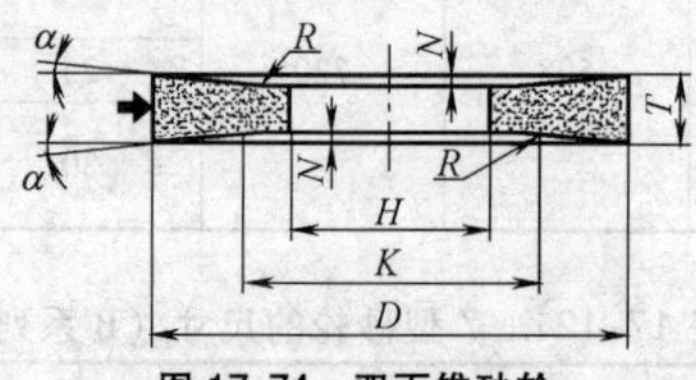

图17-74　双面锥砂轮

表17-122　20型和21型砂轮的尺寸　（单位：mm）

D	T											H	K	N①		R≤
	13	16	20	25	32	40	50	63	80	100	125			α≈2°	α≈4°	
250	×	×	×	×	×	×	—	—	—	—	—	76.2	150	2	4	3.2
												127	190	1	2	5

（续）

D	T											H	K	N①		R≤
	13	16	20	25	32	40	50	63	80	100	125			α≈2°	α≈4°	
300	×	×	×	×	×	×	×	—	—	—	—	76.2	150	3	5	3.2
												127	190	2	4	5
300/356	—	—	×	×	×	×	×	×	—	—	—	127	215	2	5	5
400/406	×	×	×	×	×	×	×	×	×	—	—			3	7	
450/457	—	—	×	×	×	×	×	×	×	—	—	127	215	4	8	
												203.2	280	3	6	
500/508	—	—	×	×	×	×	×	×	×	—	—	203.2	400	2	4	8
												304.8				
600/610	—	—	—	—	×	×	×	×	×	×	—	203.2		4	7	
												304.8				
750/762	—	—	—	—	×	×	×	×	×	×	×	304.8	400	6	13	

① N 或 2N 取值应小于或等于厚度 T 的一半。

（6）22 型——单面凹单面锥砂轮　外形如图 17-75 所示，尺寸见表 17-123 和表 17-124。

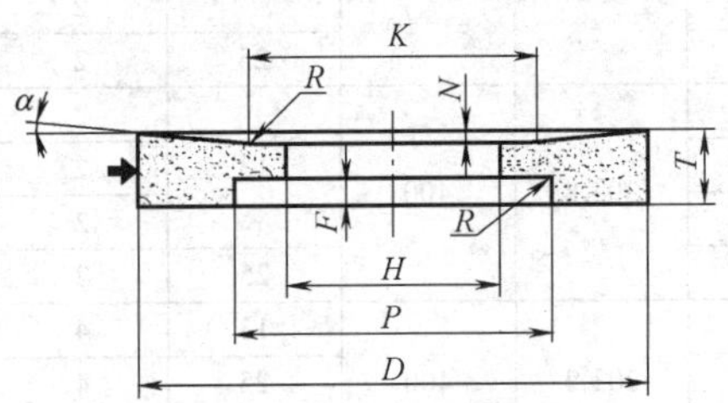

图 17-75　单面凹单面锥砂轮

（7）23 型——单面凹带锥砂轮　外形如图 17-76 所示，尺寸见表 17-123。

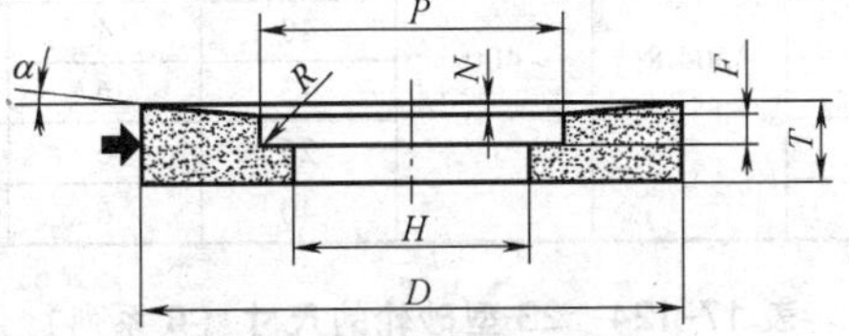

图 17-76　单面凹带锥砂轮

表 17-123　22 型和 23 型砂轮的尺寸（A 系列）　（单位：mm）

D	T	H	K=P	F	N		R≤
					α≈2°	α≈4°	
300	40	76.2	150	13	3	5	3.2
	50				3	5	

（续）

D	T	H	$K=P$	F	N		$R\leqslant$
					$\alpha\approx2°$	$\alpha\approx4°$	
300	40	127	190	13	2	4	
	50				2	4	
350/356	40			13	2	5	
	50				2	5	
400/406	40	127	215		3	7	
	50			13	3	7	
450/457	63				4	8	5
	80			25	4	8	
450/457	40	203.2	280		3	6	
	50			13	3	6	
	63				3	6	
	80			25	3	6	
500/508	40	203.2	400		2	4	
	50			13	2	4	
	63				2	4	
	80			25	2	4	
500/508	40	304.8	400		2	4	
	50			13	2	4	
	63				2	4	
	80			25	2	4	
600/610	63	203.2	400	13	4	7	6
	80			25	4	7	
	100			40	4	7	
600/610	63			13	4	7	
	80			25	4	7	
	100	304.8	400	40	4	7	
750/762	63			13	6	13	
	80			25	6	13	
	100			40	6	—	

表 17-124 23型砂轮的尺寸（B系列） （单位：mm）

D	T	H	P	F	N	$R\leqslant$
300	40	127	200	2	18	3
	50					
350	50	127	265	10	15	3
400	50	203	265	7	18	4
500	50	203	375	8	17	4

（续）

D	T	H	P	F	N	R≤
600	75	305	375	15	20	5
	120	304.8	450	2	30	6
750	75	305	500	13	22	5

（8）24 型——双面凹单面锥砂轮　外形如图 17-77 所示，尺寸见表 17-125。

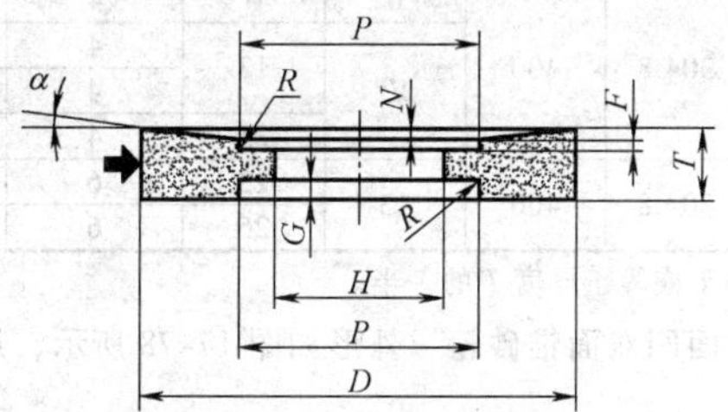

图 17-77　双面凹单面锥砂轮

表 17-125　24 型砂轮的尺寸　　（单位：mm）

D	T	H	P	F①	G①	N① α≈2°	N① α≈4°	R≤
300	40	76.2	150	6	6	2	4	3.2
	50			10	10	3	—	
300	40	127	190	6	6	2	4	5
	50			10	10	3	—	
350/356	40	127	215	6	6	2	5	
	50					2	5	
400/406	40	127				3	7	
	50					3	7	
450/457	63	127	215	10	13	4	8	
	80			13		4	8	
450/457	50	203.2	280	6	6	3	6	
	63				13	3	6	
	80			13		3	6	
500/508	40	203.2	400	6	6	2	4	8
	50					2	4	
	63			13	13	2	4	
	80					2	4	
500/508	40	304.8	400	6	6	2	4	
	50					2	4	
	63			13	13	2	4	
	80					2	4	

（续）

D	T	H	P	F①	G①	N①		R≤
						α≈2°	α≈4°	
600/610	50	203.2	400	6	6	4	7	8
	63			13	13	4	—	
	80					4	7	
	100				25	4	7	
600/610	50	304.8	400	6	6	4	7	
	63			13	13	4	—	
	80					4	7	
	100				25	4	7	
750/762	80	304.8	400	13	13	6	13	
	100				25	6	—	

① $N+F+G$ 取值应小于或等于厚度 T 的一半。

（9）25型——单面凹双面锥砂轮　外形如图17-78所示，尺寸见表17-126。

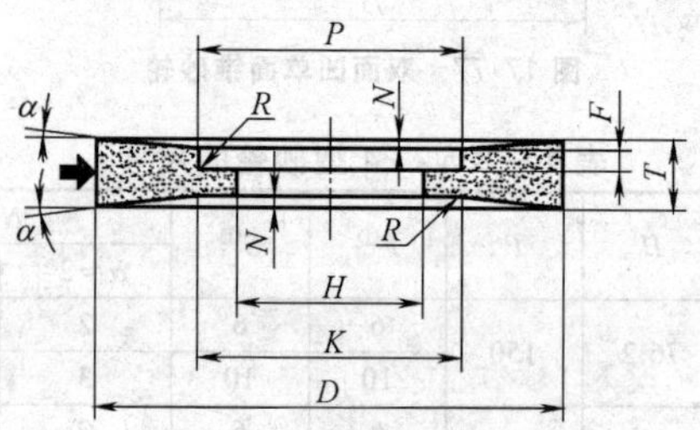

图17-78　单面凹双面锥砂轮

表17-126　25型砂轮的尺寸　　（单位：mm）

D	T	H	K=P	F①	N①		R≤
					α≈2°	α≈4°	
300	40	76.2	150	13	3	—	3.2
	50				3	5	
300	40	127	190		2	—	5
	50				2	4	
350/356	40	127	215	13	2	—	
	50				2	5	
400/406	40	127	215	13	3	—	
	50				3	6	
450/457	63	127	215	13	4	8	
	80			25	4	7	
450/457	40	203.2	280	13	3	—	
	50				3	6	
	63				3	6	
	80			25	3	6	

（续）

D	T	H	K=P	F①	N①		R≤
					α≈2°	α≈4°	
500/508	40	203.2	400	13	2	—	8
	50				2	4	
	63				2	4	
	80			25	2	4	
500/508	40	304.8	400	13	2	—	
	50				2	4	
	63				2	4	
	80			25	2	4	
600/610	63	203.2	400	13	4	7	
	80			25	4	7	
	100			40	4	—	
600/610	63	304.8	400	13	4	7	
	80			25	4	7	
	100			40	4	—	
750/762	63	304.8	400	13	6	—	
	80			25	6	—	
	100			40	5	—	

① $2N+F$ 取值应小于或等于厚度 T 的一半。

（10）26 型——双面凹带锥砂轮　外形如图 17-79 所示，尺寸见表 17-127 和表 17-128。

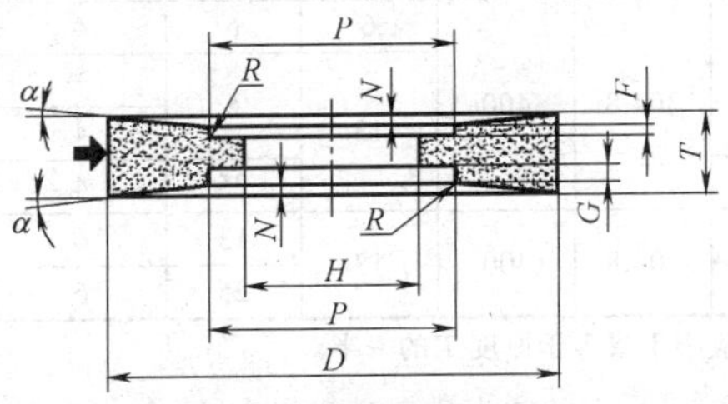

图 17-79　双面凹带锥砂轮

表 17-127　26 型砂轮的尺寸（A 系列）　（单位：mm）

D	T	H	P	F①	G①	N①		R≤
						α≈2°	α≈4°	
300	40	76.2	150	6	6	2	4	3.2
	50			10	10	2	—	
300	40	127	190	6	6	2	4	5
	50			10	10	2	—	

（续）

D	T	H	P	F①	G①	N①		$R\leqslant$
						$\alpha\approx2°$	$\alpha\approx4°$	
350/356	40	127	215	6	6	2	—	5
	50					2	5	
400/406	40	127	215	6	6	3	—	
	50					3	6	
450/457	63	127	215	6	6	4	8	
	80			13	13	4	7	
450/457	50	203.2	280	6	6	3	6	
	63				13	3	6	
	80			13		3	6	
500/508	40	203.2	400	6	6	2	4	8
	50					2	4	
	63			13	13	2		
	80					2	4	
500/508	40	304.8	400	6	6	2	4	
	50					2	4	
	63			13	13	2	—	
	80					2	4	
600/610	50	203.2	400	6	6	4	—	
	63			13	13	—	—	
	80					4	—	
	100				25	4	—	
600/610	50	304.8	400	6	6	4	—	
	63			13	6	—	—	
	80					4	—	
	100				25	4	—	
750/762	80	304.8	400	13	13	6	—	
	100				25	6	—	

① $2N+F+G$ 取值应小于或等于厚度 T 的一半。

表 17-128 26型砂轮的尺寸（B系列） （单位：mm）

D	T	H	P	$F=G$	N	$R\leqslant$
500	63	305	375	8	8	5
	75					
600	63			2	14	
	75			6		
750	75		500	5	11	
900	63			2	14	
	75					
	100					

（11）38 型——单面凸砂轮　外形如图 17-80 所示，尺寸见表 17-129 和表 17-130。

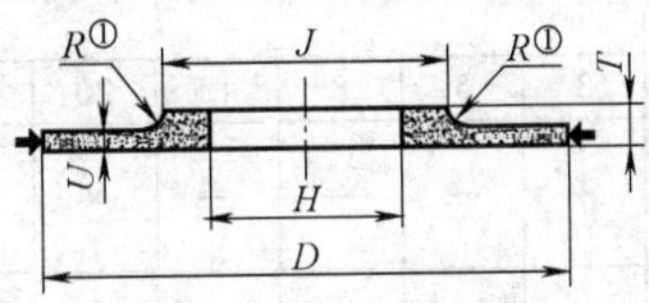

图 17-80　单面凸砂轮

① 倒角和半径由制造厂自行决定。

（12）39 型——双面凸砂轮　外形如图 17-81 所示，尺寸见表 17-129。

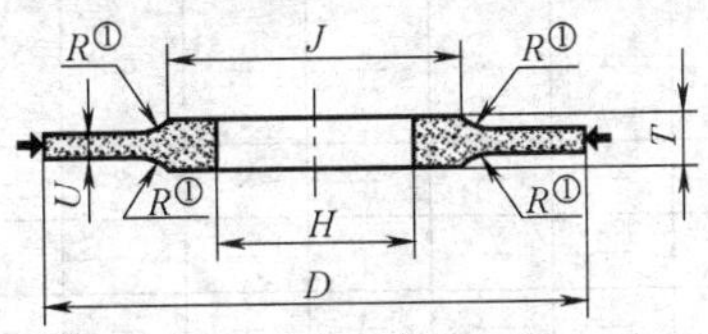

图 17-81　双面凸砂轮

① 倒角和半径由制造厂自行决定。

表 17-129　38 型和 39 型砂轮的尺寸（A 系列）　（单位：mm）

D	J	T	U 3	U 5	U 8	U 13	U 20	U 25	U 32	U 40	H
250	180	13	×	×	×	—	—	—	—	—	76.2
	190										127
250	190	20	—	—	—	×	—	—	—	—	76.2
	220										127
300	180	13	—	×	×	—	—	—	—	—	76.2
	220										127
300	180	20	—	—	—	×	—	—	—	—	76.2
	220										127
350/356	245	20	—	—	×	—	—	—	—	—	127
		25	—	—	—	×	×	—	—	—	
400/406	245	20	—	—	×	—	—	—	—	—	127
		25	—	—	—	×	—	—	—	—	
		32	—	—	—	—	×	—	—	—	
450/457	245	20	—	—	×	—	—	—	—	—	127
		25	—	—	—	×	—	—	—	—	
		32	—	—	—	—	×	×	—	—	
500/508	420	25	—	—	—	×	—	—	—	—	203.2
											304.8

（续）

D	J	T	U								H
			3	5	8	13	20	25	32	40	
500/508	420	32	—	—	—	—	×	×	—	—	203.2 304.8
600/610	420	25	—	—	—	×	—	—	—	—	203.2 304.8
600/610		32	—	—	—	—	×	—	—	—	203.2 304.8
600/610	420	40	—	—	—	—	—	×	×	—	203.2 304.8
750/762	420	32	—	—	—	×	×	—	—	—	304.8
		40	—	—	—	—	—	×	—	—	
		50	—	—	—	—	—	—	×	×	
900/914	550	32	—	—	—	×	×	—	—	—	304.8
		40	—	—	—	—	—	×	—	—	
		50	—	—	—	—	—	—	—	×	
1060/1067	550	32	—	—	—	×	×	—	—	—	304.8
		40	—	—	—	—	—	×	—	—	
		50	—	—	—	—	—	—	×	×	

表 17-130　38 型砂轮的尺寸（B 系列）　（单位：mm）

D	J	T	U								H
			6	8	10	12	13	14	16	18	
500	270	20	—	×	×	×	×	×	×	×	203
	350	16	×	×	—	—	—	—	—	—	305
		20	—	—	×	—	×	—	×	×	
600	350	20	—	×	×	×	—	×	—	×	
		25	—	—	—	—	×	—	×	—	

（13）1—N 型——平形 N 型面砂轮　外形如图 17-82 所示，尺寸见表 17-131。

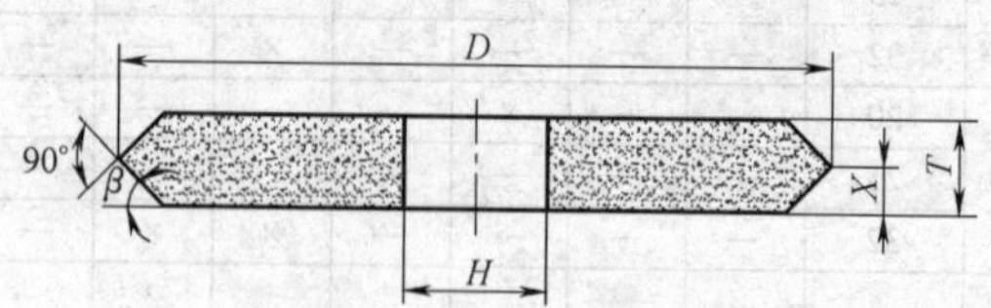

图 17-82　平形 N 型面砂轮

表 17-131 1—N 型砂轮的尺寸 （单位：mm）

D	T	H	X	β(°)
600	25	305	15	45
	32		16	44
	40		24	
	75		10	26
	100			
750	40		6	30
	50		14	
			36	64
	63		54	
	75		17	45
	125		10	64
	160		14	
	200		16	
900	75		15	45
			20	
	90		15	64
	110			
	125			
	160			
	200			

4. 无心外圆磨砂轮（GB/T 4127.2—2007）

（1）无心磨砂轮 包括 1 型（平形砂轮）、5 型（单面凹砂轮）和 7 型（双面凹砂轮），其外形如图 17-83～图 17-85 所示，尺寸见表 17-132 和表 17-133。

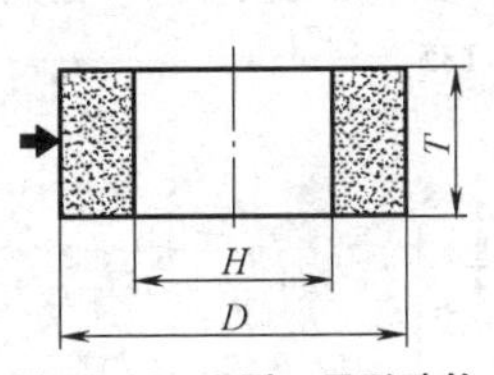

图 17-83 1 型：平形砂轮

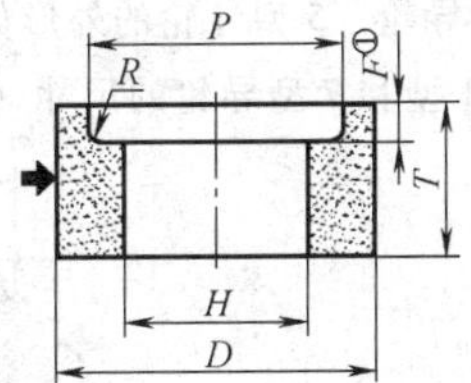

图 17-84 5 型：单面凹砂轮

① 凹深 F 取值应小于或等于厚度 T 的一半。

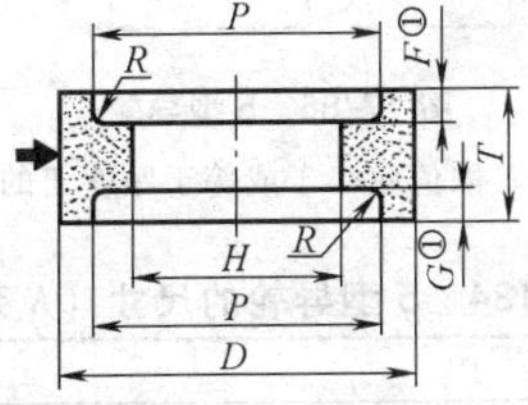

图 17-85 7 型：双面凹砂轮

① 凹深 $F+G$ 取值应小于或等于厚度 T 的一半。

表 17-132 1 型、5 型和 7 型砂轮的尺寸（A 系列） （单位：mm）

<table>
<tr><th rowspan="2">D</th><th colspan="12">T①</th><th rowspan="2">H</th><th rowspan="2">P</th><th rowspan="2">R≤</th></tr>
<tr><th>25</th><th>40</th><th>63</th><th>100</th><th>125</th><th>160</th><th>200</th><th>250</th><th>315</th><th>400</th><th>500</th><th>600</th></tr>
<tr><td>300</td><td>×</td><td>×</td><td>×</td><td>×</td><td>×</td><td>—</td><td>—</td><td>—</td><td>—</td><td>—</td><td>—</td><td>—</td><td>127</td><td>190</td><td rowspan="2">5</td></tr>
<tr><td>400/406</td><td>×</td><td>×</td><td>×</td><td>×</td><td>×</td><td>×</td><td>×</td><td>×</td><td>—</td><td>—</td><td>—</td><td>—</td><td>203.2</td><td>280</td></tr>
<tr><td>500/508</td><td>×②</td><td>×</td><td>×</td><td>×</td><td>×</td><td>×</td><td>×</td><td>×</td><td>×</td><td>×</td><td>×</td><td>×</td><td rowspan="3">304.8</td><td rowspan="3">400</td><td rowspan="3">8</td></tr>
<tr><td>600/610</td><td>×②</td><td>×②</td><td>×②</td><td>×</td><td>×</td><td>×</td><td>×</td><td>×</td><td>×</td><td>×</td><td>×</td><td>×</td></tr>
<tr><td>750/762</td><td>—</td><td>—</td><td>—</td><td>×</td><td>×</td><td>×</td><td>×</td><td>×</td><td>×</td><td>×</td><td>×</td><td>×</td></tr>
</table>

① 厚度 200mm 和更厚的砂轮可供一片以上的砂轮。

② 仅用于凸轮轴磨削。

表 17-133 1 型和 7 型砂轮的尺寸（B 系列）（单位：mm）

<table>
<tr><th rowspan="2">D</th><th colspan="12">T</th><th rowspan="2">H</th><th rowspan="2">P</th><th rowspan="2">R≤</th></tr>
<tr><th>100</th><th>125</th><th>150</th><th>200</th><th>225</th><th>250</th><th>300</th><th>340</th><th>380</th><th>400</th><th>500</th><th>600</th></tr>
<tr><td>300</td><td>×</td><td>×</td><td>—</td><td>—</td><td>—</td><td>—</td><td>—</td><td>—</td><td>—</td><td>—</td><td>—</td><td>—</td><td rowspan="2">127</td><td rowspan="2">200</td><td rowspan="4">5</td></tr>
<tr><td>350</td><td>—</td><td>×</td><td>×</td><td>—</td><td>—</td><td>—</td><td>—</td><td>—</td><td>—</td><td>—</td><td>—</td><td>—</td></tr>
<tr><td>400</td><td>×</td><td>×</td><td>×</td><td>×</td><td>—</td><td>×</td><td>—</td><td>—</td><td>—</td><td>—</td><td>—</td><td>—</td><td rowspan="2">203、225</td><td rowspan="2">265</td></tr>
<tr><td>450</td><td>—</td><td>—</td><td>×</td><td>×</td><td>—</td><td>—</td><td>—</td><td>—</td><td>—</td><td>—</td><td>—</td><td>—</td></tr>
<tr><td rowspan="2">500</td><td>×</td><td>×</td><td>×</td><td>×</td><td>—</td><td>×</td><td>×</td><td>—</td><td>—</td><td>×</td><td>×</td><td>×</td><td rowspan="4">305</td><td>375</td><td>—</td></tr>
<tr><td>—</td><td>—</td><td>—</td><td>—</td><td>—</td><td>—</td><td>—</td><td>×</td><td>—</td><td>—</td><td>—</td><td>—</td><td>—</td><td>—</td></tr>
<tr><td rowspan="2">600</td><td>—</td><td>—</td><td>×</td><td>×</td><td>×</td><td>×</td><td>×</td><td>—</td><td>—</td><td>×</td><td>×</td><td>—</td><td>375</td><td>5</td></tr>
<tr><td>—</td><td>—</td><td>—</td><td>—</td><td>—</td><td>—</td><td>—</td><td>×</td><td>×</td><td>—</td><td>—</td><td>—</td><td>—</td><td>—</td></tr>
<tr><td>750</td><td>—</td><td>—</td><td>—</td><td>×</td><td>—</td><td>×</td><td>×</td><td>—</td><td>—</td><td>×</td><td>×</td><td>—</td><td>350</td><td>435</td><td>5</td></tr>
</table>

（2）导轮 5 型导轮的外形如图 17-86 所示，5 型导轮的尺寸（A 系列）见表 17-134，1 型和 7 型导轮的尺寸（B 系列）见表 17-135。

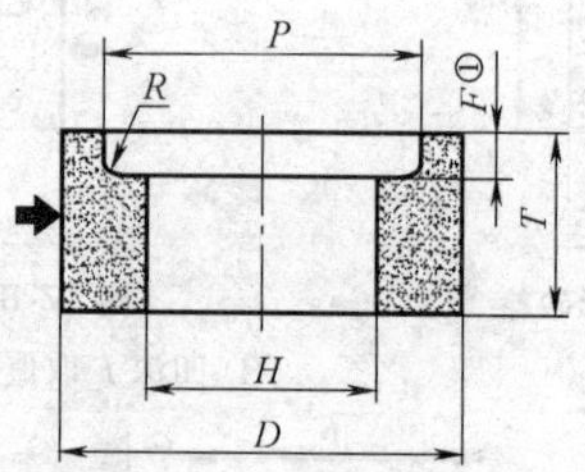

图 17-86 5 型导轮

① 凹深 F 取值应小于或等于厚度 T 的一半。

表 17-134 5 型导轮的尺寸（A 系列） （单位：mm）

<table>
<tr><th rowspan="2">D</th><th colspan="12">T①</th><th rowspan="2">H</th><th rowspan="2">P</th><th rowspan="2">R≤</th></tr>
<tr><th>25</th><th>40</th><th>63</th><th>100</th><th>125</th><th>160</th><th>200</th><th>250</th><th>315</th><th>400</th><th>500</th><th>600</th></tr>
<tr><td>200</td><td>×</td><td>×</td><td>×</td><td>×</td><td>×</td><td>—</td><td>—</td><td>—</td><td>—</td><td>—</td><td>—</td><td>—</td><td>76.2</td><td>114</td><td>3.2</td></tr>
</table>

（续）

D	T[①]												H	P	R≤
	25	40	63	100	125	160	200	250	315	400	500	600			
250	×	×	×	×	×	×	×	×	—	—	—	—	127	160	5
250	×	×	×	×	×	×	×	×	—	—	—	—	152.4	160	
300	—	×	×	×	×	×	×	×	—	—	—	—	127	190	
300	—	×	×	×	×	×	×	×	—	—	—	—	152.4	190	
350/356	—	—	—	×	×	×	×	×	×	×	×	×	127	203	
350/356	—	—	—	×	×	×	×	×	×	×	×	×	152.4	203	

① 厚度200mm和更厚的砂轮可供一片以上的砂轮。

表17-135　1型和7型导轮的尺寸（B系列）（单位：mm）

D	T									H	P	R≤
	100	125	150	200	225	250	300	340	380			
200	×	×	×	—	—	—	—	—	—	75	114	5
250	—	×	×	×	—	—	—	—	—	75,127	160	
300	×	—	×	×	×	×	—	×	—		190	
350	—	×	×	×	×	×	—	—	—	127,203	203	
400	×	—	×	×	—	—	×	—	×		265	
	—	—	—	—	—	—	—	—		225	300	

5. 内圆磨砂轮（GB/T 4127.3—2007）

（1）1型——平形砂轮　外形如图17-87所示，尺寸见表17-136和表17-137。

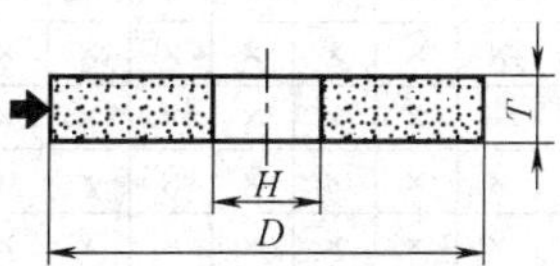

图17-87　平形砂轮

表17-136　1型砂轮尺寸（A系列）　　（单位：mm）

D	T										H
	6	10	13	16	20	25	32	40	50	63	
6	×	—	—	—	—	—	—	—	—	—	2.5
10	×	×	×	×	×	—	—	—	—	—	4
13	×	×	×	×	×	—	—	—	—	—	
16	×	×	×	×	×	—	—	—	—	—	6
20	×	×	×	×	×	×	×	—	—	—	
25	×	×	×	×	×	×	×	—	—	—	10
32	×	×	×	×	×	×	×	×	×	—	
40	×	×	×	×	×	×	×	×	×	—	13

（续）

D	T										H
	6	10	13	16	20	25	32	40	50	63	
50	—	×	×	×	×	×	×	×	×	×	20
63	—	—	×	×	×	×	×	×	×	×	20
80	—	—	—	—	×	×	×	×	×	×	20
100	—	—	—	—	×	×	×	×	×	×	20
125	—	—	—	—	—	×	×	×	×	×	32
150	—	—	—	—	—	—	×	×	×	×	32
200	—	—	—	—	—	—	×	×	×	×	32

表17-137　1型砂轮尺寸（B系列）　（单位：mm）

D	T																H
	6	8	10	13	16	20	25	30	32	35	40	50	63	75	100	120	
3	×	×	×	×	×	—	—	—	—	—	—	—	—	—	—	—	1
4	×	×	×	×	×	×	—	—	—	—	—	—	—	—	—	—	1.5
5	×	×	×	×	×	×	—	—	—	—	—	—	—	—	—	—	2
6	×	×	×	×	×	×	—	—	—	—	—	—	—	—	—	—	2
8	×	×	×	×	×	×	×	×	×	—	—	—	—	—	—	—	3
10	×	×	×	×	×	×	×	×	×	—	—	—	—	—	—	—	3
13	—	×	—	—	—	—	×	×	×	—	—	—	—	—	—	—	4
16	×	×	×	×	×	×	—	—	—	—	—	—	—	—	—	—	4
16	—	×	—	—	—	—	×	×	×	—	—	—	—	—	—	—	6
20	—	×	—	—	—	—	—	×	—	×	×	×	×	×	—	—	6
25	×	×	×	×	×	×	×	×	×	×	×	×	—	—	—	—	6
25	—	—	—	—	—	—	×	×	×	×	×	×	—	—	—	—	10
30	×	×	×	×	×	×	×	×	×	×	×	×	×	×	×	—	10
35	×	×	×	×	×	×	×	×	×	×	×	×	×	—	—	—	10
38	—	—	—	—	—	—	—	—	—	—	×	—	—	—	—	—	10
40	×	×	×	×	×	×	×	×	×	×	×	×	—	—	—	—	10
40	—	×	—	—	—	—	—	×	—	×	—	—	—	—	—	—	13
40	×	×	×	×	×	×	×	×	×	×	×	×	×	—	—	—	16
45	×	×	×	×	×	×	×	×	×	×	×	×	—	—	—	—	16
50	×	×	×	×	×	×	×	×	×	×	×	×	—	—	—	—	13
50	×	×	×	×	×	×	×	×	×	×	×	×	×	—	—	—	16
60	×	×	×	×	×	×	×	×	×	×	×	×	—	—	—	—	16
60	×	×	×	×	×	×	×	×	×	×	×	×	×	×	×	—	20
70	×	×	×	×	×	×	×	×	×	×	×	×	×	×	×	—	20
80	×	×	×	×	×	×	×	×	—	×	—	—	—	×	×	—	20
90	×	×	×	×	×	×	×	×	×	×	×	×	×	×	×	—	20
100	—	—	—	—	—	—	—	—	—	—	—	—	×	×	×	×	20

（续）

D	T																H
	6	8	10	13	16	20	25	30	32	35	40	50	63	75	100	120	
125	—	—	—	—	—	—	—	—	—	—	—	—	×	×	×	×	32
150	—	—	—	—	—	—	—	—	—	—	—	—	×	×	×	×	

注：砂轮厚度 T（mm）也可按在 2、3、4、5、7、9、11、12、14、15、18、23、28 中选择。

（2）5 型——单面凹砂轮　外形如图 17-88 所示，尺寸见表 17-138 和表 17-139。

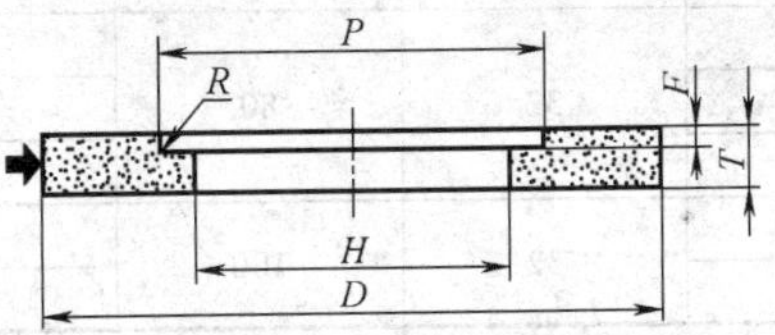

图 17-88　单面凹砂轮

表 17-138　5 型砂轮的尺寸（A 系列）　（单位：mm）

D	T	H	P	F	R≤
13	13	4	8	6	0.3
16	10	6	10	4	
	16			6	
20	13	6	13	6	
	20			8	
25	10	6、10	16	4	
	16			6	
	25			10	
32	13	10	16	6	
	20			8	
	32			12	
40	16	13	20	6	
	25			10	
	40			15	
50	16	20	32	6	
	25			10	
	40			15	
63	25	20	40	10	
	40			15	
	50			20	
80	40	20	45	15	
	50			20	
	63			25	

（续）

D	T	H	P	F	R≤
	40			15	
100	50	32	50	20	0.3
	63			25	
	40			15	
125	50	32	63	20	1
	63			25	
	40			15	
150	50	32	80	20	1
	63			25	
200	50	32	100	20	3.2
	60			25	

表 17-139　5型砂轮的尺寸（B系列）　　（单位：mm）

D	T									H	P
	10	13	16	20	25	32	40	50			
	F										
	5	6	8	10	13	16	20	25	30		
10	—	×	—	—	—	—	—	—	—	3	6
13	×	—	×	—	—	—	—	—	—	4	
16	—	×	—	×	—	—	—	—	—		10
20	—	—	×	—	×	—	—	—	—	6	
25	—	×	×	×	×	—	—	—	—		13
30	—	—	—	—	×	×	×	—	—		16
35	—	—	—	—	×	×	—	—	—	10	20
	—	—	—	—	×	—	×	—	—		
40	—	—	—	—	×	—	×	—	×	13	20
	—	—	—	—	—	×	×	—	—		20、25
50	—	—	—	—	×	—	×	×	—	16	
60	—	—	×	—	—	×	—	—	—		32
	—	—	—	—	×	×	×	—	×		
70	—	—	—	—	×	×	×	×	×		32、40
80	—	—	—	×	—	×	×	×	×	20	
100	—	—	—	—	—	×	×	×	—		50
125	—	—	—	—	—	×	—	×	—		65
	—	—	—	—	—	—	—	×	—	32	
150	—	—	—	—	—	×	—	×	—		85

注：$R \leqslant 5$。

6. 平面磨削用周边磨砂轮（GB/T 4127.4—2008）

（1）1型——平形砂轮　外形如图17-89所示，尺寸见表17-140和表17-141。

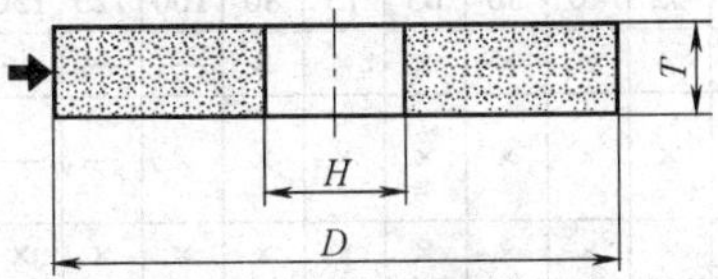

图17-89　平形砂轮

表17-140　1型砂轮尺寸（A系列）　（单位：mm）

D	T								H
	13	20	25	32	50	80	100	160	
150	×	—	—	—	—	—	—	—	32
180	×	—	—	—	—	—	—	—	32
200	×	×	—	—	—	—	—	—	32
200	×	×	—	—	—	—	—	—	50.8
250	—	×	×	×	—	—	—	—	50.8
250	—	×	×	×	—	—	—	—	76.2
300	—	×	×	×	×	×	—	—	76.2
300	—	×	×	×	×	×	—	—	127
350/356	—	—	—	×	×	×	—	—	76.2
350/356	—	—	—	×	×	×	—	—	127
400/406	—	—	—	×	×	×	×	—	127
500/508	—	—	—	—	×	×	×	×	203.2
500/508	—	—	—	—	×	×	×	×	304.8
600/610	—	—	—	—	×	×	×	×	304.8
750/762	—	—	—	—	×	×	×	×	304.8

表17-141　1型砂轮的尺寸（B系列）　（单位：mm）

D	T																H
	13	16	20	25	32	40	50	63	75	80	100	125	150	200	260	300	
200	×	—	×	×	—	—	—	—	—	—	—	—	—	—	—	—	75
250	—	×	×	×	×	—	—	—	—	—	—	—	—	—	—	—	75
300	—	—	×	×	×	×	×	—	×	×	—	—	—	—	—	—	75
300	—	—	—	—	—	×	—	—	×	—	—	—	—	—	—	—	127
350	—	—	—	—	×	×	×	—	—	—	—	—	—	—	—	—	75
350	—	—	—	—	—	×	—	—	—	—	—	—	—	—	—	—	127
400	—	—	—	—	×	×	×	×	—	—	—	—	—	—	—	—	127
400	—	—	—	—	×	×	×	×	—	—	—	—	—	—	—	—	203
450	—	—	—	—	×	×	×	×	×	×	—	—	—	—	—	—	127

（续）

D	T																H
	13	16	20	25	32	40	50	63	75	80	100	125	150	200	260	300	
450	—	—	—	—	×	×	×	×	×	×	—	—	—	—	—	—	203
500	—	—	—	—	×	×	×	×	×	×	×	—	—	—	—	—	203 305
600	—	—	—	—	×	×	×	×	×	×	×	×	×	—	—	—	305

（2）5型——单面凹砂轮　外形如图17-90所示，尺寸见表17-142和表17-143。

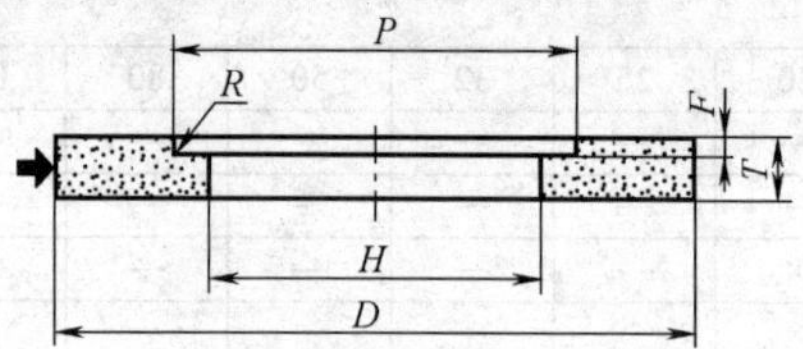

图17-90　单面凹砂轮

表17-142　5型砂轮的尺寸（A系列）　（单位：mm）

<table>
<tr><th>D</th><th>T</th><th>H</th><th>P</th><th>F</th><th>R≤</th></tr>
<tr><td rowspan="2">150</td><td>25</td><td rowspan="4">32</td><td rowspan="2">80</td><td>10</td><td rowspan="2">1</td></tr>
<tr><td>32</td><td>13</td></tr>
<tr><td rowspan="2">180</td><td>25</td><td rowspan="2">100</td><td>10</td><td rowspan="12">3.2</td></tr>
<tr><td>32</td><td>13</td></tr>
<tr><td rowspan="2">200</td><td>25</td><td rowspan="2">32</td><td rowspan="2">110</td><td>10</td></tr>
<tr><td>32</td><td>13</td></tr>
<tr><td rowspan="2">200</td><td>25</td><td rowspan="2">50.8</td><td rowspan="2">110</td><td>10</td></tr>
<tr><td>32</td><td>13</td></tr>
<tr><td rowspan="2">250</td><td>32</td><td rowspan="2">50.8</td><td rowspan="2">150</td><td rowspan="4">13</td></tr>
<tr><td>40</td></tr>
<tr><td rowspan="2">250</td><td>32</td><td rowspan="2">78.2</td><td rowspan="2">150</td></tr>
<tr><td>40</td></tr>
<tr><td rowspan="2">300</td><td>40</td><td rowspan="2">76.2</td><td rowspan="2">150</td><td rowspan="4">13</td></tr>
<tr><td>50</td></tr>
<tr><td rowspan="2">300</td><td>40</td><td rowspan="2">127</td><td rowspan="2">190</td><td rowspan="6">5</td></tr>
<tr><td>50</td></tr>
<tr><td rowspan="2">350/356</td><td>40</td><td rowspan="4">127</td><td rowspan="4">215</td><td rowspan="2">13</td></tr>
<tr><td>50</td></tr>
<tr><td rowspan="2">400/406</td><td>40</td><td rowspan="2">13</td></tr>
<tr><td>50</td></tr>
</table>

（续）

D	T	H	P	F	R≤
450/457	63	127	215	13	5
	80			25	
450/457	40	203.2	280	13	
	50				
	63				
	80			25	
500/508	40	203.2	400	13	8
	50				
	63				
	80			25	
500/508	40	304.8	400	13	
	50				
	63				
	80			25	
600/610	63	203.2	400	13	
	80			25	
	100			50	
600/610	63	304.8	400	13	
	80			25	
	100			50	
750/762	63	304.8	400	13	
	80			25	
	100			50	
900/914	63	304.8	450	13	
	80			25	
	100			50	

表 17-143　5 型砂轮的尺寸（B 系列）　　（单位：mm）

D	T	H	P	F	R≤
300	40	127	200	13	5
	50			20	
350	40			13	
	63			30	
400	50	203	265	20	5
500	63			20	
	75	305	375	25	
	75、100、150			30	
600	75、100			25	
	150	250			

（3）7 型——双面凹砂轮　外形如图 17-91 所示，尺寸见表 17-144 和表 17-145。

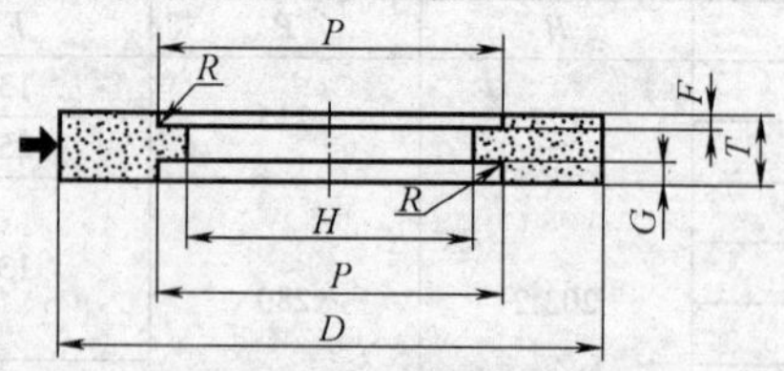

图 17-91　双面凹砂轮

表 17-144　7 型砂轮的尺寸（A 系列）　（单位：mm）

D	T	H	P	F	G	R≤
300	40	76.2	150	6	6	3.2
	50			10	10	
300	40	127	190	6	6	5
	50		215	10	10	
350/356	40	127		10	10	
	50					
400/406	40	127	215	10	10	
	50					
450/457	63	127	215	13	13	
	80					
450/457	50	203.2	280	10	10	
	63			13	13	
	80					
500/508	40	203.2	400	10	10	8
500/508	50	203.2	400	10	10	
	63			13	13	
	80					
500/508	40	304.8	400	10	10	
	50					
	63			13	13	
	80					
600/610	50	203.2	400	10	10	
	63			13	13	
	80					
	100				25	
	50	304.8	400	10	10	
	63			13	13	
	80					
	100				25	

（续）

D	T	H	P	F	G	R≤
750/762	80	304.8	400	13	3	8
	100				25	
900/914	80	304.8	450	13	13	
	100				25	

表 17-145　7 型砂轮的尺寸（B 系列）　（单位：mm）

D	T	H	P	F、G	R≤
300	50	127	200	10	5
350	63			16	
400	50	203	265	10	
500	50	305	375		
	63	203	265	16	
	75、100				
600	50	305	375	10	
	63			16	
	75				
	100、150			25	
750	63			16	
	75				
900	63				
	75				
	100			25	

（4）20 型——单面锥砂轮　外形如图 17-92 所示，尺寸见表 17-146。

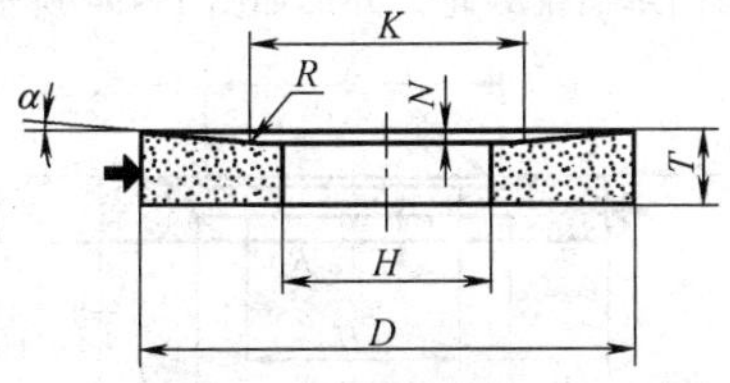

图 17-92　单面锥砂轮

表 17-146　20 型和 21 型砂轮的尺寸（A 系列）　（单位：mm）

D	T											H	K	N① α≈		R≤
	13	16	20	25	32	40	50	63	80	100	125			2°	4°	
250	×	×	×	×	×	×	—	—	—	—	—	76.2	150	2	4	3.2
												127	190	1	2	5

（续）

D	T											H	K	N① α≈		R≤
	13	16	20	25	32	40	50	63	80	100	125			2°	4°	
300	×	×	×	×	×	×	×	—	—	—	—	76.2	150	3	5	3.2
												127	190	2	4	5
300/356	—	—	×	×	×	×	×	×	—	—	—	127	215	2	5	
400/406	—	—	×	×	×	×	×	×	×	—	—			3	7	
450/457	—	—	×	×	×	×	×	×	×	—	—	127	215	4	8	
												203.2	280	3	6	
500/508	—	—	×	×	×	×	×	×	×	—	—	203.2	400	2	4	8
												304.8				
600/610	—	—	—	—	×	×	×	×	×	×	—	203.2		4	7	
												304.8				
750/762	—	—	—	—	×	×	×	×	×	×	×	304.8	400	6	13	

① N或2N取值应小于或等于厚度T的一半。

（5）21型——双面锥砂轮　外形如图17-93所示，尺寸见表17-146。

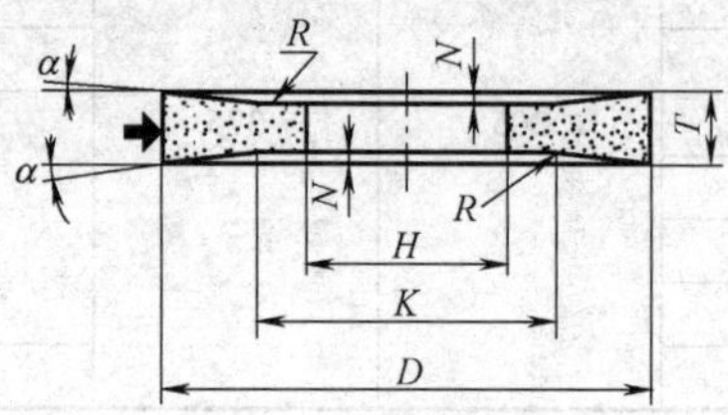

图17-93　双面锥砂轮

（6）22型——单面凹单面锥砂轮　外形如图17-94所示，尺寸见表17-147。

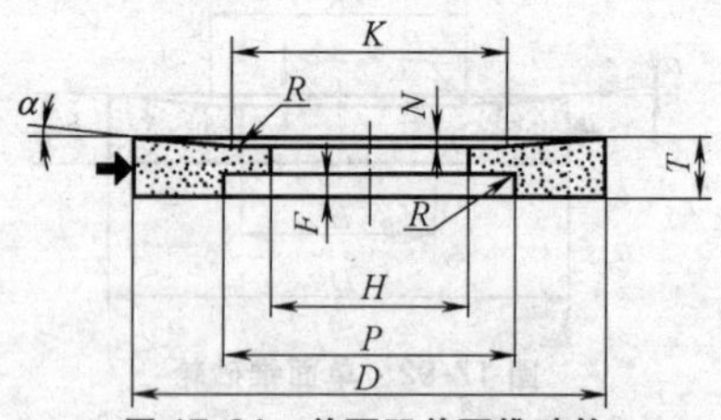

图17-94　单面凹单面锥砂轮

表17-147　22型、23型砂轮的尺寸（A系列）（单位：mm）

D	T	H	K=P	F	N α≈		R≤
					2°	4°	
300	40	76.2	150	13	3	5	3.2
	50				3	5	

（续）

D	T	H	K=P	F	N α≈ 2°	N α≈ 4°	R≤
300	40	127	190	13	2	4	5
	50				2	4	
350/356	40	127	215	13	2	5	
	50				2	5	
400/406	40			13	3	7	
	50				3	7	
450/457	63				4	8	
	80			25	4	8	
450/457	40	203.2	280	13	3	6	
	50				3	6	
	63				3	6	
	80			25	3	6	
500/508	40	203.2	400	13	2	4	8
	50				2	4	
	63				2	4	
	80			25	2	4	
500/508	40	304.8	400	13	2	4	
	50				2	4	
	63				2	4	
	80			25	2	4	
600/610	63	203.2	400	13	4	7	
	80			25	4	7	
	100			40	4	7	
600/610	63	304.8	400	13	4	7	
	80			25	4	7	
	100			40	4	7	
750/762	63	304.8	400	13	6	13	
	80			25	6	13	
	100			40	6	—	

（7）23 型——单面凹锥砂轮　外形如图 17-95 所示，尺寸见表 17-147 和表 17-148。

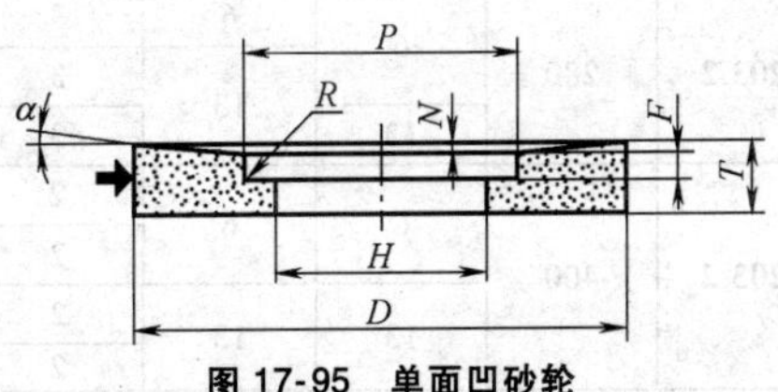

图 17-95　单面凹砂轮

表 17-148　23 型砂轮的尺寸（B 系列）　　（单位：mm）

D	*T*	*H*	*P*	*F*	*N*	*R*≤
300	40	127	200	2	18	3
	50					
350	50	127	265	10	15	3
400	50	203	265	7	18	4
500	50	203	375	8	17	4
600	75	305	375	15	20	5
750	75	305	500	13	22	5

（8）24 型——双面凹单面锥砂轮　外形如图 17-96 所示，尺寸见表 17-149。

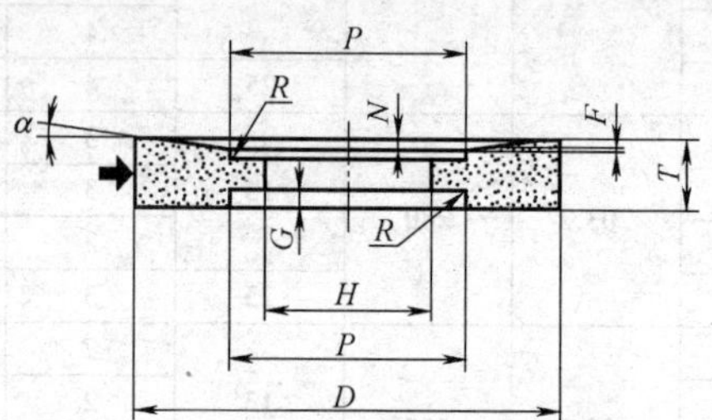

图 17-96　双面凹单面锥砂轮

表 17-149　24 型砂轮的尺寸（A 系列）　　（单位：mm）

D	*T*	*H*	*P*	*F*①	*G*①	*N*① α≈ 2°	*N*① α≈ 4°	*R* ≤
300	40	76.2	150	6	6	2	4	3.2
	50			10	10	3	—	
300	40	127	190	6	6	2	4	5
	50			10	10	3	—	
350/356	40	127	215	6	6	2	5	
	50					2	5	
400/406	40	127				3	7	
	50					3	7	
450/457	63	127	215	10	13	4	8	
	80			13		4	8	
450/457	50	203.2	280	6	6	3	6	
	63				13	3	6	
	80			13		3	6	
500/508	40	203.2	400	6	6	2	4	8
	50					2	4	
	63			13	13	2	4	
	80					2	4	

（续）

D	T	H	P	$F^{①}$	$G^{①}$	$N^{①}$ α≈ 2°	$N^{①}$ α≈ 4°	R ≤
500/508	40	304.8	400	6	6	2	4	8
	50					2	4	
	63			13	13	2	4	
	80					2	4	
600/610	50	203.2	400	6	6	4	7	
	63			13	13	4	—	
	80					4	7	
	100				25	4	7	
600/610	50	304.8	400	6	6	4	7	
	63			13	13	4	—	
	80					4	7	
	100				25	4	7	
750/762	80	304.8	400	13	13	6	13	
	100				25	6	—	

① N+F+G 取值应小于或等于厚度 T 的一半。

（9）25 型——单面凹双面锥砂轮　外形如图 17-97 所示，尺寸见表 17-150。

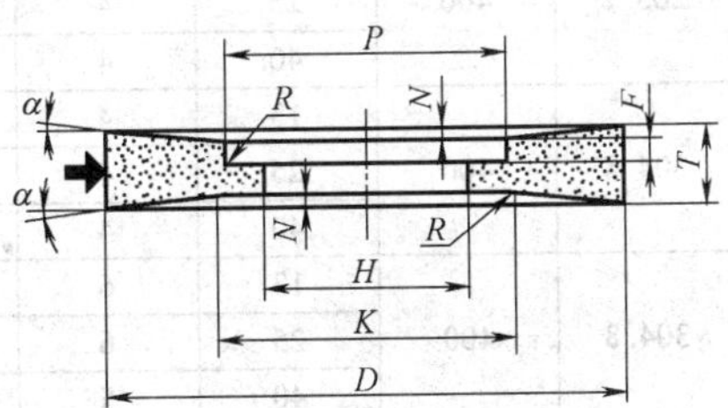

图 17-97　单面凹双面锥砂轮

表 17-150　25 型砂轮的尺寸（A 系列）　（单位：mm）

D	T	H	K=P	$F^{①}$	$N^{①}$ α≈ 2°	$N^{①}$ α≈ 4°	R ≤
300	40	76.2	150	13	3	—	3.2
	50				3	5	
300	40	127	190		2	—	5
	50				2	4	

（续）

D	T	H	K=P	F①	N① α≈		R ≤
					2°	4°	
350/356	40	127	215	13	2	—	5
	50				2	5	
400/406	40	127	215	13	3	—	
	50				3	6	
450/457	63	127	215	13	4	8	
	80			25	4	7	
450/457	40	203.2	280	13	3	—	
	50				3	6	
	63				3	6	
	80			25	3	6	
500/508	40	203.2	400	13	2	—	8
	50				2	4	
	63				2	4	
	80			25	2	4	
500/508	40	304.8	400	13	2	—	
	50				2	4	
	63				2	4	
	80			25	2	4	
600/610	63	203.2	400	13	4	7	8
	80			25	4	7	
	100			40	4	—	
600/610	63	304.8	400	13	4	7	
	80			25	4	7	
	100			40	4	—	
750/762	63	304.8	400	13	6	—	
	80			25	6	—	
	100			40	5	—	

① $2N+F$ 取值应小于或等于厚度 T 的一半。

（10）26 型——双面凹双面锥砂轮　外形尺寸如图 17-98 所示，尺寸见表 17-151和表 17-152。

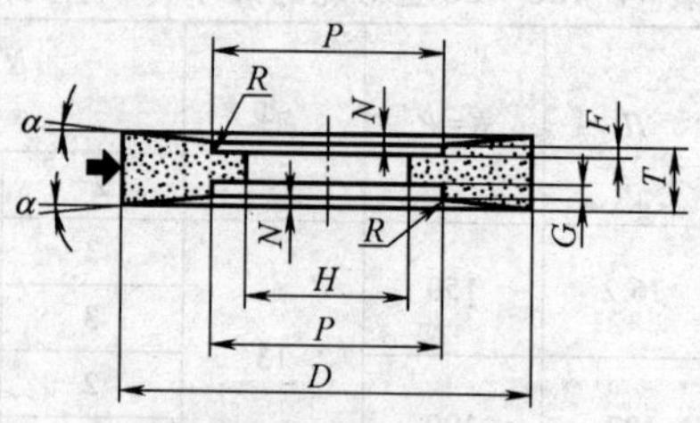

图 17-98　双面凹双面锥砂轮

表 17-151　26 型砂轮的尺寸（A 系列）　（单位：mm）

D	T	H	P	F①	G①	N① $\alpha\approx$ 2°	N① $\alpha\approx$ 4°	R ≤
300	40	76.2	150	6	6	2	4	3.2
	50			10	10	2	—	
300	40	127	190	6	6	2	4	5
	50			10	10	2	—	
350/356	40	127	215	6	6	2	—	
	50					2	5	
400/406	40	127	215	6	6	3	—	
	50					3	6	
450/457	63	127	215	6	6	4	8	
	80			13	13	4	7	
450/457	50	203.2	280	6	6	3	6	
	63				13	3	6	
	80			13		3	6	
500/508	40	203.2	400	6	6	2	4	8
	50					2	4	
	63			13	13	2	—	
	80					2	4	
500/508	40	304.8	400	6	6	2	4	
	50					2	4	
	63			13	13	2	—	
	80					2	4	
600/610	50	203.2	400	6	6	4	—	
	63			13	13	4	—	
	80					4	—	
	100				25	4	—	
600/610	50	304.8	400	6	6	4	—	
	63			13	13	4	—	
	80					4	—	
	100				25	4	—	
750/762	80	304.8	400	13	13	6	—	
	100				25	6	—	

① $2N+F+G$ 取值应小于或等于厚度 T 的一半。

表 17-152　26 型砂轮的尺寸（B 系列）　　（单位：mm）

D	T	H	P	F=G	N
500	63	305	375	8	8
	75				
600	63			2	14
	75			6	14
750	75		500	5	11

（11）38 型——单面凸砂轮　外形如图 17-99 所示，尺寸见表 17-153 和表 17-154。

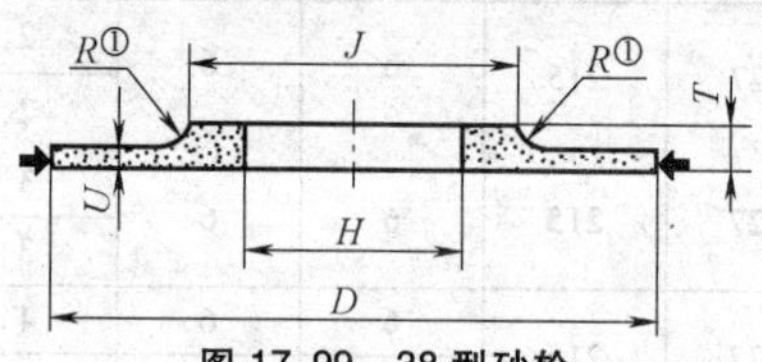

图 17-99　38 型砂轮

① 倒锥和半径由制造厂自行决定。

表 17-153　38 型和 39 型砂轮的尺寸（A 系列）　　（单位：mm）

D	J	T	U								H
			3	5	8	13	20	25	32	40	
250	180	13	×	×	×	—	—	—	—	—	76.2
	190										127
250	190	20	—	—	—	×	—	—	—	—	76.2
	220										127
300	180	13	—	×	×	—	—	—	—	—	76.2
	220										127
300	180	20	—	—	—	×	—	—	—	—	76.2
	220										127
350/356	245	20	—	—	×	—	—	—	—	—	127
		25	—	—	—	×	×	—	—	—	
400/406	245	20	—	—	×	—	—	—	—	—	127
		25	—	—	—	×	—	—	—	—	
		32	—	—	—	—	×	—	—	—	
450/457	245	20	—	—	×	—	—	—	—	—	127
		25	—	—	—	×	—	—	—	—	
		32	—	—	—	—	×	×	—	—	
500/508	420	25	—	—	—	×	—	—	—	—	203.2
											304.8
500/508		32	—	—	—	—	×	×	—	—	203.2
											304.8

（续）

D	J	T	U								H
			3	5	8	13	20	25	32	40	
600/610	420	25	—	—	—	×	—	—	—	—	203.2 304.8
600/610		32	—	—	—	—	×	—	—	—	203.2 304.8
600/610	420	40	—	—	—	—	—	×	×	—	203.2 304.8
750/762	420	32	—	—	—	×	×	—	—	—	304.8
		40	—	—	—	—	—	×	—	—	
		50	—	—	—	—	—	—	×	×	
900/914	550	32	—	—	—	×	×	—	—	—	304.8
		40	—	—	—	—	—	×	—	—	
		50	—	—	—	—	—	—	×	×	
1060/1067	550	32	—	—	—	×	×	—	—	—	304.8
		40	—	—	—	—	—	×	—	—	
		50	—	—	—	—	—	—	×	×	

表 17-154　38 型的尺寸（B 系列）　（单位：mm）

D	J	T	U					H
			6	8	10	13	16	
500	350	16	×	×	—	—	—	305
		20	—	—	×	×	—	
600		20	—	×	×	—	—	
		25	—	—	—	×	×	

（12）39 型——双面凸砂轮　外形如图 17-100 所示，尺寸见表 17-153。

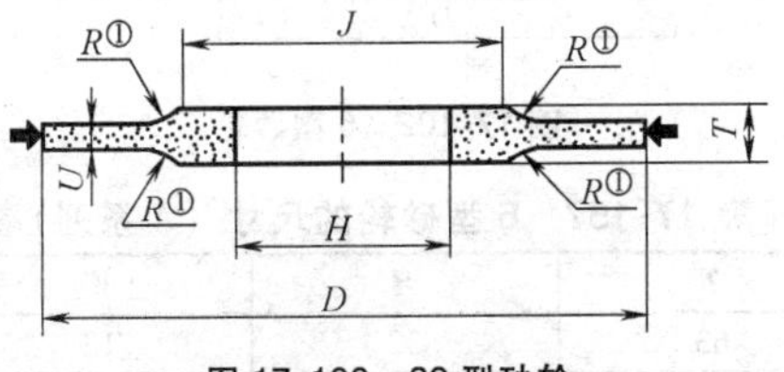

图 17-100　39 型砂轮

① 倒锥和半径由制造厂自行决定。

7. 平面磨削用端面磨砂轮（GB/T 4127.5—2008）

（1）2 型——粘结或夹紧用筒形砂轮　外形如图 17-101 所示，尺寸见表 17-155和表 17-156。

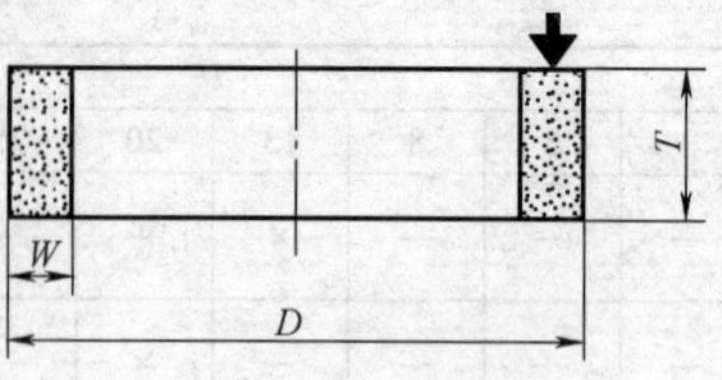

图 17-101 2 型砂轮

表 17-155 2 型砂轮的尺寸（A 系列）

（单位：mm）

D	T	W
150	80	16
180		20
200	100	20
250		25
300		32
350/356	125	40
400/406		
450/457		
500/508	125	50
600/610		63

表 17-156 2 型砂轮的尺寸（B 系列）

（单位：mm）

D	T	W
90	80	7.5、10
250	125	25
300	75	50
	100	25
350	125	35、50
450	125、150	35、100
500	150	60
600	100	60

（2）6 型——杯形砂轮 外形如图 17-102 所示，尺寸见表 17-157。

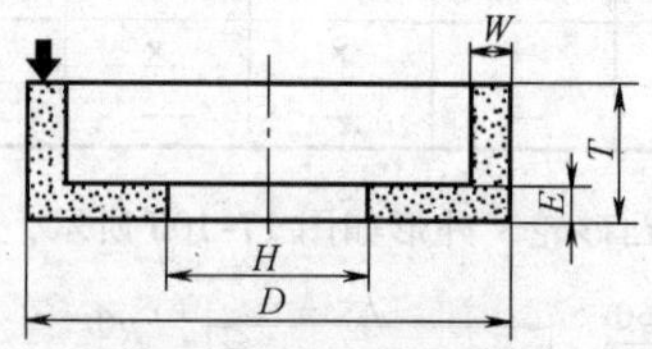

图 17-102 6 型砂轮

表 17-157 6 型砂轮的尺寸（A 系列） （单位：mm）

D	T	H	W	E ≥
125	63	32	13	16
150	80	32	16	20
180	80	76.2	20	
200	100	76.2	20	20
				25
	125	76.2	20	20
				25

（续）

D	*T*	*H*	*W*	*E* ≥
250	100	76.2	25	25
		127		
	125	76.2		
		127		
300	100	127	25	25
300	125	127	25	25

（3）31 型——砂瓦　外形如图 17-103～图 17-105 所示，尺寸见表 17-158～表 17-163。

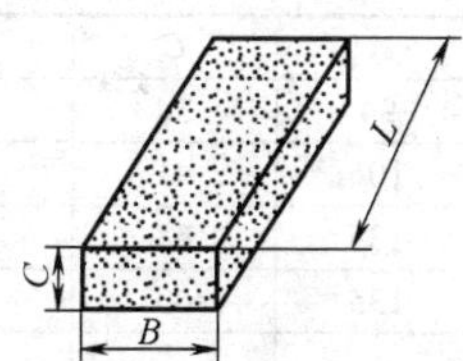

图 17-103　3101 型砂瓦

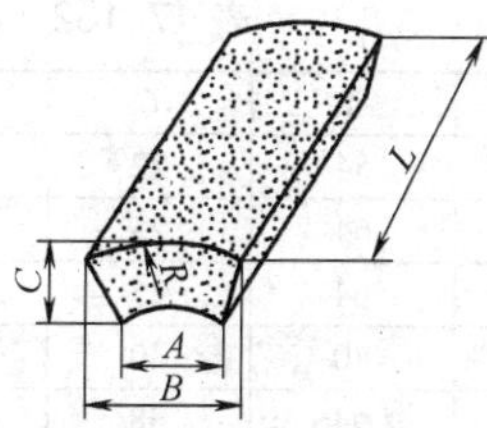

图 17-104　3104 型砂瓦

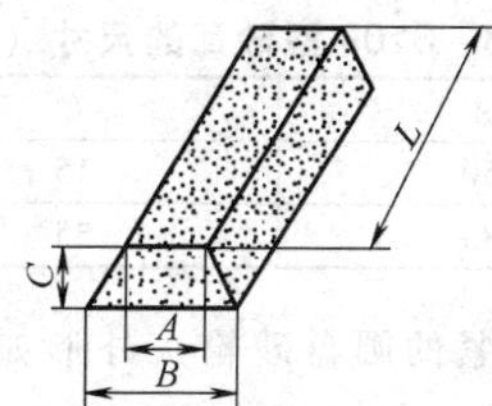

图 17-105　3109 型砂瓦

表 17-158　3101 型砂瓦的尺寸（A 系列）　（单位：mm）

B	*C*	*L*	*B*	*C*	*L*
50	25	150	110	40	200
60	25		110	40	180
80	25		120	30	
80	30		120	40	
90	35	200	120	30	200
90	35	180	120	40	

表 17-159　3101 型砂瓦的尺寸（B 系列）　（单位：mm）

B	*C*	*L*
90	35	150
80	50	200

表 17-160　3104 型砂瓦的尺寸（A 系列）　（单位：mm）

B	A	C	L	R	B	A	C	L	R
95	72	25	120	170	117	74	39	120	171.5
103	77	25	150	200	143	103.5	38	200	273
106	80	25	150	180	152	108	44	200	179

表 17-161　3104 型砂轮的尺寸（B 系列）　（单位：mm）

B	A	R	C	L
60	40	85	25	75
125	85	225	35	125

表 17-162　3109 型砂瓦的尺寸（A 系列）　（单位：mm）

B	A	C	L	B	A	C	L
60	54	22	110	103	94	38	180
70	64	25	110	120	106	41	200
70	64	25	150	152	135	63	200
80	70	40	150	152	135	63	250
103	94	38	150				

表 17-163　3109 型砂瓦的尺寸（B 系列）　（单位：mm）

B	A	C	L
60	50	15	125
100	85	35	150

（4）35 型——粘结或夹紧的圆盘砂轮　外形如图 17-106 所示，尺寸见表 17-164。

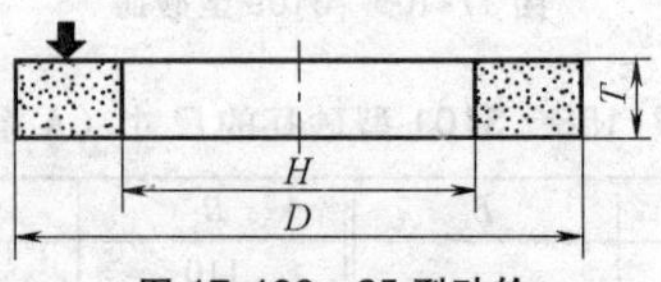

图 17-106　35 型砂轮

表 17-164　35 型砂轮的尺寸（A 系列）　（单位：mm）

D	T		H ≤	D	T		H ≤
350/356	63	80	203.2	600/610	63	80	400
400/406	63	80	254	750/762			508
450/457			304.8	900/914	—	80	508
500/508							

（5）36 型——螺栓紧固平形砂轮　外形如图 17-107 所示，嵌入螺母分布如图 17-108～图 17-116 所示，尺寸见表 17-165～表 17-175。

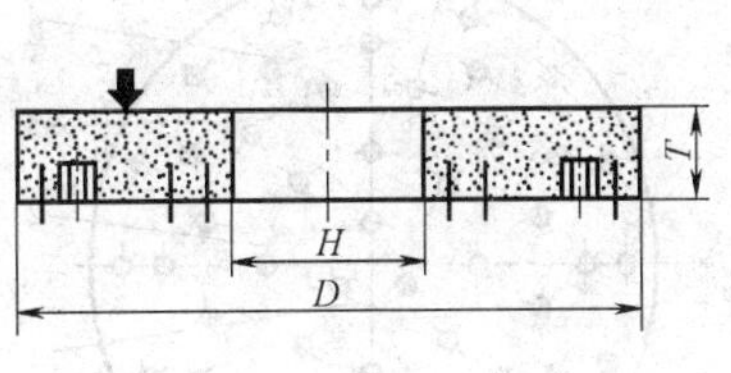

图 17-107　36 型砂轮

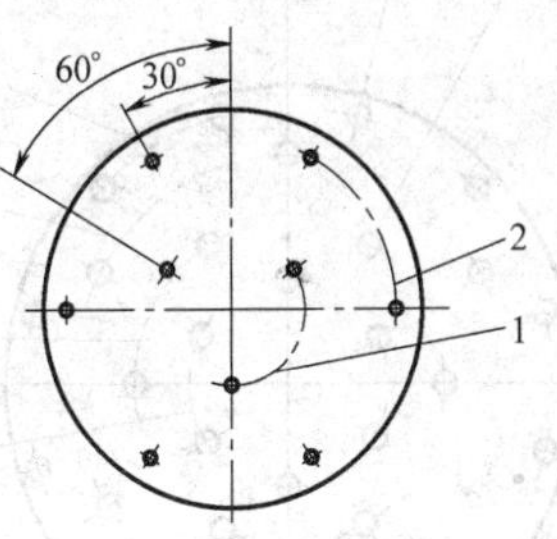

图 17-108　D=300mm 的螺母分布

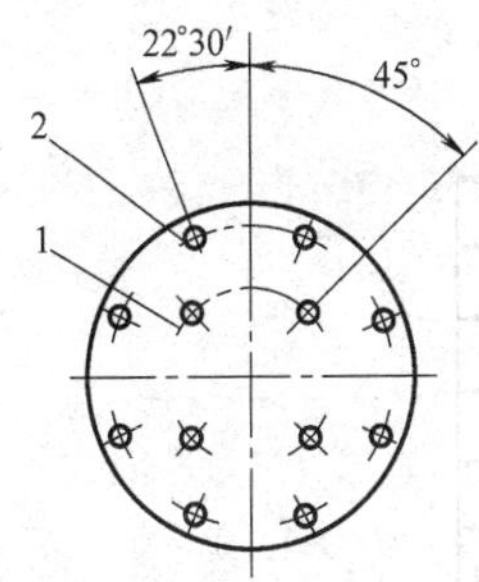

图 17-109　D=350mm/356mm 的螺母分布

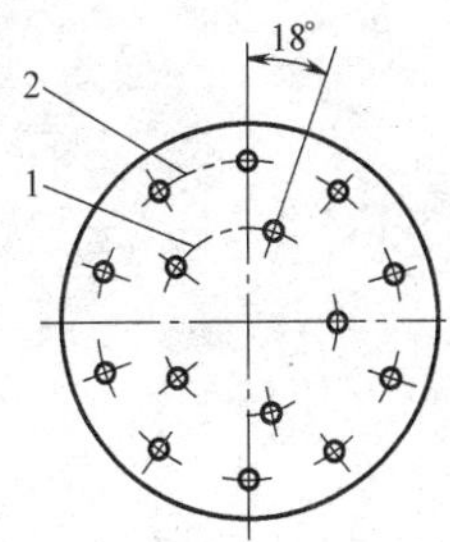

图 17-110　D=400mm/406mm 的螺母分布

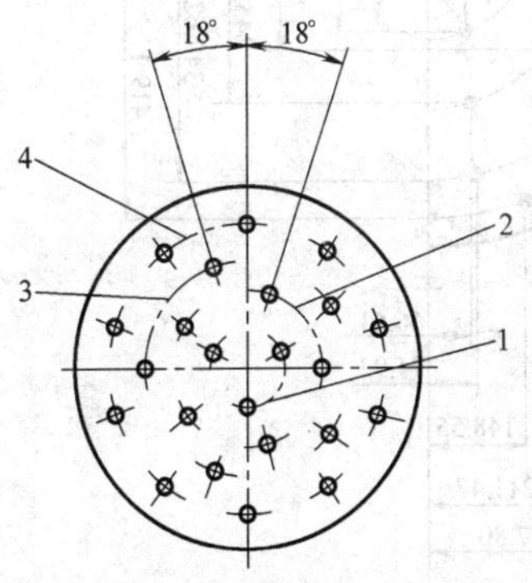

图 17-111　D=450mm/457mm 的螺母分布

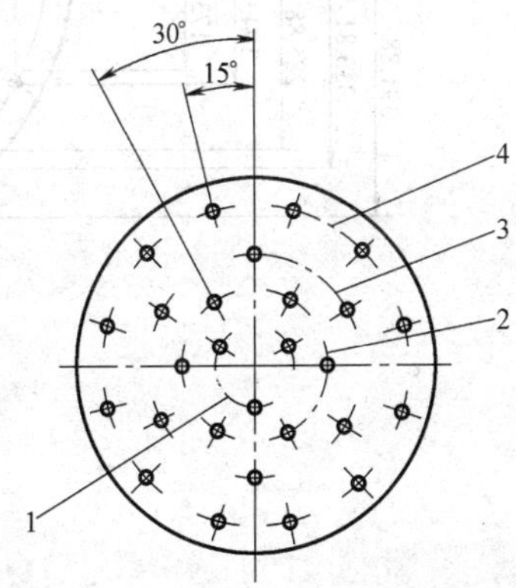

图 17-112　D=500mm/508mm 的螺母分布

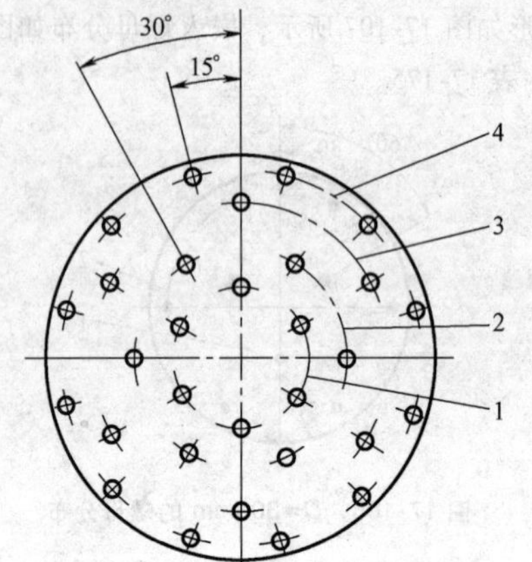

图 17-113 D=600mm/610mm 的螺母分布

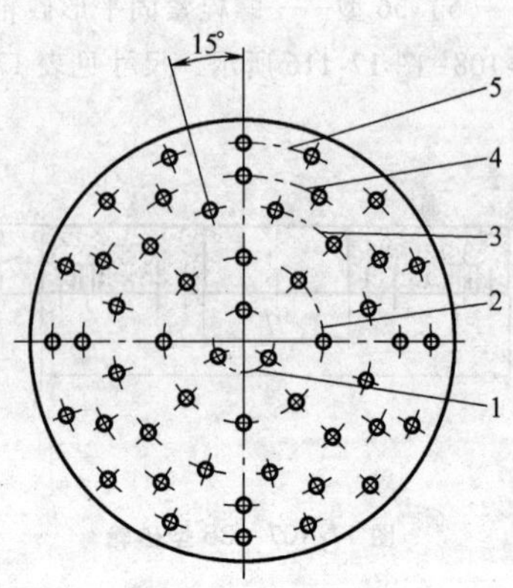

图 17-114 D=750mm/762mm 的螺母分布

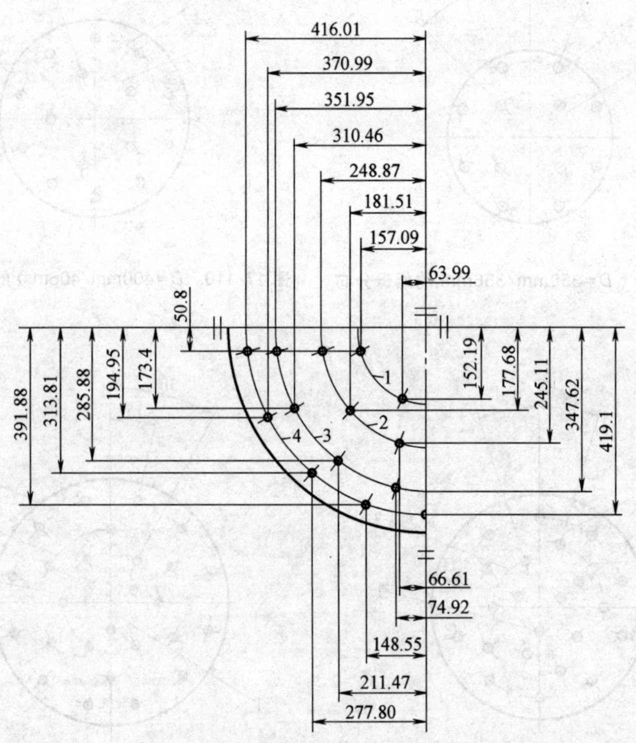

图 17-115 D=900mm/914mm 的螺母分布

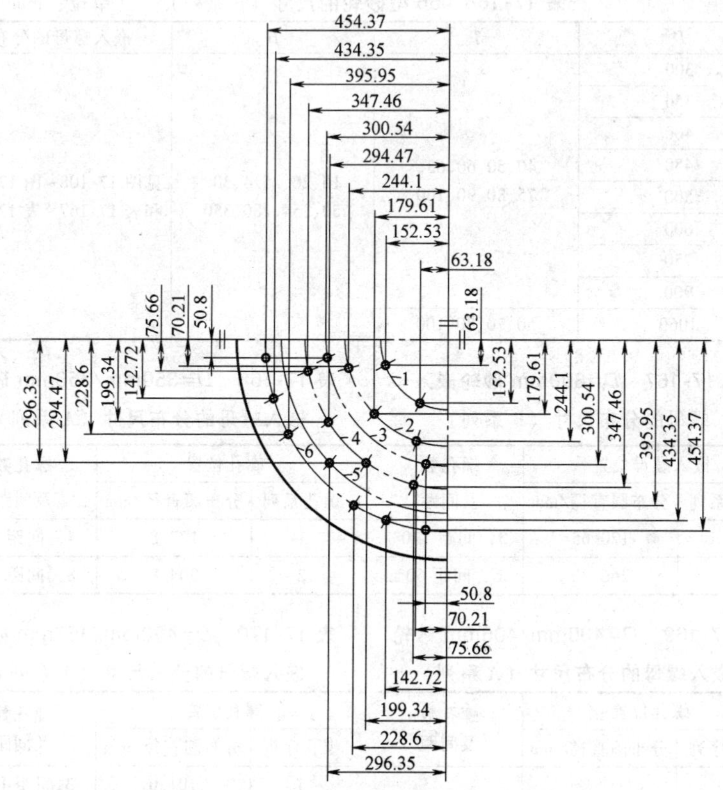

图 17-116 *D*=1060mm/1067mm 的螺母分布

表 17-165 36 型砂轮的尺寸（A 系列） （单位：mm）

D	*T*			*H* ≤	嵌入螺母的分布
350/356	63	80	—	120	见图 17-108~图 17-116 和表 17-167~表 17-175
400/406				140	
450/457			100	50	
500/508					
600/610	63	80	100	150	
750/762				50	
900/914	—	80	100	280	
1060/1067					

表 17-166　36 型砂轮的尺寸（B 系列）　　（单位：mm）

D	T	H	嵌入螺母的分布
300	40、50、60、63、75、80、90、100	16、20、25.4、30、50、254、280、350	见图 17-108～图 17-116 和表 17-167～表 17-175
350			
400			
450			
500			
600			
750			
900			
1060	50、70、80、100		

表 17-167　D=300mm 砂轮嵌入螺母的分布尺寸（B 系列）

嵌入螺母位置		螺孔数及间距
螺孔系列	分布圆直径/mm	
1	120.65	3，间距 120°
2	266.70	6，间距 60°

表 17-168　D=350mm/356mm 砂轮嵌入螺母的分布尺寸（A 系列）

螺孔位置		螺孔数及间距
螺孔系列	分布圆直径/mm	
1	177.8	4，间距 90°
2	304.8	8，间距 45°

表 17-169　D=400mm/406mm 砂轮嵌入螺母的分布尺寸（A 系列）

螺孔位置		螺孔数及间距
螺孔序列	分布圆直径/mm	
1	190.5	5，间距 72°
2	323.85	10，间距 36°

表 17-170　D=450mm/457mm 砂轮嵌入螺母的分布尺寸（A 系列）

螺孔位置		螺孔数及间距
螺孔序列	分布圆直径/mm	
1	101.6	3,间距 120°
2	203.2	5,间距 72°
3	279.4	5,间距 72°
4	374.65	10,间距 36°

表 17-171　D=500mm/508mm 砂轮嵌入螺母的分布尺寸（A 系列）

螺孔位置		螺孔数及间距
螺孔序列	分布圆直径/mm	
1	107.96	3，间距 120°
2	203.2	6，间距 60°
3	304.8	6，间距 60°
4	431.8	12，间距 30°

表 17-172　D=600mm/610mm 砂轮嵌入螺母的分布尺寸（A 系列）

螺孔位置		螺孔数及间距
螺孔序列	分布圆直径/mm	
1	203.2	6，间距 60°
2	330.2	6，间距 60°
3	457.2	6，间距 60°
4	558.8	12，间距 30°

表 17-173 *D*=750mm/762mm 砂轮嵌入螺母的分布尺寸（A 系列）

螺孔位置		螺孔数及间距
螺孔序列	分布圆直径/mm	
1	107.95	3，间距 120°
2	279.40	8，间距 45°
3	457.2	12，间距 30°
4	558.80	12，间距 30°
5	673.10	16，间距 22°30′

表 17-174 *D*=900mm/914mm 砂轮嵌入螺母的分布尺寸（A 系列）

螺孔位置		螺孔数
螺孔序列	分布圆直径/mm	
1	330.2	8
2	508	12
3	711.2	16
4	838.2	18

表 17-175 *D*=1060mm/1067mm 砂轮嵌入螺母的分布尺寸（A 系列）

螺孔位置		螺孔数	螺孔位置		螺孔数
螺孔序列	分布圆直径/mm		螺孔序列	分布圆直径/mm	
1	330.2	8	4	711.2	16
2	508	12	5	838.2	4
3	609.6	8	6	914.4	24

（6）37 型——螺栓紧固筒形砂轮 外形如图 17-117 所示，尺寸见表 17-176。

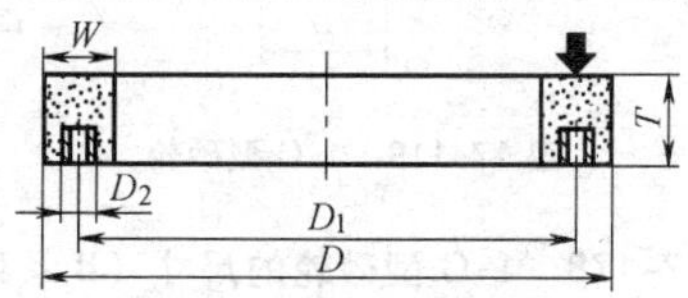

图 17-117 37 型砂轮

表 17-176 37 型砂轮的尺寸（A 系列） （单位：mm）

D	*T*	*W*	螺孔配置		
			D_1	孔数及间距	D_2
300	100	50	250	6，间距 60°	M10
350/356			300	8，间距 45°	
400/406			350		
450/457			400	10，间距 36°	
500/508	125		450		
600/610		63	540	12，间距 30°	

8. 工具磨和工具室用砂轮（GB/T 4127.6—2008）

（1）1 型——平形砂轮 外形如图 17-118 所示，尺寸见表 17-177。

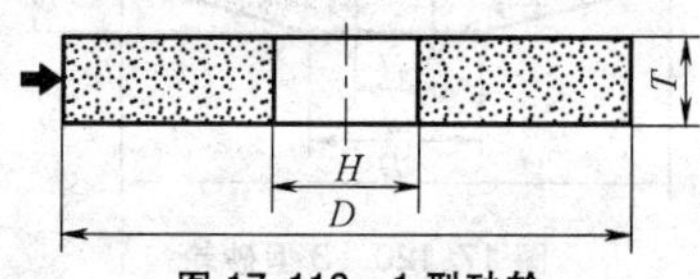

图 17-118 1 型砂轮

表 17-177 1 型砂轮的尺寸（A 系列） （单位：mm）

D	T							H					
	6	10	13	16	20	25	32	13	16	20	25	32	51
50	×	×	×	—	—	—	—	×	—	—	—	—	—
100	—	×	×	—	×	—	—	—	×	×	—	—	—
125	—	—	×	×	×	×	—	—	—	×	—	×	—
150	×	×	×	×	×	×	—	—	—	×	×	×	—
175	—	×	×	×	×	×	×	—	—	×	—	×	—
200	×	×	×	×	×	×	×	—	—	×	×	×	×
250	—	—	×	—	×	×	—	—	—	—	—	×	—
300	—	—	—	—	×	×	×	—	—	—	—	×	—

（2）1-C 型——平形 C 型面砂轮 外形如图 17-119 所示，尺寸见表 17-178。

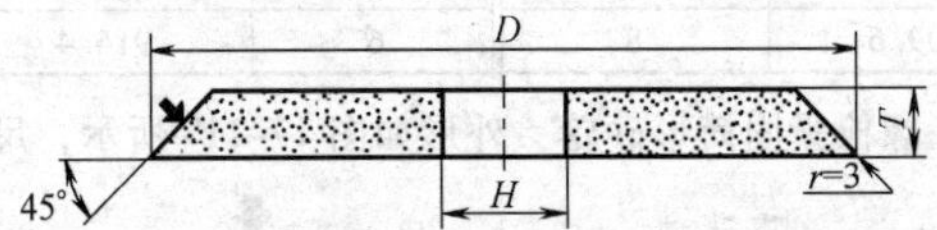

图 17-119 1-C 型砂轮

表 17-178 1-C 型砂轮的尺寸（B 系列） （单位：mm）

<table>
<tr><th rowspan="2">D</th><th colspan="5">T</th><th rowspan="2">H</th></tr>
<tr><th>8</th><th>10</th><th>13</th><th>16</th><th>25</th></tr>
<tr><td>175</td><td>×</td><td>×</td><td>—</td><td>—</td><td>—</td><td rowspan="4">32</td></tr>
<tr><td>200</td><td>—</td><td>×</td><td>×</td><td>×</td><td>—</td></tr>
<tr><td>250</td><td>—</td><td>×</td><td>×</td><td>×</td><td>—</td></tr>
<tr><td rowspan="3">300</td><td>—</td><td>—</td><td>—</td><td>×</td><td>—</td></tr>
<tr><td>—</td><td>—</td><td>×</td><td>—</td><td>—</td><td>75</td></tr>
<tr><td>—</td><td>—</td><td>×</td><td>×</td><td>—</td><td rowspan="2">127</td></tr>
<tr><td>350</td><td>—</td><td>—</td><td>—</td><td>—</td><td>×</td></tr>
</table>

（3）3 型——单斜边砂轮 外形如图 17-120 所示，尺寸见表 17-179 和表 17-180。

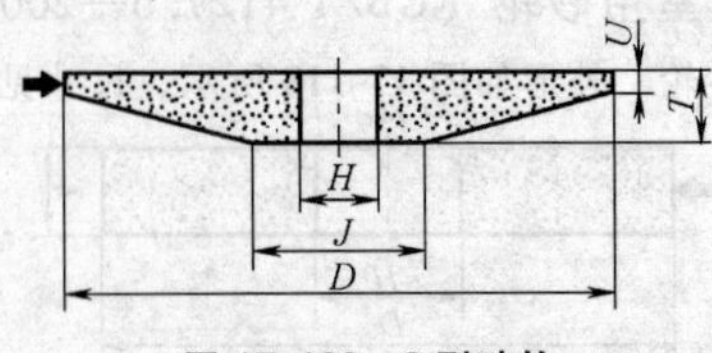

图 17-120 3 型砂轮

表 17-179　3 型砂轮的尺寸（A 系列）　　（单位：mm）

D	T	H	J	U
80	5	13	40	1
100	6	20	50	1.5
125	7	20	63	2
		32		
150	8		75	
175	10	32	85	3
200	13		100	
250	14		125	

表 17-180　3 型砂轮的尺寸（B 系列）　　（单位：mm）

D	T	H	J	U
75	6	13	30	2
80	13	20	45	3
100	6		55	2
	8		55	
125	8	32	57	
	10		65	
150	10		59	
	13		68	
175	6		141	3
	8		118	
	10		123	
200	10		127	
	13		87	
	16		103	
250	10		170	
	13		136	
	16		102	
300	10	32、127	248	
	13		225	
	16		203	

（4）4 型——双斜边砂轮　外形如图 17-121 所示，尺寸见表 17-181。

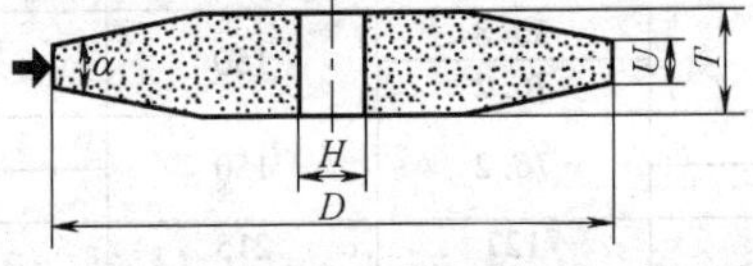

图 17-121　4 型砂轮

表 17-181 4 型砂轮的尺寸（B 系列） （单位：mm）

D	*T*	*H*	*U*	α（°）
125	13	20	4	40
125	16	20	4	40
125	16	32	4	40
150	20	20	6	40
150	16	32	4	40
150	20	32	6	40
200	13、16	75	4	40
250	10	75	4	40
250	13	75	4	40
250	16	75	4	40
250	20	75	6	40
250	25	75	6	40
300	20	75	11	40
300	32	75	11	40
300	25	127	6	40
350	10、16、25、32	127	3	50
350	8	160	3	50
400	8	203	3	50
400	10	203	3	50
400	13	203	3	50
500	10	305	3	50

（5）5 型——单面凹砂轮 外形如图 17-122 所示，尺寸见表 17-182。

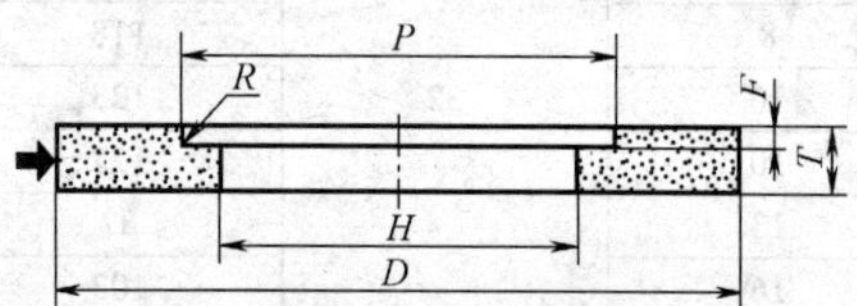

图 17-122 5 型砂轮

表 17-182 5 型砂轮的尺寸（A 系列） （单位：mm）

D	*T*	*H*	*P*	*F*①	*R* ≤
150	32	20	80	16	3.2
150	32	32	80	16	3.2
175	32	32	90	16	3.2
200	40	32	110	20	3.2
200	40	50.8	110	20	3.2
250	40	50.8	150	20	5
250	40	76.2	150	20	5
300	45	76.2	150	20	5
300	50	76.2	150	25	5
400	50	127	215	25	5

① *F* 取值应小于或等于厚度 *T* 的一半。

（6）7 型——双面凹砂轮　外形如图 17-123 所示，尺寸见表 17-183。

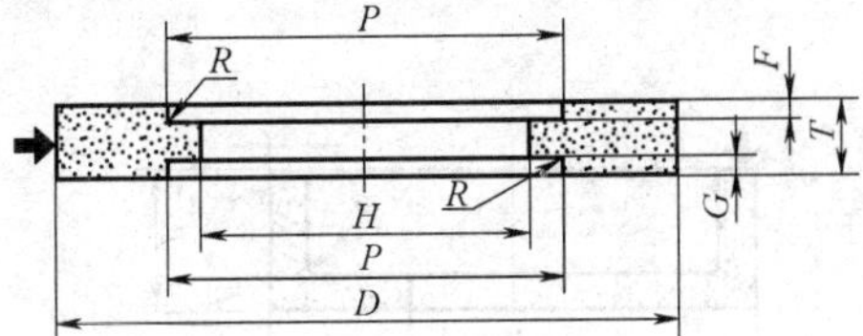

图 17-123　7 型砂轮

表 17-183　7 型砂轮的尺寸（A 系列）　（单位：mm）

D	T	H	P	F	G	R ≤
300	50	76.2	150	10	10	5
400	65	127	215			

（7）1 型——平形砂轮（锯刃磨）　外形如图 17-124 所示，尺寸见表 17-184。

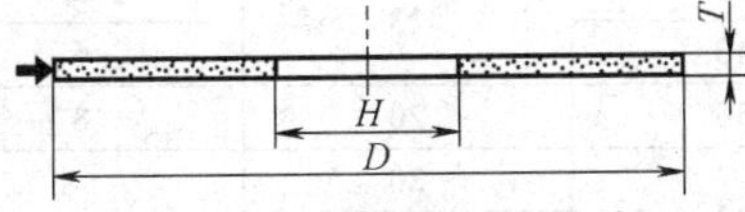

图 17-124　1 型砂轮（锯刃磨）

表 17-184　1 型砂轮的尺寸（A 系列）　（单位：mm）

D	T	H
100	1	20
	1.3	
	1.6	
	2	
	2.5	
	3	
	3.2	
	4	
125	1	20
	1.3	
	1.6	
	2	
	2.5	
	3.2	
	4	
150	1.6	20
	2	
	2.5	
	3	
	3.2	

D	T	H
150	4	20
	5	
	6	
	8	
150	1.6	32
	2	
	2.5	
	3	
150	3.2	32
	4	
	5	
	6	
	8	
	10	
	13	
	16	
200	2	20
	2.5	
	3	
	3.2	

D	T	H
200	4	20
	5	
	6	
	8	
	10	
	13	
	16	
	20	
200	2	32
	2.5	
	3	
	3.2	
	4	
	5	
	6	
	8	
200	10	32
	13	
	16	
	20	

D	T	H
250	3	32
	3.2	
	4	
	5	
	6	
	8	
	10	
	13	
	16	
	20	
	25	
300	5	32
	6	
	8	
	10	
	13	
	16	
	20	
	25	
	32	

（8）6 型——杯形砂轮　外形如图 17-125 所示，尺寸见表 17-185 和表 17-186。

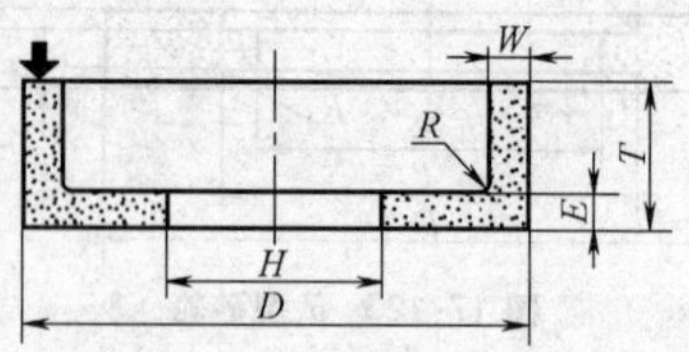

图 17-125　6 型砂轮

表 17-185　6 型砂轮的尺寸（A 系列）　　（单位：mm）

D	T	H	W	E ≥
50	32	13	5	8
80	40		6	10
100	50	20	8	
125	63	20	8	13
		32		
150	80	32	10	16
180	80		16	16

表 17-186　6 型砂轮的尺寸（B 系列）　　（单位：mm）

D	T	H	W	E	R
40	25	13	4	5	3
50	32		5	7	
60		20			
75	40			8	
100	50		7.5	10	4
125	63	32,65	7.5、12.5	13	
150		65	25	25	5
			12.5	13	
	80	32		15	
200	63	32、75	15	18	
	100	100	25	25	
250		150			

（9）11 型——碗形砂轮　外形如图 17-126 所示，尺寸见表 17-187 和表 17-188。

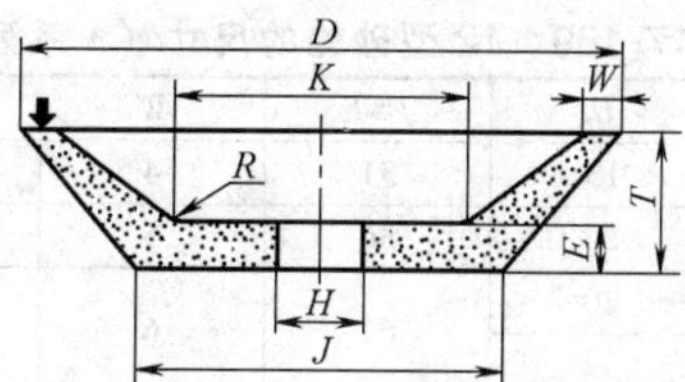

图 17-126　11 型砂轮

表 17-187　11 型砂轮的尺寸（A 系列）　（单位：mm）

D	T	H	J	K	W	E ≥
50	32	13	27	22	4	8
80			57	46	6	
100	40	20	71	56	8	10
125		20	96	81		
		32				
150	50	32	114	96	10	13
180			144	120	13	13

表 17-188　11 型砂轮的尺寸（B 系列）　（单位：mm）

D	T	H	J	K	W	E	R
50	25	13	32	23	5	7	3
75	32	20	52	44	5	10	
100	30		50	40	10		4
	35		75	62	7.5		
125	35	32	66	55	10		
	45		92	75	10	13	
150	35		91	81	12.5		5
	50		114	97	10	15	
175	63		102	86	22.5	25	
200			127	106	25		
250	140	100	201	155	30	40	
300	150	140	247	191	35		

（10）12 型——碟形砂轮　外形如图 17-127 所示，尺寸见表 17-189。

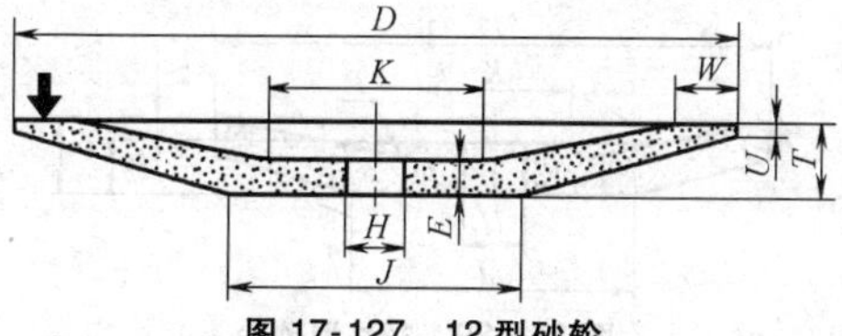

图 17-127　12 型砂轮

表 17-189 12 型砂轮的尺寸（A 系列） （单位：mm）

D	*T*	*H*	*J*=*K*	*W*	*E* ≥	*U*
80	10	13	31	4	6	2.5
100	13	20	36	5	7	3.2
125	13	20	61	6	7	
		32				
150	16	32	66	8	9	
180	20		76	10	11	
200	20		90	10	12	

（11）12a 型——碟形一号砂轮 外形如图 17-128 所示，尺寸见表 17-190。

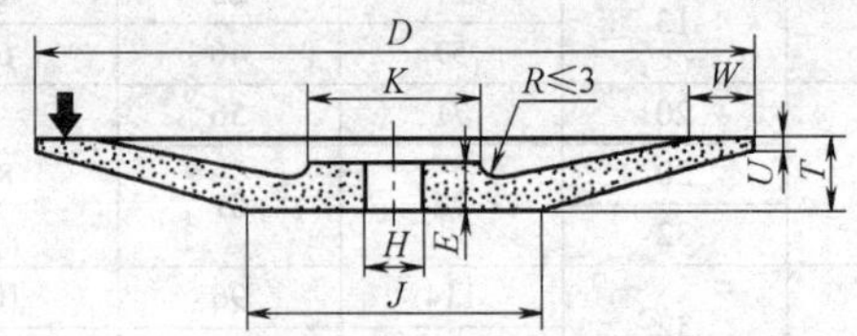

图 17-128 12a 型砂轮

表 17-190 12a 型砂轮的尺寸（B 系列） （单位：mm）

D	*T*	*H*	*K*	*J*	*W*	*U*	*E*
75	8	13	30	30	4	2	5
100	10	20	40	40	6	2	6
125	13	32	50	50	6	3	8
150	16		60	60	8	4	10
200	20		80	81	10	4	12
250	25		100	103	13	6	15
300	20	127	180	181	15	4	13
350	25			193	25		18
400	25			243	25		
500	32	203	255	291	35		27
600	32			406	35	6	24
800	35	400	500	770	40	3	30

（12）12b 型——碟形二号砂轮 外形如图 17-129 所示，尺寸见表 17-191。

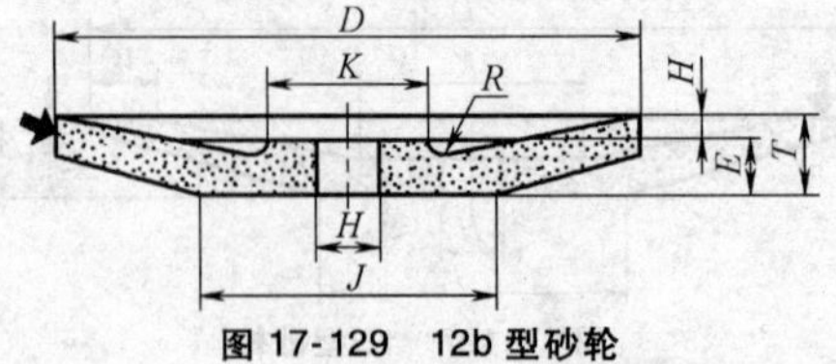

图 17-129 12b 型砂轮

表 17-191　12b 型砂轮的尺寸（B 系列）　（单位：mm）

D	*T*	*H*	*J*	*K*	*U*	*E*	*R*
225	18	40	120	105	2、4、6、8	16	4
275	20	40	125	105	2、4、6、8	21	5
	25						
350	27	55	170	130	5、8、10、12	22	6
450	29	127	255	205			7

9. 人工操纵磨削砂轮（GB/T 4127.7—2008）

（1）1 型——平形砂轮　外形如图 17-130 所示，尺寸见表 17-192 和表 17-193。

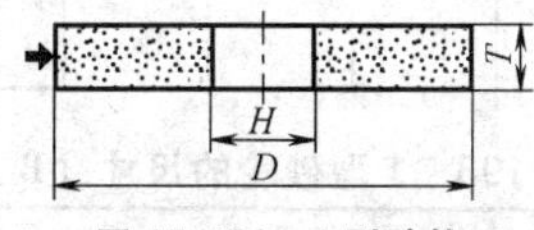

图 17-130　1 型砂轮

表 17-192　1 型砂轮的尺寸（A 系列）　（单位：mm）

D	*T* 13	20	25	32	40	50	63	80	100	*H*
100	×	×	—	—	—	—	—	—	—	16
										20
125	×	×	—	—	—	—	—	—	—	20
										32
150	—	×	×	—	—	—	—	—	—	20
150	—	×	×	—	—	—	—	—	—	32
200	—	×	×	—	—	—	—	—	—	
250	—	—	×	×	—	—	—	—	—	
300	—	—	—	×	×	—	—	—	—	32
										50.8
										76.2
350/356	—	—	—	×	×	×	—	—	—	32
										50.8
										76.2
400/406	—	—	—	—	×	×	×	—	—	50.8
										76.2
										127
450/457	—	—	—	—	×	×	×	—	—	50.8
										76.2
										127
										152.4

（续）

D	T									H
	13	20	25	32	40	50	63	80	100	
500/508	—	—	—	—	—	×	×	×	—	50.8 127 152.4 203.2
600/610	—	—	—	—	—	×	×	×	—	76.2 127 203.2 304.8
750/762	—	—	—	—	—	—	×	×	×	203.2 304.8

表 17-193　1型砂轮的尺寸（B系列）　　（单位：mm）

D	T								H
	13	20	25	32	40	50	63	80	
300	—	—	—	×	×	—	—	—	75
350	—	—	—	—	×	×	—	—	75 127
400	—	—	—	—	×	×	×	—	75 127
400	—	—	—	—	×	×	×	×	203
500	—	—	—	—	—	×	×	—	203
600	—	—	—	—	—	—	×	×	305

（2）5型——单面凹砂轮　外形如图17-131所示，尺寸见表17-194。

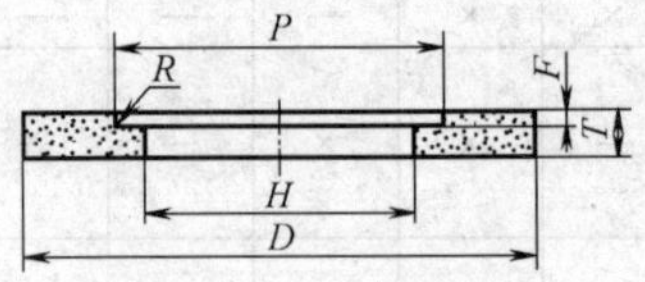

图17-131　5型砂轮

表 17-194　5型砂轮的尺寸（A系列）　　（单位：mm）

D	T	H					P	F	R_{max}
		20	32	50.8	76.2	127			
150	32	×	×		—	—	80	16	3.2
175	32	—	×	×	—	—	90	16	
200	40	—	×	×		—	110	20	

（续）

D	T	H					P	F	R_{max}
		20	32	50.8	76.2	127			
250	40	—	—	×	×	—	150	20	
300	40	—	—	—	×	—	150	20	5
	45								
	50							25	
400	50	—	—	—	—	×	215	25	

（3）6型——杯形砂轮 外形如图17-132所示，尺寸见表17-195。

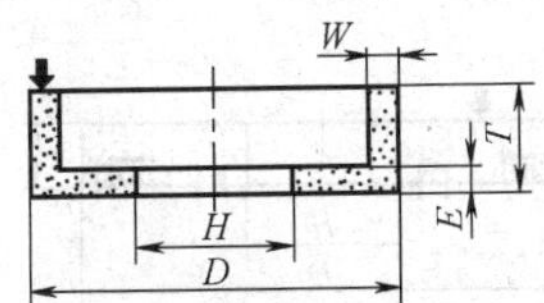

图17-132 6型砂轮

表17-195 6型砂轮尺寸（A系列） （单位：mm）

D	T	H						W	E_{min}
		13	20	25	32	50.8	76.2		
50	32	×	—	—	—	—	—	8	8
80	40	×	—	—	—	—	—	10	10
100	50	—	×	—	—	—	—		10
125	63	—	×	—	×	—	—	13	13
150	80	—	—	—	×	—	—	16	16
175	80	—	—	×	×	×	×	20	20
200	100	—	—	×	×	×	×	20	20

（4）35型——粘结或夹紧用圆盘砂轮 外形如图17-133所示，尺寸见表17-196。

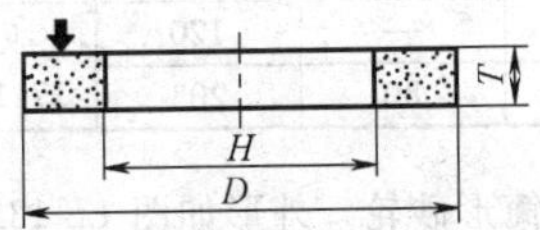

图17-133 35型砂轮

表17-196 35型砂轮的尺寸（A系列） （单位：mm）

D	T		H
350/365	63	80	203.2

（续）

D	T		H
400/465	63	80	254
450/457			304.8
500/508			
600/610	63	80	400
750/762			508
900/914	—	80	

（5）36型——螺栓紧固平形砂轮 外形如图17-134所示，尺寸见表17-197和表17-198。

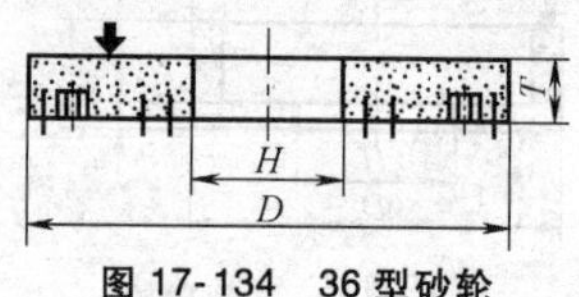

图17-134 36型砂轮

表17-197 36型砂轮尺寸（A系列） （单位：mm）

D	T			H ≤	嵌入螺母尺寸及分布
350/356	63	80	—	120	见图17-108～图17-116和表17-167～表17-175
400/406				140	
450/457			100	50	
500/508	63	80	100		
600/610				150	
750/762				50	
900/914	—	80	100	280	
1060/1067					

表17-198 36型砂轮尺寸（B系列） （单位：mm）

D	T			H ≤	嵌入螺母尺寸及分布
300	50	63	—	120	见图17-108～图17-116和表17-167～表17-175
450	50	63	80	203	

（6）37型——螺栓紧固筒形砂轮 外形如图17-135所示，尺寸见表17-199。

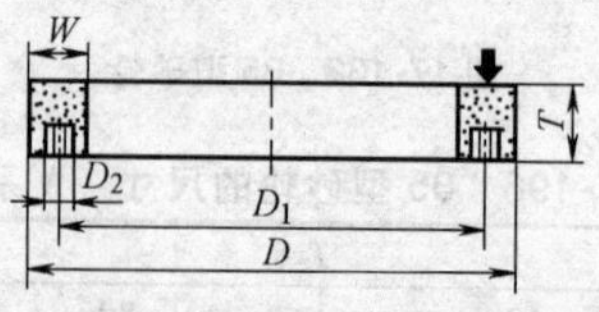

图17-135 37型砂轮

表 17-199 37 型砂轮尺寸（A 系列） （单位：mm）

D	T	W	D_1	嵌入螺母的尺寸及分布
400/406	100	50	350	见图 17-108～图 17-167 和表 17-167～表 17-175
450/457			400	
500/508	125		450	
600/610		63	540	

10. 去毛刺、荒磨和粗磨用砂轮（GB/T 4127.8—2007）

主要是 1 型——平形砂轮，其外形如图 17-136 所示，尺寸见表 17-200 和表 17-201。

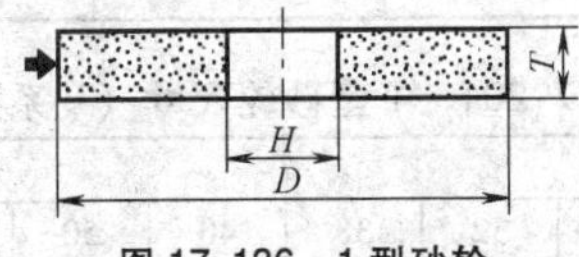

图 17-136 1 型砂轮

表 17-200 1 型砂轮尺寸（A 系列） （单位：mm）

D	T									H
	13	20	25	32	40	50	63	80	100	
100	×	×	—	—	—	—	—	—	—	16 20
125	×	×	—	—	—	—	—	—	—	20 32
150	—	×	×	—	—	—	—	—	—	20 32
200	—	×	×	—	—	—	—	—	—	32
250	—	—	×	×	—	—	—	—	—	
300	—	—	×	×	×	—	—	—	—	32 50.8 76.2
350/356	—	—	—	×	×	×	—	—	—	32 50.8 76.2
400/406	—	—	—	—	×	×	×	—	—	50.8 76.2 127
450/457	—	—	—	—	×	×	×	—	—	50.8 76.2 127 152.4

（续）

D	T									H
	13	20	25	32	40	50	63	80	100	
500/508	—	—	—	—	—	×	×	×	—	50.8
										127
										152.4
										203.2
600/610	—	—	—	—	—	×	×	×	—	203.2
										304.8
750/762	—	—	—	—	—	—	×	×	×	203.2
										304.8

表17-201　1型砂轮尺寸（B系列）　　（单位：mm）

D	T										H
	16	20	25	32	38	40	50	63	75	100	
100	×	—	—	—	—	—	—	—	—	—	10
125	×	—	—	—	—	—	—	—	—	—	13
150	×	—	—	—	—	—	—	—	—	—	13
	—	—	—	×	—	—	—	—	—	—	32
175	—	×	—	—	—	—	—	—	—	—	13
200	—	×	—	—	—	—	—	—	—	—	16
	—	—	—	—	—	×	×	—	—	—	32
300	—	—	—	×	—	×	—	—	—	—	75
350	—	—	—	×	—	—	×	—	—	—	50
	—	—	—	—	—	×	—	—	—	—	75
400	—	—	—	—	—	×	×	×	—	—	50
											75
500/508	—	—	—	—	—	—	×	×	×	×	203
											305
600/610	—	—	—	—	—	—	×	×	×	×	203
											305

11. 重负荷磨削砂轮（GB/T 4127.9—2007）

主要是1型——平形砂轮，其外形如图17-137所示，尺寸见表17-202和表17-203。

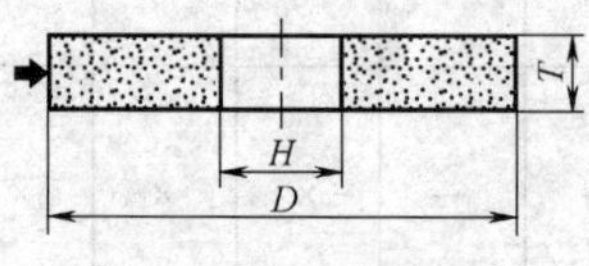

图17-137　1型砂轮

表 17-202 1 型砂轮尺寸（A 系列） （单位：mm）

<table>
<tr><th rowspan="2">D</th><th colspan="7">T</th><th rowspan="2">H</th></tr>
<tr><th>40</th><th>50</th><th>63</th><th>80</th><th>100</th><th>125</th><th>152</th></tr>
<tr><td>406</td><td>×</td><td>×</td><td>—</td><td>—</td><td>—</td><td>—</td><td>—</td><td>152.4</td></tr>
<tr><td rowspan="2">508</td><td rowspan="2">×</td><td rowspan="2">×</td><td rowspan="2">×</td><td rowspan="2">—</td><td rowspan="2">—</td><td rowspan="2">—</td><td rowspan="2">—</td><td>152.4</td></tr>
<tr><td>203.2</td></tr>
<tr><td rowspan="2">600</td><td rowspan="2">—</td><td rowspan="2">—</td><td rowspan="2">×</td><td rowspan="2">×</td><td rowspan="2">×</td><td rowspan="2">×</td><td rowspan="2">—</td><td>203.2</td></tr>
<tr><td>304.8</td></tr>
<tr><td rowspan="2">762</td><td rowspan="2">—</td><td rowspan="2">—</td><td rowspan="2">×</td><td rowspan="2">×</td><td rowspan="2">×</td><td rowspan="2">×</td><td rowspan="2">—</td><td>203.2</td></tr>
<tr><td>304.8</td></tr>
<tr><td>914</td><td>—</td><td>—</td><td>—</td><td>—</td><td>×</td><td>×</td><td>×</td><td>304.8</td></tr>
</table>

表 17-203 1 型砂轮尺寸（B 系列） （单位：mm）

<table>
<tr><th rowspan="2">D</th><th colspan="10">T</th><th rowspan="2">H</th></tr>
<tr><th>40</th><th>50</th><th>63.5</th><th>75</th><th>76.5</th><th>80</th><th>100</th><th>102</th><th>125</th><th>152</th></tr>
<tr><td rowspan="2">400</td><td rowspan="2">×</td><td rowspan="2">×</td><td rowspan="2">—</td><td>×</td><td rowspan="2">—</td><td rowspan="2">—</td><td rowspan="2">—</td><td rowspan="2">—</td><td rowspan="2">—</td><td rowspan="2">—</td><td>127</td></tr>
<tr><td>—</td><td>152.4</td></tr>
<tr><td rowspan="3">500</td><td rowspan="3">×</td><td rowspan="3">×</td><td rowspan="3">×</td><td rowspan="3">—</td><td rowspan="3">—</td><td rowspan="2">—</td><td rowspan="2">—</td><td rowspan="3">—</td><td rowspan="3">—</td><td rowspan="3">—</td><td>127</td></tr>
<tr><td>152.4</td></tr>
<tr><td>×</td><td>×</td><td>203</td></tr>
<tr><td rowspan="2">750</td><td rowspan="2">—</td><td rowspan="2">—</td><td rowspan="2">×</td><td rowspan="2">×</td><td rowspan="2">×</td><td rowspan="2">×</td><td>—</td><td rowspan="2">×</td><td rowspan="2">×</td><td rowspan="2">—</td><td>203</td></tr>
<tr><td>×</td><td>305</td></tr>
<tr><td rowspan="2">750</td><td rowspan="2">—</td><td rowspan="2">—</td><td rowspan="2">×</td><td rowspan="2">×</td><td rowspan="2">×</td><td rowspan="2">×</td><td rowspan="2">—</td><td rowspan="2">×</td><td rowspan="2">—</td><td rowspan="2">—</td><td>203</td></tr>
<tr><td>305</td></tr>
<tr><td>900</td><td>—</td><td>—</td><td>—</td><td>—</td><td>—</td><td>—</td><td>—</td><td>×</td><td>×</td><td>×</td><td>305</td></tr>
</table>

12. 珩磨和超精磨磨石（GB/T 4127.10—2008）

（1）5410 型——长方形珩磨磨石 外形如图 17-138 所示，尺寸见表 17-204 和表 17-205。

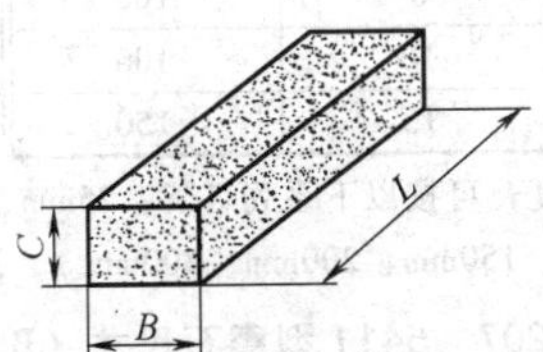

图 17-138 5410 型磨石

表 17-204 5410 型磨石尺寸（A 系列） （单位：mm）

B	C	L①	B	C	L①
3	2	30	4	3	40

（续）

B	C	L①	B	C	L①
6	5	60	13	10	150
8	6	80/100	15	12	150
10	8	100			

① 选择本表指定之外的长度，可按以下系列订货：25mm、30mm、40mm、50mm、60mm、80mm、100mm、125mm、150mm、200mm、300mm。

表 17-205 5410 型磨石尺寸（B 系列） （单位：mm）

磨石种类	B	C	L
超精磨石	4、6、8、10、13、16、20	3、4、6、8、10、13、16	20、25、32、40、50、63
	25、32、40、50、63	20、25、32、40	80、100、125、160
珩磨磨石	6	5	63
	13	10	100、125
	16	13	160

（2）5411 型——正方形珩磨磨石 外形如图 17-139 所示，尺寸见表 17-206 和表 17-207。

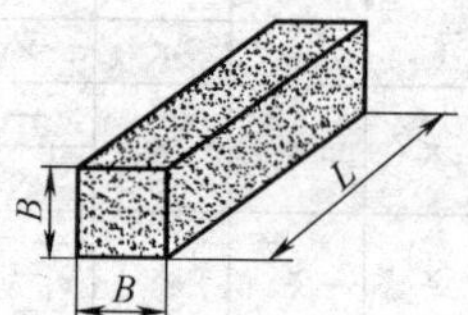

图 17-139 5411 型磨石

表 17-206 5411 型磨石尺寸（A 系列） （单位：mm）

B	L①	B	L①	B	L①
2	25	6	80	15	150
3	40	8	100	15	200
4	50	10	100	20	200
5	60	13	150	25	300

① 选择本表指定之外的长度，可按以下系列订货：25mm、30mm、40mm、50mm、60mm、80mm、100mm、125mm、150mm、200mm、300mm。

表 17-207 5411 型磨石尺寸（B 系列） （单位：mm）

磨 石 种 类	B	L
超精磨石	3、4、6、8、10、13、16、20	20、25、32、40、50、63
	25、32、40、50、63	80、100、125、160
珩磨磨石	4	40
	6	50

（续）

磨 石 种 类	B	L
珩磨磨石	6	100
	8	80
	13	100
	10、13	125
	13、16	160
	16	200
	20、25	250

（3）5420 型——筒形珩磨磨石　外形如图 17-140 所示，尺寸见表 17-208。

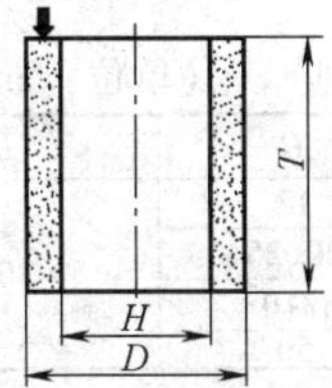

图 17-140　5420 型磨石

表 17-208　5420 型磨石尺寸（A 系列）

（单位：mm）

D	T	H
30	30	20
30	40	25
35	25	10
40	32	28

（4）5421 型——杯形珩磨磨石　外形如图 17-141 所示，尺寸见表 17-209。

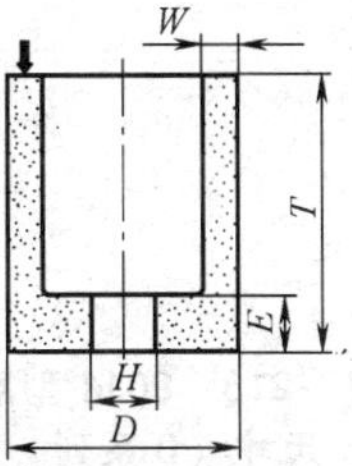

图 17-141　5421 型磨石

表 17-209　5421 型磨石尺寸（A 系列）

（单位：mm）

D	T	H	W、E
40	40	12	$W<0.17D$ $E>0.20T$
34	30	12	
40	50	20	
30	40	20	
50	45	12	
38	35	12	
65	50	20	
55	40	20	

13. 手持抛光磨石（GB/T 4127.11—2008）

（1）9010 型——长方形抛光磨石　外形如图 17-142 所示，尺寸见表 17-210 和表 17-211。

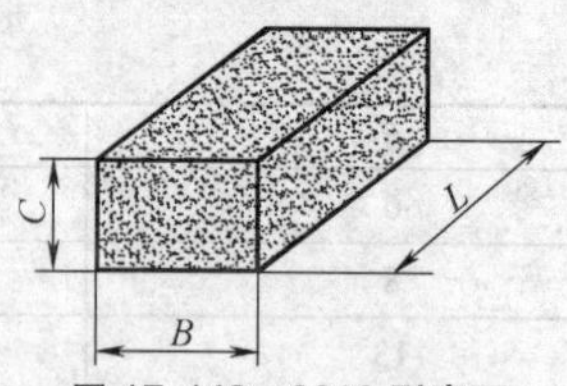

图 17-142　9010 型磨石

表 17-210　9010 型磨石尺寸（A 系列）　（单位：mm）

B	C	L	B	C	L
6	3	100	20	10	150
10	5		50	25	
13	6		20	15	200
25	13		30	20	
16	8	150	50	25	
15	10				

表 17-211　9010 型磨石尺寸（B 系列）　（单位：mm）

B	C	L	B	C	L
20	6、10	125	30	13	200
20、25	10、13、16	150	40	20、25	
50	15/10①		50	15/10①	
			75	50	

① 为双面磨石，两层厚度分别为 15mm 和 10mm。

（2）9011 型——正方形抛光磨石　外形如图 17-143 所示，尺寸见表 17-212 和表 17-213。

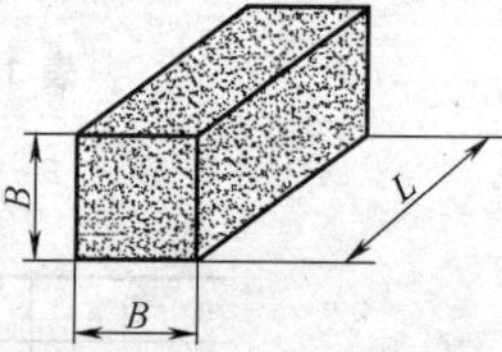

图 17-143　9011 型磨石

表 17-212　9011 型磨石尺寸（A 系列）

（单位：mm）

B	L
6	100
10	—
13	150
16	
20	
25	
20	200

表 17-213　9011 型磨石尺寸（B 系列）

（单位：mm）

B	L
8	100
13	
25	
25	200
25	250
40	
50	100

(3) 9020 型——三角形抛光磨石　外形如图 17-144 所示，尺寸见表 17-214 和表 17-215。

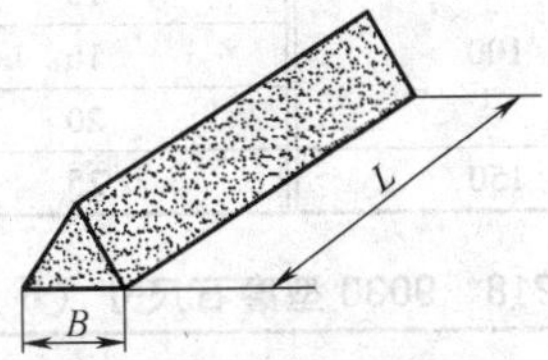

图 17-144　9020 型磨石

表 17-214　9020 型磨石尺寸（A 系列）　（单位：mm）

B	L	B	L
6	100	13	150
8		16	
10		20	200
13		25	250
10	150	30	

表 17-215　9020 型磨石尺寸（B 系列）　（单位：mm）

B	L	B	L
8	150	16	200
20		25	300

(4) 9021 型——刀形抛光磨石　外形如图 17-145 所示，尺寸见表 17-216。

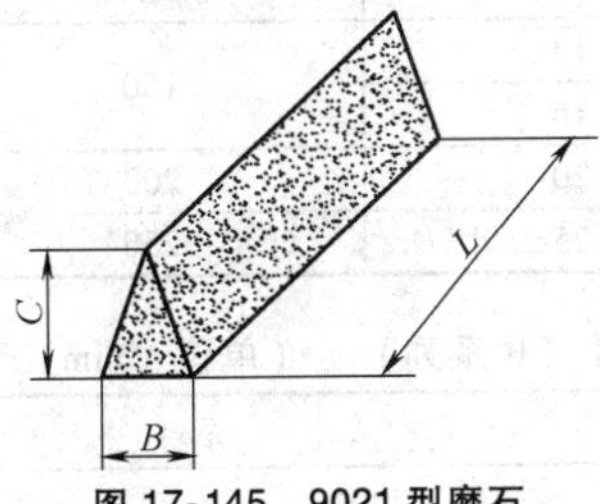

图 17-145　9021 型磨石

表 17-216　9021 型磨石尺寸（B 系列）
（单位：mm）

B	C	L
10	25	150
	30	
20	50	

(5) 9030 型——圆形抛光磨石　外形如图 17-146 所示，尺寸见表 17-217 和表 17-218。

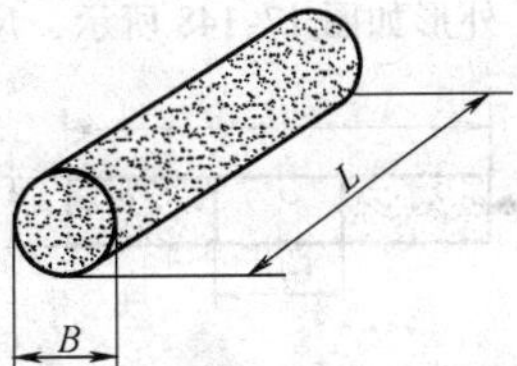

图 17-146　9030 型磨石

表 17-217 9030 型磨石尺寸（A 系列） （单位：mm）

B	L	B	L
6	100	13	150
8		16	
10		20	200
10	150	25	250

表 17-218 9030 型磨石尺寸（B 系列） （单位：mm）

B	L
20	150

（6）9040 型——半圆形抛光磨石 外形如图 17-147 所示，尺寸见表 17-219 和表 17-220。

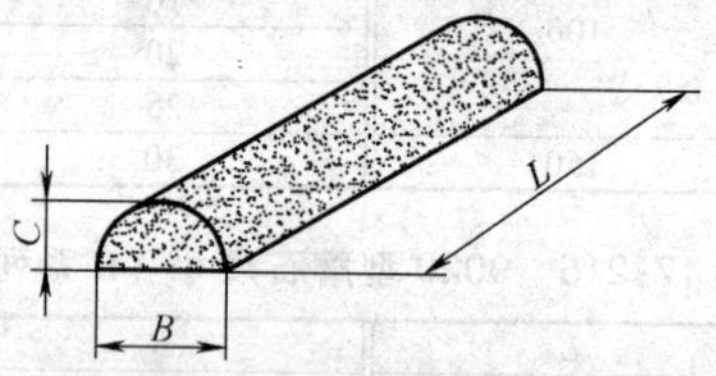

图 17-147 9040 型磨石

表 17-219 9040 型磨石尺寸（A 系列） （单位：mm）

$B=2C$	L	$B=2C$	L
6	100	13	150
8		16	
10		20	200
10	150	25	250

表 17-220 9040 型磨石尺寸（B 系列） （单位：mm）

$B=2C$	L
25	200

14. 直向砂轮机用去毛刺和荒磨砂轮（GB/T 4127.12—2008）

（1）1 型——平形砂轮 外形如图 17-148 所示，尺寸见表 17-221。

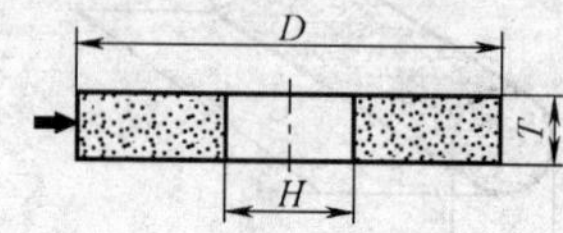

图 17-148 1 型砂轮

表 17-221　1 型砂轮尺寸（A 系列）　　（单位：mm）

D	*T*	*H*
32	10	8
40	10	10
50	10	
	13	
50	20	
63	10	
	13	
	16	
	20	
80	10	13
	20	
	25	
	32	
100	20	16
	25	
	32	
	40	
100	20	20
	25	
	32	
	40	
125	20	16
	25	
	32	
	40	
125	20	20
	25	
	32	
	40	

D	*T*	*H*
125	20	32
	25	
	32	
	40	
150	20	16
	25	
	32	
	40	
150	20	20
	25	
	32	
	40	
150	20	32
	25	
	32	
	40	
180	20	20
	25	
	32	
	40	
180	20	32
	25	
	32	
	40	
200	25	20
	32	
200	25	32
	32	

（2）4 型——双斜边砂轮　外形如图 17-149 所示，尺寸见表 17-222。

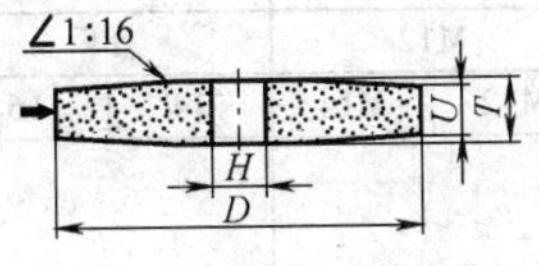

图 17-149　4 型砂轮

（3）16 型——带芯圆锥磨头、18 型——带芯圆柱形磨头、18R 型——带芯半球形磨头、19 型——带芯椭圆锥磨头　外形如图 17-150～图 17-153 所示，尺寸见

表 17-223。

表 17-222　4 型砂轮尺寸（A 系列）　　（单位：mm）

D	*T*	*H*	*U*
80	20	20	16
	25		21
100	20		15
	25		20
125	20		14
	25		19
150	20		13
	25		18
180	25		17
200	25	32	16

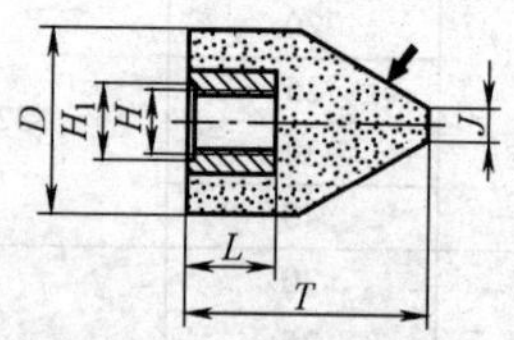

图 17-150　16 型磨头

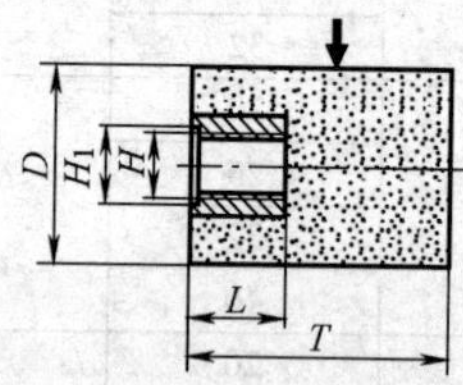

图 17-151　18 型磨头

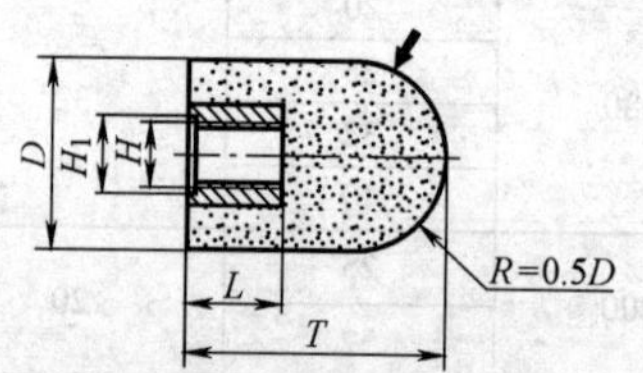

图 17-152　18R 型磨头

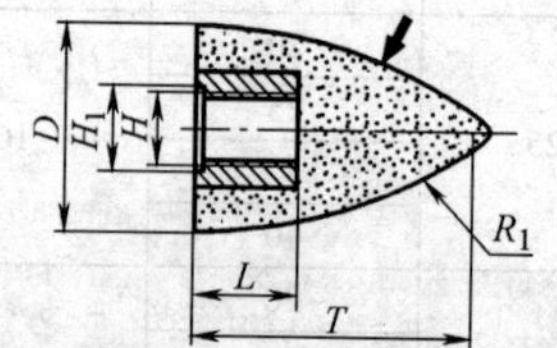

图 17-153　19 型磨头

表 17-223　16 型、18 型、18R 型和 19 型磨头尺寸（A 系列）　（单位：mm）

型号	*D*	*T*	*H*	H_1	*J*	*L*	R_1
16 型	32	50	M10	12	10	16	—
	40	63	M12	14		20	
	50	80	M12　M14	14　16	13	25	
	63	63	M16	M18	16		
		80					
		100				30	
	80	80			20	25	
		100				30	

（续）

型号	D	T	H		H_1		J	L	R_1
18 型和 18R 型	32	40	M10		12		—	16	—
		50							
	40	40	M12		14				
		50						20	
		63							
	50	50	M12	M14	14	16			
		80							
	63	63	M16		18			25	
		80							
	80	80							
19 型	40	63	M12		14		—	20	190
	63	80	M16		18			25	165
	80	80						25	150

（4）18a 型——圆柱形磨头　外形如图 17-154 所示，尺寸见表 17-224。

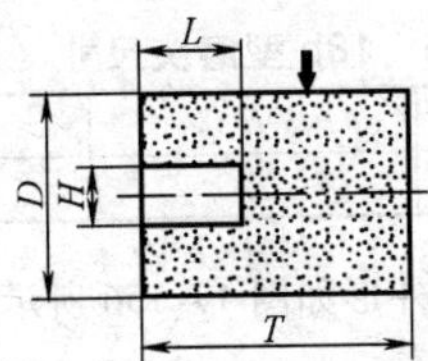

图 17-154　18a 型磨头

表 17-224　18a 型磨头尺寸（B 系列）　（单位：mm）

D	T	H	L
4	10	1.5	6
6	10	2	
	16		8
8	13	3	6
	20		10
10	10		6
	16		8
10	25	3	10
13	16	4	8
	25		10
16	20		10
	40		20

（续）

D	T	H	L
20	32		13
	63	6	25
25	32		13
	63	10	25
30	32	6	13
40	75	10	30

（5）18b 型——半球形磨头　外形如图 17-155 所示，尺寸见表 17-225。

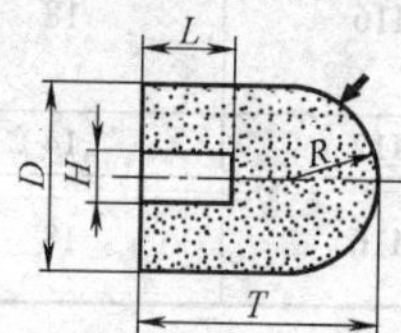

图 17-155　18b 型磨头

表 17-225　18b 型磨头尺寸（B 系列）　（单位：mm）

D	T	H	R	L
25	25	6	0.5D	10

（6）19a 型——球形磨头　外形如图 17-156 所示，尺寸见表 17-226。

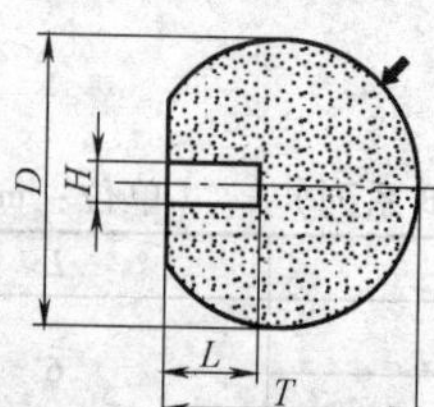

图 17-156　19a 型磨头

表 17-226　19a 型磨头尺寸（B 系列）

（单位：mm）

D	H	T	L
10	3	9	4
16		15.2	6
20	6	18.7	8
25		23.5	10
30		28.5	13

（7）17c 型——截锥磨头　外形如图 17-157 所示，尺寸见表 17-227。

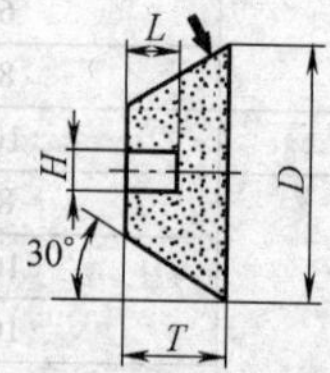

图 17-157　17c 型磨头

表 17-227　17c 型磨头尺寸（B 系列）

（单位：mm）

D	T	H	L
16	8	3	6
30	10	6	6

（8）16a 型——椭圆锥磨头　外形如图 17-158 所示，尺寸见表 17-228。

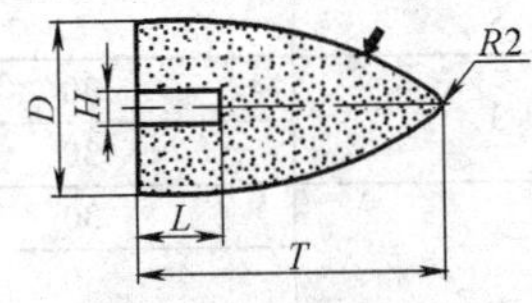

图 17-158　16a 型磨头

表 17-228　16a 型磨头尺寸（B 系列）

（单位：mm）

D	T	H	L
10	20	3	8
20	40	6	16

（9）17a 型——60°锥磨头　外形如图 17-159 所示，尺寸见表 17-229。

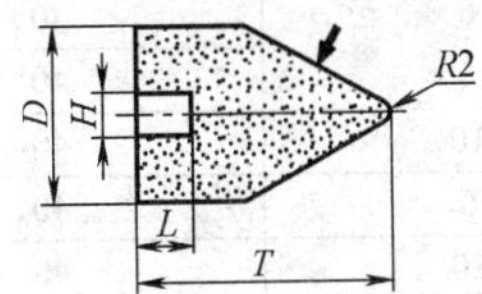

图 17-159　17a 型磨头

表 17-229　17a 型磨头尺寸（B 系列）

（单位：mm）

D	T	H	L
10	25	3	10
20	35	6	13
30	50	6	20

（10）17b 型——圆头锥磨头　外形如图 17-160 所示，尺寸见表 17-230。

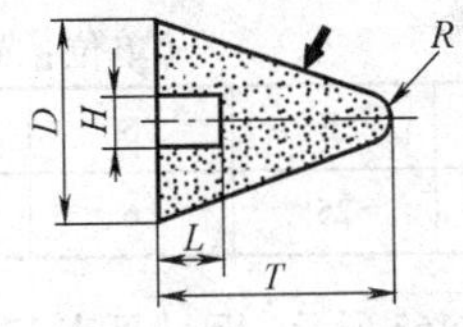

图 17-160　17b 型磨头

表 17-230　17b 型磨头尺寸（B 系列）

（单位：mm）

<table>
<tr><th>D</th><th>T</th><th>H</th><th>R</th><th>L</th></tr>
<tr><td>16</td><td>16</td><td>3</td><td>2</td><td>6</td></tr>
<tr><td>20</td><td rowspan="2">32</td><td rowspan="3">6</td><td>3</td><td rowspan="3">13</td></tr>
<tr><td>25</td><td rowspan="3">5</td></tr>
<tr><td>30</td><td>40</td></tr>
<tr><td>35</td><td>75</td><td>10</td><td>30</td></tr>
</table>

（11）5201 型——带柄圆柱形磨头　外形如图 17-161 所示，尺寸见表 17-231。

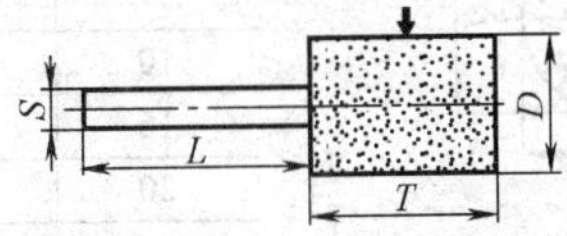

图 17-161　5201 型磨头

表 17-231　5201 型磨头尺寸（B 系列）　（单位：mm）

<table>
<tr><th>D</th><th>T</th><th>S</th><th>L</th></tr>
<tr><td>4</td><td>10</td><td rowspan="3">3</td><td rowspan="2">15</td></tr>
<tr><td rowspan="2">6</td><td>10</td></tr>
<tr><td>16</td><td>30</td></tr>
<tr><td rowspan="2">8</td><td>13</td><td rowspan="3">3</td><td>30</td></tr>
<tr><td>20</td><td>30</td></tr>
<tr><td>10</td><td>10</td><td>30</td></tr>
</table>

（续）

D	T	S	L
10	16	3	30
	25		30
13	16	4	30
	25		30
16	20		30
	40		30
20	32	6	30
	63		40
25	32		40
	63	10	40
30	32	6	40
40	75	10	40

注：磨头柄尺寸及技术要求按 GB/T 2485—2008 规定。

（12）5202 型——带柄半球形磨头　外形如图 17-162 所示，尺寸见表 17-232。

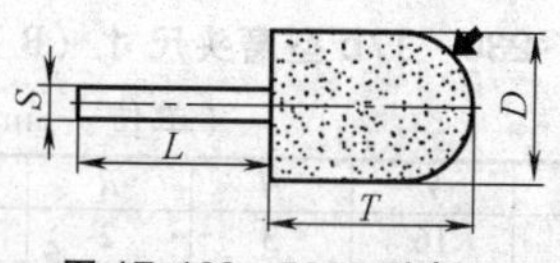

图 17-162　5202 型磨头

表 17-232　5202 型磨头尺寸（B 系列）

（单位：mm）

D	T	S	L
25	25	6	40

（13）5203 型——带柄球形磨头　外形如图 17-163 所示，尺寸见表 17-233。

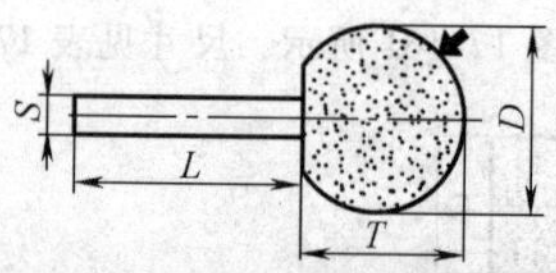

图 17-163　5203 型磨头

表 17-233　5203 型磨头尺寸（B 系列）

（单位：mm）

D	T	S	L
10	9	3	30
16	15.2		30
20	18.7	6	40
25	23.5		40
30	28.5		40

（14）5204 型——带柄截锥磨头　外形如图 17-164 所示，尺寸见表 17-234。

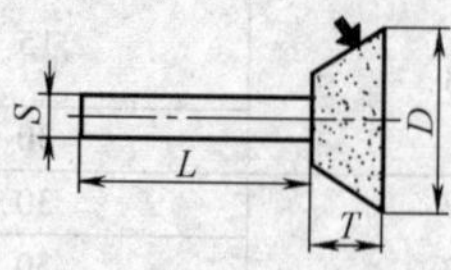

图 17-164　5204 型磨头

表 17-234　5204 型磨头尺寸（B 系列）

（单位：mm）

D	T	S	L
16	8	4	30
30	10	6	40

（15）5205型——带柄椭圆锥磨头　外形如图17-165所示，尺寸见表17-235。

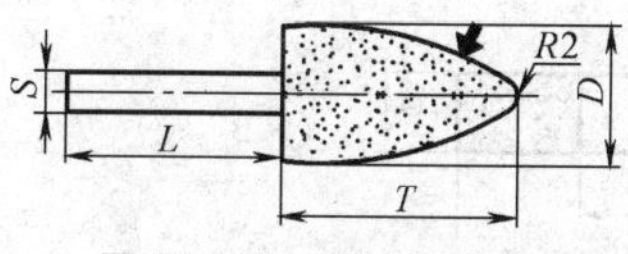

图17-165　5205型磨头

表17-235　5205型磨头尺寸（B系列）

（单位：mm）

D	T	S	L
10	20	4	30
20	40	6	40

（16）5206型——带柄60°锥磨头　外形如图17-166所示，尺寸见表17-236。

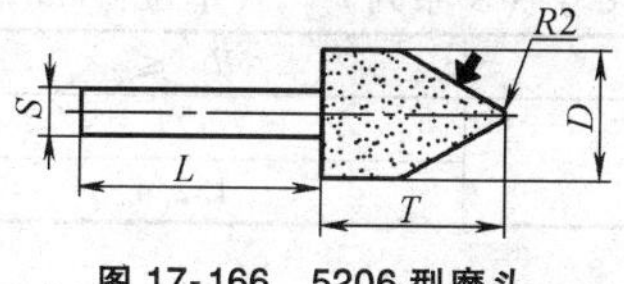

图17-166　5206型磨头

表17-236　5206型磨头尺寸（B系列）

（单位：mm）

D	T	S	L
10	25	3	30
20	35	6	40
30	50	6	40

（17）5207型——带柄圆头锥磨头　外形如图17-167所示，尺寸见表17-237。

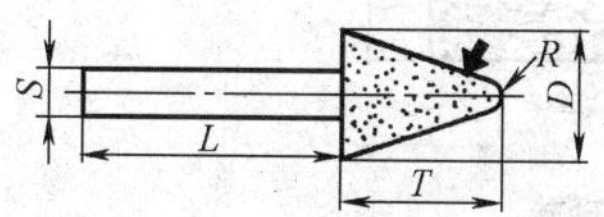

图17-167　5207型磨头

表17-237　5207型磨头尺寸（B系列）

（单位：mm）

<table>
<tr><th>D</th><th>T</th><th>S</th><th>R</th><th>L</th></tr>
<tr><td>16</td><td>16</td><td>3</td><td>2</td><td rowspan="5">40</td></tr>
<tr><td>20</td><td rowspan="2">32</td><td rowspan="3">6</td><td>3</td></tr>
<tr><td>25</td><td rowspan="3">6</td></tr>
<tr><td>30</td><td>40</td></tr>
<tr><td>35</td><td>75</td><td>6</td></tr>
</table>

15. 立式砂轮机用去毛刺和荒磨砂轮（GB/T 4127.13—2008）

（1）6型——杯形砂轮　外形如图17-168所示，尺寸见表17-238。

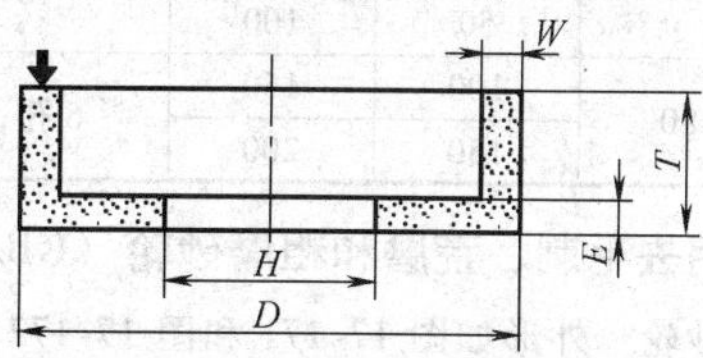

图17-168　6型砂轮

表17-238　6型砂轮的尺寸（A系列）　　（单位：mm）

<table>
<tr><th>D</th><th>T</th><th>H</th><th>W</th><th>E_{min}</th></tr>
<tr><td>100</td><td rowspan="5">50</td><td>20</td><td>20</td><td rowspan="5">16</td></tr>
<tr><td rowspan="2">125</td><td>20</td><td rowspan="2">25</td></tr>
<tr><td>32</td></tr>
<tr><td rowspan="2">150</td><td>20</td><td rowspan="2">40</td></tr>
<tr><td>32</td></tr>
</table>

（2）35型——粘结或夹紧用圆盘砂轮　外形如图17-169所示，尺寸见表17-239。

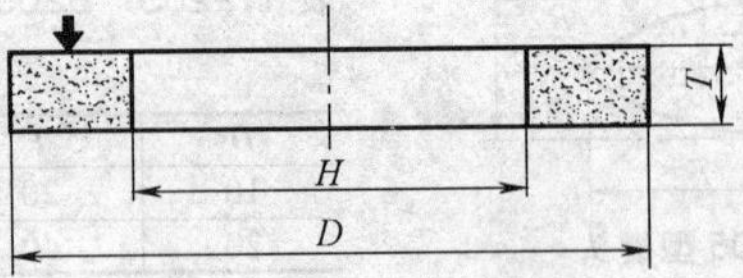

图17-169　35型砂轮

表17-239　35型砂轮的尺寸（A系列）　（单位：mm）

D	T	H ≤
200	50	127
250		152.4

（3）36型——螺栓紧固平形砂轮　外形如图17-170所示，尺寸见表17-240。

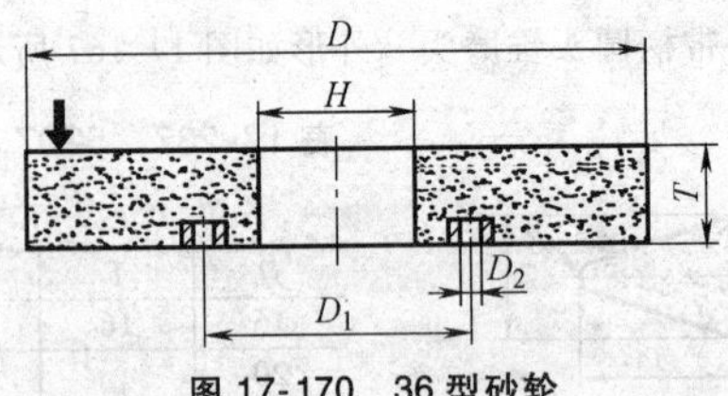

图17-170　36型砂轮

表17-240　36型砂轮的尺寸（A系列）　（单位：mm）

D	T	H ≤	嵌入螺母尺寸及分布		
			D_1	孔数及间距	D_2
125	63	—	25	75	4孔，间距90°	M10
150			50	100		
200	63	80	100	150	6孔，间距60°	
250			150	200		

16. 角向砂轮机用去毛刺、荒磨和粗磨砂轮（GB/T 4127.14—2007）

（1）6型——杯形砂轮　外形如图17-171和图17-172所示，尺寸见表17-241和表17-242。

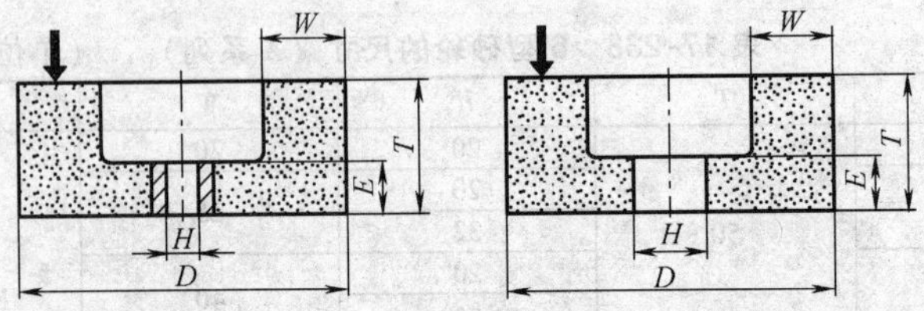

图17-171　6型砂轮（无插入的紧固衬套或完全的金属背垫）

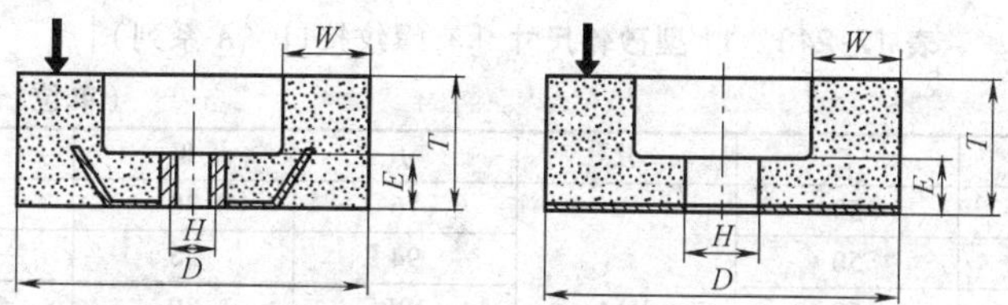

图 17-172 6 型砂轮（有插入的紧固衬套或完全的金属背垫）

表 17-241 6 型砂轮尺寸［有螺纹接口(A 系列)］

（单位：mm）

D	T	H	W	E ≥
100	50	M14	20	20
125			25	
150			40	

表 17-242 6 型砂轮尺寸［无螺纹接口(A 系列)］

（单位：mm）

D	T	H	W	E ≥
100	50	22.23	20	20
125			25	
150			40	

（2）11 型——碗形砂轮 外形如图 17-173 和图 17-174 所示，尺寸见表 17-243 和表 17-244。

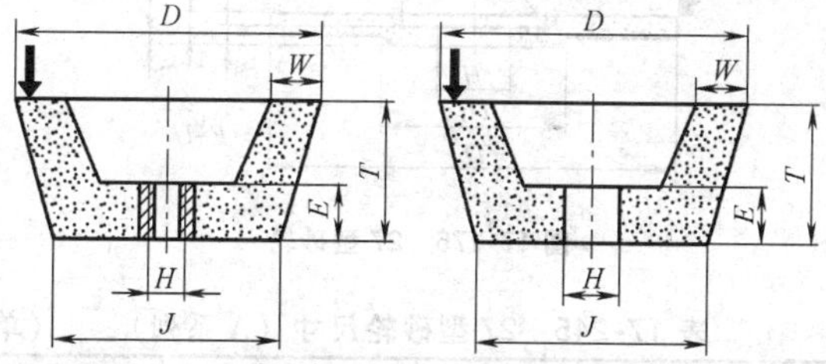

图 17-173 11 型砂轮（无插入的紧固衬套或完全的金属背垫）

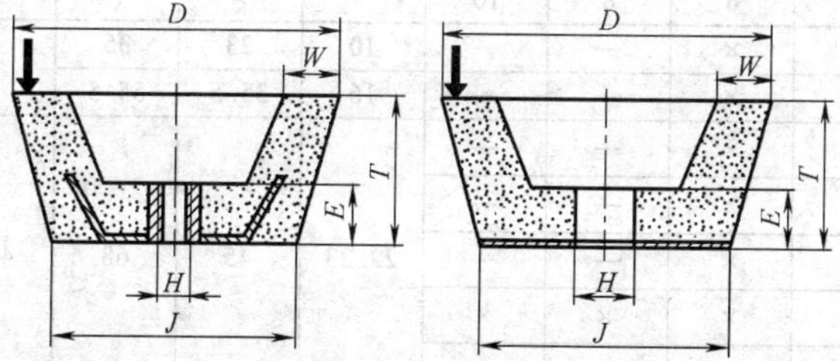

图 17-174 11 型砂轮（有插入的紧固衬套或完全的金属背垫）

表 17-243 11 型砂轮尺寸［有螺纹接口（A 系列）］

（单位：mm）

D	T	H	J	W	E ≥
100	50	M14	76	20	20
125	50		94	25	20
150	50		120	30	20
180	63		140	40	20
	80		120	41	25

表 17-244 11 型砂轮尺寸［无螺纹接口（A 系列）］

（单位：mm）

D	T	H	J	W	E ≥
100	50	22.23	76	20	19
110	55		55		
125	50		94	25	
150			120	30	
180	63		140	41	20
	80				22

（3）27 型——钹形砂轮 外形如图 17-175 所示，尺寸见表 17-245 和表 17-246。

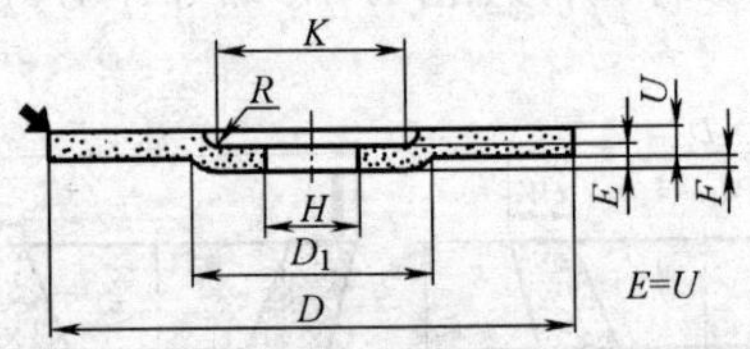

图 17-175 27 型砂轮

表 17-245 27 型砂轮尺寸（A 系列） （单位：mm）

D	U 4	U 6	U 8	U 10	H	K	D_1	F ≥	R ≈
80	×	×	—	—	10	23	35	4	6
100	×	×	—	—	16	35.5	55.5		
115	×	×	—	—	22.23	45	68	4.6	8
125	×	×	—	—					
150	×	×	—	—					
180	×	×	×	×					
230	×	×	×	—					

表 17-246 27 型砂轮尺寸（B 系列） （单位：mm）

D	U					H	K	D_1	F_{min}	R≈
	3	4	6	8	10					
80	×	×	×	—	—	10	22	34	4	4
100	×	×	×	—	—		35	50		
115	×	×	×	—	—	16				
125	×	×	×	—	—					
115	×	×	×	—	—					
125	×	×	×	—	—		45	68	6	8
150	×	×	×	—	—					
180		×	×			22				
205	—		×	×	×					
230		—	×							

（4）28 型——锥面钹形砂轮 外形如图 17-176 所示，尺寸见表 17-247。

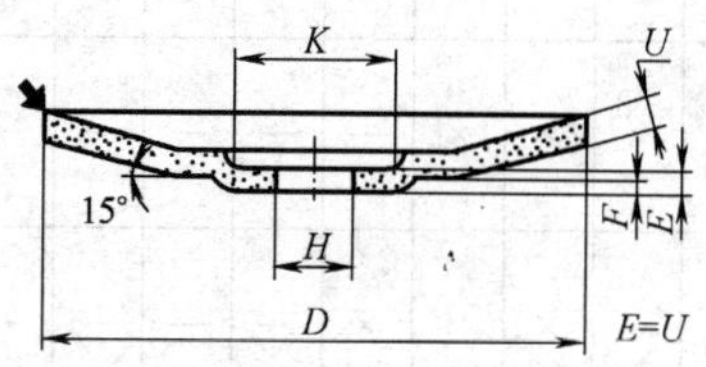

图 17-176 28 型砂轮

表 17-247 28 型砂轮尺寸（A 系列） （单位：mm）

D	U	H	K	F_{min}
180	6	22.23	45	4.6
	8			
230	6			
	8			

17. 固定式或移动式切割机用切割砂轮（GB/T 4127.15—2007）

（1）41 型——平形切割砂轮 外形如图 17-177 所示，尺寸见表 17-248 和表 17-249。

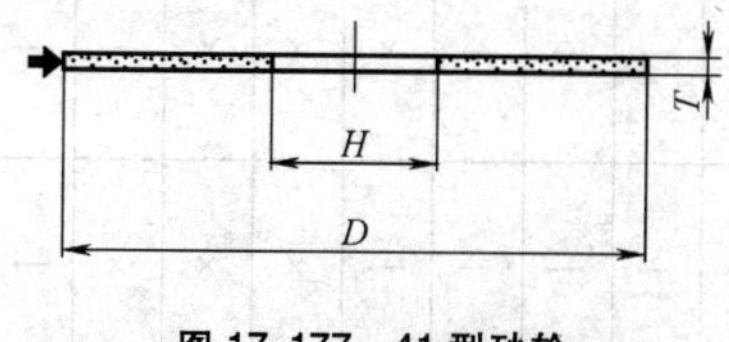

图 17-177 41 型砂轮

表 17-248 41型砂轮尺寸（A系列） （单位：mm）

D	T															H
	0.6	0.8	1.25	1.6	2	2.5	3.2	4	5	6	8	10	13	16	20	
63	×	×	×	×	×	—	—	—	—	—	—	—	—	—	—	10
																13
80	×	×	×	×	×	—	—	—	—	—	—	—	—	—	—	10
																13
100	×	×	×	×	×	—	—	—	—	—	—	—	—	—	—	10
																13
																20
125	×	×	×	×	×	×	—	—	—	—	—	—	—	—	—	13
																20
150	×	×	×	×	×	×	—	—	—	—	—	—	—	—	—	13
																20
200	—	—	—	×	×	×	×	—	—	—	—	—	—	—	—	20
																32
250	—	—	—	×	×	×	×	—	—	—	—	—	—	—	—	20
																25.4
																32
300	—	—	—	—	—	×	×	×	—	—	—	—	—	—	—	25.4
																32
																40
350/356	—	—	—	—	—	×	×	×	—	—	—	—	—	—	—	25.4
																32
																40
400/406	—	—	—	—	—	—	×	×	×	—	—	—	—	—	—	25.4
																32
																40
																60
450/457	—	—	—	—	—	—	×	×	×	—	—	—	—	—	—	25.4
																32
																40
																60
500/508	—	—	—	—	—	—	—	×	×	×	—	—	—	—	—	32
																40
																60
600/610	—	—	—	—	—	—	—	—	×	×	×	—	—	—	—	40
																60
																76.2

（续）

D	T															H
	0.6	0.8	1.25	1.6	2	2.5	3.2	4	5	6	8	10	13	16	20	
750/762	—	—	—	—	—	—	—	—	—	×	×	—	—	—	—	60 80 100 152.4
800	—	—	—	—	—	—	—	—	—	×	×	×	—	—	—	60 80 100
1000	—	—	—	—	—	—	—	—	—	—	×	×	×	—	—	80 100 152.4
1250	—	—	—	—	—	—	—	—	—	—	—	×	×	—	—	100 152.4 203.2
1500	—	—	—	—	—	—	—	—	—	—	—	—	×	×	—	152.4 203.2
1800	—	—	—	—	—	—	—	—	—	—	—	—	—	×	×	203.2 304.8

表 17-249 41 型砂轮尺寸（B 系列） （单位：mm）

<table>
<tr><th rowspan="2">D</th><th colspan="16">T</th><th rowspan="2">H</th></tr>
<tr><th>0.5</th><th>0.8</th><th>1</th><th>1.2</th><th>1.5</th><th>1.6</th><th>2</th><th>2.5</th><th>3</th><th>3.2</th><th>3.5</th><th>4</th><th>5</th><th>6</th><th>8</th><th>14</th></tr>
<tr><td>50</td><td>×</td><td>×</td><td>×</td><td>—</td><td>×</td><td>—</td><td>×</td><td>—</td><td>×</td><td>—</td><td>—</td><td>—</td><td>—</td><td>—</td><td>—</td><td>—</td><td>6
10</td></tr>
<tr><td>76</td><td>—</td><td>—</td><td>×</td><td>×</td><td>—</td><td>×</td><td>×</td><td>×</td><td>—</td><td>—</td><td>—</td><td>—</td><td>—</td><td>—</td><td>—</td><td>—</td><td>9.6</td></tr>
<tr><td rowspan="2">80</td><td>—</td><td>—</td><td>—</td><td>—</td><td>—</td><td>—</td><td>—</td><td rowspan="2">×</td><td>—</td><td rowspan="2">×</td><td rowspan="2">—</td><td rowspan="2">—</td><td rowspan="2">—</td><td rowspan="2">—</td><td rowspan="2">—</td><td rowspan="2">—</td><td>13</td></tr>
<tr><td>×</td><td>—</td><td>×</td><td>—</td><td>×</td><td>—</td><td>×</td><td>×</td><td>10
20</td></tr>
<tr><td>100/103</td><td>×</td><td>×</td><td>×</td><td>×</td><td>×</td><td>×</td><td>×</td><td>×</td><td>×</td><td>×</td><td>—</td><td>—</td><td>—</td><td>—</td><td>—</td><td>—</td><td>9.6
16
20</td></tr>
<tr><td>105</td><td>—</td><td>—</td><td>×</td><td>×</td><td>—</td><td>×</td><td>×</td><td>×</td><td>×</td><td>—</td><td>—</td><td>—</td><td>—</td><td>—</td><td>—</td><td>—</td><td>9.6
16</td></tr>
<tr><td>115</td><td>—</td><td>—</td><td>×</td><td>×</td><td>×</td><td>×</td><td>×</td><td>×</td><td>×</td><td>—</td><td>—</td><td>—</td><td>—</td><td>—</td><td>—</td><td>—</td><td>22.23</td></tr>
<tr><td rowspan="3">125</td><td rowspan="3">×</td><td rowspan="3">×</td><td rowspan="3">×</td><td>—</td><td rowspan="3">×</td><td>—</td><td rowspan="3">×</td><td rowspan="3">×</td><td rowspan="3">×</td><td rowspan="3">—</td><td rowspan="3">—</td><td rowspan="2">—</td><td rowspan="2">—</td><td rowspan="3">—</td><td rowspan="3">—</td><td rowspan="3">—</td><td>20</td></tr>
<tr><td>×</td><td>×</td><td>22.23</td></tr>
<tr><td>—</td><td>—</td><td>×</td><td>×</td><td>32</td></tr>
</table>

（续）

<table>
<tr><th rowspan="2">D</th><th colspan="16">T</th><th rowspan="2">H</th></tr>
<tr><th>0.5</th><th>0.8</th><th>1</th><th>1.2</th><th>1.5</th><th>1.6</th><th>2</th><th>2.5</th><th>3</th><th>3.2</th><th>3.5</th><th>4</th><th>5</th><th>6</th><th>8</th><th>14</th></tr>
<tr><td rowspan="4">150</td><td rowspan="2">—</td><td rowspan="2">—</td><td rowspan="2">—</td><td rowspan="4">×</td><td rowspan="2">—</td><td rowspan="4">×</td><td rowspan="4">×</td><td rowspan="4">×</td><td rowspan="4">×</td><td rowspan="4">×</td><td rowspan="4">—</td><td rowspan="3">—</td><td rowspan="4">×</td><td rowspan="4">×</td><td rowspan="4">×</td><td rowspan="4">—</td><td>20</td></tr>
<tr><td>22.23</td></tr>
<tr><td rowspan="2">×</td><td rowspan="2">×</td><td rowspan="2">×</td><td rowspan="2">×</td><td>25</td></tr>
<tr><td>×</td><td>32</td></tr>
<tr><td rowspan="2">180</td><td rowspan="2">—</td><td rowspan="2">—</td><td rowspan="2">—</td><td rowspan="2">×</td><td rowspan="2">—</td><td rowspan="2">×</td><td rowspan="2">×</td><td rowspan="2">×</td><td rowspan="2">×</td><td rowspan="2">—</td><td rowspan="2">—</td><td rowspan="2">—</td><td rowspan="2">—</td><td rowspan="2">—</td><td rowspan="2">—</td><td rowspan="2">—</td><td>22.23</td></tr>
<tr><td>32</td></tr>
<tr><td>230</td><td>—</td><td>—</td><td>—</td><td>—</td><td>—</td><td>×</td><td>×</td><td>×</td><td>×</td><td>—</td><td>—</td><td>—</td><td>—</td><td>×</td><td>—</td><td>—</td><td>22.23</td></tr>
<tr><td rowspan="2">250</td><td rowspan="2">—</td><td rowspan="2">—</td><td>—</td><td rowspan="2">—</td><td>—</td><td rowspan="2">—</td><td rowspan="2">×</td><td rowspan="2">×</td><td rowspan="2">×</td><td rowspan="2">×</td><td rowspan="2">×</td><td rowspan="2">×</td><td rowspan="2">×</td><td rowspan="2">×</td><td rowspan="2">—</td><td rowspan="2">—</td><td>25/25.4</td></tr>
<tr><td>×</td><td>×</td><td>32</td></tr>
<tr><td>280</td><td>—</td><td>—</td><td>—</td><td>—</td><td>—</td><td>—</td><td>—</td><td>—</td><td>—</td><td>—</td><td>—</td><td>×</td><td>×</td><td>×</td><td>—</td><td>—</td><td>25.4</td></tr>
<tr><td rowspan="4">300/305</td><td rowspan="4">—</td><td rowspan="4">—</td><td rowspan="4">—</td><td rowspan="4">—</td><td rowspan="4">—</td><td rowspan="4">—</td><td rowspan="4">×</td><td rowspan="4">×</td><td rowspan="4">×</td><td rowspan="4">×</td><td rowspan="4">×</td><td rowspan="4">×</td><td rowspan="4">—</td><td rowspan="4">—</td><td rowspan="4">—</td><td rowspan="4">—</td><td>20</td></tr>
<tr><td>22.23</td></tr>
<tr><td>25/25.4</td></tr>
<tr><td>32</td></tr>
<tr><td rowspan="2">350/355</td><td rowspan="2">—</td><td rowspan="2">—</td><td rowspan="2">—</td><td rowspan="2">—</td><td rowspan="2">—</td><td rowspan="2">—</td><td rowspan="2">—</td><td rowspan="2">×</td><td rowspan="2">×</td><td rowspan="2">×</td><td rowspan="2">×</td><td rowspan="2">×</td><td rowspan="2">—</td><td rowspan="2">—</td><td rowspan="2">—</td><td rowspan="2">—</td><td>25/25.4</td></tr>
<tr><td>32</td></tr>
<tr><td rowspan="2">400/405</td><td rowspan="2">—</td><td rowspan="2">—</td><td rowspan="2">—</td><td rowspan="2">—</td><td rowspan="2">—</td><td rowspan="2">—</td><td rowspan="2">—</td><td rowspan="2">×</td><td rowspan="2">×</td><td rowspan="2">×</td><td rowspan="2">×</td><td rowspan="2">×</td><td rowspan="2">—</td><td rowspan="2">—</td><td rowspan="2">—</td><td rowspan="2">—</td><td>25/25.4</td></tr>
<tr><td>32</td></tr>
<tr><td rowspan="4">500/508</td><td rowspan="4">—</td><td rowspan="4">—</td><td rowspan="4">—</td><td rowspan="4">—</td><td rowspan="4">—</td><td rowspan="4">—</td><td rowspan="4">—</td><td rowspan="4">—</td><td rowspan="4">—</td><td rowspan="4">—</td><td rowspan="4">×</td><td rowspan="4">×</td><td rowspan="4">×</td><td rowspan="4">×</td><td rowspan="4">—</td><td rowspan="4">—</td><td>25/25.4</td></tr>
<tr><td>32</td></tr>
<tr><td>50.8</td></tr>
<tr><td>76.2</td></tr>
<tr><td rowspan="4">600</td><td rowspan="4">—</td><td rowspan="4">—</td><td rowspan="4">—</td><td rowspan="4">—</td><td rowspan="4">—</td><td rowspan="4">—</td><td rowspan="4">—</td><td rowspan="4">—</td><td rowspan="4">—</td><td rowspan="4">—</td><td rowspan="4">—</td><td rowspan="4">—</td><td rowspan="4">—</td><td rowspan="4">×</td><td rowspan="4">×</td><td rowspan="4">—</td><td>25/25.4</td></tr>
<tr><td>32</td></tr>
<tr><td>50.8</td></tr>
<tr><td>76.2</td></tr>
<tr><td rowspan="2">750</td><td rowspan="2">—</td><td rowspan="2">—</td><td rowspan="2">—</td><td rowspan="2">—</td><td rowspan="2">—</td><td rowspan="2">—</td><td rowspan="2">—</td><td rowspan="2">—</td><td rowspan="2">—</td><td rowspan="2">—</td><td rowspan="2">—</td><td rowspan="2">—</td><td rowspan="2">—</td><td rowspan="2">—</td><td rowspan="2">×</td><td rowspan="2">—</td><td>50.8</td></tr>
<tr><td>76.2</td></tr>
<tr><td>1250</td><td>—</td><td>—</td><td>—</td><td>—</td><td>—</td><td>—</td><td>—</td><td>—</td><td>—</td><td>—</td><td>—</td><td>—</td><td>—</td><td>—</td><td>—</td><td>×</td><td>152.4</td></tr>
</table>

（2）42型——钹形切割砂轮　外形如图17-178所示，尺寸见表17-250。

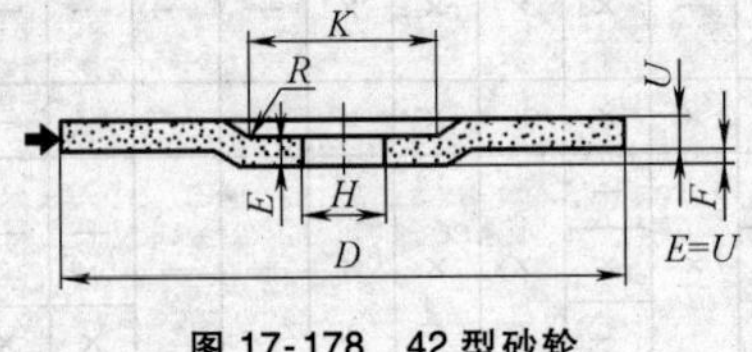

图17-178　42型砂轮

表 17-250 42 型砂轮的尺寸 （单位：mm）

D	U							H	K	F_{min}	R_{max}
	4	5	6	8	10	13	16				
400/406	×	×	×	—	—	—	—	40	122	7.5	10
450/457	×	×	×	—	—	—	—				
500/506	—	×	×	—	—	—	—	40			
								60			
600/610	—	—	×	×	—	—	—	60	210	13	
								76.2			
800	—	—	—	×	×	—	—	60			
								80			
								100			
1000	—	—	—	—	×	×	—	127	326	18	12
1250	—	—	—	—	—	×	×				

18. 砂布（JB/T 3889—2006）

（1）用途 页状砂布装在机具上或以手工方式磨削金属表面，用于去毛刺、磨光或除锈。卷状砂布用于机械磨削加工金属工件或胶合板等。

（2）分类（见表 17-251~表 17-253）

表 17-251 砂布按形状的分类及代号

形状	砂页	砂卷
代号	S	R

表 17-252 砂布按粘结剂的分类及代号

粘结剂	动物胶	半树脂	全树脂	耐水
代号	G/G	R/G	R/R	WP

表 17-253 砂布按基材的分类及代号

基材	轻型布	中型布	重型布
单位面积质量/(g/m^2)	≥110	≥170	≥250
代号	L	M	H

（3）尺寸规格

1）砂页外形如图 17-179 所示，尺寸见表 17-254。

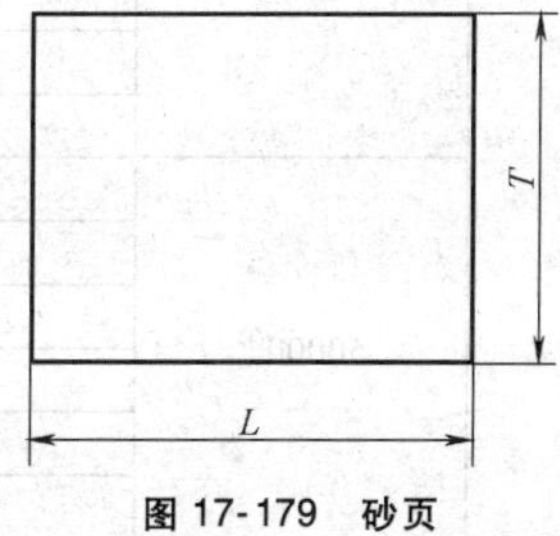

图 17-179 砂页

表 17-254　砂页尺寸　　（单位：mm）

T	极限偏差	L	极限偏差
70	±3	115	±3
70		230	
93		230	
115		140	
115		280	
140		230	
230		230	

2）砂卷外形如图 17-180 和图 17-181 所示，尺寸见表 17-255。

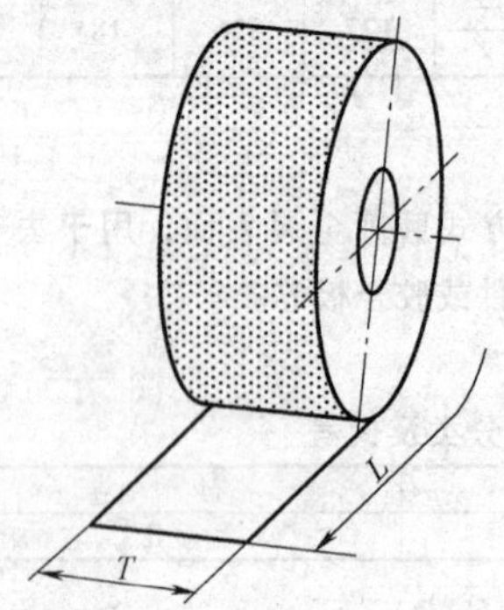

图 17-180　A 型砂卷（未装卡盘砂卷）

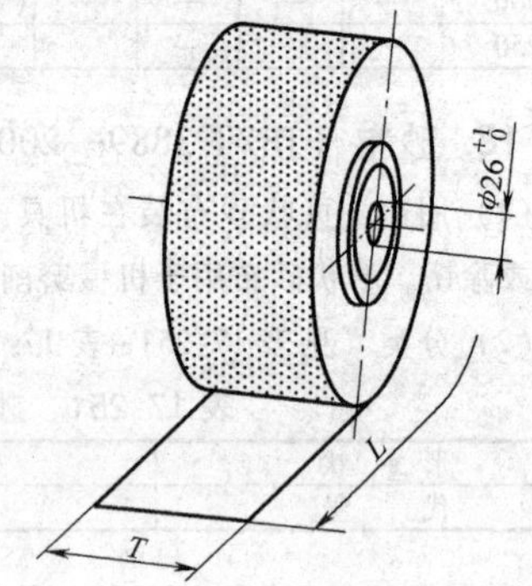

图 17-181　B 型砂卷（装有卡盘砂卷）

表 17-255　砂卷尺寸　　（单位：mm）

尺寸	公差	L ±1%	A 型	B 型
12.5	±1	25000 或 50000	×	×
15			×	×
25			×	×
35	±2		×	×
40			×	×
50			×	×
80			×	×
93			×	×
100		50000①	×	—
115			×	
150			×	
200			×	
230			×	
300			×	

（续）

尺　寸	公　差	L ±1%	A　型	B　型
600	±2	50000①	×	—
690	±3		×	
920			×	
1370			×	

① 如果这些宽度需要更长的砂卷，在 50000mm 长度栏内可有多种长度。

19. 耐水砂纸（JB/T 7499—2006）

（1）分类代号（见表 17-256 和表 17-257）

表 17-256　耐水砂纸按形状的分类及代号

形　状	砂　页	砂　卷
代　号	S	R

表 17-257　耐水砂纸按基材的分类及代号

单位面积质量 /(g/m^2)	≥70	≥100	≥120	≥150
代　号	A	B	C	D

（2）尺寸规格　耐水砂纸的规格尺寸同砂布。

20. 砂纸（JB/T 7498—2006）

（1）分类及代号（见表 17-258～表 17-260）

表 17-258　砂纸按形状的分类及代号

形　状	砂　页	砂　卷
代　号	S	R

表 17-259　砂纸按粘结剂的分类及代号

粘　结　剂	动　物　胶	半　树　脂	全　树　脂
代　号	G/G	R/G	R/R

表 17-260　砂纸按基材的分类及代号

定量/(g/m^2)	≥70	≥100	≥120	≥150	≥220	≥300	≥350
代　号	A	B	C	D	E	F	G

（2）规格尺寸　砂纸的规格尺寸同砂布。

21. 砂布页轮

（1）用途　带柄砂布页轮可直接安装在电动或风动的手持工具上，用于修整毛刺、焊缝及除锈等。叠式砂布页轮可装在手持角向抛光机上，进行除锈、修整毛刺、焊缝及边角等。

（2）规格　外形如图17-182所示，参数见表17-261和表17-262。

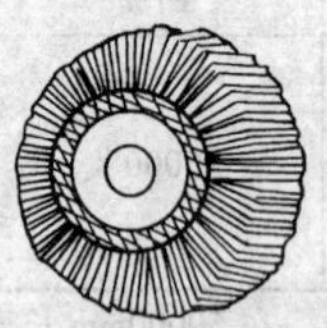

图17-182　砂布页轮

表17-261　带柄砂布页轮参数

外径/mm	厚度/mm	轴径/mm	最高线速度/(m/s)
30、50、60	15、20、25	4	30
70、80	30、40、50	6.3	

表17-262　叠式砂布页轮参数

外　　径/mm	孔　　径/mm	最高线速度/(m/s)
100	16	30
115	22	40
125		50
150		60
180		70

22. 手持砂轮架

（1）用途　用于磨削各种小型工件的表面及刃磨工具等，特别适合于手工作业、流动工地及无电源的场合。

（2）规格　外形如图17-183所示，参数见表17-263。

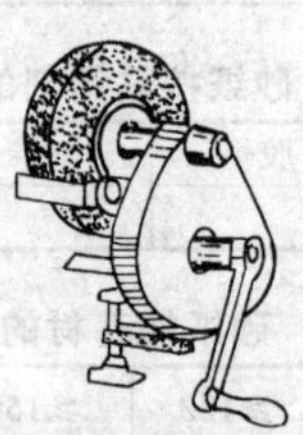

图17-183　手持砂轮架

表17-263　手持砂轮架参数

规　　格		100	125	150	200
配用砂轮尺寸	外径/mm	100	125	150	200
	孔径/mm	20	20	20	20
	厚度/mm	10	10	10	10

23. 砂轮整形刀

(1) 用途 由刀架和刀片组成，用于修整砂轮，使之平整、锋利。

(2) 规格 外形如图 17-184 所示，参数见表 17-264。

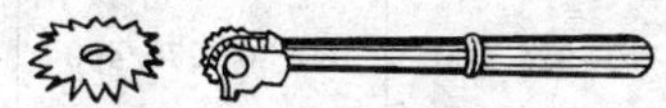

图 17-184 砂轮整形刀

表 17-264 砂轮整形刀参数

	直径/mm	孔径/mm	厚度/mm	齿数
砂轮整形刀刀片尺寸	34	7	1.25	16
	34	7	1.5	16
	40	10	1.5	18

24. 金刚石砂轮修整刀

(1) 用途 由金刚石和柄体组成，用于修整成形或一般砂轮，使之平整和恢复锋利。

(2) 规格 外形如图 17-185 所示，参数见表 17-265。

图 17-185 金刚石砂轮修整刀

表 17-265 金刚石砂轮修整刀参数

金刚石型号	每粒金刚石含量		适用修整砂轮尺寸(直径×厚度)/mm×mm
	/克拉	/mg	
100~300	0.10~0.30	20~60	≤100×12
300~500	0.30~0.50	60~100	100×12~200×12
500~800	0.50~0.80	100~160	100×12~300×15
800~1000	0.80~1.00	160~200	300×15~400×20
1000~2500	1.00~2.50	200~500	400×20~500×30
≥3000	≥3.00	≥600	≥500×40

注：1. 柄部尺寸（长×直径）：120mm×12mm。

2. 金刚石可制成 60°、90°、100°、120°等多种角度。

五、超硬磨料磨具

1. 超硬磨料

(1) 超硬磨料的种类及用途（见表 17-266）

表 17-266　超硬磨料的种类及用途

<table>
<tr><th rowspan="3">品种</th><th rowspan="3">代号</th><th colspan="2">适用范围</th><th rowspan="3">用途</th></tr>
<tr><th colspan="2">粒度/μm</th></tr>
<tr><th>窄范围</th><th>宽范围</th></tr>
<tr><td rowspan="6">人造
金刚石</td><td>RVD</td><td>60/70~325/400</td><td>60/80~270/400</td><td>树脂、陶瓷结合剂磨具或用于研磨等</td></tr>
<tr><td>MBD</td><td>50/60~325/400</td><td>60/80~270/400</td><td>金属结合剂磨具、电镀制品、钻探工具或研磨等</td></tr>
<tr><td>SCD</td><td>60/70~325/400</td><td>60/80~325/400</td><td>加工钢和钢与硬质合金组合件等</td></tr>
<tr><td>SMD</td><td>16/18~60/70</td><td>16/20~60/80</td><td>锯切、钻探及修整工具等</td></tr>
<tr><td>DMD</td><td>16/18~40/45</td><td>16/20~40/50</td><td>修整工具及其他单粒工具等</td></tr>
<tr><td>MP—SD
微粉</td><td>主系列
0/1~36/54</td><td>补充系列
0/0.5~20/30</td><td>硬脆金属和非金属(光学玻璃、陶瓷、宝石)的精磨、研磨</td></tr>
<tr><td rowspan="2">立方
氮化硼</td><td>CBN</td><td>20/25~325/400</td><td>20/30~270/400</td><td>树脂、陶瓷、金属结合剂磨具等</td></tr>
<tr><td>MP—
CBN 微粉</td><td>主系列
0/1~36/54</td><td>补充系列
0/0.5~20/30</td><td>硬韧金属材料的研磨与抛光</td></tr>
</table>

(2) 超硬磨料的粒度及其基本尺寸(见表 17-267 和表 17-268)

表 17-267　超硬磨料粒度及其基本尺寸　　(单位: μm)

<table>
<tr><th>粒度号</th><th>通过网孔
公称尺寸</th><th>不通过网孔
公称尺寸</th><th>粒度号</th><th>通过网孔
公称尺寸</th><th>不通过网孔
公称尺寸</th></tr>
<tr><td colspan="3">窄　范　围</td><td colspan="3">窄　范　围</td></tr>
<tr><td>16/18</td><td>1180</td><td>1000</td><td>120/140</td><td>125</td><td>106</td></tr>
<tr><td>18/20</td><td>1000</td><td>850</td><td>140/170</td><td>106</td><td>90</td></tr>
<tr><td>20/25</td><td>850</td><td>710</td><td>170/200</td><td>90</td><td>75</td></tr>
<tr><td>25/30</td><td>710</td><td>600</td><td>200/230</td><td>75</td><td>63</td></tr>
<tr><td>30/35</td><td>600</td><td>500</td><td>230/270</td><td>63</td><td>53</td></tr>
<tr><td>35/40</td><td>500</td><td>425</td><td>270/325</td><td>53</td><td>45</td></tr>
<tr><td>40/45</td><td>425</td><td>355</td><td>325/400</td><td>45</td><td>38</td></tr>
<tr><td>45/50</td><td>355</td><td>300</td><td colspan="3">宽　范　围</td></tr>
<tr><td>50/60</td><td>300</td><td>250</td><td>16/20</td><td>1180</td><td>850</td></tr>
<tr><td>60/70</td><td>250</td><td>212</td><td>20/30</td><td>850</td><td>600</td></tr>
<tr><td>70/80</td><td>212</td><td>180</td><td>30/40</td><td>600</td><td>425</td></tr>
<tr><td>80/100</td><td>180</td><td>150</td><td>40/50</td><td>425</td><td>300</td></tr>
<tr><td>100/120</td><td>150</td><td>125</td><td>60/80</td><td>250</td><td>180</td></tr>
</table>

表 17-268 超硬磨料微粉粒度及其基本尺寸 (单位：μm)

粒度标记	基本尺寸范围		粒度标记	基本尺寸范围	
	相似圆直径 D	颗粒宽度 $B=D/1.29$		相似圆直径 D	颗粒宽度 $B=D/1.29$
0~0.5	0~0.5	0~0.4	4~8	4~8	3.1~6.2
0~1	0~1	0~0.8	5~10	5~10	3.9~7.8
0.5~1	0.5~1	0.4~0.8	6~12	6~12	4.7~9.3
0.5~1.5	0.5~1.5	0.4~1.2	8~12	8~12	6.2~9.3
0~2	0~2	0~1.6	10~20	10~20	7.8~15.5
1.5~3	1.5~3	1.2~2.3	12~22	12~22	9.3~17.1
2~4	2~4	1.6~3.1	20~30	20~30	15.5~23.3
2.5~5	2.5~5	1.9~3.9	22~36	22~36	17.1~27.9
3~6	3~6	2.3~4.7	36~54	36~54	27.9~41.9

2. 超硬磨具结合剂（表 17-269）

表 17-269 超硬磨具结合剂种类及应用范围

结合剂及其代号		性 能	应用范围
树脂结合剂 B		磨具自锐性好，故不易堵塞，有弹性，抛光性能好，但结合强度差，不宜结合较粗磨粒，耐磨、耐热性差，故不适于较重负荷磨削，可采用镀敷金属衣磨料，以改善结合性能	金刚石磨具主要用于硬质合金工具及刀具以及非金属材料的半精磨和精磨；立方氮化硼磨具主要用于高钒高速钢刀具的刃磨以及工具钢、不锈钢、耐热钢工件的半精磨与精磨
陶瓷结合剂 V		耐磨性较树脂结合剂高，工作时不易发热和堵塞，热膨胀量小，且磨具易修整	常用于精密螺纹、齿轮的精磨及接触面较大的成形磨，并适于加工超硬材料烧结体的工件
金属结合剂 M	青铜结合剂	结合强度较高，形状保持性好，使用寿命较长，且可承受较大负荷，但磨具自锐性能差，易堵塞发热，故不宜结合细粒度磨料，磨具修整也较困难	金刚石磨具主要用于对玻璃、陶瓷、石料、半导体等非金属硬脆材料的粗、精磨及切割、成形磨以及对各种材料的珩磨；立方氮化硼磨具用于合金钢等材料的珩磨，效果显著
金属结合剂 M	电镀金属结合剂	结合强度高，表层磨粒密度较高，且均裸露于表面，故切削刃口锐利，加工效率高，但由于镀层较薄，因此使用寿命较短	多用于成形磨削，制造小磨头、套料刀、切割锯片及修整滚轮等；电镀金属立方氮化硼磨具用于加工各种钢类工件的小孔，精度好，效率高，对小径不通孔的加工效果尤显优越

3. 超硬砂轮（GB/T 6409.2—2009）

常用超硬砂轮的形状、代号及主要尺寸见表 17-270。

表17-270　常用超硬砂轮的形状、代号及主要尺寸

系列	名称	形状	代号	主要尺寸/mm 外径	厚度	孔径
平形系	平形砂轮		1A1/T1	40~400	0.3~5	10~75
			1A1/T2	16~750	3~60	4~305
			1A1/T3	125~750	60~150	127~305
	平形倒角砂轮		IL1	75~150	3~6	20、32
	平形加强砂轮		14A1	75~750	6~20	20~305
	平形弧形砂轮		1FF1	50~150	4~20	10、20、32
			1F1	60~150	4~12	10~32
	平形燕尾砂轮		1EE1V	100~175	7~15	20、32
	双内斜边砂轮		1V9	150~250	10	32、75
	切割砂轮		1A6Q	300、400	1.6、2.1	32~75
	薄片砂轮		1A1R	60~300	0.8~1.4	10~75
	双斜边砂轮		1E6Q	40~220	6~12	10~75
			14E6Q	40~220	6~12	10~75
			14EE1	75~400	6~15	20~75
			14E1	50~400	5~20	10~203
			1DD1	75~125	6~18	20、32
	单斜边砂轮		4B1	75~150	6~10	10~32

（续）

系列	名称	形状	代号	主要尺寸/mm		
				外径	厚度	孔径
平形系	双面凹砂轮		9A1	125~700	50~150	32~305
			9A3	75~250	14~35	20~127
筒形系	筒形1号砂轮		2F2/1	8~22.5	长度55	15.5
	筒形2号砂轮		2F2/2	28~63	长度55	18
	筒形3号砂轮		2F2/3	74~307	长度95	23、32
杯形系	杯形砂轮		6A2	50~350	10~60	10~127
			6A9	75~250	25~50	20~75
碗形系	碗形砂轮		11A2	75~125	25、35	20、32
			11V9	30~150	15~50	8~32
碟形系	碟形砂轮		12A2/20°	75~250	12~26	10、20、32
			12A2/45°	50~125	20~32	10~75
			12V1	50~125	6~15	10、20、32
			12V9	75~150	20、25	20、32
			12V2	50~250	10~25	10~127

（续）

系列	名称	形状	代号	主要尺寸/mm		
				外径	厚度	孔径
专用加工系	磨边砂轮		1DD6Y	101~168	16~48	30、32
			2EEA1V	120	46	22.5

4. 超硬小砂轮与磨头

（1）用途 当一般砂轮对工件的几何形状不能磨削时用，主要用于磨削小平面、内外圆特殊表面、模具壁及清理毛刺、飞边以磨削硬脆材料。

（2）规格尺寸（见表17-271~表17-273）

表17-271 超硬小砂轮尺寸（GB/T 6409.2—2009）

（单位：mm）

名称	形状	代号	外径	厚度	孔径
平行小砂轮		1A1	12、14、15、16、18、20、23	12、14、16、20	6、10
		1A8	2.5、3、4、5、6、7、8、10	4、6、8、10	1、1.5、2、3

表17-272 超硬磨头尺寸（GB/T 6409.2—2009）

（单位：mm）

名称	形状	代号	磨头直径	磨头长度	总长
平行磨头			3、4	4	66、70
			5、6	6	
			8、10	8	
			12、14	10	
			16、20	12	

表17-273 电镀磨头尺寸（JB/T 11428—2013）（单位：mm）

形状	直径	厚度	基体轴直径	总长度
	0.4~3	2.0~5.0	3.0	30~45
	2.0~6.0	4.0~10.0	3.0~6.0	45~80
	4.0~14.0	5.0~10.0	6.0	60~80
	14.0~20.0	10.0~12.0	6.0~10.0	80

注：本标准未规定的尺寸规格，由供需双方商定。

第十八章　建 筑 五 金

一、钉类

1. 一般用途圆钢钉（YB/T 5002—1993）

（1）用途　钉固木竹器材。

（2）规格　外形如图 18-1 所示，基本尺寸见表 18-1。

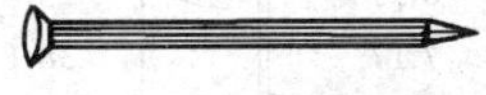

图 18-1　一般用途圆钢钉

表 18-1　一般用途圆钢钉的基本尺寸

钉长/mm	钉杆直径/mm			每千只质量/kg		
	重型	标准型	轻型	重型	标准型	轻型
10	1.10	1.00	0.90	0.079	0.062	0.050
13	1.20	1.10	1.00	0.120	0.097	0.080
16	1.40	1.20	1.10	0.207	0.142	0.119
20	1.60	1.40	1.20	0.324	0.242	0.177
25	1.80	1.60	1.40	0.511	0.395	0.302
30	2.00	1.80	1.60	0.758	0.60	0.473
35	2.20	2.00	1.80	1.06	0.86	0.70
40	2.50	2.20	2.00	1.56	1.19	0.99
45	2.80	2.50	2.20	2.22	1.73	1.34
50	3.10	2.80	2.50	3.02	2.42	1.92
60	3.40	3.10	2.80	4.35	3.56	2.90
70	3.70	3.40	3.10	5.94	5.00	4.15
80	4.10	3.70	3.40	8.30	6.75	5.71
90	4.50	4.10	3.70	11.3	9.35	7.63
100	5.00	4.50	4.10	15.5	12.50	10.40
110	5.50	5.00	4.50	20.9	17.00	13.70
130	6.00	5.50	5.00	29.1	24.30	20.00
150	6.50	6.00	5.50	39.4	33.30	28.00
175	—	6.50	6.00	—	45.70	38.90
200	—	—	6.50	—	—	52.10

2. 水泥钉

（1）用途　用于在混凝土或砖结构墙上钉固制品的场合。

（2）规格　分光杆钉（代号 T）和钉杆有拉丝（代号 ST）两种，ST 型仅用于钢薄板。水泥钉的外形如图 18-2 所示，基本尺寸见表 18-2。

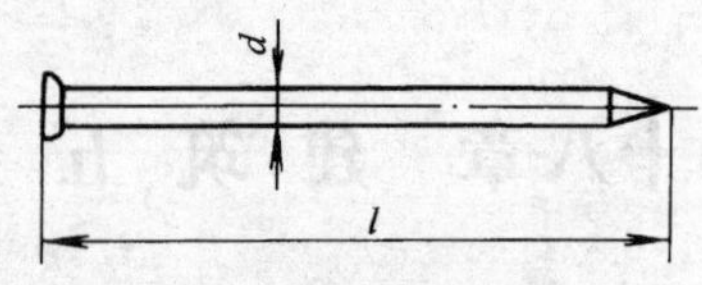

图 18-2 水泥钉

表 18-2 水泥钉的基本尺寸

钉号	钉杆尺寸/mm		每千只质量/kg	钉号	钉杆尺寸/mm		每千只质量/kg
	长度 l	直径 d			长度 l	直径 d	
7	101.6	4.57	13.38	10	50.8	3.40	3.92
7	76.2	4.57	10.11	10	38.1	3.30	3.01
8	76.2	4.19	8.55	10	25.4	3.40	2.11
8	63.5	4.19	7.17	11	38.1	3.05	2.49
9	50.8	3.76	4.73	11	25.4	3.05	1.76
9	38.1	3.76	3.62	12	38.1	2.77	2.10
9	25.4	3.76	2.51	12	25.4	2.77	1.40

3. 油毡钉

(1) 用途　专用于修建房屋时，钉油毛毡用。使用时，在钉帽下要加油毛毡垫圈，防止钉孔处漏水。

(2) 规格　外形如图 18-3 所示，基本尺寸见表 18-3。

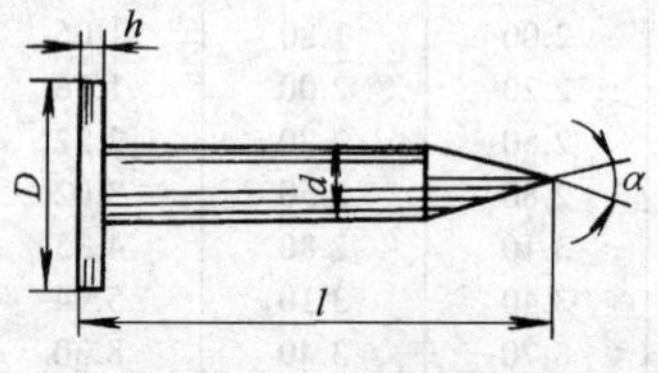

图 18-3 油毡钉

表 18-3 油毡钉的基本尺寸

规格尺寸/mm	钉杆尺寸/mm		每千只质量/kg	规格尺寸/mm	钉杆尺寸/mm		每千只质量/kg
	长度 l	直径 d			长度 l	直径 d	
15	15	2.5	0.58	25.40	25.40		1.47
20	20	2.8	1.00	28.58	28.58		1.65
25	25	3.2	1.50	31.75	31.75		1.83
30	30	3.4	2.00	38.10	38.10	3.06	2.20
19.05	19.05		1.10	44.45	44.45		2.57
22.23	22.23	3.06	1.28	50.80	50.80		2.93

4. 扁头圆钢钉

（1）用途 主要用于木模制造、钉地板及家具等需将钉帽埋入木材的场合。

（2）规格 外形如图 18-4 所示，基本尺寸见表 18-4。

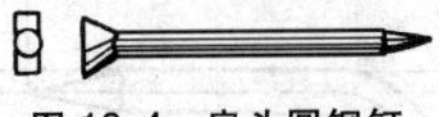

图 18-4 扁头圆钢钉

表 18-4 扁头圆钢钉的基本尺寸

钉长/mm	35	40	50	60	80	90	100
钉杆直径/mm	2	2.2	2.5	2.8	3.2	3.4	3.8
每千只质量/kg	0.95	1.18	1.75	2.9	4.7	6.4	8.5

5. 拼合用圆钢钉

（1）用途 供制造木箱、家具、门扇、农具及其他需要拼合木板时作销钉用。规格以钉长和钉杆直径表示。

（2）规格 外形如图 18-5 所示，基本尺寸见表 18-5。

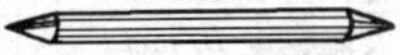

图 18-5 拼合用圆钢钉

表 18-5 拼合用圆钢钉的基本尺寸

钉长/mm	25	30	35	40	45	50	60
钉杆直径/mm	1.6	1.8	2	2.2	2.5	2.8	2.8
每千只质量/kg	0.36	0.55	0.79	1.08	1.52	2	2.4

6. 瓦钉

（1）用途 专用于石棉瓦的钉固，使用时钉帽下应加垫圈防漏。

（2）规格 外形如图 18-6 所示，基本尺寸见表 18-6。

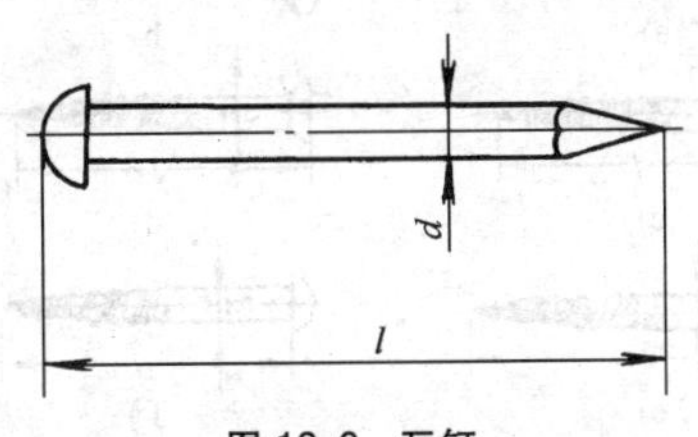

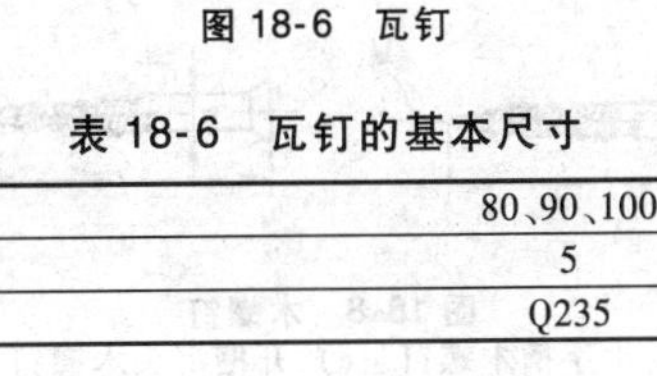

图 18-6 瓦钉

表 18-6 瓦钉的基本尺寸 （单位：mm）

钉长 l	80、90、100
钉杆直径 d	5
材质	Q235

7. 骑马钉

（1）用途 又叫 U 形钉，主要用于钉固沙发弹簧、金属板网、金属丝网、刺丝或室内外挂线和木材装运加固等。

（2）规格　外形如图18-7所示，基本尺寸见表18-7。

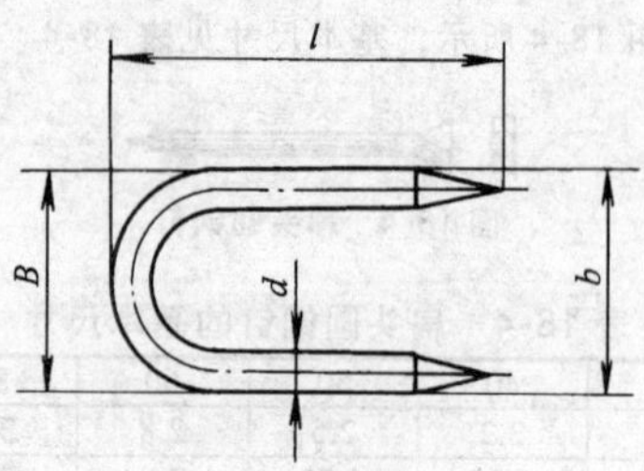

图18-7　骑马钉

表18-7　骑马钉的基本尺寸

钉长 l/mm	10	11	12	13	15	16	20	25	30
钉杆直径 d/mm	1.6	1.8	1.8	1.8	1.8	1.8	2.0	2.2	2.5/2.7
大端宽度 B/mm	8.5	8.5	8.5	8.5	10	10	10.5/12	11/13	13.5/14.5
小端宽度 b/mm	7	7	7	7	8	8	8.5	9	10.5
每千只质量/kg	0.37	—	—	—	0.56	—	0.89	1.36	2.19
材质	Q195、Q215、Q235								

8. 木螺钉

（1）用途　用以在木质器具上紧固金属零件或其他物品，如铰链、插销、箱扣、门锁等。根据适用和需要，选择适当型式，以沉头木螺钉应用最广。

（2）规格　外形如图18-8所示，基本尺寸见表18-8。

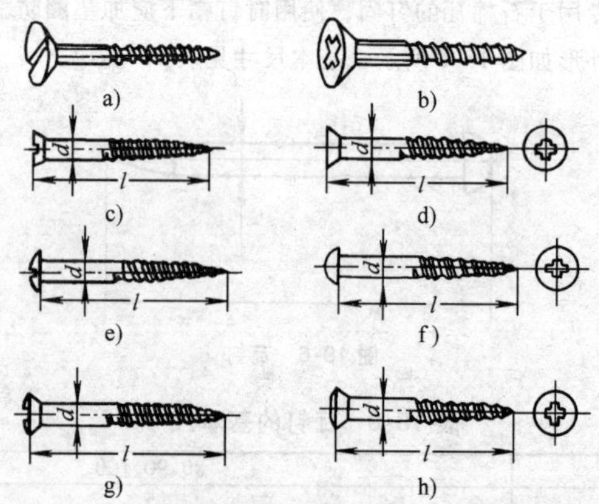

图18-8　木螺钉

a）开槽木螺钉　b）十字槽木螺钉　c）开槽沉头木螺钉（GB/T 100—1986）
d）十字槽沉头木螺钉（GB/T 951—1986）　e）开槽圆头木螺钉（GB/T 99—1986）
f）十字槽圆头木螺钉（GB/T 950—1986）　g）开关半沉头木螺钉（GB/T 101—1986）
h）十字槽半沉头木螺钉（GB/T 952—1986）

表 18-8 木螺钉的基本尺寸

直径 d /mm	开槽木螺钉钉长 l/mm			十字槽木螺钉	
	沉 头	圆 头	半沉头	十字槽号	钉长 l/mm
1.6	6~12	6~12	6~12	—	—
2	6~16	6~14	6~16	1	6~16
2.5	6~25	6~22	6~25	1	6~25
3	8~30	8~25	8~30	2	8~30
3.5	8~40	8~38	8~40	2	8~40
4	12~70	12~65	12~70	2	12~70
(4.5)	16~85	14~80	16~85	2	16~85
5	18~100	16~90	18~100	2	18~100
(5.5)	25~100	22~90	30~100	3	25~100
6	25~120	22~120	30~120	3	25~120
(7)	40~120	38~120	40~120	3	40~120
8	40~120	38~120	40~120	4	40~120
10	75~120	65~120	70~120	4	70~120

注：1. 钉长系列：6mm、8mm、10mm、12mm、14mm、16mm、18dm、20mm、(22)mm、25mm、30mm、(32)mm、35mm、(38)mm、40mm、45mm、50mm、(55)mm、60mm、(65)mm、70mm、(75)mm、80mm、(85)mm、90mm、100mm、120mm。

2. 括号内的直径和长度，尽可能不采用。

9. 盘头多线瓦楞螺钉

(1) 用途　主要用于把瓦楞铁皮或石棉瓦楞板固定在木质建筑物，如屋顶、隔离壁上等。这种螺钉用锤子敲击头部，即可钉入，但旋出时仍需用螺钉旋具。

(2) 规格　外形如图 18-9 所示，基本尺寸见表 18-9。

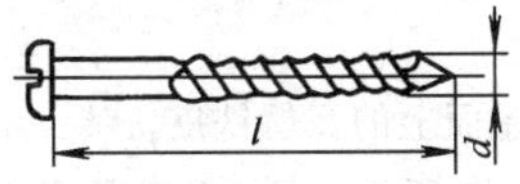

图 18-9 盘头多线瓦楞螺钉

表 18-9 盘头多线瓦楞螺钉的基本尺寸

公称直径 d/mm	6		7	
钉长 l/mm	65	75	90	100

注：螺钉表面应全部镀锌钝化。

10. 瓦楞钩钉

(1) 用途　专用于将瓦楞铁皮或石棉板固定于屋梁或壁柱上，一般须与瓦楞垫圈和羊毛毡垫圈配用。

(2) 规格　外形如图 18-10 所示，基本尺寸见表 18-10。

图 18-10 瓦楞钩钉

表 18-10 瓦楞钩钉的基本尺寸 （单位：mm）

钩钉直径	螺纹长度	钩钉长度
6	45	80、100、120、140、160

11. 瓦楞垫圈及羊毛毡垫圈

（1）用途 瓦楞垫圈用于衬垫在瓦楞螺钉钉头下面，可增大钉头支承面积，降低钉头作用在瓦楞铁皮或石棉瓦楞板上的压力。

羊毛毡垫圈用于衬垫在瓦楞垫圈下面，可起密封作用，防止雨水渗漏。

（2）规格 外形如图 18-11 所示，基本尺寸见表 18-11。

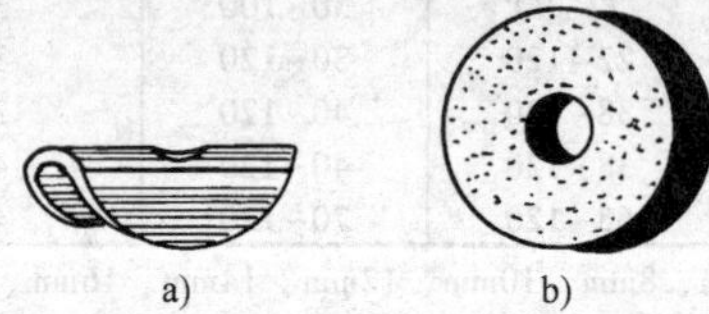

图 18-11 瓦楞垫圈和羊毛毡垫圈
a）瓦楞垫圈 b）羊毛毡垫圈

表 18-11 瓦楞垫圈和羊毛毡垫圈基本尺寸 （单位：mm）

品名	公称直径	内径	外径	厚度
瓦楞垫圈	7	7	32	1.5
羊毛毡垫圈	6	6	30	3.2、4.8、6.4

12. 瓦楞钉

（1）用途 专用于固定屋面上的瓦楞铁皮。

（2）规格 外形如图 18-12 所示，基本尺寸见表 18-12。

图 18-12 瓦楞钉

表 18-12 瓦楞钉的基本尺寸

钉身直径/mm	钉帽直径/mm	长度(除帽)/mm 38	44.5	50.8	63.5	钉身直径/mm	钉帽直径/mm	长度(除帽)/mm 38	44.5	50.8	63.5
		每千只质量/kg						每千只质量/kg			
3.73	20	6.30	6.75	7.35	8.35	2.74	18	3.74	4.03	4.32	4.90
3.37	20	5.58	6.01	6.44	7.30						
3.02	18	4.53	4.90	5.25	6.17	2.38	14	2.30	2.38	2.46	—

13. 鞋钉（QB/T 1559—1992）

（1）用途 用于鞋、体育用品、玩具、农具、木制家具等的制作和维修。

（2）规格 外形如图 18-13 所示，基本尺寸见表 18-13。

图 18-13 鞋钉

表 18-13 鞋钉的基本尺寸

规格尺寸(全长)/mm		10	13	16	19	22	25
钉帽直径/mm ≥	普通型 P	3.10	3.40	3.90	4.40	4.70	4.90
	重　型 Z	4.50	5.20	5.90	6.10	6.60	7.00
钉帽厚度/mm ≥	普通型 P	0.24	0.30	0.34	0.40	0.44	0.44
	重　型 Z	0.30	0.34	0.38	0.40	0.44	0.44
钉杆末端宽度/mm ≤	普通型 P	0.74	0.84	0.94	1.04	1.14	1.24
	重　型 Z	1.04	1.10	1.20	1.30	1.40	1.50
钉尖角度(°) ≤	P、Z	28	28	28	30	30	30
每千只质量/g ≈	普通型 P	91	152	244	345	435	526
	重　型 Z	156	238	345	476	625	769
每 100g 只数 ≈	普通型 P	1100	660	410	290	230	190
	重　型 Z	640	420	290	210	160	130

14. 平杆型鞋钉

（1）用途 用于钉制沙发、软坐垫等，特点是钉帽大、钉身粗、连接牢固。

（2）规格 外形如图 18-14 所示，基本尺寸见表 18-14。

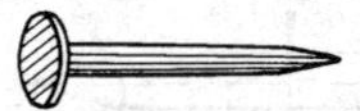

图 18-14 平杆型鞋钉

表 18-14 平杆型鞋钉的基本尺寸

全长/mm	10	13	16	19	25
钉帽直径/mm	4	4.5	5	5.5	6
钉帽厚度/mm	0.25	0.30	0.35	0.40	0.40
钉身末端宽度/mm ≤	0.80	0.90	0.95	1.05	1.15
钉尖角度(°) ≈	30	30	30	35	35
每千只质量/g	102	185	333	455	556
每千克只数	9800	5400	3000	2200	1800

15. 鱼尾钉

（1）用途 用于制造沙发、软坐垫、鞋、帐篷、纺织、皮革箱具、面粉筛、玩具、小型农具等，特点是钉尖锋利、连接牢固，以薄型应用较广。

（2）规格　外形如图18-15所示，基本尺寸见表18-15。

图18-15　鱼尾钉

表18-15　鱼尾钉的基本尺寸　（单位：mm）

种　类	薄型（A型）					厚型（B型）					
全长	6	8	10	13	16	10	13	16	19	22	25
钉帽直径 ≥	2.2	2.5	2.6	2.7	3.1	3.7	4	4.2	4.5	5	5
钉帽厚度 ≥	0.2	0.25	0.30	0.35	0.40	0.45	0.50	0.55	0.60	0.65	0.65
卡颈尺寸 ≥	0.80	1.0	1.15	1.25	1.35	1.50	1.60	1.70	1.80	2.0	2.0
每千只质量/g	44	69	83	122	180	132	278	357	480	606	800
每千克只数	22700	14400	12000	8200	5550	7600	3600	2800	2100	1650	1250

注：卡颈尺寸指近钉头处钉身的椭圆形断面短轴直径尺寸。

16. 碰焊钉

（1）用途　用于造船业。

（2）规格　外形如图18-16所示，基本尺寸见表18-16。

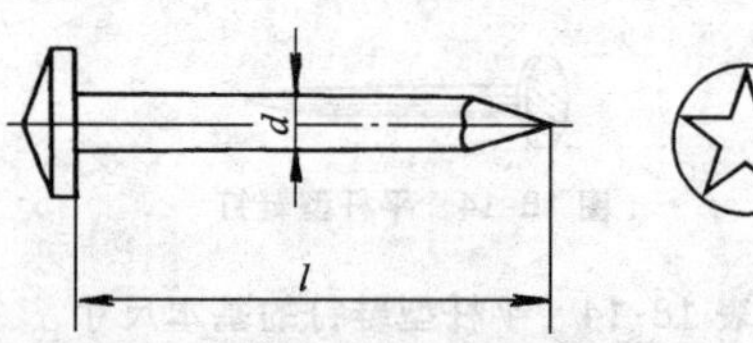

图18-16　碰焊钉

表18-16　碰焊钉的基本尺寸　（单位：mm）

钉长 l	45	50	60	70	80	90	100
钉杆直径 d	2.5	2.8	3.1	3.4	3.7	4.1	4.5
材质	Q195、Q215						

17. 橡皮钉

（1）用途　由于钉杆直径较大，起拔阻力亦较大，主要用于农具、家具、玩具的修理和钉固鞋跟。

（2）规格　外形如图18-17所示，基本尺寸见表18-17。

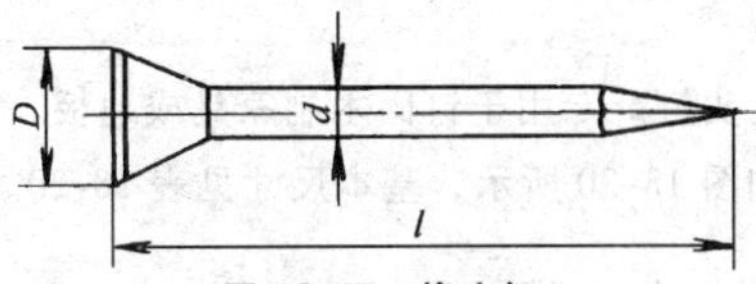

图 18-17　橡皮钉

表 18-17　橡皮钉的基本尺寸　（单位：mm）

钉长 l	20	22
钉杆直径 d	2	2
钉帽直径 D	3.9	3.9
材　　质	Q215、Q235	

18. 磨胎钢钉

（1）用途　供汽车轮胎翻修时粘合面拉毛、抛平用。

（2）规格　外形如图 18-18 所示，基本尺寸见表 18-18。

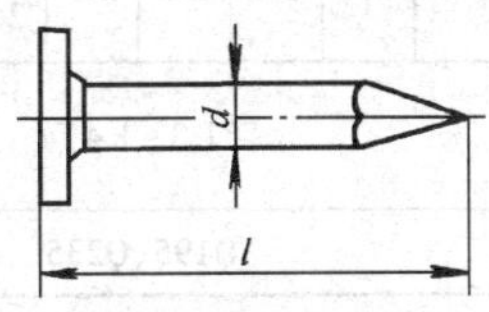

图 18-18　磨胎钢钉

表 18-18　磨胎钢钉的基本尺寸　（单位：mm）

钉长 l	15.5	16
钉杆直径 d	2.7,3.0	2.7
材　　质	Q215、Q235	

19. 包装钉

（1）用途　用于钉固包装箱。

（2）规格　外形如图 18-19 所示，基本尺寸见表 18-19。

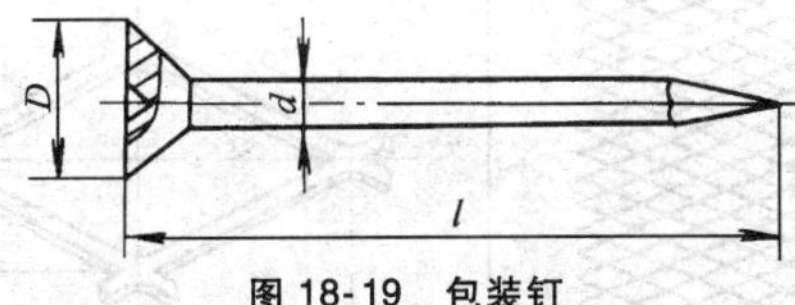

图 18-19　包装钉

表 18-19　包装钉的基本尺寸　（单位：mm）

钉长 l	25	30	38	45	50	57	64	70	75	82	89	100
钉杆直径 d	1.6	1.8	2.0	2.0	2.4	2.4	2.8	2.8	3.4	3.4	3.4	—
钉帽直径 D	1.7d											
材　质	Q215、Q235											

20. 家具钉

（1）用途　亦称无头钉。专用于钉固木制家具或地板。

（2）规格　外形如图18-20所示，基本尺寸见表18-20。

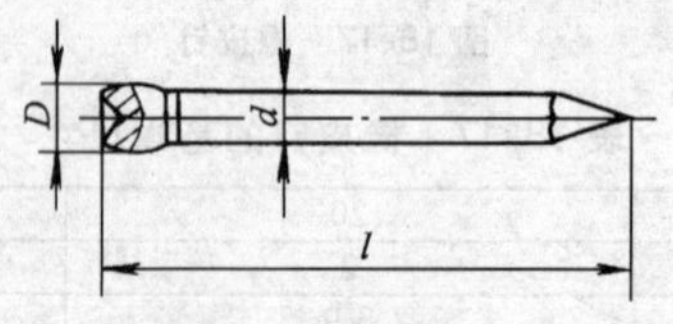

图18-20　家具钉

表18-20　家具钉的基本尺寸　　（单位：mm）

钉长 l	19	25	30	32	38	40	45	50	60	64	70	80	82	90	100	130
钉杆直径 d	1.2 1.5	1.5 1.6	1.6	1.6 1.8	1.8	1.8	1.8	2.1	2.3	2.4 2.8	2.5	2.8	3.0	3.0	3.4	4.1
钉帽直径 D	(1.3~1.4)d															
材质	Q195、Q235															

二、板网

1. 钢板网（QB/T 2959—2008）

（1）普通钢板网　型式和基本尺寸见图18-21和表18-21。

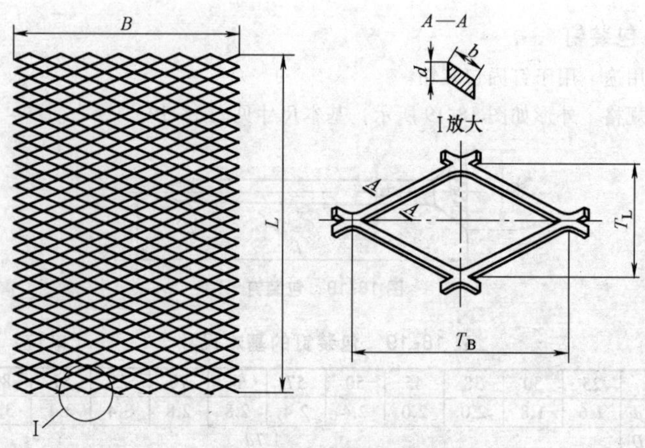

图18-21　普通钢板网

表 18-21　普通钢板网的基本尺寸　　（单位：mm）

d	网格尺寸			网面尺寸		钢板网理论质量/(kg/m²)
	T_L	T_B	b	B	L	
0.3	2	3	0.3	100~500	—	0.71
	3	4.5	0.4	500		0.63
0.4	2	3	0.4			1.26
	3	4.5	0.5			1.05
0.5	2.5	4.5	0.5	500		1.57
	5	12.5	1.11	1000		1.74
	10	25	0.96	2000	600~4000	0.75
0.8	8	16	0.8	1000	600~5000	1.26
	10	20	1.0			1.26
	10	25	0.96	2000		1.21
1.0	10	25	1.10		600~5000	1.73
	15	40	1.68		4000~5000	1.76
1.2	10	25	1.13			2.13
	15	30	1.35			1.7
	15	40	1.68			2.11
1.5	15	40	1.69			2.65
	18	50	2.03			2.66
	24	60	2.47			2.42
2.0	12	25	2			5.23
	18	50	2.03			3.54
	24	60	2.47			3.23
3.0	24	60	3.0		4800~5000	5.89
	40	100	4.05		3000~3500	4.77
	46	120	4.95		5600~6000	5.07
	55	150	4.99		3300~3500	4.27
4.0	24	60	4.5		3200~3500	11.77
	32	80	5.0		3850~4000	9.81
	40	100	6.0		4000~4500	9.42
5.0	24	60	6.0		2400~3000	19.62
	32	80	6.0		3200~3500	14.72
	40	100	6.0		4000~4500	11.78
	56	150	6.0		5600~6000	8.41
6.0	24	60	6.0		2900~3500	23.55
	32	80	7.0		3300~3500	20.60
	40	100			4150~4500	16.49
	56	150			5800~6000	11.77
8.0	40	100	8.0		3650~4000	25.12
			9.0		3250~3500	28.26
	60	150			4850~5000	18.84
10.0	45	100	10.0	1000	4000	34.89

注：0.3~0.5mm 一般长度为卷网。钢板网长度根据市场可供钢板作调整。

（2）建筑网

1）有肋扩张网的型式和基本尺寸见图 18-22 和表 18-22。

表 18-22 有肋扩张网的基本尺寸

网格尺寸/mm					网面尺寸/mm		材料镀锌层双面质量/(g/m^2)	钢板网理论质量/(kg/m^2)					
								d					
S_W	L_W	P	U	T	B	L		0.25	0.3	0.35	0.4	0.45	0.5
5.5	8	1.28	9.5	97	686	2440	≥120	1.16	1.40	1.63	1.86	2.09	2.33
11	16	1.22	8	150	600	2440	≥120	0.66	0.79	0.92	1.05	1.17	1.31
8	12	1.20	8	100	900	2440	≥120	0.97	1.17	1.36	1.55	1.75	1.94
5	8	1.42	12	100	600	2440	≥120	1.45	1.76	2.05	2.34	2.64	2.93
4	7.5	1.20	5	75	600	2440	≥120	1.01	1.22	1.42	1.63	1.82	2.03
3.5	13	1.05	6	75	750	2440	≥120	1.17	1.42	1.65	1.89	2.12	2.36
8	10.5	1.10	8	50	600	2440	≥120	1.18	1.42	1.66	1.89	2.13	2.37

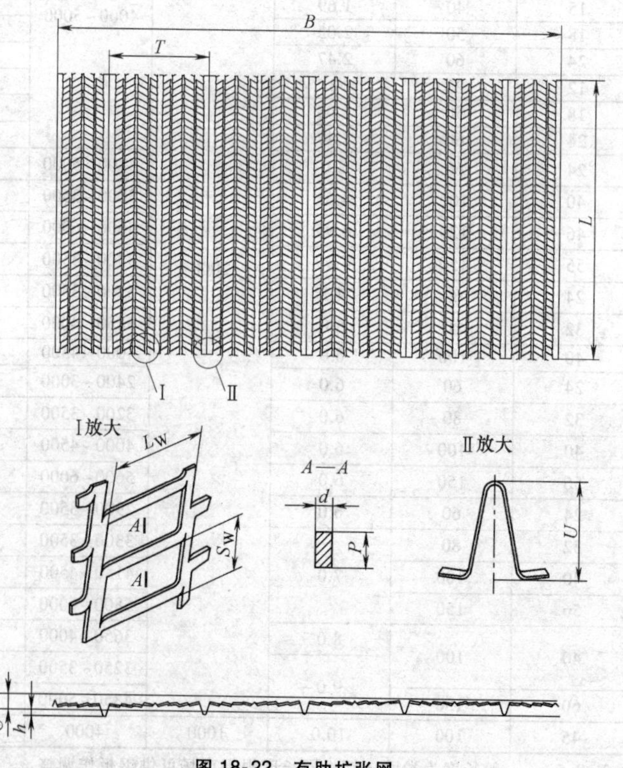

图 18-22 有肋扩张网

2）批荡网的型式和基本尺寸见图 18-23 和表 18-23。

表 18-23　批荡网的基本尺寸

d/mm	P/mm	网格尺寸/mm			网面尺寸/mm		材料镀锌层双面质量/(g/m²)	钢板网理论质量/(kg/m²)
		T_L	T_B	T	L	B		
0.4	1.5	17	8.7	4	2440	690	≥120	0.95
0.5	1.5	20	9.5					1.36
0.6	1.5	17	8					1.84

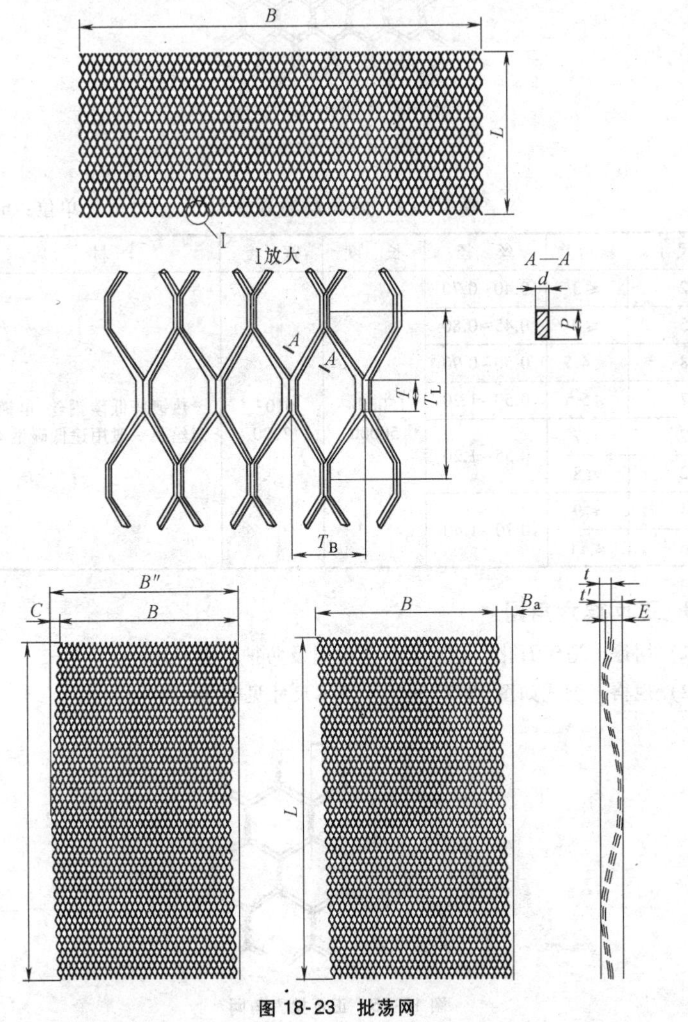

图 18-23　批荡网

2. 六角网（GB/T 1925.2—1993）

（1）用途 适用于建筑、保温、防护及围栏等，分为XD型（先镀锌后编织）及XB型（先编织后镀锌）。

（2）规格 型式如图18-24所示，基本尺寸见表18-24。

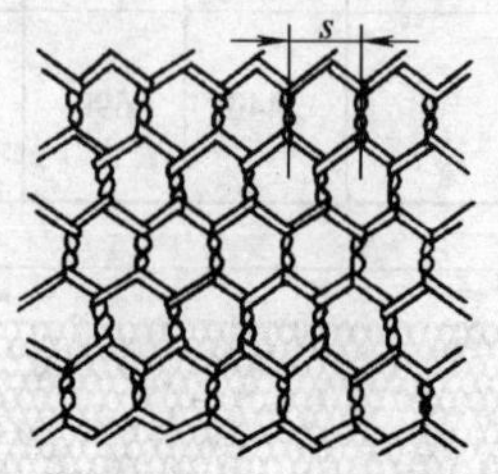

图18-24 六角网

表18-24 六角网的基本尺寸 （单位：mm）

网孔尺寸 s	斜边差	丝 径	长 度	宽 度	材 质
12	≤3	0.40～0.70	15000～50000	610～2000	热镀锌低碳钢丝、电镀锌低碳钢丝及一般用途低碳钢丝
15	≤4	0.45～0.80			
18	≤4.5	0.50～0.90			
22	≤5.5	0.50～1.20			
27	≤7	0.55～1.20			
32	≤8				
44	≤9	0.70～1.40			
56	≤11				

3. 正反捻六角网

（1）用途 适于石化、建筑业管道保温及防护、围栏用。

（2）规格 型式如图18-25所示，基本尺寸见表18-25。

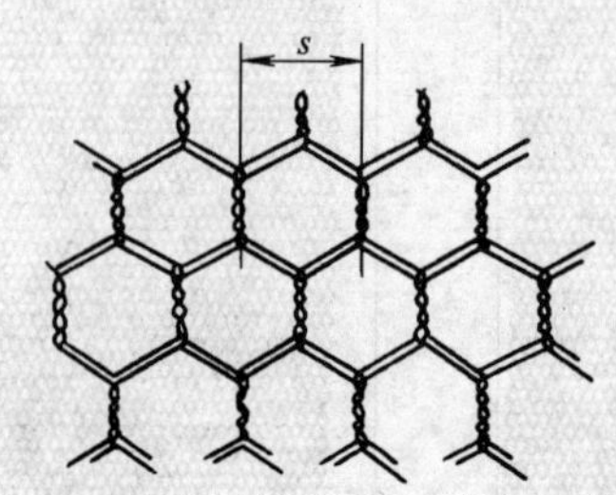

图18-25 正反捻六角网

表 18-25　正反捻六角网的基本尺寸　　（单位：mm）

网孔尺寸 s		10	13,16	19	25,32,38	76
丝　径		0.5~0.8	0.5~1.0	0.5~1.2	0.5~1.4	0.6~1.4
网面尺寸	长	10000~50000				
	宽	300~2000				
材质		Q215				

4. 正反捻加强肋六角网

（1）用途　用于土建、管道保温及防护围栏等。

（2）规格　型式如图 18-26 所示，基本尺寸见表 18-26。

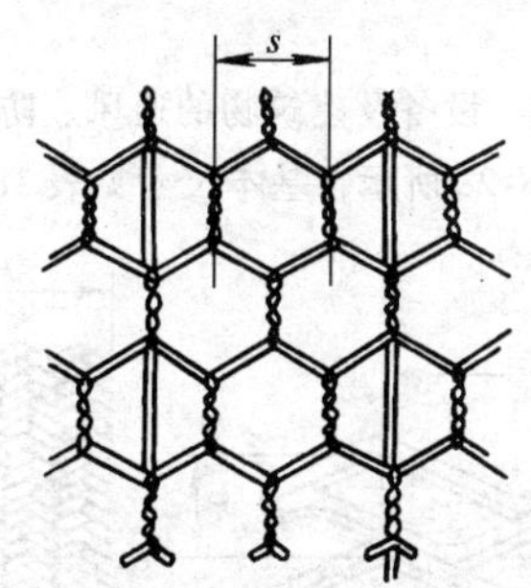

图 18-26　正反捻加强肋六角网

表 18-26　正反捻加强肋六角网的基本尺寸

网孔尺寸 s/mm		10	13	16	19	25	32、38	51、76
丝径/mm		0.45~0.70	0.45~0.80	0.45~0.90	0.45~1.00	0.45~1.20	0.55~1.40	0.60~1.40
加强肋数量/根		1		2		3		4
网面尺寸/mm	长	10000~50000						
	宽	500~750		800~1200	1210~1500		1510~2000	
材　质		Q215						

5. 重型钢板网

（1）用途　用于工矿设备的平台踏板，强度大，防滑性能好。

（2）规格　型式如图 18-27 所示，基本尺寸见表 18-27。

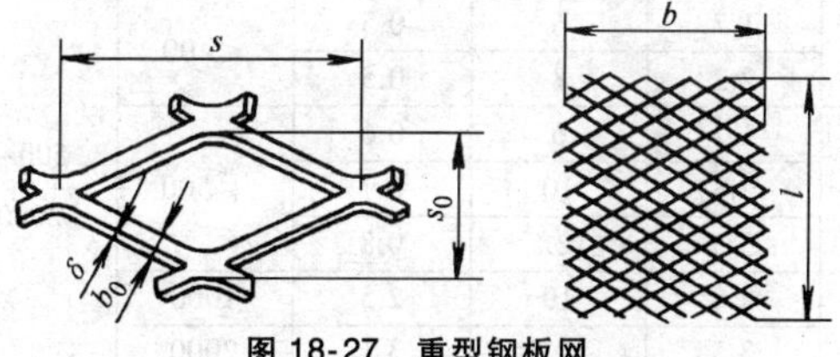

图 18-27　重型钢板网

表 18-27　重型钢板网的基本尺寸　　　　（单位：mm）

板厚 δ		4			4.5		5			6			7		8	
网格尺寸	短节距 s_0	22	30	36	22	30	24	32	38	28	38	56	40	60	40	80
	长节距 s	60	80	100	60	80	60	80	100		100	150	100	150	100	200
	丝梗宽 b_0	4.5	5	6	5	6	6	6	7	7	7	7	8	8	9	10
网面尺寸	宽度 b	1500,1800,2000														
	长度 l	2000,5000														
材　质		Q195,Q215,Q235														

6. 铝板网

（1）用途　适用于仪表、设备及建筑物的通风、防护、过滤及装饰。

（2）规格　型式如图 18-28 所示，基本尺寸见表 18-28。

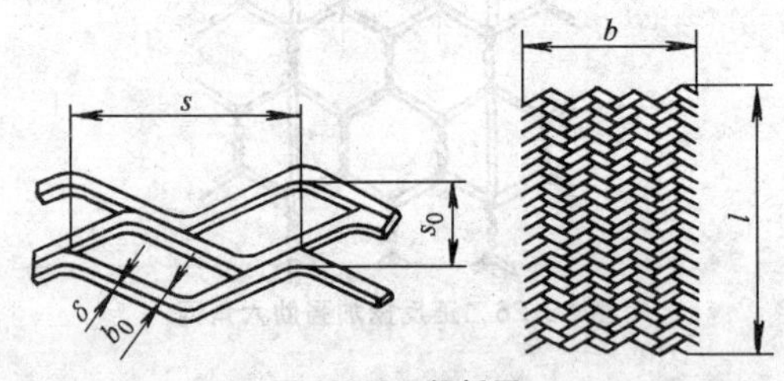

图 18-28　铝板网

表 18-28　铝板网的基本尺寸　　　　（单位：mm）

种类	板厚 δ	短节距 s_0	长节距 s	丝梗宽 b_0	宽度 b	长度 l	材质
铝板网	0.3	1.1	3	0.4	≤500	500~2000	L2、L3
		1.5	4	0.5			
		3	6	0.6			
	0.4	1.5	4	0.5			
		2.3	6	0.6			
	0.5	3	8	0.7	≥400		
		5	10	0.8			
	1.0	4		1.1			
		5	12.5	1.2			
人字形铝板网	0.4	1.7	6	0.5	≤400	500~2000	
		2.2	8	0.5			
	0.5	1.7	6	0.6	≤500		
		2.8	10	0.7			
		3.5	12.5	0.8			
	1.0	2.8	10	2.5	1000		
		3.5	12.5	3.1	2000		

7. 斜方眼网

（1）用途　用于建筑围栏及设备防护。

（2）规格　型式如图 18-29 所示，基本尺寸见表 18-29。

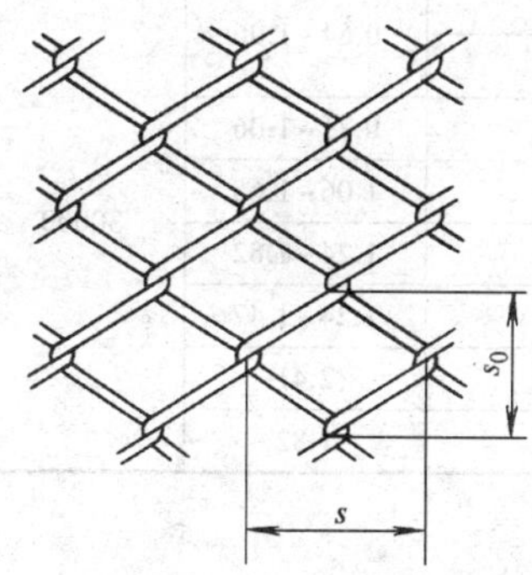

图 18-29　斜方眼网

表 18-29　斜方眼网的基本尺寸　　（单位：mm）

线径		0.9	1.25			1.6			2.0			2.8				3.5				4.0		5	6	8
网孔尺寸	长节距 s	18	16	20	30	20	30	60	30	40	60	38	40	60	100	51	60	70	100	80	240	100		
	短节距 s_0	12	8	10	15	8	15	30	15	20	30	38	17	30	50	51	30	35	50	40	120	25	50	
网面尺寸	长度	1000～5000																						
	宽度	50～2000																						
材质		Q195、Q215																						

8. 点焊网

（1）用途　用于建筑业及防护栏栅等。

（2）规格　型式如图 18-30 所示，基本尺寸见表 18-30。

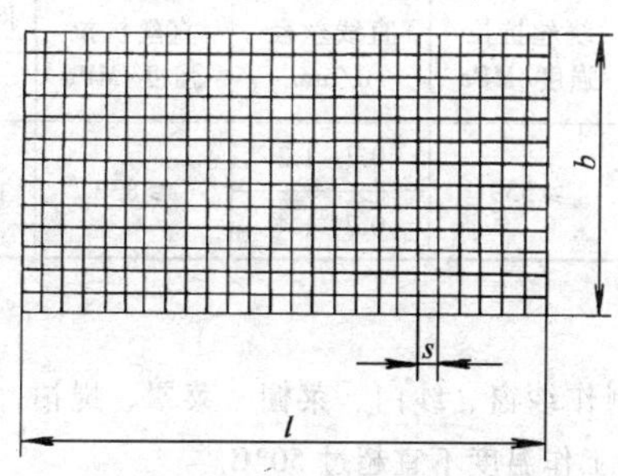

图 18-30　点焊网

表 18-30 点焊网的基本尺寸 （单位：mm）

网孔尺寸 s		丝径	网面尺寸		材质
经向	纬向		网长 l	网宽 b	
6.4	6.4	0.64～1.06	30000	609、762、914、1000	Q195
9.5	9.5				
12.7	12.7	0.71～1.06			
19	19	1.06～1.65			
25.4	25.4	1.24～1.82			
25.4	12.7	1.24～1.47			
50.8	25.4	2.41			
50.8	50.8	1.82			

9. 梯形网

（1）用途 作保温墙的加强网和石棉瓦中的加强网用。

（2）规格 型式如图 18-31 所示，基本尺寸见表 18-31。

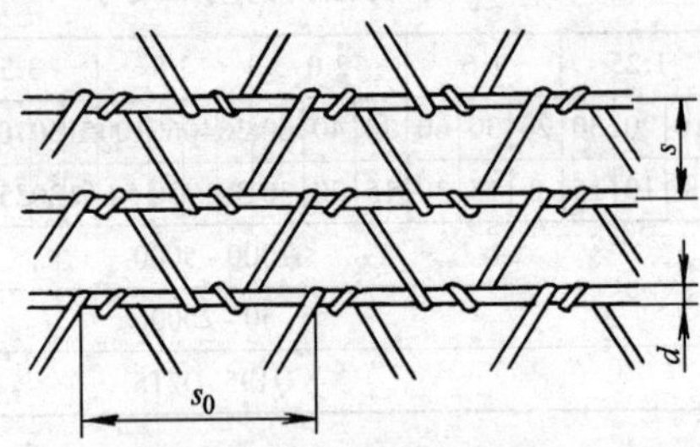

图 18-31 梯形网

表 18-31 梯形网的基本尺寸

网孔尺寸 s/mm	绕丝节距 s_0/mm	绕丝抗拉强度/MPa	直线丝径 d/mm	直丝抗拉强度/MPa	网面尺寸/mm		材质
					长	宽	
13	42	≥539	0.7～1.2	≥833	1840	880	Q195、Q215
19			0.7～1.4				

10. 窗纱

（1）用途 用以制作纱窗、纱门、菜橱、菜罩、蝇拍、捕虫器等。塑料窗纱也可用作过滤器材，但工作温度不宜超过 50°C。

（2）规格 基本尺寸见表 18-32。

表 18-32 窗纱的基本尺寸

品种		每 25.4mm 目数		孔距/mm		(宽度/m)×(长度/m)		
						1×25	1×30	0.914×30.48
		经向	纬向	经向	纬向	每匹约重/kg		
金属丝编织涂漆、涂塑、镀锌窗纱(QB/T 3882—1999)		14	14	1.8	1.8	10.5	12.5	11.5
		16	16	1.6	1.6	12	14	13
		18	18	1.4	1.4	13	15	14.5
		14	16	1.8	1.6	11	13	12
玻璃纤维涂塑窗纱	4514A	14	14	1.8	1.8	3.9~4.1		
	4514B							
	4516	16	16	1.6	1.6	4.3~4.5		
塑料窗纱		16	16	1.6	1.6	—	—	3.6

注：按 QB/T 3882—1999 规定，涂漆（镀锌、涂塑）窗纱还有 1.2m 宽度、15m 长度规格。表中 14 目×16 目是非标准的市场产品。

三、合页

1. 普通型合页（QB/T 4595. 1—2013）

（1）用途　适用于厚度不小于 2. 5mm、供各类建筑门窗及橱柜门转动连接用的矩形合页。

（2）规格　型式如图 18-32 所示，基本尺寸见表 18-33。

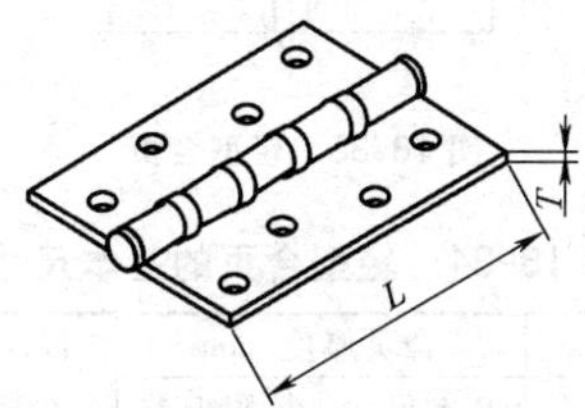

图 18-32 普通型合页

表 18-33 普通型合页的基本尺寸

系列编号	合页长度 L/mm		合页厚度 T/mm	每片页片最少螺孔数/个	适用门质量/kg≥
	Ⅰ组	Ⅱ组			
A35	88.90	90.00	2.50	3	20
A40	101.60	100.00	3.00	4	27
A45	114.30	110.00	3.00	4	34
A50	127.00	125.00	3.00	4	45
A60	152.40	150.00	3.00	5	57
B45	114.30	110.00	3.50	4	68

（续）

系列编号	合页长度 L/mm		合页厚度	每片页片最	适用门质量
	Ⅰ组	Ⅱ组	T/mm	少螺孔数/个	/kg≥
B50	127.00	125.00	3.50	4	79
B60	152.40	150.00	4.00	5	104
B80	203.20	200.00	4.50	7	135

注：1. 系列编号中 A 为中型合页，B 为重型合页，后跟两个数字表示合页长度，35＝3 1/2in（88.90mm），40＝4in（101.60mm），依次类推。

2. Ⅰ组为英制系列，Ⅱ组为米制系列。

2. 轻型合页（QB/T 4595.2—2013）

（1）用途　与普通合页相同，但页片窄而薄，多用于轻便门窗及橱柜类所使用的合页。

（2）规格　型式如图 18-33 所示，基本尺寸见表 18-34。

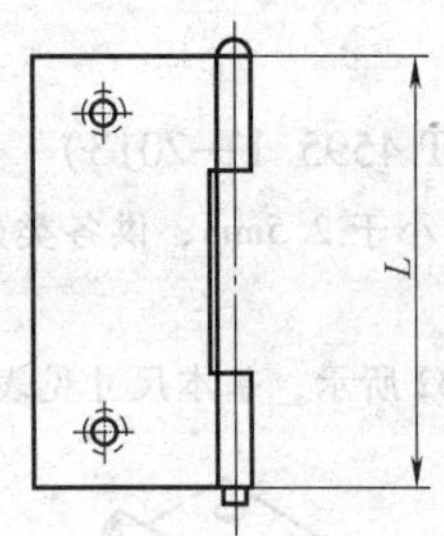

图 18-33　轻型合页

表 18-34　轻型合页的基本尺寸

系列编号	合页长度/mm		合页厚度/mm		每片页片的最	适用门质量
	Ⅰ组	Ⅱ组	基本尺寸	极限偏差	少螺孔数/个	/kg≥
C10	25.40		0.70	0 −0.10	2	12
C15	38.10		0.80		2	12
C20	50.80	50.00	1.00		3	15
C25	63.50	65.00	1.10		3	15
C30	76.20	75.00	1.10		4	18
C35	88.90	90.00	1.20		4	20
C40	101.60	100.00	1.30		4	22

注：1. C 为轻型合页，后面两个数字表示合页长度，35＝3 1/2in（88.90mm），40＝4in（101.60mm），依次类推。

2. Ⅰ组为英制系列，Ⅱ组为米制系列。

3. 抽芯型合页（QB/T 4595.3—2013）

（1）用途　适用于需经常拆卸的门窗，芯轴可抽离的合页。

（2）规格　型式如图 18-34 所示，基本尺寸见表 18-35。

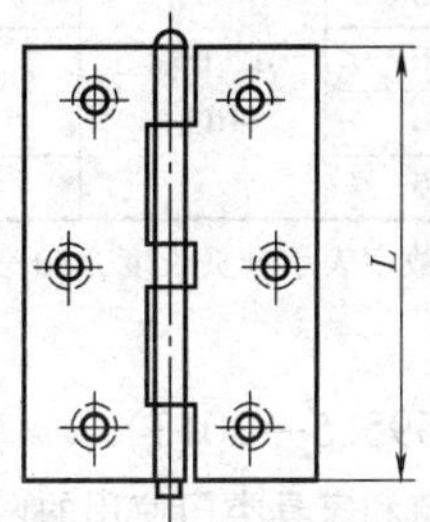

图 18-34　抽芯型合页

表 18-35　抽芯型合页的基本尺寸

系列编号	合页长度/mm		合页厚度/mm		每片页片的螺孔数/个	适用门质量/kg≥
	Ⅰ组	Ⅱ组	基本尺寸	极限偏差		
D15	38.10		1.20	±0.10	2	12
D20	50.80	50.00	1.30		3	12
D25	63.50	65.00	1.40		3	15
D30	76.20	75.00	1.60		4	18
D35	88.90	90.00	1.60		4	20
D40	101.60	100.00	1.80		4	22

注：1. D 为抽芯型合页，后面两个数字表示合页长度，35=3 1/2in（88.90mm），40=4in（101.60mm），依次类推。

2. Ⅰ组为英制系列，Ⅱ组为米制系列。

4. H 型合页（QB/T 4595.4—2013）

（1）用途　适用于需要经常脱卸而较薄的门窗所使用的两页片成“H”型的合页。

（2）规格　型式如图 18-35 所示，基本尺寸见表 18-36。

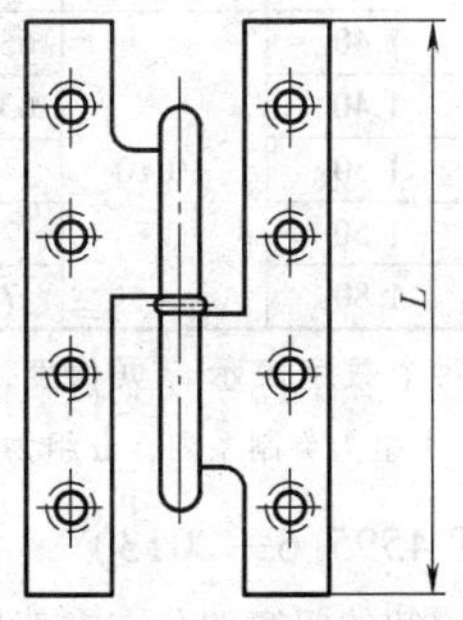

图 18-35　H 型合页

表 18-36 H型合页的基本尺寸

系列编号	合页长度/mm	合页厚度/mm		每片页片的最少螺孔数/个	适用门质量/kg≥
		基本尺寸	极限偏差		
H30	80.00	2.00	0 −0.10	3	15
H40	95.00	2.00		3	18
H45	110.00	2.00		3	20
H55	140.00	2.50		4	27

注：H为H型合页，后面两个数字表示合页长度，30表示约为3in，45表示约为4 1/2in，依次类推。

5. T型合页（QB/T 4595.5—2013）

（1）用途 适用于建筑门窗和家具类门使用的两片成“T”型的合页。

（2）规格 型式如图18-36所示，基本尺寸见表8-37。

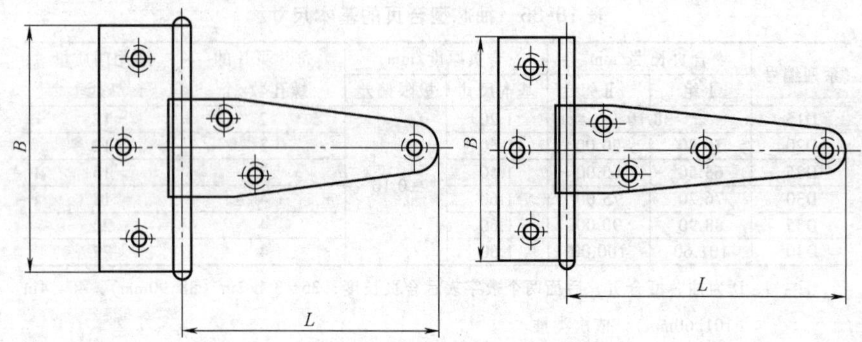

图 18-36 T型合页

表 18-37 T型合页的基本尺寸

系列编号	合页长度/mm		合页厚度/mm		宽度/mm	每片页片的最少螺孔数/个	适用门质量/kg≥
	Ⅰ组	Ⅱ组	基本尺寸	极限偏差			
T30	76.20	75.00	1.40	±0.10	63.5	3	15
T40	101.60	100.00	1.40		63.5	3	18
T50	127.00	125.00	1.50		70	4	20
T60	152.40	150.00	1.50		70	4	27
T80	203.20	200.00	1.80		73	4	34

注：T表示T型合页，后面两个数字表示合页长度，30 = 3in（76.20mm），40 = 4in（101.60mm），依次类推。Ⅰ组为英制系列，Ⅱ组为米制系列。

6. 双袖型合页（QB/T 4595.6—2013）

（1）用途 适用于需经常脱卸的门窗的分左右使用的双袖型合页。

（2）规格 型式如图 18-37 所示，基本尺寸见表 18-38。

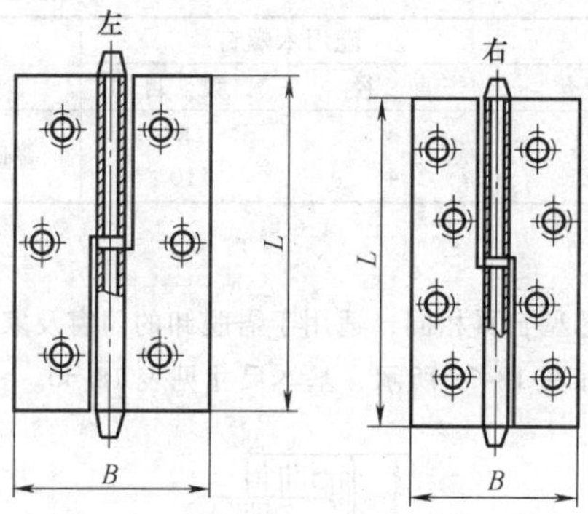

图 18-37 双袖型合页

表 18-38 双袖型合页的基本尺寸

系列编号	合页长度 L/mm	合页厚度/mm		宽度 B/mm	每片页片的螺孔数/个
		基本尺寸	极限偏差		
G30	75.00	1.50	±0.10	60.00	3
G40	100.00	1.50		70.00	3
G50	125.00	1.80		85.00	4
G60	150.00	2.00		95.00	4

注：G 表示双袖型合页，后面两个数字表示合页长度，30 = 3in（75.00mm），40 = 4in（100mm），依次类推。

7. 旗型合页

（1）用途 与抽芯型合页相同，适用于需经常脱卸的门窗及家具等。

（2）规格 型式如图 18-38 所示，基本尺寸见表 18-39。

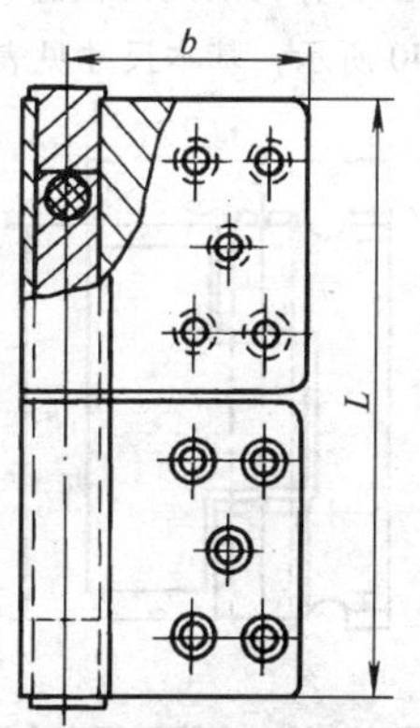

图 18-38 旗型合页

表 18-39　旗型合页的基本尺寸　　（单位：mm）

页片尺寸		配用木螺钉		材　质
长度 L	宽度 b	直　径	数　目	
102	50	4	8	普通低碳钢冷轧钢带
127	50	4	10	

8. 扇型合页

（1）用途　与抽芯型合页相同，适用于需脱卸的门窗及家具等。

（2）规格　型式如图 18-39 所示，基本尺寸见表 18-40。

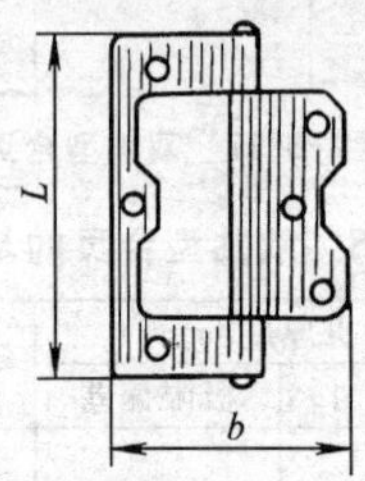

图 18-39　扇型合页

表 18-40　扇型合页的基本尺寸　　（单位：mm）

页片尺寸		配用木螺钉		材　质
长度 L	宽度 b	直　径	数　目	
100	77	4.5	6	普通低碳钢冷轧钢带

9. 空腹型钢窗合页

（1）用途　用于空腹钢窗上，作为启闭的铰链。

（2）规格　型式如图 18-40 所示，基本尺寸见表 18-41。

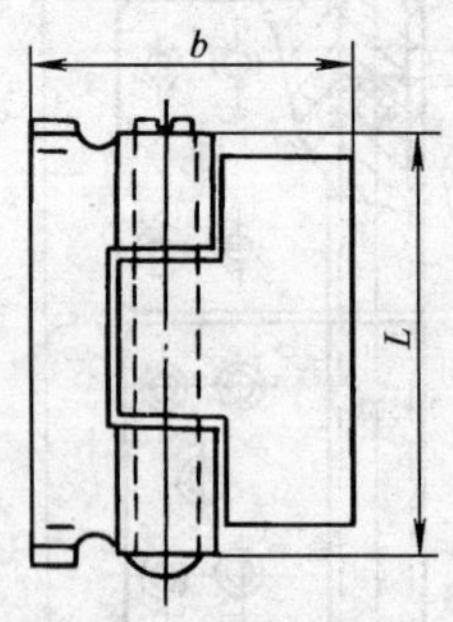

图 18-40　空腹型钢窗合页

表 18-41 空腹型钢窗合页的基本尺寸 （单位：mm）

页片尺寸		材质
长度 L	宽度 b	
40 56	41 41	普通碳素钢

10. 轴承合页

（1）用途 适用于转矩和重量较大的门窗上。

（2）规格 型式如图 18-41 所示，基本尺寸见表 18-42。

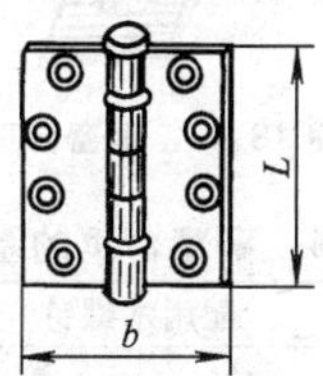

图 18-41 轴承合页

表 18-42 轴承合页的基本尺寸 （单位：mm）

页片尺寸		配用木螺钉		材质
长度 L	宽度 b	直径	数目	
114	114	4	8	1Cr18Ni9Ti①
114	98	4	8	
200	140	4	10	

① 旧标准牌号。

11. 脱卸合页

（1）用途 主要用于重量较大的门窗上。

（2）规格 型式如图 18-42 所示，基本尺寸见表 18-43。

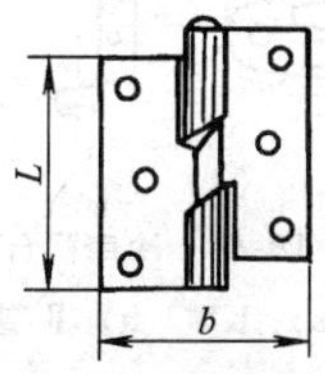

图 18-42 脱卸合页

表 18-43 脱卸合页的基本尺寸 （单位：mm）

页片尺寸		配用木螺钉		材质
长度 L	宽度 b	直径	数目	
76	70	4	6	低碳钢
102	90	4	8	

12. 翻窗合页

（1）用途　主要用于需经常开闭的活动气窗上。

（2）规格　型式如图 18-43 所示，基本尺寸见表 18-44。

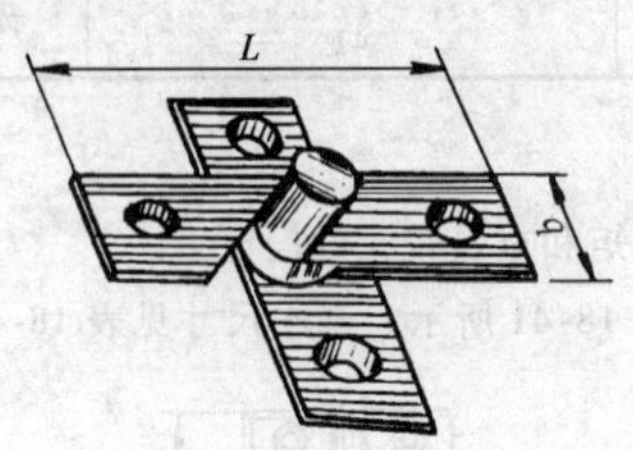

图 18-43　翻窗合页

表 18-44　翻窗合页的基本尺寸　　（单位：mm）

页片尺寸		配用木螺钉		材　质
长度 L	宽度 b	直　径	数　目	
50	19	3.5	4	低碳钢
65	19	3.5	4	
75	19	3.5	4	
90	19	4	4	
100	19	4	4	

13. 冷库门合页

（1）用途　用于冷库门上，分为Ⅰ型和Ⅱ型。

（2）规格　型式如图 18-44 所示，基本尺寸见表 18-45。

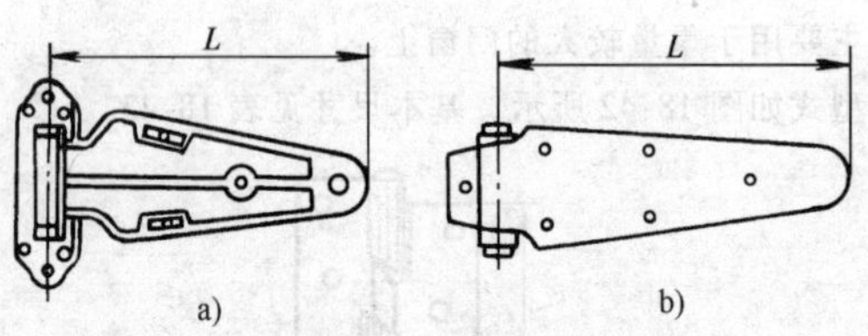

图 18-44　冷库门合页

a）Ⅰ型　b）Ⅱ型

表 18-45　冷库门合页的基本尺寸

长度 L/mm	250、350、450、600

14. 弹簧合页（QB/T 1738—1993）

（1）用途　用于进出比较频繁的门扇上，其特点是使门扇在开启后能自行关闭。单弹簧合页适用于只向内和向外一个方向开启的门扇上，双弹簧合页适用于向内和向外两个方向开启的门扇上。

（2）规格 弹簧合页代号：TY。型式如图 18-45 所示，分类及基本尺寸见表 18-46。

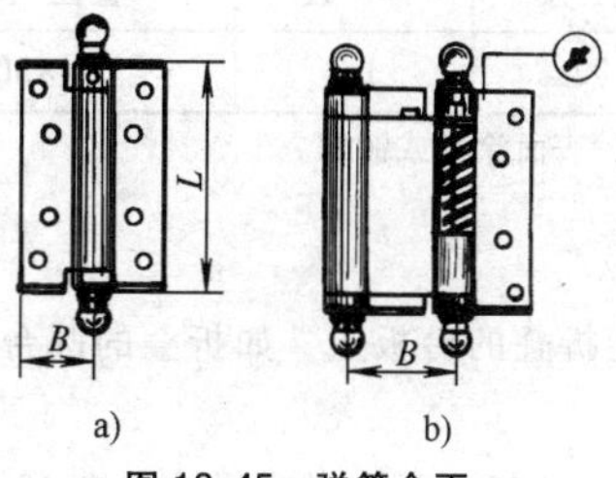

图 18-45 弹簧合页

a）单弹簧合页 b）双弹簧合页

表 18-46 弹簧合页的分类和基本尺寸

分类	
分类	1. 按结构分：单弹簧合页（代号 D）、双弹簧合页（代号 S） 2. 按页片材料分：普通碳素钢制（代号 P）、不锈钢制（代号 B）、铜合金制（代号 T） 3. 按表面处理分：涂漆（代号 Q）、涂塑（代号 S）、电镀锌（代号 D）、不处理（无代号）

规格尺寸/mm	页片材料尺寸/mm					配用木螺钉(参考)	
	长度 L		宽度 B		页片厚度 δ	(直径/mm)×(长度/mm)	数目
	Ⅱ型	Ⅰ型	单弹簧	双弹簧			
75	75	76	36	48	1.8	3.5×25	8
100	100	102	39	56	1.8	3.5×25	8
125	125	127	45	64	2.0	4×30	8
150	150	152	50	64	2.0	4×30	10
200	200	203	71	95	2.4	4×40	10
250	250	254	—	95	2.4	5×50	10

15. 蝴蝶合页

（1）用途 与单弹簧合页相似，多用于纱窗以及公共厕所、医院病房等的半截门上。

（2）规格 型式如图 18-46 所示，基本尺寸见表 18-47。

图 18-46 蝴蝶合页

表 18-47 蝴蝶合页的基本尺寸 (单位：mm)

规格尺寸	页片尺寸			配用木螺钉(参考)	
	长 度	宽 度	厚 度	直径×长度	数 目
70	70	72	1.2	4×30	6

注：页片材料为低碳钢，表面涂漆或镀锌。

16. 台合页

(1) 用途 安装于能折叠的台板上，如折叠的圆台面、沙发、学校用活动课桌的桌面等。

(2) 规格 型式如图 18-47 所示，基本尺寸见表 18-48。

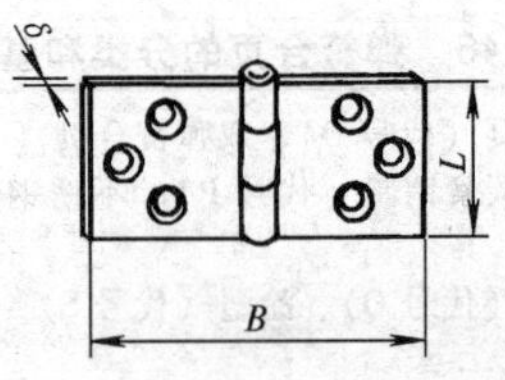

图 18-47 台合页

表 18-48 台合页的基本尺寸 (单位：mm)

页片尺寸			配用木螺钉(参考)	
规格尺寸(长度 L)	宽度 B	厚度 δ	直径×长度	数 目
34	80	1.2	3×16	6
38	136	2.0	3.5×25	6

注：合页材料为低碳钢，表面镀锌、涂漆或滚光。

17. 自弹杯状暗合页

(1) 用途 主要用作板式家具的橱门与橱壁之间的连接件。其特点是利用弹簧弹力，开启时橱门立即旋转到 90°位置；关闭后橱门不会自行开启，合页也不外露。安装合页时，可以很方便地调整橱门与橱壁之间的相对位置，使之端正、整齐。由带底座的合页和基座两部分组成。基座装在橱壁上，带底座的合页装在橱门上。直臂式适用于橱门全部遮盖住橱壁的场合；曲臂式（小曲臂式）适用于橱门半盖遮住橱壁的场合；大曲臂式适用于橱门嵌在橱壁的场合。

(2) 规格 型式如图 18-48 所示，上海产品（部分）的基本尺寸见表 18-49。

表 18-49 部分产自上海的自弹杯状暗合页基本尺寸 （单位：mm）

带底座的合页				基座				
型式	底座直径	合页总长	合页总宽	型式	中心距 P	底板厚 H	基座总长	基座总宽
直臂式	35	95	66	V型	28	4	42	45
曲臂式	35	90	66					
大曲臂式	35	93	66	K型	28	4	42	45

注：合页臂材料为低碳钢（表面镀铬）；底座及基座材料有尼龙（白色、棕色）和低碳钢（表面镀铬两种）。

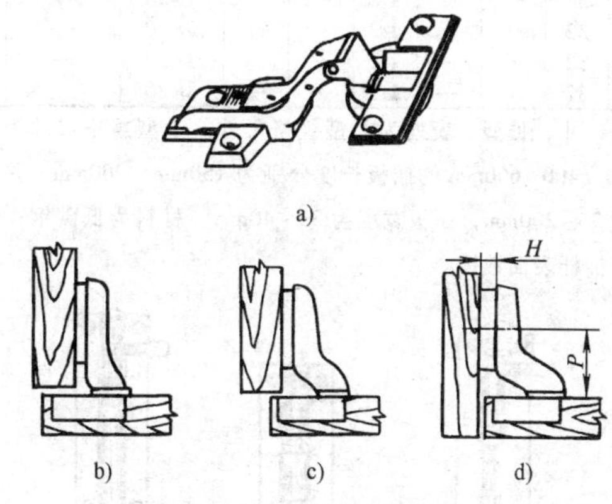

图 18-48 自弹杯状暗合页

a）自弹杯状暗合页（直臂式） b）全遮盖式橱门用（直臂式暗合页）
c）半遮盖式橱门用（直臂式暗合页） d）嵌式橱门用（大曲臂式暗合页）

四、插销

1. 钢插销（GB/T 2032—2013）

（1）用途 用以固定关闭后的门窗。管型插销特别适用于框架较窄的门窗上。

（2）规格 型式如图 18-49 所示，基本尺寸见表 18-50。

表 18-50 钢插销的基本尺寸 （单位：mm）

规格尺寸	插板长度	插板宽度			插板厚度			配用木螺钉(直径×长度)			
		普通	封闭	管型	普通	封闭	管型	普通	封闭	管型	数目
40	40	—	25	23	—	1.0	1.0	—	3×12	3×12	6
50	50	—	25	23	—	1.0	1.0	—	3×12	3×12	6
65	65	25	25	23	1.2	1.0	1.0	3×12	3×12	3×12	6

（续）

规格尺寸	插板长度	插板宽度			插板厚度			配用木螺钉（直径×长度）			
		普通	封闭	管型	普通	封闭	管型	普通	封闭	管型	数目
75	75	25	29	23	1.2	1.2	1.0	3×16	3.5×16	3×14	6
100	100	28	29	26	1.2	1.2	1.2	4×16	3.5×16	3.5×16	6
125	125	28	29	26	1.2	1.2	1.2	3×16	3.5×16	3.5×16	8
150	150	28	29	26	1.2	1.2	1.2	3×18	3.5×18	3.5×16	8
200	200	28	36	—	1.2	1.3	—	3×18	4×18	—	8
250	250	28	—	—	1.2	—	—	3×18	—	—	8
300	300	28	—	—	1.2	—	—	3×18	—	—	8
350	350	32	—	—	1.2	—	—	3×20	—	—	10
400	400	32	—	—	1.2	—	—	3×20	—	—	10
450	450	32	—	—	1.2	—	—	3×20	—	—	10
500	500	32	—	—	1.2	—	—	3×20	—	—	10
550	550	32	—	—	1.2	—	—	3×20	—	—	10
600	600	32	—	—	1.2	—	—	3×20	—	—	10

注：封闭型分Ⅰ、Ⅱ、Ⅲ型。表列为Ⅱ型规格尺寸。Ⅰ型规格尺寸为40～600mm，其中250～350mm、400～600mm的插板长度分别为150mm、200mm，并加配一插节。Ⅲ型规格尺寸为75～200mm，插板宽度为33～40mm。材料为低碳钢；底板、插座、插节表面涂漆，插杆表面镀镍。

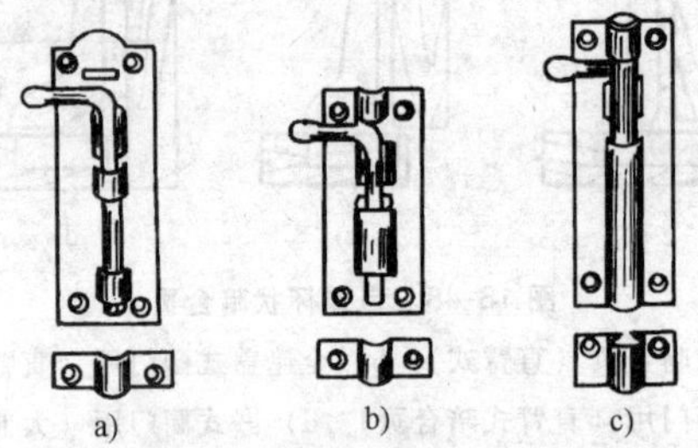

图18-49　钢插销

a）普通型　b）封闭型　c）管型

2. 暗插销

（1）用途　装置在双扇门的一扇门上，用于固定关闭该扇门。插销嵌装在该扇门的侧面。其特点是该双扇门关闭后，插销不外露。

（2）规格　型式如图18-50所示，基本尺寸见表18-51。

表18-51　暗插销的基本尺寸　（单位：mm）

规格尺寸	主要尺寸			配用木螺钉（参考）		材质
	长度 L	宽度 B	深度 C	直径×长度	数　目	
150	150	20	35	3.5×18	5	铝合金
200	200	20	40	3.5×18	5	
250	250	22	45	4×25	5	
300	300	25	50	4×25	6	

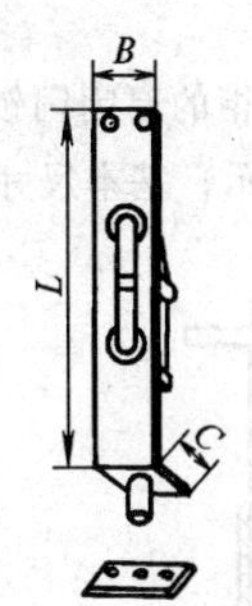

图 18-50　暗插销

3. 蝴蝶插销

(1) 用途　用于木制门窗及橱、柜。

(2) 规格　型式如图 18-51 所示，基本尺寸见表 18-52。

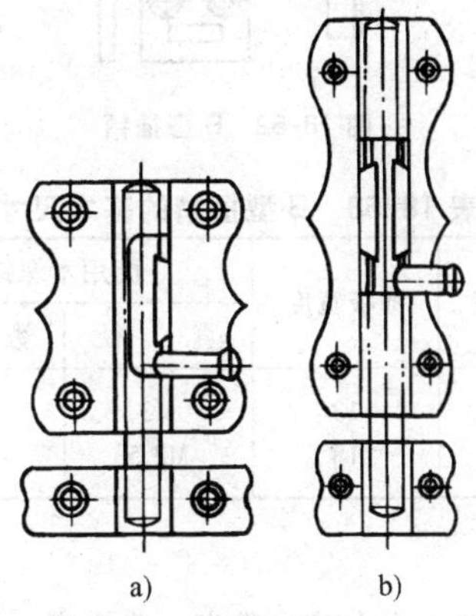

图 18-51　蝴蝶插销

a) Ⅰ型　b) Ⅱ型

表 18-52　蝴蝶插销的基本尺寸　（单位：mm）

种类	规格尺寸	插板				插座		插杆		材质
		长度	宽度	孔径	孔数	长度	宽度	直径	长度	
Ⅰ型	40	40	35	4	4	15	35	7	55	Q195、Q215、Q235
	50	50	44			20	44	8	75	
Ⅱ型	40	40	29	3.5	4	15	31	6	56.5	
	50	50							67	
	65	65							81.5	
	75	75							91.5	

4. B型插销

(1) 用途 用于木制门窗及橱柜的启闭闩锁。

(2) 规格 型式如图18-52所示，基本尺寸见表18-53。

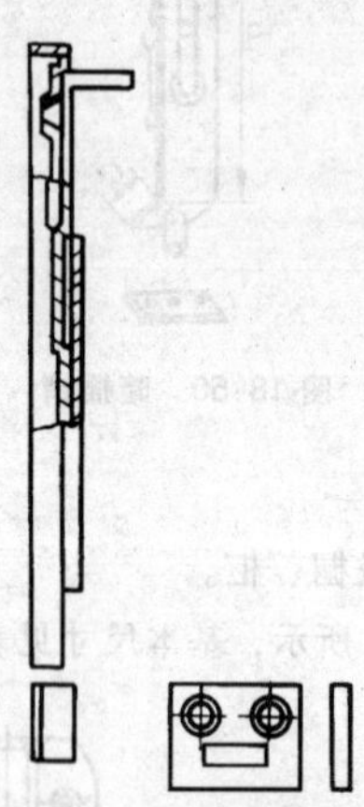

图18-52 B型插销

表18-53 B型插销的基本尺寸 (单位：mm)

规格尺寸	插板长度	插板宽度	配用木螺钉		材质
			直径	数目	
50 100	50 100	13 18	M3 M3.5	4 4	Q195、Q215、Q235

5. 翻窗插销

(1) 用途 适用于住宅、办公室、教室、养蚕室、仓库、工厂等的中悬式或下悬式气窗上，作闩住关闭时的气窗之用。如果气窗位置较高，不便启闭时，可在插销的拉环上系一根绳子，以便在下面用绳子拉动插销，启闭气窗。

(2) 规格 型式如图18-53所示，基本尺寸见表18-54。

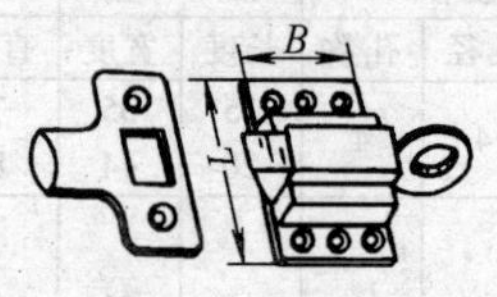

图18-53 翻窗插销

表 18-54 翻窗插销的基本尺寸 （单位：mm）

规格尺寸（长度 L）	本体宽度 B	滑板		销舌伸出长度	配用木螺钉(参考)	
		长度	宽度		直径×长度	数目
50	30	50	43	9	3.5×18	6
60	35	60	46	11	3.5×20	6
70	45	70	48	12	3.5×22	6

注：除弹簧用弹簧钢丝表面发蓝处理外，其余材料均为低碳钢，本体表面喷漆，滑板、销舌表面镀锌。

6. 橱门插销

（1）用途 装于双扇橱门中的一扇橱门（不装锁）的内部，作橱门关闭时固定该扇橱门之用。

（2）规格 型式如图 18-54 所示，基本尺寸见表 18-55。

图 18-54 橱门插销

表 18-55 橱门插销的基本尺寸

长度/mm	材 质	工艺要求
70	低碳钢	表面镀锌

五、拉手

1. 铁管大门拉手

（1）用途 主要用于大门或车船门上，起启闭、保护及装饰作用。

（2）规格 型式如图 18-55 所示，基本尺寸见表 18-56。

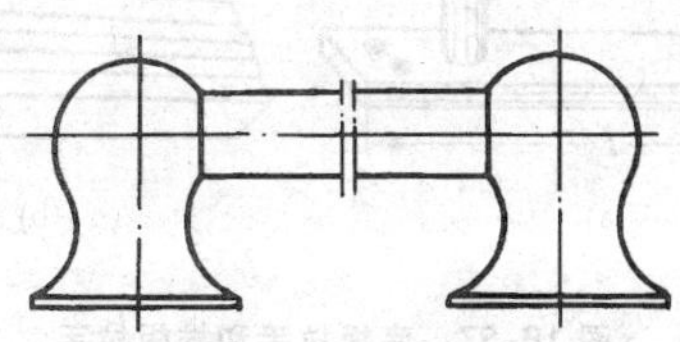

图 18-55 铁管大门拉手

表 18-56 铁管大门拉手的基本尺寸 （单位：mm）

管子尺寸			配用木螺钉(参考值)		材质
长度	外径	管厚	直径×长度	数目	
250、300、350、400、450	25	1.2	M4×25	12	铁管镀铬或 H62
500、550、600、650、700、750、800、850、900、950、1000	32	2			

2. 方柄大门拉手

（1）用途　主要用于大门或车船门上，起启闭、保护及装饰作用。

（2）规格　外形如图 18-56 所示，基本尺寸见表 18-57。

图 18-56 方柄大门拉手

表 18-57 方柄大门拉手的基本尺寸 （单位：mm）

方柄尺寸	配用木螺钉(参考值)		材质
长度	直径×长度	数目	
250、300、350、400、450、500、550	M4×25	4	拉手体采用 Q195；捏手采用 PVC
600、650、700、750、800、850	M5×25		
900、950、1000			

3. 底板拉手、推板拉手

（1）用途　主要用于铝合金门及较大木门等的启闭。

（2）规格　型式如图 18-57 所示，基本尺寸见表 18-58。

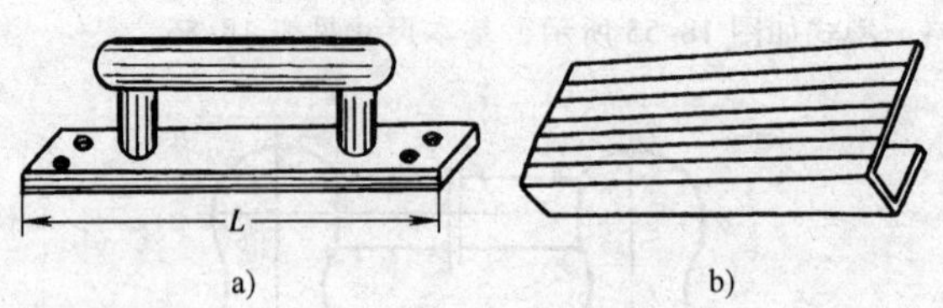

图 18-57 底板拉手和推板拉手

a）底板拉手 b）推板拉手

表 18-58 底板拉手和推板拉手的基本尺寸 （单位：mm）

规格尺寸	底板长	普通式		方柄式		推板式		配用木螺钉（参考值）		材 质
		底板宽	底板高	底板宽	底板高	规格尺寸	螺钉	直径×长度	数目	
150	150	42	6	30	2	—	—	M3.5×25	4	底板拉手采用Q235；推板拉手采用铝合金等
200	200	50	7	40	3	200	M4	M3.5×25	4	
250	250	58	8	50	3	250	M4	M4×25	4	
300	300	66	8	60	4	300	M4	M4×25	4	

4. 不锈钢双管拉手及三排拉手

（1）用途 用于大型门扇，起装饰及保护作用。

（2）规格 外形如图 18-58 所示，基本尺寸见表 18-59。

图 18-58 不锈钢双管拉手及三排拉手

表 18-59 不锈钢双管拉手及三排拉手的基本尺寸 （单位：mm）

种 类	全 长	配用木螺钉		材 质
		直径	数目	
不锈钢双管拉手	500、550、600、650、700、750、800、850	M4	6	1Cr18Ni9Ti[①] 与铝合金（三排拉手用）
三排拉手	600、650、700、750、800、850、900、950、1000	M4	8	

① 为旧牌号。

5. 推挡拉手

（1）用途 通常横向装在进出比较频繁的大门上，作推、拉门扇用，并起保护门上玻璃的作用。

（2）规格 型式如图 18-59 所示，基本尺寸见表 18-60。

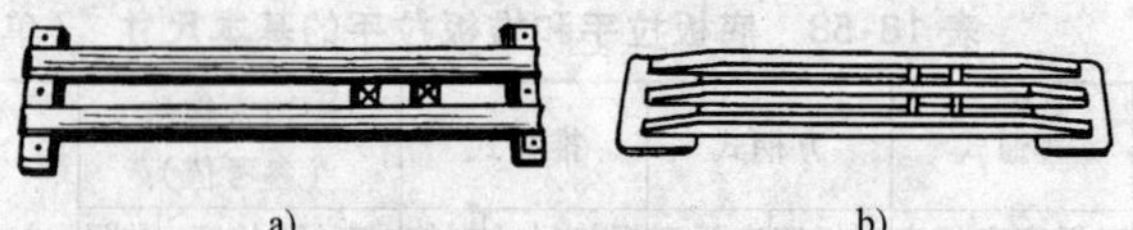

图 18-59　推挡拉手

a）双臂（推挡）拉手　b）三臂（推挡）拉手

表 18-60　推挡拉手的基本尺寸　（单位：mm）

<table>
<tr><td>主要尺寸</td><td>拉手全长(规格)：
双臂拉手—600、650、700、750、800、850
三臂拉手—600、650、700、750、800、850、900、950、1000
底板尺寸(长度×宽度)：120×50</td></tr>
<tr><td colspan="2">每副(2只)拉手附件的品种、规格及数目：
双臂拉手—4×25 镀锌木螺钉,12只；
三臂拉手—6×25 镀锌双头螺栓,4只;M6 铜六角球螺母,8只;6 铜垫圈,8只</td></tr>
</table>

注：拉手材料为铝合金，表面为银白色或古铜色；或为黄铜，表面抛光。

6. 玻璃大门拉手

（1）用途　主要装在商场、酒楼、俱乐部、大厦等的玻璃大门上，作推拉门扇用。其特点是品种较多、造型美观、用料考究。

（2）规格　外形如图 18-60 所示，基本尺寸见表 18-61。

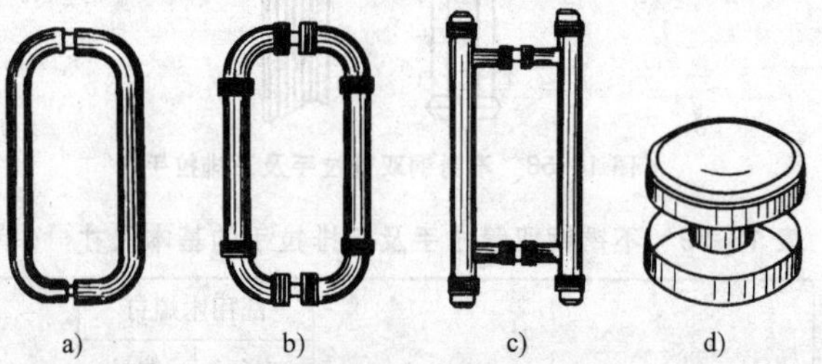

图 18-60　玻璃大门拉手

a）弯管拉手　b）花（弯）管拉手　c）直管拉手　d）圆盘拉手

表 18-61　玻璃大门拉手的基本尺寸

品　种	代　号	规格尺寸/mm	材料及表面处理
弯管拉手	MA113	管子全长×外径：600×51、457×38、457×32、300×32	不锈钢,表面抛光
花(弯)管拉手	MA112 MA123	管子全长×外径：800×51、600×51 600×32、457×38、457×32、350×32	不锈钢,表面抛光,环状花纹表面为金黄色;手柄部分也有用柚木、彩色大理石或有机玻璃制造的

（续）

品 种	代 号	规格尺寸/mm	材料及表面处理
直管拉手	MA104	管子全长×外径：600×51、457×38 457×32、300×32	不锈钢，表面抛光，环状花纹表面为金黄色；手柄部分也有用彩色大理石、柚木制造的
	MA122	管子全长×外径：800×54、600×54 600×42、457×42	
圆盘拉手（太阳拉手）	—	圆盘直径：160、180、200、220	不锈钢、黄铜，表面抛光；铝合金，表面喷塑（白色、红色等）；有机玻璃

六、门窗及其配件

1. 铝合金门窗

铝合金门主要有弹簧门、合页平开门、推拉门、旋转门及自动门。系列有 70 系列弹簧门、70 系列平开门、70 系列推拉门、100 系列弹簧门、90 系列合页平开门、90 系列推拉门、旋转门及声纳微机（红外）自动门等。

（1）弹簧门的基本尺寸（见表 18-62）

表 18-62 弹簧门的基本尺寸

型 号	规格尺寸/mm			备 注
	高度 H_1	高度 H	宽度	
LHM_1—2409	2400	2000	900	1. 门扇下面装有地弹簧，可向内外开启 2. 种类：有轻型、重型；单扇、双扇及四扇 3. H 为带亮子的门高，H_1 为不带亮子的门高
LHM_1—2710	2700	2200	1000	
LHM_2—2415	2400	2000	1500	
LHM_2—2718	2700	2200	1800	
LHM_2—3020	3000	2400	2000	
LHM_4—2730	2700	2200	3000	
LHM_4—2733	2700	2200	3300	
LHM_4—3036	3000	2400	3600	
LHM_4—3462	3600	3000	4200	

（2）推拉门的基本尺寸（见表 18-63）

表 18-63 推拉门的基本尺寸

型 号	规格尺寸/mm			备 注
	高度 H	高度 H_1	宽度	
LTM_2—1818	1800	—	1800	1. 门扇向左右推拉 2. 种类：有轻型、重型；双扇和四扇
LTM_2—2118	2100		1800	
LTM_4—2127	2100		2700	
LTM_4—2130	2100		3000	
LTM_4—2436	2400		3600	
LTM_4—2442	2400		4200	

（续）

型号	规格尺寸/mm			备注
	高度 H	高度 H_1	宽度	
TLM_1	270、300、330	—	180、210	1. 银色及青铜色 2. 抗风能力分级：1600Pa、2000Pa、2400Pa、2800Pa 3. 水密性分级：100Pa、150Pa、200Pa、350Pa、550Pa 4. 气密性分级：120m³/(h·m²)、30m³/(h·m²)、8m³/(h·m²)
TLM_2	270、300、330		300、330、360、390	
TLM_3	270、300、330		270、300、360、420	
TLM_4	270、300、330		450、480、540、600	
TM_1	最大规格尺寸（高×宽）为4000×3000			双扇推拉
TM_2				带上亮的双扇推拉
TM_3				四扇两边固定，中间两扇推拉
TM_4				四扇带上亮，两边扇固定，中间两扇推拉

（3）平开门的基本尺寸（见表18-64）

表18-64 平开门的基本尺寸

型号	规格尺寸/mm			备注
	高度 H	高度 H_1	宽度	
LPM_1—2409	2400	2000	900	1. 门扇向内或向外单方向开启 2. 种类：有轻型、重型；单扇、双扇及四扇
LPM_1—2710	2700	2200	1000	
LPM_2—2415	2400	2000	1500	
LPM_2—3020	3000	2400	2000	
LPM_4—2730	2700	2200	3000	
LPM_4—3036	3000	2400	3600	
LPM_4—3624	3600	3000	4200	
LM_1	2100、2400	—	800、900、1200、1500、1800	1. 设双道密封条，适于有空调的房间 2. 门扇向外开启
PM_1	最大规格尺寸（高×宽）为1800×2700			单扇平开
PM_2				双扇平开
PM_3				带上亮的单扇平开
PM_4				带上亮的双扇平开
LM_6	2100、2400	—	1500、1800、3000、3300、3600	双扇对开弹簧门和两侧带有固定玻璃或带固定上腰头的对开弹簧门
LM_7	2700、3000、3300	—	1500、1800、3000、3300、3600	

(4) 自由门的基本尺寸(见表18-65)

表18-65 自由门的基本尺寸

型号	规格尺寸(高×宽)/mm	备注
LM_1	最大规格不超过2100×3000;组合自由门最小规格为3000×2100,最大规格为6000×3300	单扇
LM_2		双扇
LM_3		带上亮单扇
LM_4		带上亮双扇

(5) 合页门的基本尺寸(见表18-66)

表18-66 合页门的基本尺寸

型号	规格尺寸/mm		备注
	宽度(洞口)	高度(洞口)	
HM_1	150、180	250、270、300	银色及青铜色,性能指标见推拉门$TLM_1 \sim TLM_4$
HM_2	80、90、100	250、270、300	

(6) 感应式自动门的基本尺寸(见表18-67)

表18-67 感应式自动门的基本尺寸

种类	型号	门质量/kg	门宽度/mm	门洞尺寸/mm	电源	功耗/W	手动开门力/N	探测距离/m	探测范围/m	保持时间/s
单扇滑动式	LZM—1	100	760~1200	1520~2400	AC 200V 50Hz	130	35	1~3(可调)	1.5×1.5	0~60(可调)
双扇滑动式	LZM—2	100×2	760~1200	3040~4800	AC 200V 50Hz	130	35	1~3(可调)	1.5×1.5	0~60(可调)
单扇平开式	LZP—1	70	550~1100	550~1100	AC 200V 50Hz	25	20	1.5~3.5	2.0×2.2	0~30(可调)
双扇平开式	LZP—2	70×2	550~1100	1100~2200	AC 200V 50Hz	25	20	1.5~3.5	2.0×2.2	0~30(可调)
自动门	EML—Z EML—V EML—H	—	—	—	—	—	—	—	—	—

(7) 推拉窗的基本尺寸(见表18-68)

表 18-68 推拉窗的基本尺寸

型号	规格尺寸/mm		备注
	高度	宽度	
LTC_2—1518	1509	1800	1. 窗扇沿左右方向推拉启闭 2. 种类：有轻型、重型；单扇、双扇、四扇及带亮子和不带亮子
LTC_2—1821	1800	2100	
LTC_3—1521	1500	2100	
LTC_3—1830	1800	3000	
LTC_3—2136	2100	3600	
LTC_4—1827	1800	2700	
LTC_4—2130	2100	3000	
LTC_4—2136	2100	3600	
LT_1	600、900、1200、1500	900、1200、1500	1. 双扇推拉 2. LT_1 ~ LT_2 规格尺寸为洞口尺寸
LT_2	600、900、1200、1500	1200、1500、1800、2100、2400	1. 一侧固定、单扇推拉 2. 设单道密封条，适用于有空调的房间
LT_3	900、1200、1500	2100、2400、2700、3000	1. 中间固定推拉窗 2. 设单、双道密封条，适用于有空调的房间
LT_5	1500、1800、2100	1200、1500、1800、2100、2400	1. 单固定上腰头的一侧固定单扇推拉窗 2. 设双道密封条，适用于有空调的房间
TL_{101}	90、120、150、180、210	60、90、120、150、160、180	1. 颜色有银白、青铜两种 2. TL_{106} 中 270mm × 240mm、300mm×240mm、360mm×240mm 有中档
TL_{102} TL_{103} TL_{104}	120、150、180、210	180、210、240、270、300	
TL_{105}	240、270、300、360、420	90、120、140、150、160、180	
TL_{106}	270、300、360	180、210、240	
LM_1	80、90、100、110、120	220、230、240、250、260	1. 银白色 2. 性能指标： 抗风能力分级： 1600Pa、2000Pa、2400Pa、2800Pa 水密性分级： 100Pa、150Pa、250Pa、350Pa、550Pa 气密性分级： $120m^3/(h \cdot m^2)$、$30m^3/(h \cdot m^2)$、$8m^3/(h \cdot m^2)$
LM_2	150、170、180、200、210	220、230、240、250、260	
LM_3	150、170、180、200、210	270、300、330、360、390	
LM_4	300、330、360、390	220、230、240、250、260	

（续）

型号	规格尺寸/mm		备注
	高度	宽度	
LM_5	300、330、360、390	270、300、330、360、390	1. 银白色 2. 性能指标： 抗风能力分级： 1600Pa、2000Pa、2400Pa、2800Pa 水密性分级： 100Pa、150Pa、250Pa、350Pa、550Pa 气密性分级： $120m^3/(h\cdot m^2)$、$30m^3/(h\cdot m^2)$、$8m^3/(h\cdot m^2)$
LM_6	330、360、390	270、300、330、360、390	
LM_7	450、480、510、540、570	270、300、330、360、390	
LM_8	390、420、450	270、300、330、360、390	
LM_9	480、570	270、300、330、360、390	1. 银白色 2. 性能指标： 抗风能力分级： 1600Pa、2000Pa、2400Pa、2800Pa 水密性分级： 100Pa、150Pa、250Pa、350Pa、550Pa 气密性分级： $120m^3/(h\cdot m^2)$、$30m^3/(h\cdot m^2)$、$8m^3/(h\cdot m^2)$
LM_{10}	510、540、570	270、300、330、360、390	
LM_{11}	450、480、510、540	270、300、330、360、390	
LM_{12}	80、90、100、110、120	240、270、300、330、360	
T_1	最大规格尺寸（高×宽）为4000×2400		双扇推拉
T_2			三扇推拉
T_3			四扇两边固定、中间两扇推拉
T_4			带上亮的双扇推拉
T_5			带上亮的三扇推拉
T_6			四扇的带上亮、两边扇固定，中间两扇推拉
T_7			带上亮和中间固定扇的三扇推拉

注：规格尺寸为洞口尺寸。

（8）平开窗的基本尺寸（见表18-69）

表18-69 平开窗的基本尺寸

型号	规格尺寸/mm		备注
	宽度	高度	
LP_1	600、1200、1500	600、900、1200、1500	1. 设双道密封条，适用于有空调的房间 2. 可根据需要配铝合金窗纱
LP_2	1200、1500、1800、2100、2400	600、900、1200、1500	1. 设双道密封，适用于有空调的房间 2. 一侧为固定窗

（续）

型　号	规格尺寸/mm		备　注
	宽　度	高　度	
LP_3	1800、2100、2400、2700、3000	600、900、1200、1500	1. 设双道密封条，适用于有空调的房间 2. 中间为固定扇，可配铝合金窗纱
LP_4	600、1200、1500	1800、2100、2400	1. 带固定上梁 2. 设双道密封条，适用于有空调的房间 3. 可根据需要配铝合金窗纱
PK_1	900、1200	900、1200、1500	1. 银白色 2. 性能指标：抗风能力分级：1600Pa、2000Pa、2400Pa、2800Pa 水密性分级：100Pa、150Pa、250Pa、350Pa、550Pa 气密性分级：$120m^3/(h \cdot m^2)$、$30m^3/(h \cdot m^2)$、$8m^3/(h \cdot m^2)$
PK_2	1200、1500、1800	900、1200、1500	
PK_3	900、1200	1500、1500、1800	
PK_4	1200、1500、1800	1500、1800、2100	
PK_5	1800、2100、2400	900、1200、1500	
PK_6	1800、2100、2400	1500、1800、2100	
P_1	最大尺寸（宽×高）为2100×2000		单扇平开
P_2			双扇平开
P_3			三扇平开，中间扇固定
P_4			带上亮的单扇平开
P_5			带下亮的单扇平开
P_6			带上亮的双扇平开
P_7			带下亮的双扇平开
P_8			带上亮的三扇平开，中间扇固定
P_9			带下亮的三扇平开，中间扇固定

注：规格尺寸为洞口尺寸。

（9）滑撑窗的基本尺寸（见表18-70）

表18-70　滑撑窗的基本尺寸

型　号	规格尺寸/mm		备　注
	宽　度	高　度	
LC_1	600、1200、1500	600、900、1200、1500	1. 设双道密封条，适于用有空调的房间 2. 便于擦拭玻璃，但不能装窗纱
LC_2	1200、1500、1800、2100、2400	600、900、1200、1500	1. 一侧固定滑撑窗 2. 设双道密封条，适用于有空调的房间 3. 便于擦拭玻璃，但不能装窗纱

（续）

型　　号	规格尺寸/mm		备　　注
	宽　　度	高　　度	
LC_3	1800、2100、2400、2700、3000	600、900、1200、1500	1. 中间固定滑撑窗 2. 设双道密封条，适用于有空调的房间 3. 便于擦拭玻璃，但不能装窗纱
LC_5	1200、1500、1800、2100、2400	1800、2100、2400	1. 带固定上腰头的一侧固定滑撑窗 2. 设双道密封条，适用于有空调的房间 3. 便于擦拭玻璃，但不能装窗纱
$PKⅡ_{101}$	900、1200、1500	900、1200、1400、1500、1600、1800	1. 银白色 2. 性能指标： 抗风压能力分级： 1600Pa、2000Pa、2400Pa、2800Pa 气密性分级： $120m^3/(h·m^2)$、$30m^3/(h·m^2)$、$8m^3/(h·m^2)$、$2m^3/(h·m^2)$ 水密性分级： 100Pa、150Pa、250Pa、350Pa、500Pa 3. 为滑撑平开窗，用日本型材加工
$PKⅡ_{102}$	900、1200、1500	1500、1600、1800、2100、2400	
$PKⅡ_{103}$	1200、1500、1800、2100	900、1200、1400、1500、1600、1800	
$PKⅡ_{104}$	1200、1500、1800	1500、1600、1800、2100、2400	
$PKⅡ_{105}$	1800、2100、2400、3000	900、1200、1400、1500、1600、1800	

注：规格尺寸为洞口尺寸。

（10）平推拉窗的基本尺寸（见表 18-71）

表 18-71　平推拉窗的基本尺寸　　（单位：mm）

型　　号	规格尺寸		备　　注
	宽　　度	高　　度	
BTL_{101}	900、1200、1500、1800、2100	600、900、1200、1500、1600、1800	1. 使用日本型材 2. 颜色为银白和青铜色两种，可带或不带纱窗 3. 在 BTL_{102} 中，1500×2400、1800×2400、2100×2400、1500×2700、1800×2700、2100×2700、1800×3000、2100×3000 有中档 4. 在 BTL_{105} 中，3000×1600、3600×1600、4200×1600、3000×1800、3600×1800、4200×1800 有中档 5. 在 BTL_{106} 中，2700×2400、3000×2400、3600×2400 有中档
BTL_{102}	1200、1500、1800、2100	1800、2100、2400、2700、3000	
BTL_{103}	1800、2100、2400	1800、2100	
BTL_{104}	1800、2100、2400	1800、2100	
BTL_{105}	1800、2100、2400	1800、2100	
BTL_{106}	2700、3000、3600	2800、2100、2400	

注：规格尺寸为洞口尺寸。

（11）横轴回转窗、竖轴回转窗、内侧窗与外翻窗、固定窗、门连窗基本尺寸（见表 18-72）

表 18-72 横轴回转窗、竖轴回转窗、内侧窗与外翻窗、固定窗及门连窗基本尺寸

<table>
<tr><th rowspan="2">型　号</th><th colspan="2">规格尺寸/mm</th><th rowspan="2">备　注</th></tr>
<tr><th>宽　度</th><th>高　度</th></tr>
<tr><td>横轴回转窗
C_{101}</td><td>1200、1500</td><td>2100、2400、2700、3000</td><td rowspan="6">1. 使用日本型材
2. 颜色有银白色、青铜色两种
3. 技术性能指标见推拉窗
耐风压强度：
2000~2400Pa
气密性：
$8m^3/h\cdot m^2$ 以下
水密性：
350Pa 以上
隔声性：
22~23dB(A)(125~4000Hz;5mm 玻璃)</td></tr>
<tr><td>竖轴回转窗
C_{102}</td><td>1500、1800、2100</td><td>1200、1500、1800</td></tr>
<tr><td>内侧窗
C_{103}</td><td>1200、1500、1800、2100</td><td>600、900</td></tr>
<tr><td>外翻窗
C_{104}</td><td>1200、1500、1800、2100</td><td>600、900</td></tr>
<tr><td>固定窗
GD_1</td><td>2400、2700、3000</td><td>2100、2400</td></tr>
<tr><td>门连窗
HMC</td><td>2400、2700、3000、3300</td><td>2500、2700、3000</td></tr>
</table>

注：规格尺寸为洞口尺寸。

（12）内倾窗与内倾内开窗基本尺寸（见表 18-73）

表 18-73 内倾窗与内倾内开窗基本尺寸

<table>
<tr><th colspan="2">型　号</th><th>规格尺寸(宽×高)/
mm×mm(最大规格)</th><th>备　注</th></tr>
<tr><td rowspan="5">内倾窗</td><td>Q_1</td><td rowspan="5">1600×1600</td><td>单扇</td></tr>
<tr><td>Q_2</td><td>双扇</td></tr>
<tr><td>Q_3</td><td>带下亮单扇</td></tr>
<tr><td>Q_4</td><td>带下亮双扇</td></tr>
<tr><td>Q_5</td><td>双扇带下亮和固定扇的单扇内倾</td></tr>
<tr><td rowspan="2">内倾内开窗</td><td>QK_1</td><td rowspan="2">1500×2000</td><td>单扇内倾内开</td></tr>
<tr><td>QK_2</td><td>双扇,一扇固定,一扇倾开</td></tr>
</table>

2. 窗钩（QB/T 1106—1991）

（1）用途　装在门、窗上，用来钩住开启的门、窗，防止被风吹动；此外，也可用作搁板的支架。

（2）规格　外形如图 18-61 所示，分为普通型（P 型）和粗型（C 型）两种。基本尺寸见表 18-74。

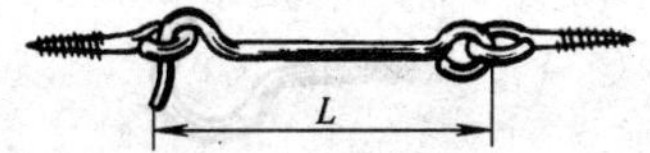

图 18-61　窗钩

表 18-74　窗钩的基本尺寸　（单位：mm）

钩子长度 L		40	50	65	75	100	125	150	200	250	300
钢丝直径	普通	2.5	2.5	2.5	3.2	3.2	4	4	4.5	5	5
	粗型	—	—	—	4	4	4.5	4.5	5	—	—
羊眼外径	普通	10	10	10	12	12	15	15	17	18.5	18.5
	粗型	—	—	—	15	15	17	17	18.5	—	—

注：窗钩材料为低碳钢，表面镀锌或涂漆。

3. 羊眼圈

（1）用途　供吊挂物件用，以及装在橱、柜、抽屉等上面，供上挂锁用。

（2）规格　外形如图 18-62 所示，基本尺寸见表 18-75。

图 18-62　羊眼圈

表 18-75　羊眼圈的基本尺寸　（单位：mm）

号码	主要尺寸			号码	主要尺寸		
	直　径	圈外径	全　长		直　径	圈外径	全　长
1	1.6	9	20	9	4.0	18	39
2	1.8	10	22	10	4.2	19	41
3	2.2	11	24	11	4.5	20	43
4	2.5	12	26	12	5.0	21	46
5	2.8	13	28	13	5.2	22	49
6	3.2	14	31	14	5.5	24	52
7	3.5	15	34	16	6.0	26	58
8	3.8	17	37	18	6.5	28	64

注：羊眼圈材料为低碳钢，表面镀锌或镀镍。

4. 灯钩

（1）用途　吊挂物件用。

（2）规格　外形如图 18-63 所示，基本尺寸见表 18-76。

图 18-63　灯钩

表 18-76　灯钩的基本尺寸　　（单位：mm）

普通灯钩								特殊灯钩			
号码	主要尺寸			号码	主要尺寸			规格	主要尺寸		
	直径	圈外径	全长		直径	圈外径	全长		直径	圈内径	全长
2	2.2	12	30	9	4.2	23	65	28	2.6	10	28
3	2.5	13	35	10	4.5	25	70	40	2.8	12	40
4	2.8	14	40	12	5.0	30	80	50	3.4	19	50
5	3.2	15	45	14	5.5	35	90	60	3.4	22.5	60
6	3.5	17	50	16	6.0	40	105	70	4.0	25	70
7	3.8	19	55	18	6.5	45	110	65	5.0	23	65
8	4.0	21	60								

注：灯钩材料为低碳钢，表面镀锌或镀镍。

5. 窗帘轨

（1）用途　按轨道断面形状分方形（又称U型窗帘轨）和圆形（又称C型窗帘轨）两种；按轨道长度可否调节分固定式（不可以调节）和调节式（可以调节）两种。装于窗扇上部作吊挂窗帘用，拉动一侧拉绳即可移动窗帘，使之全部展开，或向一侧移动（固定式）或两侧移动（调节式）。

（2）规格　外形如图 18-64 所示，基本尺寸见表 18-77。

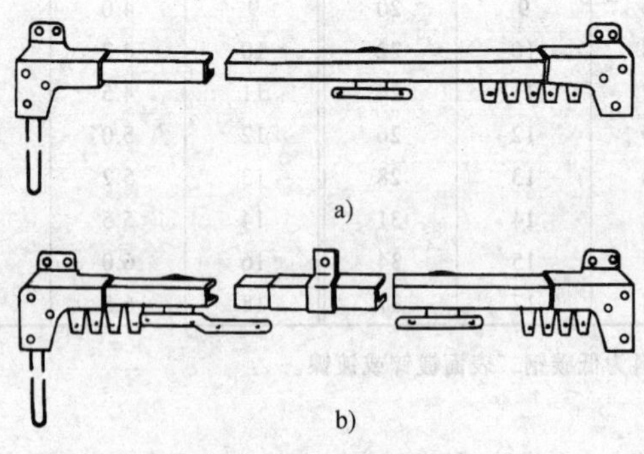

图 18-64　窗帘轨

a）固定式　b）调节式

表 18-77 窗帘轨的基本尺寸

品 种	规格、轨道长度及安装距离/m	材质
固定式窗帘轨	规格尺寸:1.2、1.6、1.8、2.1、2.4、2.8、3.2、3.5、3.8、4.2、4.5 轨道长度:规格尺寸+0.05	铝合金
调节式窗帘轨	规格/安装距离:1.5/(1.0~1.8)、1.8/(1.2~2.2)、2.4/(1.9~2.6)	

6. 圆形窗帘管及套耳

(1) 用途 套耳套在窗帘管两端，装于窗或门的上方，作吊挂窗帘或门帘用。单管套耳只配一根窗帘管，双管套耳则配两根窗帘管。

(2) 规格 外形如图 18-65 所示，基本尺寸见表 18-78。

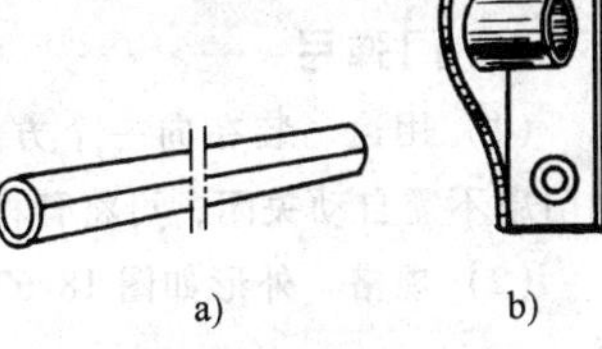

图 18-65 圆形窗帘管及套耳

a) 圆形窗帘管 b) 套耳

7. 建筑用闭门器

(1) 用途 用于一般工业和民用建筑。

(2) 规格 外形示意如图 18-66 所示，关闭能力和适用范围见表 18-79。

表 18-78 圆形窗帘管及套耳的基本尺寸

品 种	外径 (mm)	壁厚 (mm)	长度/m	制造材料
圆形窗帘管	10	1.0	1.0、1.2、1.4、1.6、1.8、2.0、2.5、3.0	有缝低碳钢管,表面镀锌或镀铬
	13	1.0	1.4、1.6、1.8、2.0、2.2、2.5	
	16	1.0	2.0、3.0	
品 种			规格尺寸(适用窗帘管外径)/mm	制造材料
半铜圆形窗帘管套耳	单管		10、13、16	套耳为黄铜,其他零件为低碳钢表面镀黄铜
	双管		10×13	
塑料圆形窗帘管套耳	单管		10、13	聚乙烯
	双管		10×10、13×13	

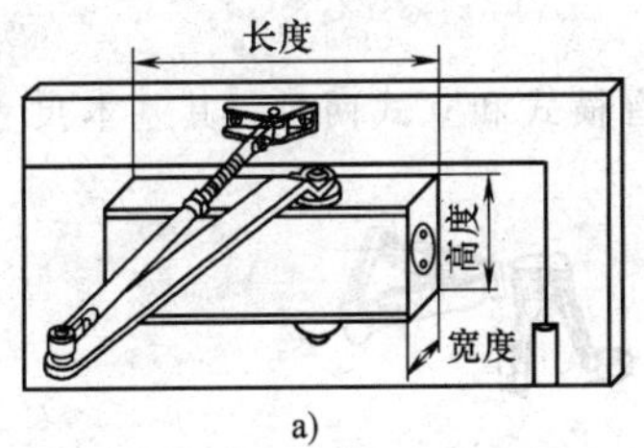

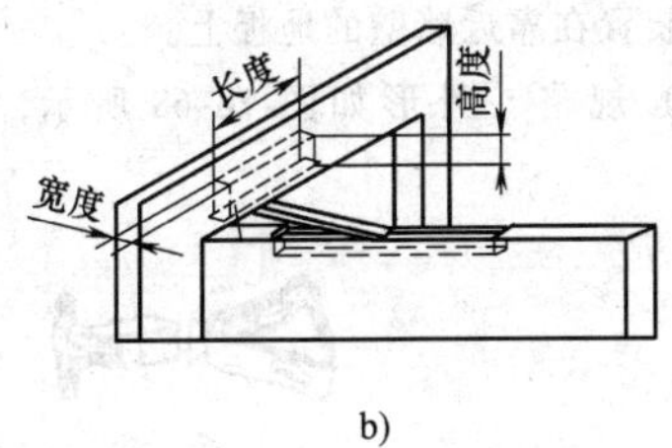

图 18-66 闭门器示意

a) 外露式闭门器 b) 隐藏式闭门器

表 18-79 建筑用闭门器的关闭能力要求和适用情况

关闭能力级别代号	0°~4°最大关闭力矩/N·m		0°~90°最小关闭力矩/N·m	机械效率(%)			适用最大门扇质量/kg	适用门扇宽度范围/mm
				A类	B类	C类		
1	>5	≤10	≥2	≥50	≥40		30	650~800
2	>10	≤16	≥3	≥50	≥40		45	750~900
3	>16	≤24	≥4	≥55	≥45		65	850~1000
4	>24	≤36	≥6	≥60	≥50		85	950~1100
5	>36	≤52	≥8	≥65	≥55		120	1050~1250
6	>52	≤80	≥11	≥65	≥55		150	1200~1500

8. 门弹弓

（1）用途 装在向一个方向开启的门扇中部，使门扇在开启后能自动关闭。如门扇不需自动关闭，可将臂梗垂直放下。

（2）规格 外形如图 18-67 所示，基本尺寸见表 18-80。

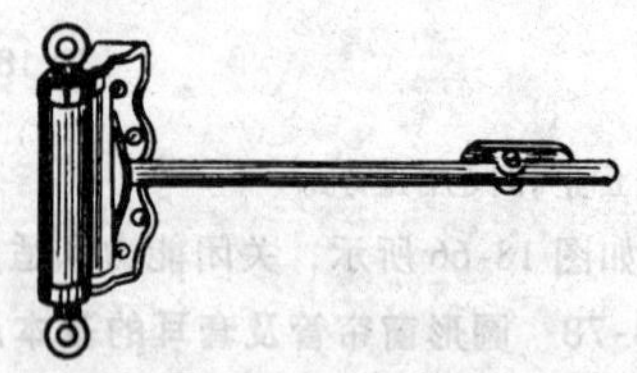

图 18-67 门弹弓

表 18-80 门弹弓的基本尺寸

公称规格/mm		200	250	300	400	450
臂梗长度/mm		202	254	304	406	456
合页页片长度/mm		88			152	
附木螺钉	(直径/mm)×(长度/mm)	3.5×25			4×30	
	数目	6				

9. 门轧头

（1）用途 用来固定开启的门扇。横式的底座装置在墙壁或踢脚板上；立式的底座装置在靠近墙壁的地板上。

（2）规格 外形如图 18-68 所示，有横式和立式两种，其基本尺寸见表 18-81。

a) b)

图 18-68 门轧头

a）横式（踢脚板式） b）立式（落地式）

表 18-81 门轧头的基本尺寸 (单位：mm)

型式(型号)		横式(901型)			立式(902型)		
主要尺寸	零件名称	长度	宽度	高度	长度	宽度	高度
	弹性轧头	53	56	18	53	56	18
	楔形头底座	58	75	30	48	48	40
附木螺钉的数目及其直径×长度		弹性轧头:2只,4×25盘头木螺钉 楔形头底座:4只,3.5×20沉头木螺钉					

注：弹性轧头制造材料为弹簧钢；底座制造材料为低碳钢或灰铸铁。

10. 磁性门吸

(1) 用途 利用磁性用来吸住开启后的门扇，使之固定不动。吸盘座安装在门扇下部；球形磁性底座，横式安装在墙壁的踢脚板上，立式安装在靠近墙壁的地面上。

(2) 规格 外形如图 18-69 所示，基本尺寸见表 18-82。

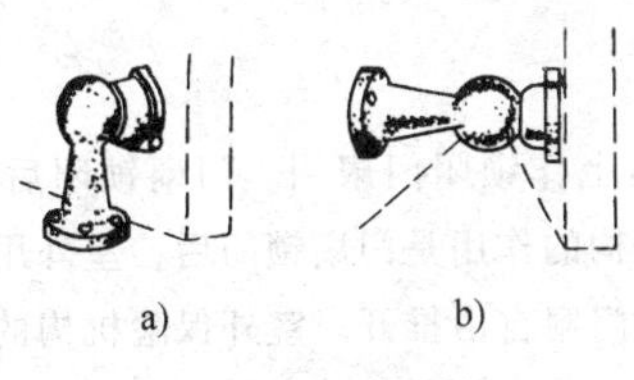

a) b)

图 18-69 磁性门吸

a) 立式安装 b) 横式安装

表 18-82 磁性门吸的基本尺寸 (单位：mm)

主要尺寸	底座高度	底座直径	球体直径	吸盘座直径	总 长
	77	55	36	52	90
配圆头木螺钉的数目及其直径×长度:7只,3.5×18					

注：底座和吸盘座制造材料为 ABS 塑料，吸盘制造材料为低碳钢。

11. 磁性门制

(1) 用途 装在橱门上，利用磁性原理吸住关闭的橱门，使之不能自行开启。

(2) 规格 外形如图 18-70 所示，基本尺寸见表 18-83。

图 18-70 磁性门制

表 18-83 磁性门制的基本尺寸 （单位：mm）

型号	A型	B型	C型
底座长度×宽度	56×17.5	45×15	32×15
配用木螺钉规格尺寸（直径×长度）（参考）		3×16	

12. 碰珠

（1）用途 一般装在橱门下部，利用底座中的钢球（下面有弹簧顶住）嵌在关闭的橱门下部的扣板中，使之不能自由开启。如需开门，只要轻轻用力（超过弹簧顶住钢球之力）拉门即可。

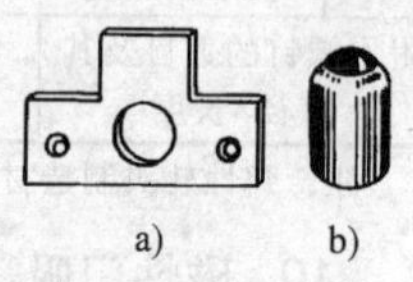

图 18-71 碰珠
a）扣板 b）底座

（2）规格 外形如图 18-71 所示，其钢球直径：6mm、8mm、10mm。底座外壳和扣板材料为低碳钢，表面镀锌。

七、锁具

1. 弹子复锁

（1）用途 装在门扇上作锁闭门扇用。门扇锁闭后，室内用执手开启，室外用钥匙开启。室内保险机构的作用是门扇锁闭后，室外用钥匙也无法开启；或将锁舌保险在锁体内后，可使门扇自由推开。室外保险机构的作用是门扇锁闭后，室内用执手也无法开启。锁舌保险机构的作用是门扇锁闭后，锁舌即不能自由伸缩，阻止室外用异物拨动锁舌的方法开启门扇。具有锁体防卸性能的锁，门扇锁闭后，室内无法把锁体从门扇上拆卸下来。带拉环的锁，可以利用拉环推、拉门扇，门扇上可不另装拉手。带安全链的锁，可以利用安全链使门扇只能开启一个微小角度，阻止陌生人利用开门机会突然闯入室内。销式锁，室外无法用异物撬开锁舌，这种锁特别适用于移门上。一般锁都配以锁横头，适用于内开门上；如用于外开门上，应将锁横头换成锁扣板（锁扣板需另外购买）。

（2）规格 外形如图 18-72 所示，基本参数见表 18-84。

表 18-84 弹子复锁的基本参数

型号	零件材料			保险机构			防卸性能	锁体尺寸/mm					适用门厚/mm
	锁体	锁舌	钥匙	室内	室外	锁舌		锁头中心距	宽度	高度	厚度	锁舌伸出长度	
（1）普通弹子门锁													
6141	铁	铜	铝	有	无	无	无	60	90.5	65	27	13	35~55
（2）双保险弹子门锁[①]													
1939—1	铁	铜	铜	有	有	无	无	60	90.5	65	27	13	35~55
6140A	铁	铜	铜	有	有	无	无	60	90	60	25	15	38~58
6140B	铁	锌	铝	有	有	无	无	60	90	60	25	15	38~58
6152	铁	锌	铝	有	有	无	无	60	90.5	65	27	13	35~55

（续）

型号	零件材料			保险机构			防御性能	锁体尺寸/mm					适用门厚/mm
	锁体	锁舌	钥匙	室内	室外	锁舌		锁头中心距	宽度	高度	厚度	锁舌伸出长度	
(3) 三保险弹子门锁②													
6162—1	钢	铜	铜	有	有	有	有	60	90	70	29	17	35~55
6162—1A	钢	铜	铜	有	有	有	有	60	90	70	29	17	35~55
6162—2	钢	铜	铜	有	有	有	有	60	90	70	29	17	35~55
6163	锌	铜	铜	有	有	有	有	60	90	70	29	17	35~55
(4) 销式弹子门锁													
6699	锌	锌	铜	无	无	有	无	60	100	64.8	25.3	—	35~55

注：零件材料栏中：铁—灰铸铁；铜—铜合金；铝—铝合金；锌—锌合金；钢—低碳钢。

① 双保险弹子门锁，当门锁闭后和室外保险机构起作用时，尚具有锁舌保险机构作用。

② 6162—1A 型、6163 型锁，锁头上带有拉环。6162—2 型锁，锁体上带有安全链。

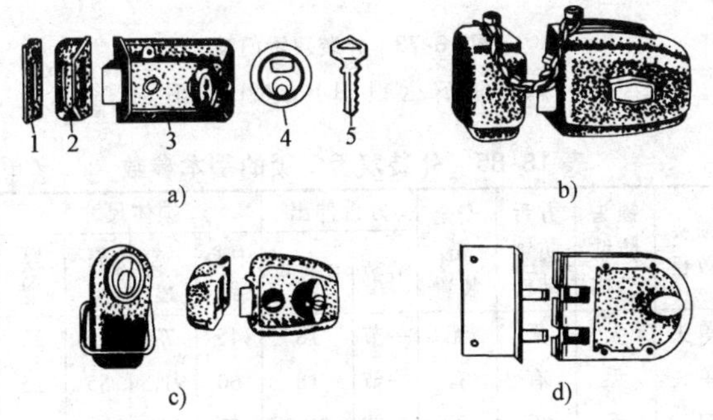

图 18-72 弹子复锁

a）6140A 型锁 b）6162-2 型锁 c）6162-1A 型锁 d）6699 型锁

1—锁扣板 2—锁横头 3—锁体 4—锁头 5—钥匙

2. 外装双舌门锁

(1) 用途 装在门扇上作锁门用。门扇锁闭后，单（锁）头锁，室内用执手开启，室外用钥匙开启；双（锁）头锁，室内外均用钥匙开启。这类锁一般都具室内保险机构、室外保险机构和锁体防御性能。锁的方舌在门扇锁闭后即起锁舌保险作用。有些锁还带有安全链装置；或把方锁舌制成双开（复开）或三开形式，即用钥匙在锁头中旋转两次或三次后，可使锁舌伸出锁体外面两节或三节长度（但开启时，须要把钥匙在锁头中相反方向旋转两次或三次后，才能使方锁舌完全缩进锁体内）；或具有锁头防钻、方锁舌防锯等结构，以增强锁的安全性能。带有执手的锁（6669、6669L、6692等型），可利用斜锁舌关门防风（这时需将方锁舌完全缩进锁体内），室内外均可利用旋转执手，操纵斜舌来启闭门扇。

（2）规格　外形如图18-73所示，基本参数见表18-85。

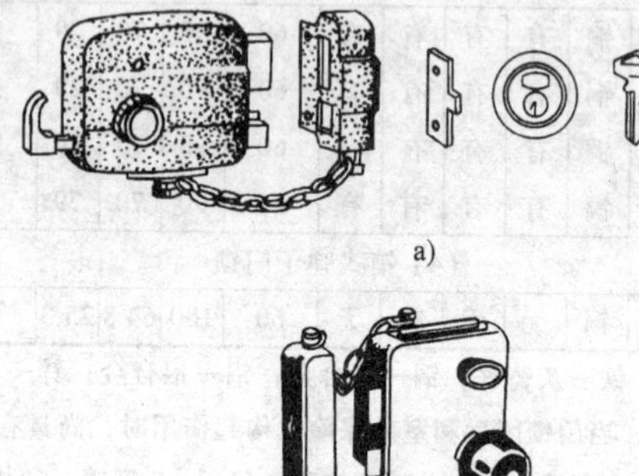

图18-73　外装双舌门锁

a）6687C型锁　b）6669L型锁

表18-85　外装双舌门锁的基本参数　（单位：mm）

型　号	锁头数目	锁头防钻结构	方舌防锯结构	安全链装置	方舌伸出		锁体尺寸				适用门厚
					节数	总长度	中心距	宽度	高度	厚度	
6669	单头	无	无	无	一节	18	45	77	55	25	35~55
6669L	单头	无	有	有	一节	18	60	91.5	55	25	35~55
6682	双头	无	无	无	三节	31.5	60	120	96	26	35~50
6685	单头	有	有	无	两节	25	60	100	80	26	35~55
6685C	单头	有	有	有	两节	25	60	100	80	26	35~55
6687	单头	有	有	无	两节	25	60	100	80	26	35~55
6687C	单头	有	有	有	两节	25	60	100	80	26	35~55
6688	双头	无	无	无	两节	25	60	100	80	26	35~60
6690	单头	无	有	无	两节	22	60	95	84	30	35~55
6690A	双头	无	有	有	两节	22	60	95	84	30	35~55
6692	双头	无	有	无	两节	22	60	95	84	30	35~55

注：制造材料：锁体、安全链—低碳钢；锁舌、钥匙—铜合金。

3. 单呆舌弹子大门锁

（1）用途　装在门上用于锁门。单（锁）头锁，室外用钥匙，室内用旋钮开启，多用于走廊上的门；双（锁）头锁，室内外均须用钥匙开启，多用于外大门。一般门选用平口锁，企口门选用企口锁，圆口门及弹簧门选用圆口锁。

（2）规格 外形如图 18-74 所示，基本尺寸见表 18-86。

图 18-74 9412 型（平口式）单呆舌弹子大门锁

表 18-86 单呆舌弹子大门锁的基本尺寸

锁体类型	型号		锁面板形状	锁头中心距/mm	锁体尺寸/mm			适用门厚/mm
	单头锁	双头锁			宽度	高度	厚度	
中型	9411	9412	平口式	56	78	73	19	38~45
	9413	9414	左企口式					
	9415	9416	右企口式					
	9417	9418	圆口式	56.7	78.7	73	19	38~45

4. 弹子执手插锁

（1）用途 装在门上锁门及防风用。单舌锁（9421~9425 型）将上短按钮揿进后，室内外均可用执手开启；将下长按钮揿进后，室内仍用执手开启，室外则须用钥匙开启。9427 型为上下拨移拨柱式，使用方法与其他相似。双舌锁的斜活舌，室内外均用执手开启；单头锁方呆舌，室内用旋钮开启，室外用钥匙开启；双头锁方呆头，室内外均须用钥匙开启。一般门上选用平口锁，企口门上应选用企口锁。

（2）规格 外形如图 18-75 所示，基本尺寸见表 18-87。

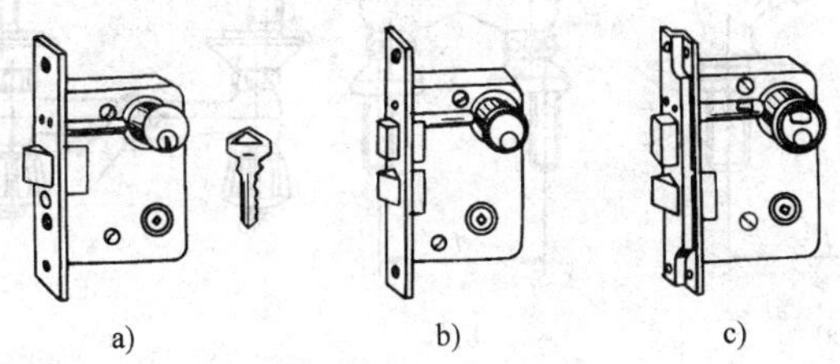

a) b) c)

图 18-75 弹子执手插锁

a）单舌平口式（9421 型） b）双舌平口式 c）双舌右企口式

表 18-87　弹子执手插锁的基本尺寸

<table>
<tr><th colspan="2">类　型</th><th colspan="2">型　号</th><th rowspan="2">锁面板形状</th><th rowspan="2">锁头中心距</th><th colspan="3">锁体尺寸/mm</th><th rowspan="2">适用门厚/mm</th></tr>
<tr><th>锁舌</th><th>锁体</th><th>单头锁</th><th>双头锁</th><th>宽度</th><th>高度</th><th>厚度</th></tr>
<tr><td rowspan="2">单舌锁</td><td rowspan="2">中型</td><td>9421
9423
9425</td><td>—
—
—</td><td>平口式
左企口式
右企口式</td><td>56</td><td>78</td><td>110</td><td>19</td><td>38~45</td></tr>
<tr><td>9427</td><td>—</td><td>平口式</td><td>50</td><td>78</td><td>110</td><td>15</td><td>38~50</td></tr>
<tr><td rowspan="2">双舌锁</td><td>狭型</td><td>9141</td><td>—</td><td>平口式</td><td>44</td><td>63.5</td><td>105</td><td>13.5</td><td>35~50</td></tr>
<tr><td>中型</td><td>9441
9443
9445</td><td>9442
9444
9446</td><td>平口式
左企口式
右企口式</td><td>56</td><td>78</td><td>126</td><td>19</td><td>38~45</td></tr>
</table>

注：各种锁配的执手形状有 A、B、J、S 型四种（其中 9141 型锁配用 S 型执手，9427 型锁配专用带复板的弯执手）；双舌单头锁配的旋钮形状有 A、B 型两种，选用时须与执手形状相适应（J 和 S 型执手上附有旋钮，不须另配旋钮）。

八、卫生洁具配件

1. 混合水嘴

（1）用途　装在浴缸上，用以开关冷、热水。

（2）规格　外形如图 18-76 所示，基本尺寸见表 18-88。

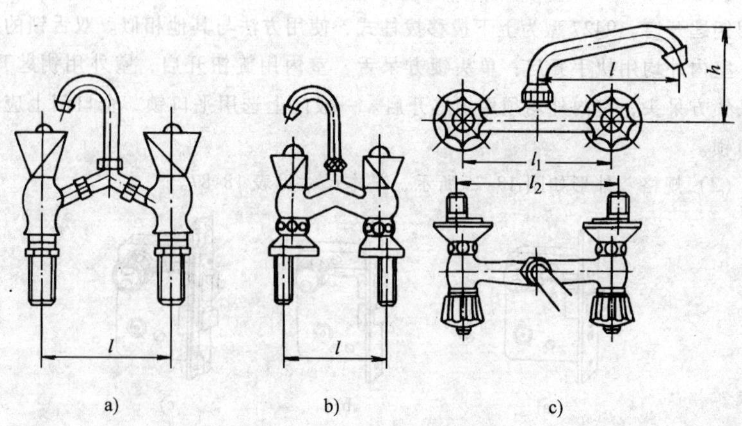

图 18-76　混合水嘴

a）台式混合水嘴Ⅰ型　b）台式混合水嘴Ⅱ型　c）壁式混合水嘴

表 18-88　混合水嘴的基本尺寸

名　　称	公称通径 /mm	管螺纹规格尺寸/in	l /mm	l_1 /mm	l_2 /mm	h /mm	特　　点
台式混合水嘴（Ⅰ型）	—	—	215～250	—	—	—	可在 360°范围内旋转
台式混合水嘴（Ⅱ型）	15	Rp $\frac{1}{2}$	127～185	—	—	—	
壁式混合水嘴	—	—	155	153	143～163	116	可在 180°范围内旋转

注：1in = 25.4mm。

2. 肘式水嘴

外形如图 18-77 所示，基本尺寸见表 18-89。

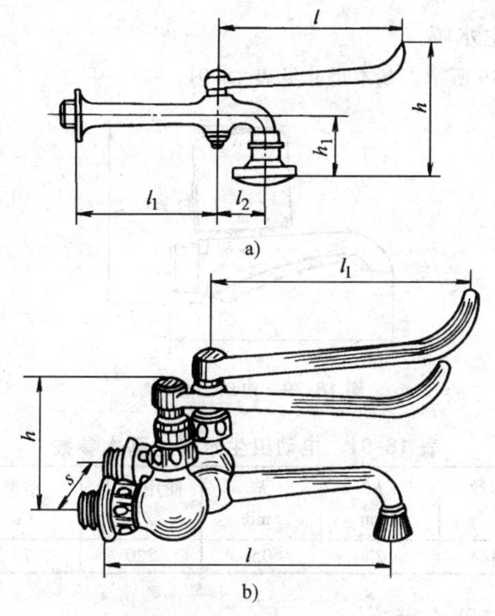

图 18-77　肘式水嘴

a）单肘水嘴　b）双肘水嘴

表 18-89　肘式水嘴的基本尺寸

名　　称	公称通径 /mm	管螺纹规格尺寸/in	l/mm	l_1/mm	l_2/mm	h/mm	h_1/mm	s/mm
单肘水嘴	20	Rp3/4	200	150	50	140	65	—
双肘水嘴	15	Rp1/2	209	270	—	76	—	76
肘式充气水嘴	15	Rp1/2	200	180	—	36.5	—	—

3. 卫生水嘴

外形如图 18-78 所示，基本尺寸见表 18-90。

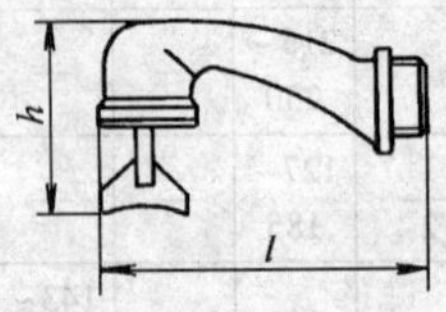

图 18-78 卫生水嘴

表 18-90 卫生水嘴的基本尺寸

公称通径/mm	管螺纹规格尺寸/in	l/mm	h/mm
15	Rp1/2	100	55

4. 电动卫生水嘴

外形如图 18-79 所示，基本尺寸见表 18-91。

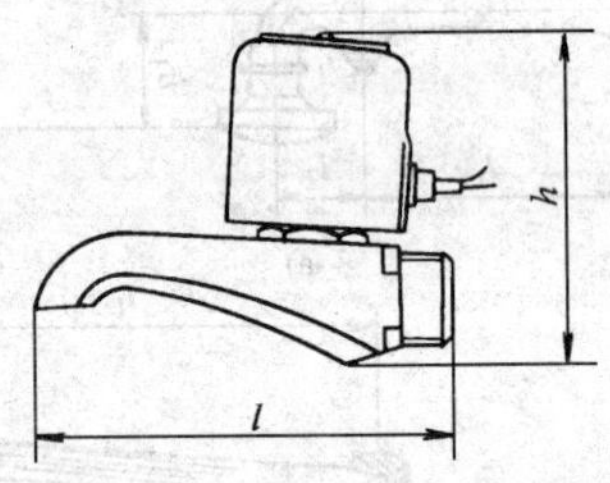

图 18-79 电动卫生水嘴

表 18-91 电动卫生水嘴的基本参数

公称通径/mm	管螺纹/in	l/mm	h/mm	使用电压/V	功率/W	交流频率/Hz
20	Rp3/4	123	95	220	14	50

5. 洗面器单联水嘴

（1）用途 Ⅰ～Ⅳ型用螺旋升降实现水量的调节；Ⅴ型为弹簧手压式；Ⅵ型龙头可转动，主要装在陶瓷洗面盆上，连接冷热水管路。

（2）规格 外形如图 18-80 所示，基本参数见表 18-92。

表 18-92 洗面器单联水嘴的基本参数

型号	公称通径/mm	管螺纹规格尺寸/in	公称压力/MPa	使用温度/°C
Ⅰ型	15	Rp1/2	0.6	≤100
Ⅱ型				

（续）

型号	公称通径/mm	管螺纹规格尺寸/in	公称压力/MPa	使用温度/°C
Ⅲ型	15	Rp1/2	0.6	≤100
Ⅳ型				
Ⅴ型				
Ⅵ型				

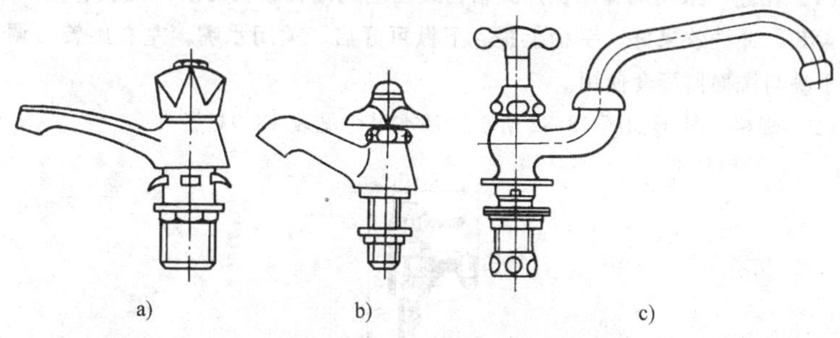

图 18-80 洗面器单联水嘴

a）Ⅰ型 b）Ⅱ型 c）Ⅲ型

6. 洗面器双联水嘴及混合水嘴

（1）用途 采用螺旋升降结构，并带有安装提升杆的通孔，便于安装和调温。

（2）规格 外形如图 18-81 所示，基本尺寸见表 18-93。

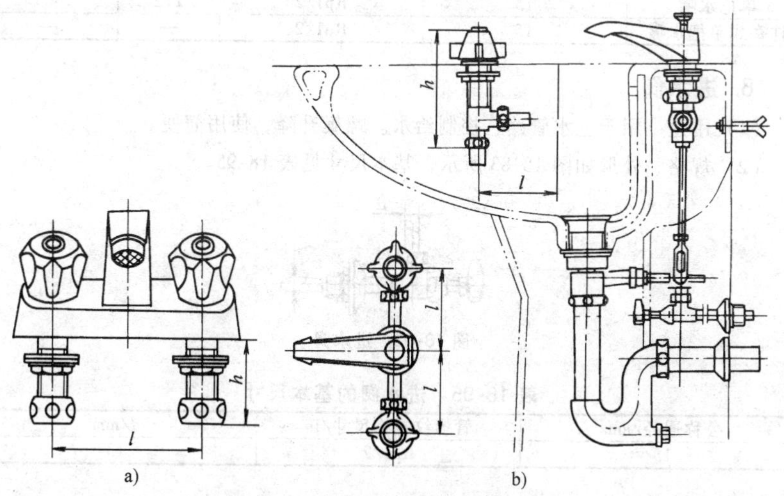

图 18-81 洗面器双联水嘴及混合水嘴

a）双联水嘴 b）混合水嘴

表 18-93 洗面器双联水嘴及混合水嘴的基本尺寸

品　　种	公称通径/mm	管螺纹规格尺寸/in	l/mm	h/mm
双联水嘴	15	Rp1/2	55	102
混合水嘴	15	Rp1/2	50	142

7. 洗面器单柄水嘴

（1）用途　采用陶瓷摩擦片式结构或柱塞式结构，在出水口处装有减压装置，出水柔和，冲洗效果好。手柄上提、下揿可开启、关闭水嘴，左右旋转可调节水温。水嘴与洗面器配套使用。

（2）规格　外形如图 18-82 所示，基本尺寸见表 18-94。

图 18-82 洗面器单柄水嘴

表 18-94 洗面器单柄水嘴的基本尺寸

名　　称	公称通径/mm	管螺纹规格尺寸/in	l/mm	h/mm
单把水嘴	15	Rp1/2	112	365
柱塞式单把水嘴	15	Rp1/2	—	—

8. 进水阀

（1）用途　用于上水管路，控制给水。螺旋升降，使用简便。

（2）规格　外形如图 18-83 所示，基本尺寸见表 18-95。

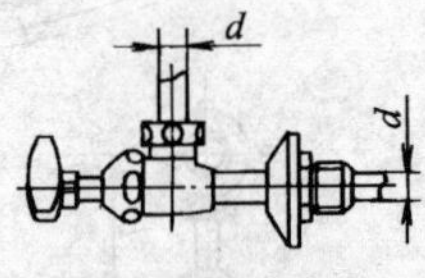

图 18-83 进水阀

表 18-95 进水阀的基本尺寸

公称通径/mm	管螺纹规格尺寸/in	d/mm
15	Rp1/2	13

9. 排水阀

（1）用途　用于控制下水排污。在弯管内存水形成水封，可减少污水气味。

安装方便。耐腐蚀。

(2) 规格　外形如图 18-84 所示，基本尺寸见表 18-96。

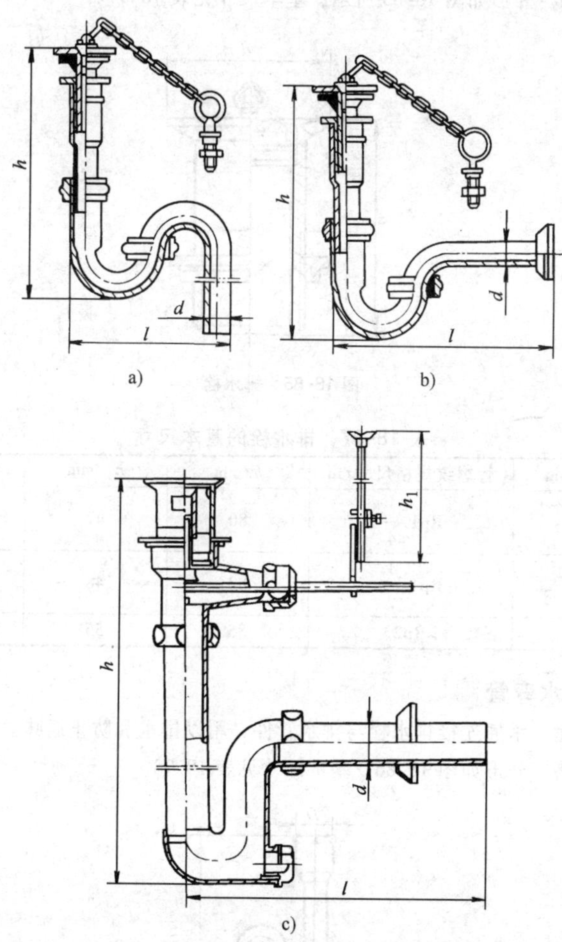

图 18-84　排水阀

a) S 型　b) P 型　c) 提拉式

表 18-96　排水阀的基本尺寸　（单位：mm）

品种	d	l	h	h_1	品种	d	l	h	h_1
S 型	30	128	623	—	提拉式	30	278	303	290
P 型		280	360	—				293	240

10. 排水栓

（1）用途 装于洗面盆或洗涤盆底部，与排水管相接，用于排污及阻挡异物。

（2）规格 外形如图18-85所示，基本尺寸见表18-97。

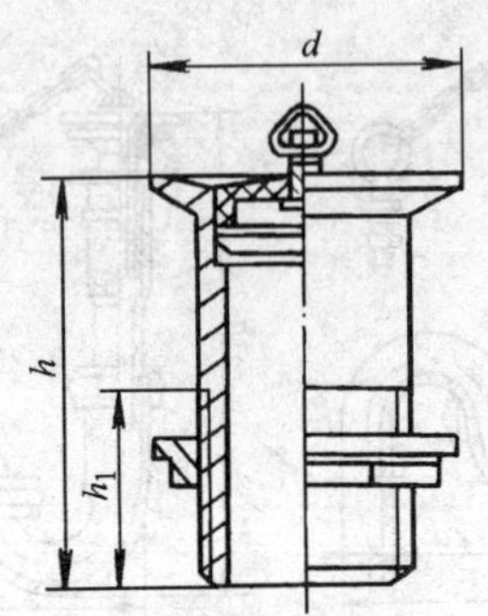

图18-85 排水栓

表18-97 排水栓的基本尺寸

公称通径/mm	管螺纹规格尺寸/in	h/mm	h_1/mm	d/mm
32	Rp1 $\frac{1}{4}$	80	47	63
40	Rp1 $\frac{1}{2}$	83	48	72
50	Rp2	85	55	85

11. 排水弯管

（1）用途 承插连接排水栓与排水管件，用以排水和防止返味。

（2）规格 外形如图18-86，基本尺寸见表18-98。

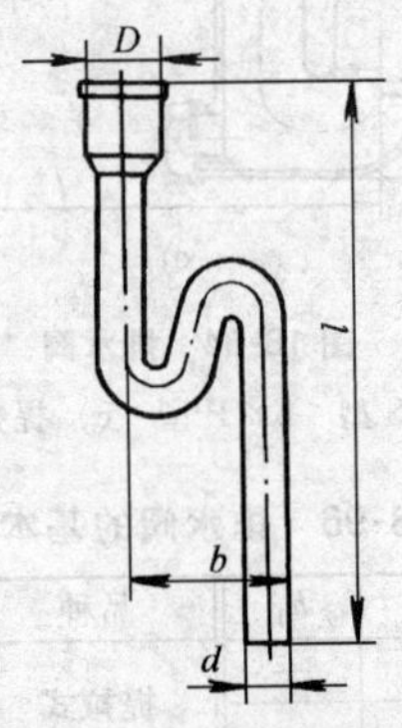

图18-86 排水弯管

表 18-98 排水弯管的基本尺寸 （单位：mm）

公称通径	l	b	D	d
32	445	90	55	33
40	500	105	58	39
50	500	128	68	52

12. 浴缸单联水嘴

（1）用途 用于浴缸供水，采用螺旋升降结构，简单方便。

（2）规格 外形如图 18-87 所示，基本尺寸见表 18-99。

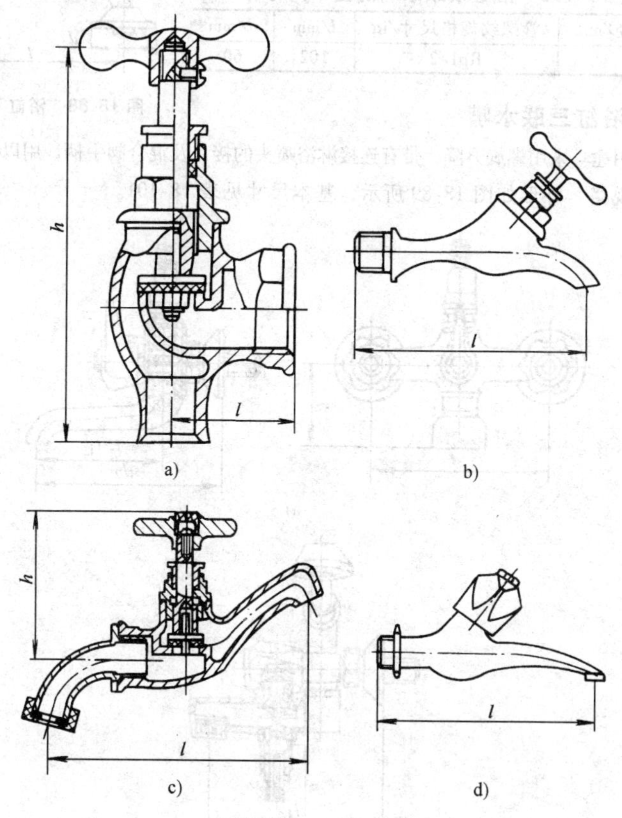

图 18-87 浴缸单联水嘴

a）浴缸水嘴 b）扁嘴水嘴 c）78 型水嘴 d）单联水嘴

表 18-99 浴缸单联水嘴的基本尺寸

名称	公称通径/mm	管螺纹规格尺寸/in	l/mm	h/mm	名称	公称通径/mm	管螺纹规格尺寸/in	l/mm	h/mm
浴缸水嘴	15	Rp1/2	38	121	78型水嘴	15	Rp1/2	110	78.5~8.6
扁嘴水嘴	15	Rp1/2	155	—	单联水嘴	20	Rp3/4	155	—

13. 浴缸双联水嘴

（1）用途　用于浴盆调温，采用螺旋升降。

（2）规格　外形如图 18-88 所示，基本尺寸见表 18-100。

表 18-100 浴缸双联水嘴的基本尺寸

公称通径/mm	管螺纹规格尺寸/in	l/mm	d/mm
15	Rp1/2	102	60

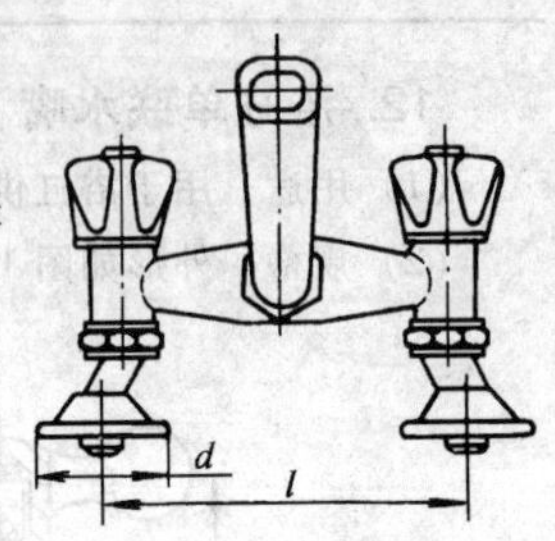

图 18-88 浴缸双联水嘴

14. 浴缸三联水嘴

（1）用途　采用螺旋升降，带有连接淋浴喷头的接口及混合阀手柄，用以换向给水。

（2）规格　外形如图 18-89 所示，基本尺寸见表 18-101。

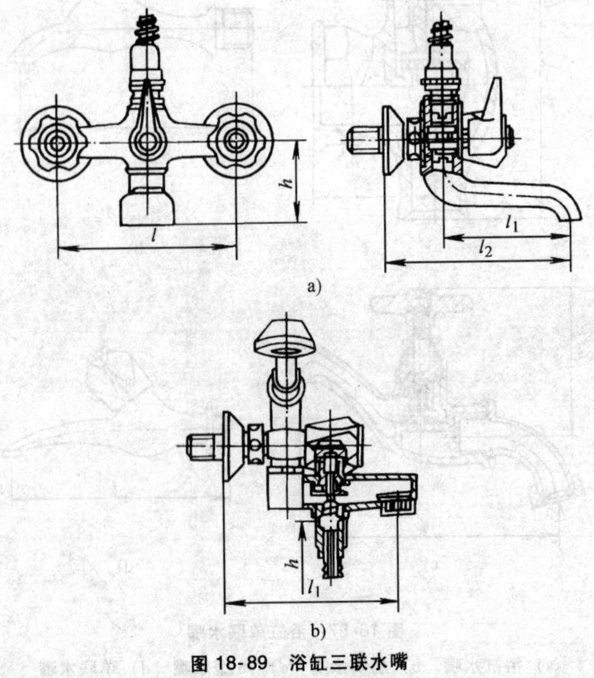

图 18-89 浴缸三联水嘴

a）Ⅰ型　b）Ⅱ型

表 18-101　浴缸三联水嘴的基本尺寸

型号	公称通径/mm	管螺纹规格尺寸/in	l/mm	l_1/mm	l_2/mm	h/mm
Ⅰ型	20	Rp3/4	156	112	155	73
Ⅱ型	15、20	Rp1/2、Rp3/4	150	152	—	60

15. 三联单柄浴缸水嘴

（1）用途　陶瓷摩擦片结构，带淋浴喷头接口及混合阀手柄，便于换向给水。

（2）规格　外形如图 18-90 所示，基本尺寸见表 18-102。

表 18-102　三联单柄浴缸水嘴的基本尺寸

名称	公称通径/mm	管螺纹规格尺寸/in	h/mm	h_1/mm	l/mm	l_1/mm	s/mm	s_1/mm	b/mm
三联单柄水嘴	20	Rp3/4	450	—	150	150	—	—	—
壁式单柄水嘴	20	Rp3/4	120	—	—	—	140 200	120 150	160

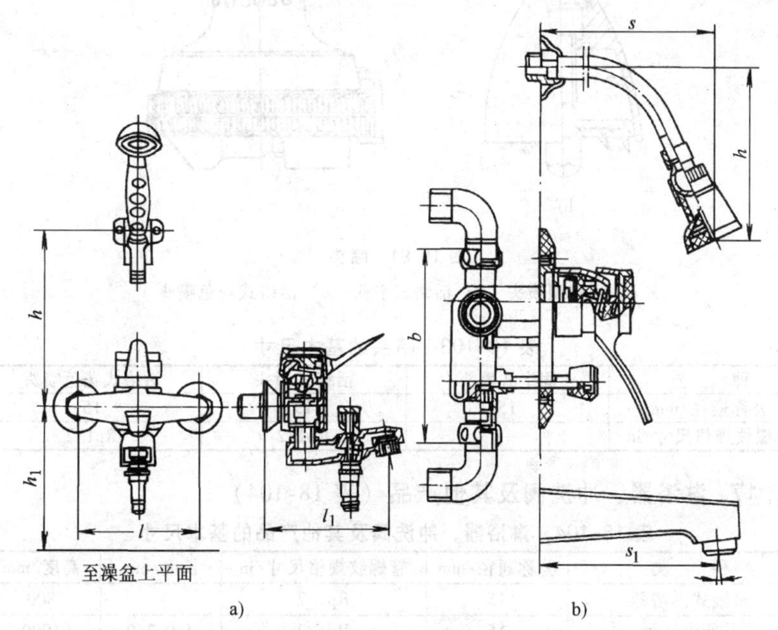

图 18-90　三联单柄浴缸水嘴

a）三联单柄水嘴　b）壁式单柄水嘴

16. 喷头

(1) 用途　用于淋浴。

(2) 规格　外形如图18-91所示，基本尺寸见表18-103。

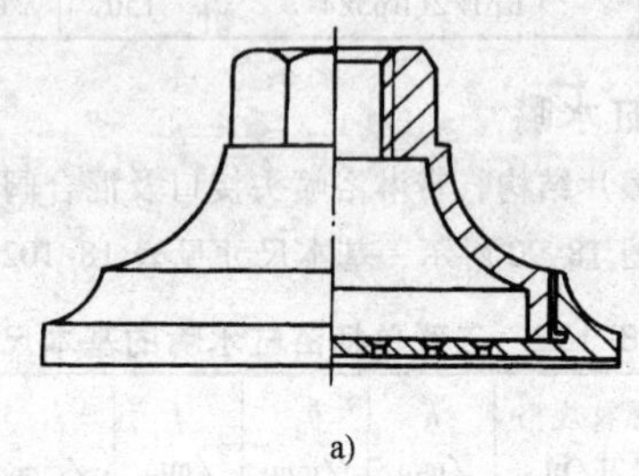

a)

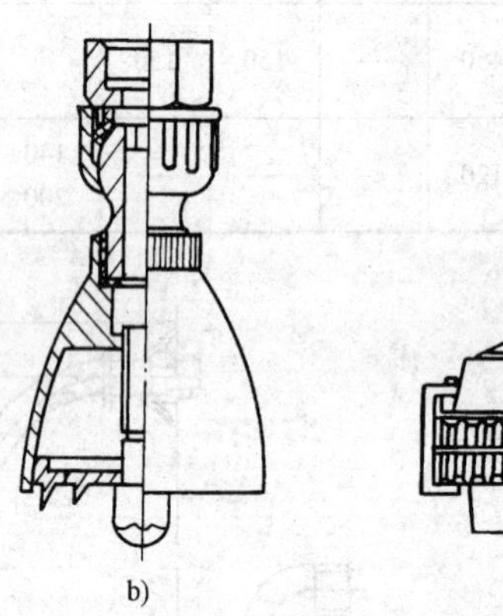

b)

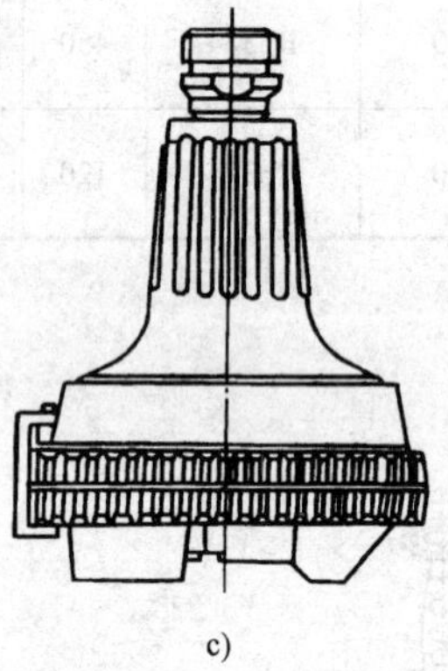

c)

图18-91　喷头

a) 固定型喷头　b) 活络式喷头　c) 活络式花色喷头

表18-103　喷头的基本尺寸

种　类	固定式喷头	活络式喷头	活络式花色喷头
公称通径/mm	15	15	15
管螺纹规格尺寸/in	—	Rp1/2	Rp1/2

17. 淋浴器、冲洗阀及其他产品（表18-104）

表18-104　淋浴器、冲洗阀及其他产品的基本尺寸

种　类	公称通径/mm	管螺纹规格尺寸/in	长度/mm	高度/mm
自混式淋浴器	15	Rp1/2	—	800
单阀淋浴器	15	Rp1/2	450、260	1090
双阀淋浴器	15	Rp1/2	432	1090
壁式淋浴器	15	Rp1/2	235	60

（续）

种 类	公称通径/mm	管螺纹规格尺寸/in	长度/mm	高度/mm
升降式淋浴器	15	Rp1/2	293	735
脚踏式淋浴器	15	—	—	—
JF1X—4 自闭式防污冲洗阀	20、25	Rp1/2	220	120
自闭冲洗阀	20	Rp3/4	—	157
延时自闭冲洗阀	25	Rp1	270	171
C12X—6 延时自闭冲洗阀	25	Rp1	335	250
C21W—4T 直流自闭冲洗阀	20、25	Rp3/4、Rp1	—	180
G23T—5 延时自闭冲洗阀	—	Rp1/2、Rp3/4、Rp1	163、205	206、235
C711W—5 型隔膜式延时自阀冲洗阀	25	Rp1	168	138
C713W—4T 延时自闭冲洗阀	20、25	Rp3/4、Rp1	120	144
G724W—4 节水自闭冲洗阀	20、25	Rp3/4、Rp1	87	44
全铜踏阀	15	Rp1/2	—	136
可锻铸铁踏阀	15	—	—	—
灰铸铁 TF—Ⅰ型踏阀	15、20	Rp1/2、Rp3/4	136	124
踏阀	15	Rp1/2	132	136
角型截止阀	15	Rp1/3	31.5	82、89
截止阀	15、20	Rp1/2、Rp3/4	70	—
灰铸铁 TF—Ⅱ型踏阀	15、20、25	Rp1/2、G3/4、G1	270	126

附录　金属材料室温拉伸试验性能指标新旧对照

附表-1　性能名称对照

新标准		旧标准	
性能名称	符号	性能名称	符号
断面收缩率	Z	断面收缩率	ψ
断后伸长率	A $A_{11.3}$ A_{xmm}	断后伸长率	δ_5 δ_{10} δ_{xmm}
断裂总伸长率	A_t	—	—
最大力总伸长率	A_{gt}	最大力下的总伸长率	δ_{gt}
最大力非比例伸长率	A_g	最大力下的非比例伸长率	δ_g
屈服点延伸率	A_r	屈服点伸长率	δ_s
屈服强度	—	屈服点	σ_s
上屈服强度	R_{eH}	上屈服点	σ_{sU}
下屈服强度	R_{eL}	下屈服点	σ_{sL}
规定非比例延伸强度	R_p 例如 $R_{p0.2}$	规定非比例伸长应力	σ_p 例如 $\sigma_{p0.2}$
规定总延伸强度	R_t 例如 $R_{t0.5}$	规定总伸长应力	σ_t 例如 $\sigma_{t0.5}$
规定残余延伸强度	R_r 例如 $R_{r0.2}$	规定残余伸长应力	σ_r 例如 $\sigma_{r0.2}$
抗拉强度	R_m	抗拉强度	σ_b

附表-2　符号对照

新标准	旧标准	新标准	旧标准
a	a_0	L_0	L_0、l_0
a_u	a_1	L_u	L_1
b	b_0	L'_0	—
b_u	b_1	L'_u	—
d	d_0	L_e	L_e
d_u	d_1	L_t	L
D	D_0	S_0	S_0、F_0
L_c	L_c、l	S_u	S_1

（续）

新标准	旧标准	新标准	旧标准
—	F_p、P_ε	—	σ_s
—	F_t	R_{eH}	σ_{sU}
—	F_r	R_{eL}	σ_{sL}
Z	ψ	R_m	σ_b
m	m、W	A_e	δ_s
ρ	ρ	A_{gt}	δ_{gt}
π	π	A_g	δ_g
k	k	A（A、$A_{11.3}$、A_{xmm}）	δ（δ_5、δ_{10}、δ_{xmm}）
—	F_s、P_s	ε_p	ε_p
—	F_{sU}、P_{sU}	ε_t	ε_t
—	F_{sL}、P_{sL}	ε_r	ε_r
F_m	F_b、P_b	n	n
—	F_J	ΔL_m	—
R_p	σ_p、σ_ε	E	—
R_t	σ_t	r	r
R_τ	σ_τ		